Springer-Lehrbuch

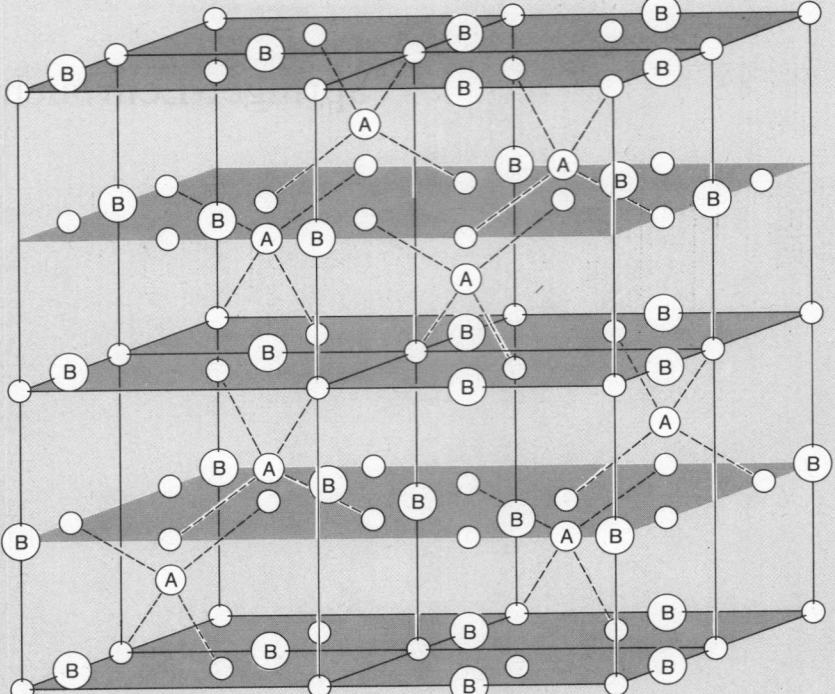

A = Mg, B = Al, die übrigen Kugeln stellen O-Atome dar

Anorganische Materie

Selbst die kompliziertesten Moleküle der anorganischen Materie sind sehr einförmig und regelmäßig strukturiert, wie die nebenstehende räumliche Anordnung der Atome im Mineral Spinell ($MgAl_2O_4$) zeigt. Auch Spinelle, die einige Zentimeter groß sind und ein Volumen von einigen Millilitern erreichen, bestehen nur aus den Elementen Magnesium, Aluminium und Sauerstoff. Gesteine setzen sich aus vielen Mineralien zusammen. Den Aufbau eines der kompliziertesten Gesteine, eines Na-meta-somatischen, eisenerzdurchsetzten, diabasisch-tonschiefrigen Metatuffits zeigt die nachstehende Tabelle. Solche Gesteine sind auch in Kubikmeter-Dimensionen nur aus einigen wenigen anorganischen Verbindungen (Mineralien) zusammengemischt. In unserem Beispiel enthält das Gestein die Elemente Si, Ti, Al, Fe, Mn, Mg, Ca, Na, K, P, C, O und H; und der Zahl nach etwa so viele verschiedene anorganische Verbindungen wie eine Bakterienzelle (s. unten).

Mineralbestand eines Gesteines	
	Gew.%
Quarz	9,48
Albit	33,55
Kalifeldspat	2,78
Serizit	17,94
Kalkspat	8,00
Apatit	0,49
Prochlorit	11,60
Titanit	5,33
Ilmenit	4,41
Eisenglimmer	4,64
Goethit	1,60
Ads. Wasser	0,13

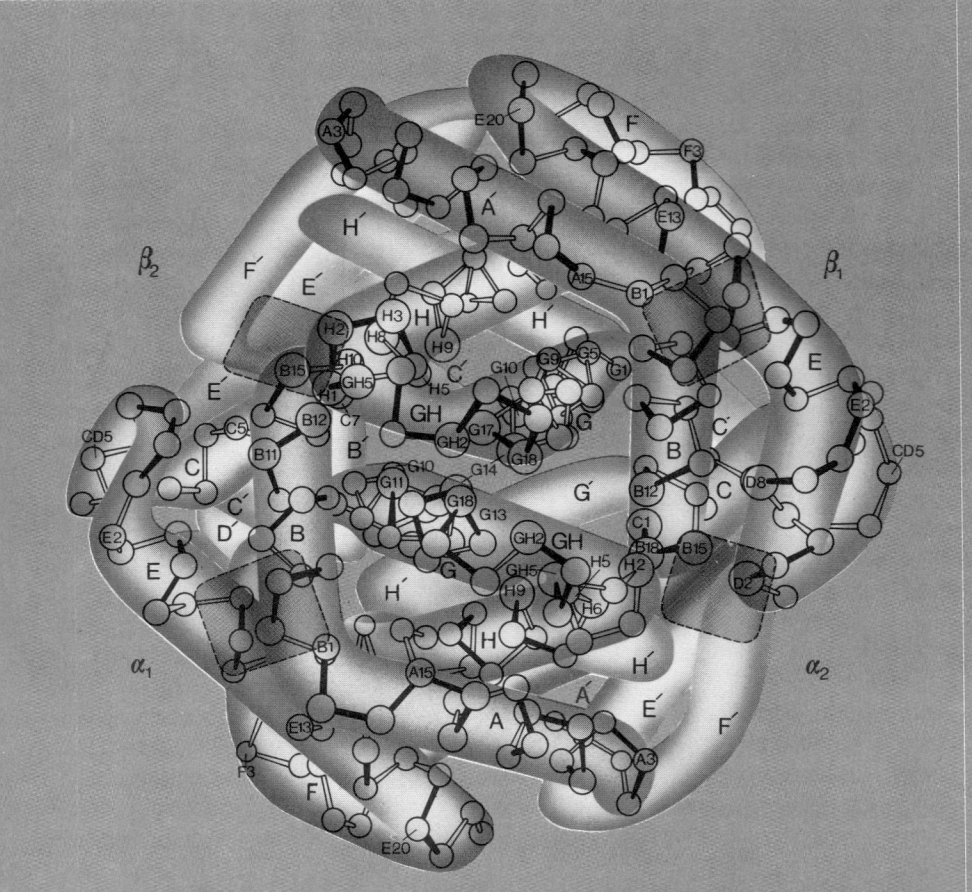

Moleküle von Lebewesen

Eines der komplexen Moleküle von Lebewesen ist das bei Tieren verbreitete Hämoglobin, ein sauerstoffübertragendes Protein, das aus den Atomen C, H, O, N, S und Fe besteht. Durch die komplizierte räumliche Anordnung unterscheidet sich ein großes Biomolekül von einem der anorganischen Materie. Ketten von C- und N-Atomen bilden vier durchgehende Fäden des Knäuels, die durch Rotfärbung hervorgehoben sind; die grauen Flächen zeigen die Lage der Hämgruppen, die das Sauerstoff-bindende Fe enthalten (Weiteres auf S. 633 f.). Die großen Proteinmoleküle sind imstande, ihre Konfiguration, d.h. die räumliche Anordnung, zu ändern. Auch diese Eigenschaft unterscheidet sie von den starren Molekülformen der anorganischen Materie. Selbst einfachst gebaute Lebewesen wie Bakterien bestehen aus tausenden verschiedenen, meist kompliziert gebauten Molekülen. Ein E. coli-Bakterium hat etwa 1 µm Länge und 0,5 µm Durchmesser, also ein Gesamtvolumen von nur $1,2 \cdot 10^{-10}$ ml; es enthält die in nachstehender Tabelle aufgeführten Verbindungen.

Molekülbestand einer Bakterienzelle		
	Gew.%	Anzahl verschiedener Moleküle
Wasser	70	1
Proteine	15	mehr als 2000
DNA	1	1
RNA	6	mehr als 2000
Kohlenhydrate	3	etwa 50
Lipide	2	etwa 40
kleinere organische Moleküle	2	etwa 500
anorganische Verbindungen	1	12

G. Czihak · H. Langer · H. Ziegler (Hrsg.)

BIOLOGIE

Ein Lehrbuch

Sechste unveränderte Auflage

Gemeinschaftlich verfaßt von

D. Baron · V. Blüm · G. Czihak · G. Gottschalk
B. Hassenstein · C. Hauenschild · W. Haupt · J. Jacobs
G. Kümmel   O. L. Lange · H. Langer · H. F. Linskens
W. Nachtigall · D. Neumann · G. Osche · W. Rathmayer
W. Rautenberg · K. Sander · P. Schopfer · P. Sitte
H. Walter · F. Weberling · W. Wieser
H. Ziegler · V. Ziswiler

Mit 1350 zum Teil farbigen Abbildungen

Springer

Berlin
Heidelberg
New York
Barcelona
Budapest
Hongkong
London
Mailand
Paris
Santa Clara
Singapur
Tokio

1. Auflage 1976
2. Auflage 1978
3. Auflage 1981
3. Auflage, Nachdruck 1984
4. Auflage 1990
5. Auflage 1992
6. Auflage 1996

Lizenzausgaben:

Spanische Ausgabe
erschienen bei Editorial Alhambra,
Madrid

Italienische Ausgabe
erschienen bei Editoriale Grasso,
Bologna

Sonderauflage für Weltbild Verlag GmbH, Augsburg

Dieses Werk ist urheberrechtlich geschützt. Die dadurch begründeten Rechte, insbesondere die der Übersetzung, des Nachdrucks, des Vortrags, der Entnahme von Abbildungen und Tabellen, der Funksendung, der Mikroverfilmung oder Vervielfältigung auf anderen Wegen und der Speicherung in Datenverarbeitungsanlagen, bleiben, auch bei nur auszugsweiser Verwertung, vorbehalten. Eine Vervielfältigung dieses Werkes oder von Teilen dieses Werkes ist auch im Einzelfall nur in den Grenzen der gesetzlichen Bestimmungen des Urheberrechtsgesetzes der Bundesrepublik Deutschland vom 9. September 1965 in der jeweils geltenden Fassung zulässig. Sie ist grundsätzlich vergütungspflichtig. Zuwiderhandlungen unterliegen den Strafbestimmungen des Urheberrechtsgesetzes.

© Springer-Verlag Berlin Heidelberg 1976, 1978, 1981, 1984, 1990, 1992, 1993, 1996

Printed in Italy

Die Wiedergabe von Gebrauchsnamen, Handelsnamen, Warenbezeichnungen usw. in diesem Werk berechtigt auch ohne besondere Kennzeichnung nicht zu der Annahme, daß solche Namen im Sinne der Warenzeichen- und Markenschutz-Gesetzgebung als frei zu betrachten wären und daher von jedermann benutzt werden dürften.

Umschlaggestaltung: design & production, Heidelberg, unter Verwendung eines Fotos von Prof. Dr. W. Barthlott, Bonn (Wachsblume *Hoya carnosa*) und einer Zeichnung nach Alexander

Satz: Satz- und Reprotechnik GmbH, Hemsbach/Bergstraße
SPIN 10727256   29/3111   – Gedruckt auf säurefreiem Papier

Vorwort zur sechsten Auflage

Die Wertschätzung und das große Interesse, das den bisherigen 5 Auflagen unseres umfassenden Biologiebuches zuteil wurde, hat uns veranlaßt, diese 6. Auflage als bewährtes Lehr- und Nachschlagewerk für die Studierenden der Biologie und Medizin herauszubringen.

August 1996

G. Czihak
H. Langer
H. Ziegler

Vorwort zur ersten Auflage

Die rapide Entwicklung in der Biologie, die vielfach zur Charakterisierung des dritten Viertels unseres Jahrhunderts herangezogen wird, hat ein Umdenken in den Lehr- und Lernzielen an den Hochschulen notwendig gemacht. Daß Biologie nicht mehr als ausgewogenes Gesamtstudium betrieben werden kann, war schon lange klar geworden. An den einzelnen Universitäten haben sich Schwerpunkte von Teilfächern gebildet; dabei sind Lücken offen geblieben, die mit dem Wunsch, das Verständnis für Grundlagen des Lebens zu vermitteln, nicht mehr vereinbar waren. Um ein Studium der Biologie in vier bis fünf Jahren ausgewogen gestalten zu können, hat man sich nunmehr an vielen Orten entschlossen, die Grundlagen unserer Wissenschaft abzugrenzen, das also festzulegen, was zum Verständnis aller Lebensformen und -prozesse wichtig ist und als Basiswissen von allen Biologiestudenten vor einer notwendigen Spezialisierung erwartet werden muß. Daraus entstand auch unser Plan, eine Sammlung der Grundkenntnisse in der Biologie zusammenzustellen und sie in didaktisch geeigneter Form zu präsentieren. Wir waren uns schnell darüber einig, was zu den Grundkenntnissen gerechnet werden kann: Der Umfang ist durch den Wunsch bestimmt worden, die Auslese so zu treffen, daß der Stoff in der ersten Studienhälfte unterzubringen ist.

Wir sind der Meinung, daß ein Studium der Biologie einerseits mit Mathematik, Physik, Chemie und insbesondere Biochemie, andererseits mit Vorlesungen und Übungen über Baupläne und Systematik beginnen soll, weil das diejenigen Teile im Gesamtstudium der Biologie sind, mit denen nahezu voraussetzungsfrei angefangen werden kann. Wir sind auch davon überzeugt, daß der Biologiestudent möglichst bald, spätestens aber im zweiten Studienjahr, einen Überblick über das gesamte Gebiet erlangen soll, damit er in der zweiten Studienhälfte eine engere Auswahl für ein vertieftes Studium eines Teiles der Biologie treffen kann. Diesen Überblick über das Gesamtgebiet der heutigen Biologie möchte unser Buch geben. Es wurde von vielen Autoren verfaßt, und es wurde einige Mühe aufgewendet, um Differenzen in der Darstellung zu klären, abzustimmen oder zu beseitigen. Wir haben in den meisten Kapiteln Ergänzungen eingefügt, jedoch nur wenige Beiträge weitgehend umgeschrieben, weil die Vereinheitlichung eines Textes vieler Autoren künstlich anmuten muß; sicherlich gibt es nicht nur *eine* didaktisch gute Darstellung. Schließlich muß sich auch der Student im Laufe seines Studiums mit vielen Unterrichtsformen auseinandersetzen, und eine Abwechslung in der Darstellungsweise bietet lerntechnisch sicher auch Vorteile.

Das angestrebte Ziel, die Grenzen zwischen den traditionellen Teilgebieten der Biologie möglichst aufzuheben und allgemeine Gesetzmäßigkeiten zu betonen, ist nicht in allen Gebieten ohne didaktische Nachteile möglich, z. T. auch noch nicht in der wünschenswerten Vollkommenheit gelungen. Wir haben mit Begeisterung an diesem Buch gearbeitet; es war für uns alle ein Erlebnis, sich wieder einmal bewußt zu machen, wie faszinierend die heutige Biologie in allen ihren Aspekten ist. Wenn es uns gelingt, auch bei Studenten, insbesondere den Biologen, aber auch bei Veterinär- und Humanmedizinern, Land- und Forstwirten eine ähnliche Begeisterung zu wecken, haben wir unser Ziel erreicht.

Mitarbeiterverzeichnis

Professor Dr. D. BARON
(Immunsystem)
Daserweg 20, D-82377 Penzberg

Professor. Dr. V. BLÜM
(Hormonphysiologie der Tiere)
Institut für Tierphysiologie
Fakultät für Biologie der Ruhr-Universität
Universitätsstraße 150, D-44801 Bochum

Professor Dr. G. CZIHAK
(Genetik)
Abteilung für Genetik und Entwicklungsbiologie
der Universität
Hellbrunner Straße 34, A-5020 Salzburg

Professor Dr. G. GOTTSCHALK
(Mikrobiologie)
Institut für Mikrobiologie der Universität
Griesebachstraße 8, D-37077 Göttingen

Professor Dr. B. HASSENSTEIN
(Homoiostase und Koordination, Ordnungsleistungen des Zentralnervensystems, Verhalten)
Institut für Biologie I (Zoologie) der Universität
Albertstraße 21a, D-79104 Freiburg/Br.

Professor Dr. C. HAUENSCHILD
(Fortpflanzungsbiologie der Tiere)
Akeleiweg 1, D-38104 Braunschweig-Schapen

Professor Dr. W. HAUPT
(Entwicklungsbiologie und Hormonphysiologie der Pflanzen)
Botanisches Institut der Universität
Staudtstraße 5, D-91058 Erlangen

Professor Dr. J. JACOBS
(Ökologie, Populationsgenetik)
Zoologisches Institut der Universität
Seidlstraße 25, D-80335 München

Professor Dr. G. KÜMMEL
(Morphologie und System der Tiere)
Zoologisches Institut I der Technischen Universität
Kornblumenstraße 13, D-76131 Karlsruhe

Professor Dr. O. L. LANGE
(Ökologie der Pflanzen)
Lehrstuhl für Botanik II der Universität
Mittlerer Dallenbergweg 64, D-97082 Würzburg

Professor Dr. H. LANGER
(Stoffwechselphysiologie der Tiere)
Institut für Tierphysiologie
Fakultät für Biologie der Ruhr-Universität
Universitätsstraße 150, D-44801 Bochum

Professor Dr. H. F. LINSKENS
(Fortpflanzungsbiologie der Pflanzen)
Botanisches Institut der Universität
Toernooiveld, NL-6525 Nijmegen

Professor Dr. W. NACHTIGALL
(Bewegungsphysiologie der Tiere)
Zoologisches Institut der Universität des Saarlandes
Im Stadtwald, D-66123 Saarbrücken

Professor Dr. D. NEUMANN
(Biorhythmik)
Zoologisches Institut der Universität
Weyertal 119, D-50931 Köln-Lindenthal

Mitarbeiterverzeichnis

Professor Dr. G. OSCHE
(Evolutionslehre)
Biologisches Institut I (Zoologie) der Universität
Albertstraße 21a, D-79104 Freiburg/Br.

Professor Dr. W. RATHMAYER
(Physiologie der Tiere)
Fakultät für Biologie der Universität
Universitätsstraße 10, D-78464 Konstanz

Professor Dr. W. RAUTENBERG
(Temperaturregulation, Kreislaufphysiologie)
Institut für Tierphysiologie
Fakultät für Biologie der Ruhr-Universität
Universitätsstraße 150, D-44801 Bochum

Professor Dr. K. SANDER
(Entwicklungsbiologie der Tiere)
Biologisches Institut I (Zoologie) der Universität
Albertstraße 21a, D-79104 Freiburg/Br.

Professor Dr. P. SCHOPFER
(Physiologie der Pflanzen)
Biologisches Institut II der Universität
Lehrstuhl für Botanik
Schänzlestraße 1, D-79104 Freiburg/Br.

Professor Dr. P. SITTE
(Zellmorphologie)
Biologisches Institut II der Universität
Lehrstuhl für Zellbiologie
Schänzlestraße 1, 79104 Freiburg/Br.

Professor Dr. H. WALTER †
(Pflanzengeographie)
Botanisches Institut der Universität Stuttgart-Hohenheim
Egilofstraße 33, D-70599 Stuttgart-Birkach

Professor Dr. F. WEBERLING
(Morphologie und System der Pflanzen)
Lehrstuhl Biologie V der Universität
Albert-Einstein-Allee 11, D-89081 Ulm

Professor Dr. W. WIESER
(Zellphysiologie)
Institut für Zoologie der Leopold-Franzens-Universität
Technikerstraße 25, A-6020 Innsbruck

Professor Dr. H. ZIEGLER
Institut für Botanik und Mikrobiologie
der Technischen Universität
Arcisstraße 21, D-80290 München

Professor Dr. V. ZISWILER
(Tiergeographie)
Zoologisches Museum der Universität
Winterthurstrasse 190, CH-8057 Zürich

Inhaltsverzeichnis

Einführung

Bau und Leistungen der Zellen

1 Zellbiologie *7*

1.1	Zelltypen und Zellfeinbau *9*	
1.1.1	Die Zelle als universelles Bauelement der Organismen *9*	
1.1.2	Eucyt und Protocyt *11*	
1.1.2.1	Strukturelemente des Eucyten: Lichtmikroskopie *11*	
1.1.2.2	Strukturelemente des Eucyten: Elektronenmikroskopie *13*	
1.1.2.3	Beispiele von Eucyten *18*	
1.1.2.4	Strukturelemente des Protocyten *24*	

1.2 Molekulare Architektur der Zelle *28*

1.2.1 Proteine *31*

1.2.2 Nucleinsäuren *37*
1.2.2.1 Die Rolle der Nucleinsäuren *37*
1.2.2.2 Struktur und Eigenschaften der DNA *38*
1.2.2.3 Replikation der DNA *41*
1.2.2.4 Struktur- und Funktionstypen von RNA *43*

1.2.3 Nucleoproteine *43*
1.2.3.1 Ribosomen *43*
1.2.3.2 Viren *44*
1.2.3.3 Viroide und Prionen *46*

1.2.4 Polysaccharide *47*

1.2.5 Lipide und Biomembranen *48*
1.2.5.1 Permeabilität und Membrantransport *48*
1.2.5.2 Membranlipide *49*
1.2.5.3 Molekulare Architektur der Membranen *49*

1.3 Inneres Milieu der Zelle *52*

1.3.1 Die Bedeutung des Wassers *52*

1.3.2 Zellsäfte als wäßrige Lösungen *53*

1.3.3 Wasserstoffionenkonzentration und Pufferung *57*

1.3.4 Dynamik des inneren Milieus *59*
1.3.4.1 Dynamik des Lösungsmittels *59*
1.3.4.2 Quellung *61*

1.4	Energie- und Stoffwechsel 62
1.4.1	Energetik 62
1.4.2	Kinetik 68
1.4.2.1	Aktivierungsenergie 68
1.4.2.2	Enzymatische Katalyse 69
1.4.2.3	Reaktionskinetik 74
1.4.3	Energieübertragung in Zellen 77
1.4.3.1	Direkte Nutzung der chemischen Potentiale organischer Verbindungen 77
1.4.3.2	Elektronenübertragungspotentiale und Elektronentransportketten 78
1.4.3.3	Ionenmotorische Kräfte und chemiosomotische Theorie 80
1.4.3.4	Transport von Ionen und kleinen Molekülen durch Membranen 83
1.4.3.5	Der Transport von Energie- und Reduktionsäquivalenten zwischen Zellkompartimenten 85
1.4.4	Zellstoffwechsel 87
1.4.4.1	Gemeinsame Endstrecke des Katabolismus 88
1.4.4.2	Weitere Reaktionen im Stoffwechsel der Kohlenhydrate 92
1.4.4.3	Stoffwechsel der Lipide 95
1.4.4.4	Denitrifikation und Stickstoffixierung 97
1.4.4.5	Stoffwechsel der Proteine und Aminosäuren 98
1.4.4.6	Stoffwechsel der Nucleinsäuren und Nucleotide 101
1.4.4.7	Stickstoffendprodukte 102
1.4.4.8	Einige Prinzipien der Biosynthese von Makromolekülen und der Organisation des Zellstoffwechsels 103
1.4.4.9	Räumliche Ordnung und Kompartimentierung im Zellstoffwechsel 105
1.4.4.10	Knotenpunkte des Stoffwechsels 105
1.4.4.11	Regulation des Zellstoffwechsels 106
1.4.4.12	Licht als Energie- und Informationsträger 110
1.4.4.13	Energiegewinnung durch Photosynthese 113
1.4.4.14	Chemolithotrophie 130
1.5	Bioelektrizität 131
1.5.1	Gleichgewichtspotential 131
1.5.2	Membranpotential 132
1.6	Zellorganellen 134
1.6.1	Cytomembranen 135
1.6.1.1	Intrazellulärer Stofftransport 135
1.6.1.2	Kompartimentierung des Eucyten 136
1.6.1.3	Endoplasmatisches Reticulum (ER) 136
1.6.1.4	Golgi-Apparat 138
1.6.2	Cytosomen, Vesikel, Vakuolen 138
1.6.2.1	Lysosomen 138
1.6.2.2	Endocytose 139
1.6.2.3	Cytosomen 139
1.6.2.4	Vakuolen 139
1.6.3	Cytoplasmatische Strukturen und Zellmobilität 140
1.6.3.1	Kontraktile Systeme im Cytoplasma 140
1.6.3.2	Mikrotubuli 141
1.6.3.3	Cytoplasmatisches Skelett tierischer Zellen 141
1.6.3.4	Amöboide Bewegung 142

1.6.3.5	Centriolen und Basalkörper	*143*
1.6.3.6	Flagellen und Cilien	*143*
1.6.4	Bewegung von Einzellern	*145*
1.6.4.1	Vortriebserzeugung	*145*
1.6.4.2	Chemophobotaktische Reaktion bei Bakterien	*145*
1.6.4.3	Phototaxis bei Euglena	*146*
1.6.5	Mitochondrien und Plastiden	*147*
1.6.5.1	Feinbau und Funktion der Mitochondrien	*147*
1.6.5.2	Genese der Mitochondrien	*148*
1.6.5.3	Strukturtypen und Entwicklung der Plastiden	*149*
1.6.5.4	Plastiden als semiautonome Systeme	*151*
1.6.5.5	Bewegungen von Chloroplasten	*152*
1.6.5.6	Stammesgeschichtliche Herkunft der Plastiden und Mitochondrien: Die Endosymbionten-Hypothese	*152*
1.6.6	Zellkern	*154*
1.6.6.1	Aktivitäten und Komponenten des Zellkerns	*154*
1.6.6.2	Chromatin	*154*
1.6.6.3	Bau und Feinbau der Chromosomen	*155*
1.6.6.4	Endopolyploidie, Riesenchromosomen und Lampenbürstenchromosomen	*157*
1.6.6.5	Besondere Eigenschaften der Kern-DNA	*159*
1.6.6.6	Nucleolus; Prä-Ribosomen und Prä-mRNA-Partikel	*161*
1.6.6.7	Das Kernskelett	*162*
1.6.6.8	Kernhülle	*162*
1.7	Mitose und Zellteilung	*163*
1.7.1	Ablauf der Mitose	*163*
1.7.2	Zellteilung (Cytokinese)	*167*
1.7.3	Zellzyklus	*167*
1.7.4	Zellvermehrung	*168*
1.8	Meiose und Rekombination	*169*
1.9	Zellwand	*171*
1.9.1	Zellwände bei Pflanzen	*171*
1.9.2	Zellwände bei Tieren	*173*

Strukturen und Funktionen der Organismen

2	**Genetik**	*177*
2.1	Einleitung	*177*
2.2	Nucleinsäuren als Träger der Erbinformation	*179*
2.3	DNA-Analytik	*180*

2.3.1 Restriktions-Kartierung *180*
2.3.2 Nucleotidsequenzanalyse *181*

2.4 Realisierung der genetischen Information *181*
2.4.1 Transkription *181*
2.4.1.1 Processing *184*
2.4.1.2 Sequenzanalyse der RNA *185*
2.4.2 Translation *186*
2.4.3 Reverse (umgekehrte) Transkription *187*
2.4.4 Der genetische Code *188*

2.5 Organisation der DNA im Genom *190*
2.5.1 Das Tabakmosaik-Virus *191*
2.5.2 RSV, das Rous-Sarkom-Virus *192*
2.5.3 Phagen *192*
2.5.3.1 Φ X 174 *193*
2.5.3.2 Temperente Phagen *194*
2.5.4 *Escherichia coli* *196*
2.5.5 Eukaryoten *200*
2.5.5.1 Isolierung von Genen *200*
2.5.5.2 Anlage von Genbänken (-bibliotheken) *202*
2.5.5.3 Histongene *203*
2.5.5.4 Die Globingenfamilie *203*
2.5.5.5 Das Kollagen-Gen *204*

2.6 Mendelsche oder Formalgenetik *205*
2.6.1 Dominant-rezessiver Erbgang *205*
2.6.2 Intermediäre Erbgänge *207*
2.6.3 Heterosis *208*
2.6.4 Geschlechtschromosomale Vererbung *209*
2.6.5 Kodominanz und Genetik des Blutgruppensystems AB 0 *210*

2.7 Inzucht, Züchtung reiner Linien. Problematik der Verwandtenehe *213*

2.8 Rekombination und Genkartierung *216*

2.9 Genwirkketten (Stoffwechsel des Phenylalanin) *221*
2.9.1 Erster Weg und Tyrosinose sowie Alkaptonurie *223*
2.9.2 Zweiter Weg und Albinismus *224*
2.9.3 Dritter Weg und Kretinismus *224*

2.10 Mutation *224*
2.10.1 Fluktuationstest *225*

2.10.2	Spontanmutationen	226
2.10.2.1	Punkt- oder Kleinbereichsmutationen	227
2.10.2.2	Chromosomenmutationen	231
2.10.2.3	Genommutationen	232
2.10.3	Chemische Mutagene	235
2.10.4	Strahlenwirkung	236
2.10.5	Mutagenitätsprüfung	242
2.11	Genregulation	243
2.12	Transposons	246
2.13	Tumorgenetik	247
2.14	Plasmatische oder extrachromosomale Vererbung	250
2.15	Gentechnologie – Genmanipulation	253
2.15.1	Genvermehrung in Vektoren	253
2.15.2	Vektoren	255
2.15.2.1	Einige Plasmide	255
2.15.2.2	λ-Vektoren	257
2.15.2.3	Cosmide	258
2.15.3	Ergebnisse der Gentechnologie	259
2.15.3.1	Bakterien als Proteinproduzenten	259
2.15.3.2	Gentransfer bei Pflanzen	259
2.15.3.3	Säugerzellen	259

3 Fortpflanzung und Sexualität 263

3.1	Ungeschlechtliche Fortpflanzung	268
3.1.1	Monocytogene Fortpflanzung (Agamogonie)	268
3.1.1.1	Agamogonie bei Pflanzen	268
3.1.1.2	Agamogonie bei Tieren	268
3.1.2	Polycytogene Fortpflanzung (Vegetative Fortpflanzung)	269
3.1.2.1	Vegetative Fortpflanzung bei Pflanzen	269
3.1.2.2	Vegetative Fortpflanzung bei Tieren	271
3.2	Geschlechtliche Fortpflanzung	272
3.2.1	Parasexualität bei Bakterien und Pilzen	273
3.2.2	Gametogamie bei Algen und Pflanzen	273
3.2.3	Gameto- und Gamontogamie bei Protozoen	275
3.2.4	Gametangiogamie und Somatogamie bei Pilzen	278
3.2.5	Gametogamie bei Archegoniaten	280
3.2.6	Gametophytenbefruchtung	282

3.2.6.1	Blüte	*283*
3.2.6.2	Entstehung der Geschlechtszellen	*284*
3.2.6.3	Befruchtungsprozeß	*286*
3.2.6.4	Endosperm, Frucht und Samen	*292*
3.2.7	Befruchtungsbarrieren	*292*
3.2.8	Gamogonie der Metazoen	*295*
3.2.8.1	Gametogenese	*295*
3.2.8.2	Besamung	*299*
3.2.8.3	Befruchtung	*300*
3.2.9	Rudimentäre Formen der Gamogonie	*302*
3.2.9.1	Bei Pflanzen	*302*
3.2.9.2	Bei Tieren	*303*
3.3	Generations- und Fortpflanzungswechsel	*305*
3.3.1	Primärer Generationswechsel	*306*
3.3.1.1	Bei Pflanzen (Biontenwechsel)	*306*
3.3.1.2	Bei Tieren	*307*
3.3.2	Sekundärer Generationswechsel der Metazoen	*308*
3.4	Geschlechtsverteilung	*310*
3.4.1	Bei Pflanzen	*310*
3.4.2	Bei Tieren	*311*
3.5	Geschlechtsbestimmung	*312*
3.5.1	Haplogenotypische Geschlechtsbestimmung bei Thallophyten und Archegoniaten	*314*
3.5.2	Diplogenotypische Geschlechtsbestimmung	*314*
3.5.2.1	Normaltypus	*314*
3.5.2.2	Abweichende Geschlechtsbestimmungsmechanismen bei Metazoen	*316*
3.5.2.3	Subdiözie bei Pflanzen	*317*
3.5.2.4	Intersexualität und Gynandromorphismus bei Metazoen	*317*
3.5.3	Modifikatorische (phänotypische) Geschlechtsbestimmung	*319*
3.5.4	Geschlechtsdifferenzierung durch Sexualhormone	*320*
4	**Entwicklung**	*323*
4.1	Wachstum	*327*
4.1.1	Zellvermehrung und Zellvergrößerung	*327*
4.1.2	Streckungswachstum und Regulatoren	*328*
4.1.3	Allometrisches Wachstum	*329*
4.2	Steuerung durch äußere Faktoren	*329*
4.2.1	Photomorphogenese der Pflanzen	*330*
4.2.2	Saisonale Einpassung durch äußere Faktoren	*335*
4.2.2.1	Photoperiodismus	*335*

4.2.2.2	Vernalisation *338*	
4.2.3	Biotische äußere Faktoren *339*	
4.2.4	Signale zur Entwicklungsauslösung *339*	
4.3	Innere Faktoren: Genwirkungen in der Ontogenese *341*	
4.3.1	Nachweis der Totipotenz von Zellkernen und Zellen *341*	
4.3.2	Ontogenese als differentielle Genexpression *343*	
4.3.3	Die Mittlerfunktion des Cytoplasmas *345*	
4.3.4	Lokalisierte Cytoplasmafaktoren *348*	
4.3.5	Entwicklungsspezifische Komplexloci *349*	
4.4	Regulation der ontogenetischen Genexpression *351*	
4.4.1	Differentielle Transkription *351*	
4.4.2	Differentielles Processing *353*	
4.4.3	Differentielle Translation *354*	
4.4.4	Selektive Genamplifikation *355*	
4.5	Zelldetermination und Zelldifferenzierung *356*	
4.5.1	Progressive Zelldetermination im Amphibienembryo *357*	
4.5.2	Zelldifferenzierung *357*	
4.5.3	Transdetermination *359*	
4.5.4	Transdifferenzierung (Metaplasie) *360*	
4.5.5	Die Rolle des Chromatinzustands bei der Zelldifferenzierung *362*	
4.6	Musterbildung *363*	
4.6.1	Zellpolarität *363*	
4.6.2	Ooplasmatische Segregation *365*	
4.6.3	Zellteilungsmuster *365*	
4.6.4	Epigenetische Musterbildung in vielzelligen Systemen *369*	
4.6.5	Genetische Komponenten der Musterbildung *372*	
4.6.6	Synergetik der Systemkomponenten in der epigenetischen Musterbildung *373*	
4.7	Morphogenese *374*	
4.7.1	Morphogenese durch Selbstordnung (self assembly) *374*	
4.7.2	Morphogenese bei Höheren Pflanzen *375*	
4.7.3	Morphogenese durch Umordnung von Zellen bei Höheren Tieren *377*	
4.8	Korrelative Wechselwirkungen *378*	
4.8.1	Modellsystem *Dictyostelium* (Acrasiales) *379*	
4.8.2	Hormonelle Steuerung zellulärer Entwicklungsfunktionen *380*	
4.8.3	Hormonelle Steuerung der pflanzlichen Morphogenese *380*

4.8.4	Hormonelle Steuerung der Metamorphose bei Tieren	*382*
4.8.5	Korrelative Hemmungen und korrelative Förderungen bei Pflanzen	*383*
4.8.6	Gewebeintegration nach Pfropfung bei Pflanzen	*384*
4.8.7	Embryonale Induktionssysteme bei Tieren	*386*
4.8.8	Wirbeltier-Chimären	*388*
4.9	Regeneration	*389*
4.9.1	Verlauf der Regeneration bei Pflanzen	*390*
4.9.2	Verlauf der Regeneration bei Tieren	*391*
4.9.3	Regenerative Musterbildung bei Tieren	*391*
4.9.4	Paradoxe Regenerationen und das Kontinuitätsprinzip	*392*
4.10	Regressive Entwicklung	*393*
4.10.1	Programmierter Zelltod bei Pflanzen und Blattfall	*394*
4.10.2	Programmierter Zelltod bei Tieren	*394*
4.10.3	Lebensdauer, Altern und Tod	*395*
4.11	Entwicklungsanomalien	*397*
4.11.1	Teratogenese bei Pflanzen	*397*
4.11.2	Teratogenese bei Tieren	*398*
4.11.3	Entwicklungsbiologische Aspekte des Krebsproblems	*399*
5	**Struktur und Funktion pflanzlicher und tierischer Organe**	*403*
5.1	Bau der Gewebe und Organe bei Höheren Pflanzen	*404*
5.1.1	Allgemeiner Aufbau	*404*
5.1.1.1	Samenbau und Keimung	*406*
5.1.1.2	Erstarkungswachstum und Dickenperiode des Achsenkörpers	*406*
5.1.1.3	Blattfolge	*407*
5.1.1.4	Blattstellung und Längen der Internodien	*407*
5.1.2	Die einzelnen Organe	*410*
5.1.2.1	Sproßachse	*410*
5.1.2.2	Blatt	*418*
5.1.2.3	Wurzel	*424*
5.1.2.4	Bau der Angiospermenblüte	*427*
5.2	Funktionen pflanzlicher Gewebe und Organe	*430*
5.2.1	Bildung organischer Materie im Blatt	*431*
5.2.1.1	Das Blatt als effektiver Lichtabsorber	*431*
5.2.1.2	Assimilatorischer und dissimilatorischer Gaswechsel	*432*
5.2.1.3	Begrenzende Faktoren der apparenten Photosynthese	*434*
5.2.1.4	Regulation des Gastransports an den Stomata	*436*
5.2.1.5	Photosynthesespezialisten: C_4-Pflanzen und CAM-Pflanzen	*440*
5.2.2	Regulation der Dissimilation heterotropher pflanzlicher Gewebe	*442*

5.2.3	Biosyntheseleistungen pflanzlicher Gewebe	*444*
5.2.3.1	Terpenoidbiosynthese	*445*
5.2.3.2	Flavonoidbiosynthese	*446*
5.2.4	Funktionen der Wurzel	*447*
5.2.4.1	Wasseraufnahme	*448*
5.2.4.2	Ionenaufnahme	*449*
5.3	Bau und Leistungen tierischer Gewebe	*450*
5.3.1	Epithel- und Drüsengewebe	*450*
5.3.2	Stütz- und Bindegewebe einschließlich Blut	*452*
5.3.3	Muskelgewebe	*455*
5.3.4	Nervengewebe	*460*
5.4	Bau und Leistungen tierischer Organe	*470*
5.4.1	Organe des Stoffaustausches und des Stoffwechsels	*470*
5.4.1.1	Allgemeines zum Stoffaustausch	*471*
5.4.1.2	Organe der Ernährung und des Stoffwechsels	*474*
5.4.1.3	Organe der Atmung und des Gasaustausches	*486*
5.4.1.4	Organe der Exkretion und der Osmo- und Ionenregulation	*489*
5.4.2	Nervensysteme und Sinnesorgane	*493*
5.4.2.1	Nervensysteme	*493*
5.4.2.2	Allgemeine Eigenschaften der Sinnesorgane	*495*
5.4.2.3	Mechanische Sinnesorgane	*497*
5.4.2.4	Elektrische Sinnesorgane	*502*
5.4.2.5	Temperatursinnesorgane	*502*
5.4.2.6	Chemische Sinnesorgane	*503*
5.4.2.7	Lichtsinnesorgane	*506*
5.4.3	Bewegungssysteme	*514*
5.4.3.1	Biomechanische Einheiten	*514*
5.4.3.2	Muskulatur	*516*
5.4.3.3	Elektrische Organe	*520*
5.4.4	Körperdecke	*521*
5.4.4.1	Haut der Vertebraten	*521*
5.4.4.2	Haut der Mollusken	*523*
5.4.4.3	Integument der Arthropoden	*524*
5.4.5	Immunsystem	*526*
5.4.5.1	Funktion, Leistung und Herkunft des Immunsystems	*526*
5.4.5.2	Unspezifische Abwehr	*528*
5.4.5.3	Organe und Zellen des Immunsystems	*529*
5.4.5.4	Humorale Immunantwort	*531*
5.4.5.5	Zelluläre Immunantwort	*545*
5.4.5.6	Immunregulation und idiotypisches Netzwerk	*551*
6	**Strukturelle und funktionelle Integration im Gesamtorganismus**	*553*
6.1	Symmetrielehre	*554*

6.2	Morphologische Organisationsstufen bei Pflanzen	556
6.2.1	Protophyten	556
6.2.2	Thallophyten	558
6.2.3	Cormophyten: Anpassungen des Cormus an Lebensweise und Lebensraum	562
6.3	Gestalt des tierischen Organismus	565
6.3.1	Baupläne ausgewählter Tierstämme	565
6.3.2	Anpassungen an Lebensweise und Lebensraum	575
6.3.3	Optische (äußere) Gestalt	577
6.4	Homoiostase und Koordination	578
6.4.1	Homoiostase durch Regelprozesse	579
6.4.2	Homoiostase ohne »feedback«	581
6.4.3	Führung durch den schnellsten Prozeß	582
6.5	Gesamtenergiehaushalt der Organismen	583
6.5.1	Energiefluß in der belebten Natur	583
6.5.2	Quantitative Aspekte der Energiegewinnung aus Nährstoffen	584
6.5.3	Abhängigkeiten der Größe des Stoffwechselumsatzes	587
6.5.3.1	Einfluß der Körpergröße	587
6.5.3.2	Einfluß von Alter und Entwicklungsstadium	589
6.5.3.3	Einfluß der Aktivität	589
6.5.3.4	Einfluß des Sauerstoffangebotes	591
6.5.4	Thermoregulation	592
6.5.4.1	Bedingungen des Wärmeaustausches	592
6.5.4.2	Poikilothermie	593
6.5.4.3	Homoiothermie	595
6.6	Gesamtstoffhaushalt der Organismen	596
6.6.1	Mineralhaushalt	598
6.6.1.1	Mineralbedarf der Pflanzen	598
6.6.1.2	Mineralbedarf der Tiere	599
6.6.2	Ionen- und Osmoregulation	600
6.6.2.1	Ionen- und Osmoregulation bei Pflanzen	600
6.6.2.2	Ionen- und Osmoregulation bei Tieren	601
6.6.3	Ernährung von heterotrophen Organismen	606
6.6.3.1	Essentielle Nährstoffe	607
6.6.3.2	Vitamine	610
6.7	Transportvorgänge bei Höheren Pflanzen und Tieren	614
6.7.1	Langstreckentransport bei Pflanzen	614
6.7.1.1	Ferntransport von Wasser	614
6.7.1.2	Ferntransport organischer Moleküle	618
6.7.1.3	Ferntransport von Ionen	620
6.7.1.4	Ferntransport von Gasen	620

6.7.2	Ferntransport bei Tieren *621*	
6.7.2.1	Tracheensystem *621*	
6.7.2.2	Blutgefäßsysteme *623*	
6.7.2.3	Blutkreislaufdynamik *626*	
6.7.2.4	Gastransport durch Körperflüssigkeiten *632*	
6.7.2.5	Kreislaufregulation *638*	
6.8	Bewegung *640*	
6.8.1	Bewegungsvorgänge bei Höheren Pflanzen *641*	
6.8.1.1	Phototropismus *642*	
6.8.1.2	Gravitropismus (Geotropismus) *643*	
6.8.1.3	Nastische Bewegungen von Blattorganen *645*	
6.8.2	Lokomotion bei Tieren *647*	
6.8.2.1	Schwimmen *648*	
6.8.2.2	Fliegen *653*	
6.8.2.3	Kriechen *656*	
6.8.2.4	Graben *658*	
6.8.2.5	Laufen *659*	
6.8.2.6	Springen *661*	
6.8.3	Biomechanik des Sprunges *662*	
6.9	Humorale Integration *664*	
6.9.1	Botenstoffe *665*	
6.9.1.1	Funktionelle Einteilung *665*	
6.9.1.2	Chemische Einteilung *666*	
6.9.2	Humorale Regulation bei Tieren *666*	
6.9.2.1	Morphologie der Hormonbildungsstätten *666*	
6.9.2.2	Neuroendokrine Integration *667*	
6.9.2.3	Ausschüttung und Transport von Hormonen *669*	
6.9.2.4	Molekulare Wirkungsmechanismen der Hormone *670*	
6.9.2.5	Allgemeine Möglichkeiten hormonaler Regelung und Steuerung *672*	
6.9.2.6	Beispiele für Hormonsysteme und Regulationsvorgänge bei wirbellosen Tieren *674*	
6.9.2.7	Hormonsysteme bei Wirbeltieren *677*	
6.9.2.8	Die hormonale Regulation des menschlichen Menstruationszyklus und der Gestation als Beispiel multihormonaler Integration *681*	
6.9.2.9	Wichtige Parahormone der Wirbeltiere *683*	
6.9.2.10	Pheromone und ihre Korrelation mit hormonalen Regulationsvorgängen *684*	
6.9.3	Humorale Wechselwirkungen im Cormus der Höheren Pflanze *685*	
6.9.3.1	Nachweis und Wirkungen von Phytohormonen *685*	
6.9.3.2	Phytohormontransport und Integration im Cormus *691*	
6.9.3.3	Vergleich der Phytohormone mit tierischen Hormonen *692*	
6.10	Ordnungsleistungen des Zentralnervensystems *693*	
6.10.1	Stufenfolge der Reiz-Reaktions-Zusammenhänge *694*	
6.10.2	Schnelleitungssysteme *696*	
6.10.3	Steuerung von Muskelaktionen in Extremitäten *698*	
6.10.4	Steuerung der Fortbewegung *700*	
6.10.5	Reafferenzprinzip *702*	

6.10.6	Synergie: Sympathicus und Parasympathicus	703
6.10.7	Elektrische Gehirnreizung	705
6.10.8	Bewertung und Verrechnung von Sinnesdaten	707
6.10.9	Repräsentation, Verrechnung	710
6.11	Biologische Rhythmen und biologische Zeitmessung	711
6.11.1	Tagesrhythmik	712
6.11.1.1	Nachweis einer »circadianen Uhr«	712
6.11.1.2	Zeitgeber	713
6.11.1.3	Tagesrhythmen beim Menschen	714
6.11.1.4	Lokalisation der circadianen Uhr	715
6.11.1.5	Nutzung der circadianen Uhr	717
6.11.2	Biologische Zeitmessungen in der Gezeitenzone	718
6.11.3	Zeitmessung im Wechsel der Jahreszeiten	719

7 Verhalten 721

7.1	Angeborenes Verhalten	722
7.1.1	Endogene Periodik des Verhaltens	722
7.1.2	Reflexe	723
7.1.3	Gleichgewichtshaltung und Raumorientierung	723
7.1.4	Reaktionsbereitschaft	725
7.1.5	Auslösende Reize, angeborener auslösender Mechanismus	726
7.1.6	Appetenzverhalten, instinktive Endhandlung	726
7.1.7	Bereitschaft (Antrieb) und Versorgungszustand	728
7.1.8	Bereitschaft (Antrieb) und instinktive Endhandlung	729
7.1.9	Antriebssenkende und antriebssteigernde Außenreize	730
7.1.10	Gegenseitige Hemmung zwischen Verhaltenstendenzen	730
7.1.11	Doppelte Quantifizierung, Leerlaufaktionen	731
7.1.12	Umorientiertes Verhalten, Intentionsbewegungen	731
7.1.13	Übersprungverhalten	732
7.2	Lernen (erfahrungsbedingte Programmierung des Verhaltens)	733
7.2.1	Bedingte Reflexe	734
7.2.2	Lernen aufgrund von guten Erfahrungen (Belohnungen)	735
7.2.3	Lernen aufgrund von schlechten Erfahrungen (Strafen)	736
7.2.4	Prägung	737
7.2.5	Motorisches Lernen	738
7.2.6	Soziale Anregung, Nachahmung	738
7.2.7	Lernerfolg, Lernbereitschaft	739
7.2.8	Kurz- und Langzeitgedächtnis und deren physiologische Basis	740

7.3	Erkunden, Neugierde, Spielen *742*
7.3.1	Erkunden *742*
7.3.2	Neugierde *742*
7.3.3	Spielen *743*

7.4	Engrammwirkungen im nicht gelernten Zusammenhang *745*
7.4.1	Anwendung von Orts- und Geländekenntnis *745*
7.4.2	Vergleich von Engramm und Wahrnehmung *746*
7.4.3	Zielbedingte Neukombination von Engrammen *746*

7.5	Verhaltensbeziehungen zwischen Artgenossen (Tiersoziologie) *746*
7.5.1	Ursprung und Selektionswert sozialen Verhaltens *747*
7.5.2	Soziale Auslöser, Ritualisierung *748*
7.5.3	Kampf, Drohung, Tötungshemmung *749*
7.5.4	Revierverhalten *751*
7.5.5	Paarbildung *752*
7.5.6	Eltern und Junge *754*
7.5.7	Rangordnung *755*
7.5.8	Sozialverbände aus einander individuell bekannten Mitgliedern *756*
7.5.9	Anonyme Gruppen und Staaten *757*

Organismen in ihrer Umwelt und in Populationen

8	Ökologie *761*

8.1	Umweltfaktoren und ihre Wirkungen auf Organismen, Autökologie *762*
8.1.1	Die Umwelt *762*
8.1.1.1	Allgemeine Eigenschaften der Umweltfaktoren *763*
8.1.1.2	Einige wichtige abiotische Umweltfaktoren und ihre Bedeutung für die Organismen *765*
8.1.1.3	Korrelationen zwischen Umweltfaktoren *768*
8.1.1.4	Die Sonderstellung der biotischen Umweltfaktoren *769*
8.1.2	Die Wirkungen der Umwelt auf die Organismen *771*
8.1.2.1	Fundamentale Reaktionsweisen der Individuen *771*
8.1.2.2	Prinzipien von übergeordneter Bedeutung *773*
8.1.2.3	Komplexe Organismus-Umwelt-Beziehungen *777*
8.1.2.4	Die ökologische Nische *779*
8.1.2.5	Schlüsselfaktoren, limitierende Faktoren *781*

8.2	Populationen *782*
8.2.1	Populationsgröße, Anzahl und Biomasse, Populationsdichte *783*
8.2.2	Variabilität in der Population *783*
8.2.3	Populationsstrukturen *784*

8.2.4	Zeitliche Veränderungen der Populationen. Populationsdynamik	786
8.2.4.1	Grundkomponenten der Populationsveränderungen: Natalität und Mortalität	787
8.2.4.2	Altersabhängigkeit von Reproduktion und Sterblichkeit	787
8.2.4.3	Exponentielles Wachstum der Population	790
8.2.4.4	Dichteabhängige Regulation der Populationsgröße. Logistisches Wachstum	790
8.2.4.5	Schwankungen der Populationsdichte. Zyklen	792
8.2.4.6	Extinktion	795
8.2.5	Räumliche Veränderungen der Populationen	795
8.2.5.1	Ausbreitungsmechanismen	796
8.2.5.2	Populationsgrenze und Expansion	796
8.2.5.3	Kolonisierung und ihre Beziehung zur Extinktion	797
8.2.5.4	Wanderungen	797
8.3	Die Biozönöse und das Ökosystem	799
8.3.1	Einfache Wechselbeziehungen	801
8.3.1.1	Konkurrenz	801
8.3.1.2	Symbiose	804
8.3.1.3	Feind-Beute-Beziehungen. Parasitismus	807
8.3.1.4	Kommensalismus, Amensalismus, Neutralismus	810
8.3.2	Komplexe Wechselbeziehungen	811
8.3.2.1	Konkurrenz und Feind-Beute-Beziehung	811
8.3.2.2	Die Trophiestruktur des Ökosystems	812
8.3.2.3	Artenzahl und Diversität	813
8.3.2.4	Komplexität und Stabilität	815
8.3.2.5	Systemanalyse	816
8.3.3	Stoff- und Energiehaushalt	817
8.3.3.1	Stoffkreisläufe	817
8.3.3.2	Bodenbildung	819
8.3.3.3	Energiehaushalt	820
8.3.4	Sukzession	825
9	**Biogeographie**	**829**
9.1	Beschreibende Biogeographie	829
9.1.1	Arealbegriff	829
9.1.2	Gliederung des Festlandes	830
9.1.2.1	Holarktis	832
9.1.2.2	Paläotropis	832
9.1.2.3	Neotropis (Neogäa)	833
9.1.2.4	Australis (Notogäa)	834
9.1.2.5	Antarktis	834
9.1.3	Gliederung des Meeres	834
9.2	Historische Biogeographie	836
9.2.1	Einfluß der Kontinentalverschiebung	836
9.2.2	Großdisjunktionen	836

9.2.3	Isolationsphänomene	*837*
9.2.4	Bedeutung der Landverbindungen	*838*
9.2.5	Biogeographie des Pleistozäns	*839*
9.2.5.1	Eiszeiten	*840*
9.2.5.2	Warmzeiten und Nacheiszeit	*840*
9.2.6	Gegenwart	*841*
9.2.6.1	Gegenwärtige Disjunktionen	*841*
9.2.6.2	Arealbeschränkungen	*843*
9.2.6.3	Evolutive Aufsplitterung	*843*
9.3	Ökologische Biogeographie	*844*
9.3.1	Dynamische Faktoren	*844*
9.3.1.1	Passive (allochore) Ausbreitung	*844*
9.3.1.2	Aktive (autochore) Ausbreitung	*845*
9.3.1.3	Kombinierte Ausbreitung	*846*
9.3.1.4	Schranken der Ausbreitung	*846*
9.3.2	Existenzfaktoren	*847*
9.3.3	Floren- und Faunenelemente, am Beispiel Mitteleuropas erläutert	*847*
9.3.4	Ökologische Gliederung der Geobiosphäre	*850*

10 Evolution *855*

10.1	Nachweis von Verwandtschaftsbeziehungen	*855*
10.1.1	Homologie	*855*
10.1.1.1	Abwandlung homologer Strukturen durch Funktionswechsel	*856*
10.1.1.2	Homologiekriterien mit Beispielen aus der Morphologie	*856*
10.1.1.3	Seriale Homologie (Homonomie)	*857*
10.1.1.4	Homologie und Korrelationsgesetz	*857*
10.1.1.5	Homologie von Makromolekülen	*858*
10.1.1.6	Homologie im Karyotyp	*859*
10.1.1.7	Homologie physiologischer Prozesse	*859*
10.1.1.8	Homologie von Verhaltensweisen	*860*
10.1.2	Historische Reste als Dokumente der Stammesgeschichte	*861*
10.1.3	Embryologie und Verwandtschaftsforschung – Rekapitulationsentwicklung	*863*
10.2	Anpassungsähnlichkeit – Analogie und Konvergenz	*866*
10.3	Transformation von Strukturen in der Phylogenese	*869*
10.3.1	Transformation morphologischer Strukturen – das fossile Belegmaterial	*869*
10.3.1.1	Fossile Abwandlungsreihen	*869*
10.3.1.2	Fossile Übergangsformen (»connecting links«)	*871*
10.3.2	Transformation von Makromolekülen	*872*
10.3.2.1	Zunahme der DNA-Menge in der Evolution	*872*
10.3.2.2	Transformation von Proteinen	*873*
10.3.2.3	Allozyme und der genetische Polymorphismus in Populationen	*878*

10.3.3 Transformationen im Karyotyp 879
10.3.3.1 Folgen von Transformationen des Karyotyps 879
10.3.3.2 Beispiele für Transformationen des Karyotyps durch Fusion und Inversion 880

10.4 Selektion als wesentlicher Evolutionsfaktor 881
10.4.1 Die Theorien von Lamarck und Darwin 881
10.4.2 Populationsgenetik 883
10.4.2.1 Phänotypische Variabilität und Erblichkeit 884
10.4.2.2 Genotyp- und Genfrequenz. Das Hardy-Weinberg-Gesetz 886
10.4.2.3 Genetische Drift: Die Rolle der Populationsgröße 888
10.4.2.4 Inzucht 888
10.4.2.5 Selektion 890
10.4.2.6 Die Erhaltung genetischer Vielfalt 893
10.4.2.7 Fitness der Population und genetische Bürde. Die Harmonie des Genpools 898
10.4.2.8 Artaufspaltung und genetische Divergenz 900
10.4.3 Beispiele für das Wirken der Selektion 901
10.4.3.1 Ökologische Vorbemerkung 901
10.4.3.2 Anpassung an den abiotischen Faktor Wind auf Inseln 902
10.4.3.3 Resistenzphänomene bei Insekten und Bakterien 902
10.4.3.4 Industriemelanismus bei Schmetterlingen 903
10.4.4 Sexualdimorphismus und sexuelle Selektion 904

10.5 Artbildung (Speziation) 905
10.5.1 Artbegriff 905
10.5.2 Artbildungsmodi 906
10.5.3 Artbildungsfaktoren 906
10.5.4 Geographische Rassen (Subspezies) 908
10.5.5 Ökologische Rassen (Ökotypen) 909
10.5.6 Von der Rasse zur Art – allopatrische Artbildung 909
10.5.6.1 Sympatrie und ökologische Sonderung 911
10.5.6.2 Artbildung auf Inseln 911
10.5.6.3 Isolationsmechanismen 911
10.5.6.4 Phylogenetische Entstehung von Isolationsmechanismen 913
10.5.6.5 »Zusammenbruch« von Isolationsmechanismen 914
10.5.7 Sympatrische Artbildung 915
10.5.7.1 Sympatrische Artbildung durch Polyploidie 915
10.5.7.2 Sympatrische Artbildung durch disruptive Selektion 918

10.6 Transspezifische Evolution und Typogenese 919
10.6.1 Bildung neuer »ökologischer Zonen« (Adaptionszonen) und adaptive Radiation 919
10.6.2 Beispiele für transspezifische Evolution 921
10.6.2.1 Adaptive Radiation auf Inselgruppen 921
10.6.2.2 Die »Eroberung« des Landes durch die Wirbeltiere 923

10.7 Lebende Fossilien und das Aussterben 924
10.7.1 Lebende Fossilien 924
10.7.2 Aussterben 926

11   Grundlagen, Ziele und Methoden der biologischen Systematik   *931*

Tafeln: Pflanzenreich, Tierreich   *940*

Weiterführende Literatur   *947*

Abkürzungsverzeichnis   *953*

Internationales System der Einheiten (SI)   *957*

Sachverzeichnis   *959*

Einführung

Die Biologie untersucht, beschreibt und analysiert die Strukturen und Funktionen der Organismen. Seit der chemische Aufbau der Organismen gut bekannt ist, können wir sie nicht nur durch ihre Lebenserscheinungen (Stoff- und Energiewechsel, Wachstum, Fortpflanzungsvermögen, Reizbarkeit und aktive Bewegung) charakterisieren, sondern auch als ein wohlgeordnetes Gefüge zahlreicher, einfacher bis hochkomplizierter organischer Moleküle (Biomoleküle) beschreiben. Die für Organismen charakteristischen Moleküle sind weit mannigfaltiger als jene, welche sich in der unbelebten Natur – z. B. in komplexen Gesteinsformationen, im Boden, in Mineralwässern oder in der Atmosphäre – finden. Sie sind außerdem meist größer und weit komplizierter gebaut als die einfachen Salzmischungen und Elemente der Erdkruste; ein Beispiel dafür ist auf dem Frontispiz gezeigt. Die Abgrenzung der Lebewesen gegen die unbelebte Natur ist also ganz scharf, auch die Viren haben sie nur scheinbar verwischt: Viren können sich nur in Verbindung mit einer lebenden Zelle autokatalytisch identisch vermehren; sie haben nur »geborgtes Leben«.
Dagegen ist die Grenze zwischen Pflanze und Tier im Bereich bestimmter Einzellergruppen völlig gleitend: Ein grüner, photoautotropher Stamm des Flagellaten *Euglena gracilis* wird dem Pflanzenreich zugeordnet, während ein natürlich oder im Experiment chloroplastenfrei gewordener, heterotropher Stamm der gleichen Art ohne weiteres als tierisch betrachtet werden kann. Die großartige Einheitlichkeit in den wesentlichen Konstruktionsprinzipien der Zellen und im größten Teil des Stoff- und Energiewechsels rechtfertigt nicht nur die Betrachtung der gesamten Biologie in einem Buch, wie sie hier versucht wird, sondern fordert sie heraus.
Die Lebenserscheinungen sind letztlich regulierte Reaktionen der Biomoleküle. Durch die intensiven Forschungen auf dem Gebiet der *Molekularbiologie* in den letzten Jahrzehnten ist bekannt, daß sich alle Organismen durch den Besitz von Nucleinsäuren (DNA und RNA) und Proteinen auszeichnen, und somit läßt sich heute eine sehr präzise Definition von Lebewesen geben:
Lebewesen sind diejenigen Naturkörper, die Nucleinsäuren und Proteine besitzen und imstande sind, solche Moleküle selbst zu synthetisieren.
Die Biologie beschäftigt sich demnach mit allen Phänomenen, die direkt oder indirekt durch die mannigfaltigen Varianten von DNA und RNA und der von ihnen abhängigen Proteine bedingt sind.
Die hohe Komplexität der Regelung von Veränderungen der Molekülagglomerate setzt Ordnungsprinzipien innerhalb des Organismus voraus. Auf allen Organisationsstufen, auf dem Niveau der Zelle wie dem der Organe, gibt es eine Trennung von Reaktionsräumen, in denen bestimmte Zustände und Reaktionen unbeeinflußt von anderen bleiben und ablaufen können. Darauf beruhen die komplexen Strukturen von Organen, Zellen und ihren Kompartimenten, die in einer staunenerregenden, nur in Jahrmillionen entwickel-, prüf- und verwerfbaren Hierarchie von Funktionsbeziehungen entstanden sind.
Schon die Instabilität der meisten komplexen Verbindungen, insbesondere bei höheren Temperaturen, mehr aber noch die allen Organismen eigene Fähigkeit des Wachstums und der Vermehrung machen einen dauernden Stoffauf-, -um- und -abbau notwendig. Sie

erfordern damit die Zufuhr von Energie und die Aufnahme verwertbarer sowie die Ausscheidung überflüssiger oder schädlicher, also nicht beliebiger Stoffe. Daraus ergibt sich die existenzbedingende Beziehung zur Umwelt, eine Bindung an Lokalitäten, die es erlauben, die entsprechenden Energien (z.B. Sonnenlicht) und Stoffe (z.B. Mineralsalze) zu bekommen.

Physikochemisch betrachtet stellt ein Organismus – und auch jede einzelne Zelle – ein *offenes System* im Sinne der Thermodynamik dar, also ein solches, das mit seiner Umgebung in einem ständigen Austausch von Energie und Stoffen steht. Da es ständig Arbeit leisten muß, die es nach außen abgibt, aber auch innen zur Erhaltung seiner komplexen Struktur benötigt, muß es sich im Zustand des *Fließgleichgewichtes* (»steady state«) erhalten. Dies ist ein quasi-stationärer Zustand, in dem sich bei dauerndem Zu- und Abstrom von Stoffen bestimmte Konzentrationen einstellen, die von denen des chemischen Gleichgewichtes abweichen. Die auf dieses Gleichgewicht hin ablaufenden chemischen Reaktionen setzen die Energie frei, die für die Erhaltung der Lebensvorgänge erforderlich ist.

Der große Unterschied in der Komplexität der Organismen gegenüber der unbelebten »Umwelt« setzt die Schaffung kontrollierender Barrieren voraus, an denen geprüft wird, was in den Bestand des Organismus aufgenommen und was aus ihm abgegeben werden darf und muß. Sich gegenüber der Umwelt durch Membranen oder noch komplizierter gebaute Schichten abzugrenzen, ist eine Lebensnotwendigkeit. Dies gilt nicht nur für die Körperoberfläche, sondern für jede Membranbarriere im Körperinneren, denn auch Zellen und Organellen in den Zellen müssen sich gegen ihre Umgebung abgrenzen. Dieses System in Gang zu halten, Defekte zu reparieren und es zur Fortpflanzung zu bringen, bevor es durch die Anhäufung irreparabler Defekte zerstört wird, verbraucht sehr viel Energie. (Ein Mensch benötigt im Laufe eines 50jährigen Lebens für den Stoffwechselbetrieb seines Körpers etwa $2 \cdot 10^8$ kJ, die gesamte Menschheit hierfür etwa $5 \cdot 10^{13}$ kJ $\cdot$ Tag^{-1}; dazu kommt jedoch noch ein mehr als zehnfach höherer Energieaufwand der Menschheit für ihre zivilisatorischen Bedürfnisse.) Können Schädigungen, wie Funktionsstörungen, nicht mehr ausgeglichen werden, dann tritt der Tod ein. Danach zerfällt eine riesige Zahl an komplexen Molekülen (schon bei einer einzigen Bakterienzelle sind es einige Millionen) in immer kleinere Bruchstücke; diese werden von anderen Organismen weiterverwendet, oft bis zu einfachsten Verbindungen abgebaut und münden damit wieder in den großen, mit Sonnenenergie betriebenen Stoffkreislauf ein.

Organismen sind durch eine relativ hohe Konstanz ausgezeichnet: Verglichen mit den großen Veränderungen in der Stammesgeschichte findet sich selbst innerhalb großer Populationen eine zunächst überraschend geringe Variabilität. Diese ist durch die hohe Präzision bedingt, mit der die DNA als Träger der Erbinformation repliziert wird.

Die einfachste existenzfähige Organisationsform eines lebenden Naturkörpers ist die der Zelle, einer kleinen Einheit von gegeneinander abgegrenzten Reaktionsräumen, die nach außen durch eine Plasmamembran abgegrenzt ist und die es ermöglicht, einen von der Umgebung abweichenden und für die Zelle typischen Stoffbestand aufrechtzuerhalten. Sie besitzt wenigstens ein DNA-Molekül als Vererbungsträger, als Informationszentrale für das, was gebildet und was geleistet werden kann. Man bezeichnet denjenigen Teil der Biologie, der sich mit den Eigenschaften der Zellen beschäftigt, als *Cytologie, Zellenlehre* oder *Zellbiologie*.

Die Eigenschaft der Zelle, sich teilen, und die des Organismus, sich fortpflanzen zu können, ist nicht nur eine notwendige Voraussetzung für die stammesgeschichtliche Entwicklung, sondern für das Überleben schlechthin; denn nur dadurch, daß der Organismus seinesgleichen reproduzieren kann, entgeht er dem Untergang durch Schädigungen der Umwelt. Das Sich-selbst-vermehren-können setzt voraus, daß auch die genetische Information repliziert wird. Die Wiederentstehung eines neuen funktionsfähigen Organismus mit allen Eigenschaften des alten setzt eine geordnete Genaktivität, d.h.

Ablesung der genetischen Information, voraus. Die *Genetik* oder *Vererbungslehre* ist derjenige Teil der Biologie, der sich mit der Replikation der genetischen Information, ihrer Kombination in Sexualprozessen und ihrer Realisation im Organismus beschäftigt.

Die *Fortpflanzungsbiologie* untersucht alle Phänomene, die im Zusammenhang mit der Weitergabe genetischen Materials und der Gründung neuer Generationen stehen. Bei der ungeschlechtlichen Fortpflanzung fehlt die Möglichkeit zur genetischen Rekombination. Die geschlechtliche Fortpflanzung hingegen ermöglicht durch die Rekombination eine relativ hohe Variabilität unter den Nachkommen. Als *Sexualität* bezeichnet man alle jene Vorgänge, die zum Finden getrennt-geschlechtlicher Geschlechtspartner und zur Vereinigung ihrer Gameten führen. Zellen und einige wenige einfache mehrzellige Organismen vermehren sich durch Zwei- oder Mehrfachteilung. Mit dem Entstehen höherer Organisationsstufen und komplizierter Organe ist eine einfache Abtrennung von Körperteilen zur Fortpflanzung praktisch unmöglich geworden; dafür kam es im Laufe der Stammesgeschichte zur Entwicklung der Geschlechter und ihrer Trennung. Bei der Gründung einer neuen Generation treten ein- bis wenigzellige Fortpflanzungskörper auf, die nach vielen Zellteilungen zu einem Organismus heranwachsen, der demjenigen nahezu oder vollständig gleicht, von dem er abstammt. Diesen Prozeß bezeichnet man als Entwicklung, genauer Embryonalentwicklung, und den Teil der Biologie, der sich mit der Untersuchung dieser Vorgänge beschäftigt, als *Entwicklungsbiologie*.

Der Cytologie gegenüberzustellen ist die *Organlehre,* die Bau und Leistungen pflanzlicher und tierischer Gewebe und Organe beschreibt. Die *Anatomie* analysiert die Organstrukturen und ihre Veränderungen in der Evolution, die *Physiologie* ihre Funktionen, auch in Abhängigkeit von äußeren Bedingungen. Die Lebensfähigkeit setzt ein geregeltes Zusammenspiel der zahlreichen Leistungen von Organellen und Organen voraus, und erst die Betrachtung der *Integration* aller Organe in einem Organismus erlaubt es, die Struktur- und Funktionsbeziehungen vollständig zu verstehen. Bei Tieren wurde eine besondere integrative Leistung, das *Verhalten,* entwickelt, das die Reaktionsnormen gegenüber der Umwelt bedingt. Das Arbeitsgebiet, das sich damit beschäftigt, heißt *Ethologie*.

Da alle Organismen am Gesamtstoffkreislauf der Erde teilhaben und nur temporäre Vereinigungen zahlreicher und komplexer Makromoleküle sind, stehen sie auch in Abhängigkeit von ihrer Umwelt. Diese zu untersuchen und zu beschreiben, ist Aufgabe der *Ökologie*. Da die Erdoberfläche nicht einheitlich gestaltet ist, gibt es auch viele Möglichkeiten, mit der Umwelt Wechselwirkungen und Abhängigkeiten aufzubauen. Mit der Anpassung an bestimmte Lebensräume (Biotope) geht der Verlust dort nicht verwendbarer Eigenschaften einher. In fast allen Biotopen leben zu können, bringt nur der Mensch unter Ausnutzung seiner intellektuellen Fähigkeiten und seiner Tradition im Werkzeuggebrauch fertig. Bei allen übrigen Lebewesen ist die Bindung an die Umwelt so stark, daß sich daraus eine durch klimatische Faktoren bedingte und historisch entstandene räumliche Verteilung ergibt, die zu erfassen Aufgabe der *Biogeographie* ist.

Die *Evolutionslehre, Phylogenetik* oder *Stammesgeschichte* setzt sich zum Ziel, die Entwicklung der Organismen im Lauf der Erdgeschichte zu beschreiben und ihre Ursachen aufzudecken. Die Evolution der Organismen hat wahrscheinlich mit der Abgrenzung kleiner Molekülverbände gegenüber einer einfacheren Umwelt begonnen und in einer unfaßbar großen Zahl von Änderungen des Erbgutes bis zur Entwicklung jener Eigenschaften geführt, die es uns ermöglichen, ein solches Buch zu schreiben. Der Untersuchungsrahmen der Evolutionsforschung ist sehr weit gespannt: Er reicht von der stammesgeschichtlichen Veränderung von Makromolekülen *(molekulare Evolution)* bis zum Angepaßtsein von Denkstrukturen und Emotionsnormen des Menschen, welche ihm seine hohe Überlebens- und Ausbreitungschance gewähren.

Aufgrund von Extrapolationen kann man sich die Uratmosphäre der Erde vor etwa drei Milliarden Jahren als aus H_2, H_2O, N_2, NH_3, CH_4, CO, CO_2 und HCN zusammengesetzt vorstellen. Der für nahezu alle heutigen Organismen so lebensnotwendige Sauerstoff war nur in sehr geringen Konzentrationen vorhanden. Schon durch die Uratmosphäre wurde ein »Glashauseffekt« geschaffen, durch welchen die starken Tag-Nacht-Temperaturschwankungen weitgehend ausgeglichen wurden. Aber erst die Evolution der Pflanzen ermöglichte durch deren photosynthetische Sauerstoffproduktion die »moderne« sauerstoffreiche Atmosphäre. Vor Entstehung einer solchen Atmosphäre muß die Einstrahlung von kurzwelligem Ultraviolett ($\lambda < 320$ nm) so stark gewesen sein, daß die Entstehung von Leben nur im Meer vorstellbar ist. Unter Nachahmung der Uratmosphäre, in der auch elektrische Entladungen – Blitze und Gewitter – viel häufiger gewesen sein dürften als heute, ist es im Laborexperiment gelungen, durch Energiezufuhr (Erwärmen, elektrische Entladung und ultraviolette Strahlung) in einer Mischung der damals vorherrschenden Elemente und einfachsten Verbindungen Biomoleküle – wie kurzkettige Fettsäuren, Aminosäuren, Zucker, Purine – entstehen zu lassen, welche die Meere zu einer »Ursuppe« gemacht haben müssen. In dieser könnten sich Molekülansammlungen ausgesondert haben. Solche Gebilde *(Coacervate)* könnten durch Aufnahme gleichartiger Stoffe gewachsen und durch Turbulenzen des Wassers in kleinere Tröpfchen geteilt worden sein, wonach sie wieder wachsen konnten. Wo dabei die Grenze zu den Eigenschaften hin überschritten worden ist, die heute mit dem Begriff des Lebendigen – besonders hinsichtlich der Reproduktionsfähigkeit – bezeichnet werden, ist ein noch völlig ungelöstes Problem. Durch die grundsätzlich möglichen Experimente und ihre ersten Erfolge ist man über die reine Spekulation zur »Entstehung des Lebens« hinaus zu einer eigenen Arbeitsrichtung der Biologie gekommen, die *Biogenese-Forschung* genannt wird.

Die mehr als zwei Milliarden Jahre andauernde Evolution der Organismen hat unzählige Arten hervorgebracht. Selbst jetzt werden noch neue Typen lebend gefunden, die grundsätzlich anders aufgebaut sind als die bisher bekannten, wie z.B. einzellige Algen, die Merkmale vereinen, die man bisher nur den Prokaryoten oder nur den Eukaryoten zugeschrieben hat, oder wurmähnliche Organismen, die in der Tiefsee entlang vulkanischer Gräben mit warmem Wasser leben; sie stellen eine neue Tiergruppe vom systematischen Rang einer Klasse dar. Wenn man von der Zahl der heute bekannten Arten und von Schätzungen der noch zu entdeckenden Prokaryoten, Pflanzen und Tiere ausgeht, so ist anzunehmen, daß die im Laufe der Evolution aufgetretene Zahl von Arten (einschließlich der fossilen, von denen grundsätzlich nur wenige bekannt werden) sicherlich viele Millionen (oder gar Milliarden?) beträgt. Diese Mannigfaltigkeit der Organismen unter Berücksichtigung möglichst aller zugänglichen Daten geordnet darzustellen und ihre verwandtschaftlichen Beziehungen aufzudecken, ist schließlich die Aufgabe der *Systematik*.

Die Biologie, einst von den technikbegeisterten Menschen als ein Hobby romantischer Naturfreunde belächelt, ist heute zu einer eminent wichtigen Wissenschaft geworden. Auf der einen Seite hat sich ein Organismus weltweit in einem Maße von den biologischen Zusammenhängen distanziert, daß er das Gefüge der wechselseitigen Abhängigkeiten global zu verändern und zu zerstören droht. Auf der anderen Seite sind durch die Molekulare Genetik Techniken entwickelt worden, die es erlauben, charakteristische Eigenschaften von Lebewesen zu verändern. Damit werden Individuen nur mehr zu Trägern austauschbarer Erbinformationen, zu Bioreaktoren. Spätestens jetzt muß auch dem entferntesten Laien klar werden, daß Biologie-zu-verstehen über viele geisteswissenschaftliche und künstlerische Ambitionen hinausgeht und zu einer Über-Lebensfrage wurde.

Bau und Leistungen der Zellen

1 Zellbiologie

Im Jahrzehnt zwischen 1830 und 1840 war die Erkenntnis von der Zelle als dem universellen Baustein aller Organismen gereift. Johann Evangelista Purkinje (1787–1869), Robert Brown (1773–1858), Matthias Jakob Schleiden (1804–1881) und Theodor Schwann (1810–1882) können als die Begründer der »Zellentheorie« angesehen werden. Die Bedeutung dieser für die Entwicklung der Biologie grundlegenden Vorstellungen war zunächst noch durch irrige Ansichten über die Art und Weise, in der Zellen entstehen können, gemindert. Erst Rudolf Virchow (1821–1902) verhalf der Erkenntnis zum Durchbruch, daß Zellen immer wieder nur aus Zellen hervorgehen können. Sein berühmter Satz »*omnis cellula e cellula*« erschien zum ersten Male im Jahre 1855 in einem Aufsatz über »Cellularpathologie«. Seit damals steht die Bedeutung der Zelle erstens als der kleinsten Einheit der Struktur, zweitens als der kleinsten Einheit der Vermehrung des Lebendigen fest. Diese Betrachtungsweise wurde in den folgenden Jahrzehnten noch durch die Erkenntnis ergänzt, daß drittens die Zelle auch die kleinste Einheit der Funktion des Lebendigen ist.

In einer Zeit, die den Versuchen, »Definitionen des Lebens« zu finden, weitgehend entwachsen ist, erscheint es dennoch nützlich, sich dieses Entwicklungsprozesses und damit der auf zahllosen Umwegen gewonnenen Einsicht zu erinnern, daß sämtliche Phänomene des Lebens untrennbar an die Zelle geknüpft sind. Spätestens seit Virchow kann der Begriff des »Lebens« nicht nur mit der Vorstellung eines Prozesses, eines Stromes von Atomen, Molekülen und Energien, sondern auch mit einer ganz konkreten Organisationsform verknüpft werden.

Die Versuche, den Beziehungen zwischen Struktur und Funktion im Bereich des Lebendigen nachzuspüren, haben heute, im Zeitalter der Molekularbiologie, eine neue Dimension hinzugewonnen. Je klarer sich die Funktionen der verschiedenen Typen von Makromolekülen umreißen lassen, desto deutlicher tritt die Zelle als die Grundform der biologischen Organisation hervor.

Vom Standpunkt unserer heutigen, biochemisch vertieften Einsicht läßt sich die Rolle, in der uns die einfachste Organisationsform des Lebens entgegentritt, folgendermaßen umschreiben:

Die Zelle als kleinste Einheit der Struktur

Die außerordentliche Mannigfaltigkeit aller Lebewesen ist das Ergebnis der differenzierten Anordnung von im Grundbauplan einheitlichen Bauelementen. Komplexere Strukturen, wie Gewebe und Organe, sind aus Zellen zusammengesetzt. Deren Bausteine, die Organelle und Makromoleküle, führen nirgendwo eine selbständige, die Merkmale des Lebens zeigende Existenz.

Die Zelle als Grundbaustein aller Lebewesen besitzt eine charakteristische *molekulare* und *supramolekulare Struktur*. Sie ist in allen Fällen an *Nucleinsäuren* als den Trägern und Vermittlern der genetischen Information und an *Proteine* als den Exekutoren des genetischen Programms geknüpft. Zu den supramolekularen Bestimmungsstücken von Zellen gehören aus *Lipiden* und Proteinen aufgebaute Membransysteme und ein relativ kleines Inventar charakteristischer *Organellen* (S. 135), von denen einige dem Typus des Protocyten (S. 24) fehlen.

Die molekulare und supramolekulare Organisation aller Zellen ist sicherlich das Endergebnis eines langen Entwicklungsprozesses, der einen Abschluß gefunden hatte, als die uns durch Makrofossilien überlieferte Geschichte der Lebewesen begann.

Die Zelle als kleinste Einheit der Vermehrung

Prinzipiell durchlaufen Organismen ein einzelliges Stadium, manche bleiben auf dieser Organisationsstufe stehen. Vielzellige Organismen entwickeln sich im allgemeinen aus einer befruchteten Eizelle und gewinnen ihre Gestalt durch eine Aufeinanderfolge von Teilungsschritten. Jede Vermehrung der organischen Substanz setzt somit Vorgänge voraus, die von den Syntheseleistungen intakter Zellen abhängen. Dies gilt auch dann, wenn das Ergebnis einer Vermehrung nicht die Erhöhung der *Zahl,* sondern der *Masse* von Zellen ist, wie dies bei der Bildung von *Syncytien* (S. 11) der Fall ist.

Die Zelle als kleinste Einheit der Funktion

Bis in die zwanziger Jahre dieses Jahrhunderts ist immer wieder versucht worden, einen Katalog der funktionellen Merkmale des Lebens aufzustellen. Wilhelm Roux (1850–1924) – einer der Begründer der Entwicklungsbiologie – publizierte 1915 folgende Liste von Eigenschaften, durch die Organismen erschöpfend charakterisierbar sein sollten: *Stoffwechsel* (bestehend aus Aufnahme, Assimilation, Dissimilation und Ausscheidung), *Wachstum, Bewegung* (bestehend aus Erregbarkeit und spontaner Bewegungsfähigkeit), *Vermehrung* und *Vererbung.*
Alle diese Eigenschaften lassen sich gemeinsam nur *auf* dem Organisationsniveau der Zelle, aber nicht *unter* diesem nachweisen.
Die Zelle ist also die *kleinste Einheit,* in der sich *sämtliche Grundfunktionen des Lebensgeschehens* nachweisen lassen. Deshalb bezeichnet man auch *Viren,* die weder einen eigenen Stoffwechsel zeigen noch selbst wachsen oder erregbar sind, nicht als Zellen, sondern höchstens als Zellbestandteile, die ein gewisses Maß an Selbständigkeit gewonnen haben, für ihren Lebenszyklus jedoch immer eine intakte Zelle benötigen.
Die Zelle als kleinste Einheit der Funktion des Lebendigen ist auch das kleinste *offene System,* das sich selbst in einem Zustand des *Fließgleichgewichtes* erhält. Offene Systeme sind solche, die mit der Umwelt nicht nur *Energie,* sondern auch *Stoff* und *Information* austauschen; und das Fließgleichgewicht ist diejenige Form eines offenen Systems, die durch das größtmögliche Maß an *Ordnung* (bzw. die geringste Zunahme an Entropie, S. 65) gekennzeichnet ist. Dies drückt sich darin aus, daß die Konzentrationen von Baustoffen mehr oder weniger konstant gehalten werden können, obgleich ein ständiger Strom von Material und Energie durch das System hindurchfließt (daher die Bezeichnung Fließgleichgewicht). Das Gleichgewicht, in dem sich ein offenes System befindet, ist somit ein dynamischer Zustand, der nur durch die *Investition von Arbeit* aufrechterhalten werden kann.
Das Studium der zellulären Organisation ist in den letzten Jahrzehnten außerordentlich intensiviert worden. Die entscheidenden Impulse gingen dabei von folgenden Arbeitsrichtungen aus:
Die *Elektronenmikroskopie* ermöglichte das Eindringen in jenen Größenbereich der zellulären Organisation, in dem strukturelle Korrelate für die biochemisch erschlossenen molekularen Prozesse gefunden werden können. Von der *Molekularbiologie* konnte der Mechanismus der Speicherung und Übertragung von Information durch das Nucleinsäure-Protein-System (S. 37) in den Grundzügen geklärt werden. Die *immunologischen Verfahren* erbrachten Kenntnisse über die Vielfalt der Makromoleküle und deren Spezifität. Die Einführung der *Isotopenmethode* in die Biologie erlaubte eine quantitative Analyse der Dynamik des zellulären Geschehens.
Bedingt durch diese methodischen Entwicklungen und aufbauend auf der Fülle vergleichender Daten, die zuerst von Cytologen und Histologen, später auch von Biochemikern

und Biophysikern geliefert wurden, ist es inzwischen möglich geworden, ein Bild von den komplexen Funktionen der Zelle zu entwerfen, das zum ersten Mal in der Geschichte der Biologie zwingend logisch erscheint. Darin gibt es einen notwendigen Zusammenhang zwischen Reaktionen, die sich isoliert untersuchen lassen, und den integrierten Leistungen von Zellen – und damit der Mannigfaltigkeit des Lebens selbst.

1.1 Zelltypen und Zellfeinbau

1.1.1 Die Zelle als universelles Bauelement der Organismen

Wie wir sahen, verdient die Zelle unter den Struktur- und Funktionselementen der Organismen besonderes Interesse, weil
(a) *alle Organismen aus Zellen aufgebaut sind* – Einzeller je aus einer einzigen, Vielzeller oft aus einer in die Milliarden gehenden Zahl verschiedenartiger Zellen;
(b) *Vielzeller* in ihrer Individualentwicklung (Ontogenese) meist ein einzelliges Stadium durchlaufen, das gewöhnlich durch die *befruchtete Eizelle (Zygote)* repräsentiert ist;
(c) *Zellen nur aus Zellen hervorgehen können*, und zwar durch Teilung oder – wie bei der Befruchtung (S. 282, 300) – durch Verschmelzung.
Die einzelne Zelle ist die kleinste, unter geeigneten Bedingungen für sich lebens- und vermehrungsfähige Einheit. Sie ist der *Elementarorganismus* – auch im Körper eines Vielzellers und auch in einer Gewebekultur *(»in vitro«)*.
Bei Pflanzen können sich aus einer einzigen isolierten Gewebezelle wieder ganze Organismen entwickeln. Bösartige Tumoren bei Tieren, aber auch Pflanzentumoren, entstehen oft nachweislich aus *einer* »transformierten« Zelle.
Aus diesen Einsichten erwuchs seinerzeit die *Cytologie (Zellbiologie)* als erste der allgemeinbiologischen Disziplinen. Es war eine zunächst überraschende Feststellung, daß der enormen Mannigfaltigkeit der Organismenarten, welche die makroskopischen Dimensionen beherrscht, keine vergleichbare Vielfalt von Bauelementen entspricht, daß vielmehr im mikroskopischen Bereich ein einziges (freilich wandelbares) Bauelement auftritt, eben »die« Zelle. Wir wissen heute, daß die *Zellorgane (Organelle)* und die makromolekularen Strukturen in ganz verschiedenen Zelltypen noch wesentlich mehr Übereinstimmung zeigen, als das bei den im Lichtmikroskop sichtbaren Zellstrukturen der Fall ist. Dem entsprechen die zahlreichen Parallelen von Stoffwechselleistungen und Vererbungsmechanismen bei ganz verschiedenen Organismen. Beim Übergang von makroskopischen zu mikroskopischen und schließlich submikroskopischen Dimensionen (Tab. 1.1) nimmt also die Zahl der Struktur- und Funktionsprinzipien ab, zugleich aber ihre Verbreitung im Organismenreich zu. Während im Makroskopischen jene Gesetzmäßigkeiten hervortreten, die für Individuen oder Arten charakteristisch sind, folgt das molekulare Geschehen häufig Gesetzen, die für alle Lebewesen gleichermaßen Gültigkeit haben. Im Zuge der stammesgeschichtlichen Evolution kam die Organismenvielfalt nicht so sehr durch *Änderungen der Bauelemente* zustande (Makromoleküle, Organelle, Zellen), als vielmehr durch *Änderungen in der Zellenzahl und -anordnung*.
Allerdings weichen Zellen, die *verschiedene Funktionen* ausüben, *außer in ihrem Molekülinventar auch in ihrer Struktur voneinander ab* (Struktur und Funktion sind korreliert). Die Unterschiede zwischen hochspezialisierten, oft nicht mehr teilungsbereiten Gewebezellen bilden sich während der Ontogenese heraus *(»Differenzierung«)*.
Beim Tier liegt die mittlere Zellmasse gewöhnlich in der Größenordnung von etwa 2 ng ($= 2 \cdot 10^{-12}$ kg) (Tab. 1.1). Bei Pflanzen sind die Zellen wegen der großen Zellsafträume

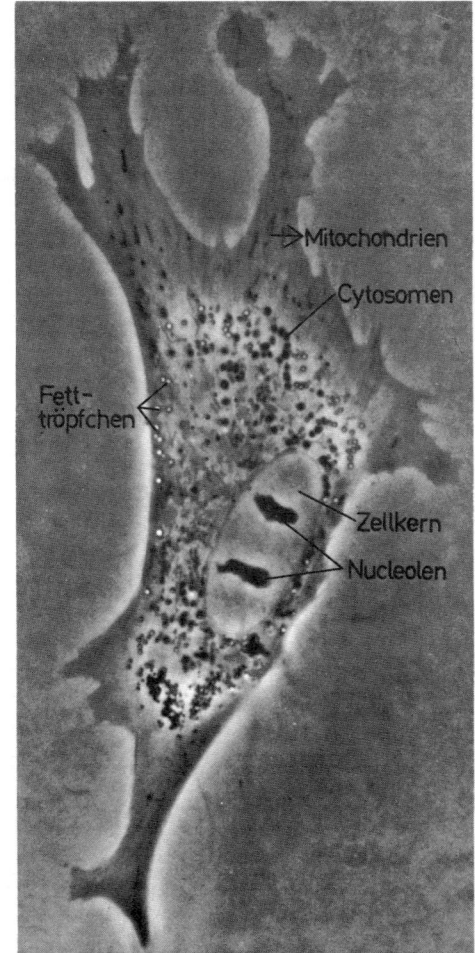

Abb. 1.1. Lebender Myoblast (embryonale Muskelzelle) des Hühnerherzens, in Gewebekultur flach ausgebreitet. Phasenkontrast, Vergr. 1500:1. (Original Weissenfels/Bonn)

Zellbiologie

Tabelle 1.1. Dimensionen atomarer, molekularer und zellulärer Strukturen (pm, Pikometer; nm, Nanometer; μm, Mikrometer; mm, Millimeter)

Dimensionsbereich	Dimensionsskala (logarithmisch)	Strukturbeispiele	
amikroskopisch (atomar)	100 pm — 10^{-10}	H-Atom	
Mikromoleküle	1 nm — 10^{-9}	H$_2$O-Molekül — K$^+$, hydratisiert / Na$^+$, hydratisiert Harnstoffmolekül Glucosemolekül Saccharosemolekül DNA-Doppelhelix, Durchmesser	*Aminosäuren* (z. B. Glycin 0,7 nm, Leucin 1,2 nm)
elektronenmikroskopisch (= submikroskopisch, molekular)	10 nm —	Hämoglobin (Einbandseite, S. 633)	*Biomembran*, Dicke (Abb. 1.28a, 1.46)
Makromoleküle	100 nm —	Ferritin (Abb. 1.26) Ribosomen (Abb. 1.37) Mikrotubuli, Durchmesser (Abb. 1.28) Multienzymkomplexe (Abb. 1.26) Mycoplasmen (S. 27) Cilien, Flagellen, Durchmesser (Abb. 1.6, 1.132)	*Bakteriengeißel*, Durchmesser *Ribosomen* *Multienzymkomplexe* (Abb. 1.26) *Viren* (Tabelle 1.10, S. 45; Abb. 1.38, 1.39)
Zellorganelle	1 μm — 10^{-6}	Mitochondrien (Abb. 1.142)	*Bakterien* (Abb. 1.15–1.18)
lichtmikroskopisch	10 μm —	Chloroplasten, Zellkerne Erythrocyt (Mensch) (Abb. 2.84, S. 229; Abb. 5.77, S. 454)	*Cyanobakterien* *Eucyten*
	100 μm —	*Euglena gracilis*, Länge (Abb. 1.14) Eizelle (Mensch)	
makroskopisch Gewebe Organe	1 mm — 10^{-3}	Riesenamöben	

im Mittel erheblich größer (ca. 10^{-11}–10^{-10} kg). Aus diesen Daten ergeben sich für größere Vielzeller Gesamtzellzahlen, die unser Vorstellungsvermögen überfordern: Der erwachsene menschliche Körper besteht aus etwa $6 \cdot 10^{13}$ Zellen, davon sind $3,5 \cdot 10^{13}$ Gewebezellen. 1 mm³ (= 1 µl) Blut enthält neben rund 6000 weißen Blutkörperchen (Leukocyten) etwa $5 \cdot 10^6$ rote Blutkörperchen (Erythrocyten). Der Gesamtbestand an Erythrocyten eines Menschen macht ungefähr $2,5 \cdot 10^{13}$ Zellen aus. Bei einer mittleren Lebensdauer dieser kernlosen Zellen von nur 4 Monaten müssen in der Sekunde etwa $2,5 \cdot 10^6$ Erythrocyten neu gebildet werden, weil zugleich ebenso viele zugrunde gehen und abgebaut werden. – Im Ejakulat eines jungen Mannes befinden sich normalerweise 2–$3 \cdot 10^8$ Spermien. Bei Großsäugern ist die Zellenzahl im Ejakulat entsprechend höher (Hengst $2 \cdot 10^9$). – Die relativ sehr großen, nicht mehr teilungsfähigen Nervenzellen (Neuronen) unseres Zentralnervensystems sind bei der Geburt bereits vorhanden. Man schätzt den *täglichen* Verlust an Neuronen in mittleren Altersstufen auf etwa 10^3. Da ihre Gesamtzahl jedoch bei 10^{10} liegt, macht der *jährliche* Verlust weniger als 0,004% des Bestandes aus.

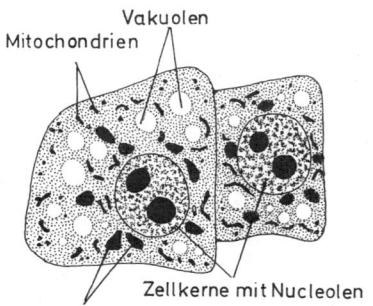

Abb. 1.2. Embryonale Pflanzenzellen im Lichtmikroskop: Meristemzellen aus dem Sproßscheitel des Spargels (Asparagus). Im Cytoplasma neben Vakuolen, Mitochondrien und Proplastiden kleine, kugelige Fetttropfen. Vergr. 3000:1

Max Schultze definierte 1861 die *Zelle* als ein *mit den Eigenschaften des Lebens begabtes Klümpchen Protoplasma mit einem Kern*. Diese Definition gilt im wesentlichen auch heute noch. Freilich gibt es auch Ausnahmen in Gestalt mehr- und vielkerniger Zellen *(Coenoblasten, polyenergide Zellen)*. Beispielsweise enthalten viele Skelettmuskelzellen bei Wirbeltieren (S. 455f.) mehrere tausend Zellkerne. Andere Beispiele finden sich bei Algen und Niederen Pilzen. Vielkernige Zellen kommen entweder dadurch zustande, daß einkernige Zellen miteinander verschmelzen *(Syncytien)*, oder dadurch, daß Kernteilungen ohne Zellteilungen ablaufen *(Plasmodien)*. Bezüglich der Plasmamembran und der Zellwand handelt es sich bei Coenoblasten um eine einzige Zelle. Andererseits läßt sich zeigen, daß jeder der vielen Zellkerne einen bestimmten, wenn auch strukturell nicht abgegrenzten Plasmabezirk physiologisch »beherrscht«. Demgemäß sind die Kerne über die gesamte Plasmamasse nicht statistisch, sondern annähernd gleichmäßig verteilt. Oft führt auch die weitere Entwicklung zum Zerfall der Coenoblasten in einkernige (monoenergide) Zellen. Beispiele für solche Vorgänge liefern viele »siphonale« Algen bei der Gameten- oder Zoosporenbildung (S. 273). Auch das zunächst plasmodiale Nährgewebe mancher Samen geht später durch *freie Zellbildung* (Zellteilungen ohne Kernteilungen) in normales, zelliges Gewebe über. Dasselbe gilt für die Frühentwicklung der Insekten. Bei der Furchung der Insekteneier entstehen zunächst viele Kerne, die in das periphere, dotterarme Plasma einwandern. Erst während der weiteren Entwicklung grenzen sich Plasmabezirke gegeneinander durch Membranen ab, so daß einkernige Zellen entstehen (Abb. 4.4, S. 326).

1.1.2 Eucyt und Protocyt

Der Satz, alle Zellen seien im Prinzip gleich gebaut, gilt nur für die Zellen der Flagellaten, und Algen, Pflanzen, Pilze und Tiere, die als *Eukaryota* zusammengefaßt werden (Organismen mit echtem Zellkern). Die Zellen der *Prokaryota* (Eubakterien, Cyanobakterien [»Blaualgen«] und Archaebakterien) sind wesentlich kleiner und einfacher gebaut. Man stellt sie daher als *Protocyten* (S. 24) den komplexer gebauten und größeren *Eucyten* der Eukaryota gegenüber.

1.1.2.1 Strukturelemente des Eucyten: Lichtmikroskopie

Schon das Lichtmikroskop läßt in Eucyten verschiedene charakteristische Einschlüsse erkennen, die in einer strukturlos erscheinenden Grundsubstanz, dem *Hyaloplasma*, liegen (Abb. 1.1–1.3). Die wichtigsten sind:

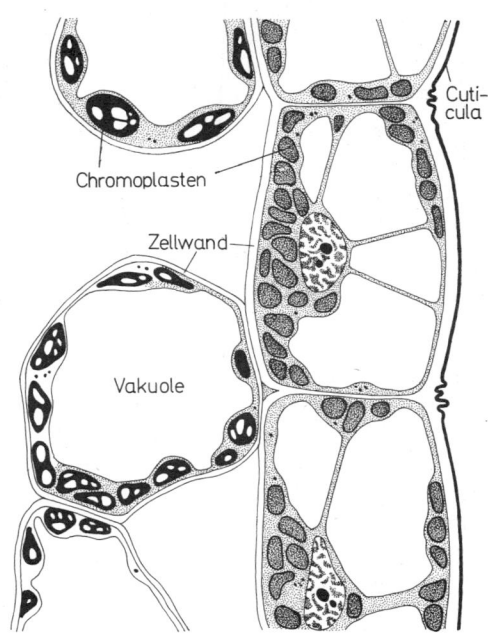

Abb. 1.3. Differenzierte Zellen der unteren Blütenblattepidermis und des unteren Mesophylls der Sumpfdotterblume (Caltha palustris). Vergr. 2000:1

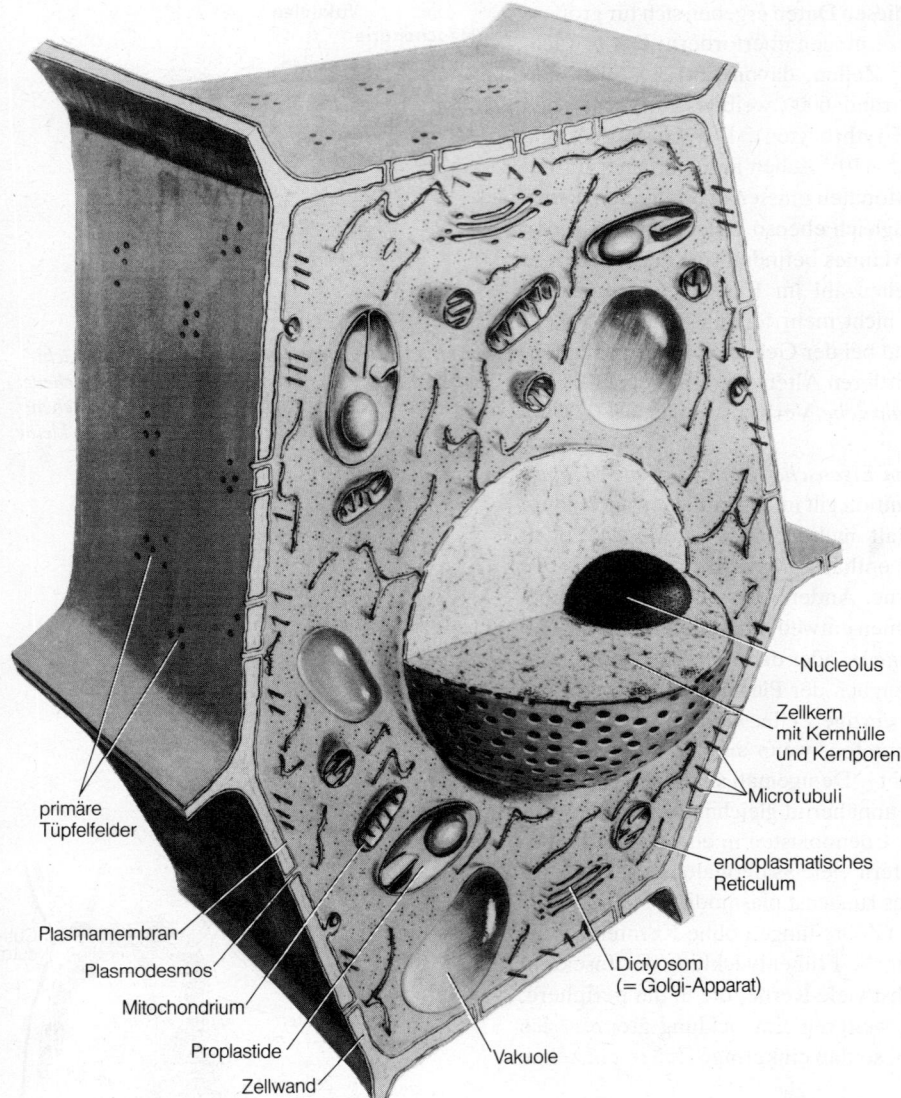

Abb. 1.4. *Feinbau einer jungen Pflanzenzelle halbschematisch. Vgl. dazu Abb. 1.2. (Nach Ledbetter u. Porter)*

(a) Der *Zellkern (Nucleus, Karyon)* ist von einer Hülle umschlossen, die das Karyo-(Nucleo-)plasma vom übrigen Zellplasma *(Cytoplasma)* abtrennt. Der Zellkern enthält *Chromatin* und *Nucleolen* (Kernkörperchen). Das Chromatin erscheint gewöhnlich als locker-fädige Struktur, die ihren Namen der guten Färbbarkeit mit bestimmten Farbstoffen (z. B. Karmin) verdankt. Das Chromatin enthält Desoxyribonucleinsäure (DNS = DNA) und ist somit Sitz der Kerngene. Bei der Kernteilung wandelt sich das Chromatin durch Kondensationsprozesse in die Chromosomen um. – Nucleolen sind sehr dichte Strukturen. Sie enthalten viel Ribonucleinsäure (RNS = RNA).

(b) *Mitochondrien* sind 1–5 μm große Organelle, in denen die Zellatmung (Energiegewinnung, S. 78f.) abläuft. Gewöhnlich enthält eine Zelle zahlreiche Mitochondrien.

(c) In den Zellen grüner Pflanzen sind stets *Plastiden* vorhanden. Sie können Stärke bilden. Sie treten in folgenden Formen auf: als *Proplastiden* in jungen Zellen; als ebenfalls farblose *Leukoplasten* in unterirdischen Organen; als chlorophyllhaltige *Chloroplasten* in

Laubblättern und Sprossen, wo sie als Organelle der Photosynthese fungieren; als gelb- bis rotgefärbte *Chromoplasten* in Blüten- und Fruchtblättern sowie als ebenfalls gelbe *Gerontoplasten* im Herbstlaub.

(d) Besonders in tierischen Zellen fallen gewöhnlich *Centriolen* (Zentralkörperchen) auf, die paarweise in einem besonderen Plasmabezirk (Centroplasma) liegen. Während der Kernteilung besetzen Centriolenpaare die Pole der Spindel. Von Centriolen leiten sich die *Basalkörper (Kinetosomen)* der Wimpern und Geißeln (Cilien und Flagellen) ab. Zellen, die keine Centriolen enthalten (wie z. B. jene der Angiospermen oder die Körperzellen von Arthropoden), sind daher stets unbegeißelt. Cilien sind kürzer als Flagellen und stets in großer Zahl vorhanden, während die Geißelzahl pro Zelle gering ist (vgl. Ciliaten und Flagellaten).

Alle bisher genannten Zellorganelle werden als »euplasmatisch« zusammengefaßt.

(e) In bestimmten spezialisierten Zellen treten *fibrilläre Strukturen* auf, z. B. Myofibrillen in Muskelzellen, Tonofibrillen in Epithelzellen. Sie werden als »metaplasmatische« Bildungen bezeichnet.

(f) Viele Zellen enthalten *Reservestoffe* (»paraplasmatische« Einschlüsse, z. B. Glykogen, Abb. 1.7, Fetttropfen, Stärkekörner, Abb. 1.43, S. 47).

(g) *Vakuolen* (Abb. 1.2, 1.3) sind flüssigkeitsgefüllte Räume, die durch Membranen (Tonoplasten) vom Zellplasma abgegrenzt sind. In tierischen Zellen treten Vakuolen meist nur als kleine Bläschen *(Vesikel)* auf. In ausgewachsenen Pflanzenzellen nimmt dagegen der Zellsaftraum *(Zentralvakuole)* bis über 80% des Zellvolumens ein (Abb. 1.3). Vakuolen und Vesikel dienen in der Zelle als Reaktions-, Vorrats-, Transport- und Abladekompartimente. (»Kompartimente« sind allgemein von Membranen umschlossene Reaktions- oder Speicherräume innerhalb der Zelle.)

Die lebende Zelle ist von einer selektiv permeablen Membran umgeben, der *Zell- oder Plasmamembran (Plasmalemma)*. Sie reguliert den Stoffaustausch zwischen Zelle und Umgebung. Sie ist nur knapp 10 nm dick und daher im Lichtmikroskop unsichtbar. Ihre Existenz ist aber schon frühzeitig durch zellphysiologische Experimente nachgewiesen worden. Bei den meisten Prokaryoten und Pilzen sowie bei Pflanzen ist die Zelle außerdem von einer wesentlich dickeren *Zellwand* umschlossen. Auch bei manchen tierischen Zellen, besonders im Binde- und Stützgewebe, kommen massive Abscheidungen dieser Art vor *(Interzellularsubstanz)*. Selbst dort, wo eine Zellwand zu fehlen scheint, bedecken oft feinste Überzüge aus Polysacchariden die Plasmamembran *(Glykocalyx)*.

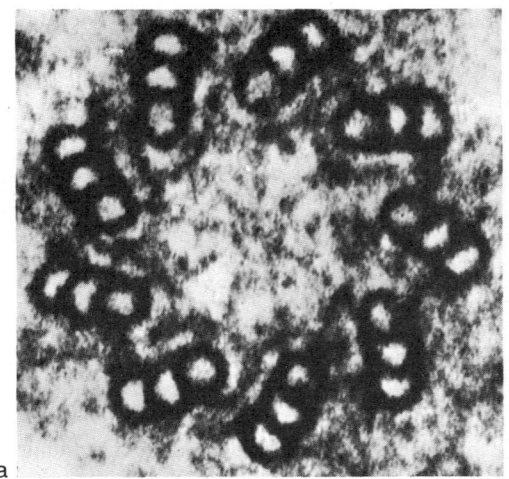

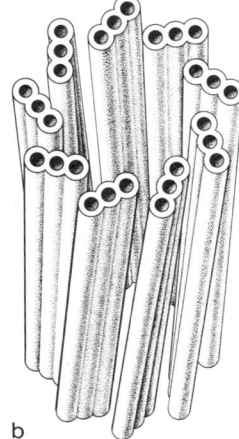

Abb. 1.5. (a) *Centriol am Spindelpol der ersten Furchungsteilung des Seeigeleies. Querschnitt. Elektronenmikroskopisch, Vergr. 15000:1.* (b) *Schematische Darstellung eines Centriols in perspektivischer Ansicht. (a Original Kane)*

1.1.2.2 Strukturelemente des Eucyten: Elektronenmikroskopie

Durch die Elektronenmikroskopie hat sich das Bild der Zellstruktur wesentlich verfeinert. Beispielsweise sind im Hyaloplasma viele Strukturen sichtbar geworden, die das Lichtmikroskop nicht auflösen kann. Als *Grundplasma* (= Grundcytoplasma) gilt derjenige Teil des Hyaloplasmas, der auch im Elektronenmikroskop amorph erscheint. Das Hyaloplasma kann bei der Zellfraktionierung mit der Ultrazentrifuge als eigene Fraktion des Homogenates gewonnen werden und wird dann als *Cytosol* bezeichnet.

In das Grundplasma eingebettet liegen annähernd sphärische, dichte Partikel mit Durchmessern von knapp 30 nm, die *Ribosomen*. Sie sind die Organelle der Proteinbiosynthese (S. 186f.). Häufig sind sie zu charakteristischen Aggregaten vereint, die als Polyribosomen *(Polysomen,* Abb. 2.20, S. 187) bezeichnet werden.

Besonders im peripheren (corticalen) Plasma und in Zellfortsätzen (Cilien, Flagellen; Dendriten von Nervenzellen; Axopodien von Heliozoen u. dgl.) finden sich häufig röhrenförmige Gebilde mit Außendurchmessern von 25 nm, die *Mikrotubuli* (Abb. 1.4, 1.28). Das sind relativ starre Hohlstäbchen, die ein internes Zellskelett (Cytoskelett) bilden können. Auch die Fasern der Kernteilungsspindel bestehen aus Mikrotubuli.

Mikrotubuli sind schließlich auch wesentliche Strukturelemente in Centriolen bzw. Kinetosomen und – wie erwähnt – in den von ihnen gebildeten Cilien und Flagellen. Im *Centriol* finden sich (neben anderen, elektronenmikroskopisch weniger gut darstellbaren Komponenten) neun Dreiergruppen von längsverwachsenen Mikrotubuli, sogenannten Tripletts (Abb. 1.5). Sie umgeben die Längsachse des stabförmigen Centriols in einem Abstand von etwa 0,1 μm, wobei sie leicht gegeneinander verdrillt sind.

Cilien und *Flagellen* stimmen in allen wesentlichen Eigenschaften ihres Feinbaus überein. Der eigentliche Geißelkörper (Axonema) ist vom Plasmalemma umhüllt und enthält 20 achsenparallele Mikrotubuli in charakteristischer Anordnung: Zwei Mikrotubuli liegen zentral, die übrigen 18 sind paarweise längs verwachsen zu neun peripheren Dubletts (Abb. 1.6, 1.132). Dieses »9+2-Muster« ist bei Eukaryoten weit verbreitet. Ob man die Geißel von *Euglena,* die Cilien eines Infusors, die Spermienschwänze vom Seeigel, die Spermatozoidengeißeln eines Farnes oder die Cilien aus dem Flimmerepithel der Bronchien oder Eileiter von Säugetieren vor sich hat – überall zeigt das elektronenmikroskopische Querschnittsbild dieselbe Anordnung der 20 Mikrotubuli. Das legt die Vorstellung nahe, daß alle heute lebenden Eukaryoten auf eine einzige phylogenetische Wurzel zurückgehen. Denn es ist sehr unwahrscheinlich, daß sich eine so komplexe Struktur wie das Axonema von Flagellen und Cilien mehrmals unabhängig voneinander entwickelt hat. In einigen Tiergruppen (u. a. bei den Insekten) gibt es allerdings Spermienschwanzgeißeln, deren Axonemen z. T. erheblich vom 9+2-Muster abweichen. Ihre Beweglichkeit ist oft eingeschränkt.

Im Gegensatz zu den beweglichen *Kinocilien* fehlen bei nichtbeweglichen Cilien *(Stereocilien)* gewöhnlich die beiden Zentraltubuli. Stereocilien finden sich z. B. in vielen Sinneszellen von Tieren (S. 495 f., Abb. 5.159a).

Neben den Mikrotubuli kommen häufig dünnere, flexible Fadenstrukturen im Grundplasma vor, die z. T. ebenfalls Skelettfunktion haben, aber auch an intrazellulären Bewegungsvorgängen beteiligt sind. Diese *Mikrofilamente* bestehen im wesentlichen aus dem Protein Aktin, das sich besonders in Muskelzellen in hoher Konzentration findet. Plasmaströmungen, wie sie z. B. bei Amöben und in vielen Pflanzenzellen auftreten, sowie die Verlagerung von Organellen innerhalb der Zelle beruhen häufig auf der Aktivität von Mikrofilamenten. (Über weitere Filamentsysteme tierischer Zellen mit Skelettfunktion s. S. 141 f.)

Das Elektronenmikroskop macht neben Plasmamembran und Tonoplast noch zahlreiche weitere Membranen in der Zelle *(»Cytomembranen«)* sichtbar. Alle diese Membranen sind 5–9 nm dick, bestehen aus Proteinen und Lipiden und erscheinen im Querschnitt als dunkel kontrastierte Linien, bei guter Auflösung als feine Doppellinien (Abb. 1.6, 1.45). Sie werden unter dem Oberbegriff *Biomembran* (= *Elementarmembran,* engl. *unit membrane)* zusammengefaßt.

Biomembranen weisen niemals freie Ränder auf. Sie sind daher nicht eigentlich zweidimensionale, sondern dreidimensionale Gebilde, vergleichbar einer Ballonhülle, aber nicht einem Blatt. Stets trennen sie ein Innen von einem Außen. Das gilt nicht nur für Plasmamembranen und Tonoplasten, sondern auch für alle Cytomembranen. Sie gliedern daher den Zelleib in zahlreiche *Kompartimente.* Und wie der Stoffaustausch zwischen Zelle und Umgebung von der Plasmamembran reguliert wird, so werden Zusammensetzung und Stoffwechsel der einzelnen zellulären Kompartimente durch spezifische Eigenschaften der verschiedenen Cytomembranen gesteuert. Durch dieses *Prinzip der Kompartimentierung* können in derselben Zelle zur gleichen Zeit gegenläufige chemische Reaktionen stattfinden, z. B. Fettsäuresynthese im Grundplasma und synchron Fettsäureabbau in den Mitochondrien oder Peroxisomen bzw. Glyoxysomen (S. 140).

Die zellulären Kompartimente variieren stark hinsichtlich ihrer räumlichen Ausdehnung und Gestalt. Wenn der Kompartimentinhalt maximalisiert ist, nimmt das Kompartiment Kugelform an. Je nach Größe spricht man dann von *Vakuolen* oder *Vesikeln* (Cytosomen,

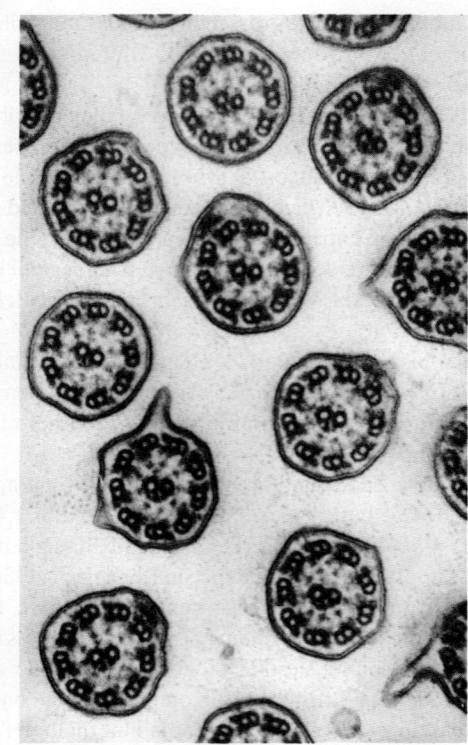

Abb. 1.6. Cilien von Tetrahymena pyriformis, quer. Jede Cilie ist umhüllt von einer doppelt konturierten Elementarmembran (Plasmalemma) und enthält im Inneren 20 achsenparallele Mikrotubuli (2 zentrale Einzel- und 9 periphere Doppeltubuli: »9 + 2 Muster«). Elektronenmikroskopisch, Vergr. 95 000:1. (Original Wunderlich/Düsseldorf)

Abb. 1.7. Leberzelle (Hepatocyt) der Ratte, Ausschnitt mit Peroxisomen und Mitochondrien, dazwischen rauhes endoplasmatisches Reticulum (ER) mit Ribosomen- bzw. Polysomenbesatz. Im Plasma neben freien Polysomen stellenweise Glykogen, von Tubuli des glatten ER durchzogen. Elektronenmikroskopisch, Vergr. 37500:1. (Original Falk/Freiburg)

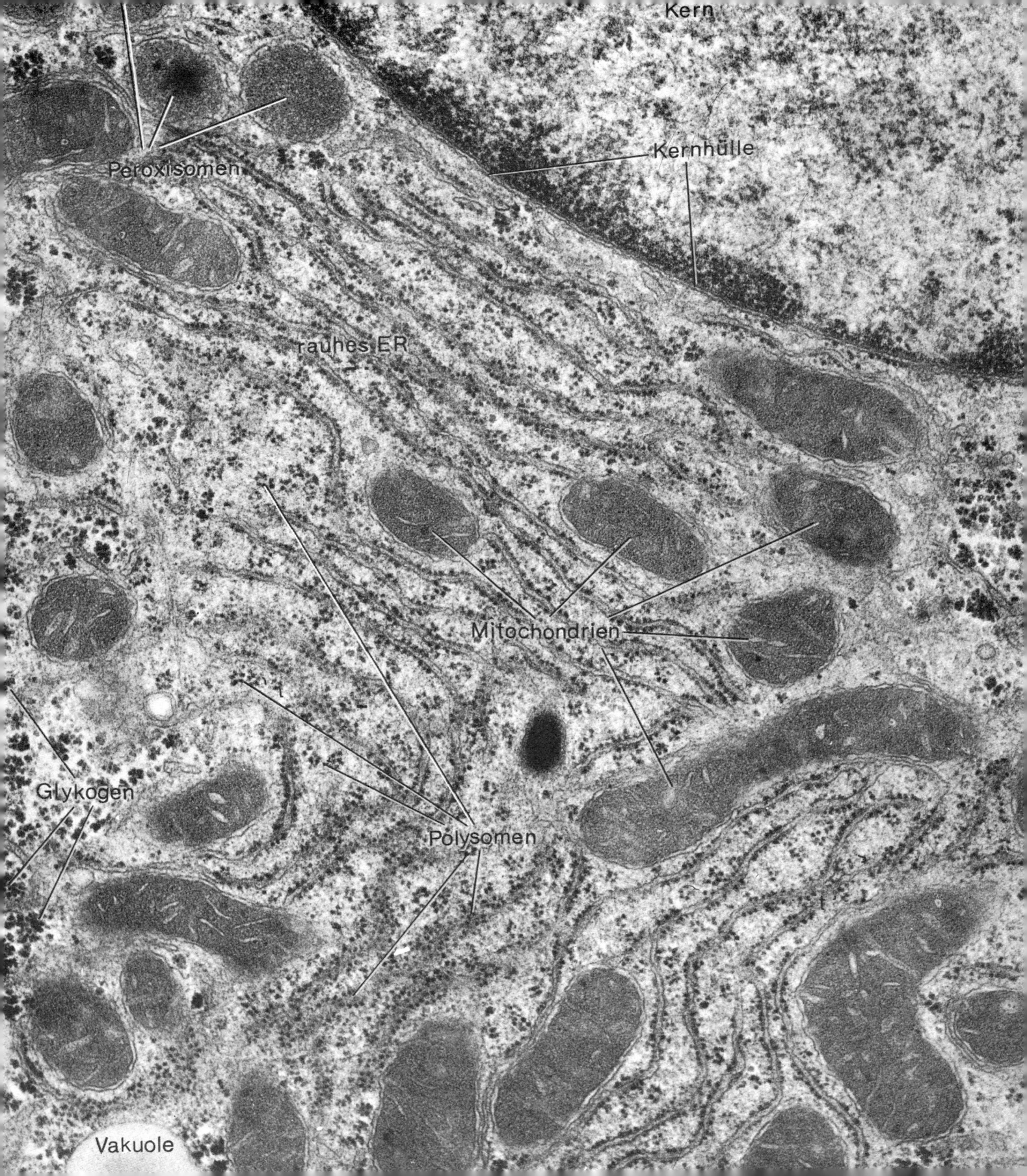

S. 139f.). An der Grenze lichtmikroskopischer Sichtbarkeit liegende Vesikel wurden früher gewöhnlich als *Granula* bezeichnet (lat. *granulum* = Körnchen). Während der Vakuoleninhalt meist weniger dicht ist als das Grundplasma (»Zellsaft«), sind Cytosomen oft besonders dichte Kompartimente. Sie enthalten bestimmte Stoffe, z.B. Enzyme, in konzentrierter, mitunter sogar kristalliner Form.

In eukaryotischen Zellen allgemein verbreitet sind *Microbodies* (S. 140, Abb. 1.8), membranumgrenzte Vesikel mit relativ dichter Matrix und einem Durchmesser um 1 μm. Sie enthalten – neben verschiedenen anderen Enzymen – Katalase, ein H_2O_2-spaltendes Enzym. Microbodies in tierischen Geweben und den grünen Blättern von Pflanzen werden oft als *Peroxisomen* bezeichnet, solche in keimenden, fetthaltigen Samen als *Glyoxysomen* (Abb. 1.7; Abb. 1.81; S. 140). Strukturell heterogener, funktionell aber einheitlicher sind die *Lysosomen* (Abb. 1.12). Sie enthalten Verdauungsenzyme, die verschiedene Makromoleküle durch Hydrolyse im sauren Milieu abzubauen vermögen (»saure Hydrolasen«). Werden diese Enzyme durch Zerstörung der Lysosomenmembran freigesetzt, dann geht die ganze betroffene Zelle zugrunde (Selbstverdauung = *Autolyse*). Gewöhnlich bleiben solche intrazellulären Verdauungsprozesse aber dadurch unter Kontrolle, daß sie in Verdauungskompartimenten ablaufen (»sekundäre« Lysosomen = Verdauungsvakuolen). Hier werden einerseits defekte Organellen, andererseits durch Endocytose (Phago-, Pinocytose, Abb. 1.8) in die Zelle aufgenommene Nahrungspartikel abgebaut; im ersten Fall spricht man von *Cytolysosomen (Autophagosomen)*, im zweiten von *Heterolysosomen* (sie entstehen durch Verschmelzung von Nahrungsvakuolen = Phagosomen mit primären Lysosomen). Form und Größe der Lysosomen schwanken stark. In Pflanzenzellen fungiert gewöhnlich die Zentralvakuole als lysosomales Kompartiment.

Neben Peroxisomen und Lysosomen gibt es in vielen Zellen noch zahlreiche weitere Cytosomenarten mit unterschiedlichen Funktionen (S. 140).

Bei anderen zellulären Kompartimenten ist nicht der Inhalt, sondern die Oberfläche maximal entwickelt. Sie weichen von der Kugelgestalt ab und bieten gewöhnlich das Bild flacher Membransäcke. Man bezeichnet solche flächigen Kompartimente als *Cisternen* oder Doppelmembranen. Die beiden häufigsten Arten solcher Kompartimente finden sich im endoplasmatischen Reticulum und im Golgi-Apparat.

Die Cisternen des *Endoplasmatischen Reticulums* (ER) erstrecken sich oft durch weite Bereiche des Cytoplasmas, häufig hängen sie untereinander zusammen (lat. *reticulum* = Netzwerk). Auch die *Kernhülle* gehört dem ER an. Sie ist daher eine typische Cisterne, d.h. ein Kompartiment und nicht einfach eine Membran. (Die aus der Lichtmikroskopie stammende Bezeichnung »Kernmembran« ist irreführend und sollte nicht mehr verwendet werden.) Die Kernhülle ist an vielen Stellen von »Kernporen« durchbrochen, runden oder oktagonalen Öffnungen von 60–100 nm Durchmesser. Diese sind jedoch von dichtem Material erfüllt, so daß man besser von *Porenkomplexen* spricht. Die Porenkomplexe vermitteln den Austausch von Makromolekülen (Proteine, Nucleinsäuren) zwischen Karyoplasma und Cytoplasma. ER-Cisternen (auch die Kernhülle) tragen auf ihrer Außenfläche häufig Polysomen. In Flächenansichten von ER-Cisternen fallen diese Polysomen als Ringe oder Spiralen auf (Abb. 1.7). Allerdings sind nicht alle ER-Membranen granulär (»rauh«, d.h. mit Ribosomen besetzt); es gibt auch agranuläre (»glatte«) Partien, die entweder ebenfalls Cisternen ausbilden oder als Röhrensystem (tubuläres ER) auftreten. Während das glatte ER verschiedene Funktionen übernehmen kann, ist das rauhe ER Bildungsort von Membran- und Sekretproteinen. Es ist daher in den Zellen von Verdauungsdrüsen (z.B. Pankreas) oder in antikörperbildenden Lymphocyten (»Plasmazellen«) besonders stark entwickelt. Plasmabereiche, die von dicht gepackten, parallelen Cisternen des granulären ER erfüllt sind, können auch im Lichtmikroskop erkannt werden. Da sie vor allem in den Zellen von Proteindrüsen beobachtet wurden, hat man sie schon früh mit den besonderen Syntheseleistungen dieser Zellen in Zusammenhang gebracht und als *Ergastoplasma* bezeichnet (griech. *ergastér* = Arbeiter).

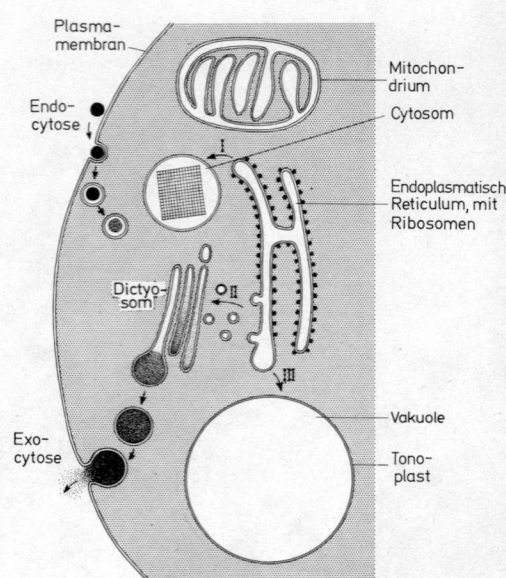

Abb. 1.8. Elementarmembranen und Membranfluß. Endocytose: Aufnahme einer Partikel durch Adsorption an der Plasmamembran, Einsenkung, schließlich Abschnürung eines Vesikels (Phagocytose; im Falle der ähnlich verlaufenden Pinocytose wird nicht-partikuläres Material aufgenommen). Exocytose: Entleerung von Golgi-Vesikeln, die Vesikelmembran wird Teil der Plasmamembran. I Cytosomen erhalten Material von verschiedenen Kompartimenten, die Lipide ihrer Membranen z.B. vom endoplasmatischen Reticulum (ER). II Sog. Primärvesikel übertragen Material von ER an Golgi-Cisternen. III Bildung einer Vakuole durch Aufblähung einer ER-Cisterne.

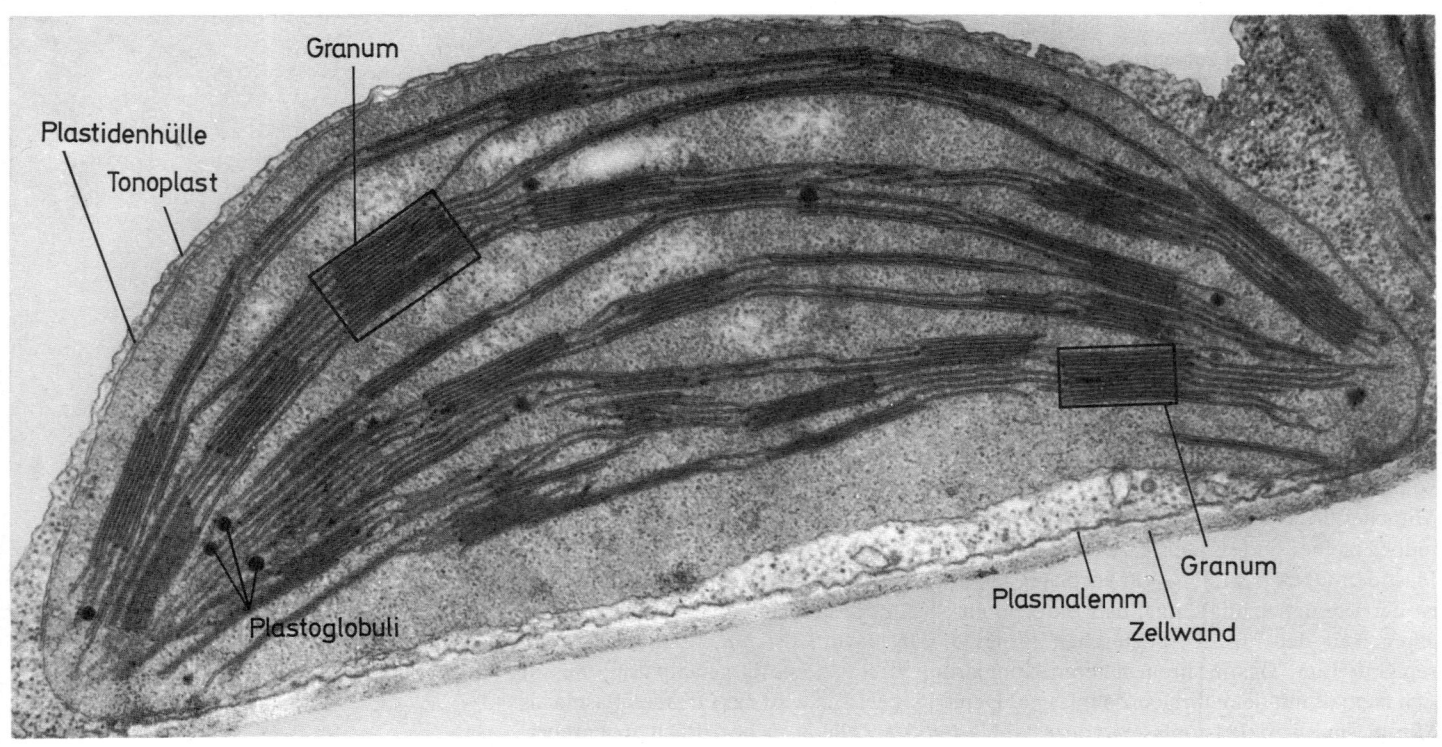

Der *Golgi-Apparat* besteht aus Stapeln flacher oder schüsselförmiger Golgi-Cisternen (Abb. 1.4, 1.8, 1.127). Ein solcher scheibenförmiger Stapel wird als *Dictyosom* bezeichnet. Ein Dictyosom wird gewöhnlich von 4–10 (bei Einzellern bis über 20) Cisternen gebildet. Seine Abmessungen liegen in der Größenordnung von 1 μm. Daher können einzelne Dictyosomen im Lichtmikroskop normalerweise nicht gesehen werden. Im typischen Golgi-Apparat sind jedoch mehrere Dictyosomen zu einer größeren Struktur vereinigt, oft in unmittelbarer Nachbarschaft des Zellkerns und/oder des Centroplasmas. Diese Ansammlungen von Dictyosomen können – entsprechend dem Ergastoplasma – lichtoptisch gesehen werden. In den Zellen der meisten Pflanzen finden sich zahlreiche Dictyosomen über das gesamte Cytoplasma verteilt. Dieser »disperse« Golgi-Apparat ist im Lichtmikroskop natürlich nicht zu erkennen.

Dictyosomen und Golgi-Apparat dienen der Sekretion. In den Golgi-Cisternen können Sekretpolysaccharide synthetisiert werden; Sekretproteine werden hier (z. T. auch schon im ER) durch Anbau von Oligosaccharidketten in Glykoproteine verwandelt. Diese Sekrete werden durch Golgi-Vesikel an die Zelloberfläche transportiert. Die Golgi-Vesikel (Sekretvesikel) gehen aus lokalen Aufblähungen am Rande von Golgi-Cisternen hervor. In diesem Bereich sind die Cisternen of gitterartig durchbrochen. Schließlich löst sich das Vesikel ab, wandert zur Plasmamembran, verschmilzt mit ihr und ergießt dabei seinen Inhalt nach außen (Abb. 1.8). Dieser *Exocytose*-Vorgang – Ausschleusung von intrazellulären Kompartimentinhalten – beruht auf *Membranfluß:* Wie die meisten Strukturen der Zelle, so befinden sich auch die Cytomembranen in ständigem Umbau und fortwährender Bewegung (Dynamik der Membransysteme, Abb. 1.8, 1.124, 1.125).

Plastiden und Mitochondrien besitzen doppelte Membranhüllen. Sie sind also aus je zwei Kompartimenten zusammengesetzt, einem äußeren zwischen den beiden Hüllmembranen und einem inneren, das dem eigentlichen Organellkörper entspricht. Die beiden begren-

Abb. 1.9. Chloroplast der Bohne im plasmatischen Wandbelag einer ausdifferenzierten Blattzelle (Zentralvakuole links oben; rechts unten Interzellularraum; Abb. 1.3). Das Chlorophyll ist ausschließlich in den flachen Doppelmembranen des Plastideninneren, den sogenannten Thylakoiden, lokalisiert. Bereiche dichter Stapelung solcher Thylakoide werden als Grana bezeichnet. In der Matrix zwischen den Thylakoiden finden sich Lipidtröpfchen (»Plastoglobuli«). Elektronenmikroskopisch, Vergr. 42000:1. (Original Falk/Freiburg)

zenden Membranen laufen weitgehend parallel, doch bildet die innere stellenweise taschenartige Falten verschiedener Form. Bei Mitochondrien (Abb. 1.7, 1.12) sind diese Einfaltungen mitunter so regelmäßig angeordnet, daß sie im Schnitt an die Zinken eines Kammes (lat. *crista*) erinnern *(Cristae mitochondriales).* Daraus ergibt sich eine beträchtliche Oberflächenvergrößerung. In anderen Fällen, z.B. bei vielen Protozoen, wird derselbe Effekt durch die Ausbildung röhrenförmiger Membraneinwüchse erreicht *(Tubuli mitochondriales).* Die funktionelle Bedeutung dieser Strukturen ergibt sich daraus, daß die innere Mitochondrienmembran Träger der Atmungskette (S. 79f.) und der daran gekoppelten oxidativen Phosphorylierung ist (S. 80). Bei den Chloroplasten geht die entsprechende Oberflächenvergrößerung durch die Ausbildung komplexer, pigmenthaltiger Membransysteme noch wesentlich weiter (Abb. 1.9). Die Doppelmembranen des Chloroplasteninneren, an denen die Lichtreaktionen der Photosynthese unter Einschluß der Photophosphorylierung ablaufen (S. 122f.), werden als *Thylakoide* bezeichnet (griech. *thýlakos* = Sack). Sie sind im Gegensatz zu den Cristae oder Tubuli der Mitochondrien im funktionstüchtigen Zustand von der Hüllmembran des Chloroplasten völlig getrennt.

Mitochondrien wie Plastiden enthalten in ihrem inneren Kompartiment Ribosomen, die jedoch kleiner sind als jene des Cytoplasmas, und DNA (mitochondriale DNA = mtDNA; Plastiden-DNA = ptDNA, oft auch als Chloroplasten-DNA = ctDNA bezeichnet). Dies ist die Voraussetzung dafür, daß Mitochondrien und Plastiden ihre Nucleinsäuren und einen Teil der für sie spezifischen Proteine selbst synthetisieren können. Sie sind semiautonom. Das in ihrem inneren Kompartiment enthaltene Organellplasma mischt sich niemals mit dem übrigen Zellplasma. Dementsprechend wird das Organellplasma als Mitoplasma bzw. Plastoplasma vom Cytoplasma der Zelle auch begrifflich abgegrenzt. Mitochondrien können sich nur aus Mitochondrien, Plastiden immer nur aus Plastiden bilden. Beide Organelltypen besitzen also genetische Kontinuität, sie sind *sui generis.* Im Gegensatz zu den meisten übrigen Organellen können sie nicht aus andersartigen Zellstrukturen neu *(de novo)* gebildet werden.

1.1.2.3 Beispiele von Eucyten

Die embryonale Pflanzenzelle. Abbildung 1.4 zeigt den Feinbau einer undifferenzierten, noch teilungsbereiten Pflanzenzelle. Die Vakuolen sind vorerst klein und zahlreich. Das Zentrum der Zelle wird vom großen Zellkern eingenommen. Die Plastiden liegen als pigmentlose Proplastiden vor; einige enthalten Stärkekörner. Das Grundplasma meristematischer Zellen ist dicht von Ribosomen erfüllt (intensive Proteinsynthese rasch wachsender Zellen).

Die zarte *Zellwand* enthält Cellulosefibrillen in einer gallertig-zähen, amorphen Grundsubstanz (Pectine, Hemicellulosen; S. 46f.). Die Fibrillen sind flexibel, aber reißfest. Der Zellkörper wird von ihnen umschnürt. Doch ist das Fibrillengerüst in der jungen, »primären« Zellwand noch so locker, daß es durch Verschiebung der Cellulosefibrillen in der Grundsubstanz plastisch gedehnt werden kann.

Benachbarte Zellen stehen durch die Zellwand hindurch über Plasmakanäle von 30–60 nm Durchmesser, die *Plasmodesmen*, in Verbindung. Plasmodesmen treten oft in Gruppen auf (primäre Tüpfelfelder). Man vermutet in ihnen Bahnen des Stoffaustausches zwischen Nachbarzellen. Diese Funktion tritt besonders deutlich bei den Siebporen der Siebröhrenglieder in Leitbündeln hervor, die vergrößerte Plasmodesmen darstellen (S. 412). Alle lebenden Zellen einer Pflanze bilden über die Plasmodesmen ein Kontinuum, den *Symplasten.*

Abb. 1.10. Resorbierende Epithelzellen aus dem Dünndarm einer Fledermaus (Myotis lucifugus). Verzahnung von Plasmamembranen benachbarter Zellen (*). In der schleimproduzierenden Becherzelle ist das Zellumen fast gänzlich erfüllt von großen Golgi-Vesikeln, die Schleim (Mucopolysaccharide) durch Exocytose in das Darmlumen abgeben. Elektronenmikroskopisch, Vergr. 7500:1. (Aus Porter u. Bonneville)

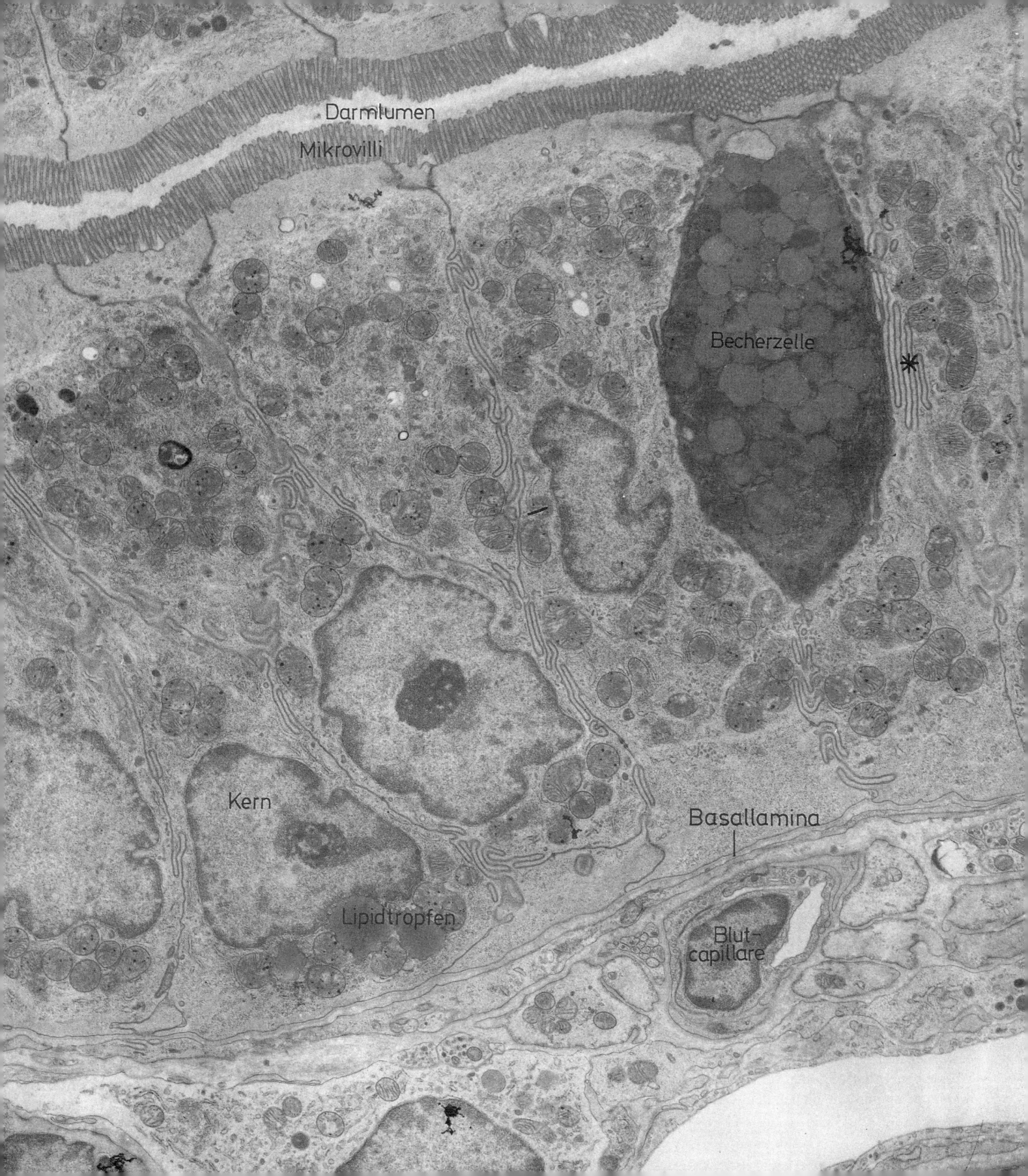

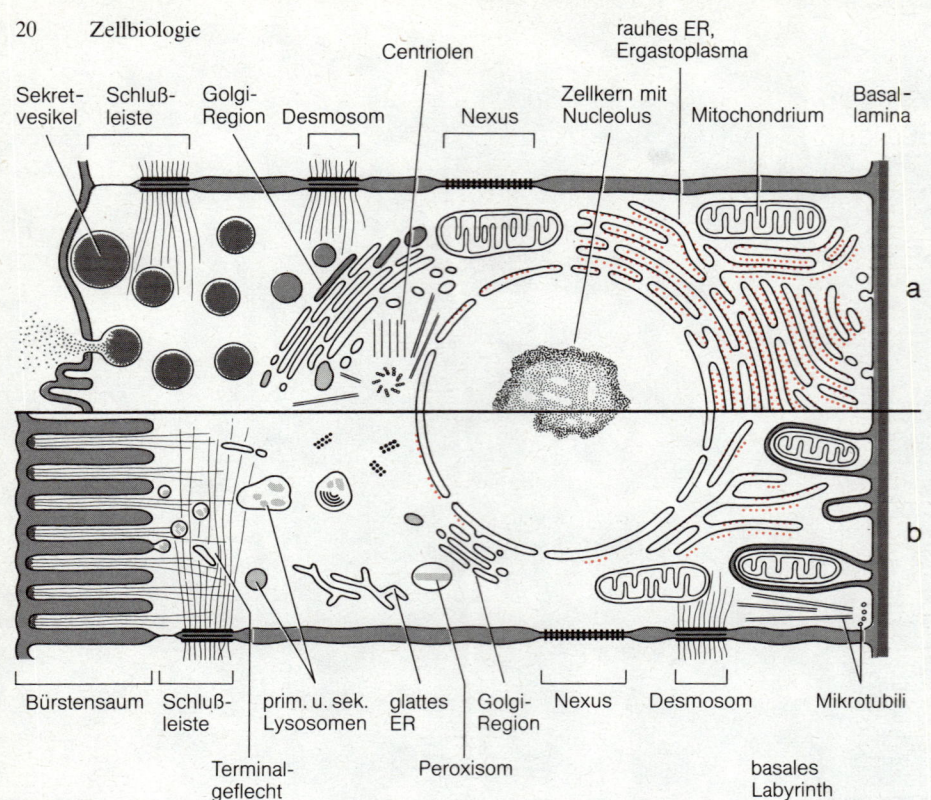

Abb. 1.11a, b. Feinbau von Epithelzellen, schematisch. (a) Protein-sezernierende Epithelzelle mit Ergastoplasma (dichtes, rauhes ER in der basalen Zellhälfte, Ribosomen rot), stark entwickeltem Golgi-Apparat und zahlreichen Sekretgranula am Zellapex (links), eines davon in Exocytose. (b) Resorbierende Epithelzelle (vgl. Abb. 1.12). Lumenseitig (links) der aus Mikrovilli gebildete Bürstensaum. Die Mikrovilli sind auf ihrer extraplasmatischen Seite von einer schleimigen Polysaccharidschicht überzogen, der Glykokalyx. Im basalen Labyrinth reichen Nachbarzellen mit Auswüchsen zwischen die hier dargestellte Zelle und die Basallamina hinein (»basales Labyrinth«). Die Häufung von Mitochondrien hängt mit aktiven Transportvorgängen an den stark vergrößerten Zelloberflächen zusammen

Die ausgewachsene, grüne Pflanzenzelle. Die Pflanzenzelle wächst während einer ersten, »embryonalen« Wachstumsphase durch Vermehrung der plasmatischen Strukturen. In einer zweiten, »postembryonalen« Wachstumsphase bläht sie sich durch eine enorme Vergrößerung der Vakuolen, also hauptsächlich durch Wasseraufnahme (S. 60f.), bis zu einem Vielfachen des ursprünglichen Volumens auf (Abb. 1.3, Abb. 4.5, S. 327f.). Die Vakuolen verschmelzen dabei nach und nach zu einer einzigen *Zentralvakuole*. Das Zellplasma bildet zuletzt nur noch einen dünnen Schlauch zwischen Zellsaftraum und Zellwand. In diesem Plasmaschlauch finden sich alle Organelle.

Die Zahl der Ribosomen und damit die Kapazität der Proteinbiosynthese sind verringert. Der Zellkern ist kleiner geworden – oft linsenförmig –, das Chromatin an vielen Stellen zu kompakten Strukturen verdichtet. Diese Kondensation ist morphologischer Ausdruck einer Inaktivierung. Auch die Nucleolen als Bildungs- und Speicherorte für Ribosomenvorstufen (S. 161f.) sind geschrumpft.

Besonders auffällige Veränderungen zeigen die Plastiden. Sie sind zu Chloroplasten herangewachsen (Abb. 1.9), die nun als Photosyntheseorganelle fungieren. Sie enthalten zahlreiche Thylakoide, die Träger der Photosynthesepigmente sind. An vielen Stellen liegen die Thylakoide in dichten Stapeln, die im Lichtmikroskop (in dem die einzelnen Thylakoide nicht gesehen werden können) als kräftig pigmentierte *Grana* erscheinen, eingebettet in ein blasser gefärbtes *Stroma*. Im Elektronenmikroskop erweist sich das Stroma von locker und weniger regelmäßig angeordneten Thylakoiden durchzogen (Abb. 1.9). Die Räume zwischen den Stromathylakoiden sind von einer feingranulären Matrix erfüllt. In ihr finden sich stets Lipidtröpfchen (Plastoglobuli), oft auch Stärkekörner.

Die primären, plastisch dehnbaren Wände der Meristemzellen sind beim Zellwachstum in derbere Wandstrukturen übergegangen *(Saccoderm)*. Das Mikrofibrillengerüst ist dichter geworden und blockiert jedes weitere Wachstum der Zelle. An vielen Stellen lösen sich die Wände benachbarter Zellen voneinander, so daß gasgefüllte Hohlräume, die *Interzellularräume,* entstehen. Sie dienen dem Gasaustausch der Gewebe.

Abb. 1.12. Resorbierende Epithelzellen eines Nierentubulus. Links oben Bürstensaum (Zellapex), rechts unten basales Labyrinth und Basalmembran. An der Basis des Bürstensaumes tubuläre Einstülpungen, die der endocytotischen Stoffaufnahme dienen; Verdauung aufgenommener Makromoleküle durch Lysosomen. Die Blutcapillare (rechts unten) ist von äußerst dünnen Endothelzellen ausgekleidet. Elektronenmikroskopisch, Vergr. 21000:1. (Aus Porter u. Bonneville)

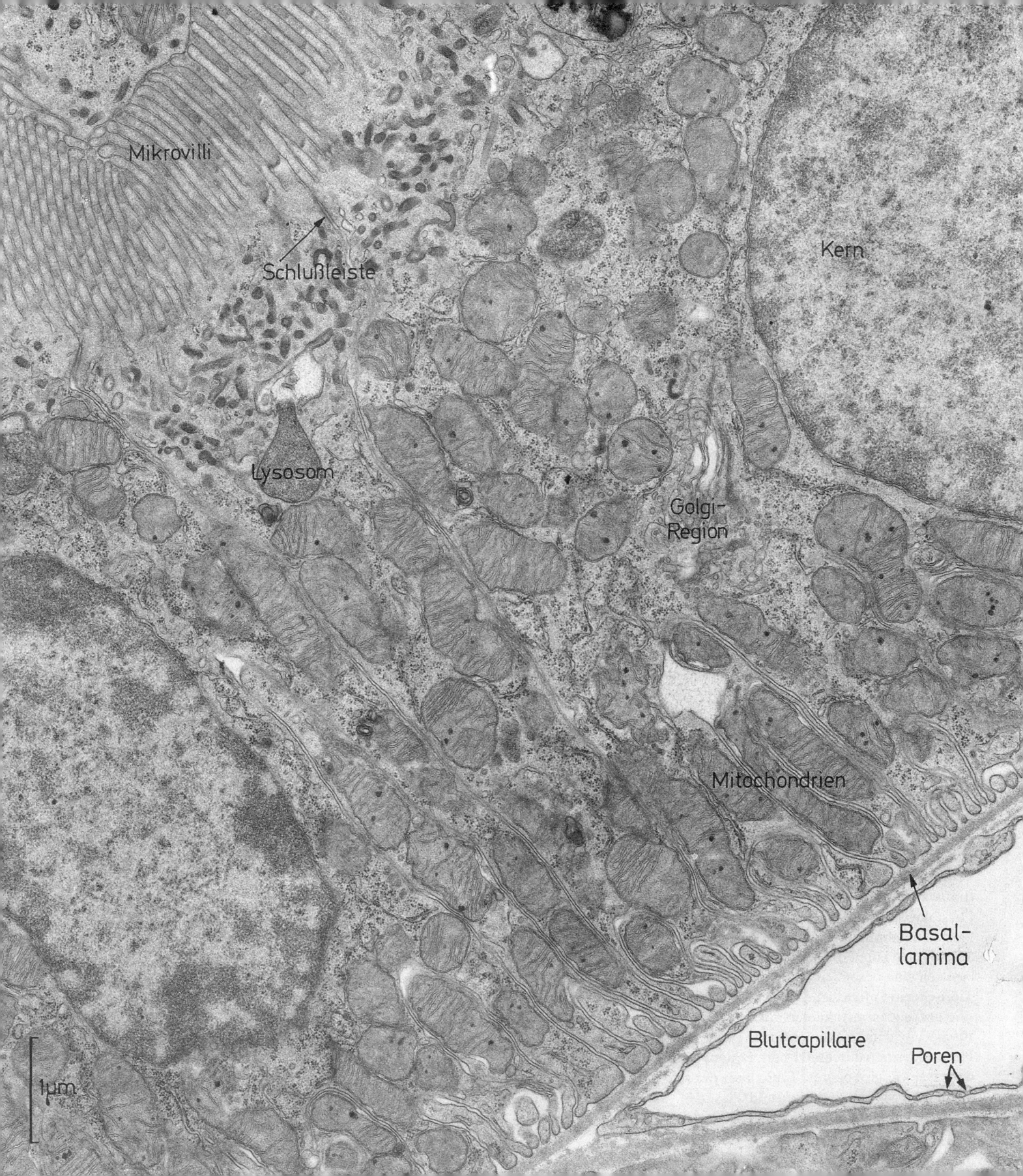

Die tierische Epithelzelle (Abb. 1.10–1.12). Die Entwicklung einer embryonalen Zelle zur erwachsenen Zelle mit spezialisierter Funktion (Zelldifferenzierung) geht bei tierischen Zellen im allgemeinen ohne Größenzunahme vor sich. Das Wachstum der Gewebe erfolgt durch Zellvermehrung (S. 167f., 327f.).

Die meist in einer Schicht liegenden Epithelzellen haben außer der Funktion des Abschlusses von Körperräumen oft auch sekretorische oder resorptive Aufgaben. Ihre Zelloberflächen sind, besonders im letzten Fall, stark vergrößert. Die Seite des Stoffeintritts (bei den resorbierenden Epithelzellen der Darmschleimhaut – Abb. 1.10, 1.11b – zum Lumen hin gerichtet) ist mit dicht stehenden, fingerförmigen Zellauswüchsen, den *Mikrovilli,* besetzt. Sie bilden in ihrer Gesamtheit den auch lichtmikroskopisch sichtbaren *Bürstensaum.* An den Basen der Mikrovilli findet häufig Endocytose statt. Der Inhalt der hier gebildeten Vesikel wird nach ihrer Fusion mit primären Lysosomen verdaut und schließlich vom Cytoplasma resorbiert. Die gegenüberliegende Basalseite der Zelle ist von einer *Basallamina* (= Basalmembran) überzogen. Die Zellmembran selbst ist häufig zu einem *basalen Labyrinth* eingefaltet (Abb. 1.12).

Sezernierende Epithelzellen (Abb. 1.11a) enthalten einen kräftig ausgebildeten Golgi-Apparat. Er kondensiert sekretionspflichtige Zellprodukte, die manchmal in Form besonderer Granula zwischengelagert werden. Auch das Endoplasmatische Reticulum ist in proteinsezernierenden Zellen stark entwickelt *(Ergastoplasma).* Zahlreiche Mitochondrien decken den hohen Energiebedarf für Sekretsynthese und -transport.

Die Plasmamembranen benachbarter Epithelzellen bilden regelmäßig *Schlußleisten,* die den apikalen Bereich der Zellen ringförmig umfassen. Jede Schlußleiste hat zwei unterschiedliche Funktionen zu erfüllen und erweist sich dementsprechend im Elektronenmikroskop als Doppelstruktur (Abb. 1.13a–c): In der *Zonula occludens* werden die gegenüberliegenden Plasmamembranen durch besondere Bindeproteine unmittelbar aneinandergeheftet. Dadurch wird ein unkontrollierter Stoffdurchtritt zwischen den Epithelzellen im Interzellularspalt gesperrt. Stofftransport zwischen Lumen und Zellbasis bzw. Blut kann daher nur durch die lebenden Epithelzellen hindurch erfolgen, die über spezifische Kontrolleinrichtungen verfügen. An die *Zonula occludens* schließt sich basalwärts unmittelbar eine breitere Kontaktzone an (*Zonula adhaerens* = Banddesmosom), in der zwischen den auseinandergerückten Plasmamembranen dichtes Wandmaterial als Kittsubstanz fungiert. An diesen Zonen verankerte Aktinfilamente = Mikrofilamente reichen bis tief in die Zellen hinein und bilden eine wichtige Komponente des Cytoskeletts (S. 141). In vielen Epithelzellen baut sich im apikalen Cytoplasma aus solchen Aktinfilamenten (S. 142, 456), welche die Mikrovilli aussteifen und von dort her in das Cytoplasma hineinragen, ein kompliziertes Terminalgeflecht auf.

Epithelzellen werden nicht nur durch Schlußleisten und Basallaminae zusammengehalten, sondern auch durch Verzahnungen ihrer Seitenwände (Abb. 1.10), noch häufiger durch *Desmosomen.* Ein Desmosom *(Macula adhaerens)* ist im Querschnitt einer *Zonula adhaerens* ähnlich, ist aber auf einen engen Bereich beschränkt (Schlußleiste: »Nähte«, Desmosomen: »Nieten«). Die von Desmosomen ausgehenden Filamente sind Cytokeratinfilamente = Tonofilamente.

Physiologisch bedeutsam sind neben solchen »Zellhaften« Kontaktbereiche an den Plasmamembranen, über die benachbarte Zellen Ionen und niedermolekulare Stoffe austauschen können. Diese Zonen werden als *Gap Junctions* (Nexus) bezeichnet. Auch sie besitzen eine besondere molekulare Architektur (S. 52).

Tierische und pflanzliche Gewebezellen im Vergleich. Für ausgewachsene Pflanzenzellen sind große Zentralvakuolen mit Lysosomenfunktion und reißfeste Zellwände charakteristisch, die dem Vakuolendruck (Turgor) Widerstand zu leisten vermögen und von Plasmodesmen durchsetzt sind; ferner Plastiden (die allerdings bei Pilzen fehlen) und ein disperser Golgi-Apparat. Typisch für tierische Zellen ist dagegen das Fehlen von großen Vakuolen, von Zellwänden und Plastiden. Sie besitzen gewöhnlich zahlreiche kleine

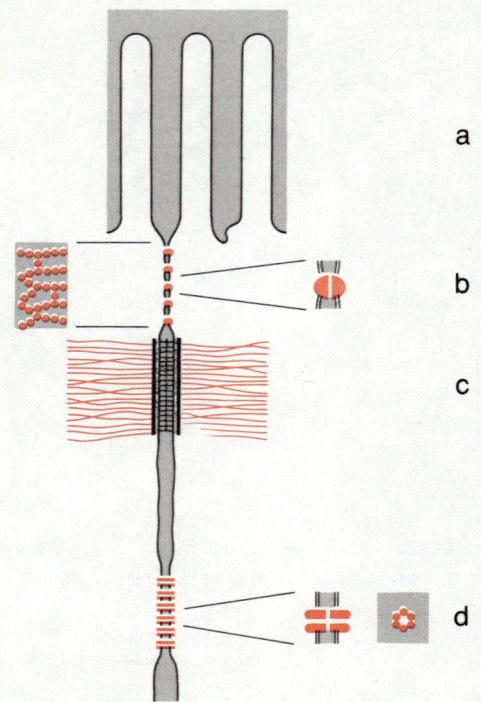

Abb. 1.13. Kontaktbereiche zwischen Epithelzellen, schematisch im Schnitt. (a) Mikrovilli des Bürstensaums, Plasmamembran von Glykocalyx (S. 13) überzogen. (b) Zonula occludens = »Tight Junction«, Bindeproteine farbig; links in Flächenansicht die »Schottenstruktur« der Zonula. (c) Banddesmosom mit daran verankerten Aktinfilamenten (farbig). (b) und (c) bilden gemeinsam eine Schlußleiste. (d) Gap Junction mit Connexonen (farbig), über deren Zentralkanäle die benachbarten Zellen in unmittelbarer Verbindung stehen (Abb. 1.46c, S. 51). Connexone der genäherten Plasmamembranen korrespondieren. Jedes Connexon ist aus 6 Molekülen des Proteins Connexin regelmäßig aufgebaut

Lysosomen; die Dictyosomen sind oft zu einem im Lichtmikroskop sichtbaren Golgi-Apparat zusammengelagert.

Diesen Differenzen steht eine große Zahl fundamentaler Übereinstimmungen zwischen Tier-, Pilz- und Pflanzenzelle gegenüber. Die Universalität der Zellfeinstruktur erlaubt es, entsprechende Zellorganelle zu homologisieren, d.h. als grundsätzlich gleichartig zu betrachten, weil sie stammesgeschichtlich auf dieselben Ausgangsstrukturen zurückgehen.

Die Flagellatenzelle. Unter den freischwimmenden Einzellern gibt es solche, die dem Pflanzenreich und andere, die dem Tierreich zugeordnet werden (Phyto-, Zooflagellaten). Die Phytoflagellaten besitzen Chloroplasten und nehmen in der Regel nur gelöste Nahrung auf *(Osmotrophie)*. Den Zooflagellaten fehlen Plastiden (sie sind »apoplastisch«), sie »fressen« Nahrungspartikel durch Phagocytose *(Phagotrophie)*.

Zur Gruppe der Euglenen gehören sowohl grüne wie apoplastidische Flagellaten. Es ist gelungen, grüne Formen experimentell in apoplastidische zu verwandeln. Abbildung 1.14 zeigt schematisch *Euglena gracilis*, einen in Tümpeln lebenden Phytoflagellaten. In den zahlreichen, flachen Chloroplasten sind je drei und drei Thylakoide aneinandergepreßt. Im Zentrum jeder Plastide liegt ein *Pyrenoid*, eine fast thylakoidfreie Zone mit verdichteter Grundsubstanz. Pyrenoide gibt es auch bei vielen Algen, ja sogar bei Moosen und vereinzelt noch bei Farnpflanzen. An ihnen oder in ihrer Nähe bilden sich die Stärkekörner, bei *Euglena* allerdings das chemisch verwandte Paramylon, und zwar außerhalb der Plastiden, aber doch in unmittelbarer Nachbarschaft der Pyrenoide. Gelegentlich lösen sich die uhrglasförmigen Paramylonkörner ab und liegen dann frei im Cytoplasma. Neben den uns schon bekannten Organellen treten einige weitere auf:

(a) Die *kontraktile Vakuole* am Zellvorderende, neben dem Reservoir, steht durch Membranfluß mit kleineren Nebenvakuolen, aber auch mit ER-Cisternen und mit einem in der Nähe liegenden Dictyosom in Verbindung. Sie dient der Regulation des osmotischen Zustandes. *Euglena* besitzt keine Zellwand; das Plasmalemma ist nur von einer zarten Schleimschicht überzogen, und die aus schraubigen Proteinstreifen gebildete *Pellicula* vermag keine Korsettwirkung auszuüben. Nun ist aber die Konzentration osmotisch wirksamer Substanzen in der Zelle höher als im umgebenden Wasser, so daß ständig Wasser in die Zelle einströmt. Dieses Wasser wird durch die kontraktile Vakuole wieder aus der Zelle herausgepumpt. In einer Diastole saugt sie Wasser aus dem Zellinneren an und drückt dann ihren Inhalt alle 30 s durch Kontraktion (Systole) in das Reservoir und damit nach außen. Diese Art der Osmoregulation (S. 60f.) ist bei allen wandlosen Zellen von Süßwasserprotisten verbreitet; sie alle stehen ja dem gleichen Problem gegenüber. Zu besonderer Vollkommenheit ist die Wasserexkretion *via* kontraktile Vakuole bei den Ciliaten entwickelt (S. 140, Abb. 1.129; S. 604, Abb. 6.88).

Kanal und Reservoir wurden früher als Zellschlund (Cytopharynx) bezeichnet; diese Bezeichnung ist im Fall von *Euglena* unzutreffend. Besonders der Kanal ist von dichtgelagerten Mikrotubuli eingefaßt und daher relativ starr.

(b) Der *Geißelapparat* besteht bei *Euglena* aus zwei Geißeln (= Flagellen, S. 143f.), die beide mit ihren centriolenartigen Basalkörpern an der Innenseite des Reservoirs verankert sind. Die eine von ihnen endet gewöhnlich im Reservoir. Die längere »lokomotorische« Geißel kann dagegen zum Schwimmen benutzt werden. Durch Flimmerhärchen (Mastigonemen) an ihrer Oberfläche ist die Reibung dieser Zuggeißel im Wasser stark erhöht.

(c) *Euglena* vermag sich im Lichte zu orientieren *(Phototaxis, S. 146)*. Dieser Lichtorientierung dienen ein sog. Augenfleck *(Stigma)* und die Geißelschwellung. Das Stigma besteht aus mehreren großen Lipidtropfen, die durch Carotinoide (S. 114) orangerot gefärbt sind. Bei *Euglena* weist das Stigma keine Lagebeziehung zu Chloroplasten auf. Bei anderen einzelligen Algen mit Stigma wird dieses durch rot gefärbte Plastoglobuli gebildet.

Die Geißelschwellung stellt den eigentlichen Photorezeptor, d.h. das lichtempfindliche Organell von *Euglena* dar. Es besteht aus einer Verdickung der lokomotorischen Geißel in

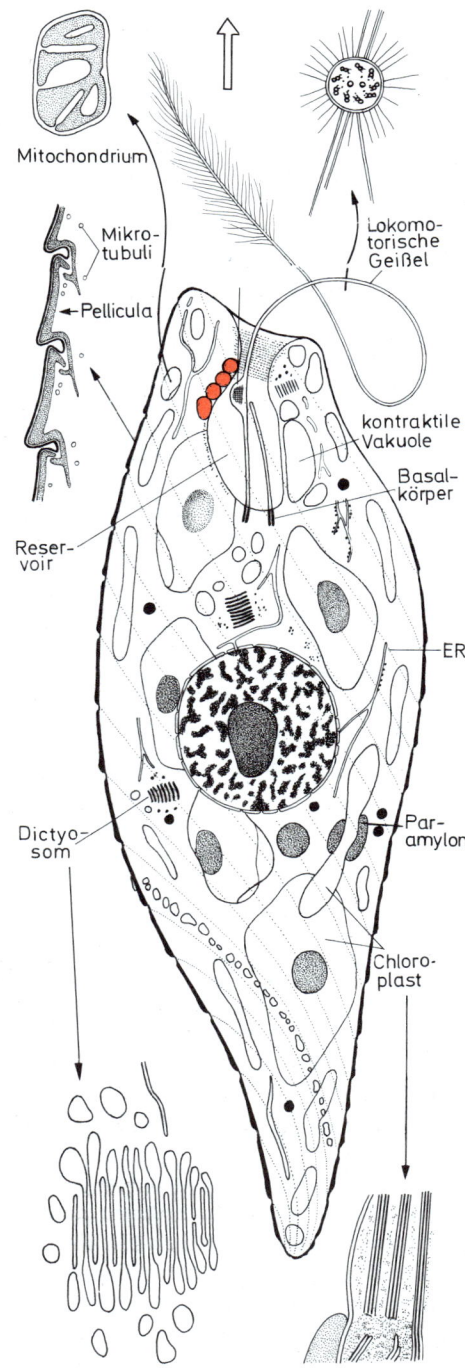

Abb. 1.14. Zellfeinbau bei Euglena gracilis. Schwimmrichtung nach oben (umrandeter Pfeil); die Flimmergeißel zieht also den Organismus. Zentralschema Vergr. ca. 2000:1, Ausschnitte entsprechend stärker vergrößert, Augenfleck rot. (Original Sitte)

Tabelle 1.2. Eigenschaftsvergleich Protocyt/Eucyt

	Protocyt	Eucyt
Volumen [μm^3]	1–30	10^3–10^5
DNA-Menge/Zelle	s. Tabelle 1.3	
Generationsdauer unter Optimalbedingungen [h]	0,3	2 (Hefe); 6 (Tumorzellen); 12–25
Cytomembranen	– (interne Membranen leiten sich unmittelbar von der Plasmamembran her und hängen gewöhnlich mit ihr zusammen; Ausnahme: »Thylakoide« bei Cyanobakterien)	+
Membranumgrenzte Organellen (z. B. Mitochondrien, Plastiden, Peroxisomen)	–	+
Ribosomen	70S-Typ	80S-Typ
Zellwand	wo vorhanden, mit Peptidoglykan (außer bei Archaebakterien)	ohne Peptidoglykan
Mikrotubuli, Centriolen, Spindelapparat; Aktin und Myosin	–	+
Geißeln, Dicke [nm]	20	200; 9 + 2-Muster
Echter Zellkern mit Kernhülle (Doppelmembran mit Kernporen), Chromatin und Nucleolen	–	+
Histone, Nucleosomen (S. 154, 203)	–	+
Mitose, Meiose	–	+
Sexualität	wo überhaupt vorkommend: sehr selten (Parasexualität)	Befruchtung und Meiose fast immer in den normalen Entwicklungsgang eingebaut
N_2-Fixierung	+	–
Gewebebildung, Vielzeller	–	– bis ++

Höhe des Stigma, die eine kristallgitterartige Struktur enthält. Das Stigma ermöglicht durch Schattenwurf auf die Geißelschwellung die Bestimmung der Lichteinfallsrichtung. Beim Schwimmen vollführt das Zellvorderende schraubige Bewegungen. Die Lichtsinnesorganelle kommen dadurch in verschiedene Positionen relativ zum Lichteinfall.

1.1.2.4 Strukturelemente des Protocyten

Obwohl die strukturelle Vielfalt von Eucyten sehr groß ist, macht es keine prinzipiellen Schwierigkeiten, alle verschiedenen Zelltypen der Eukaryoten auf einen gemeinsamen Grundbauplan zurückzuführen und für alle Eukaryoten einen gemeinsamen stammesgeschichtlichen Ursprung anzunehmen (S. 11, 152f.). Prokaryotenzellen (Zellen von Eubakterien und Cyanobakterien [»Blaualgen«] sowie von Archaebakterien) sind grundsätzlich anders gebaut (Tab. 1.2). Man kennt keine echten Übergangsformen zwischen Protocyten und Eucyten. Abbildung 1.15 zeigt die schematische Darstellung einer Eubakterienzelle mit wesentlichen Struktureigenschaften dieses wiederum sehr variablen Zelltyps (Abb. 1.16).

Der am eingehendsten untersuchte Prokaryot ist *Escherichia coli (E. coli)*. Dieses Bacterium macht einen erheblichen Anteil der Darmflora des Menschen aus. In der Natur findet es sich überall dort, wo Exkremente abgebaut werden (Trinkwasserprüfung durch Feststellung des »Coli-Titers«). *E. coli* ist eines der Hauptobjekte molekularbiologischer Forschung; es dürfte der z. Z. besterforschte Organismus überhaupt sein.

Tabelle 1.3. Zelluläre DNA-Mengen (haploid) verschiedener Organismen

	DNA-Menge [Mol.-Gew.]	[pg] (1 Pikogramm = 10^{-12} g)
Viren	$6{,}5 \cdot 10^6 - 4{,}2 \cdot 10^8$	$0{,}01 \ldots 7 \cdot 10^{-4}$
Bakterien	$3{,}5 \cdot 10^8 - 6{,}6 \cdot 10^9$	$0{,}6 \ldots 11 \cdot 10^{-6}$
Algen	$6{,}0 \cdot 10^{10} - 1{,}2 \cdot 10^{14}$	0,1–200
Fische	$4{,}2 \cdot 10^{11} - 3{,}5 \cdot 10^{13}$	0,7–58 (Mittel ca. 1)
Amphibien	$5{,}5 \cdot 10^{11} - 6{,}5 \cdot 10^{13}$	0,9–108 (Mittel ca. 3.5)
Säugetiere	ca. $3 \cdot 10^{12}$	ca. 5

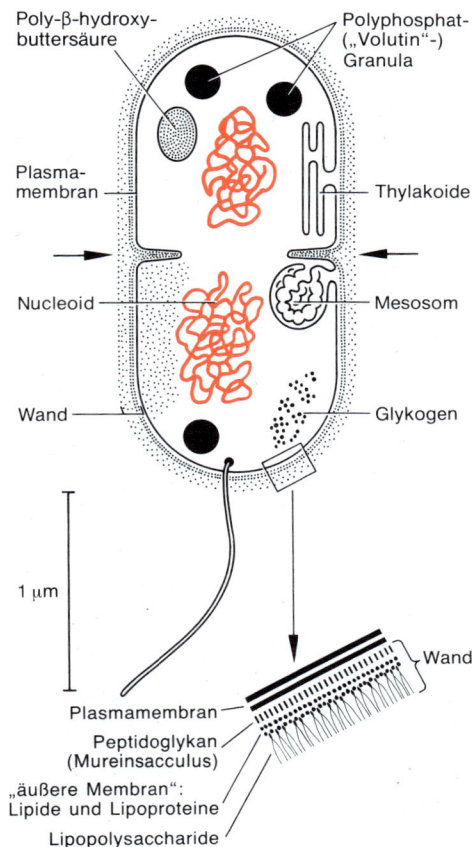

Abb. 1.15. Schema einer idealisierten Eubakterienzelle. Pfeile: Querdurchschnürung führt zur Zellteilung. Unten: Wandaufbau bei E. coli. Lipide, Lipoproteine und Lipopolysaccharide bilden eine »äußere Membran«, die im elektronenmikroskopischen Schnittbild der Plasmamembran ähnlich sieht (Abb. 1.16b). Die Polysaccharidketten der Lipopolysaccharide sind nach außen orientiert und bilden eine hydrophile Schutzschichte, der bei manchen Stämmen noch eine Schleimkapsel aufgelagert ist. Bakterienzellen sind sehr viel kleiner als durchschnittliche Eucyten. E. coli ist 2 µm lang und 0,8 µm dick. Die Zelle hat eine Masse von etwa $2 \cdot 10^{-13}$ g und ein Partikelgewicht von ca. 10^{12}. (»Partikelgewicht« wird hier – entsprechend dem Molekulargewicht – als dimensionslose Verhältniszahl aufgefaßt. Sie gibt an, wievielmal die Teilchen- oder Molekularmasse größer ist als $1/12$ der Masse des häufigsten Kohlenstoffisotops ^{12}C, der Masseneinheit für Atome und Moleküle. Diese entspricht $1{,}6603 \cdot 10^{-24}$ g.) Ein mittlerer tierischer Eucyt ist etwa 1000mal schwerer als eine E. coli-Zelle

Die Gensubstanz (DNA) der Bakterien liegt in einer zentralen Region der Zelle, die als *Nucleoid* (= *Kernäquivalent*) bezeichnet wird. Die DNA-Menge macht dabei größenordnungsgemäß nur etwa ¹⁄₁₀₀₀ der DNA-Menge im Zellkern von Eucyten aus (Tab. 1.3). Dichte Chromosomen, wie sie während der Kernteilung bei den meisten Eukaryoten auftreten, können von Protocyten nicht gebildet werden. Dazu sind bestimmte Begleitproteine der DNA notwendig, vor allem Histone. Sie fehlen den Prokaryoten.
Das Nucleoid ist frei von Ribosomen, von denen das übrige Zellplasma dicht erfüllt ist (bei *E. coli* schätzungsweise 10^4). Diese Ribosomen sind kleiner (Durchmesser 15 nm) als jene im Plasma von Eucyten (S. 43), entsprechen aber in vielen Eigenschaften den Ribosomen in Plastiden und Mitochondrien. Im peripheren Plasma befinden sich auch verschiedenartige Anhäufungen von *Reservestoffen*: Bei anaerob (ohne Sauerstoff) lebenden Bakterien liegt vor allem das Polysaccharid *Glykogen* (Abb. 1.40q) vor, das auch bei Pilzen und Tieren als Speicherstoff dient; bei Aerobiern (sauerstoffbedürftigen Bakterien) treten dagegen häufig Tröpfchen aus *Poly-β-hydroxybuttersäure* auf. Bei allen Bakterien verbreitet ist schließlich *Polyphosphat* (polymere Phosphorsäure) als Phosphatspeicher.
Von der Plasmamembran unabhängige Cytomembranen fehlen. Die Plasmamembran selbst erscheint im Elektronenmikroskop als Elementarmembran, weicht aber in der chemischen Zusammensetzung von den entsprechenden Membranen der Eucyten erheblich ab. Sie bildet stellenweise Einfaltungen, die sich differenzieren können.
Wenn sich Zellen zur Teilung anschicken, werden von den Längswänden her Septen gebildet, die schließlich den Zelleib in der Mitte durchschnüren. Bei vielen Bakterien werden – oft im Zusammenhang mit diesen Septen – Membrankonvolute beobachtet, die als *Mesosomen (Membrankörper)* bezeichnet werden. Nach neueren Untersuchungen handelt es sich dabei allerdings um Präparationsartefakte. Membraneinfaltungen bei photosynthetisch aktiven Bakterien sind Träger von Pigmenten und führen Teilschritte der Photosynthese aus. Man nennt diese Membranfalten in Analogie zu den Chloroplasten der Eucyten *Thylakoide*. Sie sind jedoch nicht in membranumgrenzten Organellen zusammengefaßt – es gibt bei Prokaryoten weder Plastiden noch Mitochondrien.
Ein wichtiges Strukturelement der Bakterienzelle ist schließlich ihre *Zellwand*. Sie dient der Formgebung und der Zellstabilisierung, ist also einem Saccoderm analog. Aber chemischer und struktureller Aufbau sind völlig anders. Die strukturgebende Komponente der Bakterienzellwand ist ein regelmäßiges Gespinst aus langen unverzweigtparallelen Polysaccharidketten (Abb. 1.40), welche in Querrichtung durch kurze Peptidspangen vernetzt sind. Dieses »Kettenhemd« wird als *Peptidoglykan*- oder *Mureinsacculus* bezeichnet. Wird er zerstört (z.B. durch Lysozym), dann runden sich die Zellen ab (»*Sphäroplasten*« mit Wandresten; schließlich völlig wandlose »*Protoplasten*«) und müssen osmotisch stabilisiert werden. Das Antibioticum Penicillin zerstört zwar nicht den Mureinsacculus, verhindert aber seine Quervernetzung durch die Peptidspangen und bringt wachsende Bakterienzellen zum Aufplatzen. Da nur Protocyten Peptidoglykan bilden, ist diese Wirkung spezifisch und beeinträchtigt z.B. Zellen des menschlichen

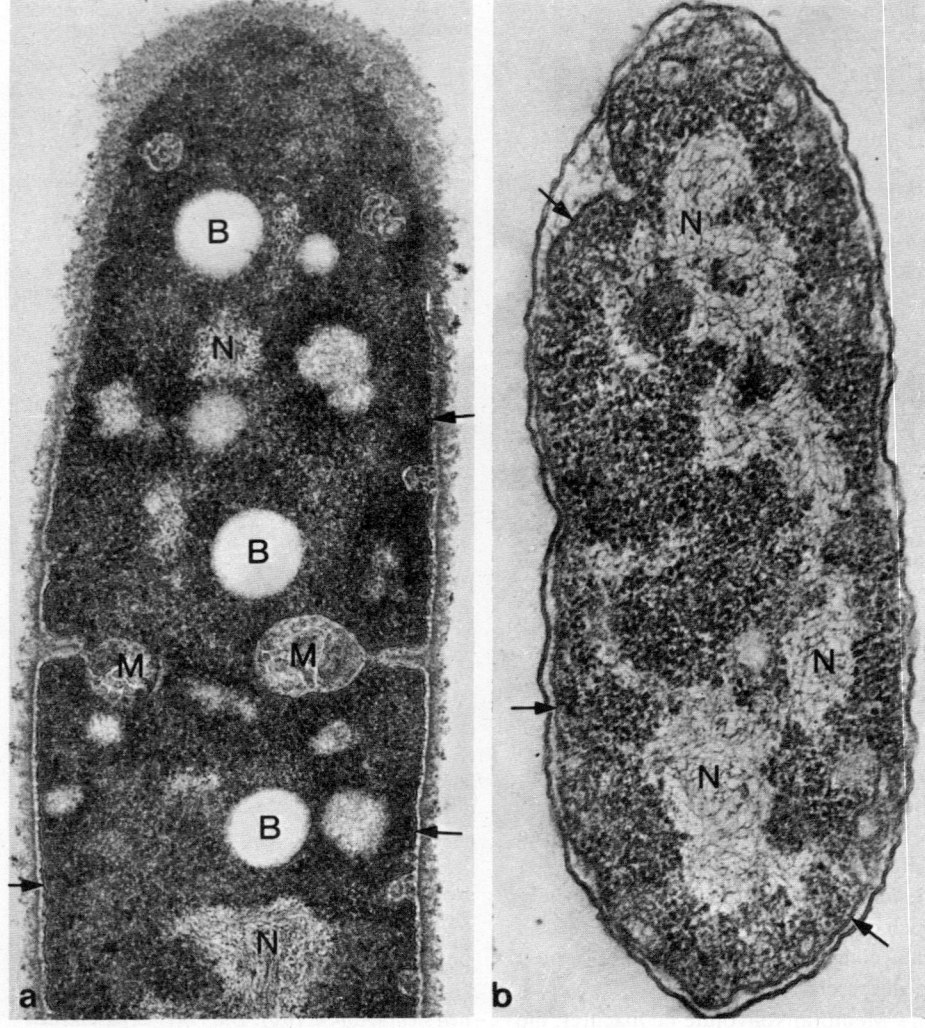

Abb. 1.16a, b. Bakterienzellen im Elektronenmikroskop. (a) Bacillus subtilis mit dickem, mehrschichtigem Mureinsacculus, beginnender Septenbildung und Mesosomen M. B, Reservestoffgranula aus Polyhydroxybuttersäure. Vergr. 67000:1. (b) Rhodopseudomonas spec. Die Zellwand zeigt den in Abbildung 1.15 schematisch dargestellten Bau. Der Mureinsacculus ist bei diesem »gramnegativen« Purpurbacterium viel dünner (im Schnitt kaum sichtbar) als bei den »grampositiven« Bacillen. Dagegen ist die aus Lipoproteinen und Lipopolysacchariden gebildete »äußere Membran« gut zu erkennen. N Nucleoide mit DNA-Filamenten. Pfeile: Plasmamembran. Vergr. 90000:1. (Original Tauschel u. Jank-Ludwig/Freiburg)

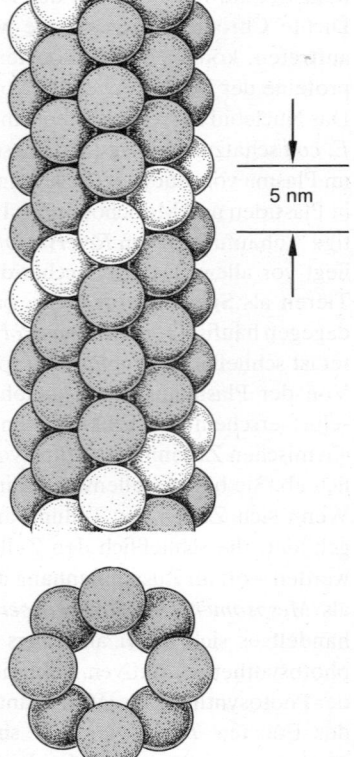

Abb. 1.17. Feinstrukturmodell einer Bakteriengeißel von Salmonella, längs und quer. 8 Längsreihen bzw. 4 Schrauben von Flagellinmolekülen bilden den Mantel eines Hohlzylinders. Sein Außendurchmesser liegt unter 20 nm. Die Flagellinmoleküle sind in Wirklichkeit nicht kugelig, sondern ellipsoidisch. Sie haben – im Gegensatz zum Dynein der Eucyten-Geißeln und -Cilien (S. 143f.) – keine ATPase-Aktivität. Die hakenförmige, in Plasmamembran und Zellwand drehbar eingesetzte Geißelbasis ist abweichend gebaut. An ihr wirkende Kräfte lassen die gesamte schraubenförmige Geißel rotieren. (Nach Loewy u. Hanson)

Körpers nicht. Forscher, die neue Wirkstoffe suchen, meinten früher, mit dem Testen synthetischer Stoffe auszukommen. Heute nutzt man die bis zu Jahrmilliarden währenden »Experimente« der Natur aus: Niedere Pilze sind Konkurrenten von Bakterien, leben oft auf demselben Substrat und haben zahlreiche Antibiotica entwickelt, deren systematische Aufsammlung zu großen Erfolgen in der Therapie von durch Bakterien verursachten Krankheiten führte.

Das Peptidoglykan ist nicht bei allen Bakterien im gleichen Umfang am Aufbau der Zellwand beteiligt. Bei den gramnegativen Bakterien (Gram-Färbung mit Gentianaviolett/Jod wird durch Ethanol ausgewaschen) bildet das Peptidoglykan nur eine einfache, sehr dünne Lage außerhalb der Plasmamembran. Auf diesen Mureinsacculus ist eine membranartige Struktur aufgelagert, die aus Lipoproteinen, Lipiden und Lipidanteilen von Lipopolysacchariden besteht und als *äußere Membran* bezeichnet wird (Abb. 1.15). In sie eingebaut sind Dreierkomplexe des Proteins Porin. Diese Komplexe formen Durchlaßstellen mit einem Kaliber von 1 nm, die Ionen und kleine hydrophile Moleküle passieren lassen. Die Polysaccharidketten der Lipopolysaccharide ragen nach außen; sie bestimmen bei den Enterobakterien (*E. coli, Salmonella*-Arten) deren antigene Eigenschaften. Die grampositiven Bakterien (Gram-Färbung bleibt im Ethanol erhalten; z. B. der Eitererreger *Staphylococcus aureus*) besitzen hingegen eine Zellwand, die überwiegend aus Peptidoglykanschichten besteht und in die nur wenige andere Komponenten, z. B. Teichonsäure, eingelagert sind. Antibiotica wie Penicillin, die die Peptidoglykansynthese verhindern, haben somit eine unterschiedliche Wirkung auf grampositive und gramnegative Bakterien. Letztere sind durch die Lipopolysaccharidschicht weitgehend geschützt. Es gibt auch solche Bakterien, die von Natur aus wandlos und formveränderlich sind, wie z. B. die *Mycoplasmen*. Viele von ihnen sind intrazelluläre Parasiten. Sie lösen verschiedene Erkrankungen bei Tieren und Pflanzen aus. In der Gruppe der Mycoplasmen finden sich die kleinsten bekannten Lebewesen: Sie sind mit Zelldurchmessern von nur 100 nm kleiner als Pockenviren. Damit ist offenbar die unterste Dimensionsgrenze zellulärer Organismen erreicht (»Minimalorganismen«).

Die Geißeln bei Bakterien haben einen von den Geißeln der Eukaryoten (Abb. 1.6) völlig abweichenden Bau (Abb. 1.17). Ihr Durchmesser erreicht nur $^1/_{10}$ des Durchmessers von Eukaroytengeißeln oder -cilien. Sie sind nicht zur ruderartigen Krümmung befähigt, sondern funktionieren als rotierende »Propeller«. So sind z. B. die vier bis acht Geißeln einer vorwärtsschwimmenden *E. coli*-Zelle nach rückwärts gerichtet, wobei jede einzelne gegen den Uhrzeigersinn rotiert. Die Bewegung der Geißeln ist so koordiniert, daß der Geißelschopf wie eine Schiffsschraube die Zelle vor sich her schiebt. Erfahren die einzelnen Geißeln eine Umkehr ihres Drehsinnes, so ist ihre Bewegung vorübergehend nicht mehr abgestimmt, und die Zelle »taumelt«, bis die Koordination wiederhergestellt ist (S. 146).

Eine Besonderheit einer Anzahl von Eubakterien – vor allem in den Gattungen *Bacillus* und *Clostridium* – ist die Bildung von Sporen. Diese stellen Dauerformen mit ungewöhnlichen Eigenschaften dar. So können sie Trockenheit viele Jahre überdauern; weiterhin sind sie ausgesprochen hitzeresistent. Während Bakterienzellen bei 80 °C schnell abgetötet werden, vertragen Sporen stundenlanges Kochen. Dies ist der Grund dafür, daß Hitzesterilisationen bei 120 °C durchgeführt werden müssen. Unter den Sporenbildnern befinden sich nämlich gefährliche Krankheitserreger (z. B. *Clostridium tetani*, der Erreger des Wundstarrkrampfes), die nur so sicher abgetötet werden können. Im Lichtmikroskop fallen die Sporen durch ihren hohen Brechungsindex auf (Abb. 1.18a), welcher von der hohen Proteinkonzentration und der geringen Wassermenge in den Sporen herrührt. Die Sporen gehen aus einer inäqualen Zellteilung hervor, bei der ein großer Teil der Plasmamasse der Mutterzelle in der einen Tochterzelle – der späteren Spore – konzentriert wird. Die Sporenbildung wird dann mit der Bildung einer dicken und widerstandsfähigen Sporenhülle abgeschlossen. Unter günstigen Umweltbedingungen keimen die Sporen wieder zu vermehrungsfähigen Bakterienzellen aus.

Von den Eubakterien engeren Sinnes unterscheiden sich die *Cyanobakterien* (früher als Blaualgen bezeichnet) u. a. durch größere Zellen. Viele Arten bilden fädige Zellkolonien (Coenobien), in denen es zu Zelldifferenzierungen kommen kann (Bildung von dickwandigen Heterocysten, die auf N_2-Fixierung spezialisiert sind, S. 98, 127). Das Nucleoid bildet ein diffuses *Centroplasma*. Das periphere *Chromatoplasma* ist von flächig ausgespannten Thylakoiden locker durchsetzt (Abb. 1.18b). Diese Thylakoide, die aus der Plasmamembran entstehen, zuletzt aber von ihr abgelöst sind, fungieren als Träger von Photosynthesepigmenten, darunter Chlorophyll a (S. 114), wie es auch bei allen grünen Eukaryoten vorkommt. Cyanobakterien vermögen daher im Gegensatz zu pigmentierten Bakterien die vollständige Photosynthese (S. 113f.) auszuführen. Als Antennenpigmente (S. 116) fungieren Phycobiliproteine, die in kompliziert gebauten Phycobilisomen auf der Oberfläche der Thylakoide lokalisiert sind (Abb. 1.18b. Nur in den Thylakoiden der den Cyanobakterien nahestehenden *Prochlorophyta* – S. 940 – kommt Chlorophyll b anstelle von Phycobiliproteinen vor). Geißeln treten bei Cyanobakterien nie auf; viele Arten sind

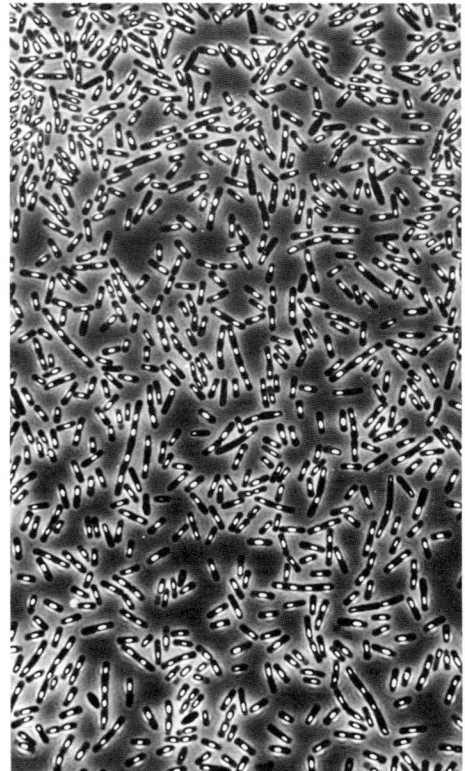

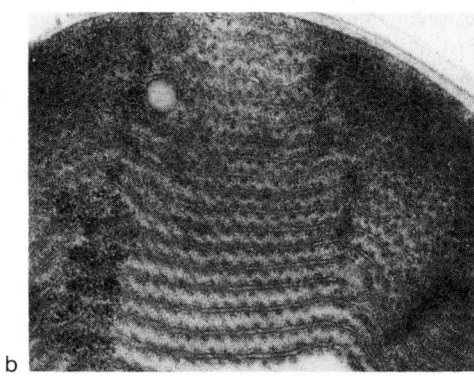

Abb. 1.18. (a) Lichtmikroskopische Aufnahme von Bacillus fastidiosus. Die Sporen sind an der starken Lichtbrechung zu erkennen. Phasenkontrastaufnahme, Vergr. 1000:1. (b) Thylakoide in einer Cyanobakterienzelle, mit Phycobilisomen. Elektronenmikroskopisch 37500:1. (a Original D. Claus/Göttingen, b Original Falk/Freiburg)

unbeweglich, andere kriechen unter Schleimausscheidung, manche schweben mit Gasvakuolen im Wasser.

Auch *Archaebakterien* sind, nach ihrem Zellbau zu urteilen, typische Prokaryoten. Sie weichen aber u. a. durch ihre Zellwand (ohne Murein), ihre Membranlipide (S. 49; mit Glycerin veretherte Polyprenole) und bestimmte Nucleinsäuresequenzen so stark von den übrigen Prokaryoten ab, daß sie als Vertreter eines eigenen Organismenreiches aufgefaßt werden (S. 938).

In Tabelle 1.3 werden Protocyt und Eucyt zusammenfassend verglichen. Dazu die folgenden Erklärungen:

(a) Mit der Kleinheit des Protocyten und der damit gegebenen großen spezifischen (d. h. auf das Volumen bezogenen) Oberfläche ist eine *kurze Generationsdauer* verbunden. *E. coli*-Zellen teilen sich unter Optimalbedingungen alle 20 min, also in ⅟₆₀ der Zeit, die bei Zellen von Eukaryoten in Gewebekultur zwischen zwei Teilungen verstreicht. Aus einer einzigen *E. coli*-Zelle können daher in nur 11 h etwa $8{,}6 \cdot 10^9$ Zellen entstehen (zum Vergleich: zur Zeit leben etwa $5{,}3 \cdot 10^9$ Menschen). Ließe sich die Zellvermehrungsrate ständig auf dem Maximum halten, würde das Gesamtvolumen der entstandenen *E. coli*-Zellen schon nach 43stündiger Kultur das Erdvolumen erreichen (knapp $1{,}1 \cdot 10^{12}$ km³). Tatsächlich läßt sich aber die »exponentielle Wachstumsphase« einer Bakterienkultur wegen des ständig wachsenden Nährstoffbedarfs nur für begrenzte Zeit aufrechterhalten, dann geht die Kultur in eine »stationäre Phase« über (S. 168).

(b) *Sexualvorgänge* treten bei Protocyten zurück (S. 273). Bis 1946 wußte man überhaupt nicht von ihrer Existenz. Damals wurde gezeigt, daß es bei *E. coli* – wenn auch nur sehr selten – Konjugation (S. 197 f.) und Rekombination gibt. Vorgänge, die der Meiose (S. 169 f.) von Eukaryoten entsprechen, wurden bisher aber nicht gefunden.

(c) Obwohl alle Organismen viel Stickstoff enthalten (vor allem in Proteinen und Nucleinsäuren), kann kein Eukaryot Luftstickstoff assimilieren. Die Kohlenstoff-autotrophen Pflanzen nehmen Stickstoff in Form von NO_3^- (allenfalls NH_4^+) auf (S. 127), fast alle heterotrophen Organismen – vor allem die Tiere – in Form stickstoffhaltiger, organischer Verbindungen. Luftstickstoff ist wegen der extremen Stabilität des N_2-Moleküls schwer assimilierbar, doch gibt es unter den Prokaryoten zahlreiche Formen, die hierzu imstande sind (S. 97 f.).

Überhaupt findet man bei den Prokaryoten eine wesentlich größere Bandbreite von Ernährungsweisen als bei den Eukaryoten.

1.2 Molekulare Architektur der Zelle

Unsere Nahrung besteht zur Hauptsache aus Proteinen, Kohlenhydraten, Lipiden, Nucleinsäuren, Ionen und Wasser. Diese Stoffgruppen sind es auch, aus denen jede Zelle im wesentlichen besteht. Dabei kann man – nicht ohne Willkür – zwischen relativ stabilen *Baustoffen* und ständiger Umwandlung unterworfenen *Betriebsstoffen* unterscheiden. In molekularer Terminologie entsprechen den Baustoffen die *Strukturmoleküle*. Dem liegt die Vorstellung zugrunde, es gäbe im Zellstoffwechsel eine stabile Bühne, auf der sich der turbulente Zellstoffwechsel (*Metabolismus*, S. 87 f.) abspiele. Untersuchungen mit Isotopen haben freilich gezeigt, daß auch Strukturmoleküle einem Umbau unterworfen sind, der allerdings um Größenordnungen langsamer abläuft als jener der Betriebsstoffe.

Bei den Strukturmolekülen handelt es sich (bis auf die Membranlipide) um Makromoleküle (Molekularmassen > 10000; Tab. 1.4). Strukturlipide sind in besonderem Maße zur Bildung flächiger Aggregate befähigt und vermögen daher – ohne miteinander kovalent verbunden zu sein – übermolekulare Strukturen zu bilden.

Tabelle 1.4. Beispiele von Biomakromolekülen

	Monomere	DP*	M_r**	Bemerkungen
Nucleinsäuren	Nucleotide			
Desoxyribonucleinsäure (*DNA*, Doppelhelix)	Desoxynucleotide (= Desoxyribotide)			
Coli-Phage T_2		$3,9 \cdot 10^5$	$1,3 \cdot 10^8$	
Escherichia coli		$7,3 \cdot 10^6$	$2,4 \cdot 10^9$	ringförmig
Kern-DNA von Eukaryoten		$3 \cdot 10^7$ $(- 5 \cdot 10^{10})$	$> 10^{10}$	linear
Mitochondrien, Säugetiere		$3 \cdot 10^4$	$9 \cdot 10^6$	ringförmig
Mitochondrien, Höhere Pflanzen		$2 \cdot 10^5$	$62 \cdot 10^6$	ringförmig
Plastiden, Höhere Pflanzen		$2,7 \cdot 10^5$	$92 \cdot 10^6$	ringförmig, ca. 50 Kopien pro Chloroplast
Ribonucleinsäure (RNA)	Ribonucleotide (= Ribotide)			
Tabakmosaikvirus		$6,6 \cdot 10^3$	$2,4 \cdot 10^6$	
Bakterienribosom		$2 \cdot 10^3$	$6 \cdot 10^5$	rRNA der kleineren Untereinheit
Transfer-RNA		ca. 80	$2,7 \cdot 10^4$	
Proteine	Aminosäuren			
Cytochrom c		104–112	$1,2 \cdot 10^4$	Hämoprotein, Elektronenüberträger in der Atmungskette
Ribonuclease (RNase)		124	$1,3 \cdot 10^4$	Enzym, spaltet RNA-Ketten
Hämoglobin A, Mensch, α-Kette		141	$1,6 \cdot 10^4$	Hämoprotein, transportiert O_2, z.T. auch CO_2, macht in Säuger-Erythrocyten über 90% der Trockensubstanz aus
β-Kette		146	$1,65 \cdot 10^4$	
Subtilisin		267	$2,95 \cdot 10^4$	bakterielles, proteinabbauendes Enzym (Proteinase)
Katalase		505	$5,8 \cdot 10^4$	Enzym, zersetzt H_2O_2 (bis 10^6 Moleküle $\cdot s^{-1}$)
Polysaccharide				
Strukturpolysaccharide				
Cellulose, primäre Zellwand	β-D-Glucose	ca. $3 \cdot 10^3$	ca. $4,9 \cdot 10^5$	
Cellulose, sekundäre Zellwand		$1,5 \cdot 10^4$	$2,4 \cdot 10^6$	Moleküllänge bis über 8 μm, Kette unverzweigt
Hyaluronsäure	Glucuronsäure und N-Acetylglucosamin	$5 \cdot 10^3$	10^6	Bindegewebsgrundsubstanz
Reservepolysaccharide				
Amylose	α-D-Glucose	60–600	$1-10 \cdot 10^4$	Kette unverzweigt, schraubig ⎫ in Stärkekörnern
Amylopectin	α-D-Glucose	bis $6,3 \cdot 10^3$	bis 10^6	Kette verzweigt, Molekül globulär ⎭ (Abb. 1.43)
Glykogen	α-D-Glucose	bis 10^5	$1-16 \cdot 10^6$	Kette stark verzweigt, Molekül globulär; Reservepolysaccharid bei Bakterien, Pilzen, Tieren

* DP, Polymerisationsgrad: Zahl der Monomeren im Makromolekül (engl. *degree of polymerization*); bei Nucleinsäuren Anzahl der Nucleotide; bei Proteinen Anzahl der Aminosäuren

** M_r = relative Molekularmasse; gibt Teilchenmasse als Vielfaches der Atommasseneinheit ($1,6605 \cdot 10^{-24}$ g) an

Makromoleküle sind aus mikromolekularen *Monomeren* aufgebaut (sie sind »polymer« = aus vielen Teilen bestehend). Beispielsweise ist ein Cellulosemolekül aus einigen 10^2 bis über 10^4 β-D-Glucose-Molekülen zusammengesetzt, die eine unverzweigte Kette bilden (Abb. 1.40p). Die Makromoleküle des Glykogens sind aus α-D-Glucose-Einheiten aufgebaut, die Ketten stark verzweigt. Glykogen und Cellulose enthalten nur eine einzige Monomerensorte, sie sind *Homopolymere*. Die Monomeren gehören zu den Monosacchariden (Abb. 1.40a–i), Glykogen und Cellulose also zu den Polysacchariden.
Natürliche Proteine sind *Heteropolymere:* Sie sind aus Aminosäuren zusammengesetzt, von denen es allein in Proteinen über 20 verschiedene gibt (S. 31). Auch unter den Polysacchariden gibt es viele Heteropolymere; in den Polysaccharidketten des Mureinsacculus wechseln die Zuckerderivate N-Acetylglucosamin und N-Acetylmuraminsäure regelmäßig miteinander ab (Abb. 1.40s). Das N-Acetylglucosamin wiederum ist zunächst bekannt geworden als das Monomer von Chitin, einem Homopolysaccharid (Abb. 1.40r).

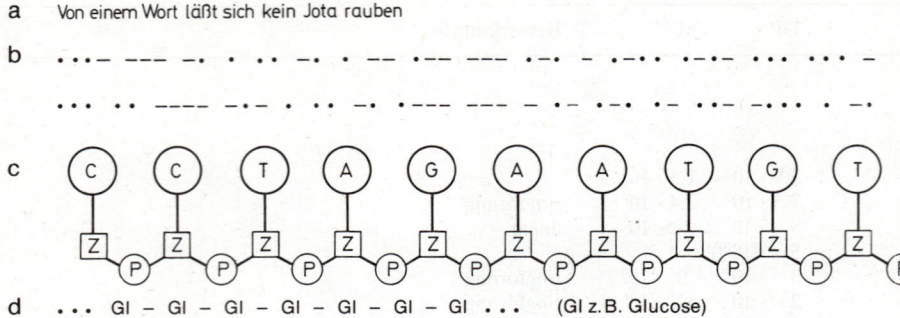

Abb. 1.19 a–e. Informative (a–c) und informationslose (d, e) Sequenzen. (a) Klartext. (b) Morsetext. (c) Informative Basensequenz eines Polynucleotidstranges (DNA): Z, Riboserest; P, Phosphatrest; A, G, Purinbasen Adenin und Guanin; C, T, Pyrimidinbasen Cytosin und Thymin (vgl. Abb. 1.32). (d) Homopolymerensequenz (vgl. Abb. 1.40p). (e) Repetitive Heteropolymerensequenz (vgl. Abb. 1.40s, t)

Weitere wichtige Heteropolymere sind die Nucleinsäuren. Ihre Repetitionseinheiten sind die Nucleotide (Nucleinsäuren = Polynucleotide) (Abb. 1.30). Jedes Nucleotid besteht seinerseits aus drei kleineren Einheiten: einem Zucker, einem Phosphorsäurerest und einer heterozyklischen Base (S. 38).

Für den Biologen ist die Unterscheidung zwischen *informationslosen*, statistischen oder repetitiven und nicht-statistischen, *informativen* Makromolekülen wichtig. Vergleichen wir einen Satz unserer Sprache mit einem linearen Makromolekül (Abb. 1.19). Den Monomeren entsprechen Laute bzw. Buchstaben. Abbildung 1.19a gibt die zweitausendste Zeile aus »Faust I« wieder. Die aperiodische Aneinanderreihung von Buchstaben ergibt mehrere Worte, insgesamt jedenfalls einen Sinn – die Zeile übermittelt Information. Diese Aussage gilt auch für Abbildung 1.19b. Wenn der Übersetzungsschlüssel (Code) bekannt ist, kann der Klartext in Morsetext übertragen werden und umgekehrt. Es ist auch gleichgültig, ob noch andere Arten der Wiedergabe gewählt werden, etwa ein Tonband oder eben auch ein kettenförmiges Makromolekül – der Sequenz der Buchstaben entspricht dann eine *Sequenz der Monomeren*. Wichtig ist nur, daß die räumliche oder zeitliche Aufeinanderfolge der Symbole eine eindeutige Wiedergabe gestattet. Der *Informationsträger* (Zeile, Tonband, Morsestreifen, Makromolekül ...) darf keine Verzweigung aufweisen und muß eine festgesetzte Leserichtung haben. Alle informativen Makromoleküle müssen also kettenförmig (linear) und unverzweigt sein, und die beiden Kettenenden müssen verschieden sein (Leserichtung!). Eine Zeile gleichartiger Buchstaben oder mit periodisch sich wiederholenden Kleinsequenzen übermittelt nur wenig Information. Homopolymere kommen, auch wenn sie unverzweigte Ketten haben, als informative Moleküle nicht in Betracht (Abb. 1.19d), ebensowenig auch die Mucopolysaccharidkette von Abbildung 1.40t. Die Buchstaben der Zeile a geben keinen Sinn, wenn man sie mischt und zufallsgemäß (statistisch) wieder aneinanderreiht.

Aufgrund ihres Molekülbaues kommen als Informationsträger in der Zelle die Nucleinsäuren (Abb. 1.19c) und die Proteine in Betracht. Sie tragen tatsächlich Information, z.B. die Desoxyribonucleinsäuren (DNA) die genetische Information. Die Proteine der Organismen geben diese Information in einer anderen »Sprache« (mit anderen Monomeren) wieder.

Ein Charakteristikum informativer Sequenzen ist die weitgehende Unvertauschbarkeit einzelner Symbole oder Sequenzabschnitte, die Empfindlichkeit gegen Verstümmelung. Beispiele aus dem Bereich der Sprache sind jedermann geläufig. Aber auch bei Nucleinsäuren und Proteinen sind zahlreiche Fälle untersucht worden, in denen ein einziges Monomer verloren, verändert oder ausgetauscht ist. Solche Veränderungen betreffen gewöhnlich weniger als 1% der Masse des Makromoleküls. Dennoch kann die biologische Wirkung beträchtlich sein, z.B. bei der Sichelzellanämie (S. 229f., 897f.).

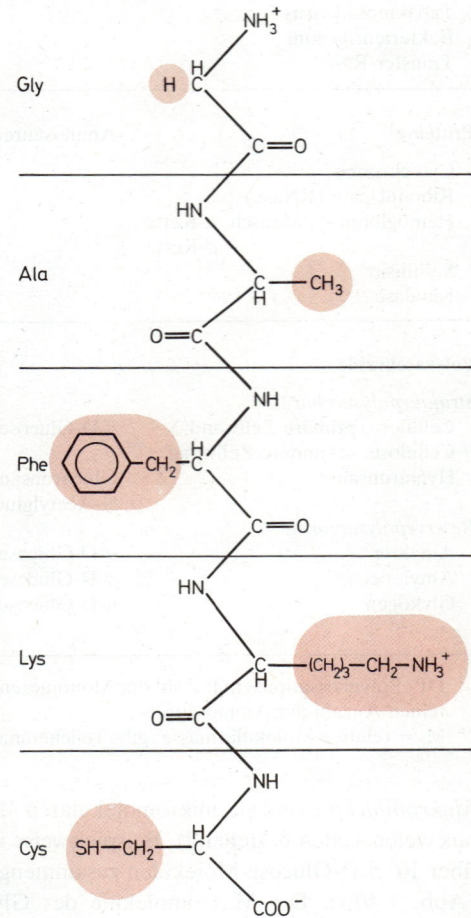

Abb. 1.20. Oligopeptid: Pentapeptid Glycylalanylphenylalanyllysylcystein; Aminoende oben, Carboxylende unten. Die charakteristischen »Reste« der Aminosäuren sind hervorgehoben. Der Beitrag jedes Aminosäurerestes zur relativen Molekülmasse M_r beträgt im Mittel 112. Die M_r dieses Pentapeptids ist daher 550, jene des Lysozymmoleküls (Abb. 1.21) 14430. Entsprechend kann aus der M_r eines Polypeptids/Proteins die Zahl der Aminosäurereste geschätzt werden

1.2.1 Proteine

Proteine sind Heteropolymere von sehr großer Mannigfaltigkeit. Sie sind makromolekulare Polypeptide. Etwa 20 Aminosäuren kommen regelmäßig in Proteinen vor (proteinogene Aminosäuren, Tab. 1.5). Fast alle sind α-Aminosäuren, ihre Aminogruppe steht an dem der Carboxylgruppe benachbarten α-C-Atom. Dieses C-Atom trägt außerdem ein Wasserstoffatom und einen Rest (R), durch den sich die Aminosäuren voneinander unterscheiden. Außer bei Glycin ist das α-C-Atom asymmetrisch substituiert, die Aminosäuren sind optisch aktiv, sie gehören der L-Reihe an.

Die Kettenbildung erfolgt durch Knüpfung einer Peptidbindung zwischen der Carboxylgruppe der einen und der Aminogruppe der nächsten Aminosäure. Abbildung 1.20 zeigt das Oligopeptid Gly Ala Phe Lys Cys. Wie auch jedes Polypeptid, hat diese Kette Aminoende (N-Terminus) und Carboxylende (C-Terminus). Die Leserichtung entspricht dabei der Syntheserichtung: Bei der Biosynthese bleibt das Aminoende der ersten Aminosäure unverknüpft (S. 186f.).

Die aperiodische, unzufällige Sequenz ist durch die Reihenfolge der Reste $R_1 \ldots R_n$ bestimmt; sie stehen von einer unspezifischen, periodischen »Hauptvalenzkette« seitlich ab. Die Hauptvalenzkette läuft in ständiger Wiederholung durch folgende Atome: N-C-C-N-...-C-C-N-C-C-N-C-C. (Auch bei anderen Informationsträgern – Papier, Lochstreifen, Tonband usw. – ist die informative Sequenz einem *unspezifischen Träger* aufgeprägt.)

Eine echte Verzweigung von Polypeptidketten gibt es nicht. Durch den Synthesemechanismus der Ketten ist ausgeschlossen, daß etwa die Carboxylgruppen der Asparagin- oder Glutaminsäurereste für Peptidbindungen herangezogen werden. Allerdings können sich zwei Cysteinmoleküle, deren Reste je eine *SH-Gruppe* (= *Sulfhydryl-* oder *Thiolgruppe*) tragen, durch Ausbildung einer *Disulfidbrücke* vereinigen. Dadurch können mehrere Polypeptidketten kovalent aneinander gebunden werden; aber auch ein und dieselbe Kette kann sich durch intramolekulare Disulfidbrücken in charakteristischer Weise aufknäueln. Daher sind Cysteylreste von größter Bedeutung für die räumliche Struktur von Polypeptiden (»*Kettenkonformation*«). Man kennt heute schon sehr viele Sequenzen (Primärstrukturen) natürlicher Proteine (Abb. 1.21, 1.22; S. 678, 680), und auch die künstliche Synthese biologisch aktiver Proteine ist möglich. (Allerdings sind die Verfahren der Gentechnologie (S. 181, 253f.) weit rationeller.)

Bei zahlreichen Enzymen, wie Pepsin und Trypsin (S. 480), und bei Peptidhormonen (Insulin, Glucagon u.a, S. 680) werden Proenzyme (Prohormone) synthetisiert, deren Sequenz länger ist als die der biologisch aktiven Moleküle. Die Aktivierung erfolgt durch enzymatische Entfernung von Teilsequenzen (*limitierte Proteolyse*). Zum Beispiel besteht Insulin (Sequenz S. 681) aus zwei Ketten, die durch zwei Disulfidbrücken zusammengehalten werden (A-Kette: 21 Aminosäuren, B-Kette: 30 Aminosäuren); das Proinsulin besteht aus einer einzigen Polypeptidkette mit 84 Aminosäuren. Die künftige B-Kette steht darin am Aminoende, die A-Kette bildet das Carboxylende. Bei den Verdauungsenzymen, die als Proenzyme gebildet werden, liegen die Massenverluste bei der Aktivierung zwischen 1 und 65% (Abb. 1.22).

Die Blutgerinnung beruht auf der Bildung des Faserproteins *Fibrin* aus einer im Blutplasma zirkulierenden Vorstufe, dem *Fibrinogen*. Die Umwandlung Fibrinogen → Fibrin ist mit einer limitierten Proteolyse verbunden. Die entsprechende Proteinase, das *Thrombin* (M_r 33 700), wird ihrerseits durch limitierte Proteolyse aus *Prothrombin* (M_r 69 000) durch Gerinnungsfaktor X freigesetzt. Die komplette »Enzymkaskade« im Blut besteht aus mehr als sieben Faktoren, von denen jeder den jeweils nächsten durch limitierte Proteolyse aktiviert (S. 454).

Fibrinogenteilchen sind ellipsoidisch, Fibrinmoleküle dagegen linear. Die Verkürzung der Primärstruktur durch Thrombin ist also mit einer drastischen Veränderung der Ketten-

Abb. 1.21. Primärstruktur (Aminosäuresequenz) von Lysozym aus Hühnereiweiß, das Bakterien angreift, indem es deren Hüllsubstanz Murein abbaut. (Vgl. Abb. 1.25)

Tabelle 1.5. Proteinogene Aminosäuren (geladene bzw. polare Gruppen halbfett; Häufigkeit in Mol% bei *Escherichia coli*)

Trivialname	Abkürzung	Symbol	Häufigkeit	Formel	Trivialname	Abkürzung	Symbol	Häufigkeit	Formel
Rest unpolar (lipophil):					L-Methionin	Met	M	3,5	$H_3N^+-CH(COO^-)-CH_2-S-CH_3$
Glycin	Gly	G	8	$H_3N^+-CH(COO^-)-H$					
L-Alanin	Ala	A	13	$H_3N^+-CH(COO^-)-CH_3$	L-Tyrosin	Tyr	Y	2	$H_3N^+-CH(COO^-)-CH_2-C_6H_4-OH$
L-Valin	Val	V	5,5	$H_3N^+-CH(COO^-)-CH(CH_3)_2$	L-Tryptophan	Trp	W	1	$H_3N^+-CH(COO^-)-CH_2-$ (Indol)
L-Leucin	Leu	L	8	$H_3N^+-CH(COO^-)-CH_2-CH(CH_3)_2$	L-Asparagin (Säureamid der Asparaginsäure)	Asn	N		$H_3N^+-CH(COO^-)-CH_2-C(=O)NH_2$
L-Isoleucin	Ile	I	4,5	$H_3N^+-CH(COO^-)-CH(CH_3)-CH_2-CH_3$	L-Glutamin (Säureamid der Glutaminsäure)	Gln	Q		$H_3N^+-CH(COO^-)-CH_2-CH_2-C(=O)NH_2$
L-Phenylalanin	Phe	F	3,5	$H_3N^+-CH(COO^-)-CH_2-C_6H_5$	*Rest sauer:*				
L-Prolin	Pro	P	4,5	(Pyrrolidinring)	L-Asparaginsäure	Asp	D	D+N = 10	$H_3N^+-CH(COO^-)-CH_2-COO^-$
					L-Glutaminsäure	Glu	E	E+Q = 11	$H_3N^+-CH(COO^-)-CH_2-CH_2-COO^-$
Rest schwach polar:					*Rest basisch:*				
L-Serin	Ser	S	6	$H_3N^+-CH(COO^-)-CH_2-OH$	L-Lysin	Lys	K	7	$H_3N^+-CH(COO^-)-CH_2-CH_2-CH_2-CH_2-NH_3^+$
L-Threonin	Thr	T	4,5	$H_3N^+-CH(COO^-)-CH(OH)-CH_3$	L-Arginin	Arg	R	5	$H_3N^+-CH(COO^-)-CH_2-CH_2-CH_2-NH-C(NH_2)(NH_2^+)$
L-Cystein*	Cys	C	2	$H_3N^+-CH(COO^-)-CH_2-SH$	L-Histidin	His	H	1	$H_3N^+-CH(COO^-)-CH_2-$ (Imidazol)

* Zwei Cysteinreste können sich durch Bildung einer Disulfidbrücke zu »Cystin« verbinden: $H_2C-S-S-CH_2$

konformation verbunden. Gelöste Kugelteilchen erhöhen selbst in hohen Konzentrationen die Viskosität der Lösung nicht wesentlich, während Fadenteilchen schon in niedrigen Konzentrationen zähflüssige, fadenziehende Lösungen und schließlich Gallerten bilden. Beim Eintrocknen ergeben Sphärokolloide leicht zerreibliche, pulverige Massen (z.B. Eidotter), während Linearkolloide hornige oder lederige Beschaffenheit annehmen. Nur Stoffe mit stark anisometrischen Teilchen kommen als Strukturbildner in Betracht. Viele Strukturproteine besitzen dennoch globuläre Moleküle. Das gilt z.B. für das Aktin der Mikrofilamente oder das Tubulin, aus dem die Mikrotubuli aufgebaut sind (S. 37). Bei diesen Proteinen zeigen jedoch die Einzelmoleküle eine starke Tendenz, sich zu Längsreihen aneinander zu legen und dadurch Fadenstrukturen zu formen (Kugelkette als Filament).

Die *Gestalt von Proteinmolekülen* ist wesentlich durch die Primärstruktur bestimmt, die ihrerseits durch die genetische Information festgelegt ist. Schon während der Synthese der Polypeptidkette bildet sich die charakteristische Kettenkonformation aus. Sie kann durch chemische oder physikalische Einflüsse (z.B. niedrige pH-Werte, hohe Temperaturen) gestört oder zerstört werden *(Denaturierung)*. Enzyme verlieren dabei ihre Aktivität. Die Möglichkeit von Renaturierungen beweist, daß die Information zur Ausbildung der richtigen Kettenkonformation letztlich in der Aminosäuresequenz liegt.

Entscheidend für Bildung und Stabilisierung der nativen Kettenkonformation sind Nebenvalenzen (vor allem H-Brücken und hydrophobe Effekte, S. 57), die nur dann maximal abgesättigt sind, wenn sich die Kette in ganz bestimmter Weise schraubt oder faltet *(Sekundärstruktur)*. Beispielsweise können durch schraubigen Verlauf der Polypeptidkette alle zwischen den periodisch wiederkehrenden Carboxylsauerstoffatomen und Aminostickstoffatomen möglichen Wasserstoffbrücken auch tatsächlich ausgebildet werden (Abb. 1.23). Diese »α-Helix« kommt u.a. in den α-Keratinen vor (Strukturproteine von Haaren, Fingernägeln, Klauen), aber auch im Muskelprotein Myosin und in vielen Enzymen. Eine andere Möglichkeit der Ausbildung von H-Brücken besteht *zwischen* gestreckten Polypeptidketten, sowohl *intra-* wie *inter*molekular. Das ergibt Strukturen, die als *Faltblatt-* oder *β-Strukturen* bezeichnet werden (Abb. 1.24); die *β-Keratine* (Strukturproteine der Vogelfeder) besitzen einen solchen Aufbau. Oft läßt sich kein bestimmtes Ordnungsprinzip erkennen (»random coil« = Zufallsknäuel). Häufig wechselt die Sekundärstruktur entlang der Polypeptidkette eines Proteinmoleküls. Dadurch werden Abschnitte definiert, die oft auch unterschiedliche Funktionen ausüben und als *Domänen* bezeichnet werden. Wo immer die Aminosäure *Prolin* in der Peptidkette auftaucht, ist in unmittelbarer Umgebung eine α-Helix-Struktur ausgeschlossen. Das Kollagen, dessen Aminosäurebestand etwa zur Hälfte von Prolin und seiner hydroxylierten Variante Hydroxyprolin gebildet wird, enthält daher überhaupt keine α-Helixabschnitte. Vielmehr bilden jeweils drei steilere Schrauben ein starr-gestrecktes Aggregat, das Tropokollagenteilchen (Abb. 1.28).

Mit der *Tertiärstruktur* beschreibt man die dreidimensionale Struktur eines ganzen Proteinmoleküls. Der Begriff »Kettenkonformation« umfaßt sowohl die (feinere) Sekundär- wie die (gröbere) Tertiärstruktur. Beide können über die Auswertung der Röntgenbeugungsdiagramme von Proteinkristallen ermittelt werden.

Heute sind die Kettenkonformationen vieler Proteinmoleküle bekannt. Beim Lysozymmolekül (Abb. 1.25) handelt es sich um ein annähernd globuläres Teilchen von $4,5 \cdot 3 \cdot 3$ nm³, dessen Tertiärstruktur vor allem durch vier Disulfidbrücken bestimmt und stabilisiert wird. Außerdem sind die *lipophilen* Aminosäuren im Inneren des Moleküls angeordnet, während die *hydrophilen* nach außen weisen: Im wäßrigen Milieu der Zelle werden wasserabstoßende Strukturen auf möglichst engem Raum zusammengedrückt, jedenfalls von der Moleküloberfläche weggedrängt. So resultiert ein Enzymmolekül mit einem wasserabstoßenden Inneren und einem gut benetzbaren Mantel. Diese Eigenschaft teilt das Lysozym mit den allermeisten globulären Proteinen.

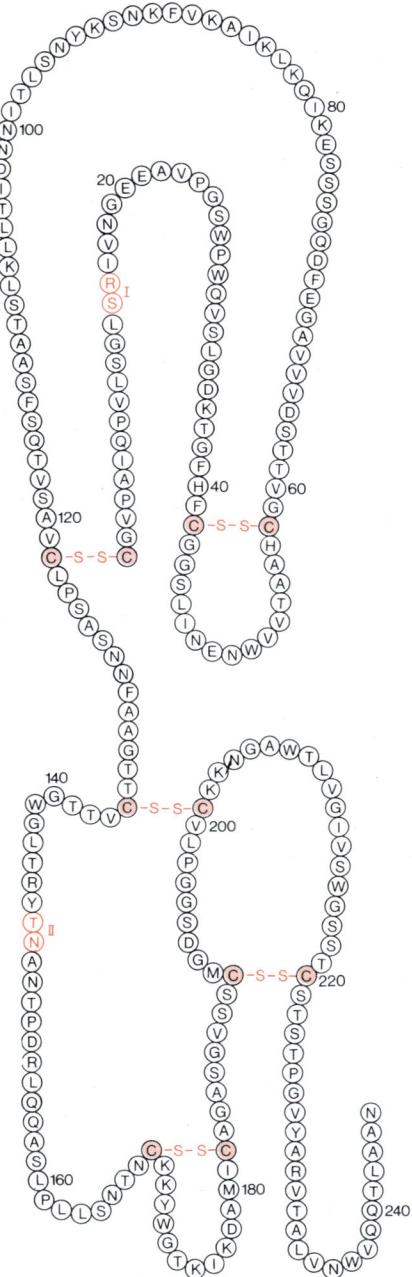

Abb. 1.22. *Bildung von Chymotrypsin aus Chymotrypsinogen durch limitierte Proteolyse. Die Sequenz des Rinder-Chymotrypsinogens umfaßt 245 Aminosäuren (angegeben im Einbuchstaben-Code, vgl. Tabelle 1.5). Disulfidbrücken farbig. Durch Trypsin und Chymotrypsin wird zunächst das Dipeptid 14 + 15 herausgeschnitten (I), es entsteht δ-Chymotrypsin (2 Ketten). Dann werden autokatalytisch die Positionen 147 + 148 herausgeschnitten (II). Das aktive α-Chymotrypsinmolekül besteht aus drei Teilketten (A: 1–13; B: 16–146; C: 149–245). (Vgl. Abb. 1.58)*

Tabelle 1.6. Beispiele für limitierte Quartärstrukturen

Protein	Teilchenmasse	Zahl der Protomeren	Bemerkungen
Hämoglobin A (Mensch)	64 500	2 + 2	Globulär; 2 α- und 2 β-Ketten; Teilchengewicht je ca. 16 000
α-Amylase	97 600	2	Spaltet Stärke in Oligosaccharide, schließlich in Maltose. In Speichel, Pankreassekret, Malz
Alkoholdehydrogenase (Hefe)	150 000	4	Beteiligt an alkoholischer Gärung. In Leber analoges Enzym mit ebenfalls 4 Protomeren; Teilchengewicht 80 000
Myosin	468 000	2 (+ 4)	Langgestreckte Quartärstruktur, bildet Myosinfilamente der Muskelzellen. Mit ATPase-Aktivität. Vgl. S. 456
Apoferritin	480 000	20	Eisenspeicherprotein bei Mensch, Tier und Pflanze (»Phytoferritin«). Vgl. Abb. 1.26
Glutaminsynthetase (*E. coli*)	592 000	12	Kugelige Protomeren bilden 2 übereinanderliegende Sechserringe
Pyruvatdecarboxylase (*E. coli*)	4 400 000	72	3 Protomerensorten beteiligt: 24 I + 24 II + 24 III. Vgl. Abb. 1.26
Hämocyanin (*Helix*)	8 000 000	160	Kupferhaltiges Metallprotein, Blutfarbstoff niederer Tiere (z. B. Mollusken). Funktionell dem Hämoglobin entsprechend, jedoch im Blut frei gelöst. Hohlzylinder. Vgl. Abb. 6.132, S. 635. Durchmesser und Höhe ca. 40 nm
Viruscapside (vgl. Tabelle 1.8)			
TYMV	3 600 000	180	Protomeren bilden 20-Flächner (Icosaeder). Durchmesser ca. 200 nm
TMV	39 300 000	2130	Protomeren helical angeordnet; Teilchengewicht je 17 500. Vgl. S. 44

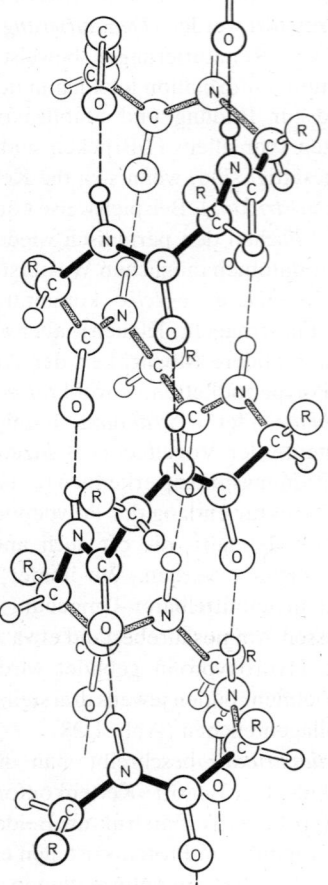

Abb. 1.23. α-Helix einer Polypeptidkette. Auf einen Umgang der Rechtsschraube (0,54 nm) entfallen 3,6 Aminosäuren. Die Reste R der Aminosäuren stehen von der Helix ab und stören ihren Verlauf nicht, außer bei Prolin oder Hydroxyprolin. Gestrichelte Linien: Wasserstoffbrücken. α-helicale Domänen werden vor allem in Sequenzabschnitten mit überwiegend unpolaren Aminosäuren ausgebildet

Jedes Enzymmolekül besitzt eine »katalytische Stelle« (= *aktives Zentrum*), wo das Substrat gebunden und anschließend verändert wird. Die hohe Spezifität vieler Enzyme beruht auf der räumlichen Gestaltung der Substratbindungsstelle. Die von *E. coli* gebildete β-Galactosidase spaltet Galactoside etwa 10000mal schneller als die sehr ähnlich gebauten Glucoside (Abb. 1.40n, o).

Viele Proteine weisen $M_r > 100000$ auf. Sie bestehen oft aus mehreren, räumlich kompliziert angeordneten Polypeptidketten. Ein Beispiel für eine solche *Quartärstruktur* ist das Hämoglobin A des Menschen (Abbildung links unten neben der Titelseite): Die Teilchenmasse beträgt rund 64000, jede der vier beteiligten Polypeptidketten hat eine relative Molekularmasse (M_r) von etwa 16000. Diese Ketten sind ihrerseits paarweise verschieden: Die beiden α-Ketten enthalten je 141 Aminosäurereste, die β-Ketten je 151. Zu solchen übermolekularen Komplexen können sowohl gleichartige als auch verschiedenartige Polypeptide zusammentreten. Enzymproteine bilden häufig als *Multienzymkomplexe* bezeichnete Quartärstrukturen (Abb. 1.26).

Die einzelnen Polypeptidketten einer Quartärstruktur sind gewöhnlich durch Nebenvalenzen zusammengehalten (S. 57f.) und können in Untereinheiten *(Protomeren)* zerfallen, die normalerweise den einzelnen Polypeptidketten entsprechen.

Gelegentlich dienen auch Disulfidbrücken als Klammer zwischen Protomeren (Abb. 5.221, S. 534). Disulfidbrücken zerfallen unter reduzierenden Bedingungen und können

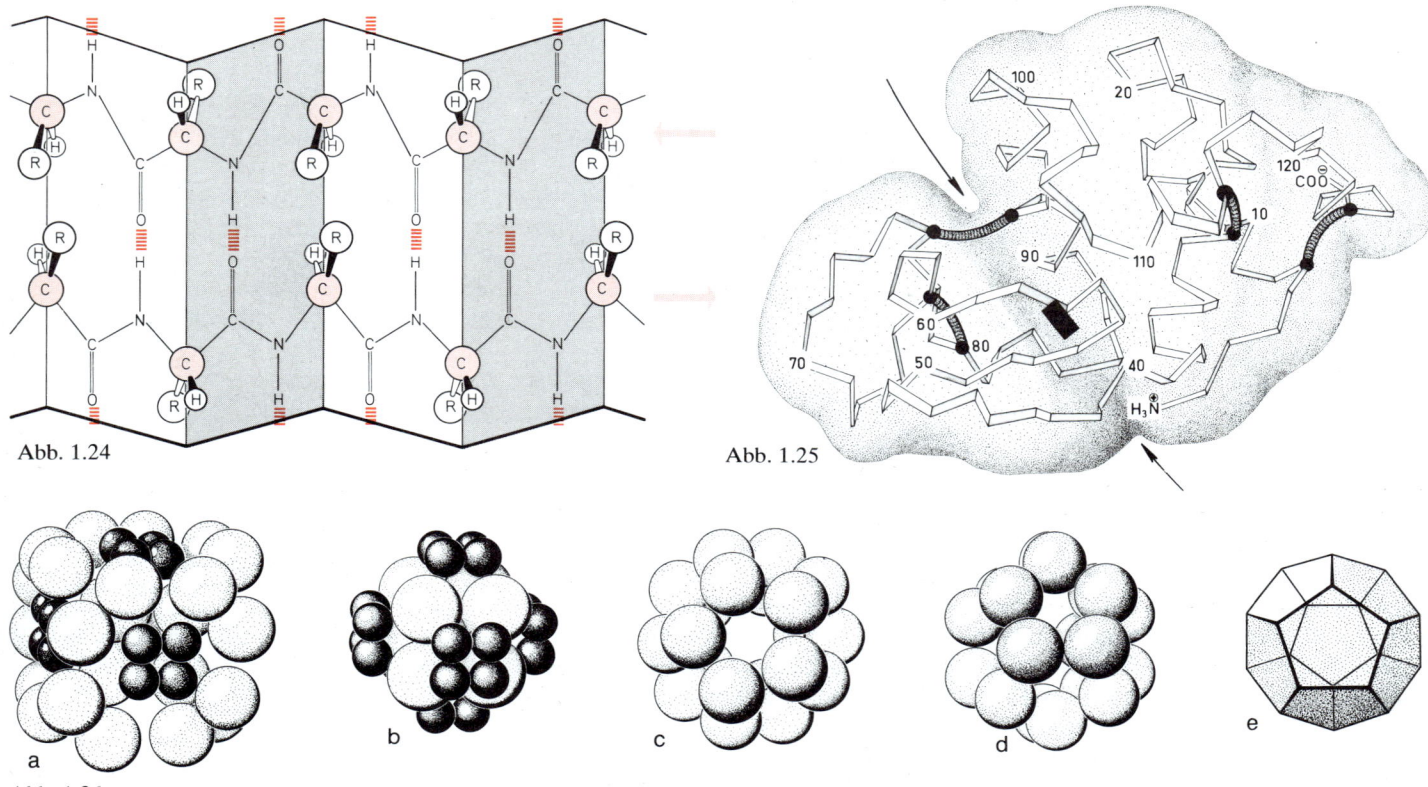

auch in der lebenden Zelle durch eine Verschiebung des Redoxpotentials relativ leicht gesprengt werden.

Der geordnete Aufbau größerer Teilchen aus Protomeren ist eines der wichtigsten Prinzipien zellulärer Strukturbildung. Es gibt zahlreiche Quartärstrukturen mit genau festgelegter Protomerenzahl. Zu diesen *limitierten Quartärstrukturen* gehören z. B. die Multienzymkomplexe (Abb. 1.26; vgl. auch Abb. 1.27), aber auch die Proteinhüllen (Capside) vieler Viren und Phagen (S. 44f., 191f.; Abb. 4.85, S. 374). In Tabelle 1.6 sind einige Beispiele angeführt.

In vielen Fällen lassen sich Quartärstrukturen in Protomere zerlegen, ohne diese zu denaturieren. Auch die (Re-)Aggregation kann im Reagensglas *(in vitro)* oft so gut wie in der lebenden Zelle *(in vivo)* ablaufen. Die Untereinheiten haben eine ausgeprägte Tendenz, sich in passender Weise aneinander zu lagern. Das beruht darauf, daß gewisse Struktur- und Ladungsmuster an der Protomerenoberfläche zu entsprechenden Mustern der Nachbarprotomere komplementär sind. Auch wenn nur relativ kleine Teile der Protomerenoberfläche solche Paßmuster besitzen, können doch so viele Nebenvalenzbindungen geknüpft werden, daß stabile Quartärstrukturen entstehen: *Self assembly* (Selbstorganisation). Entsprechende molekulare Prozesse liegen vielen Gestaltbildungen auf übermolekularer, z. B. zellulärer Ebene zugrunde (z. B. S. 375).

Bei den eigentlichen Strukturproteinen spielen *nicht-limitierte Quartärstrukturen* die Hauptrolle. Beispielsweise können Fibrinfasern ständig durch Anlagerung weiterer Fibrinmoleküle in die Länge und Dicke wachsen. Die Kollagenfibrillen (Abb. 1.28) spielen in der Interzellularsubstanz des Bindegewebes eine ähnliche Rolle wie die Cellulosemikrofibrillen in pflanzlichen Zellwänden. Die scheinbaren Protomeren (Tropokollagenteilchen) entsprechen ihrerseits bereits Quartärstrukturen aus je drei Polypeptidketten. Auch *Mikrotubuli* sind Quartärstrukturen eines Proteins (Tubulin, Abb. 1.29).

Abb. 1.24. Faltblattstruktur (β-Struktur) zweier antiparalleler Polypeptidketten. Wasserstoffbrücken als »Zebrastreifen« angedeutet, die α-C-Atome sind farbig hervorgehoben

Abb. 1.25. Tertiärstruktur des Lysozyms (vgl. Abb. 1.21). Pfeile: katalytische Stelle, spaltförmig in das Molekülinnere eingesenkt. Alle acht Cysteinreste sind an der Bildung der vier Disulfidbrücken beteiligt, welche die Tertiärstruktur bedingen. Entlang der Primärstruktur (Polypeptidkette) treten mehrfach helicale Bereiche, gelegentlich auch Faltblattstrukturen (z. B. links unten) auf

Abb. 1.26. Quartärstrukturen. (a, b) Quartärstruktur eines Multienzymkomplexes: Pyruvatdecarboxylase von E. coli. (a) 24 außen gelegene Protomeren katalysieren die Verbindung von Pyruvat mit Thiamindiphosphat und die Decarboxylierung (Freisetzung von CO_2, vgl. S. 89f.); sie können entfernt werden. (b) Acht zentral gelegene Einheiten, die ihrerseits noch einmal aus je drei Untereinheiten bestehen (nicht dargestellt), übertragen den entstandenen Acetylrest auf Liponsäure. 24 kleinere Protomere (dunkel gezeichnet) übertragen zuletzt den Acetylrest auf Coenzym A. (c–e) Quartärstruktur des Apoferritins. 20 gleichartige Protomeren (c, d) besetzen die Ecken eines Pentagondodekaeders (e). Das Ferritin ist das Eisenspeicherprotein bei Tier und Pflanze; in die hohlkugelige Quartärstruktur kann eine Eisenmicelle eingelagert werden

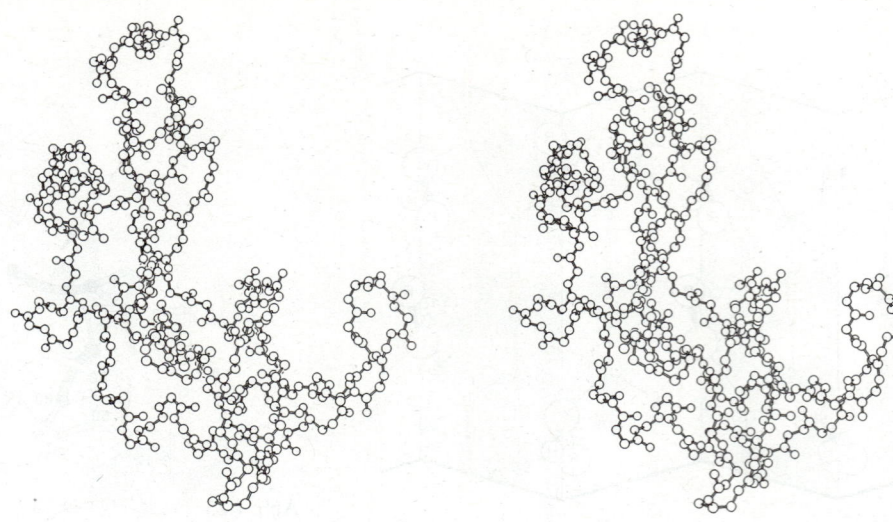

Die Länge der Mikrotubuli kann stark variieren. Weitere Beispiele für nicht-limitierte Quartärstrukturen liefern die Keratine, ferner die Capside der Stäbchenviren und Filamente der Muskelproteine Myosin und Aktin (S. 456).

Quartärstrukturen sind – wie auf einer niedrigeren Ebene schon die Makromoleküle – nach dem Baukastenprinzip aufgebaut. Dadurch kann genetische Information eingespart werden, weil nach *einem* Plan hergestellte, gleichartige Moleküle nachträglich zu größeren Einheiten kombiniert werden können. Bei Multienzymkomplexen kommt hinzu, daß die Enzyme in der Anordnung miteinander verbunden sind, in der sie aufeinanderfolgende Reaktionen einer Stoffwechselkette katalysieren (S. 74f., 96; Abb. 1.82). Das ermöglicht hohe Durchsätze. Schließlich kann so auch die Ausschlußquote niedrig gehalten werden. Wie bei industriellen Fertigungsprozessen fallen auch in der Zelle fehlerhafte Stücke an, deren Anteil um so größer wird, je komplizierter die Struktur ist. Bei einer angenommenen Fehlerquote von 1:10000 für die Einordnung eines Atoms in einem Molekülverband würde bei einer Aminosäure aus 20 Atomen jede 500., bei einem Makromolekül aus 2000 Atomen schon jedes fünfte fehlerhaft sein. Moleküle aus 20000 Atomen ließen sich überhaupt nicht mehr fehlerfrei herstellen. Wird jedoch ein solches Makromolekül – wie die Proteine aus Aminosäuren – aus vorher geprüften und dabei als fehlerfrei befundenen Monomeren hergestellt, so verringert sich die Ausschußquote entsprechend. Für das Ausscheiden fehlerhafter Monomeren sorgt die Spezifität der bei Makromolekülbiosynthesen wirksamen Enzyme. Im Falle informativer Makromoleküle wird die Fehlerprüfung mit entsprechend größerem Aufwand sehr viel schärfer durchgeführt als bei statistischen. Sequenzfehler können bei doppelsträngiger DNA nachträglich erkannt und beseitigt werden (DNA-Reparatursysteme, S. 241). Bei der Entstehung von Quartärstrukturen, an deren Bildung oft Hilfsproteine (»molekulare Chaperone«) beteiligt sind, fallen fehlerhafte Teile dadurch aus, daß sie sich nicht in der erforderlichen Präzision mit ihren Partnern zusammenlagern können. Nur mäßig abgewandelte Protomeren (z. B. mutativ veränderte Globinketten im Hämoglobin, S. 228f.) passen allerdings so gut zu ihren Partnern, daß sie eingebaut werden können.

Mit den Proteinen haben wir die mit Abstand vielseitigsten molekularen Komponenten der Zellstruktur kennengelernt. Dennoch – die tatsächlich vorkommenden Proteinsorten entsprechen nur einem winzigen Teil der theoretisch möglichen Sequenzen. Deren Anzahl entspricht z^n (n = Zahl der Monomeren, also Molekularmasse/112, z = Zahl der in Proteinen regelmäßig vorkommenden Aminosäuren = 20). Schon bei Sequenzen mittlerer Länge (ca. 300 Aminosäuren) ergeben sich damit astronomische Zahlen ($20^{300} = 2 \cdot 10^{390}$, das ist mehr als die Zahl der Atome im Universum). Daß nicht entfernt alle denkbaren Sequenzen auch tatsächlich vorkommen, hat historische Gründe:

Abb. 1.27. Stereomodell eines Enzym-Proteins: Ribonuclease (RNase). Bei geeigneter Betrachtung der beiden Bilder kann die Kettenkonformation (räumlicher Verlauf der Polypeptidkette) gut erkannt werden. Der Gesamtumriß des Moleküls ist nierenförmig, die »aktive« katalytische Stelle befindet sich in der Einbuchtung. Eine hier angelagerte RNA-Kette wird unter Konformationsänderungen des Enzyms gespalten. (Original F. Vögtle, A. Ostrowicki, K.-H. Weißbarth/Bonn)

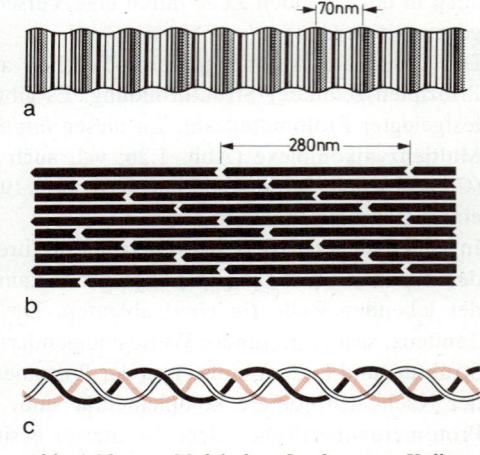

Abb. 1.28a–c. Molekulare Struktur von Kollagen. Die Kollagenfibrille (a) ist aus Tropokollageneinheiten zusammengebaut (Pfeilsymbole in b); jede solche Einheit ist 280 nm lang und 1,4 nm dick. Sie besteht aus drei umeinander gewundenen Polypeptidketten des Kollagentyps I (c), von denen sich zwei gleichen ($2 \times \alpha_1$), während die dritte abweicht (α_2). Nebeneinanderliegende Tropokollageneinheiten sind in der Fibrille jeweils um ein Viertel ihrer Länge gegeneinander versetzt (b), so daß die gesamte Fibrille durch seitliche Bindungen eine extrem hohe Reißfestigkeit erhält

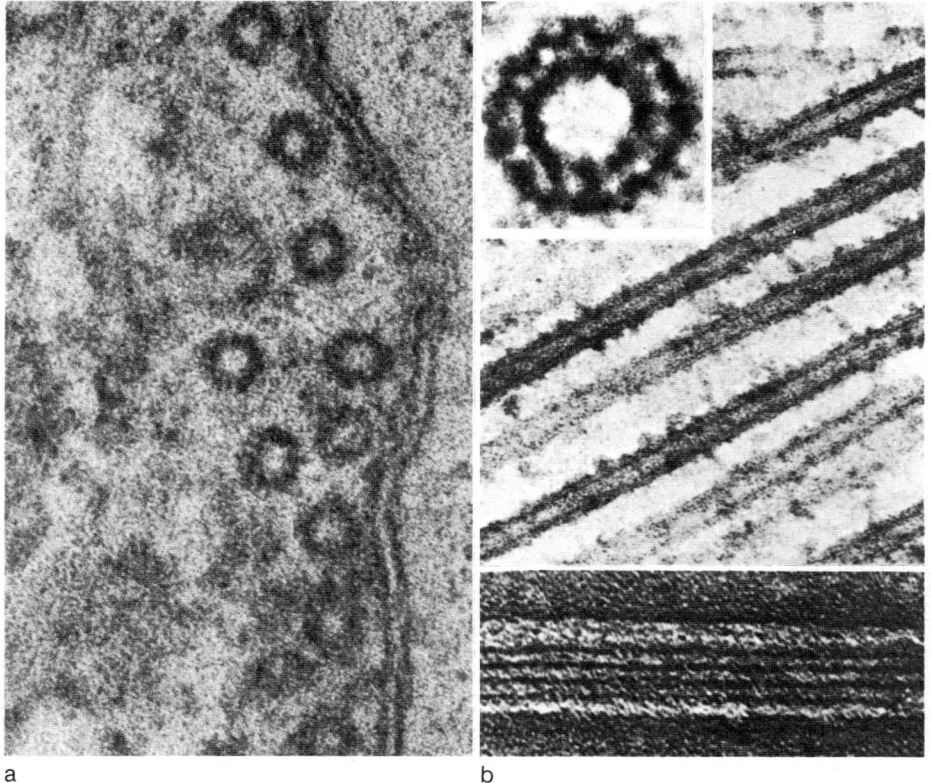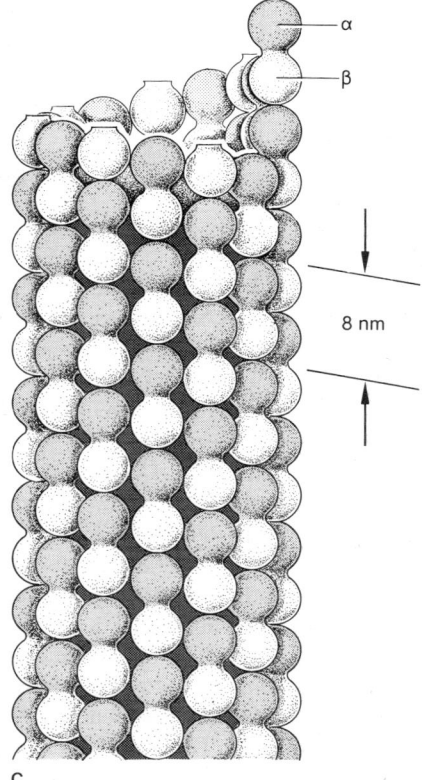

Die Zahl der evolutionierbaren, ancestralen Sequenzen (Ursequenzen) dürfte gering gewesen sein (< 200), und die Evolution von Nucleinsäure- und Proteinsequenzen erfolgt in der Regel langsam. Die Zeiträume, die seit der »Erfindung« des Lebens auf unserem Planeten dafür zur Verfügung standen, sind zwar mit menschlichem Zeitempfinden nicht zu ermessen, aber keineswegs unendlich (wahrscheinlich etwa $4 \cdot 10^9$ Jahre, vgl. S. 869).

1.2.2 Nucleinsäuren

1.2.2.1 Die Rolle der Nucleinsäuren

Die genetische Information von Pro- und Eukaryoten ist in Riesenmolekülen der *Desoxyribonucleinsäure* (*DNS*, international *DNA*) gespeichert. Bei einigen Viren kommt *Ribonucleinsäure* (*RNS = RNA*) als Informationsspeicher vor. Teile dieser Moleküle repräsentieren daher stofflich die »Erbfaktoren« oder »Gene«. Ein Gen muß sich ohne Veränderung vervielfältigen *(autokatalytische Funktion)*, und es muß auf den Zellstoffwechsel so Einfluß nehmen, daß die genabhängigen Wirkungen realisiert werden *(heterokatalytische Funktion:* Realisierung der genetischen Information, Ausbildung der vererbten Eigenschaften = Phäne). DNA-Moleküle besitzen diese beiden Eigenschaften: Sie sind einerseits zu identischer Verdoppelung *(Replikation)* fähig, andererseits dienen sie als *Matrize* bei der Übertragung ihres Informationsgehaltes auf RNA-Moleküle *(Transkription,* S. 181f.). Schließlich werden an Ribosomen gemäß der durch mRNA (= Messenger-RNA-Moleküle) angelieferten Information Proteine synthetisiert *(Translation,* S. 186f.). Die so gebildeten Enzymproteine steuern den Zellstoffwechsel und bedingen damit die Eigenschaften einer Zelle, weiterhin eines ganzen Organismus.

Abb. 1.29a–c. Mikrotubuli. (a) Querschnitt mit Plasmamembran, Wurzelspitzenzelle der Zwiebel, Vergr. 300000:1. (b) Aus Nervenzellen des Gehirns präpariert, oben im Querschnitt (Vergr. 860000:1) und im Längsschnitt (Vergr. 135000:1; spezifische »Mikrotubuli-assoziierte Proteine« sind als seitliche Fortsätze sichtbar). Die Wand jedes Mikrotubulus besteht aus 13 achsenparallelen Protofilamenten, die im Querschnitt und an isolierten Mikrotubuli im Negativkontrast (unten, Vergr. 350000:1) deutlich hervortreten. (c) Strukturmodell: Zylindrisch-schraubige Quartärstruktur. Außendurchmesser 25 nm. Je zwei chemisch etwas verschiedene Tubulinmoleküle (α-, β-Tubulin) bilden gemeinsam ein heterodimeres Teilchen. Diese Doppelpartikel bilden in regelmäßiger Aufeinanderfolge die Protofilamente. (a, c Originale Sitte, b Original Mandelkow/Hamburg)

38 Zellbiologie

Der *1. Hauptsatz der Molekularbiologie* (sog. »*zentrales Dogma*«) läßt sich folgendermaßen darstellen (vgl. Abb. 2.21, S. 188):

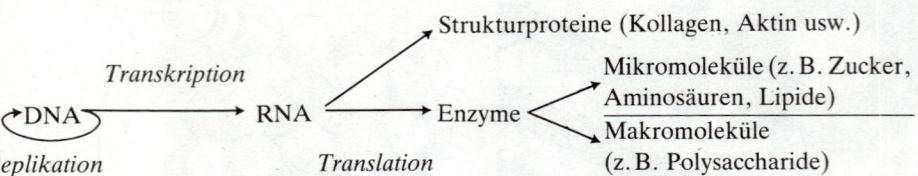

Fehler bei der Replikation bedeuten Veränderungen des Erbgutes (Mutationen, S. 224f.). Sie sind unter Normalbedingungen extrem selten. Da die Information auch bei Transkription und Translation nur selten verfälscht wird, sollte theoretisch der Informationsfluß auch invers ablaufen können. Allerdings sind Proteine ungeeignete Matrizen für Nucleotidsequenzen, und eine genaue Rückübersetzung wäre wegen der teilweisen Mehrdeutigkeit (Degeneriertheit) des genetischen Codes (S. 188f.) nicht möglich. Daß aber RNA als Matrize für DNA-Sequenzen dienen kann, ist tatsächlich bei RNA-Tumorviren (Retroviren) nachgewiesen worden, die über eine RNA-abhängige DNA-Polymerase verfügen (*Reverse Transkriptase*). Daraus ergibt sich der *2. Hauptsatz der Molekularbiologie:* Die umgekehrte Informationsübertragung ist nur von RNA auf DNA, nicht aber von Proteinen ausgehend möglich: DNA ⇌ RNA → Protein.
Nucleinsäurestränge erfüllen alle Kriterien für informative Makromoleküle in idealer Weise (S. 30, Abb. 1.19). Ihre Monomeren sind Nucleotide, d.h. Verbindungen einer Purin- oder Pyrimidinbase mit einer Pentose, die am C-Atom 5' phosphoryliert ist (Abb. 1.30). Durch lineare Kondensation von Nucleotiden entstehen beliebig lange, unverzweigte Polyesterketten (Zucker-Phosphat-Rückgrat), in denen sich Zucker- und Phosphatreste regelmäßig abwechseln. Durch die immer gleiche Orientierung der Zuckerreste in einer gestreckten Polynucleotidkette wird die Leserichtung bestimmt (Abb. 1.30): Jeder Nucleinsäurestrang besitzt ein 3'- oder OH-Ende und ein 5'- oder Phosphatende (Abb. 1.35). Die Information ergibt sich aus der unperiodischen Sequenz der Basen entlang der Polyesterkette.

Abb. 1.30. Ausschnitt aus einem Polynucleotidstrang: Trinucleotid vom 3'-Ende eines DNA-Moleküls. P Phosphatrest. Basen: A Adenin (Purinbase), G Guanin (Purinbase), T Thymin (Pyrimidinbase). Jedes Nucleotid (das terminale ist umrandet) besteht aus Base, Desoxyribose und Phosphat. Die Verbindung von Base und (Desoxy-)Ribose wird als Nucleosid bezeichnet. Einsatz: Desoxyribosemolekül mit Bezifferung der C-Atome. Im Polynucleotidstrang sind die OH-Gruppen der C-Atome 5' und 3' mit Phosphorsäure verestert. In RNA-Strängen ist die Desoxyribose durch Ribose ersetzt. Dieser Zucker trägt anstelle des mit Pfeil bezeichneten H-Atoms in Position 2' eine OH-Gruppe

1.2.2.2 Struktur und Eigenschaften der DNA

In DNA kommen als Basen die zwei Purine Adenin und Guanin sowie die beiden Pyrimidine Cytosin und Thymin vor. Diese vier Basen sind also die Symbole der Sprache, in welcher die genetische Information niedergelegt ist. DNA-Basen können sekundär, z.B. durch enzymatische Methylierung, modifiziert sein.
Die Polynucleotidketten der DNA treten nur ausnahmsweise als Einzelstränge auf. Fast stets bilden sie eine *Doppelhelix* (Watson-Crick-Modell, Abb. 1.31): Zwei Ketten umwinden sich in regelmäßigen Schraubengängen, wobei die Polyesterketten von der gemeinsamen Schraubenachse am weitesten entfernt und die Basen der beiden Ketten im Inneren der Doppelschraube gegeneinander gerichtet sind. Hier bilden sich zwischen passenden Atomgruppierungen Wasserstoffbrücken aus. Diese Nebenvalenzen halten – zusammen mit hydrophoben Effekten – im wesentlichen die Doppelhelix durch Basenpaarung zusammen. Einem Purinrest liegt stets ein Pyrimidinrest gegenüber und umgekehrt, wobei aber aus sterischen Gründen nur Adenin (A) und Thymin (T) bzw. Guanin (G) und Cytosin (C) gekoppelt werden können. Die beiden Stränge der Doppelhelix sind also sterisch komplementär, die Basenpaarung ist hochspezifisch (Abb. 1.32). Für den molaren Mengenanteil der einzelnen Basen gelten daher besondere Äquivalenzregeln, vgl. die Gleichungen (1.1). Nicht festgelegt ist dagegen das *Basenverhältnis,* Gleichung (1.2). Es schwankt bei den einzelnen Organismengruppen erheblich (Tab. 1.7). Bei Prokaryoten liegt es oft unter 1 (GC-Typ), bei Eukaryoten, außer bei Niederen Pflanzen, gewöhnlich

(1.1)

$[A] = [T]; \qquad [G] = [C];$

$[A] + [G] = [C] + [T];$

$\dfrac{[A]}{[T]} = \dfrac{[G]}{[C]} = 1$

$\dfrac{[A]}{[G]} = \dfrac{[T]}{[C]}$

(1.2)

$\dfrac{[A] + [T]}{[G] + [C]}$

Tabelle 1.7. *DNA-Basenverhältnisse bei verschiedenen Organismen*

		$\frac{[A]+[T]}{[G]+[C]}$
Wirbeltiere	Mensch	1,40–1,52
	Rind	1,30
	Huhn	1,38
	Hering	1,23
Wirbellose Tiere	Seeigel *(Paracentrotus)*	1,84
	Wanderheuschrecke *(Schistocerca)*	1,41
	Krabbe *(Cancer borealis)*	17,5 (fast 95 mol% A + T!)
Pflanzen	Weizen	1,19–1,22
	Rhabdonema adriaticum (Kieselalge)	1,71
	Euglena gracilis,	
	Zellkern	0,88
	Plastiden-DNA	3,23
Pilze	*Saccharomyces cerevisiae* (Hefe)	1,79
	Neurospora crassa (Roter Brotschimmel)	0,85
Bakterien	*Micrococcus lutens*	0,35
	Escherichia coli	0,93–0,97
	Clostridium perfringens	2,70
Viren	Polyomavirus	1,08
	Herpes simplex	0,47
Coli-Phagen	T2	1,86
	Lambda-Phage	0,79

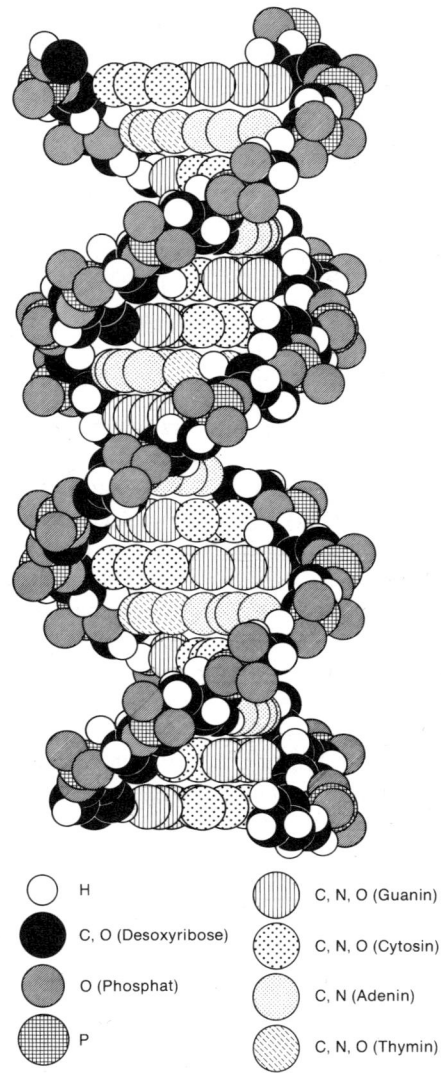

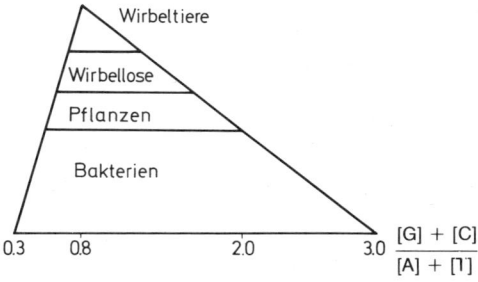

darüber (AT-Typ). Die Schwankungen sind bei Prokaryoten und niederen Vielzellern viel größer als bei höheren Organismen (Abb. 1.32).

Nach dem Watson-Crick-Modell ist eine Windung der Doppelhelix 3,4 nm lang und umfaßt 10,4 Nucleotidpaare (»Basenpaare«, abgekürzt bp). Ein Nucleotidpaar hat im Mittel ein Molekulargewicht von 670. Daher gilt für die überschlagsmäßige Umrechnung von »Konturlänge« in Molekularmasse bzw. bp und umgekehrt:

Konturlänge 1 μm $\triangleq$ Molekularmasse $2 \cdot 10^6 \triangleq$ 3000 Nucleotidpaare (= 3 kbp).

Ein Beispiel: Die ringförmige DNA von *E. coli* besitzt eine Konturlänge von knapp 1,2 mm. Dem entspricht eine Molekularmasse von $2,4 \cdot 10^9$ (Tab. 1.4). Da für ein Proteinmolekül mittlerer Größe rund 10^3 bp erforderlich sind, reicht der Informationsgehalt für etwa 3000 verschiedene Proteine aus, was den Erwartungen der Biochemiker für eine einfache Zelle entspricht.

Das Watson-Crick-Modell ist für DNA unter physiologischen Bedingungen – sog. B-Konformation – gut gesichert. Doch scheinen in lebenden Zellen über kürzere, aber z. B. regulatorisch wichtige Sequenzstrecken auch alternative Formen der Doppelhelix vorzukommen. Diskutiert wird vor allem die *Z-Helix*, eine linksgewundene Doppelhelix mit 12 Nucleotidpaaren pro Windung.

Die beiden in einer Doppelhelix vereinten DNA-Moleküle sind *antiparallel:* Das 5′-Ende des einen Stranges paart mit dem 3′-Ende des anderen. Außerdem sind die beiden Stränge plektonemisch, d. h. sie umwinden sich gegenseitig so, daß sie nur unter Rotation der Doppelhelix voneinander getrennt werden können. Strangtrennung (Denaturierung) kann durch Temperaturerhöhung, extreme pH-Bedingungen oder Wasserstoffbrücken-

Abb. 1.31. DNA-Doppelhelix nach Watson und Crick. Auf einen Umlauf der Helix (3,4 nm) kommen 10,4 Basenpaare bzw. Nucleotidpaare. Querdurchmesser etwa 2 nm

Abb. 1.32. Schwankungen der »Bandbreite« im Basenverhältnis verschiedener Organismen. (Nach Träger)

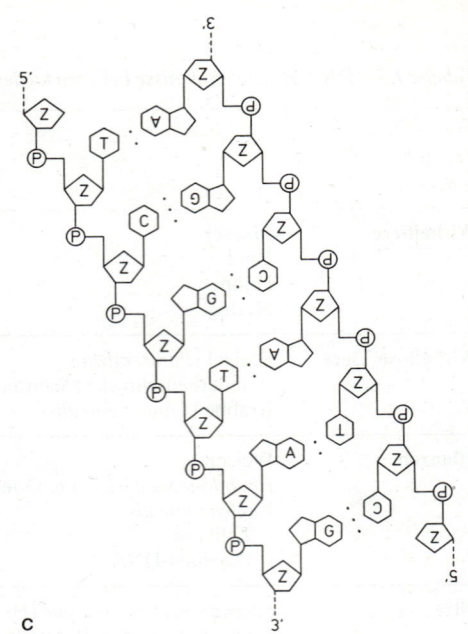

Sprenger wie Formamid erzwungen werden (»Schmelzen« der DNA). Die mittlere Schmelztemperatur T_m hängt vom Basenverhältnis ab. Da GC-Paare durch drei, AT-Paare nur durch zwei Wasserstoffbrücken zusammengehalten werden, liegt T_m bei GC-reichen DNA höher als bei AT-reichen.

Die Phosphatgruppen der DNA sind unter physiologischen Bedingungen dissoziiert und verleihen der DNA damit die Eigenschaften einer starken Säure. Im Zellkern der Eukaryoten ist DNA z.T. durch die basischen Histone neutralisiert. Diese an Arginin und Lysin reichen Proteine sind mit der Nucleinsäure zu Nucleohistonen verbunden.

Zwischen DNA und Histon besteht ein konstantes Gewichtsverhältnis von etwa 1:1. Histone haben mit der Strukturbildung in Chromatin und Chromosomen zu tun (S. 154f.). Die flexible DNA-Doppelhelix bildet von sich aus keine bestimmte Struktur (Abb. 1.34). Prokaryoten besitzen keine Histone. Die Neutralisierung ihrer DNA erfolgt durch basische Amine, Mg^{2+} und basische Nicht-Histonproteine. Dasselbe gilt für die DNA der Plastiden und Mitochondrien.

Die Bestimmung der Basensequenz von DNA (*Sequenzieren*) erschien lange Zeit wegen der Größe der Moleküle aussichtslos. Heute ist es mit Hilfe von *Restriktions-Endonucleasen* (Enzyme, welche DNA spalten) möglich, DNA-Doppelstränge spezifisch an bestimmten, kurzen »Erkennungssequenzen« zu spalten (Tab. 1.8). Die dabei anfallenden Teilsequenzen können meistens elektrophoretisch oder chromatographisch getrennt und einzeln sequenziert werden. Durch Restriktions-Endonucleasen wurde auch die Möglichkeit eröffnet, das Erbgut von Zellen (bzw. Organismen) willkürlich und gezielt zu verändern (Gentechnologie, S. 253f.).

Abb. 1.33 a–c. Spezifische Basenpaarung. (a) Guanin/Cytosin (3 H-Brücken), (b) Adenin/Thymin bzw. Adenin/Uracil (je 2 H-Brücken). Thymin unterscheidet sich von Uracil nur durch Methylierung an C_5; diese beeinflußt die Paarung mit Adenin nicht. (A/U kommt z. B. bei der Transkription vor.) Eine Paarung G/T ist u. a. deshalb ausgeschlossen, weil dann die beiden einander gegenüberstehenden N_1 je ein H-Atom tragen. Elektronegative O- und N-Atome, die sich an der Ausbildung von H-Brücken beteiligen, sind farbig hervorgehoben. Pfeile: Bindungen an Desoxyribosylreste. (c) Gegenläufigkeit der DNA-Moleküle in der Doppelhelix

Tabelle 1.8. Erkennungssequenzen einiger Restriktions-Endonucleasen

Enzym: abgekürzte Bezeichnung	Enzymbildende Bakterien (Stamm)	Erkennungssequenz und Schnittverlauf
Eco R I	*E. coli* BS 5	...G A A T T C... ...C T T A A G...
Bsu I	*Bacillus subtilis*	...G G C C... ...C C G G...
Hind III	*Haemophilus influenzae* Rd	...A A G C T T... ...T T C G A A...
Hpa II	*Haemophilus parainfluenzae*	...C C G G... ...G G C C...

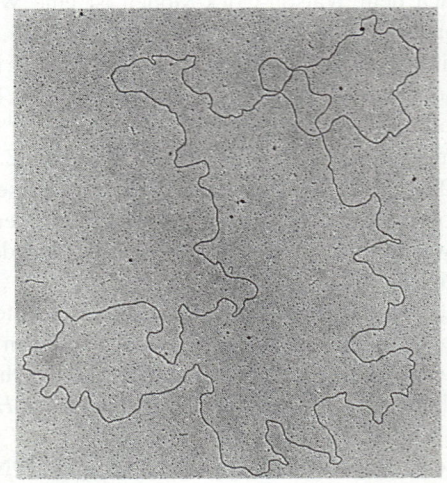

Abb. 1.34. Ringförmige DNA: Der F-Faktor von E. coli, ein Plasmid (vgl. S. 198f.). Elektronenmikroskopisch. Vergr. 10000:1. (Original D. Ghosal u. H. Falk/Freiburg)

1.2.2.3 Replikation der DNA

Das Doppelhelix-Modell der DNA ermöglicht eine einfache Deutung der Replikation. Danach wird die Doppelhelix zur Replikation auseinandergedrillt, und die jetzt freiliegenden Basen der beiden Stränge lagern jeweils passende (bezüglich der Basen komplementäre) Partner aus einem Vorrat (»*Pool*«) von Nucleosidtriphosphaten an. Dadurch wird die Bildung von neuen Partnersträngen eingeleitet, bis schließlich anstelle der einen ursprünglichen (parentalen) Doppelhelix zwei neue, identische Doppelhelices vorliegen. Jede von ihnen enthält einen parentalen und einen neu synthetisierten Strang: Die Replikation ist »semikonservativ«. Ihr rascher, praktisch fehlerfreier Ablauf wird durch *DNA-Polymerasen* sichergestellt. Zahlreiche Experimente haben gezeigt, daß dieses Modell im Prinzip richtig ist. Im Detail ergeben sich allerdings Komplikationen (Abb. 1.35).

(a) DNA-Polymerasen (Tab. 1.9) können nur 3′-Enden von Nucleotidsträngen verlängern. (Auch RNA-Stränge wachsen stets nur am 3′-Ende.)
Wegen der Antiparallelität der DNA-Stränge in der parentalen Doppelhelix wachsen in der Replikationsgabel die beiden neuen Stränge in gegenläufiger Richtung. Am sog. *Vorläuferstrang* wird die neue Polypeptidkette in Richtung der fortschreitenden Replikationsgabel verlängert, am *Nachläuferstrang* in der Gegenrichtung.
(b) Da DNA-Polymerasen nur das freie 3′-Ende eines Polynucleotidstranges verlängern können, muß ein solches als »*Primer*« vorliegen, bevor sie mit ihrer Tätigkeit beginnen

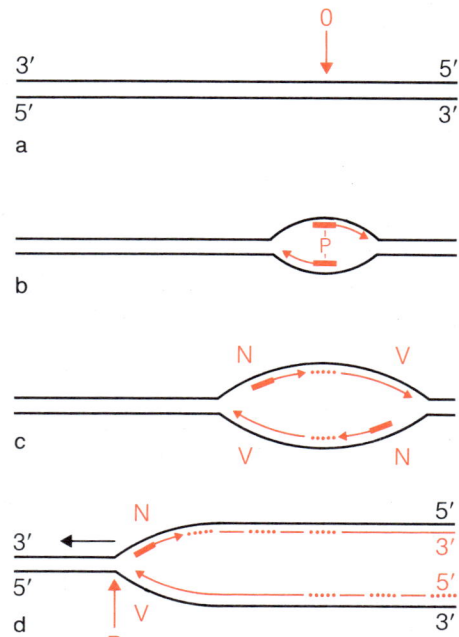

Abb. 1.35. Semikonservative Replikation von Doppelstrang-DNA (Helixstruktur nicht dargestellt). (a) Der Doppelstrang öffnet sich am Replikationsursprung 0. (b) Nach Synthese kurzer RNA-Primer P werden deren freie 3′-Enden durch DNA-Polymerasen III (Bakterien) bzw. α (Eukaryoten) verlängert, die neusynthetisierten DNA-Moleküle (farbig) sind basenkomplementär zu den parentalen Molekülen. (c) Da DNA-Polymerasen nur 3′-Enden verlängern können, verläuft die Neusynthese am Vorläuferstrang V kontinuierlich, am Nachläuferstrang N dagegen schubweise unter periodischer Neubildung von P. P werden schließlich abgebaut, die Sequenzlücken durch Reparatursynthese (DNA-Polymerase I bzw. β) aufgefüllt (farbig punktiert) und die Strangenden durch Ligasen kovalent verknüpft. (d) Diese Prozesse setzen sich an der Replikationsgabel R ständig fort. Die Verschiebungsgeschwindigkeit von R erreicht bei Bakterien 450 nm · s^{-1}, bei Säugern nur 60 nm · s^{-1}. An R sitzt ein lockerer Komplex verschiedener Proteine (»*Replisom*«); er umfaßt strangtrennende und Einzelstrang-bindende Proteine, RNA- und DNA-Polymerasen sowie Begleit- und Strukturproteine

Tabelle 1.9. DNA- und RNA-Polymerasen bei Pro- und Eukaryoten

Bezeichnung, Verbreitung	Partikelmasse (kDalton)	Zahl der Untereinheiten	Bemerkungen
DNA-Polymerasen			
Prokaryoten (*E. coli*)			
Pol III	180	3	für Replikation
Pol I	109	1	für DNA-Reparatur
Eukaryoten			
Pol α	110–190	2 (Dimer)	Zellkern, replikativ
Pol β	30–50	1	Zellkern, reparativ
Pol γ	150–300	1	Mitochondrien, analog in Plastiden
RNA-Polymerasen			
Prokaryoten			
Eubakterien	360	4	bei Transkriptionsstart zusätzlich mit σ-Faktor (95 kDalton) verbunden
Archaebakterien	400–600	2 große, 7–9 kleine	
Eukaryoten			
I	500–700	2 große, 7–17 kleine	Nucleolus, Synthese der »großen« rRNAs; Amanitin-Empfindlichkeit* gering
II	500–700	2 große, 7–17 kleine	Chromatin, Synthese der prä-mRNA; extrem amanitinempfindlich
III	500–700	2 große, 7–17 kleine	Chromatin; Synthese kleiner RNAs (tRNAs, 5S rRNA); mittlere Amanitin-Empfindlichkeit*

* Amanitin, ein zyklisches Peptid, ist eine der Giftkomponenten des tödlich giftigen Grünen Knollenblätterpilzes, *Amanita phalloides*

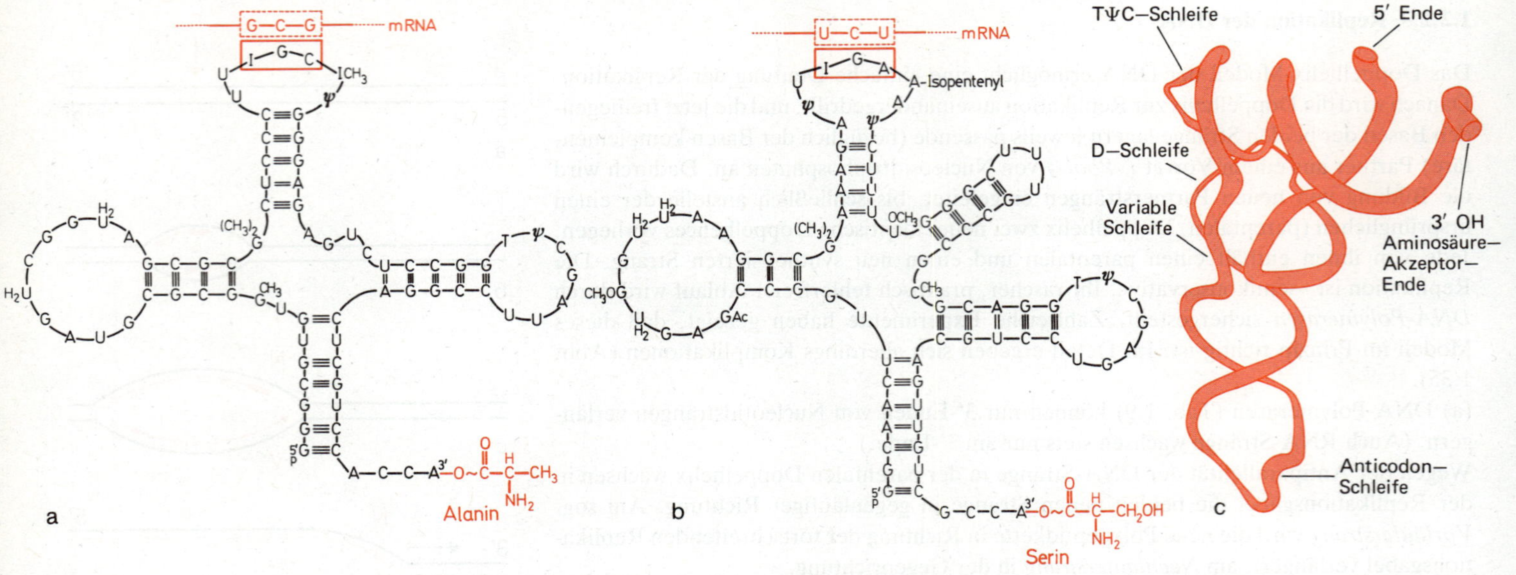

können. Es könnte durch eine Endonuclease geschaffen werden, und tatsächlich wird die Replikation von ringförmiger DNA (Abb. 1.34) gewöhnlich so gestartet. Bei linearen DNA-Strängen werden an der Startstelle kurze RNA-Sequenzen gebildet, deren 3'-Ende dann als Primer dient. RNA-Polymerasen benötigen ihrerseits keine Primer. Der RNA-Primer wird abgebaut, sobald die DNA-Polymerase arbeitet, und durch die entsprechende DNA-Sequenz nach Art einer Reparatursynthese ersetzt (S. 241).

(c) Am Nachläuferstrang, wo die DNA-Polymerase bezüglich der Replikationsgabel »rückwärts« synthetisiert, kann das nur in kurzen Schüben geschehen. Die Polymerase stößt dann an ein früher synthetisiertes 5'-Ende an, löst sich ab und setzt vor dem zuletzt benützten Primer an einem in der Replikationsgabel neu gebildeten Primer an. Am Nachläuferstrang erfolgt die DNA-Synthese also diskontinuierlich, es werden in ständig wiederholten Replikationsschüben kurze Teilsequenzen gebildet, die nach ihrem Entdecker als *Okazaki-Fragmente* bezeichnet werden. Sie müssen nach Ersatz der Primer durch Reparatursynthese mit Hilfe von Ligasen zu ununterbrochenen DNA-Strängen verknüpft werden. Am Vorläuferstrang bestehen solche Probleme nicht, hier erfolgt die Replikationssynthese kontinuierlich. Der Gesamtvorgang wird als *semidiskontinuierliche Replikation* bezeichnet.

(d) Wegen der Plektonemie der parentalen DNA-Doppelhelix sollte die Strangtrennung mit einer Rotation der Helix verbunden sein. Bei einer Replikationsgeschwindigkeit von mehr als 10^3 bp · s^{-1} würde das über 10^2 Drehungen · s^{-1} bedeuten. Bei langen, nichtgestreckten Helices müßte das zu irreparablen Verknotungen führen. Das wird vermieden durch *Topoisomerasen,* das sind Enzyme, die vorübergehend Ein- oder Doppelstrangbrüche setzen und dadurch freie Drehbarkeit um die Doppelhelixachse herstellen. Durch strangtrennende Helicasen aufgetretene Torsionsspannungen werden damit aufgehoben. Die Bruchstellen werden nach Ablauf der Relaxationsdrehungen sofort wieder geschlossen.

(e) Die ringförmige DNA von Bakterien besitzt *einen Startpunkt* der Replikation, die wesentlich längeren, linearen DNA-Stränge der Chromosomen von Eukaryoten dagegen *viele*. Jede mit einem Startpunkt ausgestattete Replikationseinheit wird als *Replicon* bezeichnet.

Abb. 1.36a–c. Drei Beispiele für tRNA-Sequenzen: (a) Alanin-spezifische und (b) Serin-spezifische tRNA von Hefe (tRNA$_{Hefe}^{Ala}$ bzw. tRNA$_{Hefe}^{Ser}$). Die Aminosäure wird am 3'-Ende über ihre Carboxylgruppe gebunden. Anticodon (umrandet) paart mit Codon des mRNA-Stranges. tRNAs zeichnen sich durch häufige intramolekulare Basenpaarung aus. Die dadurch gebildeten Doppelhelixabschnitte (Sekundärstruktur) bilden 4 bzw. 5 Stämme (Arme) mit anhängenden Schleifen; von unten im Uhrzeigersinn umlaufend sind das der Aminoacyl-, Dihydrouridin-(DHU-), Anticodon- und TΨC-Arm. Die tatsächliche räumliche Struktur dieser »Kleeblätter« hat die Form eines L, die beiden Enden werden von der Anticodonschleife bzw. vom 3'-Ende gebildet. »Seltene« Basen sind auffallend häufig: I Inosin (paart mit U, C und A), UH$_2$ Dihydrouridin, Ψ Pseudouracil. Außerdem methylierte ($-CH_3$) und methoxylierte ($-OCH_3$) Formen. T tritt hier nicht als Desoxyribosid (wie in DNA), sondern als Ribosid auf. (c) Räumliche Struktur der tRND$_{Hefe}^{Phe}$. Abstand Anticodon/3'-Ende ca. 8 nm

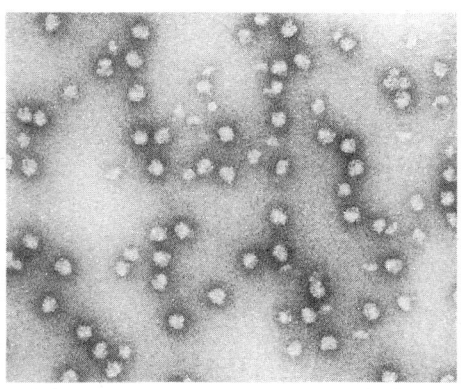 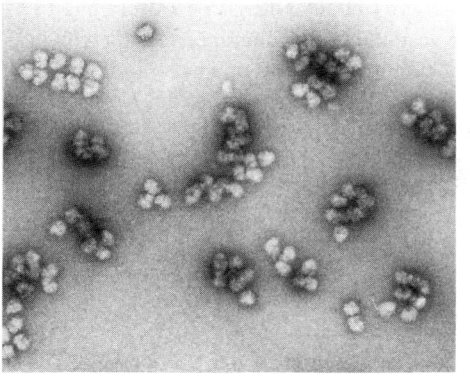 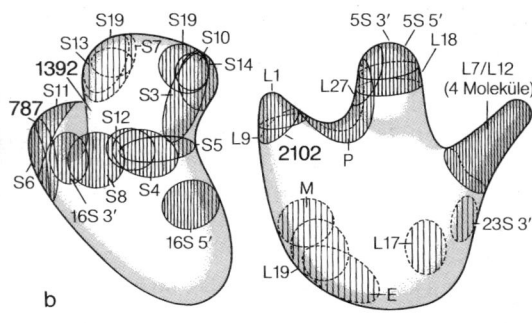

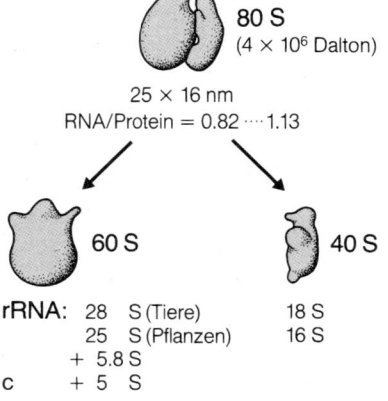

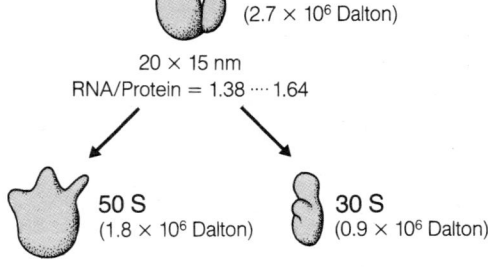

1.2.2.4 Struktur- und Funktionstypen von RNA

RNA enthält als Zuckerkomponente *Ribose* (Abb. 1.30), und neben A, G und C tritt Uracil (U) auf, das dem Thymin strukturell nahesteht und mit A paaren kann (Abb. 1.32). RNA ist gewöhnlich einsträngig und wesentlich kürzer als DNA. Charakteristische Sekundärstrukturen werden durch intramolekulare Basenpaarungen stabilisiert. Dabei werden lokal Doppelhelices und »Haarnadelschleifen« gebildet, z. B. Abbildung 1.36. Die mobile mRNA ist ein Abbild bestimmter Basensequenzen der immobilen DNA. Sie überträgt die in der DNA gespeicherte Information an die Orte der Proteinbiosynthese (Ribosomen). Bei der Translation spielen zwei weitere RNA-Sorten eine wichtige Rolle: Die hochmolekulare *ribosomale RNA (rRNA)* als wesentlicher Bestandteil der Ribosomen und die zahlreichen Arten niedermolekularer *Transfer-RNAs (tRNA*, Abb. 1.36). Alle drei RNA-Sorten werden an der DNA durch Vermittlung von *DNA-abhängigen RNA-Polymerasen* gebildet (Transkription, S. 181f.).

1.2.3 Nucleoproteine

DNA und RNA sind in der lebenden Zelle normalerweise mit Proteinen assoziiert. Von den negativ geladenen Nucleinsäuren werden basische (positiv geladene) Proteine elektrostatisch gebunden. So liegt die DNA des Chromatins als Nucleohiston vor (S. 154f.). Auch rRNA und mRNA sind stets mit spezifischen Proteinen assoziiert. Nur tRNA tritt in der lebenden Zelle als solche auf, nicht als Ribonucleoprotein (RNP).

1.2.3.1 Ribosomen

Die Ribosomen sind annähernd sphärische Ribonucleoproteine (Abb. 1.37a). Nach Größe und Masse können zwei Ribosomenklassen unterschieden werden (Abb. 1.37b, c): In Protocyten, Mitochondrien und Plastiden treten *70S-Ribosomen* auf, im Cytoplasma von Eucyten größere *80S-Ribosomen*. (Die »S-Zahl« – Svedberg-Einheiten – wird mit der Ultrazentrifuge ermittelt; sie gibt die Sedimentationsgeschwindigkeit in Abhängigkeit von der Zentrifugalbeschleunigung an und hat die Dimension einer Zeit: $1\,S \triangleq 10^{-13}\,s$.) Die Proteinsynthese kann an 80S-Ribosomen durch *Cycloheximid* gehemmt werden, jene an 70S-Ribosomen durch *Chloramphenicol* und *Lincomycin*. Im übrigen ist jedoch das Bauprinzip dasselbe: Jedes Ribosom besteht aus zwei verschieden großen Untereinheiten, die jeweils beide wieder aus rRNA und einigen Dutzend verschiedenen Proteinen bestehen.

Abb. 1.37. (a) 80S-Ribosomen aus Blattzellen der Gelben Narzisse; links Monosomen, rechts schraubige Polysomen. 90 000:1. (b) Modelle der Untereinheiten der 70S-Ribosomen von E. coli mit Positionen einzelner Proteine der kleinen (z. B. S19) und großen (z. B. L27) Untereinheit. P, M und E: Peptidyltransferase, Membranheftungs- und Austrittstelle (d. Polypeptidkette); Fettdruck: Lage eines Nucleotids der rRNA. (c, d) Bau von 80S- und 70S-Ribosomen, schematisch. (a Originale Junker und Falk/Freiburg, b nach Stöffler aus Hardesty/Kramer)

Aus elektronenmikroskopischen Untersuchungen ergibt sich, daß die große Untereinheit am einen Ende eine »Krone« aus drei verschieden gestalteten Protuberanzen trägt (Abb. 1.37b). Die kleine Untereinheit ist in »Kopf« und »Rumpf« gegliedert und hat eine seitlich abstehende »Plattform«. Im kompletten, funktionstüchtigen Ribosom steht der Kopf der kleinen Untereinheit der Krone der großen gegenüber und die Plattform befindet sich zwischen den Untereinheiten. In diesem Bereich laufen die molekularen Prozesse der Translation ab. Die kleine Untereinheit besitzt besondere Bindungsstellen für mRNA, die große eine solche für ER-Membrananheftung. Von der frisch synthetisierten Polypeptidkette ist ein 25 Aminosäurereste langes Stück so eng mit der großen Untereinheit assoziiert (es verläuft vermutlich *in* dieser Untereinheit), daß es durch Peptidasen nicht angegriffen werden kann. Die wachsende Polypeptidkette tritt an der Membrananheftungs-Stelle aus dem Rumpf der großen Untereinheit aus.

Nach Abschluß der Translation einer mRNA lösen sich mRNA und Protein vom Ribosom ab und dieses zerfällt in seine beiden Untereinheiten. Die kleine Untereinheit kann nun erneut mRNA binden und nach Assoziation mit einer großen Untereinheit wieder mit der Translation beginnen *(Ribosomen-Zyklus)*.

1.2.3.2 Viren

Auch die als Krankheitserreger bekannten Viren sind Nucleoproteine. Sie sind nicht zellig gebaut; viele Viren können kristallisiert werden. Ihre Organisation ist so einfach, daß sie zu eigener Energiegewinnung und anderen Lebensäußerungen nicht fähig sind. Nur wenn es ihnen gelingt, die Stoffwechselfließbänder einer lebenden Zelle zu parasitieren, können sie durch ihre genetische Information die Erzeugung neuer Viruspartikel *(Virionen)* erzwingen. Neben menschen- und tierpathogenen Viren kennt man zahlreiche Pflanzenviren. Auch Prokaryoten werden von Viren befallen, die man *Bacterio-* bzw. *Cyanophagen* (allgemein: »*Phagen*«) nennt.

Nach Größe, Struktur, chemischer Zusammensetzung, Wirtsorganismen und den von ihnen ausgelösten Krankheiten lassen sich viele verschiedene Virustypen unterscheiden (Beispiele in Tab. 1.10). Viren sind durchweg sehr klein; nur die größten (Pockenviren) erreichen die Dimensionen der kleinsten Protocyten. Alle Viruspartikel bergen in einer Proteinhülle *entweder RNA oder DNA*. Die Proteinhülle (das *Capsid*) stellt eine mehr oder weniger komplizierte Quartärstruktur dar. Im Falle der »komplexen« Viren sind die Nucleoproteinpartikel (»Nucleocapside«) noch von einer losen Lipoproteinmembran umhüllt. Sie entstammt der Wirtszelle, trägt aber stets auch virusspezifische Glykoproteine.

Aus der großen Zahl unterschiedlicher Viren sollen im folgenden einige Beispiele näher charakterisiert werden.

Das **Tabakmosaikvirus** (TMV) erzeugt auf Blättern infizierter Tabakpflanzen ein »Mosaik« brauner Nekroseflecken (abgestorbene Blattzellen). Das isolierte Virus ist stabförmig (Abb. 1.38). Das zylindrische Capsid ist aus über 2000 identischen Protomeren aufgebaut, die aus je 158 Aminosäuren bestehen. Diese Protomeren sind entlang der schraubenförmigen, einsträngigen RNA dieses Virus angeordnet (Abb. 4.85, S. 374; vgl. S. 181f.).

Die schraubige (helicale) Symmetrie des Capsids hat das TMV mit vielen anderen Viren gemein, beispielsweise mit den Myxoviren, die ebenfalls zu den RNA-Viren gehören, aber eine zusätzliche Membranhülle besitzen.

Beim **Bacteriophagen T2** (Abb. 1.39) ist der »Schwanz« schraubig gebaut, während der DNA-haltige »Kopf« einem Polyeder entspricht. Regelmäßige (nicht-gestreckte) Polyeder liegen der Capsidstruktur der allermeisten »kubischen« Viren zugrunde (Tab. 1.10). Der Phagenschwanz ist aus mehreren Komponenten zusammengesetzt, von denen die innere *Kanüle* und ihre äußere *Scheide* helicalen Aufbau zeigen. Die Scheide trägt am

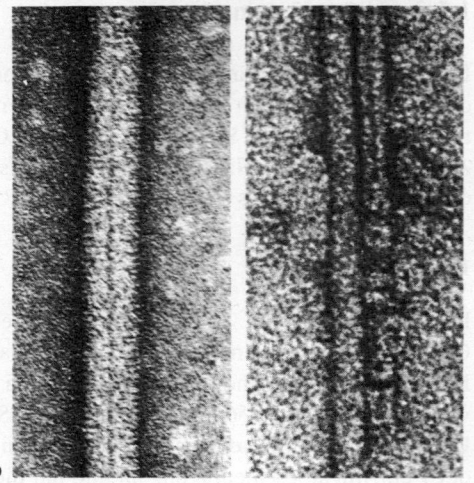

Abb. 1.38a–c. Tabakmosaikvirus (TMV) im Elektronenmikroskop (a: Vergr. 150000:1). Bei stärkerer Vergrößerung (b: Vergr. 200000:1, c: Vergr. 320000:1) wird die Schraubenstruktur des zylindrischen Capsids deutlich. (Originale Franke/Heidelberg u. Falk/Freiburg)

Tabelle 1.10. Strukturtypen von Viren und Beispiele von DNA- und RNA-Viren

Strukturtyp	DNA-Viren	[nm]**	***	RNA-Viren	[nm]	
Helix	Coli-Phage fd	5 · 800	4,2 kb	Tabakmosaikvirus (TMV)*	18 · 300	6,4 kb
Helix + Hülle	Variola (Pocken) Vaccine (Kuhpocken)	300 · 250	225 kbp	Myxoviren: Mumps Influenza (Grippe)	200 100	15 kb 13,6 kb
Icosaeder	Coli-Phage Φ X 174 Papillomavirus (Warzenvirus) Polyomavirus	22 53 40	5,4 kb 4,5–7,5 kb	Pflanzlicher Wundtumorvirus Poliovirus Coli-Phage f_2	62 20 20	19 kbp 7,4 kb 3,7 kb
Icosaeder + Hülle	Herpesvirus Hepatitis-B-Virus	150 42	135 kbp 3,2 kbp	RNA-Tumorviren, z. B. RSV* HIV (AIDS-Virus)*	100 100	9,3 kb 9,2 kb
Icosaeder (?) + Helix	Coli-Phagen T_2, T_4, T_6* Coli-Phage Lambda	70 (25) · 200 56 (7) · 220	180 kbp 48,5 kbp	———		

* vgl. Text
** Partikelgröße
*** Länge der Nucleinsäure (kb = Kilobasen, entsprechend 10^3 Nucleotiden; bei Doppelstrang-Nucleinsäuren kbp = Kilobasenpaare)

kopfabgewandten Ende eine mit starren »Klauen« versehene *Endplatte*. An ihr hängen sechs abgewinkelte *Schwanzfäden*, die zunächst an der Scheide liegen. Durch Spuren von Tryptophan werden sie jedoch freibeweglich und rotieren dann rasch in thermischer Bewegung. Sie können spezifische Rezeptorstellen an der Zellwand von *E. coli* erkennen und die Anheftung der Endplatte einleiten. Sitzt damit der Phage schließlich fest, dann wird durch Lysozym die Bakterienzellwand an dieser Stelle erweicht. Jetzt kontrahiert sich die Schwanzscheide und drückt die Schwanzkanüle durch Zellwand und Zellmembran des Bacteriums hindurch, so daß die DNA aus dem Phagenkopf (eine lineare Doppelhelix von 55 μm Länge) ins Innere der Bakterienzelle gelangen kann (S. 193f.).

Viele Erkrankungen des Menschen gehen auf Viren zurück. Manche von ihnen sind schwer, einige tödlich. Während durch Fortschritte der Medizin z. B. die Pocken vor einem Jahrzehnt ganz ausgelöscht werden konnten und die Kinderlähmung (Poliomyelitis) stark eingedämmt wurde, sind andere Humanviren nach wie vor sehr gefährlich. Und gelegentlich treten neue auf; das z. Z. bekannteste Beispiel ist die tödlich verlaufende infektiöse Immunschwäche AIDS (von engl. *A*cquired *I*mmune *D*eficiency *S*yndrome). AIDS wurde 1981 als neue Krankheit erkannt; schon zwei Jahre später wurde das Erreger-Virus isoliert, seit 1985 ist die komplette Basensequenz des Virus-Genoms bekannt. Das AIDS-Virus, offiziell als *HIV (Human Immunodeficiency Virus)* bezeichnet (Tab. 1.10), gehört zu den *Retroviren*, d.h. es handelt sich um ein RNA-Virus, dessen RNA in der Wirtszelle durch die virale reverse Transkriptase in DNA umgeschrieben und in das Genom des Zellkerns eingebaut wird. Das Virus befällt vor allem T_4-Lymphocyten, die als »Helferzellen« bei der Stimulation des Immunapparates eine entscheidende Rolle spielen (S. 546). Die Lymphocyten werden bei der massiven Vermehrung des HIV schwer geschädigt oder sterben ab, woraus die Immunschwäche des Trägers resultiert; er vermag nun selbst Parasiten, die unter normalen Umständen ohne Bedeutung sind, nicht mehr abzuwehren bzw. in Schach zu halten und fällt ihnen schließlich zum Opfer.

Retroviren sind überwiegend onkogen, d.h. krebserregend, sie werden dann als *RNA-Tumorviren* (= *Oncorna-Viren*) bezeichnet. Beim Menschen scheinen sie als Krebserreger eine nur begrenzte Rolle zu spielen. *HTLV-I (Humanes T-Zell lymphotropes Virus)*, ein naher Verwandter von HIV (das seinerseits zunächst unter der Bezeichnung HTLV-III lief) verursacht eine seltene Form von Leukämie. Bei anderen Wirbeltieren gibt es aber zahlreiche RNA-Tumorviren. Am längsten bekannt ist das nach seinem Entdecker PEYTON ROUS benannte *Rous-Sarkom-Virus (RSV)*, das bei Geflügel metastasierende Sarkome, d.h. bösartige Tumoren des Binde-, Stütz- oder Muskelgewebes hervorruft

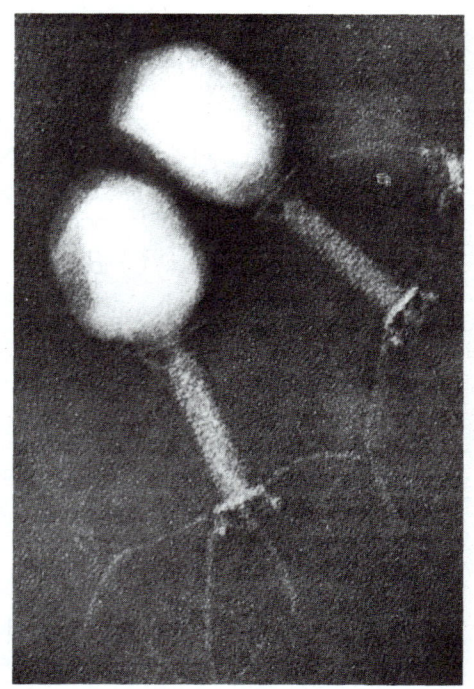

a

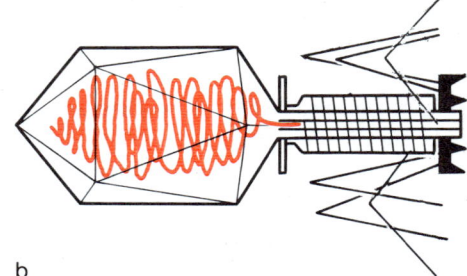

b

Abb. 1.39a, b. Phage T_2 von E. coli.
(a) Elektronenmikroskopisches Negativkontrastpräparat, Vergr. 150 000:1. (b) Schema (Proteine schwarz, DNA farbig). (Vgl. Abb. 2.28, S. 194) (a Original Falk/Freiburg)

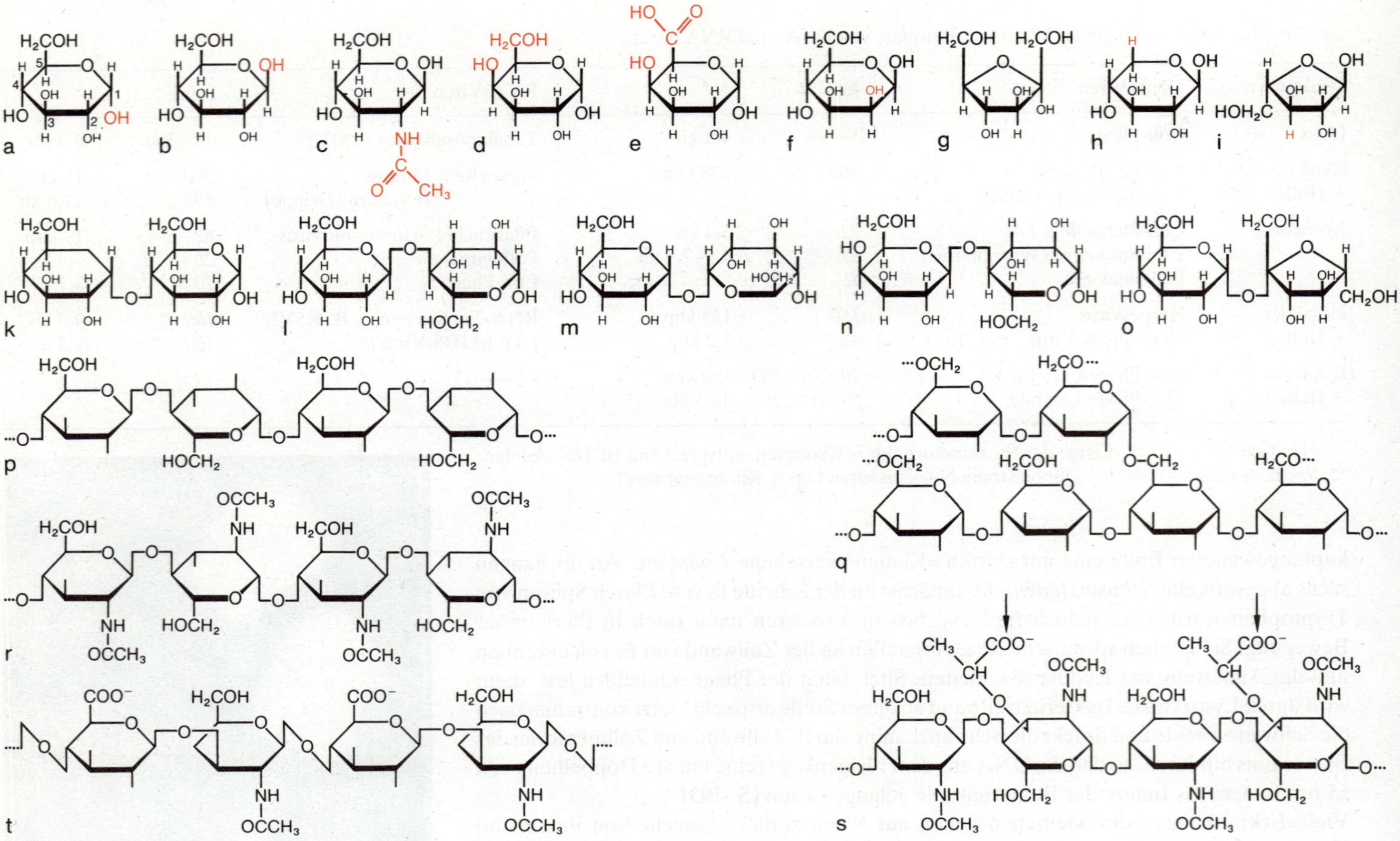

(griech. σάρκωμα, sárkoma = Fleischgeschwulst; Carzinome sind dagegen bösartige Tumoren epithelialer Gewebe).

1.2.3.3 Viroide und Prionen

Mit den Viroiden ist die einfachste aller denkbaren Organisationsformen erreicht: Es handelt sich um nackte RNA, die lebende Zellen infizieren und in ihnen vermehrt werden kann. Die zirkuläre RNA umfaßt ca. 350 Nucleotide, durch intramolekulare Basenpaarung entsteht eine stabförmige RNA-Doppelhelix von 40 nm Länge. Die Viroid-RNA codiert nicht für Proteine. Viroide sind als Krankheitserreger bei Pflanzen bekannt geworden. Zum Beispiel geht die verheerende Cadang-Cadang-Seuche der Kokospalmen auf ihr Konto.

Es gibt einige rätselhafte Krankheiten bei Tier und Mensch, die nachweislich ansteckend sind, für die aber bisher keine Nucleinsäure-haltigen Erreger gefunden werden konnten. Besonders eingehend untersucht wurde die Traberkrankheit der Schafe und der sog. Rinderwahnsinn, sowie die Kuru-Krankheit und das Creutzfeldt-Jacob-Syndrom beim Menschen. Es handelt sich um schwere degenerative Erkrankungen des Zentralnervensystems. Im erkrankten Gewebe wird die Anhäufung eines spezifischen Scrapie-Proteins beobachtet. Man vermutet, daß es sich um ein lebenswichtiges Protein handelt, das jedoch in einer veränderten Konformation vorliegt. Diese Konformation kann wahrscheinlich von der Krankheits-erregenden Form des Proteins (»Prionen«) der Normalform dieses Proteins aufgeprägt werden.

Abb. 1.40 a–t. (a–i) Monosaccharide als Bausteine von Polysacchariden. (a) α-D-Glucose (in Stärke und Glykogen). (b) β-D-Glucose (in Cellulose, vgl. Abb. 1.41). (c) N-Acetylglucosamin (in Chitin sowie in verschiedenen Heteroglykanen). (d) α-D-Galactose (in Hemicellulosen). (e) α-D-Galacturonsäure (in Pectinen). (f) β-D-Mannose (in Reserve- und Hemicellulosen). (g) α-Fructose (in Inulin). (h) β-D-Xylose, eine Pentose: Sie entspricht – bis auf die C_6-Gruppe – der β-D-Glucose; Xylane bilden daher oft Mikrofibrillen. (i) L-Arabinose, eine Pentose in Furanoseform (in Arabanen). (k–o) Disaccharide. (k) Maltose. (l) Cellobiose. (m) Trehalose. (n) Lactose = β-Galactose + Glucose. (o) Saccharose (Rohrzucker) = α-Glucose + β-Fructose. (p–r) Homopolysaccharide (Homoglykane): (p) Cellulosemolekül, Ausschnitt (vgl. Abb. 1.41, 1.42). (q) Glykogen (vgl. Abb. 1.7). (r) Chitin. (s, t) Heteropolysaccharide (Heteroglykane): (s) Ausschnitt aus der Polysaccharidkette des Mureins: Muraminsäure und N-Acetylglucosamin wechseln miteinander ab; an den Carboxylgruppen der Muraminsäurereste hängen Oligopeptide, welche die Polysaccharidketten quer vernetzen (Pfeile). (t) Hyaluronsäure, aus Glucuronsäure und N-Acetylglucosamin aufgebaut (als »Mucopolysaccharid« in der Bindegewebegrundsubstanz; lat. mucus = Schleim)

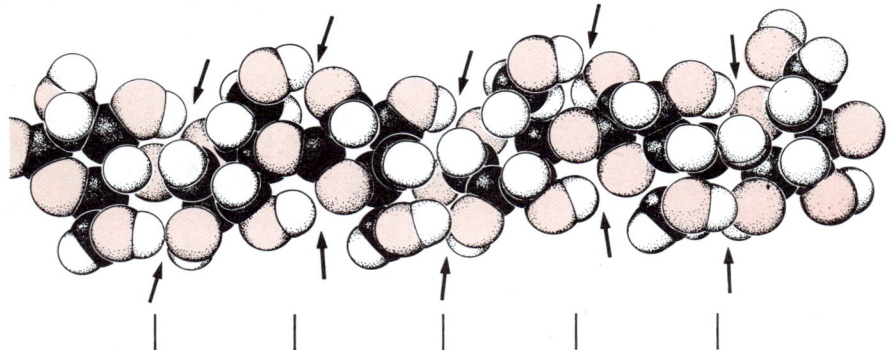

Abb. 1.41. *Cellulosekettenmolekül, Ausschnitt. Alle Pyranoseringe liegen in etwa derselben Ebene, so daß das Molekül bandförmig ist. Pfeile: Wasserstoffbrücken verhindern Drehung der einzelnen Reste gegeneinander. Sauerstoff rot, Kohlenstoff schwarz, Wasserstoff weiß*

1.2.4 Polysaccharide

Nach der Funktion können zwei Gruppen unterschieden werden: stabile *Strukturpolysaccharide* (Cellulose, Pectin, Hemicellulosen; Chitin, Peptidoglykan; Mucopolysaccharide der Interzellularsubstanz) und leicht abbaubare *Speicherpolysaccharide* (Stärke, Glykogen, Inulin). Die Vielfalt der Polysaccharide kommt durch folgende Faktoren zustande:
(a) Es gibt zahlreiche, beliebig miteinander verknüpfbare *Monomere* (Abb. 1.40). Dabei überwiegen Aldosen, gewöhnlich Hexosen in Pyranoseform. Neben echten Zuckern treten auch Zuckerabkömmlinge auf, vor allem *Aminozucker* und Zuckersäuren *(Uronsäuren)*. Durch die Beteiligung von Uronsäuren, noch ausgeprägter durch deren Veresterung mit Schwefelsäure, entstehen negativ geladene, extrem hydrophile Polysaccharide, die zur Bildung stark *quellbarer Gallerten* befähigt sind. Ein Beispiel bietet der aus den Zellwänden von Meeresalgen gewonnene *Agar*.
(b) Die Zahl der Monomeren im Makromolekül ist sehr variabel.
(c) Die Art der Verknüpfung von Monomeren wechselt. Im Polysaccharidmolekül sind die Monomeren durch *glykosidische Bindung* aneinander gehängt, wobei meist das asymmetrische C_1-Atom des einen Monomeren beteiligt ist, während am zweiten Bindungspartner die Glykosidbindung an beliebiger Stelle angreifen kann; bevorzugt ist C_4. Kommt ausschließlich diese 1,4-Bindung im Makromolekül vor, so resultiert eine unverzweigte Kette (Abb. 1.40p, r, t). Aber auch C_6 und C_3 sind häufig an Glykosidbindungen beteiligt. Nimmt ein Monomer an mehr als zwei Glykosidbindungen teil, dann kommt es zu *Kettenverzweigung*. So tritt beispielsweise *Stärke* in zwei Formen auf, einer unverzweigten *(Amylose)* und einer verzweigten *(Amylopektin)*. Glykogen, das bei Tieren und Pilzen an Stelle von Stärke als Speicherpolysaccharid vorkommt, besitzt noch stärker verzweigte Moleküle (Abb. 1.40q).
(d) Die sterischen Verhältnisse der Monomerenverknüpfung und die Wasserstoffbrücken bedingen häufig charakteristische Sekundär-, Tertiär- und Quartärstrukturen. Das *Cellulose*molekül besitzt als β-D-1,4-Glucan gestreckte Form (Abb. 1.41); das ermöglicht die Ausbildung von H-Brücken zwischen gebündelten Celluloseketten, und damit die Bildung von Fibrillen (Abb. 1.42). Die Glucanketten sind zumindest stellenweise so regelmäßig angeordnet, daß Kristallgitter (»Kettengitter«) entstehen. In ähnlicher Weise bilden auch die gestreckten *Chitinmoleküle* Mikrofibrillen, in denen die Ketten untereinander durch ihre seitlich abstehenden, acetylierten Aminogruppen besonders fest verzahnt sind. Chitin gehört dementsprechend zu den resistentesten Polysacchariden überhaupt. Bei α-D-Glucanen sind gestreckte Ketten nicht möglich. Amylose bildet in wäßriger Lösung *Schrauben*, bei denen sechs Glucosylreste auf einen Umlauf kommen.
In den Molekülen der Speicherpolysaccharide liegen Kohlenhydrate in einer osmotisch unwirksamen Form vor und werden dennoch in leicht verfügbarer Form bereitgehalten. Während das Glykogen in Form submikroskopischer Flöckchen im Grundplasma auftritt (Abb. 1.7), erscheint Stärke in Form von *Stärkekörnern* in der Plastidenmatrix. Sie entstehen durch konzentrische Anlagerung von Zuwachszonen um ein Bildungszentrum herum. Diese strukturelle Ordnung drückt sich in ihrer Doppelbrechung aus (Abb. 1.43).

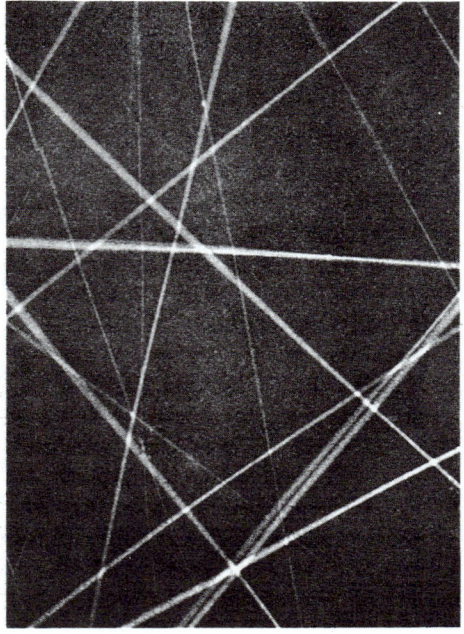

Abb. 1.42. *Cellulosefibrillen aus der Zellwand einer Alge, Eremosphaera. Durch jeden (gedachten) Querschnitt dieser bandförmigen Fibrillen verlaufen zwischen 20 und 200 längs orientierte, parallele Cellulosemoleküle. Elektronenmikroskopisch, Vergr. 55000:1. (Original Bartsch/Freiburg)*

Abb. 1.43. *Stärkekörner der Kartoffel im polarisierten Licht. Die »Sphäritenkreuze« entstehen als Folge des konzentrischen Schichtenbaus. 800:1. (Original Sitte/Freiburg)*

1.2.5 Lipide und Biomembranen

1.2.5.1 Permeabilität und Membrantransport

Der Eucyt ist ein heterogenes System – wir kennen bereits die Vielfalt der von Biomembranen abgegrenzten Reaktionsräume (Kompartimente). Anders wäre die Vielzahl an Reaktionen in einer Zelle nicht möglich.
Als primäre Funktion der Biomembran erscheint daher die der Abgrenzung. Ihre Leistungsfähigkeit als Barriere ist sehr beachtlich, zumal in Anbetracht ihrer geringen Dicke. Bei der Salzsäuresekretion durch die Belegzellen der Magenschleimhaut wird beispielsweise die Protonenkonzentration gegenüber jener im Blut auf das Millionenfache erhöht (S. 482). Dieser Vorgang der Trennung von Protonen und Hydroxylionen ist »aktiv«, er erfordert Energiezufuhr; durch Blockierung der Sauerstoffzufuhr wird jede weitere Sekretion unterbunden. Nun können Membranen aber nicht nur Barrieren sein. Jede Zelle ist als offenes System auf ständigen Materialaustausch mit der Umgebung angewiesen. Neben die *Barrierefunktion* tritt also die Funktion (meist) kontrollierter Stoffaufnahme und -abgabe, die später (S. 83f., 135f., 471f.) eingehend beschrieben wird.
Die Membranen können zugleich Barrieren, Schleusen und Pumpen sein, weil sie nur ganz bestimmte Stoffe transportieren; sie wählen also aus einer Unmenge von »angebotenen« Ionen und Molekülen jene relativ wenigen »*Permeanden*« aus, welche die Zelle benötigt bzw. ausscheiden muß. Die spezifischen Transportstellen der Membranen sind Proteine mit charakteristischer Kettenkonformation, die – analog Enzymmolekülen – bestimmte Molekülgestalten (Ionengrößen) dadurch zu erkennen vermögen, daß sie Paßformen für die Permeanden bereithalten. Solche *Translokatoren* vermitteln »katalysierte Permeation« und aktiven Transport.
Im Zuge von Kompartimenttrennung oder -vereinigung (*Membranfluß*, S. 135f.) können selbst übermolekulare Strukturen in andere Kompartimente verfrachtet werden, ohne je durch eine Elementarmembran hindurchzutreten. Auch solche Transportprozesse sind oft spezifisch, unidirektional und verbrauchen Stoffwechselenergie, sind also in gewissem Sinn »aktiv«.
Aber selbst wenn man von Translokator-vermitteltem, spezifischem Membrantransport absieht, sind Biomembranen *selektiv permeabel*, d. h. sie lassen Wasser durchtreten, gelöste Teilchen aber nur unterschiedlich schwer bis gar nicht. Man spricht in solchen Fällen einfach von *Permeation* bzw. passiver Permeabilität (S. 83). Diese Art von Permeation ist ein wenig spezifischer Vorgang, der sozusagen auf Lecks in den Membranen beruht. Sie gehorcht anderen Gesetzen als spezifischer und aktiver Transport. Entscheidend für die Fähigkeit, eine Membran *via* Permeation zu durchdringen, sind vor allem zwei Parameter:
(a) *Teilchengröße*. Je kleiner der effektive Teilchendurchmesser ist, desto größer ist die Permeationsrate *(Filterwirkung der Biomembranen)*.
(b) *Hydrophilie* bzw. *Lipophilie*. Je lipophiler, d. h. je schlechter wasserlöslich und je besser fettlöslich ein Teilchen ist, desto leichter permeiert es; Permeabilität und Wasserlöslichkeit sind – außer bei besonders kleinen Teilchen – umgekehrt proportional. Elektrisch geladene Teilchen – vor allem Ionen – sind hydrophil und permeieren daher schwerer als gleich große, elektrisch neutrale Moleküle.
Diese Befunde lassen sich mit Hilfe der *Lipidfilter-Theorie* erklären. Nach dieser Theorie ist eine flächige, mehr oder weniger flüssige (fluide) Lipidphase wesentlicher Bestandteil jeder Biomembran (Tab. 1.11, 1.12). Lipophile Teilchen vermögen sich durch diese Lipidfilme »hindurchzulösen«. Polare Teilchen können dagegen nicht permeieren, außer sie sind klein genug, um Poren in der Lipidphase mit Durchmessern von 0,4 nm oder weniger benützen zu können. Bei organischen Molekülen ist die obere Grenze für eine Permeation auf dem »Porenweg« bei Molekularmassen von etwa 70 erreicht.

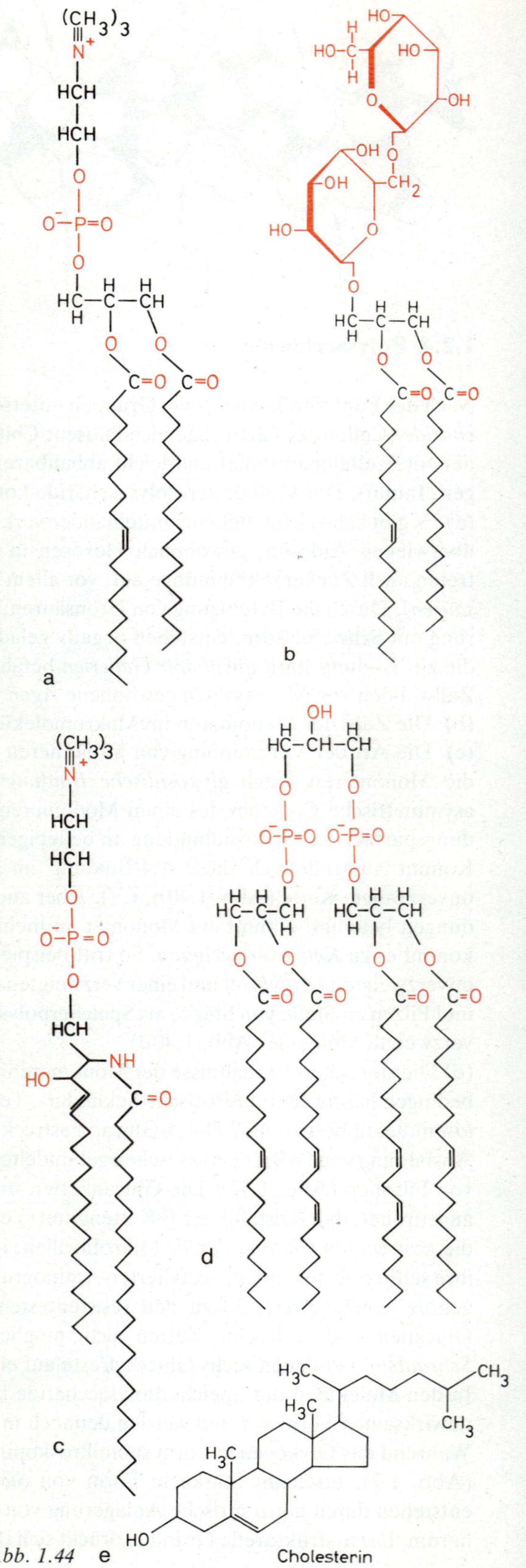

Abb. 1.44

1.2.5.2 Membranlipide

Als Lipide (griech. *lipos* = Fett, Öl) werden allgemein Stoffe bezeichnet, die sich in Wasser nicht, in organischen Lösungsmitteln (Aceton, Chloroform, Benzol) dagegen gut lösen. Bei den Lipiden der Zelle handelt es sich häufig um Ester von Fettsäuren. Man kann *Speicherlipide* (Fette, Öle) und *Strukturlipide* unterscheiden. Zur 2. Gruppe zählen – neben den Wachsen – die Membranlipide (Abb. 1.44). Wir greifen drei auch mengenmäßig bedeutsame Beispiele heraus.

Lecithin (= Phosphatidylcholin, Abb. 1.44a) ist ein häufiges *Phospholipid*. Das Molekül besitzt eine lipophile, »unpolare« Hälfte (Fettsäureketten) und eine hydrophile, »polare« (Glycerin, vor allem Phosphorsäure und Cholin). Solche Moleküle sind oberflächenaktiv, d. h. sie ordnen sich bevorzugt an der Phasengrenze polarer Flüssigkeiten (Wasser) an und setzen deren Oberflächenspannung herab. Sie wirken ähnlich wie Netzmittel (Tenside, Detergentien). Man spricht von »amphipolaren« oder »amphiphilen« Verbindungen. In Wasser zeigen solche Stoffe eine starke Tendenz, sich zu flächigen Aggregaten zusammenzulagern. Nach Modellversuchen gilt dies auch für die Bildung von Biomembranen. Nicht nur Lecithin, sondern auch die meisten übrigen Strukturlipide sind ausgesprochen amphipolar (Abb. 1.44).

Cardiolipin, ebenfalls ein Phospholipid, ist wesentlich komplexer gebaut (Abb. 1.44d). Dieses Membranlipid macht bei Bakterien bis über ein Viertel der Gesamtlipide aus; bei höheren Organismen findet es sich nur in der inneren Mitochondrienmembran.

Außer Lecithin und Cardiolipin gibt es zahlreiche weitere Beispiele für amphipolare Lipide (Abb. 1.44c–e). Einerseits kann bei Phospho- wie Glykolipiden das Glycerin durch den Aminoalkohol Sphingosin ersetzt sein, der selbst eine unpolare Kohlenwasserstoffkette besitzt und an seiner Aminogruppe eine langkettige Fettsäure trägt (*Sphingolipide*, Abb. 1.44c, f). Andererseits kann der polare Rest variieren. Liegen statt Phosphorsäureresten Glykoside vor (Abb. 1.44b, f), spricht man von *Glykolipiden*. Die Kohlenhydrate in Glykolipiden (und Glykoproteinen) verleihen der Zelloberfläche charakteristische Eigenschaften, die z. B. bei Zell-Zell-Erkennung (S. 532f.) eine wichtige Rolle spielen. Bestimmte Zuckerreste in Heterosaccharidketten auf Zelloberflächen können von *Lektinen* spezifisch erkannt und gebunden werden. Da Lektine zwei oder mehr Bindungsstellen gleicher Spezifität besitzen, können sie Zellen agglutinieren (zusammenkleben). Die Lektine, die selbst Glykoproteine mit Quartärstruktur sind, stellen auch wichtige Hilfsmittel der Membran- und Zellforschung dar. Häufig verwendete Lectine sind Concanavalin A (Con A, tetramer, erkennt D-Mannosyl- und D-Glucosylreste) und Phytohämagglutinin (PHA, erkennt N-Acetyl-D-Galactosaminylreste).

Cholesterol (= Cholesterin, Abb. 1.44e) ist ein unpolares Membranlipid. Der zu den Steroiden gehörige, einfach ungesättigte Kohlenwasserstoff besitzt nur eine einzige OH-Gruppe. Das Cholesterol, das bei höheren Organismen bis zu einem Drittel der Lipidfraktion ausmachen kann, ist in seiner Verbreitung dem Cardiolipin komplementär, es fehlt in Plasmamembranen der meisten Bakterien und auch in der inneren Mitochondrienmembran.

1.2.5.3 Molekulare Architektur der Membranen

Die 5–10 nm dicken Elementarmembranen erscheinen im Elektronenmikroskop in ihrem Querschnitt dreischichtig: Zwei dunkelkontrastierte äußere Lagen sind durch eine transparente Zwischenlage getrennt (Abb. 1.46a). Das ist im Sinne der Lipidfilter-Theorie so gedeutet worden, daß der helle Zwischenraum einer Lipidphase entspricht, die dunklen Grenzlinien dagegen Proteinschichten, welche den halbflüssigen bimolekularen Lipidfilm stabilisieren (»Danielli-Modell«). Dieses schon um 1930 konzipierte Strukturmodell beruhte vor allem auf Beobachtungen an künstlichen Lipidmembranen. Bimoleku-

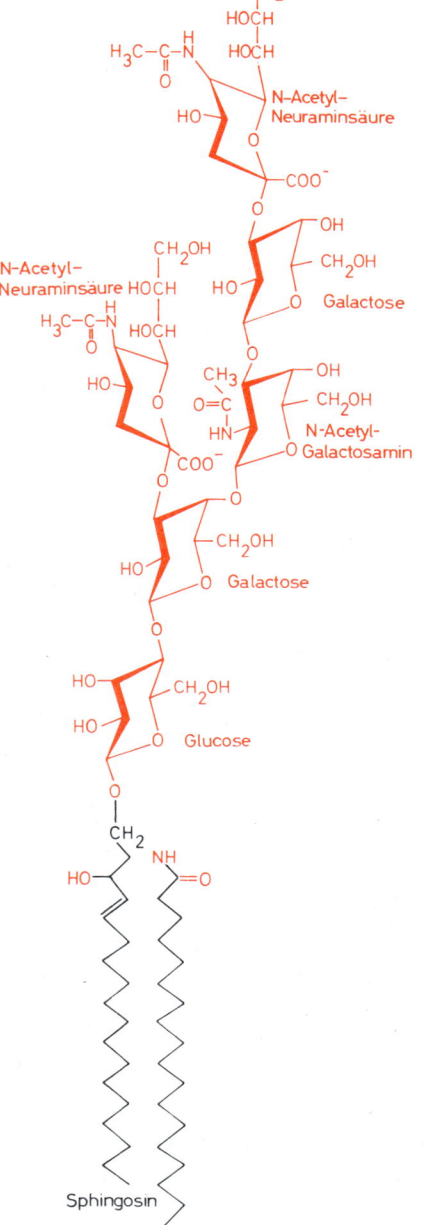

Abb. 1.44a–f. Strukturlipide. Geladene bzw. polare Gruppen farbig. (a) Lecithin (Phospholipid). (b) Galactosyllipid (Glykolipid). Galactosyllipide kommen vor allem in den Thylakoidmembranen der Chloroplasten vor. (c) Sphingomyelin (Phospholipid mit Sphingosin). (d) Cardiolipin (Phospholipid). – (e) Cholesterol (= Cholesterin), ein Sterollipid, ist weder Phospho- noch Glykolipid; seine OH-Gruppe kann mit einer Fettsäure verestert sein. (f) Gangliosid (Glykolipid mit Sphingosin). – Hexosen können statt in einfacher schematischer Form (b) auch in der Sesselform (f) wiedergegeben werden, welche die wahrscheinlichste sterische Konfiguration am besten zeigt

Tabelle 1.11. Chemische Zusammensetzung von Biomembranen

Membran	Protein	Gesamtlipid	Phospholipide	Cholesterol (ester)
Plasmamembran				
Säugetiererythrocyten	57	43	50–67	24–29
Rattenleber	60	40	70	25
ER				
Schweineleber	65	33	80	8
Kernhülle				
Schweineleber	75	21	80	8
Mitochondrien Meerschweinchenleber:				
äußere Membran	52	48	ca. 90	6
innere Membran	76	23	ca. 90	—
Chloroplasten				
Spinatthylakoide	60	40	10	—

Angaben für Protein und Gesamtlipid in Prozent Trockengewicht; Phospholipide und Cholesterol(ester) in Mol% der Lipidfraktion

Tabelle 1.12. Cytomembranen und Plasmamembran (Daten von Rattenleberzellen)

Membrantyp	Dicke[a] [nm]	Phospholipide[b] L	S	C/P[c]	Leitenzyme bzw. -funktionen
Kernhülle und ER granulär agranulär	5	55	6	0,1	Glucose-6-phosphatase Proteinbiosynthese Enzyme des Phospholipid- und Steroidstoffwechsels; Hydroxylasen, Cytochrom P 450
Golgi-Apparat	7	45	9	0,29	Glykosyltransferasen (Polysaccharidsynthese); Thiaminpyrophosphatase; saure Phosphatase
Plasmamembran	9	39	19	0,43	5'-Nucleotidase, Na-K-Transport-ATPase

[a] Angaben in Nanometer nach Fixierung mit OsO_4
[b] Angaben in Mol% der Lipidfraktion. L Lecithine, S Sphingomyeline
[c] Molares Mengenverhältnis Cholesterol zu Phospholipid

lare Lipidfilme (z. B. in »Liposomen«, kugeligen, durch Lipiddoppelschichten abgegrenzten Tröpfchen) zeigen zahlreiche Eigenschaften von Biomembranen; ihre Permeabilität entspricht jener von Elementarmembranen weitgehend. Auch Membranfluß kann an solchen Modellmembranen induziert werden. Künstlich erzeugte Risse schließen sich nicht nur in Elementarmembranen, sondern auch bei Lipidfilmen rasch wieder infolge hydrophober Wechselwirkungen. Diese Kräfte (vgl. S. 57) sind es, die aus kleinen, zur Bildung von echten Makromolekülen nicht befähigten Lipidteilchen wichtige Strukturbildner machen.

Heute stellt man sich eine Elementarmembran so vor, wie es Abbildung 1.45 zeigt *(Flüssig-Mosaik-Modell):* Als Diffusionsbarriere dient ein bimolekularer, fluider Film aus Strukturlipiden. Er ist stellenweise durchsetzt von Proteinteilchen, andere Proteine und Proteinkomplexe tauchen in ihn ein oder besetzen seine Oberfläche. Oberflächlich anhaftende Proteine können leicht von der Membran abgelöst werden: *periphere* (extrinse) *Membranproteine.* Dagegen sind die durch den Lipidfilm quer hindurchreichenden Proteinteilchen durch hydrophobe Wechselwirkung mit den Membranlipiden verbunden und nur schwer von ihnen abtrennbar: *integrale* (intrinse) *Membranproteine.* Sie sind es u. a., die als Translokatoren (Transportproteine) aktiven Transport und katalysierte Permeation vermitteln. In Gefrierätzpräparaten (Abb. 1.46b, c) erscheinen die Flächenansichten von Membranen im Vergleich zum Grundplasma glatt, aber wie mit kleinen Partikeln unregelmäßig übersät; künstliche, proteinfreie Lipidfilme zeigen solche Partikel nicht. Bei den Partikeln handelt es sich um integrale Membranproteine oder Komplexe von solchen. Da der Lipidfilm etwa so (zäh-)flüssig ist wie schweres Heizöl, können sich die Proteine in ihm verlagern. Gewöhnlich stehen sie untereinander nicht in direkter Verbindung. Die flächige Struktur der Membranen ist durch die Strukturlipide bedingt.

Dieses Schema kann je nach Membran erheblich variieren. So gibt es von Lipid dominierte Membranen, bei denen die Proteine ganz zurücktreten. Solche Membranen haben vor allem isolierende Funktion. Wichtigstes Beispiel dafür sind die Membranen, welche die Myelinscheide markhaltiger Nerven aufbauen (S. 461); bei ihnen steigt der Lipidanteil auf über 70% des Trockengewichtes. In anderen Fällen tritt umgekehrt die Lipidkomponente zurück. In solchen Protein-dominierten Membranen können sich Membranproteine

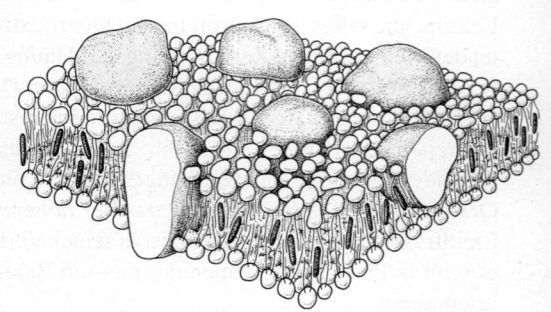

Abb. 1.45. Molekularer Bau einer Biomembran nach dem Flüssig-Mosaik-Modell, Ausschnitt. An einen fluiden, bimolekularen Film aus Lipidmolekülen (polare »Köpfe« der Phospho- und Glykolipide nach außen orientiert, Kohlenwasserstoffketten der Fettsäuren und Sterollipide im Membraninneren konzentriert) sind periphere Membranproteine angelagert. Integrale Proteine tauchen in den Lipidfilm ein oder durchsetzen ihn vollständig (Transmembran-, Tunnelproteine). Sie können dann z. B. als spezifische Translokatoren aktiven Transport oder katalysierte Permeation vermitteln

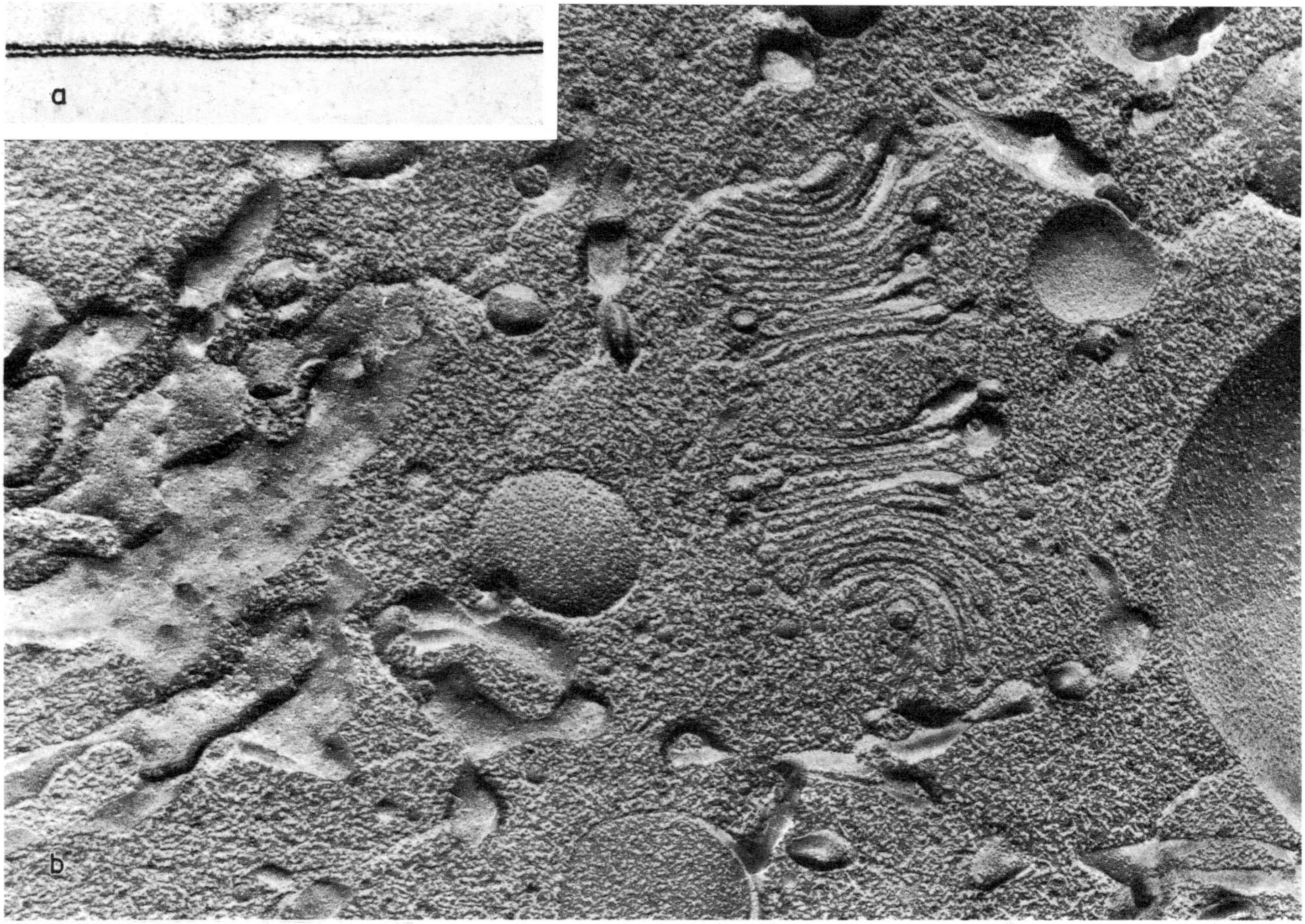

1.2.5.3 Molekulare Architektur der Membranen

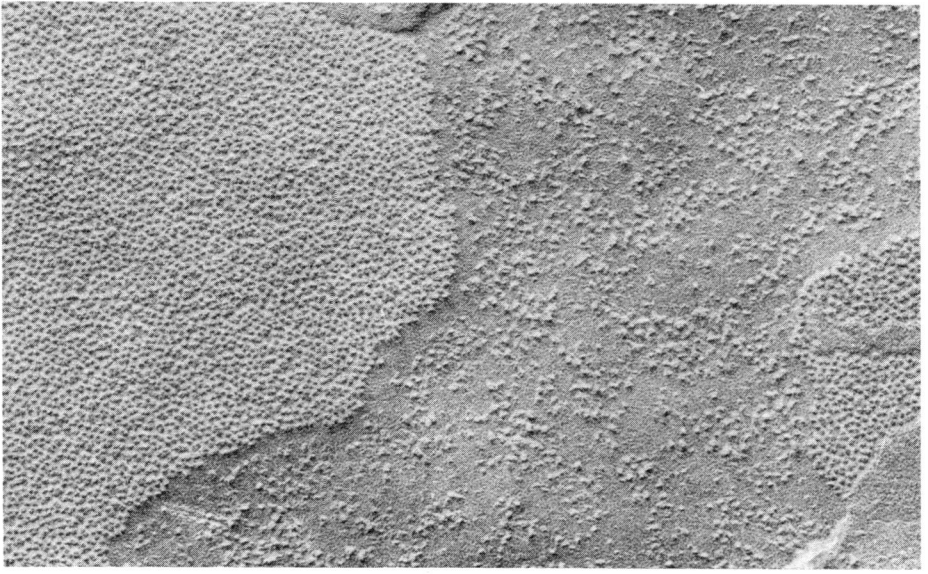

Abb. 1.46a–c. Elementarmembranen in Flächenansicht und im Querschnitt. (a) Plasmamembran der Alge Botrydium im Schnitt. Elektronenmikroskopisch, Vergr. 225000:1. (b) Ausschnitt aus einer Wurzelspitzenzelle der Küchenzwiebel: rechts eine große Vakuole, links ER. In den zwei Dictyosomen (Mitte rechts) erscheinen die Membranen auch im Querbruch dreischichtig. Gefrierätzung, elektronenmikroskopisch, Vergr. 60000:1. (c) Plasmamembran einer Hepatom-(Leberkrebs-)zelle. Die normalerweise lockere Besetzung mit Proteinpartikeln verdichtet sich an Kontaktstellen zwischen benachbarten Zellen (Gap Junctions = Nexus, S. 22). Diese Membranbezirke sind Protein-dominiert und hochpermeabel. Gefrierätzung, elektronenmikroskopisch, Vergr. 100000:1. (a Original Falk/Freiburg, b, c Originale Speth/Freiburg)

direkt miteinander verbinden und regelmäßige Flächengitter bilden. Membranen dieser Art sind die Thylakoide der Chloroplasten (S. 149 f.) sowie die Purpurmembranen der Halobakterien (S. 123), aber z.B. auch – als lokale Membrandifferenzierung – die Plasmamembran von Epithelzellen im Bereich von »Gap Junctions« (Abb. 1.46c). In diesen Kontaktstellen sind die Plasmamembranen benachbarter Zellen bis auf 3 nm genähert. Der zwischen ihnen verbleibende Spalt *(»Gap«)* wird von Proteinkomplexen, den Connexonen, überbrückt, die mit Connexonen der Nachbarzelle unmittelbar kommunizieren und auch die Plasmamembran durchsetzen (Abb. 1.13, S. 22). Jedes *Connexon* stellt eine Quartärstruktur aus sechs Polypeptideinheiten dar (Connexin, M_r = 26000). Das Hexamer wird von einem 2 nm weiten Kanal durchzogen, durch den Ionen und Moleküle bis zu Molekularmassen von gut 10^3 diffundieren können. Durch *Gap Junctions* verbundene Zellen sind »elektrisch gekoppelt«; auch die elektrischen Synapsen zwischen Nervenzellen (S. 468) sind solche Nexus. *Gap Junctions* sind den Plasmodesmen zwischen pflanzlichen Gewebezellen analog.

1.3 Inneres Milieu der Zelle

Um das Zusammenwirken der molekularen Bestandteile von Zellen verstehen zu können, müssen wir uns vergegenwärtigen, daß die Zelle ein wäßriges Lösungssystem darstellt, in dem sich der überwiegende Teil biochemischer Prozesse abspielt. Bevor wir uns mit dem molekularen und supramolekularen Aufbau der Zelle weiter beschäftigen können, müssen Betrachtungen über dieses Lösungssystem vorausgeschickt werden, das wir (wie die Organphysiologen das Flüssigkeitssystem vielzelliger Tiere) auch als *inneres Milieu* bezeichnen können.

1.3.1 Die Bedeutung des Wassers

Die durchschnittliche chemische Zusammensetzung einer tierischen Zelle ist in Tabelle 1.13 angegeben. Darin fällt der große Anteil des Wassers auf, dessen Volumen z.B. ausreichen würde, um jedes Proteinmolekül durch rund 10000 Wassermoleküle von anderen Proteinmolekülen abzuschirmen. Auch die kleinen anorganischen Moleküle sind im Verhältnis zu den Proteinen hinreichend zahlreich, um als ständig verfügbare Cofaktoren in Frage zu kommen. Aufgrund ihrer geringen Konzentration oder Löslichkeit sind DNA, RNA, Lipide und Polysaccharide niemals, Proteine nur in Sonderfällen von meßbarer osmotischer Wirksamkeit (S. 60).

Die Eigenschaften des Wassers sind von fundamentaler Bedeutung für ein Verständnis zellulärer Prozesse. Alle wichtigen Eigenschaften lassen sich auf die *Dipolnatur des Wassermoleküls* (Abb. 1.47) zurückführen, die darauf beruht, daß das O-Atom die bindenden Elektronenpaare des H_2O-Moleküls stärker an sich zieht als es die H-Atome vermögen. Auf diese Weise kommt es zur Bildung eines elektrischen Dipols, dessen negativer Pol durch das O-Atom, dessen positiver Pol durch die beiden H-Atome repräsentiert ist. Die Polarität der Wassermoleküle bedingt:

(a) Die hohe *Dielektrizitätskonstante* dieses Lösungsmittels. Sie ist etwa 80mal so hoch wie die der Luft, was zur Folge hat, daß Wechselwirkungen elektrischer Ladungen im Wasser nur etwa $\frac{1}{80}$ der in Luft gemessenen Energien besitzen. Dies erklärt die gute Löslichkeit von Salzen in Wasser.

(b) Die innere Struktur des Wassers, die durch Bildung von Wasserstoffbindungen zustande kommt. Hieraus folgen die hohe *spezifische Wärme*, die hohe *Verdunstungswärme*, die starke *Unterkühlbarkeit* usw. Auch die hohe *Oberflächenspannung* des

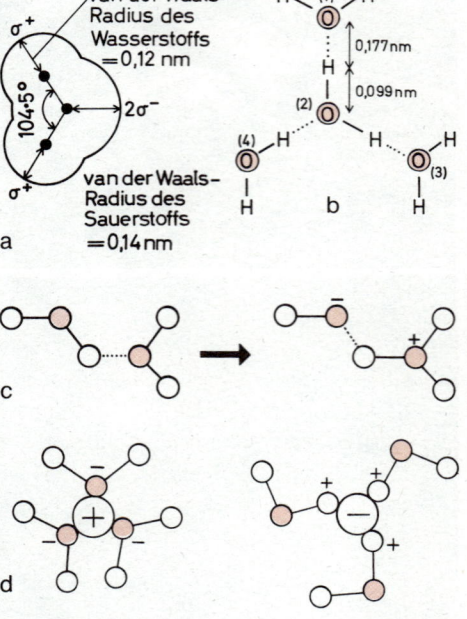

Abb. 1.47a–d. Das Wassermolekül und einige seiner Eigenschaften in modellhafter Darstellung. *(a)* Kontur eines Moleküls unter Berücksichtigung der Reichweite der van der Waals-Kräfte. *(b)* Komplex aus vier Molekülen, die durch H-Brücken (punktiert) miteinander verbunden sind. *(c)* Ionisierung des Wassers; Bildung eines Hydroniumions. *(d)* Bildung von Hydratationshüllen um elektrisch geladene Partikel

Wassers läßt sich durch die Dipolnatur des Wassermoleküls und die Wechselwirkungen zwischen benachbarten Molekülen erklären.

1.3.2 Zellsäfte als wäßrige Lösungen

Verdanken die Zellsäfte wichtige Eigenschaften dem Lösungsmittel Wasser, so lassen sie sich auch durch die in diesem gelösten Stoffe charakterisieren. Von Bedeutung ist die Konzentration und die Art der gelösten Teilchen.

Konzentration der gelösten Teilchen. Diese beeinflußt osmotisches Potential, Dampfdruck, Gefrierpunkt und Siedepunkt der Lösung; Merkmale, die als *kolligative Eigenschaften* zusammengefaßt werden. Das osmotische Potential (Ψ_π) einer Lösung wird in einem Osmometer als hydrostatischer Druck meßbar. Als Beispiel eines Osmometers kann die Anordnung nach Pfeffer (»Pfeffersche Zelle«, Abb. 1.48) dienen, die als Modell einer lebenden (Pflanzen-)Zelle konstruiert wurde. Das osmotische Potential steigt mit der Zahl der gelösten Teilchen. Für nicht-dissoziierende Stoffe in stark verdünnter Lösung gilt Gleichung (1.3a), wobei Ψ in bar, c Konzentration in mol/l, T absolute Temperatur und R Gaskonstante bedeutet.

Man unterscheidet zwischen *molarer* und *molaler* Konzentration. Jene ergibt sich, indem man 1 mol einer Substanz (Molekulargewicht in Gramm) in Wasser löst und die Lösung mit Wasser auf 1 l auffüllt; diese, indem man 1 mol der Substanz zu 1 kg Wasser hinzufügt. Osmotische Äquivalenz besteht nur für *molale* Konzentrationen verschiedener Lösungen, da nur in diesen ein konstantes Verhältnis zwischen der Anzahl der gelösten Moleküle und der Anzahl der Wassermoleküle besteht.

Das osmotische Potential ist in erster Annäherung abhängig von der Zahl, nicht der Art der gelösten Teilchen. Ein Salz, das in Wasser vollständig dissoziiert, führt zu einem osmotischen Potential, das der *Zahl der dissoziierten Teilchen* (und nicht der Zahl der Moleküle in der undissoziierten Ausgangssubstanz) entspricht. Da aber gelöste Teilchen, vor allem elektrisch geladene, miteinander in Wechselwirkung treten können, ist auch die Zahl der dissoziierten Teilchen noch nicht das richtige Maß für das osmotische Potential einer Lösung. Hierfür eignet sich vielmehr eine Größe, die die *Aktivität* der gelösten Teilchen genannt wird. Um das wahre osmotische Potential einer Lösung zu erfahren, muß man die ursprüngliche molale Konzentration mit einem Koeffizienten g, dem *osmotischen Aktivitätskoeffizienten,* multiplizieren. Gleichung (1.3a) nimmt dann die Form (1.3b) an.

Eine ideale 1-molale Lösung eines Nichtelektrolyten, die also die *Loschmidt-Zahl* von $6,023 \cdot 10^{23}$ osmotisch aktiver Teilchen pro Liter enthält, weist bei 0°C und 1 atm (= 101 kPa) ein osmotisches Potential von 22,4 atm (= 2260 kPa) auf und erniedrigt den Gefrierpunkt der Lösung gegenüber demjenigen des reinen Wassers um 1,85°C. Die 1-molale Lösung eines Elektrolyten, der in Wasser vollständig in zwei Ionen dissoziiert, würde unter denselben Bedingungen ein osmotisches Potential von 44,8 atm (= 4520 kPa) haben und den Gefrierpunkt der Lösung um 3,7°C erniedrigen. Der osmotische Aktivitätskoeffizient dieser Lösung wäre 2, ihre Konzentration bezeichnet der Zellphysiologe mit 2-osmolal.

Zellen und extrazelluläre Flüssigkeiten werden bei den vielzelligen Tieren in den meisten Fällen als *isosmotisch* angesehen, d. h. es sollte zwischen ihnen kein osmotisch bedingtes Gefälle geben. Der lokale Aufbau von Konzentrationsgradienten zwischen dem inneren und dem äußeren Milieu von Zellen ist jedoch ein wichtiger Mechanismus, dessen sich vor allem Exkretions- und Sekretionszellen bedienen, um den Austausch von Wasser zwischen Zellen und extrazellulärer Flüssigkeit möglich zu machen. Weiterhin werden in allen erregbaren Zellen aufgrund der Gesetze des elektrochemischen Gleichgewichtes geringe osmotische Gradienten zwischen innen und außen aufrechterhalten (S. 133f).

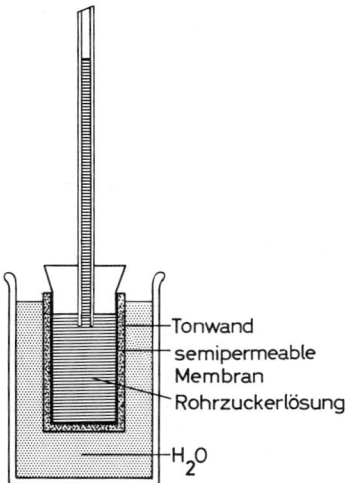

Abb. 1.48. Schema eines Osmometers (Pfeffersche Zelle). Die in die Poren der Tonwand eingelagerte semipermeable Membran kann z. B. aus $Cu_2[Fe(CN)_6]$ bestehen. (Aus Strasburger)

Die Dielektrizitätskonstante ε ist eine dimensionslose, für jedes Medium charakteristische Zahl, die in umgekehrter Proportionalität zur Kraft steht, die zwei Ladungen in diesem Medium aufeinander ausüben.
Im Vakuum ist $\varepsilon = 1$, in Wasser $\varepsilon = 81$.

(1.3a)
$$\Psi_\pi = - c \cdot R \cdot T$$

(1.3b)
$$\Psi_\pi = - g \cdot c \cdot R \cdot T$$

Diese Beziehung wurde von van't Hoff in Analogie zum Gasgesetz:
$$P \cdot V = n \cdot R \cdot T$$
abgeleitet; dieses besagt, daß das Produkt aus Druck (P) und Volumen (V) proportional der Zahl der Gasmoleküle (n in mol) und der absoluten Temperatur (T) ist, wobei die Beziehung durch eine Proportionalitätskonstante R (die universelle Gaskonstante = $8,31 \; J \cdot K^{-1} \cdot mol^{-1}$) hergestellt wird.
Da V/n die molare Konzentration (c) ergibt, folgt
$$P = c \cdot R \cdot T.$$
Gleichung 1.3a wird heute jedoch meist aus den Beziehungen für die freie Energie (S. 62) von Lösung und Lösungsmittel abgeleitet, doch würde diese Erklärung hier zu weit führen.

Tabelle 1.13. Durchschnittliche chemische Zusammensetzung tierischer Zellen. In einigen Fällen wurde der Schwankungsbereich für die häufigsten Zelltypen angegeben. Andere Zelltypen können in ihrer Zusammensetzung auch weit außerhalb dieses Schwankungsbereiches liegen. In pflanzlichen Zellen liegen z. B. die kleinen organischen Moleküle, wie Säuren und Zucker, in wesentlich größeren Konzentrationen vor und wirken deshalb auch als wichtigste osmotisch aktive Substanzen

	% des Gewichts	Durchschnittliches Molekulargewicht	Molarität	Anzahl Moleküle pro Proteinmolekül
Wasser	80–85	18	45–47	$1,1–1,7 \cdot 10^4$
Proteine	10–15	$3,6 \cdot 10^4$	0,0028–0,004	1
DNA	0,4	10^6	0,000004	—
RNA	0,7	$4 \cdot 10^4$	0,000175	—
Lipide	2–4	700	0,028–0,056	10–20
Polysaccharide	0,1–1,5	10^6	0,000015	—
kleine organische Moleküle	0,4	250	0,016	4–6
anorganische Moleküle und Ionen	1,5	55	0,27–0,28	70–100

Betrachten wir die Konzentrationen jener Teilchen, die nach Tabelle 1.13 für den Aufbau einer osmotischen Druckdifferenz in Frage kommen, dann ergeben sich die nebenstehenden Werte:

Proteine, maximal	$0,004$ mol·l^{-1} =	4 mM
kleine organische Moleküle	$0,016$ mol·l^{-1} =	16 mM
anorganische Moleküle und Ionen	$0,280$ mol·l^{-1} =	280 mM
Summe	$0,300$ mol·l^{-1} =	300 mM

In vielen tierischen Zellen beträgt die Konzentration also rund 0,3 mol·l^{-1}, was einem osmotischen Potential von −6,8 bar und einer Gefrierpunktserniedrigung von 0,555 °C entspricht.

Bei den vielzelligen (Land-)Pflanzen sind Differenzen im osmotischen Potential zwischen Protoplasten und Zellwänden (dem Apoplasten) in den Dienst der Aufnahme, des Transportes und der Abgabe des Wassers (und der darin gelösten Stoffe) gestellt (S. 60f.). Die Konzentration des Zellsaftes in den Vakuolen von Pflanzenzellen ist meist etwa 0,2–0,8 mol·l^{-1}. Der durch Wasserpotentialgradienten hervorgerufene Wassereinstrom in die Vakuole erzeugt dort einen hydrostatischen Druck (Turgordruck), der für die Festigkeit in allen krautigen Pflanzen von Bedeutung ist (reversibles Welken bei Wassermangel).

Art der gelösten Teilchen. Man unterscheidet apolare Nichtelektrolyten, polare Nichtelektrolyten, Elektrolyten und Makromoleküle.

Zu den *apolaren Nichtelektrolyten* gehören reine Kohlenwasserstoffe, die zum Unterschied von O−H- und N−H-Verbindungen keine Wasserstoffbindungen bilden (da C weniger elektronegativ ist als O oder N und es daher zu keiner Polarisierung des H-Atoms kommt). Die apolaren Molekülteile gewisser Aminosäuren (S. 32f.) und die Kohlenwasserstoffketten von Lipiden sind aufgrund dieser Eigenschaften hydrophob und verlagern sich deshalb ins Innere von Proteinmolekülen oder Membranen.

Zu den *polaren Nichtelektrolyten* gehören viele gut wasserlösliche Stoffwechselzwischenprodukte *(Metaboliten)* und Bausteine, wie Zucker, Alkohole, Purine, Pyrimidine sowie manche Lipide (S. 48f.). Infolge ihrer Polarität können solche Teilchen am Aufbau von Wasserstoffbindungen teilnehmen; sie diffundieren demnach rasch und sind sehr stoffwechselaktiv. Viele eignen sich dadurch als Bausteine der Makromoleküle, als Transportvehikel oder als osmotisch aktive Substanzen. Die Polarität und damit die Wasserlöslichkeit atomarer Gruppen nimmt nach folgender Reihe ab:

−COOH > −OH > −CHO > =CO > −NH$_2$ > = NH > −CONH$_2$ > −SH.

Unter *Elektrolyten* versteht man Stoffe, die in wäßriger Lösung elektrisch geladene Teilchen, *Ionen,* liefern. Je nach Ladung der Teilchen unterscheidet man zwischen *Kationen* (+), *Anionen* (−) und *Zwitterionen* (+ und −). Zu den letzteren gehören Aminosäuren, Peptide und Proteine.

Tabelle 1.14. Verschiedene Radien (in nm) einiger wichtiger Elemente und ihre Hydratation

Atom	nicht hydratisiert	hydratisiert	Zahl der Wassermoleküle pro Ion
H$^{(+)}$	0,03	0,000001	0,198	1,0
Na$^{(+)}$	0,186	0,097	0,560	8,0
K$^{(+)}$	0,231	0,133	0,380	3,8
Ca$^{(2+)}$	0,197	0,099	0,960	17,6
Mg$^{(2+)}$	0,160	0,066	1,080	22,2
Cu$^{(+)}$	0,128	0,096		
Zn$^{(2+)}$	0,133	0,074		
Cl$^{(-)}$	0,107	0,181		
S$^{(2-)}$	0,104	0,184		

Die Ionen einer Zelle beeinflussen fast alle Eigenschaften des inneren Milieus, vor allem die Löslichkeit anderer Partikel, die elektrischen Eigenschaften der Zelle und die spezifischen Funktionsmerkmale eines Großteils der Makromoleküle und supramolekularen Strukturen. Aufgrund ihrer Bedeutung für die Zelle wird die Ionenkonzentration durch ein eigenes Maß, die *Ionenstärke (I)*, Gleichung (1.4), ausgedrückt.

Die *Löslichkeit* von Molekülen wird durch Elektrolyten in zweifacher Weise beeinflußt, und zwar indem sie die Ladungseigenschaften dieser Moleküle durch *elektrostatische Wechselwirkungen* verändern und indem sie mit allen anderen Molekülen um die vorhandenen *Wassermoleküle* konkurrieren. Vor allem betrifft dies Proteine, die durch Elektrolyte zur *Fällung (»Aussalzung«)* gebracht werden können, wenn ihnen das Wasser entzogen wird. Alle Ionen sind *hydratisiert* (Abb. 1.47d), da sich die Dipole der Wassermoleküle in mehr oder minder geordneten Schalen um sie gruppieren. Hierdurch verändern sich Beweglichkeit und Permeabilität der geladenen Teilchen. Die Daten für die häufigsten anorganischen Kationen sind in Tabelle 1.14 zusammengestellt.

Die *Hydratation* eines Ions ist seinem Durchmesser umgekehrt und seiner Wertigkeit direkt proportional. Je konzentrierter und stärker die Ladung, desto mehr Wassermoleküle sind an der Hydratationshülle beteiligt. Das Proton (H^+) und das K^+-Ion sind die beweglichsten aller Kationen.

Auch Proteine sind aufgrund ihrer elektrischen Ladungen stets hydratisiert. Ein Teil des Zellwassers, etwa 4–5%, ist hierbei so stark gebunden und strukturiert, daß es nicht als Lösungsraum zur Verfügung steht und bei Eisbildung nicht gefriert. Man unterscheidet deshalb zwischen *gebundenem* und *freiem* Wasser. Die Menge gebundenen Wassers in Zellen kann unter dem Einfluß der Produktion von Glycerin und anderen Stoffen als »Gefrierschutzmittel« im Winter zunehmen. Bei tierischen Organismen ist in fast allen Fällen K^+ das wichtigste Kation in Zellen, Na^+ das wichtigste in extrazellulären Flüssigkeiten. Die Erythrocyten sind allerdings reich an Natriumionen, und bei einigen Wirbellosen liegt Ca^{2+} als eines der wichtigsten extrazellulären Kationen vor. Cl^-, HCO_3^-, $H_2PO_4^-$, HPO_4^{2-} und ein Teil der Proteine sind die wichtigsten Anionen innerhalb und außerhalb von Zellen, ihre Verteilung ist aber bei einzelnen Tiergruppen stärker verschieden als die der Kationen.

Die Ionenzusammensetzung von Pflanzenzellen läßt sich viel schwerer verallgemeinern als die tierischer Zellen. Dies hat viele Gründe. Einmal sind Pflanzen sehr stark vom variablen Ionenmilieu ihres jeweiligen Standortes abhängig; dann sind Salze ja die eigentlichen Nahrungsstoffe von Pflanzen und wirken nicht so sehr am Aufbau des Fließgleichgewichtes eines »inneren Milieus« mit, wie dies für den tierischen Organismus gilt. Weiterhin ist der Zellsaft der Vakuole, der vom Cytoplasma präparativ nur schwer zu trennen ist, einerseits Zellinhalt, andererseits aber auch Außenmedium, da sich in Ermangelung eines Exkretionssystems bei Pflanzen ausgeschiedene Stoffe in ihm anreichern können. K^+ spielt auch in Pflanzenzellen eine wichtige Rolle, Na^+ hingegen so gut wie keine. Meeresalgen, wie etwa die gut untersuchte *Valonia*, liefern ein Modell für die Verteilung der beiden Elemente. Im Zellsaft und wohl auch im Cytoplasma finden sich hohe K^+-Konzentrationen, während das Na^+ des Mediums kaum aufgenommen wird. Da die Zellwand wie ein Schwamm das äußere Medium festhält, kann man sagen, daß auch bei Pflanzen das Kaliumion im Zellinneren dominiert, während das Natriumion dort, wo es reichlich vorkommt, meist auf den extrazellulären Raum – zu dem die Zellwand zu rechnen ist – und auf den Zellsaft in den Vakuolen beschränkt bleibt. In vielen Pflanzen, z. B. den Crassulaceen, spielt Ca^{2+} die Rolle des mengenmäßig wichtigsten Kations. Als Anionen fungieren weitgehend organische Säuren, wie Oxalsäure, Äpfelsäure, Fumarsäure, Citronensäure u. a., die also neben ihrer Rolle als Substrate energieliefernder Prozesse (S. 89f.) auch für das Ladungsgleichgewicht der Pflanzenzellen zu sorgen haben. Cl^- tritt zwar ebenfalls in oft großen Mengen auf, variiert aber stark und wird meist nur in Spuren benötigt.

(1.4)
$$I = \frac{1}{2} \Sigma c \cdot w^2$$

wobei

c = molale Konzentration ($mol \cdot l^{-1}$)
w = Wertigkeit.

Wird z. B. 1 mol $MgCl_2$ in 1 l Wasser gelöst, dann gilt:

1 mol $MgCl_2 \rightarrow$ 1 mol Mg^{2+} + 2 mol Cl^-

und

$$I = \frac{1}{2} (1 \cdot 2^2 + 2 \cdot 1^2)$$
$$= \frac{1}{2} \cdot 6$$
$$= 3$$

Auch in der Bakterienzelle ist K$^+$ das wichtigste Kation. Einige, an Standorte mit hoher Salzkonzentration angepaßte Mikroorganismengruppen (z. B. Methanbakterien, Pansenbakterien und halophile Bakterien) benötigen auch Na$^+$ für bestimmte Transport- und Stoffwechselprozesse.

Bei allen Organismen besteht innerhalb und außerhalb der Zellen Ladungsgleichgewicht, da jede Ladungstrennung sehr schnell zum Aufbau hoher Potentiale führt (S. 131f.). Es wird also unter allen Umständen der Transport eines Ions durch eine Membran entweder vom gleichgerichteten Transport eines Komplementärions oder vom entgegengesetzt gerichteten Transport eines anderen Ions gleicher Ladung begleitet. In tierischen Zellen wird HCO$_3^-$ meist gegen Cl$^-$, Na$^+$ gegen H$^+$ ausgetauscht, oder es wird Na$^+$ von HCO$_3^-$ begleitet. In pflanzlichen Zellen lassen sich diese ladungsabhängigen Ionenflüsse ebensowenig einem allgemeinen Schema unterordnen wie die Ionenzusammensetzung selbst. Dennoch muß natürlich in jedem einzelnen Fall das Prinzip von der Aufrechterhaltung des Ladungsgleichgewichtes gelten.

Ein Defizit von Anionen in der Anionen-Kationen-Bilanz (etwa nach Verschwinden von NO$_3^-$ oder SO$_4^{2-}$ durch reduktive Assimilation) wird von der Pflanzenzelle durch Synthese organischer Säuren ausgeglichen. Dabei ist die zweibasische, energiearme Oxalsäure am geeignetsten und verbreitetsten.

Bestimmten Ionen kommen im Stoffhaushalt der Zellen Rollen zu, in denen sie nicht ersetzt werden können *(Ionenspezifität)*. So ist Cl$^-$ *das* physiologische Anion tierischer Körperflüssigkeiten, dem vor allem die Aufgabe der Neutralisierung von Kationen zukommt. HCO$_3^-$ und HPO$_4^{2-}$ sind Bestandteile von Puffersystemen.

Na$^+$ und K$^+$ sind wegen ihrer hohen Beweglichkeit entscheidend am Aufbau elektrischer Potentiale und damit an den Erregungsvorgängen von Zellen vor allem im tierischen Organismus beteiligt. Beide Ionen können durch Ion-Ion-Wechselwirkung (S. 57) die Aktivität einiger Enzyme beeinflussen.

Mg^{2+} und Ca^{2+} haben vor allem bei Transportprozessen und bei der Muskelkontraktion entscheidende Funktionen. Beide Ionen gehen leichter als die oben genannten Komplexbindungen ein und werden dabei zu Bestandteilen wichtiger Enzyme und Pigmente, Mg^{2+} z.B. zum Bestandteil des Chlorophyllmoleküls.

Innerhalb der erwähnten Ionenpaare ergänzen die beiden Partner einander funktionell oder treten als Gegenspieler auf, indem etwa der eine beschleunigend, der andere hemmend auf einen bestimmten Prozeß wirkt. Man spricht dann von *Ionensynergismus* bzw. *Ionenantagonismus*.

Schwerere Elemente sind in nur geringen Konzentrationen vorhanden *(»Spurenelemente«)*. Sie kommen kaum frei vor, sondern bilden mit organischen Molekülen Komplexe, die meist die Rolle prosthetischer Gruppen oder Coenzyme (S. 70) in katalytisch aktiven Molekülen spielen. Als Beispiele seien genannt: Fe^{2+} und Cu$^+$ in respiratorischen Enzymen, in Redoxsubstanzen der Photosynthese und in Blutfarbstoffen, Zn^{2+} in verschiedenen hydrolytischen und dehydrierenden Enzymen.

Die *Makromoleküle* verleihen Lösungen spezifische Eigenschaften, die manchmal noch als *»kolloidale Eigenschaften«* bezeichnet werden. Diese Eigenschaften sind nicht so sehr durch die Größe der gelösten Teilchen als vielmehr durch die innerhalb und zwischen großen Molekülen wirksamen Bindungen bedingt. Die Veränderlichkeit »kolloidaler« Lösungen – etwa die Übergänge zwischen flüssigeren *Sol-* und festeren *Gel*zuständen – beruht auf der Veränderung intermolekularer Bindungen durch Milieubedingungen. Sämtliche biologischen Prozesse spielen sich in *wäßriger Lösung* ab. In diesem Milieu herrschen drei Formen von Bindungen vor (Abb. 1.49).

Kovalenzbindungen sind starke Atombindungen, die für die molekulare Struktur verantwortlich sind und auf dem Austausch von Valenzelektronen beruhen. An einer Kovalenzbindung können Atome unterschiedlicher Elektronegativität (d.h. unterschiedlicher »Affinität« für Elektronen) beteiligt sein, was zu einer *Polarisierung* des entstehenden

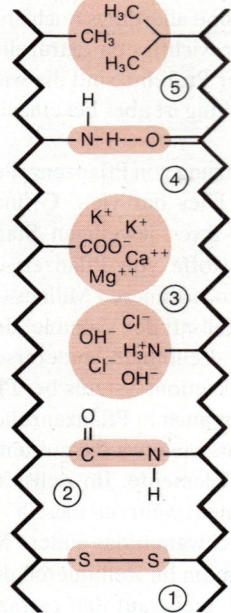

Abb. 1.49. Schematische Zusammenstellung von Bindungsformen, die zwischen benachbarten Polypeptidketten im Cytosol wirksam werden können: 1 homöopolare Kovalenzbindung (Schwefelbrücke), 2 heteropolare Kovalenzbindung (Peptidbindung), 3 Ionenbindungen, 4 Dipol-Dipol-Wechselwirkung (Wasserstoffbrücke), 5 London- oder dispersive Wechselwirkungen

Moleküls führt. Hierher gehören C−O-, C−N-, H−N- und H−O-Bindungen, also einige der wichtigsten in biologischen Substanzen auftretenden intramolekularen Bindungen, wie Peptid-, Ester- und Glykosidbindung. Sind Atome gleicher Elektronegativität an einer Kovalenzbindung beteiligt, dann liegt eine *homöopolare* Bindung vor. Hierher gehören gleichatomige Bindungen wie S−S, H−H und C−C; aber auch die C−H-Bindung ist so gut wie homöopolar, da C und H beinahe die gleiche Elektronegativität haben.

Zu den *elektrostatischen Wechselwirkungen* gehören einige sehr unterschiedliche intermolekulare, also *zwischen* Molekülen wirksame Bindungsformen, die auf die Anziehung entgegengesetzter Ladungen an Molekülen, also auf *Coulomb-Kräfte,* zurückzuführen sind. Sie sind wesentlich schwächer als die Kovalenzbindungen. Zu dieser Gruppe gehören die *Ionenbindungen* (die in der Kristallchemie zu den starken Bindungen gezählt werden), deren Stärke in der Lösung aufgrund der hohen Dielektrizitätskonstante des Wassers aber auf $1/80$ reduziert ist. So beträgt die Ionenbindung zwischen Na^+ und Cl^- im Kochsalzkristall etwa 500 kJ $\cdot$ mol^{-1}, in wäßriger Lösung jedoch nur 6,2 kJ $\cdot$ mol^{-1}. Weiterhin gehören hierher *Dipol-Dipol-Wechselwirkungen,* wie sie zwischen Wassermolekülen (S. 53) und anderen polarisierten Molekülen auftreten. Besondere Bedeutung kommt hier der *Wasserstoffbindung* zu, die immer dann auftritt, wenn an der Bindung zweier polarisierter Moleküle ein H-Atom teilnimmt. Dies gilt insbesondere für die Wechselwirkungen C−N...H−O und N−H...O−C, wobei das polarisierte H-Atom eine »Brücke« zum benachbarten elektronegativen Atom schlägt *(»Wasserstoffbrücke«).*

Zu den elektrostatischen Bindungen gehören noch *Ion-Dipol-* und *Dipol-induzierte Dipol-Wechselwirkungen.* Letztere beruhen darauf, daß die permanente Ladung eines Moleküls durch Anziehung oder Abstoßung von Elektronen auch in an sich unpolarisierten Molekülen eine asymmetrische Ladungsverteilung induzieren kann.

Die *van der Waals-* oder *London-Wechselwirkungen* ergeben sich daraus, daß selbst völlig apolaren Molekülen infolge der Bewegungen der Elektronen ein *zeitlich veränderliches* Dipolmoment zukommt. Diese Bindungen gehören zu den schwächsten zwischen Makromolekülen wirksamen Kräften. Sie sind vor allem zwischen C−H-Gruppen von Bedeutung, zwischen denen aufgrund ihrer symmetrischen Ladungsverteilung keine anderen Anziehungskräfte wirken. Da aber 35–50% aller Seitenketten von Proteinen apolar sind und da Lipide zum größten Teil aus apolaren Kohlenwasserstoffketten bestehen (Abb. 1.44), kommt dieser Art der Bindung eine fundamentale Rolle im Zellgeschehen zu.

Apolare Moleküle haben zu polaren Molekülen geringere Affinität als zueinander. Dies begünstigt die Bildung supramolekularer Konfiguration – wie etwa von Lipidmembranen, da die polaren Wassermoleküle die apolaren Lipidmoleküle gewissermaßen »zusammenschieben«. Unter den Kräften, durch die apolare Moleküle in der Zelle zusammengehalten werden, spielen derartige *hydrophobe Wechselwirkungen* eine große Rolle.

Schwache Bindungen können bereits durch thermische Energien im physiologischen Bereich gebrochen werden. Die kinetische Energie von Molekülen bei Raumtemperatur oder bei der Körpertemperatur von Warmblütern läßt sich aus den Strahlungsgesetzen und dem auf Seite 110 erörterten Zusammenhang zwischen Wellenlänge und Energiegehalt berechnen. So beträgt der mittlere Energiegehalt von Molekülen bei 20°C etwa 12, bei 37°C etwa 13 kJ $\cdot$ mol^{-1}.

Zur Spaltung von Bindungen werden folgende Energien benötigt:

Kovalenzbindungen:
250–400 kJ $\cdot$ mol^{-1}
(in Zellen nur durch Enzyme möglich, die diesen Energiebetrag reduzieren)

Elektrostatische Wechselwirkungen:
ca. 20 kJ $\cdot$ mol^{-1}

van der Waals- oder London-Wechselwirkungen:
< 10 kJ $\cdot$ mol^{-1}

Tabelle 1.15. Zusammenhang zwischen der Protonenkonzentration und dem *pH*-Wert

H^+-Konz. (mol $\cdot$ l^{-1})		$-\log c_{H^+}$	pH-Wert
10	$= 10^1$	1	-1
1	$= 10^0$	0	0
0,1	$= 10^{-1}$	-1	1
0,001	$= 10^{-3}$	-3	3
0,00001	$= 10^{-5}$	-5	5
0,0000001	$= 10^{-7}$	-7	7
0,000000001	$= 10^{-9}$	-9	9 usw.

Beispiel:
Eine H^+-Konzentration von
0,1 μmol $\cdot$ l^{-1} entspricht 10^{-7} mol,
also $6{,}023 \cdot 10^{23} \cdot 10^{-7} =$
$6{,}023 \cdot 10^{16}$ Protonen im Liter.

1.3.3 Wasserstoffionenkonzentration und Pufferung

Die Konzentration der Wasserstoffionen ist mitverantwortlich für die Ladungsverteilung vieler Moleküle, wobei die Wirkung auf Proteine von besonders einschneidender Bedeutung ist. Die Regelung dieser Konzentration ist dementsprechend eine der Schlüsselfunktionen im zellulären Geschehen. In den meisten Geweben beträgt die H^+-Konzentration etwa 0,1 μmol · l^{-1}. Da das Rechnen mit diesen Größen schwerfällig ist, verwendet man den *negativen dekadischen Logarithmus der Wasserstoffionenkonzentration* ($-\log c_{H^+}$) als Maßeinheit und bezeichnet ihn mit *pH* (Tab. 1.15).

Der *pH*-Wert von tierischen Körpersäften liegt meist etwas über 7,0, doch gibt es einige Ausnahmen, so etwa stark saure Drüsensekrete. Bei Pflanzen ist im Xylemsaft (S. 614) ein *pH*-Wert von < 7, im Phloemsaft von > 7 zu finden. Die Messung des wahren *pH*-Wertes im Zellinneren ist nur mit Mikroelektroden und Fluoreszenzindikatoren möglich. Selbst innerhalb von Organellen differieren die *pH*-Werte (z. B. eines Chloroplasten) je nach den Bedingungen (z. B. Licht oder Dunkelheit).

Bakterien halten den intrazellulären *pH*-Wert konstant, *Escherichia coli* z. B. bei *pH* 7,8. Die H$^+$-Konzentration wird von Organismen ziemlich genau geregelt. Da in den meisten zellulären Prozessen Protonen anfallen bzw. verbraucht werden, muß es Mechanismen geben, durch die Protonen bei Bedarf nachgeliefert, bei Überschuß gebunden werden. Diese Funktion erfüllen die *Puffersysteme* der Organismen. Ihre Wirksamkeit beruht darauf, daß schwache Säuren nur unvollständig dissoziieren und ein Gleichgewicht nach Gleichung (1.5) besteht.

Das Anion A$^-$ ist als Base aufzufassen, da es dem System Protonen *entziehen* kann, während die undissoziierte Säure HA ein *Lieferant* von Protonen ist. Um als Puffer wirken zu können, muß ein solches System im Gleichgewichtszustand genügend viel Anionen enthalten, die hinzugefügte Protonen aufzunehmen vermögen (die Reaktion verläuft von rechts nach links), bzw. genügend viel undissoziierte Säure, die verbrauchte Protonen zu ersetzen vermag (die Reaktion verläuft von links nach rechts). Die Pufferwirkung eines derartigen Systems wird dann am besten sein, wenn H$^+$-Akzeptoren (die Anionen) und H$^+$-Donatoren (die undissoziierte Säure) in gleicher Menge vorliegen. Dies führt zu einer weiteren wichtigen Schlußfolgerung. Aus dem Massenwirkungsgesetz ergeben sich die Gleichungen (1.6a u. b), worin K_S die Dissoziationskonstante der Säure ist. Logarithmieren und Multiplizieren mit -1 ergibt Gleichung (1.7) und daraus Gleichung (1.8), wenn analog dem *pH*-Begriff für den negativen Logarithmus der Dissoziationskonstante pK_S geschrieben wird. Gleichung (1.7) ist die *Henderson-Hasselbalch-Gleichung* der Pufferwirkung. Sind A$^-$ und HA in gleicher Menge vorhanden, dann wird Gleichung (1.7) zu Gleichungen (1.9a u. b). Also:

Die Pufferwirkung ist bei dem pH-Wert am besten, der dem negativen Logarithmus der Dissoziationskonstante entspricht.

Da biologische Flüssigkeiten meist etwa neutral reagieren, werden in Zellen und Geweben jene Puffersysteme am wirksamsten sein, bei denen der pK_S um 7 liegt. Dies gilt für die biologisch möglichen Säuren-Basen-Gleichgewichte (Gln. 1.10 und 1.11). Die anderen pK_S-Werte dieser mehrbasischen Säuren liegen so weit außerhalb des biologischen Bereiches, daß sie für Pufferung in Zellen und Körperflüssigkeiten nicht in Frage kommen. Neben diesen beiden wichtigsten anorganischen Puffersystemen der Organismen sind auch organische Zwitterionen – Aminosäuren und Proteine – von Bedeutung, da sie sowohl als *H$^+$-Akzeptoren* (= Basen) (Gl. 1.12) wie als *H$^+$-Donatoren* (= Säuren) (Gl. 1.13) wirken können.

Aufgrund ihres hohen Gehaltes an sauren und basischen Aminosäuren sind Proteine vielfache Ladungsträger. Da die Dissoziation von $-COOH$ stärker ist als die von $-NH_3$, liegt der *isoelektrische Punkt* (das ist *jener pH-Wert, bei dem ein Zwitterion ebenso viele positive wie negative Ladungen trägt*) der meisten Proteine im sauren Bereich, so daß diese Moleküle in den etwa neutral reagierenden biologischen Medien überwiegend als Anionen und damit als H$^+$-Akzeptoren auftreten. Dies gilt z. B. für das Hämoglobin, einen der wichtigsten biologischen Puffer höherer Tiere (S. 637). Die Pufferwirkung von Proteinen läßt sich allgemein nach Gleichung (1.14) formulieren.

(1.5)
$$[HA] = [H^+] + [A^-] \quad [\ ] = \text{molare Konzentration}$$

(1.6a)
$$\frac{[H^+] \cdot [A^-]}{[HA]} = K_S$$

(1.6b)
$$[H^+] = K_S \cdot \frac{[HA]}{[A^-]}$$

(1.7) *Henderson-Hasselbalch-Gleichung:*
$$-\log [H^+] = -\log K_S - \log \frac{[HA]}{[A^-]}$$

(1.8)
$$pH = pK_S + \log \frac{[A^-]}{[HA]}$$

(1.9a)
$$pH = pK_S + \log 1$$

(1.9b)
$$pH = pK_S$$

(1.10)
$$H_2CO_3 \rightleftharpoons H^+ + HCO_3^-, \quad pK_S = 6,34$$
Kohlensäure   Hydrogencarbonat

(1.11)
$$H_2PO_4^- \rightleftharpoons H^+ + HPO_4^{2-}, \quad pK_S = 7,2$$
primäres   sekundäres
Phosphat   Phosphat

(1.12)
$$\overset{H}{\underset{R}{H_3\overset{+}{N}-C-COO^-}} + H^+ \rightleftharpoons \overset{H}{\underset{R}{H_3\overset{+}{N}-C-COOH}}$$

(1.13)
$$\overset{H}{\underset{R}{H_3\overset{+}{N}-C-COO^-}} + OH^- \rightleftharpoons \overset{H}{\underset{R}{H_2N-C-COO^-}} + H_2O$$

(1.14)
$$\text{H-Protein}^{(n-1)-} \rightleftharpoons H^+ + \text{Protein}^{n-}$$

1.3.4 Dynamik des inneren Milieus

Bisher wurde in diesem Abschnitt das innere Milieu der Zelle als ein statisches System behandelt. Aber sowohl das Lösungsmittel wie die gelösten Stoffe bewegen sich innerhalb der einzelnen Kompartimente und von Kompartiment zu Kompartiment; außerdem treten sowohl Lösungsmittel wie gelöste Moleküle in die Zelle ein und aus ihr aus. Diese Dynamik ist von ausschlaggebender Bedeutung für die Erhaltung der Zelle im Zustand des Fließgleichgewichtes.

Die Moleküle und Atome einer Lösung sind in ständiger Bewegung. Kommt es zu keiner Änderung der Verteilung von Partikeln mit der Zeit, dann ändert sich auch der physiologische Zustand der Zelle nicht. Entsteht jedoch in einer Lösung ein *Konzentrationsgradient* – etwa aufgrund der lokalen Bildung einer Substanz in einem chemischen Prozeß –, dann wird sich die gelöste Substanz im Lösungsmittel dem Konzentrationsgradienten folgend verteilen, und es kann für diesen Prozeß zwischen einem physiologischen Anfangs- und einem Endzustand der Zelle unterschieden werden.

Dieser Verteilungsprozeß ist als *Nettoflux* aufzufassen: Es wandern Teilchen sowohl von dichteren in verdünnte Zonen als auch umgekehrt, aber die Wahrscheinlichkeit für die erstgenannte Richtung ist größer als für die zweitgenannte. Der Nettoflux einer Substanz in einem Lösungsmittel wird als *Diffusion* bezeichnet. Er hängt von den Eigenschaften der diffundierenden Substanz und von denen des Lösungsmittels sowie von der Steilheit des Gradienten, also der Größe der Konzentrationsänderung dc [mol · cm^{-3}] auf einer Strecke dx [cm] ab. Diese Zusammenhänge sind im *Diffusionsgesetz* von Fick (Gl. 1.15) ausgedrückt. Der Diffusionskoeffizient D (Dimension: cm^2 · s^{-1}), in dem die Eigenschaften von gelöster Substanz und Lösungsmittel zusammengefaßt sind, sagt aus, welche Menge einer Substanz [mol] pro Zeiteinheit [s] durch eine Flächeneinheit [cm^2] diffundiert, wenn der Konzentrationsgradient 1 mol · cm^{-4} beträgt. Beispiele für Werte von D sind nebenstehend wiedergegeben.

Wenn auch die Diffusion in Lösungen für das Verständnis zellulärer Prozesse bedeutsam ist, so ist die Dynamik des inneren Milieus vor allem als Flux oder Transport durch *Membranen* zu verstehen. Etwa 60–90% der Zelltrockenmasse sind Membranen, und der geordnete Verlauf von Lebensprozessen hängt im wesentlichen davon ab, daß bestimmte Stoffe durch Membranen hindurchfließen, andere wieder an diesem Fluß gehindert werden. Membranen trennen Zellkompartimente voneinander, aber sie erlauben auch spezifische Verbindungen zwischen Kompartimenten; sie sind also im strengen Sinne stets *selektiv permeabel* (»semipermeabel«).

Der Stofffluß durch eine Membran kann in erster Annäherung als eine Diffusion angesehen werden. Allerdings ist die Dicke der Membran meist unbekannt, so daß man als Triebkraft des Flusses nicht den Gradienten – also die Konzentrationsdifferenz pro Wegeinheit – definieren kann, sondern nur die Differenz $(c_2 - c_1)$ über eine Strecke unbekannter Länge. Diese Strecke wird in einen neuen Koeffizienten aufgenommen, der als *Permeabilitätskoeffizient P* (Dimension: $[D]$ · cm^{-1} = cm · s^{-1}) bezeichnet wird. Die Permeabilität hat somit die Dimension einer Geschwindigkeit, und der zugehörige Koeffizient P ist ein Ausdruck der Löslichkeit des permeierenden Stoffes in der Membran sowie der Länge des Weges, die er in ihr zurückzulegen hat. Da zum Verständnis des Transportes von Stoffen durch Membranen wesentliche Aspekte des Energie- und Stoffwechsels benötigt werden, muß eine Beschreibung dieser Prozesse verschoben werden (Abschn. 1.4.3.4., S. 83f.).

1.3.4.1 Dynamik des Lösungsmittels

Da Wasser in allen Zellen wesentlich konzentrierter ist als irgendein gelöster Stoff, verhält es sich auch in bezug auf seine dynamischen Eigenschaften etwas anders als diese. Sein

(1.15) *Diffusionsgesetz:*

$$\text{Nettoflux } \frac{V}{t} = -D \cdot F \cdot \frac{dc}{dx}$$

V = Volumen oder Menge [mol]
F = Fläche [cm^2]
t = Zeit [s]
$\frac{dc}{dx}$ = Konzentrationsgradient [mol · cm^{-4}]
D = Diffusionskoeffizient [cm^2 · s^{-1}]
(Proportionalitätsfaktor, eine Materialkonstante)

	D [cm^2 · s^{-1}]
K$^+$ in Wasser	1,65 · 10^{-5}
K$^+$ in Geweben	0,13–1,7 · 10^{-5}
Rohrzucker in Wasser	0,5 · 10^{-5}
Rohrzucker in Geweben	0,02–0,3 · 10^{-5}

Molekulargewicht ist 18, und 1 kg Wasser enthält somit 55,6 mol Wasser. Die Aktivität des Wassers zwischen zwei Lösungen unterschiedlicher Konzentration, die durch eine selektiv permeable (nur für Wassermoleküle durchlässige) Membran getrennt sind, ist dem Verhältnis der Molarität des Wassers in den beiden Kompartimenten proportional. In einem derartigen System können zwei Formen der Dynamik des Lösungsmittels unterschieden werden: *Permeation* (oder *»Diffusion«*) *und Osmose*.

Permeation (Diffusion). Selbst wenn die Konzentration des Wassers zu beiden Seiten der Membran gleich ist, werden Wassermoleküle zwischen den beiden Kompartimenten ständig ausgetauscht. Dies läßt sich mit markiertem Wasser (D_2O oder T_2O) nachweisen. Die treibende Kraft ist in diesem Fall die thermische Energie der Wassermoleküle, und diese wird von den Bindungen der Wassermoleküle untereinander beeinflußt. So müssen für jedes Wassermolekül beim Übertritt in die Membran im Durchschnitt drei bis vier Wasserstoffbrückenbindungen (S. 57) zu benachbarten Wassermolekülen gebrochen werden. Dennoch permeiert Wasser durch biologische Membranen mit außerordentlicher Geschwindigkeit. Dies ist wahrscheinlich durch die Existenz wassergefüllter Poren der richtigen Größe (s. unten) bedingt.

Osmose. Befinden sich zu beiden Seiten einer selektiv permeablen Membran Lösungen unterschiedlicher Konzentration, dann strömt Wasser vom Kompartiment mit der höheren in das mit der niedrigeren Wasserkonzentration. Dies hat man sich so vorzustellen, daß die Beweglichkeit der Wassermoleküle durch die gelösten Stoffe behindert wird und somit ein Druckgradient zwischen den verschieden konzentrierten Lösungen entsteht. Letztlich ist die *Potentialdifferenz* des Wassers die Triebkraft des osmotischen Flusses durch eine selektiv permeable Membran. Der osmotische Fluß J_w (mol · cm^{-2} · s^{-1}) von einer verdünnteren in eine konzentriertere Lösung muß also von der Differenz des Wasserpotentials in den Kompartimenten zu beiden Seiten der Membran sowie von einem *osmotischen Koeffizienten* L_p abhängen. Da das Wasserpotential einer Lösung nach Gleichung (1.3) bestimmt ist, ergibt sich daraus Gleichung (1.16).

Wasser wird solange in das Kompartiment mit der konzentrierteren Lösung strömen, bis die Potentialdifferenz des Wassers verschwunden ist, d. h. bis sich die Konzentrationen der beiden Lösungen gleichen, oder aber, bis ein hydraulischer Gegendruck den weiteren Wassereinstrom verhindert. Dieser Gegendruck kommt vor allem durch die begrenzte Dehnbarkeit von Zellwänden zustande und ist damit die Ursache des *Turgors* pflanzlicher, aber auch tierischer Zellen. Im Sättigungszustand ist das osmotische Potential (Ψ_π) dann gleich dem hydrostatischen Druck (Turgordruck: Druckpotential) Ψ_p, also $\Psi_p = -\Psi_\pi$. Eine Differenz im osmotischen Potential $\Delta\Psi_\pi$ erzeugt einen ebenso starken Wasserstrom wie ein gleich großer hydrostatischer Druckunterschied $\Delta\Psi_p$. Der Begriff »gleich groß« läßt sich veranschaulichen, wenn man annimmt, in einem osmotischen System (etwa in der Pfefferschen Zelle, Abb. 1.48) würde der Wasserstrom von c_1 nach c_2 durch einen Kolben verhindert werden, der – mit einer bestimmten Kraft niedergedrückt – einen von c_2 nach c_1 gerichteten Gegendruck erzeugt. Bringt man die Differenz im osmotischen Potential plötzlich zum Verschwinden, dann wird Wasser aufgrund des anhaltenden hydrostatischen Druckgefälles von c_2 nach c_1 fließen. Umgekehrt wird ebenso viel Wasser in der Zeiteinheit von c_1 nach c_2 fließen, wenn bei aufrechterhaltenem osmotischen Gefälle der Kolben plötzlich entfernt wird. Osmotischer und hydrostatischer Druck sind somit äquivalent; der *osmotische Koeffizient* L_p wird auch manchmal *hydraulischer Koeffizient* genannt. [Von dieser Beziehung leitet sich auch die Berechtigung ab, vom »osmotischen Druck« einer Lösung oder einer Zelle (S. 53) zu sprechen, deren Zellsaft ja keinen sichtbaren Druck auszuüben scheint.] L_p hat wie der Permeabilitätskoeffizient P die Dimension einer Geschwindigkeit und ist in den meisten Zellen zwischen 1,5- und 6mal so groß wie dieser. Daraus folgt, daß der osmotische (oder hydrostatische) Wasserfluß durch

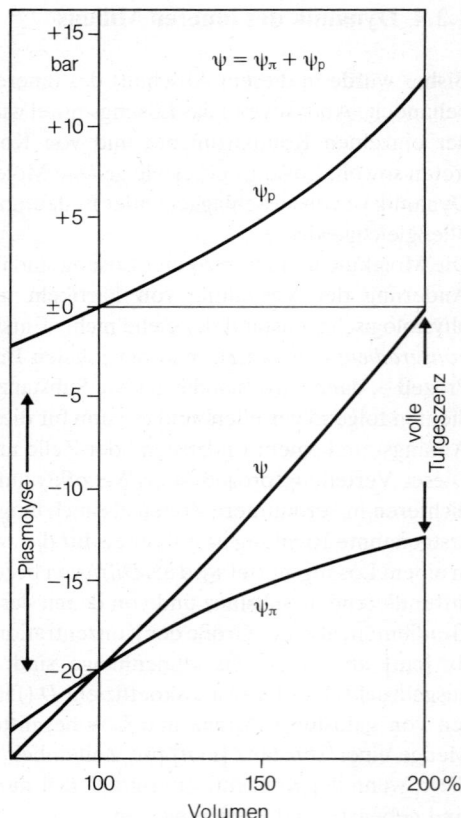

Abb. 1.50. Änderung der osmotischen Zustandsgrößen bei der osmotischen Wasseraufnahme und -abgabe. (Nach Libbert)

(1.16)

$$J_w = L_p \, R \, T (c_2 - c_1)$$

Tabelle 1.16. Permeabilität *(P)* und osmotischer Druck *(L_p)* in einigen tierischen Zellen

	P	L_p	L_p/P	Poren-radius
	[cm · s^{-1} · 10^4]			[nm]
Amöbe	0,23	0,37	1,61	0,21
Froschei (aus der Bauchhöhle)	0,75	1,30	1,74	0,28
Erythrocyten (Mensch)	41	116	2,9	0,41
Krötenblase	0,95	4,1	4,3	0,85

eine semipermeable Membran 1,5–6mal schneller verläuft als die Permeation von Wasser unter den gleichen Bedingungen. Die Permeation hängt nämlich nur von der Beweglichkeit der Wassermoleküle im Wasser und in der Membran ab, während hinter dem osmotischen Fluß die Schubkraft der in Richtung auf die Lösung mit der geringeren *Wasserkonzentration* nachdrängenden Wassermoleküle steht, die einen Massenfluß (laminaren Fluß) auslöst.

In Tabelle 1.16 sind einige Werte für P und L_p angegeben. Aus diesen beiden Größen läßt sich der mittlere Radius der für den Wasserfluß verantwortlichen Poren in der jeweiligen Membran errechnen.

Es sei aber betont, daß auch noch ganz andere, stark abweichende Werte gefunden wurden, so etwa ein L_p/P von 70 und ein Porenradius von 3,0 nm für Froscheier aus dem Ovar. Offenbar dürfte selbst für ein und dieselbe Zelle die Wasserdurchlässigkeit kaum eine konstante Größe sein.

Für die Beurteilung des Wasserzustandes einer Zelle ist die Wasserpotentialgleichung (1.17) aufschlußreich. Das Wasserpotential Ψ ist der Druck, mit dem die Vakuole Wasser an reines Wasser ($\Psi = 0$) abgibt. Da sie aber normalerweise Wasser aus der Umgebung aufnimmt, ist Ψ negativ. Ψ_π ist ebenfalls stets negativ, Ψ_p in der Regel positiv. Das Druckpotential Ψ_p, auch als Turgordruck p bezeichnet, dehnt die Zellwand elastisch, bis der Gegendruck der gedehnten Zellwand (Wanddruck w) den Turgordruck voll kompensiert ($\Psi_p = p = w$; Abb. 1.50). Befindet sich eine Zelle im Gewebeverband, dann muß auch dessen Gegendruck (a) berücksichtigt werden, wodurch das Druckpotential weiter erhöht wird (Gl. 1.18).

Ist die Zelle voll turgeszent, dann ist $\Psi_p = -\Psi_\pi$ und damit $\Psi = 0$: Die Zelle kann osmotisch kein Wasser aufnehmen. Umgekehrt steht bei völliger Erschlaffung (»Welken« bei Pflanzen) ($\Psi_p = 0$) der gesamte Wert von Ψ_π für Ψ zur Verfügung: $\Psi = \Psi_\pi$ (Abb. 1.50). Ψ_π wird bei zunehmender Wasseraufnahme weniger negativ (falls es nicht durch Osmoregulation, z.B. Ab- und Aufbau von Polysacchariden, konstant gehalten wird). Wird einer von einem Saccoderm (S. 20) umgebenen Zelle durch ein *hypertonisches* Medium (Ψ_π des umgebenden Mediums negativer als Ψ der Zelle) auch nach völligem Erschlaffen ($\Psi_p = 0$) noch weiter Wasser entzogen, dann löst sich der Protoplast von der Zellwand, wobei die hypertonische Lösung zwischen Protoplast und Zellwand eindringt: *Plasmolyse* (Abb. 1.51). Plasmolysierbar sind nur lebende Zellen, da nur sie selektiv permeable Membranen besitzen. Wird das hypertonische Außenmedium durch ein *hypotonisches* ersetzt (Ψ_π der umgebenden Lösung weniger negativ als das Wasserpotential Ψ der Zelle), dann ist die Plasmolyse wieder rückgängig zu machen: *Deplasmolyse*. Diese Vorgänge können wiederholt ablaufen. Mittels der Plasmolyse kann das osmotische Potential Ψ_π des Zellsaftes bestimmt werden, indem die Konzentration der Außenlösung ermittelt wird, die gerade noch Plasmolyse herbeiführt *(Grenzplasmolyse)*. Da die Dimension der chemischen Potentiale kJ·mol^{-1} ist, die Wasserpotentialdifferenz aber der Anschaulichkeit halber in Einheiten des Druckes (N·m^{-2} = J·m^{-3}) angegeben werden soll, dividiert man die Wasserpotentialdifferenz durch das partielle Molvolumen des Wassers V_w, das als konstant angesehen werden kann (18 ml·mol^{-1}). Dann gilt Gleichung (1.19). Als Einheit der Saugspannung wird meist bar (= 0,987 atm = 10^5 J·m^{-3} = 100 kJ·m^{-3}) verwendet. Wasserbewegung erfolgt nur beim Bestehen von Wasserpotentialdifferenzen.

(1.17) *Wasserpotentialgleichung:*

$(-)\,\Psi_w \quad = \quad (-)\,\Psi_\pi \quad + \quad (+)\,\Psi_p$

Wasserpotential — osmotisches Potential — Turgordruckpotential

(1.18)
$$\Psi_p = w + a$$

(1.19)
$$\Psi_w \equiv \frac{\mu_w - \mu_{w,o}}{V_w}$$

(1.19a)
$$P\,\mathrm{cm\cdot s^{-1}} \equiv \frac{D\,\mathrm{cm^2\cdot s^{-1}}}{5\,\mathrm{nm}} \equiv D\,\mathrm{cm^2\cdot s^{-1}} \cdot 2\cdot 10^6 \mathrm{cm^{-1}}$$

(1.19b)
$$D\,\mathrm{cm^2\cdot s^{-1}} \equiv P\,\mathrm{cm\cdot s^{-1}} \cdot 5\cdot 10^{-7}\,\mathrm{cm}$$

Die Wasserpotentialdifferenz entspricht hier der Differenz zwischen dem chemischen Potential des Wassers am betrachteten Ort (z.B. in der Vakuole) μ_w und dem des reinen Wassers unter Atmosphärendruck $\mu_{w,o}$ das konventionsgemäß gleich 0 gesetzt wird.

1.3.4.2 Quellung

Unter Quellung versteht man die Flüssigkeits- oder Dampfaufnahme eines Quellkörpers (meist eines hochmolekularen Systems) unter Volumenvergrößerung. Sie geht einmal auf die Wasseranlagerung an hydrophile Gruppen der Moleküle (Hydratation) und zum anderen auf Capillareffekte (z.B. Wassereinlagerung in die Interfibrillar- und Intermicellarräume der Zellwand) zurück. Vor allem in vakuolenfreien oder -armen Zellen (z. B. von Samen) erfolgt ein Großteil der Wasseraufnahme auf dem Wege der Quellung (S. 327f.).

Thermodynamisch ist die Quellung weitgehend mit der Osmose in Parallele zu setzen, wenn es sich auch um verschiedene Vorgänge handelt (z. B. benötigt die Quellung keine selektiv permeablen Membranen, also keine lebenden Zellen). In Gleichung (1.20) ist Ψ_w wieder die Wasserpotentialdifferenz, hier zwischen der Außenlösung und dem Quellkörper; Ψ_τ ist das Matrixpotential, das in erster Näherung dem Druck gleichzusetzen ist, den der trockene Quellkörper entwickeln kann – er kann mehrere hundert bar betragen – und Ψ_p ist das Druckpotential (äquivalent dem Wanddruck), das im Falle einer von einer Zellwand umgebenen Zelle einer weiteren Wasseraufnahme in den Protoplasten durch Quellung genauso entgegensteht, wie der durch Osmose bewirkten.

Osmotisch bestimmte Wasserpotentiale (z. B. in der Vakuole, aber zum Teil auch im Protoplasma) stehen mit quellungsbestimmten (z. B. überwiegend im Protoplasma oder in der Zellwand) in der Zelle im Gleichgewicht. Jede Veränderung in einem System (z. B. eine Entquellung der Zellwand), teilt sich sofort dem Rest des Systems mit.

(1.20)
$$(-) \Psi_w = (-) \Psi_\tau + (+) \Psi_p$$

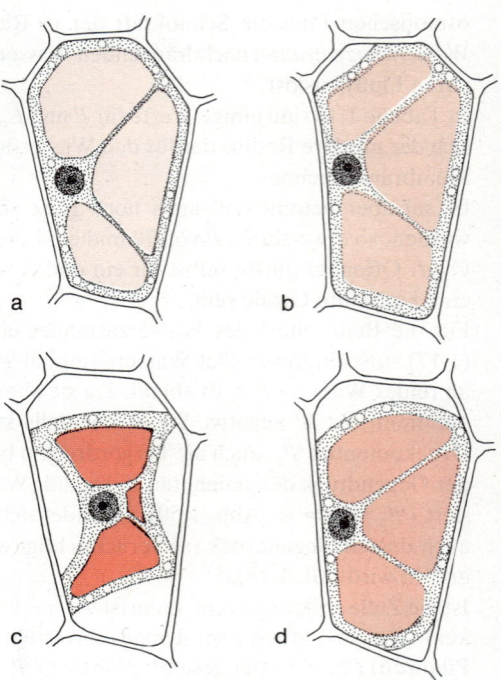

Abb. 1.51a–d. *Epidermiszellen eines Blattes von Rhoeo discolor. Der Zellsaft ist durch Anthocyane rotviolett gefärbt. (a) Zustand in Wasser. (b, c) Plasmolyse in 0,5 mol $KNO_3 \cdot l^{-1}$. (d) Deplasmolyse nach Rückübertragung in Wasser. (In Anlehnung an Schumacher, aus Mohr)*

1.4 Energie- und Stoffwechsel

In jeder Zelle laufen Hunderte bis zu einigen Tausend verschiedene Reaktionen ab. Die Muster, zu denen sich diese Reaktionen zusammensetzen, werden durch Regeln bestimmt, die im Bauplan der Zelle begründet sind und sich deshalb nur als das Ergebnis der biologischen Evolution verstehen lassen. Jede einzelne Reaktion ist aber auch allgemeinen physikochemischen Gesetzen unterworfen. Richtung und Energiebilanz einer chemischen Reaktion lassen sich aus Gesetzen der *Thermodynamik* oder *Energetik* ableiten; der eigentliche Reaktionsverlauf und der Reaktionsmechanismus werden mit den Begriffen der *Kinetik* diskutiert.

1.4.1 Energetik

Der Typus einer Stoffwechselreaktion: Fließgleichgewicht in einem offenen System

Fast alle Einführungen in die Energetik biochemischer Prozesse beginnen damit, daß die Antriebskraft einer Reaktion mit den Begriffen der reversiblen oder »Gleichgewichtsthermodynamik« definiert wird. Entscheidende Größe ist hierbei die arbeitsfähige Energie G (als *freie Energie, freie Enthalpie* oder *Gibbssche Energie* bezeichnet), deren Menge aus den Veränderungen der inneren Energie (ΔU), Entropie (ΔS) sowie aus der Ausdehnungsarbeit ($P \cdot \Delta V$) im Verlauf der betrachteten Reaktion abgeleitet wird. Die im Reaktionsverlauf »frei« werdende Energie ergibt sich somit als die Differenz (ΔG) zwischen dem Energiezustand des Anfangs- und des Endzustandes. Der Verlauf der Reaktion wird dabei so geschildert, als ob sich diese – etwa eine einfache Isomerisierungs- (= Umlagerungs-)reaktion A → B – von einem Zustand mit dem Massenwirkungsverhältnis B/A = Q auf das Gleichgewicht der Reaktion: B/A = K zubewegen und dann zum Stillstand kommen würde. Diese Betrachtungsweise basiert auf dem Konzept des *geschlossenen Systems*, das mit der Umwelt zwar Energie (in der Form von Wärme und Arbeit), aber keine Stoffe austauschen kann.

Nun lassen sich die thermodynamischen Bedingungen biochemischer Prozesse auch aus diesem Ansatz entwickeln, aber da sich Lebensprozesse nur in *offenen* Systemen abspielen

(1.21)
$$G = \Sigma \mu_i \cdot n_i$$
Dimension: Joule

(1.22)
Zustand des Systems:
$$G = \mu_A \cdot n_A + \mu_B \cdot n_B$$

(1.23)
Reaktion *im* System:
$$\Delta G = \mu_A \cdot n_A - \mu_B \cdot n_B$$

(1.24)
$$\mu_A \cdot \dot n_A + \mu_B \cdot \dot n_B = \text{konstant}$$

(1.25)
$$\frac{\Delta G}{\Delta t} = \dot G = \text{konstant}$$

(1.26)
$$\frac{\Delta G}{\Delta t} = -\frac{T \cdot \Delta_i S}{\Delta t}$$

(1.27)
$$\frac{[B]}{[A]} = Q$$

(1.28)
$$\frac{[B]_{equ}}{[A]_{equ}} = K$$

(1.29)
$$\frac{[B]_{equ}^{\nu_B}}{[A]_{equ}^{\nu_A}} = K$$

und in derartigen Systemen chemische Potentiale meist nicht *entladen* sondern *aufrechterhalten* werden, sollte man die Energetik biochemischer Prozesse von Anfang an aus den für offene Systeme gültigen Prinzipien ableiten.

Betrachten wir etwa eine Reaktion A → B in einem offenen System, in dem – wie in Lebewesen – konstante Temperatur (T) und konstantem Druck (P) herrschen: Die Reaktion soll *spontan*, d.h. ohne weitere Energiezufuhr von außen ablaufen, was voraussetzt, daß das chemische Potential des Stoffes A größer ist als das chemische Potential des Stoffes B. Das *chemische Potential* (μ) ist ein Maß für die Fähigkeit eines Stoffes, chemische Arbeit zu verrichten und hat die Dimension $J \cdot mol^{-1}$. Es handelt sich hier also um eine *intensive* Größe, deren jeweiliger Wert von den Eigenschaften des chemischen Stoffes im System abhängt.

Der *Energiegehalt* eines chemischen Systems sei als die Summe der Produkte aus den chemischen Potentialen aller Stoffe (μ_i) und deren molaren Mengen (n_i) definiert. Für diese Energieform verwenden wir die Bezeichnung *freie* oder *Gibbssche Energie* (nach dem amerikanischen Physikochemiker Josiah Willard Gibbs, Gl. 1.21).

Für unseren speziellen Fall gelten Gleichungen (1.22) und (1.23). ΔG entspricht der maximalen Arbeit, die der Reaktion entnommen werden kann. Da die Reaktion spontan abläuft, nennen wir sie *exergon* und führen die Konvention $\Delta G < 0$ ein. Eine Reaktion, die der Zufuhr von Energie bedarf, um ablaufen zu können, heißt *endergon* ($\Delta G > 0$). Im offenen System wird ein durch Gleichungen (1.24) und (1.25) beschriebener Zustand aufrechterhalten, indem Substrat A und Produkt B mit jeweils gleicher Geschwindigkeit zwischen Umgebung und System ausgetauscht werden. Das heißt, eine bestimmte Menge A fließt pro Zeiteinheit aus der Umgebung in das System hinein, eine ebenso große Menge B aus dem System hinaus. Die Tatsache des Flusses wird durch einen Punkt über dem jeweiligen Symbol, also $\dot{n}_A$ und $\dot{n}_B$, zum Ausdruck gebracht. Um den Bedingungen der Temperatur- und Druckkonstanz zu genügen, muß auch die frei werdende Gibbssche Energie entweder in Arbeit verwandelt werden oder mit konstanter Geschwindigkeit aus dem System abfließen ($\frac{\Delta G}{\Delta t}$ oder $\dot{G}$ mit der Dimension Energie $\cdot$ Zeit^{-1}) (Abb. 1.52a). Falls kein Mechanismus für die Übertragung der Gibbsschen Energie zur Verfügung steht, wird durch sie die Entropie der Umgebung erhöht und zwar nach Gleichung (1.26), wobei $\Delta_i S$ andeutet, daß es sich hier um die im *Inneren* des Systems produzierte Entropie handelt. Die sogenannte *Dissipationsfunktion* $\frac{T \cdot \Delta_i S}{\Delta t}$ enthält nicht nur (kalorimetrisch faßbare) Wärmeflüsse, sondern auch die (kalorimetrisch nicht erfaßbaren) Flüsse »abgewerteter« Stoffe; sie repräsentiert somit die Gesamtmenge an nicht mehr arbeitsfähiger Energie, die ein offenes System pro Zeiteinheit mit der Umgebung austauscht.

Gleichungen (1.24–1.26) beschreiben einen Zustand, bei dem sich im ständigen Fluß der Stoffe und Energien die Eigenschaften eines Systems (z.B. Konzentrationen und Mengen) konstant erhalten. Wir sprechen demgemäß von einem *Fließgleichgewichtszustand* (= dynamischer Zustand, steady state).

Die Triebkraft einer biochemischen Reaktion

Die Arbeitsfähigkeit (ΔG) einer Reaktion hängt nicht nur vom Massenwirkungsverhältnis (Gl. 1.27) ab, sondern auch vom Abstand des durch Q beschriebenen Zustandes vom Gleichgewichtszustand K (Gl. 1.28). Um diesen Fall verallgemeinern zu können, muß auch der *stöchiometrische Koeffizient* ν_i berücksichtigt werden, der die quantitative Beziehung zwischen den Reaktanten und Produkten definiert. So würde etwa für den Abbau von 1 mol Glucose zu 2 mol Milchsäure Gleichung (1.29) gelten, wobei $\nu_A = 1$ und

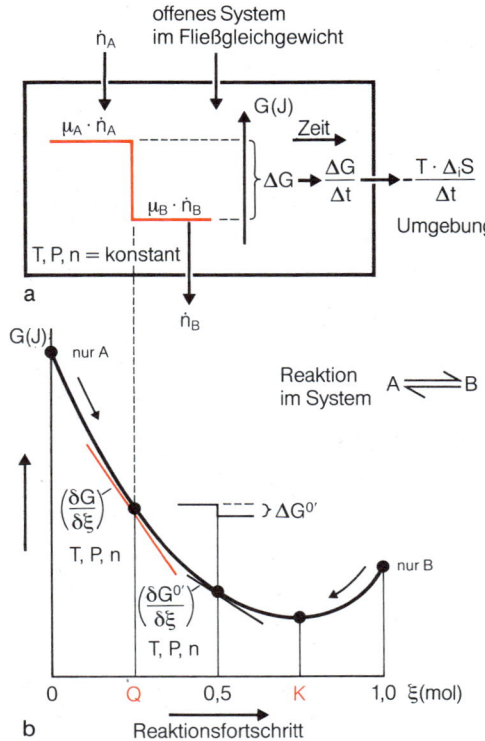

Abb. 1.52. (a) *Ein offenes System, in dem sich die spontane Reaktion A → B im Fließgleichgewicht erhält. Die im Verlauf der Reaktion frei werdende Gibbssche Energie ΔG bleibt konstant, da das verbrauchte A aus der Umgebung mit derselben Geschwindigkeit nachgeschafft wie das entstehende B abgeführt wird ($\dot{n}_A = \dot{n}_B$). Findet keine Koppelung mit einem endergonen Prozeß statt, dann wird die Energiedifferenz ΔG als Wärmemenge $T \cdot \Delta_i S$ mit der Umgebung ausgetauscht und erhöht deren Entropie um diesen Betrag. (b) Das Energieprofil der Reaktion A ⇌ B, die entweder mit 100% A oder mit 100% B beginnen kann und in einem geschlossenen System (also ohne Nachschub von A oder B) in Richtung auf das thermodynamische Gleichgewicht $\frac{[B]}{[A]} = K$ abläuft. Die molare Reaktionsenergie oder Affinität $\frac{\delta G}{\delta \xi}$, nimmt mit dem Reaktionsfortschritt in Richtung auf das Gleichgewicht ab. Für das im Fließgleichgewichtszustand des offenen Systems (oben) aufrechterhaltene Verhältnis $\frac{[B]}{[A]}$ ist die Affinität durch die Steigung der Tangente im Punkt Q angegeben. Ebenso ist die Affinität für das Verhältnis $\frac{[B]}{[A]} = 1$ angegeben, für das die Standardbedingung $\Delta G^{0'} = -RT \ln K$ gilt*

$\nu_B = 2$. Für die Ableitung thermodynamischer Begriffe wollen wir jedoch einen stöchiometrischen Koeffizienten von durchgehend 1 annehmen.

Je größer der Abstand zwischen Q und K, desto größer ist die Arbeitsfähigkeit der Reaktion im Punkt Q. Schließen wir das System, so daß wohl noch Energie, nicht aber Stoffe mit der Umgebung ausgetauscht werden können, dann läuft die Reaktion so lange ab, bis der Gleichgewichtszustand erreicht ist, für den $\Delta G = 0$ gilt. Daraus ergibt sich ein funktioneller Zusammenhang zwischen dem Voranschreiten der Reaktion und dem Energiegehalt des Systems, wie dies in Abbildung 1.52b qualitativ dargestellt ist. Der Reaktionsfortschritt (auch »Reaktionslaufzahl« genannt) läßt sich als die molare Menge ξ (Xi) oder als die Molfraktion (x) eines Stoffes, z. B. ξ_B oder $x_B = \dfrac{B}{A+B}$, definieren. Ein Punkt Q auf jener Kurve, die den Energiegehalt des Systems (in J) mit dem Reaktionsfortschritt (in mol) verknüpft, entspricht einem spezifischen molaren Verhältnis der Reaktionspartner, und diesem Verhältnis ist im Fließgleichgewichtszustand des offenen Systems eine spezifische Energiedifferenz ΔG zugeordnet. Dies ist in Abbildung 1.52a und b für den Punkt $\dfrac{[B]}{[A]} = Q$ angedeutet. Legen wir in diesem Punkt eine Tangente an die Reaktionskurve, dann entspricht deren Steigung dem partiellen Differential $\dfrac{\delta G}{\delta \xi}$, also der Änderung der Gibbsschen Energie an einem bestimmten Punkt des Reaktionsverlaufs. Dieses Differential wird bei konstantem Druck sowie konstanten Konzentrationen aller Stoffe außer den Reaktionspartnern als die *Affinität* der Reaktion (Gl. 1.30) bezeichnet. Es ist wichtig zu betonen, daß es sich hier um eine *intensive* Größe mit der Dimension $J \cdot mol^{-1}$ handelt, die ein Maß für die *Triebkraft* der jeweiligen Reaktion darstellt. Durch Multiplikation mit ξ (mol) kann die Affinität ($J \cdot mol^{-1}$) in die Gibbssche Energie des Systems (J) verwandelt werden (Gl. 1.31).

ΔG entspricht jener Menge an arbeitsfähiger Energie, die dem System bei konstanter Temperatur und konstantem Druck entnommen werden kann, wenn im Fließgleichgewichtszustand eine bestimmte Menge A in eine bestimmte Menge B verwandelt wird. Meist werden sowohl die extensive Größe ΔG (J) wie die intensive Größe $\Delta G/\Delta \xi$ ($J \cdot mol^{-1}$) als Gibbssche (oder freie) Energie bezeichnet. Dies ist ein Mißstand, der vermieden werden sollte. Während ΔG ein Maß für die Veränderung des *Gehaltes eines Systems* an arbeitsfähiger Energie darstellt, repräsentiert $\Delta G/\Delta \xi$ ein *Reaktionspotential*. Die Verwendung spezifischer Symbole zur Unterscheidung zwischen diesen beiden Größen hat sich jedoch in der Biochemie und Biologie noch nicht durchgesetzt und so wird auch in diesem Lehrbuch weiterhin das Symbol ΔG für eine Größe verwendet werden, deren Dimension $J \cdot mol^{-1}$ ist, die also, streng genommen, durch ein eigenes Symbol gekennzeichnet werden sollte. Als ein solches findet sich in der physikochemischen Literatur das schon erwähnte A (für »Affinität«) oder $\Delta \zeta G$ (für »molare Gibbssche Reaktionsenergie«).

Ableitung der Reaktionsenergie aus der chemischen Arbeit

Um ein System aus einem Zustand mit der Konzentration c_1 (z. B. dem Gleichgewicht K) in einen Zustand mit der Konzentration c_2 (z. B. dem Massenverhältnis Q) zu überführen, muß Arbeit zugeführt werden. Für ideale Systeme lassen sich Konzentrationsarbeiten dieser Art nach klassischen physikochemischen Grundsätzen gemäß Gleichung (1.32) definieren: Für eine exergone Reaktion, deren *Arbeitsfähigkeit* davon abhängt, wie weit die tatsächlichen Massenverhältnisse vom thermodynamischen Gleichgewicht entfernt sind, gilt entsprechend Gleichung (1.33). Befindet sich die Reaktion in einem offenen System im Fließgleichgewicht, wie dies Abbildung 1.52a für die Reaktion A ⇌ B andeutet, dann können ihr also rund 5,7 kJ pro mol umgesetzter Stoffe entnommen werden.

Intensive und extensive Größen

Jede Energieform setzt sich aus einer *intensiven* und einer *extensiven* Größe zusammen. Für jene gilt, daß sie ein charakteristisches Merkmal der betrachteten Energiequelle, unabhängig von deren Kapazität, ist; für diese, daß sich in ihr Kapazität der Energiequelle spiegelt. So wird etwa die mechanische Leistung eines Wasserkraftwerkes zum einen von der Höhendifferenz zwischen Stausee und Turbine, zum anderen von der Wassermenge bestimmt, die pro Zeiteinheit durch die Rohrleitung fließt. Jene ist (sehen wir von Wasserstandsschwankungen ab) gegenüber äußeren Einflüssen invariant, diese jedoch nicht (da sie z. B. durch das Öffnen und Schließen einer Schleuse vergrößert oder verringert werden kann).
Als weitere Beispiele für dieses Prinzip seien genannt:

	intensive Größe	extensive Größe
chemische Energie	chemisches Potential (μ)	Stoffmenge (n)
elektrische Energie	Spannung (e)	Ladung (q)
Ausdehnungsarbeit	Druck (P)	Volumen (V)
Wärmeenergie	Temperatur (T)	Entropie (S)

(1.30)
$$\left(\frac{\delta G}{\delta \xi}\right)_{T,P,n} = A$$

(1.31)
$$\Delta G = \xi \cdot \left(\frac{\delta G}{\delta \xi}\right)_{T,P,n}$$

(1.32)
$$W = n \cdot R \cdot T \cdot \ln C_1/C_2$$

In Worten: Die Arbeit (W), die benötigt wird, um eine bestimmte Menge von Stoffen (n in mol) über eine Konzentrationsdifferenz $C_1 - C_2$ zu bewegen (bzw. die aus dieser Differenz gewonnen werden kann), ist dem natürlichen Logarithmus des Quotienten der beiden Konzentrationen proportional und erhält durch Multiplikation mit dem Faktor $R \cdot T$ die Dimension Joule. (R ist die Gaskonstante 8,31 $J \cdot K^{-1} \cdot mol^{-1}$, T die absolute Temperatur in Kelvin.)

(1.33)
$$\Delta G = -R \cdot T \cdot \ln K/Q \quad (J \cdot mol^{-1})$$

Sind die zellulären Konzentrationen um eine Zehnerpotenz vom Gleichgewichtszustand entfernt, dann errechnet sich für 25°C (= 298 K) und dekadische Logarithmen

$$\Delta G = -2,3 \cdot 8,31 \cdot 298 \cdot \log 10$$
$$= -5,69 \; (kJ \cdot mol^{-1})$$

Stellen wir uns nun vor, die Reaktion würde so ablaufen, daß sämtliche Reaktionspartner in 1-molaren Konzentrationen vorliegen, dann folgen Gleichungen (1.34) und (1.35). Gleichung 1.35 erlaubt es, die Gleichgewichtskonstante einer Reaktion aus der Gibbsschen Reaktionsenergie unter Standardbedingungen zu errechnen, und umgekehrt. Außerdem macht die Beziehung deutlich, daß im Fall der Koppelung einer exergonen mit einer endergonen Reaktion das Verhältnis $\Delta G_o'{}_{endergon}/\Delta G_o'{}_{exergon}$ nur ein Ausdruck für das Verhältnis der *Gleichgewichtskonstanten* dieser beiden Reaktionen ist, also kein Maß für die *Effizienz* der Energieübertragung sein kann – wie dies oft behauptet wird.

Durch Einsetzen von Gleichung (1.35) in Gleichung (1.34) ergibt sich Gleichung (1.36), aus deren Formulierung ersichtlich wird, daß die Arbeitsfähigkeit einer Reaktion, ausgedrückt durch ΔG, *erstens* vom tatsächlichen Massenverhältnis Q, *zweitens* von einer reaktionsspezifischen Konstante, der Energiedifferenz unter Standardbedingungen $\Delta G_o'$, bestimmt wird.

(1.34)
$$\Delta G = -(R \cdot T \cdot \ln K - R \cdot T \cdot \ln 1)$$
und
(1.35)
$$\Delta G_0' = -R \cdot T \cdot \ln K$$

Die Abkürzung $\Delta G_0'$ ist für *physiologische Standardbedingungen* (alle Reaktionspartner 1-molar, pH = 7,0) gebräuchlich.

(1.36)
$$\Delta G = \Delta G_0' + R \cdot T \cdot \ln Q \quad (J \cdot mol^{-1})$$

Enthalpie und Entropie als Komponenten der Arbeitsfähigkeit einer Reaktion

Die einzige thermodynamische Zustandsgröße, die wir bisher in Betracht gezogen haben, war die freie, arbeitsfähige oder *Gibbssche Energie G,* denn diese ist es, die den Biochemiker interessiert, wenn er etwa die Rolle einer Reaktion bei der Übertragung von chemischer Energie im Zellstoffwechsel abschätzen möchte. Die Gibbssche Energie ist aber nur ein Teil der thermodynamischen Logik, und auch andere Aspekte dieser Logik sind für ein Verständnis der Energetik biochemischer Prozesse von Wichtigkeit.

Die Energieänderungen eines offenen Systems, in dem eine chemische Reaktion von der Form A ⇌ B bei konstantem Druck und konstanter Temperatur abläuft, lassen sich auf einer mittleren Ebene der Abstraktion (rigorose Ableitungen sind physikalisch-chemischen Lehrbüchern zu entnehmen) durch die Beziehung in Gleichung (1.37) beschreiben. Da die Ausdehnungs- oder Volumenarbeit für die Diskussion chemischer Energietransformationen nicht weiter von Belang ist, wird sie der inneren Energie zugeschlagen und die Summe als *Enthalpie* (*H*), die entsprechende Differenz als *Enthalpiedifferenz* (ΔH) bezeichnet (Gl. 1.38a).

Die Energiedifferenz zwischen dem Anfangs- und Endzustand setzt sich somit aus verschiedenen Anteilen von arbeitsfähiger und gebundener Energie zusammen.

Die *Gibbssche Energie* enthält – wie schon Gleichung (1.37) andeutet – die chemischen Potentiale (μ) und molaren Mengen (n) aller an der Reaktion beteiligten Stoffe. Das *chemische Potential* eines Stoffes ist, bei gegebener Temperatur und gegebenem Druck, das Resultat der Bindungskräfte, die seine Teile zusammenhalten. Je stärker diese Kräfte, desto stabiler und energie*ärmer* ist der Stoff; je schwächer die Kräfte, desto instabiler und energie*reicher* ist er.

Die *gebundene Energie* ist das Produkt aus der absoluten Temperatur *T* (der intensiven Größe) und der *Entropie S* (der extensiven Größe). Die Entropie eines Stoffes hängt von der Anzahl der Energiezustände ab, die dieser Stoff in einem Reaktionssystem einnehmen kann (wobei der Beziehung zum Reaktionsmilieu, vor allem zum Lösungsmittel, entscheidende Bedeutung zukommt). So nimmt die Entropie mit der Temperatur *zu,* denn je höher diese ist, desto breiter ist das Spektrum der Energieverteilung im System. Ebenso besitzt ein *großes* Molekül im allgemeinen eine geringere Entropie als die vielen *kleinen* Moleküle, in die es unter Umständen zerfällt, denn diese haben mehr Freiheitsgrade der Bewegung und sind dementsprechend ungeordneter in ihrer Verteilung als jenes. Stellen wir uns nun vor, in einem System läuft eine exergone Reaktion ab: Gleichung (1.38a) beschreibt die Energiebilanz dieser Reaktion unter den jeweils herrschenden Systembedingungen, aber der *Weg,* den die Reaktion einschlagen wird, ist durch diese Gleichung nicht spezifiziert. Das für den Zellstoffwechsel entscheidende Kriterium ist, ob und in welchem Ausmaß die *ex*ergone Reaktion mit einer *end*ergonen Reaktion gekoppelt ist und es damit zu einer Realisierung ihrer Arbeitsfähigkeit kommt. Für die thermodyna-

(1.37)
$$\Delta U = T \cdot \Delta S - P \cdot \Delta V + (\mu_A \cdot n_A - \mu_B \cdot n_B)$$

| Differenz der inneren Energie | Differenz der gebundenen Energie | Ausdehnungsarbeit | Differenz der Gibbsschen Energie |

(1.38a)
$$\Delta H = T \cdot \Delta S + \Delta G$$

sche Betrachtung genügt es zunächst, zwei extreme Möglichkeiten des Verlaufs einer *exothermen* Reaktion ($\Delta H < 0$) ins Auge zu fassen:

(1) Der voll reversible Weg:

$$\Delta H = \underbrace{\Delta G}_{\text{Gibbssche Energie zur Gänze in Arbeit verwandelt}} + \underbrace{T \cdot \Delta S}_{\text{gebundene Energie als Wärme mit der Umgebung ausgetauscht}}$$

(2) Der voll irreversible Weg:

$$\Delta H = \underbrace{\Delta G + T \cdot \Delta S}_{\text{gesamte Enthalpiedifferenz als Wärme mit der Umgebung ausgetauscht}}$$

Im voll reversiblen Fall wird die gesamte Gibbssche Energie als Arbeit gespeichert und kann wiedergewonnen werden. Definieren wir für diese Bedingung das Ausmaß der arbeitsfähigen Energie, dann folgt Gleichung (1.38b).

Die Arbeitsfähigkeit dieser Reaktion kann größer sein als der Enthalpiedifferenz ΔH entspricht, denn wenn die Entropie im Reaktionsverlauf zunimmt, dann ist $T \cdot \Delta S$ positiv und die Reaktion stärker ex*ergon* als exo*therm*. Realisieren läßt sich dieses Arbeitspotential jedoch nur unter den erwähnten Bedingungen der vollen Reversibilität, wenn die *treibende exergone* Reaktion mit einer *angetriebenen endergonen* Reaktion im thermodynamischen Gleichgewicht steht. Jener Betrag der Gibbsschen Energie, der über die Enthalpiedifferenz hinausgeht, muß in so einem Fall durch eine Energie»anleihe« aus der Umwelt gedeckt werden. Je nachdem wie groß der Beitrag der gebundenen Energie $T \cdot \Delta S$ zur Gibbsschen Energie ΔG ist, können wir von mehr oder weniger entropiegetriebenen Reaktionen sprechen. So ist etwa die Milchsäuregärung (1 Glucose → 2 Lactat + 2 H$^+$) wesentlich stärker entropiegetrieben als der oxidative Glucose-Katabolismus (1 Glucose + 6 O$_2$ → 6 CO$_2$ + 6 H$_2$O). Wird in einem offenen System unter physiologischen Bedingungen, d.h. mit natürlichen Konzentrationen von Substraten, mit natürlichen Puffern und bei einer Temperatur von 25°C, 1 mol Glucose umgesetzt, dann lassen sich Energiebilanzen mit folgenden Werten (kJ) aufstellen:

	ΔG	ΔH	$T \cdot \Delta S$	$\dfrac{|T \cdot \Delta S|}{\Delta G} \cdot 100$
aerob:	− 2903	− 2864	+ 39	1,3
anaerob:	− 208	− 160	+ 48	23,1

Das heißt, würde die *gesamte* Differenz an Gibbsscher Energie in Arbeit transformiert werden, dann müßten im aeroben Teil 1,3%, im anaeroben Fall jedoch 23,1% des Arbeitsaufwandes durch Energieimport aus der Umgebung kompensiert werden (daher der alte Terminus »Kompensationswärme«). Um diesen Betrag würde die Umgebung dann auch abkühlen.

Besonderer Erwähnung bedürfen jene Prozesse, die ablaufen, obwohl sich der Energiegehalt der Reaktionspartner nicht ändert, d.h. obwohl $\Delta H = 0$. Für derartige, *rein entropiegetriebene* Reaktionen gilt somit $\Delta G = - T \cdot \Delta S$.

Zu ihnen gehören alle Diffusions- und Entmischungsvorgänge, in deren Verläufen sich der *Ordnungsgrad*, nicht aber die *Identität* der Reaktionspartner verändert. Betrachten wir etwa eine Emulsion von Lipidmolekülen in Wasser: Nach einiger Zeit kommt es zu einer spontanen Entmischung, bis zwei getrennte Phasen vorliegen, eine polare wäßrige und eine apolare lipoide. Da die Reaktion spontan abläuft, muß dieser Vorgang exergon sein (d.h. $\Delta G < 0$). Makroskopisch erscheint uns das Produkt, die entmischten Phasen, geordneter als das Substrat, die Emulsion; aber in mikroskopischer Sicht nimmt der Ordnungsgrad des Systems *ab,* und zwar deshalb, weil es im Verlauf der Entmischung zu

(1.38b)
$$\Delta G = \Delta H - T \cdot \Delta S \quad (J)$$

(1.39a)
$$\text{ATP} + \text{H}_2\text{O} \rightleftharpoons \text{ADP} + \text{P}_i$$
(Orthophosphat)

(1.39b)
$$\text{ATP}^{4-} + \text{H}_2\text{O} \rightleftharpoons \text{ADP}^{3-} + \text{P}_i^{2-} + \text{H}^+$$

(1.39c)
$$\text{MgATP}^{2-} + \text{H}_2\text{O} \rightleftharpoons \text{MgADP}^- + \text{P}_i^{2-} + \text{H}^+$$

(1.39d)
$$\text{MgATP}^{2-} \cdot n\text{H}_2\text{O} + \text{H}_2\text{O}$$
$$\rightleftharpoons \text{MgADP}^- \cdot m\text{H}_2\text{O} + \text{P}_i^{2-} \cdot r\text{H}_2\text{O} + \text{H}_3\text{O}^+$$

Tabelle 1.17. Thermodynamische Parameter (in kJ · mol^{-1}) der Reaktion
ATP^{4-} + H$_2$O ⇌ ADP^{3-} + P$_i^{2-}$ + H$^+$
unter Standardbedingungen (1-molare Konzentrationen, 25°C) bei verschiedenen *pH*-Werten und Magnesium-Konzentrationen. (Nach Alberty)

pH	[Mg^{2+}]	$\Delta G_o'$	$\Delta H_o'$	T · $\Delta S_o'$
6,0	0,1 μM	− 37,2	− 22,6	14,6
6,0	10 mM	− 33,9	− 23,0	10,9
7,5	10 mM	− 37,7	− 15,5	22,2
8,5	0,1 μM	− 47,2	− 20,0	27,7
8,5	10 mM	− 43,9	− 14,6	29,3

einer Auflösung von Wasserstrukturen kommt (Abb. 1.53). *Die Entropie des entmischten Systems ist größer als die des gemischten.*

Die Bedeutung des Milieus für die Energiebilanz einer Reaktion: Das Beispiel der hydrolytischen Spaltung von ATP

Die Energiebilanz einer chemischen Reaktion hängt nicht nur von den Änderungen der inneren Energie und der Entropie der eigentlichen Reaktionspartner, sondern auch von Änderungen der Energieverteilung zwischen diesen Reaktionspartnern und dem Milieu ab. Eine Berechnung von Energiedifferenzen ohne Berücksichtigung der Beziehungen zum Milieu, vor allem zum Lösungsmittel, würde zu falschen Vorstellungen führen. Dies läßt sich am besten für die Reaktionen geladener Moleküle zeigen, z. B. für die hydrolytische Spaltung von *Adenosintriphosphat* (ATP; Abb. 1.54), eine Reaktion, die ja an den meisten Energietransformationen im Zellstoffwechsel beteiligt ist.

Die Hydrolyse von ATP wird abgekürzt meist nach Gleichung (1.39a) beschrieben. Im Milieu der Zelle sind jedoch alle dissoziierbaren Gruppen der Phosphatreste dissoziiert, so daß eigentlich Gleichung (1.39b) zu gelten hat. Nun besitzen aber Adenosinphosphate hohe Affinität zu Magnesiumionen, und dies führt zu einer noch genaueren Version der Spaltungsreaktion (Gl. 1.39c). Schließlich ist zu berücksichtigen, daß die stark geladenen Phosphatgruppen mit den Wassermolekülen des Lösungsmittels elektrostatische Wechselwirkungen austauschen und auf diese Weise *Hydratationshüllen* bilden, die dem Medium um die Reaktanden eine besondere Struktur verleihen. Die Kraft, mit der eine negative Ladung die positiven Enden der Wasserdipole (Abb. 1.47) anzieht, ist der intensive Parameter der Hydratationsenergie und diese ist umso größer, je kleiner das Molekül und damit, je größer die *Ladungsdichte* ist. Es bilden sich also um die Reaktanden verschieden dichte Wasserhüllen aus, ein Befund, dem wir mit Gleichung (1.39d) Rechnung tragen können.

Die Hydratationsenergie des kleinen Orthophosphatmoleküls ist dabei wesentlich größer als die des großen ATP- oder ADP-Moleküls. Es ist vor allem diese *Differenz in den Hydratationsenergien* zwischen ATP einerseits, P_i andererseits, die für die hohe »Spaltungsenergie« von ATP in wäßrigen Lösungen verantwortlich ist. Mit anderen Worten: ATP hat in Wasser (nicht jedoch in nicht-wäßrigen Medien) eine sehr starke Tendenz, *spontan* in ADP und P_i zu zerfallen. Diese Spaltungstendenz wird in anfechtbarer Weise als der »Energiereichtum« von ATP und verwandten Verbindungen bezeichnet und durch das Symbol ~ charakterisiert.

Aus Gleichungen (1.39a–c) läßt sich weiterhin entnehmen, daß auch die Konzentration von Magnesium sowie der *pH*-Wert des Mediums von großer Bedeutung für die Energiebilanz der Hydrolyse sind. Die Tatsache, daß bei der hydrolytischen Spaltung pro mol ATP ein mol H^+ gebildet wird, legt nahe, daß eine Erhöhung des *pH*-Wertes (d. h. eine Verminderung der H^+-Konzentration) die Reaktion noch stärker nach rechts zieht, die Gibbssche Energie der ATP-Spaltung also weiter erhöhen wird.

Bereits eine kleine Auswahl der Parameter der Spaltungsreaktionen der Adenylate ATP, ADP und AMP zeigt in Abhängigkeit vom *pH*- und *pMg*-Wert des Mediums, wie wichtig die genaue Kenntnis des Milieus für die Abschätzung der Energiebilanzen und Triebkräfte biochemischer Reaktionen in Zellen ist (Tab. 1.17).

So variiert etwa im betrachteten Milieubereich die Gibbssche Reaktionsenergie der ATP-Hydrolyse ($\Delta G_o'$) zwischen −33,9 und −47,2 kJ · mol^{-1} und die gebundene Reaktionsenergie ($T \cdot \Delta S_o'$) zwischen 10,9 und 29,3 kJ · mol^{-1}.

Die eigentlich interessanten Reaktionen des ATP in lebenden Zellen sind jene, bei denen die frei werdende Spaltungsenergie nicht als Wärme verpufft, sondern auf endergone Prozesse übertragen wird. Dies impliziert aber die enge Assoziation der Adenosinphosphate mit Enzymen und anderen molekularen Strukturen. Diese Strukturen werden damit

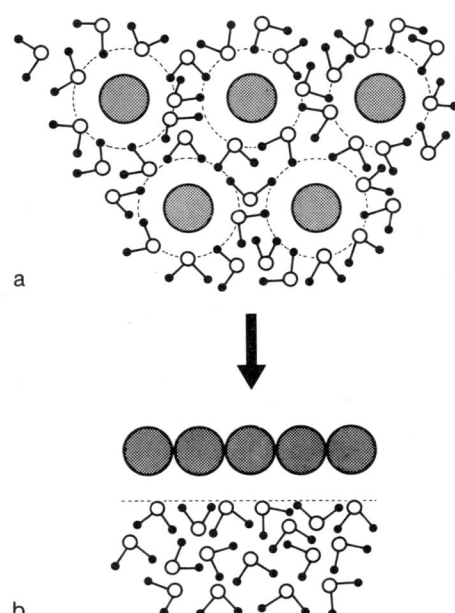

Abb. 1.53a, b. Die gleichmäßige Verteilung apolarer Moleküle (grau) in einem polaren Medium hat einen höheren Ordnungsgrad als die beiden getrennten Phasen. Das hypothetische Schema zeigt eine Emulsion apolarer Moleküle (z. B. Lipide) in einem polaren Lösungsmittel (z. B. Wasser) (a); diese wird sich spontan entmischen (b). Die in Pfeilrichtung ablaufende Reaktion ist exergon, auch wenn der Energieinhalt der beiden Systemzustände gleich groß ist

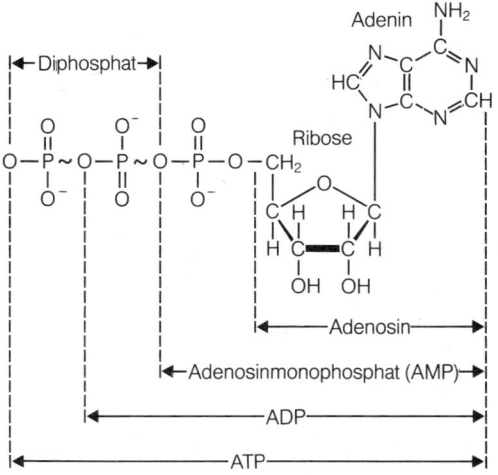

Abb. 1.54. Strukturformel von *ATP* mit Andeutung seiner Zusammensetzung aus Adenosin und drei Phosphatresten; die beiden terminalen Phosphatreste (Diphosphat = Pyrophosphat) sind mittels energiereicher Bindungen (~) mit dem AMP verknüpft. In der Zelle sind alle freien OH-Gruppen der drei Phosphatreste dissoziiert

zu Bestandteilen des Milieus, in dem sich die Reaktionen der Adenosinphosphate abspielen, und es läßt sich vorhersagen, daß etwa durch die Assoziation mit Proteinen die Energetik dieser Reaktionen nochmals drastische Veränderungen erfährt. Tatsächlich ist etwa das Energieprofil der Reaktion ATP $\rightleftharpoons$ ADP + P_i in den kontraktilen Elementen von Muskeln völlig anders als das der ungekoppelten Reaktion in wäßriger Lösung. Im sogenannten Myosin-ATP/ADP-Zyklus (S. 458f.) durchläuft ATP eine Sequenz, die aus der Bindung an Myosin, der hydrolytischen Spaltung in ADP und P_i und der Dissoziation der Spaltungsprodukte vom Myosin besteht. Am Ende dieser Sequenz befindet sich Myosin in einem energieärmeren Zustand als zuvor. Die Energiedifferenz wurde verwendet, um das Aktinfilament am Myosinfilament vorbeizuziehen (»Gleitfadenmodell«, S. 144, 456). Ein Großteil der in diesem Prozeß frei werdenden Energie bleibt jedoch in elastischen molekularen Strukturen gespeichert und dient in der Folge dazu, das Myosin wieder in den energiereichen, gespannten Zustand zurückzuführen. (Über den genauen Verlauf dieser Energieübertragung herrscht jedoch noch Unklarheit.) In diesem Zyklus läßt sich die Verwandlung der frei werdenden chemischen Energie in die mechanische Energie der Muskelkontraktion nicht mehr eindeutig einem einzigen Schritt zuordnen, sondern sie ist ein Merkmal des *gesamten* Zyklus. Das in Abbildung 1.55 dargestellte Reaktionsprofil zeigt, daß die Hauptmenge der Gibbsschen Reaktionsenergie (-52 kJ·mol^{-1}) bei der Bindung von ATP an Myosin frei wird, während die Hydrolyse von ATP diesem Betrag nur noch -6 kJ·mol^{-1} hinzufügt. Die Dissoziation des Orthophosphats vom Myosin ist mit -11 kJ·mol^{-1} exergon, die Dissoziation des ADP unter den gegebenen Bedingungen ein schwach endergoner Schritt. Obwohl also die eigentliche Hydrolyse des ATP sowie die Dissoziation der Spaltungsprodukte nur von geringen Energieänderungen begleitet sind, sind sie integrale Bestandteile des Zyklus, indem sie die Substrate zur Neubildung von ATP zur Verfügung stellen. Die gesamte im Zyklus frei werdende Reaktionsenergie beläuft sich unter physiologischen Bedingungen auf etwa -60 kJ·mol^{-1}, und auch in wäßriger Lösung würde unter denselben Bedingungen beim Umsatz von 1 mol ATP diese Energiemenge frei werden. Die Energieprofile der gekoppelten und der ungekoppelten Reaktion sind jedoch völlig verschieden.

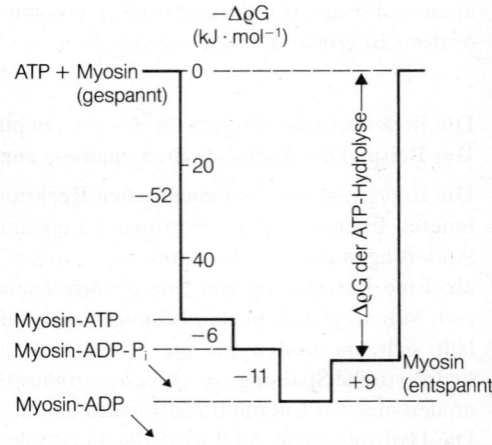

Abb. 1.55. *Energieprofil des Myosin-ATP/ADP-Zyklus, der energetischen Einheit der Muskelkontraktion. Die Zahlen geben die molaren Reaktionsenergien (ΔG in kJ·mol^{-1}) jedes Reaktionsschrittes an. (Nach Kodama)*

1.4.2 Kinetik

Im Geschehen des Zellstoffwechsels werden die Flüsse chemischer Reaktionen durch die Strukturen und Mechanismen der enzymatischen Katalyse und des Membrantransports bestimmt.
Ohne die besonderen »kinetischen Eigenschaften« von Enzymen und Membran-Protein-Komplexen würden chemische Reaktionen entweder mit unmeßbarer Geschwindigkeit ablaufen oder sie befänden sich im Zustand des thermodynamischen Gleichgewichtes. Leben wäre in beiden Fällen nicht möglich.

1.4.2.1 Aktivierungsenergie

Die chemische Energie von Molekülen kann erst dann »frei« werden, wenn die beteiligten Moleküle miteinander *reagieren*, d.h. zusammenstoßen; die Bedingungen, unter denen diese Zusammenstöße erfolgen, bestimmen die Geschwindigkeit einer Reaktion. Zu diesen Bedingungen gehören (1) die *Häufigkeit der Zusammenstöße,* (2) die *Orientierung der Moleküle* zueinander, (3) müssen die kollidierenden Moleküle hinreichend *energiereich* sein. Die Kräfte, die für das Ingangsetzen einer Reaktion benötigt werden, hängen von der Art der chemischen Bindungen ab, die gebrochen werden müssen. Für einfache Kovalenzbindungen sind Energiebeträge von 250–400 kJ·mol^{-1} zu veranschlagen.

Tabelle 1.18. Zusammenhang zwischen Aktivierungsenergie und Halbwertzeit einer unimolekularen Reaktion. (Nach Netter)

Aktivierungsenergie [kJ·mol^{-1}]	Halbwertzeit
125	12,2 Jahre
105	25 h
84	21 s
63	5 ms

Diesen »Energieberg«, der zu überwinden ist, ehe die in den Reaktionspartnern steckende Energie frei wird, bezeichnet man als Aktivierungsenergie. Ihr Betrag ist äquivalent jener kritischen Energie, die zwei (oder mehr) miteinander kollidierenden Molekülen zukommt, wenn durch den Zusammenstoß ein Reaktionsschritt ausgelöst wird. Da die kinetische Energie von Molekülen stark von der Temperatur abhängt, muß auch diese die Geschwindigkeit einer Reaktion entscheidend mitbestimmen. Die soeben erwähnten vier Größen: *Stoßzahl* (Frequenzfaktor) (Z), *Orientierung* (P), *Aktivierungsenergie* (E_a) und *Temperatur* (T), lassen sich in einen empirischen Zusammenhang bringen, durch den die Geschwindigkeitskonstante einer chemischen Reaktion (k) zu definieren ist (Gl. 1.40). Diese Beziehung wurde (in etwas einfacherer Form) zum ersten Mal von Arrhenius angegeben *(Arrhenius-Gleichung)*. Bestimmt man die Geschwindigkeit einer Reaktion bei verschiedenen Temperaturen und trägt log k gegen $1/T$ auf, dann läßt sich aus der Steigung der Geraden die Aktivierungsenergie E_a [kJ · mol^{-1}] der gegebenen Reaktion innerhalb des gewählten Temperaturbereiches ermitteln.

Die Geschwindigkeit einer Reaktion kann beschleunigt werden, indem entweder die Temperatur erhöht oder die Aktivierungsenergie verringert wird, wobei P und Z konstant bleiben (Gl. 1.40). Eine Erhöhung der Temperatur erhöht die Anzahl der energiereichen Moleküle prozentual um sehr viel mehr, als die mittlere thermische Energie sämtlicher Moleküle erhöht wird (Abb. 1.56a). Deshalb führt Erwärmen um 10°C in den meisten Fällen zu etwa einer Verdopplung der Reaktionsgeschwindigkeit, obwohl die mittlere Energie der Moleküle nur um etwa 3% zunimmt. Das Verhältnis der Reaktionsgeschwindigkeiten (k_2/k_1) innerhalb eines Temperaturintervalls ($T_2 - T_1$) von 10°C bezeichnet man mit Q_{10}.

Die zweite Möglichkeit der Beschleunigung chemischer Reaktionen liegt in einer Verringerung der Aktivierungsenergie. Dies leistet die *Katalyse*. Der exponentielle Zusammenhang zwischen k und E_a in Gleichung (1.40) führt dazu, daß schon geringe Veränderungen von E_a starke Veränderungen von k mit sich bringen. Tabelle 1.18 zeigt die Beziehung zwischen der Aktivierungsenergie und der »Halbwertszeit«, d.h. der Zeit, während der die Hälfte aller Moleküle einer unimolekularen Reaktion umgesetzt ist. Daraus wird deutlich, daß selbst eine geringe Verminderung der Aktivierungsenergie eine drastische Beschleunigung der Reaktion zur Folge hat.

1.4.2.2 Enzymatische Katalyse

Anorganische und organische Katalysatoren verringern die Aktivierungsenergien chemischer Reaktionen. Man kann sich vorstellen, daß intramolekulare Bindungen unter der Einwirkung von Katalysatoren gelockert werden, wobei die wichtigsten Vehikel dieses Angriffs Elektronen oder Protonen sind. Im ersten Fall spricht man von *elektrophiler* bzw. *nucleophiler Katalyse*, im zweiten von *Säuren-Basen-Katalyse*.

Die Besonderheit von Enzymen als den universellen »Biokatalysatoren« liegt darin, daß sie nicht nur über das Instrumentarium der allgemeinen chemischen Katalyse verfügen, sondern aufgrund ihrer Größe, räumlichen Struktur und Spezifität gänzlich neue Formen der Wechselwirkung zwischen Molekülen ermöglichen. Die Geschwindigkeiten enzymatisch katalysierter Reaktionen sind oft sehr stark erhöht und auch größer als bei anorganischer Katalyse: Die hydrolytische Spaltung von Harnstoff in Ammonium und Hydrogencarbonat bei pH 8,0 und 20°C erfolgt ohne Enzym mit einer Geschwindigkeitskonstante von 3 · 10^{-10} · s^{-1}, d.h. es vergehen etwa 100 Jahre, bis sich die Harnstoffkonzentration in einer wäßrigen Lösung auf ein Zehntel verringert. Das Enzym Urease hat demgegenüber eine molare Aktivität von 3 · 10^4 · s^{-1}, d.h. ein Enzymmolekül vermag 30000 Moleküle · s^{-1} zu spalten. Die Zerfallsgeschwindigkeit wird also um etwa den Faktor 10^{14} erhöht. Die Spaltung von H$_2$O$_2$ in H$_2$O und $\frac{1}{2}$O$_2$ verläuft mit Hilfe des Enzyms Katalase 1000mal schneller als mit Hilfe des anorganischen Katalysators Platin.

(1.40) Arrhenius-Gleichung:

$$k = P \cdot Z \cdot e^{-\frac{E_a}{RT}}$$

$$\log K = \log (P \cdot Z) - \frac{E_a}{2,3\,R} \cdot \frac{1}{T}$$

$$= \log (P \cdot Z) - \frac{E_a}{19,1} \cdot \frac{1}{T}$$

Hier bedeuten:
k = Reaktionsgeschwindigkeit (mol · s^{-1})
P = Orientierungsfaktor
Z = Frequenzfaktor (Zahl der Zusammenstöße pro Zeiteinheit)
R = Gaskonstante (8,31 J · K^{-1} · mol^{-1})
T = absolute Temperatur (K)
E_a = Aktivierungsenergie (J · mol^{-1})

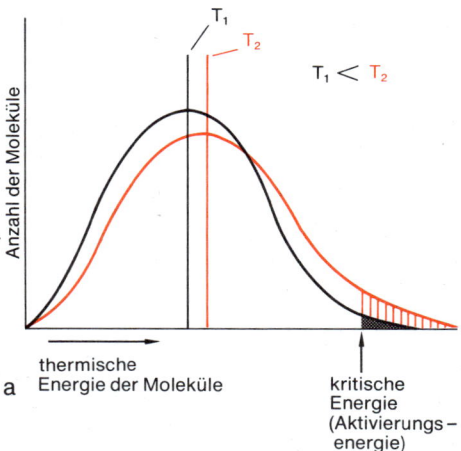

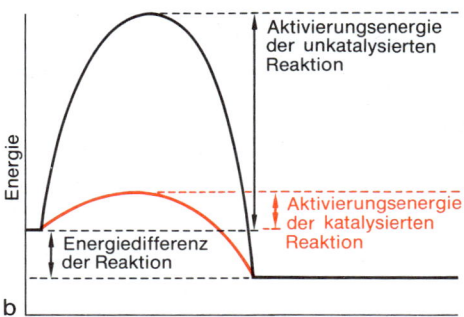

Abb. 1.56 a, b. Beschleunigung einer Reaktion durch Erwärmen (a) oder mit Hilfe eines Katalysators (b). Im ersten Fall bleibt die Aktivierungsenergie konstant, aber die Anzahl der Moleküle, denen diese Energie zukommt, erhöht sich; im zweiten Fall nimmt die Aktivierungsenergie ab, so daß auch energieärmere Moleküle reagieren können

Enzyme und Wirkgruppen

Enzyme sind entweder Proteine oder Komplexe aus Proteinen und besonderen Wirkgruppen. In letzterem Fall unterscheidet man zwischen *Apoenzym* und Wirkgruppe, die beide zusammen das *Holoenzym* ergeben. Die Bindung zwischen Apoenzym und Wirkgruppe kann verschieden stark sein. Ist sie so stark, daß das Enzym stets nur als Komplex vorkommt, dann bezeichnet man die Wirkgruppe als *prosthetische Gruppe* – was z. B. auf die *Cytochrome* unter den Enzymen der Atmungskette zutrifft. Ist die Bindung sehr locker, dann spricht man von *Coenzymen*. Wirkgruppen sind stets organische Verbindungen. Beeinflussen auch anorganische Verbindungen bzw. Ionen die Aktivität eines Enzyms, dann ist der Begriff des *Cofaktors* zu verwenden.

Coenzyme können als Bindeglieder zwischen mehreren Substraten und Enzymen fungieren; eine Definition des Coenzyms könnte auch davon ausgehen, daß es sich im Verlauf einer Reaktion mit zumindest *zwei* verschiedenen Apoenzymen verknüpft, während eine prosthetische Gruppe stets an ein und dasselbe Apoenzym gebunden bleibt. Handelt es sich beim Coenzym um eine Wirkgruppe, die mit dem eigentlichen Substrat Wasserstoff, Elektronen oder eine spezifische Gruppe austauscht, dann sollte besser der Begriff *Cosubstrat* verwendet werden. Die Wirkgruppe nimmt in solchen Fällen an Umsetzungsprozessen mit dem Hauptsubstrat teil und wird erst durch Beteiligung zweier Enzyme regeneriert.

Die Spezifität eines Enzyms ist zweifacher Art: erstens in bezug auf die Art des Substrates, mit dem es reagiert, und zweitens in bezug auf das, was mit diesem Substrat geschieht. Demgemäß unterscheidet man zwischen *Substrat-* und *Wirkungsspezifität*. Beruht die Spezifität einer enzymatischen Reaktion darauf, daß in ihrem Verlauf Elektronen, Wasserstoff oder eine spezifische Gruppe übertragen werden, dann ist das Cosubstrat für die Wirkungsspezifität verantwortlich, das Apoenzym für die Substratspezifität. In anderen Fällen kann auch das Apoenzym an der Wirkung des Enzyms maßgeblich beteiligt sein. Der Grad der Substratspezifität ist von Enzym zu Enzym verschieden. Es gibt solche, die – soweit bekannt – nur mit einem einzigen Substrat reagieren können (wie etwa einige Dehydrogenasen), und solche, die mit einem weiten Spektrum von Substanzen zurechtkommen (wie z. B. die Lipasen).

Apoenzym. Die Eigenschaften eines Apoenzyms sind durch Tertiär- und Quartärstruktur des Proteinmoleküls bestimmt. Dessen Konfiguration legt die »Paßform« fest, die über den Grad und die Genauigkeit der Beziehung zu den Substratmolekülen entscheidet. Für die Substratbeziehung ist allerdings nicht das gesamte Molekül von gleicher Wichtigkeit, sondern nur ein meist eng umschriebener Teil, das *aktive Zentrum*. Aber auch der Rest des Moleküls ist für dessen Existenz in der lebendigen Zelle unentbehrlich, vor allem, um eine spezifische Verteilung hydrophiler und hydrophober Gruppen aufrechtzuerhalten, die wiederum für die Konfiguration des Enzyms entscheidend ist. Neben dem eigentlichen aktiven Zentrum, das für die Enzym-Substrat-Verbindung verantwortlich ist, kann es auch noch ein bis mehrere zusätzliche *(allosterische)* Zentren geben, die als Haftpunkte für Aktivatoren und Hemmer dienen (S. 107).

Ein weiteres Merkmal von Apoenzymen ist, daß Enzyme mit jeweils charakteristischer Substrat- oder Wirkungsspezifität dennoch in verschiedenen Formen vorkommen können; Formen, die zwar auf die gleiche Aufgabe, aber manchmal auf verschiedene Milieubedingungen spezialisiert sind. Man spricht dann von *Isoenzymen* (oder *Isozymen*, S. 226, 877), die als die Varietäten einer Enzymart aufzufassen sind, bei denen einzelne Aminosäuren, die weder das aktive noch ein allosterisches Zentrum in seiner räumlichen Form verändern, ausgetauscht sind.

Wirkgruppen spielen entweder als »Cosubstrate« oder als »prosthetische Gruppen« in jenen Reaktionen eine Rolle, in denen Elektronen, Wasserstoff oder spezifische Gruppen zwischen Substraten ausgetauscht werden. Man teilt sie dementsprechend nach der Art der übertragenen Partikel und Verbindungen ein.

a) Wasserstoff und Elektronen übertragende Wirkgruppen. Der gesamte Energiewechsel der Zelle hängt von einem geordneten Fluß von Wasserstoff und Elektronen ab. Die in dieser Klasse zusammengefaßten Wirkgruppen sind die Transportvehikel dieses komplexen Prozesses. *Nicotinamid-adenin-dinucleotid* (NAD) und *NAD-Phosphat* (NADP) sind die universellsten dieser Träger und transportieren Wasserstoff zwischen zahlreichen Metaboliten. Dabei werden sie reversibel oxidiert und reduziert.

Am einfachsten ist es, sich diese Reaktion als Übertragung zweier H-Atome mit ihren Elektronen vom Substrat- auf das Cosubstratmolekül vorzustellen. Da NAD und NADP eine positive Überschußladung (am Stickstoff des Nicotinamidringes) besitzen, wird eines der Elektronen für deren Neutralisierung verwendet, und ein Proton wird an das Wasser abgegeben.

Wir werden jedoch der Einfachheit halber für die reduzierte Form NADH und NADPH schreiben. Der Aufbau der beiden Wirkgruppen wird in der Randspalte gezeigt.

NAD und NADP sind nur sehr locker an die zugehörigen Apoenzyme von Dehydrogenasen gebunden. Um ein Wasserstoffpaar von einem Substrat auf ein zweites zu übertragen, müssen zwei verschiedene Apodehydrogenasen ins Spiel gebracht werden. Unter physiologischen Bedingungen in der Zelle ist NAD meist oxidiert und wirkt als *H-Akzeptor* im Hauptstrom der Zellatmung (S. 78f.); NADP ist meist reduziert und wirkt als *H-Donator* für reduktive Biosynthesen (S. 103f.).

Von ähnlichem Bau und ähnlicher Funktion sind die *Flavoproteine,* die eine ziemlich fest an das Apoenzym gebundene prosthetische Gruppe, das *Flavin-adenin-dinucleotid* (FAD), enthalten. Dieses übernimmt zwei Wasserstoffatome von NADH und besorgt ihren Weitertransport in der Atmungskette, oder es steht direkt mit anderen Substraten in Beziehung.

Völlig anders gebaut sind die als Hämoproteine charakterisierten *Cytochrome,* die als Elektronentransportvehikel in der Atmungskette (S. 79f.) fungieren. Sie enthalten als prosthetische Gruppe das *Häm,* einen Porphyrinring mit einem zentralen Fe-Atom, das durch Elektronenabgabe und -aufnahme reversibel oxidiert und reduziert werden kann. Man kennt viele verschiedene Formen von Cytochromen, die sich durch ihr Protein, nicht aber durch den Porphyrinring voneinander unterscheiden (S. 874f.).

Eine dritte Gruppe von Wasserstoffträgern sind die *Ubichinone,* die in die Verwandtschaft der Isoprenoidlipide gehören. Sie spielen als Vermittler zwischen Flavoproteinen und Cytochromen eine wichtige Rolle. Die am besten bekannte Verbindung dieser Art in Mitochondrien wird auch als *Coenzym Q* bezeichnet.

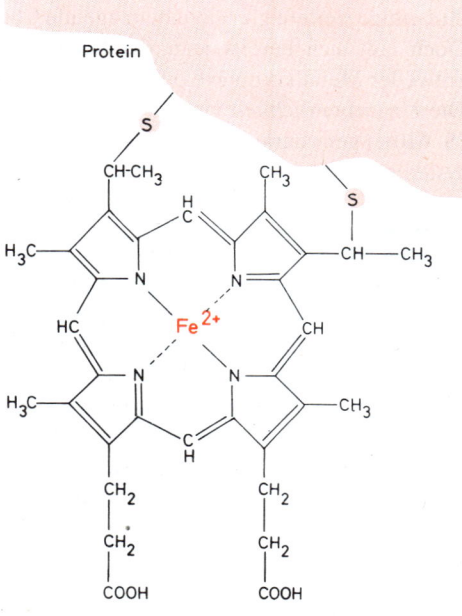

Häm aus Cytochrom c

Ubichinon (n=6–10)

b) Gruppenübertragende Wirkgruppen. Neben Wasserstoff und Elektronen werden auch einige für den Energie- und Stoffwechsel entscheidende chemische Gruppen von Cosubstraten übertragen. So ist das *Adenosintriphosphat* (ATP) (Abb. 1.54) der wichtigste Überträger energiereicher Phosphatreste (S. 67). Das *Coenzym A (CoA)* ist aufgrund der Reaktivität seiner SH-Gruppe ein Überträger von Acylresten, $R-\underset{\underset{O}{\|}}{C}-$. Von besonderer Wichtigkeit ist die Reaktion mit dem Acetylrest, der in dieser Form zur *aktivierten Essigsäure* und zu einer zentralen Substanz des intermediären Stoffwechsels wird (S. 88, Abb. 1.74, 1.75).

Das *Pyridoxalphosphat,* ein Pyridinderivat, ist das wichtigste Cosubstrat des Aminosäurestoffwechsels, wobei es vor allem als Überträger von NH_2 fungiert (S. 98f., 612).

Das *Biotin,* ein Harnstoffderivat, ist ein Transportvehikel für Kohlendioxid, das durch seine Verbindung mit dem Coenzym zum *aktivierten Kohlendioxid* wird (S. 89f., 612).

Zellbiologie

Coenzym A (structure: Cysteamin — β-Alanin — Pantoinsäure — Pantethein — phosphates — adenine nucleotide)

$CH_3-C\sim S-CoA$

Acetyl-CoA („aktivierte Essigsäure")

Auf einige weitere gruppenübertragende Coenzyme kann hier nicht eingegangen werden. Doch läßt sich bereits jetzt der Schluß ziehen, daß ein Großteil aller Wirkgruppen entweder Metallkomplexe oder Verbindungen von Stickstoffbasen mit Phosphaten sind. Die Unentbehrlichkeit vieler *Vitamine* und ihrer Derivate für heterotrophe Organismen (S. 610 f.) geht darauf zurück, daß sie selbst Wirkgruppen in lebenswichtigen Reaktionssystemen repräsentieren oder zu deren Synthese gebraucht werden.

$$R-\underset{H}{\overset{H}{C}}-OH \rightarrow R-\overset{H}{C}=O + 2H \quad (1.41)$$

Einteilung der Enzyme. Die Klassifikation der Enzyme ist durch eine internationale Kommission auf eine einheitliche Basis gestellt worden. Man unterscheidet aufgrund ihrer *Hauptfunktionen sechs Hauptgruppen* und unterteilt diese weiter je nach der Art der beteiligten Substrate und der Reaktionsweisen. Hierfür wurde ein vierstelliges Ziffernsystem entwickelt. So umfaßt etwa Gruppe 1 die *Oxidoreduktasen,* also alle Enzyme, die Redoxprozesse in Zellen katalysieren. Untergruppe 1.1 sind dann jene Oxidoreduktasen, die auf –CHOH-Gruppen wirken und diese nach dem Schema der Gleichung (1.41) spalten; zu 1.1.1 werden jene Enzyme gerechnet, die den Wasserstoff auf NAD^+ oder auf $NADP^+$ übertragen und 1.1.1.1 ist schließlich das Enzym *Alkoholdehydrogenase,* dessen Substrate Äthylalkohol und Acetaldehyd sind (Gl. 1.45, S. 75).

$$XY + H_2O \rightarrow XOH + YH \quad (1.42)$$

Folgende Hauptgruppen werden unterschieden:
Gruppe 1 Oxidoreduktasen: z. B. alle Wasserstoff und Elektronen übertragenden Enzyme
Gruppe 2 Transferasen: Enzyme, die die Übertragung verschiedenster Gruppen von einem Donator auf einen Akzeptor katalysieren; z. B. die *Aminotransferasen* im Stoffwechsel der Aminosäuren
Gruppe 3 Hydrolasen: Enzyme, die die Reaktion nach Gleichung (1.42) katalysieren; z. B. alle Verdauungsenzyme
Gruppe 4 Lyasen: Enzyme, die chemische Bindungen nicht-hydrolytisch spalten; z. B. die *Aldolase,* die eine bestimmte C−C-Bindung in Zuckern löst
Gruppe 5 Isomerasen: Enzyme, die Umlagerungen innerhalb von Molekülen katalysieren, etwa jene von *cis-* in *trans-*Stellung und umgekehrt
Gruppe 6 Ligasen: Enzyme, die die Verbindung zweier Moleküle unter der Mitwirkung von ATP nach dem Schema der Gleichung (1.43) beschleunigen. P_i (von engl. **i**norganic phosphate) bezeichnet das freie anorganische Phosphation.

$$X + Y + ATP \rightarrow X-Y + ADP + P_i \quad (1.43)$$

Enzyme sind nicht gleichmäßig auf die Zellen eines Organismus oder auf die Reaktionsräume einer Zelle verteilt. Man findet in bezug auf ihre Enzymausstattung ausgesprochene Spezialisten unter den Zellen, und entsprechend Enzyme, die fast völlig auf bestimmte Reaktionsräume in den Zellen beschränkt sind (»Leitenzyme«, S. 138 f.). So kommen einige der Atmungsenzyme fast ausschließlich in Mitochondrien vor (Abb. 1.68, 1.139). In gewissen Geweben stellen Enzyme den Hauptanteil aller Proteine. Eine einzige Leberzelle kann mehr als 1000 verschiedene Sorten von Enzymen beherbergen, die zusammen etwa zwei Drittel des Gesamtproteins ausmachen.

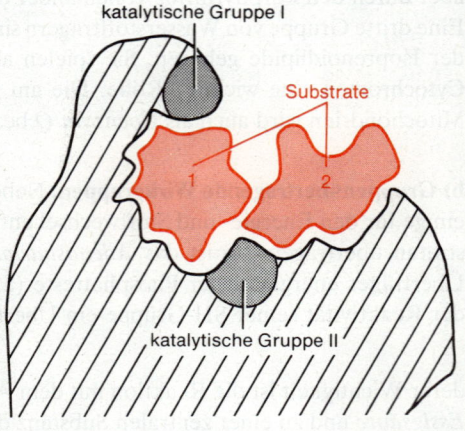

Abb. 1.57. Proximität und Orientierung zweier Substratmoleküle im aktiven Zentrum eines Enzyms. Die Anordnung der Substratmoleküle wird vor allem durch die beiden katalytischen Gruppen bestimmt, die integrale Bestandteile des Enzyms sind. (Nach Koshland)

Mechanismen und Leistungen der enzymatischen Katalyse

Enzyme erfüllen ihre besonderen Aufgaben im Zellstoffwechsel, indem sie (a) Reaktionsabläufe beschleunigen, (b) jeweils spezifische Reaktionen vor anderen bevorzugen und (c)

in ihrer Aktivität durch die verschiedensten Faktoren verändert werden können. Danach unterscheidet man folgende Hauptmerkmale von Enzymen:
(a) katalytische Effizienz,
(b) Spezifität,
(c) Regulationsfähigkeit.
Möglicherweise wurden im Verlauf der biochemischen Evolution auf unserer Erde diese drei Merkmale auch in der angegebenen Reihenfolge vervollkommnet.

a) Katalytische Effizienz. Die Leistungsfähigkeit von Enzymen als Katalysatoren ist an folgende Aspekte der Wechselbeziehungen zwischen Substrat- und Enzymmolekülen geknüpft:
Proximität und Orientierung. Die Besonderheiten der räumlichen Struktur von Proteinmolekülen machen es möglich, daß in aktiven Zentren von Enzymen Substratmoleküle in äußerst günstiger Entfernung (Proximität) und Orientierung zueinander festgehalten werden können (Abb. 1.57). Dies ist der vielleicht wichtigste Faktor, der die enzymatische von der nicht-enzymatischen Katalyse unterscheidet. Er erklärt die Steigerung von Reaktionsgeschwindigkeiten durch eine Erhöhung der Wahrscheinlichkeit, daß Substratmoleküle in dem Augenblick, in dem sie miteinander kollidieren, auch in optimaler Orientierung zueinander stehen.
Lockerung intramolekularer Bindungen. Die genaue Einpassung der Substratmoleküle in das aktive Zentrum des Enzyms führt zu einem *Enzym-Substrat-Komplex.* Die katalytischen Gruppen des aktiven Zentrums (Abb. 1.57, 1.58) können spezifische Bindungen von Substratmolekülen verformen oder so »unter Spannung setzen«, daß es leichter wird, diese Bindungen zu brechen. Dies ist in Abbildung 1.58 am Beispiel der Wirkung des Enzyms Chymotrypsin illustriert.
Bildung kovalenter Zwischenstufen. Abbildung 1.58 liefert ein Beispiel für den oft verwirklichten Fall, daß die Produkte einer enzymatischen Reaktion erst entstehen, nachdem Substrat und Enzym miteinander kovalente Bindungen eingegangen sind. Diese sind instabil und werden in einem zweiten Reaktionsschritt schnell wieder gebrochen. Fälle dieser Art beweisen deutlich, daß trotz Identität der Reaktionspartner die enzymatisch katalysierte und die nicht-katalysierte Reaktion auf völlig verschiedenen Wegen verlaufen.
Schaffung eines Mikromilieus. Die katalytischen Gruppen von Enzymen wirken im wesentlichen aufgrund ihrer Ladungseigenschaften, die ihrerseits auf die Bedingungen, unter denen die jeweilige Reaktion ablaufen soll, optimal abgestimmt sein müssen. Bei dieser Anpassung von Ladungseigenschaften an die gegebenen Funktionen kommen auch solchen Aminosäuren des Enzyms wichtige Aufgaben zu, die nicht direkt an der Bindung des Substrats beteiligt sind. So wird etwa die Protonierung von Aspartat im aktiven Zentrum saurer Proteasen durch mehrere benachbarte Seitengruppen unterdrückt, wodurch der für die Funktion des Enzyms entscheidende ionisierte Zustand dieser Aminosäure auch noch unter extrem sauren Bedingungen aufrechterhalten werden kann.

b) Spezifität. Die Tatsache, daß jedes Enzym immer nur eine bestimmte Reaktion oder allenfalls wenige ähnliche Reaktionen zu katalysieren vermag, hatte zu der Vorstellung eines »Schlüssel-Schloß-Mechanismus« geführt, bevor die molekularen Gegebenheiten bekannt waren. Die geschilderte Einpassung des Substrats – bzw. der Substrate – in das aktive Zentrum eines Enzyms ist der Ausdruck dieses Prinzips. Allerdings darf man sich das aktive Zentrum nicht als eine starre Matrize vorstellen, in die nur ganz bestimmte Moleküle hineinpassen: Beispielsweise müßte dann in das Enzym Hexokinase, das die Phosphorylierung der Glucose katalysiert (S. 88), anstelle der Glucose auch das viel kleinere Wassermolekül passen (Abb. 1.59), zumal die Hydroxylgruppen des Wassermoleküls etwa ebenso stark nucleophil sind wie die eines Zuckers. Daß eine derartige »Verwechslung« nicht vorkommt, ist nur durch die Vorstellung einer flexiblen Struktur

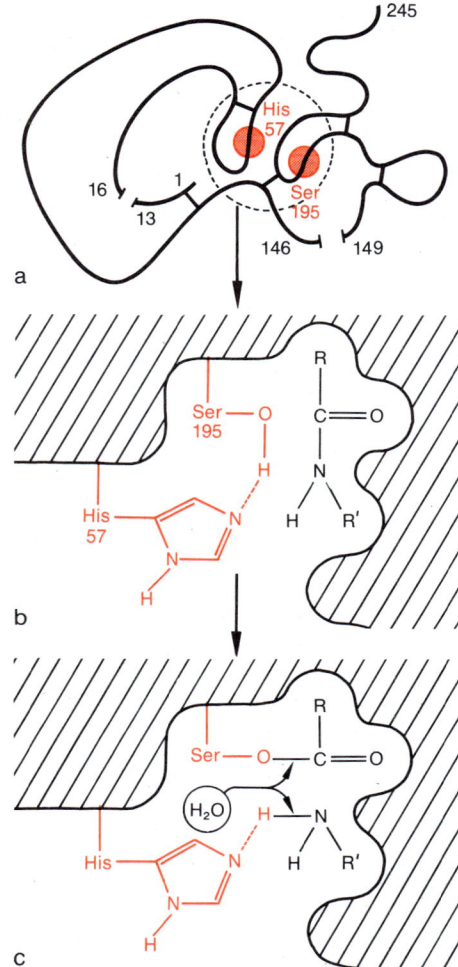

Abb. 1.58a–c. Im Molekül des Chymotrypsins (vgl. Abb. 1.22) sind die Aminosäurereste His 57 und Ser 195 die katalytischen Gruppen im aktiven Zentrum. Aufgrund der Faltung der beiden Polypeptidketten mit ihren fünf S-S-Brücken gelangen sie in unmittelbare Nachbarschaft zueinander, obwohl sie sich in verschiedenen Ketten befinden (a). Diejenigen Peptidbindungen, die vom Chymotrypsin gespalten werden können, passen so in dessen aktives Zentrum, daß ihre C–N-Bindung in die Nähe der beiden katalytischen Gruppen gelangt (b). Das O-Atom in der Seitenkette des Ser 195 übt eine starke Anziehung auf das C-Atom der Peptidbindung aus (nucleophile Attacke des Enzyms auf das Substrat). Sie führt zu einer instabilen Kovalenzbindung O–C, die ihrerseits das H-Atom des Serinrestes unter den Einfluß des N-Atoms der Peptidbindung bringt. Diese wird hierdurch gebrochen (c). Durch Anlagerung von Wasser wird der ursprüngliche Zustand der beiden katalytischen Gruppen wieder hergestellt, und die gespaltenen Peptidbruchstücke dissoziieren vom aktiven Zentrum des Enzyms ab. (Nach Koshland)

der Enzymmoleküle zu verstehen, deren aktive Zentren bei Abwesenheit von Substrat deformiert und nicht reaktionsbereit sind. Die zugehörigen Substratmoleküle veranlassen eine Konformationsänderung, durch die das aktive Zentrum in die reaktionsfähige Form gebracht wird. Es handelt sich also um eine *induzierte Paßform* (»induced fit«) der Enzyme. In unserem Beispiel haben die Wassermoleküle nicht die geeignete Struktur und Größe, um die Paßform zu induzieren.

c) Regulationsfähigkeit. Die Vorstellung der Flexibilität der Molekülstruktur von Enzymen macht auch deren Regulationsfähigkeit besser verständlich. Enzymatische Reaktionen können durch verschiedene Faktoren gehemmt oder beschleunigt werden. Stoffe, die die Geschwindigkeit einer enzymatisch katalysierten Reaktion den wechselnden Anforderungen des Gesamtsystems anpassen, werden als *Effektoren* (oder *Modulatoren*) bezeichnet. Eine Erklärung dieser Modulationsfähigkeit ergibt sich aus der Möglichkeit von *Konformationsänderungen* der Enzymmoleküle, die unter dem Einfluß von Effektoren erfolgen. Als solche können anorganische oder organische Ionen dienen, die entweder im aktiven Zentrum selbst oder in räumlich entfernteren – daher *allosterischen* – Zentren des Enzyms angreifen können. Die von einem Effektor induzierte Konformationsänderung vermag sowohl die katalytische Effizienz als auch die Spezifität des Enzyms zu beeinflussen.

Ein weiteres regulatives Prinzip beruht darauf, daß viele – vor allem intrazelluläre – Enzyme aus mehreren Untereinheiten bestehen, von denen jede in Wechselwirkung mit Substrat- oder Effektormolekülen Konformationsänderungen durchmachen kann. Die Übertragung einer Konformationsänderung von einer Untereinheit auf die anderen nennt man *kooperatives Verhalten* oder *Kooperativität*. So kann etwa die Bindung eines Substratmoleküls an eine Untereinheit die Affinität des Enzyms für weitere Substratmoleküle erhöhen, was zu einer Beschleunigung der Reaktion in Abhängigkeit von der Substratkonzentration führt (S. 107). Dieser regulative Mechanismus läßt sich als Anpassung der Reaktionsgeschwindigkeit an die vorhandene Substratmenge auffassen.

1.4.2.3 Reaktionskinetik

Die Einpassung von Substratmolekülen in aktive Zentren von Enzymen konnte in den letzten Jahren mit Hilfe röntgenkristallographischer Methoden sichtbar gemacht oder doch zumindest modellhaft abgebildet werden. Die eigentliche Dynamik von Reaktionsverläufen ist aber schon vorher durch kinetische Untersuchungen analysiert worden. Derartige Untersuchungen liefern Daten über die Geschwindigkeit enzymatisch gesteuerter Reaktionen, die Affinität von Enzymen für ihre Substrate, die Reihenfolge von Bindungsschritten, die Stabilität von Komplexen zwischen Enzymen und Effektoren und ähnliches mehr. Ausgangspunkt aller reaktionskinetischen Untersuchungen ist die Erkenntnis, daß Enzym (E) und Substrat (S) einen Komplex (ES) bilden, der entweder in E und S oder in E und Produkt (P) zerfallen kann. Die Existenz derartiger Enzym-Substrat-Komplexe wurde aus dem gesetzmäßigen Zusammenhang zwischen Reaktionsgeschwindigkeit und Substratkonzentration erschlossen. Die in Gleichung (1.44) dargestellte Beziehung zwischen E und S läßt sich entweder als ein Gleichgewichts- oder als ein Fließgleichgewichtssystem interpretieren. Im ersten Fall wird angenommen, daß der Zerfall von ES in E und P so langsam erfolgt, daß sich zwischen E, S und ES ein Gleichgewichtszustand (bestimmt durch das Verhältnis der beiden Geschwindigkeitskonstanten k_1 und k_2) einstellt. Im zweiten Fall wird k_3 nicht als vernachlässigbar klein angenommen, und zwischen E, S, ES und P kommt es zu einem Fließgleichgewichtszustand, bei dem während einer gewissen Zeitspanne ES ebenso schnell zerfällt, wie es gebildet wird, so daß seine Konzentration konstant bleibt.

Die meisten zellulären Reaktionen sind nun aber nicht – wie in Gleichung (1.44) angedeutet – monomolekular, sondern es müssen sich mehrere Reaktanten im aktiven

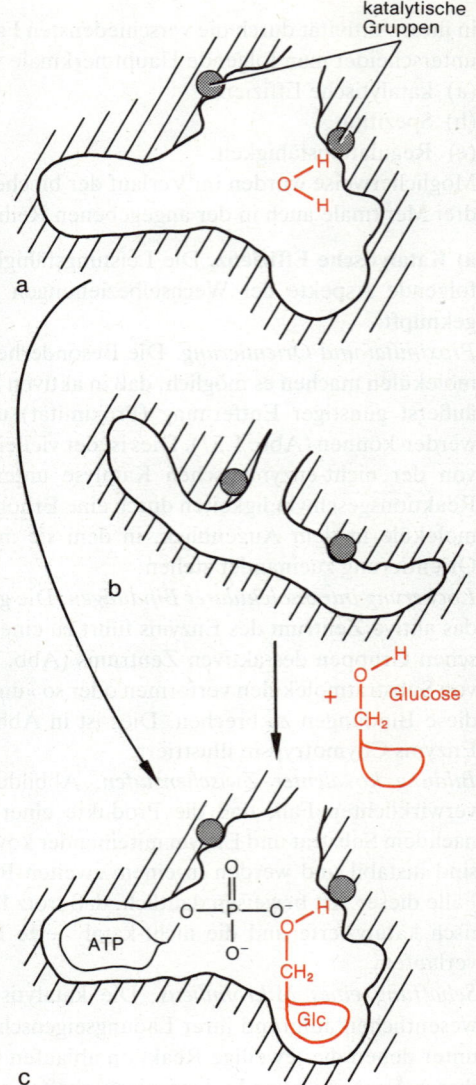

Abb. 1.59a–c. Schema des Enzyms Hexokinase als starre Matrize (a) oder als Enzym mit induzierbarer Paßform (b). Im letzteren Fall kann nur das natürliche Substrat Glucose das aktive Zentrum des Enzyms in eine Form bringen, in der die katalytischen Gruppen richtig orientiert sind (c), und nur dann kommt es zu einer Phosphorylierungsreaktion. Wäre das Enzym eine starre Matrize, dann müßte auch H_2O als Substrat dienen können, vor allem, da es in Zellen etwa 10000mal konzentrierter ist als das Substrat Glucose. (Nach Koshland)

(1.44)

$$\text{Zufuhr} \atop \downarrow $$
$$E + S \underset{k_2}{\overset{k_1}{\rightleftharpoons}} ES \xrightarrow{k_3} E + P$$
$$ \downarrow \atop \text{Abfuhr}$$

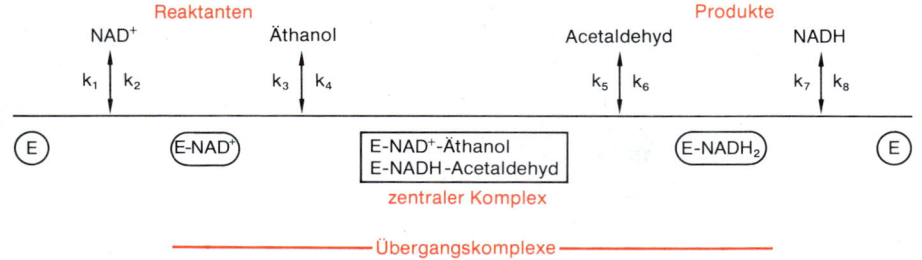

Abb. 1.60. Reaktionsschema für die Oxidation von Äthanol zu Acetaldehyd unter Mitwirkung des H-Akzeptors NAD^+ und des Enzyms Alkoholdehydrogenase (E)

(1.45)

$$CH_3CH_2OH + NAD^+ \underset{k_2}{\overset{k_1}{\rightleftharpoons}} CH_3C\begin{smallmatrix}O\\H\end{smallmatrix} + NADH + H^+$$

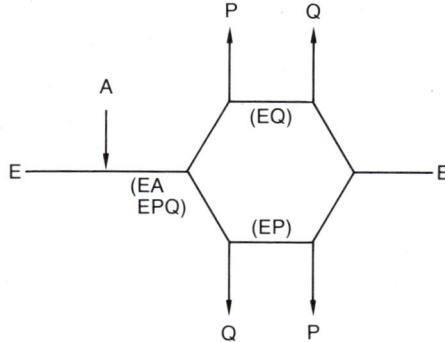

Abb. 1.61. Reaktionsschema einer Random-Uni-Bi-Reaktion

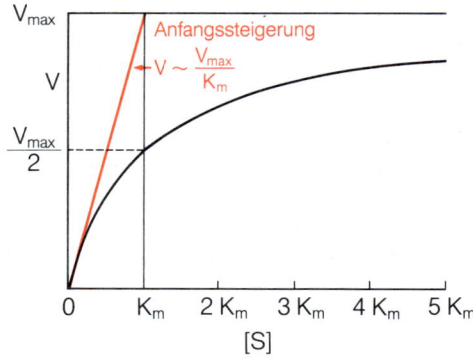

Abb. 1.62. Hyperbolische Beziehung zwischen Substratkonzentration und Geschwindigkeit einer Reaktion, die von einem Enzym mit Michaelis-Menten-Kinetik katalysiert wird. Die dargestellte Kurve ist eine sogenannte »rechtwinklige« Hyperbel, d. h. eine Hyperbel, die durch die zwei senkrecht aufeinander stehenden Asymptoten $[S] = -K_m$ und $v = V_{max}$ definiert ist. Zu beachten ist, daß sich v nur sehr allmählich V_{max} annähert. Selbst wenn $[S] = 10\,K_m$, beträgt v nur $0{,}91\,V_{max}$. Bei geringen Substratkonzentrationen entspricht v etwa dem Quotienten V_{max}/K_m, der somit in diesem Konzentrationsbereich den Charakter einer Geschwindigkeitskonstanten für die Reaktion $E + S \rightarrow E + P$ besitzt

(1.46)

$$V = \frac{V_{max} \cdot [S]}{K_m + [S]}$$

Zentrum eines Enzyms zusammenfinden und mehrere Produkte aus ihm entlassen werden. Auch die Reihenfolge, in der die einzelnen Reaktionsschritte ablaufen, kann durch kinetische Untersuchungen erschlossen werden. Daraus lassen sich verschiedene Reaktionstypen unterscheiden, für deren Bezeichnung folgende Nomenklatur nützlich ist: Die Reaktanten werden mit A, B, C... bezeichnet, die Produkte mit P, Q, R... Nach der Anzahl der Partner – sowohl der Reaktanten wie der Produkte – unterscheidet man Uni-, Bi- und Ter-Reaktionen (mehr als drei Partner pro aktivem Zentrum kommen praktisch nicht vor). Die Reihenfolge, in der die einzelnen Reaktionspartner in das aktive Zentrum gebunden bzw. aus ihm entlassen werden, kann geordnet (»ordered«) oder ungeordnet (»random«) sein. Als Beispiel einer »ordered-bi-bi«-Reaktion ist die vom Enzym Alkoholdehydrogenase (ADH) katalysierte Oxidationsreaktion (Gl. 1.45) in Abbildung 1.60 dargestellt.

Zu unterscheiden sind hier *Übergangskomplexe* zwischen dem Enzym und dem ersten Reaktanten bzw. dem letzten Produkt und der *zentrale Komplex*, an dem sich der eigentliche katalytische Prozeß abspielt. Jeder Reaktionspartner ist durch einen reversiblen Reaktionsschritt mit einem der beiden Komplexe verbunden. Eine »random-uni-bi«-Reaktion ist in Abbildung 1.61 gezeigt.

Wenn alle Reaktanten im aktiven Zentrum versammelt sein müssen, ehe ein Produkt gebildet werden kann, spricht man von *sequentiellen Mechanismen*. Reagiert E mit A und bildet P, das dissoziiert, ehe B mit E reagiert und Q bildet, dann handelt es sich um *Ping-Pong-Mechanismen*.

Von entscheidender Bedeutung für ein Verständnis enzymatischer Reaktionen sind Untersuchungen über die Beziehungen zwischen Substratkonzentration und Reaktionsgeschwindigkeit geworden, wie sie besonders von Michaelis und Menten Anfang unseres Jahrhunderts durchgeführt wurden. In ihrer einfachsten Form führt diese Beziehung zu einer rechtwinkligen Hyperbel (Abb. 1.62): Die Geschwindigkeit (v) einer enzymatisch katalysierten Reaktion strebt einem Sättigungswert (V_{max}) zu, der dann erreicht ist, wenn alle Enzymmoleküle mit Substratmolekülen »besetzt« sind. Aus dieser Sättigungskurve wurde auf die Existenz eines Enzym-Substrat-Komplexes geschlossen, dessen Zerfallsgeschwindigkeit die Geschwindigkeit der Gesamtreaktion bestimmt. Diese *Michaelis-Menten-Kinetik* läßt sich so einfach nur für monomolekulare Reaktionen formulieren, aber auch komplexere Reaktionen (Abb. 1.60) können *in vitro* in diese Form überführt werden, wenn alle Reaktionspartner bis auf einen konstant gehalten werden. Die Geschwindigkeit einer enzymatisch katalysierten Reaktion wird mit der Substratkonzentration umso stärker zunehmen (Kurve in Abb. 1.62 umso steiler), je größer die Affinität des Enzyms für das jeweilige Substrat ist. Diese Abhängigkeit läßt sich aus Gleichung (1.44) ableiten und führt zu der *Michaelis-Menten-Beziehung* (Gl. 1.46), zwischen Substratkonzentrationen [S] und Reaktionsgeschwindigkeit v, deren hyperbolische Form durch die Maximalgeschwindigkeit V_{max} und die Michaelis-Konstante K_m bestimmt ist. Letztere ist die Substratkonzentration [mol · l^{-1}], bei der die Geschwindigkeit der Reaktion halbmaximal ist, also die Hälfte aller Enzymmoleküle als ES-Komplex vorliegt

(Gl. 1.47). Die Affinität des Enzyms für sein Substrat ist also umso größer, einen je kleineren Wert K_m hat. Typische Werte liegen zwischen 10^{-5} und 10^{-3} mol·l^{-1}, und es wird angenommen, daß die realen biologischen Substratkonzentrationen ungefähr den K_m-Werten der zugehörigen Enzyme entsprechen. V_{max} ist keine enzymspezifische Konstante, da sie von dessen Konzentration abhängt. Ist diese bekannt (was Kenntnis des Molekulargewichtes des betreffenden Enzyms verlangt), dann läßt sich die katalytische Konstante $k_{cat} = \dfrac{V_{max}}{E_0}$ definieren, wobei E_0 die Konzentration des Enzyms in mol bedeutet.

$$(1.47) \quad k_1 [E] \cdot [S] = (k_2 + k_3) \cdot [ES]$$

Hinsichtlich der Kenntnisse über die Regulationsfähigkeit von Enzymen ist es bedeutungsvoll, wie die Geschwindigkeit einer enzymatisch katalysierten Reaktion durch Effektoren (oder Modulatoren, S. 106) verändert werden kann. Die Aktivität eines Enzyms kann durch *Inhibitoren* (= Hemmstoffe) verringert und durch *Aktivatoren* gesteigert werden. Konkurriert ein Inhibitor mit einem der Substrate um einen Platz im aktiven Zentrum, dann liegt eine *kompetitive Hemmung* vor. In diesem Fall nimmt die Hemmwirkung mit zunehmender Substratkonzentration ab (Abb. 1.63). Bei der *nicht-kompetitiven Hemmung* ist die Hemmwirkung unabhängig von der Substratkonzentration, da sich der Inhibitor mit einem *allosterischen Zentrum* des Enzyms (S. 74) verbindet und dadurch ganz allgemein dessen Affinität für das Substrat verringert. Derartige Konformationsänderungen von Enzymen unter dem Einfluß von Modulatoren sind ein im Zellstoffwechsel weit verbreitetes Phänomen und stellen eine der Grundlagen der Regulation des Stoffwechsels dar. Zeigen Enzyme kooperatives Verhalten (S. 106), d.h. übertragen sich Konformationsänderungen von einer Untereinheit auf andere, dann folgt die Aktivität des betreffenden Enzyms nicht mehr der hyperbolischen Michaelis-Menten-Kinetik. In vielen Fällen nimmt die Affinität derartiger Enzyme für ein Substrat mit dessen Konzentration zu, ehe der Sättigungswert erreicht wird. Das Ergebnis dieser Beziehung ist eine sigmoidale Kurve (Abb. 1.64), die dadurch ausgezeichnet ist, daß sich der Ordinatenwert innerhalb eines engen Bereiches von Abszissenwerten stark ändert. Enzyme mit *sigmoidaler Kinetik* kommen Schalterfunktionen zu, und sie eignen sich besonders als *Regulatorenzyme* an den Schlüsselstellen des Stoffwechsels (S. 89). Diesen Fällen von *positiver Kooperativität* stehen auch solche von *negativer Kooperativität* gegenüber, bei denen die Affinität des Enzyms für sein Substrat mit dessen Konzentration abnimmt, die Aktivität somit über einen kritischen Konzentrationsbereich des Substrats stabilisiert wird.

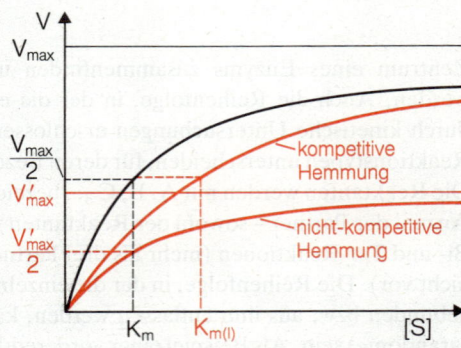

Abb. 1.63. Bei der kompetitiven Hemmung ändert sich die Affinität des Enzyms für das jeweilige Substrat ($K_{m(I)} > K_m$), während V_{max} konstant bleibt. Bei der nicht-kompetitiven Hemmung verringert sich V_{max}, während K_m entweder gleich bleibt oder sich ebenfalls verändert

Gleichgewichts- und Ungleichgewichtsreaktionen

In der Nähe des thermodynamischen Gleichgewichtes sind chemische Reaktionen voll oder fast voll reversibel und können demgemäß keine oder fast keine freie Energie übertragen, d.h. $\Delta G \sim 0$. Bei weitem die meisten biochemischen Reaktionen in Zellen befinden sich in diesem Zustand, dessen Bedeutung vor allem darin liegt, daß die Flußrichtung der Reaktion ausschließlich von Angebot und Nachfrage auf dem Markt des Stoffwechsels abhängt. Auf diese Weise können Zellen sehr schnell auf Änderungen der Konzentrationen von Metaboliten und Cofaktoren reagieren: Überschüsse können über anabole oder katabole Wege entfernt, erhöhter Bedarf kann aus Reserven gedeckt werden. Diese Möglichkeit, auf Änderungen von Angebot und Nachfrage sofort reagieren zu können, ist ein Charakteristikum komplexer, offener Systeme im Fließgleichgewicht und verleiht ihnen Flexibilität. So befinden sich z.B. von den 11 Reaktionen der Glykolyse (S. 88) 8 oder 9 in der Nähe des thermodynamischen Gleichgewichtes, sind also weitgehend reversibel. Dies bedingt, daß sie je nach Anforderung an das gesamte System entweder in kataboler Richtung (= Glykolyse) oder in anaboler Richtung (= Gluconeogenese) durchlaufen werden können (S. 93). Auch die Mehrzahl der an Energietransformationen in Mitochondrien und Chloroplasten beteiligten gekoppelten Reaktionen befindet sich in der Nähe des Gleichgewichtes. So wird etwa an der F_0F_1ATPase der Mitochondrien die protonenmotorische Kraft mit fast 100%iger Effizienz in das Phosphat-

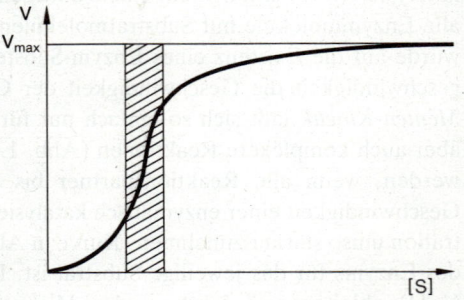

Abb. 1.64. Kinetik einer Reaktion, die von einem Enzym mit positiver Kooperativität katalysiert wird. Im schraffierten Bereich führen bereits geringe Konzentrationsänderungen zu drastischen Geschwindigkeitsänderungen

übertragungspotential von ATP überführt (S. 82). Das thermodynamische Gleichgewicht wird immer dann erreicht, wenn die Reaktion nicht durch *kinetische Barrieren* gehindert ist. Dementsprechend werden solche Reaktionen durch »*Gleichgewichtsenzyme*« katalysiert, die sich durch hohe Umsatzzahlen auszeichnen. Andererseits setzt die Gerichtetheit aller Lebensprozesse voraus, *daß einige Reaktionen vom thermodynamischen Gleichgewicht entfernt gehalten werden*. Diese im wesentlichen irreversiblen Reaktionen werden durch »*Ungleichgewichtsenzyme*« katalysiert, an denen Modulatoren und Effektoren (S. 106) steuernd in das Stoffwechselgeschehen eingreifen können. Welche Enzyme in einem Reaktionennetz als kinetische Kontrollpunkte wirksam sind, kann – unter gewissen Voraussetzungen – durch sogenannte »*crossover plots*« (Chance und Williams 1955) ermittelt werden: Der Fließgleichgewichtszustand des Reaktionssystems wird unter definierten Standardbedingungen bestimmt und die Konzentrationen aller Metaboliten auf 100% relativiert. Wird das System in einen neuen Zustand überführt, dann wirken äußere und innere Effektoren auf die Enzyme des Systems in unterschiedlichem Maße ein. Bestimmt man nun erneut die Konzentrationen aller Metaboliten, dann werden einige gegenüber den Standardwerten *erhöht*, andere *erniedrigt* sein. Wo die Verbindungslinien zwischen den Gliedern des Systems die Standardlinie kreuzen, dort liegen – mit einer gewissen Wahrscheinlichkeit – die kinetischen Kontrollpunkte. Dies ist in Abbildung 1.65 am Beispiel der Glykolyse gezeigt, wo z.B. die mehr als 100fache Anreicherung von Fructose-bis-phosphat (FBP) die kinetische Schlüsselfunktion des »stromaufwärts« gelegenen Enzyms Phosphofructokinase nahelegt. Ob ein bestimmtes Enzym in einer Reaktionssequenz als »Gleichgewichts«- oder als »Ungleichgewichts«enzym wirksam ist, das hängt allerdings in hohem Maße von den jeweiligen Systembedingungen ab.

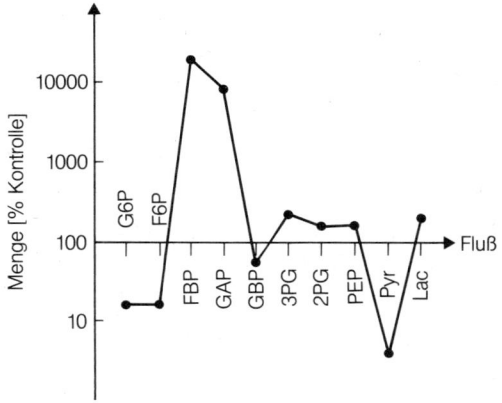

Abb. 1.65. »*Crossover plot*« *der Glykolyse in menschlichen Erythrocyten nach einer Veränderung des pH-Wertes von pH 7,2 (Kontrolle) auf pH 8,2. (Die Zellen wurden jeweils eine Stunde bei 37°C in Tris-HCl-Puffer mit 0,02 mol $\cdot$ l^{-1} Glucose und 0,001 mol $\cdot$ l^{-1} P$_i$ inkubiert.)*

1.4.3 Energieübertragung in Zellen

Organismen nützen verschiedene Energiequellen: *photoautotrophe* Organismen die elektromagnetische Energie des Lichtes; *chemoautotrophe* (oder *chemolithotrophe*) Organismen die chemische Energie anorganischer Verbindungen; *heterotrophe* Organismen die chemische Energie organischer Verbindungen. Diese Energien werden in der Form körpereigener Stoffe als chemische Energie gespeichert und diese im Energiestoffwechsel von Zellen für das Verrichten von chemischer, mechanischer und Transportarbeit verwendet. Die Verwandlung der gespeicherten chemischen Energie in biologische Arbeit erfolgt auf dreierlei Art:
– Durch direkte Nutzung der chemischen Potentiale organischer Verbindungen.
– Durch Nutzung der Elektronenübertragungspotentiale, die zwischen chemischen Gruppen mit unterschiedlicher Affinität für Elektronen bestehen.
– Durch Nutzung der elektrochemischen Potentiale von Ionengradienten, die sich über Membranen aufbauen.

1.4.3.1 Direkte Nutzung der chemischen Potentiale organischer Verbindungen

Werden in einer spontanen chemischen Reaktion Kovalenzbindungen gelöst, dann kann die frei werdende Gibbssche Reaktionsenergie direkt auf eine andere Reaktion übertragen werden, wenn ein geeigneter Koppelungsmechanismus existiert. Ein derartiger Mechanismus besteht aus Enzymen, Enzym-Komplexen oder Membran-Protein-Komplexen und setzt ein charakteristisches »Mikromilieu« in jenen Strukturen voraus, in denen sich die Koppelung und Energieübertragung vollzieht (S. 106f.).
Nach Gleichung (1.33) errechnet sich zum Beispiel aus den in roten Blutzellen herrschenden Konzentrationsverhältnissen für die Reaktion
Glycerinsäure-1,3-bisphosphat (GBP) $\rightleftharpoons$ 3-Phosphoglycerat (3PG) + P$_i$
ein ΔG von -47 kJ $\cdot$ mol^{-1}.

Unter denselben Bedingungen ist die Reaktion
ADP + P_i ⇌ ATP + H_2O
mit + 48,3 kJ · mol^{-1} endergon. Werden die beiden Reaktionen durch Vermittlung des Enzyms *Phosphoglycerat-Kinase* miteinander gekoppelt, dann wird die Phosphorylierung von ADP durch die in der exergonen Reaktion frei werdende Gibbssche Energie angetrieben:
GBP + ADP ⇌ 3PG + ATP ΔG = + 1,3 kJ · mol^{-1}.

Diese Reaktion, einer der ATP-synthetisierenden Schritte der Glykolyse (S. 88), illustriert den Mechanismus der *Substratphosphorylierung*. Sie ist aber auch ein Beispiel dafür, daß im Zellstoffwechsel Reaktionen im Gleichgewicht (oder fast im Gleichgewicht) stehen können und daß auf diese Weise auch die verlustfreie Übertragung von chemischer Reaktionsenergie in ATP, die universelle Energiewährung der Zelle, gelingt. Voraussetzung für den Ablauf von Reaktionen in der Nähe des thermodynamischen Gleichgewichtes ist, daß sie in den Fließgleichgewichtszustand der Zelle eingebettet sind, dessen Richtung und Fluß durch einige irreversible Schlüsselreaktionen bestimmt wird (S. 77). Das in dieser Gleichgewichtsreaktion entstehende ATP erfüllt seine Rolle als universeller Energielieferant jedoch nicht deshalb, weil es auf eine ganz besondere Weise »energiereich« ist, sondern weil das ATP/ADP-System in Zellen um fast 10 Größenordnungen vom thermodynamischen Gleichgewicht entfernt gehalten wird. Unter physiologischen Bedingungen, bei pH = 7,0 und einer Mg^{2+}-Konzentration von 0,01 mol · l^{-1}, beträgt die Gleichgewichtskonstante $K' = \frac{[ADP] \cdot [P_i]}{[ATP]}$ etwa 10^5, d. h. das ATP ist fast vollständig hydrolisiert. Das tatsächliche Massenverhältnis Q dieser Reaktion in lebenden Zellen hat jedoch einen Wert zwischen 10^{-4} und 10^{-5}. Verhalten sich $K:Q$ wie $10^5 : 10^{-5}$, dann folgt nach Gleichung (1.33) (S. 64):

ΔG = − 2,3 · 8,31 · 298 · log 10^{10} = − 56,9 (kJ · mol^{-1}).

Die Besonderheit des ATP/ADP-Systems liegt darin, daß es in allen Zellen molekulare Strukturen und Mechanismen gibt, die einen derart hohen Spannungszustand im Fließgleichgewicht des Energiestoffwechsels aufrechtzuerhalten imstande sind – und dies, obwohl die durchschnittliche Existenzdauer eines ATP-Moleküls in Zellen höchstens ein paar Minuten, bei maximaler Leistung des Organismus nur ein paar Sekunden beträgt.

1.4.3.2 Elektronenübertragungspotentiale und Elektronentransportketten

Die Energie, die Leben auf der Erde möglich macht, stammt ursprünglich aus der Sonne. Unter Beihilfe von Chlorophyllmolekülen spalten Lichtquanten Wassermoleküle und treiben deren Elektronen auf ein höheres Energieniveau (S. 110f.). Diese Elektronen reduzieren nun gemeinsam mit Protonen und unter Benützung eines Elektronentransportsystems Kohlendioxid zur Stufe der Kohlenhydrate, die dem Stoffwechsel aller Organismen als primäre Energiequelle dienen.

Die Photonen-Energie wird so als chemische Energie in Zellen gebunden. Aus dieser Speicherform können Elektronen erneut mobilisiert und auf das niedrigere Energieniveau des Wassermoleküls zurückgeführt werden. Es gibt also nicht nur einen ökologischen, sondern auch einen biochemischen Kreislauf des Wassers. Das Energiegefälle des Elektronenflusses kann verwendet werden, um den Aufbau von Protonengradienten bzw. von Membranpotentialen zu treiben, und diese lassen sich für die Synthese von ATP einsetzen.

Die Fähigkeit zur Verknüpfung von Elektronenfluß, Protonengradient und ATP-Synthese kommt *Chloroplasten* (S. 82, 122f.) wie *Mitochondrien* (S. 81f.) zu. Die von einem speziellen Pigmentsystem katalysierte Reduktion des CO_2 durch Wasserstoff ist hingegen den Chloroplasten grüner Pflanzen und den photoautotrophen Prokaryoten vorbehalten. Eine schematische Zusammenfassung dieser Beziehungen gibt Abbildung 1.66.

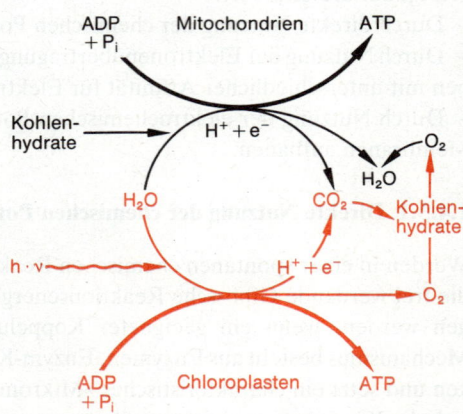

Abb. 1.66. Die Verknüpfung der in Chloroplasten und Mitochondrien ablaufenden energieliefernden Prozesse über die Kreisläufe von Wasser, Sauerstoff und Kohlenhydraten. h · v = elektromagnetische Energie. (Nach Racker)

Chloroplasten und Mitochondrien zeichnen sich durch einen charakteristischen Membranbau und sehr ähnlich zusammengesetzte Elektronentransportsysteme aus. Diese Systeme bestehen aus *Donatoren* und *Akzeptoren*, die Elektronen mit unterschiedlicher Leichtigkeit abgeben bzw. aufnehmen. Stoffe mit hohem Elektronendruck geben Elektronen an andere Stoffe mit größerer Elektronenaffinität ab. Zwischen einem Donator und einem Akzeptor besteht somit eine Potentialdifferenz, deren Ausmaß durch das Verhältnis von Elektronendruck und Elektronenaffinität der beiden beteiligten Substanzen definiert ist. Da der Entzug von Elektronen als Oxidation, die Aufnahme von Elektronen als Reduktion aufgefaßt wird, bezeichnet man diese Differenz auch als *Redoxpotentialdifferenz* oder kürzer, wenn auch ungenauer, *Redoxpotential*. Je größer das Redoxpotential zwischen zwei Stoffen, desto begieriger nimmt das Oxidationsmittel (der Akzeptor) die Elektronen des Reduktionsmittels (des Donators) auf und desto größer ist der Unterschied in den Gibbsschen Energien der beiden Verbindungen.

Die Übertragung von Elektronen entlang einer elektrischen Potentialdifferenz ist dem Fluß von Stoffen entlang einer chemischen Potentialdifferenz äquivalent und kann daher mit den bisher verwendeten thermodynamischen Begriffen beschrieben werden. Da aber der Fluß von Elektronen auf elektrische Weise gemessen wird, kommen in der Beschreibung von Redoxpotentialen auch elektrische Parameter zur Anwendung. So ergibt sich die Größe des Redoxpotentials aus dem Ausdruck für die Gibbssche Reaktionsenergie, indem wir Gleichung (1.36) durch die Einheit der Ladungsmenge, das *Faraday* (F) = 96 485 Coulomb pro Grammäquivalent Ladungen sowie durch die Zahl der pro Reaktion übertragenen Elektronen, $n \cdot e^-$, dividieren (Gl. 1.48). ΔE ist hier das Redoxpotential (Dimension mV) der Reaktion $S_{ox} + n \cdot e^- \rightleftharpoons S_{red}$; $\Delta E_0'$ ist das Standardpotential bei $pH = 7{,}0$, das gegen eine standardisierte Wasserstoffelektrode (mit H_2-Gas bei 100 hPa gesättigtes Platin in 1 mol $H^+ \cdot l^{-1}$) gemessen wurde. Der Ausdruck $[S_{ox}]/[S_{red}]$ entspricht dem Massenverhältnis Q der Gleichung (1.36), ΔG und ΔE sind zwei Maßstäbe zum Messen freier Energiedifferenzen, die über die Beziehung der Gleichung (1.49) ineinander verwandelt werden können (wobei »n« die Zahl der pro Reaktion transferierten Elektronen bedeutet). Unter physiologischen Standardbedingungen gelten für 1- und 2-Elektronenübergänge beispielhaft die nebenstehenden Werte:

Werte für die Redoxpotentialdifferenzen einiger wichtiger organischer Reaktionen sind in Tabelle 1.19 zusammengestellt, wobei gilt, daß jeweils die obere Verbindung die untere reduzieren bzw. von dieser oxidiert werden kann. Ein Elektronenfluß würde sich nach dieser Tabelle also von oben nach unten einstellen.

Aus den Elementen dieser Spannungsreihe sind auch die Elektronentransportketten von Chloroplasten und Mitochondrien zusammengesetzt. In den Elektronentransportketten der Chloroplasten wird der durch die Absorption von Photonen in Gang gesetzte Fluß von Elektronen sowohl zur Synthese von ATP wie zur Reduktion von CO_2 verwendet. In den Transportketten von Mikroorganismen und in Mitochondrien ist meistens Sauerstoff der *terminale Elektronenakzeptor* (was zu dem mißverständlichen Namen »Atmungskette« für dieses Transportsystem Anlaß gegeben hat). Zahlreiche Bakterien können aber auch Nitrat anstelle von Sauerstoff als terminalen Elektronenakzeptor benutzen; sie reduzieren dieses zu Nitrit oder zu molekularem Stickstoff.

In Mitochondrien sind die Komponenten der Elektronentransportkette asymmetrisch in die innere Membran eingebaut (Abb. 1.68). Erster Elektronenakzeptor ist NAD^+, das durch die Aufnahme von einem Wasserstoffpaar zu NADH reduziert wird (S. 71). Das H- bzw. Elektronenpaar reduziert dann Schritt um Schritt ein Molekül *Flavoprotein* (FP), ein Molekül *Chinon* (Coenzym Q), zwei Moleküle *Cytochrom b* (b), zwei Moleküle *Cytochrom c* (c), dann zwei Moleküle eines terminalen Komplexes, der *Cytochrom* a$_3$ oder *Cytochromoxidase* (a) heißt, und schließlich ein halbes Molekül Sauerstoff, das sich mit einem Protonenpaar zu H_2O verbindet (Abb. 1.67, Gl. 1.50). Die einzelnen Wirkgruppen sind zum Teil recht komplizierte Stoffe: So besteht der in Abbildung 1.67 mit »I«

(1.48)
$$\Delta E = \Delta E_0' + 2{,}3 \cdot \frac{R \cdot T}{n \cdot F} \cdot \log \frac{[S_{ox}]}{[S_{red}]}$$

(1.49)
$$\Delta G = - n \cdot F \cdot \Delta E$$

$\Delta E_0'$ (mV)	$\Delta G_0'$ (kJ · mol^{-1})	
	n = 1	n = 2
+ 100	− 9,6	− 19,3
+ 200	− 19,3	− 38,6
+ 500	− 48,2	− 96,5
+ 1000	− 96,5	− 193,0
+ 1200	− 116,0	− 231,0

(1.50)
$$O + 2\,e^- \rightarrow O^{2-}$$
$$O^{2-} + 2\,H^+ \rightarrow H_2O$$

Tabelle 1.19. Redoxpotentiale (relativ zur Wasserstoffelektrode) einiger biologisch wichtiger Reaktionen bei *pH* 7

Elektronendonatoren (Reduktionsmittel)		Elektronenakzeptoren (Oxidationsmittel)	Redoxpotential [V]
Ketoglutarat	⇌	Succinat + CO_2 + $2H^+$ + $2e^-$	− 0,680
Ferredoxin-e^-	⇌	Ferredoxin + e^-	− 0,432
H_2	⇌	$2H^+$ + $2e^-$	− 0,414
NADH + H^+	⇌	NAD^+ $2H^+$ + $2e^-$	− 0,317
NADPH + H^+	⇌	$NADP^+$ + $2H^+$ + $2e^-$	− 0,316
$FADH_2$	⇌	FAD + $2H^+$ + $2e^-$	− 0,219
Lactat	⇌	Pyruvat + $2H^+$ + $2e^-$	− 0,180
Flavoprotein-H_2	⇌	Flavoprotein + $2H^+$ + $2e^-$	− 0,063
Phyllochinon-H_2	⇌	Phyllochinon + $2H^+$ + $2e^-$	− 0,050
Succinat	⇌	Fumarat + $2H^+$ + $2e^-$	− 0,015
Fe^{II}-Cytochrom b_5	⇌	Fe^{II}-Cytochrom b_5 + e^-	+ 0,020
Fe^{II}-Cytochrom b	⇌	Fe^{III}-Cytochrom b + e^-	+ 0,070
Ubichinon-H_2	⇌	Ubichinon + $2H^+$ + $2e^-$	+ 0,100
Fe^{II}-Cytochrom c	⇌	Fe^{III}-Cytochrom c + e^-	+ 0,260
Fe^{II}-Cytochrom a	⇌	Fe^{III}-Cytochrom a + e^-	+ 0,290
Fe^{II}-Cytochrom a_3 (Cytochromoxidase)	⇌	Fe^{III}-Cytochrom a_3 + e^-	+ 0,520
H_2O	⇌	½ O_2 + $2H^+$ + $2e^-$	+ 0,815

bezeichnete erste Abschnitt der Transportkette aus vier eisen-, kupfer- oder schwefelhaltigen Zentren, und die Cytochromoxidase ist ein aus sechs Untereinheiten aufgebauter Proteinkomplex, der die innere Mitochondrienmembran durchsetzt.

Bei ihrem kaskadenartigen Fall vom Redoxniveau des NADH/NAD^+ auf das des Sauerstoffs durchmessen die Elektronen eine Potentialdifferenz von etwa 1,13 V, was einer Gibbsschen Reaktionsenergie von 218 kJ · mol^{-1} entspricht (Gl. 1.51). An drei Stellen der Kaskade ist, wie in Abbildung 1.67 angedeutet, die Potentialdifferenz zwischen Elektronendonator und -akzeptor jeweils besonders groß. Diese Stellen wurden früher als »sites« I, II und III bezeichnet und als jene Abschnitte angesehen, an denen jeweils die Phosphorylierung von einem Molekül ADP zu ATP stattfindet. Nach modernerer Ansicht werden an diesen (aber möglicherweise nicht immer an allen) Stellen Protonen von der Matrixseite an die Außenseite der inneren Mitochondrienmembran gepumpt, während die *oxidative Phosphorylierung* von ADP an einem aus mehreren Untereinheiten zusammengesetzten Komplex, der *F_0F_1-ATPase*, stattfindet, der die Innenmembran durchdringt und an der Innenseite ein in den Matrixraum ragendes und im Elektronenmikroskop sichtbares Köpfchen bildet (S. 82).

Die Transportkette, die in Chloroplasten die beiden Pigmentsysteme verbindet, enthält zwischen den Cytochromen b_6 und f ebenfalls einen Abschnitt mit besonders großer Potentialdifferenz (S. 121).

1.4.3.3 Ionenmotorische Kräfte und chemiosmotische Theorie

Die Arbeit, die einer Konzentrationsdifferenz entnommen werden kann, ist der Menge der bewegten Stoffe und dem Logarithmus des Konzentrationsverhältnisses proportional (Gl. 1.33). Auf die Einheit der Stoffmenge bezogen, erhalten wir den Ausdruck für eine Kraft, deren Dimension, wie die der Gibbsschen Reaktionsenergie oder Affinität, kJ · mol^{-1} ist. In Zellen werden endergone Prozesse, wie z. B. der Transport von Stoffen gegen ein Konzentrationsgefälle, durch derartige, im Fließgleichgewicht konstant gehaltene Potentiale angetrieben.

(1.51)

NADH + H^+ + $\frac{1}{2}O_2 \rightarrow NAD^+ + H_2O$

$\Delta G'_0 = -218$ kJ · mol^{-1}

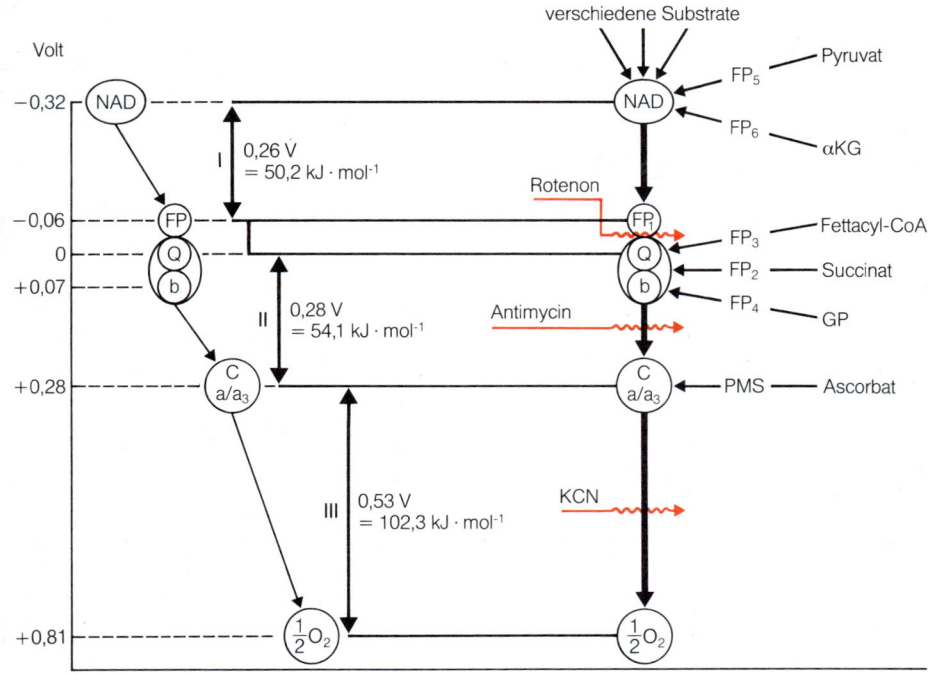

Abb. 1.67. Schema der Elektronentransportkette in Mitochondrien. Links sind die Potentialdifferenzen zwischen den wichtigsten Stationen der Elektronenübertragung dargestellt, wobei die Übergänge mit besonders hoher Potentialdifferenz (I, II, III) hervorgehoben sind. Rechts ist der Elektronenfluß zwischen einigen wichtigen Metaboliten und der Elektronentransportkette dargestellt. Dieser Fluß wird durch eine Reihe spezifischer flavinhaltiger Dehydrogenasen (FP_1 bis FP_6) vermittelt. Der zentrale Elektronentransport kann an verschiedenen Stellen durch Inhibitoren (rote Pfeile) unterbunden werden. Abkürzungen: NAD = NAD/NADH-System; FP Flavoproteine; Q Ubichinon (Coenzym Q); b, c = Cytochrom b und c; a/a_3 = Cytochromoxidase; αKG α-Oxoglutarat; GP Glycerinphosphat; PMS der künstliche Elektronenüberträger Phenazinmetosulfat; KCN Kaliumcyanid

Sind am Aufbau eines Teilchengradienten Ladungsträger beteiligt, dann enthalten die entstehenden Kräfte eine elektrische und eine konzentrationsabhängige Komponente. Die Gibbssche Reaktionsenergie eines derartigen Systems läßt sich dann nach Gleichung (1.52) formulieren, wobei $\Delta\Psi$ (Ψ = Psi) dem Redoxpotential ΔE analog ist. Die Gibbssche Reaktionsenergie (die ja die Dimension eines Potentials hat) kann in solchen Fällen als *ionenmotorische Kraft* bezeichnet werden.

Kommt es über einer Membran zwischen einem inneren (i) und einem äußeren (a) Kompartiment zum Aufbau eines *Protonenpotentials*, dann gilt Gleichung (1.53).

$\Delta\bar{\mu}_{H^+}$ (oder Δ_P) ist das Symbol für die *protonenmotorische Kraft* (mit der Dimension mVolt), die, wie andere Kräfte, für den Antrieb endergoner Prozesse verwendet werden kann. Durch Koppelung des Protonenflusses mit dem anderer Ionen können aber auch Metaboliten durch Membranen hindurch transportiert werden. Die besondere Bedeutung der protonenmotorischen Kraft liegt darin, daß sie nach der von P. Mitchell formulierten chemiosmotischen Theorie die Verbindung zwischen dem e⁻-Übertragungspotential und der Synthese von ATP herstellt und damit als das Herzstück der Energietransformationen in Mitochondrien und Chloroplasten angesehen werden kann. Die Funktionsweise des chemiosmotischen Mechanismus läßt sich durch vier Postulate charakterisieren:

(1) Der Elektronenfluß in der Elektronentransportkette ist unmittelbar mit der Translokation von Protonen und dem Aufbau eines Protonengradienten verknüpft.
(2) Es gibt eine protonentranslozierende ATPase, an der die Entladung des Protonengradienten mit der Synthese von ATP gekoppelt ist.
(3) Die Translokation von Protonen ist auch mit dem Transport von Anionen und Kationen verbunden, wodurch der Austausch wichtiger Metaboliten zwischen Kompartimenten von Zellen und Zellorganellen möglich ist.
(4) Die unter 1–3 genannten Systeme sind in intakten, Ionen-*im*permeablen Membranen lokalisiert.

(1.52)
$$\Delta G = -F \cdot \Delta\Psi + 2{,}3 \cdot R \cdot T \cdot \log\frac{c_1}{c_2} \quad (kJ \cdot mol^{-1})$$

elektrische konzentrations-
Komponente abhängige
(Membran-   Komponente
potential)

(1.53)
$$\Delta G = -F \cdot \Delta\Psi + 2{,}3 \cdot R \cdot T \cdot \log\frac{[H^+]_a}{[H^+]_i}$$
$$= -F \cdot \Delta\Psi + 2{,}3 \cdot R \cdot T \cdot \Delta pH$$

pH-Differenz zwischen innen und außen

und nach Division durch F und Vorzeichenwechsel

$$\Delta\bar{\mu}_{H^+} = \Delta\Psi - 2{,}3 \cdot \frac{R \cdot T}{F} \cdot \Delta pH$$

Bei 25 °C reduziert sich diese Beziehung auf

$$\Delta\bar{\mu}_{H^+} = \Delta\Psi - 60 \cdot \Delta pH$$

Diese Postulate gelten für die inneren Membranen von Mitochondrien, für die Thylakoidmembranen von Chloroplasten und für die Zellmembranen von Prokaryoten. Mit Hilfe von Dehydrogenasen werden Substraten des Zellstoffwechsels Wasserstoffpaare (SH_2 in Abb. 1.68) und mit diesen Elektronen entzogen, die in die Elektronentransportkette eintreten und dort an molekularen Komplexen mit abnehmendem Redoxpotential (Abb. 1.67) abgewertet werden, d. h. Energie verlieren. Auf dem Weg vom NAD^+/NADH-System, über das die meisten Elektronen in die Elektronentransportkette der Mitochondrienmembran gelangen, mit einem ΔE von -300 mV zum Wasser ($\Delta E = +800$ mV) durchmessen die Elektronen somit eine Potentialdifferenz von etwa 1,1 Volt, und es ist diese Spannung, die den Transport der Protonen von der Matrixseite an die Außenseite der inneren Mitochondrienmembran bzw. von der Außenseite an die Innenseite der Thylakoidmembran in den Chloroplasten (S. 78) treibt. Dabei stammen die Protonen entweder von den Metaboliten selbst oder aus dem Wasser. Der Protonengradient konserviert somit einen Teil des Elektronenübertragungspotentials zwischen dem NAD^+/NADH-System und H_2O. Was die Stöchiometrie zwischen e^--Transport und H^+-Translokation betrifft, so ist die ursprüngliche Annahme Mitchells, daß pro Elektronenpaar an drei Stellen der Elektronentransportkette je zwei Protonen transloziert werden, trotz verschiedener alternativer Vorschläge noch immer eine der wahrscheinlichsten Theorien. Die protonenmotorische Kraft über den Membranen normal atmender oder assimilierender Organellen liegt zwischen 200 und 220 mV, wobei der Anteil der elektrischen Komponente, das Membranpotential $\Delta\Psi$, etwa $\frac{2}{3}$ des Gesamtpotentials ausmachen dürfte (Gl. 1.52). Werden zwei e^--Äquivalente (also eine Ladungsmenge von $2F = 193000$ Ampere · s) über einer Potentialdifferenz von 1100 mV abgearbeitet und treiben dabei den Transport von 6 Protonenäquivalenten gegen eine Potentialdifferenz von 200 mV, dann ergibt sich eine Übertragungseffizienz von $\frac{6 \cdot 200}{2 \cdot 1100} \cdot 100 = 54\%$.

Über den genauen Mechanismus der Koppelung zwischen protonenmotorischer Kraft und Phosphorylierung besteht noch Unklarheit. Gesichert ist, daß diese Übertragung an einem komplexen Integralprotein erfolgt, das die jeweilige Membran durchdringt und aus einer protonentranslozierenden (F_0) sowie einer katalytischen (F_1) Untereinheit besteht und dementsprechend F_0F_1-*ATPase* (oder *ATP-Synthetase*) genannt wird. Wahrscheinlich werden pro e^--Paar 3 ATP synthetisiert, was beim Durchlaufen der gesamten Potentialdifferenz zwischen NADH und H_2O einem P/O-Quotienten (= Anzahl der Phosphorylierungen pro halbem Sauerstoffmolekül) von ebenfalls 3 entspricht. Es sind jedoch auch niedrigere Werte genannt worden.

Alle Energieübertragungen in Mitochondrien und Chloroplasten dürften von extensiven Wechselwirkungen zwischen Enzymen sowie von deren Konformationsänderungen begleitet sein, ja, diese strukturellen Veränderungen sind wesentliche Bestandteile des Übertragungsmechanismus. Der Protonengradient darf also nicht bloß als ein Glied in der Energietransportkette angesehen werden, sondern er spielt auch die Rolle eines *Effektors* oder *Modulators* (S. 106) von membrangebundenen Enzymen. Oxidative Phosphorylierung und Elektronentransport können durch spezifische Reagenzien voneinander getrennt werden, in der Zelle z. B. durch Fettsäuren, im Experiment durch Dinitrophenol. Nach der chemiosmotischen Hypothese würden derartige *Entkoppler* den Protonengradienten entladen, was zwar den Elektronenfluß nicht beeinträchtigt, wohl aber dessen Verbindung mit der ATP-Synthese unterbricht. Die gesamte Energie der Transportkette (218 kJ · mol $NADH^{-1}$) würde in diesem Fall als Wärme frei werden.

Am Bacterium *Halobacterium halobium,* in dessen Membran ein Rhodopsin eingelagert ist (S. 123 f., Abb. 1.113), konnte der Aufbau von Protonengradienten unter dem Einfluß von Lichtenergie studiert und mit dem ebenfalls lichtabhängigen Protonentransport in Chloroplasten (S. 122 f.) verglichen werden.

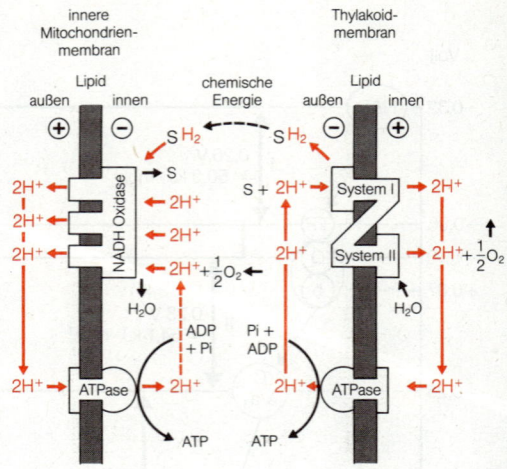

Abb. 1.68. Chemiosmotische Koppelung von oxidativer und Photophosphorylierung in Mitochondrien (links) und Chloroplasten (rechts). Das in den Chloroplasten entstehende reduzierte Substrat (SH_2) dient letzten Endes den Mitochondrien als chemische Energiequelle, aber die in dieser Abbildung implizierte direkte Verbindung zwischen Thylakoidmembran-Außenseite und Mitochondrienmembran-Innenseite existiert so in der lebenden Zelle natürlich nicht: In Wirklichkeit wird das reduzierte Substrat in der Form von Reduktionsäquivalenten (z. B. als NADH) aus dem Cytosol in die Mitochondrienmatrix transportiert. (Verändert nach Mitchell, aus Ernster u. Schatz)

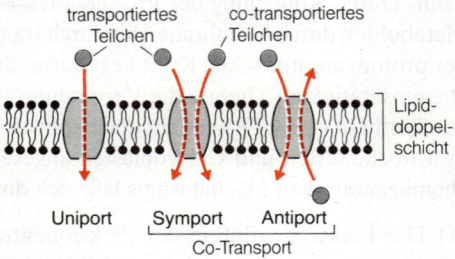

Abb. 1.69. Zusammenstellung der wichtigsten Transportmechanismen durch Biomembranen. (a) Teilchen durchdringen die Lipid-Doppelschicht von Membranen entweder allein (Uniport) oder gemeinsam mit einem anderen Teilchen in der gleichen Richtung (Symport) oder gemeinsam mit einem anderen Teilchen in der Gegenrichtung (Antiport)

1.4.3.4 Transport von Ionen und kleinen Molekülen durch Membranen

Werden Körper- oder Zellsäfte durch Membranen hindurchgepreßt (wobei als Antrieb eine hydraulische oder eine osmotische Kraft wirken kann), dann fließen auch gelöste Stoffe im Saftstrom mit – ein Vorgang, den man als *Ultrafiltration* (oder »*solvent drag*«) bezeichnet. Bei diesem Prozeß spielt die Permeabilität der Membran für die gelösten Stoffe eine entscheidende Rolle. Rein phänomenologisch kann man feststellen, daß verschiedene Teilchen eine biologische Membran verschieden schnell durchdringen, diese somit die Rolle eines *selektiven Filters* spielt. Die jeweilige Flußgeschwindigkeit des Teilchens hängt dabei von dessen Größe und Polarität ab. Je kleiner und apolarer (also lipophiler) das Teilchen ist, desto schneller vermag es Membranen zu durchdringen und desto größer ist sein Permeabilitätskoeffizient P. Das heißt, unter sonst gleichen Bedingungen durchdringt ein kleines Kation wie Na^+ Biomembranen um 10 Größenordnungen langsamer als das ungeladene (aber polare) Wassermolekül. Bis zu einer Molekülgröße, die etwa der des Harnstoffs entspricht (Molekulargewicht 10^{-24} g), können ungeladene Moleküle den Austausch zwischen Außenmedium und Zelle oder zwischen Zellkompartimenten allein durch einen Prozeß aufrechterhalten, den man als *einfache* oder *freie Permeation* bezeichnet. In diesem Fall wird die Flußgeschwindigkeit durch eine Variante des Fickschen Diffusionsgesetzes (Gl. 1.15, S. 59) definiert, für die $D/dx = P$ (cm · s^{-1}) gilt. Als Antriebskraft wirkt in diesem Fall die Konzentrationsdifferenz zu beiden Seiten der Membran, d.h. das Molekül fließt *passiv*, seinem chemischen Gradienten folgend, vom Kompartiment mit der höheren in das mit der niedrigeren Konzentration. Trotz extrem ungünstiger Permeabilitätskoeffizienten können auch Ionen passiv durch Membranen hindurchfließen, aber nur dann, wenn der Fluß durch ein Transportprotein erleichtert wird. Derartige Proteine bilden entweder Kanäle durch die Membran oder sie fungieren als Transporter (auch Translokatoren oder Trägerproteine genannt), die Teilchen binden und durch die Membran hindurchschleusen. Der Fluß durch *Kanal*proteine erfolgt im allgemeinen wesentlich schneller als der mit Hilfe von *Träger*proteinen. So können etwa 100mal mehr Na$^+$-Ionen durch spezifische hydrophile Kanäle (Abb. 1.69, S. 82) in das Innere einer Sehzelle fließen, als ein entsprechendes Trägerprotein zu transportieren imstande wäre. Auch in diesem Fall erfolgt der Fluß passiv, also ohne zusätzlichen energieverbrauchenden Antrieb. Da er durch einen spezifischen Mechanismus ermöglicht wird, spricht man von *spezifischer Permeation*. Im Fall des Na$^+$ handelt es sich um den Fluß elektrisch geladener Teilchen; das hat zur Folge, daß die Flußgeschwindigkeit nicht mehr allein durch den Konzentrations-, sondern auch durch den elektrischen, insgesamt also durch den *elektrochemischen Gradienten* zu beiden Seiten der Membran bestimmt wird. Die Konformation eines spezifischen Kanal- oder Trägerproteins kann – wie die der meisten Proteine – durch allosterische Faktoren (S. 74) verändert werden. Auf diese Weise läßt sich die Austauschrate von Ionen zwischen Zellkompartimenten drastisch beeinflussen. So werden etwa bei Dunkelheit die Na$^+$-Kanäle in den Membranen von Sehzellen der Wirbeltiere durch den Modulator cGMP (cyclisches Guanosinmonophosphat; S. 510) offengehalten. Unter dem Einfluß von Licht löst sich cGMP vom Kanalprotein, wodurch sich dessen Konformation so stark verändert, daß der Kanal geschlossen und der Na$^+$-Fluß unterbunden wird, was zu einer Erhöhung des Membranpotentials (S. 469) führt. Die Kanal- und Trägerproteine ermöglichen also nicht nur den beschleunigten Fluß großer und geladener Teilchen durch Biomembranen, sie machen diesen Fluß auch steuerbar. Die steuernde Wirkung geht entweder von extrazellulären Liganden oder von Änderungen des Membranpotentials aus. Danach wird zwischen *Liganden-kontrollierten* und *Spannungs-kontrollierten* Kanälen unterschieden.

Freie und spezifische Permeation sind verantwortlich für den *passiven* Transport gelöster Teilchen (Ionen, Moleküle) entlang chemischer oder elektrochemischer Gradienten. Sehr oft müssen Teilchen jedoch auch *gegen* derartige Gradienten durch Membranen hindurch

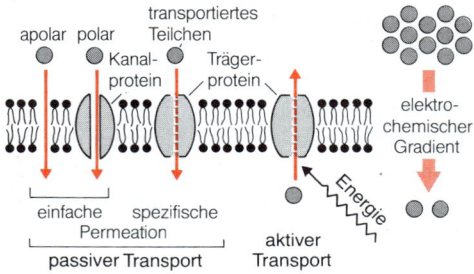

b

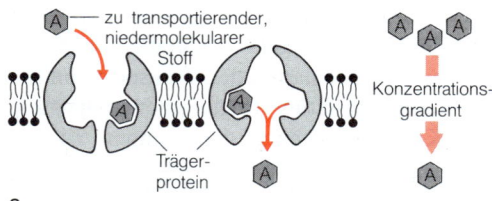

c

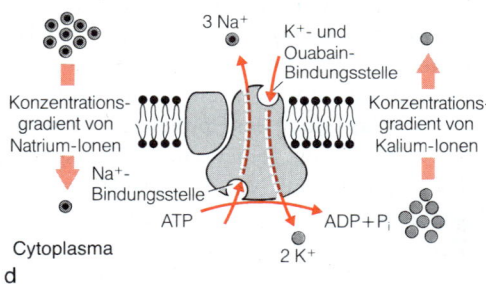

d

Abb. 1.69 b–d. (b) Wir unterscheiden zwischen passivem und aktivem Transport. Jener folgt dem elektrochemischen Gradienten des transportierten Teilchens, dieser ist gegen den Gradienten gerichtet, bedarf also einer zusätzlichen Energiequelle. Für den passiven Transport stehen unterschiedliche Wege zur Verfügung, je nachdem, ob apolare oder polare Teilchen (S. 56) transportiert werden, oder ob der Transport besonders schnell erfolgen soll. Kanalproteine transportieren Ionen wesentlich schneller als Trägerproteine. (c) Modell eines Trägerproteins, das durch Übergänge zwischen zwei Konformationen den Transport von Teilchen durch eine Membran bewerkstelligt. In diesem Fall handelt es sich um den spezifischen Transport eines Teilchens entlang seines elektrochemischen Gradienten. (d) Modell der aus mehreren (in Wirklichkeit vier) Untereinheiten bestehenden Na$^+$/K$^+$-ATPase, die im Antiport-Verfahren Na$^+$ und K$^+$ durch Membranen hindurch transportiert, wobei jeweils 3 Na$^+$-Ionen von innen nach außen und 2 K$^+$-Ionen von außen nach innen gepumpt werden. Das Herzglykosid Ouabain paßt genau in die K$^+$-Bindungsstelle des Proteins und kann so den Transportprozeß blockieren. (Verändert nach Alberts, Bray, Levis, Raft, Roberts u. Watson)

bewegt werden, wobei Arbeit gegen das jeweilige Konzentrations- oder elektrische Potential zu verrichten ist.

Diese Arbeit kann als die freie Gibbssche Energie ΔG des Transportprozesses definiert werden (Gl. 1.54).

Werden Ionen oder Moleküle unter dem Einsatz von Energie durch selektiv permeable Membranen hindurch gewissermaßen »bergauf«, also vom Ort geringerer Konzentration zum Ort höherer, gepumpt, dann sprechen wir von *aktivem Transport*. Unter dem Begriff *primärer aktiver Transport* verstehen wir den vektoriellen Transport der anorganischen Ionen H^+, Na^+, K^+ und Ca^{2+}, angetrieben durch eine der drei folgenden Energiequellen:

- die elektromagnetische Energie des Lichtes, die in den Membranen des Purpurbacteriums *Halobacterium* den Transport von H^+ bewirkt;
- die Redoxenergie von Metaboliten (S. 80), die in den Membranen von Mitochondrien und Chloroplasten den Transport von H^+ und (seltener) von Na^+ bewirkt;
- das Phosphatübertragungspotential von ATP (S. 67), das verwendet wird, um H^+, Na^+, K^+ und Ca^{2+} bergauf zu pumpen.

(1.54)
$$\Delta G = R \cdot T \cdot \ln \frac{C_1}{C_2} + Z \cdot F \cdot \Delta \Psi$$

wobei C_1 und C_2 die Konzentrationen der transportierten Substanz zu beiden Seiten der Membran, Z die Wertigkeit elektrisch geladener Teilchen, F die Faraday-Konstante und $\Delta \Psi$ das Membranpotential (genauer: die Potential*differenz*) bezeichnen; R ist die Gaskonstante und T die absolute Temperatur.

Durch Mechanismen des primären Transportes werden Ionenpotentiale aufgebaut, die ihrerseits für den Transport anorganischer und organischer Teilchen gegen elektrochemische Gradienten verwendet werden können. In solchen Fällen sprechen wir von *sekundärem aktiven Transport*. Hierher gehört z. B. der mit der Entladung eines Na^+-Potentials gekoppelte Glucosetransport vom Darmlumen in die Zellen des Darmepithels. Die als Antriebsquelle wirkenden Na^+-Ionen fließen ihrem elektrochemischen Gradienten folgend in das Innere der Epithelzellen und nehmen dabei Glucose-Moleküle im Verhältnis 1:1 mit. Diesen gemeinsamen Transport nennt man *Symport*. Aus den Zellen des Darmepithels muß Na^+ dann wieder gegen seinen elektrochemischen Gradienten hinausgepumpt werden. Dies geschieht im Austausch gegen K^+-Ionen durch die in fast allen Zellmembranen vorkommende Na^+/K^+-ATPase, die so konstruiert ist, daß die Spaltung eines Moleküls ATP den Austausch von 3 Na^+- und 2 K^+-Ionen bewirkt. Da hier Ionen gleicher Ladung ausgetauscht werden, sprechen wir von einem *Antiport*. Durch ähnliche Antiports werden etwa auch HCO_3^- gegen Cl^- oder NH_4^+ gegen Na^+ ausgetauscht. Die Na^+/K^+-ATPase ist verantwortlich für die Aufrechterhaltung der Ungleichverteilung von Na^+- und K^+-Ionen in allen tierischen Geweben (S. 133, 465, Tab. 1.30); es wird geschätzt, daß der Energiebedarf aller Na^+/K^+-Pumpen etwa ein Viertel bis ein Drittel des Grundumsatzes von Tieren beansprucht. Ionenbindungsstellen können durch spezifische Antagonisten gehemmt werden, so etwa die K^+-Bindungsstelle durch *Ouabain,* einem zu den Strophantinen gehörenden herzwirksamen Glykosid.

Sowohl Kanal- als auch Trägerproteine sind integrale Proteine, die das lipophile Milieu von Membranen durchsetzen (S. 83) und dementsprechend an den Außenseiten stark apolar sein müssen, während sie im Inneren einen polaren Kern besitzen, der es erlaubt, auch hydrophile Teilchen zu transportieren. Beide Typen von Proteinen sind modulationsfähig, aber die Trägerproteine unterscheiden sich von den Kanalproteinen durch eine essentielle Eigenschaft, die sie mit *Enzymen* gemeinsam haben, nämlich die Bedingung der *obligaten Koppelung* zweier Reaktionen. In molekularen Pumpen ist die energieliefernde Reaktion obligat mit der Transportreaktion gekoppelt, so daß die eine nicht ohne die andere ablaufen kann. Am Beispiel der Ca^{2+}-Pumpe des sarkoplasmatischen Reticulum (SR), die pro gespaltenem ATP 2 Ca^{2+}-Ionen von der cytoplasmatischen (cyt) Seite in das Innere des SR pumpt, läßt sich mit Gleichung (1.55) ausdrücken.

Dabei soll der Schrägstrich andeuten, daß die Teilreaktionen nicht getrennt ablaufen können. Unter physiologischen Bedingungen dürften fast alle derartigen Pumpen in der Nähe des thermodynamischen Gleichgewichtes, d. h. mit maximaler Effizienz, arbeiten (S. 62f.). Dies bedeutet, daß etwa Pumpen von der Art der in den Mitochondrien vorkommenden ATP-synthetisierenden Protonenpumpen (S. 80f.) auch als »im Rück-

(1.55)

Teilreaktionen:

ATP $\rightleftharpoons$ ADP + P_i /
2 Ca^{2+} (cyt) $\rightleftharpoons$ 2 Ca^{2+} (SR)

Gesamtreaktion:

ATP + 2 Ca^{2+} (cyt) $\rightleftharpoons$ ADP + P_i + 2 Ca^{2+} (SR)

wärtsgang arbeitende Transport-ATPasen« bezeichnet werden können, die auf Kosten der freien Energie der ATP-Hydrolyse Protonen bergauf zu pumpen vermögen.

Eine weitere Eigenschaft, die Trägerproteine mit Enzymen gemeinsam haben, ist ihre *Saturierbarkeit*, d. h. die Tatsache, daß es für die Transportgeschwindigkeit eine Obergrenze (vergleichbar dem V_{max} von Enzymreaktionen) gibt und daß die *Affinität* zum Substrat durch einen K_m-Wert (S. 75) quantitativ definiert werden kann. Zum Unterschied von Enzymen werden an Trägerproteinen jedoch keine Stoffe, sondern nur freie Energie ausgetauscht; ein enger Kontakt zwischen den Reaktionspartnern ist beim Vorgang des aktiven Transportes sogar unerwünscht. Über die Funktionsweise derartiger molekularer Pumpen herrscht zwar noch keine Klarheit, jedoch ist es z. B. sehr unwahrscheinlich, daß Trägerproteine in Lipidmembranen ausgedehnte Lageveränderungen durchzuführen imstande sind, etwa rotieren oder von einer Membranseite zur anderen schwimmen können. Das momentan plausibelste Modell beschreibt aktive Transporter als Integralproteine, die fest in der Membran verankert sind, aber zwei Konformationszustände einnehmen können: zuerst öffnet sich das Protein nach der einen Seite der Membran und bindet dort ein oder mehrere Teilchen; dann öffnet es sich nach der anderen Seite, gibt dort die soeben aufgenommenen Teilchen ab und ist für die Aufnahme der in der anderen Richtung zu transportierenden Teilchen bereit. Die Konformationsänderungen können (müssen aber nicht) durch Phosphorylierung des Trägerproteins induziert werden. Dies trifft z. B. auf die Na^+/K^+-ATPase zu. Eine weitere Forderung an aktive Translokatoren ist, daß sie nicht gleichzeitig von beiden Seiten der Membran her zugänglich sein dürfen sowie daß die Affinität zum jeweils transportierten Teilchen in den beiden Konformationszuständen von sehr unterschiedlicher Größe sein muß.

1.4.3.5 Der Transport von Energie- und Reduktionsäquivalenten zwischen Zellkompartimenten

Der Energiestoffwechsel in Zellen besteht aus Wasserstoff- bzw. Elektronentransport, Protonentranslokation und Phosphorylierung. Die Translokation von Protonen ist an spezielle Membranen gebunden, während sich die Vorgänge im Zusammenhang mit der Gewinnung und dem Transport von H^+ und e^- (die wir unter dem Begriff *Reduktionsäquivalente* zusammenfassen können) bzw. im Zusammenhang mit dem Transport und der Verwendung von ATP in der ganzen Zelle abspielen.

In verschiedenen Zellkompartimenten werden ganz verschiedene Verhältnisse von e^--Akzeptoren zu e^--Donatoren (S_{ox}/S_{red}) bzw. von ATP zu ADP aufrechterhalten, wobei die Größe dieses Verhältnisses den jeweiligen Bedürfnissen des Kompartiments angepaßt ist. So ist das ATP/ADP-Verhältnis in jenen Zellkompartimenten hoch, in denen ATP bevorzugt *verbraucht* wird, z. B. im Cytoplasma von Muskelzellen, während es in den Mitochondrien, in denen ATP bevorzugt *gewonnen* wird, eher niedrig ist (die entsprechenden Gibbsschen Reaktionsenergien betragen rund -60 kJ $\cdot$ mol^{-1} bzw. -40 kJ $\cdot$ mol^{-1}).

Für die Konzentrationsverhältnisse von Redoxpaaren gilt Analoges. Im Cytosol sollten Elektronen mit höherer Affinität *aufgenommen,* in Mitochondrien mit höherem Druck *abgegeben* werden. Dieser Erwartung entsprechen die Konzentrationsverhältnisse des wichtigsten Überträgers von Reduktionsäquivalenten im Katabolismus von Zellen, des NAD^+/NADH-Paares (S. 66), dessen Oxidationsgrad im Cytoplasma mehr als 100mal größer ist als in Mitochondrien. Das zweite wichtige Coenzym zur Übertragung von Reduktionsäquivalenten, das $NADP^+$/NADPH-Paar, verhält sich völlig anders: Es ist in der ganzen Zelle etwa 100 000mal stärker reduziert als das NAD^+/NADH-Paar, was mit seiner Rolle als Elektronen-Donator bei reduktiven Synthesen (S. 103f.) zusammenhängt (Tab. 1.20). Um derartige Unterschiede in den Kräften von Energie- und Elektronen-

Tabelle 1.20. Das Redoxverhältnis der beiden wichtigsten H-übertragenden Coenzymsysteme im Cytoplasma und in den Mitochondrien der Rattenleber

	$\dfrac{NAD^+}{NADH}$	$\dfrac{NADP^+}{NADPH}$
Cytoplasma	1160	0,0118
Mitochondrien	7,3	0,0108

86 Zellbiologie

Tabelle 1.21. Die Verknüpfung der Synthese von ATP aus ADP und P_i in Mitochondrien mit »vektoriellen« Reaktionen, die den Transport von ADP, P_i und H^+ aus dem Cytosol (C) in die Matrix (M) und den von ATP in umgekehrter Richtung bewerkstelligen

ATP-Synthese:	$ADP^{3-}_{(M)}$	+ $P^-_{i(M)}$	+ $2H^+_{(Z)}$	$\longrightarrow$	$ATP^{4-}_{(M)}$	+ $2H^+_{(M)}$
Phosphattransport:	$P^-_{i(C)}$	+ $H^+_{(C)}$		$\longrightarrow$	$P^-_{i(M)}$	+ $H^+_{(M)}$
Translokation:	$ADP^{3-}_{(C)}$	+ $ATP^{4-}_{(M)}$		$\longrightarrow$	$ADP^{3-}_{(M)}$	+ $ATP^{4-}_{(C)}$
Summe:	$ADP^{3-}_{(C)}$	+ $P^-_{i(C)}$	+ $3H^+_{(C)}$	$\longrightarrow$	$ATP^{4-}_{(C)}$	+ $3H^+_{(M)}$

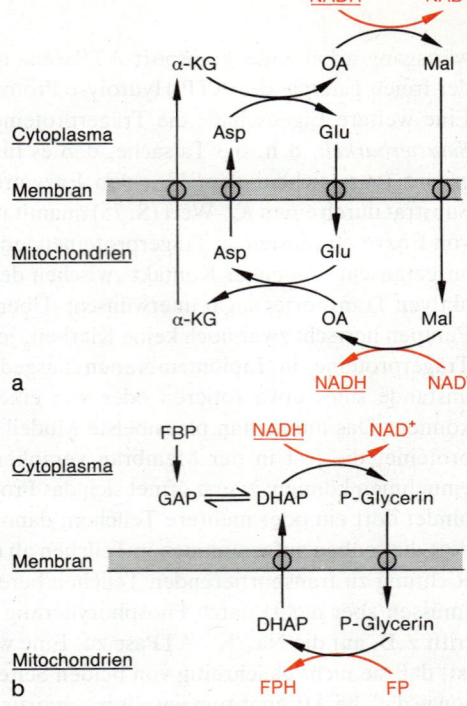

transportierenden Reaktionssystemen aufrechterhalten zu können, bedarf es strikter kinetischer Kontrolle, die durch besondere Enzyme und Transportmechanismen in Membranen (»Carrier«) bewerkstelligt werden.

Transport von Energieäquivalenten (ATP/ADP-System)

Der Transport eines elektrisch geladenen Teilchens durch eine Membran kann entweder *elektroneutral* oder *elektrogen* sein. In ersterem Fall wird ein geladenes Teilchen gleichzeitig mit einem Teilchen entgegengesetzter Ladung transportiert *(Symport)* oder gegen ein anderes Teilchen gleicher Ladung ausgetauscht *(Antiport)* (S. 84). Im zweiten Fall wird mit dem Teilchen auch eine Nettoladung transportiert.

Was das ATP/ADP-System in Mitochondrien betrifft, so müssen die Bausteine ADP und P_i vom Cytosol in die Matrix, das Produkt ATP in umgekehrter Richtung transportiert werden. Hierfür dienen besondere Carrier oder Translokatoren, die zu den häufigsten Proteinen in der inneren Mitochondrienmembran gehören. Insgesamt scheinen sie folgende Prozesse zu katalysieren bzw. zu steuern:

Anorganisches Phosphat wird als das einwertige Anion mit einem Proton elektroneutral von außen nach innen transportiert. ADP^{3-} wird gegen ATP^{4-} ausgetauscht, wobei vieles dafür spricht, daß dieser Austausch elektrogen ist, d.h. den Transport einer zusätzlichen negativen Ladung von der Matrixseite in das Cytosol impliziert. Diese Überschußladung muß durch ein Proton neutralisiert werden, was aber soviel heißt, als daß der Transport von einem mol ATP ein weiteres Protonenäquivalent kostet.

Der Energietransport zwischen Mitochondrien und Cytosol läßt sich durch eine Kette koordinierter Reaktionen darstellen, in der die Richtung der Flüsse durch Hinweis auf die Herkunft der Reaktionspartner angedeutet ist (C Cytosol, M Matrixraum der Mitochondrien) (Tab. 1.21).

Die Verwendung eines Moleküls ATP im Innenraum des Mitochondrion kostet also nur *zwei* Protonen, während für die Verwendung desselben Moleküls im Cytosol *drei* Protonen notwendig sind. Das hohe Phosphatübertragungspotential des ATP/ADP-Systems im Cytosol ($\Delta G \approx -60$ kJ · mol^{-1}) stammt zu etwa einem Drittel aus der elektrogenen Natur des ATP-Transportes und konserviert so zur Gänze die in den Transportprozeß investierte Energie.

Transport von Reduktionsäquivalenten

Da das $NAD^+/NADH$-Verhältnis im Cytoplasma und in den Mitochondrien so verschieden ist (Tab. 1.20), unterliegt der Transport von Reduktionsäquivalenten zwischen diesen beiden (und anderen) Zellkompartimenten strengen Kontrollen. Dies geschieht vor allem durch sogenannte »shuttles«, die Wasserstoffpaare über eine Serie oxidierender und reduzierender Reaktionen aktiv aus einem Kompartiment in ein anderes und Oxidationsäquivalente in umgekehrter Richtung schleusen. Zwei derartige »shuttles« sind in Abbildung 1.70 dargestellt. In beiden Fällen ist das Ergebnis der Nettotransfer zweier Reduktionsäquivalente vom Cytoplasma in das Innere von Mitochondrien.

Abb. 1.70a, b. Zwei Transportsysteme (»shuttles«), die Reduktionsäquivalente vom Cytoplasma in die Mitochondrien transportieren. Im Cytoplasma ist die Oxidation von NADH mit der Reduktion eines Substrates gekoppelt, für das die Mitochondrienmembran einen aktiven Transportmechanismus enthält. Das Substrat reduziert in der Mitochondrienmatrix NAD^+ zu NADH (Glutamat-shuttle, a) oder Flavoprotein FP zu FPH_2 (Glycerinphosphat-shuttle, b). Das oxidierte Substrat gelangt in das Cytoplasma zurück. Im einen Fall (a) ist der Transport des oxidierten Substrates (Oxalacetat OA) mit einem Aminosäure-shuttle gekoppelt, der Glutamat (Glu) in die Mitochondrien hinein, Aspartat (Asp) aus den Mitochondrien hinaustransportiert. α-KG α-Ketoglutarat, DHAP Dihydroxyacetonphosphat, GAP Glycerinaldehydphosphat, FBP Fructosebisphosphat

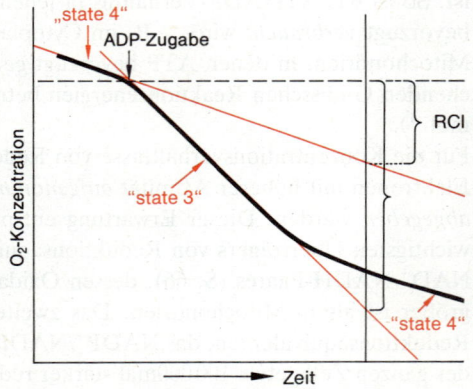

Abb. 1.71. Elektronenflußsteuerung in Mitochondrien. Erklärung im Text

Steuerung des Energieflusses durch Mitochondrien

Der Sauerstoffverbrauch intakter Mitochondrien – und damit die Geschwindigkeit des Elektronenflusses durch die Transportkette – hängt sehr stark von der Möglichkeit ab, ATP aus ADP und P_i synthetisieren zu können. Ist im Matrixraum kein ADP oder kein P_i vorhanden, dann bleibt auch der O_2-Verbrauch der Mitochondrien niedrig. Dieser Zustand wurde – von B. Chance – »controlled state« oder »state 4« genannt. Werden im Experiment ADP und P_i verfügbar gemacht, dann beginnen die Mitochondrien ATP zu synthetisieren. Die Geschwindigkeit des Elektronenflusses nimmt zu (Abb. 1.71), und »state 3« mit maximalem Durchsatz von Elektronen durch die Transportkette wird erreicht. Das Verhältnis der Geschwindigkeiten state 3/state 4 heißt »respiratory control index« (RCI). Je höher die RCI-Werte, desto besser ist die Steuerung des Energieflusses. In den meisten Geweben liegen die RCI-Werte zwischen 3 und 7; an Mitochondrien aus Insektenmuskeln hat man jedoch Werte bis zu 50 gemessen.

Diese enge Koppelung von Elektronentransport, O_2-Verbrauch und ATP-Synthese ist der zentrale Mechanismus der Steuerung des Energiewechsels in Zellen.

1.4.4 Zellstoffwechsel

Die Struktur eines Organismus folgt – auch hinsichtlich seiner molekularen Architektur (Abschn. 1.2) – einem Plan, der diesen Organismus als den Angehörigen einer bestimmten Art ausweist. Trotz der Konstanz dieses Plans werden – wie bereits dargestellt (S. 8) – die molekularen Bausteine aller Organismen ständig, wenn auch mit unterschiedlicher Geschwindigkeit, umgesetzt. Die Aufrechterhaltung dieses »Fließgleichgewichtszustandes« erfordert die Investition von Energie und den Nachschub von Baustoffen. Energiewechsel und Stoffwechsel lassen sich zwar getrennt behandeln, im lebenden Organismus liefert jedoch der Abbau einer begrenzten Anzahl von Molekülen nicht nur das Rohmaterial für den Ersatz verbrauchter organischer Substanz, sondern auch die Träger der chemischen Energie, deren Reduktionspotential in der Form von Elektronenflüssen, Protonengradienten und Phosphatübertragungspotentialen die Leistungen der Zelle treibt. Die elementaren Bausteine biologischer Moleküle entstammen anorganischen oder organischen Quellen. H und O gelangen als Wasser und molekularer Sauerstoff in die Zelle, Na, K, Ca, Mg, Cl, Fe, Cu, Mn, Zn, Co, J und andere als einzelne Ionen, P als Phosphation. In bezug auf die Herkunft von C, N und S unterscheidet man zwischen *autotrophen* und *heterotrophen* Organismen. Jene vermögen die drei Elemente in oxidierter anorganischer Form als Kohlendioxid, Nitrat- und Sulfation aufzunehmen und – meist mit Hilfe der Energie des Sonnenlichtes – zu assimilieren. Heterotrophe Organismen hingegen können sie nur als reduzierte organische Verbindungen für Synthesen verwerten. Sie bekommen auf diese Weise auch den nötigen Treibstoff als chemische Energie. Zwischen diesen beiden Ernährungstypen gibt es allerdings Übergänge.

Alle Organismen – ob autotroph oder heterotroph – setzen sich aus denselben Hauptstoffklassen (Kohlenhydrate, Proteine, Lipide und Nucleinsäuren) zusammen (S. 28f.). Der Stoffwechsel oder *Metabolismus* umfaßt den Abbau der Makromoleküle zu kleineren organischen Verbindungen *(Metaboliten)*, die Wechselbeziehungen zwischen diesen Metaboliten sowie den Aufbau von Makromolekülen aus ihren Bausteinen. Im Rahmen dieses allgemeinen Stoffwechselgeschehens faßt man Abbauvorgänge, die – zumindest pauschal – exergon sind, unter dem Begriff *Katabolismus* zusammen, endergone Aufbauprozesse unter dem Begriff *Anabolismus*. Das Gesamtnetz biochemischer Wechselbeziehungen in der Zelle wird auch als *Intermediärstoffwechsel* bezeichnet. Für einen Überblick über die Hauptwege des Zellstoffwechsel ist die Kenntnis eines Prinzips wichtig: *Es gibt einen zentralen Mechanismus, über den die wichtigsten Stoffklassen miteinander verknüpft*

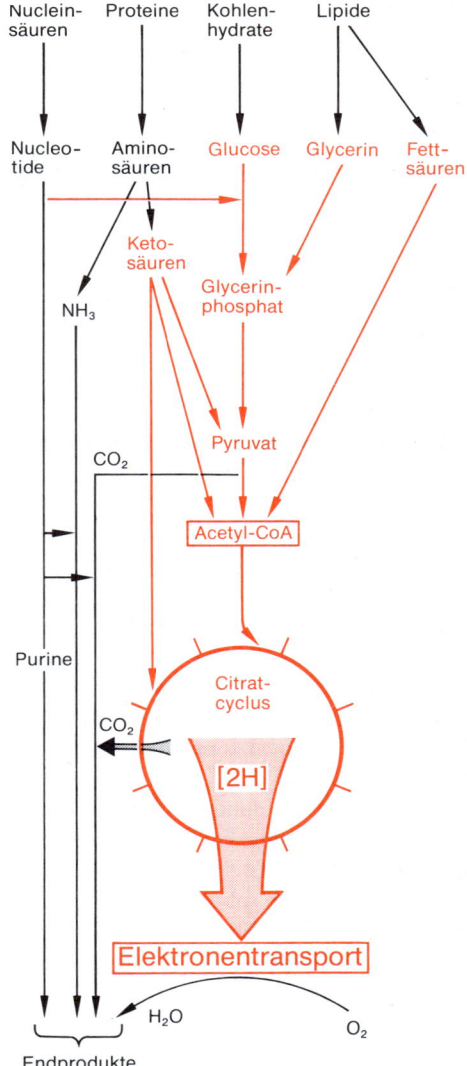

Abb. 1.72. »Gemeinsame Endstrecke« des zellulären Katabolismus. Der Abbau der mengenmäßig wichtigsten Stoffklassen des Organismus konvergiert auf einen zentralen Mechanismus, der einerseits als Umschlagplatz des Stoffwechsels dient, andererseits jene Reduktionsäquivalente *(2H)* liefert, die in der Elektronentransportkette der Mitochondrien in nutzbare Energie umgesetzt werden. Die Wege dieses zentralen Mechanismus sind rot eingezeichnet, die der Abscheidung nicht mehr verwertbarer Endprodukte schwarz. Man kann erkennen, daß der Abbau der Nucleinsäuren nicht – oder nicht wesentlich – am zentralen Mechanismus des Stoff- und Energiewechsels in der Zelle beteiligt ist. (Eine Reihe unwichtiger Abbauwege wurde ignoriert, wie etwa das Schicksal der N-haltigen Anteile einiger Lipide.) Die zentrale Position des Acetyl-CoA ist besonders hervorgehoben

sind und der auch die Reduktionsäquivalente liefert, die in den Mitochondrien die Synthese von ATP treiben (S. 67f.).

Dieser zentrale Mechanismus besteht aus der Bildung von Pyruvat und aktivierter Essigsäure (Acetyl-CoA) sowie aus dem Citratzyklus, die in erster Linie mit dem Stoffwechsel der Kohlenhydrate verbunden sind. Da in diesen zentralen Abbauweg auch Metaboliten aus den Umsetzungen der anderen Hauptklassen organischer Verbindungen eingeschleust werden, stehen diese über ihn miteinander in Verbindung; so können sich sämtliche Makromoleküle an der Lieferung von Reduktionsäquivalenten für die Elektronentransportkette in den Mitochondrien beteiligen (Abb. 1.72). Man nennt diesen Mechanismus deshalb auch eine »zentrale Stoffwechselmühle« oder die *gemeinsame Endstrecke* des zellulären Katabolismus.

1.4.4.1 Gemeinsame Endstrecke des Katabolismus

Glykolyse

Die Reaktionssequenz von der Glucose zum Pyruvat (Brenztraubensäure) führt meistens weiter über das Acetyl-CoA in den Citratzyklus (s. unten) und repräsentiert damit den ersten Abschnitt des aeroben Kohlenhydratabbaus. Bei Zellen, die unter O_2-Mangel leben, wie etwa Muskelzellen bei hohem Energieumsatz oder Bakterien in einem großen Gefäß mit Nährlösung, zeigt sich die ursprüngliche Funktion dieses Abbauweges, nämlich die Oxidation von Nährstoffen und die Übertragung chemischer Energie zur Bildung von ATP ohne Mitwirkung von Sauerstoff. Unter solchen Bedingungen wird der Weg von der Glucose zum Pyruvat zum Rückgrat des *anaeroben* Stoffwechsels der Zellen, indem der Weg vom Pyruvat nicht zum Acetyl-CoA, sondern zu Lactat, Äthanol oder anderen organischen Verbindungen führt, die noch einen beträchtlichen Teil der ursprünglich in den Aufbau investierten chemischen Energie enthalten (S. 91f.).

Unter Glykolyse verstehen wir den Abbau von Kohlenhydraten zu Pyruvat auf dem Weg über Fructose-1,6-bisphosphat. Hierbei lassen sich zwei Hauptabschnitte unterscheiden: eine »Vorbereitungsphase« und eine »energieliefernde Phase« (Abb. 1.73). Erstere ist gekennzeichnet durch die Aktivierung der Glucose mit Hilfe eines Moleküls ATP, die Investition eines zweiten Moleküls ATP und die Spaltung des so gebildeten Fructose-1,6-bisphosphats in zwei Triosen (d.h. Kohlenhydrate mit drei C-Atomen). Eine dieser beiden Triosen, das Glycerinaldehydphosphat (GAP), bildet dann den Ausgangspunkt für die Reaktionen der energieliefernden Phase, in der sowohl die beiden investierten ATP-Moleküle zurückerhalten als auch zwei weitere ATP-Moleküle hinzugewonnen werden. Weiterhin fallen zwei Moleküle NADH an, die unter aeroben Bedingungen über eines der Trägersysteme der Abbildung 1.70 in die Mitochondrien gelangen und dort vom NAD^+ oder FAD^+ der Elektronentransportkette übernommen werden; sie liefern somit je drei bis zwei Moleküle ATP (S. 80). Diese Bilanz stimmt dann, wenn man berücksichtigt, daß der in Abbildung 1.73 unten dargestellte energieliefernde Abschnitt der Glykolyse doppelt zu zählen ist: je einmal für jedes der beiden Triosemoleküle. In den zehn Schritten von der Glucose zum Pyruvat fallen verschiedene Metabolite (wie etwa Glycerinphosphate) an, die zu anderen Sequenzen des Intermediärstoffwechsels hinüberleiten (S. 89f.), und es ergibt sich pro Molekül Glucose (ohne Berücksichtigung des Energiegewinns bei einer aeroben Oxidation des NADH) ein Nettogewinn von zwei Molekülen ATP, deren besondere Bedeutung darin liegt, daß sie ohne die Mitwirkung von Sauerstoff gebildet werden können. Die Annahme ist gerechtfertigt, daß dieser zentrale Mechanismus des Stoffwechsels – der sämtlichen Organismen in gleicher Form zukommt – in der reduzierenden Atmosphäre unserer Erde zu Beginn der biochemischen Entwicklung des Lebens entstanden ist.

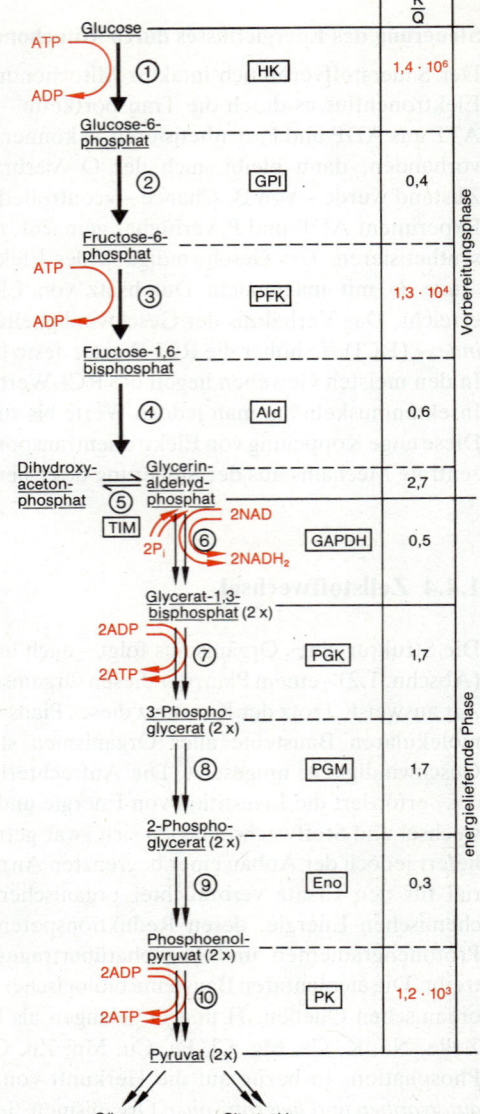

Abb. 1.73. Schema der Glykolyse. In der »vorbereitenden Phase« wird ein Glucosemolekül phosphoryliert, umgebaut und in zwei Triosemoleküle zerlegt. In der »energieliefernden Phase« treten pro Glucosemolekül zwei Glycerinaldehydmoleküle in die aus jeweils fünf Reaktionsschritten bestehende Sequenz, die insgesamt 4 ATP und 2 NADH liefert. In der rechten Spalte ist für jeden Reaktionsschritt das Verhältnis $\frac{K}{Q}$ und damit ein Maß für ΔG (S. 66) angegeben. Daraus wird ersichtlich, daß es innerhalb der Glykolyse drei Reaktionen gibt, die sich in der Zelle weit weg vom Gleichgewicht befinden, die also auch unter in vivo-Bedingungen stark exergon sind. Als Grundlage des Schemas gelten die für Erythrocyten ermittelten Konzentrationen der Metaboliten

1.4.4.1 Gemeinsame Endstrecke des Katabolismus

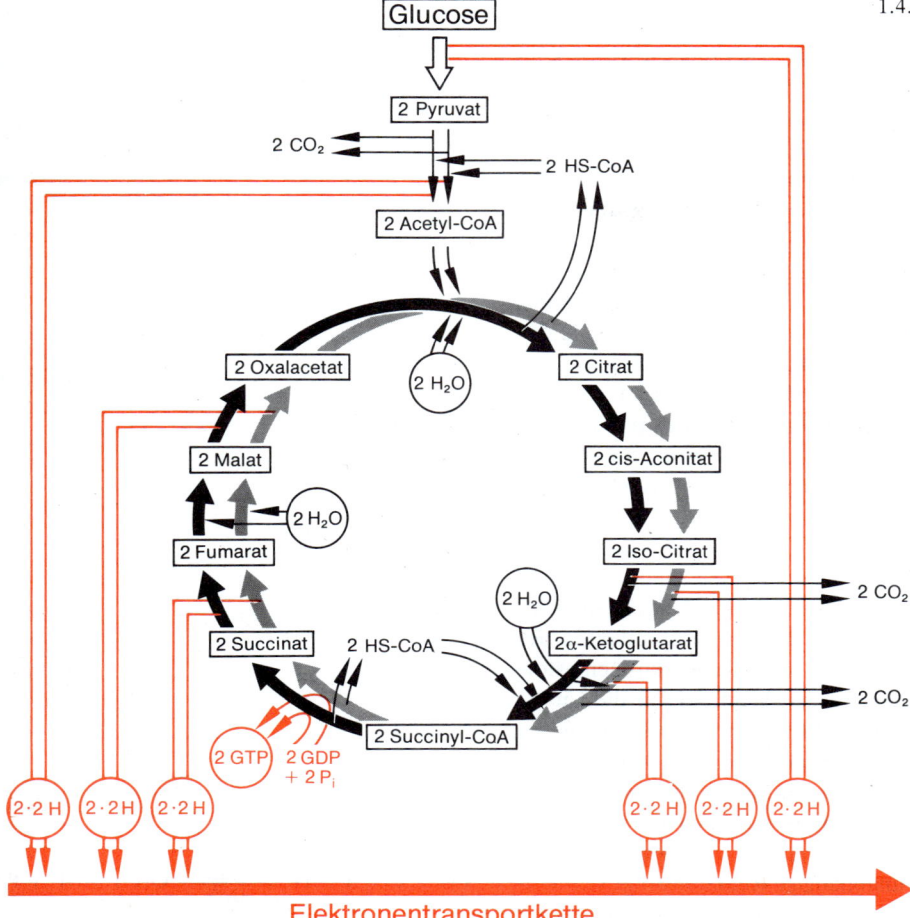

Abb. 1.74. Schema des Citratzyklus. Zur Vorbereitung des Abbaus wird aus verschiedenen Substanzen Acetyl-CoA gebildet. Wenn dies von Kohlenhydraten aus geschieht, erfolgt in der Glykolyse die Zerlegung jedes Moleküls Glucose in zwei C_3-Moleküle, aus denen zwei Moleküle Acetyl-CoA entstehen. Unter aeroben Bedingungen bedingt jedes dieser beiden Moleküle einen vollen Umlauf des Zyklus (Doppelpfeile). Die für den Energiewechsel wichtigen Ausfuhren des Zyklus sind rot eingezeichnet; ebenfalls hervorgehoben sind die Eintritte von zweimal drei Molekülen Wasser in den Zyklus und die Einbindung von Coenzym A an zwei Stellen. Die Hydrolyse der so entstandenen Thioesterbindungen dient entweder als zusätzliche Triebkraft für den Zyklus oder führt zu einer energiereichen Phosphatbindung (in diesem Fall GTP). Sämtliche Glieder des Zyklus sind organische Säuren, die unter den Bedingungen der lebenden Zelle in dissoziierter Form – als Anionen – vorliegen (deshalb die Endung -at, z. B. Citrat)

Citratzyklus

Ist die Zelle hinreichend mit Sauerstoff versorgt, dann wird Pyruvat in aktivierte Essigsäure (Acetyl-CoA) umgesetzt. Diese Reaktion stellt einen komplizierten Prozeß dar, der durch das Enzym Pyruvatdehydrogenase – einen Multienzymkomplex aus drei Enzymen (vgl. Abb. 1.26) mit fünf Coenzymen – katalysiert wird: Ein Molekül Pyruvat wird oxidativ decarboxyliert, der entstehende Acetylrest auf Coenzym A und die Elektronen auf NAD^+ übertragen. Acetyl-CoA ist einer der Knotenpunkte des katabolen Zellstoffwechsels und Ausgangspunkt des wichtigsten Kreisprozesses, der nach einem seiner Entdecker, Hans Krebs, *Krebs-Zyklus* oder nach seinem ersten Glied *Citratzyklus* heißt (Abb. 1.74). Dieses Citrat entsteht durch Anlagerung des Acetylrestes (2-C-Atom-Verbindung) von Acetyl-CoA an die 4-C-Atom-Verbindung Oxalacetat. In einer Serie von Reaktionen wird der 6-C-Atom-Verbindung Energie in Form von Elektronenpaaren entzogen, die über Coenzyme in die Elektronentransportkette der Mitochondrien eingeschleust werden (S. 78f.). Die Abgabe von Reduktionsäquivalenten an die Elektronentransportkette kann als die wichtigste Funktion des Citratzyklus angesehen werden. Daneben sind aber noch andere Merkmale des Kreislaufs von Bedeutung. So fallen Metaboliten an, die als Knotenpunkte zwischen dem Kohlenhydrat- und dem Aminosäurerestoffwechsel dienen, wie z.B. α-Ketoglutarat oder Oxalacetat. Bei der Bildung von Succinyl-CoA aus α-Ketoglutarat kommt es – wie bei der Bildung von Acetyl-CoA aus Pyruvat – zum Knüpfen einer *energiereichen Thioesterbindung*. Die bei der Hydrolyse dieser Bindung frei werdende Energie von etwa 36 kJ · mol^{-1} ($\Delta G_0'$) wird in eine energiereiche Phosphatbindung investiert.

Die Reaktionen der Glykolyse werden durch folgende Enzyme katalysiert:

Hexokinase	HK
Glucosephosphatisomerase	GPI
Phosphofructokinase	PFK
Aldolase	Ald
Triosephosphatisomerase	TIM
Glycerinaldehydphosphat-dehydrogenase	GAPDH
Phosphoglyceratkinase	PGK
Phosphoglyceratmutase	PGM
Enolase	Eno
Pyruvatkinase	PK

Die Reaktionen des Citrat-Zyklus werden durch folgende Enzyme katalysiert:

Citratsynthetase	CS
Aconitase	
Isocitratdehydrogenase	IDH
α-Ketoglutaratdehydrogenase-Komplex	
Succinyl-CoA-synthetase	
Succinatdehydrogenase	SDH
Fumarase	
Malatdehydrogenase	MDH

Für die Stoffbilanz des Citratzyklus ist wichtig, daß ein Molekül Glucose in zwei Moleküle Pyruvat zerfällt und daß jedes dieser Pyruvatmoleküle nach Überführung in Acetyl-CoA einen Umlauf des Zyklus treibt. Pro Molekül Glucose ist also mit zwei vollständigen Zyklen zu rechnen (Abb. 1.74). Mit jedem Umlauf, der in der Bilanz zur Oxidation des Acetylrestes zu zwei CO_2 führt, werden acht Elektronen verfügbar. Von diesen werden sechs für die Reduktion von NAD^+ zu NADH und zwei zur Reduktion von Flavinnucleotid (durch die Succinatdehydrogenase) benutzt. Die vollständige Oxidation von Glucose liefert neben diesen $2 \cdot 8 = 16$ Elektronen im Citratzyklus noch $2 \cdot 2 = 4$ bei der Glykolyse (S. 88) und $2 \cdot 2 = 4$ aus der oxidativen Decarboxylierung von Pyruvat bei der Bildung des Acetyl-CoA, insgesamt also 24 Elektronen. Das entspricht formal einem Übergang der sechs C-Atome der Glucose von der Oxidationsstufe 0 zu $+4$ beim Abbau zu sechs CO_2. Da Glucose nur 12 H-Atome besitzt, müssen 12 weitere in der Form von 2×3 H_2O in die Zyklen eintreten. Zu den vier CO_2-Molekülen, die beim Abbau der beiden pro Molekül Glucose entstandenen Acetylreste frei werden, kommen noch die zwei, die bei der Decarboxylierung der beiden Pyruvatmoleküle anfallen, womit die zu erwartenden sechs CO_2-Moleküle pro Molekül Glucose erreicht sind.

Anaplerotische Reaktionen

Im Fließgleichgewichtszustand des intermediären Stoffwechsels bleiben die Konzentrationen der Metaboliten mehr oder minder konstant. Bei den Intermediärprodukten des Citratzyklus macht die Aufrechterhaltung dieses Zustandes spezielle Reaktionen erforderlich. Damit so viel Oxalacetat aus Malat gebildet werden kann, wie in die Citratsynthese geflossen ist, dürfte keines der Intermediärprodukte des Zyklus für andere Stoffwechselprozesse verwendet werden. Jedoch ist z. B. α-Ketoglutarat die Ausgangsverbindung für die Synthese von Glutamat, und Succinyl-CoA ist an der Synthese von einigen Aminosäuren sowie der Porphyrine beteiligt. Zur Kompensation für den Verbrauch von Intermediären aus dem Zyklus durch Biosyntheseprozesse muß also Oxalacetat oder ein anderes Intermediäres durch eine vom Citratzyklus unabhängige Reaktionsfolge synthetisiert werden. Der Zyklus muß »aufgefüllt« werden; man spricht von »Auffüll-« oder *anaplerotischen Reaktionen*.

Die wichtigste anaplerotische Reaktion im tierischen Organismus ist die Pyruvatcarboxylase-Reaktion (Gl. 1.56). Durch sie entsteht in den Mitochondrien Oxalacetat aus Pyruvat. Eine Reihe von Bakterien, z.B. *E. coli*, hat keine Pyruvatcarboxylase; hier fungiert Phosphoenolpyruvatcarboxylase als anaplerotisches Enzym.

(1.56a) $$Pyr + CO_2 + ATP \xrightleftharpoons[Mn^{2+}]{\text{Pyruvat-carboxylase}} OA + ADP + P_i;$$
$$\Delta G_0' = 2{,}09 \text{ kJ} \cdot \text{mol}^{-1}$$

(1.56b) $$Pyr + CO_2 + NADPH \xrightleftharpoons{\text{»malic enzyme«}} Mal + NADP^+;$$
$$\Delta G_0' = -1{,}5 \text{ kJ} \cdot \text{mol}^{-1}$$

»Redox-Gleichgewicht« in der Zelle

Die wasserstoffübertragenden Coenzyme NAD^+ und $NADP^+$ spielen eine entscheidende Rolle bei der Verteilung der Energie in der Zelle. Das NAD^+/NADH-System ist vor allem für den Transport von H-Paaren aus der »gemeinsamen Endstrecke« des Katabolismus in die Elektronentransportkette der Mitochondrien verantwortlich, während die wichtigste Aufgabe des $NADP^+$/NADPH-Systems (außer im reduktiven Pentosephosphatzyklus, S. 125f.) in der Übertragung von Reduktionsäquivalenten auf die wachsenden Kohlenwasserstoffketten bei der Fettsynthese liegt (S. 96f.). Der Oxidations- bzw. Reduktionsgrad der beiden Trägersysteme ist sehr genau an ihre Funktion in den verschiedenen Reaktionsräumen der Zellen angepaßt. So steht beim NAD^+/NADH-System die Bereitschaft zur Aufnahme von H-Atomen im Vordergrund, beim $NADP^+$/NADPH-System hingegen die zur Abgabe von H-Atomen. Dementsprechend ist ersteres in Zellen sehr viel stärker oxidiert als letzteres (Tab. 1.20). Da der relative Oxidationsgrad der beiden Coenzymsysteme für die jeweilige Aufgabe entscheidend ist, muß er gegen Störungen geschützt werden. Mit dem Begriff *»Redoxgleichgewicht«* meint man die Aufrechterhaltung eines spezifischen Verhältnisses zwischen den oxidierten und den reduzierten Komponenten der beiden Coenzymsysteme in Zellen.

Zwei wichtige Mechanismen des Zellstoffwechsels sind mit der Aufrechterhaltung des Redoxgleichgewichts verknüpft. Erstens muß es spezifische Transportmechanismen geben, über die der Verkehr des NAD^+/NADH-Systems zwischen Cytoplasma und Mitochondrien gelenkt wird. Zweitens müssen für jedes Coenzymsystem spezifische Reaktionen dafür sorgen, daß ein bestimmter Oxidationsgrad eingehalten, d. h. nach Störungen wiederhergestellt wird. Ersterem Ziel dienen sogenannte »shuttles«, bei denen der Transport von NAD^+ und NADH durch Membranen hindurch mit dem aktiven Transport spezifischer Substrate verknüpft ist. Zwei derartige Transportsysteme sind in Abbildung 1.70 vereinfacht dargestellt.

Dem zweiten Ziel, der Aufrechterhaltung des Redoxgleichgewichts, dienen an und für sich sämtliche Stoffwechselprozesse, in die der Transfer von Reduktionsäquivalenten eingebunden ist. Im Falle des NAD^+/NADH-Systems sind z. B. unter aeroben Bedingungen Verbrauch und Nachschub von Reduktionsäquivalenten über die Mechanismen der »Atmungssteuerung« (S. 86) und des »Pasteur-Effektes« (S. 93) miteinander verknüpft. Ist hingegen kein Sauerstoff vorhanden, dann sorgen eine Reihe von Spezialreaktionen dafür, daß das bei der Glykolyse und anderen katabolen Reaktionen anfallende NADH wieder oxidiert und so das Redoxgleichgewicht wiederhergestellt wird. Diese Reaktionen werden unter dem Begriff *Gärungen* zusammengefaßt. Wohlbekannt sind *Milchsäuregärung* und *Alkoholgärung*, in deren Verlauf das bei der Oxidation von Glycerinaldehydphosphat (GAP) gebildete NADH (Abb. 1.75) durch die Synthese von Milchsäure bzw. Äthanol aus Brenztraubensäure reoxidiert wird. Für viele anaerobe Organismen (etwa Endoparasiten, aber auch manche Mollusken, Oligochaeten, Polychaeten u.a.) von Bedeutung ist die *Bernsteinsäuregärung*, bei der Oxalacetat unter Verbrauch von 2 NADH zu Succinat reduziert wird. Hierbei wird ein Abschnitt des Citratzyklus in Gegenrichtung durchlaufen; L-Malat und Fumarat sind Zwischenprodukte. Die Reduktion von Fumarat zu Succinat erfolgt aber nicht durch die Succinatdehydrogenase, sondern durch ein spezielles Enzym, die Fumaratreduktase. Diese koppelt die Reduktion von Fumarat zu Succinat mit einem Glied der Elektronentransportkette, so daß pro 1 mol gebildetes Succinat 1 mol ATP durch Elektronentransportphosphorylierung entsteht. Neben der ATP-Synthese durch Substratkettenphosphorylierung trägt die Fumaratreduktasereaktion bei den oben erwähnten anaeroben Organismen zur Deckung des ATP-Bedarfs bei.

Organismen, die strikt an eine anaerobe Lebensweise gebunden sind, finden sich zahlreich unter den Bakterien. Neben den schon erwähnten Produkten treten bei den *bakteriellen Gärungen* Formiat, Acetat, Propionat, Butyrat, n-Butanol, 2,3-Butandiol, Aceton und Methan als Gärungsendprodukte auf (einige Beispiele in Abb. 1.75). Von einer Reihe von Arten wird auch molekularer Wasserstoff entwickelt. Schließlich sind die sulfatreduzierenden Bakterien zu erwähnen, welche das bei der Substratoxidation anfallende NADH mit Hilfe von Sulfat reoxidieren und große Mengen von Schwefelwasserstoff produzieren. Die Bildung von reduzierten organischen Verbindungen, Wasserstoff und Schwefelwasserstoff dient dem Ziel, ohne Beteiligung von Sauerstoff Energie in Form von ATP durch Glykolyse oder durch andere katabole Reaktionsfolgen zu gewinnen und dabei das Redoxgleichgewicht aufrechtzuerhalten.

Die Alkoholgärung wird namentlich von Hefen unter Sauerstoffmangel durchgeführt; durch Vergärung von Mosten bzw. verzuckerter Stärke durch *Saccharomyces*-Arten werden Weine und Biere hergestellt. – Die Milchsäuregärung setzt überall dort ein, wo besonders nährstoffreiche Flüssigkeiten (Milch, Pflanzensäfte) mit Milchsäurebakterien in Kontakt kommen. Diese produzieren so viel Milchsäure, daß der *pH* bis auf Werte von 3–4 sinken kann. Diese starke Säureproduktion wird für Konservierungszwecke ausgenutzt (Sauerkraut, Silage). – Die Ameisensäuregärung wird von den Enterobakterien durchgeführt. *E. coli* vergärt Zucker zu einem Gemisch von Acetat, Lactat, Succinat, Äthanol, CO_2 und Formiat. Im sauren Milieu wird letzteres von *E. coli* weiter zu einem Gemisch von H_2 und CO_2 umgesetzt. – Die Buttersäuregärung wird hauptsächlich von

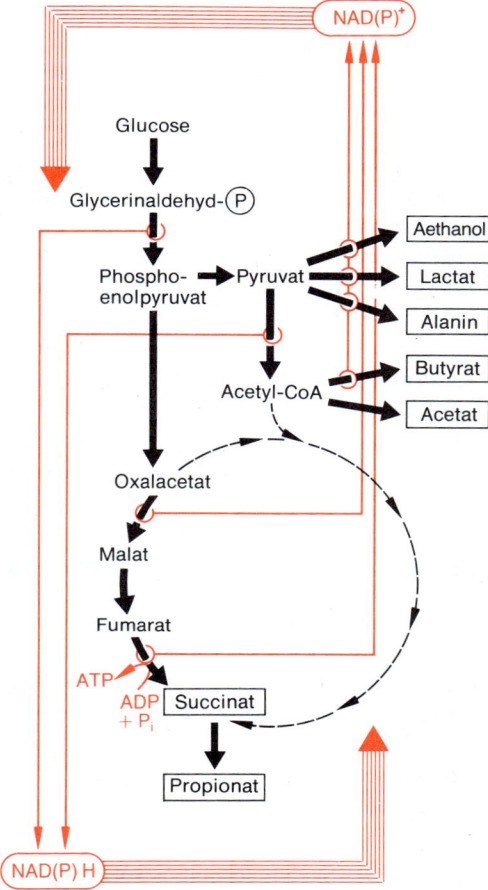

Abb. 1.75. Zusammenstellung verschiedener Gärungsreaktionen, durch die unter anaeroben Bedingungen das Redoxgleichgewicht in Zellen aufrechterhalten wird (Vollständigkeit wurde nicht angestrebt). Die Endprodukte der Gärungsreaktionen sind eingerahmt. Die roten Pfeile deuten den Fluß des NAD(P)/NAD(P)H-Systems an. Reduktionsäquivalente, die an verschiedenen Stellen des Katabolismus abgegeben werden, können durch Gärungsreaktionen wieder absorbiert werden. Im Falle der Reduktion von Fumarat zu Succinat führt dies zum Gewinn von 1 ATP. Bei der Succinatgärung wird ein Segment des Citratzyklus in umgekehrter Richtung durchlaufen. Der oxidative Weg des Citratzyklus ist gestrichelt angedeutet. (Vgl. Abb. 1.74) (Original Wieser)

Vertretern der Gattung *Clostridium* durchgeführt. Zucker werden durch die Reaktionen der Glykolyse bis zum Pyruvat abgebaut, welches durch ein spezielles Enzymsystem zu Acetyl-CoA, CO_2 und H_2 gespalten wird. Die Bildung von Butyrat erfolgt schließlich aus dem Acetyl-CoA unter Verbrauch der bei der Glykolyse anfallenden Reduktionsäquivalente. Einige *Clostridium*-Arten, z. B. *C. acetobutylicum*, gehen im sauren Milieu von der Buttersäuregärung zur Aceton-Butanol-Gärung über, um eine weitere Säureproduktion zu umgehen. – Die Propionsäuregärung spielt bei der Käsereifung eine Rolle. Die Propionsäure-Bakterien sind in der Lage, Lactat zu Propionat, Acetat und CO_2 zu vergären. In der Nahrungskette sind sie also den Milchsäurebakterien nachgeschaltet. Die Bildung von Propionat erfolgt über Fumarat und Succinat; diese Bakterien nutzen ebenfalls das Fumaratreduktasesystem zur ATP-Synthese durch Elektronentransportphosphorylierung aus. – Große Bedeutung kommt der Methangärung zu, weil hierbei eine gasförmige Kohlenstoffverbindung entsteht, die aus den anaeroben Bereichen (Schlamm in Flüssen und Teichen, Moore, Moraste) schnell in aerobe Zonen diffundieren kann. Dort wird Methan durch spezielle Bakterien zu CO_2 oxidiert. Die wichtigsten Substrate für die Methanbildung sind Acetat, CO_2 und H_2, Methanol und Methylamin.

1.4.4.2 Weitere Reaktionen im Stoffwechsel der Kohlenhydrate

Der Stoffwechsel der Kohlenhydrate ist mit der »gemeinsamen Endstrecke« des Katabolismus auf das engste verknüpft. Neben den dort besprochenen Reaktionssystemen – Glykolyse, Gärungen und Citratzyklus – müssen aber noch einige andere Stoffwechselwege hervorgehoben werden, über die Ab- und Aufbau von Kohlenhydraten verlaufen. Die Vielseitigkeit dieser Klasse von Verbindungen hängt mit ihrer Reaktionsfähigkeit zusammen. Besonders reaktionsfähig sind die stark polaren Gruppen, vor allem das glykosidische Hydroxyl am C-Atom 1 und die Alkoholgruppen an den C-Atomen 5 bzw. 6. Alle diese OH-Gruppen gehen leicht Esterbindungen mit Phosphorsäure ein. Nur das H–C–OH-Skelett scheint sowohl variabel und reaktionsfähig als auch stabil genug zu sein, um jene Umlagerungen möglich zu machen, die für die Gewinnung der Energie aus der Nahrung notwendig sind. Obwohl es im Verlauf des Citratzyklus zu Decarboxylierung (Entzug von Kohlendioxid), Hydratisierung (Einbau von Wasser), Dehydratisierung (Entzug von Wasser) und Dehydrogenierung (Entzug von Wasserstoff) kommt (S. 88f.; Abb. 1.74), sind die Grundgerüste der meisten Zwischenprodukte dieses Reaktionssystems so stabil, daß sie Knotenpunkte im intermediären Stoffwechsel bilden können.

Zu den Kohlenhydraten gehören viele Speicher- und Gerüstsubstanzen (S. 47f.; Abb. 1.40). Diese bestehen aus verzweigten und unverzweigten Polysaccharidketten. Die Makromoleküle der Polysaccharide liefern in Form von Glykogen und Stärke wichtige biologische Energiespeicher, in Form von Cellulose, Chitin, Hyaluronsäure und Chondroitinschwefelsäure einige der wichtigsten Stütz- und Skelettsysteme.

Der Organismus gewinnt durch den Abbau von Glykogen oder Stärke zu Glucose keine zusätzliche nutzbringende Energie; diese Makromoleküle repräsentieren lediglich eine speicherbare Form der Energie, in der eine Konzentrierung von Glucose in Zellen möglich ist, ohne daß es zu einer osmotischen Belastung der Gewebe kommt.

Oxidativer Pentosephosphatzyklus

Der allgemeine Zellstoffwechsel und der Stoffwechsel der Kohlenhydrate kreuzen sich in einem weiteren Prozeß: im *oxidativen Pentosephosphatzyklus* (»Hexosemonophosphatshunt«), einem vielseitigen Reaktionssystem mit zwei Hauptaufgaben. Einerseits liefert es in Form von NADPH Reduktionsäquivalente, die bei reduktiven Synthesen, vor allem von Fettsäuren, eingesetzt werden; andererseits repräsentiert es den Umschlagplatz für

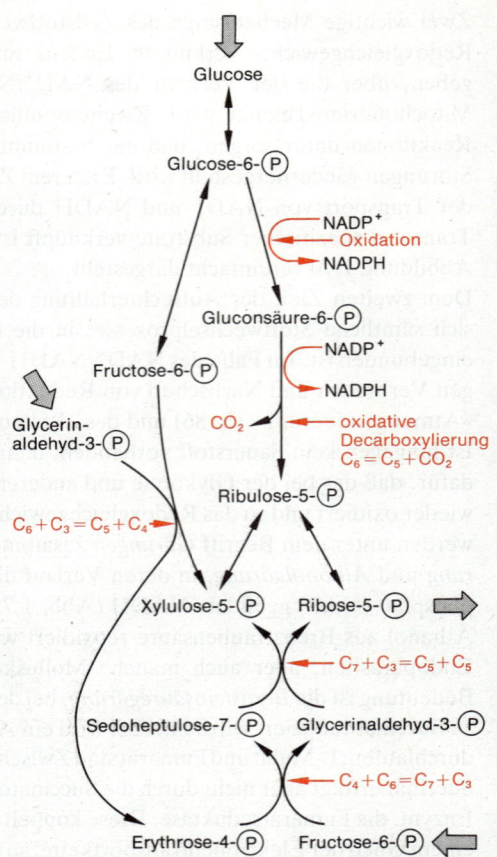

Abb. 1.76. Oxidativer Pentosephosphatzyklus. Durch Einführung von zwei C_6- und einem C_3-Kohlenhydrat (drei einwärts gerichtete graue Pfeile) werden durch C-Transferreaktionen insgesamt drei C_5-Zucker gebildet. Die direkte Oxidation des Glucose-6-phosphats führt zunächst zur Reduktion von 2 NADP; durch Abgabe von 1 CO_2 entsteht ebenfalls Pentose. Von den Produkten ist insbesondere das Ribose-5-phosphat für den Nucleotidstoffwechsel von Bedeutung (auswärts gerichteter grauer Pfeil)

Pentosen, die als Bausteine von Nucleosiden und Nucleotiden benötigt werden. Der Zyklus steht über Glucose-6-phosphat, Glycerinaldehyd-3-phosphat und Fructose-6-phosphat in unmittelbarer Verbindung mit der Glykolyse (Abb. 1.76). Je nach den funktionellen Erfordernissen der Zelle liegt das Hauptgewicht seiner Produktion entweder auf der Seite der Pentosen oder auf der Seite des NADPH. In extrem auf Fettsynthesen eingestellten Geweben kann Glucose-6-Phosphat auch vollständig oxidiert werden, wobei alle 12 H-Atome als energiereiche Reduktionsäquivalente konserviert werden (Gl. 1.57). Hier wird also Energie für Syntheseleistungen unter Umgehung von Phosphorylierungsmechanismen bereitgestellt. Dabei wird auch der Weg in die Mitochondrien umgangen, denn die Reaktionen sowohl des Pentosephosphatzyklus wie der Fettsäuresynthese (S. 96) spielen sich im Cytoplasma (bei grünen Pflanzen auch in den Plastiden) ab. Eine Besonderheit des Zyklus ist seine große Ähnlichkeit mit den Dunkelreaktionen der Photosynthese (S. 125f.).

Gluconeogenese

Nehmen in der Zelle die Konzentrationen von Stoffwechselzwischenprodukten wie Lactat, Malat und einigen Aminosäuren zu, dann steigt auch die Tendenz zur Neubildung von Glucose *(Gluconeogenese)*. Im Verlauf dieses Prozesses wird die Glykolyse über weite Strecken in umgekehrter Richtung durchlaufen, nämlich überall dort, wo sie durch Gleichgewichtsenzyme (S. 76) katalysiert wird. In diesen Fällen wird die Richtung der jeweiligen Reaktion allein durch die Konzentrationen der Reaktanten und Produkte bestimmt. An drei Stellen (Abb. 1.73, 1.77a) befindet sich der glykolytische Prozeß jedoch nicht im Gleichgewicht. Die Schritte

Glucose + ATP → Glc-6-Ⓟ + ADP,
Frc-6-Ⓟ + ATP → FBP + ADP und
PEP + ADP → Pyruvat + ATP

sind so stark exergon, daß sie nicht ohne weiteres in der umgekehrten Richtung ablaufen können. Eine Umkehrung der Glykolyse ist also nur dann möglich, wenn die genannten drei Engpässe mittels anderer Reaktionen umgangen werden. Diese drei Umgehungsreaktionen sind in Gleichung (1.58a–c) zusammengestellt; sie werden durch spezielle Enzyme katalysiert. An diesen drei Punkten unterscheiden sich also die Reaktionen des *anabolen* von denen des *katabolen* Weges.

Besonders kompliziert ist die Bildung von Phosphoenolpyruvat (PEP) aus Pyruvat (Pyr) (Gl. 1.58c; Abb. 1.77b), denn es werden zwei Enzyme benötigt, und zwei energiereiche Bindungen (aus ATP und GTP) müssen investiert werden. In die Schlüsselreaktionen von Glucoseabbau und Gluconeogenese greifen auch jene regulierenden Faktoren ein, von denen es weitgehend abhängt, ob Glucose in einem energieliefernden Prozeß *ab*gebaut oder – unter Verbrauch von Energie – *auf*gebaut werden soll. Die wichtigsten dieser regulierenden Faktoren haben etwas mit dem energetischen Potential der Zelle zu tun. Ist die Zelle in einem energiereichen Zustand, dann liegt der ATP-Spiegel hoch, und es ist unnötig, mehr Glucose abzubauen und damit noch mehr ATP zu produzieren. Hohe ATP-Konzentrationen hemmen die Schlüsselenzyme der Glykolyse (Abb. 1.77b), für erschöpfte Zellen mit niedrigem ATP-Spiegel und dementsprechend hohen ADP- und AMP-Konzentrationen gilt genau das Umgekehrte (Abb. 1.77a). Diese Abhängigkeit der Geschwindigkeit des Glucoseumsatzes vom Energiezustand der Zelle liefert eine molekulare Erklärung für die vor mehr als 100 Jahren von L. Pasteur gemachte Beobachtung, daß in fakultativ anaeroben Zellen der Glucoseverbrauch abnimmt, wenn den Zellen reichlich Sauerstoff zur Verfügung steht (also wenn das ATP-Potential hoch ist). Man nennt diesen Regulationsmechanismus *Pasteur-Effekt*.

Eine weitere Schlüsselrolle spielt das Fructose-1,6-bisphosphat (FBP), ein Metabolit, der das Regulatorenzym des Zuckerabbaus Pyruvatkinase mittels einer positiven Vorwärts-

(1.57)

Glc-6-Ⓟ + 12 NADP$^+$ + 7 H$_2$O
→ 6 CO$_2$ + 12 NADPH + 12 H$^+$ + P$_i$

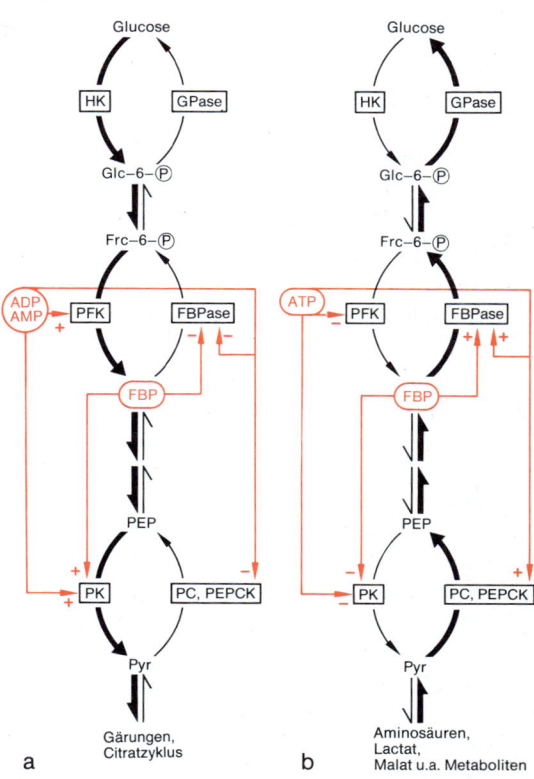

Abb. 1.77a, b. Die Richtung des Stoffwechselweges in der Zelle zum Abbau (a) oder Aufbau (b) von Glucose wird weitgehend von der Wirkung einiger Modulatoren auf zwei Schlüsselenzyme bestimmt: ADP und AMP aktivieren die glykolytischen Enzyme Phosphofructokinase (PFK) und Pyruvatkinase (PK), hemmen aber die gluconeogenetischen Enzyme Fructosebisphosphatase (FBPase), Pyruvatcarboxylase (PC) und Phosphoenolpyruvatcarboxykinase (PEPCK); für die Wirksamkeit von ATP gilt das Gegenteil. Hohe Konzentrationen von FBP aktivieren die Pyruvatkinase und hemmen die Fructosebisphosphatase (a), geringe Konzentrationen haben die umgekehrte Wirkung (b). (Nach B. Hess)

(1.58)

a) Glc-6-Ⓟ → Glc + P$_i$

b) FBP → Frc-6-Ⓟ + P$_i$

c$_1$) Pyr + CO$_2$ + ATP → OA + ADP + P$_i$

c$_2$) OA + GTP → PEP + GDP + CO$_2$

kopplung (»feed-forward«) aktiviert, das gluconeogenetische Regulatorenzym Fructosebisphosphatase hingegen rückkoppelnd hemmt. Hohe Fructosebisphosphat-Konzentrationen fördern somit die Glykolyse, niedrige die Gluconeogenese. Weiter stimuliert das Acetyl-CoA das gluconeogenetische Enzym Pyruvatcarboxylase, wodurch ein Überschuß an Acetyl-CoA in den Mitochondrien zum Wiederaufbau von Glucose verwendet wird. Damit sind aber noch immer nicht alle Modulatoren dargestellt, die in den Kohlenhydratstoffwechsel zwischen Glucose und Pyruvat eingreifen können. Auch andere Komponenten des Citratzyklus sowie der Spiegel der H-übertragenden Coenzyme können das Verhältnis von glykolytischer zu gluconeogenetischer Aktivität in Zellen beeinflussen.

Auf- und Abbau von Polysacchariden

Die zentrale Substanz des Kohlenhydratstoffwechsels, die Glucose, kann vom Organismus nur in begrenzten Mengen in Lösung gehalten werden. Größere Vorräte an Kohlenhydraten werden in der Regel als Polysaccharide angelegt, in Pflanzen meist als *Stärke*, in Tieren, Pilzen und Bakterien als *Glykogen* (Ausnahme: Rohrzucker-speichernde Pflanzen, z.B. Zuckerrohr, Zuckerrübe und Küchenzwiebel). Der Abbau der Polysaccharide zu den Monosacchariden verläuft meist über Phosphorylierungsprodukte, über die auch die Verwandlung der verschiedenen Zucker ineinander durchgeführt wird. Dabei katalysieren Isomerasen die sterischen Veränderungen an den Zuckermolekülen und Phosphokinasen die Übertragung der Phosphatgruppen.

Der Abbau von Glykogen oder Stärke zu Monosacchariden geschieht meistens mit Hilfe phosphorylierender Enzyme, den α(1→4)-Glucanphosphorylasen, die jeweils die letzte Glucoseeinheit einer Polysaccharidkette phosphorylieren und abspalten. Auf diese Weise entsteht Glucose-1-phosphat (Glc-1-Ⓟ), das durch eine Phosphoglucomutase in Glucose-6-phosphat umgewandelt wird, womit die erste Stufe des glykolytischen Abbaues erreicht ist (Gl. 1.59, 1.60). Gegenüber der Bildung von Glc-6-Ⓟ aus Glucose (Abb. 1.73) wird auf diesem Wege somit ein ATP eingespart.

Die Phosphorylasen können nur 1,4-Bindungen spalten. Die 1,6-Bindungen von Glykogen und Stärke (Amylopektin) werden durch Amylo-1,6-Glucosidasen hydrolysiert, so daß neue Bruchstücke entstehen, deren endständige Einheiten weiter phosphoryliert und abgespalten werden können.

Der Aufbau von Polysacchariden, die *Glyko-* oder *Amyloneogenese*, folgt anderen Wegen als der Abbau. Glc-6-Ⓟ wird zwar in Umkehrung des glykogenolytischen Schrittes in Glc-1-Ⓟ verwandelt, dieses aber durch das Enzym Glc-1-Ⓟ-Uridyltransferase in UDP-Glucose (bzw. bei der Stärkebildung durch die Glc-1-Ⓟ-Adenyltransferase in ADP-Glucose) überführt. Die energiereiche Glucose wird mit Hilfe der Glykogensynthetase an eine wachsende Glykogenkette angehängt, UDP wird abgespalten und mittels ATP zu UTP regeneriert (Abb. 1.78). Die 1,6-Bindungen von Glykogen und Stärke (Amylopektin) müssen durch ein weiteres Enzym, ein 1,4-α-Glucan-»branching-enzyme«, zusammengefügt werden. Cellulose wird nicht über UDP- oder ADP-Glucose, sondern über GDP-Glucose synthetisiert (Abb. 1.88). Bedarf es neben der Glucose auch noch anderer Bausteine für die Synthese von Polysacchariden, etwa Fructose für die Synthese der Fructosane, dann werden diese dem Sammelbecken der phosphorylierten Zucker entnommen.

Der Abruf von Glucoseeinheiten aus den Glykogenspeichern in Muskel- und Leberzellen, aber auch bei Glykogen-speichernden Pilzen, steht unter strenger Kontrolle. In der ruhenden Zelle liegt das phosphorylierende Enzym überwiegend als das inaktive Dimer Phosphorylase b vor; unter dem Einfluß hormonaler Faktoren wird eine Reihe von Reaktionen in Gang gesetzt, die schließlich die inaktive Phosphorylase b in das aktive Tetramer Phosphorylase a verwandeln. Dieser komplizierte Mechanismus sorgt dafür, daß die Mobilisierung von Glucose aus den Glykogenspeichern nur nach Bedarf und aufgrund spezifischer chemischer Signale erfolgen kann.

(1.59)

$(Glucose)_n + P_i \rightarrow (Glucose)_{n-1} + Glc\text{-}1\text{-}Ⓟ,$

$\Delta G_0' = +3{,}75 \text{ kJ} \cdot \text{mol}^{-1}$

(1.60)

$Glc\text{-}1\text{-}Ⓟ \rightarrow Glc\text{-}6\text{-}Ⓟ,$

$\Delta G_0' = -7{,}27 \text{ kJ} \cdot \text{mol}^{-1}$

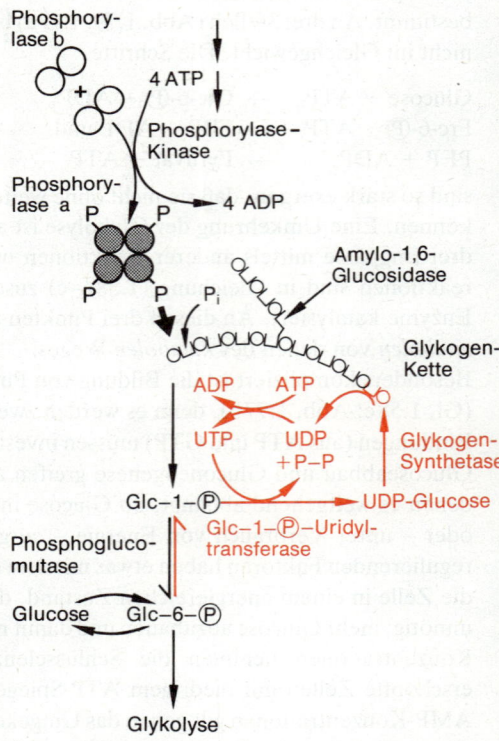

Abb. 1.78. Grundzüge von Glykogenolyse (schwarz) und Gluconeogenese (rot). Phosphorylierung und Aktivierung der Phosphorylase sind die letzte Phase eines komplexeren Vorganges, der durch hormonale Faktoren an der Zellmembran in Gang gesetzt wird. Das Glykogenmolekül wird durch 1,4- und 1,6-Bindungen zwischen Glucoseeinheiten zusammengehalten. (Vgl. Abb. 1.40)

1.4.4.3 Stoffwechsel der Lipide

Lipide sind am Aufbau aller biologischen Membransysteme entscheidend beteiligt (S. 49f.). Hierzu befähigt sie vor allem das Konstruktionsprinzip der langen Kohlenwasserstoffketten, da die zwischen diesen wirksamen van der Waals-Wechselwirkungen (S. 57) eine Lamellenstruktur begünstigen. Ihr *hoher Reduktionsgrad macht sie außerdem zu idealen Wasserstoffdonatoren und damit zu Energielieferanten.*
Dies drückt sich im hohen Verbrennungswert vor allem der Fette (S. 585; Tab. 6.1, S. 584) aus, der pro Gewichtseinheit etwa doppelt so hoch wie der von Kohlenhydraten und Proteinen ist. Die aus Neutralfetten bestehenden Energiespeicher (S. 96; Abb. 1.81; S. 455f.) sind allerdings nur dann vom Standpunkt des Organismus ökonomisch, wenn den Geweben Sauerstoff in reichlichem Maße zugeführt werden kann.

Abbau der Lipide. Beim Katabolismus der Neutralfette unterscheidet man zwei Hauptphasen: die *Hydrolyse der Fette zu Glycerin und Fettsäuren* und die *β-Oxidation der Fettsäuren.*
Die erste Phase verläuft wie bei der extrazellulären Verdauung (S. 479) unter Mitwirkung von Lipasen; das anfallende Glycerin kann direkt im Stoffwechsel verwertet werden, denn der Glycerinaldehyd ist ein Glied des glykolytischen Abbauweges (Abb. 1.73).
Die freien Fettsäuren enthalten zwar viel chemische Energie, sind aber aufgrund ihrer langen apolaren Kohlenwasserstoffketten reaktionsträge. Im Prozeß der β-Oxidation erfolgt ihre Aktivierung mit Coenzym A und eine Abspaltung kleiner C_2-Bruchstücke vom Carboxylende her. Es entstehen auf diese Weise jeweils um zwei C-Atome verkürzte Kohlenwasserstoffketten und aktivierte Essigsäure, die beim Tier unmittelbar in den Citratzyklus eingeschleust werden kann. Dies wird dadurch erleichtert, daß die β-Oxidation ebenfalls in den Mitochondrien stattfindet.
Die Anlagerung von Coenzym A erfolgt mit Starthilfe durch ATP (Gl. 1.61).
Der Reaktionsablauf der β-Oxidation wird in Abbildung 1.79 vereinfacht gezeigt. Alles in allem liefert ein Umlauf der Spirale zwei H-Paare, die in der Atmungskette fünf Moleküle ATP bilden können (zwei durch FADH, drei durch NADH). Ein Molekül ATP wird als Initialzünder verbraucht, so daß die Oxidation etwa von Stearinsäure (C_{18}) zunächst über das Elektronentransportsystem $8 \cdot 5 - 1 = 39$ Moleküle ATP liefern kann. Daneben entstehen aber auch neun Moleküle aktivierte Essigsäure, die, in den Citratzyklus eingeschleust, $9 \cdot 4 = 36$ Paare Wasserstoff und damit weitere $36 \cdot 3 = 108$ Moleküle ATP liefern können. Oft wird jedoch ein Teil des Acetyl-CoA für Synthesen verwendet (s. unten). Schließlich kann es aber auch zur verstärkten Ausscheidung von Acetessigsäure und anderen Ketonkörpern aus der Zelle kommen.
Bei Höheren Pflanzen sind die Fette fast immer auf bestimmte Speichergewebe beschränkt (z. B. auf das Mesophyll der Kotyledonen oder das Endosperm der Samen). Um die Fette bei der Keimung für den Stoffwechsel des jungen Keimlings nutzbar zu machen, müssen sie zunächst in transportable Moleküle umgeformt werden. Dies bedeutet für die Höhere Pflanze einen Umbau in das Kohlenhydrat *Saccharose.* Der Fettsäureabbau erfolgt in diesem Fall nicht in den Mitochondrien, sondern in speziellen Organellen, den *Glyoxysomen* (S. 140, Abb. 1.81). Die Enzyme der β-Oxidation sind in die einfache Membran dieser Microbodies (S. 140) integriert. Das beim ersten Schritt in der »Fettsäurespirale« entstehende FADH kann nicht über die Atmungskette der Mitochondrien oxidiert werden (wie dies z. B. beim Fettsäureabbau in Leber-Mitochondrien möglich ist), sondern wird über eine peroxisomale Atmungskette durch O_2 oxidiert (Abb. 1.80). Das entstehende H_2O_2 wird durch Katalase sofort in H_2O und ½ O_2 gespalten. Der Fettsäureabbau ist also ein aerober Vorgang.
Die weitere Verarbeitung des Acetats erfolgt mit Hilfe des *Glyoxylatzyklus* (Abb. 1.80), der vor allem von Mikroorganismen und Pflanzen bekannt ist, später aber auch in

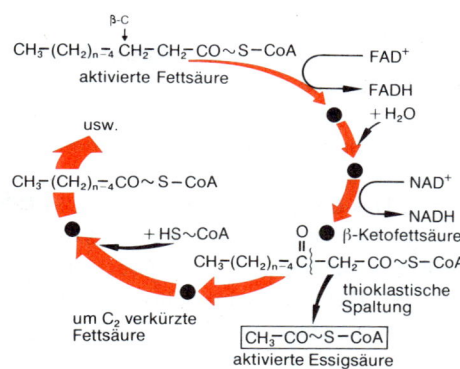

Abb. 1.79. Vereinfachtes Schema der β-Oxidation von Fettsäuren. Es ist nur ein Umlauf der Abbauspirale dargestellt, in dessen Verlauf zwei H-Paare (als FADH und NADH) und ein Molekül aktivierte Essigsäure anfallen. Die Fettsäure ist dementsprechend um ein C_2-Glied kürzer geworden

(1.61)
$$CH_3\text{-}(CH_2)_n\text{-}COOH + HS\text{-}CoA + ATP$$
$$\rightarrow CH_3\text{-}(CH_2)_n\text{-}\overset{O}{C}\sim S\text{-}CoA + AMP + PP_i$$
aktivierte Fettsäure

tierischen Zellen (beim Leberegel, *Fasciola*) entdeckt wurde. Die besondere Bedeutung dieses Kreisprozesses liegt darin, daß er eine Brücke zwischen Fettsäureabbau und Gluconeogenese schlägt, indem er bei starkem Anfall von Acetyl-Coenzym A aus der β-Oxidation der Fettsäuren einen Weg zur zusätzlichen Synthese von Oxalessigsäure eröffnet. Im Normalfall erzwingt jedes Molekül aktivierte Essigsäure einen kompletten Umlauf des Citratzyklus und damit den Verlust von zwei Molekülen CO_2 pro Molekül Citrat. Das übrigbleibende 4-C-Atom-Molekül, die Oxalessigsäure, wird als Akzeptormolekül für den nächsten Umlauf des Citratzyklus verbraucht. Eine Entnahme von Oxalessigsäure aus dem Zyklus für Zwecke von Synthesen würde also den Zyklus zum Erliegen bringen. Der Glyoxylatzyklus wandelt in der Bilanz zwei Acetatmoleküle in die C_4-Säure Succinat um (Abb. 1.80). Aus diesem Succinat kann im Citratzyklus über Fumarat und Malat überschüssige Oxalessigsäure gebildet werden, welche für die Synthese von Saccharose (Gluconeogenese) zur Verfügung steht.

Auch in den Fettspeichergeweben der Höheren Pflanzen ist der Glyoxylatzyklus in den Glyoxysomen lokalisiert. Das hier gebildete Succinat muß in die Mitochondrien verfrachtet werden und kann erst dort zu Oxalessigsäure und weiter zu Phosphoenolpyruvat umgesetzt werden. Die Glyoxysomen sind meist nur während der kurzen Phasen der Fettmobilisierung (z.B. nur wenige Tage nach Beginn der Samenkeimung) aktiv und werden anschließend wieder abgebaut. Sie sind während ihrer Aktivitätsperiode eng mit den Fettkörpern *(Oleosomen)* assoziiert (Abb. 1.81).

Synthese der Fettsäuren. Während die Gluconeogenese (S. 93) und der Aufbau von Aminosäuren (S. 99 f.) zwar durch irreversible Reaktionsschritte ausgezeichnet, im großen und ganzen aber in das allgemeine Netz des Primärstoffwechsels integriert sind, verläuft der Aufbau der Fettsäuren von ihrem Abbau völlig getrennt. Dies betrifft schon einmal den Syntheseort, denn die β-Oxidation der Fettsäuren spielt sich in den Mitochondrien bzw. in den Glyoxysomen ab, die Synthese der C_{16}- oder C_{18}-Moleküle aber im Cytoplasma, bei Pflanzen in den Plastiden.

Die Synthese vollzieht sich in der Form eines Fließbandprozesses an einem stabilen Enzymkomplex, der mindestens sieben Teilreaktionen katalysiert. Die Fettsäuren werden aus C_2-Gliedern zusammengesetzt, wobei das erste Glied als Acetyl-CoA, alle folgenden Glieder als Malonyl-CoA in die Reaktionsfolge eintreten. Jedes Malonyl-CoA wird wiederum aus Acetyl-CoA und HCO_3^- unter Einsatz von einem Molekül ATP nach Gleichung (1.62) gebildet. HCO_3^- wird dabei durch das Coenzym Biotin (S. 71, 612) aktiviert und als ein Carboxybiotinkomplex in den Reaktionsweg eingeschleust. Das komplexe Enzym Acetyl-CoA-Carboxylase, das diese Startreaktion katalysiert, ist das geschwindigkeitsbeschränkende Enzym der Fettsäuresynthese. In einer Serie von fünf Folgereaktionen (Malonyl-Transfer, Kondensation, 1. Reduktion, Dehydratation, 2. Reduktion) wird dann jeweils eines der Malonyl-CoA-Glieder an die wachsende Kohlenwasserstoffkette angehängt, wobei das anfänglich investierte CO_2-Molekül den Reaktionsweg wieder verläßt. Pro C_2-Verlängerung führen zwei Moleküle NADPH der wachsenden Kette zwei H-Paare zu. In der Schlußreaktion wird die fertige Fettsäure – meist ein C_{16}- oder C_{18}-Molekül – vom Komplex gelöst. Für die gesättigte C_{18}-Fettsäure Stearinsäure verläuft der gesamte Prozeß nach der Bruttoformel der Gleichung (1.63).

Die *Fettsäuresynthetase,* die diesen Prozeß katalysiert, besteht bei den meisten Eukaryoten (vielleicht mit Ausnahme der Höheren Pflanzen) nur aus zwei verschiedenen, jedoch multifunktionellen Proteinketten mit einem Molekulargewicht von je etwa 200000. Diese beiden Untereinheiten werden durch zwei ungekoppelte Genloci (»fas 1« bzw. »fas 2«) codiert und bilden in der Hefe wahrscheinlich ein Hexamer $α_6 β_6$, bei Säugetieren und Vögeln ein Dimer $αβ$ oder gar nur ein Dimer $α_2$, in dem $α$ sämtliche Fettsäuresynthetase-Funktionen enthält. Die Aufteilung der Funktionen der Fettsäuresynthese auf mehrere »Domänen« der zwei Untereinheiten ist in Abbildung 1.82 zusammengefaßt.

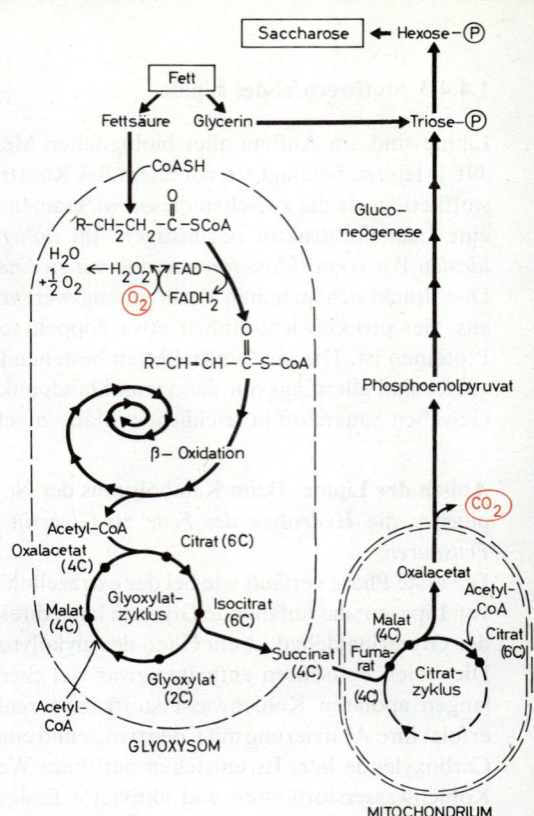

Abb. 1.80. Verknüpfung von Fettabbau und Zuckeraufbau über den Glyoxylatzyklus in einer fettspeichernden Pflanzenzelle. Aus zwei Molekülen Acetyl-CoA entsteht in den Glyoxysomen ein Molekül Succinat, das in die Mitochondrien verfrachtet und dort über den Citratzyklus in Oxalacetat umgeformt wird. Aus dem Oxalacetat können über Phosphoenolpyruvat Zucker synthetisiert werden (Gluconeogenese). Das im Fettabbau anfallende Glycerin steht über die Triosephosphate ebenfalls mit der Gluconeogenese in Verbindung. Bei der Gluconeogenese geht jedes vierte C-Atom durch Decarboxylierung verloren. Da der Gesamtprozeß mit einem Verbrauch von O_2 und einer Bildung von CO_2 verbunden ist, trägt er zur Atmung des Gewebes bei. Diese partielle Dissimilation kann z.B. in Samen mit Fettspeicherung während der Keimung die Hauptkomponente der Zellatmung darstellen. (Original Schopfer)

(1.62)
$CH_3-\overset{O}{\underset{}{C}}\sim S\text{-}CoA + HCO_3^- + H^+ + ATP$
Acetyl-
$\rightarrow HOOC\text{-}CH_2\text{-}\overset{O}{\underset{}{C}}\sim S\text{-}CoA + ADP + P_i + H_2O$
Malonyl-

(1.63)
$9\,CH_3\text{-}\overset{O}{\underset{}{C}}\sim S\text{-}CoA + 16\,NADPH + 16\,H^+ + 8\,ATP + H_2O$
$\rightarrow CH_3\text{-}(CH_2)_{16}\text{-}COOH + 9\,HS\text{-}CoA + 16\,NADP^+$
Stearinsäure $\qquad\quad + 8\,ADP + 8\,P_i + 8\,H_2O$

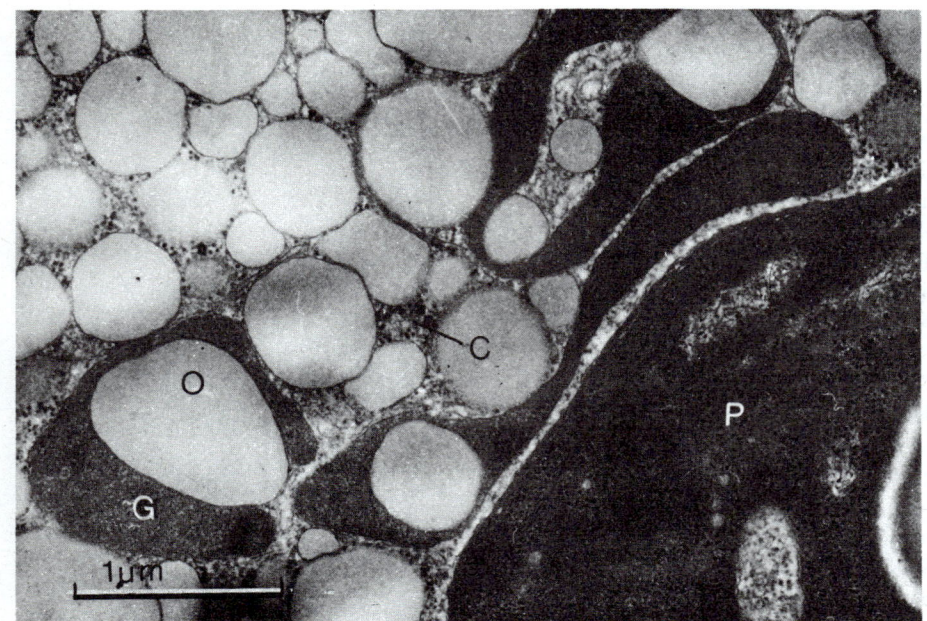

Abb. 1.81. Glyoxysomen während der Fettmobilisierungsphase in den Kotyledonen junger Senfkeimlinge (Sinapis alba). Das Reservefett liegt in den Parenchymzellen der Kotyledonen in Form von Fettkörpern (Oleosomen O) vor. Die etwa 24 h nach der Aussaat auftretenden Glyoxysomen (G) lagern sich eng an die Oleosomen an und übernehmen die bei der Fetthydrolyse entstehenden Fettsäuren durch direkten Membrankontakt. (Die Lipase ist in der Oleosomen- und Glyoxysomenhülle lokalisiert.) Man erkennt die für alle Microbodies charakteristische einfache Hüllmembran der Glyoxysomen. P Plastide, C Grundcytoplasma mit Ribosomen. (Original Falk/Freiburg)

Synthese der Lipidmoleküle. Die Lipidmoleküle zeichnen sich durch den Besitz langer Kohlenwasserstoffketten aus, gehören aber nicht zu den eigentlichen Makromolekülen. Wie bei diesen verläuft ihre Synthese jedoch ebenfalls über aktivierte Formen der einzelnen Bestandteile. Die Fettsäuren treten als *aktivierte Fettsäuren* in den Syntheseprozeß ein, Glycerin als *Glycerin-3-phosphat*, Cholin – eine der wichtigsten Komponenten der Phospholipide – als *CTP-Cholin* (Abb. 1.44, 1.88). Diese Bausteine werden zusammengesetzt, die abgespaltenen Nucleosidphosphate mit Hilfe von ATP regeneriert. So verläuft etwa die Synthese von Lecithin (= Phosphatidylcholin) nach der Bruttoformel in Gleichung (1.64). Hierfür sind 16 Einzelreaktionen und 12 Enzyme notwendig.

1.4.4.4 Denitrifikation und Stickstoffixierung

Unter den Prokaryoten gibt es eine Reihe von Arten, die zur Freisetzung oder zur Fixierung von molekularem Stickstoff befähigt sind. Beide Prozesse sind von Bedeutung, weil sie wesentlich in den ökologischen Stickstoffkreislauf (S. 818) eingreifen.
Der zur Bildung von N_2 führende Prozeß *(Denitrifikation)* wird von einigen *Bacillus*- und *Pseudomonas*-Arten und von zahlreichen anderen Bakterien durchgeführt, wenn Sauerstoffmangel herrscht und Nitrat zur Verfügung steht. Diese Organismen schalten dann von der Sauerstoffatmung auf eine Nitratatmung um: Nitrat wird unter diesen Bedingungen als Elektronenakzeptor benutzt und zu N_2 reduziert. Die Oxidation von Glucose zu CO_2 mit Nitrat ist in Gleichung (1.65) angegeben. Die Denitrifikation kann in schlecht durchlüfteten Böden zu erheblichen Verlusten an gebundenem Stickstoff führen.
Zur Fixierung von molekularem Stickstoff sind Vertreter von vielen Gattungen der Bakterien und Cyanobakterien in der Lage. Die biologische Stickstoff-Fixierung auf der Erde beträgt derzeit (noch) etwa das Dreifache der industriellen. Man unterscheidet zwischen nicht-symbiotischer und symbiotischer Stickstoff-Fixierung.
Die *nicht-symbiotische Stickstoff-Fixierung* wird von zahlreichen freilebenden Bakterien durchgeführt, wenn sie unter Stickstoffmangelbedingungen geraten, und zwar von

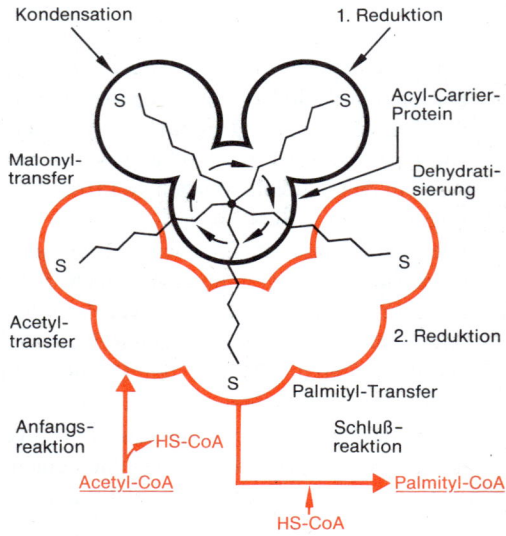

Abb. 1.82. Ablauf der Synthese des Fettsäuremoleküls im Enzymkomplex der Fettsäuresynthetase in Form eines Fließbandprozesses. Es sind zu unterscheiden: die Anfangsreaktion, die Serie der Folgereaktionen – die die Kohlenwasserstoffkette pro Umlauf durch Anlagerung von Malonyl-CoA und nachfolgende CO_2-Abspaltung um zwei C-Glieder verlängern – und die Schlußreaktion. Die wachsende Kette bleibt an die zentrale SH-Gruppe des Enzymkomplexes gebunden. Die Fettsäuresynthetase vieler Eukaryoten setzt sich aus zwei Untereinheiten zusammen, von denen jede durch einen Genlocus codiert wird; *fas 1* codiert die α-Kette (rot), *fas 2* die β-Kette (schwarz). Die Funktionen der Fettsäuresynthese sind auf diesen Proteinketten als diskrete »Domänen« angeordnet (Original Schweizer/Erlangen)

(1.64)

1 Glycerin + 2 Fettsäuren + 1 Cholin + 8 ATP
→ 1 Lecithin + 8 ADP + 7 P_i

heterotrophen (aerob: *Azotobacter;* fakultativ anaerob: *Klebsiella;* obligat anaerob: *Clostridium*) und auch von autotrophen (z. B. *Rhodospirillum rubrum*). Das N_2-fixierende Enzymsystem, die *Nitrogenase,* wird nur dann synthetisiert, wenn die Konzentration an Ammoniumionen in den Bakterien sehr niedrig ist. Die Nitrogenase besteht aus zwei verschiedenen Proteinen, dem Molybdoferredoxin, welches – wie der Name sagt – Molybdän enthält, und dem Azoferredoxin. Die Elektronen für die Reduktion des Stickstoffmoleküls werden über das Azoferredoxin angeliefert und unter Hydrolyse von ATP in ihrem Redoxpotential so weit abgesenkt, daß das besonders reaktionsträge N_2-Molekül reduziert werden kann (Abb. 1.83). Pro N_2-Molekül werden 6–15 Moleküle ATP hydrolysiert. Im Laboratorium wird die Nitrogenaseaktivität häufig mit Hilfe des Acetylen-Reduktionstests bestimmt, in dem die Nitrogenase Acetylen zu Äthylen reduziert. Die Eigenschaften der Nitrogenase sind im wesentlichen an dem Enzym aus *Clostridium pasteurianum* untersucht worden.

Die *symbiotische Stickstoff-Fixierung* erfolgt in den Wurzelknöllchen der Leguminosen (S. 818). Die Knöllchenbildung wird durch Bakterien der Gattung *Rhizobium* verursacht, welche in die Wurzeln eindringen und dort eine Gewebewucherung hervorrufen. Die zuvor stäbchenförmigen Bakterien wachsen in den Knöllchen zu großen Zellen mit unregelmäßiger Form heran (*Bacteroide,* Abb. 8.64, S. 805), welche zur N_2-Fixierung in der Lage sind und Verbindungen des reduzierten Stickstoffs an die Pflanzen abgeben. Für die Landwirtschaft ist die symbiotische N_2-Fixierung von einiger Bedeutung, weil mit Hilfe von Leguminosen etwa 200 kg Stickstoff pro Hektar im Jahr gebunden werden können. Auch in den Wurzelknöllchen von Erle, Sanddorn, Ölweide und einigen anderen Nicht-Leguminosen wird N_2 fixiert.

Die Nitrogenase ist allgemein sehr sauerstoffempfindlich, und in den verschiedenen Organismen existieren unterschiedliche Schutzvorrichtungen für dieses Enzym. Aerobe, freilebende Stickstoff-Fixierer wie *Azotobacter* halten die Nitrogenase durch eine hohe Atmungsaktivität anaerob. Eine Reihe von Cyanobakterien bildet Spezialzellen (Heterocysten), denen das Photosystem II fehlt und in denen daher die N_2-Fixierung nicht durch die O_2-Produktion beeinträchtigt werden kann. Die Leguminosen schließlich bilden das Pigment Leghämoglobin, das Sauerstoff reversibel anlagert (O_2-Carrier, vgl. S. 632, 875) und damit einerseits den Bacteroiden einen oxidativen Energiestoffwechsel ermöglicht, andererseits jedoch den O_2-Partialdruck niedrig hält.

(1.65)
$$\mathrm{C_6H_{12}O_6 + 4{,}8\ NO_3^- + 4{,}8\ H^+}$$
$$\rightarrow 6\ CO_2 + 2{,}4\ N_2 + 8{,}4\ H_2O$$
$$\Delta G_0' = -2669\ kJ \cdot mol^{-1}$$

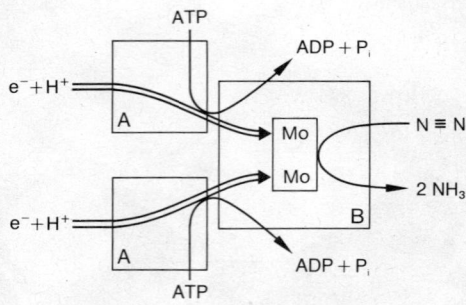

Abb. 1.83. Reduktion von N_2 zu NH_3 durch die Nitrogenase. A, Azoferredoxin; B, Molybdoferredoxin

1.4.4.5 Stoffwechsel der Proteine und Aminosäuren

Bei *autotrophen* Organismen gelangt der Stickstoff als Ammoniak bzw. Ammoniumion, Nitrat, Nitrit oder N_2 in die Zelle, bei *heterotrophen* Organismen in der Form organischer Moleküle, vor allem als Aminosäuren. Der hohe Umsatz der Eiweißstoffe in Geweben erfordert ihren ständigen Abbau zu Aminosäuren und ihre Neubildung aus diesen. Die für den Aufbau von Proteinen notwendigen Aminosäuren müssen also stets gleichzeitig und in genügender Menge vorhanden sein. Fehlt auch nur eine einzige Aminosäure im »Aminosäurepool«, dann kommt die Synthese all jener Proteine zum Erliegen, die sie als Baustein benötigen (vgl. S. 31).

Aminosäuren können den Stickstoff auch als Aminogruppe oder als Ammoniak für Synthesen anderer Stickstoff-Verbindungen liefern. Fragmente ihres C-Skeletts gelangen nach Desaminierung in den allgemeinen Stoffwechsel der Kohlenhydrate und Lipide (Abb. 1.72).

Abbau. Der Abbau der Proteine in Zellen erfolgt – wie bei der extrazellulären Verdauung (S. 479) – auf hydrolytischem Wege (Gl. 1.66). Für den Katabolismus intrazellulärer Proteine steht ein sehr breites Spektrum spezifischer Proteasen zur Verfügung. Da diese Proteasen den Umsatz aller Proteine (Tab. 1.27) bestimmen, muß ihre Aktivität einer

(1.66)

$$\underset{H}{X-\overset{O}{\overset{\|}{C}}-N-Y} + H_2O \rightleftharpoons X-\overset{O}{\overset{\|}{C}}-OH + \underset{H}{H-N-Y}$$

1.4.4.5 Stoffwechsel der Proteine und Aminosäuren

präzisen Steuerung unterliegen. Es sind bereits eine Reihe von Cofaktoren – zum Teil ebenfalls Proteine – bekannt, die vor allem für diese Steuerung verantwortlich sind. Jedoch sind unsere Vorstellungen über das Netz molekularer Wechselwirkungen, durch die sowohl die Zusammensetzung als auch der Umsatz des intrazellulären Proteinsystems bestimmt wird, noch völlig unzureichend.

Als vorläufige Endprodukte des Proteinabbaues fallen Aminosäuren an, die in den oben genannten »pool« einfließen. Für die etwa 20 Aminosäuren, aus denen Proteine zusammengesetzt sind, stehen Reaktionssysteme – aus jeweils mehreren Enzymen – zur Verfügung, die den weiteren Abbau dieser Metabolite besorgen. Dabei lassen sich drei wichtige Abbauwege unterscheiden: (a) Transaminierung,
 (b) oxidative Desaminierung,
 (c) Decarboxylierung.

Für die Abbauwege (a) und (c) ist Pyridoxalphosphat (S. 71, 612) das entscheidende Coenzym. Bei (a) und (b) gelangen die Kohlenstoffskelette der Aminosäuren in den Abbauweg der Fettsäuren (S. 95f.) oder auf Umwegen in den Citratzyklus (S. 89f.). So werden von den 20 häufigsten Aminosäuren zehn in Acetyl-CoA verwandelt, fünf in α-Ketoglutarat, drei in Succinyl-CoA und zwei in Oxalacetat. Der Abbau von Phenylalanin und Tyrosin verläuft noch etwas komplizierter, indem jeweils ein Teil des Kohlenstoffskeletts als Acetyl-CoA, ein anderer als Fumarat in den Citratzyklus eintritt. Werden die Aminosäuren jedoch decarboxyliert (Weg c), dann gelangen sie nicht in den Citratzyklus, sondern werden in Metaboliten mit ganz anderen Funktionen umgewandelt.

(a) *Transaminierung* (Gl. 1.67). Die Aminogruppe wird durch eine Transaminase auf eine Ketosäure übertragen. Über diesen Mechanismus können verschiedene Aminosäuren ineinander verwandelt werden, wenn die entsprechenden Ketosäuren als Akzeptoren der Aminogruppe vorhanden sind. Besonders weitverbreitete Akzeptoren sind α-Ketoglutarat und Oxalacetat, die in Glutaminsäure bzw. Asparaginsäure übergehen. (Diese beiden Aminosäuren sind dementsprechend Knotenpunkte im Netz der Transaminierungen.)

(b) *Oxidative Desaminierung.* Die Aminogruppe wird abgespalten und zu Ammoniak hydrogeniert. Der Vorgang ist oxidativ, weil eine α-Ketosäure entsteht. Der frei werdende Wasserstoff kann durch Aminosäureoxidasen (Flavoproteine) auf Sauerstoff übertragen werden (Gl. 1.68). Wichtiger ist der Weg, bei dem eine spezifische Dehydrogenase Glutaminsäure mit NAD umsetzt, wobei Ammoniak und α-Ketoglutarsäure entstehen (Gl. 1.69); diese spielt die Rolle einer Drehscheibe bei den Transaminierungen. Die Reaktion ist reversibel; es kann also aus Ammoniak und α-Ketoglutarsäure auch die Synthese von Glutaminsäure erfolgen. Durch Transaminierungen ist so der Aufbau derjenigen (nicht-essentiellen) Aminosäuren möglich, deren Kohlenstoffgerüst der Organismus selbst herstellen kann.

(c) *Decarboxylierung* (Gl. 1.70). Nach der enzymatischen Abspaltung der Carboxylgruppe aus dem Aminosäuremolekül bleiben Verbindungen zurück, die im Stickstoffstoffwechsel Bedeutung haben. Einige davon sind die *biogenen Amine,* die als Coenzyme und bei Tieren auch als Hormone wichtige Funktionen im Organismus erfüllen; Beispiele sind in Tabelle 1.22 angegeben.

Aminosäuren und ihre Umsetzungsprodukte – vor allem die der aromatischen – üben hormonale oder coenzymatische Funktionen aus. So sind etwa die Hormone Thyroxin und Adrenalin Derivate des Tyrosins, und das Nicotinsäureamid – Baustein des NAD – sowie Indolylessigsäure stammen vom Tryptophan ab. Methionin ist ein Donator aktivierter CH_3-Gruppen für die Synthese von Kreatin, Cholin und anderen Stickstoffverbindungen. Serin liefert C_1-Fragmente; Glutamin, Glycin, Asparaginsäure und andere Aminosäuren steuern den Stickstoff für die Synthese der Nucleotide bei (Abb. 1.85).

Aufbau. Im Hinblick auf den Aufbau unterscheidet man zwischen verschiedenen »*Familien« von Aminosäuren,* je nach der Schlüsselsubstanz, von der aus die Synthesen ihren

(1.67)
$$\begin{array}{cccc} COOH & COOH & COOH & COOH \\ | & | & | & | \\ HC-NH_2 + C=O & \rightleftharpoons & C=O + HC-NH_2 \\ | & | & | & | \\ R_1 & R_2 & R_1 & R_2 \end{array}$$

z. B. für $R_1 = -CH_3$; $R_2 = -CH_2CH_2COOH$:

Alanin   α-Keto-   Pyruvat   Glutamin-
         glutar-   säure
         säure

(1.68)
$$\begin{array}{cc} COOH & COOH \\ | & | \\ HC-NH_2 + H_2O + O_2 \rightarrow & C=O + NH_3 + H_2O_2 \\ | & | \\ R & R \end{array}$$

(1.69)
Glutaminsäure + NAD^+ + H_2O
$\rightleftharpoons$ α-Ketoglutarsäure + NADH + H^+ + NH_3

(1.70)
$$\begin{array}{cc} COOH & H \\ | & | \\ HC-NH_2 \rightleftharpoons & HC-NH_2 + CO_2 \\ | & | \\ R & R \end{array}$$

Tabelle 1.22. Abkunft und funktionelle Bedeutung einiger biogener Amine

Aminosäure	Amin	Funktion	Seite
Threonin	Propanolamin	in Vitamin B_{12}	612
Cystein	Cysteamin	in Coenzym A	72
Asparaginsäure	β-Alanin	Pantothensäure	611
Glutaminsäure	γ-Aminobuttersäure	Überträgerstoff an Nervenendigungen	518
Tyrosin	Noradrenalin	Überträgerstoff an Nervenendigungen	468
Tyrosin	Adrenalin	Drüsenhormon	666
Histidin	Histamin	Gewebehormon	
Tryptophan	Tryptamin	Gewebehormon	454
Tryptophan	Serotonin	Gewebehormon	

Ausgang nehmen. Folgende fünf Familien lassen sich einigermaßen voneinander abgrenzen:
1. *Aspartat-Familie.* Schlüsselsubstanz Asparaginsäure; an den meisten Reaktionen ist Pyridoxalphosphat (S. 71) beteiligt. Endpunkte der zum Teil komplexen Synthesewege sind Lysin (nur in Bakterien), Threonin, Methionin und Isoleucin.
2. *Glutamat-Familie (auch Ketoglutarat-Familie).* Schlüsselsubstanzen Glutaminsäure und α-Ketoglutarsäure. Hier entstehen Lysin (in Hefe und Pilzen), Prolin, Ornithin, Citrullin und Arginin.
3. *Pyruvat-Familie.* Schlüsselsubstanz Brenztraubensäure. Endpunkte Alanin, Valin und Leucin.
4. *Triose-Familie.* Schlüsselsubstanzen Triosephosphate der Glykolyse. Endpunkte Serin, Cystein und Glycin.
5. *Pentose-Familie.* Schlüsselsubstanzen Pentosephosphate des gleichnamigen Zyklus (S. 92f.). Endpunkte Histidin, Phenylalanin, Tyrosin und Tryptophan.

Die in dieser Einteilung implizierten Synthesen können aber nicht von allen Organismen geleistet werden. Fehlt die entsprechende Ketosäure als Akzeptor der Aminogruppe oder fehlt irgendein anderes Zwischenprodukt, dann vermag der Organismus die betreffende Aminosäure nicht aufzubauen und muß sie als Fertigbauteil von besser ausgerüsteten Organismen beziehen. Derartige *essentielle* Aminosäuren (S. 607f.) müssen allen Tieren, einigen Pflanzen und Pflanzenteilen und einigen wenigen Mikroorganismen zugeführt werden, während viele Pflanzen und die meisten Mikroorganismen von der Aufnahme von Aminosäuren unabhängig sind. Essentiell sind für beinahe alle heterotrophen Organismen jene Aminosäuren, für deren Synthese besonders viele verschiedene Enzyme notwendig sind. Fast immer handelt es sich hierbei um Arginin, Histidin, Threonin, Methionin, Lysin, Isoleucin, Leucin, Valin, Tyrosin, Phenylalanin und Tryptophan, für deren Synthese von den Knotenpunkten des Zellstoffwechsels an gerechnet insgesamt etwa 60 verschiedene Enzyme notwendig sind, während für die Synthese der übrigen Aminosäuren insgesamt nur 14 Enzyme benötigt werden. Heterotrophe Organismen, die jene Gruppen von Aminosäuren von autotrophen Organismen beziehen, ersparen sich somit eine komplizierte Stoffwechselmaschinerie.

Zur Synthese der Proteine aus ihren Aminosäurebausteinen werden diese zunächst durch Übernahme der Energie eines ATP-Moleküls aktiviert und mit einem RNA-Molekül (tRNA, S. 43) verbunden. Der Aufbau der Kette ist dann ein komplizierter Prozeß, nicht so sehr wegen der chemischen Maschinerie für Knüpfen der Peptidbindung als vielmehr wegen der Notwendigkeit, für ein bestimmtes Protein eine bestimmte Reihenfolge der Aminosäuren in der Kette einhalten zu müssen. Dies erfordert eine Beziehung zum genetischen Material der Zelle. Wegen dieses Zusammenhanges soll der Verlauf der Proteinbiosynthese erst im nächsten Kapitel (S. 186f.) besprochen werden.

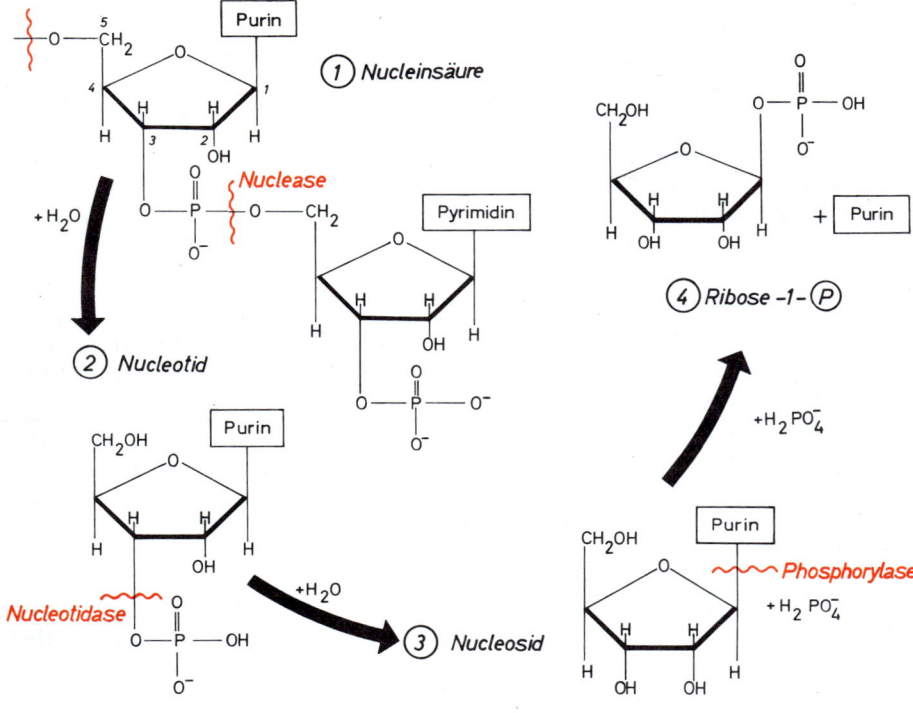

Abb. 1.84. Abbau von Nucleinsäuren. Die Nucleinsäuremoleküle werden intrazellulär ebenso wie extrazellulär durch Nucleasen (Desoxyribo- und Ribonucleasen; genauer: Desoxyribo- und Ribonucleinsäuredepolymerasen, abgekürzt DNasen und RNasen) gespalten, die die Esterbindungen zwischen dem Phosphatrest und dem dritten bzw. fünften C-Atom der Ribosen hydrolytisch aufbrechen. Es bleiben schließlich Nucleotide übrig, die von Nucleotidasen (= Nucleosidphosphatasen) zu Nucleosiden und P_i hydrolysiert werden. Die Nucleoside werden weiter in die Stickstoffbasen und die Ribose zerlegt; dies kann zwar auch auf hydrolytischem Wege erfolgen, geschieht jedoch meist phosphorolytisch. Dadurch entstehen phosphorylierte Ribosereste, die den Nucleinsäure- mit dem Zuckerstoffwechsel verknüpfen

1.4.4.6 Stoffwechsel der Nucleinsäuren und Nucleotide

Abbau. Der Abbau der Nucleinsäuremoleküle wird in Abbildung 1.84 dargestellt. Die Abbauschritte zeigen Spezifität im Hinblick auf die Art der Bindungen, die von einem Enzym gelöst werden können. So gibt es *Phosphatasen,* die Esterbindungen nur am dritten C-Atom des Zuckers, und solche, die nur am fünften C-Atom spalten; andere, die nur Purinen benachbarte, und weiter andere, die nur Pyrimidinen benachbarte Bindungen hydrolysieren. Der Nucleinsäureabbau mündet letztlich in den oxidativen Pentosephosphatzyklus (S. 92). Die Phosphorylierung durch Phosphorolyse ist somit ein gemeinsames Merkmal von Kohlenhydrat- und Nucleinsäurekatabolismus.

Aufbau. Der Aufbau der Nucleotide ist ein höchst komplizierter, energieverbrauchender Prozeß. Der Riboseanteil stammt in jedem Fall aus dem Pentosephosphatzyklus (S. 92). Bei der *Purinnucleotidsynthese* wird zuerst das Ribose-5-phosphat im Pentosephosphatzyklus gebildet und mit einem Glycin kondensiert. Daran wird – wie an einem Stiel – der Purinkern aus sieben Einzelstücken zusammengesetzt (Abb. 1.85a); das dabei zuerst entstehende Nucleotid ist die Inosinsäure (IMP). Bei der *Pyrimidinnucleotidsynthese* hingegen wird zuerst der Pyrimidinring aus Carbamylphosphat und Asparaginsäure synthetisiert (Abb. 1.85b), wobei die Orotsäure ein wichtiges Zwischenglied darstellt. Der Zuckeranteil, das Ribose-5-phosphat, wird an den fertigen Pyrimidinring angehängt.

Die Synthese der polymeren Nucleinsäuren geht von den Triphosphaten der Nucleotide als deren aktivierten Formen aus und wird durch das Enzym Polymerase, ein einsträngiges reines Protein, katalysiert. Wegen des Informationsgehaltes der Reihenfolge ihrer Bausteine – der Nucleotidsequenz – kann die Nucleinsäuresynthese im lebenden Organismus nur unter Beteiligung vorhandener Nucleinsäureketten erfolgen (S. 41, 181f.). Die Verknüpfung von DNA-Ketten unter Energielieferung aus ATP geschieht mittels einer Ligase.

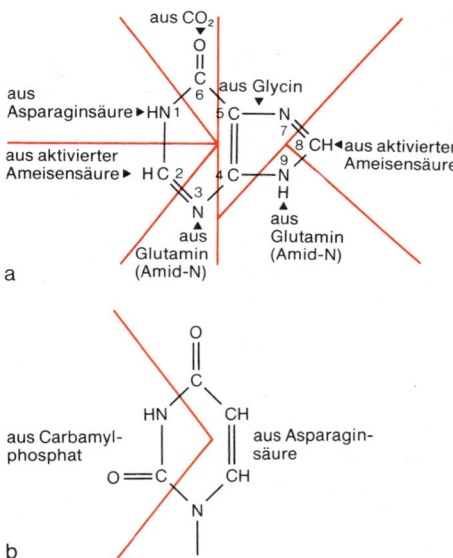

Abb. 1.85 a, b. Herkunft der Bauteile bei der Synthese eines Purin- (a) und eines Pyrimidinmoleküls (b)

Harnsäure   Allantoin

1.4.4.7 Stickstoffendprodukte

Beim oxidativen Abbau der Nahrungsstoffe werden C zu CO_2, H zu H_2O oxidiert und in dieser Form auch ausgeschieden. Diese sind die energetisch günstigsten, d. h. energieärmsten Verbindungen, in denen die Elemente C und H den Organismus verlassen können. Der Stickstoff gelangt jedoch gar nicht in die letzte Phase des oxidativen Energiewechsels (S. 97 f.), sondern er wird schon vorher vom Kohlenstoffskelett der jeweiligen Verbindung getrennt und in mehr oder minder reduziertem Zustand ausgeschieden oder (vor allem bei Pflanzen) gespeichert.

Einige Stationen des Abbaues der beiden wichtigsten N-haltigen Klassen von Makromolekülen im tierischen Organismus sind in Abbildung 1.86 gezeigt. Jede dieser Verbindungen kann ausgeschieden werden, aber auf Aminosäuren, Purine und Pyrimidine trifft dies nur selten zu. Die häufigsten Stickstoffendprodukte sind *Ammoniak, Harnsäure, Allantoin* und *Harnstoff*. Eine weitere Komplikation ergibt sich aus der Toxizität des Ammoniaks, die viele landlebende Tiere dazu zwingt, dieses energetisch günstigste Endprodukt in aufwendigen Reaktionszyklen wieder in energiereichere, aber ungefährlichere Verbindungen zu verwandeln (rote Pfeile in Abb. 1.86). Die beiden hier in Frage kommenden Reaktionsfolgen sind der *Harnstoffzyklus* und die *Harnsäuresynthese*.

Die Bruttoformel des *Harnstoffzyklus* (Abb. 1.87) gibt Gleichung (1.71) wieder. Die für dessen Verlauf benötigte Energie wird von ATP aufgebracht; es müssen also energiereiche Zwischenprodukte auftreten. Als wichtigste derartige Verbindung ist das *Carbamylphosphat* zu nennen. Ein Umlauf des Harnstoffzyklus benötigt vier energiereiche Phosphat-Bindungen, obwohl nur drei Moleküle ATP verbraucht werden. Ein Molekül ATP wird jedoch zu AMP hydrolysiert, und für dessen Rückverwandlung in ATP sind zwei Phosphorylierungsschritte notwendig. Zwei N-Atome werden mit einem Harnstoffmolekül ausgeschieden, der *P/N-Quotient* beträgt somit 2.

Die *Synthese der Harnsäure* (Trioxypurin) verläuft wie der Aufbau der Nucleotide bis zur Inosinsäure (vgl. Abb. 1.85 a), dann erst wird das Purin vom Ribose-5-phosphat abgespalten. Um ein Molekül aufzubauen, das vier N-Atome enthält, werden acht energiereiche Phosphat-Bindungen benötigt; der P/N-Quotient beträgt also ebenfalls 2.

Diese Kosten sind der Preis, den der Organismus zahlen muß, wenn es ihm nicht gelingt, den Ammoniak auf andere Art loszuwerden. Im Wasser ist dies kein Problem, da NH_3 aufgrund seiner guten Löslichkeit leicht ausgeschieden werden kann. Auf dem Land und an der Luft, vor allem in Biotopen, in denen mit Wasser gespart werden muß, besteht diese Möglichkeit nicht. Daß es allerdings in dieser Situation trotzdem einen Ausweg aus der Schere zwischen der Unannehmlichkeit hoher Energiekosten und der Gefahr des Wasserverlustes gibt, beweisen einige wirbellose Tiere, die den Ammoniak als Gas abzuscheiden vermögen.

Pflanzen scheiden Stickstoff nur selten in irgendeiner Form nach außen ab. Meist wird er als Aminogruppe in Speichersubstanzen eingebaut, die leicht transportiert und im Zellsaft deponiert werden können. Aus diesen Quellen kann der Stickstoff in der Regel auch leicht wieder in Syntheseprozesse eingeschleust werden. Als derartige Speichersubstanzen sind besonders die Säureamide Glutamin und Asparagin zu nennen, die sich vor allem in Reservestoffbehältern (Zwiebeln, Knollen, Rhizomen, Sproßachsen) finden. Manche Pflanzen verfügen über größere Mengen organischer Säuren in den Zellsäften und können so den anfallenden Ammoniak durch Ammoniumsalzbildung entgiften (z. B. Rhabarber, Sauerampfer). Schließlich treten bei Pflanzen auch Produkte des Harnstoffzyklus sowie Derivate des Harnstoffs als Stickstoff-Speicher und Transportsubstanzen auf, z. B. Citrullin (bei Betulaceen), Arginin (in Apfelbäumen), Ornithin (bei Farnen und Blütenpflanzen), Harnstoff (vor allem in Pilzfruchtkörpern) und dessen Derivate Allantoin und Allantoinsäure (bei *Symphytum, Acer* und *Aesculus*).

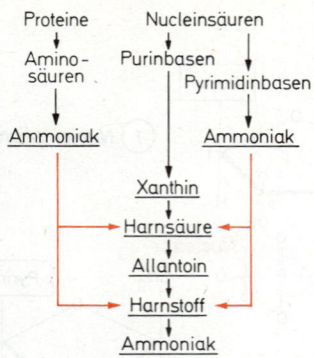

Abb. 1.86. Die wichtigsten Abbaustufen von Proteinen und Nucleinsäuren, die zu stickstoffhaltigen Endprodukten führen. Alle Metaboliten (das sind die unterhalb von Proteinen und Nucleinsäuren stehenden Verbindungen) können ausgeschieden werden, am häufigsten trifft dies auf die unterstrichenen Metaboliten zu. Ammoniak kann aber auch zum Aufbau von Harnsäure und Harnstoff wiederverwendet werden (rote Pfeile)

(1.71)
$$HCO_3^- + NH_4^+ + NH_3 \rightarrow O=C{<}^{NH_2}_{NH_2} + 2H_2O$$
Harnstoff

$\Delta G_0' = 58 \text{ kJ} \cdot \text{mol}^{-1}$

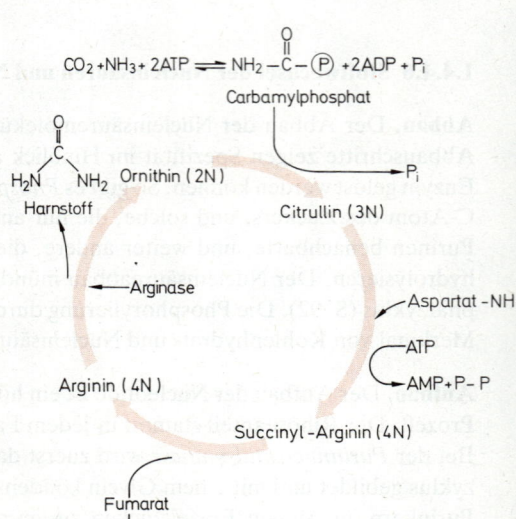

Abb. 1.87. Harnstoffzyklus. Mit der Aminosäure Ornithin gelangen zwei N-Atome in einen Kreisprozeß, der nach Einschleusen von zwei weiteren NH_2-Gruppen zur Bildung der Aminosäure Arginin führt. Diese wird durch das Enzym Arginase in Harnstoff und Ornithin gespalten, womit einerseits für die Aufrechterhaltung des Kreisprozesses, andererseits für die Ausscheidung von zwei N-Atomen gesorgt ist. Bei einigen Organismen kann der Zyklus auch zur Bildung von Arginin verwendet werden; dies mag sogar seine primäre Funktion gewesen sein

1.4.4.8 Einige Prinzipien der Biosynthese von Makromolekülen und der Organisation des Zellstoffwechsels

In Zellen lassen sich vier Ebenen von molekularer Architektonik unterscheiden:
(a) Bausteine (Aminosäuren, Zucker, Nucleotide usw.)
(b) Makromoleküle
(c) Supramolekulare Komplexe (Enzymkomplexe, Membranen)
(d) Zellorganellen.

Die Synthese der Bausteine erfolgt nach den in den vorigen Abschnitten angedeuteten Prinzipien und erfordert den Einsatz von chemischer Energie. Bei der Synthese von Makromolekülen geht es nicht – wie bei der Bausteinsynthese – in erster Linie um das Auffüllen verbrauchter Energie- und Stoffvorräte, sondern um die Erhaltung zellulärer Strukturen und Informationssysteme, ohne die die Einzelreaktionen des Stoffwechsels nicht ablaufen könnten. In Peptid-, Ester- oder glykosidischen Bindungen sind 16 bis 20 kJ · mol^{-1} gespeichert. Für das Knüpfen einer glykosidischen Bindung werden 2 bis 3 ATP, für das einer Peptidbindung 5 ATP benötigt. Da sich Proteine, Nucleinsäuren und Polysaccharide aus Tausenden bis Zehntausenden ihrer Bausteine zusammensetzen, ist für die Biosynthese der Makromoleküle ein gewaltiger Energieaufwand erforderlich (Tab. 1.23).

Der Aufbau der oben als Organisationsstufen c und d bezeichneten supramolekularen Komplexe und Zellorganellen führt zwar auch zu einem Zuwachs an Ordnung in der Zelle, bedarf aber nicht unbedingt der weiteren Zufuhr von Nahrungsenergie. So können sich Lipidmoleküle zu Lipidmicellen und Biomembranen, einzelne Polypeptidketten zu Proteinkomplexen mit Quartärstruktur, Proteinmoleküle zu Proteinaggregaten spontan zusammenfügen. Triebkraft derartiger Prozesse ist die Zunahme der Reaktionsentropie $T \cdot \Delta S$ (S. 66).

Zwischen dieser Art der Bildung zellulärer Strukturen und der unter Energiezufuhr sich abspielenden Biosynthese kleiner und großer Moleküle muß scharf unterschieden werden. Was die Biosynthese der Bausteine und Makromoleküle betrifft, so lassen sich zwei Hauptmechanismen unterscheiden, *reduktive Synthesen* und *Kondensationen mit Nucleosidphosphaten*.

Reduktive Synthesen. Die Energie wird hier mit dem Wasserstoff auf die Reaktanten des Syntheseprozesses übertragen (S. 71). Vehikel dieser Übertragung ist das NADPH, das den Wasserstoff entweder direkt von Substratmolekülen oder durch Vermittlung von *Transhydrogenasen* (TH) aus dem NAD$^+$/NADH-System erhält (Gl. 1.72).

$$NAD^+ + NADPH + H^+ \overset{TH}{\rightleftharpoons} NADH + H^+ + NADP^+ \qquad (1.72)$$

Zu diesen reduktiven Synthesen gehören unter anderen die Bildung höherer Fettsäuren aus Glucose oder aus Essigsäure, die Bildung von Aminosäuren aus α-Ketosäuren, vor allem aber die Photosynthese, bei der das benötigte NADPH durch den nichtzyklischen Elektronenfluß regeneriert wird (S. 122).

Tabelle 1.23. Biosynthetische Leistung von *Escherichia coli*. (Trockengewicht einer Zelle: $2,5 \cdot 10^{-13}$ g). (Nach Lehninger)

	Prozent des Trockengewichts	Ungefähres Molekulargewicht	Zahl der Moleküle pro Zelle	Molekülsynthesen pro s	Bedarf an ATP-Molekülen pro s	Prozent der biosynthetischen Energie
DNA	5	$2 \cdot 10^9$	4	0,0033	60 000	2,5
RNA	10	$1 \cdot 10^6$	15 000	12,5	75 000	3,1
Proteine	70	$6 \cdot 10^4$	$1,7 \cdot 10^6$	1400	$2,1 \cdot 10^6$	88
Lipide	10	$1 \cdot 10^3$	$1,5 \cdot 10^7$	12 500	87 500	3,7
Polysaccharide	5	$2 \cdot 10^5$	39 000	32,5	65 000	2,7

Tabelle 1.24. Transphosphorylierungsreaktionen von Nucleotiden

ATP + GDP	$\rightleftharpoons$	ADP + GTP	(= Guanosintriphosphat)
ATP + UDP	$\rightleftharpoons$	ADP + UTP	(= Uridintriphosphat)
ATP + CDP	$\rightleftharpoons$	ADP + CTP	(= Cytidintriphosphat)
ATP + dADP	$\rightleftharpoons$	ADP + dATP	(= Desoxyadenosintriphosphat)
ATP + dGDP	$\rightleftharpoons$	ADP + dGTP	(= Desoxyguanosintriphosphat)
	usw.		

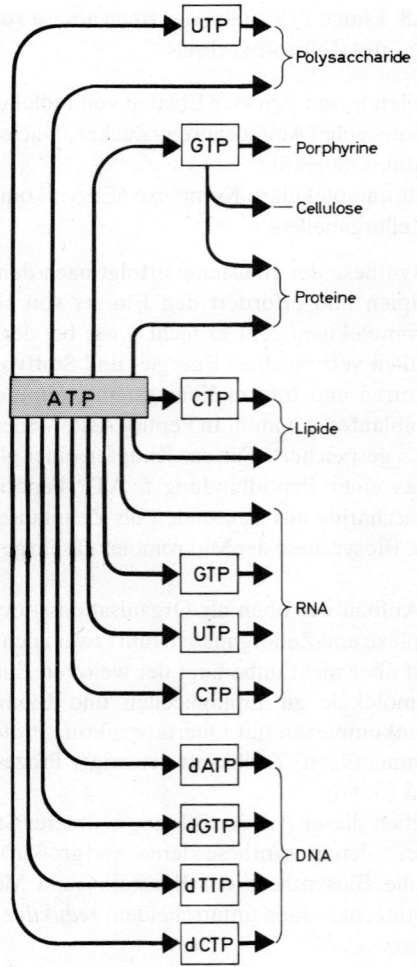

Abb. 1.88. Verteilung der Phosphatbindungsenergie des ATP auf die verschiedenen Biosyntheseprozesse durch Vermittlung anderer Nucleosidtriphosphate. (Nach Lehninger)

Kondensation mit Nucleosidphosphaten. Die für den Aufbau von Makromolekülen entscheidende Form der Synthese ist die Kondensation mit Nucleosidphosphaten. Unter Kondensation ist die Umkehrung der Hydrolyse zu verstehen, d.h. bei einer Reaktion zwischen zwei Bausteinmolekülen tritt ein Molekül Wasser aus. Derartige Reaktionen verlaufen über phosphorylierte Zwischenprodukte, die als Motoren der Biosynthese angesehen werden können. In bezug auf die Verwertung der ATP-Energie für biosynthetische Prozesse können wir drei Formen von Kondensationen unterscheiden:
(a) Die ATP-Energie wird direkt verwendet, wie etwa bei der Phosphorylierung von Hexosen durch das Enzym Hexokinase (Abb. 1.73).
(b) Die ATP-Energie wird zur Bildung eines aktivierten Komplexes zwischen einem Substratmolekül und einem Cofaktor verwendet. Beispiele hierfür sind: Aktivierung von Acylresten durch Coenzym A (S. 72); Aktivierung von CO_2 durch Biotin.
(c) Die ATP-Energie wird durch Vermittlung weiterer Nucleosidtriphosphate (NTP) verwertet (Abb. 1.88). Nicht nur Adenosin, sondern auch alle anderen Nucleoside (S. 38) sind zur Bildung energiereicher Phosphatverbindungen befähigt. Die Diphosphate dieser Nucleoside können zwar nicht oxidativ oder durch Lichtenergie phosphoryliert werden (dafür ist nur das ADP geeignet), aber sie können die Energie von ATP übernehmen und in spezielle Synthesereaktionen einführen, an die sie besser angepaßt sind (z.B. Lipidsynthese, S. 96f.). Dies führt zu der in Tabelle 1.24 dargestellten Familie von Reaktionen, von denen jede einzelne durch eine spezifische *Nucleosiddiphosphokinase* katalysiert wird.
Um die Biosynthese von Makromolekülen bergauf zu treiben, werden diese Energieträger an jeweils spezifischen Punkten des Stoffwechselnetzes eingesetzt. Die Energie wird durch Bildung eines Komplexes zwischen Substrat, Enzym und NTP verfügbar. Abspaltung der beiden energiereichen Phosphatreste des NTP als Diphosphat führt dem Komplex die Energie einer Phosphatbindung zu, so daß das Substratmolekül direkt mit anderen Substratmolekülen oder mit einem Trägermolekül reagieren kann. In beiden Fällen wird so schrittweise der Polymerisierungsprozeß einfacherer Bausteine zu Makromolekülen mit hoher Ordnung in die Wege geleitet (Gl. 1.73a–c).
Bei der Proteinsynthese ist der Träger die lösliche tRNA (S. 43), bei der Fettsäuresynthese das Coenzym A oder ein besonderes Acyl-Trägerprotein (S. 96f.).
Die Abspaltung von Diphosphat und dessen nachträgliche Zerlegung in zwei Orthophosphatmoleküle (P_i) durch das Enzym *Diphosphatase* erscheint zunächst als eine unnötige Verschwendung von Übertragungspotential, da ja dem Substrat nur die Energie der Diphosphatbindung NTP → NMP + P–P zugute kommt (NTP = Nucleosidtriphosphat, NMP = Nucleosidmonophosphat), während die freie Energie der Diphosphatspaltung, die von keiner Komplexbildung begleitet ist, als Wärme verpufft. Durch die P-P-Spaltung wird jedoch das Endprodukt des ersten der obenstehenden Reaktionsabläufe ständig dem System entzogen und damit die Reaktion noch stärker nach rechts getrieben.

(1.73)
a) $E + R-\overset{O}{\overset{\|}{C}}-OH + NTP \rightarrow E \cdot R-\overset{O}{\overset{\|}{C}}-NMP + P–P$
Substrat   Enzym-Acyl-   Diphosphat
             NMP-Komplex

b) $E \cdot R-\overset{O}{\overset{\|}{C}}-NMP + X \rightarrow R \cdot \overset{O}{\overset{\|}{C}}-X + E + NMP$
                    Träger   Acyl-Träger-
                             Komplex

c) $P–P \xrightarrow{\text{Diphosphatase}} P_i + P_i$

1.4.4.9 Räumliche Ordnung und Kompartimentierung im Zellstoffwechsel

In einzelnen Zellen können mehrere tausend Reaktionen gleichzeitig ablaufen. Das wichtigste Ordnungsprinzip dieser ungeheuren Vielfalt und Komplexität ist die räumliche Trennung einzelner Prozesse oder Reaktionssequenzen. Diesem Zwecke dienen die oben genannten supramolekularen Komplexe wie Proteinaggregate und Membransysteme, Teile des Cytoskeletts (S. 141f.) und Zellorganellen. Einige der wichtigsten Sequenzen des Zellstoffwechsels spielen sich an Multienzymkomplexen ab, z. B. die Fettsäuresynthese an der Fettsäuresynthetase (S. 96) und die Proteinsynthese an Ribosomen (S. 186f.). Aber auch die sogenannten »löslichen« Enzyme der Glykolyse besitzen in der lebenden Zelle höchstwahrscheinlich eine räumliche Struktur, die ihnen durch Elemente des Cytoskeletts verliehen wird. In einigen Fällen konnten durch schonende Extraktion Komplexe (»Glykosomen«) isoliert werden, die mehrere Enzyme dieser Reaktionsfolge enthielten. Die Ordnung erscheint fast zwingend, wenn man berücksichtigt, daß die Konzentrationen der meisten Enzyme erstaunlich hoch sind. Wie Tabelle 1.25 zeigt, liegen die Konzentrationen der Enzyme der Glykolyse und der alkoholischen Gärung in Hefezellen zwischen 0,02 und 0,3 mmol · l^{-1} und damit nicht weit unter den Konzentrationen der Substrate, die von diesen Enzymen katalysiert werden. Bei einem durchschnittlichen Molekulargewicht von 100 000 muß man sich das Ensemble dieser Enzyme im Cytoplasma als eine ziemlich dichte Packung vorstellen, die den Fluß der Metaboliten über Protein-Protein-Wechselwirkungen steuern kann und die Anwendbarkeit der Michaelis-Menten-Kinetik (S. 75) – die von der Annahme eines großen Überschusses von Substratmolekülen gegenüber Enzymmolekülen ausgeht – in Frage stellt.

Die Bedeutung derartiger supramolekularer Komplexe für den Ablauf des Zellstoffwechsels liegt darin, daß sie

(a) Wegstrecken zwischen einzelnen Reaktionsschritten verkürzen;
(b) ein jeweils spezifisches Mikromilieu in bezug auf *pH*, Redoxverhältnisse, Ionenstärke usw. schaffen;
(c) störende Nebenreaktionen ausschalten.

Noch konsequenter wird dieses räumliche und funktionelle Ordnungsprinzip durch die membranumschlossenen Räume von Zellorganellen verwirklicht. Der Verkehr zwischen dem Inneren dieser zellulären Kompartimente und dem Cytosol wird durch spezifische Träger (Carrier) und Pumpen aufrechterhalten. Der Energiestoffwechsel aller aeroben, heterotrophen, eukaryoten Zellen wird so durch die Aufteilung von Reaktionen auf Cytosol und Mitochondrien (gegebenenfalls auch auf Chloroplasten) bestimmt, ein Strukturprinzip, das es z. B. erlaubt, Elektronen-*liefernde* von Elektronen-*verbrauchenden*, ATP-*liefernde* von ATP-*verbrauchenden*, anabole von katabolen Reaktionssequenzen zu trennen (Abb. 1.89).

1.4.4.10 Knotenpunkte des Stoffwechsels

Ein weiteres Prinzip der Ordnung im Zellstoffwechsel ist die Existenz von Knotenpunkten, an denen sich verschiedene Stoffwechselwege kreuzen. Die großen Züge des Stoffwechsels können so durch einige wenige Schlüsselenzyme, die in der Nähe dieser Kontrollpunkte operieren, bestimmt werden. Als Beispiel sind in Abbildung 1.90 die Verzweigungen um die drei Knotenpunkte Glucose-6-Phosphat, Pyruvat und Acetyl-CoA dargestellt.

An *Glucose-6-Phosphat* verzweigen sich die Wege zur Glykolyse, zum Pentosephosphat-Zyklus, zur Glykogen- und zur Glucosebildung.

Im *Pyruvat* kreuzen sich der Kohlenhydrat- und der Aminosäurestoffwechsel sowie der anaerobe und der aerobe Ast des Energiestoffwechsels.

Im *Acetyl-CoA* kreuzen sich Kohlenhydrat-, Fettsäure- und Aminosäurestoffwechsel.

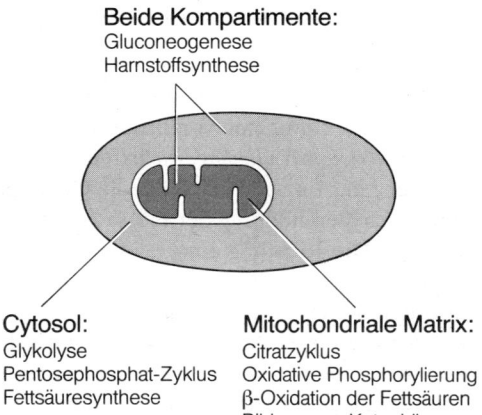

Abb. 1.89. Das Prinzip der Aufteilung einer eukaryoten, heterotrophen Zelle in Reaktionsräume (Kompartimente): Im Cytosol und in der Matrix der Mitochondrien laufen verschiedene Teilprozesse des Zellstoffwechsels ab. (Nach Stryer)

Tabelle 1.25. Konzentrationen der glykolytischen Enzyme in Hefezellen

Enzym	Abkürzung	mmol·l^{-1}
Hexokinase	HK	0,05
Glucosephosphat-isomerase	GPI	0,17
Phosphofructokinase	PFK	0,02
Aldolase	Ald	0,02
Triosephosphatisomerase	TIM	0,05
Glycerinaldehydphosphatdehydrogenase	GAPDH	0,25
Phosphoglyceratkinase	PGK	0,30
Phosphoglyceratmutase	PGM	0,12
Enolase	Eno	0,10
Pyruvatkinase	PK	0,12
Lactatdehydrogenase	LDH	0,10
Pyruvatdecarboxylase	PDC	0,20
Alkoholdehydrogenase	ADH	0,11
	Summe	1,61

1.4.4.11 Regulation des Zellstoffwechsels

Die Geschwindigkeit der Umsätze in den Netzen von Reaktionen des Intermediärstoffwechsels wird von folgenden Faktoren bestimmt: Verfügbarkeit von Substraten und Cofaktoren, Entnahme von Produkten, Konzentrationen bzw. Aktivitäten der Enzyme. Überall dort, wo *Gleichgewichts*reaktionen (S. 65) herrschen, ist definitionsgemäß die Effizienz der Enzyme maximal, die Größe des Stoffumsatzes an diesen Stellen kann also nur durch Veränderung der Flüsse von Substraten, Cofaktoren und Produkten gesteuert werden. Die Richtung einer durch ein Gleichgewichtsenzym katalysierten Reaktion ist dadurch gegeben, daß entweder Produkte schnell entfernt oder Reaktanten im Überschuß angeboten werden. Auch die Konkurrenz um gemeinsame Substrate und Cofaktoren spielt in diesem Zusammenhang eine große Rolle; ist etwa ein limitierendes Cosubstrat an zwei Reaktionen beteiligt, dann wird jene Reaktion bevorzugt ablaufen, deren Enzym die stärkere Affinität zum Cosubstrat aufweist und damit das *Massenwirkungsverhältnis Q* (S.62) der alternativen Reaktion verändert.

Im Falle von Ungleichgewichtsreaktionen hingegen wird die Geschwindigkeit des Stoffumsatzes im wesentlichen vom enzymatischen Mechanismus bestimmt. Derartige *»Ungleichgewichtsenzyme«* müssen als die maßgeblichen Steuerglieder des Zellstoffwechsels angesehen werden. Die Steuerung des Stoffwechsels kann dabei durch Veränderung der Enzym*aktivität* oder der Enzym*menge* erfolgen.

Steuerung durch Veränderung der Enzymaktivität

Hier läßt sich unterscheiden zwischen *modulatorunabhängigen* und *modulatorabhängigen* Veränderungen. Zu den ersteren gehören die Veränderungen der Affinität eines Enzyms in Abhängigkeit von der Substratkonzentration (S. 76, Abb. 1.64). Die sigmoidale Kinetik eines derartigen Regulatorenzyms verleiht diesem den Charakter eines »Schalters«, der in Antwort auf nur geringe Veränderungen der Substratkonzentration die Geschwindigkeit des Stoffumsatzes an dieser Stelle drastisch zu ändern vermag. Die Leistungsfähigkeit des Schalters läßt sich definieren als das Verhältnis der Substratkonzentrationen, bei denen das 0,9- bzw. 0,1fache der Maximalgeschwindigkeit erreicht wird (Abb. 1.91). Dies ist der *Kooperativitätsindex* (R_x), der etwa für ein Enzym mit normaler Michaelis-Menten-Kinetik (S. 76f.) 81 beträgt. Je kleiner der Index, desto ausgeprägter die Schalterfunktion des Enzyms. Derartige Veränderungen der Substrataffinität gehen auf *kooperative Wechselwirkungen* zwischen den Untereinheiten des jeweiligen Enzyms zurück. Alle Enzyme, die modulatorunabhängiges regulatorisches Verhalten zeigen, sind demnach aus Untereinheiten aufgebaut. Unter dem Begriff modulatorabhängige Veränderungen der Enzymaktivität wird eine Vielzahl von Phänomenen zusammengefaßt, die auf Veränderungen der räumlichen Struktur eines Enzyms durch die Einwirkung von *Modulatoren (= Effektoren)* beruhen. Dadurch ändert sich entweder die katalytische Konstante (S. 76) oder die Affinität gegenüber seinen Substraten. Bei einer großen Gruppe von Phänomenen kommt diese Wirkung dadurch zustande, daß Modulatoren über *allosterische Wechselwirkungen* (S. 74) die Tertiärstruktur eines Enzyms und damit die Paßform des aktiven Zentrums verändern (Abb. 1.92). Eine Einteilung läßt sich auch nach der Art der wirksamen Effektoren treffen.

Veränderungen von Enzymaktivitäten durch das Ionenmilieu. Da die Wirkungen von Enzymen unter anderem Ausdruck ihrer Ladungseigenschaften sind, muß jede Veränderung der Ladungsverteilung im System auch die Eigenschaften der Enzyme beeinflussen. In vielen Fällen kommt dieser Einflußnahme auch regulative Funktion zu. Obwohl es nicht zulässig ist, die Ergebnisse von *in vitro*-Versuchen uneingeschränkt auf die Verhältnisse *in vivo* zu übertragen, erscheint es doch sicher, daß H^+, Na^+, K^+, Ca^{2+}, Mg^{2+}, Mn^{2+} und andere Ionen sowohl als Aktivatoren wie als Inhibitoren von Enzymen fungieren können.

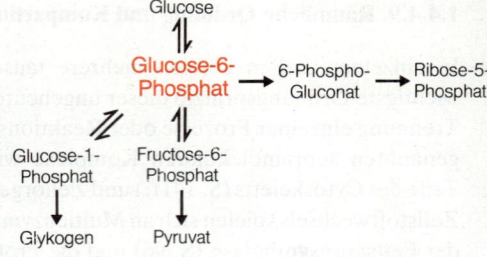

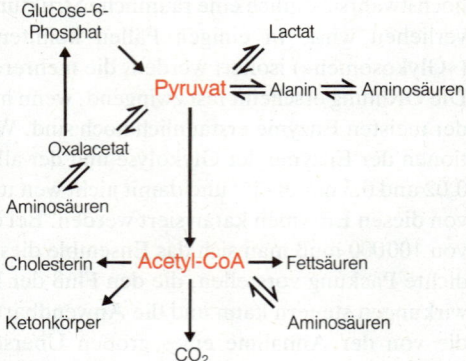

Abb. 1.90. Die drei Metaboliten Glucose-6-Phosphat, Pyruvat und Acetyl-CoA als Knotenpunkte des Zellstoffwechsels

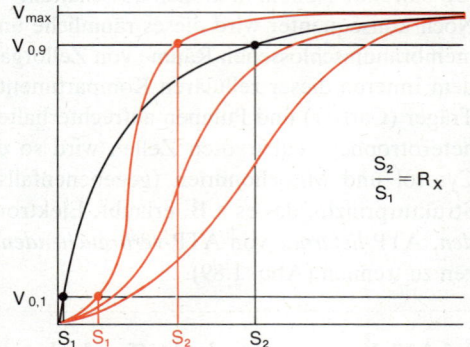

Abb. 1.91. Bei manchen Enzymen nimmt die Affinität für ein Substrat innerhalb eines bestimmten Bereiches mit der Konzentration dieses Substrats stark zu. Dieses Verhalten beruht auf kooperativen Wechselwirkungen zwischen den Untereinheiten des Enzyms und führt zu einer sigmoiden Reaktionskurve (rot). Je steiler die Kurve, desto enger ist der Konzentrationsbereich, innerhalb dessen die Geschwindigkeit (V) der vom Enzym katalysierten Reaktion von einem Zehntel auf neun Zehntel der Maximalgeschwindigkeit (V_{max}) ansteigt. Das Verhältnis der zugeordneten Substratkonzentrationen S_2/S_1) wird als Kooperativitätsindex R_x bezeichnet

Tabelle 1.26. Effektoren einiger wichtiger Reaktionswege

Substrat	Enzym	Inhibitor	Aktivator
Threonin	Thr-Desaminase	Isoleucin	Valin
Aspartat	Asp-Transcarbamylase	CTP	ATP
Glykogen	Phosphorylase	ATP	AMP
Fructose-1,6-bisphosphat	Frc-1,6-bisphosphatase	FBP, AMP, ADP	ATP
Fructose-6-phosphat	Phosphofructokinase	ATP, Citrat	AMP, ADP

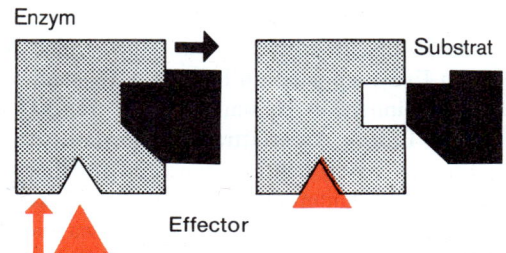

Abb. 1.92. *Schematische Darstellung eines allosterischen Effekts. Ein spezifischer, allosterischer Effektor ändert die Konformation des Enzymmoleküls, vor allem des aktiven Zentrums, durch die Besetzung des allosterischen Zentrums. Dadurch wird die Paßform für das spezifische Substrat verändert*

Sie bewirken Konformationsänderungen, stabilisieren polymere Strukturen und stellen brückenartige Verbindungen zwischen den Untereinheiten von Enzymen oder zwischen diesen und Substratmolekülen her.

Veränderungen von Enzymaktivitäten durch Metaboliten. Die an einer Reaktion teilnehmenden Metaboliten sind die geeignetsten Effektoren zur Regulation von Enzymaktivitäten, da ihre Konzentration unter gewissen Bedingungen ein Maß für die Geschwindigkeit der Reaktion ist. (Dieser Zusammenhang zwischen Konzentration und Geschwindigkeit gilt zunächst nur für die Metaboliten von Ungleichgewichtsreaktionen.) Die wichtigsten Wechselwirkungen zwischen Metaboliten und Regulatorenzymen sind in Abbildung 1.93 zusammengestellt. Bei der *Produkthemmung* (a) hemmt eine Substanz ihre eigene Entstehung, indem sie ein Regulatorenzym im Sinne einer negativen Rückkoppelung blockiert, das in ihrem Bildungsweg katalysefähig ist. So hemmt z. B. Cytidintriphosphat das an seiner Bildung beteiligte Regulatorenzym Aspartattranscarbamylase. Sowohl bei der *Produktaktivierung* (b) wie bei der *Substrataktivierung* (c) wird ein Regulatorenzym durch einen unmittelbaren Metaboliten aktiviert – entweder im Sinne einer positiven Rückkoppelung oder im Sinne einer Vorwärtskoppelung. Typisch für beide Fälle ist die Rolle des Fructosebisphosphats in seiner Wirkung auf Phosphofructokinase und Pyruvatkinase. Bei der Glykolyse aktivieren nämlich hohe Konzentrationen dieses Metaboliten nicht nur – wie in Abbildung 1.77a gezeigt – die »davor« liegende Pyruvatkinase, sondern auch die »dahinter« liegende Phosphofructokinase. Bei kompetitiven *Verzweigungsmechanismen* (d) schließlich hemmt ein Metabolit des einen Verzweigungsastes ein Enzym des alternativen Astes, z. B. Gluconsäure-6-phosphat, als Metabolit des oxidativen Pentosephosphatzyklus, das Enzym Glucosephosphatisomerase in der Glykolyse (Abb. 1.76, 1.73). Einige Beispiele für Schlüsselenzyme des Zellstoffwechsels, die durch kleine organische Effektoren gesteuert werden, zeigt Tabelle 1.26. Besonderes Interesse finden Fälle von Zusammenarbeit eines Metabolitenpaares, wobei der eine Partner jeweils die Reaktion hemmt, der andere aktiviert, und umgekehrt. Ein Beispiel hierfür liefern die Glieder des Adenylsäuresystems (AMP ⇌ ADP ⇌ ATP), die die Regulatorenzyme von Gluconeogenese und Glucoseabbau diametral beeinflussen (Abb. 1.77). Das Adenylsäuresystem ist von ganz besonderer Bedeutung für die Regulation des Stoffwechsels, da es diesen unmittelbar mit dem Energiezustand der Zelle verknüpft. Ist das Phosphatübertragungspotential (ΔG_p) (Gl. 1.74) hoch, dann werden eher energie*verbrauchende* Reaktionen gefördert, und umgekehrt. Einen Vorschlag Atkinsons folgend wird der Energiezustand der Zelle oft durch die »energy charge« (e.c.) (= »Energieladung«) charakterisiert (Gl. 1.75). Liegt das gesamte Adenylatsystem als ATP vor, dann gilt e.c. = 1; liegt nur AMP vor, dann gilt e.c. = 0.

Protein-Protein-Wechselwirkungen. Neben anorganischen Ionen und kleinen organischen Molekülen können auch große Proteinmoleküle die Aktivität von Enzymen verändern. Ein Beispiel hierfür ist die Steuerung der Lactosebildung durch das nichtenzymatische Protein α-Lactalbumin, das sich mit dem Regulatorenzym Galactosyltrans-

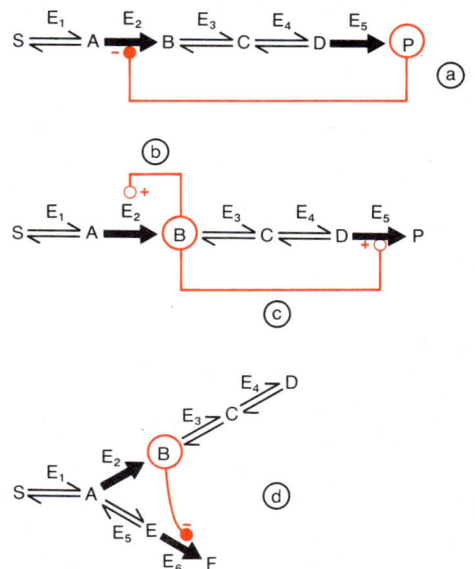

Abb. 1.93a–d. *Die wichtigsten Wechselwirkungen zwischen Metaboliten und Schlüsselenzymen im Stoffwechselnetz: Endprodukthemmung (a), Produktaktivierung (b), Substrataktivierung (c) und kompetitive Verzweigungshemmung (d). In erster Annäherung ist nur über Metaboliten von Ungleichgewichtsreaktionen ein Zusammenhang zwischen Konzentration und Reaktionsgeschwindigkeit herzustellen; die Steuerung des Stoffwechsels kann in analoger Weise nur über Ungleichgewichtsenzyme erfolgen*

(1.74)
$$\Delta G_p = \frac{[ATP]}{[ADP] \cdot [P_i]}$$

(1.75) »energy charge«
$$e.c. = \frac{1}{2} \cdot \left(\frac{2[ATP] + [ADP]}{[ATP] + [ADP] + [AMP]} \right)$$

ferase verbinden und damit dessen Affinität für das natürliche Substrat Glucose um etwa das 1000fache erhöhen kann. Auch einige Wechselwirkungen zwischen Untereinheiten von Enzymen gehören hierher; z. B. kann eine nicht-katalytische (oder regulatorische) Untereinheit als Hemmer der anderen katalytischen Untereinheit fungieren, wie dies beim Enzym Aspartattranscarbamylase der Fall ist. Die beiden Untereinheiten dieses Enzyms lassen sich experimentell voneinander trennen. Bei anderen Enzymen ist der Zerfall in Untereinheiten und ihre Rekonstitution Teil eines normalen Zyklus mit regulatorischer Funktion. So ist etwa die für die Glykogenolyse mitverantwortliche Phosphorylase als Dimer katalytisch inaktiv, als Tetramer hingegen aktiv (Abb. 1.78). Auch hier sind es Protein-Protein-Wechselwirkungen, die den katalytischen Status eines Proteins tiefgreifend zu verändern vermögen.

Kovalente Modifikationen von Proteinen. Viele Enzyme liegen als inaktive Vorstufen in der Zelle vor und werden erst durch ein »Aktivierungs«- oder »Converter«-Enzym in die katalytisch aktive Form gebracht. Die Aktivierung von Verdauungsenzymen aus ihren *Zymogenen* (Trypsinogen, Chymotrypsinogen, usw.) ist ein seit langem bekanntes Beispiel dafür (S. 31f.). Was sich bei dieser Art von Aktivierung abspielt, ist eine kovalente Veränderung: Das Converter-Enzym spaltet eine Peptidbindung, ein inaktives Peptid wird entfernt, und durch die anschließende Konformationsänderung des Proteins geht dieses in das aktive Enzym über.

Nach neueren Untersuchungen können dem Begriff der kovalenten Modifikation weitere Reaktionsmechanismen zugeordnet werden, die insgesamt die vielleicht wichtigste Maschinerie zur Steuerung der Aktivität von Enzymen in und außerhalb der Zelle darstellen. Folgende Typen kovalenter Modifikation von Enzymen sind bisher bekannt geworden:
(a) *Phosphorylierung*,
(b) *Adenylierung* und *Uridylierung*,
(c) *begrenzte Proteolyse*.
Die ersten beiden Mechanismen sind reversibel, der letzte ist irreversibel.
Bei der *Phosphorylierung* wird durch eine Proteinkinase eine Phosphatgruppe auf das Zielenzym übertragen. Die hierdurch herbeigeführte Konformationsänderung bewirkt eine drastische Veränderung der kinetischen und allosterischen Eigenschaften und damit eine Aktivierung oder Inaktivierung des Enzyms. Ein wichtiges Beispiel ist die Aktivierung der Glykogenphosphorylase, die durch eine Phosphorylasekinase mit Hilfe von ATP phosphoryliert und damit vom inaktiven Dimer in das aktive Tetramer überführt wird. Aber auch die Phosphorylasekinase wird durch eine eigene Kinase phosphoryliert und so in die aktive Form gebracht (Abb. 1.78). Die Rückkehr in den inaktiven Zustand geschieht jedes Mal über Phosphat abspaltende Phosphatasen. Ähnliche *Phosphorylierungs-Dephosphorylierungs-Zyklen* werden in wachsender Zahl für Enzyme bekannt, die Schlüsselpositionen im Stoffwechselnetz einnehmen. Die *Adenylierung* und *Uridylierung* erfolgt ganz ähnlich wie die Phosphorylierung, nur wird eine ganze Nucleotidgruppe (als AMP oder UMP) auf das Enzym übertragen. Bei dem am besten bekannten Beispiel überträgt eine Adenyltransferase 12 Moleküle AMP auf ein Molekül Glutaminsynthetase und inaktiviert dieses für den Stickstoff-Haushalt von *E. coli* wichtige Enzym. Zu den eindrucksvollsten Beispielen für die *begrenzte Proteolyse* zur Freisetzung aktiver Enzymmoleküle aus inaktiven Vorstufen gehört der Vorgang der Blutgerinnung (vgl. S. 454). Hier wird die Bildung des Gerinnungsproteins Fibrin aus der inaktiven Vorstufe Fibrinogen unter strenger Kontrolle gehalten. Beim Menschen sind mindestens sieben verschiedene Enzymsysteme so miteinander verschachtelt, daß jeweils ein Enzym durch die proteolytische Attacke eines in der Kette vor ihm liegenden Converter-Enzyms gebildet wird und seinerseits ein in der Kette nachfolgendes Enzym aus einem inaktiven Protein freisetzt.

Man nennt derartige Reaktionssysteme auch *Kaskadenprozesse*. Was sowohl in wie außerhalb der Zelle durch derartige Reaktionskaskaden erreicht wird, ist erstens die Verstärkung eines Signals, zweitens die Verbesserung der Steuerung im Ablauf des gesamten Prozesses. Die Aktivierung der Glykogenphosphorylase zeigt, wie über einen Kaskadenprozeß ein wichtiges zelluläres Ereignis – nämlich der Glykogenabbau zur Energieversorgung des Muskels – in den Einflußbereich eines übergeordneten organismischen Steuerapparates – nämlich des Hormonsystems – gerät (S. 669f.).

Tabelle 1.27. Halbwertzeiten einiger Enzyme aus der Rattenleber

Enzym	Halbwertzeit
Mitochondriales Cytochrom c	8,6 Tage
Arginase	4–5 Tage
Lactatdehydrogenase	3,8 Tage
Aldolase	2,8 Tage
Katalase	1 Tag
Cytochrom b_5	ca. 120 h
Cytochrom c-Reductase (NADP/NADPH)	75–83 h
Tryptophanpyrrolase	2–2,5 h
Tyrosin-Glutamat-Transaminase	2 h
Tyrosin-α-KG-Transaminase	1,5 h
Glutamat-Alanin-Transaminase	84 min
δ-Aminolävulinsäure-Synthetase	70 min

Steuerung durch Veränderung der Enzymmenge

Eingriffe zur Steuerung des Stoffwechsels durch Veränderungen der Aktivität von Enzymmolekülen ergeben sehr schnelle Effekte. Sie sind somit verwendbar für Anpassungen des Stoffwechsels an kurzfristige Veränderungen des inneren und äußeren Milieus der Zelle bzw. des Organismus. Daneben sind aber auch langfristige Umstellungen des Stoffwechsels erforderlich, die über Veränderungen der Enzymkonzentrationen in der Zelle bewirkt werden. Die Konzentration einer Substanz im Fließgleichgewicht der Zelle kann entweder über die Änderung der Abbau- oder der Syntheserate gesteuert werden. Für den Abbau von Enzymen sind intrazelluläre *Proteasen* verantwortlich, deren Aktivität durch eine Reihe spezifischer Inhibitoren – die in den meisten Fällen selbst wieder Proteine sind – beeinflußt wird. Es bestehen komplizierte Wechselwirkungen zwischen den Enzymen einer Zelle einerseits, den auf jeweils ein Enzym oder eine Enzymgruppe spezialisierten Proteasen und den ebenso spezifischen Hemmern dieser Proteasen andererseits. Die Synthese von Enzymen, wie die aller Proteine, verläuft über einen komplizierten, vom genetischen Apparat der Zelle ausgehenden, mehrstufigen Prozeß, der erst im nächsten Kapitel (S. 181f.) eingehender besprochen werden soll. Die Produktivität dieses Syntheseprozesses steht unter dem Einfluß einer Reihe von Mechanismen, für die das bekannteste Beispiel das *Jacob-Monod-Modell* (S. 244f.) ist. Es erklärt, wie unter dem Einfluß von Signalen aus dem zellulären Milieu die Bildung neuer Enzymmoleküle induziert werden kann. Durch Eingriffe in die Maschinerie der Proteinsynthese können also nach Bedarf neue Moleküle einer bestimmten Sorte von Enzymen oder Varianten derselben Enzymsorte (also neue *Isoenzyme*, S. 70, 877) gebildet werden. Die Zeit, die für die Synthese einer neuen Population von Enzymmolekülen benötigt wird, liegt in der Größenordnung von Minuten bis Stunden. Vom Standpunkt des Gesamtstoffwechsels wichtiger ist jedoch die mittlere Lebensdauer einer Enzympopulation, denn die Geschwindigkeit, mit der sich ein Organismus an neue Lebensbedingungen adaptiert, mag von der Zeitdauer abhängen, in die die Population eines bestimmten Isoenzyms durch die eines neuen weitgehend ersetzt worden ist. Dies hängt aber außer von der Syntheserate des neuen auch von der Abbaurate des alten Isoenzyms ab. Bei vielzelligen Organismen liegt die Halbwertzeit vieler Enzyme in der Größenordnung von Stunden bis Wochen (Tab. 1.27).

Die bisher besprochenen Mechanismen der Regulation beziehen sich auf begrenzte Stoffwechselnetze. Wir können sie erst dann richtig verstehen, wenn wir berücksichtigen, daß die Ordnung des Stoffwechsels auch noch von der Ordnung der zellulären Struktur abhängt, also von der räumlichen und zeitlichen Aufteilung des Stoffwechselgeschehens auf Kompartimente und Organellen sowie von der Existenz ausgedehnter Membransysteme, die den Zu- und Abfluß von Metaboliten unter Kontrolle halten. Im vielzelligen Organismus ist das zelluläre Geschehen außerdem eingewoben in eine Vielfalt organismischer Beziehungen, durch die das Wechselspiel von Auf- und Abbau, von Energiebindung und -freisetzung in der Zelle zusätzlichen Regulationen unterworfen wird.

1.4.4.12 Licht als Energie- und Informationsträger

Alle Formen der Energie, die wir bisher diskutierten, nehmen ihren Ursprung in der elektromagnetischen Energie des Sonnenlichtes, die von Pflanzen in chemische Energie verwandelt wird. Um diese erste Transformation besprechen zu können, mußten wir uns aber zunächst mit den Gesetzen und Möglichkeiten der Energieverwandlung in Zellen vertraut machen.

Bei der Verwertung elektromagnetischer Energie in Organismen ist ihre Umwandlung im Verlauf der Photosynthese nur eine von mehreren Möglichkeiten der Wechselwirkung zwischen elektromagnetischer Energie und lebendigen Systemen. Diese Wechselwirkungen, die ganz verschiedenen biologischen Funktionskreisen angehören, können wir unter dem Begriff der *photochemischen Primärprozesse* zusammenfassen. Folgende Funktionen lassen sich unterscheiden:

Tabelle 1.28. Energiegehalt von Licht. 1 mol Photonen = $6{,}023 \cdot 10^{23}$ Photonen (Einstein)

Wellenlänge [nm]	Farbe	Energie [kJ · (mol Photonen)$^{-1}$]
325	Ultraviolett	364
395	Violett	300
490	Blau	242
590	Gelb	201
650	Rot	182
750	Infrarot	158

Licht als Energieträger

Photosynthese
Photosensibilität (= Mutagenese, photodynamische Wirkung, Sonnenbrand und Pigmentbildung)
Vitamin-D-Synthese

Licht als Informationsträger

Sehprozeß
photoperiodische Prozesse
Phototropismus, Phototaxis, Photonastie
Photomorphogenese

Die Energie der elektromagnetischen Strahlung wird in Quanten abgegeben, deren Energiegehalt E von der Frequenz ν [s^{-1}] bzw. der Wellenlänge λ [nm] der jeweiligen Strahlung bestimmt wird (Gl. 1.76). Der Energiegehalt von 1 mol, d. h. der Loschmidt-Zahl von $6{,}023 \cdot 10^{23}$ Photonen läßt sich aus dieser Formel berechnen. Für den biologisch interessanten Spektralbereich führt dies zu den in Tabelle 1.28 dargestellten Zusammenhängen.

(1.76)
$$E = h \cdot \nu = h \cdot c \cdot \lambda^{-1}$$

Die Absorption von Photonen bedeutet, daß auch die entsprechende Energiemenge auf die absorbierende Substanz übertragen wird. Diese Energie kann entweder die thermische Energie von Molekülen erhöhen oder sie kann Elektronen in einen höheren Energiezustand versetzen oder sie kann das Gefüge des Moleküls oder Atoms zerstören. Einen schematischen Überblick über das elektromagnetische Spektrum und die Wirkungen der Quanten verschiedener Spektralbereiche gibt Abbildung 1.94.

Licht als Energieträger

Da nur absorbierte Energie für die Zelle verwertbar ist, können aus dem *Absorptionsspektrum* einer Substanz Schlüsse über ihre mögliche Funktion in der Zelle gezogen werden (S. 113 f., 123). So sind z. B. zum Brechen von einfachen Kovalenzbindungen (S. 56) im Mittel Energiebeträge zwischen 250 und 400 kJ · mol^{-1} erforderlich, was der Strahlungsenergie im Spektralbereich zwischen etwa 500 und 300 nm entspricht. Nur durch Substanzen, die in diesem Bereich absorbieren, kann die Strahlungsenergie zur Spaltung von Kovalenzbindungen ausgenützt werden. Ganz allgemein vermögen nur kürzerwellige Strahlen die Verwandlung chemischer Energie in Gang zu setzen, da hierzu die Anregung von Elektronen notwendig ist. Längerwellige, energieärmere Strahlen können nur die thermische Energie der Moleküle und damit Reaktionsgeschwindigkeiten erhöhen sowie schwache Bindungen lösen. Die Grenze zwischen diesen biologisch bedeutsamen Wirkungen der elektromagnetischen Strahlung liegt im sichtbaren Bereich. Welche Strahlung gerade noch imstande ist, Elektronen anzuregen, hängt von der Struktur des Rezeptormoleküls ab. Es gibt molekulare Bauweisen, die sich durch besondere Reaktionsfähigkeit ihrer Elektronen auszeichnen und die dementsprechend durch relativ energiearme Strahlung angeregt werden können. Absorbiert eine Substanz bevorzugt im langwelligen sichtbaren Bereich, also im Rot, dann erscheint sie in der Komplementärfarbe, also Grün. Zu den

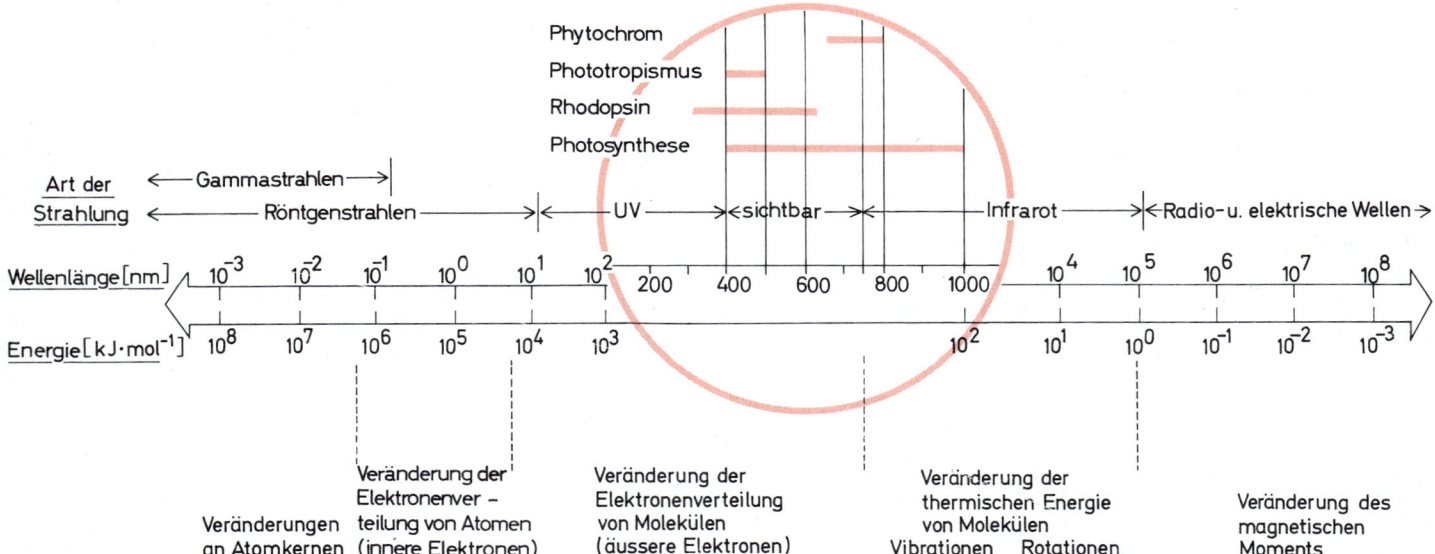

Abb. 1.94. Elektromagnetisches Spektrum mit einigen für biologische Prozesse relevanten Merkmalen. Der sichtbare Bereich und das Aktionsspektrum einiger photochemischer Prozesse sind besonders hervorgehoben. Die durch gestrichelte Linien angedeuteten Abgrenzungen zwischen den verschiedenen Wirkungsbereichen der Strahlung auf Atome und Moleküle sind nur als Annäherungen aufzufassen

besonders leicht anregbaren molekularen Bauweisen gehören diejenigen, die viele *konjugierte Doppelbindungen,* also eine abwechselnde Folge von Einfach- und Doppelbindungen enthalten. Ein derartiges System zeigt *Mesomerie,* d. h. die Elektronen befinden sich bereits in einem *angeregten Grundzustand* und bedürfen nur mehr relativ geringer zusätzlicher Energie, um in einen noch höheren Energiezustand überzugehen.

Elektronen, die durch Lichtquanten in einen höheren Energiezustand versetzt werden, können die zugeführte Energie wieder als Lichtenergie abgeben und fallen dabei in den Grundzustand zurück. Dies ist das Phänomen der *Fluoreszenz* (S. 116).

Die erhöhte Energie des Moleküls kann aber auch zum Leisten biologischer Arbeit verwendet werden. Dies ist das Grundprinzip der *Photosynthese.* Dieser Vorgang, bei dem die Energie elektromagnetischer Strahlung in chemische, im Zellstoffwechsel verwertbare Energie umgewandelt wird, ist die Grundlage allen Lebens auf der Erde, der bioenergetische Fundamentalprozeß. Zur Photosynthese sind nur Zellen mit Chlorophyll, d. h. nur *(photoautotrophe)* Pflanzenzellen, befähigt (Einzelheiten dieses Prozesses auf S. 113f.).

Lichtenergie kann aber auch noch auf andere Weise in biologische Prozesse eingreifen, wobei es zu einer Veränderung molekularer Strukturen oder zu Verschiebung von Reaktionsgleichgewichten, nicht jedoch zu einer Speicherung der mit dem Licht zugeführten Energie (in dem Sinne, daß diese Energie später wieder nutzbar gemacht wird) kommen kann. Jede Zelle besitzt lichtempfindliche Stellen, an denen die Photonen-Energie entweder als nützlicher oder als schädlicher Faktor in Lebensprozesse einzugreifen vermag. Einige dieser Wirkungen sind folgende:

Mutagene Wirkung. Energiereiche Strahlung kann durch das Brechen von Kovalenzbindungen die Struktur von Nucleinsäuremolekülen verändern und damit Mutationen auslösen. Die mutagene Wirkung des elektromagnetischen Spektrums folgt dem Absorptionsspektrum von Nucleinsäuren: mehr darüber S. 241f. (Abb. 2.111).

Photodynamische Wirkung. Unter diesem Begriff faßt man Oxidationen von Proteinen und anderen Verbindungen zusammen, die nach Absorption von Lichtquanten durch spezifische Farbstoffe in Zellen zustande kommen. Manchmal können pathologische Stoffwechselprodukte die Haut gegenüber Licht bestimmter Wellenlänge sensibilisieren.

Sonnenbrand und *Pigmentbildung.* Sonnenbrand ist eine spezifische Zellschädigung, deren Maximum bei einer Bestrahlung mit ultraviolettem Licht von etwa 296 nm liegt. Auch die Bildung des Pigments *Melanin* wird durch Absorption von Lichtenergie in diesem Bereich induziert.

Synthese von Vitamin D. In seltenen Fällen liefern Photonen auf obligate Weise die Aktivierungsenergie für den Ablauf lebenswichtiger Reaktionen. Der bestbekannte Fall dieser Art ist die Synthese von Vitamin D aus Vorstufen, wobei mehrere Phasen dieses Prozesses, so die Reaktionen Dehydrocholesterol $\rightleftharpoons$ Cholecalciferol (Vitamin D_3), Ergosterin $\rightleftharpoons$ Präcalciferol und Präcalciferol $\rightleftharpoons$ Tachysterin, durch kurzwellige Strahlung aktiviert werden (S. 613).

Licht als Informationsträger

Die elektromagnetische Strahlung der Sonne ist nicht nur die primäre Energiequelle fast aller biologischen Vorgänge, sondern sie liefert auch Informationen, die das Verhalten von Organismen beeinflußt. Bei der Photosynthese und den photosensiblen Prozessen wird die *Energie der Photonen entweder in chemischer Form gespeichert oder in Arbeit verwandelt;* bei einer Reihe anderer Prozesse werden die Variablen des elektromagnetischen Spektrums als *Signale zur Steuerung spezifischer biologischer Prozesse* verwendet, während sie keine oder so gut wie keine Arbeit verrichten. Licht kann auf verschiedene Weise als Informationsträger wirken, denn es können folgende Parameter in ihrer Größe variieren:
1. die *spektrale Zusammensetzung* eines Lichtstrahles,
2. die *Intensität,* d. h. die Quantenmenge eines Lichtstrahles bestimmter Wellenlänge pro Flächen- und Zeiteinheit,
3. die *Schwingungsebene* eines Lichtstrahles, also sein Polarisationszustand,
4. die *Richtung,* aus der Licht einfällt, und
5. die *Dauer* und die Abfolge der Lichteinwirkung.

Jeder dieser physikalischen Variablen können biologische Mechanismen und Reaktionsmuster entsprechen, die aber – wie es dem Problem der Verarbeitung von Information entspricht – meist den gesamten Organismus betreffen und deshalb erst später eingehend berücksichtigt werden (S. 330f., 640f., 711f.). Für die Zellphysiologie sind folgende Zusammenhänge bedeutsam:

Die Quantenenergie des Lichtes kann in spezialisierten Zellen, den *Sehzellen,* zur Auslösung von Erregungsvorgängen verwendet werden, indem mehrere solche Erregungsvorgänge ein Abbild der eingestrahlten und absorbierten Energie liefern. (Näheres zur Physiologie des Sehens auf S. 505f.)

Nicht nur die physikalischen Eigenschaften eines Lichtstrahles können durch entsprechend ausgerüstete Zellen festgestellt werden, sondern auch die *Dauer der Lichteinwirkung.* Die Strahlungsenergie führt in solchen Fällen zur Bildung spezifischer Substanzen (meist aus inaktiven Vorstufen), die sich in Zellen anreichern oder im ganzen Organismus verteilen können. Auf diese Weise können Tageslängen und Hell-Dunkel-Perioden (S. 335f., 720) gemessen werden, eine Fähigkeit, die fast allen Organismen zuzukommen scheint und eine Voraussetzung für die geordnete Einfügung von Aktivitäts-, Fortpflanzungs-, Wachstums- und Entwicklungsperioden in den Wechsel von Tag und Nacht und in die Abfolge der Jahreszeiten ist *(photoperiodische Prozesse).* Als Rezeptoren fungieren sowohl bei Pflanzen wie bei Tieren Pigmente, die aber nur bei ersteren genauer untersucht sind. So dürfte das *Phytochrom* (Abb. 4.14, S. 332), ein den Gallenfarbstoffen verwandtes, offenkettiges Tetrapyrrol in Verbindung mit einem Trägerprotein, ein pflanzlicher Photorezeptor von ebenso weiter Verbreitung wie das Chlorophyll sein. (Über die Bedeutung des Phytochromsystems S. 152, 331f.)

Fast alle Orientierungsmechanismen von Organismen, welche die *Richtung des Lichteinfalls* als Variable verwerten, verlangen die Integration vieler, in verschiedenen Organen gelegenen Reaktionssysteme und sind dementsprechend Gegenstand der Integrationsphysiologie (z. B. lichtgesteuerte Wachstumskrümmungen: *Phototropismus,* S. 642f.). In einigen Fällen enthalten jedoch pflanzliche und tierische Zellen Pigmente, welche die Hinwendung der bestrahlten Region zur Lichtquelle steuern und damit bei freibeweglichen Zellen eine von der Lichteinfallsrichtung abhängige Ortsveränderung *(Phototaxis)* herbeiführen können (S. 146). Alle diese Pigmente haben – und dies unterscheidet sie vom Phytochrom – ein Absorptionsmaximum zwischen 400 und 500 nm, weshalb die phototropische Reaktion nur durch kurzwelliges Licht induzierbar ist (Abb. 1.138).

1.4.4.13 Energiegewinnung durch Photosynthese

Unter Photosynthese verstehen wir denjenigen biologischen Prozeß, bei dem die elektromagnetische Energie von Lichtquanten durch Pigmente der Chloroplasten oder ähnlicher Zellstrukturen absorbiert und in chemisch gebundene Energie transformiert wird. Man kann die molekularen Vorgänge bei der Photosynthese in zwei Teilprozesse gliedern: Im ersten Abschnitt, der *»Lichtreaktion«*, wird die absorbierte Strahlungsenergie dazu verwendet, Wasserstoff von Sauerstoff zu trennen *(Photolyse des Wassers)* und die dabei anfallenden H-Atome energetisch zu aktivieren, d. h. in eine energiereiche Bindung an ein geeignetes Molekül zu überführen (Bildung einer Verbindung mit stark negativem Redoxpotential, S. 78f.). Der Sauerstoff des Wassers wird dabei als O_2 frei; er kann in diesem Zusammenhang als »Abfallprodukt« der Photosynthese aufgefaßt werden. Außerdem werden bei diesem Prozeß energiereiche Phosphatbindungen geknüpft (Bildung von ATP, d. h. einer Verbindung mit hohem Gruppenübertragungspotential für Phosphat, S. 67f.). Im zweiten Abschnitt der Photosynthese, der *»Dunkelreaktion«*, wird die freie Enthalpie der energiereichen H- und Phosphatdonatoren dazu eingesetzt, energiearme anorganische Moleküle (hauptsächlich CO_2 oder HCO_3^-) in energiereiche, organische Verbindungen zu überführen. Diese Überführung ist, chemisch betrachtet, mit einer Reduktion des Kohlenstoffs verbunden. Die Bilanz der beiden Teilvorgänge ist in Gleichungen (1.77) und (1.78) dargestellt. Addiert man beide Gleichungen, so erhält man die einfachste Summenformel der photosynthetischen CO_2-Fixierung. Für die Photosynthese einer Hexose gilt Gleichung (1.79a), welche gekürzt Gleichung (1.79b) ergibt. Gleichung (1.79b) ist die Summenformel für die Photosynthese eines Kohlenhydrats (z. B. der Glucose), wie sie im Prinzip schon im vorigen Jahrhundert bekannt war. Unsere Kenntnisse über die molekularen Vorgänge, welche dieser Summenformel zugrunde liegen, stammen dagegen fast ausschließlich aus den letzten 40 Jahren.

Bei der oben gegebenen Ableitung der Photosynthese-Grundgleichung wird vorausgesetzt, daß *der entstehende molekulare Sauerstoff aus dem Wasser stammt* und nicht aus dem CO_2, wie man früher annahm. Dieses bereits um 1931 aufgrund von Untersuchungen der bakteriellen Photosynthese aufgestellte Postulat ließ sich durch Isotopenmarkierung experimentell bestätigen: Hält man Wasserpflanzen in Wasser, das mit $H_2^{18}O$ angereichert ist, so entspricht die Isotopenzusammensetzung des bei der Photosynthese freigesetzten O_2 der des Wassers. Eine Äquilibrierung des ^{18}O zwischen H_2O und CO_2, welche diesem Experiment seine Beweiskraft nehmen würde, kann ausgeschlossen werden. Gibt man den Pflanzen dagegen ^{18}O-haltiges Carbonat, so ist das freiwerdende O_2 nicht markiert. Das Schicksal der einzelnen Reaktanten bei der Photosynthese ist in Gleichung (1.80) gezeigt. Die in der Summenformel der Photosynthese (Gl. 1.80) postulierte Stöchiometrie läßt sich durch Messung des Gaswechsels photosynthetisierender Pflanzen bestätigen: Die quantitative Analyse der O_2-Abgabe und der CO_2-Aufnahme grüner, belichteter Pflanzen ergibt unter stationären Bedingungen meist folgende Beziehung:

$$\frac{\text{mol } O_2 \text{ (abgegeben)}}{\text{mol } CO_2 \text{ (aufgenommen)}} = 1.$$

Dieses Verhältnis wird als *Assimilatorischer Quotient* (AQ) bezeichnet. Weicht der AQ von 1 ab, so deutet dies auf eine Photosynthese anderer organischer Moleküle als $(CH_2O)_n$ hin oder auf eine Interferenz von weiteren physiologischen Gaswechselprozessen, bei denen CO_2 und/oder O_2 beteiligt sind.

(1.77)
$$2\,H_2O \xrightarrow[\text{Pigmente}]{h\cdot\nu} 4\,[H] + O_2\uparrow$$
$$\text{P} \longrightarrow \sim\text{P}$$

(1.78)
$$CO_2 + 4\,[H] \longrightarrow (CH_2O) + H_2O$$
$$\sim\text{P} \longrightarrow \text{P}$$

(1.77 + 1.78)
$$2\,H_2O + CO_2 \xrightarrow[\text{Pigmente}]{h\cdot\nu} (CH_2O) + O_2\uparrow + H_2O$$

(1.79a)
$$12\,H_2O + 6\,CO_2 \xrightarrow[\text{Pigmente}]{h\cdot\nu} C_6H_{12}O_6 + 6\,O_2\uparrow + 6\,H_2O$$

(1.79b)
$$6\,H_2O + 6\,CO_2 \xrightarrow[\text{Pigmente}]{h\cdot\nu} C_6H_{12}O_6 + 6\,O_2\uparrow$$

(1.80)
$$2\,H_2O + CO_2 \xrightarrow{h\cdot\nu} H_2O + (CH_2O) + O_2$$

Schonend isolierte Chloroplasten können den gesamten Photosyntheseprozeß auch *in vitro* durchführen. Die Chloroplasten enthalten also nicht nur die Pigmente und Enzyme der Lichtreaktion, sondern auch die gesamte Enzymausstattung für die Synthese von Kohlenhydraten, einschließlich der Enzyme für die Umwandlung von einfachen Zuckern in die hochmolekulare Speicherform Stärke. Es besteht also kein unmittelbarer metabolischer Zusammenhang zwischen den Chloroplasten und anderen Zellkompartimenten, z.B. den Mitochondrien. Wegen dieser *funktionellen Unabhängigkeit der Chloroplasten* können wir die Photosynthese weitgehend isoliert vom übrigen Metabolismus der Zelle betrachten. Dies ist z.B. für die Dissimilation in den Mitochondrien nicht möglich (S. 147f.).

Nach Auftrennung der Chloroplasten in eine Thylakoid- und eine Matrixfraktion (S. 149f.) kann man experimentell zeigen, daß die *Lichtreaktion in den Thylakoidmembranen*, die *Dunkelreaktion* dagegen *in der Matrix der Chloroplasten* abläuft: Eine zuvor belichtete Thylakoidfraktion kann nach Zugabe zu einer Matrixfraktion im Dunkeln den Einbau von CO_2 in Kohlenhydrate bewirken.

Die Synthese eines Kohlenhydratmoleküls ist ein extrem endergoner Vorgang. Rund 480 kJ sind notwendig, um 1 mol CO_2 mit Hilfe von H_2O in Kohlenhydrat zu überführen [$\Delta G_0' = +2880$ kJ $\cdot$ (mol Glucose)$^{-1}$; die $\Delta G_0'$- und E_0'-Werte sind immer auf pH 7,0 bezogen, S. 65].

Der Fluß der Energie durch den Photosyntheseapparat der Chloroplasten folgt einem recht komplizierten, auch heute erst unvollkommen bekannten Weg, dem wir uns nun im einzelnen zuwenden.

Absorption von Lichtquanten

An der Photosynthese sind stets mehrere Pigmente beteiligt. Das Hauptpigment ist jedoch immer das *Chlorophyll a,* das bei allen zur Photosynthese befähigten Pflanzen mit Ausnahme einiger photosynthetisierenden Bakterien vorkommt. Auch *Carotinoide* (in wechselnder Zusammensetzung) sind stets vertreten. Alle Höheren Pflanzen enthalten neben Chlorophyll a das Chlorophyll b. Bei einigen Algengruppen ist das Chlorophyll b durch das geringfügig abgewandelte Chlorophyll c ersetzt. Die Cyanobakterien und Rotalgen sind durch den Besitz von *Phycobilinen* (blaues Phycocyanobilin, rotes Phycoerythrobilin) ausgezeichnet, welche als Chromophore kovalent an Proteine gebunden vorliegen (= *Biliproteine:* Phycocyan, Phycoerythrin; Tab. 1.29). Alle diese Pigmente besitzen charakteristische Absorptionsspektren (Abb. 1.95). Die Pigmente liegen in oder an den Thylakoidmembranen in gebundener Form vor. Die *Chlorophylle* z.B. sind stets *an Protein gebunden*. Da die Proteinkomponente die Absorptionseigenschaften des Chlorophylls beeinflußt, ist das *in vivo*-Absorptionsspektrum nicht mit dem Chlorophyllspektrum in Äther (Abb. 1.95a) identisch. Chlorophyll a tritt in den Chloroplasten in mehreren Proteinkomplexen auf, deren Absorptionsspektren charakteristische Unterschiede aufweisen (Abb. 1.96).

Ob die in den Chloroplasten vorliegenden Pigmente auch tatsächlich an der Photosynthese beteiligt sind, ergibt sich aus dem *Wirkungsspektrum der Photosynthese* (Abb. 1.97). Darunter versteht man die Abhängigkeit der relativen Quantenwirksamkeit – das ist der Quotient mol freigesetztes O_2 : mol eingestrahlte Quanten – von der Wellenlänge des Lichtes bei stationärer Photosynthese. Das Wirkungsspektrum gibt an, wie effektiv *eingestrahltes* Licht einer bestimmten Wellenlänge für die photosynthetische O_2-Produk-

Tabelle 1.29. Vorkommen von Photosynthesepigmenten im Pflanzenreich

	Chlorophylle a	b	c	Carotinoide	Phycobiline
Spermatophyta	+	+	−	+	−
Pteridophyta	+	+	−	+	−
Bryophyta	+	+	−	+	−
Chlorophyta	+	+	−	+	−
Eulenophyta	+	+	−	+	−
Rhodophyta	+	−	−	+	+
Phaeophyta	+	−	+	+	−
Chrysophyta	+	−	+	+	−
Pyrrhophyta	+	−	+	+	−
Cyanobakterien	+	−	−	+	+

Bacteriophyta
Rhodospirillaceae (Nichtschwefel-Purpurbakterien)	Bacteriochlorophylle a, b; Carotinoide
Chromatiaceae (Schwefel-Purpurbakterien)	
Chlorobiaceae	Bacteriochlorophylle c, d, e,(a); Carotinoide
Chloroflexaceae	Bacteriochlorophylle c, (a); Carotinoide
Halobacteria (Archaebacteria)	Bacteriorhodopsin

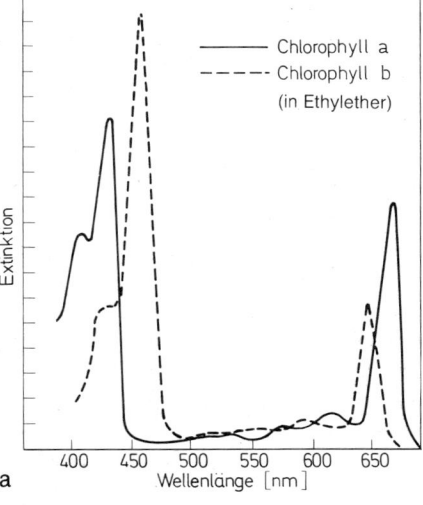

a

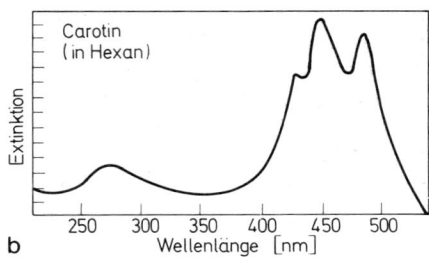

b

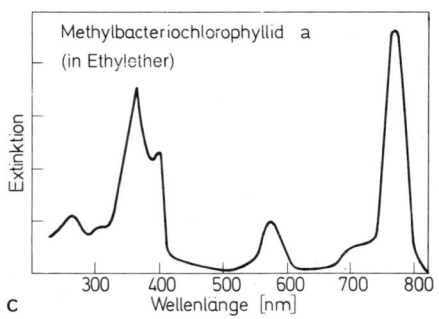

c

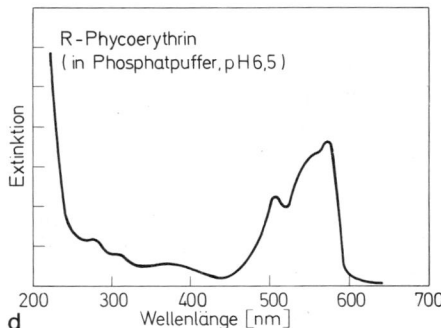

d

Abb. 1.95a–d. Absorptionsspektren der wichtigsten Photosynthesepigmente. Extinktion (= *log Transmission^{-1}*) ist ein gebräuchliches Maß für Absorption. *(Aus Mohr)*

tion verwendet werden kann. Ein Gipfel des Wirkungsspektrums (= Wellenband hoher Effektivität) entspricht einem Absorptionsgipfel des verantwortlichen Pigmentsystems. Die energetischen Vorgänge bei der Lichtabsorption durch ein Pigmentmolekül betrachten wir am Beispiel des Chlorophylls a. Eine Lösung von Chlorophyll a in Ether zeigt zwei Hauptgipfel der Absorption im violetten und roten Spektralbereich, denen auf der kurzwelligen Seite jeweils einige Nebengipfel folgen (Abb. 1.95a). Diesen zwei Absorptionsbanden entsprechen zwei kurzlebige $\pi\to\pi^*$-*Anregungszustände*, die man als *1. und 2. Singulett* bezeichnet (Abb. 1.98). Die Bezeichnungen »Singulett«, »Dublett« und »Triplett« geben die Zahl der Orientierungsmöglichkeiten der Elektronen in einem Magnetfeld an. Bei den photochemischen Reaktionen verdünnter Chlorophyll-Lösungen (z. B. bei der Photooxidation des Chlorophylls) sind vorwiegend sekundär bevölkerte, metastabile Anregungszustände mit relativ hoher Lebensdauer beteiligt (*Triplett*-Zustände). In den hochorganisierten Strukturen der Thylakoide liegen jedoch die Reaktanten der photochemischen Reaktionen eng benachbart, so daß auch die Energie des 1. Singuletts trotz dessen relativ kurzer Lebensdauer (10^{-9} s) mit hoher Ausbeute für photochemische Umsetzungen eingesetzt werden kann. Da sich Triplett-Chlorophyll *in vivo* nur bei sehr hoher Bestrahlungsstärke nachweisen ließ, nimmt man an, daß die für die Photosynthese verbrauchte Energie aus dem Übergang 1. Singulett → Grundzustand stammt. Der Übergang 2. Singulett → 1. Singulett kann hingegen aufgrund der extrem kurzen Lebensdauer des 2. Singulettzustandes (10^{-12} s) nur Wärmeenergie liefern. Das bedeutet: *Von den durch Chlorophyll absorbierten Quanten wird jeweils der gleiche mittlere Betrag an freier Enthalpie [ca. 200 kJ · (mol Photonen)$^{-1}$] als chemisch nutzbare Energie für die Photosynthese bereitgestellt*, und zwar unabhängig von der Wellenlänge des eingestrahlten Lichtes.

Pigmentkollektive als photochemische Einheiten der Lichtreaktion
Die Photosynthesepigmente sind weder homogen in den Thylakoidmembranen verteilt, noch bilden sie bezüglich ihrer Funktion ein homogenes Kollektiv. Dies gilt vor allem für die spektroskopisch aufgrund kleiner Verschiebungen der Absorptionsgipfel unterscheidbaren Chlorophyll-Komplexe (Abb. 1.96). Offenbar arbeiten verschiedene Chlorophyll-Protein-Komplexe mit unterschiedlicher Funktion in Kollektiven zusammen. Zu dieser

Vorstellung haben die folgenden Befunde geführt: Unter optimalen Bedingungen benötigt man acht absorbierte Quanten, um ein Molekül O₂ freizusetzen (Quantenbedarf der Photosynthese, S. 122). Da nach der Quantentheorie in der Photochemie nur Einquantenprozesse erlaubt sind, muß man daher acht photochemische Primärprozesse pro freigesetztes O_2-Molekül annehmen. Wenn alle Chlorophyllmoleküle funktionell gleichwertig wären, müßte man folglich bei einem intensiven kurzen Lichtblitz, der annähernd alle Chlorophyllmoleküle gleichzeitig einmal anregt, ein Verhältnis von acht Chlorophyllmolekülen pro freigesetztes O_2 erwarten. Das experimentell gemessene Verhältnis beträgt jedoch ca. 2400 Chlorophyllmoleküle pro Molekül O_2. Es kommen also unter diesen Bedingungen auf ca. 2400 absorbierende nur acht photochemisch aktive Chlorophyllmoleküle. Erst bei wesentlich schwächerer Bestrahlung nähert sich der Quantenbedarf dem Wert 8. Der Schluß aus diesem Experiment ist: *Es gibt mindestens zwei funktionell verschiedene Chlorophylltypen:*

1. *photochemisch aktives Chlorophyll (»Reaktionszentren«);*
2. *photochemisch inaktives,* aber trotzdem absorbierendes *Chlorophyll,* dessen Anregungsenergie dem photochemisch aktiven Chlorophyll zugeführt werden kann (*»Antennenpigmente«*).

Die beiden Typen liegen offenbar im Verhältnis von ca. 1:300 vor, d. h. es gibt in den Thylakoidmembranen funktionelle Kollektive, in denen ca. 300 Antennenpigmentmoleküle mit einem Reaktionszentrum kooperieren. Die Energie der irgendwo im Bereich eines Kollektivs absorbierten Quanten wird zum Reaktionszentrum geleitet und löst dort den photochemischen Primärprozeß aus (Abb. 1.99). Der Quantenbedarf ist nur dann gleich 8, wenn nicht mehr als ein Quant in dem Zeitraum, der zur Durchführung der photochemischen Reaktion (einschließlich der gekoppelten Dunkelreaktionen) benötigt wird ($\tau_{1/2} \approx 10^{-2}$ s), auf das Kollektiv trifft. Bei höherem Quantenfluß ist das Reaktionszentrum – und damit die photochemische Reaktion – saturiert, nicht jedoch die Absorption durch die Antennenpigmente. Unter diesen Bedingungen geben die Antennenpigmente ihre Anregungsenergie zu einem Teil als Fluoreszenzlicht ab. Die Änderung der Fluoreszenzausbeute ist daher eine wichtige Meßgröße für das Studium der Primärprozesse bei der Lichtreaktion.

Für einen strahlungslosen Energietransfer zwischen Pigmentmolekülen müssen zwei Bedingungen erfüllt sein:
1. Das vom Donator abgegebene Quant muß annähernd der Energie eines anregbaren Zustandes des Akzeptors entsprechen. Die Wahrscheinlichkeit für einen Transfer ist umso

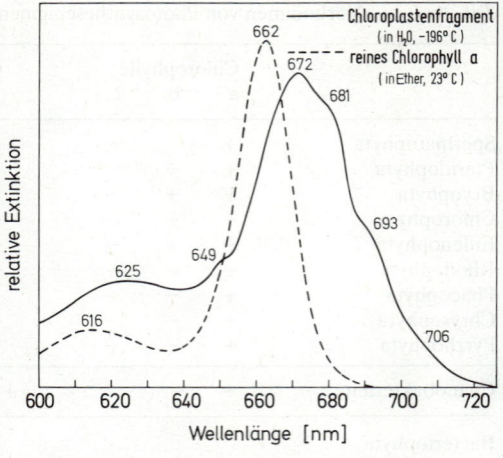

Abb. 1.96. Chlorophyll-Protein-Komplexe. Tieftemperaturspektrum von Thylakoidbruchstücken der Alge Euglena. Durch Verminderung der molekularen Bewegungen können Absorptionsbanden sichtbar gemacht werden, welche bei Raumtemperatur nicht in Erscheinung treten. Das Absorptionsspektrum zeigt eine Mischung fünf verschiedener Chlorophyll-Protein-Komplexe. (Nach French, Brown, Prager u. Lawrence)

Abb. 1.97a, b. Vergleich zwischen Wirkungsspektrum der Photosynthese und Absorptionsspektrum. (a) Blatt von Elodea densa. Chlorophyll und Carotinoide absorbieren Licht, jedoch wird die von den Carotinoiden absorbierte Strahlung weniger effektiv für die Photosynthese ausgenützt. Zum Vergleich sind die Absorptionsspektren von extrahiertem Chlorophyll a und β-Carotin eingezeichnet. (b) Thallus der Rotalge Porphyra nereocystis. Hier ist Phycoerythrin ein wirksames Photosynthesepigment. Die geringe Wirksamkeit des vom Chlorophyll a absorbierten Lichtes beruht auf dem Emerson-Effekt (S. 120). (a nach Ray, b nach Haxo)

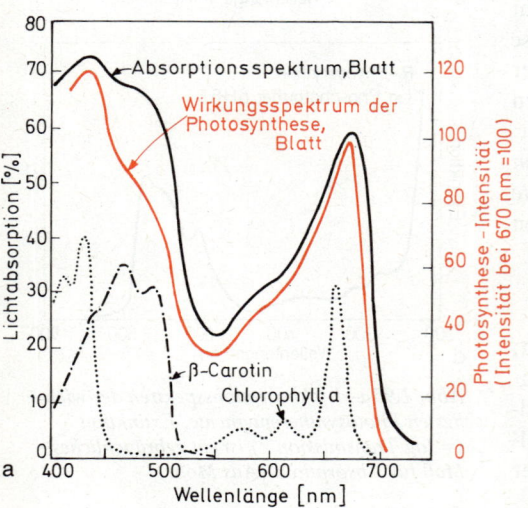
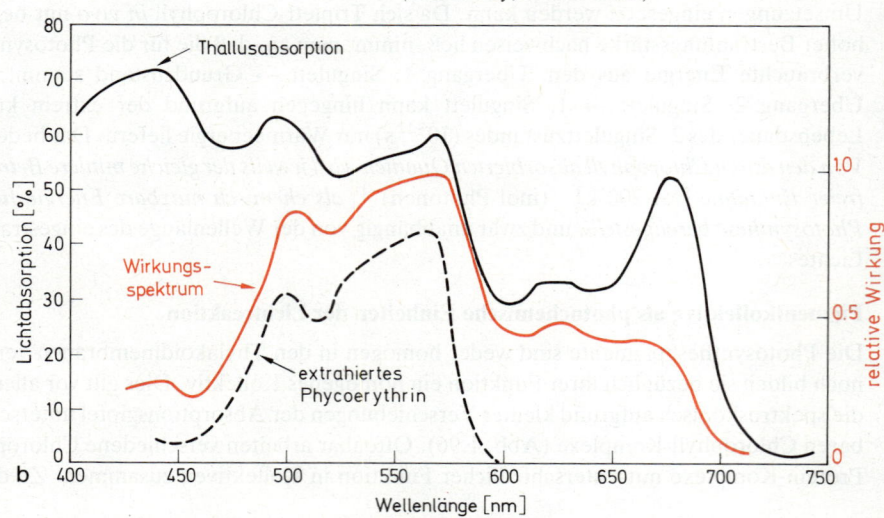

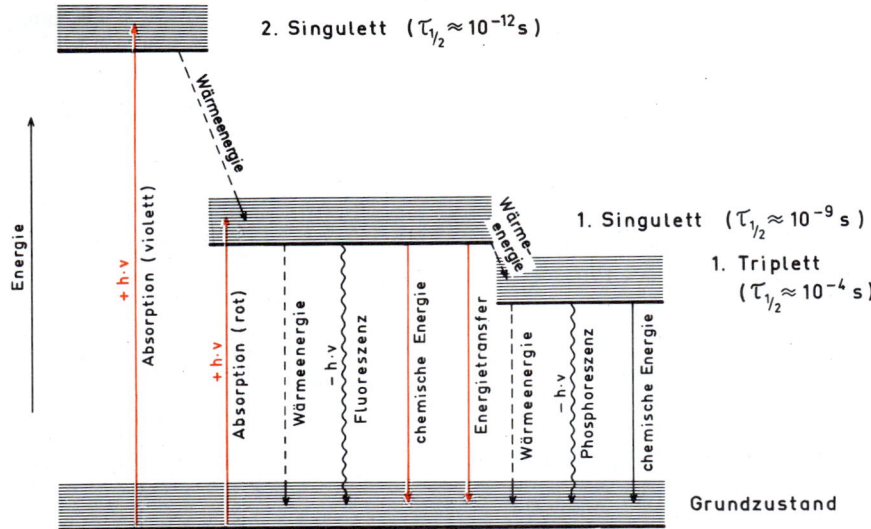

Abb. 1.98. Anregungsschema des Chlorophyll α-Moleküls (gelöst in einem apolaren Lösungsmittel). Die Energie eines Lichtquants ist $E = hc\lambda^{-1}$. Durch Absorption eines Quants »passender« Energie kann ein Elektron des Chlorophyllmoleküls vom Grundzustand in den 1. oder 2. Singulettzustand angehoben werden. Die Energiedifferenz zwischen Grundzustand und 1. Singulett entspricht der Energie eines Quants aus dem roten Spektralbereich [ca. 200 kJ · (mol Photonen)$^{-1}$, Rotbande des Absorptionsspektrums, Abb. 1.95a]. Die Energiedifferenz zwischen Grundzustand und 2. Singulett entspricht der Energie eines Quants aus dem violetten Spektralbereich [ca. 270 kJ · (mol Photonen)$^{-1}$, Violettbande des Absorptionsspektrums, vgl. Abb. 1.95a]. Die Lebensdauer (Halbwertzeit $\tau_{1/2}$) dieser Anregungszustände entscheidet darüber, in welcher Form die Energie beim Zurückfallen der Elektronen wieder abgegeben wird: Während beim Übergang vom 2. auf das 1. Singulett nur Wärme entsteht, kann beim Übergang vom 1. Singulett in den Grundzustand daneben chemische oder Licht-Energie (Fluoreszenz) erhalten werden. Außerdem ist als Beispiel für einen metastabilen Anregungszustand das 1. Triplett eingezeichnet. Dieser Anregungszustand ist durch eine Vorzeichenänderung bei der Spinquantenzahl charakterisiert und kann nur vom 1. Singulett aus bevölkert werden. Wegen der relativ langen Lebensdauer metastabiler Anregungszustände entsteht beim Zurückfallen in den Grundzustand bevorzugt chemische oder Licht-Energie (Phosphoreszenz)

größer, je mehr sich die Emissionsbande (also die Fluoreszenzbande) des angeregten Donators und die Absorptionsbande des im Grundzustand befindlichen Akzeptors überlappen. Dies ist z.B. bei den Rotbanden der verschiedenen Chlorophylle nahezu perfekt der Fall (Abb. 1.96).

2. Der Übergang eines Quants vom Donator auf den Akzeptor muß wesentlich rascher erfolgen als die Fluoreszenzemission ($\tau_{1/2} \approx 10^{-9}$ s). Dies wiederum ist nur möglich, wenn der räumliche Abstand zwischen Donator und Akzeptor in der Dimension von Molekülabständen in einem Kristall (d.h. wenige nm) liegt. Die Chlorophyllmoleküle dürfen z.B. nicht durch Proteine oder Lipide getrennt sein. In der Tat zeigt die physikalische Analyse der Thylakoide, daß die *Chlorophyllmoleküle dicht gepackt in einer hochgeordneten Struktur in die Membranen eingelagert sind*. Diesen Strukturen müssen manche Eigenschaften von Festkörpern (z.B. die Eigenschaften von Halbleitern) zugeschrieben werden. Die Möglichkeiten einer nahezu verlustfreien Übertragung von Energie zwischen den Photosynthesepigmenten ($\tau_{1/2} < 10^{-12}$ s) wurde durch direkte Messungen des Energietransfers bestätigt.

Verschiedene Chlorophyll-Protein-Komplexe, Carotinoide und Phycobiline haben die Funktion von Antennenpigmenten. Die Hauptmenge des Chlorophylls Höherer Pflanzen

(1.81)
$$P_{700(ox)} + e^- \rightleftharpoons P_{700(red)} \quad (P_{700} \text{ im Grundzustand})$$

(1.82)
$$P^*_{700(red)} \rightleftharpoons P_{700(ox)} + e^- \quad (P_{700} \text{ im angeregten Zustand})$$

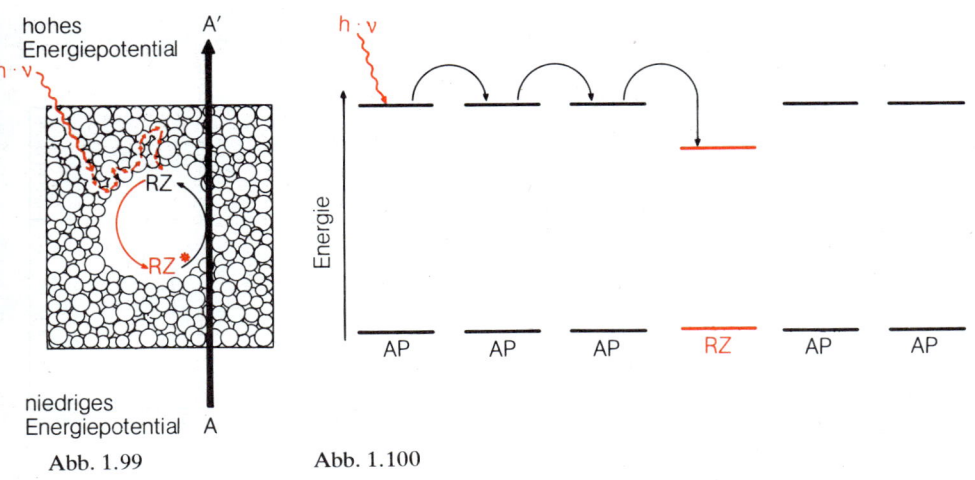

Abb. 1.99. Modell eines photosynthetischen Pigmentkollektivs. Die Energie der irgendwo im Bereich der Antennenpigmente absorbierten Quanten wird durch strahlungslosen Energietransfer zum Reaktionszentrum (RZ) geleitet. Das angeregte Reaktionszentrum (RZ*) liefert beim Zurückfallen in den Grundzustand die Energie für die gekoppelte endergone chemische Reaktion ($A \rightarrow A'$). (Original Schopfer)

Abb. 1.100. Energetisches Modell der Energiefalle eines photosynthetischen Pigmentkollektivs. AP, Antennenpigment; RZ, Pigment des Reaktionszentrums. (Nach Clayton)

ist an das sogenannte *lichtsammelnde Chlorophyll-a/b-Protein* (*L*ight-*H*arvesting *C*hlorophyll a/b *P*rotein = *LHCP*) gebunden. Dieses im Zellkern codierte Protein wird während der Ergrünung im Licht an cytoplasmatischen Ribosomen synthetisiert, in die Chloroplasten transportiert und, mit Chlorophyll a und Chlorophyll b beladen, in die Thylakoidmembran eingebaut. Bei der Suche nach dem biochemischen Korrelat des Reaktionszentrums wurde ein bei Algen und Höheren Pflanzen vorkommender Chlorophyll-a-Protein-Komplex gefunden, der für diese Aufgabe geeignet erscheint. Er wird nach der Position seiner roten Absorptionsbande (Gipfel um 700 nm, genaue Messungen ergaben 703–705 nm) als »Pigment 700« (P_{700}) oder »Chl a_1« bezeichnet. Dieser Chlorophylltyp besitzt die längstwellige Absorptionsbande aller in den Thylakoiden vorkommenden Pigmente. Da diese Bande gleichzeitig dem niedrigsten molekularen Singulett-Anregungszustand im Kollektiv entspricht [1. Singulett, ca. 170 kJ · (mol Photonen)$^{-1}$], besteht ein energetisches Gefälle zwischen den Antennenpigmenten einerseits und dem P_{700} andererseits. Deshalb ist der Energietransfer von den Antennenpigmenten zum P_{700} irreversibel: *P_{700} funktioniert als »Energiefalle« des Kollektivs* (Abb. 1.100).

Lichtinduzierter Elektronentransport

Einer der wesentlichsten Schritte zum Verständnis der Photosynthese war die Erkenntnis, daß die von den Pigmenten absorbierte Energie für einen endergonen Elektronentransport eingesetzt und auf diese Weise in Form von chemischer Energie fixiert werden kann. Bereits die in den Reaktionszentren ablaufende photochemische Reaktion ist eine Redoxreaktion. Das P_{700} unterscheidet sich jedoch von einer »normalen« Oxidoreduktase – z.B. einem Cytochrom – dadurch, daß sein Redoxpotential bei der Anregung durch Licht stark in negativer Richtung verschoben werden kann (Abb. 1.101). Für das System Gleichung (1.81) wurde der Wert $E'_0 = + 0,45$ V gemessen. Das aufgenommene Elektron kann also von einem Donator mit relativ geringem Energiepotential kommen. Nach der Absorption eines Quants wird das Redoxpotential des Moleküls um etwa 1 V negativer: Für das System Gleichung (1.82) ist $E'_0 < -0,55$ V (das Potential reicht also bis in den Bereich der H_2-Überspannung!). Diese Potentialdifferenz kann dazu ausgenützt werden, Elektronen an einen Elektronenakzeptor mit stark *negativem* Redoxpotential (*hohem* Energiepotential!) abzugeben. Die Photooxidation von $P_{700(red)}$ in $P_{700(ox)}$ führt zu starken Veränderungen im Absorptionsspektrum des gebundenen Chlorophylls (*Photobleichung*), welche zur spektroskopischen Darstellung des P_{700} und zur Messung seines Reduktionszustandes im intakten System ausgenützt werden kann. Man mißt die Absorptionsdifferenz zwischen zwei gleichartigen Chloroplastenproben, von denen nur die eine belichtet wird und in Gegenwart geeigneter Elektronendonatoren und -akzeptoren den in Abb. 1.101 dargestellten photochemischen Zyklus durchführt. Im Differenzspektrum zeigen sich zunächst mehrere lichtinduzierte Absorptionsgipfel und -täler, welche auf

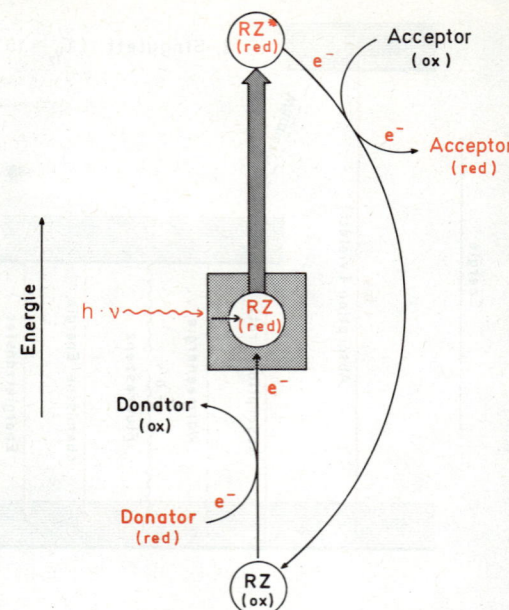

Abb. 1.101. Modell des Elektronentransports im Reaktionszentrum. Das Pigment ($RZ_{(red)}$) wird durch Absorption eines Quants angeregt ($RZ^*_{(red)}$) und kann in diesem Zustand ein »energiereiches« Elektron an ein Akzeptormolekül abgeben. Das dabei entstehende oxidierte Pigment ($RZ_{(ox)}$) kann anschließend von einem geeigneten Elektronendonator wieder ein »energiearmes« Elektron aufnehmen. In der Bilanz wird durch Oxidation eines Donatormoleküls mit niedrigem Energiepotential plus der Energie eines Quants ein reduziertes Akzeptormolekül mit hohem Energiepotential (stark negativem Redoxpotential) gebildet. (Original Schopfer)

Abb. 1.102a, b. Lichtinduzierte Absorptionsänderungen bei der photosynthetischen Lichtreaktion von Spinat-Chloroplasten (Differenzspektren). (a) Frisch isolierte Chloroplasten, mit H_2O als Elektronendonator und Benzylviologen als Elektronenakzeptor. (b) Gealterte Chloroplasten, mit Ascorbat als Elektronendonator und Phenazinmethosulfat als Elektronenakzeptor. (Nach Witt, Rumberg, Schmidt-Mende, Siggel, Skerra, Vater u. Weikard)

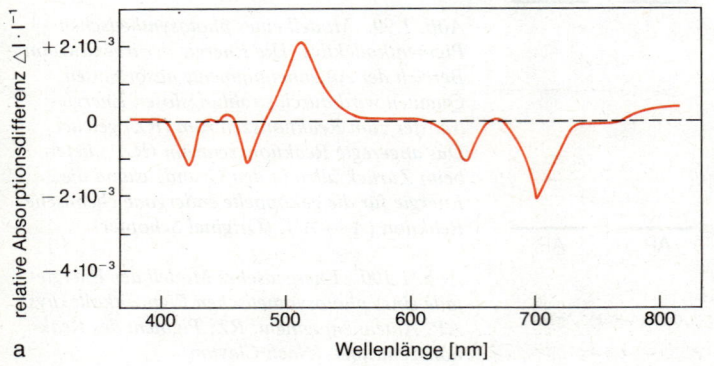

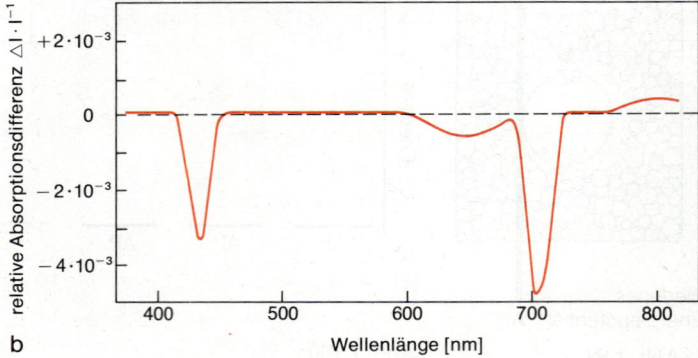

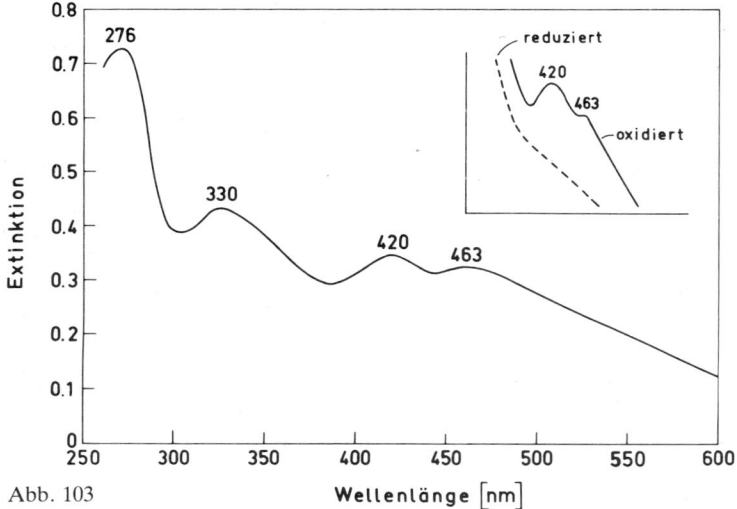
Abb. 103

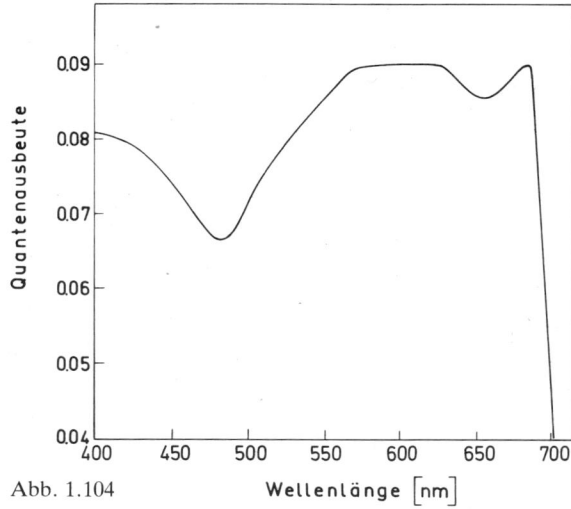
Abb. 1.104

Absorptionsänderungen verschiedener Komponenten der Lichtreaktion zurückgehen (Abb. 1.102a). Durch Alteration wird der für die Wasserspaltung verantwortliche Teilkomplex (»System II«, s. unten) der Lichtreaktion inaktiviert. Das Differenzspektrum zeigt nun nur noch die lichtinduzierte Absorptionserniedrigung (Bleichung) einer Komponente, die als das Chlorophyll a des Reaktionszentrums P_{700} identifiziert werden konnte (Abb. 1.102b).

Der unmittelbare Elektronenakzeptor für das P_{700}^* ist ein noch nicht näher charakterisiertes, membrangebundenes *Eisen-Schwefel-Protein* ($E_0' \approx -0{,}55$ V), welches die Elektronen auf ein *Ferredoxin* ($E_0' = -0{,}43$ V) überträgt. Ferredoxine sind Eisen-Schwefel-Proteine mit einem Redoxpotential im Bereich desjenigen der Wasserstoffelektrode ($E_0' = -0{,}42$ V); sie wurden ursprünglich als Elektronenüberträger der bakteriellen Stickstoffreduktion entdeckt. Auch der Reduktionszustand des Ferredoxins kann anhand von reversiblen Absorptionsänderungen verfolgt werden (Abb. 1.103). Das reduzierte Ferredoxin kann seine Elektronen durch die Vermittlung einer flavinhaltigen *Ferredoxin-$NADP^+$-Oxidoreduktase* nach Gleichung (1.83) auf $NADP^+$ (S. 70f.) übertragen. Mit der Reduktion dieses Transportmoleküls für Wasserstoff bei stark negativem Redoxpotential ($E_0' = -0{,}32$ V) ist die Umwandlung von Lichtenergie in metabolisch verfügbaren, aktiven Wasserstoff abgeschlossen.

Zwei Lichtreaktionen in Serie

Aus dem Potentialwert des P_{700} im Grundzustand (S. 118) folgt, daß dieses Redoxsystem nicht in der Lage ist, Elektronen von einem Donator mit wesentlich positiverem Potential als $+0{,}45$ V zu übernehmen. Da das Redoxpotential von H_2O/O_2 bei $E_0' = +0{,}81$ V liegt, kommt H_2O als direkter Elektronendonator für das P_{700} nicht in Frage. Wenn man die auf S. 113 formulierten Grundgleichungen aufrechterhalten will – und dafür gibt es, wie z. B. die $H_2^{18}O$-Experimente zeigen, gute Gründe – muß man ein weiteres photochemisches Reaktionssystem mit einem Elektronenakzeptor um $+0{,}81$ V fordern, der in der Lage ist, die Potentialdifferenz zwischen H_2O und dem P_{700} zu überwinden.

Der folgende experimentelle Befund fordert ebenfalls die Existenz einer zweiten Lichtreaktion bei der Photosynthese. Messungen der Quantenausbeute der photosynthetischen O_2-Produktion von *Chlorella*-Zellen unter monochromatischem Licht ergaben, daß die Quantenausbeute – der Quotient mol freigesetztes O_2/mol absorbierte Quanten – im Bereich $\lambda > 680$ nm stark abfällt, obwohl auch hier noch Licht vom Chlorophyll absorbiert wird (Abb. 1.104). Bei 700 nm, also gerade im Absorptionsmaximum des P_{700}, wird ein

Abb. 1.103. Absorptionsspektrum von gereinigtem, oxidiertem Ferredoxin aus Spinat-Chloroplasten. In intakten Thylakoiden kann Ferredoxin mit Hilfe von Lichtenergie reduziert werden. Dabei verschwinden die Absorptionsbanden bei 420 und 463 nm (rechts oben). Bei der Photosynthese der Spinat-Chloroplasten werden vier Ferredoxinmoleküle pro entstehendes O_2-Molekül reduziert. Auch die Cytochrome und andere chromophore Oxidoreduktasen zeigen bei der Reduktion charakteristische Änderungen im Absorptionsspektrum. (Nach Arnon)

Abb. 1.104. Quantenausbeute (= Quantenbedarf^{-1}) der Photosynthese als Funktion der Wellenlänge bei Chlorella. Die relativ geringe Quantenausbeute bei 480 nm deutet darauf hin, daß die Anregungsenergie der in diesem Bereich stark absorbierenden Carotinoide mit geringerer Effektivität als die des Chlorophylls für die photosynthetische O_2-Produktion verwendet wird (vgl. Abb. 1.97a). (Nach Levine)

(1.83)

$NADP^+ + 2e^- + 2H^+ \rightarrow NADPH + H^+$;
$E_0' = -0{,}32$ V

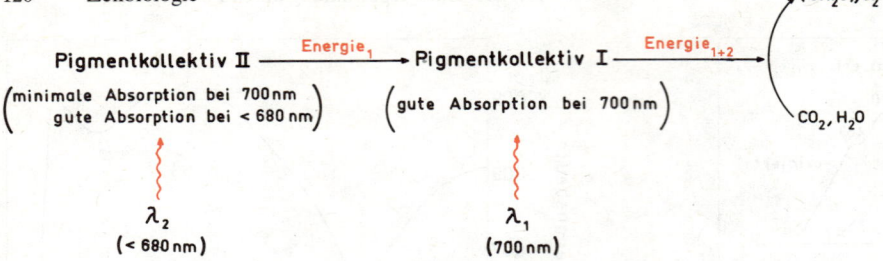

Abb. 1.105. Modell zur Deutung des Emerson-Effekts. Es werden zwei gekoppelte Pigmentkollektive postuliert. Pigmentkollektiv I ist energetisch nicht in der Lage, die CO_2-Reduktion allein durchzuführen. Durch Koppelung mit dem Pigmentkollektiv II bekommt es den fehlenden Energiebetrag zugeführt. Eine optimale Ausnützung der von beiden Kollektiven absorbierten Quanten ist daher nur möglich, wenn sie mit gleicher Intensität absorbieren. Licht der Wellenlänge 700 nm, das nur vom Kollektiv I gut absorbiert werden kann, führt daher zu einer geringen Quantenausbeute. Bestrahlt man zusätzlich mit einer Wellenlänge von $\lambda < 680$ nm, welche auch vom Kollektiv II gut absorbiert werden kann, so steigt die Quantenausbeute im Kollektiv I stark an. (Original Schopfer)

sehr viel kleinerer Anteil der absorbierten Quanten für die Photosynthese ausgenützt als bei kürzeren Wellenlängen. Bestrahlt man jedoch zusätzlich zu dem 700-nm-Licht mit einer Wellenlänge < 680 nm, so steigt die Quantenausbeute für 700 nm stark an. Die Lichtquanten, die bei 700 nm absorbiert werden, können also nur dann mit hoher Ausbeute für die Photosynthese verwendet werden, wenn zusätzlich Licht von $\lambda < 680$ nm zur Verfügung steht. Dieser zunächst paradox erscheinende Steigerungseffekt – nach seinem Entdecker auch »Emerson-Effekt« genannt – kann am einfachsten mit der Annahme einer zweiten Lichtreaktion gedeutet werden, welche mit dem P_{700} gekoppelt ist und deren Pigmentkollektive bei $\lambda > 680$ nm wenig oder überhaupt nicht absorbieren können (Abb. 1.105). Durch Aufstellung von Wirkungsspektren des Emerson-Effektes kann man Information über die Absorptionseigenschaften der »steigernden« und der »gesteigerten« Lichtreaktion, die man heute *Photosystem II* und *Photosystem I* – oder einfach *System II* und *System I* – nennt, gewinnen. Dazu bestimmt man zunächst die Photosyntheseintensität [mol O_2 pro Zeiteinheit] für eine fixierte Wellenlänge aus dem dunkelroten Spektralbereich, z. B. 700 oder 720 nm (»Hintergrundlicht«). Dann ermittelt man die Steigerung dieser Intensität durch ein Zusatzlicht variabler Wellenlänge. Trägt man den Steigerungseffekt gegen die Wellenlänge des Zusatzlichtes auf, so erhält man das Wirkungsspektrum von System II. Umgekehrt kann man vor einer Hintergrundbestrahlung von 650-nm-Licht, das bevorzugt vom System II absorbiert wird, das Wirkungsspektrum von System I erhalten (Abb. 1.106). Aus solchen Wirkungsspektren kann man entnehmen, daß beim System I der Höheren Pflanze die Summe der Antennenchlorophylle einen Gipfel bei 681 nm besitzt, während die System-II-Chlorophylle einen um 4 nm niedrigeren Wert ergeben. Chlorophyll b, Carotinoide und – falls vorhanden – Phycobiline sind dem System II zuzuordnen.

Das System II besteht also ebenfalls aus einem Kollektiv verschiedener Antennenpigmente. Über das Reaktionszentrum weiß man noch vergleichsweise wenig. Immerhin konnte mit spektroskopischen Methoden (vgl. Abb. 1.102) ein Chlorophyll-a-Protein-Komplex mit einem Absorptionsgipfel bei 682 nm als Reaktionszentrum des Systems II identifiziert werden. Die Lebensdauer dieses P_{680} (Chl a_{II}) im angeregten Zustand ist etwa 100mal kürzer als die des P_{700}.

Photolyse des Wassers

Die Funktion des H_2O als Elektronendonator der Photosynthese wurde bereits 1939 experimentell belegt. Isolierte Bruchstücke von Chloroplasten können im Licht Ferricyanid zu Ferrocyanid unter O_2-Abgabe reduzieren *(Hill-Reaktion)*. Damit wurde erstmalig gezeigt, daß im Rahmen der Photosynthese Lichtenergie für endergone Reduktionen verwendet werden kann. Da diese Reaktion ohne Verbrauch von CO_2 abläuft, kann man für die Hill-Reaktion eine einfache, stöchiometrisch belegte Summengleichung aufstellen (Gl. 1.84).

Die Gleichung postuliert die *Photolyse des H_2O als die O_2-liefernde Reaktion*. Diese Deutung hat sich als richtig erwiesen. Die Redoxpotentiale (E_0') der Wasserspaltung und der Ferricyanidreduktion liegen bei + 0,81 V bzw. + 0,36 V. Da das Redoxsystem

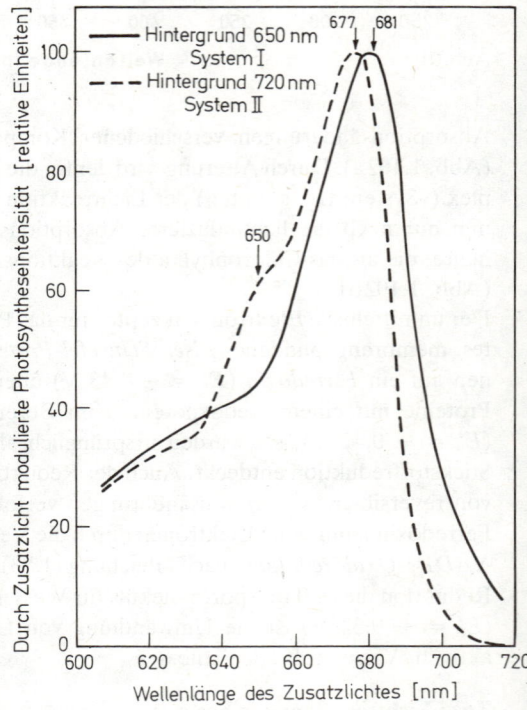

Abb. 1.106. Wirkungsspektren der Photosysteme I und II (= Pigmentkollektive I und II) unter stationären Bedingungen und Ausnützung des Emerson-Effektes. Messung der O_2-Produktion isolierter Spinat-Chloroplasten. Das relativ starke Hintergrundlicht stellt einen stationären Zustand der Reaktionszentren in beiden Systemen ein. Gemessen wird die fördernde Wirkung eines schwachen Zusatzlichtes auf die Photosyntheserate. Durch synchrone Modulation von Zusatzlicht und amperometrischem Meßsignal wurde ausschließlich die Wirkung des Zusatzlichtes gemessen. (Nach Joliot, Joliot u. Kok)

(1.84)
$$2\,Fe(CN)_6^{3-} + H_2O \xrightarrow[]{\overset{h\cdot\nu}{\downarrow}\text{Pigmente}} 2\,Fe(CN)_6^{4-} + 0{,}5\,O_2 + 2\,H^+$$

Ferricyanid/Ferrocyanid etwas negativer als das Redoxsystem $P_{700(red)}/P_{700(ox)}$ ist, kann es im Prinzip als Elektronendonator für das System I dienen. Die Hill-Reaktion umfaßt also etwa den Potentialbereich zwischen H_2O und P_{700}.

Wie zu erwarten, tritt bei dieser künstlichen lichtgetriebenen Redoxreaktion kein Emerson-Effekt auf. Die Hill-Reaktion mit Ferricyanid wird in der Tat alleine mit Hilfe von System II durchgeführt (Abb. 1.107). Im intakten Chloroplasten werden die Elektronen vom Redoxsystem Q (»Quencher«, spezielle Form von Plastochinon, $E_0' \approx -0{,}15$ V) über eine Reihe physiologischer Redoxsysteme geeigneten Redoxpotentials (z. B. Plastochinon, $E_0' \approx 0$ V; Cytochrom f, $E_0' = +0{,}37$ V; Plastocyanin, $E_0' = +0{,}40$ V) auf das Reaktionszentrum von System I ($E_0' = +0{,}46$ V) übertragen (Abb. 1.108, 1.109). Plastocyanin scheint der eigentliche Elektronendonator für das P_{700} zu sein. Das Ferricyanid ist also als artefizieller Elektronenakzeptor anzusehen, der in Konkurrenz um Elektronen mit einem noch nicht identifizierten Redoxsystem der Kette tritt.

Die Koppelung der beiden Photosysteme durch diese Redoxkette wird z.B. durch folgenden Befund belegt: Spezifische Anregung von System II führt zu einer *Reduktion* von Cytochrom f, die ähnlich wie beim P_{700} spektroskopisch gemessen werden kann; spezifische Anregung von System I führt dagegen zu einer *Oxidation* von Cytochrom f. Das Wirkungsspektrum dieser Photooxidation zeigt einen für System I charakteristischen Verlauf. Entsprechende Ergebnisse erhält man auch für das P_{700} selbst.

Quantenausbeute der Photosynthese

Die Lichtreaktion der Photosynthese besteht, wie wir gesehen haben, aus einem komplizierten Elektronentransportsystem, in dem zwei in Serie geschaltete Photosysteme als »Elektronenpumpen« eingebaut sind. Sie überwinden ein Potentialgefälle von ca. 1 V (System I) bzw. 0,8–0,9 V (System II, Abb. 1.108). Für dieses Modell kann man die theoretisch zu fordernde Quantenausbeute leicht berechnen: Jedes H_2O-Molekül liefert 2 e^- und ½ O_2. Jedem Elektron wird zweimal die Energie eines Quants zugeführt. Es sind daher theoretisch acht absorbierte Quanten erforderlich, um ein Molekül O_2 freizusetzen.

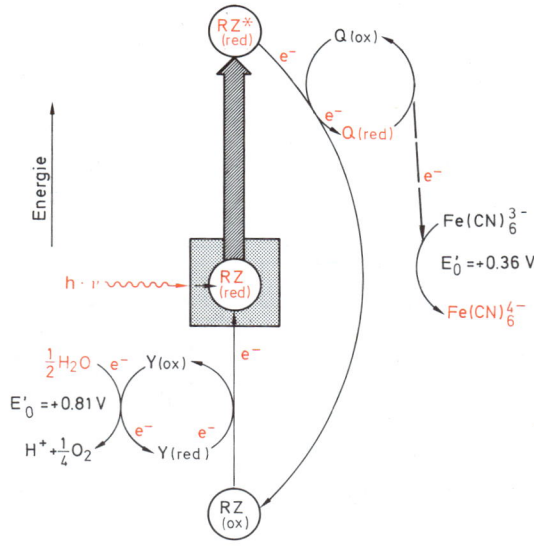

Abb. 1.107. Modell der Hill-Reaktion mit Ferricyanid als Elektronenakzeptor. Y und Q sind noch nicht genau identifizierte Redoxsysteme. Die Energie der von System II absorbierten Lichtquanten wird dazu verwendet, Elektronen vom Potential von Y auf das viel negativere Potential von Q anzuheben. Da die absorbierten Quanten eine Energie von ca. 200 kJ · (mol Photonen)$^{-1}$ = 2,1 eV · Photon^{-1} liefern, kann theoretisch von jedem Elektron eine Potentialdifferenz von ca. 2 V überwunden werden. Die Potentialdifferenz zwischen H_2O/O_2 und Ferricyanid/Ferrocyanid beträgt $\Delta E_0' = (+0{,}81) - (+0{,}36) = +0{,}45$ V. (Original Schopfer)

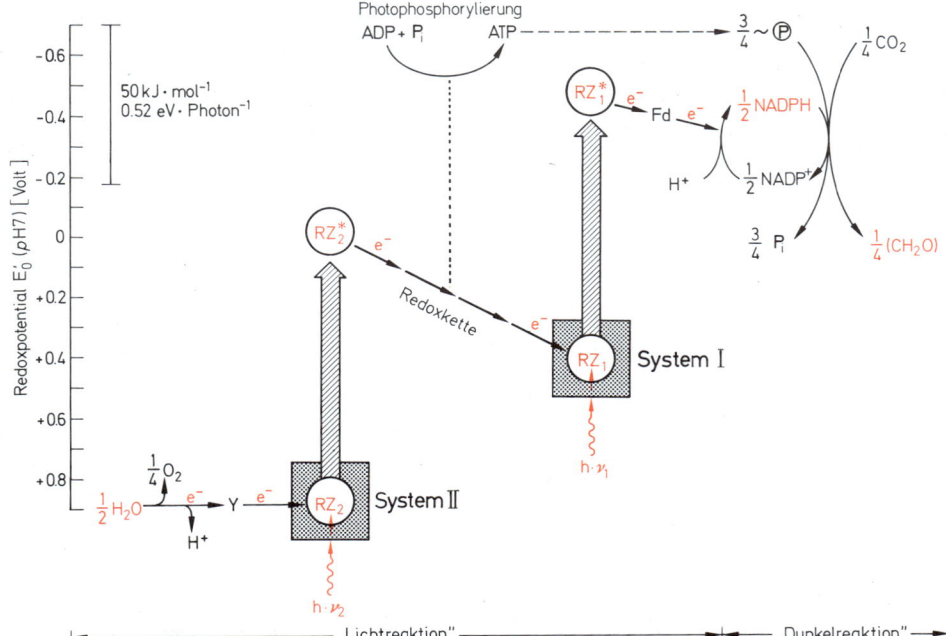

Abb. 1.108. Einfaches Modell des vollständigen Elektronentransports bei der photosynthetischen Lichtreaktion mit gekoppelter Kohlenhydratsynthese (»Dunkelreaktion«). RZ, Reaktionszentrum im energetischen Grundzustand; RZ*, angeregtes Reaktionszentrum; Fd, Ferredoxin; Y, Q, noch nicht eindeutig identifizierte Redoxsysteme. Zur Verknüpfung der Photophosphorylierung ($ADP + P_i \rightarrow ATP$) mit dem Elektronentransport vgl. Abb. 1.111. (Original Schopfer)

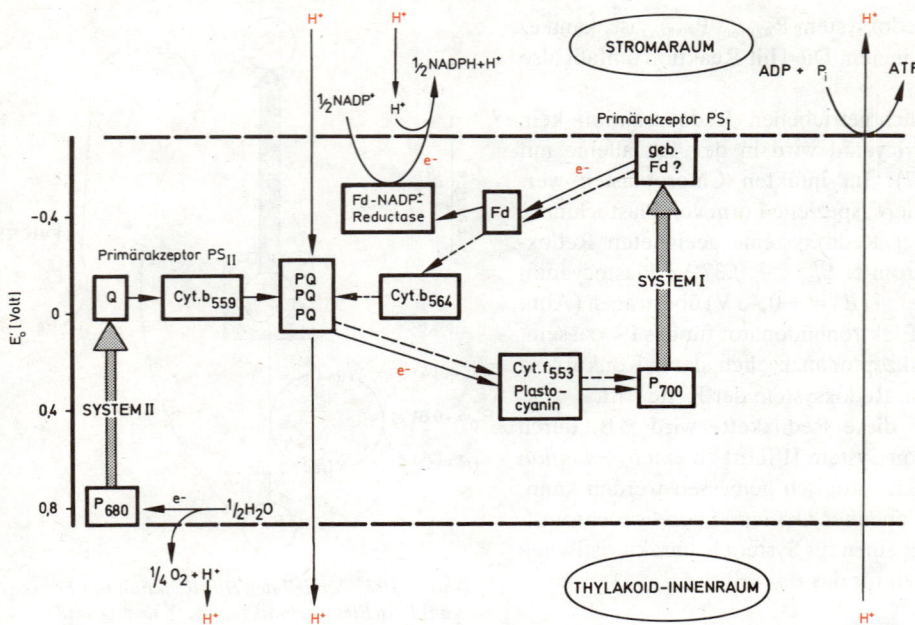

Abb. 1.109. *Teilweise noch hypothetisches Modell des photosynthetischen Elektronentransports in der Thylakoidmembran (vgl. Abb. 1.108). Der Elektronentransport zwischen den beiden Photosystemen erfolgt über die Redoxsysteme Q (»Quencher«, noch nicht eindeutig identifiziert). Cytochrom b_{559}, Plastochinon (PQ), Cytochrom f_{553} und Plastocyanin. Beim nichtzyklischen Elektronentransport gibt das Photosystem I die Elektronen über Ferredoxin (Fd) an Ferredoxin-$NADP^+$-Reduktase ab, welche auf der Stromaseite der Membran $NADP^+$ reduziert. Hierbei wird H^+ verbraucht. Da die Wasserspaltung auf der Innenseite der Membran abläuft, wird dort H^+ produziert. Die Redoxreaktion des PQ ist ebenfalls mit der Translokation eines H^+ in den Thylakoidinnenraum verbunden. Der hierdurch aufgebaute pH-Gradient kann nach der chemiosmotischen Hypothese von Mitchell zur Synthese von ATP ausgenützt werden (rechts, vgl. Abb. 1.111). Beim zyklischen Elektronentransport (---→) laufen die Elektronen über Cytochrom b_{564} in die intermediäre Kette zurück, wobei nur ein H^+ transloziert wird*

$$(1.85) \quad 2NADP^+ + 2-4ADP + 2-4P_i + 2H_2O \xrightarrow[\text{System II}]{\geq 8\,h\cdot\nu \atop \text{System I}} 2\,NADPH + 2\,H^+ + 2-4\,ATP + O_2$$

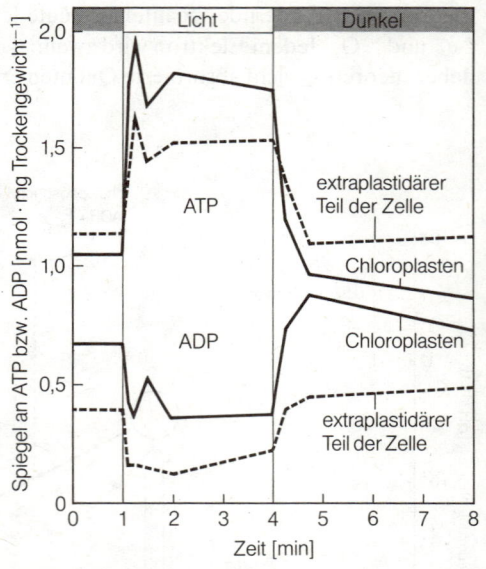

Abb. 1.110. *Lichtinduzierte Änderung der ATP- und ADP-Fließgleichgewichtskonzentrationen in den Chloroplasten und im extraplastidären Cytoplasma bei Blättern von Elodea densa. Der Befund, daß nicht nur in den Chloroplasten, sondern auch im restlichen Cytoplasma ein Anstieg der ATP- und ein Abfall der ADP-Konzentrationen im Licht erfolgt, deutet auf einen raschen Austausch von ATP und ADP durch die Chloroplastenhülle. (Nach Heber u. Santarius)*

Messungen des Quantenbedarfs bei verschiedenen Pflanzen haben unter stationären Bedingungen übereinstimmend Werte zwischen 8 und 12 Quanten pro O_2, also eine Quantenausbeute zwischen 0,08 und 0,13 (vgl. Abb. 1.104), ergeben. Dies ist unter Berücksichtigung der experimentellen Schwierigkeiten solcher Messungen eine sehr gute Bestätigung für das Konzept von zwei kooperierenden Photosystemen bei der Lichtreaktion.

Photophosphorylierung

Isolierte Chloroplasten können im Licht ADP zu ATP (Abb. 1.66) phosphorylieren. Diese *Photophosphorylierung* kann man auch mit isolierten Thylakoiden erhalten, ein Hinweis darauf, daß sie in enger Verbindung mit der Lichtreaktion steht. Die weiteren Experimente zur Einordnung der Photophosphorylierung haben ergeben, daß sie an den Elektronentransport der beiden Photosysteme gekoppelt ist (Abb. 1.108). Messungen der Ausbeute schwanken zwischen ½ und 1 ATP pro transportiertem Elektron. Die Bilanz der gesamten Lichtreaktion ist in Gleichung (1.85) zusammengefaßt. Das photosynthetisch gebildete ATP besitzt neben dem NADPH eine wesentliche Bedeutung für die Reduktion des CO_2 (S. 125f.).

Neben dieser an den irreversiblen Elektronentransport zwischen den beiden Photosystemen gebundenen »nichtzyklischen Photophosphorylierung« (Abb. 1.108) konnte man noch eine weitere lichtabhängige Phosphorylierungsreaktion messen. Diese wird weder von Redoxpotentialänderungen noch von einer O_2-Abgabe begleitet, zeigt keinen Emerson-Effekt und wird durch Hemmung des Photosystems II nicht beeinträchtigt. Es muß sich daher um einen geschlossenen Elektronenfluß handeln, der nur vom Photosystem I angetrieben wird. Diese »zyklische Photophosphorylierung« kommt dadurch zustande, daß Elektronen vom Ferredoxin nicht auf $NADP^+$ übergehen, sondern in die intermediäre Redoxkette zwischen den beiden Photosystemen zurückfließen (Abb. 1.109). Über die physiologische Bedeutung der zyklischen Photophosphorylierung ist man sich noch nicht im klaren; für die Kohlenhydratsynthese scheint sie jedenfalls nicht benötigt zu werden. Abwesenheit von CO_2 fördert den zyklischen Elektronentransport, da unter diesen Bedingungen ein Anstau von NADPH erfolgt und damit der nichtzyklische Elektronen-

transport gehemmt wird. Zyklischer und nichtzyklischer Elektronentransport konkurrieren offenbar am Ferredoxin um die Elektronen des Photosystems I.
Ein wichtiger Befund sei hier noch erwähnt: Die Pools von ADP und ATP in den Chloroplasten kommunizieren mit den ADP- und ATP-Pools des Cytoplasmas (Abb. 1.110), während zwischen den entsprechenden Pools der Pyridinnucleotide NADP(H) bzw. NAD(H) kein direkter Austausch besteht. Die Aufgabe der Photophosphorylierung im Zellstoffwechsel ist daher wahrscheinlich viel umfassender als die der photosynthetischen $NADP^+$-Reduktion. Zum Beispiel kann das aus der zyklischen Photophosphorylierung stammende ATP bei Grünalgen als Energielieferant für die aktive, endergone Aufnahme von Ionen und Zuckern aus dem Medium verwendet werden.

Energiewandlung bei der Photophosphorylierung

Auch der biochemische Mechanismus der Photophosphorylierung ist noch nicht endgültig aufgeklärt. Wahrscheinlich läuft er nach dem gleichen Prinzip ab wie die oxidative Phosphorylierung an der inneren Mitochondrienmembran (S. 78f.). Es gibt neuerdings bei den Chloroplasten viele experimentelle Befunde, welche die *chemiosmotische Hypothese* der Phosphorylierung (S. 80f.) stützen. In intakt isolierten (leckfreien) Thylakoiden baut sich nach dem Einsetzen der Belichtung sehr rasch ($\tau_{1/2} \approx 20$ ns) ein Membranpotential von etwa 100 mV auf. Man nimmt an, daß dies die Folge eines vektoriellen Elektronentransports durch die in der Membran gerichtet verankerten Photosysteme ist (Abb. 1.111). Mit einer Halbwertzeit von etwa 20 ms erfolgt durch aktive H^+-Sekretion aus dem Stroma in den Thylakoidinnenraum *(Protonenpumpe)* der Aufbau eines *Protonengradienten*, welcher ein ΔpH von 2–3 liefern kann. Dies entspricht einem H^+-Konzentrationsunterschied von 1:100 bis 1:1000. Membranpotential plus Protonengradient (protonenmotorische Kraft, S.81) stellen ein hohes *elektrochemisches Potential* dar, welches zur chemischen Arbeitsleistung herangezogen werden kann. Dies geschieht durch einen Enzymkomplex (ATP-Synthase, »ATPase«, Koppelungsfaktor), der den stark exergonen (dem elektrochemischen Gefälle folgenden) Rückstrom der Protonen aus dem Thylakoidinnenraum in den Stromaraum ausnützt, um ADP und Orthophosphat (P_i) unter Abspaltung von H_2O zu ATP zu verbinden. Experimentell konnten isolierte Thylakoide durch Anlegen eines künstlichen *pH*-Gradienten auch im Dunkeln zur Synthese von ATP veranlaßt werden.
Eine wichtige Stütze erfuhr die chemiosmotische Hypothese der Phosphorylierung durch den erst vor wenigen Jahren entdeckten Mechanismus zur Lichtenergiewandlung bei *Halobakterien*. Die extrem halophilen, begeißelten Archaebakterien vermögen selbst in eintrocknenden Salzseen zu leben. Ihr Biotop (gesättigte NaCl- oder Na_2CO_3-Lösung) zeichnet sich durch eine gegenüber reinem Wasser fünffach niedrigere Löslichkeit für Sauerstoff aus. Halobakterien können als modifikatorische Anpassung an diese extremen Umweltbedingungen, welche keine effektive oxidative Dissimilation erlauben, die Energie des Lichtes zur Bildung von ATP ausnützen; sie sind also hinsichtlich ihres Energiehaushalts *fakultativ autotroph*. Die Absorption des Lichtes erfolgt – im Gegensatz zu den photosynthetisierenden Pflanzen und Bakterien – nicht durch Chlorophylle und Carotinoide, sondern durch den roten Farbstoff *Bacteriorhodopsin*, einen Komplex von Retinal mit Protein, der große Ähnlichkeit mit den Sehfarbstoffen (S. 510f.) besitzt. Bringt man Halobakterien unter Sauerstoffmangelbedingungen, so bilden die Zellen – denen die typische Bakterienzellwand (S. 25) fehlt – nach kurzer Zeit mehrere rot gefärbte Flecken in ihrer cytoplasmatischen Membran aus. Diese *Purpurmembran* kann bis zur Hälfte der Zelloberfläche bedecken. Die Zusammensetzung der Purpurmembran ist sehr einfach: In einer Matrix von Lipiden (25% der Trockensubstanz) liegen Bacteriorhodopsinmoleküle (75%) zu einem hexagonalen Gitter angeordnet (Abb. 1.113).
Der Chromophor des Bacteriorhodopsins, das *Retinal*, wird durch die Absorption eines Lichtquants reversibel isomerisiert; dadurch verschwindet seine Absorptionsbande im

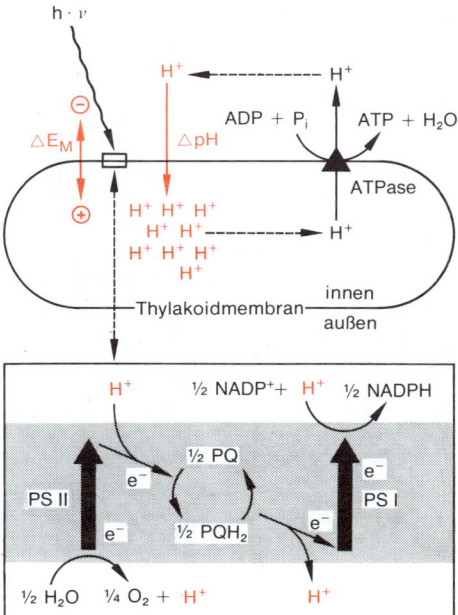

Abb. 1.111. Chemiosmotischer Mechanismus der Photophosphorylierung nach der Mitchell-Hypothese. Die Thylakoidmembran trennt einen Innenraum gegen das Chloroplastenstroma ab. Lichtabsorption durch die beiden Photosysteme führt zu einem räumlich gerichteten Elektronentransport, welcher mit einer Ladungstrennung (Membranpotential, ΔE_M) und einer Translokation von zwei Protonen pro Elektron verbunden ist (vergrößerter Membranausschnitt unten, vgl. Abb. 1.109). Das auf diese Weise aufgebaute elektrochemische Potential wird beim Rückstrom der Protonen durch eine ebenfalls vektoriell arbeitende ATP-Synthase (»ATPase«) zur ATP-Synthese ausgenützt. (Original Schopfer)

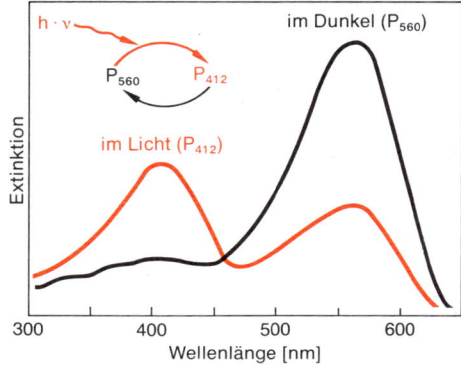

Abb. 1.112. Absorptionsspektren des Bacteriorhodopsins in isolierten Purpurmembranen von Halobacterium halobium in der Form P_{560} (dunkel) und nach (unvollständiger) Lichtumwandlung in die gebleichte Form P_{412} (rot). (Nach Oesterhelt, verändert)

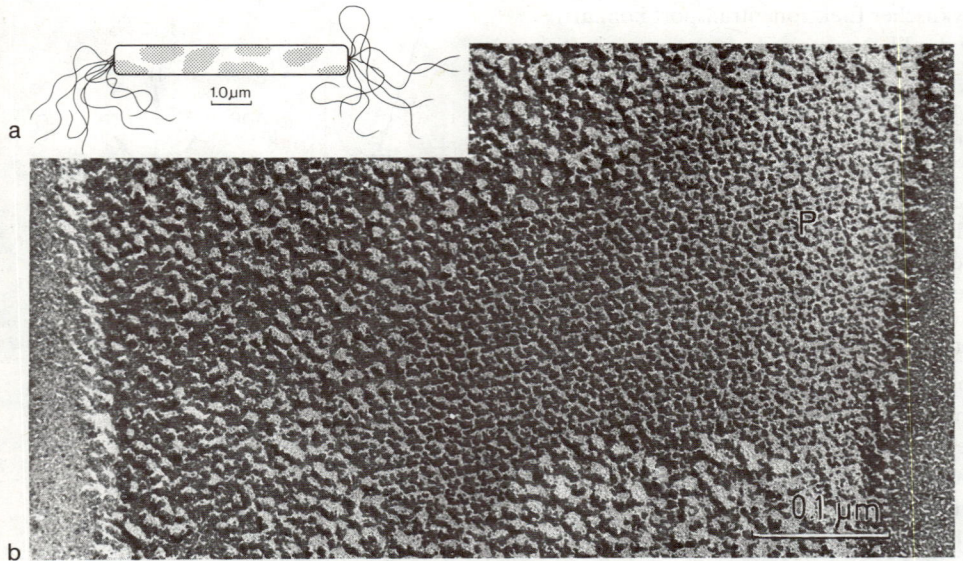

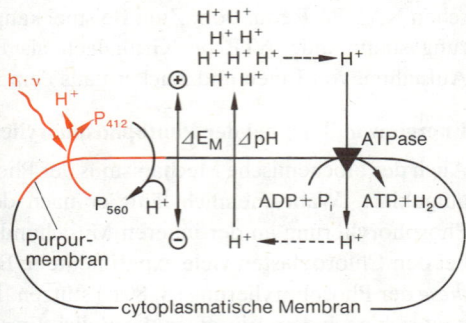

Abb. 1.113 a, b. *Halobacterium halobium.*
(a) Schema; Purpurmembran grau. (b) Oberfläche des Zellkörpers im schrägbedampften elektronenmikroskopischen Präparat. Hexagonale Anordnung der Bacteriorhodopsinmoleküle in der Purpurmembran P. (a nach Hildebrand, b Original Schröder/Jülich)

Abb. 1.114. Chemiosmotischer Mechanismus der Photophosphorylierung bei Halobacterium. Die photochemische Reaktion nach der Absorption eines Lichtquants durch das Bacteriorhodopsin (P_{560}) führt zur Abgabe eines Protons aus der Zelle in das umgebende Medium. Bei der Regeneration von P_{560} aus P_{412} nimmt das Pigment wieder ein Proton aus dem Zellinnenraum auf (lichtgetriebene Protonenpumpe). Der auf diese Weise aufgebaute elektrochemische Gradient (Membranpotential ΔE_M plus Konzentrationspotential der Protonen ΔpH) wird beim Rückstrom der Protonen mit Hilfe einer »ATPase« zur ATP-Synthese ausgenützt. (Original Schopfer)

gelbgrünen Spektralbereich (P_{560}) zugunsten einer kürzerwelligen Bande (P_{412}) (Abb. 1.112; vgl. Abb. 5.177, S. 510). Im Dunkeln geht P_{412} wieder spontan in P_{560} über; das Bacteriorhodopsin kann also bei Belichtung einen photochemischen Zyklus durchlaufen. Bei jedem Umlauf des in die Purpurmembran eingebauten Bacteriorhodopsins wird ein Proton vom Zellinneren nach außen transportiert. Das Pigment besitzt also, ähnlich wie die Photosysteme der Thylakoidmembran (Abb. 1.111), die Funktion einer durch Licht angetriebenen, vektoriell arbeitenden Protonenpumpe, welche die Energie des Lichtes in einen Gradienten der Protonenkonzentration an der Zellmembran umsetzt. Dieser Prozeß hat eine hohe *elektrochemische Potentialdifferenz* zur Folge (S. 121 f.), welche durch eine ATP-Synthase zur Bildung von ATP aus ADP und Phosphat ausgenützt werden kann (Abb. 1.114). Während also das Rhodopsin in den Sehzellen eine Licht*sensorfunktion* ausübt, steht das Bacteriorhodopsin im Dienste der Licht*energiewandlung*.

In der cytoplasmatischen Membran der Halobakterien kann die Energie der Lichtquanten über die Vermittlung eines Protonentransportsystems in chemische Energie (Phosphorylierungspotential) umgewandelt werden. Dieser Mechanismus ist also eine Art »Photosynthese«. Daneben speist das elektrochemische Potential eine ganze Reihe weiterer energiebedürftiger Prozesse in der *Halobacterium*-Zelle, z. B. die aktive Aufnahme von K^+ (im Austausch gegen Na^+) und von Aminosäuren (Abb. 1.115). In Anwesenheit von Sauerstoff kann der Protonengradient auch durch oxidativen Abbau aufrechterhalten werden. Diese respiratorische Protonenpumpe, die man auch in der cytoplasmatischen Membran anderer aerober Bakterien kennt, ist im Prinzip gleich der in der inneren Mitochondrienmembran (S. 78).

Physikalische Trennung der Photosysteme I und II

Über die räumliche Anordnung der beiden Photosysteme und der intermediären Redoxkette in der Thylakoidmembran der Chloroplasten weiß man noch wenig. Immerhin ist es z. B. gelungen, die Membran mit Hilfe von Detergentien oder Ultraschall in zwei Partikelfraktionen zu zerlegen, die überwiegend die Eigenschaften von System I bzw. diejenige von System II aufweisen: Die kleineren »System-I-Partikel« enthalten relativ wenig Chlorophyll b und relativ viel P_{700}. Sie können keine Hill-Reaktion mit O_2-Entwicklung, jedoch eine $NADP^+$-Photoreduktion durchführen, wenn ein geeigneter

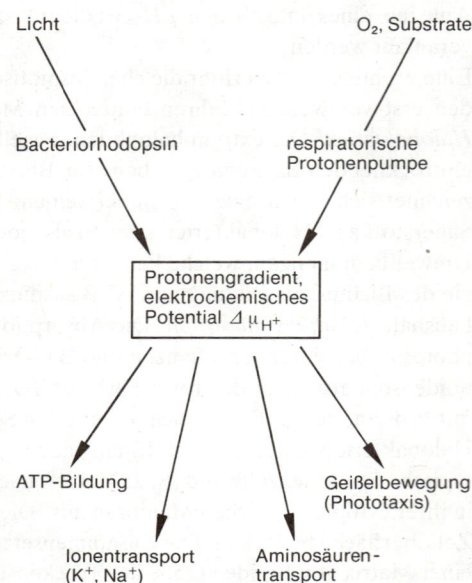

Abb. 1.115. Bioenergetische Umsetzungen in der *Halobacterium*-Zelle. (Nach Oesterhelt et al., verändert)

Elektronendonator für das P_{700} zugegen ist. Die größeren »System-II-Partikel« enthalten relativ viel Chlorophyll b und sehr wenig P_{700}. Sie zeigen gute Aktivität in der Hill-Reaktion, benötigen jedoch einen künstlichen Elektronenakzeptor dazu. Carotinoide und Cytochrome sind in beiden Partikeln vertreten. Vereinigt man gereinigte »System-I-Partikel« mit gereinigten »System-II-Partikeln« und fügt außerdem Plastochinon, Plastocyanin, Ferredoxin, Ferredoxin-NADP$^+$-Oxidoreduktase und NADP$^+$ zu, so kann man im Licht einen kompletten Elektronenfluß von H_2O zum NADP$^+$ messen, dessen Intensität allerdings im Vergleich zu dem in intakten Membranen bescheiden ist. Diese Daten deuten darauf hin, daß die beiden Photosysteme tatsächlich als abgrenzbare molekulare Komplexe in der Thylakoidmembran verankert sind.

Dunkelreaktion der Photosynthese

Die photosynthetische »Lichtreaktion« kann unter Vernachlässigung der zyklischen Photophosphorylierung durch die Gleichung (1.86) zusammengefaßt werden. In der nun folgenden »Dunkelreaktion«, welche wiederum einen großen Komplex einzelner Reaktionen umfaßt, werden die energiereichen Produkte der »Lichtreaktion« (NADPH, ATP) dazu verwendet, anorganische Moleküle zu fixieren und daraus stärker reduzierte, d. h. wasserstoffreichere (sauerstoffärmere) Kohlenstoffmoleküle aufzubauen.

Fixierung und Reduktion von Kohlenstoff. Für die Überführung von CO_2 in den Reduktionszustand der Kohlenhydrate gilt Gleichung (1.87). Dies ist die Summenformel des *reduktiven Pentosephosphatzyklus* (nach seinem hauptsächlichen Entdecker auch *Calvin-Zyklus* genannt). Es handelt sich nicht um einen einfachen Kreislauf, sondern um ein kompliziertes Netzwerk gekoppelter enzymatischer Reaktionen (Abb. 1.117). Alle Enzyme des Zyklus konnten in der Matrix der Chloroplasten nachgewiesen werden.

Die Aufstellung des Calvin-Zyklus gelang durch den Einsatz von radioaktivem $^{14}CO_2$ in Kurzzeitmarkierungsexperimenten, bei denen die Kinetik des Einbaues von ^{14}C in organische Moleküle bei belichteten Suspensionen von Grünalgen gemessen wurde. Auf diese Weise konnte der metabolische Weg des CO_2 in der Zelle verfolgt werden. Läßt man z. B. $^{14}CO_2$ für 30 s einwirken und bestimmt dann die radioaktiven Substanzen in den Zellen, so stellt man fest, daß das ^{14}C bereits in eine große Zahl von Metaboliten (vorwiegend in Zuckerphosphate) eingebaut wurde. Wird die Inkubationszeit auf 1 s reduziert, so findet man dagegen 70–80% des aufgenommenen $^{14}CO_2$ in der Carboxylgruppe von 3-Ⓟ-Glycerat (Abb. 1.118).

(1.86)

$$2\,NADP^+ + 2-4\,ADP + 2-4\,P_i + 2\,H_2O$$
$$\rightarrow 2\,NADPH + 2\,H^+ + 2-4\,ATP + O_2\uparrow$$

(1.87)

$$CO_2 + 2\,NADPH + 2\,H^+ + 3\,ATP \rightarrow$$
$$(CH_2O) + H_2O + 2\,NADP^+ + 3\,ADP + 3\,P_i;$$
$$\Delta G_0' = -57\,kJ\cdot(mol\,CO_2)^{-1}$$

Abb. 1.116a, b. Zwei Experimente zum Mechanismus der photosynthetischen CO_2-Fixierung. Objekt: Scenedesmus obliquus. (a) Schaltet man nach längerer Belichtung (wenn sich im Calvin-Zyklus ein Fließgleichgewicht eingestellt hat) das Licht ab, so kann man einen sprunghaften Anstieg der Konzentration an Ⓟ-Glycerat und einen korrespondierenden Abfall des Ribulose-1,5-bis-Ⓟ messen. (b) Wird bei einer im Fließgleichgewicht photosynthetisierenden Algenkultur die CO_2-Konzentration schlagartig abgesenkt, so beobachtet man einen Anstieg des Ribulose-1,5-bis-Ⓟ und einen Abfall des Ⓟ-Glycerats. (Nach Calvin u. Bassham)

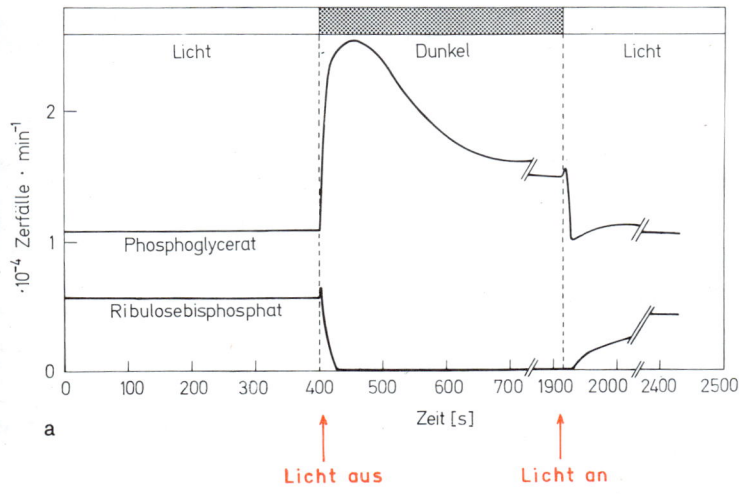
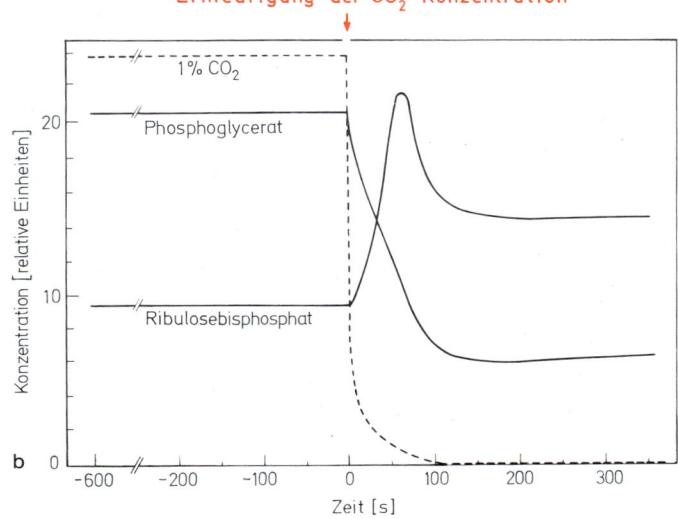

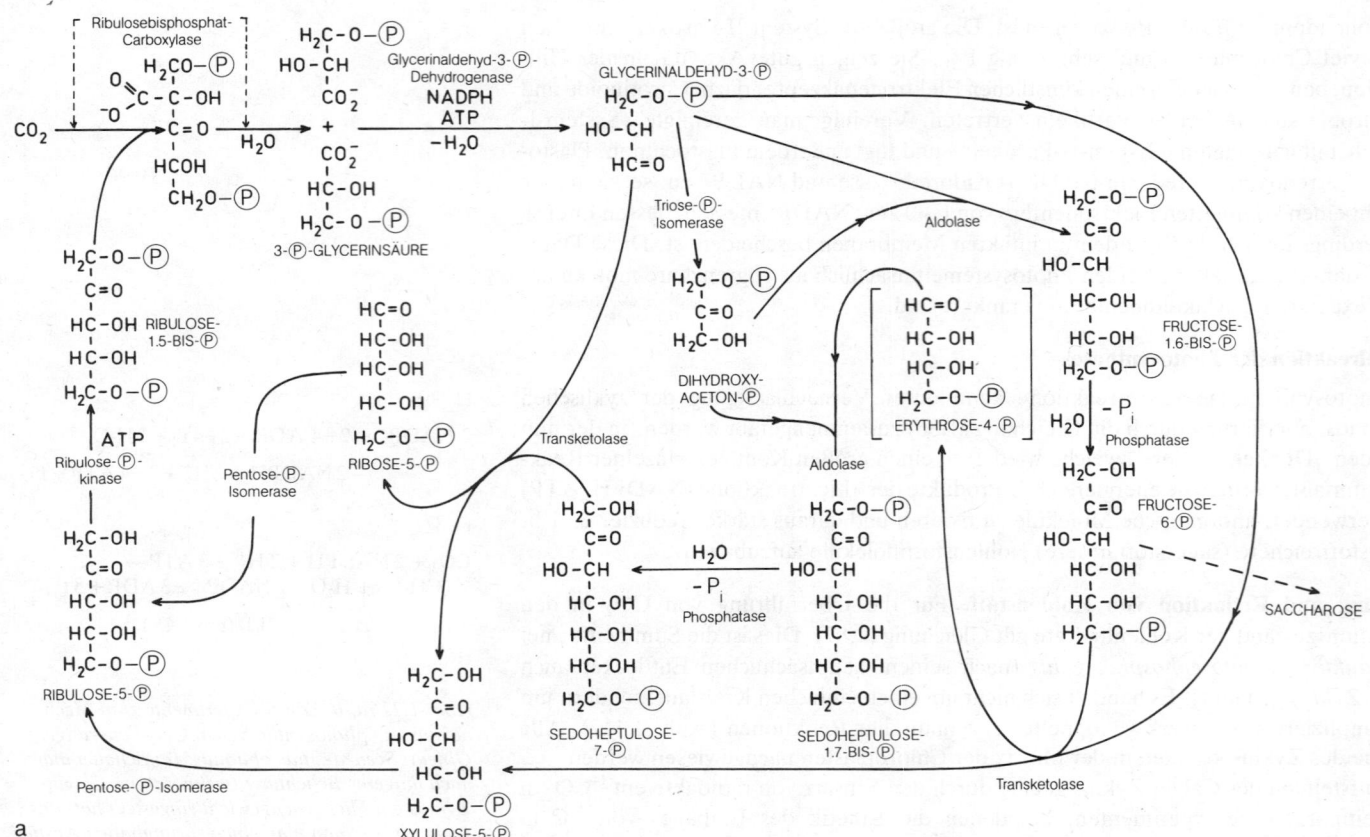

In der Tat ist 3-Ⓟ-Glycerat das erste analytisch faßbare Fixierungsprodukt des CO_2. Wie in Abbildung 1.117 dargestellt, wird das aufgenommene CO_2 in einer lichtunabhängigen enzymatischen Reaktion an Ribulose-1,5-bis-Ⓟ gebunden, welches anschließend in zwei Moleküle 3-Ⓟ-Glycerat zerfällt. Dagegen sind die Synthese von Ribulose-1,5-bis-Ⓟ und die Weiterverarbeitung des 3-Ⓟ-Glycerats lichtabhängige Reaktionen (Abb. 1.116a). Wie die in Abbildung 1.116 dargestellten Experimente zeigen, ist Ribulose-1,5-bis-Ⓟ der Akzeptor für CO_2, während 3-Ⓟ-Glycerat ein Produkt der CO_2-fixierenden Reaktion ist. Das aus dem Zyklus austretende Hexose-Ⓟ wird im Chloroplasten zur Synthese von *Stärke*, der *Hauptspeicherform für Kohlenhydrate*, verwendet. Die Kohlenhydrate verlassen den Chloroplasten in Form von *Triosephosphaten*. Vermittels eines *Phosphat-Translokators* (Carrier-System für Phosphate) können 3-Ⓟ-Glycerat, Triosephosphate und andere Phosphate – auch ATP und Orthophosphat – leicht ins Cytoplasma gelangen. Aus diesen wird im Cytoplasma Saccharose gebildet, die wichtigste Transportform der Kohlenhydrate in den Siebröhren (Phloemtransport, S. 618). Die Chloroplastenhülle ist auch noch für eine Reihe anderer Intermediärprodukte der Photosynthese permeabel, z.B. können Chloroplasten relativ große Mengen an Glykolsäure ausscheiden. Der Ursprung des Glykolats in den Chloroplasten ist erst vor kurzem aufgeklärt worden: Es entsteht durch Oxygenierung von Ribulose-1,5-bis-Ⓟ, der eine Spaltung des Moleküls in Ⓟ-Glykolat und 3-Ⓟ-Glycerat folgt. Diese Reaktion wird von der Ribulose-1,5-bis-Ⓟ-Carboxylase katalysiert und ist daher streng mit der photosynthetischen CO_2-Fixierung (Abb. 1.117) gekoppelt.

In Anwesenheit von O_2 ist die photosynthetische CO_2-Fixierung wegen der Doppelfunktion der Ribulose-1,5-bis-Ⓟ-Carboxylase stets mit der Produktion erheblicher Mengen an

Abb. 1.117. (a) Reaktionsmodell des Calvin-Zyklus. Dieses komplizierte System gekoppelter Reaktionen kann in zwei Teile gegliedert werden:
1. Der reduktive »Kern« des Zyklus:

$$CO_2 + \text{Ribulose-1,5-bis-}Ⓟ \xrightarrow[2\ ATP]{2\ NADPH} 2\ \text{Glycerinaldehyd-}Ⓟ\ (=\text{Triose-}Ⓟ);\ \text{vgl. (b)}.$$

2. Umbaureaktionen der Zuckerphosphate, welche bei sechs Umläufen zu einem Nettogewinn von 1 Hexose-Ⓟ und zur Regeneration von 6 Ribulose-1,5-bis-Ⓟ-Molekülen führen. Die Umbaureaktionen erfolgen durch Kondensation (Aldolase), Kettenverlängerung (Transketolase), Entfernung von Ⓟ-Gruppen (Phosphatase) und intramolekulare Umordnung (Isomerase, Epimerase). Neben den eingetragenen Intermediärprodukten gibt es noch eine Reihe weiterer photosynthetisch gebildeter Moleküle, z.B. Aminosäuren.

(1.88)
$$NO_3^- + 10\ H^+ + 8\ e^- \rightarrow NH_4^+ + 3\ H_2O$$

(1.89)
$$NO_3^- + 2\ H^+ + 4\ H_2O \rightarrow NH_4^+ + 3\ H_2O + 1{,}5\ O_2 \uparrow;$$

$$\Delta G_0' = +350\ kJ \cdot (\text{mol } NO_3^-)^{-1}$$

1.4.4.13 Energiegewinnung durch Photosynthese 127

Abb. 1.117. (b) Der Kern des Calvin-Zyklus: CO_2 wird durch das Enzym Ru-bis-Ⓟ-Carboxylase an Ribulose-1,5-bis-Ⓟ fixiert. Das instabile Produkt (β-Keto-säure) zerfällt in 2 Moleküle 3-Ⓟ-Glycerat, welches mit NADPH unter Mitwirkung von ATP durch die Glycerinaldehyd-3-Ⓟ-Dehydrogenase zum Kohlenhydrat (Glycerinaldehyd-3-Ⓟ, Triose-Ⓟ) reduziert wird. Ein weiteres ATP wird zur Regeneration des Akzeptormoleküls für CO_2, Ribulose-1,5-bis-Ⓟ, aus Ribulose-5-Ⓟ gebraucht. Für die Reduktion von 1 mol CO_2 werden also 2 mol NADPH und 3 mol ATP verbraucht. – Die CO_2-Fixierung ist stark exergon:

CO_2 + Ribulose-1,5-bis-Ⓟ$^{4-}$ + H_2O →
  2 3-Ⓟ-Glycerat^{3-} + 2 H^+;
$\Delta G_0' = -35$ kJ · (mol CO_2)$^{-1}$.

Dagegen ist die Reduktion des Ⓟ-Glycerats unter Standardbedingungen endergon:

3-Ⓟ-Glycerat^{3-} + ATP^{4-} + NADPH + H^+ →
  Glycerinaldehyd-3-Ⓟ$^{2-}$ + ADP^{3-}
    + NADP$^+$ + PO$_4^{2-}$;
$\Delta G_0' = +18$ kJ · (mol Ⓟ-Glycerat)$^{-1}$.

Im Fließgleichgewicht sind die Konzentrationen der Reaktanten jedoch so verschoben, daß ΔG auch für diesen Prozeß negativ wird. Messungen an Chlorella-Zellen ergaben:

$\Delta G = -6{,}7$ kJ · (mol Ⓟ-Glycerat)$^{-1}$

für [NADP$^+$] = [NADPH]. (a nach Bassham u. Calvin, b aus Karlson)

Glykolat verbunden, für welches die Zelle keinen unmittelbaren Bedarf hat. Während Grünalgen dieses Glykolat entweder in das Medium ausscheiden oder über die Atmungskette oxidieren, verfügen die Höheren Pflanzen über einen besonderen Abbauweg, auf dem Glykolat unter O_2-Verbrauch partiell zu CO_2 dissimiliert wird (Abb. 1.119). Daneben entsteht die Aminosäure Serin, welche über Glycerat auch wieder in Kohlenhydrate überführt werden kann. Die ersten Schritte dieser Reaktionsfolge finden in den *Peroxisomen*, einem speziellen Microbody-Typ (S. 140), statt. Diese sind in grünen Blattzellen dicht an die Chloroplasten angelagert. Die mit einem respiratorischen Gaswechsel verbundene Metabolisierung von Glykolat muß als dissimilatorischer Kurzschlußweg aufgefaßt werden, über den beständig ein Teil des frisch synthetisierten Photosyntheseprodukts wieder zu CO_2 abgebaut wird. Diese *Photorespiration (Lichtatmung)* führt bei den meisten Pflanzen zu einer beträchtlichen Verminderung des Wirkungsgrades der Photosynthese. Die Bedeutung dieses Weges muß wahrscheinlich in der Entgiftungsfunktion für das im Calvin-Zyklus zwangsläufig anfallende Glykolat gesehen werden; außerdem ist so eine Synthese von Serin möglich. Nach neueren Befunden ist die Oxidation des Glycins in den Mitochondrien mit einer Lieferung von Reduktionsäquivalenten an die Atmungskette und damit auch mit einer bescheidenen ATP-Bildung verbunden.

Reduktion und Fixierung von Stickstoff. Den Höheren Pflanzen steht unter natürlichen Bedingungen der Stickstoff nur als NO_3^-, also in seiner *maximal oxidierten Form*, zur Verfügung. N_2 kann nicht direkt, sondern nur mit Hilfe symbiontischer Bakterien von manchen Pflanzen nutzbar gemacht werden (S. 97, 805). Da im Stoffwechsel nur das Ammoniumion, also *maximal reduzierter* Stickstoff, Verwendung findet, muß in der pflanzlichen Zelle eine stark endergone Reaktion nach Gleichung (1.88) ablaufen. Setzt man Wasser als H-Donator ein, so ergibt sich Gleichung (1.89). Die *Nitratreduktion* ist ebenso wie die *Sulfatreduktion* eine spezifisch *pflanzliche* Leistung. Da die Energie für die Durchführung der Nitratreduktion zum größten Teil direkt von der photosynthetischen Lichtreaktion geliefert werden kann, können wir diesen Prozeß – jedenfalls zum größten Teil – ebenfalls als *photosynthetische Dunkelreaktion* auffassen. Im Gegensatz zum Kohlenstoff wird der Stickstoff allerdings zuerst reduziert und erst danach in organische Moleküle eingebaut.

Die Nitratreduktion kann man in zwei Schritte zerlegen:
1. Die Reduktion von Nitrat zu Nitrit durch die *Nitratreduktase* (Gl. 1.90). Der molybdänhaltige Enzymkomplex verwendet NADH oder NADPH als Elektronendonator; Flavin (FAD/FADH$_2$) ist als weiterer Cofaktor nötig. Das Enzym ist im extraplastidären Zellplasma lokalisiert. Es ist daher klar, daß diese Reaktion nicht in unmittelbarem Zusammenhang mit der photosynthetischen Lichtreaktion steht. Vermutlich stammt das erforderliche NADPH aus dem oxidativen Pentosephosphatzyklus (S. 92).

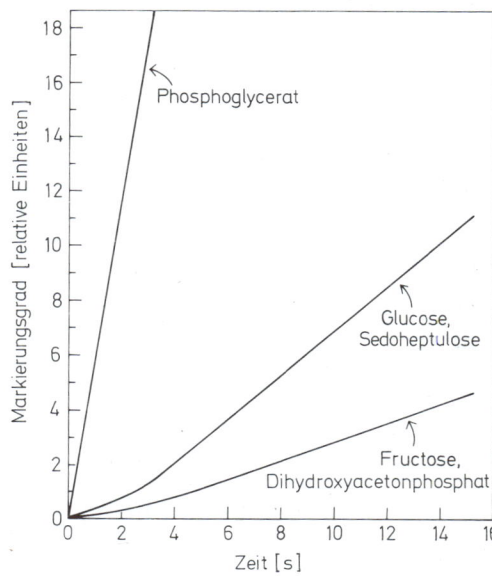

Abb. 1.118. Kinetik des Einbaus von ^{14}C aus $^{14}CO_2$ in Intermediärprodukte des Calvin-Zyklus bei stationärer Photosynthese. Objekt: *Scenedesmus obliquus*. (Nach Calvin u. Bassham)

2. Die Reduktion von Nitrit zum Ammoniumion durch die *Nitritreduktase,* (Gl. 1.91). Diese Reaktion kann direkt von der photosynthetischen Lichtreaktion getrieben werden. Das Enzym Nitritreduktase ist in den Chloroplasten lokalisiert. Bei der photosynthetischen Nitritreduktion werden 1 mol NH_4^+, 1,5 mol O_2 und 3 mol ATP pro 1 mol reduziertes NO_2^- gebildet. Dies steht in Übereinstimmung mit der Stöchiometrie des *nichtzyklischen Elektronentransports,* (Gl. 1.86). Als direkter *Elektronendonator* dient das *Ferredoxin* (Abb. 1.120). Hier liegt also eine weitere, am Ferredoxin um die Elektronen konkurrierende Reaktion vor. Über welchen Mechanismus die Nitritreduktase sechs Elektronen stufenweise vom Ferredoxin auf den Stickstoff überträgt, ist noch nicht bekannt, da man noch keine Intermediärprodukte fassen konnte.

Das photosynthetisch gebildete NH_4^+ wird nicht akkumuliert (NH_4^+ ist ein starkes Zellgift!), sondern sofort bei der *Synthese von Aminosäuren* verbraucht.

Heterotrophe Pflanzenorgane, z.B. die Wurzeln, können die *Nitratreduktion auch ohne Photosynthese* durchführen. Dasselbe gilt wahrscheinlich auch für die grünen Blätter während der Nacht. In diesen Fällen liefert der dissimilatorische Elektronentransport in der Atmungskette die Reduktionsäquivalente für den Schritt 2 (Nitritreduktion). Aber auch in der Wurzel ist die Nitritreduktase auf das Plastidenkompartiment (Proplastiden) beschränkt. In der Regel wird bei Höheren Pflanzen der größte Teil des Aminostickstoffs photosynthetisch reduziert. Die Intensität der photosynthetischen Ammoniakbildung ist vom Entwicklungszustand der Zellen abhängig. Sie ist z.B. in jungen, wachsenden Blättern besonders hoch, während ältere, ausgewachsene Blätter fast nur noch die photosynthetische CO_2-Reduktion durchführen.

Auch die Sulfatreduktion ($SO_4^{2-} \rightarrow S^{2-}$) wird in den Chloroplasten unter Mitwirkung von Ferredoxin durchgeführt. Als Zwischenprodukt tritt Phosphoadenosinphosphosulfat (PAPS; »aktives Sulfat«) auf; als Produkt entsteht Cystein.

Die Fixierung von Luftstickstoff, ebenfalls ein stark endergoner Prozeß, ist bei phototrophen Bakterien und Blaualgen energetisch an die »Lichtreaktion« der Photosynthese geknüpft. Die N_2-Fixierung durch prokaryotische Mikroorganismen wurde auf S. 97f. behandelt.

(1.90) $NO_3^- + 2H^+ + 2e^- \rightarrow NO_2^- + H_2O$

(1.91) $NO_2^- + 8H^+ + 6e^- \rightarrow NH_4^+ + 2H_2O$

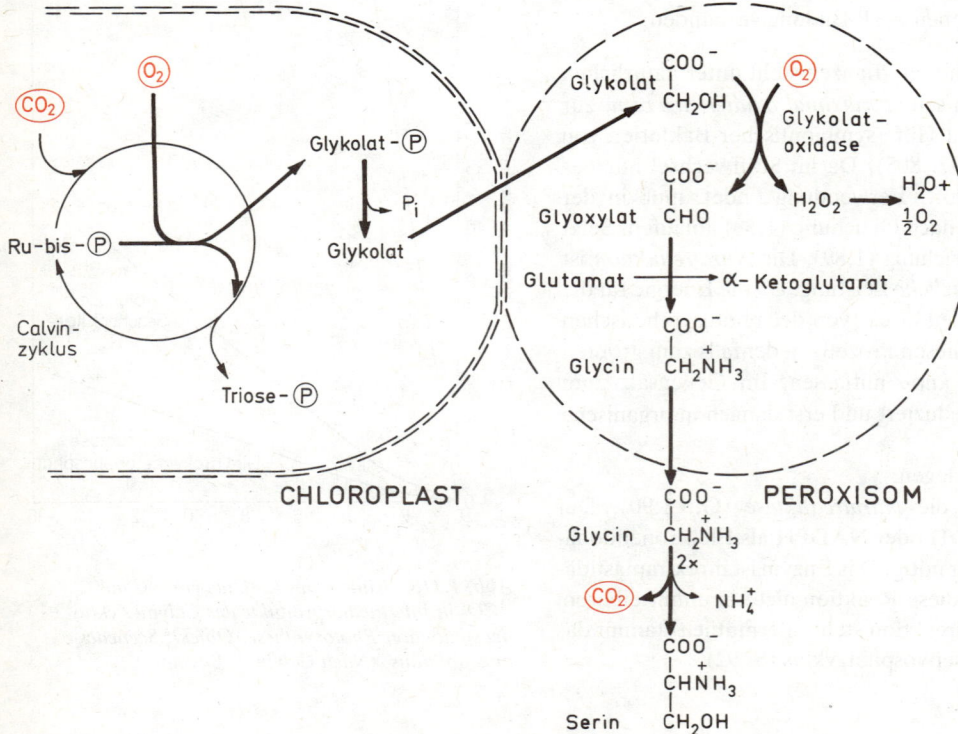

Abb. 1.119. Photosynthese von Glykolat und seine Oxidation in den Blattperoxisomen. Das aus dem Ribulose-1,5-bis-Ⓟ gebildete Glykolat wird von den Chloroplasten in die Peroxisomen transportiert, wo es durch die Glykolatoxidase mit O_2 zu Glyoxylat oxidiert wird. Das dabei gebildete H_2O_2 wird durch Katalase gespalten. Glyoxylat kann in den Peroxisomen durch eine Glutamat: Glyoxylat-Aminotransferase in die Aminosäure Glycin umgewandelt werden. Die Umsetzung von zwei Glycin zu Serin plus CO_2 erfolgt in den Mitochondrien. Aus dem Serin können u. a. auch wieder Kohlenhydrate gebildet werden. – In dem Modell sind nur diejenigen Reaktionen eingezeichnet, die für O_2-Aufnahme und CO_2-Abgabe wesentlich sind. Außerdem gibt es in den Peroxisomen u. a. auch noch Glyoxylatreduktase und Malatdehydrogenase. Den Gaswechsel (O_2-Aufnahme, CO_2-Abgabe), der mit der photosynthetischen Glykolatbildung und -oxidation verbunden ist, bezeichnet man als Lichtatmung oder Photorespiration. (Original Schopfer)

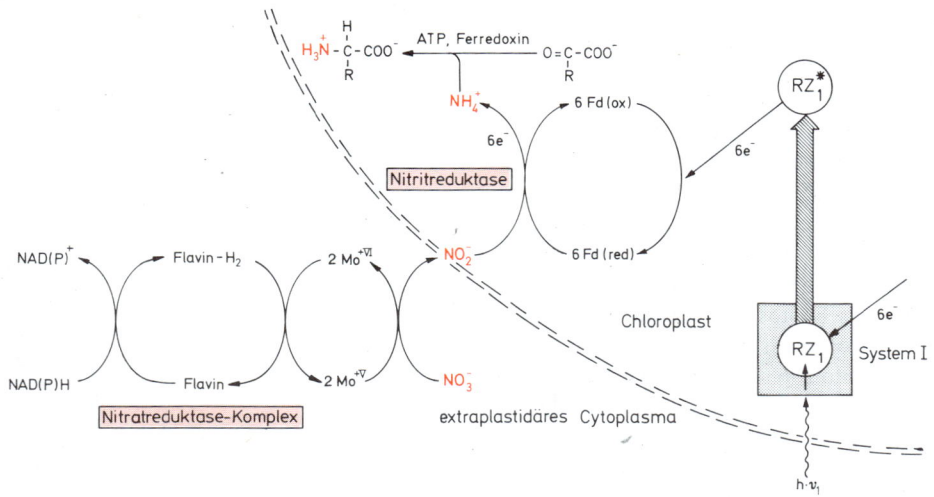

Abb. 1.120. *Mechanismus der photosynthetischen Nitratreduktion. NO_3^- wird außerhalb der Chloroplasten zu NO_2^- reduziert. NO_2^- wird im Chloroplasten mit photosynthetisch reduziertem Ferredoxin (Fd) zu NH_4^+ reduziert, welches in einer ATP-abhängigen Reaktion an Glutamat gebunden wird. Das entstehende Glutamin kann eine Aminogruppe in einer Ferredoxin-abhängigen Reaktion auf α-Ketoglutarat übertragen. Auch die Fixierungsreaktionen für NH_4^+ hängen also energetisch von der photosynthetischen Lichtreaktion ab. (Original Schopfer)*

Bakterielle Photosynthese

Bei den Bakterien sind mehrere Gruppen photosynthetisch aktiver Organismen bekannt (Tab. 1.29, S. 115). Außer den Halobakterien enthalten alle *Bacteriochlorophyll* (fünf Varianten) und eine Anzahl von Carotinoiden als photosynthetisch wirksame Pigmente. Die Bacteriochlorophylle (Formel S. 114; Abb. 1.95c) können jeweils in mehreren Proteinkomplexen vorliegen, deren Absorptionsbanden etwas gegeneinander verschoben sind. Der Komplex mit der längstwelligen Infrarotbande (»P_{870}« oder »P_{890}« bei den Purpurbakterien) dient als *Reaktionszentrum eines Kollektivs von ca. 50 Antennenpigmenten* (Bacteriochlorophylle, Carotinoide). Dieses Reaktionszentrum funktioniert als eine durch Lichtquanten anregbare Oxidoreduktase, ganz ähnlich wie das P_{700} (vgl. Abb. 1.100). Die Pigmentkollektive sind an thylakoidähnliche Membranen gebunden, die aus der Plasmamembran der Bakterien durch Einfaltung nach innen hervorgehen. Diese Membranen beherbergen neben den Enzymen des photosynthetischen auch Enzyme des dissimilatorischen Elektronentransports; *sie haben also Funktionen, die in den eukaryotischen Zellen auf Chloroplasten und Mitochondrien verteilt sind.*

Die bakterielle Photosynthese *unterscheidet sich grundlegend* von der Photosynthese der Eukaryoten (und Cyanobakterien): Sie läuft nur unter strikt anaeroben Bedingungen und ohne O_2-Bildung ab. Die Bakterien besitzen nur ein Photosystem, das funktionell dem System I der Eukaryoten entspricht (vgl. Abb. 1.108). Ein Emerson-Effekt tritt daher nicht auf. Im Photosyntheseapparat der Bakterien läuft ein zyklischer Elektronentransport ab, an dem neben noch unbekannten Redoxsystemen Ubichinon und Cytochrom c_2 als Elektronenüberträger beteiligt sind. Das erste faßbare Produkt der Lichtreaktion ist in diesem Falle nicht das reduzierte Ferredoxin, sondern das reduzierte Ubichinon. Wie bei den Pflanzen ermöglicht auch in den phototrophen Bakterien der zyklische Elektronentransport eine intensive Photophosphorylierung, wobei allerdings nicht völlig geklärt ist, ob eine oder zwei Phosphorylierungsstellen vorhanden sind.

Wie bereits erwähnt, verfügen die phototrophen Bakterien über kein dem System II der Pflanzen vergleichbares Photosystem. Als Folge können sie nur Elektronendonatoren für die CO_2-Reduktion nutzen, deren Redoxpotential deutlich negativer ist als das von Wasser/Sauerstoff. Als Elektronendonatoren eignen sich z. B. die Redoxsysteme HS^-/S^0 ($E_0' = -0,27$ V), $2 S_2O_3^{2-}/S_4O_6^{2-}$ ($E_0' = +0,09$ V), $H_2/2H^+$ ($E_0' = -0,42$ V), Succinat/Fumarat ($E_0' = +0,03$ V) sowie andere organische Säuren und Alkohole. Die Reduktion von NAD^+ mit Hilfe dieser Elektronendonatoren erfolgt in den meisten Fällen nicht durch nichtzyklischen Elektronentransport, sondern durch ATP-getriebenen »rückläufigen Elektronentransport« in einer Dunkelreaktion (entspricht im Prinzip einer Umkehrung der Atmungskette; S. 78f.). Ein solcher Mechanismus wird auch von den meisten chemolithotrophen Bakterien (s. unten) benutzt, um NAD$^+$ mit Hilfe von Elektronendonatoren mit stärker positivem Redoxpotential zu reduzieren.

Die Fixierung und Reduktion von CO_2 erfolgt auch bei den phototrophen Bakterien vorwiegend durch den Calvin-Zyklus. Photosynthetisches ATP ist außerdem für eine Reihe endergoner Stoffwechselreaktionen wichtig, z. B. für die Reduktion von molekularem Stickstoff zu NH_4^+ (photosynthetische N_2-Fixierung, S. 97f.).

Dieses bakterielle Photosystem repräsentiert wahrscheinlich einen *phylogenetisch uralten Typ der Photosynthese,* der nur unter anaeroben Umweltbedingungen und bei Anwesenheit von halbwegs reduzierten Elektronendonatoren funktioniert. Theoretisch bedeutsam ist der Befund, daß die O_2-Entwicklung (und damit das Photosystem II) kein absolut notwendiger Bestandteil der Photosynthese, sondern ein offenbar später in der Evolution erworbener Zusatzmechanismus ist, der es den photoautotrophen Organismen erlaubt hat, das universell zur Verfügung stehende H_2O als Elektronendonator zu verwerten. Die allgemeinste Photosynthesegleichung für die Kohlenhydratbildung ist in Gleichung (1.92) gegeben. In dieser Formel steht A für Schwefel, organische Säuren u. a. (phototrophe Bakterien) oder für Sauerstoff (Cyanobakterien und alle eukaryotischen grünen Pflanzen).

(1.92)
$$CO_2 + 2\,H_2A \xrightarrow{h\cdot\nu} (CH_2O) + H_2O + 2\,A$$

1.4.4.14 Chemolithotrophie

Neben der Photosynthese gibt es einen weiteren Prozeß der Gewinnung von Energie für den Organismus, der ohne Verbrauch organischer Nährstoffe abläuft: die Chemolithotrophie. Diese ist charakteristisch für eine Reihe von Bakterien, welche anorganische Verbindungen mit Sauerstoff oder Nitrat oxidieren und diese Oxidation mit der Synthese von ATP durch Elektronentransportphosphorylierung koppeln. So führen die Wasserstoff oxidierenden Bakterien (u. a. *Alcaligenes eutrophus* und *Paracoccus denitrificans*) eine gesteuerte Knallgasreaktion durch und nutzen einen Teil der dabei frei werdenden Energie zur ATP-Synthese (Gl. 1.93a). Die Schwefel oxidierenden Bakterien (z. B. die Thiobacilli) oxidieren Schwefelwasserstoff (Gl. 1.93b) oder elementaren Schwefel zu Sulfat. Die Stickstoffoxidierer wandeln Ammoniak in Nitrat um; an dieser Oxidation sind immer zwei Bakterienarten beteiligt: Die erste, beispielsweise *Nitrosomonas europaea,* oxidiert Ammoniak bis zum Nitrit und die zweite, z. B. *Nitrobacter winogradskyi,* bewirkt die Bildung von Nitrat aus Nitrit (Gl. 1.93c, d).

Die mit der Umsetzung anorganischer Verbindungen gekoppelte ATP-Synthese aus ADP und P_i ermöglicht den chemolithotrophen Bakterien eine kohlenstoffautotrophe Lebensweise, d. h. diese Organismen decken ihren Bedarf an Kohlenstoffverbindungen durch CO_2-Fixierung. Hierzu benutzen sie wie die grünen Pflanzen und die photoautotrophen Bakterien den Calvin-Zyklus.

(1.93)

(a) $H_2 + \tfrac{1}{2} O_2 \to H_2O$
$$\Delta G_0' = 237{,}2 \text{ kJ} \cdot (\text{mol } H_2)^{-1}$$

(b) $S^{2-} + 2\,O_2 \to SO_4^{2-}$
$$\Delta G_0' = -794{,}5 \text{ kJ} \cdot (\text{mol } S^{2-})^{-1}$$

(c) $NH_4^+ - 1\tfrac{1}{2} O_2 \to NO_2^- + 2\,H^+ + H_2O$
$$\Delta G_0' = -270{,}7 \text{ kJ} \cdot (\text{mol } NH_4^+)^{-1}$$

(d) $NO_2^- + \tfrac{1}{2} O_2 \to NO_3^-$
$$\Delta G_0' = -77{,}4 \text{ kJ} \cdot (\text{mol } NO_2^-)^{-1}$$

Für die Reduktion von CO_2 zu organischen Verbindungen werden NADH und NADPH benötigt. Den Wasserstoff oxidierenden Bakterien macht die Bereitstellung dieser Coenzyme in reduzierter Form keine Schwierigkeiten, da das Redoxpotential von $H_2/2H^+$ ($E_0' = -0{,}42$ V) niedrig genug ist, um NAD$^+$ ($E_0' = -0{,}32$ V) zu reduzieren. Das ist anders bei den Schwefel und Stickstoff oxidierenden Bakterien: Beispielsweise ist das Redoxpotential von NO_2^-/NO_3^- ($E_0' = +0{,}35$ V) so hoch, daß es unmöglich ist, mit Nitrit NAD$^+$ zu reduzieren. Deshalb gewinnen *Nitrobacter* und die übrigen Stickstoff und Schwefel oxidierenden Bakterien NADH und NADPH durch rückläufigen Elektronentransport: Ein Teil des synthetisierten ATP wird dazu benutzt, die Elektronen vom Redoxniveau des Elektronendonators zurück auf das Redoxniveau des NAD(P)$^+$/NAD(P)H zu drücken. Auch die Methan bildenden Bakterien gehören – streng genommen – zu den chemolithotrophen Organismen. Sie gewinnen Energie durch Reduktion von CO_2 zu Methan mit Hilfe von molekularem Wasserstoff (Gl. 1.94). Die Methan bildenden Bakterien besitzen jedoch keinen Calvin-Zyklus und benutzen bisher noch unbekannte Reaktionen, um CO_2 zu fixieren.

(1.94)
$$HCO_3^- + 4\,H_2 + H^+ \to CH_4 + 3\,H_2O$$
$$\Delta G_0' = -135{,}6 \text{ kJ} \cdot (\text{mol } HCO_3^-)^{-1}$$

1.5 Bioelektrizität

Im Cytoplasma aller tierischen und pflanzlichen Zellen sowie in dem sie umgebenden Außenmedium (Extrazellularflüssigkeit) befinden sich organische und anorganische, elektrisch geladene Teilchen (Ionen). Die Membranen, die das Zellinnere vom Außenmedium abgrenzen, stellen keine undurchlässigen Barrieren dar. Sie sind sehr gut durchlässig (permeabel) für Wasser, jedoch unterschiedlich permeabel für verschiedene Ionen. An ihnen finden vielfältige passive Austauschvorgänge (Diffusion) sowie aktive Aufnahme- und Abgabeprozesse statt. Dies führt zu unterschiedlichen Ionenkonzentrationen zwischen innen und außen und – da es sich um geladene Teilchen handelt – zur Ausbildung elektrischer Potentialdifferenzen über den Zellmembranen.

Abbildung 1.121 verdeutlicht die Situation. Zwei wassergefüllte Kompartimente I und II sind durch eine Membran voneinander getrennt und von einer starren Wand umgeben, die Volumenänderungen als Folge von Wasserflüssen verhindert. Bringt man in beide Kompartimente ein Salz wie KCl in unterschiedlichen Konzentrationen (a), so stellt sich nach einiger Zeit ein Gleichgewicht ein, bei dem K^+ und Cl^- in beiden Kompartimenten in gleicher Konzentration vorhanden und die Gesamtkonzentrationen in I und II gleich sind, wenn die Trennmembran für beide Ionen permeabel ist (b). Bringt man in ein Kompartiment zusätzlich eine Substanz KA, bei der das Anion A^- (z.B. negativ geladenes Protein) wegen seiner Größe die Membran nicht passieren kann (c), so wird dadurch die Verteilung der permeablen Ionen beeinflußt. Da in beiden Kompartimenten Elektroneutralität (Summe der Anionen gleich Summe der Kationen) herrschen muß, wird die Konzentration des permeablen Kations K^+ in Kompartiment II zunehmen, um die negativen Ladungen des impermeablen Anions A^- zu kompensieren. Entsprechend nimmt die Konzentration der Cl^--Ionen in Kompartiment II ab. Die Berechnung eines derartigen Systems ergibt, daß im Gleichgewicht in beiden Kompartimenten die Produkte der permeablen Ionen konstant sind (*Donnan-Gleichgewicht*, Gl. 1.95 a, b). Aus der Ungleichverteilung der Ionen resultiert ein elektrisches Potential über der Membran (*Donnan-Potential*).

Reine Donnan-Gleichgewichte existieren nur an wenigen Zellen. Die meisten Zellen sind nicht von starren Wänden umgeben, so daß bei Unterschieden in den Gesamtionenkonzentrationen durch Wasserflüsse osmotische Volumenänderungen eintreten, die ein Angleichen der Gesamtkonzentrationen im Zellinneren und im Extrazellularmedium zur Folge haben. Zudem sind Zellmembranen für eine Reihe von Ionen unterschiedlich permeabel und aktive Prozesse – wie die Natrium-Pumpe (S. 134) – verändern die rein passive Verteilung der Ionen, wie sie unter Donnan-Bedingungen auftritt.

1.5.1 Gleichgewichtspotential

Betrachten wir wiederum zwei flüssigkeitsgefüllte Kompartimente I und II (Abb. 1.122a), in denen KCl in gleichen Konzentrationen gelöst ist. Auch unter der Annahme, daß die Trennwand zwischen I und II nur für K^+ durchlässig ist, wird sich in diesem Fall keine Änderung der Ausgangssituation ergeben. Die Anzahl von K^+-Ionen, die von einem in das andere Kompartiment diffundieren, ist in der Bilanz in beiden Richtungen gleich. Es findet kein *Nettofluß* statt. Ein Meßinstrument zeigt keine Potentialdifferenz zwischen den beiden Kompartimenten an.

Gibt man in Kompartiment I eine zehnfach höhere Konzentration an KCl als in II (Abb. 1.122b), so wirkt über die Trennmembran ein Konzentrationsgradient für K^+ und Cl^- in Richtung auf Kompartiment II. Da wegen unserer Annahme nur K^+ die Trennmembran passieren kann, wird nur ein Fluß von K^+ einsetzen. Dabei wird durch jedes K^+, das aus Kompartiment I auswandert, diesem eine positive Ladung entzogen und Kompartiment II

(1.95 a) *Donnan-Gleichgewicht* (benannt nach dem englischen Chemiker F. G. Donnan):

$$\frac{[K^+]_I}{[K^+]_{II}} = \frac{[Cl^-]_{II}}{[Cl^-]_I}$$

(1.95 b)

$$[K^+]_I \cdot [Cl^-]_I = [K^+]_{II} \cdot [Cl^-]_{II}$$

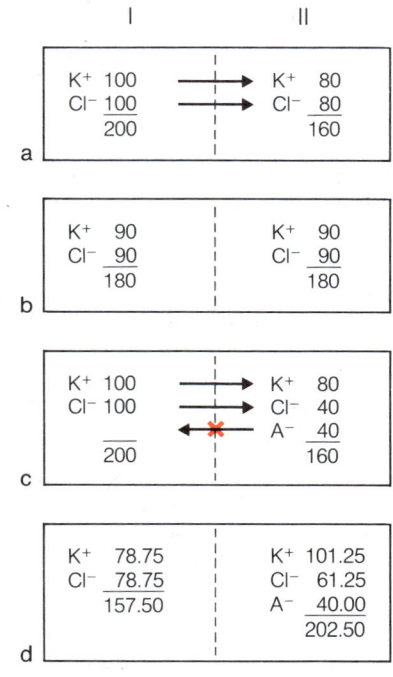

Abb. 1.121 a–d. Ausbildung eines Donnan-Gleichgewichts. Die Trennwand zwischen den beiden Kompartimenten I und II ist semipermeabel (durchlässig für das Lösungsmittel Wasser und die Ionen K^+ und Cl^-, undurchlässig für die großen negativen Proteinanionen A^-). Die Pfeile geben die Richtung der Konzentrationsgradienten an. (a) Willkürliche Ausgangssituation. (b) Ionenverteilung nach Einstellung des Gleichgewichts. (c) Wie (a), jedoch Austausch der Hälfte des einzubringenden KCl durch KA. (d) Gleichgewichtszustand (Donnan-Gleichgewicht). Die Summen geben jeweils die Gesamtzahl an Ladungen in einem Kompartiment an. Innerhalb jedes Kompartiments ist die Zahl der Kationen gleich der Zahl der Anionen (Elektroneutralität)

hinzugefügt. In Kompartiment I bleibt eine negative Ladung in Form des zugehörigen, aber nicht permeablen Anions zurück. Jeder Übertritt eines K^+-Ions bedeutet die Trennung von zwei Elementarladungen über der Membran und den Aufbau einer elektrischen Potentialdifferenz zwischen I und II. Bei Auswandern weiterer K^+-Ionen bleiben in I negative Ladungen zurück, die es den K^+-Ionen immer schwerer machen, dem Konzentrationsgradienten folgend aus I nach II zu diffundieren. Der entstehende elektrische Gradient wirkt dem Konzentrationsgradienten entgegen. Der elektrische Gradient verstärkt zudem die Tendenz für K^+, von II nach I zurückzuwandern. Ein Gleichgewicht, bei dem die Zahl der in beiden Richtungen durch die Membran hindurchtretenden K^+-Ionen gleich groß ist, d. h. kein Nettofluß stattfindet, wird sich einstellen, wenn der auf K^+ einwirkende Konzentrationsgradient (in Richtung von I nach II) und der elektrische Gradient (in umgekehrter Richtung) gerade gleich groß sind. Diese Gleichgewichtssituation ist bei einem bestimmten Potential über der Trennmembran, dem *Gleichgewichtspotential E* für das betreffende Ion (in unserem Fall das K^+-Gleichgewichtspotential E_K), gegeben.

E_K kann direkt gemessen werden (Abb. 1.122b). Bei einem zehnfachen Konzentrationsunterschied weist Kompartiment I eine Potentialdifferenz von -58 mV gegenüber Kompartiment II auf. E_K läßt sich auch berechnen, wenn man die chemische Kraft des Konzentrationsgradienten mit der elektrischen Kraft des Feldes gleichsetzt. Das Ergebnis ist in der *Nernst-Gleichung* zusammengefaßt (Gl. 1.96). Für K^+ ergibt sich für den Fall eines zehnfachen Konzentrationsunterschieds nach Einsetzen der Konstanten und Umwandlung des natürlichen in den dekadischen Logarithmus bei 20 °C (293 °K):

$$E_K = \frac{R \cdot T}{n \cdot F} \ln \frac{[K^+]_a}{[K^+]_i} = \frac{8{,}3 \cdot 293}{1 \cdot 96500} 2{,}3 \log \frac{1}{10} \text{ V} = -0{,}058 \text{ V} = -58 \text{ mV}.$$

Der Wert von E_K mit -58 mV besagt, daß bei diesem Potential über der Trennmembran (I negativer als II) die Verteilung von K^+ trotz unterschiedlicher Konzentrationen in I und II und guter Permeabilität der Membran im Gleichgewicht ist, d. h. die Zahl der aus I nach II bzw. umgekehrt diffundierenden K^+-Ionen ist gleich. Da das Gleichgewichtspotential durch passive Prozesse bestimmt ist, wird jede Veränderung der K^+-Konzentration zu einer Neueinstellung des Gleichgewichtspotentials bzw. jede Veränderung des Potentials über K^+-Flüsse zu einer Neuverteilung von K^+ führen.

Bei dem in Abbildung 1.122b dargestellten Experiment wurde vorausgesetzt, daß sich durch die Diffusion von K^+-Ionen von I nach II, wodurch E_K von -58 mV aufgebaut wird, nichts Wesentliches an den ursprünglichen Konzentrationen in I und II ändert. Die nebenstehende Modellrechnung zeigt, daß dies der Fall ist. Als Volumen für die beiden Kompartimente wurde je 1 cm³, als Fläche für die Trennmembran 1 cm² angenommen. Man kann das System als elektrischen Kondensator betrachten, wobei die Trennmembran mit dem Dielektrikum zwischen den Kondensatorplatten vergleichbar ist. Die Anzahl der Ionen läßt sich errechnen, die infolge der Ladungstrennung an der Trennmembran eine Spannungsdifferenz von 58 mV aufbauen (s. Modellrechnung). Das Ergebnis belegt, daß die Zahl der in Kompartiment II diffundierenden K^+-Ionen etwa 1 Millionstel der dort bereits vorhandenen K^+-Ionen ausmacht. Man kann deshalb verallgemeinernd feststellen, daß die Ladungstrennung über der Membran die Ausbildung eines Gleichgewichtspotentials ermöglicht, ohne entscheidende Auswirkungen auf die Konzentrationsverhältnisse in den Kompartimenten zu haben.

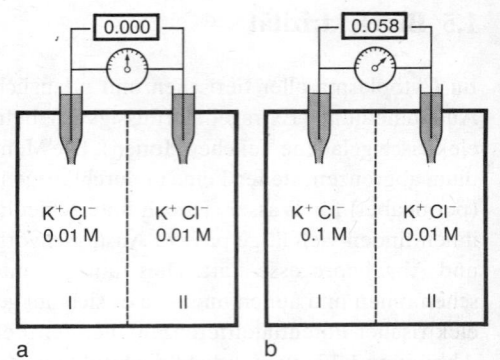

Abb. 1.122a, b. Einfache Anordnung zur Messung des Diffusionspotentials zwischen zwei Kompartimenten (I und II), z. B. mittels elektrolytgefüllter Mikroelektroden; (a) gleiche, (b) ungleiche Ausgangskonzentrationen von KCl. Die Trennmembran zwischen I und II ist nur für K^+-Ionen durchlässig. Bei einem zehnfachen Konzentrationsunterschied (b) mißt das Instrument die theoretisch aus der Nernst-Gleichung geforderten 58 mV. Dies entspricht dem Gleichgewichtspotential für K^+ (E_{K^+})

(1.96) *Nernst-Gleichung* (benannt nach dem deutschen Physiker W. Nernst):

$$E = \frac{R\,T}{n\,F} \ln \frac{\text{Ionenkonzentration im Kompartiment II}}{\text{Ionenkonzentration im Kompartiment I}}$$

(R allgemeine Gaskonstante,
T absolute Temperatur,
n Wertigkeit,
F Faradaykonstante)

1.5.2 Membranpotential

Die in Abbildung 1.122b angenommenen Versuchsbedingungen lassen sich auch auf lebende Zellen übertragen. Die beiden Kompartimente I und II entsprechen dem

Tabelle 1.30. Intrazelluläre (Cytoplasma) und extrazelluläre (Blut, interstitielle Flüssigkeit) Ionenkonzentration bei der Riesennervenfaser eines Tintenfisches und bei einer Froschmuskelfaser in mmol · (kg Flüssigkeit)$^{-1}$. Die extrazelluläre Konzentration organischer Anionen ist nicht bekannt, sie ist jedoch wesentlich geringer als intrazellulär

	intrazellulär				extrazellulär		
	K	Na	Cl	organische Anionen	K	Na	Cl
Nervenfaser	410	49	60	355	22	440	560
Muskelfaser	140	10	4	140	2,5	120	120

Zellinneren bzw. dem extrazellulären Außenmedium, die voneinander durch die Zellmembran getrennt sind. Neben K$^+$ und Cl$^-$ sind allerdings weitere Ionen von Bedeutung: vor allem Na$^+$, Ca^{2+} und organische Anionen. Tabelle 1.30 gibt für zwei gut untersuchte Zellen, eine Nervenzelle und eine Muskelfaser, die Konzentrationen der wichtigsten Ionen im Zellinneren und im Außenmedium an.
Obwohl es sich um zwei unterschiedliche Zelltypen handelt, zeigen sie eine Reihe von Gemeinsamkeiten: (1) Die extrazellulären Konzentrationen von Na$^+$ und Cl$^-$ sind höher als die intrazellulären: [Na$^+$]$_a$ > [Na$^+$]$_i$ und [Cl$^-$]$_a$ > [Cl$^-$]$_i$. (2) Die intrazelluläre K$^+$-Konzentration ist höher als die extrazelluläre: [K$^+$]$_i$ > [K$^+$]$_a$. (3) Die Elektroneutralität wird im Außenmedium vor allem durch Na$^+$ und Cl$^-$, im Zellinneren durch K$^+$ und organische Anionen gewährleistet.
Diese Verhältnisse sind typisch für nahezu alle Zellen, die über die Fähigkeit der Erregungsbildung verfügen (*erregbare Zellen*, S. 460f.). Ihre Membranen sind in Ruhe besonders gut durchlässig für K$^+$-Ionen, weniger gut für Cl$^-$-Ionen, schlecht für Na$^+$-Ionen und gar nicht für organische Anionen. Man charakterisiert die Membrandurchlässigkeit für die einzelnen Ionen durch den jeweiligen Permeabilitätskoeffizienten p. Bezogen auf die Verhältnisse für K$^+$ verhalten sich $p_K : p_{Na} : p_{Cl}$ an der Riesennervenfaser eines Tintenfisches wie 1 : 0,04 : 0,4. Dies bedeutet, daß die Membran in Ruhe 2,5mal schlechter für Chlorid und 25mal schlechter für Natrium durchlässig ist als für Kalium.
Da [K$^+$]$_i$ etwa 20- bis 60mal höher ist als [K$^+$]$_a$, weist der Konzentrationsgradient für K$^+$ von innen nach außen. Entsprechend den Bedingungen im zuvor geschilderten Modellfall kommt es zu einer Ladungstrennung über der Zellmembran, da K$^+$-Ionen die Zelle verlassen. Ein Gleichgewicht stellt sich ein, wenn Konzentrationsgradient und elektrischer Gradient sich beim *Gleichgewichtspotential* die Waage halten. Für die Riesennervenfaser des Tintenfisches (Tab. 1.30) ergibt sich aus der *Nernst-Gleichung* bei 20 °C das Gleichgewichtspotential für Kalium E_K mit -74 mV (Gl. 1.97).
In ähnlicher Weise kann man auch für die anderen permeablen Ionen die Gleichgewichtspotentiale berechnen. Man betrachtet dann jeweils die Membran als nur für dieses Ion durchlässig. Für die Nervenfaser des Tintenfisches ergibt sich für Natrium ein E_{Na} von $+55$ mV (Gl. 1.98) und für Chlorid ein E_{Cl} von -56 mV (Gl. 1.99).
An vielen erregbaren Zellen kann die Potentialdifferenz zwischen Zellinnerem und Außenmedium direkt gemessen werden, wenn man eine Mikroelektrode durch die Membran in die Zelle einsticht und sie mit einem Spannungsmeßgerät verbindet. An der Nervenfaser des Tintenfisches mißt man ein Potential von -60 mV, das Innere ist negativ gegenüber dem umgebenden Außenmedium. Diese Potentialdifferenz wird *Ruhepotential (Membranpotential, V_M)* genannt. Der gemessene Wert von -60 mV unterscheidet sich erheblich von dem aus der Kaliumverteilung errechneten Wert von -74 mV. Die Diskrepanz beruht darauf, daß die Nervenfasermembran nicht nur für K$^+$, sondern auch für Na$^+$ und Cl$^-$, allerdings weniger gut, permeabel ist. Diese Ionen tragen entsprechend

Modellrechnung zum Ladungstransport beim Gleichgewichtspotential

Die Ladung q [Coulomb (C) pro Flächeneinheit] eines Kondensators ist bestimmt durch das Produkt aus Kapazität C [Faraday (F)] und angelegter Spannung E [Volt (V)]:

q = $C E$ [C · cm^{-2}].

Im Falle eines zehnfachen Konzentrationsunterschiedes zwischen den Kompartimenten I und II

[K$^+$]$_I$ = 10 [K$^+$]$_{II}$; E_K = -58 mV,

ergibt sich mit dem für nahezu alle biologischen Membranen gültigen Wert für die Membrankapazität von 10^{-6} F · cm^{-2}:

q = $(10^{-6}$ F · cm$^{-2}) \cdot (5,8 \cdot 10^{-2}$ V)
= $5,8 \cdot 10^{-8}$ C · cm^{-2}.

Da 1 mol eines einwertigen Ions eine Ladung von 96 500 C aufweist, erhält man die Menge an Kaliumionen, die für diesen Ladungstransport nötig ist, zu:

$$\frac{5,8 \cdot 10^{-8} \text{ C} \cdot \text{cm}^{-2}}{9,65 \cdot 10^4 \text{ C} \cdot \text{mol}^{-1}} = 6 \cdot 10^{-13} \text{ mol} \cdot \text{cm}^{-2}.$$

Multipliziert man diesen Wert mit der Avogadro-Konstanten (= Loschmidt-Zahl; $6,023 \cdot 10^{23}$ Moleküle oder Ionen · mol^{-1}), dann erhält man die Anzahl der Kaliumionen zu:

$(6 \cdot 10^{-13}$ mol · cm$^{-2}) \cdot (6,023 \cdot 10^{23}$ Moleküle · mol^{-1})
= $3,6 \cdot 10^{11}$ Moleküle · cm^{-2}.

Die im Kompartiment II ursprünglich vorhandene Kaliumkonzentration von 0,01 mol · l^{-1} entspricht $2,7 \cdot 10^{17}$ Ionen · cm^{-3}. Die für die Einstellung des Gleichgewichtspotentials in das gegebene Volumen von 1 cm^3 des Kompartiments II hineintransportierte Anzahl von Kaliumionen steht zu den dort bereits vorhandenen im Verhältnis von

$$\frac{3,6 \cdot 10^{11} \text{ Ionen}}{2,7 \cdot 10^{17} \text{ Ionen}} = \mathbf{1,3 \cdot 10^{-6}}.$$

(1.97)
$$E_K = \frac{R \cdot T}{1 \cdot F} \ln \frac{[K^+]_a}{[K^+]_i}$$
$$= 0,058 \log \frac{22}{410} \text{ V} = -74 \text{ mV}$$

(1.98)
$$E_{Na} = \frac{R \cdot T}{1 \cdot F} \ln \frac{[Na^+]_a}{[Na^+]_i}$$
$$= 0,058 \log \frac{440}{49} \text{ V} = +55 \text{ mV}$$

(1.99)
$$E_{Cl} = \frac{R \cdot T}{-1 \cdot F} \ln \frac{[Cl^-]_a}{[Cl^-]_i}$$
$$= 0,058 \log \frac{560}{60} \text{ V} = -56 \text{ mV}$$

ihren Permeabilitätskoeffizienten ebenfalls zu V_M bei. Das Ruhepotential stellt ein Mischpotential dar, das zwar von der Verteilung der K^+-Ionen – und daher von E_K – dominiert ist, an dem aber auch Na^+ und Cl^- beteiligt sind. Unter Berücksichtigung dieser Ionen, ihrer Konzentrationen und ihrer Permeabilitätskoeffizienten kann das tatsächliche Membranpotential aus der *Goldman-Gleichung* (Gl. 1.100) berechnet werden. Die organischen Anionen tauchen hier nicht auf, da sie nicht permeabel sind. Durch Einsetzen der entsprechenden Werte erhält man für die Nervenfaser des Tintenfisches (bei 20°C) ein Ruhepotential von -58 mV, was dem im Experiment gemessenen Potential von -60 mV nahekommt.

Bei den meisten erregbaren Zellen ist wegen der hohen intrazellulären Konzentration an K^+-Ionen und organischen Anionen sowie der hohen K^+-Permeabilität der Zellmembran das Ruhepotential überwiegend von Kalium bestimmt. Deshalb haben Veränderungen in den K^+-Konzentrationen starke Auswirkungen auf das Ruhepotential.

Die Na^+-Durchlässigkeit der Zellmembran, auch wenn sie gering ist, bleibt nicht ohne Folgen. Für das gewählte Beispiel der Nervenfaser des Tintenfisches beträgt die Differenz zwischen Ruhepotential und E_{Na} 115 mV. Dies stellt eine *elektromotorische Kraft* dar, die Na^+-Ionen in Richtung ihres Konzentrationsgradienten und des in diesem Fall gleichsinnigen elektrischen Gradienten von außen in die Zelle treibt. Trotz der geringen Na^+-Permeabilität der Membran käme es über die Zeit zu einer Anhäufung von Na^+-Ionen im Zellinneren und zu einem Verlust von K^+-Ionen, wenn nicht ein Pumpenmechanismus die eindringenden Na^+-Ionen wieder nach außen transportieren würde (*Natriumpumpe*, Abb. 1.123). Die Pumpe transportiert für 3 Na^+-Ionen 2 K^+-Ionen in die Zelle zurück. Sie leistet damit einen Beitrag zum Membranpotential *(elektrogene Pumpe)*. Der Transport des Na^+ geschieht gegen den Konzentrationsgradienten und benötigt deshalb Energie in Form von ATP. Sperrt man die Energiezufuhr durch Stoffwechselgifte, dann nimmt das Membranpotential ab (Depolarisation), da das eindringende Na^+ nicht mehr aus der Zelle gepumpt und K^+ nach außen verdrängt wird, so daß der Konzentrationsgradient für K^+ kleiner wird. Die Tätigkeit der Natriumpumpe liefert die Voraussetzung für die unterschiedlichen Konzentrationen von Na^+ und K^+ zwischen Zellinnerem und Außenmedium. Erst sie ermöglicht die Aufrechterhaltung des Ruhepotentials der Zellen. Der dafür benötigte Energieaufwand ist erheblich: er beträgt z.B. im Gehirn von Säugetieren 50% von dessen gesamtem Energiebedarf.

Auch Pflanzenzellen besitzen Membranpotentiale, die im Ruhezustand in der Größenordnung von etwa -50 mV (zwischen Plasmalemma und Umgebung gemessen) bzw. -200 mV (zwischen Plasmalemma und Tonoplast, also zwischen Vakuole und Umgebung der Zelle gemessen) liegen. Auch hier ist das Zellinnere negativ. Bei Pflanzen spielt dafür Natrium gewöhnlich keine Rolle; das Potential kommt durch den aktiven Einwärtstransport von K^+- und Cl^--Ionen zustande, die durch Diffusion wieder nach außen gelangen. Im Gleichgewicht zwischen aktivem Einwärtstransport und passivem Ausstrom überwiegen die Cl^--Ionen im Inneren, was dort zu einem Überschuß an negativen Ladungen führt.

(1.100) Goldman-Gleichung (benannt nach dem amerikanischen Biophysiker D. E. Goldman):

$$V_M = \frac{R \cdot T}{n \cdot F} \ln \frac{p_K[K^+]_a + p_{Na}[Na^+]_a + p_{Cl}[Cl^-]_i}{p_K[K^+]_i + p_{Na}[Na^+]_i + p_{Cl}[Cl^-]_a} V$$

$$= 0,058 \log \frac{1 \cdot 22 + 0,04 \cdot 440 + 0,4 \cdot 60}{1 \cdot 410 + 0,04 \cdot 49 + 0,4 \cdot 560} V$$

$$= -58 \text{ mV}$$

(Beachte die Umstellung der Beziehung $[Cl^-]_i : [Cl^-]_a$ gegenüber der Nernst-Gleichung für Cl^-, damit mit gleichen Stromflußrichtungen für Kat- und Anionen gerechnet werden kann!)

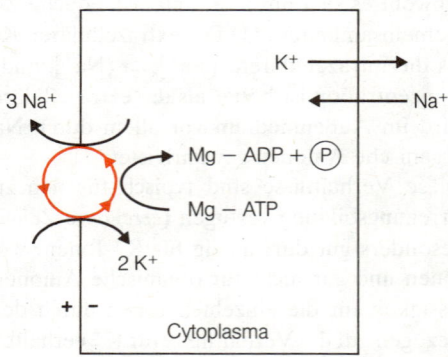

Abb. 1.123. Elektrogene Natriumpumpe. Der Einstrom von Na^+ in die Zelle führt zu einer passiven Verdrängung von K^+. Die in der Zellmembran lokalisierte Natriumpumpe schafft das eindiffundierte Na^+ wieder aus der Zelle und hält $[K^+]_i$ konstant. Wegen der 3:2-Stöchiometrie leistet die Pumpe einen Beitrag zur Negativität des Zellinneren

1.6 Zellorganellen

Abschnitt 1.1 dieses Kapitels hat mit der Organellausstattung des Eucyten bekannt gemacht. Auf der Grundlage der in den darauf folgenden Abschnitten besprochenen Struktur- und Funktionsdaten können nun einige wichtige Zellkomponenten eingehender behandelt werden.

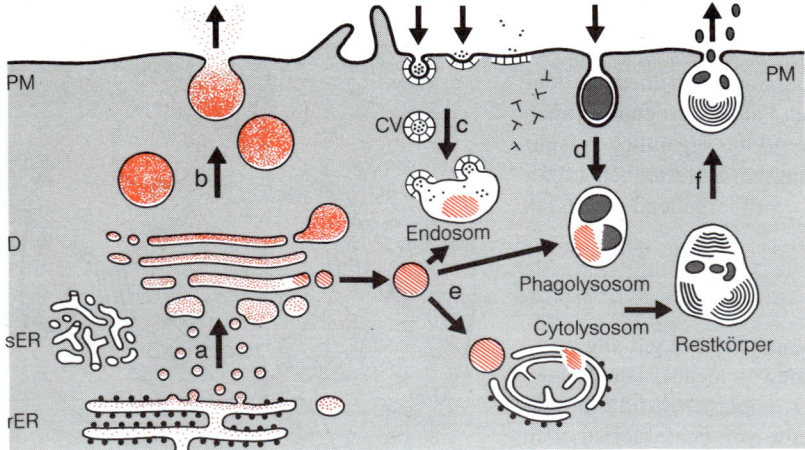

Abb. 1.124. Cytomembranen im intrazellulären Transport. Exocytotischer Membranfluß: Sekretproteine (farbig) werden am rER synthetisiert und über kleine Primärvesikel (a) zu Dictyosomen D verlagert. Vom glatten ER (sER) kann Lipidmaterial angeliefert werden. Die Glykosylierung der Sekretproteine beginnt im ER und wird in den Golgi-Cisternen verstärkt fortgesetzt. Die fertigen Glykoproteine werden über Golgi-(Sekret-)vesikel zur Plasmamembran (PM) transportiert und dort exocytiert (b). Endocytotischer Membranfluß: (c) Rezeptor-vermittelte Endocytose (S. 16). An der PM bilden sich Bereiche, in denen Rezeptoren für bestimmte Stoffe gehäuft sind. Diese Bereiche sind am Clathrin-Besatz der Innenseite der PM erkennbar. Nach Beladung der Rezeptoren kommt es durch Invagination zur Bildung von Coated Pits und Vesicles (CV, S. 139), die zu Endosomen wandern und sich mit ihnen vereinigen. Die Clathrinhülle (Coat) löst sich ab und wandert in Form von Clathrin-Trimeren wieder zur PM zurück. Die aufgenommenen Partikel lösen sich von den Rezeptoren und werden verdaut. Die Rezeptoren werden normalerweise über den Golgi-Apparat wieder zur PM verlagert. Die zur Verdauung erforderlichen Hydrolasen (farbig schraffiert) werden durch primäre Lysosomen vom Golgi-Apparat her angeliefert (e). (In den Golgi-Membranen findet eine Sortierung von lysosomalen Proteinen und Exportproteinen statt. Phagocytose (d) kann auch ohne spezifische Rezeptoren ablaufen, sie führt ebenfalls zur Bildung sekundärer Lysosomen (Phagolysosomen). Die Bildung von Cytolysosomen zur Verdauung von Zellorganellen erfolgt durch Zusammenfluß von ER-Cisternen um das Verdauungsgut. Unverdauliches bleibt in Restkörpern (Residualkörpern) eingeschlossen, die gewöhnlich exocytiert werden (f)

1.6.1 Cytomembranen

1.6.1.1 Intrazellulärer Stofftransport

Das Cytoplasma des Eucyten ist in komplexer Weise kompartimentiert (Abb. 1.124, 1.125). Zahlreiche *Reaktions- und Transporträume* sind von spezifischen Elementarmembranen umschlossen. Zu den *Cytomembranen* gehören das granuläre und das agranuläre endoplasmatische Reticulum (ER) und die mit diesem zusammenhängende Kernhülle, weiterhin die Golgi-Membranen der Dictyosomen sowie die Membranen einer nach Zusammensetzung und Funktion heterogenen Population von Vesikeln (Cytosomen) bzw. Vakuolen. So verschieden die einzelnen Komponenten dieses Systems auch sind, sie gehen doch vielfach auseinander hervor, hängen untereinander zusammen oder beliefern sich mit Inhaltsstoffen und Membranmaterial über Vesikelströme *(Membranfluß)*. Oft sind dabei regelrechte Fließbänder ausgebildet. Im granulären ER gebildete Sekretproteine werden auf ihrem Weg aus der Zelle im Bereich des glatten ER zu Lipoproteinen umgewandelt oder im Golgi-Apparat mit Oligosacchariden versehen und verlassen die Zelle als Glykoproteine (Verdauungsenzyme, Antikörper). In anderen Fällen liefert das granuläre ER lediglich die Enzyme, mit denen Reaktionen in anderen Kompartimenten gesteuert werden (Polysaccharidsynthese im Golgi-Apparat; Verdauungsprozesse in sekundären Lysosomen; Cellulosesynthese an der Plasmamembran usw.).

Viele dieser Stoffverschiebungen innerhalb der Zelle laufen sehr schnell ab. Die im Ergastoplasma exokriner Pankreaszellen in Minutenschnelle synthetisierten Verdauungsenzyme erscheinen in weniger als einer Viertelstunde in der Golgi-Region, nach einer halben Stunde in den Sekretgranula und in den Ableitungsgängen der Drüse. Die mittlere »Lebensdauer« von Golgi-Vesikeln konnte in verschiedenen Fällen zu wenigen Minuten bestimmt werden. Diese intrazellulären Transportvorgänge folgen gewöhnlich einem der in Abbildung 1.124 schematisch dargestellten Wege. Dabei wird nicht nur der Inhalt der Kompartimente schrittweise verändert, sondern auch die Membranen bezüglich Lipidzusammensetzung und Enzymausstattung (Tab. 1.11 und 1.12, S. 50). Vesikelverlagerungen können durch das Antibioticum Cytochalasin B (das die Mikrofilamente blockiert) und/oder durch das Alkaloid Colchicin (das Mikrotubuli auflöst und dadurch z. B. die Mitose blockiert) gestört werden.

Voraussetzung für alle Membranflußprozesse ist der fluide Charakter der Lipid-Doppelfilme in den Biomembranen (S. 48). Tatsächlich verhalten sich die Lipidfilme wie smektische (flächige) Flüssigkristalle, und der fluide Zustand wird z. B. bei Temperaturwechsel durch entsprechende Umsteuerung der Lipidsynthese aufrechterhalten. Bei sinkender Temperatur steigt der Anteil ungesättigter Fettsäuren und der Cholesterolgehalt nimmt zu – beides erhöht die Fluidität der Lipidfilme.

Bereiche, an denen Membranen fusionieren können, sind gewöhnlich durch integrale oder periphere Membranproteine spezifisch markiert. In bestimmten Fällen werden von ihnen auffällige Ringstrukturen gebildet (Rosetten, Annuli). Während des eigentlichen, sehr schnell ablaufenden Fusionsvorganges sind die Verschmelzungsbereiche jedoch Lipiddominiert; die Strukturordnung des Lipidfilms wird dabei vorübergehend verlassen (»Micellierung«).

1.6.1.2 Kompartimentierung des Eucyten

Bei der internen Gliederung des Eucyten in verschiedene Kompartimente gilt allgemein die Regel, daß Elementarmembranen stets plasmatische Räume von nicht-plasmatischen trennen. Für Plasmamembranen und Vakuolenmembranen *(Tonoplasten)* ist das unmittelbar einsichtig. Die Aussage kann aber aufgrund einer Reihe von charakteristischen Eigenschaften plasmatischer und nicht-plasmatischer Kompartimente verallgemeinert werden.

Plasmatische Kompartimente sind allgemein durch den Gehalt an aktiven Nucleinsäuren (DNA, Ribosomen bzw. Präribosomen), *pH*-Werte über 7, reduzierende Bedingungen und Phosphorylasen anstelle von Hydrolasen ausgezeichnet. In nicht-plasmatischen Kompartimenten gibt es dagegen weder Replikation noch Transkription oder Translation, sie sind gewöhnlich sauer und oxidierend, und Stoffabbau erfolgt durch Hydrolyse.

Der Umstand, daß die beiden Flächen einer jeden Biomembran an ungleiche Räume grenzen, äußert sich in einer *Asymmetrie* der Doppelschichtstruktur der Membran selbst. Die Heterosaccharid-Anteile von integralen Glykoproteinen liegen stets auf der nicht-plasmatischen Seite (»E-Seite«, E für *e*xtraplasmatisch). Bei Gefrierbruchpräparationen (S. 51) bleibt die Mehrzahl der integralen Membranproteine mit der plasmatischen Halbmembran verbunden, der »P-Seite«. Auch die verschiedenen Phospholipidsorten und das Cholesterol sind auf die beiden Halbmembranen ungleichmäßig verteilt.

Abbildung 1.125 gibt das Kompartimentierungsschema des Eucyten wieder. Nichtplasmatisch sind außer den Vakuoleninhalten auch das Innere von ER-Cisternen bzw. -Tubuli, von Golgi-Membranen, von Cytosomen, außerdem das äußere Kompartiment von Mitochondrien und Plastiden. Die Verschmelzung von Kompartimenten im Zuge von Membranflußprozessen kann jeweils nur »gleichnamige« Kompartimente betreffen. Beispiele für die Vereinigung plasmatischer Kompartimente sind Gametenverschmelzung bzw. Konjugation und experimentell ausgelöste Zellfusion sowie die Vermischung von Kern- und Zellplasma während der Mitose. (Daß sich Zellplasma und Organellplasma [inneres Kompartiment von Mitochondrien und Plastiden] trotz ihrer »Gleichnamigkeit« niemals vermischen, ist ein starkes Argument zugunsten der Endosymbionten-Hypothese, S. 152f.) Vereinigung nicht-plasmatischer Kompartimente findet statt z.B. bei der Exocytose von Golgi-Vesikeln und der Entleerung pulsierender Vakuolen oder bei der Bildung von sekundären Lysosomen, ebenso bei der Vereinigung von ER-Membranen mit der äußeren Hüllmembran von Mitochondrien oder Plastiden.

Ausnahmen von dieser allgemeinen Kompartimentierungsregel sind selten. Wo überhaupt, treten sie im Zusammenhang mit irreversiblen Differenzierungsprozessen oder intrazellulärer Symbiose bzw. Parasitismus auf.

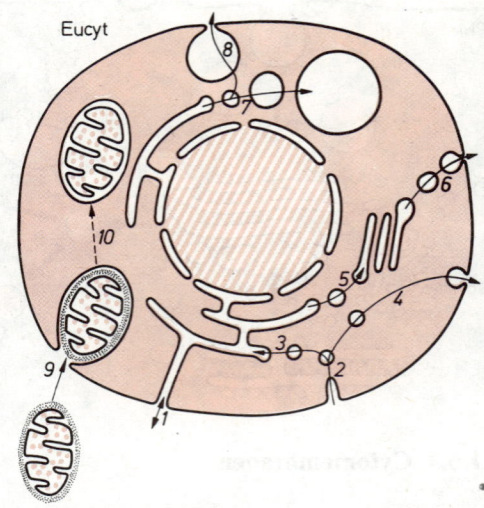

Abb. 1.125. Kompartimentierungsschema des Eucyten. Plasmatische Kompartimente farbig. Membranflußvorgänge nicht-plasmatischer Räume: (1) Öffnung des ER nach außen. (2) Endocytose. (3) Verschmelzung von Endocytosevesikeln mit dem ER. (4) Transcytose (»Cytopempsis«). (5) Vesikelfluß ER → Golgi-Apparat. (6) Exocytose von Golgi-Vesikeln. (7) Vakuolenentwicklung. (8) Entleerung einer pulsierenden Vakuole. (9) Endocytose eines Protocyten. (10) Phylogenetische Entstehung von Mitochondrien nach der Endosymbiontenhypothese. (Nach Schnepf)

1.6.1.3 Endoplasmatisches Reticulum (ER)

Dieses je nach Zellfunktion sehr verschieden stark entwickelte Membransystem stellte sich zunächst (in Fibroblasten) als Netzwerk dar, das auf den kernnahen Bereich (Endoplasma) beschränkt schien – daher die Benennung; diese ist zwar nicht für alle Fälle zutreffend, wird aber aus Zweckmäßigkeitsgründen beibehalten. Bei der Zellhomogenisation wird das ER zu kleinen Vesikeln zerrissen, die als eigene Homogenatfraktion gewonnen werden können (»Mikrosomen«).

1.6.1.3 Endoplasmatisches Reticulum (ER)

Das *granuläre* (»rauhe«) *ER* (rER) ist dank seines Polyribosomenbesatzes zur Synthese von Export-, Lysosomen- und von Membranproteinen befähigt. Die Ribosomen sitzen der dem Cytoplasma zugekehrten Membranseite mit der größeren Untereinheit auf. Die naszierende Polypeptidkette (S. 186f.) wird schon während des Kettenwachstums durch einen Kanal in der größeren Untereinheit und durch die ER-Membran hindurch in das Innere der Cisterne geschoben. Die Synthese einer kompletten Polypeptidkette mittlerer Länge dauert etwa 1 min, der Übertritt des neugebildeten Proteins in Dictyosomen des Golgi-Apparates meist wesentlich länger. Das führt bei intensiver Proteinsynthese zu einer Aufblähung der Cisternen des granulären ER, und gelegentlich häufen sich in ihnen granuläre oder kristalline Proteinmassen an.

Die Membranen des granulären ER und der Kernhülle sind die einzigen in der Zelle, die Ribosomenbesatz aufweisen. Nur diese Membranen verfügen über die erforderlichen Ribosomen-Rezeptoren. Ihre Natur ist noch ungeklärt. Die Ribosomen freier und membrangebundener Polysomen unterscheiden sich nicht voneinander. Die Information darüber, ob sich Ribosomen an ER-Membranen anheften sollen oder nicht, wird von der mRNA geliefert (Abb. 1.126). Bei Membran- und Exportproteinen wird zunächst ein als *Signalpeptid* bezeichneter Sequenzabschnitt synthetisiert. An Ribosomen, die solche Sequenzen mit überwiegend lipophilen Aminosäuren gebildet haben, heften sich Signalrekognitionspartikel (SRP) an, die zunächst die weitere Translation stoppen und das blockierte Ribosom mit Hilfe von SRP-Rezeptoren an rER-Membranen heranführen und festheften. Dort kann das Ribosom selbst von einem Ribosomenrezeptor übernommen werden; es wird dadurch reaktiviert, die weiter verlängerte Polypeptidkette wird durch die ER-Membran hindurch in das Cisterneninnere vorgeschoben, wo die aminoterminale Signalsequenz abgespalten wird (*Signaltheorie:* Vektorielle Translation, kotranslationaler Transport des Proteins in die ER-Cisterne oder wenigstens in die ER-Membran.) Die Signalrekognitionspartikel, ein Ribonucleoprotein-(RNP-)Komplex, wird nach Loslösung des Ribosoms vom SRP-Rezeptor freigegeben und kann sich erneut an Ribosomen mit Signalsequenzen anheften.

Das *agranuläre* (»glatte«) *ER* (sER, von engl. *smooth*) liegt gewöhnlich als verschlungenes Netzwerk von Tubuli vor. Es hängt unmittelbar mit dem granulären ER zusammen und wird auch von diesem gebildet: Während der Embryonalentwicklung tritt in den Zellen zunächst das granuläre, später erst agranuläres ER auf. Andererseits hat das agranuläre ER oft auch unmittelbaren Kontakt zum Golgi-Apparat. Seine biochemischen Leistungen liegen vor allem in der *Lipidsynthese.* Die Lipoproteine des Blutplasmas beispielsweise (sie werden von Leberzellen gebildet) werden hier – vor ihrer Ausschleusung *via* Golgi-Apparat – mit Lipiden beladen. Auch Steroidkörper werden synthetisiert; das agranuläre ER ist dementsprechend in Geschlechtshormon-bildenden Zellen (beispielsweise in den Testosteron-produzierenden Zwischenzellen des Hodens, Abb. 3.75, S. 295) stark entwickelt. In der Leber kommen ihm noch andere Funktionen zu. Einerseits baut es Glykogen ab und spaltet aus dem dabei letztlich anfallenden Glucose-6-phosphat den Phosphatrest ab; die Glucose tritt dann in die Blutbahn über. Glucose-6-Phosphatase ist ein Leitenzym des ER. Zum anderen werden hier bestimmte körpereigene und -fremde Stoffe (Hormone, Pharmaca) chemisch durch Einführung von OH-Gruppen (Hydroxylierung) und nachfolgende Verbindung mit Glucuronsäure aus dem Stoffwechsel herausgenommen und für die Ausscheidung vorbereitet (»Entgiftung«). In einigen Fällen entstehen allerdings durch die ER-vermittelte Hydroxylierung potente Carzinogene und/oder Mutagene. Testansätzen für die Mutagenitätsprüfung neu entwickelter Substanzen werden daher Mikrosomen zugesetzt, um eventuelle »Giftungsreaktionen« und ihre Produkte mit zu erfassen. In Skelettmuskelzellen speichert das glatte ER, das hier als *sarkoplasmatisches Reticulum* bezeichnet wird, sehr effektiv Calciumionen und steuert dadurch den Kontraktionszustand (S. 459f.).

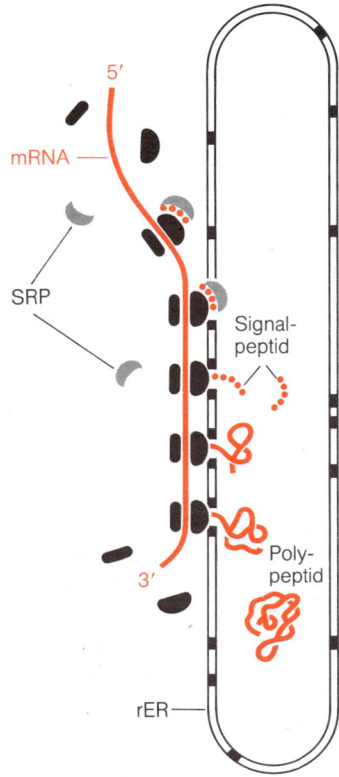

Abb. 1.126. Signaltheorie, schematisch. Anheftung von Ribosomen, die Sekret- oder Membranproteine synthetisieren, an eine Cisterne des granulären ER (rER) und »kotranslationale« Verlagerung des entstehenden Polypeptids in das Cisterneninnere, vgl. Text. SRP Signalrekognitionspartikel

1.6.1.4 Golgi-Apparat

Unter dem Golgi-Apparat ist die *Gesamtheit von Dictyosomen* einer Zelle zu verstehen. Diese sind Stapel scheiben- bis schüsselförmiger Cisternen, die an ihrem Rand kleine Bläschen abschnüren können (Abb. 1.127). Gelegentlich finden sich zwischen den Cisternen parallel verlaufende Filamente.

Der Golgi-Apparat ist nicht zur Proteinsynthese befähigt. Membranproteine und Enzyme für die Oligo- und Polysaccharidsynthese werden vom rauhen ER über Vesikelströme (Primärvesikel) angeliefert. Durch die Bildung von *Golgi-Vesikeln,* die später exocytiert werden, verliert andererseits der Golgi-Apparat ständig Membranmaterial. Diesem simultanen Zu- und Abtransport entspricht eine strukturelle Polarität: Dictyosomen besitzen eine *proximale* Fläche (Bildungsseite, cis-Seite: Materialaufnahme) und eine *distale* Fläche (Sekretionsseite, trans-Seite: Materialabgabe). Die Proximalseite ist gewöhnlich einer ER-Cisterne oder der Kernhülle zugewandt. Die Golgi-Membranen entsprechen an der proximalen Seite in Dicke und Kontrastierbarkeit ER-Membranen, an der Sekretionsseite bereits der dickeren und dichteren Plasmamembran. Die Cisternendicke nimmt dagegen häufig nach der distalen Seite hin ab. Diese Polarität der Dictyosomen kommt auch in der Orientierung »geformter« Sekrete zum Ausdruck. Zu ihnen zählen die scheibenförmigen Wandschuppen mancher Algen, welche in den Golgi-Cisternen stets dieselbe Orientierung aufweisen: Die künftige Außenseite ist dem distalen Pol zugewandt.

Die wichtigste Funktion des Golgi-Apparates besteht in der Bildung von Sekreten bzw. in ihrer Vorbereitung zur Exocytose. Sekret- und Membranproteine werden hier massiv glykosyliert. Die Umwandlung in Glykoproteine beginnt bereits im rER, doch wird die Hauptmasse der Zuckerreste in den Dictyosomen auf die Proteine übertragen. Verschiedene Glykosylasen (= Glykosyltransferasen) sind daher in Golgi-Cisternen besonders aktiv. In anderen Fällen werden Exportpolysaccharide in Golgi-Cisternen synthetisiert. Die Grundsubstanz der Pflanzenzellwand, aber auch die schleimigen Überzüge tierischer Epithelien entstehen im Golgi-Apparat. (Dagegen wird die Cellulose gewöhnlich an der Plasmamembran durch große Synthase-Komplexe synthetisiert.) – Dictyosomen werden gewöhnlich vom ER her *de novo* gebildet.

1.6.2 Cytosomen, Vesikel, Vakuolen

1.6.2.1 Lysosomen

Die Lysosomen sind – wie viele Cytosomen – letztlich *Produkte des Golgi-Apparates.* In der trans-Seite von Dictyosomen ist stets *saure Phosphatase* nachweisbar, die sonst als Leitenzym der Lysosomen gilt. Andere in Lysosomen auftretende Enzyme sind Proteinasen, Nucleasen und Phospholipasen (Tab. 1.31).

Von den Cisternen der Dictyosomen werden zunächst *primäre Lysosomen* als kleine Vesikeln abgeschnürt. Sie treten bei Bedarf mit Nahrungsvakuolen (Phagosomen, entstanden durch endocytotische Aufnahme von Nahrungspartikeln von außen) oder Autophagosomen (mit defekten Zellorganellen) zu *sekundären Lysosomen* (Verdauungsvakuolen) zusammen, deren Inhalt durch die Hydrolasen der Lysosomen abgebaut wird. Unverdauliche Reste werden als *Residualkörper* exocytiert. Residualkörper bestehen vor allem aus Lipiden, da diese in Lysosomen nur schlecht abgebaut werden (Bildung von »Lipofuscingranula« in alternden Zellen bei reduzierter Exocytoseaktivität). Auch diese Vorgänge laufen meistens sehr schnell ab. Experimentell geschädigte Mitochondrien von *Paramecium* werden von primären Lysosomen umstellt, in Autophagosomen eingeschlossen und verdaut; dabei anfallende Residualkörper werden schon nach wenigen Minuten ausgeschieden.

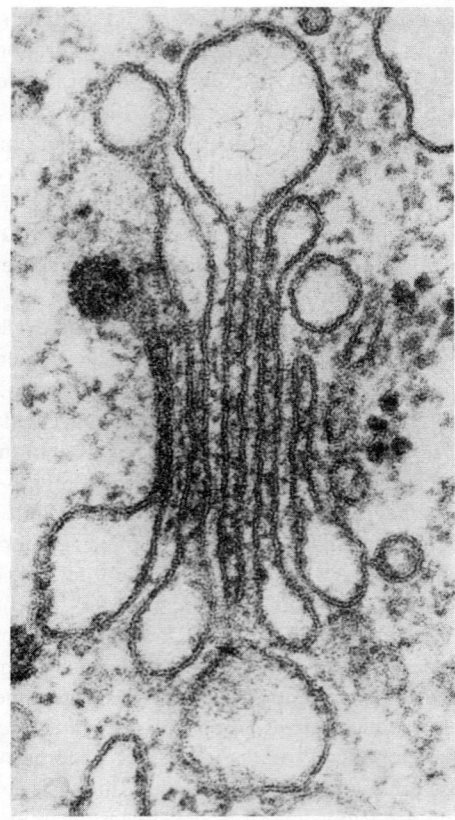

Abb. 1.127. Dictyosom aus dem wachsenden Pollenschlauch von Lilium longiflorum. Vergr. 138000:1. (Original Franke/Heidelberg)

Tabelle 1.31. Einige Lysosomenenzyme

Enzym	Abbau von
Phosphoproteinphosphatase Kathepsin Kollagenase	Proteinen
Saure DNase Saure RNase Saure Phosphatase	Nucleinsäuren
Phospholipasen A und C Esterasen	Lipiden
β-Glucuronidase β-Galactosidase α-Mannosidase Hyaluronidase Muraminidase Arylsulfatase (Lysozym)	Strukturpolysacchariden
α-Glucosidase	Speicherpolysacchariden/Glucosiden

1.6.2.2 Endocytose

Dem durch ER und Golgi-Apparat vermittelten exocytotischen Membranfluß steht der endocytotische Membranfluß für Vorgänge der Stoffaufnahme gegenüber (Abb. 1.8, S. 16; Abb. 1.124, S. 135). Während die *Phagocytose* oft unspezifisch ist (auch unverdauliche Tusche- und Polystyrolpartikel werden von Amöben und Ciliaten aufgenommen), kommt bei höheren Organismen der *spezifischen, Rezeptor-vermittelten Endocytose* besondere Bedeutung zu. Ein gut untersuchtes Beispiel dafür ist die Aufnahme von Lipoproteinpartikeln aus dem Blutplasma. Das sog. *Low Density Lipoprotein* (LDL, für Cholesteroltransport im Blut) wird von zahlreichen Säugerzellen über einen spezifischen LDL-Rezeptor an die Plasmamembran gebunden und nachfolgend endocytiert. Genetische Defekte dieses Rezeptors haben erhöhte LDL-Spiegel im Blut zur Folge, sie führen zu massiver Arteriosklerose und frühzeitigem Herzinfarkt.

Die Organelle der Rezeptor-vermittelten Endocytose sind die *Coated Vesicles* oder *Akanthosomen* (Abb. 1.128). Es handelt sich um Vesikel mit Durchmessern zwischen 50 und 250 nm, die eine charakteristische polygonale Oberflächenstruktur besitzen. Der wabige Oberflächenüberzug wird von dem Strukturprotein Clathrin gebildet (M_r = 180 000, Trimer). Clathrin-Polygone setzen sich an der Innenseite der Plasmamembran fest, während an der Außenseite entsprechende Rezeptoren für die spezifische Bindung geeigneter Liganden konzentriert werden *(Coated Membrane)*. Nach Besetzung der Rezeptoren kommt es zur Einstülpung (Invagination) der Membran an dieser Stelle, es wird ein *Coated Pit* gebildet. Schließlich löst sich ein Akanthosom ab und wandert ins Innere der Zelle. Durch Verlust der Clathrinhülle gehen die *Coated Vesicles* in *Endosomen* über, die zu größeren Kompartimenten verschmelzen. Hier löst sich infolge einer Ansäuerung des Kompartiments die Bindung zwischen Rezeptor und Ligand. Jetzt vereinigen sich primäre Lysosomen mit dem Endosom. Während die endocytierten Liganden im sekundären Lysosom abgebaut werden, wandern Clathrin, Rezeptoren und auch Membranen wieder zurück an die Zelloberfläche *(Membran-Recycling)*. Da auch an Golgi- und ER-Membranen oft Akanthosomen gefunden werden, gelten sie allgemein als Organelle des Membran-Recycling. Die Wiederverwertung von Membranbausteinen, Rezeptoren und Clathrin-Einheiten macht verständlich, daß auch bei rapider Endocytose die Syntheserate dieser Komponenten nicht erhöht ist, obwohl bei entsprechend stimulierten Amöben und Makrophagen (S. 528) in nur 30 min so viel Membranfläche endocytiert wird wie der Zelloberfläche entspricht.

1.6.2.3 Cytosomen

Neben primären bzw. sekundären Lysosomen, Akanthosomen und Endosomen gibt es in den meisten Eucyten eine funktionell, z.T. auch strukturell heterogene Population kleiner Vesikel, die als »Cytosomen« zusammengefaßt werden können. Gemeinsam ist ihnen der Besitz einer einfachen, umgrenzenden Elementarmembran, ein ungefähr sphärischer Umriß bei Durchmessern, die im Grenzbereich lichtmikroskopischer Auflösung liegen (0,1–2 μm), und oft ein dichter Inhalt. Tabelle 1.32 gibt eine Übersicht über häufigere Vertreter. Viele von ihnen werden in diesem Buch an anderer Stelle behandelt.

1.6.2.4 Vakuolen

Die großen Zellsafträume pflanzlicher Gewebezellen, die aus der Verschmelzung kleinerer, letztlich aus ER und/oder Golgi-Apparat stammender Vesikeln oder von ER umschlossenen, verflüssigten Plasmabezirken resultieren, können der Turgorerzeugung dienen, als allgemeines Depot fungieren und auch die Rolle von Verdauungskompartimenten übernehmen. In solchen Zellen lassen sich gewöhnlich partikuläre Lysosomen nicht nachweisen. Die typischen lysosomalen Enzyme befinden sich vielmehr im Zellsaft.

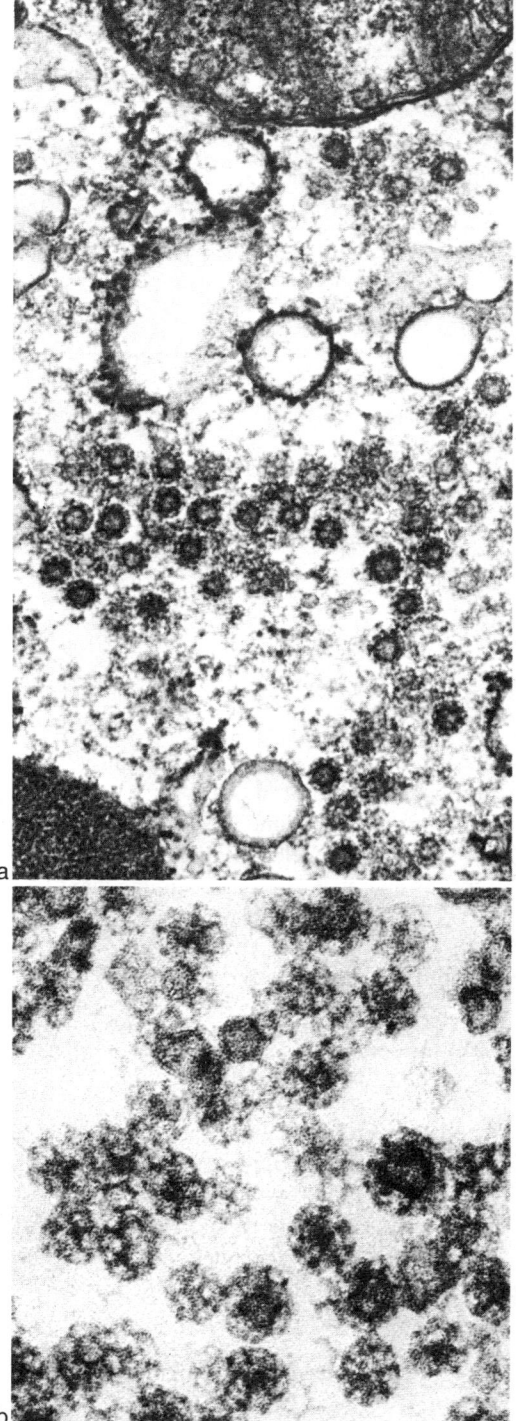

Abb. 1.128a, b. Coated Vesicles = Akanthosomen. (a) In einer Drüsenzelle des Kuh-Euters. Vergr. 50 000:1. (b) Isoliert aus Schweinehirn. Vergr. 150 000:1. (Originale Kartenbeck/ Heidelberg)

Tabelle 1.32. Cytosomen

Bezeichnung	Mittlerer Durchmesser [μm]	Leitenzyme, Inhaltsstoffe	Funktion	vgl. S.
Microbodies	0,5–2			
tierische Peroxisomen		Katalase, D-Aminosäureoxidase, α-Hydroxysäureoxidase; Uricase	oxidativer Abbau von Metaboliten (z. B. Purinbasen)	16
Glyoxysomen		Isocitratlyase, Malatsynthase; Enzyme des Fettsäureabbaues	Umwandlung von fettem Öl in Ausgangsstoffe der Zuckersynthese	95
Blattperoxisomen		Glykolatoxidase	Lichtatmung in Zellen mit Chloroplasten	127
Transportcytosomen				
Endosomen	0,04–5	extrazelluläres Material	Endocytose	139
Primärvesikel	0,05	Produkte des ER	Membranfluß ER → Dictyosom	139
Golgi-Vesikel	0,1–1,5	saure Phosphatase	Membranfluß Dictyosom → Plasmamembran	17
Akanthosomen = »*Coated Vesicles*«	0,06–0,1	Clathrin (Hüllprotein)	intrazellulärer Transport, Rezeptor-vermittelte Endocytose	139
Speichergranula				
Synaptische Vesikel	0,03	Neurotransmitter	Speicherung und Ausschüttung von Neurotransmittern	461
Aminosomen	0,5	biogene Amine, z. B. Histamin	Ausschüttung aus Mastzellen fördert Entzündung	528
Melanosomen	0,5–1	Melanin	Pigmentspeicherung in Melanocyten	522

Auch das vakuoläre Kompartiment ist extrem wandelbar. Die Speicherfunktion tritt in den Aleuronkörnern (Abb. 4.93, S. 380) mit ihrem eingedickten, partiell kristallisierten Proteingehalt besonders hervor. Eine andere Variante haben wir schon bei *Euglena* (S. 23) kennengelernt: die *kontraktile (pulsierende) Vakuole*, die bei vielen Süßwasserprotisten der Wasserausscheidung dient (Abb. 1.129; vgl. S. 604, Abb. 6.88).

1.6.3 Cytoplasmatische Strukturen und Zellmobilität

1.6.3.1 Kontraktile Systeme im Cytoplasma

Muskelzellen sind darauf spezialisiert, chemische Energie (ATP) in mechanische Energie umzusetzen und dabei Kontraktionsarbeit zu leisten. Dabei spielen zwei Proteine eine wichtige Rolle, *Aktin* und *Myosin*. Die Muskelkontraktion kommt dadurch zustande, daß sich Myosin- und Aktinfilamente durch Vermittlung einer in den Myosinteilchen lokalisierten ATPase aneinander entlangziehen (Gleitfasermodell, S. 144, 458f.).
Kontraktilität ist aber nicht auf Muskelzellen beschränkt, sie ist eine Eigenschaft jeder lebenden Zelle (Tab. 1.33). Die intrazellulären Bewegungen werden dabei häufig durch Aktomyosin-Systeme im Cytoplasma bewirkt, deren Funktionsprinzip jenem des kontraktilen Apparates von Muskelzellen entspricht. Besonders das periphere Plasma vieler Eucyten enthält Aktinfilamente, die mit Hilfe von Myosin und ATP gegeneinander verschoben werden. Analog können auch Mikrotubuli zusammen mit spezifischen ATPasen Bewegungen nach dem Gleitfasermechanismus bewirken. Als Tubulin-abhängige ATPasen fungieren einerseits das Dynein, das u. a. die Schlagbewegungen von Cilien und Geißeln vermittelt (S. 144), andererseits das Kinesin, das z. B. beim »axonalen Transport« – auffälligen Bewegungsvorgängen in den Achsenfortsätzen von Nervenzellen – eine wichtige Rolle spielt.

1.6.3.2 Mikrotubuli

Diese langgestreckten, röhrenförmigen Quartärstrukturen aus *Tubulin* (S. 35) dienen vor allem der Versteifung von Plasmapartien. Bei wandlosen Zellen treten Mikrotubuli häufig dann auf, wenn von der (durch die Oberflächenspannung an sich diktierten) Kugelform abgewichen wird. Bei *Euglena* befinden sich Mikrotubuli in der gesamten Zellperipherie, massiert um Reservoir und Kanal (Abb. 1.14). Die bis 400 μm langen, nur gut 1 μm dicken Axopodien der Heliozoen enthalten einen Zentralstrang aus dichtgepackten, sehr regelmäßig angeordneten Mikrotubuli. Werden diese durch das Alkaloid Colchicin, durch Kälteeinwirkung, hohen Druck oder erhöhte Calciumkonzentration zerstört, dann werden auch die Axopodien eingezogen und können erst nach Neubildung der Mikrotubuli wieder ausgestreckt werden. Blutplättchen (Thrombocyten), aber auch die kernhaltigen Erythrocyten von Vögeln, Reptilien und Amphibien verdanken ihre Gestalt einem am Plättchenrand umlaufenden Band von Mikrotubuli. Sie kugeln sich in der Kälte ab und gewinnen ihre typische Form erst wieder, wenn sich bei Erwärmung die Mikrotubuli erneut bilden.

Die Mikrotubuli haben also vor allem *Cytoskelett-Funktion*. Sie treten allerdings häufig auch dort auf, wo intrazelluläre Bewegungen ablaufen, z. B. in Cilien und Flagellen oder im Spindelapparat bei der Kernteilung. Tubulin selbst besitzt allerdings keine ATPase-Aktivität, Colchicin bleibt daher häufig ohne Wirkung auf intrazelluläre Bewegungen. Die Beteiligung der Mikrotubuli ist häufig nur indirekt: Sie dienen als Widerlager für kontraktile Systeme und zur Festlegung der Bewegungsrichtung. Dabei spielen charakteristische Begleitproteine (MAPs = Mikrotubuli-assoziierte Proteine) eine wichtige Rolle. Die Bewegungsvorgänge selbst werden durch die ATPasen Dynein bzw. Kinesin bewirkt. Tubulin gehört neben Aktin zu den mengenmäßig dominierenden Zellproteinen. Mikrotubuli können bei Bedarf schnell durch *Self assembly* von Tubulin-Heterodimeren (S. 36) gebildet werden. Die Neubildung von Mikrotubuli geht dabei von Mikrotubuli-organisierenden Zentren aus (international als MTOC abgekürzt: Centriolen und Basalkörper, Spindelpole und bestimmte Plasmabereiche). Mikrotubuli wachsen bevorzugt am einen der beiden Enden; dieses wird als Plus-Ende bezeichnet. An den MTOC befinden sich stets die Minus-Enden der Mikrotubuli. Dynein verschiebt Organelle und Vesikel zum Minus-Ende von Mikrotubuli, Kinesin dagegen zum Plus-Ende hin.

1.6.3.3 Cytoplasmatisches Skelett tierischer Zellen

Tierische und pflanzliche Zellen unterscheiden sich u. a. in der Konsistenz der Plasmamatrix. Während diese in den umwandeten Pflanzenzellen häufig flüssig ist und sich in

Tabelle 1.33. Geschwindigkeiten bei Bewegungsvorgängen in der Zelle

	Geschwindigkeit [μm · s^{-1}]
Chromosomen während der Anaphase	0,01–0,03
Golgi-Vesikel in Pflanzenzellen	0,1–0,3
Transport in Achsenfortsätzen von Nervenzellen	1–18
Plasmaströmung (Cyclose) in Wurzelhaaren, Pollenschläuchen u. dgl.	2–16
Fortbewegung von Amöben, Leukocyten, Fibroblasten	4–24
Cyclose bei Grünalge *Nitella*	80–100
Strömung im Plasmodium des Schleimpilzes *Physarum*	bis 1000
Frequenz des Cilienschlages	10–60 s^{-1}

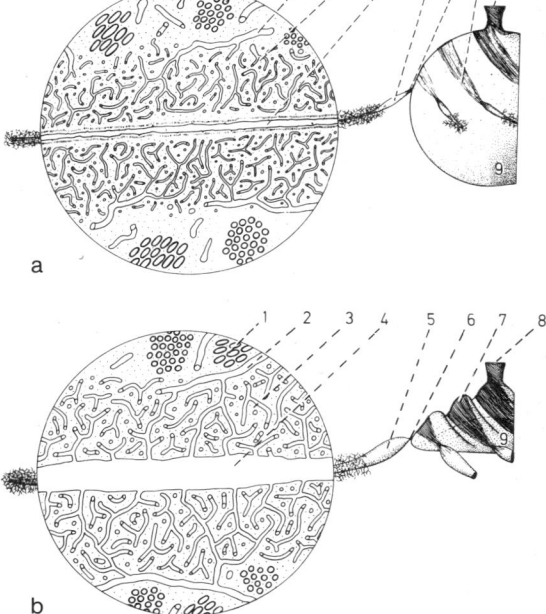

Abb. 1.129 a, b. *Funktionsweise der kontraktilen Vakuole beim Pantoffeltierchen (Paramecium). Neben der – rechts abgeschnittenen – Vakuole selbst (9) mit ihrem Ausführungskanal (8) ist hier nur ein Nephridialkanal (4) dargestellt. Die Kreise enthalten stärker vergrößerte Darstellungen der Struktur des Nephridialkanals nach elektronenmikroskopischen Schnittbildern. (a) Vakuole in Diastole, (b) Vakuole in Systole, die durch kontraktile Faserbänder (7) bewirkt wird. Der Inhalt der Vakuole wird über den Ausführungskanal (8) entleert. Die zuführenden Nephridialkanäle (4) sind von »Nephridialplasma« umgeben; es enthält zahlreiche verzweigte Tubuli (3), die mit Kanälen des glatten endoplasmatischen Reticulums (2) kommunizieren. Wenn sich die pulsierende Vakuole in Systole befindet, sind die Nephridialkanäle dilatiert (b) und speisen die entleerte Vakuole über Ampulle (5) und Einspritzkanal (6). Die Nephridialkanäle können kontrahiert werden (a). In diesem Zustand sind die offenen Verbindungen zwischen (3) und (4) unterbrochen – Ventilwirkung. (1) Tubulisysteme unbekannter Funktion. (Nach Schneider)*

Tabelle 1.34. Proteine der 10 nm-Filamente

Protomeren	Molekularmasse in kDa	Vorkommen	Bemerkungen
Cytokeratine	40–60	in epitheloiden Zellen (S. 450f.), »Tonofilamente«	zahlreiche Isotypen (ähnliche aber nicht identische Formen); bei Zellverhornung exzessiv vermehrt
Vimentin	55	mesenchymale Zellen wie Fibroblasten (S. 452)	kommt als einziges zusammen mit anderen Filamentproteinen in derselben Zelle vor
Desmin	52	Muskeln, z. B. in Z-Scheiben (S. 456)	—
Neurofilamentproteine (»Trias«)	65, 105 und 135	Nervenzellen (S. 460f.)	—
GFAP = »*glial fibrillar acidic protein*«	53	Gliazellen (S. 461)	—

strömender Bewegung befindet (Sol-Zustand), sind tierische Zellen gewöhnlich gallertig fest (Gel-Zustand). Die Verfestigung wird teilweise durch Mikrotubuli erreicht. Daneben gibt es aber in tierischen Zellen noch weitere Systeme cytoplasmatischer Filamente, deren weite Verbreitung erst in den letzten Jahren durch Anwendung der sog. *Indirekten Immunfluoreszenz* (IIF) entdeckt wurde (vgl. Abb. 1.130: Antikörper gegen ein Zellprotein – hier z. B. gegen ein bestimmtes Filamentprotein – binden sich im Gewebeschnitt oder in Ein-Zell-Präparationen spezifisch an Strukturen, die von diesem Protein gebildet werden; sie werden ihrerseits dann durch Reaktion mit Fluoreszenz-markierten Anti-Antikörpern fluoreszenzmikroskopisch sichtbar gemacht). Diese Filamente werden nach ihrem mittleren Durchmesser als *10-nm-Filamente* oder *Intermediäre Filamente* bezeichnet (»intermediär«, weil ihr Durchmesser zwischen dem der Mikrotubuli – 25 nm – und jenem der Aktin-Mikrofilamente – 6 nm – liegt). Zu ihnen gehören z. B. die Tonofilamente, die oft von Desmosomen (S. 22) ausgehen und aus Cytokeratinen bestehen, aber auch die Neurofilamente der Axon-Fortsätze von Nervenzellen. Die 10-nm-Filamente bestehen aus verschiedenen Strukturproteinen (Tab. 1.34). Ob alle Intermediärfilamente ausschließlich Cytoskelett-Funktion ausüben, ist noch nicht bekannt. Dagegen ist sicher, daß *Aktin* häufig als Komponente des Cytoskeletts fungiert. Beispielsweise sind die Mikrovilli in Bürstensäumen durch Bündel von Mikrofilamenten ausgesteift, und in Gewebekulturzellen werden bei Substratanheftung dickere Aktinstränge ausgebildet, die als Streßfasern bezeichnet werden. Aktinfilamente sind vielfach ausgesprochen dynamische Strukturen, die raschem Auf-, Um- und Abbau unterliegen. Man kennt heute zahlreiche Aktin-assoziierte Proteine (z. B. *Filamin, Villin, Fragmin, Profilin*), denen bei dieser Dynamik des Aktin-Skeletts regulatorische Rollen zugeschrieben werden.

1.6.3.4 Amöboide Bewegung

Bei *Amoeba proteus* ist das Cytoskelett sehr labil. Sein Hauptanteil besteht aus einem unregelmäßigen Netzwerk von F-Aktin-Filamenten mit mehr oder minder inkorporierten Myosinbestandteilen und weiteren assoziierten Proteinen, die insgesamt einen unterschiedlich dicken Filamentcortex bilden. Dieser ist frontal dünn (wenige nm) und meist von den Zellenden abgelöst, so daß er inneres Granuloplasma und äußeres Hyaloplasma trennt; medial steht er in Verbindung mit der Plasmamembran, caudal ist er dick (0,5–1 μm) und – vor allem im Uroid (Hinterende) – ebenfalls häufig abgelöst

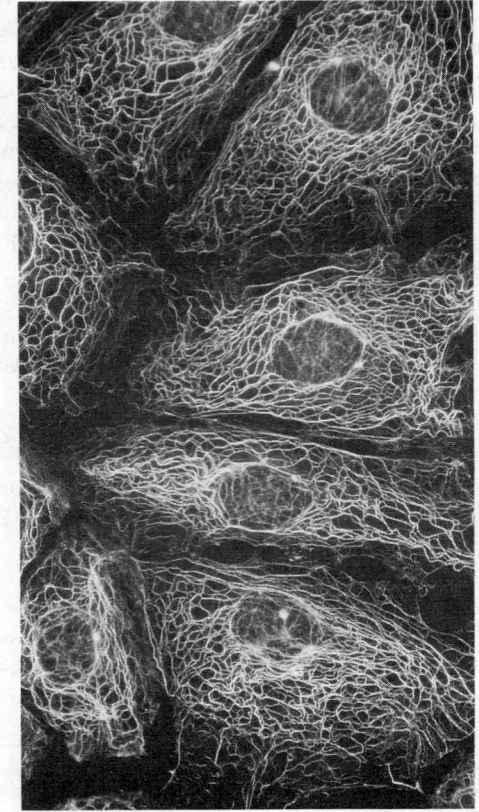

Abb. 1.130. Cytoskelett in Gewebekulturzellen (Nierenepithel der Känguruhratte): Cytokeratin, dargestellt durch indirekte Immunfluoreszenz. Der Zellkern ist im Filamentgeflecht aufgehängt, enthält aber selbst kein Cytokeratin. Fluoreszenzmikroskopische Aufnahme, Vergr. 1000:1. (Original Franke/Heidelberg)

(Abb. 1.131). Mechanisch stabilisierende Proteinstrukturen wie Mikrotubuli und Intermediärfilamente fehlen dem Zellcortex. Daß sein Aktin in polymerisierter F-Form vorliegt, zeigt die Wirkung einer Injektion des Enzyms DNase I, das die Polymerisierung von G- zu F-Aktin verhindert: Nach einigen Minuten ist der Cortex abgebaut und die Plasmamembran destabilisiert; die Amöben platzen.

Wahrscheinlich ist der Zellcortex die Ausgangsstruktur für die zur amöboiden Bewegung nötige Kraftentfaltung. Eine Erhöhung des Innendrucks durch Kontraktionsvorgänge in Teilen des Cortex würde an solchen Stellen des Ektoplasmabereichs, die durch F-G-Aktindepolymerisierungsvorgänge mechanisch weniger stabil werden (Vorderende: Sol-Zustand) Pseudopodien hinausdrücken bzw. deren Entstehung begünstigen, während eine G-F-Aktinpolymerisierung (Hinterende: Gel-Zustand) die Voraussetzung für eine Kontraktion bieten würden. Der Gesamtmechanismus der Strömungs- und Bewegungsinduktion ist noch nicht formulierbar. Die Außenschicht des Hyaloplasmas (Ektoplasmas) läßt sich von der Innenmasse des Granuloplasmas (Endoplasmas) bei den meisten Amöben gut unterscheiden. Bei der Ortsbewegung von Rhizopoden entstehen *Pseudopodien* als Vorstülpungen, in die ein Teil des granulären Endoplasmas nachströmt, während anderswo Plasma »eingeschmolzen« wird (Abb. 1.131). Breitgelappte oder fingerförmige Ausstülpungen nennt man *Lobopodien*, dünne, vernetzte (bei Thekamöben und Foraminiferen), die zum Beutefang und zur Erhöhung der Schwebefähigkeit dienen, *Reticulopodien*. Solche mit fester Axialstruktur, um die das Plasma strömt, kommen bei Heliozoen vor und werden als *Axopodien* bezeichnet. Das Auftreten von optisch doppelbrechenden Elementen am Anheftungspunkt der Pseudopodien und beim Nachziehen im Körper (Abb. 1.131b) deutet auf geordnete mikrofibrilläre Strukturen als Basis des Kontraktionsmechanismus hin; diese sitzen der Plasmamembran an.

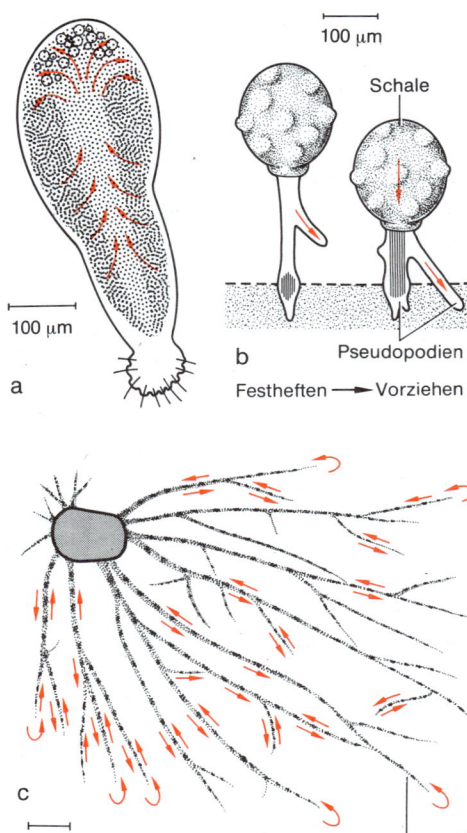

Abb. 1.131 a–c. Bewegung durch Plasmaströmung bei Amöben. Die roten Pfeile bezeichnen die Strömungsrichtungen. (a) Endoplasmaströmung zur Fortbewegung bei Pelomyxa palustris (Strömungstyp, vgl. dagegen Abb. 1.135a, S. 145). (b) Festheften und Nachziehen der Schale über Lobopodien bei der Thekamöbe Difflugia. Die schwarze Schraffur bezeichnet die sich kontrahierenden Teile des Cytoplasmas, die während der Kontraktion Anisotropie (optische Doppelbrechung) aufweisen. Mit dem nach rechts unten gerichteten roten Pfeil ist ein durch Plasmaströmung neu entstehendes Lobopodium bezeichnet, das die Festheftung für den nächsten »Schritt« vorbereitet. (c) Reticulopodiennetz bei der Thekamöbe Allogromia. Auf diesen dünnen Pseudopodien finden sich auch bei einem Tier, das keine Ortsbewegung durchführt, einander entgegengerichtete Plasmaströmungen, die dem Nahrungserwerb dienen. (Nach Griffon und Wohlman u. Allen)

1.6.3.5 Centriolen und Basalkörper

Centriolen wurden lange Zeit für Autoreduplikanten gehalten. Die Elektronenmikroskopie hat aber gezeigt, daß sich das Centriol bei der Vermehrung nicht etwa teilt, sondern intakt bleibt. Es induziert vielmehr in seiner Nachbarschaft die Bildung eines zunächst wesentlich kleineren Tochtercentriols. Ob Centriolen und Kinetosomen DNA enthalten, ist strittig. In bestimmten, ursprünglich centriolenlosen Zellen können Centriolen *de novo* gebildet werden. So lassen sich bei vielen Farnpflanzen und höher organisierten Algen in vegetativen Zellen keine Centriolen nachweisen, doch treten solche bei der Bildung der begeißelten männlichen Gameten auf.

Die Basalkörper *(Kinetosomen)* der Cilien und Flagellen gehen unmittelbar aus Centriolen hervor. Wenn sich Centriolen in Kinetosomen umwandeln, wandern sie unter die Plasmamembran und orientieren sich senkrecht zu ihr. An der Kontaktstelle, von welcher dann die Cilie oder Geißel auswächst, wird eine Basalplatte gebildet. Von hier nach außen herrscht das 9+2-Muster (Abb. 1.6, 1.132), während im Basalkörper hinsichtlich der Mikrotubulianordnung die typische Centriolenstruktur erhalten bleibt (9 periphere Tripletts, keine zentralen Mikrotubuli: Abb. 1.5). Basalkörper sind häufig durch Bündel von Mikrotubuli oder quergestreiften »Geißelwurzeln« im Cytoplasma verankert.

1.6.3.6 Flagellen und Cilien

Flagellen (= Geißeln) und Cilien sind in ihrem Feinbau gleich; sie werden daher unter dem Oberbegriff *Undulipodien* zusammengefaßt. Ein Querschnitt läßt folgende Strukturelemente erkennen (Abb. 1.6, 1.132):
20 Mikrotubuli bilden als Überstruktur das *Axonem*. Es besitzt einen Gesamtdurchmesser von 200 nm. Dieser Wert ist bei allen Eukaryoten konstant und von der stark variablen

Länge der Undulipodien unabhängig. Die peripheren Dubletts sind im Querschnitt schräg orientiert. Der dem Zentrum näher stehende Mikrotubulus wird als A-Tubulus bezeichnet. Er besitzt eine komplette Wand aus 13 Tubulinprotofilamenen (Abb. 1.29, S. 37). Der achsenfernere B-Tubulus sitzt dem A-Tubulus seitlich an und hat drei Protofilamente mit ihm gemeinsam. Von den A-Tubuli gehen zwei »Arme« in Richtung zum nächstbenachbarten Dublett ab, ohne freilich dessen B-Tubulus ganz zu erreichen. Diese Arme erweisen sich im Längsschnitt als periodische Strukturen (Periodenlänge 22,5 nm). Sie werden von einem hochmolekularen Protein mit ATPase-Aktivität gebildet, dem *Dynein*. Es weist Analogien zum Myosin der Muskeln auf.

Die beiden zentralen Mikrotubuli legen die Schlagrichtung des Undulipodiums fest: Der Schlag erfolgt senkrecht zur Verbindungslinie. Die Schlagrichtung fällt oft mit der Symmetrieebene des Axonems zusammen. Da die Zahl der peripheren Dubletts ungerade ist, kann nur eines von ihnen in der Symmetrieebene liegen. Es wird als Dublett 1 bezeichnet. Die weitere Numerierung erfolgt umlaufend in Richtung der Dyneinarme, bei Blickrichtung vom Basalkörper aus im Uhrzeigersinn. Die Symmetrieebene des Axonems läuft zwischen den Dubletts 5 und 6 hindurch. Das prägt sich strukturell oft darin aus, daß ausnahmsweise vom B-Tubulus des Dubletts 6 Dyneinarme ausgehen, die zum Dublett 5 hin, also gegenläufig, orientiert sind (Bildung einer Dyneinbrücke zwischen den Dubletts 5 und 6).

Neben den Mikrotubuli zeigt der Querschnitt noch eine Reihe weiterer Strukturen, die für den Zusammenhalt des Axonems sorgen und auch für die Bewegung wichtig sind. Die beiden zentralen Mikrotubuli sind von einer schraubenförmigen *Zentralscheide* umgeben. Von ihr gehen in Längsabständen von ca. 22 nm *Radialspeichen* zu den A-Tubuli eines jeden Dubletts. Die Dubletts sind ihrerseits durch Tangentialstrukturen miteinander locker verbunden, die von einem spezifischen Strukturprotein, dem *Nexin* (Molekularmasse 165 kDa), gebildet werden.

Die *Bewegungen* der Undulipodien sind recht verschieden, je nachdem ob eine Einzelzelle gezogen, geschoben oder in Rotationsbewegung versetzt, oder ob ein Flüssigkeitsstrom entlang der Oberfläche einer festsitzenden Zelle erzeugt wird usw. In allen diesen Fällen entsprechen sich jedoch die molekularen Vorgänge der Krafterzeugung bei den verschiedenen Undulipodien weitgehend. Isolierte Axonemen können durch ATP-Zugabe zu erneutem Schlagen veranlaßt werden. Dabei zieht das Dynein die elastischen, peripheren Dubletts unter ATP-Spaltung aneinander vorbei. Auch hier trifft also das *Gleitfasermodell* zu, das Dynein wirkt analog dem Myosin, die Dubletts analog dem Aktin (S. 456f.).

Bei der Parallelverschiebung von Dynein und den Dubletts dürften die beiden zentralen Mikrotubuli als Widerlager wirken. Die tangential gerichteten Strukturen des Nexins und radiär angeordnete Zapfen dienen der Versteifung des Systems. Die Zapfen können in halbringförmige Vorwölbungen der beiden zentralen Mikrotubuli zeitweilig eingreifen und regeln wohl damit die Schwingungsamplitude. Sie sorgen weiter dafür, daß die auftretenden Scherungskräfte in Biegemomente des Gesamtsystems überführt werden.

Im einfachsten Fall der Bewegung in einer Fläche führt eine rhythmische Aktivität der Verschiebung einander gegenüberliegender Filamente zu einer Schwingung der Geißel oder Cilie in ebenen Transversalwellen. Dabei wird sie rasch und gestreckt – wie der Arm eines Schwimmers – in die eine Richtung bewegt (»Ruderschlag«) und dann langsamer und angeschmiegt wieder in die Ausgangsstellung gebracht (»Vorzug«) (Abb. 1.133). Haben die Filamente dagegen eine »zyklische« Verschiebeaktivität (mit der Reihenfolge 1, 2, …, 8, 9, 1, 2, …), so kommt eine Bewegung zustande, bei der die Geißel im Raum rotiert. Die jeweilige Rhythmik könnte vollständig vom Kinetosom gesteuert werden, vielleicht weist sie aber auch aufgrund der Filamentverformung eine Selbsterregungskomponente auf.

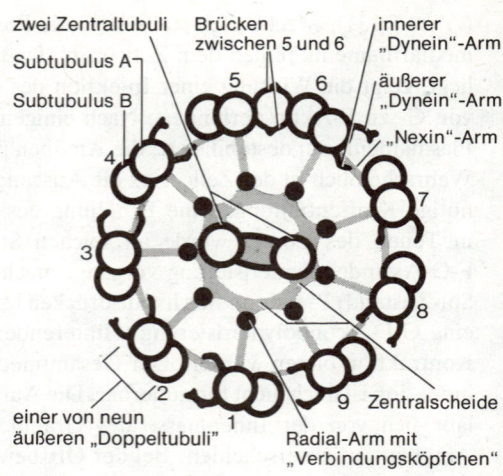

Abb. 1.132. Querschnitt durch das Axonem einer Cilie oder Flagelle, schematisch, bei Blickrichtung vom Kinetosom zum freien Cilienende. (Abb. 1.6, S. 14, zeigt Cilienquerschnitte bei umgekehrter Blickrichtung.) Einzelheiten im Text. (Nach Summers)

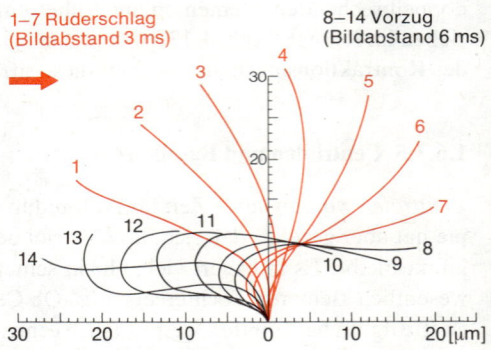

Abb. 1.133. Cilienschlag auf der Dorsalkieme des sedentären Polychaeten Sabellaria, nach Filmaufnahmen. Die Cilien schlagen rasch und gestreckt nach einer Seite (Ruderschlag, »rückwärts«) und werden meist langsamer und angeschmiegt wieder nach vorn bewegt (Vorzug). So wird eine Strömung in Richtung des roten Pfeiles erzeugt. (Nach Rickmenspoel u. Sleigh)

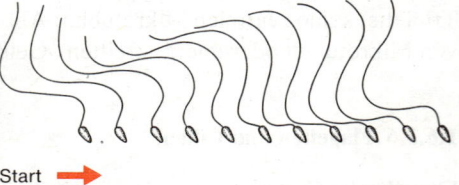

Abb. 1.134. Schlag des Flagellums eines Spermatozoons, dessen Kopf festgelegt ist. Aufeinanderfolgende Bewegungsstadien nach Filmaufnahmen nebeneinander gezeichnet; Bildabstand etwa 0,17 s, Schlagfrequenz also ca. 0,5 s^{-1}. (Nach Goldstein)

1.6.4 Bewegung von Einzellern

Viele frei lebende Mikroorganismen, z. B. zahlreiche Bakterien und die gesamte Gruppe der Flagellaten, sind in ihrem wäßrigen Lebensraum zur freien Ortsbewegung mit Hilfe von Geißeln befähigt. Bei den höher entwickelten Algengruppen sowie bei Moosen, Farngewächsen, manchen Gymnospermen und bei fast allen Metazoen bleibt die begeißelte Organisationsform der Zelle in den Fortpflanzungsstadien (Zoosporen, Spermatozoen) erhalten. Viele der mit zahlreichen Cilien ausgestatteten Protozoen (Ciliaten) schwimmen durch metachronen Cilienschlag (Abb. 1.136a); ebenso haben auch manche kleinen Metazoen, besonders Larvenformen, Lokomotion durch Cilienbewegung. Andere Organismen (z. B. Amöben, S. 143, Abb. 1.131a; Plasmodien der Schleimpilze, S. 558) zeigen amöboide Bewegung (S. 141f.), die ein Kriechen auf dem Untergrund darstellt. Bei Cyanobakterien und Desmidiaceen bewegen sich die Zellen durch einseitige Schleimausscheidungen, bestimmte Kieselalgen (Diatomeen) durch an der Außenseite der Panzer – in der Raphe – strömendes Plasma (»Raupenkettenprinzip«). In entsprechender Weise »rollen« auch manche Amöben. Pseudopodien können auch zum »Schreiten« auf dem Untergrund ausgebildet sein (Abb. 1.135a); dasselbe leisten die zu Cirren verbundenen Gruppen von Cilien mancher Ciliaten (Abb. 1.135b).

1.6.4.1 Vortriebserzeugung

Mikroorganismen, die mit schlängelnden Geißeln, oder Spermatozoen, die mit schlagenden Schwänzen schwimmen (Abb. 1.134), können sich nur dadurch fortbewegen, daß sie unter Ausnützung der Zähigkeit des Mediums Wasser Reibungskräfte erzeugen. Die Trägheitskräfte, die bei den in ähnlicher Weise schwimmenden großen Tieren den Hauptanteil der Vortriebskräfte ausmachen, sind bei den Mikroorganismen vernachlässigbar klein. Deshalb hört deren Vorwärtsbewegung auch schlagartig auf, wenn die Geißel- oder Schwanzbewegung stoppt. Die Prinzipien sind auf S. 144 geschildert.

Wenn die Bewimperung des Zellkörpers zur Fortbewegung benützt wird – so vor allem bei den Ciliaten –, werden die gleichartigen Schläge der einzelnen Cilien synchronisiert. Ihre Bewegung läuft in einer Ebene oder im Raum in einem arttypischen Muster ab (Abb. 1.136). Über das Tier scheinen dann Wellen zu laufen – ähnlich wie bei einem Kornfeld im Wind. In ähnlicher Weise bewegen sich die Cilien der Zellen von Flimmerepithelien. Deren festsitzender Verband erzeugt so Wasserströme (z. B. über Kiemen von festsitzenden Polychaeten (Abb. 1.133), von Lamellibranchiern oder von Tunicaten und Acraniern) oder transportiert Schleimschichten (z. B. in der Luftröhre der Säugetiere). Cilien können zu Cirren oder zu Blättchen verschmolzen und damit mechanisch zwangssynchronisiert werden, wie dies bei den hypotrichen Ciliaten (z. B. *Stylonychia*, Abb. 1.135b) oder bei den Schwimmorganen (Kämmen) der Ctenophoren (z. B. *Pleurobrachia*, Abb. 6.4, S. 556) der Fall ist. Die Geißeln von Bakterien sind nicht nur völlig anders gebaut als die hier geschilderten Undulipodien von Eucyten, sondern funktionieren auch ganz anders (S. 26).

Die vielen Einzellern mögliche Lokomotion dient entweder mit taktischen oder mit phobischen Reaktionen dem Fliehen ungünstiger oder dem Aufsuchen günstiger Lebensbedingungen bzw. dem Finden von Nahrung. Zwei Beispiele dazu sollen hier dargestellt werden; ein weiteres findet sich in Kapitel 7 (S. 724, Abb. 7.5).

1.6.4.2 Chemophobotaktische Reaktion bei Bakterien

Bakterien können aufgrund der Bewegungsmechanik ihrer Geißeln (S. 26) grundsätzlich nur phobisch reagieren. Zellen von *E. coli* z. B. schwimmen in einem chemisch homogenen Medium in leichten Kurven vorwärts, wobei sie nach etwa 1 s durch Umkehr des

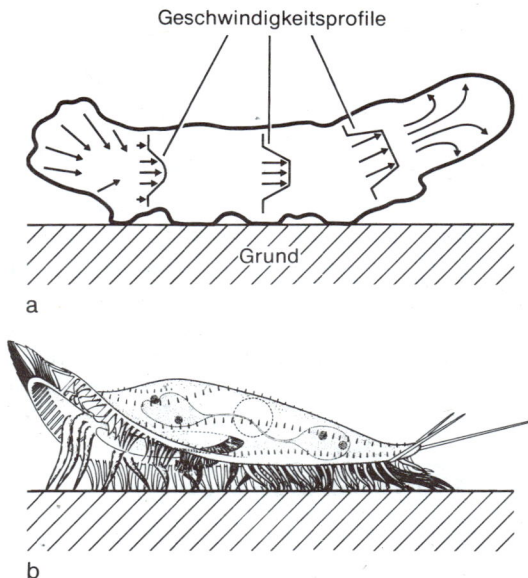

Abb. 1.135a, b. Fortbewegung durch »Schreiten« bei Protozoen. (a) Eine monopodiale Amöbe setzt Pseudopodien auf den Untergrund auf; die Länge der im Körper des Tieres eingezeichneten Pfeile gibt die relative Strömungsgeschwindigkeit des Cytoplasmas an. (b) Bei dem hypotrichen Ciliaten Stylonychia sind auf der Unterseite benachbarte Cilien zu mehr oder weniger langen »Schreitborsten« verklebt; damit läuft das Tier auf dem Untergrund. (a nach Alexander u. Goldspink, b nach Machemer)

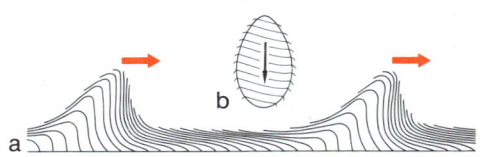

Abb. 1.136a, b. Ciliäre Fortbewegung bei dem Protociliaten Opalina ranarum. Die Metachronie der Cilienschläge (a) erzeugt am Tier den Eindruck eines bewegten Musters von Bändern und Streifen (b). (Nach Machemer)

Drehungssinnes der Geißeln in ein kurzes Taumeln verfallen, um dann in einer neuen, zufälligen Richtung weiterzuschwimmen. Schwimmt die Zelle in Richtung der höheren Konzentration eines Lockstoffes, so ist das Taumeln seltener, in umgekehrter Richtung aber häufiger als normal. Im Konzentrationsgefälle eines Schreckstoffes verhält sich das Bacterium umgekehrt. Auf diese Weise sammeln sich die Zellen schließlich im Konzentrationsmaximum eines Lockstoffes bzw. in größter Entfernung vom Konzentrationsmaximum eines Schreckstoffes an. Die passende Lage im Konzentrationsgefälle wird durch einen Vergleich der Umgebungskonzentration zur Zeit t_1 mit der zur Zeit t_2 ermittelt. Die Rezeptoren für die chemophobisch wirkenden Reize sind in der Plasmamembran oder im periplasmatischen Raum (zwischen Plasmamembran und Zellwand) lokalisierte Proteine; sie sollen bei Bindung des Reizstoffes eine Konformationsänderung erfahren.

Einzelheiten über den Mechanismus der Informationsübertragung zwischen dem Chemosensorprotein und den Geißeln als Erfolgsorganen sind ebenso noch unbekannt wie die Antriebskräfte für die Geißelrotation und ihre Richtungsumkehr.

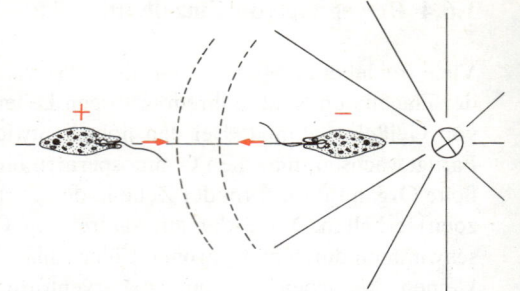

Abb. 1.137. Positive und negative Phototaxis des Flagellaten Euglena. Die Richtung der taktischen Bewegung wird direkt von der Lichtrichtung bestimmt. Bei niedriger Beleuchtungsstärke schwimmen die Zellen auf die Lichtquelle zu (+), bei hoher Beleuchtungsstärke von der Lichtquelle weg (−). Der Indifferenzbereich, in dem sich die Zellen schließlich ansammeln werden, liegt zwischen den gestrichelten Linien. (Nach Mohr)

1.6.4.3 Phototaxis bei Euglena

Die Fähigkeit zur phototaktischen Bewegung setzt folgende funktionellen Elemente voraus:
(1) eine Photorezeptorstruktur zur richtungsspezifischen Perzeption des Lichtfaktors (Photosensor, »Auge«),
(2) ein steuerbares lokomotorisches Effektorsystem (Geißelapparat) und
(3) eine Signalleitung vom Photorezeptor zum Effektor.

Das taktische Bewegungssystem der spindelförmigen Zelle des Phytoflagellaten *Euglena* ist in dieser Hinsicht besonders intensiv untersucht worden. Diese Zelle besitzt am vorderen Pol eine Invagination (Reservoir), in welcher eine etwa 30 μm lange Geißel (und eine kurze Nebengeißel) inseriert sind (Abb. 1.14, S. 23). Die Geißel führt kreisförmige oder peitschenartige Ruderschläge aus, durch welche die Zelle mit dem Geißelpol nach vorne in einer schraubenförmigen Bahn durch das Wasser gezogen wird. Hierbei rotiert der Zelleib um seine Längsachse. Die Änderung der Schwimmrichtung erfolgt durch eine vom Photorezeptor ausgelöste Veränderung des Geißelschlages.

Nach heutiger Kenntnis stellt nicht das auffällige, durch Carotinoide (Formel S. 114, Abb. 1.95b) orangerot gefärbte Stigma (»Augenfleck«), sondern eine Verdickung an der Geißelbasis (Paraflagellarkörper) die eigentliche Photorezeptorstruktur dar, welche die Lichtsignale aufnimmt, in chemische (oder elektrische?) Signale umwandelt und damit den Geißelschlag steuert (Abb. 1.138). Dieses farblos erscheinende Gebilde zeigt elektronenmikroskopisch einen kristallinen Aufbau. Das Stigma hat die Funktion, den Photorezeptor während der schraubenförmigen Fortbewegung der Zelle periodisch zu beschatten und dadurch die Lichtabsorption im Photorezeptor richtungsspezifisch zu modulieren. Wahrscheinlich hat jede pulsförmige Beschattung ein pulsförmiges Signal an die Geißel zur Folge, welche daraufhin eine seitliche Korrektur der Bewegungsrichtung in Richtung der stigmahaltigen Zellflanke durchführt, bis die Abschattung eine minimale Stärke erreicht hat (d.h. die Zelle bei positiver Reaktion auf die Lichtquelle hin ausgerichtet ist). Daneben kann der Photorezeptor auch die Beleuchtungsstärke messen und beim Erreichen eines bestimmten Grenzwertes von der positiven auf eine negative Reaktion umschalten (Abb. 1.137). Bei der negativen Reaktion wird die Bewegungsrichtung so einreguliert, daß der Photorezeptor durch den chloroplastenhaltigen Zelleib maximal und kontinuierlich abgeschattet wird.

Die chemische Natur des Photorezeptors ist noch nicht genau bekannt. Die identischen *Wirkungsspektren* (vgl. S. 114ff., Abb. 1.97) der positiven und negativen Phototaxis zeigen mehrere Wirkungsgipfel im Blaubereich. Strahlung oberhalb von 560 nm ist unwirksam. Derartige Blaulichtwirkungsspektren können im Prinzip sowohl mit einem

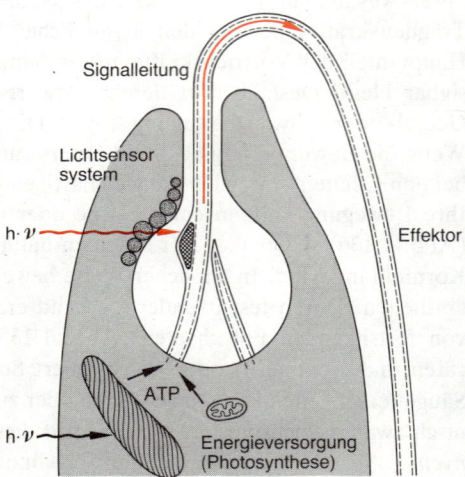

Abb. 1.138. Phototaktisches Bewegungssystem von Euglena (vgl. S. 23, Abb. 1.14). Das Lichtsensorsystem setzt sich aus dem Photorezeptor (Paraflagellarkörper) und dem Stigma (»Augenfleck«, bestehend aus carotinoidhaltigen Globuli) zusammen. Da die Zelle bei ihrer Fortbewegung um ihre Längsachse rotiert, wird der Photorezeptor in Abhängigkeit von der Lichtrichtung durch das Stigma im blauen Spektralbereich periodisch abgeschattet. Die im Photorezeptor in chemische Signale verwandelte Information steuert den Geißelschlag bei der positiven Phototaxis in der Weise, daß eine Kursänderung in Richtung auf die stigmahaltige Zellflanke hin durchgeführt wird. (Original Schopfer)

Carotinoid als auch mit einem Flavin als Photorezeptor gedeutet werden (Abb. 6.144, S. 642). Die Mehrzahl der Experimente spricht jedoch für ein Flavin.
Über den Mechanismus der Signalübertragung vom Photorezeptor zu den koordiniert gesteuerten kontraktilen Fibrillen der Geißel weiß man noch sehr wenig. Manche Forscher vermuten ein den zellulären Vorgängen im Nervensystem der Tiere ähnliches Übertragungssystem. Die Untersuchung der Phototaxis bei grünen Formen von *Euglena* wird dadurch kompliziert, daß dieser Organismus die Energie für die Geißelbewegung (in Form von ATP) sowohl über die Dissimilation als auch über die Photosynthese beziehen kann. Dies äußert sich in einer Beeinflussung der *Geschwindigkeit* der Schwimmbewegung durch die Beleuchtungsstärke. Man bezeichnet dieses Phänomen als *Photokinese* (vgl. S. 724). Da hier vor allem die vom Chlorophyll absorbierten Wellenlängen (Abb. 1.95a, S. 115) wirksam sind, kann die Photokinese im Gegensatz zur Phototaxis auch im roten Licht beobachtet werden.

1.6.5 Mitochondrien und Plastiden

1.6.5.1 Feinbau und Funktion der Mitochondrien

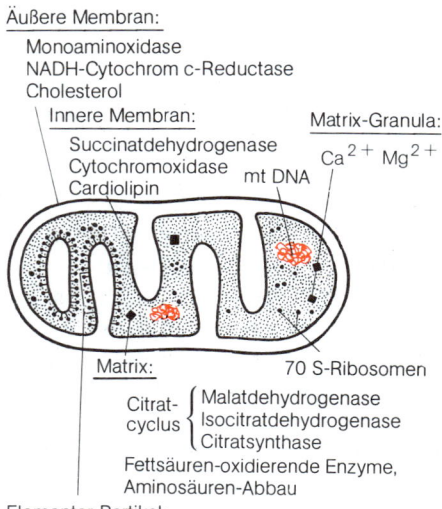

Abb. 1.139. Mitochondriale Strukturkomponenten mit wichtigsten Enzymen und anderen charakteristischen Bestandteilen, schematisch. (Original Sitte)

Die Mitochondrien werden als »Kraftwerke« der Zelle bezeichnet: In ihnen laufen Fettsäureabbau und Citratzyklus, Teile des Harnstoffzyklus, vor allem die Atmungskette und die damit verbundene Synthese von ATP ab (S. 67, 89f., 102). Einen Teil der dazu nötigen Enzyme birgt die *Matrix,* die als gallertiger Körper das eigentliche Organell ausmacht (Abb. 1.139). An der *inneren Mitochondrienmembran* sind einige Enzyme des Citratzyklus sowie vor allem der Atmungskette und der oxidativen Phosphorylierung (ATP-Bildung unter Sauerstoffverbrauch) eingebaut: Hier läuft der Elektronentransport von energiereichen Atmungssubstraten bis zum Sauerstoff (S. 82, 87). Daneben können Mitochondrien auch noch andere Funktionen übernehmen, vor allem die Speicherung von Ca^{2+}. Diesen Funktionen entspricht die große *Zahl der Mitochondrien pro Zelle:* Eine Zelle aus der Säugetier-Leber enthält etwa 1000–1500 Mitochondrien, die zusammen 30% des Zellproteins ausmachen; ihre gesamte Membranoberfläche ist ein Vielfaches der Zelloberfläche. In großen Zellen liegt die Mitochondrienanzahl entsprechend höher, in Amphibien-Oocyten z.B. bei etwa 300000, bei Riesenamöben um 500000. In Säugetier-Spermien, die wie die meisten Spermien extrem spezialisierte Zellen darstellen, ist die Schwanzgeißel im Mittelstück von 3–4 schraubenförmigen Mitochondrien umgeben (Abb. 3.77, S. 296), die aus der Verschmelzung zahlreicher Mitochondrien hervorgegangen sind. Carzinomzellen (S. 400f.), deren Atmungsstoffwechsel oft erheblich gestört ist, besitzen weniger Mitochondrien als nichttransformierte Zellen des entsprechenden Typs. Filmaufnahmen zeigen, daß Mitochondrien zu rascher Formveränderung fähig sind. Je nach Zelltyp und -zustand überwiegen kugelige, stabförmige oder verzweigt-fädige Mitochondrien. Bei der einzelligen Grünalge *Chlamydomonas* und Hefepilzen verschmelzen in bestimmten Entwicklungsstadien alle Mitochondrien zu einem einzigen netzförmigen, die ganze Zelle durchziehenden Riesenmitochondrium. Nicht nur die äußere Gestalt, sondern auch der Feinbau der Mitochondrien variiert erheblich (Abb. 1.141). Die Einstülpungen der inneren Membran können flächig entwickelt sein *(Cristae)* oder röhrenförmig *(Tubuli,* z.B. bei tierischen Einzellern).

Zwischen innerer und äußerer *Mitochondrienmembran* befindet sich ein nichtplasmatischer Zwischenraum. Mit der äußeren Organellmembran grenzt sich das Grundplasma der Zelle gegen diesen Raum hin ab. Die äußere Membran hängt gelegentlich mit ER-Cisternen zusammen; sie enthält trimere Proteinkomplexe, die den Porinen der äußeren Membran gramnegativer Bakterien entsprechen (S. 26); durch die von ihnen gebildeten Kanäle können z.B. Oligosaccharide und andere Moleküle mit $M_r < 1000$ permeieren.

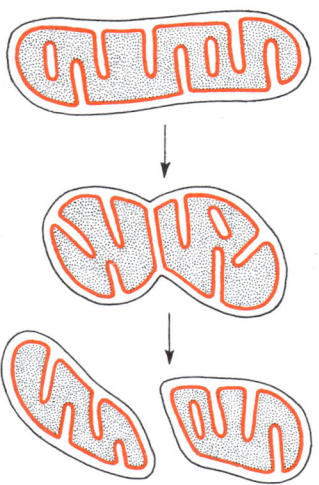

Abb. 1.140. Mitochondrienteilung, schematisch. (Original Sitte)

Dagegen ist die innere Membran selbst für besonders kleine Permeanden (z. B. das Chlorid-Ion und Protonen, Abb. 1.139) undurchlässig und transportiert lediglich solche Stoffe, für die spezifische Transportstellen vorhanden sind (S. 83, 134; Calcium-, Magnesium- und Phosphationen werden aktiv in die Mitochondrien aufgenommen und bilden die kontrastreichen Granula in der Matrix). Die Impermeabilität der inneren Mitochondrienmembran gegenüber Protonen ist für die ATP-Synthese bzw. ihre Koppelung an den Elektronentransport der Atmungskette von entscheidender Bedeutung (*Chemiosmotische Theorie*, S. 80f.). Äußere und innere Organellmembran unterscheiden sich aber auch sonst erheblich. Ihre Enzymausstattungen sind völlig verschieden (Abb. 1.139), und auch wichtige Lipidkomponenten sind alternativ auf ihnen verteilt; die innere Membran enthält das sonst nur bei Bakterien verbreitete Cardiolipin (Abb. 1.44d, S. 49), die äußere Cholesterol, welches der inneren (und auch den meisten Prokaryoten-Membranen) fehlt. Die innere Membran trägt auf der Matrixseite kugelige Partikel (Durchmesser 9 nm), die mit feinen Stielchen von 5 nm Länge an der Membran festgeheftet sind. Diese *Elementarpartikel* vermitteln die Festlegung der bei den verschiedenen Teilschritten der Atmungskette freiwerdenden Energie in ATP ($F_0 F_1$-Komplex, S. 82). Sie sind mit der *ATP-Synthase* der Mitochondrien identisch.

1.6.5.2 Genese der Mitochondrien

Mitochondrien vermehren sich *ausschließlich durch Teilung* (Abb. 1.140). Das gilt auch für Zellen, die unter bestimmten Bedingungen anscheinend keine Mitochondrien enthalten. Beispielsweise finden sich in Hefezellen, die unter O_2-Ausschluß in einem Glucose-haltigen Medium kultiviert wurden, keine Mitochondrien. Diese Zellen atmen nicht, sie decken ihren Energiebedarf durch Gärung. Werden die Kulturbedingungen so verändert, daß die Hefen atmen können, dann bilden sich in den Zellen rasch typische Mitochondrien aus. Die gärenden, scheinbar mitochondrienlosen Zellen enthalten wesentlich kleinere und einfacher gestaltete »*Promitochondrien*«.

Mitochondrien besitzen DNA *(mtDNA)* und ein eigenes System der RNA- und Proteinbiosynthese, das vom cytoplasmatischen erheblich abweicht. Die mtDNA ist doppelsträngig und meistens ringförmig wie jene der Bakterien. Ihre Konturlänge schwankt zwischen 5 μm (Säuger) und > 70 μm (Höhere Pflanzen; zum Vergleich: die zirkuläre DNA von *E. coli* hat eine Konturlänge von 1200 μm). Bei Säugern umfaßt die mtDNA nur etwa 15 000 bp. Jedes Mitochondrium enthält gewöhnlich mehrere Kopien mtDNA. Trotzdem ist die DNA-Menge pro Mitochondrium sehr gering. Dementsprechend macht die Gesamtmenge der mtDNA einer Zelle gewöhnlich weniger als 1% der Zell-DNA aus. Dieser Wert kann jedoch bei besonderem Mitochondrienreichtum oder geringen Kern-DNA-(*nuc*DNA-)Werten auch höher liegen (bei bestimmten Hefen über 6%, bei Trypanosomen – parasitischen Zooflagellaten mit nur einem Mitochondrium pro Zelle, das aber über 10^3 DNA-Ringe enthält – über 20%, beim Schleimpilz *Physarum* etwa 30%, bei manchen Eizellen über 50%). Die mtDNA liegt in aufgelockerten Matrixbezirken, deren Aussehen an das von Bakteriennucleoiden erinnert. Sie unterscheidet sich auch in ihrem Basenverhältnis oft deutlich von der Kern-DNA, gehört jedoch wie diese dem AT-Typ an.

Mitochondrien sind nicht in der Lage, alle eigenen Proteine selbst zu synthetisieren. Selbst wenn – wie bei Säugermitochondrien – die gesamte mtDNA transkribiert wird und für rRNAs, tRNAs und Proteine codiert, können mit der vorhandenen genetischen Information doch maximal nur 15 verschiedene Proteine gemacht werden. 95% der mitochondrialen Proteine sind Kern-codiert, werden im Cytoplasma synthetisiert und posttranslational in die Mitochondrien verlagert. In den meisten Fällen spielen dabei Signalsequenzen an den Polypeptidketten, die nach dem Transfer abgespalten werden, eine entscheidende Rolle. Zu den importierten Proteinen gehören auch solche des genetischen Apparates der Mitochondrien, z. B. die mitochondrienspezifischen RNA- und DNA-Polymerasen, sowie

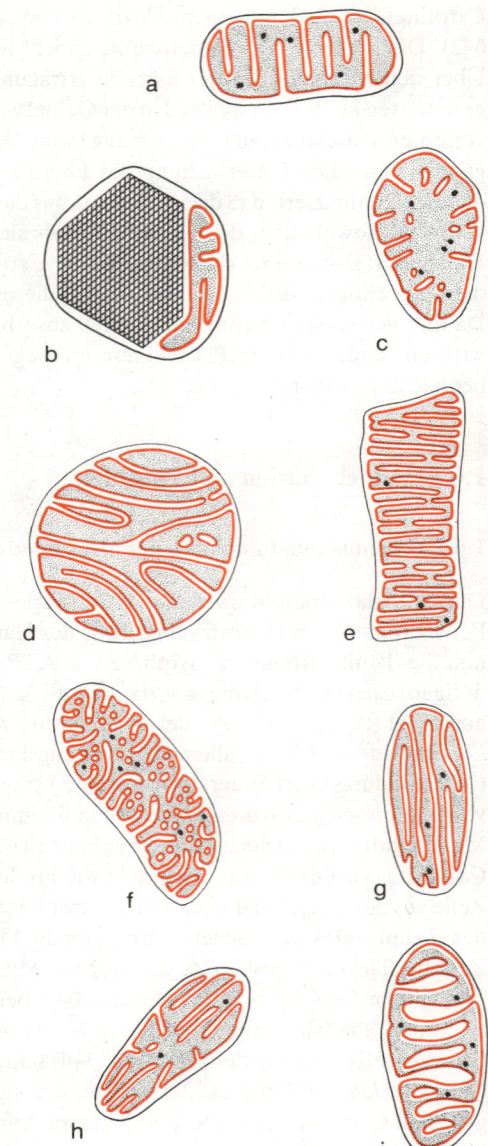

Abb. 1.141 a–i. Strukturvariabilität bei Mitochondrien. (a) Typisches Mitochondrium mit Cristae (exokrine Pankreaszelle). (b) Mitochondriales »Dotterplättchen« eines Oocyten mit Kristall von Phospho- und Lipoprotein; Cristae rückgebildet. (c) Lebermitochondrium mit relativ wenigen Cristae. (d) Mitochondrium aus braunem Fettgewebe des Neugeborenen; Funktion: Abbau von Speicherfett. (e) Muskelmitochondrium (= Sarkosom) mit dicht stehenden Cristae. (f) Tubuläres Mitochondrium (Protozoen, manche Algen, Nebennierenrinde bei Wirbeltieren). (g) Mitochondrium mit längs stehenden Cristae (z. B. Geschlechtszellen bei Mollusken). (h) Pilzmitochondrium. (i) Mitochondrium einer Höheren Pflanze. (Original Sitte)

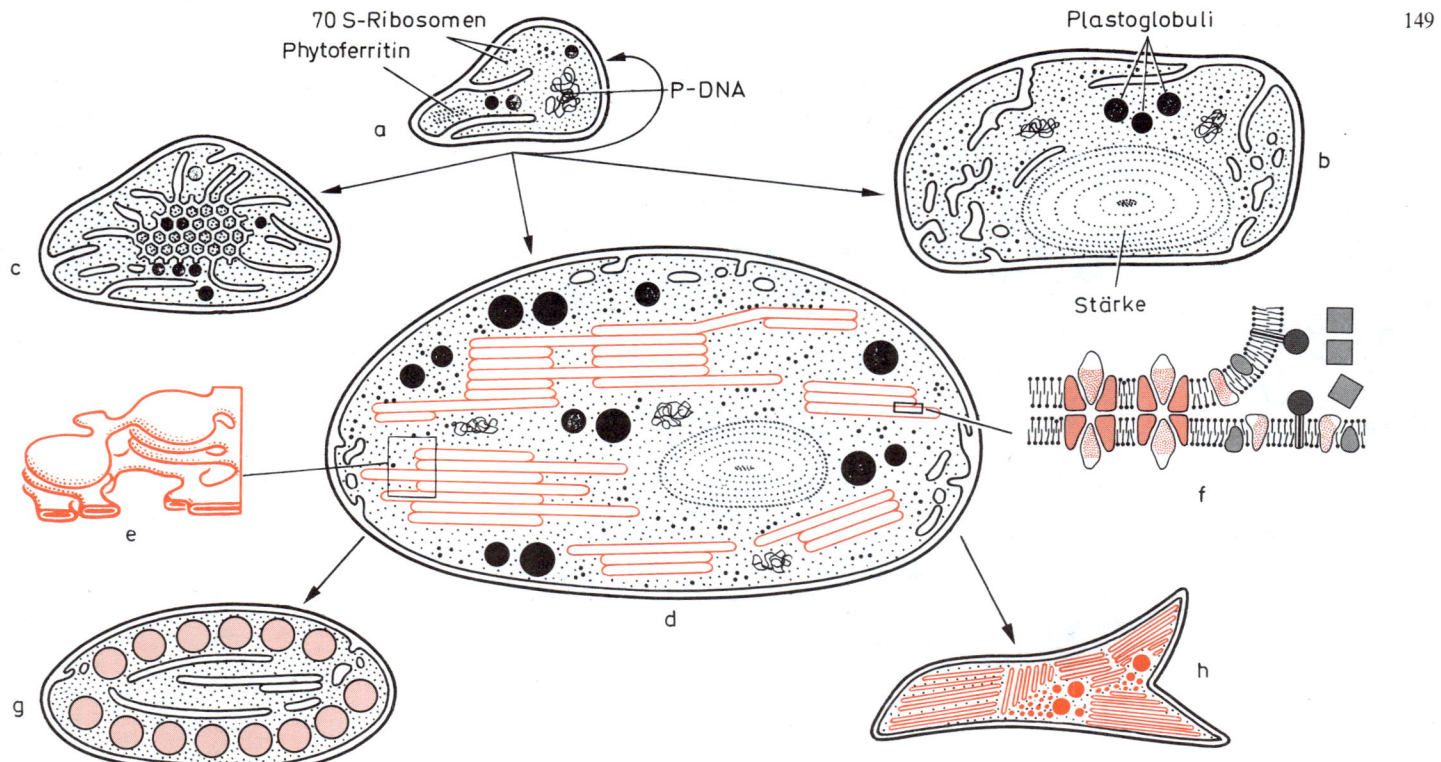

die meisten ribosomalen Proteine. Dennoch sind die mitochondrialen Ribosomen (Mitoribosomen) kleiner (70S-Typ) als die cytoplasmatischen (80S-Typ) und erinnern in vielen Eigenschaften an die Ribosomen von Eubakterien. Besonders verwickelt ist die Situation bei den großen Enzymkomplexen der inneren Mitochondrienmembran, die aus zahlreichen Polypeptiden zusammengesetzt sind, wie z.B. Cytochromoxidase und ATP-Synthase. Es hat sich gezeigt, daß ein Teil dieser Polypeptide von den Mitochondrien selbst gebildet wird, besonders solche, die in der Membran verankert sind; die übrigen – vor allem die enzymatisch wirksamen – stammen dagegen aus dem Cytoplasma. Eine Erklärung für diese Verhältnisse bietet die Endosymbionten-Hypothese (S. 152f.).

Die Mitochondrien besitzen jedenfalls – wenn auch nur in beschränktem Umfang – eine genetische Information (Mitochondriom, S. 251f.). Der Informationsgehalt der mtDNA kann durch spontane und künstlich induzierte Mutationen vermindert, im Extremfall praktisch ausgelöscht werden. Die Mitochondrien sind in solchen Fällen auf einem promitochondrialen Zustand fixiert. Die betroffenen Zellen vermögen nicht mehr zu atmen und sind selbst unter aeroben Bedingungen ganz auf Gärung angewiesen. In von ihnen abgeleiteten Zellklonen können nie wieder komplette Mitochondrien gebildet werden.

1.6.5.3 Strukturtypen und Entwicklung der Plastiden

Der Formwechsel der Mitochondrien ist einfach im Vergleich zu jenem der Plastiden (Abb. 1.142). Vor allem bei den meisten Höheren Pflanzen entwickeln sich die Photosynthese-aktiven Chloroplasten aus einfacher gebauten, nicht-pigmentierten Vorstufen, die für Meristemzellen charakteristisch sind. Diese formveränderlichen *Proplastiden* (Abb. 1.142a) wachsen entweder zu pigmentlosen *Leukoplasten* heran, wie sie gewöhnlich in Wurzel- und Epidermiszellen gefunden werden (Abb. 1.142b; die Stärke-speichernden *Amyloplasten* repräsentieren, ebenso wie die ölspeichernden Elaioplasten oder die

Abb. 1.142 a–h. Plastidenformen und -entwicklung. (a) Proplastide. (b) Stärkespeichernder Leukoplast. (c) Etioplast mit Prolamellarkörper. (d) Granulärer Chloroplast mit Grana und Stroma (vgl. Abb. 1.9). (e) Dreidimensionale Darstellung der Überlappung von Thylakoiden bei der Granabildung. (f) Schema der molekularen Architektur von Thylakoidmembranen, vgl. Abb. 1.144. Wo die Thylakoide gestapelt sind, ist Photosystem II massiert. In den nichtgestapelten Bereichen überwiegen Photosystem I, der Cytochrom b_6/f-Komplex und der ATP-Synthasekomplex. In der Stromamatrix in Thylakoidnähe die kubischen Komplexe der Ribulosebisphosphatcarboxylase. (g) Globulöser Chromoplast bzw. Gerontoplast. (h) Tubulöser Chromoplast. Pigmenttragende Strukturen farbig. Von den Entwicklungsmöglichkeiten sind nur die wichtigsten durch Pfeile angedeutet; alle sind umkehrbar, die Umwandlung von Chloroplasten in Gerontoplasten allerdings nur begrenzt. Chromoplasten entstehen im Gegensatz zu Gerontoplasten gewöhnlich nicht aus voll ausgebildeten Chloroplasten, sondern aus blaßgrünen Jungchloroplasten, die erst wenige Thylakoide enthalten, oder aus Proplastiden bzw. Leukoplasten. (Original Sitte)

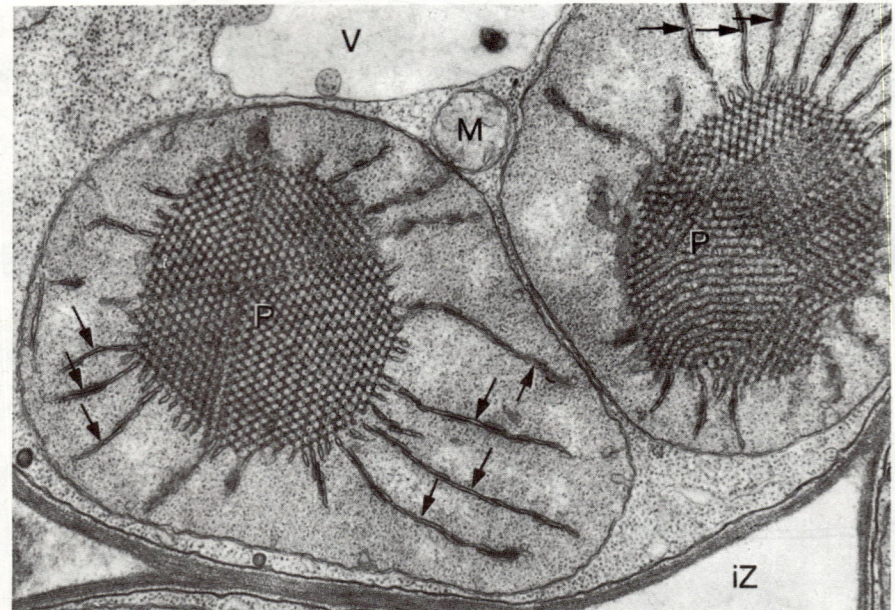

Abb. 1.143. Zwei Etioplasten in junger Bohnenblattzelle mit parakristallinen, aus verzweigten Tubuli aufgebauten Prolamellarkörpern (P) und ersten »Primärthylakoiden« (Pfeile). M Mitochondrium, V Vakuole, iZ Interzellularraum. Man beachte die unterschiedliche Größe der Ribosomen in den Plastiden und im Cytoplasma. Vergr. 23000:1. (Original Wrischer/Zagreb)

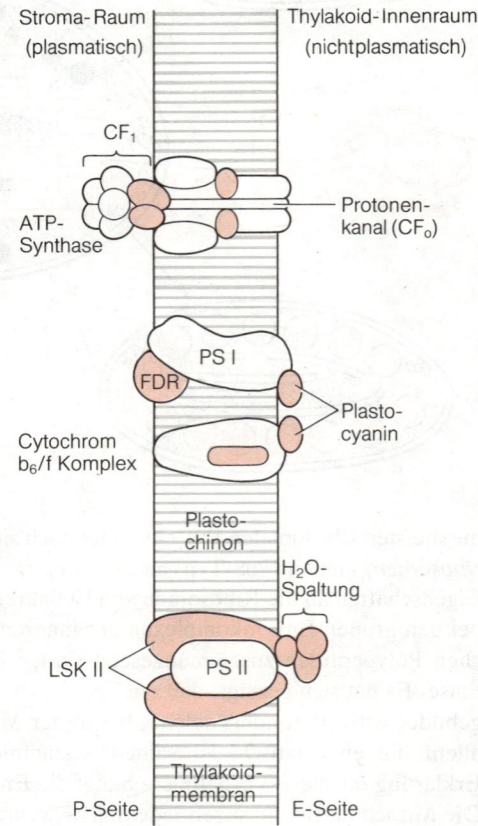

Abb. 1.144. Molekulares Modell der Thylakoidmembran; vgl. dazu die Funktionsmodelle des photosynthetischen Elektronentransports (S. 78f., 118f.) und der Photophosphorylierung (S. 122f.). Thylakoidmembran: 6 nm dicke Lipiddoppelschicht mit hohem Galactolipidanteil; darin gelöst und verschiebbar: Plastochinonpool. Wasserspaltung: Komplex aus 3 Proteinen. PS II: Photosystem-II-Komplex mit mehr als 5 Proteinen, verbunden mit Lichtsammelkomplex LSK II, der die Antennenpigmente für PS II enthält. PS I: Photosystem I mit integriertem Lichtsammelkomplex I und dem Ferredoxin/NADP-Ferredoxin-Reduktase-Komplex FDR. Der ATP-Synthase-Komplex ist mit seinem Protonenkanal in der Membran verankert. CF steht für Chloroplasten-Koppelungsfaktor, die Faktoren CF_1/CF_0 koppeln die Photophosphorylierung an den photosynthetischen Elektronentransport. – Kern-codierte Proteine farbig

Proteinkristalle enthaltenden Proteinoplasten, Sonderformen des Leukoplastentyps), oder es entstehen aus ihnen Chloroplasten – vor allem in jungen Sproß- und Blattzellen. Bei den Angiospermen, insbesondere bei den Monokotylen, erfordert dieser Entwicklungsschritt Licht. Bei Lichtmangel werden Hemmformen gebildet, die *Etioplasten* (Abb. 1.142c). Sie sind durch den Besitz von *Prolamellarkörpern* charakterisiert. Diese bestehen aus verzweigten Tubuli, die mit kristallgitterartiger Regelmäßigkeit angeordnet sind (Abb. 1.143). Sie enthalten bereits Vorstufen des *Chlorophylls a* (Protochlorophyllid a, Protochlorophyll a). Durch minimale Lichtenergien wird die Oxidation zum Chlorophyll(id) a bewirkt, der *Prolamellarkörper* wandelt sich rasch in erste, häufig perforierte *Thylakoide* um. Die weitere Thylakoidbildung und Chlorophyllsynthese erfordert dann energiereiches Blaulicht. Schließlich ist jene komplexe Thylakoidstruktur mit Grana- und Stromapartien erreicht, die den ausgewachsenen, voll funktionstüchtigen Chloroplasten der Höheren Pflanze charakterisiert (Abb. 1.9, S. 17, Abb. 1.142d). Vor allem in den Grana kommunizieren die einzelnen Thylakoide vielfach untereinander (Abb. 1.142e). Der in Abbildung 1.142d dargestellte Typ des »granulären« Chloroplasten mit seiner Gliederung in Grana- und Stromabereiche findet sich bei allen »Höheren« Pflanzen unter Einschluß der meisten Farn- und Moospflanzen. Besonders im Bereich der Algen kommen aber auch abweichende Strukturtypen vor. Nur die Grünalgen bilden gewöhnlich granuläre Chloroplasten. Alle übrigen Algen besitzen »homogene« Chloroplasten, die von Einzelthylakoiden (Rotalgen), Thylakoidpaaren (Cryptophyten) oder Thylakoidtripletts (alle übrigen Formen einschließlich *Euglena*, S. 23) in voller Länge durchzogen werden. Die homogenen Plastiden unterscheiden sich auch physiologisch von den granulären: Ihre Thylakoide enthalten (außer bei *Euglena*) kein Chlorophyll b, das bei Grünalgen und allen Höheren Pflanzen stets vorkommt, und die als Produkte der Photosynthese (S. 125f.) gebildeten Speicherpolysaccharide sind der Stärke zwar chemisch verwandt, doch nicht mit ihr identisch und werden außerhalb der Plastiden im Grundplasma abgelagert.

Die Thylakoide sind Träger der Photosynthesepigmente (vor allem der Chlorophylle a und – wo vorhanden – b) und damit der Lichtreaktionen der Photosynthese (S. 114f.). Matrixseitig sitzen Partikel der ATP-Synthase (CF_1-ATPase) auf, eines Enzyms mit komplexer Quartärstruktur, das an der lichtgetriebenen ATP-Synthese (S. 122f.) beteiligt ist. Die molekulare Struktur der Thylakoidmembran konnte mit elektronenmikroskopischen und immunologischen Methoden weitgehend aufgeklärt werden (Abb. 1.142f, 1.144). In ihr spiegelt sich das »Z-Schema« des photosynthetischen Elektronentransports wider (Abb. 1.108, S. 121). Wie an der inneren Mitochondrienmembran, so ist auch hier durch die quer zur Membranfläche asymmetrisch verteilten Komponenten sichergestellt, daß im Zuge des Elektronentransports Protonen in die nichtplasmatische Binnenphase der Thylakoide verschoben werden. Das entspricht im Effekt einer Protonenpumpe; es kommt bei Belichtung zu einer kräftigen Ansäuerung der Thylakoidräume. Die Protonen kehren dann unter ATP-Bildung im ATP-Synthase-Komplex wieder in die Stromamatrix zurück.

Die Matrix der Chloroplasten enthält zahlreiche Enzyme der CO_2-Fixierung (S. 125f.), in großer Menge vor allem das Enzym *Ribulosebisphosphatcarboxylase,* das die ersten Schritte des Einbaues von CO_2 in organische Substanz katalysiert. Andere Matrixkomponenten finden sich nicht nur bei Chloroplasten, sondern auch bei den übrigen Ausbildungsformen der Plastiden: Neben den Komponenten des genetischen Systems (s. unten) vor allem Plastoglobuli, Stärke und Stärke-synthetisierende Enzyme sowie häufig auch Speicherproteine, die gelegentlich Kristalle bilden; unter ihnen fällt besonders das *Phytoferritin* auf, das in seinen hohlkugeligen Molekülen (Abb. 1.26c, S. 36) Eisen speichert.

Proplastiden, Leuko- und Chloroplasten sind unter geeigneten Bedingungen beliebig ineinander umwandelbar. Das gilt mit Einschränkung auch von den *Chromoplasten.* Sie sind durch *Carotine* und *Xanthophylle* (S. 114) gelb, orange oder rot gefärbt (Beispiele: Löwenzahnblüte, Möhrenwurzel, Tomatenfrucht); sie enthalten kein Chlorophyll. Die Feinstruktur variiert stark. Membranen treten gewöhnlich zurück. Häufig sind die Pigmente in Plastoglobuli oder Tubuli konzentriert (Abb. 1.142g, h), gelegentlich kommt es zur Bildung von Carotinkristallen (Kulturmöhre) oder carotinhaltigen Membransystemen (gelbe Narzisse). Die Chromoplasten stehen im Dienste der Tieranlockung für Pollen- und Samen- bzw. Fruchtausbreitung (Zoophilie, Zoochorie, S. 288f., 845).

Während bei der Bildung von Chromoplasten zahlreiche Synthesen ablaufen, ist die im Herbstlaub stattfindende Umwandlung von Blattchloroplasten in seneszente, funktionslose *Gerontoplasten* von katabolen Prozessen beherrscht. Vor allem Proteine, Stärke und Chlorophyll werden abgebaut, ein mehr oder weniger großer Teil der Chloroplastencarotinoide bleibt zurück. Sowohl in Chromoplasten wie in Gerontoplasten werden Xanthophylle (Carotinoide mit OH-Gruppen) mit Fettsäuren verestert. Diese Xanthophyllester (= Farbwachse) sind charakteristisch für Chromo- und Gerontoplasten (»Sekundärcarotinoide«); sie fehlen in funktionstüchtigen Chloroplasten.

1.6.5.4 Plastiden als semiautonome Systeme

Wie Mitochondrien *können auch Plastiden nur aus ihresgleichen hervorgehen.* Für Pflanzenstämme, bei deren Evolution die Plastiden verlorengegangen sind, war dieser Verlust endgültig (apoplastidische *Euglenen,* Pilze). Proplastiden, aber auch noch voll funktionstüchtige Chloroplasten und die stets auf der Chloroplastenstufe verbleibenden, großen »Chromatophoren« vieler Algen sind zu rascher Teilung befähigt. Sämtliche Plastidenformen enthalten ringförmige Doppelstrang-DNA (ptDNA), die sich von der linearen Kern-DNA vielfältig unterscheidet. Ihre Konturlänge beträgt rd. 50 μm. In Chloroplasten sind 50–100 Kopien der ptDNA vorhanden, bei manchen Algen noch wesentlich mehr. Die DNA-Menge pro Plastide ist deutlich höher als bei Mitochondrien. Die ptDNA ist auf mehrere aufgelockerte Bezirke in der Matrix verteilt (Abb. 1.145), die in ihrem Aussehen an die Nucleoide von Protocyten erinnern. Der *Anteil der ptDNA* an der gesamten Zell-DNA schwankt zwischen 1% *(Euglena)* und 25% (Tabak, Mesophyllzellen). Wie bei Mitochondrien genügt auch hier der Informationsgehalt der ptDNA nicht,

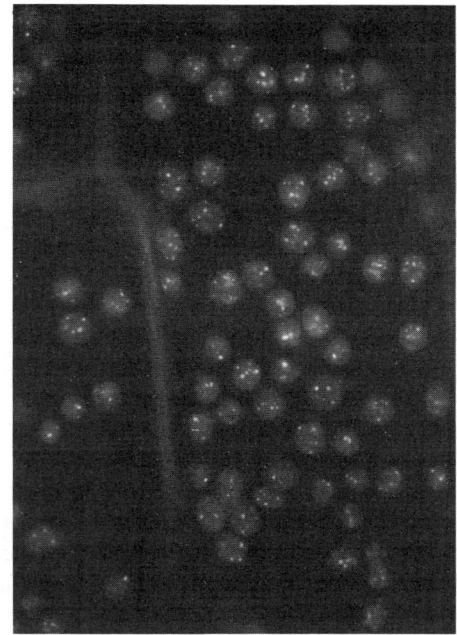

Abb. 1.145. Fluoreszenzmikroskopische DNA-Lokalisation in Chloroplasten mit Hilfe des Fluorochroms 4',6-Diamidinophenylindol (DAPI), das sich spezifisch an Doppelstrang-DNA anlagert. Blattzellen der Wasserpest Elodea. Zellwände und Chloroplasten fluoreszieren schwach, in jeder Plastide sind mehrere DNA-haltige »Nucleoide« erkennbar. Vergr. 1000:1. (Original Dörle/Freiburg)

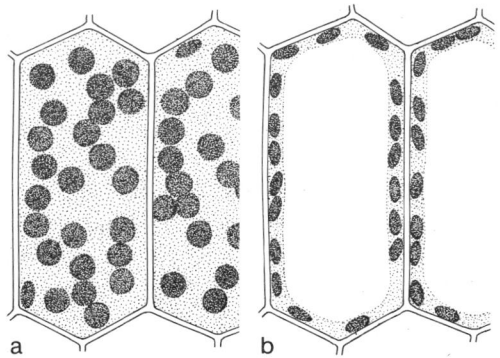

Abb. 1.146a, b. Orientierung der Chloroplasten in den Zellen eines Moos»blättchens« (Funaria hygrometrica). (a) Schwachlichtstellung: maximale Lichtabsorption (Aufsicht). (b) Starklichtstellung: stark verringerte Lichtabsorption (optischer Schnitt). (Nach Mohr)

um die Synthese *aller* plastidenspezifischen Proteine zu steuern. Die plastidenspezifischen DNA- und RNA-Polymerasen müssen beispielsweise vom Cytoplasma geliefert werden; sie sind auch dann vorhanden, wenn die 70S-Ribosomen der Plastidenmatrix durch geeignete Antibiotica (Chloramphenicol, Lincomycin) lahmgelegt sind. Andere Proteine können dagegen nicht mehr synthetisiert werden, wenn die Proteinsynthese der Plastiden blockiert ist (was auch durch Mutationen der ptDNA geschehen kann); zu diesen Proteinen gehört die größere Untereinheit der Ribulosebisphosphatcarboxylase. (Die kleinere Untereinheit dieser komplexen Quartärstruktur, die eine Teilchenmasse von insgesamt $5 \cdot 10^5$ besitzt, wird dagegen aus dem Cytoplasma geliefert.) Da hiervon auch die Bildung von Thylakoiden und die Einlagerung der Pigmente betroffen sein können und Pigmentdefekte von Chloro- und Chromoplasten auch makroskopisch auffallen, war schon früh bekannt, daß die Plastiden ein eigenes Erbgefüge innerhalb der Zelle darstellen (*Plastom*, S. 250f.).

1.6.5.5 Bewegungen von Chloroplasten

Auch zelluläre Komponenten können reizgesteuerte Bewegungen ausführen. Ein besonders gut bekanntes Beispiel ist die lichtabhängige Lageveränderung von Chloroplasten. Diese werden in vielen pflanzlichen Zellen nicht nur passiv (durch die Plasmaströmung) bewegt, sondern können auch aktiv, z.B. nach Maßgabe der Beleuchtungsstärke, in der Zelle orientiert werden (Abb. 1.146). Man muß annehmen, daß in diesen Zellen ein komplexer Apparat aus kontraktilen Zugfasern (Aktomyosinfilamente) existiert, welche den Transport der Plastiden bewerkstelligen. Die Bewegungen werden gewöhnlich durch Photorezeptoren gesteuert, die Blaulicht absorbieren.

Die fädige Grünalge *Mougeotia* (Conjugales) besitzt in jeder Zelle einen großen, plattenförmigen Chloroplasten, der im Schwachlicht mit der Fläche, im Starklicht mit der Kante zur Lichtquelle ausgerichtet ist (Abb. 1.147). Eine Änderung der Beleuchtungsstärke führt innerhalb von etwa 30 min zu einer entsprechenden Drehung des Chloroplasten um seine Längsachse. In dunkeladaptierten Zellfäden kann die Schwachlichtstellung durch einen kurzen Stoß hellroten Lichtes ausgelöst werden. Unmittelbar auf die Hellrotbestrahlung folgendes, dunkelrotes Licht verhindert die hellrotinduzierte Drehung in die Flächenstellung (Abb. 1.149a). Der Photorezeptor dieser Reaktion ist das Phytochromsystem (S. 330f.). Durch Partialbelichtung der Zelle mit Lichtpunkten konnte gezeigt werden, daß die für die Ausrichtung des Chloroplasten verantwortlichen Phytochrommoleküle nicht im Chloroplasten, sondern im peripheren Zellplasma (nahe am Plasmalemma) lokalisiert sind, wo auch die kontraktilen Fibrillen des motorischen Apparates verankert sind. Lediglich die Chloroplastenkante hat unmittelbaren Kontakt mit dem wandständigen Cytoplasma. Die Umorientierung des Chloroplasten beruht auf der Ausbildung eines *Gradienten* des aktiven Phytochroms in Lichtrichtung (Abb. 1.149b).

Die Phytochrommoleküle liegen in der Zellperipherie in einer hochgeordneten Struktur vor. Dies muß man aus dem strengen *Wirkungsdichroismus* der Chloroplastendrehung schließen. Dieser liegt vor, wenn eine lichtabhängige physiologische Reaktion von der Lage der Schwingungsebene des linear polarisierten Lichtes abhängig ist (Abb. 1.148).

1.6.5.6 Stammesgeschichtliche Herkunft der Plastiden und Mitochondrien: Die Endosymbionten-Hypothese

Trotz der vielen Unterschiede zwischen den heute lebenden (rezenten) Pro- und Eukaryoten wird allgemein angenommen, daß sich die ersten Eukaryoten aus prokaryotischen Vorfahren entwickelt haben. Eukaryoten sind nach dieser Vorstellung erdgeschichtlich

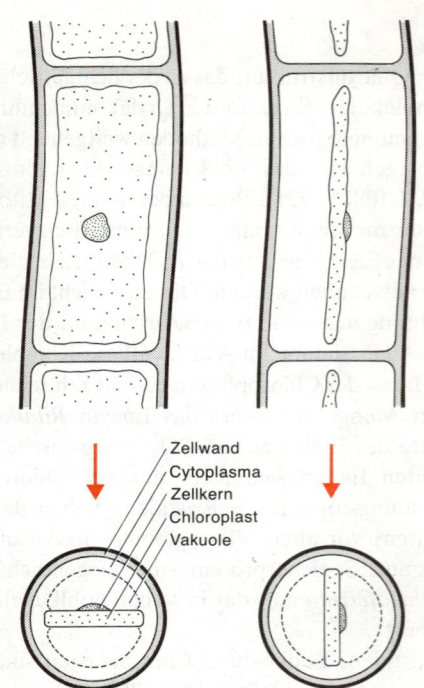

Abb. 1.147a, b. Chloroplastenorientierung bei der fädigen Grünalge Mougeotia. Lichtrichtung: senkrecht zur Zeichenebene (oben). Der plattenförmige Chloroplast wird im Schwachlicht senkrecht zur Lichtrichtung (Flächenstellung, a), im Starklicht parallel zur Lichtrichtung (Kantenstellung, b) orientiert. Es sind die Flächenansicht (oben) und der Querschnitt durch die Zelle (unten) dargestellt. (Nach Haupt)

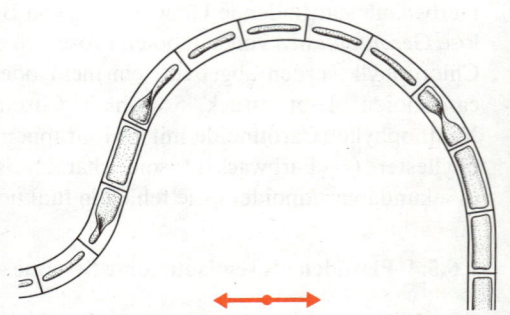

Abb. 1.148. Die Wirkung von polarisiertem Licht auf die Schwachlichtreaktion des Mougeotia-Chloroplasten. Vor der Bestrahlung (senkrecht zur Zeichenebene) waren alle Chloroplasten in Kantenstellung. Nur dort, wo die Zellen mit ihrer Längsachse senkrecht zum elektrischen Vektor (Doppelpfeil) des polarisierten Lichtes orientiert sind, drehen sich die Chloroplasten in die Flächenstellung. Da ein direkter Zusammenhang zwischen der Absorptionswahrscheinlichkeit des polarisierten Lichtes und der Orientierung der (optisch polaren) Photorezeptormoleküle besteht, muß man schließen, daß die verantwortlichen Phytochrommoleküle einheitlich ausgerichtet an eine Struktur in der Zellperipherie gebunden vorliegen. (Nach Haupt u. Schönbohm)

jünger als Prokaryoten. Da in Protocyten weder Mitochondrien noch Plastiden gefunden werden, ergibt sich aus der genannten Hypothese auch die Frage nach der Entstehung dieser Organellen im Verlaufe der Stammesgeschichte.

Mitochondrien und Plastiden haben u. a. folgende auffällige Eigenschaften gemeinsam: (a) doppelte Membranhülle, äußere und innere Membran wesentlich verschieden; (b) Besitz eigener genetischer Information (mtDNA, ptDNA) und einer eigenen Proteinsynthesemaschinerie, die in wesentlichen Eigenschaften mit jener von Prokaryoten übereinstimmt (z. B. Ribosomen vom 70S-Typ).

Diese Befunde werden durch die *Endosymbiontenhypothese* in einfacher Weise erklärt. Sie besagt, daß die Plasten stammesgeschichtlich auf protocytische, intrazelluläre Symbionten zurückgehen, wobei sich die Plastiden von Cyanobakterien, die Mitochondrien von atmenden Purpurbakterien ableiten. Ein relativ großer, vermutlich wandloser, amöboid-beweglicher und zu Phagocytose befähigter »Ur-Eucyt« soll sich nach dieser Vorstellung Prokaryoten einverleibt und sie in sein zelluläres Funktionsgefüge integriert haben. Der Eucyt stellt sich nach der Endosymbiontenhypothese begrifflich nicht als Einzelzelle, sondern als eine Mosaikzelle dar (Abb. 1.125).

Die Endosymbiontenhypothese ist nicht direkt überprüfbar. Immerhin gibt es zahlreiche rezente Organismen mit labilen oder stabilen intrazellulären Symbiosen. Beispielsweise besitzt die Amöbe *Pelomyxa palustris* keine eigenen Mitochondrien; deren Funktion wird von endosymbiontischen Bakterien übernommen. In ähnlicher Weise baut der primitive Pilz *Geosiphon pyriforme* Cyanobakterien in seinen Zellkörper ein und betreibt damit Photosynthese. Ähnlich ist es bei dem Flagellaten *Cyanophora paradoxa*, dessen »Cyanellen« als cytosymbiontische Cyanobakterien sicher erkennbar sind (sie besitzen sogar noch Reste eines Mureinsacculus), andererseits aber in ihrer genetischen Ausstattung und der Art der Nitratreduktion Chloroplasten gleichen. Solche Beispiele – es gibt zahlreiche weitere aus fast allen Stämmen des Tier- und Pflanzenreiches – zeigen jedenfalls, daß die Bildung und Stabilisierung intrazellulärer Symbiosen (Endocytobiose) zwischen Eukaryoten und Prokaryoten unter natürlichen Bedingungen möglich ist. Bei Mitochondrien und Plastiden ist es im Laufe der Jahrmilliarden dauernden Koevolution zu einer extremen »Domestizierung« der intrazellulären Symbionten gekommen. Das kann u. a. auch die relativ geringen DNA-Mengen in Organellen erklären.

Nicht in Übereinstimmung mit den Erwartungen der Endosymbiontenhypothese steht, daß die Mehrzahl der spezifischen Proteine von Plastiden und Mitochondrien in Kerngenen codiert und an cytoplasmatischen Ribosomen außerhalb der Organellen synthetisiert wird. Die einfachste Erklärung dafür ergibt sich aus der Annahme eines umfangreichen Gentransfers aus den Organellen in den Zellkern.

Tatsächlich konnten durch molekularbiologische Verfahren bei verschiedenen Organismen mitochondriale DNA-Sequenzen in Kern-DNA, plastidäre DNA-Sequenzen sowohl in mtDNA wie im Kern nachgewiesen werden. Beim Spinat findet sich das gesamte Plastidengenom mehrfach auch in der Kern-DNA. Gentransfer, wie ihn die Endosymbiontenhypothese postulieren muß, kommt also tatsächlich vor; über seinen Mechanismus gibt es allerdings nur Vermutungen. Die Endosymbiontenhypothese ist durch Sequenzvergleiche von analogen Proteinen bzw. Nucleinsäuren aus Plastiden, rezenten Prokaryoten und Eukaryoten in überzeugender Weise gestützt worden. Es bleibt aber zu beachten, daß diese Hypothese nur *einen* Aspekt der Eukaryoten-Evolution betrifft (Entstehung der DNA-haltigen Organelle), zahlreiche andere aber nicht berührt, wie z. B. die Vergrößerung der Zelle, die Bildung intrazellulärer Membranen und Kompartimente, die Entwicklung von kontraktilen Elementen oder die Entstehung echter Zellkerne mit linearer DNA in den Chromosomen, mit Nucleosomen, Nucleolen und einer Kernhülle. Schließlich haben sich auch Mitose, Meiose und Sexualität nur bei Eukaryoten entwickelt.

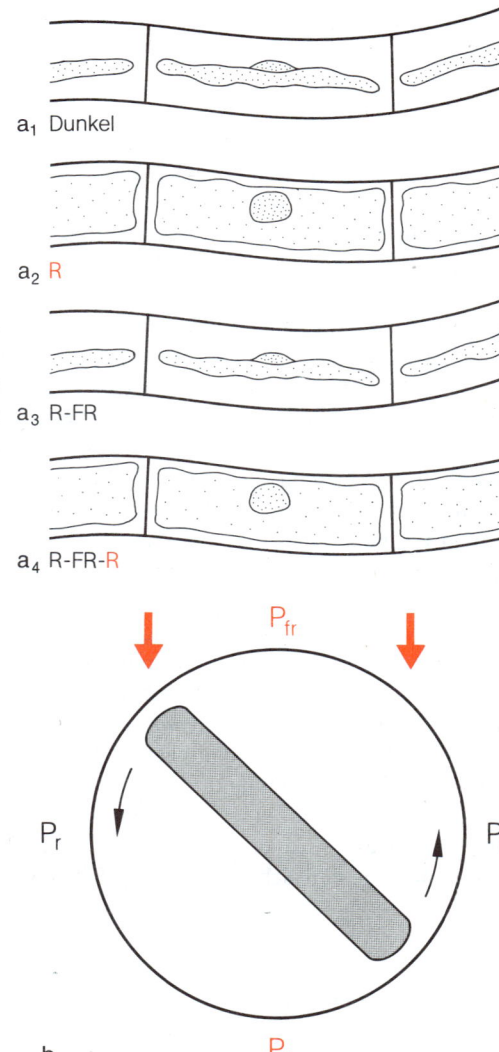

Abb. 1.149. (a) Demonstration des Hellrot-Dunkelrot-Antagonismus (Phytochromsystem, S. 330f.) bei der Induktion der Schwachlichtbewegung des Mougeotia-Chloroplasten, (a_1) Versuchsbeginn; (a_2) Stellung des Chloroplasten 30 min nach einer Bestrahlung mit 1 min hellrotem (= R) Licht; (a_3) nach 1 min hellrotem + 1 min dunkelrotem (= FR) Licht; (a_4) nach 1 min R + 1 min FR + 1 min R Licht. (b) Schematischer Querschnitt durch eine Zelle, in der durch eine Bestrahlung von oben (rote Pfeile) ein Gradient des aktiven Phytochroms (P_{fr}) aus der ursprünglich gleichmäßig verteilten inaktiven Form des Pigments (P_r) erzeugt wurde. Die senkrecht zur Lichtrichtung orientierten Zellflanken sind die Orte stärkster Lichtabsorption und daher die Orte stärkster Umwandlung von P_r in P_{fr}. Der Chloroplast orientiert sich im P_{fr}-Gradienten derart, daß seine Kanten die Orte geringster P_{fr}-Konzentration aufsuchen. (Nach Haupt)

154 Zellbiologie

1.6.6 Zellkern

1.6.6.1 Aktivitäten und Komponenten des Zellkerns

In Zellen, die sich nicht gerade teilen, liegt der Zellkern in seiner physiologisch aktiven Form vor (»Arbeitskern«, im Gegensatz zum »Teilungskern«). Während der Kernteilungen bleibt von den verschiedenen Komponenten des Zellkerns im Normalfall nur das Chromatin als solches erhalten, allerdings in kondensierter und physiologisch inaktiver Form. Im Arbeitskern wird dagegen in dekondensierten Bereichen des Chromatins die Kern-DNA durch RNA-Polymerasen transkribiert – je nach Zelltyp in qualitativer und quantitativer Hinsicht unterschiedlich. Die Primärtranskripte werden in spezifischen Ribonucleoprotein-Partikeln prozessiert, d. h. in funktionstüchtige mRNAs und tRNAs umgewandelt. In Nucleolen werden rRNAs synthetisiert, mit Proteinen verbunden und zu funktionstüchtigen Ribosomenuntereinheiten aufgearbeitet. Alle RNAs bzw. RNP-Partikel verlassen schließlich den Kernraum durch die Porenkomplexe der Kernhülle. Andererseits werden alle für den Nucleus charakteristischen Proteine, die *Zellkernproteine*, durch die Kernhülle aus dem Cytoplasma in den Kern importiert. Zur heterogenen Gruppe der Zellkernproteine gehören neben Enzymen und regulativ wirkenden Proteinen auch verschiedene Strukturproteine. Unter diesen treten einerseits die Histone als unmittelbare DNA-Begleiter hervor, andererseits Proteine eines Kernskeletts, das Formgebung und Strukturordnung im Arbeitskern gewährleistet.

Arbeitskerne finden sich in differenzierten Zellen (Gewebezellen, »Dauerzellen«) von Vielzellern, die sich unter Normalbedingungen nicht mehr teilen. In Zellen von Bildungsgeweben und bei Einzellern wird im Zeitabschnitt zwischen zwei Teilungen – der *Interphase* – ebenfalls ein typischer Arbeitskern ausgebildet. Im Interphasekern wird eine charakteristische Aufeinanderfolge von Funktionszuständen durchlaufen, der *Zellzyklus* (S. 167). Er wird mit einer erneuten Mitose abgeschlossen. In einem mittleren Stadium der Interphase wird die Kern-DNA repliziert. Bei Zellen, die sich zu Dauerzellen differenzieren, den nicht mehr teilungsfähigen Zellen (von somatischen Zellen von *Volvox* – S. 557 – bis zu den Neuronen von Vertebraten – S. 460 f.), wird der Zellzyklus vor dieser Replikationsphase unterbrochen.

Mit den Vorgängen der Kernteilung und den damit verbundenen Veränderungen der Zellkernkomponenten befassen sich die Abschnitte 1.7 und 1.8 (S. 163 f., 169 f.). Hier werden zunächst die einzelnen Strukturkomponenten des Arbeitskerns näher behandelt; aus Gründen der Zweckmäßigkeit werden die Kondensationsformen des Chromatins während Mitose bzw. Meiose – die »Chromosomen« engeren Sinnes – in diese Betrachtung mit einbezogen.

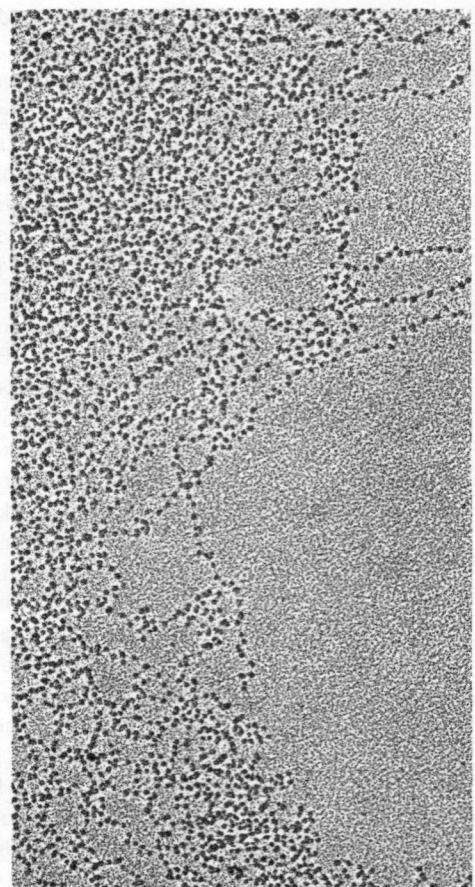

Abb. 1.150. Chromatinfilamente mit Nucleosomenstruktur aus dem Zellkern einer Carzinomzelle (Maus). Vergr. 45000:1. (Original Zentgraf/Heidelberg)

1.6.6.2 Chromatin

Das Chromatin – die DNA-haltige Komponente des Zellkerns – liegt in Form fädiger Strukturen vor, die aus je einer DNA-Doppelhelix in Millimeter- bis Zentimeterlänge und Histon bestehen. In biochemischer Hinsicht kann das Chromatin daher in erster Näherung als Nucleohiston-Komplex definiert werden. Zusätzlich sind jedoch wechselnde Mengen von Nichthistonproteinen beteiligt sowie geringe Mengen RNA.

Die Histon-freie DNA-Doppelhelix hat einen Querdurchmesser von 2 nm. Solche »nackte« DNA (vgl. Abb. 1.153) tritt jedoch im Zellkern nur selten auf und dann (außer im Nucleolus) nur über kurze Strecken. Isoliertes Chromatin, in dem die DNA mit Histonen komplexiert ist, erscheint im Elektronenmikroskop je nach Präparationsbedingungen in drei unterschiedlichen Formen: als Nucleosomenstruktur (»Perlenkette«, Abb. 1.150), als Nucleofilament (10 nm ⌀) oder als dickere Chromatinfibrille (30–45 nm ⌀). Dabei handelt es sich um unterschiedliche Kondensationsgrade der Chromatinstränge, die durch

Histone bedingt sind. Es gibt fünf Klassen von Histonen, die regelmäßig in Zellkernen vorkommen (S. 203). Nach abnehmendem Lysin- und zunehmendem Argininingehalt geordnet werden sie als H1, H2A, H2B, H3 und H4 bezeichnet (H = Histon). H2 bis H4 liegen im Chromatin in konstanten molaren Proportionen von 1:1:1:1 vor. Die Molekularmassen dieser Histone sind ähnlich ($M_r \leq 15000$). Je 2 Moleküle H2A, H2B, H3 und H4 können sich – auch ohne DNA – zu oktameren, ellipsoiden Partikeln mit Durchmessern von $5 \times 10 \times 10$ nm zusammenlagern. Diese Oktamere binden in Abständen von 200 Nucleotidpaaren an Doppelstrang-DNA und bilden so die *Nucleosomen*struktur. Dabei windet sich die DNA-Doppelhelix 1,75mal um jedes Oktamer und läuft dann über ein histonfreies Verbindungsstück zum nächsten weiter (Abb. 1.151). Die größeren Moleküle von H1 ($M_r = 21000$) beteiligen sich nicht am Aufbau der Nucleosomen. Der Mengenanteil von H1 im Chromatin unterliegt starken Schwankungen. Besonders in stark verdichtetem Chromatin erreicht es hohe Prozentsätze. H1 zieht die Nucleosomen zu *Nucleofilamenten* zusammen, oder es treten noch stärker kompaktierte Überstrukturen auf. In der *Chromatinfibrille* dominieren entweder schraubig angeordnete Nucleosomen (»Solenoid«, 6 Nucleosomen pro Umlauf) oder weniger geordnete, partikuläre Aggregate von Nucleosomen (»Nucleomeren«).

Die drei vorhin erwähnten Erscheinungsformen von isoliertem Chromatin stellen jedenfalls unterschiedliche Verdichtungsgrade der DNA-Doppelhelix dar. Schon die einfache Nucleosomenstruktur bedeutet durch das Aufspulen der DNA um die Oktameren eine Verkürzung auf etwa die Hälfte der Länge des gestreckten DNA-Stranges. In den Nucleofilamenten ist die Packungsdichte der DNA weiter erhöht (Verkürzung auf ein Sechstel), und Chromatinfibrillen haben nur noch 1–5% der Länge der in ihnen aufgewickelten DNA-Doppelhelix. Damit sind die Möglichkeiten zur Chromatinverdichtung noch nicht erschöpft. Das zeigt sich, wenn ein Zellkern in die Teilung eintritt und sich das Chromatin zu kompakten Chromosomen kondensiert.

1.6.6.3 Bau und Feinbau der Chromosomen

Als Chromosomen im ursprünglichen Sinn gelten bei Eukaryoten hochkondensierte Chromatinportionen, wie sie vor allem während der Kernteilung sichtbar werden. Schon im vorigen Jahrhundert waren diese »Kernschleifen« durch ihre leichte Färbbarkeit im mikroskopischen Präparat aufgefallen (griech. *chróma* = Farbe). Dabei handelt es sich um eine besonders kompakte Erscheinungsform des Chromatins, die außerdem durch den Besitz von mindestens einem *Kinetochor* am *Centromer* als Spindelanheftungsstelle ausgezeichnet ist. Sie sind Transportformen des Chromatins. Die den Chromosomen zugrundeliegenden Chromatineinheiten bleiben auch zwischen den Kernteilungen erhalten, allerdings in aufgelockerter Form, so daß sie im Interphasekern nicht mehr erkannt werden können. In neuerer Zeit wird daher der Begriff des Chromosoms oft sehr viel weiter gefaßt und zur Bezeichnung von DNA-Strängen schlechthin verwendet. In diesem Sinn kann man dann auch bei Prokaryoten und sogar bei Viren von »Chromosomen« sprechen. An dieser Stelle soll jedoch der Chromosomen-Begriff in seiner ursprünglichen, engeren Fassung verstanden werden.

Abbildung 1.152 gibt das lichtmikroskopische Aussehen von typischen Chromosomen in der Metaphase (S. 163f.) wieder. In dieser Kernteilungsphase ist das Chromosom maximal kondensiert. Die beiden *Chromatiden*, das sind die späteren Tochterchromosomen, hängen an der Spindelansatzstelle noch zusammen, aber in den beiden »Armen« ist die Längsteilung der Chromosomen bereits vollzogen. Sind die Arme eines Chromosoms etwa gleich lang, wird es als *metazentrisch* bezeichnet; im Falle ungleicher Länge der beiden Arme spricht man von *submetazentrischen*, bei extrem ungleichen Armlängen von *akrozentrischen* Chromosomen. Von den Chromosomen des Menschen (Abb. 1.152c)

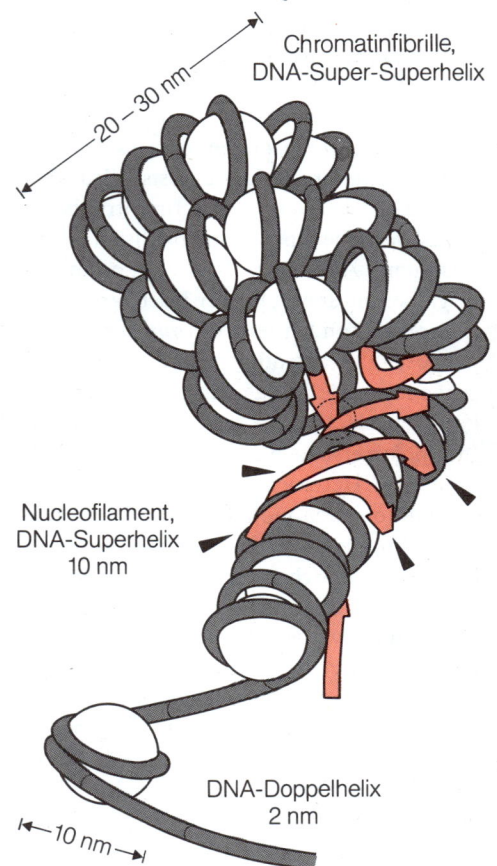

Abb. 1.151. Modell des molekularen Aufbaues von Chromatinfäden (Nucleofilamente). Die DNA-Doppelhelix (hier als einheitlicher, dicker Strang gezeichnet), umwindet als Kugeln dargestellte Histonoktamere. Farbig: H1-Moleküle

sind z.B. Nr. 1 bis 3 metazentrisch, 4 bis 12 submetazentrisch, während 13 bis 15 sowie 21 und 22 akrozentrisch sind. Bestimmte Chromosomen, sog. SAT-Chromosomen, weisen neben dem Centromer noch eine weitere Einschnürung auf. Diese »sekundäre« Einschnürung ist der Ort der Nucleolusneubildung am Ende der Kernteilung. Nach dieser Funktion wird diese Chromosomenregion als *Nucleolusorganisator* bezeichnet. Das an sie anschließende, mitunter sehr kurze Reststück des Chromosomenarmes wird *Satellit* genannt. Beim Menschen tragen alle fünf akrozentrischen Chromosomen Satelliten. Entsprechend sind 5 der 24 verschiedenen Human-Chromosomen mit Nucleolusorganisatoren ausgestattet. Bestimmte Abschnitte der Chromosomen – besonders häufig z.B. die Satelliten und die Regionen in unmittelbarer Nachbarschaft des Centromers – bleiben auch während der Interphase kondensiert *(Chromozentren)*. Man bezeichnet diese Erscheinung als Heteropyknose, das betroffene Chromatin als *Heterochromatin*. Ihm wird das *Euchromatin* gegenübergestellt, das sich beim Übergang vom Teilungskern zum Arbeitskern auflokkert. Das Heterochromatin ist oft auch dadurch ausgezeichnet, daß es während der Interphase erst nach dem Euchromatin repliziert wird. Bezüglich der Transkription bleibt es inaktiv. Heterochromatin ist entweder *konstitutiv* – die betreffenden Chromosomenabschnitte treten nie anders als hochkondensiert auf – oder *fakultativ*. Im zweiten Fall sind Chromosomen oder Chromosomenabschnitte von der »Heterochromatisierung« betroffen, die sich unter anderen Umständen wie Euchromatin verhalten. Ein wichtiges Beispiel dieser Art ist das Geschlechtschromatin (= *Sexchromatin*) weiblicher Säugetiere, das normalerweise einem der beiden X-Chromosomen entspricht (S. 209). Generell betrifft diese Heterochromatisierung, verbunden mit Inaktivierung, alle X-Chromosomen eines Chromosomensatzes mit Ausnahme eines einzigen *(Lyon-Theorem)*. Welches der X-Chromosomen aktiv bleibt, ist dabei dem Zufall überlassen. Die einmal eingetretene Heterochromatisierung, die bei den meisten Säugern und dem Menschen schon in einer frühen Phase der Embryonalentwicklung erfolgt, wird jedoch bei allen Abkömmlingen der einzelnen Embryonalzellen beibehalten.

Die Gesamtheit der Chromosomen eines Kerns, wie sie sich in allen Zellkernen eines Individuums findet und für eine Organismenart charakteristisch ist, wird als Chromosomensatz bzw. *Karyotyp* bezeichnet (Abb. 1.152c). Die schematische Darstellung des haploiden (einfachen) Chromosomensatzes nennt man *Idiogramm*. Die einzelnen Chromosomen des Karyotyps können oft an ihrer relativen Länge, der Lage des Centromers, dem Vorhandensein bzw. Fehlen sekundärer Einschnürungen u. dgl. identifiziert werden. Da zahlreiche Erbkrankheiten auch des Menschen auf Änderungen des Karyotyps beruhen und daher z.B. durch vorgeburtliche Karyotypanalysen erkannt werden können, kommt solchen Untersuchungen besondere Bedeutung zu (S. 232f.). Durch verschiedene Färbetechniken lassen sich in Metaphasechromosomen charakteristische Querbandenmuster sichtbar machen, die eine verläßliche Unterscheidung sonst ähnlicher Chromosomen ermöglichen (Abb. 1.152b, c). Ohne Bandenfärbung wären z.B. die Chromosomen 4 und 5, 8 bis 11 oder 13 bis 15 des Menschen nicht sicher unterscheidbar. Mit Hilfe neuer zellbiologischer Techniken ist es heute auch beim Menschen möglich, neben der bloßen Karyotypisierung auch bestimmte Gene auf einzelnen Chromosomen(-Abschnitten) zu lokalisieren (Genkartierung, S. 202f., 216f.).

Während der Kernteilungen erreicht das Chromatin in den Chromosomen seine stärkste Kondensation. Wie massiv dabei die Kompaktierung des Chromatins ist, geht u. a. daraus hervor, daß die mittlere Länge von Chromosomen des Menschen bei 10 μm liegt, wobei jedes einen Nucleohistonstrang von im Mittel 73 mm Länge enthält. Das entspricht einer effektiven Verkürzung um den Faktor $1{,}37 \cdot 10^{-4}$. Sie wird durch komplexe Aufschraubung und Auffaltung der Nucleofilamente bzw. Chromatinfibrillen erreicht. Dementsprechend ist ein Metaphase-Chromosom auch 50- bis über 200mal dicker als ein Nucleofilament. (Jede Chromatide enthält übrigens tatsächlich nur *einen* Nucleohistonstrang bzw. *eine* durchgehende DNA-Doppelhelix: *Einstrang-Modell*.) In den Chromosomen des

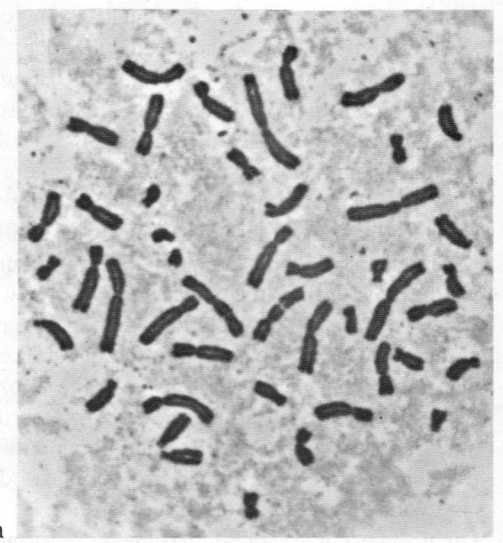

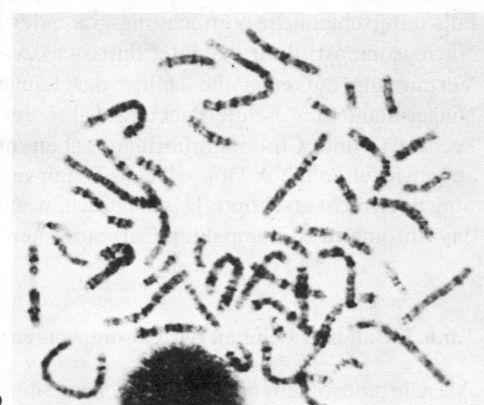

Abb. 1.152a–c. Chromosomen des Menschen während der Mitose. (a) Karyotyp des Mannes, 2n = 46, mit 2 × 22 Autosomen und den Geschlechtschromosomen X und Y. Gefärbtes Quetschpräparat der Metaphase eines Leukocyten. Die Chromosomenarme sind bereits geteilt, hängen aber am Centromer noch zusammen. (Vgl. Abb. 2.90a, S. 232.) (b) Bänderung der Chromosomen in der Prämetaphase (noch nicht vollständig kontrahiert), nach Behandlung mit Trypsin und anschließender Färbung nach Giemsa (G-Bänder). (c) Nach Größe geordnete Chromosomen des Mannes bei maximaler Kontraktion in der Metaphase, jeweils links nach konventioneller Färbung, rechts nach Darstellung der G-Bänder, dazwischen Zeichnung des Bänderungsmusters für das jeweilige Chromosom. Die Chromosomen sind nach ihrer Form zu Gruppen (mit Buchstaben-Bezeichnung) zusammengefaßt; mit Hilfe der Bänderung ist ihre Identifizierung innerhalb einer Gruppe möglich. (a Original Keyl/Bochum, b nach Schnedel, c nach Schroeder aus Vogel u. Motulsky)

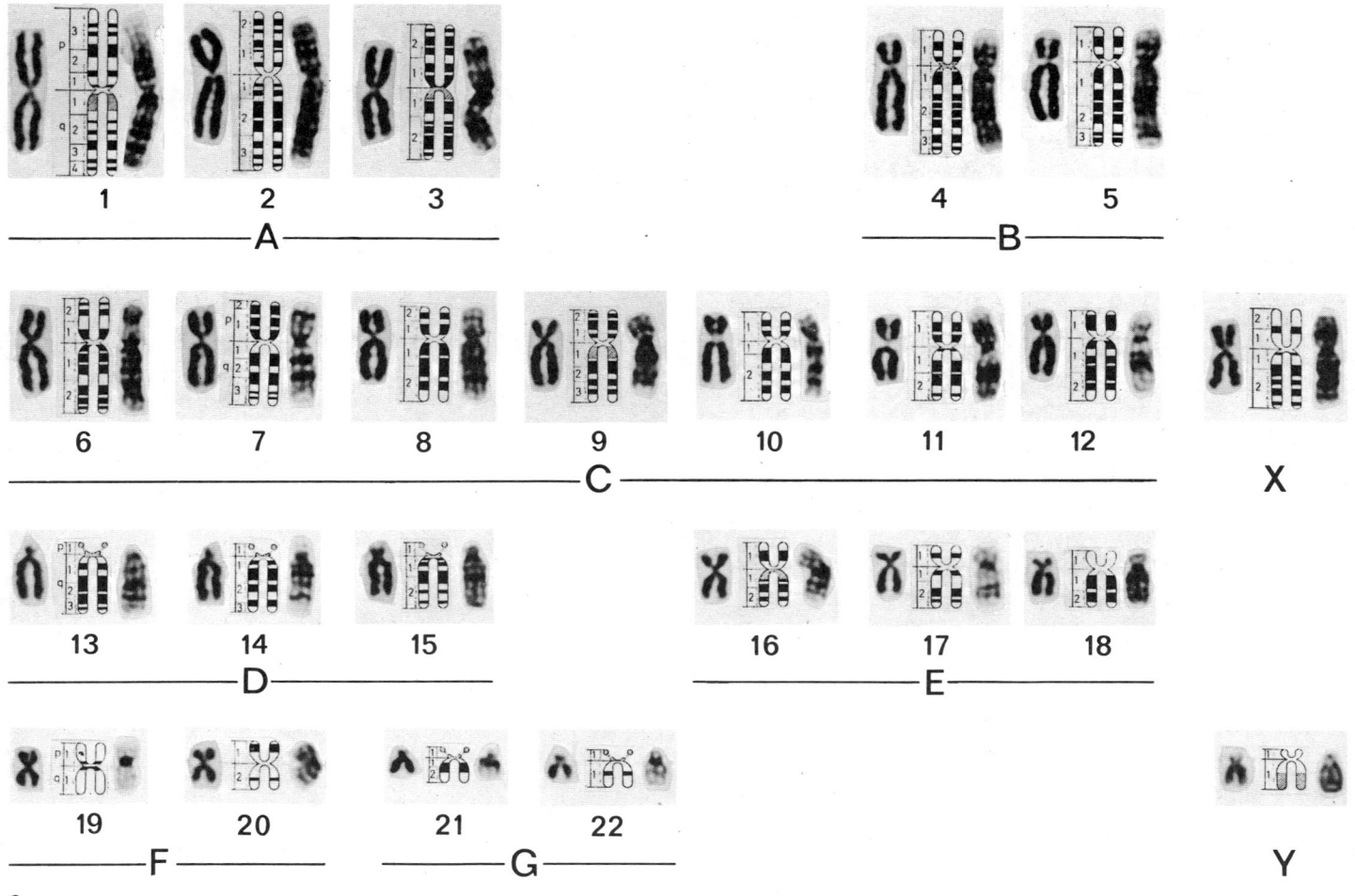

Teilungskernes findet weder Replikation noch Transkription statt; DNA- und RNA-Polymerasen können wegen der dichten Packung der DNA und ihrer Maskierung durch Proteine nicht aktiv werden.

1.6.6.4 Endopolyploidie, Riesenchromosomen und Lampenbürstenchromosomen

Bei Differenzierungsprozessen kann es zu erheblichen Vermehrungen der DNA-Gesamtmenge pro Zelle kommen. Da die Menge der Zellkern-DNA (nucDNA) bzw. die Kerngröße und das Zellvolumen für eine gegebene Organismenart positiv korreliert sind *(Kern-Plasma-Relation)*, ist mit solchen Chromatinvermehrungen eine Vergrößerung der betroffenen Zellen verbunden. Die Chromatinvermehrung kann zustandekommen durch
(a) Kernvermehrung ohne Zellteilung: Bildung plasmodial-polyenergider Zellen (Beispiel: Skelettmuskelzellen);
(b) fortgesetzte Chromosomenvermehrung ohne Kernteilung: *Endopolyploidie* als Folge von Endomitosen bzw. Endozyklen, manchmal mit Bildung polytäner Riesenchromosomen (Beispiel: Speicheldrüsenzellen stechend-saugender Insekten);
(c) Vermehrung nur bestimmter Sequenzen: Genamplifikation (S. 355f.: Beispiel: Amplifikation der rRNA-Gene in Amphibien-Oocyten).

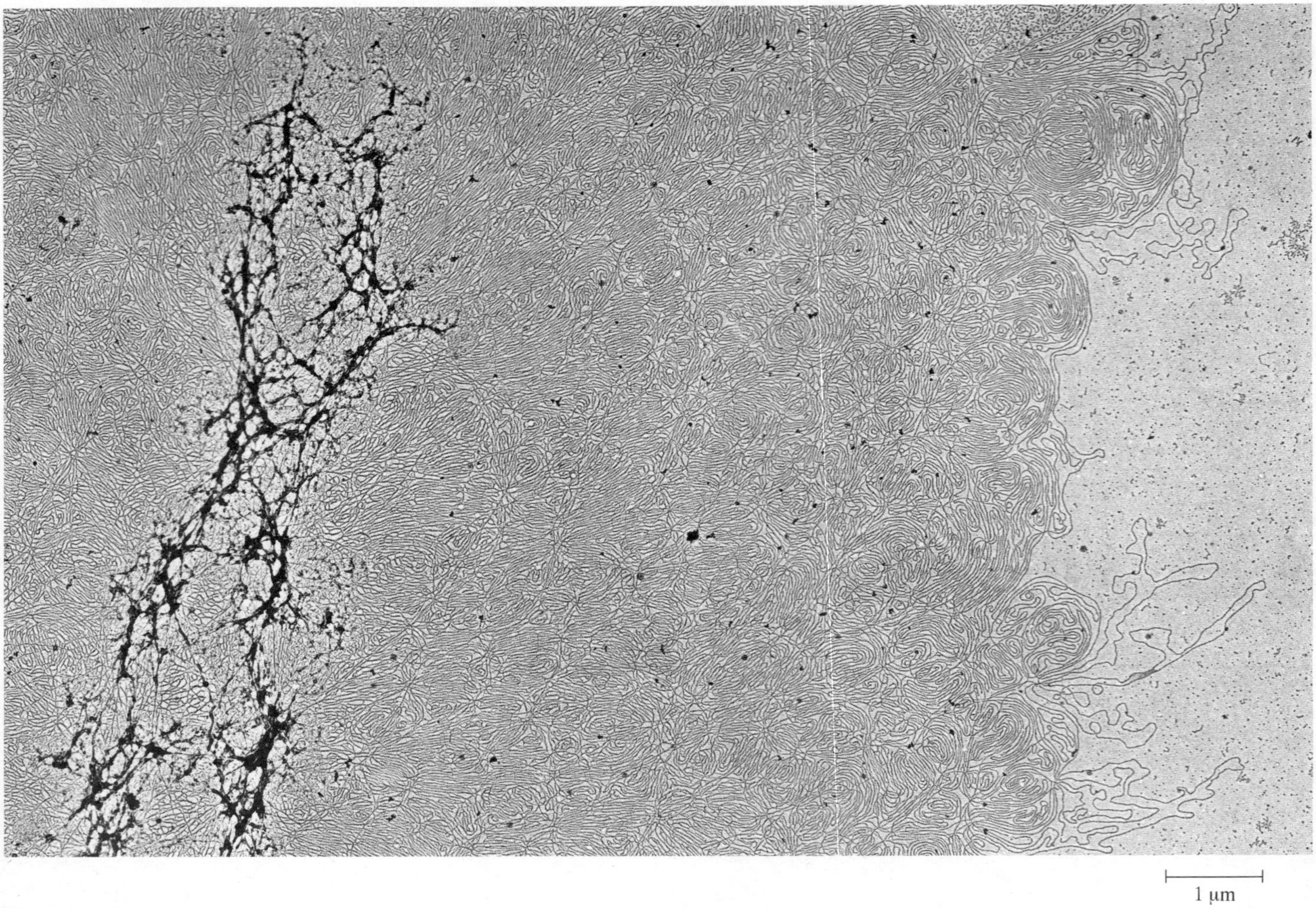

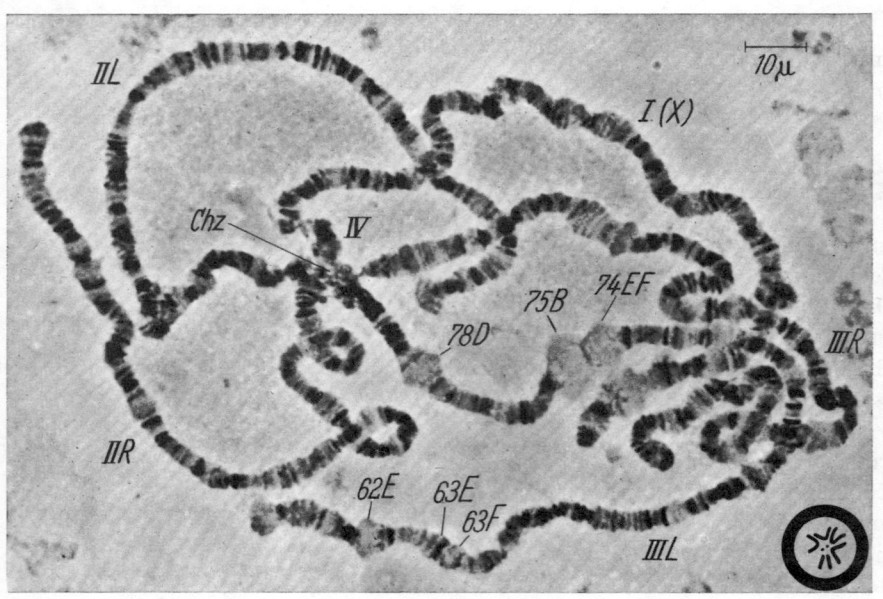

Abb. 1.153. Ausgebreitete (gespreitete) DNA aus einem Metaphasechromosom des Menschen. Das dunklere netzartige Gerüst in der linken Bildhälfte wird von Gerüst-(Scaffold-)Proteinen gebildet, an welchen DNA-Schleifen »befestigt« sind. Die übrigen Begleitproteine der DNA, vor allem die Histone, sind bei dieser Präparation entfernt worden; die DNA liegt hier also »nackt« vor. (Nach Paulson u. Laemmli aus von Sengbusch)

Abb. 1.154. Polytäne Riesenchromosomen aus dem Kern einer Speicheldrüsenzelle von Drosophila melanogaster (Weibchen, n = 4). Die Chromosomenarme sind bezeichnet (I, X-Chromosom, II–IV Autosomen, bei II und III Unterscheidung von rechtem und linkem Arm). Verschiedene aufgelockerte Bereiche (Puffs) sind bezeichnet. Chz Sammelchromozentrum, an dem die Chromosomen zusammenhängen. Rechts unten, im Kreis: typische Metaphasechromosomen desselben Organismus bei gleicher Vergrößerung. (Aus Bresch u. Hausmann)

Alle drei Vervielfachungsmechanismen sind weit verbreitet. Beispielsweise ist in der Leber ein erheblicher Teil der Zellen mehrkernig oder endopolyploid. Schon relativ früh waren die *Polytänchromosomen* der Speicheldrüsen bei Insekten aufgefallen, die Bündeln aus über 1000 Chromatiden entsprechen. Dieses Phänomen ist auch bei vielen anderen Organismen gefunden worden. So bilden sich während der Entwicklung der Makronuclei von Ciliaten Riesenchromosomen aus, und während der Embryogenese von Angiospermen kommen in bestimmten Zellen Vervielfachungsgrade bis $3 \cdot 10^4$ vor. Sie werden noch übertroffen von den Riesenneuronen der Meeresschnecke *Aplysia* (Seehase) und den Spinndrüsenzellen der Raupe des Seidenspinners *Bombyx*, wo Polyploidiegrade bis zum $5 \cdot 10^5$fachen des haploiden Genoms erreicht werden.

Die polytänen Riesenchromosomen (Abb. 1.154, 1.155) sind Bündel von endomitotisch entstandenen Chromosomen. Das einzelne Chromosom tritt dabei als feine Fadenstruktur *(Chromonema)* in Erscheinung, die in unregelmäßigen, aber für jedes Chromosom charakteristischen Abständen knotige Verdickungen aufweist *(Chromomeren)*. Bei den Polytänchromosomen liegen die Chromomeren der parallelen Chromonemen auf gleicher Höhe und bilden dadurch die auffälligen, dichten Querbanden (= Querscheiben).

Bei bestimmten Entwicklungs- und Funktionszuständen werden definierte Bereiche aufgelockert zu sog. *Puffs* (= Aufblähungen) oder größeren »Balbiani-Ringen« (Abb. 1.155). Das *Puffing* ist morphologischer Ausdruck von Genaktivierung: Nur in dekondensierten Bereichen kann intensiv transkribiert werden.

Bei der Gametenentwicklung gewisser Tiere – vor allem bei der Oogenese von Amphibien – treten im Zuge der meiotischen Prophase *Lampenbürstenchromosomen* von extremer Länge (bis über 1 mm) auf. Es handelt sich dabei um gepaarte homologe Chromosomen, die wegen ihrer stark aufgelockerten Struktur das Chromomerenmuster der gestreckten Chromonemen deutlich hervortreten lassen (Abb. 1.156).

Das eigentliche Chromonema ist extrem dünn, aber mit primären und sekundären Genprodukten (RNA, RNP) massiv beladen. Man kann dieses Material, dessen Menge der außergewöhnlichen Transkriptionsaktivität der Lampenbürstenchromosomen entspricht, enzymatisch abbauen, ohne den Längszusammenhalt der Chromosomen zu unterbrechen; Querzerfall kann nur durch DNase erzielt werden.

1.6.6.5 Besondere Eigenschaften der Kern-DNA

Bei Prokaryoten gibt es »Chromosomen« in dem hier gebrauchten Sinn nicht (S. 24), ihre histonfreien DNA-Stränge sind zirkulär und vergleichsweise kurz. Auffällige Kondensations-/Dekondensationszyklen fehlen bei ihnen. Außerdem ist die gesamte genetische Information bei Bakterien gewöhnlich in einem einzigen DNA-Ringmolekül *(Genophor)* enthalten, während bei Eukaryoten stets mehrere, lineare DNA-Moleküle (eben die der einzelnen Chromosomen) gemeinsam den Informationsspeicher darstellen. Neben diesen uns schon bekannten Unterschieden zwischen Prokaryoten-DNA und nucDNA von Eukaryoten gibt es noch drei weitere, die wichtig sind (vgl. auch S. 24):

(a) Bei Bakterien wird pro DNA-Ringmolekül nur ein Startpunkt der Replikation gefunden. Bakterien-DNA ist *monorepliconisch* (S. 191). Die Kern-DNA der Eukaryoten ist dagegen *polyrepliconisch*, auf jedes Chromosom bzw. Nucleofilament kommen bis über 100 Initiationsstellen der Replikation (sog. *Origins*). Wie das Phänomen der Genamplifikation beweist, können diese u. U. auch unabhängig voneinander gesteuert werden. Durch die synchrone Replikation vieler Teilabschnitte von Chromosomen wird die gesamte Replikationsdauer entscheidend abgekürzt: Bei Embryonalstadien kann sie auf wenige Minuten beschränkt sein.

(b) In der Kern-DNA von Eukaryoten kommen häufig *repetitive Sequenzen* vor. Darunter versteht man mehrfache bis vielfache Wiederholungen bestimmter Nucleotidsequenzen. Bei Bakterien gibt es dieses Phänomen nur andeutungsweise (z. B. sind bei *E. coli* die

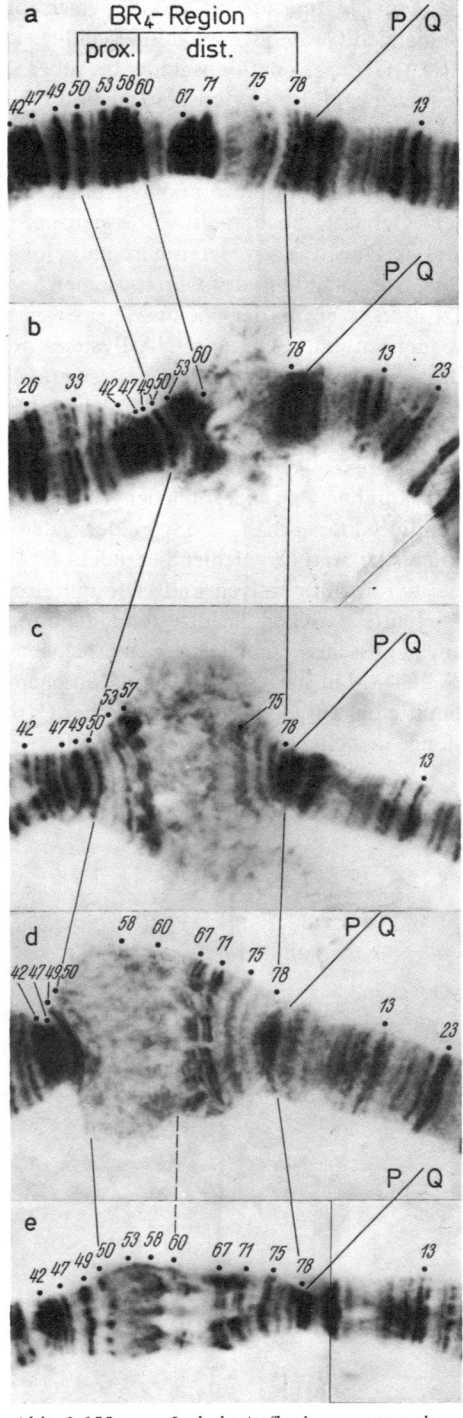

Abb. 1.155 a–e. Lokale Auflockerung an polytänen Riesenchromosomen als Ausdruck von Genaktivierung während der spätlarvalen Entwicklung. Bildung (a–c) und Rückbildung (d, e) eines Balbiani-Rings in Speicheldrüsenkernen von Acricotopus lucidus. Chromomerenscheiben numeriert. (Original Mechelke/Hohenheim)

Gene für die ribosomalen RNAs 6–7fach vorhanden). Bei Eukaryoten gibt es aber neben einmaligen Gensequenzen in beträchtlicher Zahl auch mittelrepetitive Sequenzen (z. B. rRNA-Gene, Repetitionsgrade bis über 10^4) sowie schließlich noch hochrepetitive Sequenzen mit Repetitionsgraden von 10^5 bis über 10^6. Die repetierten »Basissequenzen« sind oft kurz – weniger als 400 bp (Basenpaare), manchmal nur 3–20 bp –, in anderen Fällen jedoch auch über 1000 bp lang. Je nach ihrer Verteilung im Chromosom oder Genom werden disperse und gehäufte (»geclusterte«) repetitive Sequenzen unterschieden. Gehäufte hochrepetitive Sequenzen, die keine genetische Information enthalten, sind im konstitutiven Heterochromatin lokalisiert. Sie spielen vermutlich eine Rolle bei der Strukturbildung der Chromosomen, oder/und erleichtern Homologenpaarung und Crossing over in der meiotischen Prophase (S. 169f.). Der Anteil hochrepetitiver Sequenzen am gesamten DNA-Bestand des Kernes schwankt stark bei verschiedenen Organismenarten. Es wurden Werte von 5% (Hefe) bis über 90% (Amphibien, bestimmte Monokotyledonen, z. B. Küchenzwiebel: 95%) gefunden. Aus diesen Schwankungen erklärt sich die Beobachtung, daß auch bei nahe verwandten Arten die haploide DNA-Menge pro Zellkern, der sog. *C-Wert* (Angabe in pg), mitunter sehr verschieden ist.

(c) Während bei Prokaryoten der größte Teil der DNA codierend ist, d. h. Information für Genprodukte enthält, die von der Zelle benötigt werden, gibt es bei Eukaryoten erhebliche Anteile »nichtcodierender« DNA. Zu diesen Sequenzen zählen nicht nur die meisten hochrepetitiven und viele mittelrepetitive Sequenzen, sondern auch Sequenzabschnitte zwischen geclusterten Genen (*Spacer*), ferner die oft sehr langen Zwischenstücke zwischen einmaligen Gensequenzen und schließlich die Introns der Mosaikgene (S. 184). Man schätzt, daß beim Menschen nur etwa 1,5–3% der gesamten Kern-DNA unmittelbar zur Codierung spezifischer Genprodukte benötigt wird. Die haploide DNA-Menge in Zellkernen des Menschen ist etwa 1000mal größer als die von *E. coli*, die Zahl

Abb. 1.156. (a) Lampenbürstenchromosomen aus einem Oocytenkern des Molches Triturus. Phasenkontrast, Vergr. 500:1. (b) Ausschnitt aus einem Lampenbürstenchromosom: Chromomer mit seitlichen Schleifen. Die beiden Chromatiden des Chromosoms sind im Chromomerenbereich dicht aufgeknäuelt; aus dem Chromomer ragen Chromonemaschleifen seitlich heraus, die mit Genprodukten (RNA, nach Anlagerung von Protein: Ribonucleoproteinmassen) beladen sind und dadurch auch im Lichtmikroskop gesehen werden können. (a Original Gall/New Haven)

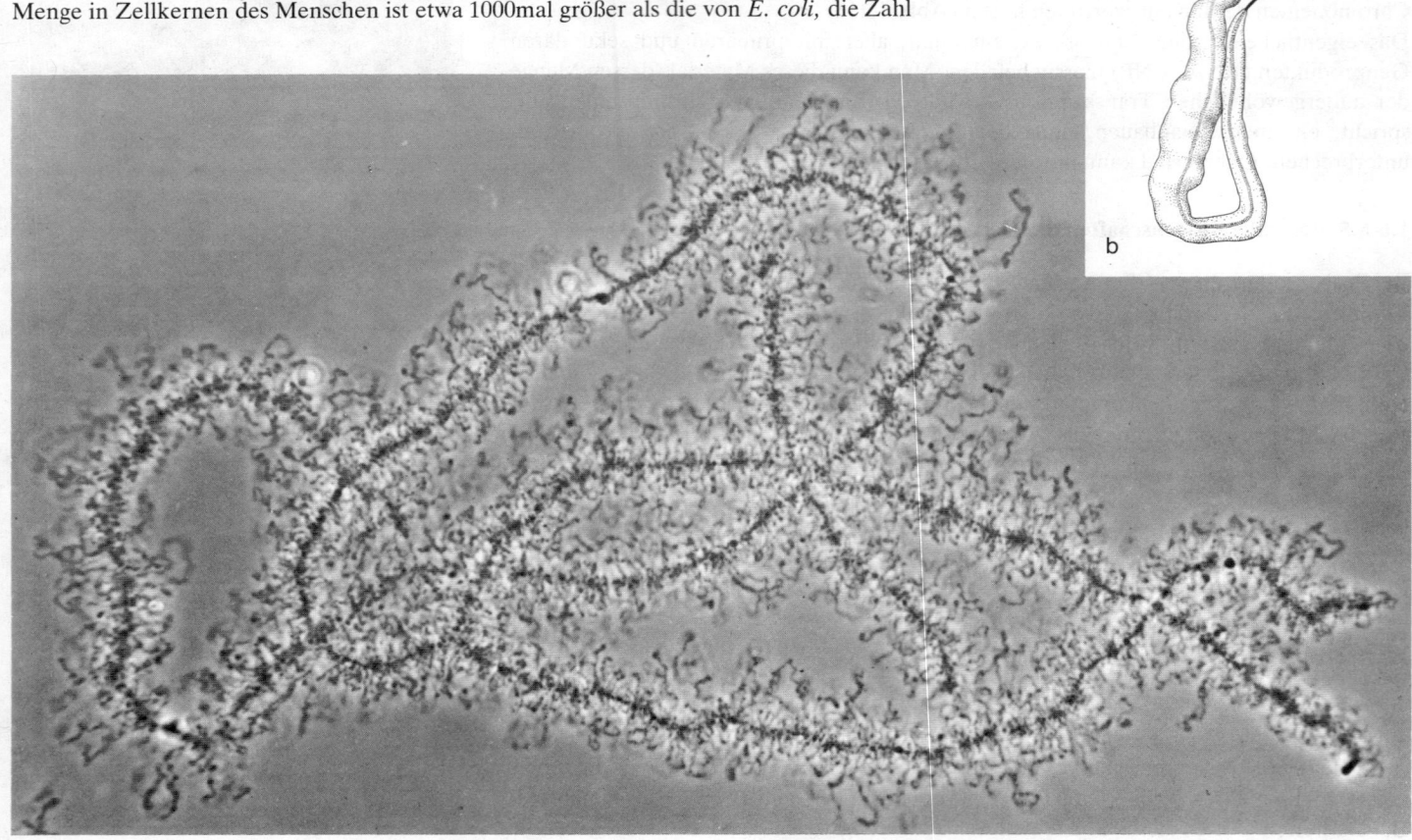

unterschiedlicher Proteine ist aber nicht entfernt in gleichem Ausmaß erhöht. Dieses sogenannte *C-Wert-Paradoxon* spiegelt den hohen Anteil nichtcodierender Sequenzen bei höheren Eukaryoten wider.

1.6.6.6 Nucleolus; Prä-Ribosomen und Prä-mRNA-Partikel

Hauptfunktion des Nucleolus ist die Bildung und vorübergehende Speicherung von Ribosomenvorstufen (Präribosomen). Die DNA des Nucleolusorganisators enthält die Information für die großmolekularen rRNAs in repetitiver Form (S. 160). Sie wird deshalb auch als rDNA bezeichnet. Die Zahl der Gene für rRNA schwankt stark bei verschiedenen Organismenarten. Im allgemeinen ist sie umso höher, je umfangreicher das Genom ist. Der Streubereich umfaßt Werte von knapp über 100 (Pilze, *Drosophila*; Mensch: 250–450) bis zu solchen über 1000 (Krallenfrosch *Xenopus*), ja sogar bis 10^4 (Amphibien, verschiedene Blütenpflanzen). In den Kernen von Amphibien-Oocyten kann durch selektive Amplifikation (S. 355) der rRNA-Gene deren Zahl auf über 10^6 pro Zellkern steigen. In diesem Fall gliedern sich amplifizierte rRNA-Gene in Form kleiner DNA-Ringe aus den SAT-Chromosomen aus und bilden kleine Neben- oder Extranucleolen, in bestimmten Fällen über 1000 pro Oocytenkern.

Die Informationssequenzen der rDNA sind durch Spacer voneinander getrennt. Die primären Transkripte der Informationssequenzen sind wesentlich länger als die endgültigen rRNAs: Die Präcursor-rRNA von Säugerzellen sedimentiert in der Ultrazentrifuge mit 45S. Aus dem Präcursor werden in einem mehrstufigen Aufarbeitungsprozeß (*Processing*, S. 184) die endgültigen 28S, 18S und 5,8S rRNAs herausgeschnitten (Abb. 1.37, S. 43). Gleichzeitig werden sie mit Proteinen beladen, die aus dem Cytoplasma angeliefert werden und z. T. bereits mit ribosomalen Proteinen identisch sind. Die 5S rRNA, die nicht am Nucleolusorganisator synthetisiert wird, sondern – wie auch die tRNAs – von anderen Chromosomenregionen oder überhaupt von anderen Chromosomen stammt – beim Menschen von Chromosom 5 –, wird dabei ebenfalls integriert. Schließlich werden die unmittelbaren Vorstufen der großen und kleinen Ribosomenuntereinheiten durch die Porenkomplexe der Kernhülle oder unter Auflösung des Nucleolus während der Kernteilung in das Cytoplasma transferiert.

Nucleolen gehören nicht zu den ständig vorhandenen Zellstrukturen. Sie sind Funktionsstrukturen, die bei Bedarf neu gebildet werden können. Während der Kernteilung werden sie normalerweise aufgelöst. Es gibt allerdings auch Beispiele für »persistierende« Nucleolen. In vielen Fällen wird Nucleolus-Material während der Kernteilung auf der Oberfläche von Chromosomen mitgeschleppt und sammelt sich nach Abschluß der Mitose erneut in Nucleolen. In Zellen ohne oder mit schwacher Proteinsynthese sind die Nucleolen klein oder fehlen ganz. Dagegen sind sie in den Kernen von Bildungsgewebe- und Drüsenzellen besonders groß.

Der Nucleolus ist ungewöhnlich dicht. Sein Trockensubstanzgehalt kann 85% der Frischmasse erreichen. Der Hauptanteil wird von ribosomalen Proteinen gebildet. Der RNA-Gehalt kann über 10% der Trockenmasse ausmachen. Im Elektronenmikroskop erscheint der Nucleolus in zwei unscharf gegeneinander abgegrenzte Zonen gliedert, eine innere feinfibrilläre und eine äußere aus granulären Einheiten (Abb. 1.157). Der Binnenbereich enthält in aufgelockerten Lakunen das entfaltete Chromatin der Nuclolusorganisatorregion und frischgebildetes, zunächst fibrilläres Ribonucleoprotein. In vielen Zellen, zumal bei Höheren Tieren, trägt der Nucleolus eine Kappe von Heterochromatin (»Nucleolus-assoziiertes Heterochromatin«). Dabei handelt es sich um heterochromatische Bereiche beiderseits der Nucleolusorganisatorregion und den heterochromatischen Satelliten.

Der Nucleolus ist als Sammelplatz und Verarbeitungsort primärer Transkripte schon im Lichtmikroskop sichtbar. Die meisten übrigen Produkte von Genaktivitäten sind dagegen

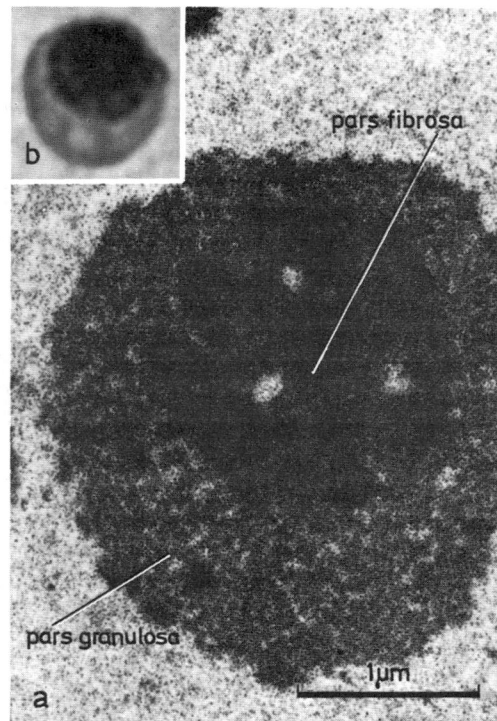

Abb. 1.157a, b. Bau des Nucleolus: Elektronenmikroskopisch (a) ist ein feinfibrilläres Zentrum (»Pars fibrosa«), umschlossen von granulärer Randzone (»Pars granulosa«), erkennbar. Im fibrillären Teil sind drei weniger dichte Lakunen sichtbar; in ihnen verläuft die DNA der Nucleolus-Organisator-Region. Vergr. 30000:1. – Der fibrilläre Teil kann lichtmikroskopisch (b) durch Silberimprägnierung sichtbar gemacht werden. Anthere der Küchenzwiebel. (Originale Giménez-Martin u. Stockert/Madrid)

bestenfalls elektronenmikroskopisch erkennbar (Abb. 1.158). Es handelt sich um granuläre Ribonucleoproteinstrukturen im Bereich zwischen den Chromatinsträngen des Interphasekerns. Diese RNP-Partikel enthalten hochmolekulare Vorstufen von mRNA (prä-mRNA). Die Gesamtpopulation der prä-mRNAs wird wegen der sehr unterschiedlichen Molekülgrößen als *heterogene nucleäre RNA* (hnRNA) bezeichnet. Nur 10–20% davon gelangen schließlich als mRNA in das Cytoplasma, nachdem durch ein umfangreiches Processing Introns ausgeschnitten (»Spleißen«, S. 184) und Flankensequenzen entfernt wurden. Die für die Umwandlung der prä-mRNA in reife mRNA erforderlichen Enzyme sind Bestandteil der nucleären prä-mRNP-Partikel. Diese Partikel werden daher auch als *Spleißkomplexe* bezeichnet. Zusätzlich sind in ihnen einige Strukturproteine und spezifische, kleine RNAs enthalten, die nur im Kernraum gefunden werden und für das Spleißen der prä-mRNA von Bedeutung sind. Beim Übertritt aus dem Kernraum in das Cytoplasma wird die mRNA mit anderen Begleitproteinen ausgestattet. Die dadurch entstehenden cytoplasmatischen RNP-Partikel werden als *Informosomen* bezeichnet.

1.6.6.7 Das Kernskelett

Werden aus isolierten Zellkernen alle löslichen Anteile und das Chromatin vorsichtig entfernt, bleibt eine Gelmasse zurück, die noch die ursprünglichen Kernformen erkennen läßt. Es handelt sich um ein aus Strukturproteinen aufgebautes Gelgerüst, das dem Cytoskelett des Cytoplasmas analog, aber anders zusammengesetzt ist.
Die Innenseite der Kernhülle ist von einer faserigen Schicht variabler Dicke ausgekleidet, die als *Nuclear-Lamina* bezeichnet wird. Sie besteht aus 1–3 charakteristischen Proteinen, den Laminen. Die Lamina trägt wesentlich zur Stabilität der Kernhülle bei. Dem Zerfall der Kernhülle während der Mitose geht eine chemische Veränderung der Lamine voraus – sie werden phosphoryliert und verlieren dadurch ihre Aggregationsneigung, auf welcher der Zusammenhalt der Nuclear-Lamina beruht. Sobald sich nach Abschluß der Kernteilung die Kernhüllen der Tochterkerne formieren, wird diese Phosphorylierung wieder rückgängig gemacht.
Das den gesamten Kernraum durchziehende *interne Kerngerüst* ist aus einer größeren Zahl von verschiedenen Proteinen aufgebaut. Chromosomale DNA-Sequenzen, die gerade repliziert oder transkribiert werden, sind besonders eng mit dem Kerngerüst verbunden. Man nimmt daher an, daß die entsprechenden Polymerase-Komplexe an den Filamenten des Kerngerüstes fixiert sind.

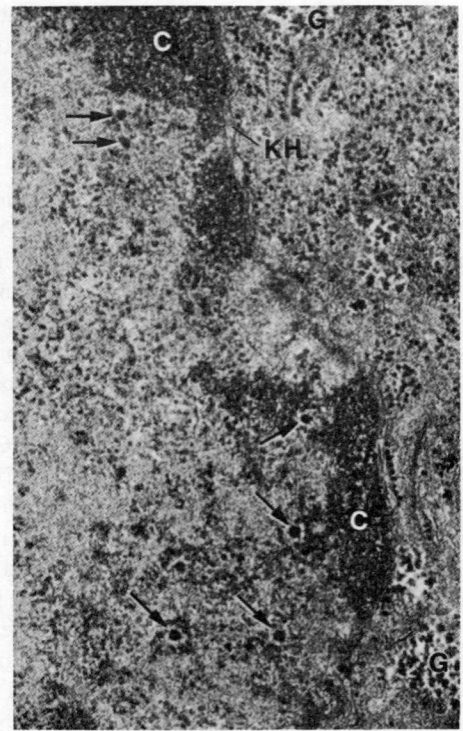

Abb. 1.158. Ribonucleoproteinkörper als elektronenmikroskopisch sichtbare Genprodukte: Perichromatingranula (Pfeile) im Kern einer Rattenleberzelle. C Kernhüll-ständiges Heterochromatin. Im Bild oberhalb der Kernhülle (KH) Cytoplasma mit Ribosomen, granulärem ER und Glykogen (G). Vergr. 46000:1. (Original Falk/Freiburg)

1.6.6.8 Kernhülle

Über die Porenkomplexe der Kernhülle (Abb. 1.159) werden die im Cytoplasma synthetisierten Zellkernproteine (u. a. Histone und Nichthistone, Ribosomenproteine und DNA- bzw. RNA-Polymerasen) in den Kern eingeschleust, umgekehrt die Produkte der Genaktivität – RNA bzw. Ribonucleoproteine (Informosomen) – aus dem Kern herausbefördert. Die Porenkomplexe fungieren als Schleusen und Pumpen für den Austausch von Makromolekülen zwischen Kern und Cytoplasma. In ihrem Bereich läßt sich gesteigerte ATPase-Aktivität nachweisen. Die Zahl der Porenkomplexe pro Kern und ihre Dichte auf der Kernhülle variieren stark. Physiologisch inaktive Kerne wie die von Vogelerythrocyten oder von Spermien besitzen nur wenige Porenkomplexe. Besonders hohe Porendichten (bis über 70/μm^2) finden sich dagegen bei großen und aktiven Kernen (Oocytenkerne von Amphibien, Abb. 1.159a; Speicheldrüsenkerne von Insekten; Makronuclei von Ciliaten). Bei solchen Kernen reicht trotz dichtestmöglicher Anordnung der Porenkomplexe die Transportkapazität der Kernhülle oft nicht aus. Das wird durch Einfaltungen der Kernhülle oder durch gänzliches Abgehen von der Kugelgestalt kompensiert (Segmentkerne, z. B. von Granulocyten, S. 454).

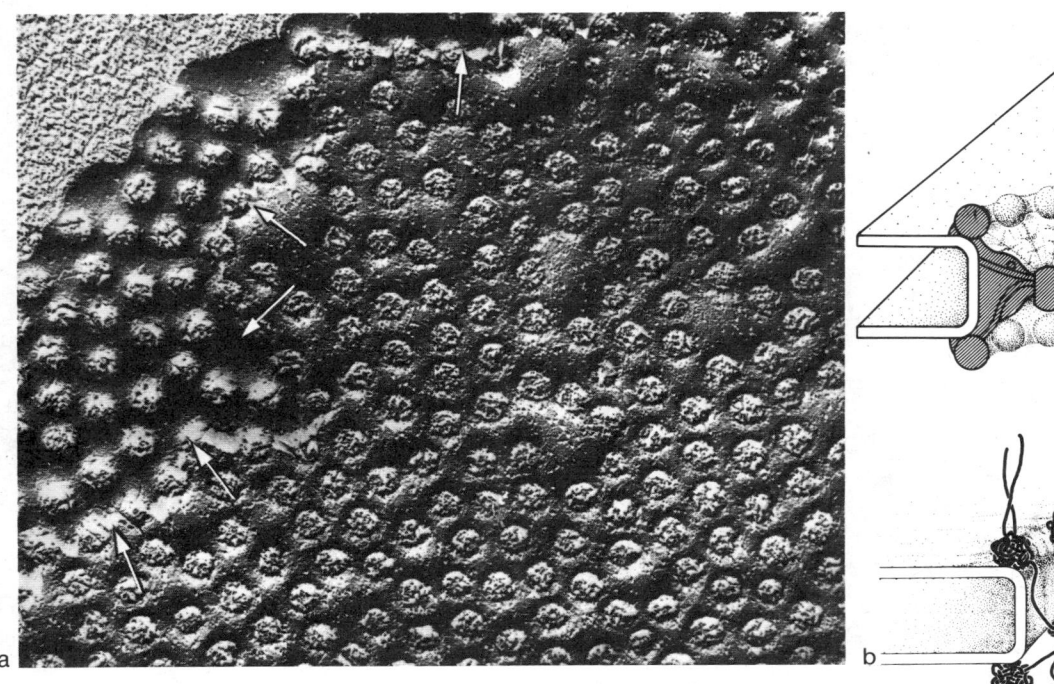
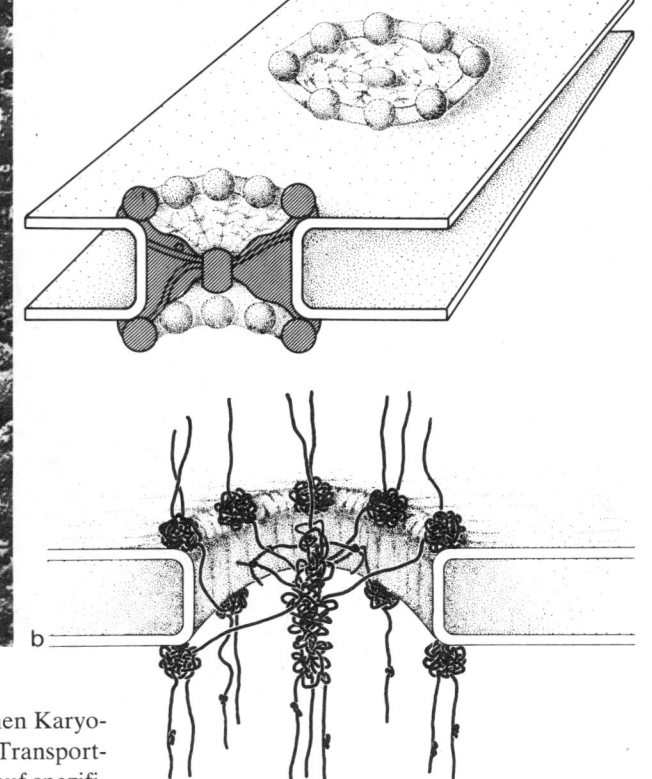

Die auffällige Ungleichverteilung vieler Proteine, aber auch von Ionen zwischen Karyo- und Cytoplasma kann dennoch nur teilweise auf unidirektionale, spezifische Transportvorgänge in Porenkomplexen zurückgeführt werden. Sie beruht überwiegend auf spezifischer Adsorption. Nach künstlichem Aufreißen der Kernhülle mit dem Mikromanipulator verbleiben die allermeisten der etwa 300 verschiedenen Nucleus-Proteine im Kernraum. Die Hauptfunktion der Kernhülle ist also nicht die einer Barriere, sie dient vielmehr der richtigen Anordnung der Chromosomen im Kernraum. Die Chromosomen sind dabei vor allem mit ihren Telomeren, oft auch mit ihren Centromeren an der Kernhülle aufgehängt und fest mit ihr verbunden. Daraus erklärt sich auch das häufige Auftreten von Heterochromatin an der Kernhülle (Abb. 1.158). Die dekondensierten Chromosomen sind im Kernraum nicht nach dem Zufallsprinzip verteilt. Das wird deutlich, wenn durch künstliche Fusion einer Interphasezelle mit einer Zelle, die sich gerade in der Metaphase der Mitose befindet, das Chromatin zu sofortiger Kondensation veranlaßt wird und sich in Chromosomen umformt. In der meiotischen Prophase (vgl. S. 169f.) müssen im Zygotän, wenn die Zusammenlagerung der homologen Chromosomen des diploiden Chromosomensatzes erfolgt, die sich paarenden Chromosomen so angeordnet sein, daß nicht andere Chromosomen zwischen ihnen eingeklemmt werden.

*Abb. 1.159. (a) Kernhülle mit zahlreichen Porenkomplexen aus einem Oocyten des Krallenfrosches (Xenopus laevis). Die Pfeile weisen auf die im Zuge der Präparation entstandene Membranbruchkante innerhalb der doppelten Kernhülle. Gefrierätzung. Elektronenmikroskopisch, Vergr. 50000:1.
(b) Architektur von Kernporenkomplexen. Die beiden Schemata sind nicht alternativ, sondern komplementär zu verstehen. Der Porenrand ist durch einen Ringwulst (Annulus) verstärkt, der aus acht undeutlich abgegrenzten Untereinheiten besteht. Die Pore selbst ist durch amorphes Material so weit eingeengt, daß nur ein enger Zentralkanal von 10 nm Durchmesser frei bleibt. In der lebenden Zelle füllt ihn oft ein »Zentralgranulum« aus, das ebenso wie die Annulusuntereinheiten aus Ribonucleoprotein besteht. (a Original Kartenbeck, Zentgraf, Scheer u. Franke, b Original Franke/Heidelberg)*

1.7 Mitose und Zellteilung

1.7.1 Ablauf der Mitose

Alle vier Strukturkomponenten des Zellkerns (Chromatin, Nucleolen, Kerngrundsubstanz und Kernhülle) verändern sich, wenn er sich zur Teilung *(Karyokinese)* anschickt. Die bei weitem häufigste Kernteilung ist die *Mitose*. Sie ist erbgleich: die Tochterkerne enthalten infolge der Chromosomengleichverteilung dieselbe genetische Information.

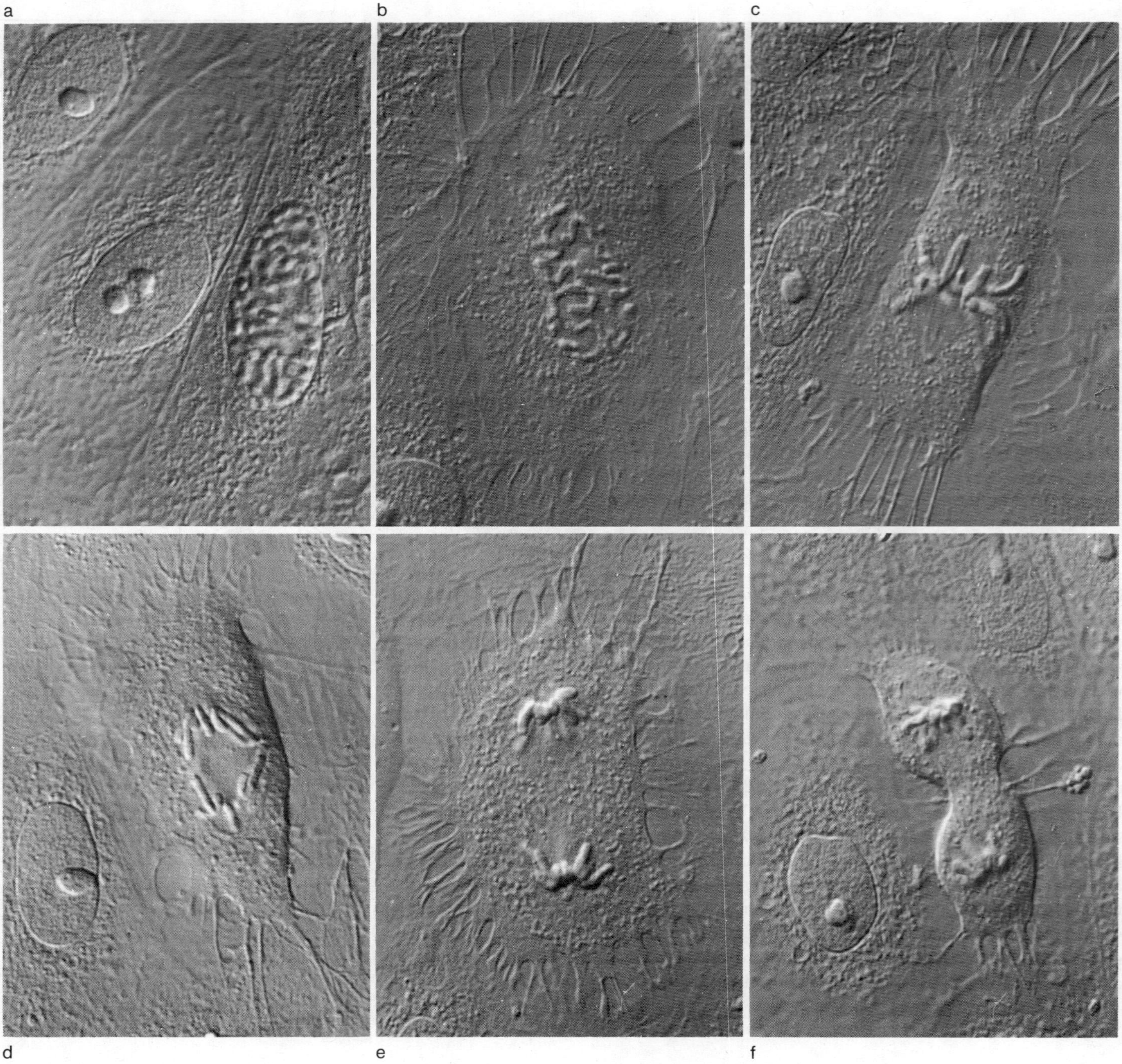

Zellbiologie

Zu Beginn der Mitose liegt die DNA im Chromatin bereits repliziert vor. Die bevorstehende Kernteilung (Abb. 1.160, 1.161) kündigt sich dadurch an, daß sich das Chromatin durch Aufschraubung und Faltung der Nucleofilamente verdichtet und in Chromosomen umformt. Am Ende der *Prophase,* wie dieses vorbereitende Stadium genannt wird, liegt das Chromatin in der physiologisch inaktiven Transportform vor, d. h. in Form räumlich klar begrenzter, manövrierbarer Chromosomen. Die bei der Replikation entstandenen beiden *Chromatiden* (Tochterchromosomen) sind dabei zunächst noch in einem Chromo-

Abb. 1.160. Mitosestadien von Gewebekulturzellen (Nierenepithelzellen der Känguruhratte). (a) Interphase und Prophase. (b) Späte Prophase. (c) Metaphase, Chromosomenarme in Chromatiden gespalten, Spindelapparat andeutungsweise sichtbar. (d) Anaphase. (e) Übergang zur Telophase. (f) Zellteilung. – Interferenzkontrast nach Nomarski, Vergr. 1350:1. (Original Sitte/Freiburg)

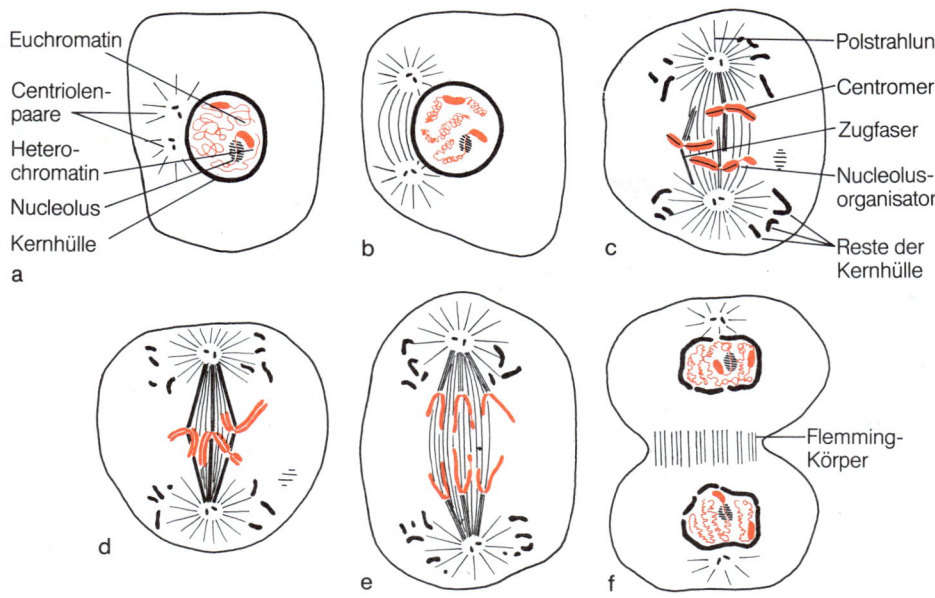

Abb. 1.161 a–f. Mitose, schematisch (tierische Zelle, Spindel vom Amphiastraltyp; n = 3). Chromatin bzw. Chromosomen farbig. (a) Frühe Prophase. (b) Späte Prophase. (c) Prometaphase. (d) Metaphase. (e) Anaphase. (f) Telophase mit beginnender Zellteilung

Abb. 1.162. Fluoreszenzmikroskopischer Nachweis von Spindelkomponenten bei Pales ferruginea, einer Kohlschnake. Die Zellen wurden mit verschiedenen Antikörpern und Fluoreszenzfarbstoffen gleichzeitig inkubiert. Durch Auswahl geeigneter Filter wurde die Reaktion mit Spindelkomponenten selektiv dargestellt. (a) Meiosezellen (Metaphase II) im Phasenkontrast. (b) Tubulin-Lokalisation durch indirekte Immunofluoreszenz (vgl. S. 166): Nach Einwirkung von Antitubulin-Antikörpern sind alle Tubulinstrukturen mit Antikörpern besetzt, die nun ihrerseits durch fluoreszierende Anti-Antikörper sichtbar gemacht werden. In diesem Präparat sind Spindelpole und -fasern markiert. (c) Dasselbe Präparat nach Immunmarkierung mit einem Serum gegen »Pericentrioläres Material« (PCM); Spindelpole und Kinetochoren der Metaphase-Chromosomen hervortretend. (d) DNA-Fluoreszenz nach Färbung mit DAPI, einem DNA-spezifischen Fluorochrom. Die hell leuchtenden Chromosomen (nicht einzeln erkennbar) liegen am Zelläquator. Durch starke Abflachung der Zellen im Lebendpräparat wurde noch vor der Spindelbildung die Bewegung der Aster gehemmt. Maßstab 10 μm. (Original Bastmeyer u. Steffen)

som vereinigt. Mittlerweile beginnt sich – mit oder ohne Vermittlung von Centriolen – außerhalb der Kernhülle der *Spindelapparat* auszubilden. Aus seinem Bereich werden alle größeren Zellorganelle verdrängt. Zahlreiche Spindelmikrotubuli wandern von den Spindelpolen her auf die Kernhülle zu, die schließlich fragmentiert. Die dabei entstehenden Cisternen und Vesikel werden in die Gegend der Spindelpole verlagert. Auch die Nucleolen werden meist aus dem Spindelbereich eliminiert und lösen sich im Grundplasma auf. Manche Spindelmikrotubuli bekommen Kontakt mit den Kinetochoren der Chromosomen (Abb. 1.162).

Wie bei allen Kernteilungsphasen ist auch die Länge der Prophase eine für Species und Gewebe charakteristische Größe. Es sind Prophasen von 0,5–4,5 h Dauer bekannt. Die Prophase ist mit dem Zusammenbruch der Kernhülle beendet. Im nächsten Abschnitt, der

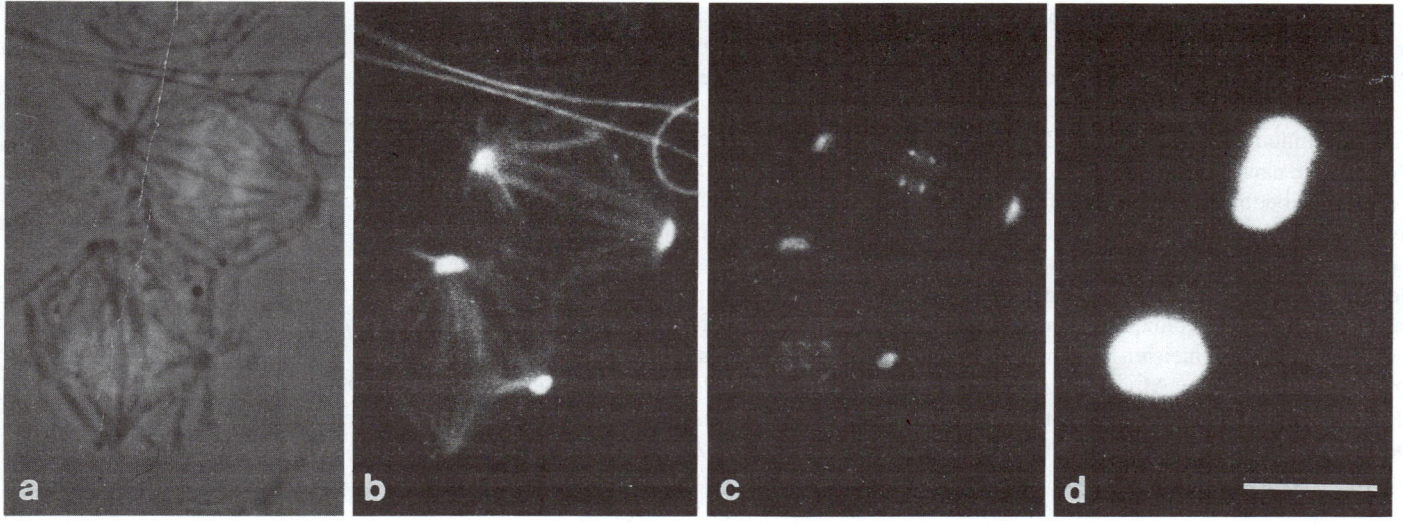

Metaphase, erscheinen zunächst Bündel von Mikrotubuli, die im Lichtmikroskop als Spindelfasern erkennbar sind, im Kontakt mit den Spindelansatzstellen der Chromosomen. Im Verlauf von einigen Minuten gelangt die *Spindelansatzstelle* eines jeden Chromosoms, die beiden am Centromer gelegenen Kinetochoren, in die Äquatorebene (Symmetrieebene zwischen den Spindelpolen).

Die Chromosomenarme ragen während dieser *Prometaphase* (= *Metakinese*) gewöhnlich polwärts aus der Äquatorebene heraus. In jedem Chromosomenarm verdeutlicht sich ein Längsspalt, der vielfach schon während der Prophase sichtbar war. Zuletzt hängen die beiden identischen Spalthälften eines jeden Chromosoms, die Chromatiden, nur mehr in der Centromerenregion zusammen. In diesem Stadium können die Chromosomen am leichtesten gezählt und morphologisch charakterisiert werden (Karyotypisierung, vgl. Abb. 1.152). Das Ende der Metaphase ist erreicht, wenn die Chromatiden auch in der Centromerenregion auseinanderweichen.

Wie die Metaphase, so dauert auch die darauffolgende *Anaphase* nur relativ kurz (2–20 min). Durch Vermittlung der Spindelfasern werden die Centromeren in Richtung auf die Pole verschoben. Dabei gewährleistet die in der Metaphase erreichte Anordnung der Chromosomen, daß die beiden Chromatiden eines Chromosoms jeweils nach verschiedenen Polen bewegt werden. Während der Anaphasebewegung eilen die Centromeren voraus, die Chromosomenarme hängen äquatorwärts zurück.

Der Spindelapparat, der alle diese Bewegungen vermittelt, kann recht unterschiedlich gestaltet sein. Abbildung 1.161 gibt den besonders häufigen Zentralspindel-Typ wieder. Abgesehen von der Polstrahlung enthält er zwei Fasertypen: *Zentral- oder Polfasern* und *Chromosomen- oder Kinetochorfasern*. Während der Anaphase verkürzen sich die Chromosomen- und verlängern sich gewöhnlich die Zentralfasern (Teleskopprinzip).

Die Bedeutung der Spindelmikrotubuli kann mit Hilfe von Spindelgiften, insbesondere *Colchicin* und sein Derivat *Colcemid*, demonstriert werden. Diese Alkaloide verhindern durch spezifische Bindung an die Tubulin-Dimeren deren Aggregation zu Mikrotubuli. Sie vermögen dadurch Spindelmikrotubuli aufzulösen, deren Existenz auf einem delikaten Gleichgewicht von Aggregation und Dissoziation des Tubulins beruht. Colchicin blockiert die Anaphase. Nur die Trennung der Chromatiden erfolgt autonom auch in Anwesenheit von Colchicin. Da nach Ausbleiben der Anaphasebewegung schließlich alle Chromatiden in einen einzigen »Restitutionskern« eingeschlossen werden, kann durch Colchicinieren eine Vervielfachung von Chromosomensätzen erzielt werden (*Polyploidisierung,* S. 157f.). Die charakteristischen Veränderungen des Spindelapparates während der einzelnen Mitosestadien und der Zellteilung setzen den raschen Auf- und Abbau von Mikrotubuli voraus (vgl. Abb. 1.163). Sowohl in der Struktur der Spindelpole als auch im Ansatz der Zugfasern an den Chromosomen gibt es ein breites Spektrum von Variationen im Organismenreich. Bei vielen Protisten und gewissen Pilzen läuft beispielsweise die Mitose innerhalb der geschlossen bleibenden Kernhülle ab, die Spindelmikrotubuli sitzen der Kernhülle innen an. Bei anderen Formen werden nur jene Bereiche der Kernhülle aufgelöst, die nach den Spindelpolen zu liegen. Die Spindel der »normalen«, d. h. der am häufigsten zu beobachtenden Mitoseform ist verschieden gestaltet, je nach der Beteiligung oder dem Fehlen von Centriolen. Wo immer diese Organelle überhaupt vorhanden sind, ist jeder der beiden Spindelpole von einem Centriolenpaar besetzt, das von hier aus die Bildung einer Asterstrahlung (Polstrahlung, *Amphiastraltyp*) induziert. Die mit den Kinetochoren der Chromatiden verbundenen Mikrotubuli orientieren sich nach der Polstrahlung. Bei den meisten Samenpflanzen und vielen Pilzen, aber auch im vegetativen Bereich mancher Algen, Moospflanzen und vieler Farnpflanzen fehlen Centriolen, eine Polstrahlung wird nicht ausgebildet, und die Spindel endet in diesem Falle stumpf (*Anastraltyp*). In Mitosezellen, in denen die Centriolen und damit die Aster (= Polstrahlung) disloziert (also aus der Kernnähe entfernt) werden, wird eine stumpfe Spindel vom Anastraltyp gebildet. Am Centromer der Chromatiden fungiert ein seitlich liegendes,

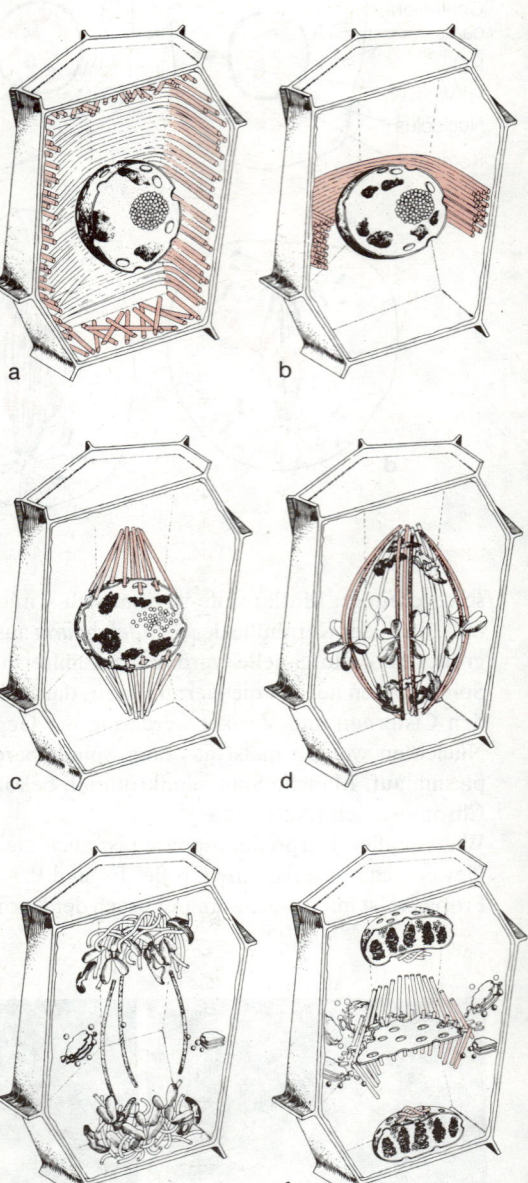

Abb. 1.163 a–f. Mikrotubuluszyklus während der Mitose einer Pflanzenzelle. (a) Interphase: Die Mikrotubuli befinden sich an der Plasmamembran. (b) Beginnende Prophase: Konzentrierung der Mikrotubuli im »Präprophaseband« (Zelläquator). (c) Prophase: Bildung des Spindelapparates (Anastraltyp). (d) Metaphase. (e) Telophase: Auflösung der Spindelmikrotubuli. (f) Späte Telophase: Neubildung der Zellkerne, Bildung der Zellplatte im Bereich des Phragmoplasten unter Beteiligung von Mikrotubuli und Dictyosomen. (Nach Ledbetter u. Porter)

plattenförmiges oder halbkugeliges Gebilde, der Kinetochor, als Ansatzpunkt der Spindelmikrotubuli. Bei einigen Pflanzen- und Tierarten gibt es auch Chromosomen mit »diffusem« Kinetochor, besonders ausgebildete Spindelansatzstellen fehlen, die Mikrotubuli inserieren scheinbar an beliebigen Stellen der Chromosomen.

Die letzte Phase der Kernteilung, die *Telophase*, fällt gewöhnlich mit der Zellteilung zusammen: *Karyokinese und Cytokinese sind zeitlich aufeinander abgestimmt.* In den dicht geballten neuen Chromosomensätzen setzt die Dekondensation der Chromosomen ein. Kernhülle und Nucleolen werden neu gebildet. Die Telophasedauer ist bei verschiedenen Organismen und Geweben sehr unterschiedlich.

Hinsichtlich des Chromatins können die vier Stadien der Mitose wie folgt umrissen werden: *Prophase = Kondensation des Chromatins, Umwandlung der Arbeitsform in die Transportform; Metaphase = Teilung; Anaphase = Verteilung; Telophase = Dekondensation des Chromatins, Rückkehr von der Transportform in die Arbeitsform.*

1.7.2 Zellteilung (Cytokinese)

Schon während der Schlußphase der Kernteilung setzt normalerweise die Zellteilung ein. Während der Telophase desintegriert der Spindelapparat durch Freisetzen der Tubulindimeren aus den Mikrotubuli (Abb. 1.163). Zwischen den neugebildeten Tochterkernen bildet sich zunächst aber ein Bereich aus, der erneut zahlreiche parallele Mikrotubuli enthält, der *Phragmoplast* bei Pflanzen bzw. *Flemming-(Mittel-)körper* bei manchen Tieren. Bei vielen tierischen Zellen wird die Trennung der Tochterzellen durch eine äquatoriale Ringfurche bewirkt, die von der Oberfläche der Zelle nach Art einer Irisblende immer tiefer einschneidet. Dabei spielen Aktinfilamente eine entscheidende Rolle. Bei Pflanzenzellen werden in der unmittelbaren Umgebung des Phragmoplasten zahlreiche Dictyosomen aktiv und liefern Vesikel, die mit Zellwandmaterial dicht gefüllt sind. Diese Vesikel werden in der Ebene des ehemaligen Spindeläquators angeordnet, verschmelzen und bilden so die Zellplatte als erste Wandanlage. Wenn sie komplett ist, verschwindet der Phragmoplast endgültig, und die Bildung der primären Zellwände beginnt.

Während die mitotische *Kernteilung* eine exakte *Äquationsteilung* ist, kann die *Zellteilung* durchaus *inäqual* sein. Die Bildung von zwei genetisch identischen, aber verschieden großen Tochterzellen leitet, zumal bei Pflanzen, häufig charakteristische Entwicklungsprozesse ein (S. 363f., Abb. 4.63, Abb. 4.71, S. 367).

1.7.3 Zellzyklus

Auch in der Interphase (Intermitose) gibt es eine Aufeinanderfolge von charakteristischen Stadien, die nicht umgekehrt werden kann (Abb. 1.164). Nach Abschluß von Karyo- und Cytokinese wird die RNA- und Proteinsynthese, die während der Kernteilung sistiert sind, sofort wieder aufgenommen. Dagegen findet zunächst in den meisten Fällen keine DNA-Replikation statt (G_1-*Phase*, nach engl. gap = Lücke, Intervall). Sie entspricht oft der eigentlichen Wachstumsphase der Zelle.

Es folgt die Replikationsphase des Chromatins (*S-Phase*), in der die Synthese der Kern-DNA stattfindet (›S_1-Phase‹: Replikation des Euchromatins; zuletzt übergehend in ›S_2-Phase‹: Heterochromatinreplikation; die beiden Phasen überlappen sich, d.h. die Replikation des Heterochromatins beginnt noch vor dem Abschluß der Replikation des Euchromatins). In dieser Phase – sie dauert bei Säugern etwa 7–9 h – verdoppeln sich auch

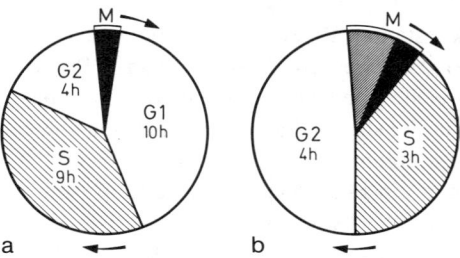

Abb. 1.164a, b. *Zellzyklus von Gewebekulturzellen eines Rattenhepatoms (a). Bei anderen Zelltypen weist die »Uhr« des Zellzyklus andere Zeiten auf. Der Zellzyklus des Schleimpilzes Physarum polycephalum (b) (Mitose 40 min, 25 min davon Prophase) präsentiert einen Extremfall: die G_1-Phase fehlt*

die Centriolen, nachdem sich die beiden Centriolen des aus der letzten Mitose überkommenen Centriolenpaares am Ende der G_1-Phase voneinander entfernt und mit der Bildung von Tochtercentriolen begonnen hatten. Somit liegen zu Ende der S-Phase wieder zwei Centriolenpaare vor, die bei der nächsten Mitose die beiden Spindelpole besetzen werden. Nach Abschluß der DNA-Replikation, also nach dem Ende der S-Phase, verstreicht meist noch einige Zeit *(G_2-Phase)* bis zur nächsten Prophase.

Die Mitose ist in den Zellzyklus zwischen G_2 und G_1 eingefügt. Wenn Zellen ihre Teilungsaktivität einstellen und in Dauerzustände übergehen (differenzierte Gewebezellen, ruhende Samen oder Knospen usw.), verbleiben sie meist in einer stabilen G_1-Phase (›G_0-Phase‹). Nur solche Zellen, die später ihre Teilungstätigkeit wieder aufnehmen werden (z. B. Lymphocyten), befinden sich in der G_2-Phase.

1.7.4 Zellvermehrung

Die Dynamik der Zellvermehrung läßt sich besonders gut an Bakterienpopulationen in flüssigen Nährmedien untersuchen. Die Zunahme von Zellzahl und Zellmasse kann hier leicht verfolgt werden. Darüber hinaus vermehren sich eine Reihe von Bakterienarten unter optimalen Bedingungen sehr schnell (Zeitraum zwischen zwei Zellteilungen etwa 20 min). Abbildung 1.165 gibt die Vermehrungskurve für eine Bakterienart wieder. Nach dem Beimpfen der Nährlösung durchläuft die Bakterienkultur zuerst eine Anlaufphase (»lag«-Phase), in der die Teilungsrate langsam zunimmt. Ihr folgt die *exponentielle Phase*, die durch einen linearen Verlauf bei Auftragung des Logarithmus der Zellzahl gegen die Zeit charakterisiert ist. Nach einer Phase abnehmender Teilungsrate tritt die *stationäre Phase* ein: Es finden keine Zellteilungen mehr statt, weil Nährstoffe fehlen oder Ausscheidungsprodukte eine weitere Zellvermehrung verhindern.

Während einer Vermehrungsphase entsteht aus der Zahl von N_0 Zellen zu Beginn nach n Teilungen die Zellzahl N entsprechend Gleichung (1.101). Die Teilungsrate v (Anzahl der Zellteilungen pro Stunde) und die Generationszeit g (Zeitraum zwischen zwei Zellteilungen) lassen sich aus Gleichung (1.102) berechnen, die man aus Gleichung (1.101) unter Einbeziehung der Zeitdauer $t-t_0$ erhält.

Mit der Zellvermehrung ist die Zunahme der gesamten Zellmasse *(x)* natürlich eng verknüpft, denn das Wachstum der Zellen ist ja die Voraussetzung für ihre Teilung. Die Zunahme dx pro Zeiteinheit dt ist der vorhandenen Zellmasse proportional (Gl. 1.103). Der Proportionalitätsfaktor μ ist die Wachstumsrate, welche ein Maß für die Geschwindigkeit des Zellwachstums eines Organismus unter den gegebenen Bedingungen darstellt. Diese Gesetzmäßigkeiten gelten, wenn sich Bakterien in einem geschlossenen System vermehren (»statische Kultur«). Bakterienpopulationen, die über längere Zeiträume mit konstanter Rate wachsen und sich vermehren, können in kontinuierlichen Kulturen erhalten werden. Diese bestehen im Prinzip aus einer Bakterienkultur, zu der Nährlösung, welche eine Komponente in wachstumsbegrenzender Konzentration enthält, zufließt und aus der ständig Bakteriensuspension abfließt. Zufluß und Abfluß sind gleich groß, so daß das Volumen der Kultur konstant bleibt. Unter diesen Bedingungen stellt sich nach einiger Zeit ein Fließgleichgewicht ein, in dem die Verdünnungsrate der Bakterienpopulation ihrer Wachstumsrate gleich ist. Die Zellmasse im Kulturgefäß bleibt daher trotz der Entnahme konstant. Automatisierte Kulturapparate, mit denen solche Bedingungen über längere Zeit erfüllt werden können und die dadurch die Erzeugung großer Zellmassen ermöglichen, werden als *Fermenter* bezeichnet. Sie spielen in der modernen Biotechnologie eine große Rolle.

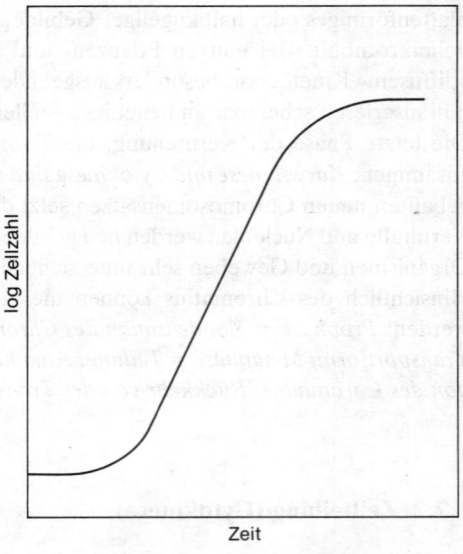

Abb. 1.165. *Vermehrungskurve eines Bacteriums in Flüssigkeitskultur*

(1.101a)
$$N = N_0 \cdot 2^n$$

(1.101b)
$$\log N = \log N_0 + n \log 2$$

(1.101c)
$$n = \frac{1}{\log 2} \cdot (\log N - \log N_0)$$

(1.102)
$$v = \frac{n}{t-t_0} = \frac{1}{\log 2} \frac{\log N - \log N_0}{t-t_0} = \frac{1}{g}$$

(1.103)
$$\frac{dx}{dt} = \mu x$$

1.8 Meiose und Rekombination

Bei allen Organismen mit geschlechtlicher Fortpflanzung kommt neben der Mitose noch eine grundsätzlich andere Art der Kernteilung vor, die Meiose. Während die Mitose zwei erbgleiche Tochterkerne bzw. -zellen hervorbringt, entstehen durch Meiose aus einer diploiden Zelle vier erbungleiche haploide Zellen. Sie werden als *Gonen* bezeichnet. Oft handelt es sich dabei um Keimzellen = Gameten, oder um Sporen (vgl. Kapitel 3).

Die Bedeutung der Meiose, die aus zwei aufeinanderfolgenden Kernteilungen (Meiose I, II) besteht, liegt nicht in der Kern- oder Zellvermehrung, sondern in einer Durchmischung des Erbguts, die als *Rekombination* bezeichnet wird. Die Rekombination erfolgt dabei auf zwei Ebenen, der des Genoms (interchromosomale Rekombination) und der der einzelnen Chromosomen (intrachromosomale Rekombination). Zugleich wird durch die Reduktion der Chromosomenzahl von diploid (2n) nach haploid (1n) die Voraussetzung für eine künftige Syngamie (Befruchtung) geschaffen, d. h. für die Verschmelzung von zwei erbungleichen, wenn auch artgleichen Zellen – normalerweise Gameten (S. 264). Durch Syngamie werden zwei ähnliche, aber nicht identische Chromosomensätze im Kern einer einzigen Zelle, der Zygote, vereinigt. Daher entsprechen sich in diploiden Chromosomensätzen je zwei Chromosomen (ein »mütterliches« und ein »väterliches«) nach Gestalt und Genbestand. Sie werden als *homologe Chromosomen* bezeichnet.

Nicht nur in ihrer biologischen Bedeutung, sondern auch in ihrem Ablauf unterscheidet sich die Meiose von der Mitose (Abb. 1.166 und 1.167). In der Prophase der ersten meiotischen Teilung werden zunächst die Chromosomen als zarte Chromonemen mit Chromomeren erkennbar *(Leptotän)*. Die Chromosomen sind bereits repliziert, doch läßt sich ihre Zweiteilung lichtmikroskopisch oft nicht erkennen. Im nachfolgenden *Zygotän* lagern sich die homologen Chromosomen des diploiden Satzes längs aneinander: Homologenpaarung = *Synapsis* oder *Syndese*. Die Homologenpaarung beginnt an den Chromosomenenden (Telomeren), die in der Nuclear-Lamina verankert sind. Die Paarung wird durch Ausbildung des Synaptischen Komplexes stabilisiert, einer aus spezifischen Strukturproteinen aufgebauten, bandartigen Struktur von 0,1 μm Breite (Abb. 1.168). Die Homologenpaarung bleibt während des nächsten Stadiums der meiotischen Prophase, dem *Pachytän*, erhalten.

In jedem Homologenpaar sind ein mütterliches und ein väterliches Chromosom vereinigt. Man spricht von »Bivalenten«. Mit zunehmender Verdickung und Verkürzung der Chromosomen während des Pachytäns wird nun auch ihre Längsaufspaltung in je zwei Chromatiden deutlich (Vierstrangstadium, Tetraden). Schon zu Beginn des Pachytäns haben sich an stochastisch über die Chromosomenpaare verteilten Stellen molekulare Prozesse abgespielt, die zur *intrachromosomalen Rekombination* durch *Crossing over* führen. Darunter ist ein reziproker Stückaustausch zwischen Nichtschwester-Chromatiden zu verstehen. Er wird eingeleitet durch enzymatisch erzeugte, auf etwa gleicher Höhe liegende Doppelstrangbrüche in den DNAs je einer Chromatide des väterlichen und des mütterlichen Chromosoms. Diese Brüche verheilen dann »über Kreuz«. Das entspricht einem Genaustausch zwischen Nichtschwester-Chromatiden: Durch Crossing over werden Gensequenzen, die in einem Chromosom »gekoppelt« vorlagen, voneinander getrennt und mit solchen kombiniert, mit denen sie bisher nicht kovalent verbunden waren.

Crossing over ist ein molekularer Prozeß, der auch im Elektronenmikroskop normalerweise unsichtbar bleibt und erst nachträglich an seinen Auswirkungen erkannt werden kann. Eine erste lichtmikroskopisch sichtbare Folge von Crossing over sind *Chiasmen*, charakteristische Überkreuzungen von Nichtschwester-Chromatiden in Bivalenten. (Die Bezeichnung »Chiasma« kommt von dem griechischen Buchstaben *Chi*, Symbol χ.) Die Chiasmen werden im nächsten Stadium der meiotischen Prophase, dem *Diplotän*,

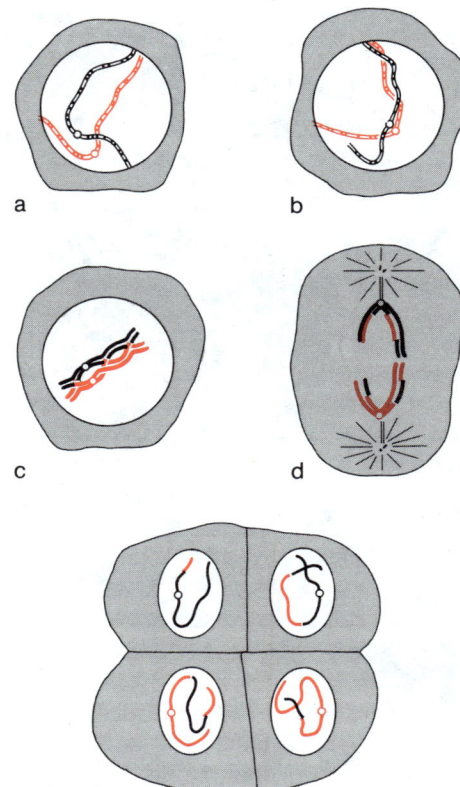

Abb. 1.166. Meiose, schematisch; dargestellt ist nur ein Homologenpaar, so daß die interchromosomale Rekombination unberücksichtigt bleibt. (a) Leptotän. (b) Zygotän. Die in (a) und (b) gezeigte Verdoppelung der Chromosomen ist lichtoptisch in diesen Stadien nicht erkennbar. (c) Fortgeschrittenes Pachytän. Durch Chiasmen ist am kurzen Arm ein einfaches, am langen Arm ein doppeltes Crossing over erkennbar. (d) Anaphase I (die beiden Chromatiden bleiben jeweils am Centromer miteinander verbunden). (e) Nach Telophase II: 4 Gonen/Gonenkerne

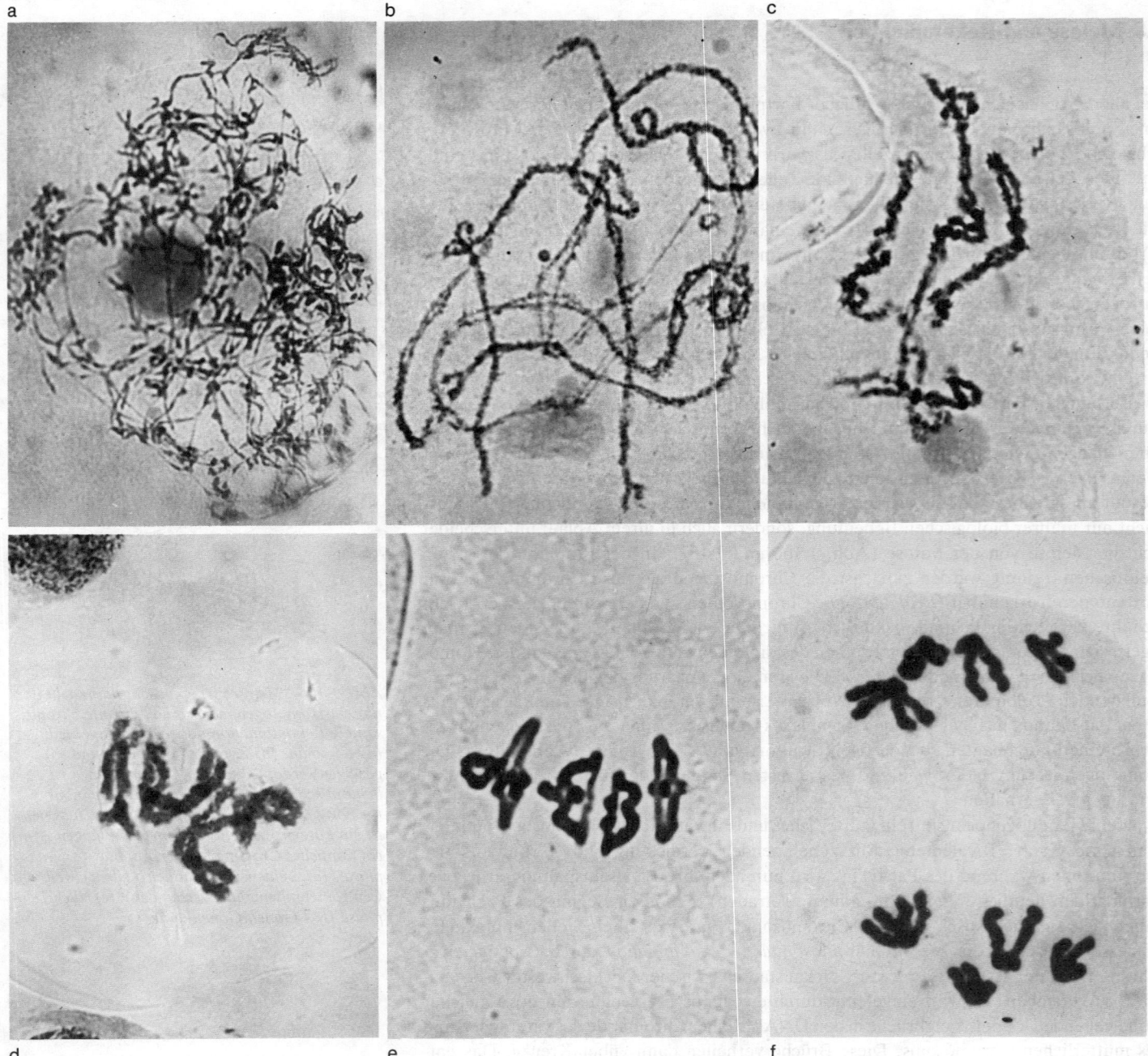

besonders deutlich. In diesem Stadium löst sich der Synaptische Komplex auf und die Homologen beginnen auseinanderzuweichen; nur an Chiasmen hängen sie noch zusammen (Abb. 1.168).

Das Diplotän fällt bei der Eizellen-Entwicklung vieler Tiere mit der hauptsächlichen Wachstumsphase der Oocyten zusammen. In diesem Stadium treten z. B. bei den Amphibien die auf S. 159 erwähnten Lampenbürsten-Chromosomen auf. In der Oogenese des Menschen wird in das Diplotän ein Ruhestadium eingeschaltet, das viele Jahre andauert (»Dictyotän« zwischen der Geburt des Mädchens und einer Follikelreifung im Eier-

Abb. 1.167. Stadien der Meiose I bei der Pollenentwicklung der Liliacee Bellevalia romana (n = 4). (a) Leptotän. (b) Übergang Zygotän → Pachytän. (c) Diplotän. (d) Spätes Diplotän, mehrere Chiasmen deutlich. (e) Metaphase I; Bivalente hängen nur noch über Chiasmen zusammen, die an die Chromosomenenden verschoben (»terminalisiert«) sind; Centromeren bereits polwärts verlagert. (f) Späte Anaphase I. Lichtmikroskopisch 2400:1. (Originale Oehlkers/Freiburg)

stock der Frau). Aber was immer an Extrastadien auftritt, zuletzt sind die Chromosomen der Bivalenten wieder extrem kondensiert und weichen im vergrößerten Kernraum soweit wie möglich auseinander *(Diakinese)*. Damit ist die komplexe Prophase der Meiose I abgeschlossen, die Kernhülle fragmentiert und die ungeteilten (!) Centromeren – zwei pro Bivalent – ordnen sich in die Kernteilungsspindel ein (Metaphase I). Dabei orientieren sich die Bivalenten so, daß das Centromer des einen Homologen zum einen, das des anderen zum anderen Spindelpol hin ausgerichtet ist. In der nachfolgenden Anaphase I werden nun nicht Chromatiden (wie in der Mitose), sondern homologe Chromosomen voneinander getrennt und auf die beiden Tochterkerne verteilt. Beide Kerne erhalten also von jedem Chromosom eine bereits replizierte Kopie. Es bleibt aber im allgemeinen dem Zufall überlassen, ob das väterliche Chromosom eines Bivalents oder das mütterliche zu einem bestimmten Spindelpol verschoben wird. Das ist die Grundlage der *interchromosomalen Rekombination:* Die Chromosomen der beiden haploiden Chromosomensätze, die bei der Befruchtung vereinigt worden waren, werden in der Meiose I nicht als solche wieder voneinander getrennt; vielmehr enthalten die beiden haploiden Kerne, die jetzt entstehen, väterliche und mütterliche Chromosomen zufällig gemischt. Beim Menschen (n = 23) gibt es 2^{23} = ca. $8,4 \cdot 10^6$ Möglichkeiten der interchromosomalen Rekombination und entsprechend viele genetisch verschiedene Samen- oder Eizellen; die Wahrscheinlichkeit, daß die beiden Tochterkerne nach der Meiose I nur väterliche bzw. nur mütterliche Chromosomen erhalten, ist analog 1 : $8,4 \cdot 10^6$. Durch Crossing over wird diese Wahrscheinlichkeit natürlich noch weiter drastisch vermindert. Von einem Elternpaar können daher – mit Ausnahme von eineiigen Zwillingen – niemals erbgleiche Kinder erwartet werden.

Bei manchen Organismen schließt sich an die Meiose I die zweite meiotische Teilung unmittelbar an, bei anderen ist eine »Interkinese« zwischengeschaltet, in der jedoch keine DNA-Replikation stattfindet. Im Gegensatz zu einer echten Interphase fehlt also eine S-Phase. Meiose II entspricht einer haploiden Mitose mit dem einzigen Unterschied, daß die Chromatiden der einzelnen Chromosomen überall dort, wo Crossing over stattgefunden hatte, genetisch nicht identisch sind. Man kann darin auch den Grund für das allgemeine Vorkommen der zweiten meiotischen Teilung sehen: Gameten sollen von jedem Gen nur *eine* Ausführung enthalten und nicht zwei vielleicht unterschiedliche Allele. Diesem Erfordernis kann tatsächlich nur durch einen zweiten Teilungsschritt genügt werden, während die Reduktion der Chromosomenzahl auf den haploiden Status und intra- wie interchromosomale Rekombination ja schon mit der ersten meiotischen Teilung erreicht werden.

1.9 Zellwand

1.9.1 Zellwände bei Pflanzen

Die Pflanzenzelle entwickelt als ausgesprochen osmotisches System (S. 60f.) einen beträchtlichen Binnendruck und bedarf der *Stabilisierung durch eine Zellwand*. Die aus der Zellplatte hervorgehende *Mittellamelle* (»*Kittschicht*«) und die junge *Primärwand* können plastisch gedehnt werden und passen sich so dem starken Wachstum der Zelle an. Dabei wird jedoch die Primärwand nicht etwa dünner, sondern nach und nach sogar dicker; es handelt sich also nicht nur um Dehnung, sondern um echtes Wachstum (Vermehrung der Trockensubstanz). Das Wachstum erfolgt durch *Apposition:* Während die älteren Wandlamellen gedehnt werden (und dabei tatsächlich lockerer und dünner

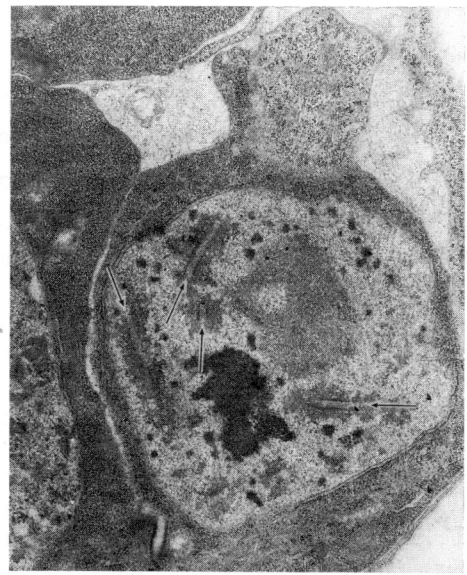

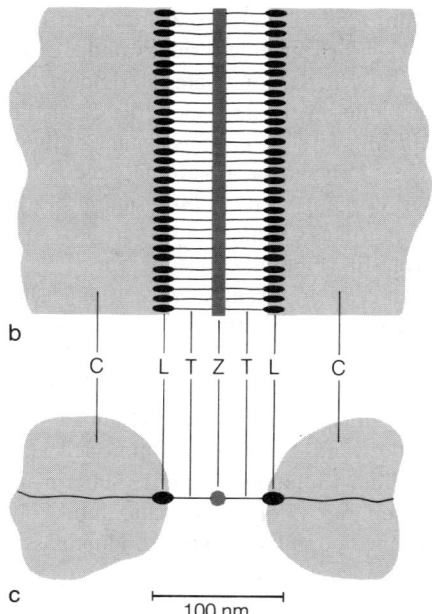

Abb. 1.168. (a) *Synaptische Komplexe (Pfeile) im Kern eines jungen Oocyten der Zuckmücke, Chironomus tentans. Vergr. 10500:1.* (b, c) *Synaptischer Komplex längs und quer. Die homologen Chromosomen (C) werden durch eine bisymmetrische Struktur zusammengehalten, die aus Lateralelementen (L, aus Synaptomeren aufgebaut), Transversalelementen (T) und einem Zentralelement besteht (Z). Die Synaptomeren sind schon im Leptotän an den Chromosomen nachweisbar, die übrigen Komponenten werden erst im Zygotän aus dem Nucleolus an die sich paarenden Chromosomen verlagert. (a Original G. F. Meyer/Tübingen)*

werden), lagert der Protoplast neue Wandlamellen von innen her ab. Der Anteil an Gerüstsubstanz (Cellulose, bei vielen Pilzen Chitin) steigt dabei nach und nach von 5% auf über 30% des Trockengewichtes; dadurch wird schließlich jede weitere Expansion des Protoplasten blockiert. Das *Saccoderm* ist nicht mehr plastisch dehnbar, es ist in diesem Zustand nur mehr elastisch verformbar. Das ist das stabile Endstadium der Primärwand.

Zusammensetzung und Feinbau ändern sich drastisch, wenn die Zelle sekundäre Wandschichten an das Saccoderm zu apponieren beginnt. Diese Schichten sind entweder besonders reich an Cellulose, oder aber Cellulose fehlt ganz. Betrachten wir zunächst die *cellulosereichen Sekundärwände,* wie sie vor allem die Zellen der Festigungsgewebe und der Wasserleitbahnen auszeichnen, aber auch viele Haarzellen (Baumwolle). Der Schichtenbau solcher Sekundärwände ist in Abbildung 1.169 wiedergegeben. Zunächst wird eine dünne Übergangslamelle (S_1) gebildet. Es folgt eine massive, oft über 30 Lamellen umfassende Hauptschicht (S_2), die besonders cellulosereich ist. Den Abschluß bildet eine chemisch besonders resistente *Tertiärschicht* (S_3) mit abweichender Textur, der noch eine sogenannte Warzenschicht apponiert sein kann.

Während der Sekundärwandbildung bleiben Mittellamelle und Saccoderm erhalten. Da die Zellen nicht mehr wachstumsfähig sind, bedeutet die Sekundärwandbildung stets eine Einschränkung des Zellumens, die so weit gehen kann, daß der Protoplast zugrundegeht. Die wesentliche Funktion dieser Zellen im Bauplan des Gesamtorganismus wird jedoch ohnehin durch die leblose Zellwand erfüllt (S. 411f.). Cellulosereiche Sekundärwände sind wesentlich fester als Primärwände. Einerseits überwiegt die Gerüstsubstanz, andererseits ist auch das Füllmaterial rigider. Die gallertigen Pectine sind durch resistente Hemicellulosen ersetzt, welche die Gerüstfibrillen relativ fest aneinander binden. Bei der *Verholzung* wird die Grundsubstanz weitgehend durch *Lignin* verdrängt. Lignin entsteht als echtes Polymerisat aus aromatischen Monomeren (Abb. 1.170) in der Zellwand selbst. Dieser Vorgang wird als *Inkrustation* bezeichnet. Zuletzt ist das Cellulosegerüst fest in starr-amorphes Lignin einpolymerisiert, so daß ähnliche Festigkeitseigenschaften wie bei Faserplastik (Fiberglas) resultieren.

Bei den *cellulosefreien Sekundärwänden* liegt nicht Inkrustation, sondern *Akkrustation* vor (d.h. nicht Einlagerung in ein Cellulosegerüst, sondern *Anlagerung* cellulosefreier Schichten an das Saccoderm). Typische akkrustierte Sekundärwände finden sich an der Oberfläche der Pflanzen, wo sie mit Luft in Berührung kommen: Die *Cuticula*, die als zartes Häutchen die Epidermiszellen auf ihrer Außenseite überzieht, ist eine akkrustierte Sekundärwandschicht; und funktionell analoge Sekundärwände werden in Korkzellen ausgebildet (Suberinschichten). Suberin und Cutin sind chemisch nahe verwandt, sie entstehen durch Polykondensation und Polymerisation aus Fettsäuren und sind dementsprechend lipophil. Die Wasserundurchlässigkeit akkrustierter Sekundärwände wird noch durch die lamellenweise Einlagerung extrem hydrophober Wachsmoleküle gesteigert (Abb. 1.171). Suberin- und Cutinschichten sollen ja vor allem unkontrollierten Wasseraustritt aus der Pflanze unterbinden.

Es gibt noch andersartige akkrustierte Sekundärwände. Beispielsweise bestehen auch die Zellwände der Sporen von Gefäßkryptogamen und der Pollenkörner von Samenpflanzen (S. 284f.) aus zwei Schichten: Die innere (Endospor, Intine) hat die Struktur einer cellulose- und pectinhaltigen Primärwand (sie entsteht allerdings bei der Pollenreifung als letzte Wandschicht). Die äußere (Exospor, Exine) ist akkrustiert, d.h. sie enthält keine Cellulose, sondern besteht aus einem Polymerisat lipidartiger Substanzen. Man bezeichnet dieses Polymerisat als *Sporopollenin*. Die Exinen verschiedener Pflanzenarten weisen unterschiedliche Skulpturen auf, so daß man noch an isolierten Exinen feststellen kann, von welchen Pflanzen sie stammen. Da Sporopollenin unter nicht-oxidierenden Bedingungen äußerst haltbar ist, können in Seetonen, Hochmoortorfen, Braunkohlenlagern und ähnlichen Ablagerungen noch zahlreiche Exinen gefunden und bestimmt werden. Eine

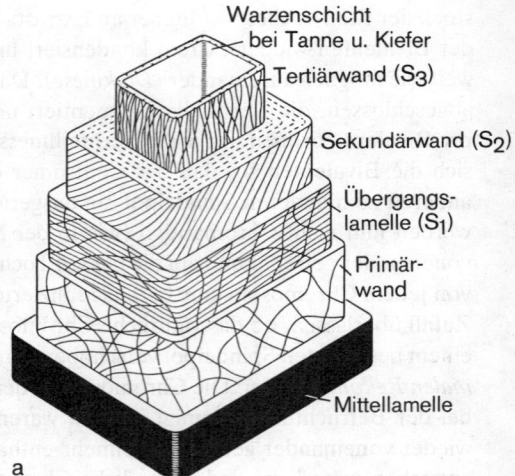

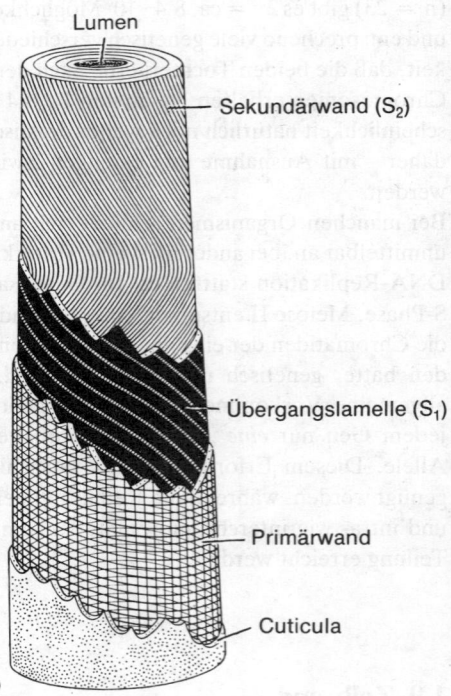

Abb. 1.169a, b. Schichtenbau verdickter Pflanzenzellwände: (a) Holzfaser; (b) Baumwollhaar: Primärwand und Übergangslamelle (»winding layer«) sind je etwa 0,1 µm dick, die Sekundärwand wesentlich dicker. Die Schraubentextur der Sekundärwand (S_2) wechselt an periodisch wiederkehrenden Umkehrstellen ihren Windungssinn. Die Zelloberfläche grenzt an Luft und ist von einer akkrustierten Lamelle (Cuticula) überzogen. (a nach Meier, b nach Mahl aus Treiber)

solche »*Pollenanalyse*« erlaubt es, Rückschlüsse auf die Pflanzenwelt zu ziehen, die zur Entstehungszeit der Ablagerungen lebte. Beispielsweise ist die Entwicklung der europäischen Flora seit dem Ende der letzten Eiszeit, also in einem Zeitraum von über 10 000 Jahren, vor allem durch pollenanalytische Untersuchungen aufgeklärt worden (S. 826).

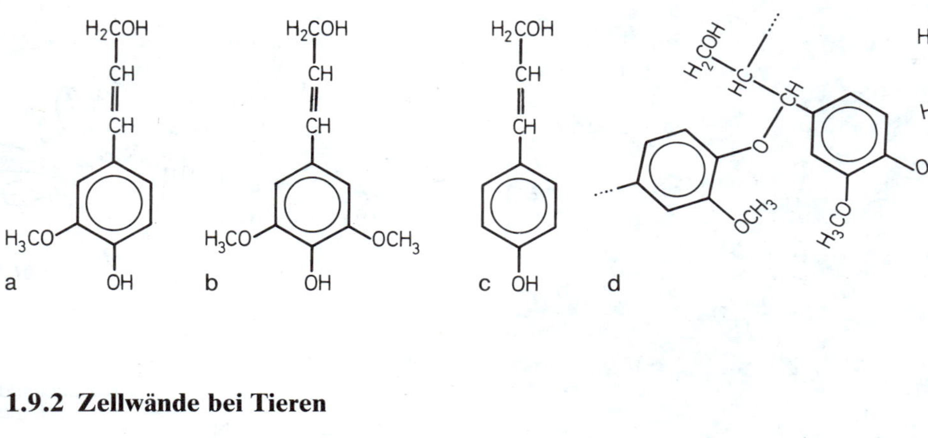

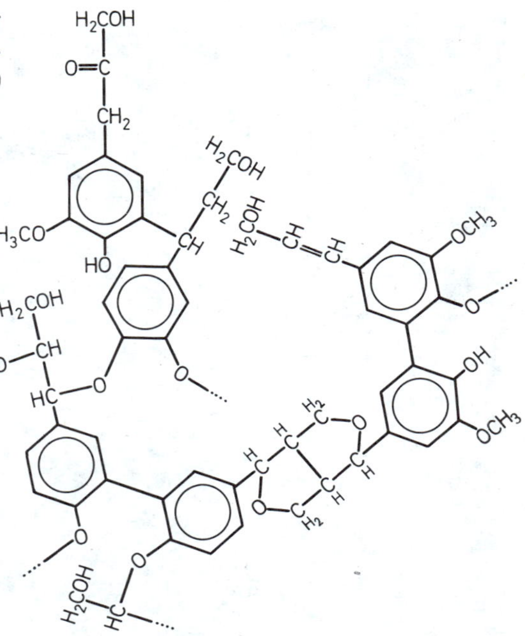

Abb. 1.170 a–d. Lignin. Monomere Bausteine: (a) Coniferylalkohol (überwiegende Komponente im Nadelholz). (b) Syringylalkohol (bis zu 50% im Laubholz). (c) para-Cumaralkohol (im Lignin der Monokotylen neben den anderen Komponenten vorkommend). (d) Ausschnitt aus einem Ligninmakromolekül mit verschiedenen Beispielen der Monomerenverknüpfung.

1.9.2 Zellwände bei Tieren

Die Unterschiede zwischen Tier- und Pflanzenzellen drücken sich auch im Wandbau aus. Wandschichten, die einen vom Vakuolensystem der Zelle erzeugten Turgor neutralisieren, sind bei Tieren im allgemeinen nicht erforderlich. Ihre Zellen sind von Gewebsflüssigkeiten (Lymphe, Serum, Hämolymphe) umspült, die praktisch isotonisch, aber nicht isoionisch sind (S. 131). Sehr oft werden daher bei Gewebezellen die Oberflächenschichten nur von einer hauchdünnen, gallertigen *Glykocalyx* gebildet, deren Moleküle in der Plasmamembran verankert sind. Die sauren Heteropolysaccharide der Glykocalyx können als Adsorbens und Kationenaustauscher fungieren; sie verhindern durch ihre negativen Ladungen und die dadurch gegebenen Abstoßungskräfte das Fusionieren von Gewebezellen, bergen andererseits aber spezifische Rezeptoren zur Erkennung von Hormon- und Mediatorsignalen, Nahrungspartikeln sowie anderen Zellen. Das ist beim tierischen Vielzeller besonders wichtig, weil es während seiner Entwicklung zu massiven Zellverlagerungen kommt und weil freibewegliche Zellen, z.B. des Immunsystems, zur Bildung spezifischer Zell-Zellkontakte fähig sein müssen.

Nun gibt es aber auch bei Tieren massive Ablagerungen von zwischenzelligen Substanzen, deren Funktion in der Stabilisierung eines Gewebes oder des ganzen Organismus liegt (Binde- und Stützgewebe, Schalenbildungen usw.). Diese Wandbildungen sind den sekundären Zellwänden von Pflanzen analog. Im fertigen Zustand läßt sich oft keine Abgrenzung jener Wandbereiche erkennen, die von den einzelnen Zellen gebildet worden sind (eine Mittellamelle gibt es – im Gegensatz zu Pflanzengewebe – wegen des anderen Zellteilungsmodus hier nicht). Man bezeichnet daher die zwischenzelligen Massen als *Interzellularsubstanz* (Beispiel: Knorpelgewebe, S. 452f.).

Wie die Pflanzenzellwände, so sind auch die Interzellularsubstanzen der Tiere molekulare Mischkörper. In der zwischenzelligen Substanz des Knorpels sind beispielsweise reißfeste, aber flexible Fibrillen von *Kollagen* Typ I (S. 37) in eine amorph-gallertige, wasserreiche Grundsubstanz eingebettet. In dieser dominieren *Proteoglykan-Aggregate*. Dabei handelt es sich um sehr hydrophile, große Molekülkomplexe ($M_r > 10^7$), die aus Protein- und Heteroglykaneinheiten aufgebaut sind, wobei die Polysaccharidanteile mengenmäßig weit überwiegen. Das einzelne Proteoglykan-Aggregat stellt eine über 1 μm große, büschelige Struktur dar (Abb. 1.173). An einem Zentralstrang aus Hyaluronsäure sind ca. 40 seitlich abstehende Proteoglykanmoleküle aufgereiht. Jedes besteht aus einer 0,3 μm langen

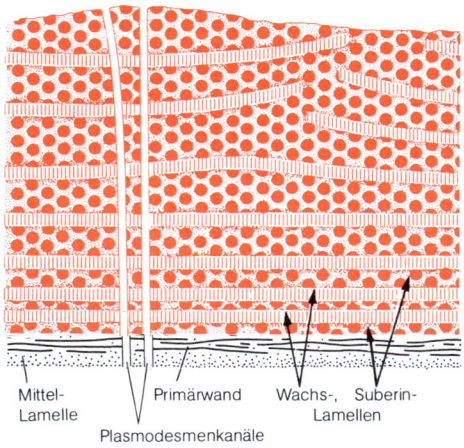

Abb. 1.171. Molekulare Architektur einer akkrustierten Zellwand im Korkgewebe. Die Suberinschicht (farbig) besteht aus abwechselnden Suberin- und monomolekularen Wachslamellen.

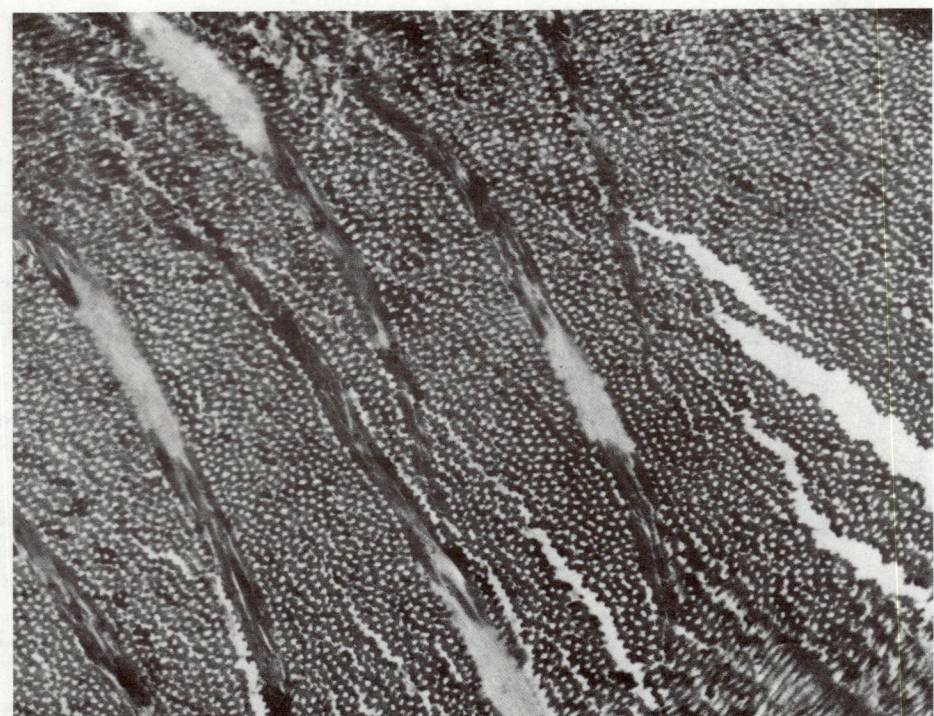

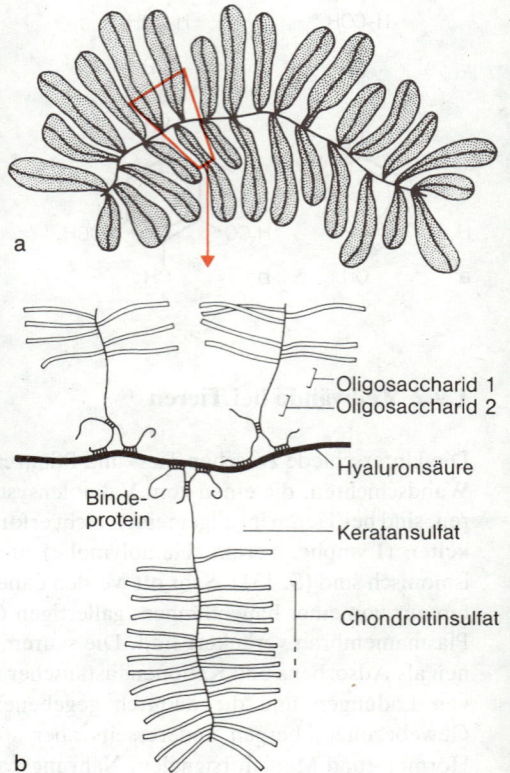

Abb. 1.172. Dünnschnitt durch die Endocuticula der Strandkrabbe Carcinus maenas. Die hellen Anteile sind die – meist quer geschnittenen – Chitin-Fibrillen; dazwischen liegen als elektronendichte Anteile die Calcit-Kristallite, die bei der Präparation nicht entfernt wurden. (Aus Neville)

Abb. 1.173. Schematische Darstellung eines Proteoglykan-Aggregats (a) und seines Aufbaues aus verschiedenen Makromolekülen (b). Die sauren Polysaccharide Keratansulfat und Chondroitinsulfat, sowie verschiedene Oligosaccharide stehen seitlich von Polypeptidketten ab, die ihrerseits an den zentralen Hyaluronsäure-Strang – wieder ein saures Polysaccharid – gebunden sind. (Aus Kleinig und Sitte)

Polypeptidkette, die ihrerseits wieder über 100 seitlich abstehende, saure Heteroglykanketten kovalent gebunden trägt.

Inkrustation dient auch hier zur Verfestigung der Interzellularsubstanz und kann zum Erstarren des gesamten Gewebes führen (Hartsubstanzen der Knochen, Abb. 5.76, S. 453, und Zähne, Abb. 5.120, S. 478, Schalenbildungen, Abb. 5.204, S. 523). Bei Knochen, Dentin und Zahnschmelz wird sie durch Einlagerung anorganischer Materialien in Form winziger Kristallite zwischen die Kollagenfibrillen erreicht. Chemisch handelt es sich dabei vor allem um Hydroxylapatit, ein komplexes Calciumphosphat der Zusammensetzung $Ca_5(PO_4)_3OH$. In anderen Fällen überwiegen Calciumcarbonate oder -silikate. Harte, weitgehend wasserundurchlässige Strukturen sind die Cuticulen der Arthropoden (S. 524f.), deren charakteristischer Bestandteil das Chitin (Abb. 1.40r, 1.172) ist. Dazu kommt manchmal – besonders deutlich bei den Höheren Krebsen – eine Inkrustierung mit Calciumsalzen.

Strukturen und Funktionen der Organismen

2 Genetik

2.1 Einleitung

Vererbung, das ist die Weitergabe von Merkmalen auf die nächste Generation, ist auch dem vor- oder nichtwissenschaftlichen Menschen selbstverständlich. Niemanden wundert es, daß aus Samen der Sonnenblume wieder Sonnenblumen hervorgehen und nicht etwa Gänseblümchen, oder daß ein Fohlen von einem Pferd abstammt und nicht etwa von einer Giraffe.

Seit Jahrtausenden betreibt der Mensch *Pflanzen-* und *Tierzucht* und selektiert »Spielarten der Natur«, Formen, die sich von den Eltern unterscheiden. Er lernte, sie weiterzuzüchten und verstand es, sie »rein« zu erhalten. Er lernte, zwischen *Modifikationen* und *vererbten Eigenschaften* zu unterscheiden: es gab also »schon immer« ein Grundwissen von Vererbung.

In der *Vererbungslehre* oder *Genetik* wird das Wesen der *genetischen Information* untersucht, jenes zunächst geheimnisvolle Etwas, das in der Eizelle oder im Pollen bzw. Spermium gleichwertig vorhanden sein muß, weil das männliche und weibliche Geschlecht in der Vererbung mit Ausnahme der Geschlechtsbestimmung und plasmatischen Vererbung gleichwertig sind. Der Befund, daß es allein die DNA ist, die im Spermium und in der Eizelle in gleicher Menge vorkommt, war einer der Beweise für die Bedeutung der DNA als Träger der genetischen Information (Abb. 2.1).

Genetiker untersuchen ferner die Ausprägung (Realisierung) der genetischen Information, wie also der *Genotyp* (die Summe der genetischen Einzelinformationen) den *Phänotyp* (die Summe aller durch Gene bestimmten Merkmale) prägt; sie untersuchen und beschreiben außerdem die Erhaltung sowie die Weitergabe und letztlich die Veränderung der genetischen Information (*Mutation*).

Die freie Kombinierbarkeit vieler vererbbarer Eigenschaften machte klar, daß die Gesamtheit der Erbinformation, das *Genom,* aus vielen Teilinformationen, den »Elementen« Mendels, später Faktoren und letztlich Gene genannt, bestehen müsse. Ihre Bündelung zu einzelnen *Koppelungsgruppen* – bestimmte Gene werden häufiger mit anderen gekoppelt in der Vererbung weitergegeben – war Beweis für die Lage auf den in gleicher Anzahl vorhandenen Chromosomen (Zahl der Koppelungsgruppen = haploide Zahl der Chromosomen).

Da jeder Organismus unzählige vererbbare Merkmale besitzt, muß er auch viele Gene besitzen. Aber ein Merkmal kann auch von vielen Genen bestimmt sein – oder: ein Gen kann auch mehrere Merkmale bestimmen (Pleiotropie, S. 399). Es kann nicht verwunderlich sein, daß wir nur von wenigen Organismen die Genetik ihrer Merkmale gut kennen. Unser Darmsymbiont, das Bacterium *E(scherichia) coli* ist sicher der bestbekannte Organismus für die Genetik. Einige Pilze, wie der Schimmelpilz *Neurospora* und die Bäckerhefe *Saccharomyces*, Blütenpflanzen, wie die schnellwüchsige *Arabidopsis* und der Mais (wegen der wirtschaftlichen Bedeutung), und vor allem die kleine Frucht- oder Taufliege *Drosophila* sind zu Modellorganismen der Genetik geworden, weil bestimmte Eigenschaften die Klärung bestimmter Probleme nur da ermöglichten und heute noch ermöglichen.

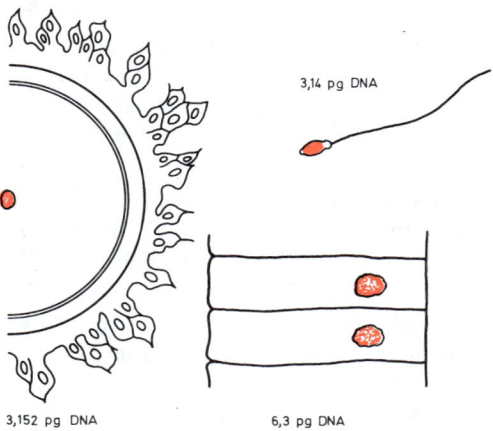

Abb. 2.1. DNA-Gehalt in den haploiden Gameten (etwas mehr als 3 pg) und diploiden Epithelien (ca. 6 pg) des Menschen. (Original G. Czihak)

Tabelle 2.1. Genomumfänge. 1 pg DNA umfaßt $0{,}965 \times 10^9$ Basenpaare (bp) mit einem MG (Molekulargewicht) von $10{,}13 \cdot 10^{-13}$ g Daltons

Art	Gewicht der DNA in pg ($= 10^{-12}$ g)	Anzahl der Basen(paare) im haploiden oder diploiden Genom	Länge im haploiden Genom
Phage ΦX174		5386	1,8 µm
TMV	—	> 6000	2,0 µm
Phage λ	0,000047	$4{,}6 \times 10^4$	15 µm
E. coli	0,004	4×10^6	1,3 mm
Saccharomyces (Hefe)	0,018	$1{,}75 \times 10^7$	5,8 mm
Drosophila	0,19	$1{,}8 \times 10^8$	60 mm
Mus (Maus)	2,28	$2{,}2 \times 10^9$	733 mm
Homo u. viele Säuger	2,9	$2{,}8 \times 10^9$	924 mm
Amphibien	bis 83	bis 8×10^{10}	bis 26 m
Blütenpflanzen	bis 155	bis $1{,}5 \times 10^{11}$	bis 50 m
1 Windung DNA		10,3	3,4 nm
1 µm DNA		rd. 300	

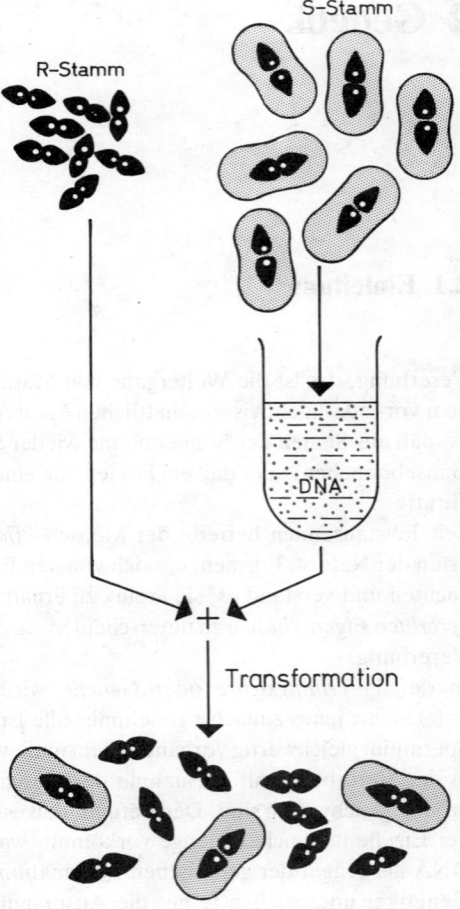

Abb. 2.2. Transformation von Bakterien durch DNA. Pneumokokken des R-Stammes, die keine Kapsel (= sezernierte Zellwand) bilden können, werden durch DNA des kapselbildenden S-Stammes transformiert. Wie die DNA aufgenommen und in das Bakterienchromosom integriert wird, ist nicht bekannt. Jedenfalls findet man unter den Nachkommen der R-Bakterien einige mit Kapseln, transformiert durch Fremd-DNA. Die relativ hohe Anzahl von transformierten Bakterien spricht gegen eine Mutation!

Nur zwei Beispiele: Die mikroskopische Untersuchung von Verdoppelungen (Duplikationen) von Chromosomenteilen oder deren Fehlen (Deletionen) ist bei keinem anderen Objekt so gut möglich wie bei den Riesenchromosomen von *Drosophila* und anderen Dipteren. Bei *E. coli* hingegen kann das Bakterienchromosom lichtmikroskopisch überhaupt nicht gesehen werden, aber dafür sind bei einer Generationsdauer von 20 min und 2^{24} Nachkommen (das sind mehr als 16 Millionen in nur 8 Stunden) sehr leicht auch seltene Mutanten zu isolieren.

Homo sapiens ist trotz intensiver Arbeit auf dem Gebiet der Humangenetik aus vielen Gründen genetisch »nicht gut untersucht«; wir müssen sehr oft Ergebnisse von anderen Organismen zur Interpretation von Beobachtungen am Menschen heranziehen. Das muß allerdings nicht mehr lange so bleiben, weil die Sequenzierung (S. 202) des Gesamtgenoms, also die Bestimmung der Basenabfolge, in wenigen Jahren abgeschlossen sein könnte.

Jedes Lebewesen muß in seinen Fortpflanzungszellen (Gameten) die gesamte Information für die Steuerung aller Lebensprozesse und die Entwicklung und Ausbildung seiner charakteristischen Gestalt enthalten, denn nur so ist es möglich, daß eine nächste Generation in gleicher Weise sich entwickeln und leben kann. Weil der Stoffwechsel, der Auf- und Abbau jedes Biomoleküls, über Enzyme gesteuert wird und weil dafür schon bei einer winzigen Zelle wie der von *E. coli* über 2000 Enzyme notwendig sind, muß das Genom eines jeden Organismus Tausende Gene umfassen. Eine Mengenbestimmung des DNA-Gehaltes von Zellen ist ziemlich einfach. Dabei wurde festgestellt, daß die Zellen von *Homo sapiens* über 1000mal mehr DNA enthalten als die von *E. coli* und fast 100mal mehr als *Drosophila*-Zellen (Tab. 2.1). Aber viele Pflanzen, insbesondere Farne, aber auch Protozoen und Amphibien, enthalten weit mehr DNA in ihren Zellen als der Mensch. Damit stellt sich die Frage, wofür derartige Mengen DNA gebraucht werden könnten. Wir schätzen, daß es im Genom des Menschen nur etwa 2–3% *Strukturgene* (S. 244) gibt, das heißt solche, die transkribiert und translatiert werden, also letztlich die Synthese von Proteinen steuern. Gene umfassen zumeist nicht weniger als 100 und nicht viel mehr als 1000 Basenpaare (bp). Wenn wir 1000 als Mittel annehmen, könnte das Genom des Menschen mit etwa 3 pg DNA im haploiden Genom und etwa $3 \cdot 10^9$ Basenpaaren rund 3 Millionen Gene (davon also 60000 bis 80000 Strukturgene) umfassen.

Es ist aber schwer vorstellbar, daß der Mensch mehr als 50000 Strukturgene braucht. Die Funktion dieser »überschüssigen« DNA ist nicht klar; ein nicht sehr kleiner Teil wird wahrscheinlich für das Verpacken der DNA in den Chromosomen, ein anderer wahrscheinlich für die Paarung in der Meiose gebraucht.

Noch schwerer verständlich ist die große DNA-Menge bei Amphibien und manchen Blütenpflanzen (Tab. 2.1).

2.2 Nucleinsäuren als Träger der Erbinformation

Es gibt viele Beweise dafür, daß die DNA (nur bei einigen Viren ist es RNA) der (Über-)Träger der Erbinformation ist. Historisch ist ein Experiment von besonderer Bedeutung: Pneumokokken sind Erreger der Lungenentzündung (Pneumonie). Wenn aus einem virulenten (krankheitserregenden) Stamm von Pneumococcus (S-Stamm) DNA extrahiert und die gereinigte DNA dem Kulturmedium eines nicht pathogenen Stammes (R-Stamm) zugesetzt wird, werden einzelne Zellen durch die »Fremd«-DNA transformiert und können damit die für den krankheitserregenden S-Stamm charakteristische, dicke Zellwand bilden (Abb. 2.2). Sie sind damit pathogen geworden und lösen bei Mäusen eine tödlich verlaufende Pneumonie aus.

Bakterien können also DNA aufnehmen und in ihr Genom einbauen. Sie übernehmen damit die von der Spender-DNA codierten Eigenschaften auf Dauer und geben sie an die Nachkommen weiter. Da die Aufnahme von Fremd-DNA ein mit geringer Wahrscheinlichkeit auftretendes, also seltenes, Ereignis ist, wissen wir nicht, wie es abläuft. Das sensationelle Ergebnis war, daß ein Bakterienstamm mit seinen bestimmten Eigenschaften durch die DNA eines anderen *transformiert* werden konnte, also die Eigenschaften eines anderen Stammes durch die Aufnahme von »nackter« DNA erwarb.

Die meisten Eigenschaften eines Organismus werden unabhängig vom Geschlecht vererbt, das heißt, daß die männlichen und weiblichen Fortpflanzungszellen in der Vererbung gleichwertig sind. »Reziproke« Kreuzungen haben meist das gleiche Ergebnis. Die rote Blütenfarbe z. B. kann entweder durch die generative Zelle im Pollen, aber ebenso durch die pflanzliche Eizelle weitervererbt werden. Es muß also in der männlichen und weiblichen Fortpflanzungszelle trotz ihrer meist beträchtlichen Verschiedenheiten etwas quantitativ Gleichwertiges geben. Als man Mengenbestimmungen der DNA und anderer Moleküle durchführen konnte, zeigte sich, daß Eizellen und Spermien zwar sehr unterschiedliche Mengen verschiedener Biomoleküle aufweisen, aber einen gleichen DNA-Gehalt haben und daß somatische Zellen, das sind jene, die nicht Gameten (Fortpflanzungszellen) bilden, einen etwa doppelten DNA-Gehalt haben (Abb. 2.1). Gleichwertige Mengen von Molekülen gibt es also nur bei der DNA.

Auch in Kultur gehaltene Säugerzellen können Fremd-DNA aufnehmen, also transformiert werden. Säugerzellen werden dazu Organen von Spendern entnommen, dann durch Trypsinieren (Lösen der die Zellen verbindenden proteinhaltigen Interzellularsubstanz mit Hilfe des proteolytischen Enzyms Trypsin) vereinzelt und im Brutschrank bei 37°C in Medien kultiviert, die im wesentlichen Blutserum enthalten. In wiederholten Transformationen (Passagen) konnte z. B. tumorinduzierende DNA, die aus Carzinomzellen isoliert worden war, auf Fibroblasten (Abb. 1.1) übertragen werden (Abb. 2.3); stets erwarben die damit *transformierten Zellen* die für Tumoren charakteristischen Eigenschaften: die Zellen rundeten sich ab, teilten sich in schneller Folge, womit ein Häufchen gebildet wurde, das dem Tumorknoten glich, wie er bei lebenden Tieren gefunden wird. Daß es sich um induzierte und nicht etwa um spontan entstehende Tumoren handelt, läßt sich durch die Häufigkeit des Auftretens beweisen.

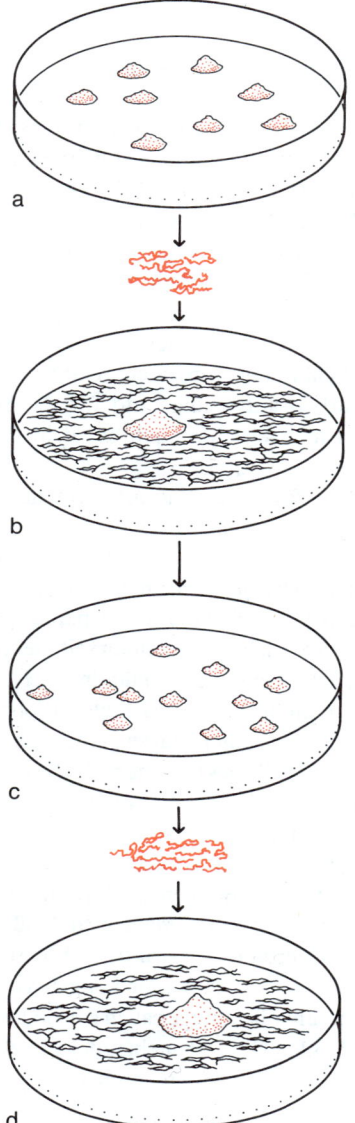

Abb. 2.3. Transformation durch DNA aus Tumorzellen. Aus kultivierten Tumoren (a) isolierte und gereinigte DNA wird von einzelnen Zellen aufgenommen und transformiert diese zu Tumorzellen (b), die ihre Eigenschaften auf die Nachkommenzellen auch in mehreren Passagen (c) weitergeben. Die aus dem Tumor in (b) entnommenen Einzelzellen werden in Subkulturen (c) wieder zu Tumoren herangezogen, und die daraus gewonnene DNA kann weitere Zellen zu Tumorzellen transformieren (d). (Nach Weinberg)

2.3 DNA-Analytik

2.3.1 Restriktions-Kartierung

Ein Ziel der Genetik ist es, das *Genom* eines »Modellorganismus« wie das von *E. coli* oder das des Menschen zur Gänze »durchzuuntersuchen«, d.h. die Nucleotidsequenz zu ermitteln, *um die Verteilung von Genen, nichtcodierten Regionen, das Vorkommen von Regulatorabschnitten, Proteinbindungsstellen usw.* analysieren zu können. Von unbekannten Genen, die man dabei ausfindig machen könnte, ließe sich im Zellhomogenat das entsprechende Protein synthetisieren, das mit Hilfe der passenden Antikörper in spezifischen Zellen, Zellorganellen usw. nachgewiesen werden könnte.

Von kleinen Genomen, wie denen von Viren, ist die Nucleotidsequenz leicht zu ermitteln (S. 181f.). Schon bei den noch relativ kleinen Genomen von Prokaryoten ist dies ungeheuer arbeitsaufwendig, und für die Sequenzierung des Genoms des Menschen rechnet man mit 5000 Mannjahren, d.h. daß 1000 Menschen 5 Jahre daran arbeiten würden.

Voraussetzung für eine Nucleotidsequenzanalyse ist die Restriktionskartierung der Gesamt-DNA oder eines Teils davon, z.B. der DNA von isolierten Chromosomen, Mitochondrien, Plasmiden usw. *Restriktionsenzyme* (S. 40) *schneiden DNA-Moleküle an spezifischen Basensequenzen;* dabei entstehen unterschiedlich große »Restriktionsfragmente«. Restriktionsenzyme, die 4 palindrome, in sich spiegelbildliche Basenabfolgen zum Erkennen brauchen, schneiden seltener und ergeben daher größere Restriktionsfragmente als solche, bei denen 2 palindrome Nucleotide genügen.

Restriktionsfragmente lassen sich elektrophoretisch z.B. in Agarose-Gelen auftrennen. Ein großes DNA-Fragment hat zwar mehr negativ geladene Phosphate als ein kleines, wird aber wegen der Größe des Fragments im Netzwerk des Polysaccharids Agarose bei Anlegen einer elektrischen Spannung langsamer wandern als ein kleines Restriktionsfragment.

Virus- oder Plasmid-DNA läßt sich mit dem einen oder anderen Restriktionsenzym in einige wenige Restriktionsfragmente trennen, in der Elektrophorese klar separieren, »kartieren« und einer Sequenzanalyse zuführen.

Kartieren von Restriktionsfragmenten heißt, ihre relative Lage ermitteln. Wenn ein vollständiger »Verdau« (Restriktionsabbau) einer DNA mit einem bestimmten Restriktionsenzym Fragmente z.B. mit Längen von 800, 1200, 1250, 1800, 2150 Basenpaaren liefert und ein unvollständiger auch solche mit 2050, 2950 usw., erfahre ich damit, daß die Fragmente 1250, 800, 2150 aneinanderschließen müssen. Zur Ermittlung der ungefähren Länge von Restriktionsfragmenten verwendet man Marker-Polynucleotide, die in der

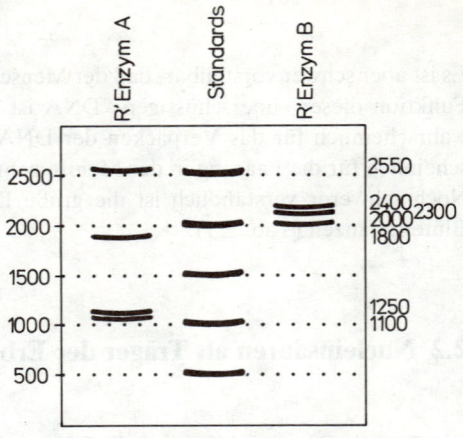

Abb. 2.4. Elektrophoretische Auftrennung von Restriktionsfragmenten. Verschiedene Restriktionsenzyme, hier allgemein mit A und B bezeichnet, spalten eine DNA in ungleich große Restriktionsfragmente, die in der Elektrophorese verschieden weit wandern. Standardfragmente definierter Länge erlauben die Abschätzung der Größe der Restriktionsfragmente.

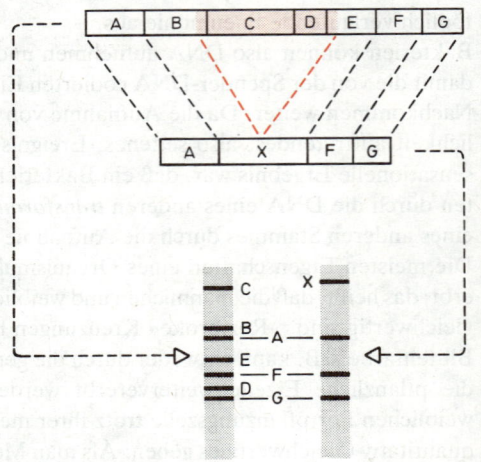

Abb. 2.5. Restriktionskartierung eines kleinen Genomausschnittes mit den Restriktionsfragmenten A–G. Oben schematische Darstellung des Genomausschnittes, unten Lage der Restriktionsfragmente im Gel nach der Elektrophorese. Wenn die Restriktionskarte bekannt ist, lassen sich Insertionen und Deletionen leicht feststellen. In diesem Beispiel: eine Deletion zwischen den Restriktionsfragmenten B und E hat nicht nur C und D, sondern auch Teile von B und E entfernt, wodurch das neue Restriktionsfragment X entstanden ist.

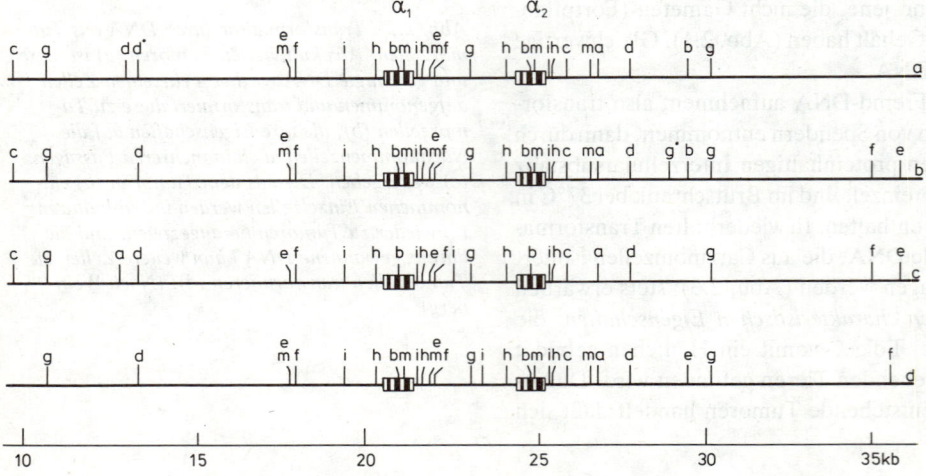

Abb. 2.6. Restriktionsschnittstellen im Bereich der α-Globingene verschiedener Primaten. (a) Mensch, (b) Schimpanse, (c) Zwergschimpanse, (d) Gorilla. Die gleichen Restriktionsschnittstellen sind durch die gleichen Buchstaben gekennzeichnet. Beim Menschen liegt dieser DNA-Abschnitt auf Chromosom 16. (Nach Zimmer u. Wilson)

Elektrophorese in einer eigenen Bahn mitlaufen und anzeigen, wie weit ein Restriktionsfragment oder ein DNA-Stück mit 500, 1000 oder 2000 Basen usw. wandert (Abb. 2.4). Schnittstellen für Restriktionsenzyme können innerhalb eines Gens oder in den flankierenden Regionen liegen. Schnittstellen können durch Mutation von Basen verlorengehen (Abb. 2.5) oder neu auftreten. Insgesamt ist aber *die Lage von Restriktionsschnittstellen erstaunlich konservativ*, wie Abbildung 2.6 zeigt. Wie das Restriktionsmuster durch Deletion verändert wird, zeigt Abbildung 2.5. Analoges gilt auch für Insertionen.

In der Humangenetik hat die Restriktionskartierung neuerdings an Bedeutung gewonnen, weil manche DNA-Abschnitte, die ein bestimmtes mutiertes oder normales Gen einschließen, einen »*Restriktionsfragmentlängenpolymorphismus*« (RFLP) aufweisen können, d.h. daß Restriktionsschnittstellen weggefallen oder verlagert sein können (z.B. durch Insertionen und Deletionen, S. 231). In solchen Fällen läßt sich dann z.B. in der pränatalen Diagnose herausfinden, ob ein sich entwickelnder Fetus die nachteiligen oder normalen Gene von den Eltern übertragen bekommen hat (Abb. 2.7).

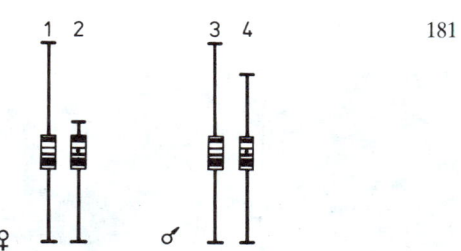

Abb. 2.7. Restriktionskartierung zum Nachweis nachteiliger Erbanlagen beim Feten. Wenn mutierte Gene (hier durch Punkt gekennzeichnet) in ebenfalls durch Mutation der Schnittstellen veränderten und damit vergrößerten oder verkleinerten Restriktionsfragmenten liegen, läßt sich durch Restriktionsfragmentelektrophorese fetaler DNA-Abschnitte nachweisen, welche der elterlichen Gene an den Fetus weitergegeben wurden. Der Embryo kann folgende Kombinationen bekommen: 1+3, 1+4, 2+3, 2+4; 2+4 wäre die homozygot rezessive, in diesem Fall nachteilige Kombination. 1 und 2 sind die Restriktionsfragmente aus dem mütterlichen Genom, 3 und 4 die entsprechenden des Vaters. Bei 1 liegt ein normales Gen in einem relativ großen Restriktionsfragment, bei 2 liegt eine Mutation im Gen vor, dazu kommt eine neue, auf eine Mutation zurückzuführende Restriktionsschnittstelle; 3 entspricht 1, 4 hat die gleiche Mutation wie 2 im Gen, aber eine andere, durch Mutation entstandene Schnittstelle.

2.3.2 Nucleotidsequenzanalyse

Zur Zeit sind zwei Methoden der *Nucleotidsequenzanalyse* etablierte Laborroutine geworden. Hier soll nur eine kurz beschrieben werden.

Die Fähigkeit der DNA-Polymerase, einen kompletten DNA-Strang an einer Matrize zu synthetisieren, ist Grundlage für die Nucleotidsequenzanalyse durch Kettenabbruch. Da dieses Enzym einzelsträngige DNA, ausgehend von einem »*primer*« (Starthilfe), synthetisiert, muß man von einem teilweise doppelsträngigen DNA-Stück ausgehen (Abb. 2.8). Die Synthese läßt man in Anwesenheit dreier normaler Nucleotid-Triphosphate und einer Mischung des normalen 4. Triphosphats und eines analogen Didesoxytriphosphats, also z.B. mit ATP, CTP, GTP und einer Mischung von TTP und Didesoxy-Thymidin = ddTTP ablaufen. Bei Didesoxynucleotiden ist in der 3′-Position des Desoxyzuckers ein H anstelle von OH gebunden, was eine Kettenverlängerung über den Sauerstoff und das Phosphat des nachfolgenden Nucleotids verhindert (Abb. 2.9). Dies führt zu Kettenabbruch. Wenn aber an dieser Stelle ein normales TTP eingebaut wird, kann die Synthese weiterlaufen, bis ein ddTTP zur Verwendung kommt. Immer dann, wenn Thymidin eingebaut werden soll, wird ein Teil der Moleküle TTP, ein anderer Teil ddTTP annehmen, so daß letztlich bei einem Teil der Moleküle ein Kettenabbruch erfolgt, wenn Didesoxy-Thymidin gegenüber von Adenin eingebaut wird. *Man erhält somit verschieden lange und in der Elektrophorese verschieden weit wandernde Ketten stets mit Thymidin am Ende* (Abb. 2.8b). Damit ist die Lage aller Thymidine in dieser Kette ermittelt. Gleichermaßen kann man mit den anderen Nucleotiden verfahren, z.B. also GTP und ddGTP verwenden und damit die Lage aller Guanine feststellen. Wenn diese vier Proben nun in nebeneinander liegenden Bahnen eines Sequenziergels aufgetrennt werden, bekommt man eine Nucleotidleiter, die die Position des jeweils selben Nucleotids anzeigt. Da große Fragmente langsamer wandern als kleine, kann man in einem solchen Sequenziergel die Sequenz schrittweise ablesen (Abb. 2.10).

2.4 Realisierung der genetischen Information

2.4.1 Transkription

Wie im ersten Hauptsatz der Molekulargenetik (S. 38) formuliert, wird die genetische Information in Form von DNA ausnahmslos in RNA transkribiert; d.h. *RNA mit komplementärer Basensequenz wird am Matrizenstrang der DNA synthetisiert.* Die

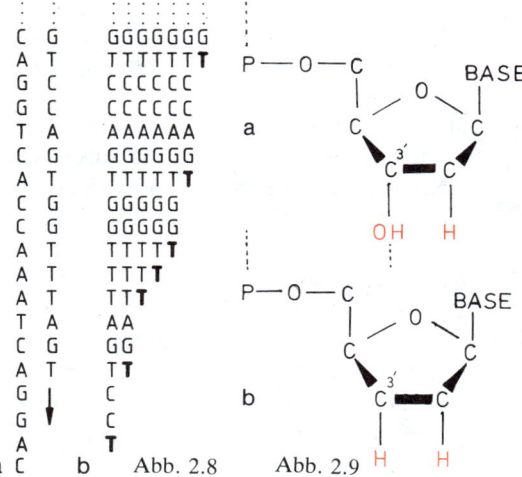

Abb. 2.8. (a) DNA-Synthese entlang eines Einzelstranges. Der Pfeil zeigt die Richtung des Syntheseablaufes. (b) DNA-Synthese in Anwesenheit einer Mischung von normalem Thymidintriphosphat (TTP) und Didesoxythymidintriphosphat (ddTTP). Jeweils nach Einbau von ddTTP stoppt die Synthese.

Abb. 2.9. Formeln von (a) TTP und (b) ddTTP. Nur eine $-O-$Bindung an der Hydroxylgruppe am 3′-Ende ermöglicht eine Fortsetzung der Kette. Mit H in dieser Position endet die DNA-Synthese: die Kette bricht ab!

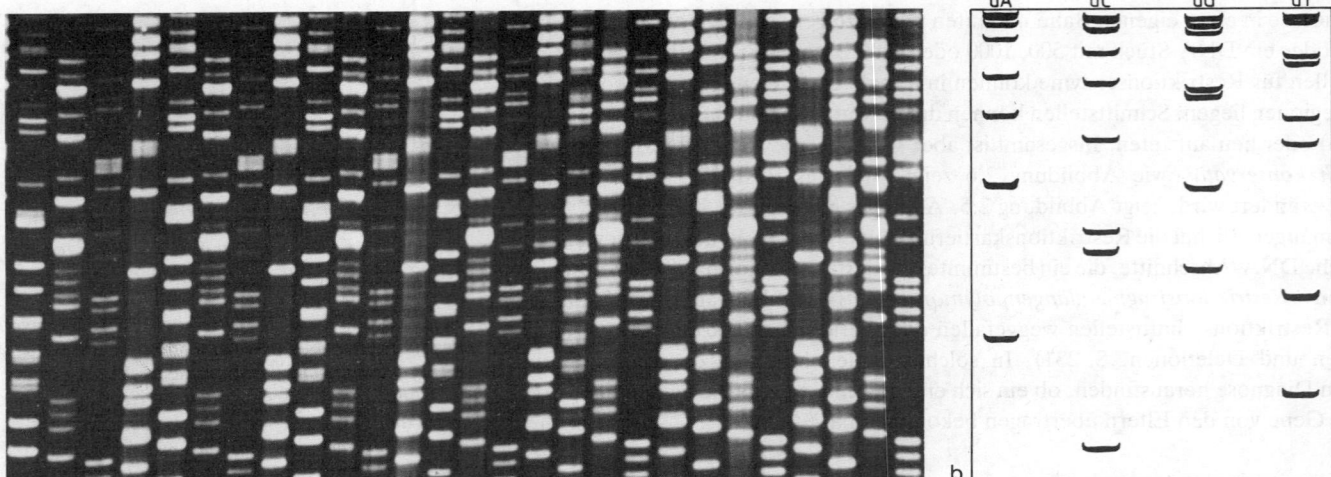

Abb. 2.10a, b. Elektrophoretische Auftrennung der wegen des Kettenabbruchs verschieden langen DNA-Stücke nach Synthese in Anwesenheit von Didesoxynucleotiden. (a) Ausschnitt aus einer Autoradiographie nach Elektrophorese von DNA-Stücken, die mit markierten Nucleotiden in Anwesenheit von Didesoxynucleotiden synthetisiert worden waren. (b) Schematisch. (Original W. Hoffmann, München)

Primärtranskripte der drei Hauptformen der RNA (rRNA, tRNA und hn- bzw. mRNA) (S. 186f.) bleiben aber nicht unverändert; sie werden zumeist in einem »Processing« zugeschnitten; dabei werden größere RNA-Moleküle in kleinere gespalten (Abb. 2.11), oder es werden Teilsequenzen aus der RNA herausgeschnitten. rRNA und mRNA treten wenigstens zeitweise mit Proteinen gekoppelt auf, von tRNA ist dies nicht bekannt. rRNA bildet (wie im Fachwerkbau) das Gerüst der Ribosomen (ribosomale Proteine sind dabei das Füllmaterial); sie spielt auch bei der Koppelung der mRNA an die Ribosomen in der Proteinsynthese eine Rolle (S. 186f.).

mRNA ist der (Über-)Träger der genetischen Information. Durch die *Sequenz von Nucleotidtripletts in der RNA* sind *die Aminosäuresequenzen in allen (!) Polypeptiden bestimmt*, z.B. die Aminosäuresequenzen, welche zum Aufbau eines Zellgerüstes (S. 141f.) und die Motilität (S. 142f.) dienen oder als Enzyme Verwendung finden. Es gibt also keine direkte Proteinbiosynthese, weil einzelsträngige DNA nicht an Ribosomen bindet, und es gibt von einigen Ausnahmen abgesehen keine direkte Replikation von RNA, weil es ein entsprechendes Enzym nicht gibt. Der RNA-Phage Qβ z.B. hat eine eigene die RNA replizierende Qβ-Replikase.

Die Einzelstrang-RNA kann, wie es am besten von der tRNA bekannt ist, streckenweise durch Basenpaarung Schleifen und gegenläufige, durch Wasserstoffbrücken gefestigte Doppelstränge bilden (Abb. 1.36), die, wie die DNA-Doppelhelix, nur bei höherer Temperatur zu trennen sind. *A paart mit U und G mit C oder U.* Aber die Äquivalenzregel (S. 38) gilt für RNA nicht, weil das Verhältnis von A ≠ U und das von G ≠ C und dann nur etwa 50% der Basen in einem RNA-Molekül einen komplementären Partner finden. Wenn die Basensequenz der RNA bekannt ist (S. 185), lassen sich die wahrscheinlichsten Doppelstrangregionen durch Computerprogramme ermitteln.

tRNA und rRNA haben konstante Größen (S. 42); mRNA entspricht in ihrer Länge der Größe des Polypeptids, das unter ihrer Kontrolle aufgebaut wird. Dementsprechend ist die mRNA für ein Polypeptid von 60 Aminosäuren etwas größer als 180 Nucleotide, bei einem Polypeptid von 150 Aminosäuren etwas länger als 450 Nucleotide. »Capping«, Leadersequenzen und der Poly-A-Schwanz (S. 184) macht sie etwas länger als es der Anzahl an Tripletts entspricht.

Daß die Basensequenz aller RNA-Sorten jeweils einem Abschnitt der DNA, also einem Gen, entspricht, ließ sich durch *Hybridisierung* nachweisen. Dazu wird doppelsträngige DNA durch Erhöhung der Temperatur in Einzelstränge getrennt (»Schmelzen«) und mit RNA gemischt. In der Dichtegradientenzentrifugation lassen sich Einzelstränge, Hybridstränge und Doppelstränge voneinander trennen.

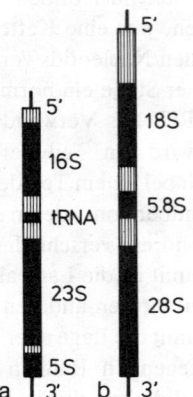

Abb. 2.11a, b. Processing (= Zuschneiden) der rRNA aus größeren Transkripten. Nichttranskribierte Spacer sind als Strich dargestellt, transkribierte und nachträglich ausgeschnittene sind gestreift, Sequenzen, die in den Ribosomen Verwendung finden, sind schwarz wiedergegeben. (a) von E. coli: zwischen den Genen für rRNA liegt ein Gen für tRNA. (Nach Alberts et al.) (b) Aus dem Genom des Menschen: das Primärtranskript umfaßt ca. 13,7 kb! Solche Gene finden sich in Tandemanordnung auf den Chromosomen 13–15 und 21–22. Die hier nicht gezeigte 5S-rRNA der Ribosomen hat ihr Gen auf Chromosom 1.

Eine heute bevorzugte Methode ist die der Hybridisierung auf Nitrocellulosefiltern, neuerdings auch Nylonfiltern. Einzelsträngige DNA bindet nach Erhitzen (zur Trennung der Doppelhelix) an Nitrocellulosefilter. Einzelsträngige RNA passiert den Filter. Enthält eine auf Nitrocellulosefiltern haftende DNA komplementäre Sequenzen zu einer zu prüfenden RNA, dann hybridisiert diese mit der DNA und wird dadurch auf dem Filter festgehalten (immobilisiert). Nichtbindende, weil nicht komplementäre RNA, passiert hingegen den Filter. Ist die RNA radioaktiv markiert, läßt sich Hybridisierung, d.h. Basenkomplementarität, leicht feststellen (Abb. 2.12). Einige Dutzend komplementärer Basen genügen, um ein RNA-Molekül an die DNA zu binden.

Auf diese Weise ließ sich beweisen, daß alle Arten RNA mit ihren Matrizen (»templates«) hybridisieren.

Das für die RNA-Synthese erforderliche Enzym ist die RNA-Polymerase, die am besten bei E. coli untersucht ist. RNA-Polymerase ist ein Riesenkomplex aus 5 Polypeptiden (Quartärstruktur) mit $\alpha_2, \beta, \beta', \sigma$. Dieses Enzym knüpft nicht nur die Phosphodiester-Bindung zwischen Ribonucleotidtriphosphaten unter Abspaltung von Pyrophosphat, sondern erkennt auch Anfang und Ende auf dem zu transkribierenden Strang.

E. coli hat nur eine RNA-Polymerase. In Säugerzellen gibt es spezifische für die verschiedenen RNAs.

Bei Sequenzanalysen von Genen und ihrer Nachbarschaft wurden »stromauf«, das heißt vor den Basensequenzen, die komplementär in der RNA wiedergefunden werden, also in 5'-Richtung, DNA-Abschnitte mit großen Ähnlichkeiten (sog. Boxen) bei verschiedenen Genen gefunden, die als *Erkennungsregion* bei der Transkription Verwendung finden (Abb. 2.13). Die eine der Boxen (−35 Sequenz, weil sie rund 35 Nucleotide stromauf liegt), wird bei E. coli durch die Sequenz $T_{82}, T_{84}, G_{78}, A_{65}, C_{54}$ gebildet, die zweite (−10 Sequenz) ist durch die Sequenz $T_{80}, A_{95}, T_{45}, A_{60}, T_{96}$ charakterisiert. T_{80} bedeutet dabei, daß bei 80% der untersuchten Promotorregionen verschiedener Gene in dieser Position Thymidin gefunden wurde. Daß RNA-Polymerase tatsächlich an die −10 Sequenz bindet, kann leicht nachgewiesen werden. Wenn mit Polymerase bedeckte DNA durch Nucleasen verdaut wird, bleibt das von der Polymerase abgedeckte Stück nach dem Verdau erhalten, weil es für die Nucleasen unzugänglich war.

Auch der Ablauf der Transkription ist am besten bei E. coli untersucht. Die σ-Untereinheit dürfte nur zum Auffinden der Initialstelle an der DNA, dem Promotor, Verwendung finden, weil sie mit Beginn der Transkription abgespalten wird. Während der Transkription rast (!) die RNA-Polymerase auf dem Matrizenstrang in Richtung 3'−5' (Abb. 2.14). RNA wird also wie DNA vom 5'- zum 3'-Ende mit einer Geschwindigkeit von oft mehr als Hunderten Nucleotiden pro Sekunde synthetisiert.

Das erste Nucleosid – entweder G oder A – trägt ein Triphosphat am 5'-Ende. Die RNA-Polymerase braucht keinen »primer« wie die DNA-Polymerase (S. 41 f.), und es fehlt ihr im Gegensatz zur DNA-Polymerase die Endonuclease-Aktivität (S. 40), die zum Herausschneiden von Nucleotiden aus einem Strang mit einem »nick« (einer Unterbrechung) führt.

Das Ende der Transkription wird an einer symmetrisch angeordneten GC-reichen Region, der eine AT-reiche folgt, erkannt. Die transkribierte RNA bildet kurz vor dem Ende, das aus mehreren Uridinen besteht, eine Schleife mit einem »Stiel« komplementärer, durch Wasserstoffbrücken verbundener Basen (Abb. 2.15).

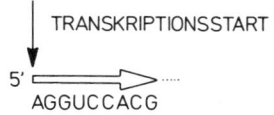

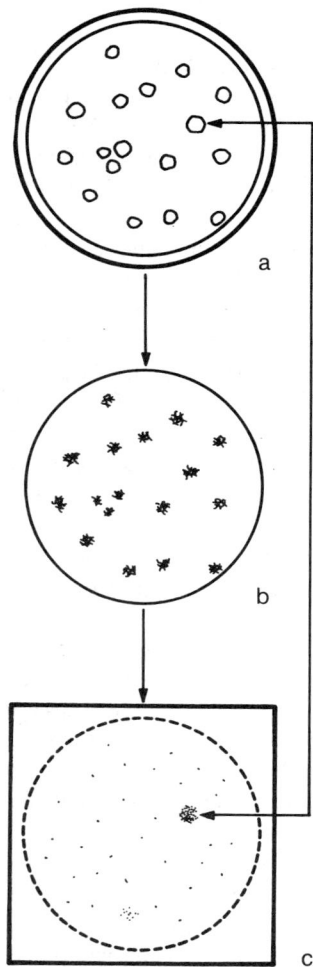

Abb. 2.12. Hybridisierung von DNA und RNA auf Nitrocellulose-Filtern. Auf die Bakterienkolonien in einer Petrischale (a) wird ein Nitrocellulosefilter (b) gedrückt. Nach dem Auflösen der Zellen durch Alkali von 70 °C wird DNA in Einzelsträngen frei und fest mit dem Filter verbunden; das Verteilungsmuster der Kolonien bleibt erhalten. Markierte RNA (z.B. mit ^{32}P) lagert sich hybridisierend an komplementäre Basensequenzen an und läßt nach dem Auswaschen nicht hybridisierender RNA in der Autoradiographie (c) erkennen, welche Bakterienkolonie komplementäre Basensequenzen enthält.

Abb. 2.13. Stromauf-Region vor einem transkribierten Gen von E. coli. Bei −10 und −35 liegen sogenannte Boxen, Konsensusregionen, die bei vielen Genen in ähnlicher Entfernung und sehr ähnlichen Nucleotidsequenzen gefunden werden; sie bilden die Promotorregion eines Gens, die Ansatzstelle und Orientierung für die RNA-Polymerase. Der Transkriptionsstart ist mit +1 bezeichnet. (Nach Alberts et al.)

2.4.1.1 Processing

Auf die eben geschilderte Weise werden bei *E. coli* alle RNAs (mit noch nicht ganz klarer Bedeutung eines *Terminationsproteins ϱ (rho)*) synthetisiert. Während bei den Prokaryoten die meisten mRNAs unverändert bleiben und nur einige polycistronische Transkripte (solche von mehreren Genen in einem Strang vereint wie z.B. der vom *lac*-Gen transkribierte Messenger) durch ein spezifisches Enzym zugeschnitten werden, werden Transkripte von den Genen für tRNA und rRNA mannigfach verändert: sie werden aus polycistronischen Transkripten herausgeschnitten. tRNA wird in der Bakterienzelle auch noch anders »nachbehandelt«, z.B. werden die für tRNA charakteristischen CCA-Tripletts am 3′-Ende angefügt und aus Uridin werden in der fertigen Kette enzymatisch die für die tRNA charakteristischen modifizierten Basen gebildet (S. 42). *Methylierung* des 2′-Hydroxyls in der Ribose spielt eine große Rolle (Schutz gegen Nucleasen?).

Beim *Processing können einzelne RNA-Moleküle aus großen Transkripten herausgeschnitten* werden, beim *Spleißen* hingegen *werden Stücke nicht nur herausgeschnitten, sondern die Enden, die Schnittstellen, werden auch miteinander verknüpft.*

Spleißen konnte bisher nur bei Archaebakterien (S. 28) und Eukaryoten nachgewiesen werden. Die meisten Gene, aber nicht alle (z.B. die Histongene), umfassen nicht nur codierende Sequenzen, sondern auch Introns (S. 191). Von solchen Genen transkribierte RNA enthält zunächst Exon- und Intronsequenzen; sie wird wegen ihrer unterschiedlichen Größe als hn (heterogene) RNA bezeichnet (Abb. 2.17). Sie kommt nur im Zellkern vor. Dort wird sie gespleißt und als mRNA in das Cytoplasma abgegeben. Die den Introns entsprechenden Sequenzen werden beim Spleißen herausgeschnitten, und die beiden Schnittstellen des RNA-Moleküls werden zusammengefügt. Reife mRNA enthält also, wenn sie den Zellkern in Richtung Cytoplasma verläßt, nur die den Exons entsprechenden Sequenzen sowie eine *Kappe* (Anfangsstück) und am 3′-Ende einige Dutzend Adenosine, einen sogenannten »*Poly-A-Schwanz*«, der durch Polyadenylierung an das 3′-Ende der früheren hnRNA ansynthetisiert wird. Hier bilden wieder die Histongene (S. 203) eine Ausnahme, da das Primärtranskript nicht nur schon mRNA ist, sondern auch ohne Poly-A-Schwanz translatiert wird. Auch im Experiment hat sich gezeigt, daß die Poly-A-Schwänze von mRNA für die Translation nicht unabdingbar sind. Die Tatsache, daß die mRNA normalerweise ein 3′-Ende mit vielen Adenosinen hat, kann man ausnützen, um in der *Affinitätschromatographie* an Sephadexsäulen mit immobilisierten Poly-Ts (Thymidinen) mRNAs durch Wasserstoffbrücken vorübergehend zu binden und damit von anderen RNA-Arten zu trennen (Abb. 2.42).

Beim »Capping« der mRNA wird an das 5′-Ende, gekennzeichnet durch das Triphosphat, ein 7-Methylguanosin gekoppelt; oft werden auch die 2′-Hydroxyle der ersten zwei Basen methyliert (Abb. 2.16).

Der Ablauf des Spleißens, der natürlich höchste Präzision verlangt, ist nicht genau bekannt. Diskutiert werden *Spleißenzyme;* es ist aber auch vorstellbar, daß ein *autokatalytischer Vorgang* zum Herausschneiden von Schleifen in der hnRNA führen könnte. Introns beginnen in Transkripten stets mit GU und enden mit AG. Am eindrucksvollsten für die Identität eines Vorganges ist es, wenn er bei ganz verschiedenen Organismen gleichartig abläuft: In *Xenopus*-Oocyten injizierte Primärtranskripte aus der Hefe werden (wie bei ihr selbst) exakt zugeschnitten und gespleißt.

Eubakterien (S. 24f.) können transferierte hnRNA nicht spleißen. Will man Eukaryoten-DNA in Prokaryoten einführen, dann müssen dazu intronlose DNA-Abschnitte verwendet werden, wie man sie bei der reversen Transkription von mRNA erhält (S. 187f.).

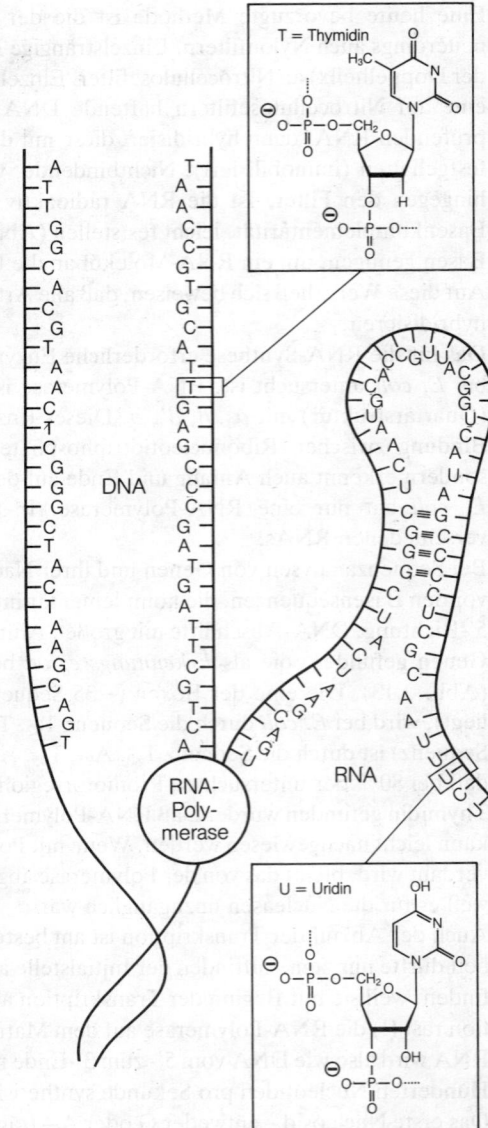

Abb. 2.14. Schematische Darstellung der RNA-Synthese am Matrizenstrang der DNA in 3′-5′-Richtung. Die RNA legt sich spontan in Schleifen, wenn eine Bildung von Wasserstoffbrücken möglich ist. Die Unterschiede zwischen T und U werden in den Kästchen gezeigt. Als codierenden Strang bezeichnet man den von der RNA-Polymerase – hier vereinfacht als Kugel gezeichnet – nicht transkribierten Strang (Original G. Czihak)

2.4.1.2 Sequenzanalyse der RNA

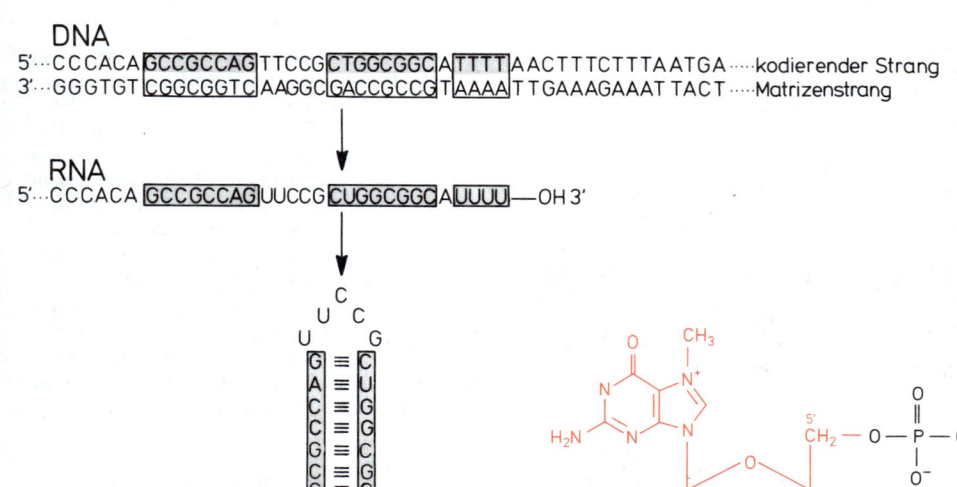

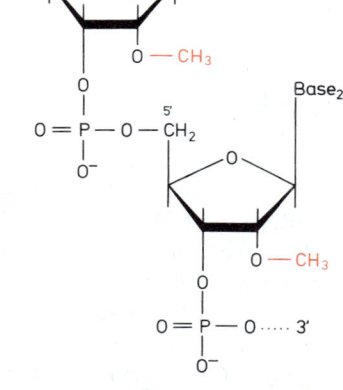

Abb. 2.15. Das Transkriptionsende erkennt die RNA-Polymerase von E. coli an einer Serie von Us nach einer selbstkomplementären Region, die eine Haarnadelschleife bilden kann. (Nach Alberts et al.)

2.4.1.2 Sequenzanalyse der RNA

Unter den Nucleasen gibt es basenspezifische Endonucleasen, welche RNA jeweils nach einer bestimmten Base spalten. Die RNA wird zunächst am 3'- oder 5'-Ende radioaktiv markiert. Durch eine unvollständige enzymatische Spaltung, bei welcher jeweils z. B. nach *einem* G die Kette getrennt wird, entstehen verschieden lange Bruchstücke mit markierten Enden; die Schnittstellen sind zufällig unter den Gs verteilt. Da kürzere RNA-Fragmente in der Elektrophorese schneller wandern, erhält man eine Reihe von Banden, die jeweils mit G enden, usw.

Eine andere Methode der Sequenzanalyse ist jene, bei welcher nach chemischer Veränderung eines Basentyps gespalten wird. Jede der 4 Basen in der RNA läßt sich chemisch modifizieren und genau an diesen Stellen kann die Nucleotidkette anschließend chemisch getrennt werden. Man erhält wieder Bruchstücke mit bekannten Basen an den Enden, die sich elektrophoretisch trennen lassen und bei denen die Basensequenz direkt aus dem Elektropherogramm abgelesen werden kann (vgl. Abb. 2.5).

Abb. 2.16. Capping (= Anfügen von 7-Methylguanosin an das 5'-Ende) und Methylierung der ersten beiden Nucleotide der mRNA. Die dabei an die hnRNA (schwarz) gekoppelten Gruppen in rot.

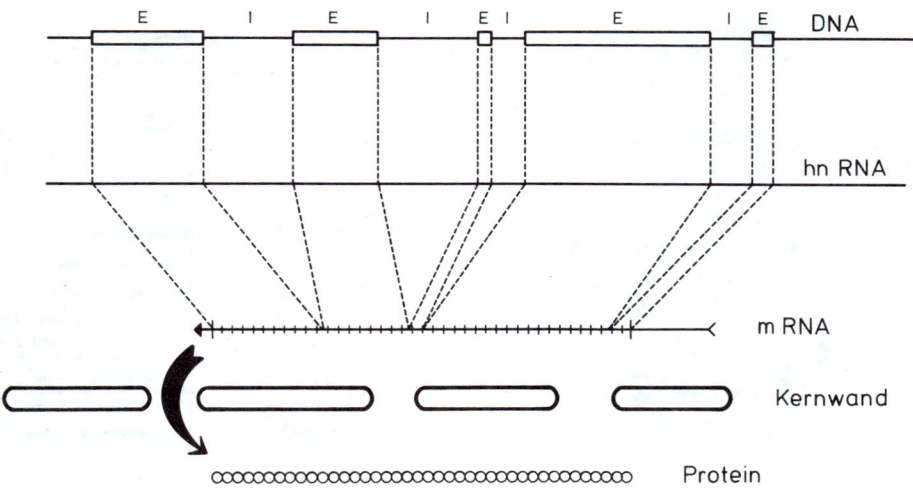

Abb. 2.17. Schematische Darstellung des Spleißens der RNA. Vom Gen mit mehreren Exons (E) und Introns (I) wird heterogene (hn) RNA transkribiert. Die den Introns entsprechenden Nucleotidsequenzen werden noch im Zellkern herausgeschnitten, die Enden werden miteinander verknüpft (gespleißt), und zuletzt werden eine CAP-Region und ein Poly-A-Schwanz ansynthetisiert. Dieser »reife« Messenger gelangt durch Kernporen ins Cytoplasma, wo er sich mit je einer kleinen und großen Untereinheit der Ribosomen verbindet, zusammen mit vielen Ribosomen die Polysomen (Abb. 2.18.) bildet und die Proteinsynthese startet.

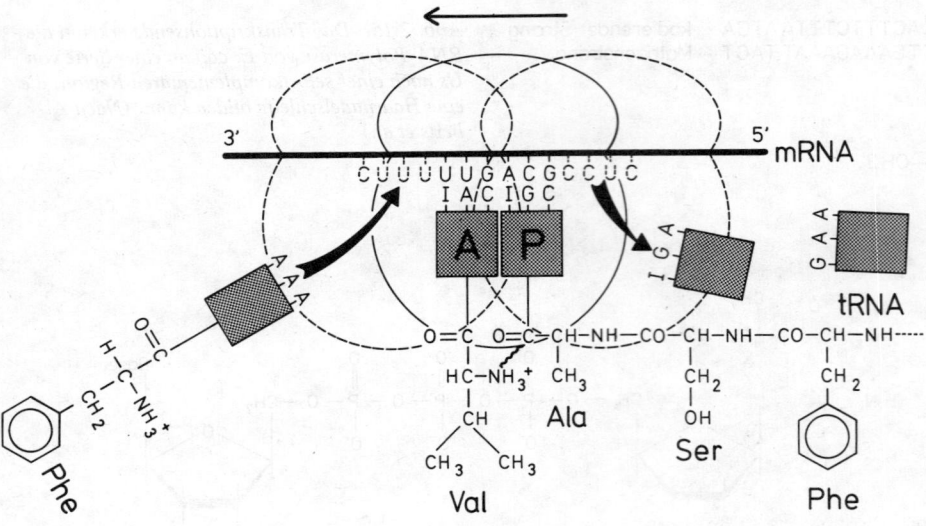

Abb. 2.18. Vereinfachte schematische Darstellung der Proteinbiosynthese am Ribosom. Eine mit seinem Anticodon, hier CAI, an das Codon der mRNA, hier GUU, passende tRNA, hier Valyl-tRNA, legt sich an die Bindungsstelle A. Nach Knüpfen der Peptidbindung mit der vorhergehenden Aminosäure, hier Alanin, rückt die mRNA ein Triplett weiter und die Valyl-tRNA in die P-Bindungsstelle. Damit werden die A-Bindungsstelle und das nächste Triplett, hier UUU, frei, eine tRNA mit dem Anticodon AAA kann in A binden und Phenylalanin wird an die Peptidkette gekoppelt. Das Ribosom rückt in Pfeilrichtung weiter. Die tRNAs sind stark vereinfacht als Kästchen gezeichnet. (Original G. Czihak)

2.4.2 Translation

Translation ist ein anderes Wort für Protein(bio)synthese oder *Polypeptidsynthese*. Ribosomen und tRNA sind die Helfer bei der Synthese, die unter der Bestimmung durch mRNA steht. Durch tRNA »herangebrachte« Aminosäuren werden dabei ausgehend vom Aminoende des wachsenden Polypeptids zusammengefügt, wobei die Tripletts der mRNA nur eine Anlagerung einer bestimmten Aminoacyl-tRNA mit der charakteristischen Anticodon-Region (S. 42) erlauben. Eine Aminoacyl-tRNA entsteht durch die Verknüpfung einer für diese tRNA spezifischen Aminosäure mit dem 3′-Ende der tRNA, vermittelt durch eine Aminoacyl-tRNA-Synthase (Ligase). Für jede Aminosäure gibt es

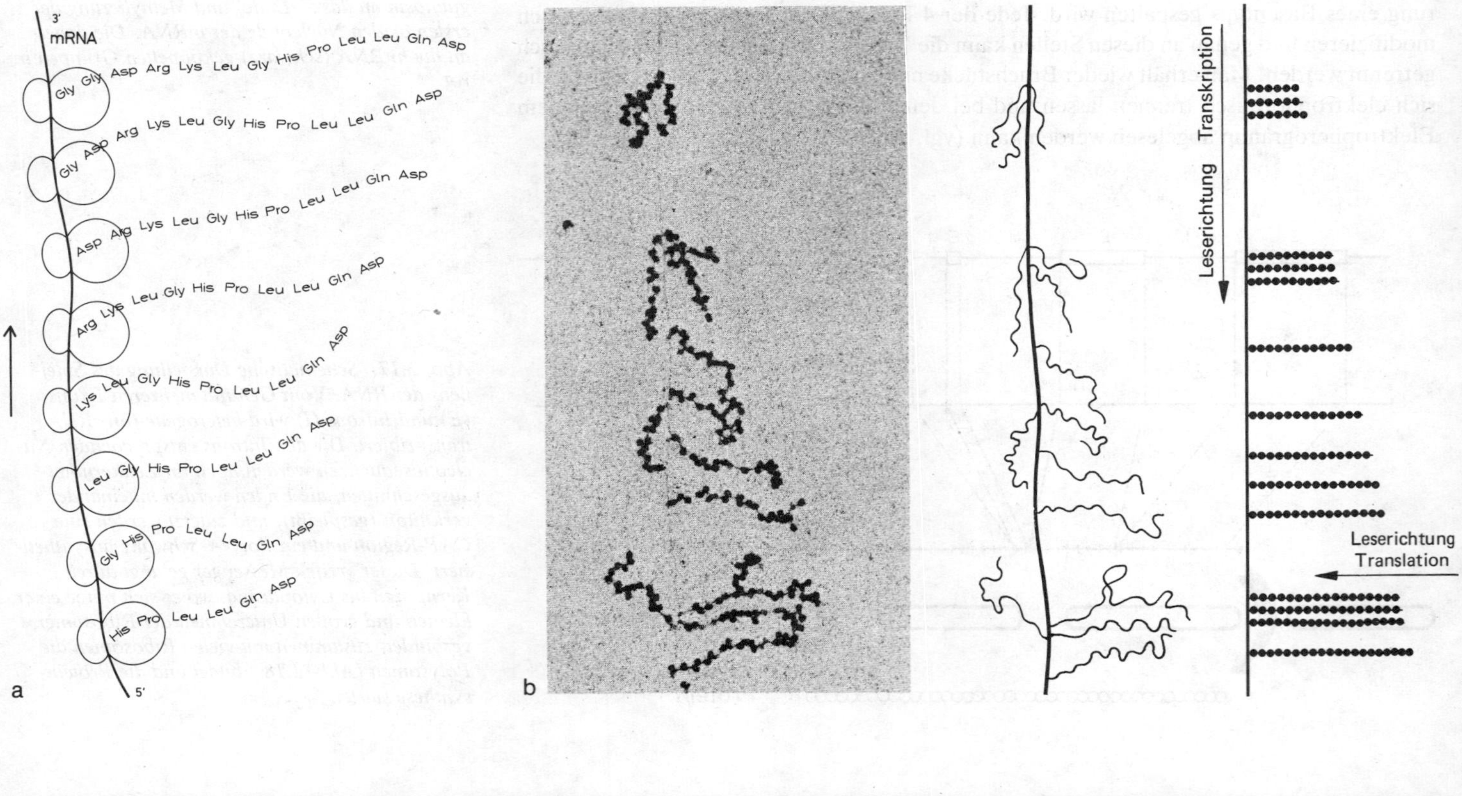

Abb. 2.19. (a) Mit dem triplettweisen Weiterrücken der mRNA an den Ribosomen wird Aminosäure um Aminosäure an die Polypeptidkette geknüpft. (b) Transkription und Translation folgen bei E. coli unmittelbar aufeinander. Links EM-Aufnahme, Mitte und rechts Interpretation dieser im Schema. Die DNA ist als dünner, senkrecht durch das Bild laufender Faden zu erkennen. Die seitlich abstehenden Perlschnurreihen sind durch Ribosomen gebildet, die sich unmittelbar nach der Transkription der RNA (Mitte) mit dieser verbinden und sofort mit der Polypeptidsynthese (nicht sichtbar zu machen) beginnen. Die seitlich abstehenden RNA-Moleküle erscheinen gegenüber der Länge der transkribierten DNA verkürzt; möglicherweise sind sie zwischen den Ribosomen aufgeknäuelt. (Aus Bresch und Hausmann)

ein bis mehrere tRNAs (wegen der Degeneration des Codes, S. 190) und ebensoviele Enzyme.

Die große und die kleine Untereinheit des Ribosoms werden erst durch die mRNA zu einem Ribosom vereinigt. Auf der großen Untereinheit des Ribosoms liegen zwei für die Proteinsynthese wichtige »Haftstellen«, die *P(eptidyl)-Stelle* und die *A(minoacyl)-Stelle* (Abb. 2.18). Zunächst besetzt die Initiator-tRNA, bei Prokaryoten jene für fMet (S. 189), die P-Stelle, dann wird die A-Stelle durch die auf das folgende Triplett der mRNA passende tRNA besetzt, worauf unter Austritt von H_2O zwischen der Carboxylgruppe von fMet und der Aminogruppe der Aminosäure an der zweiten tRNA *eine Peptidbindung »geknüpft«* wird. Unter Spaltung von GTP rückt die tRNA aus der A- in die P-Stelle und die des Methionins entledigte Initiator-tRNA wird freigesetzt. An der A-Stelle ist das nächste Triplett der ebenfalls weitergerückten mRNA exponiert und an dieses setzt sich nun die nächste für dieses Triplett spezifische Aminoacyl-tRNA. Danach wird eine neue Peptidbindung zwischen der Aminosäure an der P-Stelle und jener an der A-Stelle geknüpft. Der Prozeß der Elongation wird bis zu einem Stopcodon auf der mRNA fortgesetzt (Abb. 2.19). Der Abschluß der Translation, die Termination, wird durch ein Protein (Releasingfaktor) vermittelt, welches das Stopcodon an der mRNA erkennt. Die Polypeptidkette endet also mit der Carboxylgruppe der zuletzt eingebauten Aminosäure; das Ribosom zerfällt wieder in die Untereinheiten, und die mRNA wird frei, wenn das Vorderende (das 5′-Ende) nicht neuerlich an Ribosomen bindet. Viele EM-Aufnahmen von Pro- und Eukaryoten zeigen *Poly(ribo)somen*, das heißt mehrere Ribosomen, die durch die Bindung an einen Messenger zusammengehalten werden (Abb. 2.20). Was die Bindungsfähigkeit der mRNA am Ribosom und damit ihre »Lebensdauer«, besser Existenzdauer, beendet, ist nicht bekannt. Die sogenannte kurzlebige mRNA, z.B. die mRNA der Prokaryoten, »verschwindet« nach Minuten und Stunden, die langlebige mRNA von Eukaryoten wie die Globin- oder Ovalbumin-Messenger nach Tagen.

Daß die Anticodon-Region und nicht etwa die an der tRNA gekoppelte Aminosäure entscheidend für die Bindung an das spezifische Codon ist, zeigen Experimente, in welchen Aminoacyl-tRNA chemisch modifiziert wurde. An tRNA gebundenes Cystein kann in Alanin umgewandelt werden. Der Einbau in die wachsende Polypeptid-Kette *erfolgt Anticodon- und nicht Aminosäuren-spezifisch*, das heißt, daß in unserem Beispiel trotz des Codons für Cystein (UGC) Alanin (Codon wäre GCX; X steht für eines der vier Nucleotide) eingebaut wird.

tRNAs enthalten eine Anzahl ungewöhnlicher Basen, die durch nachträgliche enzymatische Veränderung der RNA gebildet werden. Sehr häufig kommt Inosin in der 3. Position des Anticodon-Tripletts vor. Das Anticodon CGI kann mit den Codons GCU, GCC oder GCA paaren. In bezug auf die 3. Codonposition ist die Paarung mit der tRNA also nicht präzise (*Wobble-Theorie*).

Eine zusammenfassende Darstellung von Transkription und Translation ist in Abbildung 2.21 zu finden.

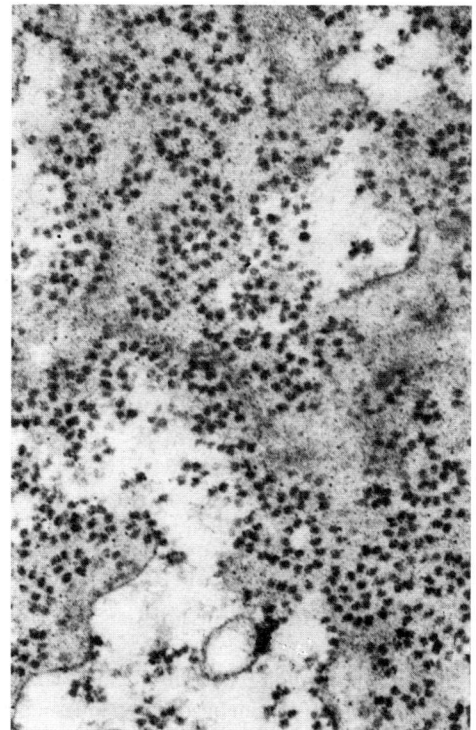

mRNA

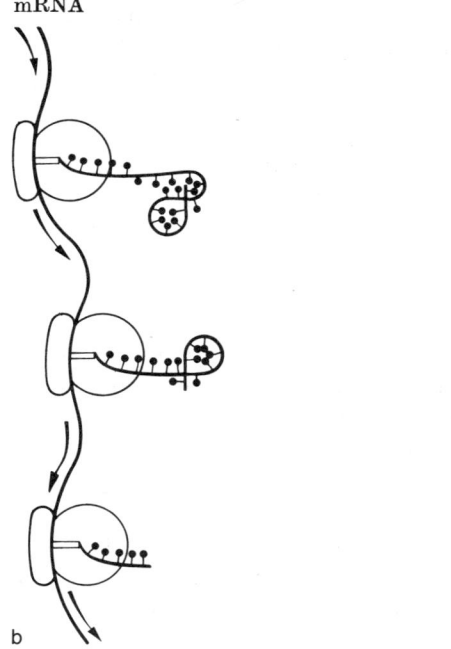

Abb. 2.20. *Poly(ribo)somen im EM-Bild. Die Anordnung der Ribosomen in Perlschnüren läßt erkennen, daß sie an einem (nicht sichtbaren) RNA-Molekül miteinander verbunden sein müssen. Die Bindung ist so stark, daß sich Polysomen auch durch Zentrifugieren isolieren lassen. (Aus Bresch und Hausmann)*

2.4.3 Reverse (umgekehrte) Transkription

Retroviren konservieren ihre genetische Information in der RNA, d.h. die Transportform ihrer genetisch fixierten Eigenschaften ist eine Ribonucleinsäure, die, in eine Proteinhülle verpackt, zur Invasion von Zellen Verwendung findet. In der Zelle wird die RNA zunächst translatiert, wobei ein für die befallene Eukaryoten-Zelle exotisches Enzym synthetisiert wird. Es ist die *RNA-abhängige DNA-Polymerase*, auch *reverse Transkriptase* genannt: sie vermag ein DNA-Retrotranskript der RNA samt komplementärem Strang herzustellen. Das heißt, DNA wird Base für Base an der RNA als Matrizenstrang aufgebaut. Damit ist die genetische Information der RNA wieder im Provirus in einer DNA festgelegt, von welcher durch wirtszelleigene Enzyme viele Transkripte zur Bildung neuer infektiöser Viruspartikel hergestellt werden können (S. 192).

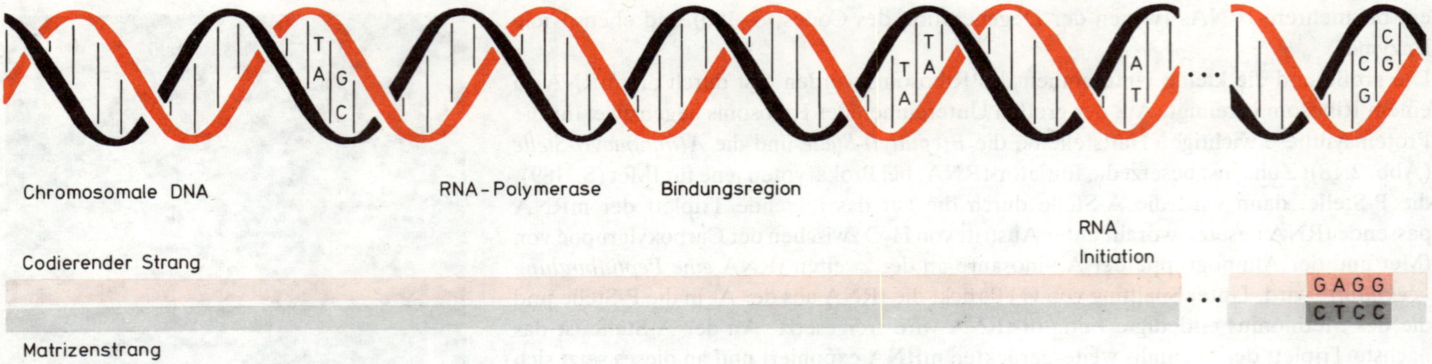

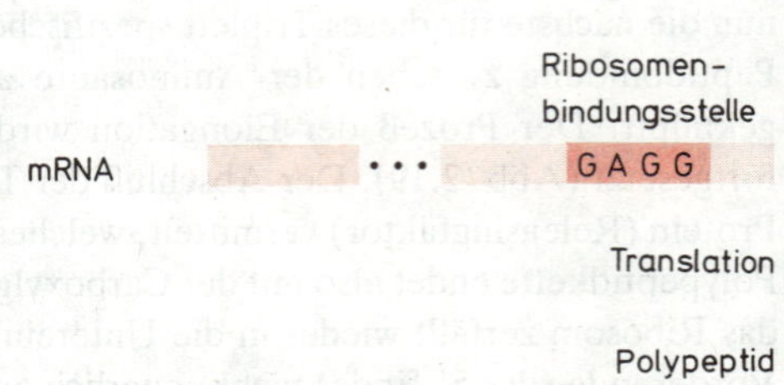

2.4.4 Der Genetische Code

Mit der Überzeugung, daß die Nucleotidabfolge in der DNA und RNA die Aminosäuresequenz in den Proteinen bestimmen müsse, ging man weltweit in einem wissenschaftshistorisch interessanten Wettkampf an die Entzifferung des genetischen Codes, des Übersetzungsschlüssels Nucleinsäure-Protein, also der Entsprechung von Nucleotidtripletts und Aminosäuren.

Daß es Nucleotidtripletts sein müssen, die den Einbau einer Aminosäure bestimmen, war aus theoretischen Überlegungen klar, denn mit 4 verschiedenen Nucleotiden in Zweier-Gruppen bekommt man nur 4^2, also 16 Kombinationsmöglichkeiten. Da aber feststand, daß es 20 verschiedene *proteinogene Aminosäuren* gibt – solche, die zum Aufbau von Proteinen verwendet werden –, ist eine Codierungsmöglichkeit für nur 16 Aminosäuren zu wenig. Mit 4 verschiedenen Nucleotiden in Dreier-Gruppen hingegen ergeben sich 4^3, also 64 Kombinationsmöglichkeiten und daher mehr als zum Aufbau von Polypeptidketten aus 20 verschiedenen Aminosäuren gebraucht werden. Aus theoretischen Überlegungen war auch zu folgern, daß der Code nicht überlappend sein könne, weil damit die Freiheit in der Abfolge von Aminosäuren eingeschränkt wäre: das Code-Wort (Triplett) für die vorhergehende Aminosäure würde in den meisten Fällen die nächstfolgende mitbestimmen. Mutanten des Tabakmosaik-Virus (S. 44), bei welchen festgestellt wurde, daß nur eine einzige Aminosäure im Hüllprotein ausgetauscht war, haben dies bestätigt.

Insertionen oder Deletionen eines oder zweier Nucleotidpaare in der DNA *verschieben den Leseraster*(-rahmen) und ändern die nachfolgenden Aminosäuresequenzen. Das folgende Beispiel wird dies belegen.

Wildtyp	...UCA	CAG	AUC	GGA	AGA	GUA	AUC	GGA ...
	...Ser	Gln	Ile	Gly	Arg	Val	Ile	Gly ...
Insertion	...UCA	CCA	GAU	CGG	AAG	AGU	AAU	CGG ...
	...Ser	Pro	Asp	Arg	Lys	Ser	Asn	Arg ...
Deletion	...UCA	○AGA	UCG	GAA	GAG	UAA	UCG	GAC ...
	...Ser	Arg	Ser	Glu	Glu	STOP		

Bei Insertionen und Deletionen kann ein neues Stopcodon entstehen; dies führt zum Kettenabbruch. Es kann auch ein im Wildtyp vorhandenes Stopcodon durch Insertion

Abb. 2.21. Schematische Darstellung der Promotorregion eines Gens, der Kolinearität von DNA, Transkript (mRNA) und Genprodukt (Polypeptid).

Tabelle 2.2a. Tabelle des genetischen Codes

START	AUG	
STOP	UA^A_G	UGA
Ala A	GCX	
Arg R	AG^A_G	CGX
Asn N	AA^U_C	
Asp D	GA^U_C	
Cys C	UG^U_C	
Gln Q	CA^A_G	
Glu E	GA^A_G	
Gly G	GGX	
His H	CA^U_C	
Ile I	AU$^U_{CA}$	
Leu L	UU^A_G	CUX
Lys K	AA^A_G	
Met M	AUG	
Phe F	UU^U_C	
Pro P	CCX	
Ser S	UCX AG^U_C	
Thr T	ACX	
Trp W	UGG	
Tyr Y	UA^U_C	
Val V	GUX	

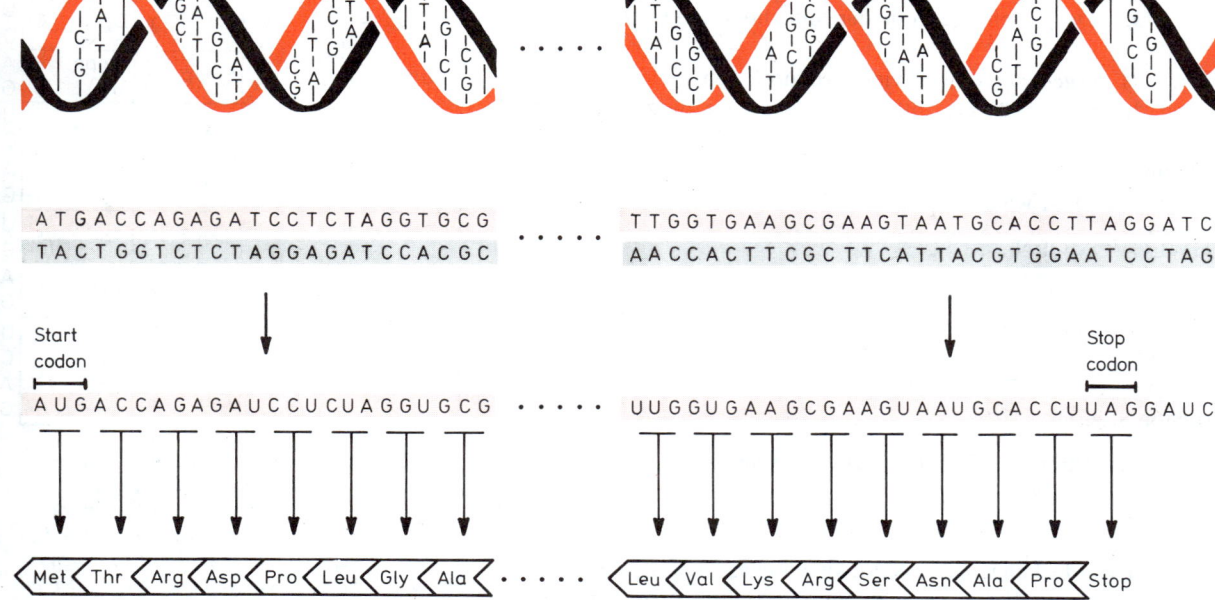

oder Deletion auf 2 Tripletts aufgeteilt werden: dies führt zur Kettenverlängerung, bis ein neues Stopcodon gelesen wird (S. 190). Insertionen oder Deletionen von drei Basenpaaren bedingen eine zusätzliche oder eine fehlende Aminosäure, führen aber nicht zur Verschiebung des Leserasters.

Als es möglich war, synthetische Nucleotidketten herzustellen, wurde der Code bald »geknackt«. Zunächst wurde eine Polyuridylsäure, also eine RNA, die nur aus Uridinen besteht, synthetisiert und getestet. Ein Zellhomogenat von Coli-Bakterien wurde auf 20 Reagenzgläser aufgeteilt und in jedes der Reagenzgläser etwas Poly-U zugefügt. Jede der 20 proteinogenen Aminosäuren wurde in radioaktiv markierter Form sodann in eines der Reagenzgläser pipettiert. Es konnte nach Fällung mit Trichloressigsäure (TCA) festgestellt werden, daß nur im Reagenzglas, dem Phenylalanin zugesetzt worden war, eine Polypeptidsynthese mit radioaktiv markierten Aminosäuren ablief. Damit war gefunden, daß UUU Phenylalanin codiert. Auf ähnliche Weise wurden die anderen aus nur einem Nucleotid bestehenden Tripletts getestet.

In einem zweiten Schritt wurden synthetische Polynucleotide aus Mischungen zweier verschiedener Nucleotide, z. B. 75% U und 25% G synthetisiert. Bei zufälliger Verteilung der Nucleotide in der synthetisierten RNA werden Tripletts mit zwei Us (z. B. UUG, UGU und GUU) häufiger sein als solche mit zwei Gs (GGU, GUG und UGG), und daher werden im Polypeptidsynthesetest mit markierten Aminosäuren jene mit zwei Us im Triplett (Leu, Val, Cys) häufiger eingebaut, seltener solche mit zwei Gs (z. B. Try). Mit solchen Experimenten war allerdings nur feststellbar, daß z. B. Leu zwei Us und ein G im Triplett haben muß, aber nicht, ob die Anordnung UUG, UGU oder GUU die entsprechende ist.

Die endgültige Klärung wurde durch die Verwendung von »Mini-RNAs« ermöglicht: Dies sind synthetisch hergestellte Tripletts, die zwar keine Polypeptidsynthese steuern können, aber zusammen mit Ribosomen bestimmte, »ihre« spezifischen tRNAs binden können. Dabei wurde gefunden, daß UUG Leucyl-tRNA, UGU Cysteinyl-tRNA und GUU Valyl-tRNA bindet. In analoger Weise wurden die anderen Codons ermittelt und letztlich zu einer *Tabelle des genetischen Codes* zusammengestellt (Tab. 2.2, Abb. 2.22).

Für die Polypeptidsynthese gibt es ein *Startcodon* AUG, das, wenn es innerhalb der Messenger-Kette vorkommt, Methionin codiert, am Kettenanfang verwendet, hingegen

Tabelle. 2.2b. Der genetische Code ist nach Aminosäuren (rechts) und nach Tripletts geordnet angegeben (links)

AAA	Lys	CAA	Gln
AAC	Asn	CAC	His
AAG	Lys	CAG	Gln
AAU	Asn	CAU	His
ACA	Thr	CCA	Pro
ACC	Thr	CCC	Pro
ACG	Thr	CCG	Pro
ACU	Thr	CCU	Pro
AGA	Arg	CGA	Arg
AGC	Ser	CGC	Arg
AGG	Arg	CGG	Arg
AGU	Ser	CGU	Arg
AUA	Ile	CUA	Leu
AUC	Ile	CUC	Leu
AUG	Met (Start)	CUG	Leu
AUU	Ile	CUU	Leu
GAA	Glu	UAA	(Stop)
GAC	Asp	UAC	Tyr
GAG	Glu	UAG	(Stop)
GAU	Asp	UAU	Tyr
GCA	Ala	UCA	Ser
GCC	Ala	UCC	Ser
GCG	Ala	UCG	Ser
GCU	Ala	UCU	Ser
GGA	Gly	UGA	(Stop)
GGC	Gly	UGC	Cys
GGG	Gly	UGG	Trp
GGU	Gly	UGU	Cys
GUA	Val	UUA	Leu
GUC	Val	UUC	Phe
GUG	Val	UUG	Leu
GUU	Val	UUU	Phe

Formylmethionin einbaut, das später wieder abgespalten wird. *Stopcodons* gibt es drei, nämlich UAA, UAG und UGA. Der genetische Code der Mitochondrien kennt andere Stopcodons (S. 251).

Man bezeichnet den Code als »degeneriert«, weil viele Aminosäuren mehr (max. 6) Codons haben; das bedeutet, daß es nicht wenige »stille« Mutationen gibt, die zwar andere Nucleotide in der dritten Position des Tripletts haben, aber die gleichen Aminosäuren in der Primärstruktur der Aminosäuren besitzen.

Der *Code ist interpunktionslos*, auch »Zwischenräume« fehlen:

DIERNAISTAUFDEMWEGVOMGEN ...

Mutationen, welche den Sinn verändern, d.h. »ein anderes Protein bilden«, sind mit einfachen Sätzen verständlich zu machen.
MAXSAHEIN ...
MANSAHEIN ... (Punktmutation S. 227f.)
MANSAHNIE ... (Inversion S. 231)

Und nach mehreren Mutationsschritten, die Gebabbel ergeben, kann z.B. entstehen:
WERSOGEIN ... oder
EVASAHNIE ... usw.

Eine der bemerkenswertesten Entdeckungen der Naturwissenschaften war neben der sensationellen Entzifferung des genetischen Codes der Befund, daß der *Code nahezu universell* ist, also mit wenigen Ausnahmen von den Bakterien bis zum Menschen gültig ist. Daher können Froscheier nach Injektion von Kaninchen-mRNA auch Kaninchen-Globine synthetisieren, und daher können Bakterien das Insulingen, genauer gesagt: die entsprechende cDNA, des Menschen »richtig« lesen und Proinsulin synthetisieren (S. 259).

Vom universellen Code abweichend finden wir einige Codewörter des Mitochondriengenoms (S. 251) und bei Ciliaten, bei welchen die Stopcodons UAA und UAG für Glutamin stehen; die Ciliaten haben demnach nur UGA als Stopcodon, d.h. an UGA bindet keine der tRNAs.

	U	C	A	G	
U	Phe F / Leu L	Ser S	Tyr Y / Stopp	Cys C / Stopp – / Trp W	U C A G
C	Leu L	Pro P	His H / Gln Q	Arg R	U C A G
A	Ile I / Met (Start) M	Thr T	Asn N / Lys K	Ser S / Arg R	U C A G
G	Val V	Ala A	Asp D / Glu E	Gly G	U C A G

Abb. 2.22. Der Genetische Code, die Entsprechung von Aminosäuren und Basentripletts der RNA (!). Die ersten Buchstaben des Codons der mRNA stehen links untereinander, die zweiten in der obersten Zeile und die jeweils dritten stehen rechts untereinander. Die Aminosäuren werden in der üblichen Abkürzung aus 3 Buchstaben und in der »computergerechten« Abkürzung aus einem Buchstaben (vgl. Tab. 1.5) angegeben.

2.5 Organisation der DNA im Genom

Das *Genom ist die Gesamtheit der Träger der Erbinformation einer Zelle*. Der größte Teil der Erbinformation liegt in der DNA des Bakterienchromosoms oder des Zellkerns, nur ein kleiner Teil in extrachromosomalen DNA-Stücken. Das Genom setzt sich aus einigen (bei Viren) bis Zehntausenden von Genen (bei Säugern) zusammen.

Ein *Gen ist ein Abschnitt der DNA zwischen einem Transkriptionsstart und einem Transkriptionsende oder jener Teil dieser Transkriptionseinheit, der letztlich ein Genprodukt liefert.* Gene werden entweder nur transkribiert (tRNA = Transfer-RNA oder Überträger-RNA; rRNA = ribosomale RNA) oder die dabei gebildete mRNA = Messenger-RNA oder Boten-RNA wird an den Ribosomen auch translatiert. Ein Gen trägt meist die Information für die Synthese eines Proteins: »Ein Gen – Ein Enzym« war jahrzehntelang eine schlagwortartige Definition für das Gen. Einige Gene von Prokaryoten bilden aber eine polycistronische = polygenische mRNA, die bei der Translation die Synthese mehrerer Polypeptide steuert (S. 184).

Pseudogene sind Nucleinsäuresequenzen, welche über weite, jedoch nicht alle Bereiche einem vollwertigen Gen entsprechen, aber nicht transkribiert und translatiert werden. Sie bilden einen »Abfallhaufen des Genoms«, und man versteht sie als »nicht mehr« funktionierende Gene, die ursprünglich durch Duplikation (S. 231) entstanden sind, z.B. durch Deletionen modifiziert wurden und funktionslos im Genom »herumliegen«, weiter

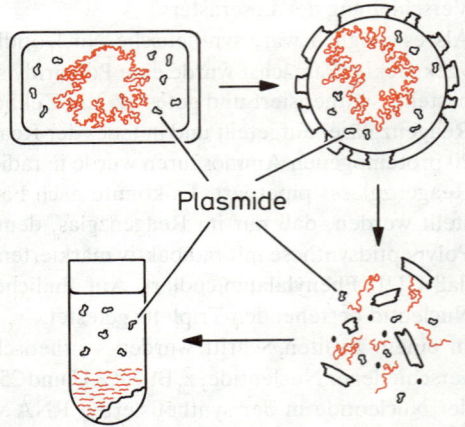

Abb. 2.23. Isolierung von Plasmiden aus Bakterien. Die Bakterienzellwand wird durch Lysozym und EDTA aufgebrochen, die Plasmamembran bleibt dabei intakt. Um das Platzen der sich abrundenden Zellen (Sphaeroblasten) zu verhindern, wird isotonische Sucrose zugesetzt. Das nichtionische Detergens Triton X-100 löst die Plasmamembran auf, und der Zellinhalt wird frei. Durch Schütteln und Rühren zerbricht die hochmolekulare DNA, wohingegen die kleinen Plasmidringe zum großen Teil erhalten bleiben. Durch Zentrifugation lassen sich Bruchstücke der Zellwand und der Zellmembran, sowie lineare DNA-Fragmente von den Plasmiden trennen, die im Überstand bleiben und abpippettiert werden können.

verändert werden können und eventuell einmal wieder transkribiert und zu einem veränderten Protein translatiert werden.

DNA liegt stets als lineares, unverzweigtes Molekül vor. Viele Informationsträger haben einen linearen Aufbau: die Zeile im Buch, der Lochstreifen, das Tonband usw.

Bei Viren ist einzelsträngige oder doppelsträngige (Doppelhelix) DNA und bei den Retroviren RNA Träger der genetischen Information (S. 44f.).

Bei Prokaryoten ist der Informationsträger, der Genophor oder das Bakterienchromosom, eine DNA-Doppelhelix aus zwei gegenläufigen, durch Wasserstoffbrücken verbundenen Molekülen (S. 40) mit einem +- und einem −-Strang. Die DNA von Prokaryoten ist ringförmig geschlossen. Die Replikation der DNA und damit die Verdoppelung des Genoms wird in Abbildung 2.24 gezeigt. Kleinere *DNA-Ringe, die außerhalb des Genoms im Cytoplasma liegen, sind die Plasmide* (S. 196f.). Sie lassen sich durch Zentrifugation von der Genophor-DNA trennen (Abb. 2.23). Sie sind nicht in jeder Bakterienzelle vorhanden.

Bei Eukaryoten liegen die DNA-Moleküle im Zellkern in Vielfachen von zwei, nach der S-Phase (S. 167) in Vielfachen von vier vor: je 2 gegenläufige DNA-Moleküle bilden eine Doppelhelix, die zusammen mit unzähligen Nucleosomen (S. 155) das Chromatin aufbauen, das während der Mitose in verdichteter Form als Chromosom im Lichtmikroskop sichtbar wird. Jedes Chromosom enthält in der Regel nur einen DNA-Doppelstrang, der möglicherweise durch die Spindelansatzstelle (S. 166) unterbrochen ist. Viren-DNA und das Bakterienchromosom enthalten nur wenige nicht codierende Regionen – das sind solche, die nicht transkribiert werden –, Eukaryoten-DNA dagegen sehr viel, denn die codierenden Regionen können weniger als einige Prozent der gesamten Kern-DNA ausmachen. Gene von Eukaryoten (S. 200f.) sind in weiten Bereichen von flankierender informationsarmer bis informationsloser DNA eingeschlossen. Dazu kommt, daß es bei Eukaryoten selbst innerhalb eines Gens Bereiche gibt, die zwar transkribiert, aber vor der Translation (= Proteinsynthese) (S. 186f.) herausgeschnitten werden. Gene von Eukaryoten sind also aus *codierenden DNA-Bereichen, den Exons,* und *nichtcodierenden DNA-Bereichen, den Introns,* zusammengesetzt.

Ein Virus ist ein submikroskopisches Partikel aus 1–2, selten mehreren Molekülen Nucleinsäure mit einem oder mehreren umhüllenden Proteinen und in manchen Fällen von einem Stück Plasmamembran der Wirtszelle eingeschlossen. Viren befallen Zellen, das heißt, sie heften sich mit ihrer Proteinhülle an die Glykocalyx (S. 13) und die Plasmamembran der Wirtszelle und entlassen oder injizieren ihre Nucleinsäure in die Zelle (Abb. 2.28) oder werden durch einen Endocytoseprozeß (S. 139) in die Zelle aufgenommen. Viren sind meist zellspezifisch; nur wenige haben einen größeren Wirtsbereich (host range). Dies ist darauf zurückzuführen, daß Teile ihrer Proteinhülle nur von bestimmten Glykoproteinen oder Proteoglykanen (S. 25) der Zelloberfläche, den Rezeptoren, gebunden werden können.

Die in die Zelle eingedrungene Nucleinsäure wird meist schneller als das zelleigene Genom repliziert. Gene der Virus-Nucleinsäure codieren u. a. für die Proteine ihrer Hülle und meist für ein lytisches Enzym, mit dem sie die Plasmamembran und Zellwand der Wirtszelle auflösen können. Nach der Vermehrung in der Wirtszelle wird je ein Nucleinsäureeinzel- oder -doppelstrang, bei Influenzaviren z. B. 8 RNA-Moleküle, von Virusproteinen eingeschlossen. Nach der Lyse der Wirtszelle werden die Nachkommensviren frei. Dieser Zyklus gilt in vielen Varianten für alle Viren.

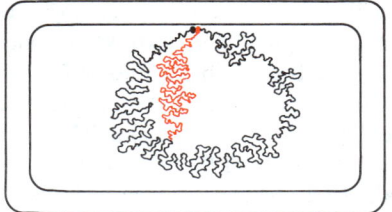
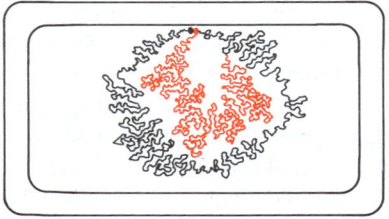
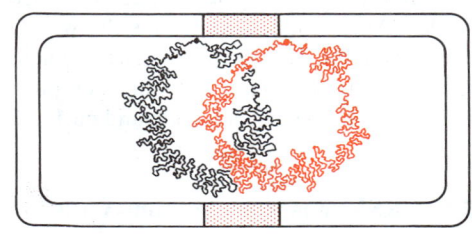
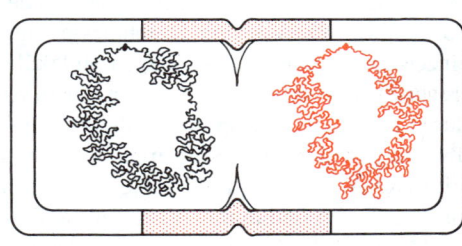

Abb. 2.24. Schematische Darstellung der Verdoppelung des Genophors durch Replikation der DNA-Doppelhelix. Das Bakterienchromosom haftet an einem etwa in der Mitte der Zelle liegenden Punkt an der Innenseite der Plasmamembran. Dies ist auch der Startpunkt für die DNA-Replikation (ori). Nach Verdoppelung des Anheftungspunktes und Wachstum in der Gürtelzone der Zelle werden die beiden Genophore voneinander getrennt. Ganz unten: die Zelle unmittelbar vor der Teilung. (Original G. Czihak)

2.5.1 Das Tabakmosaik-Virus

Das Tabakmosaik-Virus (TMV, S. 44) ist ein RNA-Virus, das in verletzte Zellen des Tabaks eindringen kann, sich dort vermehrt und die Zellen abtötet, weitere infiziert und schließlich Nekrosen (Gruppen abgetöteter Zellen) hervorruft. Protein und RNA sind leicht z. B. durch Phenolextraktion voneinander zu trennen. Wenn man gereinigte RNA auf angeriebene Tabakblätter aufbringt, erzielt man, trotz Fehlens der Proteine, die Entwicklung zahlloser TMV-Partikel (Virionen), die aus RNA und Proteinen bestehen. Macht man diesen Versuch mit TMV-Protein allein, so erweist sich dies als wirkungslos. Dies ist ein weiterer Beweis, daß *Nucleinsäuren Träger einer genetischen Information* sind. Das TMV war eines der ersten isolierten Viren, die zunächst nur als infektiöse »Agentien« beschrieben werden konnten, die im Gegensatz zu Bakterien einfache Filter passieren konnten. Geraume Zeit galt das TMV als kristallisierbares Protein, das nach elektronenmikroskopischer Untersuchung als Stäbchen mit helicaler Struktur zu charakterisieren war. Heute wissen wir, daß ein Virion des TMV aus 2140 gleichartigen, etwa keulenförmigen Proteinmolekülen aus je 158 Aminosäuren mit dem Molekulargewicht von 17530 besteht und daß diese Proteine mit einem gewundenen RNA-Molekül, bestehend aus rund 6400 Nucleotiden (MG $2,1 \cdot 10^6$), gekoppelt sind. Der Durchmesser der TMV-Stäbchen beträgt 18 nm, ihre Länge etwa 300 nm (Kapitel 1 und 4).

Nach der Infektion der Pflanzenteile wird die RNA (Plus-Strang aus dem Virion) als Matrize für die Synthese eines Minus-Stranges verwendet. An dieser RNA werden viele mRNA-Moleküle synthetisiert, und schließlich werden die Proteine translatiert, die zusammen mit einem Plus-Strang ein Viruspartikel aufbauen. Die genetische Information des TMV ist weitaus größer als es für die Codierung des Hüllproteins notwendig ist.

Viele TMV-Virionen können sich, wie auch andere Viren, zu größeren Kristallen vereinigen, die dann als polyedrische Zelleinschlüsse lichtmikroskopisch erkannt werden können. Aus gereinigter RNA und gereinigten Proteinen können *in vitro* im Elektronenmikroskop intakt erscheinende und auch infektiöse Partikel rekonstituiert werden.

2.5.2 RSV, das Rous-Sarkom-Virus

Das RSV hat Berühmtheit erlangt, weil es bei Hühnern Tumorwachstum auslösen kann (S. 45). Es handelt sich um rundliche, von der Plasmamembran der Wirtszelle eingehüllte Partikel von etwa 80 nm Durchmesser mit einer von einem Capsid eingeschlossenen einzelsträngigen RNA und einigen Molekülen einer RNA-abhängigen DNA-Polymerase (reversen Transkriptase), die nach der Infektion einer Hühnerzelle eine Provirus-DNA durch reverse Transkription synthetisieren (Abb. 2.25). Das Provirus kann in der Zelle über viele Teilungen hinweg erhalten bleiben. Im Vermehrungszyklus werden zahlreiche Virus-RNA-Moleküle transkribiert, die nach der Translation von Hüllproteinen in diese eingeschlossen und durch Abschnürung (*budding*), d. h. durch Ausschluß aus der Zelle (S. 135) unter Bildung von Membranbläschen freigesetzt werden. Das Genom enthält nur 3 Gene: *gag, pol* und *env* (Abb. 2.26); *gag* codiert das Protein des Capsids, von *pol* wird die reverse Transkriptase translatiert und *env* codiert ein stachel-bildendes Protein der Außenhülle. Über die Auslösung des Tumorwachstums Seite 24 f.

Das relativ kleine Genom enthält alle Informationen zur Vermehrung des Virus und zur Einkapselung neugebildeter Virus-RNA. Hier wird verständlich, daß Viren als entfremdete Gene bezeichnet werden können.

2.5.3 Phagen

(Bacterio-)Phagen sind DNA- oder RNA-Viren, die sich in Bakterien vermehren. Bei den sogenannten temperenten Phagen wird die Virus-DNA an bestimmten Stellen in das Bakterienchromosom integriert, das heißt aufgenommen und mit dem Wirtsgenom vermehrt. Dieser Zyklus kann viele Generationen dauern, ohne daß eine Virusaktivität

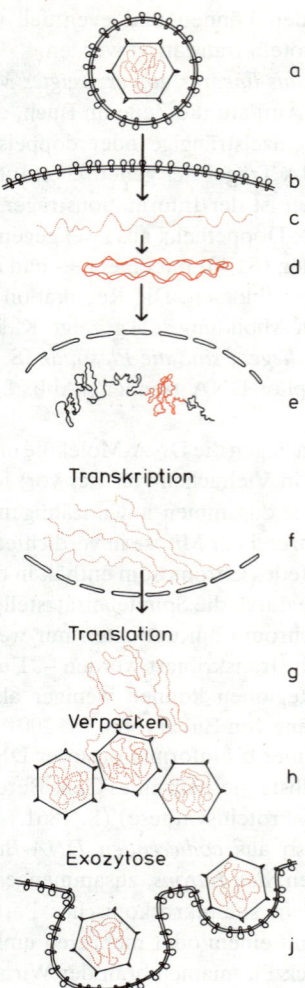

Abb. 2.25 a–i. Lebenszyklus des RSV- (= Rous Sarkom-)Virus. Das infektiöse Virion (a) (bestehend aus einem Capsid mit eingeschlossener einzelsträngiger RNA und umhüllt von der Plasmamembran der Hühnerzelle, in welcher es im vorhergehenden Zyklus gebildet worden war) dringt durch die Zellmembran (b) in die neue Wirtszelle. Vermutlich wird die Plasmamembran von (a) in (b) integriert und die RNA im Cytoplasma freigesetzt (c). Die vom Virus eingeführte reverse Transkriptase synthetisiert eine DNA-Doppelhelix (d), die als Provirus in die DNA des Zellkerns integriert und über viele Zellteilungen erhalten bleiben kann. Von der integrierten Virus-DNA werden letztlich viele Transkripte hergestellt, die Capsidproteine translatieren (g) und selbst darin verpackt werden (h). Durch Exocytose werden reife Virionen aus der Zelle ausgestoßen und dabei von einem Stück Plasmamembran umhüllt (i) – wie in Trojanischen Pferden versteckt.

nachweisbar wäre. *Nichttemperente Phagen* vermehren sich sofort nach Eindringen in die Wirtszellen, die anschließend schnell lysiert werden. Die Zerstörung der Wirtszelle kann bei *temperenten Phagen* hingegen oft erst viele Generationen später erfolgen. (Bacterio-)Phagen haben für die Genetik eine ähnliche Bedeutung gewonnen wie die Bakterien selbst. Für die Gentechnologie sind sie heute von größter Wichtigkeit, da man in das Genom der temperenten Phagen Fremdgene einbauen kann, die sie in den Bakterien zur Vermehrung und Expression bringen (S. 194f.).

2.5.3.1 ΦX174

Phagen haben eine spezifische Gestalt und Größe. Sie werden mit einem aus Buchstaben- und Zahlenkombinationen bestehenden Namen gekennzeichnet. Als Beispiel für einen nichttemperenten Phagen wählen wir den relativ einfach gebauten Coli-Phagen ΦX174 (Abb. 2.27a). Die Proteinhülle (Capsid) bildet ein kristallähnliches Gehäuse (Icosaeder, ein Polygon mit 20 Flächen) von 22 nm Durchmesser, das Capsid umschließt ein einsträngiges, zirkuläres DNA-Molekül von 1,8 μm Umfang mit einem Molekulargewicht von $1,7 \times 10^6$. Das gesamte Genom umfaßt nur 5386 Basen (Zahl der Basen = Zahl der Nucleotide). Die Infektion erfolgt nach Anheftung mit Hilfe eines der 12 von den Ecken des Icosaeders abstehenden Stacheln an die Zelloberfläche von *E. coli*. Die Plasmamembran nimmt das Protein der Virushülle unter seine eigenen Proteine auf, und damit wird die DNA des Virus in das Cytoplasma eingeschleust. An der einsträngigen Virus-DNA wird zunächst ein komplementärer Strang synthetisiert. Die anschließende Neusynthese zirkulärer Doppelhelices ist außerordentlich kompliziert (Abb. 2.28a). Untersuchungen der Proteine, die nach einer Infektion durch ΦX174 in den Coli-Bakterien gebildet werden, ließen auf eine Genomgröße von mehr als 6 kb (Kilobasen)

Abb. 2.26. Das Genom des RSV, das nur aus drei codierenden Genen besteht.

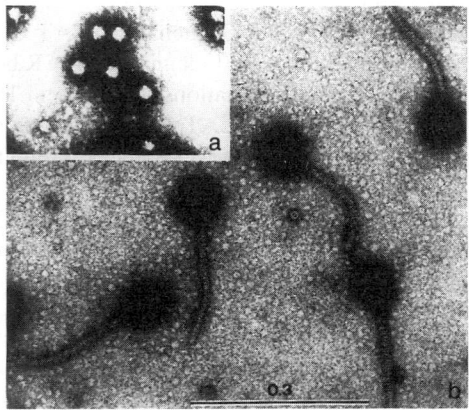

Abb. 2.27. EM-Aufnahmen der Coli-Phagen ΦX174 (a) und λ (= Lambda) (b). (Original H. Falk, Freiburg)

Tabelle 2.3. Ausschnitt aus der Nucleotidsequenz des Phagen ΦX174 mit den überlappenden Genen D, E und J. Die Aminosäuresequenzen sind über der Nucleotidsequenz angegeben; die Enden sind durch Sternchen markiert. (Aus v. Sengbusch)

```
          MET SER GLN VAL THR GLU GLN SER VAL ARG PHE GLN THR ALA LEU ALA SER
T A A G A A A T C A T G A G T C A A G T T A C T G A A C A A T C C G T A C G T T T C C A G A C C G C T T T G G C C T C T
              390               400               410               420               430               440

  ILE LYS LEU ILE GLN ALA SER ALA VAL LEU ASP LEU THR GLU ASP ASP PHE ASP PHE LEU
A T T A A G C T C A T T C A G G C T T C T G C C G T T T T G G A T T T A A C C G A A G A T G A T T T C G A T T T T C T G
              450               460               470               480               490               500

  THR SER ASN LYS VAL TRP ILE ALA THR ASP ARG SER ARG ALA ARG ARG CYS VAL GLU ALA
A C G A G T A A C A A A G T T T G G A T T G C T A C T G A C C G C T C T C G T G C T C G T C G C T G C G T T G A G G C T
              510               520               530               540               550               560

  CYS VAL TYR GLY THR LEU ASP PHE VAL GLY TYR PRO ARG PHE PRO ALA PRO VAL GLU PHE
                  MET VAL ARG TRP THR LEU TRP ASP THR LEU ALA PHE LEU LEU LEU SER LEU
T G C G T T T A T G G T A C G C T G G A C T T T G T G G G A T A C C C T C G C T T T C C T G C T C C T G T T G A G T T T
              570               580               590               600               610               620

  ILE ALA ALA VAL ILE ALA TYR TYR VAL HIS PRO VAL ASN ILE GLN THR ALA CYS LEU ILE
  LEU LEU PRO SER LEU LEU ILE MET PHE ILE PRO SER THR ASN LYS ARG PRO VAL SER SER
A T T G C T G C C G T C A T T G C T T A T T A T G T T C A T C C C G T C A A C A T T C A A A C G G C C T G T C T C A T C
              630               640               650               660               670               680

  MET GLU GLY ALA GLU PHE THR GLU ASN ILE ILE ASN GLY VAL GLU ARG PRO VAL LYS ALA
  TRP LYS ALA LEU ASN LEU ARG LYS THR LEU LEU MET ALA SER ARG VAL LEU ARG LYS SER PRO
A T G G A A G G C G C T G A A T T T A C G G A A A A C A T T A T T A A T G G C G T C G A G C G T C C G G T T A A A G C C
              690               700               710               720               730               740

  ALA GLU LEU PHE ALA PHE THR LEU ARG VAL ARG ALA GLY ASN THR ASP VAL LEU THR ASP
  LEU ASN CYS SER ARG LEU PRO CYS VAL TYR ALA GLN GLU THR LEU THR PHE LEU LEU THR
G C T G A A T T G T T C G C G T T T A C C T T G C G T G T A C G C G C A G G A A A C A C T G A C G T T C T T A C T G A C
              750               760               770               780               790               800

  ALA GLU GLU ASN VAL ARG GLN LYS LEU ARG ALA GLU GLY VAL MET ***
  GLN LYS LYS THR CYS VAL LYS ASN TYR VAL ARG LYS GLU ***
                                                          MET SER LYS GLY LYS
G C A G A A G A A A A C G T G C G T C A A A A A T T A C G T G C G G A A G G A G T G A T G T A A T G T C T A A A G G T A
              810               820               830               840               850               860

  LYS ARG SER GLY ALA ARG PRO GLY ARG PRO GLN PRO LEU ARG GLY THR LYS GLY LYS ARG
A A A A C G T T C T G G C G C T C G C C C T G G T C G T C C G C A G C C G T T G C G A G G T A C T A A A G G C A A G C
              870               880               890               900               910               920

  LYS GLY ALA ARG LEU TRP TYR VAL GLY GLY GLN GLN PHE ***
G T A A A G G C G C T C G T C T T T G G T A T G T A G G T G G T C A A C A A T T T T A A T T G C A G G G G C T T C G G C
              930               940               950               960               970               980
```

schließen, also mehr als das Genom tatsächlich umfaßt. Es zeigte sich – und das ist das Phantastische an diesem Phagen –, daß 2 *Gene in andere Gene eingeschachtelt sind*. Diese Erkenntnisse waren nur möglich, nachdem die Nucleotidsequenz in allen Einzelheiten bekannt war.

Die nach einer Virusinfektion in Coli-Bakterien nachweisbaren insgesamt 9 neuen Proteine waren isoliert und ihre Aminosäuresequenz zum größten Teil bestimmt worden. Unter Zuhilfenahme des genetischen Codes und der bekannten Nucleotid- und Aminosäuresequenzen konnte dann die Lage der Gene auf dem DNA-Ring ermittelt werden. Zwei der Gene, nämlich die für die Proteine B und E, sind Teile von anderen Genen, nämlich A und D (Abb. 2.28b).

Ausschnitte aus der Nucleotidsequenz werden in Tabelle 2.3 gezeigt. Auf eine nicht codierende Region folgt nach einem Promotor, der Anheftungsstelle für die RNA-Polymerase, mit der Sequenz TTTCAT der erste Start für die Transkription mit der Sequenz CAAAT und dann auf die Ribosomen-Erkennungssequenz GGAGG das Zeichen für den Translationsstart mit dem Triplett ATG. Ein zweiter Start für die RNA-Polymerase liegt mit CAT viel weiter »stromab«, etwa in der Mitte des A-Gens. Bald darauf folgt eine zweite Ribosomen-Erkennungsregion mit AGGAG und das Startcodon für die Translation des Gens B, viele Tripletts später das Endtriplett TGA für das Gen B und erst später das Ende des Gens A, ein Triplett nach dem Start des Gens C, usw. Es werden also verschieden lange mRNAs transkribiert, die mit der einen oder anderen Ribosomen-Erkennungsregion Kontakt mit den Ribosomen von *E. coli* aufnehmen und verschiedene Proteine translatieren können.

Der hohe Grad an *Informationsökonomie* ist überraschend: die erwähnten Gene liegen teils phasenverschoben in anderen Genen! Man stelle sich einen Text vor, bei dem man mitten im Satz buchstabenverschoben eine neue sinnvolle Information ablesen kann!

Das Gen A steuert die Synthese des komplementären DNA-Stranges; B, C, D sorgen für das Verpacken der einsträngigen DNA in die Capsidproteine; E sorgt für die Synthese eines lytischen Enzyms, das die Virionen (Abb. 1.38) nach Auflösung der Plasmamembran und Zellwand in das umgebende Medium entläßt; F ist für das Protein zuständig, das die 20 dreieckigen Flächen des Capsids bildet; G und H sind für die gestielten Knöpfchen an den Ecken des Capsids zuständig, die, wie erwähnt, keineswegs Zierat, sondern Anheftungspunkte sind.

Der komplizierteste unter den nicht temperenten Phagen, wahrscheinlich der komplizierteste überhaupt und gleichzeitig der am besten untersuchte, ist der Phage T4 (S. 45).

2.5.3.2 Temperente Phagen

Im Gegensatz zu den nicht temperenten Phagen, die nach Infektion des Bacteriums sofort mit ihrer eigenen Vermehrung beginnen, den Stoffwechsel des Wirtes unter ihre Regie bringen und ihn für ihre eigene Vermehrung nützen, gehen temperente (gemäßigte) sehr viel vorsichtiger vor, denn nach der Infektion des Bacteriums und der wahrscheinlich schnellen Integration ins Bakteriengenom tun sie nichts weiter, als ihre eigene DNA zusammen mit der des Bacteriums vermehren zu lassen. Damit übernehmen alle Nachkommen eines solchen phageninfizierten, lysogenen Bacteriums das Phagen- gleichzeitig mit dem Bakteriengenom. Transkribiert wird das Phagengenom nicht und dementsprechend wird im nicht-lytischen Zyklus auch kein phagenspezifisches Protein gebildet. Ein Phage, der sich solchermaßen »versteckt«, temperent verhält, wird auch als *Prophage* bezeichnet, und das Bacterium, das einen Prophagen besitzt, als *lysogen*. Spontan oder durch äußere Einflüsse (Induktion) wird der *lytische Vermehrungszyklus* eingeleitet, in welchem sich der temperente Phage wie ein nicht temperenter verhält, das heißt, seine eigene DNA einige 100 bis 1000e Male kopieren läßt, seine Gene transkribiert und

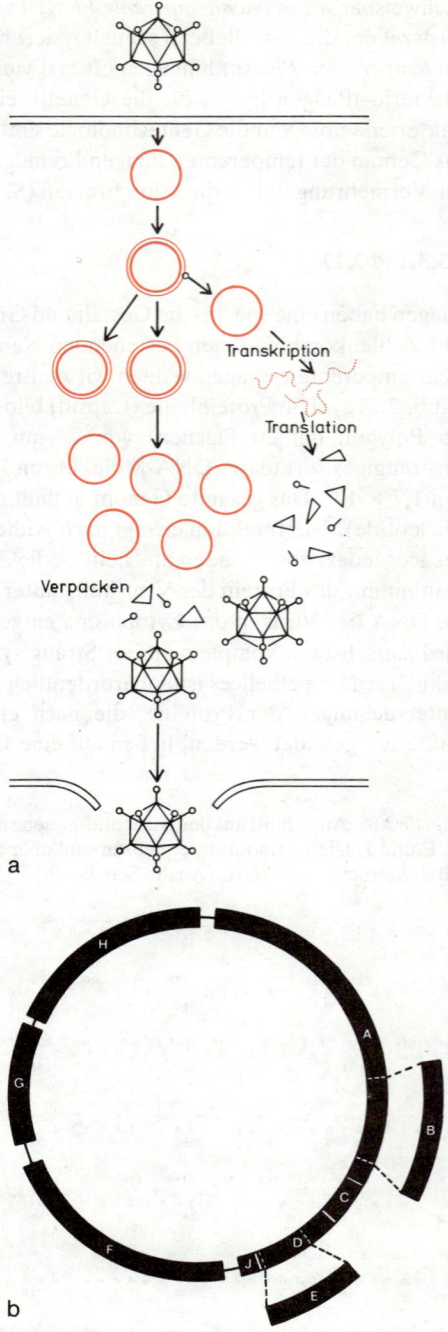

Abb. 2.28. (a) Lebenszyklus des Bacteriophagen *ΦX 174*. Nach Infektion des Bacteriums (oben) wird die einzelsträngige DNA repliziert; von der dann doppelsträngigen DNA werden die RNAs für die Hüllproteine transkribiert und translatiert (Mitte). Zuletzt werden einzelsträngige DNA-Moleküle in das Capsid verpackt, und die Virionen werden nach Lyse des Bacteriums frei (unten). (b) Genom von *ΦX 174*. Das Gen B ist in A, E in D mit anderen Leserahmen enthalten.

2.5.3.2 Temperente Phagen

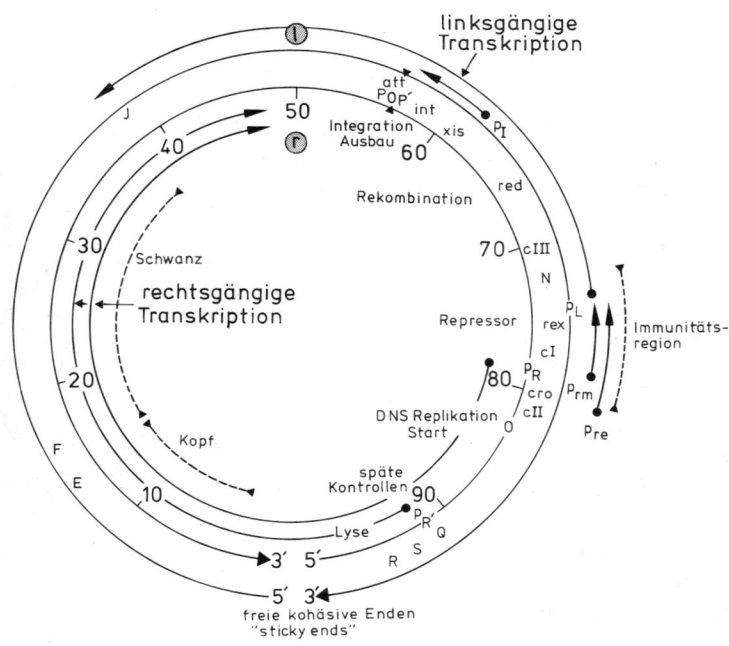

Abb. 2.29. Schematische Darstellung des Genoms von λ (Lambda), eines Bacteriophagen von E. coli. Die DNA kann entweder linear mit freien kohäsiven Enden (unten: 3' und 5') vorliegen oder sie ist mit diesen aus komplementären Basen versehenen »sticky ends« zu einem Ring geschlossen. Die Transkriptionsrichtungen sind durch Pfeile angegeben; einmal wird der +-, einmal der −-Strang transkribiert. Die entsprechenden Promotoren sind durch Pr und Pl markiert. Der DNA-Abschnitt für Integration in das Wirtsgenom, für Rekombination usw. (zwischen 50 und 80) ist entbehrlich und wird in der Gentechnologie (S. 259f.) durch Fremd-DNA ersetzt. (Aus v. Sengbusch)

phagenspezifische Proteine translatiert. Die neusynthetisierten Nucleinsäurestränge werden in Proteinhüllen verpackt, das Bacterium durch lytische, in Phagengenom codierte Enzyme aufgelöst, und damit sind die Phagen für weitere Infektionen frei.
Der bestbekannte und vor allem in der Gentechnologie am häufigsten verwendete temperente Phage ist der Coli-Phage mit der Bezeichnung »λ« (Lambda). Die Gestalt ähnelt einer Kirsche mit Stiel (Abb. 2.27b). Der Kopf ist ein Icosaeder in der Größe von 62 nm, der Schwanz ist (im Gegensatz zum T4-Phagen z. B.) nicht kontraktil und auf den meisten E(lektronen)-M(ikroskopischen) Bildern leicht gebogen, 152 nm lang und 17 nm dick. Die im Kopf verpackte DNA ist ein lineares Doppelstrangmolekül von 47 kb Länge (Abb. 2.29). Die kohäsiven 5'-Enden (cos-sites) sind einsträngig und bestehen aus 12 zueinander komplementären Basen, mit welchen die DNA nach der Infektion mit Hilfe der DNA-Ligase des Wirtes schnell zirkularisiert werden kann.
Im *lysogenen Zyklus* wird die Phagen-DNA nach einer kurzen Phase der Transkription in die Bakterien-DNA integriert. Sowohl λ (*att P*) als auch E. coli (*att B*) haben eine Anheftungsregion in ihrer DNA, die bei Coli zwischen den Genen *gal* und *bio* (S. 196) liegt. Dort wird nach vorangehender Anheftung der Prophage integriert und dann zu einem Teil des bakteriellen Ringchromosoms.
Bei der *Exzision* am Beginn des lytischen Zyklus löst sich der Phage aus dem Bakteriengenom. Dieser Prozeß ist eine Umkehrung der Integration. Man stellt sich vor, daß eine Schleife gebildet wird und daß sich schließlich der Ring der Phagen-DNA ablöst.
Die folgenden Prozesse gleichen der Vermehrung von nicht temperenten Phagen. Vom Plus-Minus-Strang, hier auch linker und rechter Strang genannt, werden Gene wegen der Antiparallelität in unterschiedlicher Richtung transkribiert, was letztlich zur Bildung zahlreicher neuer λ-Phagen führt.
Ist die Exzision des Prophagen ungenau, dann können Nachbargene des Integrationsortes im Bakteriengenom, also z. B. *gal* oder *bio*, in den Ring der Virus-DNA aufgenommen werden. Ein damit gefüllter Phage ist *transduzierend*, weil er einem späteren Wirt neben dem Virus-Genom auch ein *gal*- oder *bio*-Gen überträgt.

2.5.4 Escherichia coli

Wie erwähnt, gehören zum *Genom von Bakterien* das *Bakterienchromosom (Genophor)* und kleine extrachromosomale DNA-Ringe, die *Plasmide*. Der Coli-Genophor besteht aus einer ringförmig geschlossenen DNA-Doppelhelix von 1,3 mm Konturlänge mit $4,2 \cdot 10^6$ bp. Da für ein Durchschnittspolypeptid von 300 Aminosäuren 900 Basentripletts, mit Promotor- und Kontrollregionen rund 1000 bp gebraucht werden, reicht die genetische Information von E. coli für ca. 4200 Proteine (rRNAs und tRNAs nicht eingerechnet). Heute, da wir wissen, daß die Grundlagen der Genetik, daß die Replikation, Transkription und Translation sich prinzipiell gleichen und schließlich, daß der genetische Code für Bakterien wie für Pflanzen und Tiere gilt, ist es verständlich, daß wir uns mit der Genetik von Mikroorganismen beschäftigen. Zur Zeit der Pioniere der Genetik war dies keineswegs so selbstverständlich, und nur wenige Forscher mit dem nötigen Weitblick konnten ahnen, daß die Bakteriengenetik die Genetik schlechthin revolutionieren würde.

Bakterien sind mikroskopisch kleine Prokaryoten, also einzellige Lebewesen ohne abgegrenzten Zellkern; sie können sich unter geeigneten Bedingungen sehr schnell teilen. Das harmlose, in unserem Darm lebende *Escherichia coli* teilt sich unter günstigen Bedingungen etwa alle 20 Minuten, das heißt, daß die DNA als Träger der genetischen Information in weniger als 20 Minuten repliziert sein muß und daß das gesamte Cytoplasma mit allen seinen Bestandteilen, u. a. den Ribosomen zur Proteinsynthese, die Plasmamembran und Zellwand ebenfalls in dieser Zeit verdoppelt sein müssen. Der dazu notwendige Stoffwechsel wird durch Enzyme gesteuert, die ebenfalls innerhalb dieser 20 Minuten transkribiert und translatiert werden.

Obwohl Mutationen relativ seltene Ereignisse sind, garantiert die hohe Nachkommenszahl eines einzelnen Bacteriums schon innerhalb von 24 Stunden *das Auftreten nahezu jeder möglichen Mutation*.

Da sich E. coli in einer Stunde dreimal teilen kann, liegen nach 60 min 2^3 Nachkommen, also 16 von jeder einzelnen E. coli-Zelle vor. Die allgemeine Formel lautet: z (Zahl der Bakterien) = 2^n (n = Zahl der Generationen).

In 12 Stunden kann demnach eine E. coli-Zelle 2^{36} Nachkommen haben, das sind über 60 Milliarden. Auch seltenere Mutationen, solche etwa im Bereich von 10^{-6} (1 Mutante auf 1 Million Nachkommen), werden also in einer 12-Stunden-Kultur zu finden sein.

Das in der Bakteriengenetik am meisten verwendete Darmbacterium E. coli wird entweder in Suspensionskulturen (in Reagenzgläsern, Erlenmeyer-Kolben oder Fermentern = Tanks) oder auf Agarplatten gezüchtet.

Eine Suspensionskultur enthält außer einigen Salzen eine »Energie- und Kohlenstoffquelle« wie z. B. Glucose. Die Salze dienen als Lieferanten der lebenswichtigen Atome, N, P, S usw., während die in der Glucose steckende Energie zum Aufbau der für das Bacterium charakteristischen und lebensnotwendigen Stoffe verwendet wird. Dies sind eine Serie von Lipiden, verschiedene Zucker, andere Kohlenhydrate, zahlreiche Proteine, insbesondere Enzyme und ihre Bausteine, die Aminosäuren, schließlich Nucleotide und Nucleinsäuren (siehe Titelbogen). Alle diese zum Teil hochkomplizierten und langkettigen Moleküle können durch die »Stoffwechselkünstler« Bakterien aus einfachen, anorganischen Substanzen aufgebaut werden.

Die Agarkultur unterscheidet sich von der Suspensionskultur dadurch, daß einzelne Kolonien aus einzelnen Bakterien auf Agar gezüchtet werden und daß die Klone (Nachkommen einer Bakterienzelle) auf dem Agar in Haufen beisammen liegenbleiben, während sie in der Suspensionskultur ständig durchmischt werden. Agar ist ein Polysaccharid, das im angefeuchteten Zustand aufquillt, bei Erwärmung flüssig wird und zum Gießen von Platten in Petrischalen verwendet wird. Dem Agar können die gleichen Salze und Glucose zugesetzt werden wie der Suspensionskultur, aber es können wie bei der Suspensionskultur auch verschiedene stoffwechselfördernde und -hemmende Substanzen

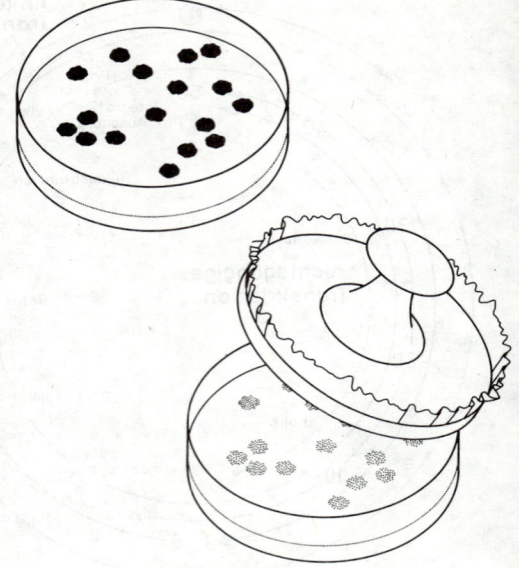

Abb. 2.30. Stempeltechnik zum Übertragen von Bakterienkolonien. Die auf einer frischen Agarplatte (unten) nach Stempelübertragung sich entwickelnden Bakterien zeigen durch das Muster der Kolonien ihre Herkunft von der oberen Petrischale.

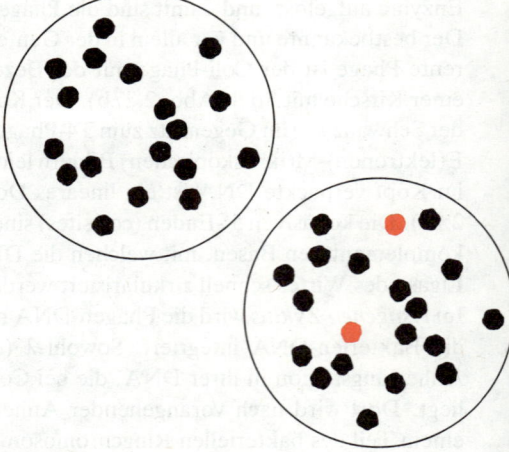

Abb. 2.31. Auffinden von Bakterienmutanten, z. B. einer His^--Mutante. Auf einer Agarplatte, die neben dem einfachen Nährmedium auch Histidin enthält, läßt man Kolonien heranwachsen und stempelt dann, wie in der vorigen Abbildung gezeigt, einmal auf eine Platte mit Minimalmedium (oben) und dann auf eine Platte mit Minimalmedium plus Histidin (unten). Jene Kolonien, die nur auf dem mit Histidin supplementierten Agar wachsen können (rot), sind Klone von His-Mutanten. Sinngemäß kann mit unzähligen Verbindungen zum Auffinden entsprechender Mangelmutanten verfahren werden.

zusätzlich angeboten werden. Ein Medium, das nur das für das Bakterienwachstum unbedingt Notwendige enthält, nennen wir ein *Minimalmedium* und den Agar entsprechend *Minimalagar*. Wenn eine Substanz zugesetzt wird, dann heißt es, daß das Medium durch diese Substanz »supplementiert« ist.

Wie erwähnt, ist wegen der hohen Nachkommenszahl in sogenannten Übernachtkulturen praktisch jede gewünschte Mutation zu erwarten, also z. B. eine Mutation, die eine bestimmte Aminosäure wegen des Ausfalls des entsprechenden Enzyms nicht synthetisieren kann. Solche Bakterien können nur dann überleben, wenn ihnen diese Aminosäure im Medium angeboten wird. Man nennt einen solchen Bakterienstamm *auxotroph*, weil er nur »mit Hilfe« wachsen kann, während ein *prototropher* Stamm ein solcher ist, der mit dem Minimalmedium auskommt. Wenn z. B. ein Stamm die Aminosäure Tryptophan nicht synthetisieren kann, dann bezeichnen wir ihn mit Trp^- im Unterschied zum prototrophen Stamm, der Trp^+ ist. Ein Stamm, der Methionin braucht, wird dementsprechend als Met^- im Gegensatz zu Met^+ bezeichnet. Mit Trp bezeichnen wir den Stamm, mit *trp* das entsprechende Gen.

Zur Isolation von Mutanten, die nicht imstande sind, die eine oder andere Aminosäure selbst aufzubauen, geht man von einer gut durchlüfteten Suspensionskultur aus, die etwa 10^8–10^9 Bakterien pro ml enthält, und verdünnt sie so, daß beim Ausgießen auf Agarplatten nur (!) etwa 100 Einzelbakterien in eine Petrischale gelangen. Wenn sich in dieser Petrischale Minimalagar befindet, dann werden nur prototrophe Bakterien wachsen können, nicht aber auxotrophe, die ein supplementiertes Medium brauchen. Ist dem Agar eine Aminosäure zugesetzt, dann können neben den prototrophen Bakterien auch die entsprechenden auxotrophen Mangelmutanten wachsen.

Zur Isolation von Trp^--Mutanten z. B. werden Suspensionskulturen zunächst auf Agar mit Tryptophan plattiert, auf welchem sowohl Trp^+- als auch Trp^--Stämme wachsen können. Durch Andruck eines Samtstempels auf die Agaroberfläche (Abb. 2.30) werden Bakterien aus den heranwachsenden Kolonien durch die Samthaare aufgenommen. Wenn dieser Stempel anschließend einmal auf eine Platte mit Minimalagar und anschließend auf eine solche mit supplementiertem Agar abgedrückt wird, läßt sich durch das Fehlen der einen oder anderen Kolonie auf dem Minimalagar erkennen, wo auf dem supplementierten Agar Trp^--Mutanten liegen (Abb. 2.31). Diese kann man dann isolieren und selbst wieder in Suspensionskultur in einem Tryptophan-supplementierten Medium nehmen: auf diese Weise hat man einen Stamm von Trp^--Mutanten isoliert, mit dem z. B. Stoffwechseluntersuchungen gemacht werden können, denn von den anorganischen Salzen und Glucose bis zum Tryptophan ist es ein langer Weg. Es läßt sich u. a. untersuchen, wo auf den Synthesewegen zum Tryptophan der genetische Block bei einer Trp^--Mutante liegt, wenn den Mutanten verschiedene mögliche Vorstufen des Tryptophan zur Auswahl geboten werden.

Die Summe vielfältiger Untersuchungen haben uns zur Überzeugung gebracht, daß *E. coli* mit mehr als 2000 Enzymen den Gesamtstoffwechsel steuert und daß allein dafür mehr als 2000 verschiedene Gene vorhanden sein müssen.

In der oben geschilderten Weise kann man natürlich auch *Doppel- und Dreifachmutanten* isolieren, die also in bezug auf mehrere Aminosäuren oder andere Stoffwechselprodukte auxotroph sind.

Daß es bei Bakterien einen *Genaustausch* gibt, wurde unter Einsatz von Doppelmutanten nachgewiesen (Abb. 2.32). Kulturen zweier Bakterienstämme, die sich jeweils durch eine doppelte Mutation auszeichnen, wurden miteinander gemischt. Der eine Stamm war in bezug auf Methionin- und Biotin-Bedarf Wildtyp, in bezug auf Threonin und Leucin auxotroph, also $Met^+Bio^+Thr^-Leu^-$, der zweite Stamm trug die reziproke Mutation, war also $Met^-Bio^-Thr^+Leu^+$.

Die Doppelmutation hat man gewählt, weil die an sich schon seltene Rückmutation eines Gens in Kombination mit einer zweiten Rückmutation so extrem selten ist, daß mit dem

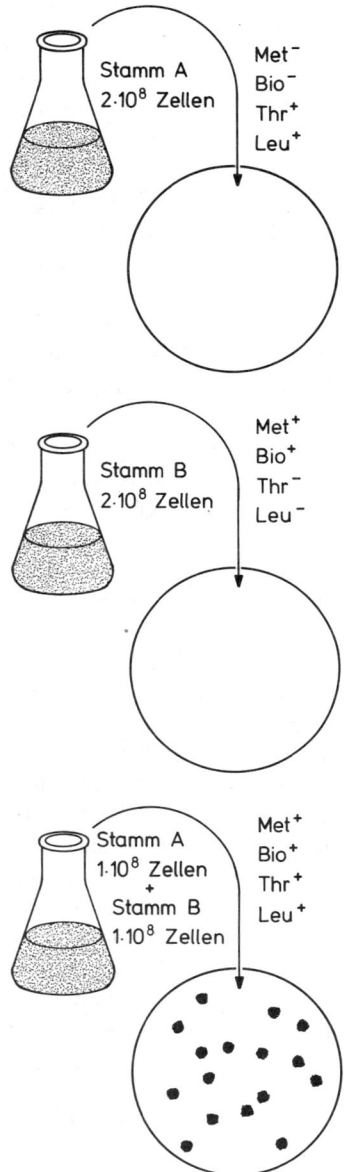

Abb. 2.32. *Nachweis der Genübertragung bei Bakterien. Reziproke Mutanten, Met−, Bio−, Thr+, Leu+ bzw. Met+, Bio+, Thr−, Leu− können auf Minimalagar nicht wachsen. Nach Mischung reziproker Mutanten können sich einige wenige Kolonien auch auf Minimalagar entwickeln: es muß eine Übertragung von nichtmutierten Genen auf Mangelmutanten stattgefunden haben.*

Finden von doppelten Rückmutanten nach wenigen Stunden nicht gerechnet werden kann.

Die gemischten Kulturen der beiden Stämme wurden auf Minimalagar und auf supplementiertem Agar plattiert. Da einige Bakterienkolonien auf dem Minimalagar, der also weder Methionin noch Biotin, weder Threonin noch Leucin enthielt, heranwuchsen, mußte *ein Stamm auf den anderen die Wildtypeigenschaft übertragen* haben.

Der Beweis dafür, daß es sich nicht um eine Transformation handelt, wurde im *U-Rohr-Experiment* erbracht. Bei diesem Experiment wird ein U-förmig gebogenes Glasrohr verwendet, in dessen Mitte eine Glasfritte eingeschmolzen ist, die zwar den Durchtritt gelöster Stoffe, nicht aber den Durchtritt von Bakterien erlaubt (Abb. 2.33). Eine Glasfritte ist eine Scheibe aus porösem Glas, das industriell mit verschiedenen Porenweiten gefertigt werden kann. Wenn man den einen Schenkel mit einer Kolonie des Met⁻Bio⁻-Stammes füllt, den anderen Schenkel mit einer Kolonie des Thr⁻Leu⁻-Stammes und die Zirkulation zwischen den beiden Schenkeln beschleunigt, indem man durch Druck und Ansaugen den Flüssigkeitsspiegel hebt und senkt, bekommt man niemals prototrophe Bakterien. Dies beweist, daß zur Übertragung der Wildtypeigenschaften ein Kontakt zwischen den Bakterien notwendig ist.

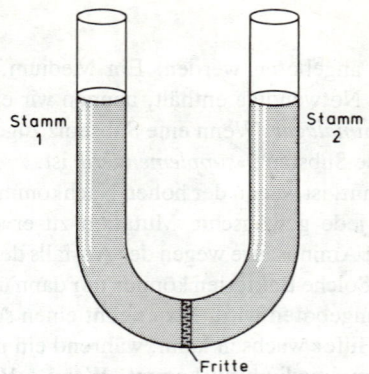

Abb. 2.33. U-Rohr-Versuch. In die beiden Schenkel des Glasrohres werden 2 verschiedene Bakterienstämme, z. B. die vom vorher gezeigten Versuch, gefüllt. Durch die Fritte unten können keine Bakterien passieren. Da die Stämme in diesem Versuch unveränderte Mangelmutanten blieben, genügt zur Genübertragung der Austausch von gelösten Substanzen durch die Fritte nicht. Fazit: ohne Kontakt zwischen den Bakterien auch keine Genübertragung.

Es wurde später festgestellt, daß es bei Bakterien Sexualität, also Übertragung genetischen Materials über einen sogenannten Sexpilus, einen dünnen langen Schlauch, gibt, der zwischen konjugierenden Bakterien ausgebildet wird (Abb. 2.34) und den Übertritt von DNA des Spenderbacteriums auf die Zelle des Empfängerbacteriums ermöglicht. Spender sind entweder *F⁺-Bakterien* (F = fertility) oder *Hfr-Bakterien* (= High frequency of recombination). Empfänger sind stets *F⁻-Zellen,* also Zellen ohne den F-Faktor oder den Hfr-Faktor. Der F-Faktor ist ein Plasmid (S. 196), ein kleines ringförmiges, doppelsträngiges DNA-Stück, das auf eine F⁻-Zelle übertragen diese zur F⁺-Zelle macht (Abb. 2.35). Spender kann auch ein Hfr-Bacterium sein, bei dem der F-Faktor in das Bakterienchromosom integriert ist und während der Konjugation ein mehr oder weniger großes Stück des Bakterienchromosoms in die F⁻-Zelle »hinüberschiebt«. Das Bakterienchromosom wird an einer bestimmten Stelle, jedenfalls nicht innerhalb des F-Faktors, aufgebrochen und kurz nach der Replikation durch eine rohrartige Verbindung in die F⁻-Zelle übertragen. Als letztes wandert dann der F-Faktor mit, womit die F⁻-Zelle zur Hfr-Zelle wird. Der Spender hat die genetische Information nicht verloren, da sie ja erst nach der Duplikation in Form einer Kopie in die F⁻-Zelle übergetreten ist. Der Empfänger besitzt dann die genetischen Eigenschaften, die er vor der Konjugation besaß und dazu die genetischen Eigenschaften, die er durch die Übertragung des Bakterienchromosoms erhalten hat.

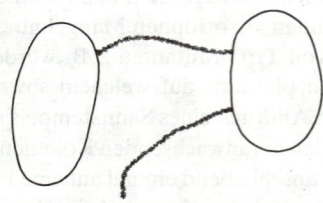

Abb. 2.34. Ausbildung von Sexpili zwischen konjugierenden Bakterien. Skizze nach EM-Aufnahme.

Ein F-Faktor kann, wie gesagt, in das Bakterienchromosom aufgenommen werden (Abb. 2.36), es kann aus diesem auch wieder ausgestoßen werden und bei diesem Vorgang das eine oder andere Gen des Bakterienchromosoms »mitnehmen«.

Der F-Faktor trägt nur nach falscher Exzision »lebenswichtige« Gene; lebenswichtige Gene liegen normalerweise auf dem Bakterienchromosom, sonst könnte es keine F⁻-Bakterien geben. Der F-Faktor wird somit zum Träger einzelner bakterieller Gene, und wenn dieser nunmehr F′-Faktor (F-Strich) genannte DNA-Ring in eine F⁻-Zelle übertragen wird, kann ein einzelnes Gen mitübertragen werden (Abb. 2.37). Im Unterschied dazu übertragen Hfr-Bakterien große Teile oder das gesamte Genom der Spenderzelle.

Man hat herausgefunden, daß es verschiedenartige Hfr-Stämme gibt, die das Bakterienchromosom von einem bestimmten Gen an in einer bestimmten Richtung übertragen (Abb. 2.38).

Wenn man die Konjugation zwischen Hfr- und F⁻-Stämmen zu verschiedenen Zeitpunkten unterbricht, indem man eine Bakteriensuspension, in der Konjugation abläuft, mit Hilfe eines Mixers sehr stark bewegt, reißt man die Konjugationsschläuche (Pili) ab und die Übertragung wird unterbrochen; die Empfängerzelle enthält dann nur so viel Spender-

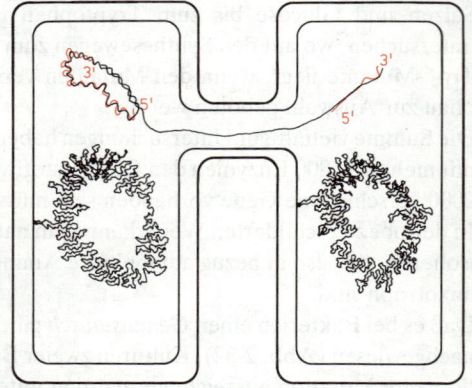

Abb. 2.35. Übertragung des F-Faktors von einem F⁺- auf ein F⁻-Bacterium. Ein Strang der DNA des Plasmids wird mit dem 5′-Ende voran durch den Pilus geschoben. In beiden Bakterien beginnt sofort die Synthese des komplementären Stranges. Das F⁻-Bacterium wird damit zu einem F⁺-Bacterium.

DNA wie zum Zeitpunkt der Trennung übergetreten war. Bei der Konjugation eines Hfr-Bacteriums wird der Bakteriengenophor des Spenderbacteriums repliziert. Die replizierte DNA bricht an einer für den Stamm charakteristischen Stelle auf, z.B. am Gen *leu* beim Hfr-1-Stamm (Abb. 2.38). Wenn der Sexpilus ausgebildet ist, beginnt der Übertritt des Spendergenoms in das F⁻-Bacterium mit dem Gen *leu;* dann folgen die Gene *thr, thi, met, ile* usw.

Abbildung 2.39 zeigt die zeitliche Abfolge der Übertragung von Genen eines Hfr-Stammes auf einen F⁻Azi⁻Ton⁻Lac⁻Gal⁻-Stamm. Nach 10 Minuten wird die Übertragung des Gens *azi* und *ton* nachweisbar, nach 20 Minuten ist sie abgeschlossen; nach 17 Minuten beginnt die Übertragung von *lac* usw. Daraus ergibt sich, daß die *Gene in linearer Folge übertragen* werden.

Die Übertragung »später« Gene ist unvollständig, weil die Konjugation in vielen Fällen früher abbricht. Aufgrund dieser Beobachtungen war es möglich, eine Gen- oder Chromosomenkarte des Bacteriums *E. coli* mit den Ziffern 0–90 als Zeitpunkt der Unterbrechung der Konjugation in Minuten zu erstellen. Die Vollendung des Genübertritts in der Konjugation wird mit etwa 90 Minuten angegeben, und diejenigen Gene, die vom Ursprung der Übertragung am weitesten entfernt sind, haben daher höhere Zeitmarken als jene, welche am Beginn der Übertragung in die F⁻-Zelle gelangen. Eine Karte eines Bakterienchromosoms ist in Abbildung 2.40 gezeigt.

Plasmide sind also außerhalb des Genophors liegende Ringe doppelsträngiger DNA. Sie wurden bei Bakterien und Hefen nachgewiesen, kommen wahrscheinlich aber auch bei anderen Eukaryoten vor. Ihre Größe kann sehr verschieden sein, ebenso können sie eine sehr unterschiedliche genetische Information enthalten. Am besten bekannt sind Gene für Antibioticaresistenz bei Bakterien. Ein resistentes Bacterium kann sein Plasmid mit Antibioticaresistenz einem anderen übertragen. Solange das innerhalb von *E. coli* geschieht, ist das – weil Coli-Bakterien im Gegensatz zu den pathogenen Darmbakterien kein Toxin produzieren – nicht schlimm und außerdem nicht einmal nachweisbar. Bedenklich wird dies aber, wenn Coli-Zellen Plasmide mit Genen für Antibioticaresistenz auf pathogene Bakterien übertragen, z.B. Salmonellen. Da dies eindeutig nachgewiesen wurde – obwohl man gar nicht weiß, wie das geschieht –, ist bei der Verwendung von Antibiotica Vorsicht geboten. Denn durch Antibiotica selektiert man resistente Coli-Bakterien im Darmsystem, die ihre Resistenz bei einer Infektion durch pathogene Bakterien auf diese übertragen können.

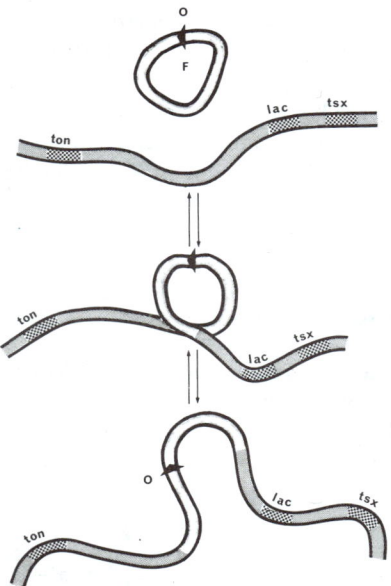

Abb. 2.36. Schematische Darstellung der Integration eines F-Faktors in das Bakterienchromosom zwischen den Genen *ton* und *lac*. O kennzeichnet den Replikationsstart (origin). (Nach Stent)

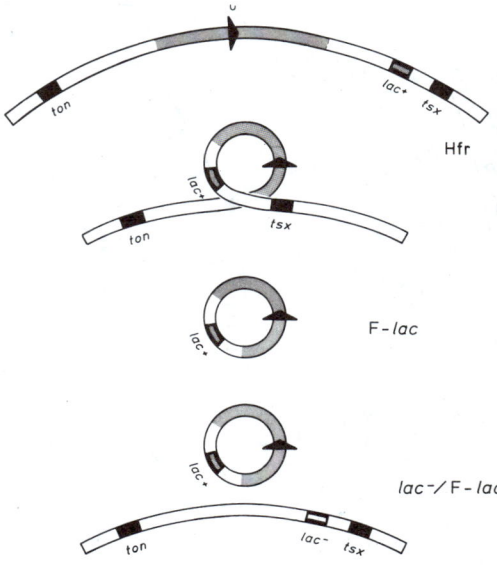

Abb. 2.37. »Unsaubere« Exzision (Ausschneiden) eines F-Faktors, bei welcher das Gen *lac* mitgenommen wird. Wird ein solcher F′-Faktor (F-*lac*) auf ein Lac⁻-Bacterium übertragen, macht er es zu Lac⁺. Vermutlich geht eine Schleifenbildung der Exzision voran. (Nach Stent)

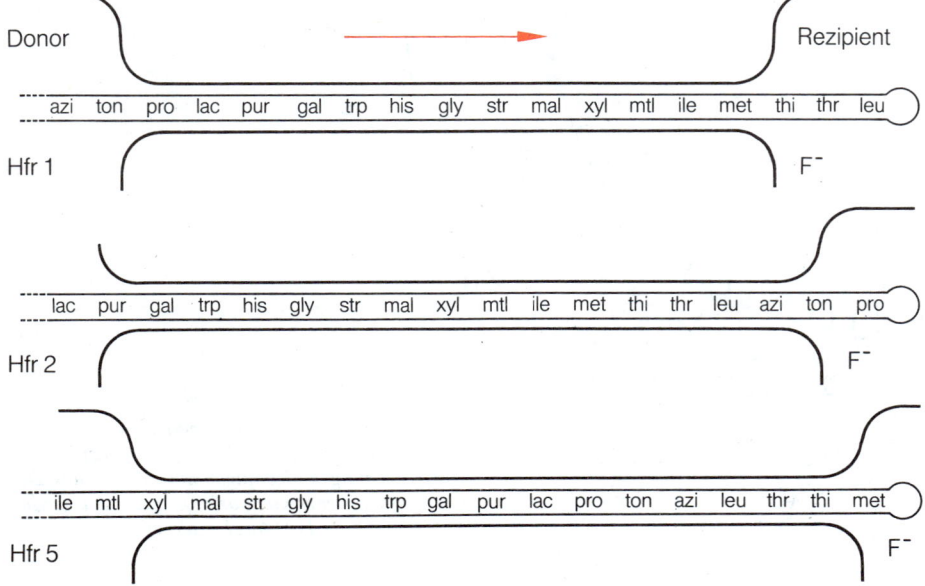

Abb. 2.38. Übertragung von Genen bei verschiedenen Hfr-Stämmen, die sich durch den Anfang und die Reihenfolge der Genübertragung unterscheiden.

200   Genetik

Plasmide sind somit *Vektoren (Überträger)* und bieten damit die Möglichkeit, genetische Information, die in Plasmide »künstlich« eingebaut wurde, auf Bakterien zu übertragen (S. 198).

F'-Faktoren können, wie Abbildung 2.41 zeigt, einen sehr unterschiedlich großen Teil des Bakterienchromosoms übernehmen (103 z. B. sehr wenig, 112 z. B. sehr viel). Auch die Richtung der Übertragung ist unterschiedlich.

2.5.5 Eukaryoten

2.5.5.1 Isolierung von Genen

Die Isolierung von Genen hat mit Zellen begonnen, die von einer Proteinsorte geradezu angefüllt sind. Heute ist die Isolierung von jedem Gen möglich; und man diskutiert sogar neuerdings die Sequenzanalyse des Gesamtgenoms des Menschen.

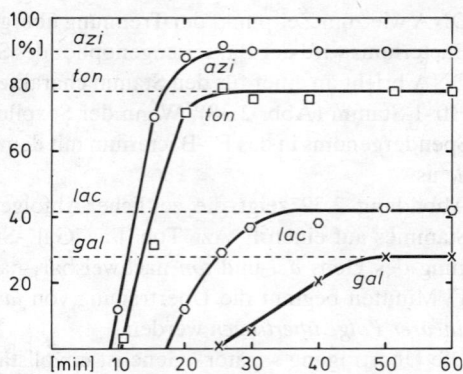

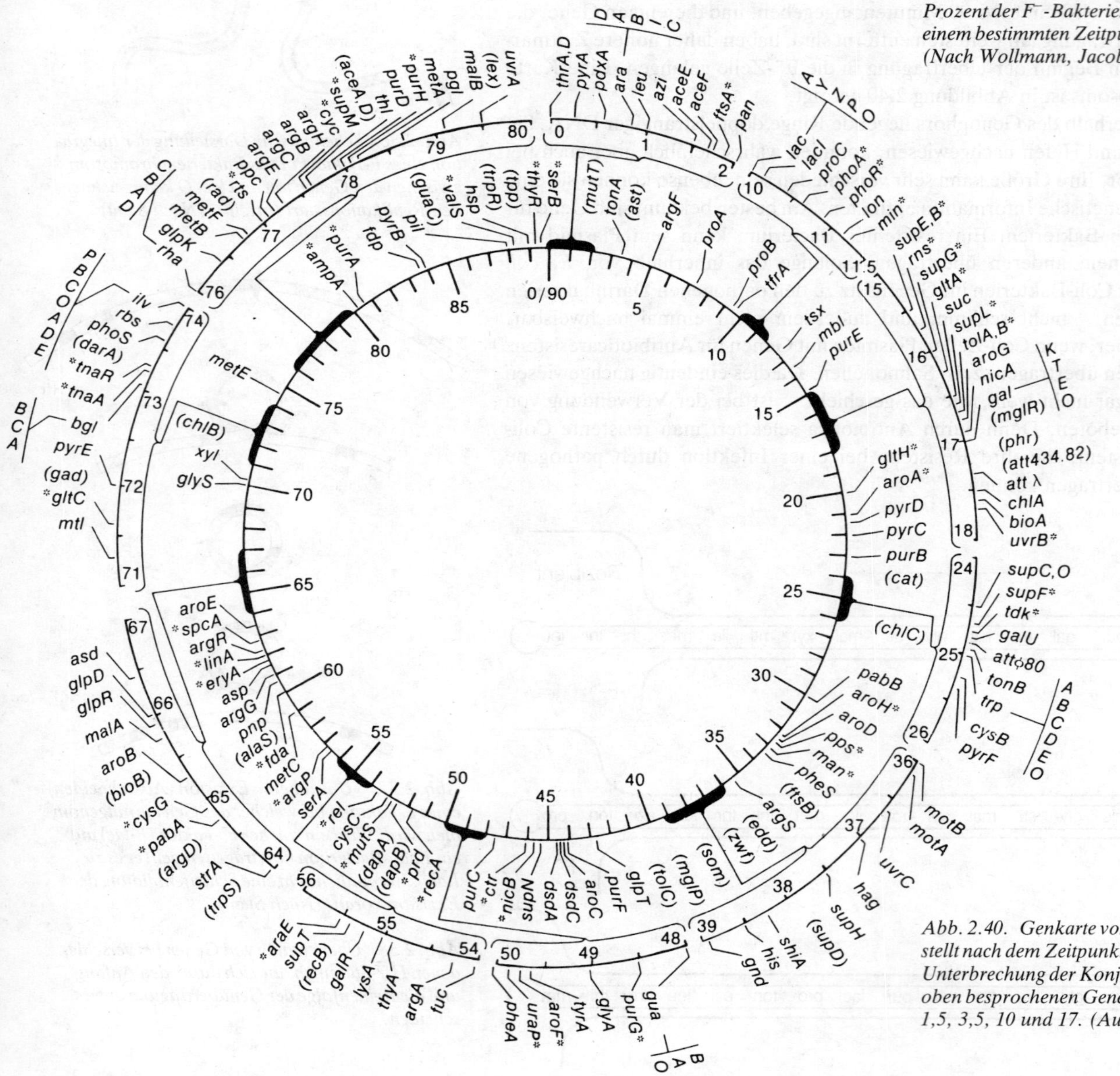

Abb. 2.39. *Zeitpunkt und Reihenfolge der Genübertragung von einem Hfr-Stamm auf einen F⁻-Stamm. Auf der Ordinate ist angegeben, wieviel Prozent der F⁻-Bakterien ein bestimmtes Gen zu einem bestimmten Zeitpunkt aufgenommen haben. (Nach Wollmann, Jacob u. Hayes)*

Abb. 2.40. *Genkarte von Escherichia coli, aufgestellt nach dem Zeitpunkt der Übertragung und Unterbrechung der Konjugation von 0–90 min. Die oben besprochenen Gene azi, ton, lac, gal liegen bei 1,5, 3,5, 10 und 17. (Aus Suzuki et al.)*

2.5.5.1 Isolierung von Genen 201

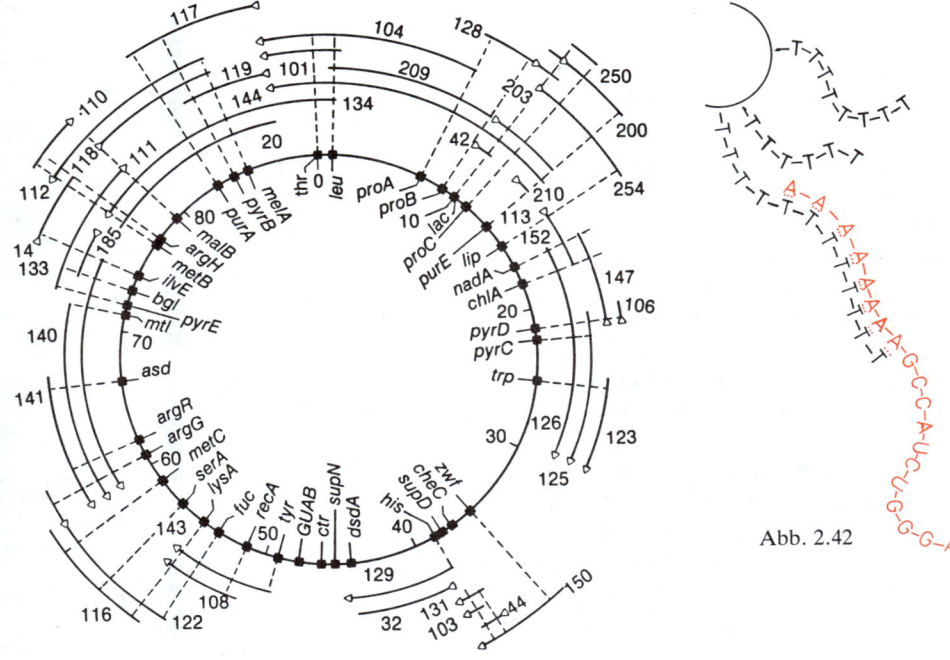

Abb. 2.41

Abb. 2.41. Verkürzte Genkarte von E. coli mit Lage der Gene, die von den verschiedenen bisher beschriebenen F'-Faktoren übertragen werden. (Aus Suzuki et al.)

Abb. 2.42. Isolierung von mRNA durch Wasserstoffbrückenbildung zwischen den As des Messenger-Schwanzes und den Poly-Ts, die an Sepharosekugeln immobilisiert sind. Sepharose ist ein Polysaccharid, an das sich andere Verbindungen koppeln lassen. Auf diese Weise können mRNAs von anderen, hauptsächlich rRNAs, die auch oft sehr dicht in Zellen vorkommen, getrennt werden.

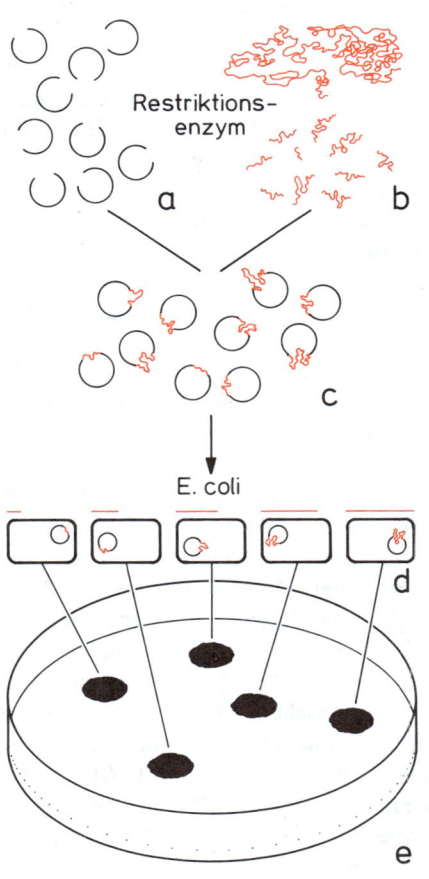

Abb. 2.43 a–e. Grundzüge der Anlage einer Genbank. Vektoren, in diesem Fall Plasmide (a), werden mit dem gleichen Restriktionsenzym geschnitten wie die aus Zellen extrahierte Gesamt-DNA (b). Die verschieden großen Restriktionsfragmente werden in die Plasmide ligiert (c): die überstehenden Enden hängen sich an die komplementären Basensequenzen (S. 181). Coli-Bakterien nehmen Plasmide und damit auch rekombinante DNA auf (d) und vermehren sich zu Klonen, die jeweils das gleiche der verschieden großen Restriktionsfragmente besitzen (e).

Zellen, die ein Protein in großer Menge produzieren, z.B. die Albumin sezernierenden Zellen des Hühneroviduktes oder die Hämoglobin produzierenden Vorläufer der roten Blutkörperchen (Erythroblasten), sind reich an Ribosomen und enthalten auch viel von jener mRNA, mit deren Hilfe die Globine an den Ribosomen synthetisiert werden. Extraktion von mRNA aus solchen Zellen ergibt Ausbeuten an der häufigsten mRNA bis über 90%(!). mRNA ist von anderen RNAs leicht zu trennen, da sich mRNA wegen der Poly-A-Schwänze (S. 184) auf Säulen mit immobilisierten Poly-Ts abfangen läßt (Abb. 2.42).

Die isolierte mRNA ist natürlich das Transkript des entsprechenden Gens, z.B. eines Globingens, allerdings ohne die Introns, die im Spleißprozeß (S. 184) vor der Wanderung der mRNA vom Zellkern in das Cytoplasma herausgeschnitten worden waren. Die mRNA *enthält* also *nur die komplementären Nucleotidsequenzen der Exons* des entsprechenden Gens.

Aus einer mRNA kann man – wie aus jeder anderen – mit Hilfe eines von Retroviren (S. 45) stammenden Enzyms, der reversen Transkriptase oder Umkehrtranskriptase (S. 187), eine *komplementäre DNA, die cDNA,* synthetisieren. Man hat damit aus der mRNA das Gen sozusagen zurückgeschrieben und damit die Nucleotidsequenz erhalten, die genau der genetischen Information der Exons entspricht. Diese DNA läßt sich, wie jede andere kurze DNA, durch einen geeigneten Vektor, z.B. ein Plasmid (S. 196), in Coli-Bakterien übertragen und mit der Teilung dieser beliebig vermehren (S. 194f.). Wenn man einen Bakterienklon zur Verfügung hat, der diese DNA enthält, lassen sich die Gen-Exons in großen Mengen gewinnen. Die Nucleotidsequenz kann dann auf relativ einfache Weise elektrophoretisch ermittelt werden (S. 181). So kommt man schließlich zur Nucleotidsequenz der Exons eines Gens, erfährt aber damit noch nichts über Introns und flankierende Regionen (die Region stromauf und stromab) des Gens.

Da man mit diesen isolierten DNA-Stücken, die den Exons entsprechen, aber geeignete Sonden hat, kann man das Gen in seiner ursprünglichen Form, also mit flankierenden Regionen, Exons und Introns aus Genbanken leicht isolieren.

2.5.5.2 Anlage von Genbanken (-bibliotheken)

Bei der Anlage von Genbanken oder -bibliotheken geht man von der isolierten, gereinigten DNA von Zellkernen aus. Da Spermien nichts anderes als bewegliche DNA-Container sind und da sich der Kopf mit dem Zellkern vom Mittelstück mit Mitochondrien und Schwanz leicht trennen läßt, eignen sie sich besonders gut zur Gewinnung der DNA des haploiden Genoms.

Die DNA bleibt wegen der Scherwirkung bei der Isolierung nicht intakt, aber die Bruchstücke, die dabei entstehen, sind noch relativ lang und enthalten Hunderte Gene. Eine Behandlung mit einem Restriktionsenzym (S. 180f.) führt zu unterschiedlich großen Restriktionsfragmenten mit definierten Enden, die man in Vektoren einbauen kann.

Vektoren (S. 255f.) mit den eingebauten DNA-Stücken kann man in Coli-Bakterien vermehren (S. 194f.) und erhält letztlich eine *Sammlung von Coli-Bakterien mit Vektoren, welche verschieden große Restriktionsfragmente der DNA enthalten: eine Genbank oder -bibliothek* (Abb. 2.43).

Wenn man nun von einem Gen genügend cDNA durch Vermehrung in Coli-Klonen hat, kann man in der Genbank nach homologen und weitgehend ähnlichen Sequenzen suchen. Man läßt die (cDNA enthaltenden) Bakterien eine Runde DNA mit radioaktiven Nucleotiden synthetisieren und extrahiert anschließend die radioaktive cDNA. Eine andere Möglichkeit ergibt sich durch Markierung von vorhandener DNA durch Neusynthese eines Stranges ausgehend von »nicks« (kleinen Lücken im Strang) und Einbau markierter Nucleotide.

Bakterien der Genbank, von welchen jedes einzelne ein anderes Stück aus den zerschnittenen und über Plasmide oder λ-Phagen übertragenen Genen enthalten können, werden in einer Petrischale auf Agar kultiviert. Sie werden so verdünnt auf den Agar gebracht (plattiert), daß die aus jedem einzelnen Bacterium entstehenden Klone als getrennte Kolonien erkennbar sind. Da es sich um Nachkommen eines Bacteriums mit einem Vektor und einem Stück Fremd-DNA handelt, enthalten alle Nachkommen die klonierte DNA. Wenn die Klone gut entwickelt sind, wird für kurze Zeit ein Nitrocellulose-Filter aufgedrückt (Abb. 2.12). Dabei haften viele Bakterien aus den sich entwickelten Kolonien auf dem Nitrocellulose-Filter. Anschließend werden die Bakterien durch Alkalibehandlung und Erhitzen aufgelöst; die aus den aufgelösten Bakterien stammende, nach Erhitzen einzelsträngige DNA haftet fest auf dem Filter. Man bringt dann eine Lösung der radioaktiv markierten einzelsträngigen cDNA als Sonde auf die Filter *und läßt hybridisieren. DNA, die auf dem Filter komplementäre DNA-Sequenzen »findet«, kann dort durch Bildung von Wasserstoff-Brücken binden.* Die übrige DNA, die nicht hybridisieren kann, wird ausgewaschen. Durch Autoradiographie läßt sich anschließend feststellen, bei welchen Kolonien Hybridisierung stattgefunden hat und damit ermitteln, welcher Bakterienklon das entsprechende DNA-Stück besitzt. Diese Bakterienkultur kann dann unbegrenzt weitervermehrt werden, und damit kann man jede beliebige Menge DNA gewinnen, die dem gesuchten Gen entspricht. Diese aus dem Genom herausgeschnittene (*genomische*) DNA enthält natürlich auch die Introns, und damit sind auch diese samt den flankierenden (stromauf- oder stromab-) Sequenzen einer Nucleotidsequenzanalyse zugänglich.

Noch faszinierender ist die Isolierung von Genen, die nur wenig transkribiert und translatiert werden, von denen also nur wenig mRNA aus der Zelle zu gewinnen ist. Die Anreicherung von seltenen Proteinen ist technisch einfacher als die Anreicherung seltener mRNAs. Wenn von solchen Proteinen auch nur ein Teil der Aminosäuresequenz bekannt ist, läßt sich mit der Codetabelle (Abb. 2.22) eine Oligonucleotidsequenz zusammenstellen. *Oligonucleotide lassen sich mit »Gensynthesemaschinen« zusammenbauen.* Der Vorgang ist relativ einfach: an ein erstes Nucleotid wird ein zweites gebunden, an das zweite ein drittes und so fort. Die so synthetisierten Oligonucleotide können sodann als

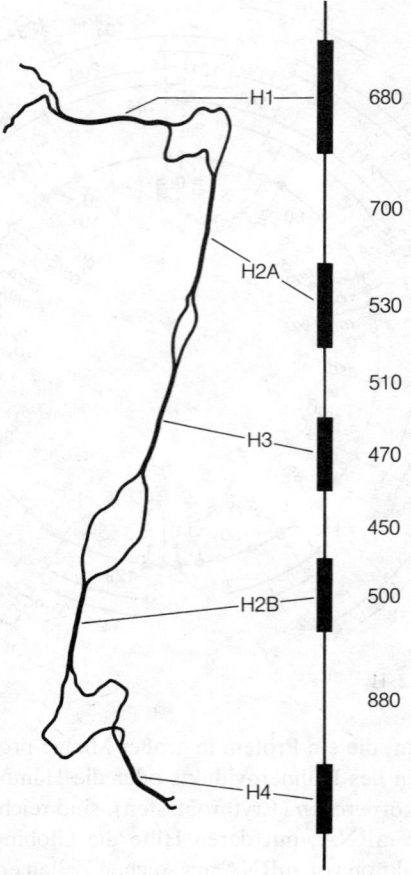

Abb. 2.44. Histongene aus dem Genom des Seeigels Paracentrotus lividus nach EM-Aufnahmen (links). Durch partielles Aufschmelzen der DNA werden zuerst die AT-reichen DNA-Stränge getrennt, in diesem Fall die Spacer. In den GC-reichen codierenden Regionen, also in den Genen, bleiben die Stränge gepaart. Aus der Länge der DNA-Abschnitte läßt sich auf die Reihenfolge der Gene schließen. Rechts schematische Darstellung der Anordnung der Histongene, ihrer Größe in bp und Größe der flankierenden Regionen (spacer). Viele solcher Histongencluster liegen in Tandem-Anordnung hintereinander. (Nach Birnstiel)

Sonde zum »Fischen« in Genbanken Verwendung finden. Auch mit Sequenzen, die nur einige Dutzend Nucleotide umfassen, kann man einen Bakterienklon isolieren, wenn dieser dem Oligonucleotid komplementäre Gene enthält, und zur Gewinnung von DNA weiterzüchten.

Ein Restriktionsenzym kann ein Gen auch zerschneiden, nicht nur herausschneiden; beim »Fischen« in Genbanken erhält man dann nur Teile eines Gens. Man kann aus der Nucleotidsequenzanalyse ablesen, ob ein Gen vollständig oder in Teilen vorliegt, denn *ein vollständiges Gen ist am Promotor, Start- und am Stoppcodon* zu erkennen. Hat man ein zerschnittenes Gen isoliert, muß man andere Restriktionsenzyme und eine andere Genbank einsetzen. Mit der ursprünglichen Sonde und dem zerschnittenen Gen als Sonde kann man in dieser zweiten Genbank nach homologen Sequenzen suchen.

Genbanken gibt es inzwischen von vielen Organismen, auch vom Menschen. Durch Suchen in Genbanken ließen sich nicht nur einzelne Gene, sondern ganze Gruppen verwandter Gene, Genfamilien, isolieren und analysieren (s. a. S. 254f.).

2.5.5.3 Histongene

Gene für Histone I, IIa, IIb, III und IV gehören wie die für ribosomale RNA zu den meist transkribierten und im Falle der Histone auch meist translatierten Genen. Bei jeder Zellteilung müssen mit der Replikation der DNA die Histonbestände zur Bindung an Nucleinsäuren (S. 155) verdoppelt werden. *Amplifikation, das heißt Vervielfachung von Genen in Tandemanordnung,* fördert die Herstellung vieler Transkripte in der Zeiteinheit. Seeigel haben einige hundert Histongene, *Drosophila,* Maus und Mensch 1 bis 2 Dutzend von jedem.

Histongene sind z. T. hoch konservativ, mit anderen Worten bei den einzelnen Organismen wenig voneinander verschieden. Histon IV ist bei *Pisum* und Rindern nahezu identisch, bei Ciliaten und *Pisum* hingegen nur zu ca. 80%! Dies ist ein Hinweis darauf, daß die Evolution nur wenige Mutationen erlaubt hat. Man kann daher mit Histongenen einer Species die einer weit entfernten isolieren oder in Chromosomen markieren.

Die Anordnung im Genom ist unterschiedlich (Abb. 2.44). Während bei Seeigeln wie *Paracentrotus* alle Histongene auf einem Strang liegen und in der gleichen Richtung transkribiert werden, liegen sie bei *Drosophila* alternierend auf dem einen oder anderen DNA-Strang und werden dementsprechend in gegenläufigen Richtungen transkribiert. Es gibt demnach, auch wenn die Nucleotidsequenz beibehalten wird, beachtliche Umbauten im Genom.

Die Transkription läuft bei *Psammechinus* wie folgt ab: H4 H2B H3 H2A H1
→ → → → →

bei *Drosophila* hingegen: H1 H2B H2A H4 H3
→ ← → ← →

Histongene sind intronlos, reich an A = T und Tripletts für basische Aminosäuren. Da die »spacer«, d. h. Zwischenstücke zwischen den Genen, viel G = C enthalten, lassen sich die DNA-Stücke mit Histongenen durch teilweises »Aufschmelzen« (S. 182) der DNA elektronenmikroskopisch gut darstellen.

2.5.5.4 Die Globingenfamilie

Mit einer cDNA, die von der Globin-mRNA aus den Vorläuferzellen der roten Blutkörperchen zurückgeschrieben wurde, ist es möglich, in extrahierter DNA oder in einer Genbank nach den Globingenen mit der schon erwähnten Hybridisierungstechnik (S. 183) zu suchen. Es wurde eine ganze Gruppe, eine Familie von Globingenen gefunden (Abb. 2.45), die auf den Chromosomen 11 und 16 zu lokalisieren sind (S. 229f.). Neben

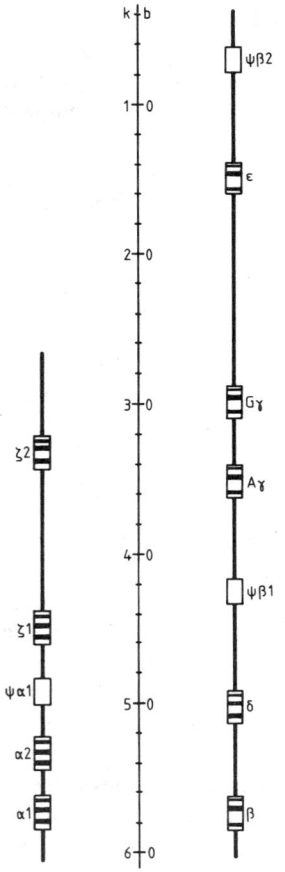

Abb. 2.45. Lage der Globingene des Menschen auf Chromosom 16 (links) und Chromosom 11 (rechts). Die Globingencluster beanspruchen nahezu 30 bzw. 60 kb. Alpha 1 und 2 sind identisch. Psialpha 1 ist ein Pseudogen, das einem normalen Alpha weitgehend gleicht, aber nicht transkribiert wird. Zeta 1 und 2 codieren für ein Globin, von dem wenig bekannt ist, weil es nur in sehr geringen Mengen vorkommt. Auf dem Chromosom 11 liegen zwei Psibeta-Gene, ein Epsilon- und zwei Gamma-Gene, die sich in nur einem Nucleotid unterscheiden, und schließlich das Delta- und das Beta-Gen. Obwohl Alpha- und Beta-Globine im normalen Globin des Erwachsenen in gleichen äquimolaren Mengen vorkommen, gibt es für Alpha- zwei und für Beta-Globin nur ein Gen. Transkription und Translation müssen sehr fein reguliert sein.

dem α-(Alpha-) und β-(Beta-)Globin gibt es in den roten Blutkörperchen der Erwachsenen noch etwas δ-(Delta-)Globin, das durch ein Gen auf dem Chromosom 11 codiert ist. (Das Protein Globin in Verbindung mit dem eisentragenden Porphyrin-Ring, der die Sauerstoffübertragung vermittelt, nennt man Hämoglobin; S. 633f.)

Neben den erwähnten Globinen des Erwachsenen gibt es im Embryonal- und Fetalleben noch ein ε-(Epsilon-) und ein γ-(Gamma-)Globin (Abb. 2.46). Die Gene dafür finden wir auf dem Chromosom 11. Die Globingene auf dem Chromosom 11 sind in der Reihenfolge ihrer Aktivierung von ε bis β zu finden. Besonderes Interesse verdient die Entdeckung, daß es neben den transkribierten embryonalen, fetalen und adulten Globingenen auch sogenannte Pseudogene gibt, die in der Sequenz dem einen oder anderen aktiven Gen ähneln, aber »verstümmelt« sind und nicht transkribiert werden (S. 190).

Die Globingenfamilie umfaßt auf dem Chromosom 11 rund 60 Kilobasen und auf dem Chromosom 16 fast 30 Kilobasen. Auf dem Chromosom 11 liegen durch große Zwischenstücke (Spacer) getrennt 1 β-, 1 δ-, 2 γ-, 1 ε-Gen und 2 ψβ-(Pseudobeta-)Gene. Auf dem Chromosom 16 sind es 2 α-, 1 ψα-Gen, 1 ψζ- und 1 ζ-(Zeta-)Gen.

Die langen DNA-Strecken zwischen den Genen enthalten einförmige Sequenzen, die nicht transkribiert werden. Ihre Aufgabe ist unklar!

Alle Globingene umfassen 3 Exons und 2 Introns (Tab. 2.4). Über Mutanten der Globingene siehe S. 229f.

Das fetale Hämoglobin F (= HbF) besteht aus 2 α- und einer Mischung aus 2 γ-Ketten, die in der Position 136 entweder Glycin (Gγ) oder Alanin (Aγ) haben. Das Verhältnis von Gγ zu Aγ ist bei der Geburt ungefähr 3:1; die gelegentlich beim Erwachsenen in geringer Menge gefundenen γ-Hämoglobine haben ein Gγ:Aγ-Verhältnis von 2:3. Das Zeta-Gen wird nur in geringen Mengen transkribiert, so daß man über seine Bedeutung noch keine Klarheit hat.

Die Zahl und Lage wurde durch die oben erwähnte Restriktionskartierung und Nucleotidsequenzanalyse der Globingene ermittelt. Es stellte sich zur großen Überraschung heraus, daß der Mensch eine ganze Anzahl von Globingenen auf den Chromosomen 11 und 16 mit sehr ähnlichen Nucleotidsequenzen hat, was zur Überzeugung führte, daß Genduplikationen (z. B. durch falsches Crossing over, S. 231) im Genom von Eukaryoten relativ häufig sein müssen. Nach einer – so ist die plausibelste Vorstellung – Duplikation können die Gene unabhängig voneinander durch Mutation verändert werden; die Natur kann »spielen« und auf diese Weise nach- und vorteilige Gene entwickeln.

Pseudogene sind degenerierte Doubletten von funktionsfähigen Genen und ein Grundstock für die »Naturexperimente« in der Evolution.

2.5.5.5 Das Kollagen-Gen

Mit 38 kb ist das α-2-Kollagen codierende Gen von Hühnern das umfangreichste bisher bekannte Gen.

Kollagenfibrillen sind aus je 3 Polypeptidketten, aus zwei α-1- und einer α-2-Kette aufgebaut.

Kollagen ist ein von Fibroblasten mit einem Signalpeptid (S. 137) in großen Mengen sezerniertes, relativ einfaches Protein (S. 37), das Binde- und Stützfunktion im Wirbeltierkörper hat. Kollagen zeichnet sich durch einen hohen Anteil an meist methylierten Prolinen und Lysinen aus. Es ist einzigartig dadurch, daß jede 3. Aminosäure Glycin ist. Das Gen umfaßt mindestens 52 Exons (Abb. 2.47), von denen viele 54, manche 2mal 54 bp lang sind und 6mal die Aminosäuresequenz Gly-N-M usw. codieren. Die Introns sind sehr verschieden groß von < 100 bis > 2000 bp. Daraus läßt sich schließen, daß das Kollagen-Gen durch vielfache Duplikationen aus einem 54 bp umfassenden Urgen entstanden ist.

Tabelle 2.4. Nucleotidsequenz des Beta-Globingens des Menschen. Drei unterschiedlich große Exons sind von zwei Introns (hier nur in Ausschnitten) getrennt, die mit GT beginnen und mit AG enden. Von der DNA ist der codierende und nicht der Matrizenstrang wiedergegeben. (Nach Efstratiadis et al.)

```
                                                          
C C C T G T G G A G C C A C A C C C T A G G G T T G G C C A A T C
        -100
T A C T C C C A G G A G C A G G G A G G G C A G G A G C C A G G G
                              -50
C T G G G C A T A A A A G T C A G G G C A G A G C C A T C T A T T

G C T T A C A T T T G C T T C T G A C A C A A C T G T G T T C A C T A
1
                              Val His Leu Thr
G C A A C C T C A A A C A G A C A C C A T G G T G C A C C T G A C T
                                    50
Pro Glu Glu Lys Ser Ala Val Thr Ala Leu Trp
C C T G A G G A G A A G T C T G C C G T T A C T G C C C T G T G G
Gly Lys Val Asn Val Asp Glu Val Gly Gly Glu
G G C A A G G T G A A C G T G G A T G A A G T T G G T G G T G A G
100
Ala Leu Gly Arg
G C C C T G G G C A G G T T G G T A T C A A G G T T A C A A G
                    150
G G C A C T G A C T C T C T C T G C C T A T T G G T C T A T T T T
                                    250
            Leu Leu Val Val Tyr Pro Trp
C C C A C C C T T A G G C T G C T G G T G G T C T A C C C T T G G
Thr Gln Arg Phe Phe Glu Ser Phe Gly Asp Leu
A C C C A G A G G T T C T T T G A G T C C T T T G G G G A T C T G
                300
Ser Thr Pro Asp Ala Val Met Gly Asn Pro Lys
T C C A C T C C T G A T G C T G T T A T G G G C A A C C C T A A G
                                    350
Val Lys Ala His Gly Lys Lys Val Leu Gly Ala
G T G A A G G C T C A T G G C A A G A A A G T G C T C G G T G C C
Phe Ser Asp Gly Leu Ala His Leu Asp Asn Leu
T T T A G T G A T G G C C T G G C T C A C C T G G A C A A C C T C
                400
Lys Gly Thr Phe Ala Thr Leu Ser Glu Leu His
A A G G G C A C C T T T G C C A C A C T G A G T G A G C T G C A C
                                    450
Cys Asp Lys Leu His Val Asp Pro Glu Asn Phe
T G T G A C A A G C T G C A C G T G G A T C C T G A G A A C T T C
Arg
A G G G T G A G T C T A T G G G A C C C T T G A T G T T T T C T T
                500
                                            Leu Leu
G T T C A T A C C T C T T A T C T T C C T C C C A C A G C T C C T G
                                            1350
Gly Asn Val Leu Val Cys Val Leu Ala His His
G G C A A C G T G C T G G T C T G T G T G C T G G C C C A T C A C
Phe Gly Lys Glu Phe Thr Pro Pro Val Gln Ala
T T T G G C A A A G A A T T C A C C C C A C C A G T G C A G G C T
                    1400
Ala Tyr Gln Lys Val Val Ala Gly Val Ala Asn
G C C T A T C A G A A A G T G G T G G C T G G T G T G G C T A A T
                                    1450
Ala Leu Ala His Lys Tyr His
G C C C T G G C C C A C A A G T A T C A C T A A G C T C G C T T T C T
T G C T G T C C A A T T T C T A T T A A A G G T T C C T T T G T T C C
                    1500
C T A A G T C C A A C T A C T A A A C T G G G G G A T A T T A T G A A
                                    1550
G G G C C T T G A G C A T C T G G A T T C T G C C T A A T A A A A A
C A T T T A T T T T C A T T G C A A T G A T G T A T T T A A A T T A T
                    1600
T T C T G A A T A T T T T A C T A A A A A G G G A A T G T G G G A G G
                                    1650
T C A G T G C A T T T A A A A C A T A A A G A A A T G A T G A G C T G
T T C A A A C C T T G G G A A A A T A C A C T A T A C C T T A A A C T
                    1700
C C A T G A A A G A A G G T G A G G C T G C A A C C A G C T A A T G C
                                    1750
```

Das Spleißen einer an diesem Gen synthetisierten hnRNA ist also ein umfangreicher und nicht immer fehlerfreier Prozeß, und sicherlich liegt so manches verkrüppelte Protein zwischen den Kollagenfibrillen nicht aufgenommen, weil es zu den anderen nicht paßt.
Im Kollagen-Gen gibt es auch einige Exons, die nicht 54 oder 108 bp lang sind. Sie unterscheiden sich in der Länge durch 9 oder Vielfache von 9 bp, und dies betrifft jeweils die Aminosäuresequenz Gly-N-M.
Die 54-bp-Einheit, die nur 18 Aminosäuren codieren kann, hat sicherlich einmal eine andere Funktion gehabt; ein fibrilläres Bindegewebe läßt sich jedenfalls damit nicht aufbauen.
Die Promotorregion mit den bei vielen Genen nachgewiesenen Goldberg-Hogness-(TATA) und Pribnow-(CAT)Boxen ist durch 3 teilweise überlappende »inverted repeats«, das sind spiegelbildlich wiederholte Basensequenzen, auffällig. Es können 3 verschiedene Haarnadelabschnitte (S. 185) gebildet werden, welche für die Regulation des Gens Bedeutung haben könnten.

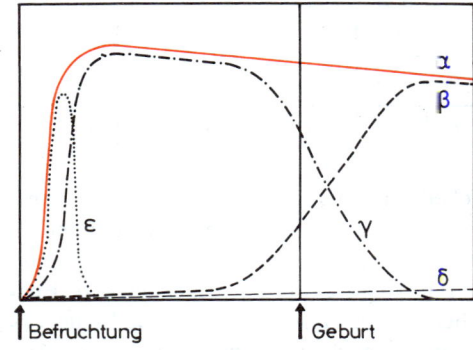

Abb. 2.46. Aktivität der Globingene des Menschen im Lauf der Entwicklung. In den Frühembryonalstadien werden Alpha- und Epsilon-Globine gefunden, etwas später statt Epsilon- das für den Fetus charakteristische Gamma-Globin. Knapp vor der Geburt wird das Beta-Globingen aktiviert, das weiterhin aktiv bleibt. Die geringen Mengen von Delta-Globin steigen langsam an. (Nach Braunitzer)

2.6 Mendelsche oder Formalgenetik

2.6.1 Dominant-rezessiver Erbgang

Bei der geschlechtlichen Fortpflanzung werden Chromosomen, das sind *Gengruppen in einer Transporteinheit*, als Teil des Gesamtgenoms weitergegeben. Die *Lage der Gene auf den Chromosomen ist keine zufällige*. Im allgemeinen hat *jedes Gen seinen bestimmten Platz im Chromosom* und bestimmte Nachbarn in der DNA (S. 190).
Bei der vegetativen Fortpflanzung (S. 269f.) ist der Genbestand – von den seltenen Mutationen abgesehen – mit dem jenes Organismus identisch, der die Fortpflanzungszellen produziert hat.
Bei der sexuellen Fortpflanzung vereinigt sich der haploide Satz von Chromosomen eines Individuums mit den Chromosomen eines anderen Individuums. Mit Ausnahme der einzelnen Geschlechtschromosomen liegt dann jedes Chromosom doppelt und jedes Gen in zwei identischen oder verschiedenen Formen (Allelen) vor. Schließt sich an die Zygotenbildung unmittelbar eine Meiose an (S. 265), dann enthalten alle weiteren Zellen einen haploiden Satz von Chromosomen und jedes Gen liegt nur in Einzahl vor. Im Laufe der Weiterentwicklung wird jedes Gen phänotypisch exprimiert, das heißt, es wird Genprodukte bilden, an welchen das Gen erkannt werden kann: dies kann z. B. ein in der Elektrophorese nachweisbares Protein sein oder auch eine durch Genwirkung veränderte Wuchsform u. v. a., deren Zustandekommen wir oft nicht genauer analysieren können.
Schließt an die Zygotenbildung eine Entwicklung im diploiden Zustand an, dann *werden im Laufe der Differenzierung in der Regel beide Allele* früher oder später aktiviert: transkribiert und zumeist auch translatiert. Ist ein Allel defekt, dann kann die Defizienz zumeist durch das intakte Gen kompensiert werden (S. 238). *Ein dominantes Gen wird phänotypisch erfaßbar*, auch wenn es nur in Einzahl vorliegt und das rezessive Allel »unwirksam« macht.
Wir *erkennen Gene meistens an ihrer Wirkung* und *erschließen erst durch Mutationen, wofür das Gen im Normalfall, also beim »Wildtyp«, verantwortlich ist*. Von vielen Merkmalen wissen wir oft nicht mehr, als daß sie genetisch bedingt sind. Durch die modernen Techniken der Genanalyse wissen wir allerdings auch von der Existenz von Genen, deren Wirkung wir nicht kennen (Homöobox, S. 183).
Rezessive Allele werden phänotypisch nur dann manifest, wenn sie homozygot oder hemizygot (S. 207) vorkommen. *Der Wildtyp ist der zuerst beschriebene*, in freier Natur

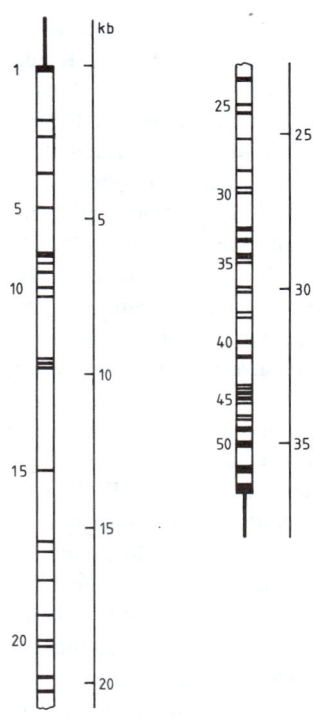

Abb. 2.47. Das Kollagen-Gen vom Huhn, mit 38 kb und über 50 Exons (schwarz) und zum Teil riesigen Introns (weiß) ist eines der größeren der bisher bekannten Gene. Das 1989 isolierte Gen für zystische Fibrose = Mukoviszidose (häufigste Erbkrankheit des Menschen) gehört mit ca. 250 kb zu den größten Genen.

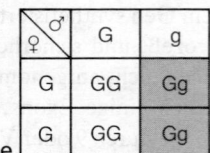
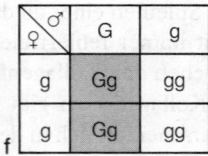

lebende und voll lebensfähige Typ. Bei *Drosophila* ist Stummelflügeligkeit eine Mutante, bei der Kerguelenfliege mit rudimentären Flügeln ein Wildtyp.

Wenn die Allele eines diploiden Organismus gleichartig oder so ähnlich sind, daß ihre Produkte gleichwertig erscheinen, z. B. Enzymmoleküle gleicher Aktivität bilden, sprechen wir von *Homozygotie*. Damit ist nicht die Identität der Nucleinsäuresequenz im Gen gemeint, auch nicht die Identität der Aminosäuresequenz im Genprodukt, sondern Reaktions- oder Funktionsgleichheit der von beiden Allelen codierten Proteine. *Rezessive Gene werden also nur im homozygoten Zustand erfaßbar*, dabei können aber die Allele in ihrer Nucleotidsequenz durchaus verschieden sein. So können z. B. Defekte an zwei verschiedenen Stellen im Gen zweimal funktionsloses Protein liefern.

Als *heterozygot bezeichnet man Gene* dann, wenn ihre Genprodukte *erkennbar verschieden* sind. Träger homozygoter Gene untereinander gekreuzt ergeben immer wieder Individuen mit homozygoten Genen (Abb. 2.48). Wir können dies in sogenannten *Kreuzungsquadraten* formal darstellen. Beim Genotyp GG oder gg enthalten alle Gameten, also 100%, G bzw. g. Großbuchstaben bezeichnen ein dominantes, Kleinbuchstaben ein rezessives Gen. Beim Genotyp Gg werden 50% der Gameten G und 50% g übertragen. Die »Reinerbigkeit« (die Tatsache, daß in bezug auf das untersuchte Gen alle Nachkommen den Eltern gleichen), erlaubt den Rückschluß, daß *die entsprechenden Gene homozygot vorliegen* (Abb. 2.48a, b). Kreuzt man Individuen mit homozygot dominanten Genen mit solchen mit homozygot rezessiven, dann erhalten wir *Heterozygote*, deren Phänotyp durch das dominante Allel bestimmt wird (Abb. 2.48c). Die F_1-Generation ist gleichartig (Uniformitäts- oder 1. Mendelsche Regel). Die Heterozygotie läßt sich erst bei Kreuzung von Heterozygoten untereinander oder bei Kreuzung mit homozygot Rezessiven in der nächsten Generation erkennen (Abb. 2.48d, f). Kreuzt man Heterozygote untereinander, dann kommt es zur 3:1-Aufspaltung, d. h. bei ¾ der Nachkommen findet man einen durch das dominante Gen geprägten Phänotyp, bei ¼ einen, der die rezessiven Allele homozygot enthält (Spaltungs- oder 2. Mendelsche Regel). Kreuzt man nun Heterozygote mit homozygot Rezessiven, wir bezeichnen dies auch als *Rückkreuzung oder als Test auf Heterozygotie*, erhält man 50% Heterozygote und 50% homozygot Rezessive (Abb. 2.48f). *Reziproke Kreuzungen*, z. B. AA × aa bzw. aa × AA, haben stets das gleiche Ergebnis. Dies ist ein *Beweis für die Gleichwertigkeit der männlichen und weiblichen Fortpflanzungszellen*.

Wenn zwei verschiedene Gene, z. B. Aa und Bb auf verschiedenen Chromosomen liegen, werden sie voneinander unabhängig weitergegeben. Die von ihnen bestimmten Merkmale können damit in verschiedenen Kombinationen auftreten (Abb. 2.52), z. B. AAbb, aaBB usw. (3. Mendelsche Regel oder Regel von der freien Kombinierbarkeit). Um einem weitverbreiteten Irrtum entgegenzuwirken, soll betont werden, daß diese Regeln nach *Mendel benannt* sind, aber nicht von ihm formuliert wurden!

Neben der Bezeichnung durch Groß- und Kleinbuchstaben gibt es zahlreiche andere Konventionen, z. B. für Haplonten wie die Bakterien, bei welchen dominant-rezessiv nicht angewendet werden kann. Dort verwendet man 3 Buchstaben als Abkürzungen wie *his, bio, leu* und bei Mangelmutanten *his⁻, bio⁻, leu⁻* usw. (Abb. 2.40). Bei *Drosophila* und Mäusen z. B. sind 2 Buchstaben als Abkürzungen gebräuchlich, wobei der Wildtyp oft nur mit »+« bezeichnet wird; Beispiel in der Randspalte.

In der Humangenetik werden dominante und rezessive Erbgänge meist in *Ahnentafeln* dargestellt, um die Weitergabe von Genen über mehrere Generationen zu zeigen. Die in

Abb. 2.48 a–f. Die möglichen Kombinationen dominanter und rezessiver Allele in Kreuzungsquadraten. Oben und am linken Rand Genotyp der Gameten. Dominante Allele in Groß-, rezessive in Kleinbuchstaben.

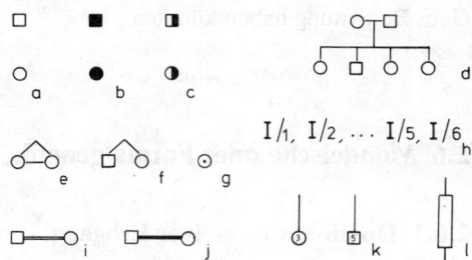

Abb. 2.49. (a–c) In Ahnentafeln verwendete Symbole. Ein Quadrat bedeutet männlich, ein Kreis weiblich; leere Symbole bezeichnen »genetisch unauffällig« oder O. B., ausgefüllte sagen, daß ein abnormaler Genotyp phänotypisch manifest ist und halbgefüllte Symbole zeigen Heterozygotie an. (d) Kinder (hier 4) sind immer in der Geburtsfolge angegeben und durch Striche mit ihren Eltern verbunden. (e–f) In dieser Form werden eineiige und zweieiige Zwillinge gezeichnet, (g) Symbol für eine Überträgerin (Konduktorin) bei X-chromosomaler Vererbung (entspricht c). (h) Römische Ziffern bezeichnen die Generation, arabische eine bestimmte Person in einer Generation von links nach rechts gezählt. (i–j) Dicke Striche oder Doppelstriche als Symbole für Blutsverwandtschaft. (k) Durch Ziffern können mehrere Geschwister gleichen Geschlechts verkürzt dargestellt werden. (l) Mehrere, voneinander abstammende Personen können durch hochgestellte Rechtecke dargestellt werden.

br cv cu
+ cv +

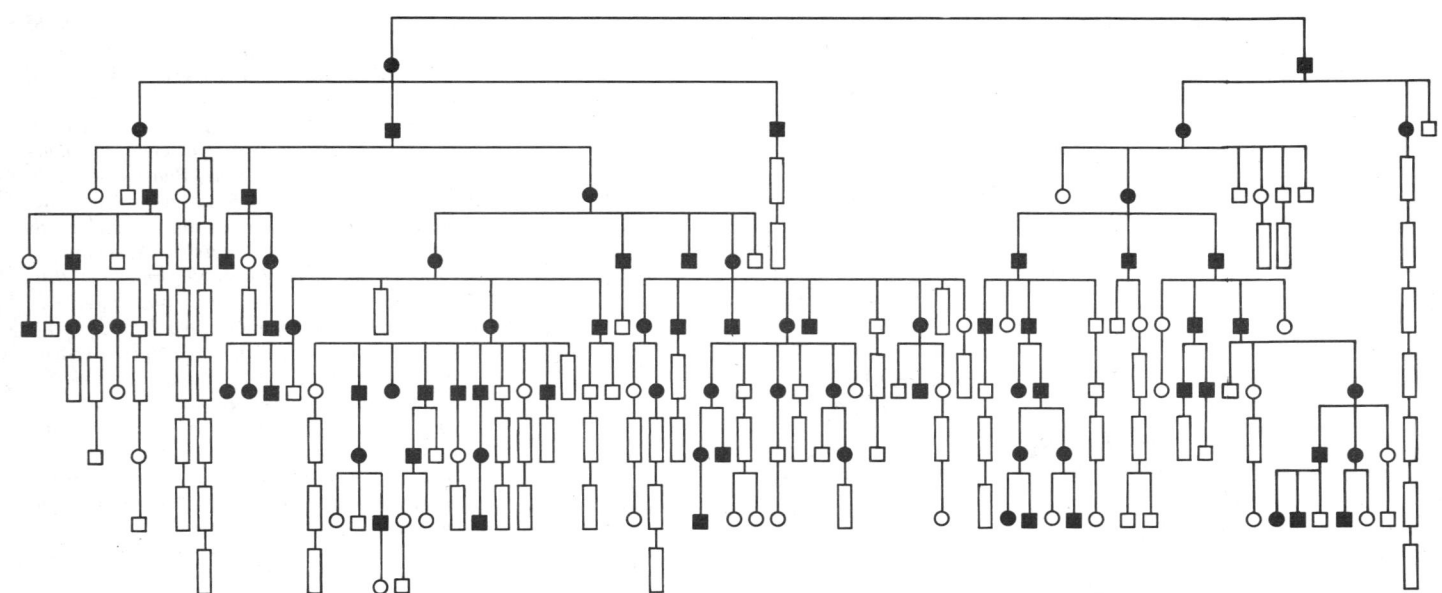

Ahnentafeln und Stammbäumen verwendeten Symbole zeigt die Abbildung 2.49. Oft kann man erst aufgrund von Ahnentafeln erkennen, ob eine bestimmte Mutation dominant oder rezessiv auftritt. Als Faustregeln gelten: tritt ein bestimmter Phänotyp in der Deszendenz (Abstammung) stets auf, wird die Eigenschaft wahrscheinlich dominant vererbt (Abb. 2.50). Ist das Erbmerkmal in der Deszendenz gelegentlich »verschwunden«, weil genotypisch Heterozygote es nicht zeigen, handelt es sich zumeist um ein rezessives Gen (Abb. 2.51). Tritt ein Phänotyp gehäuft bei männlichen Individuen auf, ist das Erbmerkmal wahrscheinlich X-chromosomal vererbt (S. 209f.). Wenn es bei Männern und Frauen annähernd gleich häufig vorkommt, ist es mit größter Wahrscheinlichkeit autosomal (S. 209) vererbt.

Abb. 2.50. Beispiel eines dominanten Erbganges beim Menschen. Die wahrscheinlich auf einem Defekt der Zapfen in der Retina beruhende »Nachtblindheit« wurde schon im 18. Jahrhundert beschrieben und bis in das 17. Jahrhundert auf eine Gründermutation zurückverfolgt. Der umfangreiche Stammbaum, der hier nur auszugsweise wiedergegeben werden kann, zeigt die beträchtliche Ausbreitung dieser dominanten Mutation. (Nach Nettleship)

2.6.2 Intermediäre Erbgänge

Vom intermediären Erbgang sprechen wir dann, wenn der Phänotyp von Heterozygoten keinem der beiden Homozygoten gleicht, also *etwa in der Mitte* zwischen beiden steht. Bekannte Beispiele sind intermediäre Blütenfarben wie rosa bei den Heterozygoten (Abb. 2.52) gegenüber rot und weiß bei den Homozygoten oder die vielen Zwischenformen, wie wir sie etwa von Hunderassen kennen oder die intermediäre Hautfarbe des Menschen bei Mischlingen zwischen Europäern und Afrikanern. Daß der dominant-rezessive Erbgang bzw. der intermediäre Erbgang weitgehend von der Art der Untersuchung abhängt, wird am Erbgang der Sichelzellanämie (Abb. 2.53) und später am Beispiel der Phenylketonurie gezeigt (S. 222).

Für die Mutationsforschung beim Menschen bedeutsam ist natürlich, daß dominante Mutationen sofort sichtbar werden, rezessive hingegen erst, wenn ein in zwei homologen Genen heterozygotes Paar Nachkommen hat (Abb. 2.48). Wegen der relativ geringen Zahl von Nachkommen des Menschen wird das durchschnittlich auftretende Viertel von homozygot rezessiven Nachkommen bei einigen heterozygoten Paaren hin und wieder auch einmal nicht auftreten. Mit Würfeln, wobei gerade Zahlen G, ungerade g repräsentieren sollen, läßt sich das leicht verständlich machen.

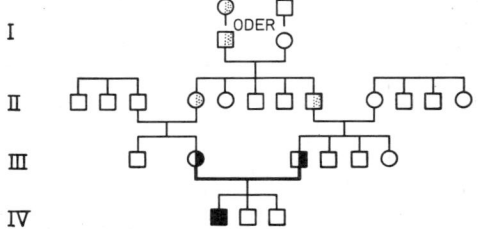

Abb. 2.51. Beispiel eines autosomal-rezessiven Erbganges beim Menschen. Xeroderma pigmentosum ist eine »molekulare Erbkrankheit« des Menschen, die bei homozygot Rezessiven manifest wird (S. 241). Die wahrscheinlichsten Überträger sind durch Halbpunktierung gekennzeichnet. Bei Verwandtenehen ist die Wahrscheinlichkeit des Zusammentreffens nachteiliger Gene wesentlich höher als bei nicht Verwandten (S. 214). (Aus Vogel u. Motulsky)

208   Genetik

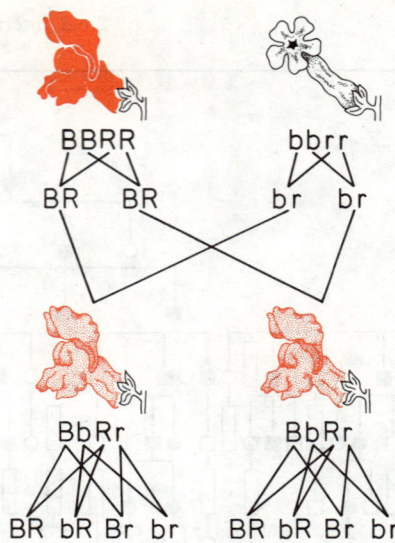

Abb. 2.52. Vererbung der Blütenform und -farbe beim Löwenmäulchen, Antirrhinum. Beim dihybriden Erbgang wird die Weitergabe zweier unabhängiger, d. h. auf verschiedenen Chromosomen liegender Merkmale untersucht und dargestellt. B ist das Symbol für das dominante Gen, das bilateralsymmetrische (zygomorphe) Blüten bedingt, b das für Radiärsymmetrie. Blüten der Pflanzen des Genotyps gg ähneln mehr der von Lichtnelken als von Labiaten. R ist das Gen für die Ausbildung der roten Farbe in den Blütenblättern (Perianth); RR-Pflanzen haben rote, Rr rosa und rr weiße Blütenblätter. Unter dem Genotyp der diploiden Eltern der Parentalgeneration (P) und der ersten Nachkommens- oder Filialgeneration (F1) sind die möglichen Genotypen der Gameten und unter F2 ihre möglichen Kombinationen gezeigt. Dominanter und intermediärer Erbgang sind hier kombiniert. Es treten neue Merkmalskombinationen auf: rote radiärsymmetrische und weiße zygomorphe Blüten.

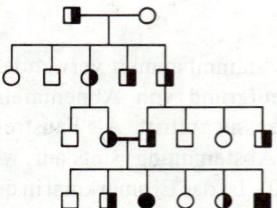

Abb. 2.53. Erbgang der Sichelzellanämie des Menschen (S. 229f.). Homozygot Rezessive sind durch häufige Atemnot und geringe körperliche Leistungsfähigkeit auffällig. Alle Erythrocyten sind bei Sauerstoffmangel sichelförmig verformt. Heterozygote sind wenig beeinträchtigt und die roten Blutkörperchen sind nur wenig verformt. Die Heterozygotie läßt sich durch eine Blutuntersuchung eindeutig nachweisen. (Aus McKusick)

2.6.3 Heterosis

Ein außergewöhnlicher Erbgang tritt uns in der Heterosis entgegen. Mit Heterosis bezeichnet man das *Phänomen des stärkeren Wachstums von Heterozygoten* gegenüber den beiden Formen von Homozygoten. Es spielt in der Pflanzenzüchtung eine nicht unbedeutende Rolle (Abb. 2.54).

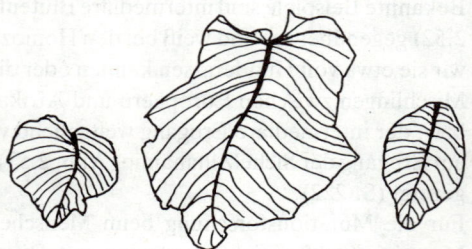

Abb. 2.54. Beispiel für Heterosis, das ist die stärkere Ausprägung eines Merkmals bei Hybriden. Links ein Blatt von Streptocarpus wendlandii, rechts eines von S. grandis, in der Mitte der Hybriden von S. wendlandii × grandis. (Nach Oehlkers)

2.6.4 Geschlechtschromosomale Vererbung

Chromosomen, die bei einem Geschlecht in Einzahl vorkommen, bezeichnet man – im Gegensatz zu den Autosomen – als *Geschlechtschromosomen* und kennzeichnet sie mit den Buchstaben X und Y (S. 314f.). Der Mensch hat 22 Autosomenpaare und XX im weiblichen bzw. XY im männlichen Geschlecht. In gekürzter Form wird dies »46,XX« bzw. »46,XY« geschrieben. Jede Zelle hat insgesamt also 46 Chromosomen, die in ihrer Gesamtlänge aus ca. 1,8 m DNA-Doppelhelix aufgebaut sind. Bei *Homo* und allen Säugern ist das männliche Geschlecht das heterogametische, bei den Vögeln hingegen ist es das weibliche (S. 314f.). Zwei Sorten Spermien bestimmen bei den Säugern das Geschlecht der Zygote, denn ihre Spermien können neben den Autosomen entweder ein X- oder ein Y-Chromosom tragen. Säuger-Eizellen können stets nur mit einem X gebildet werden.

Dem Y-Chromosom können beim Menschen, schon wegen der geringen Größe, mehr noch, weil den Frauen sonst typisch Menschliches fehlen müßte, nur wenige Gene (Abb. 2.55) zugeordnet werden, darunter natürlich jene für die primäre und in pleiotroper Wirkung auch sekundäre Ausprägung der Geschlechtsmerkmale und solche für ein etwas stärkeres Größenwachstum auch einzelner Organe (z. B. des Kehlkopfes, was u. a. zum »Stimmbruch« führt). Normale Frauen unterscheiden sich von Männern nur in diesen Punkten, in allen anderen Eigenschaften *gleichen sie sich qualitativ*. Manche Frauen sind weitaus intelligenter als viele Männer, einzelne können auch kräftiger sein als manche Männer usw.

Das X-Chromosom trägt die Gene für zahlreiche, den Grundstoffwechsel steuernde Enzyme, es ist daher unentbehrlich. Das Y-Chromosom kann entbehrt werden, wie die Entwicklung der Mädchen zeigt.

In der befruchteten Eizelle trifft ein X-Chromosom der Mutter mit einem X-Chromosom oder einem Y-Chromosom des Vaters zusammen. Frauen haben also stets *ein X von der Mutter und ein X vom Vater,* Männer haben das X-Chromosom stets von ihrer Mutter. Die Frage, wieso der Mann mit nur einem X-Chromosom auskommen kann, während die Frau deren zwei hat, wird durch die Tatsache erklärt, daß eines der X-Chromosomen im weiblichen Geschlecht als *heterochromatisch* bezeichnet vorliegt, d. h. *inaktiviert ist. Heterochromatisch* nennt man jene Chromosomenabschnitte und Chromosomen, die auch in der Interphase kondensiert bleiben und die *nicht transkribiert werden*. Dieses heterochromatische X-Chromosom, das in der Interphase im Zellkern von weiblichen Individuen als kleiner, dunkel färbbarer Fleck nachweisbar ist, wird als Barrsches Körperchen bezeichnet (Abb. 2.56). Jede weibliche Zelle hat demnach nur ein aktives X-Chromosom, also nicht mehr X-chromosomale Genaktivität als der Mann. Warum der XO Typ (S. 232) gewisse Defekte aufweist, ist noch nicht geklärt.

Nach der *Lyon-Hypothese* wird im weiblichen Geschlecht im Laufe der Frühentwicklung ein X-Chromosom inaktiviert. In manchen Zellen desselben Embryos wird das von der Mutter, in anderen das vom Vater stammende X-Chromosom inaktiviert. Alle Nachkommenszellen haben dann das gleiche X-Chromosom in heterochromatischer Form, d. h. die sich daraus entwickelnden Zellen (Klone) eines weiblichen Individuums haben alle entweder ein aktives X-Chromosom der Mutter oder ein aktives des Vaters und das jeweils andere inaktiviert (Abb. 2.58). Die Frau ist also ein Mosaik in bezug auf die Aktivität des X-Chromosoms.

Da das X-Chromosom und nur dieses beim Mann *hemizygot* (in Einzahl) vorliegt, *werden alle rezessiven Gene phänotypisch manifest*, wie aus den Kreuzungsquadraten in Abbildung 2.58 verständlich wird. Ebenso wird klar, daß ein X-Chromosom mit Gendefekten – wenn es von der Frau (Überträgerin) stammt – im Durchschnitt an die *Hälfte der Söhne weitergegeben und dort phänotypisch auffällig* wird. Es wird weiter klar, daß es zwar an die *Hälfte der Töchter* weitergegeben wird, diese werden im Fall eines rezessiven Gens als

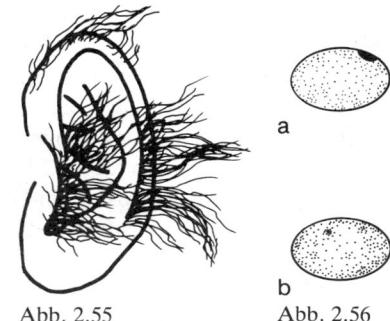

Abb. 2.55   Abb. 2.56

Abb. 2.55. Haarbüschel an den Ohren, bedingt durch eines der wenigen Y-chromosomalen Gene. (Nach McKusick)

Abb. 2.56. Barrsches Körperchen in den Zellkernen einer normalen Frau (a) und dessen Fehlen beim Mann (b). Das Barrsche Körperchen ist ein Chromozentrum, also kondensiertes Chromatin, das durch das eine heterochromatische X-Chromosom gebildet wird. Das zweite X-Chromosom ist genetisch aktiv und dekondensiert, kann also im Interphasekern nicht sichtbar gemacht werden. XO-Frauen haben kein Barrsches Körperchen, XXY-Männer eines, XXX-Frauen zwei.

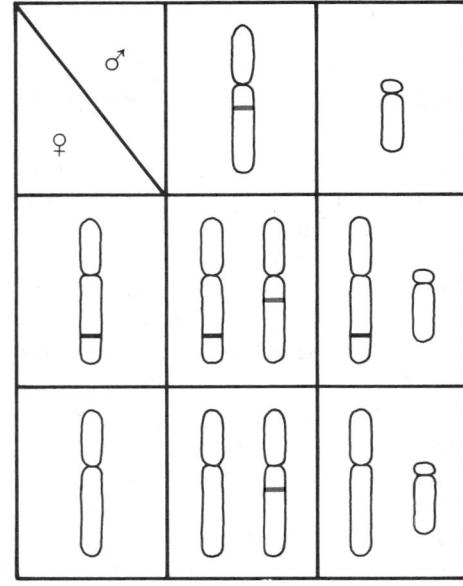

Abb. 2.57. Vererbung der Geschlechtschromosomen beim Menschen. X ist im männlichen Geschlecht hemizygot (rechts), daher werden auch rezessive X-chromosomale Gene manifest. Ist eine Frau Überträgerin, Konduktorin (links), für ein nachteiliges Erbmerkmal, z. B. die Bluterkrankheit, dann werden die Hälfte der Töchter wieder Konduktorinnen und die Hälfte der Söhne sind Bluter.

Überträgerinnen aber *phänotypisch nicht nachweisbar* sein (Ausnahme unten). Wird es vom Mann weitergegeben, macht es alle Töchter zu Überträgerinnen (Abb. 2.57).

Ein Gen kann entweder eine Eigenschaft, z. B. ein Enzym, oder in pleiotroper Wirkung, also kaskadenartig direkt zwar nur ein Merkmal, indirekt aber oft viele Merkmale bestimmen. Eine Erbkrankheit des Menschen soll Beispiel sein: beim X-chromosomal vererbten Lesch-Nyhan-Syndrom (Abb. 2.59) ist der primäre Defekt die Defizienz, d. h. der Mangel an HGPRT, der Hypoxanthin-Guanin-Phosphoribosyl-Transferase. Wie bei allen X-chromosomalen Eigenschaften tritt dieser Defekt gehäuft bei Knaben auf, aber die Heterozygotie der Überträgerin konnte an Enzymtests in Fibroblastenkulturen nachgewiesen werden. Phänotypisch sind als Konsequenz dieses Enzymmangels folgende Symptome nachweisbar, die als phänotypisch auffällige Merkmale dieses Gendefektes gelten können: erhöhte Harnsäureausscheidung, Harnsäuresteine, Gichtknoten, gehemmte geistige Entwicklung, cerebrale Krämpfe und Lähmungen und vor allem die Selbstverstümmelung durch Zerbeißen der Lippen und Finger.

Zu den X-chromosomal vererbten Krankheiten des Menschen zählt auch die Bluterkrankheit, die auf der Unfähigkeit beruht, offene Wunden durch Blutkoagulation temporär zu schließen. Unter den vielen, oft sehr umfangreichen Ahnentafeln, welche die Ausbreitung der Bluterkrankheit in Familien zeigen, ist jene, die auf die Königin Victoria zurückgeht, die am meisten beachtete (Abb. 2.61).

Die oben geschilderten Vererbungen autosomaler und X-chromosomaler, monogen bedingter Merkmale des Menschen sollen nur als Beispiele für die inzwischen über 3000 bekannten Mendelschen Erbgänge des Menschen gelten.

Es gibt auch polygen bedingte Eigenschaften, wie z. B. die Farbe der Iris oder die Entwicklung des Gehirns. Die unzähligen Erbleiden, die durch das Symptom »*geistige Retardierung*« gekennzeichnet sind, beweisen, daß *die normale Entwicklung und Funktion des zentralen Nervensystems durch viele Gene bestimmt sein muß*.

2.6.5 Kodominanz und Genetik des Blutgruppensystems AB0

Von Kodominanz sprechen wir dann, wenn bei einem diploiden Organismus beide Allele phänotypisch manifest sind. Ein gutes Beispiel für kodominante Vererbung finden wir bei den Blutgruppen, z. B. dem AB0-System.

Die meisten Zellen sind an ihrer Oberfläche mehr oder weniger dicht mit Lipoproteinen, Glykoproteinen und Glykolipiden besetzt (S. 49), die auf komplizierte Weise durch enzymatische Koppelung von Proteinen, Lipiden und Kohlenhydraten im ER und Golgi-System synthetisiert und an der Zelloberfläche exponiert werden, wobei die hydrophoben Teile des Proteinanteils bzw. die Lipide in der Plasmamembran verankert bleiben. Die »Dekoration« der Zelloberfläche ist unter anderem für die Zellerkennung von Bedeutung, denn einerseits können deswegen Verbände zusammengehöriger Zellen gebildet werden, andererseits werden daran fremde Zellen erkannt und durch das Immunsystem (S. 526) eliminiert.

Auch die Erythrocyten des Menschen besitzen einen Besatz von unterschiedlichen Glykoproteinen, Glykolipiden und Proteoglykanen, die (wie alle solche) Antigen-Eigenschaften besitzen. Da das Immunsystem im Laufe der Entwicklung und Reifung seine eigenen Antigene »kennenlernt« und eine Antikörperbildung dagegen unterdrückt, gibt es auch *keine gegen die eigenen Blutgruppenantigene*.

Erythrocyten sind unter anderem durch die Glykolipid-Antigene *A*, *B*, *AB* und *0* zu charakterisieren (Tab. 2.5). Die Antigeneigenschaft ist indirektes Produkt der Gene I^A, I^B, I^AI^B und ii. Das indirekte Genprodukt von I ist das in Abbildung 2.60 ausschnittweise gezeigte Glykolipid. Die anderen Glykolipide der Blutgruppen unterscheiden sich davon durch Anlagerung weiterer Kohlenhydrate; dieser Vorgang ist natürlich enzymatisch, und

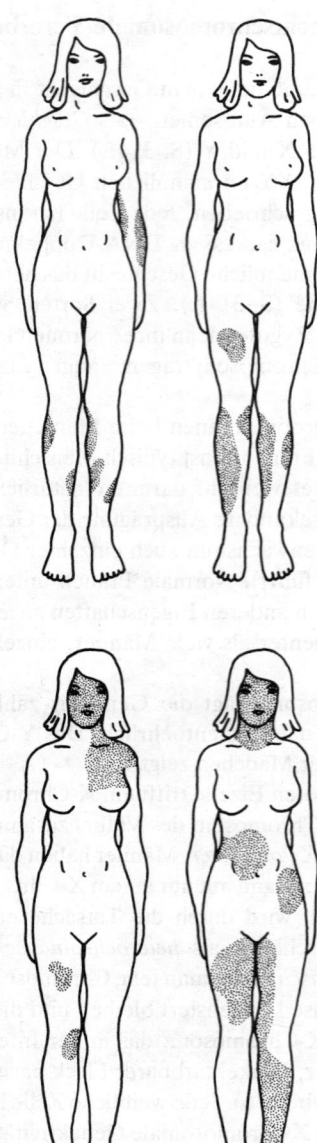

Abb. 2.58. Inaktivierung eines X-Chromosoms bei der Frau. Durch einen Hauttest läßt sich nachweisen, daß in bestimmten Regionen der Körperoberfläche entweder das vom Vater ererbte X-Chromosom und/oder das von der Mutter ererbte aktiv ist. An der Verteilung dieser Aktivitäten ist zu erkennen, daß die Inaktivierung eines X-Chromosoms offenkundig ein Zufallsprozeß ist, daß sich von Stammzellen aus Klone mit Inaktivierung eines X entwickeln und daß dieser Zustand beibehalten wird. Es kann daraus nicht geschlossen werden, daß die Klone in allen Organen so großräumig entwickelt sind wie in der Haut. (Nach Novitsky)

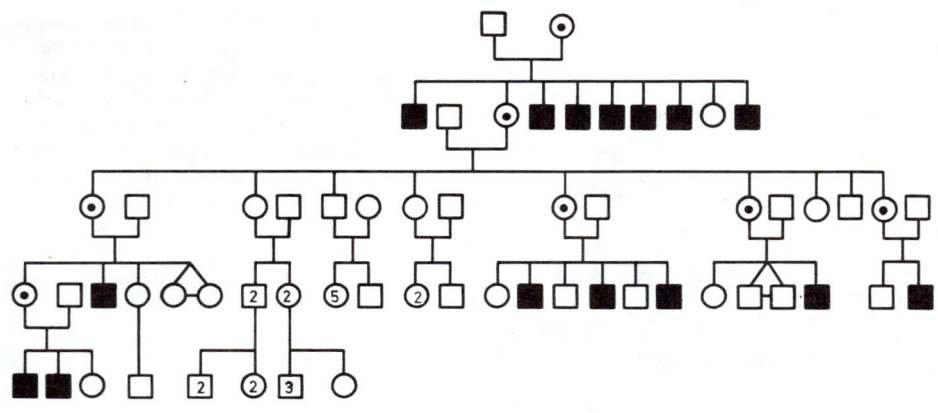

Abb. 2.59. *Ausbreitung des X-chromosomal bedingten Lesh-Nyhan-Syndroms in einer Ahnenreihe. Das nachteilige X-Chromosom wird immer wieder durch Konduktorinnen vererbt. Betroffen sind nur Knaben, die sich nicht fortpflanzen können. Daher kann es auch keine betroffenen Mädchen geben. (Aus Vogel u. Motulsky)*

zwar durch eine Glykosyltransferase gesteuert, und nicht das Kohlenhydrat, sondern *das Enzym ist das direkte Genprodukt!* Die Unterschiede der Glykolipide, die durch das Gen I^A bzw. I^B gebildet werden, sind in Abbildung 2.60 gezeigt.

Menschen der Blutgruppe 0 haben homozygot das Gen i und bilden nur H-Antigen, diejenigen der Blutgruppe A haben die Gene $I^A I^A$ oder $I^A i$ und bilden H- und A-Antigen, diejenigen der Blutgruppe B besitzen die Gene $I^B I^B$ oder $I^B i$ und H- und B-Antigen auf ihren Erythrocyten.

Im Serum können sich mehr oder weniger große Mengen von Antikörpern gegen die nicht eigenen Antigene finden, also im Serum von Trägern der Blutgruppe 0: Anti-A und Anti-B; bei Blutgruppe A: Anti-B; usw., wie in Abbildung 2.62 gezeigt. *Träger der Blutgruppe 0 haben also Antikörper gegen die Antigene A und B in ihrem Serum.*

Wenn Blut vom Spender der Blutgruppe 0 in einen Empfänger der anderen Blutgruppen übertragen wird, gibt es keine Koagulation von roten Blutkörperchen des Spenders, denn diese besitzen nur das Antigen H, gegen das bei keiner der Blutgruppen Antikörper vorhanden ist. Der Grund ist der, daß das H-Antigen in geringen Mengen bei den Blutgruppen A, B und AB auch vorkommt, weil die enzymatische Ankoppelung von N-Acetyl-Galactosamin (beim A-Antigen) oder α-Galactose (beim B-Antigen) unvollständig ist. Im Serum des Spenders 0 finden sich aber noch Antikörper gegen A und B, allerdings in geringen Mengen. Wieso kann man Träger von 0 dann als generelle Spender einsetzen?

Der Titer der Antikörper A und B im Serum von 0 ist im allgemeinen so gering, daß die weitere Verdünnung im Kreislaufsystem des Empfängers stärkere Koagulationen unmöglich macht. Falls aber der Antikörpertiter beim Spender zu hoch ist, muß ein »Erythrocytenkonzentrat« – abzentrifugierte Erythrocyten mit wenig Serum – transfundiert werden, wenn nicht gar in Salzlösung gewaschene Erythrocyten verwendet werden müssen.

Tabelle 2.5.

Blutgruppe	Gene	AK im Serum	Antigene der Erythrocyten
A	$I^A I^A$ oder $I^A i$	Anti-B	A(H)
AB	$I^A I^B$		A + B(H)
B	$I^B I^B$ oder $I^B i$	Anti-A	B(H)
O	$i\ i$	Anti-A + Anti-B	H

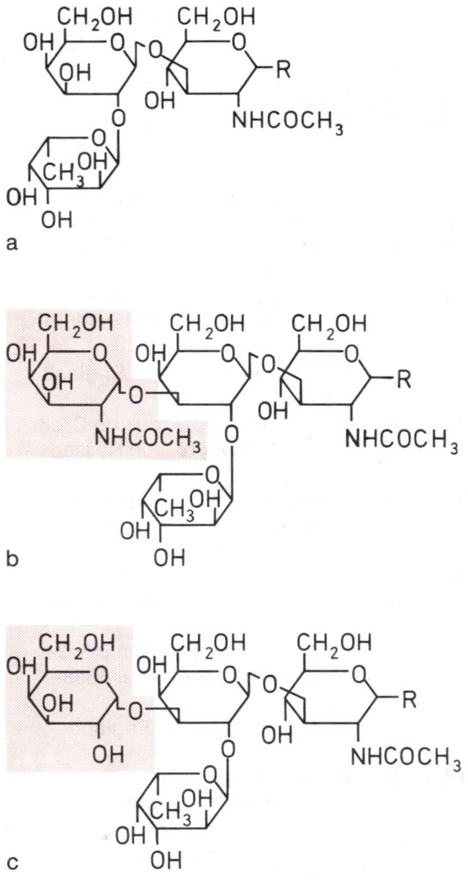

Abb. 2.60a–c. *Ausschnitt aus den Formelbildern der Blutgruppenantigene. (a) H-Antigen der Blutgruppe 0 mit endständiger Fucose und Galactose. (b) Beim H-Antigen der Blutgruppe A ist an die endständige Galactose ein N-Acetyl-Galactosid durch eine genabhängige Galactosidtransferase gekoppelt. (c) Das B-Antigen ist durch eine endständige Galactose charakterisiert.*

Genetik

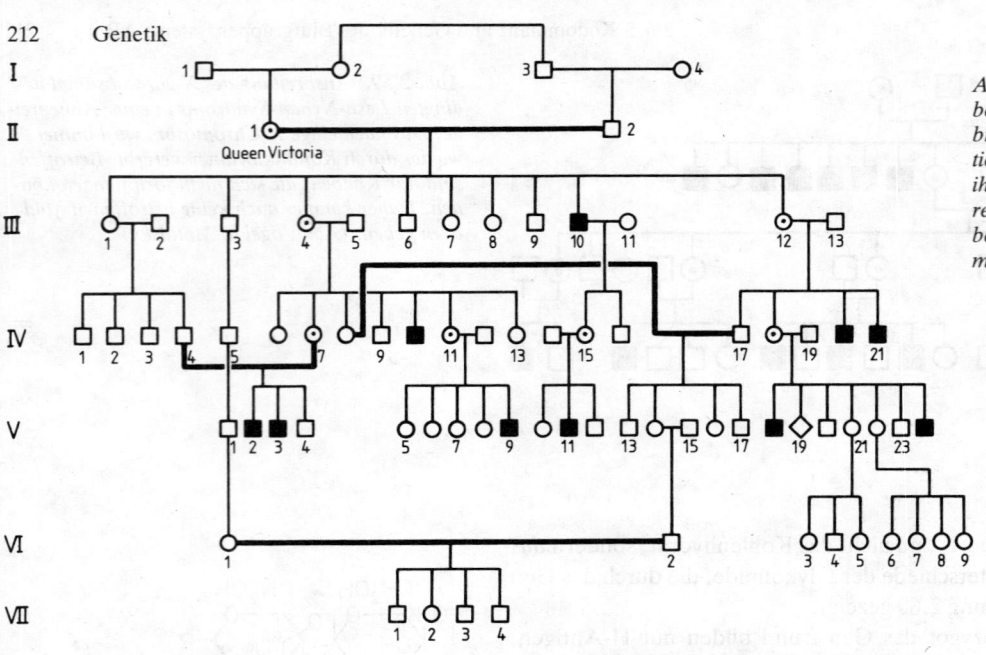

Abb. 2.61. Ausschnitte aus den Verwandtschaftsbeziehungen europäischer Adelshäuser und Ausbreitung der Bluterkrankheit, die auf eine Mutation im X-Chromosom der Königin Victoria oder ihrer Eltern zurückzuführen ist. Die durch dickere Striche gekennzeichneten Verwandtenehen haben auf die Ausbreitung des nachteiligen X-Chromosoms keinen Einfluß! (Nach Strickberger)

I – 1,	Herzog von Kent	
I – 2,	Prinzessin Marie Louise Victoria von Sachsen-Coburg-Gotha	
I – 3,	Herzog von Coburg	
I – 4,	Prinzessin Augusta von Reuß	
II – 1,	Königin Victoria (1819–1901)	
II – 2,	Prinz Albert von Sachsen-Coburg-Gotha	
III – 1,	Prinzessin Victoria, Frau von Friedrich III. von Preußen (III-2) (1831–1888)	
III – 3,	König Edward VII. von England (1841–1910)	
III – 4,	Prinzessin Alice, Frau von Großherzog Ludwig IV. von Hessen-Darmstadt (III-5)	
III – 10,	Prinz Leopold, Herzog von Albany, starb 31jährig an Blutungen nach einem Unfall	
III – 12,	Prinzessin Beatrix, Frau von Prinz Heinrich Moritz von Battenberg (III-13)	
IV – 1,	Wilhelm II. von Preußen (1859–1941), Deutscher Kaiser 1888–1918	
IV – 5,	König Georg V. von England (1865–1936)	
IV – 8,	Prinzessin Victoria von Hessen, Frau von Prinz Louis Alexander von Battenberg, dem Begründer der englischen Familie Mountbatten	
IV – 10,	Prinz Friedrich von Hessen, starb als Kind an Blutungen nach einem Unfall	
IV – 11,	Prinzessin Alix, später Zarin Alexandra, Frau von Zar Nicolaus II. von Rußland (IV-12) (1868–1918)	
IV – 15,	Prinzessin Alice, Frau von Alexander Prinz von Teck	
IV – 18,	Prinzessin Victoria Eugenie von Battenberg, Frau von König Alfons XIII. von Spanien (IV-19) (1902–1931)	
IV – 20,	Prinz Leopold von Battenberg, starb 33jährig nach einer Operation, wahrscheinlich an Blutungen	
V – 1,	König Georg VI. von England (1895–1952)	
V – 2,	Prinz Waldemar von Preußen, wurde, obwohl Bluter, 56 Jahre alt	
V – 3,	Prinz Heinrich von Preußen, starb 4jährig	
V – 9,	Zarewitsch Alexander von Rußland, wurde im Alter von 13 Jahren 1918 ermordet	
V – 11,	Rupert Lord Trematon, starb an Blutungen nach einem Autounfall	
V – 14,	Lady Alice Mountbatten, Frau von Prinz Andreas von Griechenland (V-15)	
V – 18,	Alfonso Pio Prinz von Asturien, starb 31jährig an Blutungen nach einem Autounfall	
V – 24,	Prinz Gonzalo von Spanien, starb 20jährig an Blutungen nach einem Autounfall	
VI – 1,	Königin Elizabeth II. von England (*1926)	
VI – 2,	Philipp Mountbatten, Herzog von Edinburgh Das Paar ist etwas näher verwandt als 3. Grades. Elizabeth II. ist nicht Konduktorin, da sie nur über die väterliche Linie mit Königin Victoria verwandt ist.	
VII – 1,	Prinz Charles von England (Nach Th. Rassem)	

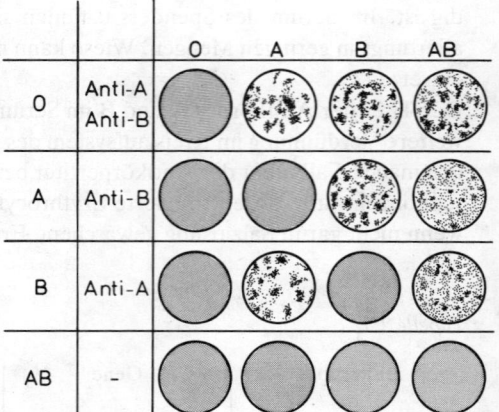

Abb. 2.62. Blutgerinnung, d. h. Vernetzung von Erythrocyten bei Mischung von Blut gleicher oder verschiedener Blutgruppen. Zum Beispiel: Blut der Blutgruppe A (links) hat im Blutserum Antikörper gegen B (natürlich nicht gegen A), die Erythrocyten der Blutgruppe B und etwas schwächer die der Blutgruppe AB koagulieren.

2.7 Inzucht, Züchtung reiner Linien, Problematik der Verwandtenehe

Wenn wir nun die Gesamtzahl der Individuen einer Fortpflanzungsgemeinschaft in einer natürlichen Population betrachten, finden wir Homo- und Heterozygote für jedes Gen in einem bestimmten Verhältnis, das sich normalerweise auch über Jahre nur wenig ändert. Es ist ähnlich wie mit der Konstanz von Arten, die uns so selbstverständlich geworden ist, daß wir uns gar nicht wundern, z. B. alpinen Zwergstrauchheiden oder den Sozietäten von Dünen der Nordseeküste noch nach Jahrzehnten in derselben Landschaft wieder zu begegnen.

Wenn wir die Verteilung von Homo- und Heterozygoten eines bestimmten Gens bei beliebigen Organismen in der Natur untersuchen, finden wir einen gewissen Prozentsatz von AA, Aa, aa (wobei A oder a für ein beliebiges Gen gewählt ist), falls die homozygotrezessive Form nicht benachteiligt oder gar letal ist (Ausnahme S. 221f.). Aus der Untersuchung solcher Anteile in einer Population können wir auch die Anteile der einzelnen Gene dieser Population berechnen (S. 885). Wenn es in einer Population z.B. 49% (0,49) AA, 42% (0,42) Aa und 9% (0,09) aa;

AA + Aa + aa = 100% (= 1)

gibt, läßt sich aus der Hardy-Weinberg-Regel ($p^2 + 2pq + q^2 = 1$, S. 886) die Häufigkeit des Gens A = p und a = q ermitteln. Für das oben genannte Beispiel ergibt sich, daß das
    Gen A mit einer Häufigkeit von 0,7
und das
    Gen a mit einer Häufigkeit von 0,3
vertreten ist; das sind 70% bzw. 30%. Wir können nun, ganz gleich, um welche Organismen es sich dabei handelt, ob Wiesel oder Fichten, ob Eulen oder Rohrkolben, annehmen, daß von allen Individuen einer Fortpflanzungsgemeinschaft zur Fortpflanzungszeit Gameten mit dem Gen A zu 70% und Gameten mit dem Gen a zu 30% produziert werden, und in ein entsprechendes Kreuzungsquadrat unter Berücksichtigung dieser Zahl eintragen (Abb. 2.63). Aus diesen Daten ergibt sich – vorausgesetzt, daß die Regel von Hardy-Weinberg gilt (S. 886) –, daß es also keine Auswanderung, keine Einwanderung, keine Benachteiligung eines Genotyps gibt usw., daß sich in dieser Population an der Verteilung der Homo- und Heterozygoten nichts ändern wird, denn die 42% Heterozygoten produzieren Gameten zur Hälfte mit dem Gen A und zur Hälfte mit dem Gen a und die 9% homozygot Rezessiven ausschließlich Gameten mit dem Gen a, was zusammen für die nächste Fortpflanzungsperiode wieder 30% Gameten mit a ergibt.

Bei der *Zuchtwahl* (»assortative mating«) greift man in die zufällige Partnerwahl, wie sie in der Natur vorliegt, ein und *wählt bestimmte Typen* aus, um zu reinen Stämmen mit bestimmten Eigenschaften, um also insbesondere zur Homozygotie der ausgewählten Merkmale zu gelangen.

Bei *Inzucht*, das heißt *bei der wiederholten Fortpflanzung von Geschwistern*, kann man zu genetisch reinen Stämmen kommen. Das nachfolgende Beispiel zeigt dies.

Gehen wir z.B. von einer Mischpopulation mit Homo- und Heterozygoten aus, deren Nachkommen immer wieder Homo- und Heterozygote bilden, dann bekommen wir in der ersten Nachkommensgeneration etwa folgende Individuen:
    Aa, aa, Aa, AA, Aa, AA, Aa, usw.
Wenn man von diesen Geschwistern nun Paare auswählt, gibt es folgende Möglichkeiten:
    AA × AA   AA × Aa   AA × aa
    Aa × Aa   Aa × aa   aa × aa
Es gibt also *nur 6 Möglichkeiten*, Partner, deren genetische Konstitution ich gar nicht zu kennen brauche und gar nicht in bezug auf alle Gene untersuchen könnte, für die weitere Fortpflanzung auszuwählen. In 2 von 6 Fällen werde ich Homozygote auswählen und zur Fortpflanzung bringen, in 4 von 6 Fällen werden unter den Nachkommen wieder Heterozygote entstehen, bei denen ich wieder ein Geschwisterpaar auswählen kann in der

Abb. 2.63. Kreuzung zwischen Heterozygoten (Aa) unter Berücksichtigung der Häufigkeit der Gameten und Genotypen.

Abb. 2.64. Kreuzungsquadrat unter Berücksichtigung der dominanten (A4, A5, A10) und rezessiven (a7) Allelformen.

Hoffnung, zwei gleichartig homozygote Partner zu finden. Nach der Wahrscheinlichkeitsrechnung muß ich dies 2/6mal tun; bei Stämmen, die nur das Gen A besitzen, ist die Wahrscheinlichkeit bei dieser Zuchtwahl 1/6.

Wenn ich die homozygot Rezessiven erkennen kann und sie von der weiteren Fortpflanzung ausschließe, werde ich nur mit Paaren arbeiten, die das dominante Merkmal A zeigen. Dabei wird es mir in einem von drei Fällen gelingen, homozygote Träger des dominanten Gens A auszuwählen, das heißt nach durchschnittlich drei Generationen werde ich das Gen A selektiert haben. Ich kann also nach durchschnittlich drei Generationen ausschließlicher Geschwisterpaarung (Inzucht = Inbreeding) das Gen a »loswerden«. Dieses eine Beispiel gilt natürlich auch für alle übrigen Gene, auch wenn es sich um Zehntausende handelt, denn ein solches Gen wird immer in dem einen oder anderen Allel vorliegen, und in eine Kreuzung kann ich (bei einem diploiden Organismus) nicht mehr als 4 Allele einbringen.

Nehmen wir an, daß es bei Organismen der gleichen Fortpflanzungsgemeinschaft von einem Gen insgesamt 12 stille Mutationen gibt, welche die Funktionsfähigkeit des Gens, das heißt die Produktion eines funktionsfähigen Proteins nicht beeinträchtigen und daß es in der gleichen Population im homologen Gen auf den homologen Chromosomen 9 nachteilige Mutationen gibt, die zu einem funktionslosen Protein führen. Für unsere Überlegungen ist es belanglos, wieviele Mutanten der einen oder anderen Form – Punktmutationen, Deletionen usw. – es tatsächlich gibt. Der homozygote Zustand aa sei letal, der heterozygote Zustand Aa lebensfähig.

Unabhängig von der Funktionsfähigkeit eines bestimmten Allels kann ich zu einer Kreuzung jeweils nur 4 Allele auswählen. Nehmen wir z. B. an, ich hätte die Allele $A^5 a^7 \times A^4 A^{10}$ ausgewählt. Im Kreuzungsquadrat ergeben sich damit 4 mögliche Nachkommen (Abb. 2.64). Unter diesen Nachkommen werde ich ein Paar zur Weiterzucht auswählen, das heißt von den insgesamt 10 möglichen Geschwisterpaarungen werde ich eine realisieren. Wenn ich dabei z. B. $A^5 A^{10} \times A^{10} a^7$ wähle, habe ich das Gen A^4 bereits verloren und nur noch die Gene A^5, a^7 und A^{10}.

Bei fortgesetzter Geschwisterpaarung unter den Nachkommen muß es früher oder später passieren, daß alle Allele bis auf identische verlorengehen. Mit Würfeln kann man diese Zufallspaarungen »durchspielen«: man numeriert die möglichen Geschwisterpaarungen und wählt dann durch Würfeln eine bestimmte aus.

Diese Beispiele lassen sich weiterführen oder auch für alle möglichen Kombinationen durchrechnen. Man wird feststellen, daß man nach Inzucht über mehrere Generationen mit großer Wahrscheinlichkeit zu einer *genetisch reinen Linie* kommt, weil man rein zufällig Genotypen bei der Auswahl der Geschwisterpaare verlieren muß. Dieses Schema gilt für jede Inzucht, ganz gleich, wieviele Allele von jedem Gen vorhanden sind, denn mit der ersten Geschwisterpaarung wird die Zahl der möglichen Allele auf 4 reduziert. Und dies gilt natürlich nicht nur für ein Gen, sondern für den gesamten Genbestand eines diploiden Organismus.

Verwandtenehe

Für die meisten Völker ist es ein Tabu, Verwandte zu heiraten, und die meisten Religionen haben Ehen zwischen Verwandten untersagt. Es ist offenkundig eine angeborene Eigenschaft von *Homo sapiens,* diejenigen Individuen zu meiden, mit denen man aufgewachsen ist. Wo Verwandtenehe vorkam, wurde sie unter erheblichem Druck durch Religion, Gesellschaft oder Staat erzwungen.

Durch die Vermeidung von Verwandtenehen ist es zu einem hohen Grad von Heterozygotie in der menschlichen Population gekommen, das heißt, daß wir alle eine ganze Anzahl *rezessiv nachteiliger Mutationen (genetische Bürde)* tragen, die bei Ehen unter nahen Verwandten mit hoher Wahrscheinlichkeit zu homozygot-rezessivem, das heißt erbkrankem Nachwuchs führen müssen. Warum das so ist, werden wir im folgenden erörtern.

Tabelle 2.6. Anzahl der notwendigen Ahnen der weißen Europäer und Amerikaner (Kaukasier) bei Annahme der Nichtverwandtschaft.

Jahr	Generationen	Theoretische Zahl von Vorfahren
1975	1	200 Millionen
1950	2	400 Millionen
1925	3	800 Millionen
1900	4	1 600 Millionen
1800	8	25 600 Millionen
1700	12	409 600 Millionen
1500	20	$1{,}05 \cdot 10^{14}$
1000	40	ca. 10^{20}
0	80	ca. 10^{32}
–3000	200	ca. 10^{68}

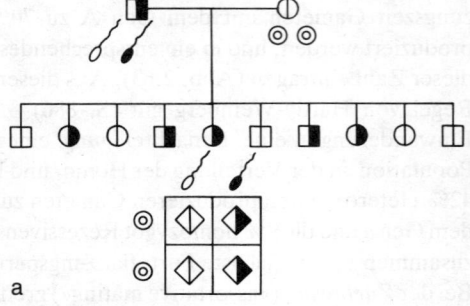

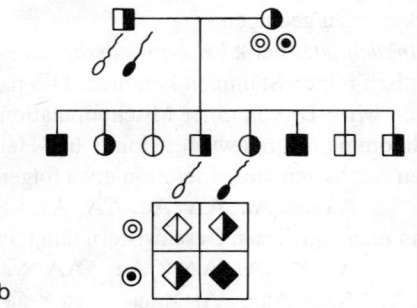

Abb. 2.65. Weitergabe einer Mutation an die Hälfte der Nachkommen (a) und Auftreten von homozygot Rezessiven bei Nachkommenschaft von Heterozygoten-Paaren (b). Hell sind die Spermien und Eier mit dem normalen Gen gezeichnet.

Zuvor noch eine Überlegung zur gängigen Meinung, daß alle Menschen, die sich nicht kennen, auch nicht miteinander verwandt seien.

In Europa und Nordamerika, das ja zum größten Teil von Europäern besiedelt wurde, gibt es heute rund 200 Millionen Kinder. Nachdem das Bevölkerungswachstum in Europa und Nordamerika mehr oder weniger stagniert, leben diese 200 Millionen Kinder in 100 Millionen Familien mit 200 Millionen Eltern. Jeder von uns hat 2 Eltern, 4 Großeltern, 8 Urgroßeltern und so fort; diese 200 Millionen Eltern der Kinder müßten also, wenn wir eine Generationsdauer von 25 Jahren annehmen (was zwar für heute nicht mehr ganz richtig ist, für früher aber etwa stimmt), 400 Millionen Großeltern im Jahre 1950 und 800 Millionen Urgroßeltern im Jahre 1925 haben. An Ahnen dieser jetzt lebenden Kinder müßten es im Jahr 1900, also vor 4 Generationen, bereits 1,6 Milliarden sein, und um 1800, also vor etwa 8 Generationen, müßten etwa 25,6 Milliarden Weiße (Gesamtzahl aller Menschen 1987 ca. 5,5 Milliarden) gelebt haben, wenn keine Verwandtschaft unter diesen Ahnen bestünde. Im Jahre 1500, also vor der Besiedlung Nordamerikas durch die Weißen (Kaukasier), müßte die Bevölkerung in Europa etwa 1000 Milliarden umfaßt haben und um Christi Geburt müßten es ca. 10^{32} gewesen sein (Tab. 2.6).

Alle Europäer – das gilt aber auch für andere Rassen – müssen also in einem *geringeren oder höheren Maß miteinander verwandt* sein.

Überlegen wir nun, welche Konsequenzen es hat, wenn mutierte Keimzellen des Menschen weitergegeben werden.

Wie aus Abbildung 2.65 zu ersehen ist, wird der Träger einer Mutation Keimzellen bilden, die zur Hälfte das mutierte, zur Hälfte das normale »Wildtyp«gen tragen. Wegen der Seltenheit von Mutationen wird er mit einer Partnerin verheiratet sein, die keine gleichartige Mutation im homologen Gen besitzt. Nun wird die Hälfte der Nachkommen des Mutationsträgers wiederum das mutierte Gen in heterozygoter Form besitzen; bei 10 Kindern wären das also im Durchschnitt 5.

Im Falle von Nichtverwandtenehe (»outbreeding«) werden diese Kinder mit höchster Wahrscheinlichkeit Partner heiraten, die ebenfalls dieses mutierte Gen nicht besitzen, und dementsprechend verringert sich die relative Zahl der Heterozygoten mit dem mutierten Gen unter den Nachkommen dieser Kinder auf ein Viertel, während die absolute Zahl in der Gesamtpopulation weiter steigt (Tab. 2.7).

Im Falle der Ehen unter Nichtverwandten wird die Zahl der Genträger in jeder Generation halbiert; der Anteil der Heterozygoten nimmt also nach $(1/2^n)$ ab.

Wenn zwei für das gleiche Gen Heterozygote einander heiraten, werden die Nachkommen zu drei verschiedenartigen Genotypen, in einem Zahlenverhältnis von 1:2:1, gehören (Abb. 2.65 b).

Wenn die Mutation, die wir oben behandelt haben, eine nachteilige ist (was in den meisten Fällen zutrifft), dann wird der Heterozygote zwar überleben können, aber nicht der für das nachteilige rezessive Gen Homozygote. Unter den Nachkommen eines Überträgers eines nachteiligen rezessiven Gens wird es in der dritten Generation z.B. 1/8 Heterozygote geben, d.h. bei 40 Nachkommen sind durchschnittlich 5 heterozygot. Nehmen wir nun eine Verwandtenehe unter diesen Nachkommen an, dann hat jeder Heterozygote (Aa) die Möglichkeit, Nichtüberträger (AA) oder Überträger (Aa) zu heiraten; aus der Einzelwahrscheinlichkeit (1/8) ergibt sich, daß in einem von vierundsechzig Fällen (1/8 × 1/8 = 1/64) Heterozygote dieser Verwandtschaft einander heiraten. Da nun in dieser Ehe zwei Heterozygote für das gleiche nachteilige Gen zusammengekommen sind, können in dieser Ehe 1/4 homozygot Rezessive für dieses Gen entstehen und damit die entsprechende Erbkrankheit manifest werden lassen.

In der 6. Generation ist dies, wie aus Tabelle 2.7 ersichtlich ist, nur in einem von 4096 Fällen der Fall, d.h. die Wahrscheinlichkeit, daß unter den Nachkommen eines heterozygoten Überträgers zwei Verwandte mit dem gleichen defekten Gen in einer Heirat zusammenkommen, ist nur noch $2,44 \times 10^{-4}$. Die Wahrscheinlichkeit, daß zwei heterozy-

Tabelle 2.7. Abnahme der relativen Anzahl von Heterozygoten (P_h) bei fortgesetzter Zeugung von Nachkommen mit homozygot Dominanten. Die Wahrscheinlichkeit, daß in dieser Nachkommenschaft zwei Heterozygote zusammenfinden (H_h), nimmt mit $(1/4)^n$ ab.

Generation	P_h = Häufigkeit von Heterozygoten	H_h = Wahrscheinlichkeit, daß 2 Heterozygote zusammenfinden
1.	$\frac{1}{2} = 0,5$	$\frac{1}{4} = 0,25$
2.	$\frac{1}{4} = 0,25$	$\frac{1}{16} = 0,0625$
3.	$\frac{1}{8} = 0,125$	$\frac{1}{64} = 0,0156$
4.	$\frac{1}{16} = 0,0625$	$\frac{1}{256} = 0,003906$
5.	$\frac{1}{32} = 0,03125$	$\frac{1}{1024} = 9,765 \times 10^{-4}$
6.	$\frac{1}{64} = 0,0156$	$\frac{1}{4096} = 2,44 \times 10^{-4}$
7.	$\frac{1}{128} = 0,00781$	$\frac{1}{16384} = 6,104 \times 10^{-5}$
8.	$\frac{1}{256} = 0,003906$	$\frac{1}{65536} = 1,526 \times 10^{-5}$
9.	$\frac{1}{512} = 0,001953$	$\frac{1}{262144} = 3,815 \times 10^{-6}$
n.	$\frac{1}{2^n}$	$\frac{1}{2^{2n}} = \left(\frac{1}{2^2}\right)^n = \left(\frac{1}{4}\right)^n$

gote Träger des gleichen Gendefektes in einer absteigenden Verwandtschaftslinie einander heiraten, entspricht 1/2 · (1/2) = (1/4).
Da die Zahl der homozygot rezessiven Nachkommen im Schnitt 1/4 beträgt, ist die Zahl der zu erwartenden Homozygoten

$$1/4 \cdot 1/2^{2n} \quad \text{oder} \quad 1/4 \cdot (1/4)^n.$$

Die Zahl der zu erwartenden erbkranken Kinder nimmt also sehr rasch ab und erreicht sehr bald, wie aus der Abbildung 2.66 zu ersehen ist, das Niveau der in der menschlichen Population auftretenden homozygot erbkranken Kinder bei nicht nachweisbarer Verwandtenehe. Für die Phenylketonurie gilt etwa, daß bei einer unter 12000 Geburten eine homozygot rezessive, nachteilige Genkombination entstanden ist, weil zufällig zwei Partner zusammengefunden hatten, die für dieses Gen heterozygot waren. Bei Verwandtenehen tritt dieser Fall bis zur 5. Generation weitaus häufiger auf und erreicht erst mit der 6. Generation ein Niveau, das die Schlußfolgerung erlaubt, daß von dieser Generation an die Wahrscheinlichkeit, einen nicht verwandten heterozygoten Überträger aus der Population zu heiraten, bereits ebenso groß oder größer ist.

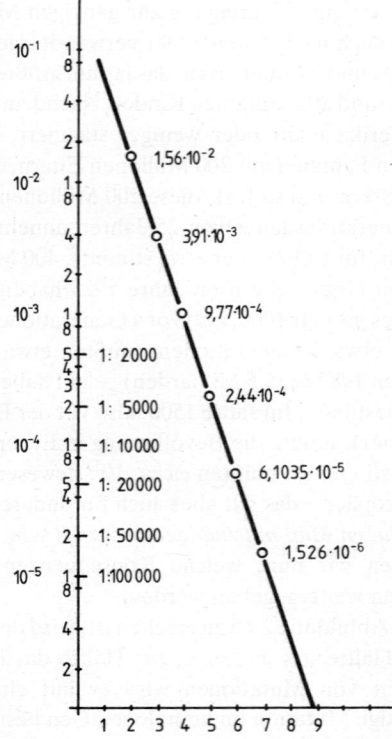

Abb. 2.66. Anzahl der durchschnittlich auftretenden homozygot Rezessiven (erbkranke Kinder) bei Verwandtenehen. Abszisse: Generationen; Ordinate: Anzahl in logarithmischer Skalierung. Für die Phenylketonurie, die in Europa mit einer Häufigkeit von rund 1:12000 auftritt, wird diese Wahrscheinlichkeit erst nach der 5. Generation der Verwandtenehe unterboten – vorher ist sie höher!

2.8 Rekombination und Genkartierung

Da bei Bakterien ein Gentransfer in der Konjugation (S. 197f.; vgl. S. 277) nachgewiesen wurde und da die Empfängerstämme transferierte Gene auch in ihr Genom aufnehmen können, wird möglicherweise das transferierte Gen gegen das homologe ausgetauscht. Dies führt zu einer *Rekombination* in der Merozygote. Eine *Merozygote* ist eine nur teilweise diploide Zelle: sie enthält das eigene haploide Genom und jenen Teil des transferierten Genoms, der bis zum Abbruch der Konjugation vom Hfr-Bacterium übertragen worden war (S. 198f.).
Homologe Chromosomen von Eukaryoten »paaren« sich in den ersten Stadien der Meiose (S. 169f.). Nach Crossing over und *Stückaustausch* zwischen *Chromatiden* homologer Chromosomen kommt es zu einer *Kombination von Chromosomenarmen* und Stücken davon (Abb. 2.67). Damit werden unterschiedlich große Teile einer Chromatide (eines Tochterchromosoms) von 1 und 1′ miteinander kombiniert. Dadurch, daß die homologen Chromosomen – sie stammen von der väterlichen bzw. mütterlichen Fortpflanzungszelle, also von genetisch oft unterschiedlichen Organismen – verschiedene Allele tragen können, kommt es zu einer Kombination von Allelen des Chromosoms 1 und Chromosoms 1′. Die Rekombination der Gene in Nichtschwesterchromatiden ist genetisch nachweisbar, wenn die Chromosomen 1 und 1′ verschiedene Allele besitzen und wenn z. B. die Gene A und C des Chromosoms 1 und a und c des Chromosoms 1′ nach der Meiose zu Ac und aC rekombiniert sind und die nach der Meiose entstandenen Genotypen in den Fortpflanzungszellen ABCD, ABcd, abCD und abcd sind. Es wird angenommen (!), daß *Crossovers an beliebigen Stellen* des Chromosoms vorliegen können (Abb. 2.68). Daraus ergibt sich, daß Gene, die nahe beisammen liegen, in den meisten Fällen »gekoppelt« bleiben, wohingegen Gene, die weit voneinander entfernt sind, in den meisten Fällen erst *nach Koppelungsbruch rekombiniert* sind. Die *Gene einer Koppelungsgruppe* – abgesehen von Ausnahmen wie Translokationen – müssen *auf einem Chromosom* liegen. Von vielen Organismen wissen wir, welche Gene zu einer Koppelungsgruppe gehören und deswegen auf einem Chromosom liegen müssen, wenn wir auch oft nicht wissen, auf welchem Chromosom. Die *Zahl der Koppelungsgruppen* entspricht natürlich der haploiden *Zahl von Chromosomen* in einer Zelle.

2.8 Rekombination und Genkartierung

Tabelle 2.8. Rekombination dreier geschlechtschromosomaler Gene von *Drosophila*. *cv* = crossveinless, *ec* = echinus, *sc* = scute. (Aus Strickberger)

$$P_1^*: \frac{ec\ sc\ cv}{ec\ sc\ cv}\ ♀ \times +++\ ♂$$

$$F_1: \frac{+++}{ec\ sc\ cv}\ ♀ \times ec\ sc\ cv\ ♂$$

F$_2$-Phänotypen	F$_2$-Genotypen ♂	♀	Anzahl	
echinus scute crossveinless	*ec sc cv*	$\frac{ec\ sc\ cv}{ec\ sc\ cv}$	934	$\left.\begin{array}{c}\\ \\\end{array}\right\}$ $\frac{2108}{2635} \times 100 = 80{,}0\%$ Nichtrekombinanten
Wildtyp	+ + +	$\frac{+++}{ec\ sc\ cv}$	1174	
scute	+ *sc* +	$\frac{+\ sc\ +}{ec\ sc\ cv}$	140	$\left.\begin{array}{c}\\ \\\end{array}\right\}$ $\frac{239}{2635} \times 100 = 9{,}1\%$ Rekombinanten *ec ··· sc*
echinus crossveinless	*ec* + *cv*	$\frac{ec\ +\ cv}{ec\ sc\ cv}$	99	
crossveinless	+ + *cv*	$\frac{+\ +\ cv}{ec\ sc\ cv}$	124	$\left.\begin{array}{c}\\ \\\end{array}\right\}$ $\frac{288}{2635} \times 100 = 10{,}9\%$ Rekombinanten *ec ··· cv*
echinus scute	*ec sc* +	$\frac{ec\ sc\ +}{ec\ sc\ cv}$	164	
			2635	

Wenn bei Untersuchung einer genügend großen Anzahl von Nachkommen in der F$_2$-Generation nach einer Rückkreuzung keine 1:1 Aufspaltung gefunden wird, läßt sich sagen, daß die beiden Gene auf einem Chromosom liegen. Es läßt sich auch ihr relativer Abstand angeben, weil Gene, die weit voneinander entfernt liegen, fast immer ausgetauscht werden (Abb. 2.68). Dies ermöglicht die *Aufstellung von Genkarten*, welche die *relativen Abstände* der Gene auf einem Chromosom wiedergeben. Das Aufstellen von Genkarten beruht natürlich auf der Annahme, daß die Crossovers keine bevorzugten Stellen auf dem Chromosom haben, das heißt, daß sie nicht an manchen Stellen häufiger vorkommen.

Das Prinzip der Aufstellung einer Genkarte läßt sich mit X-chromosomalen Genen von *Drosophila* leicht erklären (Tab. 2.8). Die Mutante *echinus* (*ec*) hat rauhe Augen, *scute* (*sc*) fehlen bestimmte Borsten und *crossveinless* (*cv*) fehlt eine Querader im Flügel. Neben 80% Nichtrekombinanten (elterliche Typen) wurden 9,1% Rekombinanten zwischen *ec* und *sc* gefunden, 10,9% zwischen *ec* und *cv* und 20% zwischen *sc* und *cv*. Die relative Lage der Gene läßt sich daher, wie in Abbildung 2.69 gezeigt, angeben.

1% Rekombinationshäufigkeit ist eine Morgan-Einheit (ME); 0,01% entspricht einem Centi-Morgan. *ec* und *cv* sind also 20 ME voneinander entfernt. Entfernung der Gene in

$$ME = \frac{\text{Zahl der Rekombinanten} \times 100}{\text{Gesamtzahl der Nachkommen}}.$$

Bei großen Genabständen wird die Berechnung der ME ungenau, weil ein doppeltes Crossover Nichtrekombination ergibt (Abb. 2.70). Zur Ermittlung von doppelten Cross-

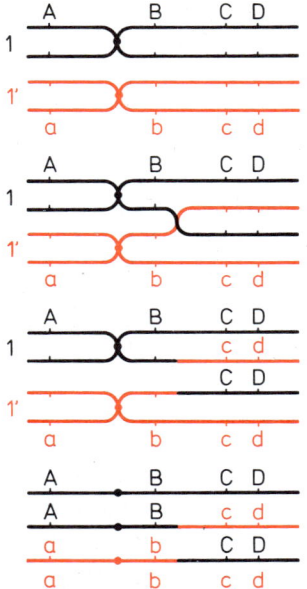

Abb. 2.67. Crossing over und Stückaustausch zwischen zwei Chromatiden homologer Chromosomen. *1* ist von einem Elter, *1'* vom anderen; sie unterscheiden sich durch die Allele A-a, B-b usw. Die Chromosomen sind wie immer in der Pro- und Metaphase verdoppelt, haben also 2 Chromatiden. Nach der Meiose treten neben den elterlichen Typen wie in *1* bzw. *1'* auch Rekombinanten auf: ABcd und abCD.

Tabelle 2.9. Austauschhäufigkeiten bei Berücksichtigung von Doppelcrossovers. Für solche Feststellungen müssen oft Zehntausende Nachkommen untersucht werden! (Aus Strickberger)

$$F_1: \frac{+\ ec\ +}{sc\ +\ cv}\ \female \times sc\ ec\ cv\ \male$$

F_2-Phänotypen	F_2-Genotypen ♂	♀	Anzahl		
echinus	+ ec +	$\frac{+\ ec\ +}{sc\ ec\ cv}$	8.576	$\frac{17.384}{20.785} = 83{,}64\%$	Nichtrekombinanten
scute crossveinless	sc + cv	$\frac{sc\ +\ cv}{sc\ ec\ cv}$	8.808		
scute echinus	sc ec +	$\frac{sc\ ec\ +}{sc\ ec\ cv}$	681	$\frac{1397}{20.785} = 6{,}72\%$	Rekombinanten $sc \cdots ec$
crossveinless	+ + cv	$\frac{+\ +\ cv}{sc\ ec\ cv}$	716		
echinus crossveinless	+ ec cv	$\frac{+\ ec\ cv}{sc\ ec\ cv}$	1.002	$\frac{1999}{20.785} = 9{,}62\%$	Rekombinanten $ec \cdots cv$
scute	sc + +	$\frac{sc\ +\ +}{sc\ ec\ cv}$	997		
scute echinus crossveinless	sc ec cv	$\frac{sc\ ec\ cv}{sc\ ec\ cv}$	4	$\frac{5}{20.785} = {,}02\%$	Doppelcrossover $sc \cdots ec \cdots cv$
Wildtyp	+ + +	$\frac{+\ +\ +}{sc\ ec\ cv}$	1		
			20.785		

Rekombinationshäufigkeiten: sc-ec = 6,72 + 0,02 = 6,74
ec-cv = 9,62 + 0,02 = 9,64
sc-cv = 6,72 + 9,62 + 2 · 0,02 = 16,38

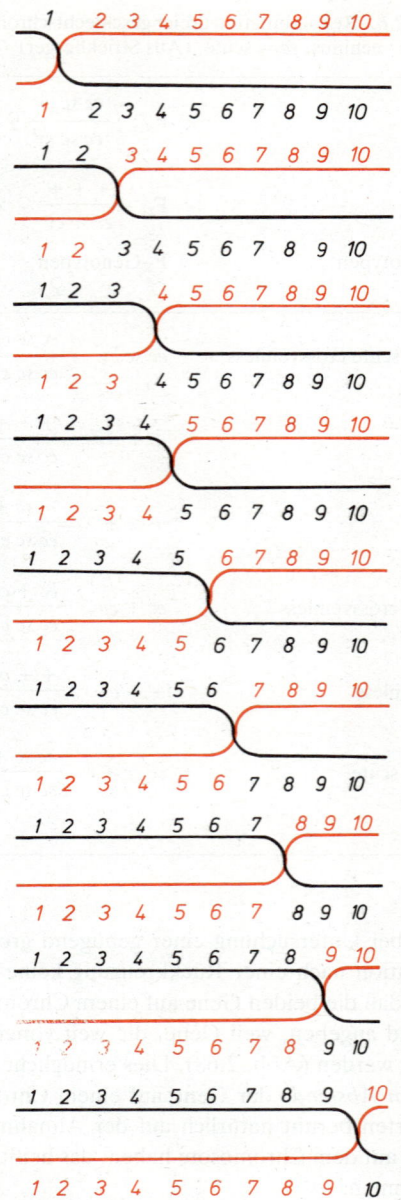

Abb. 2.68. Schematische Darstellung der Möglichkeiten, ein Crossing over zwischen zwei Chromatiden auszubilden. Zur Verdeutlichung wurde eine Bezifferung von 1–10 gewählt. Während die Genorte 1 und 10 in jedem Fall ausgetauscht werden, geschieht dies zwischen eng benachbarten nur in einem von 10 Fällen, z. B. zwischen 6 und 7.

overs bei nicht weit voneinander entfernten Genen muß eine sehr große Zahl von Nachkommen untersucht werden, wie Tabelle 2.9 zeigt. Diese Tabelle zeigt überdies die statistisch begründeten beträchtlichen Schwankungen bei Abschätzung der ME. Eine »endgültige« Chromosomenkarte kann es also nach Untersuchung von Austauschhäufigkeiten nicht geben, nur mehr oder weniger genaue in Abhängigkeit von der Zahl der Experimente und untersuchten Nachkommen.

Auch für Autosomen lassen sich Austauschhäufigkeiten leicht ermitteln, wie die Abbildung 2.71 zeigt. Aus zahlreichen solchen Untersuchungen läßt sich dann eine mehr oder weniger genaue Karte für das Gesamtgenom von *Drosophila* zusammenstellen (Abb. 2.72).

```
—sc——9,1——ec—
        —ec——10,9——cv—           —sc——9,1——ec——10,9——cv—
—sc————20,0————cv—
a                                  b
```

Abb. 2.69. Relative Lage der Gene sc, ec und cv bei Drosophila (a) und Zusammenfassung in einem Ausschnitt aus der Genkarte (b). (Aus Strickberger)

Ein besonders günstiges Objekt für die Untersuchung von Rekombinationshäufigkeiten ist ein Ascomycet wie *Neurospora* (Abb. 2.73). Der schlauchförmige Ascus (S. 279) zwingt die Meiosekerne in lineare Anordnung. Dies erlaubt, die haploiden Sporen in ihrer Entstehung zurückzuverfolgen und Häufigkeiten der einzelnen Crossovertypen zu ermitteln (Abb. 2.74).

Für die Lokalisierung von Genen auf Chromosomen des Menschen brachten die Mensch-Maus Zellhybriden einen großen Fortschritt. Man kann Zellen von Mäusen und solche von Menschen miteinander zur Verschmelzung bringen, z. B. Tk⁻-Zellen der Maus – defizient für Thymidinkinase (S. 259) – und normale diploide Zellen von *Homo*. Die Hybridzellen sind damit Tk⁺, können also Thymidinkinase bilden. In den Mensch-Maus-Hybriden werden die Chromosomen des Menschen nach und nach ausgestoßen oder resorbiert, bis ein ganzes oder ein Fragment eines Menschenchromosoms übrig bleibt. Seitdem man durch die HAT-Selektion (S. 260) Tk⁺-Zellen gut isolieren kann, isoliert man letztlich jene Hybridzellen, die ein Chromosom des Menschen mit dem Gen für Thymidinkinase enthalten. Damit ist das Gen einem Chromosom zuzuordnen.

Repetetive Sequenzen z. B. der Gene für rRNAs können auch durch Hybridisierung radioaktiver RNA oder der entsprechenden cDNA an Chromosomen nachgewiesen werden (Abb. 2.75).

Singuläre Gene durch Autoradiographie von Chromosomen nachzuweisen, ist schwer möglich. Ein Gen kann jeweils nur 1 Molekül komplementärer, radioaktiv markierter DNA oder RNA binden; d.h. es wird zu wenig Radioaktivität an ein einzelnes Gen gebunden, um eine Autoradiographie machen zu können. Die Zerfälle in markierten Einzelmolekülen sind selten und die meisten davon erreichen gar nicht den Film. Die Bindung von »Verstärker«-Molekülen mit vielen radioaktiven Gruppen oder Fluorochromen erscheint erfolgversprechend.

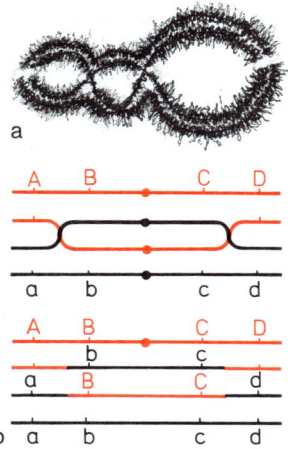

Abb. 2.70. (a) Bivalente (gepaarte homologe Chromosomen) aus der Spermatogenese von Corthippus. Der Verlauf der einzelnen Chromatiden ist gut zu verfolgen. (b) Schema eines Doppelcrossovers.

Abb. 2.71. Austauschhäufigkeiten zweier autosomaler Gene von Drosophila. A bezeichnet das dominante Allel für graue Körperfarbe, a für schwarzbraune; F für lange, f für Stummelflügel. Hier ist anstelle der bei den Drosophila-Genetikern üblichen Abkürzungen für Gene die Mendelsche gewählt worden. (Aus Kühn)

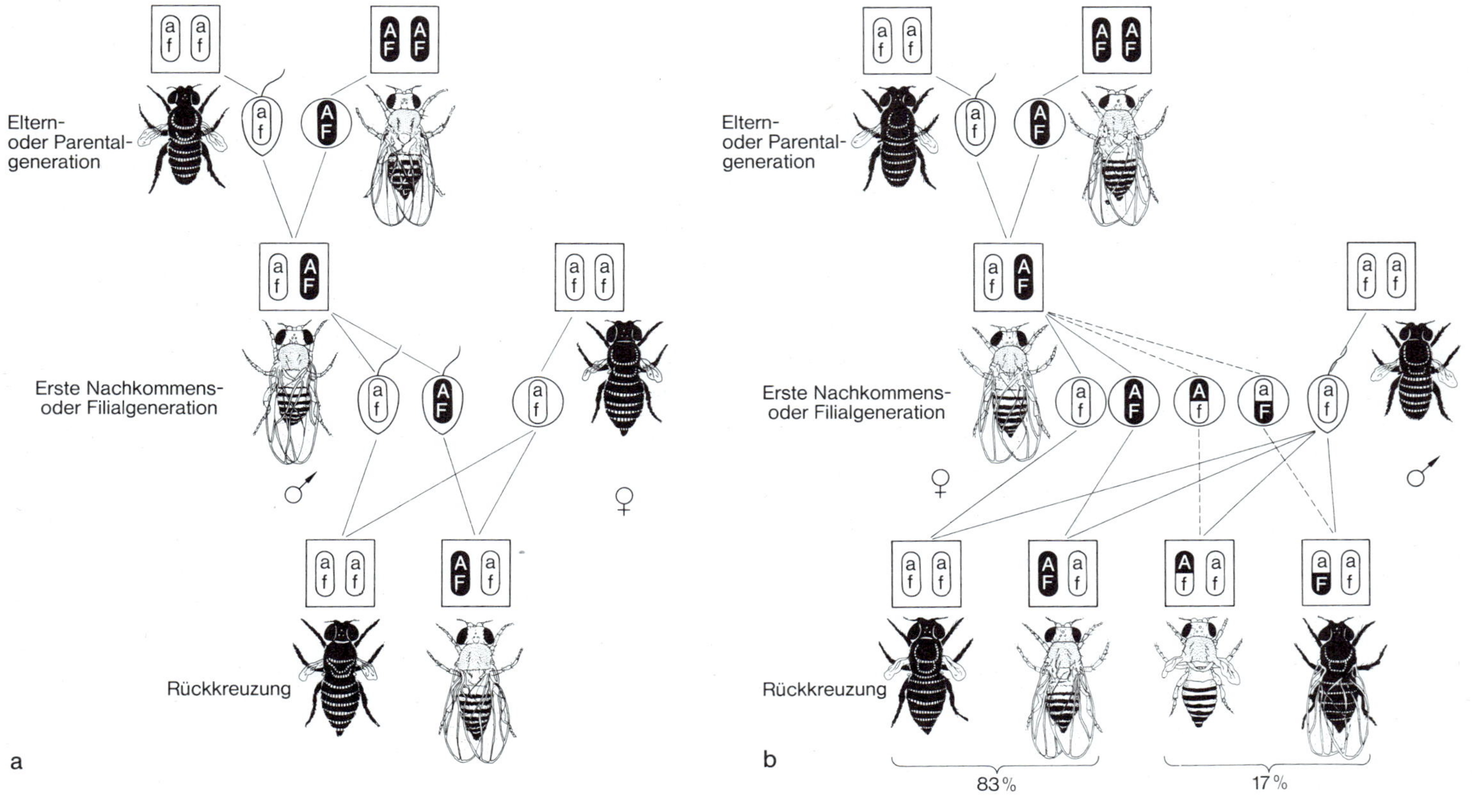

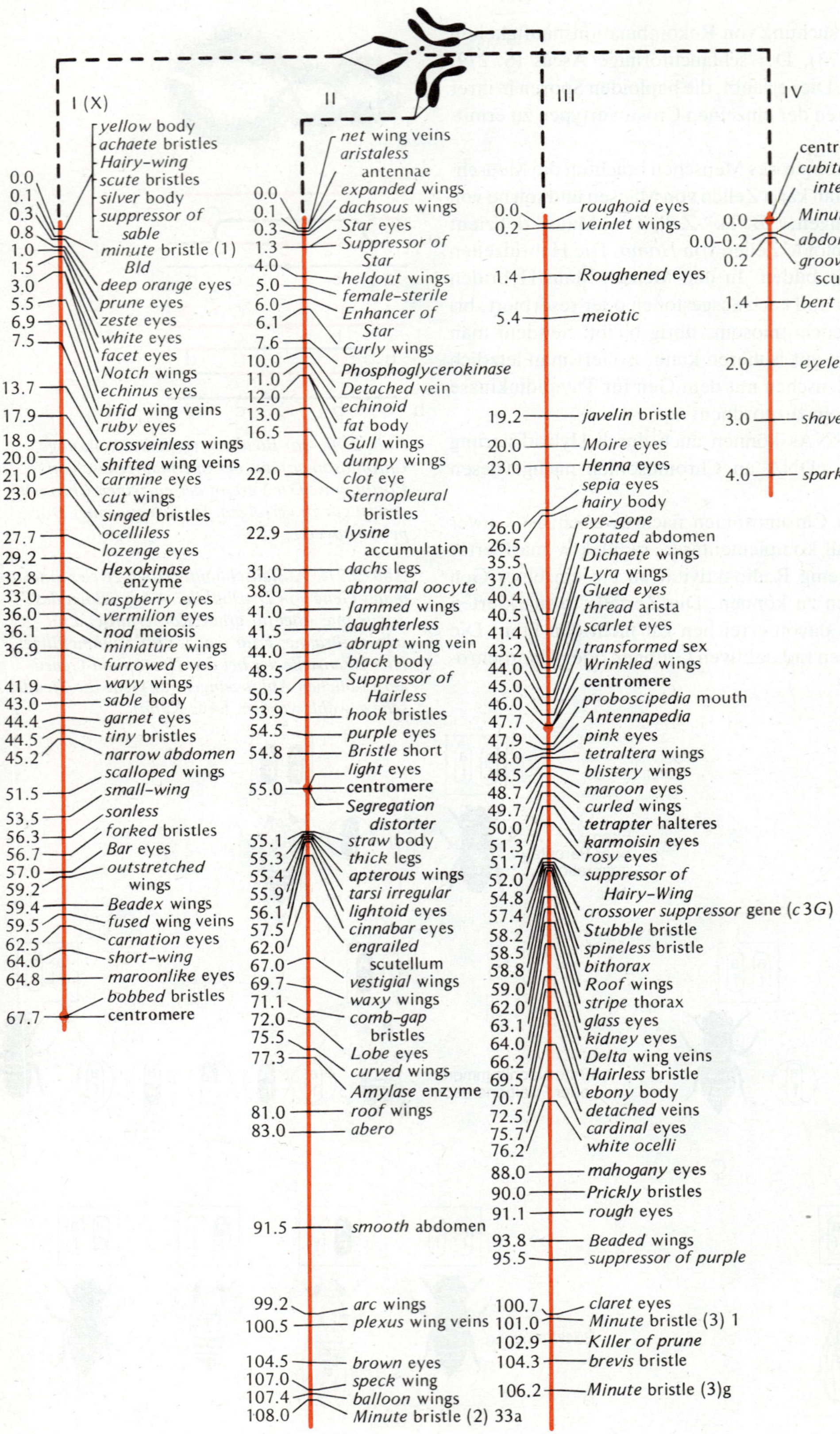

220 Genetik

Chromosom I (X)

Position	Gen
0.0	yellow body
	achaete bristles
	Hairy-wing
0.1	scute bristles
0.3	silver body
0.8	suppressor of sable
1.0	minute bristle (1)
1.5	Bld
3.0	deep orange eyes
5.5	prune eyes
6.9	zeste eyes
7.5	white eyes
	facet eyes
	Notch wings
13.7	echinus eyes
17.9	bifid wing veins
	ruby eyes
18.9	crossveinless wings
20.0	shifted wing veins
21.0	carmine eyes
23.0	cut wings
	singed bristles
27.7	ocelliless
29.2	lozenge eyes
	Hexokinase enzyme
32.8	
33.0	raspberry eyes
36.0	vermilion eyes
36.1	nod meiosis
36.9	miniature wings
	furrowed eyes
41.9	wavy wings
43.0	sable body
44.4	garnet eyes
44.5	tiny bristles
45.2	narrow abdomen
	scalloped wings
51.5	small-wing
53.5	sonless
56.3	forked bristles
56.7	Bar eyes
57.0	outstretched wings
59.2	
59.4	Beadex wings
59.5	fused wing veins
	carnation eyes
62.5	short-wing
64.0	
64.8	maroonlike eyes
	bobbed bristles
67.7	centromere

Chromosom II

Position	Gen
0.0	net wing veins
	aristaless antennae
	expanded wings
0.1	dachsous wings
0.3	Star eyes
1.3	Suppressor of Star
4.0	heldout wings
5.0	female-sterile
6.0	Enhancer of Star
6.1	
7.6	Curly wings
10.0	Phosphoglycerokinase
11.0	Detached vein
12.0	echinoid
13.0	fat body
16.5	Gull wings
	dumpy wings
22.0	clot eye
	Sternopleural bristles
22.9	lysine accumulation
31.0	dachs legs
38.0	abnormal oocyte
41.0	Jammed wings
41.5	daughterless
44.0	abrupt wing vein
	black body
48.5	Suppressor of Hairless
50.5	hook bristles
53.9	purple eyes
54.5	Bristle short
54.8	light eyes
55.0	centromere
	Segregation distorter
55.1	straw body
55.3	thick legs
55.4	apterous wings
55.9	tarsi irregular
56.1	lightoid eyes
57.5	cinnabar eyes
62.0	engrailed scutellum
67.0	vestigial wings
69.7	waxy wings
71.1	comb-gap bristles
72.0	
75.5	Lobe eyes
77.3	curved wings
	Amylase enzyme
81.0	roof wings
83.0	abero
91.5	smooth abdomen
99.2	arc wings
100.5	plexus wing veins
104.5	brown eyes
107.0	speck wing
107.4	balloon wings
108.0	Minute bristle (2) 33a

Chromosom III

Position	Gen
0.0	roughoid eyes
0.2	veinlet wings
1.4	Roughened eyes
5.4	meiotic
19.2	javelin bristle
20.0	Moire eyes
23.0	Henna eyes
	sepia eyes
	hairy body
26.0	eye-gone
26.5	rotated abdomen
35.5	Dichaete wings
37.0	Lyra wings
40.4	Glued eyes
40.5	thread arista
41.4	scarlet eyes
43.2	transformed sex
44.0	Wrinkled wings
45.0	centromere
46.0	proboscipedia mouth
47.7	Antennapedia
47.9	pink eyes
48.0	tetraltera wings
48.5	blistery wings
48.7	maroon eyes
49.7	curled wings
50.0	tetrapter halteres
51.3	karmoisin eyes
51.7	rosy eyes
52.0	suppressor of Hairy-Wing
54.8	crossover suppressor gene (c3G)
57.4	Stubble bristle
58.2	spineless bristle
58.5	bithorax
58.8	
59.0	Roof wings
62.0	stripe thorax
63.1	glass eyes
64.0	kidney eyes
66.2	Delta wing veins
69.5	Hairless bristle
70.7	ebony body
72.5	detached veins
75.7	cardinal eyes
76.2	white ocelli
88.0	mahogany eyes
90.0	Prickly bristles
91.1	rough eyes
93.8	Beaded wings
95.5	suppressor of purple
100.7	claret eyes
101.0	Minute bristle (3) 1
102.9	Killer of prune
104.3	brevis bristle
106.2	Minute bristle (3)g

Chromosom IV

Position	Gen
	centromere
	cubitus-interruptus vein
0.0	Minute bristle (4)
0.0-0.2	abdomen rotatum
0.2	grooveless scutellum
1.4	bent wings
2.0	eyeless
3.0	shaven bristles
4.0	sparkling eyes

Abb. 2.72. Ausschnitt aus der Genkarte von Drosophila. Oben sind die normalen Metaphasechromosomen, bevor sie sich zu polytänen Riesenchromosomen entwickeln, wiedergegeben. Das Chromosom I ist das X-Chromosom. Daß die einzelnen Koppelungsgruppen (Chromosomen) mehr als 100 Morgan-Einheiten (ME) umfassen, geht auf die Ungenauigkeiten bei der Bestimmung der relativen Genabstände zurück. (Aus Strickberger)

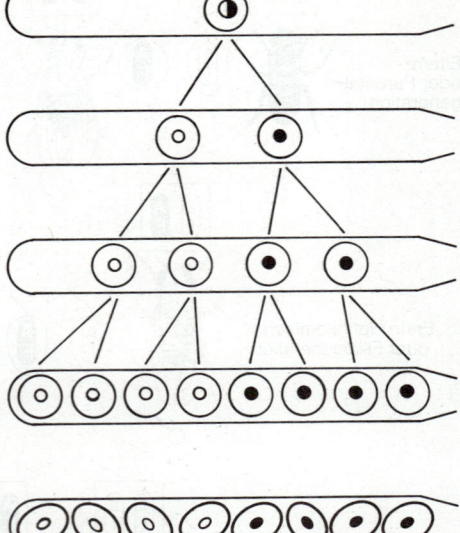

Abb. 2.73. Entwicklung der Ascosporen in den Schläuchen (Asci) von Neurospora im Laufe der Meiose. Durch die lineare Anordnung der Meioseprodukte läßt sich die Lage der Crossing overs rekonstruieren, wie in Abbildung 2.72 gezeigt wird.

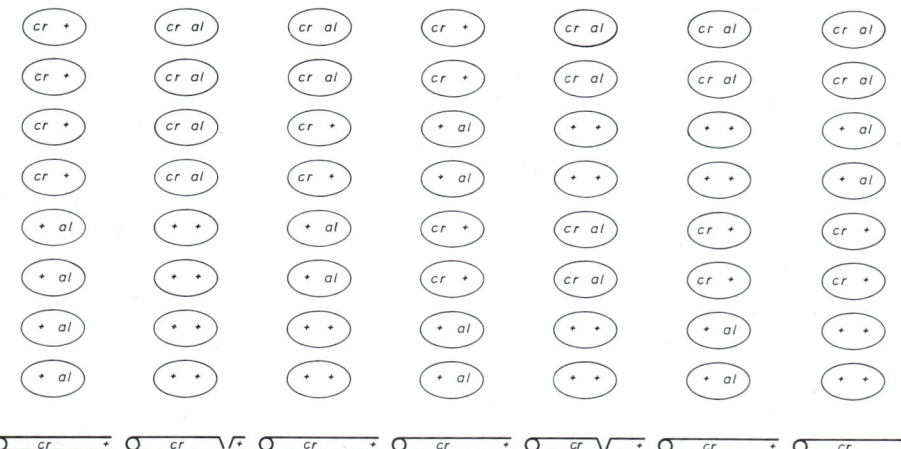

Abb. 2.74. Anordnung elterlicher, nichtrekombinanter und rekombinanter Ascosporen bei Neurospora. al(bino) hat weißliche statt orangefarbene Sporen, cr(isp) zeichnet sich durch gedrängte Wuchsform aus, die natürlich erst nach Keimung der Sporen feststellbar ist. Unter den 8 Sporen eines Ascus zeigt eine Skizze die Lage der Crossovers, welche zu dieser Form der Verteilung von Sporen geführt haben muß. (Nach Fincham)

Abb. 2.75. ^{14}C-markierte rRNA hybridisiert u. a. auf dem kurzen Arm von Chromosom 15 des Menschen. Die Autoradiographie zeigt den Ort der Bindung am Chromosom.

Im Gegensatz zu singulären Molekülen erlauben Gene in Tandemanordnung wie die Gene für rRNA (Abb. 2.75) oder diejenigen polytäner Riesenchromosomen (S. 157f.) die Lokalisierung in der Autoradiographie (Abb. 2.76), weil die zahlreichen parallel liegenden Chromatinfäden genügend komplementäre, markierte DNA oder RNA durch Hybridisierung (S. 184) binden.

Die genannten Methoden werden heute weitgehend durch molekulargenetische verdrängt. Chromosomen können durch selektives Sammeln im Dichtegradienten oder Zellsorter isoliert werden. Riesenchromosomen lassen sich mit Glasnadeln unter dem Mikroskop voneinander trennen und in definierte Stücke schneiden. Genbanken (S. 202) mit Restriktionsfragmenten, die mit verschiedenen Restriktionsenzymen geschnitten wurden, enthalten überlappende DNA-Stücke. So kann im »chromosome walk« die Reihung der Restriktionsfragmente und nach Nucleotidsequenzanalyse die Reihung und Lage der Gene ermittelt werden (Abb. 2.77).

Abb. 2.76. Autoradiographie nach Hybridisierung einer cDNA mit dem entsprechenden Gen auf Chromosom 2 (II) von Drosophila.

2.9 Genwirkketten (Stoffwechsel des Phenylalanin)

Der *schrittweise Umbau von Stoffen* unter Mithilfe *mehrerer Enzyme* – also von Genprodukten – wird als *Genwirkkette* bezeichnet. Genwirkketten wurden zuerst bei Zwischenstufen der Pigmentbildung im Auge von *Ephestia* und *Drosophila* nachgewiesen; heute sind solche auch vom Menschen gut bekannt.

Die besten Beispiele gibt der Abbau von Phenylalanin, der notwendigerweise beim Überangebot dieser Aminosäure in der Nahrung und beim Abbau körpereigener Proteine auftreten muß. Die Konzentration von Phenylalanin im Serum ist kontrolliert: eine Injektion geringer Dosen von Phenylalanin wird beim gesunden Menschen zum raschen Abbau durch das Enzym Phenylalaninhydroxylase führen, das, wie in Abbildung 2.78 gezeigt, Phenylalanin zu Tyrosin abbaut. Bei Anreicherung von Phenylalanin infolge Defektes im Enzym oder wegen Mangel an Enzym wird in einem sogenannten *Bypass*, also Nebenweg, Phenylalanin zu Phenylbrenztraubensäure abgebaut; Phenylbrenztraubensäure wird über die Niere ausgeschieden und ist leicht im Harn nachzuweisen. Heute werden deshalb in allen Geburtsstationen diese und andere Stoffwechselabnormitäten am

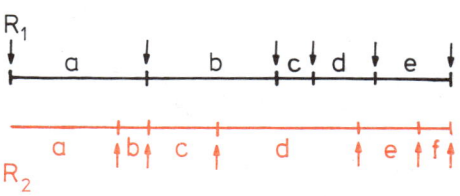

Abb. 2.77. Verschiedene Restriktionsenzyme haben verschiedene Schnittstellen in einer bestimmten DNA. Dadurch erhält man überlappende Restriktionsfragmente, mit deren Hilfe die Lage im Genom untersucht werden kann. c (rot) hybridisiert z. B. mit a und b (schwarz). Mit b (schwarz) hybridisiert auch d (rot); daher liegt d (rot) neben c (rot) usw. Da man diese Restriktionsfragmente auch sequenzieren kann, läßt sich nach und nach die Basensequenz größerer Genomabschnitte ermitteln.

Neugeborenen in den ersten Tagen untersucht. Dazu gehört eben auch die Untersuchung auf Phenylketonurie, eine Bezeichnung für die autosomal rezessiv vererbte Krankheit infolge einer defekten Phenylalaninhydroxylase.

Überschuß von Phenylalanin führt beim Neugeborenen und beim Kind zu einer irreversiblen Schädigung des Gehirns, die schon in der frühen Kindheit als Debilität manifest wird. Phenylketonuretiker sind arbeitsunfähig; sie leben heute zumeist in Heimen und Krankenhäusern.

Daß nicht schon der sich entwickelnde Fetus geschädigt ist, ist dem Umstand zu verdanken, daß die Mutter trotz ihrer Heterozygotie den Phenylalaninspiegel auch des Fetus ausreichend kontrollieren kann.

Der Überschuß einer an sich notwendigen und auch körpereigenen Substanz schädigt also das Gehirn! Wir müssen bedenken, daß es nicht nur einige Gene für eine normale Gehirnentwicklung gibt, sondern sicher Hunderte. Das Gehirn ist besonders während der Embryonalentwicklung und Reifung in der Kindheit gegenüber Gleichgewichtsverschiebungen im Stoffwechsel sehr empfindlich. Deswegen führen viele Stoffwechseldefekte zu Schädigungen des Gehirns, die als Debilität manifest werden.

Verhindert man das Zustandekommen eines Überschusses von Phenylalanin im Blut und damit auch in der Versorgung des Gehirns, indem man das Neugeborene mit einer phenylalaninarmen Diät in Form eines speziellen Milchpulvers ernährt, kann sich der kleine, erkrankte Patient normal entwickeln (vorausgesetzt, man hält das 8 bis 12 Jahre durch). Nach Ausreifung aller Schaltstellen im Gehirn ist Phenylalanin nicht mehr schädlich.

Homozygote Träger des rezessiven Gens für Phenylketonurie (PKU) können also heute durch die spezifische Diät »gerettet« werden. Allerdings ist damit das Problem bei den Frauen nur um eine Generation verschoben, denn eine homozygote *PKU-Frau,* die von einem gesunden Mann gezeugte Kinder auszutragen versucht, schädigt den Fetus durch die Überschwemmung mit Phenylalanin, das sie ja nicht und der heterozygote Fetus nicht ausreichend abbauen kann.

Eine autosomal-rezessive Erbkrankheit wird nur im homozygoten Zustand manifest; die heterozygoten Eltern wissen in den meisten Fällen also nicht, daß sie Überträger sind und stellen dies erst nach der Geburt eines homozygot rezessiven Kindes fest. Daß die Heterozygoten keine Beschwerden haben, ist einsichtig: sie haben ein *normales, dominantes Gen* für Phenylalaninhydroxylase, das *genügend Enzym* produziert, um das »defekte« oder fehlende Gen zu kompensieren. Ein Belastungstest zeigt dies deutlich (Abb. 2.79).

Die »Gesundheit« der heterozygoten Eltern spricht für einen dominanten Erbgang. Ein *Belastungstest zeigt* hingegen einen *intermediären Erbgang.* Es hängt also oft von der Untersuchungsmethode ab, ob man einen Erbgang als dominant oder intermediär bezeichnen kann.

Auch bei anderen Erbkrankheiten, wie der Sichelzellanämie, läßt sich oft ein intermediärer Erbgang nachweisen, der ohne entsprechende Tests als dominant beschrieben wird.

In Mitteleuropa wird Phenylketonurie mit einer durchschnittlichen Häufigkeit von 1:12000 bei Neugeborenen nachgewiesen. Nach der Hardy-Weinberg-Formel (S. 213, 886) läßt sich die Zahl der heterozygoten Überträger berechnen.

Wenn die Zahl der homozygot Rezessiven, $q^2 = 12000$ ist, dann ist q gleich $\sqrt{\dfrac{1}{12000}}$ und $p = 1 - q$. Die Zahl der heterozygoten Überträger in dieser Population, also $2pq$, ist dann rund 0,018, also 1,8%, und die Wahrscheinlichkeit, daß zwei heterozygote Überträger zusammenfinden, ca. $3,24 \cdot 10^{-4}$ oder 1:32400 (ein Fall unter 32400).

Das aus der Nahrungsverdauung und aus dem Phenylalaninabbau anfallende Tyrosin wird – wenn es nicht für den Aufbau körpereigener Proteine Verwendung findet – auf 3 Wegen weiter ab- oder umgebaut.

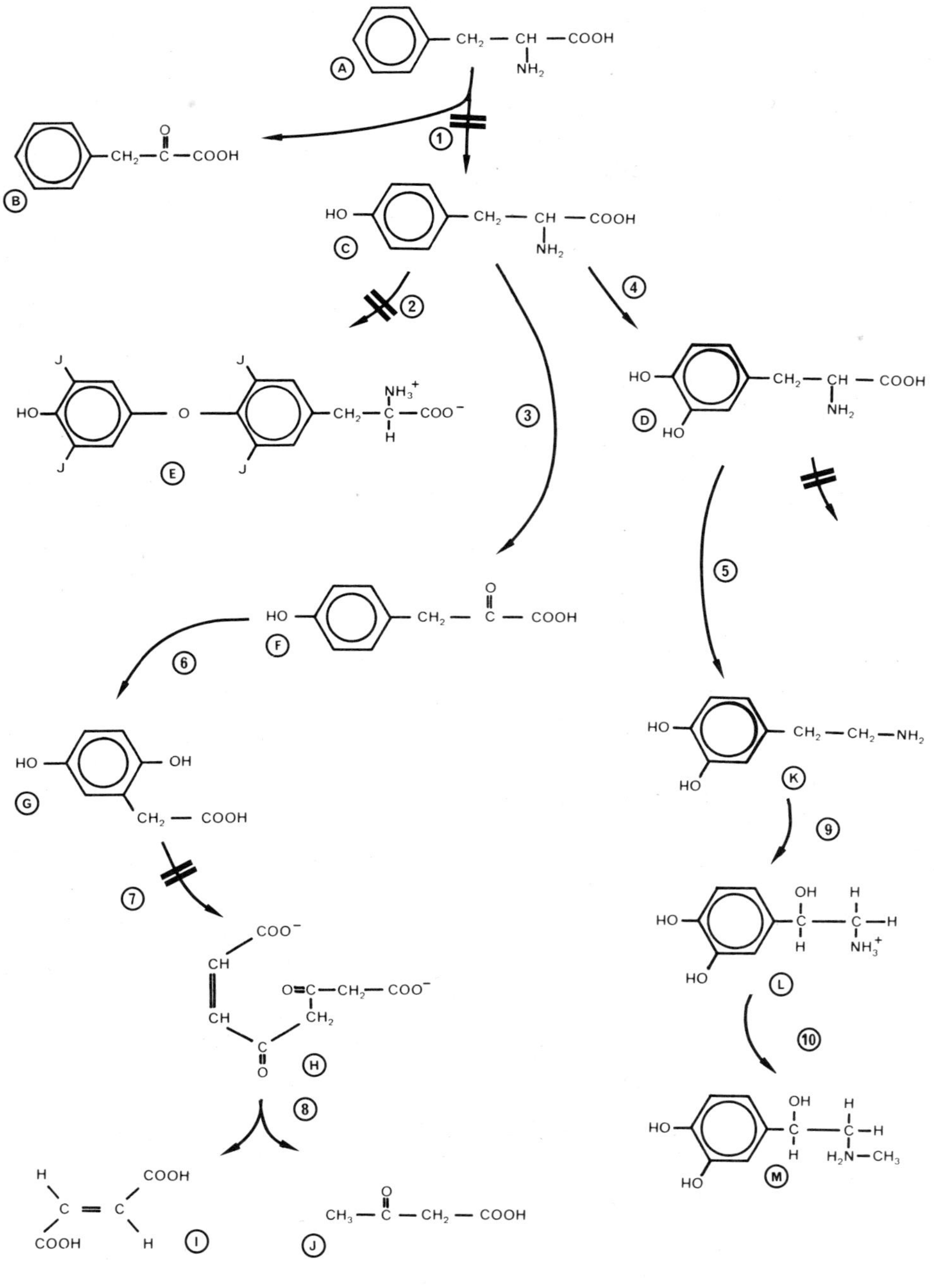

Abb. 2.78. Abbau der Aminosäure Phenylalanin (Phe) beim Menschen.
A = Phe(nylalanin)
B = Phenylbrenztraubensäure
C = Tyr(osin)
D = Dihydroxiphenylalanin (DOPA)
E = Thyroxin (Schilddrüsenhormon)
F = p-Hydroxyphenylpyruvat
G = Homogentisinsäure
H = Maleylacetoacetat
I = Fumarsäure
J = Acetoacetat
K = Dopamin
L = Norepinephrin (Noradrenalin)
M = Epinephrin (Adrenalin)
1 = Phenylalaninhydroxylase
2 = Tyrosinperoxidase
3 = Tyrosintransaminase
4 = Tyrosinhydroxylase
5 = Dopadecarboxylase
6 = p-Hydroxyphenylpyruvathydroxylase
7 = Homogentisatoxidase
8 = Maleylacetoacetatisomerase
9 = Dopaminhydroxylase
10 = Phenyläthanolamin-N-Methyltransferase

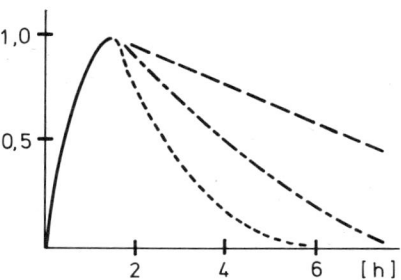

Abb. 2.79. Abbau von injiziertem Phenylalanin nach Messungen der Konzentration im Blutserum. ····· homozygot Dominante (Gesunde), ----- homozygot Rezessive (Phenylketonuretiker), ·—·—· Heterozygote.

2.9.1 Erster Weg und Tyrosinose sowie Alkaptonurie

Tyrosin wird zu p-Hydroxyphenylpyruvat mit Hilfe einer α-Ketoglutarataminotransferase transaminiert (Abb. 2.78). Ist dieses Enzym defekt, dann kommt es zur *Tyrosinose*, einer *Anreicherung von Tyrosin* im Serum. Das p-Hydroxyphenylpyruvat wird normalerweise

zur *Homogentisinsäure* umgebaut, und eine Dioxygenase sprengt anschließend den aromatischen Ring unter Bildung von 4-Maleylacetoacetat. Ist die Homogentisatoxidase defekt, dann wird die anfallende Homogentisinsäure über die Nieren ausgeschieden. Homogentisinsäure oxidiert an der Luft zu einer braunschwarzen Verbindung. Die am häufigsten in der Tschechoslowakei auftretende *Alkaptonurie* oder das *Schwarzharnen* ist harmlos, das Krankheitsbild allerdings wegen des »Blutharnens« erschreckend.
Der weitere Abbauweg des Maleylacetoacetats führt in zwei Stufen zum Fumarat und Acetoacetat, die beide im Citratzyklus weiterverwendet werden.

2.9.2 Zweiter Weg und Albinismus

Tyrosin wird zu DOPA (*Dihydroxyphenalalanin*) durch die Tyrosinhydroxylase umgebaut. DOPA ist wichtig als Vorstufe für zwei Neurotransmitter, nämlich *Norepinephrin* (Noradrenalin) und *Epinephrin* (Adrenalin) (S. 666), aber auch für das Pigment Melanin, das aus einem Zwischenprodukt, dem DOPA-Chinon, in den Pigmentgranula der Melanocyten polymerisiert wird. Auch für die *Melaninbildung* ist ein erblicher Enzymdefekt bekannt; das Krankheitsbild wird als *Albinismus* bezeichnet, die Betroffenen als *Albinos*. Albinos gibt es bei Vögeln, Säugern und Menschen: allen dürfte ein gleichartiges Enzym fehlen. Die »rosige« Färbung der Körperoberfläche ist nur durch die Blutkapillaren und den roten Blutfarbstoff Hämoglobin bedingt. Federn und Haare sind gelblich bis weiß, die Iris erscheint in Schillerfarbe blau.

2.9.3 Dritter Weg und Kretinismus

Tyrosin kann in mehreren Stufen zum Schilddrüsenhormon *Thyroxin,* einem Tetrajodthyronin umgebaut werden. Das Ankoppeln von Jod steht unter Kontrolle des Enzyms Jodperoxidase, das, wenn es defekt ist oder fehlt, den *erblichen Kretinismus* bedingt. Kretins sind durch Minderwuchs und Debilität geprägt, ein Kropf (Struma) ist unterschiedlich stark entwickelt.
Neben einem Mangel oder Defekt der Jodperoxidase kann auch ein Defekt des bindenden Thyreoglobulins Ursache sein. Dies führt zu einer vermehrten Ausschüttung von thyreotropem Hormon in der Hypophyse (S. 678) und letztlich zur Vergrößerung der Schilddrüse.
Die gleichen Symptome treten auch bei Jodmangel auf, obwohl die Jodperioxidase funktionsfähig ist. Wir bezeichnen diese *Imitation einer Mutation* als *Phänokopie:* Es ist zwar ein leistungsfähiges Enzym vorhanden, es fehlt aber das Substrat. Außenbedingungen wie Jodmangel in der Ernährung täuschen einen Gendefekt vor.
Diese umweltbedingte Phänokopie infolge der Verwendung des jodarmen Steinsalzes statt eines jodreichen Meersalzes trat nie bei Küstenbewohnern, aber gehäuft bei Binnenlandbewohnern auf, bis die Jodierung von Steinsalz generell eingeführt wurde. Der Kropf war noch für unsere Großeltern in Zentraleuropa kein seltenes Erscheinungsbild.

2.10 Mutation

Mutation ist die Veränderung der Erbinformation. Man hat sie oft als »sprunghaft« bezeichnet, weil unkritische Analysen von pleiotroper Genwirkung (S. 399) bei Rassenentstehung solches nahelegten, allerdings auch das Verständnis für das Wesen der

Mutation lange Zeit verschleiert hatten. Es gibt aber genügend Beispiele für »schrittweise« Mutationen, z.B. die zunehmende Antibioticaresistenz von Mikroorganismen oder die zunehmende Fähigkeit von Bakterien, ungewöhnliche Zucker als Energiequellen zu verwenden.

Wegen ihrer raschen Generationenfolge sind Bakterien auch für die Mutationsforschung und damit für eine experimentelle Evolutionsforschung sehr geeignete Objekte. Das Coli-Bacterium z. B. teilt sich unter günstigen Bedingungen alle 20 min, eine einzige Coli-Zelle hat in einer Stunde also 2^3 Nachkommen und in 24 Stunden könnte (!) eine Coli-Zelle $2^{72} = 4,7 \cdot 10^{21}$ Nachkommen haben. 72 Generationen folgen also an einem Tag aufeinander, das entspricht etwa 1800 Jahren Menschheitsgeschichte, und eine Woche Coli-Generationen entsprechen rund 12600 Jahren Entwicklung von *Homo sapiens*.

Das Eubacterium *Klebsiella* kann im Chemostaten mit Ribitol als Kohlenstoff- und Energielieferant zusammen mit anorganischen Salzen, welche die lebensnotwendigen Elemente (P, S, N usw.) enthalten, herangezogen werden. Für die Verwertung des Ribitol ist eine Ribitoldehydrogenase verantwortlich, ein Enzym, das Ribitol sehr rasch umsetzen kann.

Bietet man diesem *Klebsiella*-Stamm nun Xylitol anstelle von Ribitol, dann kann man bald Mutanten isolieren (Tab. 2.10), deren Ribitoldehydrogenase auch Xylitol verwerten kann, was die normale Ribitoldehydrogenase nicht vermag. Es hat sich außerdem gezeigt, daß in den ersten Mutationsschritten der Promotor des Gens für Ribitoldehydrogenase mutierte, so daß mehr transkribiert und translatiert werden konnte, und daß in einem zweiten Schritt die Gene dupliziert worden waren.

Einen ähnlichen Befund erhielt man bei Evolutionsversuchen mit *Pseudomonas*, das auf Ac(etamid) wachsen kann, aber nach »Eingewöhnung« auch Bu(tylacetamid) bzw. Phe(nyl)ac(etamid) verwerten kann (Tab. 2.11).

Mikrobiologen waren immer wieder von der Wandelbarkeit der Mikroorganismen beeindruckt, und lange hat man an eine Anpassungsfähigkeit im Sinne des Lamarckismus geglaubt.

2.10.1 Fluktuationstest

Bei Untersuchung der Resistenz von *E. coli* gegenüber dem T1-Phagen stellte man eine höchst unterschiedliche Zahl von nichtinfizierten Bakterien in einzelnen Kolonien und Subkolonien fest.

Mikrobiologen, denen rasche Veränderungen bei Mikroorganismen wohlbekannt waren, wollten Bakterien gerne eine Vererbung erworbener Eigenschaften zuschreiben. Deswegen war die Mikrobiologie lange das letzte »Bollwerk« des Lamarckismus.

Beim Plattieren (Ausgießen auf Agarplatten) von ca. 10^9 Coli-Zellen auf einer Agarplatte mit einem Überschuß an T1-Phagen konnten sich immer wieder Coli-Klone entwickeln, die sich zusammen mit ihren Nachkommen als phagenresistent erwiesen, also die Eigenschaft Ton^R (R = resistent) gegenüber Ton^S (S = sensitiv) hatten.

Die Vorstellung der Lamarckisten war folgende: Ein Agens, z.B. ein von Phagen abgegebener Stoff beeinflußt bestimmte Gene, worauf die Rezeptorstellen in der Bakterienzellwand so verändert werden, daß Phagen sich nicht mehr an das Bacterium anheften können. Diese induzierte genetische Veränderung müßte an die Nachkommen weitergegeben werden.

Nach dieser Hypothese wäre eine Mutation gezielt induziert worden, wie es vom *Lamarckismus* postuliert wurde.

Eine andere Hypothese zur Erklärung dieser Phänomene wäre die folgende: Unter den Bakterien treten hin und wieder Spontanmutationen auf, unter ihnen auch solche, die Rezeptorstellen verändern und die Bindung von Phagen verhindern. In Anwesenheit von

Tabelle 2.10. Zunahme der Zahl von Mutanten, die Xylitol verwerten können

	Wildtyp	Mutante 1	Mutante 2	Mutante 3
Relative Anzahl	1	5	15	40
Zahl der Gene	1	1	2	3

Tabelle 2.11. Relative Anzahl sich entwickelnder Bakterien bei Gabe von

	Ac	Bu	Phe Ac
Wildtyp	100	2	0
Mutante 1	100	30	0
Mutante 2	< 1	100	5

```
   CH₂OH
    |
   H–C–OH
    |
   H–C–OH
    |
   H–C–OH
    |
   CH₂OH   Ribitol
```

```
   CH₂OH
    |
   H–C–OH
    |
   HO–C–H
    |
   H–C–OH
    |
   CH₂OH   Xylitol
```

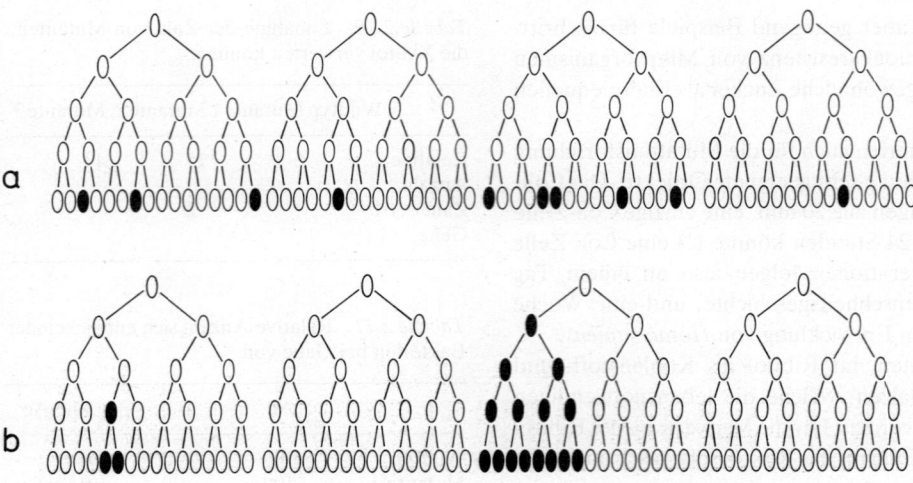

Abb. 2.80. *Fluktuationstest, durch welchen bewiesen wurde, daß unter limitierenden Bedingungen wachsende Bakterien nicht auf solche zurückzuführen sind, die sich anpassen können, sondern Nachkommen von Mutanten sind.* (Aus Stent)

Phagen werden sich also nur resistente Bakterien entwickeln können. Dann wird gleich die Frage auftreten, warum denn nicht alle Bakterien mutierte Rezeptorstellen haben, die Phageninfektionen verhindern.

Spontane Mutation ist ein Zufallsprozeß, und auch resistente Bakterien werden immer wieder an jenem Gen mutieren, das für Veränderung von Rezeptorstellen verantwortlich ist. Bei Abwesenheit von Phagen können sich also auch jene Bakterien entwickeln, die durch weitere Mutationen ihre Resistenz wieder verloren haben.

Nach dieser Hypothese sind in einer großen Population bereits einige von Ton^S zu Ton^R mutiert, und nur sie und ihre Nachkommen werden überleben (Abb. 2.80).

Wenn in jeder Kolonie nur eine gewisse Anzahl von Bakteriophagen resistent ist, wird dieser Prozentanteil bei Induktion der Resistenz im Sinn des Lamarckismus etwa gleich sein (a in Abb. 2.80), bei Auftreten spontaner Mutationen hingegen sehr verschieden (b in Abb. 2.80). Die *Abweichungen vom Mittelwert, die Varianz (s^2), wird in einem Fall klein, im anderen groß sein.*

Mit Hilfe dieses einfachen mathematischen Verfahrens lassen sich die beiden Hypothesen prüfen. Die entsprechenden numerischen Versuchsergebnisse sind in Tabelle 2.12 zusammengefaßt.

2.10.2 Spontanmutationen

Spontane Mutationen sind solche, von denen wir nicht angeben können, was die Ursache ihrer Entstehung ist. Es mögen Einbaufehler während der DNA-Replikation sein, es kann aber ebensogut der Einfluß terrestrischer oder kosmischer Strahlen Ursache einer »Spontanmutation« sein. Ein aufmerksamer Beobachter wird sie überall in der Natur finden: weiße Glockenblumen kommen ebenso vor wie dunkle Schmetterlinge oder unpigmentierte Amselalbinos, und die z.T. stark unterschiedlichen Rassen von Hunden, Katzen und anderen Haustieren gehen letztlich auf solche Spontanmutationen zurück.

Weniger augenfällige, d.h. erst durch entsprechende Analysen feststellbare Mutationen wie Ausprägung verschiedener Isoenzyme (S. 70, 877f.) oder der Blutgruppen usw. gehören ebenso hierher.

Wenn genauere Untersuchungen vorliegen, wie z.B. bei unseren Kulturpflanzen oder den Hämoglobinen (S. 230), dem Katzenschreisyndrom (S. 232) oder dem Down-Syndrom (S. 234), finden wir immer wieder 3 mögliche Formen von Mutationen:

$$\text{Varianz} = s^2 = \frac{(\bar{x} - x)^2}{n}.$$

$\bar{x}$ = Mittelwert
x = einzelner Meßwert
n = Zahl der Versuche
(in unserem Fall Kolonien)

Tabelle 2.12. *Fluktuationstest für das spontane Auftreten von phagenresistenten Coli-Mutanten.* (Aus Stent)

Einzelkulturen (Abb. 2.80b)		Proben aus Massenkulturen (Abb. 2.80a)	
Kultur Nr.	Anzahl der Ton^R Bakterien	Kultur Nr.	Anzahl der Ton^R Bakterien
1	1	1	14
2	0	2	15
3	3	3	13
4	0	4	21
5	0	5	15
6	5	6	14
7	0	7	26
8	5	8	16
9	0	9	20
10	6	10	13
11	107		
12	0		
13	0		
14	0		
15	1		
16	0		
17	0		
18	64		
19	0		
20	35		
$\bar{x}$ = 11,3		$\bar{x}$ = 16,7	
Varianz: s^2 = 61		Varianz: s^2 = 0,9	

1. *Punkt- oder Kleinbereichsmutationen*, die einen mikroskopisch nicht faßbaren Bereich betreffen und im Austausch, dem Fehlen oder dem zusätzlichen Auftreten einzelner Nucleotide bestehen, bei welchen anstelle der »richtigen« Basen in der DNA andere zu finden sind, die mit den zugehörigen beiden anderen im Triplett eine andere Aminosäure codieren.
2. Die *Chromosomenmutationen*, die lichtmikroskopisch sichtbar sind, insbesondere bei Riesenchromosomen (S. 157f.) analysiert werden können, und die Chromosomenabschnitte betreffen, die entweder auf andere übertragen (transloziert) worden sind, oder überhaupt fehlen (Deletion) oder dupliziert (Insertion) vorkommen, u. a. m.
3. *Genommutationen*, die ein ganzes Chromosom oder den ganzen Chromosomensatz betreffen, bei welchen also im Vergleich zum normalen Karyotyp ein Chromosom fehlt (Monosomie) oder eines überzählig vorkommt (Trisomie) oder, im Falle der Polyploidie, bei welcher der ganze Satz von Chromosomen vervielfacht ist.

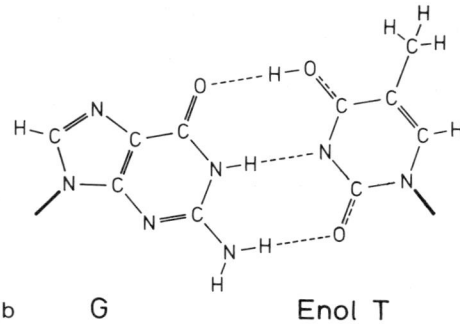

2.10.2.1 Punkt- oder Kleinbereichsmutationen

Hierzu zählen die allermeisten Mutationen, von denen wir *in der Regel nur wissen, daß sie vorliegen*, weil wir sie am Phänotyp erkennen können, von denen wir in den meisten Fällen aber nicht wissen, auf welchem Chromosom die Mutation liegt und ob es sich um einen Promotordefekt, einen Basenaustausch, eine Deletion oder Insertion oder um anderes handelt. Bei einem degenerierten genetischen Code, bei welchem die dritte Position im Triplett für den Einbau einer spezifischen Aminosäure in das Polypeptid oft ohne Bedeutung ist (S. 190), finden wir auch *stille Mutationen*, solche, die keine Änderung der Polypeptidstruktur zur Folge haben. Diese sehr zahlreichen Mutationen wären nur in einer DNA-Sequenzanalyse festzustellen. Wir können daher auch gar nicht angeben, *welche Basensequenz dem Wildtyp entspricht*.

Von einer stillen Mutation kann man auch sprechen, wenn zwar mit dem Basenaustausch auch ein Aminosäureaustausch im Polypeptid verbunden ist, dies aber keine Auswirkung auf die Funktionsfähigkeit des betreffenden Proteins hat. Solche Mutationen sind phänotypisch nur in Aminosäuresequenzanalysen der vom mutierten Gen codierten Proteine zu ermitteln. Von den Hämoglobinen sind zahlreiche solche Mutationen bekannt (S. 228).

Beim sogenannten Basenaustausch (wir finden eine Nucleotidbase durch eine andere ersetzt) kann entweder eine Purinbase durch eine andere Purinbase oder eine Pyrimidinbase durch eine andere Pyrimidinbase ausgetauscht sein, also u. a. A ⇌ G oder T ⇌ C. Dies sind *Transitionen*.

Bei der *Transversion* finden wir ein Purin durch Pyrimidin ersetzt oder umgekehrt, der Austausch ist dann wie folgt: A ⇌ T   G ⇌ C   A ⇌ C   T ⇌ G

Wie es zu solchen spontanen Transitionen und Transversionen kommt, haben Biochemiker zu erklären versucht.

Alle Moleküle haben *eine* wahrscheinlichste Zustandsform, das heißt, daß gelegentlich und mit unterschiedlicher Wahrscheinlichkeit auch eine andere vorkommen kann. Wenn während der Replikation – in der kurzen Zeit, in welcher die DNA als Einzelstrang vorliegt – Thymin von der normalen *Keto-* in die *Enolform* übergeht, paart es mit Guanin statt mit Adenin, das heißt, daß der neu synthetisierte Strang eine falsche Base enthalten wird und daß in den künftigen Doppelhelices statt eines T = A Paares ein G ≡ C Paar vorkommen wird (Abb. 2.81). Ähnliches gilt für die seltene *Iminoform* von Adenin, die mit Cytosin und nicht mit Thymin bei der Strangneusynthese gepaart wird. Durch die Wasserstoffbrückenbindung mit der komplementären Base wird die seltene Zustandsform – so stellt man sich vor – bis zur nächsten Replikation erhalten. Wenn im DNA-Strang eines oder mehrere Nucleotide verlorengehen (Deletion), führt dies mit Ausnahme des

Abb. 2.81. »Fehlpaarung« von Adenin, das in der seltenen Iminoform mit Cytosin statt Thymin paart (a), und von Thymin, das in der seltenen Enolform mit Guanin statt Adenin paart (b). In analoger Form kann die seltene Iminoform von Cytosin mit Adenin und die seltene Enolform des Guanin mit Thymin paaren. Damit läßt sich das seltene Auftreten von Spontanmutationen erklären.

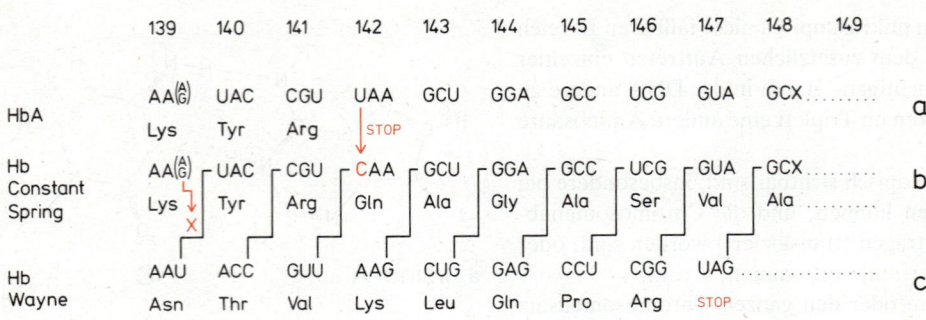

Abb. 2.82 a–c. Beispiele von Globinmutanten des Menschen. Gezeigt ist das Ende des α-Gens mit dem normalen Stoppcodon im Triplett 142 (a). Beim Hb Constant Spring ist das Triplett 142 von UAA zu CAA mutiert: die Translation läuft mit Gln weiter (b). Beim Hb Wayne ist durch Deletion die dritte Base im Triplett 139 verlorengegangen; dies führt zu einer Verschiebung des Leserasters, bis mit UAG ein neues Stoppcodon gelesen werden kann (c). Die Polypeptidkette ist entsprechend länger. Die Zahl der beim Menschen gefundenen Globin-Mutanten ist inzwischen > 300.

Verlustes eines kompletten Tripletts zu *Verschiebungen des Leserasters* (Abb. 2.82). Davon ist natürlich auch das Translationsstoppcodon betroffen, so daß das Stoppcodon in einem anderen Leseraster eine Fortsetzung der Polypeptidkette bis zu einem neuen Stoppcodon ermöglicht. Es kommt auch vor, daß ein Stoppcodon infolge des verschobenen Leserasters zu früh angetroffen wird, was zum *Kettenabbruch in der Proteinbiosynthese* führt. Ähnliches gilt natürlich auch für die seltenere Insertion, bei welcher ein Nucleotid oder deren mehrere an einer bestimmten Stelle zu viel auftreten (vermutlich durch einen Fehler im somatischen oder meiotischen Crossing over).

Die erwähnten Argumente erlauben eine Interpretation des Zustandekommens spontaner Mutationen. Ihr Anteil an der Gesamtmutationsrate ist nicht zu ermitteln, weil wir terrestrische und kosmische Strahlung und andere mutagene Einflüsse nicht ausschalten können.

Jährlich (!) werden etwa 100 Millionen Kinder geboren. Bei einer durchschnittlichen Mutationsrate von 1:100000 sind das für jedes Gen jährlich 1000 Neumutationen: wenn der Mensch 50000 Gene hat, sind *jährlich etwa 50 Millionen neue Mutanten* unter den Menschen zu erwarten, sind es 100000, dann wären etwa *100 Millionen* zu finden. Da die meisten Mutationen rezessiv sind, sind sie praktisch unentdeckbar. Die Raten spontan auftretender Mutationen liegen zwischen 10^{-4} und 10^{-6} (in manchen Fällen bis 10^{-9}), wie die nachstehende Übersicht zeigt. 10^{-4} bedeutet dabei, daß wir eine Mutation unter 10000 Nachkommen finden, 10^{-6}, daß eine unter 1000000 Nachkommen auftritt.

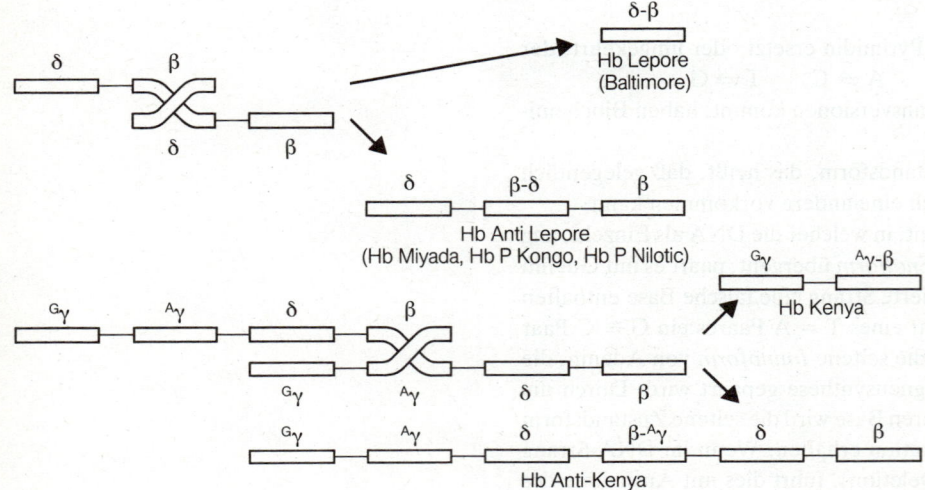

Abb. 2.83. Zustandekommen der Globinmutanten Lepore durch falsches Crossover und unbalancierte Rekombination. Wenn β- und δ-Gene rekombiniert werden, führt dies zum Fusionsgen δβ (a) und Verlust des intakten δ- und β-Gens. Der Anti-Lepore-Typ hat neben dem Fusionsgen βδ normale Gene für δ und β. Rekombination zwischen β und Aγ führt zum Lepore Hb Kenya und Anti-Kenya (b). (Aus Vogel u. Motulsky)

Mutationsraten für dominant vererbbare Merkmale sind natürlich leicht anzugeben, weil sie phänotypisch unmittelbar manifest sind. Dominant auftretende Erbleiden sind beim Menschen z. B.

Krankheit	Häufigkeit
Huntington(sche Chorea)	$1 \cdot 10^{-6}$
Achondroplasie (Zwergwuchs, Liliputaner)	$4-12 \cdot 10^{-5}$
Unter den X-chromosomal vererbten z. B. Hämophilie A (Bluter-Krankheit)	$2-4 \cdot 10^{-5}$
Duchenne(sche Muskeldystrophie)	$4-10 \cdot 10^{-5}$.

Die Ermittlung von Raten rezessiver Mutationen beim Menschen ist sehr viel schwieriger. Viele erbliche Stoffwechseldefekte des Menschen führen zum frühen Tod oder zur Fortpflanzungsunfähigkeit. Das nachteilige Gen wird also durch die homozygot Rezessiven in der Population ständig reduziert und kann sich nur in den Heterozygoten erhalten. Kann man eine Population über mehrere Generationen beobachten, ohne eine Veränderung der Häufigkeit homozygot rezessiver Merkmale zu finden (vorausgesetzt, daß ihre Träger nicht fortpflanzungsfähig sind), dann kann man Mutationsraten abschätzen, denn ohne Veränderung der Häufigkeiten muß sich die Mutationsrate und der Ausfall von homozygot rezessiven Merkmalen (q^2, S. 213) die Waage halten, und die Mutationsrate entspricht dann q^2, der Häufigkeit des nachteiligen Gens bei Homozygoten. Phenylketonurie (PKU, S. 222) ist ein rezessiv vererbtes Leiden, bei welchem die Erkrankten (die homozygot Rezessiven) bis vor wenigen Jahren nicht fortpflanzungsfähig waren. Nachdem PKU mit einer Häufigkeit (q^2) von 1:12000 (= $8,33 \cdot 10^{-5}$) auftritt, muß nach der Hardy-Weinberg-Formel (S. 213, 886) das nachteilige Gen in der Gesamtpopulation mit einer Häufigkeit von $9,129 \cdot 10^{-3}$ vorkommen, und die Mutationsrate entspricht $4,17 \cdot 10^{-5}$.

Deletionen können auch größere Bereiche umfassen. Auch hier geben Globinmutanten gute Beispiele, zumal sich auch das Zustandekommen durch falsches Crossing over beweisen läßt.

Bei den sogenannten *Hämoglobinen (Hb) Lepore* gibt es einerseits Deletionen, andererseits Fusionsgene, die den Ort der Rekombination verraten (Abb. 2.83). Eine Rekombination zwischen δ- und β-Gen führt zum Hb Lepore Baltimore (a) und zum entsprechenden Partner Hb Anti-Lepore, das als Hb Miyada, P Congo und P Nilotic beschrieben wurde. Ein zweites Beispiel für Genomumbau gibt das Hb Kenya und das zugehörige Hb Anti-Kenya (b).

Sichelzellanämie

Zehntausende von Menschen leiden an Sichelzellanämie, einer Blutkrankheit mit mannigfachen Symptomen, aber einer Gemeinsamkeit, nämlich der, daß die roten, sehr elastischen Erythrocyten bei Sauerstoffmangel bizarr, teilweise sichelartig verformt erscheinen (Abb. 2.84) und ihre Elastizität verloren haben.

Die Beschäftigung mit dieser Form der Anämie geht auf den Beginn dieses Jahrhunderts zurück; es hat dann rund 50 Jahre gedauert, bis die Ursache der Sichelzellanämie in Einzelheiten als (erste!) »molekulare« Erbkrankheit erkannt worden war.

Die normalen Erythrocyten sind Säckchen, gefüllt mit Abermilliarden von globulären Hämoglobin-Molekülen. Erythrocyten können infolge ihrer Elastizität durch die feinsten Capillaren schlüpfen. Die bei Sauerstoffmangel starren, verformten Sichelzell-Erythrocyten hingegen verstopfen die feinsten Gefäße. Dies führt zu Erhöhung des Sauerstoffmangels, der wieder die Verformung und Versteifung von Erythrocyten fördert. Mangelnde Sauerstoffversorgung der Organe und infolgedessen Schädigung dieser sind die Folge.

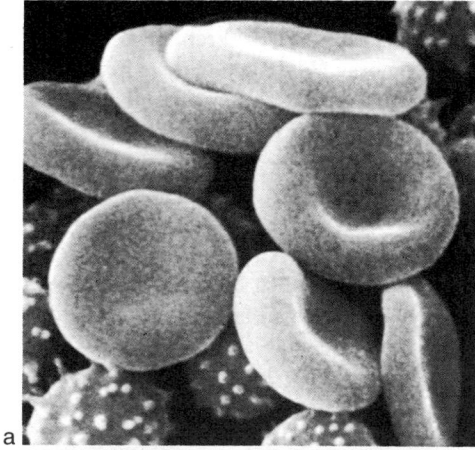

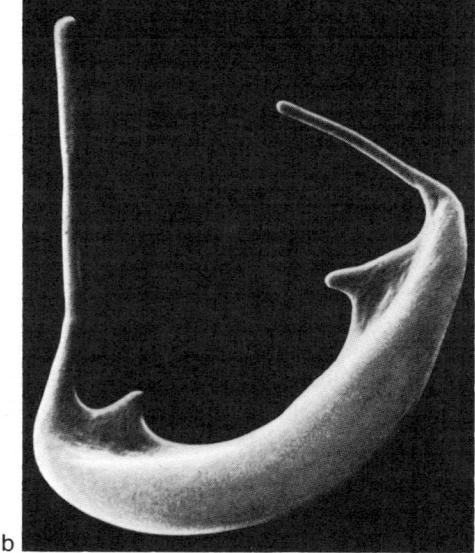

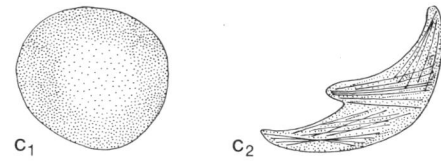

Abb. 2.84. Normale Erythrocyten (a) und eine Sichelzelle (b) nach Aufnahmen mit dem Rasterelektronenmikroskop bei etwa 4000facher Vergrößerung; $c_{1,2}$ Schematische Darstellung eines Erythrocyten mit HbA (alle Moleküle globulär) und einer Sichelzelle mit globulären und zu Fibrillen zusammengelagerten HbS-Molekülen.

Untersuchungen nach den Regeln der Formalgenetik ließen die Sichelzellanämie als eine autosomal rezessive Erbkrankheit erkennen, aber wie bei der Phenylketonurie stellt sich bei genauerer Untersuchung der Erbgang eigentlich als ein intermediärer dar, denn bei den heterozygoten Trägern des nachteiligen Gens sind die Erythrocyten bei Sauerstoffmangel auch, aber weniger stark verformt.

Aus den Erythrocyten von Sichelzellkranken kann der rote Blutfarbstoff leicht gewonnen werden. In der Elektrophorese unterscheiden sich das normale Hämoglobin A = HbA und das von Sichelzellkranken, Hämoglobin S = HbS, deutlich (Abb. 2.85). HbS wandert weniger weit zur Anode. Heterozygote besitzen erwartungsgemäß zwei Formen von Hämoglobin, nämlich HbA und HbS. Der Unterschied in der Ladungsdifferenz machte die weitere Klärung relativ einfach. Heute wissen wir, daß er durch den »Austausch« einer Aminosäure bedingt ist.

Nach Einführung der *Fingerprint-Peptidtrennung* war es möglich, Bruchstücke von Proteinen durch zweidimensionale Trennverfahren auf Filtrierpapier oder Dünnschichtplatten aufzutrennen. Nach einer tryptischen Verdauung, also Spaltung des Hämoglobins in mehrere Bruchstücke durch Trypsin, ließen sich die Peptide, wie in Abbildung 2.87 gezeigt, auftrennen. Peptide von normalen β-Ketten zeigten dabei ein anderes Muster als jene von Sichelzellkranken.

In einem nächsten Schritt wurde die Aminosäuresequenz des abweichenden Peptids bestimmt. Man fand dabei Valin in der Position 6 der β-Kette von HbS anstelle von Glutaminsäure in HbA. Die Aminosäuresequenz des Anfangs der β-Kette lautet:

HbA:	Val	His	Leu	Thr	Pro	Glu	Glu	Lys...
HbS:	Val	His	Leu	Thr	Pro	Val	Glu	Lys...
	1	2	3	4	5	6	7	8

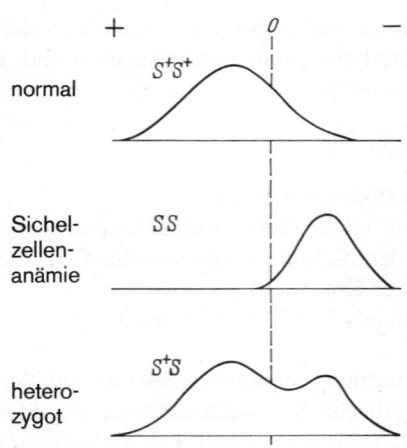

Abb. 2.85. Elektrophoretische Trennung der β-Ketten der Hämoglobine HbA (Gene S+S+) von homozygoten Trägern normaler β-Gene, HbS (Gene S−S−) von Sichelzellkranken (homozygot Rezessive) und von HbA/HbS (Gene S+S−) von Heterozygoten. Der geringe Ladungsunterschied durch Austausch nur einer Aminosäure ergibt eine klare Trennung infolge unterschiedlicher Wanderung zwischen Anode und Kathode.

Seit der genetische Code bekannt ist, ist auch nachzuweisen, daß die Sichelzellanämie auf einer Punktmutation, dem *»Austausch« (= fehlerhaften Einbau) einer Base* im Gen für β-Globin beruhen muß. Die Codeworte für Glutaminsäure sind GAA und GAG, die für Valin hingegen GUX. Daraus ergibt sich, daß A in der zweiten Position durch U ersetzt worden sein muß.

Dieses Ergebnis war erstaunlich, weil nicht zu erwarten war, daß der Austausch einer Base und Aminosäure diese Konsequenzen für die Gestalt der Erythrocyten hat und diese beachtliche pleiotrope Wirkung entfalten kann. Es war damit allerdings die Verformung der Erythrocyten noch nicht erkärbar, denn wie sollte ein Hämoglobin mit Valin anstelle von Glutaminsäure Ursache dafür sein?

Auch wenn die Zusammenhänge noch nicht restlos geklärt sind, ist doch wahrscheinlich, daß sich globuläre HbS-Moleküle im desoxygenierten Zustand wie durch einen Druckknopfmechanismus zu langen Fäden zusammenschließen (Abb. 2.86). Diese langen Fäden vereinigen sich wieder zu Bündeln, die Ursache für die Verformung der Erythrocyten sind (Abb. 2.84c).

Das Gen für das defekte β-Globin ist insbesondere in Afrika mit erstaunlicher Häufigkeit zu finden. Es war nicht leicht zu verstehen, wieso ein nachteiliges Gen, das im homozygot rezessiven Zustand zu schweren Behinderungen der Träger und zur Verhinderung der Fortpflanzung führt, mit einer so großen Häufigkeit vorkommen kann. Lag hier eine besonders hohe Mutationsrate vor?

Auch dieses Rätsel ist inzwischen einer Klärung nähergebracht worden. Die Gebiete, in denen Sichelzellanämie besonders häufig ist, sind auch jene Gebiete, in denen die Malaria sehr viele Opfer verursacht (Abb. 10.62). Die Malaria-Parasiten sind Sporozoen, die in den Erythrocyten leben und hauptsächlich Hämoglobin verwerten. Aus noch nicht klarem Grund »mögen« sie HbS weniger als HbA. Das heißt mit anderen Worten, HbS-Träger leiden weniger unter Malaria als HbA-Träger. Die Heterozygoten haben somit den

Abb. 2.86. Fibrillenbildung der globulären Moleküle von HbS im desoxygenierten Zustand.

Vorteil, durch die Hälfte von HbS, das sie besitzen, nicht zu sehr geschädigt und resistenter gegenüber der Malaria zu sein; auch dies ist *ein Heterosiseffekt* (S. 208f.).
Neuere Untersuchungen haben interessante Zukunftsperspektiven eröffnet. Während des Fetallebens sind bei allen untersuchten Primaten die Gene für α- und γ-Globine aktiv (S. 204f.), von denen je zwei ein funktionsfähiges HbF-Molekül bilden. Wenige Tage nach der Geburt *wird das γ-Globingen abgeschaltet und das β-Globingen aktiviert.* Beim Erwachsenen sind fast ausschließlich Hämoglobinmoleküle mit je zwei α- und β-Globinen zu finden (HbA). Bei der β-Talassämie des Menschen liegt eine Mutation im β-Globingen vor; dies hat zur Folge, daß zu wenig funktionsfähiges β-Globin gebildet werden kann. Die schwere Krankheit wäre heilbar, wenn es gelänge, das abgeschaltete γ-Globingen wieder zu aktivieren, um damit Möglichkeit zu geben, Hämoglobine mit 2 α- und 2 γ-Ketten zu bilden.

Es ist vor kurzem gelungen, das γ-Globingen zu aktivieren, nachdem die *Methylierung der DNA* unterbunden worden war. Aktive Gene haben häufig wenige Methylgruppen an Adenin und Cytosin, während nicht exprimierte Gene stark methyliert sind. Die γ-Globingene sind beim Fetus wenig methyliert, hingegen stark methyliert beim Erwachsenen. Dies war Anlaß für einen Versuch, Globingene durch Verhinderung der Methylierung anzuschalten.

5-Azacytidin ist ein Analogon des entsprechenden Nucleotids, das die Synthese einer untermethylierten DNA ermöglicht. Im Experiment wurde Azacytidin zunächst bei Pavianen verwendet. Paviane haben die erstaunliche Möglichkeit, bei Sauerstoffmangel oder nach starkem Blutverlust ihr reprimiertes γ-Gen zu reaktivieren. Nach Injektion von Azacytidin bei Pavianen wurde sehr viel mehr fetales Hämoglobin gefunden als normalerweise vorkommt.

Nach dieser Pionierarbeit hat man gewagt, das Nucleotidanalogon beim Menschen einzusetzen und hat einem in kritischer Situation befindlichen β-Talassämiekranken 5-Azacytidin intravenös gespritzt, mit dem Erfolg, daß die γ-Globinsynthese und die Zahl der roten Blutkörperchen für einige Wochen stark anstiegen und das Allgemeinbefinden des Patienten wesentlich verbessert wurde. Aus dem Knochenmark des Patienten wurde DNA isoliert und festgestellt, daß das γ-Gen nach der Azacytidinbehandlung untermethyliert blieb. Welche Gene sonst noch untermethyliert waren, bleibt noch offen. Betroffen sind natürlich in erster Linie solche Gewebe, die sich in lebhafter Teilung befinden, weil Azacytidin nur bei DNA-Replikation eingebaut werden kann.

Auch ein Sichelzellkranker wurde auf diese Weise behandelt, und auch dabei konnte die Synthese von fetalem Hämoglobin rasch gesteigert werden, so daß Hämoglobine mit 2 α- und 2 γ-Ketten (HbF) und 2 α- und 2 β-Ketten (HbA) gebildet werden konnten.

Dies zeigt nur eine Möglichkeit in der Behandlung molekularer Erbkrankheiten, aber auch, wie notwendig die Grundlagenforschung ist, und daß es nicht »abwegig« zu sein braucht, Hämoglobinsynthesen bei Pavianen zu untersuchen.

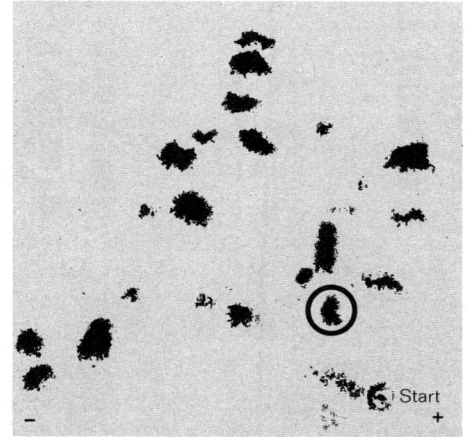

Hemoglobin A

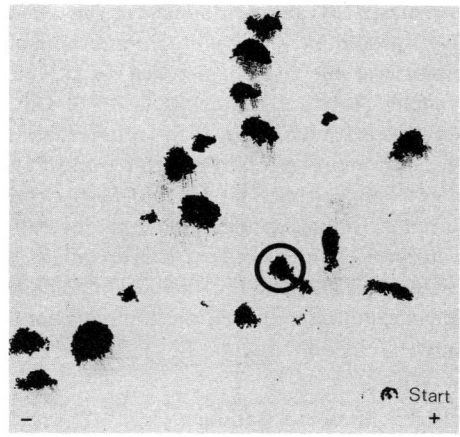

Hemoglobin S

Abb. 2.87. Auftrennung tryptischer Peptide (sog. fingerprinting) der β-Ketten des Hämoglobin A und S durch Elektrophorese (horizontal) und Chromatographie (vertikal). Die beiden Proteine unterscheiden sich durch ein Peptid (eingekreist), das wegen des Fehlens einer negativ geladenen Glutaminsäure in Richtung Kathode etwas weiter wandert.

2.10.2.2 Chromosomenmutationen

Chromosomenmutationen sind durch lichtmikroskopisch erkennbare Veränderungen gekennzeichnet. Es können *Translokationen, Deletionen, Duplikationen* usw. sein (Abb. 2.88).

Eine *Insertion oder Einfügung eines Chromosomenstückes* führt zur Vergrößerung des Chromosoms. Oft erweist sich eine Insertion als Duplikation, eine Verdoppelung eines Chromosomenabschnitts in Tandemanordnung (Abb. 2.89); ihr Zustandekommen wird durch falsches Crossing over erklärt. Das *Fehlen eines Chromosomenstückes oder eine Deletion* verkürzt das betroffene Chromosom. Wenn das fehlende Stück auf einem anderen Chromosom zu finden ist, handelt es sich um eine *Translokation.* Bei der balancierten Translokation ist der Chromosomensatz vollständig, weil das einem Chromo-

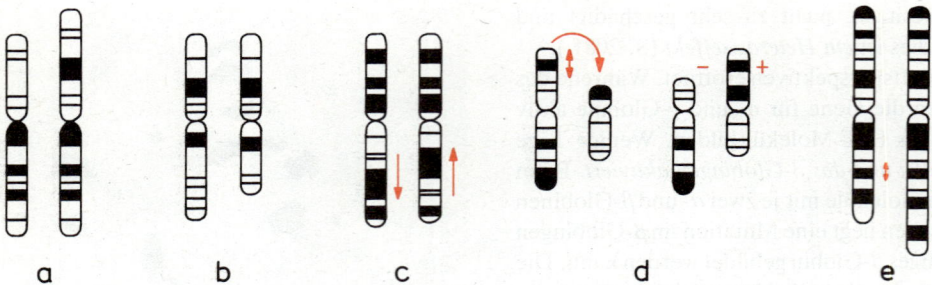

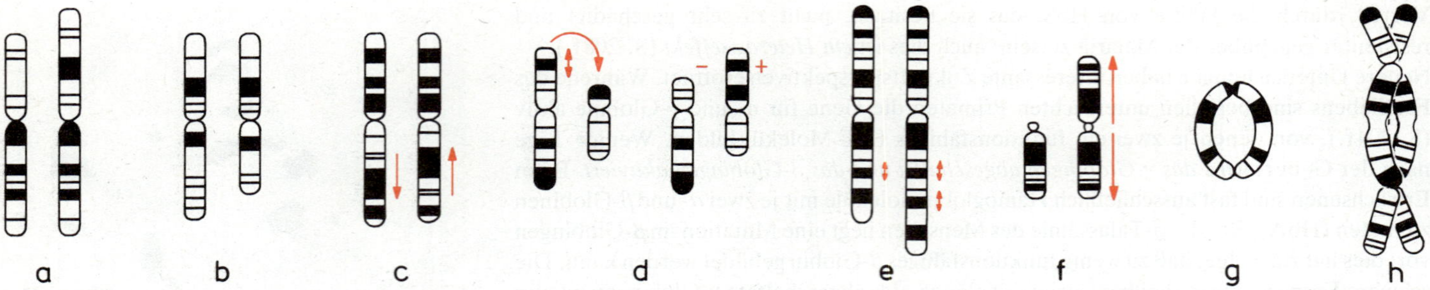

Abb. 2.88a–h. Typen der Chromosomenumbauten, wie sie bei gebänderten Chromosomen oft erkennbar sind. (a) Insertion im kurzen Arm, (b) Deletion am Ende des langen Armes, (c) Inversion, (d) Translokation, (e) Duplikation, (f) Isochromosom, entstanden durch centrische Fusion, (g) Ringchromosom, entstanden nach Verschmelzung der Enden eines Chromosoms, (h) dicentrisches Chromosom, entstanden durch Verschmelzung der Enden zweier Chromosomen.

som fehlende Stück in der gleichen Zelle an einem anderen Chromosom wiederzufinden ist. Bei der reziproken Translokation erscheinen Chromosomenteile zweier Chromosomen gegenseitig vertauscht. *Isochromosomen* sind telocentrische Chromosomen, die in der Centromerenregion zusammenhängen, *Ringchromosomen* solche, die an den Enden, wahrscheinlich nach Verlust der Telomeren miteinander verbunden sind. Beim Vergleich der Karyotypen näher verwandter Organismen, z. B. der Primaten (Abb. 2.90), lassen sich Inversionen, Translokationen, Fusionen usw. wahrscheinlich machen.

Das Zustandekommen von Chromosomenmutationen kann nur interpretierend rekonstruiert werden. So stellt man sich vor, daß eine *Inversion nach Schleifenbildung und Bruch* entsteht (Abb. 2.91). Stückverluste von Chromosomen sind beim Menschen bemerkenswerterweise auch dann nicht tolerierbar, wenn nur eines der diploiden, homologen Chromosomen betroffen ist. Der Verlust eines Stückes des kurzen Armes des Chromosoms 5 kennzeichnet das *Katzenschrei-(Cri-du-chat-)Syndrom* (Abb. 2.92). Die unartikulierten schrillen Schreie, welche die betroffenen Kinder durch den kleinen Larynx mit reduzierten Stimmbändern hervorbringen, erinnern an Katzenschreie. In der schwer gehemmten Entwicklung sind die Unfähigkeit zu stehen, zu gehen, zu sprechen oder durch Zeichen mit der Umwelt zu kommunizieren und vor allem das Fehlen einer geistigen Entwicklung auffällig.

2.10.2.3 Genommutationen

Zu diesen Formen von Mutationen rechnet man neben der Polyploidie die *Aneuploidie*, das ist das Fehlen einzelner Chromosomen (*Monosomie*) oder das Vorhandensein überzähliger einzelner Chromosomen (*partielle Trisomie*): aneuploide Formen haben einen von 2n abweichenden, aber nicht verein- oder vervielfachten Chromosomensatz. Im Gegensatz zur Aneuploidie bezeichnet die *Polyploidie* die Vervielfachung des ganzen Chromosomensatzes: triploide Formen haben 3n, tetraploide 4n, hexaploide 6n, oktoploide 8n usw. Chromosomen.

Vom Menschen sind viele aneuploide Formen beschrieben worden.

Monosomien sind meist nicht lebensfähig und oft nur von Totgeburten bekannt. Eine *partielle Monosomie*, das Fehlen eines Teils eines Chromosoms (Abb. 2.92), ist am Beispiel des Katzenschrei-Syndroms schon erwähnt worden (Abschn. 2.10.2.2).

Eine Monosomie des X-Chromosoms liegt beim *Turner-Syndrom* vor, 45 (XO). Frauen dieses Typs haben eine auffällig gedrungene Gestalt (Abb. 2.93a), einen durch eine Hautfalte verbreiterten Nacken, schwach entwickelte Brüste und reduzierte Gonaden; sie sind unfruchtbar. Mentale Retardierung ist nicht nachweisbar!

Ein überzähliges X-Chromosom, 47 (XXY), haben *Klinefelter-Männer* (Abb. 2.93b). Sie fallen durch die langen, dünnen Extremitäten, eine stärkere Brustentwicklung (Gynäkomastie), Hemmung der Hodenentwicklung und Fortpflanzungsunfähigkeit auf. Eine geistige Retardierung ist unterschiedlich ausgeprägt.

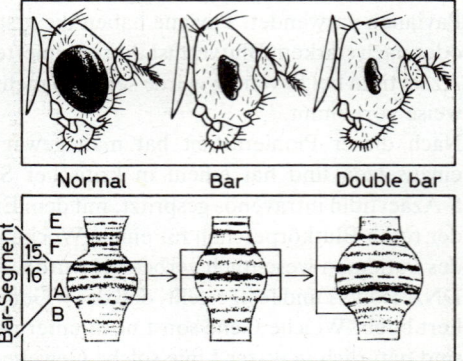

Abb. 2.89. Duplikation der Bar-Region im X-Chromosom von Drosophila führt zur Verschmälerung der Augen. Eine Verdreifachung dieser Region ergibt die Mutante Double-bar. Bar wird oft als Markergen verwendet, um feststellen zu können, welches X-Chromosom ein bestimmtes Männchen ererbt hat. (Nach Gardner)

Abb. 2.90. Späte Prophase-Chromosomen des Menschen und Schimpansen. In der hier dargestellten Anordnung wird eine maximale Übereinstimmung der Bänderung erzielt. Dabei zeigt sich z. B. eine weitgehende Übereinstimmung in der Bänderung der X-Chromosomen, aber auch, daß dem Chromosom 2 des Menschen zwei kleinere Chromosomen des Schimpansen entsprechen: Fusion oder Trennung bei den gemeinsamen Vorfahren? (Nach Yunis)

2.10.2.3 Genommutationen 233

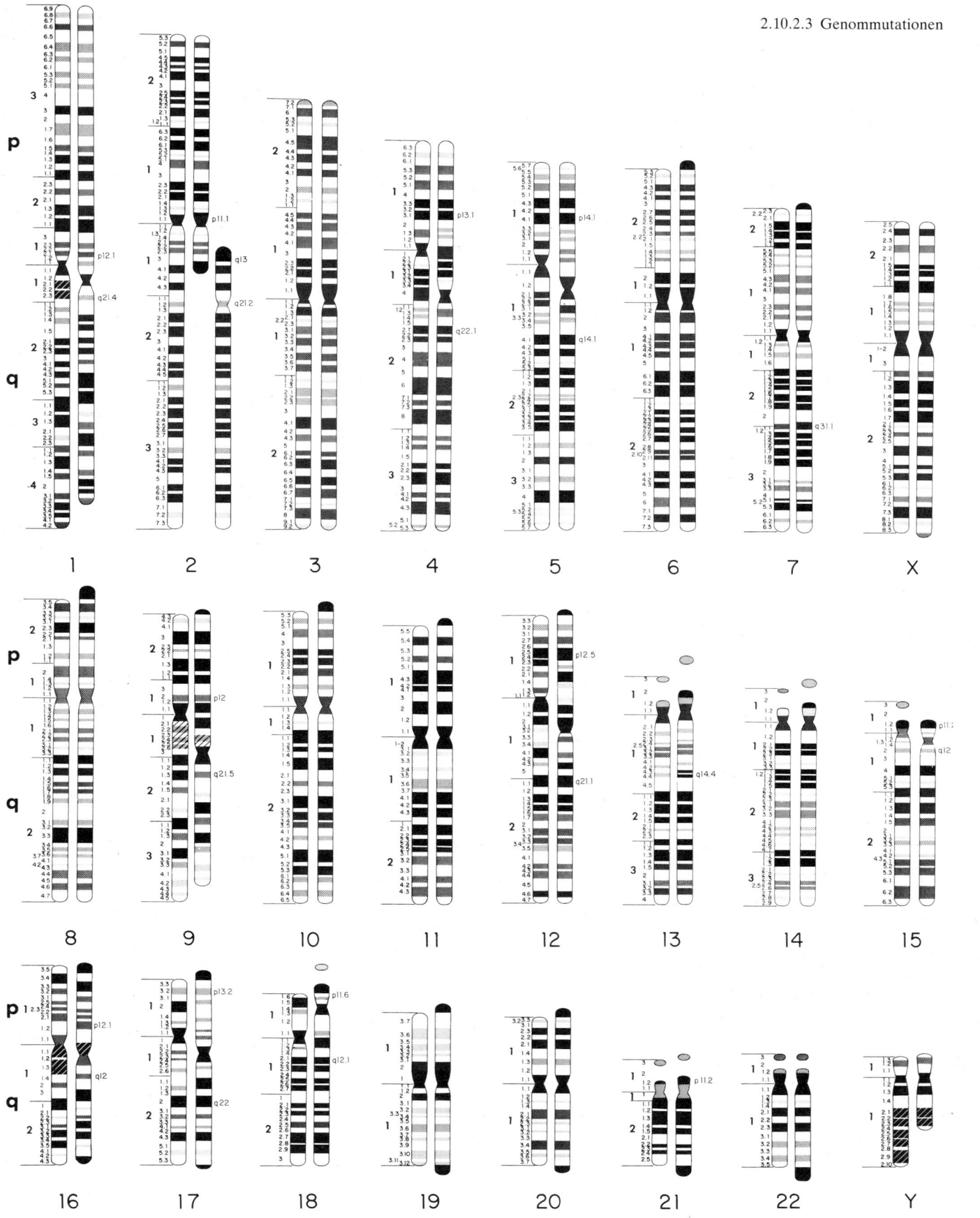

Ein überzähliges Y-Chromosom, 47 (XYY), betont die maskuline Entwicklung: es handelt sich um auffallend große, ungeschlachte Männer, deren Spermien mit nur X oder Y befruchtungsfähig sind. Das vieldiskutierte asoziale, gelegentlich brutale Verhalten solcher Männer muß nicht auf den Karyotyp zurückzuführen sein, sondern könnte auch auf Prägung durch eine Umgebung beruhen, die Außenseiter nicht akzeptieren will.

Ein überzähliges X-Chromosom, 47 (XXX), führt zu keiner Veränderung des weiblichen Habitus, aber zu geistiger Retardierung. Wenn 4 oder mehr X-Chromosomen vorliegen, nimmt die Retardierung zunehmend den Charakter der Debilität an.

Von den Trisomien des Menschen ist die des Chromosoms 21, auf welche das *Down-Syndrom* (volkstümlich *Mongoloidie* genannt; Abb. 2.94) zurückzuführen ist, die bekannteste. Die Betroffenen männlichen oder weiblichen Geschlechts sind durch eine Fülle von Merkmalen zu charakterisieren. Die wichtigsten sind: eine Falte des oberen Augenlids, verdickte Lippen, leicht offenstehender Mund, der die dicke Zunge erkennen läßt, kurze dicke Finger und verschieden stark ausgeprägte Debilität.

Gerade beim Down-Syndrom konnte eindeutig nachgewiesen werden, daß die Aneuploidie auf eine *Fehlverteilung in der Meiose* zurückzuführen ist. Mit zunehmendem Alter der Eltern nimmt die Wahrscheinlichkeit zu, daß Gameten mit zwei statt einem Autosom aus der Meiose hervorgehen. Bei den Müttern steigt die Zahl von aneuploiden Eizellen ab dem 36. Lebensjahr, bei Vätern erst ab etwa dem 55. Lebensjahr deutlich an. Da Frauen meist nur um wenige Jahre ältere Partner haben, blieb der Beitrag der Männer zur Trisomie 21 lange unbekannt. Der gelegentlich auftretende Polymorphismus in der Bänderung des Chromosoms 21 ließ aber die Herkunft eines überzähligen Chromosoms 21 auch von Männern beweisen.

Polyploidie spielt als eine der Formen der Mutationen bei Pflanzen eine große Rolle, wogegen sie bei Tieren sehr selten zu finden ist. Generell läßt sich sagen, daß sich mäßig polyploide Rassen (bis 6n) und »Arten« von den euploiden durch ihre deutliche Größenzunahme unterscheiden; dies ist natürlich in der Pflanzenzucht von Bedeutung, weil dadurch der Ertrag gesteigert werden kann.

Die Untersuchung des Ploidiegrades spielt auch in der Evolutionsforschung eine nicht unbedeutende Rolle. Die Herkunft von Kulturrassen und vieler anderer natürlich vorkommender Formen läßt sich damit erklären.

Mutationen können künstlich durch physikalische oder chemische Einflüsse (Mutagene) hervorgebracht werden. Unter den physikalischen spielt nur die Strahlenwirkung eine im Prinzip unumstrittene Rolle. Andere physikalische Einflüsse wie z. B. die Wirkung des Magnetfeldes sind nicht gesichert.

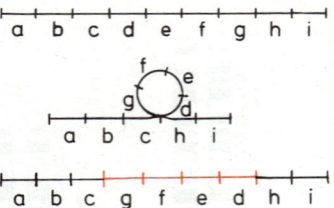

Abb. 2.91. *Modellvorstellung der Entstehung einer Inversion durch Schleifenbildung, Bruch und Zusammenfügen der Enden.*

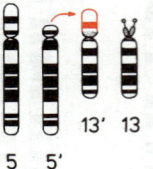

Abb. 2.92. *Balancierte Translokation 5 auf 13 beim Menschen. Der Träger einer solchen ist unauffällig: er hat alle Teile der Chromosomen 5 und 13 in ausgewogenem Maß. Die Keimzellen, die ein solcher Träger bildet, sind: 5 mit 13', 5 mit 13, 5' mit 13' und 5' mit 13. Nach Vereinigung mit einer normalen Keimzelle wird 5' mit 13' wieder zum Träger einer balancierten Translokation, 5' mit 13 hingegen zum Cri-du-chat-Patienten.*

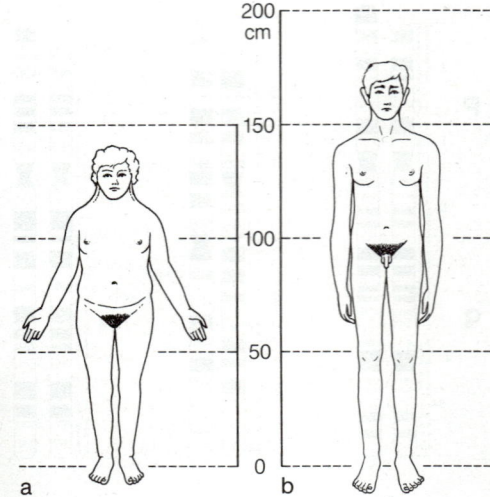

Abb. 2.93. *(a) Turner-Syndrom: Habitus einer Patientin mit 45 (X0) Chromosomen. (b) Klinefelter-Syndrom: Habitus eines Mannes mit 47 (XXY) Chromosomen.*

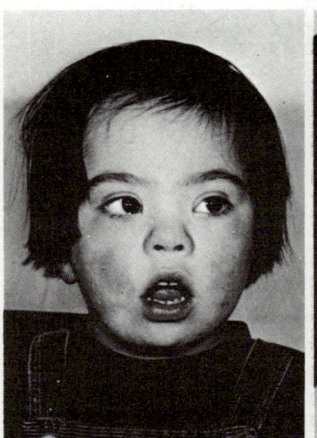 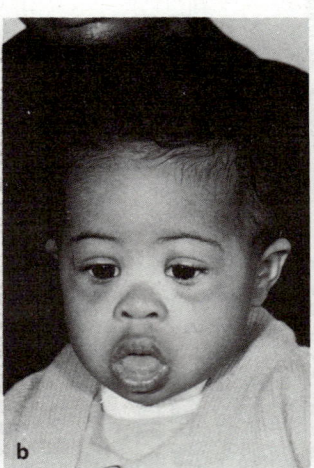 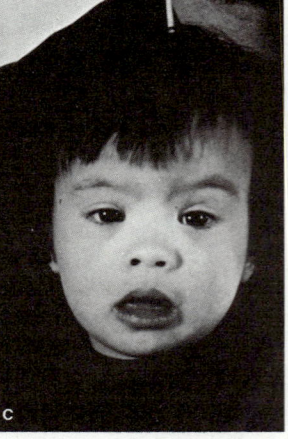

Abb. 2.94. *Europäisches (a), afro-amerikanisches (b), orientalisches (c) Kind mit DOWN-Syndrom und Trisomie 21. (Aus Vogel u. Motulsky)*

2.10.3 Chemische Mutagene

Alle Verbindungen, die mit der DNA, insbesondere ihren heterozyklischen Basen reagieren können, sind chemische Mutagene. Dazu kommen *Mutagene mit indirekten Wirkungen* über andere Verbindungen und solche, die im *Stoffwechsel zu Mutagenen metabolisiert* werden. Die Zahl der chemischen Mutagene ist Legion. Jährlich werden unzählige neue als Mutagen erkannt oder beschrieben. Ein großer Teil des finanziellen Aufwands der pharmazeutischen Industrie wird für die Mutagenitäts- und, da Tumorentstehung auch auf Mutationen beruhen kann, Carzinogenitätsprüfung verwendet.

Substanzen mit geringer und indirekter Wirksamkeit sind wegen der Schwierigkeit, seltene Ereignisse eindeutig zu erkennen, also wegen des Unsicherheitsbereiches, nicht klar auszumachen. Alle Carzinogene sind auch Mutagene. Die Erkennung von Carzinogenen ist wegen der langen Latenzzeit der Tumorentwicklung nicht einfach.

Nur von wenigen als Mutagen erkannten Substanzen kennen wir den molekularen Wirkungsmechanismus. Salpetrige Säure war schon erwähnt worden. Die damit hervorzurufende Desaminierung von Nucleinsäurebasen wandelt Cytosin in Uracil, Guanin in Xanthin und Adenosin in Hypoxanthin um. Dies führt zu Transitionen und Transversionen, also Punktmutationen (Abb. 2.95).

Senfgas (= Bis (2-Chloräthyl) Sulfit) ist die erste chemische Verbindung, die als Mutagen erkannt worden war. Es ist ein *bifunktionelles alkylierendes* Agens, das auch quervernetzen kann. Quervernetzungen führen zur Hemmung der Transkription und zu Chromosomenbrüchen infolge Verklebung in der Anaphase der Mitose.

Andere, *monofunktionell alkylierende* Mutagene *transferieren Alkylgruppen* (wie Methyl- oder Äthylgruppen) auf Nucleinsäurebasen. Alkyliert werden meist die N-Atome in den Basen, z.B. N_1 des Pyrimidin, N_1 und N_3 im Adenin oder N_7 in Guanin. Auch die Sauerstoffatome der heterozyklischen Basen können alkyliert werden. O_6-alkyliertes Guanin führt wie die Enolform des Guanin zur falschen Paarung und letztlich zur Transition G-C → A-T (Abb. 2.96). So kann u. a. das Stoppcodon TAG zu TAA mutiert werden, Äthyliertes Thymin paart mit Guanin und führt zur Transition T-A → C-G. Eine Äthylierung von Guanin am N_7-Atom kann zur Abspaltung dieser Base vom Zucker, also zur *Depurinierung* führen. Geschieht dies während der Replikation, kann die DNA durch Einbau einer anderen Base oder durch Deletion mutieren.

Alkylierende Substanzen zählen zu den potentesten Mutagenen. Neben den erwähnten und anderen zählen dazu: Äthylenimin (EI), Äthylmethansulfonat (EMS) und Methylnitrosoharnstoff (MNH = MNU). Sie spielen neben Strahlenmutationen in der Pflanzenzüchtung zur Züchtung neuer Sorten (Mutanten) eine große Rolle.

Von Mikroorganismen ist ein Enzym bekannt geworden, das *Alkylierung von Guanin rückgängig* macht, den punktuellen Schaden also repariert. Es handelt sich um ein spezifisches Protein, welches Methyl- oder Äthylgruppen von Guanin entfernt.

Benzpyren (Formel nebenstehend) ist heute eines der meist diskutierten Gifte, da es mit Zunahme der Verbrennung fossiler Energielieferanten in immer größerer Menge produziert wird. Diese polyaromatische Verbindung *wird erst in der Leber zu einem Muta- (und Carzinogen)* oxidiert, das an DNA-Basen koppelt. Ganz anders ist die Wirkungsweise der interkalierenden Mutagene aus der Gruppe der Acridine. Diese heterozyklischen Verbindungen zwängen sich in die DNA-Doppelhelix und können zu Leserastermutationen führen.

Basenanaloga können anstelle der richtigen Basen in die DNA eingebaut werden, und da viele davon häufiger als die normalen Basen *in die tautomere Form übergehen,* kann dies zu Fehlpaarungen und Transitionen führen. Das *Bromdesoxyuridin* (BUdR) ist eines der bekanntesten Mutagene. Es wird anstelle von Thymidin in die DNA eingebaut und führt zur Transition A-T → G-C (Abb. 2.97). Das *2-Aminopurin* kann sowohl mit Cytosin als auch mit Thymin paaren und entsprechende Punktmutationen verursachen.

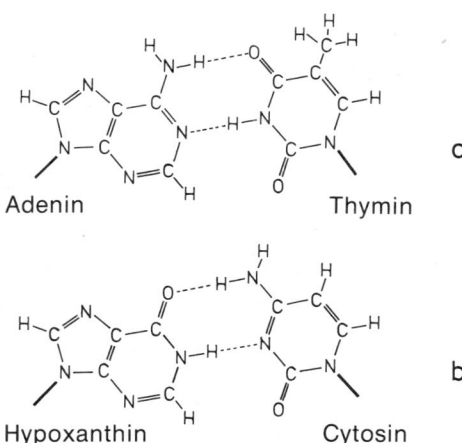

Abb. 2.95. Beispiel für die Desaminierung durch salpetrige Säure und Transition T → > C. Adenin, das normalerweise mit Thymin paart (a), wird durch Desaminierung in Hypoxanthin umgewandelt und paart in der folgenden DNA-Synthese mit Cytosin (b), was in der nächstfolgenden DNA-Synthese zu einem G≡C Paar in der Doppelhelix führt.

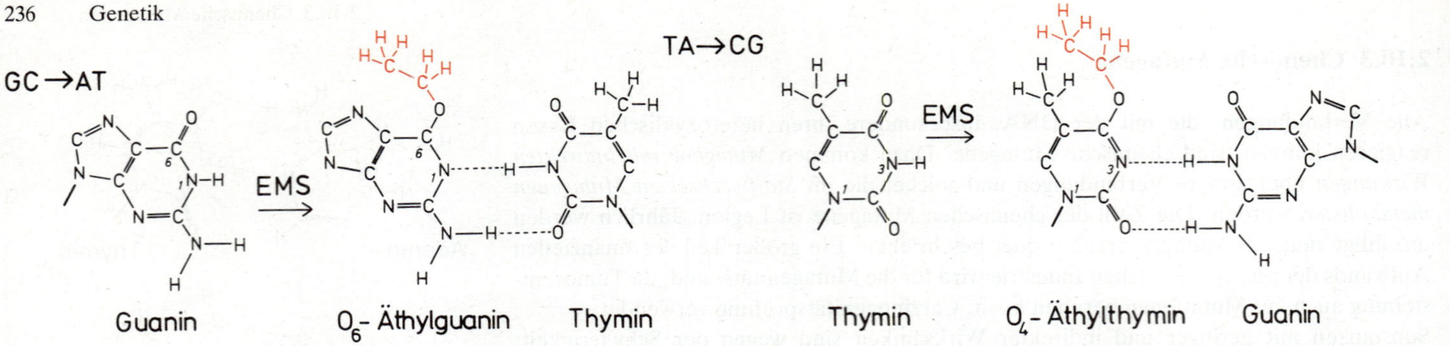

236 Genetik

GC→AT

Guanin → (EMS) → O₆-Äthylguanin ··· Thymin

TA→CG

Thymin → (EMS) → O₄-Äthylthymin ··· Guanin

Abb. 2.96. Beispiele für die Wirkung alkylierender Substanzen. EMS (Äthylmethansulfonat) verwandelt Guanin in Äthylguanin, das in der DNA-Replikation Thymin als Gegenüber in der Doppelhelix aufnimmt. Thymin wird in Äthylthymin verwandelt, das mit Guanin paart und eine $T≡A → C≡G$ Transition zur Folge hat.

Ein besonders interessanter Fall mutagener Wirkung ist die gekoppelte Wirkung zweier Substanzen, die alleine nicht oder weniger stark mutagen sind. Coffein, das bei *Vicia faba* zu Chromosomenbrüchen führt, ist bei Säugerzellen nicht mutagen. Es verstärkt aber die durch Methylnitrosoharnstoff hervorgerufene Mutagenitätsrate, wie an der Zahl von Chromosomenaberrationen in Hamsterfibroblastenkulturen nachgewiesen werden konnte (Abb. 2.98).

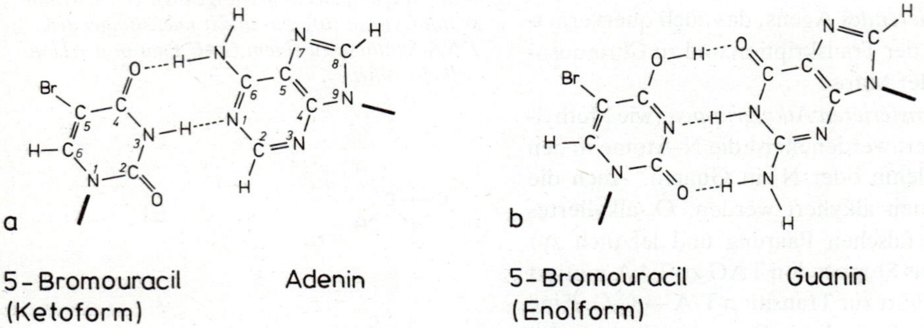

a) 5-Bromouracil (Ketoform) ··· Adenin

b) 5-Bromouracil (Enolform) ··· Guanin

Abb. 2.97. Paarung von Bromuracil in der Keto- und Enolform. BUdR wird anstelle von Thymin in die DNA eingebaut. Dieser Einbau führt oft zur Transition $T=A → G≡C$.

2.10.4 Strahlenwirkung

Genetisch wirksame »Strahlung« ist einerseits elektromagnetische Strahlung (Photonen des UV und γ- oder Röntgenstrahlen), andererseits Korpuskularstrahlung (α-Teilchen = doppelt positiv geladene Heliumkerne, $β^-$-Strahlung = Elektronen und $β^+$-Strahlung und Neutronen). Die längerwelligen UV-Strahlen zählen wie die Strahlen des sichtbaren Lichtes zu den nicht ionisierenden, alle übrigen der genannten Strahlenarten zu den ionisierenden.

UV-Strahlen werden hauptsächlich von Nucleotiden absorbiert; ionisierende Strahlen wirken auf alle Moleküle in der Zelle und daher auf den Zellstoffwechsel *und* die Träger der Erbinformation.

Beim *Zerfall radioaktiver Elemente* (Nuclide), das heißt der spontanen Umwandlung von Atomkernen und Elektronenhüllen, treten die eine oder andere Form ionisierender Strahlen oder mehrere kombiniert auf (Beispiele in Tab. 2.13).

Die Einheiten für die Messung der *Radioaktivität* und für ihre Wirkung sind für Biologen sicherlich verwirrend. Radioaktive Atome (Nuclide) zerfallen mit unterschiedlicher Geschwindigkeit. Die »Aktivität« wird in Zerfällen pro Zeiteinheit (min oder s) ausgedrückt. Die »Art« der dabei auftretenden Strahlung und ihre »Energie« bleiben dabei unberücksichtigt.

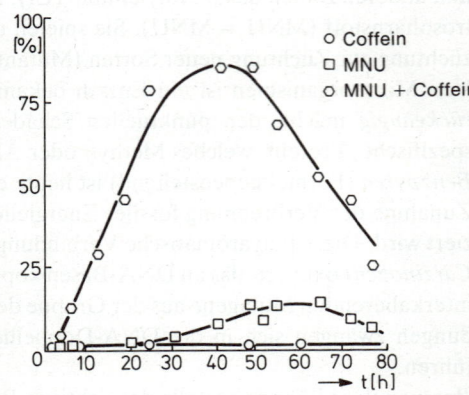

Abb. 2.98. Bei Hamsterfibroblasten ist Coffein allein nicht mutagen, es verstärkt aber die mutagene Wirkung von Methylnitrosoharnstoff (MNU) beträchtlich. Auf der Ordinate Anzahl der Zellen mit Chromosomenaberrationen in Prozent. (Nach Roberts et al.)

Tabelle 2.13. Radioaktiver Zerfall einiger Nuclide und die dabei auftretende Strahlung.

1. **α-Strahlung**
   α-Teilchen sind doppelt positiv geladene He-Kerne.
   Reaktion: $^{A}_{Z}K \rightarrow\ ^{4}_{2}He + ^{A-4}_{Z-2}K$
   A ... Atommassenzahl
   Z ... Kernladungszahl
   K ... Kern eines bestimmten Elements
   z. B.: $^{226}_{88}Ra \rightarrow\ ^{222}_{86}Rn + α$

2. **β⁻-Strahlung**
   Durch Umwandlung eines Neutrons entstehen ein Proton und ein Elektron (n → p + e⁻), welches aus dem Kern emittiert wird. β⁻-Strahlung ist somit eine Elektronenstrahlung.
   Reaktion: $^{A}_{Z}K \rightarrow\ ^{A}_{Z+1}K + e^-$
   z. B.: $^{137}_{55}Cs \rightarrow\ ^{137}_{56}Ba + e^-$

3. **γ-Strahlung**
   Kerne bleiben häufig in angeregten Zuständen. Aus diesen können sie durch Emission von Photonen, den sogenannten γ-Quanten in den Grundzustand übergehen.
   z. B.: $^{137}Cs \rightarrow\ ^{137}Ba + β^- + γ$ (662 KeV)

An 1 Gramm (g) reinen Radiums ^{226}Ra kann man $3{,}7 \cdot 10^{10}$ Zerfälle pro s = $2{,}22 \cdot 10^{12}$ dpm (desintegrations per minute) messen. Diese Zahl von Zerfällen wurde als Einheit genommen und als 1 Curie (Ci), heute: $3{,}7 \cdot 10^{10}$ Becquerel (Bq) bezeichnet. Da Radionuclide unterschiedlich schnell zerfallen, ist auch die *Halbwertszeit*, das heißt die Zeit, bis zu welcher nur mehr die Hälfte des radioaktiven Ausgangsmaterials vorhanden ist, sehr verschieden. Tabelle 2.13 gibt die Halbwertszeiten, die Arten der dabei auftretenden Strahlung und die Energie an. Da die *Energie* sehr unterschiedlich ist, ist auch die *Reichweite der Strahlung* sehr verschieden (Abb. 2.99). Tritium(^{3}H)- oder Kohlenstoff(^{14}C)-markierte Verbindungen kann man ohne weiteres in Glasflaschen transportieren, bei ^{32}P oder ^{48}S braucht man Abschirmvorrichtungen.
Dosisleistung ist die Wirkung der Strahlung auf 1 cm³ eines Körpers pro Zeiteinheit. Ein Röntgen (R) erzeugt $2{,}08 \cdot 10^9$ Ionenpaare in 1 ml³ Luft, das entspricht einer Energiefreisetzung von $8{,}4$ mJ · kg⁻¹ in Luft und $9{,}3$ mJ · kg⁻¹ in Wasser. 0,01 J · kg⁻¹ Wasser ist die Energiedosis, die man früher als 1 rad bezeichnete. Für biologische Gewebe nimmt man für 1 R annähernd 1 rad an. Seit 1986 soll nur noch Gray (Gy) verwendet werden.
Die Schädigung biologischer Gewebe hängt allerdings von der Qualität der Strahlung ab, denn verschiedene Strahlenarten haben einen unterschiedlichen, sogenannten *Qualitätsfaktor*. Neutronen z. B. sind 10fach wirksamer als Röntgenstrahlen. Das Dosisäquivalent (in rem = rad · q, wobei q der Qualitätsfaktor ist, der in Tab. 2.15 angegeben ist) ist das Maß für die Strahlenwirkung auf den menschlichen (und tierischen) Körper.
Röntgenstrahlen geben beim Durchdringen von Geweben relativ wenig Energie ab, man bezeichnet dies als niedrigen *LET (Linearen Energie Transfer)*. α-Strahlen hingegen haben einen hohen LET und ionisieren sehr stark.
Die biologische Wirkung radioaktiver Stoffe hängt also von der *Art der Strahlung, ihrer Energie, von ihrer Halbwertszeit und der Verweildauer im Körper* ab. Die letzte Größe ist durch die *biologische Halbwertszeit* zu charakterisieren, d. h. durch die Zeit, bis zu welcher die halbe Menge eines Stoffes im Körper verbleibt. Die biologische Halbwertszeit ist sehr unterschiedlich. Radionuclide, die in den Knochen eingebaut werden (Ca, Sr usw.), bleiben lange im Körper (biologische Halbwertszeit beträgt oft viele Jahre); Stoffe, die schnell umgesetzt werden, werden schnell auch wieder ausgeschieden.
So hat z. B. ^{131}Jod eine physikalische Halbwertszeit von 8 Tagen und eine biologische von 138. Aus dieser Angabe kann man die *effektive Halbwertszeit* berechnen, denn sie entspricht

$$\text{effektive Halbwertszeit} = \frac{\text{biologische} \times \text{physikalische}}{\text{biologische} + \text{physikalische}}.$$

Die oben angegebenen Zahlen in diese Formel eingesetzt, ergibt eine effektive Halbwertszeit von 7,56 Tagen für ^{131}Jod. Bei ^{90}Strontium beträgt die physikalische Halbwertszeit 10 000 Tage (rund 28 Jahre), die biologische 18 000 Tage. Daraus errechnet sich eine effektive Halbwertszeit von 6400 Tagen. Die Anreicherung von Strontium, das über eine Nahrungskette aufgenommen werden und anstelle von Ca in Knochen eingebaut werden kann, ist daher von ganz besonderer Bedeutung.

1 mCi = $3{,}7 \times 10^7$ Zerfälle pro s = $2{,}22 \times 10^9$ dpm
1 μCi = $3{,}7 \times 10^4$ Zerfälle pro s = $2{,}22 \times 10^6$ dpm
1 nCi = $3{,}7 \times 10^1$ Zerfälle pro s = $2{,}22 \times 10^3$ dpm

1 Bq (= Becquerel) = 1 Zerfall pro s
= $2{,}7 \cdot 10^{-8}$ Ci

1 Gray (Gy) = 1 J · kg⁻¹ = 100 rad.
1 rad = 10^{-2} J · kg⁻¹ = 10^{-2} Gy.

1 Sievert (Sv) = 100 rem.

Tabelle 2.14. Halbwertszeiten (HW), Strahlungsart und Energie (Emax) einiger biologisch wichtiger Radionuclide

Nuclid	HW	Art	Emax (KeV)
³H (Tritium)	12,26 a	β⁻	18
¹⁴C	5568 a	β⁻	155
³²P	14,45 d	β⁻	1710
³⁵S	87 d	β⁻	167
⁴²K	12,5 h	β⁻	2000
⁴⁵Ca	165 d	β⁻	254
⁶⁰Co	5,3 a	β⁻	314
⁹⁰Sr	28 a	β⁻	540
¹³²I	8,04 d	β⁻	~ 500
¹³⁷Cs	30 a	β⁻	514

Tabelle 2.15. Qualitätsfaktoren (q) einiger Strahlenarten

Strahlung	q
β⁺-, β⁻-, Röntgen- und γ-Strahlung	1
Thermische Neutronen	3
Schnelle Neutronen von 1 MeV	10
α-Teilchen	20
Schwere Ionen	20

(Gl 2.1)

$H_2O \rightarrow H_2O^+ + e^-$
$H_2O^+ \rightarrow H^+ + \dot{O}H$
$e^- + H_2O \rightarrow OH^- + \dot{H}$

Allgemein gilt, daß ionisierende Strahlen Bindungen in den Molekülen zeitweise beeinflussen oder zerstören. Es entstehen freie Radikale (Moleküle mit ungesättigten Bindungen, z. B. ȮH) oder Ionen (z. B. OH⁻). Da die Lebensvorgänge im wäßrigen Milieu ablaufen, ist die Wirkung von Hydroxylradikalen von besonderer Bedeutung. So sind z. B. gequollene Samen wesentlich strahlenempfindlicher als trockene.

Die *Radiolyse von Wasser* läuft nach Gleichung (2.1) ab. Reaktionsfreudige Hydroxylradikale und die Veränderung des pH beeinflussen den Zellstoffwechsel erheblich und führen neben der Schädigung vieler Moleküle auch zur Schädigung der Nucleinsäuren.

Die Wirkung ionisierender Strahlung läßt sich an reinen Präparaten deutlich machen. Die Veränderung der enzymatischen Aktivität von RNase z. B. (Abb. 2.101a) oder die Veränderung der Transformationsfähigkeit von DNA (Abb. 2.101b) können dabei als Maß für die Dosis-Wirkungs-Beziehungen herangezogen werden. Weil RNase im wäßrigen Milieu wesentlich strahlenempfindlicher ist, ist die Strahlenwirkung also hauptsächlich eine *indirekte über die Radiolyse des Wassers* und die *Reaktionen der Radikale*.

In der komplexen, lebenden Zelle ist die Wirkung ionisierender Strahlen, wenn man sie an der Überlebensrate mißt, wesentlich stärker als in isolierten Zellbestandteilen, weil Einzelwirkungen summiert und potenziert werden (Abb. 2.100).

γ-Strahlung zerstört Nucleinsäurebasen, Zucker (kann zu Punktmutationen führen) und die Phosphodiesterbindungen des Rückgrates der DNA (kann zur Deletion führen). Die Strahlenresistenz der Nucleotidbasen ist unterschiedlich: A > C > G > T. Thymin ist also am empfindlichsten.

Einzelstrangbrüche sind Lücken im Zuckerphosphatrückgrat nach Sprengung der Phosphodiesterbindung (S. 40). Peroxylradikale, wie sie bei der Radiolyse des Wassers auch auftreten, können, wie die Abbildung 2.102 zeigt, die Kontinuität des DNA-Stranges zerstören. Einzelstrangbrüche führen im allgemeinen nicht zur Trennung der DNA-Doppelhelix, weil ein Einzelstrangbruch wie die offenkundig spontan auftretenden »nicks« in der DNA (Unterbrechungen im Einzelstrang) nach Exzision und Einfügen komplementärer Basen durch DNA-Polymerasen und Ligase geschlossen werden können (S. 241).

Ein *Doppelstrangbruch* (Abb. 2.103) liegt vor, wenn der Plus- und Minusstrang der DNA an nahe beisammen liegenden Stellen unterbrochen ist. Der Doppelstrangbruch *führt zum Verlust, also zur Deletion eines mehr oder weniger großen Stückes der DNA-Doppelhelix*. Da abgesprengte Stücke bei der Kondensation der Chromosomen zu Beginn der Mitose isoliert bleiben, wird nur jener Chromosomenrest richtig auf die Nachkommenszellen verteilt, der eine Spindelansatzstelle besitzt. Der Rest, *das azentrische Fragment*, »bleibt liegen«, wird meist nicht in die neue Kernhülle eingeschlossen und wird schließlich wie ein Fremdkörper in einem noch nicht geklärten Prozeß resorbiert. Genetisch ist dies gleichbedeutend mit dem Verlust eines Chromosomenarmes, also einer großen Deletion und dem Verlust sämtlicher Gene dieses Chromosomenbruchstückes (S. 231).

Bei haploiden Organismen bedeutet dies den Tod der entsprechenden Zelle, bei diploiden nicht immer, denn auf dem homologen, intakten Chromosom können funktionsfähige

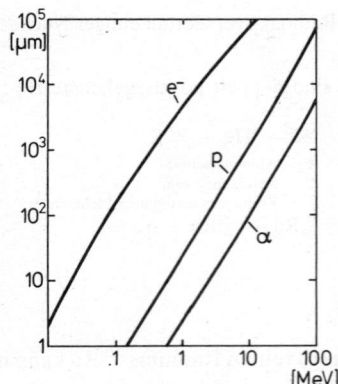

Abb. 2.99. Reichweite von Zerfallsprodukten radioaktiver Nuclide in organischem Material der Dichte = 1. e Elektronen, p Protonen, a Alpha-Teilchen. (Nach Bacq u. Alexander)

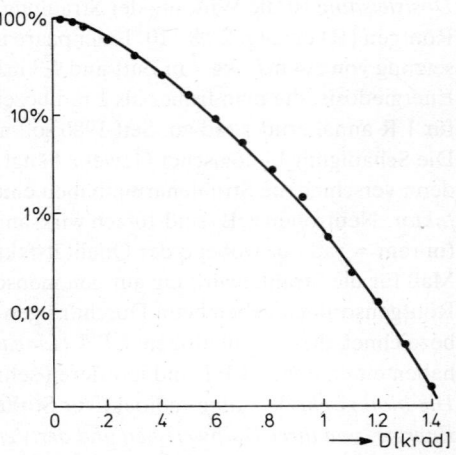

Abb. 2.100. Prozentueller Anteil überlebender, kultivierter Nierenzellen des Menschen nach Röntgenbestrahlung bis 1400 rad = 14 Gy. Bei 500 rad = cGy überleben weniger als 10%! (Nach Barendsen)

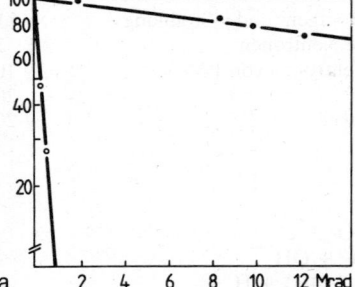
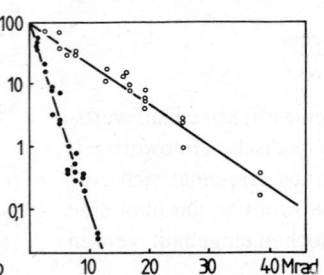

Abb. 2.101. (a) Inaktivierung von Ribonuclease durch ^{60}Co-γ-Strahlung. Auf der Ordinate Prozent der ursprünglichen Aktivität. In wäßriger Lösung nimmt die Enzymaktivität sehr schnell ab; das trockene Enzym hingegen hat auch nach Bestrahlung mit 10 Mrad = 10 kGy noch 80% der ursprünglichen Aktivität. (b) Inaktivierung transformierender DNA in vegetativen Zellen (●) und relativ wasserarmen Sporen (○) von Bacillus subtilis. (Aus Dertinger u. Jung)

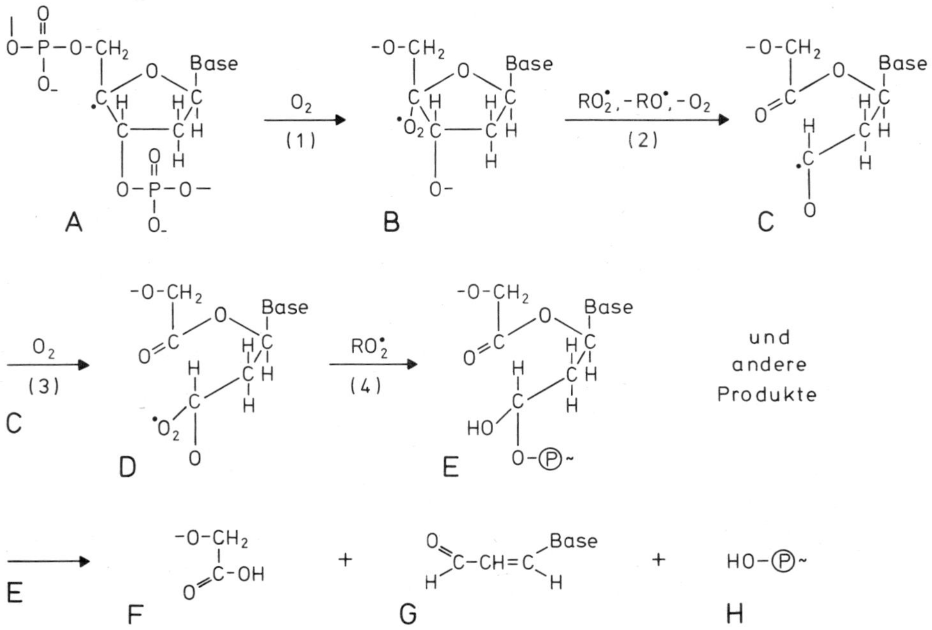

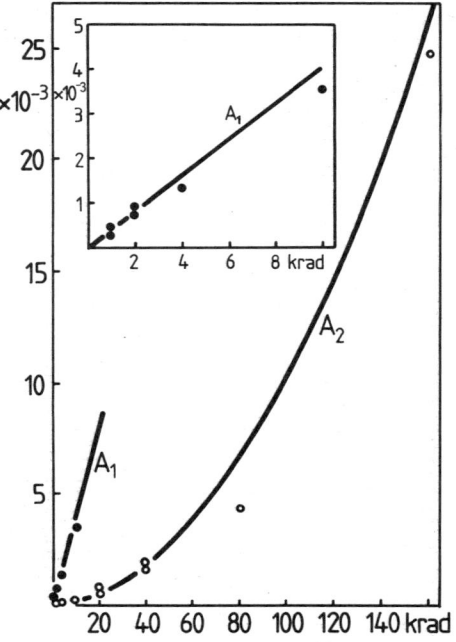

Abb. 2.102. Molekulare Grundlagen des Strangbruches der DNA durch Peroxylradikale, wie sie bei Einwirkung ionisierender Strahlung im wässerigen Milieu auftreten. (Nach Schulte-Frohlinde)

Abb. 2.103. Einzel- und Doppelstrangbrüche von Kalbsthymus-DNA in wässeriger Lösung. A1 Häufigkeit von Einzelstrangbrüchen pro Nucleotid, A2 der Doppelstrangbrüche pro Nucleotidpaar. Da ein Doppelstrangbruch die Folge zweier nahe beisammenliegender Einzelstrangbrüche ist, treten jene entsprechend seltener auf. (Aus Detering u. Jung)

Gene das Fehlen der Partner kompensieren. Beim Menschen ist allerdings keine Deletion eines Chromosomenarms beschrieben, die nicht auch phänotypisch manifest wäre, was zeigt, daß die *Genprodukte beider homologer Chromosomen* für Normalentwicklung und -funktion notwendig sind.

Insekten mit *polyzentrischen* Chromosomen (solchen mit vielen Spindelansatzstellen) überstehen eine Zerstückelung der Chromosomen in viele Fragmente, die dann immer noch eine bis mehrere Spindelansatzstellen haben. Das erklärt ihre hohe *Strahlenresistenz*.

Da es von den meisten Molekülen Tausende bis viele Milliarden in der Zelle gibt, ist der Verlust einiger von ihnen leichter tolerierbar. Dies gilt natürlich nicht für die in Paaren (bei haploiden Organismen) oder in 2 Paaren (bei diploiden Organismen) vorliegenden DNA-Stränge.

Strahlung hat 1. *stochastische Effekte,* die in der Häufigkeit des Auftretens dosisabhängig sind; etwa einem binären System mit Schalterstellung 0 und 1 entsprechend, bei welcher die Schalterstellung 1 mit zunehmender Dosis immer häufiger wird. Strahlung hat 2. auch *nicht stochastische Effekte,* deren Grad mit der Dosis zunimmt, wie es sich z. B. in der zunehmenden Zahl abgestorbener Zellen zeigt. Dies entspricht etwa einem dezimalen System mit Schalterstellungen von 0–9.

Strahlenwirkung zeigt sich schon bei kleinen Dosen an den Folgen von Nucleinsäureschädigungen. Verstärkte *Reparatursynthese* (= außerplanmäßiger Nucleotideinbau), eine neue oder *verlängerte S-Phase* (S. 167), *Teilungsverzögerung* im Bereich um ein rem (= 10^{-2} J · kg^{-1}) und *Stückverlust von Chromosomen* (= Deletion von Chromosomenarmen) sowie Bildung von *dizentrischen* und *Ringchromosomen* (Abb. 2.88) im Bereich von 100–1000 rem sind die ersten sichtbaren Zeichen. Später sichtbare Folgen sind dann die erkennbare *Erhöhung der Mutationsrate* im Bereich von mehr als 100 rem (Abb. 2.104) und Störung der Kontrolle der Zellteilung, die zu Tumorbildung führt. Wenn die Schädigung zu stark ist (Bereich von mehr als 100 rem), stirbt eine steigende Anzahl von Zellen ab. Etwa 50% der Menschen würden bei Ganzkörperbestrahlung mit 400 bis 500 rem sterben; im Bereich von 800–1000 rem wird eine 100%ige Todesfolge bei Ganzkörperbestrahlung angenommen. Zur Tumorbekämpfung wurden oft Tausende rem lokal appliziert. Immunologen bestrahlten Mäuse mit ca. 500 rem (= 5 J · kg^{-1}), um die Zellen des Immunsystem abzutöten und neue implantieren zu können.

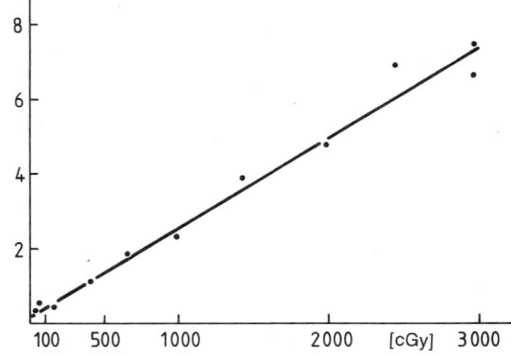

Abb. 2.104. Mutationsauslösung durch ionisierende Strahlen bei Drosophila. Die Mutationsrate in Prozent beträgt bei 700 cGy Röntgenstrahlung etwa 2%, ist bei 1400 cGy verdoppelt und bei 2800 cGy etwa viermal so hoch. Es wurden X-chromosomale Gene geprüft, die im hemizygoten Zustand auch rezessive Mutationen erkennen lassen. (Aus Stickberger)

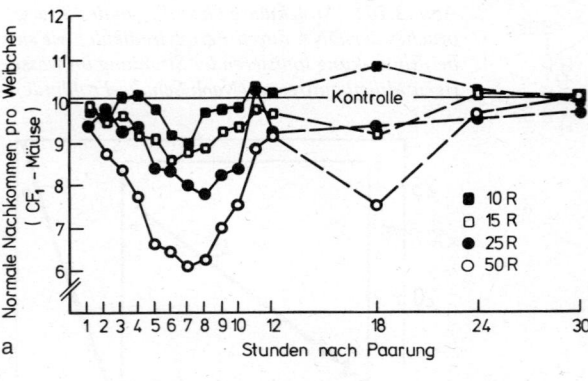
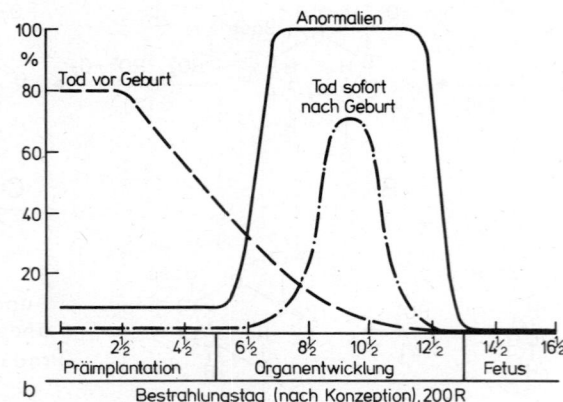

Die Tatsache, daß die gleiche Menge Strahlung in mehreren kleinen Dosen appliziert weniger wirksam ist als eine kontinuierliche Bestrahlung, wird durch die Möglichkeit erklärt, die DNA zwischen den Einzeldosen zu reparieren. Und die Tatsache, daß Zellen, die sich rasch teilen und damit Organismen im Wachstum strahlenempfindlicher sind, ist einleuchtend, weil Basenzerstörungen am Matrizenstrang oder Einzelstrangbrüche in der Replikationsgabel (S. 41) während der Replikation nicht repariert werden können.

Besondere Beachtung verdient die Tatsache, daß gleiche Zelltypen im Laufe ihres Zellzyklus sehr unterschiedlich empfindlich sind.

Auch Embryonen haben ausgeprägte Perioden höherer Empfindlichkeit (Abb. 2.105). Bei den auftretenden Anomalien wird es sich wohl um somatische Mutationen handeln, d. h. Veränderungen im Genom somatischer Zellen. Gleichartige Mutationen in den Keimzellen kommen sicherlich auch vor, doch läßt die Schädigung des Embryos eine Weiterentwicklung und Weitergabe an die nächste Generation nicht zu. Nach den Atombombenabwürfen in Hiroshima und Nagasaki wurden Früh- und Spätwirkungen ionisierender Strahlung beim Menschen in umfassenden Programmen internationaler Kommissionen untersucht. Auch dabei war eine hohe Empfindlichkeit von Embryonen gefunden worden. Nach Angaben der 98 betroffenen Schwangeren wurden 3 Gruppen nach der Entfernung vom Katastrophenherd gebildet. Bei bis zu 2000 m entfernten Frauen (Gruppe 1 und 2) (Abb. 2.106) war die Schädigung signifikant erhöht, bei Entfernungen > 2000 m etwa der Norm entsprechend.

Zu den durch physikalische Faktoren hervorgebrachten Mutationen zählen nicht nur ionisierende Strahlen, sondern auch UV-Licht. Gerade die Wirkung der kurzwelligen UV-Strahlen wurde intensiv untersucht und zahlreiche Ergebnisse, besonders von *E. coli*,

Abb. 2.105. *(a) Wirkung niedriger Dosen ionisierender Strahlung (10–50 R = 10–50 cGy) auf die Wurfgröße von Mäusen. 5–9 h nach Kopulation, d. i. zum Zeitpunkt der Fusion des Spermiums mit dem Ei, sind die Eier am empfindlichsten: die durchschnittliche Wurfgröße von > 10 sinkt auf < 7 und dies in deutlicher Abhängigkeit von der Dosis. Nach 30 h, d. i. nach dem 2-Zellstadium, beeinflußt keine der verwendeten niedrigen Dosen die Wurfgröße. (Nach Rugh aus Fritz-Niggli) (b) Wirkung höherer Dosen ionisierender Strahlung (200 rem = 2 Gy) auf Embryonen der Maus. Zwischen 6 und 13 Tagen ist demnach der Embryo am empfindlichsten. (Nach Russell u. Russell aus Fritz-Niggli)*

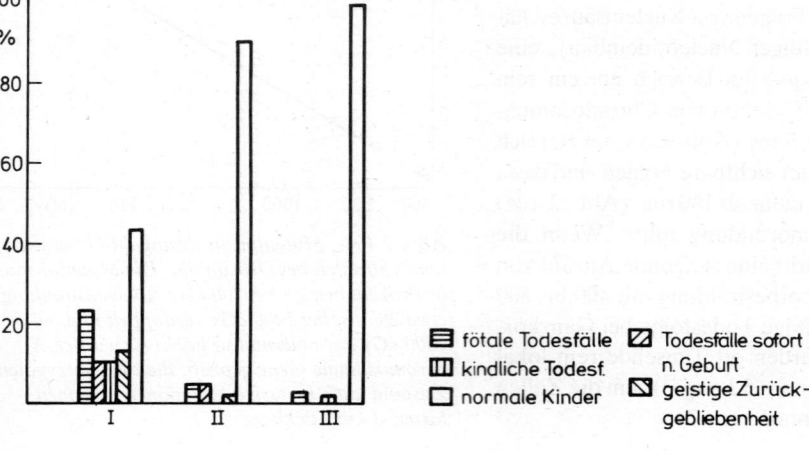

Abb. 2.106. *Strahlenwirkung auf Embryonen des Menschen. Bei 98 japanischen Schwangeren, die sich in verschiedenen Entfernungen vom Explosionsherd der Atombomben von Nagasaki und Hiroshima aufhielten, wurden beträchtliche Unterschiede in der Embryoschädigung in Abhängigkeit von der Entfernung (= Strahlendosis) gefunden. Gruppe I war weniger als 2000 m (geschätzte Dosis: 0,2–5 Gy) entfernt, die Mütter wiesen deutliche Strahlenschäden wie Epilation (Haarausfall) auf, Gruppe II wurde in gleicher Entfernung getroffen, wies aber keine größeren Strahlenschäden auf, und Gruppe III befand sich in Entfernungen > 2000 m. Ob die Todesfälle bei den Feten auf somatische Mutationen zurückgeführt werden können, ließ sich nicht feststellen. (Nach Yamazaki et al. aus Fritz-Niggli)*

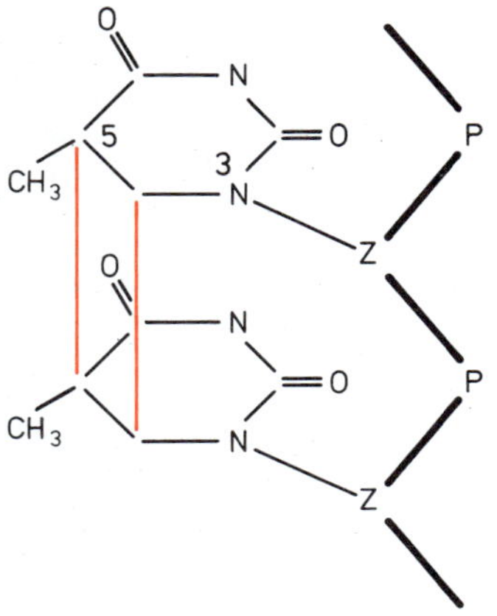

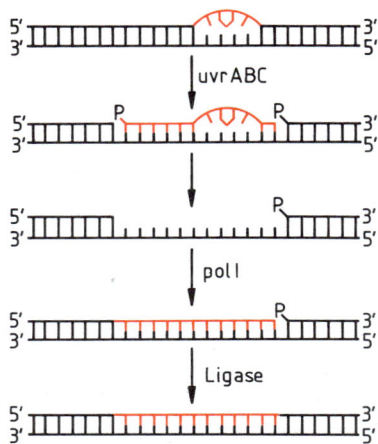

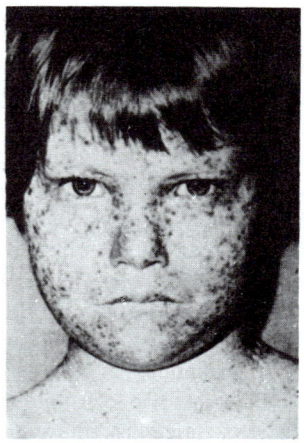

Abb. 2.107. Thymindimere, wie sie nach Einwirkung von UV-Strahlen zwischen benachbarten Thyminen auftreten.

Abb. 2.108. Veränderung der räumlichen Struktur der DNA-Doppelhelix durch Dimerbildung, Ausschneiden dieser und der benachbarten Nucleotide, Füllen der Lücke durch die DNA-Polymerase und Verknüpfen des Zucker-Phosphat-Rückgrates durch die Ligase (= DNA-Reparatur).

geben ein abgerundetes Bild von den molekularen Geschehnissen nach UV-Einwirkung. UV-Strahlen führen zur Bildung von Dimeren zwischen Nucleotiden – vor allem zwischen benachbarten Thyminen. *Thymin-Dimeren* stören die räumliche Struktur der Doppelhelix, die von einem Reparaturenzym ständig geprüft wird. Findet dieses *Reparaturenzym* ein solches Dimer, dann wird es stromauf und -ab ausgeschnitten. Die Lücke, die Dutzende Nucleotide umfassen kann, wird durch die DNA-Polymerase I basenkomplementär gefüllt und das Zucker-Phosphatrückgrat wird durch die Ligase geschlossen (Abb. 2.107, 2.108).

Xeroderma pigmentosum ist eine Hautkrankheit des Menschen (Abb. 2.109), die als ein Defekt des Reparaturenzyms erkannt wurde. Die Schäden, die durch UV-Einwirkung in der DNA der Hautepithelien verursacht werden, führen früher oder später zur Entstehung von Hautkrebs und Metastasen. Auch jene Patienten, die unter Lichtabschluß leben, können nicht gerettet werden.

Der *Sonnenbrand* nach intensivem »Sonnenbaden« ist auf eine *Alarmaktivierung des Reparatursystems zurückzuführen* und endet oft mit dem beschleunigten Absterben von Epithelzellen. In Extremfällen kann fortdauernde intensive UV-Einwirkung trotz intaktem Reparatursystem zu Hautkrebs führen (S. 249).

Wegen der starken Absorption von UV durch Zellen ist dessen Eindringtiefe in Geweben gering. Die Keimzellen sind bei größeren Organismen, wie den Säugern, von UV nicht zu erreichen.

In der Photo(Licht-)biologie ist es üblich (S. 110f.), den Ort der Einwirkung oder die Moleküle, auf die Licht bestimmter Wellenlänge wirkt, durch ihre Lichtabsorption zu bestimmen: *Licht kann nur dann wirken, wenn es von bestimmten Substanzen auch absorbiert wird.* Für UV ist es leicht, den Ort der Wirksamkeit zu bestimmen, weil sich Nucleotide durch ihre Absorption als Angriffspunkt (»target«) verraten (Abb. 2.110). Der Absorption bei bestimmter Wellenlänge des UV entspricht die mutagene Wirkung dieser Wellenlänge, mit anderen Worten: *UV löst bei maximaler Absorption durch Nucleotide die größte Anzahl an Mutationen aus.*

Angaben über Strahlenwirkung beim Menschen sind aus mehreren Gründen mit Unsicherheiten behaftet.

1. Bei der Strahleneinwirkung nach Atombombenabwürfen und zum Teil auch nach Atombombenversuchen haben die Betroffenen keine Dosimeter getragen. Die tatsächliche Exposition der Überlebenden, auch Geschädigten ist also nur abzuschätzen.

2. Die Zahl der Unfälle in der Nucleartechnik (Röntgenmedizin, Reaktor) ist zu klein, um gesicherte Aussagen zu ermöglichen.

3. Es kann immer wieder bezweifelt werden, daß Ergebnisse von relativ kleinen Labortieren, wie Mäuse und Ratten, auch für Menschen mit ca. $2 \cdot 10^{13}$ Zellen gelten.

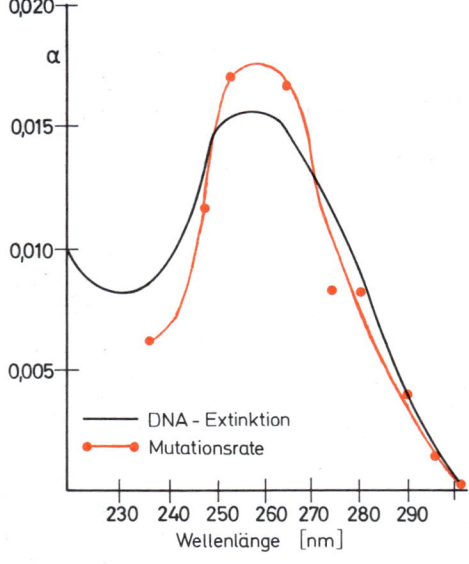

Abb. 2.109. Xeroderma pigmentosum ist die Folge eines autosomal rezessiv vererbten, defekten DNA-Reparatursystems. (Aus Vogel u. Motulsky)

Abb. 2.110. UV-Absorption durch Nucleotide in der DNA (ausgezogene Linie) und mutagene Wirkung bei verschiedenen Wellenlängen. (Aus Günther)

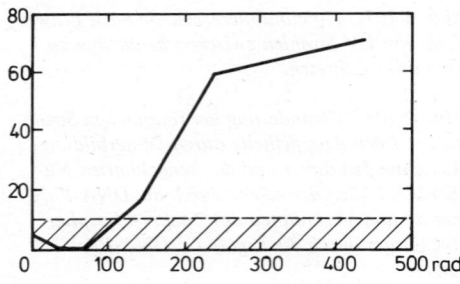
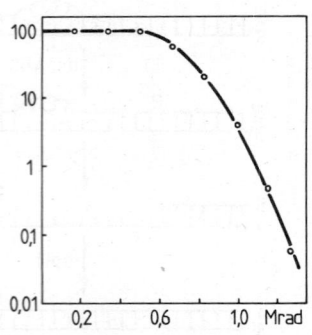

Abb. 2.111. Leukämierate unter den Opfern der Atombombenexplosion in Nagasaki. Auf der Ordinate ist die Zahl der Leukämiefälle extrapoliert auf 100 000 Personen angegeben. Die Region des nicht erfaßbaren Risikos – weil nicht signifikant von der durchschnittlichen Leukämierate verschieden – schraffiert. Ein starkes Ansteigen des Risikos bei Dosen > 100 rad (= 1 Gy) ist deutlich; allerdings sind die Strahlendosen nur geschätzt. (Nach Ishimaru)

Abb. 2.112. Überlebensrate von Micrococcus radiodurans. Auf der Ordinate sind die Prozent der Überlebenden angegeben. Erst ab 600 krad (= 6 kGy) zeigen ionisierende Strahlen eine Wirkung. (Nach Dean et al. aus Dertinger-Jung)

Da beim Menschen im Durchschnitt nur zwei bis drei Keimzellen zur Fortpflanzung Verwendung finden, ist es *sehr viel wahrscheinlicher, eine der 2×10^{13} Körperzellen als eine der Keimzellen* durch Strahlung zu treffen. Dementsprechend müssen wir *mehr somatische Mutationen als solche der Fortpflanzungszellen* erwarten. Dies zeigt sich denn auch in der Zunahme von Krebsfällen nach den Atombombenkatastrophen in Japan und dem Fehlen nachweisbarer Mutationen in der Nachfolgegeneration der Atombombenopfer.

Bei rund 2 Millionen Überlebenden in Hiroshima und Nagasaki wurden 147 Fälle von *Leukämie* registriert. Leukämie bezeichnet eine tumorartige Vermehrung von Leukocyten; es ist die häufigste Krebsform nach Strahleneinwirkung. 147 Personen sind um 92 mehr als es dem japanischen Durchschnitt entspricht. Berücksichtigt man die geschätzte (!) Strahlenexposition, dann lassen sich die Leukämiefälle in Nagasaki umgerechnet auf 100 000 betroffene Personen wie in Abbildung 2.111 graphisch zusammenfassen.

Nach vorsichtigen Schätzungen ist eine *Verdoppelung der Mutationsrate beim Menschen nach der Einwirkung von 80–120 rad* (= 0,8–1,2 Gy) Ganzkörperbestrahlung zu erwarten. Bei einer Mutationsrate von 1:100000 sind das 2:100000 für ein einzelnes Gen!

Gerade in der Strahlenbiologie sind Extrapolationen mit größter Vorsicht zu betrachten, weil verschiedene Organismen außerordentlich unterschiedlich strahlenempfindlich sind. *Micrococcus radiodurans,* der seinen Namen der extremen Strahlenresistenz verdankt, überlebt selbst bei 5 kGy noch zu 100% (Abb. 2.112) und ist damit 10mal resistenter als *E. coli*. Aber schon bei 4–5 Gy (ein Tausendstel der oben erwähnten Dosis!) Ganzkörperbestrahlung sterben ca. 50% der Menschen; eine Rettung ist nur durch Knochenmarkstransplantationen zu erwarten. Nach einer Strahlendosis von nur 10 Gy ist der Tod von 100% der Ganzkörperbestrahlten zu erwarten.

Auch bei Pflanzen läßt sich die *unterschiedliche Strahlenempfindlichkeit* experimentell nachweisen. Senfsamen (*Sinapis alba*) sind erheblich resistenter als etwa Gerstenkörner (Abb. 2.113). Der Ploidiegrad spielt auch eine Rolle: polyploide Formen sind resistenter als diploide. Und möglicherweise läßt sich die Häufung polyploider Formen bei den Alpenpflanzen mit einer Resistenzerhöhung gegen kosmische Strahlen in Zusammenhang bringen.

2.10.5 Mutagenitätsprüfung

Da weltweit immer neue auf den Zellstoffwechsel wirkende Substanzen entwickelt werden und da bei der Tumortherapie oder der Bekämpfung von Viruskrankheiten Mittel eingesetzt werden, welche die DNA-Synthese hemmen sollen, ist eine Prüfung auf Mutagenität solcher Verbindungen zu einem wichtigen Erfordernis der pharmazeutischen Biologie geworden. Zahlreiche Testsysteme wurden dazu entwickelt.

Bei Bakterien ist es verhältnismäßig einfach, Stämme mit verschiedenartigen Mutationen im gleichen Gen zu isolieren. So kann man z.B. Punkt- und Leserastermutationen

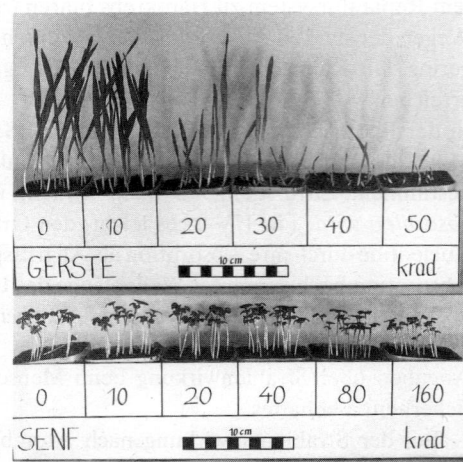

Abb. 2.113. Wachstumshemmung bei Gersten- und Senfkeimlingen nach Samenbestrahlung mit unterschiedlichen Dosen γ-Strahlen einer Co-Quelle. Der Senf (unten) ist wesentlich resistenter als die Gerste (vgl. 40 krad = 400 Gy bei beiden). (Original G. Czihak)

(S. 227f.) im *his*-Gen isolieren; die auxotrophen *his*-Mutanten brauchen also Histidin im Nährmedium. Die Rückmutation *his*⁻ zu *his*⁺ ist ein sehr seltenes Ereignis (S. 197), das nach Einwirkung von Mutagenen natürlich häufiger auftritt. Der *Salmonella*-Stamm TA 100 ist His⁻ infolge eines Basenaustausches im *his*-Gen, der Stamm TA 1538 kann durch eine Leseraster-Mutation zu His⁺ revertieren. Damit stehen zwei Stämme zur Verfügung, die auch Rückschlüsse auf die Wirkungsweise eines Mutagens ermöglichen (Abb. 2.114). Es gibt eine Anzahl von Stoffen (Promutagenen), die erst durch den Stoffwechsel in der Leber zu Mutagenen werden. Im Bewußtsein dessen wurde der AMES-Test entwickelt, bei welchem potentielle Mutagene mit Leberhomogenaten inkubiert werden, um durch die Enzyme der Leber die zu testenden Stoffe gegebenenfalls in Mutagene umbauen zu lassen. Die mit Leberhomogenat inkubierten Promutagene werden einer *Salmonella*-His⁻-Kultur zugefügt. Nach Plattieren auf Minimalagar (S. 197) läßt sich die Zahl der revertierten His⁻ → His⁺-Klone durch Auszählen wachsender Kolonien ermitteln (Abb. 2.115).

Der AMES-Test hat den Vorzug, schnell zu einem Ergebnis zu gelangen, den Nachteil, daß Mutagene im Leberhomogenat nicht in der gleichen Weise verändert werden müssen wie in der lebenden Zelle; die langwierige Mutagenitätsprüfung an Säugern ist deswegen oft nicht zu vermeiden. Um wenigstens innerhalb von Monaten zu Ergebnissen zu kommen, werden Mehrfachmutanten von Mäusen eingesetzt, die heterozygot nur Wildtypeigenschaften aufweisen und eine Mutation schon in der ersten Nachkommensgeneration erkennen lassen.

Voraussetzung ist, daß die heterozygoten Stämme Mutationen auf verschiedenen Chromosomen aufweisen. Im Prinzip wird der Test auf folgende Weise durchgeführt:
Kreuzung von:

$$\frac{ABCD}{abcd} \times \frac{ABCD}{ABCD}$$

ergibt die gleichen Genotypen wie in der Elterngeneration im Verhältnis 1:1; die Heterozygotie bleibt wegen der Dominanz von ABCD nicht erkennbar. Tritt hingegen eine Mutation A → a oder in einem anderen Gen auf, dann muß es unter den Nachkommen homozygot rezessive und phänotypisch erkennbare Individuen geben:

$$\frac{ABCD}{ABCD} \xrightarrow{A \to a} \frac{a\,BCD}{ABCD} \times \frac{ABCD}{abcd} \to \frac{ABCD}{ABCD} + \frac{aBCD}{abcd} + \frac{ABCD}{abcd} + \frac{aBCD}{ABCD}$$
$$\qquad\qquad\qquad\qquad\qquad\qquad 1 \;:\; 1 \;:\; 1 \;:\; 1$$

Es ist einleuchtend, daß eine Anzucht von Millionen heterozygoter Mäuse, um eine Verdoppelung der Mutationsrate – z.B. von spontan 1:100000 auf 2:100000 – festzustellen, keine einfache Aufgabe ist.

2.11 Genregulation

Gene werden im Laufe der Entwicklung »an- und abgeschaltet«. Das γ-Globingen (S. 231) ist nur ein Beispiel dafür. Gene werden auch in unterschiedlichen Raten transkribiert: das δ-Globingen z.B. sehr schwach und jedes der beiden α-Globingene zur Hälfte des β-Gens. Paviane können nach starkem Blutverlust das stillgelegte, im Fetalleben aktiv gewesene γ-Gen (Abb. 2.46) wieder »einschalten«, also die Neubildung von Hämoglobin beschleunigen. Wenn dies beim Menschen gelänge, wären genetisch bedingte Defekte in der Globinsynthese, z.B. bei der Sichelzellanämie, besserungsfähig oder heilbar.

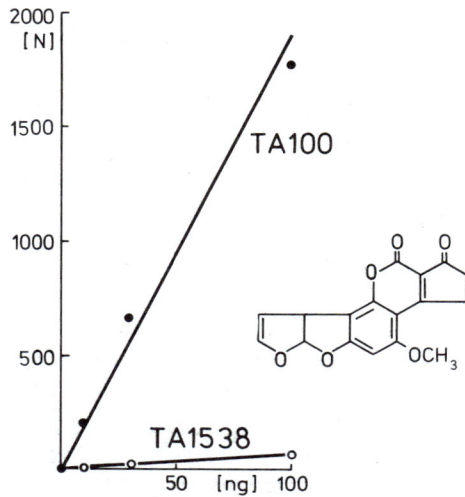

Abb. 2.114. Benzpyren (oben) ist ein Stoff, der in der Leber zu einem Mutagen metabolisiert wird. Im AMES-Test wird die Häufigkeit einer Rückmutation bei einer Punkt- (TA 100) bzw. Leserahmenmutation (TA 1538) in Verbindung mit Leberhomogenat getestet. Auf der Abszisse ng Benzpyren, auf der Ordinate Zahl der Rückmutationen. Metabolisiertes Benzpyren wirkt demnach als Punktmutagen.

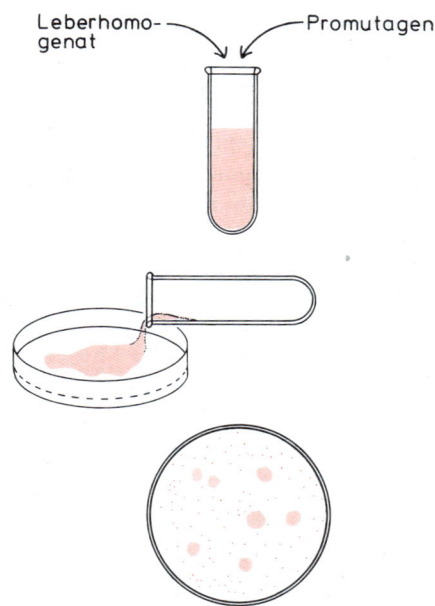

Abb. 2.115. Schema der Durchführung des AMES-Tests. Das zu testende Promutagen wird nach Mischung mit einem Leberhomogenat und Bakterienmangelmutanten auf Agar ausgegossen. Auf Minimalagar können sich nur die prototrophen Rückmutanten entwickeln, deren Auszählung als Maß für die Mutagenität Verwendung findet. (Original G. Czihak)

In verschiedenen Zelltypen sind verschiedene Gene exprimiert und dementsprechend hat *jeder Zelltyp einen charakteristischen Proteinbestand*. Dies ist die molekulare Grundlage der Zelldifferenzierung.

Einzelheiten der Regulation der Genaktivität sind nur in wenigen Fällen und nur zum Teil bekannt, am besten vom *lac*-Operon bei *E. coli*.

Wenn Coli-Bakterien in einem Medium mit Glucose als Energiequelle gehalten werden, lassen sich in jeder Zelle nur einzelne Moleküle des Enzyms β-Galactosidase nachweisen, ein Enzym, das Lactose, also den Milchzucker spaltet, der bei der Ernährung mit Milch und Milchprodukten anfällt. Wenn den Glucose-gefütterten Bakterien nun anstelle von Glucose Lactose angeboten wird, dann steigt der Enzymgehalt der Coli-Zellen innerhalb weniger Minuten, und zwar nicht durch Enzymaktivierung, sondern durch Neusynthese von β-Galactosidase nach schneller Transkription des entsprechenden Gens zusammen mit 2 anderen Genen, die ebenfalls auf die Verwertung von Lactose gerichtet sind. β-Galactosidase erreicht 6,6% des Gesamtproteins einer Bakterienzelle.

Im Coli-Genom wurden 3 nebeneinander liegende Gene gefunden, die mit der Verwertung der Lactose zu tun haben: *lac*-Z, *lac*-Y, *lac*-A. Dies sind die Gene für das Enzym β-Galactosidase, das die β-galactosidische Bindung der Lactose spaltet und damit je ein Molekül Glucose und Galactose bildet, für eine Galactosidpermease, welche die Lactoseaufnahme in die Zelle fördert und schließlich für eine Galactosidtransacetylase, welche eine Acetylgruppe auf Galactose transferiert. Alle 3 Gene unterliegen dem gleichen Regulationsmechanismus, das heißt, entweder wird keines transkribiert oder es werden alle 3 transkribiert: Sie bilden ein *Operon*, das unter Kontrolle eines stromauf liegenden *Operatorgens* steht. Das letztgenannte codiert für ein *Repressorprotein*, das eine hohe Bindungsaffinität zur Regulator-DNA hat, eine Sequenz, die stromab vom Promotor und vor den Strukturgenen liegt. Solange das aus 4 Untereinheiten bestehende Repressorprotein am *Regulatorgen* 0 mit seiner charakteristischen Nucleotidsequenzsymmetrie gebunden ist, kann die am Promotor startbereit liegende RNA-Polymerase die Transkription der Strukturgene nicht beginnen, weil »das Gleis durch den Bremsschuh« des Regulatorproteins blockiert ist. Das Repressorprotein selbst wird wie ein allosterisches Enzym durch einen Effektor, in diesem Fall Lactose, so modifiziert, daß es nicht länger binden kann und die Transkription des Lactoseoperons freigibt.

Zur Veränderung der wenigen in der Zelle vorhandenen Moleküle des Repressorproteins genügen wenige Lactose-Moleküle, die auch ohne Permeaseaktivität in die Zelle gelangen können.

Diese und andere Ergebnisse wurden im *Jacob-Monod-Modell der Genregulation* augenfällig dargestellt (Abb. 2.116). Dieses Modell dürfte allerdings nur für Prokaryoten Gültigkeit haben.

Die Nucleotidsequenzanalyse hat weitere Aufschlüsse über die Struktur des Operons, die in Abbildung 2.117 dargestellt ist, gebracht.

Analoga der Lactose, wie IPTG (Isopropylthiogalactosid), sind potente *Induktoren* des *lac*-Operons: innerhalb weniger Minuten steigt die Konzentration der mRNA des Z-, Y-, A-Gens, das zu einem *polycistronischen* oder *polygenischen* Messenger (S. 184, 190) transkribiert wird; ebenso schnell wird die Transkription bei Gabe von Glucose auch wieder gestoppt und bleibt unterdrückt, solange Glucose im Medium vorhanden ist. Ein CA-Protein (CAP = catabolite activator protein) und cAMP (S. 378) sind die Voraussetzung für die Aktivierbarkeit des *lac*-Operons. Da die Synthese von cAMP in Anwesenheit von Glucose unterdrückt ist, kann gleichzeitig angebotene Lactose das *lac*-Operon nicht »anschalten«. Solange also Glucose im Medium vorhanden ist, wird die Energie zur Synthese der *lac*-Genprodukte gespart, deren Aufgabe es letztlich ist, Glucose zu liefern. Eine Bindungsstelle für den CAP-cAMP-Komplex wurde innerhalb der Promotorregion ausgemacht. Durch die Bindung des Regulationskomplexes (er fördert die Transkription) an isolierte DNA wird ein Teil der Nucleotidsequenz der Promotorregion abgedeckt –

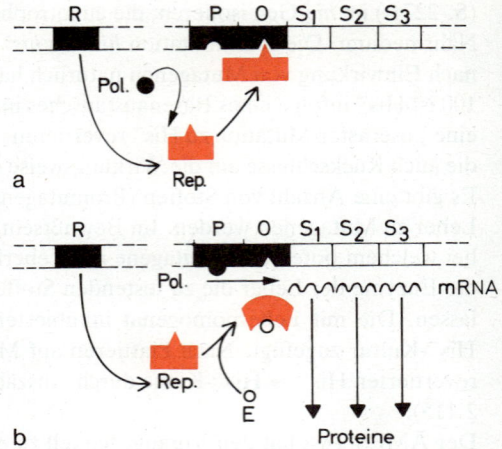

Abb. 2.116a, b. Jacob-Monod-Modell der Genregulation. (a) Das vom Regulatorgen codierte Repressorprotein (Rep) ist an den Operator (O) gebunden und verhindert die Transkription durch die RNA-Polymerase, die vom Promotor (P) ausgehend die Strukturgene S1–S3 abliest. Das unter der Kontrolle eines Promotors stehende Operon ist blockiert: keines der Strukturgene wird transkribiert. (b) Ein Effektor (E), im Falle des lac-Operons die Lactose, bindet an den Repressor und verändert ihn so, daß er seine Bindungsfähigkeit am Operator verliert. Die Polymerase kann stromab (nach rechts im Bild) transkribieren. Im Falle des lac-Operons wird ein polycistronischer Messenger gebildet, von dem 3 Proteine translatiert werden. S1 ist in diesem Fall das Strukturgen für die β-Galactosidase, S2 für Galactosidpermease, S3 für die Transacetylase. (Nach Hess)

P, Promotor = Ansatzstelle für die RNA-Polymerase; O, Operator = Ansatzstelle für den Repressor; S, Strukturgene; Rep., Repressor; Pol., RNA-Polymerase; E, Effektor, d.h. Substrat in (b) bzw. Endprodukt in (d)

Abb. 2.117. Promotor- und Operatorregion des ▶ lac-Operons. Unmittelbar an das lacI-Gen schließt die Promotorregion des Lactose-Operons mit der Bindungsstelle für CAP, ausgezeichnet durch eine spiegelsymmetrische Anordnung von Nucleotiden. Die Bindungsstelle für den Repressor lacO ist ebenfalls durch die Symmetrie der Nucleotidanordnung charakterisiert. Im lacO liegt der Start für die Transkription der mRNA, die ab dem Codon für fMet translatiert wird. In der Promotorregion liegen zwei Sequenzen, die auffallend reich an GC sind (punktiert) und die eine AT-reiche Region (strichliert) einschließen. (Nach Stent-Calendar, verändert)

nach anschließendem Verdau der DNA mit DNAse bleibt dieser Teil durch das CAP geschützt und einer späteren Analyse zugänglich. Die *Regulatorsequenz* zeichnet sich durch eine *zweifache Rotationssymmetrie* aus. Die Transkription des *lac*-Operons ist demnach zweifach kontrolliert.

Auch auf der Ebene der *Translation* ist Regulation möglich. Eier, die reich mit mat(ernaler) RNA ausgestattet werden, verwenden die translationsbereite mRNA nicht, bevor das Ei nicht aktiviert wird. Auch mRNAs, die Ribosomen schneller binden und mehr translatieren, gehören zu den Regulationssystemen. Für die ATP-Synthase, die aus einer Anzahl von Untereinheiten mit unterschiedlich hohen Anteilen besteht, wurde eine die Ribosomenbindung fördernde Sequenz nachgewiesen, welche die *Translationseffizienz beträchtlich erhöht*. In der Gentechnologie findet sie Verwendung, um z.B. die Translation von Interferon um das 18–20fache, die von Interleukin um das etwa 32fache zu steigern. Damit ist eine stärkere Translation einzelner Enzymuntereinheiten auch bei polycistronischen mRNAs möglich. Aus der polycistronischen mRNA für die ATP-Synthase wird z.B. die Untereinheit cq 10–12mal stärker translatiert als a oder b.

Unsere Kenntnis der Genaktivierung bei Eukaryoten ist noch sehr dürftig. Verschiedene Modellsysteme werden zur Zeit experimentell analysiert, z.B. die *Hormoninduktion* der Gene für das *Ovalbumin* im Hühnerovidukt (S. 380), das die mächtigen Schichten von Hühnereiweiß um den Dotter sezerniert. Östrogen induziert die Transkription von mRNA für dieses Polypeptid, und am Höhepunkt der Ovalbuminsynthese erreicht die codierende mRNA etwa 50% des Gesamtgehaltes von RNA der Zelle. Die *Induktion ist eine indirekte*. Das Hormon wird nämlich zunächst an der Zellmembran von einem *Rezeptorprotein* aufgenommen, der Hormon-Rezeptor-Komplex gelangt in den Zellkern und bindet an die DNA 135 bp stromauf vom Strukturgen für Ovalbumin. Die *Bindungsregion* ist ungewöhnlich AT-reich und über 100 bp lang. Weitere Einzelheiten werden zur Zeit untersucht.

Soweit heute bekannt, sind die Promotor- und Kontrollregionen der Eukaryoten mannigfaltiger gebaut als die der Prokaryoten; Regionen mit weitgehender Spiegelsymmetrie fehlen. Etliche Modellsysteme sind inzwischen einigermaßen bekannt.

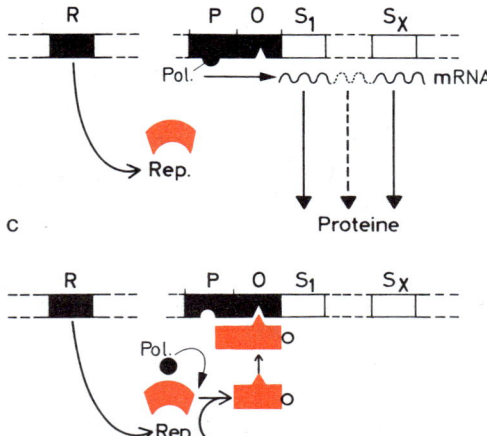

Abb. 2.116c, d. *(c) Endproduktrepression und Aktivierung nach dem Modell von Jacob und Monod. Das Regulatorgen produziert einen zunächst inaktiven Repressor. Die RNA-Polymerase kann die Strukturgene des Operons ablesen, die betreffenden Enzyme werden gebildet und arbeiten vielfach Hand in Hand bei der Lieferung eines bestimmten Endproduktes. Mit ansteigender Konzentration kann das Endprodukt schließlich den Repressor aktivieren. Nach einer Konformationsänderung paßt er auf den Operator und verhindert das Ansetzen der RNA-Polymerase am Promotor. Das Operon ist blockiert. – Bei E. coli sind z.B. die Gene für die Enzyme der Argininbiosynthese in einem solchen Operon zusammengefaßt. Das Endprodukt Arginin fungiert als Effector bei der Aktivierung des Repressors (d). R, Regulatorgen. (Nach Hess, verändert)*

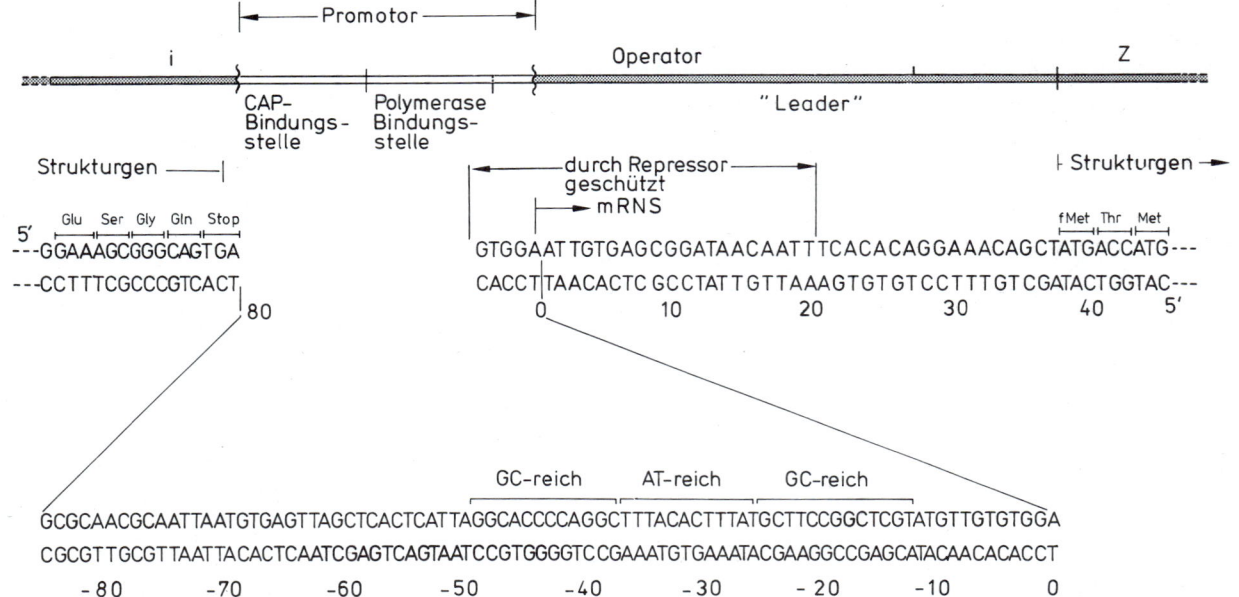

Hitzeschockproteine werden synthetisiert, wenn Tiere extrem hohen Temperaturen ausgesetzt werden. Das Genprodukt bei *Drosophila* ist ein $116{,}235 \cdot 10^{-21}$ g Hitzeschockprotein mit noch unbekannter Funktion. Die Transkription des entsprechenden Gens wird durch einen HSTF-Faktor (»heat shock transcription factor«) kontrolliert, der 5'-wärts von der TATA-Box bindet und ohne den die RNA-Polymerase nicht transkribiert. Der HSTF ist immer in der Zelle vorhanden; er wird durch die Temperaturerhöhung nur aktiviert oder modifiziert.

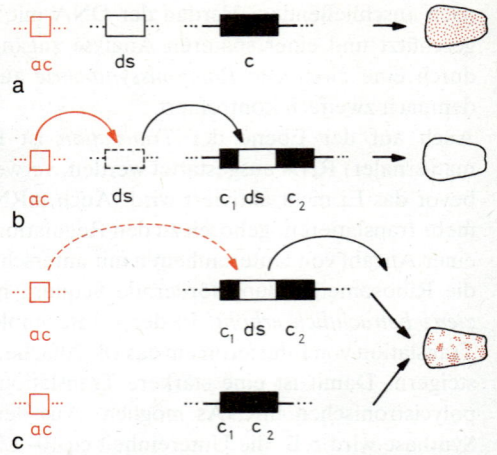

2.12 Transposons

Transponierbare genetische Elemente oder Transposons sind springende Gene, also *Nucleotidsequenzen*, die an der *einen oder der anderen Stelle im Genom zu finden sind*. Sie können einen einmal eingenommenen Platz im Chromosom verlassen und sich an einer anderen Stelle »einnisten«. Transposons gehen mit anderen Genen »rücksichtslos« um, denn sie können sich mitten in ein anderes Gen »hineinzwängen« und dieses dann funktionslos machen. Am Phänotyp gesprenkelter Maiskörner wurden sie entdeckt. Wenn sich ein Transposon vom Mais, *Ds* oder *ds* genannt, in das Gen *c* setzt (Abb. 2.118), das für die rot-violette Pigmentierung der Maiskörner verantwortlich ist, wird die Pigmentbildung verhindert und das Maiskorn, eine vielzellige Frucht (Karyopse), weißlich-gelb. Springt *ac* aus dem Gen wieder heraus, dann können die betroffene Zelle und ihre Nachkommen wieder Pigment bilden. Die Häufigkeit solcher Rückmutationen ließ auf »vagabundierende« DNA-Stücke schließen.

Wie oft in der Genetik ist die Sache aber noch komplizierter: *Transposons können auch Chromosomenbrüche »verursachen«*. Ein solches Transposon ist das *ds*, das allerdings einer Aktivierung durch ein Gen *ac* bedarf, das heißt, ohne *ac* kann *ds* seine Lage auf dem Chromosom nicht verlassen; *ds* alleine hat zwar flankierende, gegenläufige komplementäre Sequenzen, die zur Insertion in der DNA notwendig sind, aber ein verstümmeltes Transposase-Gen kann nur »springen«, wenn *ac* ein funktionsfähiges Transposase-Enzym liefert, welches die Transposition ermöglicht (Abb. 2.119).

Springende Nucleotidsequenzen bei Bakterien sind die IS- oder *Insertions-Elemente*. Sie sind um die 1000 Basenpaare lang und tragen an den Enden lange »inverted repeats«, das sind spiegelbildlich angeordnete Wiederholungssequenzen. Transposon(Tn)-Elemente sind hingegen 2,5 bis 10 kb groß und tragen außer den für die Transposition notwendigen Genen noch Resistenzgene, die bei Übertragung von diesen auf Bakterienplasmide bedeutsam sind. Bei Bakterien ist das Tn3 ein gut untersuchtes Transposon (Abb. 2.120). Es umfaßt rund 5 kb und enthält ein Ampicillin inaktivierendes »Resistenzgen« neben den 2 für die Transponierbarkeit wichtigen Genen für eine *Transposase* und *Resolvase*. Das Produkt des Resolvase-Gens ist gleichzeitig auch Repressor für die in Gegenrichtung transkribierten Transposase- und Resolvase-Gene. Flankiert sind diese 3 Gene von *gegenläufig komplementären Enden*, die in ähnlicher Form bei allen Transposons gefunden werden, also für die Insertion wichtig sind.

Abb. 2.118a–c. Transposonwirkung beim Mais. (a) Die Akteure: das springende Element ds, das Gen ac, das eine Transposase codiert, und das Gen c, das die rotviolette Färbung der Maiskörner bedingt. (b) Durch eine Transposase des Gens ac kann ds an einen anderen Ort im Genom springen, auch in das Gen c; durch die Spaltung des Gens c in c1 und c2 geht die Fähigkeit verloren, rotviolettes Aleuron (S. 380) zu bilden; die Maiskörner sind dann gelblichweiß. (c) Unter Mitwirkung der Transposase des Gens ac kann das Transposon ds aus dem Gen c auch wieder herausspringen. Die entsprechende Zelle und ihre Abkömmlinge können wieder Pigment bilden; die Maiskörner erscheinen gesprenkelt.

Abb. 2.119a–c. Mutationen in ac-Elementen. (a) Ein funktionierendes ac-Element umfaßt rund 4,5 kb und trägt das Gen tra für die Transposase. Durch die bis auf eine Position gegenläufig komplementären Enden kann es sich selbst transponieren. (b) Ein mutiertes Element, Dsa, das durch Deletion in tra defekt ist, kann nur bei Anwesenheit eines funktionsfähigen ac-Elementes transponiert werden. (c) Durch weitere Deletionen kann das kleine ds-c-Element entstehen, das wegen der »inverted terminal repeats« bei Anwesenheit von ac springen kann und in das gentechnisch durch Insertionen verschiedenartige Nucleotidsequenzen einzusetzen sind.

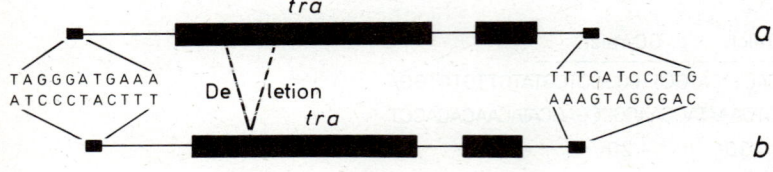

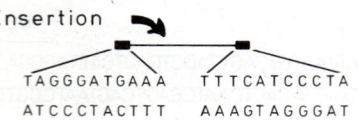

Nachdem jahrzehntelang an der Aufstellung von Genkarten z.B. für *Drosophila* gearbeitet worden war und nachdem man über das Nebeneinander von Genen auf der DNA von *Escherichia coli* schon gut Bescheid wußte und überzeugt war, daß jedes Gen seinen bestimmten Platz auf dem Chromosom hat – durch Rekombinationshäufigkeiten (S. 216f.) bewiesen –, kam die Nachricht von springenden Genen sehr überraschend. Allerdings gaben temperente Phagen (S. 194f.) schon einen sehr klaren Hinweis auf inserierbare DNA-Sequenzen, und Transposons waren eigentlich vorhersagbar. Aufgefallen waren sie durch die außergewöhnlich hohe Rückmutationsrate, denn wenn sich ein Stück DNA in ein Gen setzt, dessen Funktion aufgehoben hat und dann den Ort wieder verläßt – und das mit hoher Wahrscheinlichkeit –, wird die Integrität und Funktion des »befallenen« Gens wiederhergestellt.

Transposons können auch Fremdgene einschließen und zusammen mit diesen verlagert werden. Die Gentechnologie (S. 259f.) wird auf diese Möglichkeit zurückgreifen. Die springenden DNA-Sequenzen haben also Gene, die ihr eigenes Verhalten bestimmen, können allerdings durch ihre Genprodukte auch verstümmelte Transposons wie *ds* beim Springen unterstützen. Sie haben im Gegensatz zu den Viren aber keine Gene für eine Proteinhülle und auch nicht die Fähigkeit, die Zelle zu verlassen. Die *vagabundierende*, »selbstsüchtige« DNA, die sich an einen beliebigen Ort setzt und keine andere Funktion hat, als sich selbst zu vermehren und weiter zu springen, wird zur *Selbstmörder-DNA*, wenn sie lebenswichtige Funktionen der Zelle zerstört.

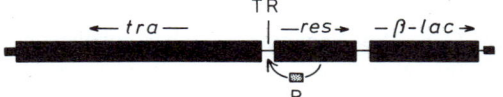

Abb. 2.120. Das Transposon Tn3 aus Bakterien umfaßt rund 5 kb. Die Gene tra und res codieren Transpositions-Enzyme, β-lac inaktiviert Ampicillin, verleiht dem Träger also Resistenz gegen dieses Antibioticum. Die Gene tra und res werden von einer gemeinsamen Startregion her gegenläufig abgelesen. Weil die Resolvase gleichzeitig Repressorfunktion durch Bindung an TR ausübt, ist res auch ein Regulatorgen.

2.13 Tumorgenetik

Nach dem heutigen Stand der Kenntnis ist die Entstehung von Tumoren durch somatische Mutation oder durch Infektion bestimmter (Tumor-)Viren bedingt. Involviert sind Gene, die im weitesten Sinn mit der *Regulation der Zellteilung* zu tun haben. Alle jene Zellen, die sich teilen können, scheinen prinzipiell auch Kandidaten für die ungehemmte Teilungsaktivität zu sein, wie sie für die Tumorentwicklung charakteristisch ist. *Benigne Geschwülste* (Tumoren) bleiben als abgegrenzter Zellhaufen bestehen, *maligne sind invasiv*, d.h. einzelne Zellen können sich aus dem Tumor lösen und an anderen Stellen des Körpers ansiedeln, also *Metastasen* bilden. Zellen, die im Laufe der Embryonalentwicklung irreversibel teilungsgehemmt sind, wie etwa die Ganglienzellen, bilden auch keine Tumoren.

Tumoren treten nicht immer als abgegrenzte Geschwülste auf; *Leukämie*, der Blutkrebs, ist durch eine starke Vermehrung der Leukocyten, die sich als Einzelzellen im Blutkreislauf ausbreiten, gekennzeichnet.

Bei der Tumorentstehung erhalten zelleigene Gene für die direkte oder indirekte Steuerung der Zellteilung den Anstoß zu erhöhter Aktivität. So codieren viele der sogenannten *Onkogene* für eine *Proteinkinase*, die eine Phosphatgruppe z.B. auf Tyrosin überträgt, die normalerweise aber mit kontrollierter Aktivität für die Einleitung der Mitose gebraucht wird.

Das erste der entdeckten Onkogene war das vom Rous-Sarkom-Virus (S. 192) übertragene *src*-Gen. RSV löst Tumorbildung aus, wenn es neben den 3 Genen des Virusgenoms (Abb. 2.121) noch ein *src*-Gen besitzt (Abb. 2.122), das in der infizierten Hühnerzelle zur verstärkten Bildung des *Proteins pp60* führt (Abb. 2.122). Dieses, auch in der nichtinfizierten Zelle, allerdings nur in wenigen Kopien vorkommende Enzym, heftet sich mit dem Aminoende an die Innenseite der Plasmamembran und phosphoryliert mit seinem freien, in das Cytoplasma ragenden Teil, andere Proteine – daher der Name Proteinkinase. Das

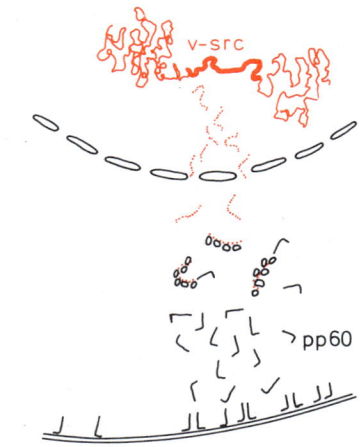

Abb. 2.121. Expression des v-src-Gens, das im Genom der Wirtszelle integriert ist. Die entsprechende mRNA wandert aus dem Zellkern (Zk) in das Cytoplasma und veranlaßt die Bildung großer Mengen an Proteinkinase (pp60), die sich an der Innenseite der Plasmamembran (Pm) anheftet.

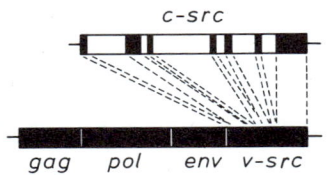

Abb. 2.122. Die RNA des zellulären Protoonkogens (c-src) kann nach Spleißen in das Genom des Retrovirus übernommen werden (Abb. 2.26); es wird damit zum Rous-Sarkom-Virus (RSV).

virale *v-src*-Gen hat im Genom der Hühnerzelle seinen identischen Partner, das *c-src*-Gen. Die Annahme ist daher naheliegend, daß ein *v-src*-Gen ein von einer früheren Infektion stammendes *c-src*-Gen ist, welches zusammen mit den Virusgenen in das Capsid verpackt wurde und der nächsten Zelle ein *src*-Gen überträgt, das unter der Kontrolle eines »starken« *Viruspromotors* stärker transkribiert wird als das zelleigene.

Das *c-src*-Gen hat insgesamt 6 Introns, die beim Spleißen (S. 184) herausgeschnitten werden. Das *v-src*-Gen ist intronlos (Abb. 2.122). Hybridisierung von *v-src* und *c-src* zeigt die Übereinstimmung beider Nucleotidsequenzen (Abb. 2.123).

Es gibt eine ganze Reihe von *Retroviren*, die zelluläre Onkogene »stehlen« können und in der nächsten Wirtszelle Tumorbildung auslösen. Vom Menschen sind bisher drei bekannt: HTLV I bis III, die ebenfalls tumorinduzierend sind. Die von diesen Retroviren verursachten Tumoren – HTLV III ist das AIDS-Virus – spielen aber gegenüber der Häufigkeit anderer Tumorformen des Menschen nur eine untergeordnete Rolle.

Bei einer der Leukämieformen des Menschen wird ein verkürztes Chromosom 22 (*Philadelphia-Chromosom*) in den Lymphocyten gefunden. Genauere Untersuchungen haben ergeben, daß das fehlende Stück von 22 auf Chromosom 9 oder 17 transloziert ist. Dort liegt es in der Nähe eines Immunglobulingens, das nach Auslösen einer Immunreaktion (S. 531 f.) natürlich *stark transkribiert wird und damit das zelluläre Onkogen mittranskribiert.*

Neben dieser Translokation kann auch eine Punktmutation Tumorveränderung auslösen. Solches wird für die Wirkung von Strahlen und chemischen Mutagenen (S. 235 f.) postuliert. Für ein Blasencarzinom des Menschen ist eine Punktmutation eindeutig nachgewiesen worden. Dieses Gen, das ein Protein p21 codiert, enthält als zelluläres Protoonkogen in Position 653 ein T, als mutiertes Onkogen ein G. Das translatierte Protein hat dann in Position 12 ein Gly statt eines Val. Ähnlich der Sichelzellanämie (S. 229 f.) führt also ein einziger Aminosäureaustausch zu einer gravierenden Änderung der Funktion des entsprechenden Proteins. Aus diesen und vielen anderen Ergebnissen läßt sich ein synoptisches Bild der Entstehung von Tumoren geben (Abb. 2.124). Zelleigene, die Zellteilung regulierende Gene, die Protoonkogene können durch Mutation – sei es durch Punktmutation, sei es durch Translokation oder Deletion eines Kontrollgens – so verändert werden, daß sie ein die Teilung in höherem Maß anregendes

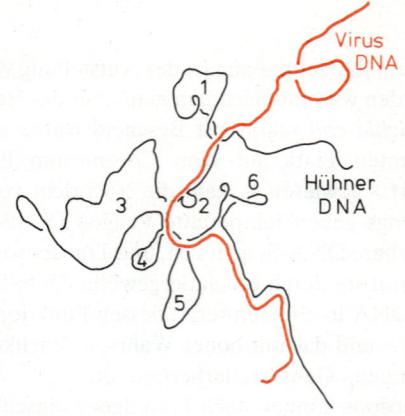

Abb. 2.123. Hybridisierung der aus Virus-RNA zurückgeschriebenen DNA (rot) mit genomischer DNA vom Huhn. Dort, wo eine Paarung (annealing) zwischen komplementären Basen durch Wasserstoffbrückenbindung möglich ist, liegen die DNA-Stränge unterschiedlicher Herkunft eng beisammen. Diese Stellen entsprechen den Exons des Gens. Die Introns haben in der viralen DNA keine Partner und bilden daher 6 Schleifen am hybridisierten Molekül. Ihre Länge entspricht den Introns in Abbildung 2.123. (Nach einer EM-Aufnahme gespreitete DNA von Parker, aus Bishop)

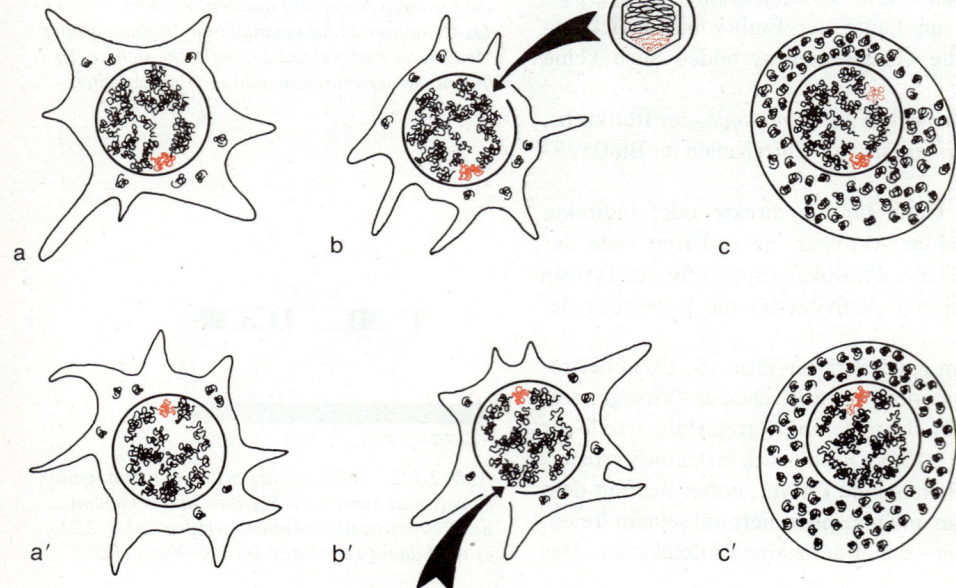

Abb. 2.124. Ein zelluläres Protoonkogen (rot) kontrolliert die Bildung weniger Proteinkinasemoleküle im Cytoplasma (a, a'). Durch eine Virusinfektion kann ein virales Onkogen übertragen werden (b) oder der starke Viruspromotor inseriert vor dem zellulären Protoonkogen. Dies führt zu verstärkter Bildung von Proteinen, die direkt oder indirekt, z. B. als Wachstumsfaktoren, mit der Steuerung der Zellteilung zu tun haben (c). Ein Carzinogen kann das zelluläre Protoonkogen oder seinen Promotor so verändern, daß mehr (c') oder wirksameres Protein zur Zellteilungssteuerung gebildet wird.

Protein bilden oder das Protoonkogen verstärkt transkribieren. Es kann auch ein Virus vor ein Protoonkogen inseriert werden, dessen verstärkte Transkription das zelluläre Onkogen ebenfalls verstärkt transkribiert. Auch eine mutative Genamplifikation könnte zu verstärkter Aktivität führen. Schließlich können auch Wachstumsfaktoren wie der PDGF (»platelet derived growth factor«), wenn diese infolge Mutation in vermehrter Menge produziert werden, Tumorwachstum auslösen.

Tumorbildung ist auch von Bastarden bzw. Hybriden bekannt. Unter den Zahnkärpflingen (Poeciliden) gibt es Bastarde mit ausgeprägter *Melanombildung* (Wucherung von Pigmentzellen). Die Entwicklung sogenannter genetischer Tumoren ist allerdings ein sehr komplexer, von mehreren Genen gesteuerter Vorgang (Abb. 2.125). Tumorinduzierende Gene, wahrscheinlich ein *stc*, sind von mehreren Regulatorgenen und einem autosomalen *diff*-Gen kontrolliert. Interspezifische Kreuzungen ergeben Genkombinationen, die eine Bildung von Melanomen bedingen. Da diese nur in bestimmten Körperregionen auftreten, spielen wahrscheinlich auch segmentbestimmende Gene eine Rolle.

Auch von Pflanzen sind Arthybriden bekannt, die eine tumorähnliche Callusbildung am Sproß hervorrufen. Mehrere Beispiele an *Nicotiana*-Arten wurden beschrieben.

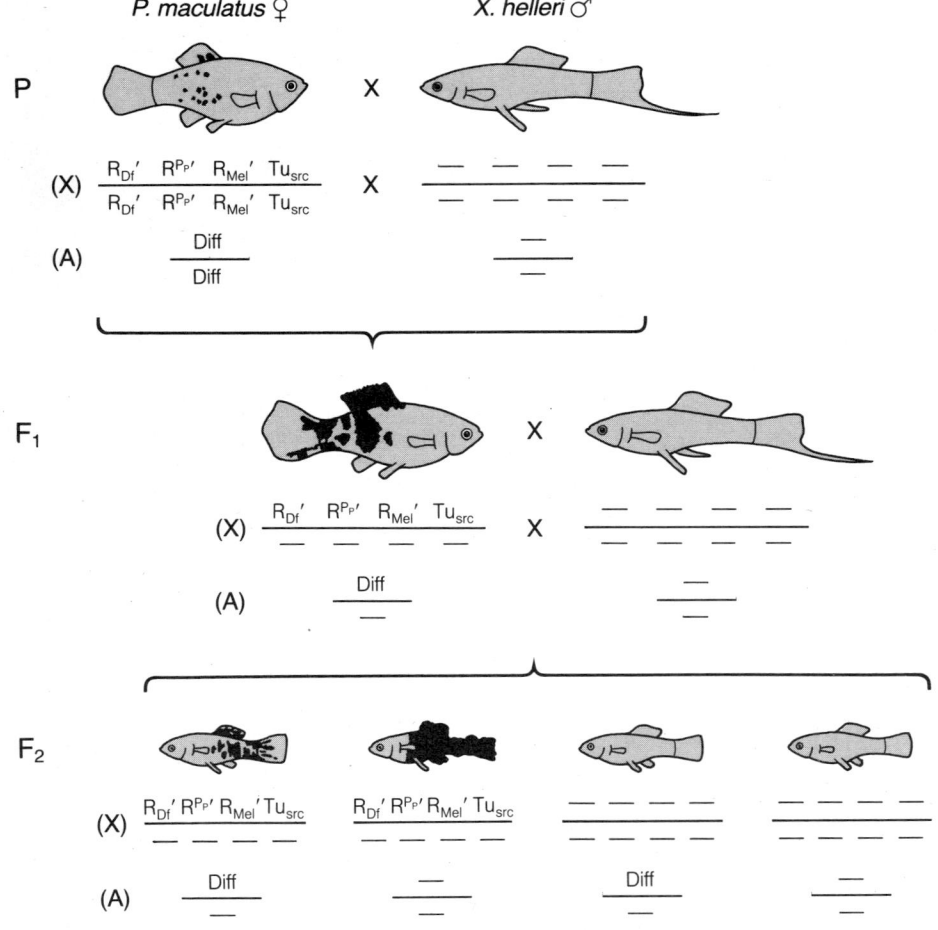

Abb. 2.125. Tumorbildung bei Artbastarden von *Platypoecilus* = *Xiphophorus*. Die bei Aquarianern wohlbekannten »Platys« und Schwertträger können bei Hybridisierung todbringende Melanome entwickeln. Nach Kreuzung von *X. maculatus* × *X. helleri* haben alle Individuen der F1-Generation vergrößerte Pigmentflecken im Schwanzbereich und auf der Rückenflosse. Rückkreuzung dieses Bastards mit *X. helleri* ergibt eine gevierteilte Nachkommenschaft: 25% entsprechen dem Bastard der F1, 25% entwickeln Melanome und 50% gleichen phänotypisch dem pigmentarmen *X. helleri*. Nach zahlreichen Kreuzungsversuchen konnte man einen Genotyp für das X-Chromosom (X) und für ein Autosom (A) erschließen, der eine Interpretation der erwähnten Ergebnisse ermöglicht. (Nach Anders u. Anders)

2.14 Plasmatische oder extrachromosomale Vererbung

Wenn Fortpflanzungszellen sehr verschieden groß sind, wie dies bei pflanzlichen und tierischen Eizellen bzw. Spermien und Spermazellen in Pollenkörnern der Fall ist (S. 266), dann wird mit den mütterlichen Gameten weit mehr (oder alles) an Organellen des Cytoplasmas zur Entwicklung des künftigen Embryos beigesteuert als durch den männlichen Gameten, der im Fall des Spermatozoons nicht mehr als eine *Gentransfereinrichtung,* d. i. nichts anderes als ein *DNA-Container mit Antrieb und Fusionseinrichtung,* also eine hochspezialisierte Minimalzelle ist. Welche Mitochondrien oder Plastiden der Embryo besitzt, wird demnach durch den mütterlichen Gameten bestimmt: daher sprechen wir von einer maternalen oder plasmatischen Vererbung.

Als *Variegata-Formen* bezeichnet man gefleckte Formen von Pflanzen. Blätter können unterschiedlich große, unterschiedlich helle Flecken oder Bänderungen aufweisen (Abb. 2.126). In der Botanik werden Periklinal- und Sektorial-*Chimären* unterschieden. Bei den Variegata-Formen gibt es Sproßteile und Blätter mit chlorophyllhaltigen und chlorophyllfreien Zellen, also Zellen mit Plastiden, die Chlorophyll bilden können, und solche mit »defekten« Chloroplasten, die dies nicht können, dementsprechend auch photosynthesedefekt sind und von den anderen Zellen miternährt werden müssen. Auf Variegata-Pflanzen z.B. von *Mirabilis jalapa* entstehen chlorophyllfreie, gemischte und normale Triebe mit Blüten (Abb. 2.127a), und in den Fruchtknoten dieser Blüten werden Samen mit defekten, gemischten und normalen Plastiden entwickelt. Der Pollen hat darauf keinen Einfluß, da er keine Plastiden in die Eizelle bringt (S. 284). Die Samen mit defekten Plastiden sterben bald nach der Keimung ab, da sie kein Chlorophyll bilden können und vollständig photosynthesedefekt sind. Samen mit gemischten Plastiden bilden wieder Variegata-Pflanzen und aus Samen mit normalen Plastiden entwickeln sich normale grüne Pflanzen.

Variegata-Pflanzen haben also die Fähigkeit, unterschiedliche Teile des Cormus zu entwickeln. Durch *cytoplasmatische Segregation* werden vor und während einer Zellteilung defekte und normale Plastiden voneinander getrennt: daraus resultieren Zellen mit grünen und unpigmentierten Plastiden. Die Ursache dieser Trennung ist nicht bekannt, doch gibt es viele Beobachtungen, die auf eine Tendenz zellulärer Prozesse hindeuten, gleichartige Plastiden räumlich zusammenzulagern.

Abb. 2.126. Blatt von Schefflera spec. (Araliaceae), das im Laufe der Entwicklung durch cytoplasmatische Segregation Zellen mit und ohne Chloroplasten bildet und daher unterschiedlich gefleckt erscheint. (Original G. Czihak)

Abb. 2.128. 3:1-Aufspaltung unter den Nachkommen einer Mutante von Zea mays, die im homozygot rezessiven Genotyp defekte Chloroplasten bildet. Neben mehreren chromosomalen Genen bestimmen mehrere Plastiden-Gene den Aufbau funktionsfähiger Chloroplasten. (Original G. Czihak)

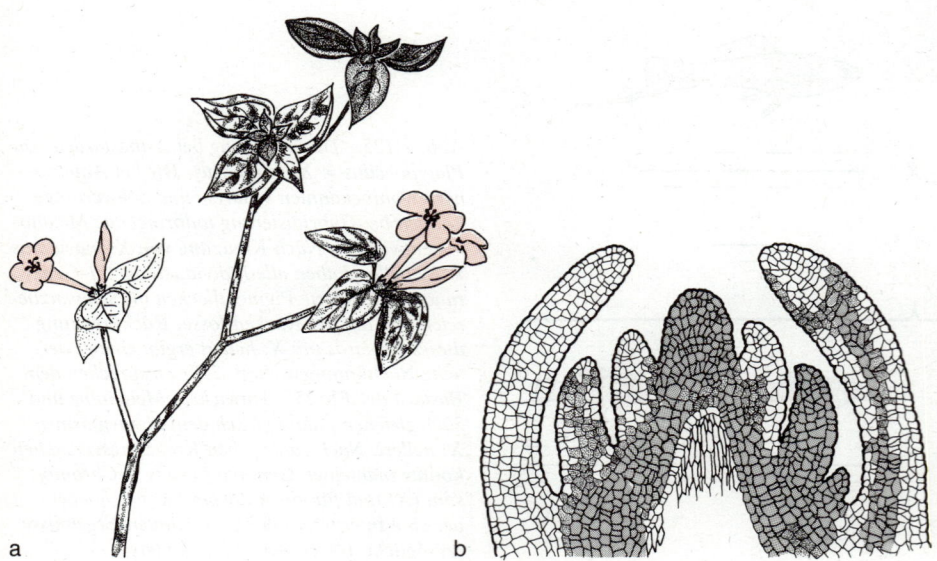

Abb. 2.127. (a) Variegata-Form von Mirabilis jalapa. Durch cytoplasmatische Segregation entstehen grüne, gemischte und chloroplastenfreie Sprosse und Blätter. Blüten, die auf bleichen Trieben entstehen, haben auch im Embryosack keine Chloroplasten und bilden Samen, die keine Vorstufen von Chloroplasten enthalten. Samen, die auf rein grünen Trieben reifen, bilden rein grüne Pflanzen. (b) Schnitt durch den Vegetationskegel einer Variegata-Pflanze mit der unterschiedlichen Verteilung von chlorophyllhaltigen und -freien Zellen. (Original G. Czihak)

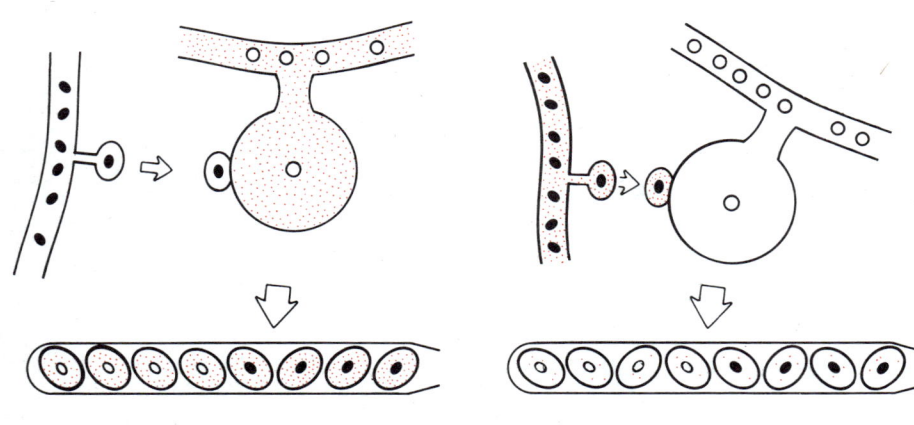

Abb. 2.129. Mitochondrien-Mutante von Neurospora. Poky wächst infolge von Defekten in Cytochrom a und b schlechter als der Wildtyp. Die dem Schwärmer gegenüber viel größere Eizelle bestimmt das Plastom der Nachkommen, die alle poky sind, wenn auch die Eizelle poky war, unabhängig davon, von welcher Hyphe die Schwärmer stammen. Rechts: Eizelle poky und Schwärmer Wildtyp, links: umgekehrt.

Eine Chlorophyll-Mutante von Mais (Abb. 2.128) mit Mendelscher Aufspaltung zeigt, daß auch zumindest ein chromosomales Gen für die Entwicklung von Chloroplasten notwendig ist. Mendelsche Erbgänge lassen sich also von maternalen ziemlich einfach unterscheiden, bei den *maternalen ergeben reziproke Kreuzungen unterschiedliche Ergebnisse, bei Mendelscher Vererbung gleichartige.*

Cytochrome sind durch mitochondriale Gene codiert (S. 149). Bei der langsam wachsenden Mutante poky von *Neurospora* (Abb. 2.129) liegt ein Defekt in den Genen für Cytochrom a und b vor. Hyphen von poky, die Eizellen bilden und ihre Mitochondrien in die Zygote einbringen, bestimmen den plasmatischen Genbestand der Zygoten. Männliche Schwärmer enthalten zu wenige oder keine Mitochondrien. In den sich entwickelnden Asci (S. 278f.) entstehen Sporen des gleichen Typs, poky, wenn der Sporophyt von Eizellen des poky-Typs abstammt, oder des Wildtyps, wenn die Eizelle Wildtyp war und entweder von poky- oder Wildtyp-Schwärmern befruchtet worden war.

Das *Genom der Mitochondrien* ist heute schon von einigen Organismen (z. B. von der Hefe und von Zellen des Menschen) gut bekannt. Es enthält Gene für die mitochondrieneigenen kleinen Ribosomen, für RNAs und für einige Proteine des mitochondrialen Stoff-

	U	C	A	G	
U	Phe F / Leu L	Ser S	Tyr Y / Stopp	Cys C / Trp w	U C A G
C	Leu L	Pro P	His H / Gln Q	Arg R	U C A G
A	Ile I / Met M	Thr T	Asn N / Lys K	Ser S / Stopp	U C A G
G	Val V	Ala A	Asp D / Glu E	Gly G	U C A G

Abb. 2.130. Codons der mtRNA. (Nach Suzuki et al.)

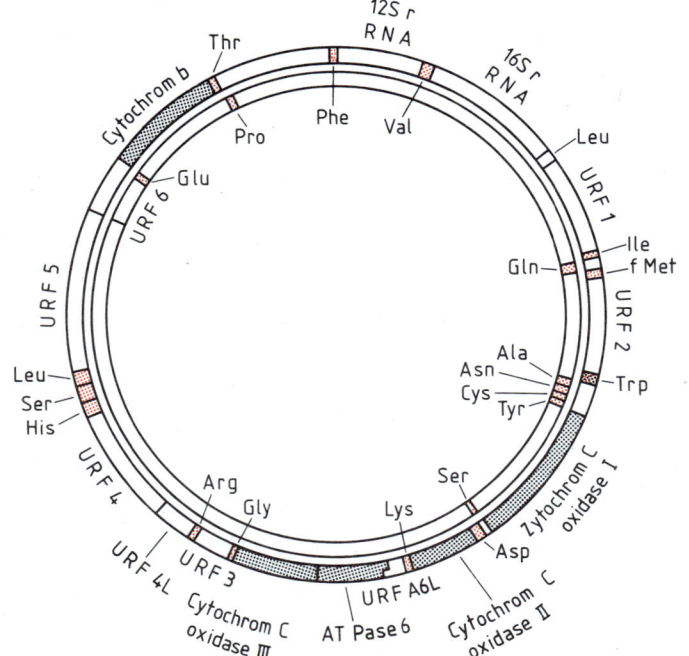

Abb. 2.131. Die mitochondriale DNA aus Zellen des Menschen umfaßt rund 17 kb. Die Gene für 12S- und 16S-rRNA liegen nahe beisammen auf demselben Strang. Gene für die tRNAs (rot punktiert) liegen auf dem einen oder anderen DNA-Strang. Gene für Enzyme des intermediären Stoffwechsels sind schwarz punktiert. URF-Gene (unidentified reading frame) sind vollständige, an den Start- und Stoppregionen erkennbare Gene unbekannter Funktion. (Aus Suzuki et al.)

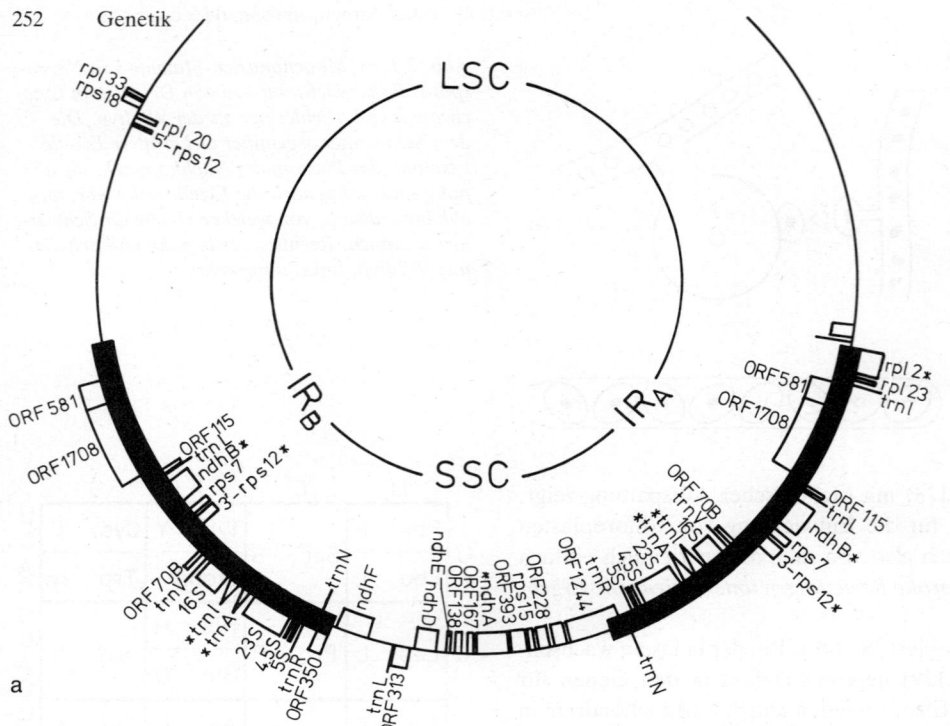

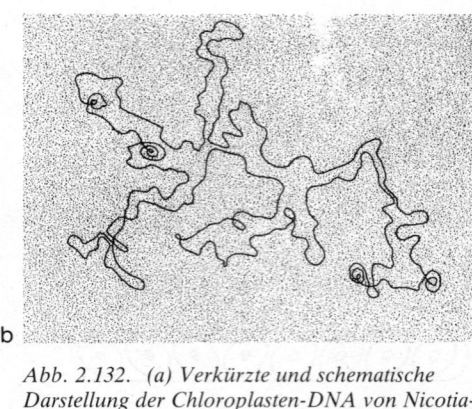

Abb. 2.132. (a) Verkürzte und schematische Darstellung der Chloroplasten-DNA von Nicotiana tabacum. Die zirkuläre, doppelsträngige DNA wird von 155844 bp aufgebaut, enthält zwei »inverted repeats« (IR-A und IR-B), auf welchen die gleichen Gene in gegenläufiger Richtung auf dem +- bzw. −-Strang liegen. Dadurch wird eine LSC-Region (»long single copy«) von einer SSC-Region getrennt. Viele ORFs (»open reading frame«) codieren für noch nicht identifizierte Proteine. Bemerkenswert ist das Vorkommen gesplitteter Gene, z. B. für Protein 12 der kleinen Ribosomenuntereinheit (rps 12): Ein Teil dieses Gens liegt verdoppelt in den IRs, der andere in der LSC-Region. Gene für die vielen tRNAs sind über das Chloroplasten-Genom verstreut zu finden. Da auch beim Lebermoos Marchantia ein ähnlicher Aufbau zu finden ist, haben sich die IRs usw. offenkundig über Jahrmillionen bewährt. (b) Ringförmige Chloroplasten-DNA im elektronenmikroskopischen Präparat.

wechsels. Wie bei den Plastiden der Pflanzen ist ein großer Teil der Mitochondrienproteine aber zellkerncodiert. Diese Proteine müssen nach Synthese im Cytoplasma in die Mitochondrien eingeschleust werden.

Das Mitochondriengenom besteht aus einigen DNA-Ringen mit der gleichen genetischen Information. Sie gelangen ohne Verteilungsmechanismus bei der Teilung der Mitochond-

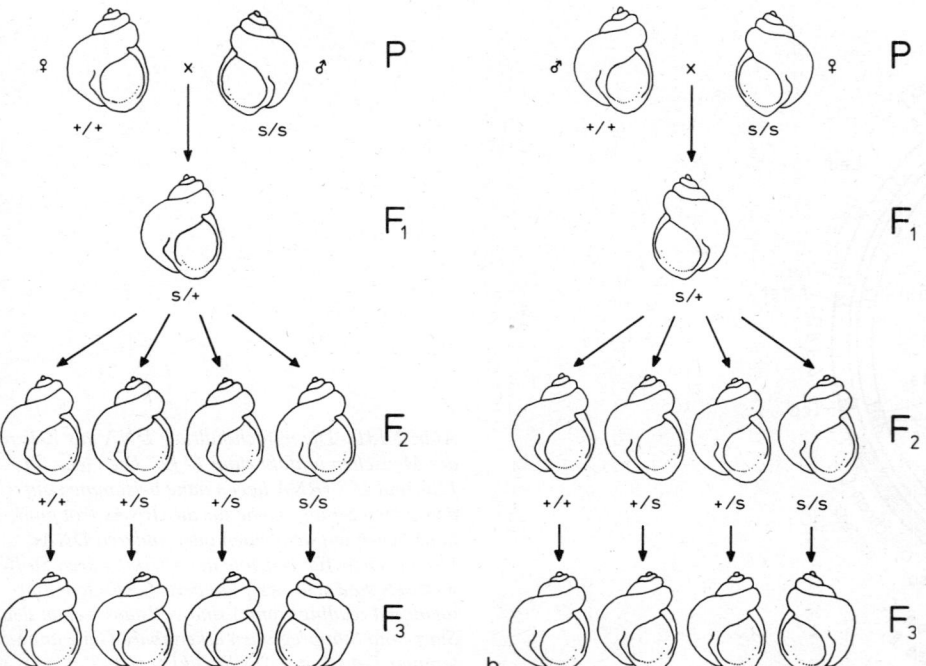

Abb. 2.133 a, b. Unterschiedliche Ergebnisse bei der Kreuzung rechts- und linksgewundener Schnecken in Abhängigkeit vom Geschlecht. (a) Weibchen rechts-, Männchen linksgewunden. Auch in der F2-Generation sind trotz des Genotyps s/s alle Gehäuse rechtsgewunden, weil sich auch die Eier der letztgenannten in einem Ovar (s/+) entwickelten, in dem ±-dominant ist. Erst in der F3 werden von s/s-Oocyten auch nach Befruchtung der Eier mit ±-Spermien linksgewundene Gehäuse hervorgebracht. (b) Bei der reziproken Kreuzung sind die Gehäuse der F1-Tiere ausnahmslos linksgewunden, obwohl die Genotypen der F1 in a und b verschieden sind. Die s/+-Tiere entwickelten sich aber aus Eiern eines s/s-Weibchens. (Nach Suzuki et al.)

rien in die beiden Spaltlinge. Eine Karte der mtDNA von Menschen ist in Abbildung 2.131 wiedergegeben.

Die Codons der mtDNA sind geringfügig von jenen der Kern-DNA verschieden. Dies unterstreicht die phylogenetisch alte Sonderstellung der Mitochondrien (Abb. 2.130).
Ein Ausschnitt des Plastiden-Genoms ist in Abbildung 2.132 gezeigt.
Ein besonders komplizierter und interessanter Fall eines Zusammenspiels von cytoplasmatischer und chromosomaler Vererbung findet sich bei den rechts- und linksgewundenen Schnecken (Abb. 2.133). Ein bestimmtes Gen ist für die Anordnung der Nährzellen im Ovar und damit für die Ausprägung von Komponenten der Plasmamembran des wachsenden Oocyten verantwortlich. Der sich entwickelnde Oocyt ist in der Richtung seiner Spiralfurchungen von den Komponenten der Plasmamembran abhängig; ist die Prägung »rechtsgewunden«, dann läuft die Spiralfurchung im Uhrzeigersinn ab und es wird ein rechtsgewundenes Gehäuse gebildet, ist sie »linksgewunden«, ist es umgekehrt. *Der Phänotyp dieses Gens ist also um eine Generation verschoben,* er wirkt sich nicht nur im Oocyten des Trägers dieses Gens aus, sondern auch durch die Orientierung der Spiralfurchung und den Aufbau des Gehäuses in der nächsten Generation, und zwar unabhängig vom Genotyp dieser.

2.15 Gentechnologie – Genmanipulation

Die Tatsache, daß man beliebige Gene isolieren und vermehren kann, hat unausweichlich dazu geführt, sie in das Genom von Organismen integrieren zu wollen und den Empfänger damit genetisch zu manipulieren. Wegen der unvorstellbaren Möglichkeiten, die sich damit eröffnen, sind diese Techniken von vielen, insbesondere den Humangenetikern und Züchtern lebhaft begrüßt worden, sind anderen aber, vor allem Laien eine Schreckensvision. Zur Zeit ist die Genmanipulation über die Grundlagenforschung, die bemüht ist zu zeigen, daß Gentransfer möglich ist, und über einige Modellexperimente noch nicht hinausgekommen. In nächster Zukunft angestrebt werden z. B. die genetische Manipulation von Pflanzen, um ihnen die Fähigkeit zu verleihen, Stickstoff binden zu können und damit weitgehend von der Düngung unabhängig zu werden; oder: die genetische Manipulation von Nutzpflanzen zur Erhöhung des Proteingehaltes und zur Steigerung des Nährwertes; oder: der Gentransfer bei bestimmten Erbkrankheiten des Menschen, bei welchen funktionsfähige Gene zum Ersatz von defekten in Zellen der betroffenen Patienten einzuschleusen sind.
Die bösen Absichten, die manche der Gentechnologie in bezug auf den Menschen unterstellen wollen, können mit folgenden Argumenten widerlegt werden:
1. Die »Erzeugung« von Menschen mit bestimmten Charaktereigenschaften ist, selbst wenn sie möglich wäre, unökonomisch, weil es bis zu deren Ausprägung 16 bis 20 Jahre dauert und weil es in der jetzt lebenden Bevölkerung die gewünschte Kombination von Merkmalen in genügender Anzahl von Vertretern gibt. Fußballstars werden ebenso wie Sänger, Wissenschaftler, Gastarbeiter, Killer oder Manager »eingekauft«.
2. Charaktereigenschaften können auch heute schon medikamentös oder durch chirurgische Eingriffe im Gehirn verändert werden, und dennoch werden diese Techniken nicht praktiziert.

2.15.1 Genvermehrung in Vektoren

Gene werden mit Hilfe der schon erwähnten *Restriktionsendonucleasen* aus der DNA, die aus Zellen extrahiert und gereinigt worden war, ausgeschnitten (S. 180f.). Aus dem

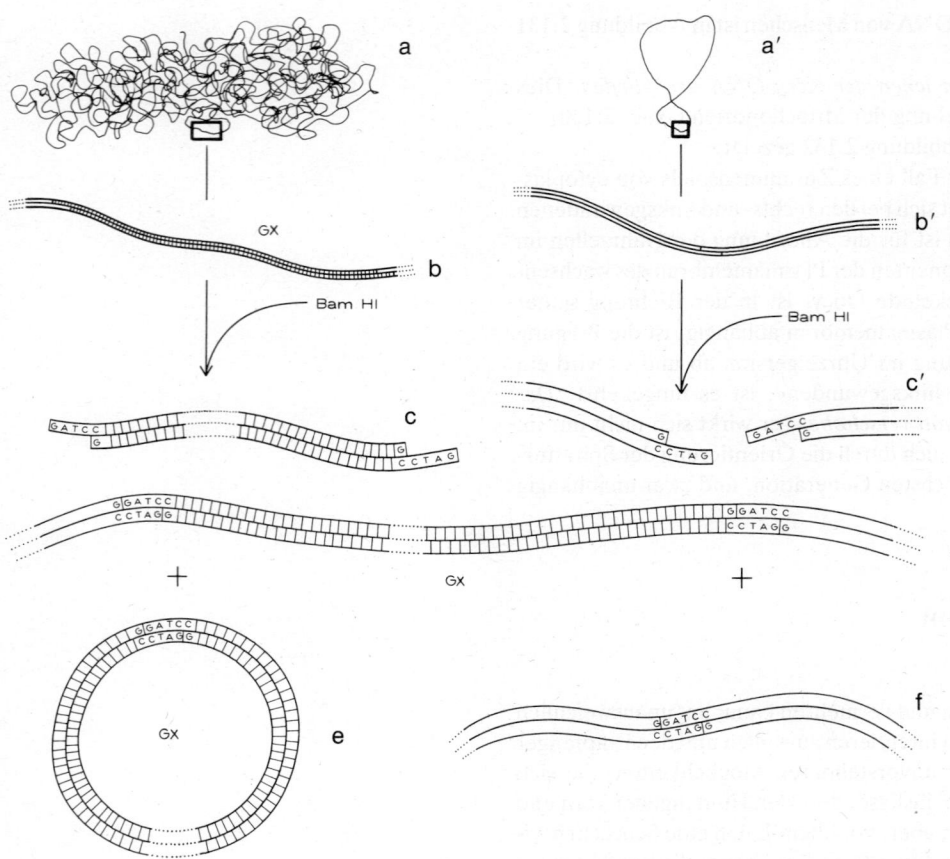

Abb. 2.134. *Klonieren von DNA in Plasmiden.* Die Spender-DNA (a) wird mit demselben Restriktionsenzym wie das Plasmid (a') geschnitten, von dem bekannt sein muß, daß es nur eine Schnittstelle für ein bestimmtes Restriktionsenzym – hier BamH1 – besitzt. Ein Restriktionsfragment bestimmter Größe (b) und mit den charakteristischen überstehenden Enden, welches das zum Klonieren bestimmte Gen GX trägt, kann in das aufgeschnittene Plasmid (b', c') mit den komplementären Enden ligiert werden (d). Beim komplementären Schluß der Enden entstehen natürlich auch in sich geschlossene Ringe der Spender-DNA (e) und der Plasmide (f). Daher ist ein Selektionsverfahren, wie in 2.131 gezeigt, notwendig.

Gesamtgenom DNA-reicher Zellen, z. B. von Säugern, aber auch von Insekten, erhält man damit Zehntausende bis Hunderttausende *Restriktionsfragmente,* die in der Gelelektrophorese nicht in einzelne Banden zu trennen sind. Natürlich lassen sich aber Tausende große von ebenso vielen mittelgroßen, kleineren und ganz kleinen Fragmenten usw. trennen. Der Größe der Fragmente entsprechend, werden verschiedene Vektoren verwendet. Vektoren zur Genvermehrung nennt man Klonierungsvektoren. Plasmidähnliche wie pBR 322 werden für kleine Stücke, Phagen-DNA, z.B. von λ, für größere eingesetzt. Die Restriktionsfragmente werden sodann in die mit den gleichen Restriktionsenzymen geschnittenen Vektoren ligiert (Abb. 2.134). Die überstehenden Enden von Vektor- und Restriktionsfragmenten binden mit den komplementären Basen durch Wasserstoffbrücken. Abschließend werden durch eine Ligase die Lücken im Rückgrat durch Phosphodiesterbindungen geschlossen. Damit ist ein *rekombinantes DNA-Molekül* hergestellt. Im Falle von Plasmidrekombinanten werden diese einer Bakterienkultur zugesetzt, im Falle von Phagen-DNA in die Kopfproteine des Phagen verpackt. Dazu wird die rekombinante DNA mit den Proteinen des Phagen gemischt; beide Komponenten reaggregieren zu intakten Phagen, die sich an Bakterien anheften und ihre DNA injizieren können. Einzelne Klone von Coli-Bakterien (oder Phagen) mit rekombinanter DNA können getrennt vermehrt werden; da jeder Klon ein anderes Stück inserierte DNA enthalten kann, ist damit eine *Genbibliothek (gene library) oder Genbank* geschaffen worden, die tiefgefroren nahezu beliebig lang aufgehoben werden kann.

Der Bakterienklon, der das gewünschte Plasmid mit dem eingebauten Gen enthält, kann beliebig vermehrt werden, bis man das gesuchte Gen buchstäblich grammweise ernten kann. Mit dieser Ausbeute lassen sich Sequenzanalysen, *in vitro*-Transkription und

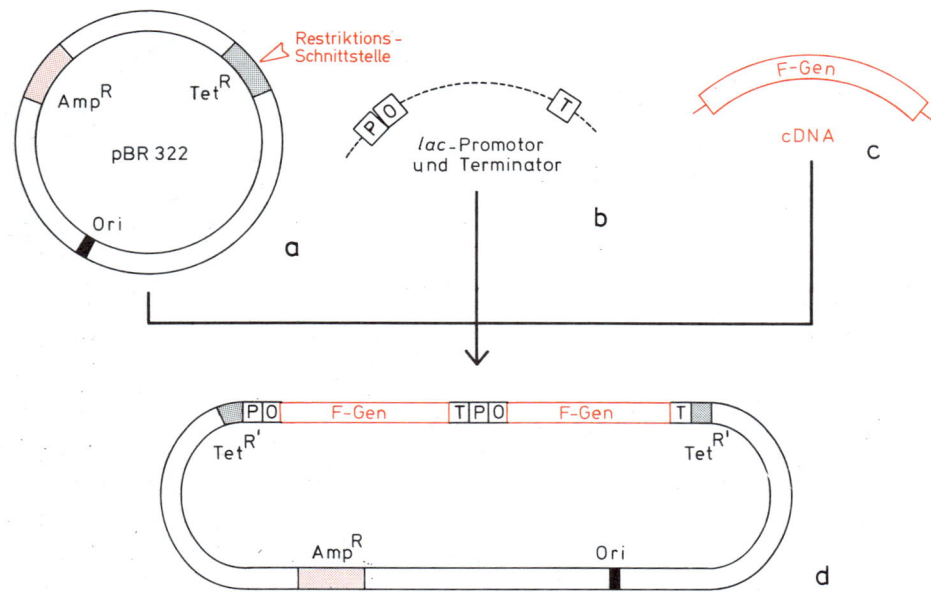

Abb. 2.135 a–d. Konstruktion eines Expressionsvektors, der nach Aufnahme in Coli-Bakterien mit diesen nicht nur vermehrt, sondern auch transkribiert und translatiert wird, also ein gewünschtes Genprodukt liefert. Ausgehend vom Plasmid pBR322 (a) und dem Promotor eines viralen oder bakteriellen Gens mit seinem Terminator (b) und dem F(remd)-Gen (c) wird ein Vektor zusammengesetzt, der durch seine Antibioticaresistenz nach Aufnahme ins Bacterium die entsprechenden, das F-Gen tragenden Bakterien zu selektieren erlaubt. Oft werden mehrere Gene in Tandemanordnung eingeschleust (d), um die Translationseffizienz zu erhöhen (Ori Replikationsstart, P Promotorregion, O Repressorbindungsstelle, T Terminatorregion). Die hier gezeigte rekombinante DNA würde bei Gabe von *Lactose* oder verwandten Verbindungen beginnen, die F-Gene zu transkribieren.

-Translation, Gentransfer z.B. durch die Injektion in den Zellkern von *Xenopus-* oder Mauseiern und anderes mehr durchführen. Verwendet man statt der Klonierungsvektoren sogenannte *Expressionsvektoren,* bei welchen die Fremdgene mit einem starken Promotor, z.B. des *lac*-Operons, gekoppelt würden, dann lassen sich auch Genprodukte, also Proteine in großen Mengen gewinnen, vorausgesetzt, daß diese rekombinanten DNA-Gene in Bakterien oder Hefen eingeschleust werden, die ihren eigenen Syntheseapparat zur Verfügung stellen und effektiver translatieren als dies *in vitro* möglich ist (Abb. 2.135). Isolierte Gene können selbstverständlich auch – wie im Kapitel Mutagenese dargestellt worden war – modifiziert werden. Daran lassen sich Untersuchungen über die Funktion mutierter Gene oder von Proteinmutanten anschließen.

2.15.2 Vektoren

2.15.2.1 Einige Plasmide

Der *Vektor pBR 322* ist das Ergebnis vielfältiger Kombinationen von DNA-Stücken. Der Hauptanteil ist ein Plasmid mit Resistenzgenen gegen zwei Antibiotica: Ampicillin und Tetracyclin. Innerhalb dieser Resistenzgene liegen zahlreiche Schnittstellen verschiedener Restriktionsendonucleasen (Abb. 2.141). pBR 322 (p = Plasmid; BR = Bolivar und Rodriguez, das sind die Molekularbiologen, die es konstruiert haben, und die Nr. 322 wird zur Unterscheidung von anderen Plasmiden verwendet) ist ein aus 3 anderen, natürlich vorkommenden Plasmiden konstruiertes Plasmid mit 4,362 kb und den Antibiotica-Resistenzen, die mit Tet^R und Amp^R bezeichnet werden. Die in den Resistenzgenen enthaltenen zahlreichen Schnittstellen erlauben den Einbau von Fremd-DNA bis zu 6 kb. Nach Entfernen des verwendeten Restriktionsenzyms legen sich die »klebigen« Enden der DNA-Moleküle durch Bindung zwischen den komplementären Basen zusammen, und zwar einmal die Enden der Plasmide selbst (damit ist das zerschnittene Resistenzgen wiederhergestellt), ein anderes Mal ein Ende eines aufgeschnittenen Plasmids mit der Insertions-DNA, die im Ansatz zugefügt wurde. Das Fremdgen mit den gleichen überstehenden Enden wird aufgenommen und ligiert: es *sitzt im Resistenzgen und macht es wirkungslos* (Abb. 2.136).

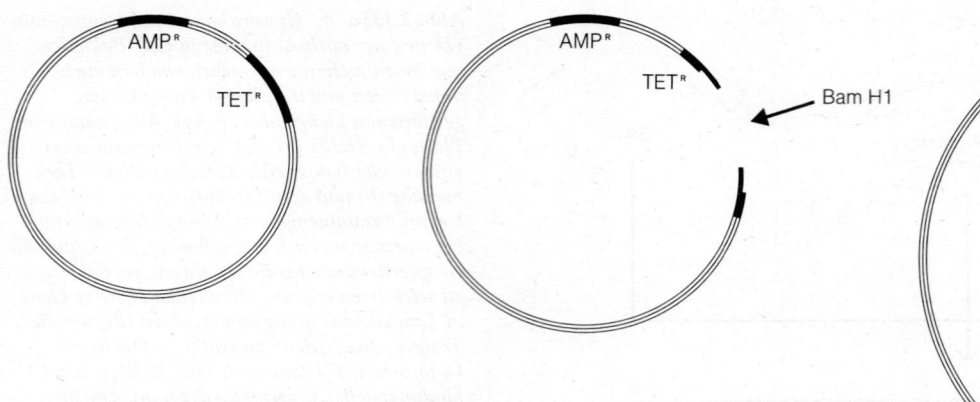

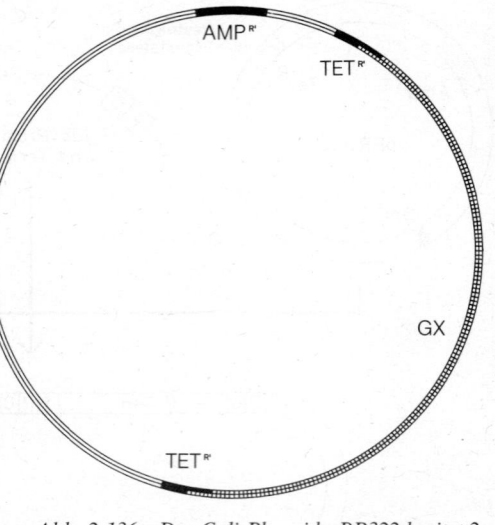

Abb. 2.136. *Das Coli-Plasmid pBR322 besitzt 2 Resistenzgene für Ampicillin- bzw. Tetracyclin-Resistenz, in welchen Schnittstellen für verschiedene Restriktionsenzyme liegen. Bakterien, die ein Plasmid mit rekombinanter DNA aufgenommen haben (das Fremd-Gen GX ist in die BamH1-Schnittstelle des Plasmids ligiert), sind leicht aufgrund ihrer Ampicillin-Resistenz und fehlender Tetracyclin-Resistenz zu selektieren.*

Die Aufnahme von Plasmiden durch Bakterien ist ein seltenes Ereignis und nur etwa ein Bacterium unter 10000 nimmt ein Plasmid auf, dementsprechend ist es unumgänglich notwendig, die Bakterien mit aufgenommenen Plasmiden, z. B. pBR 322, von Bakterien ohne solche zu trennen. Dabei geht man folgendermaßen vor: In eine Coli-Suspension eingebrachte rekombinierte Plasmide werden von einigen Zellen aufgenommen. Zur ursprünglichen Form ligierte Plasmide verleihen den Bakterien Resistenz gegen zwei Antibiotica. Solche, die ein Plasmid mit Fremd-DNA im Resistenzgen tragen, sind nur mehr gegen das andere Antibioticum resistent. Bakterien, die keines der Plasmide aufnehmen, sind weder gegen Ampicillin noch Tetracyclin resistent.

Zur *Selektion von transformierten Bakterien* werden einige hundert Bakterien in je eine Petrischale auf Agar plattiert. Die daraus sich entwickelnden Kolonien bilden in 24 Stunden kleine, leicht erkennbare Häufchen. Mit einem Samtstempel, der auf die Bakterienkolonien gedrückt wird, werden aus jeder Kolonie einige Bakterien aufgenommen und auf zwei weitere leere Agarplatten überführt, »gestempelt«. Das charakteristische Verteilungsmuster der Kolonien bleibt dabei erhalten (S. 197). Die eine der Abdruckplatten wird sodann mit Ampicillin, die andere mit Tetracyclin beschickt. An den gleichen Stellen auf beiden Platten entwickeln sich nur solche Bakterien, die intakte Plasmide ohne Fremdgen enthalten; auf einer Platte mit Tetracyclin jene nicht, die ein Plasmid mit rekombinanter DNA im Tetracyclin-Resistenzgen besitzen.

Diejenigen Kolonien, die sich auf der Ampicillin-Platte, aber nicht auf der Tetracyclin-Platte entwickeln können, enthalten das Plasmid mit Fremdgen. Damit sind Coli-Bakterien selektiert, die Plasmide mit rekombinanter DNA besitzen, d. h. ein Fremdgen, inseriert im Tetracyclin-Resistenzgen *(tet^R)* enthalten. Diese Bakterien können beliebig vermehrt werden und liefern beliebige Mengen von Plasmiden, aus denen die inserierten Gene durch das gleiche Restriktionsenzym, mit dem sie isoliert worden waren, ausgeschnitten werden können.

Restriktionsfragmente mit stumpfen Enden, wie sie z. B. die Restriktionsenzyme Hae III, und Mst I schneiden, können unter anderem auf folgende Weise verändert werden:

a) Durch Anhängen eines *Linkers* – das ist eine kurze Nucleotidsequenz –, die eine Spaltstelle für das Restriktionsenzym enthält, mit dem der zu ligierende Partner geschnitten wurde (Abb. 2.137).

b) Durch Ansynthetisieren einer Serie gleichartiger Nucleotide, z. B. Poly-As an den geschnittenen Vektor bzw. Poly-Ts an das Insertionsfragment (S. 184).

Es gibt eine große Zahl ähnlicher Plasmide, die wie pBR 322 konstruiert wurden, um deren Eigenschaften als Vektoren zu verbessern. So hat z. B. pBR 322 nur eine Schnittstelle für Eco RI, die außerhalb der Resistenzgene liegt. In pBR 325 hingegen ist ein Resistenzgen gegen Chloramphenicol mit Eco RI-Schnittstelle enthalten. Dieses Plasmid wurde aus pBR 322 durch Ankoppeln eines Gens für Chloramphenicol-Acetyl-transferase *(cat)* konstruiert, enthält somit 3 Resistenzgene: *amp^{R}tet^{R}cat^R*. Insertion von

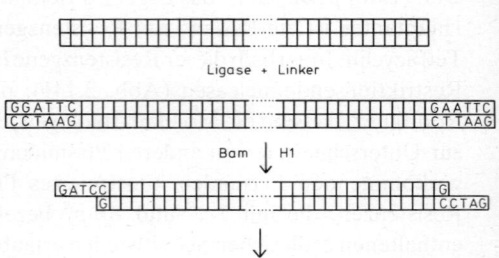

Abb. 2.137. *Linker mit BamH1-Schnittstelle. An einen beliebigen DNA-Doppelstrang werden mit Hilfe einer Ligase gleichartige Linkersequenzen mit einer Restriktionsschnittstelle gekoppelt. Nach Schneiden mit dem entsprechenden Restriktionsenzym entstehen die überstehenden komplementären Enden, die für die Insertion in einen Vektor Verwendung finden.*

Eco RI-geschnittenen Restriktionsfragmenten zerstört die Chloramphenicol-Resistenz. Colis mit diesem Plasmid und Insertionsfragment sind Ampicillin- und Tetracyclin-resistent, ohne gegen Chloramphenicol resistent zu sein, und können deswegen leicht isoliert werden.

In der Gentechnologie werden häufig »zusammengebastelte« Vektoren mit viel Restriktionsschnittstellen verwendet, um DNA-Stücke mit entsprechenden Enden einsetzen zu können. Diese *Polylinker* sind so konstruiert, daß die Schnittstellen nebeneinander, zum Teil sogar überlappend liegen. Die in der Abbildung 2.138 als Beispiele gezeigten Plasmide pSPT 18 und 19 werden als Transkriptionsvektoren eingesetzt; die Polylinkerregion ist daher von Promotoren für RNA-Polymerasen flankiert, die *in vitro* nahezu beliebige Mengen von RNA transkribieren können. Die RNA kann *in vitro* (wenn sie keine Intron-Transkripte enthält) oder in *Xenopus*-Oocyten (dort wird sie auch gespleißt) translatiert werden, um die entsprechenden Genprodukte zu erhalten.

2.15.2.2 λ-Vektoren

Für DNA-Stücke von 5–40 kb ist der Phage λ ein geeigneter Vektor. In das normale λ-Genom von 49 kb kann Fremd-DNA allerdings nur von 3 kb maximaler Länge inseriert werden, weil DNA, die > 52 kb ist, nicht mehr in die Köpfe verpackt wird. Ein weiterer Nachteil der λ-Wildtyp-DNA ist es, daß es für die am häufigsten verwendeten Restriktionsenzyme mehrere Schnittstellen gibt, der Vektor also in zu viele kleine DNA-Abschnitte zerlegt werden würde.

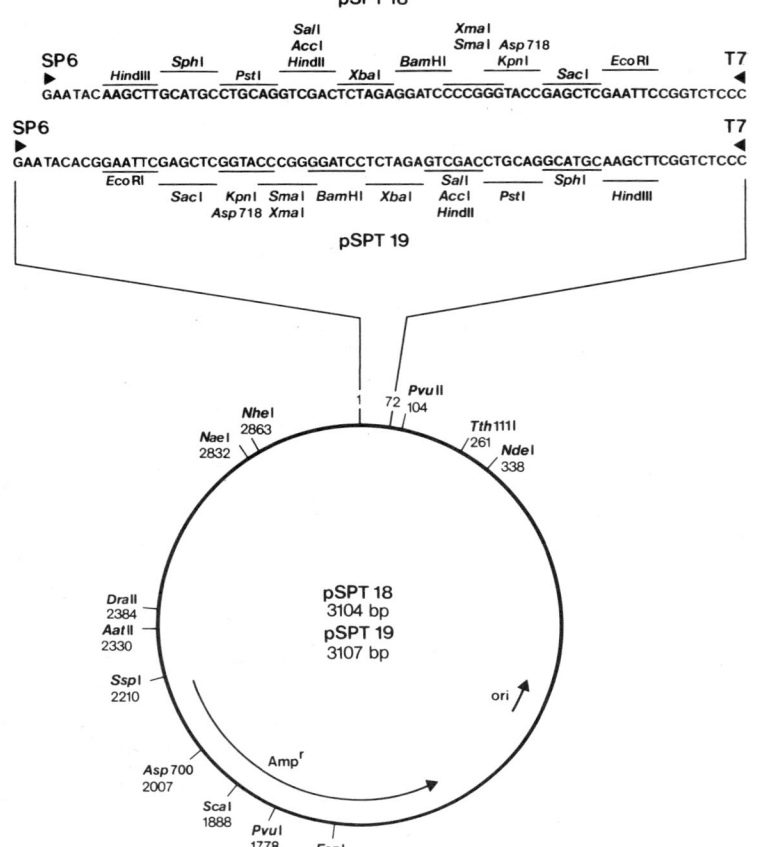

Abb. 2.138. Schematische Darstellung der Plasmide pSPT 18 und 19 mit ihren multiplen Schnittstellen für 14 Restriktionsenzyme zwischen 1 und 72 und einem Ampicillin-Resistenzgen. Damit ist eine Vielfalt von Restriktionsfragmenten klonierbar. (Aus einem Datenblatt von Boehringer)

Gentechnologische Methoden erlauben aber die Konstruktion geeigneter Vektoren mit modifizierten Schnittstellen oder Entfernung von Teilstücken des Genoms usw. Bei λ lassen sich große Stücke des Genoms, nämlich die Abschnitte zwischen 20 und 35 (S. 195), mit den Genen für die Integration des Phagen in das Wirtsgenom und seine Exzision entfernen. Damit ist Platz für Insertion von *Fremd-DNA bis 18 kb* geschaffen und außerdem vermieden, daß sich λ als Prophage in das Coli-Genom integrieren läßt und damit nur mäßig vermehrt wird (S. 195). Verbleibende Schnittstellen für Eco RI können durch chemische Mutagenese (S. 255 f.) oder Selektion von Spontanmutanten reduziert werden.

Insertions-Vektoren haben eine Schnittstelle für ein bestimmtes Restriktionsenzym, *Austausch-(= replacement-)Vektoren deren zwei*. Insertionsvektoren können nur kleine Stücke aufnehmen, Austauschvektoren auch große. Der am European Molecular Biology Laboratory (EMBL) entwickelte, von λ abgeleitete Vektor λ EMBL4 hat z. B. 2 multiple Schnittstellen für jeweils 3 Restriktionsenzyme und kann bis zu 23 kb Fremd-DNA aufnehmen (Abb. 2.139).

Lineare rekombinierte DNA mit λ als Vektor hat 2 freie *cos-sites,* das sind *kohäsive Enden,* die sich leicht aneinander hängen, dann entweder lange *Concatemere* bilden (Abb. 2.140) oder sich zum Ring schließen. Wenn sie *in vitro* mit den Proteinen für das λ-Capsid gemischt werden, werden durch »self assembly« und mit Hilfe eines Enzyms die cos-sites erkannt und alle Stücke mit zwei cos-sites, die weit genug voneinander entfernt sind, in die Köpfe verpackt und damit neue infektiöse λ-Phagen gebildet, die sich in Colis leicht vermehren lassen.

2.15.2.3 Cosmide

Cosmide sind Konstrukte von Plasmid-DNA kombiniert mit zwei cos-sites von λ. DNA mit zwei cos-sites, die an beliebigen DNA-Stücken von 37 bis 52 kb hängen, können nämlich *in vitro* in Phagenköpfe verpackt werden. Daher lag es für die Genschneider nahe, zwischen die cos-sites DNA von Plasmiden mit Antibiotica-Resistenz zu ligieren, um Phagen- und rekombinante-DNA durch Antibiotica selektieren zu können. Das Cosmid pJB 8 z. B. trägt ein amp^R-Gen und hat eine Bam HI-Schnittstelle außerhalb des Gens. Alle von diesem Cosmid infizierten Colis, die damit Ampicillin-resistent sind, besitzen auch rekombinante DNA, weil Cosmide ohne inserierte Fremd-DNA wegen ihrer geringen Größe *in vitro* nicht in λ-Köpfe verpackt werden, das heißt, daß alle künstlich kombinierten λ-Phagen, die imstande sind, ihre DNA in Bakterien zu injizieren, ein Cosmid mit Resistenzgen und inseriertem Fremdgen besitzen.

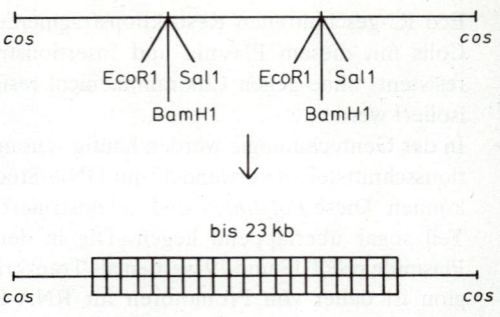

Abb. 2.139. *Der Vektor Lambda-EMBL-4 besteht aus den beiden cos-sites von Lambda und je drei gleichartigen Schnittstellen, die bis 23 kb Fremd-DNA aufnehmen können.*

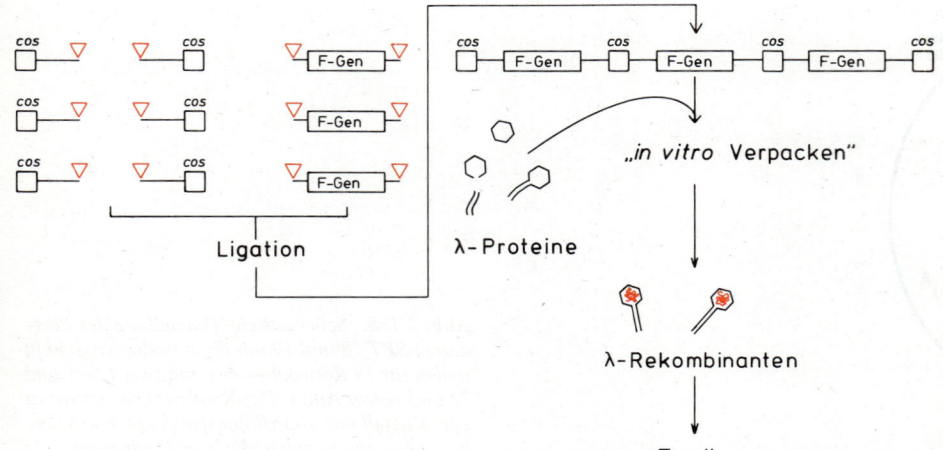

Abb. 2.140. *Ligation und Verpacken rekombinanter DNA. Nach Ligation sind F(remd)-Gene zwischen die cos-sites von Lambda-DNA aufgenommen. Dabei werden lange Concatemere gebildet, welche nach Mischung mit den Proteinen von Lambda-Phagen durch Ausschneiden an den cos-sites autonom wie im selfassembling in die Phagen-Köpfe verpackt werden und Anfangspunkt von Rekombinanten-Klonen sind.*

2.15.3 Ergebnisse der Gentechnologie

Die Gentechnologie hat bereits einige beachtliche Erfolge erzielt: die folgenden Beispiele sind eine beschränkte Auswahl aus den mannigfaltigen Möglichkeiten dieser neuen Techniken.

2.15.3.1 Bakterien als Proteinproduzenten

Eines der Ziele der Gentechnologie ist es, gewünschte Proteine durch Bakterien synthetisieren zu lassen. Bei Insulin ist man erfolgreich. Zuerst ließ man die Ketten A und B des Insulins von 2 Coli-Klonen getrennt herstellen: man koppelte synthetische Polynucleotide, hergestellt nach den Codons für die bekannte Aminosäuresequenz des Insulins, mit einem »starken« Promotor und einem Stück des *lac*Z-Gens (S. 244) von Coli. Das Codon für Methionin wurde zwischen das Fragment des *lac*Z-Gens und der Nucleotidsequenz für das A- bzw. B-Gen des Insulins, das selbst kein Methionin besitzt, eingesetzt, um das Translationsprodukt am Methionin durch Cyanogenbromid zu spalten. Nachdem die Verknüpfung der A- und B-Ketten über die Sulfidbrücken keine gute Ausbeute ergab, ging man erfolgreich dazu über, Proinsulin als ungeteiltes Polypeptid mit Disulfidbrücken synthetisieren zu lassen und es – wie *in vivo* – anschließend proteolytisch zu spalten. Bei dieser Spaltung wird die verbindende C-Kette entfernt.
Für Patienten, welche gegen das aus Schweinepancreas isolierte Insulin allergisch sind, wird Humaninsulin aus Coli-Bakterien in industriellem Maßstab gewonnen (Abb. 2.141).

2.15.3.2 Gentransfer bei Pflanzen

Das bei Pflanzen Wurzelhalsgallen (S. 399) induzierende *Agrobacterium tumefaciens* löst das Tumorwachstum, in diesem Fall die schnelle Vermehrung befallener Zellen durch ein TI- (tumorinduzierendes) Plasmid aus, das als T-DNA in das Wirtsgenom aufgenommen wird.
Gentechnologisch umgebaute TI-Plasmide, »kastriert« in bezug auf die Tumorwachstum auslösenden Gene und gekoppelt mit einem zu übertragenden Pflanzengen, z. B. das vom Mais stammende Zein, können von isolierten Pflanzenzellen aufgenommen werden, die anschließend über Callus-, Sproß- und Wurzelbildung – wenigstens bei einigen ist dies gelungen – zu Pflanzen mit normalem Habitus herangezogen werden können (S. 342). Auch die Koppelung von Genen mit Transposons, die an verschiedenen Stellen im Genom aufgenommen werden können (S. 246f.), und Übertragung in pflanzliche Protoplasten (S. 246) scheint erfolgversprechend.

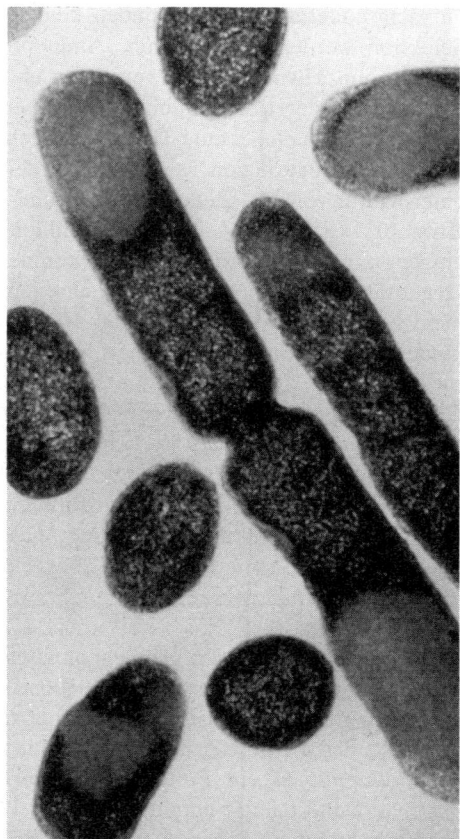

Abb. 2.141. *Ultradünnschnitt durch Coli-Bakterien, welche Proinsulin des Menschen nach Aufnahme rekombinanter DNA in großen Mengen produzieren (helle, kreisförmige Flecken). (Original Farbwerke Hoechst)*

2.15.3.3 Säugerzellen

Säugerzellen werden heute meist durch Transformation mit Fremdgenen beschickt. DNA aus einer Genbank wird durch die Copräzipitationsmethode gefällt, d. h. eine DNA-Lösung in Phosphatpuffer wird mit $CaCl_2$ versetzt, dabei fällt das schwerlösliche $CaPO_4$ aus. Die präzipitierte DNA mit Calciumphosphat-Mikrokristallen wird von Säugerzellen leicht pinocytiert (!). Die Genaufnahme und der Einbau wurden durch ein Experiment bewiesen, das in seiner Planung und Durchführung beispielgebend ist. Tk^--Zellen von Mäusen haben eine defekte Thymidinkinase, können Thymidin also nicht phosphorylieren. Die Bildung von Thymidintriphosphat (TTP) ist aber Voraussetzung für eine Verwendbarkeit in der DNA-Synthese. Tk^--Zellen synthetisieren das Thymidin über einen 2. Syntheseweg. Dieser 2. Weg kann durch Aminopterin blockiert werden. Dies hat zur Folge, daß Tk^--Zellen bei Anwesenheit von Aminopterin weder auf dem einen noch auf dem anderen Weg TTP bilden können und absterben. In der sogenannten HAT-Selektion werden Hypoxanthin, Aminopterin und Thymidin angeboten. Tk$^-$-Zellen können nun Thymidin nicht verwerten und wegen der Anwesenheit von Aminopterin nicht synthetisieren. Zellen hingegen, die ein *tk*-Gen eingebaut haben, sehr wohl, da sie das im Medium eingebaute Thymidin phosphorylieren können.

Zur Transformation von Tk$^-$-Zellen wurde ein virales Gen für Thymidinkinase gereinigt einer Kultur von Tk$^-$-Zellen zugesetzt und HAT-Medium zugefügt.

Etwa 10^{-6} (d.i. eine Zelle unter 1 Million) Zellen hatten das virale *tk*-Gen nicht nur aufgenommen, sondern exprimiert, konnten das Thymidin also verwerten und sich im Gegensatz zu den Tk$^-$-Zellen vermehren. Wie und wo das *tk*-Gen eingebaut wurde, ist nicht bekannt. Fest steht, daß die *Mäusezellen eine immunologisch charakterisierbare virale Thymidinkinase* synthetisiert haben und daß nicht etwa das eigene defekte *tk*-Gen rückmutierte.

Dieser sensationelle Pioniererfolg berechtigt zur Hoffnung, daß sich solche Gentransfers auch bei Gendefekten des Menschen durchführen lassen. Die wichtigste Einschränkung dabei ist allerdings, daß man nur wenige Zelltypen, z.B. Knochenmarkszellen, Fibroblasten, explantieren, kultivieren, transformieren, selektieren und wieder implantieren kann und daß, selbst wenn dies alles gelingt, bestenfalls ein Teil der defekten Zellen »ausgetauscht« werden kann. Bei einer Erbkrankheit wie der Muskeldystrophie ist dies nicht möglich, weil man Muskel theoretisch zwar transformieren, aber nicht reimplantieren kann.

Große Beachtung fanden gentechnologische Experimente, bei welchen Fremdgene in Mauseier injiziert wurden, die anschließend in »Leihmüttern« ausgetragen worden waren. Der gelungene Gentransfer konnte über mehrere Generationen verfolgt werden, das bedeutet, daß die injizierten Gene stabil in das Genom aufgenommen worden waren.

Metallothionin ist ein Protein, das Schwermetalle wie Quecksilber oder Cadmium inaktiviert und damit »entgiftet«. Dieses Protein wird von einem Gen codiert, dessen Promotor auf diese Schwermetalle anspricht. Der Promotor läßt sich gentechnisch mit anderen Genen koppeln, die somit nach Cadmiumgaben z.B. »angeschaltet«, d.h. transkribiert werden. Man hat dies unter anderem mit dem Gen des Ratten-Wachstumshormons gemacht, ein Fusionsplasmid pMGH hergestellt, das hinter dem Maus-Metallothionin-Promotor das aus Ratten isolierte Gen für das G(rowth = Wachstum) H(ormon) mit seinen 5 Introns besitzt.

In den männlichen Vorkern befruchteter Mauseier wurden je etwa 600 Kopien dieses Fusionsplasmids injiziert, und insgesamt 170 Eier wurden in die Uteri von Maus-»Leihmüttern« transferiert. Wie zu erwarten, entwickelten sich nur wenige Embryonen; von diesen 21 sich entwickelnden Embryonen hatten 7 zum Teil mehrere Kopien des Fremdgens aufgenommen und 6 davon zeigten nicht nur einen signifikant höheren Hormonspiegel, sondern auch eindeutig stärkeres Wachstum als die Kontrollen.

Die *genetische Manipulation von Eiern* hat nach diesen Pionierarbeiten also Erfolgschancen. Diese Arbeiten sind natürlich von größter Bedeutung für die Grundlagenforschung, der praktische Wert ist allerdings noch nicht abzusehen.

Das sogenannte *Klonieren* im Sinne eines Gentransfers eines Individuums in entkernte Eizellen der gleichen oder einer nahe verwandten Art, also der Neubeginn einer schon einmal abgelaufenen Individualentwicklung, ist bisher nur bei Zellkernen von Embryonen oder Larvenstadien, nicht aber bei solchen erwachsener Tiere gelungen. Das Klonieren von Zellkernen erwachsener Menschen gehört in den Bereich der Phantasie. Der Zukunftsperspektiven gibt es viele, darunter auch die Idee, daß sich transformierte Gene in Virushüllen verpacken lassen, die das Transformationsgen in einen bestimmten Zelltyp einschleusen, weil bestimmte Viren nur von bestimmten Zellen aufgenommen werden.

In einer Zeit, in der es wöchentlich sensationelle Ergebnisse auf dem Gebiet der Gentechnologie gibt, ist es schwer, in einem Lehrbuch mit der rasanten Entwicklung

Schritt zu halten. Zwei Beispiele sollen den Abschluß des Kapitels bilden und die nahezu grenzenlosen Möglichkeiten der Gentechnologie belegen. Wir sind am *Beginn einer ungeheuren biologischen Revolution,* die Aufgaben und Selbstverständnis der Biologie grundlegend verändern werden.

Transposons (S. 246f.) können in Zellkerne injiziert werden; sie setzen sich an beliebige Stellen ins Genom und werden in dieser Lage an die sich daraus entwickelnden Zellklone weitergegeben. Ein veränderter Phänotyp einzelner Klone macht darauf aufmerksam. Das Transposon läßt sich – da die Sequenz bekannt ist – leicht samt den Stromauf- und -ab-Sequenzen isolieren (S. 247). Da die letztgenannten die Sequenzen des gespaltenen Gens repräsentieren, läßt sich der *Zusammenhang zwischen diesem Gen und dem veränderten Phänotyp* leicht ermitteln.

Die Untersuchung des *Ortes und Zeitpunktes einer Genaktivierung ist einer experimentellen Analyse zugänglich geworden,* weil sich der Promotor des zu untersuchenden Gens mit dem Luciferase-Gen der Glühwürmchen koppeln läßt. Die Luciferase löst – durch ATP energetisch versorgt – in Luciferin Chemolumineszenz aus. Das Leuchten von Zellen nach Luciferin-Gabe zeigt dann, wann und wo ein bestimmtes Gen über seinen spezifischen Promotor hätte angeschaltet werden können, weil statt dessen über denselben Promotor das inserierte Luciferase-Gen transkribiert wurde.

Auch auf anderen Gebieten der molekularen Genetik gibt es wichtige neue Entdeckungen. So wurde vor kurzem von der Existenz eines 2. Genetischen Codes berichtet:

Der sogenannte zweite Genetische Code gibt an, welche Nucleotidsequenz der tRNA die Bindung der für sie spezifischen Aminoacyltransferase und damit die Koppelung mit ihrer spezifischen Aminosäure bestimmt. Es handelt sich – soweit bis heute bekannt – um mehrere Basen in der Nähe des 5'-Endes der tRNA, also nicht in der Nähe des Anticodons.

Auch das große Rätsel der Eukaryonten-Genetik, das der Genregulation, ist in der letzten Zeit einer Lösung nähergebracht worden. Es wurden zahlreiche, an die DNA bindende Proteine isoliert und zum Teil charakterisiert. Dazu gehört ein Promotor-spezifisches Aktivatorprotein, das stromauf an die, dem zu transkribierenden Gen vorgeschaltete Aktivatorregion der DNA bindet.

Die bis jetzt bekannten Transkriptionsfaktoren für die RNA-Polymerase II (es gibt wenigstens 5 mit der Bezeichnung TF II A–E) sind ebenfalls Proteine und notwendig, um die RNA-Polymerase II mit der Transkription von hn-RNA beginnen zu lassen.

Die RNA-Polymerase III für rRNA ist bei der Transkription der 5S-RNA durch einen TF III A kontrolliert, ein Protein, das an etwa 50 Nucleotide nahe der Mitte des Gens mit sog. Zinkfingern bindet. Damit sind fingerähnliche, in die große Grube der DNA-Helix passende Schleifen des Proteins gemeint, die durch kovalente Zn-Bindung zwischen zwei Cys und zwei His stabilisiert sind.

Ein Enhancer ist ein DNA-Abschnitt von ca. 70 bp, der, in seiner Position zum Promotor weitgehend unabhängig, diesen in seiner Transkriptionsaktivitätssteuerung beträchtlich positiv fördern kann. Für DNA-Konstrukte mit einem Globingen + stromauf oder − abliegenden Enhancer wurden Transkriptionsaktivitätssteigerungen bis zum 200fachen ermittelt.

3 Fortpflanzung und Sexualität

Die *Fortpflanzung*, d.h. die Begründung eines neuen, gleichartigen und eigenständigen Organismus durch einen bereits vorhandenen, ist eine allgemeine Eigenschaft der Lebewesen. Ihre Notwendigkeit ergibt sich daraus, daß jede Art von belebter Materie in Form einzelner, selbständiger *Individuen* von artspezifischer Maximalgröße existiert. Sobald sich das Individuum mit seinem aus dem Stoffwechsel gespeisten Wachstum diesem Grenzwert nähert, leitet es eine Aufteilung seiner Körpermasse ein und wird damit zum sich fortpflanzenden *Elter*. Grundlage für diese Aufteilung ist bei allen Eukaryoten die mitotische oder meiotische Kern- und Zellteilung (Abb. 1.161, S. 164; Abb. 1.164, S. 169); sie führt bei Einzellern unmittelbar, bei Vielzellern erst nach Abschluß ihrer Ontogenie mittelbar zur Fortpflanzung. Die bei der Aufteilung des sich fortpflanzenden Elternindividuums entstehenden *Fortpflanzungsprodukte* unterscheiden sich bei Einzellern vom Elter oft nur durch die geringere Größe (z.B. Amöbe; Abb. 3.16). Dagegen ist das als Ei bezeichnete Fortpflanzungsprodukt eines vielzelligen Tieres auch qualitativ vom Artbild des Erwachsenen *(Adultus)* sehr verschieden und bedarf – über das bloße Wachstum hinaus – einer komplizierten ontogenetischen Entwicklung (Kap. 4), bevor es zu einem mit allen Artmerkmalen ausgestatteten *Tochterindividuum* wird, das seinerseits wieder zur Fortpflanzung schreiten und damit selbst zum Elter werden kann. Der Entwicklungsabschnitt eines Lebewesens, der zwischen einem Fortpflanzungsvorgang und dem nächstfolgenden liegt, wird – unabhängig von der Art der beteiligten Fortpflanzungsprozesse – als *Generation* bezeichnet. In den meisten Fällen erzeugt ein Organismus bei seiner Fortpflanzung mindestens zwei oder sogar zahlreiche Fortpflanzungsprodukte, weshalb die Fortpflanzung in der Regel zu einer beträchtlichen potentiellen *Vermehrung* der Individuenzahl führt; grundsätzlich gibt es jedoch, wenngleich selten, auch Fortpflanzung ohne Vermehrung (Abb. 3.20).

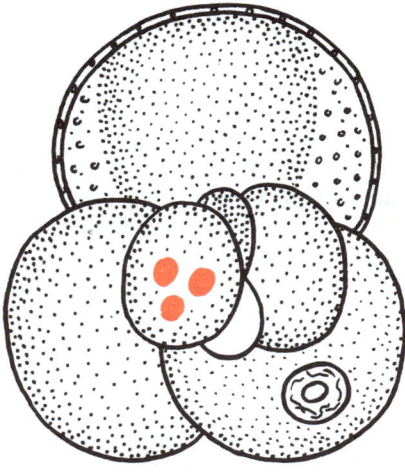

Abb. 3.1. Agamont der Foraminifere Rotaliella heterocaryotica. Von den vier Kernen ist einer zum Somakern angeschwollen (weiß) und unter Verlust seiner Teilungsfähigkeit genphysiologisch aktiv geworden. Die drei anderen (rot) sind klein und inaktiv, aber teilungsfähig geblieben und haben als generative Kerne die Aufgabe, die genetische Substanz bei der Fortpflanzung an die Nachkommen weiterzugeben. (Nach Grell)

Einkernige Einzeller sind zu sämtlichen Funktionen befähigt *(totipotent)* und, da sie in der Regel mit ihrer ganzen Körpermasse an der Fortpflanzung teilnehmen, auch *potentiell unsterblich*. So lebt eine sich teilende Amöbe (Abb. 3.16) ohne jeden Substanzverlust in ihren beiden Tochterindividuen weiter, und dasselbe wiederholt sich in jeder neuen Generation. Bei manchen mehrkernigen Protozoen wird die Totipotenz der Zellkerne im Zuge einer *Arbeitsteilung* eingeschränkt. Zum Beispiel funktioniert bei manchen Foraminiferen (Abb. 3.1) der große, als *somatisch* bezeichnete Kern nur für die Dauer der individuellen Existenz und geht infolge des Verlusts seiner Teilungsfähigkeit bei der Fortpflanzung zugrunde. Nur die drei kleinen *generativen* Kerne, die sich alle an der Fortpflanzung beteiligen, leben in Form ihrer Teilungsprodukte in den Nachkommen weiter. Sie repräsentieren die *Keimbahn*, die sich als potentiell unsterbliche Komponente durch alle Generationen hindurch ununterbrochen fortsetzt. Im Gegensatz dazu steht das zeitlich nur begrenzt lebensfähige *Soma*. Mit dem Übergang zur Vielzelligkeit verlagert sich eine etwaige Differenzierung in Soma und Keimbahn von den Zellkernen auf die Zellen als ganze. So sind unter den im kugeligen Verband lebenden Phytomonadinen (Abb. 3.3) bei *Eudorina* noch alle 32 Zellen gleichermaßen fortpflanzungsfähig, während bei der Gattung *Pleodorina* eine je nach Art unterschiedliche Anzahl von Zellen teilungsunfähig ist. Diese verkleinerten Somazellen, die aufgrund ihrer funktionellen

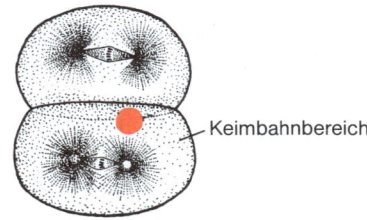

Abb. 3.2 Embryo von Sagitta (Chaetognath) während der vom 2- zum 4-Zellstadium führenden zweiten Furchungsteilung. Der im Keimbahncytoplasma liegende Einschluß (rot) wird nur einer von den vier entstehenden Blastomeren zugeteilt. (Nach Buchner)

Spezialisierung die Fähigkeit zur Fortpflanzung eingebüßt haben, erleiden den Tod. Sie bleiben als abgestorbener Restkörper *(Leiche)* zurück, sobald sich der Zellverband nach erfolgter Teilung der großen generativen Zellen, die die Keimbahn repräsentieren, auflöst. Der Zellverband von *Volvox*, der aus viel mehr somatischen als generativen Zellen besteht, leitet zu den Verhältnissen bei vielzelligen Lebewesen über, bei denen der Organismus zum allergrößten Teil somatischen Charakter hat und nur relativ wenige fortpflanzungsfähige *Keimzellen* enthält. Nur diese wenigen Keimzellen sind – wie einkernige Protozoen – potentiell unsterblich und setzen das Leben durch die Generationenfolge kontinuierlich fort. Dagegen hört der Organismus als Individuum zu existieren auf, sobald sein Körper (Soma) nach einer artspezifisch begrenzten Lebenszeit stirbt oder Beute anderer Organismen wird. Bei vielen höheren Metazoen findet bei der Fortpflanzung durch Eier schon zu Beginn der Embryonalentwicklung eine strikte und irreversible Sonderung einer *Urkeimzelle* (oder mehrerer solcher) vom Gros derjenigen Furchungszellen statt, die später ausschließlich verschiedene Typen von Somazellen liefern. Sämtliche Ei- oder Samenzellen, die das Individuum als Adultus später bildet, sind in solchen Fällen ausnahmslos direkte Abkömmlinge dieser Urkeimzelle. Sie können von den übrigen Zellen des Körpers nicht hervorgebracht werden (Abb. 3.5); nach einer experimentellen Ausschaltung der Urkeimzellen entwickeln sich demgemäß sterile Individuen. Bei einigen Tieren ermöglichen es gewisse sichtbare Zellstrukturen, die selektiv nur der Urkeimzelle zugeteilt werden, den Verlauf der Sonderung von Soma und Keimbahn cytologisch zu verfolgen. So gelangt im Ei des Pfeilwurms *Sagitta* ein als *Keimbahnkörper* bezeichneter Einschluß im Verlauf der ersten fünf Furchungsteilungen als ganzer immer nur in die eine der beiden Blastomeren (Abb. 3.2); er kennzeichnet dann im 32-Zellstadium die eine Blastomere, der er zugeteilt wurde, als Urkeimzelle. Aus den Abkömmlingen der übrigen 31 Furchungszellen, die keinen Keimbahnkörper enthalten, differenzieren sich nur somatische, aus Epithel-, Bindegewebs-, Nerven- und Muskelzellen bestehende Gewebe (vgl. auch die *Chromatindiminution* bei *Ascaris*, S. 346f., Abb. 4.43). Bei allen vielzelligen Pflanzen und manchen niederen Metazoen unterbleibt eine frühzeitige und scharfe Trennung von Soma und Keimbahn. Vielmehr behalten hier zahlreiche Zellen, wie die Meristemzellen der Höheren Pflanzen oder die interstitiellen Zellen der Nesseltiere, ihren embryonal-totipotenten Charakter bei, vermehren sich in diesem Zustand und können – je nach Bedarf – zu Keimzellen werden oder sich in Somazellen irgendeines Typs differenzieren. Im Extremfall vermögen sogar Somazellen, die bereits ein spezialisiertes Erscheinungsbild angenommen hatten, sich wieder zu entdifferenzieren und danach als Keimzellen zu fungieren (z. B. die Kragengeißelzellen bei manchen Schwämmen).

Als *Sexualität* bezeichnet man bei Eukaryoten die Gesamtheit aller Phänomene, die in den Dienst der *genetischen Rekombination* gestellt sind (S. 169). Die beiden am Chromosomenbestand sich abspielenden Zellvorgänge, durch deren Zusammenwirken die Gene in immer wieder anderen Kombinationen neu zusammengestellt werden, sind die *Meiose* (Abb. 1.166, S. 169) und die *Befruchtung* (Abb. 3.34). Die gewöhnlich in zwei Teilungsschritten ablaufende Meiose bewirkt im Zuge der Überführung eines formal *diploiden*, zu Beginn der Meiose tatsächlich jedoch tetraploiden Genoms in vier *haploide* Genome mit je einem einfachen Chromosomensatz eine Neuverteilung der Gene und eine Reduktion der Chromosomenzahl auf die Hälfte (S. 171). Die Befruchtung besteht in einer Verschmelzung von zwei als *Gameten* bezeichneten haploiden Zellen und ihren Kernen zur *Zygote*. Sie bewirkt eine statistische Neukombination der aus der Meiose hervorgegangenen haploiden Genome und stellt den diploiden Zustand wieder her. Da diese beiden Teilvorgänge des *Sexualprozesses* in ihrer Auswirkung gegensätzlich bzw. komplementär sind, müssen sie im Entwicklungsgang eines mit Sexualität ausgestatteten Lebewesens exakt miteinander abwechseln. Es folgt also auf eine Befruchtung immer eine Meiose und auf eine Meiose stets eine Befruchtung. Dieser regelmäßige Wechsel zwischen einem durch die Meiose eingeleiteten haploiden Zustand *(Haplophase)* und einem aus der

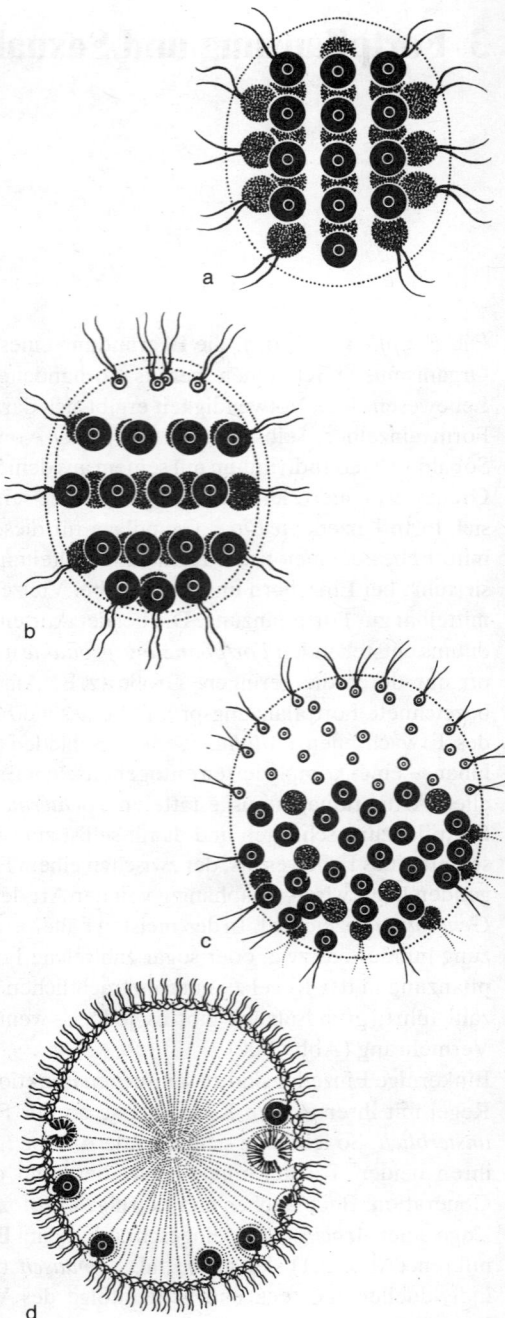

Abb. 3.3 a–d. Soma-Keimbahn-Differenzierung (fortpflanzungsfähige Zellen schwarz) bei den Volvocales. (a) Eudorina elegans: Alle 32 Zellen des Verbandes sind gleichwertig und totipotent. (b) Pleodorina illinoisensis: Vier Zellen am Vorderpol sind somatisch. (c) Pl. californica: Die vordere Hälfte des Verbandes besteht nur aus fortpflanzungsunfähigen Somazellen. (d) Volvox globator: In dem überwiegend somatischen Zellverband liegen nur einzelne Keimzellen. (Nach Grell)

Befruchtung resultierenden diploiden Zustand *(Diplophase)* ist für alle Eukaryoten mit Sexualität kennzeichnend *(Kernphasenwechsel)*. Je nach der relativen Lage, welche Befruchtung und Meiose innerhalb eines Entwicklungszyklus zueinander einnehmen, lassen sich die eukaryotischen Organismen hinsichtlich ihres Kernphasenwechsels drei verschiedenen Typen zuordnen (Abb. 3.4):

1. Bei einem *Haplonten* spielt sich fast der ganze Entwicklungszyklus in der Haplophase, d.h. mit einem einfachen Chromosomensatz (n) ab; nur die Zygote besitzt einen doppelten Chromosomensatz (2n). Dies beruht darauf, daß die bei der Befruchtung (in Abkürzung: B!) durch Verschmelzung zweier haploider Gameten entstandene Zygote bei ihrer Weiterentwicklung als erstes die Meiose (oder Reduktionsteilung: R!) vollzieht und daher bei ihrer Teilung sofort wieder haploide, als *Gonen* bezeichnete Zellen liefert. Bei einer in zwei Teilungsschritten verlaufenden Meiose entstehen vier Gonen. Der gesamte Sexualprozeß erfolgt somit beim Haplonten zusammenhängend. Haplonten sind alle Gregarinen und Coccidien (Sporozoen) sowie einige Flagellaten (z.B. *Chlamydomonas*), Algen (z.B. *Spirogyra*) und Pilze (z.B. *Dipodascus*).

2. Bei den *Diplonten* ist es genau umgekehrt. Indem hier die Meiose der Befruchtung nicht folgt, sondern unmittelbar vorausgeht, vollzieht sich bei ihnen fast die ganze Entwicklung in der Diplophase. Lediglich die reifen, aus der Meiose hervorgegangenen Gameten sind haploid. Auch beim Diplonten spielt sich der Sexualprozeß im Zusammenhang ab, jedoch folgen dessen beide Teilvorgänge im Vergleich zum Haplonten in umgekehrter Reihenfolge aufeinander. Diplonten sind alle Metazoen und Ciliaten sowie einige Heliozoen (z.B. *Actinophrys*), Flagellaten (z.B. *Notila*), Algen (z.B. *Fucus*) und Pilze (z.B. *Saccharomycodes*).

3. Eine Mittelstellung nehmen die *Diplohaplonten* ein, zu denen die meisten Pflanzen und als einzige Tiere die Foraminiferen gehören. Während die Meiose bei den Haplonten eine zygotische und bei den Diplonten eine gametische ist, erfolgt sie bei diesem dritten Typ intermediär. Aus der Zygote entwickelt sich zunächst – wie bei Diplonten – eine diploide Generation; jedoch erzeugt diese beim Eintritt der Meiose nicht Gameten, sondern *Agameten*. Diese sind geschlechtlich nicht differenzierte Fortpflanzungszellen, von denen jede für sich zu einem haploiden Organismus heranwächst, der dann erst die Gameten hervorbringt. Diese Form des Kernphasenwechsels ist mit dem Alternieren einer haploiden Generation *(Gametophyt, Gamont)* und einer diploiden Generation *(Sporophyt, Agamont)* – also mit einem *heterophasischen Generationswechsel* – verbunden (Abb. 3.105c). Im Gegensatz zu Haplonten und Diplonten sind die Teilvorgänge des Sexualprozesses bei Diplohaplonten auf zwei Generationen verteilt und damit innerhalb des Entwicklungszyklus weit voneinander getrennt.

Tatsächlich sind die der Haplophase angehörenden Zellen bzw. Kerne, sofern sie sich mitotisch teilen, natürlich nicht konstant haploid, sondern im Zuge ihres mitotischen Zellzyklus abwechselnd haploid (Telophase bis G_1-Interphase) und diploid (G_2-Interphase bis Metaphase). Entsprechend schwankt der Ploidiegrad in der Diplophase bei sich mitotisch teilenden Zellen zwischen Diploidie am Ende und Tetraploidie am Anfang einer Mitose hin und her.

Die beiden sich befruchtenden Gameten gehören zwei verschiedenen, als *Geschlechter* bezeichneten Typen an. Die kleineren bzw. beweglichen Gameten und die gegebenenfalls an ihrer Bildung beteiligten Strukturen heißen *männlich* (♂), die größeren bzw. unbeweglichen *weiblich* (♀). Individuen, die als Fortpflanzungsprodukte solche Gameten bilden, werden als *Männchen* (Einzahl ♂, Mehrzahl ♂♂) oder *Weibchen* (♀ bzw. ♀♀) bezeichnet. Bei einer Befruchtung kann stets nur ein Gamet des einen Geschlechts mit einem Gameten des anderen Geschlechts verschmelzen. Dadurch wird im Normalfall eine Selbstbefruchtung *(Automixis)* ohne wirksame genetische Rekombination verhindert und eine Fremdbefruchtung *(Amphimixis)* mit einer Mischung unterschiedlicher Genome erzwungen. In der Errichtung einer solchen Befruchtungsschranke zwischen identischen

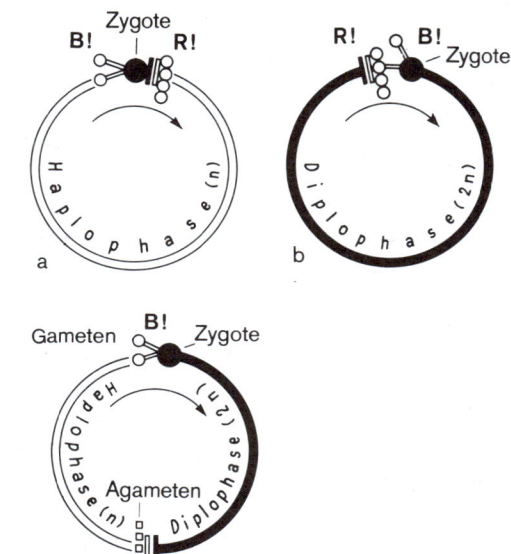

Abb. 3.4a–c. Kernphasenwechsel bei Haplonten (a), Diplonten (b) und Diplohaplonten (c). Haplophase weiß, Diplophase schwarz, B! Befruchtung, R! Meiose, Zygoten = schwarze Kreise, Gameten = weiße Kreise, Agameten = weiße Rechtecke, → = Entwicklungsrichtung. (Nach Vogel u. Angermann)

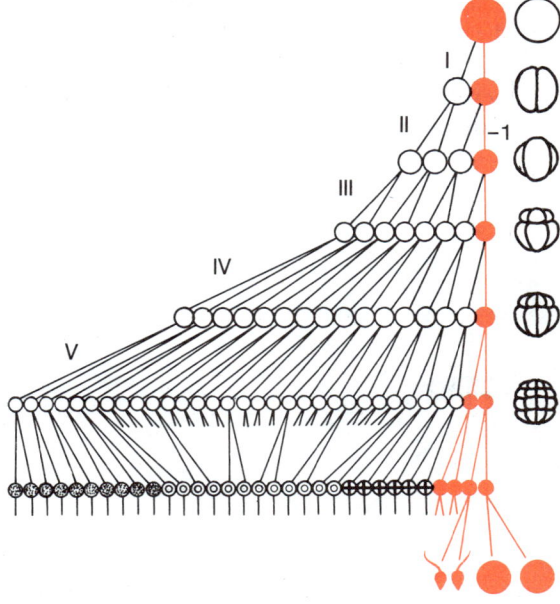

Abb. 3.5. Prinzipschema der Sonderung von Keimbahn (= 1, Urkeimzellen und Gameten rot) und Soma (undifferenzierte Zellen weiß, differenzierte Zelltypen in verschiedenen Mustern) im Lauf der ersten Furchungsteilungen (I–V) bei einem Metazoenembryo. (Nach Grell)

Gameten ist die primäre biologische Bedeutung der allgemeinen, für das Phänomen Sexualität kennzeichnenden *bioplaren Zweigeschlechtlichkeit* zu erblicken. Die Gameten beiderlei Geschlechts sind in jedem Fall funktionell verschieden; dies manifestiert sich vor allem in der chemischen Struktur ihrer für die interzellulären Wechselwirkungen maßgebenden Zelloberfläche (*Glykocalyx*, S. 13). Darüber hinausgehende morphologische Unterschiede können bei manchen Protozoen und Niederen Pflanzen fehlen (Abb. 3.6). Im Falle einer solchen *Isogametie* werden die beiden, nur an ihren Eigenschaften unterscheidbaren Sorten von Isogameten willkürlich als + und − bezeichnet, sofern nicht ein Verhaltensunterschied bei der Einleitung der Befruchtung eine Identifizierung des Geschlechts erlaubt (Abb. 3.7). Lassen sich die beiden Gametensorten an ihrem Aussehen unterscheiden, so spricht man von *Anisogametie* (Abb. 3.8); sind beide Gameten begeißelt, so werden die kleineren (*Mikrogameten*) als ♂ und die größeren (*Makrogameten*) als ♀ betrachtet, während bei Beweglichkeit nur des einen Gametentyps der unbewegliche ♀ und der begeißelte, unabhängig von seiner Größe, ♂ genannt wird. Sind beide Kriterien kombiniert, d. h. die ♂ Gameten klein und begeißelt (z. B. *Spermatozoen* = *Spermien* der Metazoen oder *Spermatozoide* der Moose und Farne), die ♀ Gameten dagegen groß und unbeweglich (*Eier*), so liegt *Oogametie* vor (Abb. 3.9, 3.91). Bei einigen Protozoen unterscheiden sich nicht nur die Gameten, sondern auch die als *Gamonten* bezeichneten, gametenerzeugenden Zellindividuen in ihrer geschlechtlichen Ausprägung sichtbar voneinander (Abb. 3.109/4 und 8). Bei den Metazoen, die ausnahmslos oogametisch sind, bleibt die geschlechtliche Differenzierung ebenfalls nicht immer auf die Gameten beschränkt, sondern greift häufig – in unterschiedlichem Ausmaß – auf die Erzeugerindividuen über. Oft sind hiervon nur die Fortpflanzungsorgane selbst, die Keimdrüsen, *Gonaden*, und ihre Ausführgänge, *Gonodukte*, betroffen (*primäre Geschlechtsmerkmale*). Es können aber auch Eigenschaften des Körpers, die mit der Fortpflanzung nicht oder nur mittelbar in Zusammenhang stehen (wie Größe oder Färbung eines Tieres) bei ♂♂ und ♀♀ verschieden sein (*sekundäre Geschlechtsmerkmale*). In Extremfällen bildet sich ein regelrechter *Geschlechtsdimorphismus* heraus, der die gesamte Organisation des betreffenden Tieres erfaßt (Abb. 3.10).

Ein Mechanismus, der in regelmäßigen Abständen eine genetische Rekombination bewirkt, verleiht seinem Besitzer im Zuge der Evolution einen *Selektionsvorteil*, weil die durch Rekombinationsprozesse erzeugte *genetische Variabilität* eine bessere *Anpassung*

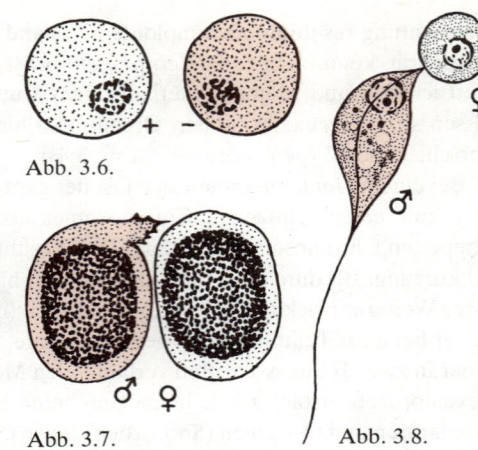

Abb. 3.6. Gleich große und unbegeißelte Gameten (Isogameten) von Monocystis magna (Gregarine). (Nach Buchner)

Abb. 3.7. Funktionelle Anisogametie bei Actinophrys sol (Heliozoon): Trotz gleichen Aussehens beider Gameten leitet der linke (rosa) die Gametenverschmelzung durch Pseudopodienbildung aktiv ein und wird deswegen als ♂ bezeichnet, während sich der rechte Gamet passiv verhält und aufgrund dessen als ♀ anzusehen ist. (Nach Hartmann)

Abb. 3.8. Anisogameten von Stylocephalus longicollis (Gregarine). (Nach Buchner)

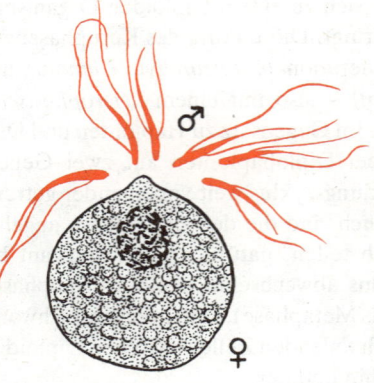

Abb. 3.9. Oogametie bei Eimeria schubergi (Coccidie). (Nach Buchner)

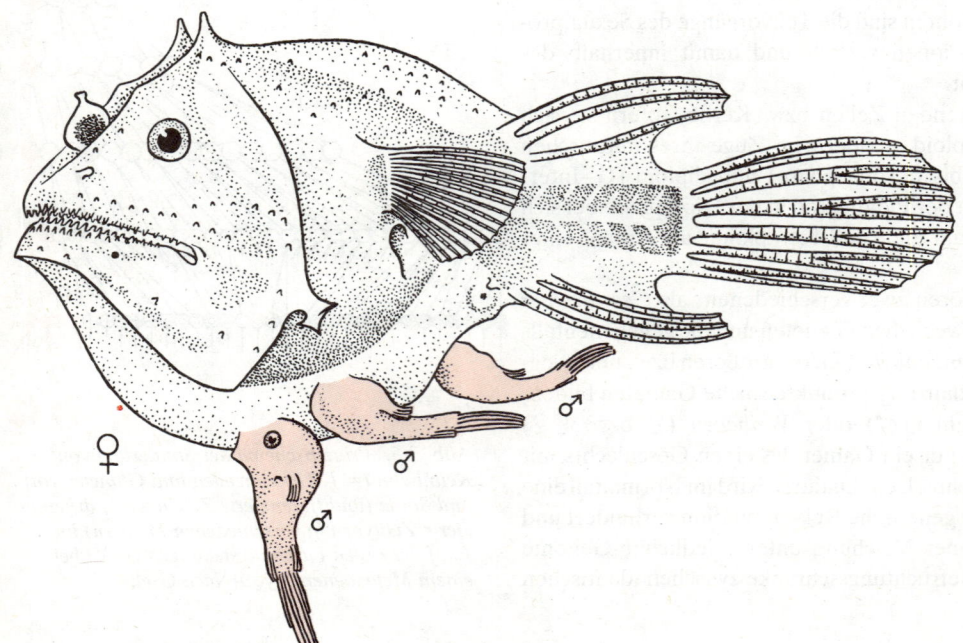

Abb. 3.10. Sexualdimorphismus bei dem Fisch Endriolychnus schmidti; drei Zwerg-♂♂ sind am Bauch des ♀ festgewachsen und werden vom ♀ miternährt. (Nach Buchner)

der Art an wechselnde Lebensbedingungen ermöglicht. Die weite *Verbreitung* von *Rekombinationsphänomenen* ist daher verständlich. Sexualität kommt bei den meisten Eukaryoten vor; deshalb wird allgemein angenommen, daß sie monophyletisch entstanden ist und sich bereits in der Frühzeit der Eukaryoten-Evolution (vor etwa 1 Milliarde Jahren) herausgebildet hat. Fehlen von Sexualität müßte demgegenüber als sekundäre Rückbildung interpretiert werden. Während dies für die bei Vielzellern bekannten Einzelfälle sicher zutrifft, könnte es sich bei manchen Gruppen von Einzellern mit ausschließlich ungeschlechtlicher Fortpflanzung auch um einen ursprünglichen Zustand handeln. Unter den Prokaryoten sind Rekombinationsphänomene von einigen Bakterien bekannt; sie verlaufen jedoch in ganz anderer Form. Deshalb werden sie – ebenso wie einige nicht auf Meiose und Befruchtung basierende Rekombinationsmechanismen bei Pilzen – als *Parasexualität* bezeichnet (S. 273).

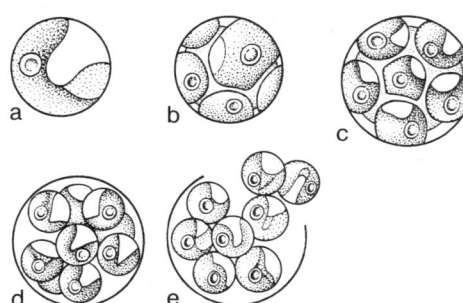

Abb. 3.11 a–e. Vegetative Fortpflanzung bei Chorella vulgaris. Die Zellen machen sukzessive Zweiteilungen durch, wodurch acht Tochterzellen innerhalb der Mutterzelle entstehen, die durch Aufreißen der Zellwand frei werden. Die entstehenden unbeweglichen Zellen werden als Aplanosporen bezeichnet. (Aus Oehlkers)

Fortpflanzung und Sexualität zielen beide auf die *Erhaltung der Art*, jedoch in ganz verschiedener Weise: die Fortpflanzung, indem sie für die absterbenden Individuen *Ersatz* schafft, und die Sexualität, indem sie durch ständige Umkombination der Gene die Variabilität erhöht und eine *adaptive Evolution* ermöglicht (S. 866). Daß beide Erscheinungen ganz und gar wesensverschieden sind, ergibt sich auch aus der Tatsache, daß sie grundsätzlich voneinander unabhängig sein können: Zahlreiche Fortpflanzungsvorgänge sind nicht mit Sexualität verknüpft (*ungeschlechtliche Fortpflanzung*, s. 3.1); umgekehrt können, wenn auch selten, Sexualprozesse nicht mit einer effektiven Fortpflanzung verbunden sein (z.B. die *Konjugation* der Ciliaten, Abb. 3.41). In den weitaus meisten Fällen ist aber die Sexualität aus Gründen der Realisierbarkeit von Meiose und Befruchtung an eine Fortpflanzung gekoppelt, bei der die Fortpflanzungsprodukte einzellig bzw. einkernig sind; bei Metazoen und Höheren Pflanzen ist dies durchweg der Fall. Diese Fortpflanzung durch selbständige, vom elterlichen Organismus einzeln abgegebene Keimzellen wird als *monocytogen* bezeichnet. Haben dann die Keimzellen den Charakter von Gameten *(Gamogonie)*, so sind die Fortpflanzungszellen ♂ oder ♀ differenziert und brauchen in der Regel eine Befruchtung, um aus der Zygote ein Tochterindividuum zu entwickeln. Agameten sind die Fortpflanzungszellen, die weder sexuell differenziert noch befruchtungsfähig sind; aus jeder einzelnen kann ein Tochterindividuum werden. Bei Pflanzen nennt man sie *Sporen*, wenn sie unbeweglich und mit einer Hülle versehen sind, oder *Zoosporen*, wenn sie sich durch Geißeln bewegen können. Eine monocytogene Fortpflanzung durch Agameten wird als *Agamogonie* bezeichnet. Die monocytogene Fortpflanzung kommt sowohl bei einzelligen als auch bei vielzelligen Lebewesen vor; sie wird als ursprünglich angesehen. Das Gegenstück dazu stellt die *polycytogene Fortpflanzung* (= *vegetative* Fortpflanzung im engeren Sinne) dar, die grundsätzlich auf vielzellige Tiere und Pflanzen beschränkt ist und als abgeleitet betrachtet wird. Dabei sind die Fortpflanzungsprodukte von vornherein vielzellige und mehr oder weniger umfangreiche Komplexe (wie Körperfragmente, Knospen, Ausläufer oder Brutkörper), die sich als Zellverband aus dem elterlichen Organismus lösen.

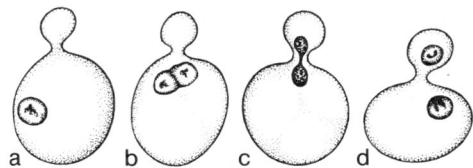

Abb. 3.12 a–d. Bei der Sprossung der Hefe Saccharomyces geht aus einer Ausgangszelle eine kleine Knospe hervor (a), die schnell zur Zellgröße heranwächst. Gleichzeitig läuft eine Kernteilung ab (b). Einer der Tochterkerne tritt durch den Verbindungskanal in die Knospe über (c, d). Bei lebhafter Vermehrung entstehen Sproßverbände, deren Zellen lose miteinander verknüpft sind und leicht auseinanderfallen. (Aus Oehlkers)

Die Agamogonie und die polycytogene Fortpflanzung werden oft unter dem Oberbegriff »*ungeschlechtliche Fortpflanzung*« zusammengefaßt; dieser wird die Gamogonie als »*geschlechtliche Fortpflanzung*« gegenübergestellt. Die Kennzeichnung der Gamogonie als geschlechtliche Fortpflanzung ist gerechtfertigt, da eine unmittelbare Koppelung der sexuellen Phänomene an die Fortpflanzung stets gegeben ist. Ebenso unproblematisch ist die Einstufung der polycytogenen Fortpflanzung als ungeschlechtlich; dagegen erfordert die Einordnung der Agamogonie eine differenzierte Betrachtung, denn es sind hinsichtlich der Bildung der Agameten zwei verschiedene Fälle zu unterscheiden: Werden die Agameten – haploid oder diploid – durch mitotische Zellteilungen hervorgebracht (z.B. wie in Abb. 3.16, 3.18), so liegt ungeschlechtliche Fortpflanzung vor, da diese »Mito-Agameten« bei ihrer Bildung und Entwicklung nichts mit Sexualität zu tun haben. Werden dagegen die haploiden Fortpflanzungszellen (die aufgrund ihrer Eigenschaften Agameten

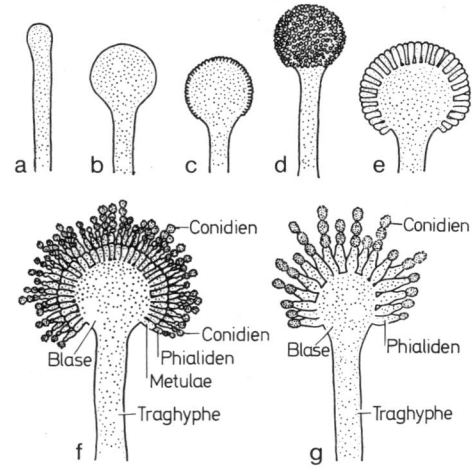

Abb. 3.13 a–g. Entwicklung des Conidienträgers des Gießkannenschimmels Aspergillus niger: (a, b) Ein Hyphenast schwillt köpfchenförmig an; (c–f) Ausbildung des sporogenen Apparates. (g) Einfach gebauter Conidienträger von Aspergillus niveo-glaucus. (Nach Rehm)

sind) unter Beteiligung einer Meiose gebildet (Abb. 3.4c), so läßt sich eine solche Fortpflanzung durch »Meio-Agameten« dem Oberbegriff »ungeschlechtliche Fortpflanzung« kaum unterordnen. Da sich dieser besondere Fall einer schematischen Eingliederung in das Begriffspaar geschlechtlich/ungeschlechtlich entzieht, sollte man diese Form der Agamogonie am besten als integrierten Bestandteil eines komplexen Entwicklungszyklus ansehen, der als ganzer geschlechtlichen Charakter hat.

3.1 Ungeschlechtliche Fortpflanzung

3.1.1 Monocytogene Fortpflanzung (Agamogonie)

3.1.1.1 Agamogonie bei Pflanzen

Die ungeschlechtliche Fortpflanzung erfolgt bei einzelligen Pflanzen durch *Zweiteilung*, wie z. B. bei den Chlorophyceen, Heterokonten und Diatomeen. Bei manchen Formen ist dieses Prinzip jedoch zur *Vielfachteilung* modifiziert. Die Vielfachteilung kann dann je nach der Folge der Teilungsschritte unterteilt werden in solche mit *sukzedaner* (nacheinander erfolgender, Abb. 3.11) oder *simultaner* (gleichzeitiger, Abb. 3.18) Teilung. Die Teilungen finden häufig in speziellen Organen *(Sporangien)* statt. Die Bedingungen für die Bildung von beweglichen *Zoosporen* sind in vielen Fällen nicht bekannt. Von den Außenfaktoren, welche die Auslösung der monocytogenen Fortpflanzung bewirken oder fördern, sind zu nennen: Licht-Dunkel-Wechsel, Temperaturveränderungen, Veränderungen in der Konzentration und/oder Zusammensetzung der Nährlösung, pH-Wert, Wasserströmung und Benetzung. Nur selten wirkt ein einziger Faktor allein auslösend. Von den inneren Faktoren ist der physiologische Zustand für die Zoosporenbildung entscheidend. Meist sind gut wachsende Zellen mit geringem Stärkegehalt und pigmentreichen Plastiden weniger leicht induzierbar als gealterte, mit Reservestoff gefüllte. Bei den Pilzen kann das ganze Mycelium in Einzelzellen zerfallen. Für die Hefen ist ein Sproßmycel charakteristisch (Abb. 3.12). Temperatur und CO_2-Konzentration können entscheidend für den Übergang zur Knospenbildung sein.
Die ungeschlechtliche Fortpflanzung spielt bei den Pilzen, insbesondere den Schimmelpilzen, eine große Rolle. Viele imperfekte Pilze (z. B. *Aspergillus* und *Penicillium*) vermehren sich nur durch ungeschlechtliche Sporen, *Conidien*, die an den Hyphenästen endständig an Conidienträgern auf typische Weise nach Mitose (Mitosporen) gebildet werden (Abb. 3.13, 3.14).

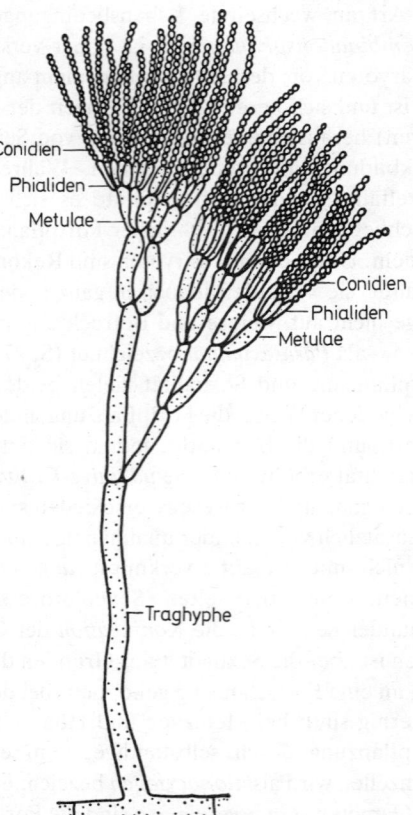

Abb. 3.14. Conidienträger des Pinselschimmels *Penicillium*, der auf Brot einen blaugrünen Überzug bildet. (Nach Rehm)

3.1.1.2 Agamogonie bei Tieren

Alle Protozoen haben, teilweise neben der Möglichkeit zur Gamogonie, die Fähigkeit, sich durch Agamogonie fortzupflanzen. Dagegen kommt dieser ungeschlechtlich-monocytogene Fortpflanzungsmodus bei Metazoen (abgesehen von den Mesozoen) nicht vor. Im einfachsten Fall besteht die Agamogonie eines Protozoons in seiner mitotischen Teilung in zwei Hälften *(äquale Zweiteilung)*. Formal sind das sich teilende Zellindividuum als Agamont und die entstehenden beiden Tochterzellen, nachdem sie sich voneinander getrennt haben, als Agameten zu bezeichnen, die sich zu zwei ihrerseits wieder fortpflanzungsfähigen Tochterindividuen entwickeln, indem sie zu der für den Agamonten typischen Größe heranwachsen. Faktisch ist jedoch in diesen Fällen die vom Fortpflanzungsprodukt zum Adultus führende Ontogenie meist recht unauffällig, da sie von einer Hälfte des elterlichen Körpers ausgehen kann (eine Kugel halben Volumens hat ja einen nur um etwa ein Fünftel kleineren Durchmesser). Deshalb sind die bei der Teilung

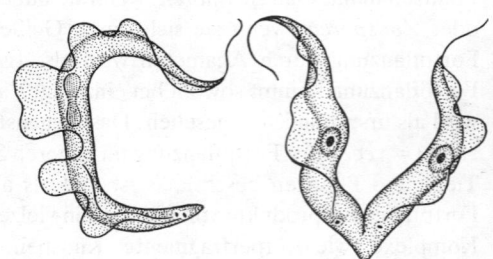

Abb. 3.15. Längsteilung des Flagellaten *Trypanosoma brucei*. (Nach Grell)

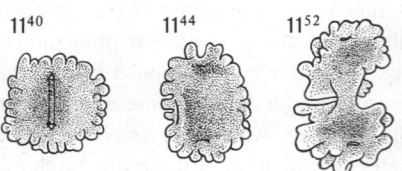

Abb. 3.16. Drei im Verlauf von 12 min aufeinanderfolgende Stadien der Zweiteilung von *Amoeba proteus*. (Nach Grell)

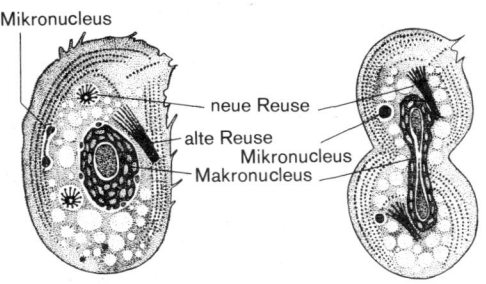

gebildeten Tochterzellen bereits bei ihrer Trennung als fast perfekte Tochterindividuen halber Größe anzusprechen. Die Ebene, in der sich die Zweiteilung vollzieht, steht gewöhnlich senkrecht zur Längsachse der Mitosespindel (Abb. 1.163, S. 166); sie teilt das Elternindividuum bei Flagellaten längs (Abb. 3.15) und bei Ciliaten quer (Abb. 3.17), während bei kugeligen oder formveränderlichen Protozoen keine erkennbare Beziehung zwischen Teilungsebene und Körpergestalt besteht (Abb. 3.16). Bei der Zweiteilung mehrkerniger Protozoen können Kernteilung und Durchschnürung der Zelle entweder gekoppelt sein (z. B. bei Ciliaten) oder zeitlich unabhängig voneinander erfolgen (z. B. bei dem Heliozoon *Actinosphaerium*). Es gibt auch Protozoen, die sich bei der Fortpflanzung gleichzeitig in mehr als zwei, oft sogar zahlreiche Agameten gleicher Größe aufteilen; manche führen eine solche *äquale Vielfachteilung* innerhalb einer vorher gebildeten Hülle *(Cyste)* durch (z. B. *Sporogonie*, Abb. 3.109). Ist bei einer solchen multiplen Teilung die Zellteilung mit der Kernteilung synchronisiert, so entstehen die Tochterzellen im Verlauf der Teilungsfolge nacheinander *(Sukzedanteilung)*. So sind die 32 Zellen einer *Eudorina*-Kolonie (Abb. 3.2a) aus einer von 32 Zellen der Elternkolonie durch fünf Teilungsschritte entstanden. Wenn sich erst die Kerne durch aufeinanderfolgende Mitosen vermehren, ohne daß damit zunächst eine Zellteilung verbunden ist, ergibt sich eine gleichzeitige Aufteilung des Agamonten, indem sich um jeden Kern synchron eine Cytoplasmaportion abgrenzt und mit einer Zellmembran umgibt *(Simultanteilung*, Abb. 3.18). Bei den Suctorien verläuft die simultane Vielfachteilung *inäqual*, weil sich der Agamont hinsichtlich Struktur und Größe von seinen durch eine Art Knospung erzeugten Agameten unterscheidet (Abb. 3.19). Bei der äqualen Teilung hört der Agamont in dem Augenblick als Individuum zu bestehen auf, in dem seine Aufteilung in Agameten vollzogen wird. Dagegen behält der sich inäqual teilende Agamont über die Abschnürung der Agameten hinaus seine Individualität bei und kann sich – nachdem er zwischendurch wieder herangewachsen ist – als identischer Elter mehrmals hintereinander fortpflanzen. Bildet ein Agamont mit seiner gesamten Körpermasse nur einen einzigen Agameten, so liegt der seltene Fall einer *Fortpflanzung ohne Vermehrung* vor; dies erfolgt unter ungünstigen Bedingungen bei dem Suctor *Ephelota* (Abb. 3.20).

Abb. 3.17. Querteilung des Ciliaten Chilodonella uncinata. Der polyploide Makronucleus schnürt sich ohne Ausbildung einer Spindel (»amitotisch«) durch, der diploide Mikronucleus hat sich mitotisch geteilt; die den Zellschlund stützende, aus Mikrotubuli bestehende Reuse des Elters wird aufgelöst und in den beiden Tochterindividuen durch eine entsprechende Neubildung ersetzt. (Nach Hartmann)

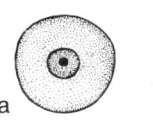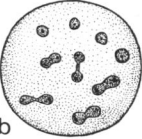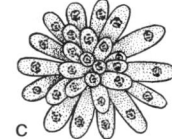

Abb. 3.18 a–c. Multiple Teilung eines Schizonten (a) bei der Coccidie Eimeria schubergi; nach einer Phase der mitotischen Kernvermehrung in der ungeteilten Zelle (b) erfolgt simultan die Aufteilung des Cytoplasmas in einkernige Merozoiten (c). (Nach Buchner)

3.1.2 Polycytogene Fortpflanzung (Vegetative Fortpflanzung)

3.1.2.1 Vegetative Fortpflanzung bei Pflanzen

In diesem Fall wird ein Zell*verband* zum Ausgangspunkt eines neuen Individuums. Meist leitet sich das Ausgangsmaterial von meristematischen Geweben (S. 390, 411) ab, wodurch der embryonale Charakter für den Start der neuen Generation garantiert ist.

Viviparie der Pflanzen kann als Übergangserscheinung zur vegetativen Fortpflanzung angesehen werden. Viviparie im engeren Sinn bezeichnet das Keimen der Samen an der Mutterpflanze. Im weiteren Sinn kann dazu auch die Bildung von Fortpflanzungskörpern anstelle von Blüten gerechnet werden: Innerhalb der Infloreszenzen werden vegetative Vermehrungskörper gebildet. Die Endknospe entwickelt sich nicht zu einem Fruchtknoten, sondern zu einer *Bulbille*, einem mehrzelligen Fortpflanzungsprodukt, aus der ein junges Pflänzchen hervorgeht. Viviparen Arten (z. B. *Poa*- und *Festuca*-Arten, Abb. 3.21) fehlt häufig die Fähigkeit zur Samenbildung.

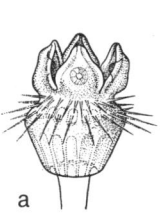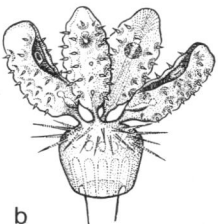

Abb. 3.19a, b. Der Suctor Ephelota gemmipara erzeugt durch inäquale Vielfachteilung mehrere (in diesem Falle vier) als bewimperte Schwärmer ausgebildete, frei bewegliche Agameten, die sich später festsetzen und zu je einem gestielten Tochterindividuum entwickeln. (Nach Grell)

Natürliche vegetative Vermehrung. Die vegetative Vermehrung stellt eine Art Regeneration (S. 389f.) dar, bei der einzelne Teile der Pflanze wieder zu ganzen, selbständigen Individuen auswachsen. Bei den Moosen werden *Brutkörper* gebildet, die abgelöst und herausgeschwemmt sich wieder zu neuen Thalli entwickeln (Abb. 3.22). Ähnliche vegetative Vermehrung findet man bei Farnen und Phanerogamen, bei denen sich auf den

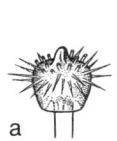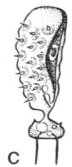

Abb. 3.20a–c. Unter ungünstigen Bedingungen verwandelt sich ein kleines gestieltes Ephelota-Individuum (a) als Ganzes in einen einzigen Schwärmer (b, c) und vermag auf diese Weise aktiv einen besseren Standort aufzusuchen (sogenannte reaktive Knospung). (Nach Grell)

Blättern junge Pflänzchen entwickeln, die nach Abfallen sofort wurzeln (z. B. *Lilium*-Arten, *Kalanchoe*, Abb. 3.23). Bei vielen Zwiebelgewächsen entstehen in den Achseln der Schuppen (Niederblätter) Bulbillen (Abb. 3.24a–c). Sie werden auch bei rosettenbildenden Pflanzen gefunden, bei denen sie nach Streckung zu fadenförmigen Seitenzweigen als Ausläufer *(Stolonen)* unterirdisch (Kartoffel; Scharbockskraut, Abb. 3.25a–c) oder oberirdisch (Erdbeere, Hahnenfuß, Abb. 3.26) auftreten können. Die Knospen werden durch Absterben der verbindenden Ausläufer selbständig.

Dabei bleiben die Sortenmerkmale weitgehend konstant, da sich keine Genome verändern oder vermischen können, wie dies bei der sexuellen Fortpflanzung geschieht. Es bilden sich also *Klone*, deren Individuen von einer Mutterpflanze abstammen und erbgleich sind. Dies kann von Bedeutung sein bei einem stark heterozygoten Genom, das bei geschlechtlicher Fortpflanzung in unerwünschter Weise aufspalten würde.

Künstliche vegetative Vermehrung. Die natürliche vegetative Fortpflanzung ist im Pflanzenreich weit verbreitet; aber auch in der praktischen Land- und Forstwirtschaft wird in großem Umfang künstlich vegetativ vermehrt, u. a. durch Stecklinge. Teile, welche von der Mutterpflanze abgelöst wurden, lassen sich nach Einsetzen in feuchte Erde oder in Wasser zur Bewurzelung bringen. Sowohl Blätter (*Begonia*, Abb. 4.111, S. 390) als auch Stengelstücke (Weinrebe) oder Wurzelstöcke (Asteraceen) können regenerieren. Eine einzelne Wurzel wächst hingegen nicht zu einer Pflanze aus.

Viele Kulturpflanzen werden seit langer Zeit im Pflanzenbau ausschließlich vegetativ vermehrt (Kartoffel, Zuckerrohr, Banane, Agave, *Allium*-Arten).

Eine spezielle Form der vegetativen Vermehrung ist die *Pfropfung*, wie sie durch Einpflanzen eines knospentragenden Stengelstückes *(Edelreis)* auf einen Stengel einer anderen Pflanze *(Unterlage)* bei vielen Kulturgewächsen (Obstbäume, Wein, Kakteen) erfolgt.

Als Folge solcher Pfropfungen können *Chimären* (Pfropfbastarde, Abb. 3.27; S. 348f., Abb. 4.100) entstehen, bei denen die Gewebe der Partner vermischt weiterwachsen. Eine echte vegetative Verschmelzung von artverschiedenen Körperzellen wird bei Pilzen regelmäßig, bei Höheren Pflanzen außerordentlich selten beobachtet.

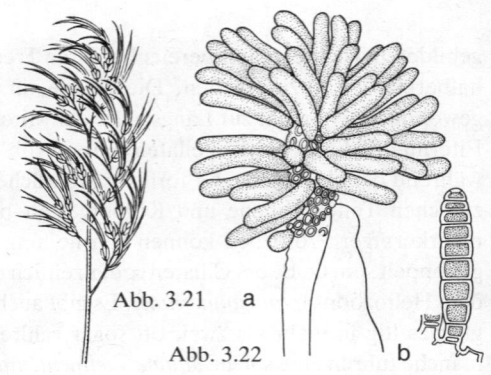

Abb. 3.21. Viviparie im Blütenstand von Poa bulbosa. (Aus Oehlkers)

Abb. 3.22a, b. Brutkörperbildung bei einem Laubmoos (Ulota phyllantha). (a) Blattspitze mit festsitzenden Brutkörpern und den Narben abgefallener Brutkörper; (b) einzelner Brutkörper. (Aus Oehlkers)

Abb. 3.23a–c. Kalanchoe daigremontianum. (a) Ganze Pflanze mit Brutpflänzchen an den oberen Blättern (verkleinert); (b) Blatt, an dessen Randkerben Brutpflänzchen entstanden sind (ungefähr natürliche Größe). (c) Einzelnes Brutpflänzchen, an der Basis bereits vor dem Abwurf mit Wurzeln versehen, die nach dem Ablösen sogleich in den Boden eindringen können.

Abb. 3.24a–d. Brutzwiebeln bei Lilium lancifolium. (a) Gesamte Pflanze; in den Achseln der Blätter sitzen die Bulbillen (auf 1:4 verkleinert); (b) Bulbille im Längsschnitt (Vergr. etwa 2:1); (c) Bulbille in der Achsel eines Blattes (natürliche Größe); (d) Bulbille zu einem jungen Pflänzchen ausgewachsen (auf 1:2 verkleinert). (Aus Oehlkers)

Abb. 3.25a–c. Wurzelbulbillen beim Scharbockskraut (Ranunculus ficaria). (a) Die Lage der Bulbillen an der Gesamtpflanze; (b) Bulbillen reichlich mit Reservestoffen versehen; (c) einzelne Bulbille im Längsschnitt. (Aus Oehlkers)

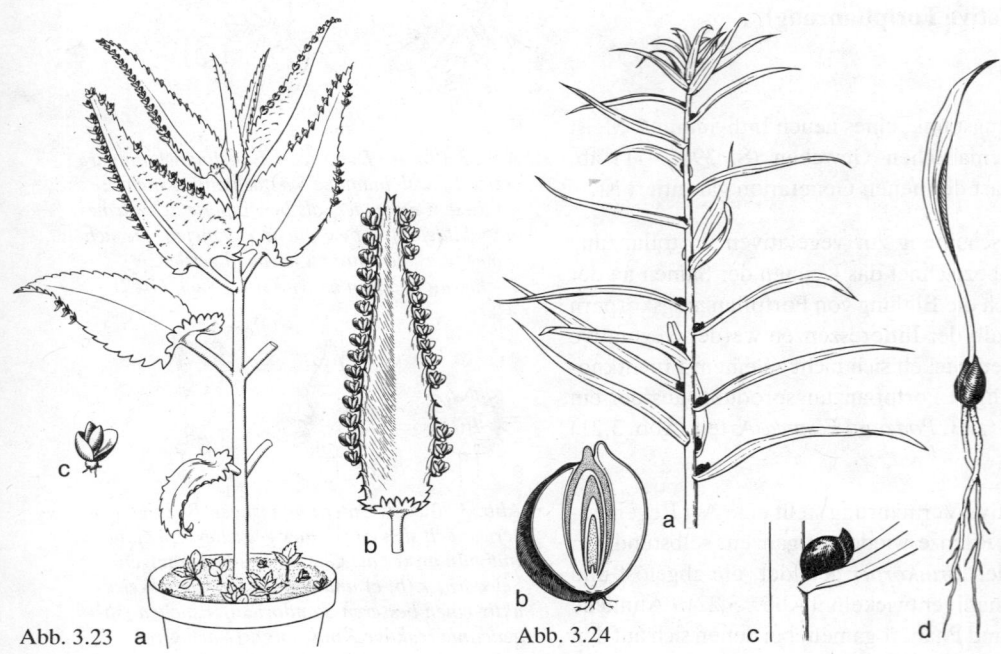

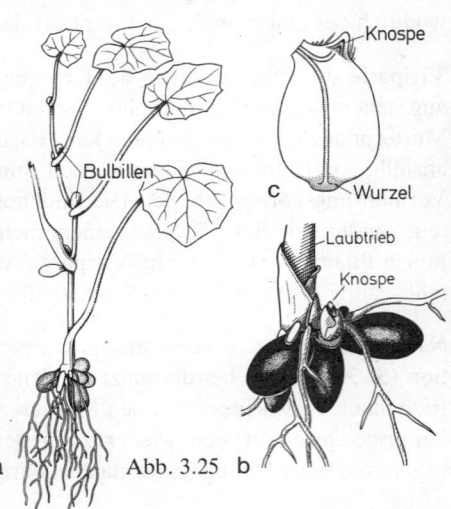

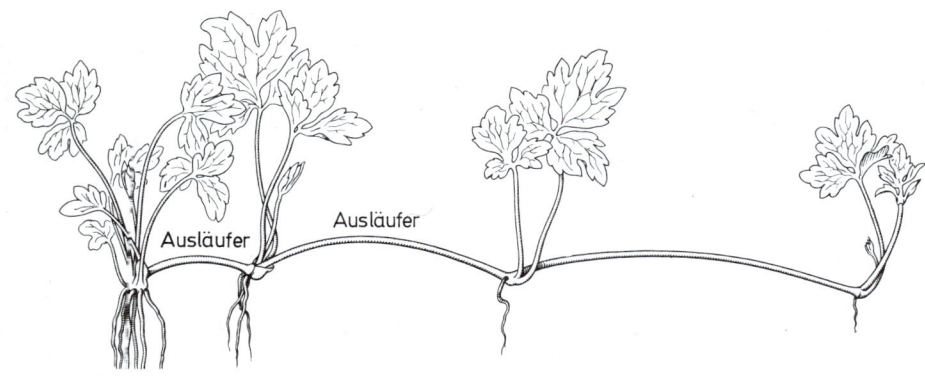

◀ Abb. 3.26. Bildung von Ausläufern mit stark verlängerten Internodien beim Kriechenden Hahnenfuß (Ranunculus repens). (Aus Oehlkers)

3.1.2.2 Vegetative Fortpflanzung bei Tieren

Wo bei Metazoen eine ungeschlechtliche Fortpflanzung vorkommt, vollzieht sie sich stets nach dem polycytogenen Modus, d. h. durch vielzellige Fortpflanzungsprodukte. Sie tritt fast immer zusätzlich zur Gamogonie auf und hat sich offenbar unabhängig in verschiedenen Tiergruppen herausgebildet. Die bei manchen Metazoen vorkommende Fortpflanzung durch unbefruchtete Eier *(Parthenogenese)* ist nicht als ungeschlechtliche Fortpflanzung zu bezeichnen, da diese Eier ihrer Entstehung und Struktur nach zweifellos ♀ Gameten sind (S. 304).

Manche niedere Metazoen haben die Fähigkeit, ihren Körper längs oder quer in Hälften oder mehrere Teilstücke durchzuschnüren (Abb. 3.28c, d, 3.29); jedes dieser differenzierten Körperfragmente entwickelt sich zu einem vollwertigen Tochterindividuum, indem es heranwächst und alle ihm fehlenden Organe ergänzt. Wenn im Verlauf der Fortpflanzung die Gesamtheit des elterlichen Körpers unter den Nachkommen aufgeteilt wird, beendet der Elter seine Existenz als Individuum; die Zellen und Gewebe des Elters leben aber in seinen Tochterindividuen weiter. Voraussetzung für eine vegetative Fortpflanzung durch *Teilung* ist ein gut entwickeltes *Regenerationsvermögen*. Manche niederen Metazoen (z. B. viele Planarien) machen keinen Gebrauch von dieser Fähigkeit und pflanzen sich ausschließlich durch Gamogonie fort. Jedoch zeigt sich bei einer Zerstückelung durch äußere Gewalteinwirkung, daß sich abgetrennte Körperfragmente zu verkleinerten, aber vollständigen Individuen regenerieren können. Häufig werden – vor allem bei sessil lebenden Metazoen – die Fortpflanzungsprodukte bzw. Tochterindividuen nicht – wie bei der Teilung – aus dem Körper des Elters herausgetrennt, sondern als Auswuchs zusätzlich gebildet (Abb. 3.28 a→b) und abgelöst *(Knospung)*. Dabei bleibt der elterliche Körper in seiner Individualität unangetastet, so daß dasselbe Tier mehrmals hintereinander in dieser Weise Nachkommen hervorbringen kann. Bei den meisten Hydrozoen und Bryozoen wie auch bei vielen Anthozoen werden die durch Knospung erzeugten Artgenossen nicht selbständig, sondern bleiben zeitlebens mit ihrem Elter und mit ihren durch Knospung erzeugten Nachkommen körperlich verbunden. In diesen Fällen führt die Knospung nicht zur Fortpflanzung im eigentlichen Sinne, sondern in einer Art von *überindividuellem Wachstum* zum Aufbau eines Tierstocks. Darin geben die einzelnen Mitglieder (Zooide) einen Teil ihrer Individualität zugunsten der Gemeinschaft auf. Im Zuge einer Arbeitsteilung zwischen den Stockgenossen kann es auch zur Entwicklung eines *Stockpolymorphismus* mit unterschiedlich spezialisierten Zooidtypen kommen (Abb. 3.30).

Eine vegetative Fortpflanzung durch *Teilung* oder *Knospung* erfolgt in den meisten Fällen im adulten Zustand; jedoch kann sie bei einigen Arten auch bereits im *jugendlichen* oder gar *embryonalen Stadium* stattfinden. Beim Hundebandwurm hat das blasenförmige Larvenstadium *(Finne)* die bei den meisten anderen Cestoden fehlende Fähigkeit, durch Knospung zahlreiche Bandwurmanlagen hervorzubringen (Abb. 3.113). Dadurch hat die sonst nur als Durchgangsstadium existierende Larve den Charakter einer eigenen

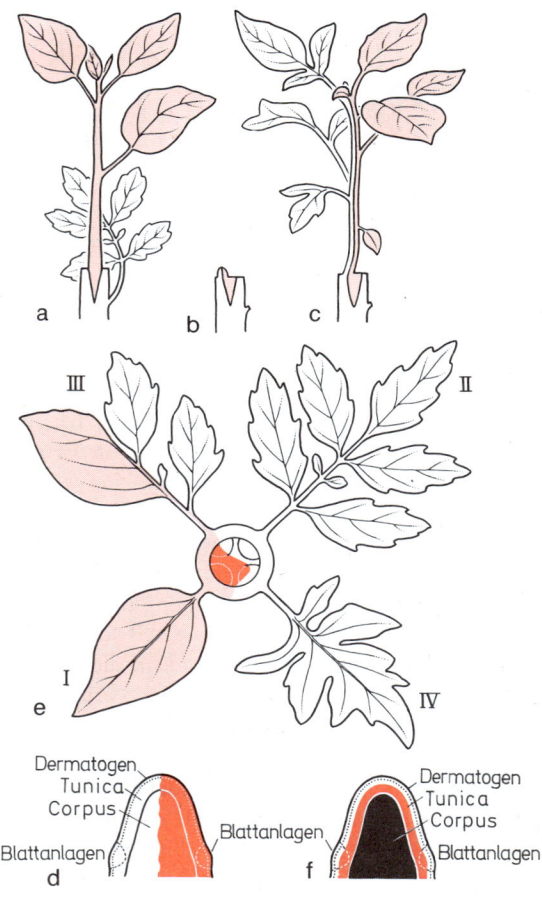

Abb. 3.27 a–f. Pfropfbastarde. (a) Nachtschatten (Solanum nigrum) als Reis auf Tomate (Solanum lycopersicum) als Unterlage gepfropft; Nachtschattengewebe farbig. (b) Pfropfstelle durchschnitten, Bildung eines Adventivsprosses aus dem Wundgewebe der Schnittfläche. (c) Ein Vegetationspunkt über der Trennungsfläche des Tomaten- und Nachtschattengewebes ist zu einer Sektorialchimäre ausgewachsen. (d) Längsschnitt durch den Vegetationspunkt der Sektorialchimäre (c). (e) Schema der bei diesen Pfropfbastarden möglichen Blattbildung. In der Mitte Querschnitt durch den Vegetationspunkt. Blattanlagebezirke durch Viertelkreise umgrenzt, Nachtschattengewebe farbig, Tomatengewebe weiß. I Reines Nachtschattenblatt. II Reines Tomatenblatt. III Sektorialchimäre. IV Periklinalchimäre, in welcher das Dermatogen und die darunterliegende Tunicaschicht aus Tomaten-, die inneren Teile aus Nachtschattengewebe bestehen (Solanum proteus). (f) Längsschnitt durch den Vegetationspunkt der Periklinalchimäre (e) IV. (Aus Oehlkers)

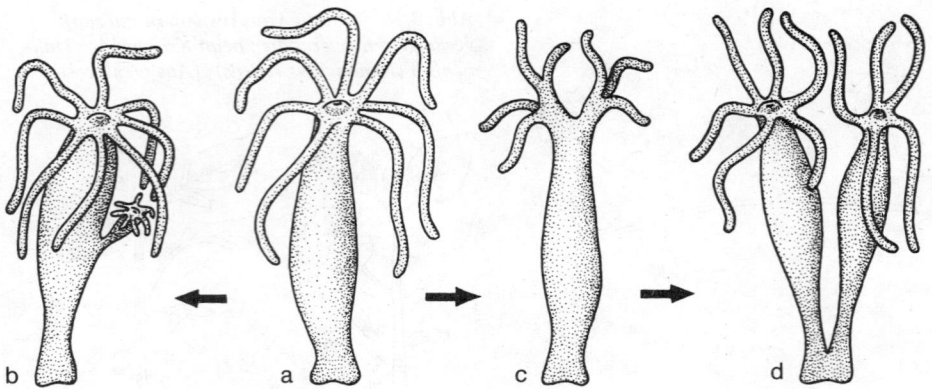

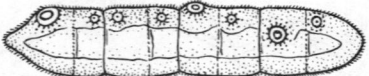

Abb. 3.28a–d. Vegetative Fortpflanzung bei dem Süßwasserpolypen Hydra. (a→b) Knospung (häufig); (a→c→d) Längsteilung (nur gelegentlich vorkommend). (Nach Vogel u. Angermann)

Abb. 3.29. Querteilung des Turbellars Microstomum lineare; die Teilungsprodukte bilden zunächst eine zusammenhängende Kette und lösen sich erst später als selbständige Individuen voneinander. (Nach Vogel u. Angermann)

Generation angenommen, die eine relativ geringe Eiproduktion des Adultus durch eine zusätzliche polycytogene Fortpflanzung ausgleicht. Bei Schlupfwespen (Abb. 3.32) und etlichen Bryozoen kommt eine zu Beginn der Eientwicklung einsetzende Aufteilung des Embryos in mehrere Teilembryonen vor, die sich zu selbständigen Tochterindividuen entwickeln. Aus einem befruchteten Ei geht also ein Klon aus mehreren, genetisch identischen Nachkommen hervor *(Polyembryonie)*. Sogar einige Säugetiere haben diese Vermehrungsart; sie tritt regelmäßig bei Gürteltieren und gelegentlich als eineiige Mehrlingsgeburten auch bei anderen Säugern sowie beim Menschen auf.

Eine Sonderstellung nimmt die Fortpflanzung durch *Brutkörper* ein, die innerhalb der Metazoen nur bei Schwämmen und Bryozoen (hauptsächlich bei Süßwasserarten) vorkommt. Die Brutkörper, wie z. B. die *Gemmulae* eines Schwammes (Abb. 3.31), sind resistente, ruhende *Dauerstadien*, die nicht nur der Fortpflanzung dienen, sondern den Fortbestand der Art auch unter vorübergehend extremen Bedingungen sicherstellen, unter denen der adulte Organismus stirbt. In ihrer schützenden Hülle befindet sich eine Ansammlung von *undifferenzierten, totipotenten Zellen* und nicht – wie bei den anderen von adulten Individuen gebildeten vegetativen Fortpflanzungsprodukten – ein differenziertes Gewebe. Demgemäß entwickelt sich dieser Zellhaufen bei der Keimung des Brutkörpers in prinzipiell ähnlicher Weise wie die aus einem befruchteten Ei durch Furchung entstandenen Blastomeren im Verlauf der Embryonalentwicklung.

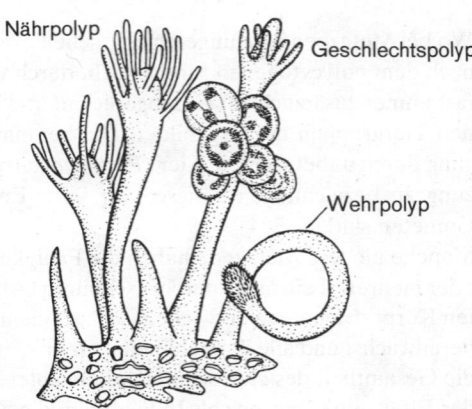

Abb. 3.30. Teil eines polymorphen Hydroidenstockes (Podocoryne carnea). Nähr-, Geschlechts- und Wehrpolypen sind vegetativ aus einem Stammpolypen als Knospen, die sich nicht voneinander gelöst haben, hervorgegangen. (Nach Buchner)

3.2 Geschlechtliche Fortpflanzung

Als geschlechtliche Fortpflanzung *(Gamogonie)* wird eine monocytogene Fortpflanzung bezeichnet, bei der die reifen Fortpflanzungsprodukte haploid sowie geschlechtlich bipolar differenziert sind und sich paarweise befruchten. Bei diesem komplexen Vorgang sind Fortpflanzung und Sexualität obligatorisch miteinander verknüpft. Im typischen Fall sind die Fortpflanzungs- oder Geschlechtsprodukte *freie Zellen (Gameten)*, von denen je eine ♂ und eine ♀ innerhalb oder außerhalb des elterlichen Körpers unter Vereinigung ihrer Kerne zu einer diploiden Zygote verschmelzen. Aus dieser entwickelt sich ein Nachkommensindividuum (bzw. bei Haplonten eine Mehrzahl von solchen), wobei vielzellige Organismen eine mehr oder weniger lange und komplizierte Ontogenie zu durchlaufen haben. In bestimmten Fällen können aber auch als geschlechtliche Fortpflanzungsprodukte lediglich *Gametenzellkerne* anstelle von selbständigen, kompletten Gametenzellen gebildet werden. Diese Kerne liegen dann ohne besondere Abgrenzung innerhalb ihrer Mutterzelle, in der sie entstanden sind, und vollziehen hier paarweise die

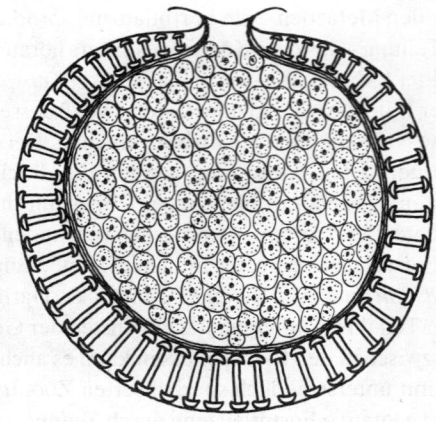

Abb. 3.31. Schnitt durch einen Brutkörper (Gemmula) des Schwammes Ephydatia fluviatilis. Durch die Öffnung in der doppelwandigen Hülle keimen die in ihr liegenden totipotenten Zellen bei der Bildung eines neuen Schwammes aus. (Nach Buchner)

nur aus einer Kernverschmelzung *(Karyogamie)* bestehende Befruchtung. Das dabei entstehende Befruchtungsprodukt *(Synkaryon)* wird – gemeinsam mit der Zelle, die es beherbergt – zum Ausgangspunkt für die Entwicklung eines neuen Individuums.

Die als Parasexualität zusammengefaßten, bei einigen Bakterien und Pilzen nachgewiesenen Rekombinationsmechanismen, welche ohne die für den Sexualprozeß charakteristischen Vorgänge (Meiose und Befruchtung) ablaufen, haben wenig Ähnlichkeit mit der Gamogonie der Eukaryoten. Sie sind nicht mit einem Fortpflanzungsvorgang gekoppelt.

3.2.1 Parasexualität bei Bakterien und Pilzen

Diese Systeme haben mit echter sexueller Fortpflanzung gemeinsam, daß sie erbliche Determinanten verschiedener zellulärer Herkunft in einer Zelle zusammenkommen lassen und so die genetische Rekombination sichern. Bei Bakterien hat man verschiedene Formen solcher Merkmalsübertragung gefunden; sie wurden vorher schon eingehend beschrieben (S. 196f.).

Bei den Pilzen gibt es eine Alternative zur sexuellen Fortpflanzung, die die Neukombination des genetischen Materials sicherstellt: Rekombination des Erbmaterials in vegetativen Zellen. Diese somatische Rekombination ohne die typische Abfolge von Kernverschmelzung und Meiose wurde bei dem Ascomyceten *Aspergillus* entdeckt.

Der parasexuelle Zyklus der Pilze besteht aus folgenden Teilschritten:

1. *Heterokaryonbildung:* Zwei haploide Mycelien verschmelzen und bilden ein Heterokaryon (Abb. 3.33).
2. *Kernverschmelzung:* Im Heterokaryon tritt – wenn auch selten – Kernfusion auf, die zur Bildung von diploiden, heterozygoten Kernen führt. Im Heterokaryon können sich sowohl haploide als auch diploide Kerne anschließend durch Mitosen vermehren. Erfolgt eine Entmischung, so entstehen an einem Mycel haploide (heterokaryotische) und diploide (heterozygote) Sektoren.
3. *Mitotisches* oder *somatisches Crossing over:* Mit einer Häufigkeit von 10^{-2} pro Kerngeneration erfolgt in den diploiden Kernen mitotisches Crossing over.
4. *Haploidisierung:* Mit relativ konstanter Häufigkeit von etwa 10^{-3} pro Kernteilung werden die diploiden Kerne zu haploiden herabreguliert.

Die Bedeutung der Entdeckung des parasexuellen Zyklus bei imperfekten Ascomyceten *(Penicillium, Aspergillus)* ist darin zu sehen, daß damit genetische Untersuchungen ermöglicht wurden.

3.2.2 Gametogamie bei Algen und Pilzen

Bei Algen finden sich alle Formen der sexuellen Fortpflanzung von der *Isogametie* bis zur *Oogametie* (Abb. 3.34). Aber auch bei zahlreichen Pilzen (z. B. *Allomyces*) kopulieren jeweils zwei verschieden gestaltete Gameten miteinander zu einer Zygote (Abb. 3.35a–g). Die entstandenen Zygoten wachsen zu diploiden *Sporophyten* aus, die unter günstigen Lebensverhältnissen *Zoosporangien* mit diploiden *Zoosporen* (bewegliche, ungeschlechtliche Fortpflanzungszellen) ausbilden (Abb. 3.35h,i). So tritt mit einem fakultativen Generationswechsel (S. 305), der von äußeren Bedingungen abhängig ist, eine Vielgestaltigkeit der Fortpflanzungserscheinungen auf.

Bei der Gametogamie besteht das Problem des gegenseitigen Auffindens der frei in einem flüssigen Substrat schwimmenden Geschlechtspartner. Die Integration der Fortpflanzungsprozesse hat eine stoffliche Basis: Von den Geschlechtspartnern werden Substanzen (*Gamone* = Gameten-»Hormone«) ausgeschieden, welche die Bewegungsrichtung des anderen Geschlechtspartners mit Fernwirkung dirigieren. Diese Stoffe sind für die

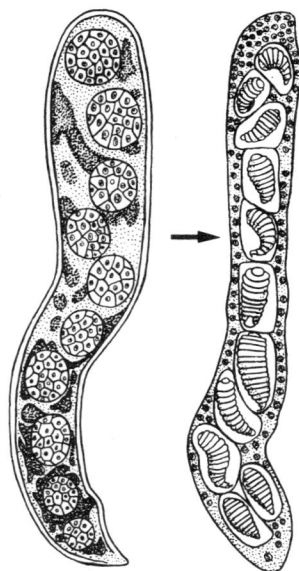

Abb. 3.32. *Aufteilung des gefurchten Eies in mehrere komplette Keime (Polyembryonie) bei der Schlupfwespe Ageniaspis spec. (Nach Buchner)*

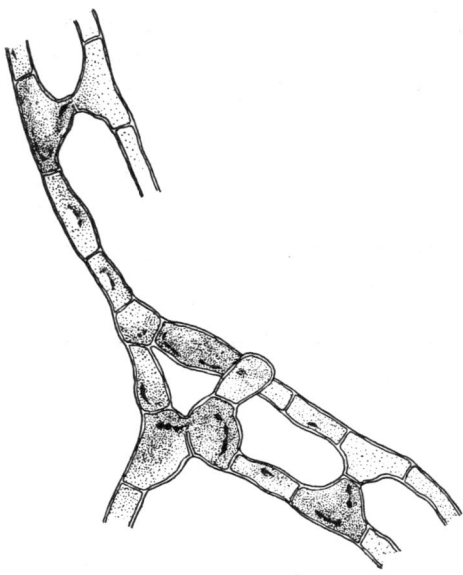

Abb. 3.33. *Hyphenkopulationen bei Hysterographium fraxini, dem Erreger eines Triebsterbens der Esche. Links oben Kopulationsbrücke mit übertretendem Kern. (Nach Gäumann)*

verschiedenen Organismen spezifisch und noch in hoher Verdünnung in der Lage, eine Fallenreaktion (Chemotaxis, vgl. S. 640, 724) zustandezubringen. Bei dem Flagellaten *Chlamydomonas eugametos* produzieren die Zellen, sobald sie – unter dem Sexualität auslösenden Einfluß bestimmter Außenbedingungen – den Charakter von Gameten angenommen haben, ein bei beiden Geschlechtern unterschiedlich zusammengesetztes Glykoproteid, welches hauptsächlich in die Zelloberfläche (insbesondere auf den Geißeln) eingebaut, teilweise aber auch ins Medium abgegeben wird. Wenn sich +- und −-Gameten berühren, gehen die beiden komplementär strukturierten Gamone miteinander eine Verbindung ein, verkleben (agglutinieren) auf diese Weise die ♂ und ♀ Gameten und ermöglichen ihnen damit die anschließende Verschmelzung zur Zygote. Das ins Medium abgegebene Gamon läßt sich dadurch nachweisen, daß Gameten des einen Geschlechts nach Zusatz von filtrierter Kulturflüssigkeit, in der sich vorher eine sehr dichte Suspension von Gameten des anderen Geschlechts befunden hat, untereinander gruppenweise verkleben. Folgender Prozeß läßt sich vermuten: Die in Lösung befindlichen Gamonmoleküle des einen Geschlechts bilden mit den auf der Geißeloberfläche sitzenden komplementären Gamonmolekülen des anderen Geschlechts Komplexe und kitten dadurch die Geißeln der gleichgeschlechtlichen Gameten zusammen. Natürlich ist diese nur bei unphysiologisch hohen Gamonkonzentrationen auftretende Isoagglutination reversibel und führt, im Gegensatz zur normalen Befruchtung, nicht zur Verschmelzung der beteiligten (in diesem Fall dem gleichen Geschlecht angehörenden) Gameten.

Bei den Braunalgen spielen die Sexuallockstoffe (Pheromone, Sirenine) für die Orientierung der männlichen Gameten eine wichtige Rolle. In manchen Fällen reichen bereits wenige Moleküle aus, um die Orientierung der Gameten zu steuern. Einige Pheromone wurden bereits chemisch analysiert. Bei *Ectocarpus* wurde ein einziger Lockstoff gefunden, das Ectocarpen (Abb. 3.36); er kommt bei allen Ectocarpales und Laminariales vor. Die meisten Algen-Arten geben aber ein Gemisch verschiedener Stoffe ab. Bei anderen Braunalgen kommen mehrere spezifische, auf die Spermien chemotaktisch wirksame Stoffe vor (Abb. 3.36): Hormosiren (bei *Hormosira*), Dictyopteren A (*Durvillaea, Xiphophora, Scytosiphon*), Multifiden (*Cutleria*), Cystophoren (*Cystophora*). Auf das Fucoserraten der Fucales sprechen die Spermatozoiden aller Arten an. Eine Fremdbefruchtung wird durch die Spezifizität der Glykoproteine der Zellmembran verhindert. Solche Fusionsbarrieren wurden auch zwischen den geographischen Rassen von *Ectocarpus* beobachtet.

Die meisten Sirenine der Braunalgen sind nur auf kurzen Abstand (maximal 1 mm) wirksam. Die Algen haben daher noch andere Mechanismen entwickelt, um die Befruchtung sicherzustellen, z.B. ein Pheromon, das die Freisetzung der Gameten synchronisiert. Das Sexualhormon des Pilzes *Allomyces* (Blastocladiales) wurde *Sirenin* genannt und ist chemisch ein Sesquiterpen. Es wird von den Makrogameten abgegeben und bewirkt positive Chemotaxis der Mikrogameten (Abb. 3.35, 3.36).

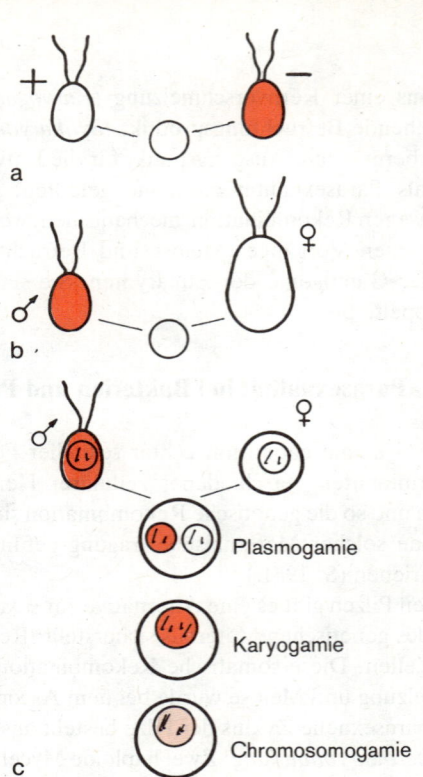

Abb. 3.34a–c. Schematische Darstellung der Befruchtungstypen. (a) Isogametie. (b) Anisogametie. (c) Oogametie. Die drei Schritte der Kopulation sind angegeben: Die männlichen Partner und die Zygote sind farbig dargestellt. (Nach Resende)

Abb. 3.35a–i. Entwicklung des Gametophyten und Sporophyten bei dem Süßwasserpilz *Allomyces*. (a) Haploider, geschlossener monözischer Gametophyt. (b) Aus den Gametangienständen werden die reifen Gameten entlassen, aus dem meist terminal stehenden Mikrogametangium die Androgameten (d), aus dem darunter angeordneten Makrogametangium die größeren Gynogameten (c). (e–g) Jeweils zwei verschiedengestaltete bewegliche Gameten verschmelzen unter Verzwirnung der Geißeln. (h) Zoospore. (i) Sporophyt mit zwei Zoosporangien und drei Dauersporangien. (Aus Oehlkers)

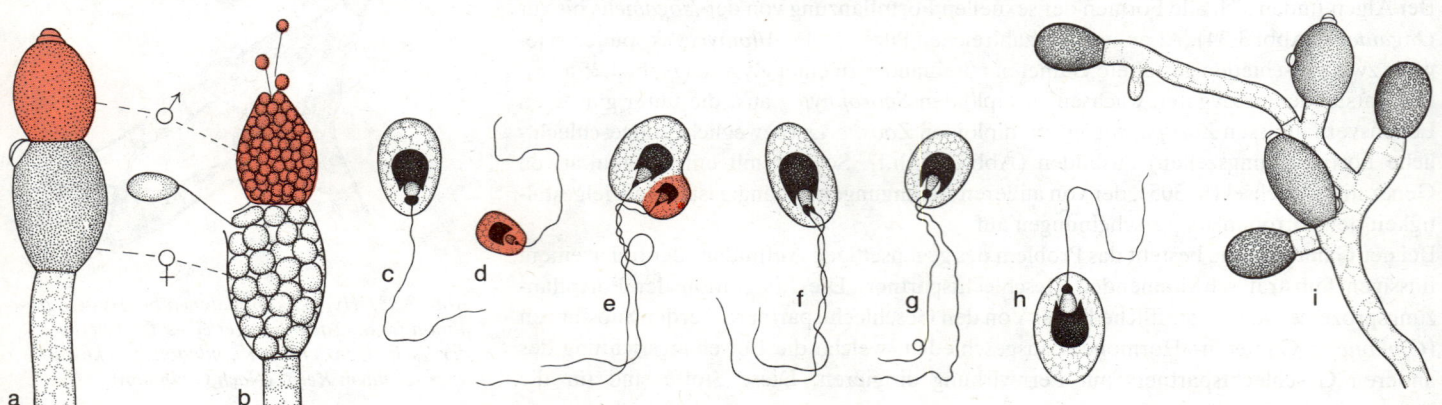

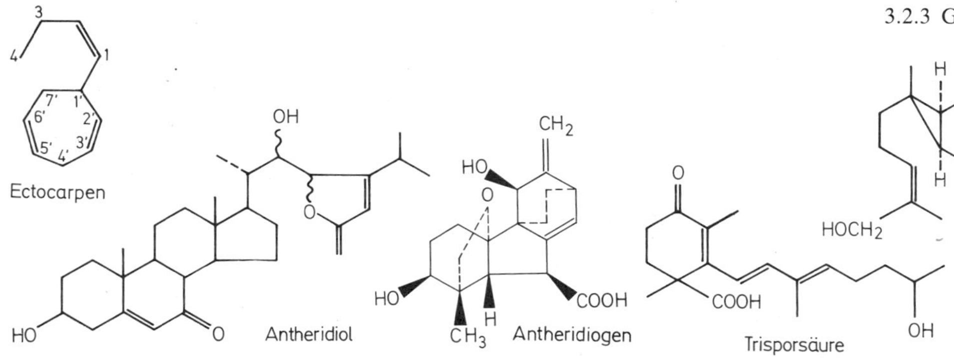

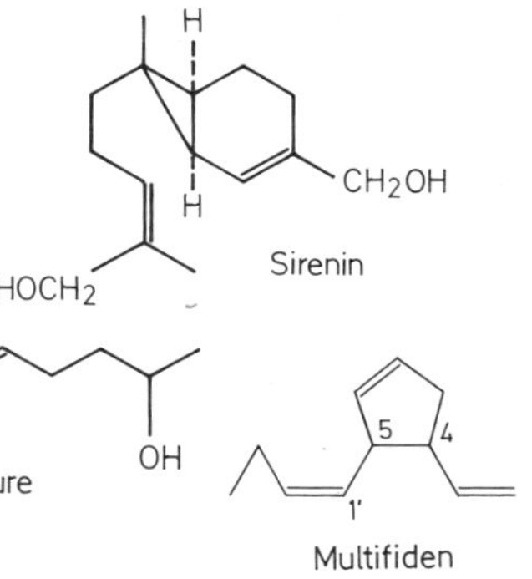

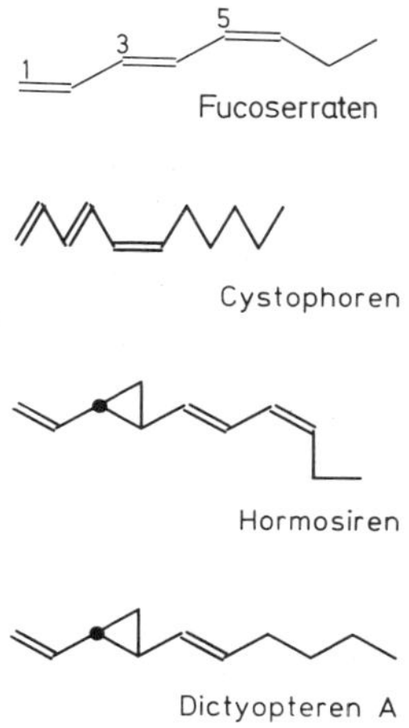

3.2.3 Gameto- und Gamontogamie bei Protozoen

Unter den Protozoen ist eine geschlechtliche Fortpflanzung zweifelsfrei nur bekannt bei Sporozoen, Ciliaten, Foraminiferen und Heliozoen sowie unter den Flagellaten bei Phytomonadinen und Polymastiginen. In allen Fällen tritt die Gamogonie zusätzlich zur Fortpflanzung durch Agameten auf und wechselt mit der Agamogonie in regelmäßiger oder unregelmäßiger Folge ab (*primärer Generationswechsel*, S. 305). Bei einigen Haplonten, wie z. B. isogametischen Arten der Phytomonadinen-Gattung *Chlamydomonas*, kann jedes haploide Zellindividuum, das sich normalerweise durch Zweiteilung vermehrt, auf geschlechtliche Fortpflanzung umschalten und als Ganzes zum Gameten werden, sobald eine spezifische Änderung der Außenbedingungen eine solche *Sexualisierung* auslöst. Jedes haploide Individuum ist *potentiell ambivalent* und fungiert je nach den aktuellen Milieueigenschaften entweder als Agamont oder als Gamet. Bei der Befruchtung verschmelzen zwei ganze Zellen normaler Größe und Gestalt miteinander *(Hologamie)*. Häufiger ist eine andere Form der Gamogonie, bei der vor einer Befruchtung stets eine besondere *Gametogenese* stattfindet, in deren Verlauf sich eine als Gamont bezeichnete Gametenmutterzelle in mehrere kleinere Gameten aufteilt (z. B. Abb. 3.40, 3.44). Dabei ist bereits der Gamont zur geschlechtlichen Fortpflanzung determiniert und vielfach auch in seinem Aussehen von einem Agamonten zu unterscheiden. Hier fungieren nur Teilungsprodukte normaler Zellindividuen als Gameten und vollziehen die Befruchtung *(Merogamie)*. Bei der im Darm von Schaben lebenden Polymastigine *Trichonympha* (Abb. 3.37) bewirkt das von der Prothoraxdrüse des Wirtes im Häutungszyklus ausgeschüttete Hormon *Ecdyson* (S. 667) eine Umstellung von ungeschlechtlicher auf geschlechtliche Fortpflanzung. Bei Coccidien liegt eine Kombination von Holo- und Merogamie vor, indem sich nur der ♂ Gamont in zahlreiche Mikrogameten teilt, während in der ♀ Linie eine entsprechende Teilung unterbleibt und die Keimzelle als Ganze zu einem einzigen Makrogameten wird (Abb. 3.109).

Die als *Befruchtung* bezeichnete Vereinigung je eines ♂ und ♀ Gameten ist normalerweise Voraussetzung für eine weitere Entwicklung der geschlechtlich geprägten Fortpflanzungszellen. Sie kann sich im Außenmedium (Abb. 3.108) oder innerhalb der Gamonten (Abb. 3.44) abspielen und vollzieht sich stets in drei Schritten. Zunächst nehmen die beiden Gameten mit ihren Zell- bzw. Geißeloberflächen Kontakt auf und verkleben miteinander *(Kopulation)*. Dieser erste Schritt wird durch eine der Zellmembran außen anhaftende Glykoproteinschicht, die Glykocalyx, ermöglicht; sie besitzt bei den beiden Gametensorten eine unterschiedliche Struktur und bewirkt bei Berührung zwischen ♂ und ♀ Gameten aufgrund ihres komplementären molekularen Musters eine Verknüpfung der Zellmembranen, vermutlich über Polysaccharid-Protein-Brücken *(Agglutination)*. Man kann diese Glykoproteinmoleküle, die teilweise auch von der Zelloberfläche abgelöst und frei ins Medium abgegeben werden, als Wirkstoffe betrachten, welche an der Einleitung der Befruchtung maßgebend beteiligt sind (im ♂: *Androgamone*; im ♀:

Abb. 3.36. Geschlechtshormone bei Pflanzen (Gamone), deren Struktur aufgeklärt werden konnte.
Ectocarpen: Die weiblichen Gameten von *Ectocarpus siliculosus* scheiden, sobald sie unbeweglich geworden sind, ein nicht sehr spezifisches, chemotaktisch wirkendes Hormon ab, das bis zu einer Verdünnung von 10^{-12} nmol · l^{-1} wirksam ist.
Antheridiol: Das kristalline Hormon A von *Achlya* (Abb. 3.51) hat vier Stereoisomere; das Antheridiol induziert noch bei 0,006 µg · l^{-1} die Bildung der antheridialen Hyphen.
Antheridiogen: Das dem Gibberellin A_3 (S. 689) ähnliche Hormon induziert Antheridien bei Farnen und wirkt noch bei einer Konzentration von 10 µg · l^{-1}.
Trisporsäure: Sie ist identisch mit der Zygophoren-induzierenden Substanz (Abb. 3.50) und entsteht aus zyklischen Carotinoiden (S. 114).
Sirenin: Das in einer D- und einer L-Form vorliegende chemotaktische Hormon des Pilzes *Allomyces* (Abb. 3.35) wirkt am besten in Anwesenheit von Ca^{2+}-Ionen und Spurenelementen bis zu einer Konzentration von 5 nmol · l^{-1}.
Multifiden: Die weiblichen Gameten von *Cutleria multifida* scheiden nach dem Festsetzen 3–4 h lang den die männlichen Gameten anziehenden Stoff aus.
Fucoserraten: Bei der zweihäusigen Braunalge *Fucus serratus* wird von den Oogonien und Eizellen ein diffusibler ungesättigter Kohlenwasserstoff abgegeben, der die männlichen Gameten anzieht.
Cystophoren: sezerniert vom Ei der Alge *Cystophora siliquosa*. Es ist ein linear konjugiertes Undecatrien, das noch bei einer Konzentration von $6,9 \cdot 10^{-10}$ mol in Seewasser chemotaktisch wirksam ist.
Hormosiren: Die Eier von *Hormosira banksii* und 7 anderen australischen Braunalgen scheiden einen Lockstoff für Spermien aus, der bis zu einer Grenzkonzentration von ca. $1,9 \cdot 10^{-10}$ mol wirkt.
Dictyopteren A: Sirenin mehrerer Arten von Braunalgen ist ein Kohlenwasserstoff ($C_{11}H_{18}$), dessen wirksame Grenzkonzentration bei $6,1 \cdot 10^{-13}$ mol liegt.

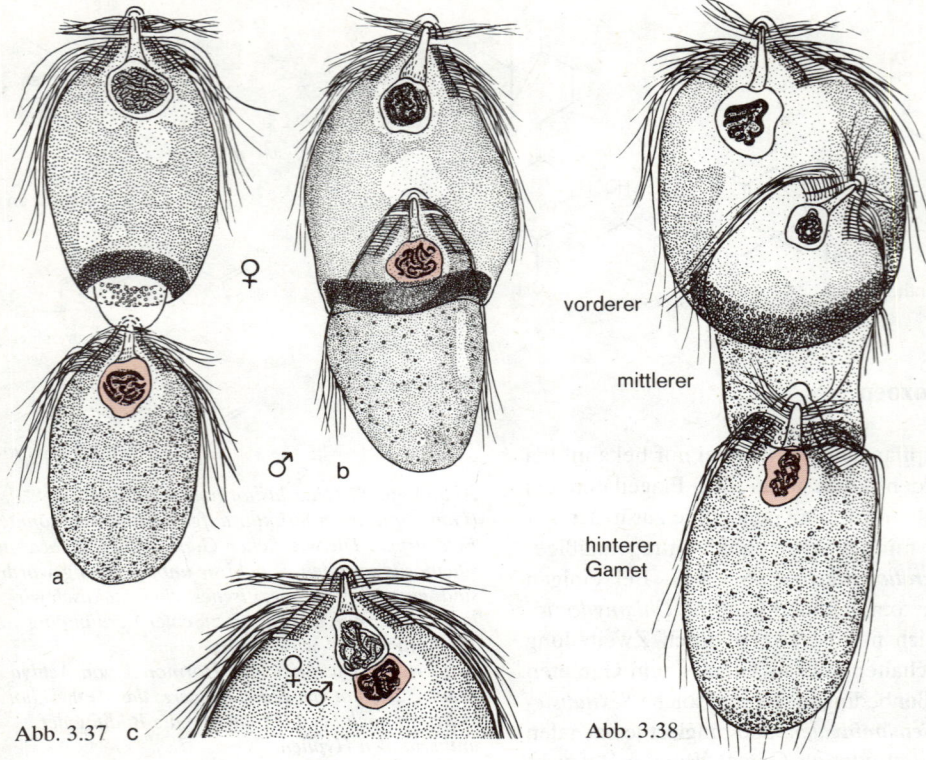

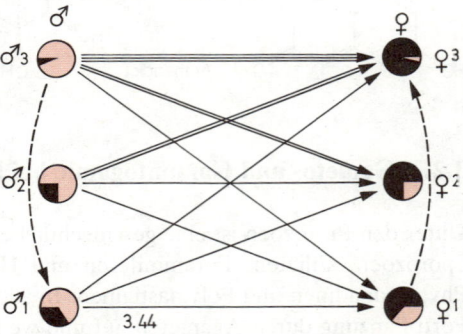

Abb. 3.37 a–c. Befruchtung bei dem Flagellaten *Trichonympha*. (a, b) Cytogamie, (c) Karyogamie. (Nach Grell)

Abb. 3.38. Abnormes Aggregat aus drei *Trichonympha*-Gameten; der mittlere verhält sich gegenüber dem vorderen als ♂, gegenüber dem hinteren als ♀. (Nach Grell)

Abb. 3.39. Relative Sexualität, d. h. unterschiedliches Mischungsverhältnis von ♂ Tendenz (rosa) und ♀ Tendenz (schwarz), als Interpretationsmöglichkeit für den in Abb. 3.38 dargestellten Fall. Danach entspräche der vordere Gamet dem stark ♀ Differenzierungsgrad ♀3, der hintere Gamet wäre ein ♂3, und der mittlere Gamet müßte als schwach differenziertes ♂1 oder ♀1 angesehen werden. Drei Pfeile bedeuten eine starke, zwei eine mittlere, einer eine schwache und unterbrochene Pfeile eine sehr schwache Affinität der Gameten. (Nach Hartmann)

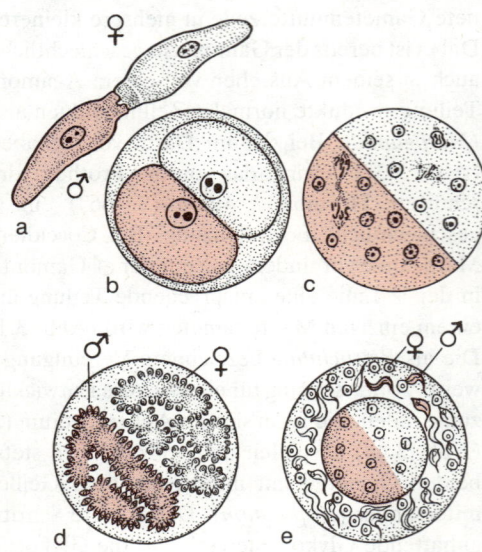

Abb. 3.40 a–e. Gamontogamie bei der Gregarine *Stylocephalus longicollis*. (a, b) Paarung und Encystierung der Gamonten; (c, d) Gametogenese; (e) Kopulation der Anisogameten in der gemeinsamen Gamontencyste (in der Mitte der vereinigte, ungeteilt gebliebene Rest beider Gamonten). (Nach Grell)

Gynogamone, S. 273). Im zweiten Schritt kommt es zu einer lokalen Fusion der beiden Gametenzellmembranen und anschließend zur Zellverschmelzung *(Cytogamie)*. Bei *Chlamydomonas* wird dieser Vorgang durch Ausbildung einer fadenartig dünnen Zellbrücke zwischen den Vorderpolen der beiden Gameten eingeleitet; bei *Trichonympha* dringt dagegen der ♂ Gamet von hinten durch einen pigmentumsäumten Empfängnishügel in den ♀ Gameten ein (Abb. 3.37 a, b). Der für den genetischen Rekombinationseffekt entscheidende dritte Schritt besteht in der Vereinigung der beiden haploiden Gametenkerne zum diploiden Zygotenkern *(Karyogamie,* Abb. 3.37 c).

Bei niederen isogametischen Eukaryoten sind mehrfach Sonderfälle hinsichtlich der zwischen verschiedenen Gameten bestehenden Affinität bekannt geworden, in denen die Reaktionsfähigkeit der Geschlechtszellen nicht absolut ♂ oder ♀, sondern relativ, d. h. mehr oder weniger ♂ bzw. ♀, bestimmt gewesen zu sein scheint. Beispielsweise verhält sich in einer Kette von drei an einer Kopulation beteiligten Gameten, wie sie bei *Trichonympha* ausnahmsweise beobachtet wird (Abb. 3.38), der mittlere Gamet gegenüber dem vorderen wie ein ♂, gegenüber dem hinteren jedoch wie ein ♀ Partner. Das Schema in Abbildung 3.39 erläutert die Möglichkeit, einen solchen Fall als *relative Sexualität* zu interpretieren. Danach bestünde bei Isogameten eine die Kopulation ermöglichende Affinität immer dann, wenn der relative Anteil ihrer ♂ oder ♀ Tendenz genügend verschieden ist; demgemäß könnten nicht nur alle Stärkegrade von ♂ und ♀ Gameten miteinander kopulieren, sondern auch schwach ♂ mit stark ♂ (♂1 + ♂3) bzw. schwach ♀ mit stark ♀ Gameten (♀1 + ♀2) reagieren.

Hinsichtlich des Zeitpunktes, in dem bei einer geschlechtlichen Fortpflanzung die ♂ und ♀ Partner Kontakt miteinander aufnehmen, müssen bei Protozoen zwei Gamogonie-Modalitäten unterschieden werden: Bei der *Gametogamie* beschränkt sich die geschlechtliche Affinität auf die Gameten und wird erst wirksam, wenn diese freigesetzt und reif sind. Dagegen kopulieren im Falle der *Gamontogamie* nicht nur die ♂ und ♀ Gameten, sondern es paaren sich bereits vorher die ungeteilten ♀ und ♂ Gamonten; demgemäß findet hier die ♂ und ♀ Gametogenese eng benachbart innerhalb eines Gamontenpaares statt. Gamontogamie ist bei allen Gregarinen (Abb. 3.40) und Ciliaten (Abb. 3.41, 3.42, 3.43) üblich und kommt außerdem bei einem Teil der Foraminiferen vor (Abb. 3.44). Bei *Gregarinen* und *Foraminiferen* sind die Gamonten haploid und teilen sich nach erfolgter Paarung durch mitotische Kernteilungen und anschließende simultane Zellteilung in eine Vielzahl von Gameten auf (wobei im Falle der Gregarinen von jedem Gamonten ein ungeteilter Restkörper übrigbleibt und abstirbt). Die Gameten der beiden Partnergamonten kopulieren dann paarweise innerhalb einer von beiden Eltern gemeinsam gebildeten Hülle (Cyste bei Gregarinen, Schalen bei Foraminiferen). Erst die aus der Zygote hervorgehenden Stadien (bei Gregarinen Sporen, bei Foraminiferen junge Agamonten) werden aus der elterlichen Obhut entlassen.

Für die *Ciliaten* ist generell ein *Kerndualismus* typisch (vgl. Abb. 3.1); der als generativer Kern fungierende *Mikronucleus* ist diploid, der mit somatischen Eigenschaften ausgestattete *Makronucleus* hat dagegen einen vielfachen DNA-Gehalt und ist, zumindest in einem Teil seiner Gene, polyploid. Bei ihrer Gamogonie bilden die Ciliaten grundsätzlich keine zellulären Gameten, sondern nur Gametenkerne, von denen im Verlauf der Paarung zweier Gamonten *(Konjugation)* je einer durch eine Zellbrücke zwischen den beiden Konjuganten ausgetauscht wird. Bei den *holotrichen Ciliaten* (Abb. 3.41) vereinigen sich die beiden, meist gleich großen Konjuganten nur vorübergehend, tauschen wechselseitig einen ♂ Kern *(Wanderkern)* aus (d) und trennen sich dann als *Exkonjuganten* (f) wieder voneinander. Der vom Partner stammende ♂ Kern verschmilzt mit dem eigenen ♀ Kern *(Stationärkern)* zum Synkaryon (e). Aus diesem entsteht nach einer mitotischen Teilung (bzw. in anderen Fällen mehreren solchen) ein neuer Mikronucleus (bei manchen Arten auch eine Mehrzahl von solchen) und eine später zum neuen Makronucleus heranwachsende Makronucleusanlage (f). Der alte Makronucleus nimmt an der Gamogonie nicht teil und wird schon zu Beginn der Konjugation aufgelöst (b); der diploide Mikronucleus teilt sich zu diesem Zeitpunkt meiotisch in vier haploide Gonenkerne, von denen drei absterben (c) und der einzig überlebende durch eine anschließende Mitose je einen ♂ und ♀ Gametenkern liefert (c,d). Ein morphologisch erkennbarer Unterschied zwischen Stationär- und Wanderkern besteht nur in Ausnahmefällen (Abb. 3.42). Die holotrichen Ciliaten sind, da bei ihnen jeder Gamont sowohl einen ♂ als auch einen ♀ Gametenkern hervorbringt, als *Zwitter* (S. 311) anzusehen, die sich *wechselseitig* befruchten. Für mehrere Arten ist allerdings nachgewiesen, daß ein Gamont ungeachtet seiner Zwitternatur nicht mit jedem beliebigen Gamonten konjugieren kann; vielmehr müssen beide Partner zwei verschiedenen *Paarungstypen* angehören, damit es zu der für die Einleitung der Konjugation notwendigen Agglutination ihrer Oberflächen kommt. In derartigen Fällen ist der Sexualität eine zweite, auf dem Niveau der Zelloberflächen wirksame Befruchtungsbarriere in Gestalt eines Paarungstypensystems überlagert. Dadurch wird eine Konjugation zwischen erbgleichen, ein und demselben *Klon* angehörenden Individuen verhindert und beim Austausch der Gametenkerne eine wirksame genetische Rekombination sichergestellt. Der Paarungstyp wird im Exkonjuganten während der Entwicklung des neuen Makronucleus *modifikatorisch* festgelegt und bleibt in allen durch Zweiteilung erzeugten Nachkommen bis zur nächsten Konjugation konstant. Bei den *peritrichen Ciliaten* (Abb. 3.43) greift die zweigeschlechtliche Ausprägung von den Gametenkernen auf die Gamonten als Ganze über, die infolgedessen *getrenntgeschlechtlich* sind. Durch eine der Konjugation vorausgehende inäquale Zweiteilung entstehen hier jeweils ein sessiler *Makrogamont* (♀) und ein frei beweglicher *Mikrogamont* (♂), der den ♀ Gamonten aktiv aufsucht (a). Da sich der nach der Meiose des Mikronucleus (b) übrig bleibende Gonenkern nicht mehr teilt, sondern im ganzen zum Gametenkern wird, enthält jeder Konjugant in diesem Fall nur einen einzigen Gametenkern (c); es kommt daher nur zu einer *einseitigen Befruchtung* des stationären Kerns im ♀ Gamonten durch den

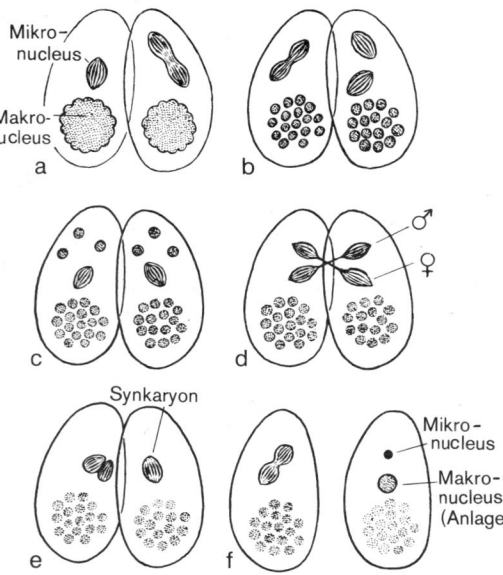

Abb. 3.41 a–f. Konjugation des Ciliaten Chilodonella uncinata. (Nach Grell)

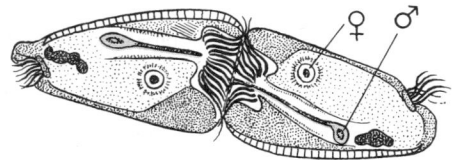

Abb. 3.42. Wanderkerne mit »Schwanz« (♂) bei dem Ciliaten Cycloposthium bipalmatum. (Nach Grell)

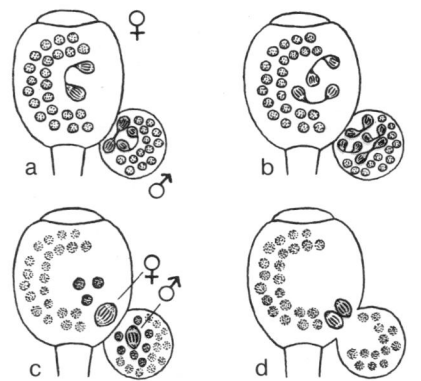

Abb. 3.43 a–d. Einseitige Befruchtung nach Verschmelzung eines Mikrokonjuganten (♂) mit einem Makrokonjuganten (♀) bei dem Ciliaten Vorticella. Im ♂ Gamonten werden aus dem Mikronucleus nicht nur vier, sondern durch eine an die Meiose sich anschließende Mitose acht haploide Kerne gebildet, von denen sieben absterben; der überlebende wird zum Wandergametenkern. Da auch im ♀ Gamonten nur ein Stationärgametenkern vorliegt, entsteht lediglich im Makrokonjuganten ein Synkaryon. (Nach Grell)

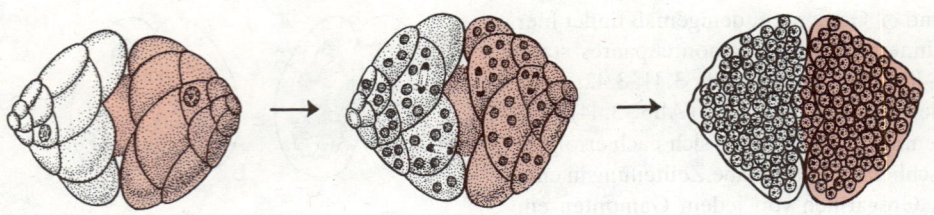

Abb. 3.44. Bei der Foraminifere Glabratella sulcata paaren sich zwei verschiedengeschlechtliche Gamonten und teilen sich anschließend mitotisch in zahlreiche Gameten. (Nach Grell)

eindringenden Wanderkern (d). Da der Makrokonjugant den Mikrokonjuganten ganz in sich aufnimmt, ist die Gamontenkopulation bei den Peritrichen – im Gegensatz zu den Holotrichen – irreversibel. Allgemein werden bei Ciliaten im Zuge der Konjugation keine neuen Individuen erzeugt, und bei den Holotrichen bleiben auch beide Konjuganten in ihrer Individualität erhalten. Der Exkonjugant unterscheidet sich von dem in die Konjugation eintretenden Gamonten nur dadurch, daß er in Form von Meiose und Befruchtung eine genetische Rekombination durchgemacht und dabei seine Kerngarnitur erneuert hat. Obwohl es üblich ist, die Konjugation der Ciliaten als geschlechtliche »Fortpflanzung« zu bezeichnen, handelt es sich hierbei um einen nicht mit einer effektiven Fortpflanzung verbundenen Sexualprozeß.

3.2.4 Gametangiogamie und Somatogamie bei Pilzen

Bei den Pilzen tritt zum ersten Mal in der Phylogenie der Pflanzen ein neues Prinzip der Sexualität auf, das bei den Landpflanzen fortan entscheidende Bedeutung behält und eine der Voraussetzungen des Übergangs zum Landleben darstellt: die *Gametangiogamie*, bei der die Überbrückung des räumlichen Abstandes zwischen den Geschlechtern durch Fusion der ganzen Geschlechtsorgane (Gametangien) erfolgt. Die freie Beweglichkeit der Gameten und damit die Abhängigkeit von flüssigem Wasser wird aufgegeben und durch chemotropisch gerichtete Wachstumsprozesse der Gametangien ersetzt. Die Plasmogamie erfolgt dann nach Verschmelzung der Gametangien, gefolgt von der Karyogamie als gleichzeitiger Fusion zahlreicher sexuell differenzierter Kerne (Abb. 3.46).

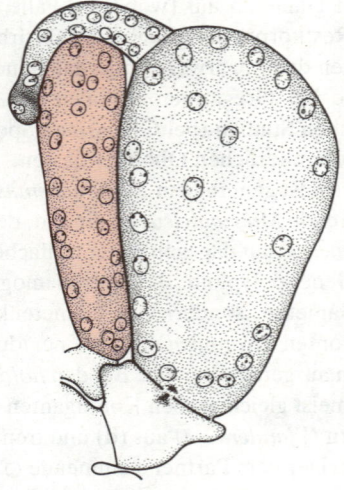

Abb. 3.45. Das große keulenförmige Ascogon (rechs) des Ascomyceten Pyronema confluens ist mit einer Trichogyne (fingerförmiger Fortsatz) versehen, die sich auf das schlanke, zylinderförmige Antheridium legt. Beide sind vielkernig. Sobald die Verbindung durch die Öffnung der Trichogyne hergestellt ist, wandern die antheridialen (männlichen) Kerne durch die Trichogyne in das Ascogon. Nach Paarkernbildung treiben aus dem Ascogon die ascogenen Hyphen, die sich verzweigen und wieder Zellen abgliedern. (Aus Oehlkers)

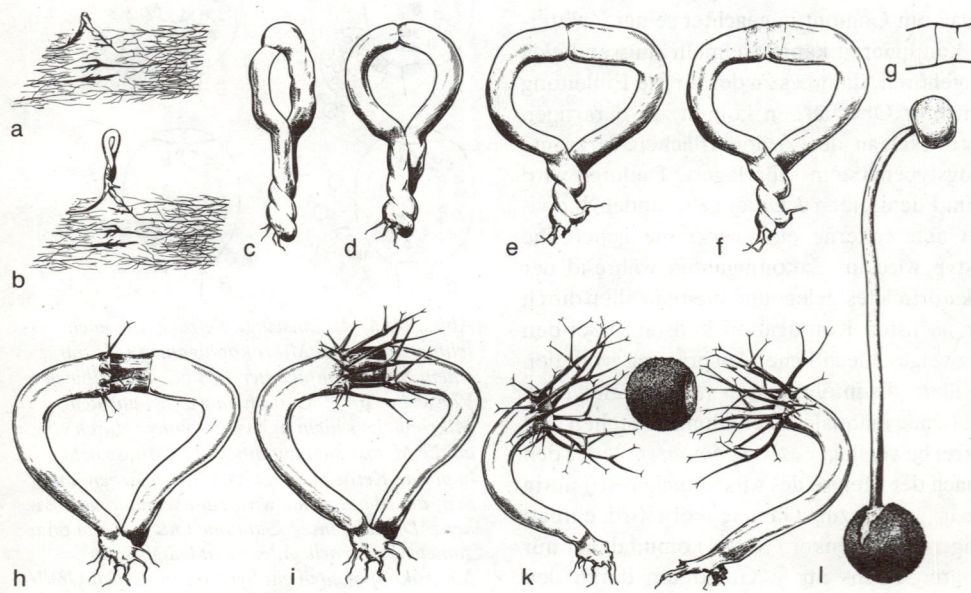

Abb. 3.46 a–l. Gametangiogamie bei Phycomyces blakesleeanus. (a) Kontaktreiz zwischen +- und −-Hyphen. (b) Die Hyphen der beiden Myceltypen umwinden sich spiralförmig. (c–e) Fortschreitende Stadien der Entwicklung der Kopulationsäste. (f) Differenzierung der Kopulationsäste in Gametangien und Suspensoren. Akkumulation des Kernmaterials in den Gametangien. (g) Verschmelzung der beiden Gametangien (Plasmogamie). (h, i) Entstehen schwarzer Stacheln aus den Suspensoren, die die Fusionszelle bedecken. Die Fusionszelle entwickelt sich zur Zygospore. (k) Voll entwickelte Zygospore mit den beiden Suspensoren. (l) Nach einer Ruheperiode treten synchrone Kernverschmelzungen (Karyogamie) mit anschließender Meiose auf. Das Endosporium bildet einen Keimschlauch und ein kugelförmiges Sporangium. (Original Linskens)

Innerhalb der Pilze geht die Rückbildung der Geschlechtsprozesse weiter: Bei den Ascomyceten treten nirgends mehr freie Geschlechtszellen auf. Auch die Geschlechtsorgane werden zunehmend rückgebildet. Die Funktion der ♂ Organe übernehmen Hyphenenden oder gar Conidien. An den ♀ Organen *(Ascogonen)* treten Empfängnisschläuche *(Trichogynen)* auf. Beide Organe (♂ und ♀) sind vielkernig und verschmelzen (Abb. 3.45). Der isogamen oder anisogamen Gametangiogamie folgt jedoch keine anschließende Karyogamie mehr; vielmehr legen sich die sexuell verschiedenen Kerne nebeneinander, bleiben im weiteren Verlauf paarweise konjugiert *(Paarkernmycel,* n + n) und teilen sich stets synchron. Erst bei der Bildung des *Ascus* wird die Karyogamie (2n) vollzogen, der jedoch sogleich eine Meiose folgt, aus der nach zwei weiteren Teilungen die acht haploiden Kerne für die (normalerweise) acht Ascosporen hervorgehen. Zahlreiche Abwandlungen wurden gefunden, bei denen die Ausbildung der Gametangien unterbleibt und durch Kopulation zweier vegetativer Mycelfäden *(Somatogamie)* ersetzt wird. Bei bestimmten Hefen fällt schließlich das Kopulationsprodukt direkt mit dem Ascus zusammen (Abb. 3.49).

Bei heterothallischen Stämmen der Hefe wird die Verschmelzung der haploiden Zellen der beiden Geschlechter durch zwei Pheromone (α und a) kontrolliert: dem α-Faktor, der von den haploiden α-Zellen hergestellt wird und spezifisch auf die a-Zellen wirkt, und dem a-Faktor, der von den a-Zellen produziert wird und auf die α-Zellen wirkt. Durch die Pheromone wird die Differenzierung der vegetativen Zellen in Richtung auf Zellformen umgestaltet, die ihnen die Eigenschaften von Gameten gibt (Abb. 3.47). Der α-Faktor hemmt das Wachstum der a-Zellen in der G1-Phase des Zellzyklus. Der a-Faktor wirkt entsprechend auf α-Zellen. Die DNA-Synthese wird blockiert, und die haploiden Zellen verändern ihre Form: Sie strecken sich und bilden einen Schlauch (shmoo) mit einer dünnen Spitze, in der sich Glucan und Chitin anhäufen. Als Reaktion auf das jeweilige Pheromon werden verschiedene Mannoproteine gebildet. Durch die Wirkung von Glucanasen in den Zellwänden kommt es zu einer Auflösung der Wand am Berührungspunkt und der Bildung eines Heterokaryons. Es kommt zu einer Blockierung weiterer Verschmelzungen, so daß Polyspermie ausgeschlossen ist. Die molekulare Struktur der beiden Oligopeptid-Pheromone und deren steuernde Gene sind bekannt.

(A) α-Faktor aus Hefe: H_2N-Trp-His-Trp-Leu-Gln-Leu-Lys-Pro-Gly-Gln-Pro-Met-Tyr-CO_2H.
(B) a-Faktoren der a-Zellen: H_2N-Tyr-Ile-Ile-Lys-Gly-Val-Phe-Trp-Asp-Pro-Ala-CO_2H
H_2N-Tyr-Ile-Ile-Lys-Gly-Leu-Phe-Trp-Asp-Pro-Ala-CO_2H

(A) ist der α-Faktor, produziert von den haploiden α-Zellen; in (B) werden die beiden fast identischen a-Faktoren gezeigt, die von den a-Zellen synthetisiert werden. Die Fusion der beiden an der sexuellen Verschmelzung teilnehmenden Zellen wird durch eine Erniedrigung der intrazellulären Konzentration von cAMP (S. 378) bewirkt, die durch Hemmung des Enzyms Adenylatcyclase zustande kommt. Nach Schätzung sind je Zelle ca. 10^5 Rezeptoren für α-Faktoren vorhanden. cAMP scheint also als sekundärer Messenger bei der sexuellen Fusion zu dienen. Dieser Prozeß wird auch sexuelle Agglutination genannt, da es zu einer Verklebung der shmoo-Spitzen unter dem Einfluß spezifischer Agglutinine kommt, die wiederum unter der Kontrolle bestimmter konstitutiver Gene stehen. Die Makromoleküle an der Oberfläche der Hefe-Zellen wurden isoliert; ihre Aktivität kann durch proteolytische Enzyme zerstört werden. Sowohl die Protein-, als auch die Kohlenhydrat-(Mannan-)Komponenten sind für die biologische Aktivität wichtig, so daß man sich folgende Vorstellung von der sexuellen Agglutination bei Hefen machen kann (Abb. 3.48): An den Oberflächen der beiden haploiden Zellen (α- bzw. a-Zelle) der gegensätzlichen Geschlechter befinden sich komplementäre Makromoleküle. Der monovalente Mannopeptid-Rezeptor an der Oberfläche der α-Zelle (links) bindet sich an ein monovalentes Glykoproteid-Fragment, deren viele via Disulfit-Brücken an den Mannopeptid-Träger an der Oberfläche der a-Zelle (rechts) gebunden sind.

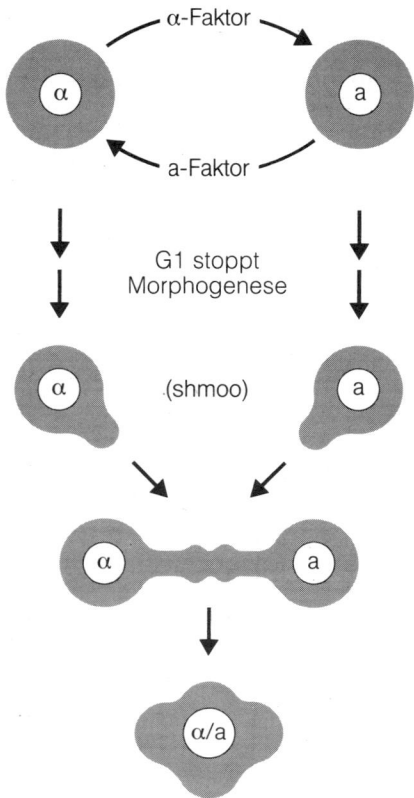

Abb. 3.47. Schematische Beschreibung der Ereignisse, die zur Fusion haploider Hefe-Zellen führen. Dieser Prozeß ist eine Analogie zur Befruchtung eines haploiden Eies mit einem Spermatozoon bei höheren Organismen. (Nach M. H. Saier und G. R. Jacobson)

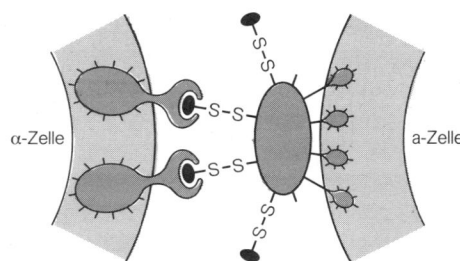

Abb. 3.48. Struktur und Aktionsschema der sexuellen Agglutination bei Hefe. Der Rezeptor der α-Zelle ist in der Glucanschicht der Wand vernetzt, der Mannopeptid-Träger der a-Zelle ist in ähnlicher Weise mit der Glucan-Schicht der Wand verbunden. (Nach M. H. Saier und J. R. Jacobson)

Bei den Pilzen mit Gametangiogamie sind bisher einige wenige Sexualhormone in ihrer chemischen Struktur aufgeklärt: Alle gehören zu den Isoprenoidlipiden. *Antheridiol* (Abb. 3.36) wird von ♀ Stämmen der Gattung *Achlya* (Oomyceten) in Flüssigkeitskultur sezerniert. Dieses Steroid induziert bei ♂ Stämmen schon in einer Konzentration von 6 ng · l^{-1} die Bildung von Antheridialhyphen, an denen die *Antheridien* (♂ Geschlechtsorgane) entstehen. Außerdem löst es in ♂ Hyphen die Sekretion von Hormon B aus, das bei ♀ Stämmen die Bildung der Oogonieninitialen hervorruft (Abb. 3.51). Die *Trisporsäuren B* und *C* (Abb. 3.36) sind terpenoide C_{18}-Carbonsäuren, die in Mischkulturen von +- und −-Mycel von *Blakeslea trispora* in das Kulturmedium abgegeben werden. Die beiden Hormonmodifikationen stimulieren die Carotinoidsynthese in den Hyphen des −-Stammes und induzieren die Bildung von Progametangien. Die Gamone und Progamone von *Mucor mucedo* haben ebenfalls Polyencharakter: Der +-Stamm bildet ein Hormon, das die Bildung der *Zygophoren* (Hyphenast mit Zygosporen, das sind Dauersporen, die aus der Verschmelzung zweier Gametangien hervorgehen) im −-Stamm einleitet, während der −-Stamm ein Hormon bildet, das die Induktion der Zygophoren im +-Stamm zustande bringt. Die zygotropische Reaktion hingegen wird durch einen noch nicht identifizierten geschlechtsspezifischen Stoff ausgelöst, der in der Gasphase wirkt (Abb. 3.50). Somatogamie mit anschließender Paarkernmycel-Bildung ist auch charakteristisch für die Basidiomyceten. Die Masse des Mycels, die auch an dem Aufbau der Fruchtkörper (Hutpilze) teilnimmt, ist paarkernig *(dikaryotisch)*, ein Zustand, der durch *Schnallenbildung* bei jedem Teilungsschritt aufrechterhalten wird. Die Schnallenbildung ist ein Mechanismus, durch den sichergestellt wird, daß bei jeder Querwandbildung durch eine brückenartige Hyphenverbindung in die neue Zelle je ein Kern der beiden Kreuzungspartner gelangt. Lediglich in der *Basidie, dem keulenförmigen Sporangium der Basidiomyceten,* kommt es zu einer einmaligen Fusion der Kerne. Die Zygote wird jedoch durch anschließende Meiose sogleich wieder reduziert, und in der Basidie entwickeln sich die haploiden *Basidiosporen*.

Bei den Pilzen geht die Rückbildung der Sexualorgane parallel mit der stets zunehmenden zeitlichen und räumlichen Auftrennung von Plasmogamie und Karyogamie durch Einschalten einer *Dikaryophase*. Dies ist eine Phase des Wachstums der Höheren Pilze (Eumyceten), in der die Zellen jeweils ein Paar von eng assoziierten Kernen enthalten, von denen jeder gewöhnlich aus einer anderen Mutterzelle stammt. Die Zelle ist demnach funktionell bereits diploid. Die Dikaryophase scheint physiologisch die gleichen Vorteile zu bieten wie eine diploide Phase im Zellzyklus. Der Besitz des doppelten Chromosomensatzes erweitert die genetischen Möglichkeiten im Selektionsprozeß. Die Rückbildung der Sexualorgane ist mit einer lebenslangen Sexualisierung des gesamten Mycels verbunden. Bei der Gametangiogamie und Somatogamie steht ein chemotropischer Mechanismus im Dienste der Auffindung der Geschlechter. Dieser besteht in einem komplizierten Wechselspiel von Gamonen, die sowohl für die Morphogenese der Geschlechtsorgane als auch für die Auslösung der Sexualreaktion verantwortlich sind (Abb. 3.50, 3.51). Sobald die an der Befruchtung teilnehmenden Zellen miteinander in Kontakt gekommen sind, folgt eine Kette von Agglutinationsreaktionen, an der Gamone (S. 273f.) teilnehmen.

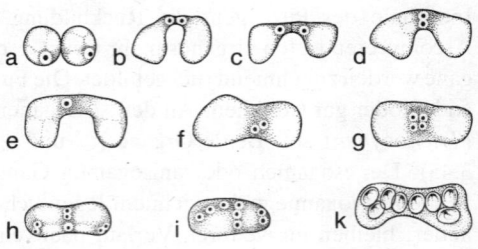

Abb. 3.49 a–k. Geschlechtsprozesse und Ascosporenbildung bei der Hefe Schizosaccharomyces octosporus. (a) Die beiden sexuell differenzierten Zellen sind agglutiniert. (b–d) Fusion der Zellen an der Kontaktstelle; (e) Karyogamie im Kopulationskanal; (f, g) Reduktionsteilung; (h–k) Ausbildung der Ascosporen. Die Kopulationszelle ist zum Ascus geworden. (Aus Oehlkers)

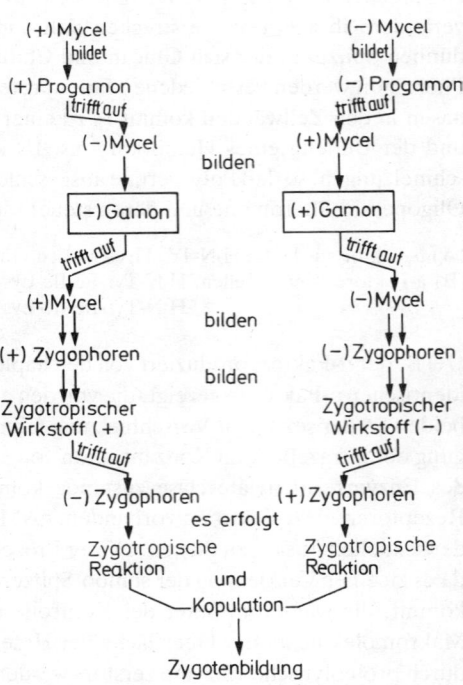

Abb. 3.50. Schema der Sexualreaktion von Mucor mucedo. Gamone und Progamone werden im flüssigen Medium gebildet. Es handelt sich vermutlich um Stoffe von Polyencharakter. Die zygotropische Reaktion wird durch gasförmige, organ- und geschlechtsspezifische Stoffe ausgelöst, jedoch erst, wenn die Zygophoren durch die Gamone induziert worden sind. (Nach Köhler)

3.2.5 Gametogamie bei Archegoniaten

Auch bei den Archegoniaten (Moosen und Farnen) kommt als Regel Gametogamie vor: Am haploiden *Prothallium* (Vorkeim) der Farne (Abb. 3.52) bzw. *Gametophyten* der Moose entstehen ♀ und ♂ Geschlechtsorgane *(Archegonien und Antheridien)*. Die in ein Archegonium eingebetteten Eizellen werden durch bewegliche, im Antheridium gebildete

3.2.5 Gametogamie bei Archegoniaten

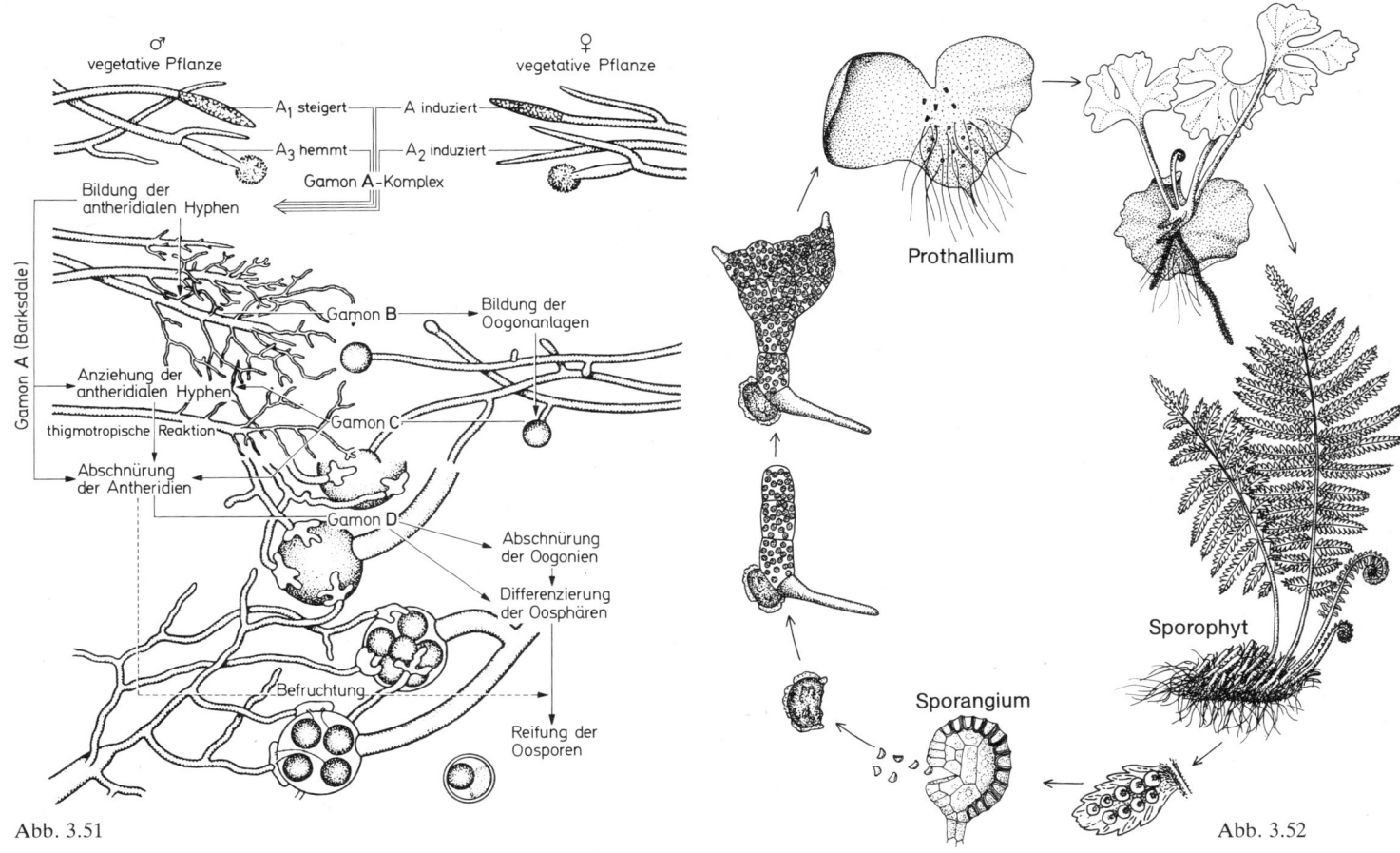

Abb. 3.51

Abb. 3.52

Spermatozoiden befruchtet. Die Anlockung erfolgt chemotaktisch. Als besonders wirksame Lockstoffe wurden bei einigen Laubmoosen Saccharose, bei den meisten Pteridophyten die von den Halskanalzellen gebildete Apfelsäure (bei *Lycopodium* Citronensäure) nachgewiesen. Eine Befruchtung ist jedoch nur in Verbindung mit Wasser als Brücke zwischen den beiden Organen möglich (Abb. 3.53). Das befruchtete Ei wächst unmittelbar zum Sporophyten heran, wobei der sich entwickelnde Embryo zunächst im Innern des Archegoniums verbleibt.

Die Archegoniaten haben einen heteromorphen, heterophasischen Generationswechsel (S. 306). Während bei den Moosen der sich aus der befruchteten Eizelle entwickelnde diploide Sporophyt zeitlebens mit dem Gametophyten verbunden bleibt und von diesem ernährt wird, entwickelt sich bei den Farnen der *Sporophyt* zu einer selbständigen, diploiden (ungeschlechtlichen) Generation (Abb. 3.52). Bei den isosporen Farnen (Abb. 3.107) entstehen in den *Sporangien* (S. 268) auf der Unterseite der Wedel (»Blätter«) nach einer Reduktionsteilung gleichgestaltete Sporen. Die sporenproduzierenden »Blätter« werden *Sporophylle* – im Gegensatz zu den assimilierenden *Trophophyllen* – genannt. Bei der Keimung der Isosporen entsteht ein *Prothallium*, das in der Regel sowohl Antheridien als auch Archegonien trägt. Bei den heterosporen Farnen tritt jedoch eine Trennung der Geschlechter bereits im Sporophytenstadium auf. Es werden zwei verschiedengestaltete Sporenformen gebildet: Die *Megasporen* (in *Megasporangien*) sind reservestoffreich und liefern nach der Keimung ♀ Prothallien, die *Mikrosporen* (in *Mikrosporangien*) liefern die kleineren ♂ Prothallien.

Abb. 3.51. Halbschematische Darstellung des durch Gamone gesteuerten Sexualvorganges zwischen ♂ und ♀ Stämmen von Achlya ambisexualis. Jede mit einem Buchstaben bezeichnete Linie zeigt den Ursprung und die Wirkung eines bestimmten Gamonkomplexes an. Gamon A ist identisch mit Antheridiol (Abb. 3.36). (Aus Oehlkers)

Abb. 3.52. Entwicklungszyklus eines Farns. Unten aus dem Sporangium freigesetzte Meiosporen (vgl. S. 268), links und oben zum haploiden Prothallium auswachsend; rechts der diploide Sporophyt (Farnpflanze), auf dem Prothallium entstehend. (Aus Mohr)

Tabelle 3.1. Homologie beim Generationswechsel zwischen den heterosporen Pteridophyten und Spermatophyten. Die zunehmende Reduktion der Gametophyten führt von den Farnen über die Gymnospermen zu den Angiospermen

Heterospore Pteridophyten	Spermatophyten
Megasporophyll	Fruchtblatt
Megasporangium	Nucellus der Samenanlage
Megasporenmutterzelle	Embryosackmutterzelle

Megaspore
  Gametophyt Megaprothallium
	Embryosack
	  Megaprothallium (bei Gymnospermen);
	  Inhalt des entwickelten Embryosackes
	  (bei Angiospermen)

Eizelle	Eizelle
Mikrosporophyll	Staubblatt
Mikrosporangium	Pollensack
Mikrosporenmutterzelle	Pollenmutterzelle

Mikrospore (Meiospore)
  Gametophyt Mikroprothallium
	Pollenkorn
	  Vegetative Zelle im Pollenkorn

Spermatozoid (antheridiale Zelle)	Spermazelle
Sporophyt Farnpflanze	Blütenpflanze
Sporophyllstand	Blüte

Unter den vielen, die Bildung der Antheridien bei Farnen steuernden Substanzen ist das Antheridiogen A_{An} (Abb. 3.36) von *Anemia phyllitidis* am besten charakterisiert. Offensichtlich stehen die Antheridiogene in Wechselwirkung mit der Lichthemmung der Antheridienbildung.

Der Übergang von isosporen zu heterosporen Farnen (Abb. 3.107) leitet über zum Verständnis des Generationswechsels bei den Spermatophyten (Samenpflanzen, auch Anthophyten = Blütenpflanzen). Hier ist der Gametophyt noch stärker vereinfacht als bei den heterosporen Farnen und hat die Fähigkeit zur selbständigen Ernährung verloren. Er bleibt vom Sporophyten umschlossen, ist also von außen unsichtbar. Man kann eine Homologisierung des Generationswechsels der Pteridophyten und Spermatophyten bis in Einzelheiten durchführen (Tab. 3.1).

3.2.6 Gametophytenbefruchtung

Die Gametophytenbefruchtung, die bei den Blütenpflanzen mit der endgültigen Anpassung an das Landleben ihre Ausgestaltung erfahren hat, läßt sich als Ableitung von den heterosporen Pteridophyten her verstehen (Tab. 3.1). Die sexuelle Fortpflanzung ist durch einen letzten Schritt in der Reduktion des Gametophyten gekennzeichnet. Die Funktionen der Megasporen und des Megaprothalliums bleiben zwar erhalten, vollziehen sich aber im Inneren des Sporophyten. Der Gametophyt hat die Fähigkeit zur selbständigen Ernährung verloren und wird vom Sporophyten ernährt. Es besteht eine weitgehende Homologie zwischen dem Generationswechsel bei den Farnen und den Samenpflanzen (Spermatophyten). Neuartig ist jedoch die Befruchtung mit Hilfe eines *Pollenschlauches*, in dem die Spermazellen während der progamen Phase intern zur Eizelle transportiert werden (Schlauchbefruchtung, *Siphonogamie*, Abb. 3.54b, IX; 3.67).

Die *Mikro-* und *Megasporophylle* nennt man bei den Blütenpflanzen *Staubblätter* und *Fruchtblätter*. Die auf den Fruchtblättern sitzenden *Samenanlagen* (genauer: deren

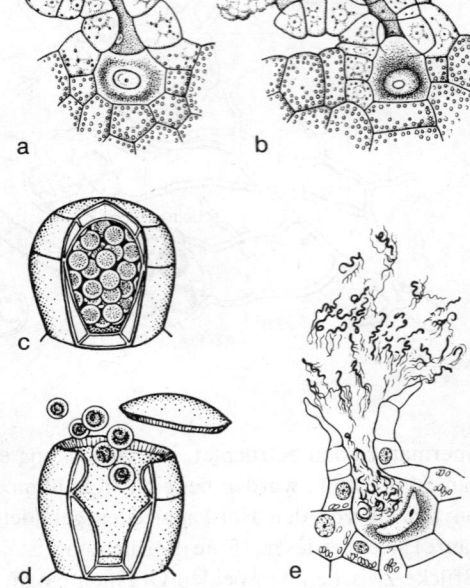

Abb. 3.53 a–e. Befruchtung bei dem Farn *Dryopteris filix-mas*. (a) An der Unterseite des Prothalliums in das Gewebe eingesenkt ungeöffnetes, reifes, weibliches Archegonium mit Eizelle. (b) An der Spitze geöffnetes Archegonium, dessen Halskanal sich bei Wassereintritt mit stark aufquellendem Schleim füllt. (c) Ungeöffnetes, männliches Antheridium, dessen Zentralzelle sich durch Teilungen in spermatogene Zellen differenziert hat. (d) Geöffnetes Antheridium, aus dem die aufquellenden Spermatiden entlassen werden und sich rasch zu einem korkenzieherartigen, vielgeißligen Spermatozoid differenzieren. (e) Befruchtung durch zielstrebiges Schwimmen der chemotaktisch angelockten Spermatozoiden in den Halskanal des Archegoniums; sie haben vorher den größten Teil des Cytoplasmas mit Plastiden und Stärkekörnern abgeworfen. Eine bemerkenswerte Konvergenz zu tierischen Spermien! (Aus Oehlkers, verändert)

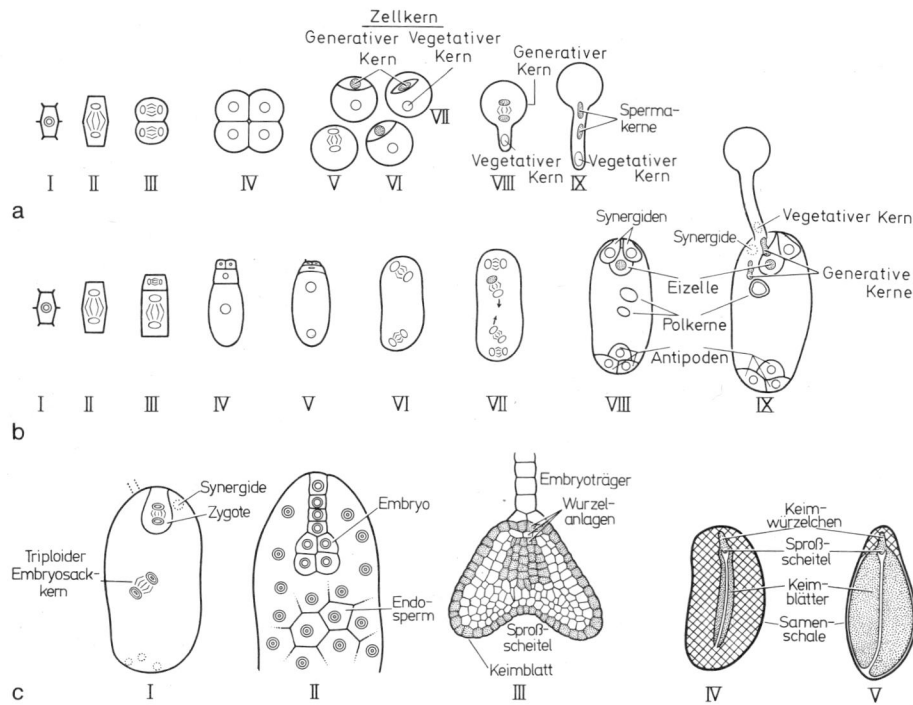

Abb. 3.54a–c. Schemata der Pollenentwicklung (a), der Bildung des Embryosackes (b), der Befruchtung und der Bildung von Embryo und Samen (c) bei einer Blütenpflanze. Haploide Zellkerne einfach, diploide doppelt, triploide dreifach umrandet. (a) Bildung des Blütenstaubes: I Mikrosporenmutterzelle. II Reduktionsteilung derselben. III, IV Bildung von Mikrosporen (Pollen). V–VII Bildung des männlichen Prothalliums im Pollen. VIII, IX Keimendes Pollenkorn. (b) Bildung des Embryosackes: I Megasporenmutterzelle. II Reduktionsteilung derselben. III–IV Bildung von vier Megasporen, von denen drei zugrundegehen. V–VII Bildung des weiblichen Prothalliums in der Megaspore. VIII Fertiger Embryosack. IX Befruchtung. Der Pollenschlauch ist in eine Synergide eingedrungen. Die beiden Polkerne sind zum sekundären Embryosackkern verschmolzen. (c) Bildung des Embryos und Samens: I Erste Teilung der befruchteten Eizelle (Zygote) und des triploiden Embryosackkernes. II Entwicklung des Embryos und des Endosperms. III Junger Embryo einer Dikotylen (Capsella). Epidermis und Corpus punktiert gezeichnet. IV, V Längsschnitt durch Samen mit Endosperm (IV Ricinus) und mit Speicherkeimblättern (V Mandel). Embryo punktiert. Endosperm schraffiert. (Nach Stocker)

Nucelli) können als den Megasporangien homolog angesehen werden. Die aus der Meiose hervorgehende und von den vier Teilungsprodukten allein übrigbleibende *Embryosackzelle* (= Megaspore) bildet den ♀ Gametophyten, der dem Megaprothallium homolog ist. Die Thecen der Staubblätter kann man als Mikrosporangien ansprechen, wenn auch die darin entstehenden Pollenkörner im mehrzelligen Zustand keine vollständige Homologie zu den Mikrosporen mehr besitzen, sondern eher als Mikrogametophyten bezeichnet werden müßten.

3.2.6.1 Blüte

Die Blüte der Anthophyten (Blütenpflanzen) (S. 427f.) ist eine gestauchte Sproßachse; sie ist einem Sporophyllstand homolog (Tab. 3.1), dessen Vegetationspunkt sich bei der Bildung der Sporophylle »aufgebraucht« hat (Abb. 4.118, S. 397; Abb. 5.41, S. 427). Die Formenfülle der Blüten bei den Anthophyten und die Mannigfaltigkeit der durch verschiedenartige Pigmente (wie Anthocyane, Flavone und Flavonole) hervorgerufenen Ausfärbung ist sehr groß. Kennzeichnend ist jedoch für die hochentwickelten Spermatophyten, daß keine einzelligen Fortpflanzungskörper mehr entlassen werden. Mit Ausbildung des Embryosackes ist ein Apparat entwickelt, der die Sorge für die ersten Schritte des Formbildungsprozesses des Embryos übernimmt.

Innerhalb der Blütenpflanzen finden sich deutliche Unterschiede zwischen den Gymnospermen und Angiospermen. Bei den Gymnospermen entwickeln sich die ♀ Fruchtblätter nicht zu einem geschlossenen *Fruchtknoten* (S. 428f.), die Samenanlagen liegen vielmehr auf der Oberfläche des Fruchtblattes. Damit ist ein direkter Kontakt mit den ♂ Gametophyten möglich. Bei einigen primitiveren Gymnospermen (*Ginkgo*, Cycadeen) finden sich außerdem noch innerhalb des ♂ Befruchtungsapparates (Pollenschlauch) bewegliche Spermatozoiden, welche aktiv zur Eizelle gelangen können. Die Reduktion des Gametophyten schreitet beim Übergang von den Gymnospermen zu den Angiospermen weiter fort (S. 427). Bei den Angiospermen hat der geschlossene Fruchtknoten zur Ausbildung von speziellen Perzeptionsorganen (*Griffel*, S. 289f.) geführt.

3.2.6.2 Entstehung der Geschlechtszellen

Die Bildung der Geschlechtszellen bei Höheren Pflanzen ist ein komplizierter Vorgang, der nur aufgrund des Generationswechsels bei den Bryophyten und Pteridophyten verstanden werden kann. Die Geschlechtszellen entstehen an metamorphosierten Blattorganen, die aber in Übergangsformen die Blattnatur noch deutlich erkennen lassen.

Pollenbildung (Abb. 3.54a). Während im ♀ Geschlecht eine Tendenz besteht, die Anzahl der Keimzellen zugunsten der Größe und Enzym- und Substratausstattung zu verringern, tritt bei der Bildung der ♂ Gametophyten eine steigende Anzahl bei abnehmender Größe auf (S. 287f.). Die *Blütenstaubkörner (Pollen, Mikrosporen)* entstehen in Tetradenform durch meiotische Teilung aus den Pollenmutterzellen (Mikrosporenmutterzellen, ♂ Gonotokonten), die sich in großer Anzahl aus dem Archespor der Pollensäcke entwickeln (zum Bau der Staubblätter vgl. S. 427). Die Meiose wird durch exogene Faktoren vom vegetativen Teil der Pflanze aus induziert und verläuft weitgehend synchron. Sobald die Synapsis (S. 169) eingetreten ist, kontrahiert sich der Protoplast in den Tetradenzellen, und die Dyaden- bzw. Tetradenwand verdickt sich durch Einlagerung von *Callose*, einem wasserunlöslichen Polysaccharid (β-1,3-D-Glucan). Nach Beendigung der Prophase der ersten meiotischen Teilung findet in dem Gewebe, das die Pollensäcke umgibt (*Tapetum*), Kernteilung statt.

Durch Mitosen ohne Plasmateilung oder durch Endomitosen werden plasmareiche, mehrkernige Tapetumzellen oder polyploide Tapetumkerne gebildet. Mit der Vakuolisierung der Mikrosporen ist die Degeneration des Tapetums gepaart. Das Tapetum liefert das Substrat für die weitere Entwicklung des Pollens. Es besteht ein intensiver Stofftransport zwischen Tapetum und den sich entwickelnden Pollenkörnern, die auf diese Weise mit Reservestoffen für die Startphase der Pollenkeimung sowie mit Material für die Ausbildung der stets zweischichtigen (Intine und Exine), spezifisch gestalteten Pollenwand versorgt werden. Die *Intine* ist aus Pectin und Cellulose aufgebaut und hat Verdickungen an den vorgebildeten Keimporen. Die *Exine*, die oft eine starke, artspezifische Differenzierung aufweist, besteht aus dem gegenüber Biodegradation sehr widerstandsfähigen Sporopollenin, einem Mischpolymer, das zu den Polyterpenen gehört (Abb. 3.61).

Die Formenmannigfaltigkeit der Pollenexine und ihre Widerstandsfähigkeit hat zur Entwicklung einer besonderen Disziplin, der *Pollenanalyse*, geführt; sie hat große praktische Bedeutung als Hilfswissenschaft für die Floren- und Vegetationsgeschichte (S. 826), die Datierung von tertiären und quartären Sedimenten, die Herkunftsbestimmung von Honig sowie für die Diagnose von Allergien (Heufieber).

Während der *Reifung des Pollenkornes* finden noch ein oder zwei mitotische Teilungen statt, so daß das fertige Pollenkorn zwei- oder dreizellig ist. Die größere Zelle kann als der stark reduzierte Rest des Prothalliums angesehen werden und wird die vegetative Zelle genannt, während die kleinere, meist spindelförmige und durch eine Wand umschlossene Zelle als generative oder antheridiale Zelle bezeichnet wird (Abb. 3.54a, VII). Sobald die Pollenbildung abgeschlossen wird, reißt die Zwischenwand zwischen den Pollensäcken auf. Die Pollensäcke werden durch einen Kohäsionsmechanismus der Faserschicht (Endothecium), welche die ganze Anthere umschließt, geöffnet. Während sich die Pollenkörner der meisten Arten leicht voneinander trennen, werden sie bei manchen Arten durch einen klebrigen, pigmentreichen Stoff (Pollenkitt, Viran) miteinander

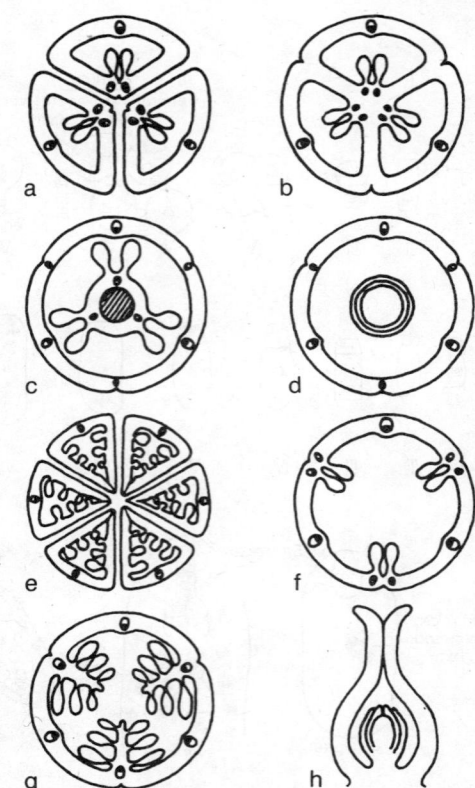

Abb. 3.55 a–h. Placentationstypen. (a) Marginale (randständige) Placentation bei Apocarpie (d. h. aus freien Fruchtblättern bestehend): Die Samenanlagen sind an dem Rand an der Oberseite der Carpelle angeordnet. Die Ventralnaht weist nach dem Blütenzentrum. Die reife Frucht kann sich bei der Verwachsungsnaht öffnen, z. B. bei Colchicum, oder am Mittelnerv aufspringen, so daß die Balgfrucht sich mit 2 Klappen öffnet, z. B. bei Crocus. (b) Zentralwinkelständige (axilläre) Placentation: Im gefächerten, coenocarp-syncarpen Gynoeceum liegen die Placenten in der Randzone der verwachsenen Ränder desselben Carpells. (c) Zentrale Placentation: Jeglicher Zusammenhang mit der Fruchtwand fehlt, da der frei in die Höhlung des Fruchtknotens hineinragende Placentenkörper an seinen Flanken die Samenanlagen trägt, z. B. bei Primulaceae und Caryophyllaceae. Es handelt sich um die Sonderform der marginalen Placentation in coenocarp-paracarpen Fruchtknoten. (d) Basale Placentation; eine Form der zentralen Placentation mit nur einer, nahe dem Carpellgrund inserierten Samenanlage, vgl. (h). (e) Laminale (flächenständige) Placentation bei Apocarpie: Samenanlagen auf den Flächen (Laminae) der Carpelloberseite kommt selten vor, z. B. bei Nymphaea und Butomus. (f) Parietale Placentation: Im coenocarp-paracarpen Gynoeceum liegen die wandständigen Placenten in der Randzone der verwachsenen Ränder verschiedener Carpelle. (g) Parietale Placentation mit unvollständigen Septen. (h) Basale Placentation im Längsschnitt, vgl. (d). Die Zahl der Samenanlagen je Fruchtblatt kann auf eine reduziert sein, z. B. bei Anemone nemorosa oder Fallopie convolvulus. (Nach Eckardt)

verklebt. Bei anderen Pflanzenarten (Orchideen, *Asclepias*) bleibt der Inhalt einer ganzen Theca zu einer Einheit *(Pollinium)* verbunden und ist mit besonderen Haftmechanismen versehen. Die Bestäubung mit Hilfe von Pollinien ist an einen besonderen Übertragungsmechanismus gebunden.

Die Pollenwand enthält Pigmente, welche durch ihre Fluoreszenzwirkung als Filter für ultraviolettes Licht wirken und so den mutagenen Einfluß dieses Anteils der Strahlung (S. 241) vermindern.

Entwicklung des Embryosackes (Abb. 3.54b, I-VII). Den Megasporophyllen der heterosporen Farne entsprechen bei den Angiospermen die Fruchtblätter *(Carpelle)*, die in Ein- oder Mehrzahl zu einem geschlossenen Organ, dem Fruchtknoten, verwachsen sind. Dieser enthält meist zahlreiche Samenanlagen. Auf der ursprünglichen Oberseite (= Innenseite, adaxialen Seite) der Fruchtblätter werden die Samenanlagen von einem besonderen Bildungsgewebe *(Placenta)* hervorgebracht und durch Leitbündel mit Nährstoffen für die spätere Samenentwicklung versorgt. Der Ansatz der Samenanlagen *(Placentation)* kann randständig *(marginal)* oder flächenständig *(laminar)* sein (Abb. 3.55). Die Art der Placentation gilt als wichtiges systematisches Merkmal.

Eine Samenanlage besteht aus einem undifferenzierten Gewebe, *Nucellus* (= Megasporangium), das von ein oder zwei Integumenten umgeben ist. An der Spitze der Integumente bleibt eine kleine Öffnung frei *(Mikropyle)*, welche das Eindringen des Pollenschlauches und später den Austritt der Keimwurzel gestattet. Im Nucellus kommt es schon frühzeitig zur Abgrenzung einer größeren, plasmareicheren Zelle, der *Embryosackmutterzelle* (Megasporenmutterzelle, weiblicher Gonotokont). Diese teilt sich meiotisch in eine Tetrade von haploiden Meiosporen.

Die Embryosackentwicklung von 70% aller untersuchten Angiospermen folgt dem Normaltyp (*Polygonum*-Typ; Abb. 3.56a): Drei der vier meiotischen Teilungsprodukte der Embryosackmutterzelle degenerieren, während die funktionelle Megaspore (Embryosack) unter Vakuolisierung stark wächst. Durch drei aufeinanderfolgende mitotische Teilungsschritte des primären Embryosackkerns entsteht ein achtkerniger Embryosack. Die acht Kerne arrangieren sich in typischer Weise (Abb. 3.56a): Die etwas

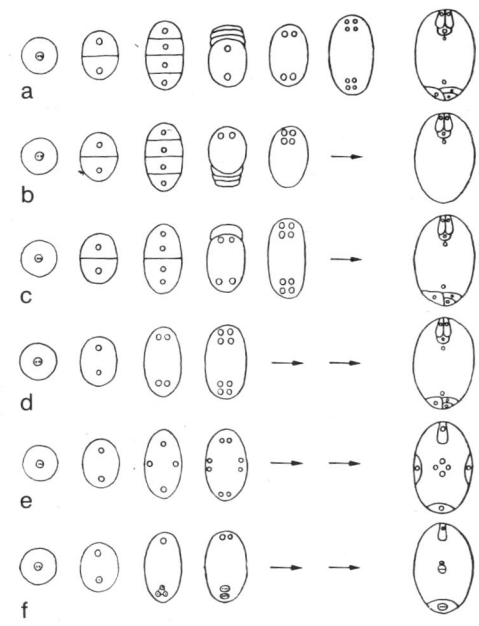

Abb. 3.56a–f. Schema einiger wichtiger Typen der Embryosackentwicklung bei Angiospermen. (a) Normaltyp mit acht Kernen, die in fünf Teilungsschritten entstehen. Dem Normaltyp folgen 70% aller untersuchten Angiospermen. (b) *Oenothera*-Typ, vierkernig. (c) *Scilla*-Typ, achtkernig, aber zweisporig. (d) *Adoxa*-Typ, achtkernig, viersporig. (e) *Plumbago*-Typ, achtkernig, viersporig und vierpolig. (f) *Plumbaginella*-Typ, viersporig, vierkernig. (Nach Huber)

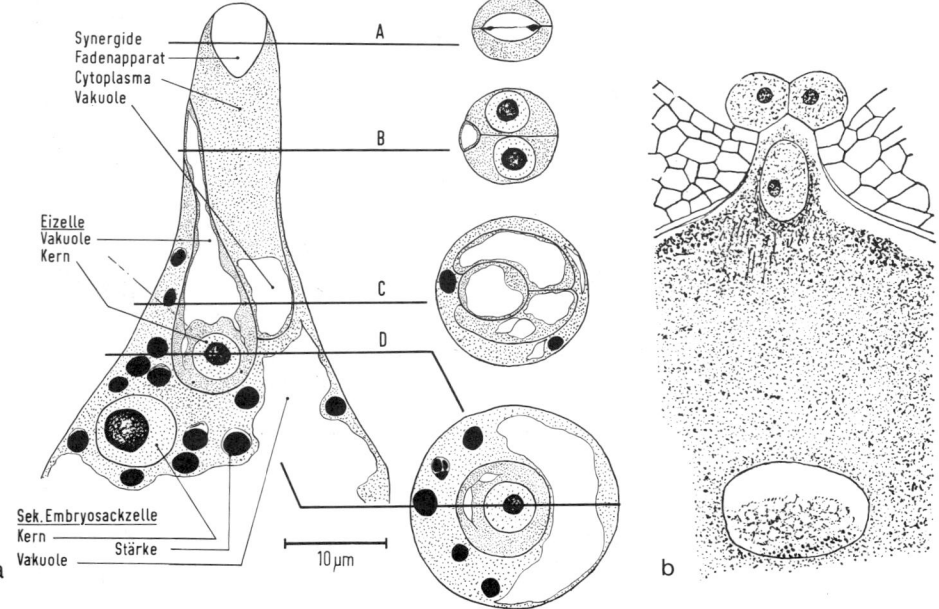

Abb. 3.57. (a) Topographie des reifen Eiapparates von Petunia. An der rechten Seite sind Querschnitte (A–D) auf verschiedenen Niveaus angegeben. (b) Oberer Teil des Archegoniums von der Cycadee Dioon edule mit zwei Halskanalzellen, Bauchkanalkern und dem Eikern. (Nach Huber)

exzentrisch gelegene Eizelle, von den beiden *Synergiden* flankiert, bleibt an dem mikropylaren Ende der Embryosackwand angeheftet, reicht aber tiefer in die Zentralzelle hinein als die Synergiden (Abb. 3.57a). Am entgegengesetzten Ende des Embryosackes sammelt sich eine andere Dreiergruppe von Zellen *(Antipoden)*, die sich durch Plasma mit hoher Enzymaktivität und einem hohen Gehalt an SH-Gruppen auszeichnen; sie degenerieren oder übernehmen manchmal später eine ernährungsphysiologische Funktion bei der Embryoentwicklung und neigen dann zu hochgradiger Polyploidisierung. Die restlichen beiden Kerne *(Polkerne)* wandern in die Mitte der Zentralzelle und verschmelzen vor oder beim Eindringen des Pollenschlauches miteinander zum dann diploiden sekundären Embryosackkern. Aus ihm geht nach der Befruchtung das Nährgewebe hervor. Die Zentralvakuole des Embryosackes hat eine wichtige Funktion bei der Verteilung der einströmenden löslichen Substanzen – wie Zucker, Aminosäuren und Mineralsalze – und dem Einströmen von Wasser. Nucellusreste, Integumente, Funiculus (Verbindungsschlauch) und Placenta können als Energiereservoir für den sich entwickelnden Embryo dienen.

Der hier skizzierte Normalfall der Embryosackentwicklung wird häufig variiert (Abb. 3.56). Durch Reduktion der Teilungsschritte, Ausbleiben der Phragmoblastenbildung (s. unten) und geänderte Polarisierung kommt es zu verschiedenen anderen Typen der Embryosackbildung, die als von dem ursprünglichen *(Polygonum-)*Typ abgeleitet betrachtet werden. Im Extremfall werden nur zwei Teilungsschritte nach Art der tierischen Reifeteilung ausgeführt. Diese führen dann zu einem ♀ Gametophyten, der nur noch aus einer Eizelle, einer Antipodenzelle und dem diploidisierten Embryosackkern besteht (*Plumbaginella*-Typ, Abb. 3.56f).

Die Gymnospermen nehmen innerhalb der Spermatophyten eine archaische Stellung hinsichtlich der Gametophytenbefruchtung ein. Im Gegensatz zu den Angiospermen sind sie durch stets eingeschlechtliche Blüten gekennzeichnet; die Samenanlage ist frei zugänglich (»nackt«) und nur von einem Integument, nicht aber von einem Fruchtblatt umgeben, so daß sie fast stets unmittelbar bestäubt werden kann. Die Bildung des ♀ Gametophyten erfolgt im Embryosack in einem vielzelligen Megaprothallium. Am mikropylaren Ende werden zahlreiche Archegonien mit jeweils einer großen Eizelle, einer Anzahl Halswandzellen und manchmal sogar noch einer Bauchkanalzelle gebildet (Abb. 3.57b). Der ♀ Gametophyt (Megaprothallium und Archegonien) ist also weniger stark reduziert als bei den Angiospermen. Dies gilt als eines der Argumente dafür, die nacktsamigen Pflanzen als phylogenetisch älter anzusehen als die Angiospermen.

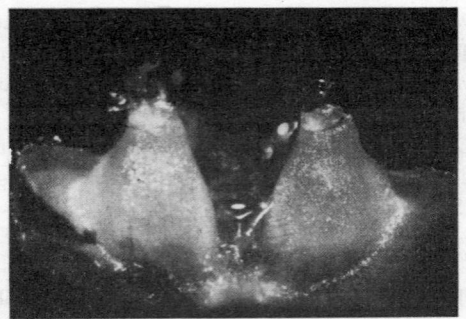

Abb. 3.58. *Bestäubungstropfen an den beiden Samenanlagen der Lärche Larix. Sie entstehen durch Auflösung des Nucellusscheitels. In den Tropfen werden die Pollenkörner eingefangen. Durch den Gehalt an Zuckern und organischen Säuren werden Keimung und Wachstum der Pollenschläuche begünstigt. (Nach Ziegler)*

Abb. 3.59. *Die ♂ Blüten von Vallisneria spiralis schwimmen frei auf der Wasseroberfläche (links u. rechts), während die ♀ Blüte (Mitte) an ihrem langen Blütenstiel an den Wasserspiegel emporgehoben wird. Eine von rechts angetriebene ♂ Blüte streift den Pollen auf der Narbe ab. (Nach Knoll)*

3.2.6.3 Befruchtungsprozeß

Der gesamte Befruchtungsprozeß bei den Blütenpflanzen läßt sich in drei Phasen einteilen, deren jede eigene Probleme aufweist:

1. *Bestäubung.* Darunter versteht man die Übertragung der Pollenkörner auf den ♀ Empfängnisapparat mittels verschiedenartiger Transportmechanismen. Es handelt sich im wesentlichen um ein ökologisches Problem, das für das Zustandekommen der folgenden Phase die Voraussetzung schaffen muß.

2. *Progame Phase.* Nach der Landung des Pollenkorns auf dem ♀ Organ (Abb. 3.65) wird bei den Blütenpflanzen das ♂ Material mit Hilfe der Schlauchbefruchtung in die Nähe der Eizelle geschleust. Die progame Phase kann nur erfolgreich durchlaufen werden, wenn alle morphologischen, physiologischen und biochemischen Mechanismen zeitlich und räumlich zwischen den beiden Geschlechtspartnern koordiniert sind.

3. *Syngamie.* Die eigentliche Verschmelzung der ♂ und ♀ Zellen vollendet den Befruchtungsprozeß. Sie führt zur Bildung der Zygote, aus der sich der Embryo entwickeln kann.

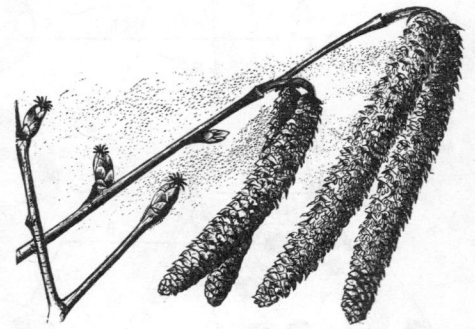

Abb. 3.60. *Windbestäubung der Haselnuß (Corylus avellana). Links sind weibliche Blütenstände mit pinselförmigen Narben zu sehen. Rechts männliche Kätzchen, aus denen der Wind eine Wolke von Pollen heraustreibt. (Nach Knoll)*

Bestäubungsmechanismen

Bei den meisten Gymnospermen entsteht durch Auflösung des Nucellusscheitels an den Samenanlagen ein *Bestäubungstropfen* (Abb. 3.58). Der durch den Wind angewehte Pollen wird darin festgehalten und durch Einsaugen und Eintrocknen durch die Mikropyle auf den Nucellusscheitel transportiert.

Bei den Angiospermen erfolgt die Aufnahme des Pollens durch ein spezielles Organ, die *Narbe*, die entweder direkt auf dem Fruchtknoten oder auf einem stielförmigen Träger, dem *Griffel* (S. 289f.), aufsitzt. Der Übergang des Pollens kann bei zwittrigen Blüten direkt in derselben Blüte erfolgen, so daß Selbstbestäubung *(Autogamie)* stattfindet. Im allgemeinen kommt es bei Pflanzen vorzugsweise zu Kreuz- oder Fremdbestäubung *(Xenogamie)*, bei der die Übertragung des Blütenstaubs zwischen Blüten verschiedener Individuen erfolgt, oder zu Nachbarbestäubung *(Geitonogamie)* zwischen verschiedenen Blüten des gleichen Individuums.

In den beiden letzteren Fällen muß ein Transport über einen größeren räumlichen Abstand erfolgen. Als Transportmechanismen *(Vektoren)* kommen dann in Frage:

Wasser. Nur wenige am Grunde von Gewässern lebende Pflanzen zeigen passiven Transport der langen, fadenförmigen, exinelosen Pollenelemente durch die Wasserbewegung (Wasserbestäubung = *Hydrophilie* bei *Najas, Zostera*). Einen speziellen Fall des Transportes durch Wasser unter Mitwirkung des Windes zeigt die Bestäubung bei *Vallisneria* und *Elodea:* Die ♂ Blüten reißen als Knospen ab und steigen infolge ihres geringeren spezifischen Gewichtes an die Wasseroberfläche, öffnen sich, wobei die Blütenhülle als Schiffchen die etwas schräg nach außen gerichteten Antheren schwim-

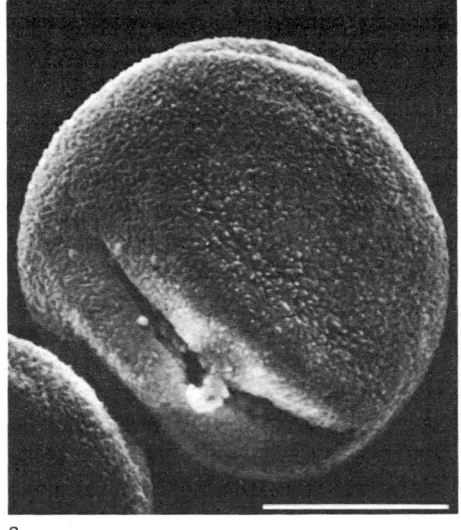

a

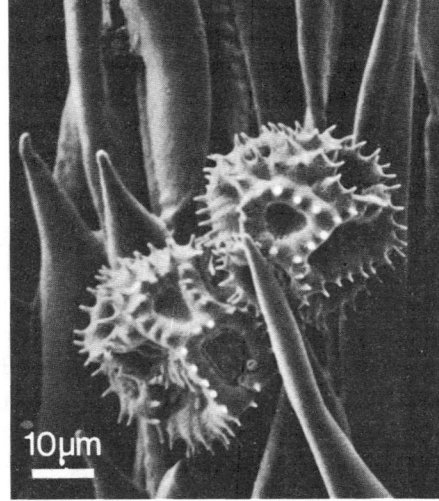

b

Abb. 3.61. (a) Pollen der Buche *Fagus sylvatica*. Windpollen, Oberfläche mit relativ geringem Relief. (b) Pollenkörner des Herbstlöwenzahns (*Leontodon autumnalis*) auf der eigenen Narbe. Insektenpollen, Oberfläche mit starkem Relief (Haftfähigkeit!). Rasterelektronenmikroskopische Aufnahmen. (Originale F. Amelunxen/Kiel)

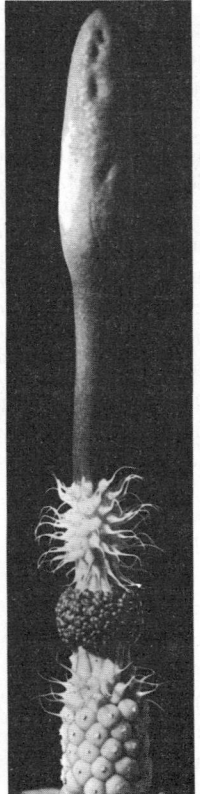
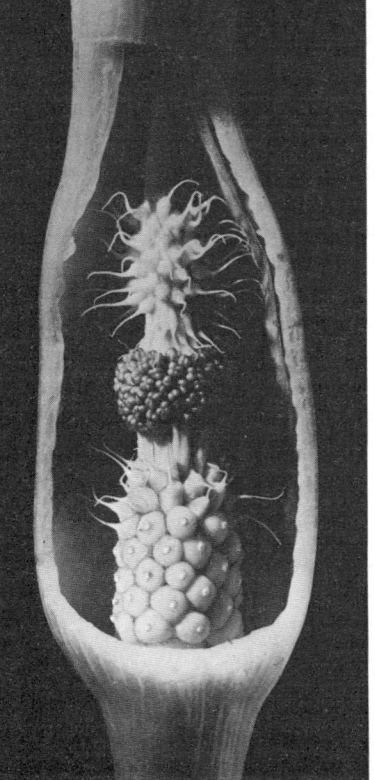

a   b   c

Abb. 3.62 a–c. Blütenstand von *Arum maculatum*, einer Kesselfallenblume. (a) Übersicht. (b) Blütenstand ohne Hüllblatt im weiblichen Zustand. Von oben nach unten: Keule mit Stiel, Reusenhaare, männliche Blüten (noch geschlossen), untere Reusenhaare, weibliche Blüten in Funktion, Schleimtropfen auf den Narben. (c) Kessel in weiblichem Zustand (ausgeschnitten). (Nach Knoll)

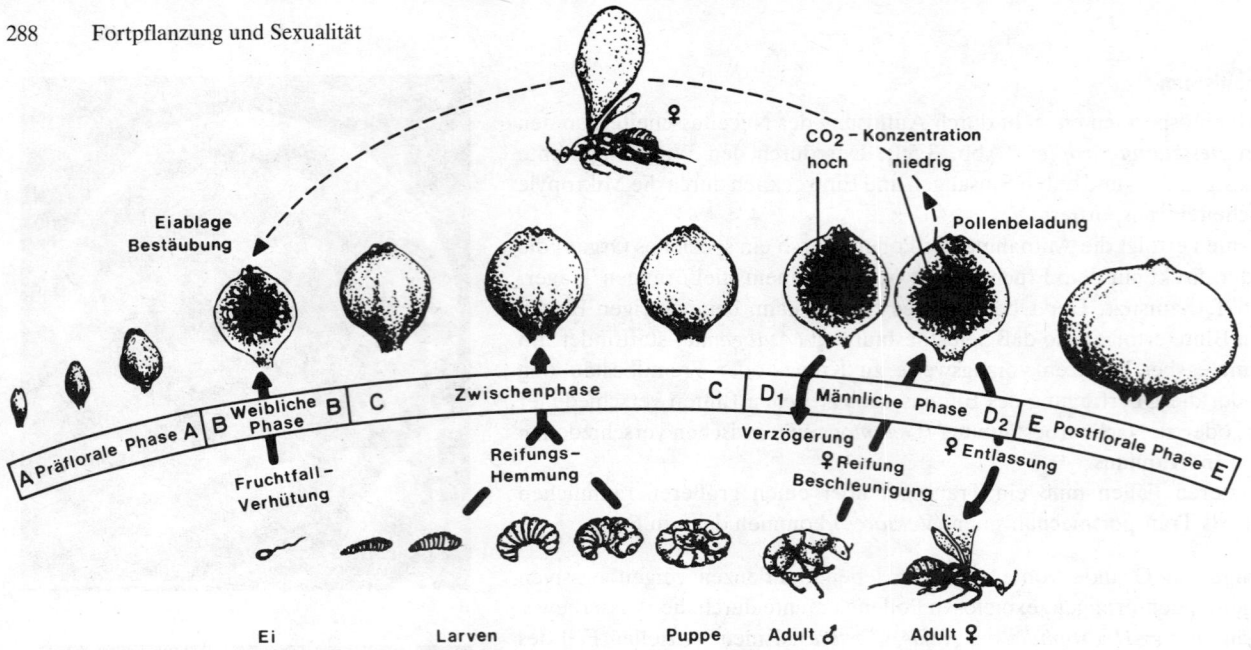

mend transportiert. Berührt eine ♂ Blüte eine ♀ Blüte, die auf einem langen Stiel an die Wasseroberfläche gehoben wurde, so bleibt der Pollen an den fransigen Narben hängen (Abb. 3.59). Nach erfolgter Bestäubung wird die befruchtete Blüte wieder durch schraubiges Einrollen des Stiels unter Wasser gezogen.

Wind. Bei der Windbestäubung *(Anemophilie)* erhebt sich – infolge Turbulenz und Strömung – der Pollen beim Aufspringen der Antheren in Form einer Staubwolke aus der Blüte. Der trockene und meist glatte Windpollen (Abb. 3.60, 3.61a) wird in großer Menge produziert (»Schwefelregen«). Meist sind auch schon viel mehr ♂ als ♀ Blüten vorhanden. Der Windbestäubungsmechanismus wird gefördert durch spezielle Vorrichtungen, die das Verhältnis Volumen/Gewicht der Pollen vergrößern (Luftsäcke) und dadurch die Sinkgeschwindigkeit vermindern. Der Transport von Windpollen kann über große Abstände (Tausende von Kilometern) erfolgen.

Die Windblüter besitzen unauffällige, meist duftlose ♀ Blüten ohne Nektarien, deren Narben jedoch zwecks Erhöhung der Wahrscheinlichkeit einer erfolgreichen Bestäubung feder- oder pinselartig vergrößert sind. Eine große, mit Papillen besetzte Oberfläche der Narben sowie die Anordnung der ♂ über den ♀ Blüten (z. B. *Carex, Zea, Sparganium*) begünstigen auch bei geringem Aufwind die Bestäubung. Etwa 12000 Arten von Blütenpflanzen sind anemophil; sie kommen vorzugsweise in dichten Beständen vor (Wiese, Wald), wodurch die Pollenübertragung begünstigt wird. Die Windbestäubung als solche ist in den primären Fällen (Coniferen) wahrscheinlich phylogenetisch älter als die mehr differenzierte Anpassung der Bestäubung durch Tiere.

Tiere. Die Mechanismen der Tierbestäubung *(Zoophilie)* sind außerordentlich mannigfaltig, wobei schließlich eine wechselseitige Anpassung zwischen Blüten und Vektoren in morphologischer und biochemischer Hinsicht resultiert. Alle speziellen Vorrichtungen dienen der spezifischen Anlockung der Tiere und der Koordination des Verhaltensmusters mit dem Bestäubungsvorgang. Dabei wird vorzugsweise vom Nahrungsbedarf und der Dressurfähigkeit der Tiere Gebrauch gemacht. Als Nahrung dienen sowohl der Blütenstaub selbst als auch zuckerreiche Sekrete, die in speziellen Organen (Nektardrüsen) sezerniert werden, und saftreiche Organe. Der Nektar enthält im wesentlichen Saccharose, Glucose und Fructose.

Abb. 3.63. *Entwicklungsabläufe der Feigenscheinfrucht und ihres Bestäubers, der Feigengallwespe Blastophaga. Der krugförmige Blütenstand bringt zuerst zwei Arten von ♀ Blüten zur Entwicklung: Kurzgriffelige, in deren Fruchtknoten von der ♀ Wespe ein Ei abgelegt wird, und langgriffelige, die nach der Pollenablage durch das Insekt Samen entwickeln. Durch diese Vorgänge wird der (Schein-)Fruchtfall verhütet. In der folgenden mehrwöchigen Zwischenphase vollziehen sich die Larvenentwicklung des Insekts und die Reifung der Scheinfrucht, wobei sich in deren Innerem hohe CO_2-Konzentrationen bilden (bis 10%). Die ♂ adulten Wespen verlassen ihre Gallblüten, befruchten die ♀ in deren Gallen und durchbohren dann die Scheinfruchtwand. Der CO_2-Gehalt sinkt infolgedessen ab, wodurch die Entwicklung der ♀ Wespen, die Entwicklung der ♂ Blüten und die Reifung der Feige beschleunigt werden. Schließlich beladen sich die ♀ Wespen mit Pollen, verlassen die Scheinfrucht, suchen neue Blütenstände in der ♀ Phase auf und beginnen so den Zyklus neu. Jede Feige beherbergt bis zu ihrer Reife demnach zwei Generationen der Gallwespe. (Nach Galil, verändert)*

Zoophilie ist die am häufigsten vorkommende Bestäubungsform. Unter den Tieren, welche als Vektoren für die Pollenübertragung mitwirken, sind die *Insekten* am wichtigsten *(Entomophilie)*. Vor allem die entomophilen Blüten entwickelten als weitere Anlockungsmechanismen für die tierischen Vektoren Schauapparate, die durch Färbung der Blütenhülle und Glanz- und Flimmerorgane wirksam werden. Dabei gibt es spezielle Farbmuster *(Saftmale)*, deren Farbwirkung für das menschliche Auge oft unzugänglich ist, da sie auf das weiter im Ultraviolett empfindliche Insektenauge eingestellt ist. Weiter spielen Duftmuster von großer Verschiedenheit und Nuance eine bedeutende Rolle. Neben den aromatischen Geruchslockstoffen (Vanillin bei Heliotrop; Eugenol bei Nelken; Terpenoide bei Lavendel, Orange) spielen Zersetzungsprodukte der Proteine (Skatol, Trimethylamin, Indole) – vor allem bei tropischen Pflanzen, aber auch bei nicht-tropischen Fliegen- und Käferblumen – für die Anlockung von spezifischen Bestäubern eine große Rolle. Die wechselseitige Anpassung war hierbei für die Evolution und Verbreitung sowohl der Pflanzen als auch der Bestäuber bedeutsam. Raffinierte Vorrichtungen dienen z. B. bei den Orchideen der Applikation eines meist mit einem Translator und Haftscheibchen versehenen Polliniums an den Insektenkörper. Bei den Kesselfallenblumen (*Arum, Aristolochia*, Abb. 3.62) werden Aaskäfer und Fliegen angelockt und gefangen gehalten, bis der Pollen reif ist und das Insekt beim Verlassen eingestäubt werden kann.

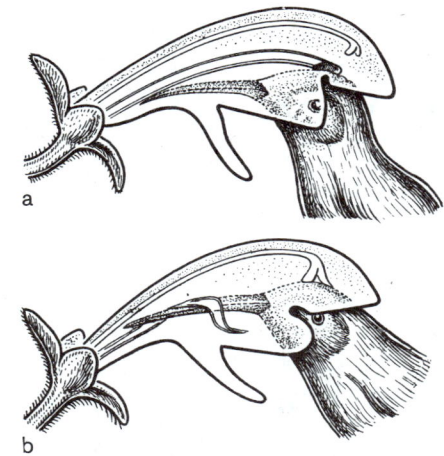

Abb. 3.64a, b. Honigvogel besucht eine Gesneriaceen-Blüte. In den leuchtend roten Blüten sind die Antheren und Narben so angeordnet, daß sie vom Kopf des Vogels, der nach Nektar sucht, berührt werden müssen. Da die Staubgefäße vor den Narben reifen (a), wird zunächst Pollen aus einer Blüte auf dem Kopf abgestreift, der beim Besuch einer älteren Blüte auf eine reife, bestäubungsfähige Narbe gelangt (b). Auf diese Weise wird Fremdbestäubung gesichert. (Nach Bünning)

Unter den Insekten als Vektoren spielen die Hymenopteren (vor allem Bienen und Hummeln) die größere Rolle. Daneben kommen auch Dipteren, Coleopteren und Lepidopteren als Bestäuber vor. Die wechselseitige Anpassung kann soweit gehen, daß die geschlechtliche Fortpflanzung ohne das Vorkommen eines bestimmten Insektes nicht mehr ausgeführt werden kann (Gallwespe *Blastophaga* in der Scheinfrucht der Feigen, Abb. 3.63). In den Tropen treten an die Stelle der Insekten kleine Vogel-Arten (Kolibris, Nektarvögel, Honigfresser, Abb. 3.64; vgl. Abb. 10.77b, S. 913), welche die Bestäubung nach stark visueller Anlockung mit Kontrastfarben (grellrot) ausführen.
Säugetiere (Fledermäuse, Beutelratten, sog. Honigmäuse) als Bestäuber kommen im Tropenwald vor. Ausnahmsweise können auch *Schnecken* bei Sumpfpflanzen *(Adoxa, Chrysosplenium)* die Bestäubung übernehmen.
Die Untersuchung der Bestäubungsmechanismen hat sich als *Blütenökologie* zu einer wichtigen Hilfswissenschaft für die Taxonomie und Phylogenieforschung entwickelt.

Pollenschlauch-Griffel-Wechselwirkung. Progame Phase

Nach der Landung auf der Narbenoberfläche (Abb. 3.66, bei den Angiospermen) oder im Bestäubungstropfen (Abb. 3.58, bei den Gymnospermen) tritt das Pollenkorn in die *progame Phase* ein, die aus drei Teilschritten besteht:

Keimungsprozeß. Das reife, ruhende Pollenkorn unterliegt nach Aufnahme von Wasser einem Quellungs- und Aktivierungsprozeß. Artfremder Pollen keimt im allgemeinen nicht auf der fremden Narbe. Für eine erfolgreiche Keimung sind manchmal spezifische Faktoren notwendig (Zucker, Borsäure, Calcium), die durch reichliche Belegung der Narben mit großen Pollenmengen ersetzt werden können (Gruppeneffekt), weil eine Keimungsförderung durch aus den Pollenkörnern diffundierende Stoffe erfolgt. Der Keimungsprozeß kann auch *in vitro* vor sich gehen und ist infolge seiner Empfindlichkeit gegenüber den Milieubedingungen ein brauchbares Testsystem für keimungsbeeinflussende Faktoren. Während der frühen Keimung findet eine Aktivierung der zahlreichen im Pollen vorhandenen Enzymsysteme sowie eine »Demaskierung« (wahrscheinlich durch eine Ablösung von Hemmern erzielte Aktivierung) der mitgeführten mRNA zur Einleitung der Proteinsynthese statt.

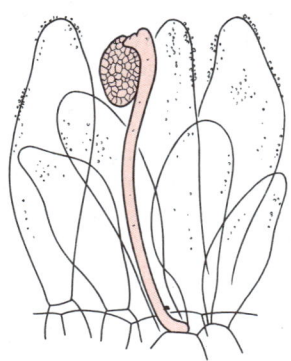

Abb. 3.65. Das Pollenkorn auf der Narbe. Ein Pollenkorn hat im Schleim zwischen den Narbenpapillen gekeimt und einen Pollenschlauch getrieben, der in Richtung auf die Narbenoberfläche und ins Innere des Griffels wächst. (Nach Knoll)

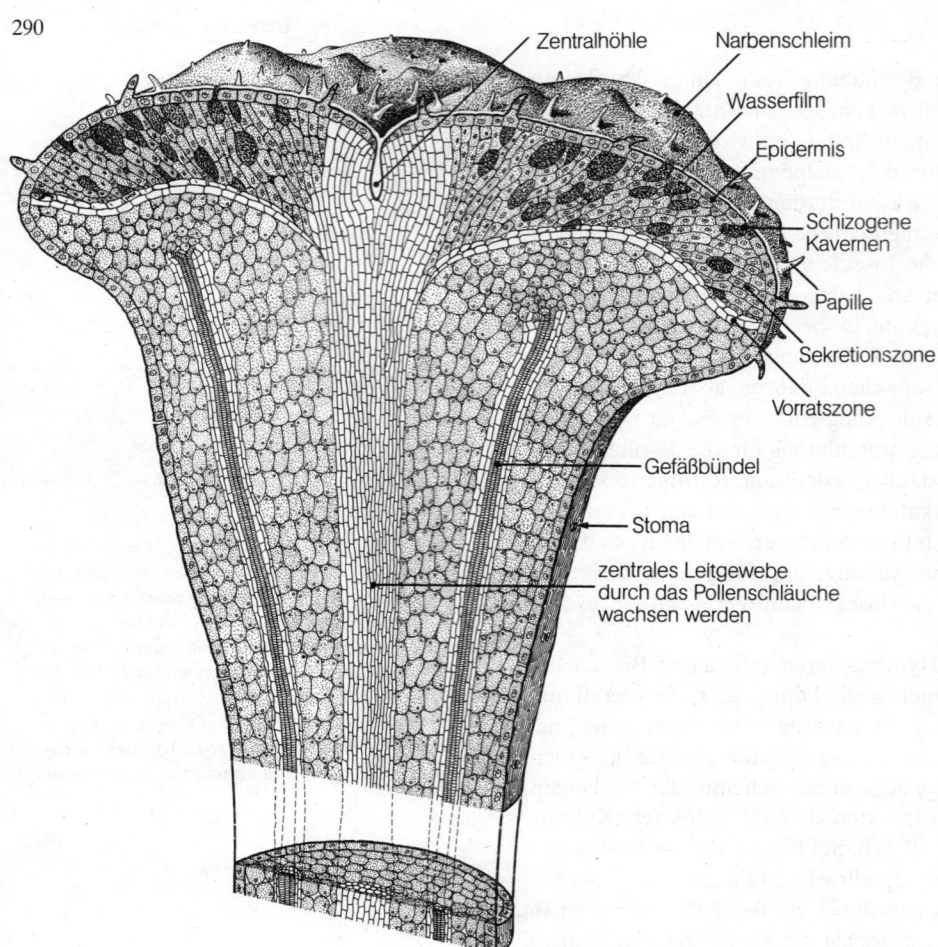

Abb. 3.66. Narbe und oberer Griffelabschnitt der Petunie vor der Bestäubung. (Nach Konar und Linskens)

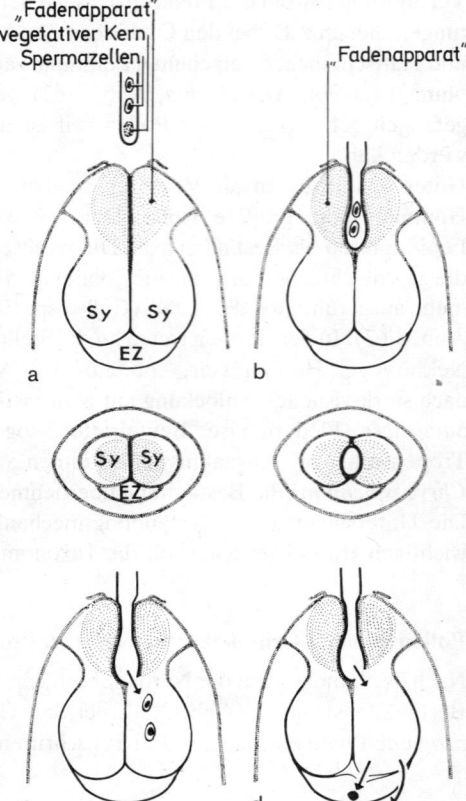

Abb. 3.67a–d. Schematische Darstellung des Eindringens des Pollenschlauches in den Embryosack. (a) Die Pollenschlauchspitze nähert sich dem Scheitel, der durch die beiden Synergiden (Sy) gebildet wird; die Eizelle (EZ) liegt exzentrisch (Querschnitt darunter). (b) Die Spitze des Pollenschlauches ist in die Trennwand, die durch den Fadenapparat gebildet wird, eingedrungen. (c) Die Pollenschlauchspitze hat sich geöffnet und entläßt die beiden Spermazellen in die rechte Synergide. (d) Aus der Synergide werden die Spermakerne in Eizelle und Zentralzelle verteilt: Die doppelte Befruchtung ist eingeleitet. (Original Linskens)

Der Keimungsprozeß wird durch die Entwicklung des Pollenschlauches sichtbar, der durch eine der Keimporen als Ausstülpung der Intine austritt (Abb. 3.65). Der Pollenschlauch wächst mit Geschwindigkeiten von 0,8 (Roggen) bis 54 (Löwenzahn) mm · h^{-1}. Die Wachstumsleistung kommt z. B. bei den Pollenschläuchen von *Impatiens* in der 2,2fachen Verlängerung der Wachstumszone in 1 min zum Ausdruck.
Der junge Pollenschlauch wird hygrotropisch auf das Eindringen in den Narbenkopf oder die Narbenpapillen hin orientiert. Ist die Narbenoberfläche mit einem flüssigen Narbenexsudat, das funktionell als flüssige Cuticula gedeutet werden kann, bedeckt (Abb. 3.66), so erfolgt darin die Keimung.

Wachstumsprozeß. Das Wachstum der Pollenschläuche im Griffel ist charakterisiert durch zahlreiche cytologische, physiologische und biochemische Prozesse, deren zeitliche und räumliche Koordination Voraussetzung für einen normalen Ablauf der progamen Phase ist.
Die Länge der Griffel ist verschieden und kann bis zu 0,3 m erreichen. Das Wachstum der Pollenschläuche erfolgt im zentralen Teil des Griffels, der entweder hohl oder mit einem Leitgewebe (Abb. 3.66) gefüllt ist. Die Pollenschläuche bahnen sich durch Auflösung der Mittellamellen einen Weg im Inneren des Griffels und wachsen interzellulär (endotrophes Wachstum) oder in der Schleimschicht der Epidermis des Griffelkanals (ektotrophes Wachstum). Der plasmatische Inhalt des Pollenkornes mitsamt den Reservestoffen (Fette, Stärke) geht in den Pollenschlauch über. Die Masse der Pollenschläuche wächst mit ziemlich gleichbleibender Geschwindigkeit basalwärts. In regelmäßigen Abständen

hinter der Pollenschlauchspitze, die das Plasma mit den Kernen enthält, wird der Schlauch durch Callosepfropfen abgeschlossen.

Die Ernährung der Pollenschläuche während des Wachstums durch den Griffel erfolgt zunächst durch Mobilisation der im Pollenkorn mitgeführten Reservestoffe, dann aber auch zusätzlich durch Resorption von Substraten, die aus dem Griffel angeliefert werden. Eine wechselseitige Enzymaktivierung findet statt, wobei der Masse der einwachsenden Pollenschläuche eine Aktivierungswelle vorausgeht.

Während das gerichtete Wachstum im Griffel hauptsächlich mechanisch auf vorbereiteten Bahnen erfolgt oder durch eine elektrische Potentialdifferenz zwischen Narbe und Ovar orientiert wird *(Galvanotropismus)*, besteht bei zahlreichen Pflanzenarten eine *chemotropische* Orientierung für das Auffinden der Samenanlagen im Fruchtknoten.

Während des Wachstumsprozesses erfolgt die Bildung der Spermazellen: Der vegetative Kern löst sich etwa zur Zeit des Erreichens der Griffelbasis auf. Beim zweikernigen Pollen teilt sich der generative, häufig spindelförmige Kern nochmals, so daß zwei Spermazellen resultieren (Abb. 3.54a), die meist mit einem eigenen Plasma und eigener Organellpopulation versehen sind. Die Übertragung plasmatischer Erbmerkmale kann daher cytologisch erhärtet werden. Manche Pollenkörner sind bereits bei der Reife dreikernig (z. B. bei den Doldengewächsen und Korbblütlern).

Eindringen des Pollenschlauches in den Fruchtknoten. Der Pollenschlauch kann auf dem kürzesten Weg durch die Mikropyle in den Embryosack eindringen *(Porogamie)* oder ihn auf dem Umweg über die Placenta, die Chalaza *(Chalazogamie)* oder gar nach Durchbrechen der Integumente *(Mesogamie)* erreichen.

Der Pollenschlauch erreicht schließlich den Eiapparat (Abb. 3.67b,c). Dort entleert er seinen Inhalt durch Auflösen der Pollenschlauchspitze. Der plasmatische Inhalt mit den beiden Spermakernen wird jedoch stets durch Vermittlung einer der beiden Synergiden (soweit vorhanden) aufgenommen. Dazu dringt der Pollenschlauch an der gemeinsamen, meist verdickten Mittelwand (»Fadenapparat«) (Abb. 3.67a) der an der Spitze des Embryosackes liegenden Synergiden ein. Diese Zellen haben wahrscheinlich außerdem die Funktion, den chemotropischen Gradienten als Orientierungshilfe für die herannahenden Schläuche aufzubauen sowie den Schlauch enzymatisch zu öffnen und die Spermazellen für die nachfolgende doppelte Befruchtung zu verteilen (Abb. 3.67c,d, 3.70).

Die *Dauer der progamen Phase* kann sehr verschieden sein: Sie kann sich über längere Zeiträume erstrecken, so daß die Befruchtung erst Wochen oder Monate nach der Bestäubung abläuft (z.B. bei den Kakteen und Orchideen). Bei den Coniferen löst die Keimung der Pollenkörner erst die Weiterentwicklung des Prothalliums und der Archegonienanlagen aus. Während der erste Teil der progamen Phase etwa 10 Tage dauert, vollzieht sich die Befruchtung dann erst 12–13 Monate nach der Bestäubung.

Fusionsprozeß (Syngamie)

Die aus dem Pollenschlauch zunächst in eine Synergide übergetretenen Spermazellen (Abb. 3.67c) haben zwei verschiedene ♀ Elemente zu befruchten, den haploiden Eikern und den bereits durch Verschmelzen der beiden Polkerne diploid gewordenen sekundären Embryosackkern (Abb. 3.68, 3.70). Diese *doppelte Befruchtung* bei den Angiospermen ist ein Unikum. Aus der Kopulation des einen ♂ Gameten mit der Eizelle (Abb. 3.54c) geht die *Zygote* hervor, die sich dann weiter zum Embryo entwickelt. Das zweite Fusionsprodukt, der triploide Endospermkern, liefert das *Endosperm*, das als Nährgewebe fungieren wird. Die Bedeutung der doppelten Befruchtung bei den Angiospermen muß darin gesehen werden, daß der Stoffaufwand für die Endospermbildung nur dann erfolgt, wenn tatsächlich eine Befruchtung stattgefunden hat.

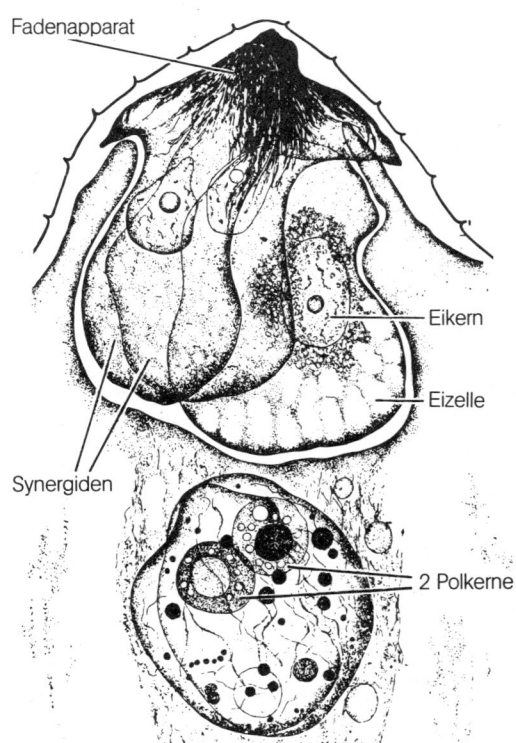

Abb. 3.68. Oberer Teil des reifen, unbefruchteten Embryosackes vom Weizen mit der Eizelle, den beiden Synergiden und den beiden Polkernen. (Nach Batygina, verändert)

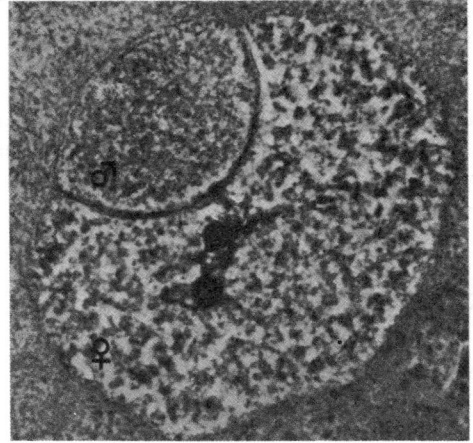

Abb. 3.69. Kernverschmelzung bei der Schwarzkiefer (Pinus nigra). Die Kerne sind unmittelbar nach der Verschmelzung durch die doppelte Membran voneinander getrennt, aber der kleinere männliche Kern dringt (von links oben) ohne wesentliche Formveränderung in den weiblichen Kern ein, bis er fast völlig von diesem umgeben ist. Die Membran des Fusionskerns wird dann überwiegend von der Membran des Eikerns gebildet, in dem noch zwei Nucleoli sichtbar sind. (Nach Mergen)

Fusion der Geschlechtskerne. Die eigentliche Verschmelzung der ♂ und ♀ Kerne (Karyogamie) wird durch deren gegenseitige Anziehung eingeleitet, wobei der Spermakern sich autonom amöboid bewegt (Abb. 3.69).
Zunächst vereinigen sich Teile des endoplasmatischen Reticulums, die mit den Hüllen der beiden Kerne in Verbindung stehen. Diese Membranbrücken verkürzen sich, bis die inneren Kernhüllen in Kontakt kommen, verschmelzen und stellen damit eine Verbindung der beiden Kerninnenräume her. Diese Kernbrücken verbreitern sich und verdrängen dabei das noch zwischen den beiden Fusionskernen liegende Cytoplasma mit seinen Organellen.

Die zweite Karyogamie (Bildung des Endospermkerns). Die Fusion des zweiten Gameten mit dem sekundären Embryosackkern läuft in gleicher Weise ab wie die Fusion der Geschlechtskerne. Hat die Verschmelzung der beiden Polkerne vorher noch nicht stattgefunden, so kommt es zu einer Tripelfusion (Abb. 3.71).

3.2.6.4 Endosperm, Frucht und Samen

Bei den Gymnospermen ist das Endosperm haploid, da der ♀ Gametophyt hier selber im Prothallium Nährstoffe speichert *(primäres Endosperm)*, in welches der sich entwickelnde Embryo eingebettet wird. Bei den Angiospermen entsteht aus dem triploiden Endospermkern das Nährgewebe *(sekundäres Endosperm)*. Die Polyploidie der Endospermzellen bedeutet eine physiologische Leistungssteigerung.
Die Entwicklung des Endosperms läuft meistens der Entwicklung des Embryos voraus, und zwar durch eine rasche Folge von Kernteilungen, wobei vielfach zunächst die Wandbildung unterbleibt (Abb. 3.54c, II). Das so entstehende nucleäre Endosperm geht später in ein zelluläres über. Für die erfolgreiche Entwicklung des Embryos im Samen ist eine harmonische biochemische Abstimmung des Endosperms mit dem Embryo eine Voraussetzung, die bei manchen Kreuzungen nicht gegeben ist. Durch Kultur des isolierten Embryos auf einem geeigneten sterilen Nährboden kann eine solche Kreuzungsbarriere überwunden werden. Weiterhin sind die physikochemischen Eigenschaften des Vakuoleninhalts der Zentralzelle, der ebenfalls reich an Reservematerial (Proteine, Kohlenhydrate, auch Wuchsstoffe) ist, in ihrer Anpassung an das jeweilige Entwicklungsstadium des Embryos von großer Bedeutung.
Endprodukt der Gametophytenbefruchtung sind Samen und (nur bei den Angiospermen) Frucht: Alles, was aus der Samenanlage entsteht, bezeichnet man als Samen; aus dem ganzen Fruchtknoten wird die Frucht, an deren Bildung auch andere Blütenorgane teilnehmen können (S. 428f.).

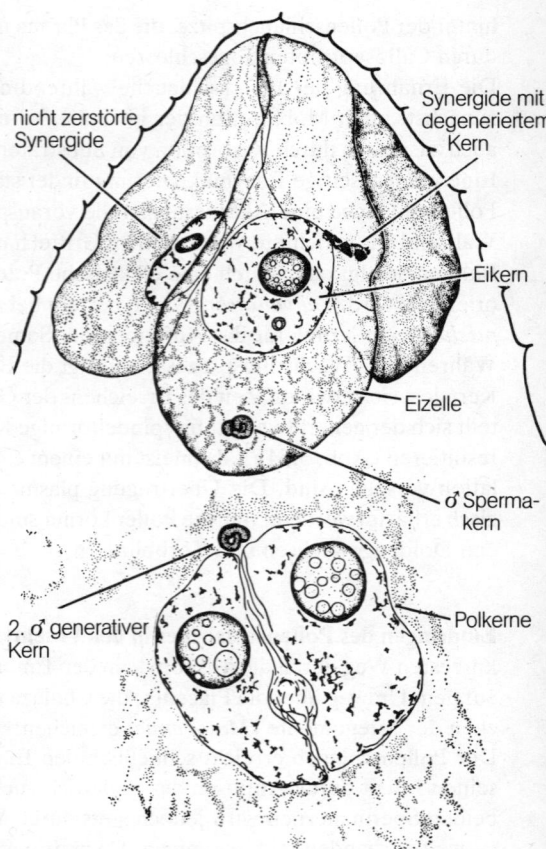

Abb. 3.70. Eiapparat vom Weizen kurz nach der Befruchtung: Der eine generative Kern ist in die Eizelle bereits eingedrungen und auf dem Wege zum Eikern. Die befruchtete Eizelle hat infolge der Aufnahme des männlichen Plasmas an Volumen zugenommen. Der andere generative Kern hat sich an die beiden Polkerne angelegt. Die rechte Synergide ist infolge der Aufnahme des Pollenschlauchinhaltes degeneriert. (Nach Batygina, verändert)

3.2.7 Befruchtungsbarrieren

Die korrelativen Beziehungen zwischen den beiden Geschlechtern können so weitgehend gestört sein, daß es zu unüberwindlichen Befruchtungsbarrieren kommt. Bei der Gametophytenbefruchtung kann man im wesentlichen vier Typen von Befruchtungsbarrieren unterscheiden.

Gonenkonkurrenz. Da bei allen Lebewesen nur ein Teil der Keimzellen zur Fortpflanzung kommt, findet stets ein Wettbewerb um die Chance zur Weiterentwicklung statt: Sie kann sich an verschiedenen Stellen des Generationswechsels abspielen und läuft nicht zufallsmäßig ab, sondern unter dem Einfluß genetischer Faktoren. Die Gonenkonkurrenz kann z. B. zwischen zwei genetisch verschiedenen Pollensorten in verschiedenen Entwicklungsstadien stattfinden, nämlich während der Pollenentwicklung in der Anthere, bei der Keimung, beim Wachstum im Griffel, aber auch in der Samenanlage vor der Befruchtung.

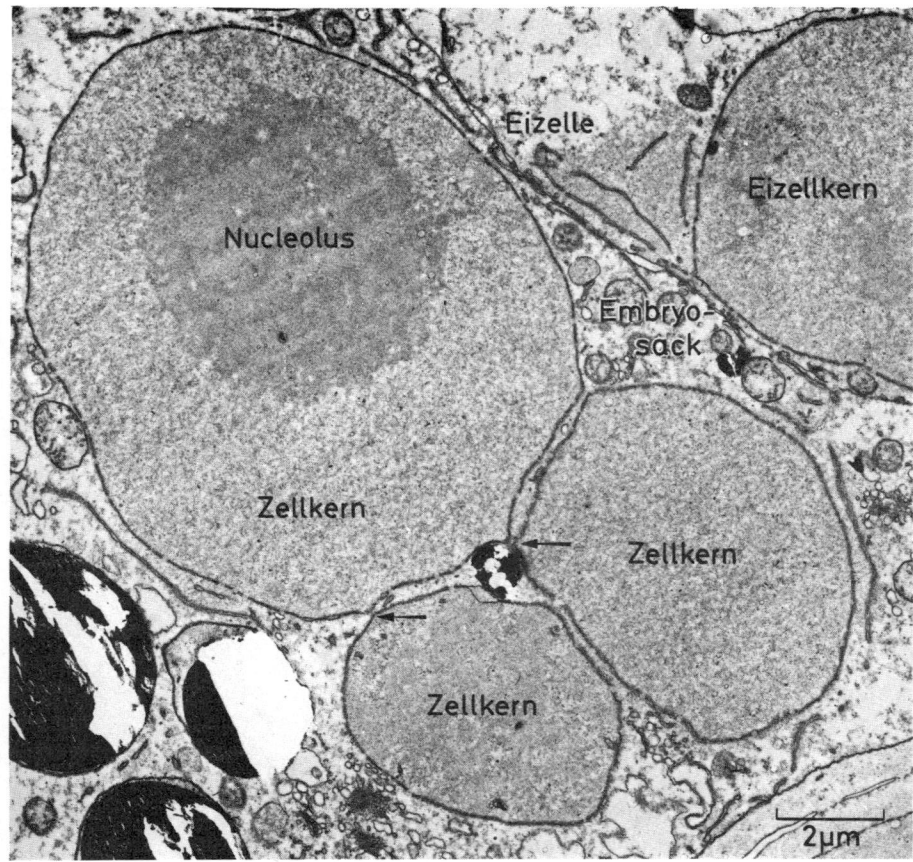

Abb. 3.71. *Primäre Endospermzelle mit drei fusionierenden Kernen im Embryosack der Petunie. Beim Pfeil (←) beginnt die Fusion der Kernmembranen. (Nach van Went)*

Die primäre Ursache für Unterschiede in der Entwicklungsgeschwindigkeit bzw. der Konkurrenzfähigkeit liegt in der genetischen Konstitution (Genom, Plasmon). Aber auch der physiologische Zustand des Sporophyten hat seinen Einfluß auf die Konkurrenz, so daß genetisch identischer Pollen durch Ernährungseinflüsse unterschiedlichen Startbedingungen unterliegt.

Selektive Befruchtung. Alle Vorgänge, welche im letzten Abschnitt der progamen Phase die freie Kombination von Samenanlagen und Pollenschläuchen beeinflussen, werden als selektive Befruchtung zusammengefaßt. Sie betrifft also die Affinität der Samenanlagen zu den Pollenschläuchen und ist ebenfalls genetisch gesteuert. Mit Sicherheit wurde selektive Befruchtung bei *Oenothera*-Arten, aber auch bei Tabak, Erbsen, Baumwolle und *Salpiglossis* beobachtet. Die materielle Grundlage der selektiven Befruchtung, die sich in einem gerichteten Wachstum der Pollenschläuche auf die Samenanlagen hin äußert, beruht auf einer chemotropischen Reaktion der Schläuche auf spezifische, durch die Samenanlagen gebildete Anlockungsstoffe.

Befruchtungsinkompatibilität. Als Inkompatibilität oder sexuelle Unverträglichkeit bezeichnet man jede Behinderung der Befruchtung im Fortpflanzungssystem hermaphroditer Lebewesen *(Monözisten)*; sie beruht nicht auf Defekten am chromosomalen oder physiologischen System der Gameten. Alle bisher bekannten Inkompatibilitätserscheinungen sind durch bestimmte Gene gesteuert. Man unterscheidet die *homogenische Inkompatibilität* (Abb. 3.72), bei der die beiden Kreuzungspartner identische Inkompati-

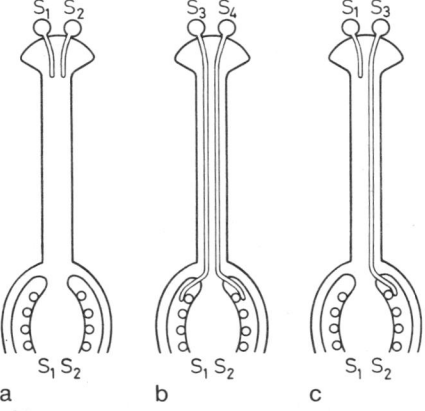

Abb. 3.72a–c. *Schema des Pollenschlauchwachstums bei Vorliegen der Inkompatibilitätsreaktion im Griffel. Haben Pollen und Samenanlagen tragende Sporophyten identische S-Allele (a), so erfolgt Hemmung des Pollenschlauchwachstums. Sind die Allele verschieden (b), so ist das Wachstum ungestört. Bei Mischbestäubung können im gleichen Griffel nebeneinander gleichzeitig Hemmung und Wachstum stattfinden (c), woraus der Schluß gezogen werden kann, daß der biochemische Mechanismus der Hemmreaktion im Griffel streng lokalisiert ist. (Nach Brieger)*

bilitätsgene besitzen, von der *heterogenischen Inkompatibilität*, bei der eine Zygotenbildung nicht eintritt, wenn die sexuell unverträglichen Individuen an allen Inkompatibilitätsloci verschiedene Allele haben. Die Inkompatibilitätsgene zeigen meist die Erscheinung der multiplen Allelie (S. 205).

Bei den *Pilzen* ist die Untersuchung der Inkompatibilität durch die Tatsache erschwert, daß bei vielen Arten entweder die Geschlechtsorgane fehlen oder morphologisch nicht zu differenzieren sind.

Man unterscheidet daher zweckmäßigerweise zwischen Monözisten und Diözisten. *Monözische Pilze* sind alle Arten, die ♂ und ♀ Geschlechtsorgane am gleichen Mycel ausbilden, sowie solche Arten, die keine Geschlechtsorgane differenzieren, bei denen jedes einzelne Mycel jedoch als Kerndonor und auch als Kernakzeptor fungieren kann. Wenn ein Monözist sich nicht ohne Partner sexuell vermehren kann, dann liegt Inkompatibilität vor. Man findet sowohl homogenische Inkompatibilität (*Coprinus, Schizophyllum, Ascobolus*) als auch heterogenische Inkompatibilität (*Podospora*) bei den Pilzen. Die homogenische Inkompatibilität kann, je nach der Zahl der beteiligten Faktoren, bipolar oder tetrapolar sein.

Der *bipolare Mechanismus* gilt, wenn von dem für die Unverträglichkeitsreaktion verantwortlichen Genort zwei Allele vorhanden sind; diese werden als (+) und (−) bezeichnet. Die Befruchtung kann nur zwischen verschiedenen Kreuzungstypen (+) × (−) erfolgen. Der bipolare Mechanismus ist für das Sexualverhalten aller inkompatiblen Ascomyceten und Rostpilze verantwortlich.

Der *tetrapolare Mechanismus* (bei inkompatiblen Holobasidiomyceten, einigen Brandpilzen) wird durch mindestens zwei, meist nicht gekoppelte Faktoren gesteuert, so daß sich insgesamt vier Kreuzungstypen ergeben, da sich keines der beiden Faktorenpaare homozygot zur Karyogamie vereinigt.

Diözische Pilze sind solche, deren Mycelien morphologisch differenziert sind, also entweder nur ♀ oder nur ♂ Geschlechtsorgane bilden, sowie alle Arten mit zwei Kreuzungstypen, deren Zygotenbildung durch Fusion von Isogameten oder Isogametangien zustande kommt (physiologische Diözisten).

Beispiel für morphologische Diözie ist der Wasserpilz *Achlya ambisexualis*, dessen Sexualreaktionen durch eine Kette von aufeinander abgestimmten Gamonen (S. 273f.) gesteuert werden. Physiologische Diözisten findet man vor allem bei den Schleimpilzen, bei den Mucoraceen (S. 278f.) und den Hefen.

Die durch Diözie bedingte Getrenntgeschlechtigkeit erfüllt die Funktion der Inkompatibilität der Monözisten.

Bei den *Phanerogamen* kommen zwei Formen der Unverträglichkeit beim Befruchtungsvorgang vor: Sie kann entweder bei interspezifischer (zwischen verschiedenen Arten) oder intraspezifischer (innerhalb einer Art oder Rasse) Kreuzung auftreten. Interspezifische Inkompatibilitätserscheinungen werden als mit dem Artbegriff verbunden betrachtet. Bei der intraspezifischen Inkompatibilität unterscheidet man eine Behinderung des Befruchtungsablaufes zwischen Keimzellen eines Individuums nach Selbstbestäubung (Selbstinkompatibilität, homogenische Inkompatibilität) und der Barriere zwischen den Keimzellen der Nachkommen eines Elternpaares (Kreuzungsinkompatibilität, heterogenische Inkompatibilität). Da es sich dabei um funktionell intakte Befruchtungspartner handelt und keine Störung des Bestäubungsvorganges (S. 286f.) vorliegt, muß man die Inkompatibilität als einen gengesteuerten, physiologischen Abwehrmechanismus deuten, dessen Bedeutung in der Verhinderung der Inzucht bzw. der Erhaltung des Artcharakters gelegen ist.

Befruchtungsinkompatibilität wurde bei Algen und mit Sicherheit bei den Eumyceten nachgewiesen, die fast ausschließlich zum *homogenischen* System gehören. Inkompatibilitätserscheinungen sind auch bei den Phanerogamen sehr verbreitet, vor allem bei krautigen Gewächsen der Familien der Kreuzblütler, Steinbrech- und Nachtschatten-

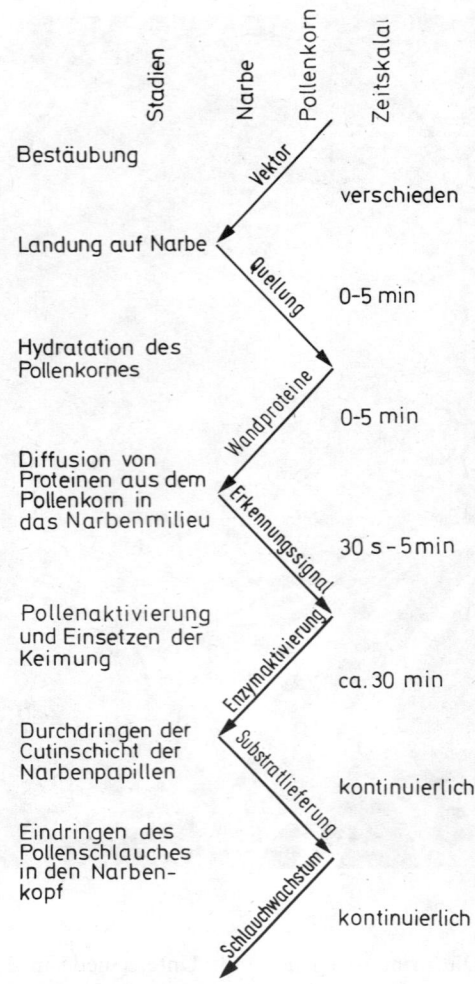

Abb. 3.73. Bei der Hemmung der Pollenkeimung nach inkompatibler Bestäubung kommt es zu einem gestörten biochemischen »Dialog« zwischen Pollenkorn und Narbenpapille, der in der zeitlichen Abfolge seiner Teilschritte genau festgelegt ist

gewächse, der Lilien, Gräser und Korbblütler. Die Intensität der Inkompatibilitätsreaktionen ist stark von Umweltfaktoren (wie z.B. Blütenalter und Ernährungszustand) abhängig.

Die Selbstinkompatibilitätsreaktion bei den Angiospermen kann sich auf verschiedenen Niveaus der progamen Phase (S. 289f.) abspielen:

Eine *Hemmung der Pollenkeimung* wird vor allem bei den Kohlarten, Geranien, Roggen und Kaffee gefunden. Entweder keimen die Pollenkörner auf der mit identischer S-Allel-Ausrüstung (Abb. 3.72) versehenen Narbe nicht aus oder sie sind nicht in der Lage, die geschlossene Cutinschicht (S. 290), welche die Narbenpapillen überzieht, zu durchbrechen. Die Inkompatibilitätsreaktion bezieht sich auf eine Hemmung des Enzymsystems (Cutinase), welches die als Befruchtungsbarriere fungierende Cutinschicht auflösen muß (Abb. 3.73).

Am häufigsten äußert sich die Inkompatibilität als Störung des *Pollenschlauchwachstums* im Griffel nach Selbstbestäubung. Aufgrund der identischen S-Allele in Griffelgewebe und Pollenschlauch kommt es zu einer Interaktion, die sich in Veränderung des Enzymhaushalts, einer Störung der Pollenschlauchernährung und der Bildung spezifischer Abwehrstoffe äußert, die erst zu einer Verlangsamung, dann zu einem Sistieren (Unterbrechung) des Pollenschlauchwachstums führt. Der an sich genetisch normale Pollenschlauch erreicht daher die Samenanlage nicht (Abb. 3.72).

Bei heterostylen Pflanzen mit unterschiedlich langen Griffen (z.B. Forsythie, Narzisse, Blutweiderich) können nur Griffel von Pollen aus gleich langen Staubbeuteln erfolgreich bestäubt werden (legitime Bestäubung), während alle anderen Bestäubungsarten keinen Samenansatz geben (illegitime Bestäubung). Der Mechanismus kann hier auch auf einem bestimmten osmotischen Verhältnis der beiden Befruchtungspartner beruhen.

Bei *Gasteria*, Löwenmäulchen und Kakao spielt sich die Inkompatibilitätsreaktion am Ende der progamen Phase in der Samenanlage als *Störung der Karyogamie* ab. Sie führt häufig zum Abort der Samenanlagen.

Inkongruenz. Während die Inkompatibilität innerhalb einer Art auf der Störung der normalen Wechselwirkung zwischen Pollen und Griffel beruht, funktioniert diese Interaktion bei *interspezifischer Kreuzung* (nach Bestäubung zwischen verschiedenen Arten, Gattungen oder Familien) wegen genetisch bedingter physiologischer und biochemischer Disharmonie *(Inkongruenz)* nicht. Auch im Fall der Inkongruenz kommt es in einem bestimmten Moment der progamen Phase zur Hemmung des Pollenschlauchwachstums. In der Evolution ist die treibende Kraft für die Inkompatibilität ein positiver Selektionsdruck für Gene, die die Selbstbefruchtung hemmen, also die Inzucht verhindern. Bei der Inkongruenz handelt es sich hingegen um ein Nebenprodukt des Auseinanderstrebens während der Evolution. Darum kann die Inkongruenz auch am besten mit Resistenz im Verhältnis Wirt-Parasit verglichen werden. Man kann daher erwarten, daß die biochemischen Mechanismen der Inkongruenz viel verschiedenartiger sind als bei der Inkompatibilität.

Die Überwindung sowohl der *Inkompatibilitäts-* als auch der *Inkongruenzbarriere* spielt für die Pflanzenzüchtung eine wichtige Rolle.

3.2.8 Gamogonie der Metazoen

3.2.8.1 Gametogenese

Die Metazoen sind ausnahmslos *oogam*. Die ♀ Gameten sind relativ voluminöse, cytoplasmareiche und unbewegliche *Eier*, deren Größe vor allem von der Menge der eingelagerten Reservestoffe *(Dotter)* abhängt; die kleinsten Eizellen kommen bei Hydrozoen, Echinodermen und Säugetieren (Eidurchmesser bei der Ratte 75 μm), die größten

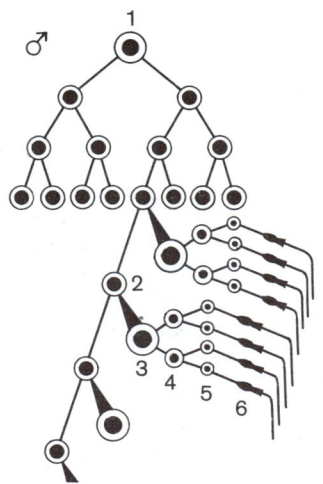

Abb. 3.74. Entwicklung der Urkeimzelle (1) und der mitotisch von ihr abstammenden Spermatogonien (2) im Hoden der Säuger; 1 + 2 sind in der Telophase diploid bzw. in der Prophase tetraploid. Der tetraploide Spermatocyt I (3) teilt sich meiotisch zunächst in zwei diploide Spermatocyten II (4) und dann in vier haploide Spermatiden (5), welche sich anschließend zu je einem Spermium (6) differenzieren. (Nach Starck)

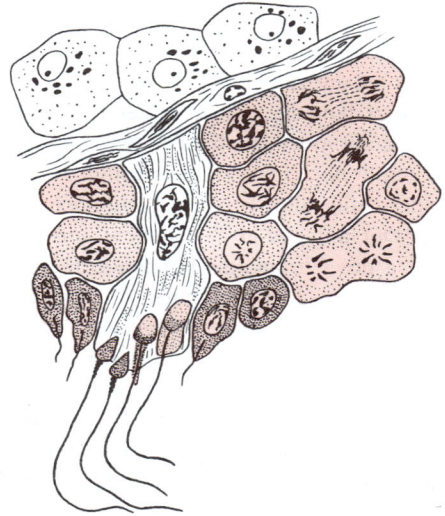

Abb. 3.75. Sektor aus einem Querschnitt durch ein Samenkanälchen des Säugetierhodens. Die drei außerhalb des Kanälchens liegenden Leydig-Zwischenzellen (oben) produzieren das ♂ Sexualhormon Testosteron, die drei wandständigen Keimzellen im Kanälchen sind Spermatogonien (die rechte in Mitose); je weiter eine Keimzelle in der Spermatogenese fortgeschritten ist, desto mehr nähert sie sich dem Lumen des Samenkanälchens (unten). Die vier fast reifen Spermien an der Oberfläche des Samenepithels sitzen an einer ernährenden Sertoli-Zelle. (Nach Houillon)

bei Vögeln und Haien vor (bis 100 mm). Die ♂ Gameten sind relativ kleine, cytoplasmaarme und meist durch eine Geißel bewegliche *Spermien* (= Spermatozoen, Samenzellen), deren Länge zwischen den Extremwerten 1,5 µm (bei Termiten) und 10 mm (bei einigen Muschelkrebsen) liegt; bei den meisten Tieren sind sie mikroskopisch klein. ♀ und ♂ *Geschlechtsprodukte* entwickeln sich bei Schwämmen diffus im Dermallager verteilt und bei Polychaeten (sowie einigen anderen niederen Wirbellosen) frei in der Coelomflüssigkeit flottierend. Bei den meisten Metazoen werden sie jedoch in besonderen Organen gebildet (Gonaden = Keimdrüsen), die *Ovarien* (Eierstöcke) bzw. *Testes* (Hoden) genannt werden; die Abgabe der Gameten bei der Fortpflanzung erfolgt meist durch Gonodukte (*Ovidukt* im ♀, *Vas deferens* im ♂). Da die beiden Gametensorten hinsichtlich ihrer Größe und der Rolle, die sie bei der Befruchtung und der anschließenden Entwicklung zu spielen haben, sehr voneinander verschieden sind, werden sie auch in sehr ungleichen Mengen produziert. Bei den Eiern bewegt sich die von einem ♀ erzeugte Anzahl zwischen 1 (manche Salpen) und $8 \cdot 10^7$ (einige Bandwürmer); demgegenüber liegen die Stückzahlen bei den Spermien meist wesentlich höher: Ein Hengst gibt bei einer einzigen *Ejakulation* etwa $7 \cdot 10^9$ Spermien in der Samenflüssigkeit (*Sperma*) ab. Bei den Wirbeltieren produzieren die Gonaden außer den Geschlechtszellen auch *Sexualhormone* (Abb. 3.75, 3.82, 3.133). Die Metazoen sind grundsätzlich Diplonten (Ausnahme: die zumindest in der Keimbahn haploiden ♂♂ mancher Rotatorien und Hymenopteren). Daher findet im Verlauf ihrer Gametogenese eine Meiose in zwei Teilungsschritten (S. 169f.) statt. In beiden Geschlechtern geht die Gametogenese von kleinen *Gonien* aus, die noch diploid und sexuell undifferenziert sind. Sie stammen von den *Urgeschlechtszellen* ab (Abb. 3.5) und vermehren sich so lange durch fortgesetzte mitotische Teilung, bis sie mit ihrer Entwicklung zu Spermien (Spermatogenese) oder Eiern (Oogenese) beginnen.

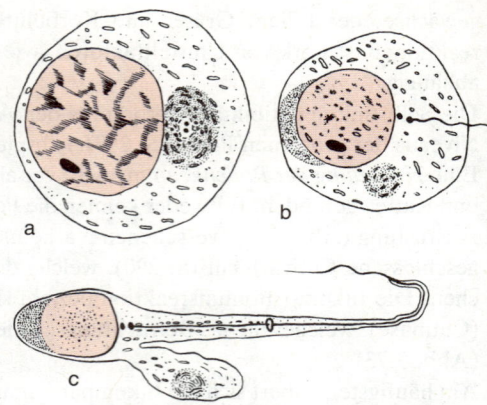

Abb. 3.76 a–c. Entwicklung des Säugetierspermiums (c) aus der Spermatide (a): in (b) bilden Teile des Golgi-Apparates das Akrosom am Vorderpol (links), und aus dem distalen Centriol sproßt hinten die Geißel hervor. (Nach Houillon)

In der *Spermatogenese* (Abb. 3.74) wachsen die *Spermatogonien* nach Abschluß ihrer mitotischen Vermehrung nur geringfügig heran und werden, sobald sie ihre Endgröße erreicht haben, zu *Spermatocyten I* (= Spermatocyten I. Ordnung). Jeder Spermatocyt I durchläuft dann die Meiose; er liefert im ersten Teilungsschritt zwei *Spermatocyten II* und in der unmittelbar anschließenden zweiten Teilung vier *Spermatiden*, die nun haploid, aber immer noch undifferenziert sind. In der anschließenden *Spermiohistogenese* erwirbt die Spermatide alle Struktureigentümlichkeiten eines funktionsfähigen Spermiums (Abb. 3.76): Der anfangs große, aufgelockerte *Zellkern* (a) wird durch eine extrem dichte Packung des Chromatins kondensiert, wobei die Histone (S. 154f.) durch Protamine ersetzt werden. Die Zelle entwickelt durch Streckung eine ausgeprägte Längsachse und stößt dabei überschüssiges Cytoplasma ab (c), das hintere (distale) der beiden *Centriolen* wird zum Basalkörper der *Geißel* des Spermienschwanzes (b), die *Mitochondrien* sammeln sich hinter dem Kern im Bereich des späteren Mittelstücks (c), und schließlich verlagert sich ein Teil des *Golgi-Apparates* vor den Kern und baut hier das an der Spitze des künftigen Spermienkopfes liegende *Akrosombläschen* auf (b). Das fertige Spermium (Abb. 3.77) besteht aus dem Kopf mit Akrosom, Kern und proximalem Centriol, aus dem *Mittelstück* mit dem Basalkörper, der Geißelbasis und den Mitochondrien sowie aus dem *Schwanz*, der in ganzer Länge von der Geißel durchzogen wird und der im Hauptstück zusätzlich eine dünne cytoplasmatische Hülle besitzt. Das Akrosom ermöglicht die Fusion des Spermiums mit dem Ei, der Kern enthält in Gestalt eines haploiden Chromosomensatzes die in das Ei zu übertragende genetische Information, das Centriol organisiert im befruchteten Ei den Spindelapparat für die erste Furchungsteilung, und die Mitochondrien liefern die Energie für die Geißelbewegungen, mit deren Hilfe das Spermium im Verlauf der Besamung zum Ei vordringt. In einzelnen Tiergruppen sind die Spermien unbegeißelt (Abb. 3.78, 3.92).

Im *Hoden* der Insekten liegen in jedem seiner einzelnen schlauchförmigen Fächer (Abb. 3.79) die verschiedenen Spermatogenesestadien in einer linearen räumlichen

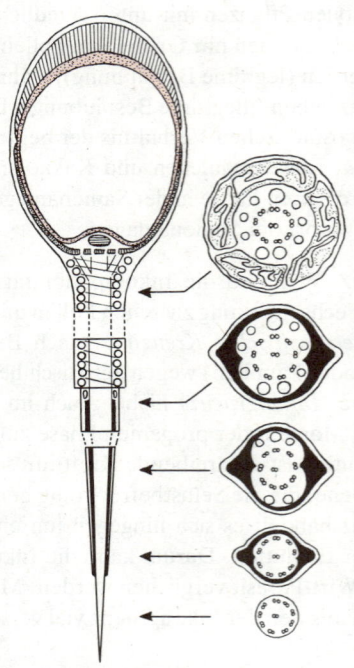

Abb. 3.77. Feinstruktur des Säugetierspermiums. Links Längsschnitt: Im Kopf (oben) sind Kern und äußere Plasmamembran weiß, Akrosom senkrecht und proximales Centriol waagerecht schraffiert, Kernmembran und Perforatorium punktiert; von Mittelstück und Schwanz sind Teile (gestrichelte Linien) ausgepart. Rechts Querschnitte durch die mit ← bezeichneten Regionen: Der oberste durch das Mittelstück (innere und äußere Geißelfilamente von Mitochondrien umgeben), die drei mittleren durch den Hauptteil des Schwanzes (Proteinhülle schwarz) und der unterste durch die Endgeißel. (Nach Houillon)

Sequenz, welche ihrer zeitlichen Aufeinanderfolge entspricht. In der blind geschlossenen Spitze (in Abb. 3.79 oben) finden sich nur Spermatogonien, die noch in mitotischer Vermehrung begriffen sind, und am entgegengesetzten, zum Gonodukt hin offenen Ende ausschließlich reife Spermien. Bei Säugetieren ist der Hoden in *Samenkanälchen* gegliedert, in denen die ♂ Keimzellen in vier bis fünf konzentrisch angeordneten Schichten als *Samenepithel* der Wand anliegen, wobei das Zentrum des Kanallumens für die Ausführung des Spermas frei bleibt (Abb. 3.75). Jedes Spermium wird mit fortschreitender Spermatogenese immer weiter von der Wand abgedrängt und schließlich an die Oberfläche des Samenepithels geschoben, weil die wandständigen Stammspermatogonien währenddessen laufend neue, schubweise in die Spermatogenese (Abb. 3.74) eintretende Keimzellen liefern. Da im Samenepithel die einzelnen Spermatogeneseschübe in Längsrichtung des Kanälchens zeitlich gestaffelt nacheinander gestartet werden, folgen in einem Samenkanälchen regelmäßig verschiedene Assoziationen von unterschiedlich weit entwickelten Spermatogenesestadien hintereinander; ein vollständiger Zyklus aller *Stadienassoziationen* heißt *spermatogene Welle*. Bei der Ratte enthält eine solche Welle 14 unterscheidbare Stadienassoziationen und ist im Mittel 26 mm lang; die Gesamtdauer einer Spermatogenese beträgt 48–53 Tage. Manche Schnecken (Prosobranchier) entwickeln in ihrem Hoden zusätzlich zu den normalen, für die Befruchtung bestimmten Spermien noch vergleichsweise riesige, abweichend gestaltete Zellen (Abb. 3.80). Diese *atypischen Spermien* sind meist kernlos und bestehen aus einer vorderen, zu undulierenden Bewegungen befähigten Treibplatte und einem starren Schwanzanhang, der ein ganzes Bündel geißelartiger Strukturen enthält. Sie dürften als Vehikel für die normalen Spermien dienen, jedenfalls findet man letztere in großer Anzahl an ihrem »Schwanz« angeheftet. Bei einigen anderen Tieren werden Aggregationen von Spermien *(Spermiozeugmen)* auch ohne Trägerzellen gebildet. Verschiedene Metazoen geben ihr Sperma nicht in freier Form, sondern portionsweise in schützenden Hüllen verpackt als *Spermatophoren* ab (Abb. 3.88).

Die *Oogenese* unterscheidet sich vor allem in drei Punkten von der Spermatogenese (Abb. 3.81): Erstens vollzieht sich zwischen dem Stadium der *Oogonie* und demjenigen des *Oocyten I* ein mehr oder weniger exzessives *Wachstum*, in dessen Verlauf der ♀ Gamet alle für seine spätere Embryonalentwicklung benötigten Zellorganellen und Reservestoffe »einlagert« und die bei anderen Zellen übliche Größe in der Regel weit überschreitet. Während dieser Wachstumsphase, die fast die gesamte Dauer der Oogenese beansprucht, befindet sich der Kern der Eizelle in der *meiotischen Prophase*. Zweitens erfolgen die beiden *meiotischen Teilungen*, die nach Abschluß des Wachstums stattfinden, hinsichtlich der Verteilung des Cytoplasmas *extrem inäqual*, so daß von den vier Gonen nur die eine fast das gesamte Cytoplasma erhält und einen funktionsfähigen Gameten, das *Ei*, ergibt,

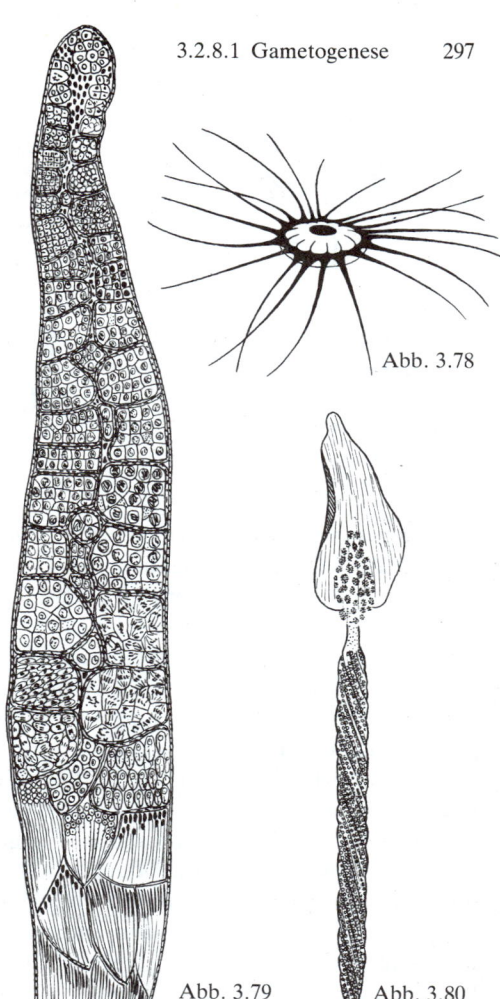

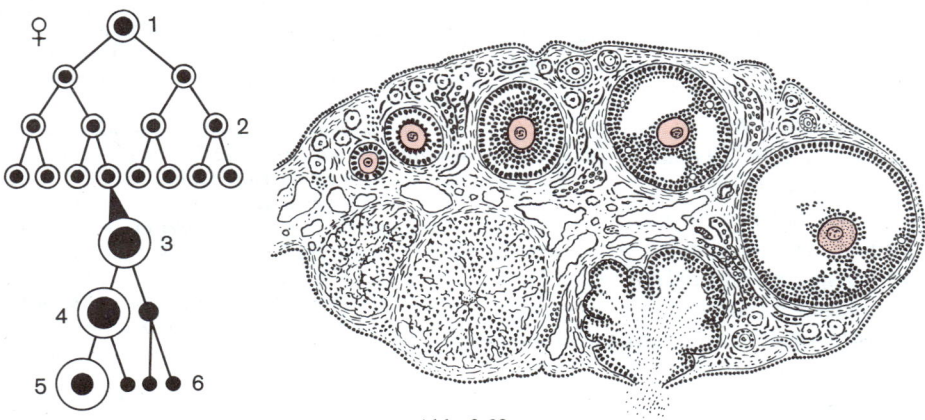

Abb. 3.78. Geißelloses Spermium des Flußkrebses Procambarus clarkii mit einem Kranz starrer, um die kurze Längsachse radiär angeordneter Fortsätze; das Akrosom liegt unten. (Nach Siewing)

Abb. 3.79. Längsschnitt durch einen Hodenfollikel einer Heuschrecke. (Nach Weber)

Abb. 3.80. Atypisches Spermium der Schnecke Janthina bicolor. (Nach Buchner)

Abb. 3.81. Allgemeines Schema der Oogenese. 1 = Urkeimzelle, 2 = Oogonien; 1 + 2 sind in der Telophase ihres mitotischen Zellzyklus diploid bzw. in der Prophase tetraploid. 3 = tetraploider Oocyt I; 4 = diploider Oocyt II; 5 = haploides reifes Ei; 6 = haploide Richtungskörper. (Nach Starck)

Abb. 3.82. Längsschnitt durch das Säugetierovar. Beginnend links oben sind im Uhrzeigersinn die aufeinanderfolgenden Stadien eines Eireifungszyklus dargestellt: Einschichtige Primärfollikel (Oocyt rosa), mehrschichtige Sekundärfollikel, de Graaf-Follikel mit Vakuolen (Produktion des ♀ Sexualhormons Östradiol), Follikelsprung (reifes Ei in Coelom entlassen), Gelbkörper (= Corpus luteum, Produktion des Schwangerschaftshormons Progesteron). (Nach Romer)

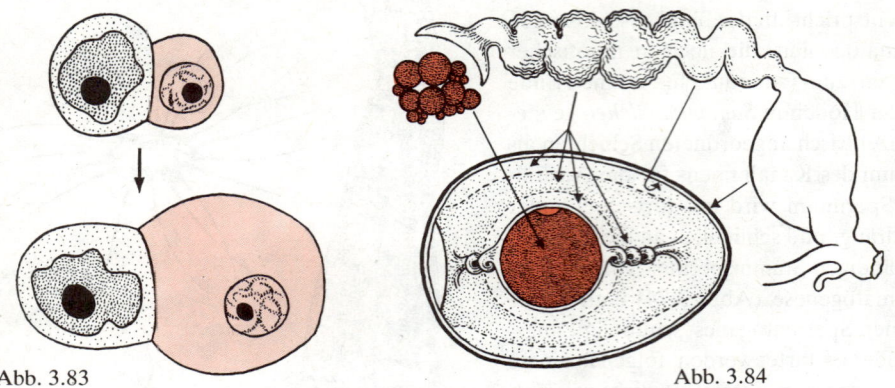

Abb. 3.83

Abb. 3.84

Abb. 3.83. Mit Nährzelle assoziierter Oocyt (rosa) des Polychaeten *Ophryotrocha puerilis*. (Nach Buchner)

Abb. 3.84. Hühnerovar (oben links, rot) mit zugehörigem Gonodukt (links trichterartige Mündung des Ovidukts ins Coelom, rechts Kloakenöffnung) und Längsschnitt durch ein abgelegtes Ei (unten links, stärker vergrößert). Die als »Eigelb« bezeichnete Eizelle (rot, mit heller Keimscheibe am animalen Pol) wird von drei tertiären Hüllen umgeben (Eiweiß, Schalenhaut und Kalkschale), die in den durch Hinweispfeile bezeichneten Abschnitten des Eileiters nacheinander sezerniert wurden; die Besamung des Eies ist bereits vor seiner Umhüllung im Anfangsteil des Ovidukts erfolgt. (Nach Houillon)

wohingegen die anderen drei infolge ihrer Cytoplasmaarmut funktionsunfähig sind. Diese abortiven »Mini-Eizellen« markieren die Lage des animalen Pols des großen Eies (deshalb *Pol-* oder *Richtungskörper* genannt); meist entstehen sie nicht – wie im Schema – in Drei-, sondern nur in Zweizahl (vgl. Abb. 3.91, 3.92), weil von dem abortiven Oocyten II (= 1. Richtungskörper) die zweite meiotische Teilung nicht mehr durchgeführt wird. Drittens stellt das aus der Meiose hervorgegangene haploide Ei sofort – ohne daß noch eine besondere Zelldifferenzierung nötig ist – einen befruchtungs- und entwicklungsfähigen ♀ Gameten dar.

Eine Besonderheit der Oogenese bei Säugetieren besteht darin, daß sich die Oogonien nach der Geburt nicht mehr mitotisch vermehren; aus ihrem limitierten, bei der Geburt im Ovar vorliegenden Bestand müssen daher während des ganzen Lebens sämtliche Oogenesen bestritten werden. Dies ist dadurch gewährleistet, daß die bei vielen Säugetieren jahre- oder gar jahrzehntelang wartenden Oocyten im Eierstock nur einzeln oder höchstens in kleinen Gruppen periodisch heranreifen (Abb. 3.82); der Ablauf dieser *Ovarialzyklen* wird durch mehrere Hormone geregelt (S. 677; Abb. 6.206, S. 682). Die während seines Wachstums in das Ei eingelagerten Reservestoffe können in manchen Fällen wenigstens teilweise außerhalb der Eizelle synthetisiert und als fast oder ganz fertige Produkte in den Oocyten eingeschleust werden. Dies gilt z. B. vielfach für die Dotterproteine, wie sie als *Vitellogenine* oder ♀-spezifische Proteine bei Vögeln in der Leber oder bei Insekten im Speichergewebe *(Fettkörper)* produziert und auf dem Blutwege dem Ovar zugeführt werden. Dort stehen sie den wachsenden Oocyten für ihre Dotterbildung *(Vitellogenese)* zur Verfügung. Bei Fliegen erhält die Eizelle auch RNA von benachbarten Nährzellen (Abb. 4.65, S. 364). In anderen Fällen bilden die Chromosomen des Oocytenkerns, die während der meiotischen Prophase noch wenig spiralisiert sind und in vier Garnituren vorliegen, für die erhöhte Syntheseleistung besondere *Funktionsstrukturen*, die eine gesteigerte Transkription bestimmter Gene ermöglichen [z.B. bei Amphibien die *Lampenbürstenchromosomen* (Abb. 1.156a, b, S. 160) und die der *Genamplifikation* für ribosomale RNA dienenden *Extranucleolen* (Abb. 4.50, S. 353)].

Nimmt eine Eizelle die für ihr Wachstum benötigten Stoffe ohne Mithilfe anderer Zellen selbst aus der umgebenden Körperflüssigkeit auf, so ist das *solitäre Eibildung*; dagegen liegt *alimentäre Eibildung* vor, wenn sich ernährende Hilfszellen sichtbar an diesem Vorgang beteiligen. Man unterscheidet bei diesen Hilfszellen zwischen *Nährzellen* (Abb. 3.83, 3.85b,c), die von Oogonien abstammen und somit den Charakter abortiver Keimzellen haben, und *Follikelzellen*, die somatischen Ursprungs sind und das Ei meist in einem geschlossenen, epithelartigen Verband allseits umgeben (Abb. 3.85a, 3.82). Die Aufnahme und Weitergabe der ins wachsende Ei einzuschleusenden Substanzen wird von den an diesem Vorgang beteiligten Zellen – soweit bekannt – hauptsächlich durch Endo- und Exocytose bewerkstelligt. Das reife Ei ist stets von einer Hülle oder mehreren solchen

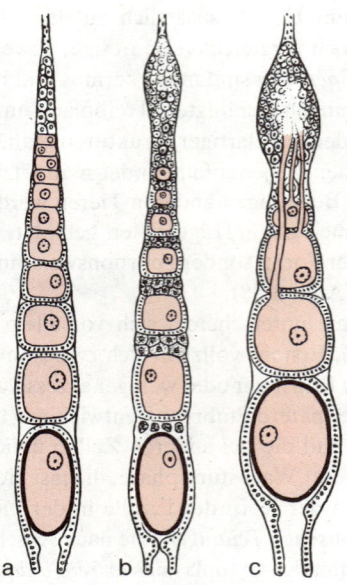

Abb. 3.85 a–c. Eiröhren (Ovariolen) von Insekten. (a) Panoistischer Typ: Alle Oogonien entwickeln sich zu Eiern (rosa), wobei sie allein über die umgebenden Follikelzellen ernährt werden. (b) Meroistisch-polytropher Typ: Die Oogonien werden teils zu Eizellen und teils zu Nährzellen, von denen jedem Oocyten eine bestimmte Anzahl (hier sieben) zugeordnet wird. (c) Meroistisch-telotropher Typ: Die Nährzellen bilden in der Keimzone ein einheitliches Syncytium, mit dem die Oocyten über Fortsätze in Verbindung stehen. Am oberen, geschlossenen Ende jeder Ovariole liegen die in Vermehrung begriffenen Oogonien, am unteren, zum Ovidukt hin offenen Ende befindet sich das jeweils ablagebereite reife Ei, das bereits von seiner als Chorion bezeichneten sekundären Hülle (schwarz) umgeben ist; dazwischen sind die verschiedenen Stadien heranwachsender Oocyten in linearer Folge angeordnet. (Nach Weber)

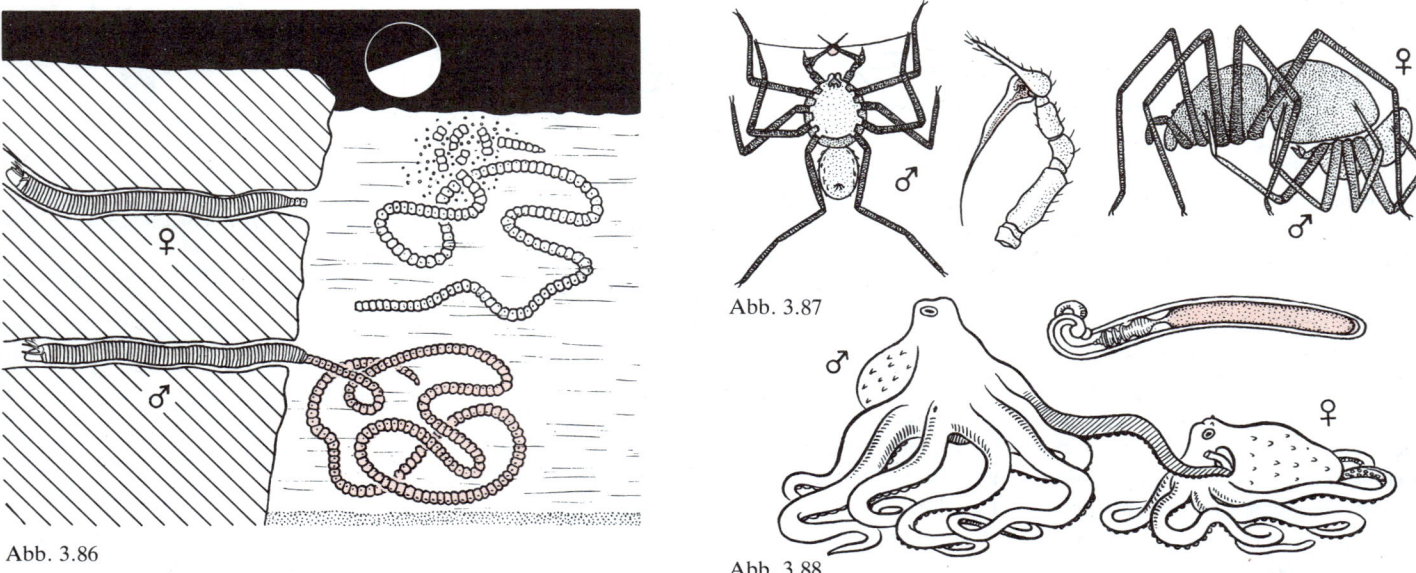

Abb. 3.86.

Abb. 3.87

Abb. 3.88.

umgeben. Eine *Hülle*, die vom Ei selbst gebildet wird, ist eine *primäre* (z. B. die Gallerthülle und die sogenannte Dotter- oder Vitellin-»Membran«, Abb. 3.93), eine Absonderung des Follikels stellt eine *sekundäre Eihülle* dar (z. B. das *Chorion* des Insekteneies); Sekrete des ♀ Gonodukts, die das Ei erst während seiner Passage durch den Genitaltrakt einschließen, bilden *tertiäre Eihüllen* (Abb. 3.84).

3.2.8.2 Besamung

Damit die aus dem Ovar entlassenen Eier von je einem Spermium befruchtet werden können, müssen die reifen ♂ und ♀ Geschlechtsprodukte zunächst in einem als *Besamung* bezeichneten vorbereitenden Schritt zueinander gebracht werden. Hierzu ist es notwendig, die zwischen den Erzeugern der beiden Gametensorten in der Regel bestehende *Individualdistanz* durch besondere *Samenübertragungsmechanismen* zu überbrücken. Viele *Wassertiere* entleeren einzeln oder in einem gemeinsamen *Laichakt* ihre Geschlechtszellen einfach ins Außenmedium, wo es dann durch Turbulenz des Wassers und durch die Eigenbeweglichkeit der Spermien zur Kontaktaufnahme zwischen den beiden Gametensorten, d. h. zu einer *äußeren Besamung* der Eier, kommt. Im Hinblick darauf, daß die ins Wasser entlassenen Gameten meist nur kurze Zeit befruchtungsfähig bleiben, verbessert eine *Koordination der Ei- und Spermaabgabe* durch taktile, chemische oder optische *Signale* (Abb. 7.64, 7.65, S. 752f.), durch wechselseitig stimulierende *Pheromone* (S. 726) oder durch einen bei allen Individuen vom selben *Zeitgeber* synchronisierten Fortpflanzungsrhythmus (Abb. 3.86; Abb. 6.257, S. 719) die Effektivität dieser primitiven Methode. Da Spermien in terrestrischem Milieu keine Möglichkeit zur aktiven oder passiven Fortbewegung haben und außerdem infolge Austrocknung sehr rasch absterben, können *Landtiere* freies Sperma nur bei körperlichem Kontakt zwischen den Geschlechtspartnern *(Begattung)* direkt aus den ♂ in die ♀ Geschlechtswege übertragen. Meist bedienen sich die ♂♂ hierbei eines mit dem Gonodukt verbundenen *Kopulationsorgans (Penis)*, das in die ♀ Geschlechtsöffnung eingeführt wird, doch gibt es auch Fälle von *indirekter Spermaübertragung* (Abb. 3.87). Beim gezielten Samentransfer im Zuge eines Geschlechtsaktes, wie er stets zu einer *inneren* – im ♀ Gonodukt stattfindenden – *Besamung* der Eier führt, genügt eine viel geringere Keimzellenproduktion als beim Ablaichen, um denselben Fortpflanzungserfolg zu sichern. Bei manchen

Abb. 3.86. Bei den ♂♂ und ♀♀ des in südpazifischen Korallenriffen lebenden Polychaeten Eunice viridis machen sich die mit Spermien bzw. Eiern angefüllten Hinterenden (»Palolo«) einmal im Jahr, und zwar in der Nacht des letzten Mondviertels im Oktober oder November, alle gleichzeitig selbständig und entleeren, indem sie während des Schwärmens in der Lagune in kleine Stücke zerbrechen, innerhalb von 2 h ihre Geschlechtsprodukte ins Wasser. Die in den Wohnröhren verbleibenden Vorderenden regenerieren ein neues, in einem der folgenden Jahre sich wiederum fortpflanzendes Hinterstück. (Original Hauenschild)

Abb. 3.87. Das Spinnen-♂ von Scytodes thoracica setzt einen Spermatropfen auf einen zwischen zwei Beinen ausgespannten Faden (links), füllt damit eine an seinen Tastern befindliche Blase (in der Mitte vergrößert) und entleert dieses Hilfsorgan der Begattung in die Geschlechtsöffnung des ♀, welche sich vorn auf der Unterseite des Hinterleibs befindet (rechts). (Nach Vogel u. Angermann)

Abb. 3.88. Beim Kraken Octopus vulgaris führt das ♂ einen besonders gestalteten Arm in die Mantelhöhle des ♀ ein und überträgt damit Spermatophoren (rechts oben vergrößert), aus denen das Sperma (rosa) bei der Eiablage durch einen Quellungsmechanismus freigesetzt wird; die Eier werden in der Mantelhöhle und somit äußerlich besamt. (Nach Geiler)

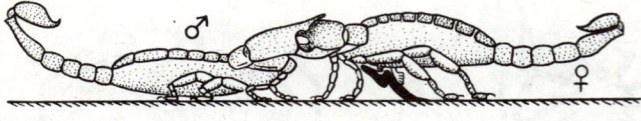 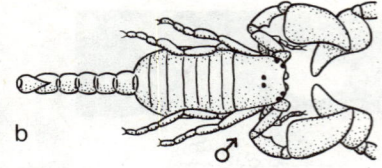 

Tieren halten die ♀♀ ihre befruchteten Eier bis zum Schlüpfen der Jungen in ihrem Genitaltrakt zurück und gewähren ihnen auf diese Weise einen gewissen Schutz *(Ovoviviparie)*; die Säugetiere (und wenige andere Metazoen) führen dabei dem Embryo über ein als *Placenta* bezeichnetes Stoffaustauschorgan sogar Nahrung und Sauerstoff aus dem mütterlichen Blut zu und gebären das Jungtier in einem, gemessen an der Eigröße, weit entwickelten Zustand *(Viviparie)*.

Ein besonderes Prinzip des Spermientransfers besteht in der Übertragung von *Spermatophoren*, die häufig zu innerer, manchmal aber auch zu äußerer Besamung führt. Da die Spermatophorenhülle den von ihr umschlossenen Spermatropfen für kurze Zeit vor Austrocknung bewahren kann, kommt dieses Verfahren nicht nur im Wasser, sondern auch bei einigen Landtieren vor. Bei der direkten Übertragung führt das ♂ seine Spermatophoren entweder in die Geschlechtsöffnung des ♀ ein (z.B. Lungenschnecken, Abb. 3.118) oder heftet sie in deren Nähe dem ♀ außen an (z.B. Cephalopoden, Abb. 3.88); im ersten Fall resultiert eine innere, im zweiten Fall eine äußere Besamung. Bei der *indirekten Spermatophorenübertragung* setzt das ♂ die Spermatophore auf dem Untergrund ab, und das ♀ nimmt sie von dort auf. Dies kann sich entweder zufällig abspielen, ohne daß ♂ und ♀ gleichzeitig zugegen sind (Abb. 3.90), oder es geschieht im Rahmen eines *Paarungsspiels*, bei dem das ♀ vom ♂ zur Aufnahme der Spermatophore veranlaßt wird; das letztere kommt auf dem Lande z.B. bei Skorpionen (Abb. 3.89), im Wasser in ähnlicher Weise bei Molchen vor.

Die ♀♀ verschiedener Tierarten vermögen die in ihre Geschlechtswege aufgenommenen Spermien in einer besonderen Samentasche *(Receptaculum seminis)* oftmals lange in funktionsfähigem Zustand aufzubewahren; so besamt z.B. die Bienenkönigin mit dem ihr bei einem Hochzeitsflug übertragenen Spermienvorrat alle zu ♀♀ bestimmten Eier, die sie während ihres ganzen mehrjährigen Lebens ablegt (vgl. Abb. 3.126).

Abb. 3.89a–c. Der ♂ Skorpion umfaßt seine Partnerin mit den Scheren (a Seitenansicht, b Aufsicht) und zieht sie vorwärts, bis ihre Geschlechtsöffnung über der von ihm vorher am Boden abgesetzten Spermatophore (c) liegt. Ein durch Druck betätigter Hebelmechanismus befördert dann den Spermaballen (rosa) in die ♀ Geschlechtswege, wo eine innere Besamung erfolgt. (Nach Vogel u. Angermann)

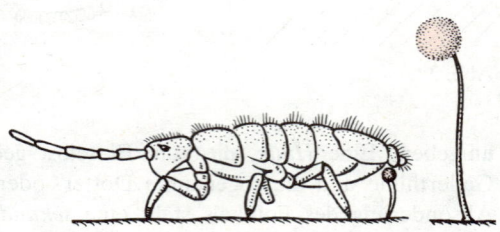

Abb. 3.90. Das ♂ das Collembolen *Orchesella villosa* (Urinsekt) setzt fortlaufend, »routinemäßig«, gestielte Spermatophoren ab (rechts vergrößert), ohne daß ein ♀ Partner anwesend ist; ein etwas später zufällig des Weges kommendes ♀ nimmt, wenn es auf eine genügend frische Spermatophore stößt, den Spermaballen (rosa) ohne Beteiligung des ♂ in seine Geschlechtsöffnung auf. (Nach Geiler)

3.2.8.3 Befruchtung

An die Besamung schließt sich die *Befruchtung* des Eies an, in deren Verlauf ein Spermium (selten mehrere Spermien) in das Ei aufgenommen wird und sich schließlich Ei- und Spermienkern vereinigen. Spermien erlangen die Fähigkeit, mit dem Ei zu reagieren, oft erst dadurch, daß sie auf dem Weg zu ihm durch bestimmte Wirkstoffe eine Veränderung erfahren *(Kapazitierung)*. In einem ersten Schritt klebt das Spermium, nachdem es während der Besamung durch seine Bewegungsaktivität auf ein Ei gestoßen ist, an dessen Hülle fest (Abb. 3.93a, 3.92a).

Das *Stadium der Reifung*, in dem sich das Ei zu diesem Zeitpunkt befindet, ist je nach systematischer Zugehörigkeit verschieden (Abb. 3.91); hat der Eikern seine Meiose noch nicht begonnen (a, vgl. auch Abb. 3.92) oder in einem bestimmten Stadium angehalten (b, c), löst erst das befruchtende Spermium den Beginn bzw. Fortgang der Reifeteilungen aus. Nach Abschluß seiner Meiose schwillt der haploide Eikern zum ♀ Vorkern an (Abb. 3.92d–e) und ist nunmehr zur Karyogamie bereit. Beim Spermium löst der intensive Kontakt mit der primären oder sekundären Hülle des Eies eine *Reaktion seines Akrosoms* aus (Abb. 3.93b–e). Das Akrosombläschen öffnet sich dabei und setzt dadurch Enzyme frei, die dem Spermium durch lokale Auflösung der Eihülle ein Vordringen zum *Oolemma*, der Zellmembran des Eies, ermöglichen; anschließend stülpen sich aus der inneren Akrosommembran fingerförmige Fortsätze aus und nehmen Kontakt mit dem

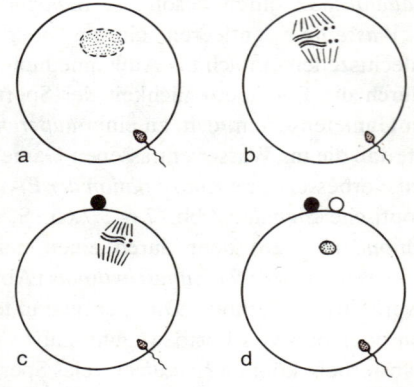

Abb. 3.91a–d. Oogenesestadium, in dem sich die Eizelle zu Beginn ihrer Befruchtung befindet: (a) Oocyt I mit Kern in meiotischer Prophase (Nematoden, Mollusken). (b) Oocyt I in Metaphase I (Ascidien). (c) Oocyt II in Metaphase II mit 1. Richtungskörper (Wirbeltiere). (d) Reifes Ei mit haploidem ♀ Vorkern und 1. und 2. Richtungskörper (Seeigel). (Nach Houillon)

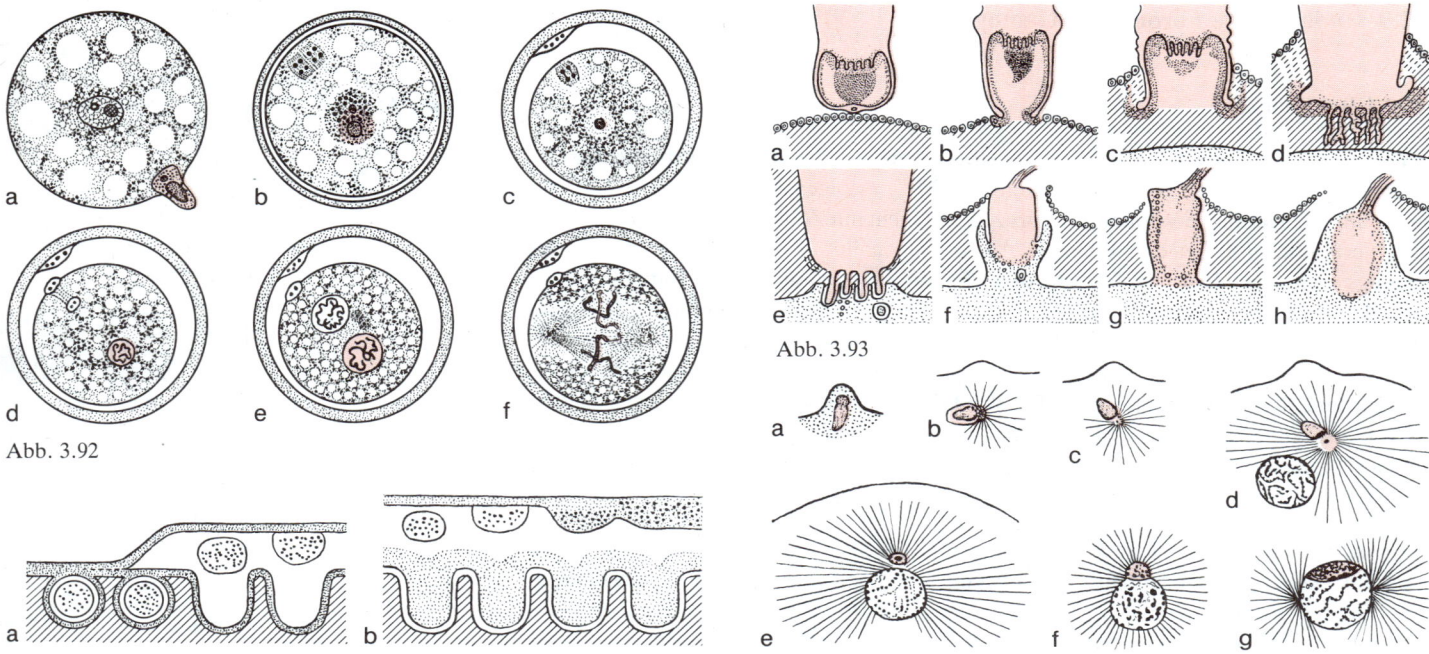

Oolemma auf. Das als *Empfängnishügel* dem Spermium entgegenströmende Rindenplasma des Eies vereinigt seine Membran mit der Akrosommembran des Spermiums (f, g) und vollzieht dadurch die *Cytogamie*. Danach werden Kopf und Mittelstück des Spermiums in das Innere des Eies verlagert, wohingegen der Spermienschwanz in den meisten Fällen außen zurückbleibt (Abb. 3.93h, 3.95a). Während das Spermium die Eirinde durchdringt, setzt es im Ei eine Kette von enzymatischen Reaktionen in Gang *(Aktivierung)*, welche die Fortsetzung der Meiose oder die erste Furchungsteilung und damit den Beginn der Embryonalentwicklung einleiten (S. 365f.). Für die Furchung steuert das Spermium außer seinem Kern auch sein (proximales) Centriol bei. Dieses organisiert anstelle des während der Oogenese inaktivierten Eicentriols einen zunächst monozentrischen *Spindelapparat* (»Monaster«, Abb. 3.95b–f), der nach erfolgter Karyogamie und Verdoppelung des Centriols zum zweipoligen Diaster wird (Abb. 3.95g, 3.92f). Der haploide Spermienkern schwillt im Eiinnern zum ♂ *Vorkern* an (Abb. 3.95e–f, 3.92c–e) und vollzieht durch seine Fusion mit dem ♀ Vorkern (Abb. 3.95f–g) und durch die Vereinigung der väterlichen und mütterlichen Chromosomen (Abb. 3.92f) die *Karyogamie* als Abschluß des gesamten Befruchtungsvorganges.

Bei den meisten Metazoen darf nur *ein* Spermium in das Ei gelangen, wenn die Befruchtung normal verlaufen soll; das Eindringen überzähliger Spermien wird in diesen Fällen durch eine Veränderung des Oolemmas verhindert, die von der Einschlagstelle des ersten Spermiums aus rasch über die ganze Eioberfläche fortschreitet und diese für weitere Spermien undurchdringlich macht. Dabei entsteht eine sich vom Ei abhebende *Befruchtungsmembran*, an deren Bildung neben der primären Eihülle auch der Inhalt der sich dabei öffnenden Rindenvakuolen (Corticalgranula) beteiligt ist (Abb. 3.94). Es gibt aber auch Tiere, bei denen regelmäßig mehrere Spermien in das Ei vordringen, ohne daß dadurch der Befruchtungs- und Entwicklungsablauf gestört wird (Abb. 3.96); bei einer solchen *physiologischen Polyspermie* beteiligt sich nur der dem Eikern am nächsten liegende ♂ Vorkern an der Karyogamie, während die überzähligen, weiter abseits liegenden Spermienkerne unter dem Einfluß des dabei gebildeten Zygotenkerns absterben.

Abb. 3.92 a–f. Befruchtung bei Parascaris equorum bivalens (Pferdespulwurm). (a) Das geißellose Spermium (rosa) dringt in das Ei ein. (b) Der Spermienkern liegt im Eizentrum, der Oocytenkern ist an die Peripherie gewandert und durchläuft seine 1. meiotische Teilung. (c) Der 1. Richtungskörper ist abgeschnürt und das Ei innerhalb seiner Hülle kontrahiert, der Kern des Oocyten II befindet sich in der 2. Reifeteilung. (d) 2. Richtungskörper abgeschnürt, Spermienkern zum ♂ Vorkern angeschwollen. (e–f) Die Sammelchromosomen des ♂ und ♀ Vorkerns (n = 2) ordnen sich nach Auflösung der Kernmembranen gemeinsam in die Äquatorialplatte der 1. Furchungsmitose ein und vollziehen auf diese Weise die Karyogamie zu 2n = 4. (Nach Buchner)

Abb. 3.93 a–h. Akrosomreaktion und Aufnahme des Spermiums in das Ei bei dem Polychaeten Eupomatus dianthus. Spermium rosa, die außen durch die Dottermembran begrenzte Gallerthülle des Eies (primäre Eihülle) schraffiert, Eicytoplasma grob punktiert, enzymhaltiger Inhalt des Akrosoms fein punktiert. (Nach Heß)

Abb. 3.94 a, b. Bildung der Befruchtungsmembran beim Ei des Seeigels: (a) Spaltung des Oolemmas und Öffnung der Rindenvakuolen. (b) Aus der abgehobenen Oolemmaschicht entwickelt sich durch Aufnahme des Vakuoleninhalts die Befruchtungsmembran. (Nach Houillon)

Abb. 3.95 a–g. Entwicklung des ♂ Vorkerns (rosa) und des Spindelapparates aus dem Spermienkopf (a–e) und Karyogamie (f, g) in dem in Befruchtung begriffenen Ei des Seeigels Toxopneustes. (Nach Buchner)

3.2.9 Rudimentäre Formen der Gamogonie

3.2.9.1 Bei Pflanzen

Bei mehrzelligen Pflanzen kann die monocytogene, ungeschlechtliche Fortpflanzung nach Bildung von Mito- oder Meio-Agameten (S. 267f.) erfolgen. Traditionellerweise wird dieser ungeschlechtliche Vermehrungsprozeß, der nicht mit Zell- und Gametenverschmelzung verbunden ist, bei den Pflanzen *Apomixis* genannt. Er ist cytologisch mit dem Teilungswachstum identisch. Entscheidend für die Bezeichnung eines Individuums als apomiktisch ist jedoch die Tatsache, daß die Möglichkeit zur geschlechtlichen Fortpflanzung erkennbar vorhanden war oder noch ist.

Die Bildung lebensfähiger Vermehrungskörper ist bei den apomiktischen Arten auf verschiedene Weise erreicht (Abb. 3.97). Wird sie durch Samen erzielt, so setzt sie jedoch die Bildung eines Embryos voraus *(Agamospermie)*. Dieser kann auf verschiedene Weise und aus verschiedenartigen Zellen der Samenanlage hervorgehen (Parthenogenese, Apogamie, Adventivembryonie).

Parthenogenese bezeichnet die Entwicklung einer Eizelle ohne Befruchtung. Die Eizelle kann auf zwei Arten entstanden sein, entweder aus einer normalen Megasporenmutterzelle, die zur Bildung eines Embryosackes determiniert war, oder aus einer diploiden somatischen Zelle des benachbarten Nucellus- oder Integumentgewebes. Im ersten Falle muß, damit es zur Bildung diploider Eizellen und Embryonen kommen kann, die Meiose umgangen werden *(Apomeiose)*. Im zweiten Fall ist die Möglichkeit zum Durchlaufen der meiotischen Teilung von vornherein dadurch ausgeschaltet, daß die Bildung von einer somatischen Zelle ihren Ausgang nahm, nicht von einer Archesporzelle. Das Stadium der Sporenbildung fällt in diesem Falle fort *(Aposporie*, Abb. 3.98a). Durch das Entfallen der Meiose erübrigt sich auch eine Befruchtung.

Haploide Parthenogenese kommt bei Höheren Pflanzen nur selten vor, wie z. B. durch art- oder gattungsfremde Bestäubung ohne Gametenkopulation. Die so entstehenden haploiden Pflanzen sind unter natürlichen Bedingungen meist nicht lebensfähig und hochgradig steril.

Apogamie. Die Bildung eines Embryos braucht jedoch nicht immer von einer Eizelle auszugehen. Charakteristisch für diese Form der Apomixis ist die Entstehung eines Embryos aus anderen Embryosackzellen als der Eizelle, z.B. aus den Synergiden oder Antipoden (somatische Apogamie, Abb. 3.98c). Ein so entstehender diploider Embryosack kann entweder durch Apomeiose aus einer Archesporzelle (ovogene Aposporie) oder durch Aposporie aus einer diploiden Sporophytenzelle hervorgehen. Alle Nachkommen, die bei der Apogamie entstehen, sind genau identisch, da sie das gleiche Genom enthalten; sie gleichen daher in allen Eigenschaften genau der Mutterpflanze.

Viele apogame Arten (z. B. *Hieracium, Taraxacum, Alchemilla, Rubus, Poa*) sind extrem polymorph: Aufgrund geringer morphologischer Unterschiede werden sie taxonomisch in Kleinarten oder Varietäten unterteilt, die nur noch der Spezialist unterscheiden kann. Infolge der fehlenden Befruchtung und Meiose wird jede Mutation »konserviert«, sofern das Milieu es zuläßt, da sich die Pflanzen ständig apogam fortpflanzen.

Oft ist zur Auslösung der apogamen Entwicklung der Eizelle noch eine Bestäubung notwendig; diese wird dann als *Pseudogamie* bezeichnet. In manchen Fällen ist nur noch eine Befruchtung des sekundären Embryosackes nötig, damit die Endospermentwicklung ausgelöst wird (z. B. bei *Potentilla*). Andere Arten bedürfen auch der Befruchtung dieses Kerns nicht mehr. Dann wirkt der Pollen oder gar eine Ersatzsubstanz oder ein Temperaturschock nur noch als Reiz zur Anregung der Entwicklung *(Reizbefruchtung)*. Unspezifische chemische Faktoren lösen dann den Prozeß der Embryoentwicklung aus.

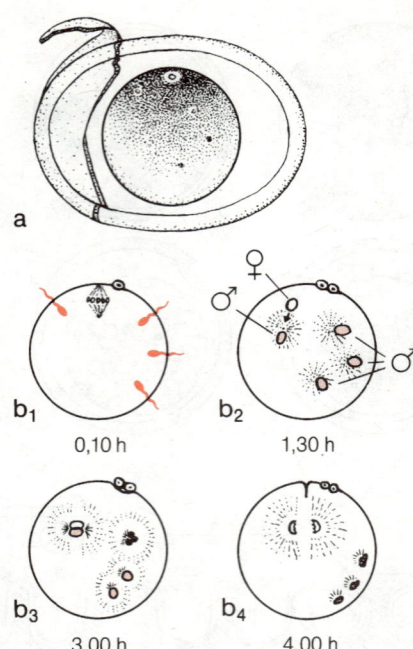

Abb. 3.96. (a) Besamtes Molchei in seinen Hüllen (äußere klebrige Schicht größtenteils entfernt); Eikern als heller Fleck am animalen Pol (oben) und Eindringstellen von vier Spermien als Punkte sichtbar. (b) Befruchtungsverlauf mit Zeitangabe: (b_1) 1. Richtungskörper vorhanden, Eikern in Metaphase II; (b_2) 2. Richtungskörper abgeschnürt; (b_3) der haploide Eikern verschmilzt mit dem nächstliegenden ♂ Vorkern, während die drei überzähligen, weiter entfernt liegenden Spermienkerne zu degenerieren beginnen; (b_4) Zygotenkern in der 1. Furchungsteilung, die drei unverschmolzenen ♂ Vorkerne inaktiviert. (Nach Hadorn)

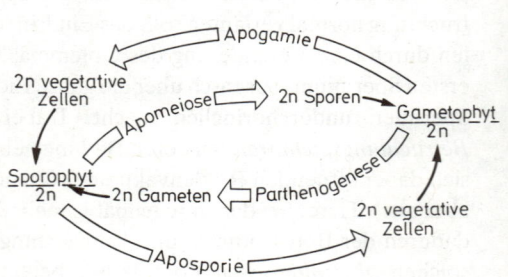

Abb. 3.97. Schema der verschiedenen apomiktischen Prozesse

Adventivembryonie stellt eine Übergangsform der Agamogonie zur vegetativen Reproduktion dar. Da in diesem Fall Embryonen und Samen gebildet werden, handelt es sich um *Agamospermie*. Der Embryosack entsteht jedoch nicht nur aus der Embryosackmutterzelle, sondern auch aus Zellen des benachbarten Nucellus- oder Integumentgewebes (Abb. 3.98b), die in den Embryosack hineinwachsen, oft den ursprünglichen Embryo verdrängen und dessen Platz und Funktion einnehmen. Solche Form der *Nucellarembryonie* kommt regelmäßig bei *Citrus* vor und ist häufig in den Familien der Buxaceen, Cactaceen, Euphorbiaceen, Myrtaceen und Orchideen. Bei dieser Art Apomixis entsteht der Embryo, der Sporophyt also, direkt aus diploiden Sporophytenzellen unter Umgehung des Gametophytenstadiums. Die Verhältnisse sind demnach durchaus anders als bei der Aposporie, wo die Sporophytenzellen zunächst noch einen Embryosack, also einen Gametophyten, ausbilden. Lediglich der Entstehungsort deutet noch auf einen Zusammenhang mit der ursprünglich sexuellen Fortpflanzung hin.

Ursache der Apomixis. Nicht alle Pflanzen, die sich vegetativ vermehren, sind nur auf diese Fortpflanzungsart angewiesen; sie können daneben auch auf rein sexuellem Wege Samen bilden. Erdbeeren bilden in großer Menge Ausläufer, aber auch Samen. *Drosera pygmeae* zeigt je nach Länge der Lichtperiode Bulbillen- oder Samenbildung. Beide Vermehrungstypen sind zeitlich oder räumlich voneinander getrennt. *Hieracium robustum* bildet in Südfrankreich Samen; verpflanzt man es nach Schweden, so vermehrt es sich ausschließlich apomiktisch, da die veränderten Umweltbedingungen eine normale Ausbildung der Gameten verhindern.

Welche Vorgänge liegen dem apomiktischen Verhalten zugrunde? Cytologische Untersuchungen haben gezeigt, daß bei apomiktischen Arten stets schwere Störungen im Ablauf der Meiose vorliegen, sowohl in den Pollen als auch in den Embryosackmutterzellen. Bei all diesen Störungen ist eine deutliche Tendenz zu erkennen, aus einer Meiose in ihrer typischen Erscheinungsform eine Mitose zu machen, d.h. die Reduktion der Chromosomenzahl zu umgehen und durch eine mitotische Teilung zu ersetzen, bei der die diploide Zahl erhalten bleibt. Diese Entwicklungstendenz ist durch das Auftreten mehrerer Teilungstypen gekennzeichnet, die sich durch steigende Abweichung vom Normalfall auszeichnen.

Bei zahlreichen Arten ist das Vorkommen von Apomixis genetisch fixiert. In anderen Fällen kommt es durch Bastardierung zu Störungen in der Gametenbildung. Beide Faktorenkomplexe sind durch äußere Faktoren – wie Temperatur, Wasserhaushalt und Ernährungszustand der Pflanzen – variierbar.

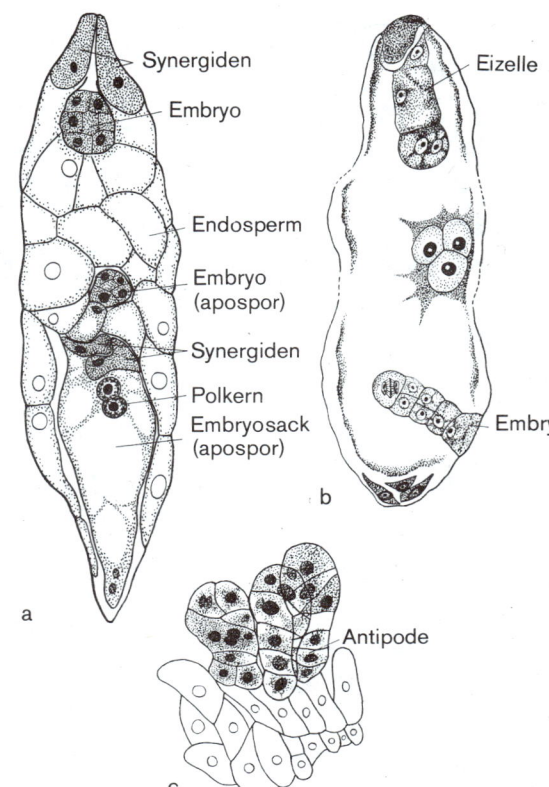

Abb. 3.98. (a) Aposporie bei *Hieracium flagellare*. Im Nucellus haben sich zwei Embryosäcke entwickelt. Der eine besteht aus Embryo, Synergiden und Endosperm, der andere aus Synergiden und Polkernen. (b) Apomiktische Embryobildung bei *Alchemilla pastoralis*. Die Eizelle entwickelt sich parthenogenetisch weiter. Außerdem entsteht ein Embryo aus dem Nucellus. (c) Embryobildung aus den Antipoden (*Allium odorum*). (Aus Oehlkers)

3.2.9.2 Bei Tieren

Betrachtet man die genetische Rekombination als primäre biologische Bedeutung des Sexualprozesses, so muß eine *bisexuelle Fortpflanzung* mit Fremdbefruchtung (*Amphimixis*), bei der sich unterschiedliche Genome mischen, als »normal« und *phylogenetisch ursprünglich* gelten. Demgemäß sind die als »*Automixis*« zusammengefaßten Selbstbefruchtungsprozesse aller Art, die eine genetische Rekombination stark einschränken oder gar völlig verhindern, als *Spezialfälle* einzustufen, die sich von einer amphimiktischen Gamogonie ableiten. Sinngemäß entsprechendes gilt auch für die monosexuelle Fortpflanzung, bei der auf eine Befruchtung und zumeist auch auf eine Meiose überhaupt verzichtet wird (Parthenogenese), so daß eine genetische Rekombination vollständig entfällt.

Bei Protozoen kommt es vereinzelt vor, daß sich Geschwistergameten, die mitotisch vom selben haploiden Gamonten abstammen und daher erbgleiche Angehörige eines Klons sind, untereinander paarweise befruchten; die bei dieser *Pädogamie* entstehenden Synkaryen sind 100%ig homozygot (Abb. 3.100). Von Pädogamie im weiteren Sinn wird auch bei diplontischen Protozoen gesprochen, wenn lediglich die diploiden Gamonten gene-

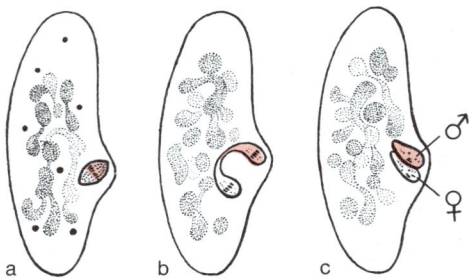

Abb. 3.99 a–c. Autogamie zwischen zwei Gametenkernen (c), welche aus ein und demselben Gonenkern (a) durch Mitose entstanden sind (b), bei dem Ciliaten *Paramecium aurelia*. (Nach Grell)

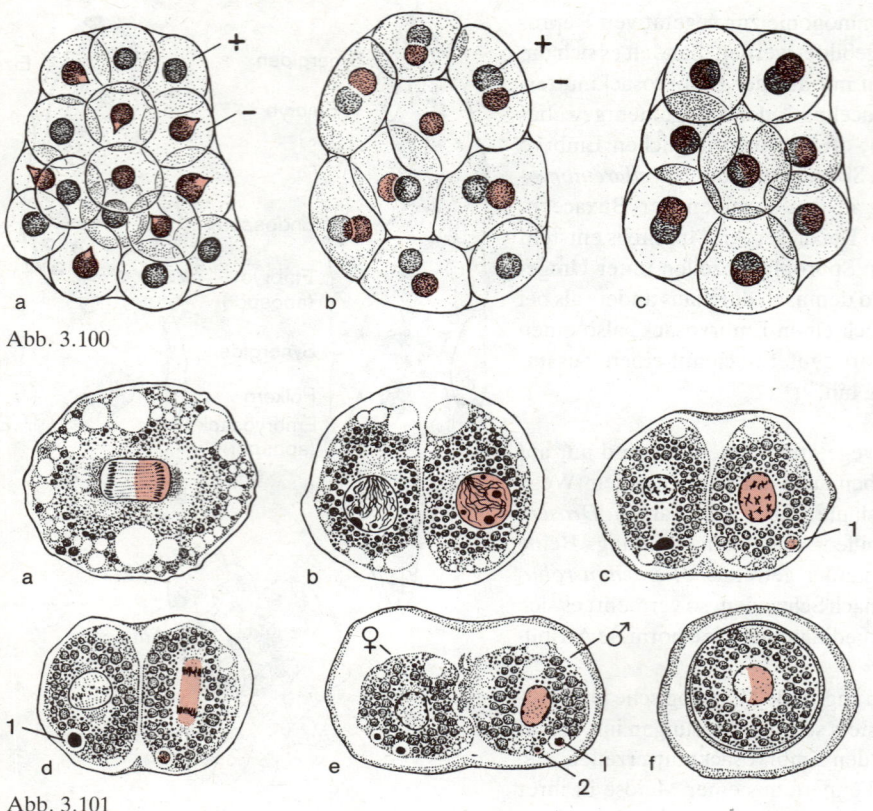
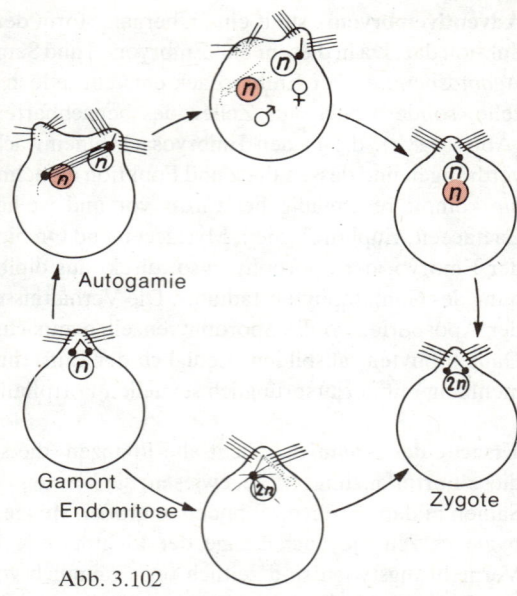

Abb. 3.100 a–c. Gamont von *Rotaliella heterocaryotica* (Foraminifere). Die 16 Geschwistergameten, die der haploide Gamont durch vier Mitosen gebildet hat (a), verschmelzen untereinander paarweise (b) zu acht Zygoten (c). Eine solche Selbstbefruchtung heißt Pädogamie. (Nach Grell)

Abb. 3.101 a–f. Sogenannte Pädogamie bei dem diplontischen Heliozoon *Actinophrys sol*. (a) Ein encystiertes diploides Individuum teilt sich mitotisch in zwei Gamonten. (b–d) Die beiden Geschwistergamonten führen unabhängig voneinander zwei meiotische Kernteilungen durch, in denen jedesmal einer der beiden Tochterkerne (1, 2) abstirbt, und wandeln sich dadurch als Ganze in je einen, mit dem jeweils einzigen überlebenden Gonenkern ausgestatteten Gameten um. (e–f) Die beiden Gameten verschmelzen zu einer Zygote, die nach einer gewissen Ruhezeit als neues, sich wieder durch Zweiteilung vermehrendes Individuum aus ihrer Hülle schlüpft. Der ganze Vorgang ist ein faktisch nicht mit Fortpflanzung verbundener Sexualprozeß, da sich das aus ihm hervorgehende Individuum (f) von dem Ausgangsstadium (a) nur dadurch unterscheidet, daß sein Kern ein aus den beiden Sätzen neu zusammengestelltes Genom enthält. (Nach Grell)

Abb. 3.102. Übergang von der Haplo- zur Diplophase durch Autogamie oder Endomitose bei dem polymastiginen Flagellaten *Barbulanympha*. (Nach Grell)

tisch identische Geschwisterzellen sind; die von ihnen abstammenden und später miteinander kopulierenden Gameten brauchen hier aber infolge der dazwischenliegenden, von beiden Gamonten unabhängig durchgeführten Meiose nicht notwendigerweise völlig identische Genome zu enthalten (Abb. 3.101). Unterbleibt die Ausbildung zelliger Gameten und verschmelzen zwei haploide, vorher durch eine Mitose auseinander hervorgegangene Kerne innerhalb ein und desselben Gamonten miteinander, so wird dies als *Autogamie* bezeichnet. Derartiges kommt bei Ciliaten gelegentlich anstelle einer Konjugation vor und ergibt ein aus Stationär- und Wanderkern desselben Individuums gebildetes, homozygotes Synkaryon (Abb. 3.99, vgl. auch Abb. 3.102 oben). Eine extreme Stufe der Rückbildung hat eine Gamogonie erreicht, bei der anstelle der Bildung von Gametenkernen und ihrer Karyogamie nur noch eine *Endomitose* stattfindet (Abb. 3.103), durch die der haploide Kern und damit der Gamont ohne Befruchtung in eine »Zygote« überführt wird (Abb. 3.102 unten). Bei manchen haplontischen Protozoen können sich Gameten auch unbefruchtet, unter gleichzeitigem Ausfall der Meiose, weiterentwickeln und wieder der ungeschlechtlichen Fortpflanzung zuwenden; bei ♀ Gameten wird dies als *Parthenogenese*, bei ♂ (wo es nur bei Isogametie vorkommt) als *Ephebogenese* bezeichnet.

Bei Metazoen repräsentieren die relativ seltenen Fälle, in denen die von einem zwittrigen Individuum gebildeten Eier von seinen eigenen Spermien befruchtet werden, ein der Pädogamie diplontischer Protozoen entsprechendes automiktisches Phänomen. Zumeist wird jedoch eine solche *Selbstbefruchtung von Zwittern* durch besondere Einrichtungen verhindert (S. 311 f.). Der Autogamie bei Protozoen vergleichbar ist die *Parthenogamie* in den Eiern mancher Salinenkrebse (*Artemia*), in denen der Zygotenkern durch Verschmelzung des Eikerns mit dem aus der zweiten Reifeteilung hervorgegangenen zweiten

Richtungskern entsteht. *Parthenogenese* ist bei Rotatorien, Cladoceren, Blattläusen und Hymenopteren weit verbreitet; unter den Wirbeltieren sind nur einzelne Fälle bekannt (z. B. bei einigen Eidechsen und Truthühnern). Bei der *diploiden Parthenogenese* fällt in der Oogenese die Meiose aus, und die diploiden, befruchtungsunfähigen Eier entwickeln sich *obligatorisch parthenogenetisch*, wobei alle auf diese Weise erzeugten Nachkommen untereinander und mit der Mutter erbgleich sind (Ausnahme: Blattlaus-♂, Abb. 3.124). Vielfach steht die diploide Parthenogenese, die meist in Abwesenheit von ♂♂ durch rein ♀ Populationen ausgeübt wird, im Wechsel mit bisexueller Fortpflanzung (Abb. 3.114). Bei der *haploiden Parthenogenese* finden in der Oogenese normale Reifeteilungen statt, und die aus ihnen hervorgehenden haploiden Eier können befruchtet werden und sich mit einem amphimiktisch entstandenen, diploiden Zygotenkern normal entwickeln. Wenn eine Befruchtung ausbleibt, können sich diese Eier auch allein mit dem mütterlichen Genom entwickeln. So entstehen fakultativ entweder vollständig haploide Individuen (Zwerg-♂♂ der monogononten Rotatorien), oder es bleibt nur die Keimbahn haploid, während in den Somazellen im Verlauf der Ontogenie – durch Verschmelzung von Furchungskernen oder durch Endomitose (Abb. 3.103) – eine höhere Ploidiestufe erreicht wird (♂♂ bei Bienen und anderen Hymenopteren). Diese *fakultative haploide Parthenogenese* ist in den genannten Fällen derart mit der Geschlechtsbestimmung verknüpft, daß sich aus unbefruchteten Eiern stets ♂♂ und aus befruchteten Eiern in der Regel ♀♀ entwickeln (Abb. 3.125, 3.126). Als Zwischenstufe auf dem Wege der Rückbildung einer bisexuellen Fortpflanzung zur Parthenogenese läßt sich das Phänomen der *Merospermie* interpretieren, wie es von einigen Planarien, Nematoden und Fischen bekannt geworden ist. In den betreffenden Fällen müssen die Eier, um sich entwickeln zu können, ein Spermium empfangen; jedoch nimmt nur das Centriol dieses Spermiums an der Entwicklung teil. Da sich der Spermienkern auflöst, wird diese wie bei einer Parthenogenese allein vom mütterlichen Genom des Eikerns geleistet (Abb. 3.104).

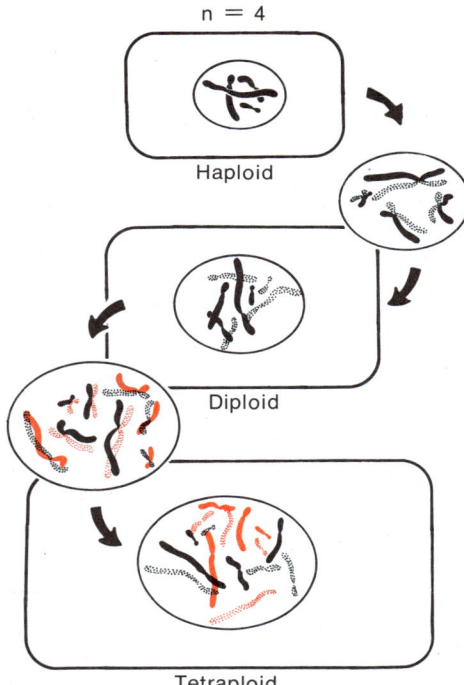

Abb. 3.103. Umwandlung eines haploiden Kerns in einen tetraploiden durch zwei Endomitosen, bei denen die Chromosomen zwar verdoppelt, jedoch nicht auf zwei Tochterkerne verteilt werden. (Original Czihak)

3.3 Generations- und Fortpflanzungswechsel

Kommen unterschiedliche Fortpflanzungsarten gleichzeitig oder nacheinander bei ein und demselben Individuum vor, so wird dies als *Fortpflanzungswechsel* bezeichnet; z. B. kann ein Süßwasserpolyp *(Hydra)* je nach den herrschenden Außenbedingungen erst Knospen und später Gameten erzeugen oder umgekehrt. Dagegen liegt ein *Generationswechsel* vor, wenn sich die aufeinanderfolgenden Generationen in unterschiedlicher Weise fortpflanzen, wobei jedes Individuum auf einen Fortpflanzungsmodus festgelegt ist. Je nach der Zahl der verschiedenen Fortpflanzungsarten ist der Generationswechsel zwei- oder dreigliedrig. Beim *obligatorischen Generationswechsel* alternieren die verschiedenen Fortpflanzungsarten in einer festgelegten Sequenz, während beim *fakultativen* die Generationen mit unterschiedlicher Fortpflanzungsweise in Abhängigkeit von den jeweiligen äußeren Umständen unregelmäßig aufeinander folgen. An einem *primären Generationswechsel* sind ausschließlich die monocytogenen Fortpflanzungsarten Gamogonie und Agamogonie beteiligt; dieser Typ ist für Pflanzen und Protozoen charakteristisch. Bei Metazoen kommt (abgesehen von den Mesozoen) nur ein *sekundärer Generationswechsel* vor, bei dem eine bisexuelle Gamogonie mit einer zweiten Fortpflanzungsart abwechselt, die in der Evolution vermutlich erst sekundär erworben wurde. Wenn dies eine polycytogen-ungeschlechtliche ist, wird der sekundäre Generationswechsel *Metagenese* genannt; wenn die zweite Fortpflanzungsart eine Parthenogenese (= monosexuelle Gamogonie) ist, heißt er *Heterogonie*.

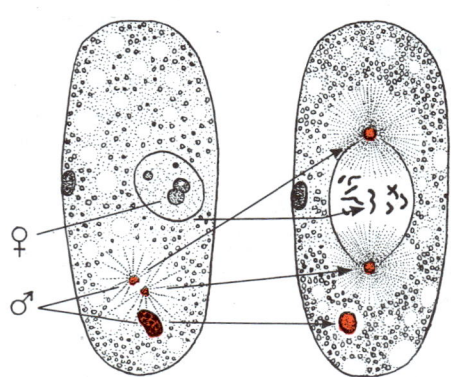

Abb. 3.104. Merospermie bei dem Nematoden *Rhabditis monohystera*. Die Chromosomen der 1. Furchungsteilung (rechts) stammen ausschließlich aus dem Eikern, der nur eine mitotische »Reifeteilung« durchgemacht hat und daher diploid geblieben ist; der eingedrungene Spermienkopf (rosa) steuert lediglich sein Centriol zum Aufbau der Furchungsspindel bei, wohingegen sein Kern an der Entwicklung nicht beteiligt wird und degeneriert. (Nach Buchner)

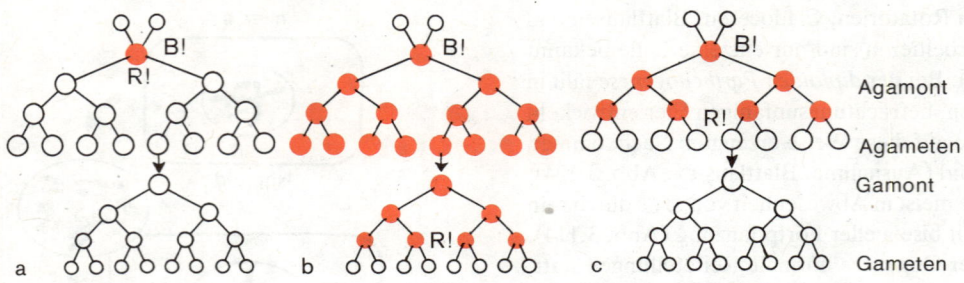

Abb. 3.105 a–c. Schema des haplohomophasischen (a), diplohomophasischen (b) und heterophasischen (c) primären Generationswechsels. Haploide Zellen weiß, diploide rot; B! = Befruchtung, R! = Meiose. (Nach Grell)

3.3.1 Primärer Generationswechsel

Bei dem Wechsel zwischen der Gameten erzeugenden und der sich durch Agameten fortpflanzenden Generation kann man hinsichtlich der Kernphase zwei Typen unterscheiden:

a) *Homophasischen Generationswechsel*, bei dem alle Generationen hinsichtlich ihrer Kernwertverhältnisse (haploide oder diploide Kernphase) gleich sind. Im Falle des *haplohomophasischen* Generationswechsels (Abb. 3.105a) gehört sowohl die sich ungeschlechtlich vermehrende Agamontengeneration als auch die sich geschlechtlich fortpflanzende Gamontengeneration der Haplophase an, da die Meiose unmittelbar auf die Befruchtung folgt. Umgekehrt haben beim *diplohomophasischen* Generationswechsel (Abb. 3.105b) beide Generationen diploide Kerne.

b) *Heterophasischen (diphasischen) Generationswechsel*, bei dem die Gameten erzeugende Generation eine andere Kernphase als die Agameten erzeugende hat (Abb. 3.105c).

3.3.1.1 Bei Pflanzen (Biontenwechsel)

Ein Schema des primären Generationswechsels bei Pflanzen zeigt Abb. 3.106. Gametophyt und Sporophyt können morphologisch gleich *(isomorph)* oder verschieden *(heteromorph)* sein.

Der primäre Generationswechsel ohne Kernphasenwechsel kommt bei einigen niederen Organismen sowie bei apospøren und apogamen Farnen vor. Heterophasischen Generationswechsel zeigen unter den Pflanzen besonders deutlich die Archegoniaten (Moose und Farne; Abb. 3.52), doch ist er auch bei den Samenpflanzen ausgebildet.

Der zyklische Charakter des Generationswechsels wird häufig durch ungleiche Länge und durch Gestaltwechsel der beiden Generationen verborgen. Außerdem kann eine Generation mit der anderen verbunden bleiben und wird dann von dieser wie ein Schmarotzer vom Wirtsorganismus ernährt. Bei den Moosen bleibt der Sporophyt *(Sporogon)* mit seinem Fuß im Gametophyten verankert (Abb. 6.23a). Bei den Samenpflanzen bleibt hingegen der weibliche Gametophyt immer von Sporophytengewebe umschlossen.

Die Kenntnisse über die Determinationsfaktoren, die den Übergang von einer Generation zur anderen steuern, sind noch sehr lückenhaft. Die einzelnen Entwicklungsschritte vollziehen sich im Zusammenspiel von genetischer Information und äußeren Faktoren. Häufig kommt es zur Umdeterminierung des Keimzellencharakters, wodurch zusätzliche kurzgeschlossene Vermehrungszyklen (Nebenkreisläufe) entstehen. Im Laufe der Evolution haben sich in den verschiedenen Gruppen des Pflanzenreiches zahlreiche Abwandlungen im Zusammenhang mit morphogenetischen Prozessen vollzogen, die zu einer großen Mannigfaltigkeit der Generationswechsel führten (Abb. 3.107). Diese lassen sich alle auf das Prinzip der Alternation von Sporophyt und Gametophyt zurückführen.

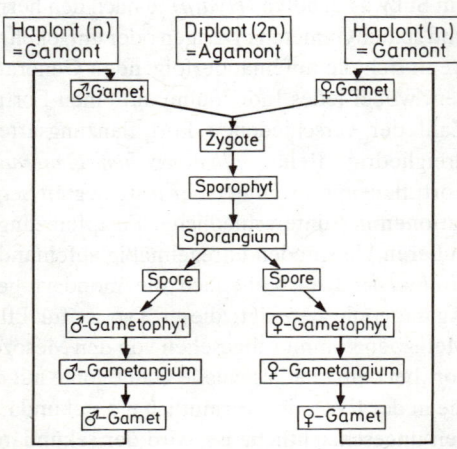

Abb. 3.106. Schema des primären Generationswechsels bei Pflanzen

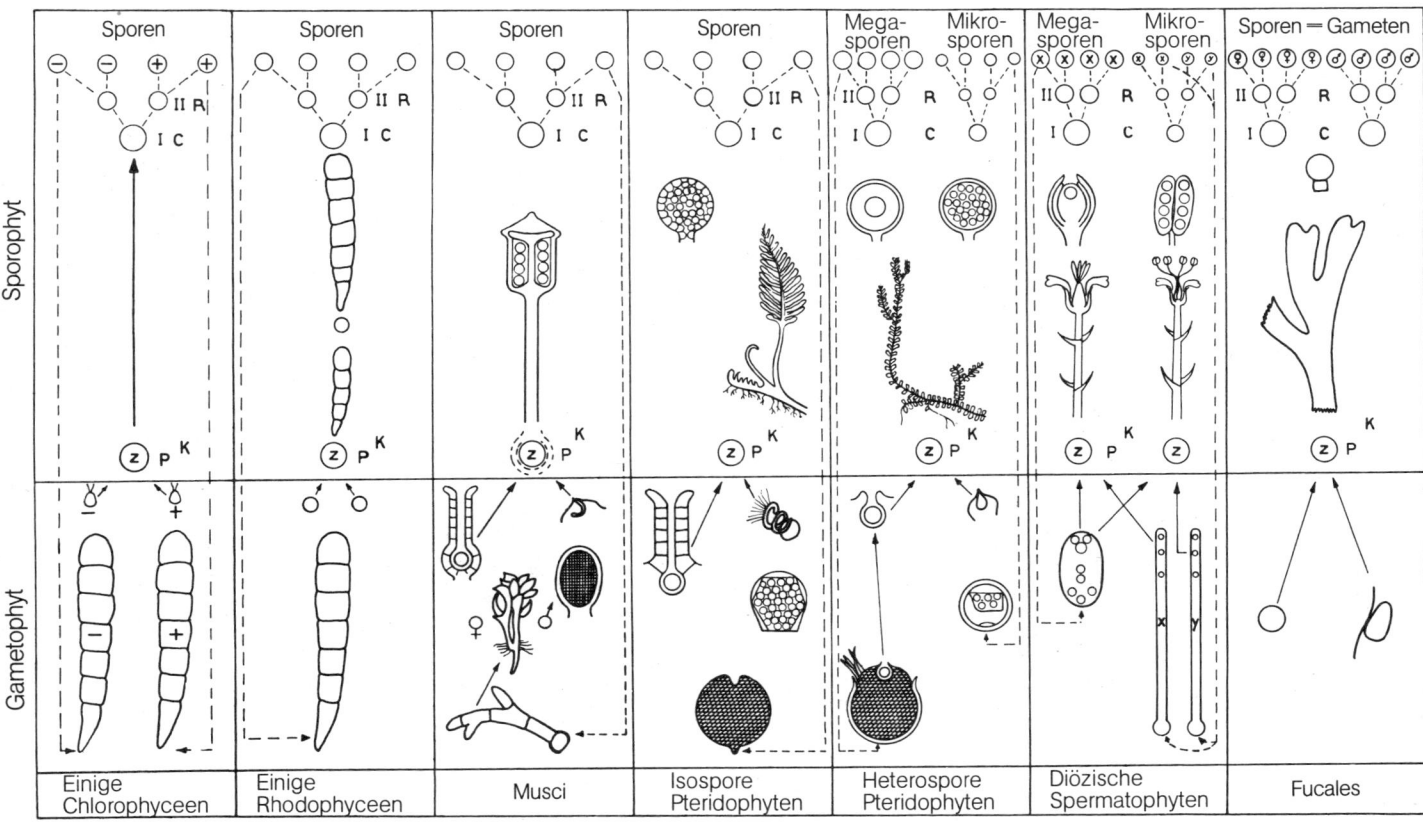

Abb. 3.107. *Generationswechseltypen im Pflanzenreich. Links: reiner Haplont; rechts: reiner Diplont, dazwischen fünf verschiedene haplo-diplontische Generationswechsel. Bei den Rhodophyceen kann man drei Generationen unterscheiden. P Plasmogamie, K Karyogamie, C Chromosomogamie, I und II bezeichnen 1. und 2. Mitose oder Meiose, Z Zygote, R Reduktionsteilung (Meiose). (Nach Resende)*

3.3.1.2 Bei Tieren

Bei den meisten Protozoen haben die miteinander abwechselnden Generationen alle die gleiche Kernphase. Haplohomophasischer Generationswechsel ist typisch für alle Sporozoen. In seiner zweigliedrigen Form hat er einen obligatorischen Verlauf (Abb. 3.109): Auf die *Sporogonie*, in der die Agameten (hier: *Sporozoiten*) entstehen, folgt stets eine Gamogonie, in der Gameten und Zygoten gebildet werden, und darauf wieder eine Sporogonie usw. Die Agameten entwickeln sich also zwangsläufig zu Gamonten, und die aus den Gameten resultierenden Zygoten werden nach erfolgter Meiose immer zu Agamonten. Viele Sporozoen (wie der Malaria-Erreger *Plasmodium*, Abb. 3.110) haben einen *dreigliedrigen* Generationswechsel, in dem zwischen Sporogonie und Gamogonie zusätzlich eine zweite ungeschlechtliche Fortpflanzung *(Schizogonie)* eingeschoben ist, bei der sich *Schizonten* in zahlreiche *Merozoiten* aufteilen (Abb. 3.18). Da diese Art von Fortpflanzung innerhalb eines Entwicklungszyklus – im Gegensatz zu Gamogonie und Sporogonie – mehrmals hintereinander stattfindet, ohne daß die Anzahl der Schizogonien genau festliegt, stellt sie ein fakultatives Glied in dem sonst obligatorischen Generationswechsel dar. Ein diplohomophasischer Generationswechsel ist nur in fakultativer Form bekannt, z. B. in Gestalt der unregelmäßigen Folge von Zweiteilung und Konjugation bei Ciliaten. Die – als einzige Protozoen – diplohaplontischen Foraminiferen haben einen heterophasischen Generationswechsel: Der Gamont ist haploid und der Agamont diploid (Abb. 3.108). Aus den befruchteten Gameten geht ein diploider, im adulten Zustand mehrkerniger Agamont hervor (3–6), der seine Existenz als eigenständige Generation durch je zwei meiotische Teilungen seiner Kerne beendet (7); diese intermediäre Meiose

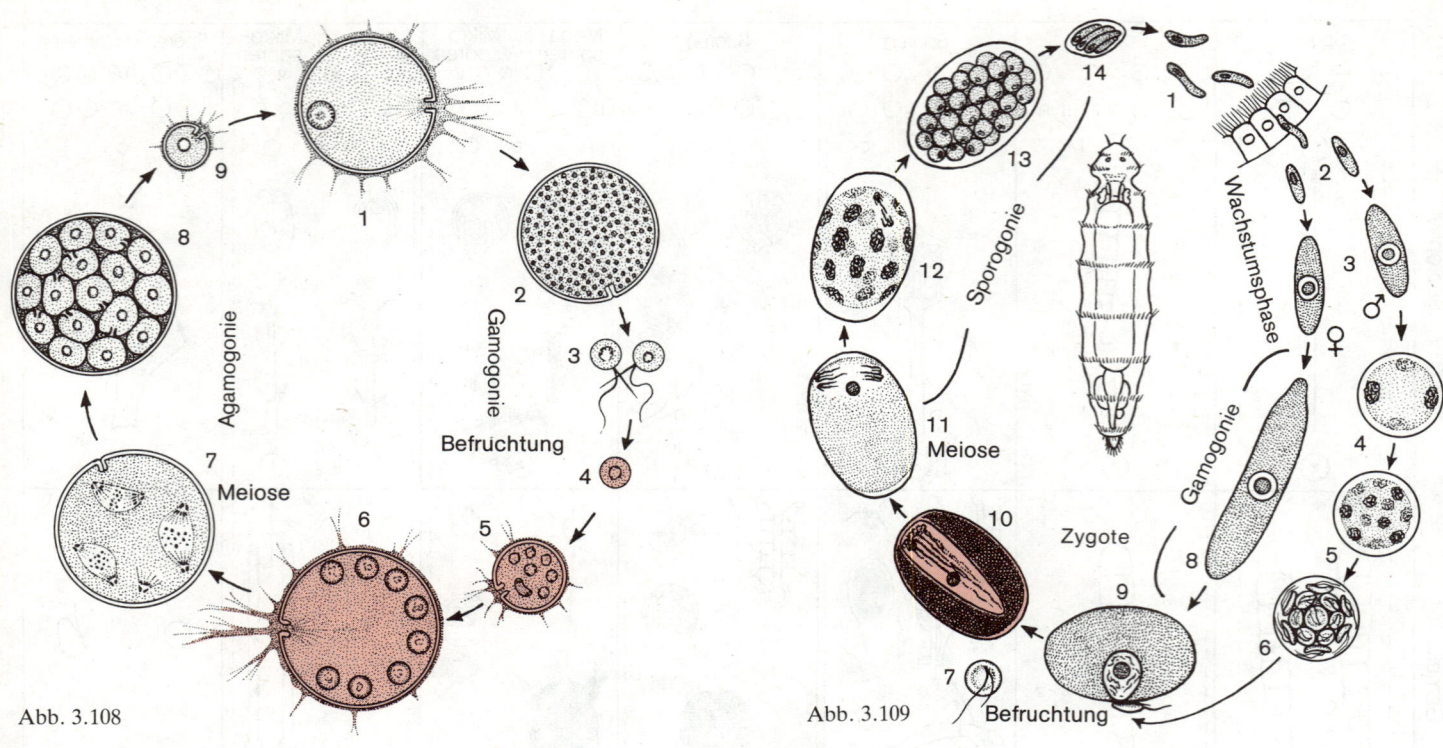

führt zur Haplophase zurück und begründet, da sie mit der Bildung haploider Agameten (= Gonen) verknüpft ist (8), eine neue, in Gestalt haploider, einkerniger Gamonten heranwachsende Generation (9, 1 und 2).

3.3.2 Sekundärer Generationswechsel der Metazoen

Eine *Metagenese*, bei der geschlechtliche und vegetative Fortpflanzung regelmäßig alternieren, findet sich allgemein bei den Salpen (hier 1819 durch A. von Chamisso als erster Generationswechsel überhaupt entdeckt) sowie weit verbreitet bei Hydrozoen und Scyphozoen. Bei den letzteren stellt die freischwimmende Qualle oder *Meduse* (Abb. 3.111/2) die Geschlechtsgeneration dar, aus deren befruchteten Eiern über bewegliche *Planula-Larven* (3) die ungeschlechtliche Generation in Gestalt sessiler *Scyphopolypen* entsteht (4, 5); diese pflanzen sich im ausgewachsenen Zustand durch eine multiple Querteilung *(Strobilation)* vegetativ fort (6, 7) und erzeugen dabei vielzellige Fortpflanzungsprodukte *(Ephyra-Larven)* (1), die wieder zu geschlechtsreifen Quallen heranwachsen. Sporadisch tritt eine Metagenese auch bei einzelnen Arten von Polychaeten (z.B. *Autolytus*) und Plattwürmern auf. Beim Hundebandwurm *Echinococcus* (Abb. 3.113) stellen die aus den befruchteten Eiern des adulten Bandwurms (a) in einem Zwischenwirt sich entwickelnden *Finnen* (b) eine eigene Generation dar, indem sie durch Knospung eine Vielzahl neuer, sich im Endwirt Hund wieder geschlechtlich fortpflanzender Bandwürmer hervorbringen (S. 271).

Eine *Heterogonie*, in der eine bisexuelle Generation mit einer oder mehreren Generationen von parthenogenetischen ♀♀ abwechselt, findet sich verbreitet bei Rädertieren (in der Ordnung Monogononta) und Blattläusen (Aphiden) sowie in Einzelfällen bei Nemato-

Abb. 3.108. Heterophasischer Generationswechsel der einkammerigen Foraminifere Myxotheca arenilega. (1) haploider Gamont; (2) Gametogenese; (3, 4) Befruchtung; (5, 6) mitotische Kernvermehrung in dem heranwachsenden diploiden Agamonten; (7, 8) Meiose der Agamontenkerne und Aufteilung in Agameten; (9) zum Gamonten heranwachsender haploider Agamet. Diploide Zellen rot. (Nach Grell)

Abb. 3.109. Entwicklungszyklus von Eucoccidium dinophili, einem in dem Polychaeten Dinophilus gyrociliatus (Mitte) parasitierenden Sporozoon. Aus den Sporen (13, 14) geschlüpfte Sporozoiten (1) wachsen nach ihrem Eindringen in die Leibeshöhle des Wirts zu haploiden Gamonten (2, 3) heran, die entweder im Ganzen zu je einem Makrogameten werden (8) oder sich in mehrere Mikrogameten aufteilen (4–7). Auf die Befruchtung (9, 10) folgt sofort, und zwar hier in einem einzigen Teilungsschritt, die Meiose (11). In der anschließenden Agamogonie erfolgt eine multiple mitotische Aufteilung des aus der Zygote hervorgegangenen Agamonten in zahlreiche Sporen mit je sechs Sporozoiten (12–14). (Nach Grell)

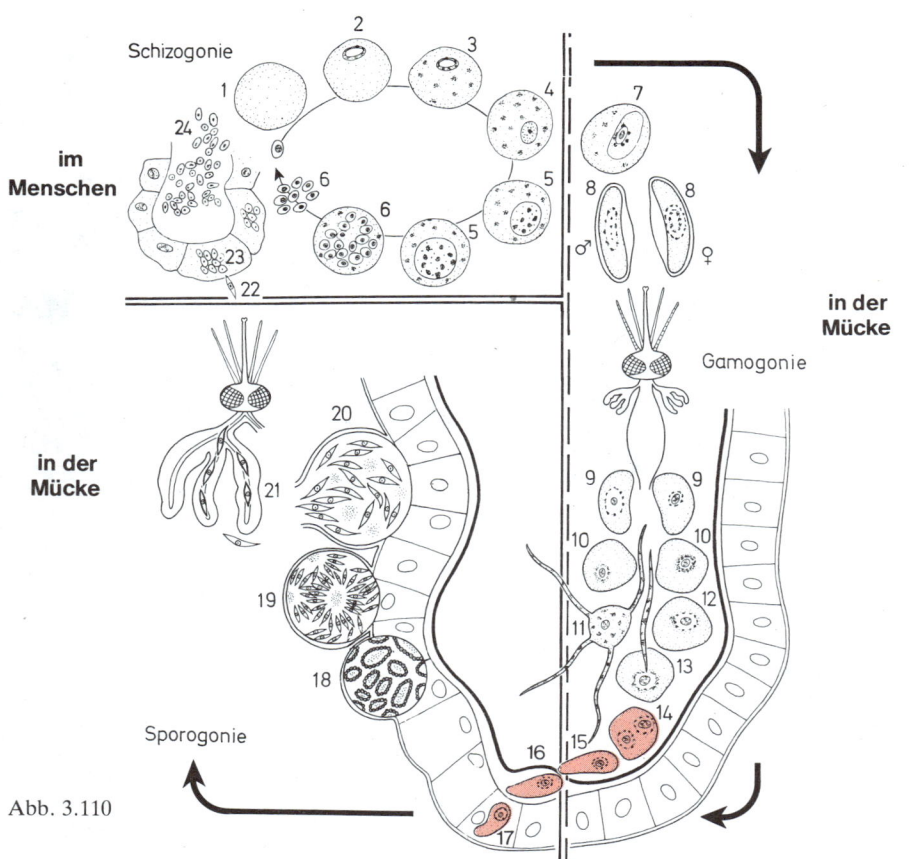
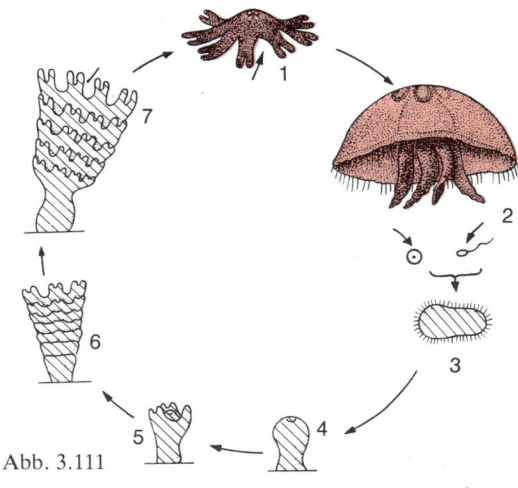

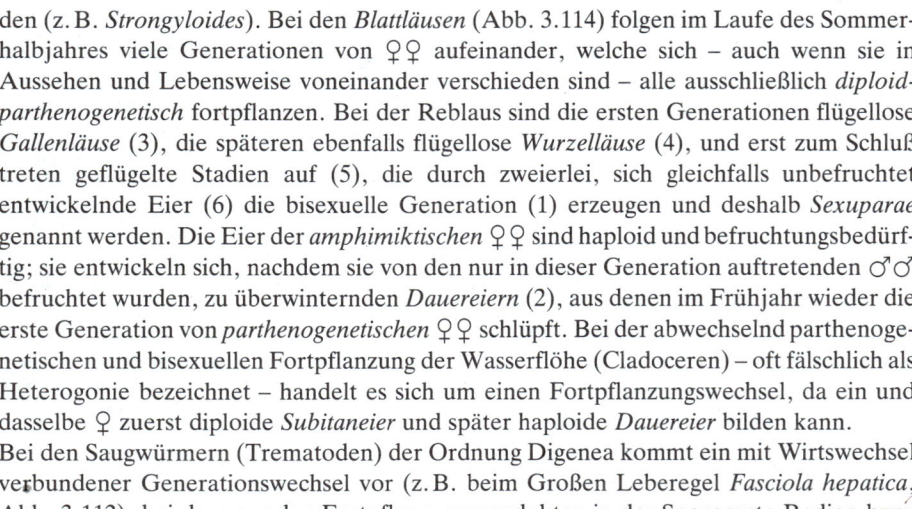

den (z. B. *Strongyloides*). Bei den *Blattläusen* (Abb. 3.114) folgen im Laufe des Sommerhalbjahres viele Generationen von ♀♀ aufeinander, welche sich – auch wenn sie in Aussehen und Lebensweise voneinander verschieden sind – alle ausschließlich *diploid-parthenogenetisch* fortpflanzen. Bei der Reblaus sind die ersten Generationen flügellose *Gallläuse* (3), die späteren ebenfalls flügellose *Wurzelläuse* (4), und erst zum Schluß treten geflügelte Stadien auf (5), die durch zweierlei, sich gleichfalls unbefruchtet entwickelnde Eier (6) die bisexuelle Generation (1) erzeugen und deshalb *Sexuparae* genannt werden. Die Eier der *amphimiktischen* ♀♀ sind haploid und befruchtungsbedürftig; sie entwickeln sich, nachdem sie von den nur in dieser Generation auftretenden ♂♂ befruchtet wurden, zu überwinternden *Dauereiern* (2), aus denen im Frühjahr wieder die erste Generation von *parthenogenetischen* ♀♀ schlüpft. Bei der abwechselnd parthenogenetischen und bisexuellen Fortpflanzung der Wasserflöhe (Cladoceren) – oft fälschlich als Heterogonie bezeichnet – handelt es sich um einen Fortpflanzungswechsel, da ein und dasselbe ♀ zuerst diploide *Subitaneier* und später haploide *Dauereier* bilden kann.
Bei den Saugwürmern (Trematoden) der Ordnung Digenea kommt ein mit Wirtswechsel verbundener Generationswechsel vor (z. B. beim Großen Leberegel *Fasciola hepatica*, Abb. 3.112), bei dem aus den Fortpflanzungsprodukten in der Sporocyste Redien bzw. Cercarien entstehen. Hier ist noch nicht sichergestellt, ob wirklich eine Heterogonie vorliegt, denn es ist ungeklärt, ob die Redien bzw. Cercarien aus unbefruchteten Eiern oder als embryonale Teilungsprodukte entstehen. Falls letzteres zutrifft, wäre der Entwicklungszyklus eine Metagenese.

Abb. 3.110. Entwicklungsgang des Malaria-Erregers *Plasmodium spec*. Der primäre (haplo-homophasische, dreigliedrige) Generationswechsel ist mit einem Wirtswechsel zwischen Mensch und Anopheles-Mücke verknüpft. Beim Stich überträgt die Mücke in die menschliche Blutbahn Sporozoiten (21, 22); diese befallen Leberparenchymzellen, wachsen in ihnen zu primären Schizonten heran und erzeugen durch Vielfachteilung Merozoiten (23, 24). Jeder Merozoit dringt in ein rotes Blutkörperchen ein (1), wächst darin zu einem sekundären Schizonten heran (2–5) und teilt sich in zahlreiche Merozoiten auf (6), die unter Zerstörung des Blutkörperchens frei werden und erneut andere Erythrocyten befallen. Nach Ablauf zahlreicher Schizogonie-Zyklen im Blut, durch die ein bestimmter Infektionsgrad erreicht wird, differenzieren sich die Merozoiten zu ♂ oder ♀ Gamonten (7, 8), die sich im menschlichen Körper nicht weiter entwickeln oder vermehren. Gelangen diese Gamonten jedoch beim erneuten Stich einer Mücke mit dem aufgesaugten Blut in den Mückendarm (9, 10), so bilden sie dort Gameten; der ♀ Gamont wird hierbei im Ganzen zu einem einzigen Makrogameten (12), während sich der ♂ in acht bewegliche Mikrogameten (11) aufteilt. Aus der Befruchtung (13) resultiert eine amöboid bewegliche Zygote (rot) (14–17), welche die Darmwand durchdringt und in der Leibeshöhle der Mücke heranwächst (18). Nach Vollzug der Meiose teilt sich dieses – als Sporont zu bezeichnende – Stadium in eine große Anzahl von Sporozoiten auf (Sporogonie, 19), die nach ihrer Freisetzung in die Speicheldrüse einwandern (20, 21) und von dort aus bei den folgenden Stichen der Mücke die Neuinfektion beim Menschen besorgen. (Nach Ulrich)

Abb. 3.111. Metagenese bei der Qualle *Aurelia aurita* (geschlechtliche Generation rot, vegetative schraffiert). (1) Ephyra; (2) Meduse; (3) Planula; (4, 5) junger Scyphopolyp; (6, 7) strobilierender Scyphopolyp. (Nach Vogel u. Angermann)

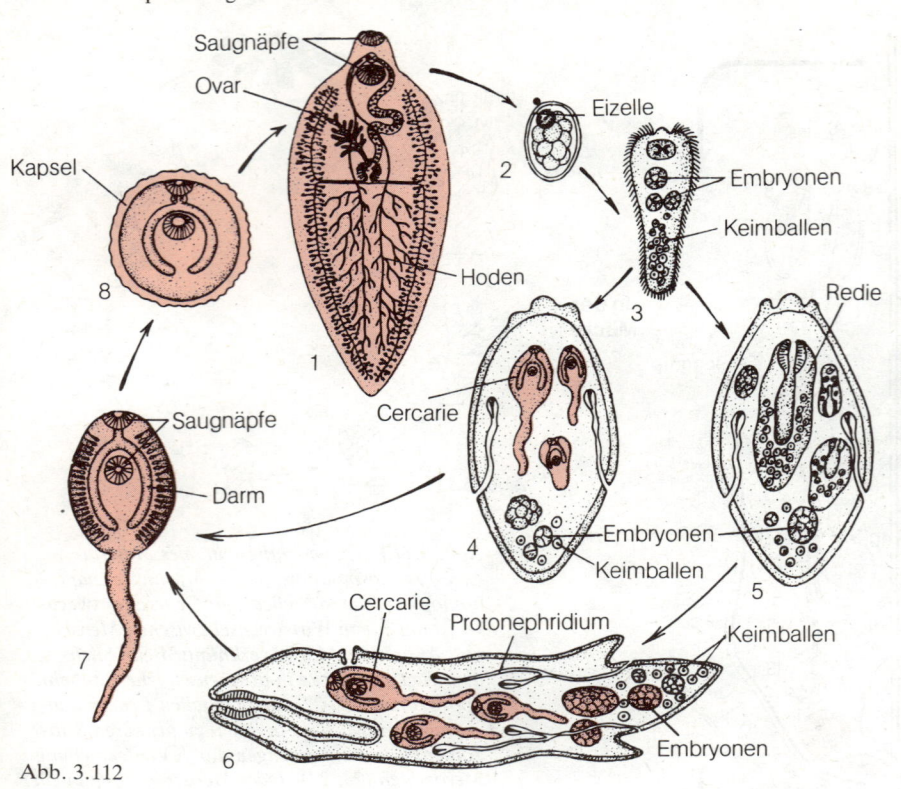

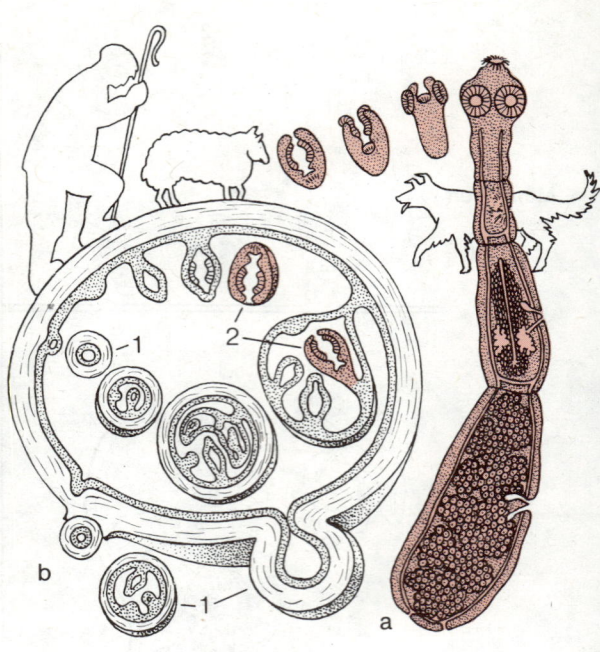

Abb. 3.112.

Abb. 3.113

Abb. 3.112. Entwicklungszyklus des großen Leberegels Fasciola hepatica. Der ♀ Leberegel (1 = 1. Generation), der vorzugsweise in den Gallengängen von Rindern schmarotzt, pflanzt sich bisexuell fort und erzeugt dabei Eier (2), die aus je einer befruchteten Eizelle und zahlreichen Dotterzellen zusammengesetzt sind. Aus ihnen schlüpfen im Süßwasser die Miracidium-Larven (3), die sich in eine als Zwischenwirt fungierende Schlammschnecke (Lymnaea) einbohren und als Parasiten in deren Mitteldarmdrüse zu Sporocysten (4, 5 = 2. Generation) heranwachsen. In der Sporocyste entwickeln sich aus Keimballen (diese waren bereits im Miracidium vorhanden und sind wahrscheinlich nicht als parthenogenetische Eizellen, sondern als Produkte einer Polyembryonie aufzufassen) meistens die etwas abweichend gestalteten Redien (6 = 3. Generation), die durch Platzen der Sporocyste frei werden. In den Redien entstehen aus entsprechenden Keimballen die Cercarien (7), welche die Schnecke verlassen, im encystierten Zustande (8) vom Endwirt Rind aufgenommen werden und sich danach zu geschlechtsreifen Leberegeln (1) entwickeln. Manchmal bilden die Sporocysten statt der Redien direkt die Cercarien (4 → 7), so daß in diesem Fall die 3. Generation entfällt. (Nach Kühn)

Abb. 3.113a, b. Metagenese beim Hundebandwurm Echinococcus granulosus. Die aus den Eiern des geschlechtsreifen, im Darm von Hunden lebenden Bandwurmes (a) hervorgegangenen Finnen (b), die im Gewebe von Menschen oder Huftieren schmarotzen, erzeugen durch Knospung Tochterfinnen (1) und Bandwurmanlagen (2) in großer Anzahl. (Nach Wells)

3.4 Geschlechtsverteilung

Die ♂ und ♀ Ausprägung kann auf die einzelnen Individuen in räumlich und zeitlich unterschiedlicher Weise verteilt sein. Für jede Pflanzen- oder Tierart ist ein bestimmtes Muster dieser *Geschlechtsverteilung*, z.B. *Getrenntgeschlechtlichkeit* oder *Zwittrigkeit*, typisch.

3.4.1 Bei Pflanzen

Die phylogenetische Entwicklung der verschiedenen sexuellen Fortpflanzungsmöglichkeiten ist allem Anschein nach von haploiden Organismen mit einer allgemeinen bisexuellen Potenz ausgegangen. Der nächste Schritt der Entwicklung führte zu Formen, bei denen ein Genpaar oder ein Realisator die Entwicklung eines der beiden Geschlechter bestimmte. Bei den Thallophyten, insbesondere den Pilzen, lassen sich hinsichtlich der Geschlechtsverteilung drei Gruppen aufzeigen:

Hermaphroditisch (homothallisch) werden Thalli genannt, welche sowohl ♂ als auch ♀ Organe tragen. Bei den Pilzen kommt als Kriterium noch hinzu, daß alle Arten ohne Geschlechtsorgane, bei denen jedes Mycel sowohl als Kerndonor als auch als Kernakzeptor fungieren kann, als monözisch (s. unten) aufgefaßt werden.

Dimorph, *heterothallisch* oder *diözisch* ist hingegen ein Thallus, der entweder nur ♀ oder nur ♂ Organe trägt.

Sekundär homothallisch können manche heterothallischen Pilze bei der Sporenbildung werden. In der Spore sind dann jeweils zwei Kerne von entgegengesetzten Kreuzungstypen vorhanden. Bei der Keimung entsteht daher ein Mycel, das sich so verhält, als ob es homothallisch wäre.

Die Moose können sowohl monözisch als auch diözisch oder zwittrig sein. Bei den monözischen Moospflanzen kann die Geschlechterverteilung wechselnd sein: So können sich ♂ und ♀ Organe auf demselben Ast oder auf verschiedenen Ästen desselben Gametophyten befinden. Häufig sind ♂ und ♀ Organe in einem Gametangienstand vereint; schließlich können die drei genannten Möglichkeiten kombiniert auftreten.

Primitive Farnpflanzen (wie die Lycopodiales) besitzen nur monözische Prothallien. Phylogenetisch höher entwickelte Farne (z.B. Sellaginellales) erzeugen diözische Gametophyten; die ♀ werden Mega-, die ♂ Mikroprothallien genannt.

Blüten, in denen beide Geschlechter vereinigt sind, heißen hermaphrodit oder *monoklin* (zwittrig, ⚥). Meist werden zuerst die Staubblätter gebildet, während die zentral angelegten Fruchtblätter höher an der Achse stehen. Eingeschlechtliche *(dikline)* Blüten enthalten entweder nur Staubblätter und werden dann *staminat* genannt, oder lediglich Fruchtblätter und heißen dann *pistillat*. ♂ und ♀ Blüten können gleichzeitig auf demselben Individuum vorkommen (Haselnuß [Abb. 3.60]; Kiefer); diese Arten sind einhäusig (monözisch) zu nennen. Wenn ♂ und ♀ Blüten auf verschiedene Individuen verteilt sind, so sind diese getrenntgeschlechtlich (heterözisch) und zweihäusig (diözisch). Kommen auf einem Individuum sowohl monokline als auch dikline Blüten vor, so heißen diese Species vielehig (polygam). Dabei kann man wiederum solche mit männlichen und hermaphroditen Blüten unterscheiden, die andromonözisch (♂⚥) genannt werden (z.B. *Veratrum album*), und solche, die sowohl weibliche und hermaphrodite Blüten besitzen, die gynodiözisch (♀⚥) zu nennen sind (z.B. *Thymus serpyllum*).

Bei den Blütenpflanzen kommen mehrere Arten der geschlechtlichen Ausbildung der Diplophase vor. Die streng unisexuellen diözischen Arten haben ♀ und ♂ Individuen. Bei der Mehrzahl der Blütenpflanzen liegt jedoch monözische oder zwittrige Geschlechtsausbildung vor.

Bei den Pflanzen kann sich die Geschlechtsverteilung auch während der Ontogenie ändern. Werden die Staubblätter reif, bevor die Narben Bestäubungsreife erreicht haben, so spricht man von *Proterandrie* (Erstmännlichkeit). Sind jedoch die Narben empfängnisfähig vor der Ausschüttung des Pollen, so liegt *Proterogynie* (Vorweiblichkeit) vor. Die durch Proterandrie oder Proterogynie ausgezeichneten Pflanzen werden als *dichogam* bezeichnet. Dichogamie ist ein Mechanismus, der die Selbstbefruchtung erschwert.

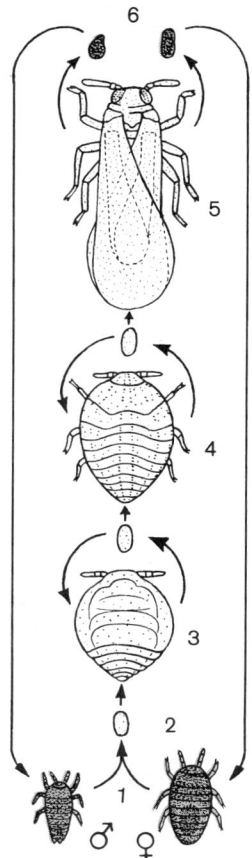

Abb. 3.114. Heterogonie bei der Reblaus *Viteus vitifolii.* (1) ♂ und ♀ der bisexuellen Generation (rot); (2) befruchtetes Dauerei, aus dem sich das erste parthenogenetische ♀ (Fundatrix) entwickelt; (3–5) Generationen parthenogenetischer ♀♀ (3 Gallenlaus; 4 Wurzellaus; 5 Sexupara); (6) ♂ Ei und ♀ Ei der Sexupara, aus denen sich parthenogenetisch die Individuen der bisexuellen Generation (1) entwickeln. (Nach Vogel u. Angermann)

3.4.2 Bei Tieren

Auch bei Metazoen gibt es einerseits *diözische* (getrenntgeschlechtliche, gonochoristische) Arten, in denen jedes Individuum einheitlich nur entweder einen rein ♂ oder einen rein ♀ Phänotyp hat und sein Geschlecht zeitlebens unverändert beibehält, und andererseits *monözische* Species (⚥⚥, Zwitter, Hermaphroditen), bei denen sich in jedem Individuum beide Geschlechter gleichzeitig (Simultan-⚥⚥) oder nacheinander (Konsekutiv-⚥⚥) ausprägen. Bei *konsekutiver Monözie* wird in den meisten Fällen zuerst eine ♂ Phase und später eine ♀ Phase durchlaufen *(Proterandrie)*, die umgekehrte Reihenfolge der Geschlechtsphasen *(Proterogynie)* gibt es nur selten (z.B. bei Salpen). Zu einem beliebigen Zeitpunkt gleicht somit ein konsekutiv ♂ Individuum einem Diözisten; nur verändert es – im Gegensatz zu letzterem – im Lauf seines Lebens das Geschlecht, in manchen Fällen sogar mehrfach (Abb. 3.115). Bei Diözie und konsekutiver Monözie ist eine Fremdbefruchtung obligatorisch. Es wird aber auch bei Simultan-⚥⚥ eine Selbstbefruchtung oft durch besondere Einrichtungen erschwert oder gänzlich ausgeschlossen; so sind manche Ascidien *selbststeril*, weil die Spermien die Hülle der Geschwistereier nicht zu durchdringen vermögen. Im System der Metazoen sind Getrenntgeschlechtlichkeit und Zwittrigkeit ziemlich bunt gemischt. Überwiegend diözische Gruppen sind die Poriferen, Cnidarier, Nemertinen, Nemathelminthen (Abb. 3.116), Prosobranchier, Lamellibranchier, Cephalopoden, Polychaeten, Arthropoden, Brachiopoden, Echinodermen, Branchiotremen und Vertebraten; demgegenüber dominiert die Monözie bei Mesozoen, Ctenophoren, Plathelminthen (Abb. 3.117), Opisthobranchiern, Pulmonaten (Abb. 3.118), Oligochaeten, Hirudineen, Bryozoen, Chaetognathen (Abb. 3.119) und Tunicaten. Bei Protozoen sind die zur Kennzeichnung der Geschlechtsverteilung bei Vielzellern üblichen Begriffe nur kollektiv auf einen Gamonten samt seinen Gameten bzw. im Falle der Hologamie auf einen Klon als Ganzen anwendbar, da das einzelne Zellindividuum grundsätzlich nur entweder ♂ oder ♀, nicht jedoch ⚥ sein kann; wohl aber kann ein Gamont nur eine Sorte von Gameten (*Diözie*) oder beide Sorten erzeugen (*Monözie*), bzw. können die Angehörigen eines Klons alle vom gleichen Geschlecht (Diözie) oder teils ♂ und teils ♀ sein (Monözie). In diesem Sinne sind z.B. alle Sporozoen diözisch (Abb. 3.40) und alle holotrichen Ciliaten monözisch (Abb. 3.41); bei Flagellaten und Foraminiferen kommen beide Arten von Geschlechtsverteilung nebeneinander vor (Abb. 3.44, 3.100). Auch bei isogametischen Einzellern, die monözisch sind, können nicht beliebige Zellen miteinander verschmelzen, sondern immer nur Gameten des einen Geschlechts mit solchen des anderen. Dies wird durch die *Restgameten* bewiesen, die in einer Klonkultur am Schluß unbefruchtet übrig bleiben; sie gehören jeweils alle der gleichen Gametensorte an und können nicht untereinander, wohl aber mit Restgameten vom anderen Geschlecht kopulieren.

3.5 Geschlechtsbestimmung

Bei diözischen Organismen, deren genetische Reaktionsnorm im Phänotyp nur eine alternative und dauerhafte Ausprägung eines Geschlechts zuläßt, muß ein Mechanismus angenommen werden, der in der Ontogenie jedes einzelnen Individuums darüber entscheidet, ob sich in dem später realisierten Erscheinungsbild ♂ oder ♀ Geschlechtscharaktere entwickeln werden. Diese normalerweise irreversible Entscheidung wird *Geschlechtsbestimmung* genannt. Begrifflich von ihr zu unterscheiden ist die *Geschlechtsdifferenzierung*; sie setzt erst (oft lange) nach erfolgter Geschlechtsbestimmung ein und umfaßt alle entwicklungsphysiologischen Prozesse, welche die Information der beteiligten Gene in ♂ bzw. ♀ Geschlechtsmerkmale umsetzen. Die Gesamtheit aller Gene, die mit der Ausdifferenzierung der ♂ Charaktere etwas zu tun haben, nennt man *A-Komplex* und die entsprechenden, für die ♀ Entwicklung verantwortlichen Erbfaktoren *G-Komplex*. Zwitter haben einen kombinierten *AG-Komplex* und damit die Möglichkeit, Merkmale sowohl des einen als auch des anderen Geschlechts auszubilden. Eine solche *bisexuelle Potenz* ist aber auch, obwohl sie dort normalerweise phänotypisch nicht in Erscheinung tritt, wahrscheinlich bei allen diözischen Arten in jedem Individuum latent vorhanden. Ihre Existenz ist experimentell in vielen Fällen nachgewiesen worden; z.B. entwickeln beim Krallenfrosch *Xenopus*, einem natürlicherweise streng diözischen Tier, die durch den Geschlechtsbestimmungsmechanismus zu ♂ determinierten Individuen unter dem Einfluß des Sexualhormons Östradiol dauerhaft einen vollständig ♀ Phänotyp und produzieren schließlich funktionsfähige Eier (vgl. Abb. 3.136). Offenbar erfolgt durch den Akt der Geschlechtsbestimmung nicht eine endgültige Eliminierung bzw. von vornherein eine selektive Zuteilung eines der beiden Genkomplexe (A oder G), sondern bei gleichzeitiger Anwesenheit von A und G lediglich eine alternative Aktivierung oder Inaktivierung von A bzw. G. Auch ein selektives An- oder Abschalten der A- oder G-

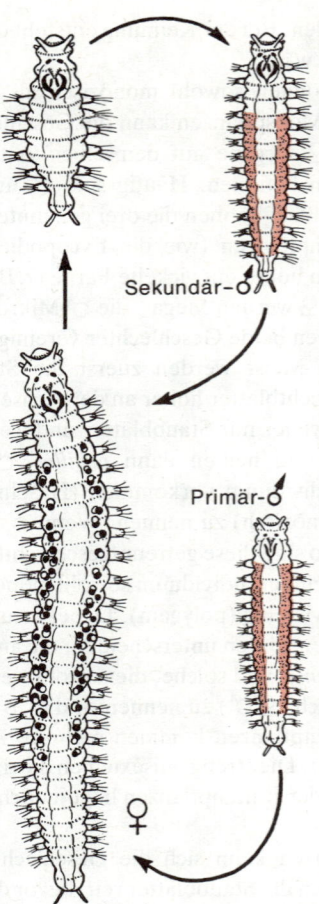

Abb. 3.115. Der Polychaet Ophryotrocha puerilis bildet in seiner Jugend ausschließlich Spermien, d.h. er fungiert zunächst als ♂ (Primär-♂); nachdem er eine bestimmte Größe erreicht hat, stellt er die Spermatogenese ein und erzeugt stattdessen, nunmehr als ♀ fungierend, von da ab fortlaufend Eier. Da der ♀ Differenzierungszustand jedoch nicht sehr stabil ist, kann der Verlust des Hinterendes oder der Kontakt mit anderen, auch in der ♀ Phase befindlichen Artgenossen eine zeitweilige Rückkehr zur Spermienproduktion bewirken; solche Sekundär-♂♂ wandeln sich meist nach einiger Zeit erneut in ♀♀ um. (Nach Vogel u. Angermann)

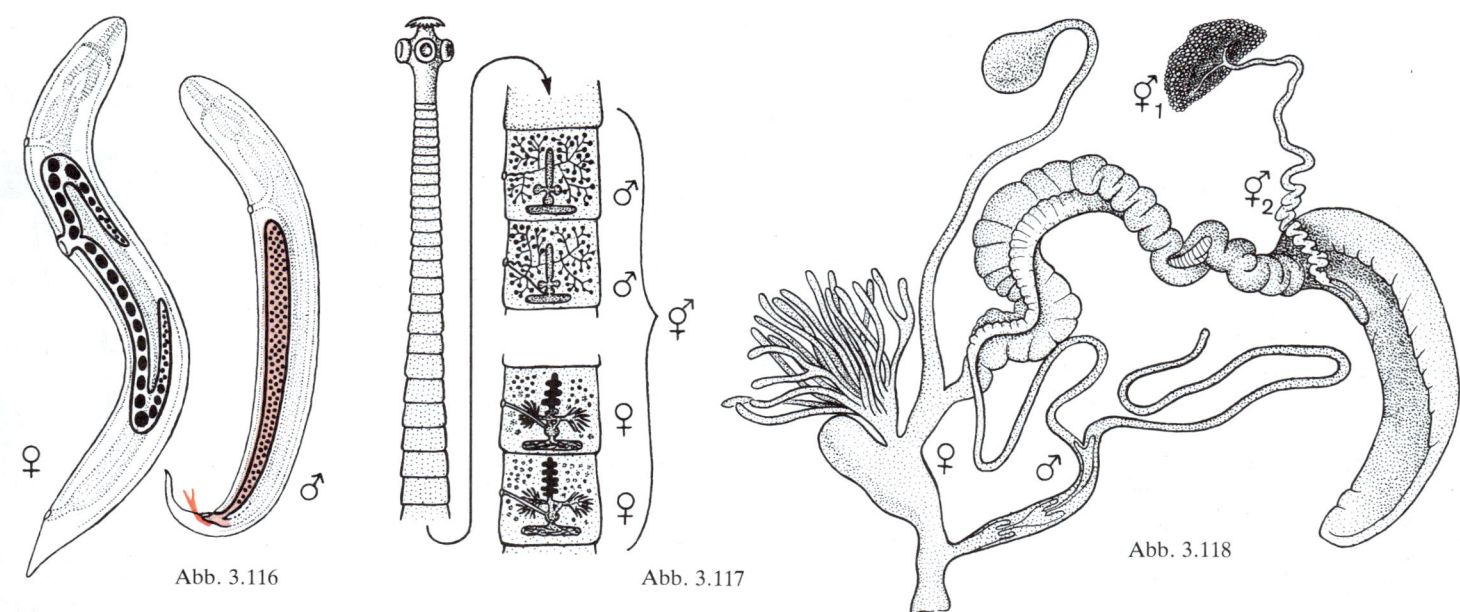

Abb. 3.116. Grundschema des Geschlechtsapparates (stark umrandet) bei Nematoden als Beispiel für Diözie. (Nach Kühn)

Abb. 3.117. Die laufend in einer der vorderen Sprossungszone erzeugten und während ihrer Verschiebung nach hinten heranwachsenden Glieder des Schweinebandwurms Taenia solium enthalten je einen kompletten ⚥ Geschlechtsapparat, in dem jedoch zunächst nur die ♂ und in einem späteren Stadium nur die ♀ Teile funktionstüchtig sind. Im ganzen ist der Bandwurm somit ein Simultan-⚥, seine einzelnen Glieder sind aber proterandrisch. (Nach Kühn)

Abb. 3.118. ⚥ Geschlechtsorgane der Weinbergschnecke Helix pomatia. In der Zwittergonade (⚥1) werden zuerst Spermien und später Eier gebildet und durch einen gemeinsamen Gonodukt (⚥2) abgeleitet; in seinem weiteren Verlauf spaltet sich dieser Zwittergang in einen ♀ Trakt (links: Ovidukt und Vagina mit zwei Anhangsorganen und einem langgestielten Receptaculum seminis) und einen ♂ Gang (rechts: Vas deferens mit Penis und einem schlauchförmigen Anhang, in dem die Spermatophore gebildet wird), jedoch münden beide durch eine gemeinsame Geschlechtsöffnung aus. Bei der wechselseitigen Begattung führt jedes Tier seinen durch Schwellung nach außen vortretenden Penis in die Vagina des Partners ein und deponiert eine Spermatophore in dessen Receptaculum; die freigesetzten Spermien wandern im Ovidukt aufwärts und besamen die Eier im Zwittergang, bevor diese mit der in der halbmondförmigen Drüse (rechts) gebildeten Nährflüssigkeit und einer im Eileiter sezernierten Schale umhüllt werden. (Nach Kaestner)

Gene im (auch beim Diözisten grundsätzlich mit AG ausgestatteten) Genom ist unter Normalbedingungen irreversibel und garantiert die lebenslange Stabilität des determinierten Geschlechts. Nur ungewöhnliche Umstände, wie z. B. die Interaktion körperfremder Hormone, können dem unterdrückten, für die Ausprägung des anderen Geschlechts zuständigen Genkomplex zum Durchbruch verhelfen und eine Geschlechtsumwandlung bewirken. Die nur teilweise bekannten Faktoren, die bei Diözisten das Geschlecht bestimmen, indem sie die Realisierung der bisexuellen Potenz durch Repression bzw. Derepression des A- oder G-Komplexes verhindern, heißen *Geschlechtsrealisatoren* (M für ♂, F für ♀). Wirken bei der Geschlechtsbestimmung F- und M-Realisatoren zusammen, so entscheidet ihre relative Stärke über das Resultat (M > F = ♂, F > M = ♀). In den meisten Fällen sind die Geschlechtsrealisatoren Gene, die den einzelnen Individuen bei ihrer Entstehung im Zuge der geschlechtlichen Fortpflanzung unterschiedlich zugeteilt werden: *genotypische Geschlechtsbestimmung*. In speziellen Fällen können aber auch vom Genom unabhängige Parameter oder Ereignisse (»Außenfaktoren«) die Rolle von geschlechtsentscheidenden Realisatoren spielen; es liegt dann eine *modifikatorische (phänotypische) Geschlechtsbestimmung* vor, bei der ♂♂ und ♀♀ prinzipiell erbgleich sein können.

Bei den diplohaplontischen Algen, Pilzen und Moosen ist die Diplophase (der Sporophyt) geschlechtslos. Nur die Haplophase (der Gametophyt) ist geschlechtlich geprägt und bei Diözie entweder ♂ oder ♀ differenziert; erfolgt die Bestimmung ihres Geschlechts durch Realisatorgene, von denen dem Gametophyten bei der Meiose entweder F oder M zugeteilt werden, so nennt man die Geschlechtsbestimmung *haplogenotypisch*. Dieser Modus ist auch bei einigen Haplonten nachgewiesen (z.B. bei *Chlamydomonas* und anderen Phytomonadinen). Bei der *diplogenotypischen Geschlechtsbestimmung*, wie sie bei Blütenpflanzen und Metazoen vorkommt, ist die Diplophase sexuell geprägt und in ihrem Geschlecht durch das Zusammenwirken der Realisatoren in den beiden Chromosomensätzen bestimmt. Die ebenfalls geschlechtlich differenzierte Haplophase übernimmt ihr Geschlecht im Sinne einer *Prädetermination* von der Diplophase, und zwar unabhängig davon, welche Realisatorgene ihr bei der Meiose zugeteilt werden. Demgemäß sind z. B. reife Metazoengameten mit einem den F-Realisator enthaltenden X-Chromosom phänotypisch Eier, wenn sie sich in einem ♀ entwickelt haben, oder Spermien, wenn ihre Gametogenese in einem ♂ stattgefunden hat (Abb. 3.122).

3.5.1 Haplogenotypische Geschlechtsbestimmung bei Thallophyten und Archegoniaten

Die haplogenotypische Geschlechtsbestimmung erfolgt meist nach einem einfachen, monofaktoriellen Mendel-Schema (S. 209). Für die morphologische und physiologische Differenzierung der Geschlechtsunterschiede (sekundäre Geschlechtsmerkmale) ist jedoch eine große Zahl von Genen verantwortlich. Die sexual-spezifische Differenzierung der beiden Kopulationspartner muß zeitlich und räumlich koordiniert sein, um eine erfolgreiche Kopulation zu garantieren. Die haploide sexuelle Differenzierung und Geschlechtsbestimmung ist auf niedere Organismen beschränkt. Für getrenntgeschlechtliche Moose, deren haploider Gametophyt entweder nur ♀ oder nur ♂ Sexualorgane produziert, ist das Zahlenverhältnis der Geschlechter stets 1 : 1. Man hat die Chromosomen gefunden, auf denen sich die Geschlechtsrealisatoren befinden. Solche Geschlechtschromosomen (X- und Y-Chromosomen) lassen sich manchmal auch morphologisch unterscheiden. In den ♂ bzw. ♀ Individuen ist das jeweils andere Geschlecht genetisch noch vorhanden. Sie unterscheiden sich lediglich im Realisatorgen, das nur eines der beiden Geschlechter zur Manifestation bringt.

Haplogenotypische Geschlechtsbestimmung wird sowohl bei Algen (Grün-, Rot- und Braunalgen) als auch bei vielen Laub- und Lebermoosen gefunden. Der einwandfreie Nachweis erfolgt durch Gonen- oder Tetradenanalyse: Die aus einer Zygote durch Reduktion entstehenden Keimlinge werden dabei einzeln isoliert und getrennt aufgezogen. Bei genotypischer Geschlechtsbestimmung muß das Zahlenverhältnis der Geschlechter 1 : 1 sein. Bei der weiteren Fortpflanzung können nur Gameten mit entgegengesetzten Geschlechtsfaktoren verschmelzen; morphologische Differenzierung ist dabei nicht notwendig (S. 265f.).

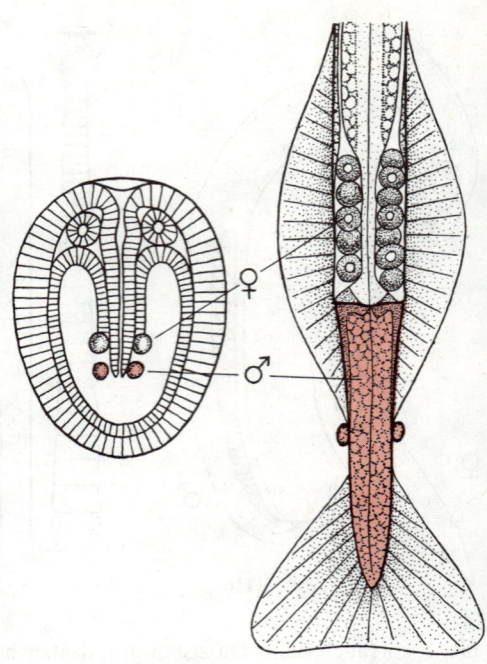

Abb. 3.119. Bei dem ♀ Chaetognathen Sagitta entwickeln sich die Ovarien aus zwei vorderen und die Hoden (rosa) aus zwei hinteren Abkömmlingen der in den ersten fünf Furchungsteilungen abgesonderten Keimbahnzelle (vgl. Abb. 3.2). Links Embryo nach Sonderung von Darm und je zwei Paar Coelomsäcken und Urkeimzellen im Horizontalschnitt, rechts hintere Körperhälfte des Adultus von dorsal. (Nach Buchner)

3.5.2 Diplogenotypische Geschlechtsbestimmung

3.5.2.1 Normaltypus

Die diplogenotypische Geschlechtsbestimmung erfolgt in der Regel nach dem Schema der *Mendel-Rückkreuzung eines monohybriden Bastards mit seinem rezessiv-homozygoten Elter*. Dabei treten in der Nachkommenschaft die beiden gekreuzten Genotypen wieder im statistischen Verhältnis 1:1 auf (Abb. 2.48f, S. 206).
Ist für den Geschlechtsrealisator – wie meistens – das ♀ homozygot (FF) und das ♂ heterozygot (FM, wobei M > F), so stellt das ♀ das homogametische Geschlecht dar, weil seine Eier bei der Meiose alle gleichermaßen F zugeteilt bekommen *(Homogametie)*. Das ♂, dessen Spermien je zur Hälfte F oder M enthalten, ist dagegen heterogametisch; es erzeugt zwei Gametensorten mit entgegengesetzter geschlechtsbestimmender Tendenz *(Heterogametie)*. Die Bestimmung des Geschlechts eines Nachkommen erfolgt im Augenblick der Gametenkopulation, bei der entweder ein F-Spermium (F + F = ♀) oder ein M-Spermium (F + M = ♂) die Karyogamie vollzieht. Da wegen der gleichen Häufigkeit der zwei Spermiensorten beide Möglichkeiten gleich wahrscheinlich sind, *resultieren in genügend großen Nachkommenschaften ♂♂ und ♀♀ im statistischen Verhältnis 1:1*. Es gibt allerdings – z.B. beim Menschen – geringe Abweichungen von diesem Verhältnis, deren Ursachen jedoch noch nicht geklärt sind.
Diplogenotypische Geschlechtsbestimmung mit ♂ Heterogametie wurde unter Pflanzen z.B. bei Kreuzungen getrenntgeschlechtlicher Zaunrüben und polyploider Lichtnelken-Arten, bei der Bastardierung von Spritzgurken-Rassen und bei der Erdbeere gefunden; sie ist auch unter den Metazoen sehr weit verbreitet. Heterogametie des ♀ Geschlechts ist dagegen z.B. für Schmetterlinge und für Vögel typisch. Die Geschlechtsvererbung erfolgt

dabei grundsätzlich nach dem gleichen Schema (♂ = MM, ♀ = FM, wobei F > M). Die Entscheidung über das Geschlecht des Nachkommen fällt in diesem Fall bereits bei der Meiose des Oocyten (und nicht erst bei der Befruchtung); sie hängt davon ab, ob dem Eikern dabei F (F + M = ♀) oder M (M + M = ♂) zugeteilt wird. Da beide Ereignisse aufgrund der zufälligen Einstellung jeder Chromosomentetrade in der Metaphase I normalerweise gleich häufig auftreten, ist auch bei der ♀ Heterogametie das Geschlechtsverhältnis ausgeglichen. Bei manchen Metazoen weicht ein mit einem geschlechtsentscheidenden Realisatorgen (oder einem eng gekoppelten Komplex von mehreren solchen) ausgestattetes Chromosom als *Heterochromosom* bezüglich seines homologen Partners, seiner Struktur und seines Verhaltens im Zellzyklus von den übrigen Chromosomen des Satzes, den *Autosomen*, sichtbar ab. Ein solches »*Geschlechtschromosom*« wird, wenn es im homogametischen Geschlecht doppelt und im heterogametischen Geschlecht nur einfach vorhanden ist, X-Chromosom genannt. Im heterogametischen Geschlecht hat dann das X entweder überhaupt keinen homologen Partner (XO-Typ, Abb. 3.120) oder ihm steht ein abweichend gestaltetes, als Y bezeichnetes singuläres Heterochromosom als Partner gegenüber (XY-Typ, Abb. 3.121). Wo solche cytologisch identifizierbaren Geschlechtschromosomen vorkommen, läßt sich das oben auf dem Niveau der Realisatoren erläuterte Prinzip der Geschlechtsbestimmung einfach als Vererbung der Heterochromosomen beschreiben. Bei ♂ *Heterogametie* ist die Konstitution XX ♀-, die Konstitution X bzw. XY ♂-bestimmend; bei ♀ *Heterogametie* ist es umgekehrt (Abb. 3.122).

Die für eine diplogenotypische Geschlechtsbestimmung bei ♂ Heterogametie angenommene Realisatorkonstitution FF = ♀ und FM = ♂ ist die einfachste von verschiedenen denkbaren Interpretationsmöglichkeiten; diese Formulierung besagt aber keineswegs, daß beim XY-Typ das F im X und das M im Y liegen muß (wenngleich diese Möglichkeit in bestimmten Fällen durchaus verwirklicht sein könnte). Über die Frage, auf welchem Chromosom welcher Realisator liegt, vermag nur der Zusammenhang zwischen gewissen *Aberrationen in der Heterochromosomenausstattung* und den daraus resultierenden sexuellen Phänotypen Auskunft zu geben. Hinsichtlich der *Lokalisation der Geschlechtsrealisatoren* im Genom gibt es zwei gegensätzliche Fälle: Bei den Säugern (einschließlich Mensch) bedingen abnorme Heterochromosomenbestände – abgesehen von mehr oder weniger schwerwiegenden krankhaften Veränderungen – einen ♂ Phänotyp, wenn sie mindestens 1 Y enthalten (XXY, XXXY, XXXXY), während Genotypen ohne Y (XO, XXX, XXXX, XXXXX) ein ♀ Erscheinungsbild hervorrufen (S. 232); bei der Maus sind die XO-Individuen sogar fertile ♀♀. Daraus geht hervor, daß bei den *Säugern im Y ein dominanter M-Realisator* liegt, dessen An- oder Abwesenheit das Geschlecht bestimmt. Bei der Taufliege *Drosophila* ist die Beziehung zwischen Heterochromosomenausstattung und Geschlecht die gleiche (Abb. 3.121). Jedoch ist M nicht im Y lokalisiert, sondern auf die Autosomen verteilt, während F, ebenfalls in Gestalt mehrerer Gene, im X (= Chromosom I) liegt. Daß das Y hier für die Geschlechtsbestimmung bedeutungslos ist, geht u. a. aus der Tatsache hervor, daß bei *Drosophila* XO-Individuen ♂♂ und nicht – wie bei Säugern – ♀♀ sind. Somit sind bei *Drosophila* in beiden Geschlechtern sowohl F- als auch M-Realisatoren, allerdings in einem bei ♂ und ♀ unterschiedlichen Zahlenverhältnis, nebeneinander vorhanden. *Maßgebend für die Geschlechtsbestimmung* ist, *wieviele X* in dem jeweiligen Genom *wie vielen Autosomensätzen* (A, bestehend aus den Chromosomen II, III und IV) *gegenüberstehen*: 2A + 1X = MMF = ♂, 2A + 2X = MMFF = ♀; hinsichtlich der relativen Stärke der Realisatoren ergibt sich daraus: F > M, F < 2M. Daß F 1,5mal so stark ist wie M, läßt sich aus dem Befund ablesen, daß eine *Drosophila*-Fliege mit dem abnormen Genom *3 A + 2 X* einen *intersexuellen*, d. h. zwischen ♂ und ♀ Ausprägung liegenden Phänotyp entwickelt (S. 317f.). Offenbar sind bei dieser Konstitution die F- und M-Realisatoren in ihrer Stärke so ausgeglichen (3 M = 2F), daß eine eindeutige Entscheidung über ♂ oder ♀ Differenzierung nicht zustandekommt und stattdessen unter Mitwirkung von A- und G-Genen ein Mittelweg beschritten wird.

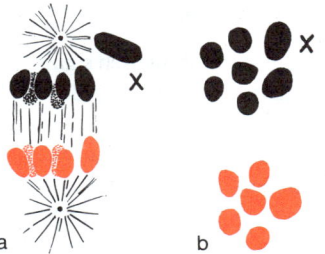

Abb. 3.120 a, b. Chromosomen des ♂ der Wanze *Protenor belfragei* (♂ Heterogametie, XO-Typ). (a) Spermatocytenkern in der Anaphase seiner 1. Reifeteilung, (b) Genome der beiden daraus hervorgegangenen Spermatocyten II (der ♂-bestimmende Satz ohne X-Chromosom rot). (Nach Hartmann)

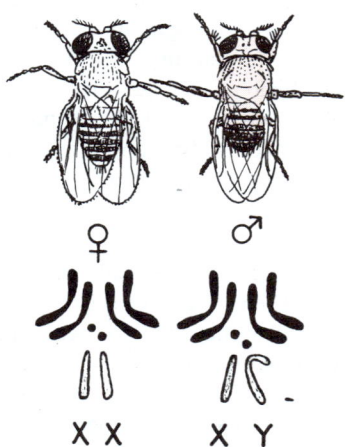

Abb. 3.121. ♂ und ♀ der Taufliege *Drosophila melanogaster* mit dem zugehörigen diploiden Chromosomensatz (die drei Autosomenpaare schwarz). (Nach Hartmann)

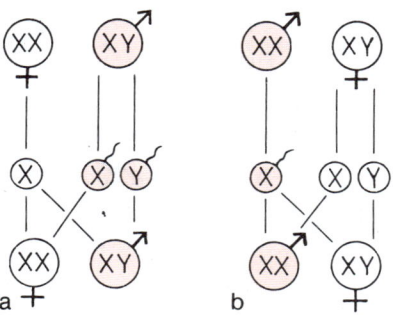

Abb. 3.122 a, b. Geschlechtschromosomen-Vererbung beim XY-Typ im Falle (a) der ♂ oder (b) der ♀ Heterogametie. (Nach Hartmann)

3.5.2.2 Abweichende Geschlechtsbestimmungsmechanismen bei Metazoen

Bei manchen Tieren sind statistisch signifikante Abweichungen vom 1 : 1-Geschlechtsverhältnis zu beobachten, welche auf Besonderheiten der Heterochromosomenvererbung beruhen. So kann bei ♀ *Heterogametie* die normalerweise zufallsgemäße und daher gleich häufige Zuteilung des unpaaren X entweder an den Eikern oder an den 1. Polkörper durch äußere Bedingungen bevorzugt in die eine oder andere Richtung gelenkt werden, so daß mehr Individuen vom einen als solche vom anderen Geschlecht entstehen (Abb. 3.123). *Bei den im ♂ Geschlecht heterogametischen Blattläusen* mit Heterogonie (Abb. 3.114) müßten bei normalem Erbgang der Heterochromosomen aus den befruchteten Dauereiern der bisexuellen Eltern (♀ = XX, ♂ = XO) wieder je zur Hälfte ♂♂ und ♀♀ hervorgehen. Tatsächlich entwickeln sich aber *alle Dauereier zu ♀♀*, weil von den zwei Spermiensorten, die während der Spermatogenese entstanden sind, nur diejenige mit X zu funktionsfähigen Spermien ausdifferenziert wird, während die Spermatiden ohne X degenerieren (Abb. 3.124). Auch die *Heterogametie der ♂♂*, die ja parthenogenetisch erzeugt werden und eigentlich wie die ♀♀ 2 X haben sollten, wird durch eine ungleiche Weitergabe der beiden X im ♂- bzw. ♀ Ei im Zuge einer abgewandelten Reifeteilung *nur für die eine Generation eigens hergestellt*. Im ♀ Ei wird diese Teilung für alle Chromosomen in Form einer Mitose vollzogen, und der Eikern behält deshalb den vollen diploiden Satz mit 2 X; dagegen werden im ♂ Ei nur die Autosomen äquationell (gleichwertig), die beiden ungeteilt bleibenden X jedoch reduktionell verteilt, so daß der Eikern außer einem diploiden Autosomensatz nur 1 X bekommt.

Bei *Bienen* (und anderen Hymenopteren) ist die Geschlechtsbestimmung mit der *fakultativen Parthenogenese* verknüpft; die ♀ Tiere (Königinnen und Arbeiterinnen) entwickeln sich immer aus befruchteten Eiern, während aus unbefruchteten Eiern ausschließlich ♂♂ (Drohnen) hervorgehen (S. 305). Dabei kann aber nicht die diploide oder haploide Ausgangssituation als solche geschlechtsbestimmend sein, weil nämlich manchmal auch aus befruchteten Eiern ♂ Maden schlüpfen; diese werden regelmäßig bereits im Larvenstadium von den brutpflegenden Arbeiterinnen getötet. Das Geschlecht hängt vielmehr von einem als x bezeichneten Gen ab, das in einer Serie *multipler Allele* vorkommt (S. 205). Sofern zwei verschiedene von diesen Allelen im Genom enthalten sind (was natürlich nur im diploiden Satz möglich ist), geht die Entwicklung in ♀ Richtung, d.h. Heterozygotie dieses Gens (z.B. $x_a x_b$, $x_a x_c$, $x_b x_c$) ist ♀-bestimmend; dagegen wirkt dasselbe Gen x ♂-bestimmend, wenn es homozygot vorliegt (z.B. $x_a x_a$, $x_b x_b$, $x_c x_c$) oder

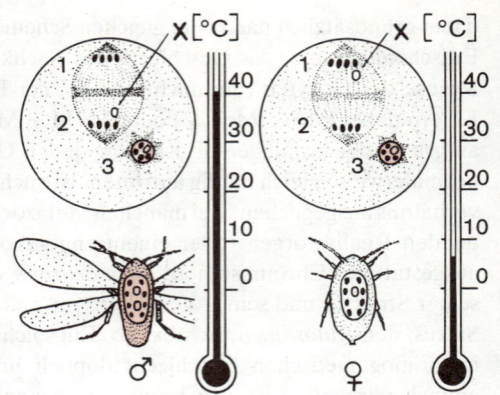

Abb. 3.123. Beeinflussung der Wanderungsrichtung des unpaaren X während der 1. meiotischen Teilung der Oocyten durch die Temperatur bei dem Schmetterling *Talaeporia tubulosa* (♂ Heterogametie, XO-Typ). X-Chromosomen weiß, Autosomen schwarz (im Schema nur 2n = 8 statt der wirklichen Zahl 58 eingezeichnet). Bei Kälte gelangt das X bevorzugt in den Richtungskörper (1), so daß 61% der Nachkommen XO-Tiere (flügellose ♀♀) sind, während das X bei Wärme überwiegend dem Eikern (2) zugeteilt wird und dadurch 62% XX-Nachkommen (geflügelte ♂♂) entstehen. Der ♂ Vorkern (3) enthält immer 1 X und spielt deshalb keine geschlechtsentscheidende Rolle. (Nach Hartmann)

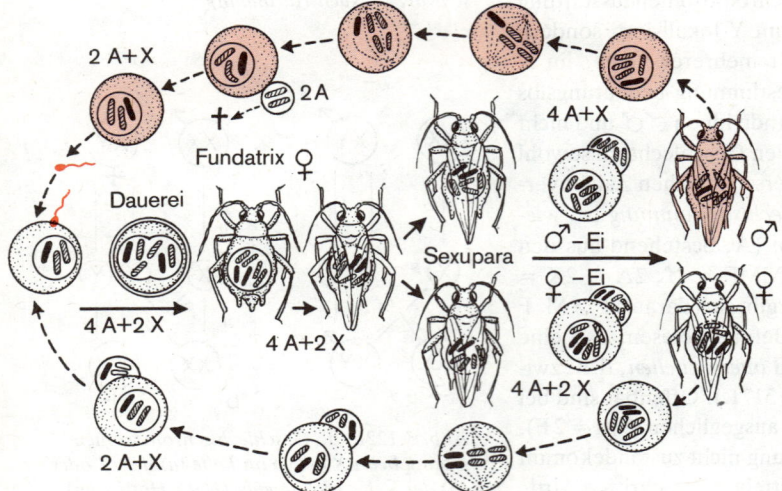

Abb. 3.124. Vererbung des Heterochromosomen im Heterogoniezyklus der Blattlaus *Aphis saliceti* (X-Chromosomen schwarz, Autosomen = A schraffiert). Die Heterogametie des ♂ (4A + X) wird dadurch hergestellt, daß in der beim ♀ Ei der Sexupara insgesamt äquationell verlaufenden »Reifeteilung« im ♂ Ei das X als einziges Chromosom reduktionell verteilt wird; bei der Befruchtung wird die Heterogametie wieder aufgehoben, indem die Spermatiden ohne X degenerieren. (Nach Geiler)

wenn es hemizygot (z. B. x_a, x_b, x_c) vorhanden ist, wie dies bei den aus unbefruchteten Eiern sich entwickelnden Individuen der Fall ist (Abb. 3.125). Da die nur bei Inzucht entstehenden diploid-homozygoten Individuen zwar ♂♂ sind, aber nicht überleben, *entscheidet die Bienenkönigin* praktisch über das *Geschlechtsverhältnis ihrer Nachkommen* damit, daß sie entweder den *Schließmuskel an ihrem Receptaculum seminis* öffnet und dadurch die Eier besamt oder daß sie bei geschlossenem Samenbehälter die Eier unbefruchtet ablegt (Abb. 3.126).

3.5.2.3 Subdiözie bei Pflanzen

Bei Kreuzungen von zwittrigen oder monözischen Arten mit diözischen Arten wurde sowohl Dominanz der Diözie über die Monözie (z. B. Zaunrübe, Lichtnelke) als auch Dominanz der Monözie über die Diözie (Spritzgurke) beobachtet. Der zwittrige oder monözische Zustand ist der offensichtlich phylogenetisch ältere, aus dem sich über subdiözische Zwischenformen der diözische Zustand entwickelt hat. Subdiözisch sind also genetisch getrenntgeschlechtliche Pflanzen, bei denen die Trennung nicht scharf ausgeprägt ist. So entstehen Pflanzen, die außer den Blüten des einen Geschlechtes auch zwittrige und Blüten des anderen Geschlechtes tragen. Subdiözie wurde sowohl bei Hanf als auch bei Spinat, der Weinrebe, dem Spargel und dem Bingelkraut beobachtet. Aus Versuchen zur Geschlechtsumwandlung kann man schließen, daß eine Reihe von Stoffen der Auxin- und Gibberellin-Gruppe auf dem Wege über eine alternative Unterdrückung eines der beiden Genkomplexe oder über die Beeinflussung der Kern-Plasma-Relation bei der Entstehung der Subdiözisten, Gynodiözisten und Sekundärzwitter eine Rolle spielt. Auch bei Diatomeen ist solche labile Diözie, die man als Subdiözie bezeichnet, gefunden worden. Während die meisten zentrischen Kieselalgen sich als monözisch erwiesen, treten gelegentlich Winterformen auf, die sich in ♂ und ♀ Klone auftrennen lassen. Die Klone der Sommerform lassen sich mit denen der Winterform reziprok kreuzen.

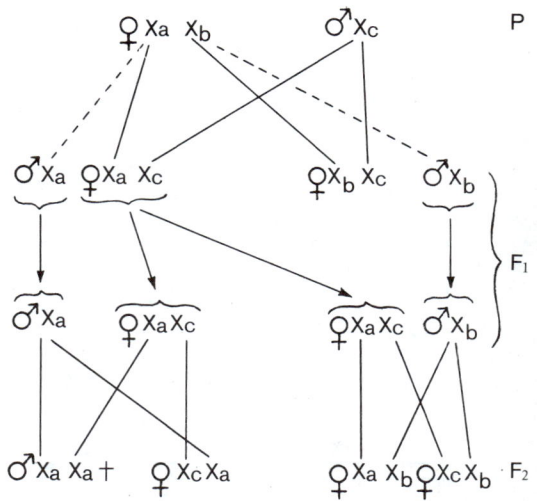

Abb. 3.125. Kombination von drei Allelen (a, b, c) des geschlechtsbestimmenden Gens x der Honigbiene Apis mellifica. Heterozygote Tiere sind ♀♀, hemizygote vitale ♂♂ und homozygote letale ♂♂ (†), die bereits als Larven von den Pflegebienen gefressen werden. (Nach Hartmann)

3.5.2.4 Intersexualität und Gynandromorphismus bei Metazoen

Manche Tiere, die an sich über einen chromosomalen, normalerweise einwandfrei funktionierenden Geschlechtsbestimmungsmechanismus verfügen, bringen unter gewissen Ausnahmebedingungen Nachkommen hervor, deren Phänotyp weder rein ♂ noch rein ♀, sondern eine Mischung aus beidem ist. Im Gegensatz zu normalen ♀♀ sind solche *abnormen Individuen* meist *nicht fortpflanzungsfähig*, weil ihre Geschlechtsorgane chaotisch aus ♂ und ♀ Anteilen zusammengesetzt sind. Einem *exzeptionellen geschlechtlichen Erscheinungsbild* dieser Art können zwei verschiedene Phänomene zugrunde liegen, *Intersexualität* oder *Gynandromorphismus*.

Ein *Intersex* ist nur *phänotypisch ein Mosaik* aus ♂ oder ♀ differenzierten Zellen, die genetische Konstitution beider Zellsorten ist jedoch die gleiche; in ihr ist die Stärke der F- und M-Realisatoren so *ausbalanciert*, daß über die ♂ oder ♀ Ausprägung bei jeder einzelnen Zelle durch genunabhängige, im Laufe der Ontogenie räumlich und zeitlich wechselnde Entwicklungsbedingungen entschieden wird. Bei der Intersexualität werden somit *die beiden geschlechtlichen Phänotypen* als *Modifikationen auf der Basis ein- und derselben*, hinsichtlich ihrer sexuellen Tendenz nicht eindeutig bestimmten *genetischen Reaktionsnorm* realisiert (vgl. S. 319). Dabei entwickeln auch innerhalb eines Organs häufig die einen Zellen das ♂ und die anderen das ♀ Erscheinungsbild (Abb. 3.128). Bei Tieren, deren Geschlechtsdifferenzierung von *Sexualhormonen* abhängt (S. 320f.), kann Intersexualität durch *Störungen* im Haushalt dieser Hormone bedingt sein (Abb. 3.135). Sonst ist sie meist das Resultat bestimmter Kreuzungen, in denen Genome mit einer *abnormen Realisatorkonstellation* entstehen; dabei kann das Zusammenwirken von F- und M-Realisatoren entweder durch Veränderung ihres Zahlenverhältnisses (z. B. bei der

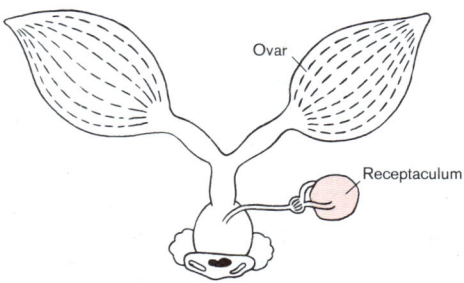

Abb. 3.126. Die Bienenkönigin kann ihre im Ovar produzierten Eier wahlweise unbesamt ablegen und dadurch zu ♂♂ determinieren oder aus dem Spermienvorrat in ihrem Receptaculum seminis besamen und damit Töchter erzeugen; sie erreicht dies durch entsprechende Betätigung eines Ringmuskels, der den Verbindungsgang zwischen Samenbehälter und Eiablageweg entweder verschließt oder frei gibt. (Nach Houillon)

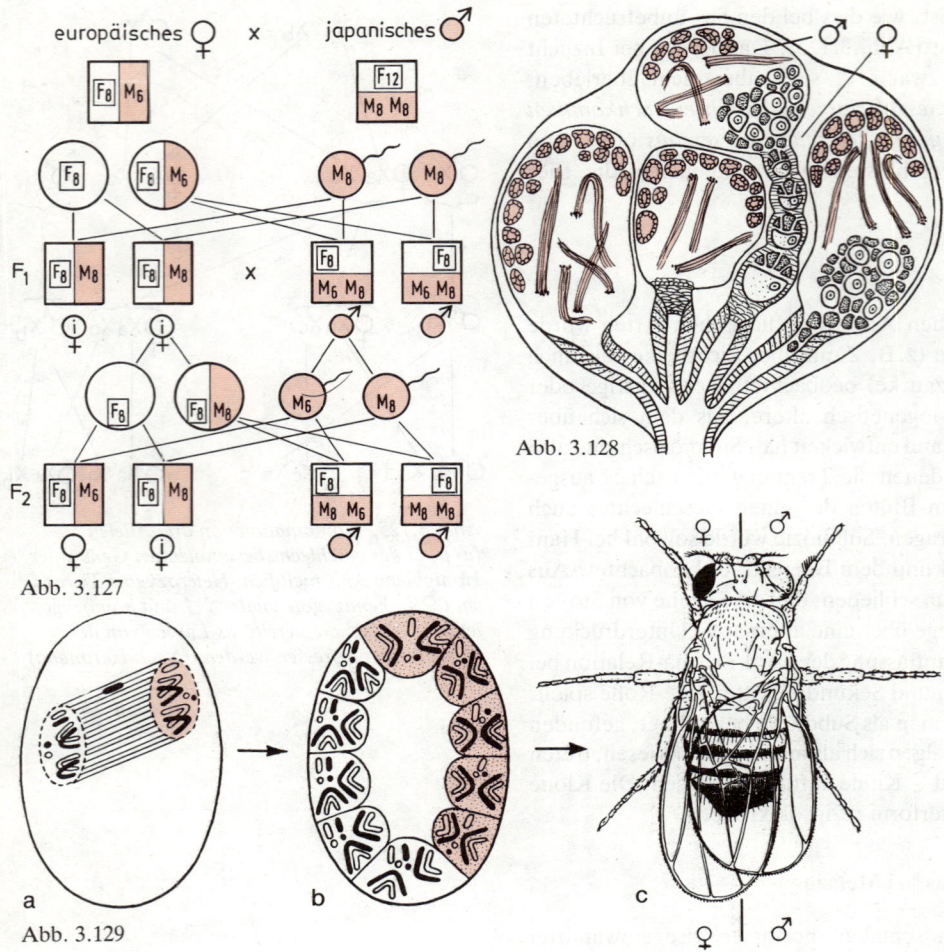

Abb. 3.127. Vererbung der Realisatorgene in einer Kreuzung zwischen zwei geographischen Rassen des Schwammspinners Lymantria dispar. Das ♀ ist heterogametisch (XY), das ♂ homogametisch (XX). M liegt im X und wird gleichermaßen über alle Spermien und die Eier mit X an die Nachkommen weitergegeben; F (vielleicht im Y lokalisiert) wirkt sich nur durch Prädetermination über das Eicytoplasma aus und wird deshalb rein mütterlich vererbt, d. h. nur die Eier, nicht aber die Spermien übertragen einen ♀ Realisator. Die Stärke von F und M, die bei der japanischen Rasse absolut größer ist ($F_{12}M_8$) als bei der europäischen (F_8M_6), ist mit Zahlen angegeben, deren Absolutwerte willkürlich gewählt sind und die nur hinsichtlich ihrer Relationen der Veranschaulichung des Prinzips dienen. In Genomen mit F- und M-Realisatoren unterschiedlicher Stärke bzw. Anzahl bestimmt der stärkere bzw. doppelt vorhandene Realisator allein und eindeutig das Geschlecht (z. B. F_8M_6 = ♀, $F_{12}M_8 + M_8$ = ♂); dagegen resultiert bei Stärkegleichheit zwischen F und M (XY-Individuen mit F_8M_8) ein intersexueller Phänotyp (i). (Original Hauenschild)

Abb. 3.128. Gonade eines intersexuellen ♀ von Lymantria dispar (Schmetterling), in der Eier und Spermien in einem chaotischen Mosaik nebeneinanderliegen. (Nach Buchner)

Abb. 3.129 a–c. Halbseitengynander von Drosophila melanogaster (c) und seine Entstehung (a, b). In der 1. Furchungsmitose eines durch die Befruchtung ♀ determinierten Eies (Zygotenkern mit XX) wird eines der beiden für den rechten Tochterkern bestimmten X-Chromosomen eliminiert; dieser Kern (rosa) erhält folglich die ♂-bestimmende Konstitution XO und gibt sie in der anschließenden Ontogenie an alle die rechte Körperhälfte aufbauenden Zellen weiter. Ein in der Abbildung dargestellter Unterschied in beiden Körperhälften bezüglich nicht-geschlechtlicher Merkmale (z. B. rotes Auge auf der ♀, weißes auf der ♂ Seite) tritt nur auf, wenn das verantwortliche Gen auf dem X liegt und sich nach dem dominant-rezessiven Modus manifestiert, wenn der befruchtete Eikern für das betreffende Gen heterozygot war und wenn dasjenige X, in dem das dominante Allel lag, in der ♂ Hälfte verlorengegangen ist; im vorliegenden Fall kann sich das rezessive Allel für Weißäugigkeit, dessen Auswirkung in der ♀ Hälfte durch das dominante Allel für Rotäugigkeit im zweiten X-Chromosom unterdrückt wird, in der ♂ Hälfte infolge seiner Hemizygotie (das zweite X mit dem dominanten Allel fehlt hier) phänotypisch ausprägen. (Nach Hartmann)

subtriploiden *Drosophila* mit der Konstitution 3 A + 2 X, S. 315) oder durch Kombination unterschiedlich starker Realisatoren (aus normalerweise getrennten geographischen Rassen) gestört sein. Ein Beispiel hierfür ist die Kreuzung eines europäischen Schwammspinner-♀ mit einem japanischen ♂, bei der in der F_1 alle chromosomal ♀ bestimmten Individuen und in der F_2 die Hälfte davon phänotypisch intersexuell sind (Abb. 3.127). Die Geschlechtsrealisatoren der japanischen Rasse sind in ihrer Wirksamkeit absolut stärker als die der europäischen Rasse; während bei Kreuzungen innerhalb der Rasse die absolute Stärke bedeutungslos ist und die relative Stärke von F und M eine eindeutige Geschlechtsbestimmung ergibt (F > M, F < 2 M), kommen bei den Rassenbastarden im chromosomal ♀ Genom (XY), dessen F von der schwachen europäischen Mutter und dessen M vom starken japanischen Vater stammen, F- und M-Realisatoren gleicher Stärke zusammen und verursachen ein intersexuelles Erscheinungsbild (Abb. 3.128).

Bei *Gynandromorphismus* – wie er von verschiedenen Insekten bekannt ist – sind meist *größere Areale* in sich einheitlich ♂ oder ♀ (z. B. beim Halbseiten-Gynander die eine Längshälfte des Körpers ♂, die andere ♀), und die Zellen des ♂ Anteils *unterscheiden sich* von denen des ♀ Anteils *nicht nur im Phänotyp, sondern auch im Genotyp*. Ein Gynander ist also eine *Sexualchimäre*, die z. B. bei *Drosophila* in den Zellkernen des ♀ Bereichs zwei X-Chromosomen und in denen des ♂ Bereichs nur 1 X enthält (Abb. 3.129). In diesem Fall entsteht ein gynandromorphes Individuum aus einer ♀-bestimmten Zygote mit 2 X immer dann, wenn in einer Furchungsmitose von den beiden

X-Chromosomen das eine in seiner Anaphasebewegung gestört ist und deshalb eliminiert wird (a); alle Körperzellen, die von diesem nur mit 1 X statt 2 X ausgestatteten Furchungskern abstammen (b), entwickeln einen ♂ Phänotyp (c), da bei *Drosophila* die Konstitution XO ebenso ♂-bestimmend ist wie XY. Die räumliche Verteilung und relative Größe der ♂ XO- und der ♀ XX-Areale ist, je nach der von den XO-Abkömmlingen im Blastoderm eingenommenen Lage, individuell sehr verschieden.

3.5.3 Modifikatorische (phänotypische) Geschlechtsbestimmung

Ein genetischer Geschlechtsbestimmungsmechanismus, bei dem die Zuteilung oder Nicht-Zuteilung eines einzigen Realisatorgens bzw. einer eng gekoppelten Gruppe von mehreren solchen über das Geschlecht entscheidet, ohne daß dabei die Zusammensetzung des übrigen Genoms ins Gewicht fällt, wird als *monofaktoriell* bezeichnet. In der Regel garantiert er ein gleichbleibendes, ausgeglichenes Zahlenverhältnis zwischen beiden Geschlechtern. Bei *polyfaktorieller Geschlechtsbestimmung* haben mehrere auf verschiedene oder gar alle Chromosomen des Genoms verteilte Gene Realisatorfunktion und entscheiden gemeinsam über die Richtung der geschlechtlichen Differenzierung. In einem solchen Fall hängt das Geschlecht eines Individuums davon ab, wie viele Allele mit ♀ und wie viele mit ♂ Tendenz in seinem Genom enthalten sind. Da die Häufigkeit der verschiedenen Allele in einzelnen Stämmen oder Populationen unterschiedlich sein kann, ist das *Geschlechtsverhältnis* bei polyfaktorieller Geschlechtsbestimmung meist recht *variabel*; z.B. werden in einer Population, deren Genpool mehr Allele mit M-Realisator-Wirkung als solche mit F-Realisator-Wirkung enthält, die ♂♂ insgesamt in der Überzahl sein, während es sich in einer anderen Population umgekehrt verhalten kann. Kriterium für das Vorliegen einer polyfaktoriellen genotypischen Geschlechtsbestimmung ist die Möglichkeit, durch gezielte Kreuzungen ♂♂-reiche oder ♀♀-reiche Stämme zu züchten.

In manchen diözischen Species sind die *Gene*, die eine ♂ und diejenigen, die eine ♀ Ausprägung fördern, im Genom der meisten Individuen so gegeneinander *ausbalanciert*, daß sie eine eindeutige Entscheidung über das Geschlecht nicht herbeiführen können. Dann übernehmen unter Umständen äußere, *genomunabhängige Entwicklungsfaktoren* die Rolle eines geschlechtsentscheidenden *Realisators*. Diese Geschlechtsbestimmung heißt *modifikatorisch*, weil beide Geschlechter wie eine *alternative Modifikation* auf der Grundlage *derselben genetischen Reaktionsnorm* verwirklicht werden, oder *phänotypisch*, weil sich ♂♂ und ♀♀ nur im Erscheinungsbild, nicht aber in ihrem Genom voneinander unterscheiden. Daß eine Geschlechtsbestimmung *rein modifikatorischen* Charakter hat, ist nur dann sicher, wenn ♂♂ und ♀♀ im Zuge einer un- oder eingeschlechtlichen Fortpflanzung auf mitotischem Wege vom gleichen Elter abstammen und somit erbgleiche *Mitglieder eines Klons* sind. Dies ist z.B. bei dem Sporozoon *Eucoccidium* der Fall (Abb. 3.109), wenn der Makrogamet unbefruchtet bleibt und sich ohne Meiose parthenogenetisch entwickelt. Obwohl dann alle durch Mitosen aus ihm hervorgehenden Sporozoiten mit Sicherheit genetisch identisch sind, wachsen sie unter geeigneten Bedingungen teils zu ♀ und teils zu ♂ Gamonten heran.

Dagegen ist die modifikatorische Komponente der Geschlechtsbestimmung gegenüber einem möglichen polyfaktoriell-genetischen Einfluß quantitativ *nicht scharf abzugrenzen*, wenn die in ihrem Geschlecht durch Außenfaktoren beeinflußten Individuen auf bisexuellem Wege entstanden und daher mit einer gewissen *genetischen Variabilität* ausgestattet sind. Bei dem Igelwurm *Bonellia* (Abb. 3.130) ist in den meisten Larven die sexuelle Entwicklungsrichtung noch unbestimmt, wenn sie aus dem Ei schlüpfen. Erst in einer kritischen Phase wird die frei bewegliche Larve dadurch zum ♂ determiniert, daß sie auf das Prostomium (»Rüssel«) eines adulten ♀ trifft, sich vier Tage lang darauf festsetzt und dabei Wirkstoffe des ♀ erhält. Bekommt sie keinen Kontakt mit einem adulten ♀, wächst

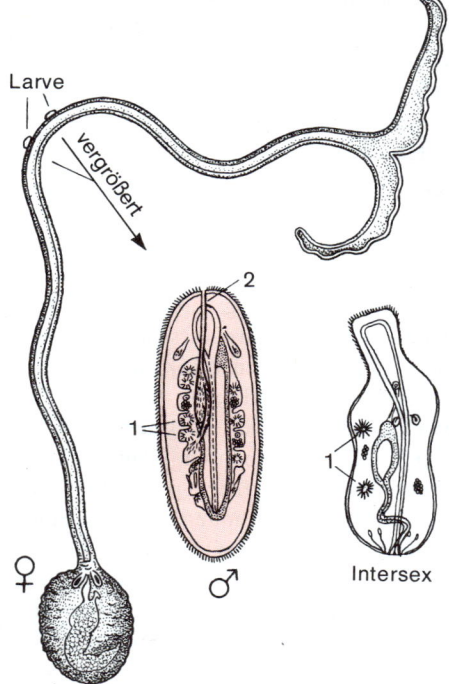

Abb. 3.130. Bei dem für seine vorwiegend modifikatorische Geschlechtsbestimmung bekannten Igelwurm Bonellia viridis besteht ein extremer Sexualdimorphismus: Nur das ♀ hat die für die Echiuriden typische Organisation, Größe (es wird mit dem rüsselartigen Prostomium bis 1 m lang) und Lebensweise; das lediglich 2 mm große Zwerg-♂ ist hingegen in seinem Bau larvenähnlich, lebt parasitisch im Körper des ♀ und besamt dort die Eier. Die Larven sind bezüglich ihres künftigen Geschlechts größtenteils zunächst noch unbestimmt. Sie entwickeln sich zu ♀♀, wenn sie ohne Kontakt mit ♀ Artgenossen aufwachsen, oder zu ♂♂, falls sie Gelegenheit haben, sich auf dem Prostomium eines erwachsenen ♀ vier Tage lang festzusetzen; während dieser Zeit werden sie durch Wirkstoffe des ♀ (»Termone«) zu ♂♂ determiniert und wandern anschließend in das ♀ durch dessen Geschlechtsöffnung ein. Aus einer Larve, die man vorzeitig vom Rüssel des ♀ ablöst, wird ein Intersex. (1) Spermatogenesestadien, (2) zum Samenleiter umgewandelter Vorderdarm des ♂. (Nach Buchner)

sie – unbeeinflußt durch die ♀ Wirkstoffe – selbst zu einem ♀ heran. Im Experiment kann man die meisten Larven hinsichtlich ihrer geschlechtlichen Entwicklung manipulieren, indem man sie durch Zusatz von Extrakten aus den Rüsseln adulter ♀♀ zu ♂♂ oder durch isolierte Aufzucht in reinem Seewasser zu ♀♀ werden läßt; unterbricht man die Behandlung mit Rüsselextrakt vorzeitig, so lassen sich dadurch intersexuelle Larven erzielen. Nur ein kleiner Prozentsatz von Larven entwickelt sich, allem Anschein nach aufgrund einer besonderen genetischen Konstitution, auch in reinem Seewasser zu ♂♂ bzw. trotz der Gegenwart von Rüsselstoffen zu ♀♀. Hier wird das Geschlecht der meisten Individuen also erst lange nach der Befruchtung der Eier bestimmt (metagam). In einigen anderen Fällen, wie z.B. bei *Dinophilus gyrociliatus*, erfolgt eine modifikatorische Geschlechtsbestimmung bereits während der Oogenese (progam). Bei diesem Polychaeten produziert das ♀ zwei verschiedene Sorten von Eiern, nämlich große, dotterreiche, aus denen ♀♀ hervorgehen, und kleine, dotterarme, die sich zu ♂♂ entwickeln (Abb. 3.131). Da die Eiqualität und damit auch das künftige Geschlecht bereits während der Wachstumsphase der Eizellen festgelegt wird (in einem Stadium, in dem die Oocyten noch diploid und alle genetisch identisch sind), kann hier weder die Meiose noch die Befruchtung das Geschlecht primär bestimmen. In gleicher Weise modifikatorisch ist auch die Geschlechtsbestimmung bei einer Flohkrebs- und einer Schildlaus-Art, bei der sich diejenigen Eier, die im Ovar mit einem Parasiten bzw. Symbionten infiziert werden, zu ♀♀ entwickeln, während aus nicht infizierten Eiern ♂♂ hervorgehen.
Manchmal wird auch bei monözischen Pflanzen oder Tieren, bei denen die ♂ und ♀ Ausprägung bezüglich ihres relativen Umfangs oder ihrer zeitlichen Folge durch Außenfaktoren beeinflußbar ist (z.B. Abb. 3.115), fälschlicherweise von modifikatorischer Geschlechtsbestimmung gesprochen. Bei der Ausbildung von Geschlechtsmerkmalen in ♂♂ handelt es sich jedoch gar nicht um eine Bestimmung, sondern um eine Ausdifferenzierung des Geschlechts, deren modifikatorische Basis – ebenso wie bei anderen Differenzierungsprozessen – ohnehin generell außer Frage steht.

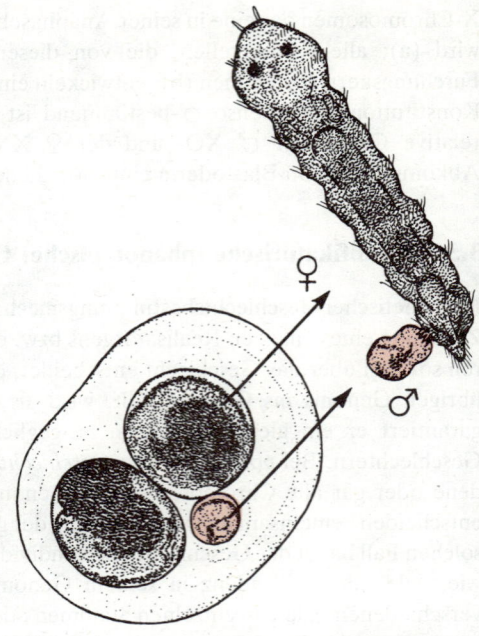

Abb. 3.131. Bei dem Polychaeten *Dinophilus gyrociliatus* begatten die zwerghaften und kurzlebigen ♂♂ ihre ♀ Geschwister sofort nach dem Schlüpfen. Diese ♀♀ legen später in gemischten Kokons große Eier, aus denen ♀♀, und kleine Eier, aus denen ♂♂ hervorgehen. (Nach Traut)

3.5.4 Geschlechtsdifferenzierung durch Sexualhormone

Hormone als organismuseigene Wirkstoffe spielen bei vielen Pflanzen eine entscheidende Rolle bei der Geschlechtsdifferenzierung. Für die Geschlechtsausprägung scheint das Verhältnis verschiedener Wuchsstoffe (S. 693) in der Umgebung des floralen Meristems (S. 427) determinierend zu sein. Durch Applikation synthetischer Wuchsstoffe kann das Verhältnis der Geschlechter im Bereich der Blüte verschoben werden. Sobald das Geschlecht einmal determiniert ist, kann es nur schwerlich wieder umgestimmt werden. Spezielle Sexualhormone sind bei Pflanzen noch nicht mit Sicherheit nachgewiesen. Wohl aber haben Cytokinine (S. 688), Gibberelline (S. 689) und Auxine (S. 685f.) sowie das flüchtige Äthylen (S. 690) starken Einfluß auf die Geschlechtsdifferenzierung.
Sexualhormone (S. 677f.), welche direkt in die Geschlechtsdifferenzierung eingreifen, kennt man von allen Wirbeltieren und Höheren Krebsen sowie von einer einzigen Insektenart (dem Leuchtkäfer *Lampyris*). Obgleich bei diesen Tieren das Geschlecht in der Regel genotypisch determiniert ist, bestimmt der ♂ oder ♀ Genotyp unmittelbar nur *den Entwicklungsmodus bestimmter endokriner Strukturen* und damit die Produktion bestimmter Geschlechtshormone. Erst diese rufen gemäß ihrer Wirkungsspezifität in allen kompetenten Zellen des Körpers die Ausbildung des ♂ oder ♀ Phänotyps hervor. Die *Merkmale des Geschlechts* prägen sich also *nicht* im gesamten Organismus *zellautonom* (d.h. in jeder Körperzelle unabhängig von allen anderen) aus, indem die gemäß der Realisatorkonstellation aktivierten A- oder G-Gene direkt den sexuellen Phänotyp der betreffenden Zelle hervorbringen, wie dies z.B. in einem Insekten-Gynander offensicht-

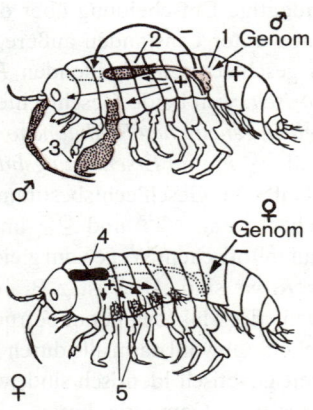

Abb. 3.132. Bei dem Strandflohkrebs *Orchestia gammarella* bewirkt das Hormon der androgenen Drüse (1), die sich nur in Gegenwart eines ♂ Genoms ausbildet, eine Differenzierung der Gonade zum Hoden (2) und die Ausprägung der sekundären ♂ Merkmale (3); beim ♀ wird die Gonade in Abwesenheit des androgenen Hormons zum Ovar (4), und dieses regt durch die Produktion eines ♀ Sexualhormons seinerseits die Entwicklung der äußeren ♀ Geschlechtscharaktere (5) an. (Nach Bückmann)

lich der Fall ist. Dennoch garantiert im Normalfall der hormonale Mechanismus durchaus, daß das sexuelle Erscheinungsbild mit dem chromosomalen Geschlecht übereinstimmt. Wegen der vollständigen *Abhängigkeit der Geschlechtsdifferenzierung* von den als Mittler zwischen Geno- und Phänotyp eingeschalteten *Sexualhormonen* ist es aber im Experiment und in bestimmten pathologischen Situationen vielfach möglich, daß nach Ausschaltung der Hormonquelle oder Ersatz eines Geschlechtshormons durch ein anderes genetisch ♂ Individuen mit ♀ Phänotyp oder umgekehrt Tiere mit ♀ Genom und ♂ Merkmalen entstehen.

Bei den Höheren *Krebsen* werden alle *primären und sekundären* ♂ *Geschlechtsmerkmale* direkt durch ein androgenes Hormon hervorgerufen, das in einem in den genetisch ♂ Individuen ausgebildeten Anhangsorgan des Gonodukts *(androgene Drüse)* produziert wird. Beim ♀ unterbleibt die Entwicklung dieser Hormondrüse, und die Gonadenanlage differenziert sich *in Abwesenheit des androgenen Hormons zu einem Eierstock.* Dieser läßt durch ein von ihm ausgeschüttetes *Ovarialhormon* die *sekundären* ♀ *Geschlechtsmerkmale* entstehen (Abb. 3.132). Nimmt man einem ♂ die androgene Drüse heraus, so wandelt es sich phänotypisch in ein ♀ um; ebenso lassen sich ♀♀ vermännlichen, wenn ihnen eine androgene Drüse eingepflanzt wird.

Bei den *Wirbeltieren* findet die Erzeugung der zu den *Steroiden* gehörigen *Sexualhormone*, wie *Testosteron* beim ♂ und *Östradiol* beim ♀, in erster Linie *in den Gonaden selbst* statt. Der *Hoden* kann in einer frühen Entwicklungsphase außerdem einen chemisch bisher noch nicht identifizierten Wirkstoff produzieren, welcher die geschlechtliche Entwicklung ebenfalls entscheidend beeinflußt: Beim ♂ Säugerembryo bewirkt eine als *Faktor X* bezeichnete Substanz die *Rückbildung der Müller-Gänge*, aus denen beim ♀ Ovidukt und Uterus hervorgehen.

Das *Genom* bestimmt auch bei den Wirbeltieren das Geschlecht nur auf indirektem Wege, indem es lediglich die *Entwicklungsrichtung der* zunächst sexuell noch indifferenten *Gonadenanlage* festlegt; bei deren Entwicklung zum Ovar spielt das Rindengewebe *(Cortex)*, bei der Differenzierung in einen Hoden dagegen das Mark *(Medulla)* die dominierende Rolle (Abb. 3.133). Entfernt man operativ die Gonaden *(Kastration)*, so verkümmern oder verschwinden anschließend die vom jeweiligen Sexualhormon abhängigen Geschlechtsmerkmale. So verliert ein Enten-♀ nach der Kastration und dem dadurch bedingten Absinken des Östrogenspiegels im Blut in der darauffolgenden Mauser das spezifisch ♀ Gefieder und bildet statt dessen Federn aus, die denen des ♂ gleichen (Abb. 3.134). Eine Diskrepanz zwischen geschlechtlichem Geno- und Phänotyp kann sich auch dann ergeben, wenn Zellen und Gewebe, die normalerweise Träger von Geschlechtsmerkmalen sind, wegen eines *mutationsbedingten Defekts an den Hormonrezeptoren* auf das von der Gonade genotypgemäß erzeugte Sexualhormon nicht reagieren. So kennt man bei Mensch und Maus Individuen mit der normalen ♂ Heterochromosomenkonstitution XY und entwickelten Hoden, welche infolge Mutation eines auf dem X-Chromosom liegenden Gens zum Tfm-Allel (»*testiculäre Feminisierung*«) keine ♂ Gonodukte und einen äußerlich ♀ Phänotyp entwickeln, weil ihre Zielorgane die Fähigkeit verloren haben, auf die von den Hoden ausgeschütteten ♂ Sexualhormone anzusprechen. Dieser Fall zeigt anschaulich, in welchem Ausmaß das geschlechtliche Erscheinungsbild hormonal bedingt ist (z.B. entsteht ein Samenleiter nur unter effektivem Testosteroneinfluß). Er läßt – ebenso wie Kastrationsversuche an ♂ Säugerembryonen – außerdem erkennen, daß bei den Säugetieren das ♀ *Erscheinungsbild* die *basale geschlechtliche Ausprägungsform* darstellt, die nur durch ♂ Sexualhormone in den ♂ Typus abgewandelt wird (vgl. Abb. 3.132). Eine vollständige, auch die Gonade selbst betreffende Umwandlung des geschlechtlichen Phänotyps mittels Applikation fremder Sexualhormone gelingt bei Säugetieren nicht. Eine partielle Umwandlung kann bei *zweieiigen, verschiedengeschlechtlichen Rinderzwillingen* beobachtet werden, wenn sie als Embryonen von einer gemeinsamen Fruchtblase *(Chorion)* umgeben und über ihre Nabelgefäße mit dem Blutkreislauf

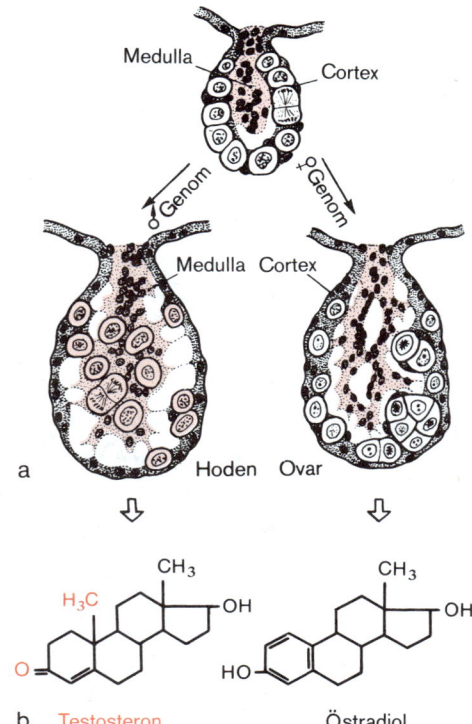

Abb. 3.133. (a) Die geschlechtlich noch undifferenzierte Gonadenanlage der Wirbeltiere besteht aus Mark = Medulla (rosa) und Rinde = Cortex. Indem ein ♀ Genom die Entwicklung des Cortex, ein ♂ Genom dagegen die Entwicklung der Medulla fördert, entsteht im genetisch ♀ Wirbeltier ein Ovar, das durch die von ihm erzeugten ♀ Sexualhormone (z. B. Östradiol) ein ♀ Erscheinungsbild hervorruft, während sich im genetisch ♂ Wirbeltier ein Hoden ausbildet, dessen Hormone (vor allem Testosteron) die Ausdifferenzierung ♂ Geschlechtsmerkmale bewirken. (b) Formeln der beiden wichtigsten Sexualhormone der Wirbeltiere. Das Testosteron wird in den Leydig-Zwischenzellen des Hodens (vgl. Abb. 3.75), das Östradiol von den Follikelzellen im Ovar produziert (vgl. Abb. 3.82). (a nach Portmann)

Abb. 3.134a, b. Genetisch ♀ Ente (a) vor und (b) nach der Kastration, die zur Mauserung in den sexuell neutralen (= ♂) Gefiedertyp geführt hat. (Nach Buchner)

Fortpflanzung und Sexualität

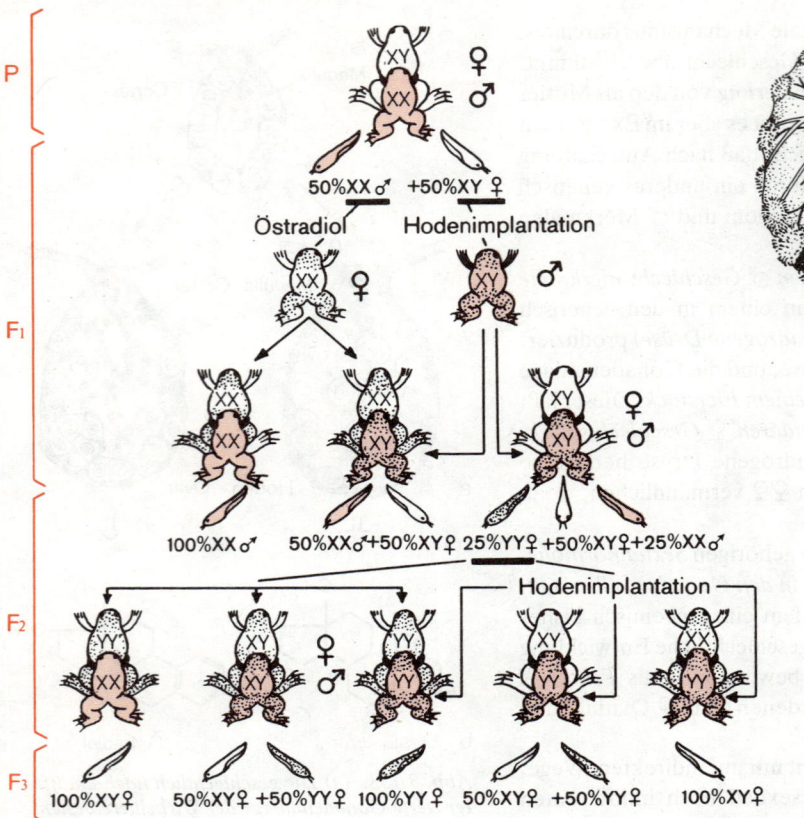

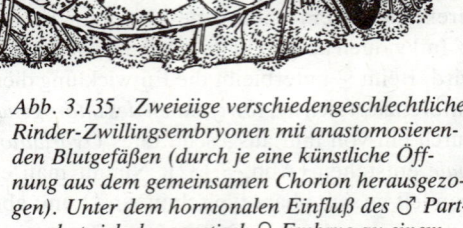

Abb. 3.135. Zweieiige verschiedengeschlechtliche Rinder-Zwillingsembryonen mit anastomosierenden Blutgefäßen (durch je eine künstliche Öffnung aus dem gemeinsamen Chorion herausgezogen). Unter dem hormonalen Einfluß des ♂ Partners hat sich der genetisch ♀ Embryo zu einem Intersex (»Zwicke«) entwickelt. (Nach Houillon)

Abb. 3.136. Beim Krallenfrosch Xenopus laevis sind die natürlichen Individuen mit der heterogametischen Konstitution XY immer ♀♀ (weiß) und diejenigen mit der homogametischen Konstitution XX immer ♂♂ (rosa). Durch Behandlung von ♂ Larven mit Östradiol lassen sich fertile XX-♀♀ und durch vorübergehende Hodenimplantation in ♀ Keime fertile XY-♂♂ künstlich herstellen. Durch Kreuzung dieser in ihrem geschlechtlichen Geno- und Phänotyp nicht mehr übereinstimmenden F_1-Tiere sowie durch Hodenimplantation in YY-Embryonen der F_2 konnten alle sechs denkmöglichen Kombinationen zwischen chromosomaler Konstitution und sexuellem Erscheinungsbild experimentell hergestellt werden; die vier natürlicherweise nicht vorkommenden Typen sind durch Punktierung hervorgehoben. (Nach Witschi)

des Partners verbunden waren (Abb. 3.135). Dann wird der *genetisch ♀ Zwillingsembryo* in seiner Geschlechtsdifferenzierung regelmäßig durch die Sexualhormone seines Bruders vermännlichend beeinflußt und später mit intersexuellem Erscheinungsbild geboren (»Zwicke«). Bei Amphibien und Fischen kann experimentell durch Anwendung von Geschlechtshormonen auch die *Gonade selbst* entgegen ihrem genetischen Geschlecht in eine funktionsfähige Gonade des anderen Geschlechts *umgewandelt* werden. Auf diese Weise war es möglich, ♂♂ und ♀♀ der gleichen Heterochromosomenkonstitution miteinander zu kreuzen (z. B. natürliche XY-♀♀ mit künstlich erzeugten XY-♂♂) und dabei neue, in der Natur nicht vorkommende Genotypen (z. B. YY-♀♀) zu erzeugen (Abb. 3.136). Bei dem Zahnkarpfen *Oryzias* ließ sich durch Zusatz von Hormonpräparaten zu dem Wasser, in dem die Jungfische aufwuchsen, eine *vollständige Geschlechtsumwandlung in beiden Richtungen* erzielen; Östradiol machte aus genetisch ♂ Individuen fertile ♀♀, Testosteron aus genetisch ♀ Fischen ♂♂ mit funktionsfähigen Spermien. Bei Amphibien, wie z. B. dem im ♀ Geschlecht heterogametischen Krallenfrosch *Xenopus*, gelingt auf diese Weise nur die Umwandlung ♂ Larven (XX) vermittels Östradiol in funktionell ♀, d. h. entwicklungsfähige Eier legende Tiere. Um die *Verwandlung eines ♀ Individuums (XY) in ein ♂* zu erreichen, muß bei dem ♀ bereits während seiner *Embryonalentwicklung (im Schwanzknospen-Stadium) die eigene Gonadenanlage* der einen Seite gegen die Gonadenanlage eines ♂ *ausgetauscht* werden (Abb. 3.137). Der aus dem genetisch ♂ Implantat auf der einen Seite sich entwickelnde Hoden macht auf hormonalem Weg aus der körpereigenen, genetisch ♀ Gonade der anderen Seite ebenfalls einen Hoden. Er kann nach einiger Zeit entfernt werden, so daß dann alle Spermien, die der zum ♂ umgestimmte Frosch abgibt, aus seiner eigenen Gonade stammen, aus Spermatocyten mit der ♀ Konstitution XY hervorgehen und deshalb zu 50% ein Y-Chromosom enthalten.

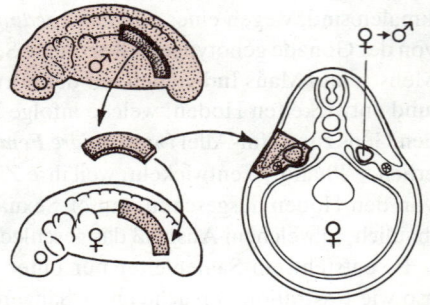

Abb. 3.137. Übertragung der linken Gonadenanlage eines ♂ Amphibienembryos (rosa) in einen ♀ Keim (weiß, links in Seitenansicht und rechts im Querschnitt). Unter dem hormonalen Einfluß der ♂ Fremdgonade entwickelt sich die eigene, genetisch ♀ Gonade zu einem Hoden, der nach Entfernung der implantierten Gonade auch als solcher funktionsfähig wird. (Nach Houillon)

4 Entwicklung

Ein Charakteristikum des Lebens ist der ständige Wandel der Individuen. Lebewesen verändern sich fortwährend, indem sie aus Sporen, Samen, Knospen oder Eiern über Embryonal- und Jugendstadien bis zu einem Stadium höchster Komplexität fortschreiten; auch dieses Stadium der Reife unterliegt trotz seines gleichbleibenden Erscheinungsbildes einem stetigen, allerdings dem Fließgleichgewicht angenäherten Wandel. Der Genotyp des Individuums ist also imstande, sehr verschiedene und in der Regel zunehmend komplexere Phänotypen in einer gesetzmäßigen Abfolge hervorzubringen. Diese Abfolge bezeichnen wir als Ontogenese oder Individualentwicklung, im Gegensatz zur stammesgeschichtlichen Entwicklung oder Phylogenese (Kap. 10).
Die Generationen, welche die Kontinuität einer Organismenart wahren, sind Wiederholungsperioden in der vom Genotyp gesteuerten Ausprägung des Phänotyps. Jede Generation beginnt mit einem Fortpflanzungsvorgang. Wege der *asexuellen* Fortpflanzung sind die Zellteilung (bei Einzellern) sowie – bei Vielzellern – das Abspalten von Zellen (z.B. Zoosporen, S. 267) oder Zellgruppen aus Individuen der vorherigen Generation (Zweiteilung, Knospung, Sprossung; auch »vegetative« Fortpflanzung genannt, S. 269f.). Die *sexuelle* Fortpflanzung beginnt mit der Vereinigung von zwei haploiden Zellen bzw. Zellkernen zur diploiden Zygote.
Die Ontogenese der meisten Organismen läuft von Generation zu Generation gleich und mit sehr geringer Schwankungsbreite ab. Jedoch treten bei manchen Tierarten sowie vielen Pflanzen gesetzmäßig Unterschiede zwischen aufeinanderfolgenden Generationen auf. Der artspezifische Entwicklungszyklus setzt sich dann aus mehreren Generationen mit unterschiedlichen Fortpflanzungsmodi zusammen und trägt den Charakter eines Generationswechsels (Kap. 3).
Ziele der Entwicklungsbiologie sind die Beschreibung des normalen Entwicklungsablaufs sowie die Analyse experimentell oder genetisch bedingter Abweichungen vom normalen Entwicklungsgeschehen, um daraus Rückschlüsse auf das normale Wechselspiel der Systemkomponenten zu ziehen. Gängige Namen für die entsprechenden Teildisziplinen sind Entwicklungsgeschichte (deskriptive Entwicklungsbiologie), experimentelle Embryologie (Entwicklungsmechanik, Entwicklungsphysiologie) und Entwicklungsgenetik. Dem Versuch, die gemeinsamen Grundlagen der Entwicklung von Pflanzen und Tieren herauszuarbeiten, setzt die unterschiedliche Organisation dieser Lebewesen Grenzen. So steht z.B. der in hohem Grade beweglichen embryonalen Zelle der Tiere die fast von Anfang an in Zellwände eingeschlossene Pflanzenzelle gegenüber; dieser Unterschied wirkt sich tiefgreifend auf die Mittel und Wege der Formbildung (Morphogenese) aus. Wir müssen daher hier und da auf ontogenetische Unterschiede hinweisen, die aus der frühen Trennung der großen Organismengruppen in der Evolution folgen.

Stadien und Phasen der Entwicklung

Die Ontogenese der höheren Metazoen (Bilateria), die besonders reich gegliedert ist und uns deshalb als Beispiel dienen soll, läßt sich in zahlreiche Abschnitte unterteilen. Darunter sind die folgenden besonders weit verbreitet und wichtig.

Nach ihrer *Aktivierung* wird die Eizelle durch *Furchungsteilungen* (Abb. 4.4) und anschließende, von weiterer Zellvermehrung begleitete *Gestaltungsbewegungen* in den *Embryo* mit seiner für die einzelnen Tierstämme typischen *Körpergrundgestalt* umgewandelt. *Juvenil-* und *Larvenstadien* schließen an die Embryonalentwicklung an. Sie nehmen *Nahrung aus der Umgebung* auf und sind somit, im Gegensatz zum Embryo, für ihren Energie- und Baustoffwechsel nicht mehr auf Produkte des mütterlichen Körpers angewiesen. Vom Adultzustand unterscheiden sich diese Stadien durch eine abweichende, meist weniger komplexe Organisation und durch die fehlende Fortpflanzungsfähigkeit. *Larvenstadien* unterscheiden sich von Juvenilstadien durch den Besitz besonderer *Larvalorgane*, die nicht in den Adultkörper übernommen werden. Larven tragen oft eigene Namen, die sie entweder dem Volksmund verdanken (Raupe, Made, Kaulquappe, etc.) oder dem Umstand, daß sie für selbständige Organismen gehalten und als solche benannt wurden, ehe sich der entwicklungsgeschichtliche Zusammenhang mit der Adultform ergab. Dies gilt z. B. für die *Trochophora* der Anneliden und Mollusken (Abb. 4.1), ferner für das *Pilidium* der Nemertinen oder den *Pluteus* der Seeigel (Abb. 4.2).
Adultstadien sind in der Regel diejenigen Stadien, in denen die wahrnehmbare Komplexität zur höchsten Entfaltung gelangt ist; das Adultstadium entspricht dem *Reifestadium,* das mit den *Fortpflanzungszellen* die Grundlage für die nächste Generation hervorbringt. Die Adultstadien sind es, die wir gemeinhin aus unserer Umwelt kennen und auf denen die Systematik der meisten Organismengruppen basiert.
Altersstadien sind durch *Abbauerscheinungen* an Zellen und Organen charakterisiert und führen nach einer Periode der Seneszenz (Alterung) zum Tode, meistens als Folge des Ausfalls einzelner Funktionen.
Bei *direkter Entwicklung* ist der Übergang vom Juvenil- oder Larvenstadium zum Adultstadium fließend (z. B.: Säugetiere) oder erfolgt in kleinen Schritten, z. B. hemimetabole Insekten (ohne Puppenstadium) wie Libellen, Heuschrecken und Wanzen. Ist er hingegen mit einer tiefgreifenden *Metamorphose* verbunden, einem weitgehenden Umbau der Organisation, so sprechen wir von *indirekter Entwicklung*. Sie kennzeichnet z. B. die holometabolen Insekten, bei welchen zwischen dem Larval- und dem Adultstadium (bei Insekten *die Imago* genannt) ein Puppenstadium liegt, das keine Nahrung aufnimmt und kaum oder nicht beweglich ist (Abb. 4.3). In diesem Stadium werden die Larvalorgane abgebaut und zum Teil durch völlig anders strukturierte *Imaginalorgane* ersetzt; es dauert bei *Drosophila* mehr als ein Drittel der gesamten Entwicklungszeit. Imaginalorgane sind meistens als Imaginalscheiben angelegt (Abb. 4.3). Das sind *Blasteme* (Gruppen embryonaler Zellen), die zur Entwicklung der betreffenden Organsysteme des Adultkörpers determiniert sind (S. 359f.). Sie werden im Embryo oder in frühen Larvenstadien angelegt und liefern während der Puppenruhe einzelne Areale der Körperoberfläche einschließlich der Sinnesorgane, Extremitäten, Flügel und Geschlechtsorgane, wobei sie die Larvalzellen verdrängen und ersetzen. Andere Organsysteme werden während der Metamorphose fast völlig abgebaut, bevor sie in veränderter Form neu entstehen; bei Fliegen sind dies z. B. die Muskulatur und das Darmsystem, beim Seeigel u. a. die Ernährungsorgane.

Einige Grundbegriffe der Entwicklungsbiologie

Die Entwicklung der Organismen ist die Realisierung ihres *Genotyps*. Ihr Ablauf ist aber *epigenetisch*, er beruht nicht ausschließlich auf der Wirkung einzelner Gene, sondern auch auf Wechselwirkungen zwischen Komponenten des sich entwickelnden Systems.
Sie läuft wie jedes andere Lebensphänomen in Beziehung zur Umwelt ab. Alle *Umweltbedingungen* dürfen gewisse Grenzwerte nicht überschreiten (permissive Umweltbedingungen). Einzelne Parameter der Umwelt können aber auch die Entwicklung in ganz bestimmte Bahnen lenken. Sie haben Signalfunktion, sind also steuernde *äußere Faktoren*.

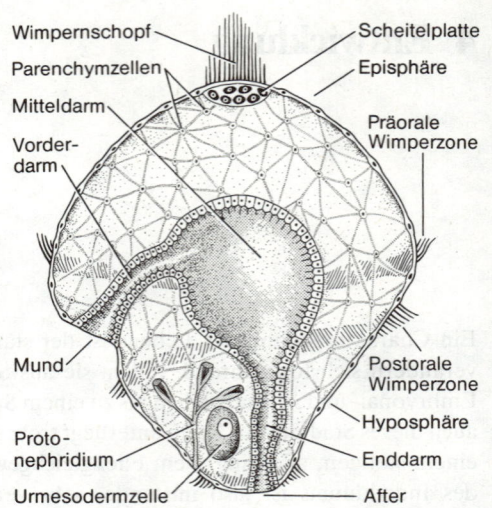

Abb. 4.1. Schema einer Trochophora, der Larvenform vieler mariner Ringelwürmer. Der Larve fehlt das Coelom, das erst in der Metamorphose entsteht, wenn aus den paarigen (in der Larve ruhenden) Urmesodermzellen Coelomsäckchen entwickelt werden. Auch Extremitäten fehlen; die Lokomotion der planktontischen Larve erfolgt durch den Cilienschlag in den Wimperzonen. Die Scheitelplatte enthält ein larvales Sinnesorgan und die Anlage für das adulte Oberschlundganglion. Larven von ähnlichem Typ treten auch bei anderen Spiraliern, z. B. manchen Mollusken, auf. (Aus Harms, verändert)

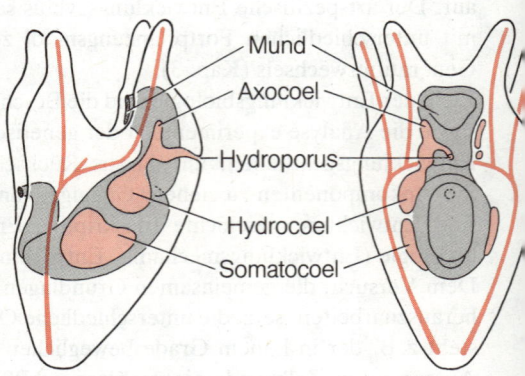

Abb. 4.2. Pluteuslarve eines Seeigels, gesehen von links und von dorsal; beachte die bilateralsymmetrische Anordnung der meisten Körperstrukturen. Eingezeichnet sind die Skelettstäbe (rot) und der dreiteilige Darmtrakt, jederseits begleitet von drei Coelomanlagen (hellrot). Die mittlere Coelomanlage schwindet auf der rechten Seite. Die linke wird zum Hydrocoel, das sich zur Grundstruktur für die fünfstrahlige Radiärsymmetrie des Seeigels umformt; es öffnet sich im Hydroporus nach außen. (Nach Herrmann, verändert)

Sich entwickelnde Systeme (Organismen, Organe, Zellen) besitzen eine *Reaktionsnorm*, die auf ihrem Genom beruht. Sie entscheidet z. B. darüber, ob ein äußerer Parameter als steuernder Faktor wirkt und welche Entwicklungsreaktionen er auslöst bzw. steuert; sie verleiht – anders ausgedrückt – dem jeweiligen System die *Kompetenz*, spezifisch zu reagieren. Bei der Zelle bestimmt die Kompetenz auch ihre Reaktion auf dem Genom nachgeordnete, im Körper produzierte Signale (z. B. Hormone). Die jeweilige Kompetenz folgt aus der vorausgegangenen ontogenetischen »Geschichte« der einzelnen Zelle und insbesondere aus den dabei durchlaufenen Schritten der Zelldetermination (S. 356). *Differenzierung* kennzeichnet jede Ontogenese (S. 323f.). Auf die einzelne Zelle bezogen (*Zelldifferenzierung*) handelt es sich dabei um mikroskopisch oder biochemisch nachweisbare Veränderungen vorwiegend des Proteinbestandes, die den Zellphänotyp dauerhaft prägen. Ihnen vorgeschaltet sind häufig subtile, aber einschneidende Veränderungen auf dem Niveau der Genregulationsmechanismen, die man als *Zelldetermination* oder *primäre Differenzierung* bezeichnet. Letzterer Name berücksichtigt den Umstand, daß die begriffliche Grenzziehung zwischen Zelldetermination und Zelldifferenzierung methodisch begründet und damit offenbar künstlich ist.

Bei der *Musterbildung* schlagen verschiedene Zellen oder Zellgruppen verschiedene Differenzierungswege ein (*»Diversifizierung«*), so daß die artspezifische räumliche Anordnung (das Muster) der Gewebe, Organe und Körperteile entsteht. Das entscheidende Problem der Musterbildung ist die räumliche Koordination verschiedener Entwicklungsprogramme.

Als *Morphogenese* bezeichnet man jene Vorgänge, die geometrisch einfachere Frühstadien in die komplexe räumliche Gestalt späterer Stadien überführen. Sie setzen Musterbildungsvorgänge voraus, die den beteiligten Zellen ihre verschiedenen Aufgaben räumlich geordnet zuweisen. Vorwiegendes Mittel der Morphogenese sind bei *Pflanzen* räumlich *orientierte Zellteilungen* und *differentielles Zellwachstum*, bei *Tieren* die Verformung und Verlagerung von Einzelzellen und Zellverbänden, die sog. *morphogenetischen Bewegungen*.

Regelvorgänge spielen als wechselseitige steuernde Beeinflussung zwischen verschiedenen Systemkomponenten eine kaum zu überschätzende Rolle in der Ontogenese. Auch das (scheinbar) statische Endprodukt, die Adultform, bleibt nur dank vielfältiger Regelmechanismen relativ stabil. Extreme Beispiele aus dem Bereich der Tiere sind die sog. *Regulationsleistungen* vieler Embryonen (S. 369f.) oder die *Regeneration* verlorener Körperteile späterer Stadien. Bei Pflanzen wird z. B. das *Wachstum* des Sproßsystems durch die Größe des Wurzelsystems gesteuert (und umgekehrt), und der typische Habitus einer Pflanze entsteht durch *Wechselwirkung* zwischen Haupt- und Seitensprossen.

Regression ist die Bezeichnung für Veränderungen, die – im Gegensatz zu den bisher geschilderten Entwicklungsvorgängen – Volumen und/oder Komplexität des Systems verringern; als Beispiel sei die Schrumpfung des Kaulquappenschwanzes bei der Metamorphose genannt. Zu den zellulären Grundlagen solcher Vorgänge gehört der *programmierte Zelltod*, der gelegentlich auch ein Faktor der embryonalen Morphogenese ist.

Der Begriff *Dormanz* kennzeichnet den vorübergehenden Stillstand aller Entwicklungsvorgänge, wie er vielen Organismen zur Einpassung ihres Entwicklungszyklus in wechselnde Umweltbedingungen dient. Im einfachsten Fall, der *Quieszenz*, beruht die Dormanz auf dem Absinken der Stoffwechselgeschwindigkeit bei niederen Temperaturen; im anderen Extrem, der *Diapause* der Insekten, kann ein spezifischer Entwicklungsstillstand autonom, also ohne erkennbaren Anlaß, oder durch jahreszeitlich gebundene äußere Signale, vor allem die Tageslänge, ausgelöst werden. Erfolgt der Eintritt in das Ruhestadium autonom, so spricht man von obligatorischer Dormanz bzw. obligatorischer Diapause.

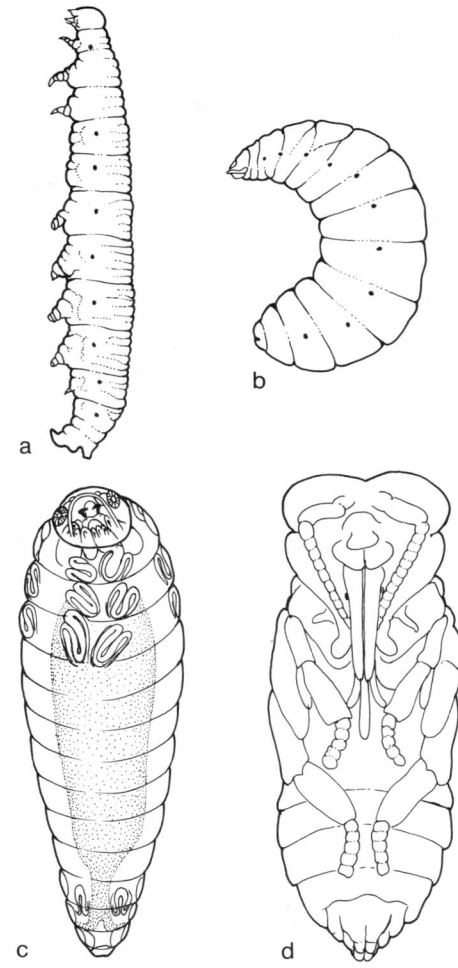

Abb. 4.3 a–d. *Larven und Puppen von holometabolen Insekten.* (a) Raupe eines Schmetterlings (Kohlweißling); neben den drei Paar gegliederten Extremitäten finden sich an bestimmten Hinterleibsegmenten ungegliederte Abdominalbeine (»Afterfüße«). (b) Made einer Biene (Apis), eine beinlose Larve mit rudimentären Mundwerkzeugen. (c) Letztes Larvenstadium einer Schlupfwespe (Encyrtus), das endoparasitisch in Eiern und Larven anderer Insekten lebt; man sieht die versenkten Anlagen imaginaler Organe (»Imaginalscheiben«, S. 359), z. B. der drei Beinpaare. (d) Puppe einer Biene (Apis) ohne eine besondere Hülle (wie sie z. B. bei Schmetterlingen oder Fliegen vorliegt), so daß die imaginalen Organe in ihren Scheiden (Antennen-, Flügel-, Beinscheide) zu erkennen sind. (a) und (b) Seiten-, (c) und (d) Ventralansicht. (a, b, d nach Peterson, c nach Bugnion)

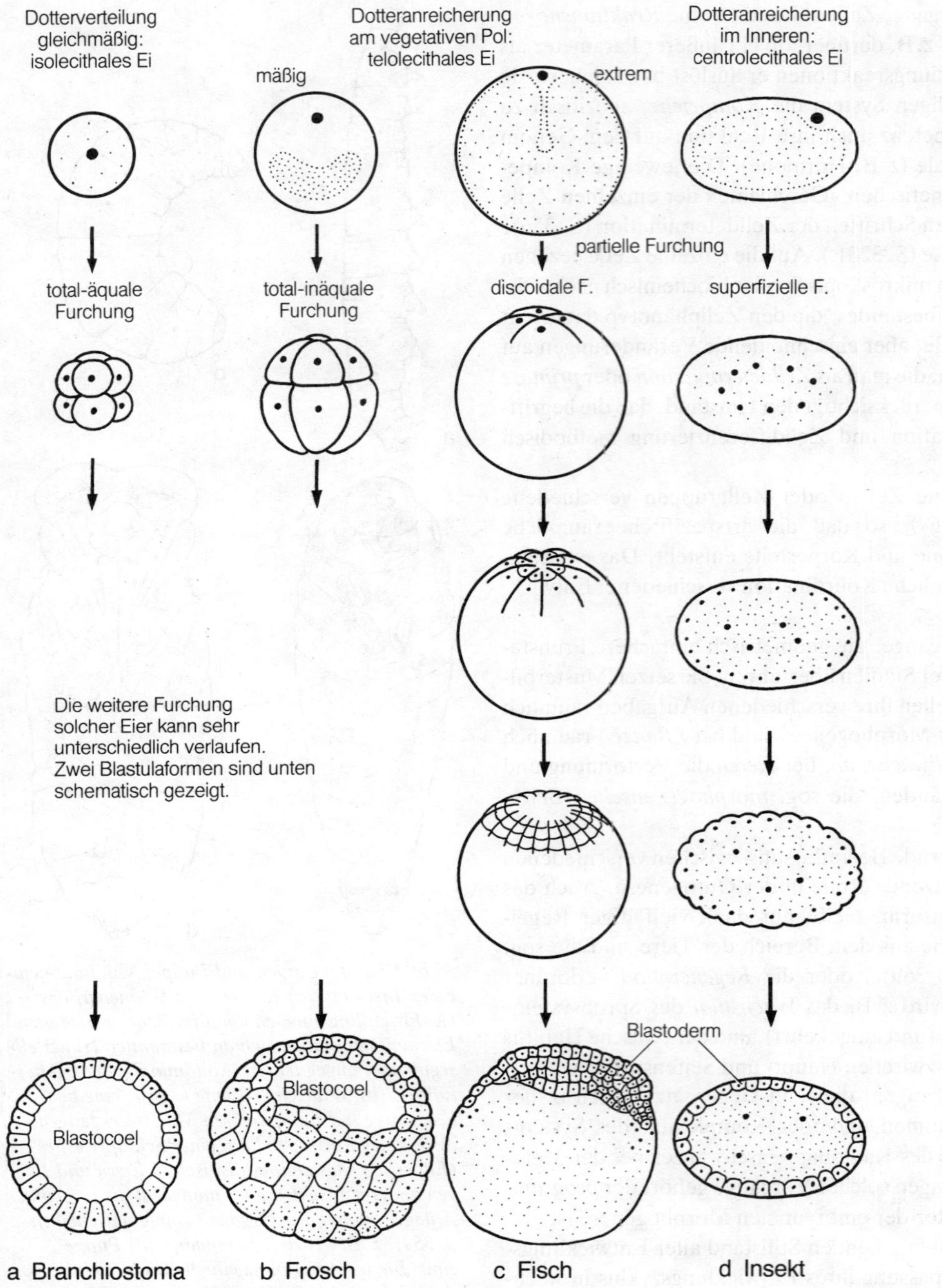

Abb. 4.4. Schematische Darstellung verschiedener Furchungstypen tierischer Eier (s. a. S. 348f., 365f.). Dotter rot punktiert. Der Ausdruck Furchung stammt aus der Zeit, als der Zellencharakter der »Furchungskugeln« noch nicht erkannt war und man nur die äußerlich sichtbaren Veränderungen beschrieb. (Aus Kühn)

Dotterverteilung gleichmäßig: isolecithales Ei → total-äquale Furchung

Dotteranreicherung am vegetativen Pol: telolecithales Ei
- mäßig → total-inäquale Furchung
- extrem → partielle Furchung → discoidale F.

Dotteranreicherung im Inneren: centrolecithales Ei → superfizielle F.

Die weitere Furchung solcher Eier kann sehr unterschiedlich verlaufen. Zwei Blastulaformen sind unten schematisch gezeigt.

Blastocoel — Blastoderm

a Branchiostoma   b Frosch   c Fisch   d Insekt

Steuerung der Entwicklung durch innere und äußere Faktoren

Die Faktoren, die die Ontogenese steuern, lassen sich begrifflich in innere und äußere aufteilen. Dabei kann sich innen und außen auf den Organismus als Ganzes beziehen, aber auch auf einzelne Organe oder Zellen. So ist z.B. ein Hormon für den Organismus ein innerer Faktor (andernfalls wäre es ein Pheromon, S. 614), für reagierende Organe und Zellen jedoch ein Außenfaktor. Innere Faktoren spielen die grundlegende Rolle in der

Ontogenese. Dies folgt schon daraus, daß sich viele Organismen ohne erkennbaren Einfluß steuernder Außenfaktoren entwickeln. Aber auch wenn die Entwicklung offenkundig einer äußeren Steuerung unterliegt – wie z. B. beim Photoperiodismus (S. 335f.) –, bedingt der Außenfaktor jeweils nur die Entscheidung zugunsten eines bestimmten Entwicklungsweges innerhalb der Reaktionsnorm. Ist diese Entscheidung einmal gefallen, so kann das System für einige Zeit oder für seine gesamte weitere Entwicklung ausschließlich vom Zusammenspiel seiner inneren Faktoren gesteuert werden, ganz wie ein generell von Außensteuerung unabhängiges System. Man kennzeichnet diese Unabhängigkeit als Entwicklungshomöostase oder Entwicklungsautonomie, da die Entwicklung unter sehr verschiedenen Außenbedingungen mit erstaunlich geringer Variationsbreite abläuft.

Der grundlegende innere Steuerfaktor ist das Genom. Nachgeordnete innere Systemkomponenten vielzelliger Organismen, wie z. B. Signalstoffe oder Rezeptoren, sind allerdings experimentell oft leichter zu fassen und spielen daher in der Forschung eine bedeutende Rolle. Noch besser lassen sich, vor allem bei Pflanzen, bestimmte äußere Entwicklungsfaktoren handhaben, und dies erlaubt eine sehr eingehende Untersuchung der von ihnen abhängigen Entwicklungsschritte.

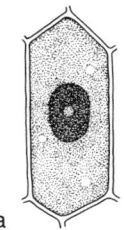

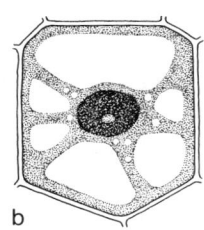

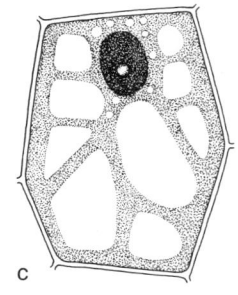

4.1 Wachstum

Im Ablauf der Ontogenese überlagern sich zwei Erscheinungen, die man als Wachstum und Differenzierung kennzeichnet. Vereinfachend läßt sich Wachstum als die quantitative, irreversible Veränderung bestimmter Parameter wie Volumen oder Länge definieren, während Differenzierung im ursprünglichen Sinne das Verschiedenwerden und -sein der Teile des Systems bezeichnet (Diversifikation), also vorwiegend qualitative Veränderungen einschließt, die zur ontogenetischen Zunahme der Komplexität des Systems führen. Eine strikte begriffliche Trennung zwischen Differenzierung und Wachstum nach qualitativen bzw. quantitativen Kriterien ist aber nicht möglich.

Fast alle Lebewesen erreichen eine für ihre Art und Rasse charakteristische Endgröße. Dabei zeigen manche Bastarde einen Heterosiseffekt des Wachstums (S. 208f.).

4.1.1 Zellvermehrung und Zellvergrößerung

Zellvermehrung und Zellvergrößerung sind die zellulären Grundlagen des Wachstums; die Volumenvergrößerung extrazellulärer Bestandteile spielt nur gelegentlich eine Rolle. Während der Ontogenese erfolgt Zellvermehrung grundsätzlich über Mitosen. Die Vermehrung der Zellzahl bewirkt als solche noch kein Wachstum. Dieses beruht vielmehr auf Volumenzunahme der Tochterzellen. Die mit sehr kurzen Interphasen aufeinander folgenden Furchungsteilungen der Tiere verlaufen ohne Wachstum – sie zerlegen lediglich die Eizelle in zunehmend kleinere Tochterzellen oder Blastomeren (Abb. 4.4). Entsprechendes geschieht in der frühen Embryonalentwicklung der Höheren Pflanzen. Die »embryonalen« Zellen in pflanzlichen Meristemen (S. 405), z. B. in den Spitzenmeristemen der Vegetationskegel von Wurzel und Sproß, wachsen dagegen nach jeder Teilung wieder auf die ursprüngliche Größe heran, bevor die nächste Teilung erfolgt.

Mit zunehmender physiologischer Spezialisierung beenden viele Zellen ihre Teilungsaktivität; man spricht dann von terminaler Zelldifferenzierung. Die Zellen können aber danach ihr Volumen noch stark vergrößern und so erheblich zum Gesamtwachstum

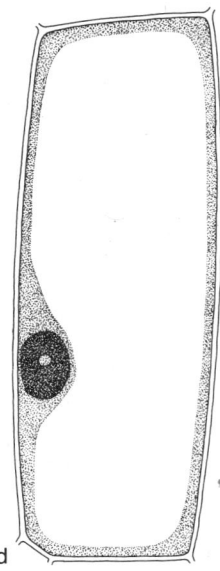

Abb. 4.5 a–d. Streckungswachstum einer Pflanzenzelle durch Wasseraufnahme in die Vakuole (Vergrößerung der Vakuole). (Aus Mohr)

beitragen; dies ist besonders offenkundig beim Streckungswachstum der pflanzlichen Zelle (Abschnitt 4.1.2). Eine drastische Zunahme des Zellvolumens spielt aber auch bei manchen Tieren eine Rolle. So wachsen z.B. die Larven vieler holometaboler Insekten weitgehend durch Zellvergrößerung; dies gilt im besonderen für die Epidermis, deren Zellzahl von der Eilarve bis zum vielfach größeren Puppenstadium konstant bleiben kann. Bei Tieren ist solches Zellwachstum in der Regel mit Polyploidisierung (S. 157f.) und entsprechender Zunahme an Biomasse verbunden, während die postembryonale Pflanzenzelle hauptsächlich durch Wasseraufnahme wächst (S. 59f.).

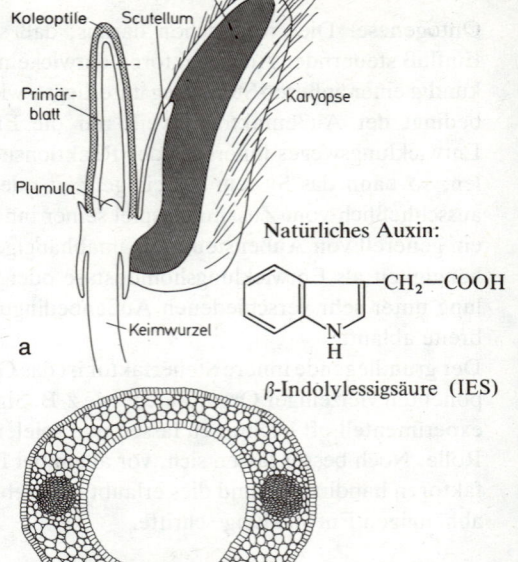

4.1.2 Streckungswachstum und Regulatoren

Das Streckungswachstum der Pflanzenzelle beruht in erster Linie auf einer Vergrößerung der Vakuole durch Wasseraufnahme (Abb. 4.5). Die Zelle kann hierdurch ihr Volumen auf das 100fache vergrößern, ohne daß eine nennenswerte Vermehrung von Protoplasma erforderlich ist.

Die Wasseraufnahme erfolgt nach den Gesetzen der Osmose. Der Zellsaft darf daher bei der starken Volumenzunahme nicht zu stark verdünnt werden, wenn eine weitere Wasseraufnahme gewährleistet sein soll. Dies wird durch Osmoregulation erreicht (S. 60f.). Eine zweite wichtige Komponente des Streckungswachstums ist die Zellwandsynthese, durch die die Wandfläche mit der Volumenvergrößerung Schritt halten kann. Beide Prozesse erfordern Arbeitsleistung aus dem Stoffwechsel; deshalb ist die Atmung in wachsenden Geweben besonders intensiv, und infolgedessen haben diese eine etwas höhere Temperatur als nichtwachsende Gewebe.

Wachstumsregulatoren. Neben dem Stoffwechsel zur Lieferung von Substanzen und Energie für die Osmoregulation und Zellwandsynthese sind für das Streckungswachstum aber auch Regulatoren nötig, die den Charakter von Hormonen haben. Ein solches Hormon läßt sich besonders gut an der Koleoptile der Gräser nachweisen, weil bei diesem Organ die Komplikation durch Zellteilung entfällt. Daher ist die Koleoptile des Hafers *Avena sativa* zu einem klassischen Objekt der Phytohormonforschung geworden.

Abbildung 4.6 zeigt den Bau der Koleoptile in einer Phase der Entwicklung, in der – zumindest im parenchymatischen Bereich – keine Zellteilungen mehr stattfinden. Die Koleoptile bildet eine geschlossene Röhre, in der das Primärblatt und die Plumula völlig eingeschlossen liegen. Nach der Keimung wächst die Koleoptile eine Zeitlang rasch in die Länge, und nach Erreichen der Endgröße bricht an der Spitze das noch weiter wachsende Primärblatt an einer vorbereiteten Stelle durch.

Schneidet man während des raschen Längenwachstums (Abb. 4.7a) die äußerste nichtwachsende Spitze der Koleoptile ab (»Decapitation«), so kommt das Wachstum fast zum Stillstand (Abb. 4.7b). Die Wachstumszone wird mit organischen Substanzen aus dem Scutellum (Abb. 4.6a) versorgt, welches dem Endosperm die Nährstoffe entnimmt. Der Effekt der Decapitation hat also mit mangelnder Ernährung nichts zu tun. – Setzt man die Koleoptilspitze für einige Zeit auf einen Agarblock (Abb. 4.7c) und bringt dann den Agarblock auf die Schnittfläche des Koleoptilstumpfes (Abb. 4.7c'), so können die Zellen wieder wachsen (Abb. 4.7c''). Ein Agarblock, der keinen Kontakt mit einer Koleoptilspitze gehabt hat, bringt keine Wachstumsförderung hervor (Abb. 4.7d). – Offenbar ist ein stofflicher Faktor von der Koleoptilspitze in den Agar und von dort in den Koleoptilstumpf übergegangen. Dieser stoffliche Faktor ist das *Auxin* (*Wuchsstoff* oder *Wuchshormon*).

Das Hormon wird in den Zellen der Koleoptilspitze gebildet und von dort zur weiter basalwärts gelegenen Wachstumszone transportiert. Näheres hierüber im Abschnitt Phytohormone, S. 691f.

Abb. 4.6a, b. Keimling von Avena sativa (Hafer) mit der für den Nachweis von Auxin wichtigen Koleoptile (a). Der Querschnitt in Höhe der gestrichelten Linie ist in (b) dargestellt. Man beachte die beiden Leitbündel. (Aus Mohr)

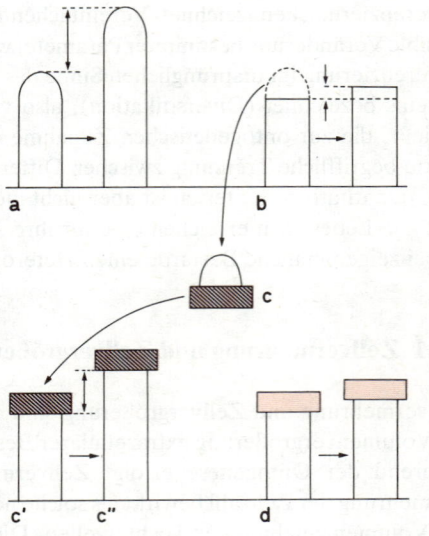

Abb. 4.7a–d. Wachstum der Koleoptile unter dem Einfluß der Spitze. (a) Wachstum der intakten Koleoptile. (b) Wachstum nach Decapitation. (c) Die Koleoptilspitze wird für einige Stunden auf ein Agarblöckchen gesetzt. (c', c'') Wachstum eines decapitierten Koleoptilstumpfes nach Aufsetzen des Agarblöckchens aus (c) (Nachweis von Auxin, das aus der Spitze in den Agar diffundiert ist). (d) Kontrollversuch mit Agar, dem keine Koleoptilspitze aufgesetzt worden war (auxinfreier Agar). (Nach Galston aus Mohr)

4.1.3 Allometrisches Wachstum

Wachstum erfolgt außer bei Krebsgeschwülsten koordiniert, wobei meist Wechselwirkungen zwischen Organsystemen vorliegen und Proportionalitätsänderungen nachweisbar sind. Das Verhältnis der relativen Wachstumsgeschwindigkeiten (s. u.) eines Körpers oder Organs in verschiedenen räumlichen Dimensionen wird als Allometrie bezeichnet. Abbildung 4.8 zeigt als Beispiel zwei Rassen des Flaschenkürbisses (*Lagenaria* spec.), die sich durch Form und Endgröße der Früchte unterscheiden. Werden die während des Wachstums der Früchte erhaltenen Meßdaten von Länge und Breite im doppelt logarithmischen Koordinatensystem einander zugeordnet, so ergibt sich eine Gerade. Diese läßt sich durch Gleichung (4.1) beschreiben. Die Bedeutung dieser Beziehung wird klar, wenn anstelle der absoluten Wachstumsgeschwindigkeiten

$$\left(\text{Längenwachstum}\ \frac{dy}{dt}\ ;\ \text{Breitenwachstum}\ \frac{dx}{dt}\right)$$

die relativen Wachstumsgeschwindigkeiten betrachtet werden $\left(\frac{dy}{dt}\cdot\frac{1}{y}\ ;\ \frac{dx}{dt}\cdot\frac{1}{x}\right)$.

Falls nämlich deren Verhältnis konstant ist, gilt Gleichung (4.2), und aus dieser ergibt sich durch Integration Gleichung (4.1) oder nach Umformung die allometrische Gleichung (4.3).

Damit enthält Abbildung 4.8 folgende Informationen: (a) Das Verhältnis der relativen Wachstumsgeschwindigkeiten in beiden Richtungen ist konstant und für beide Rassen identisch; diese unterscheiden sich nur durch die absolute Größe, bei der das Wachstum aufhört (Abb. 4.8 oben). (b) Die Steigung der Geraden verläuft unter einem Winkel < 45°, die Flaschenkürbisse wachsen also rascher in die Breite als in die Länge. Die Konstante in Gleichung (4.3) ist a < 1, man spricht von negativer Allometrie; bei a > 1 liegt demgegenüber positive Allometrie vor, und bei a = 1 ist das Wachstum isometrisch. Die Ermittlung des allometrischen Koeffizienten a kann Grundlage zur Analyse jener Faktoren sein, welche die Koordinaten des Wachstums in einem mehrdimensionalen lebendigen System bewirken.

Allometrisches Wachstum läßt sich nicht nur in den Dimensionen eines Körperteils oder Organs feststellen, sondern auch in den Proportionen zwischen Körperteilen (Abb. 4.9) oder im Vergleich von Maßzahlen (z. B. Gewicht) für ein Organ und den ganzen Körper (Abb. 4.10).

Das Beispiel des allometrischen Wachstums zeigt, daß zwischen den Zellen oder Organen eines Organismus Wechselwirkungen bestehen. Diese können hemmend oder fördernd sein (S. 378f.). Auch evolutive Veränderungen lassen sich häufig als Allometrien beschreiben. Die Veränderung einzelner Wachstumsparameter spielt zumindest in der Mikroevolution eine erhebliche Rolle.

(4.1)
$$\log y = a \cdot \log x + \log b$$
y = Maßzahl auf der Ordinate
x = Maßzahl auf der Abszisse
a = Steigung der Geraden
b = konstanter Faktor

(4.2)
$$\frac{\frac{dy}{dt}\cdot\frac{1}{y}}{\frac{dx}{dt}\cdot\frac{1}{x}} = a \quad \text{oder} \quad \frac{dy}{dx}\cdot\frac{x}{y} = a \quad \text{oder} \quad \frac{dy}{y} = a\cdot\frac{dx}{x}$$

(4.3) *Allometrische Gleichung:*
$$y = b \cdot x^a$$

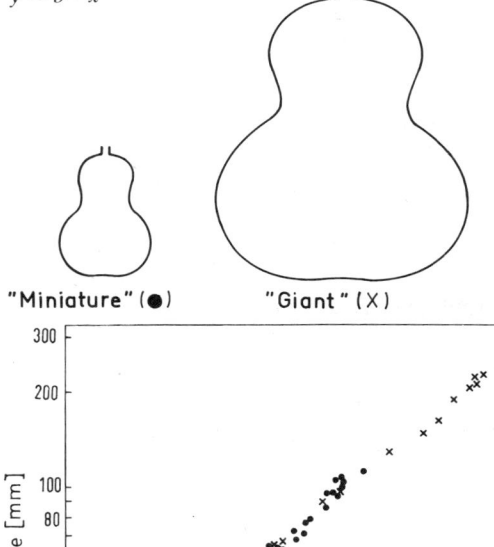

Abb. 4.8. Korrelation von Längen- und Breitenwachstum bei zwei Rassen von Flaschenkürbissen. Die Breite nimmt schneller zu als die Länge, das Verhältnis der relativen Wachstumsgeschwindigkeiten ist bei den Rassen mit kleinen (•) und großen (×) Früchten identisch. Obgleich also die Gestalt der reifen Früchte bei beiden Rassen verschieden ist, dürfte die genetische Information für »Gestaltbildung der Früchte« gleich sein. Der genetische Unterschied betrifft wahrscheinlich nur jene Gene, die das Ende des Fruchtwachstums festlegen. (Nach Sinnott)

4.2 Steuerung durch äußere Faktoren

Äußere Faktoren sind Signale, auf die sich entwickelnde Systeme in spezifischer Weise antworten. Die Antwort beruht auf dem arteigenen Entwicklungsprogramm, letztlich auf dem Genom; unter dem Gesichtspunkt der Evolution kann man sie als Selektionsprodukt verstehen, das im Hinblick auf einen bestimmten Komplex äußerer Bedingungen optimiert wurde, für den der auslösende Faktor hinreichend repräsentativ ist. So zeigt – bildlich gesprochen – die Unterschreitung einer bestimmten Tageslänge vielen Organis-

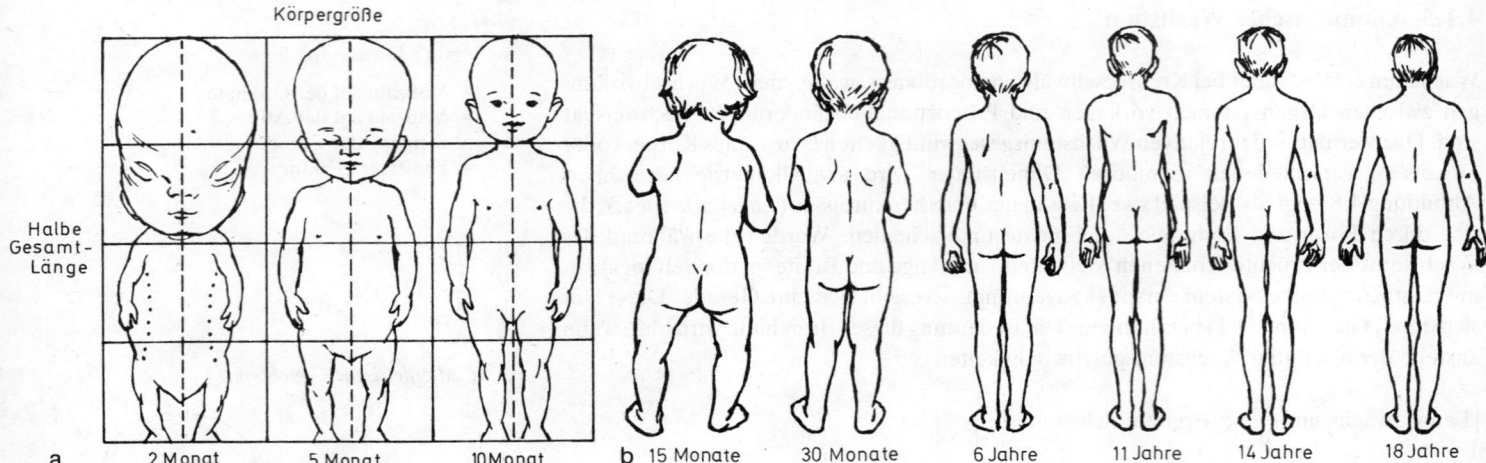

Abb. 4.9. *Disproportionales Wachstum von Kopf, Rumpf und Extremitäten beim Menschen: (a) Vom Fetus bis zum Säugling, (b) vom Kind bis zum Erwachsenen. (a nach Murchison, b nach Baylay, beide aus Hurlock)*

men unserer Breiten an, daß demnächst die lebensfeindlichen Bedingungen der kalten Jahreszeit herrschen werden (S. 335 ff., 719); ein geringer osmotischer Wert der umgebenden Flüssigkeit signalisiert manchen Insekteneiern, daß sie sich außerhalb des mütterlichen Körpers befinden. Die Reaktion darauf ist im ersten Fall der Eintritt in ein unempfindliches Ruhestadium (Dormanz, S. 325), im zweiten der Entwicklungsbeginn (würde er im Mutterleib erfolgen, blieben die Larven eingeschlossen). Eine besonders auffällige Reaktion der Höheren Pflanze – das Etiolement bei Fehlen des äußeren Faktors Licht (S. 332) – bringt die Blattanlagen von Dunkelkeimlingen durch starkes Streckungswachstum in Bereiche mit photosynthetisch nutzbarer Strahlungsintensität.

4.2.1 Photomorphogenese der Pflanzen

Im Gegensatz zum Tier, das in der Regel angemessene Lebensbedingungen aktiv aufsuchen kann, ist die Pflanze darauf angewiesen, sich durch spezifische Entwicklungsstrategien an ihre vorgegebene Umwelt anzupassen. Ihre Entwicklung muß daher durch Außenfaktoren gesteuert und ggf. modifiziert werden. Neben dem Wasser ist das Licht für die Existenz der Pflanze von fundamentaler Bedeutung. Darüber hinaus ist die Steuerung der Morphogenese durch Licht experimentell besonders gut zugänglich, weil die Applikation dieses Außenfaktors räumlich und zeitlich, quantitativ und qualitativ mit großer Präzision möglich ist.

Beim Farngametophyten ist die frühe Ontogenese unter natürlichen Lichtverhältnissen durch den raschen Übergang vom fädigen Protonema (Chloronema) zum flächigen Prothallium (Abb. 3.52, S. 281) charakterisiert. Dieser Übergang kann nur erfolgen, wenn der Keimling genügend kurzwelliges Licht (»Blaulicht«) erhält: Im Rotlicht entsteht (ebenso wie im Dunkeln) ein Zellfaden (Abb. 4.11a); im Blaulicht hingegen bildet sich (ebenso wie im Weißlicht) das »normale« zweidimensional wachsende Prothallium (Abb. 4.11b). Werden Dunkel- oder Rotlichtkeimlinge in Blaulicht gebracht, so gibt sich der Übergang zum zweidimensionalen Wachstum durch die Teilungsrichtung der Scheitelzelle zu erkennen: Die Zellwand wird parallel statt senkrecht zur Protonemaachse angelegt (Abb. 4.11c). Ersetzt man anschließend das Blaulicht für längere Zeit durch Rotlicht oder Dunkelheit, so wächst die Scheitelzelle des Prothalliums wieder zu einem Protonema aus, das sich nicht von dem ursprünglichen Primärprotonema unterscheidet (Abb. 4.11d). Diese Scheitelzelle reagiert also ebenso auf Licht wie die keimende Spore, der Vorkeim ist nicht irreversibel umgestimmt. Diese Lichtwirkung hat mit Photosynthese nichts zu tun,

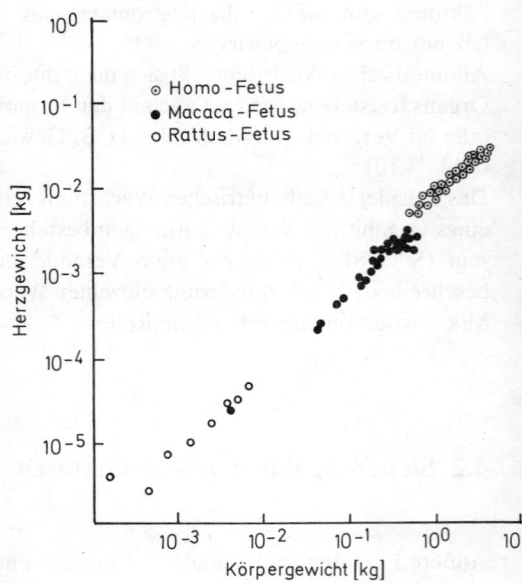

Abb. 4.10. *Relation von Körper- und Herzgewicht bei Feten und Neugeborenen von drei Säugetierarten. Trotz verschiedener Endgewichte unterliegen die Relationen der gleichen Gesetzmäßigkeit des allometrischen Wachstums. (Nach Cheek)*

weil bei dieser Blaulicht und Rotlicht ungefähr gleich wirksam sind (S. 114f.). Licht wirkt hier also nicht als Energielieferant für die Reaktion, sondern als steuerndes Signal. Manche Samen müssen im gequollenen Zustand belichtet werden, damit sie keimen können. Hierbei genügen bereits Bruchteile von Sekunden, um den ganzen Entwicklungsablauf in Gang zu setzen. Eine Untersuchung der spektralen Empfindlichkeit dieser Lichtreaktion zeigt maximalen Effekt im Rotlicht. Das Wirkungsspektrum kann einen Anhaltspunkt für das Pigment liefern, das für die Absorption dieses Lichtsignals verantwortlich ist. Licht kann nur wirksam werden, wenn es von einer Substanz absorbiert wird. Je stärker das Pigment absorbiert, desto größer ist die spektrale Lichtwirkung. Man kann nun die Reaktionsgröße bei Einstrahlung von Licht verschiedener Wellenlängen, aber gleicher Quantenmenge, vergleichen und damit die spektrale Quantenempfindlichkeit bestimmen. Exakter ist es, die für eine bestimmte Reaktionsgröße benötigte Quantenmenge bei verschiedenen Wellenlängen zu ermitteln; deren Kehrwert ist dann die spektrale Quantenwirksamkeit und liefert das Wirkungsspektrum. Falls keine Komplikationen durch die Mitwirkung anderer Pigmente auftreten, muß ein solches Wirkungsspektrum mit dem Absorptionsspektrum des Photorezeptorpigments übereinstimmen. Wir kennen bereits solche Beispiele: mutagener Effekt von ultraviolettem Licht entsprechend der UV-Absorption bei Nucleinsäuren (S. 241); Wirkungsmaxima für die Photosynthese entsprechend den Absorptionsmaxima des Chlorophylls (Abb. 1.195a, 1.197a, S. 114ff.). Im Falle der Samenkeimung finden wir den Gipfel des Wirkungsspektrums bei 660 nm. Dieser Spektralbereich wird als »Hellrot« bezeichnet (abgekürzt R von red). Entscheidend wichtig ist nun, daß eine kurze Nachbestrahlung mit Licht aus einem etwas längerwelligen Spektralbereich den Hellroteffekt wieder aufhebt. Wir nennen diesen Bereich »Dunkelrot« (abgekürzt FR von far-red). Das Wirkungsspektrum dieses »löschenden« Lichtsignals hat sein Maximum bei etwa 730 nm. Diese beiden Wirkungsspektren sind den in Abbildung 4.12 dargestellten außerordentlich ähnlich.

Die Löschung einer mit R eingeleiteten Induktion durch FR ist aber auch kein irreversibler Vorgang. Vielmehr können induzierende und löschende Bestrahlungen wiederholt hintereinander gegeben werden; die jeweils letzte Bestrahlung entscheidet, ob die Keimung erfolgt oder nicht (Tabelle 4.1). Diese R-FR-Reversibilität ist charakteristisch für das Pigment *Phytochrom* (Abb. 4.14), das bei grünen Pflanzen eine zentrale Rolle in der Photomorphogenese spielt.

Das Phytochrom kann in zwei verschiedenen Formen existieren, deren Absorptionsspektren in Abbildung 4.13 dargestellt sind. Die große Ähnlichkeit mit den Wirkungsspektren der Abbildung 4.12 fällt sofort auf. Die im R maximal absorbierende Form wird als P_r bezeichnet, die im FR absorbierende als P_{fr} (auch die Bezeichnungen P_{660} und P_{730} werden bisweilen verwendet). Gemäß Gleichung (4.4) werden die beiden Formen durch Bestrahlung mit den entsprechenden Wellenlängen ineinander umgewandelt. Diese Umwandlung von der einen in die andere Form erfolgt bei Lichtintensitäten, die dem natürlichen Tageslicht vergleichbar sind, bereits innerhalb weniger Sekunden.

P_{fr} bezeichnet man als »aktives Phytochrom«, während P_r als »inaktiv« aufgefaßt wird. P_{fr} stellt demgemäß für die Photomorphogenese das intrazelluläre Signal oder den Effektor dar. Auf dieser Basis läßt sich der R-FR-Antagonismus leicht interpretieren: Im Samen, der in Dunkelheit gequollen ist, liegt das gesamte Phytochrom in der inaktiven P_r-Form vor; es gibt kein Signal für die Morphogenese. Hellrot erzeugt durch Pigmentumwandlung aktives P_{fr}, und wenn dieses Signal lange genug in der Zelle wirken kann, wird die Morphogenese entsprechend gesteuert, d.h. die Keimung in Gang gesetzt; wird das P_{fr} jedoch vor Wirksamwerden durch FR in die inaktive P_r-Form zurückverwandelt, so bleibt die Steuerung der Morphogenese aus. Werden die Belichtungen mit R und FR wiederholt, so entscheidet die letzte Belichtung darüber, ob das Phytochrom in den folgenden Stunden als inaktives P_r oder als aktives P_{fr} vorliegt, und das gibt sich in der physiologischen Reaktion zu erkennen (vgl. Tab. 4.1).

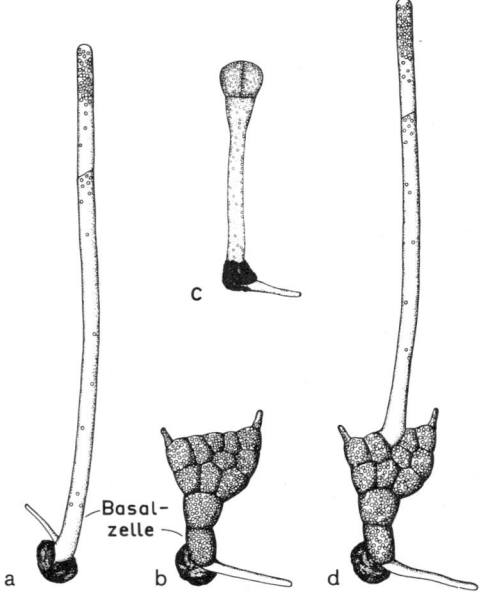

Abb. 4.11a–d. Blaulichtabhängige Photomorphose: Flächenwachstum des Farnprothalliums. In Dunkelheit oder Rotlicht (a) (hier wie Dunkelheit wirkend) entwickelt sich ein eindimensionales Protonema, im Blaulicht (b) ein zweidimensionales Prothallium (Teilungsrichtung der Zellen!). Beim Übergang von Rotlicht zu Blaulicht (c) beginnt durch Drehung der Mitosespindel in der Spitzenzelle das Flächenwachstum; beim Übergang von Blaulicht zu Rotlicht (d) wächst dagegen eine Prothalliumzelle wieder zum Protonema aus. (Nach Mohr)

(4.4)

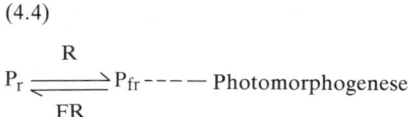

$P_r \xrightleftharpoons[FR]{R} P_{fr}$ ---- Photomorphogenese

Tabelle 4.1. Keimung von *Lactuca* nach Hellrot (R)- bzw. Dunkelrot (FR)-Bestrahlung von jeweils einigen Minuten Dauer. (Nach Borthwick et al. aus Butterfaß)

Bestrahlungsfolge	Keimung [%]
R	70
R-FR	6
R-FR-R	74
R-FR-R-FR	6
R-FR-R-FR-R	76
R-FR-R-FR-R-FR	7
R-FR-R-FR-R-FR-R	81
R-FR-R-FR-R-FR-R-FR	7

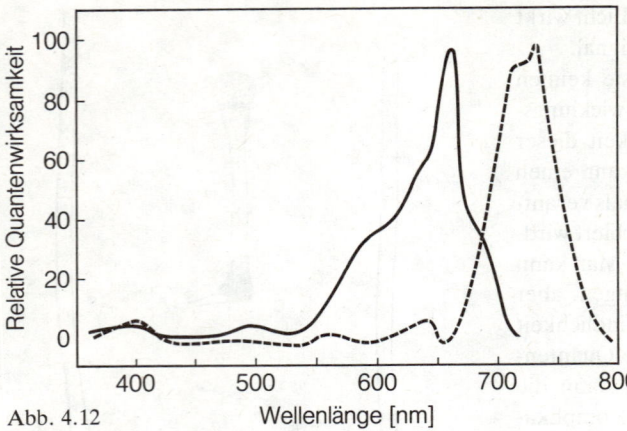
Abb. 4.12

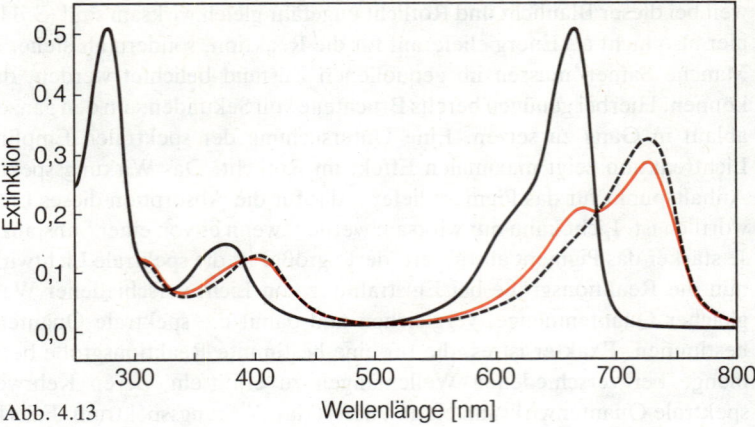
Abb. 4.13

Die hier besprochene Photomorphogenese stellt ein Beispiel für eine qualitative Steuerung dar. Der Zustand, in dem das Phytochrom vorliegt, entscheidet über die Alternative: *Keimung* oder *keine Keimung*. Viel häufiger sind jedoch quantitativ abgestufte Regulationen, die wir am Beispiel der Photomorphogenese von Keimlingen kennenlernen wollen. In den frühen Stadien der Samenkeimung werden die Keimlinge in der Regel durch die Speicherstoffe aus dem Endosperm oder aus den Kotyledonen versorgt und sind deshalb, mit Ausnahme der Wasseraufnahme, in ihrer Ernährung von der Umwelt unabhängig; insbesondere sind sie noch unabhängig von der Photosynthese. Trotzdem entwickeln gleichaltrige Keimlinge mit gleicher genetischer Information ganz verschiedenen Habitus, wenn sie unter verschiedenen Lichtbedingungen heranwachsen. Im Gegensatz zu den im Licht heranwachsenden Keimlingen zeigt ein Dunkelkeimling von Dikotyledonen ein überlanges Wachstum der Sproßachse, während das Flächenwachstum der Blätter fast vollständig gehemmt ist, der Keimling ist *etioliert* (vergeilt, Abb. 4.15). (Bei Monokotyledonen ist demgegenüber gerade das Längenwachstum der Blätter im Dunkeln extrem gefördert; aber das ist ein relativ unbedeutender Unterschied, der die prinzipiellen Gesetzmäßigkeiten nicht berührt.)

Die biologische Bedeutung des Etiolements im Dunkeln bzw. des Deetiolements im Licht ist unmittelbar einleuchtend: Für den Keimling bedeutet kontinuierliche Dunkelheit, daß er sich noch unter der Erde befindet; er muß also alle verfügbare Energie auf das Längenwachstum konzentrieren, das ihn ans Licht bringen soll. Im Licht dagegen ist es zweckmäßig, so schnell wie möglich funktionsfähige Assimilationsorgane auszubilden. Durch die Sequenz dieser Strategien soll sichergestellt werden, daß die eigene Versorgung durch Photosynthese in Gang kommt, bevor die Speicherstoffe erschöpft sind.

Licht hemmt also das Wachstum der Internodien (S. 405), und zwar auch dann, wenn nur einmal oder einige Male ein Lichtblitz von Sekunden oder Minuten auf die Pflanze einwirkt. Mit Sicherheit reicht die Energie dieses Lichtes nicht aus, um in nennenswertem Ausmaß Photosynthese durchzuführen, ganz abgesehen davon, daß die bis dahin im Dunkeln herangewachsenen Keimlinge noch gar kein Chlorophyll besitzen. Licht wirkt also auch in diesem Fall nicht als Energielieferant über die Photosynthese, sondern als Signal zur Umsteuerung der Entwicklung.

Schon der erste flüchtige Vergleich der etiolierten und der deetiolierten Erbse (Abb. 4.15) zeigt, daß das Licht in verschiedenen Organen das Wachstum sehr unterschiedlich beeinflußt (Hemmung im Internodium, Förderung des Blattwachstums). Weiterhin bildet das Epikotyl (der junge Sproßabschnitt oberhalb der Kotyledonen) im Dunkelkeimling einen typischen Haken (»hook«), der sich unter dem Einfluß eines einmaligen Lichtsignals durch ungleiches Wachstum der Innen- und Außenseite »öffnet«. Auch hier ist Hellrot

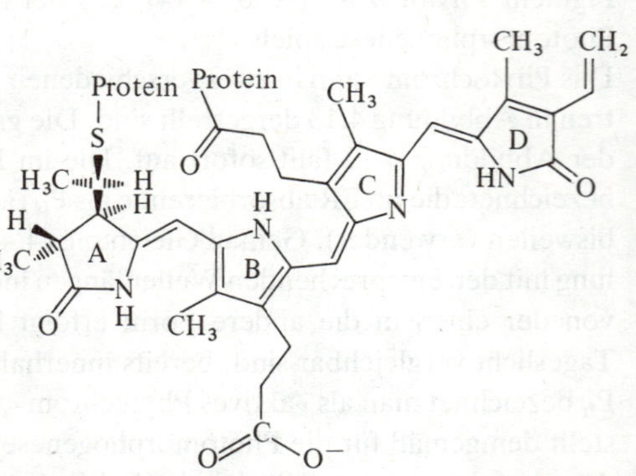

Abb. 4.12. Wirkungsspektren des Phytochroms für die Öffnung des Hypokotylhakens der Bohne. Induktion durch Hellrot (ausgezogene Kurve) und Reversion dieser Lichtwirkung durch Dunkelrot (gestrichelte Kurve). (Nach Withrow et al., aus Mohr)

Abb. 4.13. Absorptionsspektren eines hochgereinigten Phytochrompräparats aus etiolierten Haferkeimlingen (»natives« Phytochrom). Schwarze ausgezogene Kurve: P_r. Rote Kurve: Nach saturierender Bestrahlung mit Hellrot (648 nm) liegt das Phytochrom zu etwa 87% als P_{fr} vor: $P_{fr}/P_{tot} = 0{,}87$; vgl. Gl. (4.5). Schwarz gestrichelt: Berechnete Extinktionskurve von reinem P_{fr}. (Nach Kelly und Lagarias)

Abb. 4.14. Chromophor des Phytochroms. Strukturformel in der P_r-Form mit den beiden Proteinbindungen. Die hier vorgeschlagene Konformation des Chromophors ist noch nicht bewiesen. (Nach Rüdiger sowie Scheer et al.)

(4.5)
$$\frac{P_{fr}}{P_{tot}} = \frac{P_{fr}}{P_r + P_{fr}}$$

maximal wirksam, und eine Induktion kann durch nachfolgendes Dunkelrot wieder aufgehoben werden. Die Wirkungsspektren sind für die entsprechende Reaktion beim Hypokotylhaken des Bohnenkeimlings in Abbildung 4.12 dargestellt.

Das Standardobjekt der Photomorphogeneseforschung, der etiolierte Senfkeimling (*Sinapis alba*), zeigt, daß noch viele weitere Entwicklungsprozesse durch Licht gesteuert werden, alle über Phytochrom vermittelt (Beispiele in Abb. 4.16), und diese werden nahezu unübersehbar, wenn auch chemische Änderungen mit hinzugenommen werden, wie Anthocyanbildung oder Änderungen von Enzymaktivitäten. Dabei zeigen sich dann im wesentlichen immer wieder zwei Reaktionstypen: positive und negative Photomorphosen, d. h. der in Frage stehende Vorgang wird gefördert oder gehemmt. So reagieren die Epidermiszellen des *Sinapis*-Keimlings positiv mit Haarbildung, negativ mit Hemmung des Längenwachstums (Abb. 4.16).

Das für die R-FR-Photomorphogenesen verantwortliche Phytochrom läßt sich aus etiolierten Keimlingen extrahieren und als *Chromoprotein* charakterisieren. Sein Chromophor hat große Ähnlichkeit mit den akzessorischen Pigmenten der Blau- und Rotalgen (Phycocyan, Phycoerythrin, S. 114). Die wahrscheinlichste Formel des Chromophors ist in Abbildung 4.14 wiedergegeben.

In Abbildung 4.13 fällt auf, daß sich die Absorptionsspektren von P_r und P_{fr} überlappen, d. h. beide Formen des Phytochroms absorbieren bei jeder Wellenlänge im Bereich des sichtbaren Lichtes, nur jeweils in unterschiedlichem Ausmaß. Damit finden aber auch bei jeder Wellenlänge immer die Umwandlungen gemäß Gleichung (4.4) in beiden Richtungen statt. Daraus wird verständlich, daß die Wirkungsspektren einer Induktion und einer Löschung den Absorptionsspektren von P_r und P_{fr} zwar ähnlich, aber nicht mit ihnen identisch sein können. Weiterhin muß sich bei Einstrahlung hinreichender Energien, d. h. nach Sättigung (Saturierung), ein *photostationärer Zustand* einstellen, in dem pro Zeiteinheit gleichviel P_r in P_{fr} wie P_{fr} in P_r umgewandelt wird. Dieser photostationäre Zustand ist vom Verhältnis der Absorption in beiden Pigmentformen und demnach von der Wellenlänge abhängig; im Hellroten liegen im photostationären Zustand etwa 85% des Phytochroms in der P_{fr}-Form vor, im Dunkelroten höchstens einige Prozent.

Auf der Basis dieser photostationären Zustände läßt sich auch begründen, daß eine Induktion mit R nicht immer vollständig durch FR revertierbar ist: Wenn nämlich die Reaktion so empfindlich ist, daß bereits wenige Prozent P_{fr} als Signal genügen, so muß FR, allein oder nach R eingestrahlt, eine gewisse Reaktion herbeiführen – im Gegensatz zum völlig etiolierten Keimling, bei dem das neu synthetisierte Phytochrom ausschließlich in der P_r-Form vorliegt.

Von großer biologischer Bedeutung ist der photostationäre Zustand des Phytochroms für die Entwicklung unter einem Blätterdach (z. B. Waldboden, Rübenacker). Da die Blätter den hellroten (und blauen) Anteil aus dem Weißlicht herausfiltern, enthält der *Grünschatten* unter den Blättern sehr viel mehr FR als R. P_{fr}-abhängige Entwicklungsprozesse (z. B. Samenkeimung) werden hierdurch auf die Jahreszeiten beschränkt, in denen es keinen Grünschatten gibt (Blattvergilbung, Blattfall), in denen also photosynthetisch wirksames Licht vorhanden ist. Phytochrom kann somit die Pflanze in begrenztem Maße über die spektrale Zusammensetzung des Lichts informieren.

Es ist eine wichtige Aufgabe für den Photobiologen, die Funktionsbeziehungen zwischen P_{fr} und dem Ausmaß der Photomorphogenese aufzuklären. Dabei ergeben sich noch Komplikationen dadurch, daß P_{fr} nicht stabil ist, sondern im Dunkeln langsam entweder in P_r zurückverwandelt oder auf noch ungeklärte Weise inaktiviert wird.

Wie können wir die Signalwirkung des P_{fr} verstehen? Bei zahlreichen Phytochromreaktionen hat sich das Konzept der *differentiellen Enzymregulation* (S. 244f.) durch den Effektor P_{fr} bewährt. Beim Senfkeimling läßt sich zeigen, daß unter P_{fr}-Einfluß eine mRNA auftritt, die im Dunkelkeimling nicht nachzuweisen war; diese kann in vitro in das chlorophyllbindende Protein der Thylakoidmembran translatiert werden, dessen Auftre-

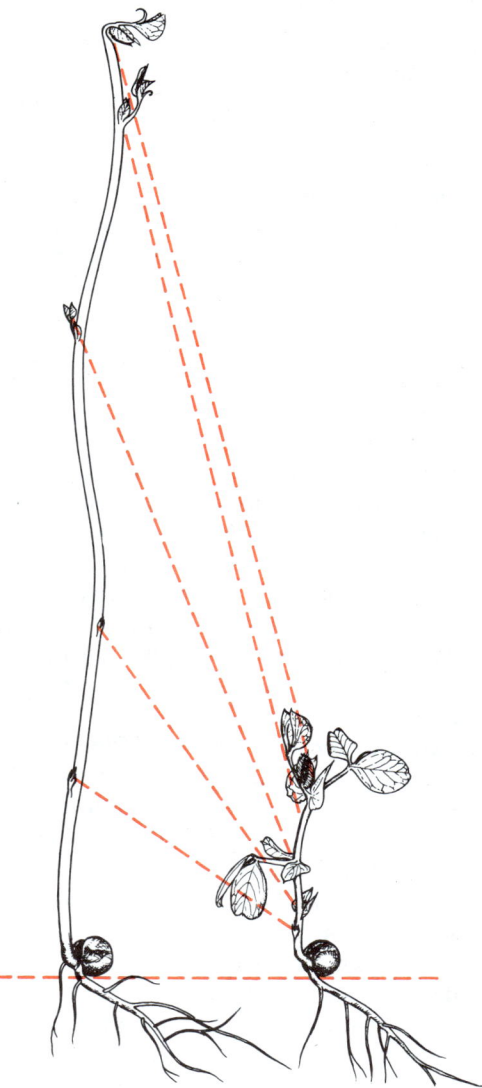

Abb. 4.15. Photomorphogenese der Erbse (Pisum sativum). Links Pflanze in völliger Dunkelheit gewachsen (etioliert), rechts im Licht gewachsen (deetioliert, Normalhabitus). Gleiche Knoten durch gestrichelte rote Linien miteinander verbunden. (Original von Titze/Erlangen)

ten im Keimling seit langem als P_{fr}-abhängig bekannt ist. Das Enzym wird hier also durch Licht auf der Transkriptionsebene reguliert.

Solche Enzymregulationen sind sehr häufig quantitativ, d. h. die Menge des gebildeten oder aktivierten Enzyms ist eine Funktion der Konzentration des Effektors P_{fr}. Dabei können Isoenzyme (S. 70) unterschiedlich auf Licht reagieren; während das eine dieser wirkungsgleichen Enzyme durch P_{fr} gesteuert wird, kann das andere unabhängig vom Licht und damit vom P_{fr} sein.

Neben diesen quantitativen Enzymregulationen kommen auch qualitative vor: Das Enzym Lipoxygenase wird nach einem »An-Aus-Mechanismus« durch P_{fr} gesteuert; oberhalb einer Schwellenkonzentration des P_{fr} findet keine Synthese dieses Enzyms statt. Dieser qualitative Lichteffekt erscheint vergleichbar der Lichtwirkung auf die Samenkeimung (S. 331).

Der eben besprochene Wirkungsmechanismus wurde als *differentielle* Enzymregulation bezeichnet. Dieses Attribut ist entscheidend wichtig: Nicht jedes Enzym unterliegt einer solchen Regulation, und diese findet auch nicht in allen Zellen eines Organismus statt. Vielmehr ist in jeder Zelle als Teil ihrer Kompetenz eindeutig festgelegt, welche Enzymaktivitäten in einem bestimmten Entwicklungsstadium durch P_{fr} reguliert werden können. So ist beispielsweise beim wenige Tage alten Senfkeimling in der Epidermis des Hypokotyls ein Programm durch P_{fr} abrufbar, das zur Ausbildung von Haaren führt, während gleichzeitig das Streckungswachstum in allen Hypokotylzellen gehemmt wird. In den Kotyledonen wiederum wird z. B. die Aktivitätszunahme des Enzyms Lipoxygenase durch P_{fr} gestoppt, das Enzym Phenylalaninammoniumlyase wird jedoch unter dem Einfluß von P_{fr} neu synthetisiert. Wir bezeichnen diese für jede Zelle spezifischen Programme als ihre Kompetenz bezüglich P_{fr}. Sie beruht auf ihrer (unsichtbaren) *Determination* oder *primären Differenzierung*, im Gegensatz zu der nach Abruf des Programms äußerlich erkennbaren *sekundären Differenzierung*. In keinem Fall ist es bis jetzt gelungen, über das Phytochrom in das primäre Differenzierungsmuster einzugreifen. Der Effektor P_{fr} ist also kein Differentiator, sondern nur ein Realisator, ebenso wie das für die Hormone gilt.

Zellen können aber auch noch in anderer Weise für eine Phytochromwirkung determiniert sein: P_{fr} kann Membraneigenschaften verändern, und hier haben wir besonders schnelle Reaktionen vor uns. So kann P_{fr} innerhalb von Sekunden die elektrischen Eigenschaften der Zellmembran ändern und zu Ionenströmen durch die Membran führen. Solche Änderungen können für phytochromgesteuerte Bewegungen verantwortlich gemacht werden, die keiner Enzymregulation bedürfen (S. 646). Aus spezifischen Wirkungen polarisierten Lichts konnte geschlossen werden, daß das für diese Reaktionen verantwortliche Phytochrom an hochgeordnete Zellstrukturen gebunden ist, insbesondere an Membranen. Es ist aber unwahrscheinlich, daß die Membraneffekte des P_{fr} auch ein notwendiges Glied in den oben beschriebenen photomorphogenetischen Enzymregulationen sind. Vielmehr ist damit zu rechnen, daß P_{fr} verschiedene primäre Wirkungsmöglichkeiten hat.

Phytochrom hat für die Photomorphogenese der grünen Pflanzen eine zentrale Bedeutung. Es ist aber nicht das einzige photomorphogenetisch wirksame Pigment. So sind auch Signalwirkungen des Lichts bekannt, die auf den blauen Spektralanteil beschränkt sind (vgl. den Farngametophyten, Abb. 4.11; weitere Beispiele finden sich vor allem bei Pilzen, da diese kein Phytochrom besitzen). Das noch nicht endgültig aufgeklärte Photorezeptorpigment wird als *Cryptochrom* bezeichnet und ist möglicherweise ein Flavin.

Abschließend soll noch an einem Beispiel in stark vereinfachter Form gezeigt werden, wie Lichtsignale über verschiedene Photorezeptorsysteme und über verschiedene Teilprozesse einen komplexen Entwicklungsvorgang steuern: Die Ausbildung der funktionellen Struktur der Chloroplasten (Abb. 4.17). Die Granastruktur als Kennzeichen fertiger Chloroplasten hat zur Voraussetzung, daß das chlorophyllbindende Protein (LHCP: Light

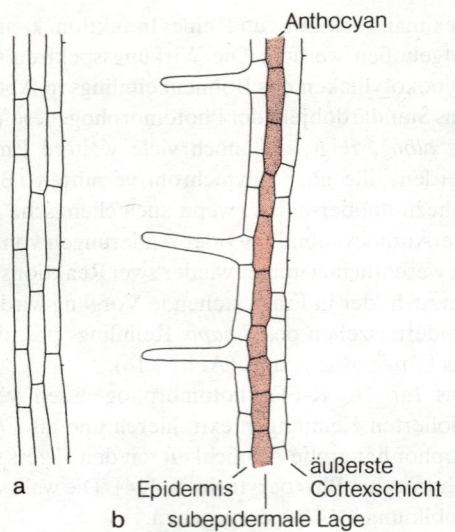

Abb. 4.16. *Photomorphogenese des Hypokotyls von Sinapis alba, links im Dunkeln, rechts im Licht gewachsen. Photomorphosen: gehemmtes Längenwachstum der Zellen, Haarbildung, Anthocyanbildung (rot). (Aus Mohr)*

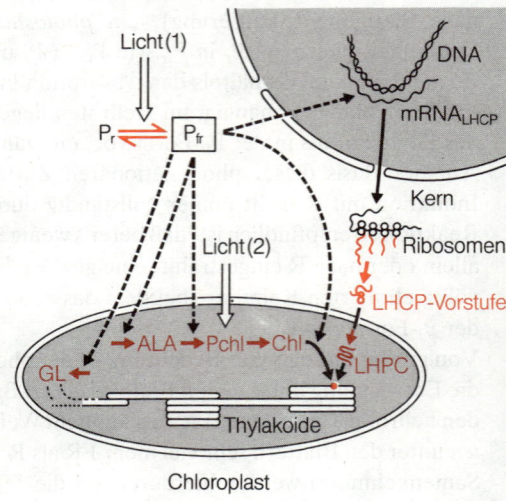

Abb. 4.17. *Ausbildung der Chloroplastenstruktur unter der regulatorischen Wirkung des Lichtes. ALA Aminolävulinsäure; Chl Chlorophyll; GL Galactolipid; LHCP light-harvesting chlorophyll a/b protein; $mRNA_{LHCP}$ RNA, die die Synthese des LHCP kontrolliert; Pchl Protochlorophyllid; P_r, P_{fr} Phytochrom. Einfache schwarze Pfeile = Stoffwanderungen; rote Pfeile = Synthesen, Stoffumwandlungen; gestrichelte Pfeile = Regulation durch P_{fr}; Doppelpfeile = Licht, von Phytochrom (1) oder Pchl (2) absorbiert. (Nach Schopfer und Apel sowie Mohr, verändert)*

harvesting chlorophyll a/b protein) in die Thylakoide eingebaut wird. LHCP ist im Kern codiert, und die Transkription seiner mRNA wird durch P_{fr} induziert (s. o.); es wird im Cytoplasma als Vorstufe synthetisiert und beim Transport in den Chloroplasten in die endgültige Form umgewandelt. Ein dauerhafter Einbau ist jedoch nur in Gegenwart von Chlorophyll möglich, das seinerseits nur in der Bindung an LHCP beständig ist. Die Synthesen müssen also gut aufeinander abgestimmt sein, und dementsprechend wird auch die Chlorophyllsynthese durch Licht reguliert. Seine frühe Vorstufe, die Aminolaevulinsäure (ALA), entsteht unter P_{fr}-Kontrolle und wird im Chloroplasten zur Biosynthese des Protochlorophyllids verwendet. Dessen enzymatische Reduktion zum Chlorophyllid (das dann noch mit Phytol zu Chlorophyll verestert werden muß) benötigt Lichtabsorption durch das Protochlorophyllid selbst. So wirkt Licht also an 3 verschiedenen Kontrollpunkten über zwei verschiedene Pigmentsysteme. Dabei ist die Kontrolle der Galactolipidsynthese für die Thylakoidmembran durch P_{fr} noch ebensowenig berücksichtigt wie die Lichtabhängigkeit weiterer Teilprozesse.

4.2.2 Saisonale Einpassung durch äußere Faktoren

Aus verschiedenen Gründen kann die Einpassung des Lebenszyklus oder eines Aktivitätswechsels in wechselnde Jahreszeiten für einen Organismus von Bedeutung sein: Die Überdauerung ungünstiger Jahreszeiten muß durch ein geeignetes Entwicklungsstadium gewährleistet sein; Organismen, die aufeinander angewiesen sind, müssen zur gleichen Zeit aktiv sein (z. B. Synchronisation des Blühtermins mit dem Erscheinen der bestäubenden Insekten); für die Fortpflanzung ist es zweckmäßig, wenn alle Artgenossen zur gleichen Zeit sexuell aktiv sind; umgekehrt führt eine zeitlich verschobene Fortpflanzungsperiode zur Isolation und kann damit Grundlage der Artbildung werden. Die zwei wichtigsten Umweltparameter, aus denen ein Organismus Informationen über den Ablauf der Jahreszeiten gewinnen kann, sind die Tageslänge und die Winterkälte. Reaktionen auf diese Parameter werden als Photoperiodismus und Vernalisation bezeichnet.

4.2.2.1 Photoperiodismus

Der Photoperiodismus beschreibt ein komplexeres Phänomen als die Photomorphogenese: Die Wirkung des Lichtes hängt hier ab von seiner zeitlichen Verteilung über den Tag. Klassische photoperiodische Reaktionen finden sich bei der Blütenbildung der Pflanzen. Eine Kurztagpflanze (KTP) geht zur Blütenbildung über, wenn die tägliche Belichtungsdauer unterhalb einer »kritischen Tageslänge« bleibt, während umgekehrt für die Blütenbildung der Langtagpflanze (LTP) eine kritische Tageslänge überschritten werden muß. Beide Reaktionstypen finden sich bisweilen bei nahe verwandten Pflanzen, z. B. *Nicotiana silvestris* (LTP) und bestimmten Rassen von *Nicotiana tabacum* (KTP) (Abb. 4.18). Die kritische Tageslänge kann je nach Art und sogar Rasse sehr verschieden sein. Für die KTP *Xanthium pennsylvanicum* (Spitzklette) mit einer kritischen Tageslänge von 15,5 Stunden ist z. B. eine Tageslänge von 15 Stunden noch »Kurztag«, während bestimmte Sorten von Sojabohnen ihre kritische Tageslänge bereits bei 13 Stunden haben; für sie ist demgemäß der 15-Stunden-Tag bereits Langtag.

Neben diesen *qualitativen* oder *obligaten* KTP und LTP gibt es auch *quantitative* oder *fakultative*, die keine kritische Tageslänge haben. Hier entscheidet die Tageslänge nicht über »Blühen oder Nichtblühen«, sondern über die Geschwindigkeit der Blütenbildung oder die Anzahl gebildeter Blüten. So kommt der Sommerweizen (und ebenso der Winterweizen nach der Vernalisation, S. 338f.) im Langtag schneller zur Blüte als im Kurztag, und der umgekehrte Fall ist von manchen Reissorten bekannt.

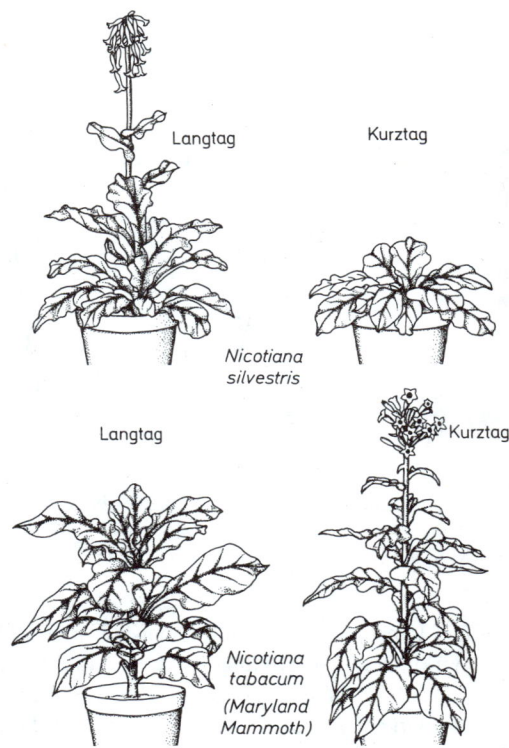

Abb. 4.18. Photoperiodismus bei Nicotiana. Gegensätzliches Verhalten zweier Arten; die Blütenbildung wird im einen Fall durch Langtag, im anderen durch Kurztag induziert. (Nach Bünning aus Mohr)

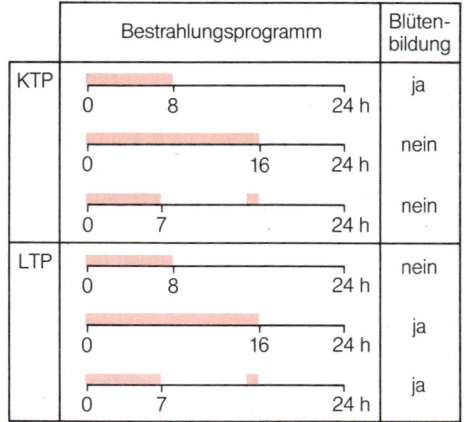

Abb. 4.19. Schematische Darstellung der Reaktion von Kurztagpflanzen (KTP) und Langtagpflanzen (LTP) auf unterschiedliche Tageslängen und auf Störlicht (zur Unterbrechung einer langen Nacht). Lichtperioden durch rote Balken gekennzeichnet. Beachte die Blühhemmung bei KTP und die Blühförderung bei LTP, wenn die letzte Stunde der 8stündigen Lichtperiode in die Mitte der Nacht verlagert wird. (Aus Mohr, verändert)

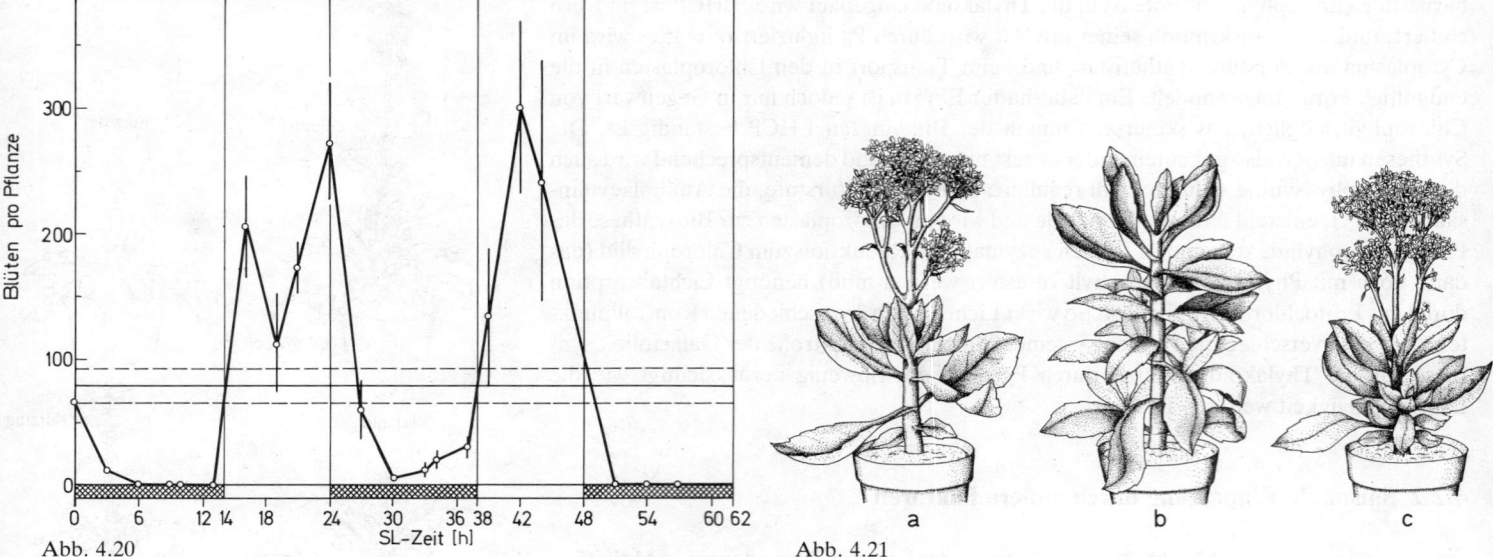

Abb. 4.20.

Abb. 4.21

Die Umsteuerung qualitativer KTP oder LTP durch die Tageslänge ist irreversibel, die Wirkung der Tageslänge ist eine Induktion, die auch in eine anschließende »falsche« Tageslänge hinein nachwirkt. Bei manchen Pflanzen genügt hierfür bereits eine einzige *induktive Tageslänge,* so z.B. bei den KTP *Xanthium pensylvanicum* und *Pharbitis nil* (Trichterwinde). Die Messung der Tageslänge beruht nicht auf unterschiedlicher Photosyntheseleistung. So kann ein Kurztag nicht durch einen Langtag mit reduzierter Lichtintensität ersetzt werden. Noch eindeutiger wird dies durch sogenannte Störlichtversuche bewiesen (Abb. 4.19): Bei gleicher Gesamtbelichtungsdauer von 8 Stunden kann ein Langtageffekt simuliert werden, wenn eine kurze Belichtung in die Nacht verlagert wird. Dieses Störlicht kann sogar in Minuten- oder Sekundenbereichen wirksam sein und dadurch die Blütenbildung einer KTP verhindern oder die einer LTP induzieren.

Wird das Störlicht zu verschiedenen Zeiten während der Nacht geboten, so erweist es sich in der Regel am wirksamsten in der Mitte der Nacht. Über die Zeitmessung, die hier offensichtlich von der Pflanze vorgenommen wird, gibt ein erweitertes Experiment mit einer KTP Auskunft (Abb. 4.20): Die Pflanze erhält hier nur jeden dritten Tag eine 10stündige Lichtperiode, und die Lichtempfindlichkeit in der verbleibenden 62stündigen Dunkelphase wird durch kurzes Störlicht »abgetastet«. Es zeigt sich, daß das Störlicht dann am wirksamsten ist, wenn vergleichbare Pflanzen sich in der Mitte der täglichen Dunkelphase befinden. Und noch bemerkenswerter ist die Beobachtung, daß in der Zeit dazwischen, also während des »Tages« (d.h. wenn die Versuchspflanzen ihre Lichtphase zu erwarten hätten), das Störlicht sogar die Blütenbildung über die Kontrollen hinaus erhöht. Die Empfindlichkeit gegen kurze Belichtungen schwankt also tagesperiodisch, es wechseln regelmäßig Phasen, in denen Licht die Blütenbildung begünstigt (*photophile Phasen*), mit solchen, in denen Licht hemmend wirkt (*skotophile Phasen*). Sehr ähnliche Verhältnisse, nur mit umgekehrtem Vorzeichen, ergeben Störlichtversuche mit LTP.

Diese rhythmischen Schwankungen der Lichtempfindlichkeit, die auf die *physiologische Uhr* zurückgeführt werden (S. 712ff.), sind die Basis für die Messung der Tageslänge, die sehr präzise erfolgen kann; für eine Reissorte wurde z.B. nachgewiesen, daß eine Änderung der Tageslänge um nur 10 Minuten bereits eine mehrwöchige Verzögerung oder Beschleunigung der Blütenbildung zur Folge hat.

Diese Möglichkeit zur Bestimmung der Jahreszeit wird von den Organismen auch für viele andere Funktionen genutzt. Bei Pflanzen ist z.B. die Induktion der Knospenruhe zu

Abb. 4.20. Nachweis der Beziehungen zwischen Photoperiodismus und circadianer Rhythmik bei der KTP Kalanchoe blossfeldiana. Die Pflanzen erhalten einmal alle 72 h eine 10stündige Lichtperiode, deren Ende den Nullpunkt der Abszisse darstellt; die übrigen 62 h sind sie im Dunkeln. Die Blütenbildung dieser Kontrollpflanzen ist durch die waagerechte Linie dargestellt, die gestrichelten Linien geben die Fehlergrenze an. Versuchspflanzen erhalten zu verschiedenen, auf der Abszisse angegebenen Zeiten während der Dunkelphase 2 min Hellrot ($5,5\ W \cdot m^{-2}$) als »Störlicht« (SL); die Hemmung oder Förderung der Blütenbildung gegenüber den Kontrollen in Abhängigkeit vom Zeitpunkt des Störlichtes wird durch die Kurve dargestellt (mit mittleren Fehlern). Blühförderung findet sich im wesentlichen in den Phasen, in denen die Pflanzen im normalen 24-h-Rhythmus Licht bekommen hätten (auf der Abszisse weiß markiert), während in den der Nacht entsprechenden Phasen das Störlicht blühhemmend wirkt. Vgl. auch Abb. 6.259, S. 719. (Nach Engelmann)

Abb. 4.21 a–c. Nachweis der Phytochromwirkung bei der Kurztagpflanze Kalanchoe blossfeldiana. Alle Pflanzen erhalten täglich 8 h Weißlicht, (a) erhält keine weitere Belichtung, Blühinduktion durch Kurztag, (b) erhält zusätzlich in der Mitte der Dunkelphase 1 min Hellrot als Störlicht, die Blütenbildung wird verhindert, (c) erhält Störlicht wie (b), jedoch gefolgt von 1 min Dunkelrot, die Blühhemmung des Hellrot wird hierdurch wieder aufgehoben. (Nach Hendricks u. Siegelman aus Mohr)

nennen (Dormanz): Der Tulpenbaum (*Liriodendron tulipifera*) wächst oberhalb einer Tageslänge von 15 Stunden vegetativ, die Knospen treiben kontinuierlich neue Blätter. Unterhalb dieser kritischen Tageslänge gehen die Knospen in die Winterruhe über. Eine Begonienart (*Begonia evansiana*) bildet bei einer Tageslänge unterhalb von 14 Stunden oberirdische Knollen aus.

Auch bei vielen tierischen Organismen steht die Fortpflanzung unter photoperiodischer Kontrolle. Der Östrus der Stute ist z. B. an Langtag gebunden, während bei manchen Schafrassen die Keimdrüsen erst in den kürzer werdenden Tagen des Herbstes zur Funktionsfähigkeit heranwachsen. Bei Vögeln kann außerdem die Zugaktivität photoperiodisch gesteuert werden; der fast auf den Tag genaue Wegzug des Mauerseglers Ende Juli ist hierfür ein eindrucksvolles Beispiel.

Eingehend untersucht sind photoperiodische Reaktionen bei Insekten. Bekannt sind die Frühjahrs- und Sommerformen von Schmetterlingen, z. B. des Landkärtchens (*Araschnia levana*, Abb. 4.22). Dieser Falter tritt in zwei Formen auf. Werden die Raupen unter Kurztag von weniger als 14 Stunden Licht gehalten, tritt nach einer Puppendiapause (S. 325) die hellere *A. levana*-Form auf. Unter Langtagbedingungen von mehr als 16 Stunden Licht entsteht dagegen ohne Puppendiapause die Sommerform (*A. prorsa*) mit dunkler Flügelzeichnung, auch in aufeinanderfolgenden Generationen, falls die Raupen Langtag erhalten.

Die oft durch Kurztag ausgelöste Diapause von Ei, Larve, Puppe oder Imago entspricht mindestens phänomenologisch der Knospenruhe der Pflanzen; dies auch insofern, als in beiden Fällen häufig niedere Temperaturen erforderlich sind, um den Ruhezustand zu beenden (S. 338f.). Die Empfindlichkeit gegenüber der Kurztagsinduktion kann sich auf ein kurzes Stadium im Entwicklungszyklus beschränken.

Von besonderem Interesse sind die Fälle, in denen der Generationswechsel durch die Tageslänge gesteuert wird. Ein Beispiel ist die Blattlaus *Megoura viciae*, die sich in den langen Tagen des Sommers parthenogenetisch vivipar vermehrt; erst bei Unterschreiten einer Tageslänge von 14 Stunden wird die Entwicklung von miktischen, eierlegenden Weibchen induziert (S. 308f.).

Es gibt so viele Parallelen im photoperiodischen Verhalten von Tieren und Pflanzen, daß man an gemeinsame physiologische Grundlagen denken kann. Eine Abweichung im Hinblick auf die Zeitmessung hat sich jedoch beim Saisondimorphismus der Zwergzikade *Euscelis plebejus* ergeben, bei der im 20stündigen Langtag die größere Sommerform, in Tageslängen unter 16 Stunden dagegen die kleinere Herbstform entsteht. Wird hier die 20stündige Belichtung auf zweimal 10 Stunden täglich aufgeteilt, so wird dies vom Organismus als Kurztag registriert, im Gegensatz zu den Störlichtversuchen bei Pflanzen, d. h. es entsteht eine Herbstform.

Grundsätzliche Unterschiede im Photoperiodismus von Pflanzen und Tieren bestehen im Perzeptionssystem. Bei Pflanzen wird das Störlicht durch Phytochrom perzipiert, wie sich aus Wirkungsspektren und Revertierungsexperimenten ergibt (Abb. 4.21). Da dies in gleicher Weise für die Blühhemmung von KTP und die Blühförderung von LTP gilt, muß gefolgert werden, daß die Wirkung des P_{fr} während der Dunkelphase bei KTP und LTP entgegengesetzt ist. Bei tierischen Organismen kommt naturgemäß Phytochrom als Photorezeptorpigment nicht in Frage. Lokalisiert ist bei ihnen das Photorezeptorsystem im Kopf, aber außer bei Säugetieren nicht im Auge. Bei Vögeln scheint das Pinealorgan (S. 716f.) eine wichtige Rolle bei der Tageslängenmessung zu spielen.

Gemeinsam ist photoperiodischen Reaktionen bei Pflanzen und Tieren aber wieder, daß die Perzeption der Tageslänge und das Erfolgsorgan räumlich voneinander getrennt sind, daß also eine Signalleitung erforderlich ist. Bei Wirbeltieren lassen sich Änderungen im Hormonspiegel als Reaktion auf die Tageslänge nachweisen. Weniger geklärt ist die Situation bei Pflanzen, hier kann bis jetzt nur indirekt auf ein *Blühhormon* (*Florigen*) geschlossen werden. Die Grundlage hierzu ist die Beobachtung, daß die Tageslänge in den

Abb. 4.22a, b. Saisondimorphismus des Landkärtchens (*Araschnia levana*). Oben die Sommerform (*prorsa*), die unter Langtagbedingungen entsteht: unten die Frühjahrsform (*levana*), die sich nur unter Kurztagbelichtung entwickelt. (Nach Müller)

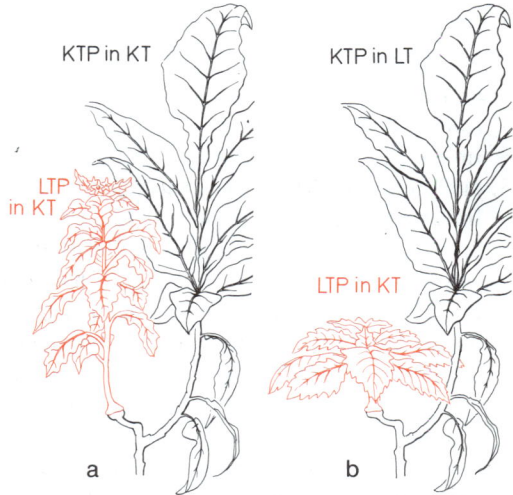

Abb. 4.23a, b. Übertragung des »Blühhormons« zwischen Kurztag- und Langtagpflanze. (a) Ein Pfropfreis der LTP *Hyoscyamus niger* ist auf eine Unterlage der KTP *Nicotiana tabacum* (var. Maryland Mammoth) gepfropft und kommt im Kurztag zur Blüte; die LTP reagiert offensichtlich auf das in der KTP gebildete Blühhormon. (b) Die Blütenbildung im Pfropfreis unterbleibt, wenn sowohl Reis wie Unterlage unter nichtinduzierenden photoperiodischen Bedingungen gehalten werden (keine Möglichkeit zur Produktion von Blühhormon). (Nach Lang)

Blättern perzipiert wird, die Information aber an den Vegetationskegel weitergegeben werden muß. Diese Information kann über eine Propfstelle hinweg transportiert werden: Propft man ein Reis der LTP *Hyoscyamus niger* auf die KTP *Nicotiana tabacum* (var. Maryland Mammoth), so kommt diese LTP zur Blüte, wenn sie zusammen mit ihrem Propfpartner im KT gehalten wird. Wird jedoch das Reis der LTP im KT, die Unterlage (KTP) dagegen im LT gehalten, so bleiben beide Partner vegetativ (Abb. 4.23; vgl. Abb. 4.100). Das in der KTP gebildete Blühhormon induziert also auch den Vegetationskegel der LTP zur Blütenbildung. Das umgekehrte Experiment fällt entsprechend aus. Der Versuch gelingt auch mit Pflanzen aus sehr verschiedenen Verwandtschaftsgruppen, indem sich die KTP *Xanthium (Asteraceae)* und die LTP *Silene (Caryophyllaceae)* gegenseitig induzieren können. Und schließlich kann die Sonnenblume *Helianthus annuus*, deren Blütenbildung unabhängig von der Tageslänge ist (»tagneutral«), im Langtag die KTP *Xanthium* induzieren. Wir dürfen also schließen, daß die Blühhormone der verschiedenen photoperiodischen Reaktionstypen sich gegenseitig vertreten können und demgemäß wahrscheinlich identisch sind. Es ist aber bis heute noch nicht gelungen, ein Blühhormon zweifelsfrei zu isolieren und zu charakterisieren. Zwar kann das Phytohormon Gibberellin (S. 689) die Blütenbildung von LTP im Kurztag induzieren; es ist aber mit Sicherheit nicht das gesuchte transspezifische Hormon, da es bei KTP wirkungslos bleibt.

Der Photoperiodismus ermöglicht den Organismen nicht nur eine Einpassung in den Ablauf der Jahreszeiten, sondern ist auch für die geographische Verbreitung von Bedeutung, indem langtagabhängige Reaktionen höhere geographische Breiten erfordern als kurztagabhängige. Eine Mutation im photoperiodischen Verhalten kann somit zu räumlicher Isolation führen und damit wichtig für die Artbildung werden.

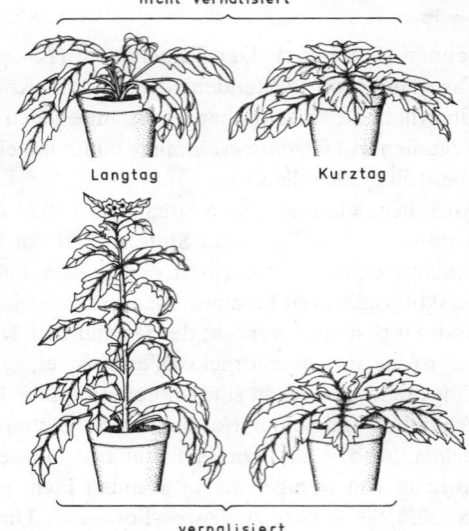

Abb. 4.24. Vernalisation und Photoperiodismus beim zweijährigen Hyoscyamus niger (Bilsenkraut). Nur diejenigen Pflanzen kommen zur Blüte, die sowohl vernalisiert sind (natürlich oder künstlich) als auch anschließend im Langtag wachsen (links unten). (Aus Kühn)

4.2.2.2 Vernalisation

Zweijährige (bienne) Pflanzen blühen ebenso wie die einjährigen (annuellen) nur einmal und sterben dann ab; hierher gehören z. B. aus unserer Flora die Königskerze (*Verbascum*), der Fingerhut (*Digitalis*) und das zweijährige Bilsenkraut (*Hyoscyamus niger*). Im ersten Sommer sind solche Pflanzen streng vegetativ und bilden eine Blattrosette, d. h. die Internodien bleiben gestaucht; auch findet sich häufig eine Speicherwurzel (S. 426f.). Im zweiten Jahr strecken sich die neu gebildeten Internodien, und am Ende der Sproßachse entstehen die Blüten oder Blütenstände. Das Signal für die Pflanze, daß die zweite Vegetationsperiode begonnen hat, ist die dazwischengeschaltete Winterperiode. Die Pflanze kann im Rosettenstadium nicht nur die Kälte vertragen, sondern benötigt sie für die Umstimmung zur Blütenbildung. Die niedrigen Temperaturen müssen hierzu in der Regel einige Wochen wirken, um die Umstimmung zu vollziehen; das Optimum liegt meist etwas über dem Gefrierpunkt. Solche Wirkungen niedriger Temperaturen bezeichnet man als *Vernalisation*.

Auch Winterknospen unserer Bäume und Sträucher treiben in den Frühlingstemperaturen (permissive Umweltbedingungen) erst aus, wenn sie dazu durch ein spezifisches Signal programmiert worden sind. Wieder ist dies häufig die Winterkälte, die mehrere Wochen gewirkt haben muß, um einen Entwicklungsblock zu beseitigen. Obstbaumzweige treiben deshalb aus, wenn man sie Anfang Dezember nach den ersten Kälteperioden ins Zimmer holt (Barbarazweige), während dies im Spätherbst noch nicht möglich ist.

Wir können uns vorstellen, daß durch die Vernalisation ein Block beseitigt wird, welcher der Umstimmung zur Blütenbildung im Wege steht. In vielen Fällen, so auch beim Bilsenkraut, ist anschließend aber noch eine Langtagbehandlung nötig, die *vor* der Vernalisation ohne Wirkung bleibt. Hier induziert also die Vernalisation nicht die Blütenbildung selbst, sondern die Reaktionsfähigkeit der Pflanze auf den induzierenden Langtag (d. h. sie stellt die photoperiodische Kompetenz her; Abb. 4.24).

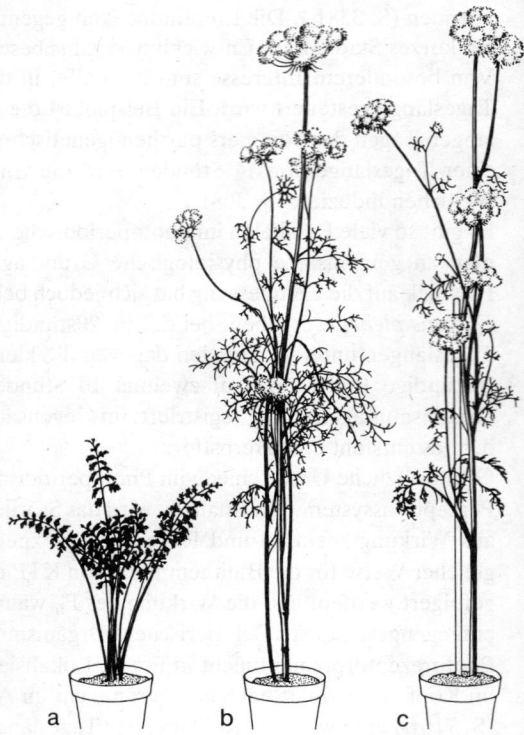

Abb. 4.25 a–c. Auslösung der Blütenbildung durch Gibberellin bei Daucus carota (Karotte). (a) Kontrolle ohne Gibberellin und Kältebehandlung. (b) Ohne Gibberellin; sechs Wochen vernalisiert. (c) 10 μg Gibberellin täglich vier Wochen lang, keine Kälte; Gibberellin ersetzt die Kältewirkung. (Aus Kühn)

Vernalisation ist aber nicht nur als qualitativer Effekt bekannt (»Ein-Aus-Mechanismus«), sondern auch als quantitativer: Unser Wintergetreide kommt wesentlich schneller zum Blühen, wenn die jungen Pflanzen vernalisiert werden; aber auch ohne Vernalisation tritt schließlich die Blütenbildung ein, nur in unserem Klima zu spät. Bereits die gequollenen Getreidekörner (Karyopsen, S. 380, 429) können vernalisiert werden. Dies hat große praktische Bedeutung: Die Vernalisation kann künstlich im Kühlschrank durchgeführt werden, ohne die Pflanzen der Winterkälte auszusetzen; die Aussaat kann dann im Frühjahr erfolgen. Wichtig ist das in Gebieten mit zu strengen Winterfrösten (Sibirien!).

Die niedrige Temperatur wird vom Sproßmeristem perzipiert; die dadurch verursachte Umstimmung wird über viele Zellteilungen hinweg weitergegeben, so daß sehr wahrscheinlich alle Nachkommen der vernalisierten Zellen die durch die Kältebehandlung geschaffene spezifische Determination erhalten, die dann im entsprechenden Entwicklungsstadium zur Blütenbildung führt.

Die auf den ersten Blick paradox erscheinende Tatsache, daß niedrige Temperatur einen Entwicklungsvorgang auslöst oder beschleunigt, läßt sich so verstehen, daß ein gegenläufiger Prozeß stark temperaturabhängig ist und demzufolge bei niedriger Temperatur stark gebremst wird. Da natürlich auch die positiven Vorgänge temperaturabhängig sind, ist es verständlich, daß die Vernalisation im allgemeinen längere Zeit benötigt.

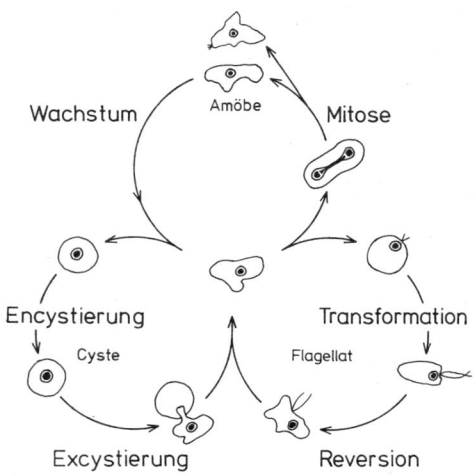

Abb. 4.26. *Zyklen des Amoeboflagellaten Naegleria. (Nach Fulton)*

Die Beteiligung hormoneller Signale ist auch bei der Vernalisation noch wenig geklärt. In manchen Fällen kann Gibberellin die Kältebehandlung ersetzen (Abb. 4.25), doch kann daraus nicht auf seine Beteiligung beim natürlichen Vernalisationsvorgang geschlossen werden.

Die Blütenbildung ist nur eines von vielen Beispielen für die Wirkung der Vernalisation; auch andere Entwicklungsvorgänge werden hierdurch gesteuert und mit dem Ablauf der Jahreszeiten synchronisiert (vgl. z.B. Beendigung der Knospenruhe, Beendigung der Diapause bei Insekten S. 325).

4.2.3 Biotische äußere Faktoren

Neben physikalischen, also abiotischen Faktoren gibt es auch äußere Entwicklungssignale, die von anderen Lebewesen ausgehen. Für viele Organismen ist das Nahrungsangebot ein biotischer Steuerfaktor. Die freßunfähigen Dauerlarven mancher Erdnematoden, die in Regenwürmer eindringen, setzen ihre Entwicklung erst nach dem Tod des Wurms fort, wenn dieser zum Substrat für eine nahrhafte Bakterienflora wird. Die Amöbe *Naegleria* (Abb. 4.26) nimmt bei ungünstigen Ernährungsbedingungen eine flagellatenartige Erscheinungsform an. Bei »sozialen Amöben« der Gattung *Dictyostelium* (Acrasiales, S. 373) liefert der biotische Außenfaktor »Bakterienmangel« das Signal für den Übergang einer Schar von Einzellern zu einem vielzelligen System. Besonders augenfällig ist die Notwendigkeit biotischer Signale bei Parasiten, die ihre Entwicklung ja mit dem physiologischen Zustand ihres Wirtes abstimmen müssen.

Arteigene biotische Außenfaktoren beeinflussen die Entwicklung u.a. bei solchen Organismen, deren Geschlechtsausprägung vom Kontakt mit Artgenossen abhängt. Ein besonders eindrucksvolles Beispiel liefert der Borstenwurm *Bonellia* (S. 319, Abb. 130): Wenn sich eine geschlechtlich undifferenzierte Larve auf dem Rüssel eines Weibchens festsetzt, so veranlaßt ein vom Rüssel abgegebener unbekannter Stoff ihre Differenzierung zum Männchen.

4.2.4 Signale zur Entwicklungsauslösung

Auch bei Entwicklungsvorgängen, die nicht oder nur mittelbar einer jahreszeitlichen Steuerung unterliegen, treten Ruhe- oder Dauerstadien auf (S. 325), die bis zum Eintritt bestimmter Voraussetzungen für eine Weiterentwicklung anhalten. Eine solche Voraussetzung kann die Wiederherstellung permissiver Bedingungen sein (geeignete Temperatur, Feuchtigkeit), oder es können noch spezifische Signale erforderlich werden, um die Entwicklungsruhe zu beenden (S. 329f.).

Im Entwicklungszyklus von Niederen Pflanzen sind meist Zygoten und/oder Sporen als Dauerstadien mit Entwicklungsruhe ausgebildet, bei Blütenpflanzen ist diese Entwicklungsruhe hinausgeschoben, bis sich die befruchtete Eizelle im Embryosack vielfach geteilt hat und bis der Embryo im Samen ein bestimmtes Stadium erreicht hat. Typisch für Dauerstadien ist ein gesetzmäßig auftretender Wasserverlust bei der Reifung. Demgemäß ist für die Keimung solcher Zygoten, Sporen und Samen in erster Linie Wasseraufnahme nötig. Am Beispiel der Samenkeimung soll dies erläutert werden.

Das in den Samen aufgenommene Wasser wird durch hydrophile Kolloide gebunden; bereits hierdurch entsteht ein hoher Quellungsdruck – bei manchen Arten von mehreren hundert kPa. Die Hydratisierung der Kolloide ermöglicht dann das Einsetzen biochemischer Reaktionen: Durch Amylasen werden Speicherpolysaccharide gespalten, dadurch der osmotische Wert erhöht und als Folge die Wasseraufnahme weiter intensiviert. Die einsetzenden Stoffwechselprozesse benötigen darüber hinaus natürlich auch Sauerstoff. Durch den erhöhten osmotischen Druck (S. 53) kann die Samenschale gesprengt werden und die Keimwurzel austreten, die Keimung hat begonnen. Dieser Ablauf als zwangsläufige Folge des ersten Schrittes (der Quellung) findet sich bei zahlreichen Kulturpflanzen, die in vielen Generationen bewußt oder unbewußt auf schnelle und problemlose Keimung selektioniert worden sind. Sehr häufig ist jedoch das Einsetzen der biochemischen Reaktionen an spezifische Signale gebunden; ohne diese geht es nicht über den rein physikochemischen Quellungsvorgang hinaus. Die Samen mancher Rassen von *Lactuca sativa* (Salat) keimen nur, wenn sie im gequollenen Zustand Licht erhalten (S. 331). Das Lichtsignal beseitigt offenbar einen Entwicklungsblock. Neben solchen *Lichtkeimern* gibt es auch *Dunkelkeimer,* die im gequollenen Zustand bereits durch kurze Belichtungen in der Keimung gehemmt werden. Andere Samen (z. B. *Dictamnus albus*) benötigen eine längere Kälteperiode (die ebenfalls auf den gequollenen Samen wirken muß), um keimen zu können (vgl. Vernalisation, S. 338).

Bei vielen Tieren aktiviert der Zutritt eines Spermiums die reife Eizelle, die sich bis dahin in Entwicklungsruhe befindet. Gut untersucht ist die Kaskade der dabei ausgelösten Reaktionen beim Seeigel (Abb. 4.50, 3.94, S. 301). Viele Amphibien zeigen eine mehrstufige Aktivierung. Die Oocyte verharrt zunächst im Keimbläschenstadium (Prophase der ersten Reifeteilung), bis Progesteron oder ein verwandtes hormonelles Signal die Fortführung der Meiose und auch die Ovulation (Ausstoßung der Eizellen aus dem Ovar, S. 668) auslöst. Die ovulierten Eier führen aber erst nach dem Eindringen von Spermien (dem 2. Signal) oder einem künstlichen Stimulus ihre Meiose zu Ende und treten (ggf. nach erfolgter Karyogamie, S. 272f.) in die Furchungsteilungen ein.

Bei parthenogenetischer Fortpflanzung (S. 269f.) kann die Aktivierung naturgemäß nicht durch das Besamungssignal ausgelöst werden. Hier gibt es eine Vielfalt biologisch sinnvoller Ersatzsignale, z. B. die oben erwähnte Absenkung des osmotischen Wertes oder (bei der Stabheuschrecke) die Erhöhung der Sauerstoffspannung. Welche Signale beim Truthuhn – dem einzigen Warmblüter, bei dem Parthenogenese gelegentlich zu lebensfähigem Nachwuchs führt – die Eizelle aktivieren, ist noch nicht bekannt.

Künstliche Eiaktivierung ist bei vielen Tierarten möglich, bei Amphibien z. B. durch Anstich mit einer Nadel. Die (parthenogenetische) Entwicklung endet jedoch meistens vorzeitig, da einzelne Komponenten des Systems blockiert bleiben oder das Genom des Eikerns für sich alleine nicht ausreicht. Beim Seeigelei kann eine kurze Erhöhung des intrazellulären *pH*-Wertes durch $NH_4^+OH^-$ zur Eiaktivierung führen; die Entwicklung verläuft in manchen Fällen mindestens bis zum Pluteus. Unbefruchtete Säugetiereier können aus dem Eileiter gespült und durch Elektro-, Kälte-, Hitzeschock oder durch

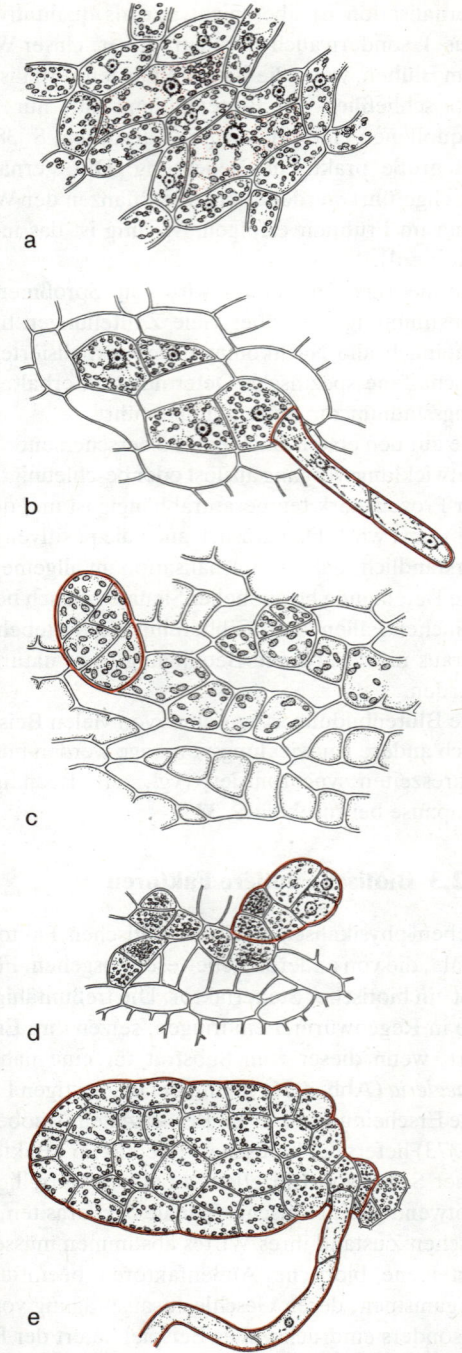

Abb. 4.27 a–e. *Regeneration an abgeschnittenen Sphagnum-Blättchen. (a) Zellmuster des jungen Blättchens mit zukünftigen großen Hyalin- und kleineren Chlorophyllzellen (vgl. Abb. 4.71). (b, c) Junge Hyalinzellen beginnen sich zu teilen und entwickeln einen (b) fädigen oder (c) flächigen Vorkeim (rot). (d) Bildung eines Vorkeims aus einer Chlorophyllzelle. (e) Älterer Vorkeim mit Rhizoid. (Aus Kühn)*

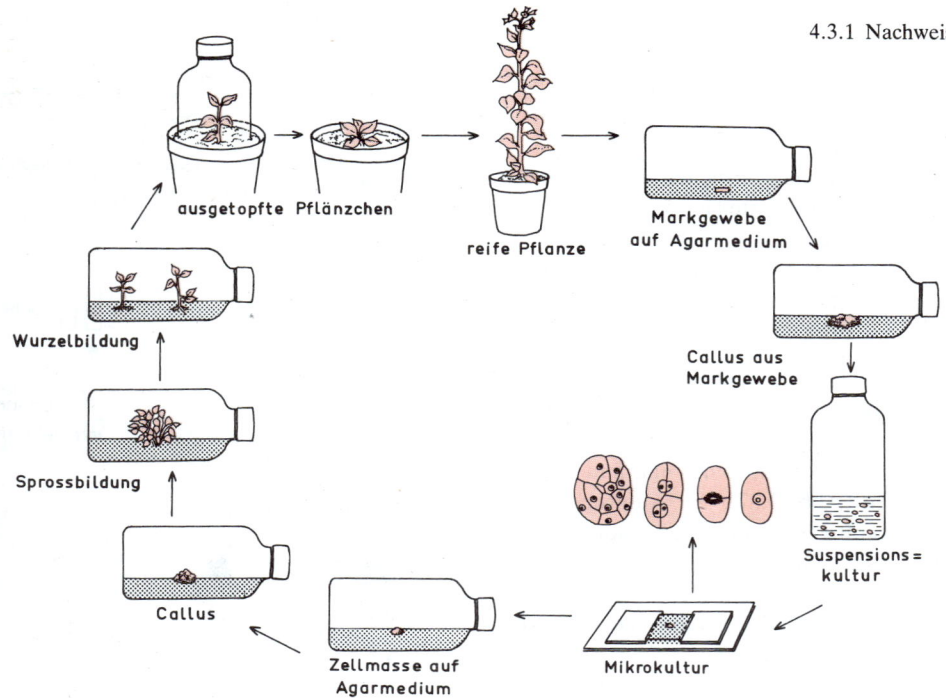

Abb. 4.28. Entwicklung einer normalen Tabakpflanze (Nicotiana tabacum) aus einer isolierten Einzelzelle. Der Versuch umfaßt die Stufen Markgewebe → Calluskultur → Zerteilung in Einzelzellen → Übertragung von Einzelzellen in Mikrokultur → Callusbildung → Organbildung → Morphogenese. (Nach Vasil u. Hildebrandt, aus Mohr)

Behandlung mit Hyaluronidase aktiviert werden und entwickeln sich dann für einige Tage weiter.

4.3 Innere Faktoren: Genwirkungen in der Ontogenese

Daß jede Ontogenese letztlich auf genetischer Information beruht, wurde schon mehrfach betont. Allerdings wird in vielen Fällen die Genwirkung erst mit starker Verzögerung sichtbar; in der Zwischenzeit ist die vom Genom abgerufene Information außerhalb des Kerns gespeichert, meistens wohl in Form stabiler mRNA. Beim sogenannten »maternal effect« der Metazoen beeinflußt das mütterliche Genom die Ontogenese der Nachkommen über Genprodukte (mRNA, Proteine, auch niedermolekulare Substanzen), die im Eicytoplasma gespeichert wurden. Den steuernden Einfluß solcher mütterlichen Genprodukte auf die Entwicklung der nächsten Generation bezeichnet man auch als *Prädetermination*.

Jeder Zellkern enthält nach heutiger Auffassung im Regelfall das gesamte arteigene Genom – er ist totipotent. Die Unterschiede zwischen verschieden differenzierten Zellen beruhen also auf differentieller Aktivierung oder Inaktivierung bestimmter Teile ihres Genoms.

4.3.1 Nachweis der Totipotenz von Zellkernen und Zellen

Die Frage, ob der Kern einer Zelle die gesamte genetische Information der betreffenden Art enthält, läßt sich u. a. durch Entwicklungsexperimente klären: Man ermittelt, ob bzw. wie weit seine Tochterkerne alle Schritte der arteigenen Ontogenese steuern können. Die Prüfung dieser Frage hat allerdings mit einer großen Schwierigkeit zu rechnen: ein negatives Ergebnis bei einem entsprechenden Experiment muß nicht Beweis für eine irreversible Veränderung des Kerns sein, sondern kann auch einen Fehler im Experimen-

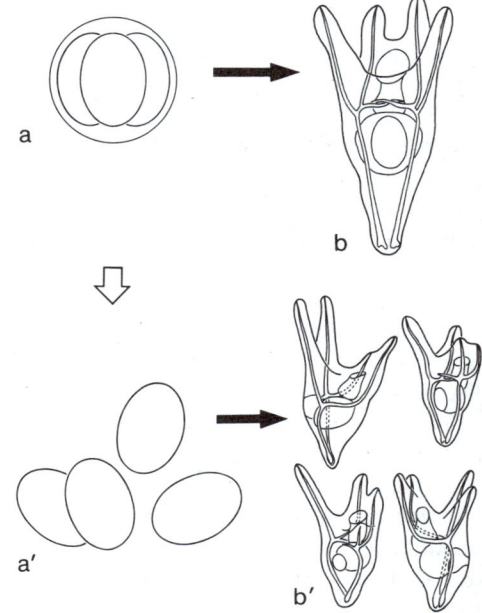

Abb. 4.29a, b. Jede Blastomere eines Vier-Zellenstadiums des Seeigels (a) kann, isoliert (a'), einen ganzen Pluteus bilden (b'), der allerdings gegenüber einem Kontroll-Pluteus (b) deutlich verkleinert ist (vgl. Abb. 4.2). Man spricht hier von »embryonaler Regulation«. (Nach Hörstadius)

tiersystem wiedergeben. Es gibt aber umgekehrt sichere Beweise dafür, daß die Totipotenz, d. h. das Vermögen, alle (!) Differenzierungsvorgänge in der Entwicklung nochmals zu steuern, den meisten Kernen erhalten bleibt.

Bei Pflanzen kann man einzelne, bereits differenzierte Zellen zu neuen Organismen regenerieren lassen. Bei Tieren ist man dagegen auf den experimentell anspruchsvolleren Weg der Kerntransplantation angewiesen: Man verpflanzt den Kern einer bereits determinierten Zelle in eine aktivierte Eizelle, deren Kern entfernt wurde. Wenn aus dieser dann ein vollständiges Individuum entsteht, war der implantierte Kern ebenso totipotent wie der Kern der regenerierenden Pflanzenzelle.

Totipotenzprüfung bei Pflanzen durch Regeneration aus Einzelzellen. Einen relativ einfachen Fall haben wir bei den Blättchen des Torfmooses *Sphagnum*, das nur aus zwei verschiedenen Zelltypen besteht (Abb. 4.27; vgl. S. 366 und Abb. 4.71). Isolieren wir kleine Stücke junger Blättchen, so beginnen sich einzelne Zellen an den Wundrändern zu teilen und zu einem typischen Vorkeim zu entwickeln (Abb. 4.27 b–e). Aufgrund des regelmäßigen Zellteilungsmusters können wir die zukünftigen Hyalin- und Chlorophyllzellen eindeutig unterscheiden, und wir beobachten, daß beide Zelltypen zur Regeneration befähigt sind (Abb. 4.27 b und c bzw. d). In jedem Fall entsteht aus dem Vorkeim eine vollständige Moospflanze, sowohl die Chlorophyll- als auch die Hyalinzelle ist also totipotent. In vielen anderen Beispielen kann so bestätigt werden, daß auch bei differentiellen Zellteilungen (S. 363) das Erbgut identisch auf die Tochterzellen verteilt wird.

Ein zweites Beispiel ist die Regeneration einer Höheren Pflanze aus einer spezialisierten Einzelzelle. Dazu kultiviert man Gewebestücke, z.B. Phloemparenchym der Karotte (*Daucus carota*) oder Markgewebe des Tabaks (*Nicotiana tabacum*) auf geeigneten Nährmedien (Abb. 4.28). Die isolierten Gewebestücke wachsen zu einem Callus aus, einem ungeordneten Gewebe teilungsfähiger und wenig differenzierter Zellen. In flüssigem Medium können sich einzelne Zellen ablösen, die ihrerseits durch Teilungen wieder zu einem Callus werden; dessen Zellen stellen also einen Klon dar, d. h. sie stammen von einer gemeinsamen Stammzelle ab und sind genetisch identisch.

Aus dem Callus – sowohl dem ursprünglichen als auch dem »geklonten« – differenzieren sich je nach Zusatz von Phytohormonen Wurzeln, Sprosse oder ein vollständiges Sproß-Wurzelsystem und damit eine neue Pflanze. Oder es entstehen unter geeigneten Bedingungen aus einzelnen Zellen der Karotte Gebilde, die große Ähnlichkeit mit einem pflanzlichen Embryo haben, wie er sich nach der Befruchtung bildet. Solche »Embryoide« können auf der Oberfläche eines Agarnährbodens eine typische Wurzel ausbilden, die in den Agar hineinwächst; ebenso wird ein Sproßsystem gebildet. Daraus entsteht oft eine Keimpflanze, die schließlich zu einer normalen Karottenpflanze heranwächst. Man kann sogar aus der Speicherwurzel einer solchen Karottenpflanze wieder Gewebe entnehmen und den Zyklus wiederholen.

Diese Versuchsergebnisse zeigen beispielhaft für einige Zelltypen, daß in diesen noch die vollständige genetische Information enthalten ist, die für die Entwicklung eines Organismus in seiner ganzen Kompliziertheit notwendig ist, und daß diese Information auch abgerufen werden kann. Die Ergebnisse haben aber darüber hinaus praktische Konsequenzen für die Pflanzenzüchtung. Aus Abbildung 4.28 geht am Beispiel des Tabaks unmittelbar hervor, wie man eine durch Kreuzung oder Mutation erzielte, für die Belange des Menschen geeignete Genkombination rasch und praktisch unbegrenzt vermehren kann. Man gewinnt auf diese elegante Art Klone, ohne daß man auf die Möglichkeit der vegetativen Fortpflanzung bzw. auf die traditionelle Stecklingsvermehrung angewiesen wäre, die oft Schwierigkeiten macht.

Totipotenzprüfungen an Zellkernen von Metazoen. Ein Totipotenznachweis mit Hilfe isolierter Zellen, wie eben für Pflanzen beschrieben, ist bei Tieren nur auf frühen Furchungsstadien möglich. Jede Furchungszelle (Blastomere) des Vierzellenstadiums

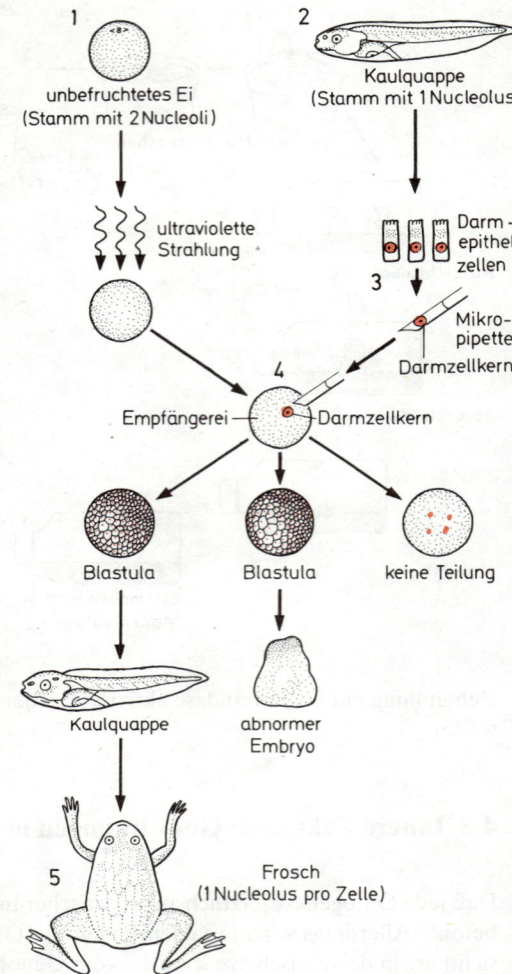

Abb. 4.30. Kerntransplantation beim Krallenfrosch Xenopus. Der Kern eines unbefruchteten Eies wird durch UV-Bestrahlung zerstört (1). Aus einer Kaulquappe eines anderen Stammes (mit nur einem Nucleolus pro Kern) wird Darmepithel freipräpariert und zu Einzelzellen aufgearbeitet (2, 3). Eine solche Darmzelle wird in eine enge Pipette aufgesaugt, so daß die Zellmembran platzt und der Kern praktisch »nackt« ins Cytoplasma des Empfängereies eingespritzt werden kann (4). In der nächsten Reihe sind drei mögliche Zwischenergebnisse solcher Operationen gezeigt: links eine normale Blastula, die sich in der Folge zu einem normalen Frosch entwickelt (sehr selten; möglicherweise nur, wenn der Kern einer Keimbahnzelle entstammte, die in der Darmwand verblieb); in der Mitte eine Blastula, die sich nur zu einem abnormen Embryo entwickelt; rechts ein Empfängerei, dessen Kern keine oder nur wenige Teilungen durchmacht und dann abstirbt. (Nach Gurdon aus Mohr u. Sitte)

beim Seeigel vermag eine ganze Larve zu liefern (Abb. 4.29). Bei Amphibien kann man mit einem modifizierten Isolationsversuch (»indirekte Kerntransplantation«) auch die Kerne späterer Furchungsstadien noch überprüfen (Abb. 4.31).

Kerne späterer Entwicklungsstadien von Tieren kann man nur noch durch Transplantation in eine entkernte Eizelle auf ihre Potenz prüfen. Dieses Verfahren ist heute nicht nur bei Amphibien (Abb. 4.30), sondern auch bei *Drosophila* und Mäusen vielfach erprobt. Die Ausbeute an vollständig entwickelten Individuen ist hoch, wenn der transplantierte Kern einem frühen Entwicklungsstadium entstammte. Mit zunehmendem Spenderalter sinkt sie aber stark ab. Der Krallenfrosch mit dem Genom einer Darmzelle (Abb. 4.30) ist also die Ausnahme und nicht die Regel. Viel häufiger erhält man blockierte Blastulae oder gestörte spätere Stadien mit ganz unterschiedlichen Anomalien. Dies dürfte allerdings auf Verlust von genetischer Information *infolge* und nicht *vor* der Kerntransplantation beruhen. Die transplantierten Kerne aus späten Entwicklungsstadien können sich vermutlich nicht ohne weiteres auf die hohe Teilungsfrequenz umstellen, die ihnen das Eicytoplasma vorschreibt (das ja auf rasche Furchungsteilungen programmiert ist). Daraus dürften Replikationsschwierigkeiten folgen, die zum Ausfall einzelner Anteile des Genoms führen. Dabei sollten in verschiedenen Kernempfängern verschiedene Anteile des Genoms verlorengehen. Für diese Deutung sprechen die nachweislich auftretenden Chromosomenanomalien sowie die Ergebnisse serialer Kerntransplantationen. Benutzt man nämlich ein Furchungsstadium, das aus einer Kerntransplantation hervorging, als Spender für weitere Kerntransplantationen, so führen diese zu einem jeweils spezifischen Spektrum von Anomalien – man kloniert dabei offenbar den spezifischen Defekt im Genbestand, der als Folge der ursprünglichen Transplantation aufgetreten war. Bei Säugern konnten bisher nur Kerne früher Entwicklungsstadien »kloniert« werden. Der Mensch, der sich aus einem entkernten Ei und dem Zellkern eines erwachsenen Spenders entwickelt haben soll, gehört in den Bereich von »Science Fiction«.

Manche Befunde sprechen allerdings dafür, daß die Potenz des Zellkerns bei höheren Metazoen tatsächlich im Laufe der normalen Ontogenese zelltyp- oder organspezifisch eingeschränkt wird; denkbar wären z.B. irreversible Umstrukturierungen im Chromosomengefüge, die einzelne Gene auf Dauer »lahmlegen«. Aber auch in diesem Fall vermögen die Zellen bzw. ihre Kerne noch immer weit mehr an Entwicklungsleistungen zu vollbringen, als ihnen im intakten System abverlangt würde (Transdifferenzierung, S. 360). Die Zellkerne bleiben also auch bei Tieren zumindest *pluripotent*, das Spektrum der terminalen Zelldifferenzierung muß auch bei ihnen großenteils auf differentieller Genaktivität und nicht auf differentieller Kernteilung beruhen.

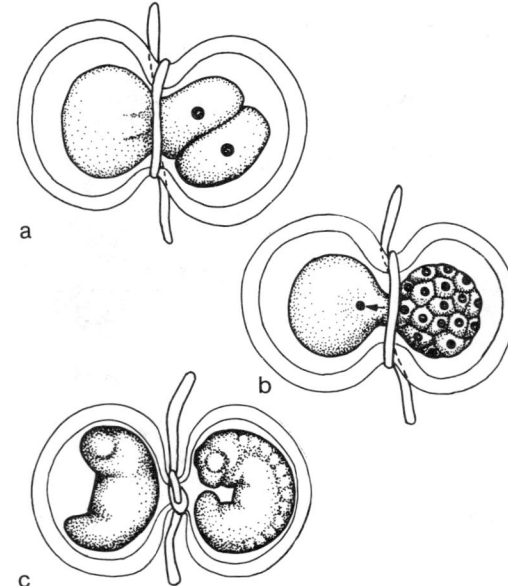

Abb. 4.31. *Totipotenzprüfung an Furchungskernen des Molches Triturus. Bei hantelförmig eingeschnürtem Ei gelangt erst nach mehreren Teilungen (a) ein Furchungskern in die anfangs kernfreie Eihälfte (b, »verzögerte Kernversorgung«). Isoliert man diese Eihälfte danach durch Zuziehen des Knotens (c), so zeigt sich, daß der eingewanderte Kern – einer von 16 oder 32 Furchungskernen – die gesamte Entwicklung zu steuern vermag. (Nach Spemann)*

4.3.2 Ontogenese als differentielle Genexpression

Aus dem eben Gesagten folgt, daß sich verschieden differenzierte Zellen eines Organismus in der Regel nicht durch unterschiedlichen Genbestand unterscheiden. Das bedeutet, daß in den einzelnen Keimteilen oder Organanlagen unterschiedliche Gene aus dem gleichen Bestand in das Entwicklungsgeschehen eingreifen müssen. Ontogenese läßt sich demnach als räumlich und zeitlich unterschiedliche (differentielle) Genexpression beschreiben (z.B. Hämoglobine, S. 229f.).

Einen Beleg für diesen Aspekt der Ontogenese liefern die sogenannten Letalfaktoren, genetische Anomalien, die zum Absterben ihres Trägers vor Erreichen seiner Fortpflanzungsreife führen (S. 232f.). Oft handelt es sich dabei um Genmutationen, die das Versagen spezifischer Entwicklungsschritte bedingen (S. 227f.). Für den jeweils betroffenen Entwicklungsschritt (die sog. kritische Phase) ist offenbar die Funktion des intakten Gens unentbehrlich, nicht aber für die vorhergehenden Schritte – und auch nicht für viele spätere! Dies läßt sich z.B. an temperatursensitiven Mutanten (ts-Mutanten) von *Drosophila* zeigen. Bei solchen Mutanten wirkt sich der genetische Defekt nur bei bestimmten

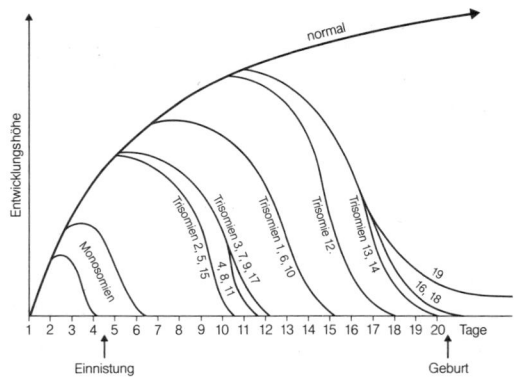

Abb. 4.32. *Stadienspezifisches Versagen des pränatalen Entwicklungsablaufs bei der Maus. Durch Einkreuzen von Freilandmäusen in Laborstämme entstehen Genotypen, die einzelne Chromosomen entweder nur einfach oder 3fach besitzen (Mono- bzw. Trisomien). Diese Aneuploidien (S. 232f.) führen zu Entwicklungsanomalien, symbolisiert durch Abweichung von der oberen Kurve, und schließlich zum Absterben in einem definierten, für die einzelnen Chromosomen bzw. deren Genbestand typischen Entwicklungsabschnitt. (Nach Gropp, aus Boué et al., verändert)*

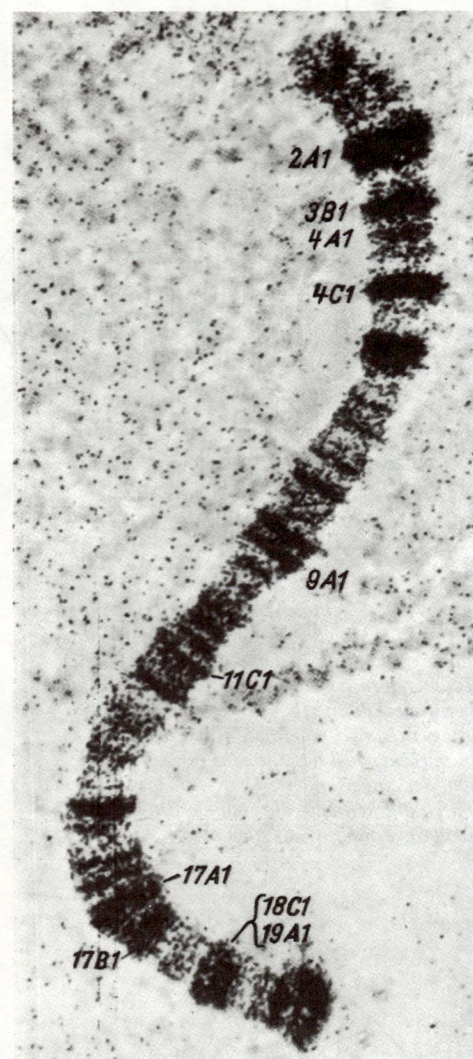

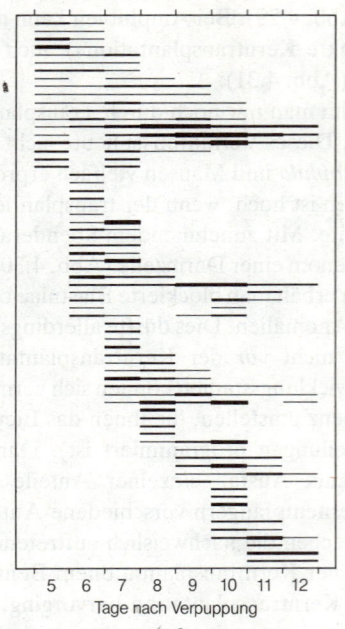

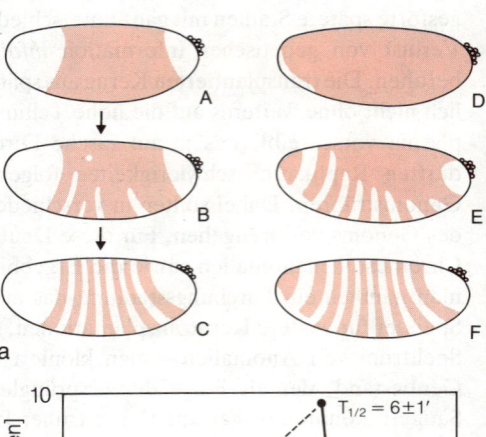

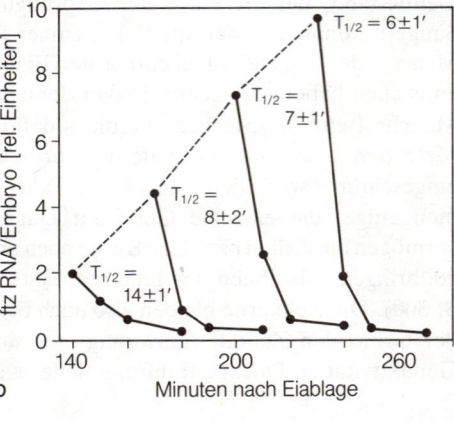

Abb. 4.34. Schematische Darstellung der »puffing«-Aktivität einzelner Querscheiben (horizontale Linien) eines Riesenchromosoms der Schmeißfliege Sarcophaga während des Metamorphoseablaufs (Abszisse). Die untersuchte Zelle produziert ein Haftpolster am Fuß der Fliege. Die Querscheiben sind nach dem Zeitpunkt ihres »puffing« gereiht, ohne Rücksicht auf ihren Ort im Chromosom. (Nach Bultmann und Clever)

Abb. 4.33. Markierung von »puffs« im Chromosom I aus der Speicheldrüse der Mücke Chironomus tentans. *Autoradiographie nach 6 h Inkubation der Drüsen mit radioaktiv markiertem Uridin als Vorstufe der RNA, die in den »puffs« in besonders großer Menge synthetisiert wird. Vergrößerung 800:1.* (Nach Pelling)

Abb. 4.35. (a) Räumliche Verteilung der mRNA des Gens fushi tarazu (jap. zu wenig Segmente, s. Abb. 4.36) in aufeinanderfolgenden Blastodermstadien (A–C) von Drosophila. Hemmung der Proteinsynthese mit Cycloheximid führt zu abnormen Verteilungsmustern (D–F), vermutlich weil regulative Einflüsse seitens anderer Segmentierungsgene wegfallen. (b) Bestimmung der Halbwertszeit der fushi tarazu mRNA. Die RNA akkumuliert während der späten Blastodermstadien (gestrichelte Kurve). Unterbricht man die Transkription zu verschiedenen Zeitpunkten mit α-Amanitin, so erfolgt ein rascher Abbau der bis dahin angesammelten RNA-Menge (durchgezogene Kurven). Der Kurvenverlauf belegt extrem kurze Halbwertszeiten ($T^{1/2}$). (Nach Edgar et al., verändert)

Temperaturen negativ aus (restriktive Temperaturen). Bei anderen (permissiven) Temperaturen können die mutanten Individuen hingegen den kritischen Entwicklungsabschnitt überstehen. Bringt man sie erst danach in die restriktive Temperatur, so verläuft die Entwicklung normal weiter. Die kritischen Phasen verschiedener ts-Mutanten können in unterschiedliche Entwicklungsabschnitte fallen, und der Defekt beeinträchtigt jeweils verschiedene Teilsysteme des Embryos oder der Larve; beides ist Ausdruck differentieller Genexpression. Ein ähnliches Gesamtbild ergeben die vielen Letalfaktoren der Maus. Sie führen zum Versagen verschiedener, meist organspezifischer Entwicklungsschritte, und zwar in zeitlicher, an den Entwicklungsfortschritt gebundener Staffelung (Abb. 4.32).

Man kann differentielle Genaktivität auch auf der Transkriptionsebene belegen, besonders gut an den Riesenchromosomen der Dipteren (S. 159). Bei diesen Chromosomen setzt intensive Transkription eine mikroskopisch sichtbare Strukturauflockerung (sog. »Puffing«) voraus; das Puffmuster zeigt also an, welche Loci gerade aktiv sind (Abb. 4.33). Riesenchromosomen aus verschiedenen Larvalorganen haben jeweils spezifische Puffmuster, und nach hormoneller Metamorphoseauslösung verändert sich das Muster in den Zellkernen eines Organs fast von Stunde zu Stunde (Abb. 4.34).

Noch eindrucksvoller ist die differentielle Transkription und Translation bestimmter Gene in der frühen Embryonalentwicklung von *Drosophila*. Die mRNA des Gens *fushi tarazu (ftz)*, eines der »Paarregel-Gene« von *Drosophila* (S. 372f.) wird im frühen Blastodermstadium zunächst in einem breiten Gürtel unter Aussparung der Polregionen synthetisiert. Anschließend entwickelt sich innerhalb weniger Minuten ein zunehmend komplexes Muster der Transkriptverteilung (Abb. 4.35a), dessen Dynamik mit der äußerst kurzen Halbwertzeit der *ftz*-mRNA (etwa 6–8 min, Abb. 4.35b) verknüpft ist; der räumlichen Verteilung der Transkripte im Endzustand entspricht die Verteilung des *ftz*-Proteins im Blastoderm. Dieses Protein reichert sich in den Zellkernen an, dürfte also regulatorische Funktionen ausüben. Es verschwindet bereits vor Erscheinen der sichtbaren Segmente. Die Blastodermgürtel mit und ohne *ftz*-Transkription sind im Endzustand jeweils etwa 4 Zellen breit. Dies entspricht der Breite der einzelnen Segmentanlagen im Blastoderm. Allerdings ist das Streifenraster gegenüber dem Raster der zukünftigen Segmente versetzt (Abb. 4.83). In Abwesenheit der *ftz*-Funktion fallen entsprechende Gürtel der larvalen Körperoberfläche aus (jeweils einschließlich einer Segmentgrenze). Die verbleibenden Musteranteile sind zu einer durchgängigen Larvalcuticula zusammengeschlossen, der jedoch jede zweite Segmentgrenze samt ihrer Umgebung fehlt (»Paarregel«, Abb. 4.36). Ein anderes Segmentierungsgen *(engrailed)* wird in allen Segmentanlagen des späten Blastoderms exprimiert, aber jeweils in nur einer der vier Zellreihen (vermutlich der hintersten). Zuvor tritt vorübergehend ein gegenüber *ftz* versetztes Doppelsegmentraster in Erscheinung. Im Hinblick auf die vermutlich regulatorische Funktion von *ftz* ist noch der Umstand interessant, daß dieses Gen eine sog. Homöobox einschließt, eine evolutiv konservierte Sequenz von etwa 180 Nucleotidpaaren, die auch in anderen DNA-Abschnitten von *Drosophila* vorkommt (S. 350) und im Tierreich sowie bei Hefen weit verbreitet zu sein scheint. Die zugehörigen Proteine greifen regulatorisch an der DNA anderer Gene an.

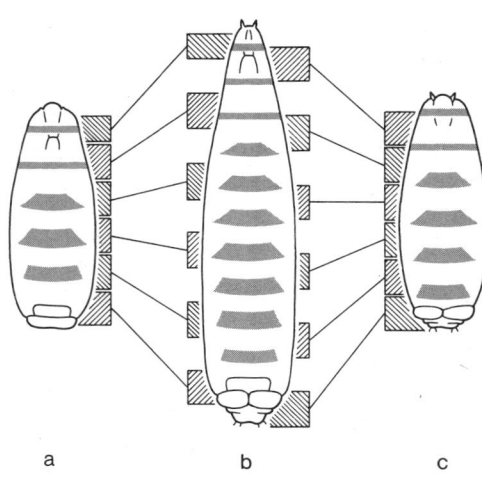

Abb. 4.36. Schematische Darstellung der normalen Larvalcuticula von *Drosophila* (b) und Ableitung der Cuticula-Phänotypen der »Paarregel«-Mutanten *fushi tarazu* (japanisch: zu wenig Segmente) (a) und *paired* (c). Die mutante Cuticula setzt sich aus den markierten Streifen der Wildtypcuticula zusammen. (Nach Nüsslein-Volhard und Wieschaus, ergänzt)

4.3.3 Die Mittlerfunktion des Cytoplasmas

Wenn auch das Genom die Grundlage jeder Ontogenese ist, so kommt doch dem Cytoplasma eine sehr wesentliche Steuerfunktion für die differentielle Genaktivität zu. Das Cytoplasma dient gleichsam als Mittler zwischen Außenfaktoren und Genomaktivität, aber auch zwischen verschiedenen Genen, indem cytoplasmatische Produkte einzelner Gene steuernd auf die Aktivität anderer zurückwirken können. Zwischen Außenfaktoren (bezogen auf die Zelle) und differentieller Genaktivität vermitteln u. a. die »second messenger«-Mechanismen (S. 672), für die Gensteuerung durch cytoplasmatische Genprodukte wollen wir hier einige Beispiele vorstellen.
Durch Zellfusion (»somatische Hybridisierung«) kann man Zellkerne sehr unterschiedlicher Artzugehörigkeit in einem gemeinsamen Cytoplasma unterbringen; Zellverschmelzung kann »chemisch« mit Polyethylenglycol oder mit Hilfe von abgetöteten Sendai-Viren – viele Viruskrankheiten sind von Zellverschmelzungen begleitet – und neuerdings durch geeignete elektrische Stromimpulse hervorgebracht werden. Behandelt man kernhaltige Erythrocyten vom Huhn mit Sendai-Viren, so verlieren sie ihr Cytoplasma weitgehend. Der verbleibende »ghost« aus Kern und Plasmalemma kann aber noch mit intakten Zellen anderer Herkunft verschmelzen. Führt man auf diese Weise Erythrocytenkerne vom Huhn in Gewebekulturzellen des Menschen ein (z.B. HeLa-Zellen), so nehmen sie ihre bereits erloschene RNA-Synthese wieder auf (Abb. 4.37). Das Signal für die erneute Transkription bestimmter Gene wird dem Erythrocytenkern zweifellos über das Cytoplasma der Zelle vom Menschen vermittelt; gleiches gilt für das Signal zur DNA-Synthese, denn auch diese setzt unter dem Einfluß der HeLa-Zelle wieder ein.

Auch durch Kerntransplantation (S. 346f.) läßt sich die Steuerung der Synthese von DNA und RNA durch das Cytoplasma nachweisen. Verpflanzt man Kerne aus Nervenzellen von *Xenopus,* die sich nicht mehr teilen und demgemäß auch keine DNA synthetisieren, in eine furchungsbereite aktivierte Eizelle, so beginnen sie nach einiger Zeit mit der DNA-Synthese. Verpflanzt man hingegen Furchungskerne in einen Oozyt, dessen Kern RNA synthetisiert, so gehen sie zur RNA-Synthese über, die während der Furchungsteilungen weitgehend ruht.

Transplantationen von Kernen und kernhaltigen Zellteilen der Schirmalge *Acetabularia* erbrachten bereits Ende der dreißiger Jahre wichtige Einsichten in das Wechselspiel zwischen Zellkern und Cytoplasma während der Ontogenese.

Acetabularia ist eine einzellige Meeresalge, die eine Größe von bis zu 100 mm erreicht und am Ende eines Individualzyklus artspezifisch verschiedene Hutformen ausbildet. In ihrer Ontogenie (Abb. 4.38) entsteht die Zygote durch Fusion von zwei Isogameten. Sie keimt zu einem ungegliederten Stiel aus. Dieser besitzt an seinem unteren Ende ein gelapptes Rhizoid, das den einzigen Kern der Pflanze enthält. Der größte Teil des Stielvolumens wird von einer Vakuole eingenommen. Der periphere Plasmaschlauch enthält viele Chloroplasten. Am apikalen Pol bildet der Stiel vergängliche Haarwirtel aus; wenn er nach etwa drei Monaten seine Endlänge von in der Regel 30–60 mm erreicht hat, entsteht am

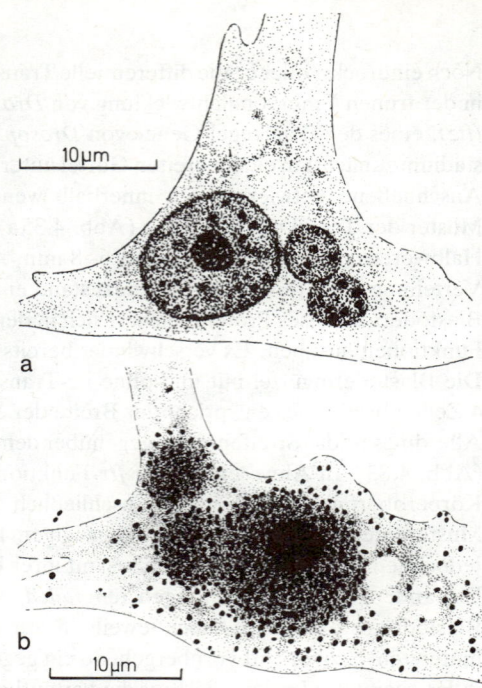

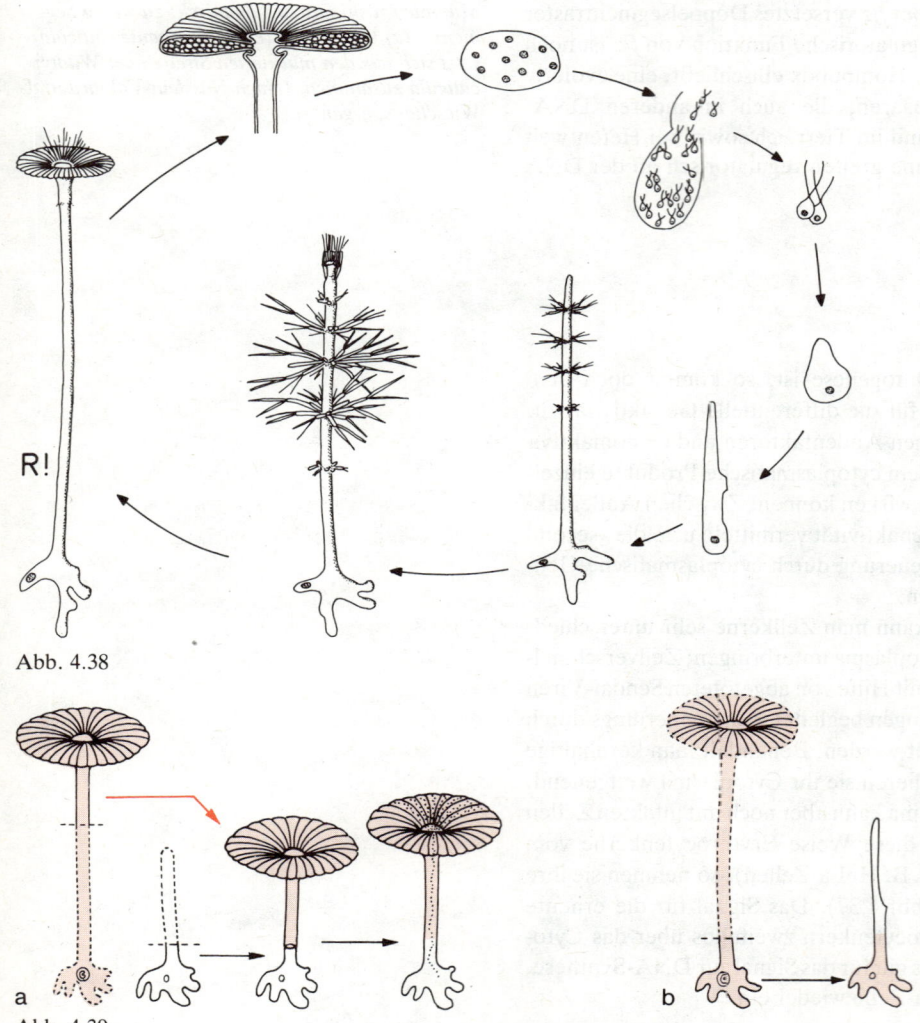

Abb. 4.38

Abb. 4.39

Abb. 4.37. (a) Eine menschliche Gewebekulturzelle (großer Kern) ist mit zwei Hühnererythrocyten (kleine Kerne) zu einer Hybridzelle verschmolzen worden. (b) Nach Gegenwart radioaktiver Nucleinsäurevorstufen zeigt ein Autoradiogramm, daß auch die Kerne der Hühnerzellen Nucleinsäuren synthetisieren können; die Silberkörner zeigen den Einbau der Vorstufen an. (Nach Harris)

Abb. 4.38. Entwicklungszyklus von Acetabularia mediterranea, beginnend mit der Kopulation der Isogameten (rechts oben). R!, Reduktionsteilung. (Aus Mohr, ergänzt)

Abb. 4.39a, b. Steuerung der Kernaktivität durch das Cytoplasma bei Acetabularia. (a) Durch Aufpfropfen eines Hutes auf den Stielstumpf einer jungen Pflanze wird die Vergrößerung des Primärkerns und seine Teilung in viele Sekundärkerne ausgelöst (rechts). (b) Nach Entfernen des Hutes und des größten Teils des Stiels »verjüngt« sich der große, teilungsbereite Kern wieder zu einem kleinen, frühen Primärkern. (Nach Gibor aus Mohr, verändert)

apikalen Ende der etwa 10 mm breite Hut, dessen Ausbildung einen weiteren Monat benötigt. Dieser Hut wird in etwa 75 Kammern (»Strahlen«) gegliedert, die zahlreiche Cysten enthalten. Das Volumen des im Rhizoid liegenden Kerns beträgt unmittelbar vor der Hutbildung etwa 10^{-3} mm^3. Ist der Hut ausgebildet, so teilt sich der Riesenkern (*Primärkern*) sehr schnell hintereinander in viele tausend kleine Sekundärkerne. Hierbei erfolgt die Reduktionsteilung, so daß im Gegensatz zum diploiden Primärkern alle Sekundärkerne haploid sind. Diese Sekundärkerne werden von der Plasmaströmung in die Hutstrahlen transportiert, wo zuerst einkernige Cysten gebildet werden; in diesen entstehen später zahlreiche Isogameten (S. 266), die nach dem Ausschwärmen kopulieren.

In diesen Entwicklungsablauf kann man experimentell eingreifen. So kann der Primärkern verfrüht zur Teilung in die Sekundärkerne veranlaßt werden, wenn man Stiele mit reifen Hüten auf Rhizoide mit einem jungen Primärkern pfropft (Abb. 4.39a). Andererseits kann die Teilung des Primärkerns verhindert werden, wenn man den zuerst gebildeten Hut und die in der Folge gebildeten Regenerationshüte beständig entfernt (Abb. 4.39b). Aus diesen Befunden ist zu folgern, daß in der Normalentwicklung die Funktion des Kerns vom Cytoplasma des Stiels und des Hutes bestimmt wird.

Neben dieser Regulation der Kernaktivität durch das Cytoplasma geben die Versuche mit *Acetabularia* auch Auskunft über die Bedeutung des Cytoplasmas und des Kerns in der Morphogenese. Hierfür ist diese Alge besonders geeignet, weil sich Kerntransplantationen zwischen solchen Arten durchführen lassen, die sich in der Gestalt ihrer Hüte unterscheiden (*A. mediterranea*, *A. crenulata* und *A. wettsteinii*, allgemein abgekürzt *med*, *cren* und *wettst*). Pfropft man einen kernlosen Stiel von *med* auf ein kernhaltiges Rhizoid von *wettst* (med_0 $wettst_1$), so wird zunächst ein Hut ausgebildet, der die Eigenschaften von *med* und *wettst* vereinigt. Wird dieser Intermediärhut abgeschnitten, so regeneriert ein neuer, der jetzt aber einem *wettst*-Hut sehr viel ähnlicher ist; spätestens nach einigen derartigen Regenerationen werden nur noch eindeutige *wettst*-Hüte ausgebildet (Abb. 4.40). Reziproke Experimente liefern entsprechende Ergebnisse, und ebenso andere Kombinationen (z. B. med_0 $cren_1$ oder $cren_0$ med_1). Das Cytoplasma enthält also *morphogenetische Substanzen*, d.h. Substanzen, unter deren Wirkung eine bestimmte Differenzierung oder Morphogenese zustande kommt; sie sind für die Gestalt des Hutes verantwortlich. Die zunächst noch vorhandene *med*-Substanz wird aufgebraucht, und dann wird vom Kern laufend neue »Substanz« nachgeliefert, die natürlich jetzt reinen *wettst*-Charakter hat.

Es gibt eine Reihe von Hinweisen, wonach diese hypothetischen morphogenetischen Substanzen langlebige RNAs sind. So blockiert *Actinomycin D*, ein Hemmstoff der RNA-Synthese (S. 181f.), die Bildung neuer morphogenetischer Substanzen im Zellkern, während die Funktion der bereits im Plasma befindlichen Substanzen nicht wesentlich beeinflußt wird. Demgegenüber blockiert *Puromycin*, ein Hemmstoff der Proteinsynthese (S. 186f.), die Morphogenese völlig, gestattet indessen die Abgabe morphogenetischer Substanzen aus dem Kern an das Plasma.

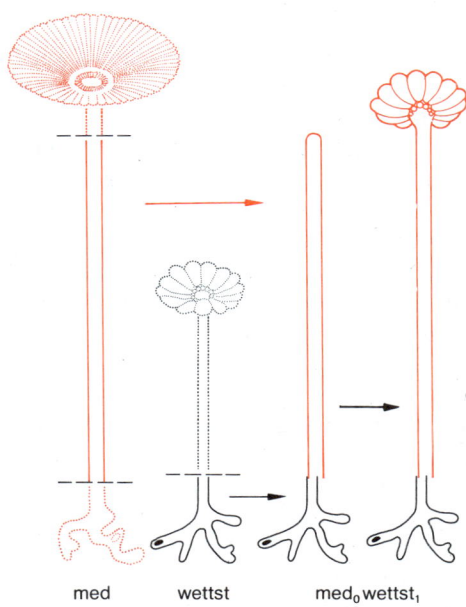

Abb. 4.40. Steuerung der Morphogenese bei Acetabularia durch den Zellkern. Pfropfung eines Stielstückes von A. mediterranea auf das Rhizoid von A. wettsteinii. Nach mehreren Decapitationen des Regenerats (nicht abgebildet) hat der regenerierende Hut Wettsteinii-Charakter (rechts). Die Indices 0 und 1 geben Fehlen bzw. Vorhandensein des Zellkerns an. (Nach Hämmerling aus Mohr)

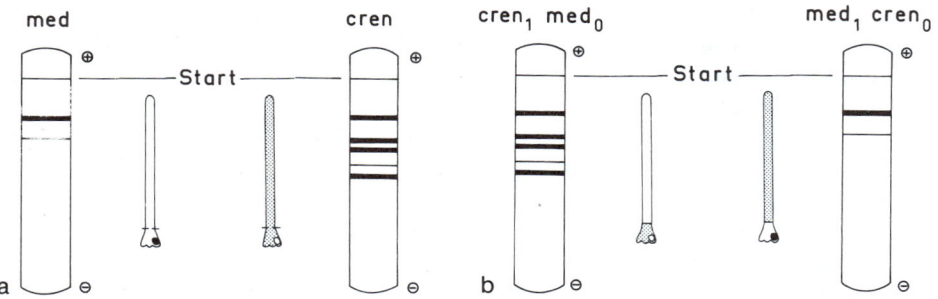

Abb. 4.41 a, b. Enzymmuster bei Acetabularia unter dem steuernden Einfluß des Zellkerns. (a) Elektrophoretisches Isoenzymmuster der Malatdehydrogenase bei zwei Arten (A. crenulata, A. mediterranea) im Stadium vor der Hutbildung. (b) Reziproke Pfropfungen zwischen beiden Arten, die Indices 0 und 1 geben Fehlen bzw. Vorhandensein des Zellkerns an: Isoenzymmuster vier Wochen nach der Pfropfung ganz gemäß dem Genotyp des kernhaltigen Partners. (Nach Schweiger et al. aus Mohr u. Sitte)

Wir können daraus schließen, daß zur Morphogenese des Hutes von *Acetabularia* artspezifische Enzymsysteme benötigt werden, und es zeigt sich, daß deren Synthese von sehr stabilen mRNA-Molekülen abhängig ist. Als Beispiel zeigt Abb. 4.41 das Isoenzymmuster der Malatdehydrogenase im Elektrophoreseversuch, einmal für Kontrollen der beiden unbehandelten Arten (a) und dann 4 Wochen nach reziproken Pfropfungen. Erst dann ist die Umsteuerung durch den fremden Kern vollständig.

Wir haben somit in *Acetabularia* ein Objekt, in dem wir sowohl die Steuerung der Kernaktivität durch das Cytoplasma, als auch die Steuerung cytoplasmatischer Vorgänge durch den Kern demonstrieren können. Jedoch ist die Differenzierung und Morphogenese von *Acetabularia* ein noch verhältnismäßig einfacher Vorgang; er wird von einem einzelnen Kern gesteuert, der nacheinander verschiedene Phasen durchläuft.

4.3.4 Lokalisierte Cytoplasmafaktoren

Die bisherigen Beispiele ließen die Frage außer acht, ob die steuernden Faktoren im gesamten Cytoplasma verbreitet oder auf bestimmte Regionen der betreffenden Zellen beschränkt sind. Bei Metazoen wird die embryonale Musterbildung (S. 363f.) häufig auf die – nachgewiesene oder auch nur vermutete – unterschiedliche Verteilung von »Determinanten« im Cytoplasma der Eizelle zurückgeführt. Deshalb stellen wir hier zwei Beispiele für räumlich ungleich verteilte cytoplasmatische Steuerfaktoren vor. Die geschilderten Vorgänge lassen sich nicht verallgemeinern, denn sie verringern den DNA-Gehalt eines Teils der Zellkerne drastisch, während im Regelfall alle Zellkerne eines Vielzellers den DNA-Gehalt des Zygotenkerns behalten oder sogar vermehren (Polyploidie, S. 234; selektive Genamplifikation, S. 356).

Viele Insekten weisen in der Hinterpolregion der Eizelle mikroskopisch erkennbare Cytoplasma-Einschlüsse auf, die bei der Zellbildung in die dort entstehenden Urgeschlechtszellen (Polzellen) gelangen. Man bezeichnet sie als *Polgrana* oder, unter Einbeziehung des umgebenden Cytoplasmas, als *Oosom*. Bei manchen Insekten behalten nur die Polzellen die volle Chromosomenzahl der Zygote. Sie begründen die Keimbahn, jene Zellfolge, aus der die Gameten hervorgehen (S. 265). Die zukünftigen Körperzellen (Somazellen) verlieren hingegen einen erheblichen Teil des Chromosomenbestandes. Bei Gallmücken konnte man zeigen, daß diese Chromosomen-Elimination auf einem bestimmten Furchungsstadium in allen Mitosespindeln eintritt, außer in jenen, die in unmittelbarer Nähe des Oosoms liegen (Abb. 4.42). Das gemeinsame Cytoplasma, das diese Spindeln umgibt – Insekten folgen dem superfiziellen Furchungstyp (S. 326) – muß also vor dem fraglichen Mitoseschritt das Signal zur Elimination vermittelt haben, außer in der Nähe des Oosoms, wo es entweder unterdrückt wird oder fehlt. Verwehrt man allen Furchungskernen den Zutritt zum Oosom, so behält kein Kern die volle Chromosomenzahl. Die Entwicklung läuft weiter, aber den entstehenden Mücken fehlen die Keimzellen – sie sind steril. Auch beim Pferdespulwurm *Parascaris* (früher *Ascaris*) löst das Eicytoplasma karyologische Unterschiede zwischen Keimbahn und Soma aus. Das Ei von *Parascaris* furcht sich zunächst in zwei Schritten zu einem T-förmigen 4-Zellenstadium (Abb. 4.43a). In der weiteren Entwicklung liefern die Abkömmlinge der drei obenliegenden Zellen des T-Stadiums fast das ganze Soma des Wurms. Die Keimbahn entwickelt sich ausschließlich aus Abkömmlingen der untersten Zelle, die das gesamte Chromatin in Form von Sammelchromosomen behalten. In den oberen somatischen (animalen) Blastomeren brechen die Sammelchromosomen in eine Anzahl kleiner Fragmente auf, die sich fortan wie einzelne Chromosomen verhalten (Abb. 4.43a–c). Nur diese Fragmente wandern in der Anaphase zu den Spindelpolen; die größeren Endstücke der Sammelchromosomen hingegen verbleiben im Äquatorbereich der Teilungsfigur und werden später resorbiert (Chromatindiminution). Bei der Mitose der unteren Blastomere (vegetale

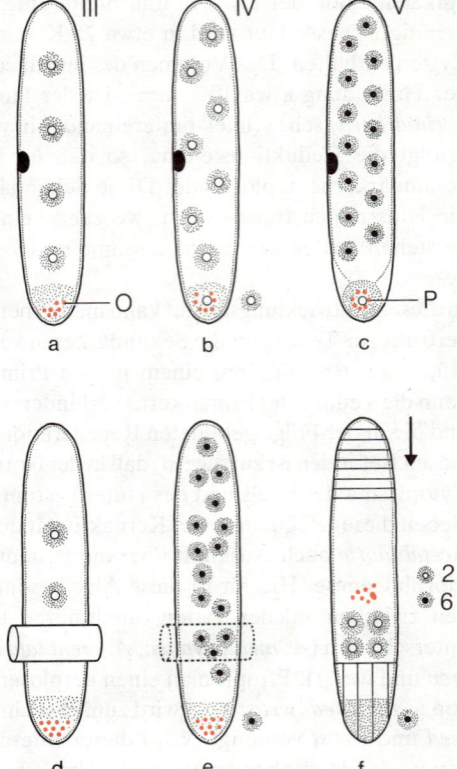

Abb. 4.42. Chromosomenelimination während der Furchungsmitosen im Ei einer Gallmücke, Ablauf (a–c) und experimentelle Analyse der Auslösung (d–f). Im 4. Teilungsschritt (b/c) eliminieren fast alle Furchungskerne die »keimbahnbegleitenden« Chromosomen und werden dadurch zu Somakernen (schwarz). Nur der hinterste, ins Oosom (O) eingewanderte Kern (unten) gibt die volle Chromosomenzahl weiter; aus ihm gehen die Keimbahnzellen (im Embryo: Polzellen, P) hervor. Wird der Weg zum Oosom bis nach dem 4. Teilungsabschnitt versperrt (d, e), dann verlieren alle Kerne die Keimbahnchromosomen und der Hinterpol kann später nur noch somatische Zellen bilden (symbolisiert neben dem Pol). Verlagert man das Oosom durch Zentrifugieren (Pfeil in f), so behalten jene Kerne den vollen Chromosomenbestand, die bei der 4. Mitose im Bereich des Oosommaterials lagen (rechts die Anzahl der Chromosomen eliminierenden Kerne). (Nach Geyer-Duszynska aus Krause u. Sander)

Blastomere, S. 364) treten diese Vorgänge nicht auf; dort bleiben die Sammelchromosomen intakt.

Die cytoplasmatische Steuerung des Chromosomenschicksals läßt sich aus Entwicklungsanomalien erschließen. Zuweilen wird ein *Parascaris*-Ei durch zwei Spermien gleichzeitig besamt. Jedes der beiden Spermien bringt ein Centrosom (S. 143, 296) im Mittelstück mit, das sich alsbald zweiteilt; dadurch entsteht eine vierpolige Mitosespindel (Tetraster), deren Pole in Tetraeder-Anordnung ohne bestimmte Beziehung zur Eiachse stehen. Da die Spindel die Teilungsebene bestimmt, ergibt schon die erste Furchungsteilung ein 4-Zellenstadium; dabei fallen den Blastomeren im Einzelfall je nach Lage der Spindeln sehr verschiedene Regionen des Eicytoplasmas zu: Maximal können drei Blastomeren vegetales Plasma erhalten, manchmal sind es aber auch zwei oder eine (Abb. 4.43d–f). Dementsprechend gibt es dann statt der einen Stammzelle für die Keimbahn häufig zwei oder drei Zellen, die das »Keimbahnchromatin« behalten. Das animale Eicytoplasma enthält also offenbar Faktoren, die eine Chromatindiminution verursachen, und/oder das vegetale Plasma solche, die sie verhindern.

4.3.5 Entwicklungsspezifische Komplexloci

Die heutigen Vorstellungen über die Wirkungsweise der Gene und ihre Steuerung (Regulation, Kap. 2.11) sind geprägt von Beispielen, die den laufenden Zellstoffwechsel von Modellsystemen betreffen und hinreichend einfach strukturiert sind (oder zumindest erscheinen). Der Genwirkung in der Ontogenese kann man jedoch auf dieser Stufe nicht voll gerecht werden. An entwicklungsspezifischen Funktionen sind offenbar besondere und z. T. multifunktionelle genetische Loci beteiligt. Ihr komplexer Aufbau dürfte die vielfältigen regulatorischen Wechselwirkungen widerspiegeln, die der Entwicklungsablauf erfordert.

Neben den oben erwähnten Segmentierungsgenen von *Drosophila* (Abb. 4.35, 4.36) sind noch viele andere an der Aufteilung des Blastoderms in metamere Untereinheiten beteiligt (Abb. 4.83). Die spezifischen Merkmale der einzelnen Metameren werden hingegen von nur zwei, allerdings sehr großen und komplex organisierten, DNA-Abschnitten gesteuert. Der eine Komplex, genannt Antennapedia-Komplex, prägt den Segmentcharakter vorwiegend in der vorderen Körperhälfte, der andere, der sog. Bithorax-Komplex (Bx-K), beeinflußt vorwiegend die hintere Körperhälfte. Mutationen in diesem Komplex »transformieren« den Phänotyp einzelner Segmente im Bereich von Thorax und Abdomen, können also beispielsweise den Metathorax (zumindest äußerlich) in einen zweiten Mesothorax verwandeln – daher der Name des Komplexes (Abb. 4.45).

Der Bithorax-Komplex (Bx-K) von *Drosophila* besteht aus einem riesigen Stück DNA (mehrere hundert kb). Er codiert für mindestens 10 verschiedene Funktionen, jede charakterisiert durch eine eigene Klasse von Mutanten. Aus den zunächst sehr verwirrenden Beziehungen zwischen den Mutanten und ihren Phänotypen hat sich mit Hilfe molekularbiologischer Methoden die folgende Deutung gewinnen lassen (Abb. 4.44). Der gesamte DNA-Abschnitt enthält die codierenden Sequenzen für nur drei Proteine (bzw. multiple Proteine, je nachdem welche Exons in die mRNA eingehen). Diese drei Gene klassischer Definitionen *(Ubx, abd-A, Abd-B)* schließen sehr große Introns ein und sind durch noch größere DNA-Abschnitte voneinander getrennt. In diesen nicht-codierenden Bereichen finden sich Gruppen regulatorischer Sequenzen, die Expression und Expressionsstärke der drei Proteine in den einzelnen Segmenten bzw. »Parasegmenten« (räumlich gegenüber dem Segmentmuster versetzten Expressionsbereichen, s. Abb. 4.83) regeln; sie wirken »cis-regulatorisch«, beeinflussen also nur die Transkription vom gleichen DNA-Strang. Jede dieser Gruppen kann durch Mutation funktionsunfähig werden; es gibt also eine entsprechend große Anzahl regulatorischer Mutanten *(abx, bx,*

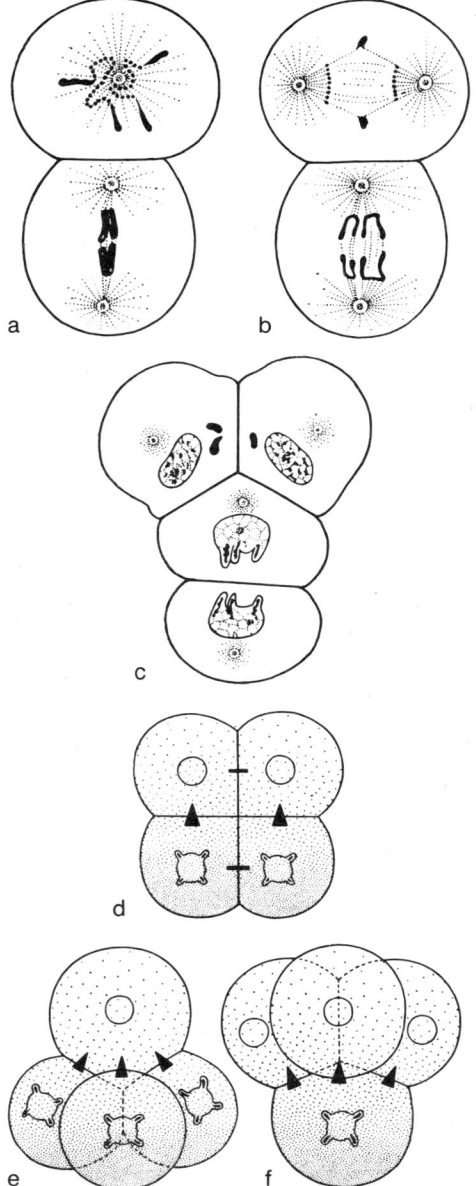

Abb. 4.43 (a–c). Furchung des Eies vom Pferdespulwurm Parascaris. (a) Die Chromosomen der oberen Zelle sind in viele Teile aufgeteilt, während eine solche Fragmentation in der unteren Zelle nicht vorkommt. (b) Hier erfolgt in der unteren Zelle eine normale Teilung; bei der Teilung der oberen Zelle bleiben die Endstücke der fragmentierten Chromosomen im Äquator der Teilungsebene liegen. Sie bleiben am Ende der Teilung außerhalb der Kerne und degenerieren. (c) Mögliche Anordnungen von Tetrastern im doppelt besamten Ei des Spulwurms Parascaris: (d) Zwei Zellen ohne (oben), zwei mit Chromatindiminution (unten). (e) Eine ohne, drei mit; (f) drei ohne, eine mit Chromatindiminution. (Nach Boveri)

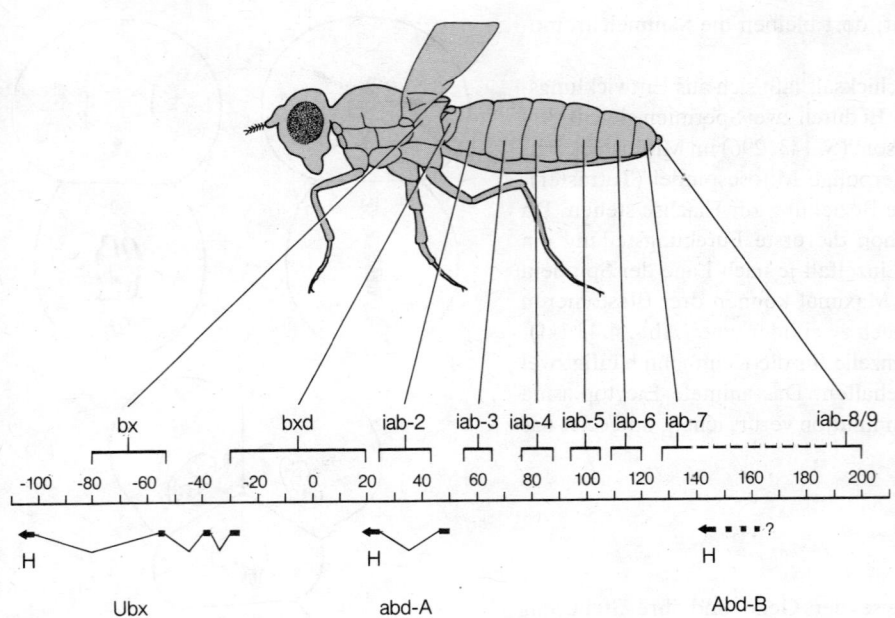

Abb. 4.44. Der Bithorax-Komplex von Drosophila bestimmt den Segmentcharakter in der hinteren Körperhälfte. Die DNA (durchgehende Linie mit Kilobasen-Skala, 3'-Ende links) enthält kodierende Sequenzen für nur drei Proteine (bzw. multiple Proteine von etwas unterschiedlicher Länge) (Ubx, abd-A, Abd-B); deren Exons sind durch große Introns (oben offene Winkel) voneinander getrennt. Über den gesamten Komplex hinweg sind regulatorische Regionen (bx, bxd, ... iab-8/9) aneinander gereiht, welche die Expression der drei Proteine unterschiedlich regeln. Die Pfeile verbinden die einzelnen regulatorischen Regionen mit der Vordergrenze des Körperabschnitts, den ihre Mutation verändert. Regulatorische Regionen und betroffenen Körperabschnitte folgen der gleichen Reihung; dies gilt auch für die spätere Expression dieser Gene im Zentralnervensystem. H Exon mit der Homöobox. (Nach Pfeiffer et al., verändert)

bxd etc., Abb. 4.44). Der Charakter jedes einzelnen Segments der hinteren Körperhälfte beruht auf den in seinen Zellen exprimierten Bx-K Proteinen. Die beiden vordersten (Para-)Segmente exprimieren nur das Ubx-Protein, die drei nachfolgenden zusätzlich das abd-A Protein (jeweils in verschiedenen Zellen), die restlichen auch noch das Abd-B Protein. Innerhalb jeder Segmentgruppe beruhen die Unterschiede zwischen den einzelnen Segmenten u. a. auf unterschiedlicher Expressionsstärke und eventuell auf fehlender Expression einzelner Exons der beteiligten Proteine. Höchst überraschend ist, daß die Gruppen regulatorischer Sequenzen im DNA-Molekül in der gleichen Reihenfolge angeordnet sind wie im Embryo die einzelnen Segmente, deren Charakter sie – laut Auskunft der Mutantenanalyse und molekularer Daten – am stärksten beeinflussen (Abb. 4.44). Diese »Kolinearität« von regulatorischen DNA-Abschnitten und räumlicher Segmentfolge könnte darauf beruhen, daß während der betreffenden Entwicklungstadien die DNA des Bx-K vom 3'- zum 5'-Ende hin (von links nach rechts in Abb. 4.44) umstrukturiert wird und so nacheinander die Steuerfunktionen für die jeweils nächsten Segmente freigibt. Molekulare Belege für diese Vorstellung fehlen allerdings noch. Hingegen ist sicher, daß die drei Strukturgene DNA-bindende sog. Homöobox-Sequenzen (S. 345) enthalten, also regulatorisch wirkende Proteine codieren. Diese Proteine steuern nicht nur nachgeordnete Gene, sondern beeinflussen wechselseitig auch ihre eigene Synthese und leisten damit einen zusätzlichen Beitrag zur Ausgestaltung ihres regionsspezifischen Expressionsmusters.

Das zweite Beispiel betrifft die genetische Entwicklungssteuerung der Säugetiere und implizite des Menschen. Ausgehend von Homöobox-Genen der Fruchtfliege hat man in Säugergenomen nach molekular verwandten Genen »gefischt«. Bei der Maus wurden sie in größerer Anzahl kloniert und ihre Expressionsmuster auf dem Niveau der mRNA oder mit Hilfe von »Reportergen«-Konstrukten ermittelt. Dabei ergaben sich überraschende Parallelen zur Fruchtfliege. Hier wie dort sind diese Homöoboxgene in Serien aufgereiht, strukturell näher verwandte Gene von Maus und Fruchtfliege nehmen fast immer die gleiche Stelle innerhalb der Serie ein – und ihre räumlichen Expressionsmuster sind auch bei der Maus kolinear zu ihrer Reihung in der DNA gestaffelt! Die Maus besitzt solche

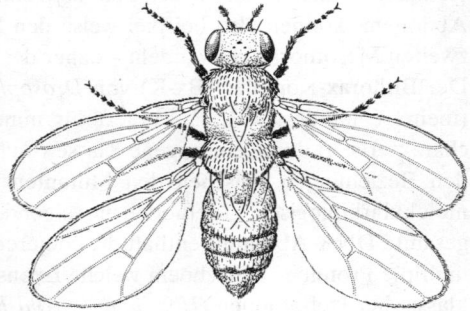

Abb. 4.45. »Vierflügeliger Zweiflügler«, entstanden durch Ausfall mehrerer Funktionen im Bithoraxkomplex von Drosophila. Dieser Defekt transformiert das unauffällige 3. Thorakalsegment äußerlich in ein zusätzliches zweites Thorakalsegment samt Flügeln und großem Rückenschild. (Nach einem Foto von E. B. Lewis aus Bender und Mitarbeitern)

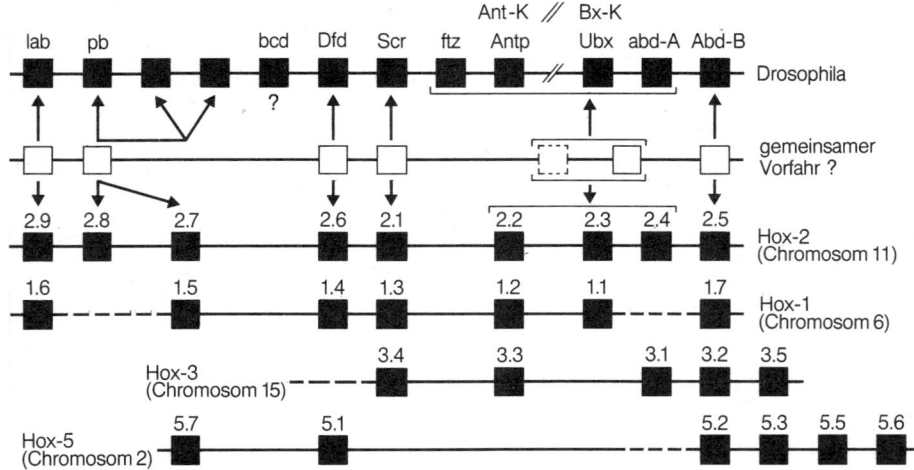

Abb. 4.46. Schema der Strukturgene im Antennapedia-Komplex und Ultrabithorax-Komplex der Fruchtfliege im Vergleich mit den vier Homöobox-Komplexen (Hox) der Maus. Die weißen Quadrate symbolisieren den denkbaren Ausgangskomplex bei einem gemeinsamen Vorfahren. Er könnte durch Gen-Duplikation (S. 877) entstanden sein und zunächst nur der Regionalisierung des Zentralnervensystems gedient haben. Bei Drosophila ist er in zwei Teile aufgetrennt (Ant-K und Bx-K), die auch einige nicht-homöotische Gene enthalten. Bei der Maus gelangten mehr oder minder große duplizierte Abschnitte durch Translokation (S. 231) auf verschiedene Chromosomen. Molekular sehr ähnliche Homöobox-Gene sind durch Pfeile verbunden bzw. senkrecht untereinander angeordnet. (Nach Holland, verändert)

Homöoboxgen-Komplexe auf vier verschiedenen Chromosomen; jeder von ihnen weist gewisse »Leerstellen« auf. Die molekulare Verwandtschaft zwischen den Strukturgenen in diesen Serien und in den beiden Komplexloci von *Drosophila* ist in Abb. 4.46 wiedergegeben, zusammen mit einem Vorschlag zu ihrer Ableitung vom Homöoboxgen-Komplex eines hypothetischen gemeinsamen Vorfahren. Abb. 4.47 zeigt die gestaffelten Expressionsterritorien der Hox-2 mRNA in Gehirn und Rückenmark des Mausembryos. Die Folgen des Funktionsverlustes einzelner Hox-Gene kann man bei der Maus durch Überexpression oder gentechnologisch induzierte Funktionsunfähigkeit (»site directed mutagenesis«) studieren; einige dabei beobachtete Anomalien lassen sich als homöotische Transformationen verstehen.

4.4 Regulation der ontogenetischen Genexpression

Der Begriff »Regulation« gehört zu jenen biologischen Begriffen (s. a. Kap. 4.5), die schon innerhalb der Entwicklungsbiologie verschiedene, allenfalls überlappende Bedeutungen haben und höchst unbedacht verwendet werden (S. 358, Abb. 4.58). Hier befassen wir uns mit Vorgängen, deren Ablauf darüber entscheidet, ob im Phänotyp der Zelle ein bestimmtes Gen exprimiert wird oder nicht. Am Anfang steht die regulierte Transkription. Die nächste Regulationsebene in der Eukaryotenzelle ist das »Processing« (S. 184). Diesem Schritt ist die Translationsebene nachgeordnet, mit dem Ablauf der Proteinbiosynthese als regulierter Funktion. Die Transkriptionsaktivität einzelner Genloci kann durch differentielle (selektive) Genamplifikation stark erhöht werden.

4.4.1 Differentielle Transkription

Differentielle Transkription ist der wahrscheinlich wichtigste Mechanismus der Zelldifferenzierung. Sie liegt dann vor, wenn sich bei gleichbleibender Genzahl und -art verschiedene Zelltypen oder verschiedene Entwicklungsstadien in Menge und Art der RNA-Kopien unterscheiden, die pro Zeiteinheit produziert werden. Zwei Beispiele:

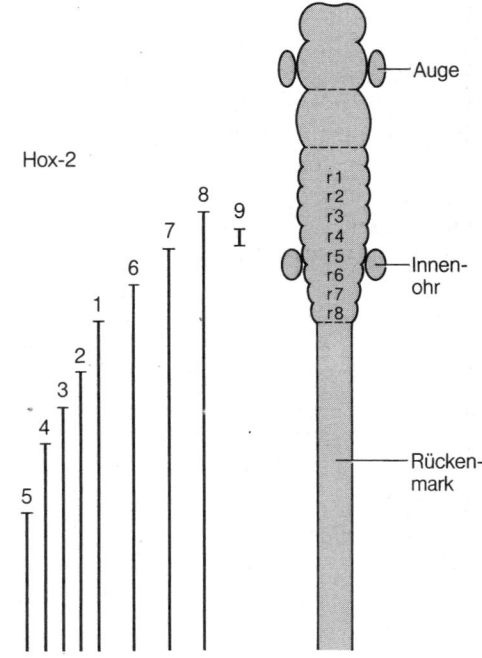

Abb. 4.47. Die Expressionsterritorien der Genprodukte aus dem Hox-2 Komplex (s. Abb. 4.46) im Zentralnervensystem der Maus am 10. Entwicklungstag. Rechts ein Schema von Gehirn und Rückenmark, das die metamere Untergliederung des Nachhirns (S. 495) in »Rhombomere« (r1 bis r8) erkennen läßt. Dort sind die Expressionsgrenzen um jeweils 2 Metamere gegeneinander versetzt, was an die »Paarregel« bei Drosophila erinnert. (Nach Holland, verändert)

Differentielle Genexpression bei Blütenpflanzen. Bei der Ausbildung der Blütenfarbstoffe bildet eine reine Linie von *Petunia hybrida* die beiden Anthocyane Cyanidin und Paeonidin; aber beide Farbstoffe entstehen nicht gleichzeitig, sondern nacheinander in der jungen Knospe. Die Bildung der beiden Farbstoffe (S. 446) wird von verschiedenen Genen gesteuert. Durch Einsatz von Antimetaboliten kann gezeigt werden, daß diese Gene nacheinander aktiv werden: Erst wird über den bekannten Weg Transkription–Translation–Enzymwirkung Cyanidin gebildet, und erst dann erfolgt auch die Aktivierung des Gens, das die Enzyme für die Paeonidinsynthese codiert. Es liegt also eine streng stadienspezifische Transkription vor, die außerdem noch gewebespezifisch ist; denn die Anthocyanbildung ist auf die Epidermis der Blütenblätter beschränkt. Für die Biosynthese von Anthocyanen sind viele funktionell hintereinandergeschaltete Enzyme notwendig. Die Farbstoffbildung ist natürlich blockiert, wenn auch nur eines dieser Enzyme fehlt. Stadienspezifische Synthese von mRNA konnte zum Beispiel bei Keimlingen der Gurke nachgewiesen werden. An der Mobilisierung der Speicherfette ist die Isocitratlyase (ICL) maßgeblich beteiligt. Die für deren Synthese verantwortliche mRNA tritt nur während weniger Tage nach der Aussaat auf. Abbildung 4.48 zeigt den zeitlichen Verlauf der Menge extrahierbarer ICL-mRNA; wird diese auf Gesamt-mRNA bezogen (untere Kurve), so ist eindeutig zu erkennen, daß der Anstieg nicht Ausdruck einer unspezifischen Förderung der Transkriptionen während der frühen Keimungsphase ist, sondern daß das ICL-Gen spezifisch transkribiert wird. Zeitlich differentielle Genregulation beruht aber nicht immer nur auf Stadienspezifität, sondern kann auch von Außenfaktoren, z. B. von Licht, gesteuert werden (S. 333f.).

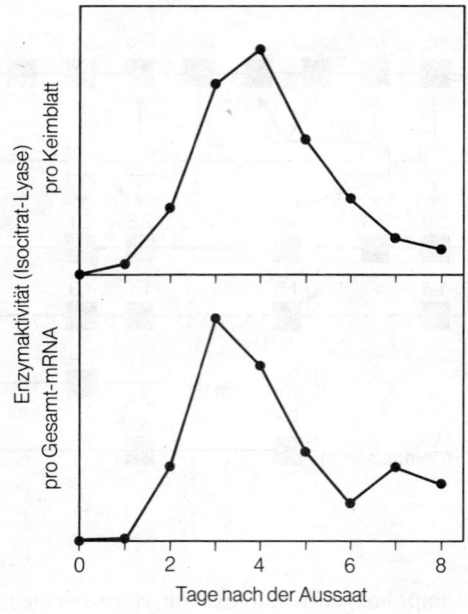

Abb. 4.48. Stadienspezifische RNA aus den Kotyledonen der Gurke (*Cucumis sativus*). Nach Extraktion der RNA wird daraus die Gesamt-mRNA isoliert und im in vitro-System translatiert. Die hierbei gebildete Isocitralyase (ICL) wird durch spezifische Antikörper von den übrigen Proteinen abgetrennt und ihre Aktivität im Enzymtest bestimmt. Diese Aktivität (Ordinate) ist ein Maß für die Menge der isolierten ICL-mRNA; sie ist auf das Keimblatt (oben) oder auf die Gesamt-mRNA (unten) bezogen; die mRNA für die Malatsynthase verhält sich sehr ähnlich; beide Enzyme spielen eine wichtige Rolle bei der Mobilisierung der Speicherfette in den Kotyledonen. (Nach Weir et al. aus Hess, verändert).

Eibildung bei Xenopus. Beim Krallenfrosch *Xenopus* sind die vervielfachten Gene für ribosomale RNA bekannt (S. 161). Man kann sich fragen, ob diese Gene während aller Entwicklungsphasen aktiv sind oder ob in bezug auf die Produktion von rRNA genetische Ruhepausen vorkommen. Dazu wurde folgendes Experiment gemacht: Den Eiern oder Embryonen von *Xenopus* wurden Bausteine der rRNA während verschiedener Entwicklungsphasen zur Verfügung gestellt und anschließend Messungen vorgenommen, mit welcher Geschwindigkeit die radioaktiven Vorstufen in rRNA eingebaut worden waren. Die Ergebnisse sind in Tabelle 4.2 zusammengefaßt. Wichtig für das Verständnis der Experimente ist die Tatsache, daß ein reifes Weibchen Oocyten in verschiedenen Reifestadien enthält. Wenn man radioaktive RNA-Bausteine in Weibchen injiziert, die kurz darauf durch Hormoninjektion zur Ovulation gebracht werden, dann erhält man Eier, die die radioaktiven Bausteine nur während einer sehr späten Phase der Eientwicklung zur Verfügung hatten. Falls man einige Zeit später erneut Ovulation induziert, werden jetzt Eier abgegeben, denen die Bausteine auf einem wesentlich früheren Entwicklungsstadium zur Verfügung standen. Man kann also für jedes Entwicklungsstadium feststellen, ob und in welchem Maße die Gene für rRNA transkribiert worden sind,

Tabelle 4.2. Oogenese von *Xenopus laevis* (s. auch Abb. 4.35)

Entwicklungsstadium	Oogonien	Primäre Oocyten				*Hormon* → Diakinese, Metaphase I, Anaphase I („Ovulation")	Sekundäre Oocyten	
		Leptotän Zygotän	Pachytän	Diplotän; wachsender Oocyt „unreifer Oocyt"	»Reifer Oocyt«		Prophase Metaphase	Befruchtung ↓ Anaphase
Zeit-Intervalle	Stunden	sehr kurz	Wochen	Monate	Monate	Stunden	Stunden	
Stoffwechsel	Teilung	?	DNA-Synthese	Synthese von mRNA und rRNA	keine Nucleinsäurensynthese	Synthese von mRNA	Synthese von mRNA	

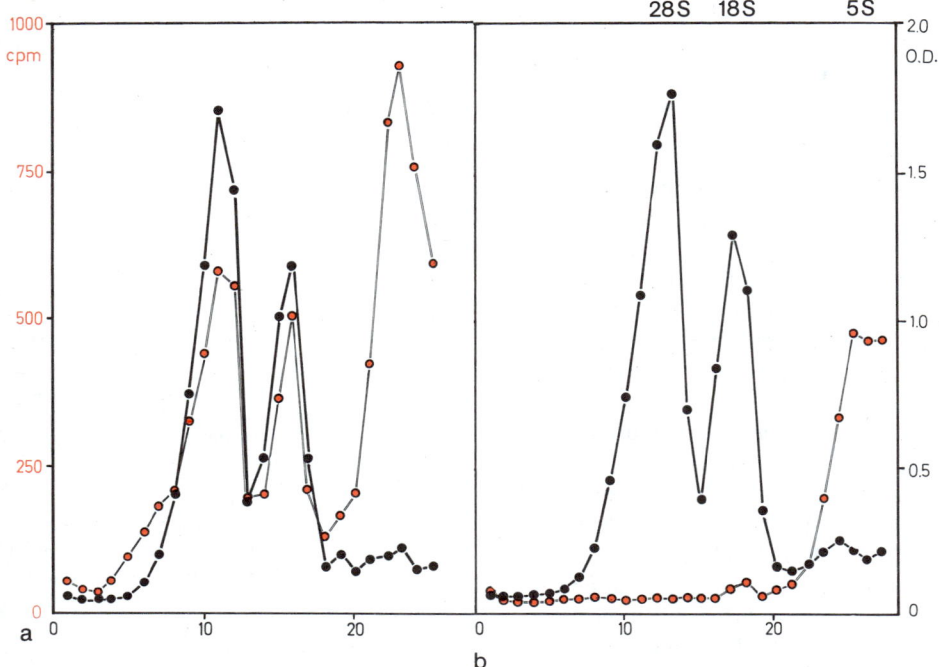

Abb. 4.49a, b. Ribosomale RNA und ihre Synthese in (a) großen, unreifen Oocyten und (b) reifen, ovulierten, unbefruchteten Eiern von Xenopus. Die Synthese von 28S- und 18S-RNA erfolgt in den Oocyten; in den reifen Eiern liegt nur im Bereich der leichten RNA (= tRNA) eine Synthese vor. Abszisse: Fraktionen nach der Dichtegradientenzentrifugation; Ordinate: Einbau radioaktiv markierter Nucleotide (rote Meßpunkte: cpm Impulse · min^{-1}) und RNA-Menge (schwarze Meßpunkte: O. D., Extinktion – »optical density« – bei 260 nm). (Nach Brown)

indem man die Menge synthetisierter (und akkumulierter) rRNA bestimmt. Untersuchungen solcher Art (Abb. 4.49) zeigen, daß rRNA besonders intensiv durch unreife Oocyten synthetisiert wird – daher die zahlreichen Nukleolen (Abb. 4.50) –, aber überhaupt nicht durch ovulierte, d.h. aus dem Ovar ausgestoßene unbefruchtete Eier. Während der meiotischen Teilungen und nach der Befruchtung wird keine rRNA synthetisiert; erst um die Zeit der Gastrulation ist eine solche Synthese wieder nachweisbar.

Die Zahl von Genen für rRNA ist in unreifen Oocyten sehr groß (S. 355). Es wäre deshalb denkbar, daß die in diesen Entwicklungsstadien beobachtete intensive Synthese allein auf Genamplifikation zurückgeht (Abschn. 4.4.4). Das ist allerdings nur teilweise so, denn auch die Rate der Produktion von rRNA kann sich während der aufeinanderfolgenden Oocytenstadien bei gleichbleibender Genzahl verändern. Daß solche Schwankungen in der Produktionsgeschwindigkeit vorkommen müssen, geht aus dem Verhalten einer Nucleolus-Mangelmutante von *Xenopus* (die im homozygoten Zustand natürlich letal ist) hervor: Im heterozygoten Zustand enthalten Zellkerne nur die halbe Anzahl an rRNA-Genen, aber diese Heterozygoten produzieren dennoch eine normale Menge ribosomaler RNA; der Genmangel kann also funktionell kompensiert werden.

4.4.2 Differentielles Processing

Aus dem primären Transkript einer RNA können zumindest bei einigen Komplexloci mehrere, in Teilsequenzen unterschiedliche mRNAs »geschneidert« werden (S. 184); in zumindest einem Fall (bei *Drosophila*) enthält ein Intron eines bestimmten Gens die ganze Basensequenz eines anderen Gens. Wie weit das in diesen Fällen nötige differentielle Processing als Steuermechanismus dient, läßt sich noch nicht absehen. Dies gilt auch für die Möglichkeit, das primäre Transkript erst nach einiger Zeit, vielleicht auf ein zusätzliches Signal hin, zu einer mRNA zu verarbeiten. Man muß aber heute durchaus mit dem Processing als einer möglichen Regulationsinstanz für die Genexpression rechnen.

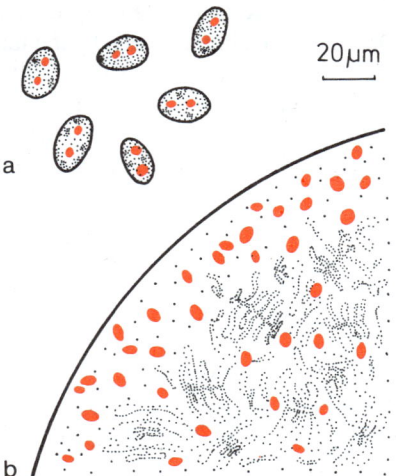

Abb. 4.50a, b. Zellkerne des Krallenfrosches Xenopus. (a) Somatische Kerne mit zwei Nucleolen (rot). (b) Ausschnitt aus dem Oocytenkern mit Lampenbürstenchromosomen und zahlreichen Nucleolen. (Original Czihak)

4.4.3 Differentielle Translation

Genfunktion kann auch auf dem Niveau der Translation gesteuert werden, also während des Prozesses, der die Nucleotidsequenz der mRNA in die Aminosäurensequenz übersetzt (S. 186f.).

Proteinsynthese während der Entwicklung des Seeigels. Während der Entwicklung des Seeigels steigt die Proteinsyntheserate unmittelbar nach der Befruchtung rasch an. In unbefruchteten Eiern findet (fast) keine Proteinsynthese statt (Abb. 4.51). Der Anstieg der Proteinsyntheserate ist auch dann zu finden, wenn die RNA-Synthese experimentell blockiert wird. Diese Blockierung kann entweder chemisch durch das Antibioticum Actinomycin D (S. 347) oder durch Entkernung der Eier in der Zentrifuge erfolgen; durch Zentrifugation ist es nämlich möglich, Eier in eine kernhaltige und eine kernlose Hälfte zu trennen.

In beiden Fällen zeigt die Proteinsynthese unmittelbar nach der Befruchtung einen ähnlichen Kurvenlauf wie die Kontrollen. Der zweite Anstieg der Syntheserate, um die Zeit der Gastrulation, findet in chemisch blockierten oder durch Zentrifugation entkernten Eihälften nicht statt. Er scheint eine Neusynthese von RNA vorauszusetzen. Offenbar enthalten unbefruchtete Eier zwar die RNA-Information zur Proteinsynthese, übersetzen sie aber nicht in Aminosäuresequenzen. Über die Mechanismen, die eine Translation vor der Befruchtung verhindern, ist zur Zeit noch wenig bekannt. Wahrscheinlich führt die Erhöhung des *pH*-Wertes bei der Befruchtung zum Anschalten der Proteinsynthese. Jedenfalls wird in der Oogenese informationstragende mRNA angereichert, die aber vor der Befruchtung nicht zur Verwendung kommt.

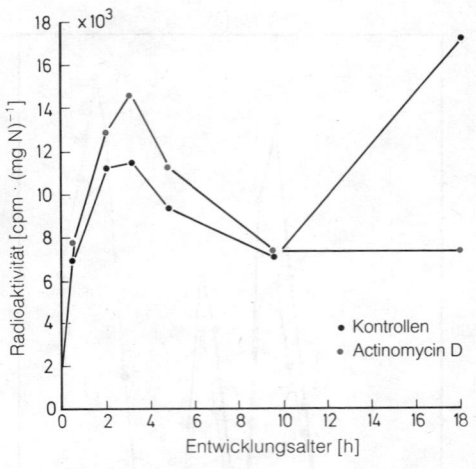

Abb. 4.51. Proteinsynthese in der Frühentwicklung von Seeigeln. Einbau von radioaktivem Methionin in Proteine nach Pulsmarkierung mit (rote Meßpunkte) oder ohne (schwarze Meßpunkte) Actinomycin D. Die Proteinsynthese wird erst um die 10. Stunde (spätes Blastulastadium) durch Actinomycin blockiert. Die für die Proteinsynthese bis zur 10. Stunde notwendige mRNA muß also zum größten Teil bereits in der Eizelle vorhanden sein. (Nach Ursprung u. Smith)

Erythropoese. Eine ähnliche »Stabilisierung« von mRNA ist im Falle der Entwicklung blutbildender Zellen (Erythropoese) von Säugern beobachtet worden. Erythrocyten entwickeln sich aus Stammzellen, die je nach Entwicklungsstadium des Organismus im Mark bestimmter Knochen (bei adulten Tieren), in der Leber und der Milz (bei Feten) oder im Dottersack (bei früheren Embryonalstadien) lokalisiert sind. Aus diesen Stammzellen entstehen verschiedene Zwischenstufen von färberisch unterscheidbaren Zelltypen (Abb. 4.52): Proerythroblasten, basophile Erythroblasten, polychromatophile Erythroblasten und später Reticulocyten, aus denen sich schließlich Erythrocyten bilden (Abb. 4.53). Die Stammzellen teilen sich häufig und produzieren große Zahlen von Erythrocyten, beim Menschen täglich etwa $2 \cdot 10^{11}$. Diese sich schnell teilenden Stammzellen enthalten kein Hämoglobin. Unter ihren Abkömmlingen synthetisieren alle Stadien bis zu den basophilen Erythroblasten RNA. Dann aber hört die RNA-Synthese auf; Reticulocyten zeigen keine RNA-Synthese. In diesem Stadium wird hingegen Protein synthetisiert,

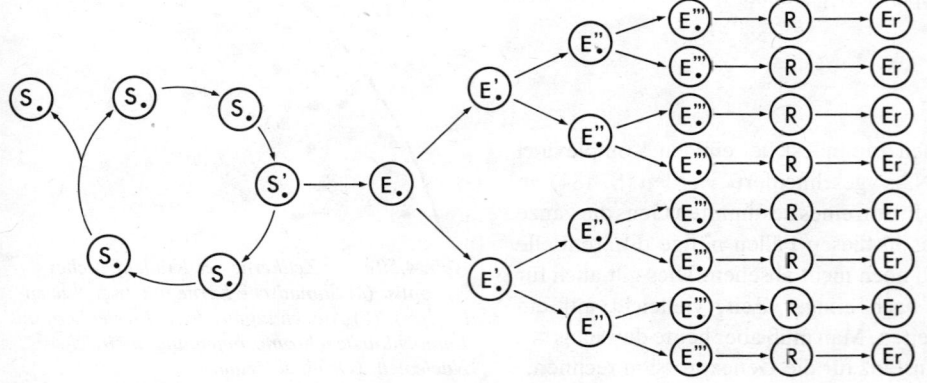

Abb. 4.52. Schema des Ablaufs der Erythropoese (Bildung der roten Blutkörperchen). Die kernhaltigen Stammzellen (S) teilen sich ständig. Beim Teilungsschritt S–E bleibt der Kern erhalten, aber die Zelle E ist jetzt determiniert, sich über verschiedene Zwischenstufen (E', E'', E''') zum kernlosen Reticulocyten (R) und schließlich zum roten Blutkörperchen (Er) zu entwickeln. (Nach Goldwasser)

und zwar hauptsächlich Hämoglobin. Die RNA, die für die Hämoglobinsynthese verantwortlich ist, muß also schon vor dem Reticulocytenstadium vorhanden gewesen sein. Zur Demonstration der langen Lebensdauer dieser RNA wurde sie durch Injektion radioaktiver Bausteine in Kaninchen markiert, und zu verschiedenen Zeiten wurden Milzausstriche autoradiographisch aufgearbeitet. Dabei zeigte sich, daß fast zwei Tage verstreichen, bis im Blut markierte Reticulocyten auftreten. Die markierte RNA dieser Zellen muß also wahrscheinlich im Stadium der basophilen Erythroblasten synthetisiert worden sein. Sicher haben nicht erst die Reticulocyten diese RNA synthetisiert; sie enthalten ja keinen Zellkern mehr.

4.4.4 Selektive Genamplifikation

Die bisher behandelten Mechanismen können die Genexpression ohne Veränderung des Genbestandes steuern und genügen damit der Behauptung, daß auch hochspezialisierte Zellen den gesamten Genbestand enthalten, und zwar bei Diplonten als ein Zwei- oder (bei Polyploidisierung) Vielfaches der haploiden DNA-Menge (Abschn. 4.3.3). Von diesem Postulat sind zwei Abweichungen denkbar, nämlich selektiver Verlust oder selektive Vermehrung eines Anteils des Genoms. Die Elimination bestimmter Gene ist höchstens als seltener Sonderfall verwirklicht (S. 348f.). Eine selektive Vermehrung oder Amplifikation könnte die Transkriptionskapazität bestimmter Gene erhöhen. Man kann die selektive Amplifikation daher als Steuerung der (potentiellen) Genexpression auf der Replikationsebene betrachten. Hierfür liefert die Oogenese der Metazoen mit ihren enormen Anforderungen an einzelne Biosynthesewege gute Beispiele, andere wurden neuerdings bei Krebszellen entdeckt.

Somatische Zellen des Krallenfrosches *Xenopus* enthalten in ihren Kernen *zwei* Nucleolen. Diese Nucleolen sind die Syntheseorte der *ribosomalen RNA* (rRNA), die zusammen mit ribosomalen Proteinen die Ribosomen aufbauen (S. 161f.). Jeder Nucleolus enthält im DNA-Strang, der ihn durchzieht, etwa 400 Gene für die Synthese dieser RNA. Wachsende Oocyten von *Xenopus* enthalten zahlreiche Nucleolen (Abb. 4.50). Mit Hilfe der *Nucleinsäurehybridisierung* konnte nachgewiesen werden, daß Oocyten etwa 1000mal mehr Gene für ribosomale RNA enthalten als diploide Somazellen des Krallenfrosches. Diese *selektive Genamplifikation* ist reversibel, denn somatische Zellen, die sich letztlich aus der befruchteten Eizelle entwickeln, haben wieder einen normalen *Gehalt an Genen für rRNA* in den erwähnten *beiden Nucleolen*. Wie bereits dargestellt (S. 327), fehlt ihren frühembryonalen Stadien ein Zellwachstum, und das Cytoplasma der Eizellen wird letztlich auf Hunderte oder Tausende von Blastomeren verteilt. Das Cytoplasma der Eizelle enthält also die Organellen und Substanzen für das Cytoplasma sehr vieler embryonaler Zellen. Auch die mRNA für die Entwicklung bis zur Blastula muß im Ei schon fertig vorliegen, denn die Entwicklung bis zum Beginn der Gastrula kann durch Hemmung der Transkription nicht blockiert werden. Daher muß schon während der Oogenese der Proteinsyntheseapparat, zu einem wesentlichen Teil also die Ribosomen, für viele Embryonalzellen bereitgestellt werden. Dieser Vorgang wird durch die selektive Genamplifikation für ribosomale RNA wesentlich beschleunigt. Die selektive Genamplifikation ist außerdem auch in bestimmten somatischen Zellen nachgewiesen worden. Das Follikelepithel von *Drosophila* scheidet nach Abschluß des Oocytenwachstums eine zweischichtige, aus zahlreichen Proteinen zusammengesetzte Eihülle aus. Seine Zellen sind bereits zuvor polyploid geworden und enthalten das 16fache der haploiden DNA-Menge. Von dieser Basis aus werden die Chorionprotein-Gene dann um etwa den Faktor 10 selektiv vermehrt. Spreitungspräparate (S. 158) legen nahe, daß dies mit mehrfacher Vergabelung des DNA-Stranges verknüpft ist (Abb. 4.53). In den Riesenchromosomen einiger Dipteren gibt es DNA-Puffs, die vermutlich ebenfalls Orte selektiver Genamplifi-

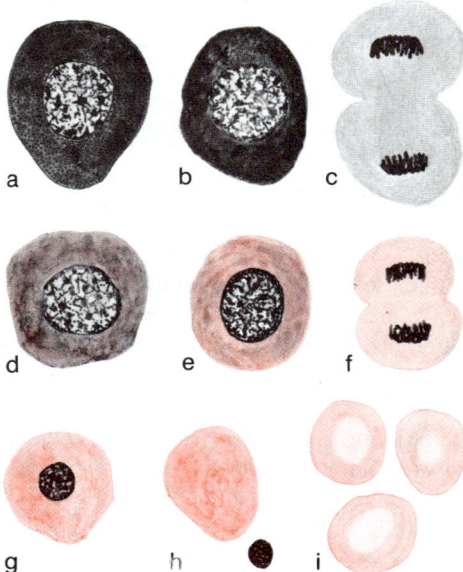

Abb. 4.53 a–i. Stadien der Erythropoese beim Menschen. Die Stammzelle (a, b) zeichnet sich durch starke Basophilie (hoher RNA-Gehalt) des Cytoplasmas aus. Im gleichen Maße, in dem der RNA-Gehalt sinkt (c, d), steigt der Protein(Hämoglobin-)Gehalt (rot) (e–i) der noch teilungsfähigen Erythroblasten. Der pyknotische (funktionslose) Zellkern wird ausgestoßen (h); die im Blut zirkulierenden Erythrocyten (i) sind kernlos (wie bei allen Säugern). (Original Czihak)

kation sind. Insgesamt ist aber selektive Genamplifikation bisher nur von wenigen Genen bekannt und stellt vermutlich für das Problem der Differenzierung einen Sonderfall dar.

4.5 Zelldetermination und Zelldifferenzierung

Daß diese beiden Begriffe grundlegende Züge des Entwicklungsgeschehens kennzeichnen, wurde schon mehrfach erwähnt.

Differenzierung bedeutete ursprünglich das voneinander Verschiedenwerden der einzelnen Teile eines Embryos oder einer Knospe etc. Noch heute wird der Begriff auch in diesem Sinne gebraucht, wobei häufig unausgesprochen der Aspekt der Musterbildung (S. 363) mitklingt. Mit dem Begriff Zelldifferenzierung charakterisieren wir hingegen vorwiegend Veränderungen (vor allem im Proteinbestand) gegenüber einem früheren Zustand der *gleichen* Zelle oder ihrer Zellvorfahren. Diese Veränderungen gehen in der Regel mit zunehmender Zellzahl und Komplexität des sich entwickelnden Systems einher. Daraus folgt ein Definitionsproblem, das man derzeit nur aufzeigen, aber wegen des Beharrungsvermögens üblicher Ausdrucksweisen nicht beseitigen kann. *Jeder* Zelltyp hat Proteine, supramolekulare Strukturen oder noch komplexere Merkmale, die nur ihm zukommen. Daher gibt es keine undifferenzierte Zelle, sondern nur verschieden differenzierte Zellen. Im Hinblick auf den Entwicklungsablauf bezeichnet man jedoch häufig die Ausgangszellen für einen Entwicklungsvorgang, z.B. die Scheitelzelle eines Vegetationspunktes oder die Eizelle und ihre ersten Teilungsprodukte, als undifferenziert, die Zellen späterer Stadien aber als differenziert. Diese Benennung ist sachlich nicht haltbar. Richtig wäre es, jede ontogenetische Veränderung als Umdifferenzierung zu kennzeichnen. Sie führt im Regelfall von Zellen, die auf (vorübergehende) Entwicklungsfunktionen spezialisiert sind, zu solchen, die eine Dauer- oder Abschlußfunktion erfüllen (terminal differenzierte Zellen). Letztere können sich jedoch unter gewissen Bedingungen wieder in Zellen mit Entwicklungsfunktionen verwandeln (»Dedifferenzierung« oder »Re-Embryonalisierung«) sowie anschließend – oder auch direkt – zu einer anderen Endfunktion übergehen (»Transdifferenzierung«).

Allen Kriterien für Zelldifferenzierung ist gemeinsam, daß sie sich ohne Beobachtung des weiteren Entwicklungsverlaufs, also im Ist-Zustand, beschreibend erfassen lassen. Schon vor Erreichen dieses Zustands treten aber zelluläre Veränderungen auf, für die es derzeit kein deskriptives Nachweisverfahren gibt – sie offenbaren sich nur im Ablauf eines zu diesem Zweck angestellten Entwicklungsexperiments. Diese frühe und subtile Zelldifferenzierung, die die späteren (sichtbaren) Veränderungen bedingt, wird traditionell als Zelldetermination bezeichnet. Die Unterscheidung hat vermutlich nur methodische Gründe.

Der Determinationszustand einer Zelle, der aus dem Vorgang der Zelldetermination folgt, bestimmt u. a. ihre Kompetenz zur Reaktion auf Entwicklungssignale bzw. Faktoren aus ihrer Umgebung (S. 329f.). Die Zelle kann jeweils nur mit einer bestimmten, vom

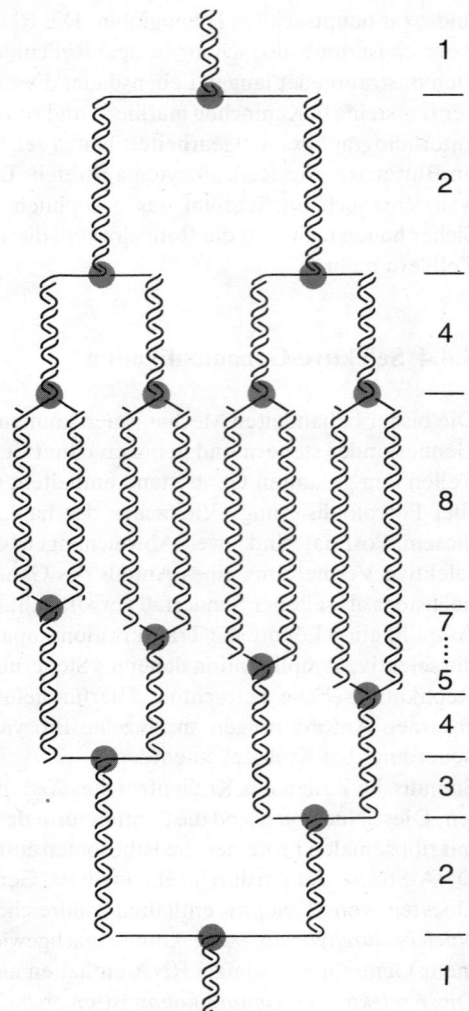

Abb. 4.54. Schema der selektiven Genamplifikation: Mehrere koordinierte oder gestaffelte Replikationsgabeln (oben bzw. unten) leiten von der nicht amplifizierten zur maximal amplifizierten Region der DNA über; rechts der jeweilige Amplifikationsfaktor. (Nach Gilbert, verändert)

Abb. 4.55. Furchungsablauf beim Molch (Triturus). Die Schnittbilder f und h zeigen die Furchungshöhle (Blastocoel, schwarz). Die Altersangaben in Stunden (h) gelten für 18°C und beginnen mit der Besamung. (Aus Hadorn)

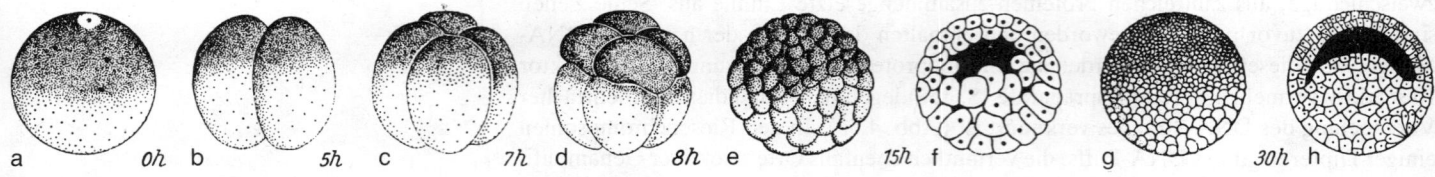

Determinationszustand abhängenden Teilmenge ihrer gesamten Entwicklungspotenzen reagieren, die übrigen werden unterdrückt. Der Determinationszustand kann sehr stabil sein und bleibt definitionsgemäß auch nach Verschwinden der auslösenden Faktoren erhalten.

4.5.1 Progressive Zelldetermination im Amphibienembryo

Die Zellen früher Entwicklungsstadien sehen bei vielen Organismen einheitlich aus und lassen sich derzeit auch mit biochemischen und molekularbiologischen Methoden nicht voneinander unterscheiden. Man kann Gruppen solcher Zellen aus verschiedenen Regionen eines Embryos entnehmen, in andere Regionen eines Wirtsembryos verpflanzen und dort ihre weitere Entwicklung verfolgen. Man entzieht ihnen dadurch mögliche steuernde Signale aus ihrer normalen Umgebung und setzt sie zugleich der Möglichkeit einer Steuerung durch die neue Umgebung aus. Schlagen sie dort trotzdem den gleichen Entwicklungsweg ein wie am ursprünglichen Ort, so spricht man von Selbstdifferenzierung und bezeichnet die Zellen als determiniert. Sehr eindrucksvolle Beispiele dieser Art liefern die Imaginalscheiben der höheren Insekten (Abschn. 4.5.3).

Die Eizelle des Molches wird durch viele Zellteilungen in mehrere tausend Furchungszellen zerlegt. Zwischen ihnen tritt früh eine Furchungshöhle (Blastocoel, Abb. 4.54) auf. Später bilden die Furchungszellen eine Hohlkugel mit verdicktem Boden, die Blastula (Abb. 4.56a). Dann stülpt sich die Wand der Hohlkugel an einer Stelle nahe dem Rand der Bodenverdickung ein, so daß ein zweiter innerer Hohlraum entsteht, Urdarm oder Archenteron genannt, der durch den Urmund mit der Außenwelt verbunden ist (Abb. 4.56b). Aus der Urdarmwand sondern sich zwei Keimblätter ab. Das untere, im wesentlichen aus dem dicken Blastulaboden hervorgehende, ist das trogförmige Entoderm (Abb. 4.56c). Seine seitlichen Ränder wachsen oben zusammen und grenzen dadurch den zukünftigen Darmkanal ab (Abb. 4.56d). Die obere Urdarmkappe, das Mesoderm, schiebt ihre Ränder gegenläufig nach unten, so daß schließlich das Entoderm fast ringsum durch mesodermale Schichten von der Außenwand (dem Ektoderm) getrennt ist (Abb. 4.56d rechts). Während dieser Gestaltungsbewegungen (S. 377) wird im dorsalen Ektoderm ein zungenförmiges Areal symmetrisch zur Mittellinie des zukünftigen Körpers abgegrenzt (Abb. 4.56d links). Es ist die Neural- oder Medullarplatte des Neurula-Stadiums.

Während dieser Vorgänge durchlaufen viele Zellen experimentell faßbare Determinationsschritte (Abb. 4.57). Transplantiert man zu Beginn der Gastrulation eine Zellgruppe in eine neue Umgebung, so wird sie dort integriert. Im Neurula-Stadium verpflanzte Zellen behalten hingegen ihren Entwicklungsweg bei.

Diesen frühen Determinationsvorgängen schließt sich eine Vielfalt weiterer Determinationsschritte an, die den Embryo in ein zunehmend feiner gegliedertes Mosaik verschieden determinierter Zellbezirke unterteilen (Abb. 4.58). Die embryonale Zelldetermination ist also ein über längere Zeit fortschreitender (progressiver) Vorgang; die einzelne Zelle wird dabei auf zunehmend speziellere Entwicklungsaufgaben festgelegt.

4.5.2 Zelldifferenzierung

Den Ablauf der direkt nachweisbaren Zell-(Um-)Differenzierungen in der Ontogenese zu beschreiben, wäre ein äußerst aufwendiges Vorhaben, zu dem selbst bei gut untersuchten Organismen noch viele Kenntnisse fehlen. Eine gewisse Vorstellung der Veränderungen

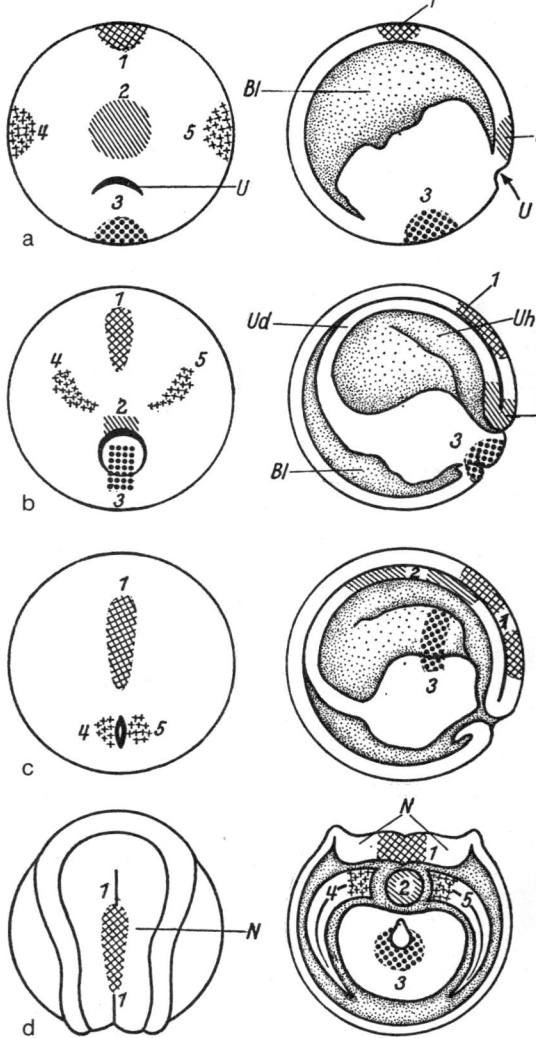

Abb. 4.56. Gestaltungsbewegungen bei der Gastrulation des Molchembryos. Die Materialverlagerung läßt sich anhand der Farbmarken (1–5) vom Blastulastadium an verfolgen. Links Aufsicht auf verschiedene Gastrulationsstadien (a–c) sowie die Neurula (d); N Neuralplatte (Anlage des Zentralnervensystems). Rechts Medianschnitte (a–c) und Querschnitt (d). Die Region um den Urmund (U) verlagert sich als Urdarm (Ud) nach innen und begrenzt dann die Urdarmhöhle (Uh). Der vor allem dorsal wachsende Urdarm verdrängt die Furchungshöhle (Bl) weitgehend. Die Verformung der Farbmarken verrät entsprechende Umformungen der verlagerten Zellbezirke. Die Farbmarken finden sich in der Neurula (d) an folgenden Stellen: (1) Neuralplatte (N), (2) Chorda-Anlage (»grauer Halbmond«), (3) Boden des Darmrohres, das durch Zusammenschluß der freien Entodermränder (s. Abb. 4.88) entstanden ist, (4, 5) Somiten (Mesodermsegmente). (Nach Vogt aus Hadorn)

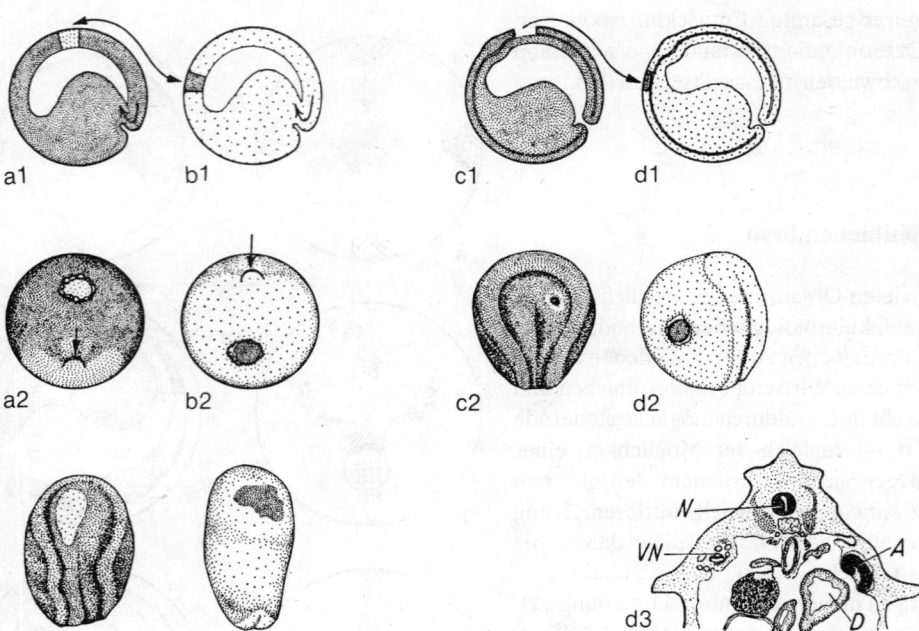

Abb. 4.57. Transplantationen an Molchkeimen zum Nachweis des Determinationszustands einzelner Zellgruppen. (a, b): Zu Beginn der Gastrulation (s. Abb. 4.56) ausgetauschte Stücke der Blastulawand entwickeln sich als Teil ihrer neuen Umgebung, also ortsgemäß. (c, d): Ein Stück Augenbecher-Anlage aus der Neurula hingegen (c2 zeigt den Entnahmeort im Spender-Embryo) verhält sich in fremder Umgebung herkunftsgemäß und bildet einen Augenbecher (d2, d3), es war also schon determiniert. N Neuralrohr, VN Vorniere, A pigmentierter Augenbecher. (Nach Spemann aus Hadorn)

in einem einfachen System läßt sich gewinnen, wenn man verschieden alte Teile der Wurzel eines Erbsenkeimlings auf ihren Proteinbestand hin untersucht (Abb. 4.59). Bei räumlich komplexer strukturierten Systemen ist ein solcher Ansatz nicht möglich. Wir beschränken uns daher auf ein Beispiel für den Endzustand des Systems, nämlich auf den Vergleich des Enzymbestandes verschiedener, vorwiegend aus unterschiedlichen Zelltypen bestehender Organe der Labormaus (Tab. 4.6). Interessanterweise betreffen die Unterschiede nicht nur solche Enzyme, die einer offenkundigen Spezialfunktion dienen (z. B. Tyrosinase in pigmentbildenden Zellen), sondern auch Enzyme des intermediären Stoffwechsels, die jede Zelle benötigt. Sie können selbst in funktionell sehr ähnlichen Geweben – wie etwa dem Skelett- und dem Herzmuskel – in sehr unterschiedlichen Mengen vorkommen. Natürlich müssen diesen Unterschieden solche auf den anderen Ebenen der Genexpression (S. 343f.) vorausgehen. Für die Gene selbst hat sich eine praktische, allerdings durch einen unscharfen Grenzbereich beeinträchtigte Unterteilung eingebürgert: Basisgene oder »Haushaltungsgene« werden für den Grundstoffwechsel

Tabelle 4.3. Unterschiede im Proteinbestand verschiedener Zelltypen von Säugetieren (Maximalgehalt gleich 100)

Protein	Leber	Niere	Milz	Herz	Skelettmuskel	Darm	Gehirn
Lactatdehydrogenase	43	38	15	30	100	75	23
Malatdehydrogenase	19	5	?	100	38	?	28
Glycerinphosphatdehydrogenase	70	63	?	21	71	23	100
Cytochromoxidase	30	35	11	100	16	2,5	32
Homogentisatoxygenase	100	50	0	0	0	0	0
Glucose-6-phosphatase	100	31	1	0,8	0,8	18	0,8
Arginase	100	10	1	3	1	32	1
Hämoglobin	nur in Erythrocyten							
Tyrosinase	hauptsächlich in Melanocyten							

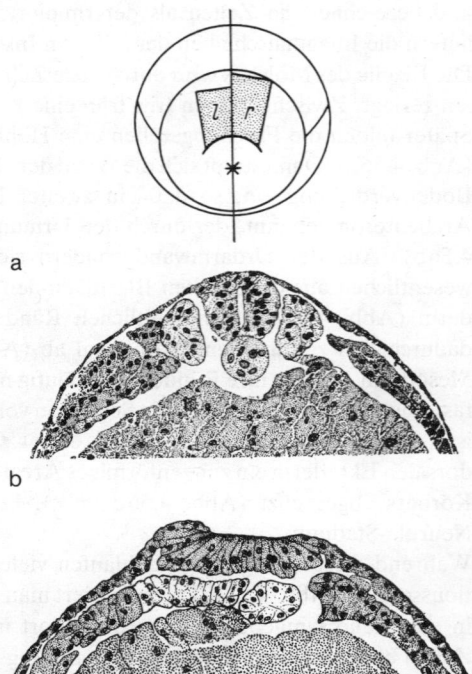

Abb. 4.58. Funktionelle Untergliederung des sich einrollenden Urdarmdachs während der Gastrulation des Molches. Die auf einem frühen Stadium entnommene Hälfte (rechts in a) bildet ein bilateralsymmetrisch gegliedertes Mesodermmuster und induziert ein vollständiges Neuralrohr (b), ein Beispiel für sog. embryonale Regulation. Die entsprechende Hälfte aus einer älteren Gastrula (links in a) bildet hingegen nur noch das halbe Muster und induziert nur eine halbseitige Neuralplatte (c). (Nach B. Mayer aus Kühn)

jeder Zelle benötigt (wenn auch u. U. mit unterschiedlich intensiver Expression, Tab. 4.1), »Luxusgene« hingegen nur für spezifische Funktionen wie z. B. die Pigmentsynthese, die nicht für das Überleben der einzelnen Zelle nötig sind (daher der Name).

4.5.3 Transdetermination

Mit der Zelldetermination (Abschn. 4.5.1) ist im allgemeinen eine dauerhafte, manchmal vielleicht sogar irreversible Entscheidung über das weitere Entwicklungsschicksal der Zelle gefallen. Das bislang einzige Kriterium für Zelldetermination, der Eintritt eines direkt faßbaren Differenzierungsschrittes zu einem späteren Zeitpunkt, setzt ja geradezu die Stabilität des determinierten Zustands voraus. Allerdings bemerkte man schon früh, daß ein experimentell ermittelter Determinationszustand durch bestimmte Außeneinflüsse (noch) abgeändert werden kann; in diesen Fällen spricht man von labiler Determination. Versuche an *Drosophila*-Imaginalscheiben haben gezeigt, daß ein erstaunlich lange, über viele Zellteilungsgenerationen hinweg aufrechterhaltener Determinationszustand sprunghaft in einen anderen übergehen kann (Transdetermination).

Die Imaginalscheiben der Hautflügler und Zweiflügler liefern das Zellmaterial, aus dem in der Metamorphose (S. 324) der größte Teil der Körperoberfläche des Adultstadiums, der Imago, aufgebaut wird. Bei *Drosophila* werden sie bereits im Embryo als scharf abgegrenzte Zellverbände angelegt, überdauern aber die Larvalstadien im embryonalen Differenzierungszustand. Erst während der Metamorphose dehnen sie sich auf Kosten der larvalen Epidermis aus und formen die ektodermale Außenschicht (Epidermis, auch Hypodermis genannt) des Fliegenkörpers, außer im Abdomen; dort entsteht die Epidermis aus Zellnestern, die sich schon bei den Larvalhäutungen an der Cuticulabildung beteiligen.

Jede Imaginalscheibe liefert einen bestimmten Anteil an der Adultcuticula; die Fliege wird daraus gleichsam als Mosaik zusammengefügt. Die beiden Augen-Antennen-Imaginalscheiben der Larve z. B. liefern während der Metamorphose die Kopfoberfläche einschließlich der Facettenaugen und der Antennen; die Flügel-Imaginalscheiben liefern die Flügel und die dorsalen Anteile des zweiten Thorakalsegments, während die zugehörigen Bein-Imaginalscheiben die ventralen Segmentanteile samt den Beinen liefern. Aus der Genital-Imaginalscheibe entstehen die äußeren Geschlechtsorgane und zudem Ausführgänge und Anhangdrüsen des Fortpflanzungstraktes. Jeder dieser Körperteile enthält Cuticulastrukturen (z. B. Borsten), die ein sicheres Ansprechen auch dann gestatten, wenn sie im Experiment nur von wenigen Zellen gebildet werden.

Die als Transdetermination bezeichnete Umstimmung wurde durch Transplantationsversuche mit Genital-Imaginalscheiben von *Drosophila* entdeckt (Abb. 4.57): Durch Einstecken von Scheibenteilen in ein Fliegenabdomen als »Kulturgefäß« ist es möglich, Nachkommen von Scheibenzellen kontinuierlich in Kultur zu halten. Man kann sich nun fragen, ob die so kultivierten Zellen ihre Determination zu irgendeinem Zeitpunkt noch »kennen«, also äußere Genitalteile bilden werden. Zur Lösung der Frage werden Teile dieser Zellhaufen in Larven implantiert. Dort vollziehen sie dann synchron mit dem Wirtsorganismus die Metamorphose und differenzieren sich zum Adultzustand. Die dabei gebildete Cuticula kann mikroskopisch untersucht werden und verrät den Determinationszustand der implantierten Zellpopulation zum Zeitpunkt der Metamorphose-Auslösung.

Bei solchen Versuchen zeigt sich, daß der determinierte Zustand »Genitalstruktur« zunächst über viele Zellgenerationen erhalten bleibt. Bestimmte Zellinien realisieren während vieler Generationen ausschließlich einen bestimmten Teil der äußeren Geschlechtsorgane. Wenn solche Zellinien indessen über sehr lange Generationsfolgen in

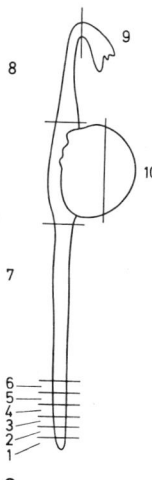

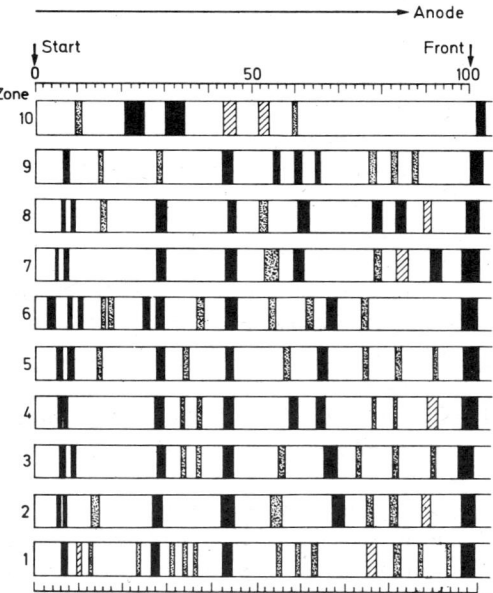

Abb. 4.59a, b. Proteinspektren (b) verschiedener Teile eines Erbsenkeimlings (a). Selbst in eng benachbarten Bezirken der Wurzel können sich die Proteinspektren stark unterscheiden. Schematische Darstellung der angefärbten Banden nach elektrophoretischer Auftrennung. (Nach Hess)

Kultur gehalten und erst dann auf ihre Differenzierungsleistung untersucht werden, bilden diese Zellen überraschenderweise statt Teilen der Geschlechtsorgane solche von Antennen, Beinen, Flügeln oder Augen aus. Offensichtlich haben die Zellen – vielleicht als Folge der großen Anzahl stattgehabter Teilungen – ihr entwicklungsbiologisches Programm »vergessen« und an seiner Stelle ein neues in ihrem Genom aktiviert. Wie früh und wie häufig dies geschieht, hängt u. a. vom Scheibentyp und vom Herkunftsort innerhalb der Scheibe ab.

Wie bei den ähnlichen Fällen von Metaplasie (Abschn. 4.5.4) ist die molekulare Grundlage dieses Phänomens noch unbekannt. Die Transdetermination folgt gewissen Regeln, die zur Aufklärung der Mechanismen beitragen könnten. Wir erwähnen nur die wichtigsten:
(1) Der Verlust des ursprünglichen Determinationszustands führt in der Regel nicht zur Degeneration der Entwicklungsfähigkeit, sondern läßt sich als »Umkippen« in den Determinationszustand einer anderen Imaginalscheibe beschreiben (Abb. 4.60). (2) Zwischen manchen Determinationszuständen gibt es keine direkten Übergänge (Abb. 4.61). (3) Der Kippvorgang hat häufig eine Vorzugsrichtung: Scheibe A transdeterminiert häufiger zum Determinationszustand der Scheibe B als B zu A (Abb. 4.61). (4) Der Kippvorgang ist eine Kollektiventscheidung mehrerer Zellen. (5) Er wird durch intensive Zellteilung begünstigt. Zumindest die Regeln 1 und 2 werden verständlich, wenn man die verschiedenen Determinationszustände auf verschiedene Kombinationen von »Selektorgenen« zurückführt: die zufällige An- oder Abschaltung eines einzelnen Gens verändert die Kombination für ein bestimmtes Entwicklungsprogramm in diejenige für ein anderes (siehe Regel 1), und Übergänge, die das Umschalten von mehr als einem Gen erfordern, sind – falls die einzelne Umschaltung ein seltenes Zufallsereignis ist – nur sehr selten zu erwarten (siehe Regel 2).

Auch aus dem Pflanzenreich können Beispiele genannt werden, die allerdings noch nicht so detailliert untersucht und begrifflich schwerer von der Transdifferenzierung (Abschn. 4.5.4) abzugrenzen sind. Aus Tabakpflanzen gewonnene Calluskulturen unterscheiden sich in ihrem Bedarf an dem Phytohormon Cytokinin je nachdem, aus welchem Organ und Gewebe der Pflanze sie stammen (Tab. 4.4). Dieser Unterschied bleibt auch bei Klonierung der Calluskulturen über Einzelzellen erhalten, ist also stabil und wird bei der Zellteilung »vererbt«. Durch geeignete Phytohormon-Kombinationen lassen sich normale Pflanzen regenerieren (S. 342); dabei gehen die Unterschiede im Cytokininbedarf verloren: Unabhängig davon, aus welchem Gewebe die Pflanze regeneriert ist, können aus ihr wieder Calli gewonnen werden, die organspezifisch cytokinin-unabhängig oder cytokinin-bedürftig sind.

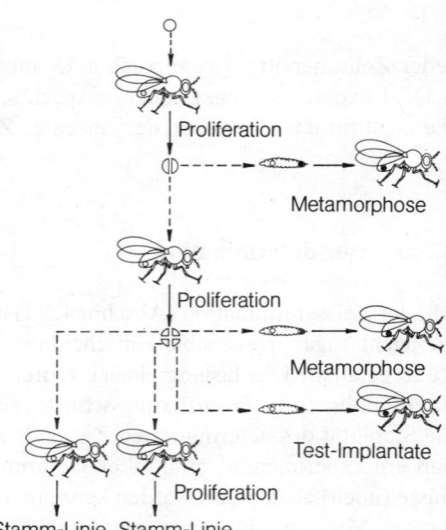

Abb. 4.60. *Versuchsanordnung zum Transdeterminationsnachweis bei Drosophila. Ein Teilstück einer Imaginalscheibe (offener Kreis) – freseziert aus einer Larve – wird in die Leibeshöhle einer Fliege injiziert, wo es wie in Gewebekultur zu wachsen beginnt. Später wird das herangewachsene Blastem aus der Leibeshöhle der Fliege freseziert und halbiert; die Teilstücke (Halbmonde) werden entweder wiederum in eine Fliege umgepflanzt, wo sie weiter wachsen, oder aber in eine Larve injiziert. Dort durchlaufen sie dann die Metamorphose synchron mit der Wirtslarve; aus den entstehenden Fliegen kann man metamorphosierte Implantate (schwarze Kreise) freesezieren und ihre Cuticula mikroskopisch untersuchen. Das Experiment läßt sich beliebig lange weiterführen. (Nach Hadorn)*

4.5.4 Transdifferenzierung (Metaplasie)

Die eben geschilderten Vorgänge betreffen den primären, nur im Experiment ablesbaren Differenzierungszustand (Determinationszustand). Hier folgt nun ein gut untersuchtes Beispiel dafür, daß auch sichtbar – und im ungestörten System endgültig – differenzierte Zellen noch zur Umdifferenzierung fähig sind. Man bezeichnet derartige Umbildungen eines terminal differenzierten Zelltyps in einen anderen als Transdifferenzierung oder Metaplasie.

Unser Beispiel ist der Ersatz einer exstirpierten Augenlinse beim Molch (*Wolff'sche Linsenregeneration*). Wenn die Linse operativ entfernt wird, so bildet sich innerhalb etwa eines Monats eine neue Linse, und zwar durch Regeneration vom oberen Rand der Iris her. Die zellulären und molekularen Vorgänge bei dieser Regeneration sind in Tabelle 4.5 zusammengestellt.

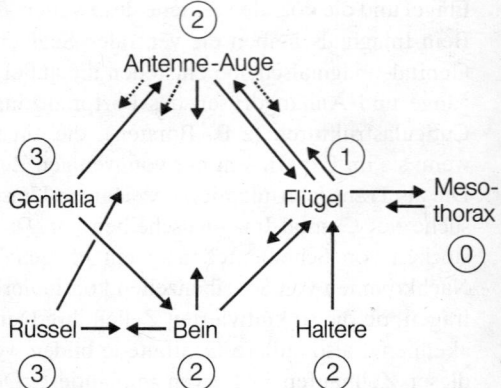

Abb. 4.61. *Schema der Transdeterminationsschritte während der Langzeitkultur von Imaginalscheibenzellen in Wirtsfliegen (Abb. 4.60). Die Länge der Pfeile markiert die Häufigkeit von Transdeterminationen in der angegebenen Richtung, die Ziffern nennen die Zahl der Transdeterminationsschritte, die zum Erreichen des stabilsten Determinationszustands (entsprechend dem Mesothorax) nötig sind. (Nach Hadorn)*

4.5.4 Transdifferenzierung (Metaplasie)

Eingeleitet wird die Regeneration durch Re-Embryonalisierung, die durch den Verlust des Irispigmentes und starke Basophilie (RNA-Anreicherung im Cytoplasma) auffällig wird (Abb. 4.62). *Nach* intensiver *Zellvermehrung* kommt es dann zu einer *Neudifferenzierung* der Abkömmlinge der Iriszellen; nach etwa zwei Wochen, wenn diese Abkömmlinge die Gestalt von Linsenzellen anzunehmen beginnen, treten erstmals spezifische Linsenproteine wie γ-Kristallin auf. Offensichtlich haben also die Zellkerne von Iriszellen, zumindest nach einigen DNA-Replikationen und Mitosen, die Fähigkeit, die Bildung ganz anderer Zelltypen in die Wege zu leiten.

Im Tierreich sind nur wenige Fälle von Metaplasie sicher belegt. Aus methodischen Gründen ist nämlich bei den meisten Regenerationsvorgängen nicht sicher auszuschließen, daß die beobachtete Neubildung von embryonal oder pluripotent gebliebenen »Reservezellen« ausgeht.

Bei Pflanzen sind solche Umwandlungen ganz eindeutig zu erkennen. Hier kann Transdifferenzierung auch gesetzmäßig in den Verlauf einer normalen, ungestörten Entwicklung eingebaut sein. Ein Beispiel ist die Bildung des interfasciculären Cambiums der Cormophyten (S. 415), einer Schicht embryonaler Zellen für das sekundäre Dickenwachstum. Wir finden hier die Folge *Re-Embryonalisierung – Re-Differenzierung* als Bestandteil der normalen Entwicklung. Nach Vergrößerung des Nucleolus setzt in den Parenchymzellen Neusynthese von Proteinen ein, die Vakuole wird durch Resorption des Zellsaftes verkleinert, schließlich erfolgen Kern- und Zellteilungen. Eine der entstehenden Zellen

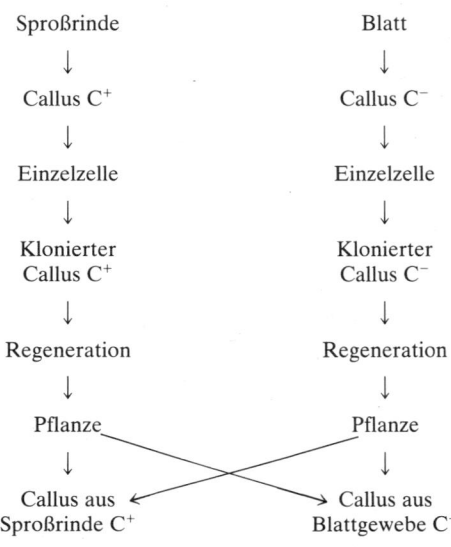

Tabelle 4.4. Beispiel für Transdetermination bei Nicotiana tabacum. Aus Rinden- und Blattgewebe werden Calluskulturen gewonnen; diese sind bezüglich Cytokinin autotroph (C⁺), oder sie benötigen dessen Zufuhr zum Wachstum (C⁻). Bei der Regeneration zu einer neuen Pflanze geht die Spezifität dieser Differenzierung verloren

Tabelle 4.5. Wolff'sche Linsenregeneration. Vorgänge in der Iris. (Nach Yamada)

Tag	Vorgang	Synthese von: DNA (Mitosen)	RNA	γ-Kristallin	Morphologie
−1	*Normalzustand*	−	−	−	
0	*Operation.* Anschwellen der Zellkerne am Irisrand	−	−	−	
6	*Bildung eines Lumens*	+	+	−	
10	*Depigmentierung.* Amöboide Zellen im Lumen führen Pigment ab. Viel granuläres ER	+ + +	+ + +	−	
12	*Linsenbläschen* aus pigmentlosen Zellen. Starke Basophilie	+ + +	+ + +	(+)	
16	*Verdickung der inneren Schicht.* Nur noch Epithelzellen basophil, Faserzellen nicht mehr	+ + + im Epithel	+ + +	+	
20	*Umwachsung:* Wachstum der Linse	+ + + im Epithel	+ + +	+ +	
25	*Wachstum der Linse; Ablösung von der Iris.* Faserbildung	−	−	+ + +	

erhält den Charakter einer embryonalen Zelle, also einer *Meristemzelle,* deren Abkömmlinge sich dann zu den verschiedenen Zellelementen des Holzes und des Bastes, also den sekundären Geweben der Sproßachse oder der Wurzel, differenzieren. Entsprechendes gilt für die Ausbildung des *Korkcambiums* aus *Rindenparenchym* (S. 418) oder ausdifferenziertem *Bastparenchym.* Dieses Korkcambium führt zur Bildung eines sekundären Abschlußgewebes mit Korkzellen, deren chemische Zusammensetzung völlig von derjenigen der Rinden- und Bastparenchymzellen abweicht, aus denen das Korkcambium entstanden ist.

Die Notwendigkeit einer vorherigen Re-Embryonalisierung leuchtet unmittelbar ein, wenn man beim Torfmoos *Sphagnum* beobachtet, daß zwei völlig verschiedene Zelltypen, nämlich die Chlorophyllzellen und die jungen Hyalinzellen des Blättchens, in gleicher Weise eine ganze Pflanze regenerieren können (S. 342, Abb. 4.27). Wir haben guten Grund zu der Annahme, daß die gleichen Vorgänge sich bei dem eindrucksvollen Regenerationsgeschehen abspielen, das aus einer einzigen Epidermiszelle des Blattes eine neue Begonienpflanze entstehen läßt (vgl. S. 390, Abb. 4.111).

4.5.5 Die Rolle des Chromatinzustands bei der Zelldifferenzierung

In der Interphase, d. h. wenn die Genexpression erfolgt, liegt die genetische Substanz der Zellkerne als Chromatin (= DNA + Proteine) vor (S. 154). Unter den Zellkernproteinen schreibt man vor allem den sog. Nichthiston-Proteinen eine entscheidende Rolle bei der Genregulation zu. Daher liegt es nahe, Zelldetermination und Zelldifferenzierung auf die jeweilige Zusammensetzung und Struktur des Interphase-Chromatins zurückzuführen. Sicher ist, daß bestimmte Chromatinzustände die Transkription unterbinden. Hierher gehören das Heterochromatin (S. 156) und die spezifische Chromatinstruktur der Spermien, die eine extrem dichte Packung der DNA ermöglicht. Angesichts der Stabilität von Zelldetermination und Zelldifferenzierung stellt sich die Frage, ob das Chromatin entsprechend stabile Zustände annehmen kann. Für die eben erwähnten mikroskopisch sichtbaren Chromatinstrukturen ist diese Frage zu bejahen. Das »konstitutive« Heterochromatin bleibt ebenso wie die Heterochromatisierung des inaktiven X-Chromosoms beim weiblichen Säuger (S. 209) über viele Zellgenerationen hinweg erhalten. Das Spermienchromatin unterscheidet sich vermutlich noch im Zygotenkern und seinen ersten Teilungsprodukten bei manchen Tieren vom Oocytenchromatin; nur so sind gewisse Besonderheiten wie die verzögerte Transkription väterlicher Allele oder die Elimination des gesamten väterlichen Chromosomensatzes (S. 232) zu verstehen.

Schwieriger wird die Klärung, wenn es sich um subtilere, einzelne Genloci betreffende Mechanismen handelt, z. B. solche, die man für die zelltypspezifische Regulation einzelner Enzyme (Tabelle 4.3) heranziehen könnte. Bestimmte DNasen (z. B. DNase I) können die DNA im Chromatin nur dort angreifen, wo gerade Transkription stattfindet (sog. hypersensitive Stellen). Behandelt man Chromatin aus hormonstimulierten Oviduktzellen des Haushuhns (S. 298) mit DNase I, so zerstört diese die Sequenzen für das Ovalbumin (S. 380), aber nicht diejenigen für die Hämoglobine. Letztere werden jedoch angegriffen, wenn das Chromatin aus Erythroblasten (S. 354) stammt. Dafür bleiben in diesem Fall die Ovalbuminsequenzen intakt. Aus technischen Gründen hat man bisher für diese Versuche terminale Zelltypen benutzt, die nur Aussagen über die sekundäre Differenzierung gestatten. Es ist aber durchaus möglich, daß das Chromatin auch bei der primären Zelldifferenzierung (Zelldetermination) eine Rolle spielt.

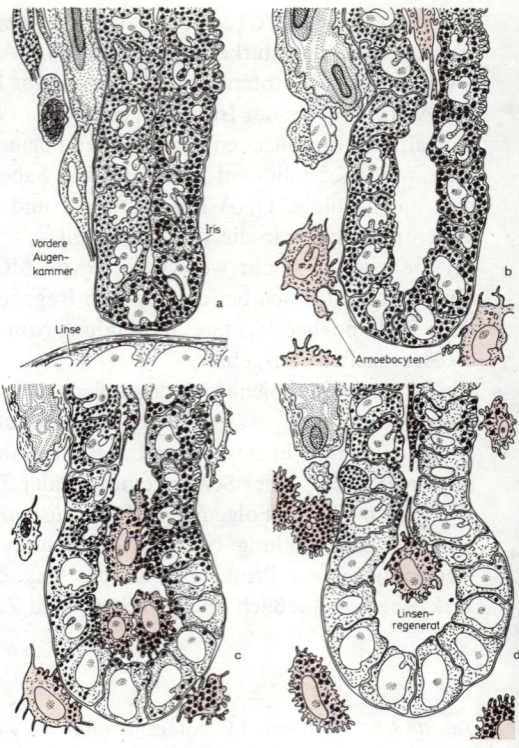

Abb. 4.62 a–d. Regeneration der Augenlinse bei einem Molch. Umwandlung (Metaplasie) des pigmentierten Irisepithels (a) in ein Linsenregenerat (d). Die ausgestoßenen Pigmentkörper werden von Amoebocyten (rot) aufgenommen und abtransportiert, das Regenerat vergrößert sich schließlich zu einer neuen Linse. (Nach Goss)

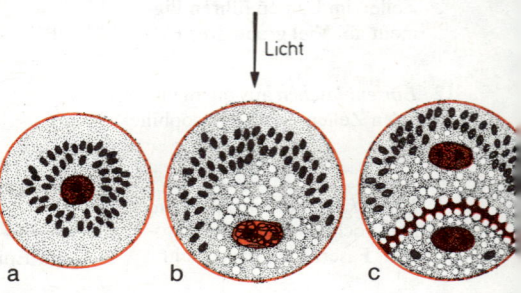

Abb. 4.63 a–c. Entstehung einer Polarität und inäquale Teilung der Equisetum-Spore (Schachtelhalm) unter dem orientierenden Einfluß des Lichtes. (a) Reife, trockene Spore ohne erkennbare Polarität. (b) Entmischung der Zellbestandteile; Chloroplasten und Zellkern wandern in entgegengesetzte Richtungen. (c) Erste Zellteilung abgeschlossen; oben die große, chloroplastenreiche Prothalliumzelle; unten die kleine, chloroplastenarme Rhizoidzelle. (Aus Kühn)

4.6 Musterbildung

Musterbildung bedeutet das Auftreten verschiedener Systemkomponenten in nichtzufälliger, d. h. eindeutig vorhersagbarer räumlicher Anordnung. Der Musterbildung kommt zentrale Bedeutung in der Ontogenese zu, weil sie die als »Organisation« bezeichnete geordnete räumliche Struktur des Organismus entstehen läßt. Musterbildung erfolgt auf den verschiedensten Ebenen lebender Systeme. Als Musterelemente oder Systemkomponenten lassen sich beim Vielzeller unterschiedlich differenzierte Zellen oder Zellgruppen betrachten, beim Einzeller (z.B. *Paramecium*, Abb. 6.39, S. 567) oder bei einzelnen Zellen des Vielzellers sehen wir Organellenmuster, und die Organellen sind ihrerseits Muster aus verschiedenen Molekülen.

Viele Muster, vor allem die komplexeren, entstehen progressiv: die einfache räumliche Organisation des Ausgangsstadiums, etwa einer Eizelle oder eines Vegetationskegels, wird über mehrere Stufen der Musterbildung in ein vielgliedriges Muster überführt, das die Grundlage für die Organisation des Körpers darstellt. Man bezeichnet die beteiligten Vorgänge als »epigenetisch«, da sie sich nicht aus der unmittelbaren Wirkung einzelner Gene verstehen lassen, sondern nur aus dem Wechselspiel vieler Genprodukte, die als System zusammenwirken (und dazu u. U. noch orientierender Einflüsse von außen bedürfen). Vor allem bei den Metazoen tritt die progressive Musterbildung von der Eizelle bis hin zum vielfältig gegliederten Organismus sehr eindrucksvoll in Erscheinung.

4.6.1 Zellpolarität

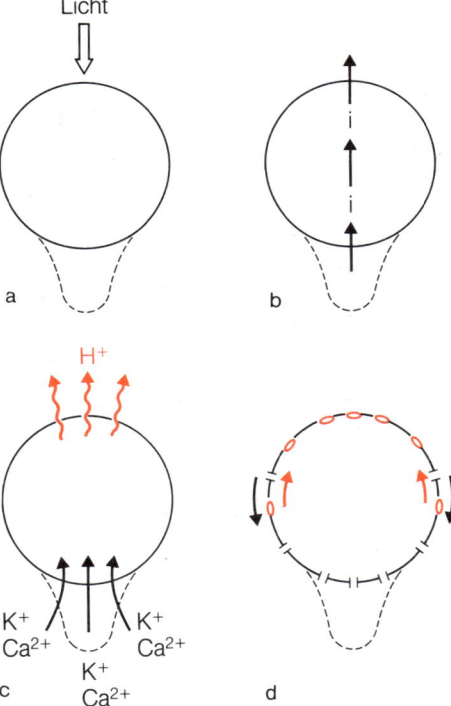

Abb. 4.64. Frühe Vorgänge bei der Induktion der Polarität in der befruchteten Eizelle von Fucus. (a) Einseitige Belichtung der ungekeimten Zelle als orientierendes Signal; die spätere Keimrichtung des Rhizoids ist gestrichelt angedeutet. (b) Transzellulärer Strom (i) als meßbare Reaktion nach einigen Stunden. (c) Zustandekommen des transzellulären Stroms durch aktives Auswärtspumpen von Protonen auf der belichteten Seite und passives Nachfließen von K^+ und Ca^{2+} auf der »Schattenseite«. (d) Umverteilung von Ionenkanälen für K^+ und Ca^{2+} (11) und Protonenpumpen (0) als Folge des transzellulären Stroms und als Ursache für dessen Fortbestehen. (Nach Weisenseel)

Viele Zelltypen weisen Polarität auf, eine Eigenschaft, die sich in der Ungleichverteilung bestimmter Moleküle bzw. Organellen entlang einer gedachten Raumachse ausdrückt; als Beispiel kann die apiko-basale Polarität der Epithelzelle dienen (Abb. 1.11, S. 20). Für die ontogenetische Musterbildung ist die Zellpolarität von größter Bedeutung, da sie Fixpunkte und Vorzugsrichtungen definiert, die gleichsam als Koordinaten für den Aufbau räumlicher Unterschiede und damit als Grundlage für eine progressive Musterbildung dienen können. Besonders deutlich wird dies, wenn die Polarität einer Spore oder Eizelle zur differentiellen Anordnung verschiedener Cytoplasmaeinschlüsse führt, die anschließend durch entsprechende Zellteilungsmuster gesetzmäßig auf Tochterzellen mit spezifischen Entwicklungsfunktionen verteilt werden (S. 365 sowie Abb. 4.63 und 4.66, 4.67). Polarität ist wohl in den meisten Fällen durch die Oogenese weitgehend festgelegt. Ausnahmen hiervon sind bei einer Reihe von Pflanzen bekannt; die klassischen Beispiele sind die Eizellen von Fucaceen (Braunalgen) und die Meiosporen von *Equisetum* (Schachtelhalm). Hier können einseitig wirkende Außenfaktoren, insbesondere Licht, die Polarität festlegen und damit die endogen determinierte Polarität völlig ausschalten (Abb. 4.63). Erste sichtbare Manifestation der Polarität ist bei *Equisetum* eine Verlagerung der Chloroplasten zum lichtzugewandten Pol und des Zellkerns nach der entgegengesetzten Seite. Damit ist die Richtung der Spindel für die erste Kern- und Zellteilung festgelegt, und es entstehen dabei zwei ungleiche Zellen: Die größere, dem Licht zugewandte Zelle mit der Mehrzahl der Chloroplasten wird zur Prothalliumzelle, die sich durch intensive Teilungen zum photosyntheseaktiven Prothallium weiterentwickelt; die kleinere, dem Licht abgewandte Zelle mit nur wenigen Chloroplasten wird zur Rhizoidzelle, die sich weniger häufig teilt und das Rhizoidsystem zur Verankerung im Substrat ausbildet. Wir haben hier eine *inäquale* oder *differentielle* Zellteilung vor uns. Die Ungleichheit bezieht sich aber nicht auf die genetische Information im Zellkern, sondern nur auf die plasmatische Umgebung; denn bei *Fucus* konnte gezeigt werden, daß die Zellen noch totipotent sind. Bei diesen Beispielen ist also bereits die erste Zellteilung entscheidend für die gesamte weitere Entwicklung.

Zur Frage nach der physiologischen Grundlage der Polarität und ihrer Entstehung haben Versuche an *Fucus*-Arten und verwandten Gattungen wichtige Beiträge geleistet. Aus Versuchen mit partieller Belichtung kleiner Zellbereiche und aus spezifischen Effekten polarisierten Lichtes kann geschlossen werden, daß sich die Lichtperzeption am Plasmalemma oder in dessen unmittelbarer Nachbarschaft abspielt. Schon nach wenigen Stunden sind dann Potentialänderungen in der Eizelle zu beobachten, verbunden mit Ionenströmen: Am zukünftigen Rhizoidpol treten Ca^{2+}- und K^+-Ionen ein, während am künftigen Thalluspol Protonen nach außen gepumpt werden (Abb. 4.64). Der hierdurch in Gang gesetzte transzelluläre Strom sorgt wahrscheinlich für eine Umverteilung von Ca^{2+}- und K^+-Poren einerseits und von Protonenpumpen andererseits im Sinne einer positiven Rückkopplung, so daß die Stromrichtung stabilisiert wird. Wir sprechen von *Selbstelektrophorese*. Wie hieraus dann schließlich eine stabile strukturelle Polarität resultiert, ist noch nicht bekannt. Die Polarität ist so stabil, daß sie auch durch starkes Zentrifugieren, das zu einer gründlichen Umverteilung des Zellinhaltes führt, nicht mehr verändert werden kann; sie muß also ihren Sitz in den äußersten Plasmaschichten oder dem Cytoskelett haben. Das ist insofern bemerkenswert, als ja auch die Perzeption des Lichtes lokalisiert ist (siehe oben), und die erwähnten elektrophysiologischen Zwischenreaktionen sind typische Membranprozesse. Auch andere Außenfaktoren, die – als gerichtete Signale wirkend – die Polaritätsrichtung bestimmen können, dürften primär Eigenschaften der Membran ändern: *pH*-Gradienten, elektrische Felder oder die Eintrittsstelle des Spermatozoids bei der Braunalge *Cystosira*.

Vermutlich genügen auch bei den Oocyten schon geringfügige und wenig stabile stoffliche Gradienten, um im Wege positiver Rückkopplung eine strukturelle Polarität zu erzeugen, deren Stabilität an die Zellmembran und/oder das Cytoskelett gebunden ist.

Bei vielen Höheren Tieren wird die Polarität der Hauptachse durch die exzentrische Lage des Oocytenkerns in der meiotischen Prophase bestimmt. Der Kern, wegen seiner extremen Größe Keimbläschen genannt, liegt am dotterärmeren Eipol; die dort später entstehenden Furchungszellen liefern u. a. Sinnesorgane und das ZNS, weshalb man vom animalen Pol spricht. Der gegenüberliegende vegetative Pol liefert hauptsächlich die »vegetativen« Eingeweideorgane. Weil »vegetativ« in der Fortpflanzungsbiologie und im botanischen Bereich zwei andere, z.T. geradezu entgegengesetzte Bedeutungen besitzt (S. 269f.; vegetativ auch Gegensatz zu generativ), bezeichnen wir diesen Pol fortan wie im Englischen als »vegetal«. Die animal-vegetale Hauptachse bestimmt die Richtung der axialen Organisation und fällt häufig mit der Längsachse annähernd zusammen.

Zur Bestimmung der für höhere Tierformen typischen bilateralsymmetrischen Organisation ist jedoch noch eine zweite Polaritätsachse nötig. Diese erhält unter Umständen ihre Richtung erst nachträglich durch asymmetrische Außenreize (z. B. bei vielen Amphibien, S. 340).

Erfolgt die Polarisierung unabhängig von Außenfaktoren schon bei der Herausbildung von Spore oder Eizelle, so schreibt man häufig den Nachbarzellen eine wesentliche Rolle bei der polaren Verteilung bestimmter Stoffe (z. B. Dotterpartikeln) oder des Cytoskeletts zu. Für die frühe Ausbildung einer Polaritätsachse während der Eibildung (Oogenese) liefern die Insekten und unter ihnen die höheren Zweiflügler besonders instruktive Beispiele. Während man nämlich bei vielen anderen Tiergruppen die vom Ovar vermittelte Eizellpolarität auf relativ vage definierte Asymmetrien der Umgebung zurückführt, kann man bei *Drosophila* und ihren Verwandten die Beteiligung der sogenannten Nährzellen (S. 298) erschließen. Nährzellen produzieren gewaltige Mengen von Makromolekülen und Organellen, die sie durch Plasmabrücken hindurch ins Ooplasma abgeben (Abb. 4.65). Die naheliegende Annahme, daß dieser einseitige Einstrom zu einer polaren Stoffschichtung in der zukünftigen Eizelle führt, ist allerdings nicht haltbar. Die besonde-

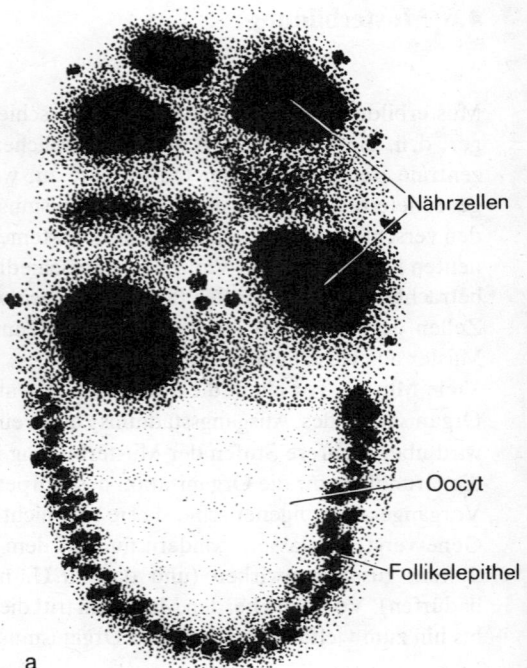

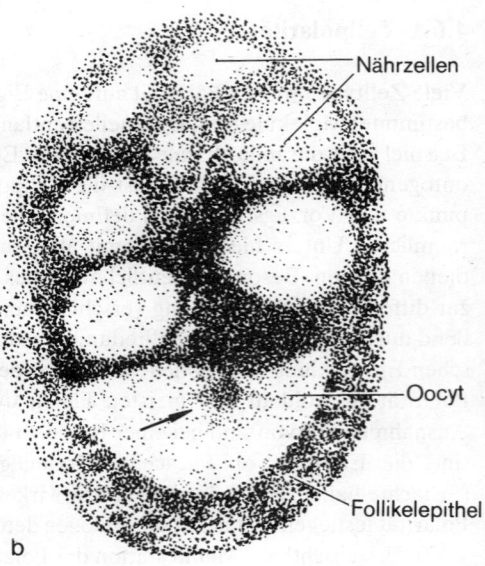

Abb. 4.65a, b. Übertritt radioaktiver Nucleinsäuren in den wachsenden Oocyten einer Fliege. Dargestellt sind Autoradiogramme von Schnitten durch Follikel. (a) 1 h nach Injektion von ^3H-Cytidin sind die Kerne durch Einbau der Vorstufen in RNA markiert, (b) 5 h nach Injektion von ^3H-Cytidin ist diese RNA ins Nährzell-Cytoplasma gelangt. Der Pfeil weist auf eine Stelle hin, wo radioaktive RNA von den Nährzellen in den Oocyten strömt. (Nach Bier)

ren Eigenschaften beider Polregionen beruhen vielmehr auf molekularen Signalen seitens bestimmter Zellen in den Polen des umgebenden Follikelepithels (Abb. 4.65). Die Nährzellen bestimmen dann zusätzlich, welcher Oocytenpol zum Vorderpol wird. Wenn nämlich ein Oocyt an beiden Polen Nährzellen trägt, so erhält das daraus hervorgehende Ei in der Regel an beiden Polen Vorderpol-Eigenschaften (Abb. 4.82).

4.6.2 Ooplasmatische Segregation

Die polarisierte Entmischung von Zellkomponenten, wie sie bei der *Equisetum*-Spore auftritt (Abb. 4.63), erfolgt auch in den Eizellen und frühen Furchungsstadien vieler Tiere, allerdings ohne Mitwirkung von Außenfaktoren; man nennt sie dort ooplasmatische Segregation. Das beste Beispiel liefern die Seescheiden oder Ascidien (Tunicata). Der animale Pol ihrer ihrer Eizelle ist zwar wie üblich durch das Keimbläschen ausgezeichnet, ansonsten sind die lichtmikroskopisch erkennbaren Zellkomponenten aber zunächst homogen bzw. konzentrisch angeordnet (Abb. 4.66). Nach der Eiablage und insbesondere nach Eindringen eines Spermiums setzt eine rapide Segregation und Umschichtung dieser Komponenten ein; sie werden dadurch in eine deutlich bilateralsymmetrische Anordnung überführt (Abb. 4.69). Während der ersten Furchungsteilungen wird das Segregationsmuster noch reicher (Abb. 4.70).

Bei der ooplasmatischen Segregation der Amphibien spielt vermutlich die vom Spermium ausgehende große Polstrahlung eine vermittelnde Rolle; sie entsteht nahe der Eintrittsstelle, liegt also exzentrisch. Dabei verschieben sich auf der gegenüberliegenden Seite verschiedene Schichten des Eicytoplasmas gegeneinander. Dieser Vorgang bestimmt auf nicht näher bekannte Weise die zukünftige Dorsalseite; als erstes sichtbares Anzeichen für die Dorsalisierung entsteht dort der »graue Halbmond«. Daß die Umschichtung der entscheidende Vorgang ist, ergibt sich u. a. aus dem »Schultzeschen Umkehrversuch«. Dabei legt man die Eizelle so fest, daß der normalerweise obere (weil leichtere) animale Eipol nach unten zeigt. Das schwerere vegetale Ooplasma sinkt dann ab und dies löst häufig Umschichtungen an einer zusätzlichen Stelle aus. Der Keim erhält dann zwei Dorsalseiten und liefert schließlich siamesische Zwillinge.

4.6.3 Zellteilungsmuster

Musterbildung ist bei Vielzellern in der Regel mit Zellteilungen verknüpft. Die Mitosen laufen oft nach artspezifischen und komplexen raumzeitlichen Mustern ab.

Die Gesetzmäßigkeit von Zellteilungsmustern bei Pflanzen wird deutlich bei der Entwicklung der zu den Phytoflagellaten gehörenden koloniebildenden Volvocales, für die *Pleodorina* ein Beispiel ist. Die Zellteilungsfolge, die für einige Stadien in Abbildung 4.68a–c dargestellt und in 4.68d durch die Buchstaben und Ziffern schematisch gekenn-

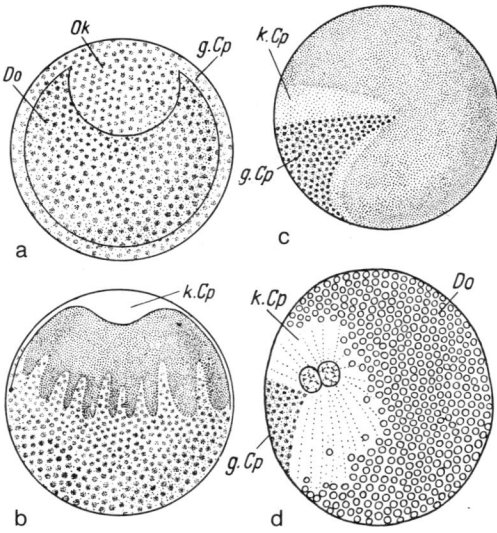

Abb. 4.66. Ooplasmatische Segregation bei einem Tunikaten. Das anfangs konzentrisch-radiärsymmetrisch organisierte Ooplasma (a) durchläuft nach der Besamung einen Entmischungsvorgang (b), der zur bilateralsymmetrischen Anordnung verschiedener Ooplasmabestandteile führt (c, Seitenansicht; s. a. Abb. 4.67). Die Mikrotubuli der Polstrahlung um die beiden Vorkerne spielen dabei vermutlich eine wesentliche Rolle (d, Medianschnitt). Do Dotter, Ok Oocytenkern, g.Cp gelbes, k.Cp klares Cytoplasma. (Nach Conklin, aus Kühn)

Abb. 4.67a–e. Cell-lineage-Studie durch Verfolgung der natürlichen Pigmentierung in der Normalentwicklung eines Tunikaten-Eies. Die Färbung von Eibezirken (a) läßt sich über den Achtzeller (b) bis zu weiter fortgeschrittenen Stadien verfolgen (c–e). Kreise: gelber Halbmond (= Mesodermanlage); feine Punkte: grauer Halbmond (= Nervensystemanlage); grobe Punkte: schiefergraues Cytoplasma (= Entodermanlage); weiß: Hautanlage. (a, b) Seitenansicht. (c–e) Aufsicht auf die vegetale Polregion. In (d) zeigen die Buchstaben das (hauptsächliche) Entwicklungsschicksal der Furchungszellen an: Ch Chorda, En Entoderm, M Mesoderm, N Neuralanlage. (Nach Conklin aus Kühn)

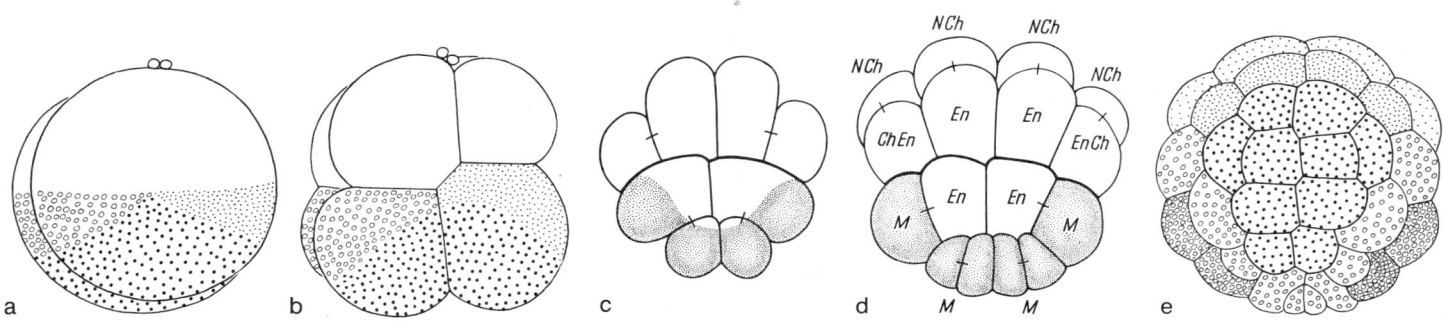

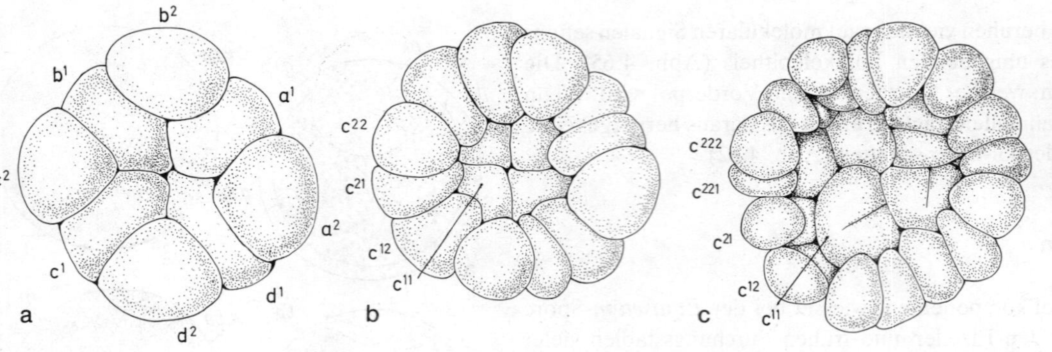

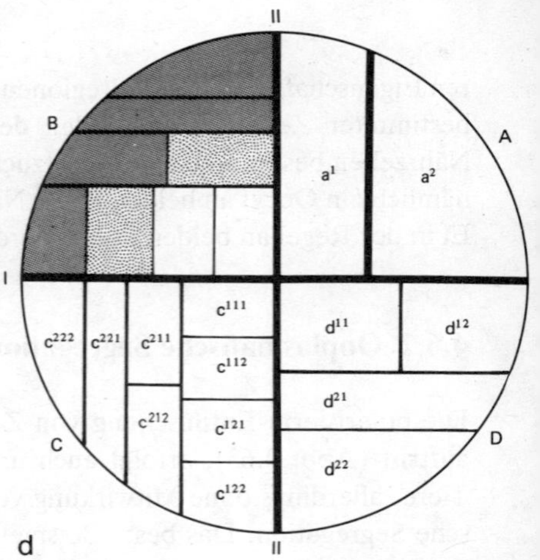

366 Entwicklung

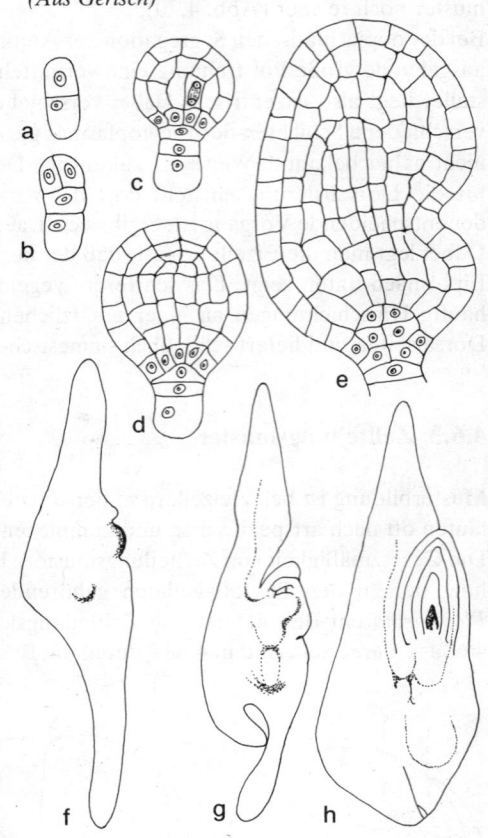

Abb. 4.68 a–d. Frühe Entwicklung von Pleodorina. Die Zellplatte (a, b) krümmt sich beim Übergang zum 32-Zellenstadium (c) in die dritte Dimension. (d) Zellteilungsfolge durch Buchstaben und Zahlen angedeutet. Die zukünftigen generativen Zellen sind im Quadranten B grau getönt. (Aus Gerisch)

zeichnet ist, legt hier das weitere Schicksal jeder Zelle eindeutig fest. Dies wird aus einigen Parametern bereits im frühen Stadium erkennbar: Die Teilungsrichtungen der Zellen sind verschieden; die inneren Zellen bleiben in ihrer Teilungsgeschwindigkeit hinter den äußeren zurück; die gesetzmäßige Verschiebung der Tochterzellen zueinander resultiert in dem typischen Muster des »Volvoxkreuzes« (Abb. 4.68a).

Wesentlich komplizierter stellt sich dieses Prinzip bei der Entwicklung des Angiospermen-Embryos im Embryosack dar, wo ebenfalls das Zellteilungsmuster eindeutig programmiert ist (Abb. 4.69 und 4.70).

In der Aussage, daß das Schicksal der Tochterzellen durch das Zellteilungsmuster festgelegt wird, ist bereits enthalten, daß solche Zellteilungen differentiell verlaufen müssen (S. 363). Dies wird in einem weiteren Beispiel viel unmittelbarer deutlich als bei Pleodorina oder den Embryonen: Das Blättchen des Torfmooses Sphagnum zeigt ein sehr regelmäßiges Muster von zwei Zelltypen, den assimilierenden, relativ kleinen Chlorophyllzellen und den großen Hyalinzellen, die im ausgewachsenen Blättchen nach Ausbildung lokaler Wandverdickungen und nach lokaler Auflösung der Zellwand zu Poren ihren lebenden Zellinhalt verlieren und nun kapillar große Mengen von Wasser aufnehmen und festhalten können (Abb. 4.71). Die diesem Muster zugrunde liegenden inäqualen Teilungen werden erkennbar, sobald die Scheitelzelle des Blättchens ihre embryonale Teilungstätigkeit eingestellt hat. Jetzt führt jede Zelle zwei inäquale Teilungen durch, wobei die beiden schräg nach apikal liegenden Zellen kleiner, aber sehr plasma- und plastidenreich sind und sich noch ein- bis zweimal teilen, während die größere, basalwärts liegende Zelle eine große Vakuole ausbildet und damit schnell noch weiter an Größe zunimmt – in ihr erkennt man frühzeitig die künftige Hyalinzelle. Beide Zellen sind totipotent, enthalten also die gesamte genetische Information (S. 342 und Abb. 4.27).

Bei Tieren sind konstante Zellteilungsmuster viel seltener, vor allem in der späten Entwicklung, wo man sie eigentlich nur von epidermalen Kleinorganen bei Arthropoden kennt (Abb. 4.72). Aber bei vielen Arten fehlen sie auch auf den frühesten Entwicklungsstadien. Man bezeichnet die ersten Teilungen der tierischen Eizelle als Furchung, da man zunächst nur das Grenzfurchenmuster zwischen den Tochterzellen sah, das die Oberfläche der Eizelle in zunehmend kleinere Felder zerlegt (Abb. 4.55). Die Furchungsteilungen verdienen durchaus einen besonderen Namen. Bei ihnen teilen sich nämlich die Zellen ohne zwischengeschaltetes Zellwachstum. Die Furchung der tierischen Eizelle ist also – wie die ersten Teilungen der Volvocales (Abb. 4.68) – eine *Unter*teilung des konstanten Eizellvolumens in zunehmend kleinere Tochterzellen. Beim pflanzlichen Embryo hingegen alternieren Zellteilungen und Zellwachstum, so daß sein Gesamtvolumen von Anfang an progressiv zunimmt (Abb. 4.69).

Je nach Zellteilungsmuster unterscheidet man bei Tieren eine Anzahl von Furchungstypen (Abb. 4.4, 4.73, 4.74). Sie stehen in enger Beziehung zur relativen Menge und Verteilung der Speicherstoffe (Dotterpartikel) im Eicytoplasma, beruhen aber weitgehend auf Eigenschaften des Cytoskelett-Systems. Isolecithale Eier (mit fast gleichförmiger Dotter-

Abb. 4.69 a–h. Embryoentwicklung bei Monokotylen. (a–e) Luzula forsteri, Differenzierung des Embryos. (f–h) Zea mays, Weiterentwicklung des Embryos bis zum Stadium im reifen Samen (vgl. Abb. 4.93). Das Keimblatt im Bild links, nach oben orientiert. (Nach Souèges u. Randolph, aus Raghavan)

verteilung) furchen sich *total* und *äqual,* d. h. das ganze Zellvolumen wird in annähernd gleich große Blastomeren zerlegt, wie z. B. beim Ei des Lanzettfischchens *Branchiostoma.* Auch bei *telolecithalen* Eiern (mit polar ungleichförmiger Dotterverteilung) kann der ganze Zelleib *total* durchgefurcht werden, die Furchung ist aber *inäqual,* wie z. B. beim Ei des Frosches. Da die Furchung im dotterarmen animalen Bereich schneller fortschreitet, sind nach einigen Entwicklungsstunden kleinere Blastomeren im animalen Bereich und größere Blastomeren im dotterreichen vegetalen Bereich zu finden. Telolecithale Eier mit besonders viel Dotter furchen sich nur partiell, und zwar im animalen Bereich; Beispiele für diese *discoidale* Furchung liefern die Eier von Fischen oder Vögeln. *Centrolecithale* Eier schließlich, bei denen eine zentrale Dottermasse von einer peripheren Cytoplasmaschicht umlagert wird, zeichnen sich durch *superfizielle* Furchung aus. Dabei teilen sich zunächst die Kerne in kleinen Cytoplasmainseln im Innern der Dottermasse und wandern dann an die Peripherie. Erst nachdem sie dort angelangt sind, werden kleine Cytoplasmabezirke um die Kerne herum durch Zellmembranen gegeneinander abgegrenzt. Diesen Ei- und Furchungstyp gibt es bei vielen Arthropoden.

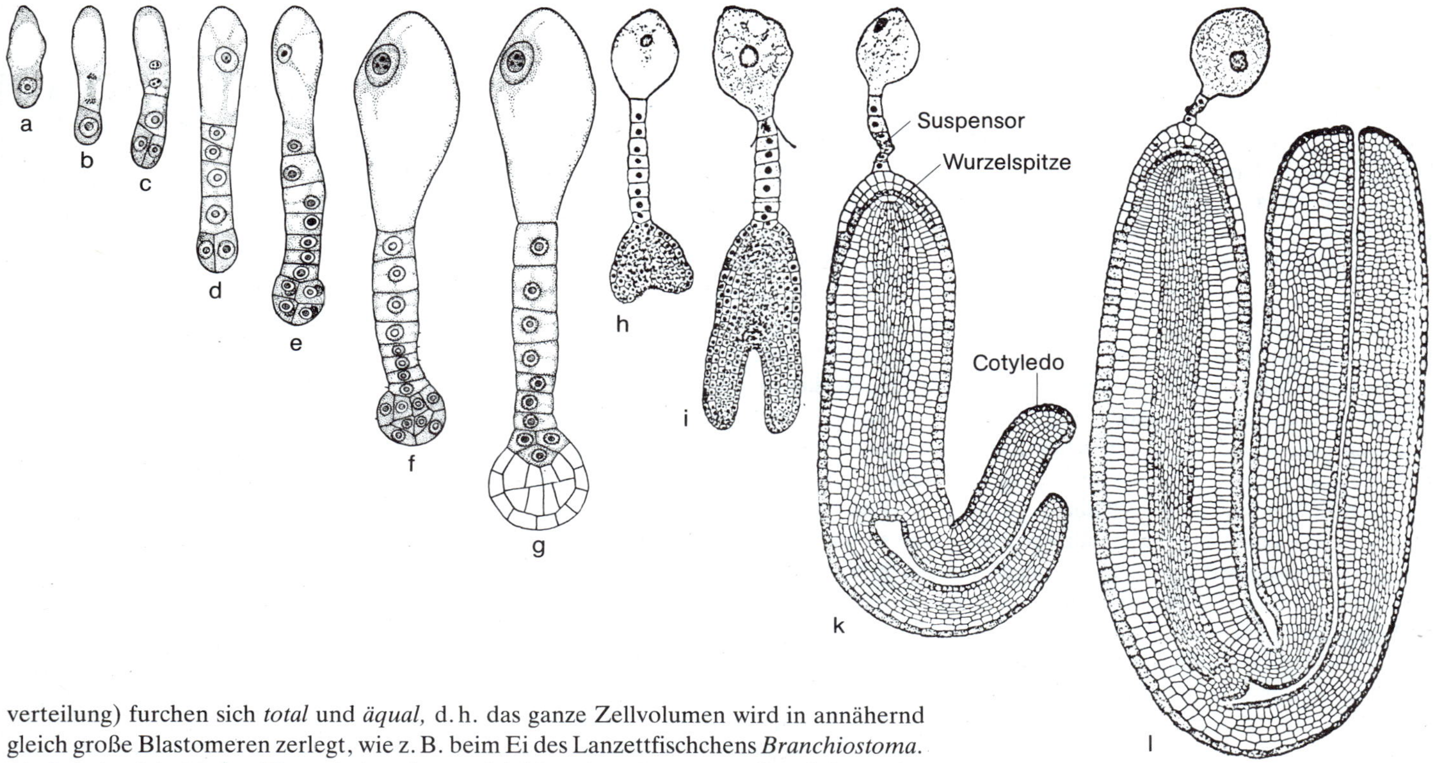

Abb. 4.70 a–l. Embryoentwicklung von *Capsella bursa-pastoris* (Hirtentäschelkraut). (a–g) Programmierte Zellteilungsfolgen lassen aus der befruchteten Eizelle den kugelförmigen Embryo (im Bild nach unten orientiert) entstehen. (h, i) Weitere Teilungsfolgen führen zum Herzstadium des Embryos. (k, l) Durch Wachstum der Kotyledonen, die den Vegetationskegel des Sprosses zwischen sich einschließen, wird das Endstadium im reifen Samen erreicht. Oben befindet sich die ehemalige Eizelle, darunter der Suspensor. Teilbilder (a–g) stärker vergrößert als (h–l). Vgl. Abb. 3.54, S. 283. (Nach Schaffner u. Souèges, aus Maheshwari)

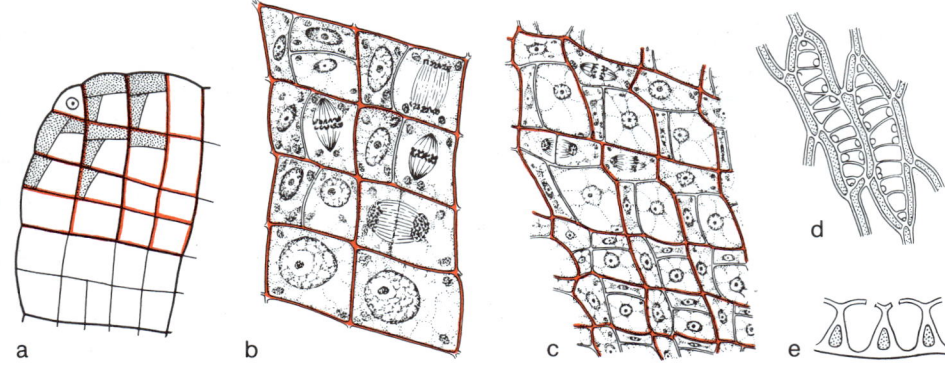

Abb. 4.71 a–f. Ausschnitte aus dem Blättchen des Torfmooses (*Sphagnum*) in der Entwicklung. (a) Blattspitze mit der Scheitelzelle (links oben); die von ihr abgegebenen Segmente teilen sich gesetzmäßig weiter. (b) Details der inäqualen Teilung, bei der eine größere (plasmaarme) und zwei kleinere (plasmareiche) Zellen entstehen. (c) Die kleinen Zellen (zukünftige Chlorophyllzellen) beginnen sich weiter zu teilen. (d) Fertig differenzierte Hyalinzellen, umgeben von den schmalen Chlorophyllzellen. (e) Querschnitt durch Hyalinzellen (jeweils ein Porus angeschnitten) und dazwischenliegende Chlorophyllzellen. (Aus Kühn)

Bei der Totalfurchung können die Tochterzellen unterschiedliche Muster bilden, bedingt durch die Spindelstellung bei den einzelnen Teilungen (s. u.). Der urtümlichste Typ dürfte die Tetraeder-Furchung sein, bei der schon die beiden ersten Spindeln senkrecht zueinander stehen (Abb. 4.76). Als weitere Typen unterscheiden wir die Spiralfurchung (Abb. 4.74), die Radiärfurchung (Abb. 4.76) und die Bilateralfurchung (Abb. 4.67). Die beiden letzteren bieten Gelegenheit, die Frage nach dem Kausalzusammenhang zwischen Furchungsmuster und späteren Musterbildungsvorgängen (S. 369) wieder aufzugreifen. Beim Seeigel verlaufen die beiden ersten Teilungsebenen meridional, die dritte äquatorial (Abb. 4.73). Anschließend erfolgt ein auffälliger Teilungsschritt, indem sich die vier animalen Zellen meridional, die vegetalen äquatorial und zudem sehr ungleich teilen. Auch die nächsten Schritte folgen strengen Regeln. Trotz dieser Regelhaftigkeit scheint das Furchungsmuster für die weitere Entwicklung entbehrlich zu sein: man kann es auf verschiedene Weise stören, u. a. durch kurzzeitiges Flachdrücken des Eies zwischen zwei Glasplatten, und erhält dennoch normale Pluteuslarven. Anders liegen die Dinge bei den Ascidien. Ihr bilateralsymmetrisches Furchungsmuster verteilt die segregierten Einschlußkörper (S. 365) so gesetzmäßig auf verschiedene Tochterzellen, daß sich mit ihrer Hilfe ein Zellstammbaum (»cell lineage«) bis hin zu den larvalen Organen aufstellen läßt. Da zudem die einzelnen Zellen auch getrennt von den übrigen zunächst ihren normalen Entwicklungsweg verfolgen, hat man den Ascidienembryo lange Zeit als Musterbeispiel für ein »Mosaik-Ei« betrachtet, in dem Determinanten für die einzelnen Körperteile schon im Eicytoplasma als entsprechendes räumliches Muster verteilt sind. Der Mosaikcharakter der Entwicklung folgt jedoch erst aus der ooplasmatischen Segregation und insbesondere nach den ersten Furchungsteilungen. Davor, genauer gesagt vor dem Eindringen des Spermiums, ist das Ascidien-Ei aber kein Mosaik von Organanlagen (oder von Determinanten, s. u.), sondern ein weitgehend homogenes dynamisches System zur Herstellung eines solchen Mosaiks. Dies zeigt sich, wenn man eine unbesamte Eizelle zerschneidet und beide Hälften besamt: jede Hälfte furcht sich dann wie das ganze Ei (Abb. 4.75) und liefert eine vollständige Larve (allerdings oft von abnormer Form). Vor der Besamung verhält sich das Ascidien-Ei also gemäß dem »Regulationstyp«.

Dies zeigt exemplarisch, daß die traditionellen Begriffe Regulationstyp und Mosaiktyp nichts prinzipiell Verschiedenes kennzeichnen; sie beschreiben vielmehr die aufeinanderfolgenden Zustände eines Systems bei der progressiven epigenetischen Musterbildung. Wie die meisten sog. Mosaikembryonen ist übrigens der Ascidienembryo auch später kein striktes Mosaiksystem, sondern bedarf gewisser Wechselwirkungen zwischen seinen Teilen. Trennt man zum Beispiel die animalen und vegetalen Zellen des 8-Zellenstadiums voneinander (Abb. 4.77), so entsteht kein Zentralnervensystem – seine Bildung hängt offensichtlich von bestimmten Induktionsvorgängen (S. 386 f.) ab. Daß Ascidien auch ein großes Regenerationsvermögen besitzen, sei hier nur ergänzend erwähnt.

Die Normalfurchung halber Ascidieneier (Abb. 4.75) lehrt uns, daß die Furchungsebenen nicht (wie man vermuten könnte) in der Rindenschicht der Eizelle gleichsam als Gradnetz auf dem Globus vorgezeichnet sind. Das Muster kommt vielmehr durch entsprechende Anordnung der Mitosespindeln zustande, und diese hängt offenbar von der Cytoplasmapolarität, dem verfügbaren Raum und der Orientierung der vorherigen Spindel ab. Entsprechendes kommt übrigens auch bei der Spiralfurchung vor: Hälften unbesamter Nemertinen-Eier furchen sich wie ein intaktes Ei. Außerdem kann der Drehungssinn einer linkswindenden Schnecken-Mutante (Abb. 2.134, S. 252) durch Cytoplasma-Injektion in jenen der rechtswindenden Form umgewandelt werden; die Spindelstellung ist hier also durch Eigenschaften des Cytoplasmas und nicht (oder nicht ausschließlich) in der Eirinde festgelegt.

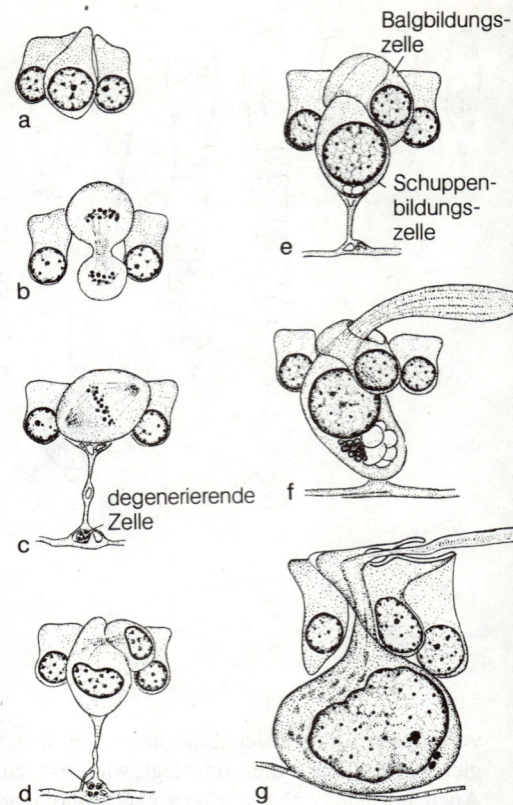

Abb. 4.72 a–g. »Programmierte« Zellteilungsfolge bei der Ausbildung von Schuppen im Schmetterlingsflügel. (a) Die mittlere der drei gezeigten Zellen der Epidermis wächst und teilt sich (b). Das kleinere Teilungsprodukt degeneriert, während das größere wächst und sich abermals teilt, aber mit schräg liegender Spindel (c). Die beiden Produkte dieser Teilung werden zum Balg bzw. zur Schuppe ausdifferenziert (d–g). (Aus Kühn)

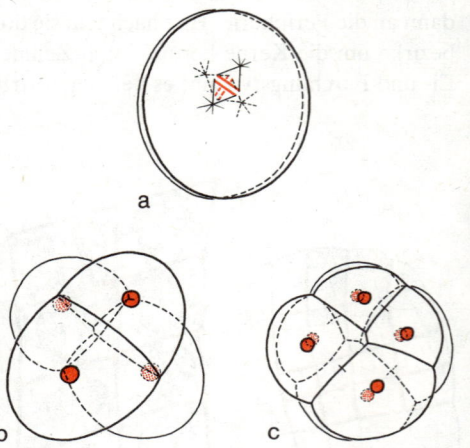

Abb. 4.73 a–c. Totale Furchung vom Tetraedertyp, der vor allem bei Strudelwürmern vorkommt. (Original Czihak)

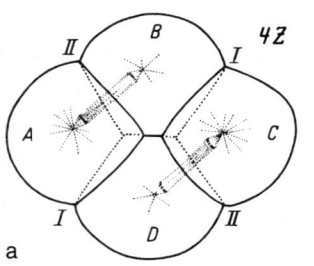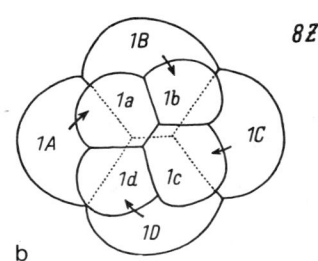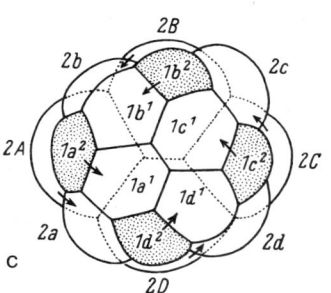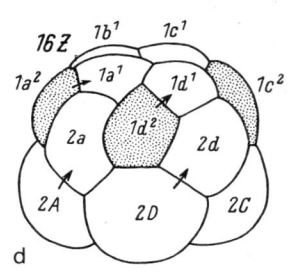

Abb. 4.74. Totale Furchung: Spiralfurchung, wie sie u. a. für Mollusken charakteristisch ist. (a–c) Aufsichten auf den animalen Pol, (d) Seitenansicht. Die Pfeile verbinden Geschwisterzellen. Großbuchstaben markieren die vegetalen Zellen (Makromeren), Kleinbuchstaben die von diesen abgegebenen animalen Zellen (Mikromeren) und deren Abkömmlinge. Vorgesetzte Ziffern zeigen den Teilungsschritt an (ausgehend vom Vierzellstadium), Indexziffern die Lagebeziehung zum animalen Pol (1 die polnähere, 2 die polfernere Tochterzelle). (Aus Kühn nach Robert)

4.6.4 Epigenetische Musterbildung in vielzelligen Systemen

Viele grundlegende Musterbildungsvorgänge laufen bei Tieren erst nach Abschluß der Furchung ab, wenn das System aus Tausenden von Zellen besteht. In diesen Fällen können frühe Segregations- und Teilungsvorgänge allenfalls grobe regionale Unterschiede geschaffen haben. Deren anschließende Ausgestaltung zum detaillierten Muster der Organanlagen und Körperteile muß dann auf andere Weise erfolgen. Sie geschieht offenbar durch zelluläre Wechselwirkungen. Solche Wechselwirkungen könnten zwischen benachbarten Zellen bzw. Zellgruppen erfolgen, oder über größere, mit zunächst indifferenten Zellen besetzte Strecken hinweg (Nachbarschaftswirkung bzw. Fernwirkung). Bei vielen Tierformen scheinen beide Möglichkeiten verwirklicht zu sein, wobei Fernwirkungsmechanismen vermutlich als Vermittler zwischen den groben, vor oder während der Furchung entstandenen regionalen Unterschieden und der endgültigen Ausgestaltung des Musters durch Nachbarzellwirkungen dienen. Als Beispiel betrachten wir die Frühentwicklung des Seeigelkeims.

Die Blastomeren (Furchungszellen) der verschiedenen Zellkränze von Furchungsstadien des Seeigels sind verschieden groß und z.T. durch abweichende Pigmentierung gekennzeichnet (horizontale Schichten in Abb. 4.76b–f), so daß man sie auch nach Störung ihrer Lagebeziehungen – z. B. durch Isolations- und Kombinationsexperimente – identifizieren kann. Mit dem Fortschreiten der Furchung und dem Kleinerwerden der Blastomeren entsteht eine Furchungshöhle (Blastocoel). Im Blastulastadium schlüpfen die inzwischen bewimperten Keime aus der enzymatisch aufgelösten Befruchtungsmembran (Abb. 3 94, S. 301). Die am animalen Pol liegenden Blastomeren bilden eine verdickte Ektodermplatte mit einem apikalen Wimpernschopf. Am gegenüberliegenden Pol wandern die Abkömmlinge der Mikromeren in das Blastocoel ein (Abb. 4.76f, i); sie werden zum bilateral angeordneten primären Mesenchym, welches dünne Skelettstäbe produziert (Abb. 4.76k, l). Durch Anfärben einzelner Zellkränze mit einem zellphysiologisch verträglichen Farbstoff (sog. Vitalfärbung) konnte ihr weiteres Entwicklungsschicksal untersucht werden. Aus den Mesomeren des 16-Zellenstadiums(Abb. 4.79d) entwickelt sich ein Großteil des äußeren Keimblatts oder Ektoderms, aus den Makromeren das übrige Ektoderm, vor allem aber die inneren Keimblätter. Im weiteren Entwicklungsverlauf geht die Blastula durch Einstülpung (Invagination) am vegetalen Pol in die Gastrula über, die einen Urdarm (Archenteron) als gemeinsame Anlage von Entoderm und Mesoderm besitzt; seine Öffnung heißt Urmund (Blastoporus). Aus der Spitze des Urdarms wandern Zellen aus, die als sekundäres Mesenchym bezeichnet werden und später Bindegewebe, Muskulatur und Pigmentzellen liefern (Abb. 4.76k). Kurz darauf falten oder spalten sich dort die Coelomanlagen ab (Abb. 4.2). Danach krümmt sich der Urdarm auf eine Einsenkung des Ektoderms zu (Mundbucht, Pfeil in Abb. 4.76l) und bricht nach außen durch (Abb. 4,76n); so entsteht die larvale Mundöffnung (Seeigel sind Deuterostomier).

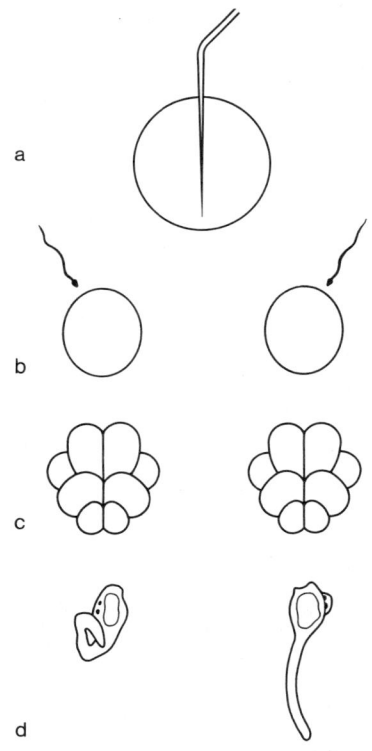

Abb. 4.75. Experimentelle Zwillingsbildung bei Tunikaten. Zerschneidet man den reifen Oocyten (a) und besamt beide Hälften (b), so furcht sich jede (c) wie das ungestörte ganze Ei (vgl. Abb. 4.67c) und bildet eine mehr oder weniger vollkommene Zwerglarve (d). (Nach Reverberi)

Zweiteilungsversuche auf frühen Furchungsstadien zeigen, daß das System Seeigelembryo zu dieser Zeit physiologische Unterschiede nur entlang der animal-vegetalen Achse aufweist. Die Zellen des 2- und 4-Zellstadiums, die sämtlich Material aus beiden Polregionen (der animalen und der vegetalen) enthalten, können jede für sich einen ganzen, wenn auch verkleinerten Pluteus bilden (Abb. 4.29). Für Hälften des 8-Zellstadiums gilt dies jedoch nur, wenn sie durch Meridionalschnitt (von Pol zu Pol) getrennt wurden. Trennt man sie hingegen durch Äquatorialschnitt (Abb. 4.77b), so können sich beide nur wenig weiterentwickeln. Aus der animalen Hälfte entsteht eine Dauerblastula mit stark vergrößertem Wimpernschopf, aus der vegetalen meist eine »vegetalisierte« Gastrula mit stark vergrößerter Darmanlage. In diesen Hälften gelangen also jene Entwicklungstendenzen verstärkt zur Ausprägung, die den jeweils darin enthaltenen Eipol kennzeichnen (animal: Bildung eines Wimpernschopfes, vegetal: Bildung der Urdarmanlage). Noch deutlicher wird dies bei der Isolation einzelner Blastomerenkränze des 32-Zellstadiums. Abbildung 4.78 (linke Spalte) zeigt die Weiterentwicklung solcher Blastomerenkränze zu Dauerblastulae bzw. zu Larven mit übergroßem Darm.

Man schloß aus diesen Ergebnissen, daß beide Polregionen Faktoren der Musterbildung enthalten, die zusammenwirkend die normale animal-vegetale Abfolge von Musterelementen – Ektoderm, Urdarmanlage (= Mesoderm plus Entoderm), Mikromeren – entstehen lassen, für sich isoliert aber die Entwicklungstendenzen des zugehörigen Eipols überbetonen. Sie wirken gleichsam antagonistisch. Nach den Ergebnissen von Kombinationsversuchen müßten diese Faktoren in den Furchungsstadien als gegenläufige Gefälle oder Gradienten verteilt sein, deren Maximum am jeweiligen Pol liegt. Diese Deutung stützt sich u.a. auf Versuche, in denen man die einzelnen Zellkränze jeweils mit verschiedenen Anzahlen von Mikromeren kombiniert (Abb. 4.78, rechte Spalten): je näher am animalen Pol der getestete Zellkranz liegt, desto mehr Mikromeren sind nötig, damit eine optimal Pluteus-ähnliche Larve entsteht (graue Kästen in Abb. 4.78). Neuere Daten sprechen allerdings eher für eine Induktionskette, die von den Mikromeren ausgehend deren Nachbarzellen auf das entodermale Enwicklungsprogramm festlegt, worauf diese ihre Nachbarn zur Mesodermbildung veranlassen, während der animal gelegene Rest das Ektoderm bildet.

Dem Gradientenprinzip, das man – zu recht oder nicht – von den geschilderten und anderen Experimenten am Seeigelkeim abgeleitet hat, kommt exemplarische Bedeutung zu. Es liefert ein Denkmodell zur mechanistischen Lösung eines Kernproblems der ontogenetischen Musterbildung, nämlich der Zunahme an sichtbarer Komplexität. Das Prinzip besteht darin, aus der quantitativen Variation eines einzigen Faktors entlang einer

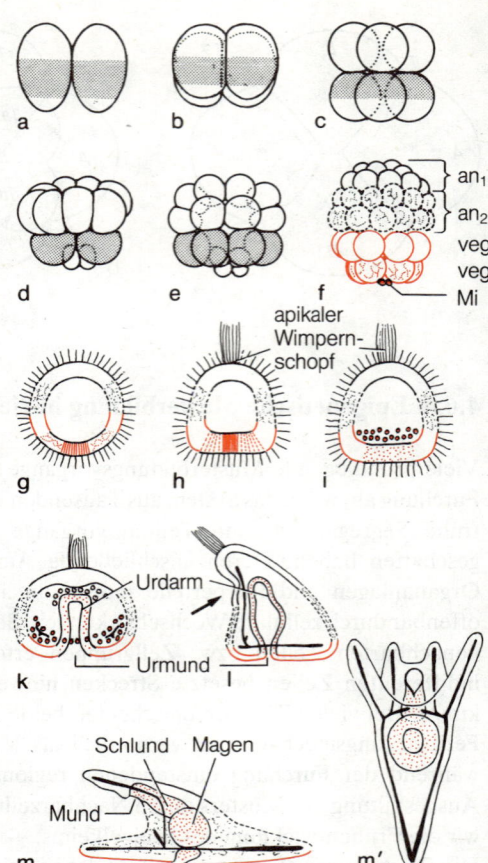

Abb. 4.76a–m. Normalentwicklung des Seeigels. (a–e) Frühe Furchungsstadien, bei (d) oben Meso-, unten Mikromeren, dazwischen grau die Makromeren. (f) Die Blastula mit den Zellkränzen animal 1 + 2 ($an_1 + an_2$), vegetal 1 + 2 ($veg_1 + veg_2$) und den Mikromeren (Mi). (g–h) Weiterentwicklung zur Wimpernschopf-Blastula; die Mikromeren und die sich aus ihnen entwickelnden primären Mesenchymzellen markiert durch rote Punkte; Entodermzellen und Darm fein rot punktiert. (k) Gastrulation. Die sekundären Mesenchymzellen wandern aus dem Urdarmgipfel aus. (l–m) Weiterentwicklung zum Pluteus (vgl. Abb. 4.2). Das Pluteusskelett (schwarz) wird von den primären Mesenchymzellen gebildet. (Nach Hörstadius)

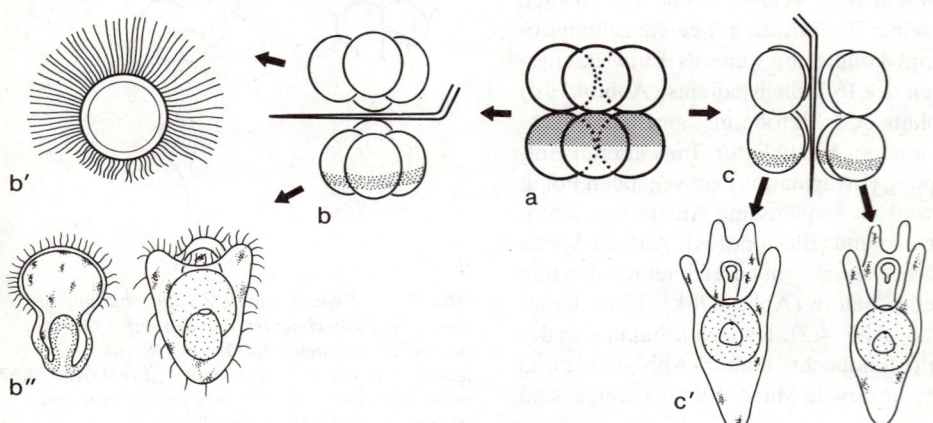

Abb. 4.77a–c. Äquatoriale (a→b) und meridionale (a→c) Trennung des Achtzellers des Seeigels. (b') Stark animalisierte Dauerblastula. (b'') Vegetalisierte Larven. (c') Normale, kleinere Plutei; diese Larven entstehen also nur nach meridionaler, nicht aber nach äquatorialer Teilung (vgl. Abb. 4.29). (Original Czihak)

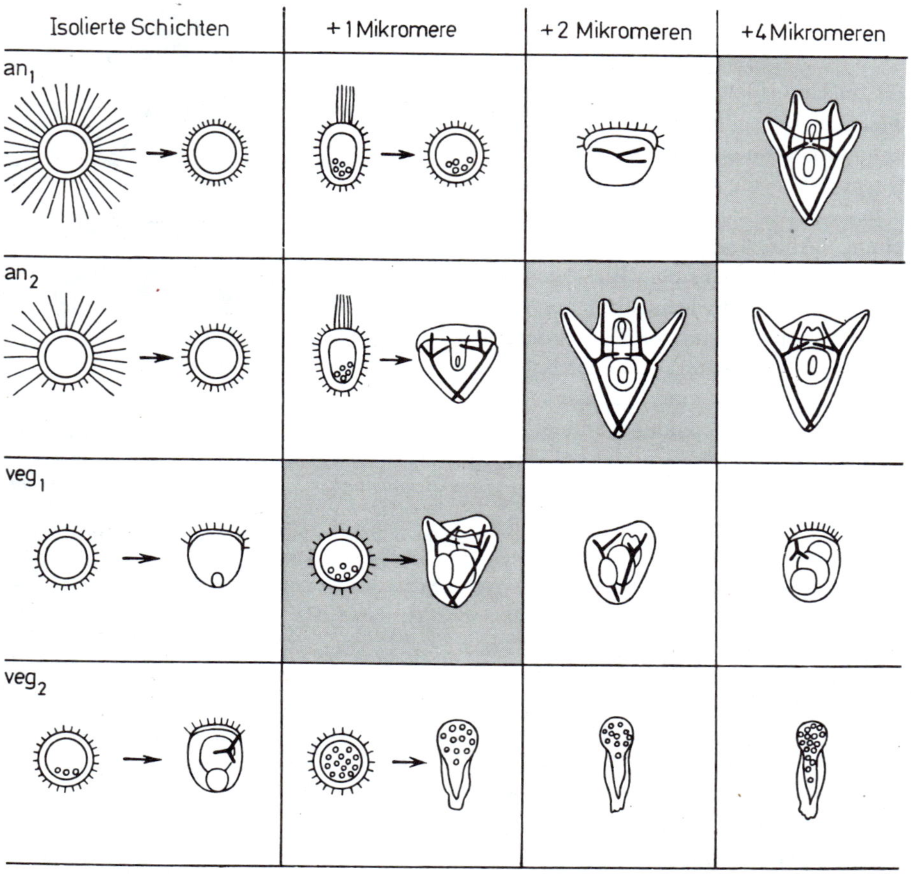

4.6.4 Epigenetische Musterbildung in vielzelligen Systemen

Isolierte Schichten	+1 Mikromere	+2 Mikromeren	+4 Mikromeren
an₁			
an₂			
veg₁			
veg₂			

Abb. 4.78. Isolations- und Kombinationsexperimente am 32-Zellstadium des Seeigels. Für die Bezeichnung der Zellkränze siehe Abbildung 4.76. Die Kolonne links zeigt die Eigenleistung der isolierten Zellkränze. Die drei Kolonnen rechts zeigen die Wirkung der Kombination von ein, zwei oder vier Mikromeren mit dem betreffenden Zellkranz. Betont ist in jeder Zeile dasjenige Ergebnis, das der normalen Larve am nächsten kommt. (Nach Hörstadius)

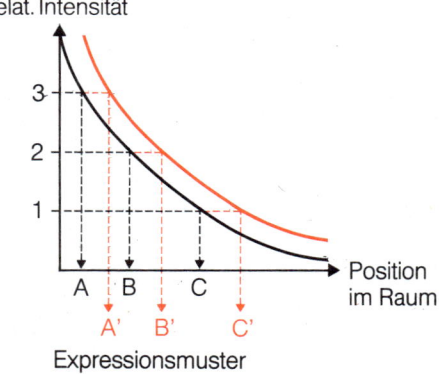

Abb. 4.79. Prinzip des morphogenetischen Gradienten. Verschieden geformte Gradienten schneiden die Schwellenwerte an unterschiedlichen Stellen, mit entsprechenden Folgen für das Muster (unten, s. a. Abb. 4.80). (Original)

Raumachse ein seriales Muster qualitativ unterschiedlicher Reaktionen abzuleiten, deren jede man sich durch einen bestimmten Schwellenwert des Faktors ausgelöst denkt. Mit anderen Worten, ein vergleichsweise einfach (z. B. durch Diffusion) aufzubauendes Signal von kontinuierlich variierender Stärke wird in eine Serie qualitativer Unterschiede »übersetzt« (Abb. 4.79).

Molekular belegt werden konnte diese vielfach, u. a. auch für die Amphibienentwicklung, herangezogene Modellvorstellung bisher nur bei der Fruchtfliege. In den Vorderpolbereich der Eizelle wird während der Oogenese die mRNA des *bicoid*-Gens eingelagert. Nach der Eiaktivierung (Seite 340) dient sie zur Proteinsynthese und das Protein verteilt sich dann gradientenartig bis über die Eimitte hinaus nach hinten. Erniedrigt oder erhöht man die Anzahl der *bcd*-Genkopien im mütterlichen Genom, so wird weniger oder mehr RNA eingelagert und der Proteingradient erreicht ein entsprechend niedrigeres oder höheres Ausgangsniveau. Daher durchläuft er bestimmte Schwellenwerte entweder zu weit vorne oder zu weit hinten (vgl. Abb. 4.79). Dementsprechend verschieben sich die schwellenabhängigen Expressionsgrenzen einzelner gap-Gene und dies führt letztlich zur Dehnung bzw. Stauchung des metameren Streifenmusters (Abb. 4.80, vgl. Abb. 4.35 und 4.83).

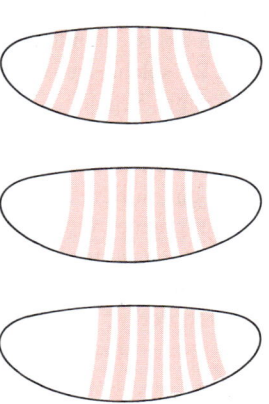

Abb. 4.80. Expression des *fushi-tarazu*-Gens (s. Abb. 4.83) in Eiern von Fruchtfliegen-Weibchen mit ein, zwei (= Wildtyp) oder sechs Kopien des bicoid-Gens. Die Stauchung des Musters beruht auf der höheren Protein-Konzentration (s. Abb. 4.79). (Nach Driever u. Nüsslein-Volhard, verändert)

4.6.5 Genetische Komponenten der Musterbildung

Die Fruchtfliege *Drosophila* ist ein optimales Objekt zur Untersuchung der genabhängigen Musterbildung. Wenn sich die folgenden Beispiele auf *Drosophila* beschränken, so soll dies nicht heißen, daß die Ontogenese bei anderen Organismen, etwa Seeigeln oder Wirbeltieren, weniger genabhängig wäre – sondern nur, daß die Genwirkungen dort (noch) nicht so gut zu fassen sind.

Bei *Drosophila* entsteht durch superfizielle Furchung (Abb. 4.4) ein einschichtiges Blastoderm, das den dottergefüllten Rest der Eizelle umschließt. Aus dem Blastoderm geht durch Faltung und Zellumlagerung der sichtbar segmentierte Keimstreif hervor (Abb. 4.81a). Er stellt eigentlich das zweidimensionale Grundmuster für den Körper dar. Dieses Muster hat eine polarisierte Längskomponente und eine bilateral-symmetrische Transversalkomponente. Die Längskomponente, auf die wir uns hier beschränken, besteht aus der Vorderkopfanlage und einer Serie von Segmentanlagen oder Metameren sowie einem Endstück (Telson). In der Kutikula der schlüpfreifen Larve drückt sich das Längsmuster als Serie von ventralen Dörnchenbändern aus, die die Segmentvorderränder markieren (Abb. 4.36b); vom Kopf ist äußerlich nichts zu sehen, da er nach dem Keimstreifstadium ins Innere des Körpers eingestülpt wird (Abb. 4.81b).

Dieses Grundmuster des Körpers wird durch Mutation bestimmter Gene tiefgreifend verändert. Man unterscheidet drei Mutantenklassen. Bei den sog. Koordinatenmutanten werden große Teile des Körpermusters zusammenhängend abgeändert, indem z.B. statt der vorderen Körperregion eine hintere mit umgekehrter Polarität entsteht (Doppelabdomen), oder statt der hinteren Region eine umgepolte vordere (Doppelkopf, Abb. 4.82). Solche Anomalien beruhen meistens nicht auf dem Genotyp des betroffenen Embryos, sondern auf demjenigen der Mutter – die genetisch aberrante Mutter produziert gleichsam falsch programmierte Eier. Dieser »maternal effect« ist manchmal sogar mit sichtbaren Anomalien der Oogenese im mütterlichen Körper verknüpft (Abb. 4.82). Die übrigen Mutanten sind »zygotisch«, betreffen also das eigene Genom des Embryos. Bei den sog. Segmentierungsmutanten bleibt die Polarität in der Regel unverändert, die Larvalkutikula zeigt jedoch größere Lücken oder seriale Ausfälle, die ein zunehmend feineres Raster widerspiegeln; besonders auffällig sind die schon erwähnten Paarregel-Mutanten, da sie die Zahl der sichtbaren Segmentgrenzen auf die Hälfte herabsetzen (Abb. 4.36). Bei der dritten Mutantenklasse handelt es sich um Mutanten der Segmentspezifität (homöotische Mutanten, z.B. solche im Bithorax-Komplex, S. 349f.); sie »transformieren« den Phänotyp einzelner Segmente ganz oder teilweise in denjenigen anderer Segmente. Als homöotisch werden diese Mutanten bezeichnet, weil sie bestimmte Strukturen durch (serial) homologe Strukturen aus anderen Segmenten ersetzen; sie bilden z.B. Flügel statt Halteren bzw. ein mittleres Thoraxsegment anstelle des hinteren (Abb. 4.45).

Die Entwicklungsgene, die anhand solcher Mutanten identifiziert wurden, wirken in zeitlicher Abstufung auf nachgeschaltete Gene. Es gibt also eine Hierarchie der maternellen und zygotischen Genwirkungen bei der embryonalen Musterbildung, die man heute anhand der Genprodukte gut belegen kann (Abb. 4.83). Sie läßt sich auch als Kaskade beschreiben, da die Anzahl der beteiligten Gene von Stufe zu Stufe größer wird.

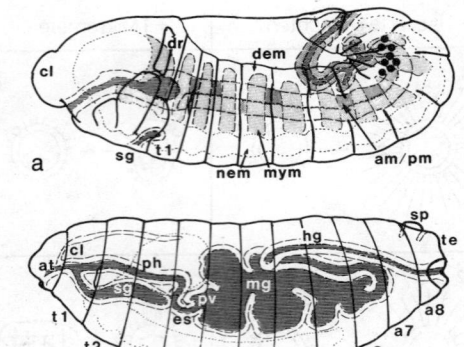

Abb. 4.81. Zwei Stadien der Embryonalentwicklung von Drosophila, Seitenansicht von links. a) Segmentierter Keimstreif, dessen Flanken (dem) sich später bis zur dorsalen Mittellinie (oben) ausdehnen. am/pm Mitteldarmanlage, cl Oberlippe, mym segmentale Anlagen der Muskulatur, nem zukünftiges Bauchganglion, sg Speicheldrüsen-Anlage, t1 erstes Thoraxsegment. b) Schlüpfreife »acephale« Made mit eingestülptem Kopf; die Oberlippe (cl) liegt jetzt im Inneren des Thorax. a1–a8 Abdominalsegmente, t1–t3 Thoraxsegmente, at Antennenrest, es Vorderdarm, mg/hg Mittel- und Enddarm, ph Schlund, pv Mitteldarm-Eingang, sp Atemöffnung, te Telson. (Nach Campos-Ortega u. Hartenstein)

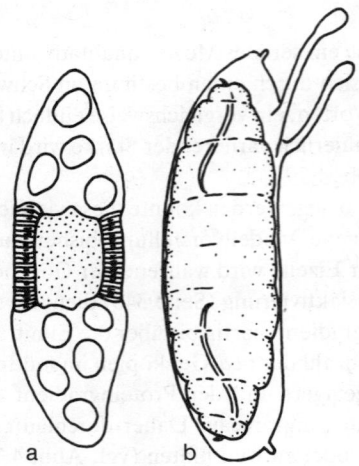

Abb. 4.82. Drosophilamutante dicephalic. (a) Abnormer Ovarialfollikel mit Nährzellen an beiden Polen statt nur am Vorderpol (vgl. Abb. 4.65). (b) Eier aus solchen Follikeln können Embryonen mit zwei Vorderenden bilden; die geschweiften Spangen im Inneren gehören zu den Mundwerkzeugen der beiden Köpfe. (Nach Lohs-Schardin, aus Sander und Nübler-Jung)

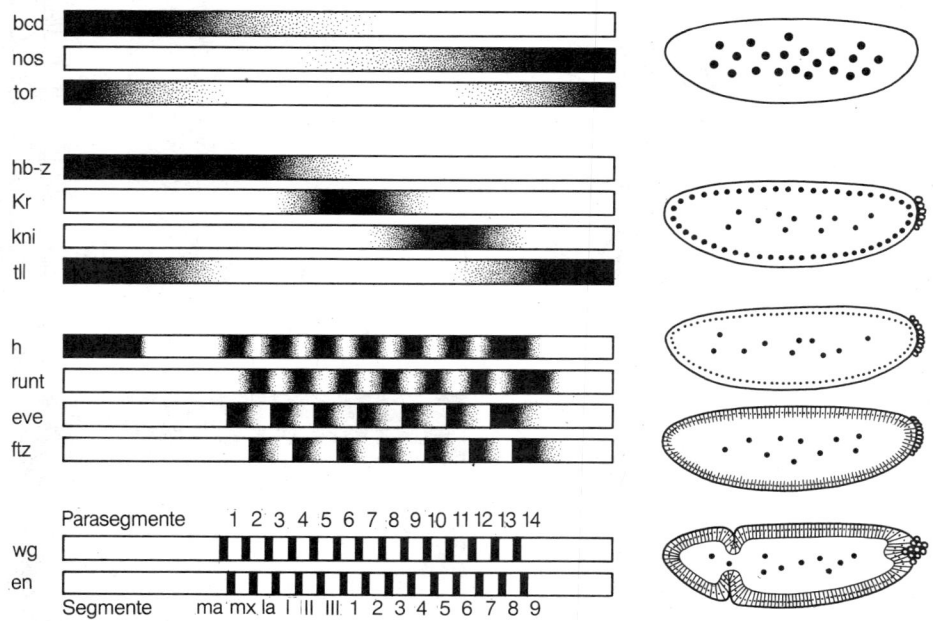

Abb. 4.83. Expressionsterritorien (Vorderende links) verschiedener Musterbildungsgene von Drosophila; links die Abkürzungen für diese Gene, rechts Verteilung der Kerne bzw. Zellen in Schnittbildern durch die entsprechenden Entwicklungsstadien (superfizielle Furchung und Blastoderm, vgl. Abb. 4.4). Von oben nach unten: Während der frühen Kernteilungen entstehen Gradienten maternell kodierter Proteine, darunter das bcd-Protein (s. Abb. 4.80). Sie bilden die Grundlage für ein grobes Muster von zygotischen »gap«-Genprodukten (hb-z etc.), aus dem sich die gegeneinander versetzten periodischen Muster verschiedener Paarregel-Gene (u. a. fushi tarazu/ftz, Abb. 4.36) entwickeln. Das Paarregel-System (es umfaßt weitere, hier nicht einbezogene Gene) aktiviert schließlich Gene, die in jedem Segment exprimiert werden; die Segmentgrenzen fallen mit der Hinterkante der en-Streifen zusammen. Zwischen benachbarten Streifen der wg- und en-Produkte liegen die parasegmentalen Grenzen, denen u. a. die Expression der homöotischen Gene (Abb. 4.44) gehorcht. (Nach Struhl, verändert)

4.6.6 Synergetik der Systemkomponenten in der epigenetischen Musterbildung

Die eben geschilderten Untersuchungen und viele weitere (z. B. Abb. 4.63) klären gewisse Teilvorgänge der Ontogenese bis hinab zu deren molekularen Grundlagen, aber sie verraten uns wenig über die Art und Weise, wie diese Teilvorgänge mit anderen Komponenten des sich entwickelnden Systems ineinandergreifen. Gerade solche Wechselwirkungen bergen aber den Schlüssel zum Verständnis der ontogenetischen Musterbildung, eines Vorgangs, der wegen seiner Komplexität noch in unserem Jahrhundert zweckgerichteten, immateriellen Lebenskräften zugeschrieben wurde. Heute bieten leistungsfähige Computer die Möglichkeit, formale Prinzipien komplexer Wechselwirkungen auf ihre Fähigkeit zur Musterbildung zu überprüfen. Solche Ansätze sind Teil einer

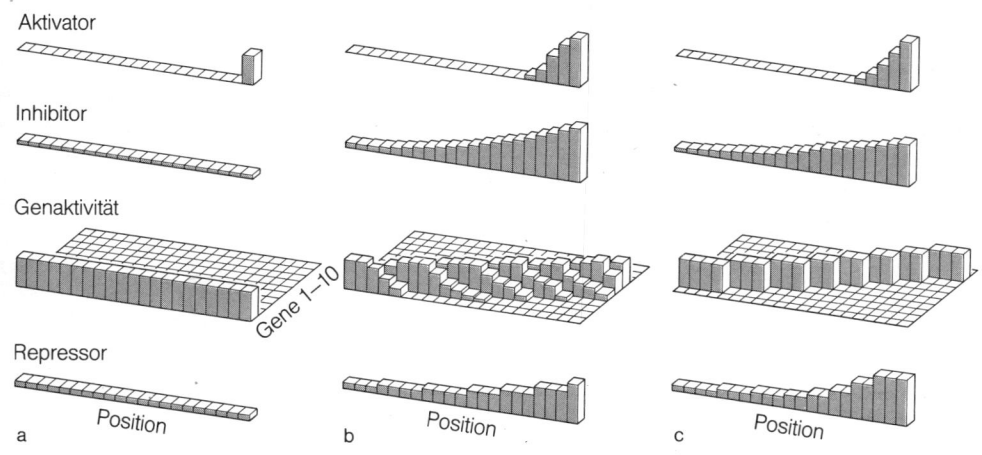

Abb. 4.84a–c. Computersimulation einer biologischen Musterbildung. (a, b) Durch Wechselwirkung zwischen zwei Substanzen mit verschiedenen Diffusionsgeschwindigkeiten (Aktivator und Inhibitor) entsteht ein Inhibitorgradient, der als morphogenetischer Gradient dient (vgl. Abb. 4.80). Gemäß seiner örtlichen Höhe aktiviert er verschiedene Gene (Matrix in der Abbildungsmitte), deren Wirkbereiche dann mit Hilfe eines gemeinsamen Repressors scharf gegeneinander abgegrenzt werden (b, c). (Nach Meinhardt)

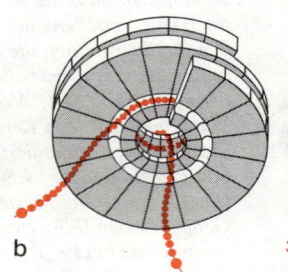  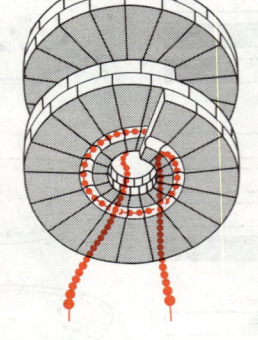  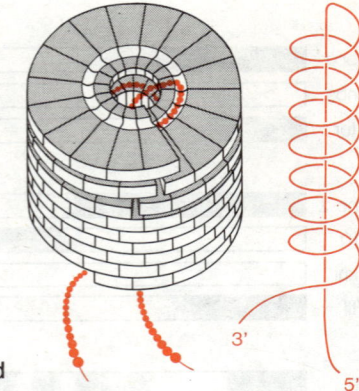

jungen Wissenschaftsdisziplin, die man u. a. als Systemanalyse oder (besser) als Synergetik bezeichnet.

Die Synergetik bedient sich formal-mathematischer Methoden, kann also im Prinzip beliebige Wechselwirkungen ohne Rückgriff auf empirische Daten beschreiben. Soll sie jedoch der entwicklungsbiologischen Forschung dienen, so muß sie ihre Parameter den relevanten physikalischen, chemischen und entwicklungsbiologischen Daten anpassen (z. B. Diffusionskonstanten, Reaktionskinetiken, Ablauf der Musterbildung im Normalfall und nach experimenteller Störung). Synergetische Modelle, die diese Randbedingungen respektieren (z. B. Abb. 4.84), werden zwar kaum jemals die ontogenetische Musterbildung perfekt simulieren können, sie ermöglichen aber z. B. Voraussagen über die Minimalzahl benötigter Systemkomponenten und über mögliche Regeln ihrer Interaktion. Vor allem aber können sie – wie so manche bedeutende Hypothese vergangener Tage – das Denken der experimentell arbeitenden Forscher nachhaltig und fruchtbar beeinflussen.

4.7 Morphogenese

Das Wort Morphogenese wird gelegentlich als gleichbedeutend mit Entwicklung schlechthin benutzt. Im engeren Sinn bezeichnet es die Entstehung sichtbarer Gestalt; nur in diesem Sinne wird es hier benutzt. Da Gestaltbildung zugleich das Sichtbarwerden eines räumlichen Musters bedeutet, bestehen enge Beziehungen zur Musterbildung. Dehnt man den Begriff der Morphogenese bis in den makromolekularen Bereich aus, so können beide miteinander verschmelzen.

Auf wenigen Gebieten tritt der Unterschied zwischen Höheren Pflanzen und Tieren so deutlich zutage wie bei der Morphogenese. Wie schon erwähnt (S. 325), hängt dies mit dem Fehlen der Beweglichkeit von Zellen und Zellverbänden bei Höheren Pflanzen zusammen, was bedingt, daß die Morphogenese der Cormophyten vorwiegend auf gerichteter Zellteilung und differentiellem Zellwachstum beruht. Letzteres spielt bei Tieren kaum eine Rolle, gerichtete Zellteilungen allenfalls während der Furchung der Eizelle (S. 365f.) und bei Kleinorganen (Abb. 4.72). Die typischen Mittel der Formbildung bei Tieren sind Zellformwechsel und Zellmigration. Sie können auf späteren Stadien durch die differentielle Anordnung von Interzellularsubstanz ergänzt werden.

4.7.1 Morphogenese durch Selbstordnung (self assembly)

In ihrer genetisch festgelegten Struktur besitzen die Makromoleküle aller Organismen viele Möglichkeiten zur Interaktion mit ihresgleichen und mit anderen Makromolekülen.

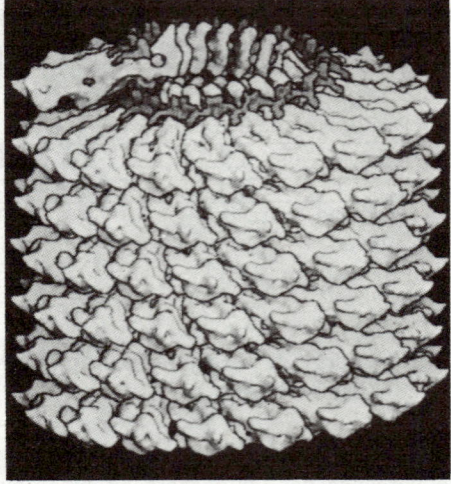

Abb. 4.85. Selbstordnung (self assembly) der molekularen Bestandteile des Tabakmosaikvirus. Das fertige Virion (Abb. 1.38) besteht aus 2130 identischen Proteineinheiten (genaue Form siehe e), die wendeltreppenartig (helical) angeordnet sind und einen entsprechend geformten RNA-Strang (rot) von ca. 6400 Nukleotiden umschließen. In der infizierten Wirtszelle treten ca. 80% der ungebundenen Proteineinheiten zunächst zu zweischichtigen Ringen zusammen (sog. Scheiben, a), die bei Kontakt mit einer spezifischen Sequenz der freien viralen RNA eine helicale Konfiguration annehmen (b) und die RNA »einklemmen«. Von diesem Zustand ausgehend wächst das Virion durch Anlagerung weiterer Scheiben. Sie treten jeweils an die RNA-Schleife heran, die aus dem zentralen Kanal des Aggregats herausragt, werden dabei helical umgeordnet und dann der »Wendeltreppe« angefügt (c, d). Der zentral gelagerte RNA-Strang verschiebt sich fortwährend durch den Kanal nach oben (zur Anbaustelle hin) und hält so den Vorgang der Schleifenbildung und Scheibenanlagerung aufrecht, bis sein 5'-Ende erreicht ist. (a–d nach Butler u. Klug), (e) nach Nambar, Caspar und Stubbs (Copyright 1985 by AAAS).

Die unterschiedliche Stabilität der dadurch bedingten Molekülaggregate (im weitesten Sinne) ist eine Grundlage für den dynamischen Gleichgewichtszustand (Fließgleichgewicht), in dem sich der scheinbar »fertige« Organismus jederzeit befindet (S. 62f.). Sie spielt aber auch eine bedeutende Rolle in der Ontogenese. Auf der Ebene der Organelle kann die Molekülaggregation eine »molekulare Morphogenese« bewirken, wenn man die makromolekularen Komponenten unter geeigneten Lösungsbedingungen zusammenbringt. Sie treten bzw. bleiben dann in jener Weise zusammen, die das thermodynamisch stabilste Gefüge ergibt. Da diese räumliche Anordnung völlig auf Eigenschaften der als Bausteine dienenden Moleküle beruht, also keiner von außen zugefügten Information bedarf, spricht man im Englischen von »self assembly«, deutsch häufig als Selbstorganisation übersetzt; hier wird Selbstmontage oder Selbstordnung bevorzugt.

Ein überzeugendes Beispiel für makromolekulare Selbstordnung liefert uns das Tabakmosaikvirus (Abb. 4.85), das weit einfacher aufgebaut ist als viele Zellorganellen. Es zeigt besonders klar, daß ein stabiler Aggregationszustand – nämlich die scheibenförmige Konfiguration der Proteineinheiten – durch Hinzutreten eines weiteren Molekültyps (der RNA) in einen noch stabileren übergeht, bei dem die Proteineinheiten schraubig (helical) angeordnet sind. Selbstordnung kann Organellen aus einem einzigen Bausteintyp entstehen lassen, z.B. die Mikrotubuli (S. 141), aber auch so komplizierte Strukturen wie die bakteriellen Ribosomen, die aus über 50 Proteinen bestehen; derart komplexe Strukturen bilden sich aber meistens nur unter Mithilfe von *Chaperoninen*-Molekülen, die nicht in die fertige Struktur eingehen.

Auf der Ebene der Zellen als Bauelemente eines überzelligen Systems ergeben sich vergleichbare Probleme. Die Oberflächenliganden, die die einzelne Zelle exprimiert, können sich bei der Aggregation von Zellen ähnlich auswirken wie räumliche Molekularstruktur, Ladungsverhältnisse, Bindungsstellen etc. bei der Aggregation von Makromolekülen. Aber auch hier gestattet das Prinzip der Selbstordnung nur Aggregate von begrenzter Komplexität. Die Selbstordnung embryonaler Molchzellen (S. 377) z.B. führt nicht zu einer lebensfähigen Molchlarve, sondern nur zu einem mehr oder minder apolaren Zellaggregat.

4.7.2 Morphogenese bei Höheren Pflanzen

Ein wesentliches, wenn auch nicht das einzige Prinzip der Morphogenese Höherer Pflanzen sind gerichtete Zellteilungen (differentielle Zellteilungen). Dies gilt auch für Moose und höher organisierte Algen. Wir haben das Zellteilungsmuster als gestaltbildendes Prinzip bereits bei der Entwicklung des Embryos der Angiospermen sowie des Torfmoosblättchens erörtert (S. 366) und fügen noch zwei weitere Beispiele hinzu.

Die Braunalge *Dictyota* wächst mit einer einschneidigen Scheitelzelle, die sich regelmäßig inäqual so teilt, daß nach hinten eine Segmentzelle (mit nur noch begrenzter Teilungsfähigkeit) abgegeben wird, während die apikalwärts abgegebene Tochterzelle als Scheitelzelle ihren embryonalen Charakter behält (Abb. 4.86a). Die Segmentzelle teilt sich dann zweimal oberflächenparallel, so daß Initialen für die beiden Rindenschichten und die Markschicht gebildet werden; durch gesetzmäßige oberflächensenkrechte Teilungen entstehen dann die großen Mark- und die kleinen Rindenzellen (Abb. 4.86e). Für die Gestalt des Gesamtorganismus ist wichtig, daß die Scheitelzelle von Zeit zu Zeit, vielleicht wenn sie jeweils etwa 50 Segmentzellen abgegeben hat, eine äquale Teilung durchführt, so daß zwei Scheitelzellen entstehen (Abb. 4.86b, c). Hierzu muß die Teilungsspindel einmal um 90° gedreht werden; aber bereits bei der nächsten Teilung hat sie wieder ihre frühere Orientierung. Auf diese Weise entsteht die charakteristische dichotome Verzweigung (Abb. 4.86d). Die Ursachen, die zu dieser Drehung der Teilungsspindel führen, sind unbekannt; sie müssen im genetischen Programm des Organismus verankert sein.

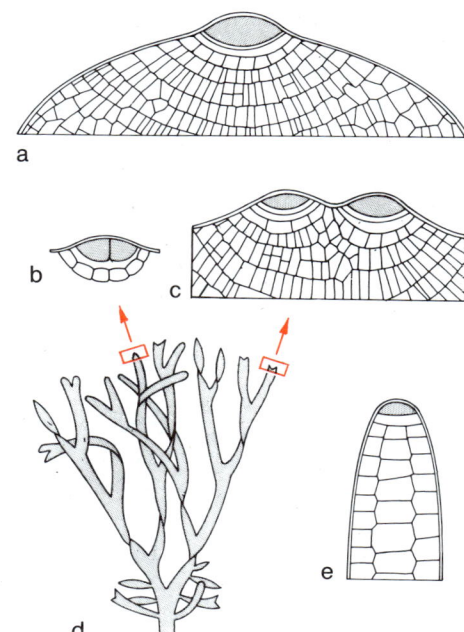

Abb. 4.86a–e. Morphogenese durch Wechsel der Orientierung der Zellteilung bei der Braunalge Dictyota dichotoma. (a–c) Ausschnitte aus Thallusspitzen gemäß Übersicht (d). (a) Abgliederung der Segmentzellen nach unten durch inäquale Teilung der Scheitelzelle; Mitosespindel parallel zur Wachstumsrichtung orientiert (vertikal im Bild). (b) Äquale Teilung der Scheitelzelle, Entstehung zweier gleichwertiger Scheitelzellen; Mitosespindel senkrecht zur Wachstumsrichtung des Thallus orientiert (horizontal im Bild). (c) Aus (b) resultierende dichotome Verzweigung des Thallus. (e) Längsschnitt durch die Thallusspitze zeigt die Entstehung der beiden Rindenschichten und der Markschicht durch inäquale Teilung. (Nach Smith)

376   Entwicklung

Die *Bildung der Seitenwurzel* bei Spermatophyten wird dadurch eingeleitet, daß im Perizykel (S. 426) die normale longitudinale Orientierung der Spindelachse in eine radiale übergeht, wodurch eine zunächst zapfenförmige Anlage einer Seitenwurzel entsteht (Abb. 4.87). Auch hier kennen wir die regulierenden Faktoren nicht.

Morphogenese auf der Basis von Zellteilungsmustern ist relativ starr. Ein flexibleres Prinzip verwirklicht die Pflanze bei den sogenannten Sperreffektmustern, deren wesentliches Merkmal eine Wechselwirkung zwischen Zellen oder Organen ist (S. 383f.).

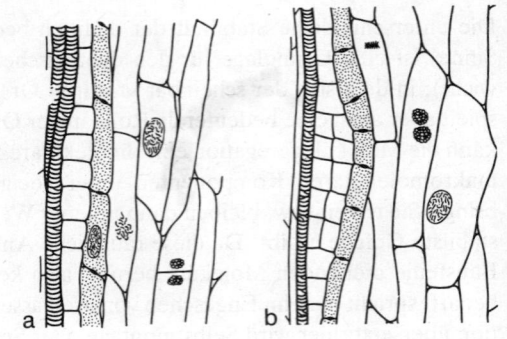

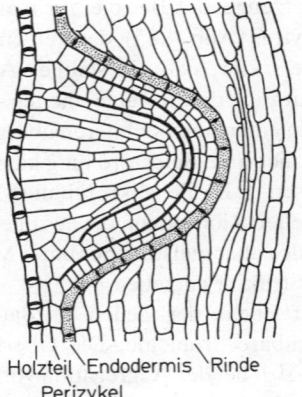

Abb. 4.87a–c. Entstehung einer Seitenwurzel aus dem Perizykel durch Auftreten tangentialer Teilungen. Der Perizykel ist leicht durch die benachbarte Endodermis (grau getönt, mit Caspary-Punkten) zu erkennen. In (c) beginnt die entstehende Seitenwurzel einen Vegetationskegel auszubilden. Wurzellängsschnitt. (Aus Strasburger u. Huber)

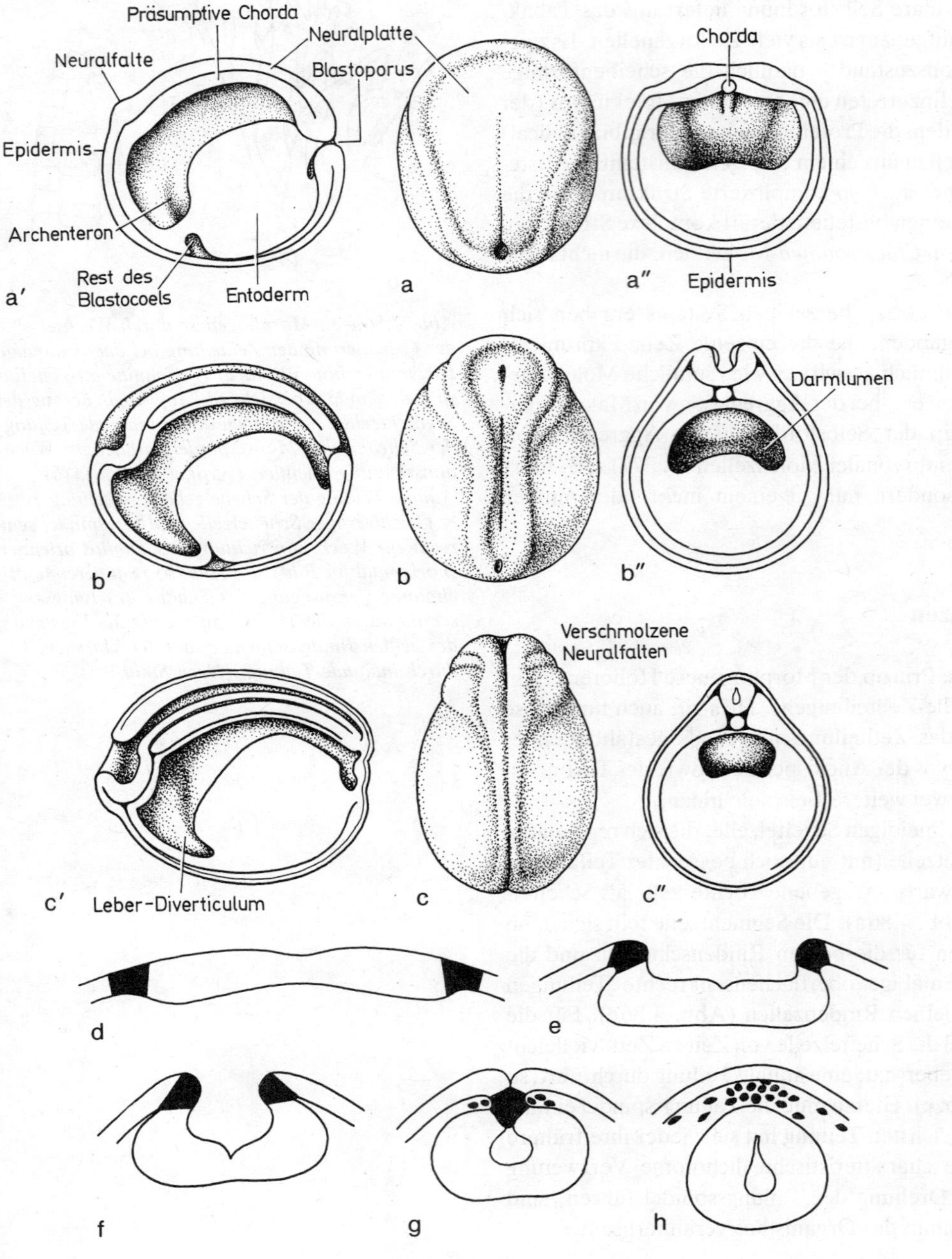

Abb. 4.88 (a–c). Neurulation des Amphibienkeimes als Beispiel für eine Morphogenese durch Bewegungsvorgänge; links Längsschnitte, in der Mitte Dorsalansicht, rechts Querschnitte. (d–h) Bildung des Neuralrohres und der Neuralleiste (schwarz) in Querschnitten, beachte das Auswandern der Neuralleistenzellen (Nach Balinsky)

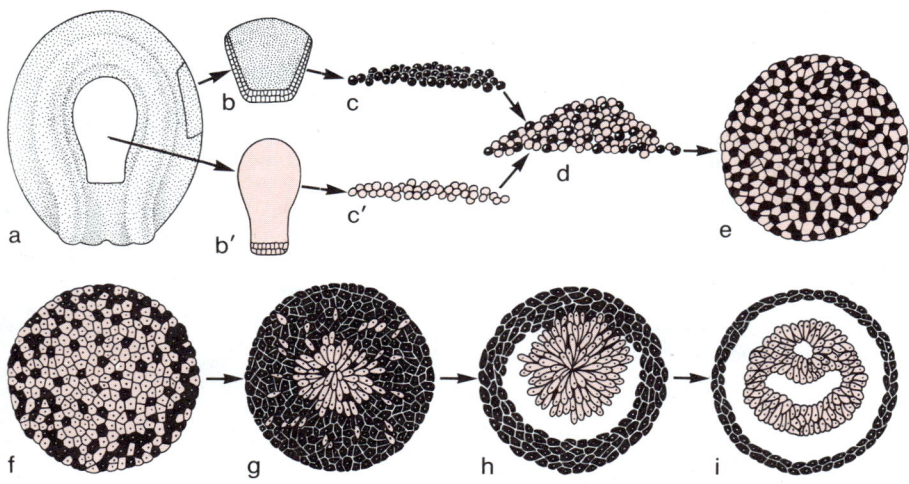

Abb. 4.89 a–i. Entmischung von präsumptiven Haut- (schwarz) und Nervenzellen (rosa), die einer Molchneurula (a) aus dem Bauchbezirk bzw. der Neuralplatte entnommen worden waren. Aus den explantierten Stücken (b, b') werden durch Behandlung mit Trypsin einzelne Zellen gewonnen (c, c') und gemischt (d). Das Aggregat (e) entmischt sich nach und nach (f–i), so daß die ursprünglichen Neuralplattenzellen nach innen zu liegen kommen und dort ein blasenartiges Neuralrohr bilden. Experiment von Holtfreter, der die Segregation auf »Zellaffinität« zurückführte (jede Zelle bevorzugt Kontakt mit ihresgleichen). (Nach Villee u. Dethier)

4.7.3 Morphogenese durch Umordnung von Zellen bei Höheren Tieren

Die Frühentwicklung des Molches soll als Beispiel für Morphogenese durch Veränderung der Lagebeziehungen zwischen Zellen und Zellverbänden dienen. Die Gastrulation (Abb. 4.56) erfolgt durch örtliche Einstülpung der Blastulawand, verbunden mit einer relativen Verschiebung der Zellen einzelner Regionen. Die Farbmarke Nr. 2 z.B. befindet sich zunächst auf der Außenfläche, wandert dann aber im Zuge der Epitheleinfaltung nach innen und findet sich schließlich im Urdarmdach bzw. in der Chorda wieder (Abb. 4.56). Ein weiterer Schritt der Morphogenese durch Epithelfaltung bahnt sich gegen Ende der Gastrulation an, nämlich die Abgrenzung der Neuralplatte und ihre Verformung zum Neuralrohr (Abb. 4.88). Zusammen mit diesem Entwicklungsschritt können wir eine erstaunliche Mobilität von Einzelzellen der Neuralleiste (seitliche Wülste der Neuralplatte) beobachten, die an die verschiedensten Stellen des Körpers wandern und sich dort u.a. zu Spinalganglien (S. 495), Hirnhäuten und Zahnanlagen (dentinbildenden Zellen) differenzieren; am weitesten wandern die zukünftigen Pigmentzellen, die sämtlich (außer im Auge) der Neuralleiste entstammen und sich über den ganzen Körper ausbreiten können. Diese extensive Zellwanderung wird vor allem von Komponenten der extrazellulären Matrix gelenkt, einem fibrillären Gerüst, das den Raum zwischen den Zellen durchzieht.

Die morphogenetischen Bewegungen während der Gastrulation und Neurulation laufen also in höchst komplexer und vorherbestimmter Weise ab – jede Zelle führt gemäß ihrer Vorgeschichte und ihrer Lage im Gesamtsystem ein mehr oder minder verwickeltes Programm der Verformung und Bewegung aus. Diese Art der Morphogenese steht in scharfem Gegensatz zu jener durch »Versuch und Irrtum«, wie sie bei der molekularen Selbstordnung vorherrscht (S. 374 f.). Aber die Fähigkeit zu einer gewissen Selbstordnung läßt sich auch hier nachweisen (zumindest ab dem Neurulastadium). Gestattet man Einzelzellen aus verschiedenen Regionen der Neurula die Reaggregation zum dichten Zellverband, so entmischen sich die verschieden determinierten Zellen im Laufe einiger Tage gesetzmäßig. Bei einem Aggregat gemäß Abb. 4.93 finden sich dann die zukünftigen Neuralzellen im Innern, häufig von einer Höhlung ähnlich dem Neuralkanal durchsetzt, während sich die zukünftigen Hautzellen außen als Epithel anordnen. Diese Unterschiede müssen u.a. auf molekulare Eigenschaften der Zelloberfläche zurückgehen. Für die abgebildeten Segregationserscheinungen würde es ausreichen, wenn sich die beiden Zelltypen einzig in der Anzahl von Kontaktstellen oder Haftmolekülen (Liganden) pro

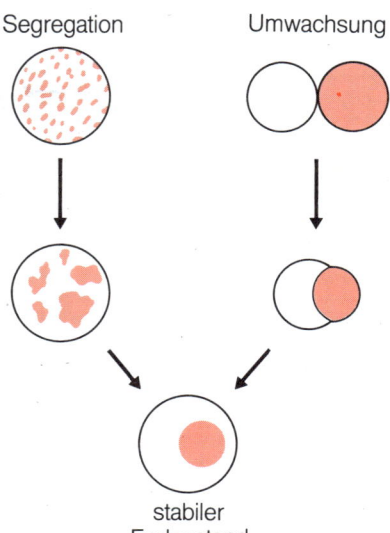

Abb. 4.90. Aggregation von zwei Zelltypen verschiedener Haftstärke. Unabhängig von der anfänglichen Anordnung (Gemisch oder einander berührende Klumpen, oben links und rechts) stellt sich der gleiche stabile Endzustand ein (unten). Der Zelltyp mit der größeren Haftstärke (rot) findet sich immer innen. (Nach Steinberg u. Poole, verändert)

Oberflächeneinheit unterschieden. Man kann nämlich berechnen und zudem auch experimentell nachweisen, daß – eine gewisse Zellbeweglichkeit vorausgesetzt – der Zelltyp mit der größeren Haftfähigkeit den anderen aus einem Gemisch herausdrängt und damit an die Oberfläche verlagert (Abb. 4.89). Vermutlich sind an dieser »differentiellen Zelladhäsion« aber auch zelltypspezifische Liganden beteiligt.

Die der Segregationsfähigkeit zugrundeliegende differentielle Zelladhäsion hält die verschiedenen Zelltypen im intakten Embryo dort fest, wo sie hingehören. Sie ist ein Mechanismus zur Aufrechterhaltung der räumlichen Ordnung im Körper. Ohne sie würden die potentiell beweglichen Zelltypen der verschiedenen Organe wirr durcheinander wandern, etwa wie die Zellen invasiver Krebstypen (S. 400). Daß die normale Gastrulation durch Epithelverformung und nicht durch Zellsegregation erfolgt, könnte u. a. mit dem größeren Zeitbedarf der Segregation zusammenhängen.

4.8 Korrelative Wechselwirkungen

Organismen sind Systeme von unvorstellbarer Komplexität. Ihre Elemente müssen durch ständige Wechselwirkungen aufeinander abgestimmt bleiben bzw. während ihrer ontogenetischen Entstehung aufeinander abgestimmt werden. Wir kennen heute sicher nur einen kleinen Bruchteil dieser »korrelativen« Wechselwirkungen, vorwiegend solche Schritte, die sich als direkte einseitige Kausalbeziehungen im Sinne einer Induktion (S. 386f.) verstehen lassen. Die nachfolgenden Abschnitte gelten einzelnen Organismen und

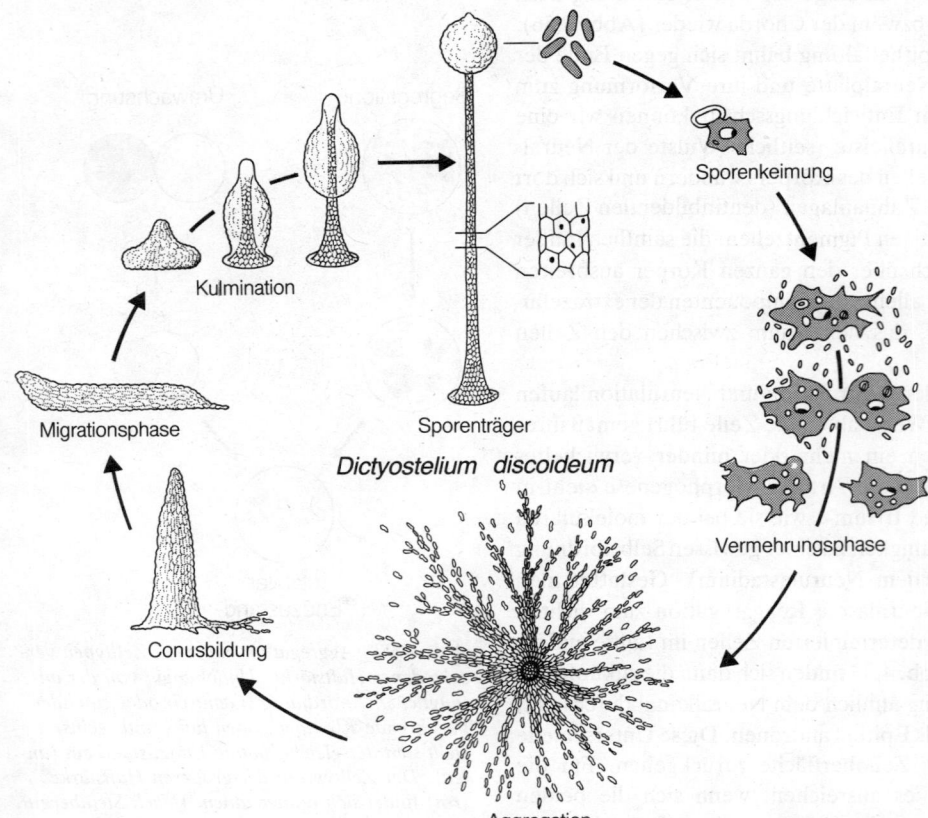

Abb. 4.91. Die wichtigsten Phasen des Entwicklungszyklus von Dictyostelium (Acrasiales). Er geht von einer oder mehreren Sporen aus. Die daraus schlüpfenden Amöben fressen Bakterien, vermehren sich mitotisch und kriechen als Einzeller umher. Dieses Verhalten schlägt unter gewissen Bedingungen in ein koordiniertes Gemeinschaftsverhalten um, das nach einer Aggregationsphase und Bildung eines wanderfähigen Conus über ein Culminationsstadium zum Emporwachsen eines vielzelligen Sporenträgers führt. Das Signal, das die solitären Amöben zur gemeinschaftlichen Morphogenese umstimmt, ist Nahrungsmangel. Der Verhaltenswechsel erfolgt etwa 16 h nach Erschöpfung des Futterangebots. Die einzelnen Amöben teilen sich nicht mehr, nehmen Kontakt miteinander auf und bewegen sich auf ein oder mehrere Zentren zu, die man schließlich als Aggregate aus zehntausenden von Zellen mit bloßem Auge sieht. Die Koordinationswirkung des Zentrums wird durch cAMP als Botenstoff vermittelt. (Nach Gerisch)

Entwicklungserscheinungen, die insgesamt einen gewissen Eindruck von der Vielfalt und Bedeutung der Korrelationserscheinungen vermitteln können.

4.8.1 Modellsystem *Dictyostelium* (Acrasiales)

Die Acrasiales oder »sozialen Amöben« aggregieren zahlreiche einzellige Individuen zu einem vielzelligen Fortpflanzungsstadium mit komplizierter Morphogenese. Sie sind deshalb ideale Modellsysteme zum Studium grundlegender Aspekte der Ontogenese, u. a. der differentiellen Zelladhäsion und der Musterbildung, vor allem aber der Koordinationsmechanismen auf verschiedenen Integrationsstufen, denen dieses Kapitel gilt. Am besten untersucht ist *Dictyostelium discoideum* (Abb. 4.91). Die zunächst solitär lebenden Amöben aggregieren bei Nahrungsmangel in vorerst zufallsbedingten Zentren. Die Zellen im Zentrum geben Pulse von cAMP (S. 378) im Abstand von etwa 4 Minuten ab. Die Grundlage ihrer Rhythmik ist ein bei der cAMP-Produktion wirkendes Rückkoppelungssystem (Abb. 4.92a). Cyclo-AMP aktiviert das Enzym Pyrophosphohydrolase. Hierdurch wird ATP zu AMP abgebaut und geht als Substrat für die cAMP-Bildung verloren. Wegen der nachlassenden Konzentration an cAMP sinkt die Hydrolaseaktivität wieder ab. AMP hingegen aktiviert mit steigender Konzentration die Adenylatcyclase und führt so zu einem erneuten Ansteigen der cAMP-Konzentration.

Die Ausbreitung des so erzeugten chemischen Signals erfolgt bei *D. discoideum* nicht durch Diffusion allein, sondern mit Hilfe eines raffinierten Relais-Mechanismus. Die peripheren Zellen, die einen cAMP-Puls vom Zentrum empfangen, wandern kurz in die Richtung, aus der das cAMP kam (also chemotaktisch zentripetal), geben anschließend ihrerseits cAMP ab und bleiben für einige Minuten unempfindlich gegen ein erneutes Signal (Refraktärzeit). Diese Refraktärzeit bedingt, daß das Signal nur vom Zentrum weg wandern kann – die näher am Zentrum liegenden Nachbarzellen sind ja noch refraktär, wenn die von ihnen stimulierte Zelle ihr cAMP abgibt. Das Zusammenwirken dieser funktionellen Systemelemente bewirkt, daß im ursprünglich homogenen Amöbenrasen ring- oder spiralförmige Zonen der Ausdünnung vom Zentrum nach außen wandern (Abb. 4.92b). Sie sind der Ausdruck der schubweisen Zentripetalwanderung jener Zellen, die soeben von einem der nach außen »weitergereichten« cAMP-Pulse getroffen wurden. Dieses Puls-Relais-System hat eine viel größere Reichweite als die einfache Diffusion des Botenstoffs; Zentren mit stetiger cAMP-Abgabe (infolge Mutation) können nur Zellen in einem Bruchteil des normalen Einzugsbereiches zu gemeinschaftlicher Morphogenese koordinieren und bedingen daher viel kleinere Sporenträger.

Die geschilderten Zelleigenschaften bedingen zugleich, daß unter mehreren pulsierenden Zellen jene die übrigen integriert, die anfangs mit der höchsten Frequenz pulsiert (vgl. S. 627, Schrittmacher-Funktion). Ein neues Zentrum kann daher erst jenseits der Reichweite eines etablierten Zentrums entstehen, die sich nach Millimetern bemißt. Die »Dominanz« des einmal etablierten Zentrums bleibt auch während der anschließenden Entwicklungsphasen erhalten, wenn die zum Kegel (Conus) aggregierte Zellmasse umkippt und als »slug« nacktschneckenartig umherwandert. Das Zentrum findet sich dabei an der Spitze des wandernden Aggregats. Es beeinflußt mittels cAMP-Pulsen sowohl die Fortbewegung der aggregierten Zellen als auch einen Musterbildungsvorgang. Dieser führt zu räumlich geordnetem Auftreten von zwei (anfänglich 3) Zelltypen, die schließlich die Stielzellen und Sporen im Sporenträger bilden. Die räumliche Ausrichtung des heranwachsenden Sporenträgers erfolgt allerdings wieder durch Außenfaktoren, nämlich durch die Grenzfläche zwischen Feuchtigkeitsfilm und Luft (Oberflächenspannung?) und die Ammoniakkonzentration in der Umgebung.

Der wohl wichtigste Aspekt der geschilderten Koordinationsmechanismen ist das Puls-Relais-Prinzip, das eine wesentlich größere Zellenzahl zu koordinieren vermag als ein

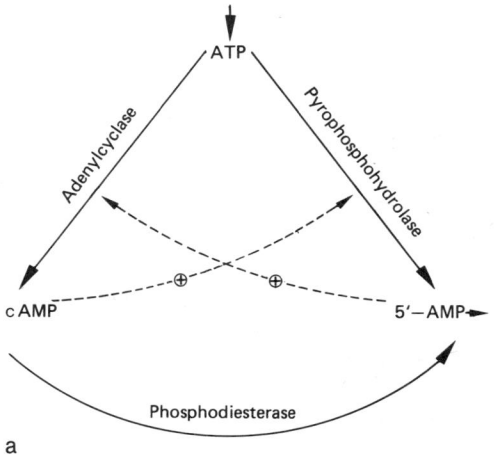

a

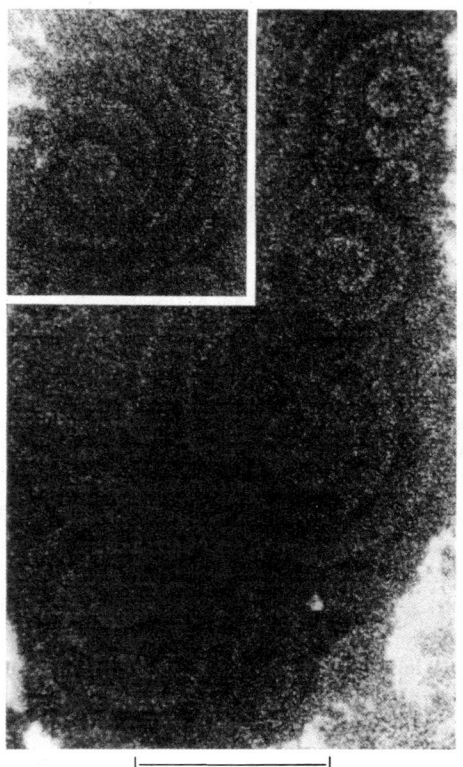

b ⊢―― 1 mm ――⊣

Abb. 4.92. (a) *cAMP-Regulierung bei Dictyostelium. Entsprechend den Enzymaktivitäten wird ATP bevorzugt in cyclisches AMP (cAMP) oder in 5'-AMP umgewandelt. Die wechselseitige Aktivierung der Enzyme durch die Reaktionsprodukte sowie der enzymatische cAMP-Abbau sind durch weitere Pfeile angegeben. (b) Aggregationszentren in einem Rasen von Dictyostelium-Amöben. Die Wellen beruhen auf synchronen Wanderschüben als Antwort auf cAMP-Pulse. (a nach Risse, b nach Gerisch)*

chemisches Signal, das sich nur durch Diffusion ausbreitet. Wie weit dieser »Trick« im Organismenreich verbreitet ist, muß allerdings derzeit offenbleiben.

4.8.2 Hormonelle Steuerung zellulärer Entwicklungsfunktionen

Chemische Signale koordinieren als Hormone (S. 665) bei mehrzelligen Organismen den Ablauf vieler Entwicklungsschritte. Das hormonelle Signal geht in der Regel vielen oder allen Zellen eines Individuums zu, wird aber nur von jenen beantwortet, welche die Kompetenz (S. 325) dazu erlangt haben; die Kompetenz setzt den Besitz entsprechender Hormonrezeptoren voraus, bestimmt aber zugleich die spezifische Reaktion der einzelnen Zellen. Zwei Beispiele mögen die Hormonwirkung in der Ontogenese auf Zellebene beleuchten.

Bei der Keimung der Gräser ist das Phytohormon *Gibberellin* (S. 689) als Regulator beteiligt. Eine Voraussetzung für die Keimung ist, daß die Speicherstärke, die sich in den Amyloplasten des Endosperms (Abb. 4.93) befindet, zu Zucker abgebaut und damit »mobilisiert« wird. Die abbauenden Enzyme α- und β-Amylase sowie L-Glucanphosphorylase werden in den äußeren Endospermschichten, dem Aleuron, gebildet. Für eine ausreichende Synthese von α-Amylase ist jedoch Gibberellin erforderlich, das im Embryo gebildet und in das Endosperm abgegeben wird. In isolierten Endospermen ist daher diese Synthese stark von zugeführtem Gibberellin abhängig (Abb. 4.94), und auf dieser α-Amylase-Induktion gründet sich ein empfindlicher Biotest für dieses Phytohormon. Die Kontrolle erfolgt auf der Ebene der Transkription, d. h. α-Amylase-spezifische RNA tritt vermehrt auf. Mehr wissen wir noch nicht über den Mechanismus der Transkriptionskontrolle durch Gibberellin. Auch darf aus diesen speziellen Beobachtungen noch nicht geschlossen werden, daß alle Wirkungen dieses Phytohormons als Transkriptionskontrollen interpretiert werden können.

Beim Haushuhn ist die Hormonstimulation der Eileiterzellen besonders gut untersucht. Die Eizelle (der »Dotter«) ist vom Eiklar (»Eiweiß«) umgeben, das ihr während der Wanderung durch den Eileiter aufgelagert wird. Die Eileiterzellen legereifer Hennen synthetisieren große Mengen der verschiedenen Eiklarproteine. Die beiden häufigsten, Ovalbumin und Conalbumin, machen mehr als 50% bzw. 10% der neu synthetisierten Proteine dieser Zellen aus. Der Eileiter besitzt bereits im Küken die Kompetenz zur Reaktion auf Östrogen, jenes Hormon, das bei den meisten Warmblütern (einschließlich des Menschen) im weiblichen Genitaltrakt die zur Fortpflanzung nötigen Veränderungen auslöst (S. 680). Beim Huhn gehört die Albuminsynthese zu diesen Veränderungen. Herauspräparierte Küken-Eileiter können über Stunden in einer Salzlösung gehalten werden, ohne daß dies ihre Proteinabgabe nennenswert verringert. Setzt man dem Medium ein Gemisch radioaktiv markierter Aminosäuren zu und fällt die danach synthetisierten Proteine mit entsprechenden Antikörpern aus, so läßt sich die relative Syntheserate dieser Proteine bestimmen.

Ohne Hormonbehandlung ist im Kükenovidukt kein Ovalbumin nachzuweisen. Wird den Küken aber vor der Präparation Östrogen injiziert, so synthetisiert der Eileiter Ovalbumin. Je länger die Hormonbehandlung andauert, desto größer ist der Ovalbumin-Anteil an den in vitro neu synthetisierten Proteinen (Abb. 4.95).

4.8.3 Hormonelle Steuerung der pflanzlichen Morphogenese

Auch in der Morphogenese von Pflanzen spielt hormonelle Steuerung eine wichtige Rolle. Ein Beispiel liefert die Knospenbildung am Moosprotonema. Letzteres entsteht aus der keimenden Moosspore als fädiges System und beginnt unter den üblichen experimentellen

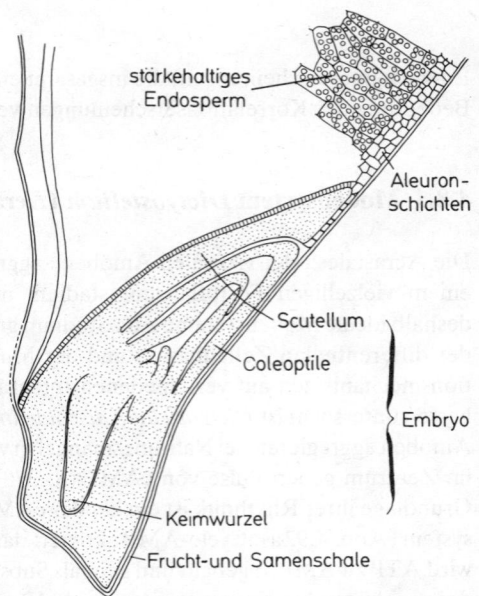

Abb. 4.93. Längsschnitt durch den Embryo in der Frucht (Karyopse) vom Mais (Zea mays). Nach oben ist das Korn fortgesetzt zu denken, die Endospermzellen sind unverhältnismäßig vergrößert. Der Embryo besitzt nur ein Keimblatt (Monokotyle!), das zum Scutellum umgewandelt ist. Vgl. Abb. 4.69. (Aus Mohr)

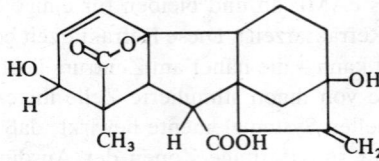

Gibberellin A$_3$ (Gibberellinsäure)

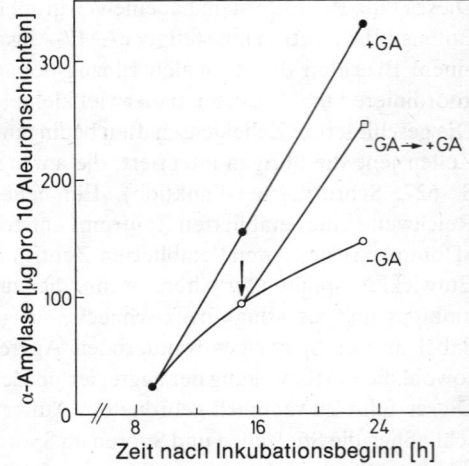

Abb. 4.94. Amylaseaktivität im isolierten Endosperm der Gerste (Hordeum vulgare) in Abhängigkeit von Gibberellin (GA), das zum Zeitpunkt Null oder beim Pfeil zugegeben wurde. (Nach Chrispeels u. Varner, aus Mohr)

Bedingungen etwa 15 Tage nach der Sporenkeimung mit der Bildung von Knospen (Abb. 4.96), aus denen sich dann die Moospflanze entwickelt. Von außen zugeführtes Cytokinin (ein Phytohormon, S. 688) kann die Knospenbildung früher und in größerer Zahl auslösen. Offensichtlich wird unter »natürlichen Bedingungen« die Knospenbildung induziert, sobald die Protonemazellen hinreichende Mengen von Cytokinin produzieren und ans Medium abgegeben haben; dies aber erfordert, daß das Protonema eine gewisse Größe erreicht hat.

Als wirksames Cytokinin wird von *Funaria hygrometrica* und *Physcomitriella patens* das N^6-Δ^2-Isopentenyladenin produziert.

Wird das Cytokinin dem Protonema durch mehrminütiges Wässern entzogen, so wird nicht nur die Ausbildung weiterer Knospen verhindert, sondern es kehren dann auch junge Knospen wieder zum fädigen Wachstum des Protonemas zurück. Das Phytohormon ist also nicht nur für die Induktion der Knospenbildung, sondern auch noch für frühe Teilschritte des Knospenwachstums notwendig. Außerdem zeigt der Versuch, daß das Cytokinin offenbar nur locker an seinen Rezeptor gebunden ist, den wir an der Zell-Oberfläche vermuten müssen.

Im Detail sind die Verhältnisse noch komplizierter. Ein Protonema besteht nämlich aus zwei Typen von Zellfäden; im frühen Stadium gibt es nur Chloronemafäden, nach einigen Tagen kommen dann Caulonemafäden dazu. Der Übergang vom Chloronema zum Caulonema kann ebenfalls durch Cytokinin beschleunigt werden. Schließlich kann es von der Cytokininkonzentration abhängen, ob die Knospen bevorzugt am Chloronema oder am Caulonema entstehen (Abb. 4.96a und b).

Auch bei hohen Konzentrationen an Cytokinin werden nicht alle Chloronema- oder Caulonemazellen zur Knospenbildung umgestimmt (Abb. 4.96c), es sind offenbar nur wenige von ihnen kompetent für die Hormonwirkung. Diese differentielle Kompetenz gehört zum Fragenkomplex der Musterbildung und ist im speziellen Fall noch ungeklärt. In unserem Beispiel diffundiert das Hormon durch das Medium, bevor es seine Zielzelle erreicht, es trifft diese also von außen und verhält sich in dieser Hinsicht wie ein Pheromon (S. 665f.). Wir sprechen trotzdem zweckmäßigerweise von einer Hormonwirkung, da es sich um chemische Information zwischen den Zellen eines Organismus handelt.

Die Bedeutung hormoneller (oder noch allgemeiner: stofflicher) Wechselwirkungen zwischen Organen wird auch bei Höheren Pflanzen deutlich, wo sich verschiedene Organe oder Organteile nach Isolierung verschieden verhalten. Isolierte Wurzelspitzen wachsen in geeigneten Nährmedien unter sterilen Bedingungen zu ganzen Wurzelsystemen heran, denen man für eine nächste Kultur wieder Spitzen entnehmen kann; diesen Zyklus kann man beliebig oft wiederholen. Außer einer organischen C-Quelle (z.B. Saccharose) und Nährsalzen benötigen diese Kulturen lediglich einige Vitamine, z.B. die Erbsenwurzel

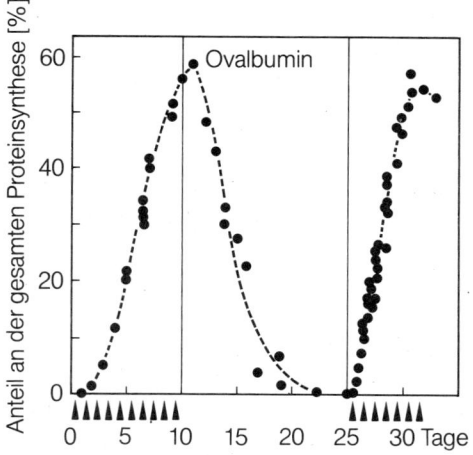

Abb. 4.95. Anteil des Ovalbumins an den neu synthetisierten Proteinen nach experimenteller Stimulierung des Küken-Eileiters mit Östrogen (Pfeilspitzen unter der Abszisse) und nach vorübergehendem Absetzen der Hormonbehandlung. Auf der Ordinate: Anteil von Ovalbumin an der gesamten Proteinsynthese in Prozent. (Nach Palmiter)

Abb. 4.96a–c. Bildung von Moosknospen am Protonema. (a) *Funaria hygrometrica*, Bildung aus einer Caulonemazelle. Beachte die Zellpolarität: plasmareiches Apicalende der linken, plasmaarmes Basalende der rechten Zelle. (b) *Physcomitriella patens*, Bildung aus einer Chloronemazelle infolge erniedrigter Cytokinin-Konzentration. (c) *Ph. patens*, Muster von Moosknospen am Caulonema. (Nach Bopp sowie Reski und Abel)

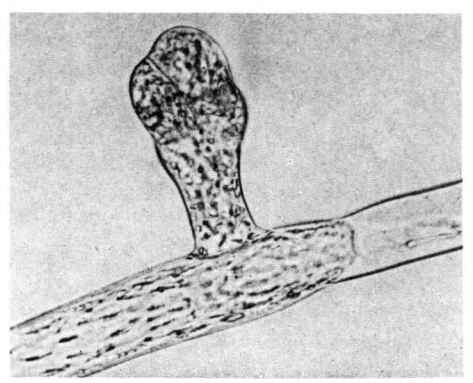

a

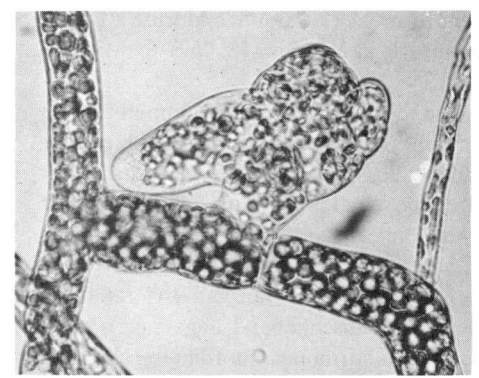

b

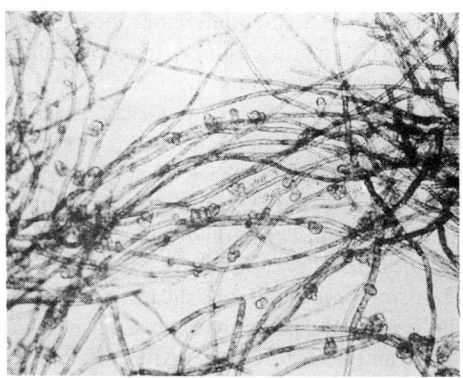

c

Thiamin und Nicotinsäure. In der intakten Pflanze werden diese Substanzen von den Blättern synthetisiert und in die Wurzel transportiert. In Anwesenheit dieser Substanzen erfolgen Wachstum und Entwicklung der Wurzeln unabhängig von den übrigen Organen der Pflanze, also autonom. Ähnlich können isolierte junge Blätter oder Blütenanlagen sich gemäß ihrem inneren Programm weiterentwickeln. Korrelative Wirkungen seitens der übrigen Pflanze sind nur quantitativer, nicht qualitativer Natur, d.h. sie beeinflussen nicht die Spezifität der Morphogenese. Das ist grundsätzlich anders bei den Calluskulturen, die aus isolierten Internodienstücken gewonnen werden (S. 342, Abb. 4.28 und S. 688, Abb. 6.212). Ein solcher Callus kann in vitro weiter als Callus kultiviert werden, wenn ihm außer den oben genannten Substanzen noch Phytohormone (z.B. Auxin, Cytokinin) zur Verfügung gestellt werden, und dies kann praktisch unbegrenzt fortgesetzt werden. Durch Variation der Konzentrationen von Phytohormonen und ihrer Relationen zueinander kann der Callus jedoch dazu gebracht werden, entweder Wurzeln oder Sprosse zu regenerieren (Abb. 6.212), oder bei geeigneter Abfolge dieser Behandlungen auch ganze Pflanzen. Auf der intakten Pflanze kann der Callus ebenfalls organisierte Regeneration durchführen (S. 391), offenbar unter dem hormonell korrelativen Einfluß der Pflanze, die ihn trägt. Hier kann die korrelative Wirkung also als qualitativ bezeichnet werden, sie bestimmt die Spezifität der Morphogenese. Daß der Callus in dieser Weise hormonheterotroph (oder auxotroph, S. 607) ist, wird darauf zurückgeführt, daß er im Gegensatz zu Wurzel-, Sproß- oder Blattspitzen kein organisiertes Meristem besitzt.

Aus den hier beschriebenen Beobachtungen scheint hervorzugehen, daß Wurzel-, Sproß- und Blattanlagen in ihrer Entwicklung stärker determiniert sind als Callusgewebe. Der Unterschied ist aber wohl nicht grundsätzlicher Natur; denn unter geeigneten Bedingungen können isolierte Sprosse und sogar Blätter aus einzelnen Zellen neue Wurzeln bilden, und bei manchen Pflanzen (z.B. *Convolvulus*- und *Taraxacum*-Arten) regenerieren neue Sprosse aus Wurzelstücken (vgl. S. 390). Auch diese Organe können also als morphogenetisch plastisch bezeichnet werden.

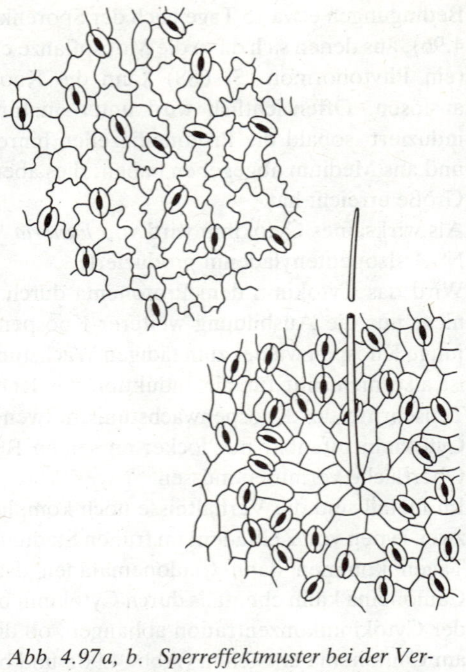

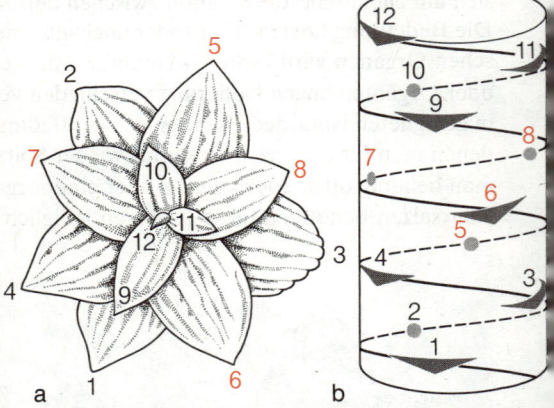

Abb. 4.97a, b. Sperreffektmuster bei der Verteilung der Spaltöffnungen in der Epidermis. (a) Sambucus nigra, gegenseitige Hemmung der Spaltöffnungs-Differenzierung. (b) Pulsatilla vulgaris, zusätzliche und stärkere Hemmung der Spaltöffnungs-Differenzierung durch ein Borstenhaar. (Nach Bünning sowie Zimmermann et al.)

4.8.4 Hormonelle Steuerung der Metamorphose bei Tieren

Zu den eindrucksvollsten Koordinationsleistungen bei Metazoen gehört die Metamorphose. Bei Insekten und Amphibien z.B. wird nahezu jedes Organ in diesen Umbauvorgang einbezogen. Für die Koordination sind Hormonsysteme verantwortlich, die in beiden Fällen ein metamorphosehemmendes Hormon einschließen (Juvenilhormon bei Insekten, S. 676; Prolactin bei Amphibien). Eine weitere Gemeinsamkeit ist die Steuerung des Gesamtsystems über eine zentralnervöse Instanz, vermittelt durch Neurohormone (S. 665). Während aber bei den Insekten die Metamorphosereaktion der Zellen durch das Absinken des hemmenden Hormons ausgelöst wird, bedarf es dazu bei den Amphibien eines starken Anstiegs metamorphosefördernder Hormone (aus der Schilddrüse). Dieser Anstieg kommt durch einen Regelkreis mit positiver Rückkoppelung (S. 359) über Gehirn und Hypophyse zustande.

Die einzelnen Zellen bzw. Organe reagieren gemäß ihrer jeweiligen Kompetenz sehr unterschiedlich auf die auslösende Hormonsituation. So bringen z.B. die verschiedenen Imaginalscheiben der Zweiflügler jeweils spezifische Teilstücke des Adultkörpers hervor (S. 509f.). Bei der metamorphosierenden Kaulquappe schaltet das Auge auf die Synthese eines anderen Typs von Rhodopsin (S. 509) um, die Stickstoffausscheidung wird von Ammoniak (der nur im Wasser, nicht aber in Luft hinreichend abdiffundiert) auf Harnstoff umgestellt, und die meisten Zellen des Kaulquappenschwanzes aktivieren Gene für bestimmte proteolytische Enzyme, von denen sie anschließend abgebaut werden (programmierter Zelltod). Alle diese Vorgänge werden hormonell koordiniert, aber ihre Auslösung geschieht nicht gleichzeitig; vielmehr beginnt jeder Vorgang bei einer spezifi-

Abb. 4.98a, b. Sperreffekt bei der Bildung von Blattanlagen, erkennbar an der regelmäßigen Blattschraube. (a) Rosette von Plantago media; die Blattfolge ist numeriert. Jedes folgende Blatt steht vom vorhergehenden um 135° entfernt (³/₈ des Kreisumfanges: ³/₈-Stellung). Wegen der fehlenden Internodienstreckung sind die Winkelverhältnisse besonders deutlich erkennbar. (b) Schema einer Sproßachse mit der Blattstellungsschraube, ebenfalls ³/₈-Stellung; die Numerierung entspricht derjenigen von (a). (Nach Troll und Prantl)

4.8.5 Korrelative Hemmungen und korrelative Förderungen bei Pflanzen

schen, von der Kompetenz der beteiligten Zellen festgelegten Titerschwelle bzw. Einwirkungsdauer der beteiligten Hormone.

4.8.5 Korrelative Hemmungen und korrelative Förderungen bei Pflanzen

Teilprozesse der Entwicklung von *Dictyostelium* können auch als Modell für ein wichtiges Prinzip der pflanzlichen Morphogenese dienen: für das Sperreffekt-Muster, das zunächst anhand der Spaltöffnungsentwicklung im Blatt der Höheren Pflanze (z. B. *Sambucus* oder *Pulsatilla*) erläutert werden soll.

Jede künftige Epidermiszelle hat grundsätzlich die Möglichkeit, sich zu einer Spaltöffnungsmutterzelle zu differenzieren. Es ist aber nicht von vornherein festgelegt, welche Zellen diese Möglichkeit realisieren, sondern dies scheint zunächst dem Zufall zu unterliegen. Sobald allerdings eine Zelle sich in dieser Richtung zu differenzieren beginnt, geht von ihr eine Hemmung auf die umliegenden Zellen aus, und erst in einem bestimmten Abstand ist die Hemmung gering genug, um weiteren Zellen diesen Entwicklungsweg zu erlauben (Abb. 4.97a). Die Zelle hat bei *Pulsatilla* sogar noch die dritte Möglichkeit, Ausgangspunkt einer Haarbildung zu werden; auch hierdurch wird die Differenzierung zur Spaltöffnungsmutterzelle gehemmt, und zwar offenbar in einem noch größeren Radius (Abb. 4.97b). Die Ähnlichkeit zur Entstehung von Initiatorzellen bei *Dictyostelium* und ihre Hemmwirkung auf die Nachbarzellen ist offensichtlich, aber über die stofflichen Signale für den Sperreffekt in der Epidermis ist noch nichts bekannt.

Für die makroskopische Morphogenese ist dieses Prinzip z. B. bei den typischen Blattstellungsmustern (Phyllotaxis) wirksam. Eine Blattanlage entsteht dadurch, daß sich eine subepidermale Zelle (oder einige Zellen) intensiv zu teilen beginnt und dadurch zunächst ein Höcker vorgewölbt wird. Dies ist jedoch nur in einem Mindestabstand vom apikalen Meristem und von allen bereits existierenden Blattanlagen möglich. Wenn aber dieser Abstand durch das Wachstum des Vegetationskegels überschritten ist, dann erfolgt die Differenzierung mit Notwendigkeit, und hieraus entstehen die regelmäßigen Blattstellungen mit ihren artspezifischen (und ggf. stadienspezifischen) Winkeln, wie sie besonders eindrucksvoll an Blattrosetten erkennbar sind (Abb. 4.98).

Von noch grundsätzlicherer Bedeutung für die Gestaltbildung der Pflanze ist die apikale Dominanz. Hierunter versteht man die Steuerung des Wachstumsmodus eines Sprosses durch die intakte Gipfelknospe. Genaugenommen handelt es sich um einen Sammelbegriff, drei hierher gehörende Phänomene seien im folgenden genannt:

(1) In der Regel treibt an einem Sproß nur ein kleiner Teil der blattachselständigen Sproßknospen aus; alle übrigen bleiben als sogenannte »schlafende Augen« unentwickelt. Wird die Endknospe entfernt, so können einzelne der schlafenden Augen austreiben; sie sind also vorher durch die Endknospe gehemmt worden.

(2) Bei einem monopodial aufgebauten Sproßsystem (z. B. Krone der Fichte) wachsen die Seitensprosse langsamer als die Endknospe, und überdies wachsen sie nicht aufrecht (negativ gravitrop), sondern in schräger Richtung (plagiotrop). Nach Entfernen der Endknospe richtet sich einer (seltener mehrere) der Seitensprosse auf, übernimmt das schnellere Wachstum der Endknospe und hemmt nun seinerseits die übrigen Seitensprosse. Wieder war also der Sproß durch die Endknospe gehemmt, und zwar in Wachstumsgeschwindigkeit und gravitropischem Reaktionsvermögen.

(3) Ein spezielles, noch komplizierteres Beispiel ist in Abb. 4.99 dargestellt: Bei *Solanum andigenum* (einer Stammform der Kartoffelpflanze *S. tuberosum*) entwickeln sich die nahe der Sproßbasis austreibenden Seitensprosse normalerweise zu Stolonen, d. h. waagerecht (diagravitrop) wachsenden Sprossen mit Schuppenblättern. Entfernt man die Endknospe und alle übrigen höher inserierten Knospen, so krümmen sich die Spitzen der Stolonen negativ gravitrop nach oben und fangen an, normale Blätter zu bilden. Auch hier hat offenbar die intakte Endknospe eine Hemmwirkung ausgeübt.

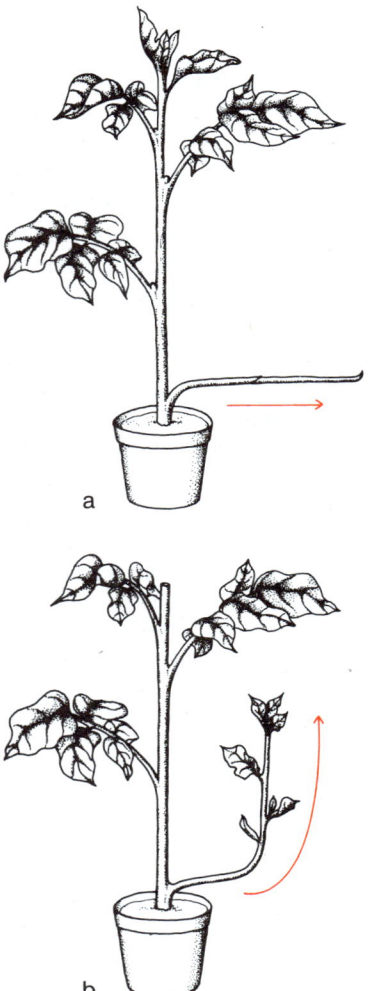

Abb. 4.99a, b. Bei Solanum andigenum beeinflussen die Sproßknospen das Verhalten der Stolonen. Ist die Pflanze intakt, so wachsen die Stolonen horizontal und bilden nur Schuppenblätter (a). Wenn man die Endknospe und die Achselknospen entfernt (b), wachsen die Stolonen aufwärts und bilden Laubblätter. (Nach Booth)

Alle Fälle von apikaler Dominanz versucht man auf Hormonwirkungen (S. 685ff.) zurückzuführen, insbesondere sind Auxin, Gibberellin und Abscisinsäure beteiligt. Neben diesen verschiedenen Fällen von korrelativen Hemmungen spielen auch korrelative Förderungen in der Morphogenese der Pflanze eine Rolle; wachsende Gewebe oder wachsende Organe können das Wachstum oder die Entwicklung anderer Gewebe bzw. Organe stimulieren. So ist das Wachstum des Sprosses vom Vorhandensein der wachsenden Wurzel abhängig: Ein isolierter Sproß stellt sein Wachstum ein, auch wenn er optimal mit Wasser und Nährstoffen versorgt wird. Erst wenn er Adventivwurzeln regeneriert hat, nimmt er sein Wachstum wieder auf. Diese korrelative Förderung ist hormonell bedingt, der steuernde Faktor ist wahrscheinlich Cytokinin, das in der Wurzel synthetisiert wird (S. 688f.).

Fördernde Wechselwirkung zwischen Geweben läßt sich bei der Differenzierung im Callus erkennen. Callus ist embryonales Gewebe, das sich bei starken Verletzungen des Sprosses aus dem Cambium und (durch *Re-Embryonalisierung*) aus Rinden-, Bast- und Markgewebe bildet. Der Callus wächst zunächst ungeordnet, kann aber dann die verlorengegangenen Organe und Gewebe ersetzen. Die hierzu notwendige Gewebedifferenzierung im Callus wird durch die angrenzenden intakt gebliebenen Gewebe gesteuert: Leitgewebe z.B. wird genau an den Stellen differenziert, an denen es den Anschluß an bereits vorhandenes Leitgewebe findet (homöogenetische Induktion), so daß das Regenerat schließlich eine kontinuierliche Leitbündelverbindung zum intakten Teil der Pflanze hat. Auch für diese Art der korrelativen Förderung sind mit großer Wahrscheinlichkeit Phytohormone als Signalsubstanzen verantwortlich.

4.8.6 Gewebeintegration nach Pfropfung bei Pflanzen

Die Mechanismen der korrelativen Förderung und Hemmung können über die Grenze des Individuums, ja sogar über die Artgrenze hinaus wirken. Das wird bei Pfropfungen deutlich, wenn Teile zweier Pflanzen miteinander verwachsen (vgl. S. 271). Voraussetzung für das Gelingen von Pfropfungen ist die Bildung von Wundcallus bei Reis und Unterlage. Da hieran das Cambium entscheidend beteiligt ist, sind erfolgreiche Pfropfungen auf Pflanzengruppen beschränkt, die sekundäres Dickenwachstum besitzen. Die beiden Callusgewebe verwachsen miteinander und steuern dabei ihre Gewebebildung gegenseitig so, daß zwischen Reis und Unterlage zusammenhängende Leitbündel differenziert werden (korrelative Förderung).

Nach vollständiger Verwachsung verhält sich das gemischte System wie ein einheitlicher Organismus. So entwickelt das Reis auch apikale Dominanz, übernimmt also die korrelative Hemmung der Seitensprosse der Unterlage. Wir erkennen daraus, daß nicht nur Wasser, Assimilate und sekundäre Pflanzenstoffe (z.B. Alkaloide) von einem Partner zum andern transportiert werden, sondern auch Phytohormone; letzteres ist auch aus der Übertragung von Blühhormon zwischen Kurztag- und Langtagpartner einer Pfropfung erkennbar (S. 338). Die spezifischen Differenzierungen der Zellen, Gewebe und Organe erfolgen aber ausschließlich gemäß der eigenen genetischen Information; das auf *Kalanchoë* gepfropfte und durch deren Blühhormon induzierte *Sedum*-Reis (Abb. 4.100) entwickelt also typische *Sedum*-Blüten, und das auf den Wildapfel gepfropfte Edelreis entwickelt die gewünschten Früchte der Edelsorte des Apfels. Die Spezifität jedes Partners geht weiterhin auch daraus hervor, daß die Partner zueinander »passen« müssen. In der Regel können nur nahe verwandte Sippen miteinander verpfropft werden, und Pfropfungen über die Grenze einer Familie hinaus gelingen nur in Ausnahmefällen (z.B. Cactaceen auf die (verwandten) Didiereaceen und sogar auf Oleander).

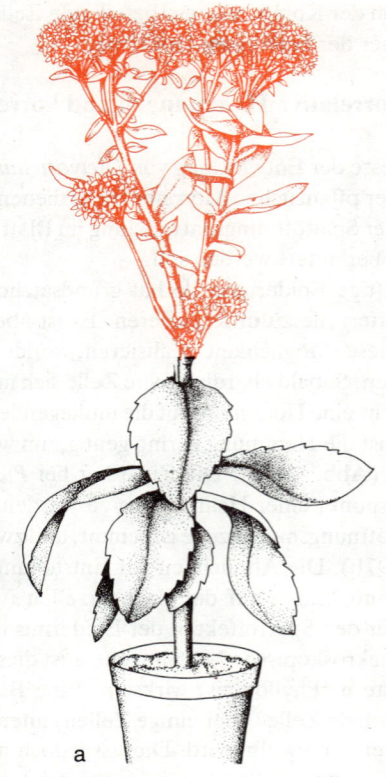

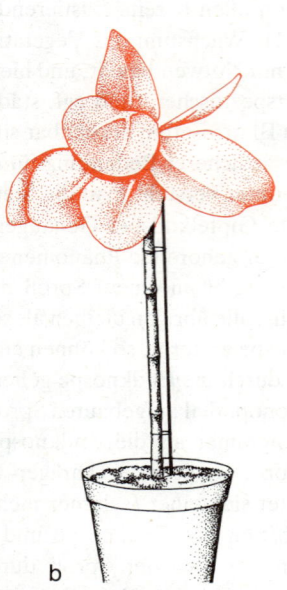

Abb. 4.100. (a) Ein Pfropfreis der Langtagpflanze Sedum spectabile (rot) ist auf eine Unterlage der Kurztagpflanze Kalanchoe blossfeldiana gepfropft worden. Die Langtagpflanze blüht im Kurztag. (b) Die Unterlage wurde zum Zeitpunkt der Pfropfung entblättert. Das Pfropfreis bleibt im Kurztag vegetativ. (Nach Zeevaart)

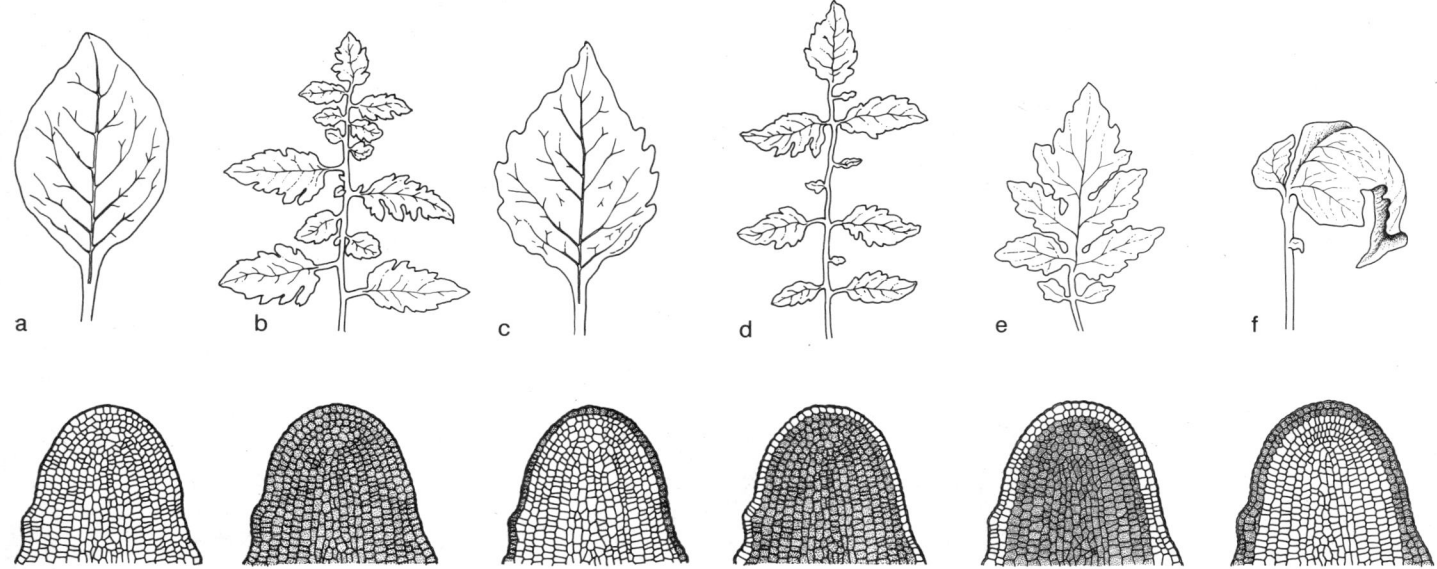

Abb. 4.101 a–d. *Blattgestalt (obere Teilbilder) und Schichtenbau des Vegetationskegels (untere Teilbilder) der reinen Arten Solanum nigrum (a) und S. lycopersicum (b), der Monektochimären S. tubingense (c) und S. koelreuterianum (d), sowie der Diektochimären S. proteus (e) und S. gaertneranum (f). Bei Monektochimären ist lediglich die äußerste Schicht des Vegetationskegels, das Dermatogen, andersartig. (Nach Winkler)*

Die gemeinsame Entwicklungsleistung zweier Pfropfpartner unter Beibehaltung der Entwicklungsspezifitäten ist noch eindrucksvoller bei den Pfropfchimären. Hier bestehen auch einzelne Organe aus Geweben beider Partner. Das klassische Beispiel für die Entstehung von Chimären ist in Abbildung 3.27 (S. 271) dargestellt. Wenn man auf eine Tomatenunterlage (*Solanum lycopersicum*) ein Reis des Nachtschattens (*Solanum nigrum*) pfropft und die Verwachsungsstelle in der angedeuteten Weise durchschneidet, so bildet sich dort ein Callus aus Zellen beider Arten. Von den daraus entstehenden Adventivsprossen hat ein kleiner Teil Chimärencharakter. Die in Abbildung 3.27 d (vgl. auch e III) dargestellte *Sektorialchimäre* kommt dadurch zustande, daß ein Sektor des Adventivvegetationskegels aus Zellen des Nachtschattens, der übrige Teil aus Zellen der Tomate besteht. Damit hat eine größere Zahl von Blättern reinen Tomaten- bzw. Nachtschattencharakter, aber es gibt auch Blätter, die auf der einen Seite Nachtschatten-, auf der anderen Seite Tomatengestalt haben. Bei der *Periklinalchimäre* (Abb. 3.27f) sind dagegen die Schichten des Vegetationskegels und später der ganzen Pflanze genetisch verschieden. Im einfachsten Fall (Abb. 4.101c, d) stammt nur die äußerste Tunicaschicht (auch Dermatogen genannt, s. S. 411) vom einen Partner, alles übrige vom anderen. Die Abbildung läßt erkennen, daß die Blattform ganz überwiegend von der genetischen Information der inneren Schichten bestimmt wird, daß aber die äußere (die lediglich die Blattepidermis liefert) doch einen modifizierenden Einfluß ausübt. Falls die zwei äußeren Schichten genetisch andersartig als der übrige Vegetationskegel sind, kommt dies in der Morphogenese sehr stark zum Ausdruck (Abb. 4.101e, f).

Chimären lassen sich als solche nur vegetativ vermehren. Bei generativer Vermehrung tritt dagegen wieder einer der Elterntypen unverändert in Erscheinung. Das ist verständlich, da die Mikro- und Megasporen (Pollenkörner und Embryosäcke) jeweils aus einer einzigen Zelle entstehen (S. 284f.). Damit ergeben sich aus dem Studium der Chimären zwei grundlegend wichtige Resultate: 1. Zellen und Gewebe, die sich *genetisch* unterscheiden, können auch bei der Entwicklung komplizierter Organe harmonisch kooperieren. 2. Ein Austausch genetischer Information zwischen den Zellen erfolgt nicht.

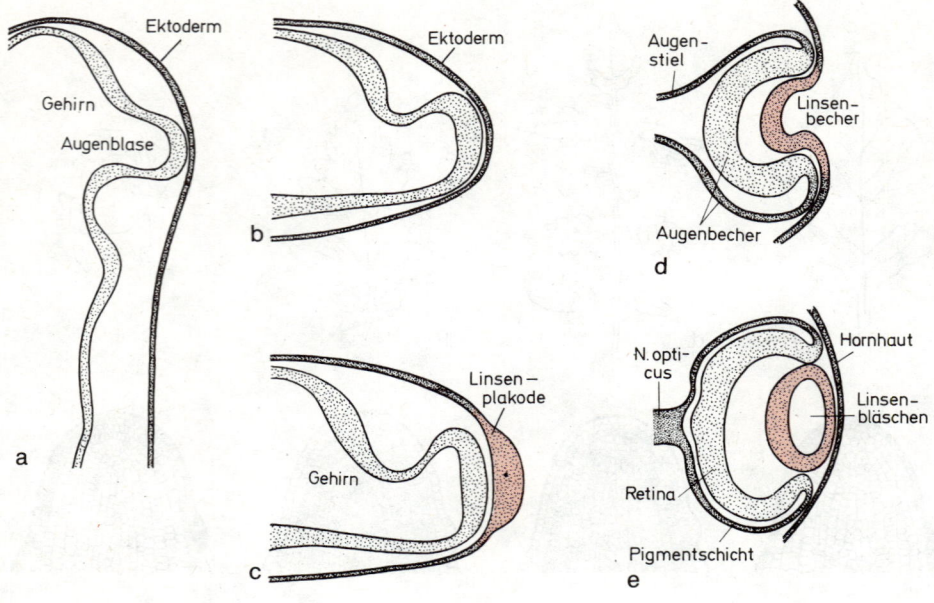

Abb. 4.102 a–e. Schematische Darstellung der Entwicklung des Wirbeltierauges. (a) Rechte Hälfte des Embryos während der Vorwölbung der Augenblase des Gehirns. (b) Kontaktaufnahme mit der Epidermis, wo (c) eine Verdickung die Linsenanlage (rot) entstehen läßt. Die Augenblase stülpt sich in sich zurück und bildet den Augenbecher, die Linsenanlage sinkt ein und schließt sich zum Linsenbläschen (d, e). Vergleich mit der ganz anderen Entwicklung des anatomisch ähnlichen Cephalopodenauges in Abbildung 10.22, S. 867. (Nach Coulombre)

4.8.7 Embryonale Induktionssysteme bei Tieren

Bei Tieren wurden schon sehr früh korrelative Beziehungen in der Entwicklung beschrieben, wobei für lange Zeit an die einsinnige Signalübertragung von einer Systemkomponente (Induktor) auf eine andere (reagierendes Gewebe) gedacht wurde. Häufig läßt sich das Geschehen korrekter als Wechselwirkung beschreiben. Zudem dürfte die Spezifität der Entwicklungsleistung nicht so sehr von der induzierenden Komponente als vielmehr von der Kompetenz der reagierenden Zellen abhängen.

Die ektodermalen Anteile des Wirbeltierauges entstammen zwei räumlich zunächst weit getrennten Epithelbezirken der Blastula. Der Augenbecher, die Anlage von Netzhaut und Pigmentschicht, entsteht als Ausstülpung des Zwischenhirns (Abb. 4.102). Ehe sich diese sog. Augenblase zum Augenbecher einstülpt, berührt sie die Epidermis des Kopfbereiches. An der Berührungsstelle verdickt sich die Epidermis und senkt sich zur Bildung der blasenförmigen Linsenanlage ein. Die Präzision, mit der die beiden so unterschiedlich angelegten Augenteile zusammengefügt werden, hatte schon früh den Verdacht auf eine koordinierende Wirkung des Augenbechers geweckt. Experimentell bestätigt wurde diese Vorstellung durch Ausschaltungsversuche (Abb. 4.103), später auch durch Transplantation des Augenbechers in die Rumpfregion (Abb. 4.104). Die an Molchen und Grasfröschen erzielten Ergebnisse zeigten eindeutig, daß der Augenbecher in der benachbarten Epidermis die Bildung einer Linse auslöst (induziert). Dies ist auch bei vielen anderen Wirbeltieren der Fall. Andererseits bildet die Epidermis des Teichfrosches eine Linse auch dann aus, wenn sie zuvor keinen Kontakt mit der Augenblase hatte (Abb. 4.103). Man nimmt an, daß in solchen Fällen die fragliche Stelle der Epidermis bereits auf einem früheren Entwicklungsstadium zur Linsenbildung angeregt wird, und zwar durch Kontakt mit nicht-neuralen Kopfstrukturen; die Augenblase dürfte dann nur noch den genauen Ort der Linsenbildung beeinflussen.

Ähnliche Unterschiede gibt es in der Kompetenz der Epidermis, die sie veranlaßt, auf Kontakt zum Augenbecher mit Linsenbildung zu reagieren. Bei manchen Arten besitzt die gesamte Epidermis diese Kompetenz, bei anderen – nämlich den zur autonomen Linsenbildung befähigten – ist diese Kompetenz auf einen kleinen Kopfbereich beschränkt. Jedenfalls ist der Befund, daß die Linsenbildung bei nahe verwandten Arten

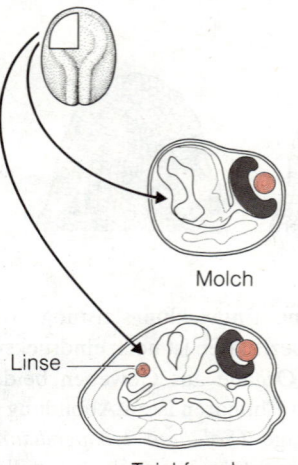

Abb. 4.103. Unterschiedliche Auslösung der Linsenbildung bei Amphibien. Schaltet man im Neurulastadium die Anlage der Augenblase aus (oben), so fehlt beim Molch später auch die Linse (Mitte), der Teichfrosch hingegen bildet eine »freie« Linse (unten). (Nach Spemann)

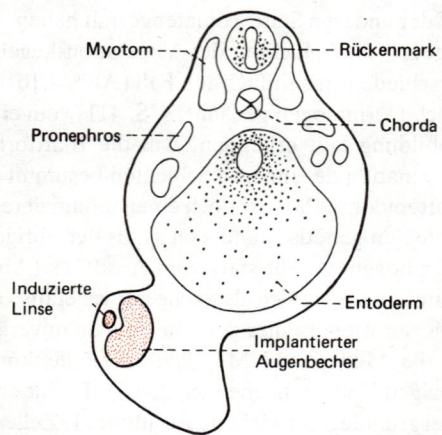

Abb. 4.104. Die Transplantation eines Augenbechers in die Bauchhaut der Larve eines Molches induziert in der Bauchepidermis die Bildung einer Augenlinse. Dieses berühmte Experiment zeigt, daß beim Molch auch die Bauchhaut die Kompetenz zur Linsenbildung besitzt. (Nach Spemann)

4.8.7 Embryonale Induktionssysteme bei Tieren

sehr unterschiedlich ausgelöst werden kann, im Hinblick auf die Beziehungen zwischen Evolution und ontogenetischen Mechanismen bedeutsam.

Die Bildung eines anderen zusammengesetzten Organs, der Niere (Metanephros) der Warmblüter, liefert ein klares Beispiel für wechselseitige Beeinflussung der beiden Komponenten eines Induktionssystems. Die Nierentubuli entstehen aus einer bestimmten Mesodermregion, dem nephrogenen Mesenchym, das Nierenbecken samt Nierenkanälchen jedoch aus dem blinden Ende des Harnleiters, der in dieses Mesenchym hineinwächst. Erreicht er das Mesenchym nicht oder nicht rechtzeitig, so bilden sich weder Nierentubuli noch Nierenbecken aus. Dies zeigt, daß jede der beiden Strukturen von der Anlage der anderen »induziert« wird, daß also eine Wechselwirkung vorliegt. Dieses System hat man auch außerhalb des Körpers analysiert, indem man Stückchen beider Anlagen in Organkultur vereinigte. Durch Zwischenschalten von Filterplättchen mit unterschiedlicher Porenweite ließ sich dabei zeigen, daß die Wechselwirkung direkten Kontakt zwischen den beteiligten Zellen erfordert; sie unterbleibt, wenn die Poren so eng gewählt werden, daß zwar noch Makromoleküle, aber keine Zellfortsätze mehr hindurchdringen können.

Das dritte Beispiel ist das berühmteste, die – fälschlicherweise so genannte – »primäre« embryonale Induktion der Wirbeltiere, die das Achsensystem des Körpers entstehen läßt; sie kann nicht mehr als primär gelten, seit man weiß, daß bereits zuvor die Mesodermanlage induziert wird, und zwar durch Wechselwirkung zwischen animalem und vegetalem Bezirk der Blastula. Das Induktionsgeschehen bei der Achsenbildung, der »Organisatoreffekt«, besitzt größte Bedeutung für die Herausbildung der Körpergrundgestalt, ist zugleich aber so vielschichtig, daß viele Aspekte noch unerkannt bzw. unverstanden sein dürften. Ein Teil der Verständnisschwierigkeiten beruht darauf, daß sich hier morphogenetische Bewegungen mit Induktionsschritten zu komplexen Musterbildungsvorgängen verknüpfen (S. 363f.).

Halbiert man Molcheier im Zweizellstadium mit verschiedener Orientierung zur zukünftigen Medianebene (Abb. 4.105), so bilden nur diejenigen Hälften eine Neuralplatte (und letztlich einen ganzen Embryonalkörper), die einen Teil des grauen Halbmonds, also der prospektiven (zukünftigen) dorsalen Urmundlippe zugeteilt erhielten. Das vom grauen Halbmond markierte Material wird zum Urdarmdach, unterlagert also bei der Gastrulation jene dorsale Ektodermregion, die bald darauf zur Neuralplatte wird (Abb. 4.56). Durch Verpflanzen von Material aus der dorsalen Urmundlippe in Gastrulae einer anderen Molchart konnte gezeigt werden, daß dieses Material die zukünftige Bauchhaut eines Wirtsembryos zur Bildung einer Neuralplatte umzustimmen vermag (Abb. 4.106). So liegt der Schluß nahe, daß die Anlage des Neuralrohrs auch normalerweise in vorher »indifferentem« Ektoderm induziert wird, und zwar vom Urdarmdach während der Gastrulation.

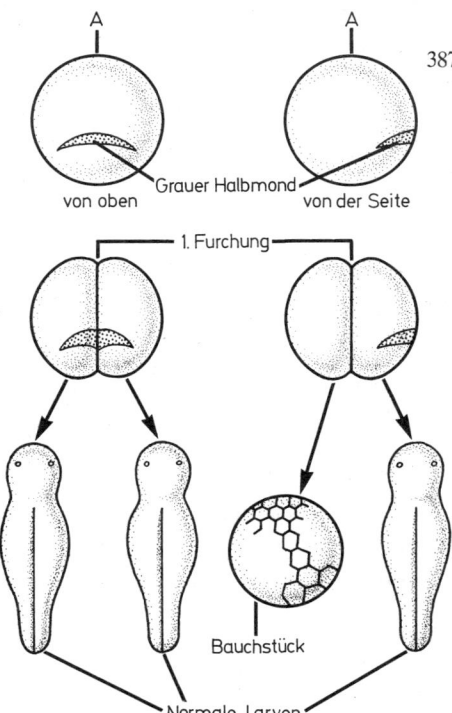

Abb. 4.105. Schnürungsversuche im Zwei-Zellstadium von Amphibien. Wenn die Schnürung jeder Hälfte einen Teil des grauen Halbmonds zuteilt, entstehen zwei ganze Larven. Wenn die Schnürung den grauen Halbmond nur der einen Hälfte zuteilt, entwickelt sich diese normal weiter; die Hälfte ohne Halbmondmaterial liefert nur ein »Bauchstück«. (Nach Spemann, aus Hadorn)

Abb. 4.106. (a–f) Bildung eines Sekundärembryos beim Molch durch Einpflanzung eines Stückes aus dem präsumptiven Urdarmdach. Die Pfeile in (b) und (c) zeigen die Wanderungsrichtung präsumptiver Urdarmdachzellen bei der Gastrulation an. (g) Schematischer Querschnitt durch den Doppelembryo (f). Beachte den chimärischen Aufbau des sekundären Embryos aus dunklen Implantats- und hellen Wirtszellen. pU = primärer Urmund, sU = sekundärer Urmund, sN = sekundäre Neuralplatte, pL = Primärlarve, sL = Sekundärlarve. (Nach Spemann u. Mangold, aus Hadorn)

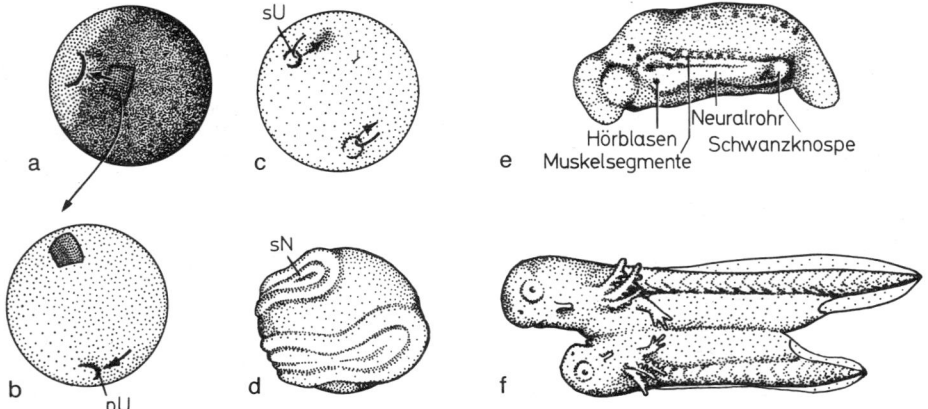

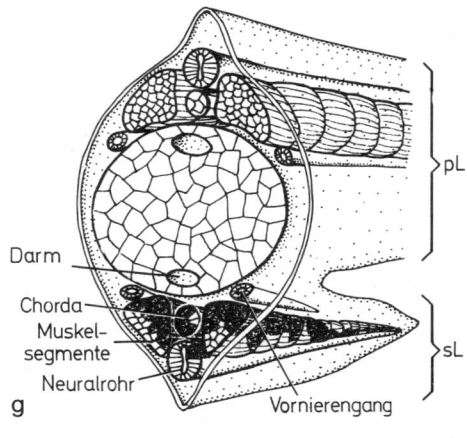

Die Induktionsvorgänge erfolgen aber nicht nur von Zellschicht zu Zellschicht, sondern breiten sich vermutlich auch innerhalb eines Epithels aus. So kann z.B. die im Ektoderm vorhandene Kompetenz für neurale Differenzierung durch Stimuli von benachbarten Zellen im Ektoderm selbst freigesetzt werden, die diesen Weg bereits eingeschlagen haben; man nennt dies homöogenetische Induktion.

Das erstaunliche am Organisatoreffekt ist nicht die neurale Induktion auf dem bisher geschilderten Niveau (man kannte das Prinzip ja schon von der Linseninduktion), sondern die gleichzeitig ablaufende Musterbildung. Zwischen Vorder- und Hinterende der Neuralanlage entsteht ein Längsmuster, das sich u.a. in der Abfolge der Hirnteile und der spinalen Nerven ausdrückt. Seine Grundlagen werden vermutlich bereits im Vorgang der Gastrulation gelegt. Dabei gelangen Urdarmdach und Ektoderm ja nicht sofort in ihre endgültige Position, sondern sie schieben sich in einem viele Stunden dauernden Vorgang aneinander vorbei. Man vermutet, daß dabei mehrere Schritte der Beeinflussung ablaufen, deren regional unterschiedliche Dauer die regionalspezifischen Entwicklungswege auslöst (Abb. 4.107). Sicher ist, daß nach beendeter Gastrulation der vordere Anteil des Urdarmdachs nur Kopfstrukturen induziert, wenn man ihn ähnlich wie in Abb. 4.106 testet, während der hintere nur solche Strukturen hervorruft, die dem Rumpf- und Schwanzbereich zugehören. Man konnte auch Proteine bzw. Nucleoproteide isolieren, die noch in extremer Verdünnung ähnliche Induktionswirkungen auf indifferentes Ektoderm ausüben. Der strikte Nachweis, daß gerade diese Moleküle das wirksame Agens im intakten System sind, steht allerdings noch aus; sicher scheint jedoch, daß die neurale Induktion im Gegensatz zur Niereninduktion (s.o.) keiner Zellkontakte zwischen induzierender und reagierender Komponente bedarf.

Noch komplizierter manifestiert sich der Organisatoreffekt im Mesoderm. Das eingepflanzte Stück Urmundlippe (Abb. 4.106) löst nämlich nach seiner Einrollung (s. Pfeil) nicht nur die Bildung einer Neuralplatte (sN) aus, sondern es integriert benachbarte Anteile des Wirtsmesoderms in einen gemeinsamen Musterbildungsvorgang, aus dem chimärische Axialorgane hervorgehen (Abb. 4.106g, unterer Embryo). An dieser Leistung mag homöogenetische Induktion beteiligt sein, die Musterbildung insgesamt bleibt jedoch unverstanden.

Im Anschluß an Gastrulation und Neurulation läuft eine ganze Kaskade weiterer Induktionen ab (Abb. 4.108). Man kann somit die Grundstruktur des Körpers (und damit auch die embryonale Musterbildung) bei Wirbeltieren auf ein Wechselspiel zwischen morphogenetischen Bewegungen und Induktionsvorgängen zurückführen. Die Bewegungen bringen jeweils neue Reaktionspartner zusammen, deren Interaktion löst neue Bewegungsvorgänge aus. Wir kennen die Interaktion allerdings nur aus der (künstlichen) Experimentalsituation, und deshalb bleibt die Frage offen, ob nicht einige der experimentell ausgelösten Induktionserscheinungen nur Ausdruck von Kontrollmechanismen sind, die im normalen Entwicklungsablauf dazu dienen, zuvor auf andere Weise eingeleitete Entwicklungsprogramme gegen Störungen abzusichern.

4.8.8 Wirbeltier-Chimären

Für den Zoologen sind Chimären Individuen oder Individualteile, deren Zellen von mehr als einer Zygote abstammen. Die Zygoten können verschiedenen Tierarten oder der gleichen Art angehören. Im zweiten Fall unterscheiden sich die Zellen des chimärischen Individuums nicht in der Artspezifität des Genoms, wohl aber durch unterschiedliche Allele an gewissen Genloci (die uns die Abkunft der einzelnen Zelle verraten können). Chimären aus Zellen gleicher Artzugehörigkeit sind in der Regel voll lebensfähig (S. 389, Abb. 4.109). Bei Säugerchimären gibt es eine Überraschung, wenn die beiden Genotypen sich in den Geschlechtschromosomen unterscheiden (XX/XY): Solche Individuen sind

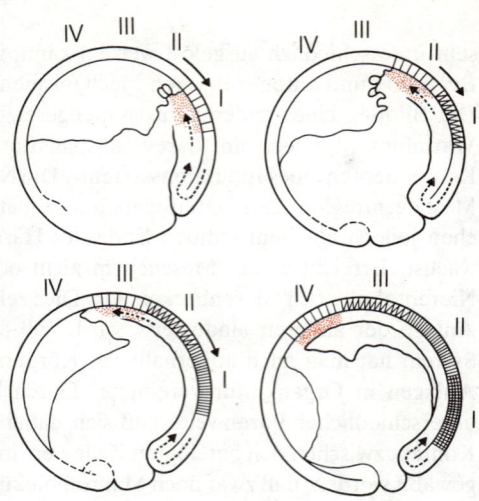

Abb. 4.107. Schema des Induktionsablaufs zwischen Urdarmdach und zukünftiger Neuralanlage bei der Gastrulation der Molchembryos (vgl. Abb. 4.56). Die zuerst eingestülpte Region (rot punktiert) wandert unter der zukünftigen Neuralanlage entlang und induziert dort jeweils eine erste Veränderung (»Neuralisation«, durch einfache Schraffur gekennzeichnet). Der Kontakt des neuralisierten Ektoderms mit nachfolgenden Abschnitten des Urdarmdaches löst zeitabhängig zusätzliche Veränderungen aus (zunehmend dichtere Schraffur), die die Regionen III, II und I zur Bildung jeweils weiter hinten liegender Abschnitte des Nervensystems veranlassen (»Transformation«). (Nach Nieuwkoop)

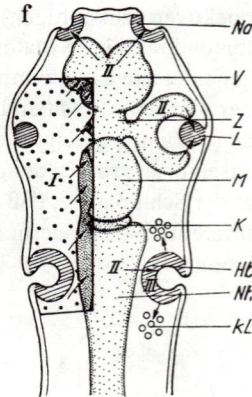

Abb. 4.108. Schema einer Induktionskaskade bei der Ausgestaltung des Wirbeltierkopfes; die Pfeile markieren Induktionswirkungen. Das Urdarmdach (I) löst die Bildung der Gehirnanlage aus, die ihrerseits regionalspezifisch die Anlagen für Riechepithel (Na), Augenlinse (L) und Innenohr (Hb = Hörbläschen) induziert (II). Als Beispiel für eine dritte Stufe (III) ist die Induktion des Labyrinth-Knorpels (kL) durch die Anlage des Innenohrs dargestellt. (V) Vorderhirn, (Z) Zwischenhirn mit Augenbecher, (M) Mittelhirn, (K) Kleinhirn, (Nh) Nachhirn. (Nach Hadorn)

phänotypisch fast immer männlich. Die Ursache liegt darin, daß bereits weniger als 20% Zellen des Genotyps XY in einer ansonsten aus XX-Zellen bestehenden Gonadenanlage ausreichen, um diese zum Hoden und damit zum Produzenten der männlichen Geschlechtshormone zu determinieren – ein Beispiel nicht nur für embryonale Korrelation, sondern auch für einen »Kippmechanismus«, der die normale Geschlechtsausprägung stabilisiert.

Der wissenschaftliche Nutzen zwischenartlicher Chimären ist offenkundig. So konnten z. B. neurale Induktion und Organisatoreffekt (S. 386f.) erst nachgewiesen werden, als Artchimären die Abkunft der gebildeten Strukturen von Zellen des Wirts und/oder des Transplantats einwandfrei belegten. Nur dies gestattete den Nachweis, daß die sekundäre Neuralplatte von umgestimmten Bauchhautzellen gebildet wird und nicht – wie zuvor vermutet – von neural determinierten Zellen im Transplantat. Species-Chimären zeigten weiterhin, daß das Genom der reagierenden Zellen und nicht etwa das Induktionssignal die artspezifische Ausbildung induzierter Strukturen bedingt – sie erwiesen also das Genom als die Grundlage der Kompetenz. Schließlich belegten chimärische Kombinationen, daß die meisten Induktionsvorgänge den Charakter von Wechselwirkungen haben, daß der zuerst reagierende Partner also auf den anderen zurückwirkt. So erhöht z. B. die vergleichsweise große Linsenanlage des Axolotls den Durchmesser eines Molch-Augenbechers, der ihre Bildung induziert hat.

Organkulturen von chimärisch zusammengesetzten Hautstücken – z. B. Lederhaut (Corium) vom Hühnerembryo kombiniert mit Epidermis vom Mausembryo – haben gezeigt, daß das typische Verteilungsmuster der Hautanhänge (Federn bzw. Haare) auf Eigenschaften des mesodermalen Hautanteils, also der Lederhaut, beruht; solche Experimente sind im Ansatz den Periklinalchimären bei Pflanzen vergleichbar.

Artchimären geben uns also Aufschluß über Ausmaß und Möglichkeit der Koordination von Entwicklungsvorgängen und über die dabei wirkenden Kausalbeziehungen; die aus Zellen zweier Arten zusammengestückelten Individuen erreichen aber nur selten das Adultstadium. Eine aufsehenerregende Ausnahme bilden die neuerdings beschriebenen Schaf-Ziegen-Chimären, entstanden aus der Kombination früher Furchungszellen der beiden Arten (Abb. 4.110).

Für die Forschung besonders wichtig sind Chimären, die durch Einpflanzen einzelner Zellen in ein frühes Embryonalstadium der Maus entstehen. Man kann dazu Zellen aus anderen Mausembryonen nehmen, neuerdings aber auch Gewebekulturzellen – u. U. nach Selektion auf bestimmte Eigenschaften (Abb. 4.109). Solche Chimären haben z. B. gezeigt, daß in den Embryo eingebaute Nachkommen von Zellen aus bestimmten Krebszellstämmen keine erhöhte Krebsanfälligkeit der Chimäre bedingen – diese Krebstypen scheinen demgemäß nicht durch Änderungen im Genom zu entstehen (im Gegensatz zu den häufigsten Krebstypen des Menschen, S. 399f.).

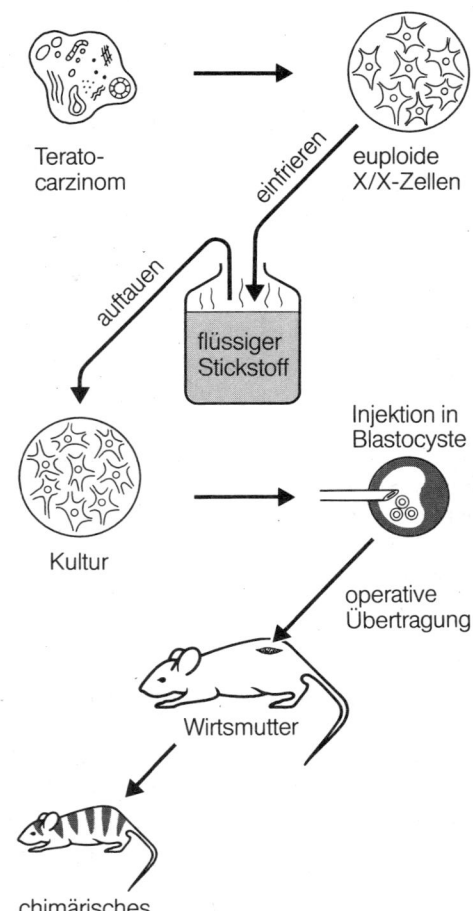

Abb. 4.109. *Maus-Chimären als Testsystem für zelluläre Entwicklungspotenzen. Die zu prüfenden Zellen – in diesem Falle aus einer experimentell erzeugten bösartigen Geschwulst (Teratocarzinom) entnommen und vorübergehend in flüssigem Stickstoff gespeichert – wurden in Zellkultur vermehrt und in die Höhlung eines frühen Embryonalstadiums (Blastocyste) injiziert. Bei der anschließenden Entwicklung – nach Einpflanzen in eine Wirtsmutter – wurden einige Zellen in den Embryo integriert. Die so entstandenen Chimären zeigten keine erhöhte Krebsanfälligkeit. (Nach Stewart u. Mintz) Statt der Carzinom-Zellen kann man auch embryonale Stammzellen injizieren, die zuvor auf den Besitz bestimmter, eventuell experimentell eingeführter Gene (Transgene) bzw. Allele selektioniert wurden. Aus solchen Chimären lassen sich gezielt Mausstämme mit neuen Erbeigenschaften züchten.*

4.9 Regeneration

Unter dem Begriff Regeneration faßt man jene Vorgänge zusammen, die bereits spezialisierte (postembryonale) Körperteile, Gewebe oder Zellen mehr oder minder vollständig ersetzen, wenn diese durch Verletzung, Abnutzung oder aktives Abwerfen (Autotomie) verloren gegangen sind. Als »physiologische Regeneration« laufen derartige Vorgänge ständig im Körper ab, z. B. im Darmepithel oder in der menschlichen Epidermis, deren verhornte Zellen abgestoßen und fortwährend durch neue ersetzt werden (Abb. 5.200, S. 521).

Auch hier spielen korrelative Wechselwirkungen eine entscheidende Rolle – das Ausbleiben von (wie auch immer gearteten) Korrelationssignalen einer verlorengegangenen Struktur führt zur kompensatorischen Reaktion des Restsystems. Die zugrunde liegenden Signale und Reaktionen sind nur selten bekannt, das Postulat ist aber logisch zwingend. Ein zweiter wichtiger Aspekt ist die Herkunft der Zellen, aus denen das Regenerat entsteht. Bei Höheren Pflanzen können sie nur aus der unmittelbaren Nachbarschaft der Wundflächen stammen. Bei Tieren hat man häufig »undifferenzierte Reservezellen« (Neoblasten) als das Ausgangsmaterial betrachtet, das sich überall im Körper finden soll (vor allem bei niederen Tieren). Gegenwärtig schreibt man der Dedifferenzierung (S. 361) von Zellen aus der Nachbarschaft des Wundbereichs eine größere Rolle zu, allerdings nicht in jedem Falle mit überzeugenden Belegen.

Das dritte mit der Regeneration verknüpfte Problem ist die regenerative Musterbildung: ein verlorengegangener Teil eines Molchbeins z. B. entsteht ja wieder als völlig normales Teilmuster aus Stützelementen, Muskulatur, Nerven etc. Weil manche Regenerationsleistungen leicht auszulösen und in ihrem Ablauf gut zu verfolgen sind, hat man sie in jüngerer Zeit intensiv untersucht und als Modellsysteme für Musterbildung schlechthin betrachtet. Die ermittelten Gesetzmäßigkeiten der Regeneration dürften aber mehr über stabilisierende Wechselwirkungen auf postembryonalen Stadien aussagen als über die primäre Musterbildung in der frühen Embryonalentwicklung.

Abb. 4.110. Schaf-Ziegen-Chimäre, etwa 1 Jahr alt. Acht Furchungszellen vom Schaf wurden mit den entsprechenden Zellen von drei Ziegenembryonen umhüllt und in eine Ziege als Wirtsmutter eingepflanzt. Die Chimäre ist wegen abnormer Spermatozoen steril. (Nach Fehilly et al.)

4.9.1 Verlauf der Regeneration bei Pflanzen

Regeneration im weiteren Sinne ist uns bereits bei der apikalen Dominanz begegnet (S. 383). Hier wird deutlich, daß die Phänomene Regeneration und Korrelation eng zusammengehören. Es handelt sich bei diesem Beispiel jedoch nur um einen quantitativen Aspekt, das Ersatzorgan war bereits angelegt und nur in seiner Weiterentwicklung gehemmt.

Interessanter und weitreichender sind die Fälle »echter« Regeneration im Sinne der einleitend gegebenen Definition, in denen Zellen ihr Differenzierungsprogramm ändern müssen. Wir denken an die Bildung von Adventivwurzeln aus isolierten Sprossen, z. B. bei der Weide, oder an die Bildung von Adventivsprossen aus Wurzelstücken, z. B. beim Löwenzahn. Klassisches Beispiel ist die Begonie, bei der ein Blatt eine ganze Pflanze regenerieren kann. Abbildung 4.111 zeigt, daß diese Regeneration ihren Ausgangspunkt von einer einzigen Epidermiszelle nehmen kann; diese führt eine große Zahl von Teilungen durch, die auch auf Nachbarzellen übergreifen können, bis sich in dem entsprechenden Zellkomplex ein neues Spitzenmeristem und daraus ein Vegetationskegel entwickelt. Wichtig dabei ist, daß die bereits sehr speziell differenzierte Epidermiszelle wieder embryonal wird; hierzu muß sie sich von einer Dauerzelle in eine embryonale Zelle zurückverwandeln (diese Re-Embryonalisierung wird auch als Dedifferenzierung bezeichnet; S. 356). Erst dann können im Verlauf der weiteren Entwicklung wieder neue Differenzierungen in Richtung Dauerzellen ablaufen.

Wir haben damit als Teilschritte der Regeneration Prozesse kennengelernt, die nicht allein der Regeneration eigentümlich sind. Auch bei der Bildung des interfasciculären Cambiums und des Korkcambiums finden wir die Reihenfolge Re-Embryonalisierung – Neudifferenzierung verwirklicht, wobei die neudifferenzierte Zelle ganz andere Eigenschaften haben kann als die Ursprungszelle vor der Re-Embryonalisierung (S. 362; vgl. die chemische Zusammensetzung der Zellwand einer Korkzelle mit derjenigen einer Rinden- oder Bastparenchymzelle).

In allen genannten Fällen haben die regenerierenden Zellen offenbar die Fähigkeit, andere Differenzierungsleistungen zu vollbringen, aber nur wenige von ihnen realisieren

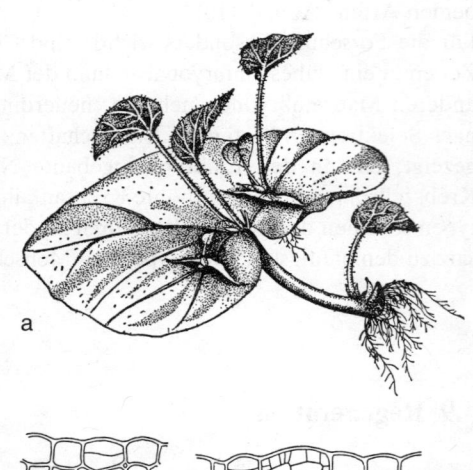

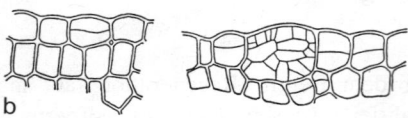

Abb. 4.111a, b. Regeneration von Begonienpflanzen aus einem isolierten Blatt. (a) Übersicht; (b) Schnitte durch einen Teil des Blattes mit beginnender Regeneration aus der oberen Epidermis in verschiedenen Entwicklungsstadien. (a nach Stoppel, b nach Hansen; aus Oehlkers)

diese Potenzen (und dies nur unter bestimmten Umständen). Sie werden offensichtlich durch Korrelationen daran gehindert.

Die Regeneration kann jedoch auch einen noch komplizierteren Weg nehmen. Wir haben bereits mehrfach die Callusbildung erwähnt (S. 342). In dem ungeordnet sich teilenden Callus kommt es erst unter dem Einfluß von Korrelationen der intakt gebliebenen Nachbargewebe zu erneuter Zelldifferenzierung, Musterbildung und Morphogenese unter Einpassung in den zu ergänzenden Gesamtorganismus. Wieder wird die Beziehung zu den Korrelationen deutlich: Re-Embryonalisierung und Teilungsaktivität als Folge des Wegfalls von korrelativen Hemmungen, geordnete Differenzierung als Ausdruck korrelativer Förderungen (S. 383f.).

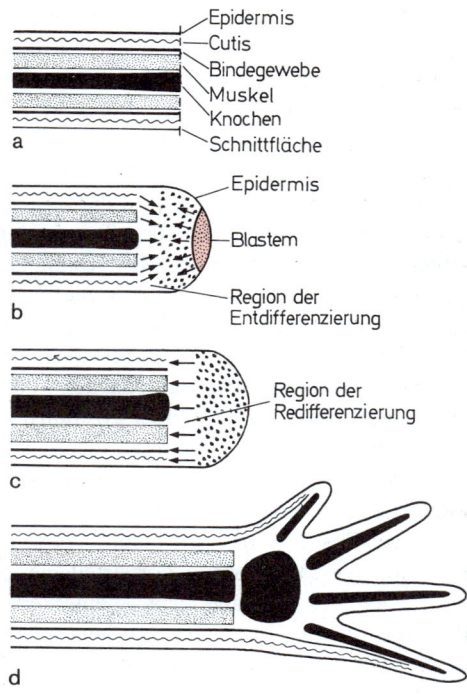

Abb. 4.112 a–d. Extremitätenregeneration bei Amphibien. (a) Zustand nach Entfernung des distalen Beinteiles. (b) Bildung des Regenerationsblastems und teilweise »Entdifferenzierung« von Geweben. (c) Neudifferenzierung in Knorpel, Knochen, Muskeln usw. (d) Zustand nach Beendigung der Regeneration. (Nach Bodemer)

4.9.2 Verlauf der Regeneration bei Tieren

Regenerationserscheinungen bei Tieren stimmen in vielen Zügen mit denjenigen bei Pflanzen überein, zeigen aber auch Abweichungen, die u. a. durch die erhöhte Zellbeweglichkeit bedingt sind. Formal kann man bei Tieren zwei verschiedene Regenerationstypen unterscheiden. Bei der *Epimorphose* bleiben, ähnlich wie beim regenerierenden Cormophyten, die noch vorhandenen Teile des Organismus ziemlich unverändert bestehen; die in Verlust geratenen Teile werden durch Wachstum von der Wundfläche aus ersetzt. Der zweite, weitgehend auf niedere Tiere beschränkte Typ ist die *Morphallaxis*. Bei ihr werden die erhalten gebliebenen Teile so umgestaltet, daß ohne wesentliche Zellvermehrung ein vollständiger Organismus daraus hervorgeht. Morphallaxis findet man u. a. bei Einzellern, insbesondere Wimpertierchen (Ciliaten); das isolierte Mundfeld eines Trompetentierchens (*Stentor*) z. B. reorganisiert sich, wenn es Kleinkern-Material enthält, zu einem kompletten, wenn auch winzigen Individuum. Ähnliches geschieht, wenn man aus dem schlauchförmigen Körper eines Süßwasserpolypen (*Hydra*) kurze Stücke herausschneidet und regenerieren läßt. Bei Strudelwürmern (Planarien) findet sich bereits vorwiegend Epimorphose, wobei das Regenerat sowohl durch Zuwandern von Zellen aus dem verbliebenen Körperabschnitt als auch durch Zellteilungen in der Wundregion entstehen dürfte. Letztgenannter Modus dominiert bei der Regeneration der Gliedmaßen von Insekten und Wirbeltieren wie auch der des Wirbeltierschwanzes. Hier entsteht aus der Wundfläche zunächst ein teilweise dem Callus der Pflanzen vergleichbares sogenanntes Regenerationsblastem (Abb. 4.112). Es trägt die Fähigkeit zur Musterbildung weitgehend in sich selbst, ist im Gegensatz zum Callus also nicht auf homöogenetische Induktion seitens des Stumpfes angewiesen, außer für die räumliche Koordination der neuen und alten Strukturteile. Ob und wie weit sich Blastemzellen zu anderen Zelltypen als dem ihrer jeweiligen Ursprungszelle umdifferenzieren können, ist noch umstritten. Wie bei Pflanzen weist die Regenerationsfähigkeit bei höheren Tieren große art- oder gruppenspezifische Unterschiede auf. So können z. B. adulte Molche ein verlorenes Bein vollständig ersetzen, Frösche hingegen können dies nicht (wohl aber Kaulquappen). Die Ursachen für diese Unterschiede sind sicher vielfältig und noch weitgehend unklar; die Nervenversorgung scheint daran erheblichen Anteil zu haben.

4.9.3 Regenerative Musterbildung bei Tieren

Die beiden geschilderten Regenerationstypen sind mit deutlich verschiedenen Musterbildungsvorgängen verknüpft. Bei der Morphallaxis von *Hydra*, einem besonders gut untersuchten Modellsystem, dürften dynamische, synergetisch kontrollierte Gradienten diffusibler Morphogene eine entscheidende Rolle spielen; einige vermutlich als Morphogene wirkende Verbindungen sind auch schon isoliert und charakterisiert worden. Die epimorphotische Musterbildung bietet dagegen bisher kaum Ansatzpunkte für eine molekulare Analyse, folgt aber z.T. sehr auffälligen formalen Regeln. Diese lassen sich auf eine einzige abstrakte Grundgröße zurückführen, den sog. Positionswert der einzelnen Zelle.

Der Kürze halber beschreiben wir die vermuteten Kausalzusammenhänge z.T. in anthropomorpher (vermenschlichender) Terminologie. Dabei gilt die Grundannahme, daß nach Abschluß der embryonalen Musterbildung jede Zelle ihren Platz im Gesamtsystem »kennt«, d.h. eine nur an dieser Stelle vorkommende, stabile molekulare Kennung besitzt, die zugleich ihr Verhalten beeinflußt. Diese Eigenschaft bezeichnet man als Positionswert, da sie sich (zumindest in erster Näherung) als quantitativer Wert innerhalb einer Zellreihe ausdrücken läßt. Zu den weiterhin geforderten Eigenschaften gehören das »Erkennen« stark abweichender Positionswerte von Nachbarzellen sowie die Fähigkeit, darauf mit bestimmten, auf Abschwächung der Unterschiede gerichteten Veränderungen zu antworten. Diese Veränderungen können einen Ortswechsel in Richtung auf Zellen mit weniger abweichendem Positionswert einschließen, oder das Einschieben von Tochterzellen, deren Positionswerte die ursprüngliche Diskrepanz abgestuft überbrücken. Ähnliche Reaktionen erfolgen, wenn Körperteile verlorengehen. Die ihrer Nachbarzellen beraubten Zellen des Wundbereichs »bemerken« den Wegfall der nachbarschaftsgemäßen Positionswerte und teilen sich so lange, bis die volle Serie von Positionswerten wieder hergestellt ist (Kontinuitätsprinzip).

Auch wenn man von der anthropomorphen Terminologie absieht, müßte der erklärende Wert dieser Vorstellungen als gering gelten, gäbe es nicht bestimmte, biologisch unsinnig erscheinende Regeneratbildungen, für die bisher keine anders strukturierte übergreifende Erklärung gefunden wurde.

4.9.4 Paradoxe Regenerationen und das Kontinuitätsprinzip

Trennt man aus dem Bein einer Schabenlarve einen Abschnitt heraus und pfropft den verbliebenen distalen Teil auf den Stumpf, so wird im Verlauf einiger Häutungszyklen das fehlende Stück neu gebildet (Abb. 4.113). Diese interkalare Regeneration scheint biologisch sinnvoll. Daß der zugrundeliegende Mechanismus aber auch unsinnige oder paradoxe Ergebnisse hervorbringen kann, lehrt der in Abbildung 4.113 wiedergegebene Versuch. Man kombiniert einen langen Beinstumpf mit einem ebenfalls langen distalen Beinteil. Das so geschaffene überlange Beinglied wird im Verlauf der nächsten Häutungen nicht etwa auf seinen Sollwert reduziert, sondern seine relative Länge nimmt noch zu, und zwar um die Länge des oben erwähnten interkalaren Regenerats. Die Zellen an der Verwachsungsstelle wurden nämlich in beiden Fällen mit dem gleichen »falschen« Nachbarn konfrontiert, Positionswert 20 mit Positionswert 70. Und sie reagieren »vorschriftsgemäß«, indem sie Zellen mit den fehlenden Positionswerten einschieben – ob dies nun für den Organismus sinnvoll ist oder nicht. Diese Deutung macht zugleich ein weiteres Paradoxon verständlich, nämlich die umgekehrte Polarität der Dornen am interkalierten Beinstück (Abb. 4.113). Sie folgt aus der Regel, daß am Bein die Dornen generell von höheren zu niederen Positionswerten weisen.

Dehnt man das Prinzip der Positionswerte auf zwei Dimensionen aus, so vermag es ein noch erstaunlicheres Paradoxon zu erklären, die sog. überzähligen Regenerate. Sie entstehen in vorhersagbarer Weise, wenn man den distalen Beinteil einer Schabenlarve oder das Regenerationsblastem eines Molchbeins auf einen Beinstumpf der gegenüberliegenden Körperseite verpflanzt. Dabei läßt sich nur eine der beiden in der Schnittfläche gelegenen Achsen zur Deckung bringen, bei der anderen verbleibt ein Sprung. Orientiert

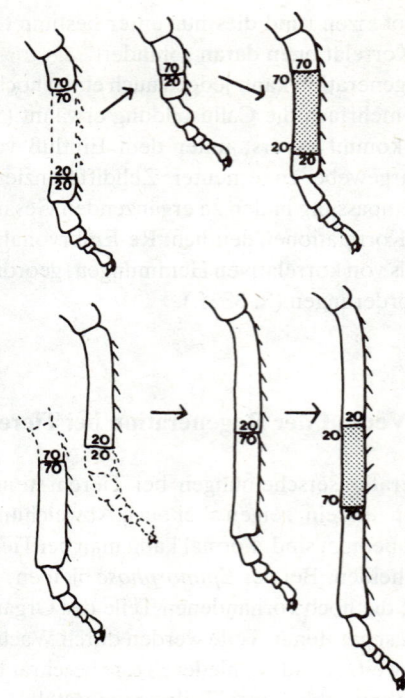

Abb. 4.113. Sinnvolle und paradoxe Regeneration. Bei Pfropfversuchen an Schabenbeinen gleicht das interkalare Regenerat (grau) den Sprung im Positionswert ohne Bezug auf den Gesamtorganismus und die Funktionsfähigkeit des Regenerats aus. (Nach Bohn, aus Sander u. Nübler-Jung)

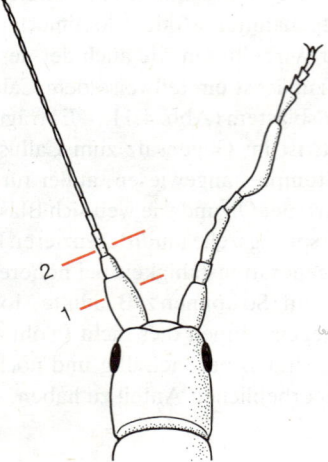

Abb. 4.114. Heteromorphose bei der Antennenregeneration der Stabheuschrecke Carausius. Amputiert man die Antenne der Junglarve im Basalglied (1), entsteht als Regenerat ein Vorderbein (rechts, gezeigt im Imaginalstadium). Amputation in der Geißel (2) führt hingegen zur ortsgemäßen Regeneration. (nach Brecher)

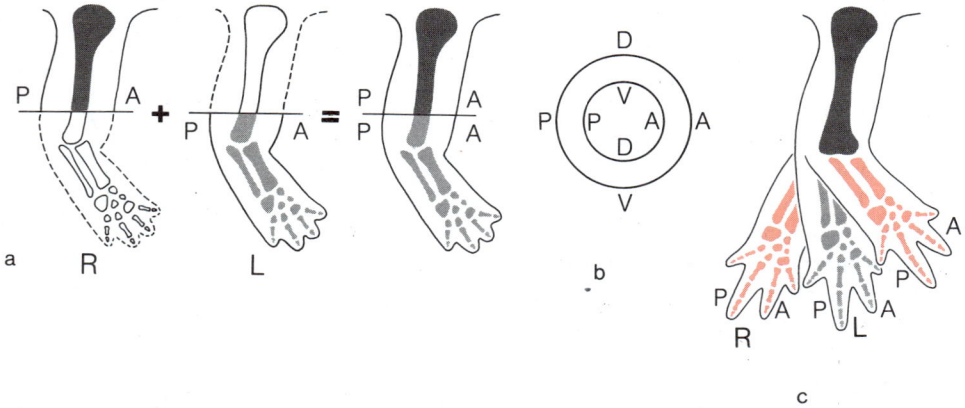
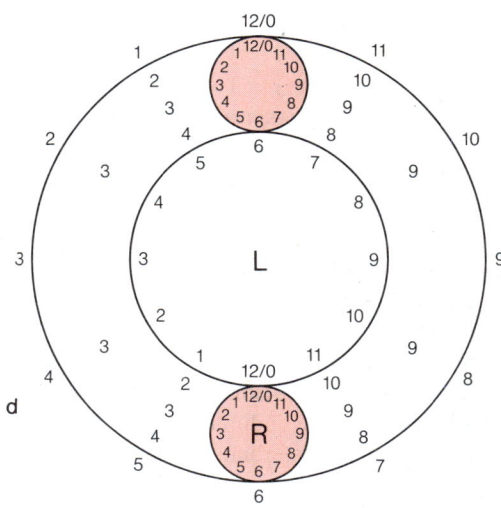

man z. B. die Vorn-Hinten-Achse von Stumpf und Transplantat gleichsinnig, so verlaufen die Dorsoventralachsen gegensinnig. Dort wo die »falschen« Pole dieser Achsen aufeinandertreffen, herrschen extreme Unterschiede zwischen den Positionswerten benachbarter Zellen. Diese Unterschiede werden durch Interkalation jener Struktur überbrückt, die normalerweise zwischen den betreffenden Zellen liegt, nämlich einer ganzen Extremität – und dies an beiden »Sprungstellen« der Positionswerte, jedoch wegen der kongruenten zweiten Achse mit entgegengesetzter Chiralität; es entstehen zwei rechte Extremitäten zusätzlich zur transplantierten linken (Abb. 4.115).

Ergebnisse dieser Art machen deutlich, daß gleich aussehende Zellen unterschiedlicher Körperregionen in einer ortsabhängigen Weise voneinander verschieden sind und dementsprechend verschieden aufeinander reagieren (Kürzel: Positionswert) und daß sie darauf programmiert sind, etwa fehlende Zellen bzw. Positionswerte durch Interkalation einzuschieben und damit die Kontinuität der Körperoberfläche zu wahren (Kürzel: Kontinuitätsprinzip). Ähnliche Mechanismen dürften auch die Organe im Körperinnern überwachen und etwaige Regenerationsleistungen steuern. Ein weiteres Paradoxon, die sog. *Heteromorphose*, ist durch die oben (S. 359f.) geschilderten Transdeterminations-Versuche verständlicher geworden. Wenn z. B. eine *Stabheuschrecken-Larve* (*Carausius morosus*) die abgeschnittene Antenne durch eine beinartige Struktur ersetzt (Abb. 4.114), so ist offenbar ein »Umkippen« aus einer Selektorgen-Kombination in eine andere erfolgt.

Abb. 4.115. Überzählige Regenerate beim Molch nach Übertragung eines Regenerationsblastems (Abb. 4.112) auf einen Gliedmaßenstumpf der anderen Körperseite; R rechte, L linke Extremität. (a) Kombination aus rechtsseitigem Stumpf und linksseitigem Blastem (hier bereits als Regenerat dargestellt). (b) Schema der Achsendiskordanz der aufeinander gepfropften Schnittflächen. Stumpf (außen) und Transplantat (innen) stimmen in der Vorn-Hinten-Achse überein (A–P), aber nicht in der Dorsoventral-Achse (D–V). (c) Statt der fehlenden Extremität werden deren drei regeneriert. Nur die mittlere ist eine linke, gehorcht also mit ihrer Dorsoventral-Achse dem Transplantat, die äußeren entsprechen hingegen dem Stumpf. (d) Ein Ring von Positionswerten ähnlich dem Zifferblatt einer Uhr läßt dieses Ergebnis verstehen, wenn man die Diskrepanzen im Positionswert (oben und unten maximal, nach links und rechts auf Null absinkend) durch kontinuierliche Interkalation (Ziffern zwischen den beiden Ringen) überbrückt und die dadurch entstehenden vollständigen Ziffernkreise (oben und unten) als Auslöser für die Regeneration aller distal der Schnittfläche liegenden Beinteile betrachtet (wie bei der Regeneration eines abgeschnittenen Beinteiles). (Nach French, Bryant u. Bryant)

4.10 Regressive Entwicklung

Bisher haben wir stillschweigend vorausgesetzt, daß die ontogenetische Entwicklung nur aufbauende Schritte kennt, also solche, die die Komplexität oder zumindest die Masse des Systems vergrößern. Diese Voraussetzung trifft nicht uneingeschränkt zu. Bei vielen Pflanzen- und Tierarten setzt bald nach Abschluß der Fortpflanzungsperiode ein gleichsam programmierter Abbau des Körpers ein; nur bei Arten mit komplexer Sozialstruktur einschließlich langdauernder Brutpflege, wie dem Menschen, wird dieser Vorgang aus einsichtigen Gründen hinausgezögert. Die programmierte Seneszenz ist Teil der Ontogenese – so gut wie der Abbau von Schwanz und Kiemen der Kaulquappe in der Metamorphose. Regressive Vorgänge gibt es weiterhin beim Blattfall der Blütenpflanzen, und als »programmierter Zelltod« spielen sie eine entscheidende Rolle bei der Ausbildung von Tracheen und Tracheiden der Cormophyten und bei der Organbildung vieler Tiere, besonders ausgeprägt im zukünftigen Zentralnervensystem.

4.10.1 Programmierter Zelltod bei Pflanzen und Blattfall

Bei Pflanzen kann der Tod einzelner Zellen oder ganzer Zellkomplexe Voraussetzung für die Funktionsfähigkeit des Organs sein. So bestehen die wasserleitenden Gefäße (Tracheen, Tracheiden) im fertigen Zustand aus toten Zellen; solange sie noch lebenden Zellinhalt besitzen, können sie das Wasser nicht so wirksam leiten wie es für den Nachschub einer transpirierenden Pflanze notwendig ist. Bei Tracheen stirbt nicht nur der Zellinhalt ab, sondern zuvor werden noch die Querwände zwischen den Tracheengliedern aufgelöst, offenbar durch lokale Konzentrierung entsprechender Enzyme. Wieder kann als Modellsystem das Torfmoos *Sphagnum* dienen (S. 366); hier lassen sich die zukünftigen Poren in der Wand der zum Absterben bestimmten Hyalinzellen bereits frühzeitig an plasmatischen Anhäufungen erkennen.

Die Gewebe der Borke liegen außerhalb der jüngsten Korkschicht. Da diese als Abschlußgewebe undurchlässig für Wasser und darin gelöste Substanzen ist, müssen alle Borkenzellen absterben. Sie sind dann lufthaltig und können damit die Funktion eines Überhitzungsschutzes bei starker Sonneneinstrahlung übernehmen.

Daß auch regressive Entwicklungen Folge von Korrelationen sind oder sein können, wird aus den Vorgängen deutlich, die beim Abstoßen von Organen beteiligt sind. Es gehört zur normalen Entwicklung einer Cormuspflanze, daß die Blätter nach einer gewissen Zeit altern und abgestoßen werden, und zwar an einer wohldefinierten Stelle unter Ausbildung einer Trennschicht. Entfernt man die Spreite eines noch nicht gealterten Blattes, so daß der Blattstiel stehenbleibt, so wird der Blattstiel nach wenigen Tagen abgestoßen. Die Anwesenheit der intakten Blattspreite hemmt also die Ausbildung der Trennschicht und damit das Abstoßen. Daß für diese Hemmung wieder Phytohormone verantwortlich sind, läßt sich in einem einfachen Versuch zeigen. Man entfernt von Baumwollkeimlingen die Wurzel, die Sproßspitze und die Blattspreiten der Kotyledonen. Mit dem Restsystem kann man in einer feuchten Kammer arbeiten, indem man auxinhaltige Agarblöckchen (IES S. 685 ff.) auf die Schnittflächen setzt und das Abfallen der Blattstiele der Kotyledonen beobachtet (Abb. 4.116). Wenn die Agarblöckchen nur Wasser enthalten, setzt der Blattfall nach einer bestimmten Zeit ein (Abb. 4.116a, a′). Enthalten die Agarblöckchen, welche die Stümpfe der Blattstiele bedecken, IES, so wird der Blattfall lange hinausgezögert (Abb. 4.116b, b′). Gibt man die IES aber in das Agarblöckchen, das den Epikotylstumpf bedeckt, wird der Blattfall gegenüber der Kontrolle stark beschleunigt (Abb. 4.116c, c′). Das Beispiel zeigt erstens, daß Auxin entscheidend an der Regulation des Blattfalles beteiligt ist, und zweitens, daß ein und dieselbe Konzentration eines Hormons (IES) gegenteilige Effekte hervorbringen kann, je nach dem, von welcher Seite das Hormon auf das »Erfolgsgewebe« (Trennschicht) trifft oder durch welches Gewebe es zuvor transportiert worden ist – dies kann zur Aktivierung oder Inaktivierung weiterer Phytohormone führen, und tatsächlich wirkt in der intakten Pflanze die Abscisinsäure (S. 690) als regulierender Faktor mit dem Auxin zusammen; sie fördert die Ausbildung der Trennschicht und damit das Abstoßen des Blattstiels.

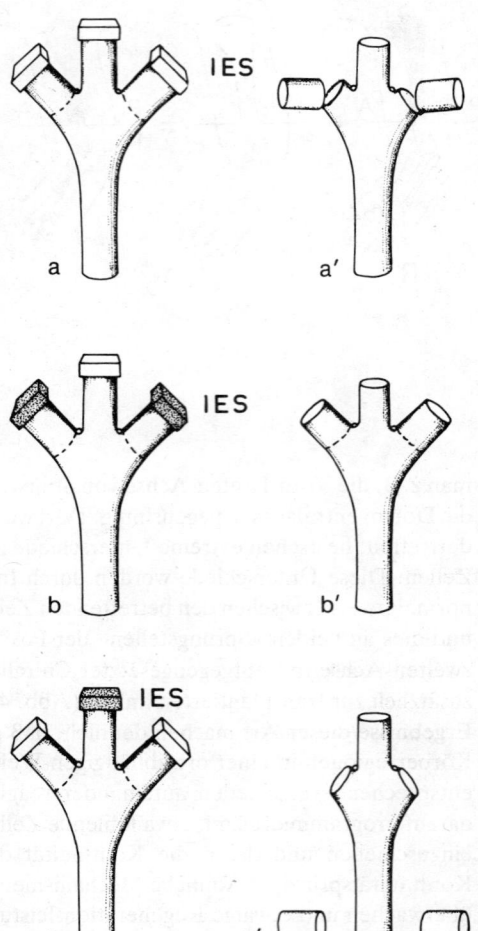

Abb. 4.116a–c. Indolyl-3-essigsäure (IES) kann bei getrimmten Baumwollkeimlingen den Abfall der Blattstiele hemmen oder beschleunigen, je nachdem, von welcher Seite das Hormon auf die Trennschicht (gestrichelte Linie) trifft. Links: Behandlung; rechts: Ergebnis. Agarblöckchen ohne Auxin: normaler Blattfall. Agarblöckchen mit Auxin auf den Blattstielstümpfen der Kotyledonen: Blattfall gehemmt. Agarblöckchen mit Auxin auf dem Epikotylstumpf: Blattfall beschleunigt. (Nach Addicott et al.)

Abscisinsäure

4.10.2 Programmierter Zelltod bei Tieren

Bei Tieren ist programmierter Zelltod weit verbreitet. Einige Beispiele wurden schon erwähnt (S. 324, Abb. 4.72). In der »cell lineage« (S. 368) des Nematoden *Caenorhabditis* sterben etwa ein Achtel der Zellen ab. Eine quantitativ wie qualitativ besonders ausgeprägte Rolle spielt der programmierte Zelltod in der Wirbeltierontogenese. Bein und Flügel des Hühnchens werden z. B. aus ihren paddelförmigen frühen Anlagen durch regionalen Zelltod gleichsam herausgestanzt. Transplantiert man die fraglichen Zellen vor dem Absterben, so gehen sie auch in der neuen, indifferenten Umgebung fristgemäß zugrunde; der Zelltod ist also Teil des Differenzierungsprogramms der Zellen bestimmter Regionen. Verwickelter liegen die Dinge bei dem sehr umfangreichen Absterben von embryonalen Zellen im zukünftigen Zentralnervensystem und den Anlagen der großen Sinnesorgane. Hier wird eine offenkundige Überproduktion – manchmal mehr als 50% – an Zellmaterial in der weiteren Entwicklung rückgängig gemacht, und zwar vermutlich durch eine Art Selektionsvorgang; nur jene Zellen überleben, die sich mit den »richtigen« Partnern verknüpft haben und entsprechende Signale austauschen, z.T. in Form elektrischer Erregungsmuster. Beim Aufbau des Zentralnervensystems wird also gleichsam aus dem Vollen geschöpft und damit der Gefahr begegnet, daß eine früh falsch geknüpfte Verbindung andere Fehler nach sich zieht.

4.10.3 Lebensdauer, Altern und Tod

Bei Pflanzen unterscheidet man solche, die in ihrem Individualleben nur einmal blühen, fruchten und dann gesetzmäßig absterben (*hapaxanthe Pflanzen*), und solche, die gesetzmäßig den Zyklus Blüte–Frucht an ein und demselben Individuum wiederholen (*pollakanthe Pflanzen*). Zu ersteren gehören die ein- und zweijährigen (*annuellen* und *biennen*) Pflanzen unserer Flora, aber ebenso manche tropischen Pflanzen, die nach einer vieljährigen Entwicklung blühen, fruchten und absterben (z.B. Agaven); zu den pollakanthen Pflanzen gehören dagegen unsere Bäume, Sträucher und Stauden. Auch bei letzteren sterben regelmäßig einzelne Teile ab, und in diesen finden wir Alterungsvorgänge; aber sehr viel eindrucksvoller sind diese Vorgänge in den hapaxanthen Pflanzen. Hier läßt sich zeigen, daß *Alterung und Tod Korrelationserscheinungen* sind, d.h. auf Wechselwirkungen innerhalb eines Organismus beruhen: Solange man experimentell die Ausbildung der Blüten oder ihre Weiterentwicklung zu Früchten verhindert, wächst die Pflanze weiter, ohne deutliche Alterserscheinungen zu zeigen. Nur zwei Beispiele sollen erwähnt werden.

Zweijährige Pflanzen gelangen nur dann zur Blütenbildung, wenn sie einer Kälteperiode ausgesetzt – vernalisiert – werden (S. 338f.); wird zweijähriges Bilsenkraut (*Hyoscyamus niger*) im Gewächshaus bei gleichmäßig hoher Temperatur kultiviert, so kann die Pflanze jahrelang vegetativ weiterwachsen; der »Anstoß« zur Alterung, der offenbar von den Blüten oder jungen Früchten ausgeht, bleibt aus.

Die in unseren Gärten kultivierte *Reseda* ist eine einjährige Pflanze; werden ihr im Lauf der Entwicklung ständig die Blütenknospen entfernt, so wächst die Pflanze jahrelang weiter, die Sproßachsen verholzen wie bei einer Staude.

Wir haben damit zwar Alterung und Tod als eine Korrelationserscheinung kennengelernt; die molekularbiologischen Grundlagen kennen wir jedoch nicht. Am Beispiel der Blätter können wir gewisse Modellvorstellungen entwickeln. Blätter haben ja bei fast allen Pflanzen nur eine von vornherein begrenzte Lebensdauer; auch die *Blätter der immergrünen Pflanzen werden gesetzmäßig abgestoßen*, nur im Unterschied zu den sommergrünen Pflanzen erst *dann, wenn die neuen Blätter bereits voll ausgebildet sind*.

Gerade bei Blättern läßt sich die korrelative Wirkung der Komponenten des Gesamtorganismus besonders gut demonstrieren: Abgeschnittene Blätter altern nämlich rapide; dieser Prozeß wird aufgehalten oder gar revertiert (umgekehrt), sobald sich *Adventivwurzeln an den Blattstielen* entwickeln. Werden die Wurzeln abgeschnitten, so setzt die Alterung wieder ein. Die Wurzeln liefern ein Hormon (Cytokinin) an die Blätter, welches für den normalen Proteinstoffwechsel (sowohl im Grundplasma als auch in den Plastiden) gebraucht wird (S. 688).

Das durchschnittliche Lebensalter des Menschen hat in der zivilisierten Welt im Laufe der Jahrhunderte ständig zugenommen. So werden z.B. die Bewohner der USA heute durchschnittlich beinahe doppelt so alt wie vor 100 Jahren. Diese Angaben beziehen sich auf die *durchschnittliche Lebenserwartung,* nicht aber auf das *maximal erreichbare Alter.* Diese maximale Lebensdauer ist auch in neuester Zeit gleich geblieben. Auch für andere Organismen und deren Rassen sind *maximale Lebensalter* recht präzise definiert. Die besten Beispiele liefern baumartige Angio- und Gymnospermen, bei denen eine Altersbestimmung aufgrund der Untersuchung von Jahresringen (*Dendrochronologie,* S. 417f.) relativ einfach und sehr präzise ist. Die maximale Lebensdauer einiger Bäume zeigt Tabelle 4.6. Säugetiere erreichen je nach Art oder Rasse ein bestimmtes maximales Lebensalter (Tabelle 4.7). Diese Beobachtungen sprechen dafür, daß das maximale Lebensalter letztlich im Genom der Organismen verankert ist. Man könnte sich etwa vorstellen, daß die Lebensdauer als zeitliches Programm durch die Gene festgelegt und durch die Umwelt nur zu niederen Werten hin verändert werden kann. Manche Formen des vorzeitigen Alterns beim Menschen (Progerie) sind sicher erblich bedingt.

Im Rahmen dieses genetischen Konzepts des Alterns sind viele Theorien entwickelt worden, die den Vorgang des Alterns bei Tieren erklären wollen. Dazu gehört die *Abnützungstheorie.* Sie besagt, daß die letztlich durch das Genom gesteuerte Substanz eines Organismus nach einem gewissen Grad der Abnutzung nicht mehr funktionstüchtig bleibt. Verwandt mit dieser Vorstellung ist die Theorie, daß die Stoffwechselrate (*»Lebensrate«*) für die Alterung entscheidend ist. Neuere Tierversuche zeigen, daß fortgesetzte Streßsituationen, auch wenn sie lediglich psychischer Natur sind, die Lebenserwartung herabsetzen. Auch wenn auf jeden Streß eine Erholungsphase folgt, so bedeutet der Streß in diesen Versuchen doch immer einen meßbaren Minuswert.

Andere Theorien machen *spezifische Molekülarten* für das Altern verantwortlich, z. B. das Kollagen (S. 204f., Abb. 1.29). Dieses Protein, das einen großen Bestandteil des Gesamtproteins bei den Wirbeltieren ausmacht und das in verschiedenen Geweben vorkommt, nimmt mit dem Alter an Menge zu und liegt dann auch in anderer Beschaffenheit vor. In der Haut einer älteren Person äußert sich die Menge und Konformation des Kollagens als Schrumpfung. Die *Kollagenanhäufung* kann zum Abwürgen von Capillarsystemen führen, als Folge davon Sauerstoffmangel im betroffenen Organ bewirken und Fehlfunktionen erzeugen. Die Kollagentheorie ist sicher nicht allgemein gültig, weil es viele Organismen gibt, die gar kein Kollagen synthetisieren und trotzdem altern. Man kann eher annehmen, daß die beobachteten Kollagenveränderungen beim alten Menschen Folge, aber nicht Ursache des Alterns sind. Entsprechendes gilt auch für die *Theorie der Abfallprodukte,* wonach sich gewisse Stoffwechselprodukte im Organismus anhäufen und schließlich zum Tode führen. Solche Stoffwechselprodukte sind tatsächlich meßbar, kommen aber kaum als Todesursache in Frage. Die Calciumtheorie des Alterns, die den Schwund von Calcium aus den Knochen und seine Anhäufung in anderen Geweben für das Altern verantwortlich machen will, fußt wohl eher auf Folgen des Alterns als auf dessen Ursachen.

Eine weit beachtete Theorie ist die *Mutationstheorie.* Sie besagt, daß sich somatische Mutationen als Funktion der Zeit in somatischen Geweben anhäufen und schließlich in zunehmendem Maße zu Fehlregulationen des Stoffwechsels führen. Diese Theorie wird experimentell dadurch gestützt, daß man durch Röntgenbestrahlung Altern beschleunigen kann; Röntgenstrahlen produzieren Chromosomenanomalien. In bestimmten Untersuchungen konnte gezeigt werden, daß Leberzellen älterer Mäuse gehäuft Chromosomenanomalien aufweisen. Weil solche Anomalien im allgemeinen schädigende Effekte haben, ist von ihrem Auftreten eine Verschlechterung des Stoffwechsels zu erwarten, nur selten eine Verbesserung. Im Stoffwechsel müßten sich die im Alter akkumulierten somatischen Mutationen durch veränderte Proteine äußern. Es gibt Hinweise dafür, daß dies der Fall ist. So sind z. B. im Alter die *Autoimmunkrankheiten* gehäuft, die darauf beruhen, daß der Körper Antikörper gegen eigene Proteine herstellt (S. 355).

Bis jetzt werden die Mutationstheorie und die Stoffwechselratentheorie den bekannten Tatsachen des Alterns am ehesten gerecht. Nachdem es viele Möglichkeiten gibt,

Tabelle 4.6. Geschätztes maximales Lebensalter von Bäumen

Art	Jahre
Rotbuche *(Fagus sylvatica)*	300
Efeu *(Hedera helix)*	400
Lärche *(Larix decidua)*	500
Fichte *(Picea abies)*	600
Linde *(Tilia cordata)*	800
Zirbelkiefer *(Pinus cembra)*	1 000
Wacholder *(Juniperus communis)*	1 200
Eibe *(Taxus baccata)*	1 800
Stieleiche *(Quercus robur)*	2 000
Ficus religiosa	2 500
Mammutbaum *(Sequoiadendron giganteum)*	3 000
Borstenkiefer *(Pinus aristata)*	4 500

Tabelle 4.7. Nachgewiesenes maximales Lebensalter einiger Säugetiere (Zusammenstellung aus Biology Data Book, erweitert)

Art	Jahre	Monate
Hausmaus *(Mus musculus)*	3	6
Gelbhalsmaus *(Apodemus flavicollis)*	4	10
Hausratte *(Rattus rattus)*	4	8
Meerschweinchen *(Cavia porcellus)*	7	6
Kamel *(Camelus bactrianus)*	29	5
Rothirsch *(Cervus elaphus)*	26	6
Schaf *(Ovis aries)*	20	
Wildschwein *(Sus scorfa)*	27	
Pferd *(Equus caballus)*	46	
Panzernashorn *(Rhinoceros unicornis)*	40	
Indischer Elefant *(Elephas maximus)*	70	
Fischotter *(Lutra lutra)*	19	
Andenbär *(Tremarctos ornatus)*	20	
Präriewolf *(Canis laterans)*	15	
Haushund *(Canis lupus f. familiaris)*	20	
Gepard *(Acinonyx jubatus)*	14	
Hauskatze *(Felis sylvestris f. catus)*	31	
Kapuzineraffe *(Cebus capucinus)*	40	
Orang-Utan *(Pongo pygmaeus)*	50	
Gorilla *(Gorilla gorilla)*	40	
Schimpanse *(Pan troglodytes)*	45	

schädigend oder letal in das komplizierte Netz der Stoffwechselprozesse einzugreifen, kann es auch viele Ursachen für das Altern geben.

Als Seneszenz grenzt man jene (späten) Alterungsvorgänge ab, die die Anpassungsfähigkeit gegenüber Umwelteinflüssen verringern und somit nur indirekt zum Tode führen, im Gegensatz zum strikt genetisch gesteuerten Absterben, z.B. des Lachses nach der Fortpflanzung.

4.11 Entwicklungsanomalien

Spontan auftretende Entwicklungsanomalien gestatten kaum so zuverlässige Rückschlüsse auf das Normalgeschehen wie ein Experiment. Daher seien sie hier nur in einigen Grundzügen dargestellt.

4.11.1 Teratogenese bei Pflanzen

Einige Beispiele sollen in der Reihenfolge steigender Abnormität der Entwicklung besprochen werden.

Durchwachsungen. Die Blüte ist bekanntlich eine Sproßachse mit modifizierten Blättern (= Kelchblätter, Blütenblätter, Staubblätter und Fruchtblätter); die Sproßachse selbst ist dabei in ihrem Wachstum gesetzmäßig begrenzt, so daß sie nach Bildung der Fruchtblätter ihre Entwicklung einstellt. In Ausnahmefällen geht jedoch die Entwicklung weiter, und nach Ausbildung der Blütenorgane wächst der Vegetationskegel der Blüte wieder vegetativ und bildet ein neues Sproßsystem mit Blättern (Abb. 4.117).

Fasciation. Bei mehreren Pflanzen, z.B. Löwenzahn (*Taraxacum officinale*) oder Nachtkerze (*Oenothera biennis*), sind sogenannte Verbänderungen (Fasciationen) bekannt: Die Sproßachse ist dann im Querschnitt nicht rund, sondern bandförmig ausgebildet. Fasciationen sind auf Änderungen der Gestalt des Vegetationskegels zurückzuführen, die durch verschiedene Ursachen ausgelöst werden können. In einem Falle geht sie auf Einwirkung eines Bakteriums (*Corynebacterium fascians*) zurück, in dessen Kulturfiltrat Cytokinin nachgewiesen wurde; allerdings sind die Vorgänge, die zu den Änderungen im Meristem führen, im einzelnen noch unbekannt.

Gallen. Sehr viel tiefgreifender sind die als Gallen bezeichneten Entwicklungsanomalien. Sie kommen in großer Mannigfaltigkeit vor und sind durch spezifische morphologische und anatomische Differenzierungsmuster charakterisiert. Die höchste Differenzierung und Spezifität kommt den Gallen zu, die durch Stiche von Insekten oder Milben sowie der Fraßtätigkeit ihrer Larven hervorgerufen werden. Dabei kommt es zu Zellteilungen, Wachstum, morphologischen und biochemischen Differenzierungen in Geweben, die normalerweise solche Entwicklungsprozesse nicht durchführen, und die Spezifität der Entwicklung wird sowohl von der Pflanze als auch vom tierischen Partner bestimmt. Das ist unmittelbar daran zu erkennen, daß ein und dieselbe Pflanze unter dem Einfluß verschiedener Tiere verschiedene Gallen bilden kann (Abb. 4.118). Offensichtlich sind die mechanischen und chemischen Wirkungen des Parasiten, insbesondere der sich entwickelnden Larve, für die Entwicklungsleistungen die steuernden Faktoren. Die räumliche und zeitliche Ordnung dieser Steuerung ist ein ungelöstes Problem der Entwicklungsphysiologie.

Die Gallen sind also aus zwei Gründen von besonderem Interesse: Sie zeigen einmal, daß die *Entwicklungspotenzen* viel *größer* sind, *als sie sich in der normalen Individualentwicklung manifestieren,* und zeigen zum anderen, daß eine geordnete Entwicklung als *gemeinsame Leistung zweier* völlig verschiedenartiger *Organismen* zustandekommen kann.

Abb. 4.117. Durchwachsene Rose, gezeichnet von Goethe, als Beispiel für abnorme (teratologische) Entwicklung. Der Vegetationskegel der Blüte hat sein Wachstum nicht eingestellt; die Blütenorgane entsprechen quirlständigen Laubblättern, die Kelchblätter sind sogar gefiedert wie normale Laubblätter. Für Goethe war diese Abnormität ein Beweis für seine Metamorphoselehre, nach der sich alle Organe der Pflanze auf wenige Grundorgane zurückführen lassen. (Aus v. Denffer)

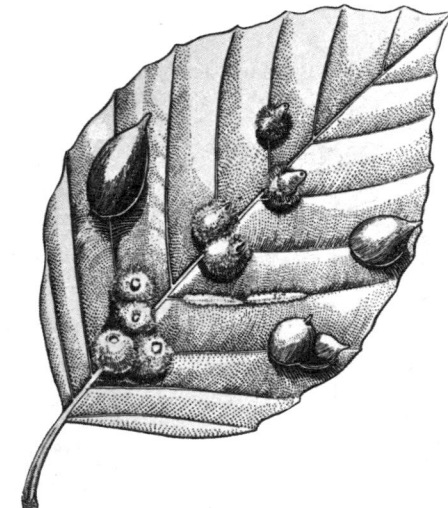

Abb. 4.118. Gallen als programmierte Entwicklungsabnormität. Die Zellen des Buchenblattes haben drei verschiedene Typen von Gallen gebildet, als Reaktion auf die Eiablage bzw. den Larvenfraß von drei verschiedenen Parasiten. (Nach Ross)

Vergleich der Anomalien. Bei der Durchwachsung ist jedes Organ weitgehend unverändert geblieben, nur das Organmuster ist verändert. Bei der Fasciation lassen sich noch alle Organe erkennen, sind aber in ihrer Gestalt erheblich verändert. Die Gallen sind ebenfalls ein hochgeordnetes System; sie stellen aber eine völlig neuartige Morphogenese dar, die in der normalen Entwicklung unbekannt ist. Tumoren (S. 399f.) schließlich zeichnen sich durch fast vollständigen Verlust geordneter Differenzierungen aus; nur in diesem Falle ist eine Veränderung des genetischen Materials an der Anomalie beteiligt.

4.11.2 Teratogenese bei Tieren

Fehlbildungen (Mißbildungen) bei Tieren und beim Menschen können durch äußere Faktoren ausgelöst werden, setzen aber wie bei Pflanzen immer eine genetisch bedingte entsprechende Reaktionsnorm voraus; diese kann je nach dem individuellen Genotyp zu unterschiedlicher Anfälligkeit für äußere Schadfaktoren (Noxen) führen. Das belegen jene dem Thalidomid (Contergan®) ausgesetzten zweieiigen menschlichen Zwillinge, von denen einer Gliedmaßenschäden erlitt, der andere aber nicht. Insofern ist die gängige Trennung in genetisch bedingte und umweltinduzierte Fehlbildungen nicht korrekt. Wohl aber gibt es genetische Defekte, die auch ohne äußere Noxen zwangsläufig zur Fehlbildung führen; einige in der Auswirkung extreme Beispiele haben wir bereits als Letalfaktoren kennengelernt. Als äußere Auslöser von Fehlbildungen wirken vor allem Chemikalien, ionisierende Strahlen sowie Sauerstoffmangel.

Die in der Ontogenese ständig ablaufenden Veränderungen und die Stadienspezifität vieler Genwirkungen lassen erwarten, daß die meisten Fehlbildungstypen nur während ziemlich eng begrenzter Entwicklungsabschnitte ausgelöst werden können. Dies zeigt sich besonders bei jenen Anomalien, die primär einzelne Organe betreffen; das klassische Beispiel sind die Schäden an Auge oder Ohr, die nach Infektion mit dem Rötelvirus in der Frühschwangerschaft des Menschen auftreten. Die sensiblen Phasen für die Auslösung solcher Schäden fallen in der Regel mit jenen Entwicklungsabschnitten zusammen, in denen sich die betreffenden Organanlagen zuerst ausformen bzw. rasch heranwachsen; dieser Zusammenhang tritt im sog. Fehlbildungskalender (Abb. 4.119) zutage. Noxen, die

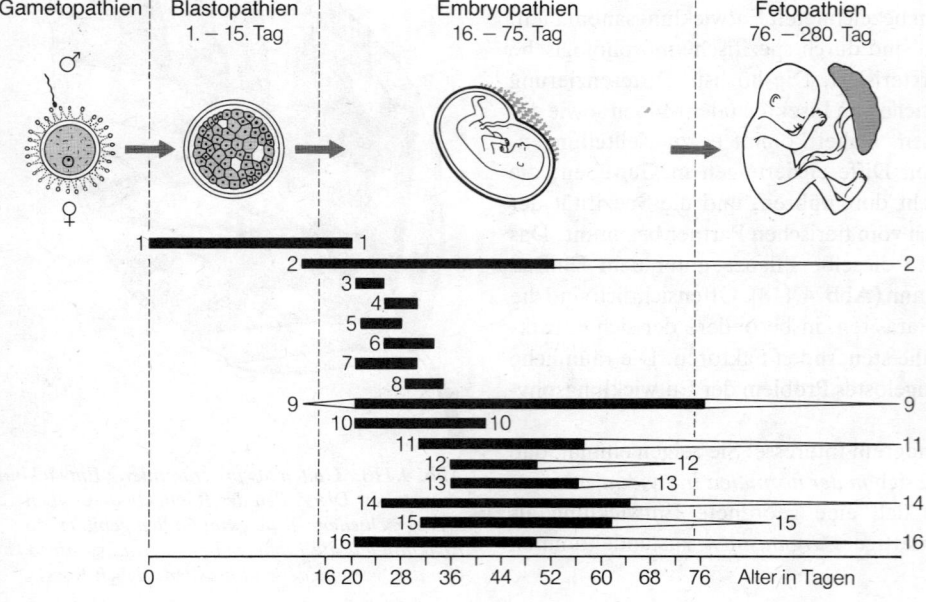

Abb. 4.119. Die Abhängigkeit bestimmter Entwicklungsanomalien des Menschen vom Entwicklungsalter bei ihrer Auslösung (»Fehlbildungskalender«). Gametopathien stören die Befruchtung, Blastopathien betreffen den Grundplan des Körpers (z. B. Teilverdoppelung bei siamesischen Zwillingen), Embryopathien sind auf die Anlagen einzelner oder mehrerer Organe beschränkt, Fetopathien stören den späteren Entwicklungsablauf und können bis zur Geburt auftreten. Die Balken bedeuten Anomalien an den folgenden Merkmalen bzw. Organen: (1) Achsensystem (Doppelbildungen etc.), (2) Körperform, (3) Ohranlage, (4) Ohrmuschel, (5) Daumen, (6) Arme, (7) Hüfte, (8) Beine, (9) Gehirn, (10) Großhirn, (11) Labyrinth, (12) Zähne, (13) Gesicht (persistierende Spalten etc.), (14) Atmungs- und Verdauungsorgane, (15) Geschlechtsorgane, (16) Herz/Gefäße. (Nach Schumacher)

den Embryo vor der Organogenese treffen, bleiben entweder ohne sichtbare Folgen oder führen zum Absterben. Späte Noxen können die bereits erfolgte Organogenese nicht mehr rückgängig machen und daher auch nicht zum Ausfall einzelner Organe führen. Wohl aber können sie mehr oder minder diffuse Unterentwicklungs-Symptome hervorrufen, wie dies nach Mißbrauch von Alkohol und Tabak während der späteren Schwangerschaft der Fall ist. Hierher gehört z. B. das fetale Alkoholsyndrom, das in mancher Hinsicht an die Folgen von Chromosomenanomalien erinnert.

Frühe Entwicklungsanomalien können verschiedene nachfolgende Entwicklungsschritte in falsche Bahnen lenken, so daß eine pleomorphe (pleiotrope) Wirkung eintritt. Verschließt sich z. B. das Neuralrohr nicht, so bleibt die Neuralanlage auch weiterhin ein Stück der Körperoberfläche (vgl. Abb. 4.88) und deshalb können sich die dorsalen Wirbelbögen nicht schließen; diese *Spina bifida* genannte Fehlbildung zieht dann weitere Anomalien nach sich. Ein molekularer Primärdefekt, der Mangel an Knorpelvorstufen, kann sich sogar in einer Vielzahl nachgeordneter Anomalien manifestieren (Tab. 4.8).

Tabelle 4.8. Ein Pleiotropiestammbaum

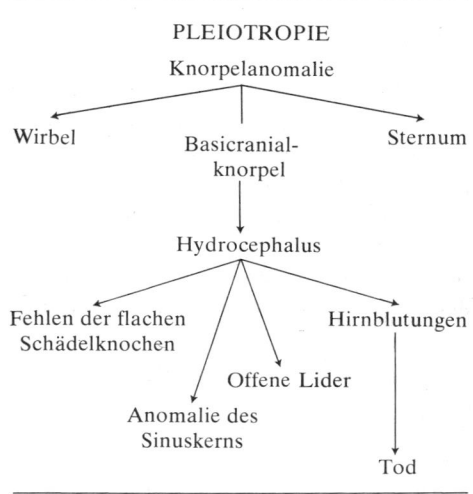

4.11.3 Entwicklungsbiologische Aspekte des Krebsproblems

Die Entstehung von Krebsgeschwülsten ist (auch) ein entwicklungsbiologisches Problem, da sie sich generell als das Versagen von Regelmechanismen für Wachstum und Differenzierung verstehen läßt. Einige Beispiele sollen dies verdeutlichen.

Pflanzentumoren

Die wichtigsten Tumoren der Pflanzen sind die sogenannten Wurzelhalstumoren oder »crown galls«; sie kommen bei vielen dikotylen Pflanzen vor und sind in der Natur vor allem im Übergangsbereich von der Sproßachse zur Wurzel lokalisiert (Abb. 4.120). Ausgelöst werden sie durch Infektion mit dem Bodenbakterium *Agrobacterium tumefaciens;* diese Bakterien können allerdings nicht in die Zelle eindringen, sondern sind auf eine Wunde angewiesen, um extrazellulär ins Gewebe einzudringen. Mit dieser Kombination (Verletzung und Infektion) lassen sich die Tumoren auch künstlich herstellen und ihre Kausalität analysieren. Die Bakterien geben an die Zelle ein »tumorinduzierendes Prinzip« ab, das eine DNA, und zwar in Form eines Plasmids ist (TI-Plasmid, S. 259). Es handelt sich also um eine Transformation.

Sobald die Transformation erfolgt ist, ist die Anwesenheit der Bakterien für die Entwicklung des Tumors entbehrlich geworden, die Transformation ist stabil. Die transformierten Zellen teilen sich intensiv, und aus dem Muttergewebe bricht ein amorpher Tumor hervor. Isoliertes Tumorgewebe kann wie ein Callus in vitro kultiviert werden, benötigt im Gegensatz zu diesem aber kein Auxin (vgl. S. 382); die Tumorzellen sind auxin-autotroph geworden. Weitere Kennzeichen der Tumorzellen sind erhöhte Mitoseaktivität und allgemein gesteigerter Stoffwechsel; auch werden Substanzen produziert, die eine normale Pflanze nicht synthetisieren kann, für die die genetische Information vielmehr aus den Bakterien stammt, z. B. *Octopin, Nopalin* – es handelt sich hier gewissermaßen um Markierungsgene, die das Plasmid kennzeichnen.

Die Tumorzellen sind in ihren Differenzierungsleistungen erheblich eingeschränkt, lediglich »unwichtige« Differenzierungen wie Anthocyanbildung kommen relativ häufig vor. Nur in seltenen Fällen kehrt ein Tumor zu normaler Entwicklung und umfangreichen Zelldifferenzierungen, Musterbildung und Morphogenese zurück; möglicherweise ist dann das Plasmid verlorengegangen.

Die Tumorgenese der Pflanzen ist über die spezielle Fragestellung hinaus wichtig, weil hier eine Transformation nicht nur über die Artgrenze hinausgeht, sondern sogar die große Kluft zwischen Prokaryoten und Eukaryoten überspringt. Auch praktisch können diese

Abb. 4.120. Tumoren auf Crepis capillaris, die durch Infektion mit Agrobacterium tumefaciens ausgelöst werden. (Nach Melchers)

Erkenntnisse eine Rolle spielen: Man versucht, Plasmide von attenuierten *Agrobacterium*-Stämmen als Vektoren für genetic engineering in Höheren Pflanzen zu nutzen (Gentechnologie, S. 259).

Eine weitere Kategorie von Pflanzentumoren sind die sogenannten *genetischen Tumoren* (Abb. 4.121). Diese werden oft bei interspezifischen Hybriden zwischen Arten gefunden, die an sich frei von Tumoren sind. In der ersten Nachkommensgeneration von Arthybriden der Gattung *Nicotiana* z.B. erscheinen an den Sproßachsen regelmäßig kleine Papillen, die bald auswachsen; sie machen im histologischen Bild indessen einen besser organisierten Eindruck als die amorphen Tumoren der Wurzelhalsgallen. Die Kombination der beiden artfremden Genome in einer Nachkommenspflanze scheint zu Mißregulationen zu führen, die sich in abnormem Wachstum und abnormer Histogenese äußern, ähnlich wie es für die tierischen Krebsformen postuliert wird.

Tumoren bei Tier und Mensch

Bei Zahnkärpflingen (S. 249) und bei *Drosophila* kennt man mehrere Krebsformen, die als unmittelbare und zwangsläufige Folge einer bestimmten genetischen Konstitution auftreten. Beim Säuger ist ein derart direkter Zusammenhang zwischen Genotyp und Krebsentstehung nicht bekannt – man hat dort im Gegenteil sogar bösartig wuchernde Zellen gefunden, die nachweislich keine bleibenden Veränderungen am Erbgut erlitten hatten. Unterwarf man diese Zellen (durch Einpflanzen in eine Blastocyste) den embryonalen Regelsystemen, so beteiligten sie sich am Aufbau eines gesunden Körpers (Abb. 4.109). Die meisten Krebsformen bei Säuger und Mensch dürften aber durch mehrere aufeinander folgende Veränderungen an der Erbsubstanz der jeweils einzigen Ausgangszelle entstehen. Auf der organismischen Ebene unterscheidet man drei Stufen der Krebsentstehung (Abb. 4.122): (1) Die *Initiation* durch Viren oder äußere Noxen wie z.B. ionisierende oder (an der Körperoberfläche) ultraviolette Strahlen sowie durch chemische Verbindungen (z.B. im Tabakrauch); diese Einflüsse verändern die Erbsubstanz einzelner Zellen in zunächst kaum merklicher Weise. (2) Die *Promotion* u.a. durch zellteilungsfördernde Substanzen; sie vergrößert die Nachkommenschaft der initiierten Zelle. (3) Die *Konversion,* vermutlich wieder durch Veränderung der Erbsubstanz, läßt die Abkömmlinge malign werden – sie breiten sich aus und dringen zerstörend in andere Gewebe ein. Mit molekularbiologischen Methoden kann man zeigen, daß viele Krebszelltypen in ihrem Genom onkogene Sequenzen enthalten, kurz Onkogene genannt. Sie gehen durch z.T.

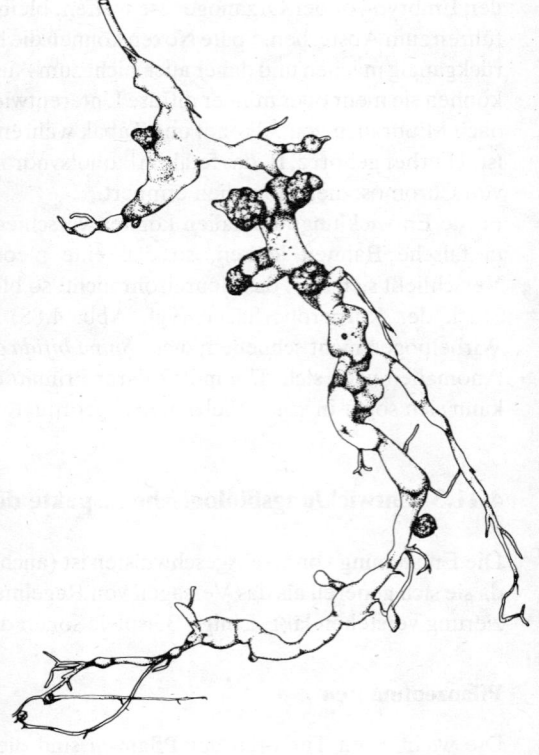

Abb. 4.121. *Genetischer Tumor an Wurzeln einer Tabakhybride (Nicotiana glauca × N. langsdorffii). (Nach Schopfer)*

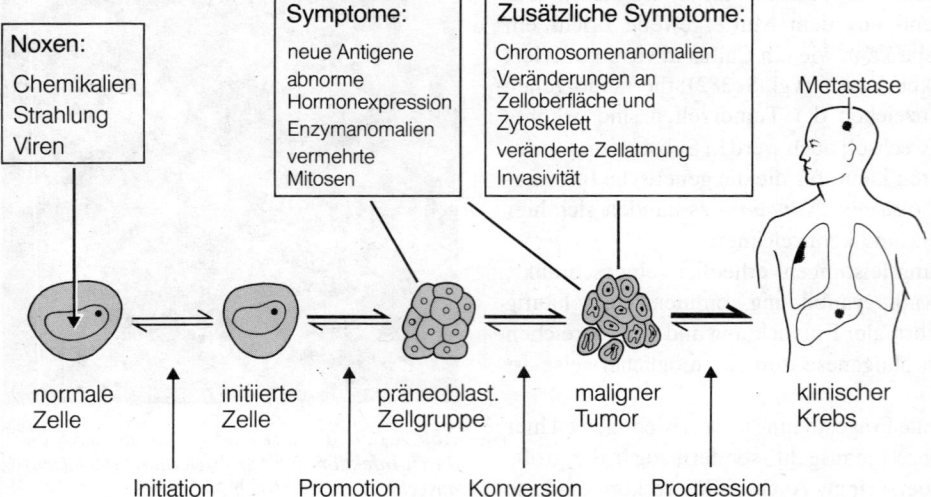

Abb. 4.122. *Die aufeinander folgenden Phasen der Krebsauslösung beim Menschen, z.T. erschlossen aus Tierversuchen. Die Initiation ist ein kurzfristiges Ereignis, bis zur Konversion und Progression können viele Jahre vergehen. (In Anlehnung an Masui et al.)*

nur geringfügige Veränderungen aus Genen hervor, die man regelmäßig bei Eukaryonten findet und als Protoonkogene bezeichnet. Ihnen kommen wahrscheinlich grundlegende Steuerfunktionen zu, die infolge der Mutation zum Onkogen ausfallen. Ein Beispiel bietet das Vogel-Onkogen *v-erb* B, dessen Produkt dem membranständigen Rezeptorprotein für einen bestimmten Zellteilungsfaktor (EGF) ähnelt, allerdings abzüglich der Bindungsstelle für eben diesen Faktor. Der mutativ »verstümmelte« Rezeptor könnte der Zelle fortwährend die Gegenwart des Faktors »vortäuschen« und so eine Zellteilung nach der anderen auslösen. Onkogene lassen sich auf Zellkulturen übertragen und transformieren dann einzelne Zellen. Zur Ausbildung des typischen Syndroms von Krebszelleigenschaften sind aber auch in Zellkulturen mehrere mutative Veränderungen nötig, z.B. eine, welche den normalen Differenzierungsablauf unterdrückt und damit andauernde Zellteilungen gestattet (»Immortalisierung«), und eine zweite, die z.B. ihren Trägern das Eindringen in andere Gewebe ermöglicht (»Invasivität«, verknüpft mit veränderter Zelladhäsion, S. 378).

Diesen primären Veränderungen können viele sekundäre folgen. So findet man bei manchen Tumoren, möglicherweise als Selektionseffekt nach Anwendung zellteilungshemmender Substanzen, bestimmte Veränderungen der Zelloberfläche, die die Aufnahme von Chemotherapeutica erschweren oder deren Ausschleusung erleichtern. Derart resistent gewordene Zellen zeichnen sich häufig durch erhebliche Amplifikation (S. 355f.) einzelner Genloci aus.

Ein weiterer entwicklungsbiologischer Bezug des Krebsproblems liegt in den vielfältigen Wechselwirkungen der Tumoren mit ihrer Umgebung. Unter den »Faktoren« (Substanzen), die diese Wechselwirkungen vermitteln, sei hier nur der Angiogenesefaktor erwähnt (Angiogenese = Blutgefäßbildung). Das Tumorwachstum setzt eine gute Blutversorgung voraus. Sie erfolgt, indem der beginnende Tumor die Blutgefäße in seiner Nachbarschaft zum Aussenden von Gefäßen veranlaßt, die die Grundlage für seine spätere intensive Gefäßversorgung bilden. Ihre Entstehung schreibt man einem von den Tumorzellen ausgesandten chemischen Signal zu, eben dem Angiogenesefaktor. Würde es gelingen, ihn durch entsprechende Gegenmittel auszuschalten, könnte das exzessive Wachstum mancher Geschwülste unterdrückt werden. Wie bei vielen Tumorfaktoren liegt auch hier die Vermutung nahe, daß die gleiche Substanz auch im normalen Entwicklungsablauf – hier bei der Ausgestaltung des Gefäßsystems – eine Rolle spielt.

5 Struktur und Funktion pflanzlicher und tierischer Organe

Zellen sind die Grundbausteine des pflanzlichen wie des tierischen Körpers. Die einfachsten Organismen, die Protophyten bzw. Protozoen, bleiben auf dem Niveau der einzelnen Zelle. Bei manchen dieser Protisten ist die Zelle aber zu einer außerordentlich hohen Differenzierung gekommen, wobei für die verschiedenen Funktionen spezifische Zellstrukturen (Organellen, S. 12f.) entwickelt wurden (z.B. Abb. 1.4, S. 12). Auch beim höchstentwickelten Einzeller muß sich aber die Spezialisierung auf einzelne Leistungen mit Rücksicht auf die Funktionsfähigkeit der Gesamtzelle in Grenzen halten. Der erfolgreichere Weg zur Steigerung der Leistungsfähigkeit der Organismen führte daher über die Vielzelligkeit bei weitgehender Spezialisierung der meisten Einzelzellen innerhalb des Organismus. Dieser Weg wurde sowohl im Pflanzen- als auch im Tierreich beschritten. Während sich aber bei den Pflanzen der Übergang vom Einzeller zum Vielzeller vermutlich an mehreren Stellen vollzog, hat er im Tierreich wahrscheinlich nur einmal stattgefunden.

Bei den Funktionen, die bei den vielzelligen Pflanzen und Tieren von spezialisierten Zellen oder Zellverbänden übernommen werden, handelt es sich zum Teil um Aufgaben, die auch der Einzeller bewältigen kann, z.B. um die Aufnahme, Synthese, Speicherung und Abgabe von Stoffen oder um die Perzeption und Beantwortung von Reizen. Allerdings wird bei den Vielzellern durch die Spezialisierung auf einen oder wenige dieser Vorgänge die Leistungsfähigkeit der Zelle in ihrem Spezialbereich wesentlich gesteigert. Den Vielzellern stellen sich aber wegen der Arbeitsteilung auch neue Probleme, die bei den Einzellern nicht oder jedenfalls nicht in vergleichbarem Ausmaß vorhanden sind. Es sind dies vor allem die Aufgaben der Stoff- und Erregungsleitung, der Koordination der Abläufe in den einzelnen, für verschiedene Funktionen spezialisierten Regionen des Organismus, der Festigung des – häufig großen – Körpers und schließlich der gesetzmäßigen Abfolge der Zellteilungen (S. 167f.), welche die bauplanmäßige Gestaltung des Pflanzen- und Tierkörpers gewährleisten.

Die wesentlichen Unterschiede zwischen den Bauplänen der Höheren Pflanzen und der vielzelligen Tiere lassen sich zumeist auf ihre grundsätzlich verschiedene Ernährungsweise zurückführen. Die meisten Pflanzen sind autotroph; sie ernähren sich von anorganischen Stoffen, die sie in Gasform aus der Luft und in gelöstem Zustand aus dem Boden aufnehmen. Abgesehen von manchen Heterotrophen (z.B. vielen Pilzen), die Substanzen in ihrer Umgebung durch ausgeschiedene (Exo-)Enzyme erst resorptionsfähig machen, müssen die Pflanzen die von außen zugeführten Nahrungsstoffe also normalerweise nicht durch »Verdauung« in eine im Stoffwechsel verwertbare Form bringen. Sie haben daher keine verdauenden Hohlräume, sondern bilden große stoffresorbierende und lichtabsorbierende Außenflächen aus, etwa das Wurzel- und Blattsystem der Cormophyten (S. 418f.). Die heterotrophen Tiere verwenden dagegen als Nahrung hauptsächlich organische Substanzen, die in der Regel abgebaut werden müssen, um resorptionsfähig zu werden. Bei den meisten Tieren gibt es innere Hohlräume, Darmsysteme, zur Verdauung und zur Resorption. Der Darm ist das für vielzellige Tiere bezeichnende Organ, das auch als erstes in der Individualentwicklung – als Urdarm – angelegt wird (S. 357f.).

Struktur und Funktion pflanzlicher und tierischer Organe

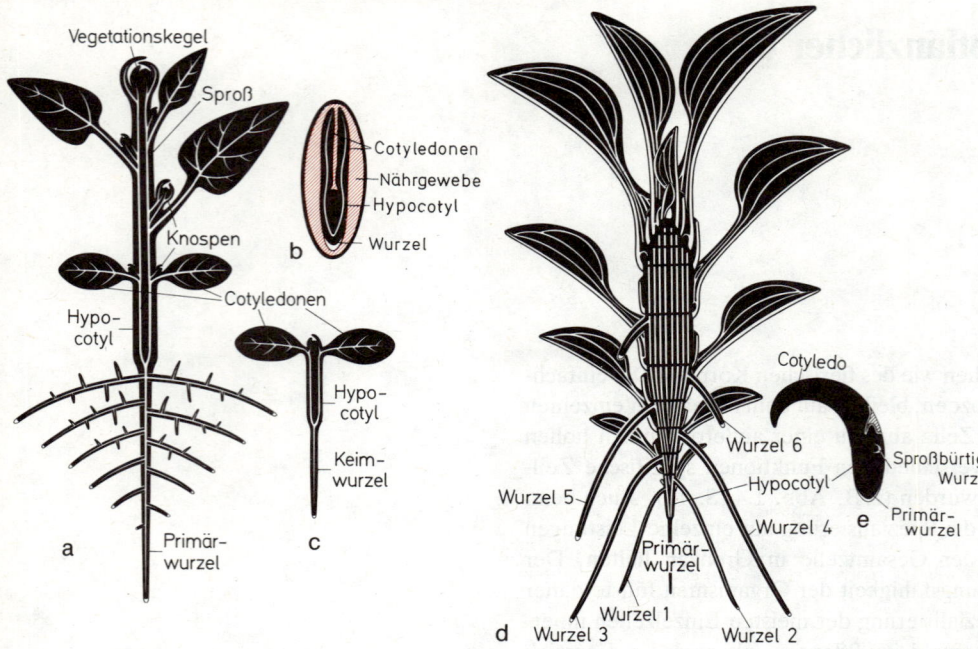
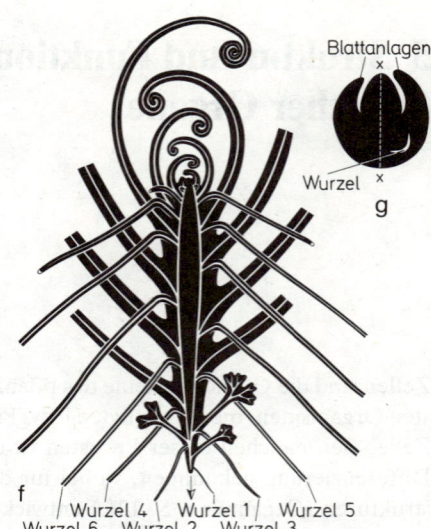

Abb. 5.1 a–g. Gliederung des Vegetationskörpers bei den Höheren Pflanzen. Schemata (a) einer dikotylen Pflanze, (b) eines Dikotylenembryos im Samen, (c) eines Dikotylenkeimlings; (d) einer monokotylen Pflanze, (e) eines Monokotylenembryos; (f) einer Farnpflanze, (g) eines Farnembryos. Wurzel 1, Wurzel 2 usw. sind sproßbürtige Wurzeln in der Reihenfolge ihrer Entstehung. Die Primärwurzel entsteht durch die Weiterentwicklung der Keimwurzel (Radicula), die Seitenwurzeln, wie in Abb. 4.87 (S. 376) gezeigt. Achse x–x ist die Längsachse des Farnembryos. (f nach Weber, übrige nach Troll verändert)

Mit den Unterschieden im Nahrungserwerb stehen auch die Baumerkmale im Zusammenhang, die den Höheren Tieren die gezielte, schnelle Ortsveränderung gestatten, Reaktionen, die zunächst zum Auffinden der Beute oder zur Flucht vor dem Räuber dienen, dann aber auch allgemein zur Wahl günstiger Umweltbedingungen oder aber zum Finden des Geschlechtspartners benützt werden. Es handelt sich dabei vor allem um Strukturen, die der Bewegung (Muskeln, S. 455f., 516f., 647f.) und die der Reizperzeption, Erregungsleitung und Informationsverarbeitung dienen (Nervensystem, S. 460f., 493f., 693f.).

Verbände, in denen annähernd gleichartig differenzierte Zellen zusammengeschlossen sind, nennt man *Gewebe*. Abgegrenzte Bereiche des Pflanzen- oder Tierkörpers von charakteristischer Form, Lage und Funktion, die im allgemeinen aus mehreren Gewebetypen bestehen, bezeichnet man als *Organe*.

Da bei den Tieren die Spezialisierung der Gewebe und Organe meist weiter gediehen ist als bei Pflanzen, ist es bei ersteren möglich, Struktur und Funktion wenigstens zum Teil in unmittelbarem Zusammenhang zu behandeln. Bei den Pflanzen dagegen ist es zweckmäßig, zuerst den Bau der Gewebe und Organe und dann ihre wichtigsten Leistungen zu betrachten. Dabei soll in diesem Zusammenhang nur die typische Höhere Pflanze beschrieben werden, während wir auf niedrige Organisationsformen später zurückkommen (S. 556f.).

5.1 Bau der Gewebe und Organe bei Höheren Pflanzen

5.1.1 Allgemeiner Bau

Die vielzelligen Vegetationskörper der (rezenten) Farngewächse und der Samenpflanzen lassen bei aller Mannigfaltigkeit der Erscheinungsformen doch einen einheitlichen Bauplan erkennen. Die Einheitlichkeit ist vor allem durch die Ausbildung von drei Grundorganen, *Sproßachse*, *Blatt* und *Wurzel*, gegeben, welche in bestimmter Weise (Abb. 5.1) miteinander verbunden sind. Einen solchen Vegetationskörper bezeichnet man als *Cormus* und demgemäß die Farne und Samenpflanzen als *Cormophyten*. Die Grundorgane sind bereits am Embryo bzw. Keimling erkennbar, so bei den Samenpflan-

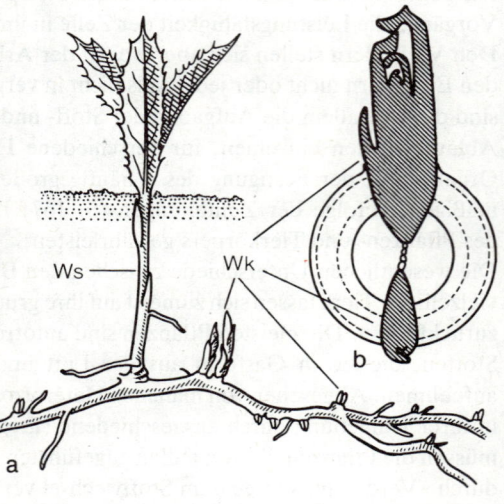

Abb. 5.2 a, b. Wurzelknospen und Wurzelsprosse. (a) Ackerkratzdistel (Cirsium arvense), älteres Wurzelstück mit Wurzelsproß (Ws) und Wurzelknospen (Wk). (b) Kronenwicke (Coronilla varia), schematisierter Wurzelquerschnitt. Die Entwicklung der jungen Wurzelsprosse ist auf der nach oben gerichteten Seite gefördert. (Nach Rauh)

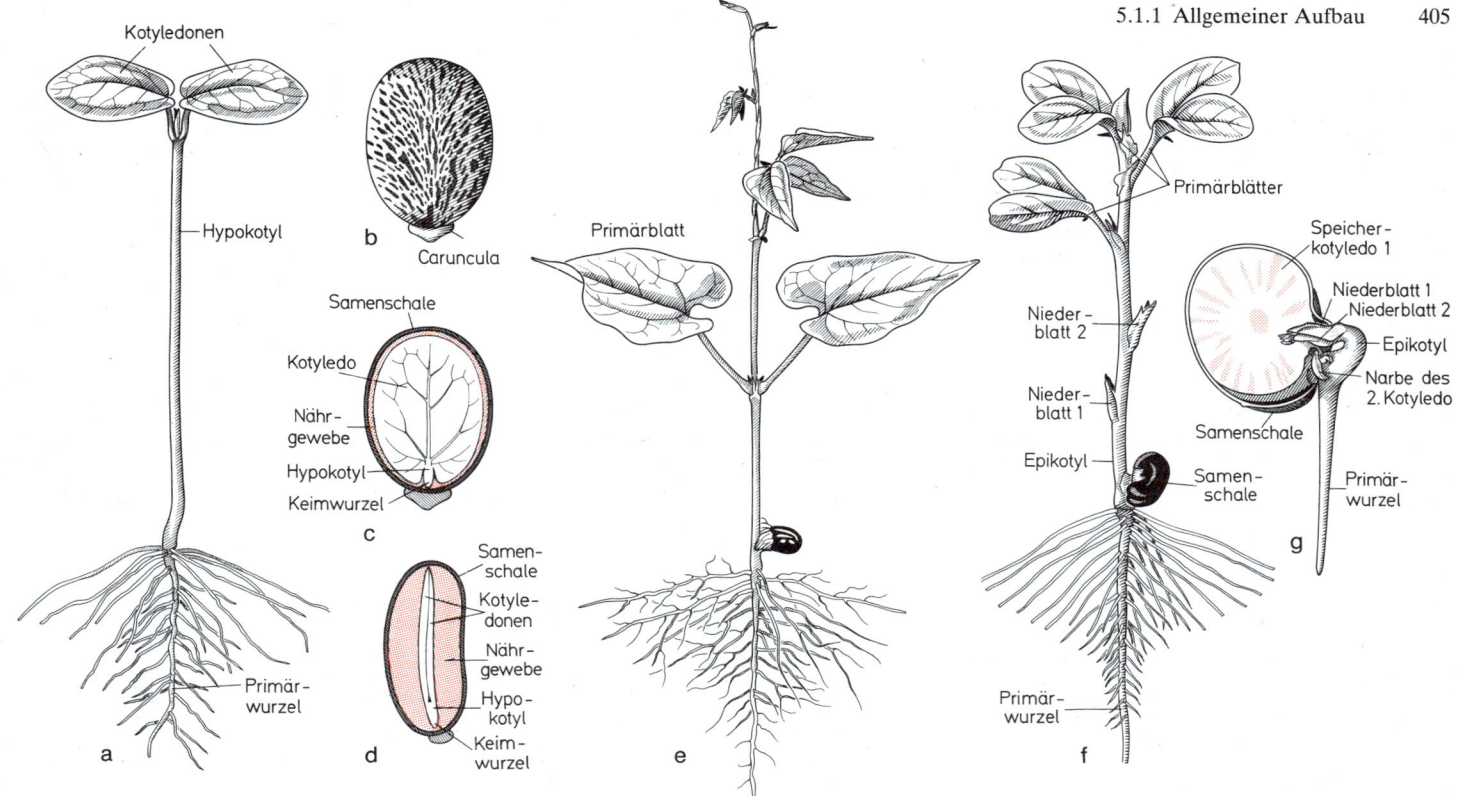

Abb. 5.3 a–g. Samenbau und Keimung. (a–d) Ricinus communis: (a) Keimpflanze mit entfalteten Kotyledonen, (b–d) Samen von der Rückenseite (b), im Transversal- (c) und im Medianschnitt (d); die Caruncula ist ein nährstoffreiches Samenanhängsel, sie dient der Verbreitung durch Tiere. (e) Keimpflanze von Phaseolus multiflorus; (f, g) keimender Samen (g) und Keimpflanze (f) der Saubohne (Vicia faba), in (g) der eine der beiden Speicherkotyledonen abgetrennt. (Nach Troll)

zen in Gestalt der *Keimachse* (Hypokotyl), eines oder mehrerer *Keimblätter* (Kotyledonen) und der *Keimwurzel* (Radicula). Zwischen den Kotyledonen – oder bei den einkeimblättrigen Monokotylen neben dem Keimblatt, etwas auf die Seite gedrängt – sitzt die Endknospe, beim Keimling als Plumula bezeichnet. Sie umschließt den *Vegetationspunkt* des aus Achsenteilen und Blattorganen gebildeten (vor allem oberirdischen) Pflanzenabschnittes, des *Sprosses*. Ein solcher Vegetationspunkt ist ein Bildungsgewebe oder im vorliegenden Falle ein ganzer Komplex von *Bildungsgeweben* (Meristemen), deren Zellen durch lebhafte Teilungen die Anlagen für neue Achsenteile und Blätter hervorbringen und so das Wachstum des Sprosses bewirken. Dabei kommt es gewöhnlich zur Bildung einer Knospe, weil die mehr oder minder weit entwickelten jungen Blattorgane zunächst den Sproßscheitel schützend umhüllen. Später rücken sie durch die zunehmende Streckung der Achse weiter auseinander, wobei dann die Gliederung des Achsenkörpers in *Knoten* (Nodi, Einzahl: Nodus), d.h. Stellen, an welchen Blätter ansitzen, und Zwischenglieder *(Internodien)* erkennbar wird. Dabei können auch an den Internodienbasen »eingeschaltete« Meristeme, interkalare Vegetationspunkte, mitwirken. Weitere Vegetationspunkte, welche sich bei den Samenpflanzen in den Achseln der Blattorgane finden, ermöglichen die *Verzweigung* des Sprosses.

Auch die Wurzel (S. 424f.) wächst mit Hilfe eines Vegetationspunktes; dieser unterscheidet sich stark vom Sproßvegetationspunkt, besonders weil hier keine Blattorgane ausgebildet werden. Die Verzweigung der Wurzel steht in enger Beziehung zu ihrer inneren Struktur; die Seitenwurzeln werden nämlich im Inneren der jeweiligen Hauptwurzel (endogen) angelegt und müssen deren äußere Schichten im Laufe ihres Wachstums durchstoßen (Abb. 4.87, S. 376). Gewöhnlich ist die Fähigkeit zur Verzweigung bei der Wurzel sehr viel stärker ausgeprägt als bei der Sproßachse: Die aus der Radicula hervorgehende Primärwurzel vermag sehr bald ein ausgedehntes Primärwurzelsystem zu erzeugen (Abb. 5.3). Dieses geht stets auf die dem Sproßpol gegenüberliegende Anlage der Keimwurzel zurück. Neben der Entwicklung des Primärwurzelsystems besteht bei vielen Pflanzen noch die Möglichkeit, sproßbürtige Wurzeln hervorzubringen, die ebenso wie die Nebenwurzeln endogen, aber aus der Sproßachse gebildet werden, und zwar meist in bestimmter Anordnung zu den Knoten. Die Monokotylen sind durch die Ausbildung einer Vielzahl sproßbürtiger Wurzeln ausgezeichnet, denen gegenüber die Primärwurzel auch an Stärke weit zurücktritt. Häufig geht sie frühzeitig zugrunde (sekundäre Homorrhizie). Da den Monokotylen in der Regel das sekundäre Dickenwachstum fehlt, verfügen sie nur über die verstärkte primäre Verdickung der Sproßachse, wie auch der Wurzel (S. 426).

Bei den Farngewächsen entsteht sogar schon die erste, bereits am Embryo erkennbare Wurzel sproßbürtig. Die Pteridophyten besitzen demnach keine Primärwurzel (primäre Homorrhizie, Abb. 5.1f, g).

Bei vielen Cormophyten kann das Sproßsystem auch eine Erweiterung durch Wurzelsprosse erfahren, die ebenfalls endogener Herkunft sind. Als Beispiel sei nur die Ackerkratzdistel *(Cirsium arvense)* (Abb. 5.2a) genannt. Die Wurzelknospen entstehen meist aus dem Perizykel (vgl. S. 426), und zwar vor den Xylemteilen (Abb. 5.2b).

5.1.1.1 Samenbau und Keimung

Um den Aufbau der Höheren Pflanzen näher kennenzulernen, geht man am besten von den Keimpflanzen aus; wir beschränken uns hier auf die Samenpflanzen (Abb. 5.3). Bei diesen ist der Embryo im Samen eingeschlossen, der außer dem Embryo häufig noch Nährgewebe (primäres oder sekundäres Endosperm oder Perisperm, S. 292) enthält und von einer aus den Integumenten der Samenanlage hervorgehenden Samenschale (Testa) umhüllt wird. Diese wird zu Beginn der Keimung durch Quellung des Sameninneren gesprengt (S. 358). Die im Nährgewebe gespeicherten Reservestoffe (Eiweiß, Fette, Kohlenhydrate) werden im Verlaufe der Keimung von den Keimblättern des anfänglich noch nicht zu autotropher Ernährung befähigten Embryos resorbiert. Reservestoffe können jedoch auch teilweise oder ausschließlich in den Keimblättern (seltener im Hypokotyl: Paranuß!) deponiert sein. Für den Keimungsverlauf gilt dann die Regel, daß typische Speicherkotyledonen nährgewebeloser Samen sich nicht oder allenfalls sehr verzögert entfalten. Sie bleiben dann von der Samenschale umschlossen, d. h. häufig unter der Erdoberfläche (hypogäische Keimung). Statt ihrer entfalten sich schon frühzeitig die ersten Laubblätter (Primärblätter). Hingegen werden bei vielen anderen Arten die Keimblätter als erste Assimilationsorgane möglichst rasch ans Licht gebracht, allerdings erst dann, wenn die stets als erstes aus dem Samen hervortretende Keimwurzel weit genug in den Boden eingedrungen ist, um eine ausreichende Verankerung und Wasserversorgung des Keimlings zu gewährleisten (epigäische Keimung). Im einzelnen unterliegt das Keimverhalten mancherlei Abwandlungen; so verbleibt bei der Küchenzwiebel *(Allium)* die Spitze des einzigen Keimblattes als resorbierendes Organ im Samen (Abb. 5.4a, b). Im übrigen ergrünt das Keimblatt und verlängert sich durch anhaltendes Wachstum an der Basis beträchtlich. Bei den Gräsern (Abb. 5.4c–f) dient das hier als *Scutellum* bezeichnete Keimblatt ausschließlich als Resorptionsorgan (das auch die Mobilisation der Reservestoffe des Nährgewebes anregt). Was man hier für das Keimblatt halten könnte, ist nur eine haubenförmig die Sproßknospe umgebende Unterblattbildung (S. 419) des Keimblattes, die *Coleoptile* (vgl. S. 380, Abb. 93). Auch die Wurzel wird bei den Gramineen von einem haubenförmigen Organ, der *Coleorrhiza,* umhüllt, deren morphologische Deutung noch diskutiert wird.

5.1.1.2 Erstarkungswachstum und Dickenperiode des Achsenkörpers

Die zunehmende Verlängerung des Primärsprosses, vor allem aber die Ausgliederung und Entfaltung weiterer Blattorgane und die Entwicklung von Seitentrieben, sind nur dann

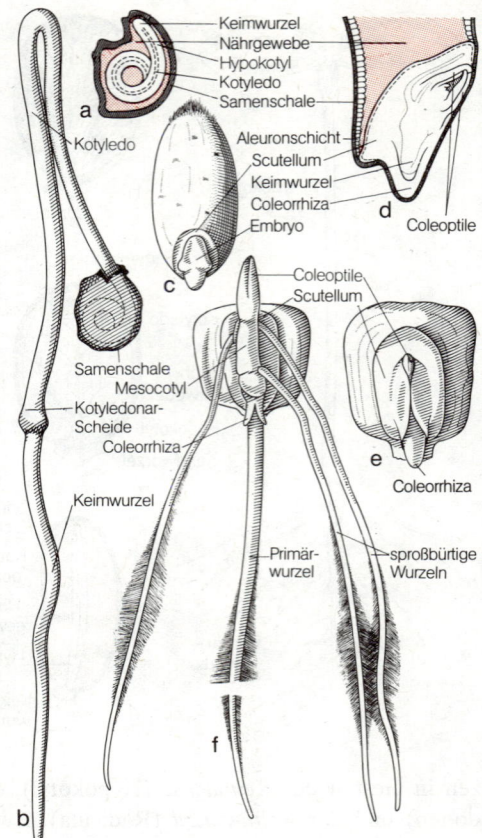

Abb. 5.4a–f. Embryonen und Keimung von Monokotylen. (a, b) Allium cepa (Küchenzwiebel): (a) Medianschnitt durch den Samen, (b) Keimpflanze vor Aufrichtung des Kotyledos. (c, d) Weizenkorn total (c) und im Längsschnitt (d) im Bereich des in (c) nach außen sich abzeichnenden Embryos. (e, f) Zea mays: (e) Korn zu Beginn der Keimung nach Entfernung der Schale, (f) Keimpflanze. (Nach Troll)

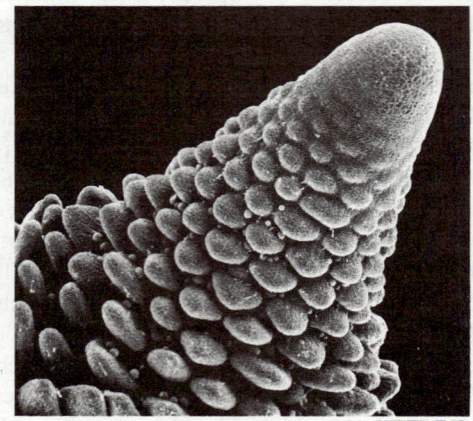

Abb. 5.5. Vegetationsscheitel des Tannenwedels (Hippuris vulgaris). (Original von Hildenbrand u. Weberling)

möglich, wenn die Sproßachse kräftiger wird und der Sproßscheitel selbst eine Größenzunahme durch Vermehrung der meristematischen Zellen erfährt. Darüber hinaus nehmen die jungen Sproßglieder noch vor Beginn der Internodienstreckung unter starker Zellvermehrung erheblich an Dicke zu. (Das gleiche gilt für die Entwicklung von Seitensprossen; z.B. Ausläufer in Abb. 5.7a, b.) Dieses *primäre Dickenwachstum* ist – ebenso wie die vorausgehende Volumenzunahme des Sproßscheitels – in seinen Ausmaßen vom jeweiligen Entwicklungszustand des Sprosses abhängig. Das Zusammenwirken beider Vorgänge bedingt das *Erstarkungswachstum* der Sproßachse, das eigentlich, zumindest im basalen Bereich des Sprosses, zu einer umgekehrt-kegelförmigen Gestalt des Achsenkörpers führen müßte. Diese Wirkung wird jedoch – außer bei den Monokotylen (Abb. 5.1d) – mehr oder minder durch das *sekundäre Dickenwachstum* wieder ausgeglichen, das seine größte Intensität an der Sproßbasis erreicht. Dadurch erhält der Achsenkörper die Gestalt eines aufgerichteten schlanken Kegels (Abb. 5.1a). Beim Übergang des Sprosses zur Blütenbildung nehmen die Erstarkungsvorgänge gewöhnlich wieder ab, so daß man von einer Dickenperiode der Internodien sprechen kann. Der Einfluß des Erstarkungswachstums macht sich auch bei der Ausbildung der Seitenorgane geltend, was man besonders gut an der Größe und Gliederung der Blattorgane ablesen kann (Abb. 5.1d, f; 5.7a, c).

5.1.1.3 Blattfolge

Die ersten nach den Keimblättern auftretenden, bei hypogäischer Keimung überhaupt als erste entfalteten Blattorgane weichen oft in ihrer Größe, Form und Stellung an der Sproßachse von den folgenden Blättern ab, so daß man sie als *Primärblätter* von den *Folgeblättern* unterscheidet. An der jungen Bohnenpflanze (*Phaseolus multiflorus*, Abb. 5.3e) treten z.B. nach den beiden auf gleicher Höhe der Sproßachse ansitzenden, einfachen, in *Stiel* und *Spreite* gegliederten Primärblättern *Fiederblätter* mit dreiteiliger Spreite auf. Beide Blattformen rechnet man ihrer großflächigen, der Photosynthese dienenden Spreiten wegen zu den *Laubblättern*.

Ganz anders als die Laubblätter – nämlich klein und schuppenförmig – sind die Blattorgane gestaltet, die etwa bei der Saubohne (*Vicia faba*, Abb.5.3f) auf die Keimblätter folgen. Sie umhüllen die Sproßspitze bis zur Entfaltung der ersten Laubblätter; dabei erscheint ihre Form (S. 419f., Abb. 5.27a–e) für die Aufgabe des Knospenschutzes (vor allem, um eine zu große Transpiration zu vermeiden) sehr geeignet. Man findet sie dementsprechend bei den Knospenschuppen zahlreicher ausdauernder Gewächse, namentlich der meisten unserer Holzgewächse. Da diese stark vereinfachten Blattorgane den Laubblättern an der Sproßachse vorausgehen, bezeichnet man sie als *Niederblätter*. Ähnliche Abwandlungen der Blattform treten auch beim Übergang in die blühende Region der Pflanze auf (Abb. 5.25). Da solche Blätter jedoch über den Laubblättern stehen, nennt man sie *Hochblätter*.

5.1.1.4 Blattstellung und Längen der Internodien

Für das Erscheinungsbild – den *Habitus* – einer Pflanze sind nicht nur die verschiedenartige Ausbildung der Blattorgane, sondern auch deren Anordnungsweise an der Sproßachse von großer Bedeutung, ferner das Längen- und Dickenverhältnis der aufeinanderfolgenden Achseninternodien.

Die Anordungsweise der Blätter an der Sproßachse, die *Blattstellung*, ist weithin für größere Gruppen verwandter Pflanzen charakteristisch. Vor allem hat man zwischen der wirteligen, der zweizeiligen (distichen) und der zerstreuten (dispergierten) Blattstellung zu unterscheiden.

Bei der *wirteligen* Blattstellung stehen an ein und demselben Knoten jeweils zwei oder mehr Blattorgane, beim Tannenwedel (*Hippuris vulgaris*, Abb. 5.5) umfaßt ein solcher

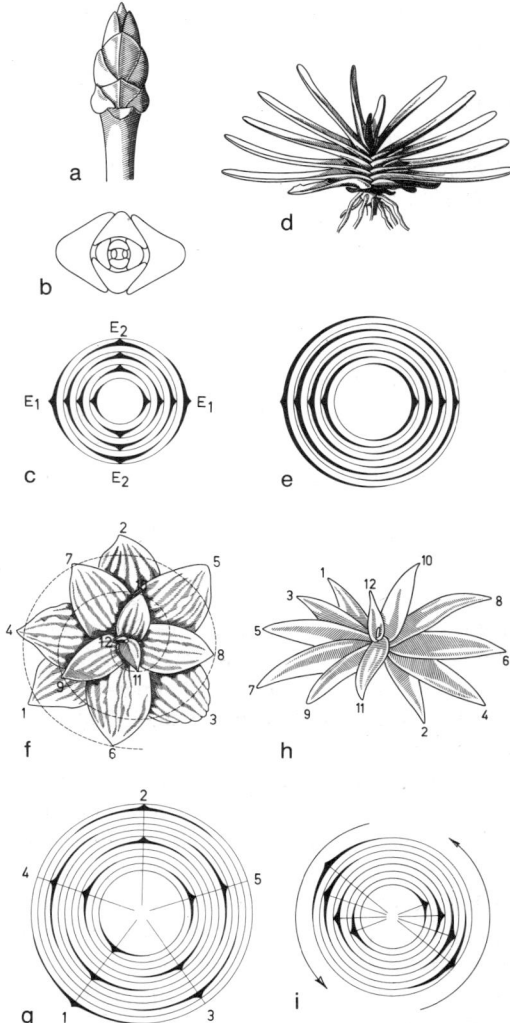

Abb. 5.6a–i. Blattstellungstypen. (a–c) Dekussation, *Syringa vulgaris* (Flieder): Endknospe in Seitenansicht (a), im Querschnitt (b) und Diagramm (c); (d, e) Distichie, *Gasteria picta*: Pflanze in Seitenansicht (d) und im Diagramm (e); (f) zerstreute Blattstellung nach ³/₈ bei *Plantago media*, die gestrichelte Linie stellt die genetische Spirale dar, (g) Diagramm der ²/₅-Stellung; (h, i) Spirodistichie: (h) Pflanze von *Crinum powellii*. Bezifferung der Blätter gemäß ihrer Reihenfolge am Sproß, (i) Diagramm zur Erläuterung der Spirodistichie; im Unterschied zu dem Diagramm in (e) ist dabei jedes Blatt über den Divergenzwinkel von 180° hinaus im Sinne der beiden Pfeile verschoben, wobei hier ein Verschiebungswinkel von 20° angenommen ist. (c nach Goebel, übrige nach Troll, i verändert)

Wirtel sogar bis zu 12 Blätter. Die häufigste Form der wirteligen Stellung ist jedoch die, bei welcher zwei Blätter einander genau gegenüberstehen, wobei dann die aufeinanderfolgenden Wirtel zueinander gekreuzt sind: kreuzgegenständige Anordnung (*Dekussation;* Beispiele: Taubnessel und Tausendgüldenkraut, Abb. 5.7c). Allgemein gilt für Wirtel die *Regel der Äquidistanz,* daß der seitliche Abstand der Blätter eines Wirtels stets der gleiche ist, und die *Regel der Alternanz,* daß die Blätter des einen Wirtels jeweils genau über den Lücken des vorhergehenden stehen, was für die maximale Ausnutzung des Sonnenlichtes zur Energiegewinnung (S. 431f., 817f.) von großer Bedeutung ist. Augenfällig wird dies, wenn man – etwa anhand eines Knospenschnittes – einen Grundriß *(Diagramm)* des Sprosses entwirft, in dem man die Blätter der einzelnen, aufeinanderfolgenden Knoten in ihrer gegenseitigen Stellung auf eine Folge konzentrischer Kreise aufträgt (Abb. 5.6c). Bei dekussierter Blattstellung treten vier Längszeilen (Orthostichen) von Blättern an der Sproßachse auf. Bei der für die Monokotyledonen typischen *distichen* Blattstellung sind hingegen nur zwei einander gegenüberstehende Längszeilen von Blättern vorhanden, wobei an jedem Knoten nur ein Blatt steht (Abb. 5.6d, e). Letzteres trifft auch auf die *zerstreute* Blattstellung zu, doch sind die Blätter hier nicht in zwei voneinander um 180° divergierenden Längszeilen angeordnet, sondern allseitig um den Stengel verteilt; der seitliche Abstand zweier aufeinanderfolgender Blätter ist also stets kleiner als 180° und beträgt etwa ⅓, ⅖, ⅜ des Kreisumfanges (⅓-, ⅖-, ⅜-Stellung). In der Reihenfolge ihrer Entstehung bilden sie dabei eine um den Stengel herumlaufende Schraubenlinie, die »genetische Spirale« (Abb. 5.6f.).

Die Brüche, mit denen wir die am häufigsten beobachteten Divergenzwinkel bezeichnet haben, lassen sich in die Schimper-Braun-Hauptreihe, ½, ⅓, ⅖, ⅜ usw., einordnen. Sie läßt sich weiter fortsetzen, wobei Zähler und Nenner der aufeinanderfolgenden Brüche sich jeweils aus der Summe der Zähler bzw. Nenner der beiden vorausgehenden Brüche ergeben. Damit nähert sie sich einem Grenzwert, welcher einem Divergenzwinkel von 137° 30' ... entspricht. Dieser *Limitdivergenzwinkel* teilt den Kreisbogen nach dem »Goldenen Schnitt« und stellt (zumindest von der Theorie her betrachtet) für jedes Blatt optimale Lichtverhältnisse sicher. (In der Praxis lassen sich die Winkelabstände bei den höheren Divergenzen kaum mit ausreichender Genauigkeit messen.) Ausschlaggebend für die Beurteilung der Blattstellungsverhältnisse dürfte die Relation zwischen den Blattanlagen und dem Formwechsel des Achsenscheitels im Verlaufe der Erstarkung sein, zumal jede Blattanlage von einem *Hemmungsfeld* umgeben ist, in dessen Bereich die Bildung weiterer Blattanlagen unterdrückt wird.

Ungeachtet der regelmäßigen Gliederung der Sproßachse in Knoten und Internodien ist der Sproß keineswegs in allen Teilen der Pflanze gleichmäßig ausgebildet. Das gilt besonders für die Längen- und Dickenentwicklung der Internodien. Vielfach bleiben die Internodien an der Basis eines Triebes so kurz, daß die Blattorgane dicht übereinander stehen und eine *Blattrosette* bilden, auf die dann verlängerte Achsenglieder folgen. Dabei nimmt die Internodienlänge gewöhnlich bis zu einem bestimmten Maximum zu und dann wieder ab. Beispiele dafür bieten die *Halbrosettenpflanzen* (Abb. 5.7c), welche ihre Entwicklung mit einer grundständigen Laubrosette beginnen und später unter Verlängerung und Verjüngung der Internodien einen »Stengel« ausbilden, der gewöhnlich in einem Blütenstand endet. Die dem verlängerten Achsenbereich angehörenden *Stengelblätter* weichen dann in ihrer Gestalt meist von den *Grundblättern* ab und leiten oft schrittweise zur Form der *Hochblätter* im Blütenstand über (Abb. 5.25). Bei den *Ganzrosettenpflanzen* bleibt hingegen der gesamte, laubige Blätter tragende Achsenbereich gestaucht, während die end- oder seitenständigen Blütenstände oft durch ein einziges extrem verlängertes dünnes Internodium, einen *Schaft,* über die Rosette emporgehoben werden. Die mit der *Längenperiode* der Internodien einhergehenden Dickenänderungen (*Dickenperiode,* S. 406f.) müssen also keineswegs gleichsinnig erfolgen. Vielmehr fällt das Maximum der Längenkurve nicht selten mit dem Minimum der Dickenkurve zusammen und umgekehrt (Abb. 5.7b)!

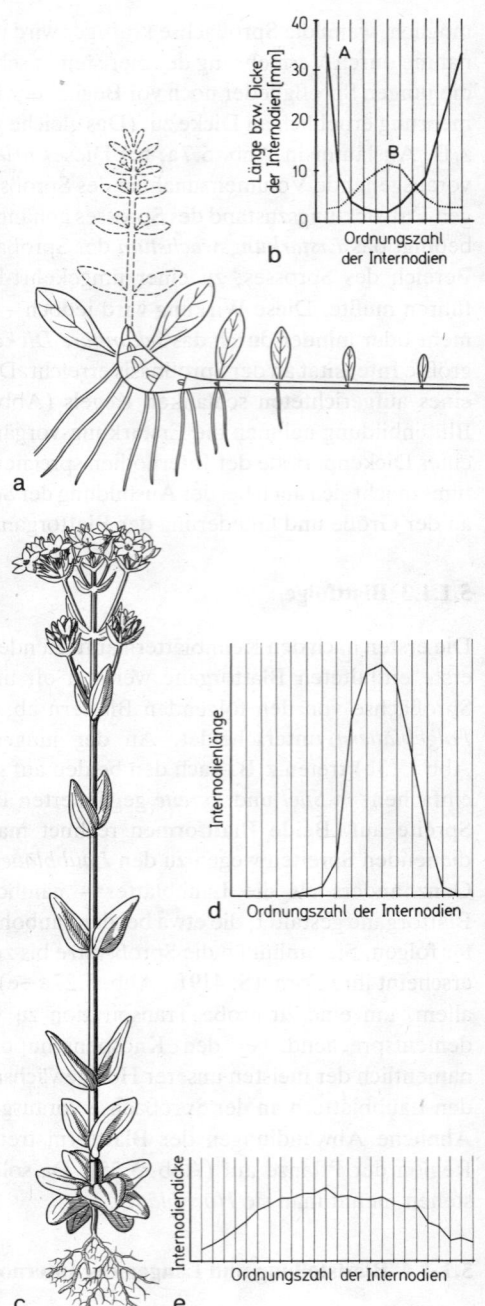

Abb. 5.7. (a) Wuchsschema und (b) Längen- (A) und Dickenkurve (B) der Internodien eines Ausläufers vom Kriechenden Günsel (Ajuga reptans), der aufrechte Blütenstand mit unterbrochenen Linien gezeichnet. (c) Blühende Pflanze des Tausendgüldenkrautes (Centaurium erythraea) als Beispiel für eine Halbrosettenpflanze mit Längenkurve (d) der Internodien. (e) Dickenkurve der Internodien von Zea mays. (c nach Handwörterbuch der Naturwissenschaften, 1. Aufl., übrige nach Troll)

5.1.1.4 Blattstellung und Längen der Internodien

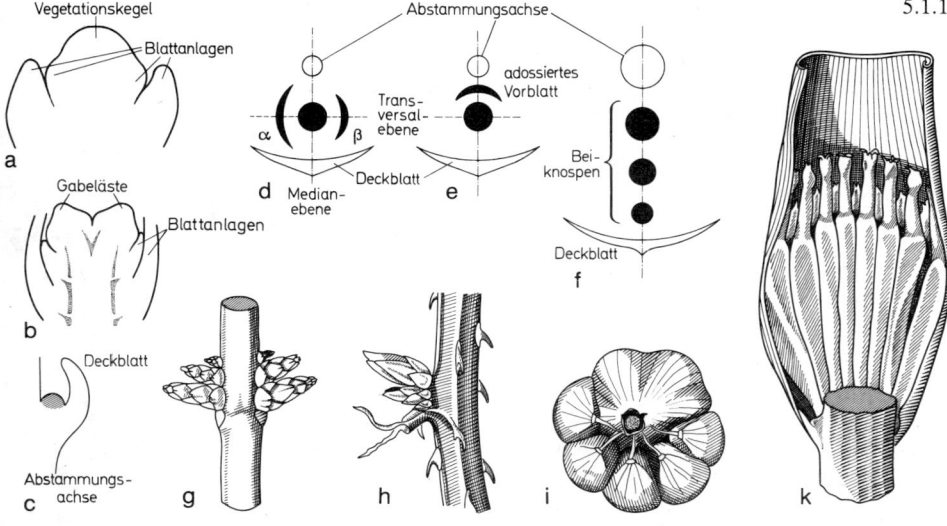

Abb. 5.8 a–k. Verzweigungen des Vegetationskörpers. (a, b) dichotome Verzweigung beim Bärlapp (Diphasium alpinum): (a) Sproßscheitel mit Blattanlagen, (b) Scheitelregion kurz nach der Gabelung. (c–k) axilläre Verzweigung und Ausbildung von Achselknospen: (c) Anlage eines Seitensprosses in der Achsel eines primordialen Deckblattes, (d, e) Diagramme von Achselknospen mit zwei transversal stehenden Vorblättern (α, β) bzw. einem adossierten Vorblatt, (f) Diagramm einer Achselknospe mit absteigenden Serialknospen, (g, h) Sproßstücke mit aufsteigenden (g: Heckenkirsche, Lonicera xylosteum) und absteigenden (h: Brombeere, Rubus fruticosus) Serialknospen im Herbstzustand, (i, k) kollaterale Beiknospen (i: des Knoblauchs, Allium sativum, k: der Banane, Musa). (a, b nach Hegelmaier, übrige nach Troll)

Verzweigung der Sproßachse und Ausbildung der Seitensprosse. Nach dem Zustandekommen der Verzweigung unterscheidet man zwei Gruppentypen:
1. Die *gabelige* oder *dichotome Verzweigung* kommt durch eine Gabelung des Sproßscheitels zustande (Abb. 4.86, S. 375, Abb. 5.8 a, b), wobei die Wachstumstätigkeit am Vegetationspunkt des Muttersprosses erlischt und auf zwei unmittelbar benachbarte Zonen übergeht. Dieser Verzweigungsmodus ist unter den Cormophyten hauptsächlich bei den Bärlappgewächsen, Lycopodiatae, zu finden; er zeigt hier keinerlei Beziehung zur Beblätterung. Durch von vornherein ungleich große Ausbildung der beiden Tochterscheitel (Anisotomie) und entsprechende Ausrichtung der kräftigeren Sproßglieder kann der Eindruck einer seitlichen Verzweigung entstehen.
2. Die *seitliche Verzweigung* ist dadurch gekennzeichnet, daß sie unterhalb der Scheitelzone aus den Flanken des Achsenkörpers erfolgt, wobei der Vegetationspunkt des Muttersprosses erhalten bleibt. Bei den Samenpflanzen ist die Anlegung der Seitensprosse zudem jeweils auf den Winkel zwischen der Hauptachse und einer Blattanlage fixiert; das betreffende Blatt bezeichnet man als das *Tragblatt (Deckblatt)* des Seitensprosses (Abb. 5.8 c).
Bei seitlicher Verzweigung kann auf die Anlegung der ersten Achselknospe die Bildung weiterer, sogenannter Beiknospen, folgen, und zwar bei den Dikotylen in einer Reihe über oder unter der ersten Achselknospe (serial, auf- oder absteigend; Abb. 5.8 f, g, h), bei den Monokotylen seitlich (kollateral) neben der ersten Knospe (Abb. 5.8 i, k).
Die Beblätterung der Seitensprosse beginnt sehr häufig mit ein oder zwei durch Form und Stellung gegenüber den anderen Blättern ausgezeichneten Blattorganen, den *Vorblättern*. Sofern es sich – wie bei den meisten Dikotylen – um zwei Vorblätter handelt, finden sich diese gewöhnlich in transversaler Stellung, d. h. seitlich von der durch die Symmetrieebene des Tragblattes gegebenen, zugleich die Längsachsen des Haupt- und Seitensprosses in sich aufnehmenden Medianebene (Abb. 5.8 d). Bei den Monokotylen hingegen steht das meist nur in Einzahl auftretende Vorblatt häufig nicht seitlich, sondern auf der dem Hauptsproß zugewandten Seite des Seitentriebes (Abb. 5.8 e). Bei diesem »adossierten Vorblatt« handelt es sich mitunter um ein Verwachsungsprodukt aus zwei Blattorganen. Unter normalen Umständen treiben bei weitem nicht alle Seitenknospen einer Pflanze aus. Vielmehr zeigt sich schon in der Knospengröße häufig eine für die betreffende Pflanzenart charakteristische »Förderungstendenz«. Wie sehr sich diese auf die Gestalt eines Sproßsystems auswirken kann, wird am Beispiel unserer Holzgewächse deutlich, bei denen die Verzweigung der Bäume von einer *akrotonen*, die der Sträucher von einer

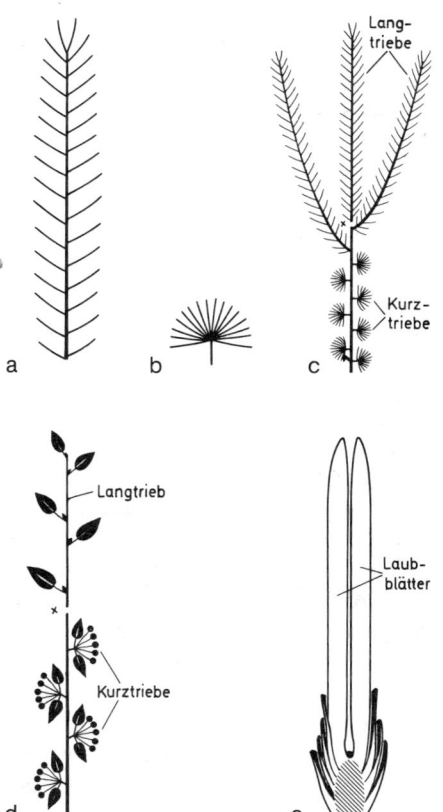

Abb. 5.9 a–e. Lang- und Kurztriebe. (a–c) Larix europaea: (a) Lang-, (b) Kurztrieb, (c) zwei Jahrgänge umfassender Langtrieb mit Kurztrieben im vorjährigen Abschnitt. (d) Zwei Jahrgänge umfassender Trieb der Kirsche, die Blütenbildung ist auf Kurztriebe beschränkt, die aus Seitenknospen des vorjährigen Langtriebes hervorgegangen sind, bei x Beginn des diesjährigen Langtriebes. (e) Pinus sylvestris, Kurztrieb mit schuppenförmigen Niederblättern und zwei nadelförmigen Laubblättern, Achsenkörper schraffiert. (Nach Troll)

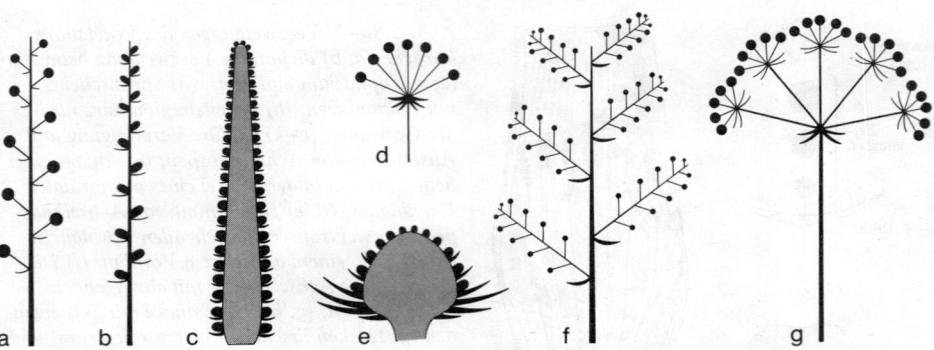

basitonen »Förderungstendenz« beherrscht wird (Abb. 5.11). Musterbeispiele für die verschiedenen Verzweigungsformen liefern auch die Blütenstände (Abb. 5.10).

Aufgrund ihrer unterschiedlichen Gestalt können Seitensprosse verschiedene Funktionen erfüllen. Erwähnt seien die Ausläufer und Brutsprosse (S. 270) und die Differenzierung eines Sproßsystems in *Lang-* und *Kurztriebe*, wie bei vielen unserer Holzgewächse (z. B. Lärche, Kiefer) (Abb. 5.9). Bei diesen bleiben an einem durch gestreckte Internodien ausgezeichneten und daher als Langtrieb bezeichneten Jahrestrieb alle Seitenachsen gestaucht und tragen Blätter in mehr oder minder rosettiger Anordnung; allein die am oberen Ende des Jahrestriebes befindlichen Seitensproßanlagen vermögen wieder zu Langtrieben auszuwachsen (Abb. 5.9c), die im nächsten Jahr aus den Achseln der inzwischen abgefallenen Blätter wiederum Kurztriebe entwickeln. Vielfach, z. B. bei unseren Obstbäumen, ist die Blütenbildung auf Kurztriebe beschränkt (Abb. 5.9d).

5.1.2 Die einzelnen Organe

Die mannigfachen Aufgaben, welche Sproß- und Wurzelsystem bei den vorwiegend auf dem Lande lebenden Cormophyten erfüllen müssen, haben zur Ausbildung hochspezialisierter Gewebe geführt (bis zu 80 verschiedene Zellsorten!), die bei den Thallophyten allenfalls andeutungsweise vorhanden sind (s. unten). Die Meristeme, die – assimilierenden oder speichernden – Grundgewebe und die reproduktiven Gewebe, die man schon bei Thallophyten finden kann, tragen bei den Cormophyten weithin Züge stärkerer Spezialisierung. Außerdem treten hier als weitere Gewebearten besondere Abschlußgewebe (einschließlich der wasseraufnehmenden Rhizodermis der Wurzel), Leitungsgewebe, Festigungsgewebe und Exkretionsgewebe auf. Anstelle der letztgenannten kommen häufig einzelne Exkretionszellen vor, die sich als abweichende Elemente, *Idioblasten*, anderen Geweben eingefügt finden (z. B. Kristallzellen in Abb. 5.28). Gemäß ihrer Funktion sind die Gewebearten in verschiedener Weise am Aufbau der Cormophytenorgane beteiligt. Wir können sie daher zugleich mit der Betrachtung der Struktur und der Entwicklungsweise dieser Organe eingehender studieren.

5.1.2.1 Sproßachse

Primärer Bau der Sproßachse

Im Aufbau der Sproßachse kommt vor allem den der Stoffleitung und der Festigung dienenden Geweben eine besondere Bedeutung zu. Die Stoffleitung erfolgt in den Sproßachsen primären Baues durch *Leitbündel*, die man nicht selten mit bloßem Auge auf einem Sproßquerschnitt (Abb. 5.19a) erkennen kann. Aufgrund ihrer mechanischen Eigenschaften, oft auch ihrer Anordnungsweise, erfüllen sie zudem noch eine Festigungs-

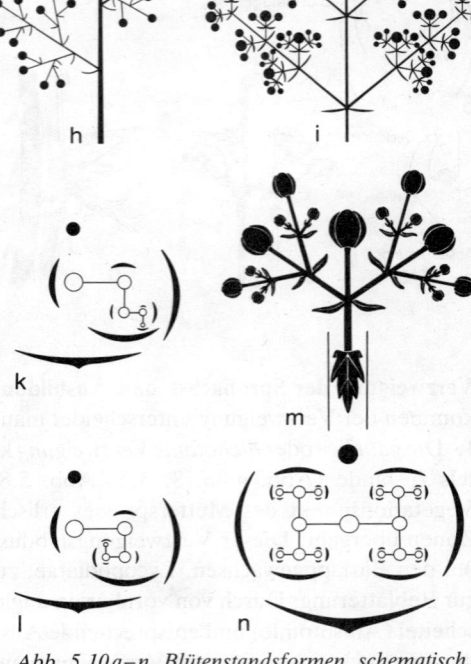

Abb. 5.10 a–n. Blütenstandsformen, schematisch. (a–e) Einfache Infloreszenzen: (a) Traube, (b) Ähre, (c) Kolben, (d) Dolde, (e) Köpfchen. (f–i) Zusammengesetzte Infloreszenzen: (f) Doppeltraube, (g) Doppeldolde, (h) Rispe, (i) Thyrsus. (k–n) Verzweigungsmöglichkeiten der Teilblütenstände eines Thyrsus (zymöse Verzweigung; die sogenannten Sichel und Fächel nicht berücksichtigt): (k) Wickel, (l) Schraubel, diagrammatisch (Verzweigung jeweils nur aus einer Vorblattachsel), (m, n) Dichasium mit Diagramm (Verzweigung jeweils aus beiden Vorblattachseln der Äste), (a–h, k–n nach Troll)

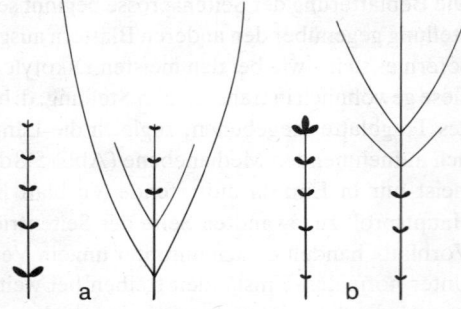

Abb. 5.11 a, b. Basitone (a) und akrotone (b) Förderung der Verzweigung in der Knospenbildung und nach Austreiben der Seitensprosse. (Nach Troll)

funktion. Darüber hinaus werden oft noch spezifische Festigungsgewebe ausgebildet. Soweit die leitenden Gewebe in Form eines im Querschnitt sich als Ring darbietenden Bündelrohres angeordnet sind (Abb. 5.21a), ergibt sich eine deutliche Gliederung der Achse in das von den Bündeln umschlossene *Mark* und einen peripheren Bereich, die *Rinde*, die von einem einschichtigen Abschlußgewebe, der *Epidermis* (S. 421f.), bekleidet ist.

Zonierung des Sproßscheitels. Das Wachstum der Sproßachse nimmt bei den Farngewächsen seinen Ausgang von einer Scheitelzelle oder mehreren Initialzellen, bei den Samenpflanzen von dem an der Sproßspitze (Abb. 5.12) befindlichen *Scheitelmeristem*, das sich unmittelbar vom Scheitelmeristem des Embryos herleitet (Abb. 4.70, S. 367) und demnach als *Urmeristem* (im Gegensatz zu den erst sekundär in Tätigkeit tretenden oder später neu sich bildenden *Folgemeristemen*) zu bezeichnen ist. Es besorgt zugleich die Ausgliederung der Blätter und die Bereitstellung der in ihren Achseln liegenden Meristeme für die Entwicklung der Seitensprosse. Dementsprechend zeigt der Sproßscheitel der Samenpflanzen eine Zonierung (Abb. 5.12a) in eine *Initialzone*, deren Zellen relativ wenig teilungsaktiv sind, die anderen Meristeme aber ständig wieder ergänzen, ein *Flankenmeristem*, von dem die Ausgliederung der Blattanlagen und vermittels eines *Rindenmeristems* die Bildung der Rindengewebe erfolgt, das die Leitbündel liefernde *Procambium* und das in einer kontinuierlichen Entwicklung von der Initialzone zum Mark überleitende *Markmeristem*; die den gesamten Sproß nach außen abschließende Epidermis (S. 421f.) geht aus dem *Dermatogen* (Abb. 5.12a) hervor. Wir können somit eine dem Flankenmeristem entsprechende Zone der *Organbildung* von der darauffolgenden Zone der *Gewebedifferenzierung* unterscheiden. In dieser schreitet die Ausbildung der einzelnen Gewebe weiter fort.

Leitgewebe. Mit der hochgradigen Differenzierung der Zellen in den verschiedenen Geweben verstärkt sich die Notwendigkeit eines Stoffaustausches zwischen den einzelnen Geweben und Organen. Da Diffusion in nutzbarem Ausmaß nur im Bereich von Millimetern wirksam ist und größere Organe zudem der Diffusion hinderliches Stütz- und Festigungsgewebe besitzen (S. 413), sind bei Höheren Pflanzen und bei größeren Tieren besondere Leitungsbahnen erforderlich (S. 614f.). Bei den höheren Tieren gibt es daher Lymph- und Blutgefäße (S. 623f.), bei Pflanzen Leitgewebe. Aus dem kleinzelligen, im Querschnitt ringförmigen Procambium der Pflanze (Abb. 5.12b) entsteht entweder ein mehr oder minder geschlossenes Rohr von Leitungsgewebe (Abb. 5.12d) oder meistens, unter Herausbildung einzelner Stränge, ein System deutlich voneinander getrennter Leitbündel, das sich bei räumlicher Betrachtung als netzartig durchbrochenes Bündelrohr darbietet. In den *Leitbündeln* sind zwei Komplexe vornehmlich längsgestreckter Zellen zusammengefaßt, von denen der eine, das *Xylem* (Holzteil), der Leitung des Wassers (mit den darin gelösten, überwiegend anorganischen Stoffen), der andere, das *Phloem* (Siebteil), dem Transport vorwiegend organischer Stoffe dient. Eine solche Aufgabentrennung gibt es bei tierischen Gefäßsystemen (S. 623f.) niemals. Beide Komplexe liegen meist in der Weise nebeneinander, daß das Xylem dem Achseninnern zugekehrt, das Phloem nach außen gewandt ist. Derartige Bündel nennt man *kollateral* (entsprechend ist auch das oben erwähnte, mehr oder minder rohrartig geschlossene Leitgewebesystem gebaut, das man bei vielen Holzgewächsen findet). Außer Bündeln dieser Form gibt es auch *konzentrische* Leitbündel, bei denen entweder (Rhizome von Monokotylen) das Xylem das Phloem umschließt (Außenxylem) oder (bei der Mehrzahl der Farne) das Xylem vom Phloem umgeben ist (Innenxylem). Bei der Differenzierung des Procambiumringes schreitet bei kollateralen Leitbündeln und bei dem rohrartigen Leitgewebesystem die Ausbildung der Elemente des Xylems vom Achseninneren nach außen, die der Phloemelemente von außen nach innen fort. Geht dabei alles meristematische Gewebe in Phloem und Xylem über, so entstehen die für die Monokotylen charakteristischen

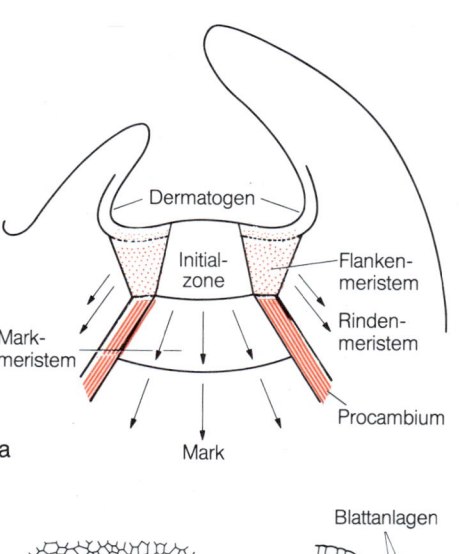

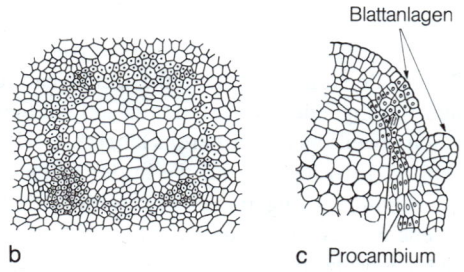

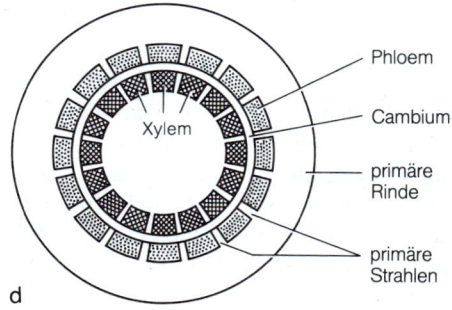

Abb. 5.12. (a) Zonierung des Sproßscheitels, schematisch. Initialzone (Zentralmutterzellkomplex). Organogene Zone: Flankenmeristem. Zone der Histogenese: Dermatogen, Markmeristem, Rindenmeristem, Procambium. (b) Querschnitt durch den Sproßscheitel von *Ranunculus acer* dicht unterhalb der Spitze, Zellen des Procambiumringes durch Punkte bezeichnet, an vier Stellen Beginn der Leitbündeldifferenzierung. (c) Längsschnitt durch den Sproßscheitel von *Linum*, unter den Blattanlagen differenzieren sich in tiefergelegenen Zellschichten die Procambiumstränge. (d) Anordnung der Leitgewebe nach dem Tilia-Typ. Die konzentrisch angeordneten Hohlzylinder von Xylem und Phloem, zwischen denen der Cambiumzylinder liegt, sind von nur sehr schmalen primären Strahlen parenchymatischen Gewebes durchbrochen. (a kombiniert nach Hagemann u. Weber durch Bunniger, b nach Helm, c nach Esau)

geschlossenen Leitbündel (Abb. 5.13a). Schließt die Differenzierung hingegen nicht völlig ab, bleiben Xylem und Phloem also durch einen Streifen meristematischen Gewebes, das (fasiculäre) *Cambium,* getrennt, so ergeben sich *offene Leitbündel,* wie sie bei der Mehrzahl der Samenpflanzen auftreten.

Bei den leitenden Elementen des Siebteils ist zwischen den primitiven Siebzellen und den weiter spezialisierten Siebröhren zu unterscheiden, ähnlich wie beim Xylem zwischen Tracheiden und Tracheengliedern (s. unten). Die *Siebzellen* sind langgestreckt und an beiden Enden zugespitzt; sie haben untereinander Kontakt über verhältnismäßig einfach gebaute Siebfelder (Abb. 5.14). Die *Siebröhren* kommen fast nur bei den Angiospermen vor. Ihre in Längsreihen angeordneten Glieder haben mehr oder weniger schräg gestellte Querwände von recht kompliziertem Bau; diese sind infolge lokaler Zellwandauflösungen siebartig durchbrochen (Siebplatten, Abb. 5.15a). Bei den Angiospermen werden die Siebröhren jeweils von einer Längsreihe (oft kurzer) Geleitzellen begleitet; Äquivalente zu den Geleitzellen gibt es bei Gymnospermen und Pteridophyten. Die Cellulosewände der Siebzellen und der verhältnismäßig weitlumigen Siebröhrenglieder bleiben unverholzt. Im erwachsenen Zustand sind diese Zellen von einem stark maschenartig aufgelockerten Protoplasma erfüllt; Tonoplast und Zellkern werden frühzeitig aufgelöst (Abb. 5.14). Die Funktion des letzteren wird offenbar von den großen Kernen der plasmareichen Geleitzellen übernommen, die durch zahlreiche Plasmodesmen mit dem Plasma der Siebröhrenglieder in Verbindung stehen. Siebröhrenglied und zugehörige Geleitzelle(n) gehen jeweils aus einer bereits längsgestreckten Mutterzelle durch inäquale Längsteilung (Abb. 5.13b) hervor, auf die in der kleineren, die Geleitzelle(n) liefernden Zelle noch Querteilungen folgen können. Außerdem treten im Phloem meist noch gewöhnliche Parenchymzellen auf, die vorwiegend Speicherfunktion haben.

Im Gegensatz zum Phloem, dessen Zellen unverholzte Wände besitzen und im funktionsfähigen Stadium stets leben, stellen die wasserleitenden Elemente des *Xylems* im funktionsfähigen Zustand tote Zellen bzw. Reihen toter Zellen mit verholzten Wänden dar.

Bei den wasserleitenden Elementen haben wir zwischen Tracheiden und Tracheen zu unterscheiden (Abb. 5.13). *Tracheiden* sind stark verlängerte, mit steilen, meist reich getüpfelten (siehe unten) Schrägwänden aneinandergrenzende einzelne Zellen. *Tracheen* hingegen entstehen aus ganzen Längsreihen bisweilen recht kurzer, aber oft weitlumiger Zellen (Tracheengliedern) durch teilweise (Abb. 5.13f) oder vollständige (Abb. 5.13g) Auflösung der sie trennenden Querwände. Im allgemeinen kommen in den Leitbündeln Tracheen und Tracheiden nebeneinander vor, die meisten Pteridophyten und Gymnospermen sowie einige als relativ ursprünglich geltende Angiospermen besitzen aber nur Tracheiden, die bei den Nadelhölzern durch *Hoftüpfel* (Abb. 5.15c, 5.20a) besonders charakterisiert sind. Diese kommen ebenso wie die *einfachen Tüpfel* dadurch zustande, daß einzelne Stellen der Zellwand von einer Verdickung ausgenommen bleiben. Doch wird hier durch eine ringförmige Überwallung der Schließhaut seitens der die Sekundärwand bildenden Auflagerungsschichten ein Hofraum geschaffen, der nur durch eine kleine Mündung, den *Porus,* mit dem Zellumen in Verbindung steht. In der Aufsicht bieten sich Hoftüpfel daher als zwei konzentrische Kreise dar: der äußeren Begrenzung des Porus und der äußeren Begrenzung des Hofraumes. Bei einem Tüpfelpaar (»zweiseitig behöfte« Tüpfel) entstehen zwei Hofräume, die allein durch die *Schließhaut* voneinander getrennt sind. Diese ist bei den Coniferen und *Gnetales* (seltener bei den Angiospermen) in der Mitte durch eine stärkere Entwicklung der Primärwand zu einem kreisrunden *Torus* verdickt, von dem zahlreiche radikale Verdickungsleisten zum Rande der Schließhaut hin ausstrahlen. Die mit einem Torus ausgestatteten Hoftüpfel können somit eine Verschlußfunktion nach Art eines Ventils ausüben, wenn durch unterschiedlichen Druck in zwei benachbarten Zellen der Torus auf die eine der beiden Tüpfelmündungen gepreßt wird. Ein irreversibler Verschluß erfolgt, wenn eine benachbarte Tracheide durch Eindringen

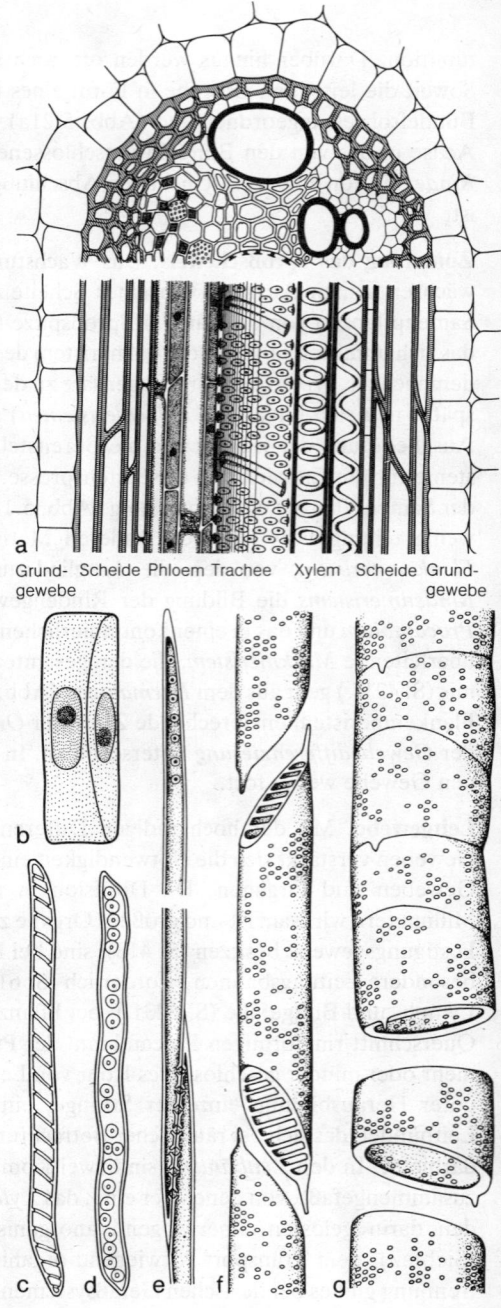

Abb. 5.13. (a) Geschlossenes kollaterales Leitbündel im Quer- und Medianschnitt, schematisiert, (b) Siebröhrenglied mit zugehöriger Geleitzelle, kurz nach der inäqualen Teilung der Mutterzelle, (c, d) Tracheiden, (c) Schrauben-, (d) Hoftüpfeltracheide. (e) Aneinandergereihte Tracheiden der Kiefer. Lumen ca. 10μm ⌀. (f, g) Tracheen der Birke (f) und der Eiche (g); bei der Birke (zerstreutporig) sind die Endwände der Tracheenglieder schräggestellt und leiterförmig durchbrochen, bei der Eiche (ringporig) sind sie aufgelöst; Lumen dieser Tracheen: 100–500 μm ⌀ (a nach Troll, b nach Resch, c u. d aus Strasburger, verändert, e–g nach Zimmermann)

von Luft in das Zellumen ausfällt. Ein reversibler Verschluß findet wahrscheinlich beim Gefrieren des Tracheideninhaltes statt, wobei sich der durch Volumenvergrößerung beim Gefrieren entstehende Druck auswirkt und die Ausdehnung eventuell vorhandener Gasblasen verhindert wird, welche die Kohäsion des Wassers unterbrechen würden.
Die Wände der wasserleitenden Elemente sind gewöhnlich durch auffällige, sehr verschiedenartige, verholzte Wandverdickungen ausgesteift. Die Leitungsbahnen haben als tote Elemente keinerlei Turgorfestigkeit; das in ihnen enthaltene Wasser steigt aufgrund eines Transpirationssoges (S. 614f.) auf und steht deshalb häufig unter einem »Unterdruck«. Die Wandversteifungen verhindern, daß die Leitungsbahnen durch benachbarte Gewebe zusammengedrückt werden. Nach der Art der Wandverdickung wird zwischen *Ring-, Schrauben-, Netz-* und *Tüpfeltracheen* bzw. *-tracheiden* unterschieden. Ring- und Schraubentracheiden bzw. -tracheen sind gegenüber den anderen durch eine erhöhte Dehnbarkeit ausgezeichnet und daher als Leitungsbahnen in noch wachsenden Organteilen geeignet. Sie treten in der Streckungsphase der umgebenden Gewebe als erste differenzierte Elemente des Procambiums auf. Durch ihre Wandverdickungen und die Verholzung tragen die wasserleitenden Elemente erheblich zur Festigung der Sproßachse bei. Auch die wasserleitenden Elemente werden – ähnlich wie die Siebröhren von den Geleitzellen – von lebenden Parenchymzellen mit unverholzten oder verholzten Wänden begleitet (Xylemparenchym). Diese können um größere Tracheen oder um Gruppen kleinerer Tracheen oder Tracheiden einen geschlossenen Belag bilden (Belegzellen). Häufig sind die unverholzten Zellwände der unmittelbar an Siebröhrenglieder oder wasserleitende Elemente angrenzenden parenchymatischen Zellen an ihrer Innenseite mit dichtstehenden zottenartigen Wandeinwucherungen versehen (Abb. 5.16). Da dies mit einer bis über 10fachen Oberflächenvergrößerung des enganliegenden Plasmalemmas verbunden ist, darf man annehmen, daß diese Zellen in starkem Maße dem Stoffaustausch dienen. Dafür spricht auch die hohe Zahl ihrer Mitochondrien und die Beobachtung, daß oft nur die dem Xylemelement oder der Siebröhre anliegenden Zellwände die charakteristischen Wandverdickungen aufweisen. Derartige *Transferzellen* wurden auch in Drüsengewebe, Haustorien, in Geweben der Samenanlage und des Embryos, im Tapetum der Antheren, in der Wurzel und den Wurzelknöllchen der Hülsenfrüchtler gefunden.

Festigungsgewebe. In funktioneller Ähnlichkeit zu einfachen tierischen Organisationsstufen, z. B. Poriferen, Anthozoen, gibt es auch bei Höheren Pflanzen ein der Festigung des Körpers dienendes Stützgewebe.
Festigungsgewebe werden vielfach in der Sproßachse ausgebildet, und zwar stets in physiologisch und mechanisch zweckmäßiger Lage und Anordnung, so etwa in Verbindung mit den Leitbündeln (Scheide, Abb. 5.13a) und in Form peripher in der Rinde gelagerter Zylinder oder Stränge oder als vorspringende Leisten. Sie können als *Kollenchym* oder *Sklerenchym* auftreten. In beiden Fällen wird die Festigkeit durch Verdickung der Zellwände erreicht. Diese bleibt jedoch bei dem aus lebenden Zellen bestehenden *Kollenchym* auf bestimmte Partien der Zellwände beschränkt: beim *Kantenkollenchym* (Abb. 5.17a) auf die Kanten, in denen mehrere Zellen zusammenstoßen, beim *Plattenkollenchym* (Abb. 5.17b) auf die zur Organoberfläche parallel verlaufenden Wandteile. Die Zellen sind somit noch in hohem Maße dehnungs- und wachstumsfähig. Ihre Wandverdickungen sind aus miteinander abwechselnden Lagen von Cellulose und Protopectin zusammengesetzt und demzufolge stark quellungsfähig. Ähnlich dem Knorpelgewebe bei Tieren (S. 452) finden sich daher kollenchymatische Gewebe vornehmlich in noch wachsenden Organteilen.
Das *Sklerenchym* weist eine funktionelle Ähnlichkeit mit dem tierischen Knochen (S. 452f.) auf. Es ist aber im Gegensatz zum noch umbaufähigen Knochen ein Gewebe aus toten Zellen mit gleichmäßig verdickten, oft stark verholzten und dann sehr starren Wänden. Die Zellen sind im Querschnitt polygonal und meist sehr englumig. Je nach der

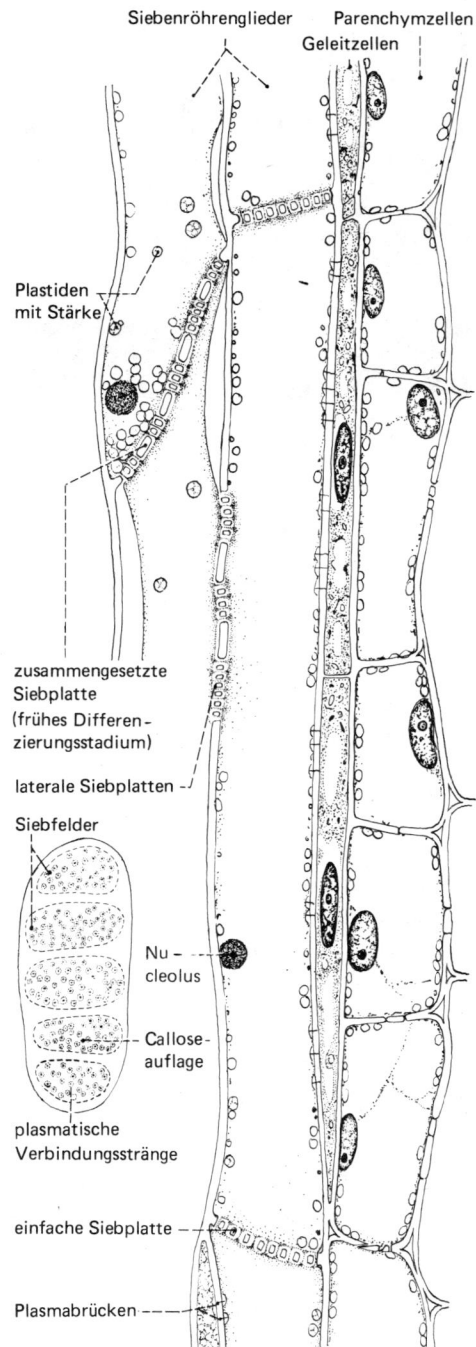

Abb. 5.14. Leicht schematisiertes Bild von Siebröhrengliedern mit Geleitzellen und Parenchymzellen sowie einer einzelnen zusammengesetzten Siebplatte mit Siebfeldern von Passiflora coerulea (Vergr. ca. 750:1). (Original von Kollmann/ Kiel)

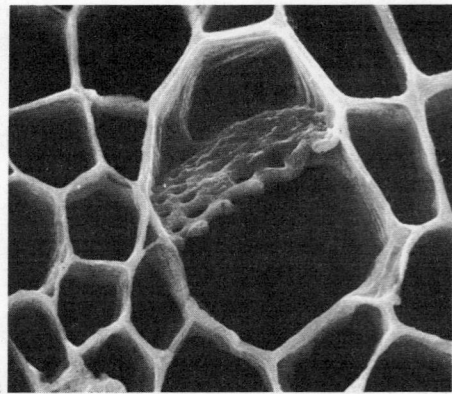 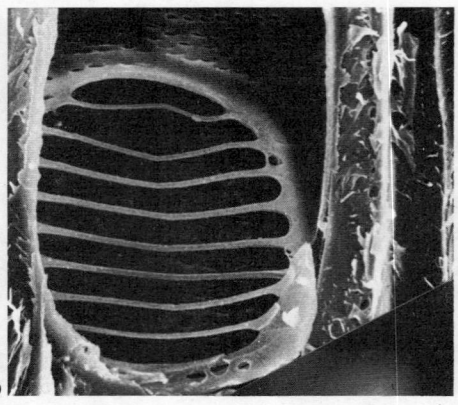 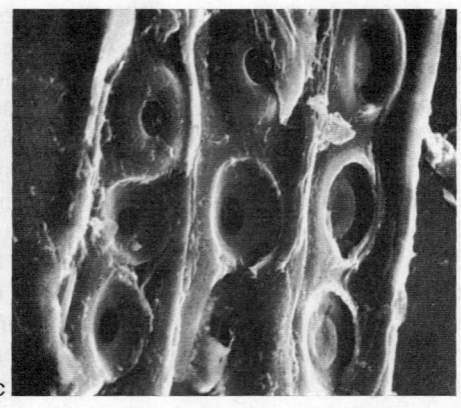

Abb. 5.15 a–c. Strukturen von Leitgeweben im Rasterelektronenmikroskop. (a) Siebplatte vom Kürbis (Cucurbita pepo) (Vergr. 900:1), (b) Tüpfeltrachee mit leiterförmig durchbrochener Querwand, von Holzparenchymzellen umgeben, im Holz der Birke (Betula spec.) (Vergr. 900:1), (c) Tracheiden mit Hoftüpfeln aus dem Holz der Kiefer (Pinus sylvestris) (Vergr. 900:1). (a, c Originale von Amelunxen/Göttingen, b Original von Hildenbrand u. Weberling)

vorwiegenden Beanspruchung auf Druck- oder Zugfestigkeit treten sie als isodiametrische *Steinzellen* (Abb. 5.17e, 5.18) auf oder aber als spindelförmige überaus langgestreckte *Sklerenchymfasern* (ein bis mehrere Millimeter oder sogar mehrere Dezimeter lang), die meist mit schräg gestellten spaltenförmigen Tüpfeln ausgestattet sind (Abb. 5.17c, d). Die Fasern gleiten während ihres Wachstums mit fein zugespitzten Enden lang aneinander vorbei und bilden im fertigen Zustand Faserbündel von hoher Reißfestigkeit. Sie finden daher technische Verwendung bei der Herstellung von Gespinsten. Wichtige Faserpflanzen sind der echte Hanf *(Cannabis sativa)*, Manilahanf *(Musa textilis)* und Sisalhanf *(Agave*-Arten), ferner der Lein *(Linum usitatissimum)* mit unverholzten Fasern von 4–65 mm Länge, die Brennessel *(Urtica dioica)* mit Faserlängen bis 75 mm und die Ramiepflanze *(Boehmeria)* mit 220 mm, selten sogar bis 550 mm Faserlänge. Das aus den *Steinzellen* (Abb. 5.17e) gebildete Steingewebe findet man namentlich in harten Fruchtschalen (Nüsse) oder den Steinen unserer Steinfrüchte. In ihrer Wand ist eine deutliche Schichtung zu erkennen. Bei der meist sehr starken Wandverdickung werden die Tüpfel von der Auflagerung von Wandsubstanz ausgenommen. Deshalb erscheinen sie schließlich als dünne Kanäle; diese können aufeinandertreffen und vereinigen sich dann zu »verzweigten Tüpfelkanälen«. Bei den Fasern wie bei den Steinzellen wird bei der zunehmenden Verdickung und Verholzung der Wände der Stoffaustausch letztlich so stark behindert, daß die Zellen schon aus diesem Grunde nicht mehr lebensfähig bleiben.

Grundgewebe. Die Leit- und Festigungsgewebe sind in ein Grundgewebe eingebettet, das in der Regel aus mehr oder weniger isodiametrischen, lebenden Zellen mit großen Zellsafträumen und unverholzten Wänden besteht und *Parenchym* genannt wird. Auch innerhalb des Grundgewebes kann es zur Spezialisierung der Zellen kommen: Enthalten sie zahlreiche Chloroplasten, spricht man von *Assimilationsparenchym* bzw. *Chlorenchym*. Zellen eines *Speicherparenchyms* speichern z.B. Wasser (bei Sukkulenten) oder lösliche Substanzen (Saccharose bei Zuckerrohr und -rübe) im Zellsaft bzw. Stärke in Amyloplasten (z.B. Kartoffel). *Durchlüftungsparenchyme (Aerenchyme)* weisen zwischen den Zellen große, zusammenhängende Interzellularen auf und erleichtern dadurch den Gasaustausch (besonders ausgeprägt bei vielen Wasser- und Sumpfpflanzen). Infolge ihres Turgors tragen die Parenchymzellen auch zur Festigung der gut mit Wasser versorgten Pflanzen bei; die Welkeerscheinungen sind dementsprechend vor allem auf den Wasserverlust der (nicht ausgesteiften!) Parenchymzellen zurückzuführen.

Sekundärer Bau der Sproßachse

Dem schon eingangs besprochenen primären Dickenwachstum der Sproßachse, das meist vom Markmeristem, seltener vom Rindenmeristem ausgeht, steht als weiterer Verdickungsprozeß das *sekundäre Dickenwachstum* gegenüber. Es setzt erst ein, nachdem der

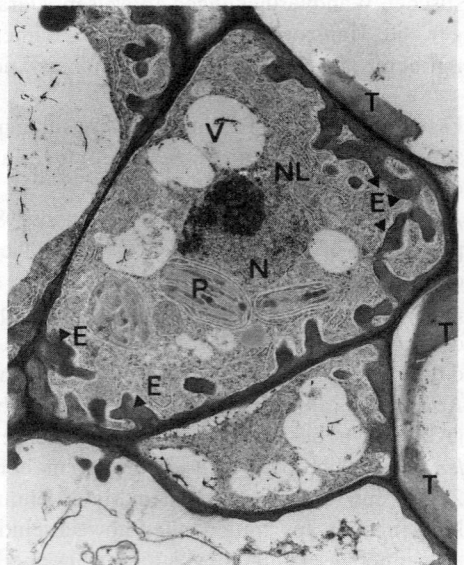

Abb. 5.16. Elektronenmikroskopische Aufnahme von Transferzellen im Xylem eines Knotens von Valerianella locusta, an Tracheen grenzende Zellen (Vergr. 10800:1). E Einwucherung der Primärwand; N Nucleus, NL Nucleolus, P Plastid, T lignifizierte Wand einer Trachee, V Vakuole. (Original von Gaymann u. Lörcher)

primäre Bau der Sproßachse zum Abschluß gelangt ist. Das sekundäre Dickenwachstum kommt gewöhnlich durch die Tätigkeit eines meristematischen Gewebestreifens, des *Cambiums,* zustande, von dem schon bei der Besprechung der offenen Leitbündel die Rede war.

Bei den nur mit geschlossenen, cambiumlosen Leitbündeln ausgestatteten *Monokotyledonen* kann ein solches sekundäres Dickenwachstum cambialer Art nicht stattfinden. Anstelle dessen kommt es gewöhnlich zu einem gesteigerten primären Dickenwachstum vermittels eines um den Zentralzylinder liegenden Meristemmantels, der ständig neue Zellen abgibt. Diese können sich in verschiedener Weise weiterentwickeln, u. a. auch zu Elementen neuer Leitbündel. Während dieses primären Dickenwachstums greifen nämlich die Anlagen der parallelnervigen Blätter mit ihren basalen Rändern immer weiter um die Sproßachse herum, wobei fortwährend neue Leitbündel angelegt werden; die weiter von der Blattmediane entfernten (schwächeren) Leitbündel werden immer später ausgebildet. Sie finden ihre Fortsetzung in Bündeln, welche sich aus den vom Meristemmantel erzeugten jungen Zellen bilden. Diese Bündel liegen also aufgrund des weiter anhaltenden primären Dickenwachstums um so näher an der Peripherie der Sproßachse, je später sie angelegt wurden (Abb. 5.19b). Dies ist der Grund für die »zerstreute Anordnung« der Leitbündel, durch welche die Sproßquerschnitte monokotyler Pflanzen gekennzeichnet sind (Abb. 5.19a). Bisweilen – so beim Drachenbaum *(Dracaena),* bei *Cordyline, Yucca, Aloe* und einigen anderen baumartigen Liliifloren – findet das primäre Dickenwachstum der Monokotylen noch seine Fortsetzung in einem »*anomalen sekundären Dickenwachstum*«. Dieses geht von dem auch das primäre Dickenwachstum besorgenden Meristemmantel aus, der dann Gewebe überwiegend nach innen abgibt, und zwar Parenchym, das von konzentrischen Leitbündeln durchsetzt ist.

Das nur bei den Gymnospermen und Dikotylen stattfindende sekundäre Dickenwachstum cambialer Art beginnt damit, daß die Zellen des in den Leitbündeln liegenden Cambiumstreifens sich wieder zu teilen beginnen; dabei ist die Teilungsaktivität innerhalb einer mittleren Schicht, der *Initialschicht,* am größten. Das direkt von den Scheitelmeristemen sich herleitende – somit als *primäres Meristem* anzusprechende – *Bündelcambium* (Fascicularcambium) wird jedoch sehr bald zu einem geschlossenen Zylinder ergänzt (Abb. 5.21a): Im Bereich der zwischen den Bündeln vom Mark zur Rinde ziehenden parenchymatischen Strahlen erlangen einzelne Zellen ihre Teilungsfähigkeit wieder (Abb. 5.19c) und liefern nach einigen Tangentialteilungen ebenfalls eine geschlossene Reihe von Initialzellen, das *Zwischenbündelcambium* (Interfascicularcambium). Dieses stellt somit ein *sekundäres Meristem* dar. Der nunmehr geschlossene Zylinder meristematischer Zellen entspricht dem schon vor der Bündeldifferenzierung vorhandenen Procambiumzylinder.

Die im Querschnitt rechteckig erscheinenden, jedoch prismatischen, am oberen und unteren Ende zugespitzten Zellen der Initialschicht gliedern nun mittels tangentialer Scheidewände ständig Tochterzellen nach innen und außen ab. Diese können sich noch mehrfach weiter teilen, werden schließlich aber im Bereich der Bündel zu Elementen des Xylems und Phloems, im Bereich der Strahlen zu Parenchymzellen oder aber gleichfalls zu Xylem- und Phloemzellen (»Zwischenbündel«). Insgesamt ergibt sich daraus ein Zuwachs der Bündel und der Strahlen in radialer Richtung (Abb. 5.21b, c), wobei die Bündel nach außen hin mehr und mehr keilförmig verbreitert werden. Dies macht offenbar die Einschaltung zusätzlicher radialer parenchymatischer Gewebeverbindungen im sekundären Xylem und Phloem in Form der *sekundären Holz-* und *Rindenstrahlen* erforderlich. Sie entstehen aus bestimmten Zellen des Cambiums *(Strahleninitialen),* deren Abkömmlinge sich radial strecken und den Stofftransport in radialer Richtung übernehmen. Der Cambiumzylinder selbst wird durch die nach innen abgegebenen Zellen immer weiter nach außen verschoben und bedarf somit einer Erweiterung durch gelegentliche tangentiale Teilungen, wobei radiale Zellwände gebildet werden *(Dilatation).*

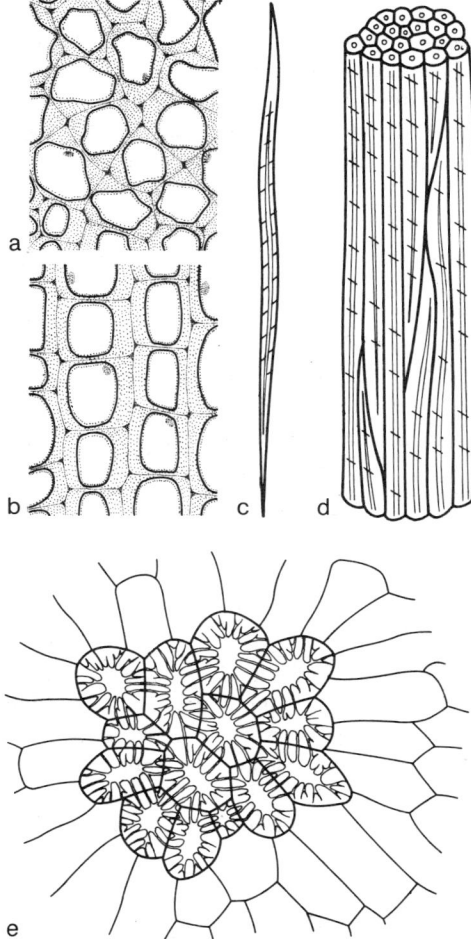

Abb. 5.17a–e. *Festigungsgewebe. (a, b) Kanten- und Plattenkollenchym im Querschnitt; (c–e) Sklerenchym; (c) Einzelne Sklerenchymfaser im optischen Längsschnitt mit Lumen und schräggestellten spaltenförmigen Tüpfeln, (d) Bündel von Sklerenchymfasern, die Verzahnung der interzellularenlos ineinandergefügten Faserzellen zeigend, (e) Steinzellnest aus dem Fruchtfleisch der Birne. (a, b nach Haberlandt, verändert; c nach Strasburger, d nach Tschirch, e nach Gassner, sämtlich aus Troll)*

Alles durch die Cambiumtätigkeit nach innen erzeugte Gewebe bezeichnet man, unabhängig vom Verholzungsgrad der Zellwände, als *Holz*, das nach außen gelieferte Gewebe als *Bast* (auch »sekundäre Rinde«). Dem sekundären Xylem kommen im Unterschied zum primären neben der Wasserleitungs- und bisweilen auch der Wasserspeicherungsfunktion in verstärktem Maße noch die Aufgaben der Festigung und der Speicherung organischer Stoffe zu. Das Holz weist daher gegenüber dem primären Xylem eine Spezialisierung seiner Elemente (Tracheen, Tracheiden, Holzfasern, der Speicherung dienendes Holz- und der Leitung dienendes Leitparenchym) auf, die bei den verschiedenen Verwandtschaftskreisen in unterschiedlichem Maße fortgeschritten ist. Besonders einfach ist es bei den Gymnospermen gebaut, denen Tracheen meist fehlen und bei denen Festigungs- und Leitungsfunktion noch von denselben Elementen, den Tracheiden, übernommen werden; diese sind gemäß ihrer Entstehung in regelmäßigen Reihen angeordnet (Abb. 5.20a, 5.22a). Parenchym ist hier nur in den Holzstrahlen und an den von einem Drüsenepithel ausgekleideten *Harzkanälen* (Abb. 5.20b) entwickelt. Diese können als ein Beispiel für *interzelluläre Exkretbehälter* dienen. Sie kommen aber nicht bei allen Gymnospermen vor (sie fehlen z. B. bei der Eibe, *Taxus*). Die Holzstrahlen sind bandförmig, meist nur eine Zellschicht breit und durch ihre in radialer Richtung gestreckten Zellen ausgezeichnet. In ihnen treten außer reichlich stärkeführenden Parenchymzellen auch tracheidale Elemente, *Quertracheiden* (Abb. 5.20a), mit oft charakteristischen Wandversteifungen auf. Sie erleichtern den Wassertransport im Holzkörper in radialer Richtung; sie setzen sich nicht in die Rindenstrahlen fort.

Zonierung des Sekundärzuwachses. Besonders deutlich kommt beim Gymnospermenholz die Jahresrhythmik der Cambiumtätigkeit zum Ausdruck. Deren Ergebnis sind die schon mit bloßem Auge erkennbaren *Jahresringe*, die freilich nur bei Arten mit begrenzter Vegetationsperiode in Erscheinung treten. Sie kommen dadurch zustande, daß die ersten bei der Wiederaufnahme der Cambiumtätigkeit im Frühjahr gebildeten Zellen zu verhältnismäßig dünnwandigen, weitlumigen Gefäßen werden. Diese tragen dem hohen

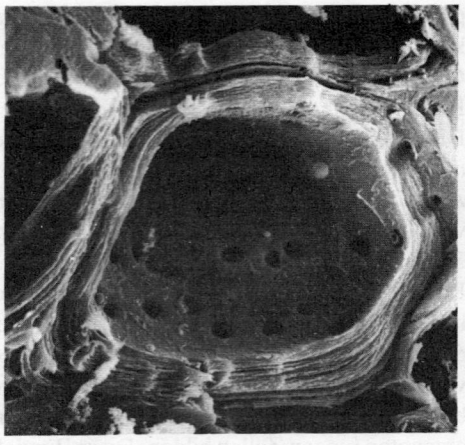

Abb. 5.18. Steinzelle aus der Wurzel von Cansjera rhedii. Rasterelektronenmikroskopische Aufnahme (Vergr. 1620:1). (Original von Hildenbrand, Weber u. Weberling)

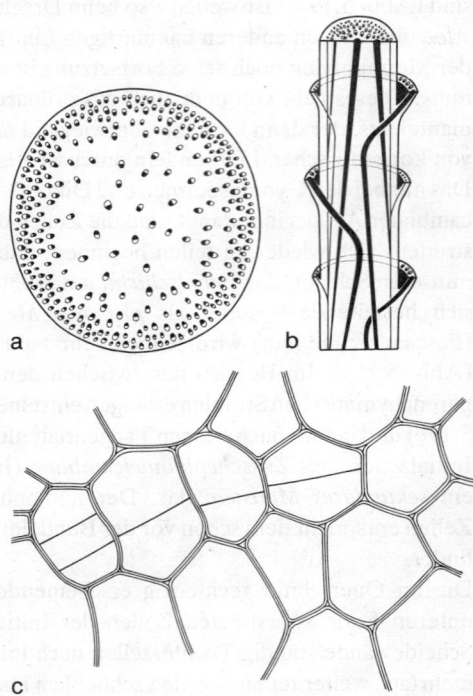

Abb. 5.19. (a) Sproßachsenquerschnitt bei einer Monokotylen (Zea mays). (b) Leitbündelverlauf in Monokotylensprossen, Schema in Form eines Axialschnittes durch den Sproß. (c) Polygenes (d. h. nicht aus einer geschlossenen Zellreihe hervorgehendes) Zwischenbündelcambium von Ricinus communis. (a nach Troll, b nach Rostafinski, verändert; nach Troll, c nach Weberling)

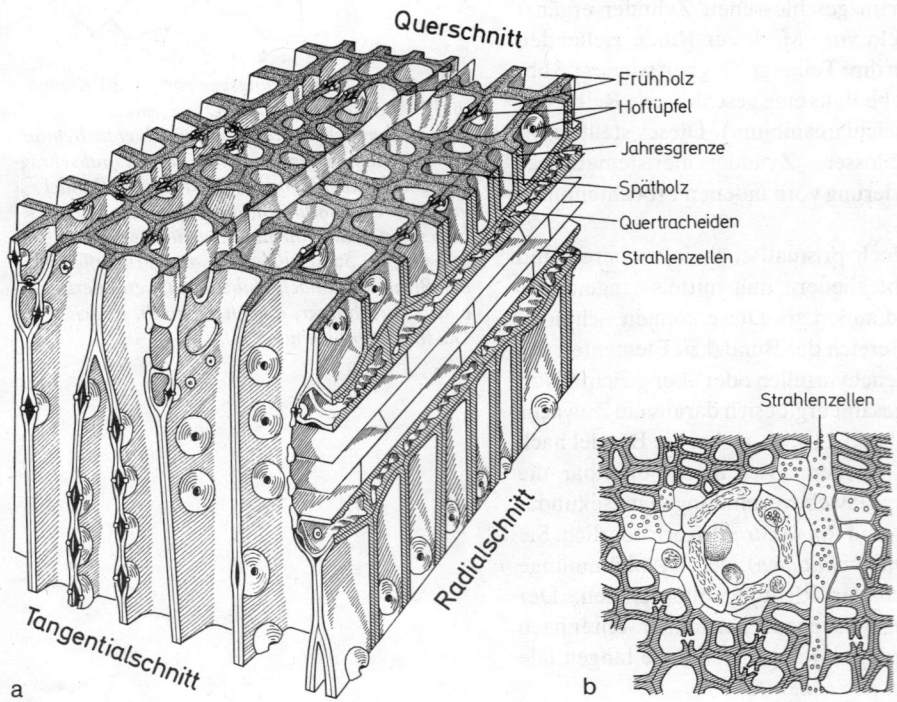

Abb. 5.20. (a) Holz der Kiefer (Pinus sylvestris). (b) Harzkanal aus dem Kiefernholz im Querschnitt. (a nach Mägdefrau aus Nultsch, b nach Schenck, verändert)

Wasserbedarf bei der Entwicklung der jungen Triebe Rechnung (Frühholz). Die später entstehenden Tracheiden werden hingegen zunehmend dickwandiger und enger (Spätholz), bis schließlich im Spätsommer die Cambiumtätigkeit aussetzt und erst im nächsten Frühjahr mit der Ausbildung weitlumigen Frühholzes wieder beginnt, so daß jedesmal eine scharfe Jahresgrenze entsteht. Die Breite der Jahresringe ist artspezifisch, aber auch vom Alter der Bäume und vor allem von den jeweiligen Lebensbedingungen abhängig, so daß sich sogar Klimaschwankungen in der Folge der Jahresringe widerspiegeln können. Innerhalb einer Baumart ist unter vergleichbaren Klimabedingungen die Aufeinanderfolge der Jahresringe über einen längeren Zeitraum hinweg so charakteristisch, daß sich eine absolute Altersbestimmung von Holzproben darauf gründen läßt (*Dendrochronologie*).

Bei den Laubhölzern sind die Jahresgrenzen wegen des komplizierter gebauten Dikotylenholzes (Abb. 5.22b) und der Weitlumigkeit vieler Gefäße nicht so scharf ausgeprägt, wenngleich durchaus erkennbar. Bei den *zerstreutporigen* Hölzern, z.B. Linden (*Tilia*), Pappeln (*Populus*), Birken (*Betula*), Buchen (*Fagus*), Ahornen (*Acer*), finden sich sogar großlumige Gefäße annähernd gleicher Weite zerstreut über den ganzen Jahresring, während sie bei den *ringporigen* Hölzern, z.B. Eichen (*Quercus*), Ulmen (*Ulmus*) und Eschen (*Fraxinus*), auf das Frühholz beschränkt bleiben. Diese (als hochspezialisiert geltenden) Hölzer leiten das Wasser fast ausschließlich im jeweils äußersten Zuwachsring, dessen Gefäße im Frühjahr offenbar sehr schnell gebildet, aber auch frühzeitig durch Thyllen wieder verstopft werden und somit nur kurze Zeit in Funktion sind. Der Wasserfluß dieser Hölzer ist jedoch fast zehnmal so schnell wie bei den zerstreutporigen Hölzern. Die *Thyllen* (Abb. 5.22b), die zur Verstopfung der Gefäße führen, sind Vorwölbungen der Protoplasten benachbarter Parenchymzellen, welche durch die Tüpfel hindurch in die Gefäße eindringen und einzeln oder zu mehreren deren Lumen völlig auszufüllen vermögen. Sie können sogar verholzende Sekundärwände ausbilden, wobei benachbarte Thyllen durch Tüpfel miteinander korrespondieren können. Im Holz der Dikotylen kommt Holzparenchym auch in tangentialen, die Holzstrahlen miteinander verbindenden Strängen vor.

Die als *Bast* bezeichneten sekundären Gewebe stimmen ihrer Funktion nach mit dem Phloem überein. Außer den schon für das Phloem genannten Elementen kommen hier jedoch Bastparenchym mit Speicherfunktion und der Festigung dienende Bastfasern vor.

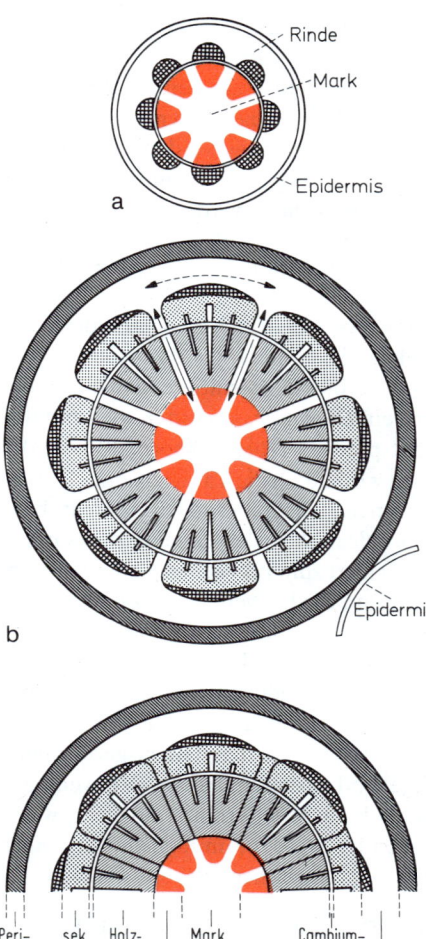

Abb. 5.21 a–c. Sekundäres Dickenwachstum der Sproßachse bei Dikotylen, schematisch. (a) Primärer Bau, (b) sekundärer Bau mit Zuwachs im Bereich des Xylems und Phloems (in Richtung der Pfeile), die abgeworfene Epidermis ist durch ein Periderm ersetzt; primäres Xylem rot, primäres Phloem kreuzweise schraffiert, dazwischen der Cambiumring; die gestrichelten Pfeile deuten den tangentialen Zug und die verschiedentlich auftretende Gewebevermehrung im peripheren Bereich der Sproßachse an. (c) Schema zur Erläuterung der Begriffe Holz (schräg schraffiert) und Bast (punktiert). (a, b nach Rothert, verändert; c nach Troll)

Abb. 5.22. (a) Kiefernholz, Aufsicht auf Tracheiden (Vergr. 500:1). (b) Querschnitt durch Holz von *Robinia pseudoacacia*. Die Gefäße des oberen (jüngeren) Jahresringes sind offen, die des unteren (älteren) durch Thyllen verstopft; dazwischen Jahresgrenze. Ferner sind Komplexe von Faserzellen (hell) und Holzparenchym (dunkel) zu erkennen (Vergr. 100:1). (Originale von Resch/Darmstadt)

Letztere treten gewöhnlich in Form von Strängen auf. Diese können als *Hartbast* regelmäßig mit den aus leitenden und parenchymatischen Elementen des Siebteils bestehenden Schichten, dem *Weichbast* (bei den Angiospermen: Siebröhren mit Geleitzellen und Phloemparenchym), abwechseln. Dieser Wechsel erfolgt jedoch nicht jahresperiodisch, sondern es werden in einem Jahr mehrere miteinander abwechselnde Schichten erzeugt. Abgesehen von den parenchymatischen Bestandteilen, die oft wieder in Teilung übergehen, werden die älteren Lagen des Weichbastes sehr bald deformiert, und zwar durch den bei der fortschreitenden Verdickung des Holzkörpers entstehenden radialen Druck und tangentialen Zug.

Sekundäres und tertiäres Abschlußgewebe (Periderm). Auch das primäre Abschlußgewebe, die später (S. 421f.) noch zu besprechende Epidermis, vermag dem aus der Achsenverdickung resultierenden tangentialen Zug nur in verhältnismäßig wenigen Fällen durch ein *Dilatationswachstum* – vermittels Zellteilungen durch radial gerichtete Wände – zu entsprechen (Rose, Ahorn; Kakteen); es wird daher bald zerrissen. Schon vorher jedoch wird durch die Tätigkeit eines *Korkcambiums*, das durch tangentiale Teilungen aus einer meist subepidermalen Schicht hervorgeht, für die Bildung eines *sekundären Abschlußgewebes*, des *Periderms*, gesorgt. Das *Korkcambium* (Phellogen) geht somit im Unterschied zum polygenen Cambium (Abb. 5.19c) aus einer geschlossenen Zellschicht hervor und wird daher als *monogenes* Cambium bezeichnet. Es erzeugt durch tangentiale Teilungen seiner Zellen regelmäßige Zellreihen nach außen und (weniger) nach innen. Die einwärts abgegebenen Zellen (Phelloderm), die gewöhnlich Chloroplasten enthalten, werden dem Rindenparenchym zugeordnet, die nach außen abgegebenen liefern durch Verkorkung ihrer Zellwände (S. 172) das durch geringe Wasserdurchlässigkeit und antiseptische Eigenschaften ausgezeichnete *Korkgewebe* (Phellem). Dieses ist zwar auch weitgehend gasundurchlässig (Verwendung als Flaschenverschluß!), doch wird der Gasaustausch auch weiterhin ermöglicht, weil an einzelnen Stellen Korkporen *(Lenticellen)* ausgebildet werden, in denen statt eines fest zusammenschließenden Phellems ein interzellularenreiches, lockeres Füllgewebe entsteht.

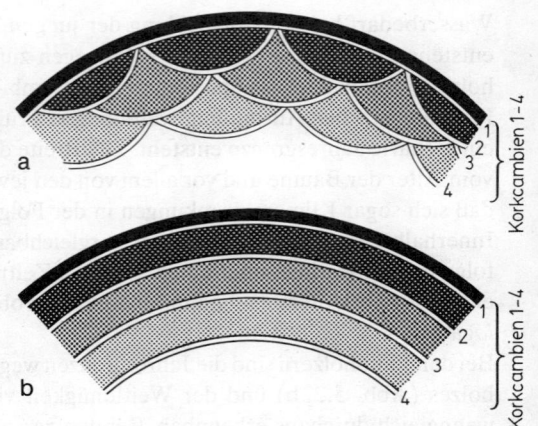

Abb. 5.23a, b. Borkenbildung, schematisch. (a) Schuppenborke, (b) Ringelborke. 1–4 die nacheinander gebildeten Korkcambien, durch deren Tätigkeit die in verschiedener Weise punktierten schuppenförmigen oder ringförmigen Borkenteile aus dem Gewebe isoliert werden. (Nach Rauh)

Borke. Das erste Korkcambium bleibt nur selten über mehrere Jahre oder länger tätig, so z. B. bei der Buche und der Korkeiche. (Die Gewinnung von technisch verwendbarem Kork beruht jedoch auf der Fähigkeit der Korkeiche, nach Entfernung des ersten, an der Oberfläche gelegenen Korkgewebes in tieferen Schichten ein neues Korkcambium zu bilden, das sehr massiven, qualitativ besseren Kork liefert.) Meist stellt es schon sehr bald seine Tätigkeit ein, und statt seiner wird in einer tieferen Rindenschicht ein neues Korkcambium gebildet, das nach einiger Zeit durch ein weiteres abgelöst wird. Die dadurch von der Rinde abgetrennten Gewebepartien sind infolge der Undurchlässigkeit der Korklagen von der weiteren Nährstoff- und Wasserzufuhr abgeschnitten, gehen zugrunde und werden bei der weiteren Dickenzunahme des Achsenkörpers schließlich abgesprengt. Dieses *tertiäre Abschlußgewebe*, die *Borke* (die eigentlich einem Komplex von Geweben sehr verschiedener Herkunft entspricht), wird je nachdem, ob die Korkcambien koaxial verlaufen oder schuppenartig einzelne Sektoren abschneiden, als »Ringelborke«, »Schuppenborke« usw. bezeichnet (Abb. 5.23).

5.1.2.2 Blatt

Entstehung und Gliederung der Blattanlagen. Die Blattorgane gehen sämtlich in spitzenwärts fortschreitender Reihenfolge aus dem Flankenmeristem des Sproßscheitels hervor (S. 411). Bei der Weiterentwicklung einer Blattanlage zu einem ungeteilten, in Stiel und Spreite gegliederten *Laubblatt* (Abb. 5.24a) gliedert sich die zunächst als etwa halbmondförmiger Höcker erscheinende Anlage in einen verbreiterten Basalteil, das

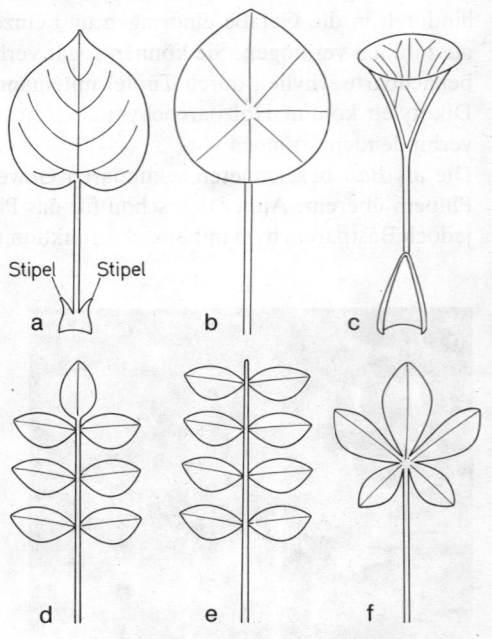

Abb. 5.24a–f. Laubblattformen, schematisch. (a) gestieltes Laubblatt mit ungeteilter Spreite und Stipeln, (b) Schildblatt (z. B. Kapuzinerkresse, Tropaeolum majus), (c) Laubblatt mit trichterförmiger (schlauchförmiger) Spreite (in dieser Form gelegentlich bei Bergenia crassifolia), (d–f) Fiederblätter mit unpaarig (d), paarig (e) und handförmig (f) gefiederter Spreite. (Nach Troll, c Original Weberling)

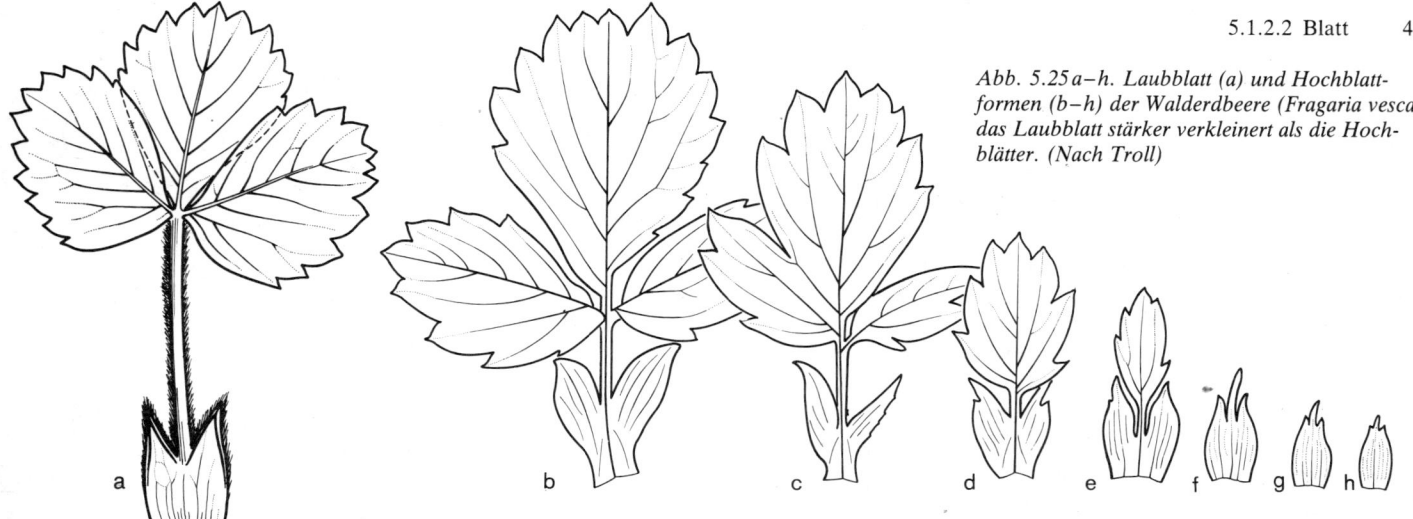

Abb. 5.25a–h. Laubblatt (a) und Hochblattformen (b–h) der Walderdbeere (Fragaria vesca), das Laubblatt stärker verkleinert als die Hochblätter. (Nach Troll)

Unterblatt, und einen Endabschnitt, das *Oberblatt,* das gewöhnlich Stiel und Spreite liefert (Abb. 5.26a–c). Die Anlage des *Blattstiels* wird schon bald im Übergangsbereich zwischen Ober- und Unterblatt erkennbar, sein eigentliches Wachstum setzt freilich erst sehr viel später ein. Schon sehr frühzeitig, oft unmittelbar nach der Gliederung der Blattanlage in Ober- und Unterblatt, können die Ränder des letzteren zu basalen Blattanhängen, den Nebenblättern, auswachsen. Sie werden besser als *Stipeln* bezeichnet, weil sie bei weitem nicht immer laubig, sondern oft als Knospenschuppen, Dornen (Robinie) oder Drüsen ausgebildet werden oder rudimentär bleiben. Häufig entwickelt sich das Unterblatt nur zu einer gegenüber dem Blattstiel etwas erweiterten Ansatzzone des Blattes, dem *Blattgrund.* Eine mehr oder minder starke Streckung des Blattgrundes führt zur Ausbildung einer *Blattscheide,* wie man sie z. B. bei Doldenblütlern (Apiaceen) oder auch bei Gräsern sehr ausgeprägt finden kann.

Blattformen. Bei den *Fiederblättern* wird die geschilderte Entwicklung dadurch abgewandelt, daß die anfänglich einheitliche Spreitenanlage durch die Ausgliederung von Fiederanlagen eine Segmentierung erfährt (Abb. 5.26d–f, g–m). Strecken sich dann die zwischen den Fiederanlagen gelegenen Abschnitte zu einer Blattspindel (Rhachis), so entsteht ein pinnates (»federförmiges«) Fiederblatt (Abb. 5.24d, e), bleibt die Spreitenachse hingegen kurz, so resultiert eine »gefingerte« (digitate, Abb. 5.24f) oder bei frühzeitiger Verbreiterung der Fiederansatzzone eine »fußförmige« (pedate) Spreite. Unpaarig gefiederte Spreiten tragen an der Spitze der Blattspindel eine Endfieder (Abb. 524d), während diese bei den paarig gefiederten Spreiten fehlt oder wie bei der Saubohne (Abb. 5.27g, h) nur durch ein Spitzchen repräsentiert ist. Hier schließen die akropetal sich segmentierenden Spreitenanlagen ihre Entwicklung ohne Ausbildung der Endfieder ab. Entsprechendes gilt auch für die Primärblätter und die ersten Folgeblätter der Saubohne, deren Gliederung bereits nach Erscheinen eines oder zweier Fiederpaare zum Abschluß gelangt, was auf die noch nicht ausreichende Erstarkung des Achsenkörpers zurückgeführt werden kann. Auch die Form der Niederblätter läßt sich in dieser Weise deuten: Sie entspricht dem Entwicklungsstadium kurz nach der Ausgliederung der Stipelanlagen, nur daß beim Übergang dieser Blattorgane in den Dauerzustand noch eine gewisse Längsstreckung stattgefunden hat. Sowohl die Primärblätter als auch die Nieder- und Hochblätter (Abb. 5.25b–h) sind *Hemmungsformen der Laubblattentwicklung,* wobei die Reduktionsregel gilt: Die normalerweise zuletzt angelegten Glieder fallen als erste weg.

Wachstum. Das Wachstum der Blattanlagen geht zunächst von der Spitze aus (bei vielen Farngewächsen mittels Scheitelzelle), wird jedoch sehr bald nach Erreichen einer

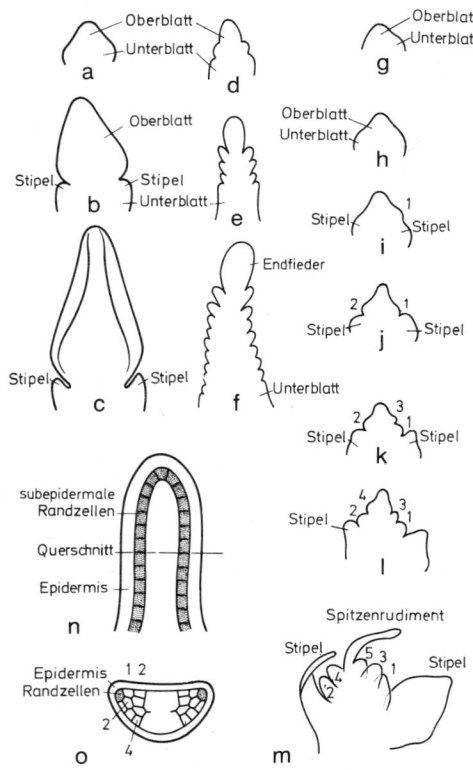

Abb. 5.26a–o. Laubblattentwicklung. Entwicklung (a–c) eines ungeteilten gestielten Blattes (Prunus sibirica), (d–f) eines Fiederblattes mit basipetaler Gliederungsweise (Polemonium caeruleum) und (g–m) des (akropetal sich gliedernden) Fiederblattes von Vicia faba (vgl. Abb. 5.27h); die arabischen Ziffern geben die Ausgliederungsfolge der Fiedern an. (n, o) Subepidermales Randwachstum der Blätter, Schema einer Blattanlage in Flächenansicht (n) und in einem Querschnitt (o); die arabischen Ziffern bezeichnen hier die Entstehungsfolge der einzelnen Segmente aus der subepidermalen Initialzelle. (Sämtlich nach Troll)

»kritischen Länge« von der Basis fortgeführt. Allein die Blätter der meisten Farne, mancher Cycadeen und einiger Angiospermen *(Drosophyllum)* zeigen ein länger anhaltendes Spitzenwachstum, was sich meist durch die Einrollung der Blattspitze kundgibt (Abb. 5.1f, Schutz des zarten Scheitelmeristems).

Zu diesem, vor allem der *Verlängerung* der Blattanlagen dienenden Wachstumsprozeß treten als weitere noch ein Randwachstum (zur Verbreiterung des Blattes) und ein Dickenwachstum (vor allem im Blattstiel, eventuell auch in der Mittelrippe) hinzu.

Das *Randwachstum* geht von einer im gesamten Rand der Blattanlage verlaufenden Reihe *subepidermaler Randzellen* aus (Abb. 5.26n), die im einfachsten Falle nach dem Muster zweischneidiger Scheitelzellen wechselweise nach der Ober- und Unterseite Zellen abgeben, die sich dann weiter teilen (Abb. 5.26o).

Während in der Spreite die vom Randwachstum bewirkte Breitenentwicklung überwiegt, ist diese im Blattstiel fast völlig zugunsten des *Dickenwachstums* unterdrückt, das gewöhnlich durch ein eigenes *Ventralmeristem*, nämlich eine bevorzugt oberflächenparallel sich teilende subepidermale Zellschicht, erfolgt.

Anatomie der Blattspreite. Der anatomische Bau der Blattspreite läßt sich am besten anhand eines Querschnittes darstellen (Abb. 5.28). Das beiderseits von einer Epidermis umschlossene *Mesophyll* ist unter der oberseitigen Epidermis zu einem ein- bis mehrschichtigen *Palisadenparenchym* entwickelt, das seinen Namen wegen der dicht aneinanderschließenden, senkrecht zur Blattfläche stehenden Zellen erhalten hat, die sehr reich an Chloroplasten sind [beim *Ricinus*blatt $4 \cdot 10^5 \cdot (mm^2 \text{ Blattfläche})^{-1}$] und das Gewebe dadurch als *Assimilationsparenchym* zu erkennen geben. Darunter schließt sich ein lockeres (schwammartiges), interzellularenreiches Durchlüftungsgewebe, das *Schwammparenchym*, an, dessen Zellen sehr unregelmäßig gestaltet, oft fast verzweigt sind und weniger Chloroplasten enthalten [bei *Ricinus* ca. $9 \cdot 10^4 \cdot (mm^2 \text{ Blattfläche})^{-1}$]. Das der Vergrößerung der inneren Oberfläche dienende Interzellularensystem zweigt sich einerseits zwischen den Palisadenzellen in immer feinere Kanäle auf und steht andererseits mit der Außenluft durch die in der Epidermis liegenden *Spaltöffnungen* in Verbindung. Ihren Bau wollen wir im Anschluß an den Aufbau der Epidermis kennenlernen. Auf ihre Bedeutung als Regulatoren des Gasaustausches und Wasserhaushaltes werden wir auf Seite 422f. und 562f. zurückkommen.

Äquifazialer und unifazialer Blattbau. Der schon von der Blattanlage her dorsiventralen *(bifazialen)* Gestalt der Blattorgane entspricht gewöhnlich auch der eben dargestellte anatomische Bau (Abb. 5.28), der mannigfaltig abgewandelt werden kann (vgl. S. 440; Abb. 5.56). Es gibt auch Blätter, bei denen die Struktur des Blattgewebes an der Ober- und Unterseite der Spreite gleich ist (durch beidseitige Ausbildung von Palisadenparenchym, vgl. unten). Solche *äquifazialen* Flachblätter, die vornehmlich bei Pflanzen trockener Gebiete mit starker Sonneneinstrahlung vorkommen, nehmen durch Drehung des Blattstieles häufig eine vertikale Stellung (Profilstellung) ein.

Von derartigen äquifazialen Blattorganen hat man die *unifazialen* Strukturen zu unterscheiden, bei denen die morphologische Oberseite zugunsten einer stärkeren Ausdehnung der Blattunterseite nicht nur – wie es häufiger vorkommt – stark eingeengt, sondern ganz unterdrückt ist. Auf diese Weise kommen die Rundblätter vieler Zwiebel-*(Allium-)* und Binsen-*(Juncus-)*Arten zustande (Abb. 5.31b), sowie durch zusätzliche Abflachung parallel zur Mediane auch die Blätter der Schwertlilie (*Iris*, Abb. 5.31c). Verhältnismäßig häufig tritt eine unifaziale Struktur im Bereich des Blattstiels auf, während die Spreite bifazial bleibt (Abb. 5.29 II, III). Daraus kann sich eine für die Gestalt des Blattes sehr wichtige Änderung des Randverlaufs an der Spreitenbasis ergeben, weil sich die unteren Spreitenränder nunmehr quer über den Blattstiel hinweg miteinander vereinigen können (Abb. 5.30c, d). Greift das Randwachstum auch auf diese »Querzone« über, so entstehen

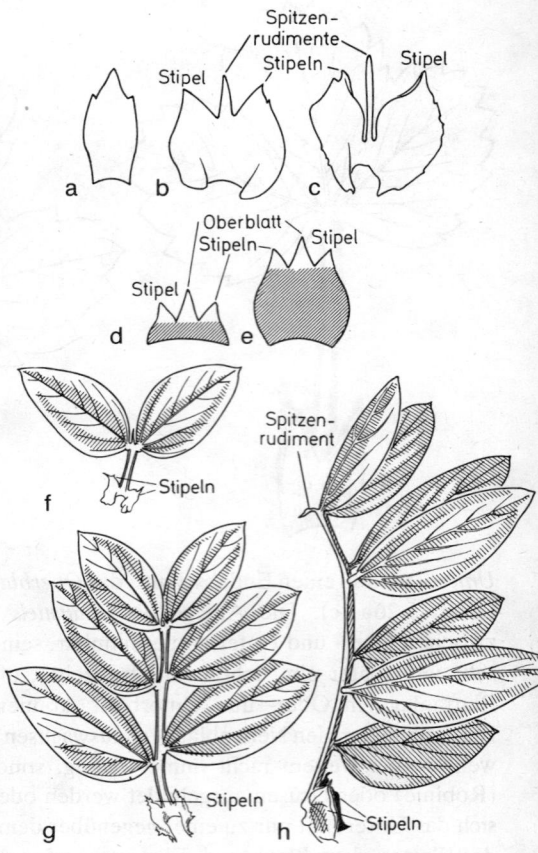

Abb. 5.27a–h. Niederblätter (a–c) und Laubblattformen (f–h) der Saubohne (*Vicia faba*), (f) zweifiedriges Primärblatt, die Blattspindel läuft überall in ein Spitzenrudiment aus. (d, e) Ableitung der Niederblattform (e) aus einer mit Oberblatt- und Stipelanlagen ausgestatteten Blattanlage (d), Blattgrund schraffiert. (Nach Troll)

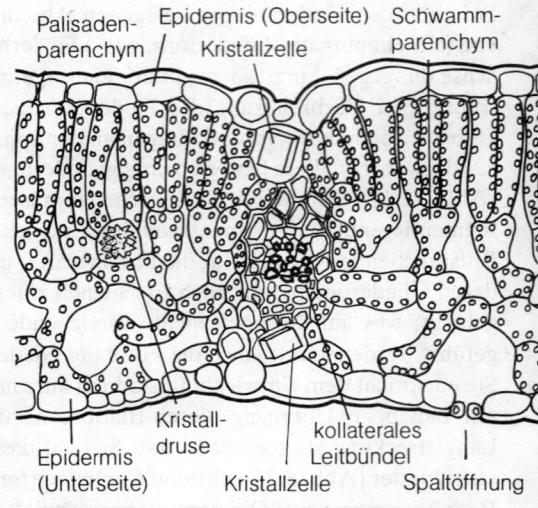

Abb. 5.28. Querschnitt durch die Spreite eines Buchenblattes; um das Leitbündel ist eine Sklerenchymscheide ausgebildet. Vgl. Abb. 5.49. (Nach Strasburger, verändert)

schildförmige *(peltate)* Spreiten (Abb. 5.30e), wie man sie in ausgeprägter Form bei der Kapuzinerkresse *(Tropaeolum majus)* findet. Bleibt bei solchen Spreiten die Ausdehnung des Randes hinter der Flächenentwicklung zurück, so ergeben sich tüten- oder im Extremfall schlauchförmige Spreiten (Abb. 5.30f–h. 5.24c). Derartige *Schlauchblätter* sind bei einigen carnivoren Pflanzen, z. B. bei den Kannenpflanzen *(Nepenthes)* ausgebildet, vor allem treten sie in Gestalt der *Fruchtblätter* (Carpelle) auf.

Nervatur (Aderung) der Blattspreite. Schon während der ersten Phase der Blattbildung am Vegetationsscheitel (Abb. 5.12c) entstehen in der Blattanlage Procambiumstränge aus kleinen, in der Längsrichtung des Blattes sich streckenden Zellen, welche mit dem Zentralzylinder korrespondieren. Hier zeigt sich der Anfang der Entwicklung eines die Blattspreite durchziehenden Systems von Leitbündeln, das je nach Blattgröße und -form in sehr unterschiedlicher Weise ausgebildet und verzweigt sein kann. Der Verlauf der Leitbündel in der Blattspreite, die *Nervatur* (Aderung), weist innerhalb größerer Verwandtschaftskreise eine bemerkenswerte Gleichförmigkeit auf. In den Blättern der Monokotylen herrschen längsgerichtete, parallel oder im Bogen verlaufende Nerven vor *(Parallelnervatur,* Abb. 5.32d–f). In den Dikotylenblättern hingegen dominiert ein Mittelnerv, von dem Seitennerven in fiedriger Anordnung abzweigen *(fiedernervige Blätter,* Abb. 5.32a). Die dem Blattrand zustrebenden Nervenendigungen treten bei den meisten Samenpflanzen miteinander in Verbindung und bilden so ein geschlossenes Maschenwerk *(geschlossene Nervatur,* Ausnahmen häufig bei Hoch- und Niederblättern, Abb. 5.32b). Demgegenüber haben die Blätter der Farne und mancher Nadelhölzer eine *offene Nervatur,* bei der die Bündel blind in den Blattrand auslaufen. Die geschlossene Nervatur kann insofern als funktioneller Fortschritt betrachtet werden, als sie auch bei lokaler Verletzung von Leitbündeln jedem Blatteil – eventuell »auf Umwegen« – eine Versorgung durch Leitungsbahnen sichert. Die Aderung der Insektenflügel weist insofern eine Ähnlichkeit hierzu auf, als auch die bei Insektenflügeln vorkommenden »Adern« Leitgewebe (Tracheen, Hämolymphbahnen, Nerven) enthalten.

Primäres Abschlußgewebe (Epidermis). Alle Organe einer Höheren Pflanze sind primär von der *Epidermis* bekleidet, einem fast stets einschichtigen Abschlußgewebe, das durch verdickte Außenwände seiner lückenlos miteinander verbundenen Zellen recht widerstandsfähig gegen mechanische Einwirkungen und durch Auflagerung einer mehr oder minder dicken, vorwiegend aus Cutin bestehenden *Cuticula* (vgl. S. 172) wasserundurchlässig und daher auch als Transpirationsschutz sehr geeignet ist. In Verbindung mit dem Cutin findet sich häufig Wachs, das auch über die Cuticula hervortreten und abwischbare Überzüge bilden kann. Die Cuticula zeigt Inhomogenitäten in ihrer Struktur, die bei bestimmten Fixierungsverfahren zu lokalisierten Ausfällen in der Epidermisaußenwand führen. Diese wurden früher für plasmatische Gebilde gehalten und »Ektodesmen« genannt. Möglicherweise können die Cuticularbezirke über den »Ektodesmen« bevorzugte Orte für die Aufnahme und Abscheidung bestimmter Stoffe sein. Die Festigkeit der Epidermis wird oft noch dadurch erhöht, daß die zur Organoberfläche senkrechten antiklinen Zellwände einen welligen Verlauf (Abb. 5.33) zeigen, so daß die benachbarten Zellen eng ineinander verzahnt sind. In die Außenwände kann noch Kalk oder Kieselsäure eingelagert werden. Die großen, wasserspeichernden Vakuolen, die in der erwachsenen Epidermiszelle nur von einem dünnen Plasmaschlauch umgeben sind, enthalten nicht selten Anthocyan. In den Epidermiszellen kommen häufig Leukoplasten, im allgemeinen jedoch keine Chloroplasten vor; Ausnahmen hiervon bilden die Schließzellen (S. 423; Abb. 5.35, 5.36) sowie die normalen Epidermiszellen von Schattenpflanzen und von untergetaucht lebenden Wasserpflanzen.

Die funktionelle und strukturelle Ähnlichkeit zwischen der pflanzlichen Epidermis und der hautbildenden Epidermis bei Tieren, insbesondere Insekten, ist beträchtlich. Auch bei Tieren gibt es oft Cuticulabildungen und selbst Wachsabscheidungen (Abb. 5.205).

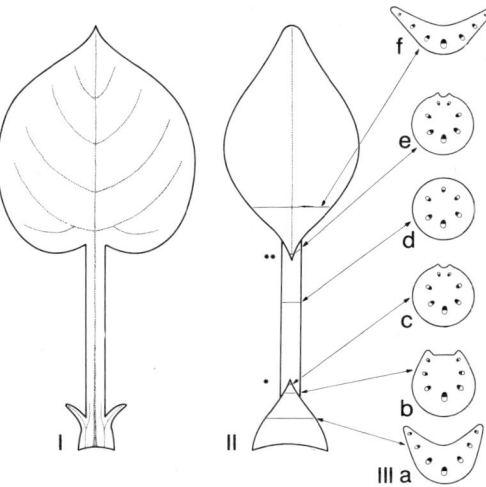

Abb. 5.29. *(I, II) Laubblatt mit bifazialem (I) und unifazialem (II) Bau des Blattstiels. (III) in verschiedener Höhe geführte Querschnitte durch Blatt II; sie zeigen die zunehmende Einengung (b, c) und schließlich völlige Unterdrückung der Oberseite (d); die bei Blatt I vom Blattgrund bis zur Spreite freien Blatträndern vereinigen sich am Blatt II daher bei * und treten erst am Spreitengrund bei ** wieder auseinander. Die Querschnittsfiguren in III können zugleich für bifaziale (a, b, f), subunifaziale (c) und unifaziale (d) Blattspreiten gelten. (In Anlehnung an Troll)*

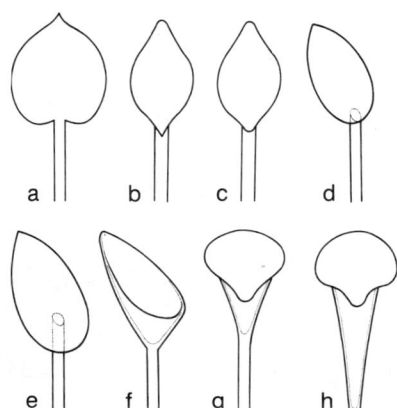

Abb. 5.30 a–h. *(I) Schematische Figuren zur Ableitung schildförmiger (peltater) und schlauchförmiger Blätter, bei (a) bifazialer, bei (b–h) unifazialer Blattstiel. Die Spreitenränder laufen bei (b) in spitzem Winkel auseinander, in (c) vereinigen sie sich quer über den Blattstiel hinweg; tritt diese „Querzone" wie der übrige Spreitenrand in ein Randwachstum ein, so entsteht eine peltate Spreite (d, e), bleibt die Erweiterung des Spreitenrandes dabei hinter dem Flächenwachstum zurück, so entstehen trichter- oder schlauchförmige Spreiten (f, g, h). (Nach Troll, teilweise verändert)*

Durch Auswachsen einzelner Epidermiszellen entstehen die pflanzlichen *Haare (Trichome,* Abb. 5.34), die in mannigfacher Form als einzellige Papillen, Schlauchhaare oder mit starken, oft von Kalk- oder Kieselsäure inkrustierten Wänden versehene Borsten oder verzweigte Haare auftreten können oder auch mehrzellige Gebilde darstellen, z. B. lange Zellreihen, mehrzellig verzweigte Haare oder Schuppen oder mit einem ein- oder mehrzelligen Köpfchen versehene Drüsenhaare (Abb. 5.34h). Vielfach sterben die Haare nach Abschluß ihrer Entwicklung ab und füllen sich dann mit Luft. In diesem Zustand können sie eine Funktion als Transpirationsschutz oder Strahlungsschutz ausüben, während lebende Haare durch die Oberflächenvergrößerung die Transpiration zu fördern vermögen. Aufgaben anderer Art erfüllen die hakig gebogenen *Klimmhaare* (z. B. beim Hopfen) oder die bei manchen Familien vorkommenden borstenförmigen *Brennhaare* (Abb. 5.34d–f). Die ampullenartig erweiterte, prall mit Zellsaft gefüllte dünnwandige Basis der Brennhaare der Brennessel *(Urtica)* ist in einen becherförmigen Gewebesockel eingesenkt. Der obere, spitz zulaufende Teil besitzt dicke, durch Kalkeinlagerung starre Wände und endigt in einem zur Seite gewandten Köpfchen. Bei Berührung bricht dieses an der unmittelbar unter ihm befindlichen dünnwandigen und durch Kieselsäureeinlagerung glasartig spröden Stelle schräg ab. Das nunmehr offene Haarende gleicht der Spitze einer Injektionsnadel und dringt leicht in die Haut ein. Dabei wird der unter dem Druck des Turgors der Haarzelle (wie auch der den Fuß umgebenden Zellen) stehende Zellinhalt in die Haut eingespritzt, wo er durch seinen Gehalt an Natriumformiat, Acetylcholin und Histamin die bekannte Reizung verursacht.

Von den stets nur aus epidermalen Zellen hervorgehenden Haaren muß man die *Emergenzen* unterscheiden, an deren Aufbau – wie z. B. beim Sockel des Brennhaares – auch subepidermales Gewebe beteiligt ist. Zu den Emergenzen gehören auch die Stacheln der Rose, des Stachelbeerstrauches und der Brombeersträucher. (Dornen sind hingegen umgewandelte Blätter bzw. Stipeln oder Fiederblattspindeln, Sproßachsen oder Wurzeln!)

Spaltöffnungen. Um ohne Beeinträchtigung ihrer Schutzfunktionen dennoch einen Gasaustausch mit der Außenluft zu ermöglichen, bedarf die Epidermis regulierbarer Poren: Dies sind die *Spaltöffnungen* (Stomata, Einzahl: Stoma), deren Auftreten gewöhnlich auf die untere Epidermis beschränkt bleibt (hypostomatische Blätter), die aber auch ausschließlich in der oberen Epidermis (z. B. bei Schwimmblättern) oder in der Epidermis beider Blattseiten vorkommen können (epi- und amphistomatische Blätter). Es handelt sich dabei jeweils um einen von zwei *Schließzellen* umgebenen Spalt, der durch Turgorerhöhung in den Schließzellen geöffnet, durch Turgorerniedrigung geschlossen wird

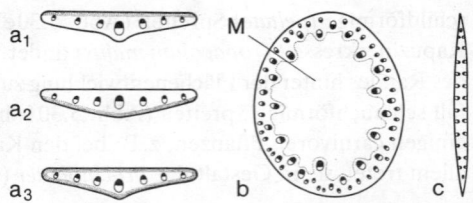

Abb. 5.31 a–c. Schematisierte Querschnitte durch ein (a₁) bifaziales Blatt von gewöhnlichem Bau, (a₂) invers gebautes und (a₃) äquifaziales Flachblatt. (b, c) Querschnitt durch ein (b) unifaziales Rundblatt (Juncus effusus) und (c) unifaziales Flachblatt (Schwertblatt, Iris foetidissima); M, durch spätere Auflösung von Zellgruppen und anschließendes Streckungswachstum entstandener Hohlraum. (Nach Troll, teilweise verändert)

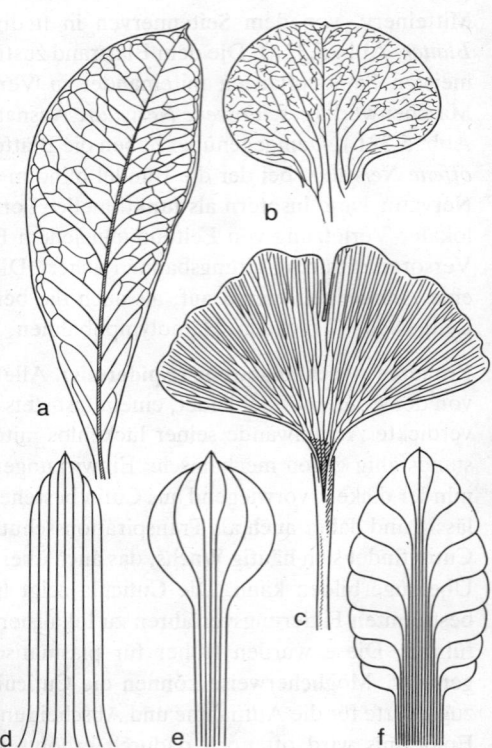

Abb. 5.32 a–f. Nervaturen von Blättern. (a) geschlossene Nervatur eines Laubblattes, (b) offene Nervatur eines Hochblattes von Euphorbia splendens; (c) Laubblatt von Ginkgo biloba mit offener Nervatur, (d–f) Grundformen der Nervatur von monocotylen Blättern, schematisch. (a, b nach Müller-Hoefs, c–f nach Troll)

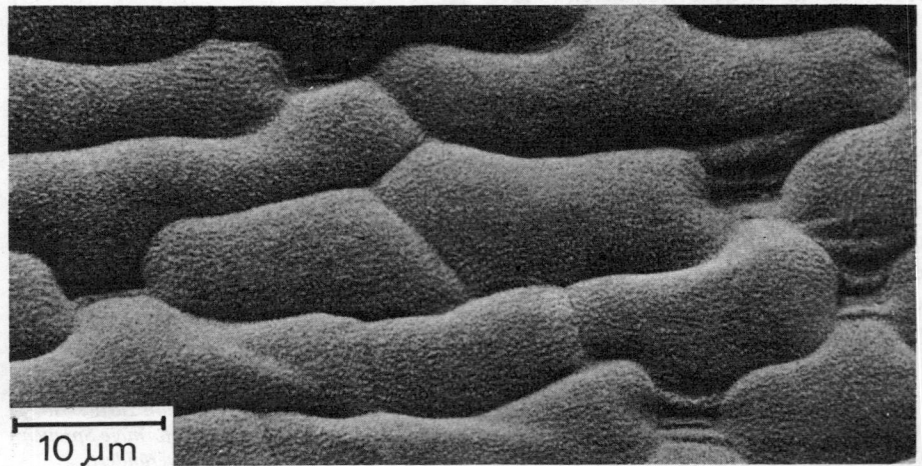

Abb. 5.33. Laubblattepidermis von Polygonatum officinale in Aufsicht. Vergr. 2000:1. (Original von Amelunxen/Göttingen)

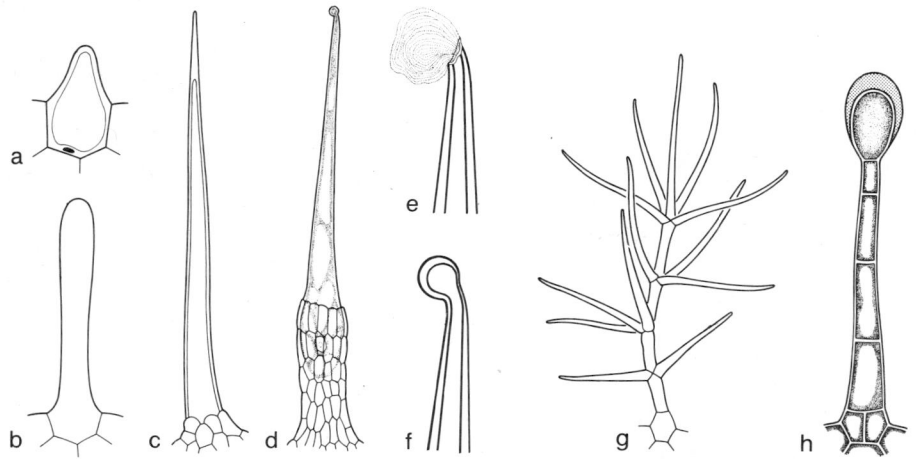

Abb. 5.34 a–h. Einzellige (a–f) und mehrzellige (g, h) Haare. (a) Papille aus der Blütenblattepidermis des Stiefmütterchens, (b) Schlauchhaar (Fuchsia), (c) Borstenhaar (Borago), (d–f) Brennhaar der Brennessel (Urtica dioica): (d) Haar mit Sockel, (e) abgebrochene, (f) intakte Spitze des Köpfchens; (g) etagiert verzweigtes Haar des Wollkrautes (Verbascum), (h) Drüsenhaar (Salbei, Salvia). (a, b, g nach Troll, c–f nach Strasburger)

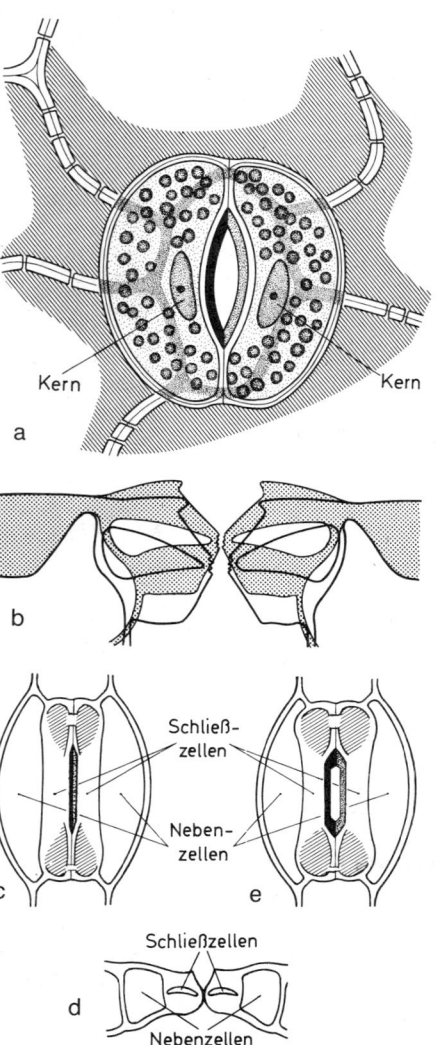

Abb. 5.35 a–e. Spaltöffnungen. (a, b) Helleborus niger, Stück der Epidermis von der Blattunterseite in Flächenansicht mit Spaltöffnung (a), in (b) ein Querschnitt mit geöffnetem (hell) und geschlossenem (punktiert) Spalt. (c–e) Spaltöffnung vom Gramineentyp (Zea mays): schematisch in Aufsicht (c) und im Querschnitt (d) bei geschlossenem und in Aufsicht bei geöffnetem Spalt (e); (d) Querschnitt im Bereich der starren Mittelabschnitte der Schließzellen. (b nach Strasburger, c–e nach Schwendener, verändert)

(S. 437). Die dazu erforderliche Formänderung der Schließzellen kommt dadurch zustande, daß ihre Wände an bestimmten Stellen stärker verdickt und dadurch hier weniger dehnbar sind als an anderen, an denen die Zelle bei Turgorerhöhung eine stärkere Ausdehnung erfährt. So bleiben bei dem für die Dikotylen und viele Monokotylen charakteristischen (Helleborus-)Typ (Abb. 5.35 a, b) die Rückwände der meist bohnenförmig gekrümmten Zellen von einer stärkeren Verdickung ausgenommen, während die dem Spalt zugekehrten Wandpartien an ihrer oberen und unteren Seite je eine kräftige Verdickungsleiste aufweisen. Eine Turgorsteigerung in den Schließzellen bewirkt dann eine stärkere Krümmung der Zellen, aber auch eine Abflachung der den Spalt begrenzenden Wände, beides mit dem Ergebnis, daß der Spalt sich weiter öffnet. Beim Gramineentypus (Abb. 5.35 c–e, 5.36) erweitern sich bei Turgorsteigerung die ampullenartigen dünnwandigen Enden der hantelförmigen Schließzellen und bewegen die durch Wandverdickungen starren Mittelteile nach außen. Die charakteristische Verformung der Schließ- und Nebenzellen beim Öffnen und Schließen der verschiedenartigen Spaltöffnungen wird zudem wesentlich bestimmt durch den Verlauf der Mikrofibrillen in den Zellwänden. Die Mikrofibrillen in den Wänden der ampullenförmigen Endblasen sind fächerförmig (radiomizellat) angeordnet und weichen bei Turgorerhöhung auseinander. Es sind auch noch andere Spaltöffnungstypen bekannt. Daß an den Gestaltsveränderungen vielfach auch die den Schließzellen benachbarten Zellen mitwirken, ist aus deren anatomischem Bau ohne weiteres ersichtlich, so z.B. an den »Gelenken«, welche durch die geringere Wandverdickung an den Ansatzstellen der Schließzellen entstehen. Man pflegt solche auf die Funktion der Schließzellen abgestimmten Nachbarzellen daher als *Nebenzellen* zu bezeichnen. Sie bilden vielfach auch in entwicklungsgeschichtlicher Hinsicht mit den Schließzellen zusammen eine Einheit.

Die Entwicklung der Stomata geht von Spaltöffnungsmutterzellen aus, die man als *Meristemoide* (lokal begrenzte Meristeme, die bei der Differenzierung völlig verschwinden) ansprechen kann und die ähnlich wie die Anlagen der Haare nach einem bestimmten Muster verteilt auftreten. Aus den Mutterzellen gehen die Schließzellen oft schon durch eine einzige, zugleich die spätere Lage des Spaltes bezeichnende Längsteilung, vielfach aber auch erst nach wiederholten, in ganz bestimmter Reihenfolge ablaufenden Teilungen hervor.

Für die Regelung des Gaswechsels, vor allem auch der Transpiration, durch die Schließzellen spielt neben und in Verbindung mit anderen Faktoren (vor allem dem CO_2-Partialdruck im Mesophyll) auch das Licht eine wichtige Rolle. Für die Öffnungsmechanik der Stomata ist von Bedeutung, daß die Schließzellen im Gegensatz zu allen übrigen Epidermiszellen funktionsfähige *Chloroplasten* enthalten, die in der Regel Stärke führen (Ausnahme z.B. *Allium*).

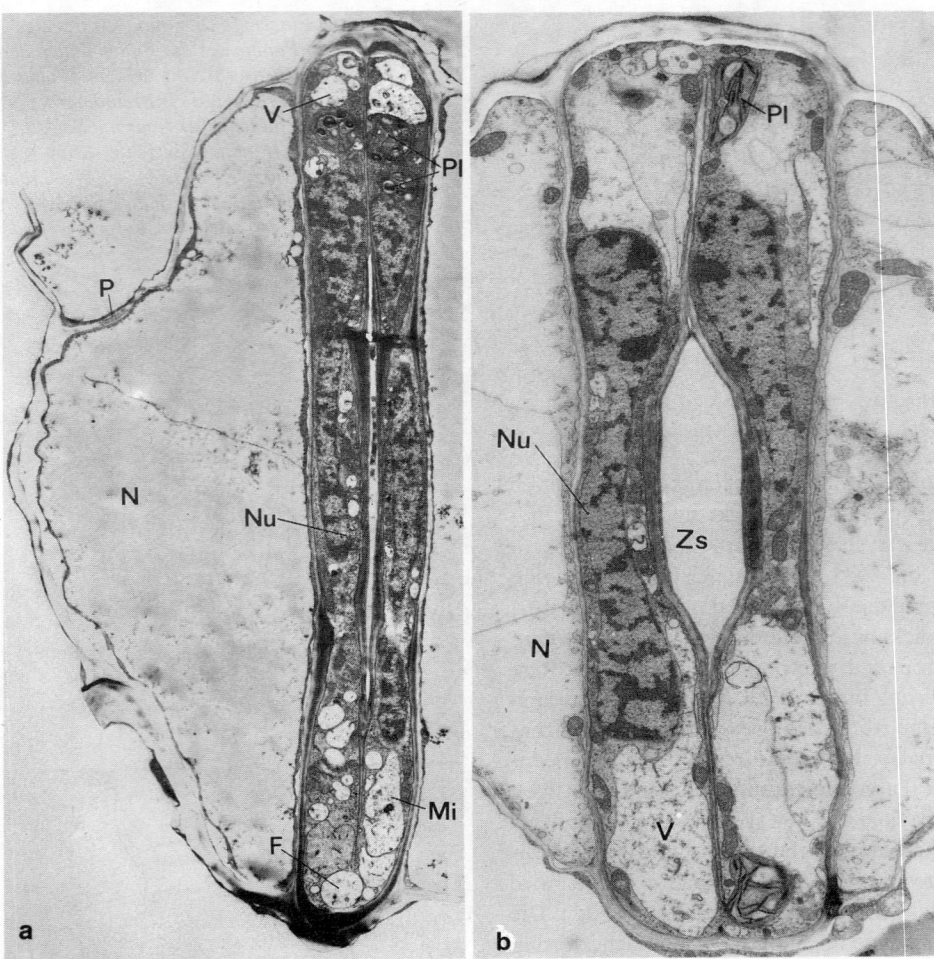

Abb. 5.36a, b. Längsschnitt durch eine geschlossene (a) und geöffnete (b) Spaltöffnung vom Mais (Zea mays) mit Nebenzellen. V, Vakuole (bei a klein, bei b groß), Nu, Zellkern (hantelförmig), Pl, Plastide, Mi, Mitochondrium, F, offene Verbindung zwischen den Schließzellen (typisch für Gras-Stomata), N, Nebenzelle mit P, Plasmodesmen, Zs, Zentralspalt. Vergr. 6200:1. (Original Ziegler)

5.1.2.3 Wurzel

Regionen des Wurzelkörpers. Der Wurzel kommt die Aufgabe zu, den Pflanzenkörper im Boden zu verankern und ihn mit Wasser und anorganischen Salzen zu versorgen; darüber hinaus hat sie vielfach Speicherfunktion und auch nicht zu unterschätzende Synthesefähigkeiten. Diesen Aufgaben entsprechen ihre Gliederung und Entwicklungsweise wie auch ihr anatomischer Bau. Letzterer ist gekennzeichnet durch die Zusammenfassung der leitenden und festigenden Gewebe zu einem axialen Strang (Abb. 5.38b, c). Dadurch wird besonders bei der jungen Wurzel eine große Biegsamkeit mit hoher Zugfestigkeit vereinigt (Kabelstruktur). Soll aber die Wurzel sich beim Eindringen in das Erdreich nicht verbiegen, so muß die Zone des stärksten Längenwachstums, welche die Wurzelspitze vorantreibt, unmittelbar hinter dieser liegen. Das ist auch der Fall, und die Region des die Verlängerung hauptsächlich bewirkenden Streckungswachstums ist zudem nur 2–10 mm lang. Auch hier nimmt das Wachstum seinen Ausgang von Scheitelmeristemen, die gegen Verletzungen beim Eindringen in den Boden durch eine Wurzelhaube (*Calyptra*, Abb. 5.37) geschützt sind. Deren Zellen werden von innen her ständig nachgebildet, während die zuäußerst gelegenen Zellen durch Verschleimung der Mittellamellen abschilfern und so ein besseres Gleiten der Wurzelspitze ermöglichen. Den in den

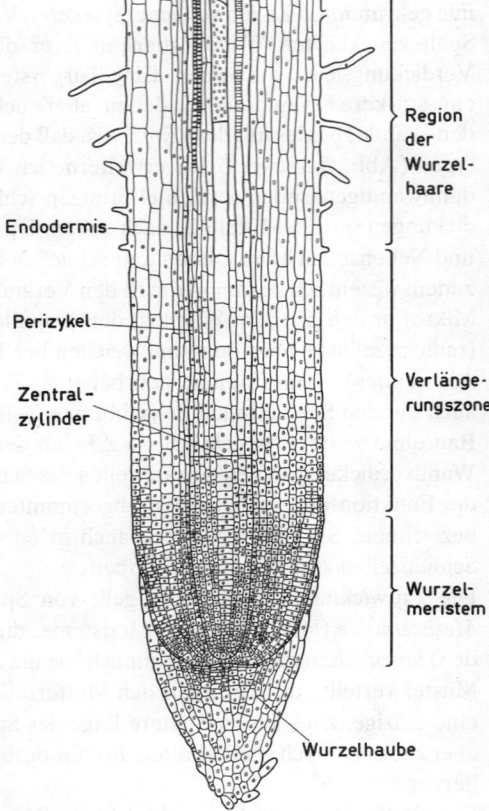

Abb. 5.37. Axialer Längsschnitt durch den Spitzenbereich einer Graswurzel (Hordeum sativum). Die Wurzeln zeigen eine tagesrhythmische Zellvermehrung. Zu bestimmten Tageszeiten sind daher im Wurzelmeristem zahlreiche Mitosen zu finden. (Nach Holman u. Robbins)

inneren Zellen der Calyptra enthaltenen Reserverstärkekörnern schreibt man Statolithenfunktion zu (Geotropismus der Wurzel; S. 643 f.). Auf die Verlängerungszone folgt die Region der *Wurzelhaare,* durch die nicht allein eine starke Vergrößerung der resorbierenden Oberfläche (bei der Erbse z. B. um das Zwölffache) erreicht, sondern zugleich auch ein Widerlager für die vorwärtsstoßende Wurzelspitze geschaffen wird. Die Lebensdauer der Wurzelhaare ist jedoch auf wenige Tage bschränkt, so daß jeweils nur ein recht kurzer (wenige Millimeter bis Zentimeter langer) Abschnitt der Wurzel von Haaren bedeckt ist (Abb. 5.38 a). An diese Zone schließt sich die Region der Wurzelverzweigung an. Durch die in großer Zahl auftretenden, sich vielfältig weiter verzweigenden Seitenwurzeln wird für die wachsende Wurzelspitze ein kräftigeres Widerlager geschaffen, eine wirksame Verankerung des Pflanzenkörpers im Boden gewährleistet und die aufnehmende Oberfläche vergrößert.

Zonierung des Wurzelscheitels. Der *Wurzelscheitel* weist eine deutliche Gliederung in verschiedene Meristeme auf, die der späteren Zonierung des Wurzelkörpers entspricht (Abb. 5.37). Man kann ein zentral gelegenes Bildungsgewebe, das den Zentralzylinder liefernde *Plerom,* von dem darüberliegenden *Periblem* unterscheiden, aus dem die Rinde und in vielen Fällen auch die Rhizodermis hervorgeht. Beide Meristeme verfügen über eigene Initialzellen. Auch für die Entwicklung der Rhizodermis können gesonderte Initialzellen vorhanden sein, so daß man das Periblem und ein *Epiblem* (Dermatogen) als selbständige Schichten auch am Scheitel über das Plerom hinweg verfolgen kann. Auch der Wurzelhaube kommt meist ein eigenes *Calyptrogen* zu. In vielen Fällen sind jedoch gemeinsame Initialen für das Periblem und die Rhizodermis (bei Monokotylen) oder auch für Rhizodermis und Calyptra, also ein Dermocalyptrogen (bei Gymnospermen), vorhanden.

Primärer Bau des Wurzelkörpers. Ein Querschnitt durch eine junge Wurzel (Abb. 5.38b) zeigt, daß sie ähnlich wie die Sproßachse radiärsymmetrisch (Abb. 5.21) gebaut ist. Auch hier wird primär ein einschichtiges Abschlußgewebe ausgebildet, das sich aber von der Epidermis der Blätter und der Sproßachse durch die geringe Dicke der Außenwände, das Fehlen der Cuticula und vor allem auch der Spaltöffnungen unterscheidet: die *Rhizodermis.* Aus ihr gehen die schon erwähnten *Wurzelhaare* hervor, die den einzelligen Schlauchhaaren der Epidermis vergleichbar sind und in sehr regelmäßiger Verteilung *(Musterbildung)* auftreten. Sie vermögen in ihrer Gesamtheit ein beträchtliches Stück des Bodens zu durchdringen und sind infolge der Zartheit ihrer Zellwände für die Aufnahme von Wasser und Nährsalzen sehr geeignet. Oft schmiegen sie sich den Bodenteilchen so eng an, daß sie unlösbar mit diesen verbunden bleiben. (Bei vielen unserer Waldbäume werden die Wurzelhaare in ihrer Funktion durch die Hyphen von Mycorrhiza-Pilzen ersetzt.) Während zur Spitze der Wurzel hin mit der fortschreitenden Differenzierung der Epidermis ständig neue Wurzelhaare auswachsen, sterben sie im rückwärtigen Teil der Haarzone ab, gleichzeitig damit auch die Rhizodermis, an deren Stelle die darunterliegende Zellschicht als *Exodermis* tritt. Durch ihre verkorkten Zellwände wirkt diese in ähnlicher Weise wie das Periderm der Sproßachse.

Die gegenüber dem Zentralzylinder meist recht dicke *Rinde* (Cortex) ist in erster Linie als Speicherorgan von Bedeutung, sie kann bei Speicherwurzeln (manche Rüben) und vor allem bei Wurzelknollen mächtig entwickelt sein. Die innerste, den Zentralzylinder einschließende Schicht bildet die *Endodermis,* die offenbar einen gewissen Abschluß des Zentralzylinders nach außen hin bewirkt. In den Radialwänden ihrer Zellen ist nämlich ein Streifen aus lipophilen Substanzen, der Caspary-Streifen (Abb. 5.38d), zu beobachten, der wie ein Band rings um die Zelle herumläuft und die Durchlässigkeit der betreffenden Wandteile stark herabsetzt, so daß ein radial gerichteter Wasser- und Mineralstofftransport stets die Protoplasten der Endodermiszellen passieren muß. Wo kein sekundäres

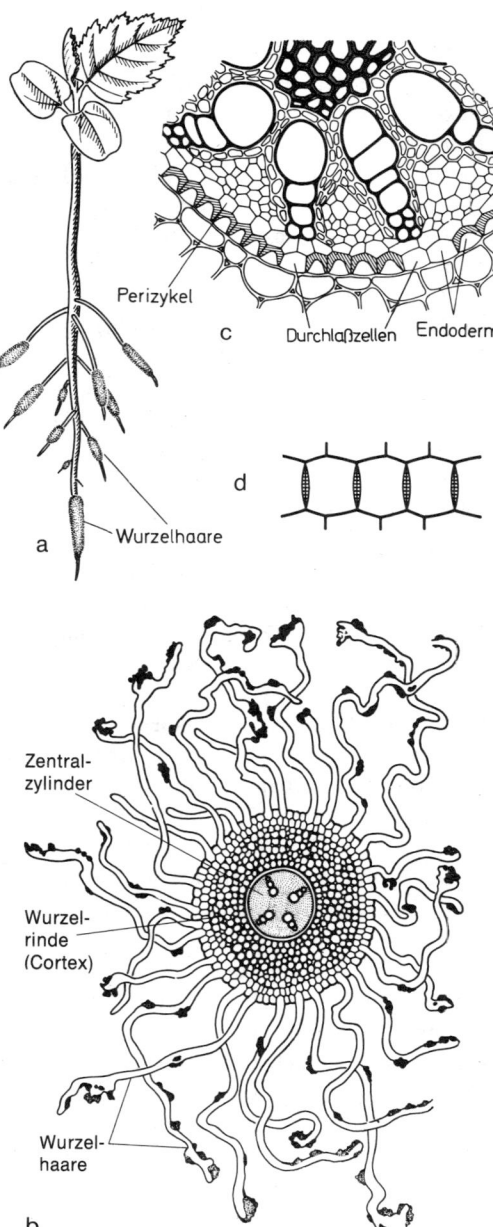

Abb. 5.38. (a) Ältere Keimpflanze der Hainbuche (Carpinus betulus) mit verzweigter Primärwurzel, (b) Querschnitt einer Wurzel im Bereich der Wurzelhaare, (c) Zentralzylinder der Wurzel von Veratrum album, (d) Querschnitt durch eine Endodermis mit Caspary-Streifen in den Radialwänden. (a nach Noll, b nach Frank, c nach Troll, d nach Strasburger)

Dickenwachstum erfolgt – wie bei den meisten Monokotylen und wenigen Dikotylen – wandelt sich die *primäre Endodermis* durch Auflagerung einer Suberinlamelle auf die Innenwände der Zellen in die *sekundäre Endodermis* und schließlich durch Anlagerung dicker Celluloseschichten, vor allem auf die innere tangentiale Wand, in die *tertiäre Endodermis* um. Die Zellwände können dabei verholzen; der Caspary-Streifen ist in den späteren Entwicklungsstadien der Endodermis oft nicht mehr ohne weiteres zu erkennen, aber noch vorhanden. Einzelne (vor den Gefäßen liegende) »Durchlaßzellen« bleiben oft lange Zeit oder gänzlich von der Suberinisierung und Wandverdickung ausgenommen (Abb. 5.38c) und dienen dem radialen Stofftransport.

Im Zentralzylinder treten Xylem und Phloem in getrennten, *radial* angeordneten Strängen (nicht in gemeinsamen Leitbündeln) auf, und zwar wechselt stets ein plattenförmiger Xylem- mit einem Phloemstrang ab. Es entsteht so eine im Querschnitt sternförmige Figur; je nach der Zahl ihrer Stränge nennt man den Zentralzylinder *diarch, triarch, tetrarch, polyarch*. Die Xylemplatten können im Zentrum (meist mit einigen größeren Gefäßen) aneinanderstoßen; hier können aber auch Sklerenchymstränge auftreten, daneben gibt es Wurzeln mit markähnlichem parenchymatischem Innengewebe. Zwischen dem Leitgewebe und der Endodermis liegt noch eine Schicht meristematischen Gewebes, der *Perizykel* (auch Pericambium). Aus ihm gehen die Anlagen der Seitenwurzeln (Abb. 4.87, S. 376) und später im Verlaufe der sekundären Verdickung auch das Periderm der Wurzel hervor. Die Anordnung der Seitenwurzeln richtet sich nach dem jeweiligen Bau des Zentralzylinders, und zwar entstehen die Wurzelanlagen entweder unmittelbar vor den Xylemsträngen oder (seltener) seitlich vor diesen.

Sekundärer Bau des Wurzelkörpers. Auch bei den Wurzeln findet man ein *sekundäres Dickenwachstum* nur bei Gymnospermen und Dikotyledonen. Voraussetzung dafür ist wiederum das Vorhandensein von primären Cambiumpartien, die hier jeweils im Bogen zwischen je einem Phloemstrang und den flankierenden Xylemplatten verlaufen (Abb. 5.39a). Diese Cambien beginnen sehr bald mit der Erzeugung von sekundärem Gewebe, und zwar liefern sie nach außen Bast-, nach innen Holzgewebe. Dabei wird das sekundäre Xylem zwischen die primären Xylemplatten gelagert (Abb. 5.39b). Die Cambien arbeiten zunächst isoliert, vereinigen sich aber durch Hinzufügung neuer Cambiumpartien, die vor den Xylemsträngen aus dem Perizykel entstehen, bald zu einem geschlossenen Cambiummantel. Die dabei anfänglich noch vorhandenen Buchten hinter den primären Phloemsträngen werden nach einiger Zeit ausgeglichen, weil die Tätigkeit des Cambiums in diesen Bereichen früher begonnen hat und eine Zeitlang bevorzugt Holzgewebe erzeugt wird. Das vor den primären Xylemsträngen gebildete sekundäre Gewebe wird zu Strahlen, die in der Wurzel als *primäre Strahlen* gelten. Auch bei der Wurzel werden die Rindenschichten aufgrund der zunehmenden Dicke der von ihnen eingeschlossenen Gewebe zerrissen. Schon vorher wird aus dem Perizykel ein neues Abschlußgewebe, das *Wurzelperiderm*, gebildet, das hier also – im Gegensatz zum Sproßperiderm – nicht aus peripheren Gewebepartien hervorgeht.

Überwinterungsorgane. Für das Leben Höherer Pflanzen im gemäßigten Klima mit seinen längeren Frostperioden stellt bei den mehrjährigen (perennierenden) Arten die Ausbildung geeigneter *Überwinterungsorgane* eine der wichtigsten Anpassungen dar. Abgesehen von den Winterknospen der Holzgewächse und den Erneuerungsknospen an den überdauernden basalen Achsenabschnitten der Stauden sind hier vor allem die unterirdischen Überwinterungsorgane der im Herbst »völlig einziehenden« *Geophyten* zu erwähnen. Diese mehr oder minder stark Reservestoffe speichernden Organe können aus jedem der drei Grundorgane gebildet werden. Der Sproß kann sich zu (1) unbegrenzt wachsenden, oft nur wenig verdickten *Erdsprossen (Rhizomen)*, wie z.B. beim Maiglöckchen (*Convallaria majalis*), oder (2) begrenzt wachsenden, meist stärker verdickten *Sproßknol-*

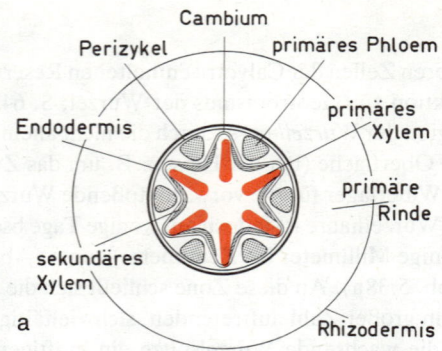

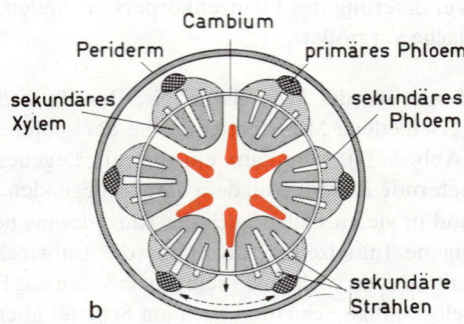

Abb. 5.39a, b. Sekundäres Dickenwachstum der Wurzel krautiger Dikotylen. (a) nach Beginn, (b) nach längerer Dauer des sekundären Dickenwachstums. Epidermis und primäre Rinde samt Endodermis sind in (b) bereits abgeworfen und durch ein dem Perizykel entstammendes Periderm ersetzt; die ausgezogenen Pfeile zeigen die Wachstumsrichtung im Bereich des Zentralzylinders, die gestrichelten Pfeile den tangentialen Zug (und eventuelle Zellvermehrung) im Bereich der peripheren Gewebe an. (Nach Strasburger, aus Troll)

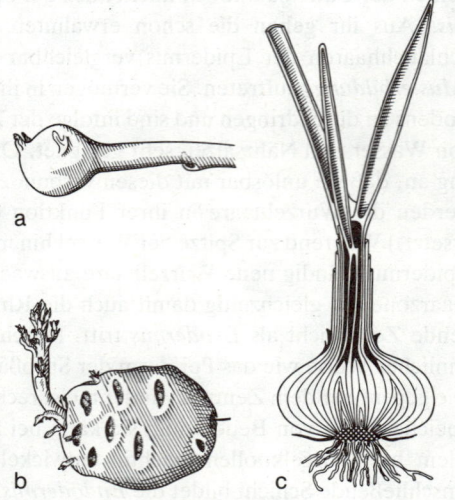

Abb. 5.40a–c. Speicherorgane. (a, b) Sproßknollen der Kartoffel in verschiedenen Entwicklungsstadien: (a) in der Knollenbildung begriffenes Ausläuferende, (b) ausgereifte Knolle mit austreibender Endknospe und Seitenknospen; (c) Zwiebel von Allium cepa (Küchenzwiebel) im Längsschnitt. (Nach Troll)

len (Knolliger Hahnenfuß, *Ranunculus bulbosus*) entwickeln. Als Sprosse geben sich diese Organe stets durch die meist schuppenartigen Niederblätter und durch die Ausbildung end- oder achselständiger Knospen (»Augen«) zu erkennen; so z. B. bei den Kartoffelknollen, die durch Stauchung und Verdickung aus den Spitzen unterirdischer Ausläufer hervorgehen (Abb. 5.40a, b). Bei den Wurzeln muß man in diesem Falle unterscheiden zwischen (3) *Rüben*, das sind ganz oder teilweise verdickte Hauptwurzeln (z. B. Mohrrübe, *Daucus carota*), und (4) *Wurzelknollen*, welche aus Seiten- oder (meist) aus sproßbürtigen Wurzeln entstehen (Scharbockskraut, *Ranunculus ficaria*, Abb. 3.25, S. 270). Eine Speicherung in Blattorganen findet bei den *Zwiebeln* (Abb. 5.40c) statt, und zwar werden hier Niederblätter oder scheidige Laubblattbasen fleischig verdickt, während die Sproßachse stark gestaucht bleibt und oft scheibenförmige Gestalt annimmt (Küchenzwiebel, *Allium*; Tulpe, *Tulipa*). Auch bei den *Bulbillen*, den der vegetativen Vermehrung dienenden und sich von der Abstammungsachse ablösenden Achselknospen, können Sproßachse, Blätter oder sproßbürtige Wurzeln als Speicherorgane verdickt werden. Je nachdem spricht man von Sproß-, Blatt- oder Wurzelbulbillen (Beispiele: Knollenknöterich, *Polygonum viviparum*, Sproßbulbillen; Tigerlilie, *Lilium tigrinum*, Blattbulbillen, Abb. 3.24, S. 270; Zahnwurz, *Dentaria bulbifera*, Blattbulbillen; Scharbockskraut, *Ranunculus ficaria*, Wurzelbulbillen, Abb. 3.25).

5.1.2.4 Bau der Angiospermenblüte

Die Organe der Angiospermenblüte stellen gegenüber den Organen der vegetativen Region zum Teil sehr stark umgewandelte (metamorphosierte) Grundorgane dar. Die Blüte als Ganze entspricht einem gestauchten Sproß (S. 408) und ist darin einer vegetativen Laubrosette vergleichbar (Abb. 5.41a, b), mit dem Unterschied, daß das Wachstum der Blüte begrenzt ist (Abb. 5.41c). [In Abb. 4.118 (S. 397) ist eine Blüte gezeigt, deren Scheitel infolge »vegetativer Umstimmung« das Wachstum mit der Ausgliederung laubblattartiger Organe fortsetzt, also zu vegetativem Wachstum zurückgekehrt ist (Prolifikation), eine seltene und als pathologische Bildungabweichung interpretierte Erscheinung.] Die Blattorgane der Blüte können (wie bei manchen Magnolien) sämtlich oder zum Teil schraubig angeordnet sein oder in Wirteln (Kreisen) stehen (z. B. Tulpe); letzteres darf zumeist als phylogenetisch abgeleitet gelten.

Zu einer »vollständigen« Angiospermenblüte gehören außer den *Mikro-* und *Mega-* (= *Makro-)sporophyllen* (Tab. 3.1, S. 282), die hier als Staub- und Fruchtblätter bezeichnet werden, noch Hüllorgane (Perianthblätter). Die Blütenhülle kann als »ungegliedertes« Perianth (Perigon) aus mehr oder minder gleichartigen Gliedern *(Tepalen)* bestehen (z. B. bei der Tulpe) oder als »gegliedertes« Perianth (Abb. 5.41c, z. B. bei der Heckenrose) aus einem mehr der Hüllfunktion dienenden, oft kleinblättrigen grünen *Kelch (Calyx)* und einer durch Größe und lebhafte Färbung mehr für die Anlockung von Bestäubern (»Schauapparat«) geeigneten *Krone (Corolle)* bestehen. Man unterscheidet demgemäß Kelch- und Kronblätter *(Sepalen* und *Petalen)*. Die Kelchblätter zeigen oft noch leicht erkennbare morphologische Beziehungen zu den Hochblättern. Sowohl die Glieder des Kelches als auch die der Krone können untereinander frei oder miteinander »verwachsen« sein. Ebenso wie bei den »Verwachsungen« der anderen Blütenkreise treten dabei die Glieder des betreffenden Organkreises gewöhnlich von vornherein (kongenital) miteinander verbunden auf; die Vereinigung kommt nicht erst durch nachträgliche (postgenitale) Verwachsung zustande. Vor allem die Vereinigung der Kronblätter (Sympetalie) und der Fruchtblätter sind wichtige Merkmale für die Systematik.

Die Staubblätter, die in ihrer Gesamtheit das *Androeceum* bilden, sind in der Regel in ein fadenförmiges Filament und eine Anthere (Abb. 5.41d) gegliedert. Die Gesamtheit der *Fruchtblätter (Carpelle)* bezeichnet man als *Gynoeceum*. Die Ränder der Fruchtblätter

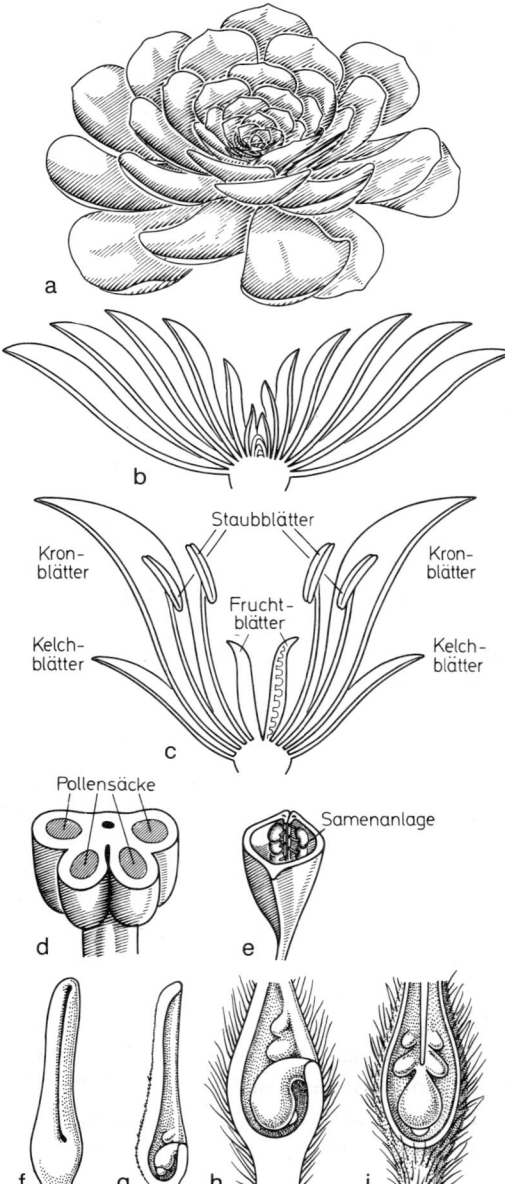

Abb. 5.41a–i. Aufbau der Angiospermenblüte. (a, b) vegetativer Rosettensproß (a) in Gesamtansicht und (b) im Axialschnitt; (c) Schema eines Axialschnittes durch eine Blüte, (d) Querschnitt durch ein Staubblattes, Schema. (e–i) Carpellbau und Placentation: (e) Querschnitt durch ein (subpeltates) Carpell von Colutea arborescens, (f–i) Clematis cirrhosa, (f) Carpell von der Ventralseite, in (g) median durchschnitten, (h) Basalabschnitt mit asciidiater Zone stärker vergrößert, (i) Carpell auf der Dorsalseite geöffnet, um die U-förmige Placenta zu zeigen; nur die in der Querzone sitzende Samenanlage ist fertil. (a–c, e nach Troll, g–i nach Payer, d, f Originale Weberling)

sind nach innen eingerollt und miteinander verbunden (Abb. 5.41 e), so daß die randständigen Samenanlagen in ein Gehäuse eingeschlossen sind. Dies steht im Gegensatz zu den Gymnospermen, wo sie frei zutage liegen. Für die Aufnahme der Pollenkörner und die Entwicklung des Pollenschlauches gibt es deshalb ein besonderes Aufnahmeorgan, die *Narbe*, die aus der Spitze des jeweiligen Fruchtblattes gebildet ist. Im einzelnen ist der Bau der Fruchtblätter und der aus ihnen zusammengesetzten Gynoeceen nur zu verstehen, wenn man die Schlauchblattform (S. 421) der Carpelle beachtet (Abb. 5.30f–h), an denen der schlauchförmige *(asciidiate)* und der nur zusammengefaltete, postgenital verwachsene *(plikate)* Abschnitt ein sehr unterschiedliches Ausmaß erreichen können (Abb. 5.41 f–i). Sofern die Carpelle eines *Gynoeceums* untereinander frei bleiben – was als stammesgeschichtlich ursprüngliches Merkmal gilt –, nennt man das *Gynoeceum* choricarp *(apocarp)*. Verwachsen die Fruchtblätter an ihren Flanken miteinander, was gewöhnlich kongenital geschieht, so spricht man von einem *coenocarpen (syncarpen) Fruchtknoten* (besser: *Pistill*). Zwischen dem Samenanlagen tragenden unteren Teil, dem *Ovar*, und der Narbenregion ist dann häufig eine stielartig verlängerte Zone, der *Griffel*, eingeschaltet. Von besonderem Einfluß auf die Blütengestalt ist die Form der Blütenachse. Anders als bei der ursprünglichen Form der *hypogynen* Blüte kann die Blütenachse das *Gynoeceum* unter Emporheben der übrigen Blütenteile umwachsen *(perigyne* Blüten) oder sich sogar über ihm wieder zusammenschließen *(epigyne* Blüten); dabei handelt es sich wieder um kongenitale Wachstumsprozesse. Entsprechend dem Blütenbau spricht man dann von *oberständigen*, *mittelständigen* und *unterständigen* Fruchtknoten.

Damit sind nur die allgemeinen Grundzüge des Blütenbaues aufgezeigt. Form und Anordnung der Blütenteile zeigen eine große Mannigfaltigkeit, die mittels eines (empirischen) Blütendiagramms dargestellt und durch Eintragung von Elementen, die im Verlaufe der Stammesgeschichte verlorengegangen sind, ergänzt werden kann (theoretisches Diagramm), vgl. Abbildung 5.42b. Die Blütenorgane können azyklisch (schraubig; z. B. *Magnolia*-Arten, Abb. 5.42c; Hahnenfuß, *Ranunculus*) oder zyklisch (in Wirteln; z. B. Malve) angeordnet sein. Neben strahligen Blüten (Fette Henne, *Sedum;* Hauswurz, *Sempervivum; Geranium,* Abb. 5.42d) kommen seltener bilateralsymmetrische (Tränendes Herz, *Dicentra,* Abb. 5.42e, 6.3b), aber auch zygomorphe (Orchideen; Lippenblütler, *Lamiaceae; Viola,* Abb. 5.42g) und asymmetrische (Baldrian, *Valeriana; Canna*) Formen vor. Veränderungen der Zahl und Gestalt der verschiedenen Blütenorgane, Ausbildung nur des einen oder anderen Geschlechts, primäres Fehlen oder Reduktion des Kelches oder der Krone, unterschiedliche Entwicklung der Blütenachse und andere Erscheinungen führen zur Entstehung der zahllosen Blütenformen, die in der Natur auftreten. Dazu kommt noch die Mannigfaltigkeit in der Anordnung der Blüten zu Blütenständen.

Nach der Befruchtung der Eizellen (S. 291) entwickeln sich die Samenanlagen zu *Samen,* das Gynoeceum zur *Frucht,* wobei die einzelnen Blütenorgane in unterschiedlichem Maße Anteil an der Fruchtbildung nehmen können. Aus diesem Grunde hat sich die Definition »Frucht = Blüte im Zustand der Samenreife« als zweckmäßig erwiesen. Beispiele für die wichtigsten Fruchtformen sind in Abbildung 5.43 zusammengestellt. Bei ihrer Unterscheidung hat man vor allem darauf zu achten, ob sie aus einer Blüte mit freien Karpellen (choricarp: *Sammelfrucht*) oder mit verwachsenblättrigen (coenocarpem) Gynoeceum hervorgehen *(Einzelfrucht).*

Die Früchte können sich in verschiedener Weise öffnen *(Spring- und Streufrüchte)* oder geschlossen bleiben *(Schließfrüchte).* Wenn im letztgenannten Fall die Fruchtwand trocken und oft ± sklerenchymatisch ausgebildet ist, enthalten sie gewöhnlich nur einen reifen Samen, ist dagegen die Fruchtwand teilweise bis ganz fleischig (z. B. Beeren) entwickelt, kann die Frucht mehrere oder viele Samen enthalten. Die Einblattfrüchte leiten sich durch Reduktion der Fruchtblattzahl aus choricarpen Blüten her. Spaltkapseln können sich in der Weise öffnen, daß sich die am Aufbau eines Ovars beteiligten Carpelle durch Spaltung der Scheidewände (Septen) voneinander lösen und auseinanderweichen;

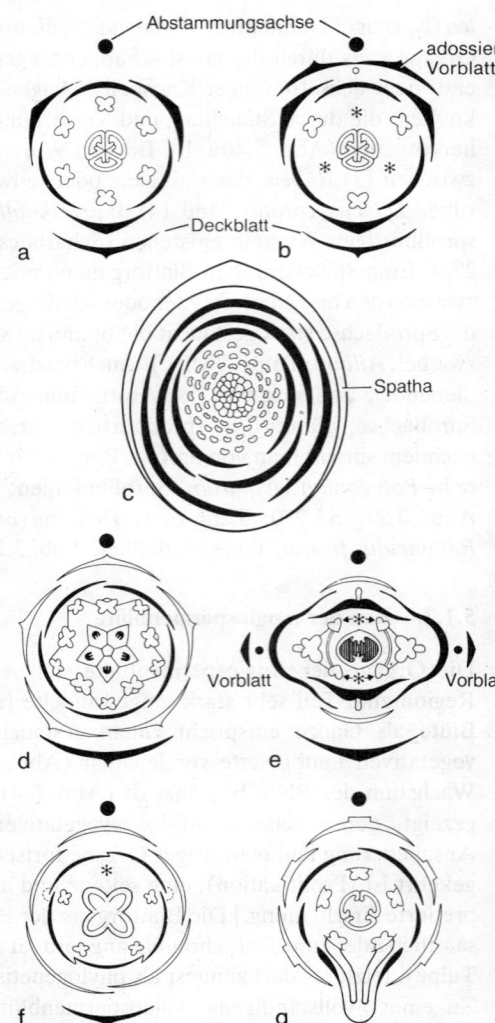

Abb. 5.42 a–g. Blütendiagramme. (a) Liliaceae (Ornithogalum umbellatum), *(b)* Iridaceae (Crocus), *beide zyklisch; (c)* Magnolia grandiflora (Magnoliaceae), *azyklisch (Spatha: großes, die Knospe umhüllendes Blattorgan); (d)* Geranium (Geraniaceae), *isozyklisch, d. h. in allen Organkreisen gleichzählig, daher völlig radiärsymmetrisch; (e)* Dicentra *(Tränendes Herz,* Ranunculaceae); *(f)* Lamium album *(Weiße Taubnessel,* Lamiaceae); *zygomorph, Kronblätter verwachsen (sympetal); (g)* Viola tricolor *(Stiefmütterchen,* Violaceae) *zygomorph, Kronblätter frei (choripetal). – Kronblätter (Petalen bzw. Tepalen: a, b) schwarz, Kelchblätter, Staubblätter und Fruchtblätter hell. (a–f nach Eichler, g nach Firbas)*

Abb. 5.43. Fruchtformen choricarper (apocarper) und coenocarper Blüten. (Nach Strasburger, Du Chartre, Rauh, Baillon, Schimper, Weber, Troll, teilweise verändert, und Originale von Weberling)

SAMMELFRÜCHTE
(Choricarpes Gynoeceum)
Carpelle mehrsamig
Bälge frei auf der Achse
Bälge von fleischigem Achsengewebe umgeben
Carpelle pergamentartig, zweisamig
Carpelle einsamig
Zu Steinkernen umgewandelte Carpelle von fleischigem Achsengewebe umgeben
mit Fruchtwand verwachsen
frei
Carpelle auf der ± kegelförmigen Achse
Achse trocken
Achse fleischig
Carpelle fleischig mit Steinkern
Carpelle trocken
Sammelsteinfrucht
(Trollius)
(Nuphar)
(Malus)
(Mespilus)
(Rosa)
(Rubus)
(Geum)
(Fragaria)
EINZELFRÜCHTE
Spring- und Streufrüchte
Balg
Hülse
Kapsel
Spaltkapsel
Porenkapsel
Deckelkapsel
trocken
fleischig
septicid
loculicid + septifrag
Schote
(Impatiens)
(Veratrum)
(Iris)
(Impatiens)
(Papaver)
(Anagallis)
(Delphinium)
(Laburnum)
Einblattfrüchte
(Chelidonium)
Schließfrüchte
Beere
Steinfrucht
Nuß
Spaltfrucht
Bruchfrucht
Achäne
Karyopse
(Atropa)
(Olea)
ganz oder teilweise saftig
(Corylus)
(Acer)
(Ornithopus)
(Asteraceae, Carduus)
(Triticum)
trocken

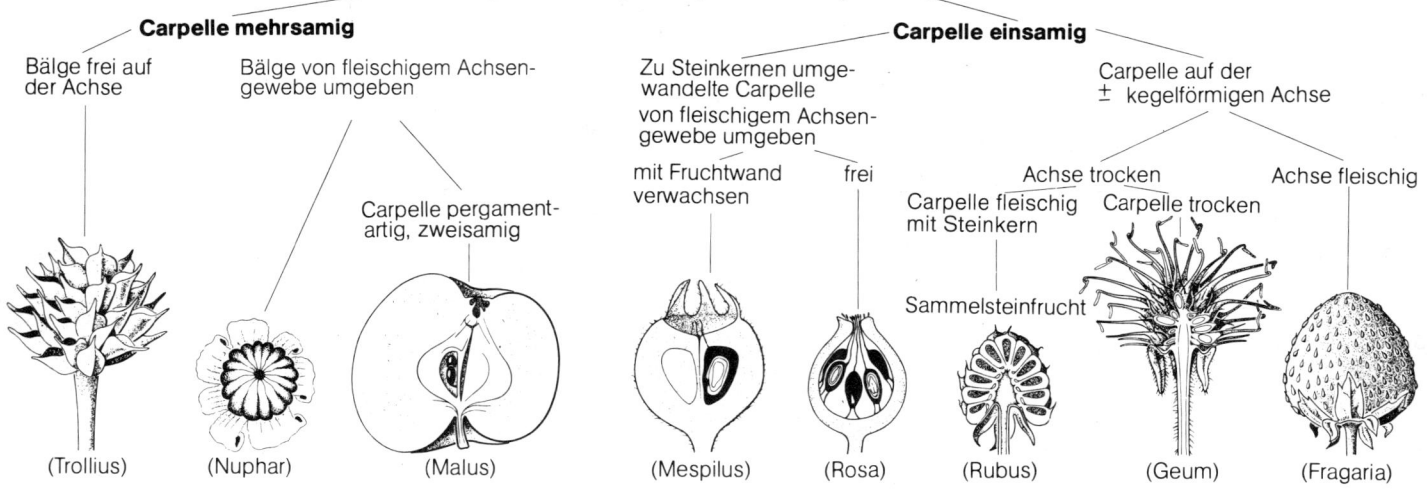

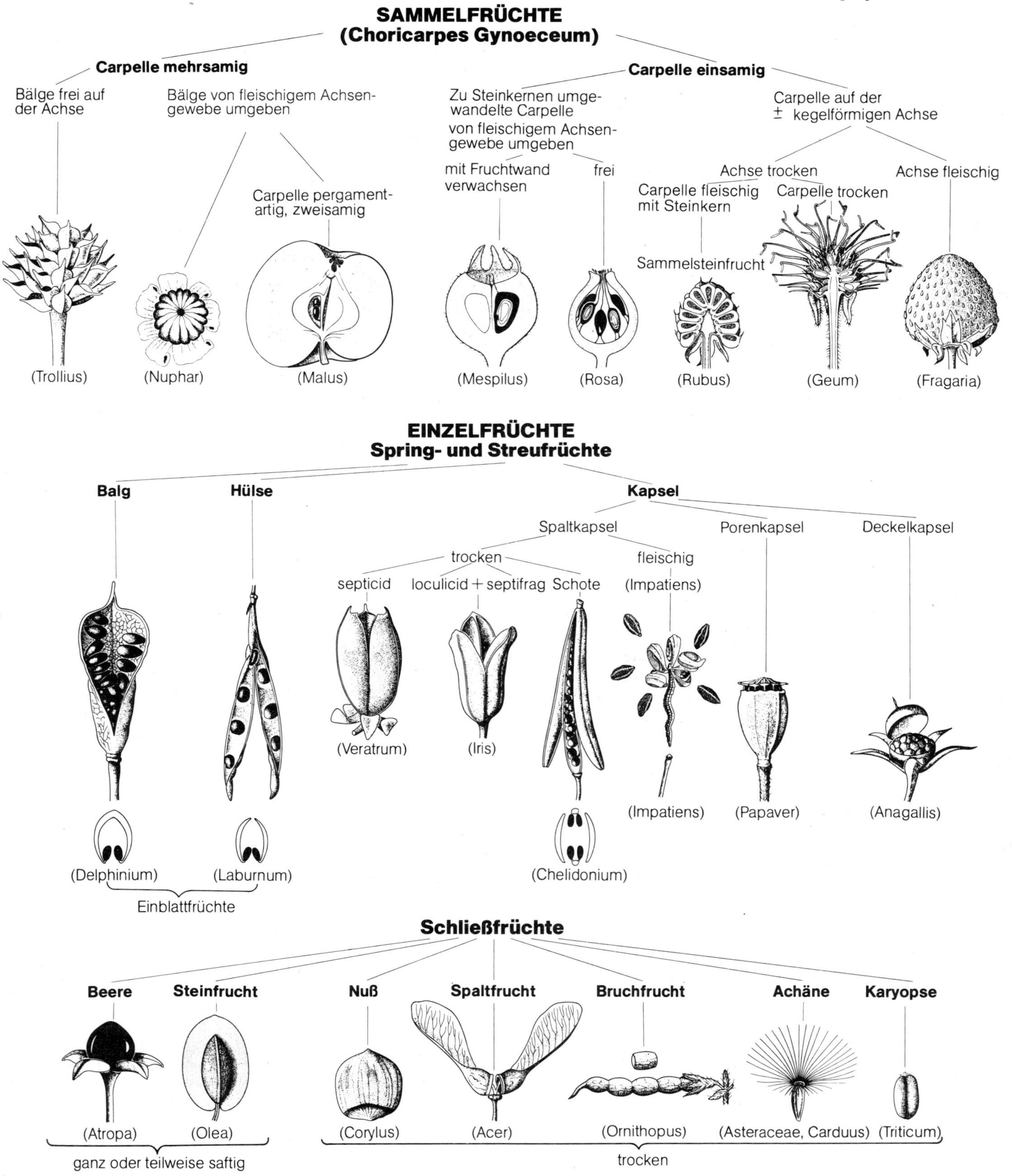

sie sind septicid. Öffnet sich die Kapsel dagegen durch Brüche an den verwachsenen Carpellrändern, wobei sich die von den medianen Partien der Carpelle gebildeten Außenwände der Fruchtfächer als Klappen von den vereinigt bleibenden zentralen Partien der Scheidewände trennen, so ist sie (zugleich) septifrag (»scheidewandbrüchig«). Liegen die Öffnungsspalten in der Mediane der Carpelle, so nennt man die Öffnungsweise loculicid (»fachspaltig«, auch dorsicid). Als *Achäne* bezeichnet man eine trockene einsamige Schließfrucht, die aus einer Blüte mit unterständigem Ovar hervorgegangen ist (Valerianaceae, Dipsacaceae, Asteraceae), als *Karyopse* die aus dem oberständigen Fruchtknoten gebildete einsamige Schließfrucht der Poaceen, bei der sich das zarte Pericarp hautartig dem von ihm umschlossenen Samen anschmiegt, so daß die Form der Frucht weitgehend vom Samen (»Kern«) bestimmt wird. Die Verbreitungseinheiten können somit aus einzelnen Samen oder aus ganzen Früchten, bei den Bruch- und Spaltfrüchten aber auch aus Teilfrüchten bestehen. Andererseits verwachsen bisweilen die Früchte eines ganzen Blütenstandes zu einem mehr oder minder einheitlichen *Fruchtstand* (Ananas, Maul»beere«, Feige u.a.).

5.2 Funktionen pflanzlicher Gewebe und Organe

Innerhalb der im vorigen Abschnitt beschriebenen Gewebe und Organe der Pflanze gibt es zwar vielfach Arbeitsteilungen, doch sind diese, wie angedeutet, meist nicht so strikt wie bei den stärker spezialisierten Geweben und Organen Höherer Tiere (S. 450f.). So ist zwar das Blatt das Hauptorgan der Photosynthese und der Transpiration, und sein Bau ist zumeist wesentlich durch diese Funktionen bestimmt (z.B. flächige Gestalt, Abschluß durch Cuticula, Durchlüftungssystem mit regulierbaren Stomata, Ausbildung leistungsfähiger Chlorenchyme, dichtes Leitbündelsystem zur Ableitung der Assimilate und zur Zufuhr von Wasser und Nährsalzen), doch können all diese Funktionen im Prinzip auch von anderen Pflanzenorganen erfüllt werden. So kann auch die Sproßachse Photosynthese betreiben; in manchen Fällen (Reduktion der Blätter bei Rutensträuchern und bei vielen Stammsukkulenten, S. 563) haben sie diese Aufgabe auch allein zu bewerkstelligen. Bei extremen Spezialisten, bei denen außer im Blütenbereich allenfalls rudimentäre Blätter und keine vegetativen Sprosse ausgebildet werden, kann sogar die Wurzel die gesamte Photosyntheseleistung erbringen. Sie ist dann (z.B. bei der epiphytischen Orchidee *Taeniophyllum*) grün und abgeplattet.

Auf der anderen Seite können auch Funktionen, die man zunächst als typisch für die Wurzel ansehen würde (und zu deren Wahrnehmung die normale Wurzel »konstruiert« ist), von Blättern oder auch Sproßachsen übernommen werden. Das gilt z.B. für die Wasser- und Salzaufnahme, zu der auch alle oberirdischen Organe mehr oder weniger gut befähigt sind. Bei einzelnen Pflanzentypen ist diese Fähigkeit aus ökologischer Notwendigkeit besonders stark entwickelt, so etwa bei vielen Ananasgewächsen (Bromeliaceen). Vor allem bei epiphytischen Arten kommt den Wurzeln überwiegend Haltefunktion zu, die Wasser- und Salzaufnahme aber erfolgt über die Blätter. Bei der wurzellosen *Tillandsia usneoides* erfolgt die gesamte Stoffaufnahme über den Sproß. Die Blätter haben zu diesem Zweck eigene Strukturen entwickelt (z.B. Schuppenhaare), die eine lebhafte Stoffaufnahme ermöglichen, ohne einen zu starken Wasserverlust bei Trockenbedingungen in Kauf nehmen zu müssen. Auf dieser Familieneigentümlichkeit beruht z.B. die Tatsache, daß die (nicht-epiphytische) Ananas besonders wirkungsvoll über die Blätter gedüngt werden kann.

Bei anderen Funktionen der Höheren Pflanzen wirken die verschiedenen Organe so eng zusammen, daß sie ebenfalls nicht bei der Betrachtung eines Einzelorganes abgehandelt werden können. Das gilt z.B. für den Transport von Gasen, Wasser und Assimilaten und

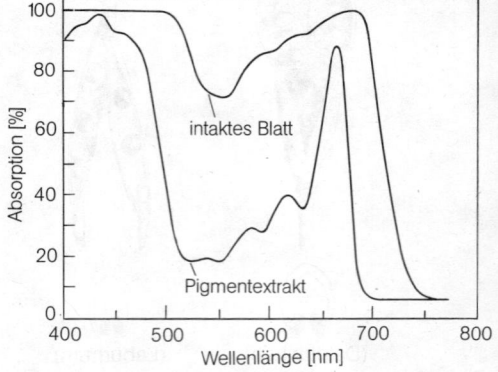

Abb. 5.44. Absorptionsspektrum eines grünen Blattes von Tropaeolum majus (Kapuzinerkresse) und eines Pigmentextraktes (in Aceton) aus demselben Blatt. Auf der Ordinate ist die Absorption A (= 1 − Transmission) – nicht die Extinktion E wie in Abb. 1.95 – aufgetragen. Der optisch klare Pigmentextrakt (keine Lichtstreuung!) zeigt eine relativ geringe Absorption im grüngelben Spektralbereich (vgl. Abb. 1.95, S. 115); im intakten Blatt wird durch vielfache Streuung des in das Blatt eingedrungenen Lichtes an Zellstrukturen (dadurch Erhöhung der optischen Weglänge) auch für den grüngelben Spektralbereich eine hohe Absorptionswahrscheinlichkeit erzielt. (Original Schopfer)

für hormonale Steuerungen. Diese Leistungen werden daher im Kapitel 6 besprochen. Im folgenden sollen einige charakteristische physiologische Fähigkeiten der vegetativen Höheren Pflanze behandelt werden. Die Funktion der *Blüte* wurde bereits im Kapitel 3 (S. 282f.) besprochen.

5.2.1 Bildung organischer Materie im Blatt

Der molekulare Mechanismus der Photosynthese und ebenso die zellulären Strukturen, an denen dieser Prozeß abläuft, sind bei den Pflanzen von einer erstaunlichen Konstanz (S. 113f.; Abb. 1.9, S. 17). Das gleiche gilt auch für die dissimilatorischen Stoffwechselwege (S. 88f.). Auf der Ebene der Gewebe und Organe, oder gar auf der Ebene der Arten, treten hingegen drastische Unterschiede in den Stoffwechselleistungen auf. Dies hängt mit der metabolischen Arbeitsteilung im Cormus und mit der physiologischen Anpassung der Pflanze an die ökologischen Bedingungen des Standortes zusammen. So kann beispielsweise die photosynthetische Leistungsfähigkeit des Blattes bei verschiedenen Pflanzen innerhalb weiter Grenzen variieren. Die photosynthetische Energiegewinnung stellt bei der autotrophen Pflanze einen zentralen Faktor für das Überleben dar und unterliegt daher einer scharfen Selektion in Richtung auf eine möglichst optimale Anpassung an die Bedingungen des Standortes. Diese Bedingungen zeigen einen weiten Spielraum (z.B. vom feuchten, dunklen Grund des tropischen Regenwaldes bis hin zur lichtreichen, heißen Trockenwüste, S. 779f.). Es ist daher verständlich, daß es während der Evolution zu einer Anpassung der photosynthetischen Leistungsfähigkeit an die physikalischen Gegebenheiten der jeweiligen Umwelt einer Pflanzenart gekommen ist. Hierbei wurde das Grundkonzept der Photosynthese in unterschiedlicher Weise modifiziert (S. 440f.). Es handelt sich nicht um grundsätzliche Veränderungen im Mechanismus, sondern um quantitative Unterschiede in der Funktion mancher Teilbereiche des Photosyntheseapparates oder um Zusatzmechanismen zur »normalen« Photosynthese. Nichtsdestoweniger äußern sich diese Modifikationen in zum Teil drastischen Unterschieden in der photosynthetischen Leistungsfähigkeit *(Kapazität)* bzw. Ausbeute *(Effektivität)* und damit in der photosynthetischen Produktivität eines Blattes unter den jeweiligen Bedingungen des natürlichen Standortes einer Pflanze.

5.2.1.1 Das Blatt als effektiver Lichtabsorber

Die Photosynthesepigmente des Blattes, Chlorophyll *a*, Chlorophyll *b* und mehrere Carotinoide, ergeben ein Absorptionsspektrum mit einer beträchtlichen Lücke im grünen und gelben Spektralbereich. In der Tat zeigt auch das Wirkungsspektrum der Photosynthese, daß dieser mittlere Spektralbereich bei einer verdünnten Algensuspension oder dem sehr zarten Blatt der Wasserpflanze *Elodea* (Abb. 1.97a, S. 116) eine stark verminderte Wirksamkeit besitzt. Bei den Rot- und Blaualgen wird die Lücke durch zusätzliche Photosynthesepigmente (Phycoerythrin und Phycocyanin) geschlossen (Abb. 1.97b, S. 116). In den naturgemäß sehr viel derberen Blättern der Landpflanzen wird dieses Problem durch einen hohen Chlorophyllgehalt und durch die multiple Lichtstreuung im Blatt gelöst: Das grüne Blatt kann auch im grüngelben Spektralbereich etwa 80% des eingestrahlten Lichtes absorbieren (Abb. 5.44). Dies führt auch beim Wirkungsspektrum zu einem nahezu völligen Ausgleich dieses »optischen Fensters« des Photosyntheseapparates. Erst oberhalb von etwa 750 nm sind grüne Blätter für elektromagnetische Strahlung transparent (wenn man von der Absorption des H_2O im Infrarotbereich absieht).

Die Oberflächenstruktur des Blattes spielt ebenfalls eine wichtige Rolle für die Absorption von Licht im Blatt. Bei einem nicht-glänzenden, unbehaarten Blatt ist die Reflexion

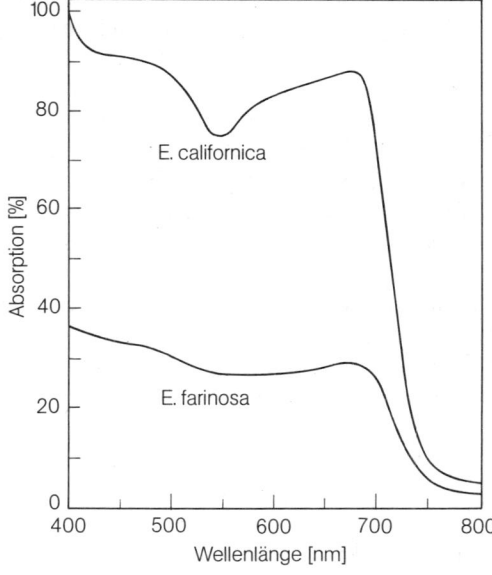

Abb. 5.45. Absorptionsspektren intakter Blätter zweier nahe verwandter Arten aus der Familie Asteraceae, von denen die eine (Encelia californica) kahle Blätter besitzt, während die Blätter der anderen (E. farinosa) einen dichten weißen Filz von Haaren tragen. Bei der behaarten Art ist der Anteil der absorbierten Strahlung durch Reflexion um etwa 60% vermindert. Außerdem ist unter diesen Bedingungen die Wellenlängenabhängigkeit der Absorption unterhalb von 700 nm aufgrund der hohen Lichtstreuung praktisch vollständig aufgehoben. Der Chlorophyllgehalt beträgt bei beiden Blättern etwa $40\,\mu g \cdot cm^{-2}$. (Nach Ehleringer, Björkman u. Mooney)

des auffallenden Lichtes vernachlässigbar gering (meist < 10%). Reflektierende Strukturen, vor allem eine dichte Behaarung, führen jedoch zu einer starken Erhöhung des Anteils reflektierter Strahlung und damit zu einer entsprechenden Reduktion des photosynthetisch wirksamen Anteils bei ausgeglichener Absorption im gesamten sichtbaren Spektralbereich (Abb. 5.45). Die dichte Bedeckung mit toten Haaren, welche man häufig bei lichtexponierten Arten (z.B. Edelweiß) findet, dürfte neben dem Transpirationsschutz auch eine wichtige Funktion als Lichtschutz besitzen.

5.2.1.2 Assimilatorischer und dissimilatorischer Gaswechsel

Die Grundgleichung der Photosynthese (Gl. 1.79, S. 113) zeigt, daß bei diesem Prozeß zu gleichen Teilen O_2 abgegeben und CO_2 aufgenommen werden. (Da im Chloroplasten neben Kohlenhydraten auch noch andere Moleküle synthetisiert werden können, gilt dies jedoch nur in erster Näherung.) Man kann die Photosyntheseintensität eines Blattes relativ einfach anhand der Intensität der O_2-Abgabe [mol $O_2 \cdot h^{-1}$] oder der CO_2-Aufnahme [mol $CO_2 \cdot h^{-1}$] messen. Man muß dabei allerdings berücksichtigen, daß das Blatt – wie alle anderen Organe – gleichzeitig mit der Photosynthese auch einen dissimilatorischen Gaswechsel besitzt, der sich dem photosynthetischen überlagert. Die beiden gegenläufigen Gaswechselprozesse haben die Tendenz, sich gegenseitig zu kompensieren (Abb. 5.46).

Die zu einem Gaswechsel führenden Dissimilationsprozesse, d.h. O_2-Aufnahme und CO_2-Abgabe, sind bei Pflanzen viel mannigfaltiger als bei Tieren. Folgende metabolische Vorgänge können bei Pflanzen im Prinzip zum dissimilatorischen Gaswechsel beitragen:
1. oxidative Dissimilation von Kohlenhydraten zu CO_2 und H_2O (Gl. 5.1),
2. anaerobe Dissimiliation von Kohlenhydraten zu Ethanol und CO_2 (alkoholische Gärung, nur unter O_2-Mangel, Gl. 5.2),
3. oxidativer Pentosephosphatzyklus (Gl. 5.3; Abb. 1.76, S. 92),
4. Transformation von Fett in Saccharose (Gl. 5.4; Abb. 1.80, S. 96),
5. photosynthetischer Glykolatstoffwechsel *(Photorespiration,* Gl. 5.5; Abb. 1.119, S. 128; die hierbei stattfindende Serinbildung ist an die Atmungskette gebunden, wodurch ein weiterer O_2-Verbrauch verursacht wird).

Naturgemäß unterscheiden sich verschiedene Gewebe stark hinsichtlich des quantitativen Beitrags der angeführten Atmungsvorgänge. So dominiert z.B. in jungen, gerade ergrünten Fettspeicherkotyledonen für einige Tage die Fett → Kohlenhydrat-Transformation. Im ausgewachsenen grünen Blatt hat man es in erster Linie mit der oxidativen Dissimilation (Prozeß 1) und der Photorespiration (Prozeß 5) zu tun. Im Dunkeln (d.h. während der Nacht) läuft im Blatt ein recht intensiver Abbau der Assimilationsstärke über die Glykolyse, den Citratzyklus und die Atmungskette ab. Im hellen Licht (d.h. während der meisten Zeit des Tages) dürfte dieser Prozeß allerdings weitgehend gehemmt sein. Trotzdem beobachtet man unter diesen Bedingungen, also gleichzeitig mit der Photosynthese, eine starke CO_2-Abgabe und O_2-Aufnahme, deren Intensitäten meist das Mehrfache der nächtlichen Dunkelatmung ausmachen. Diese *Lichtatmung* oder *Photorespiration* kann neben der CO_2-Aufnahme und O_2-Abgabe der Photosynthese nur bei spezieller Versuchsanordnung nachgewiesen werden, z.B. durch Messung der Aufnahme des stabilen Isotops ^{18}O aus einer $^{18}O_2$-Atmosphäre oder der Abgabe von radioaktivem $^{14}CO_2$ bei einem Blatt, das vorher $^{14}CO_2$ assimiliert hatte und dann in eine Atmosphäre mit $^{12}CO_2$ verbracht wurde. Die gleichzeitig durch die Photosynthese bewirkte $^{16}O_2$-Abgabe bzw. $^{12}CO_2$-Aufnahme bleibt hierbei also unberücksichtigt. Die Photorespiration geht auf die Bildung und partielle Dissimilation von Glykolat im Zusammenhang mit der photosynthetischen CO_2-Fixierung zurück (vgl. Abb. 1.119, S. 128). Das Glykolat stammt aus der Oxygenasereaktion der Ribulosebisphosphat-Carboxylase/Oxygenase (RUBISCO). Da CO_2 und O_2 konkurrierende Substrate des bifunktionellen Enzyms sind, arbeitet dieses bei

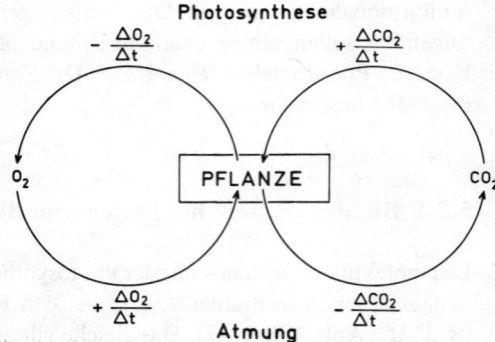

Abb. 5.46. *Gegenläufigkeit von photosynthetischem und respiratorischem Gaswechsel*

(5.1)

Glucose + 6 O_2 + 38 ADP + 38 P_i

$\longrightarrow$ 6 CO_2 + 6 H_2O + 38 ATP;

$\Delta G_0' = -1760$ kJ $\cdot$ (mol Glucose)$^{-1}$

(5.2)

Glucose + 2 ADP + 2 P_i

$\longrightarrow$ 2 Ethanol + 2 CO_2 + 2 ATP;

$\Delta G_0' = -160$ kJ $\cdot$ (mol Glucose)$^{-1}$

(5.3)

Glucose-6-Ⓟ + 12 NADP$^+$

$\longrightarrow$ 6 CO_2 + 12 NADPH + P_i;

$\Delta G_0' = -260$ kJ $\cdot$ (mol Glucose-6-Ⓟ)$^{-1}$

(5.4)

$C_{57}H_{104}O_6$ + 36,5 O_2
(Trioleylglycerol)

$\longrightarrow$ 3,625 $C_{12}H_{22}O_{11}$ + 13,5 CO_2 + 12,125 H_2O
(Saccharose)

(5.5)

Ribulose-1,5-bis-Ⓟ + 0,5 NH_4^+ + 1,5 O_2

$\longrightarrow$ Ⓟ-Glycerat + P_i + 0,5 Serin + CO_2

(5.5a)

hohem CO_2/O_2-Verhältnis überwiegend als Carboxylase, bei niedrigerem CO_2/O_2-Verhältnis aber auch in erheblichem Umfang als Oxygenase (Gl. 5.5a). Da das Substrat Ribulose-bis-Phosphat ständig im Calvin-Zyklus nachgebildet werden muß, ist die Photorespiration eng an die Photosynthese gekoppelt. Mit der anschließenden Metabolisierung des photorespiratorischen Glykolats sind eine CO_2-Produktion und ein weiterer Verbrauch von O_2 verbunden (vgl. Abb. 1.79, S. 113).

Die Atmung eines Blattes im Licht und im Dunkeln beruht also auf zwei völlig verschiedenen Dissimilationsvorgängen. Es ist daher nicht möglich, aus der Atmungsintensität eines Blattes im Dunkeln auf seine Atmungsintensität im Licht zu schließen.

Die Intensität der Photorespiration steigt, ähnlich wie die der Photosynthese, mit zunehmender Beleuchtungsstärke bis zu einem Sättigungswert an. Parallel dazu dürfte es in der Regel zu einer Reduktion der mitochondrialen Atmung kommen. Das Ausmaß der Photorespiration ist bei den meisten Pflanzen erheblich: Normalerweise werden bei Lichtsättigung für 10 photosynthetisch fixierte CO_2-Moleküle 3–5 CO_2-Moleküle bei der Photorespiration wieder ausgeschieden. Es besteht daher ein beträchtlicher Unterschied zwischen der *reellen Photosyntheseintensität* (»Bruttophotosynthese«) und der *apparenten Photosyntheseintensität* (»Nettophotosynthese«). Zwischen den beiden Begriffen besteht also folgender Zusammenhang:

reelle Photosyntheseintensität = apparente Photosyntheseintensität + Atmungsintensität.

Da die getrennte Messung von reeller Photosynthese und Atmung – wie erwähnt – einen ziemlich hohen experimentellen Aufwand erfordert, bestimmt man in der Regel nur die apparente Photosynthese, d.h. die um die Atmung verminderte CO_2-Aufnahme oder O_2-Abgabe im Licht. Die apparente Photosynthese wird gleich Null, wenn die Intensitäten der reellen Photosynthese und der Atmung gleich groß sind und sich daher quantitativ kompensieren. Dies ist die Grundlage für die Definition der photosynthetischen *Kompensationspunkte*.

Der Lichtkompensationspunkt der Photosynthese. Die Photosyntheseintensität ist von der Beleuchtungsstärke (= Lichtfluß) abhängig (Abb. 5.47). Die Kurve der reellen Photosynthese steigt mit zunehmender Beleuchtungsstärke an und erreicht schließlich einen Sättigungswert. Diejenige Beleuchtungsstärke, welche gerade soviel reelle Photosynthese ergibt, daß die gleichzeitige Atmung quantitativ ausgeglichen wird, bezeichnet man als den *Lichtkompensationspunkt*. Bei Beleuchtungsstärken unterhalb dieses Wertes überwiegt die Atmung, welche unter diesen Bedingungen noch zum größten Teil auf die Mitochondrien zurückgeht, über die reelle Photosynthese. Die Pflanze besitzt also eine negative Kohlenstoffbilanz und ist daher auf Dauer nicht lebensfähig. Bei Beleuchtungsstärken oberhalb des Lichtkompensationspunktes ist dagegen eine positive apparente Photosynthese und damit eine positive Kohlenstoffbilanz möglich (wobei auch die Atmungsverluste in den Dunkelperioden berücksichtigt werden müssen).

Die Lage des Lichtkompensationspunktes [in der Regel zwischen 100 und 800 lx (Lux)] ist für die Anpassung einer Pflanze an die Lichtbedingungen ihres Standortes von großer Bedeutung. Pflanzen lichtarmer Biotope (»Schattenpflanzen«, z.B. am Grund eines dichten Waldes) zeichnen sich durch einen besonders niedrigen Lichtkompensationspunkt aus und unterscheiden sich dadurch deutlich von den »Sonnenpflanzen«. Die Gegenüberstellung der beiden Kurven in Abbildung 5.47 verdeutlicht einen wichtigen Gesichtspunkt: Die Sonnenpflanze ist im Starklicht sehr viel *leistungsfähiger* (hohe apparente Photosynthese) als die Schattenpflanze. Andererseits ist die Schattenpflanze sehr viel *effektiver* (niedriger Lichtkompensationspunkt) bei der Ausnützung niedriger Beleuchtungsstärken (Abb. 5.48). Zwischen den beiden extremen Typen gibt es natürlich viele Übergänge. Auch ein und dieselbe Pflanze kann, je nach Lichtbedingungen, ihren Lichtkompensationspunkt in gewissen Grenzen variieren. Beispielsweise haben die Blätter in den inneren Bereichen der Laubkrone einer Buche (»Schattenblätter«) einen niedrigeren Lichtkom-

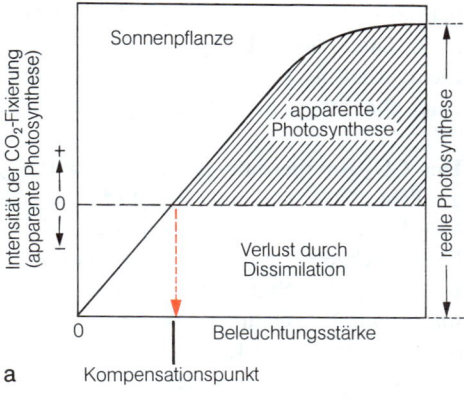

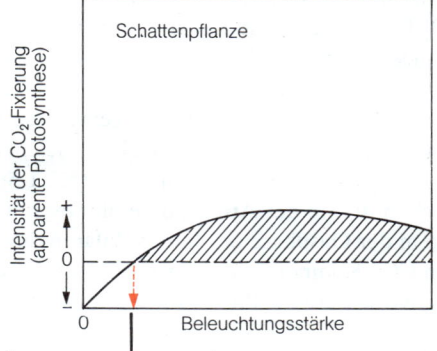

Abb. 5.47 a, b. Schematische Lichtkurven der Photosynthese bei (a) einer typischen Sonnenpflanze und (b) einer typischen Schattenpflanze. Bei der Sonnenpflanze liegen die Lichtsättigung und der Lichtkompensationspunkt bei wesentlich höheren Beleuchtungsstärken als bei der Schattenpflanze. Unter apparenter Photosynthese versteht man die Netto-Photosynthese. Die reelle Photosynthese erhält man, wenn man zu der apparenten den dissimilatorischen Kohlenstoffverlust addiert. In dieser vereinfachten Darstellung ist die Atmung als konstant angenommen (gestrichelte Linie). In Wirklichkeit steigt jedoch auch die Photorespiration mit der Beleuchtungsstärke (vgl. Text). (Nach Baron, verändert)

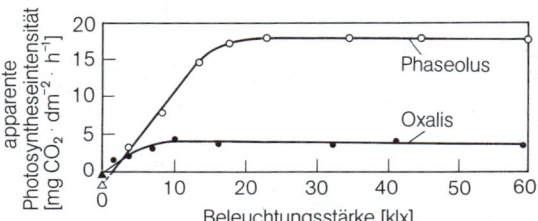

Abb. 5.48. Experimentell gemessene Photosyntheselichtkurven bei Blättern der Sonnenpflanze Phaseolus (Bohne) und der Schattenpflanze Oxalis (Sauerklee). Die Dunkelatmung ist mit dreieckigen Symbolen angegeben. (Nach Meyer, Anderson u. Böhning)

pensationspunkt als die Blätter der lichtexponierten Oberfläche (»Sonnenblätter«, Abb. 5.49). Die Pflanzen haben sich also nicht nur genetisch – im Laufe der Evolution – an die Lichtverhältnisse eines bestimmten Standorts angepaßt, sondern sind außerdem auch zu einer phänotypischen Adaption *(Akklimatisation)* befähigt.

Der CO_2-Kompensationspunkt der Photosynthese. Wenn man eine Pflanze in einem gasdicht abgeschlossenen Behälter unter sättigenden Lichtbedingungen hält, so sinkt die CO_2-Konzentration im Gasraum ab, bis sich bei einer bestimmten Konzentration ein Fließgleichgewicht zwischen Photosynthese und Atmung eingestellt hat (apparente Photosynthese gleich Null). Diese CO_2-Konzentration bezeichnet man als den *CO_2-Kompensationspunkt Γ* (Gamma). Während der Lichtkompensationspunkt ein relatives Maß für die Ausnützung der Lichtquanten im Photosyntheseapparat darstellt, ist Γ ein relatives Maß für die Ausnützung des CO_2-Gehaltes der Luft. Ein niedriger Γ-Wert bedeutet eine relativ hohe »Affinität« des Blattes für CO_2. Γ charakterisiert also die Effektivität des CO_2-fixierenden Systems im Vergleich zur Effektivität der Atmung. Für die meisten Pflanzen liegt Γ bei $50-100\,\mu l\ CO_2 \cdot l^{-1}$, also bei ⅙–⅓ der normalen CO_2-Konzentration in der Luft (derzeit ca. $340\,\mu l\ CO_2 \cdot l^{-1}$). Eine besondere Gruppe von Arten, die »C_4-Pflanzen«, zeigen einen sehr viel geringeren Γ-Wert (im Bereich $<10\,\mu l\ CO_2 \cdot l^{-1}$). Diese Pflanzen zeichnen sich physiologisch auch in anderer Beziehung aus und werden daher in einem eigenen Abschnitt behandelt (5.2.1.5, S. 440f.).

Auch im frei in der Atmosphäre photosynthetisierenden Blatt kann die CO_2-Konzentration in der Gasphase der Interzellularen durch die CO_2-Fixierungsreaktion höchstens bis zum CO_2-Kompensationspunkt abgesenkt werden. Eine Pflanze kann also nur dann eine positive apparente Photosynthese durchführen, wenn die Differenz $340 - \Gamma\ [\mu l \cdot l^{-1}]$ positiv ist.

5.2.1.3 Begrenzende Faktoren der apparenten Photosynthese

Der Weg des CO_2 im photosynthetisierenden Blatt kann schematisch als ein Strom von Kohlenstoff durch eine kompliziert gegliederte Produktionsanlage dargestellt werden (Abb. 5.50). Aus dieser Darstellung geht unmittelbar hervor, daß die Intensität dieses Stroms an verschiedenen Stationen durch »Faktoren« beeinflußt werden kann. Immer

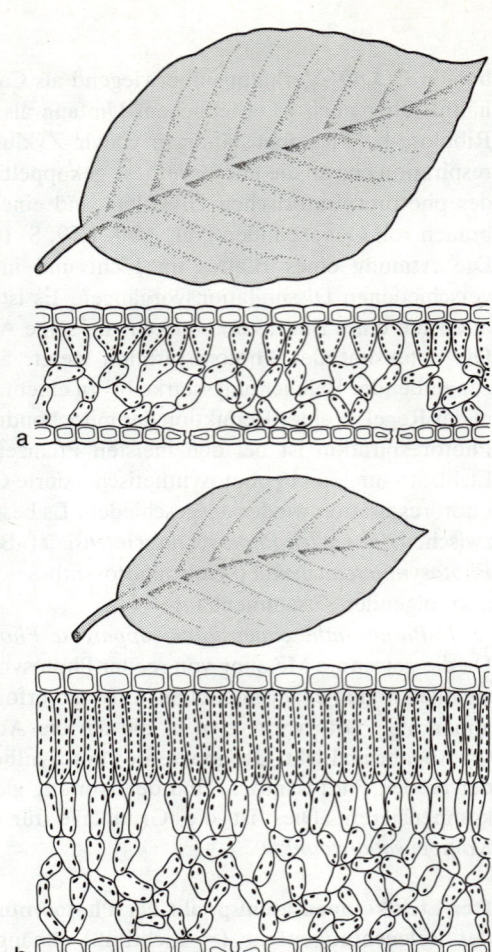

Abb. 5.49a, b. Schematische Querschnitte durch ein »Schattenblatt« (a) und ein »Sonnenblatt« (b) der Buche. Die phänotypischen Unterschiede betreffen nicht nur die Größe der Blätter, sondern auch deren anatomischen Bau und die physiologischen Eigenschaften des Photosyntheseapparates. Dies äußert sich z. B. in einem unterschiedlichen Lichtkompensationspunkt der Photosynthese. (Nach Linder)

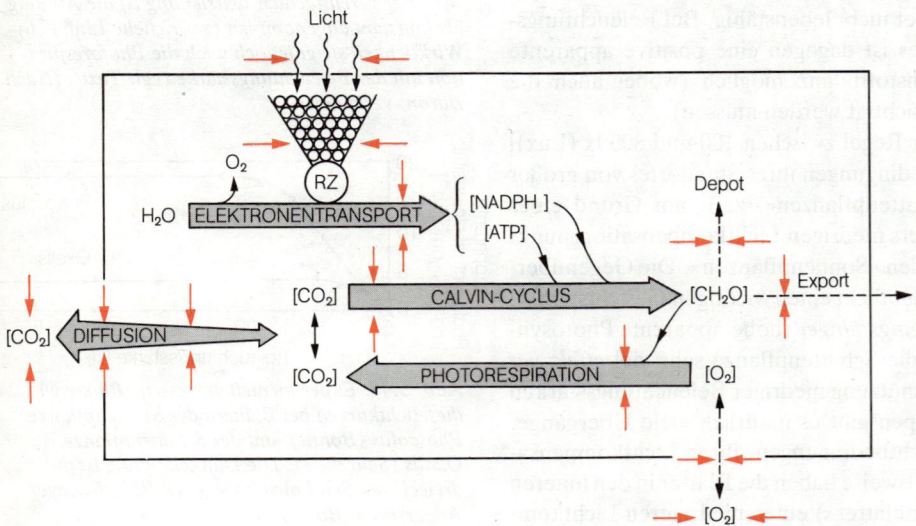

Abb. 5.50. Schema des Photosyntheseapparates im Blatt. Einige Stellen, an denen potentiell eine Begrenzung (Limitierung) des photosynthetischen Stromes von Kohlenstoff durch dieses System stattfinden kann, sind durch rote Doppelpfeile hervorgehoben. Beispielsweise kann die Verfügbarkeit von CO_2 im Calvin-Zyklus begrenzt werden durch die CO_2-Konzentration der Luft, den Diffusionswiderstand der Stomata, den Diffusionswiderstand und die Steilheit des Diffusionsgradienten im Blatt ($\Delta\,[CO_2] = 340 - \Gamma\,\mu l \cdot l^{-1}$) und die Intensität der Photorespiration. Inwieweit diese potentiell begrenzenden Faktoren im konkreten Fall wirksam werden, hängt von den anderen Faktoren, z. B. von der Intensität des Elektronentransports, ab. (Die eckigen Klammern bedeuten Konzentrationen.) (Original Schopfer)

dann, wenn ein solcher Faktor in weniger als sättigender Menge zur Verfügung steht, wirkt er als *begrenzender (= limitierender) Faktor.* Wenn einer dieser Faktoren in sehr viel geringerer Menge als alle anderen vorliegt, wird er zum dominierenden Engpaß und bestimmt [limitiert] damit die Strömungsintensität allein (Liebig'sches Prinzip von begrenzenden Faktor). Dies ist z.B. dann gegeben, wenn der CO_2-Einstrom in das Blatt durch Verschluß der Stomata nahezu völlig unterbunden wird. Bei geöffneten Stomata ist die Situation nicht so einfach, da hier viele innere und äußere Faktoren *gleichzeitig* den Kohlenstoffstrom mehr oder minder stark begrenzen können. Hier liegt ein kompliziertes physiologisches *Mehrfaktorensystem* vor, in dem theoretisch jede Änderung der Faktorenkonstellation zu einer Verschiebung in der quantitativen Bedeutung der einzelnen Faktoren führen kann. Eine maximale Effektivität dieses Systems hinsichtlich des Exports von Kohlenhydraten ist offenbar nur dann möglich, wenn eine optimale Abstimmung zwischen den begrenzenden Faktoren herrscht. Bezüglich der *organismuseigenen* Faktoren ist dieser Zustand in einer angepaßten Pflanze unter normalen Umständen weitgehend erreicht. Darüber hinaus können die Blätter vieler Pflanzen auf veränderte *Umweltbedingungen* mit einer phänotypischen Adaptation reagieren, z.B. induziert eine Erhöhung der Beleuchtungsstärke in jungen Blättern eine Vermehrung der Elektronentransportketten, eine gesteigerte Aktivität der Enzyme des Calvin-Zyklus und eine vermehrte Dichte der Stomata in der Epidermis.

Man erkennt einen begrenzenden Faktor der Photosynthese im Experiment daran, daß bei einer Steigerung eine Erhöhung der Photosyntheseintensität eintritt. (Dabei müssen natürlich alle anderen begrenzenden Faktoren konstant gehalten werden.) Im typischen Fall ergibt sich bei Variation der Dosierung eines solchen Faktors eine Sättigungskurve. Dies läßt sich etwa bei dem Faktor *CO_2-Konzentration* demonstrieren (Abb. 5.51a): CO_2 ist bei hohen Beleuchtungsstärken ein stark begrenzender Faktor. Die normale Atmosphäre enthält viel zu wenig CO_2, um den Photosyntheseapparat bei Starklicht zu sättigen. Bei niedriger Beleuchtungsstärke ist aber CO_2 häufig kein begrenzender Faktor mehr. Man kann aus derartigen Kurven z.B. ablesen, ob sich unter gegebenen Lichtbedingungen die Photosyntheseleistung einer Pflanze durch »CO_2-Düngung« steigern läßt.

Entsprechende Kurven ergeben sich bei der experimentellen Variation des Faktors Beleuchtungsstärke (»Lichtkurven«, Abb. 5.51b). Unter den natürlichen Bedingungen eines sonnigen Tages (ca. $5 \cdot 10^4 - 10^5$ lx) liegt die Beleuchtungsstärke für die meisten Pflanzen weit über dem Sättigungswert (s. oben).

Die hohe Effektivität des Photosyntheseapparates bei der Nutzbarmachung des Lichtes hat ihre Ursache in der lichtsammelnden Wirkung der Antennenpigmente in den Photosyntheseeinheiten (S. 115f.). Würden alle Chlorophyllmoleküle eines Blattes unabhängig voneinander als Reaktionszentren einer Elektronentransportkette dienen, so würde es bei schwachem Lichtfluß – wenn jedes Chlorophyllmolekül im Mittel nur alle paar Minuten von einem Lichtquant getroffen wird – etwa 1 h dauern, bis in einem solchen System die notwendige Energiemenge (8 Lichtquanten) zusammengekommen wäre, um 1 O_2 zu produzieren. Durch die Lichtsammelfunktion der etwa 300 Antennenpigmente pro Pigmentkollektiv kann die Kapazität der Elektronentransportkette ungleich effektiver ausgenützt werden. Die meisten Pflanzen verfügen über keinen ähnlich gearteten Mechanismus zur Konzentrierung des in der Atmosphäre in nur geringer Konzentration vorliegenden CO_2; eine Ausnahme hiervon bilden die C_4-Pflanzen (S. 440). Aufgrund seiner vergleichsweise geringen Affinität (relativ große Michaelis-Konstante, S. 75) besitzt das CO_2-fixierende Enzym des Calvin-Zyklus, die RUBISCO, bei der natürlichen CO_2-Konzentration der Luft nur etwa halbmaximale Reaktionsintensität bei der CO_2-Fixierung. Die Pflanzen sind also bezüglich des Umweltfaktors CO_2 keineswegs optimal an die hohe Effektivität der photosynthetischen Lichtreaktion angepaßt.

In ähnlicher Weise wie die CO_2-Konzentration modifiziert eine Reihe weiterer Umweltfaktoren die »Lichtkurven« der Photosynthese, z.B. die Luftbewegung, die Temperatur,

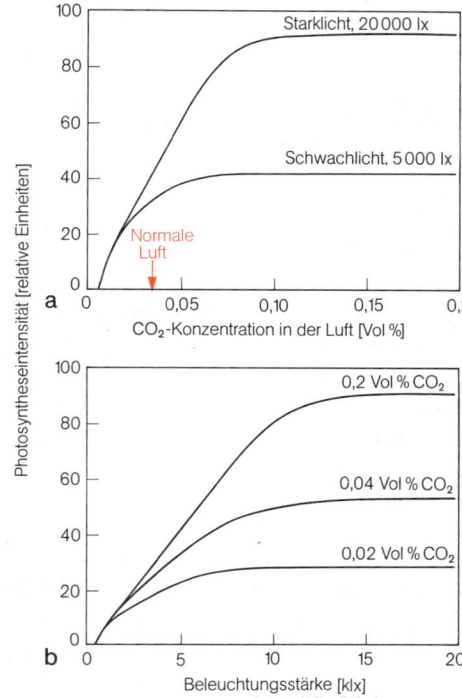

Abb. 5.51 a, b. Begrenzung der apparenten Photosyntheseintensität durch die Faktoren CO_2-Konzentration (Partialdruck) und Beleuchtungsstärke (Weißlicht). (a) Abhängigkeit von der CO_2-Konzentration bei zwei verschiedenen Beleuchtungsstärken (Lichtflüssen): Im linear ansteigenden Ast der Kurven erhöht sich die Photosyntheseintensität proportional mit der angebotenen CO_2-Konzentration. Nach dem Erreichen des Plateaus ist die CO_2-Konzentration kein begrenzender Faktor, die Beleuchtungsstärke begrenzt (zusammen mit anderen, hier nicht berücksichtigten, begrenzenden Faktoren) die Photosyntheseintensität. Bei 0,034% CO_2 (normale Luft) sind sowohl CO_2 als auch Licht der beiden angegebenen Beleuchtungsstärken begrenzende Faktoren. Erst bei sehr viel schwächerer Beleuchtungsstärke scheidet die CO_2-Konzentration der normalen Luft als begrenzender Faktor aus. (b) Abhängigkeit von der Beleuchtungsstärke bei drei verschiedenen CO_2-Konzentrationen (Lichtkurven der Photosynthese). (Nach French)

die Wasserversorgung und die Zufuhr von Nährsalzen. Als Beispiel ist in Abbildung 5.52 der Einfluß der Stickstoffversorgung dargestellt.

Temperaturabhängigkeit der apparenten Photosynthese. Da die verschiedenen Teilbereiche der Photosynthese (Abb. 5.50) in unterschiedlicher Weise von der Temperatur abhängen, kann man für den Faktor Temperatur keine einfache Sättigungskurve erwarten. In der Regel beobachtet man asymmetrische *Optimumkurven* mit einem flachen Anstieg und einem steilen Abfall bei hohen Temperaturen (Abb. 5.53). Das Optimum liegt in der Regel zwischen 20 und 40° C.

Eine mechanistische Deutung des Temperaturoptimums ist schwierig. Es seien daher hier nur zwei wichtige Gesichtspunkte herausgegriffen:

1. Ein ausgeprägtes Temperaturoptimum der reellen Photosynthese beobachtet man nur bei höheren Beleuchtungsstärken; bei niedrigen Beleuchtungsstärken ist die reelle Photosyntheseintensität im physiologischen Temperaturbereich kaum temperaturabhängig. Die Erklärung dafür ist folgende: Bei niedriger Beleuchtungsstärke wird die reelle Photosyntheseintensität praktisch allein von der Intensität der Lichtabsorption begrenzt, die temperaturunabhängig ist. Bei hoher Beleuchtungsstärke begrenzt dagegen der biochemische Bereich, vor allem die Enzyme des Calvin-Zyklus. Biochemische Reaktionen besitzen wegen des Bedarfs an Aktivierungsenergie (S. 68) in aller Regel eine deutliche Temperaturabhängigkeit ($Q_{10} \geqq 2$, S. 69).

2. Der steile Abfall der apparenten Photosynthese bei überoptimalen Temperaturen geht weniger auf eine Wärmeschädigung des Photosyntheseapparates, sondern in erster Linie auf einen starken Anstieg des CO_2-Kompensationspunktes (S. 434) zurück. Da bei einer Erhöhung der Temperatur die Atmungsintensität wesentlich stärker erhöht wird als die Intensität der reellen Photosynthese, nimmt auch Γ mit der Temperatur stark zu. Bei einer bestimmten Temperatur (meist oberhalb von 40°C) erreicht Γ den Wert der CO_2-Konzentration in der Atmosphäre, d. h. die apparente Photosynthese wird (bei intensiver reeller Photosynthese!) gleich Null. Dieser Punkt wird als *oberer Temperaturkompensationspunkt* der Photosynthese bezeichnet. Weitere Temperaturerhöhung führt zwangsläufig zu einer negativen Kohlenstoffbilanz. Auch hier gibt es Anpassungen an den natürlichen Standort: Bei Wüstenpflanzen setzt dieser Abfall erst bei wesentlich höheren Temperaturen ein als bei Pflanzen kühlerer Klimate (Abb. 8.120a, S. 771). Dies kann z.B. durch eine Reduktion (oder völlige Eliminierung) der Photorespiration erreicht werden (z.B. bei den »C_4-Pflanzen«, S. 440).

Der Einfluß von Sauerstoff auf die apparente Photosynthese. Die meisten Pflanzen haben in O_2-freier Luft eine gesteigerte apparente Photosyntheseintensität. Die somit in normaler Luft vorliegende Hemmwirkung von O_2 auf die Photosynthese (ca. 30−40% Hemmung bei $208 ml\, O_2 \cdot l^{-1}$) bezeichnet man als *Warburg-Effekt*. Die wichtigste Ursache für dieses Phänomen ist nicht etwa eine Hemmung durch O_2 im Bereich der reellen Photosynthese, sondern eine *Förderung der Photorespiration* (vgl. S. 443). Da in O_2-freier Luft die Photorespiration wegen Substratmangel nicht ablaufen kann (Abb. 1.119, S. 128), steigt unter diesen Bedingungen die apparente Photosyntheseintensität auf den Wert der reellen Photosyntheseintensität an. Weil die Photorespiration auch durch eine Erhöhung der CO_2-Konzentration gehemmt wird (CO_2 konkurriert mit O_2 als Substrat an der RUBISCO, S. 432), kann der Warburg-Effekt auch durch hohe CO_2-Konzentrationen reduziert oder ausgeschaltet werden.

5.2.1.4 Regulation des Gastransports an den Stomata

Landpflanzen schützen sich gegen Austrocknung durch eine dichte Haut, die *Cuticula* (S. 172, 421). Dadurch sind die Abgabe von Wasserdampf (Transpiration) und die Aufnahme von CO_2 (Photosynthese) weitgehend auf die Gasporen der Epidermis, die

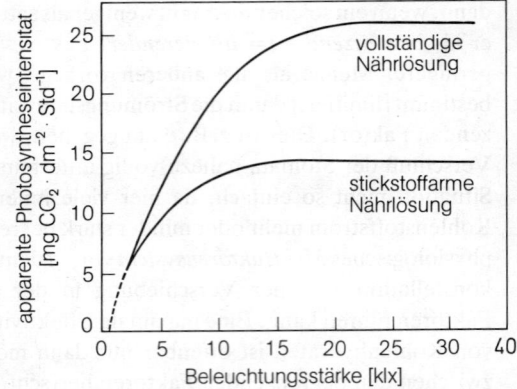

Abb. 5.52. Abhängigkeit der apparenten Photosynthese von der Beleuchtungsstärke (Lichtkurven der Photosynthese) und der Stickstoffversorgung. Objekt: Blätter von Sinapis alba (weißer Senf). Die Blätter stammen von Pflanzen, welche entweder mit einer stickstoffarmen oder mit einer stickstoffreichen Nährlösung angezogen wurden. Die Stickstoffernährung hat im linear ansteigenden Ast der Lichtkurve keinen Einfluß auf die apparente Photosynthese, während unter Stickstoffmangel bei Lichtsättigung eine deutliche Verminderung zu beobachten ist. Man kann diesen Befund damit erklären, daß sich der Faktor Stickstoffversorgung in erster Linie auf den enzymatischen Bereich, also die Dunkelreaktion, begrenzend auswirkt. (Nach Müller)

(5.6)

$$\Delta \Psi = \Psi_{Schließzelle} - \Psi_{Nebenzelle} = \pi_{Schließzelle} - \pi_{Nebenzelle},$$
da: $P_{Schließzelle} = P_{Nebenzelle}$

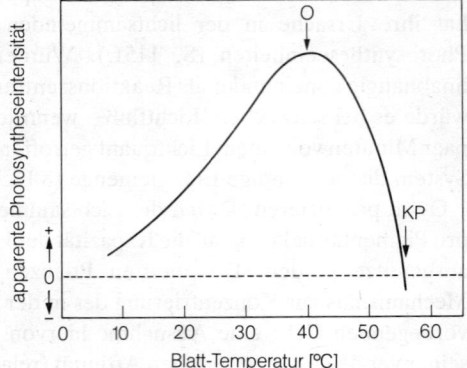

Abb. 5.53. Temperaturabhängigkeit der apparenten Photosynthese, schematisch. Temperaturoptimum (O) und oberer Temperaturkompensationspunkt (KP) sind durch Pfeile markiert. Arten, die an kühles oder warmes Klima angepaßt sind, unterscheiden sich in der Lage von O und KP auf der Temperaturskala. (Vgl. Abb. 8.12, S. 771.)

Stomata, beschränkt. An diesen hydraulisch beweglichen Spalten (S. 422) werden die beiden gegenläufigen Gasaustauschvorgänge durch die Pflanze reguliert. Hierbei tritt das Dilemma auf, wie der Einstrom von CO_2 ausreichend groß gehalten werden kann, ohne daß gleichzeitig zu viel H_2O verlorengeht. Auch bei variierenden Umweltfaktoren (Licht, CO_2, Wasser) ist die Pflanze mit Hilfe eines komplexen Regelsystems in der Lage, einen optimalen Kompromiß zwischen den Erfordernissen der Photosynthese und des Wasserhaushaltes einzuhalten.

Die Öffnungs- bzw. Schließbewegung der Stomata ist definitionsgemäß unter die *Nastien* einzureihen (S. 641, 645f.). Die Form der Stomata ist sehr vielgestaltig (Abb. 5.54). Für alle Stomatatypen gilt, daß eine Turgorerhöhung der Schließzellen zur Öffnung, eine Turgorerniedrigung dagegen zum Verschluß des stomatären Spalts führt (zur unterschiedlichen Mechanik dieser Bewegungen S. 422f.). Dabei ist die *Öffnung* der eigentlich aktive Vorgang, während die *Schließung* auf einem passiven Turgorausgleich zwischen Schließzellen und den umgebenden Epidermiszellen beruht. Bei konstanter Spaltweite stehen (aktive) Turgorerhöhung und (passive) Turgorerniedrigung in einem stationären Gleichgewicht. Die Schließzellen müssen also beständig Energie aufwenden, um den Spalt geöffnet zu halten; jedoch wird auf diese Weise eine sehr rasche und voll reversible Regulation der Spaltweite ermöglicht.

Damit in den Schließzellen eine Turgorerhöhung eintritt, wird durch eine Erniedrigung des Wasserpotentials gegenüber den benachbarten Zellen eine Saugspannung ($\triangle\Psi$) erzeugt. Dies erfolgt durch Erhöhung des osmotischen Wertes (π) in den Schließzellen (im Gleichgewicht gilt Gl. 5.6; vgl. Gl. 1.17–1.19, S. 61). Den gleichen Effekt hätte eine relative Erniedrigung des Wanddruckes, was jedoch in der Zelle viel schwieriger zu bewerkstelligen wäre. Früher wurde angenommen, daß im Licht osmotisch aktive Substanzen (Zucker) von den Schließzellenchloroplasten gebildet und in der Vakuole akkumuliert würden oder daß eine Spaltung von Stärke in Zuckermoleküle für die

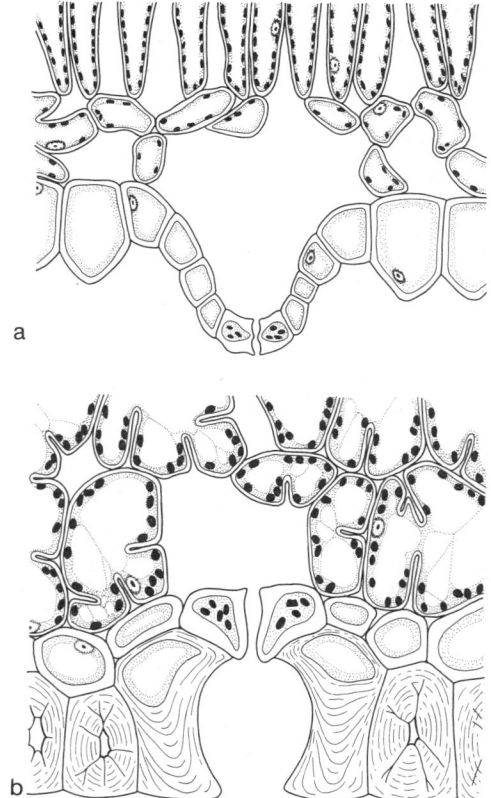

Abb. 5.54a, b. Morphologische Ausgestaltung (genetische Adaptation) des Stomaapparates in Abhängigkeit von den Wasserverhältnissen des Standortes. (a) Die tropische, hygrophytische Schattenpflanze Ruellia besitzt emporgehobene Spaltöffnungen, welche aus dem Windschatten der Blattfläche (Grenzschicht) herausragen. (b) Die xerophytische Schwarzkiefer (Pinus nigra) hat Stomata, welche tief in die sklerenchymatische Epidermis eingesenkt sind. Dadurch wird der durch Turbulenz bewirkte Luftaustausch im Bereich vor dem Spalt stark behindert, d. h. der Diffusionswiderstand vergrößert. (Nach Linder)

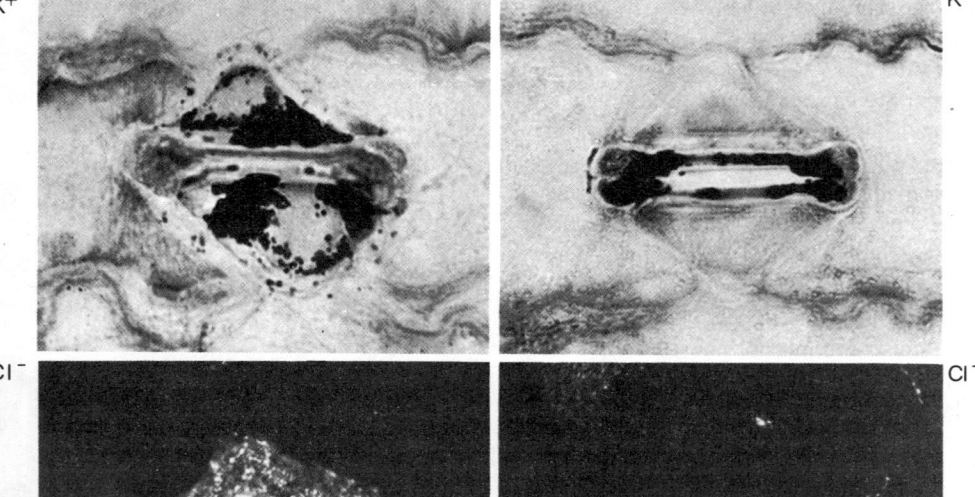

Abb. 5.55a, b. Verlagerung von K^+ und Cl^- in die Schließzellen bei der Öffnungsbewegung. Objekt: Epidermisstreifen von Maisblättern (Zea mays), K^+ und Cl^- wurden im Gewebe mittels histochemischer Nachweisverfahren sichtbar gemacht (Bildung von Kaliumcobaltinitrit bzw. Silberchlorid). (a) Bei Spaltenverschluß (im Dunkeln) sind beide Ionen in den Nebenzellen akkumuliert. (b) Nachdem sich das Stomata im Licht geöffnet hat, beobachtet man eine Verlagerung von K^+ und Cl^- von den Nebenzellen in die Schließzellen (vgl. Abb. 5.36). Die Kinetik des Ionentransports stimmt mit der Kinetik der Öffnungsbewegung überein. (Nach Raschke u. Fellows)

Tabelle 5.1. Regelung von CO_2-Assimilation und Stomaweite im Maisblatt bei verschiedenen Beleuchtungsstärken (= Energieflüssen) in Luft. Die Daten zeigen, daß die Stomaweite exakt dem CO_2-Umsatz proportional eingeregelt wird (Stomaweite/CO_2-Assimilation = konstant). Nach Raschke, verändert)

Energiefluß [$mW \cdot cm^{-2}$]	Assimilatorischer CO_2-Fluß [$mg\ CO_2 \cdot dm^{-2} \cdot h^{-1}$]	Porometer- strom [$ml \cdot s^{-1}$]	Relative Stomaweite	Stomaweite / CO_2-Assimilation
40	18,4	0,316	1,00	1,00
32	16,8	0,240	0,91	1,00
26	15,8	0,200	0,86	1,00
16	13,1	0,116	0,72	0,99

Turgorerhöhung im Licht verantwortlich sei. Jedoch spielen – wie man heute weiß – bei diesem Prozeß Zuckermoleküle keine entscheidende Rolle als Osmotica; vielmehr wird der Turgoranstieg in den Schließzellen durch eine Aufnahme von Kaliumionen aus den benachbarten Epidermiszellen bewirkt (Abb. 5.55). Bei manchen Arten, z. B. *Vicia faba,* wird die Elektroneutralität durch die Bildung von Malatanionen und den Export von H^+ aufrechterhalten, bei anderen (z.B. *Zea mays, Allium cepa*) findet man auch einen Kotransport von K^+ und Cl^- in die Schließzellen. Die Energie für den aktiven Ionentransport wird wohl größtenteils vom photosynthetischen Elektronentransport in den Schließzellenchloroplasten bereitgestellt.

Die Turgeszenz der Schließzellen kann durch viele Außenfaktoren beeinflußt werden, z.B. durch Licht, CO_2-Partialdruck, Luftfeuchtigkeit, Wasserversorgung der Pflanze und Temperatur. Wenn experimentell alle Faktoren bis auf einen – den zu untersuchenden – konstant gehalten werden, ist es möglich, den Einfluß jedes einzelnen Faktors isoliert zu messen. Zur quantitativen Bestimmung der stomatären Öffnungsweite mißt man mit einem registrierenden Porometer kontinuierlich den Gasstrom, den man durch Applikation einer bekannten Druckdifferenz durch ein Blatt zwängen kann. Bei bekannter Stomageometrie und -dichte kann man daraus die effektive Stomaweite mit guter Näherung berechnen. Amphistomatische Blätter (S. 422), z.B. von *Zea mays,* sind für diese Messungen naturgemäß besonders geeignet (Tab. 5.1).

Bei einem turgeszenten Blatt steht die Regulation der Stomaweite in engem Zusammenhang mit der Photosynthese. Darauf deutet nicht nur die strenge Korrelation zwischen Stomaweite und Photosyntheseintensität bei einem belichteten Blatt, sondern auch die Übereinstimmung der Wirkungsspektren für Stomaöffnung und photosynthetische O_2-Entwicklung (Abb. 1.97, S. 116) hin. Wird der photosynthetische Elektronentransport durch spezifische Inhibitoren blockiert, so schließen sich die Stomata auch im Licht. Die Stomata von Pflanzen, die im Dunkeln herangewachsen sind, öffnen sich im Licht erst, nachdem sich in den Blättern photosynthetisch aktive Chloroplasten gebildet haben. Die Schließzellen sind in der Regel die einzigen Epidermiszellen mit normal strukturierten Chloroplasten (S. 423f.). Diese enge Abhängigkeit von der Photosynthese macht verständlich, daß neben dem Wasserpotential des Blattes auch alle anderen Außenfaktoren, die sich auf die Photosynthese auswirken, als Faktoren der Stomaöffnung in Erscheinung treten. Dabei kommt naturgemäß dem Faktor Licht die größte Bedeutung zu (photonastische Stomabewegung). Neben photosynthetisch wirksamen Licht hat auch *Blaulicht,* das von einem spezifischen Blaulicht-Photorezeptor absorbiert wird, einen Einfluß auf die Stomaöffnung. Das Blaulicht-abhängige Regelsystem dürfte vor allem für die morgendliche Öffnung der Stomata verantwortlich sein.

Bisher ist noch nicht geklärt, welcher der vielen Teilprozesse der Photosynthese bei der Regulation der Stomabewegung direkt beteiligt ist. Manche Befunde sprechen dafür, daß – zumindest bei mittleren Temperaturen – die CO_2-Verarmung der Interzellularen durch die photosynthetische CO_2-Fixierung im Mesophyll ein wichtiger Auslöser für die Stomaöffnung darstellt. Auf die zentrale Rolle des CO_2 bei der Regulation der Stomaweite deutet vor allem die inverse Stomaperiodik der »CAM-Pflanzen«: In diesen Pflanzen ist als Folge des »diurnalen Säurerhythmus« (S. 441) die CO_2-Konzentration der Interzellularen nachts wegen der intensiven CO_2-Fixierung durch die Phosphoenolpyruvatcarboxylase niedrig (Stomata geöffnet), während sie tagsüber infolge der Decarboxylierung von Malat zeitweise ansteigt (Stomata dann geschlossen).

Die Stomata können als Stellglieder eines *CO_2-Regelkreises* beschrieben werden. Der Regelkreis strebt bei wechselnden Umweltbedingungen eine konstante Einstellung des CO_2-Stroms zu den photosynthetisch aktiven Mesophyllzellen des Blattes an (Tab. 5.1). Da die CO_2-Versorgung unter natürlichen Bedingungen meist der ausschlaggebende begrenzende Faktor der Photosyntheseintensität ist (S. 435), hat dieser Mechanismus eine zentrale Bedeutung für die pflanzliche Stoffproduktion. In diesem CO_2-Regelkreis ist die CO_2-Konzentration der Interzellularen die *Regelgröße,* der Schließzellenturgor die *Stellgröße* und die photosynthetische CO_2-Fixierung (bzw. die dissimilatorische CO_2-Produktion) eine *Störgröße* (zum Prinzip des Regelkreises S. 579f.). Die Funktion des CO_2-Regelkreises läßt sich folgendermaßen beschreiben: Bei relativ hoher CO_2-Konzentration im Blatt (z. B. im Dunkeln) sind die Stomata geschlossen. Sinkt bei Belichtung durch die einsetzende Photosynthese die CO_2-Konzentration in den Interzellularen unter einen bestimmten Sollwert ab, so erfolgt durch ein CO_2-Meßglied ein Öffnungssignal an die Schließzellen. Die Öffnungsbewegung wird wieder unterbrochen, wenn der CO_2-Istwert auf den Sollwert angestiegen ist. Steigt die CO_2-Konzentration im Blatt über den Sollwert (z.B. durch Absinken der Beleuchtungsstärke), so schließen sich die Stomata gerade so weit, daß Ist- und Sollwert wieder übereinstimmen. Sowohl der Mechanismus zur Messung des CO_2-Istwertes als auch die Art und Weise, wie der Sollwert molekular festgelegt wird, sind noch unbekannt. Die vorliegende Rückkopplung kann bislang nur formal beschrieben werden. Beim Maisblatt wurde ein Sollwert von etwa $100 \mu l\ CO_2 \cdot l^{-1}$, also ein Drittel des CO_2-Gehaltes der Luft, gemessen. Dieser niedrige Wert (er liegt im Bereich des CO_2-Kompensationspunktes der meisten Pflanzen!) hängt damit zusammen, daß Mais über den C_4-Dicarbonsäureweg (S. 440) verfügt, der einen CO_2-Kompensationspunkt nahe Null erlaubt.

Zusätzlich zum CO_2-Regelkreis gibt es im Blatt einen *H_2O-Regelkreis,* welcher die Stomaweite nach Maßgabe des Wasserpotentials *(Ψ)* im Mesophyll regelt. Sinkt Ψ unter einen kritischen Wert ab, so erfolgt ein Schließsignal an die Stomata. Auch hier sind wichtige Elemente, z. B. der Sensor für Ψ, noch unbekannt. Man weiß jedoch, daß die *Abscisinsäure* (S. 685f.) die Funktion eines Botenstoffs hat: Sie wird bei Wasserstreß (Abfall des Turgordruckes, Welke) im Blatt sehr rasch gebildet und bewirkt auf noch unbekannte Weise ein Ausströmen von K^+ aus den Schließzellen und damit eine Schließung der Stomata.

Um den gegensätzlichen Bedürfnissen der Photosynthese und des Wasserhaushaltes im Blatt gerecht zu werden, muß eine enge Wechselwirkung zwischen den beiden Regelkreisen bestehen. Beispielsweise müssen die Stomata bei starkem Wasserstreß trotz einer unteroptimalen CO_2-Konzentration in den Interzellularen geschlossen werden, da unter diesen Bedingungen eine unbefriedigende Photosyntheseleistung weniger ins Gewicht fällt, als der gegebenenfalls tödliche Wasserverlust. Andererseits bleiben die Stomata auch bei Wassersättigung des Blattes während der Nacht normalerweise geschlossen. Man hat neuerdings erste Anhaltspunkte dafür gefunden, daß die Integration der beiden Regelkreise durch eine wechselseitige Beeinflussung der Wirksamkeit von CO_2 bzw. Abscisinsäure erfolgt: Abscisinsäure setzt die Empfindlichkeit des CO_2-Regelkreises für CO_2 hinauf, und CO_2 in der Außenluft steigert die Empfindlichkeit des H_2O-Regelkreises für Abscisinsäure. Auf diese Weise übt im Prinzip der eine oder der andere Regelkreis die übergeordnete Kontrollfunktion aus, und es kann eine sinnvolle Abstimmung zwischen den beiden Systemen erfolgen.

5.2.1.5 Photosynthesespezialisten: C_4-Pflanzen und CAM-Pflanzen

C_4-Pflanzen. Trockene, warme, lichtreiche Standorte (z. B. in Trockenwüsten) stellen besondere Anforderungen an den Photosyntheseapparat. Bei dieser Kombination von Umweltfaktoren muß man erwarten, daß wegen des lebensnotwendigen Transpirationsschutzes der Diffusionswiderstand für Gase an den Stomata groß ist, und daß daher die beschränkte Diffusion von CO_2 in das Blatt einen gravierenden Begrenzungsfaktor der Photosynthese darstellt. Die Diffusionsintensität von CO_2 in das Blatt gehorcht Gleichung (5.7), nach der bei gegebener CO_2-Konzentration einem hohen Diffusionswiderstand nur durch einen steilen Diffusionsgradienten, also auch ein kleines Γ, entgegengewirkt werden kann.

In der Tat findet man in tropischen und subtropischen Klimazonen eine Reihe von Pflanzen, welche einen extrem niedrigen Γ-Wert ($< 10\ \mu l\ CO_2 \cdot l^{-1}$) aufweisen. Dazu gehören neben einigen Monokotylen – wie Durra-Hirse *(Sorghum)*, Mais und Zuckerrohr – viele Amaranthaceen (z. B. alle *Amaranthus*-Arten) und einzelne Vertreter der Chenopodiaceen (z. B. einige *Atriplex*-Arten), Portulacaceen, Euphorbiaceen, Convolvulaceen, Asteraceen und einiger anderer Familien. Die Blätter dieser Pflanzen sind zu einer äußerst effektiven CO_2-Fixierung befähigt. Eine Photorespiration (S. 432) ist am intakten Blatt nicht nachweisbar, obwohl die photorespiratorischen Enzyme in aktiver Form vorliegen. Daher entspricht hier die apparente Photosynthese der reellen Photosynthese, und ein Warburg-Effekt (S. 436) tritt nicht auf. Das Temperaturoptimum der Photosynthese kann deshalb zu höheren Werten verschoben sein (bis zu fast 50°C!). Die hohe »Affinität« dieser Pflanzen zum CO_2 kann experimentell so gezeigt werden: Hält man eine Maispflanze ($\Gamma < 5\ \mu l\ CO_2 \cdot l^{-1}$) und eine Sojapflanze ($\Gamma \approx 50 - 100\ \mu l\ CO_2 \cdot l^{-1}$) gemeinsam in einem gasdichten Behälter im Licht, so kann die Maispflanze der Sojapflanze durch starkes Absenken des CO_2-Pegels CO_2 entreißen und eine Nettophotosynthese durchführen. Die Maispflanze wächst, während bei der Sojapflanze die negative Kohlenstoffbilanz nach wenigen Tagen zum Tod führt (die CO_2-Konzentration im Gasraum liegt unter dem Kompensationspunkt von Soja!).

Eine wichtige Konsequenz des niedrigen Γ-Wertes der C_4-Pflanzen ist ein steiler Diffusionsgradient für CO_2 in das Blatt. Daher kann der stomatäre Widerstand höher und damit die Transpiration niedriger gehalten werden, als bei Arten mit höherem Γ. Diese Pflanzen zeigen eine ganze Reihe histologischer und biochemischer Besonderheiten. Unabhängig von ihrer systematischen Stellung haben sie eine charakteristische Zellanordnung im Assimilationsgewebe: Um die Leitbündel liegen konzentrisch *Scheidenzellen*, welche kranzförmig von kleineren *Mesophyllzellen* umgeben sind (Abb. 5.56). Beide Zellagen sind durch Plasmodesmen miteinander verbunden. Auch die Chloroplasten der beiden Zelltypen unterscheiden sich morphologisch und funktionell. Bei den C_4-Gräsern, z. B. beim Mais, besitzen die größeren Scheidenchloroplasten nur Stroma-, aber keine Granathylakoide, während das Membransystem der kleineren Mesophyllchloroplasten einen gegliederten Aufbau mit normalen Granastapeln (Abb. 1.9, S. 17) zeigt (Chloroplastendimorphismus). In den Scheidenchloroplasten dieser Pflanzen ist das Photosystem II inaktiv; es findet also keine Wasserspaltung statt (S. 120).

Die Mesophyllzellen besitzen einen speziellen Reaktionsweg zur Fixierung von CO_2, den C_4-*Dicarbonsäureweg*. Der Anlaß zur Auffindung dieses Reaktionsweges war der Befund, daß in Zuckerrohrblättern $^{14}CO_2$ zunächst fast nur in die C_4-*Dicarbonsäuren* Oxalacetat, Malat und Aspartat (Asparaginsäure) eingebaut wird und erst einige Sekunden später in Phosphoglycerat und anderen Phosphatestern auftaucht. Daher werden Pflanzen, welche diesen Komplex von Besonderheiten zeigen, als C_4-*Pflanzen* bezeichnet und den »normalen« C_3-*Pflanzen* gegenübergestellt, welche die C_3-Säure Phosphoglycerat als erstes faßbares $^{14}CO_2$-Fixierungsprodukt aufweisen. Da die Bildung von Dicarbonsäuren mit Hilfe von atmosphärischem CO_2 durch Licht 250fach gesteigert werden kann, muß

(5.7)

$$CO_2\text{-Strom } [\mu l \cdot s^{-1}] = \frac{\text{Menge } CO_2}{dt}$$

$$= \frac{[CO_2]_{außen} - [CO_2]_{innen}}{\text{Diffusionswiderstand}}$$

$$= \frac{340 - \Gamma\ [\mu l \cdot l^{-1}]}{\text{Diffusionswiderstand } [s \cdot l^{-1}]}$$

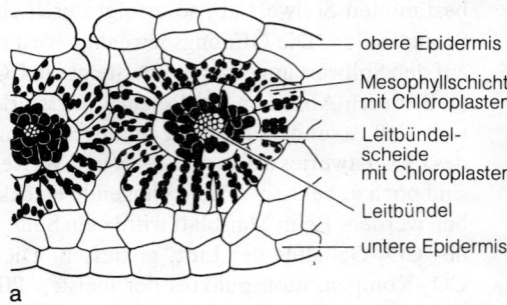

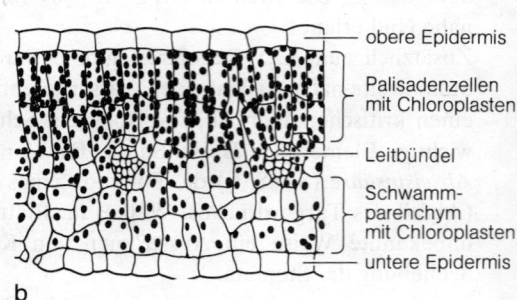

Abb. 5.56a, b. Anatomischer Aufbau (schematisch) der Blätter von (a) *Atriplex rosea* (C_4-Pflanze) und (b) *Atriplex patula* (C_3-Pflanze). In der Gattung *Atriplex* (Melde; Fam. Chenopodiaceae) kommen C_4-Arten neben C_3-Arten vor. Die C_4-Pflanze zeigt den »Kranztyp« der Blattanatomie: Die assimilierenden Gewebe sind als Bündelscheide (innen) und Mesophyll (außen) konzentrisch um die Leitbündel angeordnet. Nur diese beiden Gewebe enthalten Chloroplasten. Demgegenüber zeigt das »normale« Blatt der C_3-Pflanze den üblichen Schichtenaufbau des Assimilationsparenchyms. Hier ist die Differenzierung von Palisaden- und Schwammparenchym weniger ausgeprägt als z. B. bei der Buche (Abb. 5.28, 5.49). (Nach Boynton, Nobs, Björkman u. Pearcy)

5.2.1.5 Photosynthesespezialisten: C₄-Pflanzen und CAM-Pflanzen

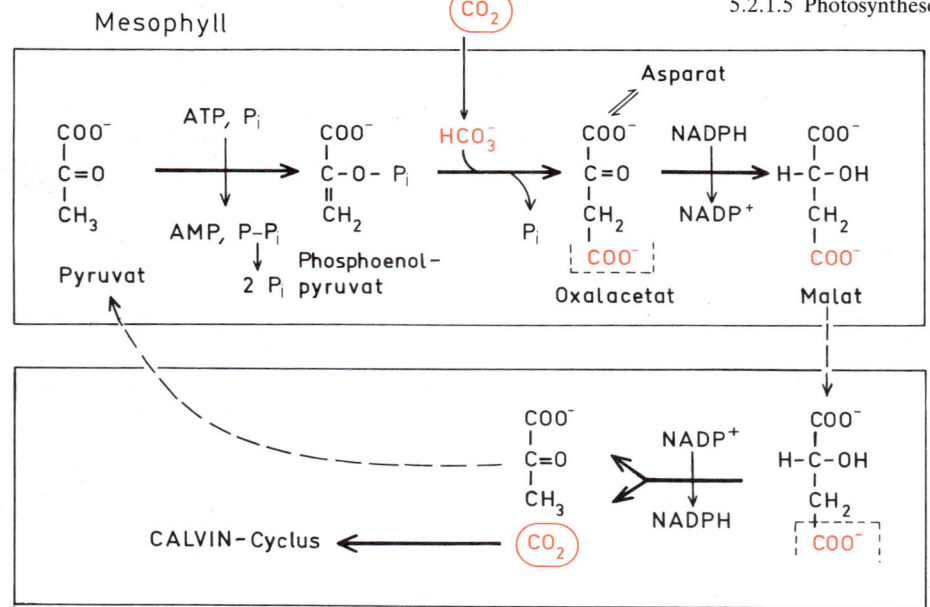

Abb. 5.57. Lichtabhängige Fixierung und Transport von CO_2 durch den C_4-Dicarbonsäureweg. Im Mesophyll wird CO_2 durch Carboxylierung von Phosphoenolpyruvat fixiert:
$\Delta G_0' = -28 kJ \cdot (mol\ CO_2)^{-1}$.
Das entstehende Oxalacetat wird durch NADP-Malatdehydrogenase zu Malat reduziert, welches zu den Zellen der Leitbündelscheide transportiert wird. Diese Reaktionsbahn ist von der photosynthetischen Lichtreaktion abhängig, welche NADPH und ATP (zur Regeneration des CO_2-Akzeptormoleküls Phosphoenolpyruvat aus Pyruvat) liefert. – In der Leitbündelscheide wird das importierte Malat durch NADP-Malatdecarboxylase in CO_2 und Pyruvat gespalten:
$\Delta G_0' = -1,7 kJ \cdot (mol\ CO_2)^{-1}$.
Wenn das Pyruvat in die Mesophyllzellen zurückkehrt, ist der Transportzyklus für CO_2 geschlossen. Mit dem Malat werden auch zwei Reduktionsäquivalente transportiert. Dies ist von Bedeutung, weil in den Chloroplasten der Scheidezellen, denen in der Regel die Granastapel fehlen, der nichtzyklische Elektronentransport weitgehend inaktiv ist. Dies gilt für die C_4-Arten mit NADP-Malatenzym als decarboxylierendem Enzym. Andere Arten bilden Aspartat als primäres CO_2-Fixierungsprodukt. (Original Schopfer)

die Reaktion energetisch von der photosynthetischen Lichtreaktion abhängen. Die Fixierung von CO_2 über diesen Reaktionsweg erfolgt wesentlich intensiver als dies im Rahmen des einfachen Calvin-Zyklus möglich ist. Man kann daher den C_4-Dicarbonsäureweg als eine *lichtgetriebene »CO_2-Pumpe«* zur Konzentrierung des CO_2 für den Calvin-Zyklus auffassen (Abb. 5.57, 5.58). Das atmosphärische CO_2 wird fast ausschließlich durch die nur in den Mesophyllzellen nachweisbare Phosphoenolpyruvatcarboxylase fixiert und als Carboxylgruppe einer Dicarbonsäure in die Scheidezellen transportiert, wo durch Decarboxylierung wieder CO_2 freigesetzt und dem nur in den Chloroplasten dieser Zellen ablaufenden Calvin-Zyklus zugeführt werden kann. Die hohe CO_2-Konzentration und die geringe O_2-Konzentration (beim Fehlen der photosynthetischen Wasserspaltung) in den Scheidechloroplasten vermindert die Oxygenaseaktivität der RUBISCO und damit die Photorespiration. Darüber hinaus ist durch die anatomische Anordnung sichergestellt, daß das aus den Scheidezellen abgegebene CO_2 in dem »Kranz« der Mesophyllzellen refixiert wird und daher als Assimilationsgewebe nicht verlassen kann. In den Mesophyllzellen ist die Photorespiration durch das Fehlen des Calvin-Zyklus ausgeschlossen. Da die C_4-Pflanzen am natürlichen Standort nicht unter Lichtmangel zu leiden haben, dürfte der zusätzliche Bedarf an freier Enthalpie (ATP, Abb. 5.58), d.h. eine etwas geringere Energieausbeute des Gesamtprozesses, keinen entscheidenden Nachteil darstellen.

CAM-Pflanzen. Über einen ähnlichen biochemischen Mechanismus zur Fixierung von CO_2 verfügen viele (aber nicht alle!) *Sukkulenten* (S. 563f.), welche ebenfalls als konvergent entstandene, an aride Standorte angepaßte Photosynthesespezialisten aufgefaßt werden müssen (S. 779). In den fleischigen Blättern (oder Stämmen) dieser Pflanzen beobachtet man während der Nacht eine starke Anhäufung von organischen Säuren (vorwiegend Malat), welche am Tag wieder abgebaut werden (CAM ist die Abkürzung für *C*rassulacean *A*cid *M*etabolism). Dieser »diurnale Säurerhythmus« kommt durch eine Fixierung von externem und respiratorischem CO_2 mit Hilfe der Phosphoenolpyruvatcarboxylase während der Nacht zustande. Die in der Zellvakuole deponierte Säure (ganz überwiegend Malat) kann am Tag wieder decarboxyliert werden und liefert dadurch CO_2 für den Calvin-Zyklus (Abb. 5.59). Die Akzeptormoleküle und die chemische Energie für die nächtliche CO_2-Fixierung und -Speicherung liefert in diesem Fall die Dissimilation von

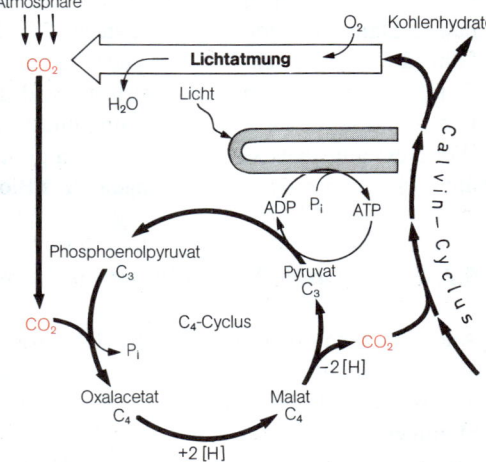

Abb. 5.58. Zusammenhang zwischen C_4-Zyklus, Calvin-Zyklus und Photorespiration (»Lichtatmung«) im Blatt der C_4-Pflanzen. Der C_4-Zyklus der Mesophyllzellen mit seiner hohen Affinität für CO_2 (niedriges Γ!) fängt das durch die Photorespiration in den Scheidezellen freigesetzte CO_2 ab und erlaubt einen intensiven Einstrom von CO_2 auch bei relativ hohem Diffusionswiderstand der Stomata. Dieser Vorteil muß mit einem zusätzlichen Aufwand an ATP bezahlt werden. (Original Schopfer)

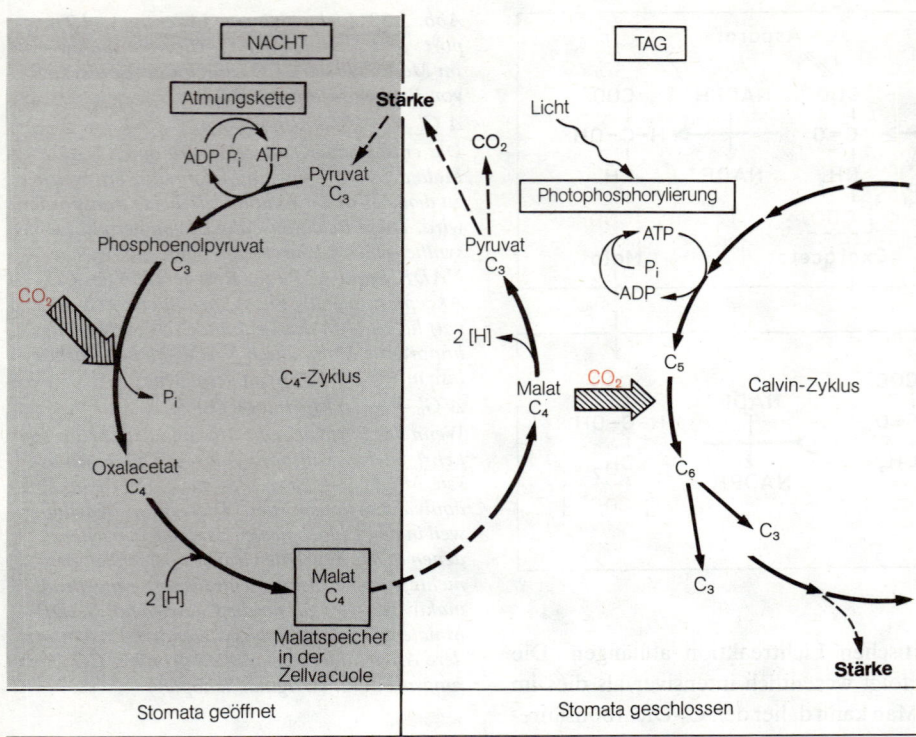

Abb. 5.59. CO_2-Fixierung des Malat-Typs der CAM-Pflanzen. Während der Nacht, wenn die Stomata geöffnet sind, kann CO_2 in die Pflanze eindiffundieren und wird durch den C_4-Zyklus (Phosphoenolpyruvatcarboxylase) gebunden. Das anfallende Malat wird in den großen Zellvakuolen des »fleischigen« Assimilationsgewebes gespeichert. Das verbrauchte Phosphoenolpyruvat und das ATP stammen aus der Dissimilation von Stärke. Bei Tag, bei geschlossenen Stomata, wird das zuvor gespeicherte Malat decarboxyliert. Mit dem freigesetzten CO_2 wird die Photosynthese durchgeführt. Auch das dabei anfallende Pyruvat fließt in den Kohlenhydratstoffwechsel; es wird entweder veratmet oder dient zur Resynthese von Stärke. (Original Schopfer)

Speicherstärke. Die Speicherung von CO_2 während der Nacht ist eine Anpassung an den wasserarmen Standort dieser Pflanzen. Sie können den Wasserverlust durch Transpiration fast völlig unterbinden, indem sie am Tag die Spaltöffnungen weitgehend geschlossen halten. Damit ist jedoch auch die externe CO_2-Zufuhr für die Photosynthese blockiert. Mit Hilfe der nächtlichen CO_2-Speicherung bei geöffneten Stomata (hierbei besteht keine Gefahr für zu starken Wasserverlust) wird diese Schwierigkeit umgangen. Die CAM-Pflanzen können also CO_2-Fixierung und Photosynthese *zeitlich* trennen, um auf diese Weise ein günstiges Verhältnis zwischen photosynthetischer Leistung und Transpiration unter den ungünstigen Bedingungen ihres Biotops zu erreichen.

5.2.2 Regulation der Dissimilation heterotropher pflanzlicher Gewebe

Auch bei der grünen Pflanze sind viele Organe bzw. Gewebe heterotroph, also auf die Versorgung mit Nährstoffen aus den autotrophen Organen (vor allem aus den Blättern) angewiesen. Die Wurzel, die Organe der Blüte, die Früchte und die inneren Gewebe des Stammes sind, zumindest im älteren Stadium, meist vollständig heterotroph. Ihr Energiestoffwechsel (Glykolyse, Citratzyklus, Atmungskette) verläuft praktisch genauso wie der einer typischen tierischen Zelle (S. 88 f.). Dies gilt auch für den Embryo keimender Samen. Die junge Keimpflanze der Phanerogamen besitzt noch keinen Photosyntheseapparat und muß ihr Wachstum zunächst für einige Zeit (in der Regel mehrere Tage) auf Kosten der meist reichlich vorhandenen Speicherstoffe (deponiert im Endosperm, Perisperm oder in Speicherkotyledonen, Abb. 5.3) bestreiten. Bei den Angiospermen ist nicht nur die Chlorophyllsynthese, sondern auch der strukturelle Aufbau der Chloroplasten obligatorisch an das Licht gebunden. Keimende Samen bzw. junge, im Dunkeln aufgezogene Keimlinge sind daher bevorzugte Objekte zum Studium des dissimilatorischen Stoffwechsels der Pflanzen in Abwesenheit von Photosynthese.

Ähnlich wie die Photosynthese steht auch die Dissimilation ständig unter dem Einfluß einer großen Zahl äußerer und innerer Steuerungsfaktoren. Hierzu zwei Beispiele:

Konkurrenz von aerober und anaerober Dissimilation. Ein zentraler Außenfaktor der dissimilatorischen Energiegewinnung ist der *Sauerstoff*. Da die meisten Pflanzenorgane eine im Verhältnis zu ihrem Volumen große Oberfläche besitzen, kann O_2 aus der Atmosphäre durch einfache Diffusion aufgenommen und auch innerhalb der Pflanze zu den Orten des Verbrauchs transportiert werden. Pflanzen besitzen keine Lungen. Anders als beim CO_2 ist die Verfügbarkeit des O_2 in der Atmosphäre nicht begrenzend. Wasser, das mit Luft im Gleichgewicht steht, enthält (bei 25°C) 250 μmol $O_2 \cdot l^{-1}$ (aber nur 10 μmol $CO_2 \cdot l^{-1}$). Die Cytochromoxidase in den Mitochondrien hat eine Michaelis-Konstante $K_m \approx 10^{-6}$ mol $O_2 \cdot l^{-1}$ (S. 75). Deshalb steht selbst bei geringer O_2-Konzentration im Inneren relativ dicker Organe wie Früchte oder Knollen normalerweise genügend Sauerstoff für die Endoxidation zur Verfügung.

In bestimmten Fällen, z.B. bei der Keimung von Samen unter Wasser (Sumpfpflanzen) oder bei Wurzeln in tieferen, schlecht durchlüfteten Bodenschichten, ist die Diffusion jedoch nicht ausreichend, um den hohen Bedarf des Gewebes an Sauerstoff zu befriedigen. Unter diesen Bedingungen können auch Organe Höherer Pflanzen – wie manche Hefen und andere Mikroorganismen – in *fakultativer Anaerobiose* leben. Die Umschaltung von oxidativer auf fermentative Dissimilation (Gärung, S. 90f.) erfolgt nach Maßgabe der O_2-Konzentration im Gewebe.

Bei der O_2-Konzentration der Luft (ca. 208 ml $\cdot$ l^{-1}) ist die Gärung meist vollständig gehemmt. Erst wenn die O_2-Aufnahme durch Erniedrigung der O_2-Konzentration auf einen Wert zwischen 10 und 50 ml $\cdot$ l^{-1} absinkt, steigt die fermentative Dissimilation an, wobei sich Ethanol (und manchmal auch Lactat) im Gewebe anhäufen. Die Umsteuerung ist voll reversibel. Dieser *Pasteur-Effekt* (S. 93) dient zur Anpassung des dissimilatorischen Stoffwechsels hinsichtlich einer möglichst ökonomischen Produktion von ATP: Unter O_2-Mangel kann ATP aus der Gärung gewonnen werden. Steht jedoch O_2 zur Verfügung, so kann die Gärung in dem Maß gedrosselt werden, wie die Atmungskettenphosphorylierung die Bereitstellung von ATP übernimmt.

Ein anderer, längerfristig wirksamer Regulationsmechanismus verändert die Aktivität von Enzymen der Dissimilationsbahnen in Abhängigkeit von der O_2-Konzentration (Abb. 5.60). In den Zellen der Bäckerhefe, welche einige Zeit anaerob gehalten werden, »degenerieren« die Mitochondrien zu Promitochondrien, denen z.B. die Cytochrome der Atmungskette fehlen. Nach Zufuhr von O_2 bilden sich die Promitochondrien wieder zu kompletten Mitochondrien um (S. 148). Dieses Regulationsprinzip, die Anpassung der Kompartimentstruktur und der enzymatischen Kapazität von Reaktionsbahnen an Faktoren der Umwelt, ist – neben der modulatorischen Schnellregulation von Enzymaktivitäten – ein wesentliches Merkmal des Stoffwechsels.

Steuerung der Dissimilation durch Licht. Licht kann den dissimilatorischen Gaswechsel auf vielfältige Weise modifizieren. Die *Photorespiration* wurde bereits auf Seite 432 dargestellt. Weiterhin veranlaßt z.B. morphogenetisch wirksame Strahlung über das Phytochromsystem (S. 330f.) eine Verschiebung der »Großen Periode der Atmung« von Keimpflanzen (Abb. 5.61). Dieser Effekt geht auf eine anfängliche Verzögerung und eine spätere starke Beschleunigung des katabolen Stoffwechsels durch das aktive Phytochrom (P_{fr}) zurück. Die Beschleunigung des Katabolismus durch P_{fr} geht mit einer drastischen Verminderung der Energieausbeute einher: Unter dem Einfluß von P_{fr} geben die Keimlinge wesentlich mehr Energie in Form von Wärme an die Umgebung ab als im Dunkeln (Abb. 5.62); der energetische Wirkungsgrad des gesamten Stoffwechsels dürfte im dunkel gehaltenen Keimling wesentlich höher sein als im belichteten. Da der Dunkelkeimling unter Umständen noch lange ohne die photosynthetische Energiezufuhr auskommen muß, ist dieses Phänomen als biologische Anpassung verständlich.

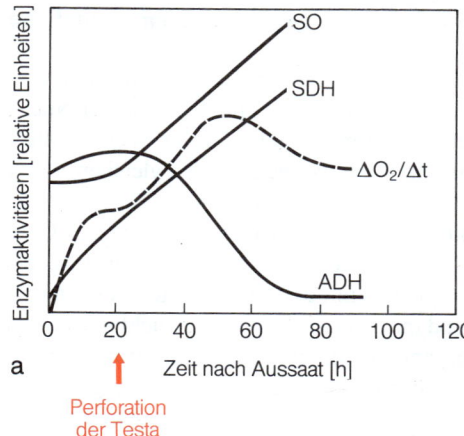

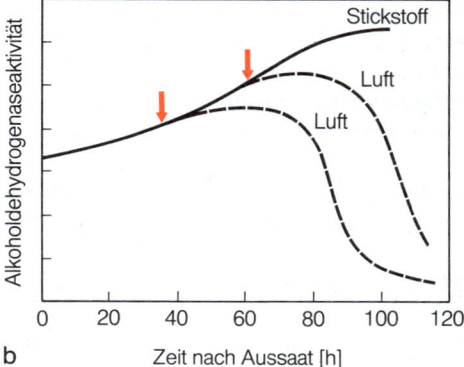

Abb. 5.60 a, b. Regulation der Aktivität dissimilatorischer Enzyme durch die O_2-Konzentration. Objekt: keimende Erbsensamen. (a) Da die Testa für O_2 wenig durchlässig ist, macht der junge Keimling zunächst eine Phase partieller Anaerobiose durch. Während dieser Zeit wird die Dissimilation vorwiegend durch Gärung bestritten; die Aktivität des Gärungsenzyms Alkoholdehydrogenase (ADH) ist hoch. Wenn die Testa nach etwa 20h durch das Wachstum der Keimwurzel gesprengt wird, stellt sich die Dissimilation rasch auf den oxidativen Weg um: Die ADH-Aktivität verschwindet, und die Succinatdehydrogenaseaktivität (SDH, Citratzyklus) und die Atmungsintensität ($\Delta O_2/\Delta t$) steigen an. Die Fähigkeit der Mitochondrien zur aeroben Oxidation von Succinat (»Succinatoxidase«aktivität, SO) steigt kontinuierlich von der Aussaat an an. (b) Werden die Samen unter Stickstoff angekeimt, so steigt die ADH auch nach 20h weiter an. Der Abbau des Enzyms setzt erst dann ein, wenn die Samen von N_2 in Luft umgesetzt werden (Pfeile). (Nach Kolöffel)

5.2.3 Biosyntheseleistungen pflanzlicher Gewebe

Alle Organismen – Tiere, Pflanzen und Mikroorganismen – haben einen ähnlichen Grundstoffwechsel. Die Synthese der Nucleinsäuren, der Proteine oder der Fette erfolgt überall in prinzipiell gleicher Weise. Alle Organismen, die bisher untersucht wurden, arbeiten mit weitgehend den gleichen Enzymen der Glykolyse, der Zellatmung und der Photosynthese (Abschnitt 1.4.13.2, S. 113f.). Den ins Auge fallenden Gemeinsamkeiten sind die nicht weniger eindrucksvollen Unterschiede im Stoffwechsel der verschiedenen Organismentypen gegenüberzustellen. Die biochemischen Potenzen der Tiere z. B. sind, verglichen mit der synthetischen Leistungsfähigkeit der Pflanzen, eng begrenzt. Die Tiere sind im Laufe der Evolution nicht nur in bezug auf Nahrung allgemein (wasserstoffreiche organische Moleküle und Sauerstoff), sondern auch bezüglich vieler spezifischer Molekültypen in eine weitgehende Abhängigkeit von der autotrophen grünen Pflanze geraten. Es gibt eine ganze Reihe von Molekültypen (z. B. die Carotinoide oder die aromatischen Moleküle), welche der tierische Organismus zwar unbedingt braucht, aber nicht mehr selbst aus anderen Molekülen herstellen kann. Man nennt diese Moleküle allgemein *essentielle Nahrungsfaktoren* (S. 607). Wenn nur geringe Mengen benötigt werden, spricht man von *Vitaminen* (S. 610f.). Im Gegensatz zum Tier verfügt die photoautotrophe Pflanze über eine kaum übersehbare metabolische Leistungsfähigkeit. Sie allein vermag aus wenigen anorganischen Verbindungen (CO_2, H_2O, anorganische Ionen) alle Molekültypen des Grundstoffwechsels (primäre Pflanzenstoffe) aufzubauen. Darüber hinaus erzeugt die photoautotrophe Höhere Pflanze eine Vielzahl von sekundären Pflanzenstoffen. Der sekundäre Stoffwechsel umfaßt jene Stoffwechselbahnen, die, obgleich sie an bestimmten Stellen aus dem Grundstoffwechsel abzweigen, nicht zur biochemischen Minimalausstattung einer Zelle, also zum Grundstoffwechsel, gerechnet werden können (Abb. 5.63). Charakteristischerweise tritt die biologische Funktion dieser sekundären Inhaltsstoffe meist nicht auf der Ebene der Zellen, die sie synthetisieren, sondern erst auf der Ebene der Gewebe und Organe bzw. des gesamten Organismus deutlich hervor. Was für die einzelne Zelle als »Luxusmolekül« erscheinen mag (z. B. der Holzstoff Lignin oder das Hormon Gibberellinsäure), kann für die vielzellige Pflanze eine essentielle Bedeutung besitzen (ebenso wie z. B. die Synthese von Hämoglobin in den Erythrocyten für die Wirbeltiere).

Die Biogenese der sekundären Pflanzenstoffe muß daher in den Rahmen der Gewebe- und Organdifferenzierung gestellt werden. In der Tat bildet die Pflanze diese Verbindungen – im Gegensatz zu den primären Stoffwechselprodukten – meist nur in ganz bestimmten Geweben und in ganz bestimmten Entwicklungsphasen aus. Embryonales Gewebe bildet praktisch nie sekundäre Pflanzenstoffe. Aufhebung der spezifischen Zelldifferenzierung, z. B. in Zellkulturen oder Protoplastenkulturen, hat in aller Regel den Verlust dieser speziellen biogenetischen Stoffwechselleistungen zur Folge. Dieser Verlust ist allerdings reversibel: Wenn man aus einer Zellkultur wieder eine differenzierte Pflanze regeneriert, so stellt sich zu gegebener Zeit auch wieder die Fähigkeit zur Synthese sekundärer Pflanzenstoffe ein.

Die sekundären Pflanzenstoffe werden im Protoplasten der Pflanzenzelle gebildet. In der Regel werden sie dort aber nicht akkumuliert, sondern entweder in die Vakuole (Abb. 1.3, S. 11) abgeschieden (chymotrope Exkretion) oder in die Zellwand abgegeben (membranotrope Exkretion).

Die formenreichste Gruppe der sekundären Pflanzenstoffe sind die *Alkaloide*. Mehr als 1200 verschiedene Stoffe dieser Gruppe sind genau beschrieben, und beständig werden neue entdeckt. Alkaloide sind N-haltige, meist alkalisch reagierende, heterozyklische Verbindungen, die in der Regel auf den tierischen Organismus starke, bei höherer Dosis toxische Wirkungen ausüben (z. B. Morphine, Abb. 5.64). Sie sind deshalb für Pharmazie und Pharmakologie von besonderem Interesse. Die Fähigkeit zur Alkaloidsynthese ist

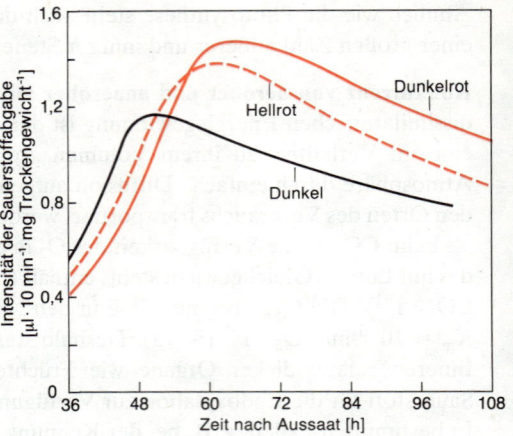

Abb. 5.61. Regulation der dissimilatorischen O_2-Aufnahme durch das aktive Phytochrom, Objekt: Kotyledonen der Keimpflanzen von Sinapis alba. Die Keimlinge wurden von der Aussaat an mit dunkelrotem oder hellrotem Licht bestrahlt oder die ganze Zeit über im Dunkeln gehalten. Der für Keimpflanzen typische Verlauf der Atmungskurve (»Große Periode der Atmung«) wird durch die Belichtung verschoben. Da dieser Lichteffekt in Stoßlicht-Experimenten einen typischen Hellrot-Dunkelrot-Antagonismus (S. 330f.) zeigt, muß das Phytochromsystem als wirksamer Photorezeptor angesehen werden. (Nach Hock u. Mohr)

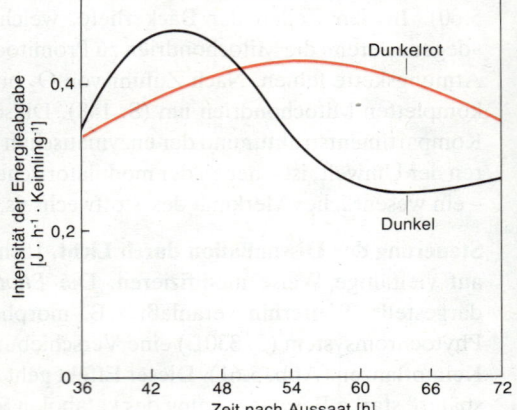

Abb. 5.62. Änderung der Intensität der Energieabgabe unter dem Einfluß von P_{fr}. Keimlinge von Sinapis alba wurden für 36h im Dunkeln angezogen und dann mit dunkelrotem Licht bestrahlt. Nach einer anfänglichen Verzögerung ergibt sich eine gegenüber dem Dunkelkeimling stark erhöhte Abgabe an Wärmeenergie. (Nach Friederich)

nicht gleichmäßig über das Pflanzenreich verbreitet; vielmehr besitzen einige Familien in dieser Hinsicht eine besonders hohe Leistungsfähigkeit. Beispiele sind die Solanaceen (Nachtschattengewächse), Papaveraceen (Mohngewächse) oder der Ascomycet *Claviceps purpurea* (Mutterkornpilz). Auch im Tierreich gibt es einige wenige Fälle von Alkaloidsynthese. Am Beispiel der Alkaloide kann man zeigen, daß sekundäre Pflanzenstoffe häufig auch gegenüber den Pflanzen, die sie erzeugen, nicht harmlos sind. Verabreicht man einem Gewebe eine Alkaloidlösung von außen, so erweisen sich die Alkaloide als toxisch, auch wenn man Konzentrationen wählt, die nicht größer sind als im eigenen Preßsaft. In der Zelle schützt der Tonoplast (Abb. 1.8, S. 16) das Protoplasma gegen die in dem Vakuolensaft angereicherten Alkaloide. Die Alkaloidmoleküle, die im Plasma synthetisiert werden, können zwar den Tonoplasten in Richtung Vakuole durchqueren, normalerweise aber nicht in der Gegenrichtung. Andererseits stellt das Plasmalemma, die an die Zellwand grenzende Plasmagrenzmembran (S. 13), keine Barriere für von außen applizierte Alkaloide dar. Die Kompartimentierung der Zelle ist also eine entscheidend wichtige Bedingung, die bei der Betrachtung der Stoffwechselvorgänge berücksichtigt werden muß. Im folgenden behandeln wir zwei typische Beispiele für Biosynthesen sekundärer Pflanzenstoffe.

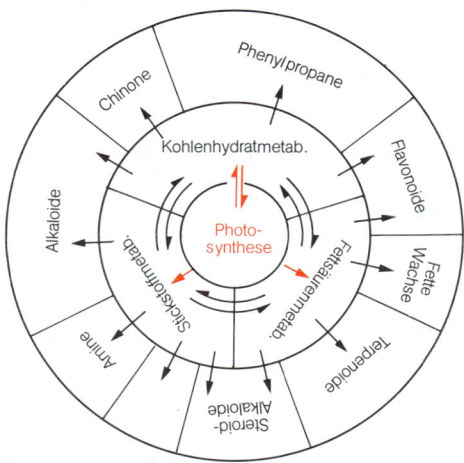

Abb. 5.63. *Modell für die Ableitung der sekundären Pflanzenstoffe (äußerer Kreis) aus dem Grundstoffwechsel (= primärer Stoffwechsel). Dieser wird von der Photosynthese gespeist. (Nach Reznik)*

5.2.3.1 Terpenoidbiosynthese

Die *Terpenoide* (= Isoprenoide, Prenyllipide) besitzen Molekülstrukturen, die auf den Zusammenbau von Isopreneinheiten zurückzuführen sind. Die Vorstufe des Isoprens ist die Mevalonsäure, die sich ihrerseits von Acetyl-CoA herleitet. Das »aktive Isopren« ist das Isopentenylpyrophosphat; dessen Reaktion mit Dimethylallylpyrophosphat kann man als den eigentlichen Ausgangspunkt der Terpenoidbiosynthese betrachten (Abb. 5.65). Die Vielzahl natürlicher Terpenoide entsteht durch die Variation bei der folgenden Polymerisation, also der schrittweisen Anlagerung von Isopentenylpyrophosphat-Bausteinen. Die meisten Mono-, Sesqui-, Di- und Polyterpene sind das Resultat einer »Kopf-Schwanz-Kondensation« von Isopreneinheiten, während Triterpene und Tetraterpene durch eine »Schwanz-Schwanz-Dimerisation« von C_{15}- bzw. C_{20}-Einheiten gebildet werden.

Obwohl *Mono-, Sesqui-, Di-* und *Polyterpene* gelegentlich auch bei Algen, Pilzen und Gefäßkryptogamen auftreten, werden sie als typische Stoffwechselprodukte der Höheren Landpflanzen, der Cormophyten, angesehen (Abb. 5.66). Andererseits sind die *Steroide (Triterpene)* und die *Carotinoide (Tetraterpene)* universell verbreitet. Carotinoide können allerdings nur von pflanzlichen Zellen einschließlich der Bakterien synthetisiert werden. Steroide und Carotinoide besitzen, im Gegensatz zu manchen anderen Terpenoiden, eine unmittelbar einsichtige Bedeutung für den pflanzlichen Stoffwechsel.

Die »etherischen Öle«, die bei etwa 2000 Pflanzenarten (verteilt auf etwa 60 Familien) vorkommen, setzen sich in erster Linie aus Mono-, Sesqui- und Diterpenen zusammen. Sie sind klassische sekundäre Pflanzenstoffe. Harze, ebenfalls typische sekundäre Pflanzenstoffe, sind komplizierte Gemische aus flüchtigen und nicht-flüchtigen Terpenoiden. Die flüchtige Fraktion besteht aus Mono-, Sesqui- und einigen Diterpenen; die nicht-flüchtige Fraktion enthält in erster Linie weitgehend ungesättigte Diterpensäuren und gelegentlich Triterpensäuren. Harze werden bevorzugt von baumförmigen Gymno- und Angiospermen gebildet (in etwa 30 Familien). Unter den Angiospermen sind es in erster Linie tropische Bäume, die in großer Quantität Harze produzieren. Bei den in unseren Breiten lebenden Coniferen werden die Harze von Drüsenepithelien gebildet, die schizogene, das Holz durchziehende Harzkanäle auskleiden (S. 416). Sie bilden bei Luftzutritt einen zuerst zähflüssigen, dann bis glasartig harten Wundverschluß.

Alle Photosyntheseapparate enthalten Carotinoide. Es kommen Carotine (reine Kohlenwasserstoffe) und Xanthophylle (mit Sauerstoff im Molekül) vor (S. 114). Carotinoide

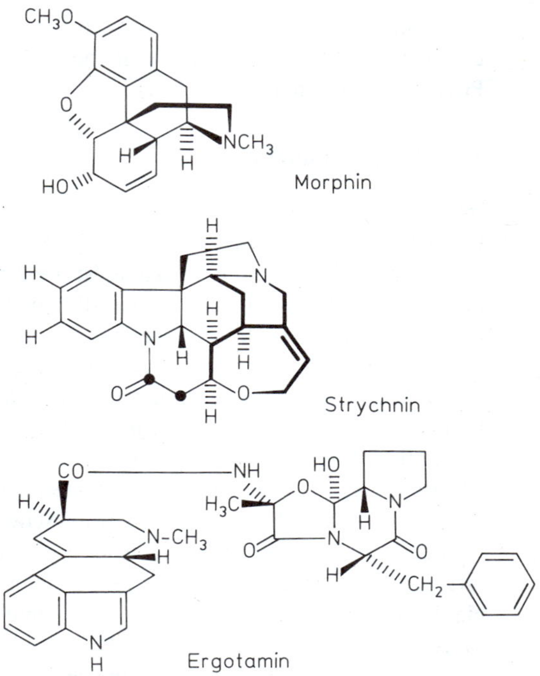

Abb. 5.64. *Drei pharmakologisch hochwirksame Alkaloide. Morphin ist der Hauptvertreter der Opium-Alkaloide (aus Schlafmohn, Papaver somniferum). Es wirkt schmerzstillend ohne Bewußtseinstrübung. Strychnin ist das Hauptalkaloid der Samen tropischer Strychnos-Arten. Bereits 30 bis 100 mg führen beim Menschen zum Tod durch Muskelkrampf. Ergotamin ist neben anderen Alkaloiden im »Mutterkorn« (Sklerotium des Pilzes Claviceps purpurea) enthalten. Es besitzt neben anderen Uterus-kontrahierende Wirkung.*

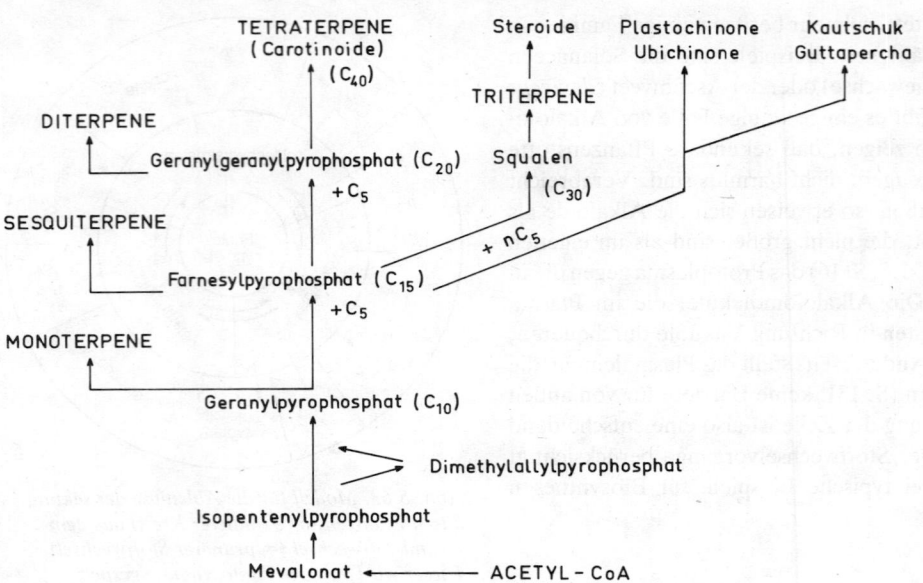

Abb. 5.65. Übersicht über die Biosynthesebahnen der Terpenoide (= Isoprenoide, Prenyllipide). Das Ausgangsmaterial ist die aktivierte Essigsäure (S. 72), die Schlüsselsubstanz ist die Mevalonsäure. Das Isopentenylpyrophosphat wird als »aktives Isopren« bezeichnet. Mit dieser Verbindung ist die C_5-Stufe erreicht. Die weiteren Zusammenlagerungen sind im »Stammbaum« angedeutet. Aus dem Pool des Acetyl-CoA werden eine ganze Reihe wichtiger anabolischer (d. h. aufbauender) Reaktionsketten gespeist, z. B. die Fettsäuresynthese und die Synthese des A-Rings der Flavonoide (Abb. 1.82, S. 97 u. Abb. 5.67).

werden, im Gegensatz zum Chlorophyll *a*, auch von den Keimlingen der Angiospermen im Dunkeln gebildet. Ihre Synthese wird jedoch durch Licht in einer spezifischen Weise gesteigert. Die Lichtwirkung erfolgt über das in Höheren Pflanzen generell vorkommende Phytochromsystem (P_{fr}, S. 330f.).

5.2.3.2 Flavonoidbiosynthese

Im Gegensatz zu den Chlorophyllen werden die Flavonoide – rote, blaue oder grüngelbe Pigmente – im wesentlichen nur von den Höheren Pflanzen gebildet. Die Anreicherung dieser Farbstoffe in der Zellvakuole ist die Ursache für die leuchtend roten oder blauen Farben in der Natur, sowohl bei den Blüten als auch bei der Herbstfärbung. Die meisten Flavonoide liegen in der Pflanze in glykosidischer Form, d. h. verbunden mit Zuckern, vor. Neben glykosidisch gebundenen Flavonoiden gibt es auch acylierte Flavonoide. Wir beschränken unsere Betrachtung jetzt auf die Aglykone und wählen als Beispiel das Cyanidin (Abb. 5.67). Es tritt in der Regel als Aglykon der »Jugendanthocyane« bei Keimpflanzen auf.

Wie durch Applikation radioaktiv markierter Vorstufen gezeigt werden konnte, wird der Ring A des Cyanidins durch eine Kopf-Schwanz-Kondensation dreier Acetateinheiten (C_2) gebildet, während sich der Ring B und die C-Atome des Heterozyklus von einer intakten Phenylpropaneinheit (C_6-C_3) ableiten. Der C_6-C_3-Körper wird als Phenylalanin aus dem Grundstoffwechsel entnommen und über trans-Zimtsäure und p-Cumarsäure in den Biosyntheseweg der Flavonoide eingeführt (Abb. 5.67). Aus aktivierter p-Cumarsäure oder Kaffeesäure (und zwar als CoA-Ester) und drei Molekülen Malonyl-CoA bildet sich als C_{15}-Zwischenstufe ein Chalkon, das mit dem entsprechenden Flavanon in einem enzymatisch katalysierten Gleichgewicht steht. Über Dihydroflavonol (= Flavanonol) entsteht schließlich das (Antho-)Cyanidin (Abb. 5.67). Die Glykosidierung erfolgt erst spät in der biosynthetischen Sequenz. Die meisten Keimpflanzen, z. B. die des Senfkeimlings *(Sinapis alba)*, bilden das Jugendcyanidin nur im Licht (Abb. 4.16, S. 334). Im Dunkeln ist die anabole Stoffwechselbahn blockiert. Im Fall des Senfkeimlings hängt die Regulation auch bei der Cyanidinbiosynthese von Phytochrom (P_{fr}) ab. Das Effektormolekül P_{fr} bewirkt eine Induktion der Synthese von Phenylalaninammoniumlyase (PAL, S. 334). Dieses Schlüsselenzym der Phenylpropanoidsynthese katalysiert die

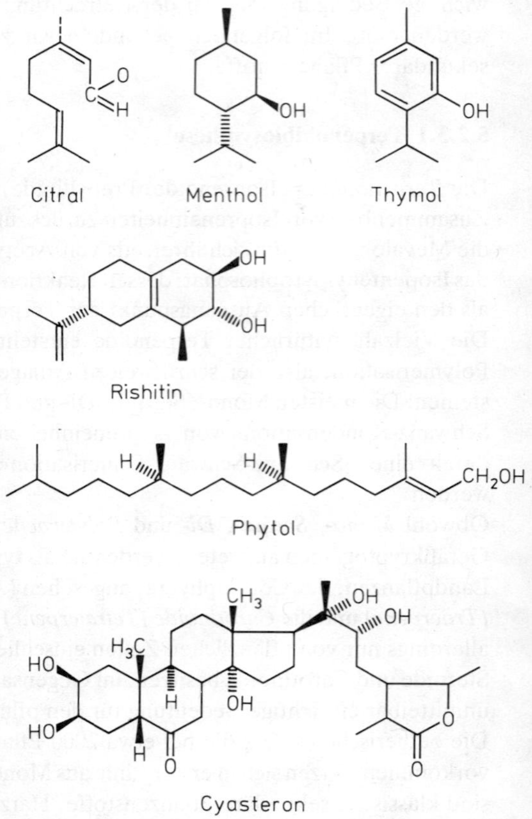

Abb. 5.66. Typische sekundäre Pflanzenstoffe aus der Terpenoid-Familie (Abb. 5.65). Die Monoterpene Citral, Menthol und Thymol sind als Duftstoffe bekannt. Das Sesquiterpen Rishitin ist ein von Kartoffeln (Solanum tuberosum) in der Knolle gebildeter Abwehrstoff (Phytoalexin, S. 447) gegen phytopathogene Pilze. Das Diterpen Phytol liegt in veresterter Form im Chlorophyll vor (S. 114). Das Steroid Cyasteron ist ein Vertreter der in vielen Pflanzen nachgewiesenen Sterole. Es besitzt große Ähnlichkeit mit dem Häutungshormon der Insekten, dem Ecdyson (S. 676).

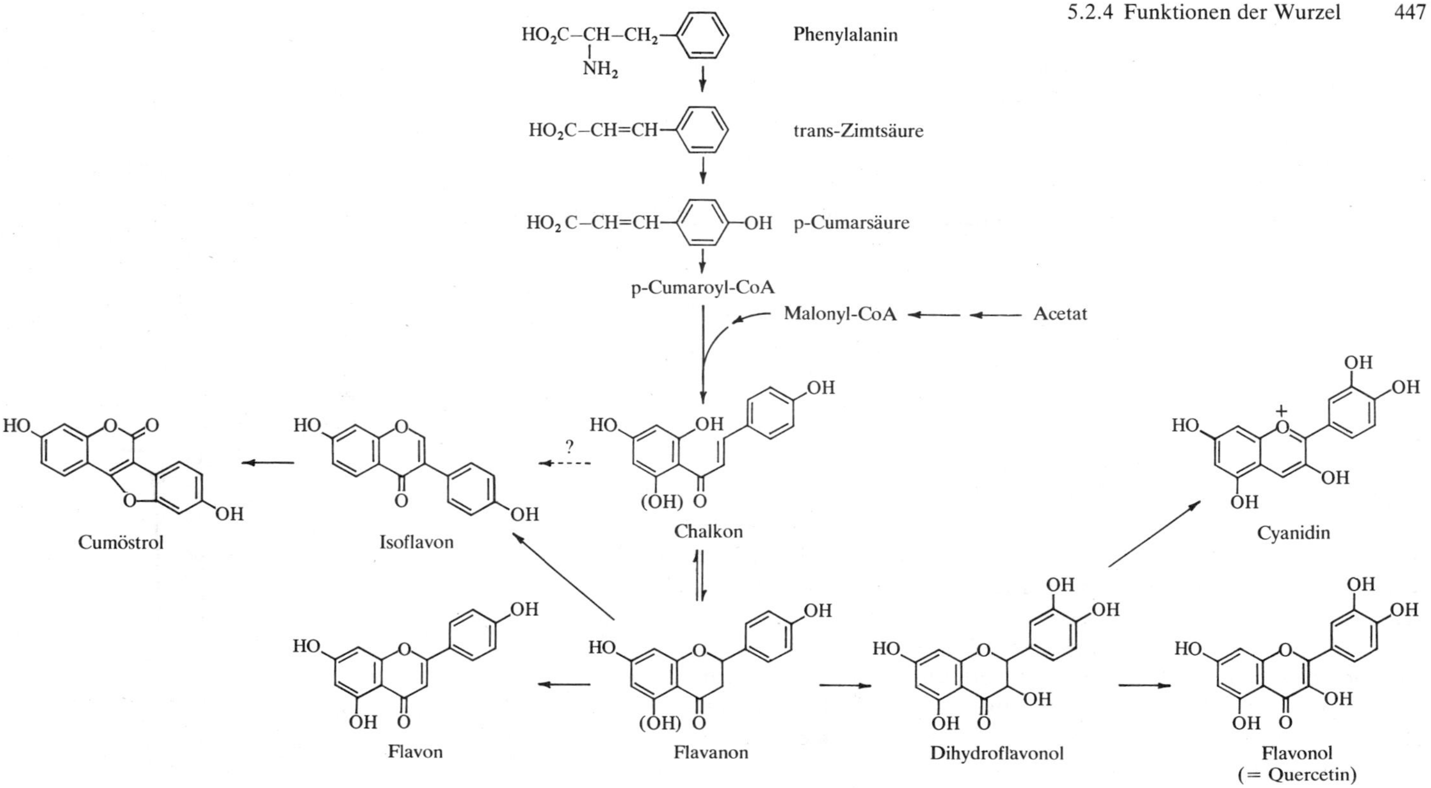

Abb. 5.67. Übersicht über die Biosynthese der Flavonoide. Diese schematische Darstellung soll den biosynthetischen Zusammenhang zwischen einer Reihe wichtiger Flavonoide zeigen. In der Regel kommen nicht alle Verbindungen in ein und derselben Pflanze vor. (Nach einer Vorlage von Barz, verändert)

Bildung von trans-Zimtsäure aus Phenylalanin; es steht damit an der Nahtstelle von primärem und sekundärem Stoffwechsel. Die Lichtsteuerung der Synthese von »Jugendanthocyan« in bestimmten Geweben mancher Keimlinge zeigt in beispielhafter Weise die starke Abhängigkeit des Sekundärstoffwechsels von Umwelteinflüssen, insbesondere vom Licht.

Isoflavone (Abb. 5.68) besitzen bei Leguminosen eine wichtige Rolle als *Phytoalexine*. Darunter versteht man pflanzliche Abwehrstoffe gegen phytopathogene Mikroorganismen, welche als Folge einer Infektion synthetisiert werden. Sie ersetzen in gewisser Weise das bei Pflanzen fehlende Immunsystem (S. 526). Es werden eine ganze Reihe verschiedener Isoflavon-Phytoalexine gebildet [z. B. *Pisatin* in Erbsen *(Pisum)*, *Phaseollin* in Bohnen *(Phaseolus)*, *Glyceollin* in Soja *(Glycine)*; Abb. 5.68]. Ihre Wirkung richtet sich unspezifisch gegen das Wachstum von Mikroorganismen (vor allem gegen Pilze). Die Phytoalexinbildung erfolgt stets lokal im Bereich des Infektionsherdes. Man konnte zeigen, daß eine Glucan(Oligosaccharid)-Fraktion aus der Zellwand bestimmter pathogener Pilze (z. B. von *Phytophtora megasperma*, var. *sojae* im Fall der Sojabohne) für die Induktion der Phytoalexinsynthese verantwortlich ist. Diese als *Elicitor* bezeichnete Komponente ist bereits in einer Konzentration von weniger als 10^{-10} molar wirksam. Allerdings führen in vielen Fällen auch Verwundungen, Frostschäden oder andere zum lokalen Absterben von Zellen führende Eingriffe zur Bildung von Phytoalexinen in den benachbarten Geweben.

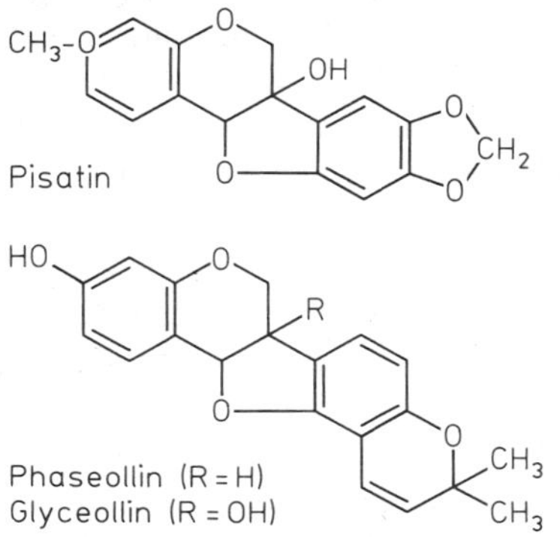

5.2.4 Funktionen der Wurzel

Neben der Aufgabe, die Pflanze im Boden zu verankern, hat die Wurzel die Funktion der Aufnahme von Wasser und Nährsalzen sowie häufig auch der Speicherung von Reservestoffen. Weiterhin laufen in der Wurzel zahlreiche Stoffumsetzungen ab, auch spezifische Biosynthesen (z. B. des Nicotins in der Tabakpflanze).

Abb. 5.68. Isoflavone, welche bei Leguminosen (Pisum, Phaseolus, Glycine) als induzierbare Abwehrstoffe (Phytoalexine) gegen pathogene Pilze gebildet werden.

Die Ausbildung einer Wurzel als Aufnahmeorgan für Wasser und Ionen (»Nährsalze«) wurde durch den Übergang der Höheren Pflanzen vom Wasser- zum Landleben notwendig. Im Wasser lebende Algen – auch die vielzelligen, hochgradig differenzierten Vertreter der Braun- und Rotalgen – besitzen keine Wurzel, sondern nehmen Wasser und Ionen durch ihre gesamte Oberfläche auf. Die wäßrige Lösung der Umgebung (z. B. das Meerwasser) erfüllt daher bei diesen Pflanzen auch den *freien Diffusionsraum* des Apoplasten (Abb. 6.99, S. 614). Dieser Begriff bezeichnet den mit Wasser erfüllten Raum innerhalb des dreidimensionalen Netzwerkes der Zellwände und das Lumen der Gefäße, also denjenigen Teil des Pflanzenkörpers, in dem sich Wasser und gelöste Substanzen frei durch Diffusion bewegen können (Abb. 5.69). Sein Volumen kann (z. B. im Cortex mancher Wurzeln) bis zu einem Viertel des gesamten Gewebevolumens betragen.

5.2.4.1 Wasseraufnahme

In der Zone der Wurzelhaare verfügt die Pflanze über eine riesige, freie Oberfläche des Apoplasten, welche in innigem Kontakt zur Bodenlösung *(Grundwasser)* bzw. zu dem an die Bodenkolloide gebundenen *Haftwasser* steht (Abb. 5.70). Die Funktion der Wurzelhaare kann daher mit der eines oberflächenaktiven Dochtes verglichen werden. Das Wasser gelangt in den Apoplasten des Cortex (Wurzelrinde). Der freie Diffusionsraum der äußeren Wurzelschichten endet an der *Endodermis*, wo der *Caspary-Streifen* die freie Diffusion zwischen dem Apoplasten des Cortex und dem Apoplasten des Zentralzylinders stark einschränkt (Abb. 5.37). Zur Überwindung dieser Barriere muß das Wasser in den *Symplasten* (das ist die Gesamtheit der durch Plasmodesmen miteinander verbundenen Einzelprotoplasten) des Cortex aufgenommen werden. Darin wird es mittels des *symplastischen Transportes* durch die Endodermis in den Zentralzylinder geleitet. Dort wird das Wasser wieder an den apoplastischen Raum der Gefäße abgegeben, welche den Ferntransport in den Sproß übernehmen (S. 614 f.).

Die Wasseraufnahme der Wurzel ist kein aktiver Prozeß, sondern wird, wie der Wasserferntransport in den Gefäßen, von dem Wasserpotentialgradienten ($\Delta\Psi$, S. 60 f., 616 f.) zwischen Boden und Atmosphäre angetrieben. Dieser Gradient ist normalerweise sehr steil und verleiht daher der Wurzel eine ausreichend hohe Saugspannung (= negatives Wasserpotential, S. 61 f.) gegenüber dem Bodenwasser (Abb. 6.105, S. 617). In sehr wasserarmen Biotopen, z. B. Trockenwüsten, kann auch das Wasserpotential des Bodens, zumindest zeitweilig, stark negative Werte annehmen (kleiner als -100 bar). Wenn das Wasserpotential des Bodens unter das der Wurzel absinkt, hat dies zwangsläufig eine Umkehrung des Gradienten zur Folge, d. h. die Pflanze gibt theoretisch Wasser an den Boden ab. Bei den Wurzeln von Pflanzen, welche an diese Bedingungen angepaßt sind, kann dies durch starke Verringerung der Oberfläche und die Ausbildung eines wasserundurchlässigen Abschlußgewebes weitgehend verhindert werden.

Der Strom von Wasser durch die Wurzel wird einerseits von der Wasserpotentialdifferenz zwischen Bodenwasser und Atmosphäre und andererseits von der Summe der Diffusionswiderstände für Wasser in der ganzen Pflanze bestimmt (S. 617 f.). Ein wichtiger Teilwiderstand in diesem Strömungssystem (Abb. 6.106 c, S. 618) ist der *Wurzelwiderstand*, der vor allem auf die symplastische Strecke im Bereich von Cortex und Zentralzylinder zurückgeht. Dieser Widerstand nimmt bei Temperaturerniedrigung stark zu, wahrscheinlich wegen der Verminderung der Permeabilität cytoplasmatischer Membranen für Wasser (die Viskosität des Wassers nimmt bei niedrigen Temperaturen deutlich zu). Aus diesem Grund können niedrige Bodentemperaturen auch über dem Gefrierpunkt zu einem starken Wasserstreß für die Pflanze führen, insbesondere wenn eine niedrige Luftfeuchtigkeit die Transpiration begünstigt.

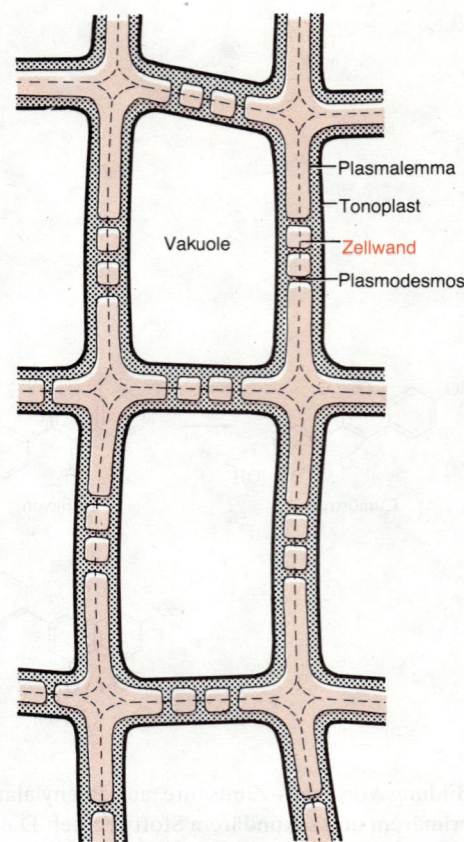

Abb. 5.69. Schematischer Querschnitt durch ein pflanzliches Gewebe. Der rot hervorgehobene Raum der Zellwände stellt den Apoplasten dar. Da das lockere Maschenwerk der Zellwandpolymere (S. 46 f.) der Diffusion kleiner Moleküle einen geringen Widerstand entgegensetzt, bezeichnet man diesen Bereich als freien Diffusionsraum. Es wird deutlich, daß der »lebendige« Teil, d. h. die Gesamtheit der durch Plasmodesmen verbundenen plasmatischen Zellbereiche (Symplast), allseitig von der wäßrigen Lösung des Apoplasten umspült wird. (Nach Brouwer)

5.2.4.2 Ionenaufnahme

Die im Bodenwasser gelösten Ionen gelangen mit dem Wasserstrom in den Apoplasten des Wurzelcortex. Da manche Zellwandpolymere (z. B. die Pektine) freie Carboxylgruppen tragen, besitzen diese die Eigenschaften eines *Kationenaustauschers*. Die Zellwand verfügt also über eine Bindungsfähigkeit für Kationen (und Anionen, die wegen der Elektroneutralität mitwandern), welche über die einer Lösung des gleichen Volumens weit hinausgeht. Im Bereich dieser relativ lockeren elektrostatischen Ionenbindung an »Anker-Ionen« der Zellwand ist die freie Diffusion für geladene Teilchen eingeschränkt. Für Ionen ergibt sich daher ein *apparenter freier Diffusionsraum,* der sich aus dem *freien Diffusionsraum* und dem Bereich der *Austauschadsorption* zusammensetzt. Der apparente freie Diffusionsraum des Wurzelcortex endet an der Endodermis. Der Ionenaustausch zwischen der Zellwandmatrix im Wurzelcortex und der Bodenlösung (bzw. den Ionenaustauscherstrukturen der Bodenkolloide) ist ein rein physikalischer Prozeß, der durch die Nernst-Gleichung (Gl. 1.96, S. 132) beschrieben werden kann. Er bedarf keiner Stoffwechselaktivität, ist weitgehend unspezifisch und voll reversibel. In dieser Beziehung ist der Apoplast des Cortex der »Außenwelt« der Pflanze zuzurechnen.

Die eigentliche, aktive Ionenaufnahme der Wurzel findet erst beim Übergang vom Apoplasten in den Symplasten statt. Dieser Prozeß ist ein hochgradig selektiver, endergoner Transportvorgang, der in seinen Einzelheiten bisher nur unvollkommen aufgeklärt werden konnte. Die Spezifität des Ionenaufnahmesystems der Wurzel führt dazu, daß das Gefäßwasser, das die Wurzel verläßt, bezüglich Ionengehalt und -zusammensetzung von der Lösung im Apoplasten außerhalb der Endodermisbarriere stark abweicht. Die Wurzel kann also die Qualität des Xylemsaftes, der den Zellen im Apoplasten des Sprosses als »Nährlösung« dient, aktiv steuern. Weiterhin kann die Ionenaufnahme gegen den Gradienten des elektrochemischen Potentials (S. 83) erfolgen. Es handelt sich also um einen *aktiven* Prozeß, der Energie verbraucht. Diese wird – vor allem in Form vom ATP – durch oxidativen Abbau geliefert. Werden Wurzeln von reinem Wasser in eine anorganische Nährlösung übertragen, steigt ihre respiratorische Aktivität parallel zur Ionenaufnahme stark an *(Salzatmung).* Außerdem reagiert die Ionenaufnahme sehr empfindlich auf Atmungsgifte, z. B. HCN, und auf Sauerstoffmangel.

Wie die Einzelzelle, so hat auch der vielzellige pflanzliche Organismus ein Auswahlvermögen für bestimmte Ionen, was sich schon in der abweichenden Zusammensetzung des Pflanzenkörpers gegenüber der Umgebung (Boden bzw. Wasser) ausdrückt (Tab. 5.2). Diese Auswahl ist nicht absolut, weshalb auch Ballastionen, wenn auch in relativ geringer Menge, aufgenommen werden müssen: Die Pflanze hat kein totales Ausschlußvermögen. Für den Mechanismus der aktiven Ionenaufnahme der Wurzel dürfte das Plasmalemma im Gesamtbereich des Symplasten außerhalb der Endodermisbarriere (Rhizodermis, Cortex) eine entscheidende Rolle spielen. Diese Membran besitzt vermutlich eine Reihe von spezifischen Transportkatalysatoren (Carrier, S. 83f.) für Kationen und Anionen, welche als ATP-getriebene Ionenpumpen arbeiten können. Der wichtigste aktive Transportprozeß ist der Austausch (Antiport) von Kationen (vor allem K^+) gegen H^+. Wurzeln scheiden daher erhebliche Mengen an Protonen in die Bodenlösung aus. Im Symplasten spielt vielleicht eine beschleunigte Diffusion im Bereich der Plasmodesmen eine Rolle. Jedenfalls gelangen die Ionen auf symplastischem Weg durch die Endodermis. Von den lebenden Zellen des Zentralzylinders werden die Ionen schließlich in die Gefäße abgegeben. Ob auch hierbei durch Carrier eine selektive Wirkung auf den Ionentransport ausgeübt wird, ist unbekannt. Eine aktive Abgabe (Sekretion) in die Gefäße scheint nicht erforderlich zu sein.

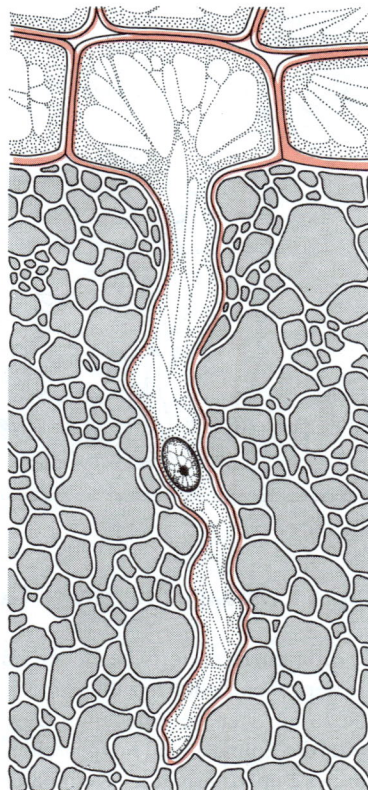

Abb. 5.70. Wurzelhaar im Boden. Man erkennt den engen Oberflächenkontakt zu den Bodenpartikeln. Der freie Diffusionsraum für Wasser ist rot hervorgehoben. (Nach Linder)

Tabelle 5.2 Aschenzusammensetzung der Wasserlinse *(Lemna minor)* und ihres Nährsubstrates in Gewichtsprozenten. (Nach Benecke u. Jost)

	Wasserlinse	Teichwasser
K_2O	18,29	5,15
Na_2O	4,06	7,60
CaO	21,86	45,56
MgO	6,60	16,00
Fe_2O_3	9,57	0,94
P_2O_5	11,35	3,42
SO_3	7,91	10,79
SiO_2	16,05	4,23
Cl	5,55	7,99

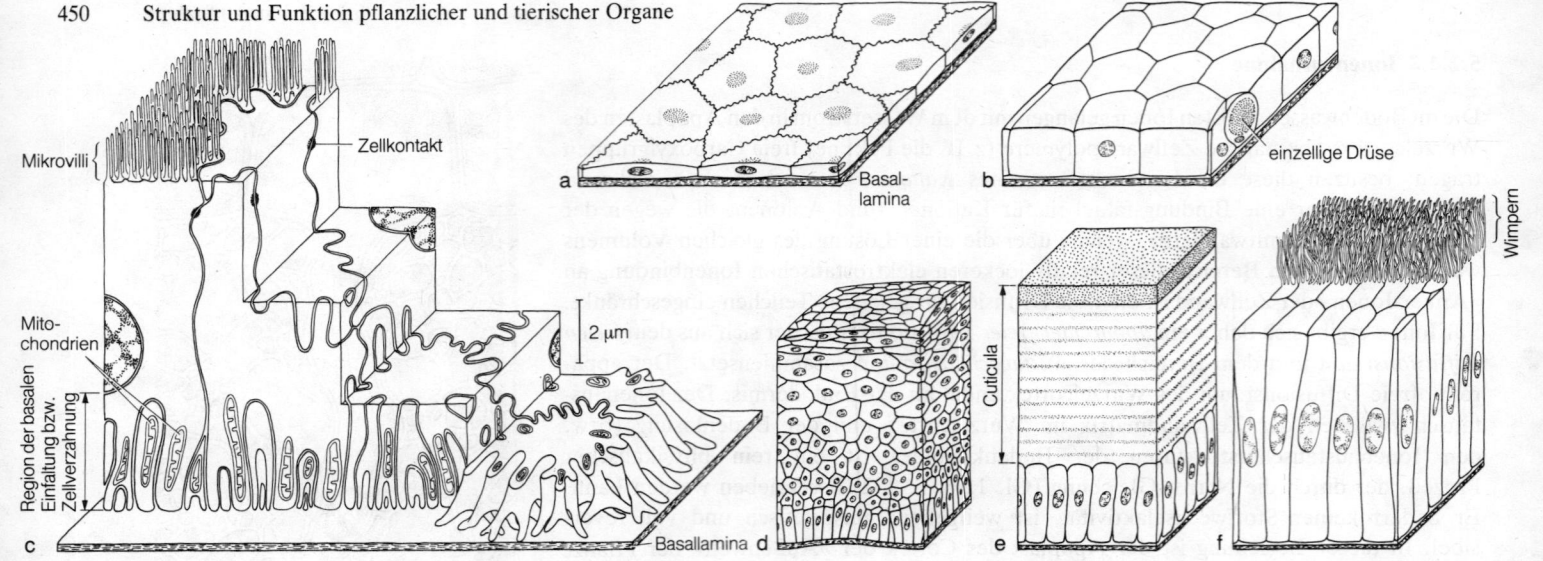

Abb. 5.71 a–f. Typen von Epithelien, schematisch. (a) Plattenepithel, Zellen im gewählten Beispiel miteinander verzahnt (Basallamina nicht immer so dick); (b) Pflasterepithel mit einzelliger Drüse; (c) Zylinderepithel mit Einfaltungen bzw. Verzahnungen; Blockdiagramm der Feinstruktur, auf verschiedenen Niveaus angeschnitten, bei einer Zelle apikal die Mikrovilli abgetragen; (d) mehrschichtiges Epithel; (e) Zylinderepithel mit Cuticula; (f) Wimperepithel, vorne apikal Wimpern abgetragen. – Für Basallamina wird auch der Ausdruck Basalmembran verwendet

5.3 Bau und Leistungen tierischer Gewebe

Gleichartig differenzierte tierische Zellen können sich zu Geweben zusammenschließen. Obwohl die tierischen Zellen in zahllosen Varianten in Größe und Gestalt auftreten, kann man sie alle zu nur vier verschiedenen Gewebeformen zusammenfassen. Dabei werden allerdings nur die Somazellen (Körperzellen) berücksichtigt; die Keimzellen, welche die Kontinuität des Lebens erhalten (Keimbahn, S. 263f.), bleiben hier außer Betracht.

Die vier verschiedenen Formen tierischer Gewebe sind:
1. die Epithel- und Drüsengewebe,
2. die Stütz- und Bindegewebe, einschließlich Blut und Speichergewebe,
3. die Muskelgewebe und
4. die Nervengewebe.

Die Gewebeformen werden nach morphologischen und physiologischen Eigenschaften unterschieden. Eine befriedigende Einteilung nach ihrer ontogenetischen Herkunft (d. h. aus welchem Keimblatt sie entstehen) ist nicht möglich. Die Zuordnung zu einer bestimmten Gewebeform ist nicht immer eindeutig (z. B. Epithelmuskelzellen, S. 455).

5.3.1 Epithel- und Drüsengewebe

Die »ältesten« Gewebe sind die Epithelgewebe; sie entstehen in der Individualentwicklung als erste Gewebeform in Gestalt der beiden Keimblätter Ektoderm und Entoderm. Die einfachsten heute lebenden Metazoen, die Schwämme, besitzen als einziges echtes Gewebe – neben einer Art Bindegewebe – nur Epithelien.

Die Epithelgewebe stellen geschlossene, meist einschichtige Zellverbände dar. Die Interzellularsubstanz tritt stark zurück, so daß die Zellen nahezu lückenlos, nur durch einen engen Spalt getrennt, aneinanderliegen. Die Zellen bilden regelmäßig Kontaktzonen (S. 22) aus.

Als *Deckepithelien* überziehen Epithelzellen äußere und innere Oberflächen der Tiere. Die Auskleidung der *sekundären Leibeshöhle* (Coelom) wird auch *Mesothel*, die der *Blutgefäße Endothel* (S. 624) genannt. Deckepithelien dienen einerseits als schützende Hülle (*Außenepithel = Epidermis*, hier häufig Cuticulabildungen, s. unten), andererseits der Aufnahme (z. B. Darmepithelien, Kiemen, Epithelien von Nierenkanälen) oder auch der Abgabe von Stoffen (z. B. Nierentubuli, Kiemen; Sekretion durch Drüsen).

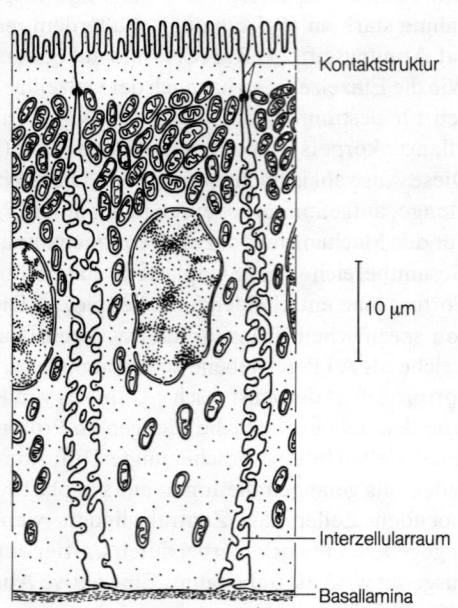

Abb. 5.72. Epithelzellen aus der Gallenblasenwand eines Kaninchens, schematisch. (Nach Kaye)

Morphologisch lassen sich die Epithelgewebe nach der Zellform und nach der Art der Schichtung charakterisieren. Die wichtigsten Typen werden in Abbildung 5.71 vorgestellt und erläutert. In dieser Abbildung sind auch verschiedene Differenzierungen der apikalen und basalen Epitheloberflächen eingetragen, wie sie bei vielen Epithelzellen auftreten. Sehr regelmäßig sind die Epithelzellen basal von einer extrazellulären *Basallamina* unterlagert (Abb. 1.11, S. 20), die besonders Kollagen und Glykoproteine enthält. (Für Basallamina wird oft auch der Ausdruck Basalmembran verwendet, der aus der »Lichtmikroskopie« stammt. Die lichtmikroskopisch erkennbare Basalmembran umfaßt mehr als die vielfach nur im Elektronenmikroskop klar erkennbare Basallamina.) Auch die apikale (freie) Zellmembran wird wahrscheinlich immer von einer meist dünnen Schicht, vorzugsweise aus Glykoproteinen und -lipiden, überzogen. Bei vielen Wirbellosen scheiden die Epithelzellen auf der Körperoberfläche eine mehr oder weniger feste Cuticula ab (Abb. 5.71e; S. 524f.); bei Pflanzen haben wir solche Cuticulaformen schon kennengelernt (Abb. 1.169, S. 172). Außerdem tragen Epithelzellen apikal vielfach Wimpern (= Cilien) – *Wimperepithelien* (Abb. 5.71f.) – oder feine schlauchförmige Ausstülpungen (*Mikrovilli*, Abb. 5.71c.). Im letzteren Fall ist häufig auch die basale Zelloberfläche durch Einfaltungen stark vergrößert (*basales Labyrinth*, Abb. 1.12, S. 21); diese Einfaltungen entstehen meist durch Verzahnungen benachbarter Zellen (Abb. 5.73c). Durch die Anordnung der Zellen und besonders durch die eben beschriebenen Oberflächendifferenzierungen wird deutlich, daß die meisten Epithelzellen eine klare morphologische Polarität aufweisen (Abb. 5.72). Dieser morphologischen Polarität entspricht auch eine physiologische Polarität (S. 22f.).

Besonders differenzierte Epithelzellen sind die *Drüsenzellen*. Sie können einzeln, eingeordnet in ein normales Epithel, auftreten (Abb. 5.71b); oder es bilden viele derartige Zellen zusammen ein *Drüsenepithel*. Die vielzelligen Drüsen sind meist in das darunterliegende Gewebe eingesenkt. Die Anordnung der Zellen und die Form der Drüsen können sehr unterschiedlich sein (Abb. 5.73). Die Aufgabe von Drüsenzellen ist die *Synthese* und die *Abgabe von Sekreten*. Die Sekrete gelangen entweder nach außen bzw. in Körperhohlräume *(exokrine Drüsen)* oder sie werden in das Blut bzw. in andere Körperflüssigkeiten ausgeschieden *(endokrine Drüsen)* (S. 666f.). Je nach Art der Drüsenzellen bzw. der Drüsen sind die Sekrete sehr verschiedener Natur.

Die Produktion von Enzymeiweißen ist charakteristisch für viele Drüsen des Verdauungstraktes. Die Speicheldrüsen sezernieren neben Schleimstoffen und einer wäßrigen Lösung von Natrium-, Kalium-, Chlorid- und Hydrogencarbonat-Ionen bei manchen Säugetieren auch eine stärkeabbauende Amylase. In den Fundusdrüsen der Magenwand produzieren die Hauptzellen proteolytische Enzyme (Pepsine, S. 479), die benachbarten Belegzellen hingegen sezernieren Salzsäure in erstaunlich hoher Konzentration (S. 482). Andersartige Drüsen synthetisieren und sezernieren Hormone, die an die zirkulierende Körperflüssigkeit abgegeben und von dieser im Organismus verteilt werden, um an die Orte ihrer Wirksamkeit zu gelangen (S. 666f.).

In Abhängigkeit von der Produktion verschiedener Stoffe (Eiweiße, Schleim, Talg, Schweiß usw.) und deren eventueller Speicherung zeigen die Drüsenzellen eine charakteristisch verschiedene Struktur. Nach der Art der Abgabe der Produkte aus den Drüsenzellen unterscheidet man *drei Sekretionstypen* (Abb. 5.74); zumindest die ersten beiden sind auch bei Pflanzen anzutreffen:

a) Die *merokrine* oder *ekkrine* Sekretion verläuft nach Art einer Exocytose (S. 17, 135; Abb. 1.124). Sie ist der am weitesten verbreitete Typ. Die Zelle bleibt dabei »intakt«.

b) Bei der *apokrinen* Sekretion wird der mit Sekret gefüllte apikale Zellabschnitt abgeschnürt (z.B. Milchdrüsen). Der ganze Vorgang kann sich mehrfach wiederholen.

c) Bei der *holokrinen* Sekretion wird die gesamte Zelle mit ihrem Sekret aus dem Zellverband ausgestoßen (z.B. Talgdrüsen der Säugetiere). Durch Zellteilungen können die abgestoßenen Zellen ersetzt werden.

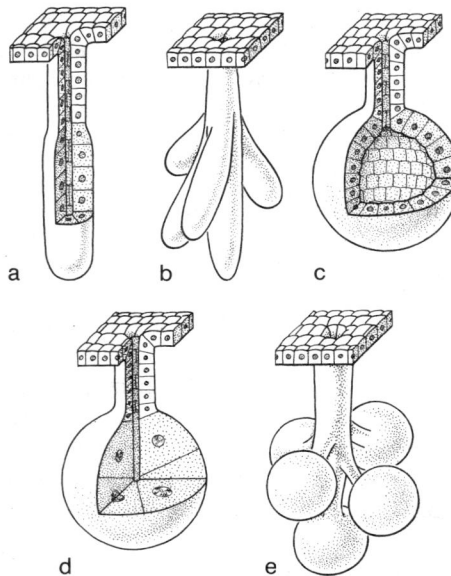

Abb. 5.73 a–e. Drüsentypen, schematisch. (a) Tubulöse Einzeldrüse, einfach; (b) tubulöse Drüse, verzweigt; (c) tubulo-alveoläre Drüse, einfach; (d) tubulo-acinöse Drüse, einfach; (e) tubulo-acinöse Drüse, verzweigt. (a, c, e teilweise angeschnitten.) (Bezeichnung der Drüsen nach Stöhr u. Möllendorf)

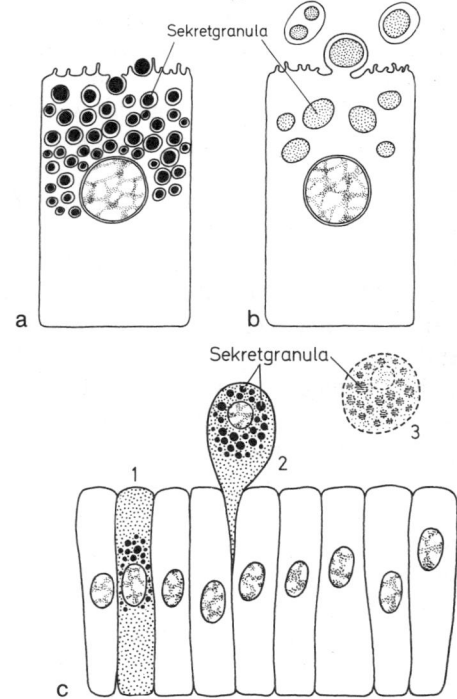

Abb. 5.74 a–c. Formen der Sekretion, Schemata: (a) merokrin, (b) apokrin, (c) holokrin. (1) Sekretbildung in der Zelle, (2) Austreten der sekretbeladenen Zelle, (3) durch Zerfall der Zelle werden die Sekretgranula frei. (Nach Kühn, verändert)

Die Funktion von Epithelien ist – wie schon kurz angedeutet – außerordentlich mannigfaltig (mechanischer Schutz, Stoffaufnahme und -abgabe, Osmoregulation, Reizverarbeitung usw.). Die Abschnitte über Verdauung (S. 478f.) und über humorale Integration (S. 664f.) enthalten Beispiele für die unterschiedlichen Funktionen. Epithelien, die der Reizaufnahme und Erregungsbildung dienen *(Sinnesepithelien),* enthalten spezifisch differenzierte Sinneszellen; diese werden im Abschnitt Nervengewebe (S. 460f.) behandelt.

5.3.2 Stütz- und Bindegewebe einschließlich Blut

Charakteristisch für die Stütz- und Bindegewebe ist die reichlich ausgebildete, *von Bindegewebszellen produzierte Interzellularsubstanz* (= Extrazellularsubstanz). Die Zellverbände solcher Gewebe liegen im Inneren des Tierkörpers zwischen Epithelien (Tiefengewebe). Die Interzellularsubstanz besteht aus einer amorphen Grundsubstanz, in welche verschiedene Fibrillentypen (z.B. Spongin- oder Kollagenfasern) eingelagert sein können. Die Grundsubstanz enthält hauptsächlich Mucopolysaccharide. Sie ist nicht selten durch Einlagerung anorganischer Salze (insbesondere des Calciums) gehärtet. Die Kenntnisse über Stütz- und Bindegewebe beruhen allerdings zum guten Teil auf Untersuchungen an Wirbeltieren mit Schwerpunkt bei den Säugetieren.

Die Funktion dieser Gewebe ist vielfältig. Einerseits geben sie Organen und oft dem ganzen Tier (Knochengerüst!) eine feste Form und dienen dem mechanischen Schutz. Muskelfasern und Muskeln sind an Binde- und Stützgeweben verankert, und diese vermitteln die durch Muskeltätigkeit bewerkstelligten Bewegungen. Andererseits aber spielen Stützgewebe auch eine bedeutende Rolle im Stoffwechsel, insbesondere im Mineralhaushalt. Es besteht ein dynamisches Gleichgewicht zwischen Aufnahme und Abgabe von Ionen (vor allem Calcium, Phosphat und Carbonat bzw. Hydrogencarbonat), und so stehen diese Gewebe im Dienste der Konstanterhaltung der Ionenkonzentrationen in den Körperflüssigkeiten. Außerdem haben Bindegewebe Funktionen bei der Speicherung, dem Wasserhaushalt und der Abwehr.

Die Arten des Stütz- und Bindegewebes sind sehr mannigfaltig. Das *embryonale Bindegewebe,* aus dem sich andere Bindegewebsarten entwickeln, ist das *Mesenchym* (Abb. 5.75a). Die Interzellularsubstanz ist meist ohne Fibrillen. Dem Mesenchym nahe verwandt und arm an Fibrillen sind das gallertige und das reticuläre Bindegewebe. Das erstere, mit reich entwickelter Interzellularsubstanz, kennt man z.B. aus dem Schirm der großen Medusen. Das reticuläre Bindegewebe der Wirbeltiere ist wichtig als Bildungsmaterial für freie Zellen und ebenso für Fettgewebe (S. 455). Im fibrillären Bindegewebe ist der Fibrillenanteil wesentlich größer. Die Bildungszellen (Fibrocyten) treten dagegen in den Hintergrund. Die Fibrillen können Geflechte bilden wie in der Lederhaut der Wirbeltiere oder in den flächenhaften Kapseln der Organe; oder aber sie können streng ausgerichtet sein wie in den Sehnen und Bändern (Abb. 5.75c).

Knorpel- und Knochengewebe können *Stützsysteme* (= Skelette) bilden. Während Knorpelgewebe sowohl bei Wirbellosen (z.B. Arthropoden, Mollusken) als auch bei Wirbeltieren vorkommen, findet man Knochengewebe nur bei Wirbeltieren.

Der Knorpel besitzt eine verformbare elastische Interzellularsubstanz. Diese ist durch einen hohen Gehalt an Fibrillen (meist nur Kollagenfibrillen) und besonders an sauren Mucopolysacchariden (Chondroitinsulfat) ausgezeichnet. Die Knorpelzellen sind meist rundlich; sie sind einzeln oder häufiger in Gruppen in die Interzellularsubstanz eingebettet (Abb. 5.75b).

Während der Knorpel nur ausnahmsweise (z.B. bei Selachiern) Calciumsalze enthält (verkalkt ist), ist für den Knochen gerade der hohe Gehalt an Calciumsalzen (vorzugsweise Hydroxylapatit) charakteristisch. Er erhält damit seine besondere Härte. Die Einlagerung erfolgt häufig orientiert in Lamellen, so daß dann polarisationsoptische Effekte

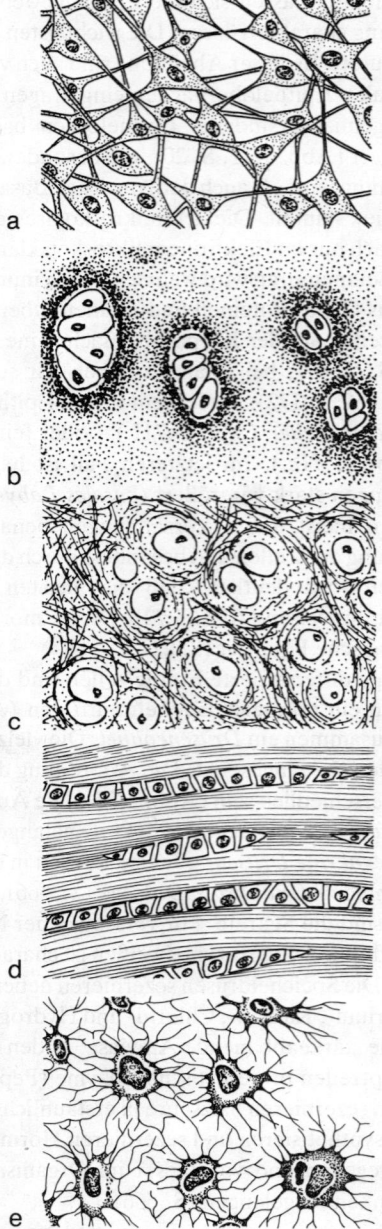

Abb. 5.75 a–e. Binde- und Stützgewebe im histologischen Bild. *(a) Mesenchym eines Wirbeltieres, schematisch. Grenzen zwischen den Zellen nur mit dem Elektronenmikroskop auszumachen. (b) Hyaliner Knorpel. Kollagenfibrillen in Interzellularsubstanz nicht sichtbar (maskiert); jeweils einige Knorpelzellen in deutlichen »Knorpelhöfen«. (c) Elastischer Knorpel mit elastischen Fasern. (d) Sehne eines Säugetieres mit Sehnenzellreihen und Fibrillen, schematisch. (e) Knochenzellen mit Fortsätzen; Interzellularsubstanz nicht gezeichnet. (b, c aus Bucher, e aus Bargmann, leicht verändert)*

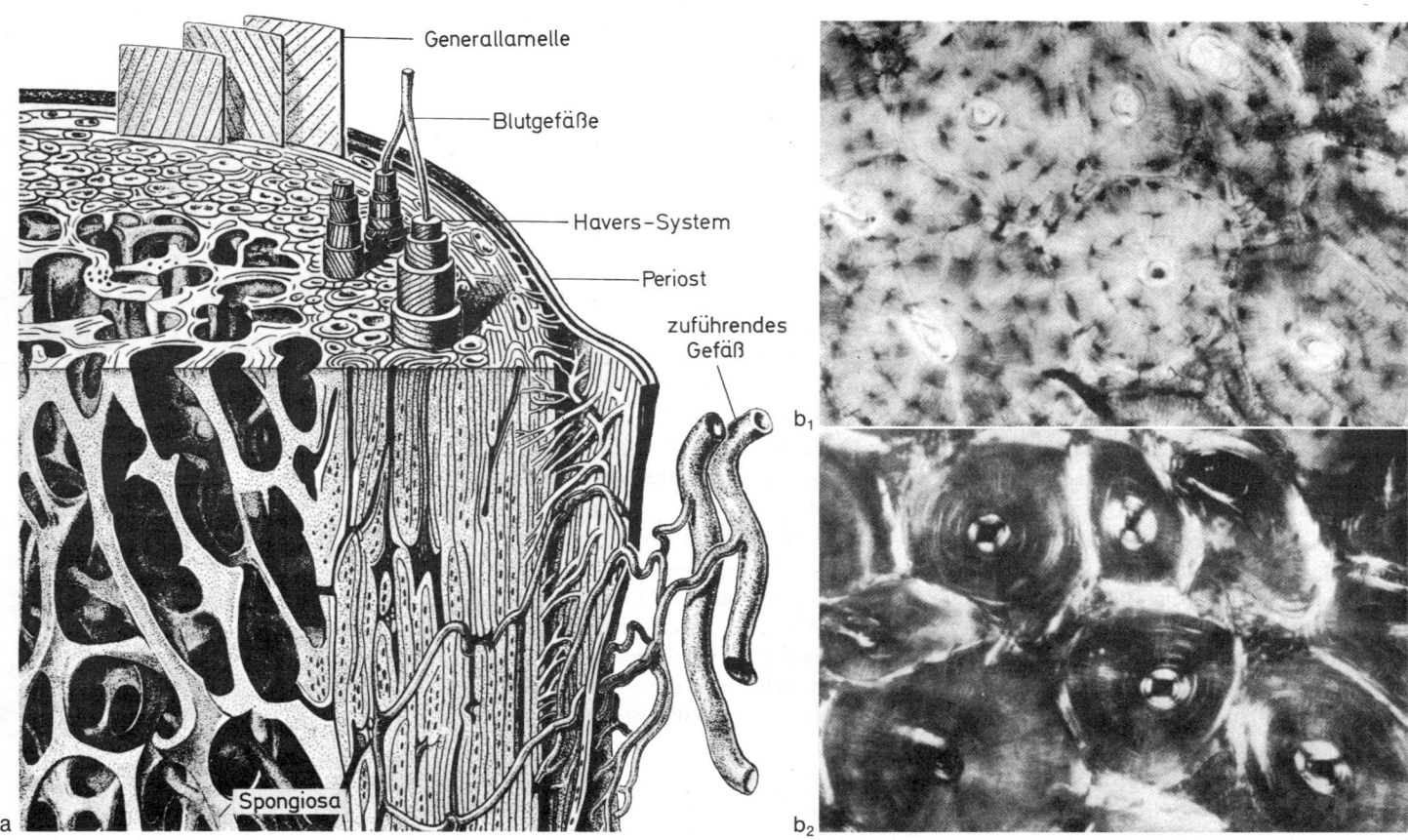

beobachtet werden können (Abb. 5.76b). Der Knochen geht entweder direkt aus dem Mesenchym hervor (*desmale Knochenbildung*, Deckknochen), oder es entsteht zunächst aus dem Mesenchym ein Knorpelstück, das sekundär durch Knochengewebe ersetzt wird (*chondrale Knochenbildung*, Ersatzknochen); auch hier differenzieren sich Mesenchymzellen unter Ausscheidung von Calciumsalzen in die Interzellularsubstanz zu Knochenzellen.

Der Knochen ist auch im ausdifferenzierten Zustand keineswegs ein totes Gebilde. Da die interzelluläre Kalksubstanz den Stofftransport zum größten Teil oder ganz verhindert, setzt der Stofftransport lange, einander berührende Zellfortsätze voraus (Abb. 5.75e). Außerdem ist das Knochengewebe reichlich mit Blutgefäßen und Nerven versorgt. So wird seine (im Gegensatz zum Knorpelgewebe) große biologische Plastizität verständlich.

Wie physikalische Untersuchungen zeigten, ist die Hartsubstanz des Knochens bevorzugt entlang den *Linien der stärksten Beanspruchung* entwickelt (S. 516; Abb. 5.190, 5.191). Eine Erklärung für die Entwicklung dieser biologisch außerordentlich zweckmäßigen Einrichtung gibt es nicht.

Da Knochengewebe einerseits Festigkeit verleihen soll, andererseits – insbesondere im Jugendstadium – aber auch wachsen muß, besitzt es die Fähigkeit, abgelagerte organische und anorganische Substanzen aufzulösen und an anderem Ort neu aufzubauen. Diese Fähigkeit wirkt sich bei pathologischen Erscheinungen wie Arthrose auch nachteilig aus. Auch die nicht im Gewebeverband liegenden *freien Zellen* kann man zum Bindegewebe rechnen. Es sind die Zellen in den verschiedensten Körperflüssigkeiten, wie *Blut, Lymphe, Gewebe-* und *Coelomflüssigkeit*. Die Herkunft der freien Zellen ist bei Wirbellosen allerdings nicht immer ausreichend geklärt. Wahrscheinlich entstehen sie auch

Abb. 5.76. (a) Schema des Baues eines Röhrenknochens eines Säugetieres. Dieser ist außen von der Knochenhaut (Periost) umgeben. Nach innen schließen sich die äußeren Generallamellen an (einige herausgezogen gezeichnet, um den Verlauf der Kollagenfasern zu zeigen). Weiter innen liegen die Havers-Systeme, das sind Systeme von ineinandergeschachtelten Röhrenlamellen (drei auseinandergezogen dargestellt, mit Angabe des Faserverlaufs). Die Havers-Systeme sind von Kanälen durchzogen, in denen Blutgefäße verlaufen, die von zuführenden Gefäßen gespeist werden. Ganz innen liegt die Spongiosa aus Spongiosabälkchen. (b) Lichtmikroskopische Aufnahmen eines Querschliffes durch die Wand eines getrockneten Röhrenknochens: (b_1) in gewöhnlichem Licht, (b_2) in linear polarisiertem Licht zwischen gekreuzten Polarisationsfiltern. In b_1 treten die luftgefüllten Höhlen der Osteocyten mit ihren feinen Ausläufern (wegen der geringeren Lichtbrechung der Luft) dunkel hervor. In b_2 zeigen die Lamellen der Havers-Systeme und die dazwischenliegenden Schaltlamellen aufgrund ihrer Doppelbrechung bei unterschiedlicher Lage zur Schwingungsebene des Lichtes verschiedene Aufhellungen; zentral treten »Sphäriten-Keuze« auf (vgl. Abb. 1.43, S. 47.) Vergr. 170:1. (a nach Benninghoff, b Original Langer)

hier vielfach aus Bindegewebe. So sollen sich Coelomzellen bei Seeigeln aus Bindegewebe der Körperwand, Blutzellen bei Crustaceen in fibrillärem Bindegewebe bilden. Bei den Wirbeltieren mit ihren sehr mannigfaltigen freien Zellen sind das Mesenchym und das reticuläre Bindegewebe der Bildungsort dieser Zellen. Beim erwachsenen Säugetier liegt die Hauptbildungsstätte im Knochenmark.

Das *Blut* gehört wohl zu den »Geweben« mit den vielfältigsten Funktionen. Als »Bindegewebe« mit flüssiger Interzellularsubstanz dient es dem Ferntransport (S. 621f.) nicht nur von Nahrungsstoffen, sondern auch von Atemgasen (S. 632f.), exkretpflichtigen Stoffen (S. 605f.) und Hormonen (S. 666f.); es ist außerdem das Gewebe, in dem Fremdkörper immunologisch ausgeschaltet (S. 526f.) und phagocytiert werden, und schließlich auch das Gewebe, das durch seine Koagulationsfähigkeit zur Wiederherstellung einer Barriere zwischen Körper und Außenwelt beiträgt. Über die Transportfunktionen hinaus leistet das Blut wichtige Beiträge zur Homoiostase im tierischen Organismus. Da es an alle Stellen des Körpers gelangt und schnell ausgetauscht wird, stellt es für alle – zumindest ruhenden – Organe ein gleichmäßiges inneres Milieu her, das z.B. im Hinblick auf den osmotischen Wert, den Säuregrad, ja sogar die Konzentration an manchen Nährstoffen (»Blutzuckerspiegel«, S. 680) in bestimmten Grenzen konstant ist. Bei den homoiothermen Tieren (S. 596f.) dient es außerdem der Verteilung der Wärme und trägt zur Konstanz der Temperatur in allen Körperteilen bei.

Zu den freien Zellen im Blut der Wirbeltiere (Abb. 5.77) gehören die Monocyten = Blutmakrophagen (Abb. 5.209, 5.210), die Lymphocyten (Abb. 5.214), verschiedenartige Granulocyten und die Erythrocyten (Abb. 2.84, S. 229). Bestimmte Lymphocyten sind für die zelluläre Immunantwort zuständig. Andere können sich nach Einwirkung von Antigenen in Plasmazellen umwandeln, die Antikörper bilden und in das Blut abgeben (S. 531f.). Monocyten und manche Granulocyten sind an der Abwehr von Krankheitserregern (und allgemein von Fremdkörpern) durch phagocytotische Tätigkeit beteiligt. Monocyten, Granulocyten und Lymphocyten faßt man als *weiße Blutkörperchen (Leukocyten)* zusammen und stellt sie den hämoglobinhaltigen *roten Blutkörperchen (Erythrocyten)* gegenüber. Leukocyten verlassen häufig die Blutgefäße und entfalten ihre Tätigkeit im Bindegewebe. Die dritte Komponente des Wirbeltierblutes – neben der flüssigen Interzellularsubstanz *(Blutplasma)* – sind die *Blutplättchen (Thrombocyten)*, die bei der *Blutgerinnung* von entscheidender Bedeutung sind. Diese sind bei Säugetieren nur Zellteile, da sie durch Abspaltung von besonderen Bindegewebezellen entstehen.

Der Wundverschluß bei der Blutgerinnung beruht darauf, daß ein unlösliches elastisches Faserprotein, das *Fibrin,* abgelagert wird und dabei andere Blutbestandteile einschließt. Es entsteht aus einer löslichen, im Blutplasma vorhandenen Vorstufe, dem Fibrinogen, durch enzymatische Abspaltung von zwei kleinen Peptiden und nachfolgende Vernetzung durch kovalente Bindungen zwischen Aminosäuren. Die Herstellung des dafür nötigen proteolytischen Enzyms Thrombin aus der ebenfalls im Blutplasma enthaltenen Vorstufe Prothrombin ist ein äußerst komplizierter Prozeß, der durch verschiedene Stoffe beeinflußt wird (Abb. 5.78). Einige von diesen sind in den Blutplättchen enthalten und werden bei deren Zerfall – z.B. nach Kontakt mit körperfremden Oberflächen – freigesetzt.

Die *Lymphe* der Wirbeltiere unterscheidet sich vom Blut durch die Armut an Zelltypen und die beschränkte Funktion. Sie stellt überschüssige Gewebeflüssigkeit dar, die in einem gesonderten Lymphgefäßsystem abgeführt wird. Die Lymphe dient (neben der Abwehr) hauptsächlich dem Transport von Stoffen (S. 626). Bei Tieren mit offenem Blutgefäßsystem (S. 623f.) werden Gewebeflüssigkeit und Blut vielfach als einheitlich betrachtet. Beide zusammen werden oft als *Hämolymphe* bezeichnet. Nach neueren Befunden scheint allerdings der extrazelluläre Raum zumindest bei manchen dieser Formen durch Schranken unterteilt zu sein.

Als eine Sonderform des Bindegewebes könnte man das *»zellige Bindegewebe«* ansehen, das ausnahmsweise arm an wirklichen Interzellularsubstanzen ist. Zelliges Bindegewebe

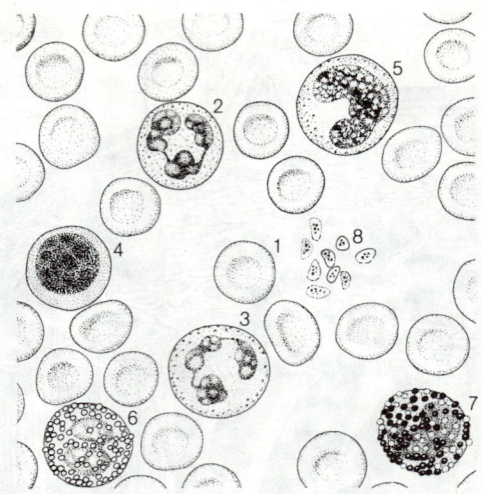

Abb. 5.77. Blutzellen eines Säugetieres, »gefärbt«: (1) Erythrocyt, (2, 3) neutrophiler Granulocyt, (4) Lymphocyt, (5) Monocyt, (6) eosinophiler Granulocyt, (7) basophiler Granulocyt, (8) Blutplättchen. (Nach Leonhardt und anderen Autoren kombiniert)

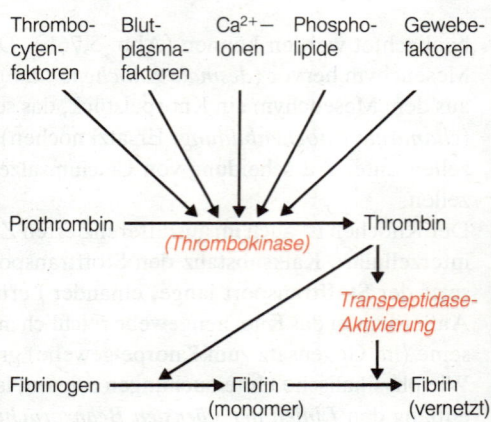

Abb. 5.78. Stark vereinfachtes Schema der Vorgänge bei der Bildung des Fibrins während der Gerinnung des Blutes der Säugetiere. Die in der oberen Zeile größtenteils summarisch benannten Faktoren (mehr als zehn davon sind als chemisch identifizierbare Stoffe – meist Proteine – bekannt) greifen nacheinander in eine Reihe enzymatisch beschleunigter Prozesse ein, die in der Form einer Reaktionskaskade (vgl. S. 108) zur Bildung des aktiven Enzyms Thrombokinase führen, welches die Freisetzung des Enzyms Thrombin aus seiner Vorstufe bewirkt

liegt z. B. im »Parenchym« der Plattwürmer vor. Auch das *Chordagewebe* der Chordaten läßt sich hier anschließen. Die Untersuchungen der letzten Jahre haben allerdings deutlich gemacht, daß die Chordastruktur bei den verschiedenen Chordatengruppen differiert. Zum zelligen Bindegewebe wird häufig auch das Fettgewebe der Wirbeltiere gerechnet; oder man ordnet dieses Gewebe der Gruppe der *Speichergewebe* zu. Die Speichergewebe kann man insgesamt auch als besondere Gewebeform ansehen. Wir wollen sie hier an das Bindegewebe anschließen.

Reserve- und Abfallstoffe können in den verschiedensten Geweben oder Organen gespeichert werden (»Speichersysteme«). Als Beispiele für Speichergewebe sollen das Fettgewebe der Säugetiere und der Fettkörper der Insekten beschrieben werden.

Die Fettzellen im Fettgewebe der Säugetiere enthalten Fetteinschlüsse entweder in Ein- oder Mehrzahl. Die ersten bauen das weiße Fettgewebe auf. Der Fetteinschluß kann hier schließlich fast den ganzen Zellraum bis auf einen kleinen Plasmasaum ausfüllen. Dieses Fettgewebe dient insbesondere der Speicherung, aber auch als Polstermaterial. Wandernde Fische wie Aal und Lachs leben lange Zeit von gespeichertem Fett, daneben auch von Strukturproteinen. Aus Fettzellen mit mehreren bis vielen kleinen Fetteinschlüssen und Mitochondrien ist das braune Fettgewebe aufgebaut. Dieses dient bei Säugetieren als wichtige Wärmequelle; es ist bei Winterschläfern besonders kräftig entwickelt.

Der Fettkörper der Insekten besteht meist aus kleinen Gewebelappen, die von einer zarten Hülle umgeben sind (Abb. 5.79). Umfang und Aussehen des Fettkörpers ändern sich im Laufe der Entwicklung der Tiere in aller Regel beträchtlich. Ebenso unterliegen die Zellen im Fettkörper starken Veränderungen. Die Zellen können nicht nur Fette, sondern auch Glykogen, Eiweiß und nicht selten auch Purinderivate (»Speicherexkretion«) speichern. Die Purinderivate werden häufig in besonderen Zellen (Uratzellen) abgelagert, die dann gesondert von den Fettzellen liegen können (Abb. 5.79). Der Fettkörper der Insekten hat nicht nur Speicherfunktion; im Cytoplasma der Fettzellen laufen eine große Zahl von Umsetzungen des Intermediärstoffwechsels ab.

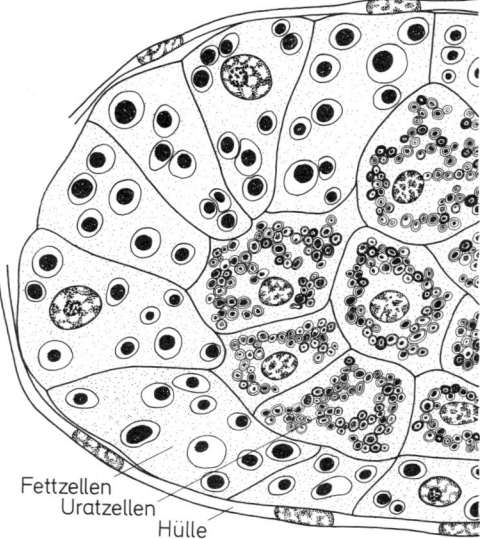

Abb. 5.79. Teil eines Lappens des Fettkörpers eines Insekts im Schnittpräparat. (Aus Seifert, verändert u. ergänzt)

5.3.3 Muskelgewebe

Kontraktile Strukturen sind schon bei Protozoen in Form fibrillärer Elemente verbreitet. Bei den Eumetazoen gibt es besondere Zellen, die sich kontrahieren können. Sie enthalten längsorientierte Fibrillen, die zusammen mit anderen Cytoplasmadifferenzierungen den kontraktilen Apparat bilden.

Bau

Einen einfachen Typ der echten Muskelzelle bilden die *Epithelmuskelzellen*, die für die Cnidarier bezeichnend sind (Abb. 5.80). Hier ist der Zellkörper in ein Epithel eingeord-

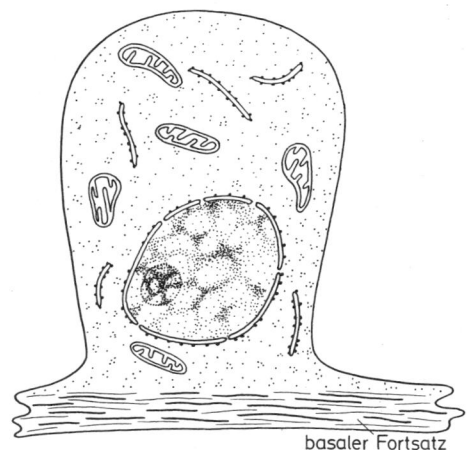

Abb. 5.80. Schema einer Epithelmuskelzelle. Der basale Fortsatz enthält die kontraktilen Anteile. (Nach Lentz u. Haynes, kombiniert)

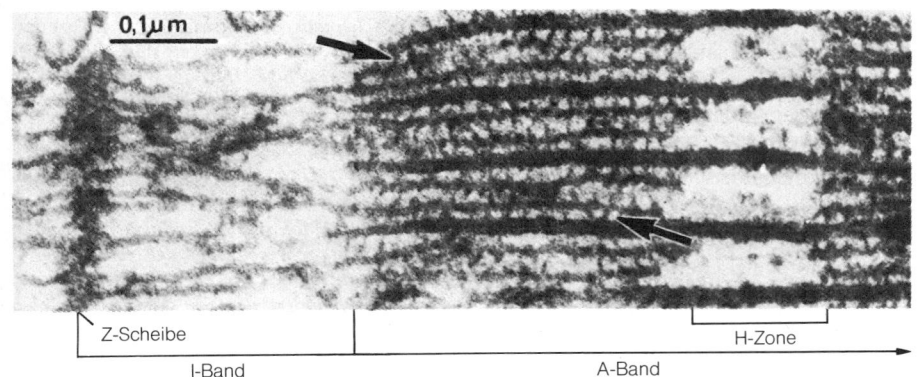

Abb. 5.81. Längsschnitt durch eine Faser eines quergestreiften Muskels. Zwischen den Aktin- und Myosinfilamenten sind zahlreiche Querbrücken zu erkennen (Pfeile). Die H-Zone ist frei von Querbrücken. Elektronenmikroskopische Vergrößerung etwa 144000:1. (Nach Huxley)

net, basale Fortsätze enthalten den kontraktilen Apparat. Viele dieser Fortsätze können eine zusammenhängende Muskellage bilden.

Andere Muskeltypen haben diese Doppelfunktion (Epithelzelle – Muskelzelle) nicht. Eine Muskelzelle kann einkernig sein; häufig wird sie aber (bei Wirbeltieren stets durch Fusion mehrerer Zellen = Syncytium) mehr- bis vielkernig. Muskelzellen sind vielfach sehr langgestreckte Gebilde; sie werden deshalb auch *Muskelfasern* genannt. Eine Muskelfaser setzt sich aus einer unterschiedlichen Anzahl von *Myofibrillen* zusammen, in denen sich die eigentlichen kontraktilen Strukturen befinden.

Sehr häufig sind mehrere Muskelfasern zu einem Bündel zusammengefaßt. In der Skelettmuskulatur der Wirbeltiere geht die Bündelung zu höheren Einheiten (jeweils durch Bindegewebsschichten getrennt) weiter (Abb. 5.83a–c) bis zum ganzen Muskel, der in Umfang und Gestalt ganz unterschiedlich sein kann.

Nach der feineren Struktur der Muskelzellen muß man eine Reihe verschiedener Muskeltypen unterscheiden. Die Einteilung in *glatte* und *quergestreifte Muskeln* (von denen häufig noch die Herzmuskulatur als dritter Typ unterschieden wurde) ist nach heutigen Erkenntnissen ungenügend. Insbesondere verbirgt sich unter dem Begriff der glatten Muskel eine Anzahl sehr unterschiedlicher Muskelformen.

Die quergestreiften Muskeln umfassen funktionell sehr verschiedene Muskeln, die sich im allgemeinen relativ rasch kontrahieren können (S. 516f.). Hierher gehören z.B. die Skelettmuskeln und der Herzmuskel der Wirbeltiere, die »Skelett-« und Eingeweidemuskeln von Arthropoden, der schnelle Schließmuskel der Kammuschel *Pecten* und viele Herzmuskeln von Muscheln. Sie sind besonders gut bei Wirbeltieren und Arthropoden untersucht.

Die quergestreifte Muskelfaser hat ihren Namen von der auffälligen *Querbänderung* in A-Abschnitte und I-Abschnitte. Im polarisierten Licht erweisen sich die A-Abschnitte als stark doppelbrechend *(anisotrop)*, die I-Abschnitte dagegen als einfachbrechend *(isotrop)* bis schwach doppelbrechend. Die I-Abschnitte sind noch von den Z-Scheiben durchzogen, die die Myofibrillen in *Sarkomeren* gliedern (Abb. 5.83d).

Die funktionelle Einheit der Muskelfaser ist das *Sarkomer*. In jedem Sarkomer sind zwei Typen von Filamenten vorhanden. Im Zentrum, identisch mit dem A-Band, befinden sich dickere Filamente (Durchmesser 10nm), die aus dem Protein Myosin aufgebaut sind *(Myosinfilamente)*. Zu beiden Seiten liegen in der Zone der I-Bande dünnere Filamente (5nm Durchmesser), die aus mehreren Proteinen, überwiegend aus dem Protein Aktin, gebildet werden *(Aktinfilamente)*. Die Aktinfilamente setzen an den Z-Scheiben, die beiderseits die Sarkomere begrenzen, an und umgeben die Myosinfilamente, in deren Bereich sie – je nach Kontraktionszustand der Muskelfaser – mehr oder weniger weit hineinragen (Überlappungszone). Der von Aktinfilamenten freie Bereich im A-Band wird als H-Zone bezeichnet (Abb. 5.81, 5.83e). Sie wird von einer M-Scheibe (M-Linie, Abb. 5.88b) durchzogen. Z- und M-Scheiben sind Gitter aus Proteinfasern, die benachbarte Aktin- bzw. Myosinfilamente miteinander verknüpfen.

Das Myosinfilament besteht aus ca. 150 Molekülen, die aus jeweils zwei schweren und vier leichten Ketten aufgebaut sind. Die schweren Ketten sind spiralig gegeneinander verdrillt und formen Schaft und Hals des Myosinmoleküls. Das seitlich abstehende Köpfchen besteht aus zwei Untereinheiten, die neben der schweren Kette noch je zwei leichte Ketten enthalten. Die Schäfte der Myosinmoleküle sind parallel zueinander ausgerichtet und bilden in spiegelsymmetrischer Anordnung das Myosinfilament (Abb. 5.82b, c).

Das Aktinfilament besitzt neben den Aktinmonomeren zwei regulatorisch tätige Proteine, das *Tropomyosin* und den *Troponinkomplex*, der seinerseits aus drei Untereinheiten besteht. Die Aktinmonomere sind entlang dem fadenförmigen Tropomyosin wie Perlen an einer Schnur aufgereiht. In regelmäßigen Abständen sind dazwischen die Troponinkomplexe geschoben. In jedem Aktinfilament sind zwei Tropomyosinfäden mit ihren Aktin- und Troponinkomponenten spiralig gegeneinander verdrillt (Abb. 5.82d).

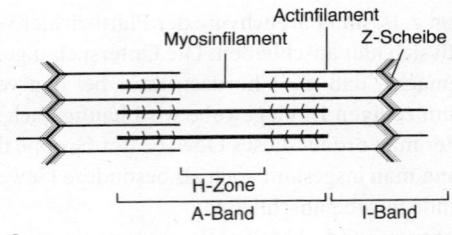

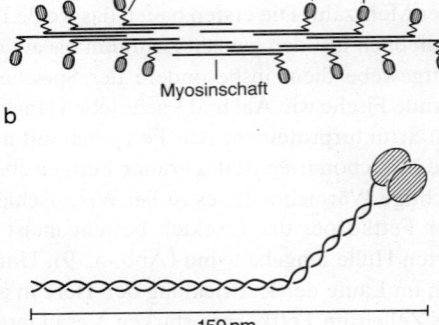

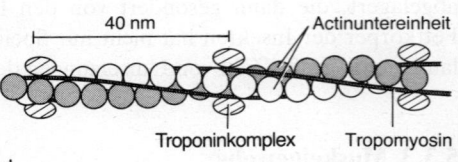

Abb. 5.82a–d. Feinbau der Muskelfaser. (a) Aufbau eines Sarkomers, (b) Myosinfilament, (c) Myosinmolekül, (d) Aktinfilament. (Kombiniert nach verschiedenen Autoren)

Abb. 5.83a–e. Aufbau eines quergestreiften Muskels, schematisch: (a) ganzer Muskel; (b) der herausgehobene Teil des Muskels stärker vergrößert, bindegewebige Hülle des Muskels entfernt; ein Muskelfaserbündel und davon wieder eine Muskelfaser herausgezogen gezeichnet; (c) die herausgezogene Muskelfaser von (b), noch stärker vergrößert; (d) die Ultrastruktur des umrandeten Bereichs von (c), schematisch; (e) Feinbau der motorischen Endplatte, schematisch; Axon rot, Scheidenzellen der Nervenfaser grau unterlegt. (d nach Porter u. Franzini-Armstrong, verändert, e nach Porter u. Bonneville, verändert)

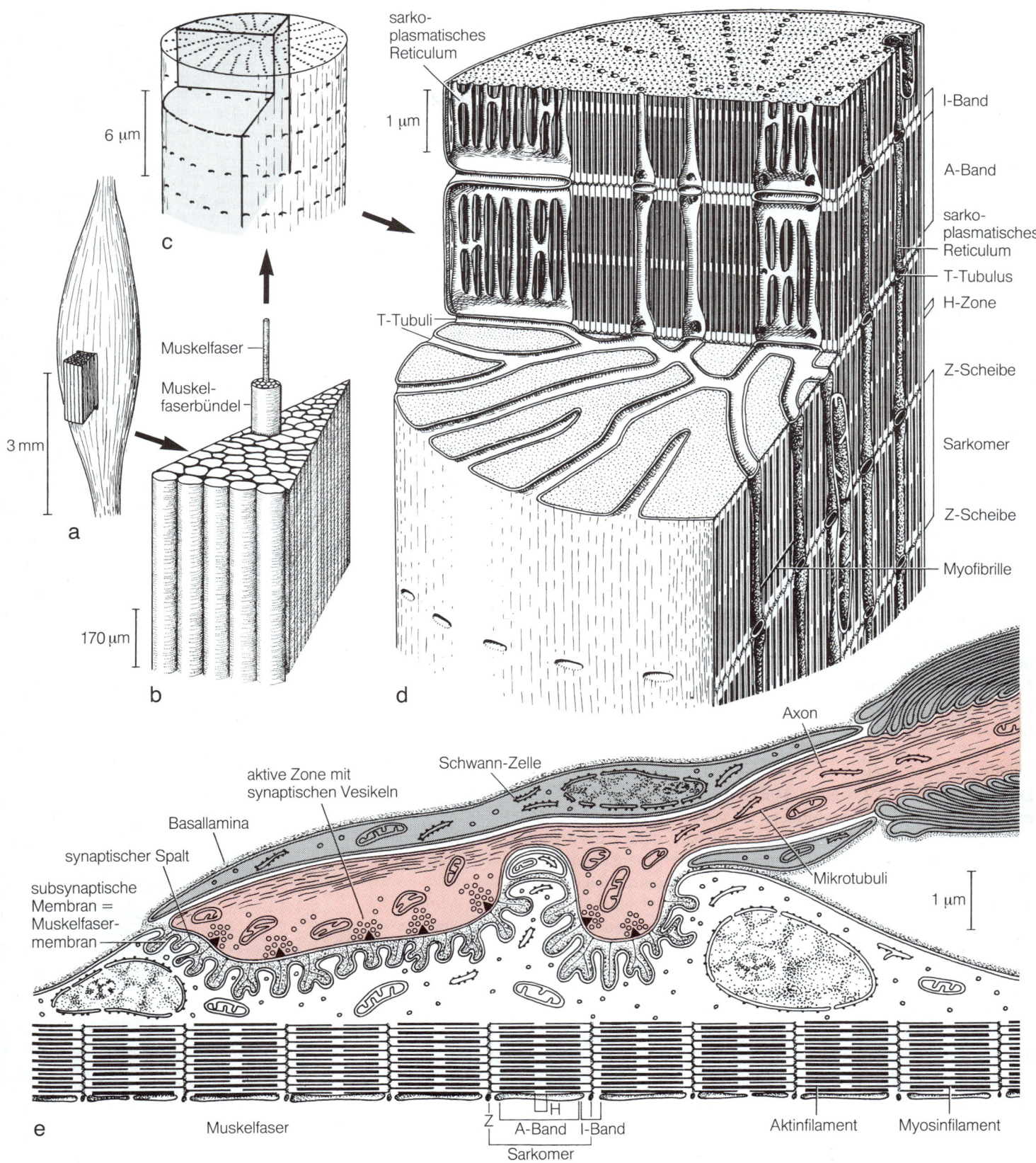

Die Sarkomerlänge und die Länge der Aktin-, nicht aber die der Myosinfilamente, sind bei den einzelnen Muskeln unterschiedlich. Bei Arthropoden weisen Muskeln, die sich schnell kontrahieren, häufig geringe (2–4 μm), langsam kontrahierende Muskelfasern dagegen größere Sarkomerlängen (5–10 μm) auf.

Die Ausstattung der quergestreiften Muskelfasern mit *Mitochondrien* steht im Zusammenhang mit der Dauerleistungsfähigkeit der betreffenden Muskeln. Das *endoplasmatische Reticulum* ist meist (Ausnahme: asynchroner Insektenmuskel, S. 519) stark entwickelt und in regelmäßiger Weise angeordnet; beim Muskel wird es als *sarkoplasmatisches Reticulum* bezeichnet (Abb. 5.83d). Es umspinnt mit Kanälchen, die sich zu Säckchen erweitern können, die Myofibrillen. In bestimmten Regionen steht dieses System über tiefe röhrenförmige Einstülpungen mit der Muskelzellmembran in Kontakt: Transversalsystem (T-Tubuli, Abb. 5.83d).

Das *Herzmuskel*gewebe der Wirbeltiere ist morphologisch lediglich eine besondere Form der quergestreiften Muskulatur (Abb. 5.84), die viele Mitochondrien enthält.

Unter Wirbellosen sehr verbreitet sind die *schräggestreiften Muskeln* (Nematoden, Anneliden, Mollusken), die früher zu den glatten Muskeln gerechnet wurden. Sie sind in ihrem Bau nicht einheitlich. Wie in der quergestreiften Muskulatur sind zwei Filamenttypen ausgebildet, die auch eine ähnliche periodische Anordnung von A- und I-Banden zeigen (Abb. 5.85). Die Filamente erscheinen aber auf bestimmten Schnittebenen gegeneinander versetzt, so daß die A- und I-Banden einen spitzen Winkel zur Längsachse der Faser bilden. Bei der Kontraktion kommt es nicht nur zu einer Verschiebung der dicken gegen die dünnen Filamente (S. 88), sondern auch zu einer Vergrößerung des Winkels, den die A- und I-Banden zur Längsachse bilden. Dadurch werden sehr große Längenänderungen ermöglicht.

Den (echten) glatten Muskeln fehlt eine periodische Längsgliederung. Im polarisierten Licht erscheinen die Muskelfasern als *gleichmäßig anisotrop*. Bei allen untersuchten glatten Muskelzellen von Wirbellosen und Wirbeltieren konnten wiederum Aktin- und Myosinfilamente festgestellt werden.

Wohl alle Muskeln unterliegen der Steuerung durch das Nervensystem (S. 460f., 493f., 700). An den Kontaktstellen, den *neuromuskulären Synapsen,* erfolgt die Informationsübertragung zwischen Nervenzellen und Effektorgan Muskel. Trotz Unterschieden im Feinbau zeigen neuromuskuläre Synapsen im Tierreich eine Reihe feinstruktureller Gemeinsamkeiten, wie Abbildung 5.83e für die motorische Endplatte an einem Wirbeltiermuskel und Abbildung 5.86 für einen Krabbenmuskel zeigen.

Funktion

Die Funktion der »Maschine« Muskel, deren Leistung darin besteht, chemische in mechanische Energie umzuformen, ist wie kaum eine andere Zelleistung bis in die molekularen Details aufgeklärt. Besonders gut ist der schnell kontrahierende quergestreifte Skelettmuskel *(Zuckungsmuskel)* der Wirbeltiere untersucht. Er soll als Beispiel für die Darstellung der Vorgänge bei der Muskelkontraktion dienen.

Die Ankunft eines Aktionspotentials (S. 464f.) an der motorischen Endplatte *(neuromuskuläre Synapse)* bewirkt eine kurzfristige Depolarisation der Nervenendigung über Na^+- und gleichzeitigen Ca^{2+}-Einstrom. Ca^{2+}-Ionen sind ein notwendiger Kofaktor für die Fusion *synaptischer Vesikel* mit der Membran der Nervenendigung an den *aktiven Zonen* (Abb. 5.83d, 5.86). Der Inhalt der Vesikel, der Überträgerstoff Acetylcholin (Formel s. S. 469) wird dabei in den synaptischen Spalt freigesetzt *(neuromuskuläre Übertragung)*. (An einer Frosch-Muskelfaser werden pro Nervenimpuls an jeder Nervenendigung etwa 200 Vesikel freigelegt.) Das Acetylcholin bindet an die Acetylcholin-Rezeptoren der subsynaptischen Muskelmembran (Abb. 5.104). Je zwei Acetylcholin-Moleküle sind notwendig, um an einem Rezeptor eine Konformationsänderung zu bewirken und damit für etwa eine Millisekunde einen Ionenkanal in der Muskelmembran zu öffnen, der Na^+

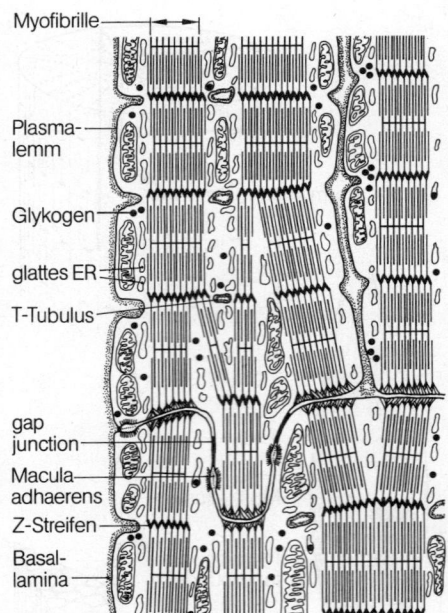

Abb. 5.84. Schema des Feinbaues des Herzmuskels der Wirbeltiere. Die Herzmuskulatur ist aus einkernigen Muskelzellen aufgebaut, während die Muskelzelle (= Muskelfaser) der Skelettmuskulatur vielkernig ist. Die verzahnten Quergrenzen der Herzmuskelzellen sind zu den sogenannten Glanzstreifen differenziert; das sind besondere Zellkontakte, die im ungefärbten Herzmuskel als glänzende Linien hervortreten. (Aus Leonhardt)

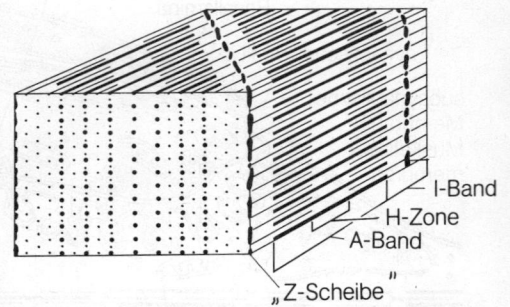

Abb. 5.85. Ausschnitt aus einer schräggestreiften Muskelzelle, Blockdiagramm, schematisiert. Anstelle einer Z-Scheibe liegen hier verschieden geformte dichte Strukturen vor. (Nach Rosenbluth, vereinfacht)

und K$^+$ passieren läßt. Der Einstrom von Natrium verursacht eine Depolarisation der Muskelfaser, die als *Endplattenpotential* bezeichnet wird. Meist ist dieses so groß, daß es an der Muskelfaser ein Aktionspotential auslöst, das sich von der Synapse über die gesamte Muskelfaser ausbreitet (Abb. 5.87, 5.100a).

Das am Acetylcholin-Rezeptor gebundene Acetylcholin wird noch während der Dauer des Endplattenpotentials von dem in der subsynaptischen Membran vorhandenen Enzym *Acetylcholin-Esterase* hydrolysiert. Dadurch werden die Bindungsstellen an den Rezeptoren wieder frei, so daß ein neues Nerven-Aktionspotential wiederum ein Endplattenpotential auslösen kann.

Die Depolarisation der Muskelfaser wird entlang den Membranen der *T-Tubuli* auch in die Tiefe der Muskelfaser geleitet. Dies stellt das entscheidende Signal für eine Kaskade biochemischer Vorgänge dar, die daraufhin im Inneren der Muskelfaser ablaufen *(elektromechanische Koppelung)*. Die Depolarisation der T-Tubuli führt über einen im einzelnen noch nicht verstandenen Schritt zu Freisetzung von Ca^{2+} aus dem sarkoplasmatischen Reticulum ins Innere der Muskelfaser; dadurch steigt die Konzentration an freiem Ca^{2+} in der Muskelfaser kurzfristig von 10^{-7} mol · l^{-1} auf $5 \cdot 10^{-5}$ mol · l^{-1} an. Am Ende der Depolarisation sinkt die intramuskuläre Ca^{2+}-Konzentration rasch wieder auf den niedrigen Ruhewert, da das freigesetzte Ca^{2+} durch eine membranständige Ca^{2+}-Pumpe ins sarkoplasmatische Reticulum zurückgepumpt wird. Die vorübergehende Erhöhung des Ca^{2+}-Spiegels ist das intrazelluläre Signal für die Einleitung der Muskelkontraktion. Für das Verständnis dieser Vorgänge ist die Kenntnis des Feinbaues der Myofilamente (Abb. 5.82) notwendig.

Die von den Myosinfilamenten abstehenden Köpfchen besitzen eine hohe Affinität, mit Aktinmonomeren einen Komplex zu bilden. Durch Bewegung des Halses können sich Myosinköpfchen an den Aktinmonomeren anheften und dadurch *Querbrücken* zwischen Myosin- und Aktinfilament bilden. Im ruhenden Muskel wird die Querbrückenbildung durch die I-Untereinheit des Troponinkomplexes verhindert, die die Lage des Tropomyosinfadens zu den Aktinmonomeren beeinflußt. Diese Hemmung ist nur so lange gegeben, wie die Konzentration von freiem Ca^{2+} im Muskel niedrig ist. Steigt sie als Folge der Depolarisation, so bindet Ca^{2+} an die C-Untereinheit des Troponinkomplexes und hebt damit die hemmende Wirkung der I-Untereinheit auf die sterische Lage der Tropomyosinfäden auf. Es kommt zu einer räumlichen Verschiebung der Tropomyosinfäden am Aktinfilament, so daß die Bindungsstellen für Myosin an den Aktinmonomeren frei werden und die Querbrückenbildung stattfinden kann.

Wie es zur Verkürzung der Muskelfaser kommt, sei am Beispiel einer einzelnen Querbrücke verdeutlicht (Abb. 5.89). Nach der Anheftung eines Myosinköpfchens an ein Aktinmonomer kommt es zum Kippen des Köpfchens in Richtung Sarkomermitte (Ruderschlag der Querbrücke). Dadurch wird das Aktinfilament um etwa 10 nm zur Sarkomermitte gezogen. Im Anschluß daran löst sich die Querbrücke, das Myosinköpfchen geht wieder in seine Ausgangsstellung zurück und bildet mit einem anderen Aktinmonomer erneut eine Querbrücke, wenn [Ca^{2+}]$_i$ weiter hoch ist. Der *Querbrückenzyklus* läuft bei einer einzigen Muskelzuckung vielfach ab: Das Köpfchen löst sich, faßt erneut am Aktinfilament, kippt, usw. (vergleiche Tauziehen). Durch den Ruderschlag Zehntausender von Querbrücken (75 000 Myosinköpfchen pro Sarkomer von 1 μm^2 Querschnittfläche) werden alle Aktinfilamente in Richtung der Sarkomermitte in die Myosinfilamente hineingezogen. Die spiegelsymmetrische Anordnung der Myosinmoleküle ermöglicht das Ineinandergleiten der Filamente *(Gleittheorie)*, das zur Verkürzung des Sarkomers führt, ohne daß sich die Länge der Filamente selbst ändert (Abb. 5.88). Die in den benachbarten Sarkomeren gleichartig ablaufenden Vorgänge summieren sich und führen zur Verkürzung, d. h. Kontraktion, der gesamten Muskelfaser.

Als unmittelbare Energiequelle für das Kippen der Köpfchen dient ATP (S. 67); nur in seiner Gegenwart können sich die Querbrücken bilden und lösen. Voraussetzung für die

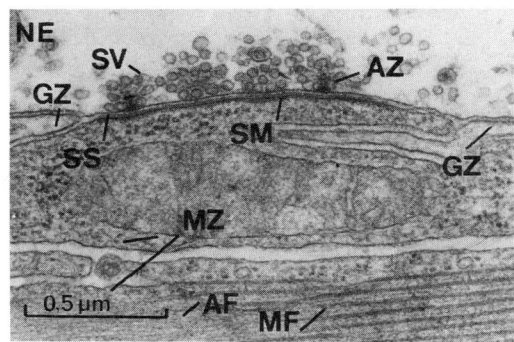

Abb. 5.86. *Neuromuskuläre Synapse bei einer Krabbe. Die Nervenendigung (NE) ist von einer Gliazelle (GZ) umhüllt, die nur den synaptischen Kontaktbereich an der subsynaptischen Membran (SM) der Muskelfaser (MZ) frei läßt. Die synaptischen Vesikel (SV) sind um die Freisetzungsorte (aktive Zonen, AZ) gehäuft. AF Zone der Aktinfilamente, MF Myosinfilament, SS Synaptischer Spalt. (Original von Dittrich u. Rathmayer)*

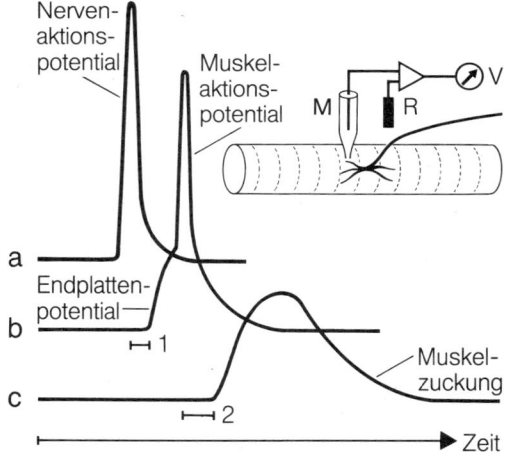

Abb. 5.87. *Neuromuskuläre Übertragung an einer Froschmuskelfaser. Eine Mikroelektrode M ist in der Nähe der Endplatte in die Muskelfaser eingestochen. Durch das Nerven-Aktionspotential (a) wird an der Synapse Acetylcholin (ACh) freigesetzt, das nach einer durch die Diffusion über den synaptischen Spalt verursachten Latenz (1) ein Endplattenpotential auslöst. Dieses erreicht die Schwelle für die Auslösung eines Aktionspotentials an der Muskelfaser. Nach einer weiteren Latenzzeit (2), die durch die Depolarisation der T-Tubuli und die Ca^{2+} Freisetzung bestimmt ist, kommt es zur Kontraktion der Muskelfaser (Zukkung, c). V Meßgerät zur Messung des Membranpotentials, R Referenzelektrode. (Original Rathmayer)*

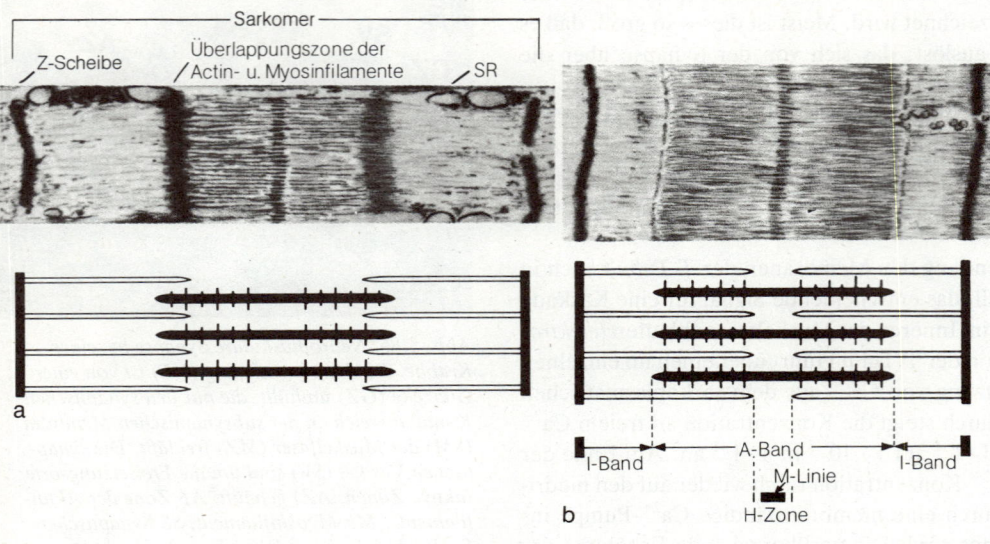

Abb. 5.88 a, b. Verkürzung eines Sarkomers im Verlauf einer Muskelkontraktion: (a) Muskel in Ruhe; (b) Muskel kontrahiert. Unter den beiden elektronenmikroskopischen Bildern ist jeweils die Anordnung der Filamente schematisiert dargestellt. Die Verkürzung erfolgt durch Ineinandergleiten der Filamente der beiden Typen: Vergrößerung der Überlappungszone. SR Sarkoplasmatisches Reticulum. (Nach Huxley)

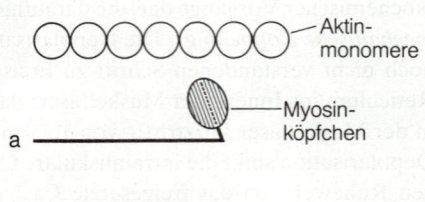

Bildung einer Querbrücke ist die Hydrolyse von ATP, das an das Myosinköpfchen gebunden ist. Für das Lösen der Brücke ist die Bindung von neuem ATP an das Köpfchen notwendig *(Weichmacherwirkung des ATP)*. Mit der Rolle des ATPs bei der Lösung der Querbrücken steht das Phänomen der *Totenstarre* in Zusammenhang: Als Folge des Todes kommt es zu einem Anstieg der Ca^{2+}-Konzentration in der Muskelfaser, da keine Energie mehr für die Ca^{2+}-Pumpe zur Verfügung steht. Dadurch werden Querbrücken gebildet. Diese können aber wegen des Absinkens des ATP-Spiegels in der Muskelzelle nicht mehr gelöst werden, so daß der Muskel einen hohen Dehnungswiderstand aufweist *(Rigor mortis)*.

Die Steuerung der Kontraktion bei glatten Muskeln erfolgt nach anderen Gesetzmäßigkeiten. Ca^{2+} und das Calcium-Regulatorprotein *Calmodulin* aktivieren eine Kinase, die eine der leichten Ketten im Myosinköpfchen (S. 456) phosphoryliert. Dies führt zur Querbrückenbildung. Das Lösen der Querbrücken bzw. die Erschlaffung geschieht über Dephosphorylierung der leichten Kette durch eine Phosphatase.

5.3.4 Nervengewebe

Die Fähigkeit der aktiven Reizbeantwortung, der Erregungsbildung und -leitung kommt schon der Protozoenzelle zu. Bei den Metazoenstämmen – eine mögliche Ausnahme: Poriferen – gibt es besondere Zellen, die für die Übernahme, Leitung und Übertragung von Erregung spezialisiert sind: die *Nervenzellen*. Sie sind die *morphologischen Einheiten der Nervensysteme* der Tiere.

Bau

Typisch für Nervenzellen (Abb. 5.90a) sind verschiedenartige Ausläufer, die vom eigentlichen Zellkörper (= *Perikaryon*) abgehen: die meist kurzen und baumartig verzweigten *Dendriten* und die häufig sehr langen und dünnen *Axonen* (= Neuriten). Letztere können sich ebenfalls aufzweigen. Seitliche Äste von Axonen, die Kontakte mit den Ausläufern anderer Nervenzellen aufnehmen, heißen *Kollateralen* (Abb. 5.90c, f). Das Perikaryon umfaßt den Kern und die üblichen Zellorganellen. Es ist im allgemeinen reich an Mitochondrien und rauhem endoplasmatischem Reticulum. Dieses fehlt am

Abb. 5.89 a–e. Schema des »Ruderschlages« einer Querbrücke. (a) Ruhesituation bei niedrigem $[Ca^{2+}]_i$. Querbrücke in Gegenwart von ATP gelöst. Myosinköpfchen in gekippter Stellung. Bindung von ATP an das Köpfchen. (b) Spaltung von ATP in $ADP+P_i$. Köpfchen in der Aufrechtposition. (c) Bildung der Querbrücke bei Erhöhung von $[Ca^{2+}]_i$. (d) Reaktionsprodukte der ATP-Hydrolyse gehen vom Köpfchen, Kippen des Köpfchens. Bewegung des Aktinfilaments entlang dem Myosinfilament zur Sarkomermitte (Pfeil). (e) = (a). Lösen der Querbrücke in Gegenwart von ATP. Neubeginn des Zyklus, wenn $[Ca^{2+}]_i$ weiterhin hoch

Axonursprung (Axonhügel) und im ganzen Axon. Dendriten und Axonen werden in der Regel von Mikrotubuli und Filamenten durchzogen.

Im Rahmen der geschilderten Grundform variieren die Nervenzellen an Größe, Gestalt und Anordnung der Abschnitte außerordentlich (Abb. 5.90c–f). Der Dendrit kann einfach oder vervielfacht, mehr oder weniger stark verzweigt oder baumförmig verästelt und unterschiedlich lang sein. Die meist in Einzahl pro Nervenzelle vorliegenden Axonen können länger oder kürzer, stärker oder weniger stark verzweigt sein. Die Lage des Zellkörpers zu den Ausläufern ist sehr unterschiedlich.

Die Nervenzelle nimmt mit ihren Ausläufern Kontakt mit anderen Zellen auf, sei es mit weiteren Nervenzellen, sei es mit anderen Zellformen, wie Muskelzellen (Abb. 5.83), Sinneszellen oder Drüsenzellen. Diese Kontaktzonen, allgemein *Synapsen* genannt, unterscheiden sich in Bau und Funktion beträchtlich. Stets finden sich in den Kontaktzonen sowohl an dem *präsynaptischen* Zellteil als auch an der Zelle, die die Erregung aufnimmt, d. h. an der *postsynaptischen* Zelle, charakteristische Differenzierungen. Sehr häufig (verbreitet z. B. im Zentralnervensystem der Wirbeltiere, Abb. 5.90b) sind die Axonendigungen keulenförmig angeschwollen und enthalten kleine Bläschen, die *synaptischen Vesikel*, welche die Transmittersubstanz enthalten. Die präsynaptische Membran ist an der Kontaktzone durch Substanzanlagerung von innen verdickt. Das gilt ganz regelmäßig auch für den unmittelbar unter der präsynaptischen Membran liegenden Teil der postsynaptischen Membran *(subsynaptische Membran)*, die durch den *synaptischen Spalt* von etwa 20 nm Breite von der präsynaptischen Membran getrennt ist. Neben diesen chemischen Synapsen gibt es elektrische Synapsen (S. 468), die morphologisch »Gap Junctions« (S. 52) entsprechen.

Am Aufbau der Nervengewebe der höheren Metazoengruppen ist neben den Nervenzellen immer ein weiteres Gewebeelement beteiligt: die *Gliazellen*, die die Nervenzellen stets begleiten. Die Gliazellen (Abb. 5.92) treten in verschiedenen Formen auf. Ihre Funktion ist nicht ausreichend aufgeklärt; wahrscheinlich spielen sie im Stoffwechsel der Nervengewebe und in der Regulation der Ionenkonzentration im Extrazellularraum um die Nervenzellen eine Rolle. Sie bilden schützende und isolierende *Hüllen* um die Nervenzellen und deren Ausläufer (Abb. 5.91). Bei manchen Avertebraten (z. B. Echinodermen, Tentaculaten) können den Ausläufern diese Hüllen fehlen.

Die Hüllzellen um die Axonen im peripheren Nervensystem werden als *Schwann-Zellen* oder Lemnoblasten bezeichnet. Axonen zusammen mit ihren Hüllen bilden *Nervenfasern*. Eine Schwann-Zelle umfaßt ein oder mehrere Axonen. Ist die Umfassung bis auf einen Spalt vollständig, bildet sich ein Mesaxon (Abb. 5.91a, b). In den marklosen Nervenfasern bleiben die Mesaxonen ziemlich kurz (Abb. 5.91a). Bei anderen Nervenfasern kann aber der Mesaxon stark verlängert sein und ist dann mehrfach um den Axon gewickelt (Abb. 5.91b, c). Geht dieser Vorgang der Aufwicklung weiter, und werden außerdem die aufgewickelten Membranen dicht gepackt, kommt es zur Bildung der *Myelin-* oder *Markscheide markhaltiger Nervenfasern* (Abb. 5.91c), die bei Wirbeltieren und manchen Krebsen vorkommt. Sie bildet als Membranstapel einen hohen elektrischen Widerstand zwischen Axoninnerem und Extrazellularraum.

Die Hülle der markhaltigen Nervenfasern der Wirbeltiere ist an den Grenzen der Schwann-Zellen eingeschnürt. An diesen *Ranvier-Schnürringen* (Abb. 5.91c) grenzen die benachbarten Schwann-Zellen mit fingerförmigen Fortsätzen aneinander; die Zellmembran des Axons ist hier also weitgehend unbedeckt und steht in Kontakt mit dem Extrazellularraum. Daß die Erregung der markhaltigen Nervenfaser von Schnürring zu Schnürring springt, soll noch besprochen werden (S. 468).

Aus dem Zentralnervensystem treten die Nervenfasern gebündelt an definierten Stellen aus. Mehrere bis sehr viele Nervenfasern werden durch Bindegewebe und eventuell zusätzlich Gliazellen zu einem *Nerven* zusammengefaßt.

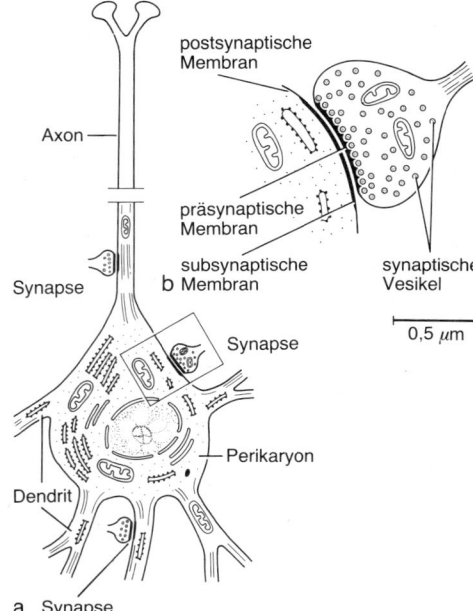

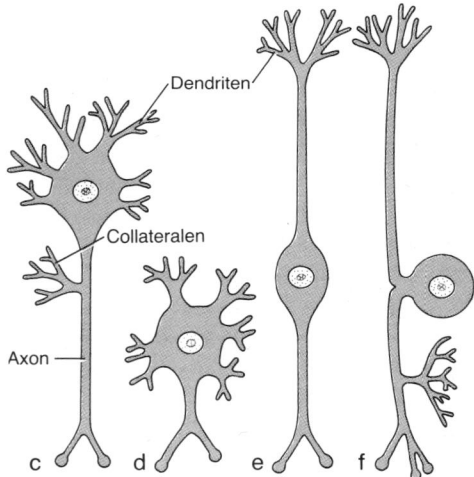

Abb. 5.90 a–f. Nervenzellen. (a) Schema einer Nervenzelle, nach elektronenmikroskopischen Untersuchungen. Schematisch sind einige Synapsen eingetragen, um mögliche Ansatzstellen anzudeuten. (b) Eine von zahlreichen Synapsenformen, schematisch. (c–f) Verschiedene Nervenzellformen, stark schematisiert. (a nach verschiedenen Autoren, kombiniert, b–f nach Leonhardt, verändert)

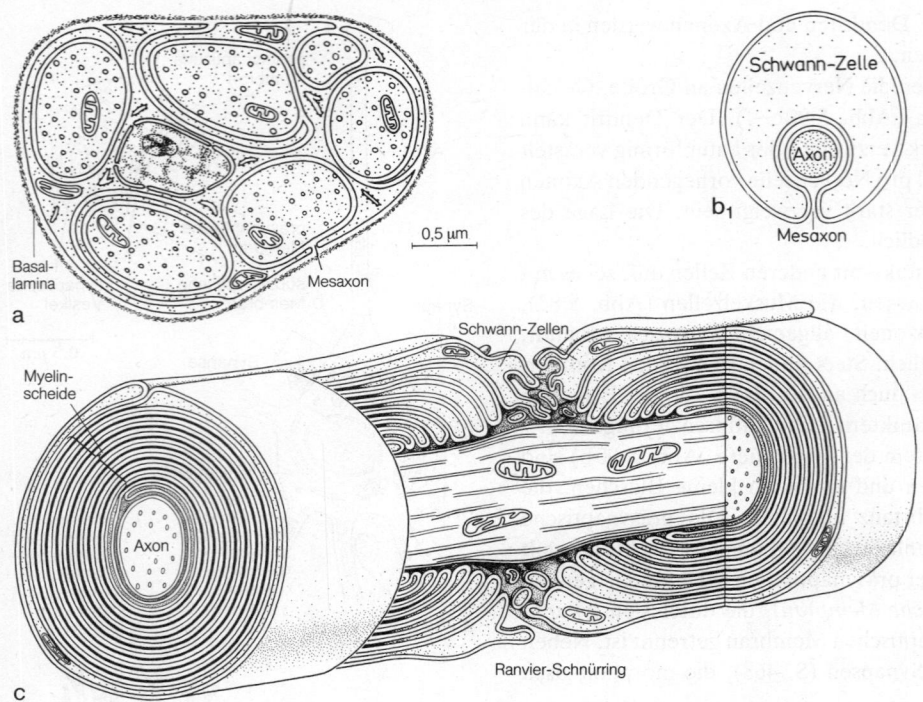
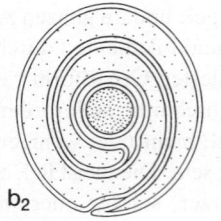
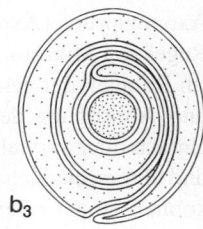

Abb. 5.91 a–c. Nervenfasern. (a) Marklose Nervenfaser mit mehreren Axonen und unterschiedlich langen Mesaxonen quer, schematisch. (b) Drei frühe Stadien der Entwicklung einer Myelinscheide. (c) Nervenfaser mit Myelinscheide und Ranvier-Schnürring. Ausschnitt, stark schematisiert. Ein Teil ist angeschnitten gedacht. Der sich außen an der Myelinscheide anschließende Cytoplasmaraum der Schwann-Zelle kann auch ausgedehnter sein. (b nach Bloom u. Fawcett, verändert)

In fast allen Tierstämmen sind sekretorisch tätige Nervenzellen gefunden worden (Beispiele: S. 674f.). Man nennt diese Nervenzellen *neurosekretorische Zellen* (Abb. 5.93). Neurosekrete werden im Perikaryon gebildet und bei Vertebraten meist an Axonendigungen freigesetzt, welche einem Blutgefäß oder Blutsinus angelagert sind (Neurohämalorgan, Abb. 6.198, S. 668). Sie werden so direkt an das Blut oder die Leibeshöhle abgegeben. Diese neurosekretorischen Zellen sind daher *endokrine Drüsen*, die *Neurosekrete Hormone (Neurohormone)*.

Eine besondere Form von Nervenzellen stellen die Sinneszellen *(Rezeptoren)* dar. Sie verfügen über Differenzierungen, um Reize, die von der Umwelt ausgehen oder die vom Organismus selbst erzeugt werden, zu erfassen. Dazu besitzen Sinneszellen meist spezialisierte Bezirke, die als Eingangspforten für die Reize dienen. Nach morphologischen Gesichtspunkten unterscheidet man allgemein *drei Typen* von Sinneszellen:

1. Die *primären Sinneszellen* sind spezialisierte Nervenzellen mit einem reizaufnehmenden (dendritischen) Bereich und einem zumeist langen, der Weiterleitung der elektrischen Signale dienenden axonalen Zellfortsatz (Abb. 5.94a, b). Wie alle Sinneszellen transformieren sie Reize in elektrische Spannungsänderungen und leiten sie, meist in Form von Aktionspotentialen, ohne synaptische Umschaltung direkt zum Zentralnervensystem.
2. Die *Sinnesnervenzellen* sind ebenfalls echte Nervenzellen. Sie liegen mit ihrem Zellkörper tiefer im Gewebe oder im Zentralnervensystem und entsenden reizaufnehmende Fortsätze zur Oberfläche, die sich am Ende zur »freien Nervenendigung« aufzweigen (Abb. 5.94c).
3. Die *sekundären Sinneszellen* sind im Gegensatz dazu keine Nervenzellen, sondern spezialisierte Epithelzellen. Ihre Erregung wird durch Synapsen auf impulsleitende Ausläufer von Nervenzellen übertragen (Abb. 5.94d, 5.160d). Sekundäre Sinneszellen sind bei Wirbeltieren verbreitet (z. B. Rezeptoren in Geschmacksknospen, Tastkörperchen, Haarzellen im inneren Ohr; S. 499f.); neuerdings ist dieser Typ zunehmend auch bei Wirbellosen bekannt geworden (z. B. Mollusken, Chaetognathen).

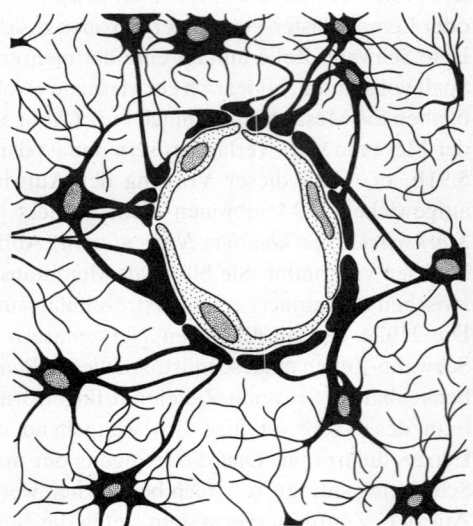

Abb. 5.92. Gliazellen von Säugetieren. Astrocyten mit Füßchen (schwarz) um Blutcapillare (im Zentrum). (Nach Glees aus Welsch u. Storch)

Funktion

Reizperzeption und Rezeptorpotential. Sinneszellen besitzen wie alle Nervenzellen die Eigenschaft der Erregbarkeit, d. h. sie antworten auf einen Reiz mit elektrischen Veränderungen ihres Membranpotentials (S. 132f.). Ganz allgemein versteht man unter dem Begriff *Reiz* eine *Energie oder Energiedifferenz*, die über physikalische oder chemische Einwirkungen an einer Sinneszelle eine Antwort auslöst, die als *Erregung* bezeichnet wird. Unabhängig von der Art des Reizes (*Reizmodalität:* mechanisch, elektrisch, elektromagnetisch, thermisch, chemisch) führt die Reizaufnahme letztlich immer zu Permeabilitätsänderungen der Zellmembran und damit zu Ionenflüssen, die sich in einer Änderung des Membranpotentials auswirken.

Als *adäquater Reiz* wird diejenige Reizmodalität bezeichnet, die mit der geringsten Energiemenge eine Erregung auslöst. Das Vorzeichen der Energiedifferenz ist dabei unerheblich: Bestimmte Thermorezeptoren reagieren auf Abkühlung; sie antworten also mit Erregung, wenn ihnen Energie entzogen wird. In vielen anderen Rezeptoren ist die geringste Energie, die eine Erregung der Zelle bewirkt – die *Schwellenenergie* –, weit geringer als der Energieinhalt der Membranpotentialänderung. Beide Tatsachen beweisen, daß die Reizung einer Sinneszelle einen *Auslösevorgang* (Triggerprozeß) für die Erregungsbildung darstellt. (Dabei wird nicht etwa die Energie des Reizes in die der Erregung übergeführt; in entsprechender Weise reicht ja beim Abziehen einer Schußwaffe die Energie der Fingerbewegung am Abzug auch nicht für die Bewegung des Geschosses aus!)

Die Membranpotentialänderung erfolgt bei den meisten Sinneszellen in Form einer Depolarisation, seltener antworten Zellen mit einer Hyperpolarisation (z. B. die Photorezeptoren der Wirbeltier-Retina, S. 509). Die Potentialänderung einer Rezeptorzelle als Folge eines einwirkenden Reizes bezeichnet man als *Rezeptorpotential*. Der Mechanismus für seine Entstehung ist bei den meisten Rezeptoren noch weitgehend unbekannt. Bei depolarisierenden Rezeptorpotentialen spielt jedoch ein Einstrom von Natriumionen in die Zelle die Hauptrolle.

Das Rezeptorpotential entsteht lokal *(lokales Potential,* ähnlich wie synaptisches Potential, S. 458) an freien dendritischen Endigungen oder ciliären Strukturen der Rezeptorzelle. Seine Amplitude ist wie die synaptischer Potentiale *graduiert* (vgl. S. 469). Sie hängt von der Reizintensität ab; bei vielen Rezeptoren ist sie proportional dem Logarithmus der Intensität des Reizes (Abb. 5.95). Das Rezeptorpotential breitet sich rein passiv vom Ort seiner Entstehung über eine kurze Strecke bis zu dem Membranbezirk aus, an dem Nervenimpulse gebildet werden können (meist der Axonhügel). Wegen der passiven Fortleitung verliert das Rezeptorpotential an Amplitude. Ist es am Ort der Nervenimpulsentstehung noch groß genug (überschwellig), um diesen Membranbezirk bis zur Impulsschwelle zu depolarisieren, so wird es – je nach Reizdauer – eine unterschiedlich lange Serie von Aktionspotentialen auslösen. Diese gehorchen dem Alles-oder-Nichts-Gesetz; ihre Frequenz ist um so höher, je größer das Rezeptorpotential, d. h. je stärker der Reiz ist (Abb. 5.95b, c). Nur die Aktionspotentiale können über längere Entfernungen entlang der afferenten Nervenfasern zu nachgeschalteten Neuronen im Zentralnervensystem geleitet werden. Die Vorgänge an der Sinneszelle können als Überführung eines amplitudenmodulierten Signals in eine Frequenzcodierung am Axon verstanden werden.

Wirkt ein Reiz mit konstanter Intensität für längere Zeit auf eine Sinneszelle ein, so bleibt die Amplitude des Rezeptorpotentials nicht konstant, sondern nimmt ab (Abb. 5.95b, 5.96b). Die Sinneszelle wird also unempfindlicher. Diesen Vorgang, der wohl auf einer Verringerung der Ionendurchlässigkeit der Rezeptormembran beruht, bezeichnet man als *Adaptation*. Bei verschiedenen Rezeptoren ist sie unterschiedlich stark ausgeprägt: Bei vielen Mechanorezeptoren (z. B. Streckrezeptorneuron der Krebse, Blutdruckrezeptoren) verringert sich das Rezeptorpotential von einem anfänglichen Spitzenwert nur

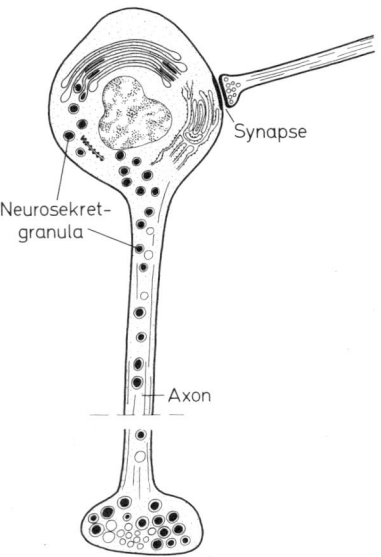

Abb. 5.93. Neurosekretorische Zelle, schematisch. Zellkörper mit Golgi-Apparat, von dem Granula abgeschnürt werden. Granula werden durch den Axon zum Stapel- und Abgabeort (Blutgefäß) transportiert. (Nach Tombes u. nach Bargmann, kombiniert u. verändert)

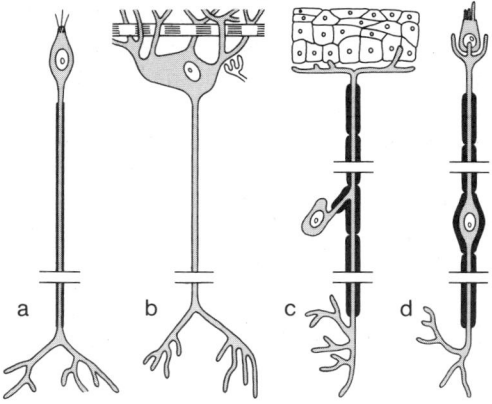

Abb. 5.94 a–d. Typen von Sinneszellen, schematisch. (a) Primäre Sinneszelle: Riechzelle eines Wirbeltieres, Neurit markarm; (b) Primäre Sinneszelle: Dehnungsrezeptor eines Krebses, Neurit marklos; (c) Sinnesnervenzelle: Hautsinneszelle eines Wirbeltieres, mit Markscheide; (d) Sekundäre Sinneszelle: Hörzelle eines Wirbeltieres, dazu eine nachgeschaltete markhaltige Nervenzelle. (Nach Bodian aus Penzlin, verändert)

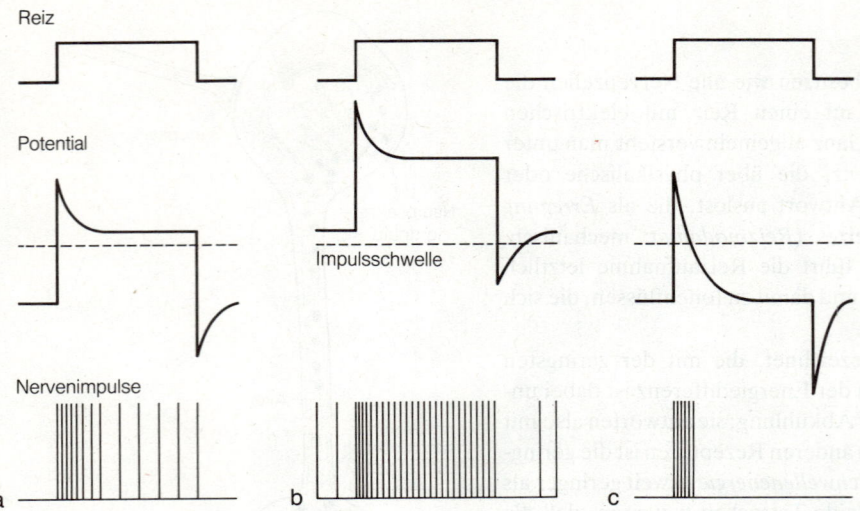

Abb. 5.95 a–c. Antworten verschiedener hypothetischer Rezeptortypen auf konstante Reize. (a, b) Phasisch-tonische Antwort. (a) Nur für die Dauer des Reizes wird die Schwelle für die Auslösung von Aktionspotentialen überschritten. (b) Der Reiz erhöht die Entladungsfrequenz einer bereits spontan aktiven Rezeptorzelle. Reizbeginn wird durch eine besonders starke Zunahme, Reizende durch Hemmung der Entladungsfrequenz signalisiert. (c) Phasische Antwort. Nur der Einsatz des Reizes wird wegen der raschen und vollständigen Adaptation der Rezeptorzelle mit einer kurzfristigen Impulssalve beantwortet. (Original Rathmayer)

geringfügig auf ein etwas niedrigeres Niveau, das aber immer noch für die gesamte Dauer des Reizes über dem Wert des Ruhepotentials liegt (Abb. 5.95a). In anderen Fällen (z. B. Vater-Pacini-Körperchen in der Haut, manche Photorezeptoren) adaptiert die Rezeptorzelle so stark, daß das Rezeptorpotential noch während der Dauer der Reizung auf den Ausgangswert des Ruhepotentials (Abb. 5.95c) zurückkehrt. Der Zeitverlauf des Rezeptorpotentials bestimmt die Impulsfrequenz im afferenten Axon: Die Adaptation des Rezeptorpotentials hat also auch eine Verringerung der Entladungsfrequenz des Neurons zur Folge (Abb. 5.96).

Nach dem zeitlichen Entladungsmuster unterscheidet man zwei Kategorien von Rezeptoren. Bildet eine Zelle während der gesamten Dauer eines gleichmäßig einwirkenden Reizes Entladungen mit gleichbleibender Frequenz, so bezeichnet man diesen Rezeptor als *tonisch*. Dieser Fall ist in der Natur allerdings kaum verwirklicht. Vielmehr geht die Entladungsfrequenz als Folge der Adaptation noch während der Reizeinwirkung von einem anfänglichen Spitzenwert auf eine niedrigere Frequenz zurück, so daß hier besser von einem *phasisch-tonischen* Rezeptorverhalten gesprochen wird (Abb. 5.95b). Die andere Kategorie bilden die *phasischen Rezeptoren*. Diese bilden nur bei Änderung der Reizgröße Aktionspotentiale, da das Rezeptorpotential nur dann die Impulsschwelle überschreitet (Abb. 5.95c). Während phasisch-tonische Rezeptoren vor allem *Betrag* und *Dauer* eines Reizes dem Zentralnervensystem melden, signalisieren phasische Rezeptoren besonders *Änderungen* einer Situation.

Sekundäre Sinneszellen (S. 462) und manche primären Sinneszellen mit kurzen axonalen Fortsätzen bilden keine Aktionspotentiale. In ihnen steuert das Rezeptorpotential die Transmitterfreisetzung an der Synapse zu dem nachgeschalteten Neuron. Dadurch wird an der postsynaptischen Membran eine Erregung induziert, die gegebenenfalls Aktionspotentiale auslöst.

Entstehung und Fortleitung des Aktionspotentials. Kurzfristige Veränderungen der elektrischen Potentialdifferenz über den Zellmembranen stellen den universellen Signalcode aller Nervensysteme dar. Die häufigste Signalform ist das Aktionspotential *(Nervenimpuls)*: eine Potentialänderung von ca. 0,1 V Amplitude und etwa einer Millisekunde Dauer. Es dient der schnellen Informationsübermittlung über lange Strecken und der Steuerung von Leistungen an Effektororganen (Muskelkontraktion, Drüsensekretion). Aktionspotentiale entstehen bei tierischen Organismen vom Einzeller bis hin zum Säugetier nach ähnlichen Gesetzmäßigkeiten. Sie treten als Antwort auf natürliche Reize,

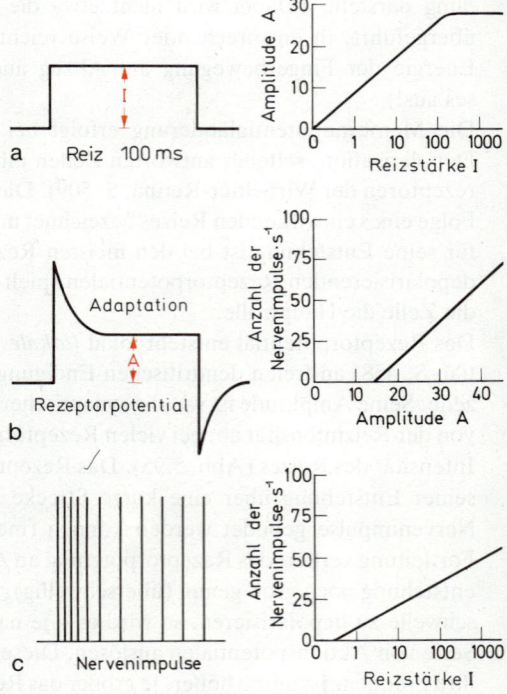

Abb. 5.96 a–c. Kennlinien einer Rezeptorzelle. Links: Ein konstanter Reiz der Stärke I (a) löst für die Dauer seiner Einwirkung ein Rezeptorpotential aus (b), das wegen der Adaptation der Sinneszelle im Verlauf der Zeit auf eine Amplitude A zurückgeht. Das Rezeptorpotential löst eine Aktionspotentialfolge aus (c), deren Frequenz wegen der Adaptation der Sinneszelle ebenfalls mit der Zeit abnimmt. Rechts: Beziehung nach Adaptation zwischen (a) Reizstärke und Amplitude des Rezeptorpotentials (in mV), (b) Rezeptorpotential-Amplitude und Entladungsfrequenz, (c) Reizstärke und Entladungsfrequenz. (Original Rathmayer)

5.3.4 Nervengewebe

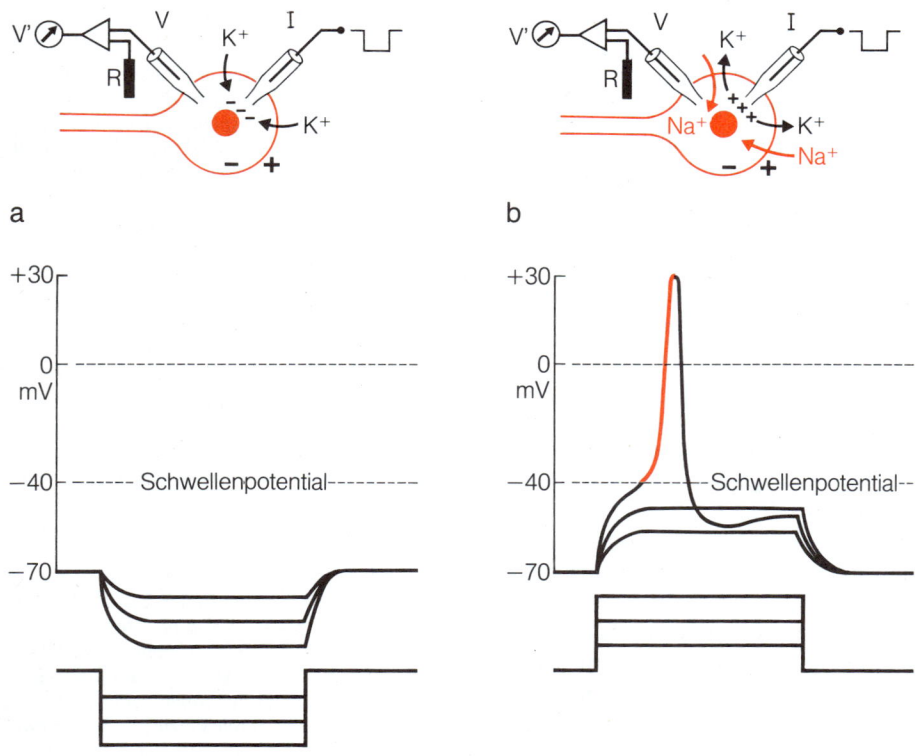

Abb. 5.97a, b. Passive und aktive elektrische Membranantworten. In eine Zelle sind eine Strom- (I) und eine Spannungselektrode (V) eingestochen. Injektion von Ladungen über die Stromelektrode führt zu Veränderungen der elektrischen Gradienten (S. 133) über der Membran. Wegen deren guter K^+-Permeabilität kommt es zu K^+-Flüssen. (a) Hyperpolarisierende passive Membranantworten. (b) Depolarisierende passive Membranantworten. Erreicht der K^+-Ausstrom das Schwellenpotential, wird ein Aktionspotential (rot, Na^+-Einstrom) ausgelöst. Die passiven Membranantworten folgen aufgrund des Widerstands-Kapazitäts-Verhaltens der Membran (Membran als RC-Glied) nicht dem Zeitverlauf der Strompulse, die in der unteren Spur dargestellt sind. R Referenzelektrode, V' Spannungsmessung. (Original Rathmayer)

wie Einwirken eines adäquaten Reizes an einer Sinneszelle oder einer Transmittersubstanz an der synaptischen Membran (S. 468), auf. Sie können aber auch experimentell durch elektrischen Strom ausgelöst werden (Abb. 5.97).

Ein derartiges Experiment soll zur Erklärung der Entstehung von Aktionspotentialen dienen (Abb. 5.97): In eine Zelle, z. B. ein Neuron, werden zwei Mikroelektroden eingeführt. Wenn über eine Elektrode ein Strompuls in die Zelle geschickt wird, der negative Ladungen in die Zelle bringt (z. B. Cl-Ionen), wird dadurch das Ruhepotential von −70 mV (S. 133) vergrößert (*Hyperpolarisation*). Dies stellt eine sog. *passive elektrische Membranantwort* dar. Je größer die Stromamplitude, desto größer sind die Hyperpolarisationen (Ohmsches Gesetz, Abb. 5.97a).

Kehrt man die Stromrichtung um und bringt positive Ladungen (z. B. Na^+-Ionen) in die Zelle, so nimmt das Membranpotential ab (*Depolarisation*). Über einen gewissen Potentialbereich erfolgen die Membranpotentialveränderungen zunächst ebenfalls passiv (Abb. 5.100b). Die Situation ändert sich jedoch drastisch, wenn die Depolarisation einen bestimmten Wert (*Schwellendepolarisation*, *kritisches Potential*) erreicht; die Zelle erzeugt dann »von sich aus«, d. h. aktiv, ein Signal: das *Aktionspotential*. Die Ursache hierfür liegt in den Permeabilitätseigenschaften der Membran. Beim Ruhepotential ist die Membran gut permeabel für K^+, jedoch schlecht für Na^+ (S. 133f.): die für die Na^+-Permeabilität verantwortlichen Na^+-Kanäle in der Membran sind überwiegend geschlossen. Sie werden durch eine positive Spannungsänderung an der Membran (Depolarisation) von einem bestimmten Schwellenwert ab geöffnet (aktiviert), d. h. die Leitfähigkeit der Membran für Na^+ (g_{Na}) erhöht sich dann stark. Da die elektromotorische Kraft für Na^+ wegen der hohen Differenz von Ruhepotential und E_{Na} (S. 134) groß ist, wird Na^+ dem elektrischen Gradienten und dem Konzentrationsgradienten folgend in die Zelle strömen und sie weiter depolarisieren. Dadurch werden weitere Na^+-Kanäle aktiviert und

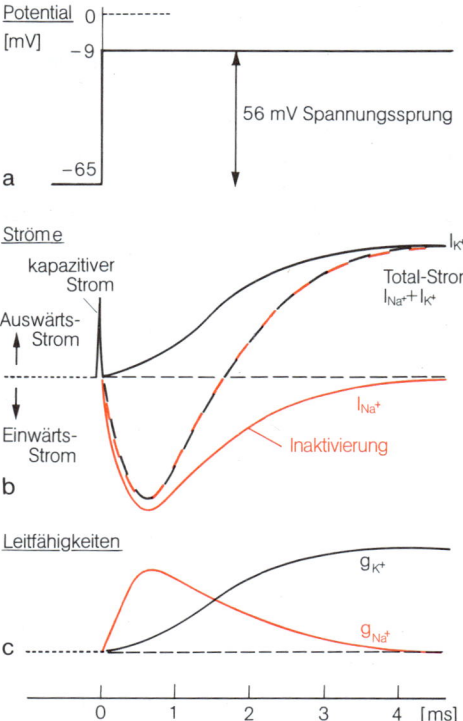

Abb. 5.98a–c. Ionenströme in der Axonmembran unter Bedingungen der Spannungsklemme. (a) Verlauf des Depolarisationsschrittes. (b) Ionen-Total-Strom (rot-schwarz gestrichelt) sowie seine beiden Komponenten (transienter I_{Na^+}-einwärts, rot; verzögerter I_{K^+}-auswärts, schwarz). (c) Die den Ionenströmen zugrunde liegenden Leitfähigkeiten. (Nach Hodgkin u. Huxley, verändert)

der Na⁺-Einstrom nimmt in positiver Rückkopplung lawinenartig zu. Das Zellinnere wird vorübergehend sogar positiv (bis +30 mV). Eine Nervenzelle kann im Experiment viele Tausende solcher Aktionspotentiale erzeugen, die bei konstanten ionalen Bedingungen stets gleiche Form und Amplitude aufweisen *(Alles-oder-Nichts-Gesetz)*.

Ein Aktionspotential dauert nur kurz (Abb. 5.100), weil die Membran bereits nach wenigen Millisekunden wieder auf den Ausgangswert des Ruhepotentials repolarisiert. Die hierfür verantwortlichen Mechanismen sollen durch ein weiteres Experiment erläutert werden: Depolarisiert man eine Zelle durch Strom bis an die kritische Schwelle, so entwickelt die Zelle ein Eigenverhalten in Form von Alles-oder-Nichts-Aktionspotentialen. Der Experimentator hat also keine Möglichkeit, das Potential der Zelle auf positivere Werte als den Schwellenwert einzustellen. Mit der Technik der Spannungsklemme (*voltage-clamp,* Abb. 5.99B) gelingt dies, da mögliche Veränderungen von V_M als Folge der Ionenströme durch elektronisch erzeugte spiegelbildliche Gegenströme über die Stromelektrode augenblicklich ausgeglichen werden. Trotz der entstehenden Ionenströme ändert sich am eingestellten Membranpotential nichts. Damit kann das Membranpotential ohne Ausbildung von Aktionspotentialen auf beliebige Werte zwischen ca. −100 mV und +100 mV verstellt und gehalten (geklemmt) werden.

Depolarisiert man unter Bedingungen der Spannungsklemme eine Zelle z. B. von −65 mV um 56 mV auf −9 mV, so registriert man folgende Ionenströme (Abb. 5.98b): Zuerst tritt ein Einwärtsstrom auf, der nach weniger als einer Millisekunde sein Maximum erreicht, dann abnimmt und in einen Auswärtsstrom übergeht. Versuche mit verschiedenen Natriumkonzentrationen, insbesondere aber mit selektiven Blockern für Ionenkanäle [Tetrodotoxin (TTX) für den Natriumkanal, Tetraäthylammonium (TEA) für den Kaliumkanal] haben gezeigt, daß der gemessene Strom die Summe aus zwei verschiedenen, einander entgegengerichteten Strömen darstellt: einem Einwärtsstrom, der von Natriumionen getragen wird (I_{Na}), und einem Auswärtsstrom, der von Kaliumionen verursacht wird (I_K). I_{Na} fließt auch bei anhaltender Depolarisation nicht länger als einige Millisekunden, weil sich die durch die Depolarisation aktivierten Natriumkanäle spontan schließen (inaktivieren) und so I_{Na} terminiert wird. I_K setzt mit einer geringen Verzöge-

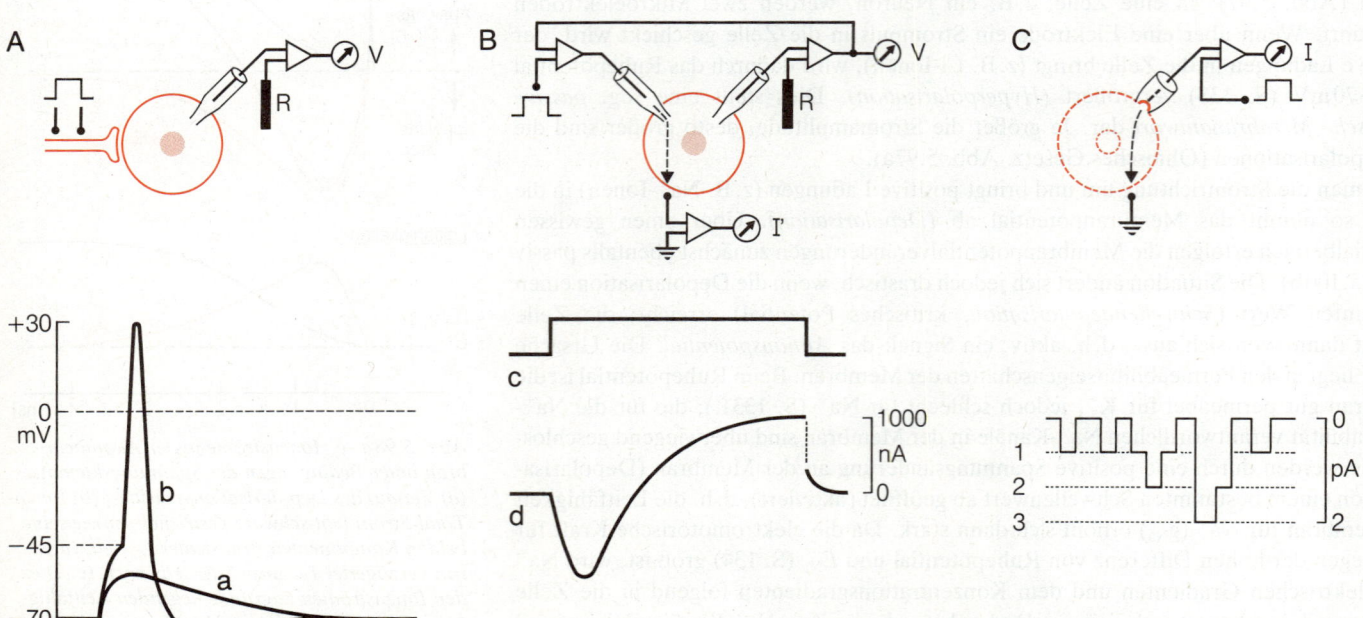

Abb. 5.99 A–C. Methoden der Reizung und Ableitung elektrischer Signale von Zellen (oben) sowie typische Registrierbeispiele (unten). Die Elektroden sind mit einem Elektrolyten (3 M KCl) gefüllt, so daß das Cytoplasma in Kontinuität mit dem Draht in den Elektroden ist, der zu dem Stromgenerator bzw. zum Spannungsmeßgerät führt. (A) Intrazelluläre Ableitung eines unterschwelligen postsynaptischen Potentials (a) bzw. eines Aktionspotentials (b) nach Reizung einer präsynaptischen Nervenfaser. (B) Spannungsklemme. Über die Stromelektrode I kann das Membranpotential auf beliebige Werte festgelegt (»geklemmt«) werden. Potentialänderungen, die sich durch Aktivierung von Ionenströmen ergeben könnten, werden über die Spannungselektrode V registriert und über einen Rückkoppelungsmechanismus durch den Stromgenerator sofort verhindert. Die infolge von Depolarisationsschritten (c) auftretenden Ströme (d) werden über ein Strommeßgerät I' gemessen. (C) »Patch-clamp«. In einer auf die Membran aufgesetzten Elektrode wird ein Unterdruck erzeugt, so daß die Membran dicht angesaugt wird. Durch Abheben der Elektrode wird ein Stückchen Membran aus der Zelle isoliert. Spannungssensitive Ionenkanäle (z. B. Na⁺-Kanäle) können durch Verringerung des Potentials über dem Membranstückchen aktiviert werden. Die Stromregistrierung zeigt Fluktuationen, die durch Öffnen und Schließen von Einzelkanälen verursacht werden. Im Beispiel sind 1, 2 oder 3 Kanäle gleichzeitig offen. R Referenzelektrode. (Original Rathmayer)

rung auf die Depolarisation ein und erreicht sein Maximum langsamer als I_{Na}. Die Stärke beider Ströme hängt vom Membranpotential ab.

Übertragen auf das Aktionspotential (Abb. 5.100) bedeuten diese Ergebnisse, daß die Anstiegsphase durch einen Na$^+$-Einwärtsstrom verursacht wird. Die Abfallphase ist durch die *Inaktivierung* der Na$^+$-Kanäle und den K$^+$-Auswärtsstrom bedingt. Mit fortschreitender Repolarisation der Membran nimmt I_K ab. Vor der erneuten Aktivierbarkeit der Na$^+$-Kanäle ist eine Repolarisation der Membran notwendig, um damit die Inaktivierung der Na$^+$-Kanäle aufzuheben. Dazu werden einige Millisekunden benötigt. Von der Dauer dieser »Refraktärzeit« hängt es ab, wie schnell nach einem Aktionspotential ein zweites ausgelöst werden kann, d. h. mit welcher Entladungsfrequenz eine Nervenzelle tätig sein kann. Neben Aktionspotentialen, die durch einen Na$^+$-Einstrom ausgelöst werden *(Natrium-Aktionspotentiale)*, kennt man bei vielen Zellen auch *Calcium-Aktionspotentiale:* Eine Depolarisation bewirkt dort (anstelle von I_{Na}) einen Calciumeinstrom (I_{Ca}), dem ebenfalls ein K$^+$-Auswärtsstrom folgt. Die intrazelluläre Ca^{2+}-Konzentration ist in allen Nervenzellen mit etwa 10^{-7} bis 10^{-8} mol · l^{-1} sehr niedrig; die treibende Kraft für Ca^{2+} ist also groß, und sie ist – wie für Na$^+$-Ionen – einwärts gerichtet. Calcium-Aktionspotentiale sind z. B. von Einzellern und von Nervenzellen bei Mollusken und Insekten bekannt; sie kommen an Muskelfasern von Mollusken, Krebsen und Insekten vor und sind charakteristisch für die glatte Muskulatur der Wirbeltiere.

Mit biochemischen, gentechnologischen und elektrophysiologischen Methoden, unter letzteren vor allem der »patch-clamp-Technik« (Abb. 5.99c), wurden in neuerer Zeit die Möglichkeiten der Charakterisierung einzelner Ionenkanäle stark vorangebracht. Insbesondere sind dadurch Struktur und Funktion des Natriumkanals erregbarer Membranen gut bekannt geworden. Dieser stellt ein hexameres Protein dar (4 α-, 2β-Untereinheiten), in dessen Zentrum sich der Ionenkanal befindet.

Potentialänderungen an Zellmembranen breiten sich vom Ort ihrer Entstehung über die benachbarten Membranbezirke aus. Man unterscheidet zwei Formen der Fortleitung: Potentiale, die kein Aktionspotential auslösen – wie z.B. unterschwellige synaptische Potentiale (Abb. 5.100), passive Membranantworten (Abb. 5.97) oder Rezeptorpotentiale (Abb. 5.95) –, breiten sich in der Regel entsprechend den elektrischen Eigenschaften der Membran passiv über kurze Strecken von wenigen Millimetern unter ständiger Abnahme ihrer Amplitude aus *(elektrotonische* oder *passive Fortleitung)*. Aktionspotentiale dagegen werden in voller Größe fortgeleitet, da sie an noch unerregten Membranbezirken jeweils neu entstehen *(aktive Fortleitung)*.

Um den Mechanismus der Fortleitung eines Aktionspotentials entlang einer Nervenfaser zu verstehen, betrachten wir eine Stelle der Axonmembran, an der gerade ein Aktionspotential entstanden ist (erregte Stelle). Der Einwärtsstrom beim Aktionspotential breitet sich im Axoninneren nach beiden Seiten aus (Pfeile in Abb. 5.101; der Stromfluß ist durch die Richtung der Verschiebung positiver Ladungen definiert). Es kommt zur Ausbildung lokaler Stromschleifen, die die unerregte Membran in Auswärtsrichtung kreuzen (Abb. 5.101). Dies hat eine passive Depolarisation dieser Stelle zur Folge (vgl. Abb. 5.97b). Erreicht sie den Schwellenwert, so öffnen sich hier die Natriumkanäle, es kommt zu einem von Natrium getragenen Einwärtsstrom (Umkehr der Stromrichtung!), als Folge davon zu einem K$^+$-Auswärtsstrom und somit zur Ausbildung eines neuen Aktionspotentials. Der Vorgang wiederholt sich in Richtung der Fortleitung kontinuierlich in stets der gleichen Weise (vgl. Ausbreitung eines Funkens entlang einer Zündschnur). In dem unmittelbar »hinter« dem Aktionspotential sich befindenden Membranbereich sind die Na$^+$-Kanäle inaktiviert und der K$^+$-Auswärtsstrom dauert noch an, so daß die Stromschleifen in diesen Membranbereich keine erregende Wirkung haben (Schleppe der Refraktivität hinter dem Aktionspotential). Da die treibende Kraft für Na$^+$-Ionen an allen Stellen der Nervenzelle gleich groß ist, wird das Aktionspotential auch jeweils gleich groß sein (Alles-oder-Nichts).

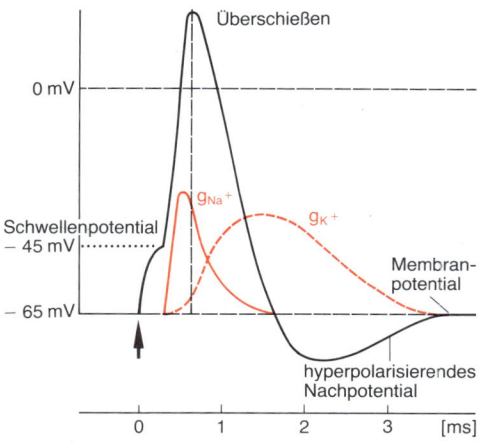

Abb. 5.100. Nervenimpuls (schwarz) und die ihm zugrundeliegenden Leitfähigkeitsänderungen (entsprechend den Ionenströmen) der Membran (rot durchgezogen für Natrium, rot gestrichelt für Kalium). (Nach Hodgkin, verändert)

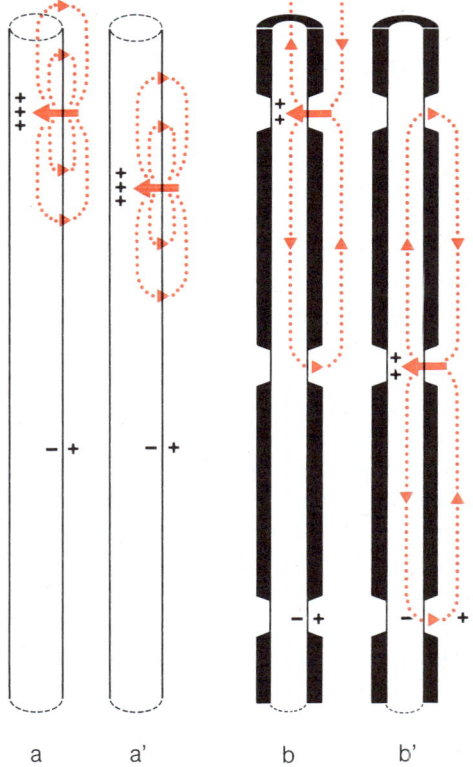

Abb. 5.101 a, b. Vergleich der Fortleitung eines Aktionspotentials an einem marklosen (a, a') und einem myelinisierten Axon (b, b'). Das Myelin ist schwarz gezeichnet, die Stromschleifen sind rot punktiert. Die jeweils erregte Membranstelle ist durch den Na$^+$-Einwärtsstrom (dicker Pfeil) gekennzeichnet. Die Fortleitungsrichtung ist von oben nach unten

Die Geschwindigkeit der Fortleitung von Aktionspotentialen hängt von dem Durchmesser der Nervenfaser ab. Je dicker eine Nervenfaser ist, desto geringer ist ihr elektrischer Längswiderstand und desto schneller können sich die lokalen Ströme ausbreiten. Bei der bisher geschilderten Art der Fortleitung werden Geschwindigkeiten bis zu mehreren Metern pro Sekunde erreicht (marklose Fasern bei Wirbellosen und Wirbeltieren). Von den myelinisierten Nervenfasern der Wirbeltiere sind jedoch bedeutend höhere Leitungsgeschwindigkeiten (über $100 \text{ m} \cdot \text{s}^{-1}$) bekannt, obwohl deren Durchmesser wesentlich geringer sind als die der dicksten marklosen Fasern bei wirbellosen Tieren. Die Myelinscheiden, die den Axon über die Internodalstrecken hinweg umhüllen (Abb. 5.91c), verhindern wegen ihres hohen elektrischen Widerstandes in diesem Bereich den Stromfluß über die Axonmembran. Diese ist nur an den Schnürringen dem Extrazellulärmedium exponiert. Die Stromschleifen eines Aktionspotentials, das an einem Schnürring entsteht, können die Axonmembran in Auswärtsrichtung erst am nächsten Schnürring, d. h. einem Ort, der bereits 1–2 mm entfernt ist, kreuzen und ein neues Aktionspotential auslösen (Abb. 5.101b). Die Depolarisation springt also gleichsam von Schnürring zu Schnürring: *saltatorische Erregungsleitung* (lat. *saltare* = springen).

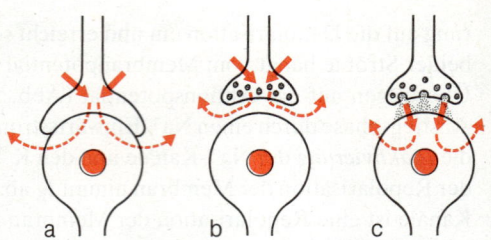

Abb. 5.102 a–c. Erregungsübertragung an einer elektrisch (a) und einer chemisch übertragenden Synapse (b, c). Dicke rote Pfeile: Einwärtsstrom beim Aktionspotential an der präsynaptischen Zelle (a, b) bzw. während des synaptischen Potentials (c) als Folge des freigesetzten Transmitters an der postsynaptischen Zelle. Gestrichelte Pfeile: Die durch die Erregung ausgelösten Auswärtsströme. Erreichen sie die Schwelle, lösen sie über einen Einwärtsstrom ein Aktionspotential an der postsynaptischen Zelle aus (c) (Erregungsübertragung)

Synaptische Übertragung. Synapsen stellen morphologisch spezialisierte Kontaktstellen zwischen zwei Zellen dar, an denen die Signalübertragung von einer Zelle auf die andere abläuft. Meist sind Synapsen zwischen Nervenzellen oder zwischen Nervenzellen und einem Zielorgan, wie Muskel- oder Drüsenzellen, ausgebildet. Zwei Wege der synaptischen Informationsübermittelung sind verwirklicht: die seltene *elektrische* und die weit verbreitete *chemische Übertragung*. *Elektrische Synapsen* (Abb. 5.102a) zeichnen sich durch enge Kontakte zwischen prä- und postsynaptischer Membran aus. Die damit einhergehende Verringerung der Breite des synaptischen Spaltes und die Vergrößerung der synaptischen Kontaktzone, zusammen mit weiteren Spezialisierungen der postsynaptischen Membran (Herabsetzung des elektrischen Widerstands) ermöglichen den direkten Übertritt der Stromschleifen, die ein präsynaptisches Aktionspotential erzeugt, in die postsynaptische Zelle. Dabei tritt keine nennenswerte zeitliche Verzögerung auf. Elektrisch übertragende Synapsen finden sich an den Riesenfasern im Bauchmark des Regenwurms, im Nervensystem von Krebsen und im Rückenmark bzw. Gehirn vieler Wirbeltiere.

Bei den meisten Synapsen können die Ströme des präsynaptischen Aktionspotentials die postsynaptische Zelle jedoch nicht direkt depolarisieren. Die beiden Zellen sind an der Kontaktzone durch den synaptischen Spalt (Breite 20–30 nm) voneinander getrennt. Er stellt einen geringen elektrischen Widerstand (im Vergleich zu dem der postsynaptischen Membran) dar. Deshalb kreuzen die Stromschleifen der präsynaptischen Aktionspotentiale die postsynaptische Membran nicht, sondern der Strom fließt im synaptischen Spalt ab (Abb. 5.102b; Kurzschlußeffekt). Um an einer derartigen Synapse ein Signal zu übertragen, muß ein chemischer Bote *(Überträger- oder Transmittersubstanz)* eingeschaltet werden. Die Depolarisation der präsynaptischen Endigung durch das ankommende Aktionspotential bewirkt die Freisetzung der Transmittersubstanz aus den synaptischen Vesikeln der Nervenendigung (S. 462) in den synaptischen Spalt. Sie diffundiert über den Spalt und bindet an Rezeptormoleküle in der postsynaptischen Membran. Diese Bindung bewirkt eine Konformationsänderung der Rezeptoren und die kurzfristige Öffnung von Ionenkanälen in der postsynaptischen Membran. Wegen der Diffusion des Transmitters über den synaptischen Spalt benötigt die Signalübertragung an chemischen Synapsen etwa eine Millisekunde.

Die Vorgänge der Interaktion von Transmitter und Rezeptor und die dadurch ausgelöste Schaltung eines Ionenkanals sind besonders für den *Acetylcholinrezeptor* weitgehend aufgeklärt worden. Dieser stellt ein pentameres Peptid dar, in dessen Zentrum sich der Ionen-Kanal befindet (Abb. 5.104). Wie andere synaptische Kanäle kann auch dieser

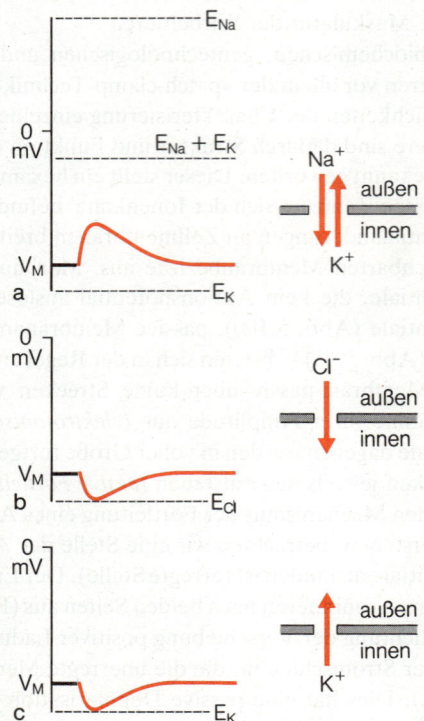

Abb. 5.103 a–c. Synaptische Potentiale und die ihnen zugrunde liegenden Ionenströme. Die Amplitude synaptischer Potentiale wird von der Menge an freigesetzter Transmittersubstanz und von der treibenden Kraft für die durch den Transmitter ausgelösten Ionenströme bestimmt:
$I_{Ion} = g_{Ion} \cdot (V_M - E_{Ion})$.
(a) EPSP. Der Transmitter (z. B. ACh, Glutaminsäure) öffnet Ionenkanäle, die Na$^+$ und K$^+$ gleichzeitig durchlassen. (b) IPSP. Der Transmitter (z. B. GABA) öffnet Cl$^-$-Kanäle. (c) IPSP. Der Transmitter (z. B. ACh) öffnet einen K$^+$-Kanal

Transmittersubstanzen:

$$H_3C-\underset{\underset{O}{\|}}{C}-O-CH_2-CH_2-\underset{\underset{CH_3}{|}}{\overset{\overset{CH_3}{|}}{N^+}}-CH_3$$
Acetylcholin

HO—⟨⟩—CHOH—CH$_2$—NH$_2$ (para-HO)
Noradrenalin

HO—⟨⟩—CH$_2$—CH$_2$—NH$_2$ (para-HO)
Dopamin

Kanal nicht durch Depolarisation der Membran, sondern nur durch Bindung von Liganden an das Rezeptorprotein geöffnet werden (*transmittergeschalteter Ionenkanal*, im Gegensatz zu *spannungsgeschaltetem Ionenkanal* beim Aktionspotential).

Man unterscheidet zwei Typen von postsynaptischen Potentialen: (1) *Erregende postsynaptische Potentiale (EPSP)*. Die Transmittersubstanz erhöht an der postsynaptischen Membran die Leitfähigkeit für Na^+ und K^+ (g_{Na} und g_K). Dadurch wird die Membran depolarisiert (Abb. 5.103a). Erreicht das EPSP die Schwellendepolarisation, so löst es an der postsynaptischen Zelle ein Aktionspotential aus. (2) *Inhibitorische postsynaptische Potentiale (IPSP)*. Die Transmittersubstanz erhöht an der postsynaptischen Membran die Leitfähigkeit für Cl^- oder K^+ (g_{Cl} oder g_K; Abb. 5.133b, c). Wenn E_{Cl} oder E_K (S. 133f.) stärker negativ sind als V_M, kommt es zu hyperpolarisierenden Potentialen. Sie wirken hemmend, weil sie den Depolarisationen der Membran, die zur Erregung führen, entgegenwirken.

Im Gegensatz zu den Aktionspotentialen, die dem Alles-oder-Nichts-Gesetz gehorchen, ist die Amplitude von synaptischen Potentialen variabel *(graduierte Potentiale)*. Sie wird von der Menge an freigesetztem Transmitter bestimmt. In den meisten Fällen sind synaptische Potentiale klein (1–20mV). Ihre Form hängt davon ab, welcher Typ von Ionenkanal durch die Interaktion der Transmittermoleküle mit den Rezeptoren geöffnet wird. Meist wird von einer bestimmten Zelle nur eine Art von Transmittersubstanz freigesetzt, die an einer bestimmten postsynaptischen Zelle auch stets die gleiche Art von Permeabilitätsänderung auslöst. Die gleiche Transmittersubstanz, z.B. Acetylcholin, kann aber an dem einen Zelltyp erregend (Erhöhung von g_{Na} und g_K: Skelettmuskel der Wirbeltiere), an einem anderen hemmend wirken (Erhöhung von g_K: Herzmuskel der Wirbeltiere).

Synaptische Potentiale sind auf die Nähe um den Ort ihres Entstehens beschränkt *(lokale Potentiale)*. Sie breiten sich passiv *(elektrotonisch)* nur über einen kleinen Bereich um die Synapse aus. Für eine Fortleitung der Erregung an der postsynaptischen Zelle über größere Distanzen hinweg ist es notwendig, daß die EPSP die Membran bis zur Auslösung eines Aktionspotentials depolarisieren.

In Nervensystemen sind meist sehr viele Nervenzellen durch Synapsen mit einer postsynaptischen Zelle verschaltet (Abb. 6.225). Wegen der relativ geringen Größe des Membranbezirks der einzelnen Synapse ist der Ionenstrom, der über eine erregende postsynaptische Membran fließt, sehr klein. Erst wenn gleichzeitig mehrere Synapsen aktiv sind, kommt es zu deutlichen Veränderungen am Membranpotential und damit zum Erregungszustand der postsynaptischen Zelle. Über räumliche und zeitliche Summation von EPSP werden schließlich Aktionspotentiale ausgelöst. Sind gleichzeitig hemmende Synapsen aktiv, so wirken die IPSP der Depolarisation und der Ausbildung von Aktionspotentialen entgegen. Das Zusammenspiel und Gegeneinanderwirken der verschiedenen synaptischen Einflüsse bezeichnet man als Integration. Je größer die Zahl der unabhängig aktivierbaren Synapsen, desto größer ist der Spielraum dieser Integration. Für die komplizierten Funktionen von Zentralnervensystemen, in welchen alle von der Peripherie kommenden Informationen – in Folgen von Aktionspotentialen verschlüsselt – empfangen werden und die Ausarbeitung von motorischen Programmen für die Steuerung von Verhaltensweisen durchgeführt wird, ist gerade diese Integration entscheidend (S. 700).

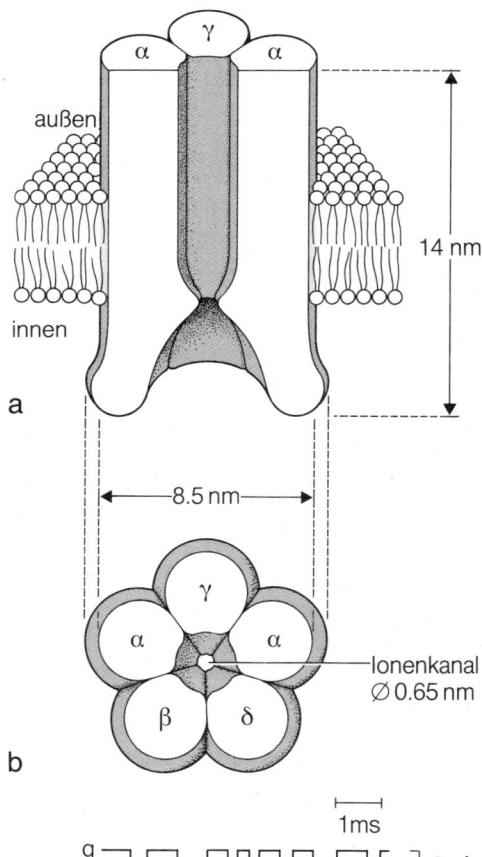

Abb. 5.104a–c. Molekulare Struktur des Acetylcholinrezeptors. (a) Schema der Einpassung in die postsynaptische Membran. Das Rezeptormolekül (ca. 14nm lang) besteht aus 5 Untereinheiten; sein oberer Teil ragt in den synaptischen Spalt. Es durchsetzt die postsynaptische Membran. (b) Ansicht von oben nach optischer Diffraktometrie von elektronenmikroskopischen Aufnahmen. (c) »Patch-clamp«-Ableitung von einem Membranstück mit ACh-Rezeptoren. Zugabe von ACh öffnet einen Ionenkanal (o, offen), der sich spontan wieder schließt (g, geschlossen). Je 2 Moleküle ACh werden benötigt, um einen Kanal zu öffnen. Wenn das Haltepotential etwa dem Wert des Membranpotentials von −70mV entspricht, wird durch den Ionenfluß ein Strom von etwa 3 pA erzeugt

470 Struktur und Funktion pflanzlicher und tierischer Organe

5.4 Bau und Leistungen tierischer Organe

Bei der Beschreibung der Organisation eines Vielzellers ist der Begriff »Organ« unentbehrlich. Dieses wird definiert als abgegrenzter Bereich des Tierkörpers von charakteristischer Form und Lage, der im allgemeinen aus verschiedenen Geweben aufgebaut ist. Beispiele für Organe sind Leber, Niere, Darm, Lunge, Kieme. Organe enthalten fast durchweg Epithel-, Binde- und Nervengewebe, oft auch Muskelgewebe in mehr oder weniger großem Umfang.

In der modernen Biologie hat der Organbegriff in funktioneller Hinsicht weitgehend an Bedeutung verloren. Organe werden weiterhin als anatomische Einheiten erkannt, doch ist inzwischen klar geworden, daß es kaum ein Organ gibt, das eine einheitliche Funktion vollzieht. Dies gilt gleichermaßen für Organe von Pflanzen, z. B. Blatt und Wurzel, wie für die meisten Organe der Tiere: Zum Beispiel dienen die Kiemen (von Fischen, Krebsen oder Tintenfischen) nicht nur der Atmung, sondern auch der Ausscheidung von Stickstoffverbindungen – also der Exkretion – und dem Ionenaustausch – also der Osmo- bzw. Ionenregulation. Im Hinblick auf Exkretion, Regulation des Wasserhaushaltes und der Ionenzusammensetzung der Körperflüssigkeiten haben sie also ähnliche Aufgaben wie die Nieren der Wirbeltiere und die diesen entsprechenden Organe bei Wirbellosen. Sieht man von der Atmung ab, dann gehören die anatomisch so grundverschiedenen Organe wie Kieme und Niere demselben Funktionszusammenhang an. Selbst das Nervensystem, für das man lange Zeit eine streng definierte Funktion annahm, gehört mit seiner Leistung der Neurosekretion (S. 461) auch zum System der humoralen Steuerung. So sollen im folgenden Organe im Rahmen größerer Funktionszusammenhänge behandelt werden.

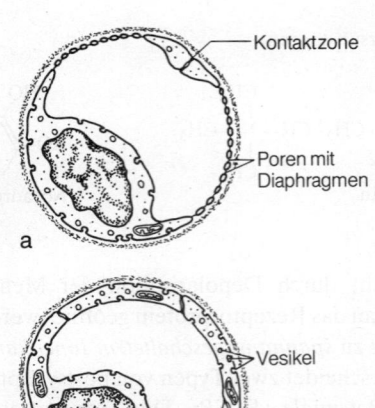

Abb. 5.105 a, b. Querschnitte durch zwei Typen von Capillaren, schematisch. (a) »Gefenstertes« Endothel (vgl. Abb. 6.116, S. 625); (b) nicht unterbrochenes Endothel. (Nach mehreren Autoren, kombiniert)

5.4.1 Organe des Stoffaustausches und des Stoffwechsels

Wie alle Organismen sind auch die Tiere »offene Systeme«: Sie können sich nur erhalten, entwickeln und Leistungen vollbringen, wenn sie mit ihrer Umgebung Stoffe austauschen. Im Gegensatz zu den meist autotrophen Pflanzen sind die Tiere auf organische Stoffe als Nahrung angewiesen, die direkt oder indirekt von autotrophen Organismen stammen. Außer der Aufnahme dieser Nährstoffe und der Abgabe ihrer nicht weiter verwertbaren Abbauprodukte werden verschiedene anorganische Salze und die Atemgase ausgetauscht. Alle diese Stoffe müssen durch die Körperoberfläche der Tiere hindurchtreten, wobei die Art der Passage unterschiedlich sein kann. Die Oberflächen sind häufig Wandungen von Hohlraumsystemen, die mit der Außenwelt in Verbindung stehen, z. B. beim Darm oder bei der Lunge. Außerdem kommt es im Tierinneren zu dauerndem Stoffaustausch zwischen den verschiedenen Räumen und Bereichen des Körpers: Zwischen flüssigkeitserfüllten Körperhohlräumen (z. B. Leibeshöhle, Gehirnventrikel) und ihrer Umgebung werden Stoffe ausgetauscht; ständig wandern Stoffe durch die Gefäßwandungen zwischen Blut und interzellulärer Flüssigkeit. Aus dieser nehmen die Zellen bestimmte Stoffe auf und geben andere ab.

Der eigentliche Stoffwechsel (im engeren Sinne) ist der Abbau von Nahrungsstoffen oder deren Umbau in körpereigene Substanz bzw. Reservestoffe und das Unschädlichmachen von (möglicherweise giftigen) Endprodukten des zellulären Katabolismus sowie die Vorbereitung für deren Ausscheidung. Während aus Aminosäuren, die aus der Nahrung freigesetzt wurden, die spezifischen Proteine von jeder Zelle selbst hergestellt werden, sind für den Aufbau von Reservesubstanzen und die Herstellung von Exkretstoffen meist spezielle Organe zuständig. Bei den Wirbeltieren kommen diese Leistungen hauptsächlich der Leber (S. 478) zu, die zugleich noch als Speicher für Glykogen dient; Reserve-Lipide

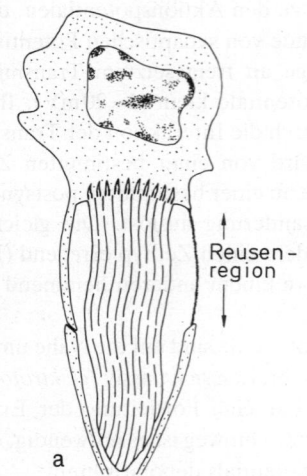
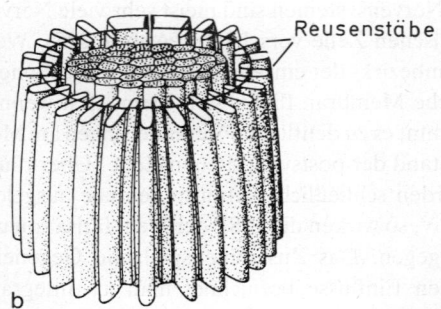

Abb. 5.106 a, b. Terminalzelle eines Protonephridiums. (a) Längsschnitt. Zellkörper mit Reusenrohr. Links ein Reusenstab, rechts das Diaphragma getroffen. (b) Teilstück der Reuse; schräge Aufsicht. (Nach Kümmel)

werden in Fettgeweben abgelagert. Auch in anderen Tierklassen gibt es solche zentralen Stoffwechselorgane, z.B. bei den Anneliden das Chloragog, bei den Mollusken die Mitteldarmdrüse und bei den Insekten den spezifisch differenzierten Fettkörper (S. 455).

5.4.1.1 Allgemeines zum Stoffaustausch

Als treibende Kräfte für den Stoffaustausch wirken zunächst *Konzentrationsdifferenzen*. Diesen Austausch bezeichnet man als *Diffusion* (S. 59). Im Falle von Ionen kommen zusätzlich Unterschiede zwischen elektrischen Potentialen (zusammengefaßt: *elektrochemische Potentialdifferenz*, S. 134) in Frage. Ein Fluß wäßriger Lösungen kann durch *hydrostatische Druckdifferenz*, eine Wasserbewegung durch *osmotischen Potentialunterschied* über einer selektiv permeablen Membran (S. 53) getrieben werden; diese Vorgänge heißen *Filtration* bzw. *Osmose*. In allen solchen Fällen der Stoffbewegung mit einem Gradienten handelt es sich um *passiven Transport*. Häufig tritt jedoch ein Nettotransport bestimmter Stoffe auch dann auf, wenn alle vorgenannten treibenden Kräfte nicht wirksam sind. Dieser *aktive Transport* erfordert stets Stoffwechselenergie. Er bewirkt eine Stoffbewegung auch gegen die Richtung eines bestehenden Konzentrationsgefälles. Aktiver und passiver Transport durch Zellmembranen werden überwiegend durch spezifische Transportmechanismen bewerkstelligt (S. 83, Abb. 1.69).

Das wichtigste Hindernis bei der Bewegung von Stoffen sind im allgemeinen Zellschichten. Bereiche, durch die ein besonders intensiver Stoffaustausch stattfindet, bestehen oft nur aus einer einschichtigen Lage von Zellen, so daß die Substanzen nur zwei Zellmembranen passieren müssen. Allerdings können Stoffe ihren Weg durch eine Zellschicht auch ausschließlich in den Interzellularräumen, also parazellulär, nehmen. Eine solche Passage kann erschwert oder verhindert werden, je nachdem wie dicht die Interzellularspalten durch Kontaktzonen (z.B. Schlußleisten, Abb. 1.13, S. 22) verschlossen sind. Eine Basallamina fungiert häufig als weitere Barriere für große Moleküle; sie kann als Filter wirken, der Substanzen entsprechend ihrer Größe, Form und eventuell ihrer Ladung durchläßt oder zurückhält.

Zellschichten, die für den Stoffaustausch eingerichtet sind – sowohl hinsichtlich der Membranen ihrer Zelle als auch der Inter- bzw. Extrazellularräume – sind häufig in besonderer Weise spezialisiert. Das soll im folgenden an einigen Beispielen gezeigt werden.

Die Endothelien der Blutcapillaren bei Wirbeltieren (Abb. 5.105) sind nicht nur häufig extrem dünn (bis etwa 50 nm), sondern in manchen Organen (z.B. Wirbeltierniere, s. unten) sogar »gefenstert«, d.h. mit Poren von 50–100nm Durchmesser versehen. Diese Poren sind allerdings in vielen Fällen von einem feinen Diaphragma verschlossen, einer Struktur von nicht genau bekannter chemischer Zusammensetzung. Eine extrem dünne Wandung und besonders die Fensterung der Endothelien werden sicher den Stoffaustausch zwischen Capillarlumen und Umgebung begünstigen. Bei Capillaren spielt vielfach auch *Transport von Stoffen in Vesikeln* (Abb. 1.124, S. 135) eine Rolle; außerdem können Stoffe durch die Interzellularräume passieren.

Bei vielen Tieren – z. B. bei Wirbeltieren, dekapoden Krebsen, Mollusken – wird der erste Harn (Primärharn, S. 491) als Ultrafiltrat gebildet. Die Zellschicht, durch die die Ultrafiltration abläuft, zeigt meist »Filtrationsstrukturen«. So besitzen die Zellen, die in der Bowman-Kapsel eines Nephrons der Wirbeltierniere (S. 491) die gefensterten Glomerulumcapillaren umkleiden, Ausläufer mit zungenförmigen Fortsätzen, die mit Fortsätzen anderer Ausläufer verzahnt sind (Abb. 5.107). Zwischen den Fortsätzen bleiben nur enge Schlitze von 25–30nm Breite frei, die ähnlich wie die Poren vieler gefensterter Capillaren mit feinen Diaphragmen verschlossen sind. Ganz ähnlich gestaltete Zellen – wegen der Ausläufer *Podocyten* (Füßchenzellen) genannt – kennt man aus funktionell vergleichbaren Abschnitten von Exkretionsorganen anderer Tiere, z.B. aus der *Antennendrüse von*

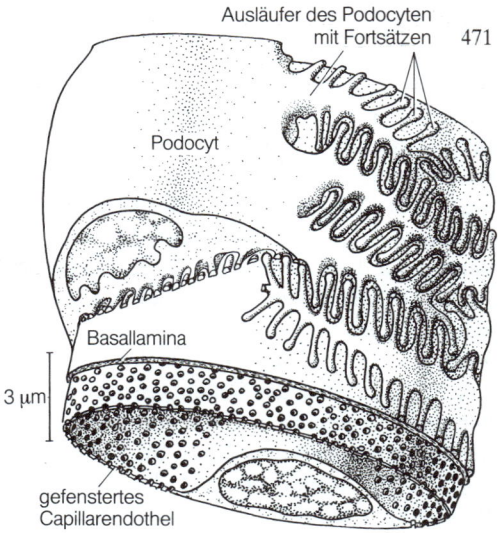

Abb. 5.107. Feinstruktur einer gefensterten Capillare mit aufsitzenden Podocyten aus dem Glomerulum einer Wirbeltierniere (vgl. Abb. 5.143), schematisch. (Aus Smith, etwas verändert)

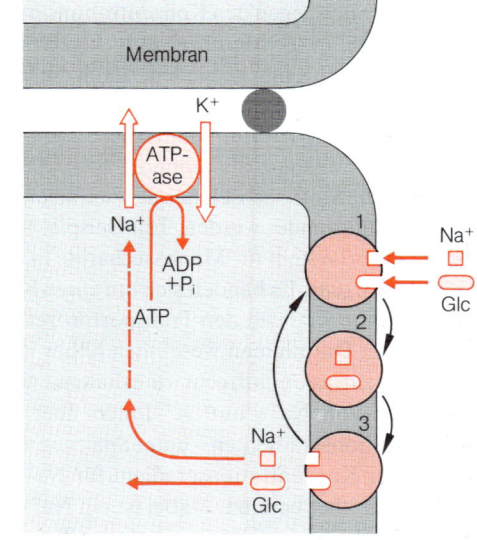

Abb. 5.108. Carrier-Mechanismus für den Glucose-Transport in Dünndarmepithelzellen von Säugetieren (vgl. Abb. 1.10, S. 19, 1.11b, S. 20) Die in der Membran der Mikrovilli (dunkelgrau) eingelagerten Carrier-Moleküle (rot) enthalten Bindungsstellen für ein Glucose-Molekül und ein Na^+-Ion. Die verschieden eingezeichneten Carrier-Moleküle geben hypothetisch drei Zustände an, die das Transportprotein vor und nach der Beladung sowie nach der Abgabe der zu transportierenden Substanzen zeitlich aufeinander folgend annimmt. Das kreisförmige graue Feld deutet eine Schlußleiste an, die den Interzellularraum gegen das Dünndarmlumen (rechts) hin – zumindest partiell – abdichtet (vgl. S. 22). (Aus Schmidt u. Thews, verändert)

Krebsen (Abb. 5.140). Man nimmt hier an, daß das Filtrat durch die Schlitze, also parazellulär, transportiert wird. Die Basallaminae können dabei die wichtigsten eigentlichen Filter darstellen. Welche Rolle die Diaphragmen als Filtrationsbarrieren spielen, ist offenbar unterschiedlich.

Auch in den *Protonephridien* (S. 490) finden sich im Bereich der *Terminalzellen* (diese sind *Cyrtocyten,* Reusengeißelzellen) »Filtrationsstrukturen« in Gestalt eines Reusenrohres, in dem die für diese Zellen charakteristischen Geißeln bzw. Wimpern schlagen. Die Schlitze sind durch Diaphragmen und/oder Basallaminae verschlossen (Abb. 5.106a, b). Vermutlich läuft auch hier eine Filtration ab.

Viele transportaktive Zellen, z.B. Darmepithelzellen (Abb. 1.10, S. 19), Nierenkanalzellen, Wandzellen der Gallenblase (Abb. 5.72), entsprechen in ihrem Aufbau grundsätzlich der Darstellung in Abbildung 5.71c. Apikal besitzen sie einen mehr oder weniger dichten Mikrovillisaum; hinzu treten besonders gestaltete Interzellularräume, die nach apikal durch Kontaktzonen (Abb. 1.13, S. 22) abgeschlossen erscheinen. Der basale Bereich kann tiefe Einfaltungen aufweisen, die sich meist als Zellverzahnungen darstellen. Bei manchen Epithelien ragen in die Interzellularräume fingerförmige Ausstülpungen hinein (Abb. 5.72); bei anderen sind die Zellen durch vielfach gefaltete Interzellularspalten voneinander getrennt. In wieder anderen Fällen können die apikalen Differenzierungen stark reduziert sein oder fehlen.

Die Leistung aller dieser Zellen besteht darin, daß sie durch Aufwand von Stoffwechselenergie bestimmte Ionen oder kleine organische Moleküle über eine Membran transportieren – oft auch gegen den Konzentrationsgradienten. Hierfür sind häufig Transportmoleküle, *Carrier,* in die Membran eingelagert, die das zu transportierende Material auf der einen Seite der Membran binden, durch die Membran schleusen und auf der anderen Seite der Membran wieder freigeben. Häufig wird dabei eine zweite Substanz in der gleichen oder in der Gegenrichtung mittransportiert, die sich in ihrem Konzentrationsgradienten bewegt (Kotransport als Symport oder Antiport, S. 83). In solchen Fällen kann die erforderliche Stoffwechselenergie auch an einer anderen Stelle der Zelle als umittelbar am Carrier aufgewendet werden. Ein Beispiel für einen solchen Carrier-Mechanismus stellt das Transportsystem für Monosaccharide in den Dünndarm-Epithelzellen der Säugetiere dar (Abb. 5.108). Es handelt sich um einen Kotransport von z.B. Glucose mit Na^+-Ionen. Die treibende Kraft für den Transportprozeß besteht im Unterschied der Na^+-Konzentration, die im Darmlumen wesentlich höher ist als in der Zelle. Um die niedrige zelluläre Na^+-Konzentration aufrecht zu erhalten, wird durch ein anderes Transportprotein ein Austausch von Na^+- und K^+-Ionen über die Zellmembran – gegen den jeweiligen Konzentrationsgradienten – unter Spaltung von ATP durchgeführt. In anderen Epithelien wird dieser Konzentrationsgradient für Na^+ und K^+ für den aktiven Transport von Cl^- über das Epithel benutzt. Dabei ist ein Na^+-K^+-Cl^--Kotransportsystem in den Membranen eingeschaltet, welches je nach der Transportrichtung in der luminalen (Resorption) oder in der basolateralen Membran (Exkretion) der Epithelzelle lokalisiert ist. Solche Transportsysteme finden sich in den Salzdrüsen von Meeresvögeln (Abb. 6.87, S. 603), der Rektaldrüse von Selachiern, in bestimmten Epithelzellen der Säugetier-Niere und in den Kiemen sowohl von Süßwasser- als auch von Meeres-Teleostiern (S. 602f., Abb. 6.86). Je nach ihrer Funktion ist die Durchlässigkeit der Epithelien verschieden: Häufig muß eine relativ große Substanzmenge zusammen mit einem entsprechenden Wasservolumen transportiert werden (z.B. im proximalen Tubulus der Niere, in den Speicheldrüsen); dann sind die Schlußleisten zwischen den Zellen relativ gut permeabel *(leckes Epithel),* und der passive Transport – von Wasser, Chloridionen – geht größtenteils durch die Interzellularspalten. Wenn jedoch die auszuscheidende Menge einer Substanz (auch Wasser!) geregelt werden soll (z.B. in den Sammelrohren der Säugetierniere), sind die Schlußleisten ziemlich impermeabel *(dichtes Epithel),* und der gesamte Transport geht über die Zellen. Zur Deutung der Funktion der Strukturen sind verschiedene Hypothesen

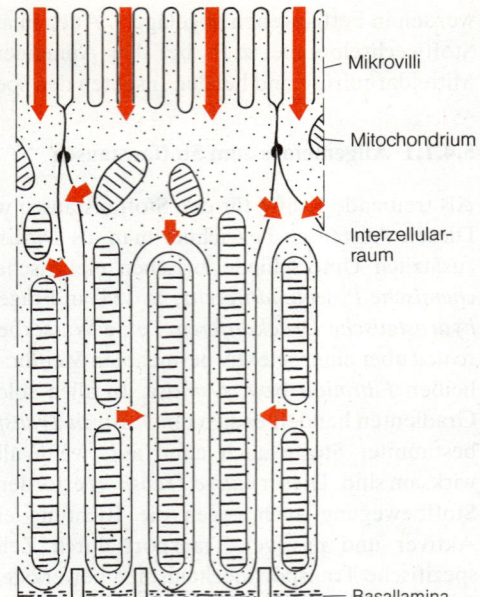

Abb. 5.109. Funktionsschema eines resorbierenden Epithels mit stark entwickelten Interzellularräumen. Es wird angenommen, daß Solute aus dem Zellinneren in die Interzellularräume transportiert werden. Dem so aufgebauten osmotischen Gradienten folgt Wasser passiv nach. Dadurch steigt in den Interzellularräumen der hydromechanische Druck, der einen Fluß des Resorbats durch die Basallamina bewirkt (= »Endstreckentransport«). Zwei Schritte im Resorptionsvorgang: transzellulärer Transport (rote Pfeile) und »Endstreckentransport« (weiße Pfeile). (Nach Thoenes, verändert)

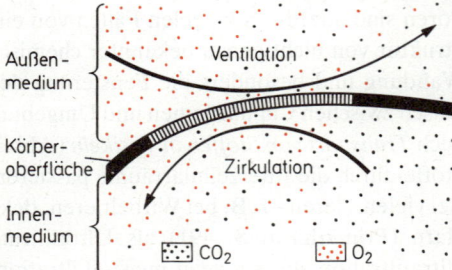

Abb. 5.110. Schema des Gasaustausches an einer Körperoberfläche. Durch Ventilation wird das Außenmedium, durch Zirkulation das Innenmedium – gewöhnlich in zueinander entgegengesetzten Richtungen – an der Austauschmembran vorbeigeführt. Dadurch wird eine große Konzentrationsdifferenz für die Atemgase zwischen Außen- und Innenmedium aufrechterhalten

5.4.1.1 Allgemeines zum Stoffaustausch

entwickelt worden; Abbildung 5.109 gibt eine Interpretation für ein leckes Epithel, das gelöste Stoffe zusammen mit Wasser transportiert.

Der *Austausch der Atemgase* zwischen Atemmedium und Körperflüssigkeiten bzw. Körperflüssigkeiten und Gewebe erfolgt stets passiv durch Diffusion in Richtung der Konzentrationsgradienten. Da die Diffusion über größere Strecken ein sehr langsamer Vorgang ist, sind die notwendigen Wege über Epithelien so kurz wie möglich (S. 59). Die pro Zeiteinheit übertretende Gasmenge hängt außer von der Größe der respiratorischen Oberfläche auch vom Konzentrationsunterschied ab; durch die Erneuerung des Atemmediums einerseits und durch die Zirkulation der Körperflüssigkeiten andererseits werden die gegensinnig gerichteten Gradienten von Sauerstoff und Kohlendioxid möglichst steil gehalten. Dies wird besonders effektiv erreicht, wenn die Bewegung des Atemmediums und der Körperflüssigkeit auf den beiden Seiten der Austauschoberfläche im *Gegenstrom* erfolgt (Abb. 5.110), wie dies unter den Wirbeltieren bei den Kiemen der Fische (Abb. 5.138) und den Lungen der Vögel vorliegt: Das sauerstoffreiche Atemmedium trifft auf Blut, das schon zu einem erheblichen Teil mit Sauerstoff beladen ist, und bringt dieses bis nahe an die Sättigung; beim Weiterströmen besteht gegenüber dem sauerstoffärmeren Blut immer noch ein Konzentrationsgradient, so daß ein Sauerstoffübergang durch Diffusion erfolgen kann. Für Kohlendioxid liegen die Verhältnisse genau umgekehrt.

Gegenstromsysteme. Wird eine Lösung in einem Doppelrohrsystem mit einer selektiv permeablen Zwischenwand schleifenförmig gegeneinander geführt und besteht ein durch Außenbedingungen aufrecht erhaltener Gradient (z. B. Stoffkonzentration, Temperatur) längs der Schleife, so wird sich ein Gleichgewicht zwischen den beiden Schenkeln des Systems einstellen *(Gegenstromdiffusion)*. Dieses Prinzip wird z. B. für die Konservierung von Körperwärme bei der Durchblutung der Extremitäten homoiothermer Wassertiere angewandt (S. 595, Abb. 6.80).

Durch aktive Prozesse kann dafür gesorgt werden, daß die Konzentration im zuführenden (»absteigenden«) Schenkel stets höher ist als im abführenden (»aufsteigenden«): Beispielsweise kann durch hydrostatischen Druck am Anfang und durch hohen Strömungswiderstand im Scheitel der Schleife Wasser durch eine selektiv permeable Zwischenwand in den aufsteigenden Schenkel »abgepreßt« werden; oder ein Transportsystem in der Zwischenwand befördert gelöste Stoffe *aktiv* vom aufsteigenden in den absteigenden Schenkel »zurück« (Abb. 5.111a). Bei langsam strömender Flüssigkeit vervielfältigen sich die Einzeleffekte (die recht klein sein können) längs der Schleife, so daß zu deren Scheitel hin ein Längsgradient der Konzentration aufgebaut wird *(Gegenstrommultiplikation)*. Bei gegebener Leistung der Transportsysteme hängt die Steilheit des Gradienten von der Strömungsgeschwindigkeit und die dabei erzielbare Konzentrationsdifferenz von der Länge der Schleife ab.

Nach diesem Prinzip werden in der Gasdrüse (Abb. 5.112) von Knochenfischen ohne Schwimmblasengang (Physoclisten, z.B. Barsche) sehr hohe Sauerstoffpartialdrucke für die Gasfüllung der Schwimmblase erzeugt. Von den Zellen der Gasdrüse wird Milchsäure in das aus der Drüse abfließende Blut abgeschieden; dadurch wird die Sauerstoffbindungsfähigkeit des Hämoglobins herabgesetzt (S. 637), so daß im Gegenstromsystem des Rete mirabile Sauerstoff aufgrund seines höheren Partialdruckes in das zur Gasdrüse hin fließende Blut übertritt. Mit diesem Mechanismus können selbst Tiefseefische das Schwimmblasenvolumen gegen den hohen hydrostatischen Druck ihres Lebensraumes so ändern, daß sie das spezifische Gewicht ihres Körpers dem des Umgebungswassers angleichen und dadurch ohne Energieaufwand schweben.

Das einfache Schleifensystem ist gegen seine Umgebung abgeschlossen; die Flüssigkeit hat am Ende des abführenden Schenkels – von Diffusionsverlusten abgesehen – die gleiche Konzentration wie am Beginn des zuführenden (bei der Gasdrüse der Fische ist das Schwimmblasengas als Scheitel der Schleife in das System mit einbezogen). Der aufge-

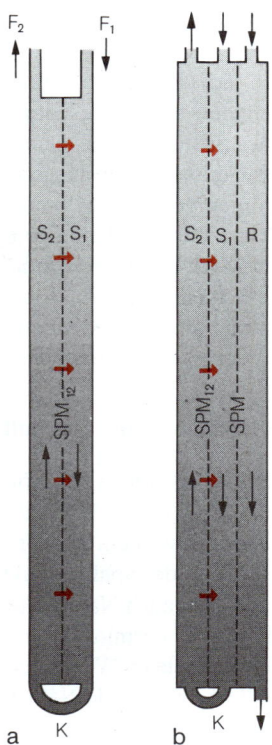

Abb. 5.111 a, b. Gegenstromsysteme. (a) Einfaches System mit absteigendem (S_1), und aufsteigendem Schenkel (S_2), durch eine enge Röhre (K) miteinander verbunden. Aktive Prozesse bringen Stoffe durch die Zwischenwand (rote Pfeile), die Eigenschaften einer spezifisch permeablen Membran (SPM_{12}) aufweist. Bei langsamem Flüssigkeitsstrom (schwarze Pfeile) entsteht längs der Schleife ein Konzentrationsgradient (grau) für die aktiv transportierten Stoffe. (b) Wird zu diesem System ein drittes Rohr (R) mit geeigneten Permeabilitätseigenschaften seiner Wand (SPM) hinzugefügt, so kann die darin fließende Flüssigkeit in den Konzentrationsgradienten einbezogen – also konzentriert – werden. Vgl. Abb. 5.144b. (Nach Hargitay u. Kuhn)

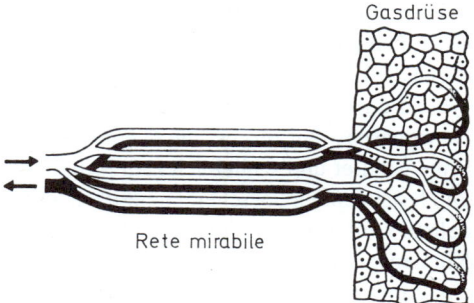

Abb. 5.112. Blutgefäße in der Gasdrüse eines Knochenfisches. Die in der Schwimmblasenwand sitzende Gasdrüse enthält die Scheitel der Blutgefäßschleifen, in deren parallelen arteriellen (weiß) und venösen (schwarz) Teilen des »Wundernetzes« (Rete mirabile) der Sauerstoffgradient aufgebaut wird. (Nach Marshall aus Urich)

baute Gradient kann jedoch für eine Entnahme von Substanz (z. B. der konzentrierten Lösung) nicht verwendet werden. Die Konzentrierung einer Lösung ist erst möglich durch die Verwendung eines dritten Rohres parallel zur Schleife (Abb. 5.111b), durch das ein viel geringeres Flüssigkeitsvolumen langsam in Richtung des Anstiegs des Gradienten fließt. Durch Abströmen von Wasser entsprechend dem osmotischen Gefälle kann die Lösung im dritten Rohr maximal diejenige Konzentration erreichen, die am Scheitel der Schleife herrscht. Im Mark der Niere von Säugetieren konzentriert ein solches System – bestehend aus Henle-Schleifen, Sammelrohren und dem Interstitium mit seinen Blutcapillaren (Abb. 5.144) – die auszuscheidende Flüssigkeit, wodurch der Harn einen osmotischen Wert erreicht, der weit über dem des Blutes liegen kann (S. 492).

5.4.1.2 Organe der Ernährung und des Stoffwechsels

Die Einverleibung der Nährstoffe in den Körper wird als *Ernährung* bezeichnet. Die erste Stufe der Ernährung besteht in der *Nahrungsaufnahme* und in dem mechanischen Aufschluß der Nahrung – soweit ein solcher stattfindet –, die zweite in deren chemischem Abbau und der Resorption der Spaltprodukte.

Nicht wenige Tiere können auch Nährstoffe direkt durch die Körperoberfläche aufnehmen. Dies trifft nicht nur für darmlose Formen (z. B. Pogonophora, manche Endoparasiten) zu, sondern auch für viele im Wasser lebende Tiere, die einen Darm besitzen. Einige Tiere können auch alle oder fast alle Nährstoffe direkt von autotrophen Symbionten (S. 483f.) übernehmen. Im allgemeinen muß jedoch die Nahrung zunächst von außen in verdauende Hohlräume gebracht werden.

Nahrungsaufnahme

Die Art der *Nahrungsaufnahme* ist bei den Tierformen sehr verschieden. Weit verbreitet unter Wasserbewohnern sind die *Strudler* und *Filtrierer*. Eine derartige Form der Nahrungsaufnahme hat sich in beinahe allen Tierstämmen (z. B. Ciliaten, Schwämmen, Entoprocten, Arthropoden, Mollusken, Chordaten, also bei Tieren mit ganz unterschiedlichem Bauplan) entwickelt. Meistens erzeugen diese Organismen einen Wasserstrom, aus dem die Nahrungspartikel durch Filtriereinrichtungen abgefangen werden, die zum Beispiel aus Borsten bestehen oder mittels Schleim arbeiten können. Die Nahrungspartikel müssen dann zur Mundöffnung bzw. in den Darm geschafft werden. Im einzelnen sind die Mechanismen allerdings sehr unterschiedlich.

Beim Wasserfloh erzeugen Extremitäten den Wasserstrom für die Atmung und dienen gleichzeitig als Filtriereinrichtungen (Abb. 5.113). Werden die Beine abgespreizt, so wird Wasser mit Nahrungspartikeln in eine sich erweiternde »Filterkammer« eingesaugt. Diese ist seitlich durch Borstenkämme der Extremitäten abgeschlossen. Wird die Filterkammer durch die Bewegung der Beine eingeengt und dabei auch ventral abgeschlossen, so strömt Wasser durch die Borstenkämme nach den Seiten aus; die Borstenkämme halten aber die Nahrungspartikel zurück, die in eine zwischen den Extremitäten entlangziehende Bauchrinne geleitet und schließlich zum Munde geführt werden.

Die festsitzenden Seescheiden besitzen als Chordaten einen zum Kiemendarm umgewandelten vorderen Abschnitt des Darmes (Abb. 5.114). Dessen Wandung ist hier von Kiemenspalten unterbrochen, die in den diesen Darmabschnitt umfassenden Peribranchialraum münden. Dieser steht durch eine Öffnung mit der Außenwelt in Verbindung. Wimpern an der Innenfläche des Kiemendarms erzeugen einen ständigen Wasserstrom in den Kiemendarm hinein, der durch die Kiemenspalten und den Peribranchialraum wieder nach außen geführt wird. Von einer ventralen Rinne (Endostyl, vgl. S. 859f.) werden sehr dünne Schleimfilme abgeschieden, die an beiden Seiten mittels Wimpern nach dorsal über die Innenfläche des Kiemendarms gleiten. Die Schleimfilme wirken als eigentliche Filter; sie fangen die mit dem Wasserstrom mitgeführten Nahrungspartikel ab, während das

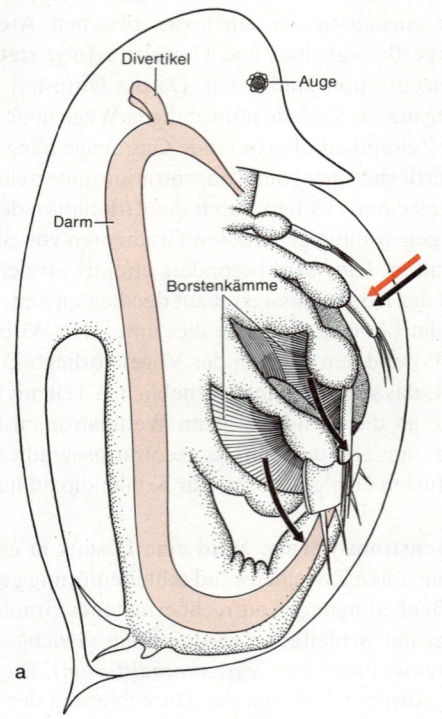

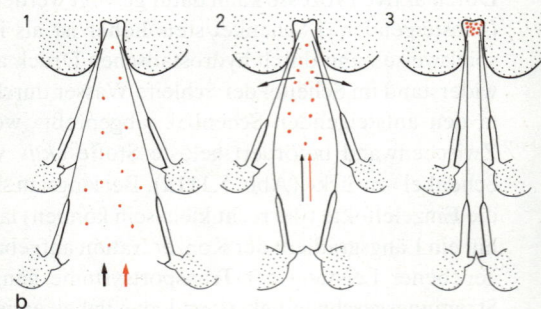

Abb. 5.113 a, b. Wasserfloh (*Daphnia*, Gruppe: *Phyllopoda*). (a) Seitenansicht eines Tieres, stark schematisiert unter besonderer Berücksichtigung der Extremitäten mit den Borstenkämmen. Von den inneren Organen nur der Darm in seinem Verlauf angedeutet. Schematisch eingezeichnet der Wasser- und Nahrungseinstrom (schwarzer bzw. roter gerader Pfeil) und der Wasserausstrom (schwarze gebogene Pfeile) bei der Nahrungsaufnahme, Vorgänge, die an sich in einem Nacheinander und bei etwas unterschiedlicher Beinstellung erfolgen. (b) Schematische Querschnitte durch die Filterkammer; (1–3) aufeinanderfolgende Stadien der Filtration. Rote Pfeile und rote Körnchen: Weg der Nahrungspartikel bzw. die Nahrungspartikel selbst. Schwarze Pfeile: Wasserstrom. (Nach v. Buddenbrock und nach Claus, Grobben u. Kühn, verändert und ergänzt)

Wasser durch sie hindurchtritt. Die Nahrungspartikel werden dann zusammen mit dem Schleim dorsal an »Zungen« oder einer Leiste zu einem Strang eingerollt und so zur Speiseröhre befördert. In ganz ähnlicher Weise fungiert bei den Acrania (Abb. 6.53, S. 572) der Kiemendarm als Filterapparat. Auch bei Muscheln (Abb. 6.49, S. 571) wirken Kiemenflächen, unterstützt von Cilien und von Schleim, als Filter für Nahrungsmaterial. Die Nahrungspartikel, die durch Strudeln erworben werden, sind im allgemeinen so klein, daß sie ohne weiteres verschluckt werden können. Auch die *Säftesauger*, zu denen z. B. die blutsaugenden Mücken, Zecken und Blutegel sowie die pflanzensaftsaugenden Schmetterlinge und Blattläuse gehören, benötigen keine Einrichtungen zum mechanischen Aufschluß der Nahrung, allenfalls Anpassungen zum Stechen und Saugen (z. B. Stech-Saug-Rüssel, Abb. 5.193b; Saugrüssel, Abb. 10.2c, d, S. 856). Und ebenso besitzen die *Schlinger*, die relativ große Nahrungsbrocken unzerkleinert aufnehmen, wie z. B. Polypen, Strudelwürmer, Amphibien und Schlangen, höchstens Einrichtungen zum Festhalten der Beute. Zu den Schlingern werden häufig auch die *Substratfresser* gezählt, die – wie Regenwürmer (Lumbricidae) und viele Seewalzen (Holothurien) – Erde oder Sand durch ihren Darm passieren lassen und dabei organisches Material daraus entnehmen.

Vielfach muß aber die Nahrung vor der Aufnahme in den Magen-Darm-Kanal mechanisch bearbeitet werden *(Zerkleinerer)*. Für das Zerreißen oder Zerkauen des Materials sind in den einzelnen Tiergruppen sehr unterschiedliche Einrichtungen entwickelt worden.

Die Mollusken (mit Ausnahme der Muscheln) besitzen im Schlund hinter der Mundhöhle eine Reibplatte *(Radula)*, die mit Zähnchenreihen versehen ist (Abb. 5.115c). Die Radula kann durch Muskeln aus dem Mund ausgeschwenkt und dann über ein Nahrungsstück (z. B. einen Algenrasen) geführt werden (Abb. 5.115a, b). So werden feine Nahrungspartikel mit den Zähnchen abgeraspelt und in den Darm transportiert. Bei den meisten Seeigeln ist ein *Kauapparat* (die »Laterne des Aristoteles«) mit fünf meißelförmigen Zähnen entwickelt (Abb. 6.51, S. 572). Die Zähne sind in ein kompliziertes Skelettgerüst eingelassen, das durch eine große Anzahl von Muskeln in Bewegung gesetzt werden kann. Mit den Zähnen können diese Seeigel z. B. Algenpolster abnagen. Die Gliederfüßer benutzen in der Regel *zu Mundwerkzeugen umgewandelte Extremitäten* zum Zerkleinern und Zerschneiden von Nahrungsbrocken. Bei vielen dekapoden Krebsen (Abb. 10.19, S. 865) wird die Nahrung meist mit der großen Schere am 1. Schreitfuß oder mit den Kieferfüßen gepackt und dann den Mandibeln (Oberkiefern) zur Zerkleinerung übergeben, wobei Kieferfüße durch Reißen am Nahrungsbrocken mithelfen können. Bei vielen räuberischen Insekten sind die Mandibeln sowohl Greif- als auch Zerkleinerungswerkzeuge (Abb. 10.2b, S. 856). Die Kauladen der 1. Maxillen können die Mandibeln beim Zerkleinern unterstützen. Echtes *Kauen*, d. h. ein Zermahlen der Nahrung, findet bei den Wirbellosen nur ganz selten am Mundeingang statt, dagegen häufig in besonderen Abschnitten des Darmes, in *Kaumägen* (z. B. Schaben, Abb. 5.117; dekapode Krebse, Rotatorien). Unter den Wirbeltieren ist bei vielen Vögeln der hintere Magenabschnitt als Kaumagen ausgebildet; er ist bei den Körnerfressern besonders stark entwickelt und enthält dort meist Steine zur Nahrungszerkleinerung.

Mundkauen ist für viele Säugetiere und für einige Fische bezeichnend. Bei anderen Wirbeltieren dienen die Zähne im meist *homodonten Gebiß* (mit gleichartig gestalteten Zähnen) dem Verteidigen, dem Festhalten und Töten oder auch dem groben Zerreißen der Nahrung. Die Säugetiere besitzen ein *heterodontes Gebiß* (mit verschiedenartig gestalteten Zähnen, Abb. 6.57d, S. 574). Vorne im Kiefer stehen die Schneidezähne (= Incisivi, meist zum Ergreifen und Abschneiden der Nahrung), dahinter Eckzähne (= Canini) und noch weiter hinten Backenzähne (= Prämolaren – bereits im Milchgebiß – und Molaren, besonders zum Zerkleinern und Zermahlen der Nahrung). Den Grundaufbau eines Säugetier-Zahnes zeigt Abbildung 5.120. Das Gebiß der Säugetiere unterliegt mannigfachen Abwandlungen, besonders in Abhängigkeit von der spezifischen Ernährungsweise.

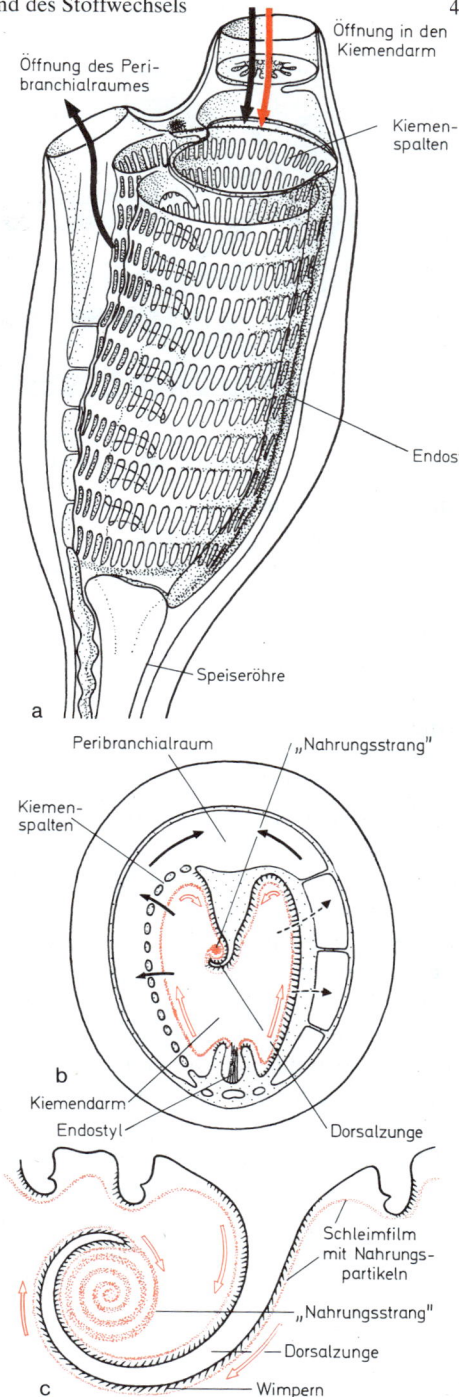

Abb. 5.114a–c. Filterapparat einer Ascidie (Seescheide). (a) Vorderkörper in Seitenansicht (roter Pfeil: Nahrungseinstrom, schwarzer Pfeil: Wasserstrom). (b) Schematischer Querschnitt durch den Kiemendarm; (c) »Sammelvorgang« an der Dorsalseite des Kiemendarms. In (b, c) zeigen die rot umrandeten Pfeile die Bewegung des Schleimfilms (rot punktiert), die schwarzen Pfeile die Wasserströmung. (Nach Werner)

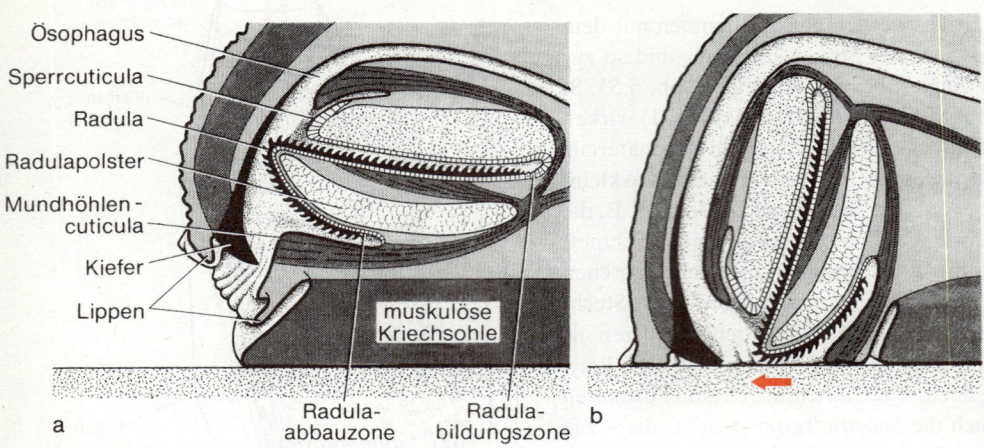
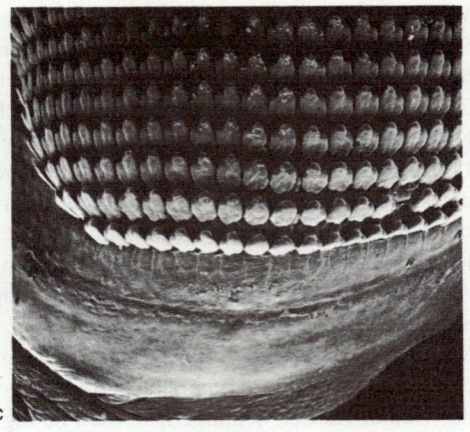

Abb. 5.115a–c. Radula von Schnecken.
(a, b) Schematische Längsschnitte durch den Kopf: (a) vor Beginn der Nahrungsaufnahme: Mund bereits etwas geöffnet; (b) während der Nahrungsaufnahme; das Radulapolster ist in »Arbeitsstellung« ausgeschwenkt, die Radula wird in Richtung des roten Pfeiles über das Substrat gezogen. (c) Abbauzone am unteren Rand der Radula von Biomphalaria. Am ältesten Teil der Radula wird die Platte aufgelöst, die die Zähne trägt; die Zähne (die nicht abgebaut werden können) fallen in die Nahrung, werden mit dieser in den Darm aufgenommen und mit dem Kot abgegeben.
(a, b nach Märkel, verändert; c nach Peters)

Morphologie des Darmtraktes

Das Organ, in dem der *chemische Aufschluß* und auch die *Resorption* ablaufen, ist der *Darm*. Im einfachsten Fall bewahrt der Darmtrakt noch weitgehend die Gestalt des Urdarms (S. 357), z.B. bei einem Hydro-Polypen (Cnidarier, Nesseltiere). Sein Darm ist ein einfacher »Sack« (Abb. 6.41, S. 568) ohne Faltenbildungen und mit nur einer einzigen Öffnung, die zugleich Mund und After ist. Bei vielen anderen Nesseltieren wird durch Faltenbildungen die innere Oberfläche des Darmes vergrößert (z.B. bei Anthozoen-Polypen). Große Medusen besitzen oft einen gefäßartigen verästelten Darm (Abb. 5.116), der einen großen Teil des Körpers durchzieht. Ein vielfach verzweigter Darm mit nur einer Öffnung findet sich auch bei einer Anzahl von Plattwürmern. Bei allen diesen Formen dient der Darm nicht nur der Verdauung, sondern auch der Verteilung der Nährstoffe, eine Aufgabe, die sonst dem Gefäßsystem zukommt. Man spricht daher von einem *Gastrovascularsystem*. (Dieser Ausdruck wird oft nur für »gefäßartig« verästelte derartige Darmsysteme benützt.)

Die meisten vielzelligen Tiere besitzen einen durchgehenden Darm mit Mund und After. Bei diesen kommt es regelmäßig zu einer Gliederung des Darmes in morphologisch und funktionell verschiedene Abschnitte. Vielfach besitzt dann der Darm eine eigene Muskulatur (aus Ring- und Längsmuskelschicht, Abb. 5.121).

Grundsätzlich treten im Darmrohr entwicklungsgeschichtlich vom Ektoderm abstammende, mehr oder weniger lange *Vorder- und Enddarmabschnitte* auf (Abb. 5.117): *Stomodaeum* bzw. *Proctodaeum*. Der mittlere Anteil, oft als Mitteldarm bezeichnet, besitzt entodermales Epithel mit sekretorischen und resorptiven Funktionen. Stomo- und Proctodaeum sind bei Arthropoden von einer Chitin-Cuticula ausgekleidet – ein Zeichen der ektodermalen Herkunft –, bei Wirbeltieren mit einer Fortsetzung der mehrschichtigen Epidermis. Die Epithelbeschaffenheit ergibt aber bei Wirbeltieren kein brauchbares Kriterium für die Ekto-Entoderm-Grenze. Die Einteilung in Vorder-, Mittel- und Enddarm erfolgt bei Wirbeltieren (und manchen anderen Tiergruppen) nicht nach ontogenetischen, sondern nach funktionellen Kriterien.

Bei sehr vielen Tierarten werden Nahrung und Nahrungsreste im Mittel- und Enddarm von *peritrophischen Membranen* umgeben. Diese Membranen werden vom Mitteldarmepithel sezerniert. Sie bestehen aus einer vorwiegend Proteine enthaltenden Matrix und im allgemeinen darin eingelagerten chitinhaltigen Mikrofibrillen. Die Mikrofibrillen dürften der mechanischen Stabilisierung dienen. Die peritrophischen Membranen können mit adsorbierten Enzymen versehen sein und schaffen eine Kompartimentierung des Darmraumes. Sie sind für Spaltprodukte der Nahrung durchlässig.

Der Darmkanal steht vielfach mit Anhangsdrüsen unterschiedlicher Funktion in offener Verbindung, z.B. Speicheldrüsen, Mitteldarmdrüsen oder Lebern. Speicheldrüsen sezer-

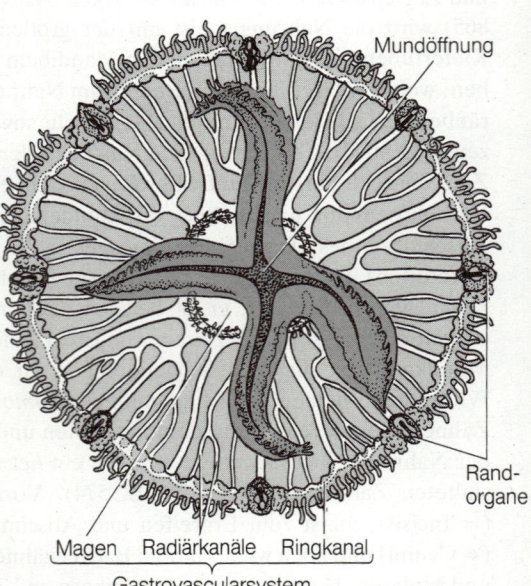

Abb. 5.116. Meduse (Aurelia aurita) mit Gastrovascularsystem, Ansicht von der Schirmunterseite. (Aus Kükenthal u. Matthes)

5.4.1.2 Organe der Ernährung und des Stoffwechsels

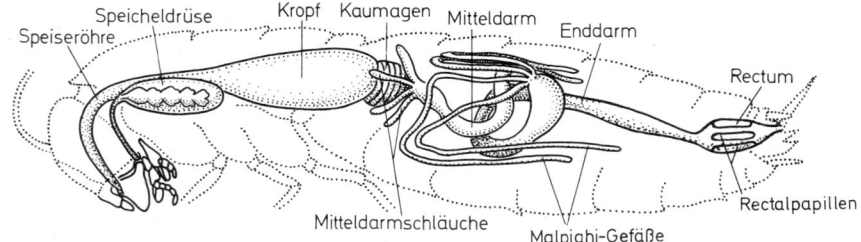

Abb. 5.117. *Darmkanal einer Schabe (z. B. Periplaneta). Speiseröhre + Kropf + Kaumagen = Vorderdarm (ektodermaler Herkunft); Mitteldarm (entodermaler Herkunft); End- oder Hinterdarm (ektodermaler Herkunft). An der Grenze zwischen Mittel- und Enddarm münden die Malpighi-Gefäße ein. (Nach mehreren Autoren, kombiniert)*

nieren u. a. Gleitsubstanzen (Mucine) und/oder Verdauungsenzyme in den Darm. Ihr Sekret kann auch anorganische Ionen zur Einstellung eines bestimmten *pH*-Wertes im Nahrungsbrei enthalten. Manchmal haben die Speicheldrüsen einen starken Funktionswandel durchgemacht: Ihre Sekrete können Futtersaft zur Ernährung von Jungtieren sein (bei sozialen Insekten), sie können an der Luft zu Seidenfäden erhärten (bei Insektenlarven), aber auch Abwehrsekrete oder Gifte zur Abtötung von Beutetieren darstellen (bei Schlangen). (Das Netzmaterial der Spinnen wird jedoch in eigenen, vom Darmtrakt unabhängigen abdominalen Spinndrüsen hergestellt.)

Bei vielen Wirbellosen – besonders bei den Mollusken und unter den Arthropoden bei Krebsen und Spinnentieren – kommen mächtig entwickelte, stark verästelte Drüsen vor, die vom Mitteldarm ausgehen *(Mitteldarmdrüsen)* und als Darmblindsäcke angesehen werden können. Durch ihren Verbindungsgang mit diesem werden sie mit Nahrungsbrei gefüllt (Ausnahme hiervon: manche Cephalopoden). In diesen Drüsen erfolgt nicht nur Enzymproduktion, sondern auch chemische Verdauung der Nahrungsstoffe und Resorption ihrer Spaltprodukte. Außerdem kommt in den Drüsenepithelzellen intrazelluläre Verdauung vor. Die Mitteldarmdrüsen haben daneben Funktionen als Zentralorgane des Stoffwechsels, die bei den Wirbeltieren von der Leber (S. 478) wahrgenommen werden. Diese Leistungen werden bei den Insekten von den Zellen des *Fettkörpers* (S. 455) ausgeführt, der einen großen Teil des Abdomens ausfüllen kann; er hat offenbar weit mehr als nur Speicherfunktion. Bei vielen Anneliden werden diese zentralen Stoffwechselaufgaben von den Chloragogzellen übernommen, die dem Darmrohr in bestimmten Abschnitten aufliegen. Ihre Gesamtheit wird als eigenes Organ *(Chloragog)* aufgefaßt; es hat zusätzlich noch exkretbildende Funktionen.

Eine sehr einfache strukturelle Ausbildung des Darmes bei einem Arthropoden – mit nur einem Paar Divertikeln am Beginn des langen, gleichförmigen Mitteldarmes – ist am Beispiel eines Niederen Krebses dargestellt (Abb. 5.113a). Bei anderen Krebsen kann der Aufbau wesentlich komplizierter sein. Die für Insekten typische Gliederung in einen mit Chitin ausgekleideten (ektodermalen) Vorderdarm, einen cuticulafreien (entodermalen) Mitteldarm und einen wiederum chitinisierten (ektodermalen) Hinterdarm weist die Schabe auf (Abb. 5.117). Auffallend sind eine an den Ösophagus anschließende Vorderdarmerweiterung, der Kropf, und ein mit kräftigen Chitinzähnen versehener Kaumagen *(Proventriculus)*. Der Übergang in den Mitteldarm ist durch die Valvula cardiaca, ein Rückflußventil, gekennzeichnet. Die Oberfläche des Mitteldarms ist in Form von Blindsäcken *(Caeca)* am Mitteldarmeingang vergrößert. Der erste Abschnitt des muskulösen Hinterdarmes *(Pylorus)* ist nur kurz. In ihn münden die Malpighi-Gefäße (S. 490). Eine Epithelfalte *(Valvula pylorica)* regelt den Übertritt des Darminhaltes vom Mitteldarm in den Enddarm. Der Hinterdarm hat als letzten Abschnitt eine Erweiterung *(Rectum)*; in dessen Wandung liegen die Rectalpapillen (S. 491).

Reich gegliedert ist auch der Darm eines Regenwurms (Oligochaeta, Annelida, Abb. 5.118). Hinter der mit Cuticula ausgekleideten Mundhöhle folgt der muskulöse Pharynx. Der anschließende Ösophagus ist in drei Abschnitte unterteilt: 1. einen ziemlich engen Anfangsabschnitt, von dem die Kalkdrüsen abgehen, 2. den Kropf als starke Erweiterung und 3. den mit sehr kräftiger Muskulatur ausgestatteten Muskelmagen. Der folgende

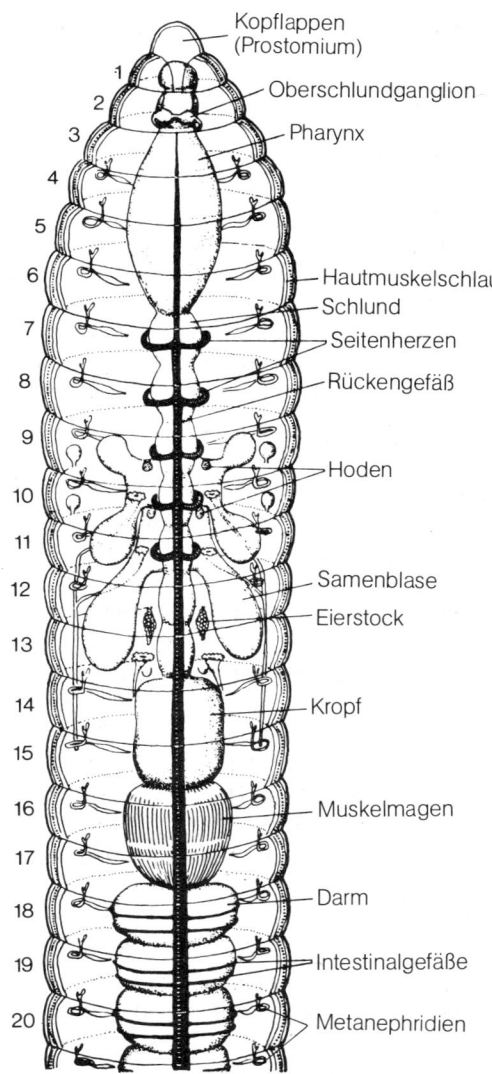

Abb. 5.118. *Vorderer Körperabschnitt eines Regenwurmes (Lumbricus) mit halbschematischer Darstellung der inneren Organe. Links Numerierung der Körpersegmente mit Coelom. (Aus Wurmbach)*

Mitteldarm ist einförmig, mit einer dorsomedianen Einfaltung *(Typhlosolis)* versehen. Er zieht geradlinig bis zum Tierende und mündet hier über einen kurzen Enddarm mit dem After aus.

Im Darmsystem der Wirbeltiere (Abb. 5.119) unterscheidet man meist ebenfalls Vorder-, Mittel- und Enddarm. Zum *Vorderdarm* zählen nicht nur die allein dem Ektoderm entstammende Mundhöhle, sondern auch die anschließenden Teile *Pharynx, Ösophagus* und *Magen*. Als *Mitteldarm* wird der Abschnitt bezeichnet, dem in erster Linie der chemische Abbau und die Resorption obliegen. Die Grenze zum *Enddarm* ist häufig nicht scharf; oft liegen an der Grenze *Blinddärme*. Der letzte Enddarm-Abschnitt entspricht meist (Ausnahmen: viele Fische und höhere Säugetiere) einer *Kloake*, die über ein terminales ektodermales Proctodaeum mit dem After ausmündet.

In der Mundhöhle, besonders an den Mundrändern, finden sich meist Zähne (Abb. 5.120) (Ausnahmen z.B. Vögel, manche Reptilien), am Boden der Mundhöhle häufig eine Zunge. Bei den Tetrapoden münden Speicheldrüsen in die Mundhöhle. Der Pharynx ist primär ein Kiemendarm mit seitlichen Spalten (S. 864). Die Speiseröhre (Ösophagus) dient der Beförderung der Nahrung in den Magen, der neben der Speicherung auch wichtige Verdauungsfunktionen haben kann. Der Mitteldarm – vielfach auch Dünndarm genannt – läßt sich zuweilen untergliedern, so bei Säugetieren in *Duodenum, Jejunum* und *Ileum*. Er weist starke Oberflächenvergrößerungen in Gestalt von Falten und Zotten auf (Abb. 5.121). Die großen Anhangsdrüsen des Darmes – *Leber* und *Pankreas* – haben Ausführgänge in den Dünndarm. Die sekretorische Funktion der Leber besteht in der Produktion von Gallenflüssigkeit; eine weit größere Bedeutung hat die Leber als zentrales Stoffwechselorgan. Diesen Funktionen entspricht ihre Blutversorgung: Außer arteriellem Blut wird der Leber auch dasjenige venöse Blut zugeführt, das aus dem Darmsystem abströmt (Pfortaderkreislauf, Abb. 6.124, S. 630). Das Pankreas (Bauchspeicheldrüse) ist der Hauptort für die Produktion von Verdauungsenzymen, die im Darmlumen zur Wirkung kommen; bei den höheren Wirbeltieren enthält es den »Insel-Apparat« (S. 680) als inkretorisches Organ.

Das Darmrohr stimmt vom Ösophagus bis zum Enddarm in seinem Wandbau grundsätzlich überein; dieser ist in Abbildung 5.121 am Beispiel des Dünndarms eines Säugetieres gezeigt.

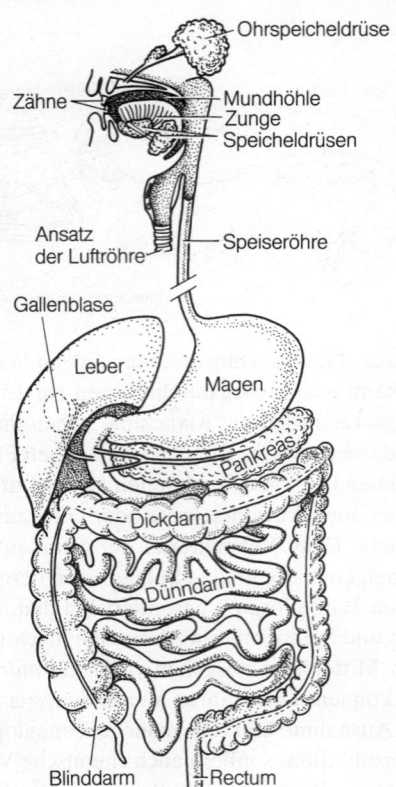

Abb. 5.119. Übersicht über die Anatomie des Darmkanals beim Menschen. (Aus Wurmbach)

Funktionen des Verdauungssystems

Chemische Verdauung. Die Nahrung, die in den Verdauungstrakt aufgenommen ist, befindet sich insofern noch außerhalb des Organismus, als das Lumen des Verdauungskanals ein Teil der Außenwelt ist. Erst diejenigen Substanzen, die aus der aufgenommenen Nahrung freigesetzt und durch die Wandung des Verdauungstraktes hindurch in die Körperzellen und in die Körperflüssigkeiten gelangt sind, können zum Bestand des Organismus gerechnet werden.

Die Aufbereitung der Nahrung besteht häufig zunächst in der mechanischen Zerkleinerung, vor allem jedoch in der chemischen Spaltung. Mit wenigen Ausnahmen sind die Nährstoffe (S. 584f., S. 606f.) Substanzen mit hohem Molekulargewicht, die zum Teil nicht wasserlöslich sind und die nicht durch die Zellwände diffundieren können. Im Verlauf der Verdauung werden diese großen Moleküle in resorptionsfähige Teile zerlegt. Diese *chemische Verdauung* beruht auf der katalytischen Wirkung von *Enzymen*, die als *Hydrolasen* (S. 72) die Nährstoffe unter Wassereinlagerung (hydrolytische Spaltung) zerlegen nach der allgemeinen Gleichung (5.10), worin R und R' Teile eines Moleküls bezeichnen. Die Verdauungsenzyme (sowie Wasser, Ionen, Schleim und Emulgatoren) werden nicht nur von den großen Darmanhangsdrüsen, sondern auch von den Epithelzellen der Darmwand *(Enterocyten)* und den in die Darmwand eingelagerten kleinen Drüsen gebildet bzw. abgesondert.

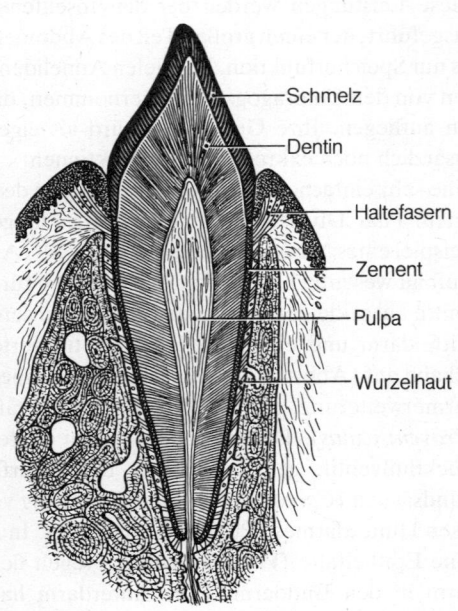

Abb. 5.120. Schema des Aufbaues eines Säugetier-Zahnes und seiner Befestigung; Längsschnitt. (Aus Möricke u. Mergenthaler)

(5.10)

$$R - R' + H_2O \rightarrow R - OH + H - R'$$

5.4.1.2 Organe der Ernährung und des Stoffwechsels

Nach der Lokalisation der Vorgänge unterscheidet man zwei Grundformen der chemischen Verdauung: 1. die *intrazelluläre Verdauung,* bei der feinpartikuläre oder gelöste Nährstoffe in bestimmte Zellen des Verdauungstraktes aufgenommen und dort zerlegt werden, und 2. die *extrazelluläre Verdauung,* die sich im Lumen des Darms oder der Mitteldarmdrüsen bzw. -divertikel abspielt, wobei die beteiligten Enzyme entweder von Darmepithelzellen bereitgestellt oder von Drüsen in das Lumen sezerniert werden. Manchmal können Verdauungsenzyme – nach Ausbringen auf oder in eine Beute – auch außerhalb des Darmes wirksam werden *(extraintestinale Verdauung).*

Die bei der chemischen Verdauung wirksamen Hydrolasen werden entsprechend den Kategorien der Nährstoffe (S. 584f.) wie folgt eingeteilt:

Die *Proteine* (S. 31f., 98f.) werden von den *Proteasen* an den Peptidbindungen $-\overset{\overset{O}{\|}}{C}-\overset{\overset{H}{|}}{N}-$ aufgespalten. Die *Endopeptidasen* greifen an bestimmten Aminosäuren im Inneren langer Ketten an (Abb. 5.122) und zerlegen große Proteinmoleküle in kürzerkettige Polypeptide. In diese Gruppe von Enzymen gehören die im schwach sauren Milieu arbeitenden Kathepsine, die vor allem bei der intrazellulären Verdauung wirksam sind, aber auch – besonders bei Wirbellosen – sezerniert werden. Extrazellulär wirksam sind die im alkalischen Bereich fungierenden Trypsine, die bei den Wirbeltieren von der Bauchspeicheldrüse (Pankreas) als inaktive Vorstufen (Trypsinogene) produziert und ausgeschieden werden. Sie brauchen zu ihrer Funktionsfähigkeit eine Aktivierung, bei der eine oder mehrere kurze Peptidketten aus dem Molekül abgespalten werden (Vorgang am Chymotrypsin: Abb. 1.22, S. 33; Abb. 1.58, S. 73). Für die Aktivierung des Trypsins der Säugetiere wird von der Darmwand eine spezifische Protease, die Enteropeptidase, hergestellt. Bei den Wirbeltieren kommt im Magen das von den Fundusdrüsen produzierte, extrazellulär arbeitende Pepsin vor, das nur in stark saurem Milieu wirksam ist; seine inaktiv sezernierte Vorstufe (Pepsinogen) muß ähnlich wie bei den Trypsinen aktiviert werden. – An den Enden von Polypeptidketten werden einzelne Aminosäuren durch die *Exopeptidasen* (oder einfach: Peptidasen) abgespalten, und zwar entweder am Amino- oder am Carboxylende. Die Aminopeptidasen haben eine für bestimmte Aminosäuren spezifische Wirksamkeit, die Carboxypeptidasen dagegen nicht. Für die Spaltung von Dipeptiden sind weitere spezifische Peptidasen *(Dipeptidasen)* zuständig. Bei den Wirbeltieren liegen die Peptidasen zumindest zum Teil an die Mikrovillimembranen der Dünndarm-Epithelzellen angelagert oder in deren Hyaloplasma gelöst vor.

Die *Kohlenhydrate* (S. 47f., 92f.) werden von *Carbohydrasen* an den glykosidischen C–O–C-Bindungen zerlegt. Polysaccharide mit α-glucosidischer Bindung ihrer Hexosylreste (z. B. Stärke, Glykogen) werden von den Amylasen abgebaut. Im Verdauungstrakt der Tiere kommen nur die *α-Amylasen* weit verbreitet vor, die Stärke und Glykogen im Inneren des Moleküls angreifen und zunächst in Bruchstücke von sechs bis sieben Glucosylresten – und später weiter bis zur Maltose – zerlegen. Die Amylase des Wirbeltierdarms wird vom Pankreas produziert. – Das der α-Amylase funktionell entsprechende, aber für β-glucosidische Bindungen spezifische Enzym ist die *Cellulase.* Sie findet sich zwar nicht selten im Darmlumen pflanzenfressender Tiere, ist jedoch nur in Ausnahmefällen deren körpereigenes Produkt (S. 484). Von den Oligosacchariden spalten die *Glykosidasen* endständige Monosaccharide ab; die Wirksamkeit dieser Carbohydrasen ist außer für ein Monosaccharid auch für einen Typ der glykosidischen Bindung spezifisch, manchmal sogar für ein bestimmtes niedermolekulares Kohlenhydratmolekül (z. B. Disaccharid). Demnach unterscheidet man α- und β-Glucosidasen, α- und β-Galactosidasen und β-Fructosidase. Die spezifischen Disaccharidasen des Darmes der Wirbeltiere (z. B. Maltase, Lactase) befinden sich an den Mikrovillimembranen der Epithelzellen (Abb. 5.123). Bei Insekten kommt neben unspezifischer α-Glucosidase auch eine für ihren »Blutzucker«, die Trehalose, spezifische Trehalase – intrazellulär – vor.

Die *Lipide* (S. 48f., 95) werden durch die verschiedenen *Esterasen* abgebaut. Diese sind eine Gruppe von (weniger gut bekannten) Enzymen, die – neben anderen Estern – auch

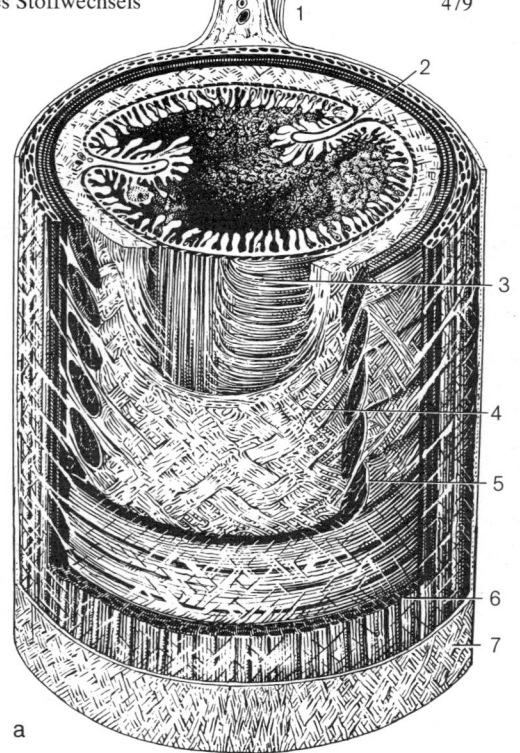

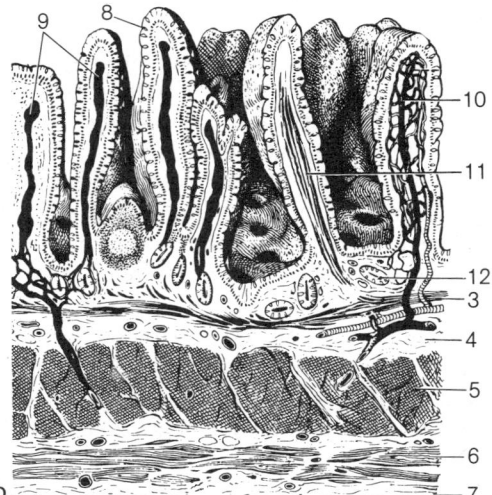

Abb. 5.121. (a) Bau des Dünndarmes beim Säugetier; Wand vorn teilweise abgetragen. (b) Querschnitt durch die Dünndarmwand. (1) Aufhängeband (Mesenterium); (2) Aufwölbung der Schleimhaut (Kerckring-Falte); (3) Muskelschicht der Schleimhaut (Muscularis mucosae); (4) Bindegewebeschicht (Submucosa) unter der Schleimhaut (Mucosa); (5) u. (6) Ring- und Längsmuskelschicht (Muscularis); (7) Bindegewebeschicht (Subserosa) unter dem Bauchhöhlenepithel (Serosa); (8) Darmepithel (einschichtig) mit Schleimdrüsenzellen; (9) Darmlymphgefäße, (10) Blutcapillarnetz, (11) Muskelfaser in je einer Darmzotte eingezeichnet; (12) Darmeigendrüse (Lieberkühn-Krypte). (Aus Lippert)

Lipoide abbauen. Diejenigen dieser Enzyme, die in den Fetten die Esterbindung zwischen Glycerin und langkettigen Fettsäuren besonders wirksam spalten (ohne dafür spezifisch zu sein), werden als *Lipasen* bezeichnet. Andere Esterasen hydrolysieren bevorzugt die Ester kurzkettiger Fettsäuren mit mehrwertigen Alkoholen oder die Verbindungen aus langkettigen Fettsäuren und einwertigen Alkoholen. Eine spezifische Esterase spaltet Cholesterinester in Cholesterin und freie Fettsäuren. Phosphatide, z. B. Lecithin, werden von zwei Phospholipasen durch Abspaltung der Fettsäuren abgebaut. Die Phospholipase A wird als Vorstufe im Pankreas gebildet und im Darmlumen durch Trypsin aktiviert; sie ist auf die Esterbindung in 2′-Positionen spezialisiert. Weniger spezifische Phosphodiesterasen und Phosphatasen spalten das verbleibende Glycerin-3-phosphorylcholin in seine Bestandteile.

Die wasserunlöslichen Lipide werden im Verdauungstrakt zur Vergrößerung der Angriffsfläche der Enzyme emulgiert, wofür hauptsächlich freie Fettsäuren und Monoglyceride aus dem Darminhalt – weniger jedoch Gallensäuren – von Bedeutung sind. Letere spielen bei der Resorption eine bedeutende Rolle (S. 481).

Die *Nucleinsäuren* (S. 37f., 101f.) werden von den *Nucleasen* an der Bindung zwischen Phosphat- und Kohlenhydratanteil gespalten. Diese sind also Phosphatasen mit spezifischer Wirksamkeit. Nach ihrer Spezifität für die beiden Haupttypen der Nucleinsäuren unterscheidet man *Ribo*nucleasen und *Desoxyribo*nucleasen, nach dem Angriffsort im Inneren des Moleküls bzw. an einem endständigen Nucleotid *Endo-* und *Exo*nucleasen. Die der Verdauung dienenden Endonucleasen der Wirbeltiere werden im Pankreas gebildet; sie sind biochemisch sehr gut untersucht. Die Desoxyribonuclease spaltet Phosphodiester an den 3′-Bindungen, so daß Oligonucleotide mit (Purin- oder Pyrimidin-) Nucleosid-5′-Phosphat-Endgruppen entstehen. Die Ribonuclease (Aminosäurensequenz Abb. 10.5, S. 858) spaltet an den 5′-Bindungen und ist spezifisch für *Pyrimidin*-Nucleosid-3′-Phosphate; die gebildeten Oligonucleotide weisen also *nur deren* 3′-Phosphat-Endgruppen auf. Die durch Exonucleasen freigesetzten Mononucleotide werden durch membranständige, unspezifische *Phosphomonoesterasen* (= Phosphatasen) in Nucleoside und Orthophosphat zerlegt.

Bei den meisten Tieren wirken die verschiedenen Enzyme nicht gleichzeitig und am gleichen Ort auf die Nahrungssubstanzen ein. Vielmehr liegt meist eine räumliche Aufeinanderfolge der Sekretionen vor, wobei in den Abschnitten des Darmkanals häufig unterschiedliche *pH*-Werte auftreten (S. 482).

Extraintestinale Verdauung erfolgt meist dann, wenn das Nahrungsmaterial zu groß und zu kompakt ist, um in den Darmtrakt eingebracht zu werden. Die Enzyme werden dann entweder von Speicheldrüsen aus durch den Mund auf das Substrat sezerniert (z. B. bei Fliegen), oder der Darmsaft wird auf die Nahrung gebracht. Seesterne können dafür den Magen durch die Mundöffnung hindurch über ein Beutetier ausstülpen. Spinnen lösen die Weichteile im Körper der getöteten Insekten mit Enzymen auf und saugen dann den verflüssigten Nahrungsbrei ein.

Resorption. Die durch die chemischen Verdauungsprozesse entstandenen Spaltprodukte der Nährstoffe sowie die in der Nahrung enthaltenen niedermolekularen Substanzen, wie Vitamine und Mineralstoffe, werden durch die Darmwand in das Körperinnere überführt. Diesen Prozeß nennt man *Resorption*.

Der Übertritt von Substanzen über das Darmepithel kann durch *Diffusion* (S. 59) erfolgen. Damit ist der Übergang von Richtung und Größe des Konzentrationsgradienten abhängig. Wahrscheinlich werden bei Insekten manche Spaltprodukte von Nährstoffen, besonders Monosaccharide, mit diesem Mechanismus resorbiert. Im Hinblick auf die Ausnutzung des Darminhaltes ist es notwendig, eine möglichst geringe Konzentration an diesen Kohlenhydraten, vor allem an Glucose, im Körperinneren zu erhalten. Möglicherweise steht damit im Zusammenhang, daß als »Blutzucker« – also als Transportform der

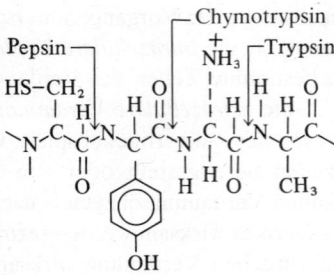

Abb. 5.122. Angriffspunkte der wichtigsten Endopeptidasen des Wirbeltierdarms am Proteinmolekül: Trypsin greift ausschließlich am Carboxylende der basischen Aminosäuren Lysin und Arginin an, Chymotrypsin an den »aromatischen« Aminosäuren Tyrosin, Tryptophan, Phenylalanin sowie am Leucin, und zwar ebenfalls am Carboxylende; das weniger spezifische Pepsin greift vor allem an den aromatischen und sauren Aminosäuren (besonders Tryptophan und Phenylalanin) – und zwar bevorzugt am Aminoende – an; für seine Wirksamkeit sind auch die benachbarten Aminosäuren von Bedeutung. (Aus Bäßler, Fekl u. Lang)

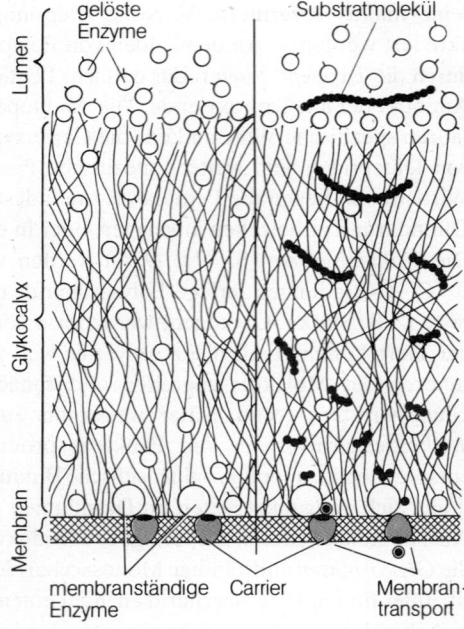

Abb. 5.123. Schematische Darstellung der im Darmsaft gelösten und der membranständigen Verdauungsenzyme, zusammen mit den Carriermolekülen in der resorbierenden Mikrovilli-Membran der Dünndarmepithelzellen der Säugetiere. Links räumliche Verteilung in Ruhe, rechts funktionelle Beziehungen während des Abbaues eines Nährstoffmakromoleküls (z. B. Stärke, schwarz). (Nach Ugolev aus Schmidt u. Thews, verändert)

Kohlenhydrate – bei den Insekten das Disaccharid Trehalose auftritt. Durch die im Fettkörper (und vielleicht auch in der Hämolymphe und im Darmepithel) erfolgende Synthese der Trehalose wird die resorbierte Glucose aus dem Gradienten entfernt. Eine Vergrößerung des Gradienten kann auch durch Erhöhung der Konzentration im Darminneren erzielt werden. Sie wird oft dadurch erreicht, daß Wasser auf osmotischem Wege dem Nahrungsbrei entzogen wird. Bei den meisten Vertebraten (Ausnahme: Wiederkäuer, S. 485) – und ebenso bei vielen anderen Tieren – spielt die Resorption durch Diffusion nur eine sehr untergeordnete Rolle: beim Menschen gelangen lediglich einige wasserlöslichen Vitamine sowie die ernährungsphysiologisch völlig unbedeutenden Pentosen und kurzkettigen Fettsäuren durch Diffusion über die Darmwand.

Für die meisten Substanzen erfolgt die Resorption durch *aktiven Transport* (S. 83 f., 471) in die Zellen des Darmepithels. Die unter Energieverbrauch arbeitenden aktiven Transportsysteme beschleunigen die Stoffaufnahme und ermöglichen eine höhere Ausnutzung der Nahrungsstoffe im Darm; sie sind in der lumenseitigen Membran der Darmepithelzellen eingelagert (Abb. 5.123). Ihre Effektivität wird besonders ausgenutzt durch die enge räumliche Nachbarschaft zu den an die Membran angelagerten Verdauungsenzymen (wie Peptidasen und Glucosidasen der Wirbeltiere), die die resorptionsfähigen Bausteine der Nährstoffe an der Membran freisetzen *(digestiv-resorbierende Oberflächen der Darmepithelzellen,* Abb. 5.123). Die Mitwirkung aktiven Transports läßt sich – außer durch die Abhängigkeit von der Stoffwechselenergie – besonders dadurch nachweisen, daß seine Kapazität begrenzt ist (vgl. S. 493): Bei höheren Konzentrationen hemmen verschiedene vom gleichen Mechanismus transportierte Substanzen ihre Resorptionsgrößen gegenseitig (Abb. 5.124b). So wurde festgestellt, daß es bei Wirbeltieren wohl nur vier verschiedene, vom Na^+-Gradienten getriebene Systeme für den Transport von Aminosäuren über die Darmwand gibt. Die L-Form der Aminosäuren wird von den Systemen wesentlich schneller transportiert als die jeweilige D-Form; die Transportmoleküle arbeiten also stereospezifisch (Abb. 5.124a).

Die *Proteine* werden meist bis zu den Aminosäuren abgebaut, die schnell resorbiert werden. Daneben werden auch niedermolekulare Peptide rasch aufgenommen; für bestimmte Dipeptide gibt es sehr effektive Transportsysteme. Bei manchen Tieren (jungen Säugetieren, manchen Insekten) können außerdem höhermolekulare Stoffe – insbesondere spezifische Proteine – in die Lymphe und das Blut gelangen, und zwar wahrscheinlich auf dem Wege der Transcytose *(Cytopempsis,* Abb. 1.125, S. 136). So wird der Säugling über die Milch mit spezifischen Antikörpern der Mutter versorgt (S. 536).

Die *Kohlenhydrate* werden fast ausschließlich in der Form von Monosacchariden, und zwar unterschiedlich schnell resorbiert (Tab. 5.3). Bei den Wirbeltieren ist – für mehrere Hexosen gemeinsam – in der Mikrovillimembran ein vom Na^+-Gradienten abhängiger Carrier (Abb. 5.108) vorhanden, der für die verschiedenen Moleküle unterschiedlich effektiv arbeitet. Die resorbierten Kohlenhydrate werden von den Darmzellen an das Blut abgegeben und bei Überschuß in Leber und Muskeln als Glykogen gespeichert (S. 680).

Die *Lipide* können nach vollständiger Esterspaltung als Glycerin und Fettsäuren, daneben zu einem erheblichen Teil bereits nach nur partiellem Abbau in Form von Monoacylglyceriden resorbiert werden. Dabei werden die langkettigen Fettsäuren als *Micellen* transportiert; dies sind zylinderförmige Aggregationen aus amphiphilen Molekülen, von denen die lipophilen Teile nach innen, die hydrophilen nach außen gerichtet sind (Abb. 5.125). Die zunächst aus Gallensäuren gebildeten Aggregationen (Durchmesser 3–6 nm) können lipophile Substanzen (neben langkettigen Fettsäuren auch Cholesterin) in sich aufnehmen (»gemischte Micelle«); sie diffundieren zwischen den Mikrovilli und treten an deren Basis in Kontakt mit der Enterocytenmembran. Geringe Mengen von ungespaltenem Neutralfett (Triacylglyceride) werden dort in Form von Mikrotropfen durch Pinocytose aufgenommen. In den Darmepithelzellen wird aus den resorbierten Spaltprodukten neues Neutralfett mit körperspezifischer Zusammensetzung synthetisiert. Es wird zusammen

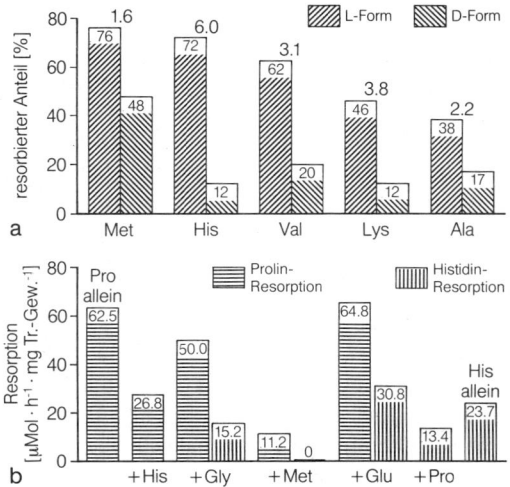

Abb. 5.124a, b. Resorption von Aminosäuren aus dem Dünndarm von Säugetieren. (a) Nach auswärts transportierte Mengen der L- bzw. D-Form von verschiedenen Aminosäuren, die als Racemat (gleiche Mengen beider Konfigurationen) in einen abgebundenen Abschnitt des leeren Ileums einer narkotisierten Ratte infundiert worden waren (Versuchszeit 1 h, Temperatur 37°C). Zahlenwerte über den Säulen: Mengenverhältnis für L- : D-Form. (b) Kompetitive Hemmung zwischen L-Aminosäuren beim Transport über die isolierte Dünndarmwand des Hamsters. Bei Versuchsbeginn befand sich die gleiche, jeweils 20 mmolare Lösung der Aminosäure(n) auf beiden Seiten der Darmwand. Nach 1 h Inkubation (37°C) wurden die resorbierten Mengen – aus der Konzentration auf der Serosa-Seite – als μMol pro h und pro mg Trockengewicht der Darmwand (als relatives Maß der Oberfläche) bestimmt. (Nach Daten von Wiseman)

Tabelle 5.3. Relative Größe der Resorption einzelner Kohlenhydrate im Säugetierdarm. (Die Resorptionsrate für Glucose ist gleich 1 gesetzt.) (Aus Keidel)

Kohlenhydrat		Relative Resorptionsrate
Hexosen:		
Glucose	} Aldosen	1,00
Galaktose		1,09
Mannose		0,17
Fructose	} Ketosen	0,43
Sorbose		0,11
Pentosen:		
Xylose		0,13
Arabinose		<0,1

mit den unverändert aufgenommenen Triacylgleriden an das Lymphgefäßsystem abgegeben. Überschüssiges Glycerin und kurzkettige Fettsäuren gelangen in das Blut. Auch die von den Darmepithelzellen aktiv resorbierten Gallensäuren erreichen auf dem Blutwege wieder die Leber *(enterohepatischer Kreislauf der Gallensäuren)*.
Unabhängig vom Mechanismus der Resorption ist die Größe der resorbierenden Oberfläche ein wesentlicher Parameter, der die pro Zeiteinheit aufgenommene Menge einer Substanz bestimmt. Alle stark resorptiv tätigen Darmepithelzellen haben deshalb einen dichten Mikrovillibesatz auf der an das Darmlumen grenzenden Oberfläche (Abb. 1.10, S. 19). Anatomisch wird außerdem eine größere Darmoberfläche dadurch erreicht, daß die Darmwand in Falten liegt (Abb. 5.121a). Bei den Wirbeltieren wird eine weitere Oberflächenvergrößerung durch fingerförmige Ausstülpungen *(Darmzotten,* Abb. 5.121b) erzielt, die besonders im Anfangsteil des Dünndarms ausgebildet sind. Bei manchen Säugetieren haben die Zotten durch eigene Muskelfasern eine Kontraktilität in ihrer Längsachse (Abb. 5.126); ihre Bewegung bewirkt eine Durchmischung des wandnahen Darminhaltes und zugleich eine Entleerung der in den Zotten liegenden Lymphgefäße. Durch beides wird der Konzentrationsgradient steil gehalten.

Das Zusammenwirken der Verdauungsfunktionen bei Säugetieren am Beispiel des Menschen. Die mechanische Zerkleinerung von fester Nahrung erfolgt ausschließlich in der Mundhöhle. Beim Kauen ergießen die Speicheldrüsen ihr Sekret in die Mundhöhle. Der Speichel ist eine Lösung von Mucopolysacchariden, Mucoproteinen und Salzen; beim Menschen und wenigen Säugetieren enthält er eine α-Amylase. Durch den komplexen Schluckakt, an dem zahlreiche Muskeln beteiligt sind, gelangt die Nahrung portionsweise in den Schlund und wird dann im Ösophagus – mittels Kontraktionswellen der muskulösen Wandung – in den Magen befördert. Dort wird sie angesammelt und erst später durchmischt; in der Zwischenzeit erfolgen Aufweichen und Stärkeverdauung durch das Speichelenzym. Durch die Aufnahme von Nahrung in den Mund wird reflektorisch die Sekretion der Mundspeicheldrüsen, der Magendrüsen und des Pankreas ausgelöst. In den Magendrüsen sezernieren die Hauptzellen Pepsinogen und die Belegzellen Salzsäure in einer Konzentration von etwa $0,1\ mol \cdot l^{-1}$ (also pH 1 des Drüsensekretes); dadurch erhält der Mageninhalt nach Durchmischung einen pH von ~3. Dieser ist für die Wirksamkeit des Pepsins notwendig; zugleich erfolgt Denaturierung nativer Proteine. Die Magensaftsekretion wird auf hormonalem Wege (Gastrin, S. 681f.) weiter angeregt; die pro Tag produzierte Menge beträgt mehr als 2 l. Das Magenepithel wird vor den Einwirkungen der Säure und der Enzyme durch eine Schleimschicht geschützt, die von Becherzellen gebildet wird.
Die Durchmischung des Mageninhalts erfolgt durch Kontraktionen der muskulösen Magenwand. Regelmäßige Kontraktionswellen, die etwa alle 20 s ablaufen, treiben die Nahrungsmasse auf den Pylorus zu. Bei dessen periodischer Öffnung werden Portionen in den Dünndarm entlassen, in dem die chemische Verdauung fortgesetzt wird. Obwohl schon im Magen bestimmte fettlösliche Substanzen (z.B. Alkohol) in geringen Mengen resorbiert werden, ist der Dünndarm der Hauptort der Nährstoffresorption und der Wasseraufnahme. Der in den Anfangsteil des Dünndarms entleerte wäßrige Bauchspei-

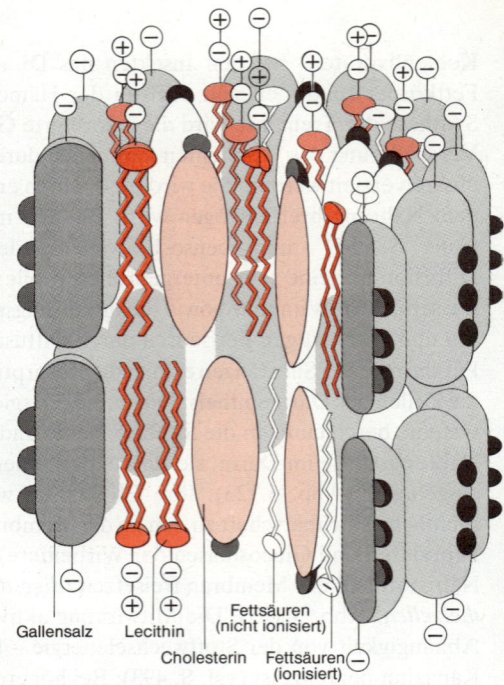

Abb. 5.125. Gemischte Micelle (links-vorn aufgeschnitten) für die Resorption lipophiler Nahrungsbestandteile: Monoglyceride, Fettsäuren, Cholesterin und Lecithin im Inneren sind von amphiphilen Gallensäuren umgeben, deren hydrophile Gruppen nach außen orientiert sind. (Nach Gray)

Abb. 5.126a, b. Bewegung der Darmzotten im Dünndarm eines Hundes. (a) Serie von Einzelbildern aus einem Film über die Zottenbewegung: man beachte die Formveränderung der im linken Bild mit einem Pfeil markierten Zotte (Dauer des Vorganges: einige Sekunden). (b) Schema der Zottenkontraktion; glatte Muskelfasern im Innenraum der Zotte rot dargestellt. (a nach Kokas u. Ludany aus Schütz, b nach Kokas aus Schneider, verändert)

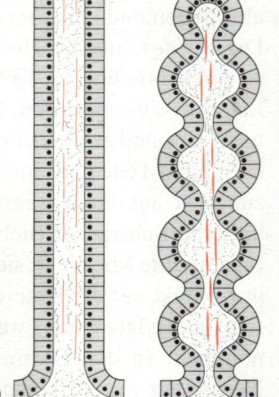

chel enthält die von den sekretorischen Drüsenzellen des Pankreas produzierten Verdauungsenzyme (die Vorstufen Trypsinogen und Chymotrypsinogen; Carboxypeptidase; α-Amylase und verschiedene Glykosidasen; Esterasen; Ribo- und Desoxyribonucleasen) und Natriumhydrogencarbonat, das aus dem Blut stammt. Damit wird die Salzsäure neutralisiert; der Inhalt des Dünndarms zeigt leicht alkalische Reaktion *(pH ~ 8)*. Die Darmeigendrüsen bilden wäßrige Sekrete, die anorganische Salze – auch Hydrogencarbonat – und Schleim enthalten. Von den etwa 8 l Wasser, die täglich den Darmtrakt durchsetzen (Tab. 5.4), werden mindestens 90% im Dünndarm, der Rest größtenteils im Dickdarm wieder aufgenommen; nur etwa 1% wird mit dem Kot abgegeben.

Die Resorption wird erleichtert durch die ungeheure Vergrößerung der Oberfläche des Darmepithels (S. 482), die im Dünndarm mehr als 200 m^2 (Membranfläche der Mikrovilli) umfaßt. Chemische Verdauung und Resorption werden gefördert durch die Vermischung des Darminhaltes aufgrund der Darmbewegung. Diese besteht einerseits in reinen Mischbewegungen, zum anderen in Transportbewegungen, wobei durch metachrone Kontraktionsserien der Ring- und Längsmuskulatur der Darminhalt *(Chymus)* weitergeschoben wird; die wandnahe Durchmischung erfolgt durch die Zottenkontraktion (Abb. 5.126). Zur hormonalen Steuerung der Darmtätigkeit siehe S. 681 f.

Die meisten der resorbierten Nahrungsbruchstücke gelangen aus den Epithelzellen – dem Konzentrationsgefälle folgend – durch Diffusion in das Blut, das in einem engen Capillarnetz bis nahe an das Epithel herangeführt wird (Abb. 5.121 b). In den Epithelzellen befinden sich Hydrolasen, durch die aufgenommene Peptide und Polysaccharide intrazellulär weiterverdaut, aber auch Triacylglyceride synthetisiert werden können. Lipide werden durch Exocytose in den Interzellularraum abgegeben und verlassen den Darm über den Lymphstrom.

Der Darminhalt, der durch die Ileocaecalklappe in den Anfangsteil des Dickdarms übertritt, enthält fast keine verdauungsfähigen und resorbierbaren Nährstoffe. Deshalb erfolgt im Dickdarm und im Blinddarm des Menschen – im Gegensatz zu denen vieler pflanzenfressender Säugetiere – keine eigentliche Verdauung mehr. Es laufen Gärungsvorgänge ab, die durch Bakterien bewirkt werden, welche im Dickdarm (im Gegensatz zum Dünndarm) in sehr großen Mengen vorkommen. Deren Produkte gelangen zum Teil durch Diffusion über die Darmwand ins Blut. Sie tragen nur ganz unwesentlich zum Energiegewinn aus der Nahrung bei, jedoch handelt es sich zum Teil um Substanzen, die Vitamine für den Menschen darstellen (S. 610 f.). Im Dickdarm werden noch weiterhin Mineralstoffe resorbiert, insbesondere Natriumionen; in Verbindung damit wird dem Darminhalt Wasser entzogen und dieser auf die Konsistenz des Kotes eingedickt.

Der Kot enthält 70–80% seines Gewichtes an Wasser und besteht neben den unverdaulichen Nahrungsbestandteilen zu einem erheblichen Anteil aus Bakterien (bis zur Hälfte der Trockensubstanz). Weiter finden sich noch kleine Mengen von Lipiden und Proteinen, die zum Teil aus abgestoßenen Darmepithelzellen stammen, sowie 15% des Trockengewichts an Mineralstoffen (hauptsächlich Hydrogencarbonate und unlösliche Calciumsalze).

Für die Dauer der Darmpassage sind recht unterschiedliche Zeiten festgestellt worden; insbesondere die Verweilzeit im Magen hängt stark von der Art der Nahrung ab. Die Gesamtdauer der Passage beträgt sicher nicht weniger als 24 h, in den meisten Fällen zwischen 48 und 72 h.

Mitwirkung von Symbionten bei der Nahrungsverwertung

Bei sehr vielen Tieren befinden sich im Darmtrakt *symbiotische Mikroorganismen*, die beim Aufschluß der Nahrung mitwirken. Vorwiegend handelt es sich dabei um Bakterien und Hefen, von denen manche Arten nur aus dem Verdauungsapparat von Tieren bekannt sind. Daneben kommen speziell angepaßte Flagellaten und Ciliaten vor. Wegen des Sauerstoffmangels im Darm leben diese Mikroorganismen anaerob, viele sind obligate Anaerobier.

Tabelle 5.4. Abgabe von Wasser und Mineralstoffen in den Verdauungssekreten beim Menschen. Angabe der mittleren Mengen pro Tag für den Erwachsenen bei „normaler" Ernährung. (Nach Bäßler, Fekl u. Lang)

Sekret	Wasser [l · Tag^{-1}]	Mineralstoffe [mmol · Tag^{-1}]		
		Na$^+$	K$^+$	Cl$^-$
Speichel	1,5	25	30	36
Magensaft	2,5	140	32	315
Galle	0,5	75	2	50
Dünndarmsaft	3,0	360	29	300
Pankreassaft	0,7	95	4	82
Summe ca.	8,2	700	100	800

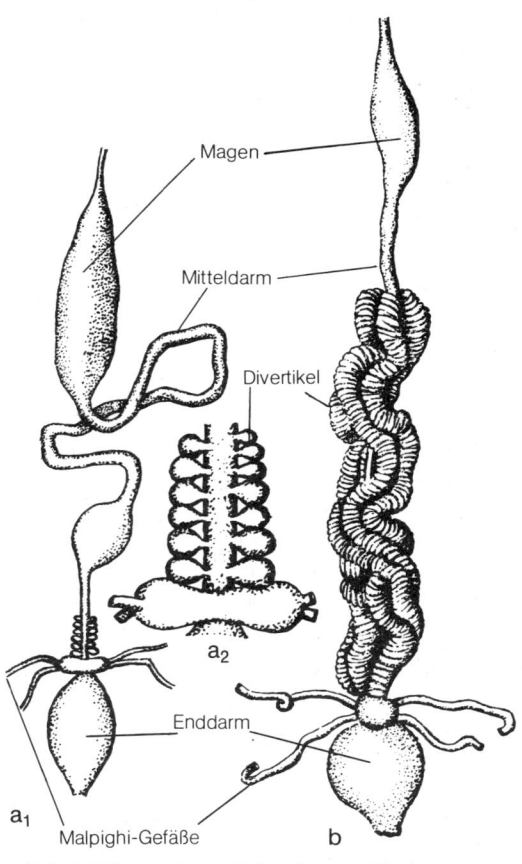

Abb. 5.127 a, b. Divertikel im letzten Abschnitt des Mitteldarms als Lebensraum symbiotischer Bakterien bei Wanzen (Heteropteren): (a) *Dysdercus suturellus* (Pyrrhocoridae), ♀ mit zwei kurzen Reihen kleiner Blindsäcke, in a_2 stärker vergrößert dargestellt. (b) *Carpocoris fuscispinus* (Pentatomidae) mit zahlreichen Ausstülpungen in vier langen Reihen. Die Divertikel stehen mit dem Darmlumen in offener Verbindung; die Bakterien leben darin extrazellulär. (a nach Glasgow, b nach Kuskop, beide aus Buchner)

Die Funktion der Symbionten für das Wirtstier besteht meist darin, daß bestimmte, von den Enzymen des Wirtes nicht angreifbare Substanzen abgebaut und damit der Ernährung des Wirtes zugänglich gemacht werden. Daneben synthetisieren viele Symbionten Ergänzungsstoffe zur Nahrung (S. 611f.). Vielfach bilden die körpereigenen Proteine der Symbionten eine wichtige Eiweißquelle bei der Ernährung des Wirtstieres (s. unten).
Die für viele Tiere verdauungsphysiologisch wichtigste Leistung der Symbionten ist der *Aufschluß der Cellulose* (Formel Abb. 1.40p, S. 46). Nur ganz wenige höhere Tiere bilden körpereigene Cellulase, und zwar manche Schnecken (z.B. Weinbergschnecke *Helix*), Urinsekten (z.B. »Silberfischchen« *Lepisma*) und einige – keineswegs alle – holzbewohnenden Larven von Käfern (z.B. Bockkäfer *Cerambyx*). Viele Bakterien und manche Flagellaten geben Cellulasen nach außen ab; manche der symbiotischen Ciliaten verdauen Cellulose intrazellulär. Mit dem Abbau der Zellwände ermöglichen oder erleichtern es die Symbionten dem Wirt, den Zellinhalt des pflanzlichen Nahrungsmaterials zu verwerten. Außerdem partizipiert der Wirt an der Glucose als dem Abbauprodukt der Cellulose. Schließlich werden von den anaerob lebenden Symbionten Stoffwechselendprodukte – vor allem kurzkettige Fettsäuren – abgegeben, die vom Wirt resorbiert werden und häufig einen erheblichen Anteil an dessen gesamter Nahrungsaufnahme ausmachen.

Bei den Lungenschnecken (Pulmonaten) wird der Aufschluß der Pflanzennahrung außer durch körpereigene Cellulasen und Chitinasen auch von im Darmtrakt lebenden Bakterien vorgenommen; neben Cellulose wird also auch Chitin von Pilzzellwänden abgebaut. Viele pflanzenfressende Insekten (z.B. Maikäfer *Melolontha*) haben celluloseverdauende Bakterien im Darm; bei Schaben treten daneben auch Flagellaten auf, die Cellulase besitzen. Die holzfressenden Niederen Termiten (z.B. *Calotermes*) beherbergen in ihrem stark erweiterten Enddarm symbiotische Flagellaten (vor allem aus der Gruppe Polymastigina, Abb. 6.33, S. 565), die völlig auf die dort herrschenden anaeroben Bedingungen angewiesen sind. Sie sind für ihren Wirt absolut lebensnotwendig; experimentell symbiontenfrei gemachte Termiten verhungern nach wenigen Tagen, wenn ihnen lediglich Holz – ihre normale Nahrung – zur Verfügung steht.

Bei vielen Insekten leben Symbionten nicht nur im Lumen oder in speziellen Krypten des Darms (Abb. 5.127), sondern auch in der Hämolymphe und sogar intrazellulär in Epithelzellen der Darmwand und/oder Zellen des Fettkörpers, die als Mycetocyten bezeichnet werden. In manchen Fällen sind diese zu besonderen Organen, *Mycetomen*, zusammengefaßt (Abb. 5.128). Die darin untergebrachten Symbionten haben wohl hauptsächlich Bedeutung für die Ernährung: Sie versorgen den Wirtsorganismus mit Nahrungsergänzungsstoffen. Dies ist besonders wichtig für Nahrungsspezialisten, vor allem Säftesauger (z.B. Hemipteren, Anoplüren). Der Wert der Symbionten für diese Tiere wird daraus deutlich, daß häufig besondere – manchmal sehr komplizierte – Mechanismen entwickelt worden sind, um die Symbionten bei der Fortpflanzung auf die Individuen der nächsten Generation zu übertragen; hierfür bilden die Symbionten oft spezielle Infektionsformen aus. Bei bestimmten Insekten (manchen Termiten, Schaben) sind die Symbionten in der Lage, Harnsäure (S. 586) in ihrem Stoffwechsel als Stickstoffquelle zu verwerten, so daß dieses Stoffwechselendprodukt des Wirtes nicht ausgeschieden werden muß.

Eine besonders große Bedeutung kommt den Symbionten bei der *Ernährung der Wiederkäuer (Ruminantia)* zu. Diese besitzen einen vierhöhligen Magen (Abb. 5.129a), von dem sich die drei vorderen Teile entwicklungsgeschichtlich vom Ösophagus ableiten. Nur der vierte ist dem Magen der übrigen Wirbeltiere homolog und produziert als einziger körpereigene Verdauungsenzyme. Die ersten beiden Teile bilden eine funktionell einheitliche Gärkammer, in die die pflanzliche Nahrung zunächst in großen Stücken eingebracht wird. Durch das spätere Wiederkäuen – während der Ruheperiode der Tiere! – wird sie mechanisch weiter aufgeschlossen. Im anaeroben, leicht sauren Milieu *(pH ~ 6)* von Pansen und Netzmagen leben verschiedene Bakterien- und Ciliaten-Arten in riesigen

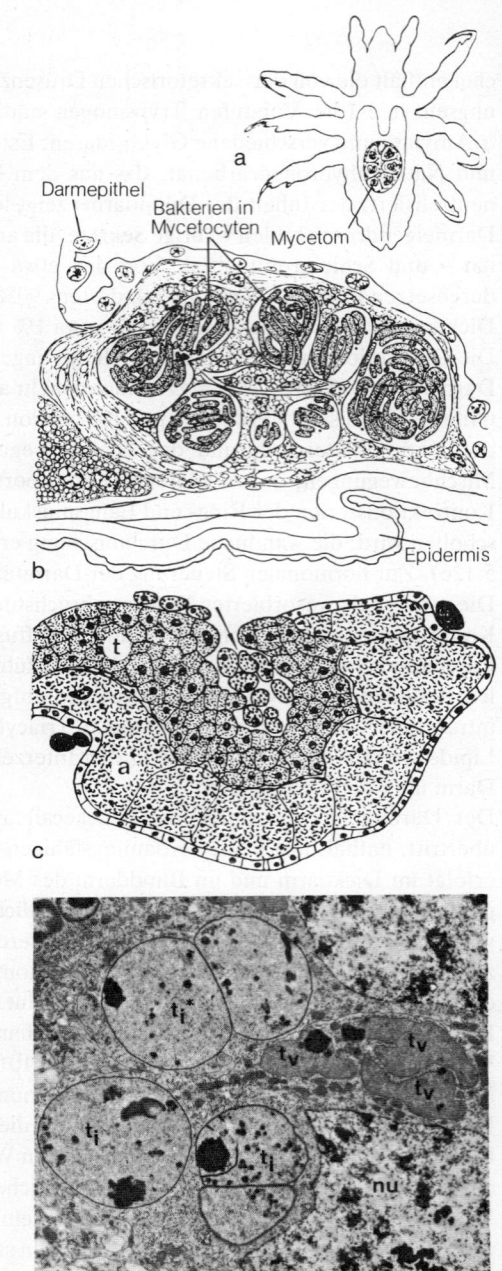

Abb. 5.128a–d. Mycetome. (a, b) Kopflaus Pediculus capitis: Lage in der Junglarve als »Magenscheibe« (a), Längsschnitt durch die Magenscheibe bei einer älteren Larve (b). (c) Zikade Paramesus nervosus: Schnitt durch das zweiteilige Organ mit verschiedenen – als a und t bezeichneten – intrazellulären Symbionten. (d) Zikade Euscelis plebejus: Elektronenmikroskopische Aufnahme eines Schnittes durch einen Mycetocyten mit der vegetativen (t_v) und der Infektions (t_i)-Form des t-Symbionten; nu, Kern. Vergr. des Photos 3000:1. (a, b nach Ries, c nach Buchner, d nach Körner)

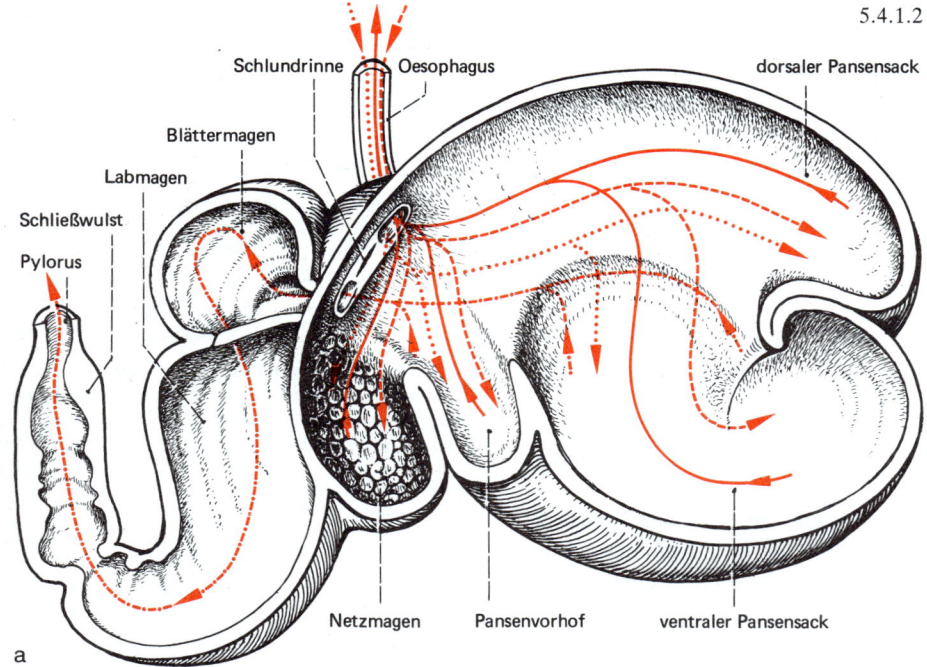 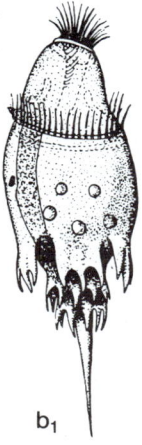 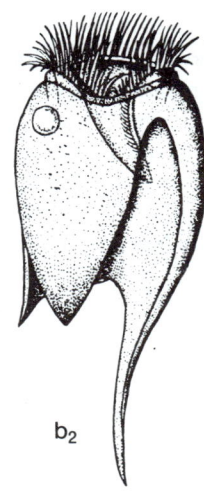

Abb. 5.129. (a) Magen eines Wiederkäuers (Schaf), schematisch. Von seinen vier Abschnitten gehören drei – Pansen (Rumen), Netzmagen (Reticulum) und Blättermagen oder Psalter (Omasus) – zum Vorderdarmbereich. Sie haben Funktionen lediglich für die Speicherung und die dabei ablaufenden Vorgänge des Abbaues der Nahrung durch Bakterien und Ciliaten. Nur der letzte Abschnitt – Labmagen (Abomasus) – ist dem Magen anderer Säugetiere homolog; er produziert körpereigene Verdauungsenzyme und Salzsäure. Die Schlundrinne verhindert durch reflektorischen Verschluß den Übertritt von zu großen Nahrungspartikeln in den Blättermagen; bei Jungtieren ist sie geschlossen und leitet die Milch direkt in den Blätter- und Labmagen. – Rote Einzeichnungen deuten den Weg der Nahrung an: ------ Aufnahme des Nahrungsmaterials in die Gärkammer von Pansen und Netzmagen, ——— Rejektion zum Wiederkauen, ······ Rückkehr in die Gärkammer, –·–·– Übergang von Pansen und Netzmagen durch den Blättermagen in den Labmagen. (b) Zwei spirotriche Ciliaten aus dem Pansen des Rindes: (b_1) Ophryoscolex caudatus, (b_2) Entodinium caudatum. (a nach Pernkopf aus Penzlin, verändert; b nach Doflein aus Kaestner)

Individuenzahlen, z. B. beim Rind etwa 10^{10} Bakterien und 10^6 Ciliaten im Milliliter. Die Bakterien sind lebenswichtige Symbionten, die Ciliaten (Beispiele in Abb. 5.129b) überwiegend Kommensalen (S. 810), deren – experimentell mögliche – Entfernung dem Wirt keine Nachteile bringt. Die Mikroorganismen übernehmen einen großen Teil der Verwertung der Kohlenhydrate, besonders der Cellulose. Aus deren anaerobem Abbau geben sie organische Säuren – vorwiegend Essig-, Propion- und Buttersäure – in den Panseninhalt ab. Diese gelangen durch Diffusion über die Pansenwand ins Blut und stellen eine wesentliche Energiequelle für den oxidativen Betriebsstoffwechsel in den Geweben des Wirtstieres dar. Für die Neutralisation der gebildeten Fettsäuren liefert der Mundspeichel große Mengen von Natriumhydrogencarbonat; die Tagesproduktion eines Rindes von etwa 100 l Speichel enthält etwa 0,5 kg $NaHCO_3$. Das freigesetzte CO_2 wird gasförmig über den Mund abgegeben, ebenso wie Methan und weiteres Kohlendioxid als Endprodukte des Stoffwechsels der Mikroorganismen. Diejenigen Anteile des Panseninhaltes, die nach dem Wiederkauen eine dünnflüssige Suspension von hinreichend kleinen Partikeln darstellen, werden durch einen Saug-Druck-Mechanismus in den Blättermagen befördert. An dessen großer innerer Oberfläche erfolgt Eindickung durch Entzug von Salzen und Wasser; daneben geht die Aufnahme der organischen Säuren weiter. Nach dem Übertritt der Nahrung in den drüsigen Labmagen beginnt die körpereigene Verdauung wie bei den anderen Säugetieren. Die Ciliaten werden im Labmagen, die Bakterien im Dünndarm abgetötet und wie andere Nahrungsbestandteile verdaut. Ihre Körpersubstanz stellt für den Wiederkäuer eine wesentliche Quelle von hochwertigen Eiweißen dar. Die Symbionten verwenden für den Aufbau dieser Eiweiße zum Teil Aminosäuren aus pflanzlichen Proteinen; die Bakterien können dafür aber zusätzlich auch andere Stickstoffquellen (Ammoniumcarbonat, Harnstoff) nutzen: Ein Teil des Harnstoffs, der in der Leber des Wirtes gebildet wird, tritt aus dem Blut – dem Konzentrationsgefälle folgend – von der Wand des Pansens in dessen Inhalt über und wird dort von den Bakterien aufgenommen. Dadurch steht der Stickstoff aus den Exkreten des Wirts-Organismus diesem im Symbiontenprotein wieder zur Verfügung.

Auch unter den pflanzenfressenden Säugetieren, die nicht wiederkauen (z. B. Pferd, Schwein, Kaninchen), erfolgt ein bakterieller Abbau der cellulosehaltigen Nahrungsbe-

$CH_3-\underset{\underset{OH}{|}}{\overset{\overset{O}{\|}}{C}}$

Essigsäure

$CH_3-CH_2-\underset{\underset{OH}{|}}{\overset{\overset{O}{\|}}{C}}$

Propionsäure

$CH_3-CH_2-CH_2-\underset{\underset{OH}{|}}{\overset{\overset{O}{\|}}{C}}$

Buttersäure

standteile. Hierfür sind der Dickdarm und der Blinddarm häufig zu großen Gärkammern erweitert (Abb. 10.12a, S. 862). Die Symbionten bauen die Kohlenhydrate ab und liefern organische Säuren, die durch Diffusion über die Darmwand ins Blut des Wirtstieres gelangen. Daneben laufen bei dem Abbau der restlichen Proteine Fäulnisprozesse ab, bei denen neben Aminosäuren auch Giftstoffe entstehen, die – soweit sie in den Kreislauf gelangen – von der Leber unschädlich gemacht werden müssen. Durch die Symbionten wird auch bei diesen Nicht-Wiederkäuern eine fast vollständige Ausnutzung der Cellulose der Nahrung erreicht (beim Pferd z. B. zu etwa 90%).

5.4.1.3 Organe der Atmung und des Gasaustausches

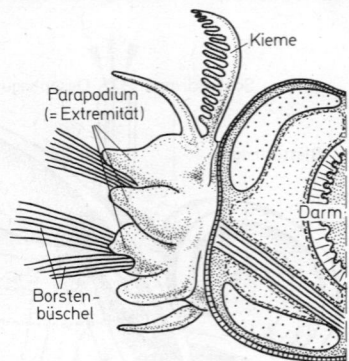

Abb. 5.130. *Querschnitt durch ein Segment eines Polychaeten, halbiert. Parapodium mit einem dorsalen Kiemenanhang. Schema. (Nach mehreren Autoren, kombiniert)*

Der Austausch der Gase in den Geweben unterliegt gänzlich den Gesetzen der Diffusion (S. 59). Die Austauschregionen sind dementsprechend dünnwandig und besitzen außerdem eine große Oberfläche.

Kleinen, aber auch z. B. stark abgeplatteten oder »verzweigten« Tieren, die im Verhältnis zum Volumen eine große Körperoberfläche haben, fehlen oft eigentliche Atmungsorgane: Für solche Tiere reicht der Gasaustausch durch die Haut. Das gilt etwa für Coelenteraten und Plathelminthen, für viele kleine Anneliden und Arthropoden, auch für manche Gastropoden und wenige kleine Vertebraten *(Salamandrina)*. Diese *Hautatmung* dient bei einer Reihe von größeren Tierformen auch noch zur Unterstützung der außerdem vorhandenen eigentlichen Atmungsorgane.

Typen von Atmungsorganen

Die *spezifischen Atmungsorgane* lassen sich trotz großer Mannigfaltigkeit im einzelnen nur wenigen Grundformen zuordnen; es sind dies Kiemen, Lungen und Tracheen.

Kiemen sind Atmungsorgane von wasserlebenden Tieren, die ihre Funktion stets in Verbindung mit den zirkulierenden Körperflüssigkeiten ausführen. Sie stellen dünnhäutige *Ausstülpungen* oder Anhänge des Körpers dar, die von der äußeren Oberfläche – besonders der Extremitäten – oder vom Darm ausgehen. Ihre respiratorische Oberfläche wird durch Verzweigungen und Verästelungen stark vergrößert. Frei liegende Kiemen, zumal solche an bewegten Extremitäten (wie bei vielen Polychaeten, Abb. 5.130) oder solche, die in strömendes Wasser hineinragen, bedürfen keiner besonderen Einrichtungen für die Erneuerung des Atemmediums (»äußere« Kiemen).

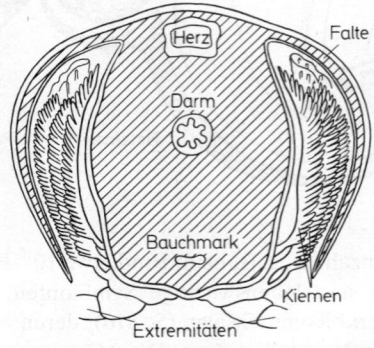

Abb. 5.131. *Querschnitt durch einen Flußkrebs (Astacus, Gruppe: Dekapoda) mit den seitlichen Carapaxfalten, unter denen die Kiemen liegen; schematisiert. (Aus Hesse u. Doflein, verändert)*

Wegen ihrer Zarthäutigkeit liegen die Kiemen aber häufig nicht frei, sondern sind geschützt in Höhlungen am Körper untergebracht (»innere« Kiemen). Bei den Cladoceren (Wasserflöhen) liegen die Kiemenanhänge tragenden Extremitäten in einer zweiklappigen, von der Kopfregion gebildeten Schale (Carapax) geborgen (Abb. 5.113a); bei den dekapoden Krebsen sind die Kiemen – als dorsale Anhänge der Gliedmaßen – unter paarigen Falten (Carapaxfalten) gelegen (Abb. 5.131). Mollusken bilden durch eine Hautduplikatur (Mantel) eine Mantelhöhle aus, in der sich die Kiemen befinden (Abb. 6.48, S. 571). Bei den Teleosteern sind die Kiemen, die sich – wie bei allen wasserlebenden Chordaten – an Durchbrüchen des Vorderdarmes (Kiemenspalten) entwickeln, durch Kiemendeckel geschützt. Dünnhäutige Körperanhänge, wie sie die Kiemen darstellen, sind nur in sehr begrenztem Umfang für die Atmung auf dem Lande geeignet, da sie bei geringer Feuchtigkeit verkleben und austrocknen.

Viele Landtiere haben als Atmungsorgane *Lungen* entwickelt. Dies sind auf kleine Bereiche des Körpers beschränkte *Einstülpungen* der Körperoberfläche oder des Darmkanals in das Körperinnere; sie stehen – ebenso wie die Kiemen – stets in Verbindung mit den bewegten Körperflüssigkeiten, die den Transport und die Verteilung der Atemgase im Körperinneren durchführen. Ihre respiratorischen Oberflächen sind meist durch Faltenbzw. Kammerbildungen mehr oder weniger stark vergrößert.

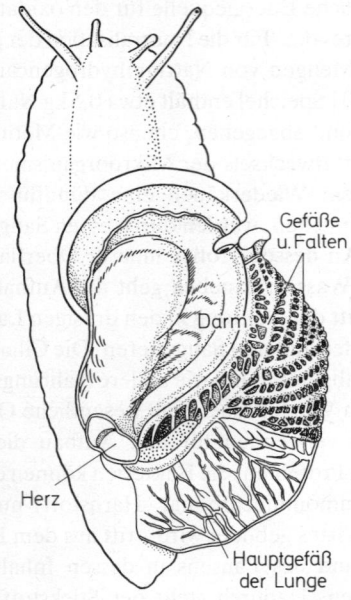

Abb. 5.132. *Lungenschnecke (Weinbergschnecke, Helix). Das Gehäuse ist entfernt, die Lunge (= Mantelhöhle) eröffnet und das Dach der Mantelhöhle umgeschlagen. (Aus Hesse u. Doflein, verändert)*

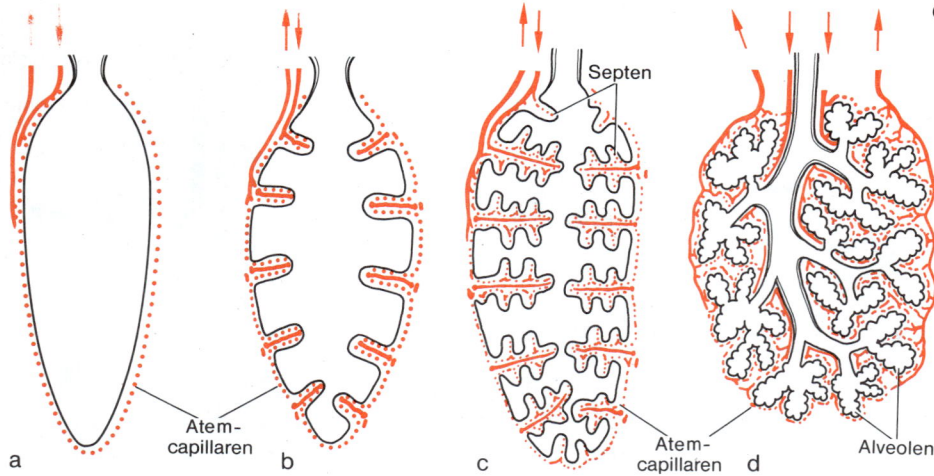

Abb. 5.133 a–d. Vergrößerung der respiratorischen Oberfläche bei Lungen von Wirbeltieren. (a) Glattwandiger Sack (manche Amphibien, z. B. Molche); (b) einfache Leistenbildungen (manche Amphibien, z. B. Frösche); (c) zunehmende Kammerung mit luftzuführendem, zentralem »Vorbronchus« (manche Reptilien); (d) Verzweigungen des Bronchus endigen in Säckchen, die mit Alveolen besetzt sind (Säugetiere). Rote Pfeile: Strömungsrichtung des Blutes. (Aus Kühn)

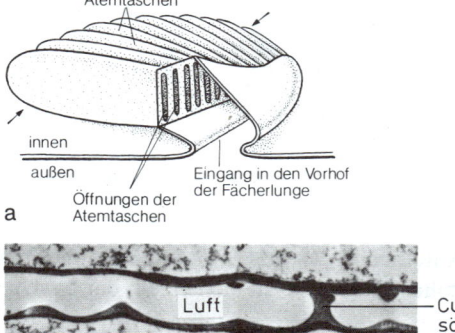

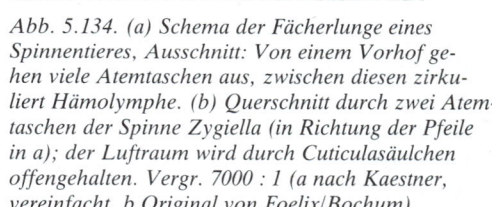

Abb. 5.134. (a) Schema der Fächerlunge eines Spinnentieres, Ausschnitt: Von einem Vorhof gehen viele Atemtaschen aus, zwischen diesen zirkuliert Hämolymphe. (b) Querschnitt durch zwei Atemtaschen der Spinne Zygiella (in Richtung der Pfeile in a); der Luftraum wird durch Cuticulasäulchen offengehalten. Vergr. 7000 : 1 (a nach Kaestner, vereinfacht, b Original von Foelix/Bochum)

Bei den Pulmonaten (Lungenschnecken) ist die Mantelhöhle, der die Kiemen fehlen, zu einem Luftatmungsorgan umgebildet. Das Epithel des Mantelhöhlendaches ist aufgefaltet; in den Falten liegt dicht unter der Epidermis ein reich entwickeltes Gefäßnetz (Abb. 5.132). Die Oberflächenvergrößerung ist hier noch wenig ausgeprägt. Bei einigen landlebenden Krebsen (z. B. *Birgus latro*, Palmendieb) sind die Kiemen weitgehend reduziert und die Kiemenhöhlen durch Bildung von Vorsprüngen teilweise zu Lungen geworden. Eine derartige Umbildung von Teilen des Kiemenraumes zu Luftatmungs-Organen findet sich ebenfalls bei einigen Teleostiern, die zeitweilig am Land leben (z. B. *Periophthalmus*, Schlammspringer). Bei den Wirbeltieren sind die eigentlichen Lungen entwicklungsgeschichtlich Abkömmlinge des Vorderdarms. In der phylogenetischen Reihe der Landwirbeltiere wird die zunehmende Vergrößerung der respiratorischen Oberfläche von den Amphibien bis zu den Säugern hin deutlich (Abb. 5.133).

Nach Bau und Funktion kann man zu den Lungen auch die *Fächerlungen* vieler Spinnentiere und die *Tracheenlungen* von Landasseln rechnen. Bei ihnen handelt es sich um Einstülpungen in das Tierinnere, die entweder von der Wandung des Abdomens (Fächerlungen) oder von Abdominalextremitäten (Tracheenlungen) ausgehen (Abb. 5.134, 5.135). Sie stehen in enger funktioneller Beziehung zur Hämolymphe.

Lungen können – selten – auch als Wasseratmungsorgane dienen; viele Holothurien (Seewalzen) haben paarige *Wasserlungen*, die vom Enddarm aus mit Verzweigungen in den Körper hineinragen (Abb. 6.52, S. 572). Der Wasseraustausch erfolgt über den After. Manche Süßwasser-Pulmonaten, die nicht zur Atmung an die Oberfläche kommen, atmen mittels ihrer wassergefüllten Mantelhöhle.

Tracheen sind der zweite Typ von Atmungsorganen, der bei landlebenden Tieren entwickelt ist. Sie kommen den Tracheaten (Insekten und Myriapoden) zu und sind konvergent bei vielen Spinnentieren und bei den Onychophoren entstanden. Tracheensysteme dienen nicht nur als Austauschregionen von Atemgasen, sondern auch zu deren Ferntransport im Körper. Sie werden deshalb unter dieser Thematik (S. 621) behandelt.

Funktion

Die Physiologie der Atmung hat drei Aspekte: 1. die *äußere* oder *externe Atmung* (Gasaustausch an der respiratorischen Körperoberfläche), 2. den *Gastransport* durch die Körperflüssigkeiten (Hämolymphe, Blut, Coelomflüssigkeit) und 3. die *innere* oder *Zellatmung*, die ein unmittelbarer Ausdruck des Zellstoffwechsels ist.

Die innere Atmung ist eine Leistung der Mitochondrien in den einzelnen Zellen, die bereits besprochen wurde (S. 78f.). Beim Gastransport handelt es sich um eine integrative Leistung des Gesamtorganismus, an der meist die Körperflüssigkeiten einen wesentlichen

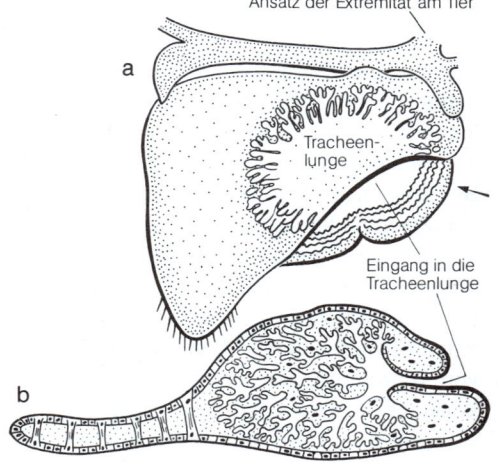

Abb. 5.135. (a) Lage der Tracheenlunge im Exopoditen einer Abdominalextremität der Kellerassel Porcellio, (b) Querschnitt durch die Abdominalextremität (in Richtung des Pfeils in a). (Aus Geiler)

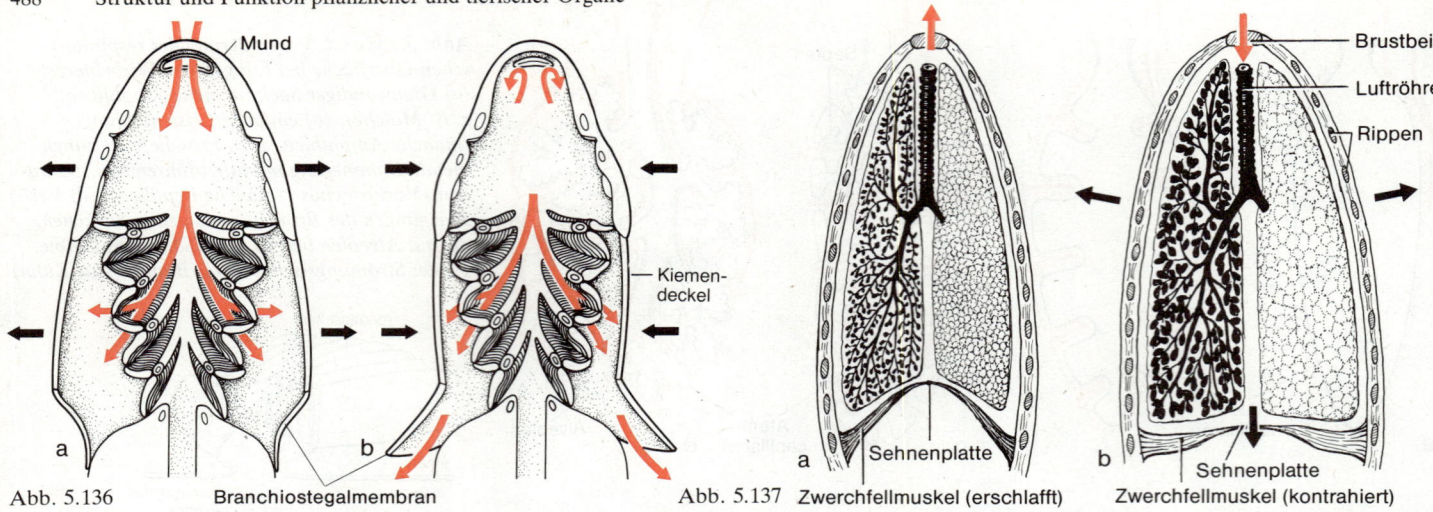

Abb. 5.136
Branchiostegalmembran

Abb. 5.137 a Sehnenplatte Zwerchfellmuskel (erschlafft)   b Sehnenplatte Zwerchfellmuskel (kontrahiert)

Abb. 5.136a, b. Schemata zur Darstellung der Atembewegungen (schwarze Pfeile) und des Atemwasserstroms (rote Pfeile) bei einem Knochenfisch. (a) Bei Erweiterung des Mund- und Kiemenraumes strömt Wasser durch den geöffneten Mund ein; rückwärtiger Zustrom wird durch die geschlossenen Branchiostegalmembranen verhindert. (b) Verengung des Mund- und Kiemenraumes bei geschlossenem Mund führt zu Überdruck, der die Branchiostegalmembranen öffnet; das Wasser fließt nach hinten ab. So wird ein kontinuierlicher Wasserstrom durch die Kiemen erzeugt. (Aus Hesse u. Doflein)

Anteil haben (S. 621). Von den drei genannten Teilen der Atmung wird deshalb nachstehend nur der erste behandelt, der an den spezifischen Atmungsorganen abläuft.

Austausch des Atemmediums. Für die Erneuerung des Atemwassers genügt bei manchen Tieren mit äußeren Kiemen die natürliche Wasserströmung oder die Lokomotion des Tieres (z.B. manche Insektenlarven, junge Amphibienlarven). Sind die Kiemen in Kiemenhöhlen geborgen, dann sind besondere Einrichtungen für die Wassererneuerung notwendig. Häufig besorgen Wimpern den Wasserwechsel (z.B. bei Bivalviern, Abb. 6.49, S. 571, und manchen Gastropoden; bei Ascidien, Abb. 5.114, und Acraniern, Abb. 6.53, S. 572). Bei vielen Krebsen wird durch die Bewegung bestimmter Extremitäten Wasser durch die Kiemenhöhlen getrieben. Die so erzeugten Wasserströme werden nicht selten auch zum Zwecke der Nahrungsbeschaffung ausgenutzt (S. 474). Bei Cephalopoden und in ganz anderer Weise bei Fischen (Abb. 5.136) erfolgt die Wassererneuerung durch Pumpbewegungen mit Hilfe von Muskeln. Der dabei erzeugte unidirektionale Fluß des Atemmediums ermöglicht es, den Gasaustausch im Gegenstrom (S. 473) – und damit wesentlich effektiver – durchzuführen.

Bei den im Körperinneren liegenden Lungen genügt nur in wenigen Fällen der Austausch mit der Umgebung durch Diffusion der Gase *(Diffusionslungen)*. Fast stets ist für die Lungen eine Ventilation erforderlich *(Ventilationslungen)*. Die Mantelhöhlen der Pulmonaten (Lungenschnecken) werden durch Heben und Senken des muskulösen Mantelhöhlenbodens periodisch belüftet. Bei den Lungen der Wirbeltiere ist die Art der Ventilation unterschiedlich. Mit Ausnahme der Amphibien beruht sie auf einem Saugmechanismus. Bei den Säugetieren wird der Brustraum durch die Kontraktion der Zwischenrippen- und der Zwerchfellmuskulatur erweitert; die Lunge folgt diesen Bewegungen, weil der sie umgebende Pleuralraum nach außen völlig abgeschlossen ist. Die Ausatmung erfolgt normalerweise weitgehend passiv aufgrund der Elastizität von Lunge und Brustkorb (Abb. 5.137); aktive Ausatmung ist zusätzlich möglich. Bei den Vögeln, die für den Flug einen besonders hohen Energiebedarf haben, ist in Zusammenhang mit der Ausbildung von röhrenförmigen Lungenpfeifen für den Gasaustausch das Volumen der Lunge konstant; daneben ist ein System von Luftsäcken ausgebildet, die mit der Lunge verbunden sind und von der Trachea her mit Luft versorgt werden. Dieses System arbeitet als eine Gruppe von Blasebälgen so zusammen, daß während Ein- *und* Ausatmungsphase die Lungenpfeifen ständig in *einer* Richtung von Luft durchströmt werden. Der Blutstrom in den Capillaren der Lungenpfeifen ist diesem unidirektionalen Luftstrom entgegengerichtet.

Abb. 5.137a, b. Schematische Längsschnitte durch den Brustkorb eines Säugetieres im Exspirations- (a) und im Inspirationsstadium (b) (schwarze Pfeile: Richtung der aktiven Bewegung). Die Volumenvergrößerung erfolgt hauptsächlich an den gasgefüllten Endkammern, den Alveolen, in deren Wänden der Gasaustausch vor sich geht. Der Strom des Atemgases (rote Pfeile) ist diskontinuierlich. Beim Wechsel der Stromrichtung verbleibt stets ein nicht austauschbarer Teil des Atemvolumens in den Lungen (»Totraum«). (Aus Hesse u. Doflein)

Tabelle 5.5. Gehalt an Gasen in natürlichem Süß- bzw. Meerwasser [ml Gas · l^{-1}] nach Sättigung mit Luft bei 1013 hPa.

	O_2	N_2	Verhältnis N:O
Süßwasser (0,05% Salz):			
bei 0°C	10,3	18,1	1,76
bei 15°C	7,2	13,3	1,85
bei 30°C	5,6	11,0	1,97
Meerwasser (3,5% Salz):			
bei 0°C	8,0	14,0	1,75
bei 15°C	5,8	10,7	1,85
bei 30°C	4,5	9,1	2,02

Die Größe der Erneuerung des Atemmediums wird durch die Zahl der Atembewegungen pro Zeiteinheit *(Atemfrequenz)* und die Menge des pro Atembewegung geförderten Mediums *(Atemzugvolumen)* bestimmt. Das Produkt aus Atemfrequenz und Atemzugvolumen ist die *Ventilationsrate* (Dimension: ml · min^{-1}). Dieser Ausdruck kann auch dort verwendet werden, wo das Atemmedium gleichmäßig über die respiratorische Oberfläche hinwegbewegt wird, außer bei den Vögeln z. B. auch bei den Muscheln, bei denen ein ständiger Wasserstrom über die Kiemen hinwegstreicht. Als *externen Nutzungswert* oder *Extraktionswert* bezeichnet man den Anteil des Sauerstoffs (in Prozenten der Ausgangsmenge), der bei der Passage des Atemmediums über die Atmungsorgane entnommen (extrahiert) wird. Der Nutzungswert ist veränderlich und stellt eine charakteristische Größe u. a. für die Anpassung des Atmungssystems an den externen Sauerstoffpartialdruck dar.

So vorteilhaft das Leben im Wasser für den Wasser- und Ionenhaushalt ist, so schwierig ist für Wassertiere die Atmung. Während Luft zu mehr als einem Fünftel des Volumens aus Sauerstoff besteht (208 ml O_2 · l^{-1}), enthält Wasser unter den günstigsten Bedingungen nur ein Hundertstel (10 ml O_2 · l^{-1}). Freilich ist der Sauerstoff*anteil* – wegen der unterschiedlichen Löslichkeiten von O_2 und N_2 – im Wasser größer als in der Luft; er beträgt für luftgesättigtes Wasser bei 20 °C etwa ein Drittel der gelösten Gasmenge (Tab. 5.5; vgl. Tab. 6.15, S. 637). Dadurch wird der Gasaustausch an den Oberflächen erleichtert. Um dieselbe Menge Sauerstoff zu erhalten, muß ein im Wasser atmendes Tier mehr als das zwanzigfache Volumen seines Atemmediums über die respiratorischen Oberflächen (Haut, Kiemen) bewegen als ein in Luft atmendes Tier. Im Wasser atmende Tiere sind daher im allgemeinen weniger leistungsfähig als luftatmende Tiere (S. 591f.). Da Wasser wegen seines spezifischen Gewichtes und seiner Viskosität viel schwerer zu bewegen ist als Luft, ist es für in Wasser atmende Tiere besonders wichtig, einen möglichst kontinuierlichen Atemwasserstrom zu erzeugen (Abb. 5.136, 5.138), während in Luft atmende Tiere meist mit der alternierenden Stromrichtung des Atemgases bei Ein- und Ausatmung (diskontinuierliche Ventilation) auskommen (Ausnahme: Vögel).

Gasaustausch. Die bei der äußeren Atmung pro Zeiteinheit übertretenden Gas-Mengen sind außer vom Membranareal stark von der zu überbrückenden Entfernung abhängig. In den Atmungsorganen sind Atemmedium und Körperflüssigkeit bei offenem Kreislaufsystem durch mindestens eine einschichtige Epithelzell-Lage getrennt, bei geschlossenem Blutgefäßsystem durch zwei Zellschichten, die des Epithels und der Capillarwand; dennoch sind bei Tieren mit hoher Stoffwechselrate die Wände zwischen Atemmedium und Bluträumen sehr dünn: Bei den Säugetieren beträgt die Wandstärke der Alveolen (Epithelien einschließlich Capillarendothelien) nur 1 μm (Abb. 5.139). Dadurch wird erreicht, daß in der Kontaktzeit von Atemmedium und Blut während des Durchfließens einer Alveole (etwa 0,5 s) ein vollständiger Ausgleich der Partialdrucke erfolgt.

Bei gegebener Atmungsoberfläche und konstanten Differenzen zwischen den Konzentrationen der Atemgase in Außen- und Innenmedium kann die Größe des Gasaustausches auf zweierlei Weise gesteuert werden: Durch Veränderung (1) der Größe des Kreislaufs durch das Capillarsystem der Atmungsorgane und (2) der Ventilationsrate. Beim Säugetier werden bei vermehrtem Energiebedarf (besonders bei äußerer Arbeit) zunächst das Schlagvolumen und dann die Schlagfrequenz des Herzens erhöht (zur Steuerung s. S. 631f.); erst dann wird das Atemzugvolumen bei der Einatmung vergrößert, und schließlich tritt aktive Ausatmung hinzu. Beim Menschen kann so das Atemzugvolumen von 0,5 l in der Ruhe bis auf nahezu 5 l bei Schwerstarbeit erhöht werden.

5.4.1.4 Organe der Exkretion und der Osmo- und Ionenregulation

Trotz des ständigen Stoffaustausches mit der Umgebung, in dem jeder lebende Organismus steht, wird seine stoffliche Zusammensetzung im allgemeinen doch weitgehend

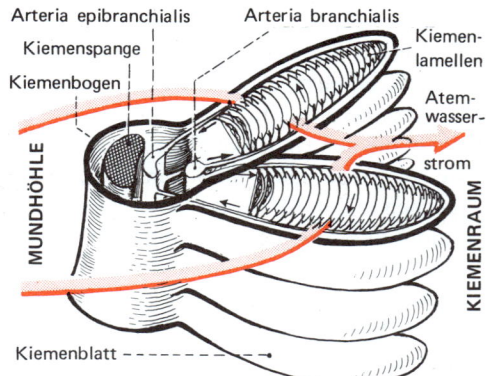

Abb. 5.138. Funktionelle Morphologie der Fischkieme. Von dem dorsoventral verlaufenden Kiemenbogen stehen die Kiemenblätter in zwei gegeneinander versetzten Reihen. Die Orte des Gasaustausches sind die dünnen Kiemenlamellen, die auf beiden Seiten des Kiemenblattes quer zu dessen Längsachse stehen. Das Blut fließt von der Arteria branchialis aus in das Capillarnetz der Kiemenlamellen ein (kleine schwarze Pfeile); seine Fließrichtung ist dabei dem Wasserstrom (rote Pfeile) entgegen gerichtet. (Nach Plehn aus Penzlin)

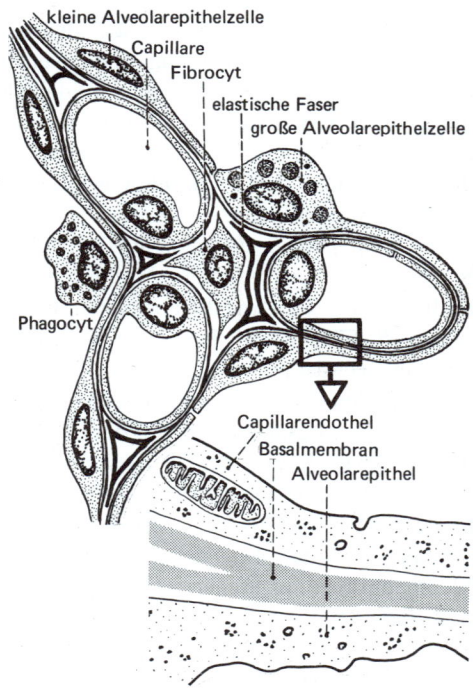

Abb. 5.139. Feinbau der Alveolarwand in der Lunge eines Säugetieres. Durch die enge Zusammenlagerung der dünnen, plattenförmigen Alveolarepithelzellen mit den Capillarwandzellen wird der Diffusionsweg für die Atemgase zwischen Atemluft und Blutflüssigkeit sehr kurz gehalten. (Aus Leonhardt)

konstant gehalten. So unterschiedlich die Stoffzusammensetzung verschiedener Organismen auch ist, für den Einzelorganismus sind Schwankungen vielfach nur innerhalb kleiner Grenzen unschädlich (z. B. Ca^{2+}-Gehalt des Blutes beim Menschen). Dies gilt sowohl für die Gesamtkonzentration an Stoffen als auch für die Mengenverhältnisse der einzelnen Ionen, die den Hauptanteil an der Zahl von osmotisch wirksamen Teilchen ausmachen. Die Vorgänge und Funktionen, die die *Gesamt*konzentration an osmotisch wirksamen Teilchen in den Körperflüssigkeiten angenähert konstant (oder zumindest eine Konzentrationsdifferenz gegenüber dem Außenmedium) erhalten, werden als *Osmoregulation*, diejenigen, die die *relativen* Konzentrationen von Ionen oder die Konzentrationen an *bestimmten* Ionen angenähert konstant erhalten, als *Ionenregulation* bezeichnet.

Bei der Verarbeitung von Nährstoffen in den Körperzellen zur Gewinnung von Energie und zum Aufbau von Körpersubstanzen entsteht neben Kohlendioxid ein Überschuß an Stickstoff, der in Form von Ammoniak oder spezifischen Ausscheidungsprodukten – z. B. Harnstoff – eliminiert werden muß. Dieser Vorgang wird als *Exkretion* bezeichnet (vgl. S. 605). Bei den Landtieren wird diese Ausscheidungsfunktion hauptsächlich von den Nieren (bei Landschnecken, höheren Wirbeltieren) und den Malpighi-Gefäßen (vor allem bei Insekten, Abb. 5.141) übernommen. Bei den aquatischen Tieren kommt diese Leistung auch dem Integument und den Kiemen zu. Die den Nieren der Wirbeltiere entsprechenden Organe aller Tiergruppen bezeichnet man als *spezifische Exkretionsorgane*. Diese Benennung muß im streng morphologischen Sinn verstanden werden; der Begriff beschreibt bei vielen aquatischen Tieren eine oft nur untergeordnete Funktion dieser Organe: Die primäre Funktion liegt dort nämlich in der Steuerung des Wasser- und Ionenhaushaltes – in der Osmo- und Ionenregulation (S. 57f.)

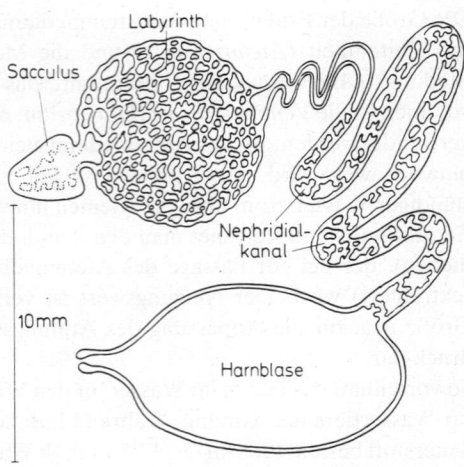

Abb. 5.140. Auseinandergelegte Antennendrüse vom Flußkrebs; Flächenschnitt. (Nach Peters)

Als die ursprünglichsten der spezifischen Exkretionsorgane gelten vielfach die *Protonephridien*. Sie sind bei den verschiedensten Tiergruppen (z. B. Plathelminthen, Abb. 6.42, S. 569, vielen Nemathelminthen, Nemertinen und sehr vielen Larvenformen, Abb. 4.1, S. 324) verbreitet. Ein Protonephridium besteht aus häufig sich verzweigenden, innen blindgeschlossenen Kanälen, die nach außen führen. Die Kanäle sind durch die Terminalzellen (Cyrtocyten, Abb. 5.106) abgeschlossen. Wahrscheinlich wird an deren Reusen durch Filtration der Primärharn gebildet, der dann im anschließenden Kanal noch verändert werden kann.

Auch die *Metanephridien* sind im Tierreich weit verbreitet (z. B. Anneliden, Abb. 6.44, S. 569, manche Arthropoden, Mollusken). Diese Exkretionsorgane bestehen wieder aus ausführenden Kanälen, die aber innen nicht geschlossen sind, sondern sich in Coelomräume (S. 570) öffnen. Häufig ist diese Öffnung ein ziemlich weiter und bewimperter Trichter, wie bei manchen Anneliden. Das Lumen der Exkretionsorgane steht hier mit einem großen Coelomraum in freier Verbindung; der Primärharn (s. unten) gleicht daher wohl in seiner Zusammensetzung der Coelomflüssigkeit. Vielfach wird angenommen, daß diese durch die Wände der Coelomräume (wahrscheinlich auf dem Wege einer Filtration) gebildet wird. Bei manchen Mollusken wird der Primärharn als Filtrat aus dem Blut in den hier meist nur in Einzahl vorliegenden Coelomraum (S. 571) abgepreßt. Ähnliches gilt offenbar auch für *Antennendrüsen* (Abb. 5.140) bei Krebsen, die als umgewandelte Metanephridien angesehen werden müssen. Der Coelomanteil ist bis auf den Sacculus reduziert, der als erster Abschnitt des Organs gilt und in den hinein aus dem Blut der Primärharn gebildet wird (Vorkommen von Podocyten, S. 471). Der ableitende Kanal kann in verschiedene Abschnitte unterteilt sein. Hier kann der Primärharn durch Entfernung (Resorption) und Zufügung (Sekretion) von Stoffen verändert werden.

Viele landlebende Arthropoden besitzen als Exkretionsorgane die *Malpighi-Gefäße* (Abb. 5.141). Es sind gegen die Leibeshöhle blindgeschlossene Schläuche, die an der Grenze zwischen Mittel- und Enddarm in den Verdauungskanal einmünden (Abb. 5.117). Ihre Funktion ist bei einigen Insekten gut untersucht. Der Harn wird hier grundsätzlich durch aktiven Transport von Stoffen in das Schlauchlumen gebildet. Diese Vorgänge

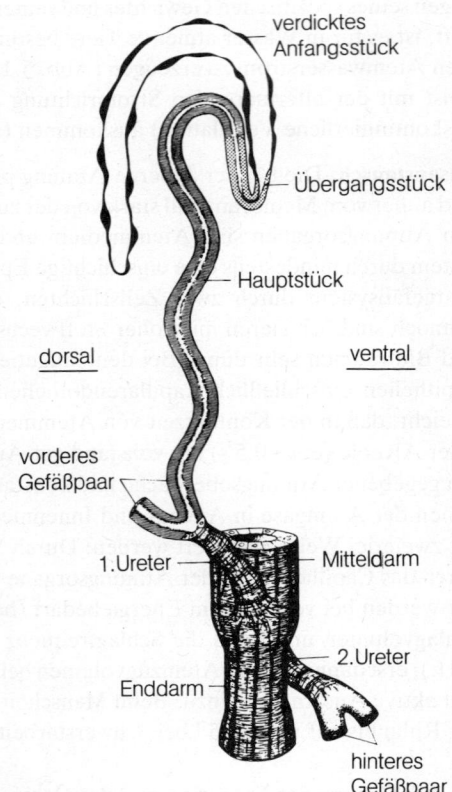

Abb. 5.141. Malpighi-Gefäß aus der Larve der Taufliege Drosophila, und zwar eines von dem rechten, nach vorn gerichteten Paar. (Nach Wessing)

ziehen einen passiven Einstrom von Wasser und anderen Substanzen nach sich. Die so gebildete Flüssigkeit mischt sich im Enddarm mit aus dem Mitteldarm kommenden Verdauungsrückständen und fließt in das Rectum. Dort können Ionen und verwertbare organische Substanzen, die durch die Abscheidung der Malpighi-Gefäße hineingelangt sind (oder der Resorption im Mitteldarm entgingen), resorbiert werden und damit auch eine Rückgewinnung von Wasser bewirken. Für die Resorption sind insbesondere die Rectalpapillen (Abb. 5.117) zuständig; das sind Differenzierungen der Rectalwandung – mit »Transportstrukturen« (vgl. Abb. 1.12, S. 21) der Zellen –, die bei den meisten Insekten auftreten.

Die Exkretionsorgane der Wirbeltiere, die *Nieren*, können grundsätzlich auf segmentale (Meta-)Nephridien zurückgeführt werden, die über einen Wimpertrichter mit dem Coelom in Verbindung stehen. Bei den meisten Vertebraten geht aber ihre Verbindung zur Coelomhöhle verloren. Allgemein entwickelt sich dagegen eine enge Beziehung zum Blutgefäßsystem (Glomerulum). Der Bau der Nieren ist im Detail unterschiedlich. Bei den bleibenden Nieren (Nachnieren) der Amnioten sind auch in der Entwicklung keine segmentalen Elemente mehr erkennbar.

Die funktionelle Einheit der Wirbeltier-Niere ist das *Nephron* (Abb. 5.144a). Ein typisches Nephron ist ein blindgeschlossenes Rohr, in dessen Anfang einige Schleifen von Blutcapillaren *(Glomerulum)* so eingesenkt sind, daß ein doppelwandiger Becher *(Bowman-Kapsel)* entsteht; beide zusammen bilden das *Malpighi-Körperchen* (Abb. 5.143). Das anschließende Nierenkanälchen läßt regelmäßig eine Gliederung in einen *proximalen* und einen *distalen Tubulus* erkennen; letzterer mündet in ein Sammelrohr. Im Nephron der Säugetiere bilden gerade Anteile der Tubuli zusammen mit einem dünnen Überleitungsstück die *Henle-Schleife*. In der Säugetier-Niere sind sehr viele derartige Einheiten zu einem kompakten Organ vereinigt.

Ein Schnitt durch die Niere eines Säugetieres (Abb. 5.142) zeigt eine Gliederung in *Rinde* und *Mark,* die allerdings miteinander verzahnt sind. Die Rinde enthält die Malpighi-Körperchen und die gewundenen Anteile der Tubuli. Im Mark (einschließlich der Markstrahlen) finden sich Henle-Schleifen und Sammelrohre. Das Mark bildet zum *Nierenbecken* hin die Papillen, an deren Oberfläche die Sammelrohre münden. Der fertige Harn wird über Nierenkelche und Nierenbecken durch den Harnleiter *(Ureter)* in die Harnblase abgeführt.

Wie in anderen spezifischen Exkretionsorganen wird im Anfangsteil des Nephrons – durch die Capillaren-Wandung des Glomerulum im Malpighi-Körperchen – aus dem Blut ein *Ultrafiltrat* (das ist Blutplasma ohne die großmolekularen Anteile) in das Lumen der tubulären Struktur abgesondert. Sekundär können aus diesem *Primärharn* Stoffe (Glucose, Aminosäuren, Ionen, im Gefolge davon auch Wasser) *rückresorbiert,* andere zusätzlich von den Zellen der Tubuluswandung in das Lumen *sezerniert* werden (Abb. 5.144b). Rückresorption aus der Flüssigkeit und Sekretion in das Lumen hinein sind energieverbrauchende aktive Transportprozesse; sie haben eine gegebene maximale Leistungsfähigkeit (Kapazität), die experimentell durch ein Überangebot zu transportierender Stoffe bestimmt werden kann (Abb. 5.145, 5.146). Der Transport von Wasser und manchen Ionen erfolgt passiv durch die meisten Abschnitte der Tubuluswand, entsprechend den vorliegenden Konzentrationsgradienten. Diese Vorgänge spielen sich hauptsächlich im gewundenen Teil des *proximalen* Tubulus ab; dort verläuft die Wasserrückgewinnung ausschließlich *isotonisch* in Verbindung mit dem Rücktransport gelöster Substanzen. Erst in den *distalen* Teilen des Nephrons erfolgt der Wasserentzug aus dem Harn *osmotisch.* Die Wandung des aufsteigenden Teils der Henle-Schleife transportiert aktiv Cl^--Ionen mit großer Effektivität vom Tubuluslumen in das interstitielle Gewebe, ist jedoch nahezu undurchlässig für Wasser. Die Ionen diffundieren danach zum Teil in die Blutcapillaren, zum Teil in die absteigenden Teile der Henle-Schleifen ein; durch die dort erzielte Erhöhung der Konzentration wird nach dem Prinzip der Gegenstrommultiplika-

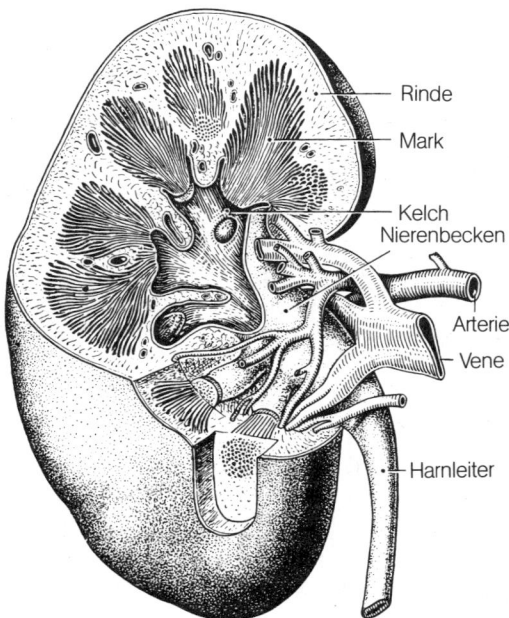

Abb. 5.142. Aufbau einer (teilweise von hinten geöffneten) linken Niere des Menschen. (Aus Möricke u. Mergenthaler)

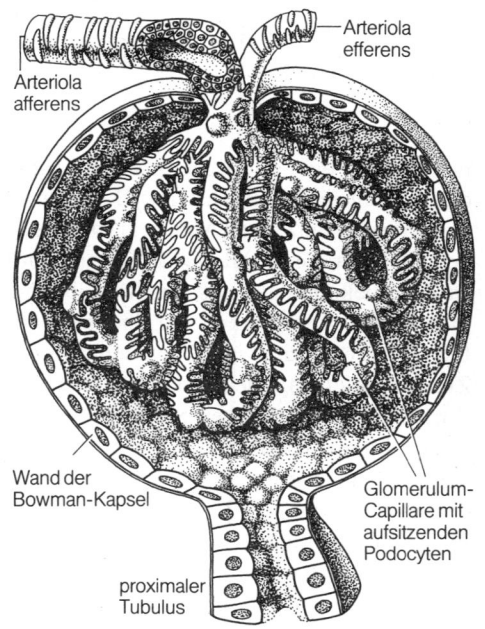

Abb. 5.143. Malpighi-Körperchen aus der Säugetier-Niere. Die Bowman-Kapsel ist aufgeschnitten, um die Glomerulumcapillaren mit ihren Podocyten (Abb. 5.107) zu zeigen. Oben der »Gefäßpol«, unten der »Harnpol«. (Aus Bargmann, verändert)

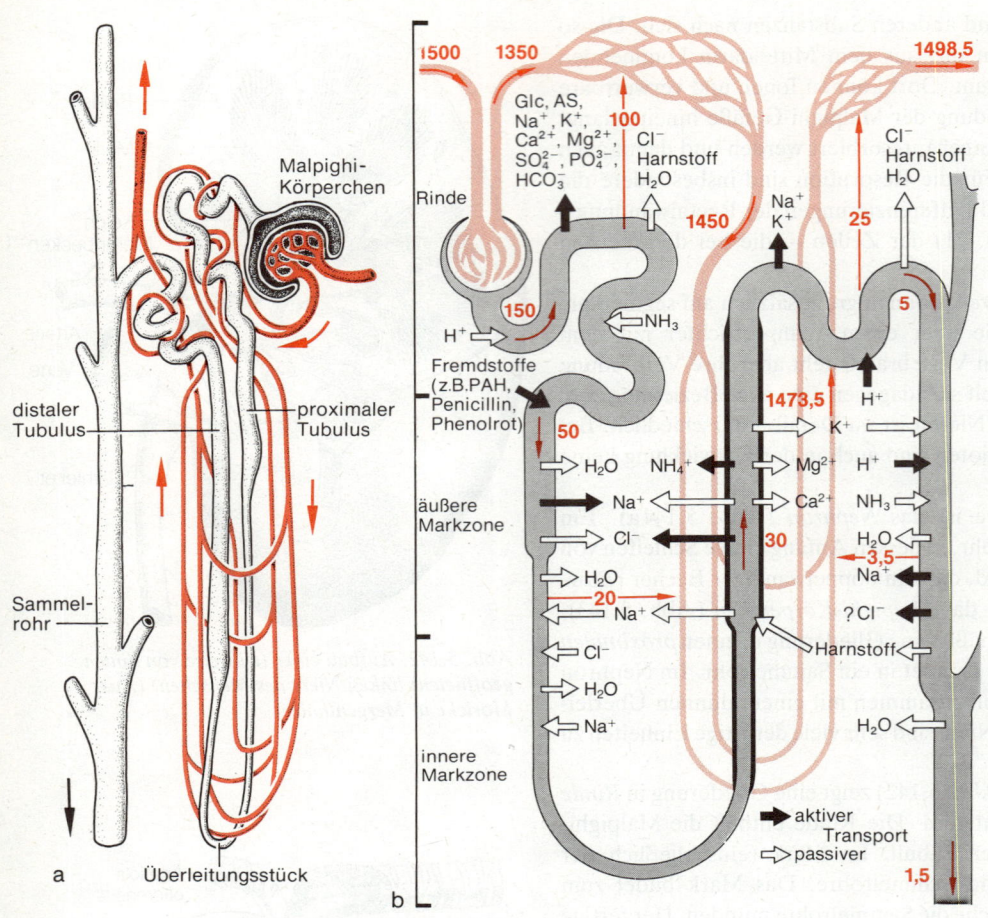

Abb. 5.144. (a) Bau eines Nephrons aus der Niere eines Säugetieres mit Malpighi-Körperchen (angeschnitten), proximalem Tubulus, Überleitungsstück und distalem Tubulus; dieser mündet in ein Sammelrohr. Die geraden Teile des proximalen und distalen Tubulus zusammen mit dem Überleitungsstück bilden die Henle-Schleife. Die zugehörigen Blutgefäße sind rot eingezeichnet. Der schwarze Pfeil zeigt die Strömungsrichtung des Harns im Sammelrohr. (b) Schema der wichtigsten Transportvorgänge im Säugetiernephron am Beispiel des Menschen. Blutgefäße (rot) von den harnführenden Räumen (grau) getrennt dargestellt. Die mittels dickem Strich hervorgehobene Wand des »aufsteigenden« Teils der Henle-Schleife ist für Wasser weitgehend undurchlässig. Die in das Interstitium (weiße Flächen) verbrachten Stoffe werden größtenteils vom Blut abtransportiert. Die angegebenen aktiven (schwarze Pfeile) und passiven (weiße Pfeile) Transporte beziehen sich auf das Epithel als ganzes und berücksichtigen nicht die Mechanismen an den Zellmembranen. Die roten Zahlen geben die Flüssigkeitsmengen (in $l \cdot Tag^{-1}$) an, die die beiden Nieren eines erwachsenen Menschen in der durch die roten Pfeile angegebenen Richtung während eines Tages durchsetzen. AS, Aminosäuren; Glc, Glucose; PAH, p-Aminohippursäure. (a nach Smith, b nach Harth sowie nach Hargitay u. Kuhn, verändert)

tion (S. 473) ein osmotischer Gradient aufgebaut, der innerhalb des Nierenmarks gegen das Nierenbecken hin ansteigt. Dadurch wird dem durch die Sammelrohre fließenden Harn Wasser entzogen (Abb. 5.111b), das aus dem interstitiellen Gewebe zusammen mit den Ionen in die Capillaren aufgenommen und mit dem Blut aus dem System entfernt wird. So bekommt das aus der Niere abströmende Blut nahezu den gleichen osmotischen Wert wie das zuströmende, der Endharn ist jedoch weit höher konzentriert (Abb. 5.144b). Die Rückresorption ist ein wesentlicher Mechanismus bei der Konstanthaltung der Zusammensetzung der zirkulierenden Körperflüssigkeit. Sie erfolgt selektiv unter Zurücklassung derjenigen Substanzen, die ausgeschieden werden sollen. Aus der sehr großen Menge von Primärharn werden beim Säugetier z. B. die Glucose vollständig und das Wasser zu etwa 99% zurückgewonnen (Mensch: Primärharn ca. 170 l · Tag^{-1}; definitiver Harn 1,5–2 l · Tag^{-1}); dabei gelangt passiv auch etwa ein Drittel des im Primärharn enthaltenen Harnstoffs in das Blut zurück. Diese Mechanismen werden ergänzt durch die aktive Sekretion der Tubulusepithelzellen, die auszuscheidende Substanzen in das Lumen der Nierenkanälchen bringt (Abb. 5.144b).

Zur Beurteilung der Behandlung einer im Blutplasma gelösten (kleinmolekularen) Substanz durch die Niere wurde der Begriff der *Clearance* eingeführt. Die Clearance ist definiert als dasjenige Volumen von Blutplasma, das während einer bestimmten Zeit durch die Tätigkeit der Nieren eines Tieres von einer bestimmten Substanz vollständig befreit wird (Dimension: ml · min^{-1}).

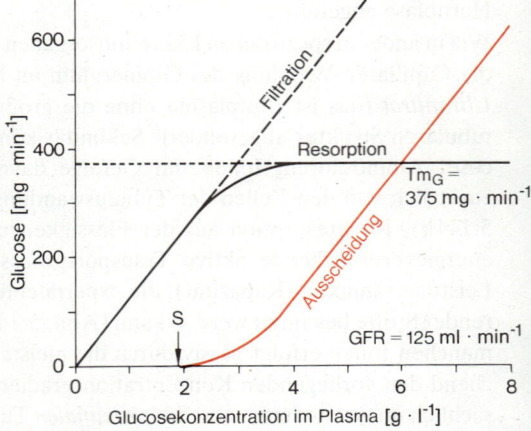

Abb. 5.145. Einfluß von Filtration und Resorption auf die Ausscheidungsrate der Niere beim Menschen: Ausscheidung von Glucose in Abhängigkeit vom Blutzuckerspiegel; sie beginnt erst bei der Schwellenkonzentration S. Die Sättigung der Resorptionsgröße (Tm_G) weist auf aktive Vorgänge der Rückgewinnung hin. (Nach Pitts aus Schmidt u. Thews)

Von einer Substanz, die ausschließlich durch Filtration in den Harn gelangt, kann der aus dem Blut entfernte Anteil nicht größer sein als der Anteil des Blutplasmas, der den Primärharn bildet. Ist von einer solchen Substanz bekannt, daß sie in den Nierenkanälchen nicht rückresorbiert wird, so kann man nach einer Infusion aus dem Vergleich der Konzentrationen im Blutplasma und im Endharn die *glomeruläre Filtrationsrate* (GFR) – die von beiden Nieren in 1 min gebildete Menge Primärharn *(V_F)* – nach Gleichung (5.9) bestimmen (Mensch: $V_F = 125\,\text{ml} \cdot \text{min}^{-1}$). Ein hierfür häufig verwendeter Stoff ist das Inulin, ein Polysaccharid aus Fructose, M ~ 5000. Substanzen, die (aufgrund ihres Molekulargewichtes) nur unvollständig filtriert oder die teilweise rückresorbiert werden, haben einen Clearance-Wert, der kleiner ist als der des Inulins; größere Werte weisen auf eine (zusätzliche) Ausscheidung durch Sekretion hin. Wird ein Stoff vollständig aus dem gesamten Blut entfernt, das die Niere durchfließt – wie dies z.B. bei der p-Aminohippursäure der Fall ist –, so ermöglicht dessen Analyse in Blut und Endharn die Ermittlung des Plasmadurchflusses pro Zeiteinheit und damit der *Durchblutungsrate* der Nieren (Mensch: 650 ml Plasma $\cdot \text{min}^{-1} \triangleq$ 1200 ml Blut $\cdot \text{min}^{-1}$).

Bei der Ausscheidung stickstoffhaltiger Stoffwechselendprodukte, besonders aber bei der Osmo- und Ionenregulation, wirken – wie bereits angeführt wurde (S. 470) – noch andere Gewebe und Organe (z.B. Kiemen, Haut) mit, die dabei eine wichtige, zuweilen die vorherrschende Rolle spielen. Einige Beispiele werden später (S. 602f.) beschrieben.

In ihrer Funktion unterscheiden sich die spezifischen Exkretionsorgane insofern prinzipiell von Kiemen und Haut, als sie in einem Körperhohlraum Flüssigkeit produzieren, deren Zusammensetzung durch Austauschprozesse noch verändert werden kann. Stoffe, die durch Kiemen und Haut abgeschieden werden, verteilen sich dagegen sofort in dem ungeheuren Außenvolumen des umgebenden Wassers, so daß sie kaum zurückgewonnen werden können.

Nicht immer werden die Exkrete bald nach ihrer Bildung aus dem Körper entfernt. Sie können auch auf Dauer oder für eine gewisse Zeit in Zellen oder Geweben aufbewahrt werden. So speichern manche Insekten Purinderivate im Fettkörper (Abb. 5.79), Land-Pulmonaten während der Winterruhe im Nierensack und Ascidien auf Lebenszeit in sogenannten Speichernieren.

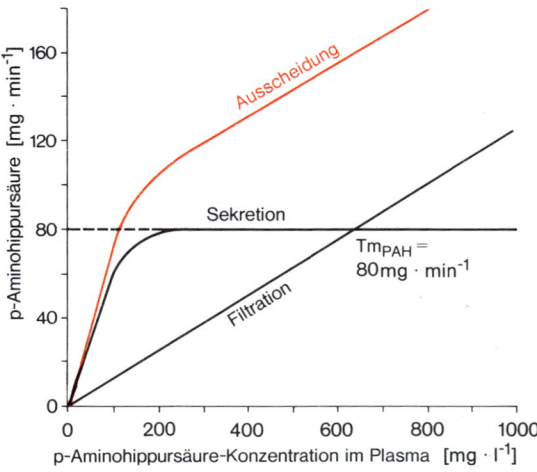

Abb. 5.146. Einfluß von Filtration und Sekretion auf die Ausscheidungsrate der Niere beim Menschen: Ausscheidung von p-Aminohippursäure (PAH); sie beginnt bei geringsten PAH-Konzentrationen. Das auftretende tubuläre Transportmaximum (Tm) zeigt, daß hier wie beim Transport von Glucose aktive Transportprozesse vorliegen. (Nach Pitts aus Schmidt u. Thews)

(5.9) *Glomeruläre Filtrationsrate* (GFR):

$$V_F = V_H \frac{c_H}{c_P} [\text{ml} \cdot \text{min}^{-1}]$$

c_H = Konzentration im Endharn [mg $\cdot$ ml^{-1}],
c_P = Konzentration im Blutplasma [mg $\cdot$ ml^{-1}],
V_H = Volumen des Endharns [ml $\cdot$ min^{-1}].

5.4.2 Nervensysteme und Sinnesorgane

Die *Aufteilung der Funktionen* auf die verschiedenen Gewebe und Organe im Tierkörper macht eine *Koordination ihrer Tätigkeiten* erforderlich. Außerdem muß das Tier auf die Eigenschaften seiner Umwelt und deren Veränderungen in geeigneter Weise reagieren. Für diese Aufgaben hat sich bei Vielzellern ein besonderes System, das *Nervensystem* mit den *Sinnesorganen,* entwickelt.

5.4.2.1 Nervensysteme

Auf der Tätigkeit der Nervensysteme (und der Hormonsysteme, S. 666f.) beruht das harmonische Zusammenwirken der Teile des Tierkörpers; sie stellen die Verbindung zwischen den reizaufnehmenden Sinneszellen und den Erfolgsorganen her.

Die Nervenzellen als morphologische Einheiten (S. 460), außerdem Gliazellen und schließlich Bindegewebselemente für Hüllen sind die Hauptbestandteile der Nervensysteme. Im einfachsten Fall liegen die Nervenzellen verstreut und sind durch mehrere Zellfortsätze mit anderen Nervenzellen zu einem *Nervennetz* (Abb. 5.147) verbunden. Bei den meisten Tieren finden sich im Nervensystem neben derartigen Nervennetzen mit verstreut oder im lockeren Verband liegenden Nervenzellen auch zentralisierte Anteile:

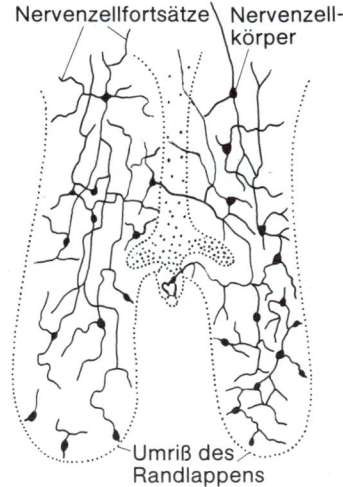

Abb. 5.147. Nervennetz aus einem Randlappen des Schirmes einer Medusenlarve (Ephyra von Aurelia aurita). (Aus Horridge)

So differenzieren sich *Nervenstränge* mit dichter angeordneten Nervenzellen heraus. Bei sehr vielen Tieren treten außerdem Gruppen von Nervenzellkörpern (mit Gliazellen und Bindegewebselementen) zu *Ganglien* zusammen, die durch Stränge aus Nervenfasern verbunden sind. Dann bilden die Nervenstränge bzw. die große Mehrzahl aller Ganglien eines Tierkörpers mit ihren Verbindungszügen ein einheitliches System.

Ein solches System nennt man ein *Zentralnervensystem* (ZNS). Aus dem Zentralnervensystem treten Nervenfasern, gebündelt zu *Nerven,* aus (S. 461).

Funktionell kann man drei Arten von Nerven unterscheiden: *Sensorische oder afferente Nerven*, die die Erregung von den Sinneszellen zum Zentralnervensystem leiten, *effektorische* oder *efferente Nerven*, die die Erregung den Erfolgsorganen zuleiten, und schließlich *gemischte Nerven*. Die Gesamtheit aller sensorischen, effektorischen und gemischten Nerven gehört zum *peripheren Nervensystem,* das auch die peripheren Ganglien, Nervennetze usw. einschließt.

Bei bilateralsymmetrischen Tieren ist der vordere Bereich des Zentralnervensystems besonders ausgezeichnet. In Zusammenhang mit der Lage der meisten großen Sinnesorgane im Kopfbereich kommt es hier ganz regelmäßig zu einer besonders starken Konzentrierung bzw. Zentralisierung, zur Bildung eines *Gehirns*. Das Gehirn ist dann die wichtigste, dem übrigen Nervensystem übergeordnete Zentralstelle.

Bei vielen Tierformen werden Anteile des Nervensystems, die die Tätigkeit der verschiedenen Organe (z. B. Herz, Darm, Drüsen) steuern, vom Zentralnervensystem weitgehend abgesondert. Diese Anteile werden als *vegetatives Nervensystem* zusammengefaßt. Bei den Wirbeltieren läßt sich das vegetative Nervensystem in zwei Anteile gliedern, in das sympathische und das parasympathische System, deren Erregungen die Organe meist antagonistisch beeinflussen (S. 703f.).

Bau

Bei den Nesseltieren bilden *Nervennetze* (Abb. 5.147) das gesamte Nervensystem. Doch ist die Organisation dieser Nervensysteme nicht einfach. So können Nervennetze in gewissen Bereichen, z. B. am Schirmrand von Medusen, ganz dicht geknüpft sein, so daß hier ein Nervenring entsteht. Es können auch lokalisierte Konzentrationen von Nervenzellen (= einfache Ganglien), z. B. in der Nähe von Sinnesorganen, vorkommen.

Bei vielen Plattwürmern entsprechen große Teile des Nervensystems Nervennetzen; meist ist es aber schon zu einer Differenzierung von *Nervensträngen* (Abb. 5.148) gekommen. Diese sind allerdings in ihrer ganzen Länge mit Nervenzellkörpern besetzt, also noch nicht eigentlich in Ganglien und diese verbindende Nervenfaserstränge gegliedert. Dieser primitive Typ von Nervensträngen wird als *Markstrang* bezeichnet. Die Nervenlängsstränge gehen von einer Gehirnbildung unterschiedlicher Differenzierungshöhe im Kopfbereich aus; sie sind durch Nervenbahnen quer verbunden.

Bei den ursprünglichen Mollusken bleiben die Längsnervenstränge meist auf der Stufe von Marksträngen. Bei den höheren Mollusken (Abb. 5.149) aber geht die Konzentration weiter, indem hier die Zellkörper zu Ganglien zusammenrücken. Diese sind dann durch Nervenfaserstränge miteinander verbunden. In der Kopfregion sind bei Mollusken Gehirnbildungen allgemein verbreitet (Abb. 6.228, S. 701). Bei Tintenfischen (Cephalopoden) erreichen diese ihre höchste Differenzierung.

Das Nervensystem der Articulaten ist von der Gliederung dieser Tiere in Segmente geprägt (Metamerie, S. 554). Ontogenetisch wird in jedem Segment ein Paar Ganglien angelegt (Abb. 5.150; Abb. 6.47, S. 570); diese sind durch Nervenfaserstränge quer *(Kommissuren)* und längs *(Konnective)* zur Bauchganglienkette verknüpft, wodurch das Nervensystem strickleiterförmig erscheint: *Strickleiternervensystem* (Abb. 5.150, 5.151). Vor und dorsal der Bauchganglienkette liegt als Gehirnbildung ein weiteres großes Ganglion *(Oberschlundganglion)*. Das Strickleiternervensystem unterliegt innerhalb der Articulatengruppen starken Abwandlungen. Besonders im Kopfabschnitt kommt es durch

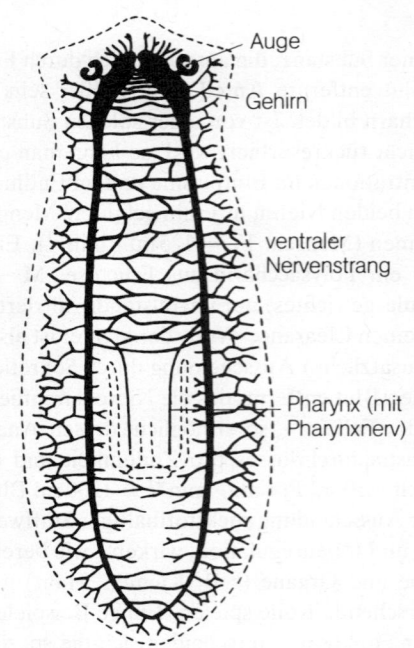

Abb. 5.148. Ventralansicht des Nervensystems einer Planarie (Strudelwurm, Plathelminthes). (Nach Bütschli)

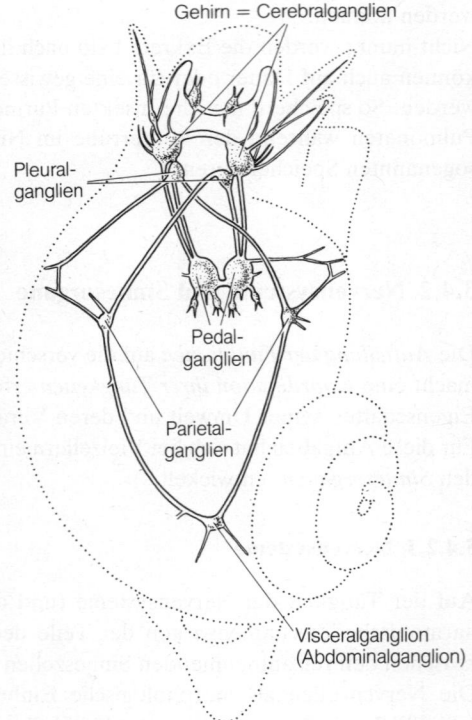

Abb. 5.149. Nervensystem einer Schnecke (Littorina). Die Kreuzung der Pleuroviszeralkonnektive (Stränge, die von den Pleuralganglien das Visceralganglion erreichen) ist auf die Torsion des Eingeweidesackes zurückzuführen. (Original von Dohle/Berlin)

Umbildungen bzw. Verschmelzen von Ganglien zu manchmal komplizierten Gehirnbildungen (Abb. 5.150; Abb. 6.217, S. 693), und auch in der anschließenden Bauchganglienkette finden sich in vielen Fällen weitere Konzentrierungen (z. B. Unterschlundganglion). Bei den meisten Tiergruppen liegt das Zentralnervensystem in der Hauptsache der Bauchseite genähert. Dagegen ist für den Stamm der Chordaten seine dorsale Lage bezeichnend. Nach seiner Struktur wird es als *Nervenrohr* bezeichnet; dieses ist am Vorderende meist erweitert. Bei den Wirbeltieren entwickelt sich aus dieser Erweiterung das Gehirn, und zwar durch weiteres Anschwellen und eine komplizierte Gliederung des vorderen Teiles in mehrere Abschnitte und eine gesetzmäßige Faserverbindung seiner Teile. Am Gehirn der Wirbeltiere (Abb. 5.152) lassen sich fünf Abschnitte unterscheiden: das Vorderhirn oder Endhirn *(Telencephalon)*, das Zwischenhirn *(Diencephalon)* mit der Neurohypophyse, der Epiphyse und dem Parietalorgan als Anhängen, das Mittelhirn *(Mesencephalon)*, das Hinterhirn *(Metencephalon)*, aus dessen Dach das Kleinhirn hervorgeht, und das Nachhirn *(Myelencephalon = Medulla oblongata)*. Der basale (ventrale) Anteil der hinteren drei Gehirnabschnitte bleibt relativ einheitlich; er wird vielfach als Tegmentum zusammengefaßt.

Die Ausbildung der Gehirnabschnitte ist bei den Wirbeltierklassen sehr unterschiedlich. Einige Tendenzen sind erkennbar. Bei Tieren, die schwierige Bewegungsprobleme zu lösen haben oder bei denen die Anforderungen an die Erhaltung des Gleichgewichts hoch sind – z. B. bei Vögeln, vielen Säugern, Knochenfischen und Haien –, ist das *Kleinhirn* als Verarbeitungsstelle von Meldungen über Lage und Lageänderung des Körpers meist besonders gut entwickelt. In der Wirbeltierreihe kommt es zu einer fortschreitenden Entfaltung und Differenzierung des Vorderhirns, das sich als *Großhirn* zum übergeordneten Zentrum der höheren Hirnleistungen entwickelt. Der Höhepunkt wird innerhalb der Säugetiere – und hier beim Menschen – erreicht (Abb. 6.216, S. 693).

Das *Nachhirn* bildet den Übergang zum anschließenden Nervenrohr, dem *Rückenmark* (Abb. 5.153). Die Nervenzellen liegen zentral in der »grauen Substanz«. Diese wird von der »weißen Substanz« umgeben, in der die myelinisierten Nervenfasern (S. 461) ziehen. Vom Rückenmark gehen segmental die *Spinalnerven* ab, die meist durch Verschmelzung von dorsalen und ventralen Wurzeln entstehen. Die ventralen Wurzeln führen vorwiegend efferente Fasern. In einer Anschwellung der dorsalen Wurzeln *(Spinalganglien)* liegen die Zellkörper der sensorischen Zellen, die eine Kollaterale in die Peripherie, den Neuriten ins Rückenmark entsenden (vgl. Abb. 6.223, S. 697).

Funktion

Für die einzelnen Elemente der Nervensysteme, die Neuronen, wurde die Funktion bereits dargestellt (S. 463f.). Die Leistung des Gesamtsystems – also die Informationsverarbeitung zum Zweck der Steuerung – ist eine *integrative Funktion*, die nur in Verbindung mit den Leistungen anderer Organe verstanden werden kann; sie ist deshalb im Abschnitt 6.10 (S. 693f.) dargestellt. Eine bei Zentralnervensystemen vorkommende Eigenschaft ist die Fähigkeit des *Lernens* und die dafür notwendige Leistung der Informationsspeicherung, also des *Gedächtnisses*. Diese Funktionen sind bisher nur durch die Untersuchung des Verhaltens zu erforschen und werden deshalb im Kapitel 7 (S. 721f.) besprochen.

5.4.2.2 Allgemeine Eigenschaften der Sinnesorgane

Lebewesen müssen Informationen aus ihrer Umwelt in Form von Signalen *(Reizen)*, die von ihr ausgehen, empfangen und verarbeiten, um situationsgerecht darauf reagieren zu können. Auch Signale, die der Organismus selbst verursacht, werden wahrgenommen. Bei nahezu allen Metazoen – eine wahrscheinliche Ausnahme: Schwämme – stellen für die Reizaufnahme spezialisierte Sinneszellen *(Rezeptoren,* S. 463) bzw. Ansammlungen von Sinneszellen zu komplexen Sinnesorganen die Eingangspforten für die Reize dar.

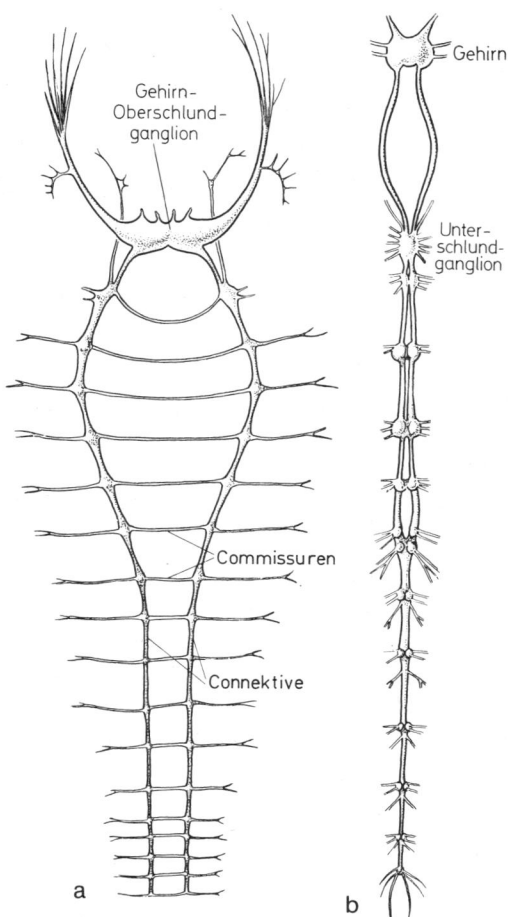

Abb. 5.150. (a) Nervensystem von Serpula (Polychaeta). (b) Nervensystem eines Flußkrebses mit Gehirn (Cerebralganglion), Unterschlundganglion (aus zwei getrennten Anteilen) und Bauchganglienkette (mit elf weiteren Ganglien). (a nach Quatrefages, b nach Kükenthal, Matthes u. Renner)

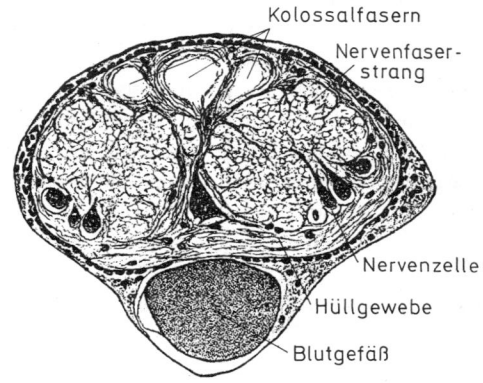

Abb. 5.151. Querschnitt durch die Bauchganglienkette (»Bauchmark«) des Regenwurmes Eisenia (Oligochaeta, Annelida). (Aus Schneider)

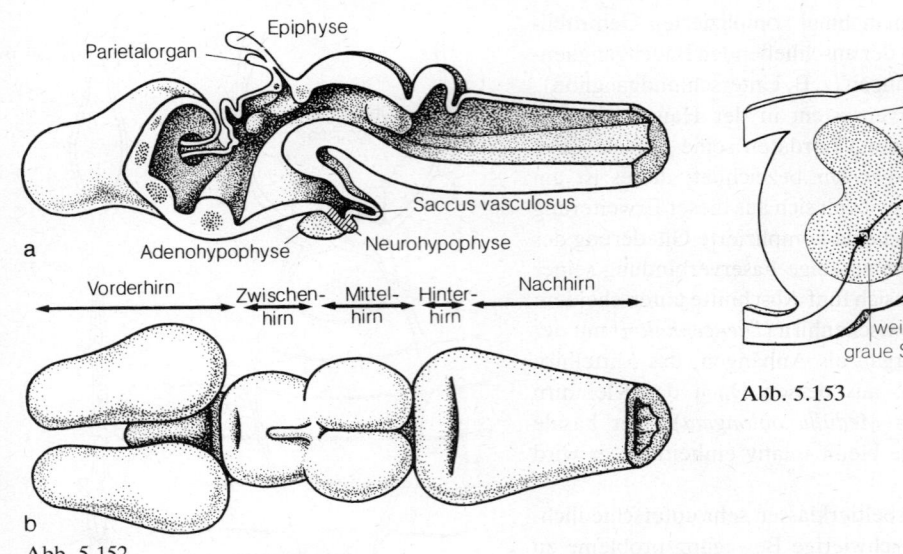
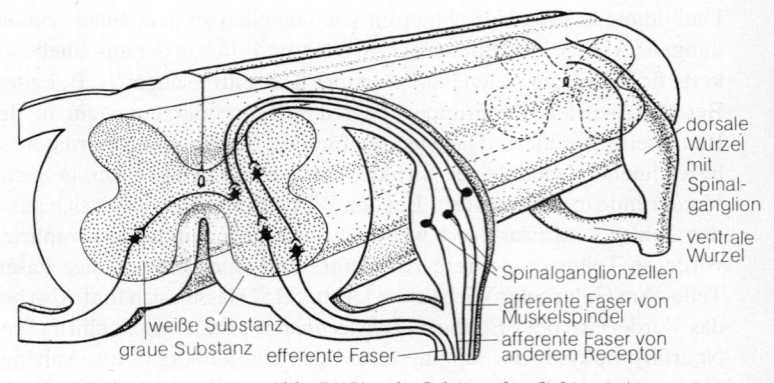

Abb. 5.153

Abb. 5.152 a, b. Schema der Gehirnregionen eines Wirbeltieres. (a) Seitenansicht mit Sagittalschnitt. (b) Dorsalansicht. (Aus Portmann)

Abb. 5.153. Rückenmark eines Wirbeltieres: Ausschnitt, stark schematisiert, durchsichtig gedacht. Nur im Anschnitt wenige Nervenzellen und Nervenverbindungen eingetragen

Sinneszellen können als alleinige Elemente für die Reizaufnahme verantwortlich sein. Oft sind Hilfsstrukturen (z. B. im Ohr Gehörknöchelchen, Trommelfell; im Auge Linse, Pigmentabschirmungen) am Aufbau eines Sinnesorgans beteiligt. Die Hilfsstrukturen dienen einmal dazu, die adäquaten Reize zu den Rezeptorstrukturen hinzuführen, aber auch dazu, inadäquate Reize von den Sinneszellen fernzuhalten. Sinneszellen sprechen häufig auf verschiedene Reize an, auf inadäquate jedoch nur bei sehr viel größerer Energie: z. B. Lichtsinneszellen auch auf Druck. Ein Druckreiz, der ausnahmsweise die Lichtsinneszellen erreicht und diese zur Erregung bringt, wird vom Gehirn immer als Lichtreiz registriert (beim Schlag auf ein Auge »sieht man Sterne«).

Es gibt Rezeptoren für eine große Zahl verschiedener Reizmodalitäten. Eine übliche Einteilung erfolgt nach der Energieform der Reize:
– Mechanische Sinnesorgane (Sinneszellen: *Mechanorezeptoren*),
– Elektrische Sinnesorgane (Sinneszellen: *Elektrorezeptoren*),
– Temperatursinnesorgane (Sinneszellen: *Thermorezeptoren*),
– Chemische Sinnesorgane (Sinneszellen: *Chemorezeptoren*),
– Lichtsinnesorgane (Sinneszellen: *Photorezeptoren*).

Für den »Magnetsinn« – die bei Vögeln und Insekten nachgewiesene Fähigkeit zur Orientierung nach der Richtung des erdmagnetischen Feldes – sind die zuständigen Sinnesorgane oder Rezeptoren bisher nicht bekannt.

Eine andere Einteilung fragt danach, ob die Sinneszellen auf Reize aus der Umwelt oder auf Reize aus dem Körperinneren ansprechen. Die ersteren nennt man *Exterorezeptoren*; sie geben dem Organismus Nachricht über Veränderungen in der äußeren Umgebung. Die letzteren werden *Interorezeptoren* genannt; sie vermitteln dem Organismus Meldungen über innere Zustände oder auch über deren Veränderungen (z. B. über Blutdruck, Sauerstoffkonzentration im Blut, auch über Stellung der Extremitäten usw.). Innerhalb beider Gruppen gibt es Rezeptoren, die lediglich die Größe des Reizes, also einen Betrag (einen *Skalar;* z. B. die Temperatur), melden; im Gegensatz dazu sind viele Rezeptoren – gegebenenfalls in Verbindung mit Hilfseinrichtungen – in der Lage, außer der Größe auch die Richtung des adäquaten Reizes (einen *Vektor;* z. B. Licht, das von einem bestimmten Umgebungspunkt ausgeht, und nicht nur die allgemeine Helligkeit) festzustellen: Sie haben eine *Richtcharakteristik*.

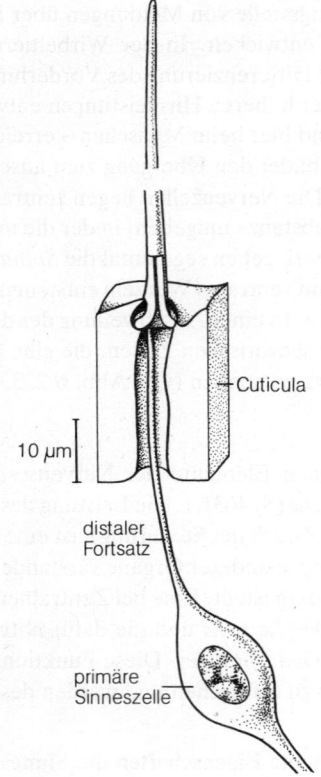

Abb. 5.154. Haar-Mechanorezeptor von Insekten; schematische Übersicht. Der distale Fortsatz der Sinneszelle stellt den inneren Abschnitt des Dendriten (»Innensegment«) dar; daran schließt sich distal – kurz unterhalb der Basis des Sinneshaares – dessen cilienartiger Abschnitt (»Außensegment«) an. (Nach Thurm)

5.4.2.3 Mechanische Sinnesorgane

Sinnesorgane, die auf mechanische Deformationen – sei es durch Zug, Druck, Scherung usw. – antworten, werden als mechanische Sinnesorgane bezeichnet. Das Ursachenspektrum einer solchen Deformation ist sehr weit, entsprechend groß ist die Mannigfaltigkeit der Organe. Eine Deformation kann durch Berührung mit festen Gegenständen, durch schwingende oder strömende Medien, durch die Schwerkraft oder durch Schallwellen hervorgerufen werden. Danach können *Tastsinnesorgane, Vibrationssinnesorgane, Strömungssinnesorgane, statische Sinnesorgane* und *Gehörorgane* unterschieden werden; doch ist eine derartige Einteilung nicht immer sinnvoll, da es Überschneidungen gibt (etwa bei dem Seitenliniensystem der Fische). Auch die Stellungs- und Bewegungsrezeptoren, die den Organismus über die Lage bzw. die Bewegung von Körperteilen informieren *(Propriorezeptoren)*, gehören zu den mechanischen Sinnesorganen.

Die *Tastsinnesorgane* sind bei Insekten hauptsächlich cuticulare Haare (Abb. 5.154) oder lassen sich von solchen ableiten. Diese Haare dienen, wenn sie an gelenkig miteinander verbundenen Körperteilen stehen, als proprioreceptive Sinnesorgane, die deren Stellung oder Bewegung zueinander registrieren. Damit können sie auch zur Feststellung der Erdschwerkraft-Richtung genutzt werden (S. 723). In diesen Organen entsenden primäre Sinneszellen einen distalen Fortsatz (Dendrit) in die Basis des Haares. Darin ist der äußere (cilienartige) Abschnitt des Dendriten an einer Cuticularstruktur festgemacht (Abb. 5.155a). Beim Abbiegen des Haares in seiner Gelenkmembran wird die Basis des Haares etwas bewegt. Dadurch wird ein spezialisierter Bereich (regelmäßig gekennzeichnet durch einen Tubularkörper) im Dendriten der Sinneszelle komprimiert. Diese Kompression stellt offenbar den adäquaten Reiz dar. Aufgrund der Gelenkung in der Cuticula haben viele Tasthaare eine bevorzugte Abbiegerichtung; dadurch bekommt der Rezeptor als ganzes eine Richtcharakteristik. Haarrezeptoren der Insekten können eine sehr hohe Empfindlichkeit aufweisen: ein – vorwiegend Luftbewegungen aufnehmender – Rezeptor von Grillen spricht bereits auf eine Auslenkung des Haares von 0,01 Winkelgrad an; die dabei am Tubularkörper auftretende Kraft von $10^{-7}-10^{-8}$ N wird auf die Conen der Rezeptormembran geleitet (Abb. 5.155b, c). Deren Verformung bewirkt bereits bei 0,1 nm Verformungsweg eine graduierte Änderung des Membranpotentials.

Bei Säugetieren wirken ebenfalls Haare oft als Hilfseinrichtungen für Mechanorezeptoren. Um den Haarbalg liegt ein Gespinst freier Nervenendigungen (Haarfollikelrezeptoren, Abb. 5.200a), die bei jeder Berührung des Haares erregt werden. Freie Nervenendigungen (S. 462) fungieren bei Wirbeltieren ganz allgemein als Tastrezeptoren in der Haut; Abbildung 5.156 zeigt verschiedene Mechanorezeptoren in der Haut des Menschen, die für die Wahrnehmung der unterschiedlichen Parameter eines Berührungsreizes im Sinne einer Arbeitsteilung spezialisiert sind. Die langsam adaptierenden Druckrezeptoren *(Merkel-Zellen)* codieren die Intensität eines Berührungsreizes, die schnell adaptierenden Berührungsrezeptoren *(Meissner-Körper)* melden die Geschwindigkeit und die Vibrationsrezeptoren *(Vater-Pacini-Körper,* Abb. 5.157) die Beschleunigung. Die letzteren adaptieren so schnell, daß zu Reizbeginn jeweils nur ein Aktionspotential ausgelöst wird; damit können weder Geschwindigkeit noch Betrag eines Reizes codiert werden.

Auch ein sich näherndes Objekt kann von vielen Tieren über den Tastsinn wahrgenommen werden, wenn es eine *Luft-* oder *Wasserströmung* erzeugt (Erweiterung des Tastraumes). Derartige *Ferntastsinnesorgane* sind z. B. die Seitenlinienorgane der Fische (Abb. 5.158a). Diese befinden sich meist in unter der Haut liegenden Kanälen, die mit der Außenwelt durch Öffnungen in Verbindung stehen (Abb. 5.158c). In das Kanallumen ragen Gallertkegel *(Cupulae)*, in die haarartige Fortsätze sekundärer Sinneszellen (Cilien und Mikrovilli, hier meist *Kino-* bzw. *Stereocilien* genannt) eingebettet sind (Abb. 5.158b, 5.159). Wasserbewegungen pflanzen sich in die Kanäle fort; dadurch werden die Gallertkegel, die die Kanallichtung weitgehend abschließen (Abb. 5.158c), durchgebogen und

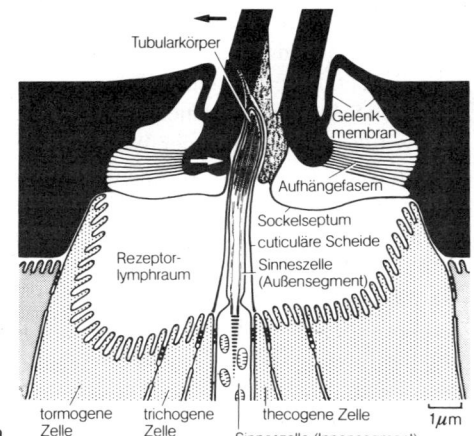

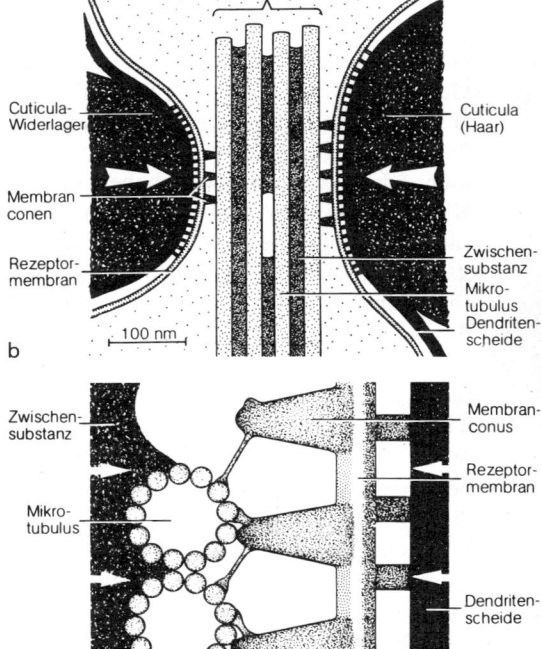

Abb. 5.155a–c. Haar-Mechanorezeptor von Insekten. (a) Schematischer Schnitt durch die Haarbasis längs der Sinneszellendigung. Cuticuläres Material schwarz, Hilfszellen punktiert; Pfeile: reizwirksame Bewegungsrichtung. (b) Reizaufnehmende Sinneszellregion eines Fadenhaares in 20fach stärkerer Vergrößerung als (a). Die Bewegung der Haarcuticula bewirkt eine Eindellung der Sinneszelle im Bereich des Tubularkörpers (Pfeile). (c) Querschnitt durch eine reizaufnehmende Sinneszellregion. Die mit den Mikrotubuli verbundenen Membranconen sind integrale Bestandteile der Innenlamelle der Zellmembran. Ein mechanischer Reiz drückt die Membran gegen die Conen: die Eindellung führt im Fadenhaar zur Erregung der Sinneszelle. (a Original von Altner u. Prillinger; b, c nach Keil, Thurm u. Völker)

die Sinneszellen erregt. Die Seitenlinienorgane ermöglichen auch eine Ortung von ruhenden Gegenständen aufgrund der Reflexion von Wasserströmungen, die das Tier gegebenenfalls selbst erzeugt hat.

Von den Seitenlinienorganen der Fische ist wohl phylogenetisch das *Bogengangsystem des Labyrinths* im Innenohr der Wirbeltiere abzuleiten. Die meist drei Bogengänge sind in drei angenähert senkrecht zueinander stehenden Ebenen angeordnet (Abb. 5.160a). Jeder Bogengang ist an einem Ende kugelförmig zu einer Ampulle erweitert. In diese Ampullen ragen schmale Gallertkegel (Cupulae) hinein, die sekundären Sinneszellen aufsitzen (Abb. 5.160b, c). Das ganze System ist von einer körpereigenen Flüssigkeit *(Endolymphe)* erfüllt. Wenn eine Drehung in der Ebene eines der Bogengänge beginnt oder endet, so wird sich die Endolymphe infolge ihrer Massenträgheit gegenüber den Kanalwandungen bewegen. Die *Strömung* biegt die betreffende Cupula durch, und die Sinneszellen werden erregt. Die Bogengänge dienen so der Perzeption der Drehbeschleunigung.

Bei Wirbeltieren ist auch der *statische Apparat* im *Labyrinth* lokalisiert. In seinen basalen Abschnitten *(Sacculus, Utriculus)* finden sich zwei bis drei Felder sekundärer Sinneszellen (Abb. 5.160d) mit Kinocilien und Stereocilien (Abb. 5.159a). Auf den Sinneszellen bzw. auf deren Haarfortsätzen ruht entweder ein einzelner großer, aus Kalk bestehender Körper *(Statolith)* oder viele kleine auf einer unterliegenden Gallertmasse. Da das spezifische Gewicht dieses (oder dieser) Statolithen größer ist als das der umgebenden Flüssigkeit (Endolymphe), übt er ständig eine Kraft auf die Sinneszellunterlage aus. Verändert das Tier seine Lage zur Schwerkraft (Abb. 7.4, S. 723), so wird der Statolith auf der Unterlage mehr oder weniger weit verschoben; dabei entsteht neben der Druckkomponente *d* eine Kraftkomponente *s* parallel zur Fläche des Sinnesepithels. Dadurch werden die Haarfortsätze der Sinneszellen gebogen (Abb. 5.159b). Die Scherungskraft *s* – nicht die Druckkraft *d* auf die Unterlage – stellt den adäquaten Reiz für die Mechanorezeptoren dar.

Einem ähnlichen Bauprinzip folgen auch viele *statische Sinnesorgane* der Wirbellosen: Ein flüssigkeitserfüllter Hohlraum enthält Statolithen unterschiedlicher Substanz und Herkunft in Ein- oder Mehrzahl (Abb. 5.163). In die Hohlraumwandung sind Bezirke von Sinneszellen eingeordnet, von denen Fortsätze in den Hohlraum ragen. Bei Wirbellosen handelt es sich zumindest vielfach um primäre Sinneszellen mit Cilien. Bei den Arthropoden sind die Fortsätze cuticulare Haare (S. 497). So gebaute statische Sinnesorgane heißen allgemein *Statocysten*. Manche Wirbellosen besitzen keine Statocysten. Vielfach dienen dann Propriorezeptoren gleichzeitig der Schwerewahrnehmung, wie z.B. bei Insekten: Unter dem Einfluß der Schwerkraft können bewegliche Körperteile (besonders Kopf und Abdomen gegenüber dem von Beinen oder Flügeln in einer bestimmten Lage

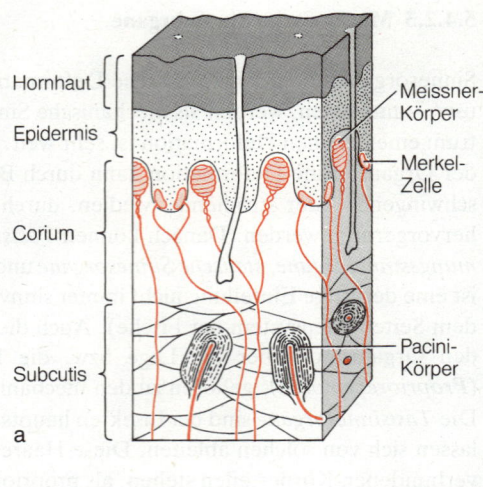

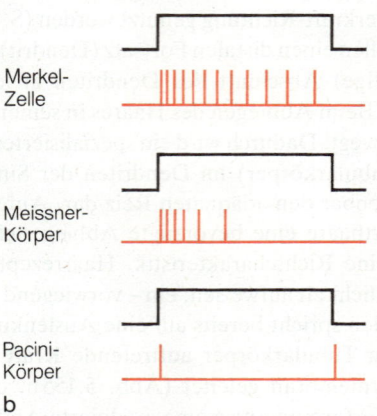

Abb. 5.156. (a) Mechanorezeptoren in der Haut des Menschen. (b) Antworten auf einen Berührungsreiz. (a aus Schmidt u. Thews, b nach verschiedenen Autoren)

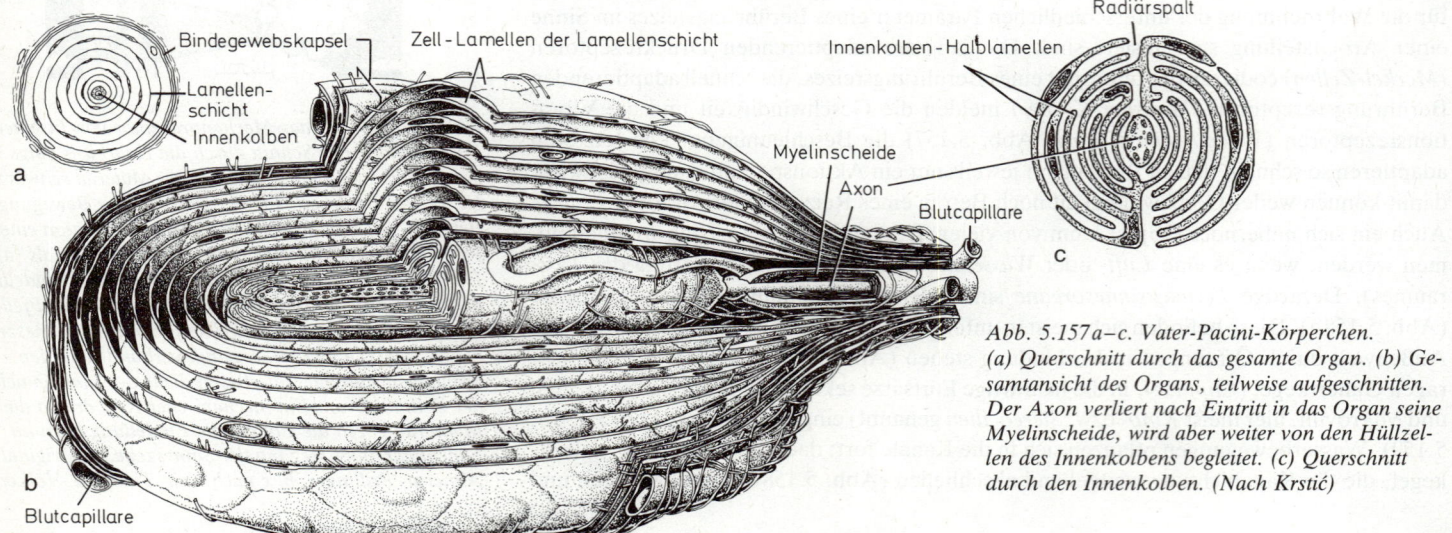

Abb. 5.157a–c. Vater-Pacini-Körperchen. (a) Querschnitt durch das gesamte Organ. (b) Gesamtansicht des Organs, teilweise aufgeschnitten. Der Axon verliert nach Eintritt in das Organ seine Myelinscheide, wird aber weiter von den Hüllzellen des Innenkolbens begleitet. (c) Querschnitt durch den Innenkolben. (Nach Krstić)

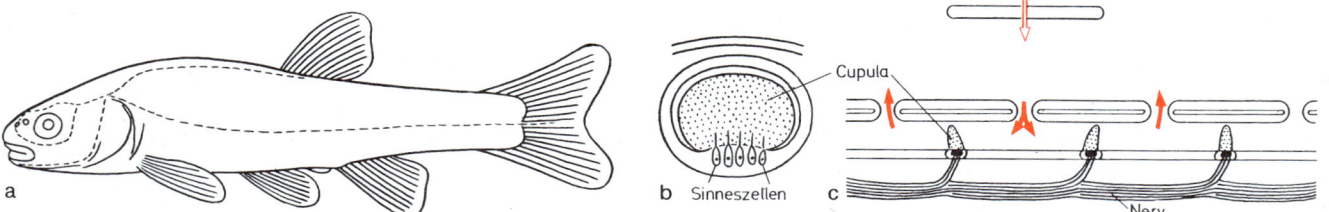

gehaltenen Thorax) unterschiedlich verlagert und die Abweichungen durch Haar-Mechanorezeptoren (Abb. 5.154, 5.155) an den Gelenken registriert werden.

Sinnesorgane, die speziell Schallwellen perzipieren, sind nur von wenigen Tiergruppen bekannt, die meist auch selbst Laute erzeugen. Bei den Wirbeltieren hat sich ein Teil des Labyrinths als *Gehörorgan* spezialisiert. Bei Knochenfischen dienen noch statische Organe als Schallempfänger. In der aufsteigenden Wirbeltierreihe wächst ein Teil des Labyrinths, die *Lagena,* zu einem Blindsack aus. Die Ausstülpung wird bei den placentalen Säugetieren, die hier als Beispiel dienen sollen (Abb. 5.160 a), zur eng aufgewundenen Schnecke *(Cochlea).* Durch deren mittleren Teil, die *Scala media,* zieht ein Sinnesepithel *(Corti-Organ,* Abb. 5.160f), das der Basilarmembran aufsitzt. Im Sinnesepithel befinden sich neben Stützzellen zwei Typen sekundärer Sinneszellen *(äußere* und *innere Haarzellen);* die Haarfortsätze der Sinneszellen berühren mit ihren Spitzen die überliegende Deckmembran. Von Neuronen im *Ganglion spirale* (Abb. 5.160 e) am inneren Rand der Cochlea aus werden die Haarzellen mit einem Netz von Dendriten umgeben, durch die die akustische Information über den Hörnerven zu höheren Zentren im Gehirn geleitet wird. Die Cochlea ist in einem flüssigkeitserfüllten Schädelkanal so befestigt, daß sie diesen in zwei Kanäle (oberer Kanal = Scala vestibuli; unterer Kanal = Scala tympani) teilt, die nur an der Spitze der Cochlea über das *Helicotrema* miteinander kommunizieren (Abb. 5.160 a, e). Der untere Kanal endet am *runden Fenster,* das durch eine elastische Membran gegen die Paukenhöhle abgeschlossen ist. Der obere Kanal endet an der Basis der Cochlea am ebenfalls durch eine Membran abgeschlossenen *ovalen Fenster.* An diesem Fenster setzt der *schalleitende Apparat des Mittelohres* an. Dieser beginnt am Trommelfell und setzt sich aus den drei Gehörknöchelchen (Hammer, Amboß, Steigbügel, vgl. Abb. 6.57d, S. 574) zusammen. Das Trommelfell ist nur locker gespannt und schwingt mit auftreffenden Schallwellen leicht mit. Die Schallschwingungen werden über die Brücke der Gehörknöchelchen unter Erhöhung des Druckes und Verminderung der Amplitude auf das ovale Fenster übertragen und als Druckwellen an die *Perilymphe* des oberen Kanals weitergegeben. Da Flüssigkeiten inkompressibel sind, muß an anderer Stelle des Innenohrs für einen Druckausgleich gesorgt sein (rundes Fenster).

Bei der Übertragung von Schallenergie auf die Perilymphe des oberen Kanals wird eine *Wanderwelle* im Innenohr ausgelöst, die vom ovalen Fenster in Richtung Helicotrema läuft und zu einer Querauslenkung der Basilarmembran führt. Die Wanderwelle beginnt am ovalen Fenster mit kleiner Amplitude, wächst zu einem Maximum und nimmt dann schnell in ihrer Größe ab. Am Ort des Maximums wird auch die Basilarmembran maximal ausgelenkt (Abb. 5.161). Die Maxima der Wanderwelle treten je nach Frequenz an verschiedenen Orten der Basilarmembran auf; für tiefe Töne nahe am Helicotrema, für hohe nahe am ovalen Fenster. Besteht ein Laut z. B. aus den drei in Abb. 5.161 angenommenen Frequenzen, so werden diese Töne gleichzeitig auf das ovale Fenster übertragen. Die ausgelöste Wanderwelle weist aber drei *örtlich getrennte* Maxima auf, von denen jedes die Basilarmembran an einem anderen Ort maximal auslenkt (Frequenzanalyse über das *Ortsprinzip* nach v. Helmholtz). Die Auslenkung der Basilarmembran führt wahrscheinlich über Verschiebung der Flüssigkeit zwischen Deckmembran und Haarzellen (Abb. 5.160f) zu einer Abbiegung der Cilien der Haarsinneszellen und daraus zu Rezeptorpotentialen. Diese lösen in den afferenten Axonen des Hörnerven *(N. cochlearis)* Salven von Aktionspotentialen aus, die zu den höheren Zentren im Gehirn geleitet werden.

Abb. 5.158 a–c. Seitenlinienorgane der Fische. (a) Lage der Organe (gestrichelt) am Fischkörper; (b) Seitenlinienkanal im Querschnitt mit Cupula; (c) Teil eines Seitenlinienkanals im Längsschnitt, schematisch; Durchbiegung der Cupulae bei der Annäherung eines Gegenstandes (in Richtung des rot umrandeten Pfeiles). Rote, volle Pfeile: Wasserströmung. (Nach Dijkgraaf aus Kühn)

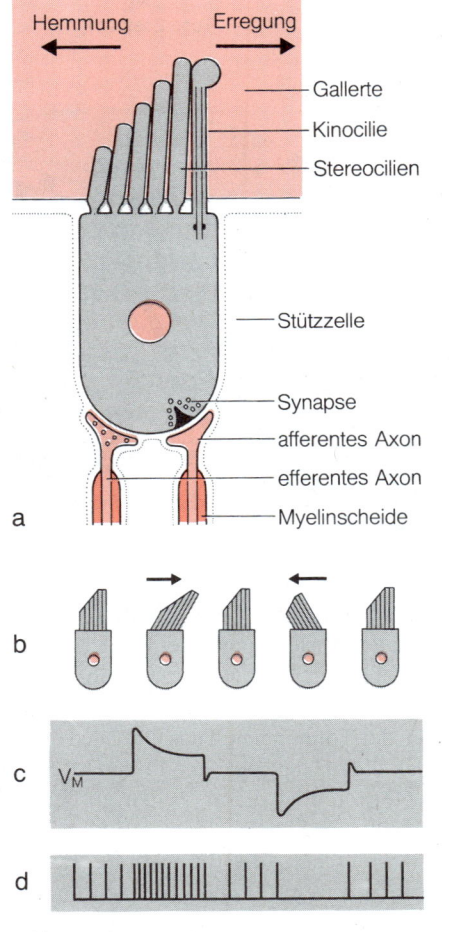

Abb. 5.159. (a) Schema einer Haarsinneszelle mit myelinisierten efferenten und afferenten Axonen. Die Stereocilien sind an der Spitze über ein Fimbrin-filament an ihrem längeren Nachbarn befestigt. (b, c) Auslenkung der Stereocilien in Richtung zu den längsten erzeugt ein depolarisierendes, in Richtung zum kürzesten Stereocilium ein hyperpolarisierendes Rezeptorpotential. (d) Der Potentialverlauf an der Haarzelle bestimmt die Entladungsrate im afferenten Axon

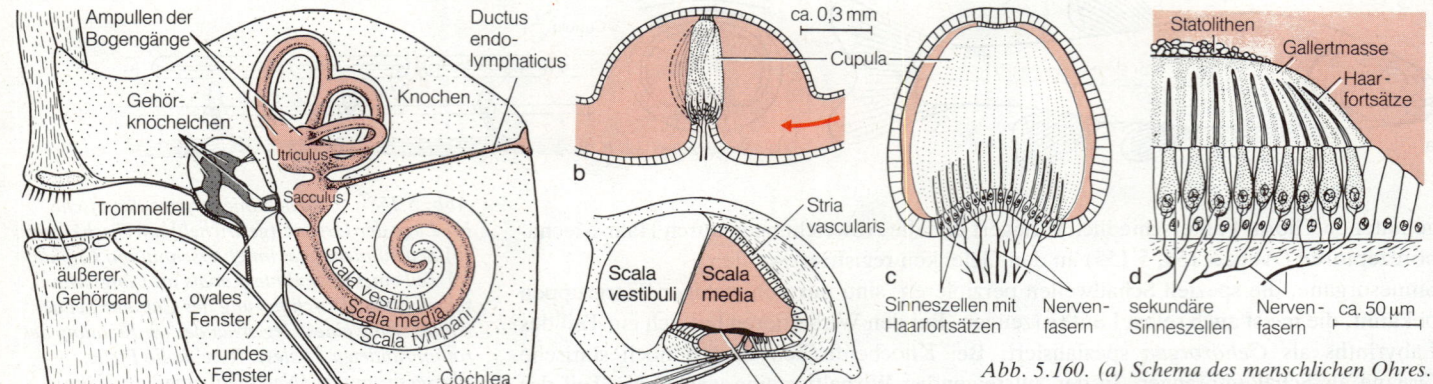

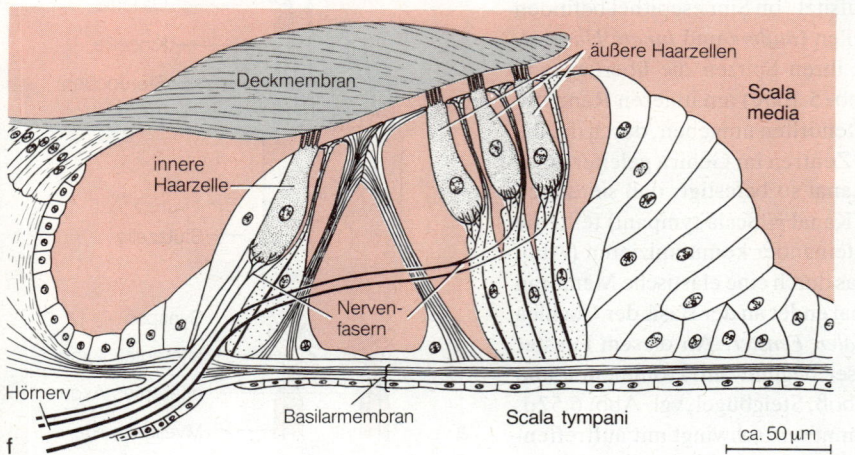

Abb. 5.160. (a) Schema des menschlichen Ohres. (b) Schnitt durch die Ampulle eines Bogenganges mit der Cupula in Ruhestellung und nach Durchbiegung (gestrichelt) durch eine Strömung (roter Pfeil). (c) Ampulle im »Querschnitt«, Cupula von der Fläche gesehen, schematisch. (d) Schnitt durch den Rand des statischen Apparates aus dem Sacculus eines Säugetieres, schematisch. (e) Querschnitt durch einen Umgang der Schnecke eines Säugetieres, sehr schematisch. (f) Corti-Organ des Menschen, vergrößert, schematisiert. Als Basilarmembran wird hier der Komplex aus einer homogenen Schicht, einer Schicht aus Bindegewebsfasern und einer (wechselnd dicken) Zell-Lage, die aus Mesenchym hervorgeht, verstanden. Rot unterlegte Flächen zeigen die Endolymphräume an. (a nach Eschrich, b nach mehreren Autoren kombiniert, c aus Kühn, d nach Kolmer, e aus Hesse u. Doflein, f nach Rasmussen, verändert)

Die außerordentlich hohe Empfindlichkeit des Gehörs wird daraus deutlich, daß die maximalen Auslenkungen der Basilarmembran vom Betrag her winzig klein sind. Sprache normaler Lautstärke (60 dB) z. B. führt zu einer Querauslenkung der Basilarmembran von weniger als einem Nanometer (dies entspricht etwa dem Durchmesser von Atomen!). Neben der Tonhöhe muß das Ohr auch die Lautstärke unterscheiden können: Laute Töne werden die für die gegebene Frequenz zuständigen Haarzellen stärker reizen, so daß das Rezeptorpotential dieser Zellen größer sein wird. Sehr laute Töne können zu einer irreversiblen Schädigung des Corti-Organs führen. Besonders aufschlußreich sind Fälle, in denen Menschen, die für mehrere Jahre sehr lauten Tönen bestimmter Frequenzen ausgesetzt waren, für diese Frequenzen taub wurden.

Die Trennschärfe des akustischen Systems wird durch fortschreitende zentralnervöse Analyse (vor allem durch laterale Hemmung, S. 511) weiter verbessert. Der Hörnerv projiziert die Ortswerte der Basilarmembran in höhere Nervenzentren (Kerne), wo die Information jedes einzelnen Axons auf viele Neuronen übertragen wird. Die dadurch möglichen Verrechnungsprozesse erhöhen nicht nur die Trennschärfe für Tonhöhen (Abb. 5.162), sondern ermöglichen auch ein *Richtungshören*: Hierfür wird die Zeitdifferenz zwischen dem Eintreffen des Reizes von einer Schallquelle am rechten und am linken Ohr gemessen; die Schwelle der Unterschiedsempfindlichkeit liegt bei $10^{-4}-10^{-5}$ · s (Abb. 6.238, S. 707).

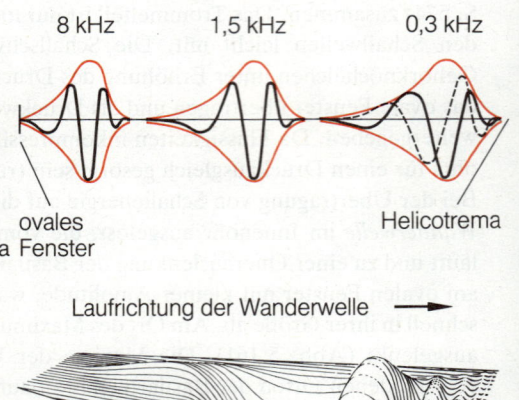

Abb. 5.161 a, b. (a) Schema von Wanderwellen, die durch drei verschiedene Frequenzen ausgelöst werden. Durchgezogen: im Punkt des Maximums, gestrichelt: ¼ Periode früher. Rote Umhüllende zeigt Anstieg und Abfall der Wanderwelle. (b) Räumliche Darstellung einer Wanderwelle. (Nach Keidel)

Der Frequenzumfang, den ein Mensch hören kann, ist mit dem Bereich von 16 bis höchstens $20000 \cdot s^{-1}$ relativ gering. Viele Tiere – verschiedene Insekten, einige höhlenbrütende Vögel, Wale, Mäuse, auch Hund und Katze – hören weit in den Ultraschallbereich hinein (bis $1{,}5 \cdot 10^5 \cdot s^{-1}$). Manche Säugetiere (Fledermäuse, Delphine) benutzten diese Fähigkeit zur *Echo-Orientierung:* Sie erzeugen selbst Ultraschallaute in bestimmten zeitlichen Mustern und errechnen aus Laufzeit und Richtung der reflektierten Schallwellen die Lage von Objekten (Hindernissen, Beuteobjekten) in ihrem Umfeld.

Außer bei Wirbeltieren gibt es Gehörorgane insbesondere bei manchen Insekten. Diese Organe sind von sehr unterschiedlichem Bau und unterschiedlicher Lage. Heuschrecken, Grillen und Zikaden, sowie manche Schmetterlinge und Wasserwanzen besitzen Hörorgane mit Trommelfellen, die wie die der Wirbeltiere Schalldruckempfänger sind. Die Trommelfelle stellen verdünnte Cuticularregionen dar, denen sich von innen erweiterte Tracheen eng anlegen (Abb. 5.164b). So sind die Trommelfelle an beiden Seiten von Luft begrenzt und schwingen, wenn sie von Schallwellen getroffen werden. Durch die Schwingungen werden Sinneszellen in Erregung versetzt. Derartige *Tympanalorgane* liegen bei Laubheuschrecken und Grillen in den Tibien der Vorderbeine (Abb. 5.164a), bei Feldheuschrecken und Zikaden in einem Hinterleibssegment und bei einigen Schmetterlingen paarig im letzten Brust- oder ersten Hinterleibssegment. Besonders einfache derartige Hörorgane besitzen viele Nachtfalter, die selbst keine Töne erzeugen. Diese abdominalen Organe enthalten nur je zwei Sinneszellen, die unspezifisch auf Schallreize von hoher Frequenz (bei *Agrotis* zwischen $3 \cdot 10^3$ und $1{,}5 \cdot 10^5 \cdot s^{-1}$) ansprechen. In diesem Frequenzbereich liegen die Ultraschallsignale der Fledermäuse, deren Beutetiere die Nachtschmetterlinge sind. Die Lokalisation der Schallquelle erfolgt durch Auswertung der Schalldruckdifferenz – also der »Lautstärke« – an beiden Organen (also anders als bei den Wirbeltieren; die Zeitdifferenz ist wegen der geringen Breite des Abdomens für eine Messung zu klein). Entgegen der weitverbreiteten Annahme, daß das Hörorgan der Insekten grundsätzlich keine Frequenzunterscheidung vornehmen könne, wurde für einige Heuschrecken-Arten die Fähigkeit zur Tonhöhenunterscheidung nachgewiesen: Die mit dem Trommelfell bzw. der Tracheenblase in Verbindung stehenden Sinneszellen (Abb. 5.164d) werden von unterschiedlichen Frequenzen verschieden stark erregt, weil die Schwingungen frequenzabhängige örtliche Maxima aufweisen.

Im Gegensatz zu den bisher dargestellten Schall*druck*empfängern besitzen andere Insekten Hörorgane, die auf die Bewegung der Teilchen des schallübertragenden Mediums reagieren (Schall*schnelle*empfänger). Bei diesen sind die reizaufnehmenden Hilfsstrukturen nach außen ragende Körperfortsätze (z.B. cuticulare Haare), die im Schallfeld leicht mit den bewegten Luftmolekülen mitschwingen können. Bei Mücken dient die ganze Geißel des Fühlers als Empfänger (Abb. 5.165); das Rezeptorenfeld (Johnston-Organ) liegt am Gelenk zwischen der Geißel und dem zweiten Fühlerglied. Bei den männlichen Tieren liegt die größte Empfindlichkeit des Organs, die durch die Resonanzfrequenz der Geißel gegeben ist, in der Nähe der Flügelschlagfrequenz der Weibchen der gleichen Art (bei *Anopheles* um $400 \cdot s^{-1}$).

Eine besondere Art von mechanischen Sinnesorganen sind die *Streckrezeptoren,* die in der Muskulatur vorkommen; sie sind bei Wirbeltieren und bei Krebsen eingehend untersucht. Sie bestehen aus modifizierten Muskelfasern, die mit mechanorezeptorischen primären Sinneszellen verbunden und außerdem von Axonen aus dem Zentralnervensystem mehrfach efferent (motorisch und – bei Krebsen – auch inhibitorisch) innerviert sind (Abb. 5.166, 5.196; Abb. 6.224a, S. 698). Für die dendritischen Endigungen der Sinneszellen, die diese Muskelfasern umspinnen, besteht der adäquate Reiz im Dehnungszustand der Fasern. Die afferenten Signale informieren das Zentralnervensystem über die Länge des Muskels und insbesondere deren Änderung. Sie reagieren auch bei passiver Dehnung des Muskels und lösen dadurch reflektorische Gegenreaktionen aus, z.B. beim Patellarsehnenreflex (S. 699, Abb. 6.226).

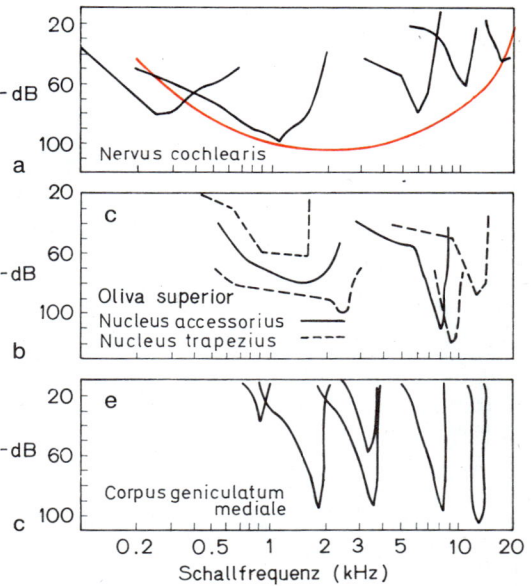

Abb. 5.162 a–c. Erregbarkeitsschwellen einzelner akustischer Neuronen auf verschiedenen Ebenen der zentralen Hörbahn in Abhängigkeit von Schallintensität und -frequenz. In höheren Stationen tritt eine zunehmende Verschmälerung der Schwellenkurven auf, was eine Schärfung des Ansprechbereiches dieser Neuronen bedeutet. Die rote Linie in (a) gibt die absolute Hörschwellenkurve des Menschen wieder. (Nach Dunker)

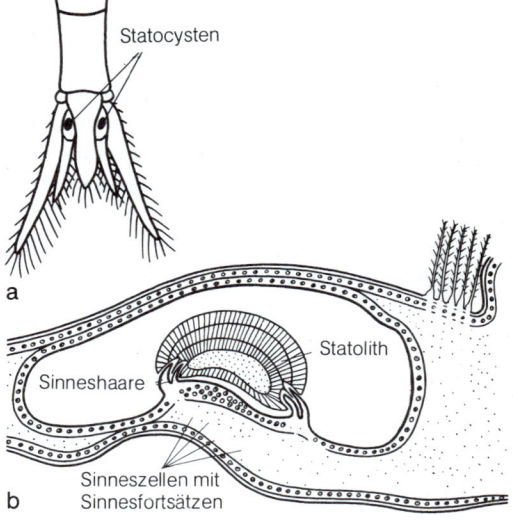

Abb. 5.163 a, b. Statocyste des Crustaceen Leptomysis. (a) Lage der beiden Statocysten am Körperende (an den Uropoden-Endopoditen); (b) dorsoventraler Längsschnitt durch eine Statocyste. (Nach Bethe)

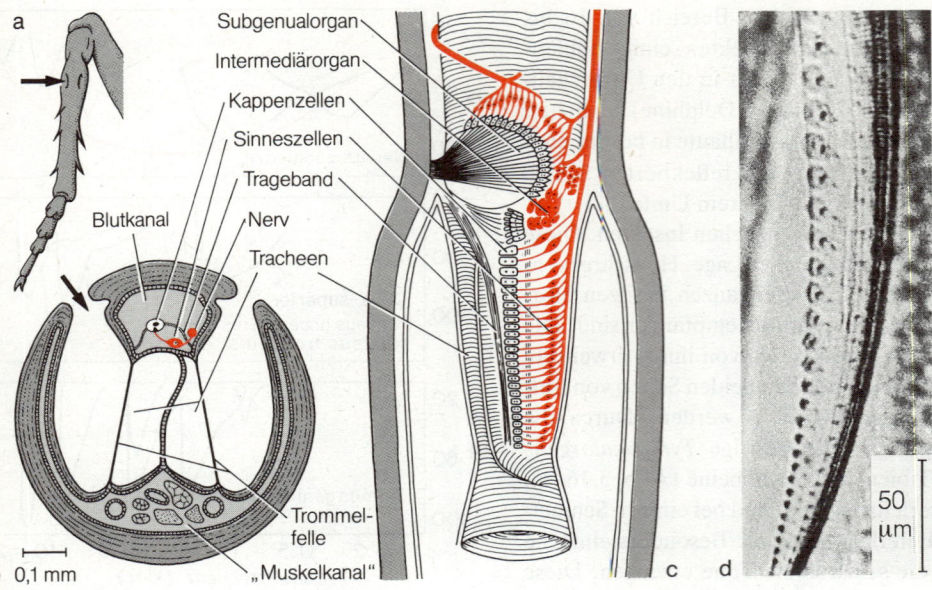

Abb. 5.164a–d. Gehörorgan einer Laubheuschrecke. (a) Lage in der Schiene (Tibia) des Vorderbeins. Pfeil: Schlitze, die in das Organ führen. (b) Querschnitt durch eine Schiene in Höhe des Pfeils in (a), schematisch. Die Tracheen bilden in der Schiene zwei luftgefüllte Blasen. (c) Längsschnitt durch die Tibia auf der Höhe des Gehörorgans. Rot: Sinneszellen, die entlang der Crista acustica aufgereiht sind. Ihre dendritischen Fortsätze enden in Kappenzellen. (d) Mikrophotographie einer Reihe von Rezeptorzellen. Diese sind wie die Saiten eines Instruments gespannt. Hohe Töne stimulieren distale, tiefere Töne proximale Rezeptorzellen. (a, b nach Schwabe, c nach Michelsen, d nach Oldfield)

5.4.2.4 Elektrische Sinnesorgane

Zahlreiche Fische (Rochen, Knochenfische) können mit ihren elektrischen Organen elektrische Felder um sich herum aufbauen (S. 520). Für die Perzeption der Feldstärke sowie der räumlichen Verteilung der Feldlinien besitzen diese Fische *Elektrorezeptoren*. Die Rezeptoren befinden sich in Gruppen in der Haut am Ende tief eingesenkter Kanäle *(Lorenzini-Ampullen)*. Sie stellen modifizierte Haarsinneszellen (sekundäre Sinneszellen) dar, die allerdings ihre Cilien verloren haben. Die Rezeptorzellen werden von Ausläufern der Seitenliniennerven innerviert. Der adäquate Reiz ist der Strom, der durch die Rezeptorzellen fließt und an ihnen ein Rezeptorpotential auslöst (Abb. 5.167).

Mit den Elektrorezeptoren kann ein elektrischer Fisch Veränderungen des selbst erzeugten Feldes wahrnehmen, wie sie durch Gegenstände verursacht werden, die eine andere Leitfähigkeit als das umgebende Wasser aufweisen. Ebenso können aktiv vorgenommene Veränderungen in den Feldern anderer elektrischer Fische festgestellt werden, wie sie bei der innerartlichen Kommunikation auftreten. Die Elektrorezeptoren dienen aber auch zur Wahrnehmung von bioelektrischen Vorgängen, die in der Muskulatur ablaufen; diese werden als Signale zur Ortung von Beutetieren benutzt. Die erstmals für ein Säugetier beschriebenen Elektrorezeptoren an der Schnabelspitze des australischen Schnabeltieres *Platypus* sind so empfindlich, daß sie die Muskelpotentiale wahrnehmen, die beim Schwimmen einer Süßwasser-Garnele – der hauptsächlichen Beute der nächtlich jagenden Schnabeltiere – von deren Schwanzmuskulatur produziert werden.

5.4.2.5 Temperatursinnesorgane

Die Fähigkeit zur Thermorezeption ist nicht nur bei den Homoiothermen vorhanden, sondern auch bei den Poikilothermen weit verbreitet. So suchen beispielsweise mobile Ciliaten ebenso wie Fische in einem Temperaturgradienten-System eine Präferenztemperatur auf *(Thermotaxie)*. Insekten zeigen artspezifische Verhaltensweisen, die der Regulation ihrer eigenen Körpertemperatur oder der ihrer Brut dienen (S. 594). Aus derartigen Beobachtungen oder Messungen kann man schließen, daß Membranstrukturen (bei Ciliaten), bestimmte Sinneszellen oder Neurone (S. 462) auf Temperaturänderungen stärker oder anders reagieren, als nach der Arrhenius-Gleichung zu erwarten ist (S. 69):

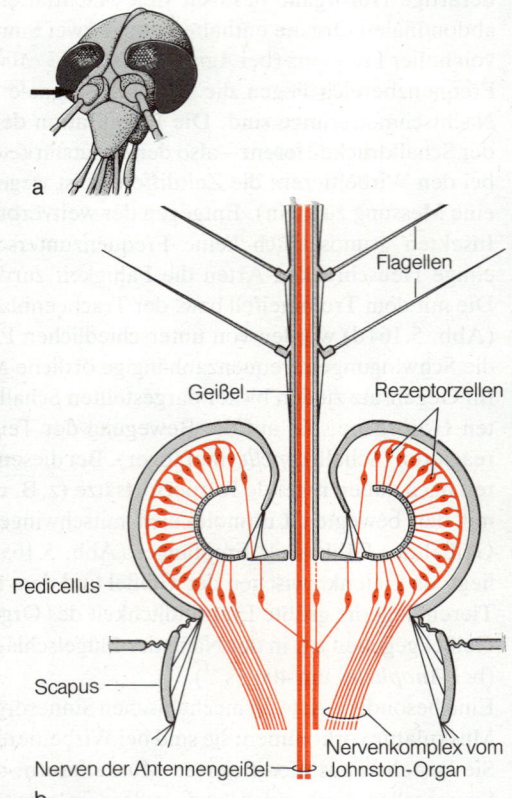

Abb. 5.165a, b. Johnston-Organ einer Mücke (Aedes). (a) Lage des Organs im zweiten Glied (Pedicellus) der Antenne (Pfeil). (b) Zentraler Längsschnitt durch den Pedicellus und Teile der angrenzenden Antennenglieder (proximal: Scapus, distal: 1. Geißelglied). Das Sinnesorgan besteht aus ringförmig angeordneten Gruppen von Rezeptorzellen. (Nach Risler)

Thermorezeptoren. Elektrophysiologische Ableitungen von solchen Sinneszellen oder Neuronen ergaben Q_{10}-Werte von kleiner 1 (kaltsensitiv) oder größer 4 (warmsensitiv). Nach der Aktivitätscharakteristik sind sie als phasisch-tonisch reagierende Zellen zu bezeichnen (S. 464). Die Primärprozesse der Temperaturempfindlichkeit konnten bisher nicht eindeutig geklärt werden. Nach histologischen Untersuchungen sind die cutanen Thermorezeptoren der Säugetiere und die *Infrarot-Rezeptoren* verschiedener Schlangen Sinnesnervenzellen (S. 462). Bei Klapperschlangen dienen die hochempfindlichen und stark phasisch reagierenden Infrarot-Rezeptoren zur Ortung warmblütiger Beutetiere; sie weisen eine Richtcharakteristik auf. Die cutanen Thermorezeptoren der Säugetiere und Vögel sind nicht nur an der Regelung der Körpertemperatur beteiligt, sondern vermitteln auch Temperaturempfindungen. So dienen beispielsweise die Thermorezeptoren am Schnabel der Vögel zur Kontrolle der Nesttemperatur. Auch die Säugetiere haben im Gesichtsbereich und an den Pfoten oder Fingern viele Thermorezeptoren, die überwiegend zur Temperaturempfindung beitragen. Die Vögel scheinen an den Füßen keine Thermorezeptoren zu besitzen.

5.4.2.6 Chemische Sinnesorgane

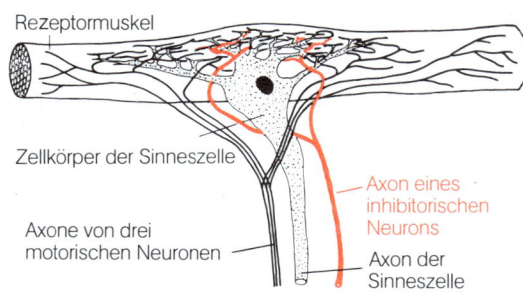

Abb. 5.166. Streckrezeptororgan aus dem Abdomen eines Krebses (Astacus). Der Rezeptormuskel begleitet die Längsmuskeln. Durch die Meldungen über den Dehnungszustand der Muskeln geben die Sinneszellen insgesamt eine Information über die Stellung der Abdominalsegmente zueinander. Über die motorische Innervation kann der Rezeptormuskel – unabhängig vom Hauptmuskel – zur Kontraktion gebracht werden. Dies wirkt, ebenso wie die inhibitorische Wirkung auf die dendritischen Endigungen, im Sinne einer Sollwertverstellung für das System. (Nach Florey u. Florey aus Burkhardt, vereinfacht)

Die Fähigkeit, chemische Substanzen wahrzunehmen, ist wohl bei den Tieren allgemein verbreitet; schon Protozoen reagieren auf die Konzentration bestimmter Stoffe (z.B. Kochsalz, Abb. 7.5, S. 724). Dennoch sind chemische Sinnesorgane erst von wenigen Tiergruppen sicher bekannt, so z.B. von Vertebraten, Arthropoden und einigen Mollusken. Allgemein dürfte der Reizvorgang an Chemorezeptoren dadurch eingeleitet werden, daß eine Wechselwirkung zwischen einem Molekül der reizwirksamen Substanz und einem Rezeptorprotein in der Zellmembran auftritt. Die meisten Rezeptorzellen reagieren spezifisch und selektiv auf bestimmte Stoffe (von manchmal mehreren Geschmacksqualitäten), wobei merkwürdigerweise chemisch ganz verschiedenartige Substanzen manchmal dieselbe Geschmacksempfindung hervorrufen können, z.B. Zucker und Saccharin (diese haben aber nur für den Menschen den – fast – gleichen Süßgeschmack, nicht aber für z.B. die Ratte).

Vielfach teilt man die chemischen Sinnesorgane ein in *Geruchs-* und *Geschmacksorgane.* Die Geruchsorgane sollen auf flüchtige, gasförmige oder in Gasen mitgeführte Substanzen, die Geschmacksorgane dagegen auf – gewöhnlich in Wasser – gelöste Stoffe reagieren. Doch ist eine solche Unterscheidung aus mehrerlei Gründen allein bei landlebenden Tieren und auch bei diesen nur beschränkt möglich; denn wasserlebende Tiere können alle Stoffe nur im gelösten Zustand wahrnehmen. Außerdem werden auch die gasförmigen Riechstoffe zumindest in vielen Fällen, bevor sie an die Geruchssinneszellen gelangen, zuerst in einem wäßrigen Medium gelöst. Besser ist es daher, als Kriterium zur Unterscheidung die meist sehr unterschiedlichen Reizschwellen zu verwenden. Die *Geruchsorgane* haben meist eine *niedrige Reizschwelle;* der Geruchssinn ist deshalb auch ein Fernsinn, der bei manchen Tieren ein »Witterungsvermögen« über eine lange Distanz erlaubt. *Geschmacksorgane* dagegen haben meist eine *relativ hohe Reizschwelle;* der Geschmackssinn gilt als *Nahsinn* (daher oft Kontaktchemorezeption genannt). Dementsprechend ist die Bedeutung der beiden Sinne im Leben der Tiere sehr unterschiedlich. Der Geruchssinn warnt vor Feinden, dient der Erkennung von Artgenossen (besonders Geschlechtspartnern), führt zur Nahrung usw. Der Geschmackssinn dagegen dient insbesondere der Prüfung der Nahrung.

Bei den Wirbeltieren liegen die Geruchsorgane in der Nase; ein Sinnesepithel überzieht Teile der Nasenhöhlenwandung. Bei den Knochenfischen sind die Nasenhöhlen von der Mundhöhle getrennt und besitzen meist eine Einström- und eine Ausströmöffnung (Abb. 5.168a). Bei den luftatmenden Gruppen haben die Nasenhöhlen über die Choanen Anschluß an die Mundhöhle. Sowohl bei Fischen (z.B. Aal, Abb. 5.168b) als auch bei

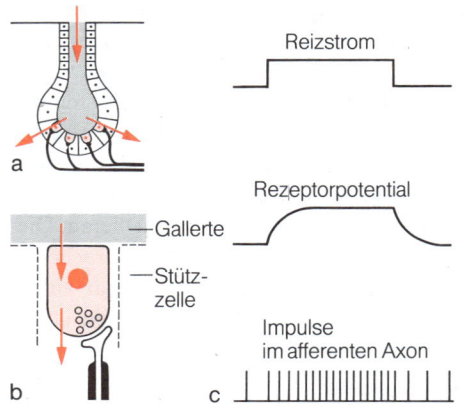

Abb. 5.167a–c. Elektrorezeptor. (a) Ampullenorgan der Seitenlinie bei einem Gymnotiden. (b) Rezeptorzelle vergrößert. Der von einem Fisch produzierte Strom (rote Pfeile) durchsetzt die Zelle. Die der Außenseite zugewandte Zellmembran bietet geringen, die Basismembran höheren elektrischen Widerstand. (c) Der Auswärtsstrom depolarisiert den Rezeptor und erhöht die Transmitterfreisetzung an der Synapse zum afferenten Axon. (a nach Szabo, b nach Bennett)

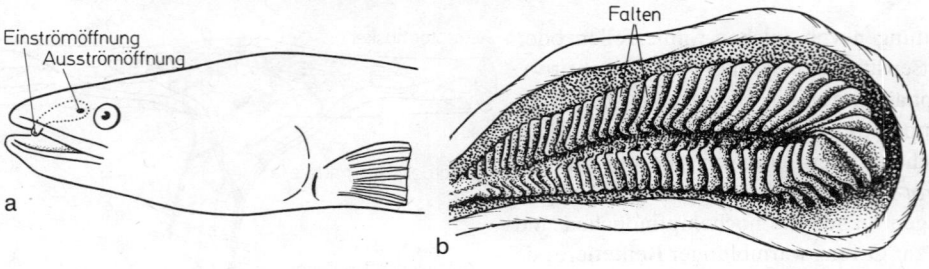

Abb. 5.168a, b. Geruchsorgan vom Aal. (a) Ausdehnung des Organs am Aalkopf, punktierte Linie; (b) Organ geöffnet. (Aus von Frisch)

Säugetieren (Abb. 5.169a, b) mit ausgeprägtem Geruchssinn wird die Riechfläche durch komplizierte Faltenbildungen enorm vergrößert. Durch die größere Zahl der Sinneszellen, nicht durch die höhere Empfindlichkeit der Einzelzelle, kommt das bessere Riechvermögen zustande.

Im *Riechepithel* sind *primäre Sinneszellen* zwischen Stützzellen eingelagert. Die Sinneszellen (Abb. 5.169c) sind lange, schmale Elemente mit einem dendritischen Fortsatz, der am Ende gewöhnlich kolbenförmig angeschwollen ist. Von diesem *Riechkolben* gehen mehrere modifizierte Cilien ab. Die Cilien verjüngen sich zu einem langen Endfaden, der meist in einem das Epithel bedeckenden Schleimfilm eingebettet ist. Der Schleimfilm grenzt zur Nasenhöhle hin einen Raum über der Zelloberfläche ab, in den Flüssigkeit abgeschieden wird. Diese äußere Zone, der olfaktorische Saum, ist wohl für die Aufnahme der Geruchsreize zuständig.

Viele Wirbeltiere sind mit einem zusätzlichen Geruchsorgan ausgestattet, dem Jacobsonschen Organ, einer mit der Mundhöhle verbundenen Grube. Schlangen nehmen beim »Züngeln« mit der Zunge Duftmoleküle auf und bringen sie an die Öffnung dieses Organs.

Bei Insekten stehen die Riechsinneszellen meist in Verbindung mit cuticularen Haaren (Abb. 5.170); diese befinden sich bevorzugt auf den Antennen der Tiere. Die Riechsinneszelle entsendet einen distalen Fortsatz, der sich dann stark verjüngt. Dieser verjüngte Abschnitt entspricht einem stark modifizierten Cilium, das sich beim Eintritt in die Haarlichtung in viele Äste aufzweigen kann. Die Haarwandung ist meist sehr dünn; sie wird außerdem von Poren unterbrochen, von denen regelmäßig feine tubuläre Strukturen (Porensystem) in das Haarinnere ziehen. Manche tubulären Strukturen haben wahrscheinlich direkten Kontakt mit der Rezeptormembran der Cilienfortsätze. Dann könnten die Duftmoleküle durch das Porensystem flächig bis an die Rezeptormembran diffundieren, ohne die wäßrige Phase des Haarlumens passieren zu müssen.

Untersuchungen zur Arbeitsweise von Riechorganen bei Insekten sind besonders erfolgreich gewesen, da die leicht zugänglichen Riechzellen auf der Insektenantenne gute experimentelle Voraussetzungen bieten. Die meisten Riechzellen sind auf ganz bestimmte Stoffklassen spezialisiert, d. h. sie sprechen bevorzugt auf Gruppen physikalisch-chemisch verwandter Düfte an, manche sogar auf nur eine bestimmte Substanz. Neben diesen »Spezialisten« gibt es auf der Antenne aber noch Riechzellen, deren Reaktionsspektrum sehr breit sein kann und die nicht auf eine einzelne Stoffklasse spezialisiert sind. Diese »Generalisten« weisen häufig Spontanentladungen ohne Reizeinwirkung auf, die in Gegenwart des für sie wirksamen Duftes mehr oder weniger stark gehemmt sind. Somit wirken bestimmte Gerüche auf einige Zellen erregend, auf andere hemmend. Auf diese Weise läßt sich schon durch die nervösen Antworten weniger Rezeptorzellen eine Reihe von unterschiedlichen Düften verschlüsseln. Die Empfindlichkeit der einzelnen Rezeptoren ist erstaunlich hoch: Beim Männchen des Seidenspinners (*Bombyx*) z. B. genügt ein einzelnes Molekül des weiblichen Sexuallockstoffes, um eine Rezeptorzelle zu erregen. Schon 400 Molekültreffer in 1 s auf jeweils eine der insgesamt etwa 35000 Zellen reichen aus, um den Falter zu informieren, daß in der Richtung gegen den Wind ein Weibchen zu finden ist (vgl. S. 726).

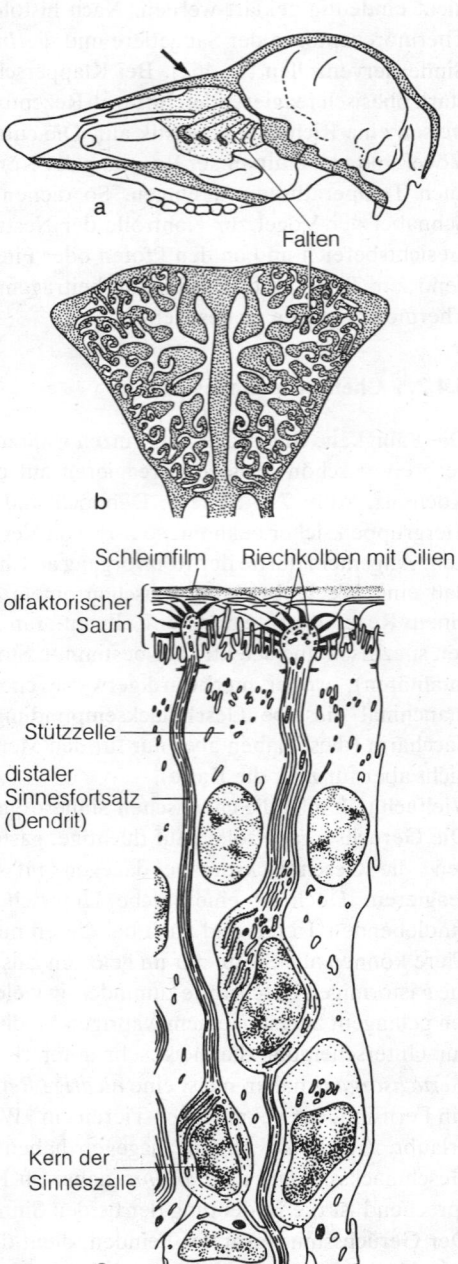

Abb. 5.169. (a) Längsschnitt durch den Schädel eines Rehs; Ausdehnung des Riechepithels fein punktiert. (b) Querschnitt durch die Nasenhöhle in der Höhe des Pfeils in (a). (c) Schnitt durch das Riechepithel eines Säugetieres, schematisch. (a, b aus von Frisch, c nach Andres)

5.4.2.6 Chemische Sinnesorgane

Die *Geschmacksorgane* liegen bevorzugt im Mundbereich, was sicher mit ihrer wichtigsten Aufgabe, der Nahrungsprüfung, zusammenhängt. Bei Insekten sind die Geschmacksorgane Haarsensillen. Diese besitzen an der Spitze Öffnungen (einfacher Porus oder komplizierter gebaute Porenregion). Ein in diesem Bereich nachweisbares Sekret könnte z. B. als reizleitende Substanz dienen und die Fortsätze der Sinneszellen vor Austrocknung schützen. Häufig sind mehrere Kontaktchemorezeptorzellen (mit unterschiedlicher Spezifität, z. B. für Zucker, Salz oder Wasser) zusammen mit einer Mechanorezeptorzelle in einem Haarsinnesorgan vereint. Solche finden sich außer an den Mundteilen manchmal (z. B. bei Fliegen und Schmetterlingen) auch weit vom Mund entfernt, etwa an den Tarsalgliedern der Beine, so daß der Untergrund, auf dem das Insekt steht, auf seine Qualität als Nahrung geprüft werden kann.

Diese Geschmackssinneszellen der Insekten ähneln in ihrem Bau prinzipiell den Sinneszellen aus Riechhaaren. Dagegen unterscheiden sich die Geschmackssinneszellen der Wirbeltiere grundlegend von den Riechsinneszellen in der Nase. Sie sind nämlich – im Gegensatz zu diesen – stets *sekundäre Sinneszellen* und liegen zu *Geschmacksknospen* (Abb. 5.171c) vereinigt, die in ein normales Epithel eingeordnet sind. Die Geschmacksknospen können als die eigentlichen Geschmacksorgane bezeichnet werden. Bei Fischen stehen sie außer in der Mundhöhle auch noch in bestimmten Bereichen auf der Körperoberfläche (Lippen, Barteln usw.). Bei den landlebenden Wirbeltieren sind sie von der Oberfläche verschwunden (da diese ja mit Schmeckstoffen kaum in Berührung kommen kann) und ganz auf die Mundhöhle beschränkt. Bei den Säugetieren finden sie sich gewöhnlich auf der Zunge; sie sind hier an Zungenpapillen (Abb. 5.171a, b) gebunden. Eine Geschmacksknospe (Abb. 5.171c) enthält verschiedenartige langgestreckte Zellen, die apikal in eine grubenförmige Einsenkung der Knospe Büschel von Mikrovilli (Abb. 5.171d) entsenden. Von basal treten an die Zellen afferente Nervenfasern heran.

Die Unterscheidungsfähigkeit der Geschmacksorgane ist nur gering ausgeprägt. Nicht nur der Mensch, sondern auch die daraufhin untersuchten Säugetiere und Insekten können nur die vier Hauptgeschmacksqualitäten *süß, sauer, bitter* und *salzig* unterscheiden; Mischempfindungen sind häufig. Hinzu kommt manchmal Wasser als eigene Geschmacksqualität (z. B. bei Fliegen, aber auch bei der Katze). Die sehr differenzierten Eindrücke über den »Geschmack« von Speisen sind weniger auf die Informationen von den Geschmacksorganen in der Mundhöhle als vielmehr auf die vielfältigen Leistungen der Geruchsorgane zurückzuführen.

Neben den bisher besprochenen Exterorezeptoren sind auch chemorezeptorische Interorezeptoren bekannt. Sie vermitteln Meldungen z. B. über den Sauerstoff- bzw. den Kohlendioxid-Partialdruck in Körperflüssigkeiten. Die Osmorezeptoren, die auf Änderungen der Osmolarität von Körperflüssigkeiten ansprechen, lassen sich hier anschließen.

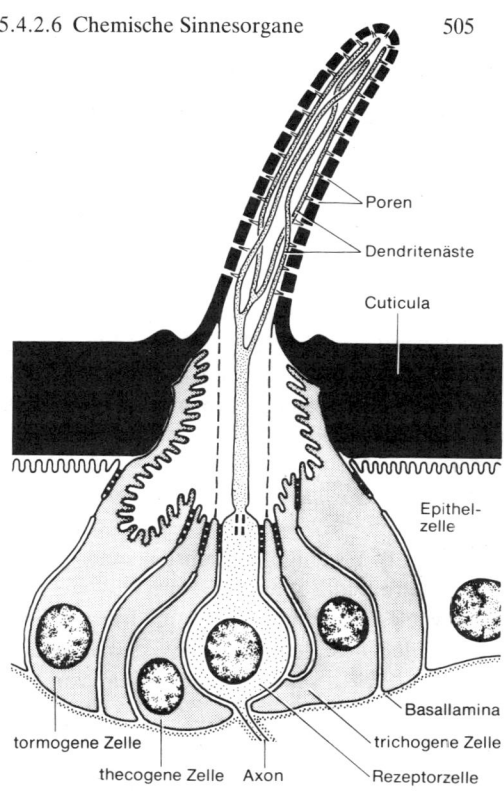

Abb. 5.170. Halbschematischer Längsschnitt durch einen Riechrezeptor (mit einer Sinneszelle und drei Hüllzellen) aus der Antenne eines Insekts (des Aaskäfers *Necrophorus*). Andere derartige Sinnesorgane können mehrere Sinneszellen enthalten. (Original von Altner u. Prillinger)

Abb. 5.171 a–d. Geschmacksorgan bei Säugetieren. (a) Zunge des Menschen von oben. (b) Schema der Zungenoberfläche, stärker vergrößert, mit einer Wallpapille, angeschnitten. (c) Schnitt durch eine Geschmacksknospe. Einige der (etwas verschiedenartigen) langgestreckten Zellen werden als Sinneszellen, andere als Stützzellen angesprochen. (d) Apikaler Bereich dreier Zellen aus einer Geschmacksknospe vom Kaninchen. Die Grube (= Porus) ist von dichten Schleimsubstanzen ausgekleidet (Herkunft?). (b nach Möricke u. Mergenthaler, c nach Bargmann, d nach de Lorenzo)

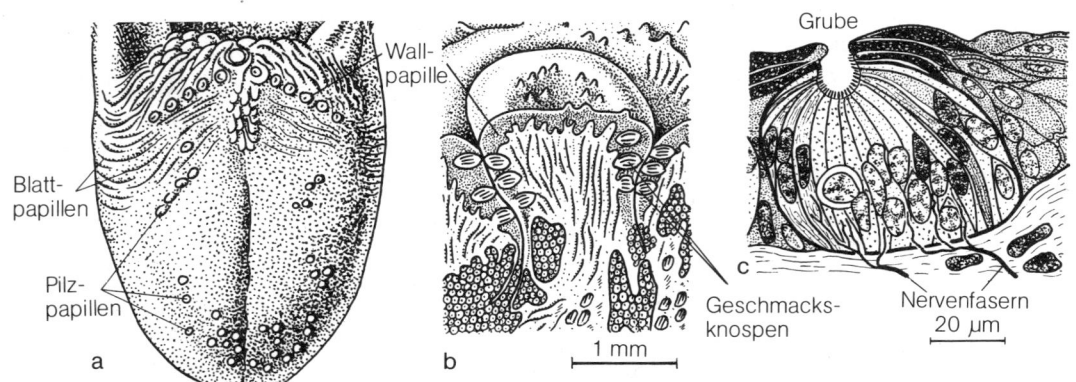
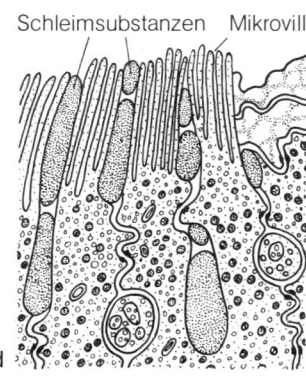

5.4.2.7 Lichtsinnesorgane

Eine *Lichtempfindlichkeit* – also das Vermögen, auf *elektromagnetische Schwingungen* bestimmter Wellenlängen zu reagieren – ist nicht an das Vorhandensein spezifischer Sinnesorgane gebunden; sie kann auch Einzellern (z. B. *Halobacterium* mit zwei sensorisch wirksamen Rhodopsinen) zukommen, von denen manche Lichtsinnesorganellen besitzen *(Euglena,* S. 23, S. 146, Abb. 1.138). Bei manchen festsitzenden Tieren, z. B. Cnidariern und Bryozoen, wird die Wachstumsrichtung der Tiere bzw. Tierstöcke ganz ähnlich wie bei Höheren Pflanzen durch die Einfallsrichtung des Lichtes bestimmt, ohne daß bei diesen Tierformen bisher Lichtsinnesorgane gefunden wurden. Sinneszellen, die vielleicht auf Licht ansprechen, sind allerdings aus der Epidermis dieser Tiere beschrieben. Es gibt noch eine Anzahl weiterer Tiere, die auf Belichtung oder Beschattung ihrer Körper reagieren (z. B. manche Mollusken), bei denen aber Lichtsinnesorgane nicht bekannt sind. Diese Tiere haben eine extraokulare Lichtempfindlichkeit, den sogenannten *Hautlichtsinn,* der auch für manche Tierarten mit Lichtsinnesorganen nachgewiesen ist (Schnecken, Krebse, niedere Wirbeltiere). Die zum Hautlichtsinn gehörigen Rezeptoren sind nur in wenigen Fällen bekannt. Bei manchen Fischen liegen Bezirke besonderer Lichtempfindlichkeit im Gehirn und/oder an der Schwanzwurzel; deren Empfindlichkeitsschwellen liegen fast ebenso niedrig wie die der Augen. Auch bei manchen Krebsen sind Ganglien des Zentralnervensystems lichtempfindlich. Meist ist aber die Erregbarkeit durch Licht an das Vorhandensein von *speziellen Lichtsinnesorganen* oder *Augen* gebunden.

In den Photorezeptorzellen von Augen ist stets zumindest ein *Sehfarbstoff* (S. 509) vorhanden, der in den Zellmembranen eingelagert ist. Er macht die Hauptmenge von deren Proteinbestandteilen aus. Die Empfindlichkeit der Rezeptoren wird durch Erhöhung der Sehfarbstoffmenge gesteigert, weil dann die Wahrscheinlichkeit größer ist, daß auch bei sehr schwachem Licht noch Quanten absorbiert werden. Deshalb besitzen die meisten Photorezeptoren große Zellmembranflächen. Die Rezeptorzellen können einen dichten Mikrovillisaum ausbilden, wie z. B. in den Pigmentbecherocellen des Lanzettfischchens (Abb. 5.172) und der Strudelwürmer (Abb. 5.173). Auch das Rhabdomer der Retinulazellen in den Komplexaugen von Insekten und Krebsen sowie der Sehzellen von Spinnentieren und Tintenfischen ist aus dichtstehenden Mikrovilli aufgebaut (Abb. 5.175, 5.182). Sehr häufig bilden sich aber Membranflächen in Verbindung mit vergrößerten Cilien. So sind die Außenglieder der Stäbchen und Zapfen in der Wirbeltier-Retina (Abb. 5.176c–e) modifizierte Cilien. In diesen formen sich aus der Zellmembran in großer Zahl übereinander geschichtete flache Membransäckchen (»discs«). Der Zusammenhang der Membransäckchen mit der Zellmembran ist bei den Zapfen immer gegeben, nicht jedoch bei den Stäbchen (Abb. 5.176c). Diese wenigen Beispiele geben nur einen unvollkommenen Eindruck von der Mannigfaltigkeit dieser Bildungen.

Die eigentlichen *lichtperzipierenden Strukturen* sind häufig dem Licht zugekehrt *(everse Augen),* aber keineswegs immer. In vielen Fällen – so etwa im Auge der Wirbeltiere, aber auch in den Pigmentbecherocellen des Lanzettfischchens und der Strudelwürmer – sind die reizaufnehmenden Strukturen vom Licht abgewandt *(inverse Augen,* Abb. 5.172, 5.173, 5.176b). Das Licht muß also hier zunächst den Zellkörper der Sinneszellen (bei den Wirbeltieren auch die übrigen Zellschichten der Retina, Abb. 5.176b) durchdringen, ehe es auf die reizaufnehmenden Strukturen trifft. Diese Lage läßt sich bei den Wirbeltieren aus der Augenentwicklung (S. 386, 866, Abb. 10.22b, S. 867) verstehen.

Bautypen von Augen. Im Tierreich finden sich Lichtsinnesorgane von ganz unterschiedlicher Organisationshöhe und Leistungsfähigkeit; in manchen Gruppen gibt es alle Übergänge von einfachsten Augentypen bis zu den höchstentwickelten, von einfachen Lichtauffangbechern bis zu bildentwerfenden Augen mit kompliziertem dioptrischem Apparat (Abb. 5.174, 5.176a). Die damit einhergehende Leistungssteigerung beruht wiederum (S.

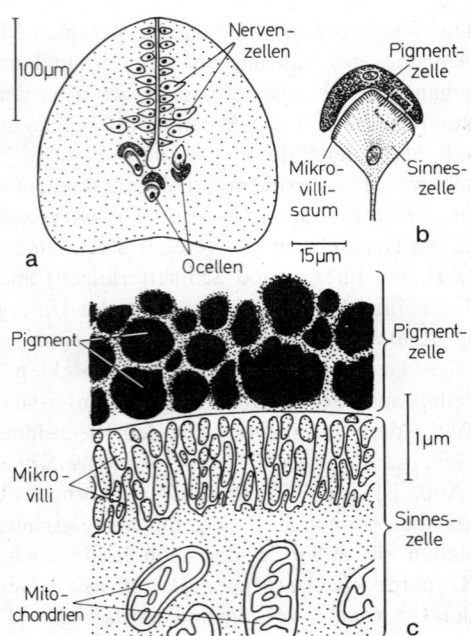

Abb. 5.172a–c. Pigmentbecherocellen vom Lanzettfischchen Branchiostoma. (a) Lage der Organe auf einem Querschnitt durch das Rückenmark; (b) einzelner Ocellus, vergrößert; (c) der in (b) umrandete Ausschnitt, stärker vergrößert. (a, b aus Kühn, c nach elektronenmikroskopischen Bildern aus Eakin u. Westfall, schematisiert)

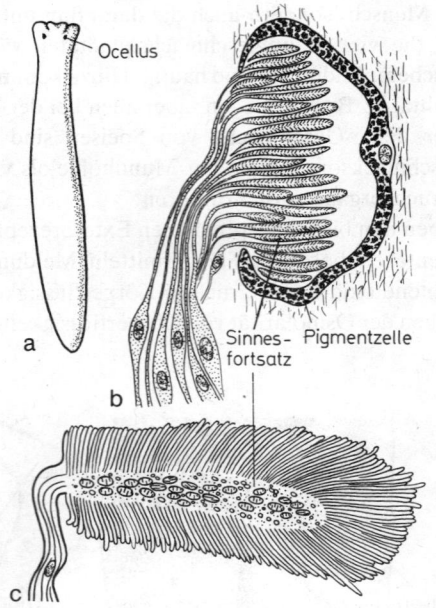

Abb. 5.173a–c. Pigmentbecherocellus des Strudelwurms Dendrocoelum lacteum. (a) Lage der Organe im Tier. (b) Schnitt durch einen Pigmentbecherocellus. (c) Einzelner Photorezeptorfortsatz aus dem Ocellus, schematischer Schnitt. (a aus Brauer, b nach Hesse, c aus Röhlich u. Török)

5.4.2.7 Lichtsinnesorgane

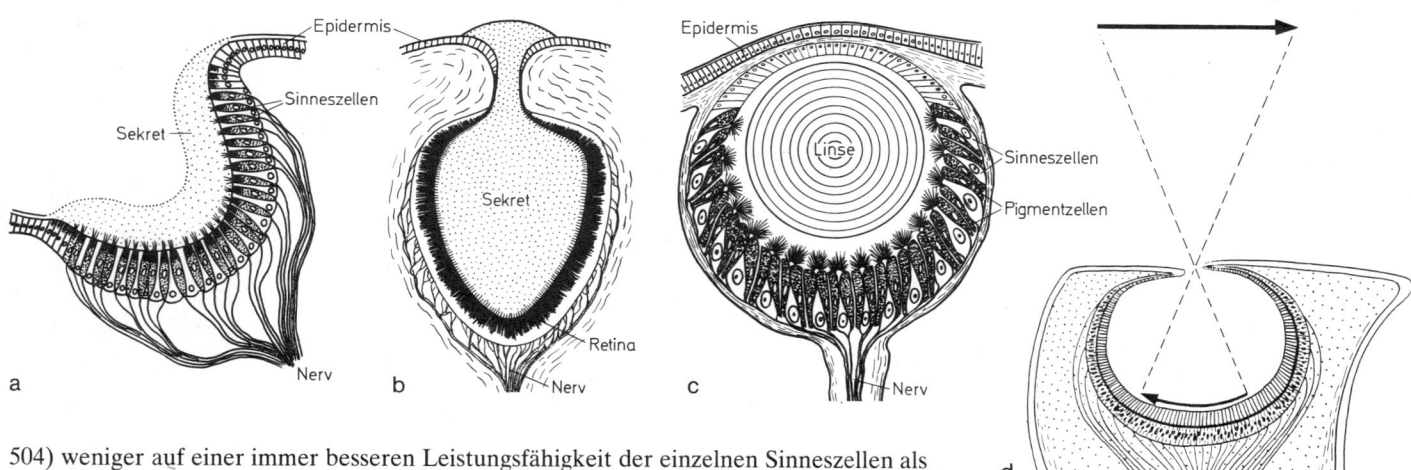

504) weniger auf einer immer besseren Leistungsfähigkeit der einzelnen Sinneszellen als vielmehr auf dem Bau des Organs mit seinen Hilfsstrukturen. Hinzu kommen als weitere Faktoren die Vermehrung der Zahl der Sinneszellen in den Augen und die Verbesserung der Verarbeitung im Zentralnervensystem.

Einfache Lichtsinneszellen ohne jegliche Hilfsstruktur, besonders ohne Abschirmung, ermöglichen nur die Unterscheidung verschiedener Lichtintensitäten *(Helligkeitssehen)*. Fast stets sind die Lichtsinneszellen aber durch *Pigment* optisch so isoliert, daß Licht nur aus bestimmten Richtungen Zutritt zu den Sinneszellen hat. Bei manchen Formen werden einzelne Lichtsinneszellen von einer becherförmigen Pigmentzelle umfaßt: einfache *Pigmentbecherocellen*, z.B. im Rückenmark der Acranier (Abb. 5.172). Häufiger sind mehrere bis zahlreiche Lichtsinneszellen in einem Pigmentbecher vereinigt – ein Augentyp, der besonders bei Strudelwürmern verbreitet ist (Abb. 5.173). Etwas Vergleichbares kann auch entstehen, wenn sich epithelial angeordnete Lichtsinneszellen grubenförmig einsenken (Abb. 5.174a). Die Sinneszellen enthalten selbst Schirmpigment, und/oder das Pigment liegt in Zwischenzellen. So werden diese *Gruben-* oder *Napfaugen* optisch abgeschirmt. Solche einfachen Augen treten zuweilen in einem Tier in großer Zahl auf, wobei die Sehrichtungen oder Achsen der Einzelaugen verschieden sein können. Eine derartige Anordnung ermöglicht es dem Tier, die Richtung einfallender Lichtstrahlen mehr oder weniger genau zu bestimmen. Zu diesem *Richtungssehen* ist aber schon ein einzelnes Auge befähigt, falls es mehrere bis viele Sehzellen enthält; denn die Strahlen, die aus unterschiedlichen Richtungen durch die Becher- oder Grubenöffnung einfallen, können verschiedene (und ungleich viele) Sinneszellen reizen.

Die Grube der Napfaugen kann sich weiter vertiefen und die Grubenmündung verengen (Abb. 5.174b). Wenn sich die Grube dann vollends – unter Verschmelzung ihrer Ränder oder durch Abdeckung mit anderen Geweben – schließt, ergibt sich der sehr verbreitete Typ des *Blasenauges* (Abb. 5.174c). Stets läßt sich an der Blase ein – mindestens zum Teil lichtdurchlässiger – äußerer Teil und der abgeschirmte innere Teil unterscheiden, der die Lichtsinneszellen enthält *(Retina)*. In einigen Fällen bleibt aber noch ein winziges Loch gegenüber der Retina offen, wie im Auge des altertümlichen Tintenfisches *Nautilus* (Abb. 5.174d). Dieser Augentyp entspricht physikalisch einer Lochkamera, er könnte ein gewisses Formen- oder Bildsehen ermöglichen.

Die Leistungsfähigkeit eines Auges kann durch das häufig vorkommende Hinzutreten lichtbrechender Strukturen gesteigert werden. Schon bei Napfaugen wird in die Grube ein lichtbrechendes Sekret abgeschieden (Abb. 5.174a, b), das eine lichtsammelnde Wirkung haben könnte; im Inneren von Blasenaugen verdichtet sich vielfach dieses Sekret zu einem kugeligen Gebilde, das als Linse bezeichnet wird (Abb. 5.174c). Die meisten dieser einfachen Linsenaugen haben aber wohl noch nicht die Fähigkeit, helle und gleichzeitig scharfe Bilder zu erzeugen.

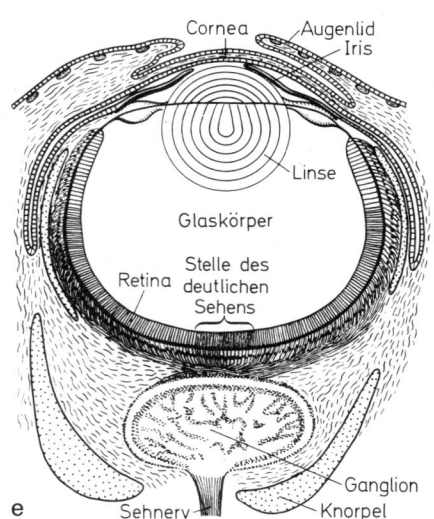

Abb. 5.174a–e. Schnitte durch Augen von Mollusken. (a) Grubenauge der marinen Napfschnecke Patella. (b) Urnenauge der Meeresschnecke Haliotis (»Seeohr«). (c) Blasenauge der Weinbergschnecke Helix. (d) Auge des tetrabranchiaten Tintenfisches Nautilus mit Strahlengang (umgekehrte Abbildung eines Pfeils auf der Retina nach dem Lochkameraprinzip). (e) Linsenauge eines höheren Tintenfisches mit dioptrischem Apparat und optischem Ganglion hinter dem Auge, schematisch. (a aus Kühn, b, c, e aus Hesse u. Doflein, d nach Hesse)

Eine Leistungssteigerung der *Linsenaugen* ist in der Evolution auf zweierlei Weisen erzielt worden. Entweder wurde das Einzelorgan durch Vergrößerung des Auges, durch Vermehrung der Sinneszellen in der Retina und durch Erwerb zusätzlicher Hilfsstrukturen (veränderliche Blenden, Akkommodationseinrichtungen zur Entfernungseinstellung usw.) vervollkommnet; letzere bilden zusammen mit der Linse den *dioptrischen Apparat*. Die höchste Entwicklungsstufe dieser *Kameraaugen* ist unter Wirbellosen bei den Tintenfischen und – unabhängig von diesen (konvergent, S. 866f.) – bei den Wirbeltieren erreicht. Oder es wurde die Zahl der Einzelorgane vermehrt, und diese lagerten sich dicht zu einem Komplex zusammen. Solche *Komplexaugen* sind unter Arthropoden weit verbreitet; z.B. sind die Hauptaugen der Insekten Komplexaugen (S. 512f.). Einfachere Komplexaugen finden sich vereinzelt bei Anneliden und Mollusken.

Die paarigen Linsenaugen der Wirbeltiere (Abb. 5.176a) gehen aus einer Form tiefer Grubenaugen hervor. Allerdings entstehen die Augenblasen der Wirbeltiere als paarige Ausstülpungen der Diencephalon-Anlage, sind also Teile des Gehirns. Nur Cornea und Linse werden von der Kopfepidermis gebildet (S. 386, 866). Diese Augen erzeugen nach den Gesetzmäßigkeiten der physikalischen Optik auf dem Augenhintergrund ein scharfes und lichtstarkes Bild. Der dioptrische Apparat besteht aus der Hornhaut *(Cornea)*, der mit Flüssigkeit erfüllten *vorderen Augenkammer* und der anschließenden *Linse* als dem gemeinsamen lichtbrechenden System. Dazu kommt die vor der Linse liegende Ringfalte (Regenbogenhaut oder *Iris)* mit ihrer veränderlichen Öffnung *(Pupille)*, die funktionell eine Blende darstellt. Im Augenhintergrund liegt die Netzhaut *(Retina)*, die die Sinneszellen, *Stäbchen* und *Zapfen*, neben einer Vielzahl von neuronalen Elementen enthält. Ein in der optischen Achse der Linse liegender Bezirk der Retina, die *Area* (oder *Fovea*) *centralis*, enthält besonders dicht stehende Sinneszellen (beim Menschen nur Zapfen) und nur eine dünne darüberliegende Schicht von Neuronen. Der Raum zwischen Linse und Retina ist durch den *Glaskörper* ausgefüllt. Außen ist das Auge von zwei Hüllen umgeben, der *Lederhaut*, die vorn in die durchsichtige Hornhaut übergeht, und der *Aderhaut*, die sich vorn in den Ciliarkörper und die Iris fortsetzt.

Die paarigen Augen der höheren Tintenfische (Abb. 5.174e) ähneln in ihrem Bau sehr weitgehend denen der Wirbeltiere. Ihre ontogenetische Entstehung aus einer Einstülpung der Kopfepidermis verläuft aber völlig anders (Abb. 10.22, S. 867), und auch der feinere Aufbau der Retina (Abb. 5.175) ist gänzlich verschieden. Ihre evers gerichteten Sehzellen mit je zwei Rhabdomeren sind morphologisch denen der Arthropoden ähnlich (vgl. Abb. 5.182, 5.183).

Die durch ein Linsensystem entworfenen Bilder verschieben sich bei wechselnden Gegenstandsentfernungen. Damit stets ein scharfes Bild auf der Retina entstehen kann, muß das Auge akkommodieren. Der Mechanismus der *Akkommodation* ist unterschiedlich. Bei Wirbellosen und manchen Wirbeltieren (Fische, Amphibien, Schlangen) wird dafür die Entfernung Linsensystem – Abbildungsebene (Retina) verändert. Bei den übrigen Wirbeltieren geschieht das durch Änderung der Form und damit der Brechkraft der Linse mit Hilfe eines Muskels. Bei den Säugetieren ist die Linse durch den Zug radiärer Fasern der Linsenaufhängung bei erschlafftem Ciliarmuskel abgeflacht und damit auf »Ferne« eingestellt. Kontrahiert sich der Ciliarmuskel, so erschlaffen die radiären Fasern, und die Linse wird infolge ihrer Elastizität vorne stärker gewölbt: Naheinstellung (Abb. 5.176a).

Als *Sehschärfe* wird die Leistungsfähigkeit eines Auges im Hinblick auf das räumliche Auflösungsvermögen bezeichnet. Sie ist um so besser, je kleiner der Abstand von zwei Gegenstandspunkten ist, die noch getrennt wahrgenommen werden. Da dieser Punktabstand von der Gegenstandsentfernung abhängt, benutzt man als Maß der Sehschärfe den Grenzwinkel, den die beiden Lichtstrahlen einschließen, die von diesen Gegenstandspunkten aus durch den Knotenpunkt des dioptrischen Apparates des Auges führen. Dieser Sehschärfenwinkel beträgt für das menschliche Auge im Bereich schärfsten Sehens

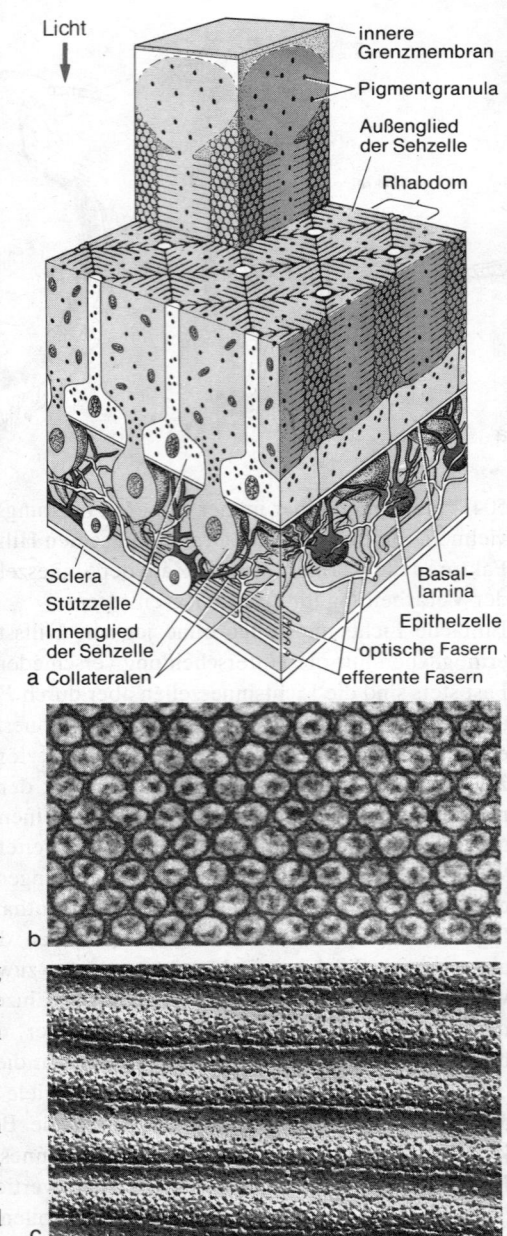

Abb. 5.175 a–c. Retina des Tintenfisches Octopus. (a) Blockschema des Retinaaufbaues. Jeweils vier Sehzellen beteiligen sich mit je einem Rhabdomer am Aufbau eines Rhabdoms. Die darin mit ihren Achsenrichtungen zueinander senkrecht stehenden Mikrovilli sind die morphologische Grundlage für die Fähigkeit des Tintenfischauges, die Polarisationsrichtung des Lichtes zu perzipieren. (b) Querschnitt durch die Mikrovilli eines Rhabdomers, die in hexagonaler Anordnung liegen; sie enthalten zentral ein Cytoskelett. (c) Gefrierbruch längs der parallel angeordneten Mikrovilli eines Rhabdomers. Die Aufwölbungen auf der Membran entsprechen jeweils vier Sehfarbstoffmolekülen mit den umgebenden Lipiden. (a nach Wells, verändert, b nach Saibil u. Hewat, c Original von Meller/Bochum)

5.4.2.7 Lichtsinnesorgane 509

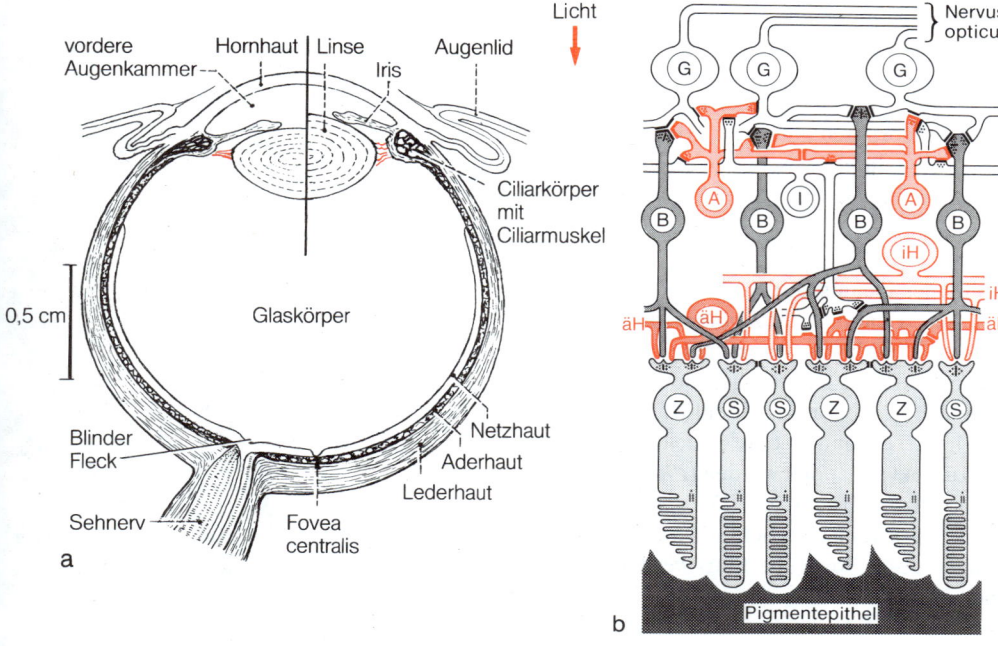
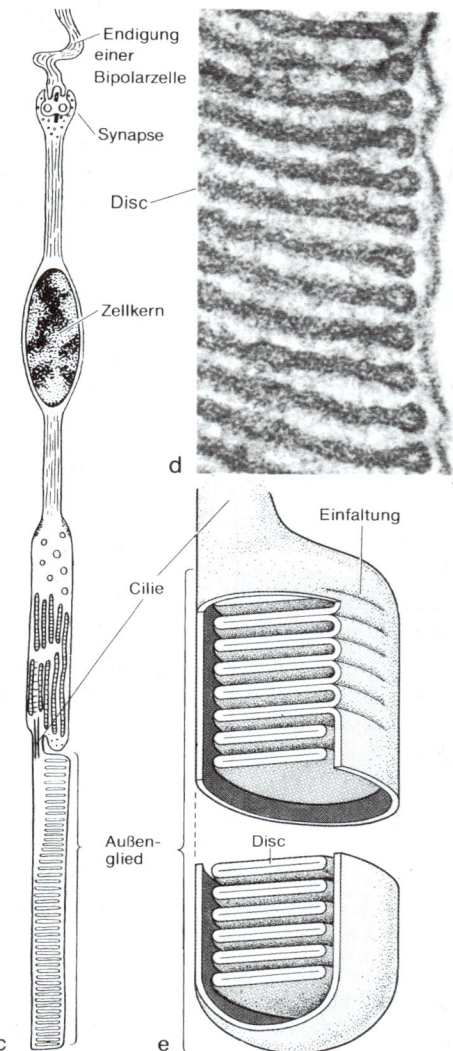

(in der Fovea) weniger als $3 \cdot 10^{-4}$ rad [= 1′ (Bogenminute)]; dies entspricht einer Punktentfernung auf der Retina von etwa $5\,\mu m$; das ist nicht viel mehr als der Abstand zweier Zapfen.

Sehfarbstoffe und Farbensehen. Licht, das auf die Rezeptorzellen von Augen auftritt, muß zunächst absorbiert werden, damit eine Erregung entstehen kann. Dafür enthält jede Sehzelle in ihren Membranen einen Sehfarbstoff *(Rezeptorpigment)*, der in einem bestimmten Spektralbereich absorbiert. Alle bisher bekannten Sehfarbstoffe bestehen aus einer Proteinkomponente, dem *Opsin* (Abb. 5.177b), und einem Carotinoid-Anteil. Bei sehr vielen Tieren handelt es sich um den Aldehyd des Vitamins A (S. 510), das *Retinal* (Abb. 5.177a); bei manchen Teleosteern des Süßwassers liegt stattdessen das 3,4-Dehydro-Retinal und bei mehreren Gruppen höherer Insekten das 3-Hydroxy-Retinal vor. Sie sind als 11-cis-Isomer mit der Aldehydgruppe an ein Opsin gebunden; die Variabilität der Protein-Komponente ergibt eine Vielzahl unterschiedlicher Eigenschaften, besonders hinsichtlich der Lichtabsorption.

Da jede Art von Sehfarbstoff Licht verschiedener Wellenlängen unterschiedlich stark absorbiert (Abb. 5.177c), ist dessen Wirksamkeit auf die Sehzellen spektral verschieden. Kurven, die – meist normiert – den Kehrwert der Reizgröße für eine bestimmte Zellantwort (Potentialänderung) über der Wellenlänge darstellen, werden in der Sehphysiologie als »spektrale Empfindlichkeitskurven« (Abb. 5.178b) bezeichnet (sie entsprechen den »Wirkungsspektren« der Darstellungen über Photosynthese, z. B. Abb. 1.97, S. 116).

Der Sehfarbstoff, der in der Retina der Wirbeltiere in der größten Konzentration vorhanden ist, liegt in den Stäbchen; er wird als *Rhodopsin* (Sehpurpur) bezeichnet. Durch ihre hohe Lichtempfindlichkeit ermöglichen die Stäbchen das Sehen auch noch bei geringen Lichtintensitäten *(Dämmerungssehsystem* ohne Farbunterscheidungsvermögen). Die Zapfen mit ihrer kleineren Sehfarbstoffmenge und damit geringeren Empfindlichkeit arbeiten als *Tagessehsystem* und sind für das *Farbensehen* zuständig. Diese Leistung des optischen Sinnes – das Unterscheiden bestimmter Spektralbereiche – findet sich bei sehr vielen Wirbeltieren und ist unter den Avertebraten bisher nur bei Insekten genauer

Abb. 5.176. (a) Schematischer Schnitt durch ein Auge des Menschen. Linse links im nicht akkommodierten, rechts im (auf die Nähe) akkommodierten Zustand. (b) Schema des Aufbaues der Retina. Die horizontal verknüpfenden Zelltypen sind rot dargestellt. G Ganglien-, A Amakrin-, äH äußere und iH innere Horizontal-, I Interplexiform-, B Bipolar-, S Stäbchen-, Z Zapfenzellen (Bezeichnung jeweils im Zellkern). (c) Stäbchenzelle im schematischen Längsschnitt. (d) Längsschnitt durch den Randteil eines Stäbchenzell-Außengliedes vom Frosch mit scheibenförmigen Membransäckchen (discs); elektronenmikroskopische Vergr. 65 000:1. (e) Basis und Spitze eines Stäbchenzellaußengliedes, geöffnet. Der Zusammenhang der »discs« mit der Zellmembran besteht nur an der Basis. (a aus Möricke u. Mergenthaler, b nach Dowling et al., kombiniert; c nach Sjöstrand, d Original von Foelix, e Original von Kümmel)

bekannt (S. 513). Sie erfordert auf der Seite der Lichtempfänger mindestens zwei Rezeptorsysteme für verschiedene Spektralbereiche. In den meisten Fällen sind jedoch drei Typen von Rezeptoren mit unterschiedlichen Sehfarbstoffen vorhanden, deren spektrale Empfindlichkeitskurven ihre Maxima bei verschiedenen Wellenlängen haben (Abb. 5.178a). Ihre Existenz war schon seit langem theoretisch gefordert worden, weil sich alle Farbwahrnehmungen des Menschen additiv durch Mischen von nur drei Grundfarben auslösen lassen (*Dreikomponententheorie des Farbensehens* von v. Helmholtz).

Primärprozesse des Sehens. Nach der Absorption eines Quants ist der erste Schritt zur Auslösung des Erregungsprozesses eine *photochemische* Reaktion, die *Isomerisierung* der 11-cis-Form des Retinals in seine all-trans-Form. Bei allen bisher untersuchten Wirbellosen enden die lichtinduzierten Umsetzungen der Sehfarbstoffe bei Folgeprodukten mit anderen Absorptionseigenschaften, in denen der Chromophor in der all-trans-Form gebunden bleibt (thermostabile Metarhodopsine); diese können durch Lichtquanten geeigneter Wellenlängen in die Rezeptorpigmente zurückverwandelt werden (*Photoisomerisierung*). Bei den Wirbeltieren löst sich das photochemisch gebildete all-trans-Retinal vom Opsin ab; die auftretende Farbänderung ist die »*Bleichung*« des Sehfarbstoffs (Abb. 5.177c). Das all-trans-Retinal muß enzymatisch in die 11-cis-Form überführt werden und kann sich dann erneut spontan mit Opsin verbinden.

Die auf die Lichtabsorption eines Sehfarbstoffes in dessen Opsinanteil erfolgenden *Konformationsänderungen* lösen eine biochemische Reaktionskaskade aus. Durch Wechselwirkungen mit dem Opsin werden zunächst viele Moleküle eines GTP-bindenden regulatorischen Proteins, *Transducin* (»G-Protein«), aktiviert. Bei den Wirbeltieren aktiviert jedes Transducinmolekül seinerseits eine cGMP-Phosphodiesterase und induziert damit die Hydrolyse vieler Moleküle dieses Botenstoffes. Durch die Reduzierung des cGMP-Spiegels werden Ionenkanäle geschlossen; die Reizantwort der Sehzelle ist ein *hyperpolarisierendes* Rezeptorpotential. Die biochemische Reaktionskaskade hat einen Verstärkungsfaktor von 10^5; deshalb kann bereits die Absorption eines einzelnen Lichtquants zu einer elektrischen Antwort der Rezeptorzelle führen. Bei den Wirbellosen werden nach Belichtung Ionenkanäle geöffnet; die Reizantwort der Sehzelle ist ein *depolarisierendes* Rezeptorpotential. Hierfür könnte eine Erhöhung des cGMP-Spiegels aufgrund einer Reaktionskaskade zuständig sein; möglicherweise werden die Kationenkanäle durch einen Inositoltrisphosphat-vermittelten Anstieg der Calciumkonzentration im Cytosol geöffnet.

Die durch das Schließen bzw. Öffnen von Kationenkanälen entstehenden Veränderungen des Membranpotentials der Sehzellen sind in ihrer Größe in einem weiten Intensitätsbereich dem Logarithmus der Lichtintensität proportional.

Die Sehzellen der Wirbeltiere setzen bei Dunkelheit (maximale Depolarisation) an ihren Synapsen ständig Transmitter frei. Die pro Zeiteinheit freigesetzte Menge hängt vom Membranpotential der Sehzelle ab; Belichtung führt zu einer Reduktion der Transmitterfreisetzung – unsere Augen sind eigentlich Dunkelrezeptoren! Diese Eigenschaft verbessert die Feststellung kleiner Intensitätsänderungen bei geringer Helligkeit.

Informationsverarbeitung in der Wirbeltier-Retina. Die Retina der Wirbeltiere enthält neben den Rezeptorzellen noch eine große Anzahl von *Neuronen* verschiedener Typen (Abb. 5.176b), in denen eine erste Verarbeitung der Meldungen erfolgt. Von den Rezeptorzellen gelangt die Information unter Beteiligung der Horizontal-, Bipolar-, Amakrin- und interplexiformen Zellen auf die Ganglienzellen. Auf dem Weg dorthin finden komplizierte erregende und – wohl weit häufiger – hemmende Vorgänge statt.

Der an den Synapsen der Sehzellen ständig (lichtabhängig in unterschiedlicher Menge) freigesetzte Transmitter bewirkt in den nachgeschalteten Bipolarzellen – je nach deren

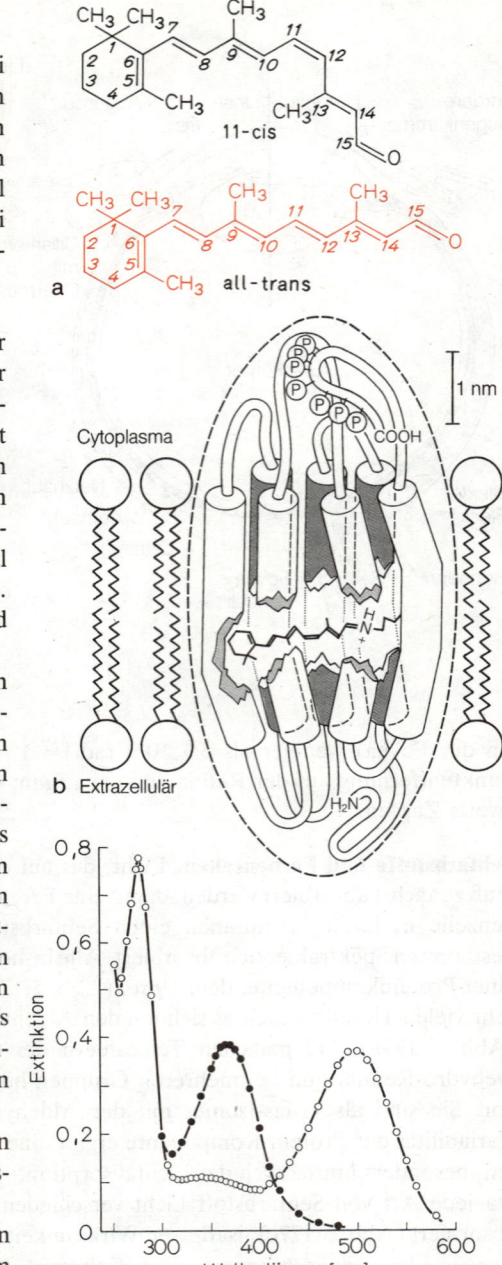

Abb. 5.177. (a) Strukturformeln von 11-cis- und all-trans-Retinal. (b) Schema eines Rhodopsin-Moleküls in der Membran; es enthält in seiner Kette sieben helicale Abschnitte, die die Membran durchsetzen. Zwischen diesen liegt das Retinal, das an die NH_2-Gruppe eines Lysins gebunden ist. Am cytoplasmaseitigen Endstück befinden sich mehrere Phosphorylierungs-Stellen. (c) Veränderung der spektralen Extinktion des Rhodopsinextraktes aus einer Säugetier-Retina vor (leere Kreise) und nach einer Belichtung (volle Punkte): Das Absorptionsmaximum im Blaugrün verlagert sich zum Ultraviolett (»Bleichung«). (b nach Dratz u. Hargrave, c nach Collins et al.)

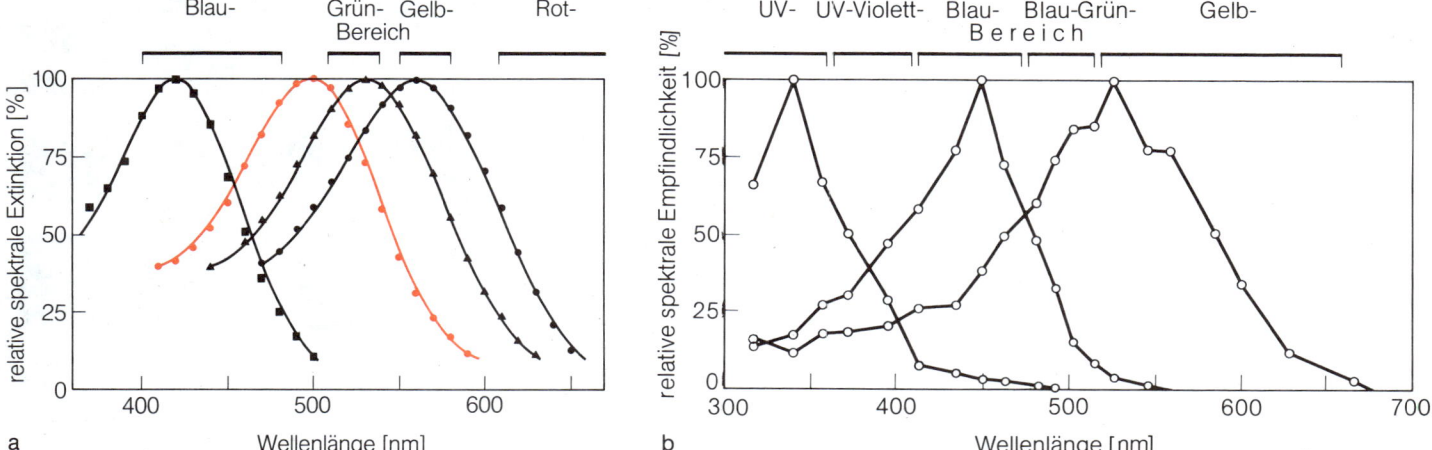

Klasse – entweder Depolarisation oder Hyperpolarisation; jeweils ein Teil dieser Zellen wird also bei Belichtung erregt oder gehemmt (Doppelcodierung der Information).

Auf der Ebene der den Rezeptoren nachgeschalteten retinalen Neuronen tritt im Auge der Wirbeltiere das Phänomen der *lateralen Hemmung* auf. Letztere ist allgemein in Feldern von Rezeptoren (nicht nur bei Augen und nicht nur bei Wirbeltieren) von Bedeutung, da sie den Kontrast an den Intensitätsgrenzen eines Reizmusters verschärft. Die Grundlage für das Verständnis dieses Vorganges erbrachten Untersuchungen an dem Xiphosuren *Limulus* (Pfeilschwanz»krebs«, S. 926, Abb. 10.88), dem einzigen Spinnentier mit Komplexaugen: Wird hier eine Sehzelle eines Ommatidiums (Abb. 5.182b) durch Licht erregt, so gelangt die Meldung nicht nur über den von diesem Ommatidium ableitenden Nervenfortsatz einer nachgeschalteten Nervenzelle (exzentrische Zelle) zum Gehirn, sondern über Kollateralen dieser Faser gleichzeitig auch zu exzentrischen Zellen von Nachbarommatidien, die dadurch gehemmt werden. Die Aktivität in einem Ommatidium hemmt also die seiner belichteten Umgebung (Abb. 5.180).

Auch hinsichtlich der Farbwahrnehmung werden die Signale aus den Zapfenzellen bereits in der Retina verarbeitet. Durch die verschieden starke Einwirkung von mehreren, unterschiedlich wellenlängenspezifischen Rezeptoren auf die einzelnen Neuronen kommen wellenlängenabhängige De- und Hyperpolarisationen, z.B. an Horizontalzellen, vor (Abb. 5.179). Die beiden dabei auftretenden Effekte entsprechen den Farbpaaren gelb/blau und grün/rot, die aufgrund bestimmter Farbkontrastphänomene in der Farbwahrnehmung beim Menschen theoretisch gefordert worden waren *(Gegenfarbentheorie* von Hering). Da die zellulären Korrelate zu diesem Phänomen in einer anderen Ebene (Neuronenschicht) vorhanden sind, widerspricht diese Vorstellung nicht der Dreikomponententheorie (S. 510), deren Korrelate in der Ebene der Sehzellen (Rezeptorenschicht) liegen.

Im Neuronennetz der Retina – wie überall im Zentralnervensystem – divergieren und konvergieren die Informationen. Jede Sehzelle steht direkt mit mehreren Bipolarzellen und über Horizontalzellen, die wohl überwiegend inhibitorisch tätig sind (laterale Hemmung, s. oben), mit ihren Nachbarn in Verbindung. Schließlich werden die unter Mitwirkung der lateral verschalteten und weit ausgebreiteten Amacrinzellen vorverarbeiteten Informationen an den großen Ganglienzellen zusammengefaßt. Diese bilden als einzige Zellen der Retina – bei hinreichender Depolarisation durch die Summierung von erregenden und hemmenden Eingängen – Aktionspotentiale aus, die zu den optischen Zentren im Gehirn geleitet werden (vgl. S. 710f.). Daß hier die Konvergenz bei weitem überwiegt, ist auch morphologisch faßbar: Den etwa 130 Millionen Photorezeptorzellen in einem Auge des Menschen stehen etwa 1 Million retinale Ganglienzellen gegenüber.

Abb. 5.178. (a) Absorptionseigenschaften für spektrale Lichter (mikrospektrometrische Extinktionskurven) der Sehfarbstoffe in einzelnen Sehzell-Außengliedern der Primatenretina. Die Typen – Stäbchen-Rhodopsin (rot) und drei Zapfenfarbstoffe (schwarz) – unterscheiden sich durch ihre Eiweißkomponente bei gleichem Retinal. Die einzelnen Symbole sind berechnete Extinktionswerte für theoretische Rhodopsine mit Absorptionsmaxima bei 440, 500, 530 bzw. 570 nm. (b) Spektrale Empfindlichkeit einzelner Sehzellen im Komplexauge der Biene (intrazelluläre Messung der Membranpotentialänderungen bei Reizung mit monochromatischen Lichtern). Die drei Typen von Sehzellen haben Empfindlichkeitsmaxima bei etwa 340, 450 bzw. 520 nm. (a nach Bowmaker, b nach Autrum u. von Zwehl)

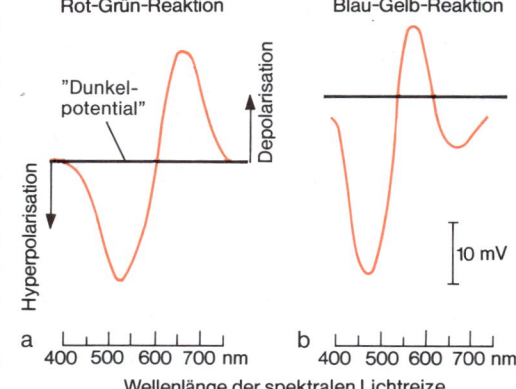

Abb. 5.179. Veränderungen des Membranpotentials von Horizontalzellen in der Retina des Goldfisches (Carassius) nach Belichtung der Sehzellen mit spektralen Lichtern (rote Linien) gegenüber dem Membranpotential im Dunkeln (schwarze Gerade). (a) Rot-Grün-, (b) Blau-Gelb-Zelle. Neben diesen beiden »Gegenfarben«-Typen gibt es einen »Unbunt«-Typ von Horizontalzellen mit mehr oder weniger starker Hyperpolarisation in allen Spektralbereichen. (Nach Spekreijse u. Norton aus Schmidt u. Thews)

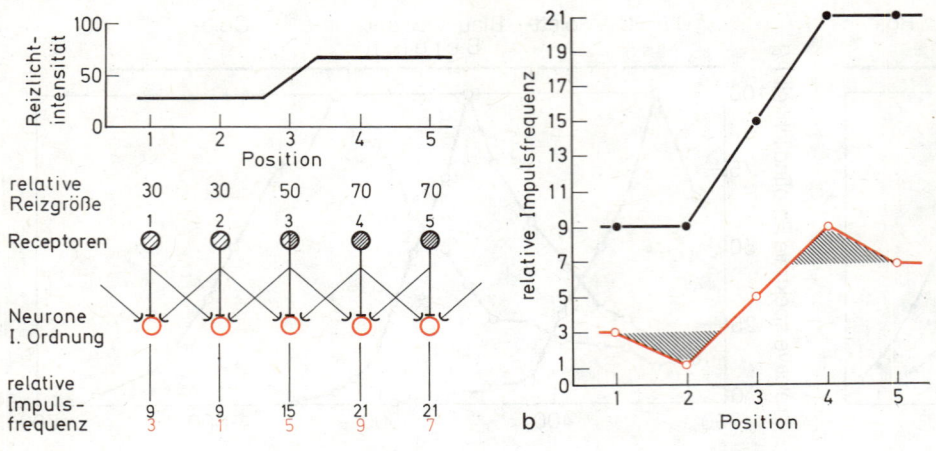

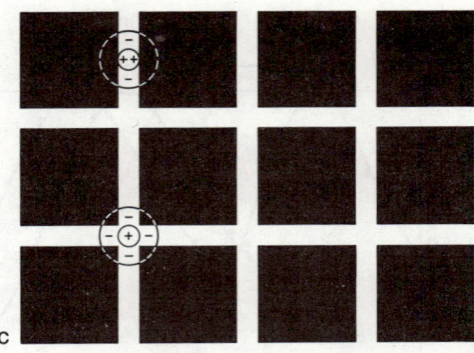

Abb. 5.180 a–c. Schema der lateralen Hemmung. (a) Fünf Photorezeptoren werden belichtet, 1 und 2 schwächer als 4 und 5; bei 3 befindet sich ein Helligkeitsübergang. Ohne laterale Hemmung entspricht die angenommene Impulsfrequenz in den nachgeschalteten Neuronen (schwarze Werte) dem Erregungsmuster der Rezeptoren. Bei lateraler Hemmung sind die Rezeptoren untereinander hemmend verschaltet (a). Bei Hemmung z. B. um ein Drittel ergeben sich die roten Werte als Impulsraten. Die Helligkeitsgrenzen werden dadurch betont (schraffierte Felder in b). (c) Hermann-Gitter als psychophysischer Nachweis für die Wirkung lateraler Hemmung beim Menschen. Kreuzungsstellen erscheinen grauer als der Rest des Gitters, weil hier mehr helle Flächenanteile (−) das auf Hell ansprechende Zentrum (+) eines rezeptiven Feldes hemmen. (a, b Original von Rathmayer, c nach Jung)

Der räumliche Bezirk innerhalb einer Retina, von dem aus eine Ganglienzelle Informationen erhält, stellt deren *rezeptives Feld* dar (dieses ist also funktionell definiert). Es gehören dazu stets eine Anzahl von Rezeptoren – einige wenige Zapfen in der Fovea, mehrere tausend Stäbchen in der Peripherie des Auges. Häufig haben der zentrale und der periphere Bezirk des rezeptiven Feldes unterschiedliche Wertigkeiten für die Ganglienzelle. Deren »spontane« Impulsfrequenz kann z.B. bei Belichtung des Feldzentrums erhöht, durch Belichtung der Feldperipherie dagegen erniedrigt werden; eine andere Klasse von Ganglienzellen reagiert genau umgekehrt (On- und Off-Zentrum-Neuronen, Abb. 5.181). Bei gleichzeitiger und gleich starker Belichtung des ganzen Feldes dominiert jeweils die vom Feldzentrum gegebene Reaktion. Die Größe der Antwort ist von der Lichtintensität abhängig. Benachbarte rezeptorische Felder überlappen sich mehr oder weniger stark. Ein engumschriebener Lichtreiz wird deshalb in den verschiedenen zugehörigen Ganglienzellen – zum Teil gegensätzliche – Antworten auslösen. Dies ist von Bedeutung für das Verständnis der Erscheinung des Simultankontrastes, von dem die Sehschärfe teilweise abhängt (zu weiteren Teilen von der Dichte der Anordnung der Rezeptorzellen und der Größe der Informationskonvergenz).

Besonderheiten der Komplexaugen. Die Komplexaugen (Facettenaugen) der Insekten und Krebse sind aus einer meist großen Zahl (bei manchen Insekten > 10000) etwa gleichartiger Einzelaugen *(Ommatidien)* zusammengesetzt (Abb. 5.182). Der dioptrische Apparat jedes Ommatidiums besteht aus der cuticularen Cornea (Linse) und dem Kristallkegel (Abb. 5.182a, b) sowie intrazellulär gelagerten granulären Pigmenten, die eine Pupille begrenzen können. An den Kristallkegel schließen sich bei Insekten im ursprünglichen Fall acht Lichtsinneszellen *(Retinulazellen)* an. Sie bilden jeweils nach innen einen lichtperzipierenden Mikrovillisaum, das *Rhabdomer* (Abb. 5.182c). Die Rhabdomeren aller Retinulazellen können einzeln liegen (Abb. 5.182c$_3$, 5.183b) oder zu einem zentralen *Rhabdom* verschmelzen (Abb. 5.182c$_1$, c$_2$, 5.183a). Die Einzelommatidien werden voneinander durch Pigmentzellen mehr oder weniger gut optisch isoliert. Das *räumliche Auflösungsvermögen* des Komplexauges ist vor allem durch die Zahl der Ommatidien pro Raumwinkel bestimmt; je größer die Zahl, desto besser die Auflösung. Im Wirbeltierauge ist es entsprechend in erster Linie von der Dichte der Sinneszellen in der Retina abhängig (S. 508). Während das räumliche Auflösungsvermögen der Komplexaugen infolge der geringen Abmessungen viel schlechter ist als das der großen Linsenaugen von Wirbeltieren, sind viele Insekten besser befähigt, bewegte Objekte wahrzunehmen. Das *Bewegungssehen* ist leistungsfähiger durch ein größeres *zeitliches Auflösungsvermögen:* Die Augen von Wirbeltieren (und auch von manchen Insekten) können

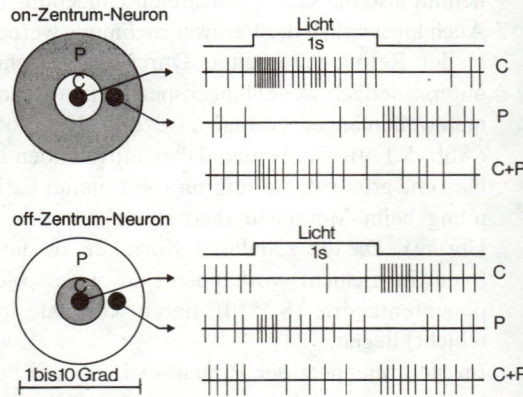

Abb. 5.181. Funktionelle Organisation des zu jeweils einer Ganglienzelle gehörenden rezeptiven Feldes in der Säugetier-Retina. Bei Belichtung einer Stelle (schwarze Kreisflächen) im Zentrum (C) bzw. in der Peripherie (P) eines Feldes – einzeln oder gemeinsam – werden bei Ableitung von dem Neuriten der Ganglienzelle die rechts dargestellten Nervenimpulsfolgen erhalten. Bei der Ausbildung des Reaktionsmusters überwiegt der im Zentrum ausgelöste Anteil der Reaktion. (Aus Schmidt u. Thews)

maximal etwa 50 Einzelreize · s^{-1} getrennt wahrnehmen; dagegen liegt die Auflösungsgrenze der Augen schnell fliegender Insekten (z. B. Bienen, Fliegen) bei etwa $300 · s^{-1}$. Der Empfindlichkeitsbereich der Insektenaugen befindet sich allgemein in einem etwas anderen Wellenlängenbereich als der der Wirbeltiere: Während er bei diesen zwischen etwa 400 und 750 nm liegt, erstreckt er sich bei den Insekten von etwa 300 nm bis 650 nm (Abb. 5.178b). Diese sind also auch für ultraviolettes Licht empfindlich. Die Fähigkeit der Farbwahrnehmung bei Insekten wurde zuerst durch Verhaltensexperimente bei Bienen nachgewiesen, die Blüten u. a. durch deren Farbe erkennen können. Sie besitzen drei Typen von Sehzellen mit verschiedener spektraler Empfindlichkeit – einer davon wird nur durch ultraviolettes Licht erregt –, die entsprechend der Dreikomponententheorie wie bei den Wirbeltieren zusammenwirken. Für andere Insekten sind di- und tetrachromatische Farbsehsysteme, auch mit Rot-Empfindlichkeit, nachgewiesen worden.

Die Augen vieler Arthropoden (und Cephalopoden) sind außerdem zu einer Leistung befähigt, die dem Auge der Säugetiere fehlt: die Wahrnehmung der *Schwingungsrichtung des polarisierten Lichtes*. Ihre Sehzellen antworten auf linear polarisiertes Licht (d. h. Licht, das vorzugsweise in *einer* Raumebene schwingt), je nach der Lage seiner Schwingungsrichtung mit einem unterschiedlich hohen Rezeptorpotential, weil die in den Membranen des Rhabdomers orientiert eingelagerten Sehfarbstoffmoleküle Licht einer bestimmten Schwingungsrichtung bevorzugt absorbieren *(Dichroismus)*. Die Erregung in den Sehzellen, deren Mikrovilli parallel zur Schwingungsebene linear polarisierten Lichtes stehen, ergibt Maximalwerte, während sie in den Zellen minimal ist, deren Mikrovilli senkrecht dazu stehen. Häufig sind innerhalb eines Ommatidiums oder der ganzen Retina die Membranen bestimmter Sehzellen in festen Winkeln – meist senkrecht – zueinander angeordnet (Abb. 5.183a). Nicht alle Retinulazellen sind für die Information über den Polarisationszustand des Lichtes gleichermaßen zuständig. Im Auge der Biene wird nur die basal gelegene neunte Sehzelle jedes Ommatidiums (die in der Höhe des Querschnittes der Abbildung 5.183a kaum getroffen ist) für die Polarisationsanalyse genutzt. Sie ist vorzugsweise für ultraviolettes Licht empfindlich; in diesem Spektralbereich weist das Himmelslicht den höchsten Polarisationsgrad auf. Auf diese Weise können Bienen den Sonnenstand – der für ihren Sonnenkompaß (S. 724f.) von entscheidender Bedeutung ist – auch dann erkennen, wenn sie nicht die Sonne selbst, sondern nur ein Stück blauen Himmels sehen. Die Polarisation des Himmelslichtes weist nämlich eine bestimmte Verteilung ihrer Intensität und Richtung auf (Polarisationsmuster, Abb. 8.1b, S. 762), die eine feste Beziehung zum jeweiligen Sonnenstand hat.

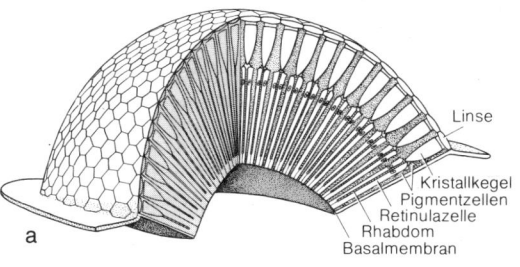

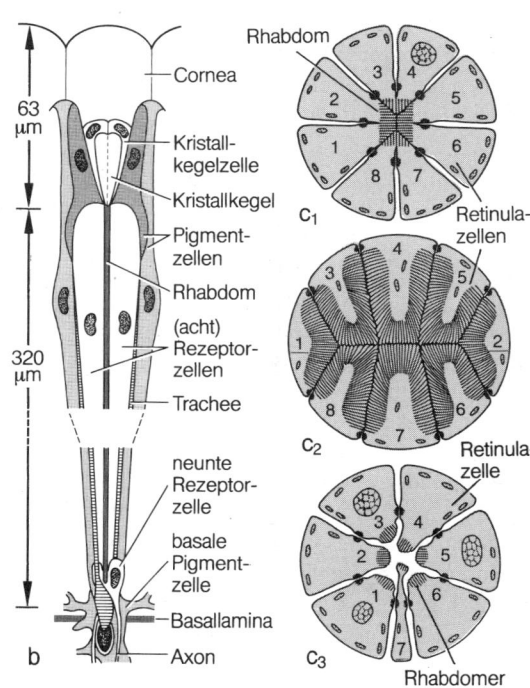

Abb. 5.182 a–c. Komplexauge von Insekten. (a) Bau eines Komplexauges, aus dem rechts ein Stück herausgeschnitten ist. (b) Längsschnitt durch ein Ommatidium eines Tagschmetterlings, schematisch. (c) Querschnitte durch Ommatidien mit zu einem zentralen Rhabdom verschmolzenen Rhabdomeren (Beispiele: Biene, c_1, Nachtschmetterling, c_2) bzw. mit einzeln liegenden Rhabdomeren (Beispiel: Fliege, c_3), schematisch. Die Nummern bezeichnen die einzelnen Retinulazellen. Zelle 8 liegt in (c_3) proximal der Zelle 7 und ist deshalb auf der dargestellten Schnittebene nicht getroffen. (a aus Hesse u. Doflein, b nach Kolb, c nach mehreren Autoren, kombiniert)

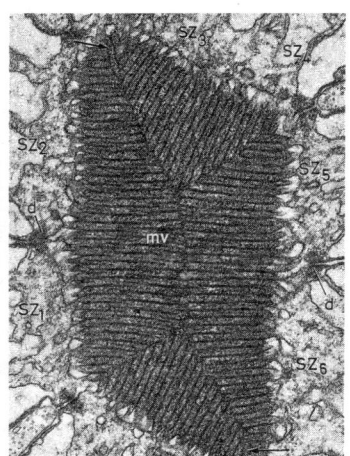
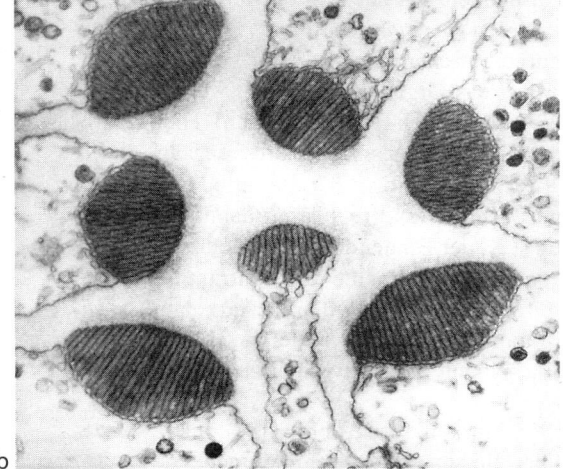

Abb. 5.183. (a) Querschnitt durch das geschlossene Rhabdom einer Drohne (Apis-♂) aus Rhabdomeren von acht Sehzellen (SZ 1–8); Pfeil links oben weist auf den Beginn der nur proximal ausgebildeten kleinen neunten Sehzelle; d, Zonula adhaerens. Vergr. 12 000 : 1. (b) Querschnitt durch das offene Rhabdom einer Fliege. Vergr. 15 000 : 1. (a nach Perrelet, b Original von Schneider/Würzburg)

5.4.3 Bewegungssysteme

5.4.3.1 Biomechanische Einheiten

Bewegungsvorgänge gehören zu den Grundphänomenen des Lebens. Sie können ein Lebewesen von einem Ort zum anderen führen: Ortsbewegung oder *Lokomotion* (S. 647f.); als *nicht-lokomotorische Bewegungen* dienen sie aber auch der Nahrungsaufnahme und der Körperpflege sowie dem Transport von flüssigen, halbfesten und gasförmigen Substanzen im Körper, wie sie z. B. Blut, Darminhalt und Atemgase darstellen. Immer sind kontraktile Elemente (S. 455f.) beteiligt, die mit mechanisch festen oder in definierbarer Weise verformbaren Elementen zusammenspielen. So sind Muskeln zusammen mit Skelettelementen, zwischen denen sie verspannt sind und die sie bewegen, stets als *biomechanische Einheit* zu betrachten. Als »Widerlager« sind aber nicht nur die *festen Skelette* ausgebildet, sondern auch bindegewebige Hüllen, die unter erhöhtem Innendruck stehen *(Hydroskelette)*, und ähnliche Versteifungsmechanismen. Dies gilt prinzipiell auch für mikroskopisch kleine Bewegungssysteme, deren mechanische Elemente Organellen einer einzigen Zelle darstellen: Bei der Pseudopodienbewegung (S. 142f.) der Amöben, bei der Schlagbewegung von Geißeln, Wimpern, Schwänzen und Kinocilien bei Flagellaten, Ciliaten, Spermatozoen und Wimperepithelzellen (S. 145f., 649) arbeiten kontraktile Filamente gegen elastisch verbiegbare Widerlager. Dies können nicht-kontraktile Filamente oder hydraulisch versteifte Zellmembranen sein.

Sehr häufig arbeitet ein Muskel gegen einen Gegenmuskel *(Antagonisten)*. Damit kann der Winkel zwischen zwei Skelettteilen verkleinert und vergrößert werden, etwa beim Oberarm-Unterarm-System des Menschen (Abb. 5.184). Es können aber auch die Abstände zwischen flächigen Skelettsystemen verändert werden. So lassen die Fliegen mit Hilfe von zwei antagonistischen Muskelsystemen den »Deckel« des dorsal liegenden Scutums im Mesothorax relativ zur Pleurosternalkapsel oszillieren und bewegen damit auf indirekte Weise die Flügel auf und ab (S. 655f.; Abb. 6.165, 6.167). Bei der Ausdehnung flächiger Strukturen, wie den Chromatophorenzellen der Tintenfische (Abb. 5.201c), arbeiten Muskelfasern gegen elastische Zellteile. Hier werden Zellsäcke, die schwarze Pigmentpartikel enthalten, auseinander gezogen, wenn sich die Muskeln kontrahieren, und das Tier erscheint dunkler. Schließlich verändern antagonistische Muskelsysteme auch Lumina. So spielen häufig Ring- und Längsmuskeln zusammen, etwa im Hautmuskelschlauch der Anneliden (Abb. 5.185) oder beim Magen (Abb. 5.186a) und Darm (Abb. 5.121) der Säugetiere. Im Wechselspiel mit dem – biomechanisch essentiellen – Widerlager einer unter hydraulischem Druck stehenden Flüssigkeitsfüllung oder eines halbfesten Inhaltes längt und kürzt sich ein Wurm oder Darmabschnitt, wenn sich abwechselnd die Ring- oder Längsmuskeln kontrahieren *(peristaltische Bewegung)*. Im ersten Fall bewegt sich das Tier, sofern ein Zurückrutschen (durch Spreizborsten) unterbunden wird (S. 647f.); im zweiten transportiert das Organ seinen Inhalt weiter. Dieses letztere Prinzip findet sich auch beim ursprünglichen Insektenherzen. Hier arbeiten dilatierende Alarmuskeln und konzentrierende Längsmuskeln zur Förderung der Hämolymphe antagonistisch zusammen (Abb. 6.122, S. 629). Ring- oder Spiralmuskeln verändern bei den Vertebraten das Lumen kleiner Arterien und regulieren damit die Strömungsgeschwindigkeit des Blutes. Ihr Antagonist ist der Binnendruck des Gefäßes. Nach dem gleichen Prinzip – Zusammenspielen kontraktiler Elemente und kontraktiler oder hydraulischer Antagonisten mit einer unter Druck stehenden »Füllung« – arbeiten auch räumlich komplexere Muskelsysteme und Hohlmuskeln bei Wirbeltieren, Hydroskelette bei Seeanemonen, Füßchensysteme bei Stachelhäutern und hydraulische Extremitäten bei Spinnen.

Die Zunge der Säugetiere enthält ein Gitterwerk von Muskelfasern (Abb. 5.187), die in unterschiedliche Richtungen ziehen und damit eine fein steuerbare, sehr weitgehende

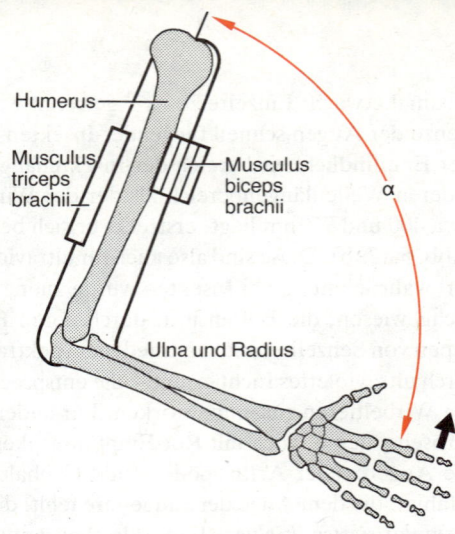

Abb. 5.184. Schema der Muskelantagonisten am Oberarm für die Bewegung des Unterarmes beim Menschen. (Nach Nachtigall)

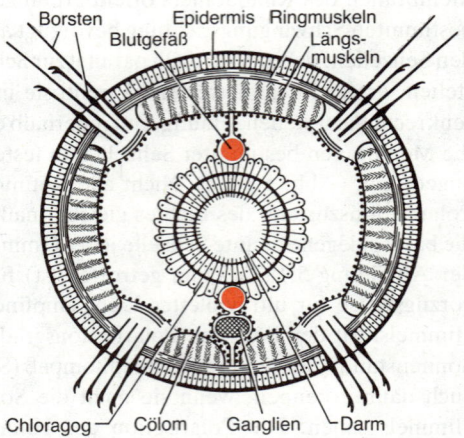

Abb. 5.185. Schematischer Querschnitt durch den Rumpf eines Oligochaeten (Annelida). (Aus Hennig)

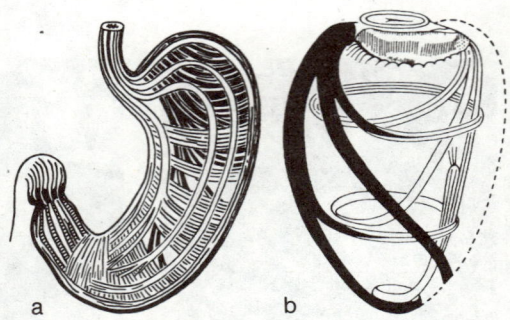

Abb. 5.186a, b. Hohlmuskelsysteme. (a) Muskelzüge in der Wand des Magens beim Menschen. (b) Herz des Säugetieres: Schema des Verlaufs der Muskelfasern des linken Ventrikels, an einzelnen Bündeln beispielhaft dargestellt. Schwarz: Äußere Schrägfasern; gestreift und weiß: Innere Längs- und Ringfasern; oben Aortenklappe. (a aus Geiler, b nach Benninghoff u. Goerttler)

Formveränderung bewerkstelligen, die nicht nur beim Durchmischen und Schlucken der Nahrung eine Rolle spielt, sondern oft auch entscheidenden Anteil an der Lautbildung hat. Ähnlich komplex sind auch die »Muskelparenchyme« im Körper der Plattwürmer und im Fuß der Schnecken. Das Herz der Wirbeltiere ist ein Hohlmuskel, der sich zum Zweck der Blutförderung ohne »Ausbauchungen« – d. h. schlagartig an allen Stellen gleichzeitig – kontrahieren muß. Diesem Zweck dient zum einen ein komplexes System spiralig und schlingenförmig verlaufender Muskelzüge im Myocard (Abb. 5.186b), zum anderen ein spezielles Erregungsleitungsgewebe (S. 626f.) und das Netzwerk sehr großer transversaler Tubuli in der Muskelfaser. Seeanemonen können sich sehr stark verformen, auch extrem abflachen (Abb. 5.188). Eine angenommene Gestalt können diese Tiere langfristig aufrecht erhalten, ohne daß sie intramuskulär Skelette hätten. Verantwortlich dafür ist die gemeinsame Aktion von längs, ringförmig und radiär verlaufenden Lagen von Epithelmuskelzellen zusammen mit dem Innendruck (bei geschlossener Mundöffnung), insbesondere aber die Konstitution und die viskoelastischen Eigentümlichkeiten der Mesogloea, einer geleeartigen Substanz aus fibrillären, vernetzten Kollagenfasern in einer wäßrigen Matrix noch unbekannter Zusammensetzung.

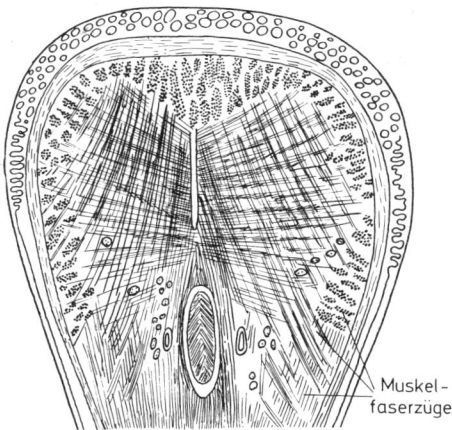

Abb. 5.187. Muskel»parenchym« in der Zunge des Maulwurfs (Talpa); Querschnitt. (Aus Bolk, Göppert, Kallus u. Lubosch)

Stachelhäuter besitzen Ambulakralfüßchen, das sind hydraulisch ausstülpbare, durch Muskel verform- und zurückziehbare Geweberöhrchen mit meist verbreiterten, saugnapfartigen Enden (Abb. 5.189a). Sie stellen Blindsäcke eines geschlossenen Wassergefäßsystems dar und dienen zum Laufen, zum Eingraben und zur Nahrungsaufnahme. Seesterne öffnen damit die unter beträchtlichem Muskelzug fest geschlossenen Schalen von Muscheln. Ein Füßchen wird dadurch ausgestülpt, daß sich die muskuläre Wand einer zugehörigen Ampulle, die proximal von der Durchtrittsstelle durch den Panzer liegt, kontrahiert. Die Füßchen der Schlangensterne sind zugespitzt und tragen keine Saugnäpfe (Abb. 5.189b). Sie erhalten ihre Formkonstanz trotz hydraulischen Innendruckes durch ein zweischichtiges System parallel laufender und vernetzter Kollagenfibrillen.

Spinnen können ihre Beine durch Muskelzug nur anziehen (muskuläre Flexoren), nicht aber ausstrecken, da sie keine Extensormuskeln besitzen. Diese Rolle übernimmt ein hydraulischer Mechanismus: Durch die Kontraktion von Körpermuskeln wird Hämolymphe in die Beine gepreßt, die sich dadurch strecken. Die Streckbewegung kann sehr rasch vor sich gehen; die Springspinnen springen mit einem hydraulischen Katapult (Abb. 6.181, S. 662).

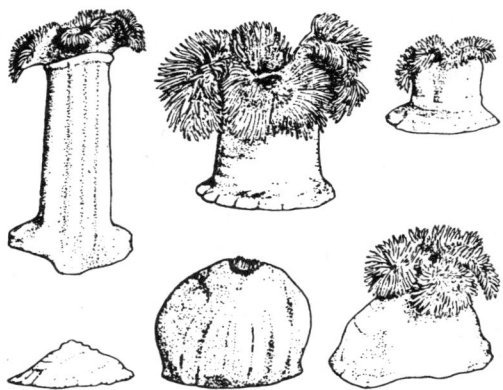

Abb. 5.188. Veränderung der Form eines Individuums der Seeanemone Metridium, im gleichen Maßstab gezeichnet. (Nach Batham u. Pantin)

Stützende Skelettelemente können als stabartige Konstruktionen *im Körper* gelagert sein, wie beim knöchernen *Innenskelett* der Vertebraten (Abb. 5.192a). Sie können den *Körper* aber auch als Röhren- oder Schalenkonstruktion *abdecken*, wie das chitinöse *Außenskelett* der Arthropoden (Abb. 5.192b). Letzteres schützt zwar den Weichkörper, läßt aber ein Wachstum nur während einer Häutung zu und erlaubt aus biomechanischen Gründen keine größeren Tierkonstruktionen. Die Einzelknochen des Innenskeletts dagegen wachsen, ausgehend von den Gelenkregionen, mit. Aufgrund einer Optimierung der biomechanischen Eigentümlichkeiten des Knochenmaterials und dessen funktioneller Anordnung sind sie in der Lage, selbst größte Lasten abzufangen. Der Oberschenkelknochen

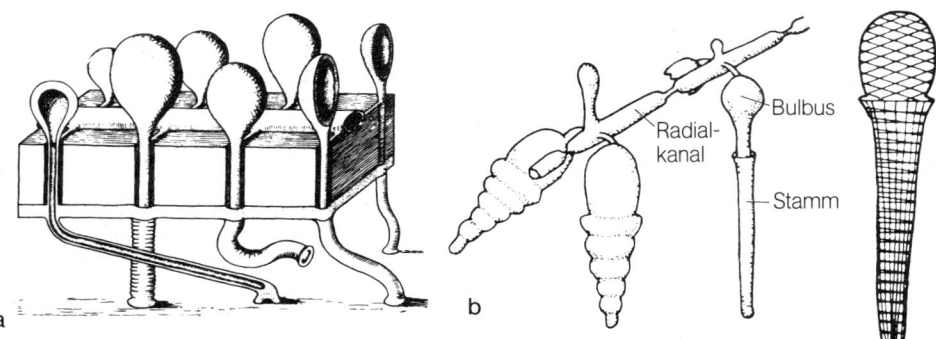

Abb. 5.189a, b. Ambulakralsystem der Echinodermen. (a) Ausschnitt aus der ventralen Körperwand eines Seesternes mit dem auf einer Skelettplatte aufliegenden (waagerechten) Radialgefäß und paarweise angeordneten Ambulakralfüßchen in verschiedenen Bewegungsstadien. Jedem Füßchen ist eine nach dorsal gerichtete Ampulle als »Ausgleichgefäß« für Volumenänderungen zugeordnet. (b) Teil des Radialkanals mit conischen Ambulakralfüßchen von einem Schlangenstern, die dem Einbohren in den Untergrund dienen. Das Ausgleichgefäß (Ampulle) ist für jeweils ein Paar von Ambulakralfüßchen gemeinsam dorsal vom Radialkanal angeordnet. Die spezifische Form der Ambulakralfüßchen wird auch beim Einpressen von Flüssigkeit durch eine spezifische Anordnung straffer Fasern (Netzwerk im Teilbild rechts) gewährleistet. (a aus Hesse u. Doflein, b nach Buchanan u. Woodley)

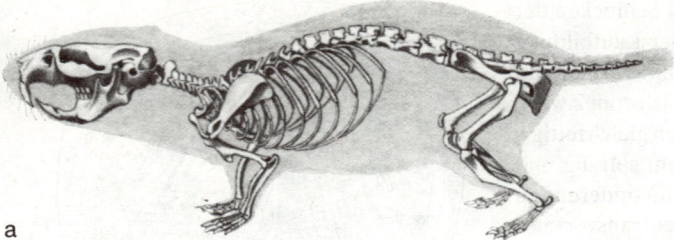 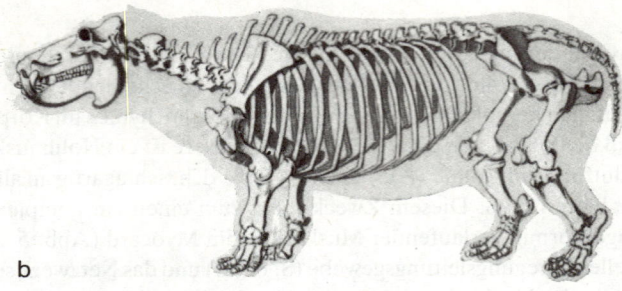

eines großen Dinosauriers *(Brachiosaurus)* vermochte als stärkste bekannt gewordene Stützkonstruktion des Tierreichs etwa 20–30 t zu tragen. Dabei wird jedoch der Materialaufwand für das Skelett im Verhältnis zur Gesamtkörpermasse immer größer (Abb. 5.190).

Der Feinbau des Knochens wurde bereits auf S. 452f. (Abb. 5.76) besprochen. Die funktionelle Anordnung des Knochenmaterials läßt sich besonders gut am Hals des Oberschenkelknochens des Menschen demonstrieren. Die Knochenbälkchen der Schwammsubstanz *(Spongiosa;* Abb. 5.76a) sind in der Richtung der Druck- und Zugspannungen »trajektoriell« angeordnet, die durch die Resultierende aus den Hauptbelastungen vorgegeben ist (Abb. 5.191a). Sie werden so hauptsächlich auf Druck und Zug, aber wenig auf Biegung beansprucht. Insgesamt bilden sie ein Leichtbausystem, das die gegebene Belastung mit geringstem Materialaufwand abfängt. Bei der Verheilung von Oberschenkelhals-Brüchen ändern die Bälkchen durch seitliche Anlagerungs- und Auflösungsvorgänge ihre nun nicht mehr optimale Richtung, bis sie wieder funktionell verlaufen. Die Trajektorienzüge der Spongiosa laufen über die Knochengrenzen weg und bilden beispielsweise in einem Beinskelett ein funktionelles Ganzes (Abb. 5.191b). Skelettelemente sind durch *Gelenke* verbunden, über die hinweg die bewegende Muskulatur angreift (Abb. 5.192). Gelenke können sehr unterschiedliche Formen annehmen. Scharniergelenke mit nur einem Freiheitsgrad der Rotation (einer Drehachse) werden in der Technik mit einer durchgehenden Achse (Klavierband) gebaut; im Tierreich besitzen sie Hilfskonstruktionen, wie beispielsweise ineinandergreifende sichelförmige Schleifbögen beim Exoskelett (Abb. 5.193a) oder zylinderförmige Rollen beim Endoskelett. Zwischen solchen Scharniergelenken und nahezu perfekt ausgebildeten Kugelgelenken (Abb. 5.193c) mit drei Freiheitsgraden der Rotation gibt es sehr vielfältige Übergänge. Zu Rotationen können Verschiebungen (Translationen) treten, etwa beim Kniegelenk des Menschen. Auch reine Verschiebegelenke kommen vor, etwa bei den nach Art der technischen »Schwalbenschwanzführungen« verschiebbar ausgebildeten Teilen von Stechapparaten und Saugrüsseln bei Insekten (Abb. 5.193b).

Abb. 5.190a, b. Skelette von Säugetieren unterschiedlicher Größe, in den Körperumriß gezeichnet: (a) von einem kleinen Nager (Lemming, Myodes lemmus) und (b) von einem großen Paarhufer (Flußpferd, Hippopotamus amphibius). (Nach Pander u. d'Alton aus Hesse u. Doflein)

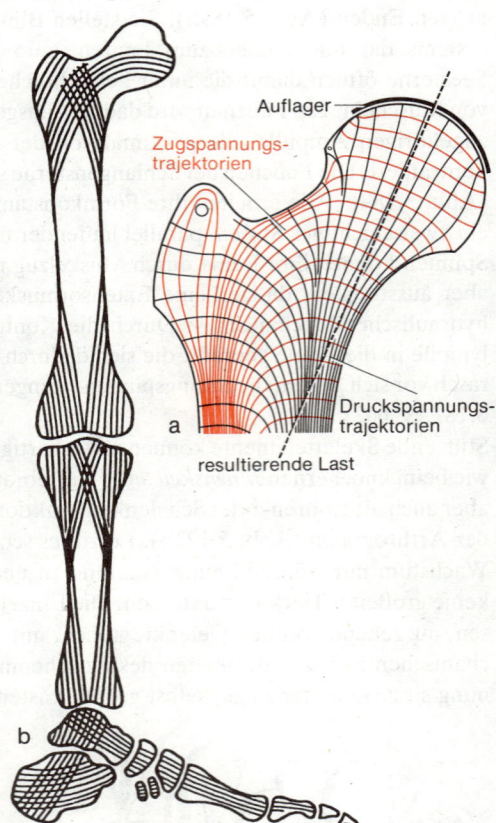

Abb. 5.191. (a) Verlauf der Spannungstrajektorien für Druck und Zug im Oberschenkel-Kopf und -Hals des Menschen. Die Richtung der Spongiosa-Züge entspricht dem Spannungstrajektorienverlauf. (b) Durchlaufende trajektorielle Anordnung des Spongiosasystems im Beinskelett des Menschen. (a nach Kummer aus Nachtigall, b nach Meyer)

5.4.3.2 Muskulatur

Mechanische Eigenschaften des Skelettmuskels

Der Muskel kann als ein System aufgefaßt werden, das aus kontraktilen und elastischen Elementen (z. B. in den Muskelsehnen) in Serie besteht. Innerhalb weniger Millisekunden nach einem Muskelaktionspotential (S. 458) ändern sich seine mechanischen Eigenschaften, es entwickelt sich der *aktive Zustand*. Bei einer Kontraktion werden zuerst die elastischen Serienelemente gedehnt. Das Maximum des aktiven Zustands ist häufig schon erreicht, bevor die mechanische Latenzzeit vorüber ist und der Muskel sich überhaupt zu verkürzen beginnt. Ein Muskel kann Arbeit grundsätzlich in zwei verschiedenen Weisen leisten: Er kann sich bei konstanter Belastung verkürzen und ein Gewicht heben *(isotonische Kontraktion).* Dies ist z.B. der Fall, wenn Gliedmaßen gehoben werden. Bleiben diese in angehobener Position, so müssen die Muskeln nach wie vor Arbeit leisten, da sie das Gewicht gegen die angreifende Schwerkraft halten. Sie entwickeln bei kon-

stanter Länge Spannung *(isometrische Kontraktion)*. Diese Unterteilung ist weitgehend theoretisch, da im Organismus eine rein isotonische Verkürzung fast nie auftritt.
Ein quergestreifter Muskel der Wirbeltiere wird auf einen Einzelreiz hin eine Zuckung ausführen. Der Muskeltyp bestimmt dabei die Geschwindigkeit der Kontraktion, so daß man *schnelle* und *langsame Muskeln* unterscheidet (Abb. 5.194).
Erhält ein solcher Zuckungsmuskel einen zweiten Impuls, bevor die durch den ersten ausgelöste Kontraktion voll abgeklungen ist, so summiert sich die mechanische Antwort mit dem noch vorhandenen Kontraktionsrest (Abb. 5.194b). Erhöht sich die Frequenz der Impulse weiter, so fusionieren die Einzelkontraktionen immer mehr *(unvollkommener Tetanus)*, bis schließlich ein *glatter Tetanus* erreicht wird. Weitere Erhöhung der Frequenz bleibt nun ohne Effekt, da die kontraktilen Elemente maximal aktiviert sind. Dieses hohe Spannungsniveau bleibt so lange erhalten, wie die Impulse andauern oder bis Ermüdung des Muskels eintritt.
Die Frequenzen, die nötig sind, um einen Muskel zu tetanisieren, sind je nach Muskeltyp sehr verschieden. Schnelle Muskeln benötigen bis zu 350, sehr langsame dagegen nur etwas mehr als 30 Impulse · s^{-1}. Die entwickelte Kraft variiert von 10 bis 40 N · (cm^2 Querschnittsfläche)$^{-1}$ bei den schnellen Muskeln der Vertebraten bis zu 100 N · (cm^2 Querschnittsfläche)$^{-1}$ beim menschlichen Kaumuskel oder beim langsamen Schließmuskel mancher Muscheln.
Der Grund für die unterschiedliche Amplitude der entwickelten Spannung bei Einzelzuckungen und im Tetanus liegt darin, daß der aktive Zustand bei einem Einzelreiz schon im Abklingen ist, bevor sich die Faser verkürzt. Bei repetitiver Reizung summiert sich auch der aktive Zustand und dauert entsprechend länger an. Die Kontraktion kann sich daher – sofern der aktive Zustand noch weiter anhält – bis zu ihrem Maximalwert entwickeln (Abb. 5.194).
Die Muskeln sind funktionell in *motorische Einheiten* untergliedert. Alle zu einer solchen Einheit gehörenden Muskelfasern werden von einem Motoneuron innerviert. Ein von diesem Neuron ausgehender Nervenimpuls bringt jeweils alle Muskelfasern der Einheit zur Kontraktion. Benachbarte Fasern, die zu einer anderen motorischen Einheit gehören und von einem anderen Motoneuron versorgt werden, sind davon unabhängig. Die Stärke der Kontraktion kann deshalb je nach der Anzahl der aktivierten motorischen Einheiten den Erfordernissen angepaßt werden: Die Muskelarbeit ist *graduiert*.

Längen-Spannungs-Beziehungen. Da ein Muskel elastisch ist, kann er durch ein Gewicht passiv gedehnt werden. Je mehr er gedehnt wird, desto stärker nimmt die mechanische Spannung aufgrund seiner elastischen Elemente zu, und desto steiler verläuft die Ruhedehnungskurve (Abb. 5.195). Wird der Muskel gereizt, so hängt die unter isometrischen Bedingungen gemessene Spannung beim maximalen Tetanus von der Ausgangslänge des Muskels ab. Je mehr ein Muskel vorgedehnt ist, desto höher ist die bei Reizung entwickelte Gesamtspannung. Im Punkt der »absoluten Muskelkraft« nähert sich die Kurve der tetanischen Gesamtspannung dem isometrischen Maximum der Ruhedehnungskurve.

Eigenschaften der glatten Muskulatur

Ein Großteil der glatten Muskeln arbeitet als elektrisches Syncytium (vgl. S. 468). Da die einzelnen, meist sehr kleinen Muskelzellen nicht elektrisch isolierte Einheiten sind, breitet sich die Depolarisation einer Zelle über interzelluläre Brücken auf die Nachbarzellen aus. Für die *chemische Erregungsübertragung* von den motorischen Axonen auf die Muskelmembran wurden in einigen Fällen Acetylcholin bzw. Adrenalin (Formel S. 469) als Übertragersubstanzen nachgewiesen. Charakteristisch für glatte Muskeln sind *periodische Schwankungen ihres Membranpotentials,* die – auch ohne nervöse Aktivität – als *Schrittmacherpotentiale* regenerative, lang andauernde Folgen von Muskelaktionspotentialen auslösen können *(myogene Automatik)*. Auch beim glatten Muskel sind Depolarisation

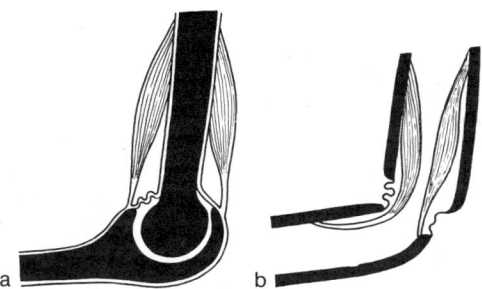

Abb. 5.192. *(a) Innenskelett: Ellenbogengelenk eines Wirbeltieres, schematisch. (b) Außenskelett: Beingelenk eines Gliederfüßers, schematisch. (Aus Claus, Grobben u. Kühn)*

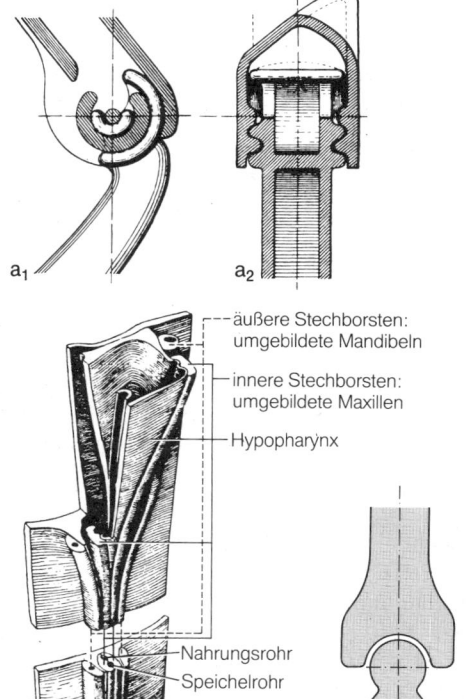

Abb. 5.193 a–c. *Gelenke als technische Konstruktionen betrachtet. (a) Scharniergelenk zwischen Femur und Tibia eines Käferbeins in zwei zueinander senkrecht stehenden Längsschnitten. Das innerhalb des Exoskeletts vorhandene Lumen (mit Muskeln, Nerven, Hämolymphräumen usw.) wird im Gelenk dadurch erhalten, daß halbkreisförmige Schleifbögen ineinander greifen. (b) Gelenkige Parallelführungen im Stechborstensystem einer Blattlaus, nach dem Prinzip einer Schwalbenschwanzführung. (c) Kugelgelenk an der Basis des Stachels eines Seeigels. Diese umfaßt einen mehr als halbkugelförmigen Noppen, der aus der Skelettplatte herausragt. (a nach Reuleaux, b aus Weber, c Original von Nachtigall)*

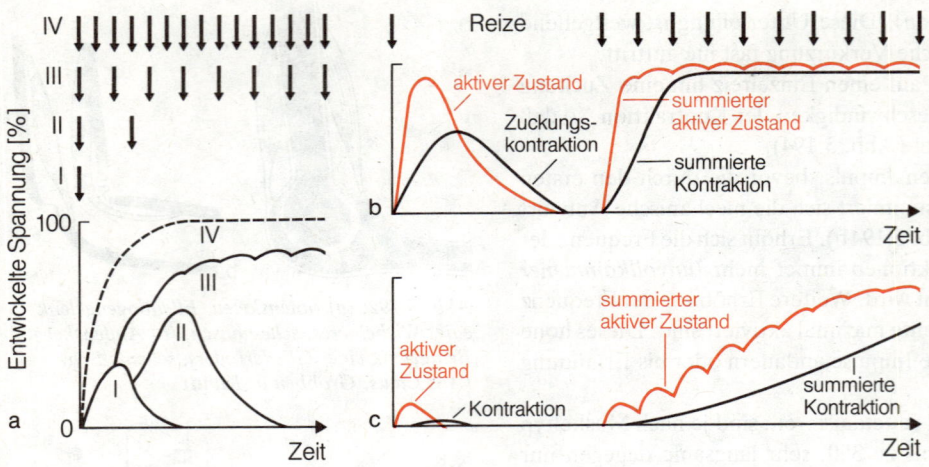

Abb. 5.194. (a) Spannungsentwicklung eines Zuckungsmuskels bei Reizung mit verschiedenen Frequenzen (oberer Teil). (I) Einzelzuckung auf Einzelreiz. (II) Summierte Zuckungen auf Doppelreiz. (III) Unvollkommener und (IV) vollkommener Tetanus (Dauerkontraktion). (b, c) Zeitliche Entwicklung des aktiven Zustands (rot) und der Muskelspannung bei einer schnellen (b) und einer langsamen Muskelfaser (c). Beim schnellen Zuckungsmuskel erreicht der aktive Zustand bereits auf einen Einzelreiz nahezu maximale Größe. Repetitive Reizung bringt wenig Zuwachs an Spannung. Beim langsamen Muskel entwickelt sich der aktive Zustand auf einen Einzelreiz nur teilweise. (Nach Florey)

der Muskelmembran und Gegenwart von Ca^{2+} Voraussetzungen für die elektromechanische Koppelung; das Ca^{2+} wird hier allerdings nicht aus besonderen Reservoiren bereitgestellt, sondern gelangt bei der Depolarisation aus dem Extrazellularraum ins Zellinnere (S. 458). Die Kontraktionszeit bei Einzelzuckungen ist gewöhnlich 15–100mal langsamer als bei quergestreiften Muskeln.

Besonderheiten der Skelettmuskeln der Arthropoden

Die quergestreiften Skelettmuskeln der Arthropoden unterscheiden sich in einigen wichtigen Aspekten von den quergestreiften Muskeln der Wirbeltiere: 1. Meist wird eine Muskelfaser von mehreren Axonen innerviert, im typischen Fall von drei *(polyneuronale Innervation)*. 2. Die neuromuskulären Synapsen sind über die ganze Länge der Muskelfaser verteilt *(multiterminale Innervation)*. 3. Die erregende Übertragersubstanz ist Glutamat (Formel nebenstehend) anstelle von Acetylcholin (Formel S. 469). 4. Für die Kontraktion einer Muskelfaser ist normalerweise nicht die Ausbildung eines fortgeleiteten Aktionspotentials notwendig, da wegen der Verteilung der Synapsen bereits synaptische Potentiale die gesamte Muskelfaser depolarisieren. 5. Falls Muskelaktionspotentiale auftreten, sind sie graduiert (nicht dem Alles-oder-Nichts-Gesetz gehorchend) und werden durch einen Ca^{2+}-Einstrom erzeugt. 6. Neben erregender Innervation erhalten viele Muskelfasern zusätzlich noch Ausläufer eines oder mehrerer hemmender Axonen (Abb. 5.196, vgl. 5.166); synaptische Hemmung findet hier also auch in der Peripherie, d. h. an den Muskelzellen, und nicht nur an Neuronen im Zentralnervensystem statt.

Viele Arthropodenmuskeln sind von zwei funktionell verschiedenen erregenden Neuronen innerviert. In der Regel setzt eines davon aus seinen Endigungen an der Muskelfaser viel Übertragersubstanz frei, so daß das resultierende EPSP groß ist und häufig sogar Aktionspotentiale auslöst (Abb. 5.196b). Ein einzelnes Nervenaktionspotential führt bereits zu einer schnellen Zuckung der Muskelfaser (»schneller« Axon). Der zweite erregende Axon depolarisiert die Muskelfaser sehr viel geringer. Ein einzelnes EPSP ist meist nicht in der Lage, eine Kontraktion auszulösen. Erst repetitive Aktivität führt über Summation der synaptischen Potentiale zu einer langsamen Kontraktion (»langsamer« Axon). Die Bezeichnungen »schnell« und »langsam« beziehen sich also nicht auf die Leitungsgeschwindigkeit der Axonen, sondern auf die Kontraktionsform, die ihre Aktivität verursacht.

Hemmende Axonen, deren neuromuskuläre Synapsen neben denen der erregenden Axonen auf der gleichen Muskelfaser zu finden sind (Abb. 5.197), setzen als Übertragersubstanz die γ-Aminobuttersäure (GABA) frei. Die GABA-haltigen synaptischen Vesikel sind auf elektronenmikroskopischen Bildern oft an ihrer ovalen Form erkennbar.

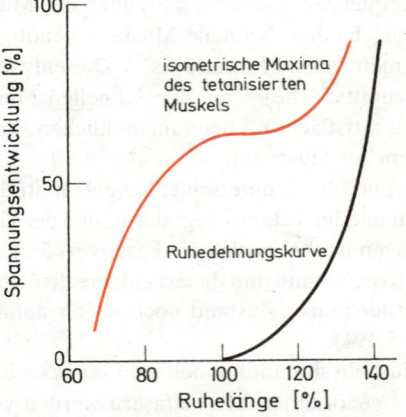

Abb. 5.195. Beziehung zwischen Länge und entwickelter Spannung bei einer Einzelfaser eines Froschmuskels bei passiver Dehnung (schwarz) und bei tetanischer Verkürzung auf Reizung (rot). (Nach Reichel)

Glutaminsäure

γ-Amino-Buttersäure (GABA)

(5.9)

Pyruvat + Aminosäure + NADH + H⁺ ⇌ (Opindehydrogenase) Opin + NAD⁺ + H₂O

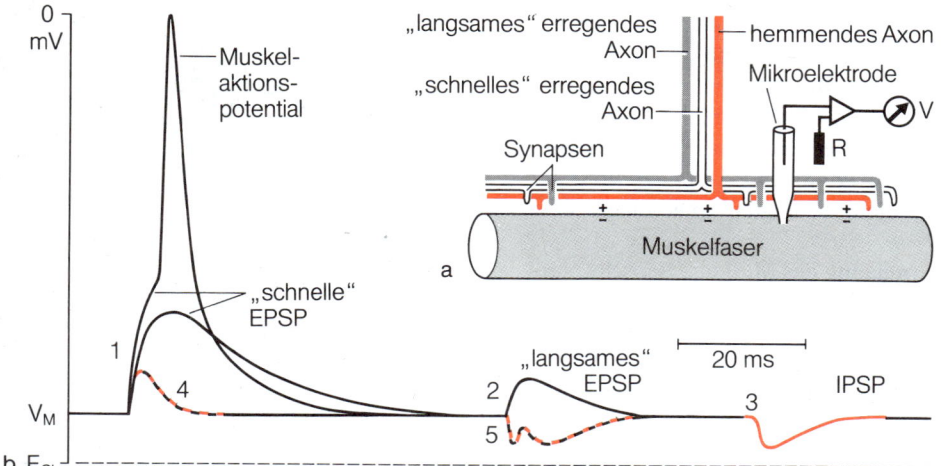

Abb. 5.196. (a) Innervationsschema einer Krebsmuskelfaser. (b) Mit einer Mikroelektrode intrazellulär gemessene postsynaptische Membranantworten. (1, 2) Über den »schnellen« und »langsamen« erregenden Axon ankommende Nervenimpulse (Pfeile) lösen nach einer kurzen Verzögerung, die durch die Diffusion des Transmitters zu den postsynaptischen Rezeptoren bewirkt wird, an der Muskelmembran unterschiedlich große EPSP aus. (3) Hyperpolarisierendes IPSP. (4, 5) Gleichzeitige Aktivität eines erregenden und des hemmenden Axons verringert die Amplitude der EPSP unterschiedlich, so daß z. B. in (4) die Ausbildung eines Muskelaktionspotentials gehemmt wird. V_M, Membranruhepotential, R, Referenzelektrode. (Original von Rathmayer)

GABA erhöht die Permeabilität der subsynaptischen Membran für Cl^-. Gleichzeitige Aktivität von erregenden und hemmenden Axonen verringert die Depolarisation der Muskelmembran durch EPSP und damit die Kontraktion der Muskelfaser erheblich (Abb. 5.196 b).

Einen besonderen Typ von Muskel stellen die indirekten Flugmuskeln (S. 655 und Abb. 6.165) schnell fliegender Insekten (z. B. Fliegen, Hautflügler) dar, die an den Wänden des Thorax ansetzen. Während normalerweise bei schnellen Muskeln jeweils ein Nervenimpuls eine Muskelzuckung auslöst (synchrone Muskeln), kontrahieren sich diese Flugmuskeln – entsprechend den Schwingungseigenschaften des Exoskeletts – mehrfach häufiger als erregende Nervenimpulse eintreffen (asynchrone Muskeln, Abb. 6.229, S. 701). Die Nervenimpulse versetzen die Muskeln lediglich in den aktiven Zustand, das Kontraktionssignal ist jedoch der ruckartige mechanische Zug, der vom oszillierenden Skelettsystem (S. 514) ausgeht (Dehnungsaktivierung). Dieses System muß bei Flugbeginn durch einen Startermuskel in Betrieb gesetzt werden, der einen der asynchronen Muskeln vorspannt. Die dann auftretenden Oszillationen stellen eine myogene Rhythmik dar; diese steht im Gegensatz zu der neurogenen Rhythmik bei den Flugmuskeln anderer Insekten (z. B. Heuschrecken, Libellen), die Flügelschläge niedrigerer, aber nicht notwendigerweise konstanter Frequenz erzeugen.

Stoffwechsel der Muskulatur

Bei einem bewegungsaktiven Tier erfolgt ein großer Teil der gesamten Energiefreisetzung in der Muskulatur; während Arbeit können manche Skelettmuskeln ihren Stoffwechselumsatz auf mehr als das Hundertfache des Ruhewertes steigern. Wenn für die Arbeit plötzlich viel ATP verbraucht wird, kann dieses kurzfristig aus dem (sehr begrenzten) Vorrat an »Phosphagen« (Amidphosphat) regeneriert werden (bei Wirbeltieren Kreatinphosphat, bei Wirbellosen hauptsächlich Argininphosphat). Damit wird die Zeit von einigen Sekunden überbrückt, die zur Aktivierung der Stoffwechselwege für den Abbau der eigentlichen »Brennstoffe« benötigt wird (Abb. 5.198); meist sind dies Kohlenhydrate, manchmal Fettsäuren (z. B. in Flugmuskeln von Heuschrecken und Schmetterlingen), selten Aminosäuren (z. B. in Flugmuskeln der Tsetse-Fliege). Daneben erfolgt in dieser Zeit auch eine Verstärkung der Blutversorgung.

Langzeitig aktive Muskeln enthalten viele Mitochondrien, so z. B. die Flugmuskulatur vieler Vögel und Insekten, die Schwanzmuskulatur der Fische und der Herzmuskel der Wirbeltiere. In Verbindung mit hinreichender Sauerstoffversorgung ist dadurch die Fähigkeit zur Dauerleistung gegeben. Viele Muskeln, besonders die von Extremitäten,

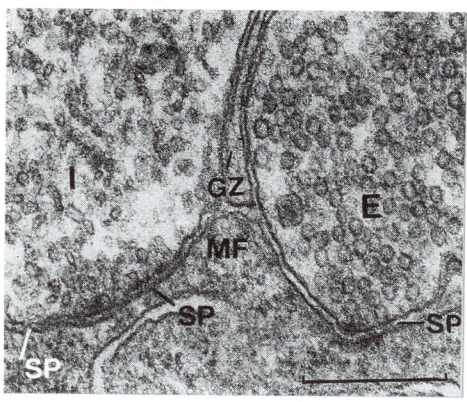

Abb. 5.197. Erregende (E) und hemmende (I) neuromuskuläre Synapse mit synaptischen Vesikeln (im E-Axon rund, im I-Axon elliptisch) an einer Krabbenmuskelfaser. GZ Gliazelle, MF Muskelfaser, SP synaptischer Spalt. Eichmarke 300 nm. (Original von Rathmayer)

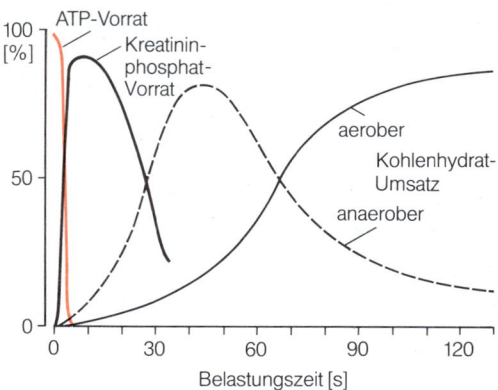

Abb. 5.198. Anteile verschiedener Substrate an der Freisetzung von Energie im Skelettmuskel eines Wirbeltieres während der ersten Minuten einer leichten Arbeit, die überwiegend aerob auf Dauer betrieben werden kann. (Nach Keul et al. aus Schmidt u. Thews)

werden jedoch meistens nur kurzzeitig mit ihrer vollen Leistungsfähigkeit benötigt (z. B. für Beuteerwerb oder Flucht); sie enthalten weniger Mitochondrien und einen größeren Anteil von Fibrillen. Bei hoher Leistung erfolgt in diesen Muskeln der größte Teil der Energiefreisetzung anaerob, wobei die Ausnutzung des Brennmaterials relativ schlecht ist (S. 91), weil ziemlich energiereiche Endprodukte übrig bleiben, die gespeichert oder vom Kreislaufsystem abtransportiert werden müssen *(funktionsbedingte Anaerobiose* in bestimmten Teilen des Körpers, im Gegensatz zur biotopbedingten Anaerobiose des Gesamtkörpers, S. 443).

Der Anaerobiose-Stoffwechsel führt zu schneller Ermüdung des Muskels. Bei schwerer Arbeit geht der Körper somit insgesamt eine »Sauerstoffschuld« ein, die nach Ende der Tätigkeit noch eine erhöhte Atemgröße *(»Nachatmung«)* bedingt, bis die Anaerobiose-Produkte umgesetzt sind. Die gleichen Muskeln fungieren dagegen bei leichter Arbeit ausschließlich oder überwiegend aerob, so daß diese für längere Zeit durchgehalten wird. Wie unterschiedlich die Muskeln für die verschiedenen Lokomotionsformen bei einem Tier sein können, zeigt sich besonders eindrucksvoll bei den Heuschrecken; diese können mit ihren aeroben Thorax-Muskeln für viele Stunden ununterbrochen fliegen, können aber nur wenige Sprünge unmittelbar aufeinanderfolgend ausführen, da die sehr effektiven Femur-Muskeln der Hinterbeine rein anaerob arbeiten.

In vielen Skelettmuskeln von Säugetieren liegen Fasern mit unterschiedlicher biochemischer Ausrüstung nebeneinander vor: Die roten Fasern mit vielen Mitochondrien und einer relativ großen Menge Myoglobin (S. 875f.) und die weißen mit einer geringen Zahl von Mitochondrien und wenig Myoglobin, aber mit relativ vielen Fibrillen – nur die erstgenannten Fasern bedingen die Dauerleistungsfähigkeit des jeweiligen Muskels.

Als Endprodukt des anaeroben Abbauweges der Glucose müßte sich Pyruvat in den Muskeln anhäufen; da jedoch NAD in der oxidierten Form benötigt wird, erfolgt bei den Wirbeltier-Muskeln Reduktion des Pyruvats zum Lactat (S. 91); dieses gelangt auf dem Blutweg zur Leber, wo es für die Kohlenhydratsynthese eingesetzt wird, und zum Herzen, wo es als »Brennstoff« für die oxidative Energiefreisetzung dient (S. 88f.). Ein anderer Weg wird bei manchen Wirbellosen (z. B. Cephalopoden) eingeschlagen. Deren Muskeln haben Argininphosphat als Phosphagen, das in der Startphase der Arbeit zur Regeneration von ATP verwendet wird. Das verbleibende Arginin wird unter Oxidation von NADH mit Pyruvat zu Octopin kondensiert (Gl. 5.9, S. 518).

Diese Substanz gehört zur Gruppe der *Opine*, die aus Pyruvat und einer Aminosäure bestehen; Strombin, welches Glycin enthält, tritt bei manchen Meeresschnecken (Gattung *Strombus*) und bei Sipunculiden während des Grabens auf, dagegen bilden Schwimm-Muscheln (Gattung *Pecten*) Octopin. Die gespeicherten Opine können in der Erholungsphase bei Sauerstoffzufuhr leicht in ihre Bestandteile zerlegt werden, so daß diese dem Organismus nicht verlorengehen.

5.4.3.3 Elektrische Organe

Elektrische Organe sind stark umgewandelte Muskelsysteme, die sich bei einigen Rochen (z. B. Zitterrochen *Torpedo*, Abb. 5.199a) und Knochenfischen (Zitteraal *Gymnotus*; Mormyriden) unabhängig voneinander meist in der Schwanzregion entwickelt haben *(elektrische Fische)*. Diese Tiere können durch Entladung der Organe elektrische Felder um sich aufbauen und z. T. sogar elektrische Stromschläge beträchtlicher Stärke austeilen. Die elektrischen Organe bestehen aus Platten *(Elektroplatten)*, die in Säulen geschichtet sind (Abb. 5.199b, c). Jede Platte entspricht einer stark modifizierten Muskelfaser, die nicht mehr die Aufgabe der Kontraktion, sondern der Stromerzeugung hat. Die Ventralseite jeder Platte stellt gleichsam eine sehr große neuromuskuläre Synapse dar, da die Nervenendigung mit den zahlreichen, Acetylcholin enthaltenden Vesikeln sehr ausgedehnt ist (Abb. 5.199d). Die Zahl der Platten in der Säule und die Zahl der Säulen im

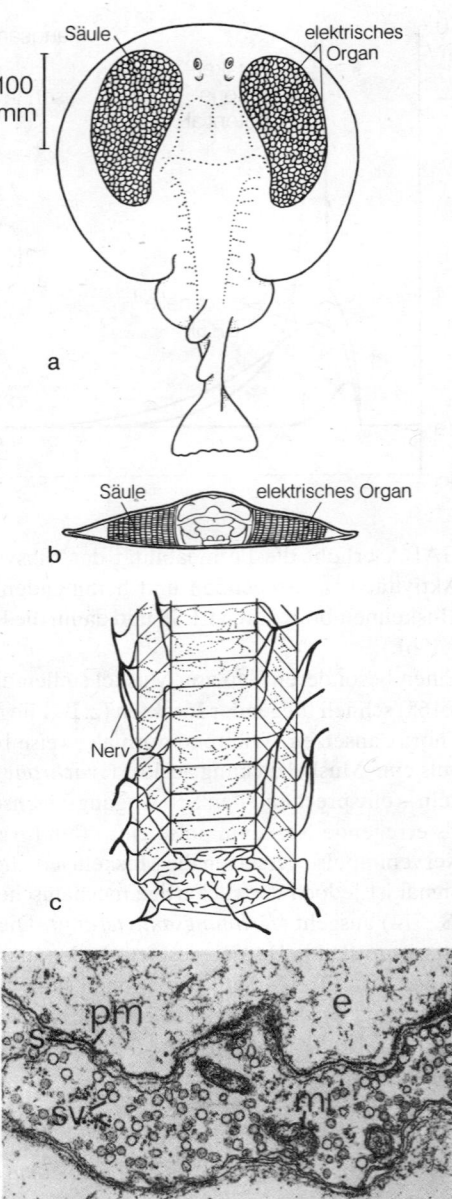

Abb. 5.199 a–d. Elektrische Organe eines Zitterrochens (Torpedo). (a) Lage der Organe im Tier in Aufsicht. (b) Lage der Organe im Tier in einem schematischen Querschnitt. Zahl der Säulen pro Organ etwa 600, Zahl der Platten pro Säule etwa 300–400. (c) Schema einer Säule aus einem elektrischen Organ, mit mehreren Platten (einschließlich Bindegewebshüllen). (d) Detail einer Synapse an der Ventralseite einer Elektroplatte (e). pm postsynaptische Membran, S synaptischer Spalt, SV synaptische Vesikel. Vergr. 15000:1. (a, b nach Grundfest, verändert; c aus Grundfest, d nach Zimmermann)

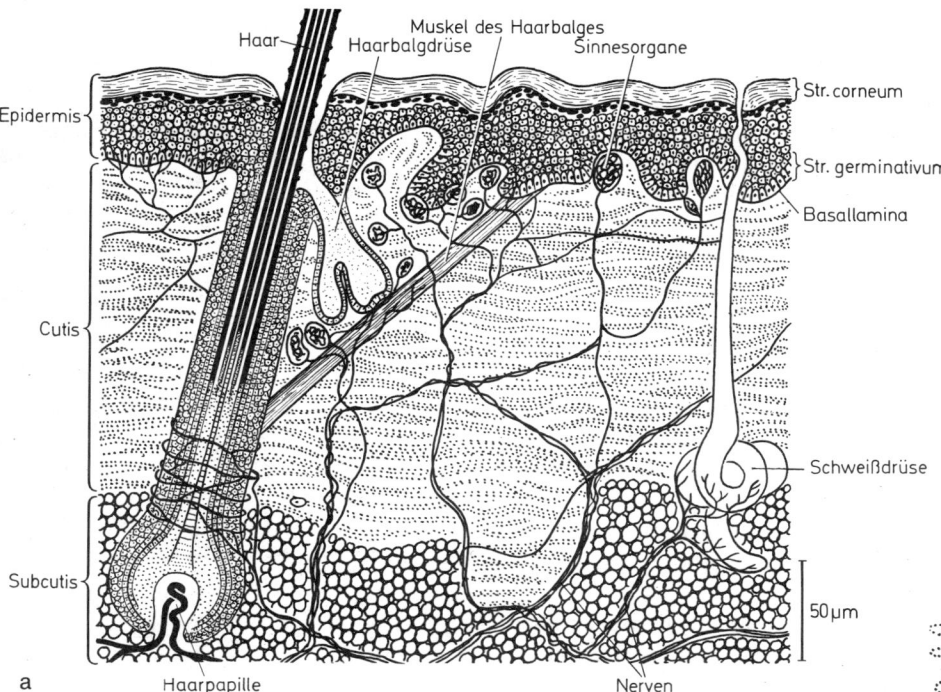

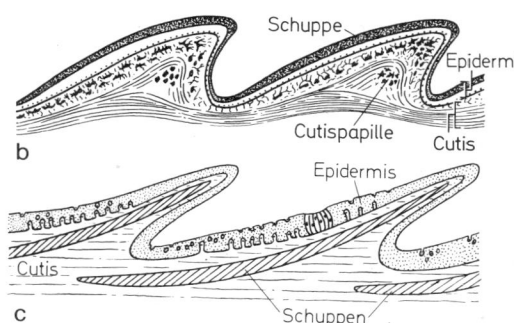

Abb. 5.200a–c. Haut von Wirbeltieren. Schnitte durch die Haut eines Säugetieres (a), einer Eidechse (b) und eines Knochenfisches (c), schematisch. (a nach Wooland et al. u. Portmann, kombiniert; b, c nach Maurer)

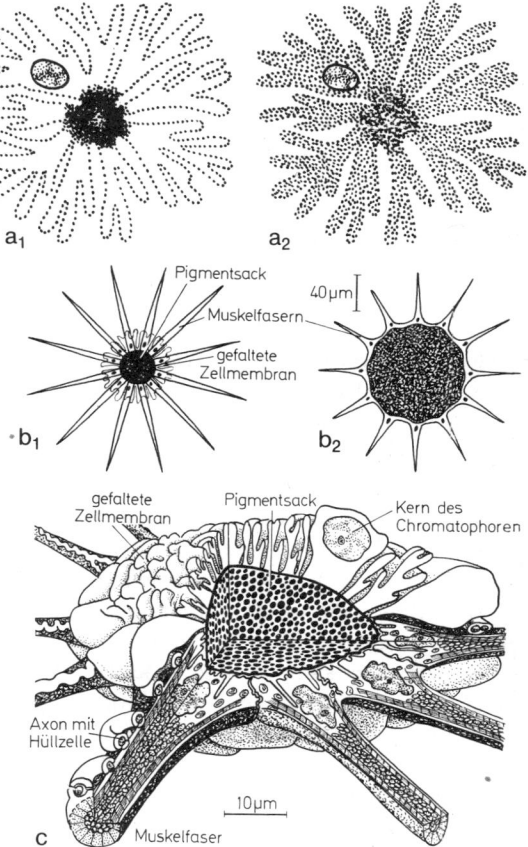

Abb. 5.201a–c. Chromatophoren. (a) Chromatophor eines Knochenfisches. (a_1) Pigment geballt; (a_2) Pigment ausgebreitet. Chromatophor ändert seine Gestalt praktisch nicht. (b) Chromatophor eines Tintenfisches. (b_1) Pigment geballt; (b_2) Pigment mit Pigmentsack durch Muskelkontraktion ausgebreitet. (c) Schematisches Bild eines Tintenfisch-Chromatophors, Pigment geballt; stärker vergrößert und teilweise aufgeschnitten. (a aus Geiler, b nach Bozler, verändert; c nach Cloney u. Florey)

Organ sind unterschiedlich. Viele parallel geschaltete kurze Säulen (mit relativ wenigen Platten) lassen eine hohe Stromstärke (mehr als 10 A beim Zitterrochen), lange Säulen (mit vielen Platten in Serie geschaltet) in geringer Anzahl eine hohe Spannung (mehr als 500 V beim Zitteraal) entstehen. Elektrische Organe hoher Leistungsfähigkeit (z. B. die von Zitteraal, Zitterwels, Zitterrochen) dienen der Verteidigung und dem Beuteerwerb, da Angreifer und Beutetiere durch die Entladung kurzfristig paralysiert werden können. Bei den schwach elektrischen Fischen dienen die Organe der Orientierung und der innerartlichen Kommunikation, vielleicht auch der Revierabgrenzung.

5.4.4 Körperdecke

Die Haut oder das Integument der Vielzeller stellt die Grenzfläche zwischen Tier und Umwelt dar. Die vielfältigen Funktionen, die die Haut zu erfüllen hat, stehen in Zusammenhang mit dieser äußeren Lage. Die Haut bildet eine Schranke gegen alle möglichen schädlichen Umwelteinflüsse *(Schutzfunktion)*. Durch die Haut verlassen Stoffe das Tier oder werden Stoffe in das Tierinnere aufgenommen *(Stoffaustauschfunktion)*. Die Haut ist auch die Kontaktfläche, auf die Sinnesreize treffen und in der Rezeptoren vorhanden sind *(Sinnesfunktion, S. 497f.)*. Ebenso kann die Haut als Signalgeber (z. B. bei Färbungen) wirken, da sie als Außenfläche für den optischen Eindruck entscheidend ist *(Signalfunktion)*. Schließlich kann die Haut nicht selten der *Fortbewegung* dienen (z. B. können Wimperepithelien ausgebildet sein). Bei der Vielfalt der Funktionen, die die Haut der Tiere zu erfüllen hat, ist es nicht verwunderlich, daß auch ihr Aufbau und ihre Ausgestaltung bei den einzelnen Tierformen eine kaum übersehbare Mannigfaltigkeit aufweisen. Diese kann nur an wenigen Beispielen illustriert werden.

5.4.4.1 Haut der Vertebraten

Die Haut der Wirbeltiere besteht aus zwei deutlich voneinander geschiedenen Schichten (Abb. 5.200): Aus der epithelialen Oberhaut oder *Epidermis* und der bindegewebigen Lederhaut oder *Cutis* (auch Corium genannt). Die *Epidermis* entstammt dem Ektoderm, die *Cutis dem Mesoderm;* die Cutis enthält aber auch Zellen anderer Herkunft, die während der Entwicklung in das mesodermale Gewebe einwandern, z.B. Farbzellen *(Chromatophoren),* die alle aus der Neuralleiste (S. 377) hervorgehen. Unter der Cutis folgt noch die Subcutis. Sie bildet als lockere, verschiebbare Schicht den Übergang von der Haut zu den tieferliegenden Geweben.

Im Gegensatz zu fast allen Wirbellosen mit ihrer einschichtigen Epidermis besitzen die Wirbeltiere eine mehr- bis *vielschichtige Epidermis,* die innen einer Basalmembran (= Basallamina mit angelagerten Bindegewebsfasern) aufliegt (S. 451; Abb. 5.200a). Die innersten Zellagen *(Stratum germinativum,* Keimschicht) sind noch teilungsfähig; sie geben durch Teilung nach außen neue Zellen ab, die die an der Oberfläche ständig oder periodisch verloren gehenden (infolge von Abscheuern, Abschilfern verhornter Zellen, bei Häutungen, wie sie z.B. manchen Reptilien eigentümlich sind) Zellen ersetzen. Bei den Landwirbeltieren wird in den nach außen rückenden Zellen Hornsubstanz (das Protein Keratin) gebildet. So entsteht die schützende Hornschicht *(Stratum corneum)* aus nach der Verhornung absterbenden Zellen. Bei den im Wasser lebenden niederen Wirbeltieren (»Fische«, auch Amphibienlarven) tritt ein solcher Verhornungsprozeß nicht oder höchstens nur lokal begrenzt ein.

In der Cutis, die in der Hauptsache aus Bindegewebe (S. 452) besteht, herrschen als Interzellularsubstanzen Bindegewebsfasern vor. Eingebettet in die Cutis liegen Blutgefäße, Nervenfasern, Sinnesorgane und auch einzelne Muskelfasern (Abb. 5.200). Sehr bezeichnend sind schließlich die *Chromatophoren.* Je nach Art der Pigmente werden mehrere Typen unterschieden. Die *Melanocyten* synthetisieren Melanine, die von gelb über rötlichbraun bis tiefschwarz variieren können. Die *Xanthophoren* und *Erythrophoren* enthalten gelb-rote Pigmente vom Typ der Carotinoide und Pteridine. Die *Guanophoren* schließlich speichern Plättchen aus Purinen (z.B. Guanin), die den optischen Eindruck von weiß bis silbrig-irisierend erzeugen. Die meisten Chromatophoren sind stark verästelt (Abb. 5.201). Bei den niederen Wirbeltieren bis zu den Reptilien vermag oft das Pigment in den verästelten Zellen zu wandern; es kann sich über die gesamte Zelle ausbreiten oder wird zentral geballt (Abb. 5.201a). So ist ein Farbwechsel durch Pigmentverlagerung möglich, der nervös und/oder hormonal gesteuert wird *(physiologischer Farbwechsel).* Säugern und Vögeln fehlt diese Fähigkeit. Sie besitzen auch nur Melanocyten als Farbzellen; diese können das Pigment an Epidermiszellen abgeben, die damit bei diesen Tierformen häufig den Hauptteil des Pigments enthalten.

Die allgemeine Schutzfunktion der Haut findet in der Bildung vielfältiger sekundärer Differenzierungen, wie *Schuppen, Federn, Haaren,* ihren Ausdruck. Bei Landwirbeltieren gehören diese Differenzierungen überwiegend der Epidermis an. Für die Reptilienschuppe gilt das allerdings nur eingeschränkt, denn hier ist die Cutis an der Bildung der Schuppe noch stark beteiligt. Jede Schuppe ist von einer Cutispapille unterlagert, über der sich die Schuppe als verdickte Hornschicht erhebt (Abb. 5.200b). Diese Hornschuppen werden zuweilen durch Knochenbildungen verstärkt, die in den Cutispapillen eingelagert werden. An der Bildung der Vogelfeder ist der Anteil, den die Cutis dabei einnimmt, geringer. Die Vogelfeder wird gewöhnlich mit der Reptilienschuppe homologisiert, besonders aufgrund ihrer Entwicklung. Sie wird zunächst wie die Reptilienschuppe als eine Aufwölbung der Epidermis über einer Cutispapille angelegt (Abb. 5.203). Die schließlich ziemlich lange Epidermisvorstülpung senkt sich an der Basis in die Haut ein. Die eigentliche Federbildung vollzieht sich dann im Epidermismantel, der zur Federscheide und Feder verhornt, während sich die Cutispapille nach der Fertigstellung der Feder zurückzieht. Die Haare der Säugetiere (Abb. 5.200a) sind schließlich ganz überwiegend Abkömmlinge der Epidermis. Die kleine Cutispapille (Haarpapille) hat hier nur eine ernährende Funktion.

Die Schuppen der Fische sind – im Gegensatz zu den bisher besprochenen Hautdifferenzierungen – Bildungen offenbar allein der Cutis (Abb. 5.200c). Bei den echten Knochenfi-

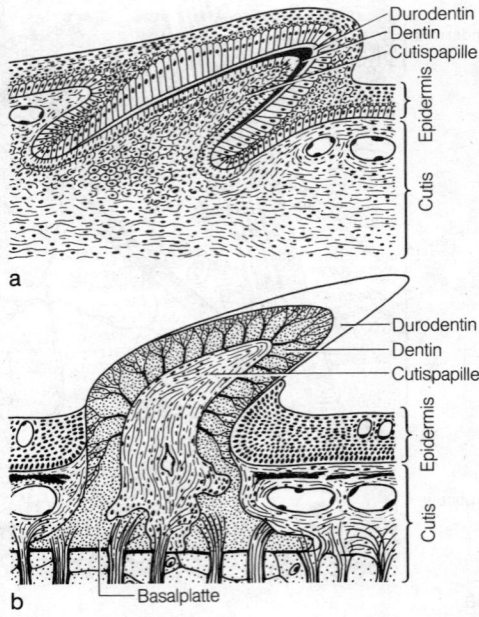

Abb. 5.202 a, b. Entwicklung einer Placoidschuppe, schematische Schnitte. (a) Beginn der Bildung der Hartsubstanzen Dentin und Durodentin; (b) Durchbruch der fertigen Schuppe durch die Epidermis. (Aus Giersberg u. Rietschel)

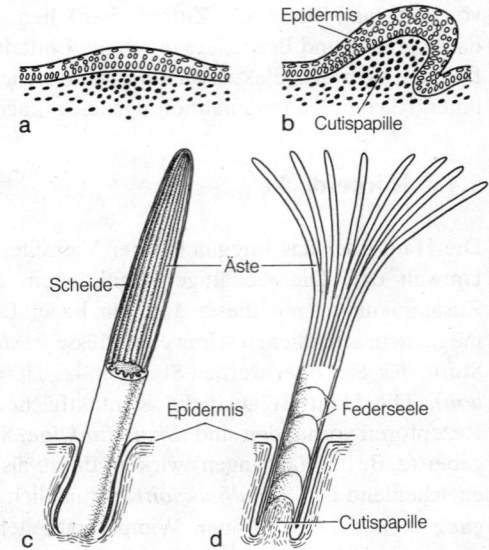

Abb. 5.203 a–d. Entwicklung einer Feder (Dunenfeder). (a) Erste Anlage. (b) Die Cutispapille (= Federpapille) schiebt die Epidermis nach außen vor. (c) Beinahe fertige Feder, an der Spitze eröffnet. Die Dunenäste sind noch von einer Scheide umhüllt. (d) Fertige Dunenfeder, längs halbiert. Die Scheide ist durchbrochen und abgestoßen, die Äste sind frei. Die Cutispapille hat sich zurückgezogen, dabei werden die Lamellen der »Federseele« gebildet. (Aus Hesse u. Doflein)

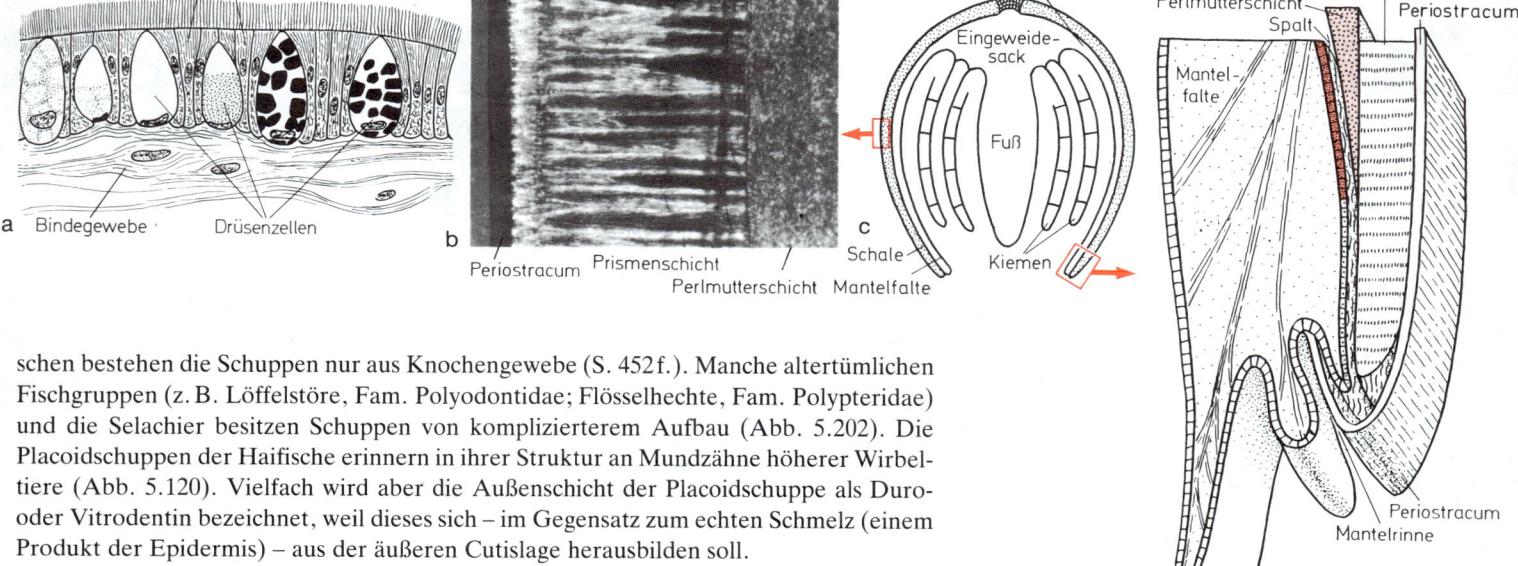

schen bestehen die Schuppen nur aus Knochengewebe (S. 452f.). Manche altertümlichen Fischgruppen (z. B. Löffelstöre, Fam. Polyodontidae; Flösselhechte, Fam. Polypteridae) und die Selachier besitzen Schuppen von komplizierterem Aufbau (Abb. 5.202). Die Placoidschuppen der Haifische erinnern in ihrer Struktur an Mundzähne höherer Wirbeltiere (Abb. 5.120). Vielfach wird aber die Außenschicht der Placoidschuppe als Duro- oder Vitrodentin bezeichnet, weil dieses sich – im Gegensatz zum echten Schmelz (einem Produkt der Epidermis) – aus der äußeren Cutislage herausbilden soll.

5.4.4.2 Haut der Mollusken

Der Körper der Mollusken wird von einer einschichtigen Epidermis umschlossen. Soweit diese nicht von einer Cuticula oder Schale bedeckt ist, besteht sie oft aus bewimperten Zellen, zwischen denen viele einzellige Drüsen eingeschoben sind (Abb. 5.204a). Die meisten von diesen produzieren Schleimsubstanzen. Nicht selten finden sich außerdem größere Drüsen mit den unterschiedlichsten Sekretionsprodukten. Sie können tief in die unterliegende bindegewebige Hautschicht eingesenkt sein.

Für die meisten Mollusken sind Skelettbildungen charakteristisch, so z. B. in Form einer dicken Cuticula mit Kalkstacheln oder – bei der großen Mehrzahl aller Mollusken – als meist einheitliche *Kalkschale*. Diese Bildungen werden von der dorsalen Körperdecke abgeschieden, die den Eingeweidesack einschließlich der Mantelfalten umfaßt und vielfach auch als *Mantel* bezeichnet wird (Abb. 5.204c). An der Abscheidung einer typischen Schale haben die freien Ränder des Mantels einen ganz besonderen Anteil. Bei manchen Muscheln (Abb. 5.204d) ist – wie bei den Mollusken verbreitet – die Schale aus drei Schichten zusammengesetzt. Außen liegt das rein organische (vorzugsweise aus sklerotisierten Eiweißen bestehende) Periostracum, das die beiden anschließenden kalkhaltigen Schichten, nach ihrer Struktur Prismen- und Perlmutterschicht genannt, vor dem Abbau im Wasser schützt. Auch die kalkhaltigen Schichten enthalten eine organische Matrix aus Eiweiß, in die Calciumsalze kristallin eingelagert werden (Abb. 5.204b). Das Periostracum entsteht in einer drüsenreichen Rinne des Mantelrandes und schlägt sich dann auf die Manteloberfläche bzw. Schalenoberfläche um. Für die Bildung der Prismenschicht ist der unmittelbar benachbarte Epidermisstreifen des Mantelepithels verantwortlich, während die Perlmutterschicht auf dem »innen« anschließenden Mantelepithel abgeschieden wird. Das Flächenwachstum der Schale erfolgt also nur am Rande. Eine Verdickung der Schale findet dann auf der gesamten Manteloberfläche statt.

In den bindegewebigen Hautschichten findet man bei manchen Mollusken, und zwar bei einigen Schneckenarten und bei den meisten Cephalopoden, *Chromatophoren*. Diese liegen wie bei den Wirbeltieren in mehreren Typen vor, die sich durch ihre Farbstoffe unterscheiden (S. 522). Für die Cephalopoden ist auch ein gut entwickelter Farbwechsel beschrieben. Im Gegensatz zu den Chromatophoren der Wirbeltiere (Abb. 5.201a)

Abb. 5.204a–d. Haut von Mollusken. (a) Schnitt durch die Haut einer Schnecke (Acteon). (b–d) Schalenbildung bei Muscheln. (b) Querschnitt durch die Schale der Flußperlmuschel (Margaritana) im polarisierten Licht. Die optische Doppelbrechung (Aufhellung bei gekreuzten Polarisatoren) der Struktur zeigt deren geordneten, kristallinen Aufbau. Vergr. 85:1. (c) Querschnitt durch eine Muschel, sehr schematisch. (d) Der in (c) gekennzeichnete Bereich des Mantel- und Schalenrandes, stärker vergrößert, schematisch. Epidermisstreifen, der die Prismenschicht abscheidet, mit jeweils einem Punkt pro Zelle gekennzeichnet; Epidermisbereich, der die Perlmutterschicht abscheidet, rot. Schale und Epidermis sind durch einen von Flüssigkeit erfüllten Spaltraum voneinander getrennt (bis auf einige Muskelansatzstellen). (a nach Perner u. Fischer, b Original von Langer, c nach Pfurtscheller, d aus Kaestner)

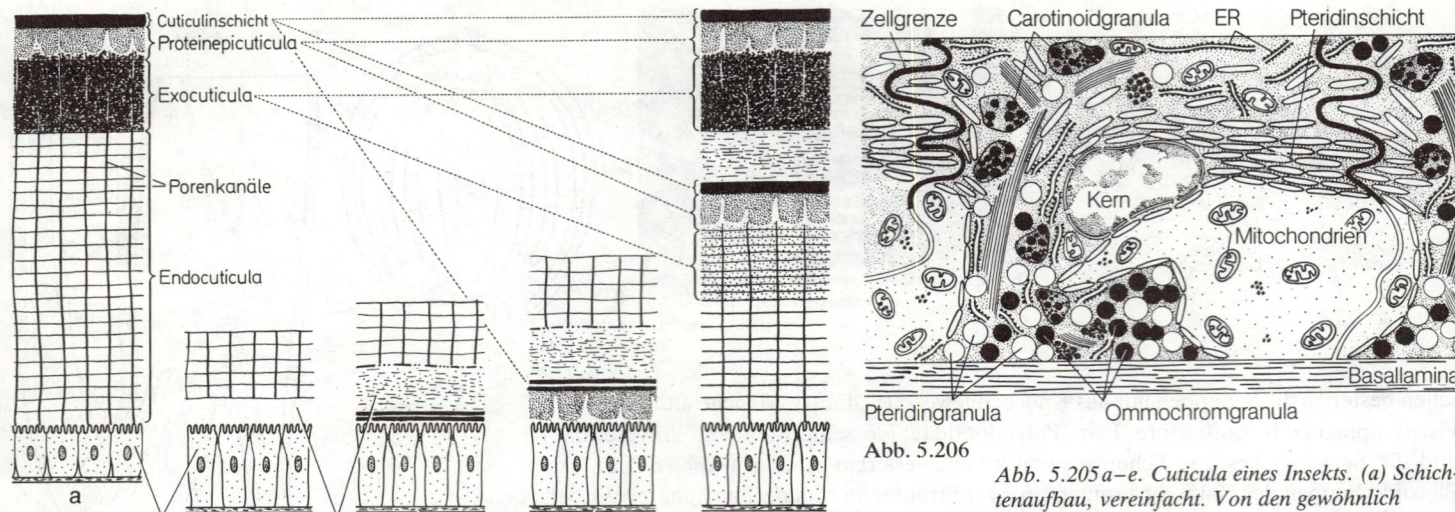

Abb. 5.205 Epidermis   Häutungsspalt   Basalmembran

Abb. 5.206

Abb. 5.205 a–e. Cuticula eines Insekts. (a) Schichtenaufbau, vereinfacht. Von den gewöhnlich vier Schichten der Epicuticula (Proteinepicuticula = dichte Schicht, Cuticulinschicht, Wachsschicht und Zementschicht) sind die beiden äußersten nicht berücksichtigt. Endo- und Exocuticula werden als Procuticula zusammengefaßt. (b–e) Häutung, schematisch; in (b–d) ist die alte Cuticula nur teilweise dargestellt: (b) Bildung des Häutungsspalts (Exuvialhöhle), in den gleichzeitig enzymhaltige Häutungsflüssigkeit sezerniert wird. (c) Cuticulinschicht abgeschieden, Beginn des Abbaues der alten Cuticula. (d, e) Weiterer Abbau und Neubildung. Ein Übergangsstadium im Sklerotisierungsprozeß wird Mesocuticula genannt, die gewöhnlich zur Exocuticula wird (e), an manchen Stellen aber auch erhalten bleiben kann. Vgl. S. 676 f., Abb. 6.198

Abb. 5.206. Epithelzelle der Stabheuschrecke *Carausius morosus* mit mehreren Sorten granulär abgelagerter Pigmente. Halbschematische Darstellung eines Querschnittes nach elektronenmikroskopischen Untersuchungen. Der physiologische Farbwechsel erfolgt durch Umlagerung der Pigmentsorten innerhalb der Zelle. Die Wanderungszone der Ommochromgranula ist eng punktiert, die ständig pigmentfreie Zone des Hyaloplasmas weit punktiert dargestellt. (Nach Berthold u. Seifert)

wandert aber hier nicht das Pigment innerhalb des Zellkörpers, sondern die Chromatophoren ändern ihre Gestalt. An der Zelloberfläche setzen Muskelfasern an (Abb. 5.201 b, c). Bei entspannten Muskelfasern ist der Chromatophor unter starker Faltung der Zellmembran zusammengezogen (Abb. 5.201 b$_1$); das Pigment ist in einem inneren elastischen Sack geballt: Farbaufhellung. Bei Kontraktion der Muskeln wird der Chromatophor unter Entfaltung der Zellmembran zusammen mit dem elastischen Sack zu einer flachen Scheibe gedehnt (Abb. 5.201 b$_2$): Farbvertiefung.

5.4.4.3 Integument der Arthropoden

Das Integument der Arthropoden ist durch den Besitz einer im ausgebildeten Zustand vielfach harten und meist nur wenig dehnungsfähigen *Cuticula* gekennzeichnet, die von der *einschichtigen Epidermis* sezerniert wird. Die Cuticula (Abb. 5.205 a) besteht in der Regel aus zwei Hauptschichten: aus der Procuticula, die der Epidermis anliegt, und der außen liegenden Epicuticula. Die Epicuticula ist sehr viel dünner als die Procuticula, meist nicht dicker als ein bis wenige Mikrometer. Und doch ist auch sie nicht einheitlich; sie läßt sich zumindest in zwei Schichten (z. B. Cuticulinlage und Proteinepicuticula) unterteilen (Abb. 5.205 a). Weitere Schichten können hinzukommen. Die Epicuticula ist frei von Chitin (S. 47), das zusammen mit Proteinen der wichtigste Bestandteil der Procuticula ist. Auch an der Procuticula sind regelmäßig mindestens zwei unterschiedliche Schichten

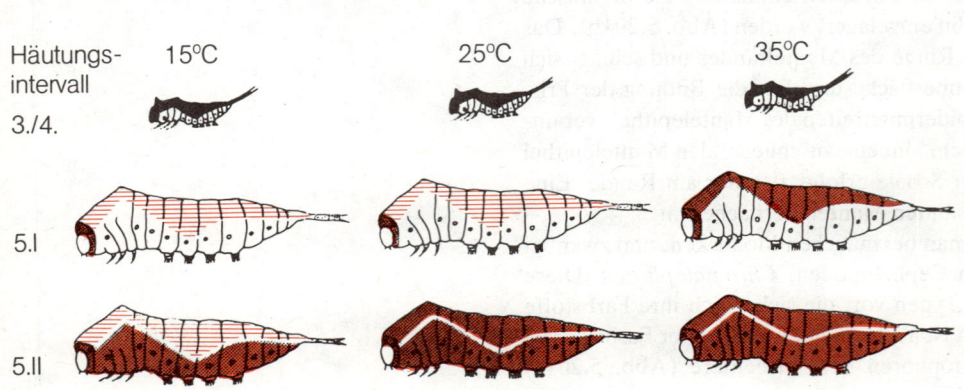

Abb. 5.207. Farbtrachten älterer Raupen des Gabelschwanzes (*Cerura vinula*) als Beispiel für entwicklungsbedingte und temperaturbedingte morphologische Farbwechsel bei Insekten. Im fünften (letzten) Häutungsintervall hat die im Laubwerk fressende Raupe (5.I) stets eine hellere Färbung als die absteigende spinnreife Raupe (5.II). Der Farbwechsel wird durch das Häutungshormon Ecdyson (S. 675) ausgelöst und durch Umwelteinflüsse modifiziert. (Nach Bückmann)

Farben: schwarz (Melanin); gelbe, grüne oder weiße Pigmente; braun (oxidiertes Ommatin); rot (reduziertes Ommatin).

erkennbar: die unter der Epicuticula liegende Exocuticula und die anschließende Endocuticula.

Eine harte Cuticula bietet ihren Trägern sicherlich einen guten Schutz. Als Verfestigung der äußeren Körperregion bringt sie aber auch Probleme mit sich. Sie könnte die Bewegungsfähigkeit und ganz besonders das Wachstum (Cuticula ohne Flächenwachstum!) behindern. Um die Bewegungsfähigkeit zu erhalten, wird – wie man das an jedem Gliederfüßer erkennen kann – die Körperdecke nicht insgesamt verhärtet, sondern nur in bestimmten Bereichen; zwischen diesen bleibt die Cuticula biegsam, z.B. in den Intersegmentalhäuten.

Das Problem, ein Wachstum zu gewährleisten, wird bei den Gliederfüßern durch periodische *Häutungen,* d.h. durch Abstoßen und Ersetzen der äußeren Körperdecke, gelöst. Dieser Vorgang ist in Abbildung 5.205b–e für die Insekten schematisch dargestellt, er vollzieht sich aber bei den anderen Gliederfüßern grundsätzlich ähnlich. Beim Eintritt in das Häutungsgeschehen löst sich das Epithel ein wenig von der Cuticula (Abb. 5.205b). In den so entstehenden Häutungsspalt (Exuvialraum) werden Enzyme, die die Endocuticula aufzulösen vermögen, zunächst in inaktiver Form abgeschieden. Als erste Schicht der neuen Cuticula bildet sich dann die Cuticulinschicht (Abb. 5.205c). Sowie diese – das Epithel vor dem Angriff der Enzyme schützende – Lage abgeschieden ist, werden die Enzyme aktiviert und bauen die Endocuticula ab. Die Abbauprodukte werden von den Epithelzellen durch die für diese Stoffe durchlässige neue Cuticula und über den Darm aufgenommen und so wieder nutzbar gemacht. (Im Gegensatz hierzu gehen bei Vertebraten die äußeren Hornschichten den Tieren gänzlich verloren.)

Die Bildung der Cuticula schreitet mit der Sekretion der Proteinepicuticula und der Procuticula weiter fort (Abb. 5.205d), während die alte Cuticula bis auf Epi- und Exocuticula (diese sind für die Enzyme großenteils unangreifbar) abgebaut wird (Abb. 5.205e). Die Reste der alten Cuticula reißen dann an vorbestimmten Häutungsnähten auf, und das Tier kann aus der alten Hülle (Exuvie) schlüpfen. Das frisch geschlüpfte Tier vergrößert dann durch Schlucken von Luft oder Aufnahme von Wasser sein Volumen und macht so einen Wachstumsschub durch. Das ist nur so lange möglich, wie die Cuticula noch nicht erhärtet ist. Der Beginn der Härtung (Sklerotisierung), die besonders die Exocuticula erfaßt, kann allerdings schon vor dem Schlüpfen liegen, die Härtung wird aber erst danach beendet und voll wirksam. Die Härtung beruht bei Insekten auf einer Gerbung (Vernetzung) der Eiweißanteile der Cuticula, die zusammen mit dem fibrillären Chitin ein relativ wenig deformierbares Gerüst bilden. Bei manchen Gliederfüßern, besonders bei den höheren Krebsen, wird auch Kalk zur Härtung in die Cuticula eingelagert.

Die sehr vielfältigen Färbungen der Arthropoden, besonders der Insekten, beruhen hauptsächlich auf den Eigenschaften des Integumentes. Neben den auch in anderen Tierstämmen verbreiteten Melaninen und Carotinen kommen in der Epidermis auch Gallenfarbstoffe und granulär gebundene Ommochrome vor. Bei Vertretern mancher Ordnungen sind Pteridine häufig (Beispiele: Abb. 5.206 und Flügel der Schmetterlinge), die als Endprodukte des Stickstoff-Stoffwechsels angesehen werden.

Der in der Entwicklung vieler Insekten auftretende Wechsel in der Färbung und im Zeichnungsmuster erfolgt fast immer durch Abbau von bestimmten Farbstoffen und Synthese von anderen (*morphologischer Farbwechsel,* Abb. 5.207); ein physiologischer Farbwechsel tritt bei Insekten sehr selten auf (Abb. 5.206). Er ist dagegen von vielen Krebsen bekannt, bei denen stark verästelte Chromatophoren auftreten können. Außer durch Pigmente entstehen viele und besonders auffällige Farben von Insekten (wie das Schillern) durch lichtoptische Eigenschaften des Feinbaus der Cuticula und ihrer Derivate, wie der Schmetterlingsschuppen (Abb. 5.208). Diese *Strukturfarben* können sowohl auf Beugung und Interferenz (»Farben dünner Plättchen«) als auch auf selektiver Lichtstreuung beruhen; im letzteren Falle wird ihr Effekt häufig durch unterlagerte, spezifisch absorbierende Pigmente verstärkt.

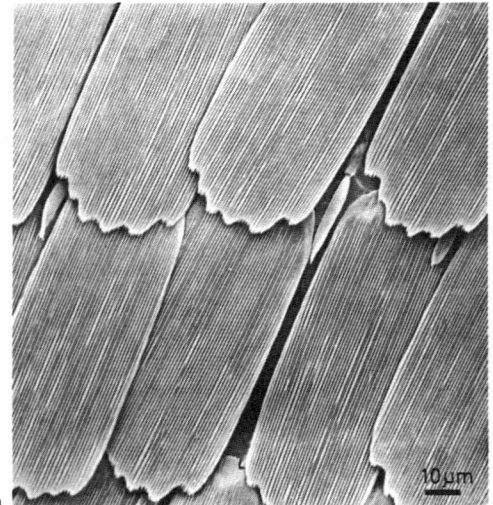

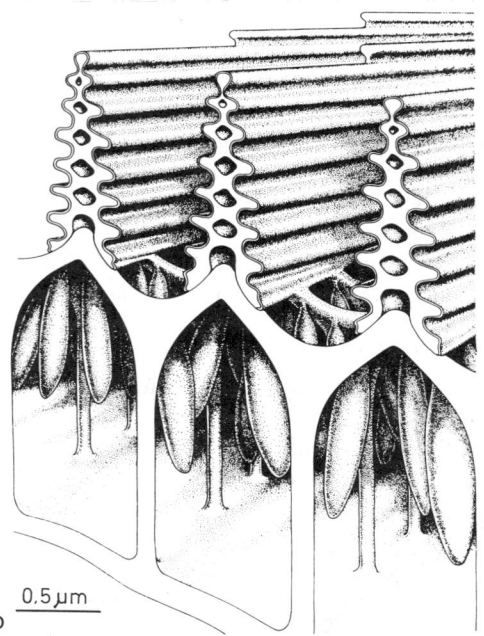

Abb. 5.208a, b. Schuppen als Beispiel einer Sonderbildung der Insektencuticula. (a) Zwei Typen von Schuppen auf dem Flügel des Tagschmetterlings Morpho; die größeren in der charakteristischen dachziegelförmigen Anordnung. (b) Räumliche Rekonstruktion des Feinbaues einer Flügelschuppe eines Eurema-♂ nach elektronenmikroskopischen Schnitten. Die vordere senkrechte Fläche stellt einen Teil eines Querschnittes durch die Schuppe mit den drei »Rippen« dar. Deren Feinstruktur bewirkt bei Reflexion auffallenden Lichtes Interferenzerscheinungen (physikalisches Prinzip der Farben dünner Plättchen) und verursacht dadurch das bunte Schillern der Schmetterlingsflügel (Schillerfarben) – in diesem Falle vorzugsweise für ultraviolettes Licht. (a Original von Meinecke/Bochum, b nach Ghiradella et al.)

5.4.5 Immunsystem

5.4.5.1 Funktion, Leistung und Herkunft des Immunsystems

Die Aufgabe des Immunsystems besteht darin, an der Erhaltung der biologischen Integrität des Individuums mitzuwirken und sein Überleben zu gewährleisten. Das Immunsystem ist folglich in der Lage, sowohl eine Unterscheidung zwischen »Selbst« und »Fremd« als auch zwischen »normalem Selbst« und »verändertem Selbst« (z. B. Krebszellen) durchzuführen. Das »Fremde« oder »ein verändertes Selbst« wird in der Immunologie generell als »Antigen« bezeichnet, wenn es im Organismus gerichtete Reaktionen (Immunreaktionen) auslöst, deren Ziel das Unschädlichmachen und die Eliminierung des Antigens ist. Man unterscheidet zwischen unspezifischen Abwehrreaktionen und spezifischen Immunreaktionen.

An den unspezifischen Abwehrvorgängen sind physikalische, biochemische und chemische Reaktionen beteiligt sowie bestimmte Leistungen von Freßzellen. Die spezifische Immunabwehr wird von den *B- und T-Lymphocyten* (Synonym B- und T-Zellen) bzw. von ihnen abgeleiteten Effektormolekülen und Effektorzellen durchgeführt. Die Effektormoleküle sind die von den B-Zellen sezernierten *Antikörper*, die das Antigen spezifisch binden. Die Effektorzellen sind die cytotoxischen T-Zellen, die die fremden bzw. entarteten Zellen über einen direkten Zell-Zell-Kontakt und unter Mithilfe löslicher Zelltoxine (z. B. Granzyme, Serinproteasen, Perforine) spezifisch abtöten. So unterscheidet man zwischen der *humoralen* (löslichen) *Immunantwort*, an der sezernierte Antikörper beteiligt sind, und der *zellulären Immunantwort*, die von den cytotoxischen T-Lymphocyten durchgeführt wird. Während Antikörper als lösliche Moleküle bevorzugt lösliche Substanzen (Proteine, Allergene, bakterielle Toxine sowie Medikamente), aber auch Viren und Bakterien binden, vernichten cytotoxische T-Zellen ausschließlich Zellen (canzerös entartete und virusinfizierte Zellen, transplantierte Zellen und Organe).

Begriffe und Definitionen

Antigene sind lösliche oder partikuläre Substanzen, die vom Abwehrsystem (Immunsystem) als Fremdkörper identifiziert und von ihm gezielt bekämpft werden. Beispiele sind Bakterien, Viren, Pilze, Parasiten, virusinfizierte Zellen, transplantierte Zellen, Bruchstücke von Mikroorganismen, deren lösliche Membrankomponenten und Metabolite (z. B. Toxine), Allergene, Tiergifte usw. Chemisch gesehen sind Antigene Proteine, Kohlenhydrate, Glykoproteine, Glykolipide, Lipoproteine oder Lipide; reine DNA oder RNA haben offenbar keine antigenen Eigenschaften. Niedermolekulare Substanzen mit einem Molekulargewicht von kleiner als 1000 wirken normalerweise nicht antigen. Sie werden *Haptene* genannt und können erst nach Koppelung an einen hochmolekularen Träger (Carrier, z. B. Proteine oder Kohlenhydrate) eine spezifische Immunantwort induzieren. Freie Haptenmoleküle binden jedoch an die zu ihnen passenden Antikörper. *Autoantigene* sind körpereigene Komponenten, die normalerweise keine Immunantwort induzieren, die jedoch unter pathologischen Bedingungen antigen wirken und autoaggressive Reaktionen (Autoimmunerkrankungen) hervorrufen. *Alloantigene* induzieren in Individuen der gleichen Species eine Immunantwort (z. B. Blutgruppenantigene), *Xenoantigene* in Individuen verschiedener Species. *Immunogene* (nicht zu verwechseln mit Immunglobulingenen, S. 542) sind Antigene, die für Immunisierungen zum Zweck der Induktion spezifischer Antikörper oder Immunzellen eingesetzt werden. *Tolerogene* verursachen nach Injektion keine Immunantwort, sondern einen Zustand der „Nichtreaktivität" (Toleranz), so daß weder spezifische Antikörper noch T-Lymphocyten gebildet werden. Ein *Epitop* (antigene Determinante) ist der kleinste immunogene Abschnitt eines Antigens, der nur wenige Aminosäuren oder Kohlenhydrate lang ist. Es tritt mit den Erkennungsstellen von Antigenrezeptoren und Antikörpern in eine enge molekulare

Tabelle 5.6. Einteilung und biologische Funktionen der verschiedenen Blutzelltypen

Zelltyp	Funktion
Erythrocyt	Sauerstofftransport
Thrombocyt	Blutgerinnung
Granulocyt	Freßzelle
Monocyt/Makrophage	Freßzelle
Lymphocyten	Immunabwehr
B-Lymphocyt/Plasmazelle	Antikörperbildung/ humorale Immunantwort
T-Lymphocyt	Zelluläre Immunantwort
Helfer-T-Zelle	Initiierung/Verstärkung der Immunantwort
Suppressor-T-Zelle	Beendigung/ Abschwächung der Immunantwort
Cytotoxische T-Zelle	Abtöten fremder/ maligner/transformierter Zellen

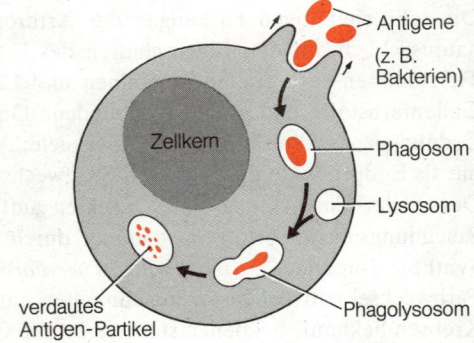

Abb. 5.209. Die einzelnen Teilschritte bei der Phagocytose von Antigenen (z. B. Bakterien) durch Makrophagen und Monocyten: Umfließen des Antigens, Aufnahme in Phagosomen, Fusion von Phagosomen und Lysosomen zu Phagolysosomen und Zerstörung des Fremdkörpers durch lysosomatische Enzyme und Peroxidradikale

Wechselwirkung und stimuliert das Immunsystem. Antigenrezeptoren bzw. Antikörper erkennen einen Fremdkörper nicht in seiner Gesamtheit als »fremd«, sondern nur über die Epitope. Große Proteinantigene tragen maximal einige hundert, Bakterien mehrere tausend Epitope. Ein Proteinmolekül wird auch nur selten vollständig »fremd« sein, da es immer Molekülabschnitte geben wird, die mit körpereigenen Molekülen strukturelle Eigenschaften gemeinsam haben und deshalb nicht antigen sind.

Phylogenie und Vorkommen des Immunsystems

Bei vielen wirbellosen Tieren, z.B. Annelioden, Insekten, Echinodermen, hängt das Überleben von der Existenz und Aktivität von phagocytierenden Zellen ab, die Fremdkörper erkennen und unschädlich machen. Eigentliche humorale und zelluläre Abwehrmechanismen treten erst bei den Vertebraten auf. Der zu den Cyclostomen gehörende Schleimfisch *Eptatretus stoutii* verfügt über eine primitive Milz und ein primitives hämatopoetisches Organ, hat jedoch keinen Thymus, keine Lymphocyten und auch noch keine Antikörper. Allerdings zeigt er eine Überempfindlichkeit vom verzögerten Typ und kann Fremdtransplantate abstoßen. Das ebenfalls zu den Cyclostomen gehörende Meeresneunauge (*Petromyzon marinus*) hingegen besitzt Thymus, Lymphocyten, Knochenmark und Milz. Es zeigt die gleichen immunologischen Fähigkeiten wie *Eptatretus stoutii* und kann zusätzlich gegen eine Reihe von Antigenen IgG-ähnliche Antikörper (S. 533) bilden, obwohl keine eigentlichen Plasmazellen nachweisbar sind. Im Stammbaum der Vertebraten findet man somit ab dem Meeresneunauge die erste klare Trennung von *zellulärer* und *humoraler* Antwort (S. 531f., 545f.), einschließlich dazugehöriger Organe, und damit das erste typische Immunsystem.

Knorpel- und Knochenfische haben einen höher entwickelten Thymus als das Meeresneunauge und können gegen eine Vielzahl von Antigenen Antikörper bilden; Haie

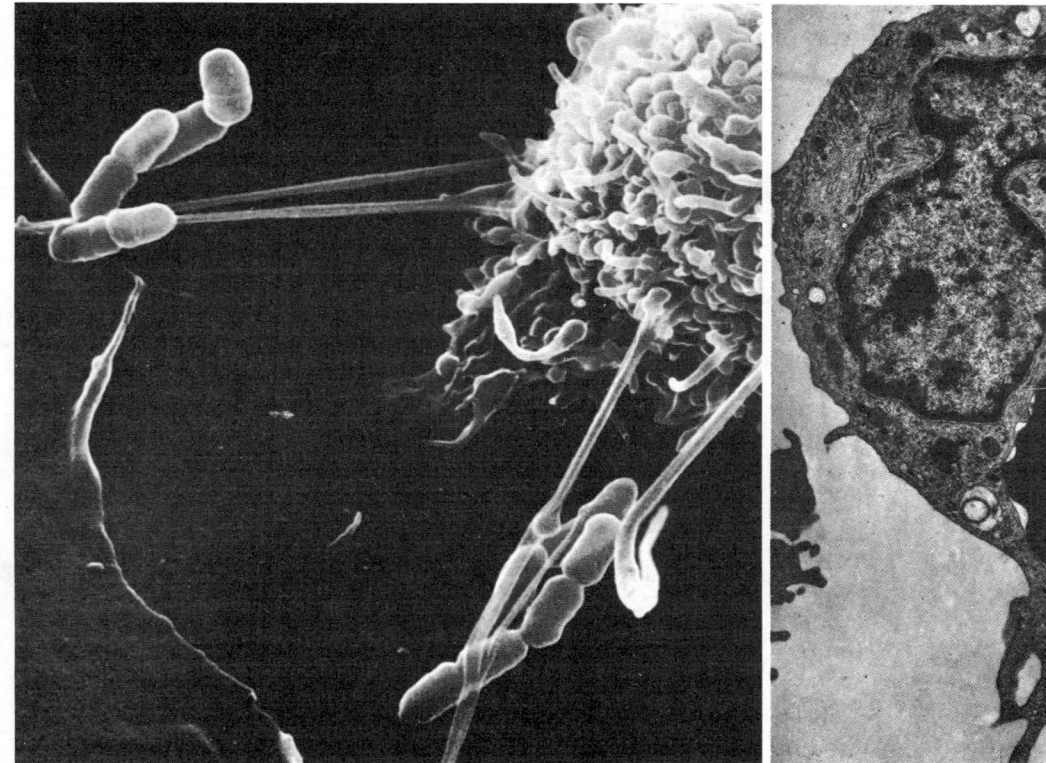
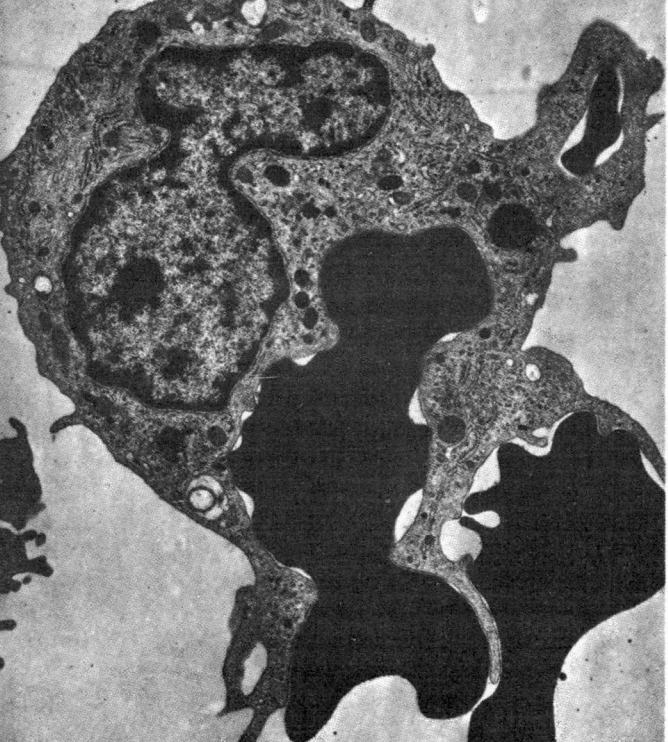

Abb. 5.210. Makrophage aus der Lunge eines Säugetieres. Er bewegt sich amöboid fort und fängt mit seinen pseudopodienähnlichen Zellfortsätzen Fremdkörper ein, im abgebildeten Fall Bakterien. Im rechten unteren Bildteil haben diese »Fangfäden« eine Gruppe von Bakterien gebunden. Vergr. 3000:1. (Original von L. Nilson/ Stockholm, © Boehringer, Ingelheim)

Abb. 5.211. Makrophage des Menschen, der gerade zwei Erythrocyten durch Phagocytose aufnimmt. Die Fremdkörper werden anschließend in besonderen Kompartimenten (Phagolysosomen) zerstört und abgebaut. Vergr. 7000:1. (Nach Weiss)

Abb. 5.210

Abb. 5.211

verfügen über zwei unterschiedliche Antikörpertypen, die dem IgG und IgM analog sind. Vögel besitzen im Gegensatz zu allen anderen Wirbeltieren für die Reifung der B-Lymphocyten ein eigenes lymphatisches Organ (*Bursa Fabricii*). Ein immunologisches Gedächtnis fehlt bis zu den Reptilien und ist generell bei Vögeln und Säugern vorhanden. Vermutlich trat vor etwa 800 Millionen Jahren ein Urgen auf, das für ein immunologisch aktives Protein von etwa 100 Aminosäuren codierte und das sich ungefähr alle 60 Millionen Jahre verdoppelt haben dürfte, bis die *Ig-Supergen-Familie* der Säugetiere entstand, von der die immunologisch zentralen Komponenten (*Immunglobuline, MHC-Antigene, T-Zell-Antigen-Rezeptor*) codiert werden.

5.4.5.2 Unspezifische Abwehr

Physikalische, biochemische und chemische Mechanismen

Die im folgenden besprochenen Mechanismen tragen dazu bei, körperfremde Substanzen und krankheitsauslösende Organismen wie Viren, Bakterien, Pilze oder parasitische Würmer vom Körper fernzuhalten, zu zerstören oder aus dem Körper zu entfernen, d. h. diese Mechanismen wirken in die gleiche Richtung wie die spezifischen Immunreaktionen. Beispiele für physikalische Mechanismen sind (1) die Barrierefunktion der Chitin- oder Hornschicht auf Körperoberflächen und der Epithelzellen, die die verschiedenen Körperhöhlen auskleiden, (2) das Herauswaschen von Erregern durch Speichel, Nasen- und Lungensekret, Tränenflüssigkeit, Schweiß, Urin, (3) aktives Herausbefördern von Bakterien durch Husten und Niesen, unterstützt durch die Transportaktivität von Cilien der Epithelzellen (Flimmerepithelien). Die physikalisch-biologischen Abwehrmechanismen beinhalten die Besiedlung mit »harmlosen« symbiotischen Bakterien und Pilzen, die eine Zunahme pathogener Keime räumlich und durch Konkurrenz um Nährstoffe erschweren. Zu den biochemischen Abwehrmechanismen zählen die Zerstörung von Keimen durch Neuraminidase, Proteasen oder Lysozym im Nasen-Rachen-Raum und der Tränenflüssigkeit. Chemische Mechanismen sind (1) die bakterizide und fungizide Wirkung von Schleim der Atemwege und des Genitaltraktes, von Milchsäure im Schweiß, von Fettsäuren im Talgdrüsensekret (z. B. Caprylsäure, Undecylsäure und Ölsäure), von Wachs im Gehörgang (Cerumen), von Smegma (durch die Glans penis) und (2) die Erniedrigung des pH (1–2 im Magen, 3–5 auf der Haut und 4,0–4,5 in der Vagina).

Freßzellen

Zu den Freßzellen zählen *Granulocyten* und *Monocyten* bzw. *Makrophagen*. Beide Zelltypen leiten sich von den gleichen Stammzellen aus dem Knochenmark ab. $3 \cdot 10^{10}$ Granulocyten patrouillieren beim Menschen ständig durch die verschiedenen Körpergewebe, und etwa $3 \cdot 10^{12}$ liegen im Knochenmark als Reserve bereit. Sie haben eine nur kurze Lebensdauer von wenigen Tagen. Sie lassen sich in drei Untergruppen unterteilen, die neutrophilen (95%), eosinophilen (4%) und basophilen (0,7%) Granulocyten. Basophile Granulocyten, die nicht mehr zirkulieren, sondern sich im Gewebe festgesetzt haben, werden als *Mastzellen* bezeichnet und sind maßgeblich an den pathologischen Reaktionen im Rahmen von allergischen Reaktionen (Allergien vom Soforttyp) beteiligt. Mastzellen sind nicht mehr zur Phagocytose befähigt.

Im Körper gibt es etwa $3 \cdot 10^{11}$ Monocyten bzw. Makrophagen. Sie haben eine im Vergleich zu den Granulocyten lange Lebenszeit von mehreren Monaten. Solange die Zellen in der Blutbahn zirkulieren, werden sie als *Monocyten* bezeichnet, nach ihrem aktiven Übertritt ins Gewebe als *Makrophagen*. Sie werden manchmal auch z. B. als Histiocyten oder Kupffer-Zellen (Makrophagen in der Leber) bezeichnet.

Granulocyten und Monocyten bzw. Makrophagen können sich amöboid fortbewegen (S. 142f.; Granulocyten im Gewebe mit einer Geschwindigkeit von ca. $2 \text{ mm} \cdot \text{h}^{-1}$) und

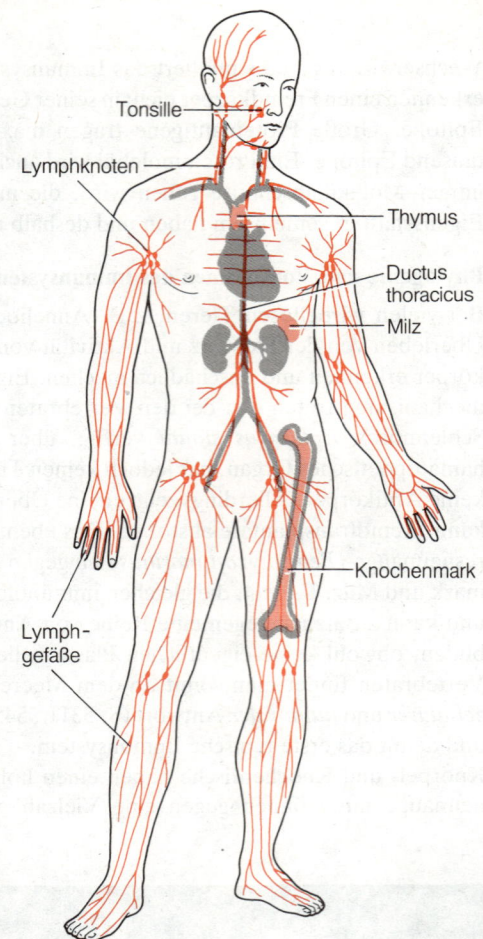

Abb. 5.212. Das Lymphsystem des Menschen, bestehend aus lymphatischen Organen und Lymphgefäßen

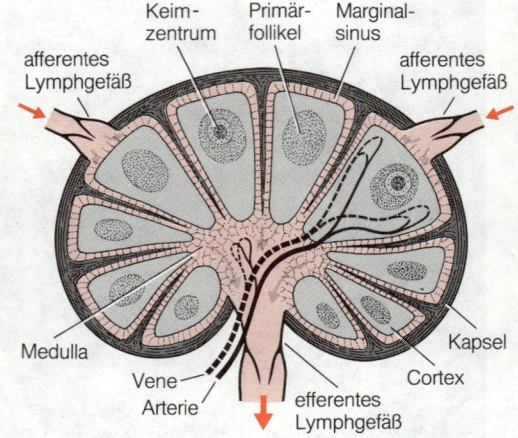

Abb. 5.213. Schematischer Querschnitt durch einen Lymphknoten mit den zuführenden (afferenten) und ableitenden (efferenten) Lymphgefäßen. Die Pfeile geben die Fließrichtung der Lymphe an

dabei ständig ihre Gestalt verändern. Sie nehmen Antigene durch Umfließen in sich auf (Phagocytose) (Abb. 5.209 bis 5.211), weswegen diese Freßzellen auch *Phagocyten* oder phagocytotische Zellen genannt werden. Die Zerstörung der Antigene läuft intrazellulär in bestimmten Zellkompartimenten (Phagolysosom bei den Makrophagen) und unter Mitwirkung von lysosomalen Enzymen (Proteasen, Nucleasen, Lysozym) – kationischen Proteinen, die die Proteinsynthese der Bakterien hemmen – und Sauerstoffradikalen ab, die Bakterien besonders schnell und effektiv abtöten können. Granulocyten zerstören sich bei dem Verdauungsvorgang selber; Eiter besteht zu einem hohen Prozentsatz aus abgestorbenen Granulocyten. Monocyten und Makrophagen sterben nicht ab und können fremdes Material fortwährend in sich aufnehmen und verdauen.

Unter den pathogenen Mikroorganismen haben sich im Verlauf der Evolution Spezialisten herausgebildet, die nicht nur die Attacke der Makrophagen überleben, sondern sich in diesen sogar vermehren können. Bestimmte Formen (Glattformen) von *E. coli* und Salmonellen können sich mit einer Kapsel aus sauren Polysacchariden umgeben und werden nicht mehr phagocytiert. Manche Streptokokken produzieren Streptolysine, die in den Makrophagen die Membranen der Phagolysosomen zerstören, so daß deren zellschädigende Inhaltsstoffe frei werden und die Zellen selbst zerstören. Manche Mycobakterien (z. B. der Lepra-Erreger *Mycobacterium leprae*) leben und vermehren sich in Makrophagen.

Zur Zeit ist noch nicht genau bekannt, wie die »Rezeptoren« der Phagocyten aussehen, mit denen sie »Fremd« und »verändertes Selbst« erkennen und von »Selbst« unterscheiden können. Immerhin werden körpereigene, aber auf ihrer Oberfläche leicht veränderte Zellen von Makrophagen regelmäßig erkannt und eliminiert, wie z. B. Krebszellen, abgestorbene Gewebe sowie gealterte Erythrocyten und Leukocyten. Es gibt einige experimentelle Hinweise darauf, daß es vielleicht eine höhere Instanz in Form regulativer T-Lymphocyten (S. 546) gibt, die den Makrophagen erst »sagen« müssen, wann und was sie fressen sollen. Die Fähigkeit von Makrophagen zur Phagocytose ist in jedem Fall dann stark erhöht, wenn auf dem Antigen bereits Antikörper und sogar noch bestimmte Komplementkomponenten (S. 540) gebunden sind; dieses Phänomen der verstärkten Phagocytose wird als *Opsonisierung* (Schmackhaftmachen) bezeichnet.

Zusätzlich zu der eigentlichen Eliminierung von Antigenen üben die Makrophagen, nicht aber die Granulocyten, noch eine weitere essentielle Funktion aus: die Präsentation von Antigenbruchstücken, wodurch Helfer-T-Lymphocyten (S. 546) aktiviert werden und die spezifische Immunantwort eingeleitet wird.

Nach heutigem Wissensstand sind Granulocyten und Monocyten bzw. Makrophagen generell zur Phagocytose befähigt und attackieren sofort jedes Antigen ohne vorherige Selektion, Differenzierung und Proliferation. Die Phagocytose bezeichnet man als *unspezifische Immunabwehr.* Im Gegensatz dazu müssen bei der *spezifischen Immunabwehr* die genannten Einzelprozesse (Selektion, Differenzierung und Zellteilung) durchlaufen werden.

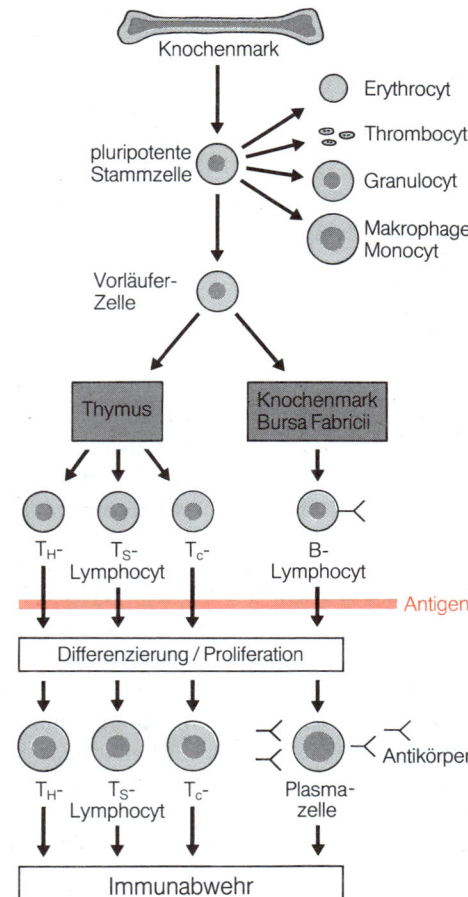

Abb. 5.214. Die Herleitung aller Blutzellen aus der pluripotenten hämatopoetischen Stammzelle, die im Knochenmark gebildet wird. Reifung, antigene Aktivierung und Differenzierung der verschiedenen Lymphocytenpopulationen (T-Lymphocyten, B-Lymphocyten, Plasmazellen) und ihrer Subpopulationen (Helferzellen T_H, Suppressorzellen T_S und cytotoxische T-Zellen T_C)

5.4.5.3 Organe und Zellen des Immunsystems

Lymphorgane und lymphatische Gewebe

Die wesentlichen Komponenten des Immunsystems sind in Abbildung 5.212 dargestellt: verschiedene abgegrenzte Lymphorgane, wie die Lymphknoten, und diffuse lymphatische Gewebe, wie die Payerschen Plaques, sowie ein weit verzweigtes Netz an Blut- und Lymphbahnen, in denen die mobilen Elemente des Immunsystems wie Antikörper, Komplementfaktoren und Zellen zu ihren »Einsatzorten« transportiert werden.

Man unterscheidet zwischen *zentralen (primären)* und *peripheren (sekundären) Lymphorganen,* wobei Thymus, Knochenmark und Bursa Fabricii (nur bei Vögeln) zu den zentralen und die anderen lymphatischen Organe und Gewebe, wie Mandeln (Tonsillen), Lymphknoten, Blinddarm (Appendix) und Payerschen Plaques (am Dünndarm), zu den peripheren Lymphorganen zu rechnen sind. Das im Darmbereich befindliche lymphatische Gewebe wird oft zu einer Einheit zusammengefaßt, die man als GALT bezeichnet (»gut-associated lymphoid tissue«). Generell befinden sich die peripheren lymphatischen Gewebe bevorzugt an den Stellen im Körper, an denen viel fremdes Material in den Körper eindringen kann, z.B. in Nasen-, Rachen- und Darmbereich. Somit stellen die peripheren Lymphorgane den ersten wichtigen Filter dar, um fremdes Material aus Blut und Lymphe zu entfernen, und sind auch ein Ort, an dem die spezifische Immunabwehr nach dem Herausfiltern gestartet wird. In Abbildung 5.213 ist der typische Aufbau eines *Lymphknotens* dargestellt.

Die zentralen Lymphorgane Thymus, Bursa Fabricii und Knochenmark sind *Reifungsorgane für Lymphocyten*. Der Thymus ist ein Organ, das sich phylogenetisch aus einer Schlundtasche entwickelt hat, und hinter dem Brustbein liegt. Beim Menschen ist er nur bis etwa zum 15. oder 20. Lebensjahr voll ausgebildet und funktionsfähig. Dann verkümmert er zunehmend und verliert dabei auch zu einem großen Teil, aber nicht völlig, seine Funktionsfähigkeit. Das Knochenmark befindet sich in den großen Röhrenknochen, im Beckenknochen und im Brustbein.

Herkunft und Reifung der Lymphocyten

Alle Zellen des Blutes, auch hämatopoetische (blutbildende) Zellen genannt, stammen von einem Typ von Mutterzellen ab (Abb. 5.214), den pluripotenten *hämatopoetischen Stammzellen* (kurz Stammzellen genannt) aus der Leber (beim Embryo) oder dem Knochenmark (im Jugend- bis Adultstadium). Etwa 0,5% aller Knochenmarkzellen sind Stammzellen. Die biologischen Funktionen der einzelnen Blutzelltypen sind in Tabelle 5.6 aufgelistet. Bis zum reifen Stadium durchläuft jeder Zelltyp eine Reihe von Differenzierungs- und Reifungsprozessen, die zum Teil in distinkten Organen ablaufen: für die T-Lymphocyten ist das der Thymus (daher stammt das »T« im Wort T-Lympocyt), für die B-Zellen bei den Vögeln die Bursa Fabricii (daher das »B« im Wort B-Lymphocyt) an der Kloake. Für alle anderen Vertebraten konnte bisher kein Reifungsorgan für die B-Zellen identifiziert werden, jedoch nimmt man an, daß dies das Knochenmark ist.

Im Thymus werden die noch unreifen und immunologisch inkompetenten Zellen »erzogen« bzw. die passenden Lymphocyten positiv selektioniert. Passend bedeutet, daß nur diejenigen Zellen den Thymus als reife T-Zellen verlassen dürfen, die »Selbst« nicht attackieren; die anderen Zellen, die das tun würden, werden im Thymus (durch Makrophagen?) vernichtet. So verlassen nur etwa 1% aller unreifen Vorläufer-T-Zellen den Thymus, während die restlichen 99% der Zellen eliminiert werden. Der Zellfluß durch den Thymus ist eine »Einbahnstraße«. Als Filter für diesen Selektionsprozeß fungiert wahrscheinlich das Thymusepithel. An diesen Prozessen sind auch die beiden Thymushormone, Thymopoetin und Thymosin, beteiligt. Alle im Thymus befindlichen Lymphocyten werden auch als *Thymuslymphocyten* oder *Thymocyten* bezeichnet.

An der Reifung der B-Lymphocyten (Abb. 5.215) im Knochenmark sind auch lösliche, hormonähnliche Faktoren beteiligt. Im Gegensatz zu den T-Zellen findet keine Eliminierung »Selbst«-erkennender (autoreaktiver) B-Zellen statt, so daß es eine große Anzahl von B-Zellen gibt, die Antikörper gegen »Selbst« bilden. Dennoch laufen nicht ständig *Autoimmunreaktionen* ab, weil die B-Zellen erst nach »Rücksprache« mit bestimmten T-Zellen (Helfer-T-Zellen) mit der Synthese der Antikörper beginnen.

Wenn die Lymphocyten ihre Reifungsprozesse durchlaufen haben, werden sie auch als *reife, immunkompetente Lymphocyten* bezeichnet, die in der Lage sind, Antigene spezifisch zu erkennen und gezielt gegen sie vorzugehen. Die T- und B-Lymphocyten müssen über spezielle Rezeptoren verfügen, mit denen sie das Antigen erkennen und binden können. Nach der Bindung des Antigens werden die Lymphocyten aktiviert (Abb.

Tabelle 5.7. Die wichtigsten physikalischen und biologischen Daten von Lymphocyten, ihre Unterteilung in Populationen und Subpopulationen und ihre biologischen Funktionen

Menge im Körper	$2 \cdot 10^{12} \triangleq 2$ kg
Konzentration im Blut	$1-2 \cdot 10^6/ml$
Durchmesser	
ruhend	$7-9 \mu m$
aktiviert	$12-15 \mu m$
Biologische Halbwertszeit	3 Tage bis mehrere Jahre
Zellpopulationen	B-Lymphocyten
	Plasmazellen
	Gedächtnis-B-Zellen
	T-Lymphocyten
	Helfer-T-Zellen, T_H
	Suppressor-T-Zellen, T_S
	Cytotoxische T-Zellen, T_C
	Gedächtnis-T-Zellen
Funktionen	B-Lymphocyten
	Antikörpersynthese,
	humorale Immunabwehr
	T-Lymphocyten
	Zelluläre Immunabwehr
	von Parasiten, Tumoren ...

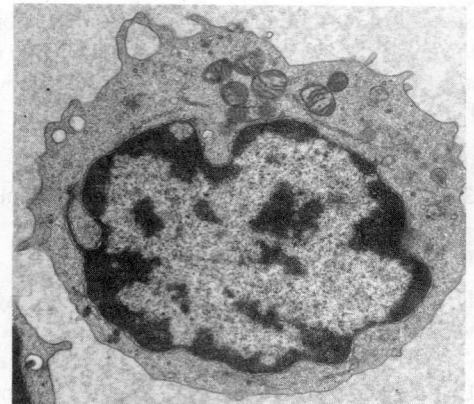

Abb. 5.215. B-Lymphozyt aus der Milz einer Maus. Vergr. 14000:1 (Aus Sobotta und Hammersen)

5.214), sie proliferieren, differenzieren sich und werden gemäß ihrer Bestimmung immunologisch aktiv, d. h. die B-Lymphocyten sezernieren die zum Antigen passenden Antikörper, und die cytotoxischen T-Zellen töten fremde bzw. körpereigene, entartete Zellen ab. Es gibt noch andere Typen von T-Lymphocyten, die keine zellschädigenden, sondern regulierende Funktionen ausüben, wie *Initiierung (Helfer-T-Lymphocyten)* und *Beendigung (Suppressor-T-Lymphocyten)* von Immunreaktionen. Während die aktivierten T-Zellen keine neuen Bezeichnungen erhalten haben, heißen die aktivierten und differenzierten antikörperproduzierenden B-Zellen Plasmazellen (Abb. 5.216). Eine Plasmazelle kann pro Sekunde 2000 Antikörpermoleküle sezernieren. In Tabelle 5.7 sind die wichtigsten physikalischen und biologischen Eigenschaften der Lymphocyten aufgelistet.

Tabelle 5.8. Die wichtigsten von Antikörpern ausgehenden Folgereaktionen

Agglutination von Bakterien + Viren
Opsonisierung von Bakterien, Viren, Pilzen
Komplementaktivierung
Toxinneutralisierung
Blockierung von Anheftungsstrukturen auf Bakterien

5.4.5.4 Humorale Immunantwort

Die humorale Immunantwort basiert auf sezernierten Antikörpern, die von Plasmazellen gebildet und als lösliche Glykoproteinmoleküle (M zwischen 150 000 und 900 000) über die Blut- und Lymphbahnen bis in die feinsten Kapillaren transportiert werden. Sie binden nach dem Schlüssel-Schloß-Prinzip an antigene Determinanten und leiten die in Tabelle 5.8 genannten Folgereaktionen ein. Der Antikörper alleine ist ein relativ »harmloses« und ineffektives Molekül. Erst im Zusammenspiel mit anderen immunologischen Systemen wie *K-(Killer)Zellen,* Makrophagen und dem *Komplementsystem* werden äußerst schlagkräftige Mechanismen aktiviert, die Zellen abtöten und lösliche Substanzen eliminieren können.

B-Lymphocyten

Ausgehend von der pluripotenten hämatopoetischen Stammzelle durchläuft die B-Zelle bis zu den beiden Endstadien *Plasmazelle* und *Gedächtniszelle* eine Reihe von Differenzierungsstadien (Abb. 5.217). B-Lymphocyten unterscheiden sich von allen anderen Blutzellen dadurch, daß in ihre Oberflächenmembran Immunglobuline (Antikörper) fest integriert sind, mit denen sie Antigene bzw. *Epitope* spezifisch erkennen können (Antigenrezeptoren, Abb. 5.218).
Eine Plasmazelle trägt keine Oberflächen-Immunglobuline mehr, was auch »sinnvoll« ist, da sie ja kein Antigen mehr erkennen muß, sondern nur noch für die Synthese und Ausschleusung eines festgelegten Antikörpertyps zuständig ist. Die biologische Halbwertszeit von Plasmazellen ist mit etwa 3 bis 5 Tagen relativ kurz. Da sie sehr produktionsaktive Zellen sind, deren Cytoplasma ein stark ausgeprägtes rauhes endoplasmatisches Reticulum aufweist, sind sie auch wesentlich größer als ruhende B-Zellen (Durchmesser 14–20 μm; Abb. 5.216).
Nach der Aktivierung der B-Zellen wird neben den Plasmazellen noch eine weitere Zellpopulation gebildet, die Gedächtnis-B-Zellen (memory B cells), die für das Überleben eines Individuums von essentieller Bedeutung sind: Nach einem zweiten oder wiederholten Eindringen des gleichen Antigens in den Organismus können die Gedächtniszellen wesentlich schneller und effektiver mit der Synthese der passenden Antikörper antworten, so daß pathogene Mikroorganismen die Krankheit nicht mehr oder nur noch schwach hervorrufen können (sekundäre Immunantwort). Auf diesem Phänomen des immunologischen Gedächtnisses beruht die Resistenz gegenüber einer Vielzahl von Erregern und die Wirkung von Impfungen.

Induktion der humoralen Immunantwort

Makrophagen nehmen das Antigen in sich auf, verdauen es in den Phagolysosomen (Abb. 5.209), zerlegen es dabei in kleinere Untereinheiten und präsentieren diese Bruchstücke auf ihrer Oberfläche; folglich wird der Makrophage auch als APC (antigen presenting cell)

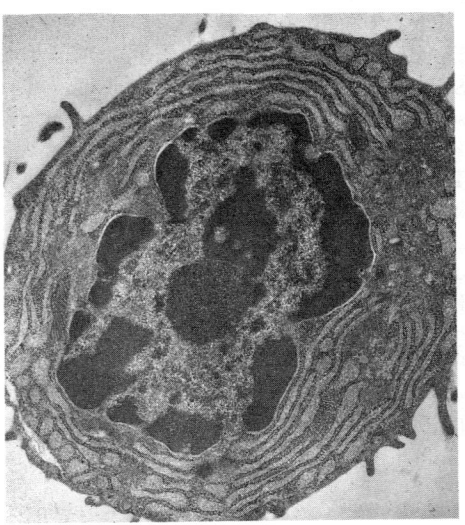

Abb. 5.216. Eine antikörpersezernierende Plasmazelle. Man erkennt den Kern mit dem typischen Chromatin und ein stark ausgeprägtes endoplasmatisches Reticulum, ein Charakteristikum sekretorischer Zellen. Vergr. 8000:1 (Original von Hummeler/Philadelphia)

bezeichnet (Abb. 5.219). Wahrscheinlich muß der Makrophage vor dem Phagocytosevorgang durch bestimmte Ti-Zellen (Inducer-T-Zellen) aktiviert werden, die als oberste Instanz die »Fremd-Selbst-Unterscheidung« durchführen. Die Antigenbruchstücke kommen auf der APC-Oberfläche nicht isoliert vor, sondern sind mit »Selbst«-Molekülen zu einem festen Komplex vereint (Abb. 5.219). Diese »Selbst«-Strukturen sind bestimmte Oberflächenglykoproteine, die zu der Gruppe der *Transplantationsantigene* (Synonym *Gewebeverträglichkeitsantigene, Gewebeantigene*) gehören. Es gibt davon mehrere Typen, und in diesem Fall ist es das MHC-Klasse-II-Antigen (MHC-II-Antigen). Nun ist der Makrophage aktiviert, sezerniert ein bestimmtes lymphocytenstimulierendes *Aktivierungsprotein,* das *Interleukin-1* (IL-1), und kann jetzt mit der nächsten Zellpopulation kommunizieren, den Helfer-T-Zellen.

Die bisher ruhenden Helfer-T-Zellen werden durch zwei distinkte Signale aktiviert: Signal 1 ist die Erkennung des Komplexes aus »Selbst« (MHC-II-Antigen) und »Fremd« (Antigenbruchstück) auf der Makrophagenoberfläche mit Hilfe ihres Antigenrezeptors, und Signal 2 ist die Bindung des vom Makrophagen stammenden IL-1 an den IL-1-Rezeptor auf der Helfer-T-Zelle. Die nun aktivierte Helfer-T-Zelle sezerniert verschiedene, lösliche Faktoren wie Interleukin-2 (IL-2) und kann anschließend mit der passenden B-Zelle kooperieren.

Auch die B-Zelle benötigt zu ihrer Aktivierung zwei Signale. Signal 1 ist die Erkennung von »Fremd« mit Hilfe der Antigenrezeptoren (= Oberflächenimmunglobuline). Signal 2 ist die Bindung von speziellen Aktivierungs- und Differenzierungsfaktoren (BSF1 und BSF2; BSF = B-cell stimulation factor, BCDF = B-cell differentiation factor) an dafür vorgesehene Rezeptoren auf der B-Zelle, gefolgt von der Weiterentwicklung der B-Zelle.

Es folgen Zwischenstadien und Zellteilungen, bis Plasmazellen vorliegen, die Antikörper synthetisieren und sezernieren. Durch somatische Mutation entstehen weitere B-Zell-Populationen, die Antikörper mit etwas abgewandelten Eigenschaften (Affinität, Immunglobulinklasse) bilden. Zu einem noch nicht näher bekannten Zeitpunkt erfolgt die Bildung von Gedächtnis-B-Zellen. Insgesamt durchläuft eine B-Zelle bzw. Plasmazelle maximal zehn Generationen, bevor sie im Rahmen des natürlichen Turnovers eliminiert wird.

Um die gesamte Immunantwort noch effektiver zu gestalten, gibt es bei den ersten beiden Schritten zwei Verstärkermechanismen: Die aktivierte Helfer-T-Zelle sezerniert ihrerseits einen löslichen Mediator, das *γ-Interferon,* das von dem Makrophagen über einen Rezeptor gebunden wird und ihn zu einer vermehrten Bildung von IL-1 veranlaßt. Helfer-T-Zellen tragen auch einen Rezeptor für Interleukin-2, so daß sie sich selber aktivieren können (autokrine Stimulation).

Der eben beschriebene Weg der B-Zell-Aktivierung ist der »klassische Mechanismus«, der in dieser Form seit mehreren Jahren bekannt und generell akzeptiert ist. Ein weiteres Konzept besagt, daß die B-Zellen das Antigen nach der Bindung an die Oberflächenimmunglobuline selber in sich aufnehmen (internalisieren), verdauen und dann die Antigenbruchstücke in Assoziation mit den MHC-II-Antigenen, die auch auf B-Zellen vorhanden sind, den Helfer-T-Zellen präsentieren können (Signal 1). Für die weitere Aktivierung, Differenzierung und Proliferation benötigt die B-Zelle dann die Helfer-T-Zelle bzw. die biologische Wirkung der von ihr freigesetzten Mediatoren (Signal 2).

Aktivierung von B-Zellen durch Mitogene

Lektine sind Proteine oder Glykoproteine pflanzlicher, tierischer oder mikrobieller Herkunft, die mit bestimmten Kohlenhydraten auf Zelloberflächen reagieren. Diese Bindung ist meistens streng selektiv und stabil und kann in gewisser Weise mit einer Antigen-Antikörper-Reaktion verglichen werden. Ein Untergruppe der Lektine, die *Mitogene,* bewirken nach ihrer Bindung, daß die Zelle *in vitro* mitotisch aktiv wird und

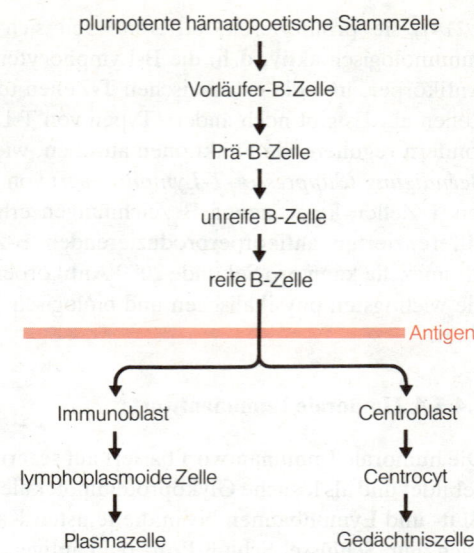

Abb. 5.217. *Die wichtigsten Stationen der B-Zell-Differenzierung, beginnend mit der pluripotenten Stammzelle bis zur Plasmazelle und Gedächtnis-B-Zelle*

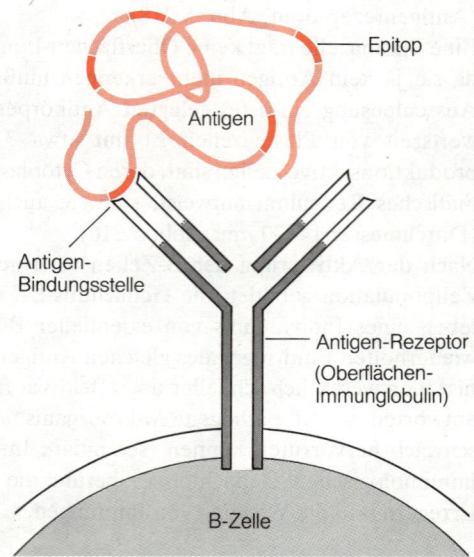

Abb. 5.218. *Die Erkennung eines Antigens bzw. Epitops durch die Antigenbindungsstelle des B-Zell-ständigen Antigenrezeptors (Oberflächenimmunglobulin)*

Tabelle 5.9. Die physikochemischen und biochemischen Merkmale der verschiedenen Immunglobulinklassen

Merkmal	IgG	IgA Dimer	IgM Pentamer	IgD	IgE
Schwerkette	γ	α	μ	δ	ε
Konzentration im Serum (mg/ml)	13	1,5	1,0	0,1	0,0003
Molekulargewicht $\times 10^3$	150	400	900	185	185
Sedimentationskonstante	7	9	19	7	8
Kohlenhydratanteil (%)	3	8	12	13	12
J-Kette	–	+	+	–	–
Antigenbindungsstellen	2	4	10	2	2
Aggregationszustand	Monomer	Monomer Dimer	Monomer Pentamer	Monomer	Monomer

Anmerkung: Das dimere, sekretorische IgA setzt sich aus 2 monomeren Einheiten (M je 160 000, 7S Sedimentationskoeffizient), der J-Kette (M 25 000) und der sekretorischen Komponente (M 58 000) zusammen.

mehrere Zellteilungen durchläuft. Nach maximal zehn Generationen hört die Proliferation auf, und die Zelle stirbt ab. Im Gegensatz zur Stimulation durch Antigene, bei der nur die B-Zellen aktiviert werden, die den passenden Antigenrezeptor tragen, aktivieren Mitogene zwischen 10 und 60% aller B-Zellen, und zwar die mit dem passenden Zucker. Auch mitogenaktivierte B-Lymphocyten sezernieren Antikörper. Das bekannteste B-Zell-Mitogen ist das Pokeweed-Mitogen (PWM) aus der Kermesbeere (*Phytolacca americana*).

Antikörper und Immunglobuline

Die Begriffe *Antikörper* und *Immunglobulin* (Ig) werden meist synonym gebraucht. Bisweilen spricht man dann von einem Antikörper, wenn seine Spezifität oder das zu ihm passende Antigen bzw. Epitop bekannt ist. Die Bezeichnung »Immunglobulin« wird dann summarisch zur Bezeichnung einer biologischen Substanzklasse verwendet.
Insgesamt gibt es fünf Immunglobulinklassen, *IgG, IgA, IgM, IgD* und *IgE*. Innerhalb der Klasse IgG gibt es noch vier Subklassen, IgG1 bis IgG4, und beim IgA kennt man zwei Subklassen, IgA1 und IgA2 (Tab. 5.9–5.11, Abb. 5.220–5.224). Die Gemeinsamkeiten aller Immunglobuline sind:
(1) Alle Ig's sind Glykoproteine mit einem prozentualen Kohlenhydratanteil (bezogen auf M) zwischen 3 und 13%. (2) Die Grundbausteine sind Glykoproteinketten mit einer Quartärstruktur aus je zwei leichten und zwei schweren Polypeptiden (H2L2). (3) Als Leichtkette kann entweder die Kappa-($\varkappa$-) oder Lambda-(λ-)Kette vorkommen. Die Verteilung $\varkappa$-Kette zu λ-Kette ist beim Menschen 60 zu 40, bei der Maus 90 zu 10. (4) Die Schwerkette wird durch einen griechischen Buchstaben gekennzeichnet, γ beim IgG, α beim IgA, μ beim IgM, δ beim IgD und ε beim IgE.

Aufbau und Funktion der Immunglobuline

IgG (Abb. 5.220) ist aus je zwei großen Proteinketten (*Schwerkette, H-Kette,* H = heavy) mit einem Molekulargewicht *(M)* von jeweils etwa 50 000 und zwei kleinen Proteinketten (*Leichtkette, L-Kette,* L = light) mit einem Molekulargewicht von je etwa 25 000 aufgebaut; das Gesamt-Molekulargewicht ist 150 000 (Tab. 5.9). Die einzelnen Ketten werden durch intra- und intermolekulare Disulfidbrücken zusammengehalten (Tertiär-

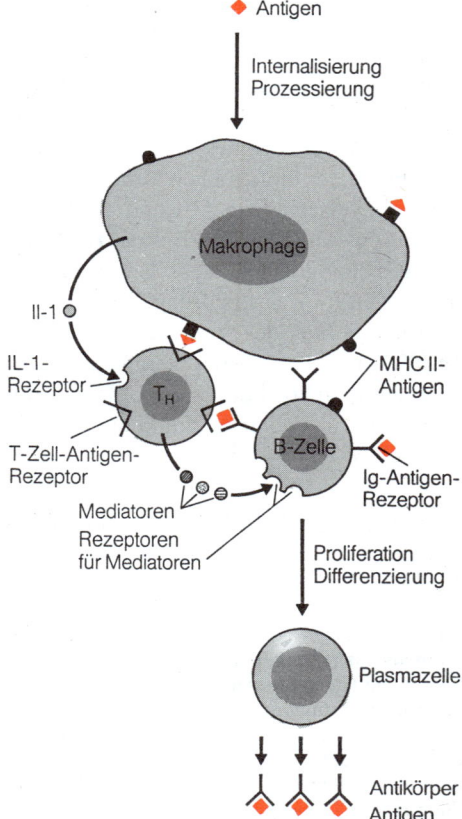

Abb. 5.219. Die einzelnen Phasen der humoralen Immunantwort, beginnend mit der Antigenaufnahme und Antigenprozessierung durch Makrophagen bis zur Synthese der Antikörper durch Plasmazellen. T_H Helfer-T-Zelle, *IL-1* Interleukin 1

und Quartärstrukturen, S. 536f.). Innerhalb jeder Kette gibt es einen variablen (V) und einen konstanten (C) Molekülbereich (Region), wobei die V-Region immer am aminoterminalen Ende lokalisiert ist. Die Begriffe »konstant« und »variabel« beziehen sich auf die Reihenfolge der Aminosäuren, was bedeutet, daß jeder Antikörper, der ein anderes Epitop erkennt, eine etwas andere Aminosäuresequenz hat, während die C-Region immer die gleiche ist. Von Individuum zu Individuum können jedoch geringfügige Unterschiede (*Allotypen*) vorkommen. Die L-Kette besitzt nur eine C-Region und die H-Kette drei konstante Regionen (Domänen). Zwischen der ersten (CH1) und zweiten (CH2) Domäne liegt noch ein für die Wirksamkeit des Antikörpers wichtiger Bereich, die Gelenkregion (hinge-region). Sie verleiht dem Antikörpermolekül eine gewisse Flexibilität, so daß der Winkel zwischen den beiden »Armen« veränderbar ist und sowohl eng beieinander liegende als auch weiter entfernte Epitope von jedem »Arm« gebunden werden können. Die Anzahl der Disulfidbrücken im Bereich der Gelenkregionen hängt von der IgG-Subklasse ab; IgG_1 hat zwei, IgG_2 vier, IgG_3 fünf und IgG_4 zwei Disulfidbrücken. Weitere wichtige physikochemische und biologische Merkmale der IgG-Subklassen sind in Tabelle 5.10 aufgelistet.

Das IgG-Molekül kann durch Enzyme in distinkte Fragmente gespalten werden (Abb. 5.220). Papain spaltet oberhalb der Disulfidbrücken der Gelenkregion, so daß man drei Bruchstücke erhält, zwei identische *Fab-Fragmente* (F = fragment, ab = antigen binding) und ein *Fc-Fragment* (c = crystallizable, läßt sich proteinchemisch leicht kristallisieren). Ein Fab-Fragment kann immer noch das passende Epitop erkennen und binden. Man spricht in diesem Fall von einer monovalenten Bindung, im Gegensatz zum kompletten Antikörper, der divalent ist und zwei Epitope binden kann. Das Enzym Pepsin spaltet das IgG-Molekül unterhalb der Disulfidbrücken, so daß ein divalentes $F(ab')_2$-*Fragment* entsteht und der Rest des Moleküls in mehrere kleine Bruchstücke zerlegt wird.

Hinsichtlich der biologischen Funktionen unterteilt man das Antikörpermolekül in zwei prinzipiell verschiedene Abschnitte (Abb. 5.221). Der variable Bereich ist »nur« für die Bindung des Antigens bzw. Epitops zuständig, dem konstanten Bereich kommt eine Reihe wichtiger biologischer Eigenschaften zu: Aktivierung des Komplementsystems, Bindung an K-Zellen zur Zellzerstörung, Bindung an Makrophagen im Rahmen der Opsonisierung und Eliminierung des Antigens, biologische Halbwertszeit, Passage durch die Placenta (Tab. 5.11). Etwa 45% des Gesamt-IgG befinden sich in den Blutgefäßen, während 65% nach dem Durchtritt durch die Gefäßwand im Gewebe anzutreffen sind, um an Ort und Stelle Abwehr- und Schutzfunktionen zu erfüllen.

Tabelle 5.10. Die physikochemischen und biologischen Merkmale der IgG-Subklassen

Merkmal	IgG_1	IgG_2	IgG_3	IgG_4
Anteil (in % des IgG)	68	23	6	3
Biologische Halbwertszeit (Tage)	23	23	8	23
Disulfidbrücken zwischen den H-Ketten	2	4	5	2
Placentapassage	+	+	+	+
Komplementaktivierung	++	+	+++	−
Bindung an Protein A	+	+	−	+

Tabelle 5.11. Die biologischen und immunologischen Eigenschaften der fünf Immunglobulinklassen

Merkmal	IgG	IgA	IgM	IgD	IgE
Synthese (mg/kg/Tag)	28	9	6	0,4	??
Katabolismus (% pro Tag)	3	12	14	??	2,5
Biologische Halbwertszeit (Tage)	23	6	5	3	2,5
Bakterienagglutination	+	++	++++	−	−
Toxinneutralisation	+	+	+	−	−
Komplementaktivierung	+	−	+	−	−
Bindung an Makrophagen	+	−	−	−	−
Bindung an K-Zellen	+	−	+	−	−
Abwehr von Erregern	+	+	+	−	−
Bindung an Mastzellen	−	−	−	−	+
Induktor der Allergie vom Soforttyp	−	−	−	−	+
Placentapassage	+	−	−	−	−
Antigenrezeptor auf B-Zellen	+	−	+	+	−
Bindung an Protein A	+	−	−	−	−

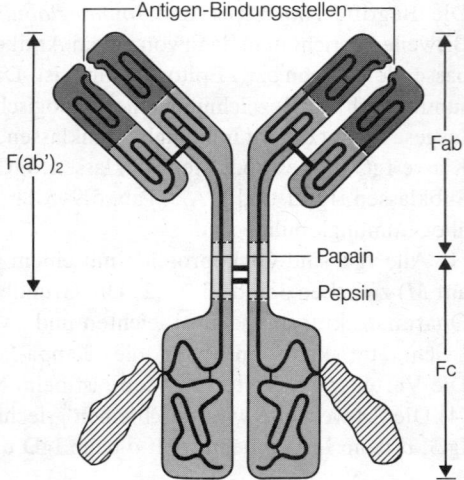

Abb. 5.220. »Räumliche« Anordnung der leichten und schweren Polypeptidketten und die Bildung der Antigenbindungsstelle durch molekulare Kooperation von je einer leichten und einer schweren Kette. Entstehung von Fab-, $F(ab')_2$- und Fc-Fragmenten durch limitierte Verdauung des Antikörpermoleküls mit Papain oder Pepsin

IgA kann als Monomer, Dimer oder in noch höheren Aggregationszuständen vorliegen. Während die monomere Form zirkuliert, kommt das Dimer auf Schleimhäuten und in exokrinen Sekreten vor – in der Muttermilch (Colostrum), im respiratorischen und intestinalen Schleim, im Speichel, in der Tränenflüssigkeit –, wo es für die unmittelbare Abwehr von Erregern und bakteriellen Toxinen zuständig ist. Bei dem dimeren oder sekretorischen IgA werden die beiden monomeren Grundstrukturen durch die J-Kette (J = junction oder joining, *M* 25000, 8% Kohlenhydrat) zusammengehalten (Abb. 5.222). An diesen Komplex ist noch die SC-Kette gebunden (SC = secretory component), die für den transepithelialen Transport benötigt wird, der wie folgt abläuft: Das dimere IgA einschließlich der J-Kette wird von zirkulierenden Plasmazellen synthetisiert, aus der Blutbahn durch aktiven Transport in die Epithelzellen der Mucosa eingeschleust, dort mit der SC-Kette beladen und in dieser Form durch die äußere Zellmembran auf die Schleimhautoberfläche und in die Sekrete abgegeben. Ohne die SC-Kette würde der Transport nach außen nicht erfolgen. Das sekretorische IgA wird folglich nur lokal von bestimmten Epithelzellen der Mucosa oder von exokrinen Drüsen ausgeschieden.

IgM. Ein IgM-Molekül kann man sich als Komplex aus fünf IgG-Untereinheiten (Pentamer) vorstellen, Molekulargewicht etwa 900 000 (Tab. 5.9). Daher stammt die Bezeichnung »IgM«, bei der »M« für »Makromolekül« steht. Die fünf Untereinheiten werden durch die J-Kette zusammengehalten (Abb. 5.223), die bei IgM und IgA identisch ist. Allerdings besitzt ein IgM-Monomer fünf Domänen, während das IgG vier Domänen hat. IgM kann in zwei Formen vorkommen, als Pentamer, das in den Gefäßen zirkuliert und Abwehrarbeit verrichtet, und als Monomer auf der Oberfläche von B-Zellen, wo es zusammen mit dem IgG als Antigenrezeptor fungiert. Im Blutkreislauf kommen nur unbedeutende Mengen an Monomer (*M* 180 000) vor. Etwa 80% des Gesamt-IgM verbleiben in den Gefäßen, während etwa 20% nach dem Durchtritt durch die Gefäßwand in den Geweben Abwehrreaktionen durchführen. Ein pentameres IgM-Molekül hat demnach zehn gleichwertige Antigenbindungsstellen, von denen aus sterischen Gründen kaum mehr als 5 bis 6 Bindungsstellen gleichzeitig mit den Epitopen reagieren können.

IgD. Über das IgD ist nicht viel bekannt. Es kommt nur in geringen Mengen im Blutkreislauf und als Monomer vor (Tab. 5.9). Wie das monomere IgM hat IgD fünf Domänen. Es findet sich jedoch regelmäßig neben dem monomeren IgM auf der Oberfläche von reifen B-Lymphocyten als Antigenrezeptor. Es scheint auch an der Induktion der immunologischen Toleranz beteiligt zu sein.

IgE ist das größte aller monomeren Immunglobuline und besitzt fünf Domänen. Es kann sowohl in den Gefäßen zirkulieren als auch auf der Oberfläche von Mastzellen an bestimmte Rezeptoren (Fc_ε-Rezeptoren) gebunden sein; an diesem Vorgang ist nicht die V-Region, sondern der Fc-Teil beteiligt. Nach der Bindung des passenden Antigens an die noch freien Antigenbindungsstellen werden aus der Mastzelle bestimmte Mediatoren (wie *Histamin*) freigesetzt, die für die pathophysiologischen Reaktionen der *Allergie* vom Soforttyp verantwortlich sind. In diesem Fall wird das Antigen auch als *Allergen* bezeichnet.

In Tabelle 5.11 sind die wichtigsten immunologischen und biologischen Merkmale der fünf Ig-Klassen zusammengefaßt.

Antigenbindungsstelle und Antigen-Antikörper-Reaktion

Die primäre Funktion von Antikörpern besteht in der spezifischen und festen Bindung von Antigenen mit Hilfe von Antigenbindungsstellen im Bereich der variablen Regionen. Innerhalb der variablen Region gibt es bei der H- und L-Kette jeweils drei hypervariable (HV-)Regionen (Abb. 5.221), von denen jede etwa 4 bis 6 Aminosäuren groß ist. Diese HV-Regionen entsprechen genau den Bereichen auf dem Antikörper, die bei der

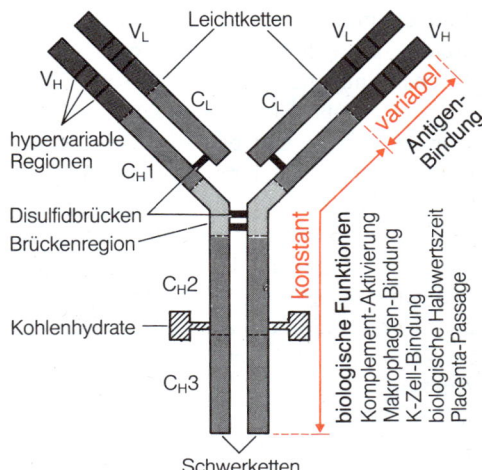

Abb. 5.221. *Schematischer Aufbau eines IgG-Antikörpers und die biologischen Aufgaben der variablen und konstanten Molekülabschnitte. c konstant, v variabel, L light chain (Leichtkette), H heavy chain (Schwerkette)*

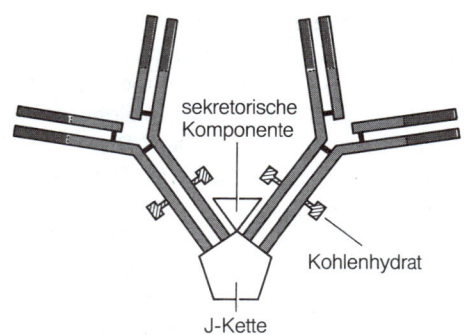

Abb. 5.222. *Aufbau des dimeren (sekretorischen) IgA-Moleküls*

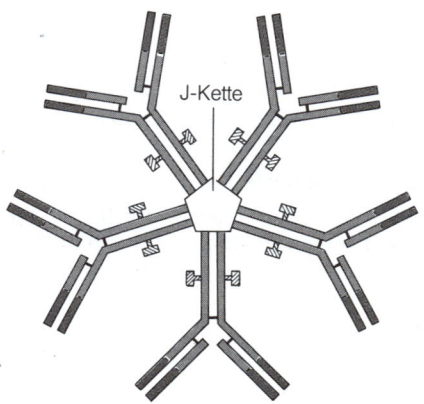

Abb. 5.223. *Aufbau des pentameren IgM-Moleküls*

Antigenbindung mit dem Epitop in unmittelbare Wechselwirkung treten. Durch die dreidimensionale Faltung der Ketten bilden die HV-Regionen von H- und L-Kette eine Tasche (Antigenbindungsstelle, Abb. 5.220, 5.224), in die das Epitop wie der Schlüssel in ein Schloß paßt. Eine H-Kette oder L-Kette kann alleine ein Epitop nicht oder nur sehr schwach binden und erst durch die Kooperation von H- und L-Kette entsteht eine funktionelle Antigenbindungsstelle. An dem Bindungsvorgang sind die bekannten heterovalenten Kräfte wie hydrophobe Wechselwirkung, elektrostatische Anziehung, Wasserstoffbrückenbildung und van der Waals-Kräfte beteiligt.

(5.10)
$$K_{aff} = \frac{[Ag\text{-}Ak]}{[Ag] \cdot [Ak]}$$

Anikörper halten ihr Epitop sehr fest, sie haben eine hohe Affinität gegenüber dem Antigen. Die *Affinitätskonstante* K_{aff} ist durch Gleichung 5.10 definiert, wobei [Ag-Ak] die Konzentration des Antigen-Antikörper-Komplexes im Gleichgewicht, [Ag] die Konzentration des Antigen und [Ak] die Konzentration des Antikörpers ist. Hochaffine Antikörper haben eine K_{aff} von etwa 10^{10} bis 10^{12}, schwache, niederaffine Antikörper eine K_{aff} von 10^6 bis 10^8 $l \cdot mol^{-1}$.

Entsprechend verhält sich die Stabilität der Antigen-Antikörper-Komplexe. Um diese zu dissoziieren, müssen meist drastische chemische Bedingungen angewendet werden, wie niedriger *pH* und hohe Salzkonzentrationen. Unter diesen Bedingungen bleibt die Bindungsfähigkeit eines IgG-Antikörpers meistens erhalten, jedoch können andere Teile des Moleküls bereits partiell denaturiert werden. Antikörper der IgM-Klasse neigen eher zur Denaturierung als IgG-Antikörper.

Die Antigen-Antikörper-Reaktion verläuft sehr schnell, innerhalb weniger Sekunden. Bis zum Erreichen des Gleichgewichtszustandes müssen allerdings 10 bis 30 Minuten verstreichen, abhängig von der Affinitätskonstante der Antigenbindungsstelle.

Ein anderer Begriff für die Bindungsstärke ist die *Avidität*. In diesen Term geht neben der Affinität noch die Anzahl der Bindungsstellen ein, mit der das Antigen festgehalten wird. In Abhängigkeit von der Immunglobulinklasse kann das Antigen mit 2 bis 10 Bindungsstellen fixiert werden. Je mehr Bindungsstellen involviert sind, desto fester wird das Antigen gebunden, selbst wenn die K_{aff} jeder Bindungsstelle gleich groß ist.

Biologische Funktionen der verschiedenen Ig-Klassen

Der biologische Sinn von Antikörpern liegt zum einen in der spezifischen Bindung von Antigenen und zum anderen in der Initiierung von Folgemechanismen, deren Ziel die Vernichtung und Eliminierung des antigenen Materials ist. Je wirkungsvoller ein Antikörper ist, desto mehr Effektorfunktionen kann er vermitteln. Gerade die Antikörper der Klassen IgG und IgM sind immunologisch sehr potent, da sie eine Reihe von Funktionen wie Agglutination (Verklumpung von Partikeln), Komplementaktivierung (S. 540), Bindung an Makrophagen und Bindung an Killerzellen (K-Zellen) durchführen können. Nicht unterschätzt werden darf das sekretorische IgA. Es wirkt nicht bakterizid, da es weder Komplement aktiviert noch an Makrophagen bindet. Es kann aber Bakterien immobilisieren, Toxine neutralisieren und Moleküle auf Bakterienoberflächen blockieren, mit denen diese sich an den Wirtszellen anheften können, um sich schneller vermehren und in Gewebe eindringen zu können. So stellt das dimere IgA die vorderste Abwehrlinie für die Bekämpfung von Bakterien und deren Toxine auf den Schleimhäuten im Bereich der primären Eintrittspforten für Erreger dar.

Neben der reinen Abwehrfunktion fungieren die Immunglobuline der Klassen IgG, IgM (monomere Form) und IgD noch als Antigenrezeptoren auf B-Zellen und sind maßgeblich an deren Aktivierung beteiligt. Diese membrangebundenen Immunglobuline werden von separaten mRNAs abgelesen und tragen an ihrem carboxyterminalen Ende noch ein kurzes lipophiles Peptid, mit dem sie fest in der Lymphocytenmembran verankert sind.

Von großer biologischer Bedeutung ist der aktive Transport von Immunglobulinen durch die Placenta. Das Immunsystem des Neugeborenen ist noch nicht voll funktionsfähig. Dieser Nachteil wird dadurch kompensiert, daß das Kind das gesamte IgG-Repertoire der

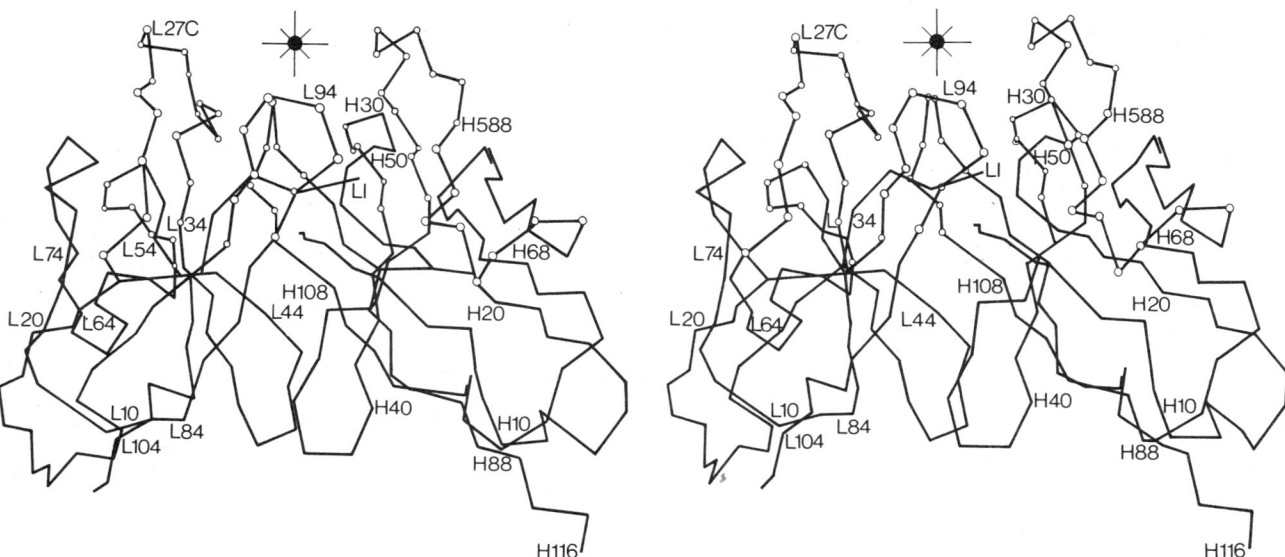

Abb. 5.224. *Röntgenfeinstruktur des variablen Teils eines Antikörpermoleküls mit der Antigenbindungsstelle. Die Linien stellen das Rückgrat der Polypeptidketten dar, die Knicke sind die α-Kohlenstoffatome der Aminosäuren. Für einzelne Aminosäuren sind die Positionen in der Sequenz angegeben, z. B. L94 = Position 94 der leichten Kette. Aus Gründen der besseren Übersicht sind die Aminosäurenseitenketten weggelassen. Das Epitop Phosphorylcholin, das durch den Stern symbolisiert ist, wird in einer Tasche gebunden, die durch die hypervariablen Regionen einer leichten und schweren Kette geformt wird (offene Kreise). (Nach Segal, Padlam, Cohen, Rudikoff, Potter u. Davis)*

Mutter bereits über die Placenta übertragen bekommt und sich damit wirkungsvoll gegen Erreger wehren kann. Allerdings besteht dieser passive Immunschutz beim Menschen nur etwa drei Monate, bis die Immungluboline durch den biologischen Turnover mit einer Halbwertszeit von 23 Tagen abgebaut sind. Danach ist das Immunsystem des Kindes bereits soweit herangereift, daß es zur ausreichenden Eigenproduktion von Immunglobulinen aller Klassen befähigt ist. Durch das mit der Milch aufgenommene IgA wird der Immunschutz des Kleinkindes noch verstärkt. Das sekretorische IgA kann zwar nicht die Placenta passieren, kann aber aufgrund seines Vorkommens in der Muttermilch das Neugeborene wirkungsvoll gegen Infektionen im Mund- und Darmbereich schützen.

Die Placentagängigkeit der IgG kann auch zu klinischen Komplikationen führen, wie die *Rhesusunverträglichkeit* zeigt. Antikörper gegen die AB0-Blutgruppen gehören meistens der IgM-Klasse an und können die Placenta nicht passieren, während die Antikörper gegen die erythrocytären Rhesusantigene zur IgG-Klasse gehören und die Placenta durchdringen. Ist die Mutter rhesusnegativ und der Vater rhesuspositiv, so bildet die Mutter gegen die »halbfremden« Erythrocyten des Fetus IgG-Antikörper, die nach dem Durchtritt durch die Placenta an die fetalen Erythrocyten binden, sie zerstören und den Fetus schädigen. Da die Aktivierung der mütterlichen B-Zellen erst gegen Ende der Schwangerschaft stattfindet, wenn die Placenta für die fetalen Erythrocyten durchlässig wird, und da bis zum Auftreten der Antikörper noch einige Tage vergehen, ist das erste Kind nur selten bedroht. Die Mutter hat aber danach Gedächtnis-B-Zellen, die bei nachfolgenden Schwangerschaften erneut und immer stärker stimuliert werden, so daß die Komplikationen bei der zweiten und den folgenden Schwangerschaften immer gravierender werden. Als Therapie werden der Schwangeren Antikörper des Menschen gegen das Rhesusantigen (RhD) injiziert, wodurch zum einen die »fremden« rhesuspositiven kindlichen Erythrocyten zerstört werden, so daß sie die maternalen B-Zellen nicht mehr aktivieren können, und zum anderen die passenden mütterlichen B-Zellen »abgeschaltet« werden.

Der Bindung von IgG-Antikörpern (außer IgG$_3$) an Protein A (Tab. 5.11) kommt mehr experimentelle als biologische Bedeutung zu. Protein A ist ein Zellwandbestandteil von *Staphylococcus aureus*, der selektiv an den Fc-Teil von IgG-Antikörpern bindet. Die starke Interaktion von Protein A und IgG wird zur biochemischen Reinigung von IgG durch Säulen-Affinitäts-Chromatographie ausgenutzt: Eine IgG-haltige Lösung wird über eine partikuläre Säulenmatrix geschickt, an die Protein A kovalent gekoppelt wurde. Nach der Bindung des IgG wird der IgG-Protein A-Komplex durch bestimmte Pufferlösungen dissoziiert und das reine IgG eluiert.

Primäre und sekundäre Immunantwort, Immunisierungen

Eine primäre Immunantwort findet statt, wenn das Immunsystem zum ersten Mal mit einem Antigen in Kontakt kommt. Bei der sekundären Antwort »sieht« das Immunsystem das gleiche Antigen zum zweiten oder wiederholten Mal. In beiden Fällen laufen unterschiedliche immunbiologische Reaktionen ab (Abb. 5.225).

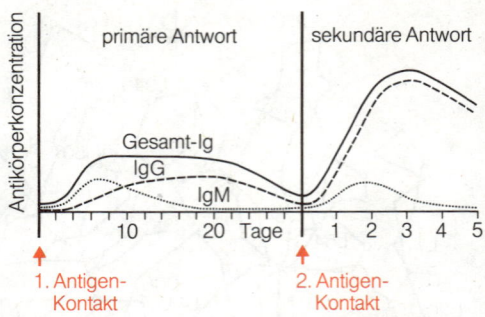

Abb. 5.225. *Primäre und sekundäre Immunantwort. Charakteristisch für die primäre Immunantwort ist die relativ lange Lag-Phase von etwa 2 Tagen, in der keine signifikante Erhöhung des Antikörpertiters feststellbar ist, das frühe Erscheinen der IgM-Antikörper bzw. späte Synthese von IgG-Antikörpern und der vergleichsweise hohe Anteil an IgM-Antikörpern. Bei der sekundären Immunantwort dauert die Lag-Phase nur wenige Stunden, und es werden hauptsächlich nur IgG-Antikörper gebildet*

Primäre Immunantwort. Innerhalb der ersten zwei Tage nach Antigenkontakt laufen im Lymphknoten die in Abbildung 5.219 dargestellten zellulären und molekularen Mechanismen ab. In diesem als Latenzphase bezeichneten Zeitraum finden nur »Vorbereitungsreaktionen« und keine nennenswerte Antikörpersynthese statt. Etwa 9 h nach Antigenkontakt kann man eine erhöhte DNA-Synthese und nach etwa 24 h die ersten Zellteilungen von aktivierten B-Zellen sowie die Synthese der ersten Antikörper nachweisen. Zwischen dem zweiten und vierten Tag liegt die exponentielle Phase, die durch eine massive Antikörpersynthese gekennzeichnet ist. Alle 6 bis 9 h verdoppelt sich die Antikörpermenge (Antikörpertiter), etwa alle 9 bis 12 h die Anzahl der Plasmazellen. Als erste werden Antikörper der IgM-Klasse und erst nach vier bis fünf Tagen die der IgG-Klasse synthetisiert. Innerhalb der zweiten und dritten Woche liegt die stationäre Phase mit einer Verdoppelungszeit für Plasmazellen von 24 bis 36 h. Die IgM-Konzentration geht langsam zurück, während die IgG-Konzentration noch ansteigt, so daß die Summe beider Antikörper in etwa konstant ist. Danach folgt die Rückgangsphase, die durch einen Abfall der Gesamt-Ig-Konzentration bis auf ein Grundniveau von 0,01 bis 0,1 mg·ml^{-1} gekennzeichnet ist. Es laufen kaum noch Zellteilungen ab, und die zuvor aktivierten und blastoiden (vergrößerten) Zellen bilden sich zu kleinen, ruhenden Lymphocyten zurück. Die Zeitdauer der Rückgangsphase ist sehr unterschiedlich, hängt von der Natur des Antigens, der individuellen genetischen Disposition, der Geschwindigkeit des Anabolismus und Katabolismus und anderen Faktoren ab und dauert mehrere Wochen bis mehrere Monate. Vom vierten bis sechsten Tag an werden auch die ersten *Gedächtniszellen* gebildet.

Vom vierten Tag an schaltet die Plasmazelle, die vorher IgM-Antikörper gebildet hat, auf IgG-Antikörpersynthese um. Dieser Umschaltmechanismus ist mit einer Umordnung von Genstück verbunden (Gen-Rearrangement, s. S. 542f.). Zu diesem Zweck wird das DNA-Stück herausgeschnitten, das die IgM-Schwerkette codiert. Dafür wird das DNA-Stück, das die γ-Kette codiert, mit den DNA-Elementen für die variable Region verknüpft, es folgen Transkription und Translation. Somit bildet eine Plasmazelle innerhalb einer kurzen Zeitspanne sowohl IgM- als auch IgG-Antikörper, wobei die IgM-Antikörper noch von der restlichen, »alten« mRNA abgelesen werden und die IgG-Antikörper von der »neuen« mRNA, die von der neu zusammengesetzten DNA transkribiert wurde.

Sekundäre Immunantwort. Sie unterscheidet sich von der primären Antwort in drei wesentlichen Punkten: (1) Die Latenz- oder Lag-Phase ist wesentlich kürzer und dauert nur etwa einen halben Tag. (2) Die aktivierten, antikörperbildenden Zellen sind hauptsächlich die Gedächtnis-B-Zellen, die bei der primären Antwort gebildet wurden. Allerdings werden in geringem Umfang auch noch »jungfräuliche« B-Zellen aktiviert, die in der Zwischenzeit aus dem Knochenmark über die Stammzellen nachgebildet wurden und die jetzt eine primäre Immunantwort durchlaufen. (3) Es werden sofort und hauptsächlich Antikörper der Klasse IgG gebildet und nur relativ wenige IgM-Antikörper.

Zur Stimulierung der Gedächtnis-B-Zellen werden ebenfalls Helfer-T-Zellen benötigt. Warum die sekundäre Antwort so schnell ablaufen kann, ist noch nicht in allen Einzelheiten bekannt. Von Bedeutung sind sicherlich die erhöhte Menge an antigenspezifischen

B-Zellen bzw. Gedächtniszellen, die Voraktivierung der Gedächtniszellen bezüglich des Rearrangements der DNA und eventuell langlebige mRNA sowie andere Faktoren.

Mit Hilfe von Gedächtniszellen kann besonders bei einer Zweitinfektion gegen sich rasch vermehrende, pathogene Keime eine schnelle und effektive Abwehr erfolgen. Bei den Epidemien der Vergangenheit (z. B. Grippeepidemien) war dieses Immungedächtnis von entscheidender Bedeutung.

Auf diesem Prinzip beruhen die allgemein durchgeführten und oft gesetzlich vorgeschriebenen Impfungen. Durch die aktive Immunisierung mit abgeschwächten oder abgetöteten Erregern bzw. deren Extrakten wird eine Primärantwort ausgelöst und die Bildung entsprechender Gedächtniszellen veranlaßt. So verläuft dann der »Ernstfall«, wenn das eigentliche Pathogen den Körper befällt, meist harmlos und ohne gesundheitliche Konsequenzen.

Bei der passiven Immunisierung werden Antikörper von Menschen oder Tieren gegen einen bestimmten Erreger injiziert. Sie verleihen einen schnellen und kurzfristigen Immunschutz, der aber mit der Halbwertszeit der Antikörpermoleküle wieder verlorengeht, so daß nach etwa 6 bis 10 Wochen kein Schutz mehr gegeben ist. Gedächtniszellen werden dabei kaum gebildet.

Antikörper-vermittelte Zellzerstörung

Die Wirksamkeit von Antikörpern wird wesentlich verstärkt durch Kooperation mit immunologischen Effektorsystemen wie dem Komplementsystem, Makrophagen und Killer-Zellen zum Zweck der Zerstörung von Bakterien, Krebszellen, virusinfizierten Zellen und von Viren.

Komplementsystem. Der klassische Komplementweg wird durch IgG- und IgM-Antikörper gestartet, nachdem sie an eine fremde Zelle gebunden wurden. Freie Antikörper können das Komplementsystem nicht aktivieren. Anschließend werden neun verschiedene, im Blutstrom zirkulierende Proteine, die Komplementkomponenten, in einer genau festgelegten Reihenfolge aktiviert, so daß am Ende der gesamten Reaktion Phospholipasen, Proteasen und membrandurchdringende Proteine (Perforine) vorliegen, welche die Zellmembran durchlöchern und die Zelle zerstören (Abb. 5.228).

Aktivierung von Makrophagen und Opsonisierung. Es gibt drei verschiedene Möglichkeiten der Makrophagenaktivierung, wobei an zwei dieser Mechanismen Antikörper beteiligt sind (Abb. 5.226): (1) Auf eine noch nicht ganz verstandene Art und Weise können Makrophagen fremdes Material generell erkennen und phagocytieren. Allerdings übt ein »nacktes« Antigen im Vergleich zu den beiden folgenden Mechanismen nur einen schwachen Freßstimulus aus. (2) Makrophagen tragen auf ihrer Oberfläche Fc-Rezeptoren, die bevorzugt mit dem Fc-Teil von Antikörpern reagieren, die ein lösliches oder zelluläres Antigen gebunden haben. Als Folge wird der Komplex aus Antigen und Antikörper von der Freßzelle phagocytiert. Da die »Freßlust« der Makrophagen durch solche Immunkomplexe beträchtlich gesteigert wird, erhielt dieser Vorgang die Bezeichnung »Opsonisierung« (Schmackhaftmachen). (3) Eine Opsonisierung wird auch durch die Einbeziehung des *Komplementsystems* erreicht: Die zuvor an die fremde Zelle gebundenen Antikörper aktivieren das Komplement, und die dabei entstandene Komplementkomponente C3b setzt sich auf der Oberfläche der fremden Zelle fest. Das gebundene C3b wird von spezifischen C3b-Rezeptoren auf der Makrophagenoberfläche erkannt, worauf die Phagocytose der Zelle folgt. Ein Opsonin ist ein Faktor, der die Opsonisierung vermitteln kann, z. B. Antikörper der Klasse IgG, besonders der Subklassen IgG1 und IgG3, und die Komplementkomponente C3b.

Zell-Lyse durch K-Zellen. Die K-Zellen (Killerzellen) bilden eine eigenständige Untergruppe der Lymphocyten. Etwa 2% aller Lymphocyten sind K-Zellen, denen die

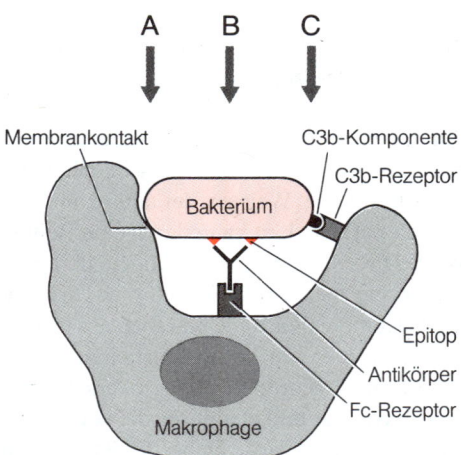

Abb. 5.226. Die drei verschiedenen Möglichkeiten eines Makrophagen bzw. Monocyten zur Erkennung eines partikulären Antigens (z. B. Bakterium). A: Direkte Fremderkennung unter Beteiligung von Lektin-Zucker-Wechselwirkungen; B: Erkennung des Fc-Teils eines gebundenen Antikörpers über den makrophagenständigen Fc-Rezeptor; C: Erkennung der zellgebundenen Komplementkomponente C3b, die als Folge einer vorangegangenen Komplementaktivierung durch gebundene Antikörper gebildet wurde. Erkennung des C3b durch den makrophagenständigen C3b-Rezeptor

bekannten B- und T-Zell-Merkmale fehlen. Alle K-Zellen tragen Fc-Rezeptoren für IgG- und IgM-Antikörper, so daß man zwei K-Zell-Subpopulationen unterscheidet, *KG-Zellen* mit Fc-Rezeptoren für IgG und *KM-Zellen* mit Fc-Rezeptoren für IgM. Die Fc-Rezeptoren reagieren bevorzugt mit den Fc-Teilen solcher Antikörper, die sich mit Antigenen auf fremden Zellen verbunden haben und auf ihnen festsitzen. Dadurch wird die K-Zelle aktiviert und dazu veranlaßt, die fremde Zelle zu lysieren (Abb. 5.227). An dem Abtötungsmechanismus, der durch einen direkten Zell-Zell-Kontakt initiiert wird, sind wahrscheinlich spezielle lytische Enzyme (Granzyme) und membrandurchlöchernde Faktoren (Perforine) beteiligt. Die Zell-Lyse-Reaktion wird ADCC genannt (antibody-dependent cell-mediated cytotoxicity, antikörperabhängige zellvermittelte Cytotoxizität). Die K-Zellen sollten nicht mit den T_C-Zellen (cytotoxischen T-Lymphocyten) verwechselt werden, die zwar auch fremde Zellen abtöten können, sich aber hinsichtlich Herkunft, Entstehung und Fremderkennung unterscheiden: Erstens müssen T_C-Zellen zur Reifung den Thymus durchlaufen, was K-Zellen nicht brauchen, zweitens sind die K-Zellen immer vorhanden, während die T_C-Zellen (analog den B-Zellen) erst selektioniert werden, sich differenzieren und proliferieren müssen, bevor sie lytisch wirken, und drittens tragen die T_C-Zellen (wie die B-Zellen) echte antigenspezifische Rezeptoren, während die K-Zellen völlig unspezifisch agieren und die Spezifität zur Erkennung einer fremden Zelle von den beteiligten Antikörpern eingebracht wird.

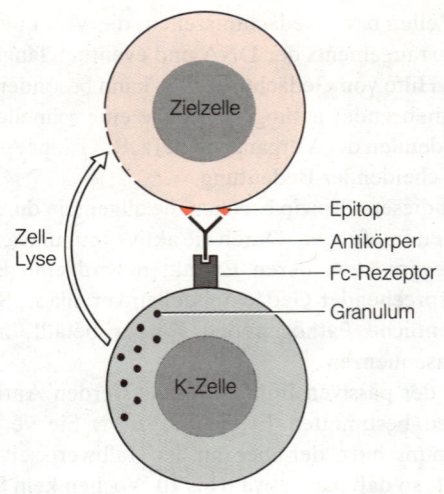

Abb. 5.227. Die Lyse von Zielzellen durch K-Zellen. Die Aktivierung der K-Zellen verläuft über die spezifische Interaktion von K-Zell-ständigen Fc-Rezeptoren mit Fc-Teilen gebundener Antikörper

Aufgabe und Leistung des Komplementsystems

Das Komplementsystem ist an folgenden biologischen Vorgängen beteiligt: *Cytolyse* von fremden Zellen (Bakterien, virusinfizierten Zellen, Parasiten), Anlockung von neutrophilen Granulocyten, *Zellaktivierung* von Entzündungszellen (hauptsächlich neutrophilen Granulocyten), Verstärkung der Phagocytoseleistung (*Opsonisierung*, S. 539) von Makrophagen, Monocyten und neutrophilen Granulocyten, Degranulation von Mastzellen, Kontraktion der glatten Muskulatur und Erhöhung der Gefäßpermeabilität. Alle diese Reaktionen finden auch bei akuten Entzündungsreaktionen statt.

Man unterscheidet zwischen dem *klassischen* und dem *alternativen Komplementweg,* die zwar getrennt und nach verschiedenen Mechanismen gestartet werden können, aber an einem bestimmten Punkt ineinander einmünden. Der klassische Weg ist der phylogenetisch jüngere und wird fast ausschließlich durch Antigen-Antikörper-Komplexe initiiert. Der alternative Weg ist der ältere und benötigt zur Aktivierung keine gebundenen Antikörper, sondern kann durch eine Reihe von mikrobiellen Oberflächenkomponenten aktiviert werden. Das ist besonders in der Frühphase von Erstinfektionen wichtig, wenn noch keine spezifischen Antikörper vorhanden sind.

Beide Komplementwege bestehen aus mehreren löslichen Komponenten (Proteinen), die ständig in einer annähernd konstanten Konzentration im Körper zirkulieren. Beide laufen in Form einer geordneten Enzymkaskade ab. Das bedeutet, daß jede Komponente primär inaktiv vorliegt und erst durch die vorhergehende Komponente in eine katalytisch aktive Form überführt wird. Dabei findet eine limitierte Proteolyse unter Abspaltung eines kleinen Peptidfragmentes statt. In der vereinheitlichten Schreibweise wird eine aktivierte Komponente durch einen waagerechten Strich oberhalb des Komponentennamens gekennzeichnet. Dieses Prinzip des Kaskadenmechanismus ist auch bei der Blutgerinnung (S. 454) und der Fibrinolyse (Auflösung von Blutgerinnseln) verwirklicht.

Komplementsystem – klassischer Weg

Der klassische Weg besteht aus 9 Komponenten (C1 bis C9), die in einer bestimmten Reihenfolge (C1, C4, C2, C3, C5, C6, C7, C8 und C9) aktiviert werden und bis auf das C1 in Monocyten, Makrophagen und den Parenchymzellen der Leber gebildet werden. C1 wird von den Epithelzellen des Gastrointestinal- und Urogenitaltrakts sezerniert. Der klassische Komplementweg läuft in drei Stufen ab: Erkennung von antigengebundenen

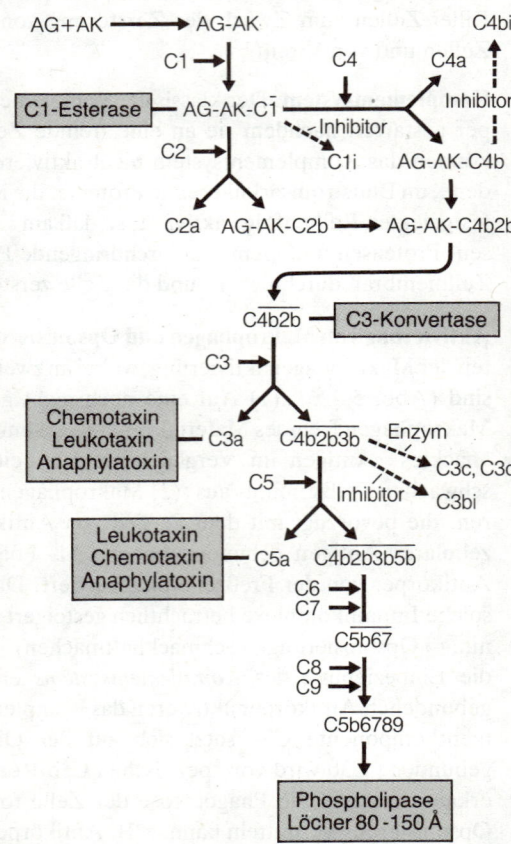

Abb. 5.228. Der klassische Komplementweg, der durch Antigen-Antikörper-Komplexe gestartet wird. Ag Antigen, AK Antikörper. Details im Text

Antikörpern, enzymatische Aktivierung aller Komponenten und Lyse der Zielzelle (Abb. 5.228). Die Aktivierung erfolgt durch Antikörper der Klassen IgG und IgM. Dabei reichen bereits zwei IgM-Moleküle zur Aktivierung aus. Hingegen werden etwa 100–200 IgG-Moleküle benötigt, die auch noch eng beieinander stehen müssen, da die erste Komponente an zwei benachbarte Fc-Teile bindet. Die Bindungsstellen für C1 befinden sich wahrscheinlich in der CH2-Region des IgG und der CH4-Region des IgM. Nur einige der etwa 15 Schritte sollen näher behandelt werden:

Von zentraler biologischer Bedeutung ist der Membranangriffs-Komplex C5b6789, der eine röhrenförmige Struktur besitzt und in Form eines amphiphilen Hohlzylinders (Länge 15 nm, Durchmesser 10 nm) durch die Zellmembran der Zielzelle hindurchreicht. Durch diese Pore können niedermolekulare Substanzen wie Wasser, Ionen und kleine Proteine frei hindurchtreten, so daß das Membranpotential zusammenbricht, der Elektrolythaushalt stark gestört wird und der Zelltod eintritt.

Auf der Zielzelle befinden sich »Rezeptoren« für den Komplex C4b2b (C3-Konvertase) und C4b2b3b (im geringen Umfang auch für C4b und C3b). Damit bleibt der gesamte Aktivierungsprozeß nicht lokal auf den Antigen-Antikörper-Komplex beschränkt, sondern breitet sich durch laterale Diffusion und Bindung immer mehr aus, bis im Endeffekt die gesamte Oberflächenmembran involviert ist. Das ist ein Verstärkermechanismus, ohne den das Komplementsystem nur wenig effizient wäre. (Anläßlich einer Nomenklaturänderung wurde vor kurzem das C2a-Fragment in C2b umbenannt und umgekehrt. In älteren Lehrbüchern sind die beiden Benennungen noch vertauscht!)

Die abgespaltenen Komponenten C3a (77 Aminosäuren) und C5a (74 Aminosäuren) sind biologisch hochwirksame Substanzen. Sie werden *Anaphylatoxine* genannt und üben im Rahmen des gesamten Abwehrmechanismus wichtige Funktionen aus: C3a bewirkt eine Kontraktion der Endothelzellen in den postkapillären Venolen und eine Erhöhung der Gefäßpermeabilität. Dies wird von einem sofortigen Erythem und Ödem begleitet. Dieser Effekt wird von Histamin aus den Mastzellen verursacht. C5a wirkt auf neutrophile Granulocyten chemotaktisch und aktiviert sie in Richtung erhöhten Sauerstoffumsatzes (oxidative burst), bei dem hochwirksame bakterizide Sauerstoffradikale gebildet werden. Es erhöht zudem Gefäßpermeabilität, verursacht eine Degranulation von Mastzellen mit Histaminausschüttung und damit eine Kontraktion der glatten Muskulatur. Alle diese Aktivitäten haben zum Ziel, den »Feind« zu vernichten, wie durch Zell-Lyse, Anlockung von Freßzellen, Beschleunigung ihres Durchtritts ins Gewebe, Aktivierung ihrer chemisch-biochemischen Vernichtungsmechanismen und mechanische Eliminierung (Muskelkontraktion).

Da das Komplementsystem einschließlich seiner eben genannten Folgereaktionen ein brisantes Vernichtungssystem darstellt, sind mehrere »Sicherungen« eingebaut, um eine zufällige Aktivierung oder überschießende Aktivität zu verhindern. Die Spaltung von C2 und C4 durch C1 wird durch den C1-Esterase-Inhibitor oder das α-2-Neuraminoglykoprotein inaktiviert. Der Komplex C4b2b hat nur eine sehr kurze Halbwertszeit von etwa fünf Minuten. C4b und C3b werden jeweils durch einen Inhibitor blockiert, zusätzlich wird C3b noch durch ein Enzym in die beiden inaktiven Fragmente C3c und C3d gespalten.

Komplementsystem – alternativer Weg

Dieser unterscheidet sich in zwei wesentlichen Punkten vom klassischen Weg: C3 wird unter Umgehung von C1, C4 und C2 direkt gespalten, und zur Aktivierung werden keine Antikörper benötigt, obwohl auch IgG und IgA den alternativen Weg starten können. Statt dessen sind an seiner Initiierung und Verstärkung Aktivatoren der Membranoberflächen von Pilzen, Bakterien, Protozoen usw., z.B. Zymosan, Dextrane, und Lipopolysaccharide, beteiligt. Die wesentlichen Schritte und Merkmale des alternativen Weges sind (Abb. 5.229): (1) Die anfängliche Spaltung von C3 erfolgt durch Proteasen, die bei Entzündungsreaktionen freigesetzt oder die durch die genannten Aktivatoren und unter

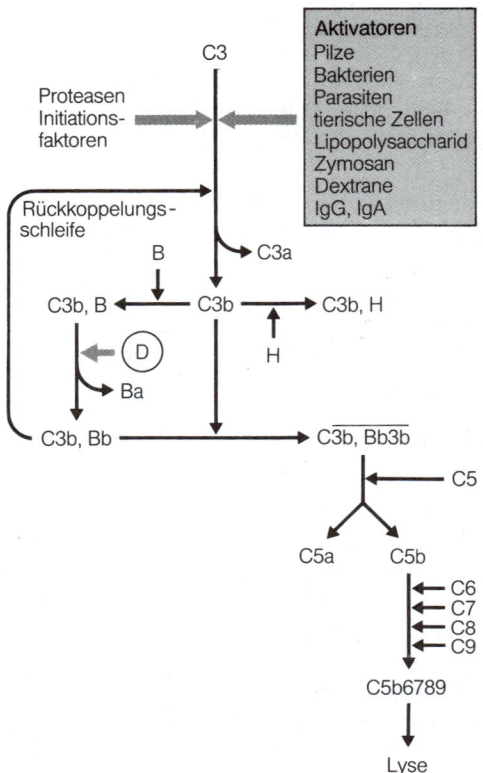

Abb. 5.229. Der alternative Komplementweg, der durch eine Vielzahl von Aktivatoren gestartet wird und ab dem C5 in den klassischen Weg einmündet. Details im Text

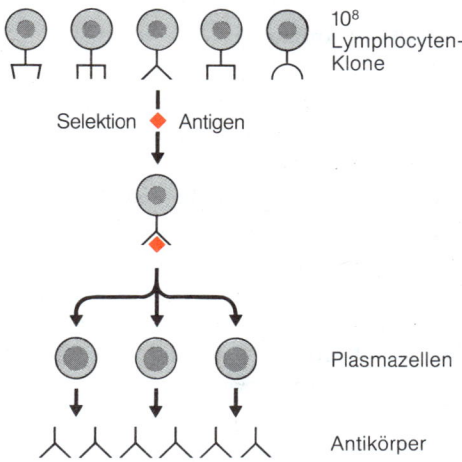

Abb. 5.230. Die Klonselektion. Im Organismus befinden sich zu jedem Zeitpunkt etwa 10^8 verschiedene Lymphocytenklone, deren Rezeptoren jeweils nur für ein Antigen bzw. Epitop spezifisch sind. Nach seiner Bindung wird nur der passende Klon aktiviert und zur Plasmazelle, die ihrerseits nur die zum Antigen bzw. Epitop passenden Antikörper produziert

Beteiligung löslicher Serumfaktoren (Initiationsfaktoren) aktiviert wurden. (2) Der aktive Komplex C3b,Bb kann in zwei Richtungen wirken: Zum einen baut er aufgrund seiner C3-Konvertaseaktivität eine wirkungsvolle Rückkoppelungs- und Verstärkerschleife auf, die ständig neues C3b nachliefert. Zum anderen spaltet er C5, nachdem sich noch weiteres C3b an das C3b,Bb angelagert hat, wobei noch ein weiterer Faktor (Properdin) beteiligt ist. (3) Von der Spaltung des C5 an läuft dieser Weg wie der klassische bis zum Membran-angriffskomplex ab, gefolgt von der Lyse der Zielzellen. (4) Auch beim alternativen Weg sind Kontrollmechanismen eingebaut: Der Faktor H konkurriert mit Faktor B um die Bindung an C3b, was zur C3b-Inaktivierung führt. C3b,Bb hat nur eine kurze Halbwertszeit von etwa fünf Minuten, die durch Bindung des Poperdinfaktors auf 30 Minuten verlängert wird, so daß eine große Menge an C3b zur Verfügung steht. Einige Schritte des alternativen Weges sind noch nicht völlig aufgeklärt, so daß in der Literatur unterschiedliche Mechanismen und Faktoren beschrieben wurden.

Klon-Selektion: Ein Lymphocyt – ein Antikörper

Nach den heutigen Vorstellungen kann das Immunsystem des Menschen etwa 10^8 verschiedene Epitope erkennen, so daß folglich 10^8 verschiedene Antikörper- bzw. Antigenbindungsstellen und Antigenrezeptoren vorliegen müssen. Erstaunlicherweise hat sich diese Rezeptorvielfalt über sehr lange Zeiträume in der Evolution konstant erhalten, ist sogar wahrscheinlich noch größer geworden, obwohl das Immunsystem über viele Generationen nicht mit allen Epitopen in Kontakt kommen kann.
Im Organismus zirkulieren ständig 10^8 verschiedene B-Lymphocyten-Populationen (Klone, S. 270) mit jeweils einer exakt festgelegten Bindungsspezifität für nur ein Epitop (Abb. 5.230). Gelangt ein Antigen in den Organismus, wird es nur von den Lymphocytenklonen mit den zu den Epitopen passenden Antigenrezeptoren selektiv gebunden. Darauf folgen die Vorgänge wie Zellaktivierung, Differenzierung und Proliferation (S. 532). Somit liegt am Ende eine große Menge an einheitlichen Plasmazellen vor, die alle primär den gleichen, zum Epitop passenden Antikörper bilden. Durch das Epitop wurde also nur ein spezieller Lymphocytenklon »selektiert« und aktiviert, während die restlichen Klone mit anderen Rezeptoren nicht angesprochen wurden.

Vielfalt der Antikörper

Ursprünglich nahm man an, daß jedes Antikörpermolekül einzeln auf der DNA codiert ist. Dazu würden aber fast 30% der gesamten DNA benötigt. Tatsächlich kommt das Immunsystem mit einem Minimum an genetischer Information aus, mit etwa 500 kleinen Genstückchen, die sich beliebig kombinieren lassen und eine enorme Zahl verschiedener Ig-Gene bzw. Antigenbindungsstellen ergeben.
Als erstes wird die Synthese einer Kappa-Leichtkette vorgestellt (Abb. 5.231): Auf der DNA einer noch nicht spezialisierten Stammzelle sind in der 5′- nach 3′-Richtung drei Typen von Gensegmenten linear angeordnet, die V-Segmente (V = variable), die J-Segmente (J = joining) und das C-Segment (C = constant). Diese Segmente sind Exons, die durch Introns voneinander getrennt sind (S. 184). Die V- und J-Segmente codieren zusammen die später variable Region der Leichtkette. Es gibt ungefähr 200 V-Segmente, vier J-Segmente und ein C-Segment. Während der Reifung der B-Zelle bis zur spezialisierten immunkompetenten B-Zelle mit nur einer genau festgelegten V-Region laufen zwei verschiedene molekulare Mechanismen ab, das Rearrangement und das Splicing. Deren Ziel besteht in der Entfernung überschüssiger genetischer Information, so daß im Endeffekt nur ein V-Segment neben einem J-Segment und dem C-Segment zu liegen kommt. Beim Rearrangement wird durch ein noch nicht näher bekanntes Zufallsprinzip irgendein V-Segment mit einem J-Segment vereinigt, indem die dazwischenliegenden Introns und Exons herausgeschnitten werden (Abb. 5.231). Das läuft wahrscheinlich über die Bildung einer Schleife (loop) mit anschließender Deletion ab.

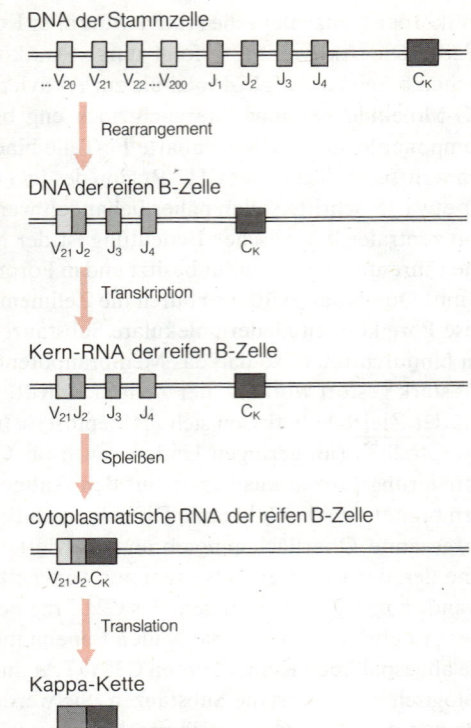

Abb. 5.231. Die molekularen Vorgänge bei der Synthese einer Kappa-(κ-)Leichtkette. Auf der Stammzell-DNA liegen etwa 200 verschiedene V-Gensegmente, 4 J-Segmente und das Exon für den konstanten Teil durch Introns getrennt vor. Beim Rearrangement wird nach dem Zufallsprinzip ein V-Segment (V_{21}) mit einem J-Segment (J_2) durch Herausschneiden der dazwischenliegenden DNA vereint. DNA, die von diesem Punkt aus weiter »stromabwärts« (in der 3′-Richtung) liegt, bleibt unberührt. Beim anschließenden Umschreiben der DNA in das primäre Transkript (Kern-mRNA) wird keine Information entfernt. Bei der Reifung der Kern-mRNA zur cytoplasmatischen mRNA wird durch das Splicing (S. 184) die restliche, »überflüssige« Information zwischen dem $V_{21}J_2$-Segment und dem konstanten Segment entfernt, so daß die drei Segmente unmittelbar auf der mRNA nebeneinander liegen. Die mRNA wird anschließend translatiert und ergibt eine Kappa-Leichtkette

Die Synthese einer Ig-Schwerkette verläuft analog und wird am Beispiel der IgM-Schwerkette dargestellt (Abb. 5.232). Neu hinzugekommen ist das D-Segment (D = diversity), das durch Introns getrennt zwischen den V- und J-Segmenten liegt und von dem es beim Menschen ungefähr 12 verschiedene gibt. Weiter in 3'-Richtung liegen die C-Segmente für die verschiedenen Ig-Klassen. Aus Gründen der Einfachheit wurden in Abbildung 5.232 die Introns weggelassen, die die einzelnen Domänen innerhalb einer Schwerkette voneinander trennen. Beim Rearrangement werden wiederum zufällig ein V-, D- und J-Segment miteinander verknüpft (VDJ-Rearrangement), in Abbildung 5.232 als Beispiel V_{50} mit D_3 und J_2. Bei der Transkription wird die DNA nur bis einschließlich zum μ-Segment abgelesen, da zwischen μ und γ ein Stopcodon liegt. Ansonsten ist das primäre Transkript nur eine Kopie der DNA. Beim anschließenden Splicing wird das RNA-Stück zwischen dem VDJ-Bereich und dem μ-Bereich enzymatisch entfernt, so daß auf der cytoplasmatischen mRNA die V- und C-Region nebeneinander zu liegen kommen und nach der Translation eine vollständige IgM-Schwerkette vorliegt. Die V-Region (etwa 110 Aminosäuren lang) wird also nicht durch ein Exon codiert, sondern aus drei Gensegmenten zusammengesetzt. In der zeitlichen Abfolge werden immer zuerst die Schwerketten und dann die Leichtketten synthetisiert.

Wenn beim Ig-Klassen-Switch eine Plasmazelle ihre Produktion von IgM auf IgG umschaltet, bleibt die Anordung der VDJ-Segmente unbeeinflußt und damit die Antigenspezifität erhalten. Jedoch wird der μ-Bereich deletiert und das γ-Segment angefügt und transkribiert. So kommt nach dem Splicing das γ-Segment neben den VDJ-Segmenten zu liegen, und es entsteht eine komplette γ-Schwerkette. Da bei diesem Vorgang die μ-spezifische DNA herausgeschnitten wird, ist der Switch von IgM nach IgG irreversibel, und eine IgG-sezernierende Zelle kann keine IgM-Antikörper mehr bilden. Ausnahmen wurden nur bei einigen B-Zell-Tumoren beobachtet.

Neben der statistischen Kombination von Genstückchen gibt es noch zwei weitere Mechanismen, die innerhalb der variablen Region neue Aminosäuresequenzen erzeugen und die Antikörperdiversität vergrößern: (1) das zufällige Einfügen von Basenpaaren und (2) die somatische Mutation. Das Einfügen von Basenpaaren ist ein für die B-Zellen bzw. Plasmazellen einzigartiger Mechanismus, der ungefähr zum Zeitpunkt des VDJ-Rearrangements und ziemlich genau an den Stellen abläuft, an denen die V-, D- und J-Segmente miteinander verknüpft werden. Bis zu 12 Basenpaare mit zufälligen Sequenzen können über einen noch nicht näher bekannten Mechanismus an diesen Stellen eingefügt werden. Wahrscheinlich ist das Enzym terminale Desoxynucleotidtransferase involviert. Durch das »planlose« Einfügen von Basenpaaren entstehen auch viele Nonsense-Rasterverschiebungsmutanten, so daß neben neuen und verbesserten Antikörpern auch nichtfunktionelle oder unvollständige Ketten und Antikörper mit schlechterer Affinität gebildet werden. Dieser Ausschuß ist jedoch »eingeplant«, da der Vorteil, das Antikörperrepertoire zu erweitern, weitaus größer ist als der Nachteil, eine Reihe von B-Zellen und Antikörpern zu verschwenden.

Der Mechanismus der somatischen Mutation läuft vornehmlich bei fortschreitender Immunantwort ab, wenn neue B-Zell-Varianten entstehen, die immer höher affine Antikörper (affinity maturation) synthetisieren. Die Mutationsrate ist mit 10^{-3} Basensubstitutionen pro Zelle und pro Generation ungewöhnlich hoch (*Hypermutation*). Sie wurde in dieser Größenordnung bisher nur bei B-Zellen beobachtet und ist etwa 10^3mal größer als die übliche Mutationsrate.

Daß die zu Beginn genannte Zahl von 10^8 Rezeptor- bzw. Antikörperspezifitäten realistisch ist und mit den genannten Mechanismen zur Erzeugung von Diversität erreicht wird, soll anhand folgender Berechnung gezeigt werden: Bei der Synthese der Kappa-(χ-)Kette werden 200 V-Segmente mit 4 J-Segmenten beliebig kombiniert, was 800 Möglichkeiten ergibt. Bei der Schwerkette werden 200 V-Segmente mit 12 D-Segmenten und 4 J-Segmenten kombiniert, was 9600 Möglichkeiten ergibt. Da sich auch die Schwer-

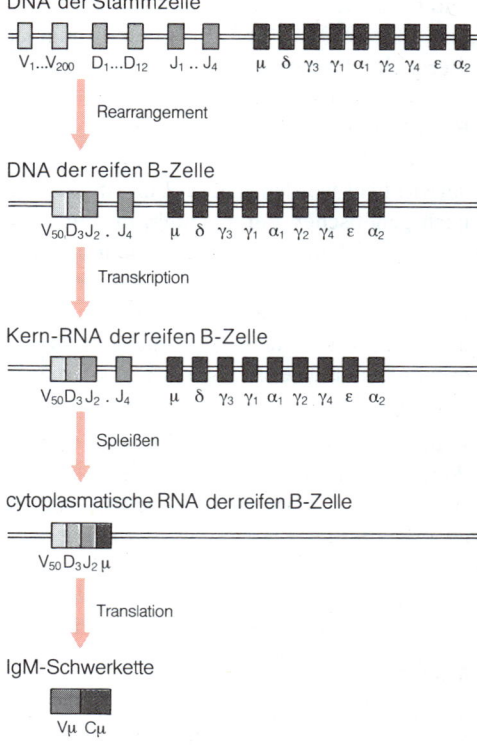

Abb. 5.232. *Die molekularen Vorgänge bei der Synthese einer IgM-Schwerkette (μ-Kette). Auf der Stammzell-DNA liegen etwa 200 verschiedene V-Gensegmente, 12 D-Segmente, 4 J-Segmente und die Exons für die konstanten Teile der verschiedenen Immunglobulinklassen durch Introns getrennt vor. Beim Rearrangement wird nach dem Zufallsprinzip ein V-Segment mit einem D- und einem J-Segment durch Herausschneiden der dazwischenliegenden DNA vereint. Nach der Transkription wird durch das Spleißen die RNA zwischen VDJ und dem μ-Bereich herausgeschnitten, so daß die vier Abschnitte VDJμ unmittelbar nebeneinander zu liegen kommen und nach der Translation eine komplette IgM-Schwerkette gebildet wird*

und Leichtketten beliebig miteinander verbinden können, erhält man (durch Multiplikation: $800 \cdot 9600 = 7{,}68 \cdot 10^6$) bereits ungefähr 10^7 verschiedene Antigenbindungsstellen. Durch den Basenpaaren-Einfügungsmechanismus kommt schätzungsweise nochmals der Faktor 50 hinzu, so daß insgesamt $5 \cdot 10^8$ verschiedene V-Regionen möglich sind.

Bisher ist noch nichts über das Zufallsprinzip bekannt, durch das alle Segmente stets mit gleicher Häufigkeit kombiniert werden, so daß die etwa 10^8 Möglichkeiten auch immer verwirklicht werden. Diese Zahl ist nur ein theoretischer Wert, da jedes Individuum, je nach genetischer Veranlagung, in seinem Antikörperrepertoire »Lücken« aufweist und nicht alle denkbaren Segmentkombinationen realisieren kann. Das hat aber keine ernsthaften Folgen, da das Überleben wohl kaum von der Erkennung eines einzigen Epitops abhängt, da pathogene Bakterien, Viren, Parasiten und auch Toxine immer mehrere verschiedene Epitope enthalten. Die meisten werden trotz der »Lücken« erkannt, so daß der Erreger oder das Toxin immer noch immunologisch bekämpft werden können.

Allel-Exklusion. In einem diploiden Organismus ist die Information zur Antikörperbildung doppelt vorhanden. In einer B-Zelle bzw. Plasmazelle werden jedoch nicht beide Informationen abgelesen, sondern es ist immer nur ein Allel aktiv. Das andere Allel wird abgeschaltet (Exklusion), es ist zufällig das paternale oder maternale. Jeder Antikörper braucht zur Entfaltung seiner vollen biologischen Wirksamkeit identische Bindungsstellen, da sonst Reaktionen wie *Agglutination, Präzipitation* (Ausfallen von Antigen-Antikörper-Komplexen) und die Aktivierung von Makrophagen nicht möglich wären.

Monoklonale Antikörper

Seit der ersten Publikation (1975) über die Herstellung monoklonaler Antikörper (Einzahl MAK, Plural MAKs) hat diese Methodik eine explosionsartige Verbreitung gefunden und in der Grundlagenforschung sowie im klinischen Bereich völlig neue Anwendungsmöglichkeiten eröffnet. Zur Zeit gibt es etwa 100000 verschiedene MAKs. Antikörperproduzierende B-Zellen bzw. Plasmazellen leben *in vitro* nur maximal drei Wochen. Durch die Fusion mit Krebszellen (z. B. Myelomzellen, das sind maligne B-Zellen) können jedoch unsterbliche B-Zellen (Hybridome) hergestellt werden, die ständig Antikörper produzieren (Abb. 5.233). Die B-Zellen stammen aus der Milz von hyperimmunisierten Mäusen. Diese Myelomzellen, die sich permanent in Kultur halten lassen, wurden so verändert, daß sie keine Immunglobuline mehr produzieren und einen bestimmten Enzymdefekt tragen. Die nichtfusionierten Myelomzellen können durch ein Selektionsmedium, das HAT-Medium (H = Hypoxanthin, A = Aminopterin, T = Thymidin) selektiv abgetötet werden. Die Fusion von Myelomzellen und Milzlymphocyten geschieht durch Behandlung mit (Polyethylenglykol) PEG. Mit Hilfe bestimmter Tests (z. B. ELISA, enzyme-linked immunosorbent assay) werden dann diejenigen Kulturen identifiziert, in denen sich Hybridome befinden, die den gesuchten MAK produzieren. Da in jedem Ansatz immer mehrere verschiedene Hybridome vorkommen, müssen die Zellen möglichst schnell einer Klonierung (Zellvereinzelung und -vermehrung) unterzogen werden, bis homogene Hybridomklone erhalten werden, die monoklonale Antikörper produzieren. Die Herstellung größerer MAK-Mengen erfolgt in der Bauchhöhle von Mäusen oder in Bioreaktoren mit Volumina bis 10000 l. Für die Vermehrung in der Bauchhöhle werden die Hybridomzellen direkt in das Peritoneum von Mäusen injiziert. Dort wachsen die Zellen unter optimalen »Kultur«-Bedingungen zu hohen Dichten heran und sezernieren große Mengen an MAKs in die Bauchhöhle, in der sich aufgrund der »Reizung« eine seröse Flüssigkeit (Ascites = Bauchhöhlenflüssigkeit) bildet, die mit einer dünnen Kanüle abgezogen wird. Pro Maus werden 5–10 ml Ascites und pro ml Ascites 5–10 mg MAK erhalten.

Für MAKs gibt es eine Fülle von Anwendungsmöglichkeiten in der Grundlagenforschung (Identifizierung von Differenzierungsmarkern, Zellpopulationen und Mikroorganismen;

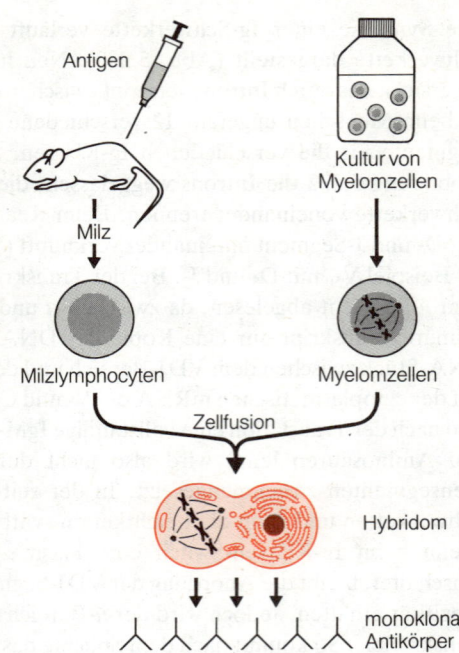

Abb. 5.233. Das Prinzip der Herstellung monoklonaler Antikörper. Eine antikörperproduzierende B-Zelle bzw. Plasmazelle wird durch Fusion mit einer krebsartigen B-Zelle (Myelomzelle) unsterblich. Die B-Zellen stammen aus der Milz hyperimmunisierter Mäuse. Die Myelomzellen lassen sich permanent in Suspensionskultur halten

Isolierung und Charakterisierung von biologischen Substanzen), in der industriellen Produktion (Reinigung von Enzymen, Hormonen, Antikörpern, Impfstoffen, Blutfaktoren, immunologische Mediatoren) und in der Medizin in den Bereichen Diagnostik (Bestimmung von Blutkomponenten, Tumormarkern, pathogenen Erregern, Leukämiezellen; Darstellung von Tumoren, Immunhistologie) und Therapie/Prophylaxe (Immunsuppression nach Organtransplantation, Zerstörung von rhesuspositiven Erythrocyten, Neutralisation von Bakterientoxinen, Lyse von pathogenen Bakterien, Virusneutralisation, Tumortherapie, Reinigung von Knochenmark im Rahmen der Knochenmarktransplantation). Die meisten der therapeutisch anwendbaren MAKs befinden sich noch in der klinischen Erprobung. Als erste dürfen die MAKs gegen T-Lymphocyten zur Immunsuppression, gegen Rh-positive Erythrocyten und gegen das Endotoxin gramnegativer Bakterien offiziell zugelassen werden. Bei der Behandlung mit Antikörpern aus Mäusen liegt das Hauptproblem darin, daß der Patient die injizierten Mausantikörper sofort als fremd erkennt und Antikörper gegen sie bildet. Als Folge der Antigen-Antikörper-Reaktion treten allergieähnliche Nebenwirkungen auf. Abhilfe erhofft man sich durch MAKs von Menschen, deren Herstellung jedoch wesentlich schwieriger und zeitaufwendiger ist, und durch die Kombination von Gentechnologie und MAK-Technologie, mit deren Hilfe Maus-MAKs durch den »Einbau« konstanter Regionen der Menschen »humanisiert« werden. Dabei können die MAKs zur Erhöhung der immunbiologischen Effizienz noch spezifisch verändert werden, z. B. durch Mutationen in den hypervariablen Bereichen und Austausch von Fc-Teilen.

5.4.5.5 Zelluläre Immunantwort

Die zelluläre Immunantwort wird von T-Zellen durchgeführt. Das Ziel ist die Zerstörung von fremden, entarteten oder virustransformierten Zellen. Dieser Vorgang wird durch einen direkten Zell-Zell-Kontakt initiiert und durch lösliche Effektorsubstanzen vollendet. Die T-Zellen werden in vier funktionell unterschiedliche Subpopulationen eingeteilt, die *Helfer-T-Zellen* (T_H), *Suppressor-T-Zellen* (T_S), *cytotoxische T-Zellen* (T_C) und *Gedächtnis-T-Zellen* (T_M). Mindestens zwei dieser Subpopulationen, die T_H und T_S (eventuell auch spezifische T_M), sind sowohl an der zellulären als auch der humoralen Immunantwort beteiligt. Die T_C bilden diejenige Effektorpopulation, die für die eigentliche Lyse antigener Zellen verantwortlich ist. Die T_H und T_S werden auch als regulatorische T-Zellen und die T_C als Effektor-T-Zellen bezeichnet.
Im ruhenden Zustand haben die T-Zellen einen Durchmesser von etwa 8 μm, eine relativ glatte Oberfläche und einen großen Kern. Weder im Licht- noch im Rasterelektronenmikroskop können die einzelnen T-Zell-Subpopulationen unterschieden werden. Erst durch die Einbeziehung immunologisch-biochemischer Marker ist eine Unterteilung in die einzelnen Typen möglich. Ein Marker ist ein zelltypisches Merkmal (in diesem Fall Proteine oder Glykoproteine), das exklusiv auf der Oberfläche einer oder auch mehrerer Zellpopulationen vorkommt. Solche Marker bezeichnet man im Humansystem als *»CD-Antigene«* (CD = cluster of differentiation). Alle T-Lymphocyten von Menschen tragen den CD3-Marker, ein membranständiges Glykoprotein mit einem Molekulargewicht von etwa 23000. Die immunbiologischen Aktivitäten der einzelnen T-Zellen sind zwar schon seit mehr als 10 Jahren bekannt, aber erst durch den Einsatz *monoklonaler Antikörper* (MAK) gegen die CD-Marker gelang es, jede Subpopulation mittels immunologischer Methoden wie Immunfluoreszenz, RIA (Radioimmunoassay), ELISA (enzyme-linked immunosorbent assay) oder Zellsortierung gezielt zu erkennen und sie für funktionelle und molekulare Experimente in signifikanten Mengen und hoher Reinheit zu isolieren. Die verschiedenen T-Zell-Subpopulationen konnten auch bei anderen Vertebraten nachgewiesen werden, z. B. Maus, Ratte, Meerschweinchen, Schwein, Affe. Bei der Maus wurden aufgrund der Verfügbarkeit definierter Inzuchtstämme und der präzisen Kennt-

nisse über die immungenetischen Zusammenhänge die ersten grundlegenden Versuche über die T-Zell-Populationen durchgeführt. In den nachfolgenden Abschnitten sollen die immunbiologischen Eigenschaften der T-Zellen von Mensch oder Mäusen vorgestellt werden.

Helfer-T-Zellen (T_H)

Alle Helfer-T-Zellen des Menschen tragen den CD4-Marker (alte Bezeichnung T4), ein membranintegrales Glykoprotein mit einem Molekulargewicht von ca. 60000. In der präzisen phänotypischen Schreibweise ist die T_H eine CD3+CD4+CD8−-Zelle. Der CD8-Marker ist für die T_S- und T_C-Subpopulationen charakteristisch. Die immunbiologische Aufgabe der T_H besteht in der Kooperation mit B- und T-Zellen im Rahmen der Induktion der humoralen und zellulären Immunantwort (S. 531, 549) und der Initiierung von Aktivierungs- und Differenzierungsprozessen. Damit kommt den T_H eine zentrale Bedeutung zu, und ohne Helfer-T-Zellen ist keine spezifische Immunantwort möglich. Diese Tatsache wird sehr drastisch durch das HIV-1-Virus (S. 45) verdeutlicht, das bevorzugt die T_H infiziert und zerstört (oft unter Mitwirkung von Autoimmunreaktionen), so daß eine allgemeine und gravierende Immunschwäche (AIDS) mit meistens letalem Ausgang die Folge ist. Ein anderer Beweis sind die nackten Mäuse, denen als angeborener Defekt der Thymus fehlt (Thymusaplasie), so daß aufgrund des damit einhergehenden T_H-Mangels eine generelle Immunschwäche resultiert und die Tiere unter semisterilen Bedingungen gehalten werden müssen. Allerdings verfügen sie noch über ein rudimentäres Immunabwehrsystem, mit dem sie sich in gewissem Umfang gegen Keime wehren können.

Helfer-T-Zellen tragen auf ihrer Oberfläche einen Antigenrezeptor, auch T-Zell-Rezeptor (TCR) genannt. Mit ihm können sie – ähnlich wie B-Zellen – Epitope erkennen (T-Zell-Epitope), unter Ausbildung eines ternären Komplexes (»Sandwiches«) aus TCR, Epitop/Antigen und MHC-Antigen. TCR ist kein Oberflächenimmunglobulin, sondern ein strukturell anders aufgebauter Molekülkomplex (S. 549). T_H »helfen« über die Ausschüttung löslicher Mediatoren, die von den Rezeptoren empfänglicher Zellen gebunden werden und »programmierte« biologische Folgereaktionen wie Differenzierungsprozesse und Zellteilungen auslösen. Vor der Sekretion der Mediatoren muß wahrscheinlich ein direkter Zellkontakt mit der zu aktivierenden Zelle erfolgt sein. Beispiele für die Mediatoren sind die verschiedenen Interleukine. Die Untersuchung der biologischen Wirkungsweise der Mediatoren stellt eine aktuelles Forschungsgebiet dar, da einige von ihnen kloniert vorliegen, sich gentechnologisch in großen Mengen herstellen lassen und bereits in der Klinik eingesetzt werden.

Suppressor-T-Zellen (T_S)

Suppressor-T-Zellen des Menschen tragen zusammen mit den cytotoxischen T-Zellen den CD8-Marker (alte Bezeichnung T8), ein Oberflächenglykoprotein mit einem Molekulargewicht von 32000. Murine T_S werden gemäß ihrer phänotypischen Oberflächenmarker als Lyt1−2+3+-Zellen bezeichnet. Suppressor-T-Zellen exprimieren auf ihrer Oberfläche keinen Antigenrezeptor. Nach heutigem Wissensstand können T_S sowohl B- und T_C-Zellen direkt supprimieren als auch T_H inhibieren und damit indirekt die Aktivierung von B- oder T_C-Zellen unterdrücken. Im Fall der T_H-Inhibierung läuft ein mehrstufiger Mechanismus ab, die Feedback-Suppression (Abb. 5.234): Das Antigen aktiviert eine TCR-tragende »Inducer-Zelle«, die ihrerseits eine »Transducer-Zelle« stimuliert. Dem folgt die Aktivierung der eigentlichen T_S und die Suppression der antigenspezifischen T_H. Die Inducer-Zellen haben in der Maus den Phänotyp einer T_H. Alternativ dazu kann auch der Weg der Kontrasuppression beschritten werden, an dem spezielle Kontrasuppressor-T-Zellen (T_{CS}) beteiligt sind. Ihre Aufgabe besteht darin, die antigenspezifischen T_H vor der Suppression durch die T_S zu schützen. Für die Initiierung der Suppression ist primär

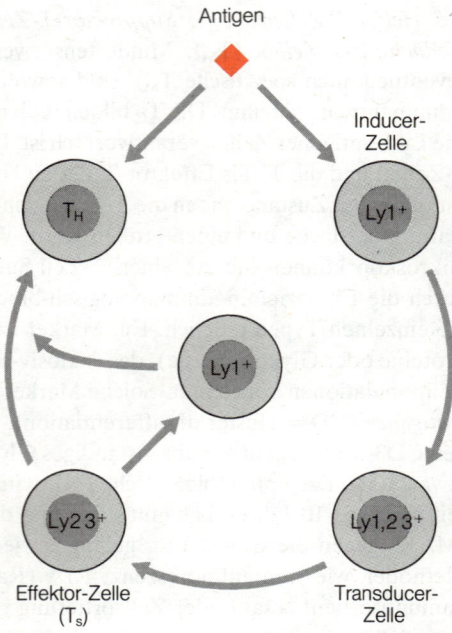

Abb. 5.234. Der Mechanismus der »Feedback«-Suppression. Inhibierung von spezifischen T_H durch T_S unter Mitwirkung von »Inducer«-Zellen und »Transducer«-Zellen

ein direkter Zell-Zell-Kontakt notwendig. Die eigentliche suppressive Wirkung geht wahrscheinlich von den löslichen Suppressor-T-Zell-Faktoren (T_SF) aus, von denen es mindestens zwei gibt. An der Kontrasuppression sind wahrscheinlich noch T_{CS}-spezifische Faktoren ($T_{CS}F$) beteiligt. Es muß jedoch betont werden, daß diese Suppressormechanismen fast ausschließlich anhand von *In-vitro*-Untersuchungen formuliert wurden, so daß erst noch bewiesen werden muß, ob sie in dieser Form auch *in vivo* vorkommen.

Cytotoxische T-Zellen (T_c), MHC-Restriktion

Mehr als 90% der T_C des Menschen (oft auch CTL genannt) tragen den CD8-Marker, weniger als 10% können auch andere Marker, z. B. das CD4, exprimieren. T_C der Maus haben den Lyt1−2+3+-Phänotyp. Die immunologische Aufgabe der T_C besteht in der Lyse von fremden Zellen, körpereigenen entarteten oder körpereigenen virustransformierten Zellen, die auch als Zielzellen oder Target-Zellen bezeichnet werden. Um attackiert zu werden, müssen die Zielzellen auf ihrer Oberfläche ein fremdes oder neues Epitop (Neoantigen) exprimieren, z. B. ein Virusantigen im Fall von virustransformierten Zellen. Intrazellulär vorkommende neue oder abgeänderte Proteine repräsentieren kein »Fremd«-Signal. Die Erkennung der Epitope erfolgt über membranständige Antigenrezeptoren, die strukturell und funktionell den T-Zell-Rezeptoren der Helfer-T-Zellen entsprechen. Schätzungen zufolge erkennen etwa $2 \cdot 10^{-3}$ bis $2 \cdot 10^{-2}$ Prozent aller T_C ein bestimmtes Epitop.

MHC-Antigene

MHC-Antigene werden von einem genetischen Komplex, dem *Haupthistokompatibilitätskomplex* (*MHC*, major histocompatibility complex) codiert, der beim Menschen auf dem kurzen Arm von Chromosom 6 und bei der Maus auf Chromosom 17 liegt. Der genetische Komplex beim Menschen enthält ungefähr 2000 Gene. Er unterteilt sich bei der Maus in 5 (H-2D, H-2K, H2-I, Qa/TLa) und beim Menschen in 6 Hauptloci (HLA-A, HLA-B, HLA-C, HLA-DR, HLA-DP, HLA-DQ). Innerhalb des MHC-Komplexes von Mensch und Maus liegen noch die Loci für die Klasse-III-Antigene, die jedoch keine Zelloberflächen-Glykoproteine sind, sondern Komplementkomponenten. Für die Komponenten C4 und Slp liegen die Gene zwischen der I- und D-Region (Maus) und für die Komponenten C4, C2 und Bf liegen die Gene zwischen der D- und B-Region (Mensch). Die MHC-Antigene des Menschen heißen *HLA-Antigene* (HLA, human leukocyte antigen) und die der Maus *H-2-Antigene*. Andere Bezeichnungen sind Selbstantigene, Transplantationsantigene, Gewebeantigene oder Gewebeverträglichkeitsantigene. Alle Antigene sind Glykoproteine. Man unterscheidet MHC-Klasse-I-Antigene und MHC-II-Antigene. Bei Mensch und Maus bestehen die *Klasse-I-Antigene* aus zwei Polypeptidketten, von denen nur die schwerere Kette (M 44000) in der Membran verankert ist und die leichtere Kette (β2-Mikroglobulin, M 12000) mit der schwereren nichtkovalent verknüpft ist. Die schwerere Kette besteht aus insgesamt fünf Domänen, drei extrazellulären, einer transmembranen und einer cytoplasmatischen. Die beiden aminoterminal gelegenen Domänen sind variable Molekülbereiche, und die zur Zellmembran zeigende Domäne ist konstant. In Analogie zu den Immunglobulinen beziehen sich die Begriffe »variabel« und »konstant« auf die Aminosäurensequenz. *Klasse-II-Antigene* sind Heterodimere aus zwei membranintegrierten Peptidketten (α-Kette, M 34000, β-Kette, M 28000). Beide Ketten bestehen je aus insgesamt vier Domänen, zwei extrazellulären, einer transmembranen und einer cytoplasmatischen. Die am aminoterminalen Ende gelegene Domäne der α- und β-Kette ist variabel, die andere konstant. Klasse-I-Antigene kommen auf allen kernhaltigen Zellen vor, Klasse-II-Antigene nur auf bestimmten Zelltypen (B-Zellen, Makrophagen, aktivierten T-Zellen, Endothelzellen). Unter pathologischen Bedingungen können auch noch andere Gewebetypen Klasse-II-Antigene exprimieren. Jedes Individuum verfügt über seinen ganz speziellen Satz an MHC-Antigenen und ist hinsichtlich dieser Antigene

»einmalig« (nur eineiige Zwillinge sind gleich). Alle MHC-Antigene werden *kodominant* exprimiert, was bedeutet, daß auf der Zelloberfläche die Produkte der MHC-Gene von beiden Chromosomen zu finden sind. Die MHC-Antigene zeigen einen ungewöhnlich starken *Polymorphismus* (*multiple Allelie*). Für die fünf Hauptloci der Maus sind bisher etwa 70 Allele und für die sechs Hauptloci des Menschen ungefähr 120 Allele bekannt; die Zahlen erhöhen sich ständig. In Abhängigkeit von der Klasse und dem Typ der MHC-Antigene müssen für ihren Nachweis serologische oder zelluläre Methoden angewendet werden. Die biologische Bedeutung der MHC-Antigene liegt hauptsächlich in der Präsentation von Antigenbruchstücken im Rahmen der Zell-Zell-Kommunikation von immunologisch aktiven Zellen.

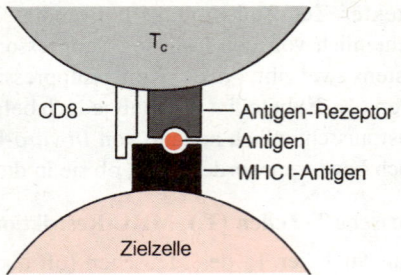

Abb. 5.235. Die spezifische Erkennung von Zielzellen durch cytotoxische T-Zellen (T_C). Ausbildung eines Sandwiches bestehend aus Antigenrezeptor, Antigen MHC-I-Antigen

Erkennung und Lyse von Zielzellen. An der Erkennung von Zielzellen sind *MHC-Antigene* beteiligt, sie verläuft nach dem Prinzip der MHC-Restriktion. Das bedeutet, daß eine Zielzelle nur dann zerstört wird, wenn der T_C-Antigen-Rezeptor das fremde Epitop in Assoziation mit den MHC-Antigenen der Klasse I erkannt hat. Das Epitop allein veranlaßt eine T_C-Zelle nicht zur Lyse der Zielzellen. Dabei darf es nicht irgendein MHC-Antigen sein, sondern nur das wirklich eigene, zum Individuum passende MHC-Antigen, wie Untersuchungen an Inzuchtstämmen der Maus gezeigt haben. Da hierbei nur die Klasse-I-Antigene und nicht die Klasse-II-Antigene entscheidend sind, sagt man, daß die cytotoxischen T-Zellen Klasse-I-restringiert sind, d. h. nur eingeschränkt reagieren können. Helferzellen sind Klasse-II-restringiert. Der Komplex aus Epitop und Klasse-I-Antigen ist eine relativ feste, nicht kovalente Verbindung, ähnlich einem Antigen-Antikörper-Komplex. Bekannterweise verfügen auch MHC-Antigene über distinkte, »variable« Molekülbereiche, die spezifisch mit dem Epitop in Wechselwirkung treten und es binden können. Der Erkennungsprozeß verläuft wahrscheinlich über ein »Sandwich« (Abb. 5.235), bei dem die drei Komponenten Antigenrezeptor, Antigen und MHC-Antigen einen engen Molekülverband bilden, worin das Epitop in der Mitte liegt und auf der einen Seite das MHC-Antigen, auf der anderen den T_C-Antigenrezeptor gebunden hat.

Für die Stabilisierung der Wechselwirkung der T_C mit Zielzellen werden noch andere Oberflächenproteine benötigt, wie das CD8 und das LFA-1 (lymphocyte function-associated antigen). Bei diesem Zell-Zell-Kontakt handelt es sich um einen aktiven, ATP-abhängigen Vorgang (z. B. durch Azid hemmbar), an dem noch Elemente des Cytoskeletts (Mikrofilamente) beteiligt sind und der divalente Kationen – wie Mg^{2+} und Ca^{2+} – benötigt. Die eigentliche Zerstörung der Zielzelle wird von löslichen Substanzen (Perforin, Lymphotoxin und lysosomalen Enzymen) durchgeführt, die als unmittelbare Folge der Zellinteraktion aus membrangebundenen Granula freigesetzt werden (T_C-Degranulation). Wahrscheinlich können sich die als Monomere sezernierten Perforine in die Membran der Zielzelle einlagern und dort zu einer transmembranen Pore oder zu einem Kanälchen mit einem Durchmesser von 5–16 nm polymerisieren (Polyperforin). Durch diese können intrazelluläre Komponenten ausfließen und lysosomale Enzyme ins Zellinnere eintreten. Man unterscheidet zwei Absterbemechanismen, die *Nekrose* und die *Apoptose*. Bei der Nekrose stellt sich durch den Austritt von Proteinen und Ionen ein osmotisches Ungleichgewicht ein, so daß das Membranpotential und die Membranintegrität zusammenbrechen. Bei der *Apoptose* rundet sich die Zelle ab und zerfällt in mehrere kleine Vesikel, die sekundär weiter abgebaut werden. Innerhalb von nur 10 Minuten wird auch die DNA abgebaut. Ganz ähnliche Vorgänge laufen auch bei anderen Zellzerstörungsmechanismen ab, an denen die K-Zellen, die NK-Zellen und das Komplementsystem beteiligt sind. Sie werden an anderer Stelle (S. 550) behandelt. Cytotoxische T-Zellen können hintereinander mehrere Zielzellen lysieren. Erstaunlicherweise sind die T_C gegenüber den eigenen Zelltoxinen resistent und werden nicht lysiert.

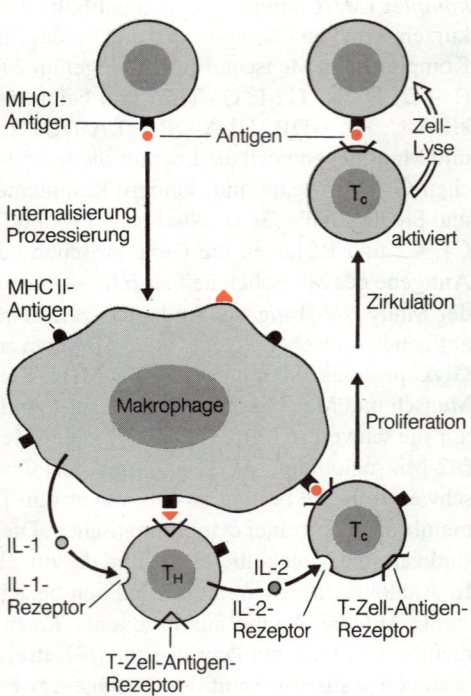

Abb. 5.236. Die einzelnen Phasen der zellulären Immunantwort, beginnend mit der Antigenaufnahme und Antigen-Processing durch Makrophagen bis zur Lyse der antigentragenden Zielzelle durch spezifische cytotoxische T-Zellen (T_C). T_H Helfer-T-Zelle, IL-1 Interleukin 1, IL-2 Interleukin 2

Induktion der zellulären Immunantwort

Am Beispiel der Erkennung einer körpereigenen, virusinfizierten Zelle soll illustriert werden, welche Einzelreaktionen bei der Induktion der zellulären Immunantwort und der Aktivierung von cytotoxischen T-Zellen ablaufen (Abb. 5.236). Von fünf Einzelschritten sind die ersten beiden mit denen der Induktion der humoralen Immunantwort identisch (S. 531).

Die Immunreaktion beginnt mit der Phagocytose der mit »fremden« Virusantigenen beladenen, infizierten Zelle durch Makrophagen bzw. APC, gefolgt von der partiellen Antigenverdauung (Antigenprozessierung) und Präsentation der Antigenbruchstücke in enger Assoziation mit MHC-II-Antigenen auf der APC-Oberfläche.

Dann werden passende Helfer-T-Zellen durch zwei Signale, (1) Erkennung des makrophagenständigen Komplexes aus Antigenbruchstück und MHC-II-Antigenen mit Hilfe des T-Zell-Rezeptors und (2) Bindung des löslichen Mediators IL-1 an Rezeptoren auf der T_H-Oberfläche, aktiviert.

Die noch ruhende T_C wird ebenfalls durch zwei Signale aktiviert: (1) Bindung des von den T_H sezernierten Mediators IL-2 an Rezeptoren auf der T_C-Oberfläche und (2) Erkennung des Komplexes aus Virus-Antigen- bzw. Virus-Antigen-Bruchstück und MHC-I-Antigen mit Hilfe des Antigenrezeptors. Bisher ist noch nicht geklärt, ob die T_C diesen Komplex auf einer Makrophagenoberfläche erkennen (müssen) (Abb. 5.236) oder ob sie ihn auch auf der virusinfizierten körpereigenen Zelle »sehen« können. Auch hierfür sind aktivierte T_H notwendig, hauptsächlich als IL-2-Lieferanten. Wahrscheinlich sind beide Erkennungsmechanismen möglich. An dem gesamten Vorgang sind noch andere Oberflächenmoleküle beteiligt, wie das CD8-Molekül und LFA-1 (lymphocyte function associated antigen), die zur Festigung des Zell-Zell-Kontaktes und vielleicht auch zur Signaltransduktion benötigt werden.

Darauf folgen: Differenzierung der aktivierten T_C-Zelle, klonale Expansion und Vermehrung um etwa den Faktor 1000 (10 Generationen) und Bindung der T_c an die virusinfizierten Zellen, wiederum durch spezifische Erkennung des Komplexes aus Virusantigen und MHC-I-Antigenen, gefolgt von der Zerstörung der Zielzellen nach den oben beschriebenen Mechanismen (Zell-Zell-Kontakt und lösliche Zelltoxine). Schließlich werden die Zellfragmente von Freßzellen phagocytiert und verdaut.

Der Antigenrezeptor auf T-Zellen (TCR)

Die Bezeichnungen T-Zell-Rezeptor (TCR) und T-Zell-Antigen-Rezeptor werden synonym gebraucht. Diese Benennung ist nicht ganz korrekt, da nicht nur das Antigen, sondern ein Komplex aus Antigen und MHC-Antigen erkannt wird. An der Erkennung dieses Komplexes ist nur ein Rezeptor beteiligt.

Abbildung 5.237 zeigt den teilweise noch hypothetischen Aufbau des TCR des Menschen. Dieser besteht aus mindestens fünf separaten Polypeptidketten (Glykoproteinen α bis ε). Die molekulare Einheit aus α- und β-Kette wird als Ti-Komplex (i = Idiotyp) und der Verbund aus γ-, δ- und ε-Kette als T3-Komplex bezeichnet. Für die eigentliche Bindung des Antigens sind α- und β-Kette notwendig, während die restlichen drei Ketten wahrscheinlich für die Signalverarbeitung zuständig sind, um der DNA »mitzuteilen«, daß ein Epitop erkannt wurde. So können molekulare Folgereaktionen in Richtung Zelldifferenzierung und Proliferation initiiert werden. Die Orientierung der Polypeptidketten zueinander ist noch nicht genau bekannt.

Die α- und β-Ketten bei Mäusen haben ungefähr gleiches Molekulargewicht (etwa 45 000, ohne Kohlenhydratanteil 33 000). Sie bilden ein Heterodimer, werden durch Disulfidbrücken zusammengehalten und unterteilen sich in drei Abschnitte: (1) den extrazellulären Abschnitt, der für die Antigenbindung zuständig ist; (2) den transmembranen, der einen hohen Anteil an hydrophoben Aminosäuren enthält und das Molekül in der Membran

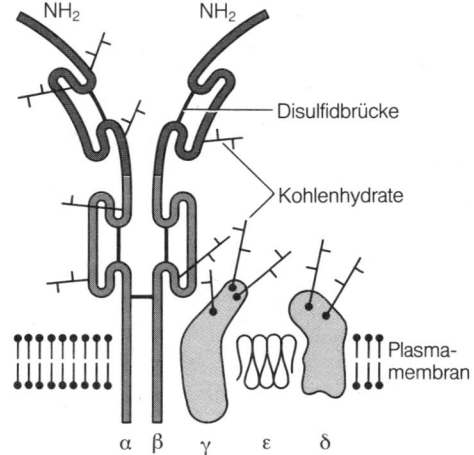

Abb. 5.237. Der Aufbau des T-Zell-Antigenrezeptors, bestehend aus 5 Polypeptidketten, deren genaue Anordnung noch nicht geklärt ist. Bindung des Antigens über die variablen, aminoterminal gelegenen Molekülbereiche der α- und β-Ketten. γ-, δ- und ε-Kette sind wahrscheinlich für die Signalübertragung verantwortlich

verankert, und (3) den cytoplasmatischen, der regulative Aufgaben im Rahmen der Zellaktivierung übernimmt (z. B. phosphoryliert wird). In Analogie zu den Immunglobulinen untergliedert sich der extrazelluläre Abschnitt der α- und β-Kette in einen variablen Teil (Domäne) sowie einen konstanten Teil. Der variable Abschnitt ist aminoterminal gelegen, enthält hypervariable Bereiche und ist für die Antigenbindung zuständig. Die verschiedenen Bindungsspezifitäten (Rezeptorvariabilität) werden nach dem gleichen Prinzip wie bei den Immunglobulinen erzeugt, nämlich durch somatische Rekombination von kleinen Gensegmenten und Splicing von mRNA. Auch die γ- und δ-Kette, deren Funktionen noch nicht genau bekannt sind, werden auf diese Weise zusammengesetzt. TCR, Immunglobuline und MHC-Antigene zeigen 15–35% Sequenzhomologie. Das legt die Vermutung nahe, daß sie von einem gemeinsamen Urgen abstammen, so daß alle drei Typen von Oberflächenrezeptoren zur Ig-Supergen-Familie zusammengefaßt werden können. Im Laufe der Evolution haben sich die einzelnen Gene so weit auseinander entwickelt, daß entsprechende mRNAs aus T-Zellen nicht mit cDNA-Proben für Immunglobuline hybridisieren. Als Zusammenfassung und zur Präzisierung sind in Abbildung 5.238 die verschiedenen Möglichkeiten der Antigenerkennung bei B-Zellen, Helfer-T-Zellen und cytotoxischen T-Zellen dargestellt.

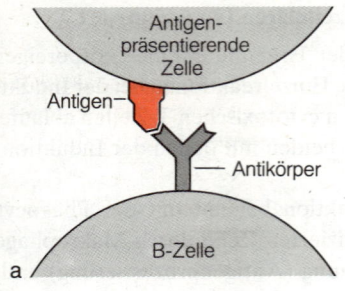

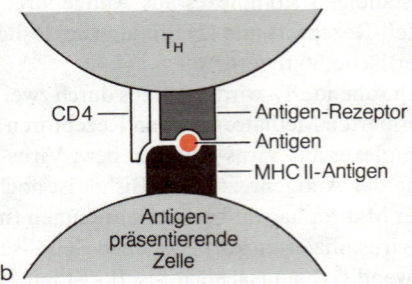

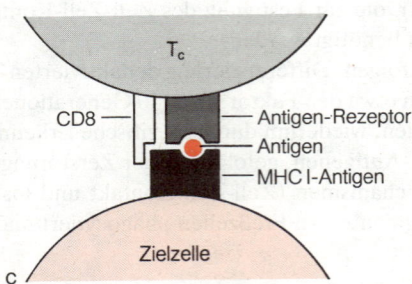

Natürliche Killer-Zellen

Die natürlichen Killerzellen (NK-Zellen), auch als LGL *(large granular lymphocyte)* bezeichnet, repräsentieren eine weitere Lymphocytenpopulation. Ihr Ziel ist die Zerstörung entarteter Zellen. Sie konnten bisher bei allen untersuchten Vertebraten nachgewiesen werden. Beim Menschen sind etwa 5% aller peripheren Blutlymphocyten NK-Zellen. Ihnen fehlen die typischen Marker von B-Zellen, T-Zellen, Makrophagen und Granulocyten. NK-Zellen lysieren selektiv nur bestimmte Carzinomzellen, so daß man zwischen NK-Zell-suszeptiblen und NK-Zell-resistenten Zielzellen unterscheidet. Die Ursache hierfür ist noch nicht bekannt, möglicherweise gibt es mehrere NK-Zell-Subpopulationen. Generell ist über die Erkennung der Zielzellen noch wenig bekannt. Sie scheint über einen Rezeptor zu erfolgen, der bisher noch nicht identifiziert werden konnte.

Bisher wurden fünf verschiedene Zelltypen vorgestellt, die Zielzellen zerstören können, die K-Zellen, cytotoxischen T-Zellen und NK-Zellen, die alle drei zu den Lymphocyten gehören, sowie die Monocyten bzw. Makrophagen und neutrophilen Granulocyten (Tab. 5.12). K-Zellen, NK-Zellen, Makrophagen bzw. Monocyten und Granulocyten sind immer in einer bestimmten Konzentration vorhanden und zur Zell-Lyse bereit. Hingegen werden T_C erst nach dem Prinzip der Klonselektion ausgewählt, aktiviert und müssen sich differenzieren, bevor sie zur Lyse befähigt sind. K-Zellen, NK-Zellen, Makrophagen bzw. Monocyten und Granulocyten verfügen über unspezifische Erkennungsmechanismen, wobei K-Zellen und Makrophagen bzw. Monocyten mit ihren Fc-Rezeptoren generell nur epitopgebundene Antikörper und NK-Zellen (über einen Rezeptor?) wahrscheinlich nur bestimmte Kohlenhydratkonfigurationen erkennen. Dagegen verfügen T_C über hochspezifische Antigenrezeptoren, die über ein DNA-Rearrangement zusammengesetzt werden. Für K-Zellen, NK-Zellen, Makrophagen bzw. Monocyten und Granulocyten ist die Erkennung und Lyse von Zielzellen nicht MHC-restringiert, während das für T_C der Fall ist. K-Zellen und Makrophagen bzw. Monocyten besitzen hochaffine Fc-Rezeptoren, T_C und NK-Zellen tragen keine Fc-Rezeptoren. T_C, K-Zellen und NK-Zellen lysieren die Zielzellen nach sehr ähnlichen Mechanismen und unter Beteiligung von löslichen Zelltoxinen. Makrophagen bzw. Monocyten und Granulocyten umfließen die fremde Zelle, phagocytieren und verdauen sie erst intrazellulär mit Hilfe von Enzymen. Makrophagen bzw. Monocyten und Granulocyten erkennen nicht nur fremde Zellen, sondern generell fremdes Material, z. B. Staubpartikel und große Proteine.

Abb. 5.238. Die unterschiedlichen Mechanismen der Antigen-Erkennung durch B-Zellen, Helfer-T-Zellen (T_H) und cytotoxische T-Zellen (T_C) unter Mitwirkung von MHC- und CD-Antigenen. *(a)* B-Zellen erkennen direkt das Antigen auf der antigenpräsentierenden Zelle; *(b)* T_H-Zellen erkennen den Komplex aus Antigen und MHC-Klasse-II-Antigen (T_H sind Klasse-II-restringiert); *(c)* T_C erkennen den Komplex aus Antigen und MHC-Klasse-I-Antigen (T_C sind Klasse-I-restringiert)

Tabelle 5.12. Vergleich der fünf cytotoxisch wirkenden Zelltypen

Zelltyp	Lymphocyten			Makrophagen/ Monocyten	Granulocyten (neutrophile)
	T_C-Zellen	K-Zellen	NK-Zellen		
Klonselektion	+	–	–	–	–
Antigenrezeptor	+	–	–	–	–
MHC-Restriktion	+	–	–	–	–
Fc-Rezeptor	–	+	+	+	–
Komplementrezeptor	–	–	–	+	–
Phagocytose	–	–	–	+	+

Aktivierung von T-Zellen durch Mitogene

Ebenso wie die B-Zellen können auch T-Zellen durch Mitogene aktiviert und zur Teilung angeregt werden. Das bekannteste Mitogen ist das PHA (Phytohämagglutinin) aus der Feuerbohne (*Phaseolus vulgaris*), das spezifisch N-Acetyl-D-Galactosamin erkennt und nichtselektiv einen hohen Prozentsatz aller T-Zellen stimuliert. Es wird auch klinisch zur generellen Überprüfung der zellulären Antwort eingesetzt, wobei im Fall einer Immunschwäche (durch Medikamente, Mangelernährung, Infektionen) die Stimulierfähigkeit der T-Zellen nach PHA-Zugabe sowie die Intensität der Antwort im Vergleich zu normalen Kontrollzellen reduziert ist. (Dies kann durch den Einbau von radioaktiven Vorläufermolekülen ^{3}H-Thymidin in DNA oder ^{14}C-markierte Aminosäuren in Proteine festgestellt werden.) Das Concanavalin A (ConA) aus der Jakobsbohne (*Canavalia ensiformis*), stimuliert ebenfalls T-Zellen, bevorzugt jedoch Suppressor-T-Zellen. Das Protein HpA (*Helix pomatia*-Agglutinin) aus der Eiweißdrüse der Weinbergschnecke bindet sehr selektiv an T-Zellen, wirkt jedoch nicht als Mitogen.

5.4.5.6 Immunregulation und idiotypisches Netzwerk

Wie jedes biologische System ist auch das Immunsystem einer Regulation unterworfen, die dafür sorgt, daß es zu definierten Zeitpunkten an- und abgeschaltet wird und daß die Reaktionsintensität bestimmte Ober- und Untergrenzen nicht überschreitet. An der Regulation des Immunsystems sind eine Reihe von Faktoren beteiligt, wie Menge, Eintrittsweg und physikalisch-chemischer Zustand des Antigens, genetischer Hintergrund des Individuums sowie Dauer und Anzahl der vorangegangenen Antigenexpositionen. Entsprechend vielfältig sind die Regulationselemente, z. B. MHC-Antigene, Helfer-T-Zellen, Suppressor-T-Zellen, Kontrasuppressor-T-Zellen, Antigen-Antikörper-Komplexe und Antikörper. Es soll hier nur auf die Helfer-T-Zellen, Suppressor-T-Zellen und Antikörper in Verbindung mit dem idiotypischen Netzwerk eingegangen werden. Die immunmodulierenden Eigenschaften der T_H und T_S wurden bereits in vorangegangenen Abschnitten vorgestellt.

Das idiotypische Netzwerk. Der Idiotyp (Id) entspricht topographisch der variablen Region und ist definiert als der vollständige Satz aller antigenen Determinanten im variablen Bereich (Abb. 5.239). Die V-Region hat also immunogene Eigenschaften, in ihr befinden sich mehrere Epitope (Idiotope), die innerhalb oder außerhalb der Antigenbindungsstelle liegen können. Somit können Antikörper gegen Idiotope (antiidiotypische Antikörper oder Antiidiotypen) im einen Fall die Interaktion zwischen Antikörper und Epitop behindern, im anderen Fall nicht. Eine spezielle Untergruppe der antiidiotypischen Antikörper (Anti-Id) interagiert an denselben Stellen mit den hypervariablen

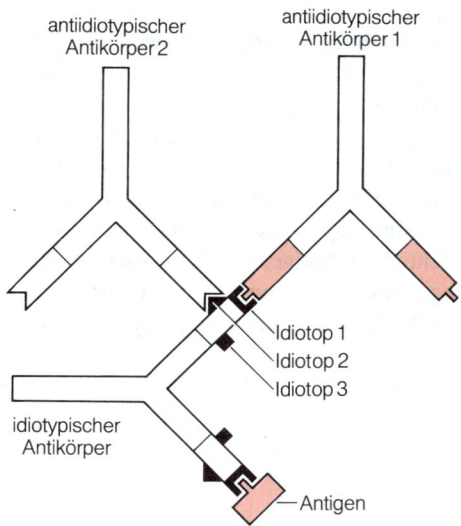

Abb. 5.239. Das idiotypische Netzwerk. Jede variable Region (Idiotyp) enthält mehrere Epitope (Idiotope 1, 2, 3), gegen die der eigene Organismus antiidiotypische Antikörper bildet. Der antiidiotypische Antikörper 2 beeinflußt nicht die Antigenbindung, während der antiidiotypische Antikörper 1 genau mit der Bindungsstelle für das Epitop reagiert, das Abbild »internal image« des Epitops repräsentiert und es immunologisch ersetzen kann

Regionen wie das Antigen, repräsentiert also das innere Abbild (internal image) des Antigens und kann es funktionell ersetzen (Abb. 5.239). Diese Eigenschaft ist für die praktische Anwendung von Anti-Id wichtig. Die Anti-Id treten erst im Verlauf oder gegen Ende jeder natürlichen Immunreaktion auf. Vorher ist die Konzentration an Idiotopen zu gering, um immunogen zu wirken. Wird jedoch während der Immunantwort ein bestimmter Pegel überschritten, dann werden Antikörper gegen die körpereigenen Idiotope gebildet.

Die Anti-Id binden sowohl an die freien zirkulierenden Antikörper als auch an die passenden B-Zellen. Sie wirken dann entweder stimulierend oder inhibierend. Damit besteht die idiotypische Netzwerkregulation aus vielfältigen aktivierenden und inhibierenden Interaktionen, im Endeffekt herrscht aber ein Gleichgewicht (immunologische Homöostase). Gegen jeden Anti-Id wird auch ein Anti-Anti-Id gebildet, und dagegen wiederum ein Anti-Anti-Anti-Id. Dies läßt sich nicht beliebig fortsetzen, da aufgrund der genannten Toleranzschwelle und des Inhibitions-Aktivierungs-Gleichgewichts die Zahl der Anti-Id begrenzt ist. Dieses Konzept beinhaltet, daß das Immunsystem einen beträchtlichen Anteil seines Antikörperrepertoires für die Regulation anstatt für die Abwehr von Antigenen einsetzt. Der erste Antikörper (idiotypische Antikörper) wird als AK1, der Anti-Id als AK2, der Anti-Anti-Id als AK3 usw. bezeichnet. In bestimmten Fällen wurden auch gemeinsame Idiotope auf B- und T-Zellen nachgewiesen.

Das Konzept der Netzwerkregulation ist nicht unumstritten. Eine Reihe von experimentellen Daten haben aber klar gezeigt, daß die Immunantwort durch idiotypische Interaktionen modulierbar ist, bis zu welchem Ausmaß, ist bisher noch nicht entschieden.

Bei mehreren Autoimmunerkrankungen konnte das Vorherrschen bestimmter Idiotypen nachgewiesen werden. Es wird vermutet, daß an der Pathogenese Idiotyp-Anti-Id-Interaktionen beteiligt sind und Fehlregulationen im idiotypischen Netzwerk auftreten. Hiermit eröffnen sich neue Wege zur Erforschung der krankheitsassoziierten immunologischen Mechanismen.

Eine wichtige praktische Anwendung erhofft man sich von denjenigen Anti-Id, die das interne Abbild des Antigens repräsentieren und die sie sich als Antigenersatz zur Immunisierung eignen (Anti-Idiotyp-Vakzine). Das ist immer dann bedeutsam, wenn das Antigen (1) in nur sehr begrenzten Mengen vorliegt, (2) schwer darzustellen ist (tumorspezifische Antigene), (3) pathogen ist (z.B. intakte Viren, wenn durch eine Aktivierung wichtige Epitope verlorengehen), (4) krebsauslösend wirkt (Immunisierung mit Krebszellen) und (5) tolerogen wirkt und die Toleranz durch ein sehr ähnliches, aber nicht identisches Antigen durchbrochen werden kann. Gerade in Kombination mit der Technologie zur Herstellung monoklonaler Antikörper erscheinen diese Konzepte sehr realistisch, da sich auf diese Weise praktisch unbegrenzte Mengen an Anti-Id herstellen lassen.

6 Strukturelle und funktionelle Integration im Gesamtorganismus

Das Leben ist gekennzeichnet durch eine spezifische, räumlich-zeitliche Ordnung, die durch die koordinierte Funktion typischer Strukturen ermöglicht wird. Dies gilt sowohl für die Einzelzelle, in der durch Kompartimente Reaktionsräume abgegrenzt (S. 135f.) und die verschiedenen Organellen in ihrer Entwicklung und in ihrer Leistung aufeinander abgestimmt sind, als auch für die höheren Organisationsstufen der Vielzeller, bei denen nicht nur die Anordnung und die Arbeit der Einzelzellen, sondern auch Bau und Funktion der Organe zu einem harmonischen, dem Selektionsdruck (S. 881f.) gewachsenen Gesamtorganismus integriert sind. Eine Gesamtheit kann nur bei ausgezeichneter Integration der Teile erreicht werden. Zellen oder Organe, z.B. solche, die nicht zur Photosynthese fähig sind (wie in der Regel die Wurzeln der Pflanzen) oder keine Nahrung von außen aufnehmen können (wie die Wehrpolypen in einer Hydroidpolypenkolonie; Abb. 3.29, S. 272), werden durch andere Zellen oder Organe miterhalten, die die entsprechende Fähigkeit besitzen. Zellen oder Gewebe, die sich der Integration entziehen und aus der Ordnung ausbrechen, sind zum Untergang verurteilt (z.B. Holzstrahlzellen, die den Anschluß an die übrigen lebenden Zellen verlieren), oder sie verursachen ihrerseits Schädigungen oder den Tod des Gesamtorganismus (z.B. Tumoren bei Tieren und Pflanzen). In einigen Fällen kann durch den gezielten Eingriff eines Organismus in die Integration eines anderen eine neue, zwar nicht für den Träger, wohl aber für den Auslösenden sinnvolle Struktur entstehen (»fremddienliche Zweckmäßigkeit«); ein Beispiel hierfür ist die Bildung der Pflanzengallen aufgrund der Einwirkung von Insektenlarven (S. 397, Abb. 4.118).

Die Höheren Pflanzen und Tiere sind hochgradig differenziert und erreichen zuweilen riesige Dimensionen. Für unsere Betrachtungen über die integrativen Leistungen der Organismen ergibt sich daraus die Frage: Welche Mechanismen gewährleisten Homoiostase, also die morphologische und funktionelle Integration im stationären Zustand?

Das Phänomen der Homoiostase manifestiert sich darin, daß das Ausmaß physiologischer Reaktionsgrößen zumindest mittelfristig konstant bleibt (z.B. Atmungsintensität, Produktionsintensität für eine Substanz, Translokationsintensität), obwohl sich Faktoren der Umwelt und auch der Organismus selbst mehr oder weniger stark verändern.

Für die Koordination von Organsystemen innerhalb eines Organismus, der sich nur langsam an wechselnde Bedingungen seiner Umgebung anpassen muß (die Pflanzen und unter den Tieren z.B. die Poriferen), genügt meist eine Steuerung mit Hilfe von Hormonen (*humorale Integration*). Höchste Integrationsleistungen sind dagegen bei freibeweglichen, Sinneseindrücke empfangenden und verwertenden, Erfahrung nutzenden, schließlich sogar denkenden und autonom entscheidenden höher differenzierten Tieren verwirklicht, die zusätzlich zu dem (langsamen) hormonalen ein (schnelles) nervöses Steuerungssystem besitzen (*neuronale Integration*). Das Fortschreiten der integrativen Leistungen ist ein eindrucksvolles Beispiel für die phylogenetische Höherentwicklung.

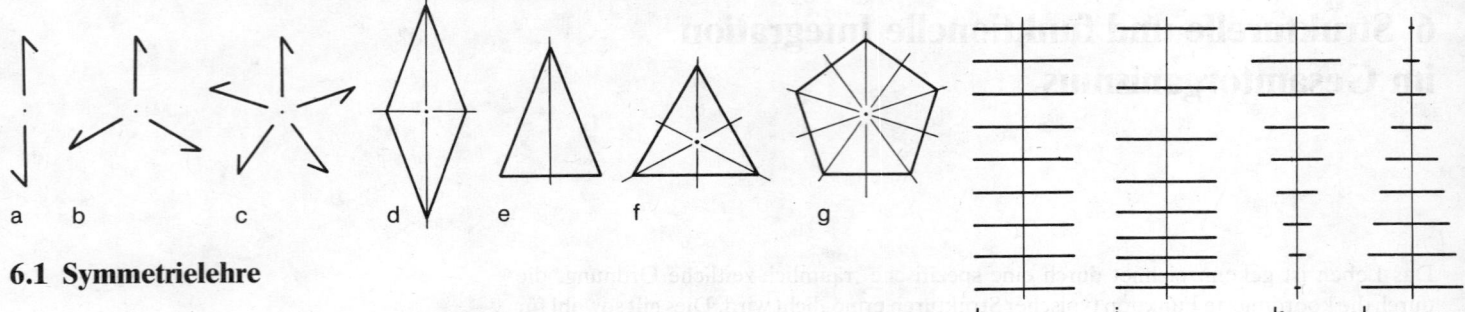

Abb. 6.1 a–l. Geometrische Figuren zur Erläuterung der Drehsymmetrie (a–c), der Spiegelsymmetrie (d–g) und der longitudinalen Symmetrie (h–l). (Aus Troll)

6.1 Symmetrielehre

Im Bau pflanzlicher wie tierischer Organismen ist – von wenigen Ausnahmen abgesehen – eine gewisse Symmetrie zu beobachten. Für den Vergleich von Organismen, aber auch schon allein zur Verständigung über die Lageverhältnisse der Teile eines einzelnen Organismus, ist daher eine Erläuterung der wichtigsten Symmetriebegriffe erforderlich.

Unter *Symmetrie* (griech. συμμετρία, symmetria = »Gleichmaß«) versteht man die Wiederholung gleichartiger oder ähnlicher Elemente in einer bestimmten Ordnung. Diese Ordnung läßt sich bei Figuren und Körpern anhand von *Deckoperationen* aufzeigen, durch welche man die einzelnen Elemente miteinander zur Deckung bringt und damit deren Gleichwertigkeit nachweist. Je nach Art der Deckoperation – Translation, Drehung oder Spiegelung – unterscheidet man zwischen Translations-, Dreh- und Spiegelsymmetrie.

Bei der *Translationssymmetrie* wird die Deckung der gleichartigen Elemente durch Verschiebung entlang einer Geraden, der *Translationsachse,* erreicht. Der Abstand der Elemente auf dieser Achse, die *Translationslänge,* kann dabei gleichmäßig oder ungleichmäßig sein (Abb. 6.1h–l). Können die gleichartigen Bauelemente durch Schwenkung um eine durch das Symmetriezentrum der betreffenden Konfiguration verlaufende (Dreh-)Achse zur Deckung gebracht werden (Abb. 6.1a–c), so spricht man von *Drehsymmetrie.* Durch die Bezeichnung zwei-, drei-, vierzählig usw. gibt man dabei an, wie oft bei einer Schwenkung um 360° gleichartige Elemente miteinander zur Deckung gebracht werden. *Spiegelsymmetrie* liegt vor, wenn sich die Bauelemente zueinander verhalten wie Bild und Spiegelbild (Abb. 6.1d–g), eine Deckoperation also durch »Umklappen« der Elemente um eine Spiegelachse bzw. durch Spiegelung an einer die Spiegelachse einschließenden, senkrecht auf der betreffenden Konfiguration stehenden Spiegel- oder *Symmetrieebene* möglich ist. Ist nur eine solche Spiegelebene denkbar, so scheidet die einfache Drehung in der Ebene, in welcher die einzelnen Elemente angeordnet sind, als Deckoperation aus (Spiegelsymmetrie i. e. S.). Häufig sind jedoch Spiegel- und Drehsymmetrie miteinander kombiniert.

Das letztere gilt in ganz besonderem Maße für gleichmäßig kugelige Körper, wie wir sie angenähert bei sphärischen Protozoen (Abb. 6.36, 6.37), kugeligen Bakterien oder Blaualgen antreffen. Durch diese lassen sich viele gleichartige und gleichpolige (Dreh-)Achsen legen. Zugleich teilen alle Ebenen, in denen solche Achsen liegen, die kugeligen Körper in spiegelbildlich gleiche Hälften. Man nennt solche Körper daher *allseitig-symmetrisch* oder *homaxon.* Die Mehrzahl der Organismen ist jedoch durch eine (meist heteropole) Hauptachse ausgezeichnet, also monaxon. In all diesen Fällen muß man mit einer Wiederholung gleichartiger Elemente sowohl in der Längs- als auch in der Querrichtung rechnen, dementsprechend also mit einer Translations- oder *longitudinalen* Symmetrie und einer *transversalen* Symmetrie.

Die *longitudinale Symmetrie* kommt bei dem Scolopender in Abbildung 6.2a durch die Aufeinanderfolge gleicher oder doch morphologisch gleichwertiger Segmente zum Ausdruck, ebenso aber auch in der Gliederung eines Fiederblattes oder eines Sprosses in mit Blättern ausgestattete Knoten und in Internodien (Abb. 6.2b). Zugleich ist *bei beiden Organismen* aber auch eine *laterale Symmetrie* der einzelnen Folgestücke (*Metameren*) zu

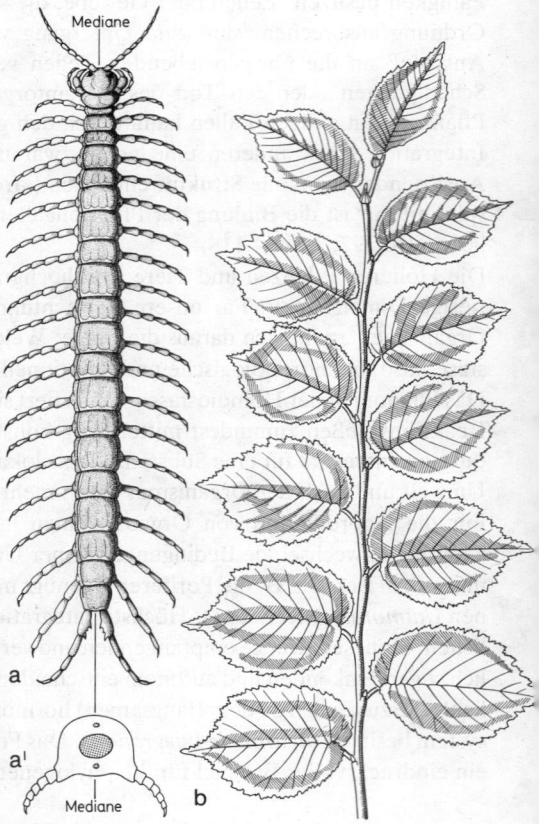

Abb. 6.2 a–b. Beispiele für longitudinale Symmetrie. (a) Scolopender in Rückenansicht und im Querschnitt (a'), zugleich Beispiel für Dorsiventralität. (b) Zweizeilig beblätterter Laubtrieb der Flatterulme (Ulmus laevis).

erkennen. Diese lassen sich beim Scolopender wie bei der Mehrzahl aller Metazoen nur durch eine Ebene in spiegelbildlich gleiche Hälften zerlegen, und zwar deshalb, weil Ober- und Unterseite bzw. Rücken- und Bauchseite dieses Tieres verschieden sind. In der Botanik nennt man solche Körper daher *dorsiventral,* bei Blüten (Abb. 6.3f) auch *zygomorph*. Durch dorsiventralen Bau sind bei den Cormophyten gewöhnlich die mehr oder minder waagerecht (*plagiotrop*) wachsenden Seitensprosse aufrechter (*orthotroper*) Hauptsprosse und vor allem die Kriechsprosse ausgezeichnet, wobei eine oberseitige oder unterseitige Förderung des Achsenkörpers (Epitonie bzw. Hypotonie) zu beobachten ist, die sich auch in der ungleichen, eventuell sogar ungleichhälftigen Ausbildung der Seitenorgane (z.B. Ulmenblätter in Abb. 6.2b) äußert. Anstelle der Bezeichnung dorsiventral hat sich in der Zoologie – wegen der Zerlegungsmöglichkeit in nur zwei spiegelbildlich gleiche Teile – der Ausdruck *bilateral* eingebürgert. Die Spiegelebene selbst wird als *Medianebene* (oder Mediane), in der Zoologie auch als *Sagittalebene* bezeichnet. Die zu ihr senkrecht stehende, Rücken- und Bauchseite trennende Ebene heißt *Transversalebene* (Transversale, Abb. 6.3g), in der zoologischen Terminologie auch *Frontalebene*. Im Falle der dorsiventralen Symmetrie stellt sie jedoch keine Symmetrieebene dar. Das trifft nur für die verhältnismäßig wenigen Organismen oder Organe zu, die von den Zoologen als *disymmetrisch* (viele Anthozoen, alle Ctenophoren, Abb. 6.4), von den Botanikern als *bilateral* bezeichnet werden (so etwa die Blüte von *Dicentra spectabilis*, Tränendes Herz, Abb. 6.3b, 5.42e, S. 428, oder der Sproßquerschnitt in Abb. 6.3a). Hier sind zwei Spiegelebenen und eine zweizählige Drehachse vorhanden. Letztlich handelt es sich hierbei um eine Sonderform des *radiärsymmetrischen* oder *strahligen* Baues (Actinomorphie). Auch diesem liegt sowohl Dreh- als auch Spiegelsymmetrie zugrunde. Da die kongruenten Glieder im Umkreis der Längsachse in gleichen Abständen nebeneinander angeordnet sind, spricht man in solchen Fällen von *Parameren*. Radiärsymmetrie ist für den Bau vieler festsitzender Tiere, so z.B. der meisten Nesseltiere (*Cnidaria*, Abb. 6.41) charakteristisch, ebenso für die Sproßachsen vieler Höherer Pflanzen und für zahlreiche Blüten. Sekundär tritt sie z.B. bei den Stachelhäutern (*Echinodermata*) auf, so beim Seestern (Abb. 6.3c), dessen Arme durch Drehung um jeweils 72° wie auch durch Spiegelung fünfmal miteinander zur Deckung gebracht werden können. Den gleichen fünfstrahligen Bau zeigen auch viele Blüten, z.B. die *Geranium*-Blüte (Abb. 6.3d), während die Kronblätter der Immergrünblüte (Abb. 6.3e) zwar gleichfalls regelmäßig angeordnet, jedoch in sich asymmetrisch gestaltet und daher nur durch Drehung zur Deckung zu bringen sind. Sie stellen ein gutes Beispiel für Drehsymmetrie dar. Manchmal, so bei dem distich beblätterten (S. 407) Sproß in Abbildung 6.2b, ist die longitudinale Symmetrie durch einfache Translation als Deckoperation allein nicht nachweisbar. Zum Nachweis der Aufeinanderfolge gleichwertiger Metameren bedarf es wegen der regelmäßig wechselnden Position der Blätter vielmehr einer Kombination von Translation und Spiegelung (Gleitspiegelung), bei schraubig oder dekussiert beblätterten Sprossen (S. 408) einer Kombination von Translation und Drehung (Schraubung). Dazu kommt bei pflanzlichen Organismen noch der oft stark modifizierende Einfluß der Polarität vor allem der Sproßachsen (S. 409). Wie schon das Beispiel des Scolopenders (Abb. 6.2a) zeigt, sind ohnedies auch bei tierischen Organismen die Metameren keineswegs immer streng gleichförmig, sondern vor allem als morphologisch gleichwertig zu betrachten. Tritt – im Zusammenhang mit Arbeitsteilung – eine stärkere Abwandlung von Segmenten ein (wie es bei den Kopfsegmenten und dem hintersten Segment des Scolopenders der Fall ist), so spricht man im Gegensatz zur *homonomen* (gleichförmigen) von *heteronomer* (ungleichförmiger) Segmentierung (vgl. Abb. 5.150a, b, S. 495).

Zur Vervollständigung der Orientierungsmöglichkeiten sei hier noch das Begriffspaar *proximal – distal* erläutert. Als proximal bezeichnet man jeweils eine dem Bezugskörper näher, als distal eine ihm ferner liegende Zone: Bei der Schildkröte in Abbildung 6.3g sind also am Vorderbein der Humerus proximal und die Krallen des Fußes distal zum Körper.

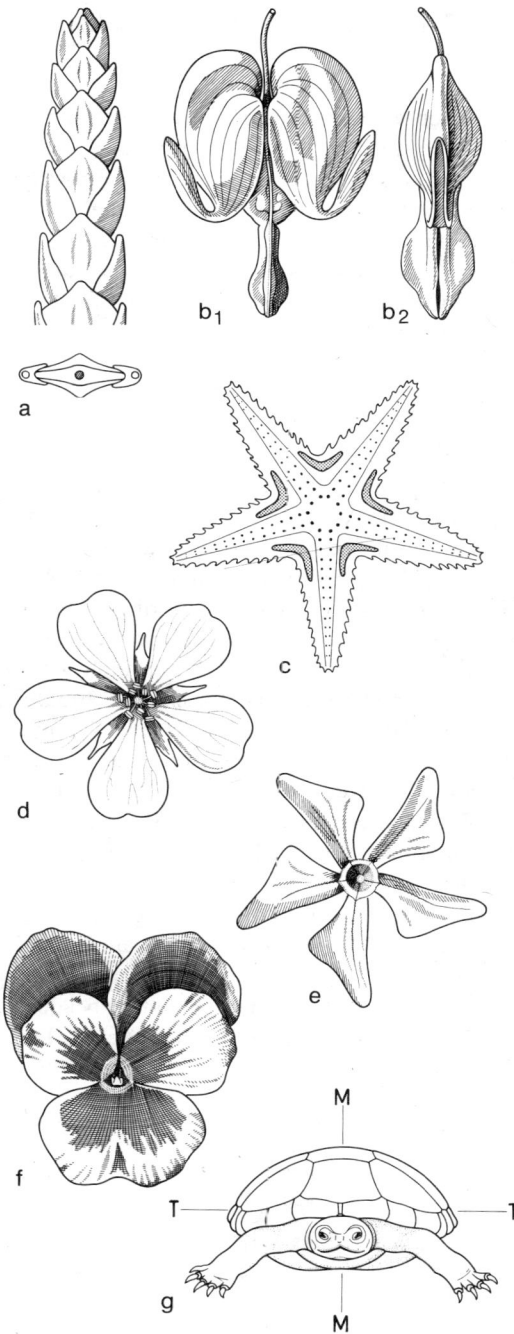

Abb. 6.3a–g. Symmetrieverhältnisse. (a) Lebensbaum, Sproßstück mit Querschnitt. (b) Tränendes Herz, Blüte in Flächen- (b_1) und Kantenansicht (b_2). (c) Seestern in Unteransicht. (d, e, f) Blüten von Geranium (d), Immergrün (e) und Stiefmütterchen (f). (g) Schildkröte in Vorderansicht. M Median-, T Transversalebene, beide senkrecht zur Fläche des Papiers orientiert zu denken. (e, g aus Claus, Grobben u. Kühn, übrige aus Troll)

556 Strukturelle und funktionelle Integration im Gesamtorganismus

6.2 Morphologische Organisationsstufen bei Pflanzen

Sehen wir einmal von der unterschiedlichen cytologischen Organisation (Protocyt – Eucyt) ab, so lassen sich nach der jeweils höchsten (kompliziertesten) Organisationsform, welche der Pflanzenkörper innerhalb eines Entwicklungszyklus erreicht, verschiedene morphologische Organisationsstufen unterscheiden:
1. Protophyten (Einzeller oder lockere Verbände von Einzellern)
2. Thallophyten (feste Zellverbände mit Arbeitsteilung zwischen den Zellen)
3. Cormophyten (Gliederung des Vegetationskörpers in Wurzel, Sproßachse und Blatt; hochdifferenzierte Gewebe; hochkomplizierte Fortpflanzungsorgane).

6.2.1 Protophyten

Protophyten sind nicht allein die Bakterien (Bacteriophyten) und Blaualgen (Cyanophyceen), auch unter den meisten Algengruppen und ebenso unter den Pilzen gibt es zahlreiche Vertreter, die nur aus einer einzigen Zelle bestehen und insofern als sehr einfache Organismen gelten können. Allerdings kann dabei die Zelle, die hier als selbständiger Organismus auftritt, in ihrer Gestalt und der Ausbildung ihrer Organellen einen sehr hohen Grad der Organisation erreichen (S. 23f.). Als wichtige Organisationsstufen hat man innerhalb der Protophyten die *bewegliche (monadale)* und die *unbewegliche (coccale)* Stufe zu unterscheiden. Ein Beispiel für die erste bietet die zu den Grünalgen (*Chlorophyta*) gehörende Flagellatenfamilie der *Polyblepharidaceae* (Abb. 6.5), deren Arten sich mit Hilfe von (zwei bis acht) Geißeln fortbewegen können. Im Unterschied zu ihnen besitzen die Arten der verwandten Gattung *Chlamydomonas* bereits eine feste Zellwand aus Cellulose. Als Beispiel für die coccale Stufe mögen hier die Arten der Chlorophytengattung *Chlorella (Chlorococcales)* dienen, die geißellos und unbeweglich sind.

Bei der vegetativen Vermehrung coccaler Einzeller bleiben die Tochterzellen oft beieinander und bilden regellose Zellanhäufungen oder *lockere Zellverbände,* die aufgrund festgelegter Teilungsrichtungen und Teilungsfolgen ein charakteristisches Aussehen erhalten können, so perlschnurartig bei den Streptokokken, tafelförmig bei *Planococcus,* würfelartig bei *Sarcina* (Abb. 6.6e–g). Die Zellen bleiben dabei oft durch gemeinsam

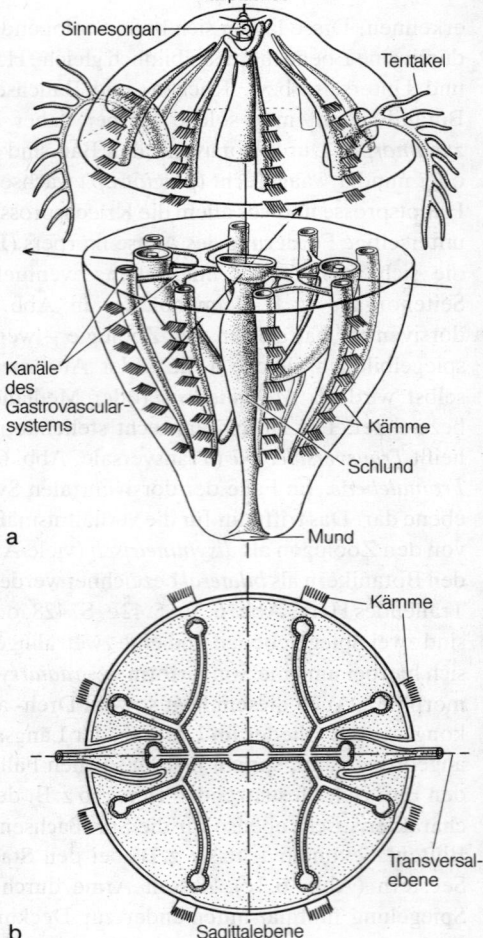

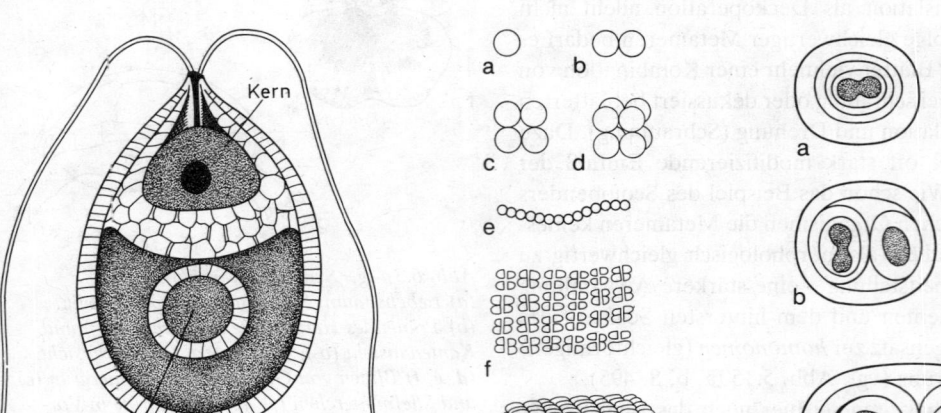

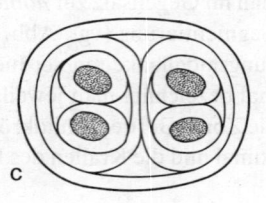

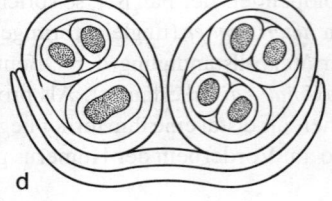

Abb. 6.4a, b. Ctenophore als Beispiel eines disymmetrischen Tieres. (a) Habitusbild im Blockdiagramm. (b) Querschnitt: Schnittfläche in (a) von oben gesehen, die beiden Symmetrieebenen sind als unterbrochene Striche eingezeichnet. (a aus Hertwig, b aus Kükenthal u. Renner)

Abb. 6.5. Dunaliella, vegetative Zelle. (Nach Hamburger aus Fott)

Abb. 6.6a–g. Coenobienformen von Kugelbakterien. (a–d) Teilungsmodi. (e) Streptococcus-Form. (f) Planococcus-Form. (g) Sarcina-Form. (Nach Migula, Warming u. Zopf, erweitert aus Troll)

Abb. 6.7a–d. Gloeocapsa spec. (a) Einzelzelle in Teilung. (b, c) Vermehrungsstadien und Coenobienbildung. (d) Zerfall des Coenobiums durch Platzen der ältesten gequollenen Zellwände. (Aus Strasburger u. Wille)

ausgeschiedene Gallerten oder durch die – oft verquellenden – Zellwände der Mutterzellen miteinander verbunden, so bei der Blaualge *Gloeocapsa* (Abb. 6.7) oder bei den durch eine Gallertscheide zusammengehaltenen, fadenförmigen Verbänden mancher Bakterien oder Blaualgen, die an Bruchstellen sogar eine »unechte Verzweigung« durch Auswachsen des einen oder beider Bruchstücke zeigen können. Derartige rein mechanisch zusammengehaltene Zellverbände kann man als *Coenobien* von den Zellkolonien im engeren Sinne unterscheiden, die bei beweglichen und bei unbeweglichen Formen auftreten. Bei diesen sind außer einer charakteristischen Gestalt häufig auch eine Fixierung der Zellenzahl und gewisse Korrelationen der Zellen untereinander festzustellen. Zellkolonien von charakteristischer Gestalt findet man z. B. bei der Chrysophyceengattung *Hydrurus*, deren im vegetativen Zustand unbewegliche Zellen in fadenbüscheligen Gallertkolonien leben (Abb. 6.8). Das bekannteste Beispiel für Kolonien von sehr unterschiedlicher Organisation sind die Volvocaceen. Bei diesen ist eine bestimmte Zahl von Zellen (2, 4, 8 bis 128) zu Kolonien in Form von Bändern, Platten, Kugeln oder Hohlkugeln vereinigt, die oft eine polare Differenzierung aufweisen. Die Zellen sind meist durch eine Gallerte miteinander verbunden, ihre Geißeln schlagen synchron. Im übrigen bleiben die Zellen bei den meisten Arten völlig unabhängig voneinander und lassen allenfalls nur eine sehr geringe, mit Arbeitsteilung verbundene Spezialisierung erkennen. Ihre Gleichwertigkeit kommt besonders darin zum Ausdruck, daß sie sämtlich zu selbständiger Fortpflanzung befähigt sind. Ein Zerfall der Kolonien in Einzelzellen ist daher leicht möglich. Für die höchst entwickelten Volvocaceen, die Arten der Gattung *Volvox*, trifft dies jedoch nicht mehr zu. Hier bilden bis zu mehrere tausend (*V. globator* bis 20000) mit zwei Geißeln, Augenfleck und Chloroplasten ausgestattete Zellen eine von Schleim erfüllte Hohlkugel (Abb. 6.10a). Von den durch breite Plasmabrücken miteinander verbundenen Zellen sind nur einzelne zur Bildung von Tochterkugeln befähigt, andere können Spermatozoide (in großer Zahl) oder Eizellen (in Einzahl) ausbilden (Abb. 6.10b). Die nicht in Fortpflanzungszellen umgewandelten oder in Tochterkugeln einbezogenen Zellen gehen nach Zerfall der Mutterkugel zugrunde (gesetzmäßiges Auftreten einer Leiche). Hier liegt daher nicht mehr eine Kolonie, sondern bereits ein vielzelliges Individuum vor. Die Volvocacee *Platydorina* bildet Kolonien mit deutlich differenziertem Vorder- und Hinterpol (Abb. 6.9).

Vielzellige Verbände stellen auch die *Aggregationsverbände* dar. Während aber bei den echten Vielzellern die Einzelzellen bereits von ihrer Entstehung her miteinander verbunden sind, wird bei den Aggregationsverbänden dieser Zusammenhalt erst später hergestellt. Bei den Chlorococcales *Pediastrum* (Abb. 6.11) und *Hydrodictyon*, dem bis

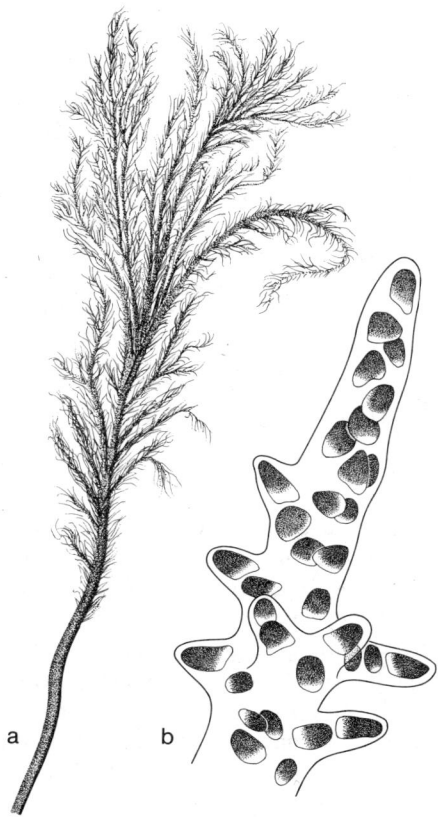

Abb. 6.8a, b. Hydrurus. (a) Ganze Pflanze. (b) Verzweigung. (a nach Rostafinski, b nach Berthold)

Abb. 6.9. Platydorina spec. (Chlorophyceae, Fam. Volvocaceae), Zellkolonie. Der in der Abbildung obere Pol ist bei der Fortbewegung nach vorn, der untere nach hinten gerichtet. (Nach Kofoid)

Abb. 6.10a, b Volvox globator (Chlorophyceae). (a) Kugel mit jungen Tochterindividuen. (b) Teil einer Kugel mit Eizellen und Spermatozoidenplatten. (a nach Klein, b nach Cohn, etwas verändert)

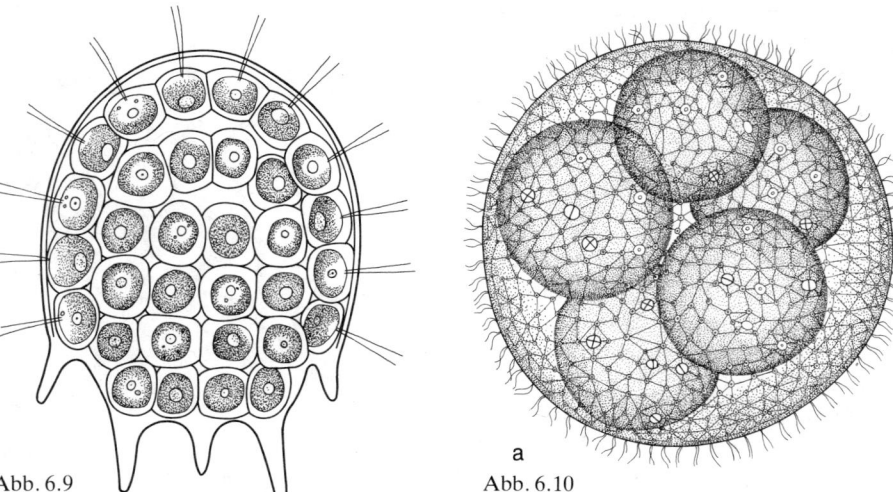

Abb. 6.9   Abb. 6.10

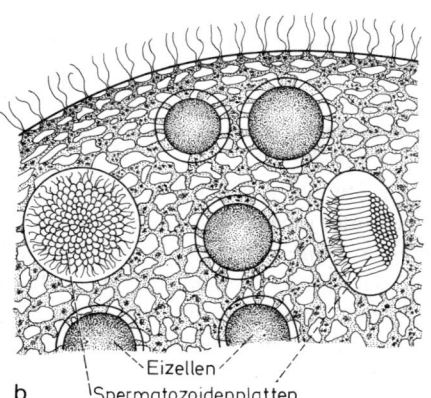

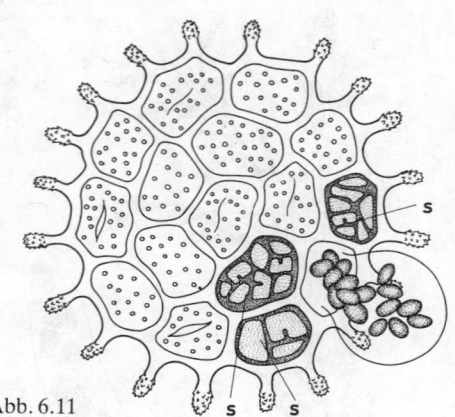
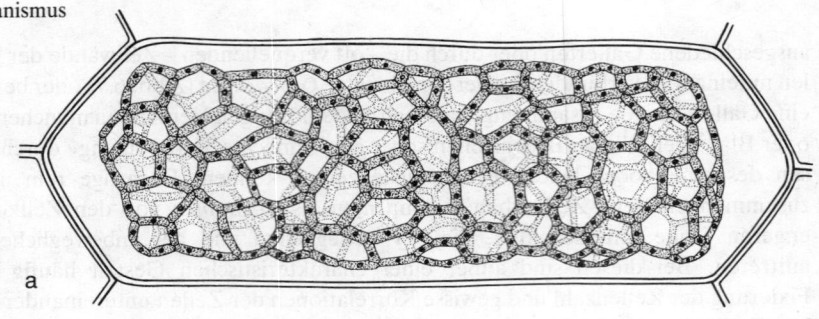

zu 50 cm langen, ein vielmaschiges Hohlnetz bildenden »Wassernetz« (Abb. 6.12), geschieht dies im Zuge der vegetativen Vermehrung. Die zahlreich in jeder Zelle entstehenden Zoosporen lagern sich schon innerhalb der Mutterzelle zu einem vielzelligen Verband zusammen, der nach dem Freiwerden aus der Mutterzelle ohne weitere Zellvermehrung heranwächst.

Durch Fusion zahlreicher, aus einem Sexualakt hervorgegangener Amöbozygoten bilden sich die *Fusionsplasmodien* der *Schleimpilze (Myxomycetes)*, amöboid bewegliche, nackte, vielkernige Protoplasmamassen, die jedoch durch eine gewisse Zonierung schon äußerlich eine hohe Organisation erkennen lassen. Ihre Vorderfront besteht gewöhnlich aus dichterem Protoplasma, während sie im hinteren Teil in ein Maschenwerk von Strängen aufgelöst sind (Abb. 6.13). Sie wachsen unter synchroner Teilung ihrer Kerne und können bis zu 30 cm Durchmesser erreichen. Die Plasmodien entwickeln sich nach einiger Zeit zu Sporangien (Fruchtkörper). Jeder Fruchtkörper ist von einer festen Hülle umgeben und bildet in seinem Inneren zahlreiche einkernige Sporen, wobei das zwischen den Sporen befindliche Plasma häufig zu einem Netz feiner Röhren oder Fäden, dem Capillitium, erstarrt.

Von den Fusionsplasmodien unterscheiden sich die *Pseudoplasmodien* der *Acrasiales* (z. B. *Dictyostelium*) dadurch, daß die nackten, amöbenartig sich bewegenden Einzelzellen zwar zu vielen Tausenden zusammenkriechen und sich in komplizierter Weise zu Fruchtkörpern formieren, dabei jedoch nicht miteinander verschmelzen. Dennoch fungiert das Pseudoplasmodium als Einheit, was z. B. bei der Fruchtkörperbildung in einer Spezialisierung der Zellen zum Ausdruck kommt. Die Fruchtkörper gliedern sich nämlich in einen zylindrischen Stiel und ein ovales Köpfchen, wobei ein Teil der Zellen eine Rinde bildet, ein anderer im Bereich des Köpfchens sich zu Sporen abrundet (Abb. 4.92, S. 378).

Abb. 6.11 Pediastrum granulatum. *Aggregationsverband, bis auf die drei in Aufteilung begriffenen Zellen (s) bereits entleert, eine Zelle entläßt eine Blase mit 16 Schwärmzellen (Geißeln nicht gezeichnet). (Nach Braun, aus Straßburger)*

Abb. 6.12 a–e. Hydrodictyon. *(a) Junges Netz in einer Zelle des Mutternetzes. (b) Maschenteil stärker vergrößert. (c) Teil einer alten Zelle mit Zoosporen. (d, e) Anordnung der Zoosporen zu einem neuen Netz. (a nach Klebs, verändert; b nach Engel, c–e nach Harper)*

6.2.2 Thallophyten

Von der Stufe der Protophyten ausgehend ist es in der Stammesgeschichte offenbar mehrfach und unabhängig innerhalb verschiedener Algen- und Pilzstämme zur Ausbildung eines *Thallus* gekommen, eines vielzelligen Vegetationskörpers mit arbeitsteiliger Spezialisierung der Zellen oder ganzer Zellverbände, d.h. Gewebe. Auch bei hoher gestaltlicher Differenzierung wird dabei jedoch der Bauplan der Cormophyten mit den drei in charakteristischer Weise miteinander verknüpften Grundorganen Sproßachse, Blatt und Wurzel ebensowenig erreicht wie die hochgradige anatomische Spezialisierung der Cormophytengewebe. Die in achsen-, blatt- und wurzelähnliche Elemente (Cauloide,

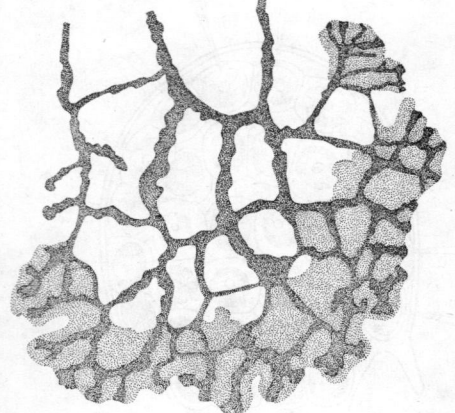

Abb. 6.13. Fusionsplasmodium des Schleimpilzes Didymium. *(Nach Smith)*

Phylloide und Rhizoide) gegliederten hochentwickelten Thalli mancher Algen (Abb. 6.14, 6.16) können zwar den Eindruck eines echten Cormus (s. unten) erwecken, besitzen jedoch einen völlig anderen Grundaufbau als dieser und entwickeln sich auch in anderer Weise (vgl. z. B. die Ausgliederung der Phylloide in Abb. 6.16b). Eigentliche Festigungsgewebe fehlen den Thalli zumeist. Sie lagern daher, sofern sie nicht – wie die im Wasser lebenden Algen – durch den Auftrieb gehalten werden, gewöhnlich mehr oder minder flach am Boden (»Lagerpflanzen«).

Thalli sind vielzellige Vegetationskörper mit einem schon aus der Entstehung des Zellverbandes durch Zellteilungen herrührenden festen Zusammenhalt der Zellen durch gemeinsame feste Zellwände aus Cellulose oder Chitin.

Fadenthalli. Die einfachste Form der Thallusbildung zeigt sich in der Entwicklung *einreihiger Zellfäden.* Sie ergibt sich aus der gleichsinnigen Orientierung der Teilungsspindeln bei allen aufeinanderfolgenden Zellteilungen. Die Festheftung eines der beiden Fadenenden, das zu einem Haftorgan (Rhizoid) wird, bedeutet bereits eine *polare Differenzierung.* Diese tritt noch stärker in Erscheinung, wenn sich die Zellteilungsaktivität nicht mehr gleichmäßig auf alle Fadenzellen erstreckt, sondern sich mehr und mehr auf das freie Fadenende oder sogar auf die Spitzenzelle allein beschränkt, die dann als *einschneidige Scheitelzelle* Tochterzellen nach hinten abgibt (Abb. 4.86, S. 375). Die Bildung *mehrzellreihiger* wie auch *verzweigter Fäden* setzt demgegenüber einen mehr oder minder regelmäßigen Wechsel der Teilungsrichtungen voraus. Bei der Verzweigung hat man dabei zwischen *gabeliger Verzweigung* durch Längsteilung der Scheitelzelle (*Dichotomie*) und *seitlicher Verzweigung* zu unterscheiden. Letztere kann ihren Ausgang ebenfalls von einer Teilung der Scheitelzelle oder aber – unter Ausbildung neuer Scheitelzellen – von weiter hinten gelegenen Zellen (subapikale Verzweigung) nehmen. Dabei ergibt sich häufig eine regelmäßige longitudinale Gliederung in verzweigte Nodien (Knoten) und in Internodien (Abb. 6.15).

Sowohl bei den Grünalgen (z. B. *Vaucheria, Caulerpa*) als auch – und zwar fast durchgehend – bei den Niederen Pilzen gibt es thallöse Formen, die zwar vielkernig sind,

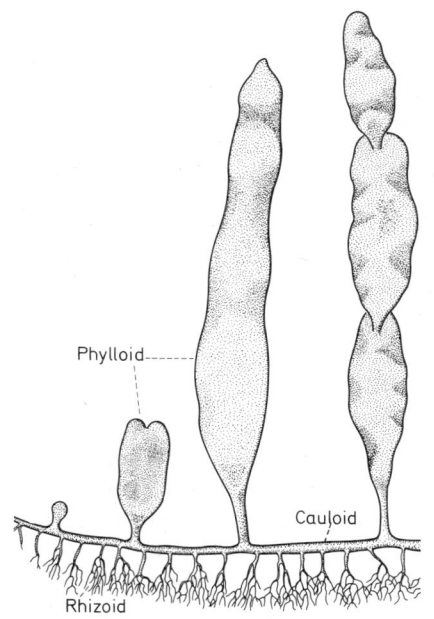

Abb. 6.14. Caulerpa prolifera (Chlorophyceae). Thallus mit Phylloiden, Cauloid und an Wurzeln erinnernden Rhizoiden. (Nach Reinke aus Warming u. Graebner)

Abb. 6.15a, b. Thallus einer Armleuchteralge (Chara). (a) Habitus; Gliederung in Knoten und Internodien. (b) Längsschnitt durch die Thallusspitze mit Scheitelzelle. (a nach Haupt, b nach Sachs)

Abb. 6.16a, b. Braunalgenthalli. (a) Sargassum; Thallus in Cauloid und Phylloide gegliedert. (b) Macrocystis planicaulis; die Gliederung des Thallus kommt dadurch zustande, daß die anfänglich (an der Spitze) einheitliche Fläche in einzelne blattartige Segmente (Phylloide) zerfällt, die einem achsenartigen Körper (Cauloid) einseitig ansitzen. (a nach Oltmanns, b nach Agardh)

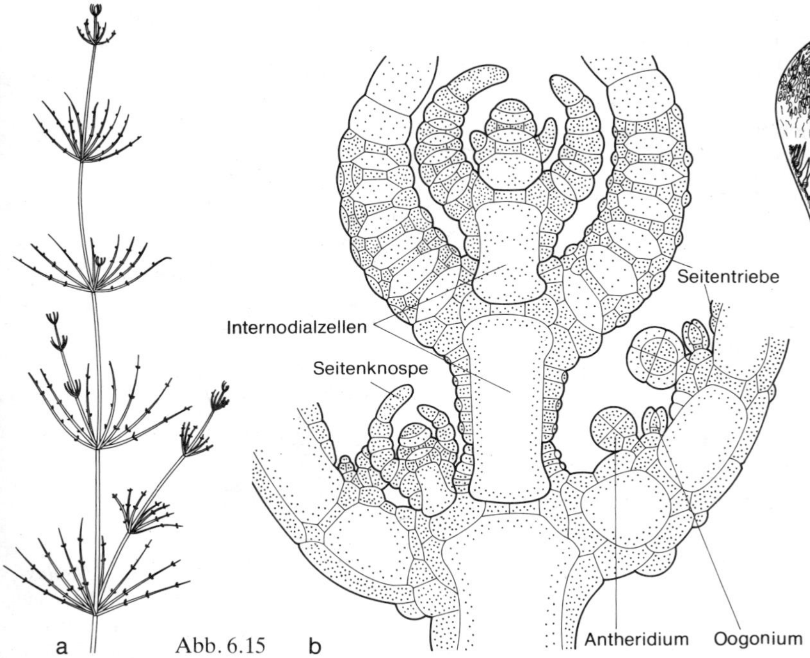

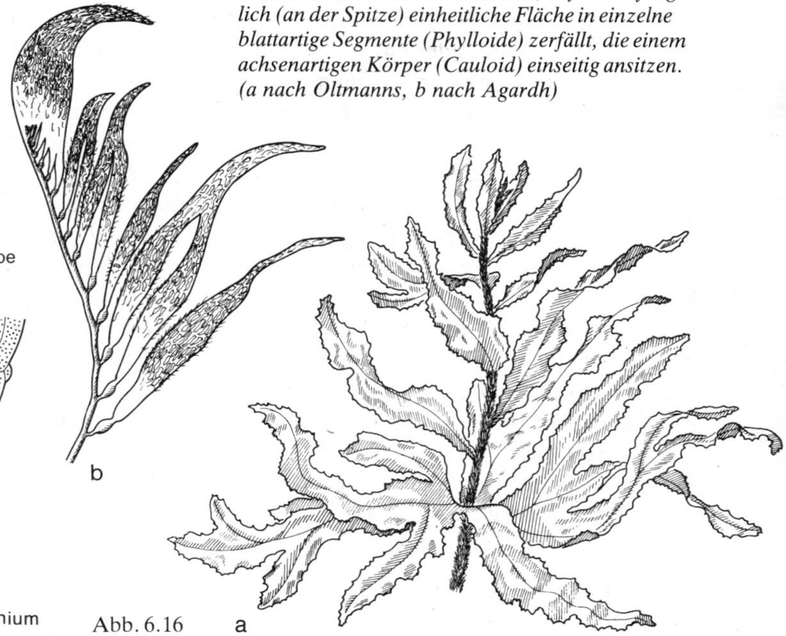

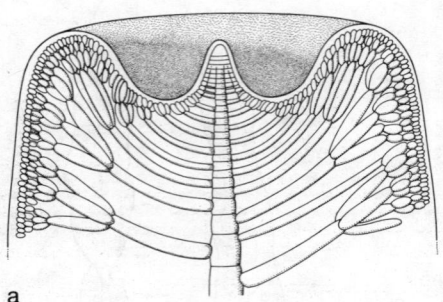
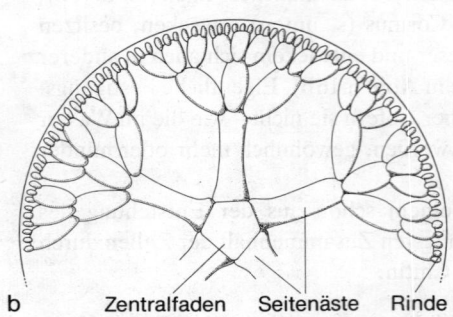
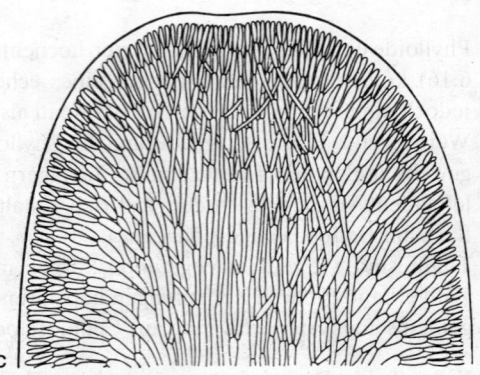

Abb. 6.17 a–c. Thallusbau der Rotalgen. (a, b) Zentralfadentypus, Chondria tenuissima. Scheitel eines Thallusastes (a) im axialen Längsschnitt, (b) im Querschnitt, schematisch. (c) Springbrunnentypus, Scheitel eines Thallusastes von Furcellaria fastigiata im axialen Längsschnitt. (a nach Thuret u. Falkenberg, b nach Falkenberg, c nach Oltmanns)

von einer Unterteilung in Zellen durch Zellwände jedoch »keinen Gebrauch machen«. Man darf jedoch annehmen, daß jedem der zahlreichen Kerne ein entsprechendes Plasmaareal zukommt, und spricht daher von *polyenergider Organisation*. Der äußeren Gestalt nach handelt es sich meist um fädig-verzweigte Organismen (*Vaucheria*); demgegenüber ist der polyenergide Thallus von *Caulerpa* in kriechsproßartige Cauloide, Rhizoide und einige Dezimeter lang werdende, blattartig abgeflachte Phylloide gegliedert (Abb. 6.14).

Plectenchyme und Pseudoparenchyme. Durch Verflechtung und nachträgliche (postgenitale) Vereinigung von Zellfäden – z. B. unter Verquellung der Zellwände zu wasserunlöslichen Gallerten – können sowohl bei den Höheren Pilzen als auch bei Rotalgen höher organisierte Verbände zustandekommen, die man als *Plectenchyme* (»Flechtgewebe«) bezeichnet. Ist die Verflechtung besonders dicht und kommt es dabei zu einer Verwachsung der einzelnen Zellfäden, so spricht man von *Pseudoparenchym*, weil ein Querschnitt durch einen derartigen Zellfadenverband sehr stark dem Gewebe höher organisierter Pflanzen ähnelt. Bei den Rotalgen kann man nach der für die innere Struktur der Plectenchyme maßgebenden *dichotomen* oder *monopodialen* Verzweigungsweise zwischen einem *Springbrunnentypus* (Abb. 6.17c) und einem *Zentralfadentypus* (Abb. 6.17a, b) unterscheiden. Durch den dichten Zusammenschluß der äußersten Verzweigungen und die ausgeschiedenen Gallerten entstehen dabei sehr einheitliche »Hautschichten«. Bei den Delesseriaceen wachsen in bestimmten Thallusabschnitten die zweizeilig angeordneten Äste eines Zentralfadens sogar schon von ihrer Ausgliederung her miteinander vereinigt, so daß gleichförmig strukturierte, blattartige Gebilde entstehen (Abb. 6.18). Der entwicklungsgeschichtliche Zusammenhang ist jedoch noch daraus ersichtlich, daß jeweils nur die Zellen ein und desselben Astes durch Tüpfel miteinander verbunden sind.

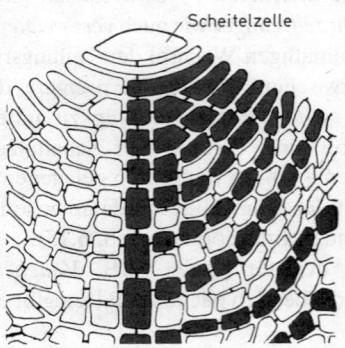

Abb. 6.18. Rotalge Grinnellia americana. Spitze des zweidimensionalen, einschichtigen blattartigen Thallus; Zentralfaden und Seitenfäden 1. Ordnung dunkelgrau. (Nach Smith, verändert)

Auch die Höheren Pilze vermögen aus ihren fädigen *Hyphen* – in ihrer Gesamtheit *Mycelium* genannt – unter bestimmten Bedingungen Plectenchyme zu bilden (Fruchtkörper!).

Plectenchyme bis Pseudoparenchyme liegen auch bei den *Flechten (Lichenes)* vor, deren krustenartige, lappige oder strauchförmig verzweigte Thalli einen symbiotischen Verband von Pilzhyphen und einzelligen Algen (Grünalgen, Blaualgen) darstellen. Die allein assimilatorisch tätigen Algenzellen finden sich gewöhnlich von Pilzhyphen umsponnen in den lockeren plectenchymatischen Schichten des Marks (Abb. 6.19, Algenschicht). Sie werden mit Hilfe von Haustorialhyphen vom Pilz ausgebeutet, der ihnen andererseits durch die Quellhyphen der pseudoparenchymatischen Rindenschichten die Wasser- und Mineralsalzversorgung sichert und einen gewissen Schutz bietet.

Gewebethalli. Die höchstentwickelten Braunalgen besitzen echte, mehr oder minder kompakte Gewebe, die aus einer ein- oder mehrschneidigen Scheitelzelle oder sogar einer

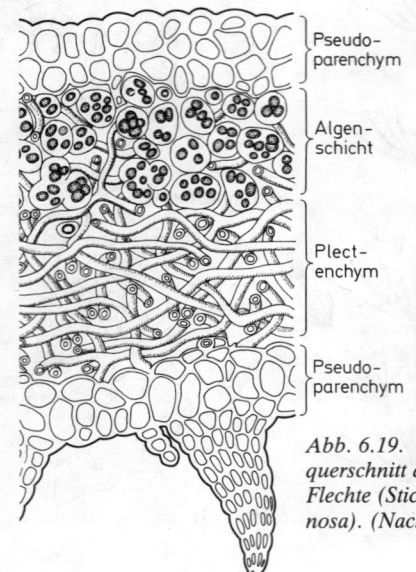

Abb. 6.19. Thallusquerschnitt durch eine Flechte (Sticta fuliginosa). (Nach Sachs)

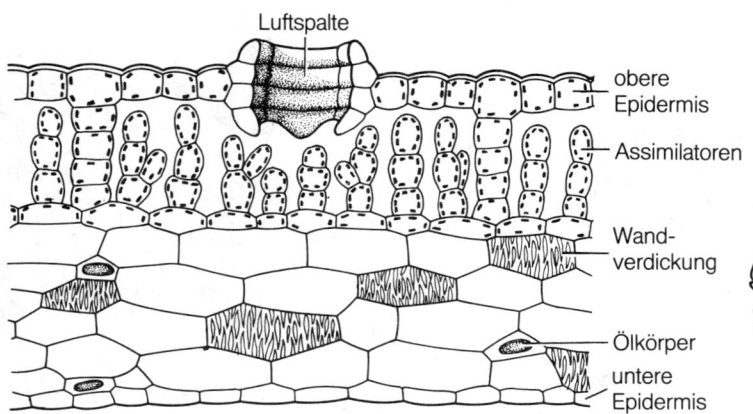

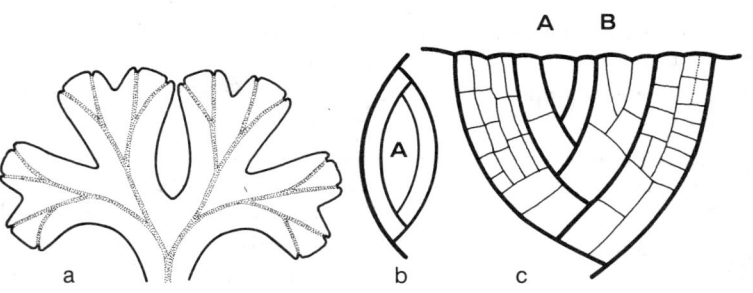

Abb. 6.20. Querschnitt durch den Thallus von Marchantia polymorpha (Brunnenlebermoos). (Nach Mägdefrau aus Strasburger)

Abb. 6.21 a–c. Gabelige (dichotome) Verzweigung beim Lebermoosthallus. (a) Thallus von Riccia rhenana (Landform). (b, c) Vegetationsscheitel von Metzgeria furcata, (b) in Scheitelansicht der zweischneidigen Scheitelzelle (A) und ihrer beiden ersten Deszendenten, (c) in Flächenansicht im Zeitpunkt der Gabelung; B, die neue Scheitelzelle, die in einem von A abgegliederten Segment entsteht. (a nach Klingmüller, b, c nach Kny)

Scheitelkante aus mehreren Initialzellen entstehen. Verschiedentlich erfolgt dabei eine Spezialisierung in Assimilationsgewebe und Speicherzellen, primitives Festigungsgewebe und leitende (z. B. siebzellenartige) Elemente.

Als Gewebethalli sind auch die treffend als *Prothallien* bezeichneten Gametophyten der Farngewächse (*Pteridophyta*) zu betrachten (Abb. 3.52, S. 281). Den kompliziertesten Aufbau unter den Thallophyten zeigen die *Moose (Bryophyta)*. Ihnen wird daher vielfach eine Zwischenstellung zwischen den Thallophyten und Cormophyten zugeschrieben. In ihrer einfachsten Gestalt bieten sie sich innerhalb der Klasse der *Lebermoose (Hepaticae)* als flache, bandartige, gabelig verzweigte Thalli (Abb. 6.21a) von dorsiventralem, bisweilen aber kompliziertem Bau (Abb. 6.20) dar.

Auch bei diesen vielschichtigen Thalli geht das Wachstum von einer Scheitelzelle aus, die keilförmig ist und zweischneidig abwechselnd nach rechts und links Segmente abgliedert, welche sich weiter teilen (Abb. 6.21b, c). Die Mehrzahl der Lebermoose weist jedoch eine Gliederung des Thallus in stengelartige Organe und zwei Reihen flankenständiger Blättchen auf (oft mit einer dritten Reihe kleinerer Blättchen auf der Unterseite). Die meisten *Laubmoose (Musci)* sind demgegenüber radiärsymmetrisch und tragen drei Zeilen gleichartiger Blättchen (Abb. 623a). In beiden Fällen wird die Stengelspitze von einer umgekehrt-pyramidenförmigen Scheitelzelle eingenommen, die in regelmäßigem Wechsel basalwärts Segmente abgibt. Außer bei den nur zweizeilig beblätterten Lebermoosen liefert jedes Segment bei der weiteren Aufteilung die Anlage eines Blättchens und oft auch eines Seitenzweiges (Abb. 6.22). Letzterer entsteht bei den Laubmoosen stets unter, bei den Lebermoosen oft neben den Blättchen. Die Blättchen wachsen zumindest anfänglich mit zweischneidiger Scheitelzelle, bilden aber bei den Laubmoosen im medianen Bereich durch Aufteilung der Segmente oft eine mehrschichtige Mittelrippe aus. In dieser kann sogar ein primitiver Leitstrang differenziert sein, der an einen zentralen Leitstrang im Stengel anschließt. Auch der Stengel erreicht bei den Laubmoosen einen hohen Grad der Differenzierung. Er läßt oft eine Zonierung durch die Ausbildung verschiedener Gewebe erkennen (Abb. 6.24), wobei der im Zentrum verlaufende Leitstrang sowohl festigende als auch der Wasser- und der Assimilatleitung dienende Elemente umfassen kann. Die Funktion der Wurzeln wird – soweit bei den Moosen überhaupt erforderlich – durch einzellige (fast alle *Hepaticae* sowie *Anthocerotatae*) oder einzellreihig-verzweigte (*Musci*) Trichomrhizoide übernommen. Das Wasser wird weniger in den Rhizoiden selbst als capillar zwischen den zahlreichen, parallel verlaufenden und daher dochtartig wirkenden Rhizoiden geleitet. Vornehmlich dienen die Rhizoiden jedoch der Befestigung am Boden.

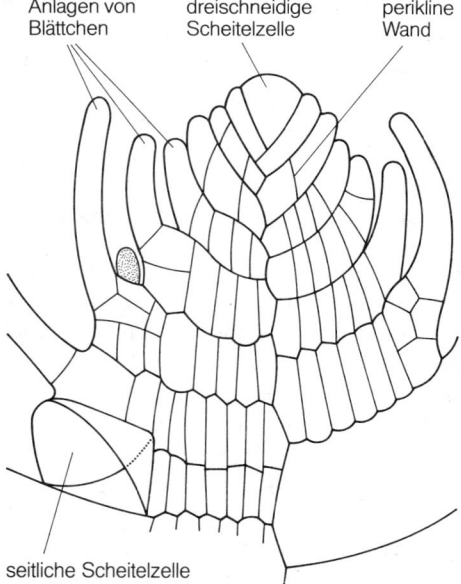

Abb. 6.22. Längsschnitt durch den Vegetationsscheitel eines Laubmooses (Fontinalis antipyretica). Jedes von der dreischneidigen Scheitelzelle abgegebene Segment gliedert sich durch eine perikline Wand in eine innere und eine äußere (Rinden-)Zelle. Letztere erzeugt Rindengewebe und ein Blättchen. Seitensprosse entstehen von Zeit zu Zeit unterhalb der Blättchen durch Ausbildung dreischneidiger Seitenscheitel. (Nach Leitgeb)

6.2.3 Cormophyten: Anpassungen des Cormus an Lebensweise und Lebensraum

Der Bau der Cormophyten, der höchsten morphologischen Organisationsstufe der Sporophyten im Pflanzenreich, wurde im Zusammenhang mit der Struktur ihrer Gewebe bereits im Kapitel 5 geschildert (S. 404f.). Hier wollen wir uns noch mit dem Problem des Wechselspiels der Wuchsform mit der Umwelt beschäftigen, ein Abschnitt, der die Betrachtung der Gesamtstruktur pflanzlicher Organismen mit der Ökologie verbindet. In Anpassung an die verschiedenen Lebensbedingungen ist die Gestalt des Vegetationskörpers und der anatomische Bau seiner Organe bei den verschiedenen Pflanzensippen in mannigfacher Weise abgewandelt. Besonders augenfällig sind die gestaltlichen und anatomischen Anpassungen an die unterschiedliche Wasserversorgung der Angiospermen an den einzelnen Standorten.

Wasserpflanzen. Starke Vereinfachungen in anatomischer Hinsicht ergeben sich für die untergetaucht (submers) lebenden *Wasserpflanzen* (Hydrophyten), die Wasser und die darin gelösten Nährsalze, Kohlendioxid und Sauerstoff durch ihre gesamte Oberfläche (bisweilen aber auch durch besondere Zellen der Epidermis) aufnehmen können. Sie bedürfen demgemäß keiner der Wasserleitung dienenden Gefäße und keiner Spaltöffnungen. Die Außenwände der Epidermis bleiben dünn und sind nur mit einer zarten Cuticula versehen. Demgegenüber ist die resorbierende Oberfläche häufig durch Zerteilung der zarten Blattorgane stark vergrößert. Bei den halb untergetaucht lebenden Wasserpflanzen ergibt sich daraus häufig eine Verschiedenheit zwischen den untergetauchten, stark zerteilten Wasserblättern und den schwimmenden oder in die Luft ragenden Blättern, die weniger geteilt oder ungeteilt sind (*Heterophyllie*, z. B. beim Wasserhahnenfuß, Abb. 6.25). Soweit es sich bei den Wasserpflanzen um untergetauchte oder schwimmende Organe handelt, benötigen sie wegen der Wirkung des Auftriebs auch keinerlei Festigungsgewebe. Dagegen sind bei Wasser- wie auch bei Sumpfpflanzen gewöhnlich große, luftgefüllte Interzellularsysteme entwickelt (Abb. 6.26). Diese Durchlüftungsgewebe (*Aerenchyme*) dienen sowohl einer regeren Gasdiffusion als auch einer Erhöhung des Auftriebs. Den Wurzeln kommt weithin nur noch eine Haltefunktion zu, bei den schwimmenden Wasserpflanzen fehlen sie oft ganz.

Landpflanzen. Bei den Landpflanzen unterscheidet man hinsichtlich des Wasserhaushaltes zwischen *Hygrophyten*, *Mesophyten* und *Xerophyten*.
Die *Hygrophyten* erinnern als Pflanzen feuchter – oft zugleich auch schattiger – Standorte in manchen Baueigentümlichkeiten an Wasserpflanzen und verfügen vor allem über transpirationsfördernde Einrichtungen. Ihre oft großen und zarten Blätter besitzen zartwandige Epidermen mit lebenden Haaren und oft papillenartig vorgewölbten Zellen sowie über die Epidermis emporgehobenen Spaltöffnungen (Abb. 6.27). Darüber hinaus machen sie in stärkerem Maße von der auch bei Mesophyten gegebenen Möglichkeit der aktiven Abscheidung tropfbaren Wassers (*Guttation*) durch an Blattzähnen und -spitzen gelegene *Hydathoden* Gebrauch.
Die an trockenen Standorten mit meist starker Sonneneinstrahlung wachsenden *Xerophyten* sind dagegen durch die Ausbildung transpirationshemmender Einrichtungen gekennzeichnet. Dazu gehören Epidermen mit stark verdickten Außenwänden und dicker Cuticula sowie Überzügen aus Wachs bzw. harzartigen Stoffen (»lackierte Blätter«), dichte Behaarung, ferner die Einsenkung der Stomata (einzeln oder in Gruppen) sowie die Ausbildung sklerenchymatischer Gewebepartien (z. B. subepidermaler Sklerenchymschichten) in den Blättern (*Hartlaubgewächse*) und äquifazialer Blattbau (S. 420). In ihrer Gestalt sind Xerophyten häufig an der geringen Größe der oft zur Unterseite eingerollten Blätter (Rollblätter) zu erkennen, wobei die Anzahl der Blätter recht groß sein kann

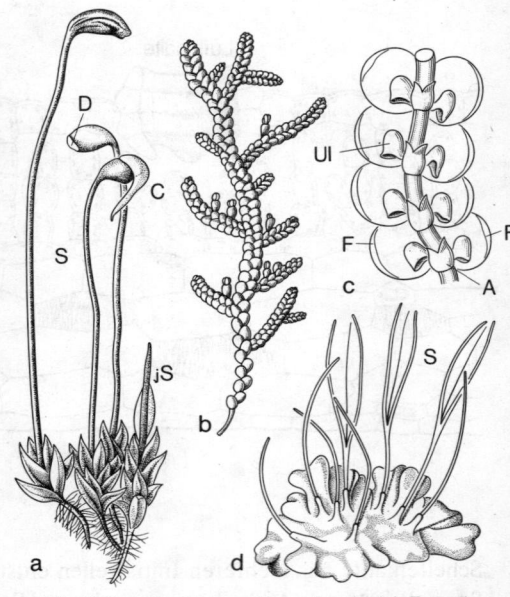

Abb. 6.23 a–d. Moose (Bryophyta). (a) Funaria hygrometrica (Laubmoose, Musci), gametophytische »beblätterte« Moospflanze mit entwickelten Sporenkapseln (Sporophyten S); D, Deckel der Sporenkapsel; C, Calyptra (Rest des Archegoniums); jS, junges Sporogon. (b, c) Beblätterte Lebermoose (Hepaticae, Jungermanniales): (b) Madotheca platyphylla, gametophytische Moospflanze, (c) Frullania dilatata, Abschnitt eines »beblätterten Stengels« von der Unterseite; A, Amphigastrien, d. h. Blättchen einer dritten, unterseitigen »Blattzeile«; Ul, zu helmförmigen »Wassersäckchen« ausgebildete Unterlappen der Flankenblättchen (F). (d) Hornmoos, Anthoceros spec. (Anthocerotae), Thallus mit schotenartig sich öffnenden Sporogonen (S). (a aus Walter, b, c nach Lorch, d nach Mägdefrau)

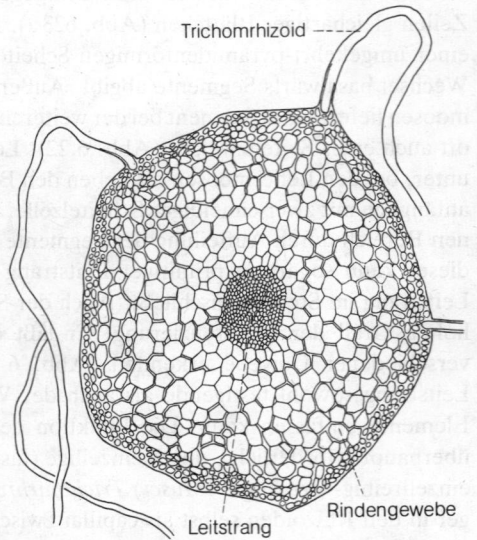

Abb. 6.24. Querschnitt durch das Stämmchen eines Laubmooses (Mnium). (Aus Strasburger)

(»ericoider«, d.h. an Ericaceen erinnernder Habitus, z.B. die alpine *Loiseleuria*). Nicht selten fallen die Blätter frühzeitig ab oder sind weitgehend reduziert, so daß die Sproßachsen die eigentlichen Assimilationsorgane darstellen (Rutensträucher, z.B. der Ginster, *Genista*).

Sukkulenten. Vielfach werden wasserspeichernde Gewebe in den Blättern oder Sproßachsen, seltener in Wurzeln, ausgebildet. Wegen ihrer fleischig-saftigen Beschaffenheit nennt man solche Pflanzen *Sukkulenten* und unterscheidet Blatt-, Stamm- oder Wurzelsukkulenz. Beispiele für *Blattsukkulenz* findet man z.B. unter den auch in Mitteleuropa vorkommenden Dickblattgewächsen (*Crassulaceae*). Für die *Stammsukkulenz* liefern die *Kakteen* das klassische Beispiel. Hier geht mit der auf primäres Dickenwachstum zurückzuführenden starken Verdickung der Rinde ein frühzeitiges Abfallen der Blätter oder häufiger deren Umbildung zu Blattdornen und ferner eine weitgehende Reduktion der Verzweigung einher. Letztere kommt dadurch zustande, daß alle Achselknospen sich zu dornigen Polstern (Areolen) entwickeln (Abb. 6.28). Dieser Kakteenhabitus tritt jedoch nicht nur bei den *Cactaceae* auf, sondern hat sich bei zahlreichen, in Trockengebieten lebenden Vertretern ganz verschiedener Verwandtschaftskreise (z.B. *Asclepiadaceae*, *Euphorbiaceae*, *Compositae*) in Anpassung an die Standortbedingungen herausgebildet und stellt damit ein eindrucksvolles Beispiel für *parallele Entwicklung* dar. Die Kakteendornen dienen oft der Aufnahme von Wasser (Tau).

Lianen und Epiphyten. Andere sehr ausgeprägte Anpassungserscheinungen ermöglichen die Lebensweise der mit windenden Langtrieben, Sproß- oder Blattranken oder Haftwurzeln kletternden *Lianen* und der auf anderen Pflanzen, namentlich Holzgewächsen, sich ansiedelnden *Epiphyten*. Hier handelt es sich vor allem um die optimale Lichtexposition der Assimilationsorgane in dichten Beständen, und zwar ohne großen Stoffaufwand, wie er bei der Bildung großer Stämme notwendig ist. Problematisch ist bei Lianen und vor allem bei Epiphyten die Beschaffung des Wassers und der Nährsalze, wozu im wesentlichen Luftwurzeln oder Blatt-Trichter (z.B. bei den Bromeliaceen) dienen.

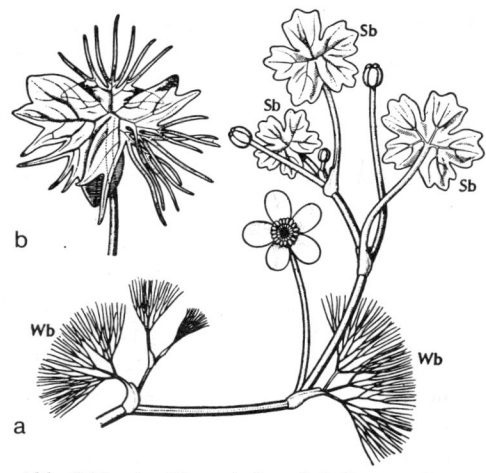

Abb. 6.25a, b. Wasserhahnenfuß, Ranunculus aquatilis. (a) Blühender Sproß mit Wasserblättern (Wb) und Schwimmblättern (Sb). (b) Übergangsblatt mit Spreite, die die Merkmale von Wasser- und Schwimmblättern in sich vereinigt. (Aus Troll)

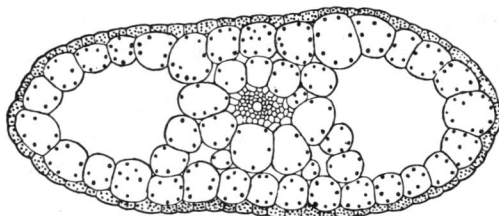

Abb. 6.26. Querschnitt durch das Blatt der submersen Wasserpflanze Zanichellia palustris. Vergr. 140:1. (Nach Schenck aus Strasburger)

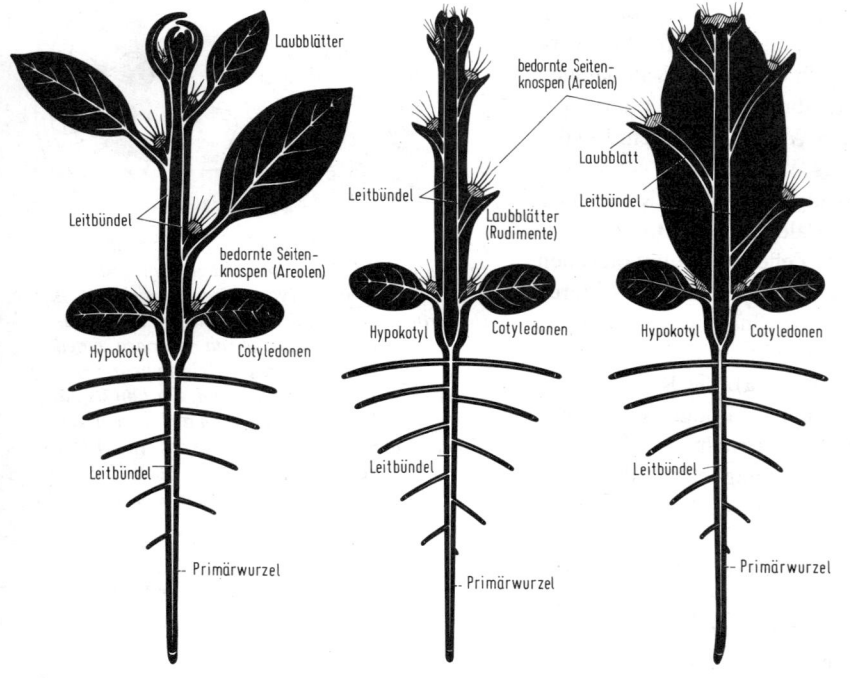

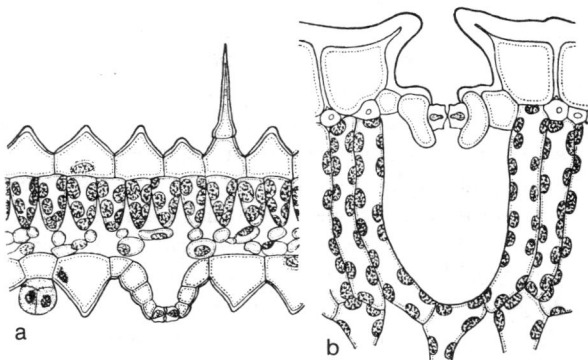

Abb. 6.27. (a) Querschnitt durch ein Blatt der Schattenpflanze Ruellia portellae mit weitlumigen Epidermiszellen und einer emporgehobenen Spaltöffnung auf der Unterseite. (b) Querschnitt durch ein Blatt von Hakea suaveolens mit einer Spaltöffnung auf der Oberseite, über der ein Vorhof als windstiller Raum ausgebildet ist. (a aus Strasburger, b nach Haberlandt)

◀ *Abb. 6.28. Ableitung der Kakteenform, schematisch. (Aus Troll)*

564 Strukturelle und funktionelle Integration im Gesamtorganismus

Parasiten, Mycorrhizapflanzen und Carnivoren. Für Pflanzen mit *parasitischer* Lebensweise können starke Vereinfachungen in der Gestalt und im anatomischen Bau des Vegetationskörpers als gemeinsames Kennzeichen gelten. Am wenigsten treten sie bei den *Halbparasiten* in Erscheinung. Diese vermögen sich durchaus noch mit Hilfe ihrer Assimilationsorgane – also vor allem der Blätter – selbständig zu ernähren, zapfen aber mit besonderen Kontaktorganen (Haustorien) ihres Wurzelsystems die Wurzeln (*Wurzelparasiten:* Wachtelweizen, *Melampyrum,* und andere Scrophulariaceae; *Thesium,* Leinblatt, Santalaceae) oder die Sproßachsen (*Sproßparasiten:* Mistel, *Viscum album,* Loranthaceae, Abb. 6.30) anderer Pflanzen an und entziehen diesen Wasser und Nährsalze, teilweise aber auch organische Stoffe. Bei *Hyobanche* (Scrophulariaceae) und *Orobanche* fand man, daß Haustorien an Schuppenblättern gebildet werden können. Den *Vollparasiten* fehlen im Unterschied zu den Halbschmarotzern laubige Blattorgane. Soweit überhaupt vorhanden, stellen die Blätter schuppenförmige Organe dar (Abb. 6.29b, c), welche ebenso wie die ganze Pflanze kein oder nur wenig Chlorophyll besitzen. Die Vollparasiten sind daher mit ihrer Ernährung völlig von der Wirtspflanze abhängig, der sie sowohl Wasser und Nährsalze als auch organische Substanzen entziehen können. Vollparasiten sind die auf Wurzeln, z. B. von Klee, parasitierenden Sommerwurzarten (*Orobanche,* Abb. 6.29b); die *Cuscuta*-Arten (Teufelszwirn, Flachs- und Kleeseide), die ihre Wirtspflanzen umwinden (Abb. 6.29c, d), bilden im erwachsenen Stadium keine Wurzeln, sondern sproßbürtige Haustorien, welche in die Wirtspflanze eindringen. Dabei sprossen aus dem Haustorium einzelne pilzhyphenähnliche Zellen, welche durch das Wirtsgewebe vordringend Anschluß an die wasserleitenden Elemente und Siebröhren der Leitbündel suchen (Abb. 6.29e), wonach sich dann im Haustorium gleichfalls Leitelemente ausbilden. Manche Vollparasiten (*Pilostyles, Rafflesia*) bleiben mit ihrem Vegetationskörper gänzlich innerhalb der Wirtspflanze. Sie sind hier nicht mehr cormophytenartig gestaltet, sondern durchwuchern das Wirtsgewebe mit fadenartigen Zellsträngen und lassen sich allein durch die aus der Wirtspflanze hervorbrechenden Blüten als Blütenpflanzen erkennen.

Bei den *Mycorrhizapflanzen* liegen Symbiosen zwischen Höheren Pflanzen und im Boden lebenden Pilzen vor. Dabei können die Pilze die Wurzel mit einem Mycelmantel überziehen, von dem aus Hyphen unter Auflösung der Mittellamellen zwischen die Zellen der äußersten Schichten der Wurzelrinde vordringen, wo sie ein interzelluläres Netzwerk (Hartig-Netz) bilden. Diese *ektotrophe Mycorrhiza* findet sich bei vielen Waldbäumen (Buche, Kiefer, Fichte u. a.), bei denen die Pilzhyphen in starkem Maße oder sogar ausschließlich die Leitung von Wasser und Mineralsalzen zum Wirt übernehmen. Bei der *endotrophen Mycorrhiza* lebt der Pilz innerhalb der Zellen des Wirtsgewebes, von wo aus er einzelne Hyphen in den Boden entsendet. Zwischen ekto- und endotropher Mycorrhiza gibt es alle Übergänge, so vor allem die bei bestimmten Waldbäumen (Birke, Espe) auftretende *ektendotrophe Mycorrhiza.* Soweit Hyphen in die Zellen der tiefergelegenen Schichten der Wurzelrinde eindringen, werden sie von den Wirtszellen verdaut. Durch diesen Vorgang (der als eine gegen den Pilz gerichtete Abwehrmaßnahme zu deuten ist) eignet sich der Wirt zugleich die für ihn verwendbaren Nährstoffe des Pilzes an. Manche Orchideen, wie die Vogelnestwurz (*Neottia nidus-avis,* Abb. 6.29a), die Korallenwurz (*Corallorhiza*) und der Widerbart (*Epipogium*), die nur schuppenförmige Blattorgane und allenfalls inaktives Chlorophyll besitzen, sind gänzlich auf die Ernährung durch eine endotrophe Mycorrhiza angewiesen. Ähnliches gilt für den völlig chlorophyllosen, bleichen Fichtenspargel (*Monotropa hypopitys,* Pyrolaceae), der ein stärker verzweigtes Wurzelsystem und eine ektendotrophe Mycorrhiza ausbildet.

Den *Carnivoren* (Insektivoren) ist gemeinsam, daß sie kleine Tiere (meist Insekten) fangen, festhalten und mit Hilfe von Verdauungsenzymen, welche meist von besonderen Drüsen sezerniert werden, verdauen können. Dabei kommt es in erster Linie auf den Gewinn von Stickstoff an, denn die carnivoren Pflanzen leben weithin auf stickstoffarmen

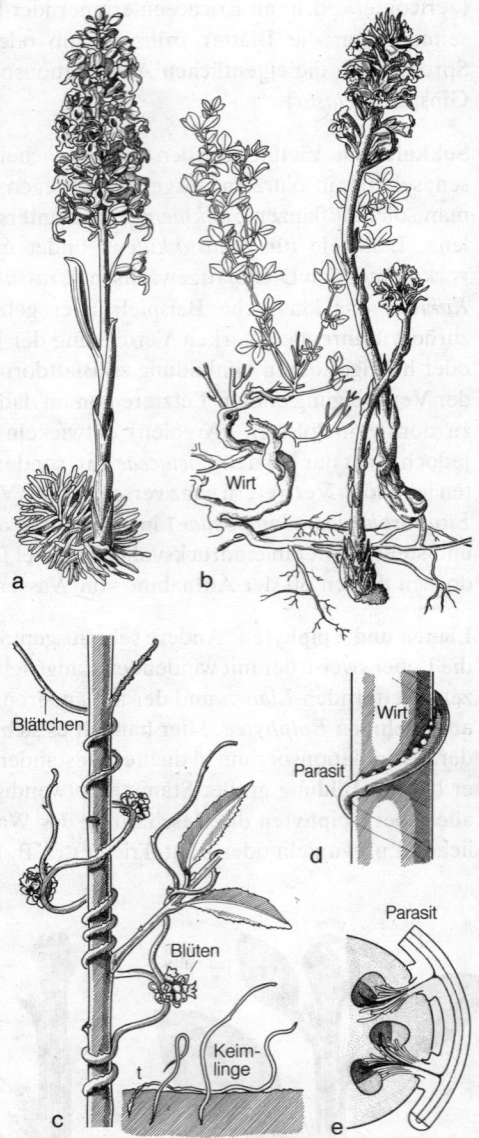

Abb. 6.29a–e. Parasitische Angiospermen. (a) Neottia nidus-avis, mit waagrechtem Rhizom, aus dem zahlreiche Mycorrhizen entspringen. (b) Orobanche gracilis, den Wurzeln der Wirtspflanze aufsitzend. (c) Cuscuta europaea, einen Weidenzweig umschlingend; Keimlinge in verschiedenen Entwicklungsstadien, der längste auf dem Boden kriechend und vorn auf Kosten des absterbenden Teils t weiterwachsend. (d, e) Haustorienbildung von Cuscuta. (a, b nach Hegi aus Troll, c nach Noll aus Strasburger, d, e aus Troll)

Moorböden oder als Epiphyten. Die Fallen sind stets entsprechend abgewandelte Blätter oder Teile von Blättern. Bei der Venusfliegenfalle (*Klappfalle*) und dem Sonnentau (*Klebfalle*) ist der Tierfang mit seismonastischen (S. 645f.) bzw. chemonastischen und chemotropischen Bewegungen der Blattspreitenhälften oder ihrer Emergenzen (Tentakeln) verbunden. Die *Saugfallen* der submers in stehenden Gewässern wachsenden Wasserschlaucharten sind blasenartig entwickelte Fiederblattzipfel mit einer kleinen Öffnung, die von einer nach innen beweglichen Klappe verschlossen ist. Die Blasenwände sind vor der Saugbewegung stark nach innen eingedellt und stehen unter Spannung, weil ein Teil des in den Blasen enthaltenen Wassers von Drüsen in der Blasenwandung aufgenommen und nach außen abgegeben wird. An der Außenseite der Klappe sitzen einige Borsten, welche als Hebel wirken und die Klappe öffnen, sobald ein kleineres Wassertier dagegenstößt. Dieses wird dann mit einem Wasserstrom in die Blase hineingesogen. Bei den *Fallgruben* handelt es sich stets um schlauchförmig entwickelte Spreiten oder Spreitenteile, deren Öffnung von einem Deckel überwölbt (z. B. Kannenpflanzen, *Nepenthes*) oder auch stark verengt sein kann. Dadurch werden die durch auffällige Färbung oder Duftstoffe angelockten Insekten am Herausfliegen gehindert, während ein Herauskriechen durch die glatten, oft mit Widerhaken ausgestatteten Innenwände erschwert wird. Die *Reusenfallen* von *Genlisea* besitzen lange, schraubig gewundene bzw. röhrige Zugänge, die innen mit Reihen einwärts gerichteter Borsten besetzt sind, welche wohl ein Hereinkriechen kleiner Tiere gestatten, ein Verlassen der Falle jedoch unmöglich machen.

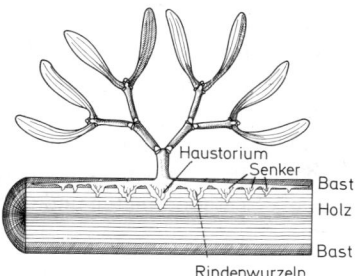

Abb. 6.30. *Viscum album*, auf einem Wirtsast; vom primären Haustorium gehen im Bast Rindenwurzeln aus und von ihnen Senker in das Holzgewebe. (Nach Goebel, verändert)

6.3 Gestalt des tierischen Organismus

Die grundlegenden Unterschiede im Bau des pflanzlichen und tierischen Organismus sind, wie erwähnt (S. 403), hauptsächlich auf die verschiedene Ernährungsweise zurückzuführen. Ein weiterer auffälliger Unterschied zwischen Tier und Pflanze zeigt sich in der Entwicklung. Im tierischen Organismus entwickeln sich frühzeitig alle Organe bzw. Organanlagen, die dann nur ausgeformt werden. Da die Anlage der Organe hier schon in einem frühen Embryonalstadium zum Abschluß gelangt, sprechen wir bei Tieren von »geschlossenen Gestalten« (TROLL). Die Pflanzen dagegen legen, solange sie leben, neue Organe an, die Samenpflanzen etwa in Form von Blättern, Blüten, Wurzeln usw. Daher nennen wir die Pflanzen »offene Gestalten«.

Das Tierreich läßt sich wie das Pflanzenreich in Gruppen gliedern, deren Angehörige grundsätzliche Gemeinsamkeiten im Körperbau, besonders in der Anordnung der einzelnen Organe und Systeme zeigen; diese Tierformen gehören dem gleichen Bauplan an. Eine Auswahl derartiger Baupläne wird nachfolgend beschrieben. Die Möglichkeit, die Organismen zwanglos verschiedenen Bauplänen zuzuordnen, ist nur aus der Abstammung zu erklären und gleichzeitig eine der stärksten Stützen der Deszendenztheorie (S. 881f.).

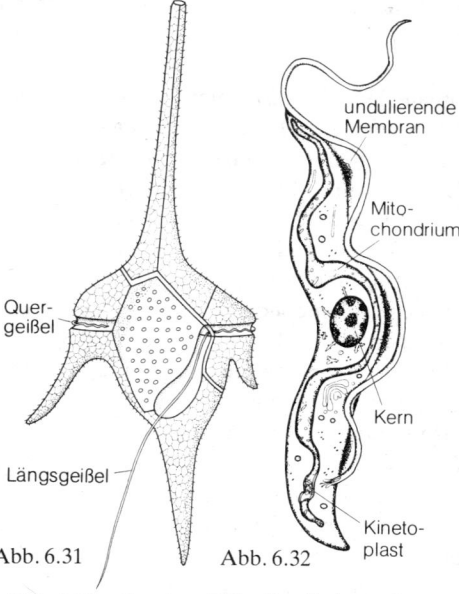

Abb. 6.31. *Ceratium* (Dinoflagellat) mit einer Längs- und einer Quergeißel. Cellulosehülle aus Platten. (Aus Kühn)

Abb. 6.32. *Trypanosoma brucei* (Blutparasit bei Rindern, Erreger der Nagana-Krankheit) mit einer Geißel. An der Geißelbasis neben dem Basalkörper der Kinetoplast; er ist ein modifizierter Mitochondrienteil mit hohem DNA-Gehalt. (Nach Sleigh)

6.3.1 Baupläne ausgewählter Tierstämme

Sowohl im Pflanzen- als auch im Tierreich ist die Stufe des Einzelligen (Protisten) bis in die Gegenwart erhalten geblieben. Das spezifische gemeinsame Merkmal der einzelligen Tierformen, der Protozoen, ist ihre einzellige Organisation. In anderen Merkmalen zeigen die *Protozoa* eine sehr große Vielseitigkeit.

Von den Schwämmen (Porifera) und einigen kleineren Gruppen abgesehen, erscheinen die beiden Stämme Cnidaria und Ctenophora (häufig als Coelenterata vereinigt) wegen

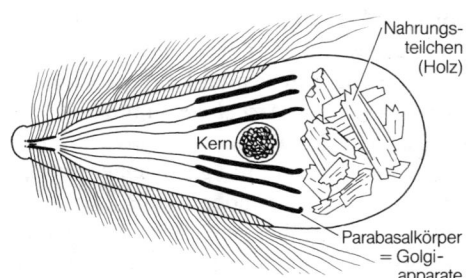

Abb. 6.33. *Trichonympha* (Polymastigina), aus dem Darm einer Termite, mit zahlreichen Geißeln. Übersichtsbild. (Nach Grimstone)

ihrer relativ einfachen Organisation als die einfachsten Metazoen (vielzelligen Tiere). Die übrigen Metazoenstämme werden wegen ihres vorwiegend bilateralsymmetrischen Baues als *Bilateria* zusammengefaßt. Die *Bilateria* werden zumeist in die beiden Gruppen *Protostomia* und *Deuterostomia* getrennt. (Die Namen weisen auf die prospektive Bedeutung des Urmundes während der Entwicklung hin, S. 386f.) Zu den *Protostomia* gehören u. a. die Plathelminthen, Nemathelminthen, Articulaten und Mollusken, zu den *Deuterostomia* die Echinodermaten und Chordaten.

Protozoa (einzellige Tiere)

Die Organismen, die als tierische Einzeller zusammengefaßt werden, stehen im allgemeinen morphologisch auf der Stufe der Einzelzelle; diese enthält also im allgemeinen alle normalen Zellstrukturen. Als selbständiger Organismus muß die Protozoenzelle naturgemäß alle für biologisch unabhängigen Systeme notwendigen Aufgaben erfüllen. Für diese verschiedenen Aufgaben sind vielfach spezifische Zellstrukturen (*Organellen*) entwickelt worden; von den für Protozoen charakteristischen Organellen haben wir die Bewegungsorganellen – Pseudopodien (S. 143), Flagellen und Cilien (S. 143f.) – und die pulsierenden Vakuolen (S. 140) bereits kennengelernt.

Bei manchen Protozoengruppen kommt es – ähnlich wie bei Protophyten (S. 556f.) – zur Bildung von Zellkolonien, in denen mehrere bis sehr viele Zellen zu einem Individuum höherer Ordnung von spezifischer Gestalt zusammentreten. Meist sind im Gegensatz zum Vielzeller die Einzelzellen in der Zellkolonie gleichartig; nur selten kommt es zu einer Arbeitsteilung in somatische (Körper-) und generative (Fortpflanzungs-)Zellen wie bei einigen koloniebildenden Algen (S. 557). Die *Fortpflanzung* der Protozoen erfolgt allgemein durch Teilung. Geschlechtsvorgänge sind verbreitet.

Über die systematische Gliederung der Protozoa gibt es sehr unterschiedliche Auffassungen. Hier wird einer mehr klassischen Einteilung der Vorzug gegeben, wobei die Großgruppen als Stämme aufgefaßt werden.

Der Stamm der *Flagellata* ist diejenige Gruppe, von der aus eine phylogenetische Entwicklung der übrigen Protisten, *Metazoa* und *Metaphyta* am einfachsten vorstellbar ist. Die Vertreter dieses Stammes sind durch eine bis viele Geißeln als Bewegungsorganellen ausgezeichnet (Abb. 6.31–6.33). Die Ernährungsweise kann autotroph, heterotroph oder mixotroph sein. Bei frei lebenden Formen sind Hüllen aus Cellulose (z. B. Dinoflagellaten, Abb. 6.31) oder Skelettelemente aus Kalk (*Coccolithophoridae*) oder Kieselsäure (*Silicoflagellata*) weit verbreitet. Manche dieser Formen stellen durch ihr Massenvorkommen eine wichtige Grundnahrung wasserlebender Tiere dar. Unter den Flagellaten finden sich viele Parasiten (z. B. Gattung *Trypanosoma* als Erreger der Schlafkrankheit des Menschen und verschiedener Tierseuchen, Abb. 6.32) und Symbionten (z. B. viele Polymastiginen als Darmbewohner von Termiten, Abb. 6.33).

Die Vertreter des zweiten Stammes der Protozoa, die *Rhizopoda*, sind durch den Besitz von Pseudopodien sehr unterschiedlicher Form als Bewegungsorganellen gekennzeichnet. Die Pseudopodien spielen auch bei der Nahrungsaufnahme eine Rolle, die eine Endocytose (Phagocytose oder Pinocytose) darstellt: heterotrophe Ernährungsweise.

Die Klasse der *Amoebina* umfaßt vorzugsweise Süßwasserformen; einige sind auch Parasiten (z. B. *Entamoeba histolytica*, Erreger der Amöbenruhr). Die Pseudopodien sind lappen- oder fadenförmig. Bei einer Gruppe sind die Arten schalenlos; dazu gehören die großen, nackten Amöben (z. B. *Amoeba proteus*, Abb. 6.34a). Hier kann man die kollektiven Amöben, z. B. *Dictyostelium* (S. 379), anschließen. Die Vertreter der anderen Gruppe sind beschalt (*Testacea*, Abb. 6.34b; sie werden vielfach als eigene Klasse angesehen). Die Arten der sehr formenreichen Klasse der *Foraminifera* (Abb. 6.35) sind durchweg marin, dabei meist substratgebunden. Die Pseudopodien sind fadenförmig. Stets sind meist mehrkammerige Schalen ausgebildet. Manche Formen zeigen einen

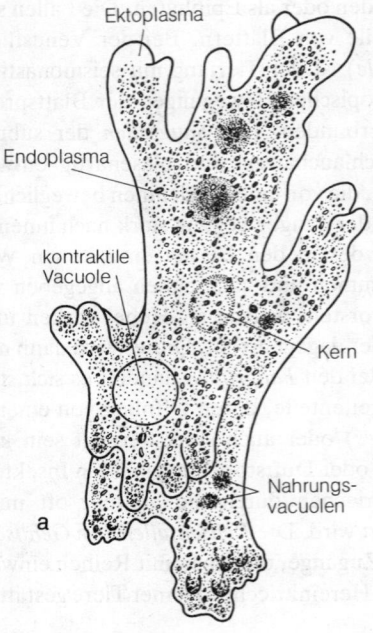

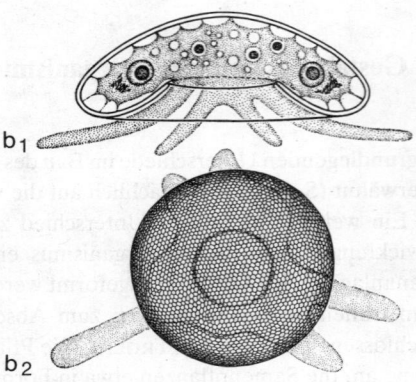

Abb. 6.34a, b. Rhizopoda. (a) Amoeba proteus (Amoebina). (b) Arcella vulgaris (Testacea). (b_1) Optischer Schnitt und Seitenansicht kombiniert. (b_2) Ansicht von oben. (a aus Kükenthal, Matthes u. Renner, b aus Grell)

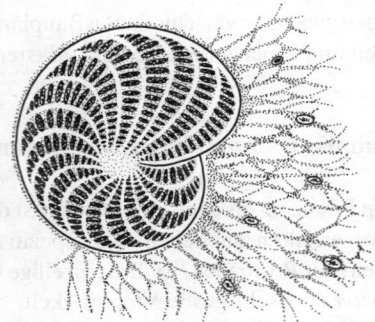

Abb. 6.35. Elphidium crispa (Foraminifera). Lebendes Tier mit Rhizopodien. (Nach Jahn)

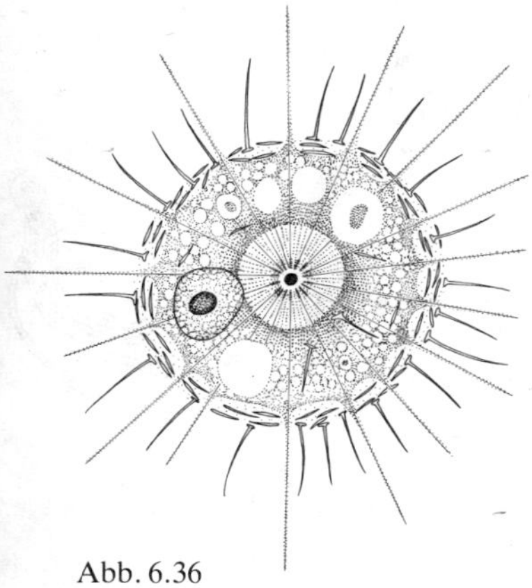

Kerndualismus. Der Entwicklungszyklus ist nicht selten ein heterophasischer Generationswechsel (S. 308, Abb. 3.108). Auch die dritte Klasse, die *Radiolaria*, umfaßt ausschließlich marine Formen, sie gehören allerdings dem Plankton an. Die Pseudopodien gehen strahlenförmig vom Zellkörper aus. Besonders charakteristisch für diese Gruppe ist der Besitz einer membranösen, von Poren durchsetzten Zentralkapsel, die den Kernbereich umschließt (Abb. 6.37). Skelettbildungen von sehr unterschiedlicher Gestalt sind allgemein verbreitet, sie bestehen entweder aus Kieselsäure oder Strontiumsulfat. Den Radiolarien äußerlich ähnlich sind die *Heliozoa* (vierte Klasse der *Rhizopoda*). Ihnen fehlt aber die Zentralkapsel, außerdem sind sie in der Mehrzahl Süßwasserbewohner (Abb. 6.36).

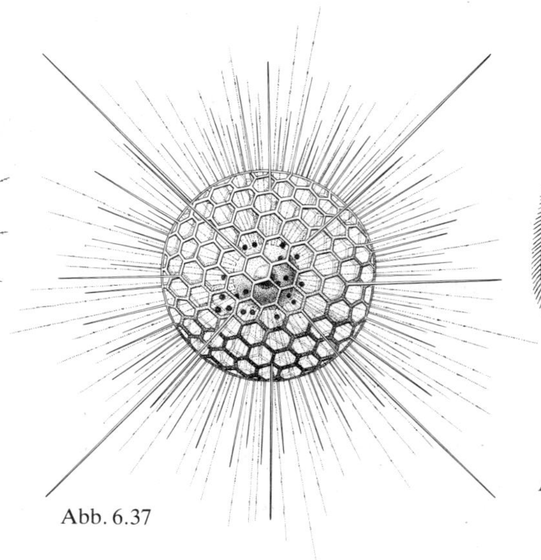

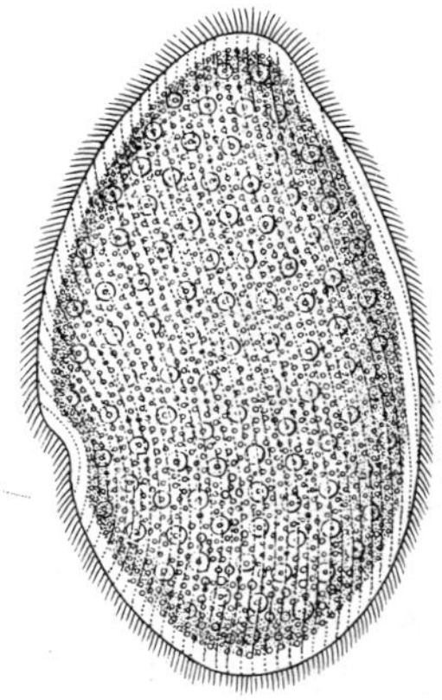

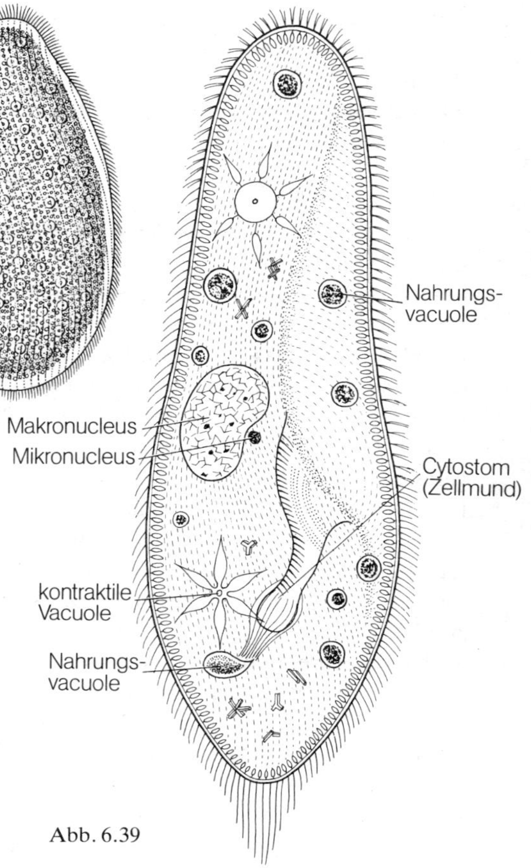

Die *Sporozoa*, der dritte Stamm der *Protozoa*, enthalten ausschließlich Endoparasiten. Der Entwicklungszyklus ist ein homophasischer Generationswechsel (S. 306f.). In ihm treten meist von einer festen Hülle umschlossene Übertragungsstadien auf. Die *Gregarinida* (Abb. 6.42, S. 569) sind als Bewohner besonders von Leibeshöhle oder Darm wirbelloser Tiere weit verbreitet. Coccidien (Abb. 3.109, S. 308) sind im allgemeinen Zellparasiten von Wirbellosen und Wirbeltieren. Hierzu gehören die Plasmodiumarten, die die verschiedenen Krankheitserscheinungen der Malaria verursachen (Abb. 3.110, S. 309).

Auch die *Ciliatoidea* (= *Protociliata*), der vierte Stamm der *Protozoa*, sind allesamt Parasiten oder Kommensalen, und zwar vorzugsweise im Darm von Amphibien. Ihre systematische Stellung ist umstritten. Sie werden heute vielfach in die Flagellaten eingereiht. Ihr (zwei- bis vielkerniger) Zellkörper ist gleichmäßig bewimpert; hierin ähneln sie gewissen Ciliaten (Abb. 6.38). Sie weisen aber keinen Kerndualismus auf; und die Sexualvorgänge entsprechen einer normalen Kopulation, keiner Konjugation (s. unten). Der Stamm *Ciliata* (= Wimpertierchen) nimmt eine Sonderstellung ein: Für die Vertreter dieser Gruppe sind Kerndualismus (S. 277) mit somatischen und generativen Kernen (Makronucleus und Mikronucleus, Abb. 3.17, S. 269) und Konjugation (Abb. 3.41, S. 277) charakteristisch (allerdings ist ein Kerndualismus auch von einigen Foraminiferen bekannt); außerdem steht die Organisation der Zelle im Ausbildungsgrad vieler Zellorganellen (z. B. eines Zellmundes) auf einem vergleichsweise sehr hohen Niveau. Die Ciliaten stellen Süßwasser- und Meeresbewohner; es gibt auch viele Parasiten (z. B. Erreger der Balantidium-Ruhr), Symbionten und Kommensalen (z. B. *Entodiniomorpha*, Panseninfusorien bei Wiederkäuern, Abb. 5.129b, S. 485).

Die Vertreter der meisten Ciliatengruppen sind zeitlebens bewimpert (Abb. 1.135b, S. 145; Abb. 3.42, S. 277; Abb. 6.39, 6.60a, S. 576); sie werden daher manchmal als

Abb. 6.36. Acanthocystis (Heliozoa). (Nach Stern)

Abb. 6.37. Heliosphaera (Radiolaria). Im Inneren der Gitterkugel aus Kieselsäure die Zentralkapsel. (Nach Haeckel)

Abb. 6.38. Opalina ranarum (Ciliatoidea). Parasit im Darm von Fröschen. (Aus Grell)

Abb. 6.39. Paramecium caudatum (Ciliata). (Aus Kükenthal, Matthes u. Renner)

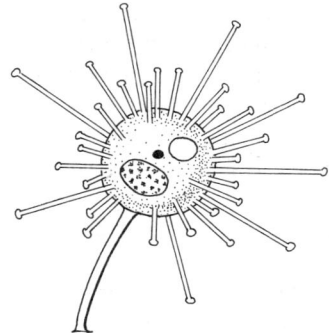

Abb. 6.40. Suctor mit zahlreichen Tentakeln, die der Nahrungsaufnahme dienen.

Euciliata zusammengefaßt. Die Nahrungsaufnahme erfolgt im allgemeinen durch einen Zellmund. Die verschiedenen Ordnungen unterscheiden sich insbesondere durch ihre Bewimperung. Bei den Vertretern der *Suctoria* (Abb. 6.40) sind dagegen nur die frei schwimmenden Jugendstadien bewimpert, die adulten jedoch wimpernlos und meist sessil. Nahrungsfang und -aufnahme erfolgen durch Tentakeln.

Cnidaria (Nesseltiere)

In den Aufbau der Körper der *Cnidaria* gehen nur die beiden primären Keimblätter, Ektoderm und Entoderm, ein (Abb. 6.41a, b). Zwischen diesen beiden Epithelschichten befindet sich stets noch eine bindegewebsartige Lage von sehr unterschiedlicher Dicke, die *Mesogloea*. Sie kann zellfrei sein, oder es wandern in sie Zellen, besonders aus dem Ektoderm, ein. Das Entoderm kleidet einen einzigen inneren Hohlraum, den *Gastralraum*, aus, der durch nur eine Öffnung mit der Außenwelt kommuniziert. Dieser Gastralraum entspricht im einfachsten Fall einem Sackdarm. Vielfach ist aber der Gastralraum durch Septen aufgeteilt oder (bei Medusen) mehr oder weniger gefäßartig verästelt (Abb. 5.116, S. 476).

Die große Mehrzahl der *Cnidaria* ist radiärsymmetrisch. Sie treten in zwei Formen auf, als in der Regel festsitzender Polyp (Abb. 6.41a) und als meist frei schwimmende Meduse (Abb. 5.116, S. 476); trotz der äußerlich so unterschiedlichen Gestalt weisen beide Formen einen gemeinsamen Grundbau auf (Abb. 6.41a, b). Die Meduse kann man durch Abplattung des Körpers und Verstärkung der Mesogloea aus dem Polypen »ableiten«. Vielfach wechseln Polyp und Meduse in einem Generationswechsel (Metagenese, Abb. 3.111, S. 309) miteinander ab.

Für *Cnidaria* sind auch einige cytologische bzw. histologische Details kennzeichnend: Das Vorkommen von *Epithelmuskelzellen* (Abb. 5.80, S. 455), das Vorherrschen von *Nervennetzen* (Abb. 5.147, S. 493) und der Besitz der namengebenden *Nesselkapseln* oder *Cniden* (Abb. 6.41c). Die Nesselkapseln gehören zu den kompliziertesten Zellorganellen, die wir kennen: Sie sind Sekretionsprodukte innerhalb von Zellen. Jede Kapsel trägt in sich geborgen einen Schlauch, der auf einen Reiz blitzschnell ausgestülpt werden kann (Abb. 6.41d, e). Ihr Bau ist allerdings im Detail durchaus nicht gleichartig. Sehr verbreitet unter Cnidariern ist die Bildung von Stöcken, die z.B. bei Steinkorallen (Madreporaria) gewaltige Ausmaße erreichen können.

Plathelminthes (Plattwürmer)

Beim Aufbau des Körpers der meist dorsoventral abgeplatteten Plathelminthen ist neben den beiden primären Keimblättern, Ekto- und Entoderm, ein drittes Keimblatt, das *Mesoderm*, beteiligt. Coelomräume fehlen. Der Raum zwischen Ekto- und Entoderm ist von einem *Parenchym* (S. 455) erfüllt, in das die inneren Organe der Tiere eingebettet sind. Das Darmsystem ist blind geschlossen, ohne Enddarm und After (Abb. 6.42). (Die parasitischen Cestoden sind darmlos.) Bei größeren Formen ist der Darm stark verzweigt. Der Darm übernimmt als Gastrovascularsystem auch die Verteilung der Nährstoffe. Ein Blutgefäßsystem, das die Aufgabe der Nährstoffverteilung bei den meisten Bilaterien erfüllt, fehlt den Plathelminthen. Als weiteres Hohlraumsystem neben dem Darm ist ein *Protonephridialsystem* (S. 490) entwickelt. Das Nervensystem erscheint ursprünglich. Neben Nervennetzen sind 3 bis 6 Paar Nervenstränge vom Typ der Markstränge (Abb. 5.148, S. 494) ausgebildet, die von einer Gehirnbildung am Vorderende nach hinten ziehen. Im Gegensatz zu der sonst recht einfachen Organisation steht die hohe Komplikation des meist zwittrigen Geschlechtssystems (Abb. 6.42). Die Ovarien sind im allgemeinen geteilt in Keimstöcke, die Eier hervorbringen, und Dotterstöcke, die Dotterzellen (als umgewandelte Eizellen angesehen) zur Ernährung des Keimes liefern. Außerdem gibt es Begattungsorgane, mannigfache Anhangdrüsen an den Geschlechtsausführgängen, Blasen (Receptacula seminis) zur Aufnahme des Samens bei der Begattung usw.

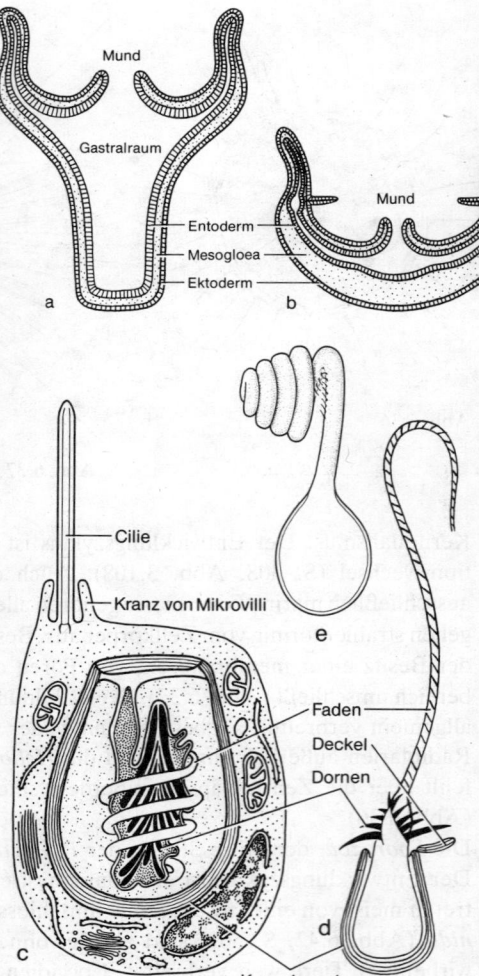

Abb. 6.41. (a, b) Längsschnitte durch einen (Hydro-)Polypen und eine (Hydro-)Meduse, stark schematisiert. (c) Cnidoblast mit Cnide. Kombiniertes Schema, um einige wesentliche Zellstrukturen aufzunehmen. Apikal besitzt die Zelle einen Kranz von Mikrovilli, die um eine modifizierte Cilie (Innenstruktur nur angedeutet) angeordnet sind: Cnidocil. Reizung des Cnidocils führt zur Ausschleuderung des Fadens. Eine innere Kapselwand ist in Gestalt eines Fadens oder Schlauches ins Innere eingestülpt. Im Anfangsteil befinden sich bei dem hier dargestellten Typ Dornen (die kräftigsten = Stilette), die bei der Ausschleuderung des schlauchförmigen Fadens nach außen gelangen (s. d). (d) Cnide mit ausgeschleudertem Faden, schematisch. Von den insgesamt drei Dornenreihen nur die beiden nach vorne liegenden angedeutet. Da offenbar viele Cniden bei der Ausstülpung kein Gift abgeben (nicht nesseln), werden sie heute vielfach als Nematocysten bezeichnet. (e) Volvente nach Ausstülpung des sich aufwickelnden Fadens (nicht nesselnd). (a, b aus Claus, Grobben u. Kühn, verändert; c, d aus Lentz, stark verändert; e aus Kükenthal u. Renner)

Nemathelminthes (Rundwürmer)

Den Nemathelminthen wird allgemein eine primäre Leibeshöhle zugeschrieben. Es gibt aber Zweifel, ob diese Bezeichnung berechtigt ist. Die Leibeshöhle ist in aller Regel flüssigkeitserfüllt und nahezu gewebefrei; sie ist manchmal sehr eingeengt. Ein Blutgefäßsystem fehlt. Der Darm ist durchgehend. Die Tiere sind meist getrenntgeschlechtlich. Auffallende und weitverbreitete Merkmale sind das Auftreten von Syncytien und die sogenannte Zellkonstanz. Unter letzterer versteht man, daß Gewebe oder ganze Organe bei Vertretern einer Art stets eine konstante Zahl von Zellen oder (bei Syncytien) von Kernen besitzen.

Zu den Nemathelminthen wird eine Vielzahl von Klassen gerechnet, deren Vertreter sich in der äußeren Gestalt, aber auch im inneren Bau ganz beträchtlich voneinander unterscheiden. Die artenreichste Klasse sind die Nematoden oder Fadenwürmer (Abb. 6.43). Ihr langgestreckter Körper ist von einer kräftigen Cuticula umgeben, die von einer im allgemeinen syncytialen Epidermis gebildet wird. Diese ist zu vier Epidermisleisten erhoben. In den lateralen Epidermisleisten liegen bei vielen Formen Teile des Exkretionssystems. Dieses entspricht vielfach einer einzigen, riesigen, etwa H-förmigen Zelle, deren Schenkel durch die lateralen Epidermisleisten ziehen. Unter der Epidermis liegt eine Muskellage ausschließlich aus Längsmuskelzellen. Der Darm ist ein gestrecktes Rohr, mit muskulösem Vorderdarm, langem schlauchförmigem Mitteldarm und kurzem Enddarm.

Articulata (Gliedertiere)

Unter dem Begriff *Articulata* werden die *Annelida* (Ringelwürmer), *Arthropoda* (Gliederfüßler) und einige kleinere Tiergruppen zusammengefaßt. Ihr Bauplan wird durch die Gliederung in Segmente (echte Metamerie, Abb. 6.44), durch das Auftreten von Gliedmaßen an den Segmenten und durch ein ventral gelegenes Nervensystem vom Typ des Strickleiternervensystems Abb. 5.150, S. 495) geprägt.

Die Mehrzahl der Anneliden ist angenähert *homonom* (gleichförmig) *segmentiert* (Abb. 6.45). Zu jedem Segment gehören ein Paar Gliedmaßen oder Gliedmaßenanlagen (Parapodien, Abb. 5.130, S. 486; Abb. 6.44), ein Ganglienpaar des *Strickleiternervensystems*, ein Paar Coelomsäcke, ein Paar *Metanephridien*, bestimmte Muskelgruppen und ein Paar Gonaden. Allerdings gibt es von diesem ursprünglichen Zustand viele Abweichungen.

Die Anneliden besitzen einen durchgehenden Darm mit Mund und After. Für diese Gruppe ist ferner ein *geschlossenes Blutgefäßsystem* kennzeichnend: In einem dorsalen Längsgefäß strömt das Blut kopfwärts (Abb. 5.118, S. 477). Es ist durch Ringgefäße mit einem Bauchgefäß verbunden (Abb. 6.44). Dorsalgefäß und Ringgefäße können kontrak-

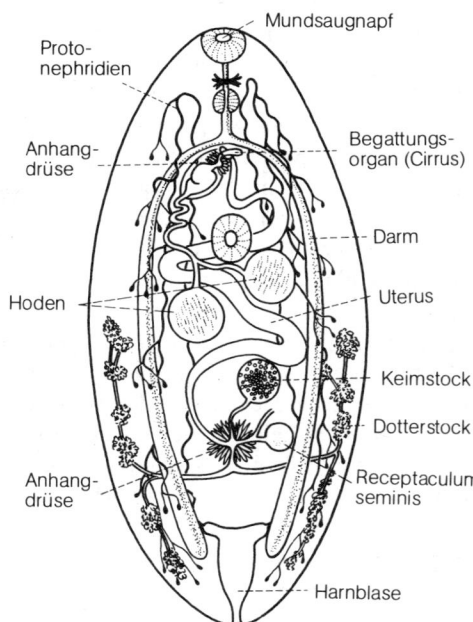

Abb. 6.42. *Organisationsschema eines Trematoden (Plathelminthes). Anordnung und spezielle Ausprägung vieler Organsysteme unterliegen starken Abwandlungen. (Nach Cheng, ergänzend verändert)*

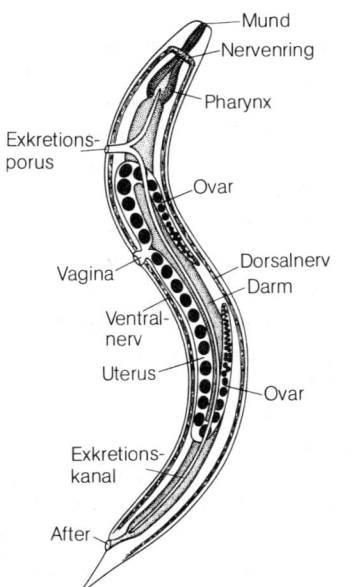

Abb. 6.43. *Schema der Organisation eines ♀ Nematoden. (Aus Kühn)*

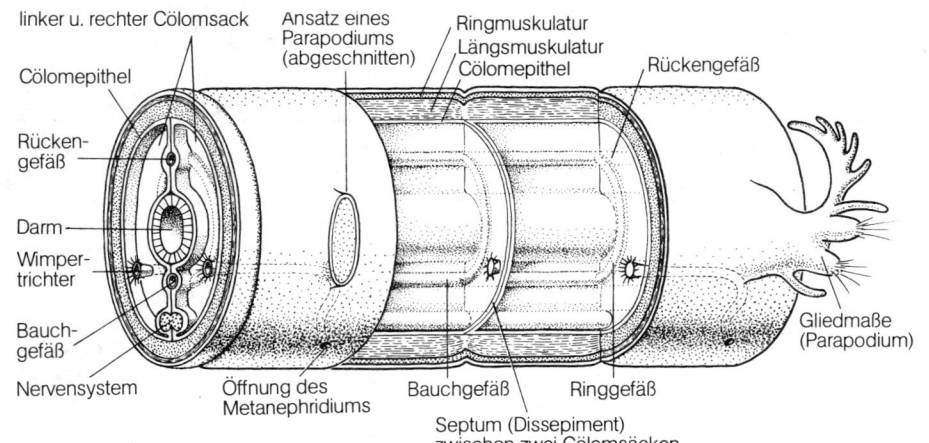

Abb. 6.44. *Diagramm einiger Annelidensegmente, mittlerer Bereich aufgeschnitten gedacht. Hier Kanäle der Metanephridien entfernt. Die bei den meisten Anneliden deutliche Aufspaltung der Längsmuskulatur in Stränge ist nicht berücksichtigt. (Vgl. Abb. 5.118, S. 477) (Nach verschiedenen Autoren, kombiniert)*

til sein. Dieses Grundschema erfährt viele Abwandlungen. So wird das Blutgefäßsystem bei den Hirudineen (Egeln) zunehmend reduziert und durch ein gefäßartig sich umbildendes Coelom ersetzt.

Die Arthropoden haben sich stammesgeschichtlich aus einer mit den Anneliden gemeinsamen Stammgruppe entwickelt. Ihr Körper ist stets *heteronom segmentiert* (Abb. 6.46), unterteilt in verschiedene Regionen, bei den Insekten z.B. in Kopf (Caput), Brust (Thorax) und Hinterleib (Abdomen). Das namengebende Merkmal der Arthropoden sind die *gegliederten Extremitäten* (Abb. 6.46, 6.47; Abb. 5.192, 5.193, S. 517), von denen zumindest ein Paar als Mundwerkzeuge (Abb. 10.2, S. 856) in den Dienst der Nahrungsaufnahme tritt.

Wenn auch die Arthropoden äußerlich deutlich segmentiert sind, so ist doch die innere Metamerie gegenüber den Anneliden stark verändert bzw. rückgebildet. Segmentale Coelomräume werden zwar in der Entwicklung angelegt, später aber wieder aufgelöst, so daß die primäre Leibeshöhle mit der sekundären Leibeshöhle zum *Mixocoel* verschmilzt. Coelomreste bleiben als Sacculus der Nephridien (Abb. 5.140, S. 490) und als Gonaden erhalten. Das *Blutgefäßsystem* ist *offen* (Abb. 6.47, 6.114). Metanephridien sind höchstens in abgewandelter Form und in geringer Anzahl erhalten geblieben, z.B. in den Antennendrüsen vieler Krebse (Abb. 5.140, S. 490). Den meisten Insekten fehlen sie, oder sie sind ganz verändert; hier sind in den Malpighi-Gefäßen (S. 490) andersartige Organe der Ausscheidung entstanden.

Die Körperoberfläche der Arthropoden ist von einer insbesondere aus Chitin und Eiweiß bestehenden *Cuticula* (S. 450, 524) bedeckt. Die Ausbildung dieses Außenskeletts bringt es mit sich, daß die Arthropoden sich während des Wachstums häuten müssen (Abb. 5.205, S. 524).

Der Stamm der Arthropoda umfaßt drei Unterstämme: *Chelicerata,* außerdem *Branchiata* oder Diantennata und *Tracheata* oder Antennata, die als Mandibulata zusammengefaßt werden.

Der Körper der Cheliceraten (Abb. 6.46) läßt zwei Abschnitte erkennen: das Prosoma und das Opisthosoma. Am Prosoma setzen sechs Gliedmaßenpaare an, von denen besonders das erste, die Cheliceren, im Dienste der Nahrungsaufnahme steht. Am Opisthosoma finden sich nur bei den ursprünglichen, primär wasserbewohnenden Xiphosuren (Abb. 10.88, S. 927) noch eigentliche Extremitäten, von denen die meisten Kiemen tragen. Bei den landbewohnenden Cheliceraten (Arachnida) treten als Atmungsorgane entweder Fächerlungen (Abb. 5.134, S. 487) oder Tracheen (S. 487, 621) auf. Der Darmkanal ist meist mit umfangreichen Divertikeln versehen. Exkretionsorgane sind die mit den Antennendrüsen bei Krebsen (S. 490) vergleichbaren Coxaldrüsen und/oder Malpighi-Gefäße (S. 490).

Die Branchiata oder Krebse (Abb. 8.68, S. 808; 10.19, S. 865) besitzen mindestens drei Paar Mundgliedmaßen. Vor diesen stehen zwei Paar Antennen. Häufig verschmelzen einige Thoraxsegmente mit dem Kopf zum Cephalothorax. Außerdem findet sich vielfach eine Kopfduplikatur (Carapax), die den Körper mehr oder weniger einhüllen kann. Als primär wasserlebende Formen besitzen sie als Atmungsorgane im allgemeinen Kiemen (Abb. 5.131, S. 486), zu denen nur selten Luftatmungsorgane treten (z.B. Tracheenlungen bei Landasseln, Abb. 5.135, S. 487). Der Mitteldarm ist mit manchmal sehr umfangreichen Blindsäcken (»Mitteldarmdrüsen«) versehen. Als Exkretionsorgane fungieren Antennendrüsen und/oder Maxillardrüsen.

Die Tracheaten – Tausendfüßler (Abb. 6.2a, 6.178) und Insekten (Abb. 6.47) – sind wie die Arachniden in ihrer großen Mehrheit Landbewohner. Charakteristische Atmungsorgane sind deshalb nicht Kiemen, sondern Tracheen (Abb. 6.109, 6.110, 6.111). Die Vertreter dieser Gruppe besitzen nur ein Antennenpaar; dahinter stehen zwei bis drei Paar Mundgliedmaßen. Als Exkretionsorgane fungieren allgemein Malpighi-Gefäße (Abb. 5.141, S. 490); nicht selten sind aber auch Maxillardrüsen ausgebildet.

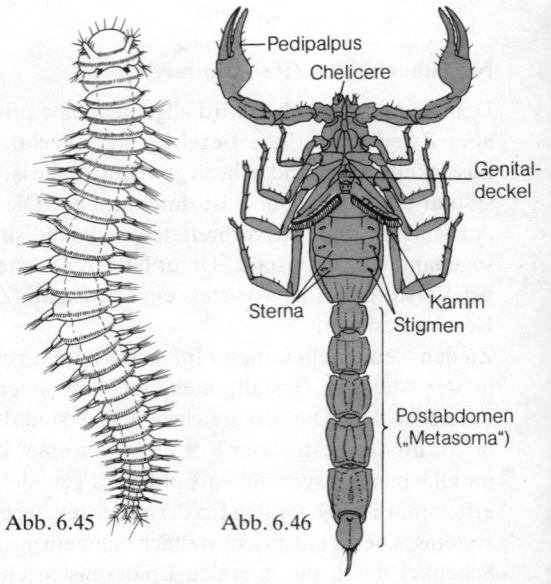

Abb. 6.45. *Ophryotrocha spec. (Annelida, Polychaeta), ein metameres Tier mit angenähert homomer Segmentierung. (Nach Korschelt, vereinfacht)*

Abb. 6.46. *Ein Skorpion, von ventral gesehen. (Aus Remane, Storch u. Welsch)*

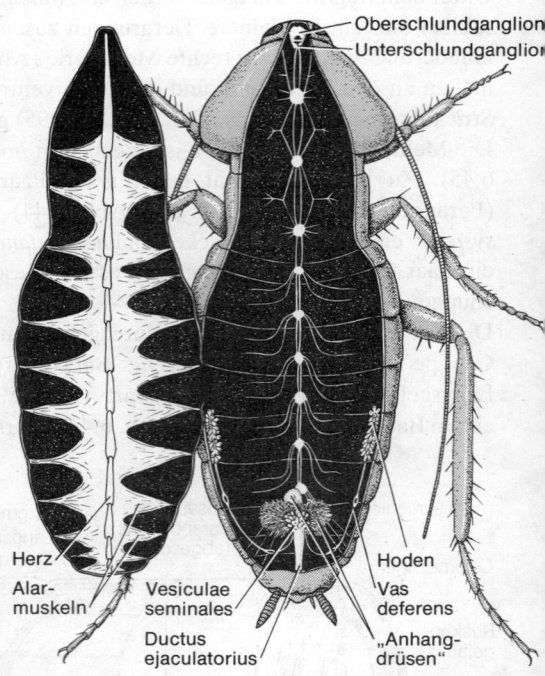

Abb. 6.47. *Anatomie von Blatta orientalis ♂. Rückendecke mit Alarmuskeln (= Muskeln im Diaphragma, das den das Herz umgebenden Pericardialsinus unvollständig von dem ventralen Teil der Leibeshöhle sondert, vgl. Abb. 6.122) und Herzschlauch, der sich vorne in der Kopfaorta fortsetzt, nach links geklappt. Gesamtes Darmsystem entfernt, um das Nervensystem und die Geschlechtsorgane freizulegen. (Vgl. Abb. 5.117, S. 477) (Nach Kükenthal u. Renner, verändert)*

Mollusca (Weichtiere)

Der Stamm der Mollusken umfaßt eine Reihe äußerlich sehr verschiedengestaltiger Klassen, darunter *Bivalvia* (Muscheln), *Gastropoda* (Schnecken) und *Cephalopoda* (Tintenfische). Und doch bilden die Mollusken eine einheitliche, von anderen Stämmen klar abgegrenzte Gruppe.

Der Körper läßt meistens eine Dreiteilung in Kopf, Fuß und Eingeweidesack erkennen (Abb. 6.48). Der Kopf ist der Sitz der wichtigsten Sinnesorgane. Hier liegt auch stets eine *Gehirnbildung,* von der Nervenstränge in den Fuß und in den Eingeweidesack ziehen (Abb. 5.149, S. 494). Der Fuß ist wohl ursprünglich ein muskulöser Kriechfuß, der sich aus einem Hautmuskelschlauch durch Bevorzugung des ventralen Bereichs entwickelt hat. Die dorsal gelegene Wand des Eingeweidesackes ist dagegen dünnwandig. Sie war wohl ursprünglich durch eine Cuticula geschützt, die dann durch eine *Kalkschale* (Abb. 5.204, S. 523), wie sie die Mehrzahl der rezenten Molluskenformen zeigt, ersetzt wurde. Nur bei den *Polyplacophora* (Käferschnecken) besteht diese aus acht hintereinanderliegenden Platten, während sie sonst einheitlich ist. Bei den Bivalviern (Abb. 6.49) wird sie allerdings in der Ontogenie median in eine rechte und eine linke Schalenhälfte (Abb. 5.193c, S. 523) geknickt. Die Schale kann sekundär ganz oder teilweise wieder rückgebildet werden (Nacktschnecken, die meisten Cephalopoden).

An der Peripherie setzt sich der Eingeweidesack in eine Hautfalte, die *Mantelfalte,* fort, die zwischen sich und dem Körper die Mantelrinne bildet. Diese Mantelrinne ist vielfach an einer Stelle zur Mantelhöhle (Abb. 6.48, 6.50) vertieft, in die der Darm, die Gonaden und die Nephridien (= Nieren) ausmünden und in der außerdem die Atmungsorgane, meist Kiemen, liegen (Abb. 5.132, S. 486). Die Mantelrinne kann manchmal reduziert sein.

Am Darm fallen die großen *Mitteldarmdrüsen* (S. 477) auf, die der Verdauung und Resorption dienen; im Mundbereich liegt die für die Mollusken so charakteristische *Radula* (Abb. 5.115, S. 476), die den Muscheln allerdings fehlt.

Das Blutgefäßsystem ist meist offen, nur bei den Cephalopoden weitgehend geschlossen. Das Herz ist in Herzkammer und Vorkammer(n) gegliedert (S. 629). Es ist von einem Herzbeutel, dem Pericard, umschlossen. Das Pericard ist neben der Gonadenhöhle der einzige Coelomraum der Mollusken. Die sehr »altertümliche« Molluskenform *Neopilina* (Abb. 10.86, S. 926) besitzt ein paariges Pericard und zwei Paar Gonaden. Diese Form zeigt auch eine deutlich seriale Anordnung verschiedener innerer Organe. Daraus wird vielfach geschlossen, daß die Mollusken von metameren Ahnen abstammen. Allerdings sind heutzutage die genaueren phylogenetischen Verwandtschaftsbeziehungen der Mollusken noch nicht hinreichend geklärt. Es werden aber besonders Beziehungen zu Anneliden bzw. Articulaten diskutiert.

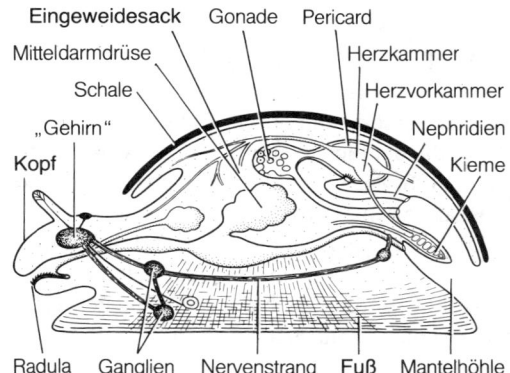

Abb. 6.48. Schema der Mollusken-Organisation. (Aus Kühn, leicht verändert)

Abb. 6.49. Schema der Lamellibranchier-Organisation.

Abb. 6.50. Schema der Organisation eines Cephalopoden. (Aus Wurmbach)

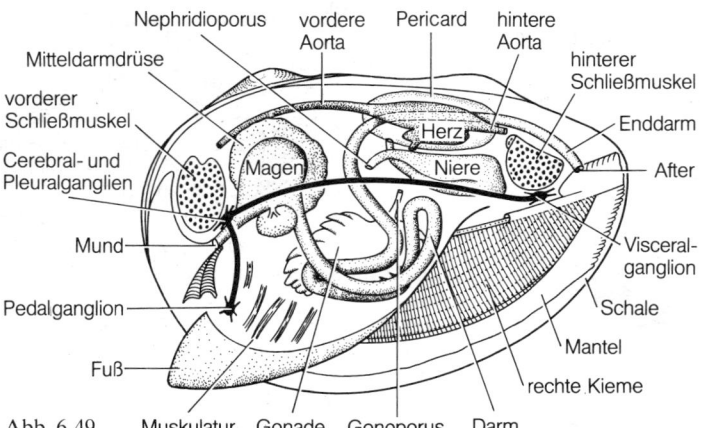

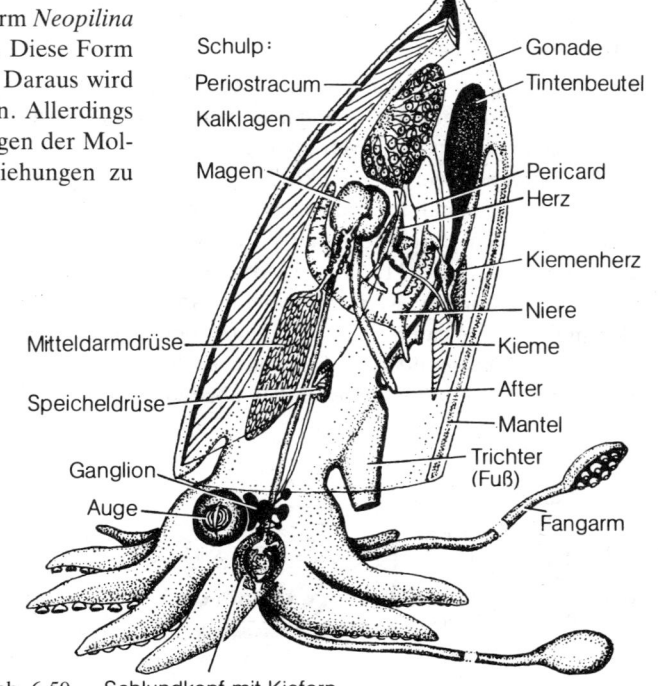

Echinodermata (Stachelhäuter)

Durch ihre fünfstrahlige *Radiärsymmetrie* (Pentamerie, Abb. 6.3c) heben sich die Echinodermen deutlich von den anderen Bilaterienstämmen ab. Diese Symmetrieform ist offenbar sekundär durch Umformung eines bilateralsymmetrischen Bauplans entstanden, wie die deutlich bilateralsymmetrischen Larven dokumentieren (Abb. 4.76, S. 370; Abb. 10.18, S. 865). Bei einer Reihe von Formen ist der Radiärsymmetrie tertiär wieder eine Bilateralsymmetrie aufgeprägt (z. B. Holothuroidea).

Das Integument der Echinodermen besteht aus einer oft bewimperten Epidermis und einer unterliegenden, mesodermalen Cutis, in die *Skelettelemente* eingelagert sind. Zum Skelett gehören auch die (bei Haarsternen und Holothurien fehlenden) im allgemeinen beweglichen *Stacheln* (Abb. 6.51; 5.193b, S. 517), die dem Stamm den Namen gegeben haben.

Auch in den meisten inneren Organsystemen herrscht die radiäre Symmetrie, so im Nervensystem und im Blutgefäßsystem. Das gleiche gilt für verschiedene Kanalsysteme, die entwicklungsgeschichtlich aus dem Coelom hervorgehen. Zu diesen coelomatischen Kanalsystemen gehört das *Ambulakralgefäßsystem* (Abb. 6.51; 5.189, S. 515), das bei vielen Echinodermen zum wichtigsten Fortbewegungsorgan wird: Aus einem Ringkanal, der den Vorderdarm umgreift, entspringen Radiärkanäle, und von diesen Radiärkanälen ziehen feine Kanäle in Füßchen oder Tentakeln, die vorgestreckt und wieder zurückgezogen werden können. Das System steht über den Steinkanal durch die Öffnungen der Madreporenplatte meist mit dem Außenmedium Meerwasser in offener Verbindung.

Auch das Darmsystem kann bei sternförmigen Echinodermen (*Asteroidea,* Seesterne) radiärsymmetrische Züge aufweisen. Häufiger ist aber, wie bei den *Echinoidea* (Seeigeln, Abb. 6.51) und den *Holothuroidea* (Seewalzen, Abb. 6.52), der Darm in Windungen gelegt. Spezifische Ausscheidungsorgane fehlen den Echinodermen, nicht selten ebenfalls spezifische Atmungsorgane. Bei anderen Formen sind Atmungsorgane von sehr unterschiedlichem Bau ausgebildet, z.B. zurückziehbare Kiemenbüschel in der Nähe des Mundes bei manchen Seeigeln, vom Enddarm ausgehende Wasserlungen bei Holothurien (S. 487; Abb. 6.52).

Chordata (Chordatiere)

Die äußerlich so verschieden aussehenden Vertreter der drei Unterstämme *Tunicata* (Manteltiere, Abb. 6.54), *Acrania* (Schädellose) und *Vertebrata* (Wirbeltiere) sind durch eine Anzahl gemeinsamer Merkmale gekennzeichnet: Ein dorsal gelegenes Neuralrohr als Zentralnervensystem, das durch Einstülpung oder Einsenkung an der Rückenfläche entsteht; ein ebenfalls dorsal gelegenes Stützorgan, die *Chorda dorsalis;* ein von Spalten (Kiemenspalten) durchbrochener Vorderdarm, der ursprünglich vorzugsweise als Strudelfilterapparat (Abb. 5.114, S. 475; Abb. 6.53) dient.

Vielfach werden diese Merkmale aber nur in der Entwicklung sichtbar. Die Chorda ist bei den meisten Tunicaten nur im Larvenzustand ausgebildet; ebenso wird das Neuralrohr weitgehend rückgebildet. Im Gegensatz zu den beiden anderen Chordatengruppen fehlen ihnen auch *Coelom*höhlen (eventuell abgesehen vom Pericard).

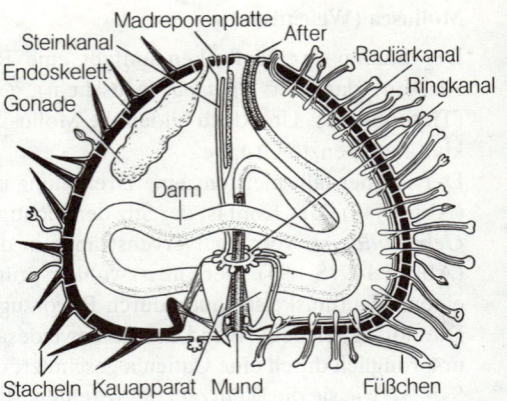

Abb. 6.51. Schematisierter Längsschnitt durch einen Seeigel. Ein Radiärkanal (von fünf) in ganzer Länge getroffen; die anderen nur als kurze Ansätze am Ringkanal (jeder zweite, dazwischen jeweils kleine Blindsäcke) angedeutet. Ebenso sind die gelenkigen Ansatzstellen der Stacheln und deren Muskulatur nur angedeutet. (Aus Kükenthal, Matthes u. Renner, etwas verändert)

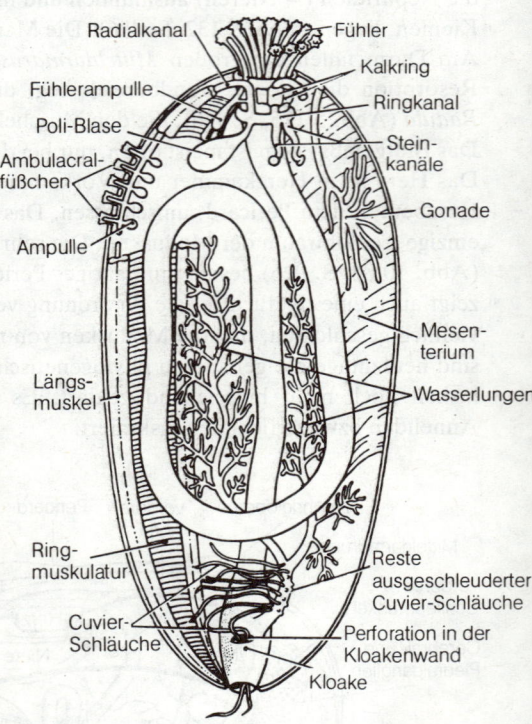

Abb. 6.52. Schema der Organisation einer Holothurie. (Aus Kükenthal u. Renner)

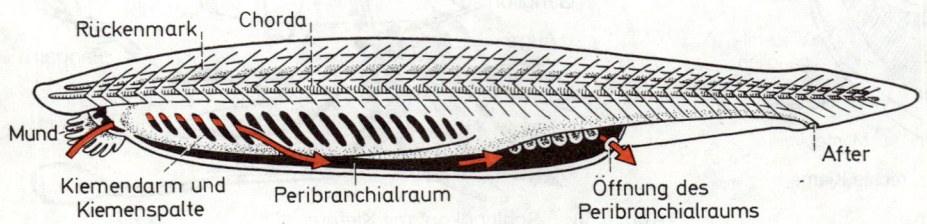

Abb. 6.53. Stark schematisierte Seitenansicht vom Lanzettfischchen (Branchiostoma). Peribranchialraum und Mundhöhle eröffnet. Wasserführung bei Atmung und Nahrungsaufnahme rot eingetragen. (Aus Villee, verändert)

6.3.1 Baupläne ausgewählter Tierstämme

Die *Acrania* und *Vertebrata* zeigen dagegen eine ausgeprägte Metamerie (S. 554). Die Metamerie wird in der Anordnung des Exkretionssystems, der Muskulatur und des Nervensystems deutlich, bei den Wirbeltieren auch in der Gliederung der *Wirbelsäule*.
Die Vertreter der *Acrania* (Abb. 6.53) mit dem Lanzettfischchen (*Branchiostoma*) als Hauptgattung zeigen den Chordatenbauplan besonders deutlich, sind aber auch für das Verständnis der Wirbeltierorganisation interessant. So entspricht das *Neuralrohr* in seiner Anlage und späteren Ausgestaltung mit paarigen segmentalen Spinalnerven grundsätzlich dem von Wirbeltieren; allerdings ist ein eigentliches Gehirn nicht ausgebildet, und es fehlen echte ventrale Spinalnervenwurzeln. Das geschlossene *Blutgefäßsystem* stellt das Grundschema des Wirbeltierkreislaufs dar, wenn auch das für Vertebraten typische *Herz* fehlt. Abweichend von allen anderen Chordaten zieht bei den Acraniern die Chorda dorsalis bis in die Körperspitze. Als ein Anpassungsmerkmal an die Lebensweise als Strudler, meist eingebohrt im Meeressand, ist die (wie bei den meisten Tunicaten) starke Ausbildung des Kiemendarms mit vielen Kiemenspalten zu deuten, der einen sehr wirksamen Strudelfilterapparat bildet. Im Zusammenhang mit der Lebensweise finden sich zahlreiche Spezialisationen, so daß *Acrania* sicher nicht als direkte Ahnen der Wirbeltiere gelten können; vielmehr müssen die Wirbeltiere von nicht so spezialisierten Chordatenformen abgeleitet werden.
Bei den Vertebraten setzen unterschiedlich gestaltete Skelettelemente ein Achsenskelett und – von wenigen Ausnahmen abgesehen – ein Extremitätenskelett (mit Extremitätengürteln) aus Knochen und/oder Knorpel zusammen (Abb. 5.75, 5.76, S. 452f.).
Die Skelettelemente sind fast stets mesodermaler Herkunft. Knochen entstehen (S. 453) entweder durch direkte Verknöcherung im bindegewebigen Anteil der Haut (*Deckknochen*) oder auf knorpeliger Grundlage durch Ersatz des Knorpels durch Knochen (*Ersatzknochen*). Das Achsenskelett ist aus segmental angeordneten Elementen aufgebaut (Abb. 6.57a). Diese sind zunächst nur als dorsal und ventral der Chorda gelegene, obere und untere Bögen ausgebildet; die oberen Bögen umfassen das Neuralrohr (Abb. 6.56a). Bei allen höheren Wirbeltieren differenzieren sich dann zusätzlich *Wirbelkörper*, die schließlich die Chorda mehr oder weniger ersetzen (Abb. 6.56b, c).
Das Vorderende des Achsenskeletts geht in den *Schädel* über, der einerseits als schützende Kapsel das Gehirn (Abb. 6.216; Abb. 5.152, S. 496) und die großen Kopfsinnesorgane umgibt, andererseits auch den Vorderdarm, der der Nahrungsaufnahme und bei »niederen« Vertebraten der Atmung dient, umgreift. Dementsprechend kann man am Schädel auch ein *Neurocranium* (Hirnschädel) von einem *Viscerocranium* unterscheiden (Abb. 6.57a, b). Im Viscerocranium entwickeln sich bei den *Gnathostomata* aus ehemaligen Kiemenbögen Kieferbildungen (Abb. 6.57a–d), die mannigfachen Umwandlungen unterliegen.

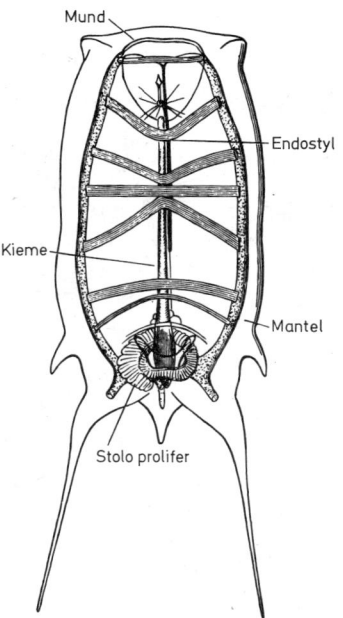

Abb. 6.54. Salpa democratica (Chordata, Tunicata, Thaliacea), Dorsalansicht. Ammengeneration, die am Stolo Geschlechtstiere erzeugt. (Aus Claus, Grobben u. Kühn)

Abb. 6.55. (a) Bauplanschema einer Tetrapodenextremität. (b) Brustflosse von Eusthenopteron (fossiler Crossopterygier). Skelettelemente lassen sich im Sinne der Skelettanordnung einer Tetrapodenextremität interpretieren. (Aus Portmann, leicht verändert)

Abb. 6.56. (a) Querschnitt durch einen Wirbeltierembryo, Region von Chorda und Rückenmark, stark vereinfacht. (b) Rumpfwirbel vom Karpfen mit Wirbelkörper, oberen und unteren Bögen (= Basalstümpfe) und Rippen. (c) Wirbelsäule eines Selachiers im Längsschnitt, sehr schematisch. (a nach Goodrich, b, c aus Claus, Grobben u. Kühn)

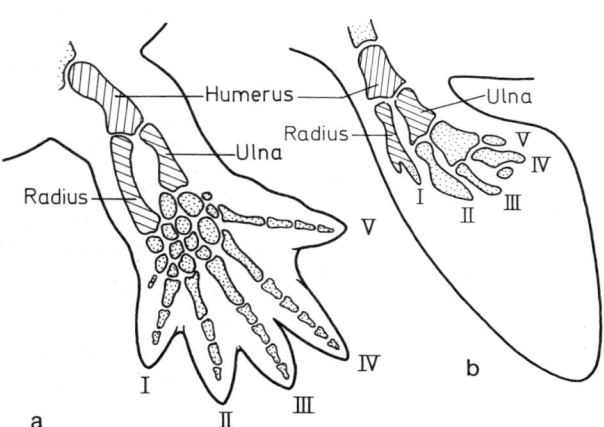

Abb. 6.55

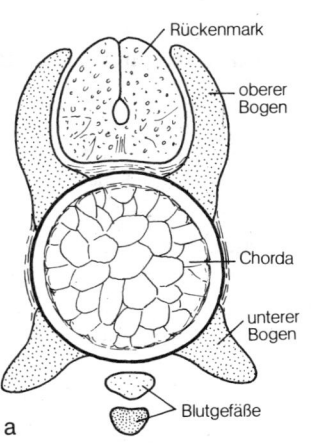

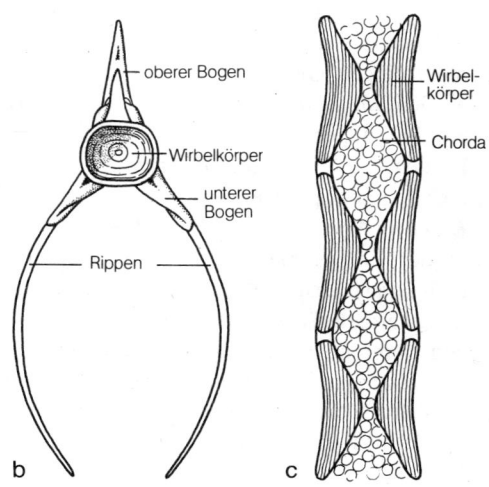

Abb. 6.56

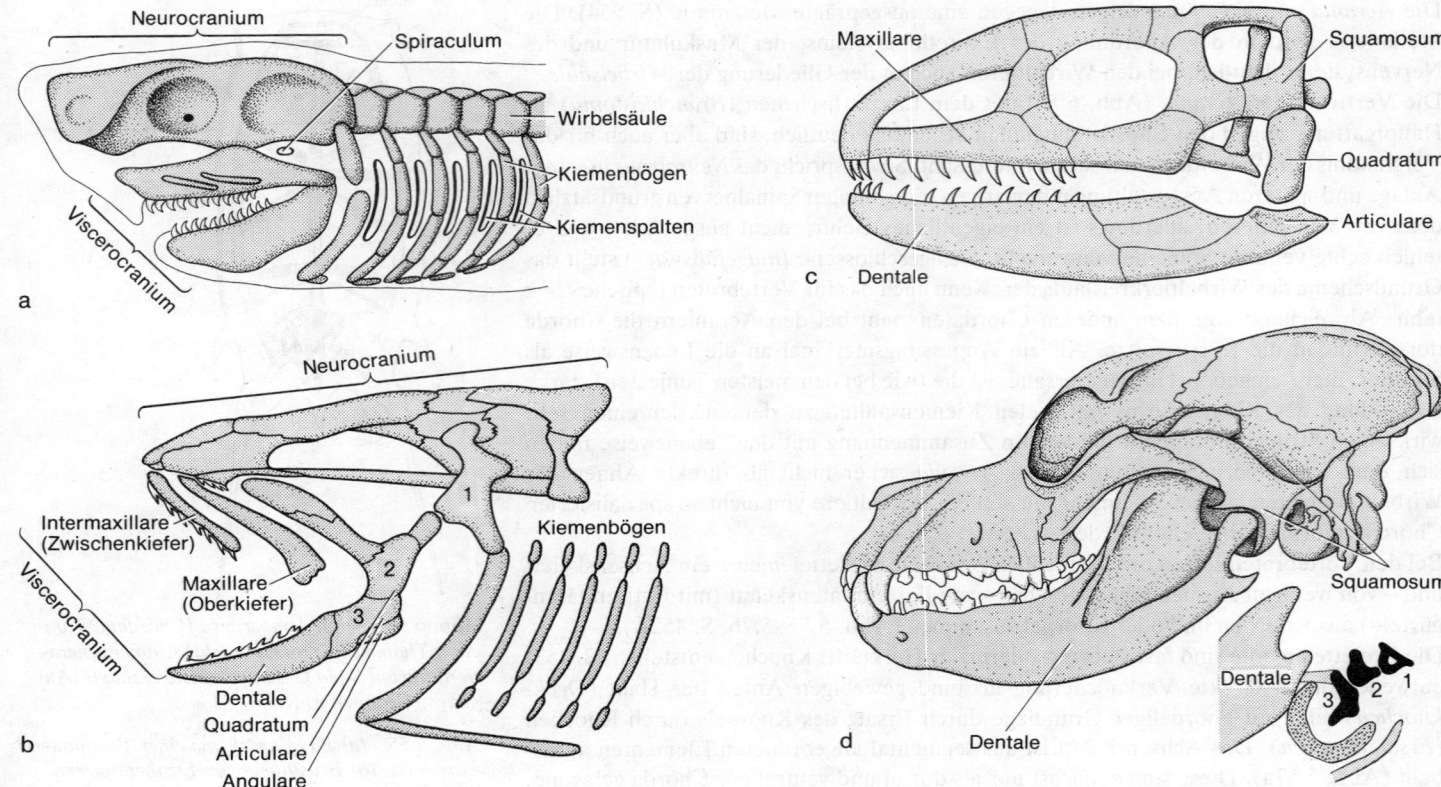

Die Wirbeltiere besitzen in ihrer großen Mehrzahl zwei Extremitätenpaare, die an Extremitätengürteln (*Schulter-* und *Beckengürtel*) gelenken. Bei den Landwirbeltieren gewinnt der Beckengürtel Anschluß an das Achsenskelett. Von den Fischen bis zu den Tetrapoden zeigen die Extremitäten mannigfache Abwandlungen (Abb. 6.55).

Die *Haut* der Wirbeltiere besteht aus zwei Lagen, der ektodermalen *Epidermis* und der mesodermalen *Cutis* (Corium). Sie ist sehr reich an sekundären Differenzierungen (S. 522). Im Gegensatz zu fast allen Wirbellosen ist die Epidermis der Wirbeltiere mehr- bis vielschichtig.

Das *Zentralnervensystem* entspricht einem Neuralrohr. Im hinteren Körperabschnitt ist es strangförmig gebaut (= *Rückenmark*); von diesem Abschnitt gehen segmental die *Spinalnerven* aus (Abb. 5.152, S. 496; vgl. Abb. 6.233). Der vordere Abschnitt ist zu einem mehrteiligen *Gehirn* erweitert (Abb. 6.216; Abb. 5.153, S. 496). Zusammen mit den großen *Sinnesorganen* und dem *Schädel* ergeben sich so die für Wirbeltiere auffälligen Kopfbildungen.

In dem geschlossenen *Blutgefäßsystem* wird das Blut durch ein ventral gelegenes, mehrkammeriges Herz angetrieben (S. 626f.). Als *Atmungsorgane* fungieren ursprünglich *Kiemen* (Abb. 5.136, 5.138; S. 488f.). Doch schon während des Wasserlebens haben sich in der Phylogenie Anlagen von Luftatmungsorganen entwickelt, die dann zu den mannigfach ausgestalteten *Lungen* der Landvertebraten wurden (Abb. 5.137, S. 488).

Die paarigen *Exkretionsorgane* (Nieren) (S. 491f.) werden segmental angelegt. Ursprünglich kommunizieren sie durch Flimmertrichter mit der Leibeshöhle. Die segmentale Anordnung geht vielfach vollständig verloren. Anteile der Exkretionsorgane können der Ausleitung der Geschlechtsprodukte dienen. Wegen der engen Beziehung zwischen Exkretions- und Genitalsystem spricht man bei Vertebraten allgemein von einem *Urogenitalsystem*.

Abb. 6.57. (a) Schädel eines Haifisches, in den Körperumriß eingezeichnet, schematisch. Er besteht aus dem Neurocranium, das das Gehirn und die großen Kopfsinnesorgane birgt, und dem Viscerocranium, zu dem der Kieferbogen und die anschließenden Kiemenbögen gehören. (b) Schädel eines Knochenfisches, schematisch. Der Unterkiefer weist mehrere Knochenteile auf. Er gelenkt mit dem Articulare am Quadratum (primäres Kiefergelenk), das über ein weiteres Skelettelement mit dem Hyomandibulare (1) in Verbindung steht. Das Hyomandibulare wird bei den Tetrapoden zu einem Gehörknöchelchen (Columella der Amphibien, Reptilien und Vögel, Steigbügel der Säuger). (c) Schema eines Reptilschädels (generalisierter Squamatenschädel). Der Unterkiefer ist aus mehreren Knochenteilen zusammengesetzt. Articulare und Quadratum bilden auch hier das (primäre) Kiefergelenk. (d) Schädel eines Säugetieres (Hund). Der Unterkiefer wird allein vom Dentale gebildet. Dieses artikuliert mit dem Squamosum (sekundäres Kiefergelenk). Die Skeletteile des primären Kiefergelenks, Articulare und Quadratum, werden zu weiteren Gehörknöchelchen, Hammer und Amboß. Einsatzbild: Schema vom Verhältnis Unterkiefer zu Gehörknöchelchen beim Säuger. (1) Steigbügel (Stapes), (2) Amboß (Incus), (3) Hammer (Malleus). (a aus Hesse-Doflein u. Kühn, kombiniert; b nach Selenka, c nach Steiner, d aus Martin, Gaupp u. Portmann, kombiniert)

6.3.2 Anpassungen an Lebensweise und Lebensraum

Pflanzen oder Tiere, die dem gleichen Bauplan angehören, weisen grundsätzliche Ähnlichkeiten (homologe Ähnlichkeiten, S. 855f.) auf, die nur aus der Abstammung von gemeinsamen Ahnen zu erklären sind und die umgekehrt auch als Beweise für die Verwandtschaft dieser Organismen gelten (S. 855). Dabei werden nicht selten Pflanzen- oder Tierformen zusammengefaßt, die auf den ersten Blick sehr unterschiedlich aussehen (z.B. *Euphorbiaceen, Mollusken, Chordaten*). Ganz anderer Art sind jene manchmal verblüffenden Ähnlichkeiten, die bei gar nicht näher miteinander verwandten Organismen auftreten und die als *Konvergenzen* (S. 866f.) bezeichnet werden. Diese Konvergenzen stehen meist in einem deutlichen Zusammenhang mit einer ähnlichen Umwelt oder einer ähnlichen Lebensweise. Man kann sie so als Anpassungen an die speziellen Anforderungen von Umwelt und Lebensweise deuten. Bei den Pflanzen haben wir als Beispiel die Sukkulenten kennengelernt, die zu verschiedenen Familien gehören (S. 563f.).

Bei grabenden oder im Boden bohrenden Tieren ist die *Wurmgestalt* verbreitet. Solche drehrunden Tiere ohne abgesetzten Kopf und Schwanz kennt man nicht nur von den allbekannten Regenwürmern (*Annelida*), sondern z.B. auch von vielen Schnurwürmern (*Nemertini*), Wurmschnecken (*Solenogastres*), Enteropneusten und von einer Reihe verschiedener Wirbeltiergruppen (*Gymnophionen, Amphisbaenen, Typhlopiden*) (Abb. 6.58).

Die *Fischgestalt,* ein spindelförmiger Körper mit Flossenbildungen, ist sicher unabhängig voneinander bei mehreren frei schwimmenden Vertebratengruppen entstanden (Abb. 10.25, S. 868). Eine Fischgestalt findet sich außerdem, wenn auch weniger ausgeprägt, bei manchen Wirbellosen, so bei manchen Schwimmschnecken und den Chaetognathen.

Ebenso auffällig wie die Fischgestalt ist die *Maulwurfsgestalt* (Abb. 6.59), die sich bei den Bodenwühlern aus ganz unterschiedlichen Säugetiergruppen findet. Alle besitzen einen walzenförmigen Rumpf mit Extremitäten, die zu kräftigen Grabschaufeln umgewandelt sind. Es ist interessant, daß eine Maulwurfsgestalt auch bei einer Reihe von Insekten (z.B. Maulwurfsgrille), die als Bodenwühler leben, vorhanden ist.

Viele ständig oder auf Zeit festsitzende Tiere haben Stiele ausgebildet, mit denen sie auf der Unterlage festgeheftet sind. Das gibt es bereits bei einigen Protozoengruppen, insbesondere Ciliaten (Abb. 6.60a). Aber auch bei einer großen Zahl von Metazoengruppen ist diese »Gestalt« zu finden, so bei Rotatorien, Entenmuscheln (Crustacea), Haarsternen (Echinodermata, Abb. 10.17, S. 865) usw. Da bei ständig festsitzender Lebensweise eine Flucht vor Feinden unmöglich ist, produzieren solche Formen vielfach feste Wohnröhren (Abb. 6.60b). Ein großer Teil dieser festsitzenden Tiere hat auch den Ernährungsmodus gemeinsam; sie ernähren sich als Strudler, indem Wimpernareale

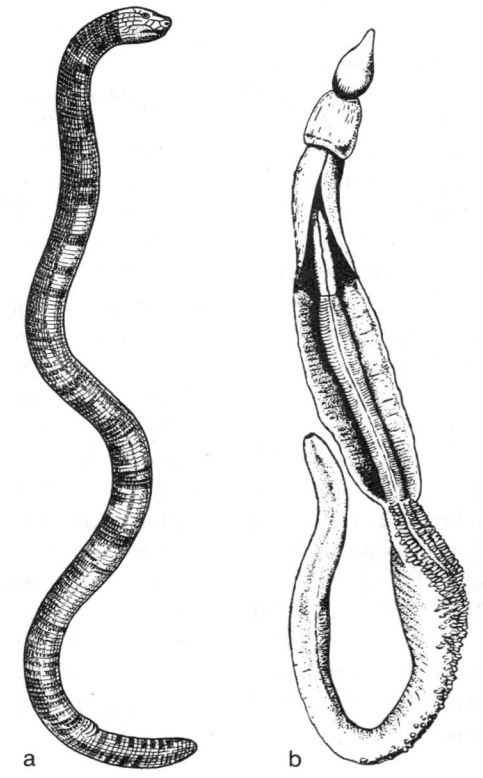

Abb. 6.58. Beispiele der Wurmgestalt.
(a) Wirbeltier: Amphisbaena (Reptilia).
(b) Balanoglossus (Enteropneusta, Branchiotremata).
(a aus Claus, Grobben u. Kühn, b nach Spengel)

Abb. 6.59a–g. Maulwurfsgestalten bei Säugetieren und Insekten. (a, b) Nagetiere: (a) Blindmaus (Spalax microphthalmus), (b) Erdbohrer (Heliophobius argenteocinereus). (c, d) Insektenfresser: (c) Maulwurf (Talpa europaea), (d) Goldmull (Chrysochloris capensis). (e) Beuteltier: Beutelmull (Notoryctes typhlops). (f, g) Geradflügler: (f) Maulwurfsgrille (Gryllotalpa gryllotalpa). (g) Zylindergrille (Cylindracheta longaeva). (Nach verschiedenen Autoren aus Nachtigall)

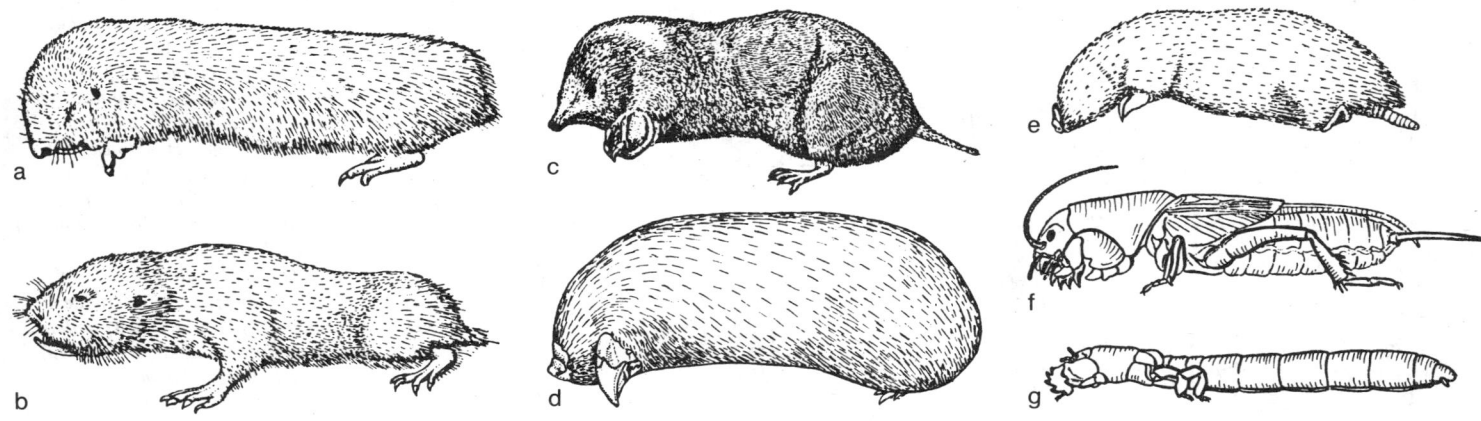

(Abb. 6.60a, häufig auf Tentakeln, Abb. 6.60b) eine Wasserströmung auf die Tiere erzeugen, aus der die Nahrungspartikel entnommen werden.

Wie bei den Pflanzen (S. 556f.) finden sich auch bei Tieren die stärksten Umbildungen bei Parasiten, die in extremen Situationen leben (S. 807f.), besonders dann, wenn es sich um Binnenschmarotzer handelt. Natürlich sind selbst für diese die Lebensbedingungen im einzelnen sehr unterschiedlich, je nachdem, ob sie sich z.B. in der Blutflüssigkeit, im Gewebe oder in Körperhohlräumen – wie dem Darm oder dem Exkretionssystem – aufhalten. Und doch gibt es wegen der vielfach gleichartigen Anforderungen eine Reihe von Merkmalen, die für die Parasiten kennzeichnend sind. So können viele Parasiten auf manche Organe »verzichten«, die für ihre frei lebenden Vorfahren notwendig waren: Bei weitgehend sessiler Lebensweise können die *Bewegungsorgane* rückgebildet werden; in Dunkelheit lebende Binnenschmarotzer verlieren häufig die *Lichtsinnesorgane*, genauso wie z.B. auch viele Höhlentiere; im Darm oder auch in Geweben (d.h. in einer Umgebung, die resorbierbare Nahrungsstoffe enthält) lebende Parasiten reduzieren nicht selten ihren Darm; bei den Cestoden fehlt er völlig. Neben Rückbildungen sind aber auch Sonderbildungen als Anpassung an diese Lebensweise bezeichnend. Bei vielen Parasiten fallen die mannigfachen Halteeinrichtungen in Form von Haken, Saugnäpfen oder Klebdrüsen auf (Abb. 6.61). Diese Strukturen dienen natürlich dazu, sich an dem einmal erreichten Wirt festzuhalten. Es muß aber auch gewährleistet sein, daß der Parasit seinen Wirt erreicht. Die Wahrscheinlichkeit, daß der richtige Wirt vom Parasiten gefunden wird, ist häufig gering. Deshalb produzieren die Parasiten eine meist große Nachkommenschaft. Auch das ist ein wichtiges Anpassungsmerkmal an die parasitische Lebensweise.

Als letztes Beispiel einer sehr ausgeprägten Wechselbeziehung zwischen Körpergestalt und Lebensraum sei noch auf die Tierformen hingewiesen, die im Lückensystem des

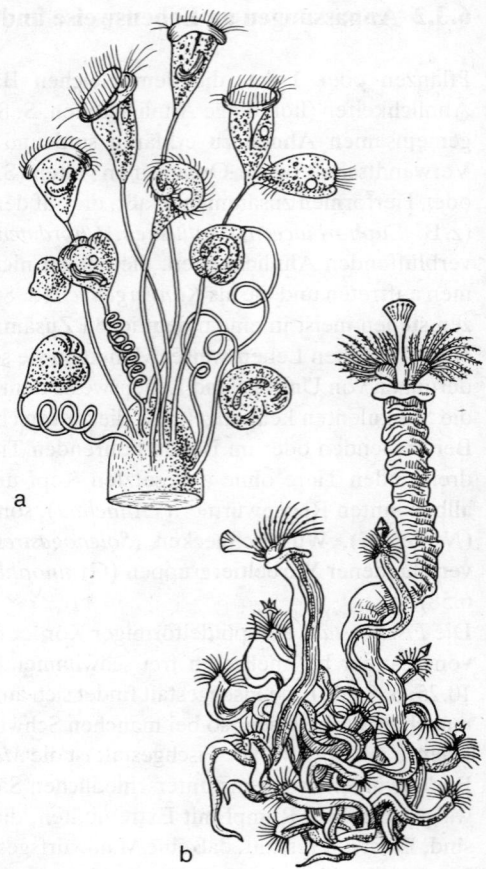

Abb. 6.60a, b. Festsitzende Tiere. (a) Vorticella (Ciliata). (b) Serpuliden (Polychaeta, Annelida) in ihren Röhren. (a aus Hesse u. Doflein, b nach Leunis)

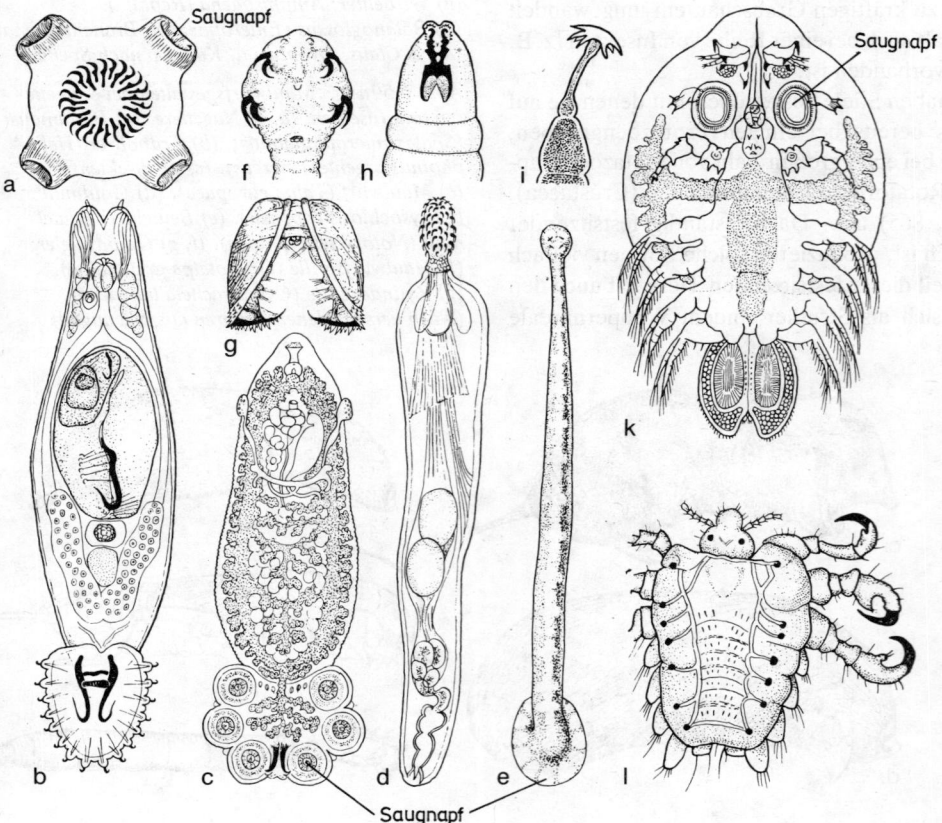

Abb. 6.61 a–l. Halteeinrichtungen bei Parasiten. (a) Kopf des Schweinebandwurms (Taenia solium), von vorn: Hakenkranz und Saugnäpfe am Vorderende. (b) Gyrodactylus (Trematoda); Haftscheibe mit Haken am Hinterende und weitere Haken. (c) Polystomum (Trematoda); Haken und Saugnäpfe am Hinterende. (d) Acanthorhynchus (Acanthocephala); Haken am einstülpbaren Rüssel. (e) Piscicola (Fischegel, Hirudinea) mit vorderem und hinterem Saugnapf. (f) Leiperia (Linguatulida), Haken am Vorderende. (g) Larve von Anodonta cygnea (Bivalvia) mit Schalenhaken. (h) Larve von Cephenomyia (Rachenbremse, Diptera), Vorderende mit Mundhaken. (i) Stylorhynchus (Gregarina, Protozoa), Vorderende (Epimerit) mit Haken. (k) Argulus (Karpfenlaus, Crustacea), mit Saugnäpfen und kleinen Haken an den Antennen. (l) Phthirus (Filzlaus) mit Hakenkrallen. (Aus Hesse u. Doflein)

Sandes vorkommen (Abb. 6.62). Die *Sandlückenbewohner* sind meist klein und langgestreckt. Die ständigen Umschichtungen im Sandgefüge machen Hafteinrichtungen erforderlich, die in Form von Klebdrüsen oder Klebzellen, von Haftröhrchen oder auch in Gestalt eines beweglichen Schwanzfadens auftreten. Da die Fortbewegung in den Lücken vielfach nur kriechend erfolgt, finden sich regelmäßig ventrale Wimperkriechsohlen. Auch innere Organe sind häufig in Anpassung an diesen Lebensraum betroffen. So können Stützorgane ausgebildet sein, die für die Bewegung im Sandlückensystem von Bedeutung sind. Der Komplex aller dieser Anpassungsmerkmale führt wieder zu einer weitgehenden Ähnlichkeit von Tierformen, die gar nicht miteinander verwandt sind.

6.3.3 Optische (äußere) Gestalt

Die gesamte äußere Erscheinung der Pflanzen und Tiere wollen wir als ihre »optische Gestalt« bezeichnen. Die Merkmale der optischen Gestalt sind allerdings keineswegs immer Objekte für Lichtsinnesorgane; sie können in der natürlichen Umgebung oder unter natürlichen Bedingungen unsichtbar bleiben. So leben manche, durch sehr leuchtende Farben oder durch bizarre Formen ausgezeichnete Tiere in so großer Wassertiefe, daß Farben und Formen im allgemeinen gar nicht zur Geltung kommen können.

Meist kann man aber überall dort, wo man an einer Pflanze oder an einem Tier auffällige Formen, Farben oder Zeichnungsmuster beobachtet, sicher sein, daß es sich um *Strukturen mit Signalcharakter* handelt, bei Pflanzen z. B. für bestäubende Insekten, bei Tieren z. B. zur Feindabwehr oder zum Finden des Partners (Abb. 6.3f; 8.5a, S. 765). Diese Strukturen müssen, damit sie ihre Wirkung entfalten können, nicht nur auffällig, sondern auch möglichst unverwechselbar sein. Die geradezu unwahrscheinlich bunten Korallenfische, ebenso wie die oft bizarren und bunten Formen von Orchideen, sind hierfür hervorstechende Beispiele. Bei Tieren werden die statischen optischen Signale oftmals durch charakteristische Bewegungsweisen ergänzt oder auch erst sichtbar. Das Aufstellen des Pfauenrades ist dafür ebenso ein Beispiel wie das Vorweisen von Augenflecken bei vielen Schmetterlingen (Abb. 6.63).

Auffällige »Trachten« werden oft nur für kurze Zeit angelegt, z. B. nur zur Fortpflanzungszeit. So besitzen die Stichlingsmännchen nur zu dieser Zeit eine prächtig rotgefärbte Bauchseite (S. 752); beim Entenerpel schwinden die leuchtenden Farben nach der Fortpflanzungszeit. Diese beiden Tiere sind auch Beispiele für den häufigen Fall, daß die optische Gestalt bei den Geschlechtern unterschiedlich ist (S. 319f.).

Auffällige Formen, Farben und Muster, nicht selten kombiniert mit Bewegungen, wirken oft als Schlüsselreize, die im Zusammenspiel Instinkthandlungen auslösen (S. 726f.).

Ungewöhnliche und lebhafte Farbzeichnungen sind aber auch bei wehrhaften, ungenießbaren oder giftigen Tieren verbreitet, so bei Bienen, Wespen und Hornissen (Abb. 6.64), bei vielen Wanzen, beim Feuersalamander oder bei den Korallenottern. Diese *Warntrachten* sollen einen Angreifer, meist wohl erst nach einer ersten oder wiederholten schlechten Erfahrung, von einem neuerlichen Zugriff abhalten. In diesen Zusammenhang gehört wahrscheinlich auch das oben erwähnte Zeigen von Augenflecken, das bei einem Angreifer eine Schreckreaktion auslösen kann.

Eine Reihe von Tieren profitiert anscheinend von der Wehrhaftigkeit oder Ungenießbarkeit anderer Tiere, indem sie, ohne selbst wehrhaft oder ungenießbar zu sein, die Warntracht der so geschützten Tiere imitieren. Diese meist als *Mimikry* bezeichnete Schutzanpassung gibt es z. B. beim Hornissenschwärmer, der Hornissen imitiert (Abb. 6.64), oder bei einigen harmlosen Schlangen, die die Korallenottern »nachahmen«. Es gibt aber auch Fälle, bei denen ein Feind oder Räuber »harmlose« Tiere nachahmt, um seine Opfer zu täuschen. So imitiert *Aspidontus* im Verhalten und Aussehen den Lippfisch *Labroides*, der als »Putzer« anderen Fischen Ektoparasiten sowie kranke Haut- oder

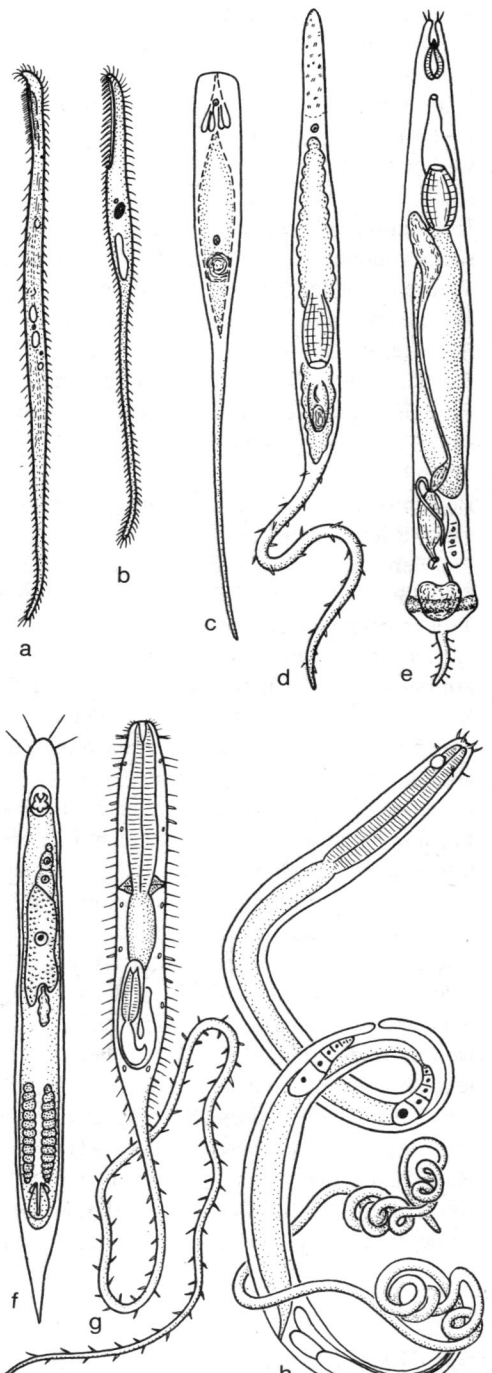

Abb. 6.62. Sandlückenbewohner. (a) Remanella (Ciliata). (b) Spirostomum (Ciliata). (c) Mecynostomum (Turbellaria). (d) Boreocelis (Turbellaria). (e) Cheliplanilla (Turbellaria). (f) Gnathostomula (Gnathostomulida). (g) Urodasys (Gastrotricha). (h) Trefusia (Nematodes). (Aus Ax)

Flossenteile abfrißt. *Aspidontus* kommt getarnt als Putzer an seine Opfer heran und beißt diesen Flossenstücke heraus. Manche Autoren bezeichnen heute jede derartige auf Signalfälschung beruhende Ähnlichkeit als Mimikry.

Ein Beispiel einer Signalnachahmung, in dem überhaupt kein Freßfeind vorkommt, bieten bestimmte Orchideen. Die Blüten von *Ophrys*-Arten ahmen die typischen Merkmale weiblicher Bienen, Hummeln oder Wespen nach – von manchen Orchideenblüten wird sogar der Sexuallockstoff (S. 726) von Insektenweibchen imitiert – und lösen damit Kopulationsversuche der betreffenden Männchen aus, die so bei Wiederholung Pollensäcke von einer Blüte zur nächsten tragen.

Während bei den Formen und Farben mit Signalcharakter das Auffällige und Unverwechselbare im Vordergrund steht, können in der optischen Erscheinung vieler Tiere Elemente überwiegen, die die äußere Gestalt möglichst unauffällig, möglichst wenig sichtbar machen sollen. Das kann durch Farbanpassung (*Tarnfarbe*) an die Umgebung erreicht werden: Warmblüter der arktischen Schneewüsten, z.B. Eisbär, Eisfuchs, Schneehuhn, sind dem Untergrund ähnlich, weiß oder wenigstens fast weiß; ebenso legen sich viele Warmblüter der gemäßigten Zone ein weißes Winterkleid zu (z.B. das Hermelin). Bewohner der grünen Pflanzen tragen vielfach eine grüne Tracht: zahllose Insektenarten, viele Baumfrösche und Eidechsen; sogar bei den zu den Säugetieren gehörenden Faultieren Südamerikas ist eine Grünfärbung durch im Haarkleid lebende Algen erreicht. Schließlich sei noch an die gelbliche oder braune Tönung der Bewohner von Wüsten und Trockensteppen erinnert.

Die Farbanpassung an den Untergrund kann auch durch aktiven Farbwechsel zustandekommen (S. 522f.); sie ist besonders bei Wassertieren verbreitet. Viele Tintenfische, Krebse, Fische und Amphibien können so die Farbe des jeweiligen Untergrundes annehmen. (Allerdings kann der Farbwechsel auch Ausdruck eines bestimmten physiologischen bzw. Erregungszustandes sein, so beim Chamäleon und bei Tintenfischen.)

Eine noch weitergehende Tarnung wird erreicht, wenn Tiere sowohl in Farbe als auch in Form anderen, einen Freßfeind nicht interessierenden Objekten – seien es lebende oder tote – ähneln. Diese Schutzanpassung wird meist als *Mimese* bezeichnet. Die Wirksamkeit der Tarnung wird vielfach durch zeitweilige Bewegungslosigkeit erhöht. Manche Schmetterlingsraupen nehmen bei Erschütterung eine solche Körperhaltung ein, daß sie einem Ästchen täuschend ähnlich sind (Abb. 6.65); die berühmt gewordenen »wandelnden Blätter«, Gespensheuschrecken der Gattung *Phyllium*, können besonders in Ruhestellung ebenso wie manche Schmetterlinge (Abb. 6.66) leicht mit Blättern verwechselt werden und so einem Feind entgehen; die Rohrdommelarten, die im Schilf oder Rohr leben, strecken sich bei einer Störung lang, verharren in dieser Haltung und sind so nur schwer von Schilf- oder Rohrstengeln zu unterscheiden.

Die Bedeutung der beschriebenen »Trachten« für den Schutz gegenüber Feinden oder Räubern ist nicht unbestritten geblieben. Selbstverständlich ist der Schutz nicht absolut, sondern nur relativ. Deshalb sind Experimente, um den positiven Wert der Anpassung eindeutig festzustellen, schwierig und aufwendig.

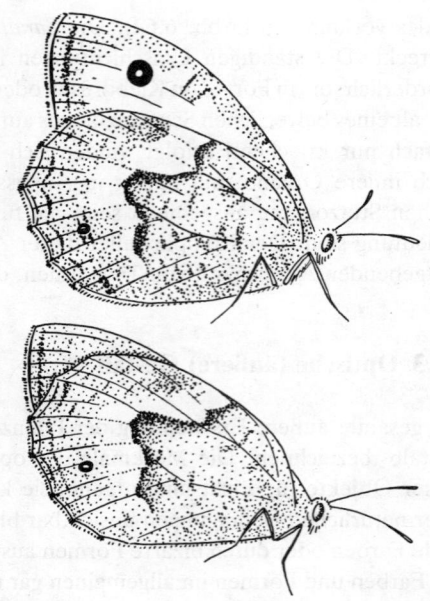

Abb. 6.63. Sammetfalter (Hipparchia semele), unten in Ruhestellung, oben nach Vorweisen der Augenflecke. (Aus Portmann)

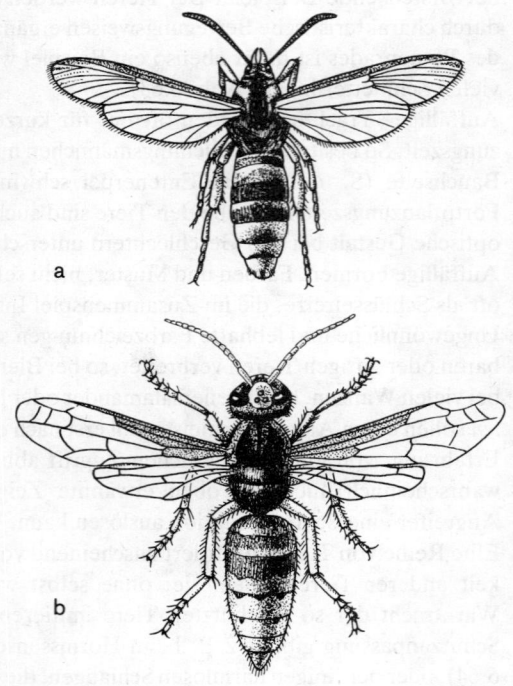

Abb. 6.64a, b. Mimikry.
(a) Trochilium (Glasflügler, Schmetterling).
(b) Vespa crabro (Hornisse). (Nach Bates)

6.4 Homoiostase und Koordination

Lebende Organismen – im Ablauf der Zeit beobachtet – offenbaren dem Betrachter zwei anscheinend entgegengesetzte Erscheinungsbilder: einerseits das *Erhaltenbleiben* von Strukturen und die *Stetigkeit* lebenserhaltender Vorgänge trotz wechselnder, oft widriger Umweltbedingungen (*»Homoiostase«*), anderseits das unablässige Ablaufen energieumsetzender *Prozesse*, wie Nahrungsaufnahme, Atmung, Stoffwechsel, Wachstum,

Metamorphose, Fortpflanzung, die nur darum den Organismus nicht auseinandersprengen, sondern seine Generationenfolge fortsetzen, weil sie bei aller Vielfalt auf eigengesetzliche Weise einander zuarbeiten und insgesamt ein geordnetes Wirkungsgefüge bilden (*»Koordination«*). Homoiostase (griech. »Gleichgewicht«) und Koordination (lat. »Zuordnung«) sind daher zwei Aspekte des Lebensgeschehens – ein statischer und ein dynamischer –, die sich gegenseitig bedingen und unlösbar miteinander verschmolzen sind. Deshalb eignen sie sich als Leitbegriffe, wenn man, vom Einzelnen ausgehend, auf ein Gesamtverständnis des Phänomens »Leben« auf den verschiedenen Ebenen seiner Verwirklichung hinaus will.

Als einen zusammenfassenden und übergeordneten Begriff, der sowohl die Homoiostase als auch die Koordination einschließt, betrachtet man bisweilen (z. B. in diesem Buch) das gedankliche Konzept der *Integration* (lat. »Wiederherstellung eines Ganzen«). Andererseits verwendet man den Ausdruck »Integration« auch in dem speziellen Sinn der zentralnervösen Verarbeitung von Signalen aus verschiedenen Sinnesorganen und sonstigen Instanzen. Im Grunde sind alle drei genannten Begriffe – Homoiostase, Koordination und Integration – in ihrem gegenseitigen Verhältnis und in ihrem Gebrauch ebenso fließend wie das unübersehbare Reich der Lebensphänomene, das sie unserem Verständnis näherbringen sollen.

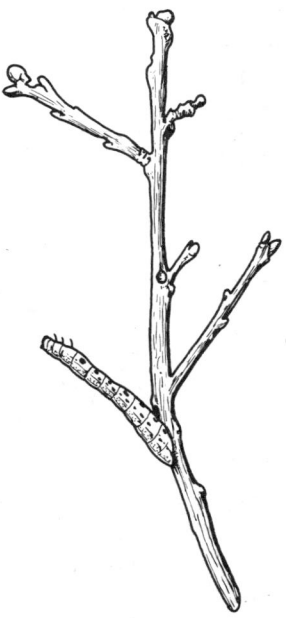

Abb. 6.65. Raupe eines Baumspanners (Boarmia), die in Gestalt und durch ihr Verhalten einem Zweig ähnelt. (Aus Portmann)

6.4.1 Homoiostase durch Regelprozesse

Zahlreiche Funktionszustände des Körpers, z. B. die Körpertemperatur der Warmblüter, der Blutdruck und der Blutzuckerspiegel, werden dadurch auf einem bestimmten *Normalwert* gehalten, daß Abweichungen von diesem »Sollwert« *durch Gegenreaktionen* kompensiert werden (Abkühlung veranlaßt Erwärmungsfunktionen). Genauer: Die Konstanthaltung wird dadurch gesichert, daß Sinnesorgane durch Vermittlung von Nerven oder von Hormonen Reaktionen auslösen, die auf die Meldung von Abweichungen hin *gegen* diese Abweichungen wirken. Da hierbei – formal gesehen – jede Abweichung Vorgänge zur Folge hat, die sie selbst in der *Gegen*richtung beeinflussen, spricht man von *negativer Rückwirkung* (Rückkoppelung) oder *negativem Feedback*. Der funktionelle Zusammenhang ist in Abbildung 6.67 schematisch dargestellt.

Welcher Funktionswert der konstant zu haltenden Größe (*Regelgröße*) wird durch ein Funktionssystem nach dem Schema der Abbildung 6.67 aufrechterhalten? Wie eine einfache Überlegung zeigt, ist es derjenige Wert, bei welchem das Meßglied (*Fühler*) dem Korrekturmechanismus (*Stellglied*) keine Meldung zukommen läßt, die ihn zu einer Korrekturtätigkeit veranlaßt, also der *Nullwert der Meßskala des Fühlers*. Falls es sich bei Abbildung 6.67 um ein System zur Temperaturregelung handelt, also um einen Thermostaten, und falls das Meßgerät bei 37°C *keine* Meldung abgibt, bei 36°C die Meldung »−1« und bei 38°C die Meldung »+1«, so wird das System somit die Temperatur von 37°C durch Korrekturreaktionen selbständig konstant zu halten suchen. Es hängt also von der Funktionsweise des *Meßorgans* ab, *welche* Temperatur stabilisiert wird (*Sollwert* des Regelsystems).

Dies ändert sich, wenn von außen her Meldungen in die Übertragungsleitung zwischen Meßorgan und Korrekturmechanismus hineinfließen (Abb. 6.67). Wird z. B. ein Funktionswert, dessen Größe einer Meldung des Meßorgans von »+1« entspräche, von außen her zu der Meldung des Meßorgans hinzugefügt, so kommt der Regelungsmechanismus zwangsläufig nicht mehr bei 37°C, sondern bei 38°C zur Ruhe. Er sichert jetzt *diesen* Wert durch Kompensationsreaktionen gegen Abweichungen. Wenn die von außen einfließenden Meldungen dem Wert »+2« entsprechen, und das Meßorgan meldet den Wert »Null« bei 37°C, so wird dadurch der Sollwert des Systems automatisch zu 39°C. Daraus ergibt sich: Wenn die Übersetzungsfunktion des Sinnesorgans festliegt, bestimmen Meldungen,

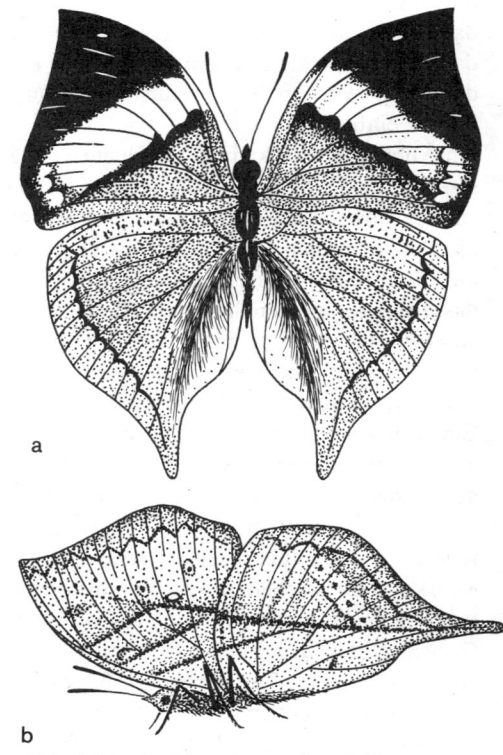

Abb. 6.66a, b. Blattschmetterling Kallima. (a) Die auffällig gefärbte Oberseite. (b) Flügel, zusammengeklappt, von der Seite. (Aus Portmann)

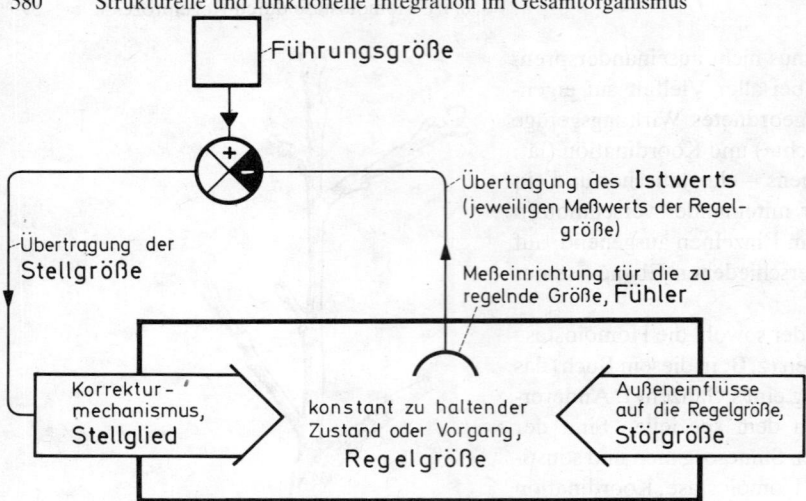

Abb. 6.67 Funktionsschaltbild eines Regelkreises. Die in größeren Lettern geschriebenen Worte sind die – auch in der Biologie verwendeten – Fachausdrücke der technischen Regelungskunde. Weitere gebräuchliche Fachausdrücke (in der Abbildung nicht eingetragen) sind: »Sollwertgeber« für die Instanz, in der die Führungsgröße entsteht; »Regelabweichung« für die Differenz zwischen Führungsgröße und Istwert der Regelgröße (= Ausgangsgröße der als Vier-Sektoren-Scheibe gezeichneten Subtraktionsinstanz von Führungsgröße und Istwert der Regelgröße); »innere Verstärkung« für den formalen Umrechnungsfaktor, der die quantitative Beziehung zwischen Regelabweichung und Stellgliedwirkung angibt; »Regelstrecke« für die räumliche, materielle und funktionelle Verbindung zwischen dem Ort der Stellgliedwirkung und dem Fühler. Bei dem Regelkreis dieser Abbildung besteht einfache Proportionalität zwischen Regelabweichung und Intensitätsgrad der Stellgliedtätigkeit; dieser Regelungstyp heißt danach Proportionalregelung (P-Regelung). Bestimmt jedoch die Regelabweichung nicht den Absolutwert der Stellgröße, sondern deren Änderungsgeschwindigkeit (indem ein zeitlich integrierendes Funktionsglied eingeschaltet wird), so spricht man von Integralregelung (I-Regelung). Beide Regelungstypen lassen sich auch kombinieren (PI-Regelung). – Sofern sich die Führungsgröße eines Regelkreises häufig ändert, zugleich aber auch die Störgröße nicht konstant bleibt, wird es zur auffälligsten Wirkung des Systems, selbsttätig die erforderliche Leistung zum Erreichen der jeweiligen Zielvorgaben zu ermitteln und bereitzustellen; wenn dieser funktionelle Aspekt im Vordergrund steht, spricht man von »Servoregelung«. Ein Beispiel hierfür ist das Muskelspindelsystem (S. 693, 694).

die von außen in die Bahn zwischen Meßorgan und Effektor einfließen, welcher Wert selbsttätig konstant gehalten wird. Wegen dieses Sachverhaltes nennt man den von außen (von einem »Sollwertgeber«) einfließenden Wert *Führungsgröße* (Abb. 6.67).

Die Kenntnis des Funktionszusammenhanges zwischen Regelkreis und Führungsgröße ist unerläßlich z. B. zum Verständnis der Erscheinung des *Fiebers*. Eine beim gesunden Menschen etwa durch starke Muskelarbeit bei hoher Lufttemperatur entstandene Bluttemperatur von 38°C löst Abkühlungsreaktionen (Schwitzen) aus, während ein *fiebernder* Organismus bei dieser Bluttemperatur heftig frieren kann und Erwärmungsmechanismen in Gang setzt. Der Weg, auf welchem der Organismus den Fiebersollwert bestimmt, der dann durch die Temperaturregelung des Körpers aufrechterhalten wird, kann nur der sein, daß veränderte Erregungen (veränderte Führungsgröße) in den funktionellen Verbindungsweg zwischen Temperatursinnesorganen und Ausführungsorganen der Wärmeregulierung einfließen.

An Abbildung 6.67 kann man sich auch die Reaktion eines Regelkreises auf eine *zeitlich gleichbleibende Störgröße* klar machen: Diese verursacht zunächst natürlich eine entsprechende Abweichung des Istwerts der Regelgröße vom Sollwert; hierauf folgt dann – über die Rückkoppelung veranlaßt – die entgegengerichtete Tätigkeit des Stellgliedes. Wäre die Tätigkeit des Stellgliedes so intensiv, daß der Sollwert wieder erreicht würde, so müßte das zweierlei Folgen haben: Erstens würde die Tätigkeit des Stellgliedes daraufhin *aufhören* (sie wird ja nur durch *Abweichungen* des Istwerts vom Sollwert veranlaßt); zweitens würde die weiter wirksame Störgröße nun natürlich eine erneute Abweichung hervorrufen. Das System käme also beim Erreichen seines Sollwerts *gar nicht zur Ruhe*. Ein Ruhezustand stellt sich jedoch bei *einer bestimmten Abweichung* des Istwerts vom Sollwert ein, und zwar, wenn die entsprechende Stellgliedfunktion dem Störgrößeneinfluß gerade die Waage hält. Die Abweichung vom Sollwert, bei der dies geschieht, trägt den Namen »Proportionalabweichung« (weil sie ein Charakteristikum der »Proportionalregelung« – siehe übernächster Absatz – ist).

Man kann die Erscheinung der Proportionalabweichung an der *Pupillenreaktion* beobachten: Einerseits verringert die Iris als Stellglied nach einer Helligkeitsänderung des Gesichtsfeldes den Lichtfluß; aber sie kompensiert diese Störgröße *nie vollständig*, vielmehr bleibt ein Teil der Störgrößenwirkung bestehen und hält als Proportionalabweichung die Pupillenverengung aufrecht.

Läßt sich die Systemstruktur von Abbildung 6.67 so verändern, daß der Regelkreis eine aufrechterhaltene Störgrößenwirkung nicht nur zum Teil (wie eben beschrieben), sondern *vollständig* kompensiert? Dies geschieht, wenn die Regelabweichung nicht wie in Abbildung 6.67 die *Intensität* der Stellgliedtätigkeit bestimmt, sondern deren *Änderungsge-*

schwindigkeit. Dann ist der *Betrag* der Stellgliedtätigkeit gleich dem *zeitlichen Integral* der Regelabweichung, weswegen man hier vom Typ des *Integral*regelkreises (I-Regelkreis) spricht. Im Unterschied dazu trägt der Regelkreis von Abbildung 6.67 die Bezeichnung »Proportionalregler« (P-Regler).

Das beste Beispiel für eine biologische *Integral*regelung liefert der *Blutdruck im Zentralbereich des Kreislaufs* von Säugetieren: Auch bei sehr schweren Blutverlusten (d.h. hoher Störgröße), z.B. nach Verletzungen, bleibt der Blutdruck in Herz und Gehirn auf seiner *vollen* Höhe (seinem Sollwert) und bricht nur bei extremem Blutmangel zusammen. Regelkreise haben eine Systemeigenschaft, die man ihnen bei der bloßen Betrachtung ihrer Funktionsstruktur (Abb. 6.67) nicht ansieht: Falls die jeweils ausgelösten Gegenreaktionen über ihr Ziel, den Sollwert, zu weit hinausschießen, entstehen Schwingungen mit anwachsender Schwingungsweite (Amplitude), bis entweder das ganze System zerstört wird *(»Regelkatastrophe«)* oder die Schwingungen durch außerhalb des Regelsystems liegende Bedingungen (z.B. Energiemangel) begrenzt werden. Ein biologisches Beispiel (ungedämpfte Regelschwingungen der Bevölkerungsdichte von Tieren) wird in Abschnitt 7.5.4 (S. 751) behandelt. – Instabil wird ein Regelkreis beim Überschreiten einer Kennzahl, die sich aus seiner inneren Verstärkung (Verhältnis zwischen Regelabweichung und Stellgliedwirkung) und seiner Totzeit (Zeitabstand zwischen beginnender Regelabweichung und beginnender Stellgliedfunktion) errechnet: Je größer die Verstärkung und je länger die Totzeit, desto eher ist ein Regelkreis instabil. – Ein Beispiel für ungedämpfte Regelschwingungen ist der pathologische *Tremor* (z.B. Schüttellähmung); an der besonderen Form des »Intentionstremors« (Auftreten von Tremor speziell beim Versuch gezielter Bewegungen) demonstrierte einst der Begründer der wissenschaftlichen Kybernetik, Norbert Wiener, die prinzipielle Vergleichbarkeit technischer und biologischer Regelvorgänge.

6.4.2 Homoiostase ohne »feedback«

Der Glucosegehalt des menschlichen Blutes (»Blutzucker«) liegt normalerweise zwischen 0,6 und 1,0 g · l^{-1}. Wenn der Gehalt im Krankheitsfall oder auch bei hoher Erregung des Sympathicussystems über 1,8 g · l^{-1} steigt, so erscheint Zucker im Harn. Das liegt daran, daß der Rückresorption des Blutzuckers aus dem Primärharn durch die Wandzellen der Nierenkanälchen ins Blut ein aktiver Transportmechanismus zugrundeliegt (vgl. Abb. 5.145, S. 492), der einen Konzentrationsunterschied von mehr als 1,8 g · l^{-1} zwischen Primärharn und Blut nicht bewältigen kann. Insofern ist Zucker ein »Schwellenstoff« für die Niere. Das Prinzip des *»Überlauf-«* oder *»Schwellenmechanismus«* erlaubt somit eine grobe Stabilisierung der Zuckerkonzentration im Blut durch das Abschöpfen und Ausscheiden des Überschusses. Die feinere Regelung wird durch Insulin und Glucagon geleistet (S. 680).

Gießt man ein bestimmtes Quantum einer Säure in Wasser, ein gleich großes dagegen in eine Pufferlösung, so ändert sich im ersten Gefäß der *pH*-Wert stärker als im zweiten, wo er unter Umständen so gut wie konstant bleibt (S. 57f). Auch der *pH-Wert des Blutes* wird in weitem Maße nicht durch Regelprozesse, sondern durch *chemische Pufferung* konstant gehalten (S. 637f.).

Lenkt man ein Pendel aus und läßt es danach wieder frei, so stellt die Rückstellkraft, die durch die Auslenkung erzeugt wurde, die Ruhelage wieder her. Auf *Rückstellkräften* beruht auch die Stabilisierung mancher *biologischer* Werte, z.B. der *Raumlageposition* vieler Wassertiere – so etwa bei einem auf der Wasseroberfläche ruhenden Wasservogel. Viele Fische halten allerdings ihre Position *gegen* die physikalischen Gleichgewichtsbedingungen durch aktive Flossenbewegungen aufrecht, indem sie Positionsabweichungen nach dem Regelprinzip aktiv kompensieren.

Bei höheren Wirbeltieren ist die *Pupillenreaktion* Teil eines *Regelprozesses:* Regelgröße ist die Beleuchtungsstärke, und der Übertragungskanal der feedback-Signale führt von den Lichtsinneszellen der Netzhaut (*Fühler*) über Retinaneuronen, Sehnerv, Gehirn und efferente Nerven zu den Irismuskeln (*Stellglied*). Bei manchen *niederen* Wirbeltieren dagegen beantworten die *Irismuskelzellen selbst* als unabhängige Effektoren das auf sie fallende Licht, indem sie sich kontrahieren und die Pupille verkleinern. Dies hat im Prinzip den gleichen Effekt wie die *neural gesteuerte* Pupillenreaktion: Verringerung des Lichtflusses auf die Retina bei äußerem Helligkeitsanstieg. Das verursachende System aber enthält keine negative *Rückkopplung,* sondern einen *vorwärts,* d. h. in Prozeßrichtung gerichteten Einflußweg: Das vom Sehobjekt ausgehende Licht geht teils durch die Pupille, teils fällt es auf die Iris, welche daraufhin durch Verkleinerung den Pupillenanteil verringert. – Mit diesem Beispiel ist gezeigt, daß auch eine *feed-forward-Steuerung* (Abb. 6.68) Homoiostase bewirken kann.

Beobachtet man ein Phänomen der Homoiostase (dynamische Stabilität trotz ändernder Einflüsse), so kann man nach dem zuvor Gesagten nicht darauf schließen, daß dieser Leistung unbedingt ein *Regelprozeß* zugrunde liegen müsse. Ein solcher liegt nur dann vor, wenn *negatives »feedback«* verwirklicht ist, also *ein eigener Funktionsweg,* durch den die Gegenwirkungen gegen Abweichungen vom Sollwert gesteuert werden. Auch Überlaufmechanismen, chemische Pufferwirkung, Rückstellkräfte und feedforward-Steuerungen können, wie beschrieben, zur Homoiostase beitragen; doch auch mit ihnen sind noch nicht alle Möglichkeiten einer dynamischen Stabilisierung erfaßt.

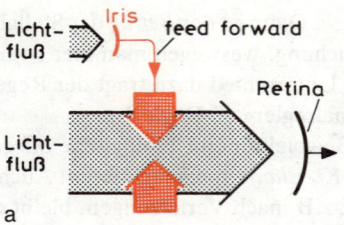

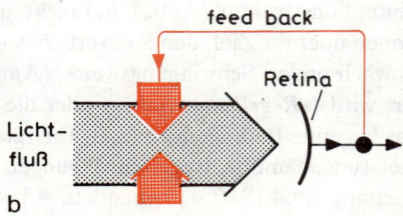

Abb. 6.68a, b. Vergleich zwischen einer feed-forward und einer feed-back-Schaltung im Dienste derselben Funktion der Homoiostase: Schwankungen des Lichteinfalls in das Auge (waagerechter grauer Pfeil) durch Variation der Pupillengröße zu kompensieren. Die senkrecht gegeneinandergerichteten roten Pfeile symbolisieren die Irismuskeln. Bei (a) sind die Irismuskeln selbst lichtempfindlich und werden durch den Lichteinfall gesteuert; der Funktionsweg ist »vorwärts« gerichtet. Bei (b) ist ein Regelprozeß wirksam; der Wirkungsverlauf erfolgt zum Teil »rückwärts« (feedback).

6.4.3 Führung durch den schnellsten Prozeß

Ein typischer Vorgang der physiologischen *Koordination* liegt vor, wenn mehrere an sich eigengesetzliche Prozesse einander um einer erfolgreichen Gesamtaktion willen auf eine solche Weise beeinflussen, daß sie *im Gleichtakt* ablaufen. Ein wichtiges Funktionsprinzip, nach dem dies geschehen kann, ist die Führung durch den schnellsten Prozeß. Sie ist in einfacher Form bei der Fortbewegung der Quallen, in einer höher entwickelten beim Herzschlag der Wirbeltiere (S. 626f.) verwirklicht.

Beim Schwimmen einer Qualle kontrahieren sich die Muskeln, die den Schirm wölben, periodisch, wodurch das Tier vorangetrieben wird. Dabei ist jede Kontraktion so gut wie symmetrisch, da alle Muskeln synchron arbeiten. Man könnte daher *ein* Befehlszentrum vermuten, von dem aus der Kontraktionsbefehl in Form von Nervenimpulsen gleichzeitig an alle Muskeln ausgesandt wird. Es sind jedoch vier oder mehr Zentren am Schirmrand verteilt (»Randorgane«, Abb. 5.116b, S. 476), die sämtlich autorhythmisch aktiv sind. Jedes beliebige von diesen genügt allein, den regelmäßigen symmetrischen Schlag der Schwimmglocke zu unterhalten, wenn die übrigen ausfallen; erst die Ausschaltung des letzten läßt die Funktion zum Stillstand kommen. Die anatomische Grundlage für diese Erscheinung besteht darin, daß alle Randorgane und alle Muskeln durch ein die ganze Schwimmglocke durchziehendes Nervennetz miteinander in Verbindung stehen.

Durch *Abkühlung* einer Qualle wird die Schlagfolge ihres Schirms langsamer. Im Experiment kann man bei großen Tieren einzelne Schirmteile unabhängig voneinander erwärmen oder abkühlen, um die Eigenfrequenz einzelner Randkörper unterschiedlich zu verändern. Trotzdem schlägt dann das Tier als Ganzes *synchron* weiter. Die Frequenz richtet sich dabei nach dem Randkörper mit der höchsten Temperatur und damit der *schnellsten* Schlagfolge (der höchsten Eigenfrequenz). Die Abkühlung eines Teils des Tieres ändert daran nichts.

Die Erklärung hierfür liegt in folgendem: Wenn das schnellste Randorgan spontan (d. h. ohne äußeren Anreiz) zur Erregung kommt, sind die langsameren zwar noch nicht so weit, aber auf die vom ersten her ankommenden Erregungen hin vermögen sie doch bereits damit *zu reagieren,* daß sie sofort selbst erregt werden und Erregung aussenden. Der einzelne Randkörper gerät, nachdem er erregt war und Erregung ausgesandt hat, zunächst für ein kurzes Zeitintervall in eine refraktäre Phase, in der er unerregbar ist. Dann kommt er in einen Zustand, in dem er zwar spontan noch keine Erregung produziert, durch von außen kommende Impulse jedoch schon zur eigenen Erregung gebracht werden kann (worauf nach der Impulsabgabe der refraktäre Zustand neu beginnt). Wird während dieses durch ankommende Impulse schon erregbaren Stadiums keine Erregung ausgelöst, so erfolgt schließlich die spontane Erregung. Sind nun mehrere derartige Instanzen durch ein in allen Richtungen Erregung leitendes Netz verbunden, so folgt – wie eine einfache Überlegung zeigt – mit Notwendigkeit die Funktionsweise der schwimmenden Qualle: weitgehende (nicht ganz genaue!) Synchronisierung aller Einzelerregungen und *Führung durch den Prozeß mit der höchsten Eigenfrequenz.* Das wesentliche ist also nicht die »Stärke« der gegenseitigen Einflüsse, sondern ihr Zeitverhalten.

6.5 Gesamtenergiehaushalt der Organismen

Leben ist mit dauerndem Stoff- und Energieumsatz verbunden, und der Fortbestand lebendiger Systeme ist davon abhängig, daß ihnen Energie von außen zugeführt wird: Die Erhaltung des Lebens ist nur durch Energieverbrauch möglich. Die *autotrophen* Organismen speichern mit Hilfe der Photosynthesevorgänge, gelegentlich auch durch Chemosynthese, Energie in Form von komplexen chemischen Verbindungen; den *heterotrophen* Organismen muß Energie in dieser gebundenen Form – als organische Nährstoffe – zugeführt werden. Synthesen von Strukturen mit höherem spezifischen Energiegehalt als dem, der mit den Nährstoffen zugeführt wird, sind möglich, aber mit zusätzlichem Verlust von freier Enthalpie und damit Verringerung der im Organismus vorhandenen Gesamtenergiemenge verbunden (S. 77f.).

6.5.1 Energiefluß in der belebten Natur

Bei der Betrachtung der Energieverhältnisse, in welche die lebendigen Systeme eingefügt sind, ist der »Kreislauf« keine passende Metapher. Das Bild eines Stromes ist hier angemessener (Abb. 6.69). Die photoautotrophe Pflanze hat die einzigartige Fähigkeit – von der die Existenz aller lebendigen Systeme abhängt –, diejenige Strahlungsenergie der Sonne, welche vom Chlorophyll a und von den anderen Photosynthesepigmenten absorbiert werden kann, in chemische Energie zu überführen (S. 113f.). Diese freie Enthalpie ist die Grundlage für die Existenz der photoautotrophen und der heterotrophen lebendigen Systeme. Lebendige Systeme sind darauf angewiesen, daß ihnen beständig freie Enthalpie in geeigneter Form zur Verfügung steht. Die freie Enthalpie steckt in den H-reichen, organischen Molekülen, welche von den heterotrophen, lebendigen Systemen zusammen mit O_2 als Nahrung aufgenommen wird. Sie kann in passender Form freigesetzt und in die »Energiewährung« (S. 78f.) der Zelle transferiert werden. Der thermodynamische »Wert« einer Energiemenge, d.h. ihr Anteil an freier Enthalpie, nimmt beim Durchgang durch die lebendigen Systeme beständig ab. Schließlich wird alle freie Enthalpie, die in die lebendigen Systeme Eingang gefunden hat, als »entwertete« Wärmeenergie in die anorganische Umwelt – letztlich an das Weltall – abgegeben, unter Umständen erst beim Abbau der Makromoleküle bei der Verwesung oder beim Betrieb der technischen, mit Öl oder Kohle beheizten Wärmekraftmaschinen. Eine bestimmte Energiemenge, die von der photoautotrophen Pflanze in den Photosyntheseprodukten

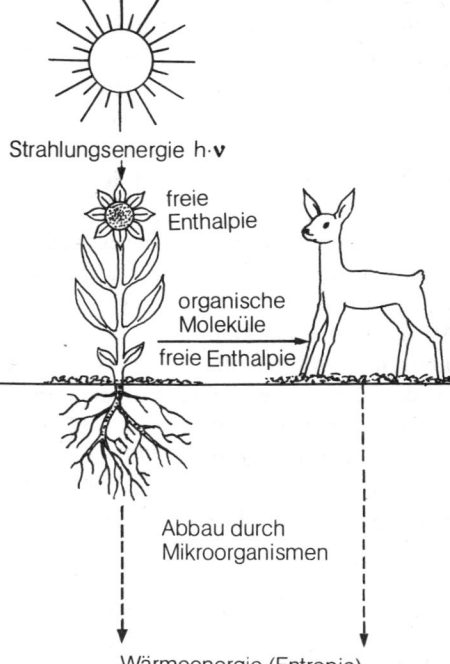

Abb. 6.69. Energiefluß in der belebten Natur in Abhängigkeit von der Sonnenstrahlung. Die freie Enthalpie der Sonnenstrahlung ($h \cdot v$) wird in der grünen Pflanze in die freie Enthalpie organischer Moleküle umgesetzt. Diese dienen als Energiequelle für die heterotrophen Organismen. Da bei allen energetischen Umsetzungen »Reibungsverluste« auftreten, wird die freie Enthalpie durch die lebenden Systeme letztlich vollständig in »entwertete Energie« (Entropie) verwandelt. (Nach Mohr u. Schopfer)

deponiert wird, fällt also von dem hohen Niveau arbeitsfähiger Energie schließlich hinunter bis auf das Niveau der Wärmeenergie bei physiologischen Temperaturen. Die lebendigen Systeme produzieren also beständig *positive Entropie* aus *freier Enthalpie*. Um dem Zerfall ins thermodynamische Gleichgewicht zu entgehen, bedürfen sie der beständigen Zufuhr freier Enthalpie. Die einzige ergiebige Quelle freier Enthalpie, die den lebendigen Systemen zur Verfügung steht, ist die Anregungsenergie der in den Thylakoiden (S. 114) angeordneten Photosynthesepigmente. Die Anregung erfolgt durch Absorption von Lichtquanten. Die einzige natürliche Quelle für Lichtquanten ist die Sonne.

Neben der Photosynthese spielt die *Chemosynthese* im Energiefluß innerhalb der belebten Natur eine quantitativ untergeordnete Rolle. Zur Chemosynthese befähigte Organismen (einige chlorophyllfreie Bakterien) können anorganische Verbindungen oder Ionen oxidieren und dabei die für die autotrophe CO_2-Assimilation notwendige Energie (vor allem Reduktionsäquivalente) gewinnen, eine Ernährungsweise, die als *Chemolithotrophie* (Chemoautotrophie) bezeichnet wird (vgl. S. 130).

Die chemoautotrophen Organismen besitzen den gleichen biochemischen Mechanismus zur Fixierung von CO_2 und zur Synthese von Kohlenhydraten wie die photoautotrophen Organismen (entsprechend den Dunkelreaktionen der Photosynthese, Calvin-Zyklus, S. 125); sie unterscheiden sich nur in der Art der Bereitstellung verwertbarer Energie und der Reduktionsäquivalente. Da bei den Oxidationsreaktionen der Chemoautotrophen meist nur geringe Energiemengen pro Mol umgesetztes Substrat frei werden, müssen für ausreichende Energiebereitstellung große Mengen umgesetzt werden. Für bestimmte Stoffumsetzungen sind deshalb die chemoautotrophen Bakterien sehr bedeutsam. Da die Chemoautotrophie Sauerstoff erfordert, der in der Uratmosphäre nicht zur Verfügung stand, ist sie vermutlich in der Phylogenie erst nach der Photoautotrophie entstanden.

6.5.2 Quantitative Aspekte der Energiegewinnung aus Nährstoffen

Die Stoffumsetzungen im pflanzlichen wie im tierischen Organismus haben zweierlei Funktion: (1) Sie *liefern Energie,* und zwar chemische zur Synthese komplexer Verbindungen, mechanische zur Bewegung der Organe und des gesamten Körpers, elektrische zur Aufrechterhaltung komplexer Konzentrationsunterschiede von Ionen und thermische; diese einerseits als Abfall, andererseits zur Einstellung einer günstigen Arbeitstemperatur für die physikochemischen Vorgänge im Organismus. (Letzteres gilt für Pflanzen und niedere Tiere nur sehr beschränkt.) (2) Sie führen zum *Ersatz verbrauchter Strukturen* und erzeugen neue (Wachstum; Differenzierung); der Auf- und Umbau erfordert Energie, die aus dem energiefreisetzenden Stoffwechsel gewonnen wird. Dieser deckt somit nicht nur den Bedarf der verschiedenen Organe an Arbeitsenergie, sondern liefert auch die Energie

Tabelle 6.1. Oxidativer Abbau von Nährstoffen

Nährstoffgruppe	O_2-Verbrauch [l · g^{-1}]	CO_2-Abgabe [l · g^{-1}]	Respiratorischer Quotient (RQ)	Verbrennungswert [kJ · g^{-1}]	Mittlerer Nährwert [kJ · g^{-1}]	Kalorisches Äquivalent [kJ · (l O_2)$^{-1}$]	ATP-Gewinn [mmol · g^{-1}]
Kohlenhydrate	0,80	0,80	1,0	16–18	17	21	211[a]
Fette	2,00	1,40	0,7	38–41	40	20	514[b]
Proteine:							
vollständige Verbrennung	1,25	1,15		23–24		19	
biologische Oxidation	1,00	0,80	0,8		19	19	199[c]

[a,b,c] für [a]Glucose, [b]Tristearylglycerol, [c]Myosin aus Kaninchenmuskel bestimmt (Werte aus Bäßler, Fekl u. Lang)

für die zu Wachstum und Differenzierung nötigen organischen Synthesen. Da der energiefreisetzende Stoffwechsel in heterotrophen, aerob lebenden Organismen letztlich auf Oxidationsvorgängen beruht, besteht ein direkter quantitativer Zusammenhang zwischen Energieproduktion und Sauerstoffverbrauch: Die Energieproduktion eines heterotrophen Organismus oder Organs läßt sich an seinem Sauerstoffverbrauch messen.

Die Gesamtheit der zur Ernährung aufgenommenen Substanzen wird als *Nahrung* bezeichnet; darin sind die *Nährstoffe* diejenigen Verbindungen, die zur Energiegewinnung und zum Aufbau der Körpersubstanz verwertet werden können. Als *Verbrennungswert* (= kalorischer Wert) von Nährstoffen bezeichnet man diejenige Zahl von Kilojoule (kJ) pro Gewichtseinheit, die bei deren vollständiger Oxidation freigesetzt wird. Der (physiologische) *Nährwert* ist die Energiemenge, die von heterotrophen Organismen tatsächlich verwertet wird.

Die wichtigsten Ausgangssubstanzen des energiefreisetzenden Stoffwechsels sind (polymere) Kohlenhydrate, Fette und Proteine (bzw. deren Spaltprodukte: Monosaccharide, Fettsäuren und Aminosäuren). Bei Kohlenhydraten und Fetten sind Verbrennungswert und Nährwert fast gleich (Tab. 6.1). Proteine jedoch werden im tierischen Organismus nicht vollständig oxidiert, sondern es werden niedermolekulare Stickstoffverbindungen gebildet und ausgeschieden (S. 605f.), wobei dem Organismus beträchtliche Energiemengen verlorengehen (Tab. 6.2). Aus den Nährstoffen werden bei der biologischen Oxidation (S. 87f.) pro Gewichtseinheit recht unterschiedliche Energiemengen freigesetzt; bezogen auf die Mengeneinheit an aufgenommenem Sauerstoff sind diese Energiemengen jedoch ziemlich ähnlich (Tab. 6.1): Die Anzahl an Kilojoule, die der Aufnahme von 1 l O_2 beim oxidativen Abbau der Nährstoffe entspricht, wird als *kalorisches Äquivalent* bezeichnet. Die Veratmung von 1 l O_2 entspricht also der jeweils ausschließlichen Oxidation von etwa 1,25 g Kohlenhydraten oder 0,5 g Fetten oder 1,0 g Proteinen. Für die Energiefreisetzung ist es gleichgültig, welcher dieser Nährstoffe oxidiert wird; sie können sich dabei gegenseitig nach Maßgabe ihrer (verwertbaren) Energieinhalte vertreten: »Isodynamie« (v. Rubner).

Bei der vollständigen Oxidation werden aus Proteinen pro 1 g Protein-N knapp 150 kJ freigesetzt. Daraus kann man in Verbindung mit den Daten der Tabelle 6.2 errechnen, daß 1 g Protein dem Organismus bei Ammoniakexkretion 19, bei Harnstoffexkretion 20 und bei Harnsäureexkretion 18 kJ zur Verfügung stellt; die Exkrete bedeuten also einen Energieverlust von 15–23%. (Darüber hinaus verbraucht der Exkretionsprozeß selbst noch zusätzliche Energie.) Deshalb und wegen der komplizierten Reaktionsfolgen des Abbaues von vielen Aminosäuren, die zu einem größeren Anteil freigesetzter Wärme führen, kann aus einer gegebenen Menge Protein weniger ATP gewonnen werden als aus der Menge eines anderen Nährstoffes mit dem gleichen Verbrennungswert (Tab. 6.1). Deshalb wird für Eiweiß, das für die Energiegewinnung abgebaut wurde, eine erheblich größere Menge als Ersatz benötigt, um die Bilanz aufrechtzuerhalten. Während bei Kohlenhydraten und Fetten für 100 g verbranntes Material 101–105 g dem Körper zugeführt werden müssen, sind es bei Proteinen 120–130 g. Diese früher als *spezifisch-dynamische Wirkung der Eiweiße* bezeichnete Erscheinung ist ein Ausdruck dafür, daß die als Nährwert angegebene Energiemenge als Mole ATP zu verstehen ist, die durch den Nährstoffabbau für den Stoffwechselbetrieb zur Verfügung gestellt werden.

Es ist möglich, die Gesamtmasse eines Organismus, sofern seine Zusammensetzung (in Prozent Kohlenhydraten, Fetten, Proteinen, Nucleinsäuren usw.) bekannt ist, in Kilojoule anzugeben. Dies ist von Bedeutung, wenn der Verbrennungswert eines als Nahrung dienenden Organismus festgestellt werden soll. Dieser Maximalwert läßt jedoch die Verwertbarkeit (s. unten) außer Betracht.

Aus der Sauerstoffaufnahme pro Zeiteinheit bei einem aerob lebenden, heterotrophen Organismus ergibt sich sein Energieumsatz. Wenn ein Tier dabei sein Körpergewicht konstant hält, entspricht die Menge des veratmeten Sauerstoffs direkt der Menge der

Tabelle 6.2. Energieinhalte der häufigsten Exkretprodukte

	kJ pro Mol	kJ pro g Trockensubstanz	kJ pro g N-Anteil
Ammoniak NH_3 M 17	381	22,4	27,2
Harnstoff CH_4ON_2 M 60	636	10,6	22,7
Harnsäure $C_5H_4O_3N_4$ M 168	1915	11,4	34,2

Beispiel für die Energie- und Nahrungsbilanz eines Wirbeltieres

Ein kleiner Fisch hat im Stoffwechselgleichgewicht (also ohne Wachstum und ohne Veränderung der Menge seiner Reservesubstanzen) die folgende Energiebilanz:

Energie	$[J \cdot d^{-1}]$
aufgenommen als Nahrung	9000
abgegeben mit den Faeces	2900
im Harn	500
durch die Körperoberfläche (z.B. Kiemen)	600
insgesamt	4000
verbleibt dem Fisch als verwertbare Energie	5000

Der Nutzwert der Nahrung beträgt also etwa 56%.

Bei dem kalorischen Äquivalent seiner Nahrung von $20 \; J \cdot (ml \; O_2)^{-1}$ entspricht der Energieumsatz einem Sauerstoffverbrauch von $10,4 \; ml \; O_2 \cdot h^{-1}$ im Tagesdurchschnitt.

Dieser Fisch möge sich ausschließlich von Wasserflöhen *(Daphnia)* ernähren, die einen durchschnittlichen Gehalt an verwertbarer Energie von 0,7 J pro Individuum haben, und 10 Stunden am Tag mit Beutefang beschäftigt sein. In dieser Zeit muß er den gesamten Energieaufwand für den Tag ersetzen:

$5000 \; J \cdot d^{-1} \triangleq 500 \; J$ pro Nahrungsaufnahmestunde

$500 \; J : 0,7 \; J = 714,3$

Der Fisch muß also mindestens 715 Daphnien pro Stunde (durchschnittlich etwa alle 5 Sekunden eine) erbeuten, um seine Energiebilanz im Gleichgewicht zu halten.

verbrauchten Nährstoffe. Beim wachsenden Tier werden zusätzlich Stoffe aufgenommen und eingebaut, die nicht zur Energiefreisetzung verbraucht werden, so daß der Nährstoffumsatz größer ist, als es dem Sauerstoffverbrauch entspricht. In diesem Fall gibt die Sauerstoffaufnahme also nur Minimalwerte für die Menge der umgesetzten Nährstoffe an (vgl. S. 584). Ganz Analoges gilt für den Stoffverbrauch heterotropher Pflanzen und Pflanzenteile.

Will man aus der Menge des pro Zeiteinheit verbrauchten Sauerstoffs die Mindestmenge an Nahrung errechnen, die von einem Tier zur Aufrechterhaltung des Energiegleichgewichtes benötigt wird, so muß man dabei berücksichtigen, wie weit eine – ihrer Zusammensetzung nach bekannte – Nahrung von dem Tier ausgenutzt werden kann. Hierfür ist die Fähigkeit zum mechanischen Aufschluß – um an die Nährstoffe heranzukommen – von Bedeutung, aber auch die Ausstattung mit Enzymen (auch der von Symbionten) zur chemischen Zerlegung. Der Anteil des Energieinhaltes der Nahrung, der vom Organismus schließlich für sich nutzbar gemacht werden kann, wird als (kalorischer) *Nutzwert* oder »*umsetzbare Energie*« *(UE)* der Nahrung bezeichnet. Er wird außer in absoluten Werten (Joule) oft auch in Prozenten des Verbrennungswertes des Nahrungsmaterials angegeben. Ein fiktives Beispiel für die Energiebilanz eines Wirbeltieres ist nebenstehend gegeben. Daten über die Nutzwerte der aufgenommenen Nahrung sind schwer zu erhalten und deshalb nur für wenige Arten (vor allem Haustiere) bekannt.

Wenn man neben dem Sauerstoffverbrauch auch die Kohlendioxidabgabe eines heterotrophen Organismus mißt, kann man aus dem Vergleich dieser Werte Schlüsse auf das Atmungssubstrat ziehen. Das Verhältnis der Menge (Volumen) des ausgeatmeten Kohlendioxids zur Menge (Volumen) des aufgenommenen Sauerstoffs nennt man den *Respiratorischen Quotienten (RQ)* (Gl. 6.1).

Werden für den oxidativen Abbau ausschließlich Kohlenhydrate verwendet, so wird pro C-Atom ein O_2-Molekül aufgenommen und ein CO_2-Molekül abgegeben; der Wert des RQ beträgt also 1,0 (Tab. 6.1). Dient Fett als Substrat der Atmung, so liegt der RQ-Wert wesentlich niedriger, z.B. bei 0,71 für Glycerintrioleinsäureester (Gl. 6.2). Wenn der Anteil der Proteine am oxidativen Abbau gegenüber dem der beiden hauptsächlichen »Brennstoffe« des Organismus vernachlässigbar klein ist, so kann aus dem RQ-Wert das Mengenverhältnis der veratmeten Kohlenhydrate und Fette zueinander ermittelt werden. Zur Erfassung von abgebauten Proteinen bzw. Aminosäuren muß zusätzlich die Menge des ausgeschiedenen Stickstoffs bestimmt werden, aus der sich jene Anteile von CO_2 und H_2O errechnen lassen, die aus den Aminosäuren stammen.

Die Ermittlung der Anteile der drei Hauptnährstoffe an der Energiefreisetzung aufgrund einer Stoffwechselumsatzmessung wird an dem nebenstehenden Rechenbeispiel dargestellt. Der erhaltene Wert des »Nicht-Eiweiß-RQ« von 0,74 – der sich also nur auf die stickstofffreien Substrate bezieht – bedeutet, daß in diesem Falle die Energiegewinnung aus Reservestoffen erfolgt ist, von denen gewichtsmäßig knapp 75% Fette und etwas mehr als 25% Kohlenhydrate waren. Nach der Bilanz stammen von der freigesetzten Energie reichlich 80% aus Fetten, etwa 12% aus Kohlenhydraten und etwa 7% aus Proteinen.

Der Wert des RQ bei der Oxidation von Aminosäuren hängt davon ab, in welcher Form der Stickstoff ausgeschieden wird; bei Harnstoff- und Harnsäureabgabe liegt er um 0,8, bei Ammoniakabgabe deutlich höher. Als Beispiel kann die Aminosäure Prolin verwendet werden, die bei vielen Insekten im Muskelstoffwechsel abgebaut wird. Der Stickstoff aus 1 mol Prolin ergibt den Stickstoff von 1 mol Ammoniak oder 0,5 mol Harnstoff oder 0,25 mol Harnsäure. Werden die molaren Mengen für O_2 und CO_2 aus den Gleichungen (6.3) bis (6.5) in (6.1) eingesetzt, so zeigen sich die unterschiedlichen RQ-Werte.

Die meisten Tiere haben einen RQ-Wert bei oder etwas unterhalb 1,0. Beim normal ernährten Menschen liegt er bei etwa 0,9. Einen reinen »Kohlenhydrat-RQ« von 1,0 zeigt z.B. die Biene während des Fluges. Ein »Fett-RQ« von etwa 0,7 tritt häufig dann auf, wenn Tiere von Fettreserven leben, z.B. Säugetiere im Winterschlaf. Auch manche

(6.1)
$$RQ = \frac{\text{abgegebenes } CO_2 \text{ [Mol]}}{\text{aufgenommenes } O_2 \text{ [Mol]}}$$

(6.2)
$$C_{57}H_{104}O_6 + 80\, O_2 \rightarrow 57\, CO_2 + 52\, H_2O$$

Aus Gl. (6.1) folgt: $RQ = \frac{57}{80} = 0{,}71$.

Rechenbeispiel zur Bestimmung des Stoffwechselumsatzes an einem hungernden Menschen

Meßwerte (Mittel aus mehrstündigen Messungen):
O_2-Aufnahme 12,5 $l \cdot h^{-1}$
CO_2-Abgabe 9,3 $l \cdot h^{-1}$
N-Ausscheidung im Harn 0,16 $g \cdot h^{-1}$
($\triangleq$ 0,34 g Harnstoff)

Die Stickstoffausscheidung entspricht:
einem Proteinabbau von 1,0 $g \cdot h^{-1}$,
einer O_2-Aufnahme von 1,0 $l \cdot h^{-1}$,
einer CO_2-Abgabe von 0,8 $l \cdot h^{-1}$.

Der Respiratorische Quotient (RQ) für die übrigen abgebauten Stoffe ist:

$$\text{Nicht-Eiweiß-RQ} = \frac{(9{,}3 - 0{,}8)\, l \cdot h^{-1}}{(12{,}5 - 1{,}0)\, l \cdot h^{-1}} = 0{,}74$$

Dieser ergibt sich beim Umsatz von Kohlenhydraten und Fetten im Gewichtsverhältnis von etwa 1:3.

Bilanz:

	Stoff-gewicht [$g \cdot h^{-1}$]	O_2-Aufnahme [$l \cdot h^{-1}$]	CO_2-Abgabe [$l \cdot h^{-1}$]	Freigesetzte Energie [$kJ \cdot h^{-1}$]
Kohlenhydrate	1,8	1,5	1,5	30
Fette	5	10	7	200
Proteine	1,0	1,0	0,8	18
Summe:	7,8 $g \cdot h^{-1}$ (gesamter Substanzverlust)			

Schmetterlinge, die als Imagines keine Nahrung mehr aufnehmen, haben einen niedrigen RQ, weil sie hauptsächlich die von der Raupe aufgebauten Reservefette veratmen. RQ-Werte von über 1,0 können bei Pflanzen auftreten, wenn vorwiegend kurzkettige (und damit relativ sauerstoffreiche) organische Säuren abgebaut werden, z. B. Äpfelsäure (Gl. 6.6). Bei Tieren weisen hohe RQ-Werte meist darauf hin, daß die Substrate nicht vollständig oxidiert werden, sondern Nebenreaktionen auftreten, bei denen zusätzliches Kohlendioxid entsteht, das mit dem Atemgas abgegeben wird. So wurden bei der Weinbergschnecke (*Helix*) Werte bis zu 1,6, bei der Holothurie *Cucumaria* bis zu 3,8 gemessen. Oberhalb 1,0 liegende Werte können auch auftreten, wenn Kohlenhydrate aus der Nahrung dazu verwendet werden, Reservefette zu synthetisieren. Die dabei benötigten Reduktionsäquivalente stehen nicht für die Oxidation in der Atmungskette zur Verfügung, so daß Kohlendioxid anfällt, ohne daß Sauerstoff in entsprechender Menge aufgenommen wird. Dies tritt bei winterschlafenden Säugetieren im Herbst und bei Insektenlarven vor der Verpuppung auf, besonders ausgeprägt bei Haustieren (z. B. Schweinen) während der Mästung oder bei Pflanzen während der Reifung fettspeichernder Samen, wobei Kohlenhydrate als Ausgangsmaterial für die Fettsynthese dienen.

Beim oxidativen Abbau der Nährstoffe entstehen erhebliche Mengen Wasser, und zwar bei Kohlenhydraten und Proteinen etwa zwei Drittel der jeweiligen Substanzmenge (z. B. aus 1 g Glucose 0,6 ml), bei Fetten aus 1 g sogar etwas mehr als 1 ml Wasser. Beim Proteinabbau ist die entstehende Wassermenge etwas unterschiedlich, je nachdem, welches Exkretprodukt gebildet wird (Gln. 6.3–6.5).

Für viele Organismen, die in ihrem Lebensraum Mangel an Wasser haben, ist es von großer Bedeutung, daß die Reservestoffe nicht nur einen Vorrat an Energie, sondern auch an Wasser darstellen (Tab. 6.3). Dies gilt besonders für die Reservefette, z. B. bei Wüstentieren: Der Fetthöcker der Kamele ist vor allem ein »indirekter« Wasserspeicher.

Die hier aufgestellten Stoffwechsel- und Energiebilanzen beziehen sich auf den Gesamtorganismus. In den Muskelzellen einer Fliege mag Prolin veratmet werden, und dabei wird Ammoniak an die Hämolymphe abgegeben; dieses Ammoniak wird jedoch umgesetzt und erscheint in Form von Harnsäure als Ausscheidungsprodukt – von den Malpighi-Gefäßen (S. 490) abgegeben – im Enddarm. Wie überall im Stoffwechsel gilt auch hier das *Gesetz der Wärmesummen*, wonach die gesamte durch eine chemische Reaktion freigesetzte *Enthalpiemenge unabhängig ist von* der *Reaktionsgeschwindigkeit und* von den *Stoffwechselwegen*, auf denen sie freigesetzt wurde.

6.5.3 Abhängigkeiten der Größe des Stoffwechselumsatzes

Die Größe des Stoffwechselumsatzes pro Zeiteinheit in einem heterotrophen Organismus und die damit verbundene Energiefreisetzung (*Stoffwechselrate*) ist von vielen inneren und äußeren Bedingungen abhängig; einige davon sollen nachstehend dargestellt werden.

6.5.3.1 Einfluß der Körpergröße

Der aus dem Sauerstoffverbrauch gemessene Energieumsatz eines Organismus steigt zwar mit dem Gewicht, nimmt aber nicht im selben Maß wie dieses zu (Ausnahme: Tracheaten, s. unten); bezogen auf die Gewichtseinheit nimmt er mit steigendem Körpergewicht ab. Der Sauerstoffverbrauch (Volumen pro Zeiteinheit, V_{O_2} [$l \cdot h^{-1}$]) gehorcht etwa der Gleichung (6.7), wobei W das Körpergewicht und a und b Konstanten sind. Die Konstante b hat für jede Tierart, meist für ganze Tiergruppen, eine bestimmte Größe zwischen 0,6 und 0,8, bei Säugetieren im allgemeinen den Wert 0,75. Der Energieumsatz steigt also mit der Potenz 0,75 des Körpergewichtes, d. h. linear zu $W^{3/4}$. Den Wert W^b nennt man das *metabolische Körpergewicht*; V_{O_2} ist diesem direkt proportional. Über den Grund dieser

(6.3)
$$C_5H_9O_2N + 5{,}5\ O_2 \rightarrow 5\ CO_2 + 3\ H_2O + NH_3$$
Prolin $\qquad\qquad\qquad\qquad\qquad\qquad$ Ammoniak
$$RQ = \frac{5}{5{,}5} = 0{,}91$$

(6.4)
$$2\ C_5H_9O_2N + 11\ O_2 \rightarrow 9\ CO_2 + 7\ H_2O + CH_4ON_2$$
$\qquad\qquad\qquad\qquad\qquad\qquad\qquad$ Harnstoff
$$RQ = \frac{9}{11} = 0{,}82$$

(6.5)
$$4\ C_5H_9O_2N + 20{,}5\ O_2 \rightarrow 15\ CO_2 + 16\ H_2O + C_5H_4O_3N_4$$
$\qquad\qquad\qquad\qquad\qquad\qquad\qquad$ Harnsäure
$$RQ = \frac{15}{20{,}5} = 0{,}73$$

(6.6)
$$C_4H_6O_5 + 3\ O_2 \rightarrow 4\ CO_2 + 3\ H_2O$$
Äpfelsäure
$$RQ = \frac{4}{3} = 1{,}33$$

Tabelle 6.3. Wasserbilanz der Wüstenspringmaus (*Dipodomys merriami*), berechnet für den Zeitraum, in welchem 100 g aufgenommene trockene Pflanzensamen abgebaut werden. Diese enthalten hauptsächlich Kohlenhydrate, aber auch 9,24 g Protein und (bei 20% relativer Luftfeuchtigkeit) etwa 6,2 g Wasser

Aufnahme:	[g]
in der Nahrung	6,2
aus oxidativem Stoffwechsel	53,7
(dabei: 8,14 l Sauerstoffverbrauch, 3,14 g Harnstoffproduktion)	
insgesamt	59,9
Abgabe:	
bei der Atmung	43,9
bei Harnstoffausscheidung mit dem Harn	13,5
mit dem Kot	2,5
insgesamt	59,9

(6.7a)
$$V_{O_2} = a \cdot W^b$$

(6.7b)
$$\log V_{O_2} = \log a + b \cdot \log W$$

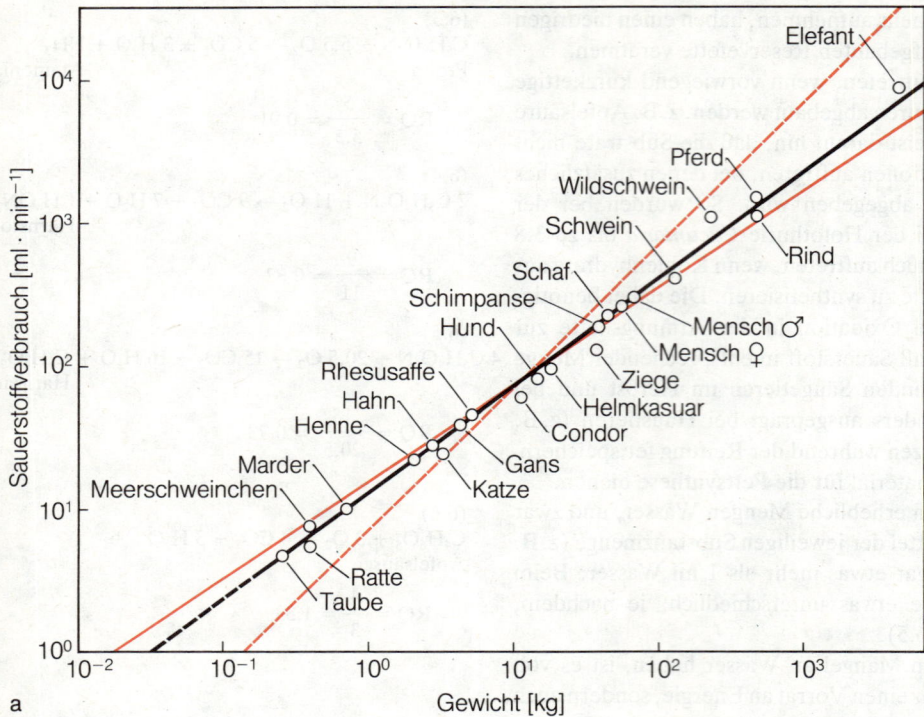

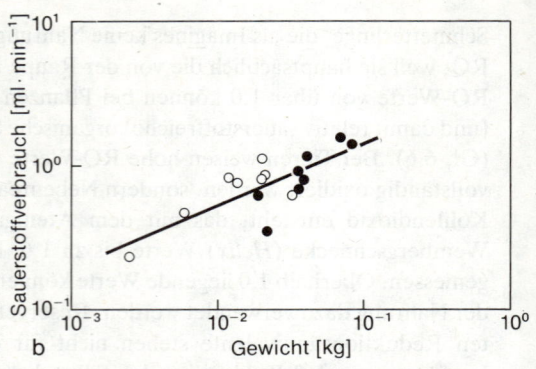

Abb. 6.70a, b. Grundumsatz (ausgedrückt als Sauerstoffverbrauch) verschieden großer Vögel und Säugetiere als Funktion des Körpergewichtes (doppelt-logarithmische Koordinatensysteme). (a) Tiere mit einem Körpergewicht von mehr als 0,1 kg. Die schwarze Gerade hat eine Steigung von 0,74; die roten Linien haben die Steigung 1,0 (entsprechend einer reinen Volumenabhängigkeit) bzw. 0,66 (entsprechend einer reinen Oberflächenabhängigkeit). (b) Tiere mit einem Körpergewicht von weniger als 0,1 kg (● Nagetiere, ○ Insektenfresser). Hier liegen – wohl wegen der schwierigen Erhaltung der Homoiothermie – andere Verhältnisse vor: Die Steigung der schwarzen Geraden beträgt hier 0,42. (a nach Benedict, ergänzt; b Original von Bartels/Hannover)

Relation ist noch wenig bekannt. Wahrscheinlich ist die Ähnlichkeit der Konstanten b mit dem Exponenten, um den die Körperoberfläche mit steigendem Körpervolumen ($\triangleq$ Gewicht) anwächst – sein Wert beträgt im Idealfall 0,67 –, durch die geringe Geschwindigkeit bedingt, mit der Sauerstoff und Stoffwechselausgangssubstanzen durch die Körper- und Zelloberflächen diffundieren, wodurch der Stoffwechselrate eine Grenze gesetzt ist. Damit ist diese mehr der Körper*oberfläche* als dem Körper*volumen* proportional. Bei Säugetieren beträgt die Konstante a durchweg etwa 14, wenn der O_2-Verbrauch V_{O_2} in $l \cdot kg^{-1} \cdot d^{-1}$ angegeben wird, oder 0,58, wenn er in $l \cdot kg^{-1} \cdot h^{-1}$ angegeben wird.

Wenn man die Werte des Sauerstoffverbrauchs pro Zeiteinheit für verschiedene Säugetiere in Abhängigkeit von deren Körpergewicht in ein doppelt-logarithmisches Koordinatensystem einträgt, dann erhält man eine Gerade, deren Steigung dem Exponenten b entspricht (Abb. 6.70a). Bei kleinen Säugetieren finden sich starke Abweichungen von dieser Relation (Abb. 6.70b).

Bei Vergleichen über die Stoffwechselgröße benutzt man häufig den *Grundumsatz* eines (homoiothermen) Wirbeltieres. Das ist die Energiemenge, die unter *Standardbedingungen* (vor allem Neutraltemperatur, S. 595, völlige Ruhe – auch keine Nahrungsverarbeitung) pro Zeiteinheit gemessen wird. Meist kann sie mit hinreichender Genauigkeit allein aus dem Sauerstoffverbrauch ermittelt werden, wenn einige im allgemeinen zutreffende Bedingungen vorausgesetzt werden (z. B. der geringe Anteil des Abbaues von Proteinen für die Energiegewinnung). Die Beziehung zwischen Grundumsatz G [kJ · d^{-1}] und Körpergewicht W [kg] ergibt sich aus Gleichung (6.8). Bei Säugetieren hat a' (Dimension kJ · kg^{-1} · d^{-1}) den Zahlenwert 300.

Bei den poikilothermen Wirbeltieren und allen Avertebraten sind Standardbedingungen für die Energieumsatzmessung noch nicht festgelegt; da die verschiedenen Arten verschiedene Vorzugstemperaturen für ihr aktives Leben haben, ist der Vergleich besonders schwierig. Meist wird anstelle des Grundumsatzes lediglich der Sauerstoffverbrauch des ruhenden Tieres bei einer bestimmten Temperatur angegeben.

(6.8a)
$$G = a' \cdot W^b$$

(6.8b)
$$\log G = \log a' + b \cdot \log W$$

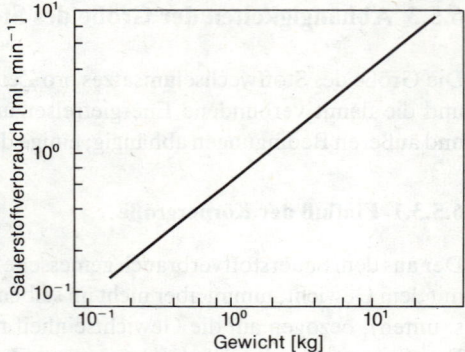

Abb. 6.71 Sauerstoffverbrauch verschieden großer Exemplare des amerikanischen Schellfisches (*Ophiodon elongatus*) als Funktion des Körpergewichtes. (Doppelt-logarithmische Koordinaten!) Die Steigung der Geraden beträgt 0,78. (Nach Pritchard, Florey u. Martin)

Da der Stoffwechselumsatz pro Körpergewichtseinheit um so größer ist, je kleiner das Tier, nimmt auch der Nahrungsbedarf pro Gewichtseinheit mit fallendem Körpergewicht zu. Der tägliche Nahrungsverbrauch von 1000 Tieren, die je 1 kg wiegen, liegt also wesentlich über dem von einem Tier, das 1000 kg wiegt. Dieselbe Menge organismischer Substanz braucht demnach zu ihrer Erhaltung viel mehr Nahrung pro Zeiteinheit, wenn sie aus vielen, als wenn sie aus einem einzigen Organismus besteht. Im Wettstreit um dieselbe Nahrungsquelle werden deshalb die kleineren Tiere eines bestimmten Bautyps den größeren immer überlegen sein. Für die Ökologie ergeben sich hier wichtige Ansatzpunkte für die Untersuchung des Verhältnisses von Nährstoffangebot zu -verbrauch in den verschiedenen Lebensgemeinschaften (S. 812f.).

Die vorstehende Darstellung über die Beziehung zwischen Energieumsatz und Körpergröße gilt nicht für diejenigen luftlebenden Tiere, die durch Tracheen atmen (S. 570). Da dieses spezielle Atmungssystem den ganzen Körper durchzieht, kommt auf jede Volumeneinheit etwa gleich viel respiratorische Austauschfläche. Deshalb steigt der Sauerstoffverbrauch bei den Tracheaten direkt proportional zum Körpergewicht an. Ein großer Vorteil der Tracheenatmung liegt in der raschen Gasdiffusion in gasgefüllten Räumen bis (fast) zu den Orten des Verbrauchs in den Geweben. Ein Nachteil des Systems besteht darin, daß die gasgefüllten Röhren nicht beliebig lang sein können, weil dann der Gradient nicht mehr steil genug ist, um einen effizienten Gasaustausch zu gewährleisten. Dies kann auch durch die Ventilationsbewegungen zum Zweck des Gasaustausches in den Tracheenstämmen (S. 621f.) nicht wettgemacht werden. Dies ist einer der Gründe dafür, daß der Körper der Insekten einen bestimmten maximalen Durchmesser (etwa 50 mm) nicht überschreitet; ein anderer wesentlicher Grund liegt in dem Bauprinzip des äußeren Skeletts.

6.5.3.2 Einfluß von Alter und Entwicklungsstadium

Im allgemeinen hat das Alter eines Tieres – wenn man von der Frühentwicklung und von ausgeprägter Seneszenz absieht – nur einen geringen Einfluß auf seinen Energieumsatz. Ein junges Exemplar einer großen Tierart verbraucht etwa ebenso viel Sauerstoff wie ein erwachsenes Exemplar einer verwandten kleineren Art, das das gleiche Körpergewicht hat. Auch während des Wachstums gilt Gleichung (6.8), wonach der Grundumsatz proportional zum metabolischen Körpergewicht ansteigt (Abb. 6.71).

In der Frühentwicklung steigt der Sauerstoffverbrauch – vom befruchteten Ei ausgehend – stark an, ohne daß das Gewicht des Embryos zunimmt (es werden im Gegenteil Reservestoffe verbraucht) (Abb. 6.72). Auch ist bei den Insekten die Vergleichbarkeit zwischen gleich großer Larve und Imago nicht ohne weiteres gegeben; während der Metamorphose treten beträchtliche Abweichungen auf.

Beim Wachstum wird ein Teil der Nährstoffe dafür verwendet, zusätzliche Körpersubstanz aufzubauen. Daneben wird für die Syntheseleistungen zusätzliche Energie gebraucht, die über den Wert des Grundumsatzes hinausgeht. Bei wachsenden Tieren ergibt sich deshalb eine andere Relation zwischen Nährstoffaufnahme und Sauerstoffverbrauch als bei nichtwachsenden Individuen der gleichen Art. Die zusätzliche Stoffwechselintensität ist ein Maß für den (über den Erhaltungsumsatz hinausgehenden) Aufbaustoffwechsel, durch den aufgenommene Nahrung als vermehrte körpereigene Substanz »verwertet« wird. Wachstum ist quasi eine Form des Aktivitätsstoffwechsels.

6.5.3.3 Einfluß der Aktivität

Eine wesentliche Erhöhung des Energieumsatzes tritt ein, wenn sich ein Tier aktiv bewegt oder wenn es andere Leistungen vollbringt. Diese können z. B. in der Nahrungsverarbeitung während der Verdauung oder in der Produktion von Drüsensekreten, wie der Milch bei Säugetieren, bestehen. Bei Muskelarbeit zur Fortbewegung erreicht die Stoffwechsel-

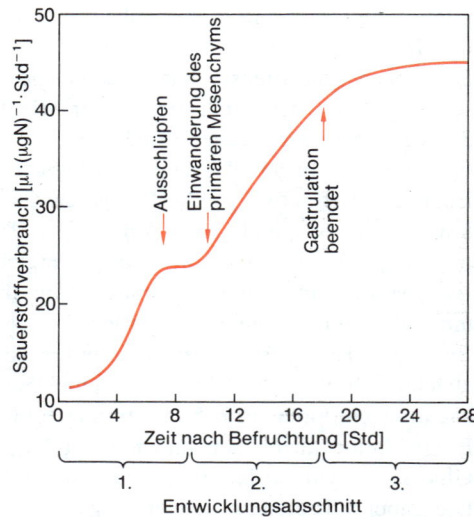

Abb. 6.72. Sauerstoffverbrauch während der ersten Entwicklungsstunden eines Seeigelembryos (Psammechinus miliaris). Vgl. Abb. 4.76, S. 370.
1. Entwicklungsabschnitt: Furchung bis Blastula.
2. Entwicklungsabschnitt: Gastrula.
3. Entwicklungsabschnitt: Prismenstadium.
(Nach Borei)

Tabelle 6.4. Laufen des Menschen im Hochleistungssport (Bestzeiten bei den Olympischen Spielen 1988)

	Zeit [min:s]	Durchschnittliche Geschwindigkeit	
		[m·s^{-1}]	[km·h^{-1}]
Männer:			
100 m	0:09,92	10,08	36,3
400 m	0:43,87	9,12	32,8
800 m	1:43,45	7,73	27,8
1500 m	3:35,96	6,95	25,0
5000 m	13:11,70	6,32	22,7
10000 m	27:21,46	6,09	21,9
Marathon (42,2 km)	130:32	5,39	19,4
Frauen:			
100 m	0:10,54	9,49	34,2
400 m	0:48,65	8,22	29,6
800 m	1:56,10	6,89	24,8
1500 m	3:53,96	6,41	23,1
3000 m	8:26,53	5,92	21,3
10000 m	31:05,21	5,36	19,3
Marathon (42,2 km)	145:39	4,83	17,4

intensität ein Mehrfaches des Ruhewertes; besonders hoch ist die Steigerung bei fliegenden Tieren (S. 653 f.).

Der erwachsene Mensch hat in der Ruhe einen Sauerstoffverbrauch (V_{O_2}) von etwa $0{,}3\,l \cdot kg^{-1} \cdot h^{-1}$; bei sehr anstrengender Arbeit kann dieser bis zum zehnfachen Wert – also $3\,l \cdot kg^{-1} \cdot h^{-1}$, entsprechend $3{,}5\,l \cdot min^{-1}$ für einen Erwachsenen von durchschnittlichem Gewicht – ansteigen. Wie Untersuchungen an Leistungssportlern zeigten, nimmt der Energiebedarf mit steigender Laufgeschwindigkeit exponentiell zu und wächst oberhalb $8\,m \cdot s^{-1}$ ins »Unendliche« (Abb. 6.73b; Tab. 6.4). Schon deutlich darunter liegt die physiologische Grenze für die aerobe Energiefreisetzung aufgrund der Atmungskapazität. Auch von einem trainierten Sportler kann die maximale Sauerstoffaufnahme kaum auf mehr als $5\,l \cdot min^{-1}$ gebracht werden.

Bei hohem Energiebedarf im arbeitenden Skelettmuskel wird Glucose anaerob zu Lactat abgebaut (S. 91). Der Körper geht eine »Sauerstoffschuld« ein und muß den Sauerstoff nachträglich durch vermehrte Atmung aufnehmen, um das Lactat zu einem Teil in der Endoxidation abzubauen und mit der freigesetzten Energie aus einem anderen Teil Glucose zu synthetisieren und damit den Glykogenvorrat teilweise wiederherzustellen. Die dabei auftretenden Lactatmengen können erheblich sein; sie belasten die Pufferkapazität des Blutes und bewirken eine (geringe) Ansäuerung. Mehr als etwa 15 mmol Lactat $\cdot\,l^{-1}$ (das sind etwa 7 g Milchsäure in der Gesamtmenge Blut eines Erwachsenen) sind nicht tolerabel; schon dies begrenzt die Dauer des Laufes mit Höchstgeschwindigkeit (Abb. 6.73a). Im Hochleistungssport benötigt ein Läufer bereits auf der Mittelstrecke mehr als doppelt so viel Energie, wie durch die maximale Sauerstoffaufnahme während der Dauer des Laufes freigesetzt werden kann; die dabei auftretende Sauerstoffschuld ist also größer als die eingeatmete Sauerstoffmenge. Freilich entsteht dabei der größte Teil des Überbedarfs während des Endspurts. Beim Kurzstreckenlauf spielt die Sauerstoffaufnahme durch die Lungen aus Zeitgründen praktisch keine und die Glykolyse nur eine untergeordnete Rolle; die Energiefreisetzung erfolgt hauptsächlich oxidativ unter Verwendung der Sauerstoffvorräte in den Muskeln und im Blut.

Die Größe des über eine längere Zeit hin erzielbaren Aktivitätsstoffwechsels ist abhängig von der Menge der erreichbaren Nahrung und dem Aufwand für deren Gewinnung sowie von der physiologischen Ausnutzung (*Nutzwert*, S. 586). Die kurzzeitig maximal erreichbare Aktivitätsgröße wird dagegen häufig durch die Höhe der Sauerstoffzufuhr begrenzt. Hier ein Beispiel für den Vergleich von Energieaufwand für den Nahrungserwerb und dem aus der Nahrung erzielten Energiegewinn: Ein Frosch, der nach einer Fliege springt, verbraucht beim Sprung Energie und bekommt – wenn er Erfolg hat – dafür eine gewisse Energiemenge aus der Nahrung. Bei einem 100 g schweren Frosch beträgt das thermodynamische Äquivalent eines Sprunges von z. B. 0,1 m Höhe $0{,}1\,kg \cdot 0{,}1\,m \approx 0{,}1\,J$. Wenn man für die Muskelarbeit eine 20%ige Effizienz (Anteil der mechanischen Energie an der entwickelten Gesamtenergie aus der Nahrung) annimmt, so erfordert dieser Sprung einen Energieaufwand von 0,5 J. Wenn der Nutzwert der Fliege für den Frosch 5 J beträgt, so muß der Frosch mindestens bei jedem zehnten solchen Sprung eine Fliege dieser Größe erwischen, damit allein die Energiebilanz für den Nahrungserwerb ausgeglichen ist. Dazu kommt aber natürlich der Energiebedarf für den Grundumsatz und für alle anderen Aktivitäten. Deshalb lohnt sich der Fang einer solchen Fliege für einen kleineren Frosch viel mehr. Ein Ochsenfrosch von 1 kg Gewicht würde jedoch schon für einen Sprung von 0,1 m Höhe 5 J brauchen; er kann sich also nicht von Fliegen ernähren: Ochsenfrösche haben größere Tiere – kleine Wasservögel und junge Nagetiere – zur Beute.

Die höchsten Stoffwechselraten treten bei fliegenden Insekten auf; diese gehen dabei keine Sauerstoffschuld ein. Bienen und Schmetterlinge weisen im Flug einen bis zu hundertfach höheren Sauerstoffverbrauch als in der Ruhe auf. Die Sauerstoffaufnahme kann bis zu $300\,l \cdot kg^{-1} \cdot h^{-1}$ betragen. Dies bedeutet eine gewaltige Leistung für das Tracheensystem, denn in jeder Minute muß ein Mehrfaches des gesamten Körpervolu-

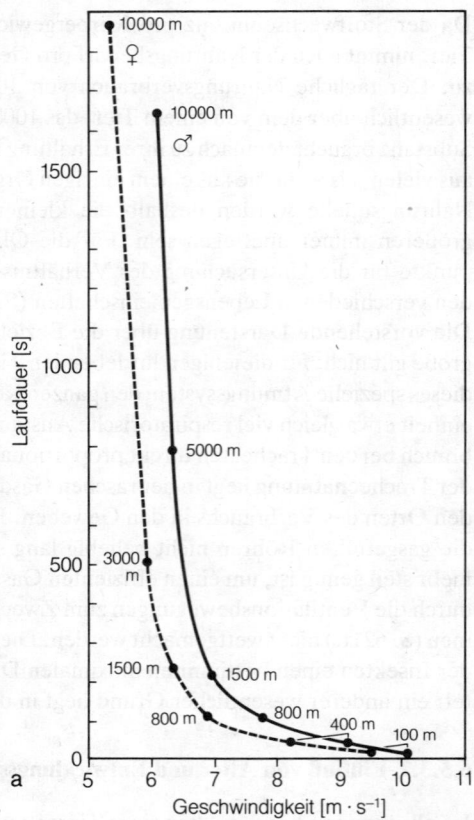

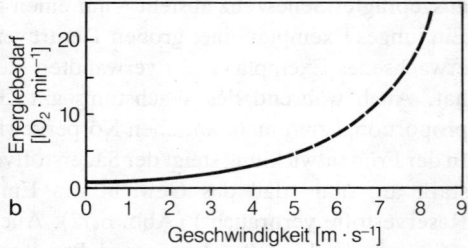

Abb. 6.73. (a) *Laufdauer in Abhängigkeit von der mittleren Laufgeschwindigkeit im Hochleistungssport der Männer und Frauen (vgl. Tab. 6.4). (b) Energiebedarf beim Laufen als (theoretische) Sauerstoffaufnahme – ohne Berücksichtigung glykolytischer Energiefreisetzung – berechnet. Praktisch ist die Sauerstoffaufnahme durch die Atmung auch beim Hochleistungssportler nicht wesentlich höher als $5\,l \cdot min^{-1}$. Während Kurzstreckenläufen spielt die Sauerstoffaufnahme durch die Lungen praktisch keine und die Glykolyse nur eine untergeordnete Rolle; die Energiefreisetzung erfolgt hauptsächlich oxidativ unter Verwendung der Sauerstoffvorräte in Muskeln und Blut. (a aus Handbook of Physiology, Band 3/II, ergänzt; b nach Hill, verändert)*

mens an Sauerstoff aufgenommen werden. Die Muskeln enthalten sehr viele Mitochondrien und haben damit eine große Kapazität für den oxidativen Nährstoffabbau. Zudem wird durch das Tracheensystem der Sauerstoff bis an die Muskelzellen (bei guten Fliegern sogar bis an jedes einzelne Mitochondrium, Abb. 6.111a) herangeführt und das entstandene Kohlendioxid weggeschafft. Dadurch ergibt sich keine Anhäufung von Stoffwechselprodukten in der Hämolymphe, und die Muskulatur bleibt dauerleistungsfähig. Entsprechendes trifft für die Flugmuskulatur von gut fliegenden Vögeln (Dauerleistung bei Zugvögeln!) und für das Herz aller Wirbeltiere zu: Dessen Muskelzellen haben viel mehr Mitochondrien als die der normalen Skelettmuskeln und weisen keine Lactatbildung auf. Vielmehr wird aus dem Blut, das zur Versorgung des Herzmuskels durch die Herzkranzgefäße herangeführt wird, Lactat (aus arbeitenden Skelettmuskeln) entnommen und als »Brennstoff« für den oxidativen Abbau verwendet. Freilich ist die Kapazität durch die Leistungsfähigkeit des Versorgungs-Gefäßsystems begrenzt.

6.5.3.4 Einfluß des Sauerstoffangebotes

Eine besonders deutliche Begrenzung ihrer Leistungsfähigkeit durch die Probleme der Atmung zeigen die wasserlebenden Tiere, die ihren Sauerstoffbedarf aus dem Wasser decken. Selbst unter günstigen Bedingungen ist der Anteil von Sauerstoff im Wasser (< 1% des Volumens) mindestens zwanzigfach geringer als sein Anteil in der Luft. Bei gleichem Ausnutzungsgrad muß ein Wassertier also eine zwanzigfach größere Menge seines Atemmediums an den austauschenden Oberflächen vorbei bewegen als ein »Lufttier«. Hinzu kommen die größere Dichte und die höhere Viskosität des Wassers sowie die geringere Geschwindigkeit der Diffusion des Gases in wäßriger Lösung als in Luft. Ein Säugetier könnte, wenn seine Lungen mit Wasser gefüllt wären, nicht genügend Sauerstoff bekommen, weil die respiratorische Oberfläche für die dann nötige Sauerstoffdiffusion zu klein ist. Es würde für die Atembewegungen mehr Energie verbrauchen, als im Stoffwechsel durch den wenigen Sauerstoff freigesetzt werden könnte, den es dabei erhält: Alle im Wasser lebenden Säugetiere sind Luftatmer. Insgesamt können die im Wasser atmenden Tiere pro Zeiteinheit weniger Energie freisetzen und sind deshalb meist nicht so leistungsfähig wie die luftatmenden. Die Raten der maximalen Energiefreisetzung eines Schmetterlings und eines gleich großen Fisches verhalten sich etwa wie 100:1.

Viele Wassertiere sind zudem in ihrer Stoffwechselgröße direkt von der Größe des Sauerstoffangebotes im Wasser abhängig; sie sind meist nicht in der Lage, ihre Sauerstoffaufnahme durch Regelungsmechanismen zu verändern. Vielmehr wird die Stoffwechselgröße – vor allem der Aktivitätsstoffwechsel – dem Sauerstoffangebot angepaßt. Solche Tiere werden als *Konformer* bezeichnet. Im Gegensatz dazu sind *Regulierer* diejenigen Tiere, die durch kompensatorische Atmungsregulation (erhöhte Ventilationsrate, vermehrte Blutzirkulation in den Respirationsorganen) die Sauerstoffaufnahme auch bei wechselndem Sauerstoffangebot innerhalb bestimmter Grenzen dem Bedarf anpassen können (Abb. 6.74; Beispiele Abb. 6.75, 8.12b, S. 770).

Für viele Tiere, die im Boden von Gewässern – besonders in der Gezeitenzone der Meeresküsten – leben, gehört der Mangel an Sauerstoff zu den regelmäßig auftretenden Lebensbedingungen: *biotopbedingte Anaerobiose* (im Gegensatz zur funktionsbedingten Anaerobiose in bestimmten Organen). Während solcher Perioden wird meist die Stoffwechselgröße insgesamt erheblich herabgesetzt und Energie für den Erhalt wichtiger Körperfunktionen durch anaerob ablaufende Reaktionen freigesetzt. Häufig unterscheiden sich diese Stoffwechselwege von denen der *funktionsbedingten* Anaerobiose (z. B. in Muskeln, S. 519f.) auch bei denselben Tieren. Die Stoffumsetzungen werden so gesteuert, daß Endprodukte mit möglichst wenig Energieinhalt hergestellt werden, so daß relativ viel energiereiches Phosphat entsteht (bis zu 7 ATP pro 1 Glykosyleinheit des Glykogens, das meist als Energievorrat verwendet wird). Die verbleibenden Substanzen sind kurzkettige

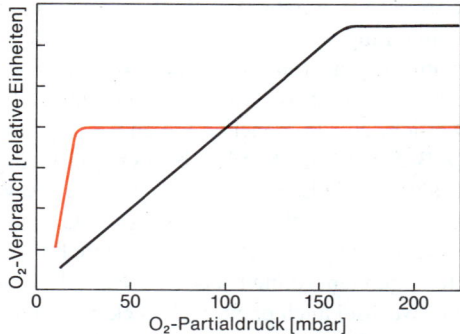

Abb. 6.74. Schema des Sauerstoffverbrauchs in Abhängigkeit vom Sauerstoffpartialdruck des Atemmediums bei einem Konformer (schwarze Kurve) und einem Regulierer (rote Kurve).

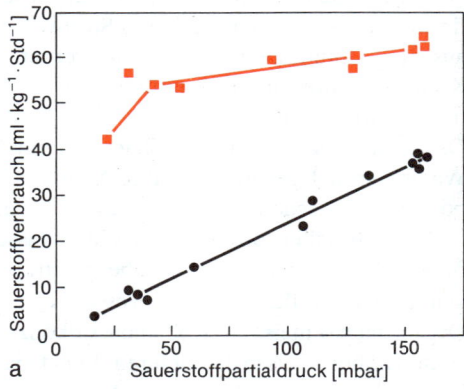
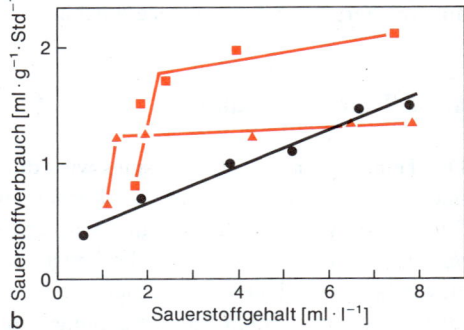

Abb. 6.75 a, b. Beispiele für die Größe des Sauerstoffverbrauchs von Wassertieren in Abhängigkeit vom Sauerstoffpartialdruck. (a) Zwei Arten von Meeresfischen: ● Seeteufel (Lophius), ein Konformer; ■ Seebrasse (Stenotomus), ein Regulierer. (b) Drei Arten von im Süßwasser lebenden Larven von Eintagsfliegen (Ephemeriden): ● Ephemera, ein Konformer, ▲ Cloëon und ■ Leptophlebia, zwei Regulierer. Vgl. Abb. 8.12b, S. 770. (a nach Hall, b nach Fox, Wingfeld u. Simmonds, schematisiert)

Carbonsäuren (sogenannte flüchtige Fettsäuren), die zunächst gespeichert und bei Anhäufung während langdauernder Anaerobiose ins Wasser abgegeben werden, z. B. beim Polychaeten *Arenicola* (»Wattwurm«) hauptsächlich Propionat und Acetat sowie etwas Succinat, die entsprechend dem Stoffwechselschema in Abb. 1.75, S. 91 gebildet werden. Nur in manchen Fällen werden hauptsächlich Lactat (bei Krebsen) oder Opine (z. B. Strombin – S. 520 – bei dem marinen Wurm *Sipunculus*) gebildet.

Praktisch alle Landtiere gehören zu den Regulierern. Sie benutzen die Regulationsfähigkeit freilich meist zur Anpassung des Gasaustausches an ihren Sauerstoffbedarf, denn das Sauerstoffangebot ist meist gleichmäßig und reichlich. Unter extremen ökologischen Bedingungen können jedoch z. B. viele Insekten ihren Sauerstoffbedarf für den Ruhestoffwechsel auch dann noch decken, wenn das Atemgas nur 1% Sauerstoff enthält.

Die »Eroberung« des Landes in der Evolution der Organismen war – schon von der Möglichkeit zur Gewinnung von Sauerstoff her – ein großer Fortschritt für die Leistungsfähigkeit der Organismen. Diesem Vorteil steht das Problem gegenüber, das entstehende Kohlendioxid loszuwerden. Kohlendioxid ist wegen seiner chemischen Umsetzung mit Wasser in diesem sehr viel besser löslich als Sauerstoff und Stickstoff (Tab. 6.15, S. 637). Für Wassertiere ist es deshalb einfach, Kohlendioxid an das Atemmedium abzugeben. Bei den Landtieren kommt es dagegen zu einer Ansammlung von Kohlendioxid in den Atmungsorganen (Lungen oder Tracheen) in der Umgebung der respiratorischen Oberflächen. Dieses muß bei höheren Stoffwechselraten durch zusätzliche Ventilationsarbeit aus den Atmungsorganen entfernt werden. Landtiere reagieren deshalb mit Hilfe von Kohlendioxidrezeptoren empfindlich auf eine Überhöhung der Kohlendioxidkonzentration in ihrem Blut mit Erhöhung der Ventilationsrate, und zwar auch dann, wenn dem Organismus noch genügend Sauerstoff zur Verfügung steht. Die Regulierer unter den Wassertieren dagegen stellen ihre Atmungsgröße nach dem vorhandenen Sauerstoffangebot ein, die Fische beispielsweise, indem sie den Sauerstoffpartialdruck im Atemwasser und im arteriellen Blut messen. Viele Wassertiere haben keinerlei Perzeptionsfähigkeit für Kohlendioxid, manche sind aber positiv phototaktisch, da unter natürlichen Bedingungen in den oberflächennahen Wasserschichten – vor allem durch die photoautotrophen Organismen – meist die Kohlendioxidkonzentration geringer und die Sauerstoffkonzentration höher ist als in den tieferen. Lockt man im Experiment z. B. Daphnien durch Licht in die Nähe des Bodens eines Aquariums, dessen tieferes Wasser mit Kohlendioxid angereichert ist, so kommen sie dorthin und »ersticken«.

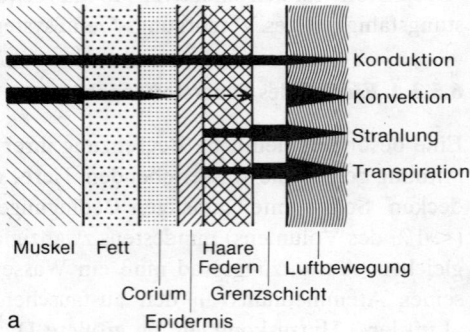

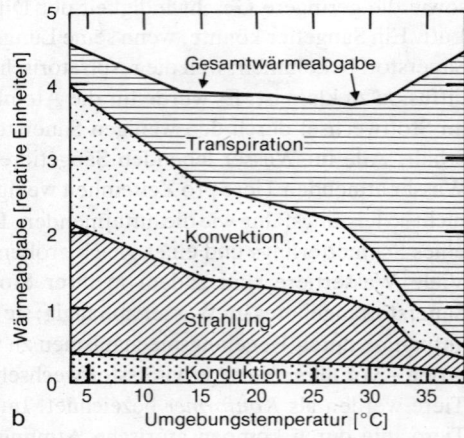

Abb. 6.76a, b. Wärmedurchgang bzw. -abgabe der verschiedenen Schichten der Körperschale homoiothermer Tiere. (a) Schematische Darstellung der einzelnen Komponenten der Wärmeabgabe an Luft. Dabei ist angenommen, daß die Luftfeuchtigkeit und die Temperatur der Luft niedriger sind als die der Haut (anderenfalls würde eine Wärmeaufnahme erfolgen). Die Stärke der Pfeile bzw. ihre Unterbrechungen sollen auf den Wärmewiderstand (Isolation) verweisen, den die verschiedenen Schichten den einzelnen Komponenten der Wärmeabgabe entgegensetzen. (b) Relativer Anteil der einzelnen Komponenten der Wärmeabgabe als Funktion der Umgebungstemperatur (ohne Sonneneinstrahlung) beim Hausschwein. (a nach Brück, verändert, b nach Richards)

6.5.4 Thermoregulation

Die Temperatur eines Organismus wird durch die Wärmeproduktion des Stoffwechsels und den Energieaustausch mit der Umgebung bestimmt. Ist die Wärmeabgabe gleich der Summe von Wärmeaufnahme und Wärmeproduktion, so befindet sich der Organismus im *thermischen Gleichgewicht* mit der Umgebung.

Alle Pflanzen und die meisten Tiere sind *poikilotherm,* d. h. ihre Körpertemperatur wird im wesentlichen durch die Umgebungstemperatur bestimmt. Nur die Säugetiere und Vögel sind imstande, ihre Körpertemperatur konstant zu halten (*homoiotherme* Organismen).

Drei Phänomene beherrschen den Energieaustausch der Organismen mit ihrer Umgebung: Strahlung, Transpiration, Konduktion bzw. Konvektion (Abb. 6.76).

6.5.4.1 Bedingungen des Wärmeaustausches

Strahlung. Die Wellenlängen der direkten oder indirekten Sonnenstrahlung, die auf die Erdoberfläche gelangt, liegen zwischen etwa 290 nm und etwa 22 μm. Kurzwellige

Strahlung wird bereits in der oberen Atmosphäre durch das Ozon absorbiert; das Kohlendioxid und der Wasserdampf der Atmosphäre absorbieren langwellige Strahlung. Die thermische Strahlung, die von der Atmosphäre her oder vom Erdboden reflektiert die Organismen erreicht, liegt stets im Infrarot, ebenso die thermische Energieabstrahlung der Organismen selbst (Objekte zwischen 0° und 50 °C strahlen nur Infrarot ab). Ein Körper nimmt auch Wärme von entfernteren Körpern auf, die wärmer sind als er, vorausgesetzt, das dazwischen liegende Medium läßt die Wärmestrahlung durch. So können sich z. B. Reptilien auch bei niedriger Luft- und Bodentemperatur von der Sonne aufwärmen lassen. Dabei spielt die Färbung der Körperoberfläche eine wichtige Rolle: Das dunkle Pigment im Integument vieler Insekten und Reptilien verhilft zu vermehrter Aufnahme von Strahlungsenergie. Die Expansion und Kontraktion der dunklen Chromatophoren (S. 522) kann also nicht nur zum Farbwechsel, sondern auch zur Wärmeregulation dienen.

Transpiration. Unter »Energieabgabe durch Transpiration« versteht man den Energieverlust, der bei der Umwandlung von Wasser in Wasserdampf entsteht (die Verdunstung von 1 g Wasser bedeutet einen Wärmeverlust von etwa 2,4 kJ). Diese Umwandlung findet bei den typischen Cormophyten in erster Linie im Mesophyll der Laubblätter (Abb. 5.28, S. 480), bei Tieren durch Wasserabgabe an den Oberflächen des Körpers und der Atmungsorgane statt. Sie kann zu beträchtlicher Abkühlung führen und spielt bei der Temperaturregelung der Homoiothermen, aber auch bei der Verhütung von Überhitzung bei Poikilothermen (z. B. von Amphibien und Landschnecken) sowie bei Pflanzen (z. B. Wüstenpflanzen) eine bedeutende Rolle.

Konduktion und Konvektion. Die Konduktion überträgt Wärme von einem Bereich höherer Temperatur zu einem Bereich niedrigerer Temperatur durch Molekularbewegung. Bei der Konvektion hingegen erfolgt die Energieübertragung durch eine kombinierte Wirkung von Konduktion und Massentransport in einem strömenden Medium. Auch bei der Konvektion wird die Wärme von der Oberfläche des Organismus auf das umgebende Medium durch Konduktion übertragen. Unmittelbar an der Oberfläche des Organs findet nämlich keine Strömung des Mediums statt; die volle Geschwindigkeit der Strömung wird erst in einigem Abstand von der Oberfläche erreicht. Die Übergangszone nennt man *Grenzschicht*. Die Konduktion entfernt also Wärme durch Molekularbewegung über die dem Körper anliegende Grenzschicht, die z. B. in ruhiger Luft bis zu 10 mm dick sein kann. Die Intensität des Energietransfers durch die Grenzschicht hängt von deren Dicke und von der Temperaturdifferenz zwischen dem Objekt und dem Medium (Luft oder Wasser) ab. Schon ein geringer Luftzug oder eine schwache Wasserströmung reduzieren oder zerstören die Grenzschicht und erhöhen die Intensität des Wärmeaustauches durchs Konvektion.

6.5.4.2 Poikilothermie

Bei Pflanzen spielen die Erwärmung durch Strahlungsabsorption und die Kühlung durch Transpiration, bei starker Luftbewegung auch durch Konvektion (die ihrerseits wieder die Transpiration fördert), die Hauptrolle beim Temperaturaustausch mit der Umgebung. Die Thermoregulation ist bei Pflanzen im allgemeinen wenig effektiv, die Temperatur z. B. eines Blattes in der freien Natur daher langfristig nicht konstant. Auch die Blätter ein und derselben Pflanze haben gewöhnlich nicht die gleiche Temperatur: Blätter im vollen Sonnenlicht können mehr als 20 °C wärmer sein als die Luft, während Blätter im Schatten entweder die Lufttemperatur oder sogar mehrere Grad Untertemperatur aufweisen können (Abb. 8.9, S. 768).

Nur in seltenen Fällen kommt es bei Pflanzen zu einer meßbaren Temperaturerhöhung eines Organs über die Umgebungstemperatur infolge besonders intensiven Stoffwechsels.

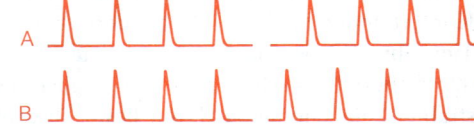
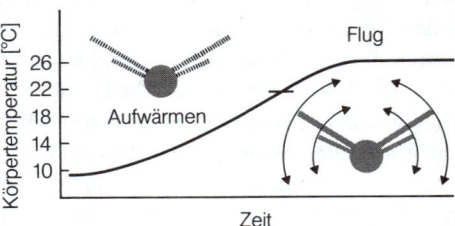

Abb. 6.77. Zeitliches Muster der in den antagonistischen Flugmuskeln eines Nachtfalters auftretenden Aktionspotentiale (Anzeichen der Muskelkontraktion) und der Körpertemperatur während des durch Muskelzittern erzielten Aufwärmens und des daran anschließenden Fluges. A, Aktionspotentiale in den für Flügelaufschlag verantwortlichen Muskeln. B, Aktionspotentiale in den Muskeln für Flügelabwärtsbewegung. Weitere Erklärung im Text. (Nach Heinrich)

Ein Beispiel ist die Erwärmung des *Arum*-Kolbens (Abb. 3.62, S. 287) nach Entfaltung der Spatha, die auf eine enorme Atmungssteigerung zurückgeht und die Freisetzung der Duftstoffe fördert, welche die Bestäuber anlocken.

Bei den meisten poikilothermen Tieren ist die Wärmeabgabe im Verhältnis zur Wärmeproduktion so groß, daß sie praktisch die Temperatur der Umgebung annehmen (Abb. 6.79). Dies gilt insbesondere für die im Wasser atmenden Tiere. Da das Wasser weniger als 1 Vol.-% Sauerstoff enthält (Luft vergleichsweise 21 Vol.-%), müssen die Wassertiere eine sehr große Menge des umgebenden Mediums pro Zeiteinheit über ihre respiratorischen Austauschflächen (Kiemen, Haut) strömen lassen (S. 488), um ihren Sauerstoffbedarf aus dem Wasser zu decken. Dadurch wirken die respiratorischen Austauschflächen zugleich als Wärmeaustauscher mit der Umgebung und führen bis zu 60% der durch Stoffwechseltätigkeit gebildeten Wärme des Körpers ab. Außerdem ist die Wärmeleitfähigkeit des Wassers rund 27mal größer als die der Luft. So kommt es lediglich bei großen Fischen oder Cephalopoden während starker Schwimmtätigkeit zu einem vorübergehenden Anstieg der inneren Körpertemperatur um wenige Grad über die Wassertemperatur. Viele Wassertiere suchen demzufolge innerhalb ihres Biotops Temperaturzonen auf, die ihrem Stoffwechseloptimum entsprechen. Jahreszeitliche Änderungen der Wassertemperatur können teilweise durch langfristige Anpassungsvorgänge des Stoffwechsels (Akklimatisation, S. 775) oder durch besondere Entwicklungsstadien kompensiert werden. Ansätze zur autonomen Körpertemperaturregelung sind bei den aquatischen Tieren nicht vorhanden.

Bei den poikilothermen Landtieren, insbesondere bei den Insekten, wird durch den intensiven Stoffwechsel in den Flugmuskeln während des Fliegens sehr viel Wärme erzeugt, die bei großen Insekten nicht schnell genug abgeführt werden kann. So entsteht ein Wärmestau, der die Thoraxtemperatur während des Fluges bis auf 45°C ansteigen läßt. Bei vielen dieser größeren Insekten – unter anderem bei den Schmetterlingen, Hautflüglern, Heuschrecken und Käfern – scheint sich im Verlauf der Evolution die Stoffwechselrate der Flugmuskulatur an eine relativ hohe artspezifische Betriebstemperatur (25–40°C) angepaßt zu haben. Demzufolge starten diese Insekten zum Flug erst dann, wenn sie ihre Betriebstemperatur erreicht haben, und unterbrechen den Flug, wenn der artspezifische Temperaturbereich über- oder unterschritten wird. In der Ruhepause entspricht ihre Körpertemperatur in der Regel der Umwelttemperatur. Das bedeutet aber, daß diese Tiere ihre Körpertemperatur vor dem Flug aufheizen müssen. Dies ist unter anderem durch spezielle Verhaltensweisen möglich; es wird eine Körperstellung zur Sonneneinstrahlung eingenommen, die die beste Absorption von Wärmestrahlen (S. 592) gewährleistet. Einige Großinsekten haben sich von der Sonneneinstrahlung unabhängig gemacht, indem sie ihre antagonistisch arbeitenden Flugmuskeln synchron aktivieren (Abb. 6.77). Durch dieses »Muskelzittern« wird noch keine koordinierte Flugbewegung erzielt, sondern nur Wärme erzeugt, bis die Betriebstemperatur in den Flugmuskeln erreicht ist.

Hier werden Ansätze einer autonomen Regulation der Körpertemperatur deutlich. So hält eine Hummelkönigin ihre Brut bei kühlen Tagen und Nächten dadurch warm, daß sie über viele Stunden ihre Körpertemperatur durch Muskelzittern heraufsetzt und die gebildete Wärme an die Brut abgibt. Bei den sozial lebenden Insekten sorgen die Arbeiterinnen gemeinsam für eine *Regulation der Bruttemperatur* im Nest. Im Bienenstock beträgt diese während der Brutzeit (Februar bis Oktober) 34–36°C. Aufgrund der Wärmeisolation und des kleinen Innenraumes des Stockes reicht die durch den Stoffwechsel und die Aktivität der Arbeiterinnen entwickelte Wärme aus, um die relativ hohe Innentemperatur aufrecht zu erhalten. Bei niedriger Außentemperatur wird jedoch durch zusätzliche Muskelkontraktionen (»Zittern«) weitere Wärme erzeugt. Wird es im Stock zu warm, dann wird durch Flügelbewegung (»Fächeln«) der Stock ventiliert, so daß die Wärme auf konvektivem Wege abgeführt wird. An besonders heißen Tagen verspritzen die Bienen Körperflüssigkeit und tragen zusätzlich Wasser ein. Dadurch wird bei

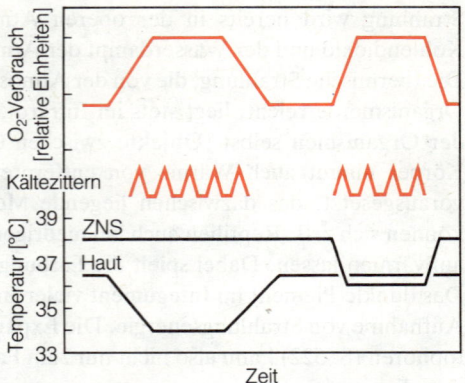

Abb. 6.78. *Auslösung von Kältezittern durch Abkühlung der Haut (Aktivierung cutaner Thermorezeptoren) bzw. des Zentralnervensystems (Aktivierung temperaturempfindlicher Neuronen des Hypothalamus und Rückenmarks) eines Säugetieres (Hund). Der O_2-Verbrauch ist ein Maß für die innere Wärmebildung durch Kältezittern. (Original Rautenberg)*

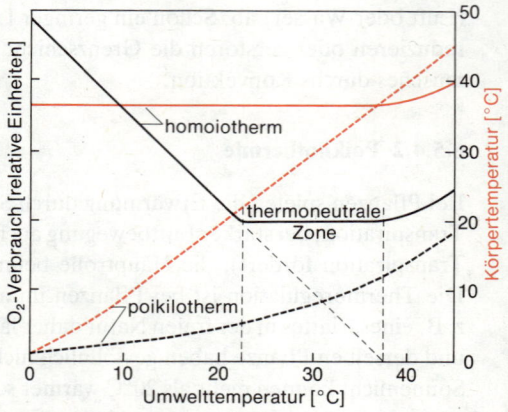

Abb. 6.79. *Körpertemperatur (rot) und O_2-Verbrauch (schwarz) poikilo- und homoiothermer Tiere als Funktionen der Umwelttemperatur. (Original Rautenberg)*

gleichbleibendem Fächeln die Kühlwirkung durch die Wasserverdunstung wesentlich erhöht. Im Zentrum der Nester hochentwickelter Termiten herrscht ebenfalls eine konstante Temperatur, die erheblich höher sein kann als die der Umgebung (bis zu 10°C), und eine hohe Luftfeuchte (96%), die zur Aufzucht der Brut und zur Pflege der Pilzgärten (S. 806) erforderlich ist. Die Konstanz beider Größen beruht auf der komplizierten Konstruktion der Termitenbauten, dem Stoffwechsel und der Evaporation der Tiere. Eine aktive Regulation durch die Bewohner – wie bei den Bienenstaaten – scheint nur in Ausnahmefällen zu erfolgen.

Auch bei den Reptilien finden sich neben thermoregulatorisch wirksamen Verhaltensweisen Ansätze zur autonomen Wärmeregulation. Durch forcierte Atmung (»Wärmehecheln«) kann die respiratorische Verdunstungsrate erhöht und durch Änderung der Hautdurchblutung der Wärmeaustausch mit der Umgebung beeinflußt werden. Zur Auslösung der genannten Verhaltensweisen und der autonomen thermoregulatorischen Reaktionen stehen den poikilothermen Tieren temperaturempfindliche Sinnesorgane zur Verfügung. Über die Mechanismen der Regelvorgänge ist jedoch kaum etwas bekannt.

6.5.4.3 Homoiothermie

Bei den »Warmblütern« kann die innere Körpertemperatur über autonome Regulationsvorgänge weitgehend unabhängig von den Änderungen der Umwelttemperatur konstant gehalten werden (Säugetiere: 36–39°C, Vögel: 38–41°C). *Thermorezeptoren* in der Körperperipherie (Haut) und temperaturempfindliche Neuronen im Zentralnervensystem kontrollieren ständig die um sie herrschende Gewebetemperatur. Ihre Impulse gelangen zu einem Temperaturverarbeitungszentrum im vorderen Hypothalamus. Von diesem werden je nach Größe und Richtung der aus verschiedenen Körperregionen gemeldeten Temperaturabweichungen *thermoregulatorische Reaktionen* in Gang gesetzt, die diese Abweichungen rückgängig machen. Beim homoiothermen Tier kann das Körperinnere durch erhöhte Stoffwechsel- und/oder Muskeltätigkeit (z.B. *Kältezittern*) erwärmt werden (Abb. 6.78). Eine Abkühlung des Körpers wird durch Steigerung der Transpirationsrate bewirkt. Eine Zunahme der Verdunstung von körpereigener Flüssigkeit wird auf den Schleimhäuten der oberen Atemwege durch schnelle Atembewegung (*Hecheln*) und vermehrte Speichelsekretion (*Salivation*) oder auf der Haut durch Schweißsekretion (*Schwitzen*) erreicht. Das Kältezittern erfordert relativ viel Energie. Die Steigerung der Transpiration belastet den Wasserhaushalt des Warmblüters stark (S. 605). Beide thermoregulatorischen Reaktionen können daher nur für eine begrenzte Zeit zur Konstanthaltung der inneren Körpertemperatur eingesetzt werden.

Diese beiden Möglichkeiten sind der Regelung eines Thermostaten vergleichbar. Während aber bei diesem die Stärke der äußeren Isolation unverändert bleibt, verfügt der Warmblüter noch über die Möglichkeit, seine äußere Wärmeisolation ohne besonderen Energieaufwand kurz- oder langfristig zu verändern (*thermoneutrale Zone*, Abb. 6.79). Die Wärmeabgabe kann dadurch beeinflußt werden, daß die konduktive Grenzschicht zwischen Haut und Luft durch Sträuben der Pelzhaare oder Plustern der Federn erweitert wird (*pilomotorische Reaktion*). Da die im Körper gebildete Wärme vorwiegend über den Blutkreislauf verteilt und schließlich zur Körperperipherie transportiert wird, können Änderungen der Hautdurchblutung (*vasomotorische Reaktion*) die Wärmeabgabe drosseln oder steigern. Durch Verengung oder Erweiterung der Arteriolen werden weniger oder mehr Papillen der Epidermis durchblutet. Die venösen und arteriellen Blutgefäße liegen in enger Nachbarschaft, so daß zwischen ihnen ein *Wärmeaustausch nach dem Gegenstromprinzip* (S. 473) erfolgen kann (besonders gut entwickelt in den Extremitäten; z.B. in den Füßen von Seevögeln und Flossen von Robben). So wird in kalter Umgebung mehr Wärme im Körperinneren zurückbehalten, jedoch kühlt die Haut ab (Abb. 6.80). Dadurch wird gleichzeitig das Temperaturgefälle zwischen Haut und Umgebung verklei-

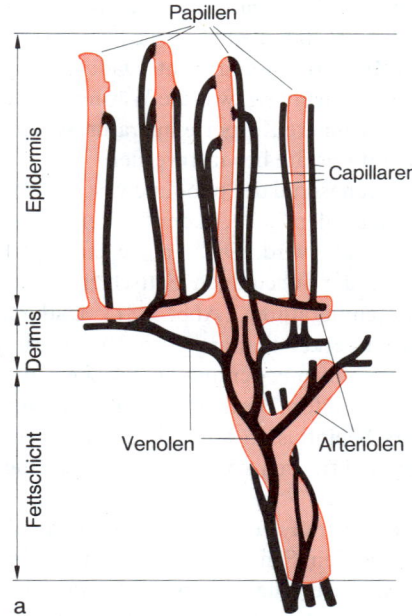

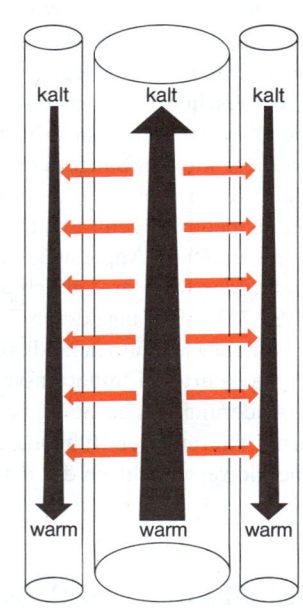

Abb. 6.80a, b. Anwendung des Gegenstromprinzips für die Wärmekonservation bei kälteexponierten Gliedmaßen eines Warmblüters: Flosse einer Robbe. (a) Verlauf der Hautgefäße. (b) Schema des Wärmeaustausches zwischen Arteriolen und den sie umringenden Venolen. Durch Gefäßerweiterung oder -verengung kann die Strömungsgeschwindigkeit des Blutes stark erhöht bzw. gesenkt werden. Dies bewirkt Erhöhung bzw. Verringerung des Wärmeaustausches und erhöht bzw. verringert die Wärmeabgabe des Tieres. (Nach Parry)

nert und die Wärmeabgabe zusätzlich vermindert. In warmer Umgebung und auch bei starker Muskeltätigkeit kann die Haut so stark durchblutet werden, daß sie die Temperatur des Körperkerns annimmt. Dadurch vergrößert sich das Temperaturgefälle zwischen Haut und Umgebung, was die Wärmeabgabe fördert. Übersteigt jedoch die Umwelttemperatur die innere Körpertemperatur, so kann eine Abkühlung nur über die Erhöhung der Transpirationsrate bewirkt werden.

Der Wirkungsgrad der pilo- und vasomotorischen Reaktionen bestimmt den Bereich der thermoneutralen Zone, in der die Temperaturkonstanz ohne nennenswerten Energieaufwand erreicht wird. Die Anlage eines dichten Winterpelzes oder Gefieders und die Zunahme der subcutanen Fettschicht erweitern diese Zone in Richtung zu niedrigen Umwelttemperaturen (Abb. 6.81). Dadurch steigt auch der Wirkungsgrad des Kältezitterns an, erkennbar am geringeren Ansteigen des Sauerstoffverbrauchs.

Zur Unterstützung der autonomen thermoregulatorischen Reaktionen können auch von den Warmblütern Verhaltensreaktionen eingesetzt werden, die die Wärmeabgabe des Körpers beeinflussen (Beispiele: Einrollen des Körpers, Anziehen der Extremitäten, Zusammenkriechen von Jungtieren, Aufsuchen sonniger oder schattiger Plätze, Baden usw.).

Eine besondere Form langfristiger Anpassung stellt der *Winterschlaf* dar, der bei einigen Arten aus den Familien der Nagetiere, Insektenfresser und Fledermäuse vorkommt. Diese Arten verfallen im Spätherbst in einen Tiefschlaf oder Starrezustand. Ihre Körpertemperatur fällt bei niedriger Außentemperatur bis auf 0–5 °C ab und wird bei den meisten Arten auf diesem Wert gehalten (Abb. 6.82). Der Energieumsatz ist dabei bis auf 10–15% des Grundumsatzes reduziert. Der Winterschlaf wird hormonal hauptsächlich über den Zeitgeber »Photoperiode« (S. 719 f.) gesteuert. Vor seinem Eintritt werden im Körper große Mengen an Depotfett angelegt, die während des Schlafes nach und nach verbrannt werden. Die Winterschläfer erwachen im zeitigen Frühjahr und steigern durch Energiefreisetzung ihre Körpertemperatur in wenigen Stunden wieder auf 36–37 °C. Auf diese Weise können diese kleinen Säugetiere die Kälte und den Nahrungsmangel im Winter überleben. Bei Vögeln gibt es keinen Winterschlaf. Ihre hohe Mobilität erlaubt es, ungünstigen Klimabedingungen rasch auszuweichen (Zugvögel!).

Neben der jahreszeitlichen Anpassung der Wärmeregulation zeigt sich bei allen Warmblütern ein mehr oder weniger deutlich ausgeprägter Tagesgang der Körpertemperatur (Abb. 6.245, S. 712). Bei tagaktiven Tieren ist die Körpertemperatur während der Dunkel- oder Ruhephase deutlich niedriger als in der Hellphase. Die nachtaktiven Tiere zeigen einen umgekehrten Temperaturverlauf. Diese tagesperiodischen Schwankungen beruhen auf Änderungen der Solltemperatur und führen im allgemeinen zu einer Energieersparnis während der Ruhephase. So wird beispielsweise das Kältezittern, das relativ viel Energie verbraucht, in der Ruhephase stark reduziert.

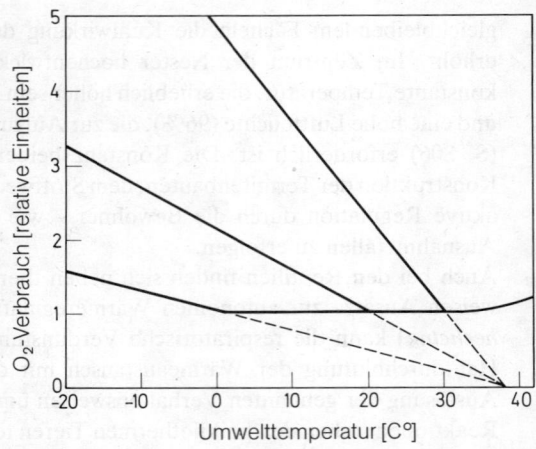

Abb. 6.81. Erweiterung der thermoneutralen Zone (vgl. Abb. 6.79) in Richtung zu niedrigen Umwelttemperaturen durch Verstärkung der Wärmeisolation (z. B. Fettschicht, Winterpelz; vgl. Abb. 6.76). Weitere Erklärung im Text. (Nach Scholander)

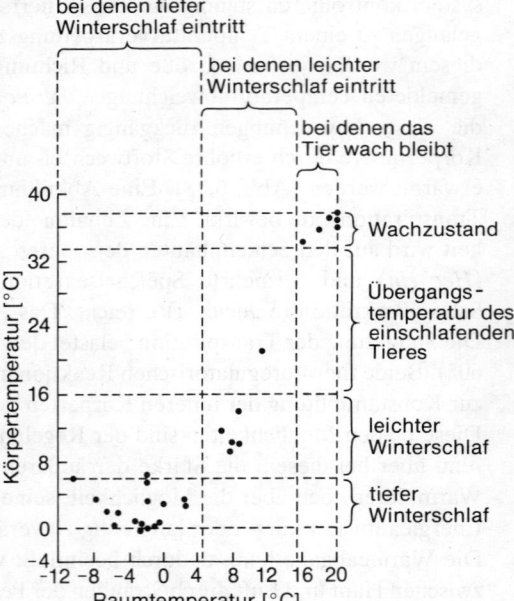

Abb. 6.82. Beziehungen zwischen Raumtemperatur und Körpertemperatur bei einem winterschlafenden Säugetier (Haselmaus, Muscardinus avellanarius). Die Körpertemperatur folgt der Erniedrigung der Raumtemperatur bis etwas oberhalb des Gefrierpunktes. Dann wird sie auch im tiefen Winterschlaf konstant gehalten; bei sehr niedriger Außentemperatur steigt sie wieder etwas an, und starke Kälte ruft sogar eine Weckreaktion hervor. (Dies gilt nicht für alle Winterschläfer, vor allem nicht für viele Fledermäuse.) (Nach Eisentraut)

6.6 Gesamtstoffhaushalt der Organismen

Bei der Betrachtung von Substanzen, die einen Organismus aufbauen oder ihm als Nahrung zugeführt werden, haben wir uns im vorangegangenen Abschnitt 6.5 lediglich für deren Energieinhalt interessiert. Jedoch wurde schon darauf hingewiesen (S. 685), daß sich Nährstoffe bei einem heterotrophen Organismus, z. B. einem Tier, nur hinsichtlich ihres Brennwerts in bestimmten Mengenverhältnissen gegenseitig vertreten können. Während autotrophe Organismen wie die grünen Pflanzen nur hinsichtlich ihrer mineralischen Ernährung spezifische Anforderungen zeigen können (manche Pflanzen gedeihen nur auf bestimmten Böden), sind viele heterotrophe extreme Nahrungsspezialisten: Viele

Tierarten können z. B. nur von Pflanzen einer Gattung oder (als Ektoparasiten, S. 807) nur vom Blut einer Tierart leben; auch parasitische Pilze (z. B. Rost- und Brandpilze) oder manche Parasiten unter den Höheren Pflanzen befallen nur bestimmte Wirte. Aber auch für diejenigen heterotrophen Organismen, die hinsichtlich ihrer Ernährung wenig spezialisiert sind – und hierzu gehört auch der Mensch –, muß die Zufuhr bestimmter Stoffe in gewissen Mindestmengen gewährleistet sein, damit die Stoffwechselvorgänge und vor allem das Wachstum normal ablaufen können.

Unabhängig vom Bedarf an chemisch gebundener Energie, den die heterotrophen Organismen aus organischen Verbindungen decken, die sie mit der Nahrung aufnehmen, benötigen alle Organismen – auch die photoautotrophen – Wasser und weitere anorganische Substanzen, deren Energieinhalte sie nicht nutzen können.

Wasser ist in allen Organismen diejenige Substanz, die im Körper in der größten Menge vorhanden ist. Manche wasserlebenden Organismen bestehen zu über 90% daraus, die Quallen z. B. zu 96–97% des Gesamtkörpergewichtes. Das Wasser liegt nur zu einem Teil als freies Lösungsmittel vor; ein großer Anteil ist in den Makromolekülen mehr oder weniger fest gebunden, ein weiterer stellt die Hydratationshülle von Ionen dar (S. 52f.). Bei vielen Organismen führt der Verlust selbst eines geringen Anteils des Wassers zu schweren Schädigungen, andere gehen bei langsamem Wasserentzug in inaktive Dauerstadien über. Normalerweise arm an Wasser sind nur die Dauerformen, die zur Verbreitung, zur Überwinterung oder zum Überstehen von Trockenperioden dienen, so z. B. die Sporen von Pilzen, die Samen vieler Höherer Pflanzen und die Cysten mancher Protozoen, Rotatorien, Tardigraden sowie einiger parasitischer Tiere. Für die Nutzung des Landes als Lebensraum (vor allem bei nicht feuchtigkeitsgesättigter Atmosphäre) war es für Pflanzen wie für Tiere erforderlich, Eigenschaften zu entwickeln, die einerseits auf einen möglichst geringen Wasserbedarf für die Lebensvorgänge hinauslaufen und andererseits den unumgänglichen Wasserverlust möglichst gering halten. Der Erwerb einer bestimmten Mindestmenge an Wasser ist für sehr viele landlebende Organismen der wichtigste limitierende Faktor für die Besiedlung eines bestimmten Lebensraumes. Und nur sehr wenige Pflanzen- und Tierarten sind an das Leben unter extrem wasserarmen Bedingungen (z. B. der Wüste) angepaßt.

In enger Verbindung mit der Aufnahme und Abgabe von Wasser steht der Mineralhaushalt, die Aufnahme und Abgabe anorganischer Substanzen unter Einstellung von Mengenverhältnissen verschiedener Ionen zueinander. Zu dieser *Ionenregulation* ist wohl jede lebende Zelle befähigt, und sehr viele Tiere können ein bestimmtes Ionenmilieu auch in ihren interzellulären Flüssigkeiten einstellen. Darüber hinaus wird in manchen Fällen ein von der Umgebung abweichender osmotischer Wert in einem Organismus aufrechterhalten (*Osmoregulation*).

Wasser- und Mineralhaushalt der Einzelzelle wurden im Kapitel Cytologie besprochen (Abschnitt 1.3, S. 52f.). Auf die Aufnahme, den Transport und die Abgabe des Wassers im Pflanzenkörper wird im nachstehenden Abschnitt 6.7 (S. 614f.) eingegangen. Über Anpassungen des Wasserhaushaltes der Pflanzen und Tiere im Hinblick auf spezielle Lebensbedingungen wird im Kapitel Ökologie berichtet (S. 766ff.). Hier soll zunächst dargestellt werden, welche *mineralischen Elemente* für Pflanzen und Tiere unbedingt notwendig sind. Sodann werden die Vorgänge der *Ionen- und Osmoregulation* und deren Bedeutung für die Organismen behandelt. Schließlich soll der organische Anteil der Nahrung der heterotrophen Organismen unter qualitativem Aspekt betrachtet werden, insbesondere im Hinblick auf diejenigen Substanzen, die in einer Nahrung unbedingt vorhanden sein müssen, damit diese für einen bestimmten Organismus vollwertig ist, also die *essentiellen Bestandteile der Nahrung*.

6.6.1 Mineralhaushalt

6.6.1.1 Mineralbedarf der Pflanzen

Untersucht man eine Pflanze mit den Methoden der Elementaranalyse, so findet man praktisch alle auf der Erde vorkommenden Elemente, vorausgesetzt, die Analysenmethoden sind fein genug. Die Frage ist, ob alle diese Elemente für die Pflanze *essentiell* sind (zur Essentialität eines Stoffes: S. 607).

Aufschlüsse über die essentiellen Elemente erhält man durch Experimente mit Nährlösungen (Tab. 6.5). Man kultiviert Pflanzen in Lösungen exakt definierter Zusammensetzung und verfolgt ihre Ontogenie z. B. durch Messung von Wachstumsparametern. Das Fehlen eines essentiellen Elements in der Lösung macht sich dann durch mehr oder minder starke Mangelerscheinungen bemerkbar. Derartige Experimente haben folgende Liste der allgemeinen essentiellen Elemente der Höheren Pflanze ergeben:

1. *Makroelemente:* C, H, O, N, S, P, K, Ca, Mg, Fe.
Diese Elemente werden in relativ großen Mengen gebraucht und sind daher leicht identifizierbar.
2. *Mikroelemente:* Mn, Cu, Zn, Mo, B, Cl, Na, Ni.

Die Essentialität dieser Elemente ist sehr viel schwieriger nachzuweisen, da meist schon winzige Mengen (»Spuren«) ausreichen und ungewollte Verunreinigungen der Nährlösungen diese Spuren liefern können. Manche Mikroelemente sind erst nach mehreren Generationen auf einem Mangelmedium nachzuweisen, da sie in den Samen gespeichert werden können. Nicht sicher nachgewiesen ist die allgemeine Essentialität bei Na, Cl und Ni. Bei Kieselalgen, bestimmten Grünalgen, Gräsern und Schachtelhalmen ist Si ein essentielles Element. Die Funktion der essentiellen Elemente im Stoffwechsel kann recht verschieden sein (Tab. 6.6).

Außer C, H, O werden alle Elemente von der Pflanze durch das Wurzelsystem aus der Bodenlösung aufgenommen und von dort mit dem Transpirationsstrom in die anderen Pflanzenteile geleitet (S. 614). Die Ionenaufnahme der Wurzel ist *aktiv,* d.h. sie kann

Tabelle 6.5. Notwendigkeit mineralischer Elemente für die Pflanzen. Notwendig für eine Gruppe: +; bisher keine Notwendigkeit ermittelt: −; notwendig für einige, aber nicht für alle Angehörigen einer Gruppe: ±. (Nach Epstein, ergänzt)

Elemente	Höhere Pflanzen	Algen	Pilze	Bakterien
N, P, S, K, Mg, Fe, Mn, Zn, Cu	+	+	+	+
Ca	+	+	±	±
B	+	±	−	−
Cl	+	±	−	±
Na	+	±	−	±
Mo	+	+	+	±
Se	±	±	±	−
Si	±	±	−	−
Co	−	±	±	+
I	−	±	−	−
V	−	±	±	−
Ni	+	−	−	±

Tabelle 6.6. Essentielle Elemente der Pflanzenernährung

Element	aufgenommen als	Funktionen im Stoffwechsel
Makroelemente:		
C	CO_2 (HCO_3^-)	Hauptbestandteile der organischen Moleküle
O	CO_2, H_2O	
H	H_2O	
N	NO_3^- (NH_4^+)	in Aminosäuren, Nucleotiden, Proteinen, Nucleinsäuren, Porphyrinen u.a.
S	SO_4^{2-}	in Aminosäuren, Proteinen als $-SH$ oder $-S-S-$; in Aneurin, Biotin, Coenzym A u.a.
P	HPO_4^{2-}	in ATP u.a. ~P-Verbindungen, Pyridinnucleotiden, Nucleinsäuren, Phospholipiden, Zuckerphosphaten u.a.
K	K^+	Cofaktor von Enzymen; beeinflußt Quellungszustand der Plasmakolloide
Ca	Ca^{2+}	in Protopectinen der Zellwand; Quellungsantagonist zum K^+; Cofaktor von Enzymen
Mg	Mg^{2+}	in Chlorophyllen und Protopectinen; Cofaktor von Enzymen; stabilisiert Ribosomenstruktur
Fe	Fe^{2+}, Fe^{3+}	in Cytochromen, Peroxidase, Katalase, Ferredoxin, Phytoferritin; Cofaktor von Enzymen, z.B. bei Chlorophyllsynthese
Mikroelemente:		
Mn	Mn^{2+}	Cofaktor von Enzymen, z.B. bei der photosynthetischen O_2-Bildung
Cu	Cu^{2+}	in Enzymen (Ascorbatoxidase, Phenolasen, Plastocyanin); wichtig für Blattwachstum
Zn	Zn^{2+}	Cofaktor von Enzymen; in Lactat- und Alkoholdehydrogenase
Mo	MoO_4^{2-}	in Nitratreduktase
B	BO_3^{3-}	wichtig für die Aufnahme anderer Ionen, stabilisiert die Zellwand
Na	Na^+	unbekannt
(Si)	$H_2SiO_4^{2-}$	Calciumsilikat als Gerüstsubstanz bei Gräsern, Schachtelhalmen
(Ni)	Ni^{2+}	in Urease, einem Enzym, das in Soja u.a. Pflanzen mit Wurzelknöllchen für den Abbau von Harnstoff wichtig ist

gegen einen elektrochemischen Gradienten erfolgen, und *selektiv,* d. h. bestimmte Ionen werden spezifisch aus der Bodenlösung angereichert (S. 600). Die Energie für diesen stark endergonen Prozeß wird in Form von ATP von der aeroben Dissimilation der Wurzel geliefert. Eine ausreichende Sauerstoffversorgung der Wurzel ist daher eine wichtige Voraussetzung für gute Ionenaufnahme.

Durch die in der modernen Landwirtschaft übliche intensive Monokultur von Nutzpflanzen kann ein Boden rasch an bestimmten Ionen verarmen; sie werden dann zu begrenzenden Faktoren des Wachstums. Um einen befriedigenden Ertrag aufrechtzuerhalten, müssen diese Ionen dem Boden in geeigneter Form wieder zugeführt werden (*Düngung*). Dabei kommt es entscheidend auf ein günstiges Verhältnis der einzelnen Ionen (»Ionenbalance«) und auf eine geeignete Gesamtionenstärke an. Ohne die Mineraldüngung, die vor etwa 150 Jahren durch die grundlegenden Forschungen von J. v. Liebig eingeleitet wurde, könnte nur ein Teil der derzeitigen Erdbevölkerung existieren.

6.6.1.2 Mineralbedarf der Tiere

Auch für die Tiere sind anorganische Substanzen in bestimmten Mengen essentielle Bestandteile ihrer Nahrung. In relativ großen Mengen werden – außer C, H, O und N – die folgenden Elemente benötigt (Tab. 6.7):
Na, K, Mg, Ca, Fe, Cl, S, P,
vor allem dann, wenn die daraus gebildeten Salze – wie Calciumphosphat in den Knochen – Bestandteile von Skelettsystemen sind. Der erwachsene Mensch muß täglich etwa 1 g Ca mit seiner Nahrung aufnehmen, um die Stoffwechselbilanz ausgeglichen zu halten; hiervon wird jedoch nur etwa ein Viertel resorbiert. Einige weitere Elemente werden nur in sehr geringen Mengen gebraucht (»Spurenelemente«); ihr Mangel führt jedoch ebenfalls zu schweren Ausfallserscheinungen. Hierzu gehören u. a.:
Zn, Mn, Co, Cu, J, F.
Die Mineralstoffe werden vornehmlich als Ionen im Darmkanal resorbiert. Bei Wassertieren ist der Ort der Aufnahme außerdem die Körperoberfläche und, wenn Kiemen vorhanden sind, hauptsächlich deren Epithelien (Abb. 6.86). Häufig sind es aktive Transportvorgänge, die eine selektive Resorption und eine Konzentrierung im Körperinneren auch bei geringeren Außenkonzentrationen ermöglichen. So sind Flußkrebse in der Lage, ihren Kochsalzbedarf aus Süßwasser zu decken, obwohl darin die NaCl-Konzentration 100mal geringer ist als in der Hämolymphe der Tiere. Die als »Krill« bekannten Krebse aus der Gruppe der Euphausiacea lagern in ihr Exoskelett außer Calcium auch Fluorid in erheblichen Mengen ein; nach jeder Häutung wird es gegen den hohen Konzentrationsgradienten aus dem Meerwasser neu entnommen. Die Tunicaten der Familie *Cionidae* enthalten relativ viel Vanadium in ihrem Blut (seine funktionelle Bedeutung ist unbekannt); es ist darin um einen Faktor 10^6–10^7 höher konzentriert als im Meerwasser.

Landlebende Tiere müssen ihren Mineralbedarf ausschließlich aus der aufgenommenen Nahrung, einschließlich dem Trinkwasser, decken. Dabei steht meistens der Bedarf an Natriumchlorid an erster Stelle. Da Pflanzen nur sehr wenig Natrium enthalten, müssen pflanzenfressende Tiere zusätzliche Natriumquellen ausnutzen. Manche Säugetiere ergänzen ihre Nahrung durch Auflecken von kristallinem Kochsalz; bestimmte Huftiere (z. B. Antilopen der afrikanischen Steppen) führen regelmäßig weite Wanderungen aus, um ausgetrocknete Salzseen aufzusuchen. Die Vorliebe vieler Insekten für Blut, Schweiß und Exkrete von Säugetieren dürfte ihre Ursache darin haben, daß diese Flüssigkeiten relativ viel Natrium enthalten.

Außer der Rolle bei der Aufrechterhaltung der normalen Zusammensetzung des Zellinhaltes und der Körperflüssigkeiten kommen einzelnen Ionen noch spezifische Funktionen zu. So sind die Unterschiede in den extra- und intrazellulären Konzentrationen von Na$^+$

Tabelle 6.7. Mineralstoffe beim Menschen: Bestand im Gesamtkörper (70 kg), Minimalbedarf und Zufuhr beim normal ernährten Erwachsenen. (Aus Bäßler, Fekl u. Lang, ergänzt)

Stoff	Bestand [g]	Minimum des Bedarfs [g · d^{-1}]	Zufuhr [g · d^{-1}]
H$_2$O	47 500	1200[a]	2000–4000
Na$^+$	100	0,4[b]	2– 7
K$^+$	140	0,7	2– 4
Mg^{2+}	17	0,2	0,3
Ca^{2+}	1100	?[c]	1,0
Cl$^-$	100	1	5
PO$_4^{3-}$	540	0,8	1,5
Fe^{2+}	5	0,002	0,01–0,04[d]

[a] ohne etwa 300 g Oxidationswasser (S. 587)
[b] bei normaler Ernährung werden mindestens 3 g Na$^+$ pro Tag als Kochsalz mit dem Harn abgegeben; die Niere kann die Na$^+$-Abgabe im Harn jedoch fast vollständig unterbinden
[c] wegen des großen Bestandes experimentell nicht genau feststellbar
[d] hiervon können nur etwa 10% resorbiert werden.

und K^+ die Voraussetzung für die elektrischen Vorgänge bei der Erregung von Zellen (S. 131f., 463f.). Ca^{2+} ist ein wichtiger Regulator der Zellaktivität, z. B. im Muskel (S. 458f.); Calciumsalze bilden den Hauptteil der anorganischen Stützsubstanzen in Skeletten (von Wirbeltieren, Krebsen, Korallen) und Schalen (von Mollusken, Foraminiferen). Beispiele von Ionen als funktionell wesentliche Bestandteile biologisch aktiver Substanzen sind Fe^{2+} in Cytochromen (S. 71), Myoglobin und Hämoglobin (S. 632f.), Cu^+ in Hämocyanin (S. 634), J^- im Hormon Thyroxin (S. 666) und Co^{2+} im Vitamin B_{12} (S. 612).

6.6.2 Ionen- und Osmoregulation

Obwohl der lebende Organismus in ständigem Stoffaustausch mit der Umgebung steht, wird seine stoffliche Zusammensetzung im allgemeinen doch weitgehend konstant gehalten. Für den Einzelorganismus sind Schwankungen in der Stoffzusammensetzung vielfach nur innerhalb enger Grenzen unschädlich. Dies gilt sowohl für die Gesamtkonzentration an Stoffen als auch für die Mengenverhältnisse der einzelnen Ionen, die den Hauptanteil an der Zahl von osmotisch wirksamen Teilchen ausmachen.

Die Vorgänge und Funktionen, die die *Gesamt*konzentration an osmotisch wirksamen Teilchen in den Körperflüssigkeiten angenähert konstant (oder zumindest eine Konzentrationsdifferenz gegenüber dem Außenmedium) erhalten, werden als *Osmoregulation*, diejenigen, die die *relativen* Konzentrationen von Ionen oder die Konzentrationen an *bestimmten* Ionen angenähert konstant erhalten, als *Ionenregulation* bezeichnet.

6.6.2.1 Ionen- und Osmoregulation bei Pflanzen

Bei den Cormophyten wird der osmotische Wert der Zellen außer durch Variierung der Menge osmotisch wirksamen Materials auch durch die Steuerung der Wasserabgabe beeinflußt, der hauptsächlich die Stomata dienen (S. 617). Die Pflanzenzelle hat grundsätzlich die Fähigkeit, den osmotischen Wert (π) konstant zu halten (*Osmoregulation*) oder im Zusammenhang mit bestimmten Funktionen gesetzmäßig zu verändern. Ein Beispiel hierfür ist die Stomatabewegung (S. 422f.), ein weiteres die Schwellung der Lodiculae (Schwellkörper) bei der Öffnung der Grasblüten, die durch Stärkehydrolyse und dadurch bedingten osmotischen Wassereinstrom in die Zellen zustande kommt.

Verschiedene Algen sind in der Lage, ihren osmotischen Wert dem der Umgebung anzugleichen oder ihn um einen bestimmten Betrag über dem des Mediums zu halten (und dadurch einen bestimmten Turgordruck aufrechtzuerhalten). So kann der Flagellat *Ochromonas malhamensis* das osmotische Gleichgewicht mit der Umgebung durch Freisetzung des α-Galactosylglycerids Isofloridosid bzw. durch Einbau dieser Substanz in osmotisch unwirksame Polysaccharide (β-1,4-Glucan) aufrechterhalten. Die Grünalge *Dunaliella parva* dagegen variiert ihren Glyceringehalt und kann auf diese Weise osmotischen Schwankungen des Mediums in dem weiten Bereich von 0,6 bis 2,1 mol $NaCl \cdot l^{-1}$ folgen. Die siphonale Grünalge *Valonia macrophysa* reguliert ihre Osmolarität (bestimmt durch K^+-, Na^+- und Cl^--Ionen, S. 53f.) immer etwa 0,065 osmolar über der des Mediums ein und hält dadurch ihren Turgordruck ständig bei etwa 1,5 bar.

Auch die Zellen der Cormophyten sind in gewissen Grenzen zur Osmoregulation befähigt. Diese setzt z. B. ein, wenn unter Wasserstreß der Turgor (bei noch geöffneten Stomata) unter einen kritischen Wert absinkt. Die Pflanze reagiert unter diesen Bedingungen mit einem allgemeinen Anstieg der Menge an gelösten Teilchen (z. B. Zucker, Ionen, Aminosäuren) im Zellsaft. In vielen Fällen hat man eine stark erhöhte Synthese der Aminosäure Prolin beobachtet. Ähnliche osmoregulatorische Veränderungen treten auch bei der Adaptation an tiefe Temperaturen (Froststreß) auf und führen in diesem Zusammenhang zu einer erhöhten Frostresistenz durch Absenkung des Gefrierpunktes im Zellsaft.

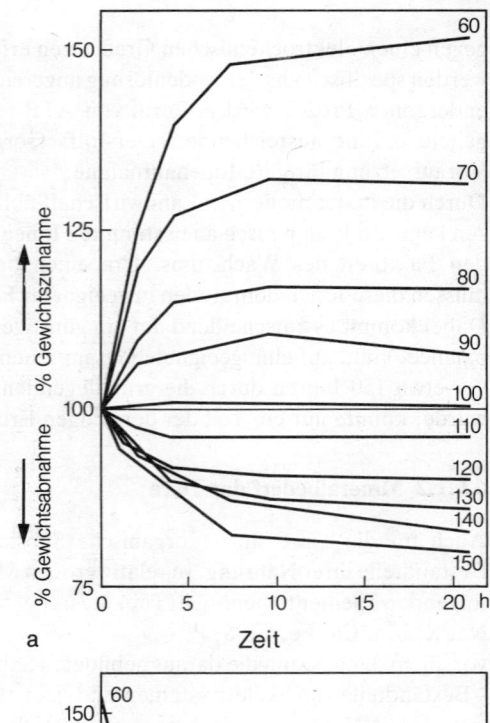

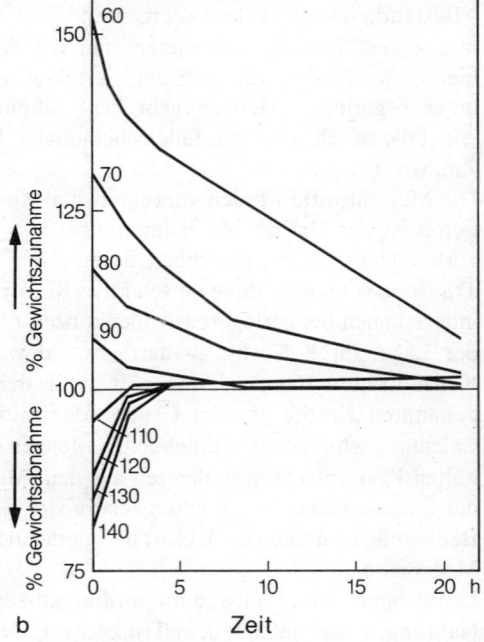

Abb. 6.83. Gewichtsveränderungen (in % des Ausgangswertes) des euryhalinen Sipunculiden Golfingia nach Umsetzen in Wasser von verschiedenem Salzgehalt (a) und nach Rückführung aus diesem in normales Meerwasser (b). Die Zahlen an den Kurven geben die jeweilige relative Konzentration des Außenmediums in Prozent des normalen Meerwassers an. (Aus Florey)

Tabelle 6.8. Konzentrationen wichtiger Ionen in der Körperflüssigkeit (Hämolymphe bzw. Coelomflüssigkeit bei Avertebraten; Blutplasma bei Vertebraten) und im Meer- und Süßwasser [mmol · l^{-1}]. (Nach Prosser, ergänzt)

	Na^+	K^+	Ca^{2+}	Mg^{2+}	Cl^-	SO_4^{2-}		Na^+	K^+	Ca^{2+}	Mg^{2+}	Cl^-
Meerwasser (Mittelwert)	470	10,0	10,2	53,6	548	28,3	*Süßwasser* (Beispiel)	~1	~0,1	~3	~0,3	~5
Meerestiere							*Süßwassertiere*					
Qualle *Aurelia*	454	10,2	9,7	51,0	554	26,6	Blutegel *Hirudo*[c]	136	6,0			36
Wattwurm *Arenicola*[a]	459	10,1	10,0	52,4	537	24,4	Teichmuschel *Anodonta*	15,6	0,5	6,0	0,2	11,7
Meeresschnecke *Aplysia*[a]	492	9,7	13,3	49,0	543	28,3	Flußkrebs *Cambarus*	146	3,9	8,1	4,3	139
Tintenfisch *Sepia*[a]	465	21,9	11,6	57,7	591	6,3	Libellenlarve *Aeschna*	145	9,0	3,8	3,6	110
Seewalze *Holothuria*	489	10,7	11,0	58,5	573	28,4	Forelle *Trutta*	161	5,3	6,3	0,9	119
Seeigel *Echinus*[a]	444	9,6	9,9	50,2	522	34,0						
Hummer *Homarus*[a]	472	10,0	15,6	6,8	470		*Landtiere*					
Strandkrabbe *Carcinus*	468	12,1	17,5	23,6	524		Regenwurm *Lumbricus*[d]	76	4,0	2,9		43
Schwertschwanz *Limulus*	445	11,8	9,7	46	514		Nacktschnecke *Arion*	61	2,7	2,3	5,7	53
Hai *Squalus*[b]	257	7,0	4,0	6,0	277		Schabe *Periplaneta*	161	7,9	4,0	5,6	144
Knochenfisch *Lophius*	242	6,6	2,6	4,6	182		Heuschrecke *Diapheromera*	4,8	15,5	7,5	88,8	69
							Seidenspinnerlarve *Bombyx*	3,4	41,8	12,3	40,4	14
							Frosch *Rana*	104	2,5	2,0	1,2	74
							Ratte *Mus*	152	3,7	2,6	1,1	114
							Pferd *Equus*	150	3,0	5,5	0,9	100

[a] Osmokonformer
[b] isoosmotisch mit Meerwasser durch Harnstoff (S. 603)
[c] weitere Anionen sind Carbonsäuren
[d] Coelomflüssigkeit

6.6.2.2 Ionen- und Osmoregulation bei Tieren

Auch bei Tieren sind die Konzentrationen der anorganischen Bestandteile meist besonders stabil, weil durch sie der *pH*-Wert, die Pufferungsfähigkeit, die osmotischen Eigenschaften und die Reaktivität vieler Funktionssysteme bestimmt werden (Gastransport im Blut, S. 632f.; Abb. 6.135; Bedeutung der Ca^{2+}-Ionen für die Muskelkontraktion, S. 458f.). Während die ionale Zusammensetzung im Inneren jeder Zelle von der in ihrer Umgebung verschieden ist, ist der osmotische Wert der tierischen Zellen meist gleich mit dem ihrer Umgebung (Ausnahme: Protozoen des Süßwassers, S. 604). Die Fähigkeit zur *Ionenregulation* besteht also allgemein auf dem Niveau der Zelle, während die Fähigkeit zur *Osmoregulation* dort nur in Ausnahmefällen vorhanden ist.

Die Regulation des osmotischen Wertes der Körperflüssigkeiten ist eine integrative Leistung des Metazoen-Organismus, die nicht in allen Tiergruppen entwickelt ist. Die Regulation der Ionenverhältnisse im extrazellulären Raum ist weiter verbreitet; so kann eine bestimmte, von der des Meerwassers abweichende ionale Zusammensetzung in der Hämolymphe auch von manchen Meerestieren hergestellt und aufrechterhalten werden, die nicht zur Osmoregulation befähigt sind.

Meerestiere. Die Ionenregulation ist bei Tieren, die in einem ionenreichen Medium – wie dem Meerwasser – leben, einfacher und mit geringerem Energieaufwand verbunden als bei Süßwasser- und Landtieren. Nur bei einigen marinen Avertebratengruppen besteht ein Diffusionsgleichgewicht zwischen dem Meerwasser und der Körperflüssigkeit. Bei den meisten werden dagegen bestimmte Ionen bevorzugt aufgenommen oder ausgeschieden: So liegt die Magnesiumkonzentration in der Hämolymphe von marinen dekapoden Krebsen weit unter der des Meerwassers; die Kaliumkonzentration im Blut der Cephalopoden ist deutlich höher (mehr als das Doppelte) als im Meerwasser (Tab. 6.8).
Die Körperflüssigkeiten der meisten marinen Avertebraten sind mit dem Meerwasser isoosmotisch. Bei Veränderung der Salzkonzentration in der Umgebung (z.B. im Brackwasser) ändert sich der osmotische Wert der Körperflüssigkeiten entsprechend: *poikilosmotische Tiere* oder (Osmo-)*Konformer*. Bei dem im Küstengebiet häufigen Wechsel der osmotischen Bedingungen erfolgt bei vielen poikilosmotischen Meerestieren, die keine feste Körperbedeckung haben, eine *Änderung des Körpervolumens* (Abb. 6.83).

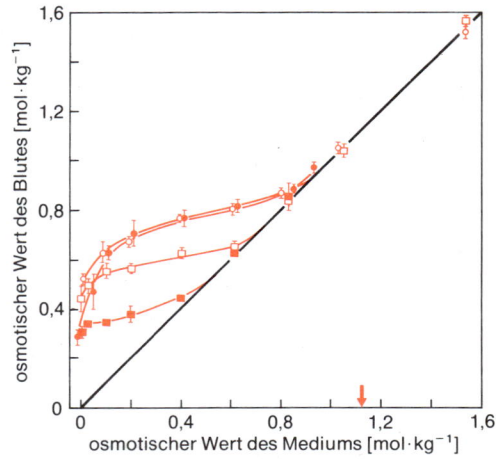

Abb. 6.84. Osmoregulationsfähigkeit bei vier Arten von Flohkrebsen (Amphipoden), direkt aus der Gefrierpunktserniedrigung bestimmt: *Marinogammarus finmarchicus* ○ und *Gammarus oceanicus* ●, Meerestiere; *G. tigrinus* □, Brackwasserart; *G. fasciatus* ■, Süßwasserart. Diese Tiere sind isoosmotisch mit dem normalen Meerwasser und auch mit höheren Außenkonzentrationen; sie haben die Fähigkeit zur hyperosmotischen Regulation, die – in Abhängigkeit von ihrem Lebensraum – bei verschieden stark erniedrigter Salzkonzentration eingesetzt wird. *Gammarus fasciatus* muß im natürlichen Lebensraum ständig regulieren und ist homoiosmotisch. (Die schwarze Gerade zeigt Isotonie zwischen Hämolymphe und Umgebungsmedium.) (Nach Werntz aus Florey, z.T. verändert)

Dieses wird im Brackwasser durch osmotischen Wassereinstrom vergrößert, im konzentrierten Meerwasser (Verdunstung aus Tümpeln in der Gezeitenzone!) durch Wasserausstrom verringert. Bei längerem Aufenthalt im Brackwasser wird von vielen solchen Tieren durch passive oder aktive Abgabe von Salzen ein Wasserausstrom veranlaßt, so daß das Volumen auf die ursprüngliche Größe zurückgeführt wird (*Volumenregulation* bei Fehlen von Osmoregulationsfähigkeit; z.B. bei dem Polychaeten *Nereis diversicolor,* bei der Schnecke *Aplysia*).

Im Gegensatz zu den vorgenannten sind *homoiosmotische Tiere* oder (Osmo-)Regulierer diejenigen, die in der Lage sind, den osmotischen Wert ihrer Körperflüssigkeiten auch bei Veränderungen der Stoffkonzentration in der Umgebung konstant zu halten. Bei manchen Gruppen von Meerestieren erfolgt die Regulation auf der Höhe des osmotischen Wertes des Meerwassers, mit dem sie normalerweise isoosmotisch sind, bei anderen auf einem geringeren, artspezifisch festgelegten osmotischen Wert (Teleostier, Tab. 6.8, Abb. 6.85a; manche Krebse, Abb. 6.85b).

Für jede Tierart – gleichgültig, ob Konformer oder Regulierer – gibt es einen bestimmten, mehr oder weniger großen Bereich der Veränderungen des osmotischen Wertes, in dem die Tiere leben (und sich fortpflanzen) können. Dieser wird allgemein als *Toleranzbereich* bezeichnet, bei homoiosmotischen Tieren auch als Regulationsbereich, weil dann die Leistungsfähigkeit der Regelungsmechanismen für die Konstanthaltung des osmotischen Wertes der Körperflüssigkeit ausreicht. Zu den poikilosmotischen Meerestieren, die gegen Veränderungen des osmotischen Wertes ihrer Umgebung sehr empfindlich sind, gehören fast alle Echinodermen und Cephalopoden; sehr große Toleranzbereiche haben manche Polychaeten (z.B. der Wattwurm, *Arenicola marina*) und manche Lamellibranchier (z.B. die Miesmuschel, *Mytilus edulis*).

Von dem Begriffspaar der poikilosmotischen und homoiosmotischen Tiere ist das – in die Ökologie gehörige – Begriffspaar der euryosmotischen und stenoosmotischen (bzw. der euryhalinen und stenohalinen) Tiere strikt zu unterscheiden. Letzteres beschreibt eine Tierart hinsichtlich der Größe des osmotischen Toleranzbereiches (S. 773), unabhängig davon, ob sie Regelungsmechanismen für den osmotischen Wert ihrer Körperflüssigkeiten

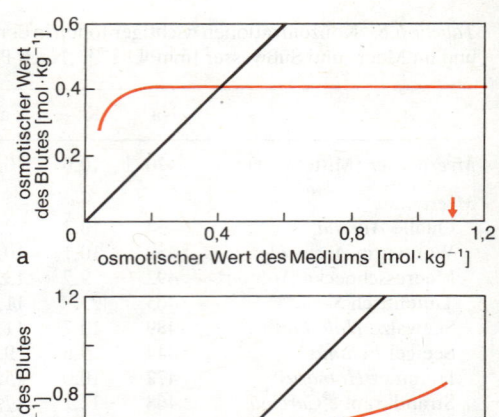

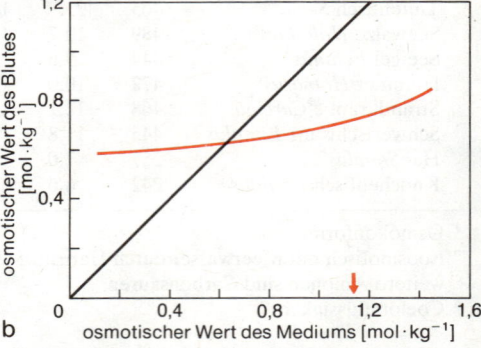

Abb. 6.85 a, b. Osmoregulationsfähigkeit bei zwei Meerestieren, ermittelt aus der Beziehung zwischen den osmotischen Werten des Außenmediums und des Blutes. (a) Meeraal (Conger vulgaris) ist – wie alle Meeresteleostier – hypoosmotisch zum normalen Meerwasser und hat die Fähigkeit, auch in salzarmem Brackwasser den osmotischen Wert seines Blutes konstant zu halten, also auch hyperosmotisch zu regulieren. (b) Garnele (Palaemonetes varians), bewohnt auch Brackwasser, ist je nach den osmotischen Werten des Außenmediums ein hypo- oder hyperosmotischer Regulierer. Die schwarze Gerade zeigt Isotonie zwischen Körperflüssigkeit und Umgebungsmedium. (a nach Margaria, b nach Panikkar, aus Florey)

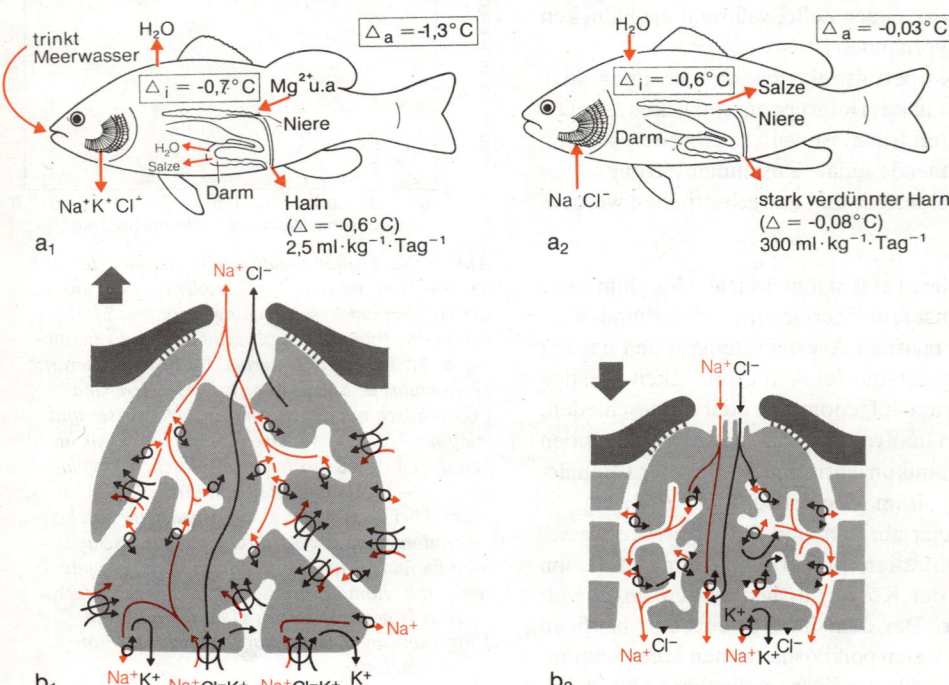

Abb. 6.86 a, b. Osmoregulatorische Mechanismen bei (a) Meeres- und (b) Süßwasser-Fischen. (a_1, b_1) Übersicht über die Orte und Richtungen von Wasser- und Ionenbewegungen im Fischkörper. (a_2, b_2) Ionentransporte in den Zellen des Kiemenepithels mit Eintragung von Transportproteinen in der Zellmembran. Der Na^+K^+-Austausch erfolgt in allen Fällen gegen das jeweilige Konzentrationsgefälle unter ATP-Spaltung (»aktiver Na^+K^+-Transport«); dadurch wird der Einwärtstransport von NaCl bei Süßwasserfischen erzielt (b_2). Bei Meeresfischen (a_2) wird durch zusätzlichen $Na^+K^+Cl^-$-Cotransport eine so hohe Konzentration von Cl^- in den Zellen aufgebaut, daß NaCl auf der apikalen Seite passiv in das umgebende Meerwasser abfließt (»Chloridzellen«). Man beachte, daß die Na^+K^+-Austauschmoleküle in a_2 und b_2 die gleiche Position in der basolateralen Membran und damit gleiche Transportrichtung aufweisen, aus dem zusätzlichen $Na^+K^+Cl^-$-Cotransport jedoch eine verschiedene Flußrichtung des Nettotransportes resultiert. (a_1, b_1 nach Penzlin, a_2, b_2 nach Komnick)

besitzt oder nicht. – Zwischen den beiden Typen der poikilosmotischen und homoiosmotischen Tiere gibt es Übergänge dadurch, daß manche Arten nur dann regulieren, wenn die Außenbedingungen einen bestimmten osmotischen Wert unter- oder überschreiten (*hyperosmotische* bzw. *hypoosmotische Regulation*).

Manche Höheren Krebse (aus der Gruppe der Malacostraca) sind isoosmotisch mit dem Meerwasser und poikilosmotisch, wenn die Salzkonzentration im Milieu um einen gewissen Betrag – z.B. um ein Viertel nach oben oder unten – von der des Meeres abweicht. Wenn dieser Bereich *über*schritten wird, gehen sie zugrunde. Sie besitzen jedoch osmoregulatorische Fähigkeiten, die dann einsetzen, wenn der osmotische Wert der Umgebung tiefer sinkt. Bei der Strandkrabbe *Carcinus maenas* liegt dieser kritische Wert bei etwa 80% der Salzkonzentration des Meerwassers. Bei weiterer Verdünnung des Außenmediums sinkt die Konzentration der Hämolymphe nur noch wenig unter diesen Wert, der offenbar für den normalen Ablauf der Körperfunktionen notwendig ist. Der kritische Wert für das Einsetzen der Regelung und die Breite des Regelbereichs, in dem ein Tier homoiosmotisch ist, sind artspezifisch verschieden und – auch innerhalb enger Verwandtschaftsbereiche – von den Normalbedingungen des Lebensraumes abhängig (Beispiel: verschiedene *Gammarus*-Arten, Abb. 6.84).

Ein Beispiel für hypoosmotische Regulation bieten die im Meer lebenden Knochenfische. Alle Teleostier sind homoiosmotisch; der Salzgehalt ihres Blutes liegt – wie bei allen Wirbeltieren – bei etwa einem Drittel von dem des Meerwassers (Tab. 6.8). Die marinen Fische verlieren deshalb an ihrer Oberfläche osmotisch Wasser; diesen Verlust decken sie durch Trinken von Meerwasser. Aus den damit aufgenommenen Salzen werden die einwertigen Ionen im Darm aktiv resorbiert, um das Wasser nachströmen zu lassen. Diese Ionen werden dann durch die Kiemen aktiv wieder ausgeschieden; die dafür spezialisierten Epithelzellen (»Chloridzellen«) enthalten in der basolateralen Zellmembran Systeme für aktiven $Na^+K^+Cl^-$-Cotransport neben Na^+K^+-ATPasen (Abb. 6.86a). Die Nieren scheiden zweiwertige Ionen aus, haben aber für die Osmoregulation bei den Fischen nur geringe Bedeutung, da der Harn nicht hyperosmotisch zum Blut produziert werden kann. Durch kleine Harnmengen wird der Wasserverlust jedoch gering gehalten.

Die Selachier haben dieselbe niedrige Salzkonzentration im Blut wie die Teleostier. Daneben enthält das Blut eine so große Menge Harnstoff, daß es mit dem Meerwasser isoosmotisch ist. Damit verbleibt diesen Tieren normalerweise nur noch die Notwendigkeit der Ionenregulation. Diese wird wohl ausschließlich von den Rectaldrüsen durchgeführt, die eine blutisotonische NaCl-Lösung in den Enddarm sezernieren und damit in den Körper (z.B. mit der Nahrung) aufgenommenes Salz ausscheiden. Die wenigen euryhalinen Selachier-Arten passen den osmotischen Wert ihres Blutes dem des Umgebungsmediums durch Veränderung der Harnstoffkonzentration an, ohne daß dabei die Ionenkonzentrationen wesentlich beeinflußt werden.

Die durch Lungen atmenden höheren Wirbeltiere des Meeres können sich durch die Undurchlässigkeit ihrer Haut vor dem osmotischen Austausch mit der Umgebung schützen. Das mit der Nahrung aufgenommene Salz eliminieren die Säugetiere durch die Nieren, die einen hyperosmotischen Harn bilden können (S. 491f.). Die Sauropsiden, deren Nieren hierzu nicht in der Lage sind, haben umgewandelte Drüsen im Kopfbereich – die Orbitaldrüsen der Meeresschildkröten bzw. die Nasendrüsen vieler Seevögel –, die ein stark hypertonisches, NaCl enthaltendes Sekret abgeben (*Salzdrüsen*, Abb. 6.87).

Süßwassertiere. Bei den im Süßwasser lebenden Tieren ist die Salzkonzentration im Körper stets wesentlich höher als die im Milieu; um diesen Lebensraum besiedeln zu können, müssen sie hyperosmotische Regulation durchführen und dafür eine erhebliche Menge an Stoffwechselenergie aufwenden. Ihr Problem besteht darin, diesen Aufwand so gering wie möglich zu halten; dies kann durch Verkleinerung des Wassereinstroms einerseits und durch Verringerung des Salzverlustes andererseits geschehen.

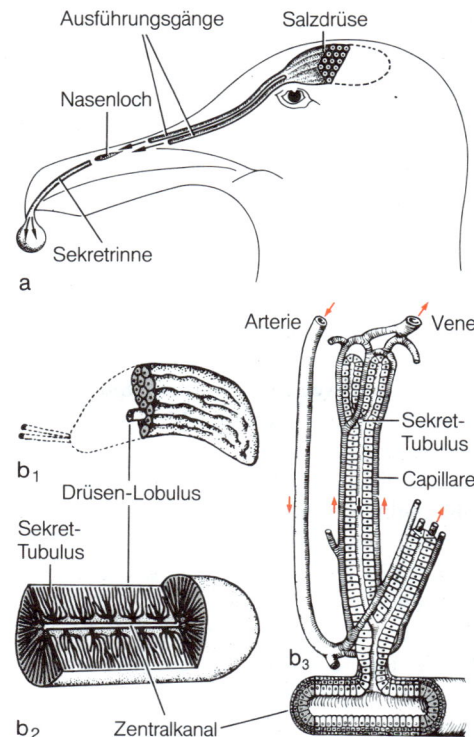

Abb. 6.87. (a) Anatomie der Salzdrüse einer Möwe. Die Ausführgänge münden im inneren Nasenraum; das NaCl-haltige Sekret tritt aus den Nasenlöchern auf den Oberschnabel aus und tropft über die Schnabelspitze ab. (b) Struktur der Drüse: Die isolierte und halbierte Drüse läßt den Aufbau aus langgestreckten Lappen mit zentralem Ausführgang erkennen (b_1). In diesen münden die Lumina der radial angeordneten, verzweigten Tubuli (b_2) aus einschichtigem Drüsenzell-Epithel. Die Blutcapillaren bilden mit den Tubuli ein Gegenstromsystem (b_3, vgl. S. 490). (Die roten Pfeile in b_3 zeigen die Blutstromrichtung an.) Die Funktion der Drüsenepithelzellen gleicht der der Chloridzellen in den Kiemen der Meeres-Teleostier (Abb. 6.86, a_2): Durch die Ionentransportsysteme wird eine hohe NaCl-Konzentration in den Zellen aufgebaut, so daß über die lumenseitige Membran ein Sekret abfließt, das eine wesentlich höhere NaCl-Konzentration aufweist als das Blut. Die Energie für den aktiven Na^+K^+-Austausch über die basolaterale Zellmembran wird von den Mitochondrien bereitgestellt, die in großer Zahl zwischen den tiefen basalen Einfaltungen – also sehr nahe an den transportaktiven, ATP verbrauchenden Molekülen – im Cytoplasma liegen. (a nach Schwarz aus Penzlin, b–e nach Komnick)

Als einfachste Möglichkeit dafür bietet sich an, die Salzkonzentration im Inneren auf einen möglichst niedrigen Wert einzustellen. Tatsächlich sind die osmotischen Werte der Körperflüssigkeiten bei Süßwassertieren meist deutlich niedriger als bei denen verwandter mariner Arten. Ein extremes Beispiel stellt die Teichmuschel Anodonta dar: Die Salzkonzentration ihrer Körperflüssigkeit liegt bei etwa einem Zwanzigstel des Meerwassers, mit dem die marinen Mollusken isoton sind (Tab. 6.8). Dagegen beträgt bei dekapoden Krebsen des Süßwassers die Salzkonzentration in der Hämolymphe etwa ein Drittel von der bei marinen Arten.

Die Protozoen des Süßwassers, die sich gegen den Wassereinstrom offenbar nicht schützen können, haben in der pulsierenden Vakuole (S. 140; Abb. 1.129) ein Organell, das wahrscheinlich überwiegend der Osmoregulation dient. Deren Leistung ist abhängig von der Salzkonzentration im Umgebungswasser, wie sich besonders gut bei Brackwasser-Ciliaten nachweisen läßt (Abb. 6.88). Auch Metazoen mit großer freier Körperoberfläche – wie Plathelminthen und Mollusken – haben die Notwendigkeit, große Mengen von eingedrungenem Wasser aus dem Körper hinauszubefördern. Wahrscheinlich dienen hierfür die Protonephridien der Turbellarien und Rotatorien und das Bojanus-Organ der Muscheln, welche zugleich die aktive Rückresorption von Ionen aus dem Primärharn durchführen. Bei höheren Tieren des Süßwassers sind die Tubulusanteile der Exkretionsorgane viel größer ausgebildet als bei verwandten marinen Arten; Beispiele dafür liefern die Nephrone in den Nieren der Knochenfische und die Nephridien (Antennendrüsen) der Höheren Krebse (Abb. 6.89). Für letztere ist – ebenso wie für die Nierentubuli der Wirbeltiere (S. 491) – die Fähigkeit zur Ionen-Rückresorption nachgewiesen.

Die höheren Tiere schützen sich vor dem osmotischen Eindringen des Wassers durch eine starke Reduktion der Wasserdurchlässigkeit ihrer Körperoberfläche. Dies trifft sowohl für die Arthropoden als auch für die Vertebraten des Süßwassers zu. Bei ersteren setzt der Chitinpanzer der Volumenänderung durch eindringendes Wasser enge Grenzen; der entstehende hohe Binnendruck vergrößert den Filtrationsdruck in den Exkretionsorganen und verursacht die Produktion großer Harnmengen. Da daraus Salze rückresorbiert werden können, wird ein gegenüber dem Blut hypoosmotischer Harn abgegeben. Dessen Salzgehalt liegt jedoch immer noch über dem des Süßwassers, so daß eine vollständige Osmoregulation auf diesem Wege nicht zu erreichen ist. Dazu kommt bei allen den Süßwassertieren, die nicht atmosphärische Luft atmen, der Wassereinstrom über die großen freien Oberflächen der Kiemen. Nur durch die mit der Nahrung aufgenommenen Salze und durch aktive Resorption von Ionen aus dem Süßwasser kann der Ausgleich erreicht werden. In der Haut von Fröschen gibt es hierfür zwei Typen von Epithelzellen für den (getrennten) Transport von Na^+ und für Cl^- mit Hilfe von Na^+K^+-ATPasen; in den Kiemen der Fische (Abb. 6.86b) und der dekapoden Krebse sind sehr aktive Systeme für den $Na^+K^+Cl^-$-Cotransport vorhanden. Manche im Süßwasser lebenden Larven von Insekten besitzen spezielle, drüsenähnliche epitheliale Organe für die Aufnahme von Salz. Bei Larven von Dipteren dienen hierfür die mit Hämolymphe gefüllten Analpapillen; bei Haltung der Tiere in sehr salzarmem Wasser vergrößern sich diese Organe (Abb. 6.90), insbesondere die dem Hämolymphraum zugewandte Zellmembran der Epithelzellen, durch verstärkte basale Einfaltungen.

Landtiere. Bei den Landtieren gibt es zwar keinen Ionenaustausch mit der Umgebung, jedoch müssen sie dem Verlust von Wasser entgegenwirken, der durch Verdunstung erfolgt. Sie haben damit ähnliche Probleme wie die Meeresfische, die osmotisch Wasser verlieren. Um diese Wasserverluste einzuschränken, sind die Körperoberflächen bei vielen Landtieren weitgehend wasserundurchlässig; wo dies nicht oder nur begrenzt der Fall ist – bei Landschnecken, Onychophoren, Asseln, apterygoten Insekten, Amphibien – können die Tiere nur Biotope mit hoher Luftfeuchtigkeit besiedeln. Große Wasserverluste entstehen bei der Atmung durch die Oberflächen der Lungen und Tracheen und

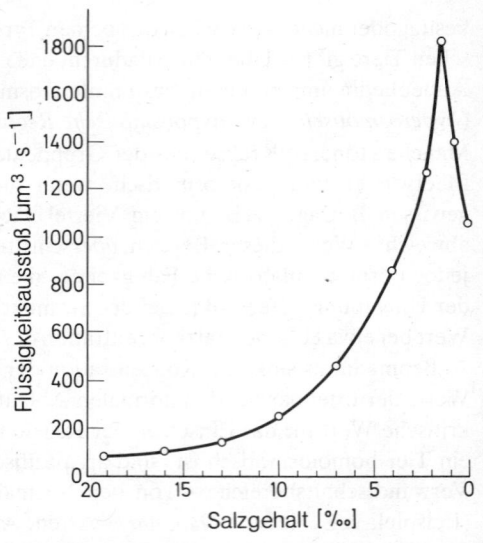

Abb. 6.88. Ausstoß der kontraktilen Vakuole des marinen Protozoons Frontonia marina in Abhängigkeit von der Salzkonzentration des umgebenden Meerwassers. (Nach Müller)

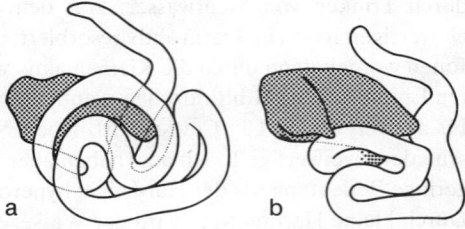

Abb. 6.89a, b. Antennendrüse (a) eines Süßwasser-Amphipoden (Gammarus pulex) und (b) eines marinen Amphipoden (G. locusta). Man beachte den viel längeren Tubulus der in hypotonischem Medium lebenden Art. (Nach Schlieper)

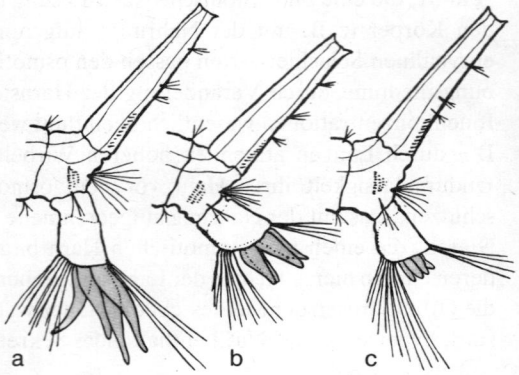

Abb. 6.90 a–c. Hinteres Körperende von Larven der Mücke Culex pipiens mit unterschiedlich großen Analpapillen (grau), und zwar nach Aufzucht (a) in destilliertem Wasser, (b) in Leitungswasser mit einem Salzgehalt, der 0,006% NaCl entspricht, (c) in Salzwasser mit 0,65% NaCl-Gehalt. (Nach Wigglesworth)

manchmal im Zusammenhang mit der Abgabe von Exkretstoffen. Die Säugetiere verlieren darüber hinaus große Mengen von Wasser und auch Salzen bei der Produktion von Schweiß, die im Dienste der Thermoregulation steht (S. 595).

Die Höhe des Wasserverlustes beim Atmen hängt von der Größe des Gasaustausches und von der relativen Feuchtigkeit der eingeatmeten Luft ab. Eine stärkere Ausnutzung des Sauerstoffgehaltes verringert die Wasserabgabe. Offenbar aus diesem Grunde schließen die Insekten die Stigmen mehr oder weniger stark in Abhängigkeit vom Sauerstoffbedarf. Müssen beim ruhenden Tier die Stigmen infolge eines zu hohen Kohlendioxidgehaltes der Atemluft geöffnet werden, steigt der Wasserverlust erheblich an. Wassereinsparung dürfte der Grund dafür sein, daß viele Insekten in Ruheperioden – besonders während der Puppenzeit – das Kohlendioxid in Schüben abgeben (»bursts«, S. 622) und nur dann die Stigmen voll öffnen. In analoger Weise erfolgt bei Pflanzen die Regulation des Gasaustausches und der Wasserabgabe über die Spaltöffnungen (S. 422f., 617).

Die meisten Landtiere mit feuchter Körperoberfläche, die in Biotopen mit hoher Luftfeuchte leben (z. B. Regenwürmer, Amphibien), sind in der Lage, Wasser durch die Haut aufzunehmen. Bei den Tieren mit wasserundurchlässiger Epidermis kann der Ersatz von Wasser (und Salzen) meist nur mit der Nahrung und durch Trinken erfolgen (als Beispiele die Wasserbilanzen des Menschen in Tab. 6.9 und einer Raupe in Abb. 6.91). Dafür wird Süßwasser bevorzugt; jedoch trinken z. B. Meeresvögel auch Meerwasser und scheiden das überschüssige Salz aktiv aus (Salzdrüsen, S. 603). Insekten aus verschiedenen Gruppen (besonders Thysanuren, Psocopteren, Mallophagen) und manche Milben haben in ihren Vorder- oder Enddärmen spezielle Strukturen, die durch die Produktion hygroskopischen Materials – in einem noch nicht voll verstandenem Mechanismus – in der Lage sind, Wasser aus der Atmosphäre zu kondensieren und ins Gewebe aufzunehmen, auch wenn die Luft nicht feuchtigkeitsgesättigt ist, in extremen Fällen noch bei nur 50% relativer Feuchte. Dies erlaubt bestimmten Arten aus diesen Gruppen, in Trockenbiotopen ohne Zugang zu flüssigem Wasser zu leben.

Manche Tiere in extrem trockenen Biotopen haben die Wasserverluste soweit reduziert, daß sie mit dem Oxidationswasser auskommen, das beim Nährstoffabbau entsteht (S. 587). So können einige Tiere von trockenen Pflanzenteilen ohne Aufnahme flüssigen Wassers leben: der Mehlkäfer *Tenebrio* von getrockneter Kleie und die Wüstenspringmaus *Dipodomys* sogar von Samen, deren Wassergehalt nur etwa 6% beträgt (Tab. 6.3, S. 587). Reine Pflanzenfresser haben Schwierigkeiten bei der Ionenregulation, weil die Höheren Pflanzen gewöhnlich arm an Natrium sind, das in den Körperflüssigkeiten der Tiere das häufigste Kation darstellt. Manche pflanzenfressenden Wirbeltiere müssen zusätzlich Kochsalz aufnehmen (vgl. S. 599), um die notwendige Natriumkonzentration in ihrem Blut aufrechtzuerhalten (Tab. 6.8): Vergleich von Pferd (Pflanzenfresser), Ratte (Allesfresser) und Frosch (Fleischfresser). Ausschließlich pflanzenfressende Insekten dagegen haben nur sehr wenig Natrium in ihrer Hämolymphe, dafür aber erhöhte Konzentrationen an Kalium, Calcium und Magnesium (Tab. 6.8): Vergleich von Seidenspinnerlarve (Pflanzenfresser) und Schabe (Allesfresser). Da die geringe Natriumkonzentration in der Hämolymphe als Außenmedium für die Funktion der erregbaren Zellen nicht ausreicht, sind bei vielen pflanzenfressenden Insekten die Muskeln und das Nervensystem von speziellen Hüllzellen umgeben; in den Interzellularräumen dieser Organe befindet sich eine besondere Gewebeflüssigkeit, deren Natriumgehalt – wahrscheinlich durch die Transporttätigkeit der Hüllzellen – auf einem hohen Niveau gehalten wird (Abb. 6.92).

Exkretion und Wasserhaushalt

Im Zusammenhang mit dem Wasserhaushalt zeigen sich bei der Stickstoffexkretion (S. 102, 585f.) beträchtliche Unterschiede zwischen Wasser- und Landtieren. Bei den meisten Wassertieren wird das bei den Desaminierungen frei werdende *Ammoniak* (S. 99) als *primärer Exkretstoff* durch die unbedeckte Körperoberfläche, insbesondere der Kiemen,

Tabelle 6.9. Wasserbilanz des erwachsenen Menschen; durchschnittliche Werte [l · Tag^{-1}]. (Nach Ullrich aus Keidel)

Zufuhr	
in der Nahrung	0,8
durch Trinken	0,95
als Oxidationswasser	0,25
Summe	2,0
Abgabe	
im Kot	0,1
als Urin	1,0
über Haut und Lungen	0,9
Summe	2,0

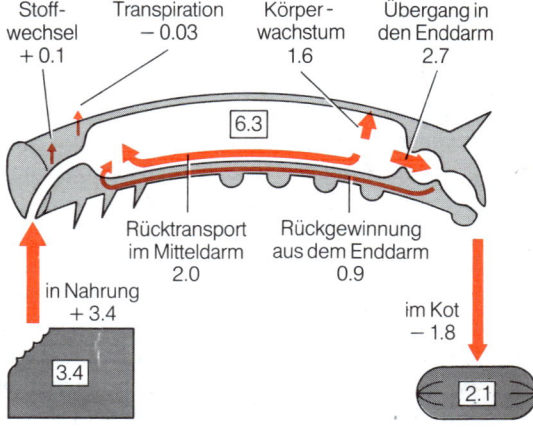

Abb. 6.91. Wasserumsatz der Raupe des Nachtschmetterlings Manduca sexta. Die Zahlenwerte geben die Mengen Wasser (in g) an, die aufgrund der Aufnahme von Nahrung mit einem Trockengewicht von 1 g umgesetzt werden. Die umrahmten Zahlen stellen die Mengen Wasser in Nahrung, Darminhalt und Kot dar. (Die Berechnungen wurden von der aufgenommenen Nahrung ausgehend vorgenommen; der Unterschied zwischen der berechneten Wasserabgabe mit dem Kot und der gemessenen Wassermenge im Kot liegt innerhalb der experimentellen Fehler.) (Nach Reynolds et al., verändert)

abgegeben. Da es sich schnell im Umgebungswasser verteilt, wird es trotz seiner hohen Giftigkeit den Wassertieren nicht gefährlich. Tiere, die ihre stickstoffhaltigen Stoffwechselendprodukte hauptsächlich in der Form des Ammoniaks abscheiden, werden als *ammoniotelisch* bezeichnet.

Beim Landleben ist die Abgabe von Ammoniak so erschwert, daß die meisten Landtiere unter Energieaufwand eine Überführung in ungiftige organische Verbindungen vornehmen müssen. Die Ausscheidung erfolgt dann in Form dieser *sekundären Exkretstoffe,* und zwar fast ausschließlich durch die Nieren oder – bei den Insekten – die Malpighi-Gefäße. Die wichtigsten sind der gut lösliche Harnstoff und die in Wasser nahezu unlösliche Harnsäure, daneben einige andere Purinderivate sowie Trimethylamin.

Harnstoff wird stets in gelöster Form ausgeschieden und bedingt damit eine bestimmte Mindestmenge der Wasserabgabe. Tiere, die vorwiegend Harnstoff ausscheiden, nennt man *ureotelisch.* Hierzu gehören viele Wirbeltiere (Selachier, terrestrisch lebende Amphibien, alle Mammalier). Der Wasserverlust bei der Harnstoffexkretion wird durch konzentrierten Harn verringert, doch können nur Säugetiere einen gegenüber dem Blut hyperosmotischen Harn produzieren. Der Grad der Konzentrierung hängt von der Größe des Wassermangels im Biotop ab; bei Wüstensäugetieren kann der osmotische Wert des Harns das Zehnfache von dem des Blutes erreichen.

Besonders wassersparend ist die Exkretion des Stickstoffs in Form von *Harnsäure.* Diese ist bei den meisten Tieren – auch den wasserlebenden – ein normales Endprodukt des Nucleinsäureabbaues (Abb. 1.84, S. 101) (nur wenige Wassertiere bauen die Purinbasen bis zum Ammoniak ab). Bei vielen Landtieren wird aus dem Stickstoff des Proteinabbaues ebenfalls Harnsäure synthetisiert, da sie in fester, kristalliner Form ausgeschieden werden kann. Bei manchen anderen werden chemisch verwandte Verbindungen als Exkretstoffe gebildet, so bei den Arachniden das Guanin. Die hauptsächlich Harnsäure abgebenden Tiere werden als *uricotelisch* bezeichnet; die wichtigsten sind unter den Arthropoden die meisten Insekten, unter den Vertebraten die Mehrzahl der Reptilien und alle Vögel sowie unter den Mollusken die meisten Land- und einige Süßwasserschnecken. Die Eindickung des Harns findet bei den Vögeln hauptsächlich in der Kloake, bei den Insekten im Rectum statt; bei diesen sind besondere Rectaldrüsen ausgebildet, die durch aktiven Transport von Ionen aus dem Darminhalt in die Hämolymphe die Wasserrückgewinnung bewerkstelligen und dabei auch dem Verlust von Natriumionen entgegenwirken, die für manche pflanzenfressenden Insekten sehr knapp sind (S. 605).

Die große Bedeutung der Fähigkeit zur Entgiftung des Ammoniaks für den Übergang zum Landleben zeigen die folgenden Beispiele: Unter den Prosobranchiern sind die wenigen landlebenden Arten uricotelisch, während die große Zahl mariner Arten ammoniotelisch ist. Die Kaulquappen aller Frösche geben Ammoniak ab; bei der Metamorphose werden die terrestrischen Frösche ureotelisch, während der zeitlebens wasserlebende Krallenfrosch *Xenopus* ammoniotelisch bleibt. Der Lungenfisch *Protopterus* ist während des Wasserlebens wie die meisten Fische ammoniotelisch; wenn er während der Trockenstarre zur Lungenatmung übergeht, bildet er Harnstoff, der im Körper gespeichert und nach der Rückkehr ins Wasser abgegeben wird.

6.6.3 Ernährung von heterotrophen Organismen

Die heterotrophen Organismen – alle Tiere, Pilze und manche Bakterien – sind dadurch charakterisiert, daß sie neben Wasser und anorganischen Substanzen (Ionen und Kohlendioxid) organische Verbindungen aufnehmen müssen, aus denen sie Energie freisetzen und körpereigene Substanzen aufbauen können.

Die meisten heterotrophen Organismen sind auf eine bestimmte Zusammensetzung ihrer Nahrung eingestellt und deshalb auf bestimmte Nahrungsquellen angewiesen. Nur wenige Tiere sind als *Allesfresser* in der Lage, sich von einer großen Anzahl verschiedener und

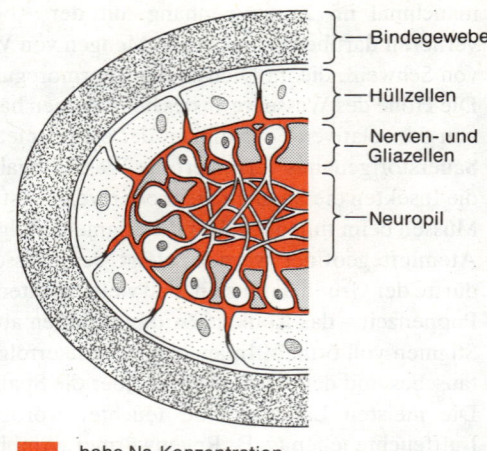

Abb. 6.92. Schematischer Querschnitt durch das Zentralnervensystem eines herbivoren Insekts. Vermutlich durch die Tätigkeit der Hüllzellen wird der Na^+-Gehalt der Extrazellularflüssigkeit (rot) auf einem hohen Niveau gehalten, während die Hämolymphe eine äußerst geringe Na^+-Konzentration aufweist.

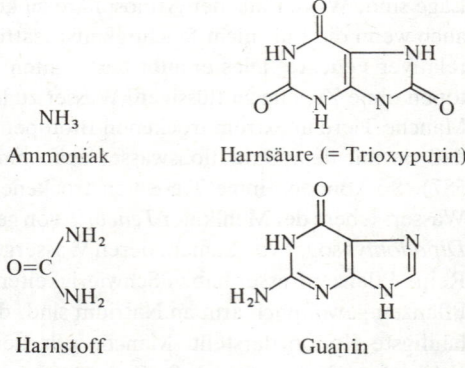

Tabelle 6.10. Biologische Wertigkeit der Proteine aus einigen Nahrungs- und Futtermitteln (aus der Gewichtszunahme an der Ratte bestimmt)

	Wertigkeit [%]
Hühnerei (Bezugswert)	100
Kuhmilch	91
Rindfleisch	84
Kartoffeln	79
Hefe	72
Maiskörner	58
Weizenmehl	40
Weizengluten	21
Weizengluten mit Lysinzusatz	57
Sojaschrot	64
Sojaschrot mit Methioninzusatz	89

auch ständig wechselnder organischer Substrate zu ernähren. Den Gegensatz dazu bilden viele mehr oder weniger extreme *Nahrungsspezialisten*, z. B. diejenigen Insekten, die sich vom Blut einer Tierart oder deren Larven sich nur von den Blättern einer Pflanzenart ernähren können; dazwischen gibt es alle Übergänge.

Die Einstellung auf bestimmte Nahrung ist vielfach an der Ausbildung der Nahrungsaufnahmeorgane zu ersehen (S. 474 f.); ebenso spielen die Struktur und die Enzymausstattung des Verdauungstraktes eine wesentliche Rolle. Grundsätzlich müssen alle Tiere organische Substanzen mit geeignet gebundenem Stickstoff – meist in Form von Proteinen – als Nährstoffe aufnehmen; fast alle Tiere sind in der Lage, bestimmte polymere Kohlenhydrate – vor allem Stärke – zu verarbeiten. Nicht immer notwendig ist die Aufnahme von Fett als Nährstoff; die meisten Tiere sind im Hinblick auf die Synthese von Fetten als Baustoffe und Reservesubstanzen (meist aus Kohlenhydraten) autark.

Auch wenn die Nahrung aus den drei Hauptnährstoffen in einer verwertbaren Zusammensetzung und in einer Menge mit hinreichendem Energiegehalt geboten wird, ist sie für alle Tiere und die meisten heterotrophen Mikroorganismen sowie für heterotrophe Organe (z. B. Wurzeln) der autotrophen Pflanzen nicht ausreichend. Für den Aufbau und den Ersatz von Körpersubstanz und für die Durchführung des Betriebsstoffwechsels sind bestimmte Substanzen notwendig, die in den genannten Fällen von den Zellen des Körpers selbst nicht synthetisiert werden können (*Auxotrophie*). Sie sind *essentielle Nahrungsfaktoren*, weil sie in bestimmten Mindestmengen in der jeweiligen Nahrung enthalten sein müssen, wenn diese für den betreffenden Organismus vollwertig sein soll.

Die Essentialität einer Substanz läßt sich nur operational definieren, etwa in folgender Weise: Eine Substanz ist essentiell, wenn
(1) ein Organismus ohne sie nicht überleben kann oder
(2) sie ein Teil einer unentbehrlichen Komponente des Organismus ist, der von keiner anderen Substanz ersetzt werden kann.

Obwohl sie in viel geringeren Mengen erforderlich sind, stehen die essentiellen Nahrungsfaktoren physiologisch gleichwertig neben den vorwiegend für die Energiefreisetzung verwendeten Hauptnährstoffen. Vor allem aus historischen Gründen werden die essentiellen Nahrungsfaktoren in zwei Gruppen zusammengefaßt, zwischen denen die Grenze fließend ist: *Essentielle Nährstoffe* und Nahrungsergänzungsstoffe oder *Vitamine*.

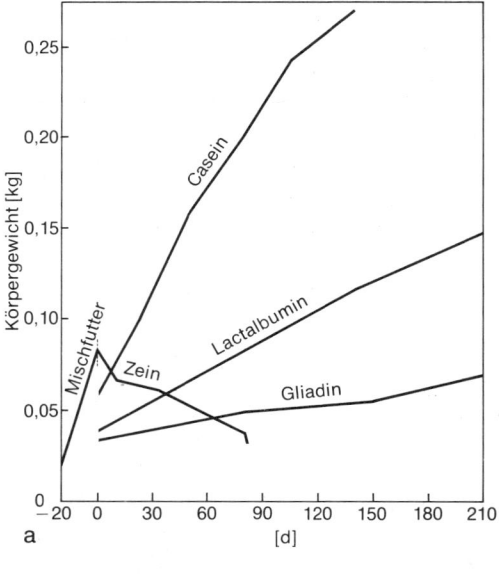

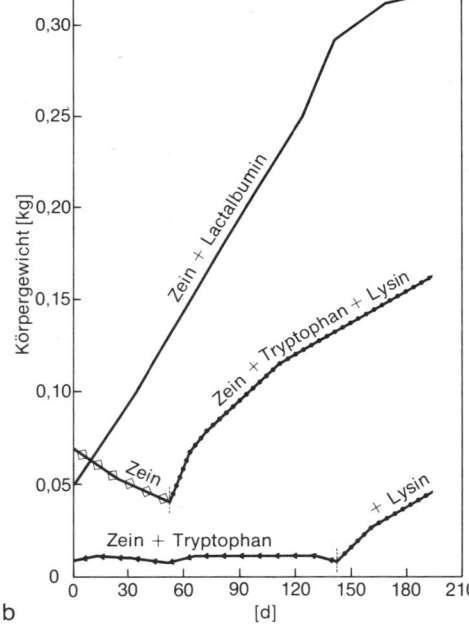

Abb. 6.93. (a) Wachstumskurven von jungen Ratten, die von einem bestimmten Zeitpunkt an in ihrer – sonst vollständigen – Nahrung ein bestimmtes natürliches Eiweiß als einzige Proteinquelle erhielten (Casein und Lactalbumin sind Proteine aus Milch; Gliadin und Zein sind Proteine aus Weizen- bzw. Maiskleie). (b) Wachstumskurven bei Fütterung von Zein mit Zusatz von Lactalbumin oder hinreichenden Mengen der essentiellen Aminosäuren Tryptophan und Lysin. (Nach Osborne u. Mendel)

6.6.3.1 Essentielle Nährstoffe

Essentielle Nährstoffe werden in relativ großen Mengen – Größenordnung: mg · (kg Körpergewicht)$^{-1}$ · d^{-1} – benötigt, und zwar überwiegend für die Synthese bestimmter Baustoffe, deren Kohlenstoffgerüst von den Zellen selbst nicht hergestellt werden kann. Sie spielen vor allem bei Tieren und Mikroorganismen eine Rolle.

Aminosäuren und Proteine. Bei den Umbauvorgängen im Intermediärstoffwechsel tritt ständig ein gewisser Verschleiß, d. h. ein zufälliger Zerfall von Molekülen, auf; von den beim Proteinabbau anfallenden Aminosäuren wird ein kleiner Teil desaminiert. Der vom Tier abgegebene Exkretstickstoff läßt ungefähr auf die Menge an Aminosäuren schließen (S. 586), die abgebaut wurde oder in Verlust geraten ist und ersetzt werden muß. Wenn das so bestimmte *absolute Eiweißminimum* mit der Nahrung zugeführt wird, ist es *nicht hinreichend*, um die Eiweißbilanz des Organismus im Gleichgewicht zu halten.

Dies ist einmal durch die »spezifisch-dynamische Wirkung« der Eiweiße (S. 585) bedingt. Wieviel mehr Protein darüber hinaus dem Körper mit der Nahrung zugeführt werden muß, um den Bestand zu erhalten, hängt davon ab, mit welcher Effizienz die Bausteine für die Synthese körpereigenen Eiweißes ausgenutzt werden können. Ein Maß für diese Ausnutzbarkeit ist die *biologische Wertigkeit* der Nahrungsproteine, die auf das vom Menschen optimal nutzbare Protein von Hühnereiern bezogen und in Prozent angegeben wird. Bei der Ernährung der Säugetiere kommen die Proteine aus den Muskeln und der Milch diesem Wert recht nahe. Die Wertigkeit der meisten pflanzlichen Eiweiße liegt dagegen um 50%; eine Ausnahme hiervon macht das Kartoffeleiweiß (Tab. 6.10, Abb. 6.93). Eine Steigerung der Wertigkeit der Eiweiße für die Ernährung des Menschen und der Haustiere ist ein wichtiges Ziel der Kulturpflanzenzüchtung.

Die unterschiedliche Verwertbarkeit der Proteine im Baustoffwechsel beruht auf ihrer Aminosäurenzusammensetzung. Im tierischen Organismus gibt es keine Speicher für freie Aminosäuren; daher kann aus den Aminosäuren, die zu einem bestimmten Zeitpunkt aus der Nahrung anfallen, nur eine so große Menge von körpereigenem Eiweiß eines bestimmten Typs hergestellt werden, wie durch die in der geringsten Menge vorhandene Aminosäure bestimmt wird. Es handelt sich hierbei um einen speziellen Fall des für Ernährung und Wachstum allgemein gültigen *Gesetzes des Minimums,* das von Liebig zuerst bei Düngungsversuchen im Pflanzenbau (S. 598f.) gefunden wurde. Hinsichtlich der Proteinsynthese ist zu berücksichtigen, daß nicht alle Aminosäuren ineinander überführbar sind (S. 98f.) und daß die Kohlenstoffgerüste einiger Aminosäuren (Tab. 1.5, S. 32) vom tierischen Organismus nicht aufgebaut werden können. *Manche Aminosäuren gehören deshalb zu den essentiellen Nährstoffen* (Tab. 6.11).

So kann Lysin nach Desaminierung nicht in einer Transaminierungsreaktion resynthetisiert werden. Wie »wertvoll« diese Substanz für das Tier ist, geht aus ihrer äußerst geringen Umsatzrate hervor. In anderen Fällen kann die Zufuhr der entsprechenden α-Ketosäure die Aminosäure völlig ersetzen, z. B. die α-Hydroxyisovaleriansäure das Valin. Andere Aminosäuren sind wegen der verzweigten Kohlenstoffketten, der aromatischen Teile im Molekül oder des Schwefelanteils (Methionin) essentiell. Bestimmte Aminosäuren müssen nur bei besonders hohem Bedarf zugeführt werden, weil dann die Eigensyntheserate nicht ausreicht (z. B. Arginin und Histidin bei wachsenden Säugetieren). Bei Vögeln muß Glycin dann in der Nahrung enthalten sein, wenn diese nur wenig Purine enthält, offenbar weil es für die Synthese von Purinen (auch der Harnsäure als Exkretsubstanz) in großen Mengen benötigt wird (Abb. 1.85, S. 101).

Wenn auch nur *eine* der für eine Tierart essentiellen Aminosäuren nicht in hinreichender Menge zur Verfügung steht, kann die Proteinsynthese nicht im erforderlichen Umfang erfolgen, so daß das Wachstum eingestellt wird oder sogar Proteinmangelsymptome – Gewichtsverlust (Abb. 6.93b), bei Kindern in tropischen Gebieten die Kwashiorkor-Krankheit (Abb. 6.94) – auftreten. Die Notwendigkeit der gleichzeitigen Anwesenheit essentieller Aminosäuren zeigt der Versuch in Abbildung 6.95. Wenn eine davon fehlt, kann nicht genügend Eiweiß synthetisiert werden, und die Aminosäuren aus der Nahrung werden verbrannt, weil sie nicht gespeichert werden können. Die spätere Nachfütterung einer vorher fehlenden Aminosäure ist dann nutzlos; sie wird ebenfalls abgebaut.

Bei Eiweißknappheit in der Nahrung vergrößert die Verwendung geringwertiger Proteine (auch bei Berücksichtigung ihrer Wertigkeit) die Gefahr von Eiweißmangelerkrankungen, weil die Zufuhr der für die Proteinsynthese nicht verwendeten Aminosäuren den Umsatz und damit den Verschleiß essentieller Aminosäuren erhöht. Im Hinblick auf die weltweite Knappheit der für die Ernährung des Menschen zur Verfügung stehenden Proteine sollte auf deren Vollwertigkeit größter Wert gelegt werden, damit nur ein möglichst kleiner Teil davon als »Brennmaterial« im Körper »verschwendet« wird. Dies trifft insbesondere für den Mais zu, der vielerorts ein Hauptnahrungsmittel ist und eine wesentliche Eiweißquelle sein könnte. Seine Proteine enthalten jedoch Lysin und Tryptophan in deutlich geringeren Anteilen, als sie für die Säugetiere gebraucht werden. Zur Ernährung von Nutztieren werden deshalb Mischungen mit anderen pflanzlichen Futtermitteln (z. B. Sojaschrot, Tab. 6.10) verwendet, um einen Ausgleich zu erreichen. Viel mehr Erfolg verspricht die Züchtung von in dieser Hinsicht verbesserten Kultursorten: Beim Mais enthält die neue Sorte »opaque 2« mehr Protein und einen erheblich höheren Anteil der beiden Aminosäuren.

Tabelle 6.11. Bedarf des erwachsenen Menschen an Aminosäuren zur Aufrechterhaltung des Proteinbestandes über längere Zeiträume (»Bilanzminimum«). (Nach Jekat, Droste u. Heß)

Aminosäuren	Aminosäure-N [mg·kg⁻¹·d⁻¹]	Aminosäure [g·d⁻¹]
Gesamte (Protein von Hühnerei)	92,28	40,4
Nicht-essentielle	64,77	28,3 (~ 70%)
Essentielle:		
Valin	3,97	2,3
Leucin	5,49	3,6
Isoleucin	2,97	1,9
Lysin	6,67	2,5
Phenylalanin	2,49	2,1
Tryptophan	1,23	0,6
Methionin	0,98	0,7
Threonin	2,83	1,7

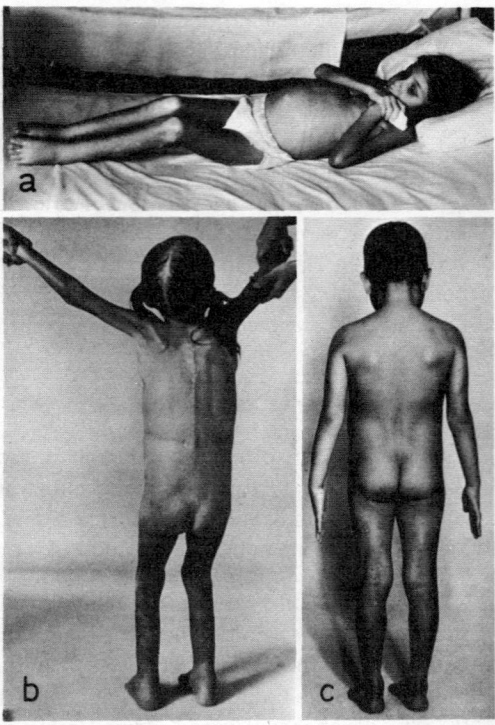

Abb. 6.94. (a, b) Äußeres Erscheinungsbild der Kwashiorkor-Krankheit bei einem 12jährigen Mädchen: Eiweiß-Unterernährung bei Verwendung von (normalem) Mais als hauptsächlicher Proteinquelle; das Kind kann nicht mehr frei stehen. *(c)* Die Patientin nach drei Monaten ausreichender Ernährung mit opaque-Mais als hauptsächlicher Proteinquelle: Die Stoffwechselmessungen ergeben normale Werte für die Eiweißbilanz. (Original von Pradilla/World Health Organisation, New Delhi)

Aufgrund der besonderen Bedingungen der Eiweißernährung ist eine ausgeglichene Bilanz des Proteinhaushaltes im Körper erst zu erreichen, wenn nahezu das Doppelte des absoluten Eiweißminimums zugeführt wird: Dies ist das *Bilanzminimum* (Tab. 6.12). Um die volle Leistungsfähigkeit auf Dauer zu erhalten, ist diese Menge nochmals zu verdoppeln. Dieses *funktionelle Eiweißminimum* liegt für den erwachsenen Menschen bei etwa 1 g · kg^{-1} · d^{-1}, wenn mindestens ein Drittel davon tierisches Protein ist, bei rein pflanzlicher Ernährung entsprechend höher. Eine solche Proteinmenge steht derzeit nur einem Teil der Weltbevölkerung ständig zur Verfügung.

Lipoide. Für viele Tiere sind bestimmte *mehrfach ungesättigte Fettsäuren* essentielle Nährstoffe, vor allem Linol-, Linolen- und Arachidonsäure (Formeln S. 610). Deren Kohlenstoffkette mit mehreren isolierten Doppelbindungen in bestimmten Positionen kann offenbar nicht synthetisiert werden. Diese Fettsäuren werden für die Synthese der Prostaglandine (S. 683) und als Bausteine von Phospholipiden (S. 49f.) in biologischen Membranen gebraucht. Der Bedarf des erwachsenen Menschen liegt bei etwa 5 g · d^{-1}.
Der sechswertige Alkohol *Myoinosit* (= Mesoinosit, »Faktor Bios I«), ein Cyclohexanderivat, ist ein Baustein von bestimmten Phosphatiden, der von den Tieren mit der Nahrung aufgenommen werden muß. Auch für verschiedene Pilze stellt er einen »Wachstumsfaktor«, also ein Vitamin, dar. Es handelt sich um eine bei Pflanzen und Tieren weitverbreitete Substanz, die in manchen Organen in ziemlich hoher Konzentration vorkommt (z.B. 0,1% des Frischgewichtes der Säugetierniere). Bei den Höheren Pflanzen dient sie im Phytin – dem Calcium- und Magnesiumsalz der Inosithexaphosphorsäure – als Speichersubstanz für Phosphat. Der Mensch nimmt mit seiner normalen Nahrung täglich etwa 1 g Myoinosit auf; Mangelerscheinungen sind selten.
Cholin, der charakteristische Baustein der Phospholipide vom Lecithintyp, kann zwar durch Reduktion von Glycin und Transmethylierung von Methionin aus synthetisiert werden; wenn jedoch nicht genügend Methionin in der Nahrung vorhanden ist, ist Cholin ein essentieller Nährstoff. Sein Fehlen bedingt Störungen im Fettstoffwechsel (Leberverfettung wegen ungenügendem Abtransport von Fett): *lipotrope Wirkung* des Cholins. Eine nahe verwandte Substanz, das Betain *Carnitin*, ist ein essentieller Nährstoff für manche Insekten, besonders die Mehlkäfer (Familie Tenebrionidae). Durch Umsetzung mit einem durch Coenzym A aktivierten Molekül Fettsäure wird Acylcarnitin gebildet, eine wichtige Transportform der Fettsäuren in allen Zellen. Andere Tiere – auch die meisten Insekten – sind offenbar zur Eigensynthese des Carnitins in der Lage.
Für wohl alle Insekten und wahrscheinlich noch weitere Gruppen von Avertebraten sind *Sterine* essentielle Nährstoffe, besonders das Cholesterin (S. 48). Diese Stoffgruppe, die am Membranaufbau beteiligt ist und die den Grundbaustein vieler Wirkstoffe (z.B. Sexualhormone der Wirbeltiere, Häutungshormone der Arthropoden) bildet, kann von Wirbeltieren synthetisiert werden. Manche Insekten, besonders Pflanzenfresser, können Sitosterol in Cholesterin umwandeln. Bei einigen anderen wird der Bedarf durch symbiotische Mikroorganismen gedeckt.
Ein besonders merkwürdiger Fall von essentiellen Nährstoffen liegt bei tropischen Monarchfaltern (Familie *Danaidae*) vor: Die Männchen suchen in einem speziellen Verhalten trockene Pflanzen von bestimmten Arten der Gattung *Heliotropium* (Familie Boraginaceae) auf, die große Mengen von Pyrrolizidin-Alkaloiden enthalten, und nehmen davon eine mit ihrem Mageninhalt hergestellte Lösung auf. Der Hauptinhaltsstoff Lycopsamin wird gespalten und dient dem Tier als Sexualpheromon (Abb. 6.96), das während der Balz durch spezielle Drüsen am Körperhinterende abgegeben wird. Hindert man Männchen experimentell an der Aufnahme dieses Nahrungsstoffes, so ergibt sich keine Stoffwechselstörung, jedoch kommt es wegen des Fehlens des Schlüsselreizes für das Weibchen nicht zur Kopulation. Hier ist also ein Nahrungsfaktor nicht für die Erhaltung des Individuums, sondern ausschließlich für das Fortpflanzungsverhalten erforderlich.

Tabelle 6.12. Gehalt an essentiellen Aminosäuren im Eiweißanteil von zwei Futtermitteln (in Prozent der gesamten Aminosäuren angegeben) und Vergleich mit dem Bedarf bei nichtwiederkäuenden Nutztieren (vor allem Schweinen). Die den Futterwert begrenzenden Gehalte sind fett gedruckt. (Aus Scheunert u. Trautmann)

Aminosäure	Maiskörner	Sojaschrot	Bedarf (Schwein)
Methionin	2,2	**1,4**	3,6
Cystin + Cystein	2,4	**1,5**	
Lysin	**3,0**	6,5	5,0
Tryptophan	**0,8**	1,4	1,0
Threonin	3,6	4,3	3,5
Isoleucin	4,0	5,2	3,8
Leucin	12,7	8,0	7,0
Valin	5,0	5,2	4,0
Phenylalanin	5,1	5,4	7,0
Tyrosin	4,0	3,8	

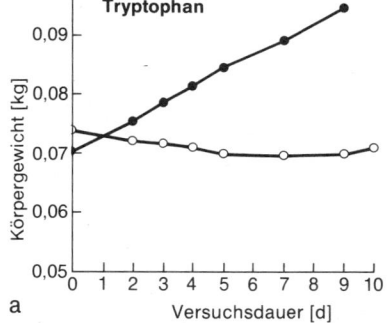

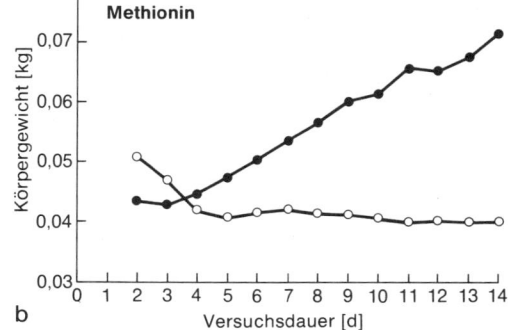

Abb. 6.95 a, b. Wachstumskurven von jungen Ratten, die mit einer standardisierten Nahrung gefüttert wurden, welche anstelle von Eiweiß eine Mischung freier L-Aminosäuren enthielt. Diese wurden der Kontrollgruppe (●) gleichzeitig geboten; bei der Versuchsgruppe (○) wurde eine essentielle Aminosäure (in a Tryptophan, in b Methionin) während der einen Tageshälfte weggelassen und dann während der anderen als einzige Aminosäure nachgefüttert. Unter dieser Versuchsbedingung erfolgte keine Gewichtszunahme; die Tiere gaben viel mehr Stickstoff ab als die Kontrollen und zeigten nach wenigen Wochen Eiweißmangelsymptome. (Nach Geiger)

6.6.3.2 Vitamine

Vitamine sind essentielle, organische Nahrungsfaktoren, die in sehr geringen Mengen – Größenordnung $\mu g \cdot kg^{-1} \cdot d^{-1}$ – in die Zelle bzw. den Körper aufgenommen werden müssen. Für einige Vitamine ist bekannt, daß sie als *Vorstufen für* bestimmte *Coenzyme* dienen, bei anderen ist die Funktion im Stoffwechsel noch nicht so klar. Die meisten dieser Verbindungen – zumindest die Coenzymvorstufen – üben offenbar in allen Zellen ähnliche Funktionen aus, gleichgültig, ob sie bei einer Tierart von der Zelle selbst synthetisiert werden können (und dann definitionsgemäß keine Vitamine sind) oder ob sie bei einer anderen von außen zugeführt werden müssen. Die grüne Pflanzenzelle kann in der Regel auch alle diejenigen Substanzen selbst aufbauen, die die Tiere als Vitamine mit der Nahrung aufnehmen müssen. Höhere Pflanzen scheinen allerdings Cobalamine (S. 612) nicht zu benötigen und daher auch nicht zu synthetisieren. Eine Reihe von grünen Algen, die in Medien mit organischen Substanzen leben, sind für bestimmte Vitamine heterotroph und können deshalb als Testorganismen zu deren Bestimmung verwendet werden (z. B. für Cobalamin, Thiamin und Biotin).

Der Bedarf an Vitaminen kann nur bei solchen Organismen oder Organismenteilen zuverlässig untersucht werden, die auf definierten Medien bzw. mit einer definierten Diät gedeihen können. Dies gilt einmal für heterotrophe Mikroorganismen und für die Kultur heterotropher Pflanzenorgane, zum andern für den Menschen und einige Haus- und Laboratoriumstiere. So sind z. B. die meisten der bisher in Kultur isoliert gezogenen Wurzeln für Thiamin ganz und für andere wasserlösliche Vitamine teilweise heterotroph. In der intakten Pflanze werden diese Substanzen der Wurzel von den autotrophen Teilen her durch das Phloem zugeführt.

Bei Tieren konnten Krankheiten mit der Zusammensetzung der Nahrung korreliert und in Experimenten durch Zugabe von bestimmten Verbindungen geheilt werden. Am besten sind die für den Menschen notwendigen Vitamine untersucht (Tab. 6.13). Über die Wirkungsweise von Vitaminen ist nur in denjenigen Fällen Genaueres bekannt, in denen ihre Verwendung als Bestandteil von Coenzymen oder als prosthetische Gruppe von Enzymen nachgewiesen ist (vgl. S. 72). Aus praktischen Gründen unterscheidet man die Gruppen der wasserlöslichen und der fettlöslichen Vitamine. Während erstere kaum gemeinsame chemische Strukturmerkmale zeigen (aber überwiegend als Coenzymbestandteile dienen), sind alle fettlöslichen Vitamine Isoprenderivate.

Wasserlösliche Vitamine

Die als *Vitamin C* bezeichnete *Ascorbinsäure* nimmt eine Mittelstellung zwischen den beiden Gruppen der essentiellen Nahrungsfaktoren ein. Dieser stark reduzierende Kohlenhydratabkömmling kann von den meisten Tieren selbst synthetisiert werden, ist jedoch für die Primaten und wenige andere Säugetiere sowie einige Vögel und Insekten notwendig. Die Substanz hat Bedeutung im Stoffwechsel aromatischer Amine, besonders der Hydroxylierung von Dopamin zu Noradrenalin. Durch ihre Mitwirkung bei der Synthese des Hydroxyprolins ist sie an der Bildung des im Binde- und Knochengewebe vorhandenen Kollagens beteiligt. Mangel an Ascorbinsäure führt zum Krankheitsbild des Skorbuts: Stillstand des Knochenwachstums, Lockerung der Zähne und Brüchigwerden der Blutcapillaren (Blutergüsse in der Haut). Das Vitamin ist in Pflanzen, vor allem in Früchten (z. B. von *Citrus*), reichlich vorhanden.

Die ursprünglich auf das Fehlen eines Nahrungsfaktors (»Vitamin B«) zurückgeführten Ausfallserscheinungen stellten sich im Laufe der Zeit als multifaktoriell verursacht heraus, so daß heute von einer *Gruppe der B-Vitamine* gesprochen wird.

Vitamin B₁, das *Thiamin* (früher Aneurin), ist – nach Umsetzung mit ATP – als Thiamindiphosphat das Coenzym von Decarboxylasen und Aldehydtransferasen. Durch Mitwirkung bei der oxidativen Decarboxylierung des Pyruvats hat es eine zentrale

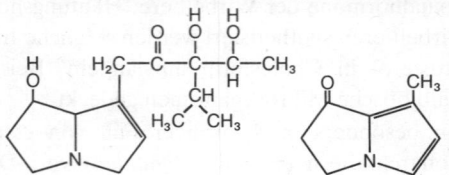

Abb. 6.96. Ein Männchen von Danaus chrysippus setzt auf ein vertrocknetes Blatt von Heliotropium steudneri einen Tropfen seines Mageninhaltes, in dem sich die Alkaloide der Pflanze lösen; diese Lösung wird aufgesogen. Aus dem darin enthaltenen Lycopsamin wird durch enzymatische Spaltung das Sexualpheromon Danaidon gebildet. (Nach Boppré u. Schneider)

Bedeutung im Kohlenhydratstoffwechsel. Bei Mangel an Thiamin können die Myelinschichten der markhaltigen Nervenfasern nicht erhalten werden. Durch Schwächung der Muskulatur im Kreislaufsystem kommt es zu Gefäßerweiterungen. Die Mangelkrankheiten sind beim Menschen die *Beri-Beri-Krankheit,* beim Vogel die (experimentell erzeugbare) *Polyneuritis.* Alle bisher untersuchten Metazoen – und auch die meisten Pflanzenwurzeln (s. oben) – sind auf die Versorgung mit Thiamin angewiesen; es ist als Wuchsstoff für bestimmte Bakterien und Pilze wirksam. Basidiomyceten scheinen stets das komplette Molekül zu benötigen, andere Pilze (z. B. *Phycomyces blakesleeanus*) können es aus der Pyrimidin- und Thiazolhälfte aufbauen, wieder andere kommen für die Synthese mit der Zufuhr nur der Pyrimidin- oder der Thiazolhälfte aus. Dabei können sich Organismen mit komplementären Ansprüchen gegenseitig »aushelfen«: Die Pilze *Rhodotorula rubra* (braucht Pyrimidin) und *Mucor ramannianus* (braucht Thiazol) wachsen in Einzelkultur nicht ohne entsprechende Zusätze, wohl aber in Mischkultur. Für die Ernährung der Tiere wichtig ist das Vorkommen von Thiamin in Pflanzensamen und -früchten, besonders von Getreide und Leguminosen, sowie die Speicherung in inneren Organen von Tieren, besonders in der Leber.

Als *Vitamin-B_2-Komplex* werden die – chemisch nicht verwandten – Verbindungen Riboflavin, Niacin, Folsäure und Pantothensäure (Formeln S. 612) zusammengefaßt; ihr Mangel bedingt ähnliche Krankheitsbilder.

Das *Riboflavin* (Lactoflavin) ist ein Isoalloxazinderivat mit N-ständiger Ribitseitenkette; dessen Phosphorylierung ergibt Flavinadeninmononucleotid (FMN). Durch Zusammenlagerung mit AMP entsteht Flavinadenindinucleotid (FAD), die Wirkgruppe von Flavoproteinen, die als Substratdehydrogenasen (z.B. Succinatdehydrogenase) fungieren. Bei phototropisch reagierenden Pflanzen wird die Beteiligung eines Flavins als Akzeptorpigment der wirksamen Strahlung diskutiert (S. 146). Mangel an Riboflavin ist selten. Der Bedarf des Menschen wird aus pflanzlicher Nahrung gedeckt; Milch ist reich an Riboflavin.

Niacin (Nicotinsäure) und *Niacinamid* sind Stoffe, die in allen Körperzellen in die wasserstoffübertragenden Coenzyme NAD und NADP eingebaut werden (S. 71). Niacin kann bei Tieren und den meisten Pilzen aus Tryptophan synthetisiert werden; es ist nur dann ein essentieller Nahrungsfaktor, wenn Tryptophan nicht in genügender Menge zur Verfügung steht. Dies kommt beim Menschen vor, wenn Mais die Hauptnahrungsquelle darstellt (S. 607f.). Bei Mangel an Niacinamid entsteht das Krankheitsbild der *Pellagra:* eine besondere Art von Hautentzündung, dazu Durchfall und – in späteren Stadien – Gehirnschädigung. Bei Bakterien und Pflanzen (außer den Pilzen) verläuft die Niacinsynthese auf einem anderen Wege.

Als *Folsäure* werden Pteroylglutaminsäure und Pteroylpolyglutaminsäuren (»Folsäurekonjugate«) zusammengefaßt, die zunächst als Bakterienwuchsstoffe (z. B. *Lactobacillus casei*-Faktor) entdeckt wurden. Die in der Zelle aktive Form ist die 5,6,7,8-TetrahydroPteroylglutaminsäure (Tetrahydrofolsäure), die als Coenzym F in der Übertragung von C_1-Körpern (»aktivierte Ameisensäure«) eine große Rolle bei Biosynthesen heterozyklischer Verbindungen (S. 101) spielt. Folsäure kommt in freier Form in Blättern vor; daher hat sie ihren Namen erhalten. Folsäuremangel führt bei niederen Organismen zu Wachstumsstillstand, bei höheren Tieren zu Störungen in der Blutzellenbildung (makrocytäre Anämie). Der Bedarf für Tiere ist schwer feststellbar, weil häufig symbiotische Mikroorganismen zur Versorgung beitragen. Manche Bakterien benötigen für die Synthese der Folsäure nur die p-Aminobenzoesäure; diese ist für die betreffenden Arten der Wachstumsfaktor. Die Synthese der Tetrahydrofolsäure-Coenzyme aus Dihydrofolsäure wird durch »Antifolsäureverbindungen« (Aminopterin, Amethopterin) gehemmt. Diese können zur Blockierung des Wachstums bestimmter Tumorzellen eingesetzt werden.

Pantothensäure ist nach Verbindung mit Cysteamin (»Panthethein«) ein Wachstumsfaktor für manche Mikroorganismen (*Lactobacillus bulgaricus*-Faktor). Panthethein ist in allen Zellen ein Baustein für die Synthese des Coenzyms A, das eine große Bedeutung im

Tabelle 6.13 Geschätzter Bedarf des erwachsenen Menschen an Substanzen, die für ihn Vitamine sind

Vitamin	Substanz	Notwendige Menge [mg · d^{-1}]
C	Ascorbinsäure	50
B_1	Thiamin	1
B_2-Komplex	Riboflavin	1
	Niacin	20[a]
	Folsäuregruppe	0,5
	Pantothensäure	10
B_6	Pyridoxingruppe	2
B_{12}	Cobalamin	0,002
H	Biotin	0,1
A	Axerophthol	2
D	Calciferole	0,02
E	Tocopherole	10
K	Phyllochinon u. Menachinon	0,001

[a] Nur wenn Mangel an Tryptophan besteht.

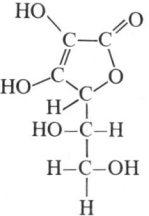

Vitamin C : L-Ascorbinsäure

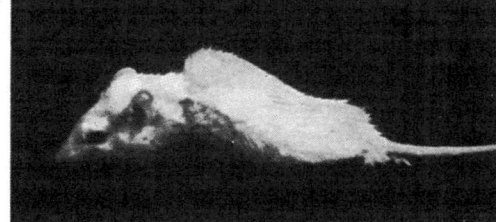

Abb. 6.97. Durch Thiamin-Mangeldiät experimentell erzeugte Polyneuritis bei einer weißen Laborratte. (Aus Rein)

Gruppe der B-Vitamine:

Pteroylglutaminsäure = Folsäure

Pantothensäure

Stoffwechsel hat (S. 105). Experimenteller Pantothensäuremangel führt bei jungen Tieren allgemein zu Wachstumshemmung. Beim Menschen treten Mangelerscheinungen nicht auf; der Bedarf ist aus der Nahrung hinreichend gedeckt.

Als *Vitamin B_6* bezeichnet man das Pyridinderivat *Pyridoxin* (Adermin) und dessen Amin und Aldehyd (Pyridoxamin bzw. Pyridoxal). Das Phosphorylierungsprodukt des letzteren, Pyridoxalphosphat, ist ein Cofaktor bei verschiedenen Umsetzungen (Decarboxylierung, Transaminierung) von Aminosäuren; daneben spielt es eine Rolle im Fettstoffwechsel der Leber. Mangel an Vitamin B_6 ergibt bei Ratten eine typische Hautveränderung an hervorspringenden Teilen des Körpers *(Akrodynie)*, beim Hund einen Mangel an Blutfarbstoff *(hypochrome Anämie)*. In späteren Stadien entstehen Nervenschädigungen, die Krämpfe verursachen. Beim Menschen, besonders Kleinkindern, tritt Leberverfettung auf, der Tryptophanabbau ist gestört, es kommt zu Wachstumsverzögerungen. Diese Mangelerscheinungen werden nur äußerst selten beobachtet, weil – zumindest beim Erwachsenen – der Bedarf aus allen Nahrungsstoffen gedeckt wird. Pyridoxin ist auch ein Wachstumsfaktor für manche Bakterien, z.B. *Streptococcus faecalis*.

Vitamin B_{12}, das *Cobalamin*, enthält ein dem Porphyrin ähnliches Grundgerüst (Corrinringsystem) mit Co^{2+} als Zentralatom und eine komplizierte Seitenkette. In einer der aktiven Verbindungen, dem Coenzym B_{12}, ist 5′-Desoxyadenosin am Co^{2+} gebunden; es wirkt an Isomerisierungsreaktionen – vor allem der Umlagerung von Methylmalonyl-CoA zu Succinyl-CoA, z.B. beim Abbau ungeradzahliger Fettsäuren – sowie bei Reaktionen des Aminosäurenabbaues mit. Die Methylverbindung des Vitamin B_{12}, Methylcobalamin, ist im Intermediärstoffwechsel an Reaktionen mit C_1-Gruppen – z.B. Transmethylierungen – beteiligt. Außer Tieren benötigen auch viele Algen das Vitamin B_{12}. – Cobalamin gehört zu den Substanzen mit der höchsten biologischen Wirksamkeit. Es wird nur von Mikroorganismen – auch von Darmsymbionten – synthetisiert. Obwohl diese, wenn genügend Kobaltionen zur Verfügung stehen, beim Erwachsenen etwa 5 $\mu g \cdot d^{-1}$ produzieren, erhält der Mensch seinen Bedarf wohl vorwiegend aus der tierischen Nahrung. Mangel an Vitamin B_{12} verursacht das Krankheitsbild der *perniziösen Anämie:* Störungen in der Reifung der Blutzellen führen zu starker Verringerung der Erythrocytenzahl. Dies ist fast immer die Folge von Störungen der Resorption des Vitamins. Hierfür ist ein von der Magenschleimhaut produziertes, neuraminsäurehaltiges Glykoprotein notwendig, das das Vitamin bindet. Wird es nicht in genügender Menge synthetisiert, tritt die Vitamin-Mangelkrankheit auf.

Vitamin H, das *Biotin*, ist eine aus zwei Fünfringen kondensierte Verbindung, die als zyklisches Harnstoffderivat aufgefaßt werden kann. Es wurde als Wachstumsfaktor für Hefen entdeckt. Als prosthetische Gruppe von Enzymproteinen ist es für die Einführung von Carboxylgruppen im Fettsäurestoffwechsel von Bedeutung. Viele Algen sind für Biotin auxotroph. Mangelerscheinungen bei höheren Tieren bestehen in charakteristischen Hautveränderungen und Lähmungen. Sie treten auf, wenn die Nahrung viel rohes Eiklar aus Vogeleiern enthält. Das darin enthaltene *Avidin*, ein basisches Protein mit hohem Kohlenhydratgehalt, bindet das Biotin so fest, daß es auch bei der Verdauung nicht wieder freigesetzt wird. Substanzen, die – wie das Avidin – die Resorption eines Vitamins verhindern oder dessen Metabolismus beeinträchtigen, werden als *Antivitamine* bezeichnet. Der Bedarf des Menschen an Biotin ist schwer abzuschätzen, weil die Darmsymbion-

Vitamin B_{12}: Cobalamin

Vitamin B_1 : Thiamin

Vitamin B_2 –Komplex:

Riboflavin

Niacin

Niacinamid

Vitamin B_6 : Pyridoxin

Vitamin H : Biotin

6.6.3.2 Vitamine

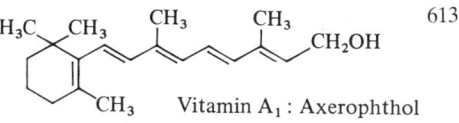

Vitamin A₁: Axerophthol

ten Biotin synthetisieren; auch in der Nahrung ist es reichlich vorhanden, besonders in Hefe, Gemüse, Eidotter und Leber.

Fettlösliche Vitamine

Vitamin A, das *Axerophthol* (Retinol), ist ein Spaltprodukt von Carotinen, das einen β-Iononring enthält. Die Spaltung pflanzlicher Carotine (z. B. aus Tomaten, S. 114) kann von den meisten Wirbeltieren – nicht der Katze – in der Leber durchgeführt werden; diese Stoffe ersetzen dann das Vitamin (*»Provitamine«*). Vitamin A wird nach Oxidation zum Aldehyd (Retinal) in den Sehzellen als eine der prosthetischen Gruppen von Chromoproteinen verwendet, die als *Sehfarbstoffe* (z. B. Rhodopsin, S. 509) fungieren. Mangel an Vitamin A führt bei Jungtieren zu Wachstumsstillstand, bei Erwachsenen zunächst zur Nachtblindheit (*Hemeralopie*), später zu Veränderungen an allen Epithelien, wovon die Verhornung der Cornea des Auges (*Xerophthalmie*) bis zur Erblindung führen kann. Die Haut wird schuppig, die Funktionen der Sexualorgane sind gestört. Der Chemismus der Wirkung des Vitamins A bei der Funktion der Epithelien ist nicht bekannt. Der Bedarf des Menschen wird durch die Aufnahme der Provitamine oder aus tierischer Nahrung gedeckt. In der Leber der Wirbeltiere wird Vitamin A in großen Mengen gespeichert.

Als *Vitamin D* werden eine Reihe von Cholesterinderivaten (*Calciferole*) zusammengefaßt, die eine Wirkung auf den Calciumstoffwechsel haben. Vitamin D fördert die Resorption von Calciumionen im Darm und steigert im Knochenstoffwechsel die Einlagerung der anorganischen Salze. Der Wirkungsmechanismus ist noch weitgehend unbekannt. Der Wirbeltierorganismus kann die Provitamine – Ergosterin bzw. 7-Dehydrocholesterin – selbst herstellen. Die biologisch aktiven Verbindungen entstehen durch Einwirkung von ultraviolettem Licht; dies kann in der Haut erfolgen, in die die Provitamine eingelagert werden. Mangel an Vitamin D führt bei Kindern zur *Rachitis* (Abb. 6.98): ungenügende Festigkeit der Knochen mit charakteristischen Verkrümmungen (besonders an Arm- und Fußgelenken) infolge zu geringer Mineralisierung. Der Bedarf kann – bei Fehlen von genügender Sonnenbestrahlung – aus tierischer Nahrung gedeckt werden; besonders hoch ist der Gehalt in der Leber. Sterine sind auch bei Pflanzen allgemein verbreitet; über ihre Rolle im pflanzlichen Stoffwechsel ist noch wenig bekannt.

Vitamin E, die *Tocopherole,* bestehen chemisch aus einem Phytol und einem Hydrochinonmolekül. Sie sind leicht oxidierbar und können deshalb als Antioxidantien wirken. Bei Nagetieren bewirkt ihr Fehlen Sterilität der Männchen durch Degeneration des germinativen Hodengewebes und bei graviden Weibchen Absterben und Resorption der Feten; außerdem können Muskeldegenerationen auftreten. Der biochemische Wirkungsmechanismus der Tocopherole ist noch nicht näher bekannt, wahrscheinlich verhindern sie die nichtenzymatische Oxidation der Doppelbindungen in ungesättigten Fettsäuren. Beim Menschen sind Mangelerscheinungen nicht bekannt; der Bedarf wird aus pflanzlicher Nahrung gedeckt; besonders reich an Tocopherolen sind Getreidekeimlinge.

Als *Vitamin K* werden zwei Substanzen – *Phyllochinon* und *Menachinon* – bezeichnet, die chemisch den Tocopherolen nahestehen. An einem Naphthochinon enthalten sie ebenso wie diese eine isoprenoide Seitenkette, das Phyllochinon einen Phytyl-, das Menachinon einen Difarnesylrest. Da vom Säugetier diese Seitenkette synthetisiert werden kann, ist das Menadion (2-Methyl-naphthochinon) ebenfalls als Vitamin wirksam. Die physiologische Wirkung besteht in der Beteiligung an der Bildung des Prothrombins, das für die Blutgerinnung notwendig ist (S. 31). Mangel an Vitamin K führt zu Blutungen in der Haut und an den Darmepithelien (*Hämorrhagien*), weil die Blutgerinnung gestört ist. Vitamin K kommt in allen grünen Pflanzen vor, jedoch wird der geringe Bedarf des Menschen hauptsächlich von den Symbionten im Darm gedeckt. Die selten auftretenden Mangelerscheinungen sind meist nicht auf das Fehlen des Vitamins in der Nahrung, sondern auf Störungen in der Produktion der Galle zurückzuführen, die wegen der schlechten Wasserlöslichkeit des Vitamins für die Resorption benötigt wird.

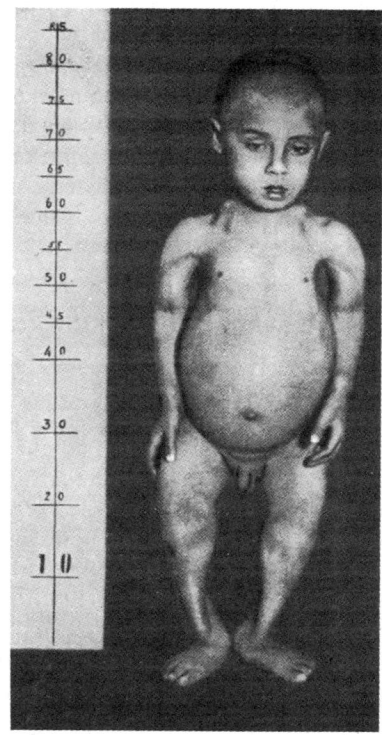

Abb. 6.98. Hochgradige Rachitis bei einem Kind aufgrund von Mangel an D-Vitaminen. Neben der Verkrümmung der Extremitäten sind besonders die Entwicklungsstörungen im Bereich des Schultergürtels auffällig. (Nach von Pfaundler aus Schütz)

Vitamin D₂: Calciferol

Vitamin E: α-Tocopherol

Vitamin K₁: α-Phyllochinon

6.7 Transportvorgänge bei Höheren Pflanzen und Tieren

Die Funktionen größerer multizellulärer Organismen mit spezialisierten Zellen – seien sie Pflanzen oder Tiere – sind auf Systeme angewiesen, die den Wasser-, Nahrungs- und Gastransport übernehmen und die ferner dazu dienen, den Zellen ein für ihre Funktion geeignetes Ionenmilieu zu schaffen. Darüber hinaus muß das Transportsystem Abfallstoffe wegführen, Produkte der inneren Sekretion (Hormone) verteilen und – in manchen Fällen bei Tieren – den Geschlechtszellen den Transport in die Außenwelt vermitteln. Im Gegensatz zu früheren Auffassungen lassen sich Analogien zwischen dem Blutkreislauf der Tiere und dem Stofftransportsystem der Pflanzen nach heutiger Kenntnis nicht herstellen. Sowohl die Leitbahnen als auch die Transportmechanismen sind in jeder Hinsicht verschieden.

6.7.1 Langstreckentransport bei Pflanzen

Die Höhere Pflanze nimmt mit Hilfe der Wurzeln aus dem Boden Wasser und Ionen (Nährsalze) auf. Der Transport dieser Substanzen in Sproßachsen und Blätter, von denen aus das Wasser in die umgebende Atmosphäre verdunstet (*Transpiration*), führt notwendigerweise zu einem aufwärts gerichteten Stofftransport (*Transpirationsstrom*). Andererseits finden bei der Höheren Pflanze die Vorgänge der Photosynthese in erster Linie in den Blättern statt. Die Produkte der Photosynthese werden von allen Teilen der Pflanze benötigt (z. B. auch von den Wurzeln); demgemäß wandern organische Moleküle mit einem bevorzugt *abwärts* gerichteten Stofftransport (*Assimilatstrom*). Die Tatsache, daß die Pflanze Wasser und Nährsalze aus dem Boden, organische Moleküle hingegen aus den Blättern bezieht, bedingt also zwangsläufig zwei einander häufig entgegengesetzte Saftströme, die sich in verschiedenen Bahnen (S. 411ff., Abb. 5.13) vollziehen müssen. Der Transpirationsstrom benützt das Xylem der Leitbündel (bzw. das Holz im Fall von sekundärem Dickenwachstum); der Assimilatstrom benützt das Phloem der Leitbündel (bzw. den Bast im Fall von sekundärem Dickenwachstum). In der Regel erfolgen die Stoffbewegungen in den beiden Leitsystemen in entgegengesetzter Richtung; es sind aber auch gleichgerichtete Bewegungen möglich: Vegetationspunkte, Sproßknollen, Samen und Früchte müssen simultan von beiden Leitsystemen versorgt werden.

6.7.1.1 Ferntransport von Wasser

Bei den Höheren Landpflanzen ist der Apoplast gegen die Atmosphäre durch eine wasserundurchlässige Hülle (Cuticula, Periderm) abgedichtet (S. 418, 421). Auch ein großer Teil der Wurzel ist durch ein wasserdichtes Abschlußgewebe gegen die Umwelt isoliert. Lediglich in der Wurzelperipherie, insbesondere in der Zone der Wurzelhaare (Abb. 5.36, S. 424), ist der Apoplast offen für die wäßrige Phase der Umgebung. Diese jungen Teile der Wurzel sind der Ort der Aufnahme von Wasser mitsamt den darin gelösten Stoffen. Die Transpiration in der Peripherie des Sprosses, insbesondere an der Oberfläche der Blätter, wird dort durch die Schließzellen gesteuert (S. 422f.). Im stationären Zustand (Fließgleichgewicht), d. h. wenn kein signifikantes Wachstum erfolgt, ist die Intensität der Wasseraufnahme ($+1\ H_2O \cdot h^{-1}$) gleich der Intensität der Transpiration ($-1\ H_2O \cdot h^{-1}$). Zwischen den peripheren Bereichen der Wurzel und des Sprosses fließt unter diesen Bedingungen ein konstanter Strom von Wasser. Zur energetischen Beschreibung dieses Wasserstromes verwendet man den Begriff des *Wasserpotentials* (Ψ, S. 61). Darunter versteht man den Energieinhalt des Wassers, ausgedrückt als chemisches Potential bezogen auf das Molvolumen von Wasser (Einheit: $J \cdot mol^{-1} = N \cdot m^{-2} = Pa$, $1\ Pa = 10^{-5}\ bar$).

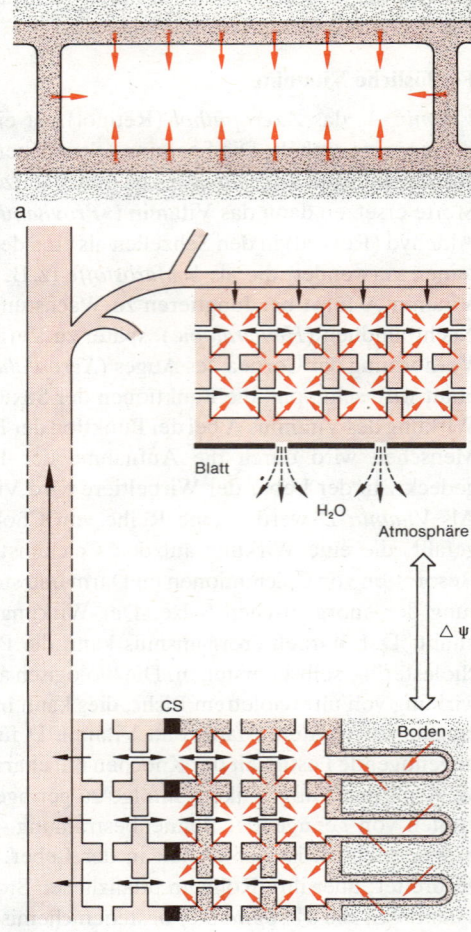

Abb. 6.99a, b. Wasser- und Ionenaufnahme bei einer Wasserpflanze (Algenfaden, a) und bei einer Höheren Landpflanze (b). Die Aufnahme in den Protoplasten erfolgt bei (a) direkt aus der Zellwand (Apoplast, rot), die mit dem Außenmedium einen homogenen Lösungsraum darstellt. Bei (b) erfolgt die Aufnahme in zwei Stufen: 1. Aus den Zellwänden der Wurzel außerhalb der Endodermisbarriere in den großflächigen Symplasten (weiß). Dieser Austauschraum endet am Caspary-Streifen (CS) der Endodermis. Vom Symplasten des Gefäßparenchyms wird eine Lösung mit veränderter Ionenzusammensetzung und -konzentration an die apoplastischen Gefäße des Zentralzylinders abgegeben (Ferntransport). 2. Im Blatt nimmt der Symplast Wasser und Ionen aus dem Apoplasten auf. Der Wassertransport wird energetisch von der Wasserpotentialdifferenz ($\Delta\Psi$) zwischen Boden und Atmosphäre angetrieben. Die Ionenaufnahme erfolgt aktiv beim Übergang vom Apoplasten in den Symplasten (rote Pfeile). Die Plasmodesmen zwischen den Zellen sind stark vergrößert eingetragen. (Original Schopfer)

Reines Wasser besitzt bei Atmosphärendruck (1,013 bar) per Definition ein Wasserpotential von 0 bar. Ähnlich wie bei einer chemischen Reaktion kann eine Nettowasserverschiebung zwischen zwei Orten spontan nur in jener Richtung erfolgen, in der eine Verminderung der freien Enthalpie zu verzeichnen ist. Wie bei jeder anderen Potentialdifferenz erfolgt der Wasserstrom also stets von Orten mit hohem Ψ zu Orten mit niedrigem Ψ. Dies gilt für den Nahtransport (Parenchymtransport) genauso wie für den Ferntransport durch die Leitbahnen des Cormus. Zwei Orte gleichen Wasserpotentials befinden sich im energetischen Gleichgewicht ($\Delta\Psi = 0$), d.h. der Nettowasserstrom ist Null. Es ist für die energetische Betrachtung unerheblich, daß der kontinuierliche Wasserstrom vom Boden über die Pflanze in die Atmosphäre teils in der flüssigen, teils in der Gasphase erfolgt. Angetrieben wird dieser Vorgang durch die Wasserpotentialdifferenz ($\Delta\Psi$) zwischen dem perirhizalen Boden und der Atmosphäre (Boden-Pflanze-Atmosphäre-Kontinuum, Abb. 6.99, 6.103). Die Pflanze braucht also für den Wassertransport keine eigene Energie aufzuwenden.

$\Delta\Psi$ ist in der Regel ausreichend groß, um – bei geöffneten Stomata – einen raschen gerichteten Wassertransport durch den Cormus zu gewährleisten: 1. Im Boden sinkt Ψ selten unter -20 bar ab. 2. Bei 60% relativer Luftfeuchte beträgt das Ψ der Atmosphäre -700 bar (25 °C); $\Delta\Psi$ ist in diesem Fall also 680 bar. Bei 95% relativer Luftfeuchte beträgt das Ψ der Atmosphäre immerhin noch -75 bar und sorgt selbst unter diesen Bedingungen noch für ein erhebliches $\Delta\Psi$.

Um die Geschwindigkeit des aufsteigenden Saftstroms zu messen, wurde ein Verfahren entwickelt, bei dem der aufsteigende Saft mit Hilfe eines kleinen elektrischen Heizelements im Holz eines Stammes erwärmt wird (Abb. 6.100a). Die Geschwindigkeit der Saftbewegung kann mit einem Thermoelement gemessen werden, das einige Zentimeter oberhalb der Heizstelle im Stamm angebracht ist. Am Morgen wird der aufsteigende Saftstrom zuerst in den Zweigen beschleunigt (Abb. 6.100b). Erst später greift die Wasserbewegung auch auf den Stamm über. Am Nachmittag, wenn die Photosyntheseaktivität der Blätter nachläßt und die Stomata sich schließen, läßt der Saftstrom zuerst in den Zweigen nach und erst später auch im Stamm. Der »Motor« des aufsteigenden Saftstroms ist also in der Krone eines Baumes lokalisiert und nicht etwa im Wurzelsystem. (Der meist weniger als 1 bar betragende, auf aktive Ionenakkumulation im Gefäßwasser zurückgehende »Wurzeldruck« ist hier vernachlässigbar.) Es ist naheliegend, den Transpirationssog der Blätter als »Motor« für den aufsteigenden Saftstrom verantwortlich zu machen, der physikalisch zwangsläufig durch die Wasserdampfabgabe der wasserreichen Blätter an die zumeist nicht mit Wasserdampf gesättigte Atmosphäre zustande kommt. Mit Hilfe eines Dendrometers (einem empfindlichen Instrument zur Messung des

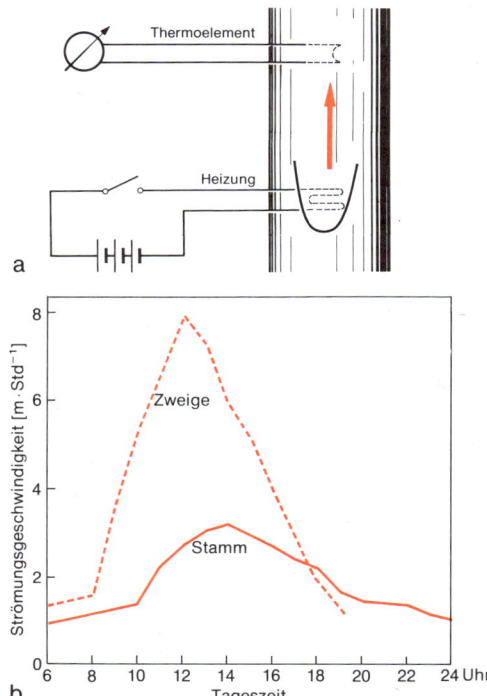

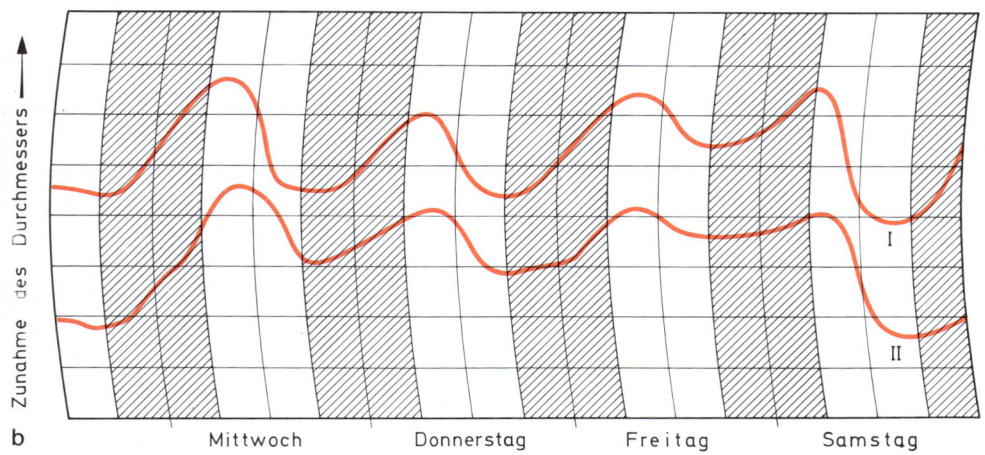

Abb. 6.100a, b. Messung der Saftstromgeschwindigkeit im Holz. (a) Ein Heizelement erwärmt den aufsteigenden Saft für einige Sekunden; ein Thermoelement oberhalb registriert die ankommende warme Welle. Der zeitliche Abstand dazwischen ist ein Maß für die Geschwindigkeit des Saftstroms. (b) Die Registrierkurven zeigen am Morgen eine Zunahme der Saftstromgeschwindigkeit zuerst in den Zweigen, später im Stamm, gegen Abend eine Verminderung zuerst in den Zweigen. (Nach Zimmermann)

Abb. 6.101. (a) Dendrometer zur Registrierung der täglichen Fluktuationen im Dickenwachstum eines Baumstammes. (b) Gleichzeitige Dendrometermessungen in verschiedenen Stammhöhen zeigen, daß die am Vormittag erfolgende Kontraktion im oberen Bereich des Stammes (I) etwas früher einsetzt als im unteren (II): Die am Morgen mit der Öffnung der Blattstomata einsetzende Transpiration zieht Wasser aus dem oberen Stammbereich rascher ab als es von den Wurzeln nachgeliefert werden kann. Die daraus resultierende Saugspannung ist im oberen Stammbereich vorübergehend stärker als im unteren. (Nach Zimmermann)

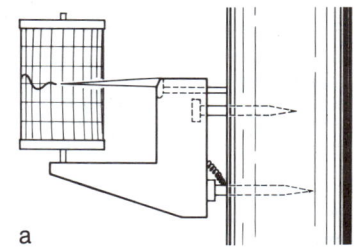

Dickenwachstums) konnte gezeigt werden, daß sich die oberen Bereiche eines Baumstamms am Morgen, wenn die Photosynthese beginnt und die Stomata sich öffnen, etwas früher zusammenziehen als die tiefer gelegenen Bereiche (Abb. 6.101). Dies läßt sich mit der Hypothese erklären, daß der Wasserverlust durch Transpiration schneller erfolgt als der Nachschub, so daß in den wassergefüllten Leitbahnen starke Spannungen (Söge) auftreten, die – von oben nach unten fortschreitend – zu einer Volumenkontraktion der Leitbahnen führen.

Folgendes Modellexperiment ist aufschlußreich: Wenn man Wasser aus einem porösen Tonzylinder oder aus einem Zweig verdunsten läßt (Abb. 6.102), so wird in einem mit dem verdunstenden System verbundenen Capillarrohr der Quecksilberfaden sehr viel höher gesaugt (z. B. 1000 mm), als dies ein Vakuum vermag (ca. 760 mm). Damit ist experimentell bewiesen, daß in der Capillare die Kohäsion zwischen Wasser und Glaswand bzw. Wasser und Quecksilber ausreicht, damit der Transpirationssog die Quecksilbersäule weit über die 760-mm-Marke hochziehen kann.

Die Leitbahnen der Pflanzen müssen demnach die Eigenschaften stabiler Capillaren besitzen, und die Zerreißfestigkeit der Wasserfäden in diesen Capillaren muß hoch sein. Die Werte für die Zerreißfestigkeit von Wasser liegen zwischen 25 und 300 bar; die capillare Natur der Leitbahnen ist mikroskopisch leicht nachzuweisen.

Die Gesamtspannung, unter der das Wasser in den Leitbahnen steht, hängt natürlich von der Strömungsgeschwindigkeit ab. Zu dem Wert der statischen Spannung (Höhe der Wassersäule) muß man eine dynamische Komponente addieren, die der Kraft entspricht, die aufzuwenden ist, um den Wasserfaden in den capillaren Leitbahnen gegen die Reibung strömen zu lassen. Die dynamische Spannung ist erfahrungsgemäß auch bei hohen Strömungsgeschwindigkeiten und trotz der rauhen Wände der Leitelemente nicht größer als die statische Komponente, so daß eine Zerreißfestigkeit von etwa 25 bar ausreichen würde, um mit Hilfe des Transpirationssogs das Wasser von den Wurzeln (bzw. vom perirhizalen Bodenraum) bis in die höchsten Zweige eines 120 m hohen Baumes zu befördern.

Die funktionstüchtigen Leitbahnen für den Transpirationsstrom bestehen aus toten Elementen, deren Cellulosewände durch Ligneinlagerungen verstärkt sind (Abb. 5.13, S. 412). Bei den phylogenetisch älteren Gymnospermen (z. B. bei der Kiefer) nennt man die spindelförmigen, wasserleitenden Elemente des Holzes *Tracheiden* (S. 412). Das Wasser und die darin gelösten Ionen können (im Gegensatz zu Luftblasen) ohne wesentlichen Widerstand über die Hoftüpfel von einer Tracheide in die andere übertreten. Bei den phylogenetisch jüngeren Angiospermen (z. B. bei der Birke oder Eiche) treten zwar auch noch Tracheiden auf, häufig jedoch sind im fertigen Zustand die Trennwände zwischen den wasserleitenden Elementen mehr oder minder aufgelöst. Auf diese Weise entstehen die *Tracheen* (= *Gefäße*) (S. 412).

An den Blattzellen, dem Ort der Verdunstung, hängen lange, kontinuierliche Wasserfäden, die mit dem Bodenwasser in Verbindung stehen. Unter isothermen Bedingungen ist der Wasserstrom entlang jeder Teilstrecke proportional der Wasserpotentialdifferenz zwischen den Enden der Teilstrecke und umgekehrt proportional dem Widerstand der Teilstrecke. Dieser Zusammenhang läßt sich also im Prinzip analog zum Ohm-Gesetz formulieren, wobei die Wasserpotentialdifferenz ($\Delta\Psi$) der elektrischen Spannung entspricht (Gl. 6.9). Der gesamte Widerstand (R), welcher dem Wasserstrom (I) im Boden-Pflanze-Atmosphäre-Kontinuum entgegensteht, ergibt sich aus der Summe mehrerer Teilwiderstände (Gl. 6.10). Die hauptsächlichen Teilwiderstände liegen für die flüssige Phase im Cortex und im Zentralzylinder der Wurzel (Abb. 5.36, S. 424) und für die Gasphase im Bereich der Stomata. Auch der Übergang des Wassers von der flüssigen in die gasförmige Phase an der Oberfläche der Mesophyllzellen im Blatt (Abb. 6.104) tritt als Widerstand ($r_{c\to g}$ in Gl. 6.10) in Erscheinung. Unter normalen Bedingungen sind die substomatären Hohlräume (Abb. 6.104) mit Wasserdampf nahezu gesättigt (98–99%

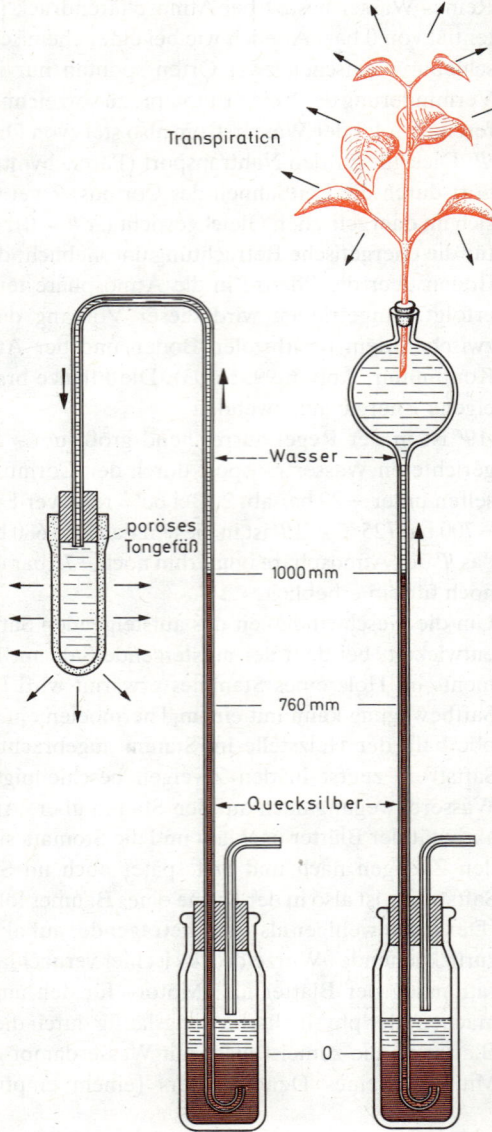

Abb. 6.102. Demonstrationsexperimente für Kohäsion und Adhäsion in wassergefüllten Capillaren. Die Verdunstung von Wasser (aus dem Tonzylinder, links, oder aus den Blättern, rechts) bewirkt, daß das Wasser in der Capillare hochsteigt. Es zieht das Quecksilber mit, und zwar wesentlich höher als 760 mm. Bis zu dieser Höhe würde der äußere Luftdruck das Quecksilber im Vakuum hochtreiben. Bilden sich irgendwo im System Luftblasen, so fällt die Quecksilbersäule sofort auf den normalen Barometerstand (ca. 760 mm) zurück. (Zum Teil nach Zimmermann)

(6.9)   (6.10)

$$I = \frac{\Delta\Psi}{R} \qquad R = r_{Boden} + r_{Wurzel} + r_{Stamm} + r_{Blatt} + r_{f\to g} + r_{Stomata} + r_{Grenzschicht}$$

6.7.1.1 Ferntransport von Wasser

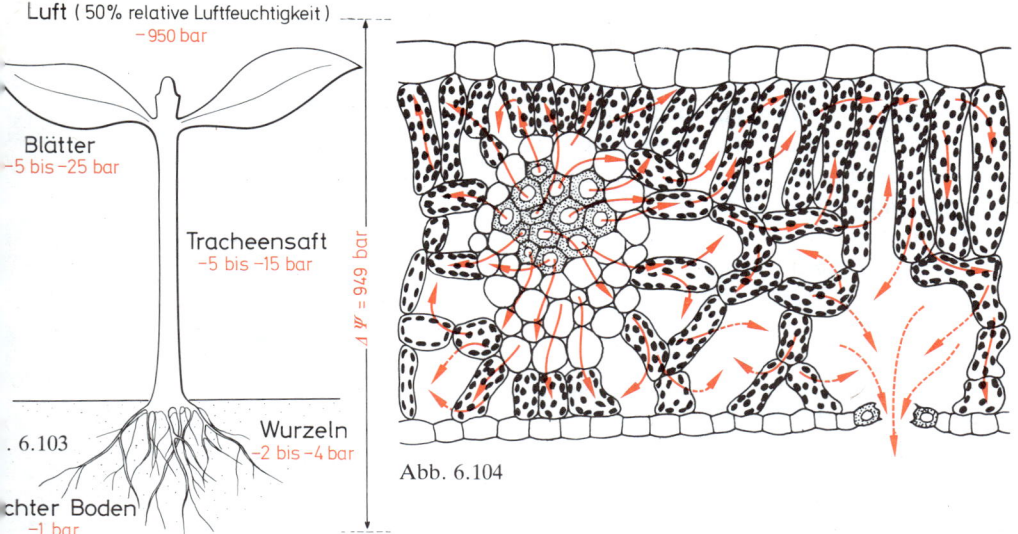

Abb. 6.103. Einige repräsentative Werte für das Wasserpotential (Ψ) entlang der Wasserbahn im Boden-Pflanze-Atmosphäre-Kontinuum (25%). Die Zahlenwerte können je nach den Bedingungen stark variieren. Die nicht mit Wasserdampf gesättigte Luft hat stets ein niedriges Wasserpotential. (Nach Price)

Abb. 6.104. Im Querschnitt durch ein bifaziales, hypostomatisches Laubblatt wird der Weg des Wassers vom Xylem des Leitbündels bis in die äußere Atmosphäre gezeigt. Durchgezogene rote Pfeile: flüssiges Wasser; gestrichelte rote Pfeile: Wasserdampf. Der Transport des Transpirationswassers erfolgt zum größten Teil im freien Diffusionsraum der Zellwände und Interzellularen, nicht aber über die Protoplasten. Die meist geringe cuticuläre Transpiration ist vernachlässigt; es wird angenommen, daß der Wasserdampf das Blatt lediglich über substomatäre Höhle und Stomata verlassen kann. (Nach Sinnott u. Wilson)

relative Luftfeuchtigkeit). Da jedoch die Differenz von 99% zu 100% relative Luftfeuchtigkeit bereits einer Wasserpotentialdifferenz von 14 bar (bei 25°C) gleichkommt, besteht auch hier noch ein erheblicher Ψ-Gradient.

Der Diffusionswiderstand an den Stomata, den hauptsächlichen potentiellen Engpässen des Wassertransports, kann von der Pflanze aktiv reguliert werden. An der Epidermis der Blätter tritt eine extrem steile Stufe des Wasserpotentialgradienten auf (Abb. 6.103), welche von einem hohen Wert des Diffusionswiderstandes kompensiert werden muß (Gl. 6.11). Durch ein komplexes System von Regelkreisen wird ein optimaler Kompromiß zwischen den (meist divergierenden) Erfordernissen des photosynthetischen Gastransports und der Transpiration angestrebt (S. 439). Neben dem regulierbaren (durch die Stellung der Schließzellen festgelegten) *Stomatawiderstand* ist der Widerstand der aerodynamischen Grenzschicht für die Transpiration eines Blattes von großer Bedeutung. Dieser Grenzschichtwiderstand wird von der Windgeschwindigkeit (Abtransport des Wasserdampfs an der Blattoberfläche, Abb. 6.105) und der Blattanatomie bestimmt. Bei vielen Xerophyten ist dieser Widerstand wegen Einsenkung der Stomata, Ausbildung von Haarreusen um die Stomata usw. sehr hoch (Abb. 5.54, S. 437).

Bei konstantem Nachschub und Abtransport von Wasser bildet sich in der Pflanze ein Fließgleichgewicht aus, wobei der Wasserstrom an jeder Stelle des linearen Transportsystems zwangsläufig der gleiche ist. Bei gegebenem Widerstand ist damit der Abfall des Wasserpotentials in den Teilabschnitten festgelegt (Gl. 6.11). In der verzweigten Pflanze spaltet sich der Wasserstrom in unterschiedlich starke Teilströme auf, deren relative Größe sich aus dem Verhältnis der Widerstände in den abzweigenden Teilstrecken ergibt. Es ist daher für die gleichmäßige Wasserversorgung beispielsweise in der Krone eines Baumes unumgänglich, daß diese Widerstände fein aufeinander abgestimmt sind.

In Hinsicht auf die Verteilung des Wassers kann man eine Pflanze in erster Näherung durch elektrische Analogiemodelle beschreiben. In diesen Modellen kommen *Widerstände* und *Kapazitäten* vor, welche sich zu einem mehr oder minder komplizierten Schaltbild zusammenfügen lassen (Abb. 6.106). Die Kondensatoren repräsentieren die Kapazität eines Organs – z. B. eines Blattes –, Wasser aus dem Hauptstrom aufzunehmen und zu speichern. Die *Wasserkapazität* (= Wasseraufnahmevermögen) hängt vom Wasserstatus der Pflanze ab: Sie ist bei starkem Wasserdefizit hoch und geht bei Wassersättigung der Pflanze gegen Null. Diese Größe hat also nichts mit dem Wassergehalt der Pflanze zu tun, sondern charakterisiert ihren *Hydratisierungszustand*. Derartige Modelle erlauben im Prinzip Aussagen über Geschwindigkeit und Größe der Veränderungen im

(6.11)
$$I = \frac{\Delta \Psi_{Boden}}{r_{Boden}} = \frac{\Delta \Psi_{Wurzel}}{r_{Wurzel}} = \frac{\Delta \Psi_{Stamm}}{r_{Stamm}} = \frac{\Delta \Psi_{Blatt}}{r_{Blatt}}$$
$$= \frac{\Delta \Psi_{f \to g}}{r_{f \to g}} = \frac{\Delta \Psi_{Stomata}}{r_{Stomata}} = \frac{\Delta \Psi_{Grenzschicht}}{r_{Grenzschicht}}$$

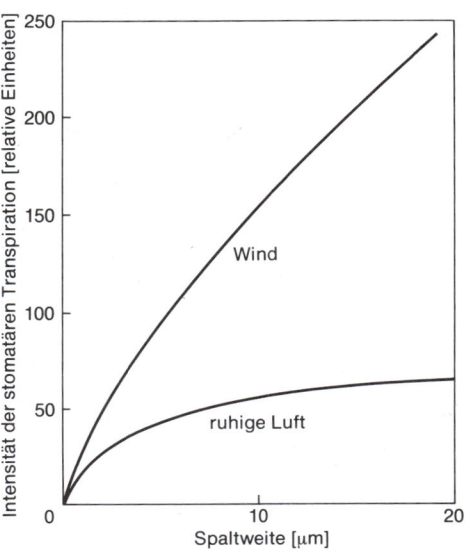

Abb. 6.105. Zusammenhang zwischen stomatärer Transpiration und Stomaweite. Parameter: Intensität der Luftbewegung. Objekt: Blatt von Zebrina spec. (Nach Strafford)

Wasserstatus verschiedener Bereiche des Cormus, wenn z. B. die Transpiration abfällt. Hierbei treten typische Systemeigenschaften wie z. B. *Hysteresis* und *Impedanz* (erhöhter Widerstand bei periodischen Fluktuationen des Stromes) auf. Trotzdem sind solche einfachen Modelle – gemessen an der Wirklichkeit – noch recht unvollkommen. Sie berücksichtigen beispielsweise nicht, daß sowohl die Strömungswiderstände als auch die Wasserkapazitäten in der intakten Pflanze nicht konstant sind, sondern sich in Abhängigkeit vom Wasserpotential und von der Strömungsgeschwindigkeit stark verändern können.

Auch r_{Boden} ist keineswegs konstant, sondern nimmt mit der Austrocknung des Bodens stark zu. Dies rührt daher, daß die großen Bodenporen zuerst ihr Wasser verlieren und der Wasserstrom in zunehmendem Maß durch immer kleinere Poren erfolgen muß. Dieser hohe Widerstand kann zu einem starken Ψ-Gradienten zwischen Boden und Wurzel mit einem stark negativen Ψ-Wert in unmittelbarer Nähe der Wurzelhaare führen (z. B. -30 bar). Unter diesen Bedingungen ist es für die Wurzel viel schwieriger, Wasser aus dem Boden zu entnehmen, als dies aufgrund des mittleren Ψ-Wertes im Boden (z. B. -15 bar) anzunehmen wäre.

Aus derartigen Modellen lassen sich quantitative Aussagen über das Wassertransportsystem einer Pflanze nur ganz näherungsweise erhalten. So ist hier u. a. nicht berücksichtigt, daß der laminare Wasserstrom in den Gefäßcapillaren durch das Hagen-Poiseuille-Gesetz (Gl. 6.13, S. 628) beschrieben wird, während für den Transpirationsstrom an der Blattepidermis in der Regel das Diffusionsgesetz (Gl. 1.15, S. 59) herangezogen wird. Beide Gesetze können als Spezialfälle aus dem allgemeinen, thermodynamisch begründeten Gesetz (Gl. 6.12) abgeleitet werden, wobei der Widerstand R jeweils eine besondere Bedeutung (und Dimension; vgl. Gl. 6.11) bekommt.

6.7.1.2 Ferntransport organischer Moleküle

Einige Laubbäume transportieren zu Beginn des Frühjahrs, noch bevor sich die Blätter entfalten, erhebliche Mengen an Zucker im Tracheensystem. Wenn man z. B. einen Zuckerahorn während dieser Zeit anbohrt, fließt ein zuckerreicher »Blutungssaft« aus dem Holz. Eine Absonderung von Zucker aus den Speicherzellen des Holzes in die Tracheen hat zur Folge, daß das Wasserpotential des Tracheeninhaltes abnimmt. Dies wiederum führt dazu, daß Wasser aus dem Boden, in dem ein relativ hohes Wasserpotential herrscht, in das Tracheensystem osmotisch eingesaugt werden kann. Diese Effekte – Transport organischer Moleküle in den Tracheen; osmotischer Druck in den Tracheen – sind jedoch in der Regel auf kurze Phasen im Jahreszyklus der Bäume beschränkt. Eine bemerkenswerte Ausnahme liegt bei vielen Bäumen des tropischen Regenwaldes vor, welche wegen der stark behinderten Transpiration (hohe Luftfeuchte, $\psi_{Atmosphäre} \approx 0$) beständig auf einen osmotischen Wassertransportmechanismus angewiesen sind. Im allgemeinen transportiert jedoch der Transpirationsstrom keine nennenswerten Mengen an organischen Molekülen. Der Transport dieser Moleküle erfolgt vielmehr im *Phloem* (bzw. bei Pflanzen mit sekundärem Dickenwachstum im Bast). Die Analyse des Phloemtransports war und ist eine besonders schwierige Aufgabe. Die Richtung des Phloemtransports wird nämlich durch die jeweilige Bedarfssituation festgelegt. In der Regel erfolgt zumindest der Transport der Kohlenhydrate von den Orten der Produktion zu den Orten des Verbrauchs (»sinks«, Abb. 6.107). Da die Transportgeschwindigkeit in der Größenordnung von $0,5-1$ m $\cdot$ h^{-1} liegt, entfällt die Diffusion als »Motor« des Transports (sie würde allenfalls $2-3$ cm $\cdot$ d^{-1} leisten).

Dem Ferntransport organischer Moleküle dienen bei dem Angiospermen die Siebröhren, bei den Gymnospermen die Siebzellenstränge. Wir beschränken uns auf die Siebröhren. Diese verlaufen im Phloem der Leitbündel (Abb. 5.13, S. 412) bzw. im Bast. Der jeweils aktive Bast stellt nur eine dünne Zone von meist weniger als $0,5$ mm Dicke dar (»Safthaut«). Die Siebröhren bilden ein verzweigtes, kommunizierendes System, das

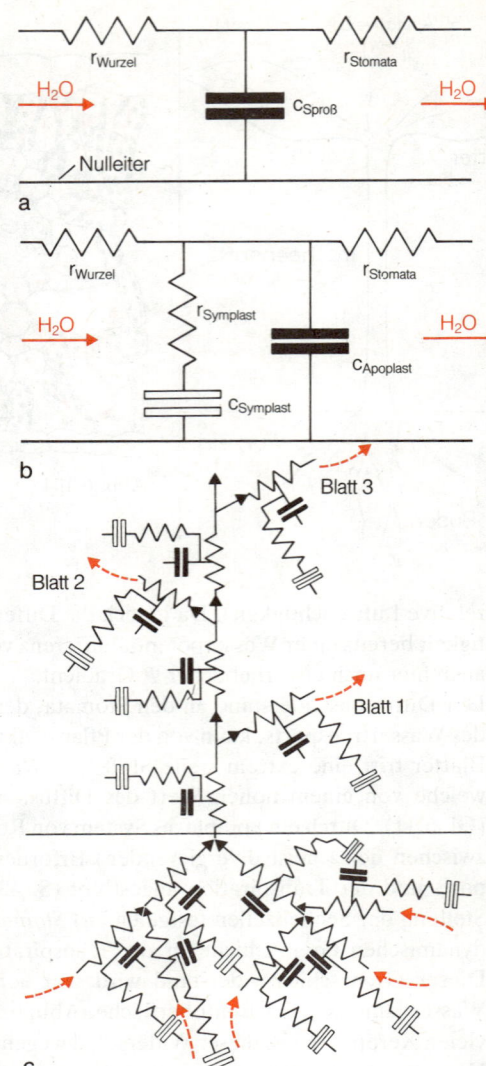

Abb. 6.106 a–c. Elektrische Analogiemodelle des Wassertransports in einer Pflanze. (a) Einfaches Modell einer Pflanze, in dem lediglich die dominierenden Widerstände an Wurzel bzw. Blattepidermis und die gesamte Wasserkapazität des Sprosses (Kondensator) auftreten. (b) Modell eines Blattes, in dem der Wassertransport durch den Apoplasten (freier Diffusionsraum der Zellwände, Lumen der Xylemelemente) und durch den Symplasten (plasmatische Bereiche des Gewebes) berücksichtigt wird. Der Symplast-Widerstand repräsentiert den Widerstand der Zellmembranen für Wasser. (c) Modell einer Pflanze mit verzweigtem Sproß- und Wurzelsystem. Die dunklen Kondensatoren repräsentieren die Wasserkapazität der Elemente des Hauptweges (Leitbahnen des Xylems), die hellen Kondensatoren repräsentieren entsprechend die der Nebenwege (Parenchymtransport). Die von den freien Enden der Kondensatoren zur »Erde« zurückführenden Verbindungen sind der Übersichtlichkeit halber nicht eingezeichnet. (Nach Meidner u. Sheriff)

die ganze Pflanze durchzieht. Die langen Siebröhren bestehen aus Siebröhrengliedern (= Siebelementen), die über Siebporen miteinander verbunden sind (S. 412). Die Siebröhrenglieder sind auch im funktionsfähigen Zustand lebende Zellen. Sie sind turgeszent und plasmolysierbar. Allerdings zerfällt der Zellkern im Zuge der Differenzierung. Zu jedem Siebröhrenglied gehören eine oder mehrere Geleitzellen (Abb. 5.14, S. 413). Zur Gewinnung des Siebröhrensaftes verwendet man Blattläuse, die mit ihrem haarfeinen Saugrüssel das Lumen einzelner Siebröhrenglieder anzustechen vermögen. Trennt man an einer saugenden Blattlaus mit einem Schnitt den Saugrüssel vom Körper, so läuft durch den isolierten Rüssel, der eine Mikrokanüle darstellt, der Siebröhreninhalt (eine wäßrige Lösung) über Stunden oder gar Tage hinweg aus. Der Antrieb erfolgt durch den Turgordruck des Siebröhrengliedes.

Die Konzentration des Siebröhrensaftes liegt bei etwa 0,5 mol · l^{-1}; mehr als 90% der organischen Moleküle sind Kohlenhydrate. Das Hauptkohlenhydrat (> 90%) ist bei den meisten Arten *Saccharose*. Die stickstoffhaltigen Moleküle sind hauptsächlich Aminosäuren und Amide. Aber auch ATP und Nucleotide wurden nachgewiesen. Auffallenderweise spielen weder Hexosen noch Makromoleküle als Transportsubstanzen eine Rolle. Eine entscheidende Voraussetzung für jede Theorie des Siebröhrentransportes ist eine zuverlässige Kenntnis der Feinstruktur der Siebplatten. Einige Wissenschaftler nehmen an, daß die Siebporen offen sind und daß das Lumen jedes Siebelementes mit dem Lumen der benachbarten Elemente unmittelbar verbunden ist (Abb. 6.108a). Andere Forscher sind hingegen der Auffassung, daß die Siebporen mit Cytoplasma erfüllt sind. Nach dieser Meinung sollen lange Plasmastränge, die in erster Linie aus Protein bestehen, von einem Siebelement in das andere ziehen, und in diesem Plasma, das möglicherweise eine Ähnlichkeit mit Aktinfilamenten hat, soll sich der Stofftransport vollziehen (Abb. 6.108b).

Eine andere Vorstellung geht davon aus, daß in den Siebröhren eine relativ rasche Lösungsströmung erfolge, angetrieben von einer Druckdifferenz (»Druckstromtheorie«). Dieses Konzept setzt eine hohe Wegsamkeit der Siebporen für die strömende Lösung voraus. Als treibende Kraft für die Lösungsströmung wird ein osmotisch erzeugtes Druckgefälle zwischen Orten hoher Zuckerkonzentration (*Phloembeladung*) und Orten niedriger Zuckerkonzentration (*Phloementladung*) angesehen. Beide Prozesse sind bisher nur unvollkommen verstanden. Bei der Beladung – z.B. im assimilierenden Blatt oder exportierenden Speicherorgan – wird die Saccharose durch einen Kotransport mit Protonen in das Lumen der Siebelemente aufgenommen. Die Energie für diesen Schritt liefert eine Protonenpumpe, welche aktiv H$^+$ in den Apoplasten sezerniert und auf diese Weise einen arbeitsfähigen Protonengradienten (S. 81f.) am Plasmalemma der Siebelemente aufbaut. Durch diesen indirekt aktiven, für Saccharose spezifischen Transportprozeß kann lokal eine Akkumulation von Saccharose in der Siebröhre bewirkt werden, welche naturgemäß zu einem erhöhten osmotischen Druck (= negatives Wasserpotential) an diesem Ort führt. Dies hat zur Folge, daß dort aus den benachbarten Gefäßen Wasser einströmt. An den Orten der Entladung – z.B. in einer austreibenden Knospe oder wachsenden Frucht – spielt sich im Prinzip der gleiche osmotische Vorgang in umgekehrter Richtung ab. Nach der »Volumenstromtheorie« bewirkt die osmotische Wasseraufnahme oder -abgabe entlang der Siebröhrenstränge eine praktisch druckfreie, gerichtete Verschiebung der Binnenlösung, weg von den Orten der Beladung und hin zu den Orten der Entladung. Diese Vorstellung ersetzt den Druckgradient als treibende Kraft des Lösungstransports durch lokale osmotische Gradienten zwischen Siebröhrenvolumen und benachbartem Apoplast, die durch Wasseraufnahme oder -abgabe entlang der gesamten Transportstrecke aufrechterhalten werden können. Die Volumenstromtheorie ist daher unabhängig von einer besonders guten Wegsamkeit der Siebporen. Be- und Entladung kann nach dieser Theorie im Prinzip an jeder Stelle des Siebröhrensystems stattfinden, abhängig vom lokalen Angebot bzw. der lokalen Nachfrage an Saccharose.

(6.12)
$$I = \frac{1}{R} \cdot \frac{\partial \Psi}{\partial x}.$$

$\frac{\partial \Psi}{\partial x}$ = partielle Ableitung des Wasserpotentials über die Strecke x = Wasserpotentialgradient

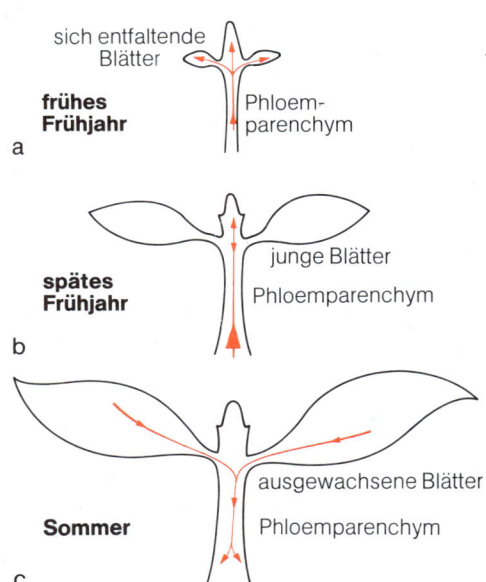

Abb. 6.107a–c. Richtung des Phloemtransports an der Zweigspitze eines laubwerfenden Baumes während einer Vegetationsperiode. Die Transportrichtung für organische Moleküle (rote Pfeile) ist stets von den »Orten der Produktion« (bzw. den »Orten der Mobilisierung«) zu den »Orten des Verbrauchs«. (a) Im Phloemparenchym gespeicherte Kohlenhydrate fließen in die sich entfaltenden Knospen. (b) In diesem Zustand erfolgt kein Nettotransport von oder zu den Blättern. (c) Kohlenhydrate strömen von den photosynthetisch aktiven Blättern in das Speichergewebe der Achsen (Phloemparenchym). (Nach Price)

6.7.1.3 Ferntransport von Ionen

Der Ferntransport von Ionen erfolgt in der Regel im Gefäßwasser, also mit dem Transpirationsstrom. Da sich die Ionen im freien Diffusionsraum der Zellwand nahezu uneingeschränkt durch Diffusion bewegen können, sind die Protoplasten (z. B. jene der Mesophyllzellen, Abb. 6.104) stets von einer »Nährlösung« umspült, aus der sie Ionen aktiv aufnehmen können. Bemerkenswert ist, daß einige Ionen auch in den Siebröhren transportiert werden. Dies ist z. B. bei Bäumen zu beobachten, wenn vor dem Blattfall Kalium und Phosphat (nicht aber Calcium, das nicht im Phloem transportiert wird) aus den Blättern in die Zweige (bzw. in den Stamm) zurücktransportiert werden. Abgeschnittene Wurzeln (z. B. Gerstenwurzeln) vermögen Ionen gegen einen starken Konzentrationsgradienten im Gefäßwasser zu akkumulieren (*aktive Ionenaufnahme*). Die Ionen durchqueren die Wurzelrinde über den *freien Diffusionsraum* der Zellwände, also im *Apoplasten*. Dieser endet am Caspary-Streifen der Endodermis. Spätestens hier müssen die Ionen aktiv in den *Symplasten* (den Verband der durch Plasmodesmen miteinander verbundenen Protoplasten) aufgenommen werden, um durch die Barriere der Endodermis in den Zentralzylinder zu gelangen (S. 614).

6.7.1.4 Ferntransport von Gasen

Innerhalb der Pflanze erfolgen Fern- und Kurzstreckentransport von Gasen (O_2, CO_2, H_2O-Dampf) ausschließlich durch Diffusion. Die Grundlage für Diffusion (S. 59) ist die zufallsmäßige (»ungeordnete«) Wärmebewegung der Moleküle. Die Diffusion in Lösungen und in Festkörpern geht sehr viel langsamer vonstatten als im Gasraum (die Diffusionskoeffizienten im Gasraum sind um den Faktor 10^4 größer). Deshalb ist der Ferntransport durch Diffusion nur im Gasraum möglich. In der Tat erfolgt der Ferntransport von Gasen in der Pflanze fast ausschließlich in gaserfüllten Interzellularen. Die Diffusionsstrecken in der flüssigen Phase (Zellwand, Plasma, Vakuole) sind jeweils nur kurz, da die meisten Zellen von Interzellularen unmittelbar erreicht werden (Abb. 6.104). Kleine Gasmengen können aber auch im Transpirationsstrom verfrachtet werden.

Im Gegensatz zu den Wirbeltieren haben die Höheren Pflanzen also kein einheitliches Transportsystem für den Ferntransport von Wasser, Ionen, organischen Molekülen und Gasen. Man muß vielmehr beim Cormus funktionell und strukturell zumindest drei *Ferntransportsysteme* unterscheiden:

Ferntransport von Gasen: Diffusion im Interzellularraum.
Ferntransport von Wasser und Ionen: In den toten Gefäßen (Tracheen, Tracheiden); Antrieb durch Wasserpotentialgradienten.
Ferntransport organischer Moleküle: In den lebenden Siebröhren; Lösungsstrom, Antrieb durch osmotische Prozesse als Folge des Membrantransports von Zucker.

Für den *Kurzstreckentransport* (= Parenchymtransport) läßt sich die folgende summarische Übersicht geben:

Parenchymtransport von Gasen: Diffusion im Interzellularraum und in den wäßrigen Phasen der Zellen.
Parenchymtransport von Wasser: Von Zelle zu Zelle nach Maßgabe des Wasserpotentials.
Parenchymtransport von Ionen: Im freien Diffusionsraum (durch Diffusion) und im Symplasten (aktiv?).
Parenchymtransport organischer Moleküle: Im Symplasten (aktiv).

Der Ferntransport von Wasser und Gasen erfordert keine Energieaufwendung von der Pflanze, da physikalische Potentialdifferenzen der Umwelt ausgenützt werden können. Dies ist ein prinzipieller Unterschied zum – meist sehr energieaufwendigen – Stofftransport beim Tier.

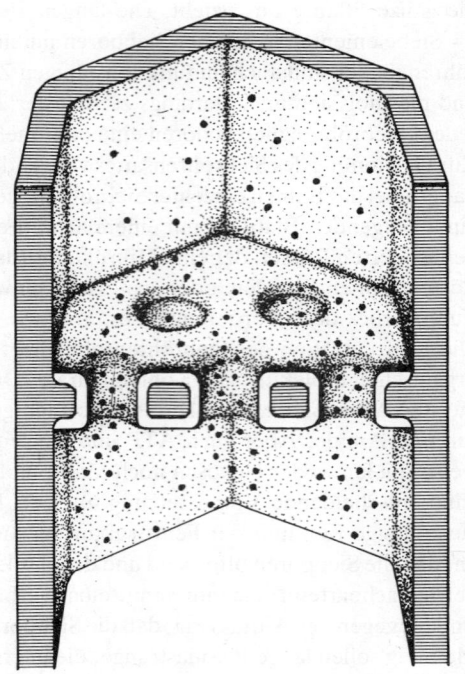

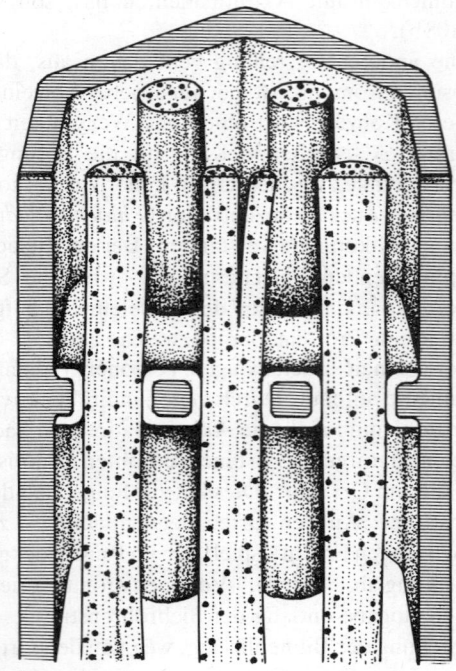

Abb. 6.108a, b. Modelle der Siebporenstruktur. (a) Siebporen offen. Ein unter Druck stehender Saftstrom könnte ohne allzu großen Widerstand von einem Siebelement in das nächste fließen. (b) Siebporen von Cytoplasma erfüllt. Es erstrecken sich lange Plasmastränge von einem Siebelement in das andere. (Nach Peel)

6.7.2 Ferntransport bei Tieren

Die Entwicklung geeigneter Transportsysteme war eine zwangsläufige Folge der zunehmenden Organdifferenzierung im Verlauf der phylogenetischen Entwicklung der Tiere. Die Aufgabenteilung innerhalb des Organismus zwischen bestimmten Organen, die zum Teil sehr spezielle Funktionen ausüben, erfordert einen Stoffaustausch, der die Versorgung aller Zellen mit Sauerstoff, Salzen und Nährstoffen sowie ihre Entsorgung von Kohlendioxid und anderen Abbauprodukten gewährleistet. Ein Stofftransport durch Diffusion allein ist aufgrund des Zeitfaktors viel zu langsam (S. 59), um stoffwechselaktive Organe oder Zellverbände von mehr als 1 mm Durchmesser ausreichend zu ver- und entsorgen. Demzufolge mußten Ferntransportsysteme ausgebildet werden, in denen durch Zirkulation oder Konvektion Stoffe wesentlich schneller als durch Diffusion innerhalb des Organismus transportiert werden können. Obwohl diesen Vorgängen immer dasselbe Prinzip zugrunde liegt, ist die Organisation der Transportsysteme außerordentlich mannigfaltig. So kann eine Flüssigkeitsbewegung durch rhythmischen Cilienschlag oder durch alternierende Muskelkontraktionen, durch die eine Pumpwirkung zustande kommt, hervorgerufen werden. Die Pumpwirkung kann durch Kontraktion des ganzen Körpers bzw. bestimmter Körperabschnitte oder aber durch spezielle Hohlmuskeln (Herzen) erzeugt werden. Im letzteren Fall wird dabei ein Teil der Körperflüssigkeit in besonderen Gefäßsystemen (*Blutkreislauf*) transportiert, die bei manchen Tiergruppen in sich geschlossen, bei anderen teilweise offen sind, so daß ein mehr oder weniger großer Teil der Körperzellen frei umspült wird. Eine hiervon abweichende Sonderstellung nimmt das Tracheensystem ein; es soll deshalb vor den Flüssigkeitssystemen abgehandelt werden.

6.7.2.1 Tracheensystem

Das Atmungssystem der Tracheaten (Insekten, Myriapoden), der Onychophoren sowie mancher Spinnen weicht von dem aller übrigen Tiere insofern ab, als keine Trennung zwischen einem Gasaustauschorgan und einem Transportsystem für (gelöste) Atemgase vorliegt. Der Transport erfolgt gasförmig in einem System von Röhren *(Tracheensystem)*, das eine direkte Gasleitung zwischen der Außenluft und den Körperzellen darstellt (Abb. 6.109). Die *Tracheen* sind röhrenförmige, meist stark verzweigte Einstülpungen der Haut, die innen mit einer dünnen Cuticula ausgekleidet sind, welche ring- oder spiralförmige Verstärkungen (Taenidien) ausbildet. Die Tracheen stehen einerseits durch – meistens verschließbare – Öffnungen *(Stigmen*, Abb. 6.110) mit der Außenwelt in Verbindung und enden andererseits im Tierinneren mit ihren feinsten Verästelungen *(Tracheolen)* in fingerförmig verzweigten *Tracheenendzellen* (Abb. 6.111b), die die Innenfläche der Körperdecke und die inneren Organe dicht umspinnen. Die in ihren Endigungen mit Flüssigkeit gefüllten Tracheolen können bis an die einzelnen Zellen der Gewebe heranreichen, manchmal sogar in große Zellen eindringen und so den Gasaustausch mit deren Mitochondrien auf kürzestem Wege vornehmen (Abb. 6.111a). Die Tracheolen fungieren also zugleich als Organe des Gastransportes und des Gasaustausches. Zudem kommt dem Tracheensystem weitgehend die Funktion des Bindegewebes (S. 452) zu, weil die Organe in den Tracheenästen aufgehängt und damit in ihrer Lage bestimmt sind. Die Tracheen sind primär segmental und paarig angeordnet; ihre Verzweigungen versorgen jeweils ein halbes Körpersegment. Bei allen höher entwickelten Insekten sind die segmentalen Teile durch Tracheenstämme verbunden, die paarig längs vom Kopf bis zum Abdomen verlaufen; sie sind bei guten Fliegern häufig zu Luftsäcken ausgeweitet (Abb. 6.109b). Der Gastransport in den Tracheen erfolgt primär durch Diffusion, deren Größe durch Öffnen und Schließen der Stigmen reguliert werden kann. Rhythmische Kompression und Expansion des Abdomens *(Atembewegungen)* bewirken ebenso wie pendelnde Hämo-

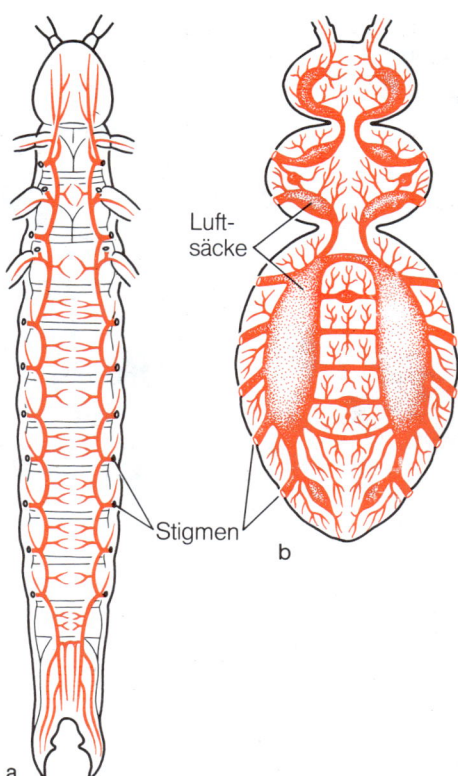

Abb. 6.109. (a) Hauptstämme (rot) des sehr einfachen Tracheensystems eines primär flügellosen Insekts (des Dipluren Japyx). (b) System der großen Tracheenstämme und der Luftsäcke (rot) im Körper eines geflügelten Insekts (der Biene Apis). (a aus Claus, Grobben u. Kühn, b aus Hesse u. Doflein)

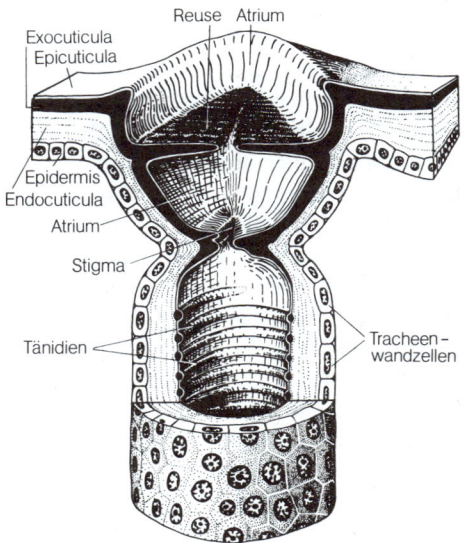

Abb. 6.110. Bereich um die Atemöffnung (Stigma) und den Anfangsteil einer großen Trachee. Das Stigma ist häufig durch Muskeln verschließbar. (Nach Kaestner)

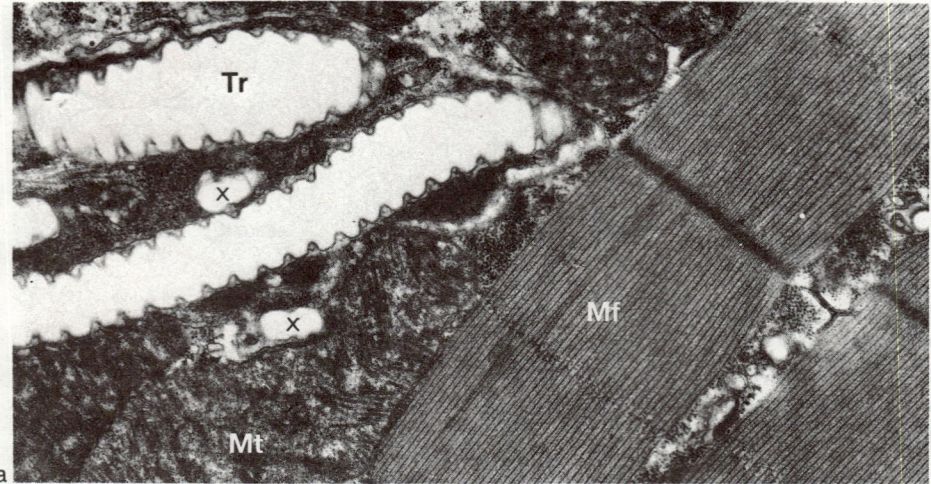

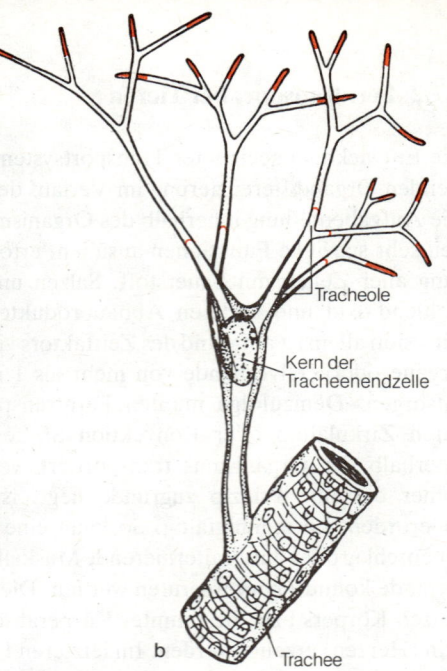

lymphbewegungen (S. 630) durch Volumenveränderungen an den Luftsäcken und durch Konvektion in den Tracheen eine Beschleunigung des Gastransportes. Häufig dienen dabei die vorderen Stigmen der Zufuhr, die hinteren der Abfuhr der Atemgase. An den blind geschlossenen Enden sind die Tracheolen teilweise mit Flüssigkeit gefüllt, so daß die Diffusion des Sauerstoffs dort stark verzögert wird. Bei hoher Stoffwechselaktivität des umgebenden Gewebes, bei der viele kleinmolekulare Endprodukte anfallen und ins Interstitium abgegeben werden, wird aus den Tracheolen osmotisch Flüssigkeit abgezogen und so der Diffusionsweg in der Flüssigkeit bis zu den Orten des Verbrauchs verkürzt (Abb. 6.111b). Auf diese Weise können Organe bei erhöhter Stoffwechseltätigkeit effektiver versorgt werden. Bei verminderter Stoffwechselaktivität und geringem Sauerstoffbedarf wird durch Sezernieren von Flüssigkeit in die Tracheolen der umgekehrte Effekt erreicht. Neben der lokalen Regulation der Sauerstoffzufuhr zu bestimmten Gewebeabschnitten werden wahrscheinlich auch die Atembewegungen und die Verschlußmechanismen der Stigmen – über CO_2- und H^+-sensitive Sensoren – geregelt.

Die Zufuhr des Sauerstoffs über die Tracheen erfolgt offenbar kontinuierlich entsprechend dem Bedarf. Der Abtransport des Kohlendioxids kann aber bei manchen Insekten – insbesondere bei geringer Stoffwechselaktivität, z. B. im Puppenstadium – in Schüben (»bursts«) erfolgen (Abb. 6.112). Wahrscheinlich werden chemische Speicher mit dem anfallenden Kohlendioxid gefüllt und periodisch entleert. Da nur während dieser Perioden die Stigmen voll geöffnet werden müssen, ergeben sich für das Tier Vorteile hinsichtlich der Regulation des Wasserhaushalts.

Im Hinblick auf die Sauerstofftransportkapazität (transportierte Gasmenge pro Zeiteinheit) sind die Tracheensysteme den Flüssigkeitstransportsystemen teilweise überlegen, weil die Gasdiffusion im gasgefüllten Raum wesentlich (bis zu 5000fach) rascher erfolgt als in wäßriger Lösung. Selbst die sehr große Sauerstofftransportkapazität mittels respiratorischer Pigmente (S. 633f.) im Blutkreislauf warmblütiger Wirbeltiere erreicht nicht die der Tracheensysteme hochentwickelter Insekten. So können Tracheen derselben Menge von Körperzellen bis zu 100mal mehr Sauerstoff pro Zeiteinheit zuführen, als dies die Blutgefäße der Säugetiere zuwege bringen. Andererseits sind der Gasdiffusion im Tracheensystem hinsichtlich der Wegstrecken Grenzen gesetzt, die das Volumen der Segmente limitieren. Trotz zusätzlicher Ventilationsmechanismen (s. oben) finden sich kaum Insekten, bei denen der Segmentdurchmesser 50 mm übersteigt.

Eine Reihe von Insekten ist sekundär zu Wasserbewohnern geworden. Viele von ihnen sind dabei reine Luftatmer geblieben. Mückenlarven und -puppen z. B. müssen von Zeit

Abb. 6.111a, b. Tracheolen. (a) Endausläufer (×) von Tracheolen (Tr) im Flugmuskel der Fliege Calliphora. Durch die räumliche Nähe der Endausläufer zu den Mitochondrien (Mt) sind die Diffusionsstrecken im Raum zwischen dem Lumen der Endausläufer und den Orten des Sauerstoffverbrauchs sehr kurz. Mf, Muskelfaser. Vergr. 16000:1. (b) Schema einer Tracheenendzelle mit intrazellulären Luft»capillaren«. Flüssigkeitsfüllung rot dargestellt: Markierung an blindgeschlossenen Ende der Capillaren zeigt die Füllung bei arbeitendem Gewebe (z. B. Muskel); rote Linien nahe dem Zellkern markieren den Flüssigkeitsmeniskus bei ruhendem Gewebe. (a Original von Foelix/Bochum, b nach Weber und nach Wigglesworth, verändert)

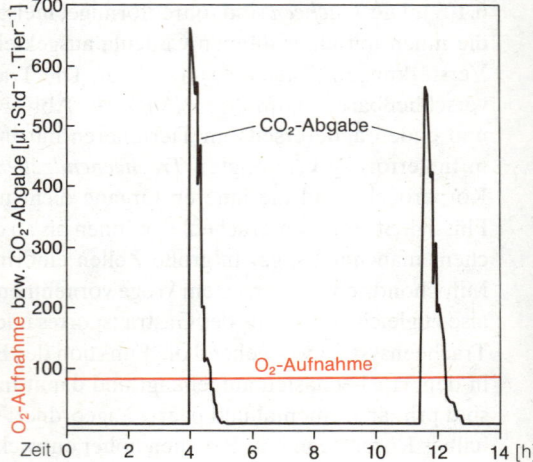

Abb. 6.112. Zeitverlauf von Sauerstoffaufnahme (rot) und Kohlendioxidabgabe (schwarz) bei einer Puppe des Schmetterlings Cecropia. Die Perioden starker Kohlendioxidabgabe werden als »bursts« bezeichnet. (Nach Schneiderman u. Williams)

zu Zeit an der Wasseroberfläche durch die Stigmen frische Luft in ihr Tracheensystem aufnehmen. Andere Arten nehmen an der Körperoberfläche einen Luftvorrat mit in die Tiefe (z. B. der Gelbrandkäfer *Dytiscus* unter den Flügeln): »*Physikalische Kieme*«. Wird Sauerstoff aus dem Vorrat entnommen, dann sinkt der O_2-Partialdruck, so daß O_2 aus dem umgebenden Wasser einströmt. Zugleich erfolgt wegen des erhöhten N_2-Partialdruckes ein Verlust von Stickstoff durch Abdiffundieren ins Wasser; deshalb muß der Gasvorrat von Zeit zu Zeit durch Auftauchen ergänzt werden. Wird das Gas jedoch zwischen sehr dicht stehende, dünne Oberflächenvergrößerungen (»Haare«) eingelagert, so daß das Wasser nicht eindringen kann, dann ergibt sich ein permanenter Gasfilm *(Plastron)*, der dem Tier eine dauernd untergetauchte Lebensweise ermöglicht (z. B. bei der Wasserwanze *Aphelocheirus*, Abb. 6.113b).

Bei anderen wasserlebenden Insekten sind feine, geschlossene Tracheolenverästelungen direkt unter der Cuticula gelegen, so daß ein Gasaustausch mit dem Wasser in einer Art von Hautatmung erfolgen kann. Zur Vergrößerung der Oberfläche können solche Tracheenendigungen in sehr dünnwandigen, ausgestülpten Körperregionen eingelagert sein: *Tracheenkiemen* (z. B. bei Larven von Ephemeriden (Eintagsfliegen), Abb. 6.113a). In allen diesen Fällen dienen die völlig geschlossenen, gasgefüllten Tracheen im Körperinneren ausschließlich dem Gastransport.

6.7.2.2 Blutgefäßsysteme

Bei allen Metazoen außer den Tracheaten erfolgt der Transport der Atemgase gemeinsam mit dem aller übrigen Stoffe (Nährstoffe, Hormone, Abbauprodukte) in den Körperflüssigkeiten. Neben der intrazellulären Flüssigkeit gibt es bei den Metazoen eine extrazelluläre. Außer dieser stets vorhandenen *interstitiellen* oder *Gewebeflüssigkeit*, die die Interzellularräume und die Gewebelücken erfüllt, ist meist noch die *Blutflüssigkeit* vorhanden – meist »Blut« genannt –, die immer auch Zellen enthält (S. 454f.). Diese wird durch Muskelbewegung in ständiger Zirkulation gehalten. Ist eine abgeschlossene sekundäre Leibeshöhle, ein Coelom (S. 450), ausgebildet, tritt als gesonderte Körperflüssigkeit noch die *Coelomflüssigkeit* hinzu. Sie wird durch die Cilien des Coelomepithels in mehr oder weniger gerichtete Bewegung versetzt und kann dann die Leistung des Blutes unterstützen oder – bei einigen Tiergruppen (Echinodermen, mehreren kleineren Tierstämmen) – ersetzen. Die Wirbeltiere besitzen als weitere Körperflüssigkeit noch die *Lymphe* (S. 454, 625).

Das wichtigste Kreislaufsystem ist das *Blutgefäßsystem,* das allen Wirbeltieren, aber auch den meisten Wirbellosen – insbesondere den artenreichsten Tiergruppen, den Articulaten und den Mollusken – zukommt. Blutgefäße bestehen aus verzweigten und kommunizierenden, vom Mesoderm abgeleiteten Röhren. Die Blutgefäße sind so angeordnet, daß jeder Teil der Blutflüssigkeit bei der Zirkulation in kürzestmöglicher Zeit jeden Ort des Blutgefäßsystems passiert.

Man unterscheidet zwei Arten von Blutgefäßsystemen: Fließt das Blut *stets* in Gefäßen mit einer eigenen zelligen Wandung (Endothel, S. 471), ist es also in seinem ganzen Verlauf durch den Körper von den umgebenden Geweben durch eine Gefäßwand oder das Endothel getrennt, spricht man von einem *geschlossenen Blutgefäßsystem* (Beispiele: Anneliden, Nemertinen, Cephalopoden, Vertebraten; Schema Abb. 6.114a). Sind dagegen Lücken ohne eigene Wandung (ohne Endothel) zwischengeschaltet und fließt das Blut durch Gewebsspalten, so daß es sich mit der interstitiellen Flüssigkeit vermischt (*Hämolymphe*), dann liegt ein *offenes Blutgefäßsystem* (Schema Abb. 6.114b) vor, wie bei den meisten Mollusken und den Arthropoden.

Bei geschlossenem Blutgefäßsystem beträgt das *Blutvolumen* zwischen 5 und 10% des gesamten Körpervolumens; das Volumen der Gewebeflüssigkeit ist dabei mindestens doppelt so groß wie das Blutvolumen und erreicht 15–85% des gesamten Körpervolu-

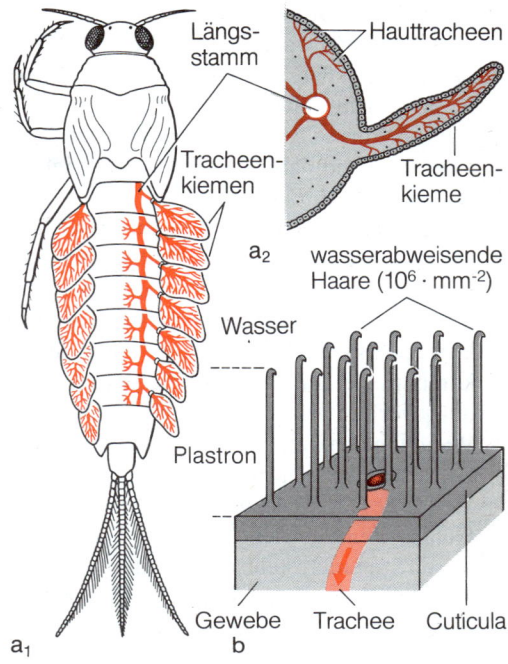

Abb. 6.113a, b. Wasseratmungsorgane von Insekten. (a_1) Ältere Larve der Eintagsfliege Siphlonurus (Ephemerida), schematisch. Das Tracheensystem im Abdominalbereich ist rot dargestellt. Auf der rechten Seite sind die Tracheenkiemen abgespreizt, um auch den Längsstamm und die Hauttracheen zu zeigen, die unter der Körperoberfläche liegen. (a_2) Querschnitt durch den lateralen Teil eines Abdominalsegmentes mit Tracheenkieme und Hauttracheen; in beiden Fällen sind die Ausläufer dicht unter dem Epithel ausgebreitet. Der Längsstamm ist quergeschnitten. (b) Wasserabweisende feinste Chitinhaare auf der Oberfläche der abdominalen Cuticula der Wasserwanze Aphelocheirus (Heteroptera). Zwischen diesen Haaren liegt eine inkompressible Gasschicht (Plastron, mit N_2, O_2 und CO_2 in anderen Mengenanteilen als in Luft), über die der Gasaustausch mit dem Wasser erfolgt. Die Tracheen münden in den Plastron-Raum. (a aus Weber und Weidner, b aus Eckert)

mens. Das Blut wird durch Kontraktion mehr oder weniger spezialisierter Hohlmuskelsysteme (Gefäßwandmuskeln) bewegt. Nur bei einfach gebauten Tieren sind alle oder die meisten Gefäßabschnitte kontraktil. Oft besteht eine Arbeitsteilung zwischen kontraktilen und nicht kontraktilen Gefäßbereichen. Wird der Blutumtrieb von nur einem oder wenigen kurzen Abschnitten im Blutgefäßsystem bewirkt, die rhythmische Kontraktionen ausführen und dafür speziell differenziert sind, so werden diese Abschnitte als *Herzen* bezeichnet (Abb. 6.120–6.123).

Ist ein Herz vorhanden, kann man zwischen den Blutgefäßen, die das Blut vom Herzen wegleiten (*Arterien*), und Blutgefäßen, die das Blut zum Herzen bringen (*Venen*), unterscheiden. Die Arterien müssen einen höheren Druck aushalten als die Venen. Außerdem sollen sie die Druckstöße des Herzens auffangen und in einen gleichmäßigen Bewegungsantrieb des Blutes umwandeln. Darum ist die Arterienwandung viel dicker und komplizierter aufgebaut als die Wandung der Venen (Abb. 6.115). In der Arterienwandung wechseln elastische Schichten mit Muskelschichten ab; damit kann die Elastizität der Wandung den Erfordernissen entsprechend aktiv reguliert werden.

Zwischen Arterien und Venen, deren Aufgabe darin besteht, das Blut schnell an die Stellen des Stoffaustausches und von diesen weg zu transportieren, sind im geschlossen Gefäßsystem die viel dünnwandigeren Capillaren eingeschaltet, im offenen dagegen die diesen Systemtyp kennzeichnenden Lückenräume (Abb. 6.114b). Schmale Räume heißen *Blutlakunen*, weite *Blutsinus*. Vielfach ergießt sich das Blut im offenen System auch direkt in die primäre Leibeshöhle (oder bei Arthropoden in das Mixocoel, S. 570).

Während also im Falle des offenen Blutkreislaufs die Extrazellularflüssigkeit weitgehend mit der Blutflüssigkeit identisch ist, besteht beim geschlossenen Blutkreislauf eine Grenze zwischen den beiden Kompartimenten. Durch diese – die Wandungen der dünnsten Blutgefäße, die *Capillarendothelien* – hindurch, muß ein lebhafter *Wasser- und Stoffaustausch* stattfinden (Abb. 6.116): Das Blut kommt ja nicht direkt mit den Zellen der durchbluteten Organe in Berührung, aber die Wandzellen der Capillaren haben feine Poren, durch die hindurch Flüssigkeit in den interstitiellen Raum übertritt und von dort auch wieder in den Blutgefäßraum zurückkehrt. Dieser Flüssigkeitsstrom beruht auf einem empfindlichen Gleichgewicht zwischen dem (hydrostatischen) Blutdruck und dem osmotischen Druck der Blutflüssigkeit: Diese enthält eine wesentlich höhere Konzentration an Proteinen, die die Capillarwandung nicht durchsetzen können, als die interstitielle Flüssigkeit. Aufgrund des Konzentrationsunterschieds würde Wasser osmotisch in den Blutraum hineingezogen. Im arteriellen Teil der Capillaren herrscht aber ein hydrostatischer Druck, der dieser »Saugwirkung« entgegenwirkt und sogar Blutflüssigkeit (mit Ausnahme ihrer großmolekularen Bestandteile) durch die Capillarwand preßt. Im venösen Abschnitt der Capillaren herrscht ein wesentlich geringerer Blutdruck, der den entgegengerichteten osmotischen Druck nicht völlig kompensiert; so tritt hier ein Rückstrom von Flüssigkeit aus dem Interzellularraum ein. Rund 90% des Volumens der durch den arteriellen Abschnitt der Capillaren filtrierten Flüssigkeit kehren auf diese Weise – gleichsam mittels Rückfiltration – durch die Wände der venösen Abschnitte der Capillaren in das Blut zurück; die restlichen etwa 10% werden vom Lymphgefäßsystem (S. 625) aufgenommen und auf diesem Wege zum Blut zurückgeführt. Beim erwachsenen Menschen beträgt der transcapillare Flüssigkeitsstrom etwa $20\ l \cdot d^{-1}$. Da täglich etwa 8000 l Blut durch die Capillargefäße gepumpt werden, macht er allerdings nur etwa 0,25% dieses Volumens aus.

In der Wandung des letzten Abschnittes der Capillaren, bevor diese in die Venolen übergehen, sind verhältnismäßig große Poren vorhanden (Abb. 6.116), durch die Moleküle auch von der Größe der Proteine hindurchtreten können. Da die Proteinkonzentration in der Gewebeflüssigkeit geringer ist als die im Blutplasma, kommt es zu einer Nettodiffusion von Proteinen in die Gewebeflüssigkeit. Die Proteine können durch die übrigen Teile der Capillarwandung nicht zurückwandern, weil dort keine großen Poren

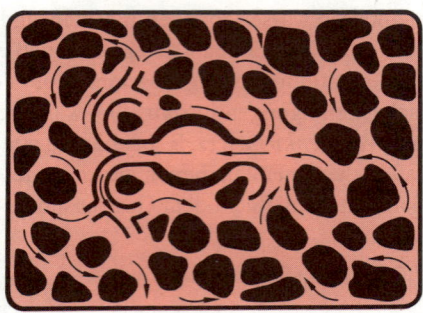

Abb. 6.114a, b. Schema des (a) geschlossenen und (b) offenen Blutkreislaufs. Im geschlossenen Kreislauf strömt das Blut durch ein im Körper reich verzweigtes Gefäßsystem und ist durch Endothelien morphologisch gegen die Extrazellularflüssigkeit abgegrenzt (vgl. Abb. 5.105, S. 470). Im offenen System wird die Hämolymphe vom Herzen über kurze arterielle Gefäße in die Extrazellularräume befördert und umströmt unmittelbar die Körperzellen. Nach der Körperpassage wird sie in Sinus gesammelt und gelangt von dort ins Herz zurück. Schwarz: Körperzellen, weiß: interzelluläre Gewebeflüssigkeit, rot: Blut, rosa: Hämolymphe.

vorhanden sind; deshalb folgen sie dem Teil des transcapillaren Flüssigkeitsstromes, der in den Lymphkreislauf abfließt. Auf diese Weise erfolgt die Versorgung der Gewebe mit Makromolekülen, z. B. Antikörpern (S. 526f.) oder an Proteine gebundenen Hormonen. Obwohl jede Capillare nur etwa 1 mm lang ist, kommt wegen ihrer großen Zahl eine riesige Gesamtfläche ihrer Gefäßwände im Körpergewebe zustande: Beim Skelettmuskel der Säugetiere kommen auf 1000 cm³ Muskel nicht weniger als 7 m² Capillarwand. Diese gesamte Fläche steht für die *transcapillare Diffusion lipophiler* (also in der Zellmembran löslicher) *Substanzen* zur Verfügung. *Wasser* und *wasserlösliche Stoffe* können nur durch die äußerst kleinen *hydrophilen Poren* hindurchtreten, die in den Wänden sowohl der arteriellen wie der venösen Abschnitte der Capillaren häufig auftreten. Obwohl die Gesamtporenfläche weniger als 1% der Fläche der Capillarwände ausmacht, findet ein starker Stoffaustausch durch Diffusion statt. Bei den kleinmolekularen wasserlöslichen Substanzen – wie z. B. Glucose – übertrifft die Rate der Diffusion durch die hydrophilen Poren den Transport durch osmotische Flüssigkeitsbewegung um mehr als das 1000fache. Da die Atemgase nicht nur wasser-, sondern auch lipidlöslich sind, können sie durch die gesamte Fläche der Capillarwand diffundieren. Deshalb ist die Permeabilität der Capillaren pro Wandflächeneinheit für Sauerstoff mehr als 400mal so hoch wie die für Wasser.

Beim *Vergleich* der Funktion der beiden Kreislaufsysteme zeigt sich, daß jede Form ihre *Vorteile* hat:

Beim *offenen* Blutkreislauf berührt das Blut die Körperzellen direkt. Da keine Diffusion durch Gefäßwände erfolgen muß, ist der Stoffaustausch mit den Körperzellen unkompliziert. Das relativ große Blutvolumen (s. oben) kann eine große Sauerstoffreserve enthalten; dementsprechend geht der Blutumlauf recht langsam vor sich. Als Folge davon sind die Transportvorgänge und damit auch eine hormonale Steuerung relativ träge.

Beim *geschlossenen* Blutkreislauf fließt die geringere Blutmenge innerhalb des Röhrensystems viel rascher und folgt präzisen Bahnen. Durch nervöse und hormonale Steuerung der Durchmesser der einzelnen Blutgefäße kann die Stromstärke des Blutflusses und damit der Transport von Atemgasen, Nährstoffen usw. gebietsweise unabhängig reguliert werden. Dies ergibt z. B. die Möglichkeit, die Blutzufuhr zu besonders aktiven Muskelgruppen zu steigern oder zu Hautgefäßen – zum Schutz vor übermäßigem Wärmeverlust – zu drosseln. Im allgemeinen ist die Leistungsfähigkeit des geschlossenen Systems, wie sie sich aus der den Körpergeweben pro Zeiteinheit zugeführten Sauerstoffmenge ergibt, wesentlich größer als die des offenen. Offenbar deshalb besitzen die Mollusken mit raschen Bewegungen, nämlich die Cephalopoden, ein geschlossenes Gefäßsystem (mit dem sie auch Atemgase transportieren), und verfügen die leistungsfähigsten Arthropoden, die Insekten, über das von ihrem offenen Blutgefäßsystem unabhängige Tracheensystem für die Atemgasversorgung.

Bei den Avertebraten, die ein ausgedehntes Coelom haben, stellt die Coelomflüssigkeit ein eigenes Körperkompartiment dar. Bei den Anneliden ist es vom geschlossenen Blutgefäßsystem getrennt; bei den Sipunculiden, denen ein Blutgefäßsystem fehlt, übernimmt die Coelomflüssigkeit manche Leistungen des Blutes, z. B. hinsichtlich der Gastransportfunktion. Die Coelomwand ist nie aktiv kontraktil; die Flüssigkeit zirkuliert deshalb nicht im Coelom wie in den Gefäßen, sondern wird durch die bei der Körperbewegung entstehenden Druckunterschiede bewegt und durchmischt. Bei den Echinodermen mit ihren komplizierten Coelomverhältnissen (S. 572) bestehen mehrere Kanalsysteme; die Zellen der Coelomwand sind hier mit Cilien besetzt, durch deren Schlag die Coelomflüssigkeit bewegt wird.

Das *Lymphsystem der Wirbeltiere* stellt ein Röhren- oder Kanalsystem dar (Abb. 5.212, S. 528, Abb. 6.117). Es ist als ein *Drainagesystem* aufzufassen, das überschüssige Gewebeflüssigkeit aus dem Bindegewebe in das Blut zurückführt. Es steht mit dem Blutgefäßsystem in offener Verbindung. Die Lymphbahnen beginnen mit blind geschlossenen Lymphcapillaren (Abb. 5.121b, S. 479), die von einem Endothel ausgekleidet sind.

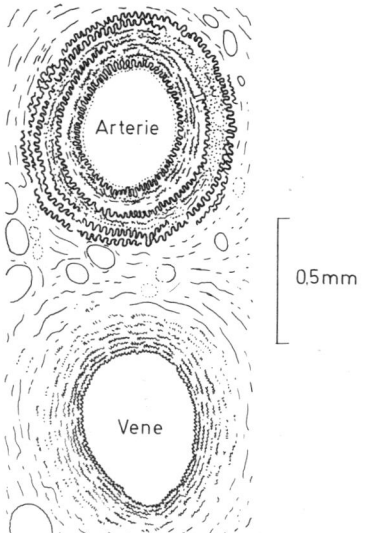

Abb. 6.115. Halbschematische Darstellungen von Querschnitten durch eine Arterie (postmortal kontrahiert) und durch eine Vene, die deren unterschiedlichen Wandbau zeigen. Die Wand der Arterie enthält wesentlich mehr Muskulatur und elastisches und straffes Bindegewebe als die der Vene. (Nach Braus u. Elze, stark vereinfacht)

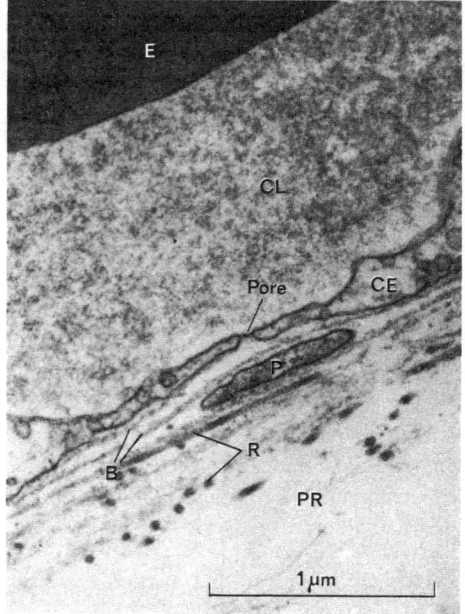

Abb. 6.116. Feinbau der Wand einer Capillare aus dem Dünndarm-Mesenterium eines Säugetieres (Kaninchen) mit einer großen Pore in der Endothelzelle (CE). Durch diese Poren können Proteinmoleküle, z. B. Albumin, aus dem Blutplasma in den perivasculären Raum (PR) hindurchdiffundieren. B Basallamina, CL Capillarlumen, E Erythrocyt, P Pericyt, R Reticulinfasern. (Original von Weigelt u. Schäfer/Dortmund)

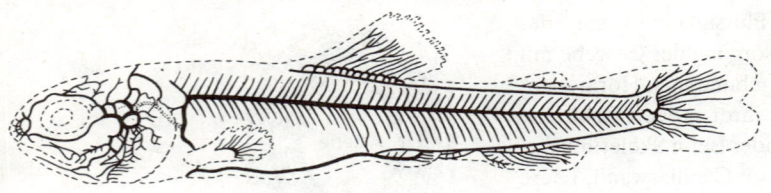

Abb. 6.117. Schematische Darstellung der wichtigsten Lymphgefäße eines Knochenfisches. (Nach Suworow)

Durch vorübergehend entstehende Endothellücken sollen neben Gewebeflüssigkeit auch größere Partikel in das Lumen gelangen können. Die anschließenden, wesentlich weiteren Gefäße münden in eine Hauptvene. Manche Lymphgefäße sind kontraktil; bei Amphibien kennt man *Lymphherzen* mit quergestreifter Muskulatur, die rhythmisch arbeiten. In die Lymphbahn der Säugetiere sind *Lymphknoten* (Abb. 5.213, S. 528) eingeschaltet, durch deren Spalten die Lymphe wie durch ein Filtersystem fließt. Die Wand der Gewebespalten wird von Zellen gebildet, die Fremdkörper aufnehmen und Antikörper (S. 526f.) gegen Fremdstoffe bilden. Diese Lymphocyten in den Lymphknoten – bei Säugetieren auch in der Milz – gehören ebenso wie die Lymphocyten des Blutes (S. 454; Abb. 5.77) zum Abwehrsystem des Körpers (Immunsystem, S. 526f.).

Die Lymphe bewegt sich nur langsam. Beim Menschen werden täglich etwa 2,8 l Lymphflüssigkeit dem Blutkreislauf zugeführt; das ist weniger als ein Tausendstel der Zirkulationsleistung des Blutgefäßsystems. Die Bedeutung des Lymphsystems liegt einerseits in der Beseitigung von Zellfragmenten, Fremdstoffen und Bakterien aus der Gewebeflüssigkeit, andererseits sind die in der Darmwand reich verzweigten Lymphgefäße für den Abtransport der Neutralfette zuständig, die von den Darmepithelzellen aus den Bausteinen der Nahrungsfette synthetisiert wurden.

6.7.2.3 Blutkreislaufdynamik

Die Bewegung der Blutflüssigkeit in den geschlossenen Systemen und die der Hämolymphe in den offenen Systemen wird meist durch die Tätigkeit pulsierender Hohlmuskeln (Gefäße bzw. Herzen) bewirkt. Die einfachste Form einer gerichteten Blutströmung findet sich bei den Anneliden. Hier wird durch peristaltische Kontraktionen des muskulösen Dorsalgefäßes das Blut, das aus den lateralen Gefäßen kommt, kopfwärts bewegt. In der Kontraktionsphase steigt der Druck im Dorsalgefäß von 0,1 kPa auf etwa 2,0 kPa an (Messungen an *Arenicola, Lumbricus*). Die Pulsationen sind unregelmäßig und werden offenbar durch die im Blut herrschenden Sauerstoff- und Kohlendioxidpartialdrucke stimuliert.

Bei den Arthropoden, Mollusken und Vertebraten sind die Hohlmuskeln der Kreislaufsysteme so stark differenziert, daß sie eigene Organe (Herzen) darstellen. Sie besitzen Klappventile, sind zum Teil mehrfach gekammert und wirken als Druck- und/oder Saugpumpen. Alle Herzen stellen morphologisch und funktionell einen besonderen Typ der Muskulatur dar. Bei den Vertebraten findet man fast ausnahmslos quergestreifte Herzmuskelfasern (Abb. 5.84, S. 458). Die einzelnen Fasern werden nicht wie beim Skelettmuskel über motorische Nervenfasern erregt (S. 458f.), sondern die Erregungsausbreitung im Herzen erfolgt von einer Zelle zur anderen über Kontaktstellen mit geringem elektrischem Membranwiderstand, z. B. den Glanzstreifen bei den Vertebraten.

Die *autorhythmischen* Kontraktionen der Herzen werden entweder *myogen* (Mollusken, Vertebraten) oder *neurogen* (viele Arthropoden) ausgelöst. Bei den myogen tätigen Herzen der Vertebraten ist jede einzelne Muskelfaser fähig, *spontan* rhythmische Kontraktionen auszuführen. Das ist im Normalfall nicht zu bemerken, sondern nur im Experiment, wenn man die Muskelelemente isoliert. Die *Eigenfrequenz* fast aller Fasern ist jedoch viel geringer als die des Schlages am ganzen Herzen. Nur bestimmte Fasern des

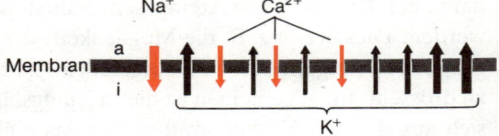

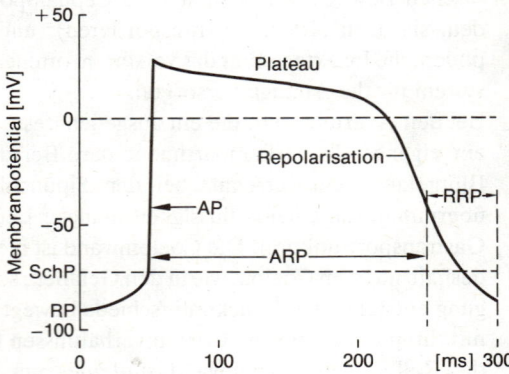

Abb. 6.118. Zeitlicher Verlauf des Aktionspotentials einer Herzmuskelfaser (unten) und der Ionenströme über der Membran während der Erregung der Zelle (oben). AP Aktionspotential, ARP Absolute Refraktärperiode, RP Ruhepotential, RRP Relative Refraktärperiode, SchP Schwellenpotential. (Nach Fleckenstein)

Herzmuskels besitzen eine deutlich höhere Eigenfrequenz und fungieren als »Schrittmacher«. Sie befinden sich im Sinusknoten und im Atrioventricularknoten. Von den Fasern des Sinusknotens ausgehend trifft die Erregung überall auf Elemente, die zwar schon aus der *Refraktärzeit* heraus sind, aber noch nicht die *Schwelle der spontanen Aktion* erreicht haben. Sie werden durch die ankommenden Impulse zur Erregung und damit zur Kontraktion veranlaßt. Durch seine *höhere Eigenfrequenz* wird der Sinusknoten zum »Schrittmacher« der Herzaktion, jedoch *nicht,* weil er der *stärkere,* sondern weil er jeweils *zeitlich der erste* Prozeß ist. Durch diese Form der Erregungsbildung und -ausbreitung wird eine gleichmäßige Kontraktion aller Fasern einer Herzmuskeleinheit und eine koordinierte Tätigkeit der gekammerten Herzen erreicht, wobei spezifische Muskelfasern (His-Bündel und Purkinje-Fasern) eine zeitlich koordinierte Erregungsausbreitung über die einzelnen Herzanteile bewirken. Die Herzen bzw. ihre muskulären Einheiten (Vorhof, Kammer) arbeiten jeweils wie eine einzige Muskelzelle (wie ein Syncytium, S. 11), was für ihre Funktion als Flüssigkeitspumpe unabdingbar ist.

Eine weitere Besonderheit der Herzmuskelfaser ist der zeitliche Ablauf der elektrochemischen Membranprozesse nach einer überschwelligen Erregung (Abb. 6.118). Nach einer schnellen Depolarisation der Membran folgt ein hypopolares Plateau und erst danach die Repolarisation des Membranpotentials. Die Restitution des Ruhepotentials und damit auch die absolute Refraktärzeit nach einem Aktionspotential dauert bei den Herzmuskelfasern wesentlich länger als bei Skelettmuskelfasern. Der elektrochemische Vorgang der spontanen myogenen Erregungsbildung ist folgendermaßen zu erklären: Die plötzliche Erhöhung der Natriumpermeabilität, die zur Auslösung und Ausbreitung des Aktionspotentials führt, klingt wie beim Skelettmuskel (S. 458) nach wenigen Millisekunden ab. Ihr folgt ein langsamer Calciumeinstrom, der die repolarisierende Wirkung des Kaliumausstromes verzögert und mit zur Ausbildung des genannten Plateaus führt (Abb. 6.118). Während der anschließenden Repolarisation ist die Kaliumleitfähigkeit stark erhöht, so daß fast ein Kaliumgleichgewicht (Hyperpolarisation) der Membran erreicht wird. Anschließend kommt es zu einer Reduktion der Kaliumleitfähigkeit und dadurch zu einer Umkehr des Membranpotentials, das dann langsam bis zur Schwelle des Aktionspotentials ansteigt. Wenn auch die autorhythmischen Vorgänge der myogenen Herzfasern bis heute nicht vollständig aufgeklärt werden konnten, ist zu vermuten, daß die Membranen dieser Fasern ein labiles Ruhepotential besitzen.

Bei den neurogen ausgelösten Herzkontraktionen wird die Erregung von *rhythmisch tätigen Nervenzellen* in einem Herzganglion (Abb. 6.119a) gebildet. So liegt beispielsweise in der Innenwand des Herzens des Hummers (*Homarus*) ein Ganglion, das aus nur acht Zellen besteht. Diese Nervenzellen sind autorhythmisch tätig und untereinander leitend verbunden. Wenn in diesem Ganglion aus der Ruhe heraus eine Zelle in Erregung gerät und einen Impuls aussendet, so regt dieser die Nachbarzellen zu dem gleichen an, was wieder auf die erste Zelle zurückwirkt, die sich dann sofort ein zweites Mal entlädt usw. Die Refraktärzeiten sind sehr kurz, so daß sich sämtliche Zellen gegenseitig zu Impulsen anregen; es entsteht eine Impulslawine (Abb. 6.119b), welche die Herzmuskulatur zur Kontraktion bringt. Das Ende der Impulslawine erfolgt dadurch, daß die Zellen nach einigen Impulsen »erschöpft« sind (worin diese Erschöpfung besteht, ist noch unbekannt). Dann erfolgt eine Phase, während derer alle Zellen ihre Reaktionsfähigkeit wiedergewinnen und sich der Schwelle der Spontanaktion nähern. Die meisten kommen jedoch nicht bis dorthin, weil die zuerst spontan »feuernde« Zelle dann die nächste Impulslawine einleitet. Die nervöse Aktivität der Einzelzellen des Ganglions wird also durch allseitig wechselseitige Anregung zu periodisch auftretenden Impulslawinen zusammengefaßt. Bei experimenteller Ausschaltung der Herzganglien sind die Herzen der Arthropoden mit verminderter Frequenz spontan tätig. Eine myogene Erregungsbildung und -ausbreitung ist demnach auch bei den neurogenen Herzen der Arthropoden möglich. Herzganglion und Schrittmacherregion sind analoge Erregungszentren.

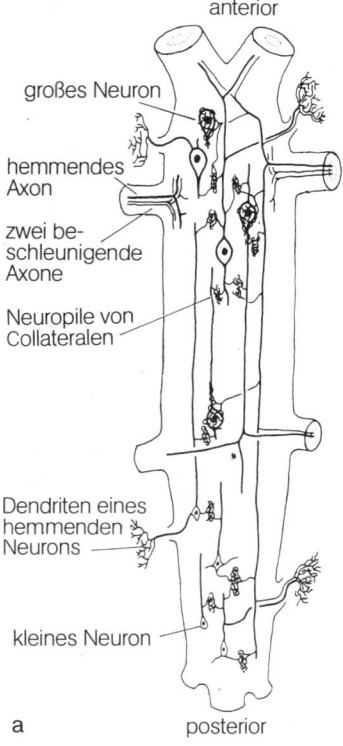

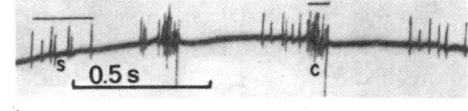

Abb. 6.119. (a) Morphologisches Schema des Herzganglions der Languste, Panulirus. Zwei große Nervenzellen senden ihre Axonen kopfwärts (anterior), die anderen drei nach hinten (posterior); alle haben dendritische Verzweigungen, hemmende perizelluläre Netze und Kollateralen zum Neuropil. Die Axonen der kleinen Neuronen ziehen alle nach vorne; sie bilden ebenfalls Dendritenäste und Neuropil, aber keine hemmenden Netzwerke. Eine hemmende und fördernde Nervenfasern treten beiderseits mit dem Dorsalnerven ein. Äste der hemmenden Fasern treten an die dendritischen Verzweigungen und das Neuropil heran und umspinnen die Zellkörper der großen Nervenzellen. (b) Originalregistrierung der Impulse eines Herzganglions vom Hummer, Homarus. In der Mitte sind zwei kondensierte Entladungen zu erkennen, die zur Auslösung eines Herzschlages führen. (Nach Maynard)

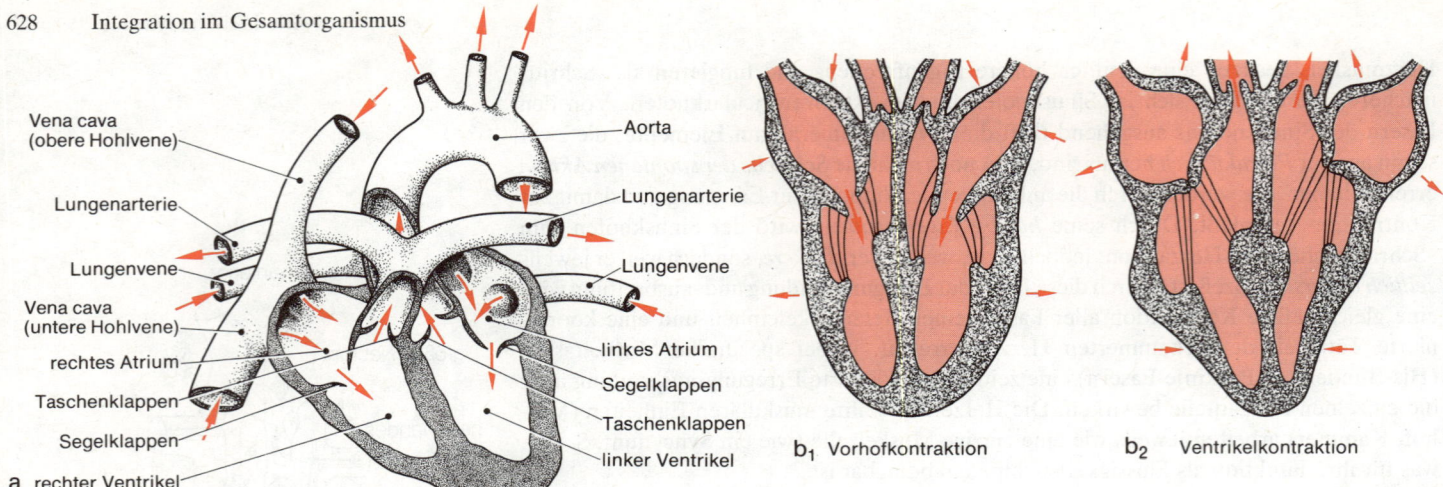

a **rechter Ventrikel** / Vena cava (obere Hohlvene), Lungenarterie, Lungenvene, Vena cava (untere Hohlvene), rechtes Atrium, Taschenklappen, Segelklappen / Aorta, Lungenarterie, Lungenvene, linkes Atrium, Segelklappen, Taschenklappen, linker Ventrikel

b₁ Vorhofkontraktion   b₂ Ventrikelkontraktion

Bei der rhythmischen Tätigkeit der Herzen unterscheidet man die Kontraktionsphase (*Systole*) und die Erschlaffungsphase (*Diastole*). In der Systole kommt es zuerst zu einer isometrischen Anspannung des Herzmuskels, bis der Wanddruck (die Flüssigkeit selbst ist praktisch inkompressibel) denjenigen des anschließenden Gefäßabschnittes oder Herzteils übersteigt. Dadurch wird das Klappenventil geöffnet und das Blut durch isotone Verkürzung der Muskelfasern ausgetrieben. In der anschließenden Diastole erschlafft der Herzmuskel, wobei sich infolge des abnehmenden Druckes das Ausgangsventil schließt und das Eingangsventil öffnet, so daß wieder Blut aus dem Gefäßsystem oder anderen Herzabschnitten einströmen kann (Abb. 6.120). Das pro Kontraktion ausgetriebene Volumen, das *Schlagvolumen,* hängt vom Füllungsvolumen ab. Bei dessen Zunahme werden die Vordehnung des Herzmuskels und damit die Muskelkraft und das Schlagvolumen vergrößert. Diese Eigenschaft, die auch die Skelettmuskeln besitzen (S. 516f.), dient zur *Autoregulation des Herzschlagvolumens.* Viel häufiger als das Füllungsvolumen ändert sich jedoch der Druck in dem nachfolgenden Gefäßsystem. Bei Zunahme des Druckes muß die Muskelkraft des Herzens erhöht werden. Das geschieht in folgender Weise: Zunächst verbleibt nach jedem Schlag etwas Restblut im Herzen, so daß die Füllungsvolumina ansteigen, bis die Vordehnung und damit die Muskelkraft ausreichend groß ist, um gegen den erhöhten Druck das ursprüngliche Schlagvolumen auszutreiben. Neben dieser Autoregulation können Muskelkraft und Schlagfrequenz auf nervösen und humoralen Wegen gesteuert werden (S. 638f.). Dadurch wird nicht nur das Schlagvolumen, sondern auch das pro Zeiteinheit ausgetriebene Volumen, das *Minutenvolumen,* dem Bedarf des Organismus angepaßt.

Abb. 6.120a, b. Herz des Menschen. (a) Halbschematische Darstellung des geöffneten Herzens mit Strömungsrichtungen des Blutes (Pfeile). Sämtliche Herzklappen sind – im Gegensatz zur normalen Funktion – hier gleichzeitig geöffnet dargestellt. (b) Schema der Funktion der Herzventile in der Diastole (b_1) und in der Systole (b_2). (Aus Vogel u. Angermann)

(6.13) Hagen-Poiseuille-Gesetz:

$$R = \frac{8\,l\cdot\eta}{\pi\cdot r^4}$$

R = Strömungswiderstand [N · s · m⁻⁵]
l = Länge [mm]
r = Radius des Gefäßlumens [mm]
η = Viskosität des Blutes [N · s · m⁻²]

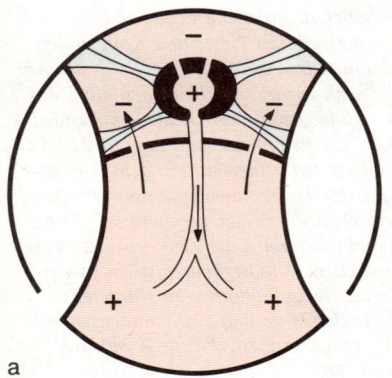
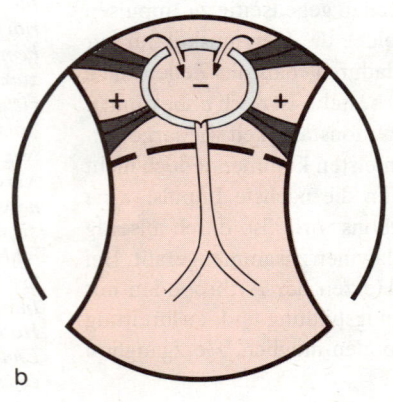

Abb. 6.121 a, b. Funktionsweise des Herzens eines dekapoden Krebses. Der Blutraum um das Herz herum ist von einer starren Wandung (Pericard) umgeben, an der das Herz mit elastischen Bändern (Ligamenten) aufgehängt ist. (a) Die Kontraktion der Herzkammer bewirkt einen Unterdruck im Pericardialraum und damit einen Sog auf das Körperblut. Die Ligamente werden dabei gedehnt. (b) Der erschlaffende Herzmuskel wird durch die elastische Verkürzung der Ligamente gedehnt; der hierbei resultierende Unterdruck in der Herzkammer saugt Blut aus dem Pericardialraum an. +, erhöhter Druck; –, Unterdruck. (Nach Stempel, schematisiert)

Die rhythmische Fortbewegung der Blutflüssigkeit bewirkt in den nachfolgenden zentralen Gefäßabschnitten *pulsierende* Schwankungen des Wand- bzw. *Blutdruckes.* Deshalb werden allgemein für den Blutdruck zwei Werte, der systolische und der diastole Druck, angegeben. (In der Medizin werden diese Zahlenangaben in der Einheit Kilo-Pascal (kPa) gemacht und durch einen Doppelpunkt getrennt.) Die Höhe dieser Drucke ist vom Strömungswiderstand (R) in den Gefäßen der verschiedenen Kreislaufsysteme abhängig (*Hagen-Poiseuille-Gesetz,* Gl. 6.13).

In den offenen Systemen der Arthropoden und Mollusken, wo das Blut zum Teil frei zwischen den Körperzellen zirkuliert, ist der Strömungswiderstand relativ gering. Daher findet man je nach Organisation der Kreislaufsysteme bei diesen Arten Blutdrucke von 1–4 kPa systolisch und 0,1–2 kPa diastolisch. Bei den Cephalopoden ist das System bis auf wenige Lakunen (z.B. Gehirn, Speicheldrüsen) geschlossen, und das Blut muß durch englumige Capillaren strömen. Daher beträgt der Druck im zentralen Herzen etwa 6,5:4,5 kPa, in den Kiemenherzen 4,5:2,0 kPa. Bei den Vertebraten schließlich findet man die höchsten Werte (etwa 17:11 kPa) bei den Warmblütern (Vögeln, Säugetieren), während sie bei den Wechselwarmblütern (Knochenfischen, Amphibien, Reptilien) 5–9 kPa systolisch und 3–7 kPa diastolisch betragen.

Fragen der Kreislaufdynamik sollen im folgenden an drei Beispielen behandelt werden:
(1) *Arthropoden* (Beispiel: Höhere Krebse, Abb. 6.124a). Im offenen Kreislaufsystem der Krebse liegt das Herz hinter den Kiemen und pumpt sauerstoffreiches Blut in das Körpersystem. Das Herz besteht aus einer einfachen Kammer (*Ventrikel*), die paarige, metamer angeordnete Öffnungen (*Ostien*) hat. Es ist durch elastische Ligamente in einem straffgespannten Herzbeutel (*Pericard*) aufgehängt (Abb. 6.121). Die von den Kiemen kommenden Venen münden in den Pericardialraum, so daß dieser mit sauerstoffreichem Blut gefüllt ist. Der Herzmuskel kontrahiert sich gegen die elastische Zugkraft der Ligamente. Daher erhöht sich der Druck, bis sich bei etwa 2,5 kPa die Ventile zu den Arterien hin öffnen und das Blut in diese ausgetrieben wird. Wenn der Herzmuskel erschlafft, wird er durch den Zug der Ligamente gedehnt, so daß der Innendruck unter den des arteriellen Blutdruckes sinkt. Dadurch schließen sich die Klappventile zu den Arterien, während die Ostien sich öffnen und der Ventrikel sich erneut füllt (*Saugpumpenwirkung*). Das Minutenvolumen beträgt etwa 5–8% des Körpergewichtes. Die Blutflüssigkeit fließt durch die Arterien kopf- und schwanzwärts in die Lakunen der Leibeshöhle, aus denen es durch Venen zu den Kiemen und von dort zum Pericardialraum zurückgeführt wird. Je nach Aktivität des Tieres betragen die Drucke 0,2–0,8 kPa in den Venen und 0–0,4 kPa im Pericard. Da der Strömungswiderstand in den Kiemengefäßen gering ist, erfolgt hier nur ein geringer Druckabfall. Das Volumen der Hämolymphe beträgt ungefähr 20% des Körpergewichtes.

Die Kreislaufsysteme der Spinnen und Insekten gleichen im Prinzip dem der Krebse. Bei den Spinnen ist die Ausbildung der Gefäße von der Organisation der Atemorgane abhängig. Sind diese nur auf zwei Segmente lokalisiert (Fächerlungen, S. 487), so ist das Herz lang und das Arteriensystem reich verzweigt. Sind jedoch Tracheen vorhanden, die in den Vorderkörper eindringen, so ist das Herz klein und die Verzweigung der Arterien reduziert. Bei den Insekten, bei denen der gesamte Gasaustausch durch das Tracheensystem erfolgt (S. 621f.), ist das dorsal im Abdomen liegende Herz langgestreckt (Abb. 6.122); es arbeitet mittels metachroner Kontraktionen seiner Muskeln durch peristaltische

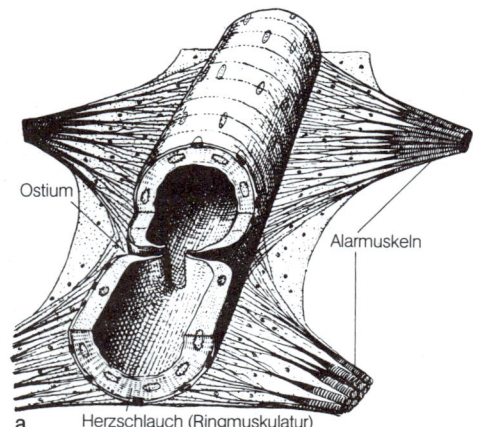

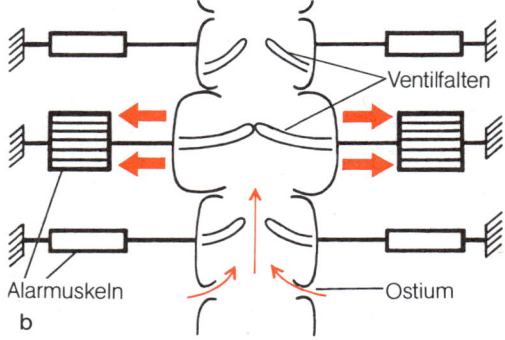

Abb. 6.122. (a) Bau des ursprünglichen Insektenherzens. (b) Schema der Arbeit des Insektenherzens: Hämolymphförderung durch lokale Erweiterung des Herzschlauches aufgrund der Kontraktion der Alarmuskeln (dicke rote Pfeile). Die Kontraktionen der segmental angeordneten Alarmuskeln erfolgen metachron. Die dünnen roten Pfeile zeigen eine Strömungsrichtung der angesogenen Hämolymphe. (a aus Weber, b aus Remane, Storch u. Welsch)

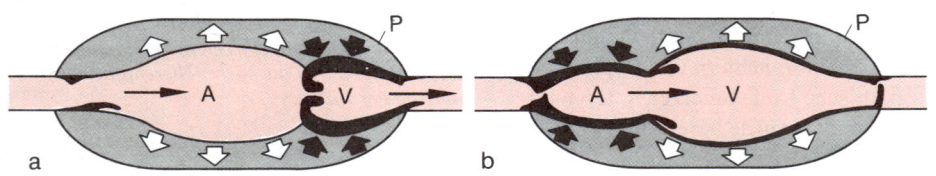

Abb. 6.123a, b. Funktionsweise des Herzens einer Schnecke (Helix). In einem mit Coelomflüssigkeit gefüllten Herzbeutel (Pericard, P) von konstantem Volumen befinden sich die beiden Herzkammern: Aurikel (Vorhof, A) und Ventrikel (V), die sich alternierend kontrahieren. (a) Kontraktion und Volumenverminderung des Ventrikels erzeugen neben dem Auswurf des Blutes in die Arterie einen Unterdruck in der Pericardialflüssigkeit, wodurch es zur passiven Dehnung des Aurikels und zum Ansaugen von Blut aus der Vene kommt. (b) Kontraktion des Aurikels und Erschlaffung des Ventrikels (mit Dehnung der Wand durch den leichten Unterdruck) fördern Blut vom Aurikel in den Ventrikel. Schwarze Pfeile: Bewegungsrichtung durch Kontraktion des Muskels, weiße Pfeile: Bewegungsrichtung durch passive Dehnung. (Original Florey)

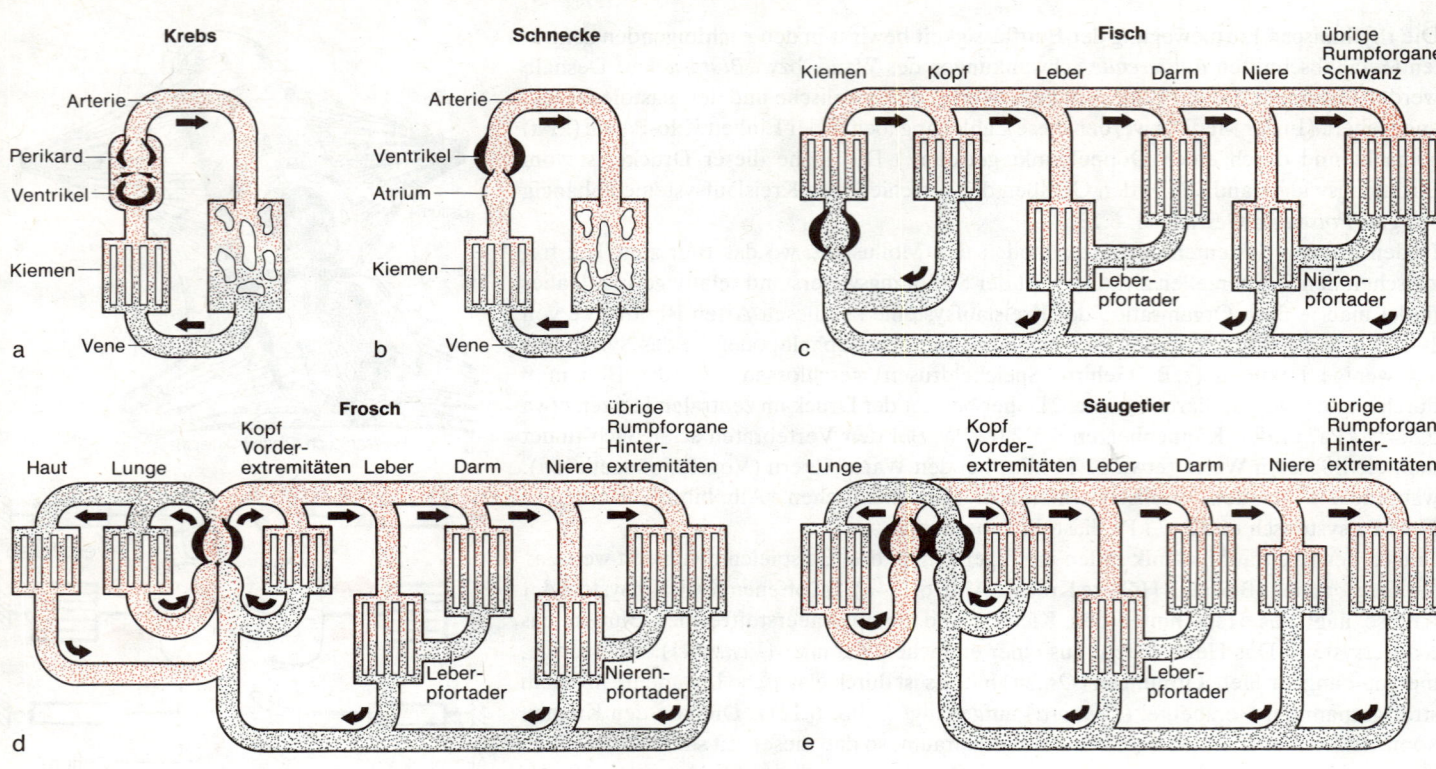

Bewegungen (S. 514, Abb. 6.122). Dabei ist neuerdings eine pendelnde Hämolymphbewegung nachgewiesen worden. Sie wird durch eine Herzschlagumkehr verursacht. In der Vorpulsperiode wird der größere Teil der Hämolymphe in Kopf, Thorax, Flügel und Extremitäten gepumpt, in der Rückpulsperiode ins Abdomen. Die dabei auftretenden Druckunterschiede wirken auf die elastischen Tracheen und Luftsäcke und begünstigen so einen konvektiven Gastransport.

(2) *Mollusken* (Beispiel: Schnecken, Abb. 6.124b). Ebenso wie bei den Krebsen liegt im Kreislaufsystem der Mollusken das Herz *hinter* den Atmungsorganen (Kiemen bzw. die zur funktionellen Lunge ausgebildete Mantelhöhle der Pulmonaten, S. 487). Es besteht aus einer Kammer (*Ventrikel*) und einer oder mehreren Vorkammern (*Atrium*), zwischen denen Ventile liegen. Beide Herzteile sind von einem versteiften Pericard umgeben, das einen in sich geschlossenen Teil der sekundären Leibeshöhle darstellt und mit Coelomflüssigkeit gefüllt ist. Atrium und Ventrikel kontrahieren sich alternierend. Bei der Kontraktion des Atriums wird das Ventil zum Ventrikel geöffnet und dieser mit Blut gefüllt. Danach kontrahiert sich der Ventrikel und pumpt das Blut mit einem systolischen Druck von etwa 3 kPa in die arteriellen Verzweigungen. Der diastolische Druck beträgt etwa 0,6 kPa. Die erneute Füllung des Atriums erfolgt während der Kontraktion des Ventrikels. Durch das konstante Volumen der Pericardialflüssigkeit wird bei der isotonen Ventrikelkontraktion (Volumenverringerung) das erschlaffte Atrium gedehnt – und umgekehrt (Abb. 6.123). Die Blutflüssigkeit wird über ein mehr oder weniger stark verzweigtes Gefäßsystem in die Gewebespalten des Körpers befördert, in Venen gesammelt und über die Atemorgane zum Herzen zurückgeführt. Bei den Lamellibranchiern und Cephalopoden wird die Durchströmung der Kiemen durch akzessorische Kiemenherzen unterstützt. Auf das nahezu geschlossene Gefäßsystem der Cephalopoden wurde bereits hingewiesen (S. 629).

Abb. 6.124a–e. Stark vereinfachte Schemata der Blutkreislaufsysteme bei einigen wichtigen Tiergruppen. Im offenen Kreislauf – Beispiele: Höhere Krebse (a) und Landlungenschnecken (b) – wird sauerstoffreiches Blut vom Herzen in die Gewebsspalten gepumpt. Darin ist der Strömungswiderstand gering, so daß ein arterieller Druck von 200–250 Pa ausreicht, um das Blut nach der Körperpassage über die Kiemen oder die Lungen zum Herzen zurückzuführen. Im geschlossenen Kreislauf – Beispiele: Wirbeltiere verschiedener Gruppen (c–e) – ist der Strömungswiderstand in den Körpercapillaren hoch, so daß die Herzen hohe Ausgangsdrucke erzeugen müssen. Bei Fischen (c) sind die Kiemen dem Körperkreislauf vorgeschaltet. Bei Fröschen (d) erfolgt die Sauerstoffaufnahme in einem parallelen Kreislauf durch die Lungen und durch die Haut. In den einkammerigen Herzen kommt es jedoch zu einer Vermischung von sauerstoffreichem und -armem Blut, was bei Säugetieren (e) durch die Ausbildung von zwei Herzkammern vermieden wird. Bei allen Vertebraten fließt das Blut aus dem Darm nicht direkt, sondern durch die Leber (Leberpfortader) zum Herzen zurück. Bei den Fischen und Amphibien strömt außerdem ein Teil des abdominalen Körperblutes durch die Niere (Nierenpfortader) zum Herzen zurück.

(3) *Vertebraten* (Beispiele: Fische, Amphibien, Säugetiere, Abb. 6.124c–e). Bei den Arthropoden und Mollusken sind die Herzen entweder anatomisch (durch Ligamente) oder funktionell (aufgrund des konstanten Pericardvolumens) angebunden, so daß ihre passive Dehnung durch von außen ansetzende Kräfte erfolgt. Dagegen wird die passive Dehnung der Herzen bei den Vertebraten ausschließlich durch die Wiederauffüllung mit Blut aus dem geschlossenen Zirkulationssystem bewirkt.

Bei den *Fischen* (Abb. 6.124c) besteht das Herz aus Vorhof (*Atrium*) und Kammer (*Ventrikel*) und pumpt sauerstoffarmes Blut über die Kiemen in den Körperkreislauf. Die Drucke in der ventralen Aorta betragen etwa 2,5:1,0 kPa bei den Cyclostomen, 4,0:2,6 kPa bei Elasmobranchiern und 6,0:4,0 kPa bei Teleostiern. Die Werte schwanken stark von Art zu Art und sind abhängig vom Aktivitätszustand des Tieres und von abiotischen Milieufaktoren (z. B. Salz-, Sauerstoffgehalt, Temperatur). Der Druckabfall in den Kiemencapillaren beträgt etwa 50%. Der verbleibende Druck reicht zur Durchströmung der Capillargebiete des Körpers und zur Rückführung des Blutes zum Herzen aus. Das Minutenvolumen beträgt 2–4% des Körpergewichtes bei einem Blutvolumen von 4–8% des Körpergewichtes. Das venöse Blut der Eingeweide strömt – wie bei allen Wirbeltieren – über die Vena portae (Leberpfortader) in die Leber und von dort in das Herz zurück. Ein Teil des Blutes aus dem Hinterkörper – insbesondere der Schwanzflosse – wird über die Nierenpfortadern und die Nieren zum Herzen zurückgeführt. Aus den übrigen Körperpartien fließt das venöse Blut direkt zum Herzen zurück.

Bei den Amphibien (Abb. 6.124d) ist mit dem Übergang zur Luftatmung ein zusätzlicher *Lungenkreislauf* ausgebildet. Die Blutversorgung der Lunge erfolgt zusammen mit der der Haut über die paarigen *Arteriae pulmocutaneae*. Dieses Gefäßpaar entspricht phylo- und ontogenetisch dem sechsten embryonalen Arterienbogen (dem vierten Kiemenbogengefäß der Teleostier). Nach der Lungenpassage strömt das sauerstoffreiche Blut über die Venae pulmonales direkt zum Herzen zurück. Das Herz der Amphibien besitzt *zwei Vorhöfe*, von denen der linke das Blut aus den Lungenvenen, der rechte das aus den Körpervenen (einschließlich der Haut) aufnimmt. Beide Vorhöfe münden über Ventile in ein und denselben *Ventrikel*. Obwohl sich nach dieser Herzkonstruktion das sauerstoffreiche Lungenblut mit dem sauerstoffarmen Körperblut im gemeinsamen Ventrikel vermischen sollte, wird durch eine zeitliche Differenz der Vorhofkontraktionen und die Ausbildung besonderer Muskelleisten auf der inneren Ventrikelwand der größte Teil des sauerstoffreichen Lungenblutes in den Körperkreislauf gepumpt. Dieser beginnt mit der (bei den Amphibien paarigen) Aorta, die dem vierten embryonalen Arterienbogen (dem zweiten Kiemenbogengefäß der Teleostier) entspricht. Wie bei den Fischen wird auch bei dieser Gruppe ein Teil des venösen Blutes aus den Hinterextremitäten über Pfortadern durch die Nieren geleitet. Die Blutdrucke in beiden Teilkreisläufen, in den Aorten und in den Arteriae pulmocutaneae, sind etwa gleich (5,0:4,0 bzw. 4,5:3,0 kPa). Das durch die Lunge strömende Minutenvolumen ist jedoch geringer als dasjenige des Körperkreislaufes. Durch den gemeinsamen Ventrikel wird diese Differenz jedoch kompensiert.

Bei den *Säugetieren* (Abb. 6.124e), deren Kreislaufdynamik am eingehendsten untersucht worden ist, sind Körper- und Lungenkreislauf völlig voneinander getrennt. Wie bei den Amphibien hat das Herz zwei Vorhöfe. Der Ventrikel ist jedoch durch eine muskulöse Scheidewand (*Septum*) ebenfalls in zwei abgeschlossene Kammerteile getrennt (Abb. 6.120a). Der rechte Vorhof erhält sauerstoffarmes Blut aus dem Körperkreislauf und befördert es in die rechte Kammerhälfte. Von hier wird es zum Gasaustausch in die Lunge gepumpt und gelangt nach deren Passage als sauerstoffreiches Blut in den linken Vorhof (*kleiner Kreislauf*). Aus dem linken Vorhof wird es in die linke Kammer und von dieser in den Körperkreislauf (*großer Kreislauf*) gepumpt. (Die gleiche Herzkonstruktion ist bei den Vögeln ausgebildet, während bei den Reptilien das Ventrikelseptum noch unvollständig ist.) Zwischen den Herzmuskeleinheiten und den nachgeschalteten Gefäßen befinden sich anatomische Ventile (Abb. 6.120). Zwischen den Vorhöfen und den Kammern liegen

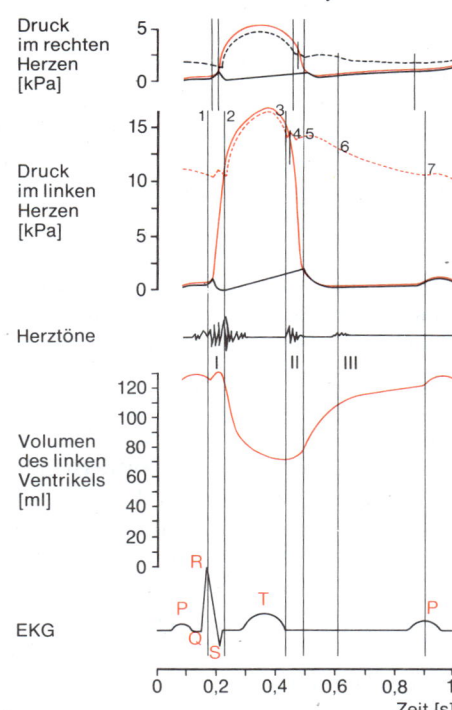

Abb. 6.125. Physiologische Parameter im Herzschlagzyklus beim Menschen. 1–2: Anspannungsphase, Segelklappen schließen sich, Taschenklappen öffnen sich bei 2; 2–3: Austreibungsphase; 4: Taschenklappen schließen sich; 5: Segelklappen öffnen sich; 5–6: Blut strömt in die Ventrikel; 7–1: Vorhofkontraktion. Herztöne jeweils im Beginn der Systole (I), der Diastole (II) und der Ventrikelfüllung (III). Bei der Kontraktion des linken Ventrikels verbleibt ein relativ großes Restvolumen. Das Elektrokardiogramm (EKG) zeigt den Verlauf der Erregungswelle in den einzelnen Herzabschnitten als Spannungsänderungen. P–Q: Vorhoferregung; Q–R–S: Ventrikelerregung; T: Kontraktionsende und Erregungsrückbildung. —— Ventrikel, —— Atrium, --- Aorta, --- Pulmonalarterie. (Nach Wiggers)

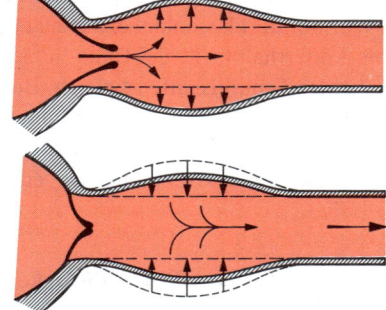

Abb. 6.126. Erläuterung des Windkesseleffektes der Aorta. Das vom linken Herzen ausgestoßene Blut dehnt die elastische Wand der Aorta, erweitert diese und dämpft dadurch die Stoßwelle. Vgl. Aortendruckkurve in Abb. 6.125.

die *Segelklappen*. Sie sind in der Diastole während der Ventrikelfüllung geöffnet (Abb. 6.120 b₁). Bei der anschließenden Anspannungsphase werden sie geschlossen, wenn der intraventrikuläre Druck den der Vorhöfe übersteigt (etwa 1,3 kPa). Die Taschenklappen zwischen den Ventrikeln und den anschließenden Gefäßen (Aorta und Arteria pulmonalis) öffnen sich, wenn der intraventrikuläre Druck denjenigen der Gefäße übertrifft (Abb. 6.120 b₂). Danach erfolgt die Austreibungsphase der Systole, in der es noch zu einem weiteren Druckanstieg in den Ventrikeln und Gefäßen kommt. Der Verschluß der Taschenklappen erfolgt erst kurz nach der Druckumkehr. Diese Verzögerung erklärt sich aus der Trägheit des systolisch beschleunigten Blutvolumens, das aufgrund der ihm erteilten kinetischen Energie noch kurze Zeit entgegen dem herrschenden Druckgefälle weiterfließt. Die nachfolgende Erschlaffungsphase in der Diastole ist durch einen steilen Druckabfall gekennzeichnet, während noch alle Herzventile geschlossen sind. Danach öffnen sich wiederum die Segelklappen, und die Ventrikel werden erneut gefüllt.

Die Unterschiede in den systolischen Drucken des linken und rechten Herzens sind durch die unterschiedlichen Strömungswiderstände von Körper- und Lungenkreislauf bedingt. Die Gefäße der Lungen sind stärker dehnbar als die des Körperkreislaufes. Außerdem ist die Gefäßwandmuskulatur in den Lungenarteriolen nur schwach ausgebildet. Die Dehnungsfähigkeit und die Elastizität der Gefäßwände dämpfen in beiden Teilkreisläufen den stoßweisen Pumpenschub des Herzens und bewirken so eine gleichmäßige Blutströmung in den Capillaren. So fällt der Druck in der Aorta während der Diastole nicht wie im linken Ventrikel auf nahe Null ab, sondern sinkt relativ langsam bis auf etwa 11 kPa (Abb. 6.125). Die elastische Aortenwand gibt nämlich die potentielle Energie, die während der Systole in ihrer Dehnung aufgenommen wurde, in der Diastole des Herzens durch Zusammenziehen wieder ab (*Windkesselfunktion*, Abb. 6.126). Daher herrscht in der Aorta und den nachfolgenden großen Arterien eine Druckamplitude von 17:11 kPa zwischen systolischen und diastolischen Drucken (*Puls*). Entsprechend dem Hagen-Poiseuille-Gesetz (S. 628) nimmt der Strömungswiderstand in den Arteriolen und Capillaren zu. Die Lumina dieser Gefäße werden immer enger, doch steigt ihre absolute Zahl und damit der Gesamtquerschnitt des Kreislaufes erheblich an (Abb. 6.127). Entsprechend sinken Blutdruck und Strömungsgeschwindigkeit. Ein Druck von etwa 0,8 kPa reicht aus, um schließlich das Blut in den großen Körpervenen mit wieder zunehmender Geschwindigkeit zum Herzen zurückzuführen.

Die geringe Strömungsgeschwindigkeit (0,3 mm · s⁻¹) in den Capillaren (Länge etwa 0,5–1 mm) ist für den Gas- und Stoffaustausch zwischen Blut und Gewebe sehr wichtig. Die gesamte Austauschfläche aller Capillaren beträgt im Körperkreislauf des Säugetieres etwa 15 m² · (kg Körpergewicht)⁻¹ (für einen 70 kg schweren Menschen etwa 1000 m²). Das Gesamtblutvolumen beträgt beim Menschen, ebenso bei Säugetieren und Vögeln, zwischen 6–8% des Körpergewichtes. Auch der Blutdruck ist im Mittel mit etwa 17:11 kPa in beiden Warmblüterklassen nahezu gleich groß. Im Ruhezustand wird pro Minute etwa das Ein- bis Anderthalbfache des Blutvolumens durch den Körperkreislauf gepumpt. Der Durchsatz beider Teilkreisläufe ist gleich. Bei starker Muskelaktivität kann das Minutenvolumen jedoch auf das 6–10fache des Ruhewertes ansteigen. Das bedeutet zum Beispiel, daß beim Menschen während schwerer Muskelarbeit vom Herzen 30 l · min⁻¹ gefördert werden. Das Förderungsvolumen wird entsprechend dem Bedarf autonom reguliert (S. 638f.).

6.7.2.4 Gastransport durch Körperflüssigkeiten

Die zirkulierenden Körperflüssigkeiten transportieren den an den respiratorischen Körperoberflächen (Haut, Kiemen, Lungen) eindiffundierenden Sauerstoff zu den Körperzellen und bringen das dort entstandene Kohlendioxid zur Abgabe an die Umgebung zurück. Bei allen Coelenteraten, Plathelminten, den meisten Nematoden und

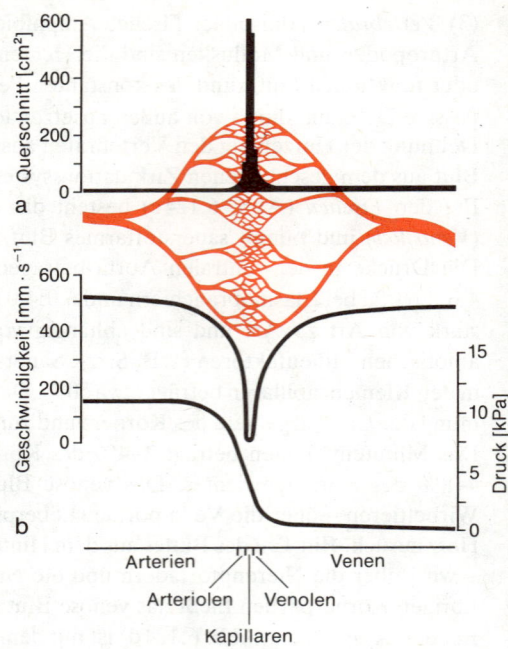

Abb. 6.127. (a) *Gesamtquerschnitt*, (b) *Strömungsgeschwindigkeit und Blutdruck in den aufeinanderfolgenden Abschnitten des Blutkreislaufsystems eines 13 kg schweren Hundes. Ein Schema des Gefäßverzweigungsmusters ist den Graphiken rot überlagert.* (Nach Rushmer)

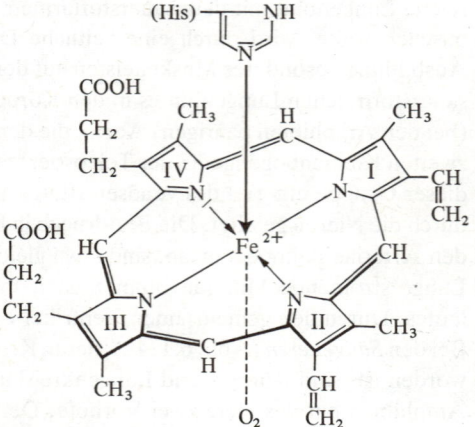

Abb. 6.128. Chemische Struktur einer der Häm-Gruppen im Hämoglobin sowie Andeutung der Bindung des Häms über das Ring-N eines Histidins an die Globinkette und der Anlagerung eines Sauerstoffmoleküls – beides am zentralen Eisenatom. In der Darstellung des aus vier Globinketten bestehenden Hämoglobins der Wirbeltiere (Abbildung links von der Titelseite) ist die Lage der Häm-Gruppen durch rechteckige graue Flächen angedeutet. (Aus Karlson)

Tabelle 6.14. Eigenschaften und Vorkommen von Sauerstofftransportpigmenten

Pigmenttyp	Molekulargewicht	Bindungsstelle (für 1 O_2)	Farbe der Lösung desoxy-/oxygeniert	Lokalisation	Vorkommen
Chromoproteine:					
Hämoglobin	Vertebraten: meist um 68 000; Avertebraten: 30 000 bis 3 000 000	1 Häm mit Fe^{++} (ohne Änderung der Wertigkeit)	dunkelrot/hellrot	Vertebraten: Erythrocyten; Avertebraten: meist in Hämolymphe; manchmal in Coelomocyten oder in Blutzellen	Fast alle Vertebraten; sporadisch in vielen Avertebratengruppen (s. Text)
Chlorocruorin	um 3 000 000	1 hämähnliches Porphyrinsystem mit Fe^{++}	braunrot/rot	Hämolymphe	bestimmte Polychaeten
Metallproteine:					
Hämerythrin	um 100 000	2 $Fe^{++} \rightarrow$ 2 Fe^{+++} an Aminosäureseitenketten des Proteins	farblos/violett	Coelomocyten	Sipunculiden; Priapuliden; Brachiopoden; einige Polychaeten
Hämocyanin	400 000 bis 9 000 000	2 $Cu^+ \rightarrow$ 2 Cu^{++} an je 3 Histidinen der Hauptkette des Proteins	farblos/blau	Hämolymphe	Arthropoden: dekapode Crustaceen, viele Cheliceraten, einige Centipeden; Mollusken: Amphineuren, Cephalopoden, Gastropoden, wenige Lamellibranchier

anderen niederen Würmern, bei einigen Anneliden, fast allen Lamellibranchiern und Amphineuren, bei Tunicaten, Acraniern sowie einigen Arten von Teleostiern im antarktischen Meer wird der Sauerstoff ausschließlich in physikalisch gelöster Form transportiert. Bei den übrigen Metazoen wird eine Erhöhung der Transportkapazität für Sauerstoff durch die Bindung an spezielle Pigmente erreicht.

Die *Sauerstofftransportpigmente* (Tab. 6.14) sind Eiweißstoffe, die zwei verschiedenen Gruppen angehören, den Chromoproteinen und den Metallproteinen. In beiden wird der Sauerstoff an Metallionen – Eisen oder Kupfer – reversibel gebunden. In den Chromoproteinen liegt zweiwertiges Eisen als Zentralatom in einem System von vier Pyrrolringen vor; es ändert bei der Sauerstoffanlagerung seine Wertigkeit nicht. In den Metallproteinen ist Cu^+ oder Fe^{++} direkt an bestimmte Aminosäuren gebunden; bei der Sauerstoffaufnahme tritt eine Wertigkeitsänderung ein. Die Bindungseigenschaften sind im wesentlichen durch die Konfiguration des Proteins bestimmt; bei Sauerstoffbeladung ändert sich meistens die Farbe des Pigments.

Am weitesten verbreitet sind die *Hämoglobine:* Sie kommen bei fast allen Wirbeltieren und sporadisch in vielen Gruppen von Avertebraten vor (Beispiele: Echinodermen: Seegurke *Cucumaria;* Insekten: Larven der Mücke *Chironomus;* Krebse: Wasserfloh *Daphnia;* Mollusken: Wasserlungenschnecke *Planorbis;* Anneliden: Bachröhrenwurm *Tubifex;* Nematoden: Spulwurm *Ascaris*); zur phylogenetischen Ableitung – gemeinsam mit dem in den Muskeln vorkommenden Sauerstoffspeicherprotein Myoglobin – aus einem »Urhämoprotein« siehe S. 875f. Hämoglobin und Myoglobin bestehen aus Protein vom Globintyp und dem Porphyrinsystem Häm als prosthetischer Gruppe (Abb. 6.128), das ein *zweiwertiges Eisen* als Zentralatom enthält; mit der *Oxygenierung* – jeweils ein *Molekül* O_2 an ein Häm – geht eine Veränderung der Farbe von dunkelrot nach hellrot einher (Abb. 6.129). Die Hämoglobine liegen bei den Wirbeltieren in den Erythrocyten eingelagert vor; bei den meisten Avertebraten sind sie in der Blutflüssigkeit gelöst. (Ausnahmen hiervon sind die Nemertinen, bei denen sie in den Blutzellen, und die Holothurien, bei denen sie in den Coelomocyten vorkommen.) Bei zellulärer Einlagerung

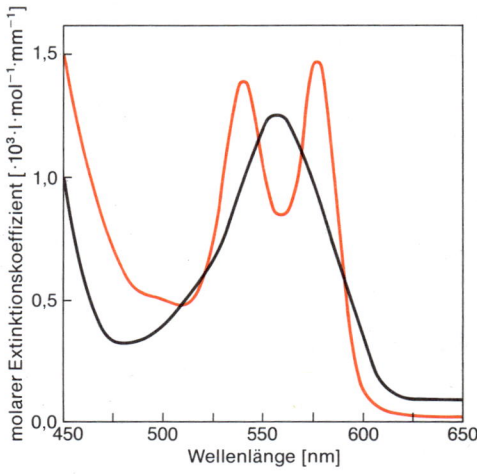

Abb. 6.129. Extinktionsspektren von Hämoglobin des Menschen im sichtbaren Spektralbereich: oxygenierter Zustand: rote Kurve; desoxygenierter Zustand: schwarze Kurve. (Aus Antonini u. Brunori)

sind die Moleküle verhältnismäßig klein; das Hämoglobin des Menschen besteht aus vier paarweise gleichen Untereinheiten (vgl. S. 203f.) von ähnlicher Kettenlänge mit einem Molekulargewicht von jeweils etwa 17000, die in Form eines Tetraeders zueinander angeordnet sind (Kettenkonformation von Hb A, s. Abb. links von der Titelseite). Bei den Wirbeltieren enthält ein Hämoglobinmolekül also vier Hämgruppen (Fe^{++}-Gehalt: 0,34%) und kann vier Moleküle Sauerstoff transportieren (Gl. 6.15b, S. 637). Die im Blut gelösten Hämoglobine der Avertebraten haben meist ein wesentlich höheres Molekulargewicht (bis zu $3 \cdot 10^6$).

Die Hämocyanine sind unter den lokomotorisch aktiven Mollusken und den größeren Formen derjenigen Arthropoden verbreitet, bei denen nicht ein Tracheensystem den Gastransport durchführt. Die phylogenetischen Beziehungen dieser Kupferproteine sind noch nicht abgeklärt. Die Begrenzung des Vorkommens auf zwei erdgeschichtlich früh getrennte Stämme der Protostomier ist auffallend; die zweimalige Ableitung von dem kupferhaltigen Enzym Tyrosinase erscheint möglich. Die Anlagerung von O$_2$ an Hämocyanin erfolgt als *Oxidation von zwei Kupfer-Ionen*, die paarweise an je drei Histidinreste der Hauptkette des Proteins gebunden sind (Abb. 6.130), unter Bildung einer Peroxidbrücke $-Cu^{II}-O-O-Cu^{II}-$. Dabei tritt eine Blaufärbung der zunächst farblosen Lösung auf. Die aus vielen Untereinheiten zusammengesetzten Hämocyaninkomplexe gehören zu den größten natürlich vorkommenden Molekülen: Das Hämocyanin von *Helix pomatia* (Abb. 6.132) besteht aus 160 Untereinheiten mit je einer Bindungsstelle für ein O$_2$ und hat ein Molekulargewicht von etwa 8000000. Hier wie bei denjenigen Hämoglobinen von Avertebraten, die in der Blutflüssigkeit gelöst vorkommen, steht die Molekülgröße in Zusammenhang mit der Transportkapazität: Der Gehalt an relativ wenigen Riesenmolekülen ermöglicht eine hohe Sauerstoffaufnahme bei geringer Steigerung des osmotischen Wertes der Hämolymphe.

Die Bedeutung der Pigmente besteht einmal in der Erhöhung der Transportkapazität der Körperflüssigkeiten für die Atemgase; so kann 1 l Blut von Säugetieren 150 bis 300 ml (etwa 0,3 g) Sauerstoff aufnehmen, während es ohne das Hämoglobin nur etwa 3 ml lösen könnte. Zum anderen ist wichtig, daß sie sich nicht nur bei normalem Luftdruck mit molekularem Sauerstoff beladen, sondern diesen auch leicht abgeben, wenn der Sauerstoffpartialdruck in der Umgebung niedrig ist.

(6.14) Definitionsgleichung für »Sauerstoff-Sättigung«:

$$S_{O_2} [\%] = \frac{[Hb\,O_2] \cdot 100}{[Hb] + [Hb\,O_2]}$$

(Hb steht hier für eines der Sauerstofftransportpigmente)

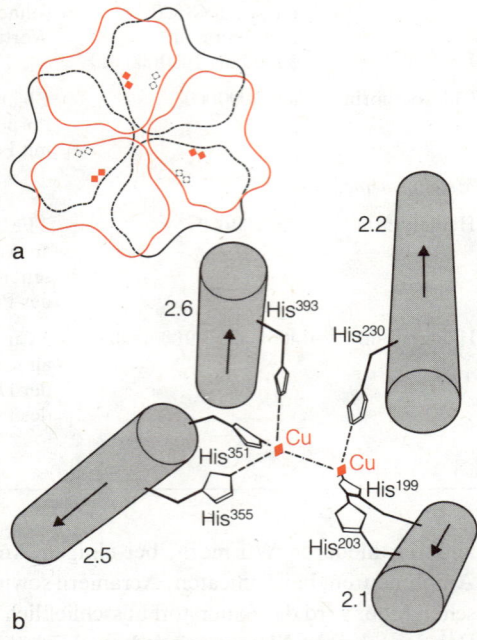

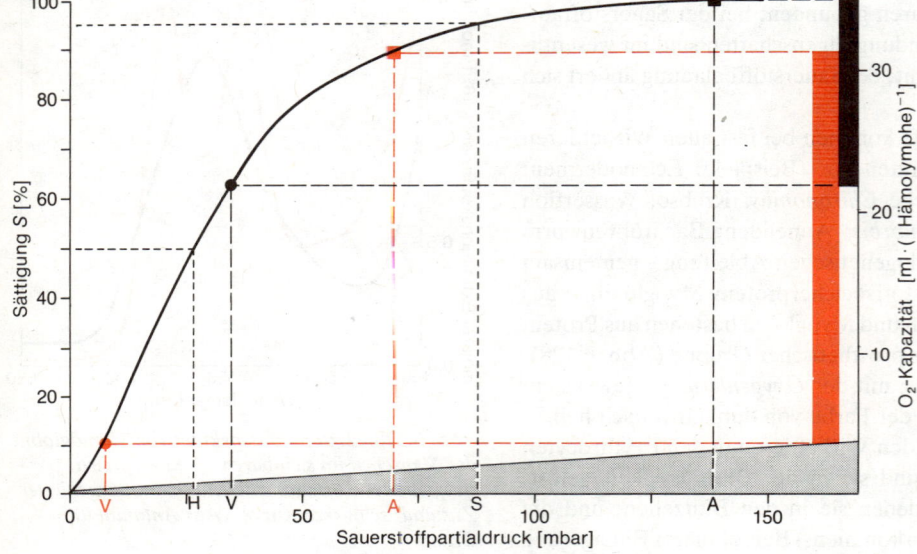

Abb. 6.130. Hämocyanin der Languste Panulirus interruptus. (a) Das hexamere Molekül (Molekulargewicht etwa 450000) besteht aus sechs Untereinheiten von jeweils etwa 650 Aminosäureresten, die in zwei Schichten, um 60° gegeneinander versetzt, um eine Symmetrieachse angeordnet sind (schwarze bzw. rote Umrisse). Jede Untereinheit enthält eine Sauerstoff-Bindungsstelle aus zwei Kupfer-Ionen (Quadrate). (b) Im Mittelabschnitt jeder dieser Polypeptid-Ketten befindet sich eine Konfiguration von sechs Histidin-Resten, die zu vier verschiedenen helicalen Abschnitten gehören; jeweils dreien dieser Histidine ist ein Cu$^+$ koordinativ zugeordnet. Bei der Bindung des Sauerstoffs geht dieser in das Peroxid-Anion über, jedes der beiden Kupfer-Ionen wird in den zweiwertigen Zustand übergeführt. Das Gesamtmolekül bindet bis zu 6 O$_2$. (Nach Linzen u. Mitarbeitern)

Abb. 6.131. Sauerstoffdissoziationskurve des hämocyaninhaltigen Blutes der Krabbe Cancer. Die grau unterlegte Fläche stellt den in der Hämolymphe physikalisch gelösten Anteil des Sauerstoffs dar. Die Säulen rechts im Diagramm zeigen die an die Körpergewebe abgegebenen Anteile des im Blut transportierten Sauerstoffs an, und zwar beim Tier in Ruhe (schwarz) und nach 5 min heftiger Bewegung (rot). Sauerstoffpartialdruck H bei 50% Sättigung, S bei 95% Sättigung, A des arteriellen Blutes (Quadrat-Symbole), V des venösen Blutes (Kreis-Symbole). (Nach Daten aus Johansen, Lefant u. Mecklenburg)

Die gelöste Menge eines Gases in einer wäßrigen Lösung ist von dessen Partialdruck und vom Löslichkeitskoeffizienten abhängig. Diese Materialkonstante gibt das Gasvolumen (in ml unter Normalbedingungen) an, das sich bei einem Druck des betreffenden Gases von 1013 hPa in 1 l Wasser löst; sie ist temperaturabhängig (Tab. 6.15). Der Gasgehalt der Lösung im äquilibrierten Zustand ist dem Partialdruck linear proportional; er kann nicht höher sein als dem Partialdruck des Gases entspricht. Der Gleichgewichtszustand wird physikalisch als »Sättigung« bezeichnet. Ist er nicht erreicht, dann ist die Lösung ungesättigt; der Grad wird in Prozent der Sättigung unter den betreffenden Bedingungen (des Partialdruckes, der Temperatur usw.) angegeben (Abhängigkeit der physikalisch gelösten Menge Sauerstoff in der Blutflüssigkeit vom Partialdruck: schräge gerade Linie unten im Diagramm der Abb. 6.131). Bei Normalluftdruck hat der Sauerstoff (208 ml · l^{-1}) einen Partialdruck von $pO_2 = 212$ hPa.

Wenn in einer Lösung (Blutflüssigkeit) ein Gastransportpigment vorhanden ist, besteht keine lineare Proportionalität zwischen dem Sauerstoffpartialdruck und dem Sauerstoffgehalt der Lösung. Hier liegt die *vollständige Sättigung* dann vor, wenn alle Anlagerungsstellen des Blutfarbstoffes mit Sauerstoff beladen sind; dies tritt bei manchen Tieren bereits bei einem Sauerstoffpartialdruck ein, der wesentlich unter dem der normalen Luft liegt. Die graphische Darstellung der Abhängigkeit der Sättigung S_{O_2} (in Prozent der vollständigen Sättigung; Definition dieses physiologischen Terminus in Gl. 6.14) vom Sauerstoffpartialdruck (in hPa) für Blut mit einem bestimmten Transportpigment wird als dessen *Sauerstoffdissoziationskurve* bezeichnet (Abb. 6.133).

Die *Affinität* eines Gastransportpigmentes zum Sauerstoff ist von seiner Proteinkomponente, von weiteren Bestandteilen in der Lösung, vom Säuregrad und von der Temperatur abhängig. Ein Maß für diese Affinität ist die Größe des Sauerstoffpartialdruckes, bei dem 50% des Pigmentes oxygeniert sind: »Halbsättigungsdruck« p_{50} (Abb. 6.131).

Die *Sauerstoffkapazität* einer Körperflüssigkeit ist – im Gegensatz zur Sättigung – von der Konzentration des Pigmentes und dessen maximalem Sauerstoffbindungsvermögen abhängig und wird in Milliliter Sauerstoff pro Liter Flüssigkeit (ml $O_2 \cdot$ l^{-1}) angegeben. Vollständige Sättigung der Hämoglobine der homoiothermen Wirbeltiere wird bei einem Sauerstoffpartialdruck von $pO_2 = 200$ hPa erreicht.

An den Austauschoberflächen der Atmungsorgane und damit auch in den darunter fließenden Körperflüssigkeiten ist der Sauerstoffpartialdruck häufig erheblich niedriger als im umgebenden Medium; in den Lungen der Säugetiere z. B. beträgt er nur etwa zwei Drittel dessen in der Atmosphäre. Meist ist die Affinität der Gastransportpigmente zum Sauerstoff so groß, daß sie während der kurzen Kontaktzeit beim Durchfluß des Blutes durch die Capillaren unter dem respiratorischen Epithel (Abb. 5.139, S. 489) (beim Menschen etwa 0,3 s) bereits nahezu vollständig gesättigt sind; eine Ausnahme hiervon stellen die Hämocyanine der dekapoden Krebse dar. Bei niedrigeren Sauerstoffpartial-

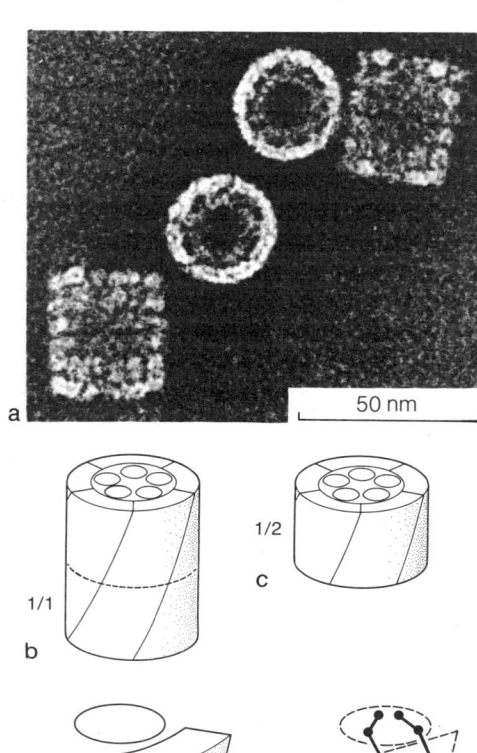

Abb. 6.132 a–e. Hämocyanin der Weinbergschnecke (Helix pomatia). (a) Elektronenmikroskopische Aufnahme von vier Molekülen. »Negative-staining«-Technik; Vergr. 480 000:1. (b–e) Schemadarstellungen des Makromoleküls. Der Hohlzylinder (b) besteht aus zwei becherförmigen Hälften (c), die in jeweils fünf gleichartige Teile (d) zerlegt werden können. Jeder davon setzt sich aus zwei »Domänen« zusammen, welche aus acht identischen Untereinheiten vom Molekulargewicht ~ 50 000 aufgebaut sind (e); das Molekulargewicht des gesamten Moleküls aus 20 Domänen (mit insgesamt 160 Untereinheiten) liegt bei etwa 8 000 000. (Nach van Bruggen u. Mitarbeitern)

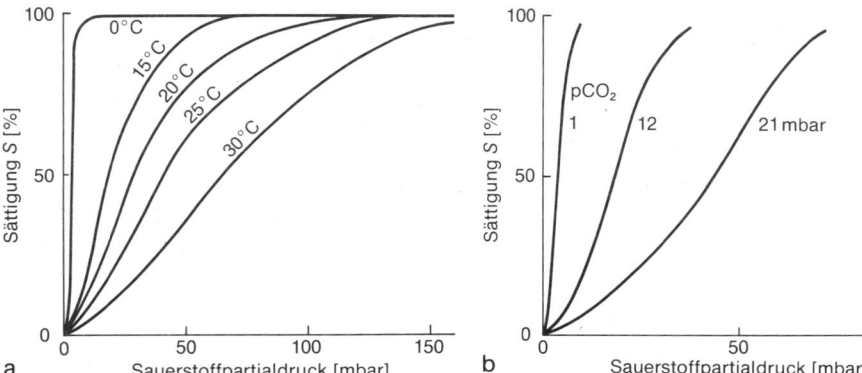

Abb. 6.133 a, b. Sauerstoffdissoziationskurven des hämocyaninhaltigen Blutes des Tintenfisches Octopus in Abhängigkeit (a) von der Temperatur (bei pH 7,2 gemessen) und (b) vom Kohlendioxidpartialdruck (bei 14°C gemessen). Die Kurvenschar in (b) weist einen ausgeprägten Bohr-Effekt nach. (a nach Florey, b nach Wolvekamp)

drucken, wie sie in den sauerstoffverbrauchenden Geweben vorliegen, wird der Sauerstoff vom Pigment abgegeben. Er kann dann in die Zellen diffundieren und in deren Mitochondrien veratmet werden. Im allgemeinen verläuft der steile Teil der Sauerstoffdissoziationskurve in dem Partialdruckbereich, der in den Capillaren des Gewebes herrscht. Dadurch kann die Sauerstoffabgabe dem wechselnden Bedarf in den Geweben angepaßt werden.

Eine einfache Reaktion zwischen einem Protein und einem Sauerstoffmolekül muß nach dem Massenwirkungsgesetz (S. 636) eine hyperbelförmige Sauerstoffdissoziationskurve ergeben. Eine solche Form findet sich angenähert bei manchen Hämocyaninen und besonders beim Myoglobin (Mb, Gl. 6.15a), einem Sauerstoffspeicherpigment in der Muskulatur (Abb. 10.34, S. 875). Dieses ist sehr ähnlich aufgebaut wie *eine* Untereinheit des Hämoglobins. Die sigmoide Sauerstoffdissoziationskurve der Hämoglobine zeigt, daß die Reaktion zwischen Hämoglobin und Sauerstoff komplizierter ist und daß kooperative Wechselwirkungen zwischen den Untereinheiten stattfinden müssen, die die Sauerstoffbindungsfähigkeit beeinflussen. Sie kommen durch Strukturveränderungen des Proteins im Zuge der Sauerstoffbeladung zustande und erfassen nicht nur die jeweilige Untereinheit, sondern auch das ganze Molekül. Das Protein klappt dann von einer Desoxystruktur mit niedriger in eine Oxystruktur mit hoher Sauerstoffaffinität um. Die Lage des steilen Teils der Sauerstoffdissoziationskurve auf der Partialdruckskala wird außer durch die niedrige Sauerstoffaffinität der Desoxystruktur vor allem durch die Gleichgewichtskonstante für den Übergang Desoxy- ⇌ Oxystruktur bestimmt. Allein dadurch liegt bei manchen Hämoglobinen (z.B. von Schaf, Ziege) der steile Teil der Sauerstoffdissoziationskurve bereits im physiologisch zweckmäßigen Partialdruckbereich (bei Säugetieren: Halbsättigungsdruck um 40 hPa). Bei den meisten ist hierfür jedoch die Mitwirkung von niedermolekularen organischen Phosphatverbindungen notwendig, die als allosterische Effektoren wirksam sind. Sie werden an die desoxygenierten Hämoglobine stöchiometrisch – 1 Molekül pro 1 Hb – gebunden und bei deren Oxygenierung wieder abgegeben, Gl. 6.15b. Durch Ausbildung einer Brücke zwischen zwei Untereinheiten (beim Menschen den beiden β-Ketten, Abb. links von der Titelseite) stabilisieren sie das Molekül. Bei vielen Säugetieren handelt es sich dabei um 2,3-Bisphosphoglycerat (Konzentration in den Erythrocyten etwa 5 mmol · l^{-1}), bei Vögeln um Inosinpentaphosphat und bei manchen Fischen um GTP, ATP oder ITP. Für die Hämocyanine in der Hämolymphe von dekapoden Krebsen ist eine direkte Wirkung von Milchsäure – und ebenso auch von Harnsäure – auf das Sauerstoffbindungsvermögen nachgewiesen worden. Auch andere Substanzen im Blut – z.B. CO_2, H^+, Cl^- (s. unten) – beeinflussen als allosterische Effektoren die Sauerstoffaffinität der Hämoglobine und der Hämocyanine.

Das Blut der fetalen Säugetiere hat eine höhere Sauerstoffaffinität als das der adulten. Die Ursachen hierfür sind unterschiedlich: (1) Es wird fetales Hämoglobin gebildet, das eine höhere Sauerstoffaffinität hat als das adulte (hauptsächlich bei Tieren ohne Bisphosphoglycerat: z.B. Schaf, Ziege). Auch beim Menschen wird fetales Hämoglobin (S. 204) gebildet, und Bisphosphoglycerat ist schon vor der Geburt im Blut vorhanden; es kann sich aber zwischen die γ-Ketten nicht einlagern. (2) Schon der Fetus hat das Adulthämoglobin, jedoch noch nicht das Bisphosphoglycerat im Blut; dieses wird erst zur Zeit der Geburt gebildet und verringert dann schnell die Sauerstoffaffinität (z.B. bei Pferd, Schwein, Hund). Wegen seiner stets höheren Sauerstoffaffinität (sowie weiterer Parameter) kann sich das fetale Blut in der Placenta bis zu einer höheren Sättigung mit Sauerstoff beladen, als der Entladung des mütterlichen Blutes entspricht. (Daneben hat das fetale Blut eine höhere Hämoglobinkonzentration als das adulte.) In entsprechender Weise wird das Myoglobin im ruhenden Skelettmuskel bei normaler Blutversorgung ständig nahe bei der vollständigen Sättigung gehalten (Abb. 10.34, S. 875).

Aufgrund ihrer hohen Sauerstoffaffinität werden die Gastransportpigmente mancher Avertebraten bei normaler Stoffwechselrate nicht desoxygeniert, solange im Umgebungs-

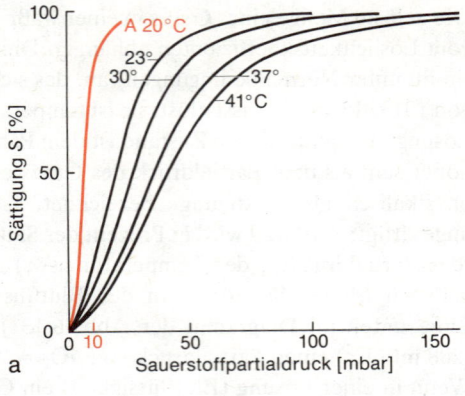

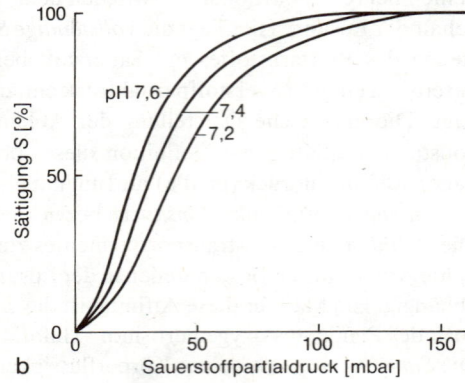

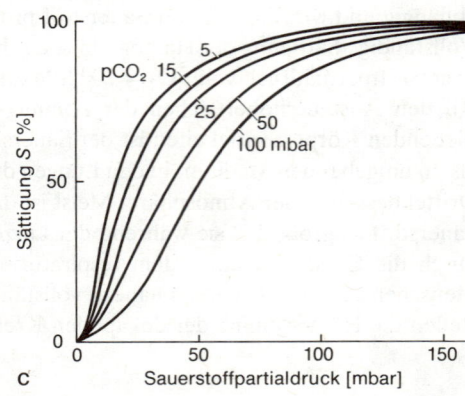

Abb. 6.134a–c. Abhängigkeit des Sauerstoffbindungsvermögens des menschlichen Blutes von (a) Temperatur, (b) Säuregrad (pH-Wert) und (c) Kohlendioxidpartialdruck. Die Kurven in (a) wurden bei pH 7,4, die Kurven in (b) und (c) bei 37°C aufgenommen. Die mit A bezeichnete rote Kurve in (a) gilt für das Hämoglobin des Polychaeten Arenicola (Wattwurm). Sie wurde bei pH 6,9 und 20°C – also im oberen physiologischen Temperaturbereich – aufgenommen und zeigt, daß das Hämoglobin in diesem Tier nicht als Transportpigment, sondern als Sauerstoffspeicher dient. (Aus Keidel, Kurve für Arenicola aus Prosser)

medium genügend Sauerstoff zur Verfügung steht. Sie könnten den Tieren als *Speicherpigmente* für den Fall von Sauerstoffmangel dienen. Diese Funktion wird besonders den Hämoglobinen verschiedener in der Gezeitenzone lebender Meerestiere, z.B. des Echiuriden *Urechis* und des Polychaeten *Arenicola* (Abb. 6.134a, rote Kurve) zugeschrieben. Ähnlich hohe Affinitäten finden sich auch bei wasserlebenden Tieren, die in häufig sauerstoffarmen Bodenzonen vorkommen, wie dem Pogonophoren *Riftia* (S. 806) und dem Süßwasser-Oligochaeten *Tubifex*.

Meist ist die Sauerstoffaffinität von der *Temperatur* abhängig, und zwar verringert sie sich mit steigender Temperatur (Abb. 6.133a, 6.134a). Bei poikilothermen Vertebraten können die oxygenierten Farbstoffe bei niedrigen Temperaturen oft nur am oberen, flachen Teil der Sauerstoffdissoziationskurve ausgenutzt werden, wodurch sich die effektiv transportierte Sauerstoffmenge sehr stark verringert (was bei der temperaturabhängig niedrigen Stoffwechselrate kein Nachteil ist). Eine wegen niedriger Temperatur stärkere Sauerstoffbindung kann aber auch schädlich sein: Tintenfische aus tropischen Meeren müssen bei niedrigen Wassertemperaturen ersticken, weil dann das oxygenierte Hämocyanin den Sauerstoff auch unter den niedrigen Sauerstoffpartialdrucken der Gewebe nicht abgibt.

Sehr wichtig für die Transportfunktion ist der Einfluß der H^+-Konzentration auf die Sauerstoffaffinität, der bei fast allen Gastransportpigmenten vorliegt: In den meisten Fällen nimmt die Affinität mit sinkendem *pH*-Wert ab (*Bohr-Effekt*, Abb. 6.134b); in wenigen Fällen erhöht sie sich (z.B. bei der Meeresschnecke *Buccinum*). Daneben besteht eine Abhängigkeit der Sauerstoffaffinität vom Kohlendioxidpartialdruck (Abb. 6.133b, 6.134c); deshalb wird in Geweben mit hoher Kohlendioxidproduktion die Abgabe von Sauerstoff aus dem Blut erleichtert. Dieser Effekt verstärkt die Sauerstoff-Freisetzung, die aufgrund des verringerten Sauerstoffpartialdruckes vorliegt, und verbessert die Sauerstoffversorgung stark arbeitender Gewebe erheblich. Eine unmittelbare (aufgrund der Pufferung freilich nur geringe) Änderung des *pH*-Wertes kommt in den arbeitenden Skelettmuskeln durch die Abgabe von Milchsäure zustande; sie wirkt zusätzlich in der gleichen Richtung. Bei manchen Fischen bewirkt das Kohlendioxid außerdem eine Erniedrigung des Wertes der vollständigen Sättigung des Hämoglobins mit Sauerstoff (*Root-Effekt*).

Das bei der Zellatmung frei werdende *Kohlendioxid* kann – besonders bei niedrigen Temperaturen – infolge seiner höheren physikalischen Löslichkeit (Tab. 6.15) in Körperflüssigkeiten größtenteils ohne spezielle chemische Bindung transportiert werden. Die

Tabelle 6.15. Löslichkeiten reiner Gase (auf Normalbedingungen reduziert) in reinem Wasser bei 1013 hPa [ml Gas · l^{-1}]

Temperatur	O_2	N_2	CO_2
0 °C	49,2	23,5	1730
15 °C	34,0	16,8	1020
30 °C	26,1	13,4	665

(6.15a)
$$Mb + O_2 \rightleftharpoons MbO_2$$

2,3 - Bisphosphoglycerat

(6.15b)
$$\text{Hb-Bisphosphoglycerat} + 4\,O_2 \rightleftharpoons Hb(O_2)_4 + \text{Bisphosphoglycerat}$$

Abb. 6.135. (a) Austausch von Kohlendioxid und Sauerstoff zwischen Gewebe und Blut bei Säugetieren. Rote Pfeile: Weg des Sauerstoffs, schwarze Pfeile: Weg des Kohlendioxids; in der Lunge sind die Richtungen umgekehrt. In schwarzer Umrahmung stehen die Transportformen des Kohlendioxids. Von dem aus dem Gewebe aufgenommenen CO_2 werden in Blutplasma und Intrazellularflüssigkeit der Erythrocyten etwa 10% physikalisch gelöst transportiert, weitere 10% als Carbaminoverbindungen des Hämoglobins und der Plasmaproteine, der überwiegende Teil jedoch als Hydrogencarbonat-Ion, und zwar 45% im Blutplasma und 35% in den Erythrocyten. (b) Ionenzusammensetzung des Blutplasmas bei Säugetieren. Bei den Anionen von Proteinen und von organischen Säuren sind Millimole negativer Ladungen angegeben. (a aus Penzlin, verändert, b aus Karlson)

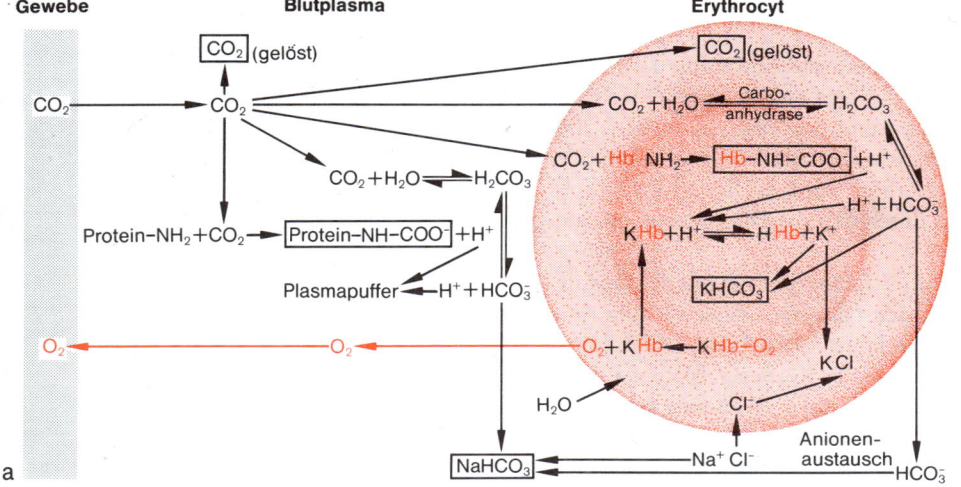

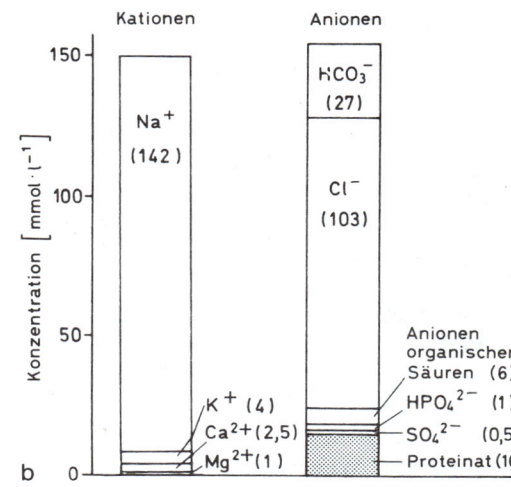

Gleichgewichtseinstellung zwischen Wasser, Kohlendioxid und Kohlensäure wird durch das Enzym *Carboanhydrase* (= Kohlensäureanhydratase) beschleunigt, das in den dem Gastransport dienenden Geweben (z. B. in den Kiemenepithelien und den Erythrocyten der Wirbeltiere) in großer Menge vorhanden ist (Abb. 6.135). Obwohl im venösen Blut die dissoziierte Kohlensäure in hoher Konzentration vorliegt, verändert sich der *pH*-Wert gegenüber dem arteriellen Blut nur wenig. Die Blutproteine fungieren infolge ihres im schwach sauren Bereich liegenden isoelektrischen Punktes (S. 58) bei physiologischem *pH*-Wert als sehr schwache Säuren; deshalb können die Hydrogencarbonat-Anionen die Alkali-Kationen des Blutes aus ihrer Bindung an die Protein-Anionen freisetzen. An dieser *Pufferwirkung* ist das Hämoglobin ganz wesentlich beteiligt, einmal wegen seiner hohen Konzentration im Blut (beim Menschen 130–160 g · l^{-1}) und vor allem, weil der isoelektrische Punkt des desoxygenierten Hämoglobins bei einem höheren *pH*-Wert liegt als der des oxygenierten. Das *oxygenierte Hämoglobin* wirkt somit als *stärkere Säure;* es kann mehr als doppelt so viel Alkali-Ionen binden wie das desoxygenierte. Wenn sich bei der Abgabe des Sauerstoffs das Alkalibindungsvermögen verringert, stehen freie Alkali-Ionen für die Neutralisierung der Kohlensäure bereit. Nach Austauschvorgängen von Hydrogencarbonat- und Chlorid-Ionen zwischen Erythrocyteninnenraum und Blutflüssigkeit wird das Kohlendioxid schließlich zum größeren Teil in Form von *Natriumhydrogencarbonat im Blutplasma* transportiert (Abb. 6.135).

Die Menge des im Blut enthaltenen Kohlendioxids wird zunächst vom jeweiligen Kohlendioxidpartialdruck bestimmt. Die Kohlendioxiddissoziationskurven, die sich analog den Sauerstoffdissoziationskurven darstellen lassen, sind für oxygeniertes und desoxygeniertes Blut verschieden (Abb. 6.136); die Kohlendioxidtransportkapazität des Blutes ist vom Oxygenierungsgrad des Hämoglobins abhängig (*Haldane-Effekt*).

Neben der Transportform des Hydrogencarbonat-Ions wird Kohlendioxid im Blut auch unmittelbar an Proteine des Blutes, besonders an das Hämoglobin, gebunden, und zwar als Carbaminoverbindung (*Carbhämoglobin*). Diese Bindungsfähigkeit ist von der Säurestärke des Proteins abhängig; oxygeniertes Hämoglobin bindet deshalb viel weniger Kohlendioxid als desoxygeniertes. Zwar ist der Anteil des im Carbhämoglobin gebundenen Kohlendioxids im Blut ziemlich gering, jedoch ist dieses Transportsystem wegen der Abhängigkeit seiner Kapazität vom Oxygenierungszustand recht effektiv: Beim Säugetier stammen etwa 10% des über die Lunge abgegebenen Kohlendioxids aus Carbhämoglobin. Dies zeigt einmal mehr die Bedeutung der vielfältigen Zusammenhänge zwischen Oxygenierungsgrad und Kohlendioxidtransportfähigkeit, die durch die Entwicklung sehr spezifischer Eigenschaften des Hämoglobins in der Evolution entstanden sind.

6.7.2.5 Kreislaufregulation

Eine Steigerung der Durchblutungsrate ist beispielsweise erforderlich, wenn der Sauerstoffbedarf und der Glucoseumsatz im tätigen Muskel ansteigen und gleichzeitig Kohlendioxid vermehrt anfällt. Da das absolute Blutvolumen und die Gastransportkapazität kurzfristig nicht gesteigert werden können, muß die Kreislaufzeit bzw. die durch den tätigen Muskel pro Zeiteinheit strömende Blutmenge erhöht werden. Dies erfolgt mittels eines autonomen Regulationsvorganges (S. 578f.), durch den die Durchströmungsrate dem Bedarf angepaßt wird.

Im Kreislaufsystem der Vertebraten befinden sich zwei Effektorsysteme, mit deren Hilfe die Durchströmung beeinflußt werden kann. Da ist zunächst das Herz, dessen Schlagvolumen durch erhöhte Muskelkraft und dessen Minutenvolumen zusätzlich durch erhöhte Schlagfrequenz gesteigert werden können. Die Arteriolen des Körperkreislaufes stellen das zweite Effektorsystem dar. Die glatte Muskulatur in ihrer Wandung ist durch *vasomotorische Gefäßnerven* innerviert, die zum *Sympathicussystem* gehören (S. 703f.). In Abhängigkeit von der Impulsfrequenz dieser Nerven ändert sich ihr Tonus und damit

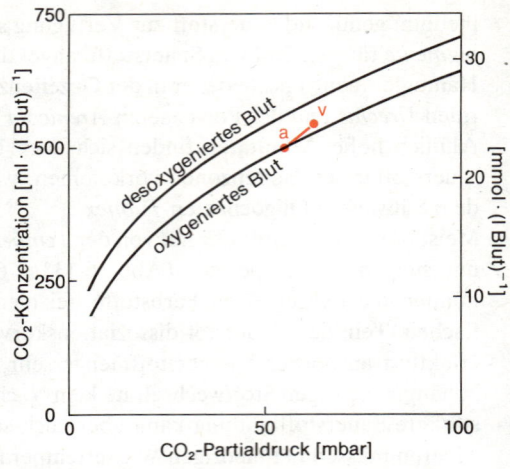

Abb. 6.136. Kohlendioxidbindungsfähigkeit des oxygenierten und des desoxygenierten menschlichen Blutes. Unter normalen Bedingungen ist für den Gasaustausch die »effektive CO$_2$-Bindungskurve« (rot) zwischen a (für arterielles Blut) und v (für venöses Blut) maßgebend. (Aus Schmidt u. Thews)

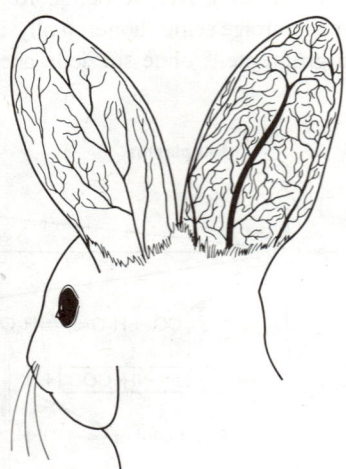

Abb. 6.137. Blutgefäße in den Ohren des Kaninchens in normal kontrahiertem Zustand (links) und dilatiert (rechts) nach rechtsseitiger Durchschneidung des Halssympathicus. (Nach Bernard aus Penzlin)

der Gefäßquerschnitt der Arteriolen. Geringe Frequenzen bewirken *Dilatation* (Gefäßerweiterung), während hohe Frequenzen *Konstriction* hervorrufen. Nach dem Hagen-Poiseuille-Gesetz (S. 628) ändert sich der Strömungswiderstand in Abhängigkeit vom Gefäßradius mit dessen 4. Potenz. Da die Arteriolen den Capillaren unmittelbar vorgeschaltet sind, lastet auf diesen bei Dilatation ein höherer Druck (der Strömungswiderstand in den Arteriolen wird ja drastisch verringert), der die Capillaren etwas erweitert und manche erst öffnet, so daß schließlich eine höhere Durchströmungsrate im Organ resultiert (Abb. 6.137); Konstriction hat den gegenteiligen Effekt. Über diese vasomotorischen Nerven können die Lumina der Arteriolen verschiedener Organbereiche (z. B. Skelettmuskulatur, Darmmuskulatur, Haut) individuell eingestellt werden, so daß je nach den Erfordernissen innerhalb des Organismus Umverteilungen in der Blutversorgung möglich sind.

Die beiden Effektorsysteme sind Glieder (Stellglieder, Abb. 6.67) eines *Regelkreises*, deren Tätigkeit durch die Signale »geeigneter« Meßfühler vermittelt wird. Um die Meßfühler zu ermitteln, muß zuerst die Frage nach der zu regelnden Größe geklärt sein (S. 578f.). Die verstärkte Aktivität einer Organeinheit, z. B. der Skelettmuskeln, führt zuerst zu einem Anstieg der Kohlendioxidproduktion und einer Verminderung des Sauerstoffgehaltes im venösen Kreislaufteil neben einer Senkung des Blutzuckerspiegels. Bei gleichbleibender Ventilation der Lunge kommt es dadurch zu einer zunehmenden Ansäuerung (Acidose) und einer Verminderung der Sauerstoffkonzentration auch im arteriellen Blut. Da Sauerstoff an das Hämoglobin in den Erythrocyten gebunden ist (S. 635f.), ändert sich die Konzentration des physikalisch im Blutplasma gelösten Sauerstoffs nur geringfügig. Das erste Signal der erhöhten Stoffwechselaktivität ist daher die zunehmende Acidose des Plasmas. Periphere Chemorezeptoren in den Glomera carotica und aortica (Abb. 6.138) sowie chemosensitive Neuronen an der Ventralseite der Medulla oblongata (Abb. 6.216) perzipieren Änderungen des Kohlendioxidpartialdruckes und der Wasserstoffionenkonzentration im Blutplasma. Ihre Signale gelangen zu zentralnervösen Kreislauf- und Atemzentren. Sie vermitteln eine Hemmung der vasomotorischen Neurone für die betreffenden Organgebiete, was eine Dilatation der Skelettmuskelarteriolen zur Folge hat. Sehr wahrscheinlich befinden sich in den Skelettmuskelarteriolen ebenfalls Chemorezeptoren, die unter Umgehung des Zentralnervensystems direkt eine Dilatation dieser Gefäße bewirken können. Infolge der Dilatation erweitert sich der Gesamtquerschnitt des Capillarkreislaufs (Abb. 6.127), so daß bei gleichem Herzminutenvolumen der Blutdruck in den Arterien abfällt. Dehnungsrezeptoren (*Pressorezeptoren*) in den Wandungen des Aortenbogens und im Carotissinus (Abb. 6.138) registrieren fortlaufend den Wand- bzw. Blutdruck. Ihre Signale werden ebenfalls von Kreislaufzentren im Zentralnervensystem (in verschiedenen Bereichen des Stammhirns) verarbeitet und bewirken neben vasomotorischen Reaktionen (Umverteilung des Blutvolumens, S. 625) auch eine Beeinflussung des Herzminutenvolumens. Durch beide Effektorsysteme kann der zentrale Blutdruck wieder auf oder auch über den ursprünglichen Wert angehoben werden. Wie schon vorher erwähnt, wirken die Signale der Chemorezeptoren auch auf die Atemzentren und bewirken bei Acidose eine Zunahme der Lungenventilation. Beide Regelsysteme – für äußere Atmung und Kreislauf – sind eng miteinander verknüpft, so daß es schwierig ist, ihre beiden Regelgrößen scharf zu trennen. Nur durch geeignete Experimente, bei denen eine der beiden Größen konstant gehalten wird, läßt sich zeigen, daß der Blutdruck als Regelgröße für das Kreislaufsystem wirkt, während die Blutgase (bei den Luftatmern vor allem Kohlendioxid) die Regelgröße für die äußere Atmung sind. Aus biologischer Sicht werden die Ver- und Entsorgung der Gewebe über Änderungen der Kreislauf- und Atmungsgrößen geregelt, wobei die Informationen durch entsprechende Meßfühler vermittelt werden, die den Druck und den Säuregrad des Blutes ständig perzipieren.

Die Kreislaufregulation der Warmblüter kann sehr stark durch deren Temperaturregulation belastet werden (S. 595), weil das Blut für den Wärmetransport zwischen Körperkern

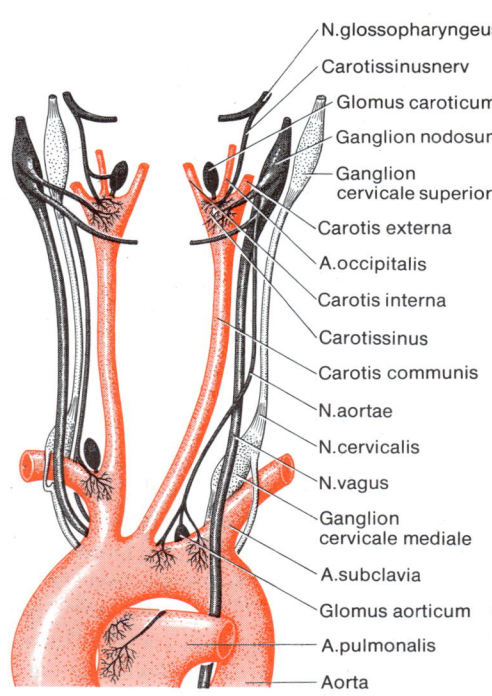

Abb. 6.138. Darstellung der für die Kreislauf- und Atmungsregulation wichtigen peripheren presso- und chemorezeptorischen Regionen mit ihrer sensiblen Innervation (schwarz). Die pressorezeptorischen Felder sind als Endverzweigungen von afferenten Nerven im Aortenbogen und in den beiden Carotissinus dargestellt. Die Chemorezeptoren befinden sich in den als ovale schwarze Flächen dargestellten Glomera carotica und Glomera aortica. Die Fortleitung der Erregungen aus den presso- und chemorezeptorischen Strukturen der Carotissinus und der Glomera carotica erfolgt über einen sensorischen Ast des Nervus vagus und über den Carotissinusnerven (einen Ast des Nervus glossopharyngeus), derjenigen aus dem Aortenbogen und den Glomera aortica über den Aortennerven (einen weiteren afferenten Ast des Nervus vagus, der im Ganglion nodosum austritt). Herz und Gefäßmuskulatur werden efferent vom Nervus sympathicus (punktiert), das Herz außerdem vom Nervus vagus (dunkelgrau) innerviert. Sympathicuserregung führt zu erhöhter Herzleistung und stärkerem Gefäßtonus, während Vaguserregung einer höheren Herzleistung entgegenwirkt. Vgl. Abb. 6.233. (Nach de Castro)

und Peripherie genutzt wird. Bei äußerer Hitze und Muskelaktivität werden die Haut und die Skelettmuskulatur gleichermaßen gut durchblutet. Hinzu kommt eine verstärkte Transpiration (Flüssigkeitsverlust), der in Extremfällen zum Hitzekollaps (Kreislaufzusammenbruch) führen kann. Hierbei spielen Wasserhaushalt und Osmoregulation zusätzlich eine wichtige Rolle.

Neuropharmakologische Untersuchungen zeigen, daß die Herztätigkeit durch *adrenerge Nerven* (Nervus accelerans, zum Sympathicussystem gehörend) verstärkt und durch *cholinerge Nerven* (Fasern des Nervus vagus) vermindert wird. Die Applikation ihrer jeweiligen Transmittersubstanz (Noradrenalin oder Acetylcholin) direkt am Herzen hat entsprechende Wirkung wie die Nervenimpulse. Das Hormon des Nebennierenmarks (Adrenalin, S. 666), das in akuten Streßsituationen vermehrt ins Blut ausgeschüttet wird, bewirkt wie Noradrenalin eine Steigerung der Herztätigkeit.

Noradrenalin und Acetylcholin scheinen auch die Tätigkeit der myogenen Herzen der Mollusken und die der neurogenen Herzen der Arthropoden antagonistisch zu steuern. Diese zeigen bei Applikation dieser Substanzen gleiche Reaktionen wie die Säugetierherzen. Über die Regulation der Kreislaufgrößen bei den Avertebraten ist noch wenig bekannt. Korrelationen zwischen Herzfrequenz einerseits und Aktivitätszustand bzw. Sauerstoffgehalt des Milieus (aquatische Avertebraten) andererseits machen die Existenz einer autonomen Kreislaufregulation auch bei den Avertebraten sehr wahrscheinlich. Die Autoregulation des Herzens (S. 628), nach der das Förderungsvolumen gleich dem Füllungsvolumen sein muß, erfolgt bei den Mollusken über die Änderung der Schlagfrequenz (Abb. 6.139), da die Konstruktion ihrer Herzen mit dem unelastischen Pericard (Abb. 6.123) keine Änderung der Muskelkraft wie bei den Vertebratenherzen zuläßt. Wenn auch die Regulationsmechanismen je nach Kreislaufsystem und Herzkonstruktion der verschiedenen Tiergruppen variieren, so läßt sich doch eine prinzipielle Übereinstimmung ableiten: Durch die Regulation der Transportkapazitäten wird allgemein die Homoiostase des inneren Milieus der Zellen des Organismus angestrebt und weitgehend gewährleistet.

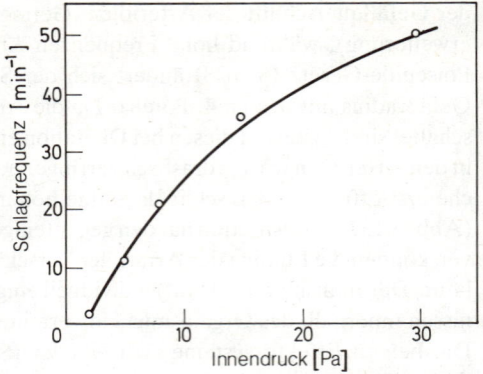

Abb. 6.139. Zusammenhang zwischen Schlagfrequenz und Blutdruck im Herzen von Helix pomatia. (Nach Daten von Schwartzkopff)

6.8 Bewegung

Die Bewegung (*Motilität*) der Organismen ist eine der Grunderscheinungen des Lebendigen. Wir verstehen darunter eine aktive, meist durch ihre Geschwindigkeit auffällige Orts- oder Lageveränderung von Organellen, Organen oder Organismen. Die zellulären Bewegungen wurden bereits in Kapitel 1 (S. 140f.) dargestellt, in Kapitel 5 wurden die Voraussetzungen für die Bewegungen der Höheren Tiere beim Muskelgewebe (S. 455f.) und bei den Bewegungssystemen (S. 514f.) besprochen. Hier soll die Bewegung als integrative Leistung des Gesamtorganismus von Pflanze oder Tier behandelt werden. Manche, meist sehr langsame Bewegungen (hauptsächlich bei Pflanzen und festsitzenden Tieren) sind mit dem Wachstum der sich entwickelnden Organe verbunden *(Wachstumsbewegungen)*. Andere, auch schnellere Bewegungen von Teilen der Organismen erfolgen aufgrund von Druckänderungen *(Turgorbewegungen)*. Freie Ortsbewegungen *(Lokomotion, Taxis)*, die »spontan« oder aufgrund von Außeneinflüssen erfolgen können, gibt es bei den meisten Tieren und daneben bei vielen einzelligen Organismen oder Fortpflanzungseinheiten (Beispiele für Geschwindigkeit freier Ortsbewegungen in Abb. 6.154). Nach den spezifischen Bewegungseinrichtungen lassen sich drei Grundtypen der aktiven Ortsbewegung unterscheiden:

(1) Bewegung durch Pseudopodien (*amöboide Bewegung*, S. 142),
(2) Bewegung durch Geißeln oder Cilien (*Flimmerbewegung*, S. 143f.) und
(3) Bewegung durch Muskeln (*Muskelbewegung*, S. 455f.).

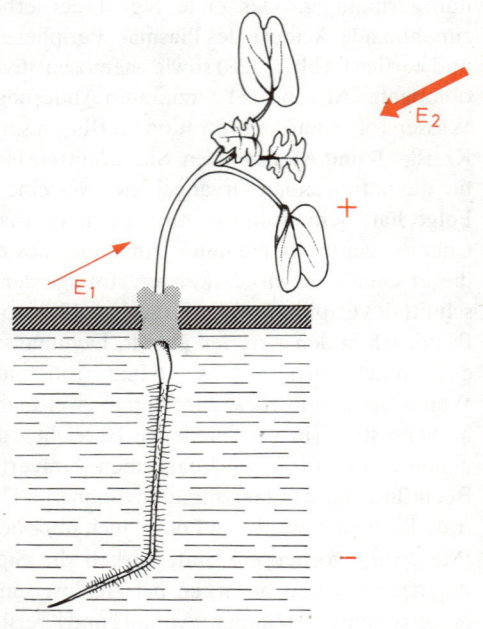

Abb. 6.140. Grundphänomen des Phototropismus bei einer typischen dicotylen Keimpflanze (von Sinapis alba). Diese wird – in eine schwimmende Platte (schraffiert) eingesetzt – in einer Wasserkultur gezüchtet. Die Sproßachse reagiert auf einen erheblichen Unterschied in der Beleuchtungsstärke ($\Delta E = E_2 - E_1 \gg 0$) positiv, d.h. sie krümmt sich in Richtung zur höheren Beleuchtungsstärke (+). Die Wurzel reagiert bei Sinapis in der gleichen Situation negativ, d.h. sie krümmt sich von der höheren Beleuchtungsstärke weg (–). (Nach Noll, verändert)

Die molekularen Vorgänge der Motilität, die an den angegebenen Stellen bereits beschrieben wurden, sind bei allen drei Typen grundsätzlich ähnlich.

Bewegung ist zunächst ein bioenergetisches Problem hinsichtlich der Bereitstellung verwertbarer chemischer Energie im Zellstoffwechsel (Abschnitt 1.4.3, S. 77f.) und deren Überführung in mechanische Energie (z. B. im Muskel, Abschnitt 5.3.3, S. 455f.). Bei der Lokomotion ergibt sich sodann das biomechanische Problem der Übertragung von mechanischer Energie von Körperteilen auf die Medien der Umgebung zum Erzielen von Reaktionskräften, beispielsweise Vortrieb und Auftrieb.

Manche Bewegungen erfolgen »spontan«, also aufgrund der inneren Bedingungen des Organismus (z. B. kreisende Bewegungen einer wachsenden Pflanzensproßspitze – Circumnutation; Bewegungen des Embryos in den Eihüllen; rhythmischer Schlag von Herzen): *endogene (autonome) Bewegungen*. Meist sind Bewegungen jedoch als Reaktionen auf äußere Einflüsse zu verstehen: *induzierte Bewegungen*. Bei diesen spielt die Beziehung zur Richtung des Reizes eine große Rolle. Wachstumsbewegungen festsitzender Organismen, insbesondere Höherer Pflanzen, die eine klare Beziehung zur Richtung des auslösenden Außenfaktors haben (Abb. 6.140), werden als *Tropismen* bezeichnet. Steht eine Bewegung nicht in Beziehung zur Richtung des auslösenden Außenfaktors, sondern ist sie durch die Anatomie des reagierenden Organs vorgegeben, so nennt man sie *Nastie* (sprich: Nastí). Freie Ortsbewegungen, die gerichtet zu einer Reizquelle hin oder von ihr weg erfolgen, heißen *Taxien* (positive oder negative Taxis). Wird nicht die Richtung des Reizgefälles (Gradient) zur Steuerung der Bewegungsrichtung verwendet, sondern die zeitliche Änderung der Reizintensität, so spricht man von *phobischer Reaktion*. Diese kann entweder durch eine Erhöhung oder eine Verringerung der Reizgröße ausgelöst werden. Alle diese Reaktionen können nach der Qualität des einwirkenden Reizes eingeteilt werden. So spricht man z. B. bei Lokomotion auf Licht- oder Berührungsreiz hin von Phototaxis bzw. Thigmotaxis, bei gerichteter Organbewegung aufgrund des Einflusses der Erdschwere von Gravitropismus oder bei richtungsmäßig festgelegter Bewegung aufgrund einer Erschütterung von Seismonastie.

Die Orientierung der Bewegungen wird in diesem Kapitel nur für die zum Pflanzenreich gehörigen Organismen behandelt. Bei den Tieren sind die orientierten Bewegungen ein Teil des Verhaltens, das in Kapitel 7 dargestellt wird. Dort findet sich auch die für diesen Zusammenhang erforderliche, eingehendere Unterteilung der Taxien (S. 723f.).

6.8.1 Bewegungsvorgänge bei Höheren Pflanzen

Der großflächige Kontakt mit dem Substrat Boden bedingt bei den Höheren Pflanzen (Cormophyten) eine fast vollständige Einschränkung der freien Ortsbeweglichkeit. Lediglich bei solchen Pflanzen, welche durch das Wachstum von horizontalen Rhizomen oder oberirdischen Ausläufern »wandern«, kann man noch von einer gewissen freien Ortsbewegung sprechen, welche jedoch für die lückenlose Besiedelung geeigneter Standorte durch vegetative Vermehrung von erheblicher Bedeutung sein kann. Die Verbreitung von Fortpflanzungskörpern, wie Pollen, Samen oder Früchten, erfolgt fast stets von deren Seite her passiv (in der Regel durch die Luftbewegung oder durch Tiere).

Die Höheren Landpflanzen verfügen jedoch über vielfältige Möglichkeiten zur *aktiven Bewegung von Organen*. Gerade die sessile Lebensweise und die unmittelbare Abhängigkeit von der physikalischen Umwelt macht es notwendig, daß sich manche Organe des Cormus (vor allem Blätter, Blüten, Früchte) nach richtungsvariablen Faktoren der Umwelt orientieren können. In der Tat werden diese Bewegungen in aller Regel durch Außenfaktoren (Reize) gesteuert. In manchen Fällen tritt jedoch auch eine autonome Kontrolle (im Zusammenhang mit der endogenen Rhythmik, S. 713f.) auf.

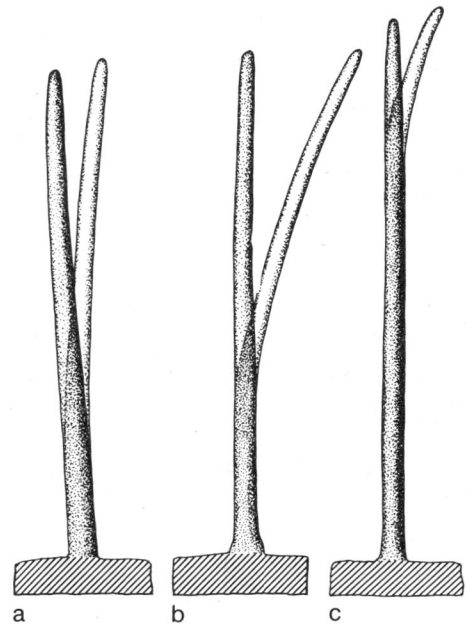

Abb. 6.141 a–c. Typische phototropische Krümmungen der Coleoptile des Avena-Keimlings. (a) Basiskrümmung, verursacht durch 10 min Blaulicht mittlerer Stärke (436 nm). (b) Basiskrümmung, verursacht durch 10 s UV-Licht (254 nm). (c) Spitzenreaktion, verursacht durch 1 s Blaulicht der gleichen Stärke und Wellenlänge wie bei (a). Das Licht kommt von rechts. Die Coleoptilen wurden bei Lichtbeginn und 90 min später photographiert. (Nach Curry u. Thimann)

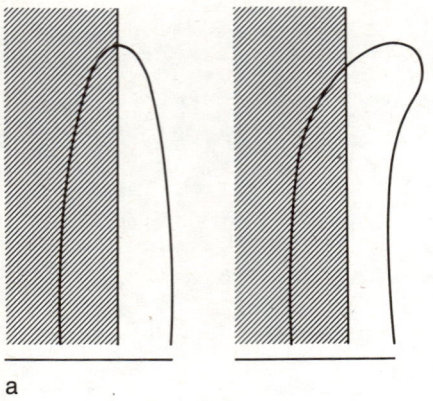
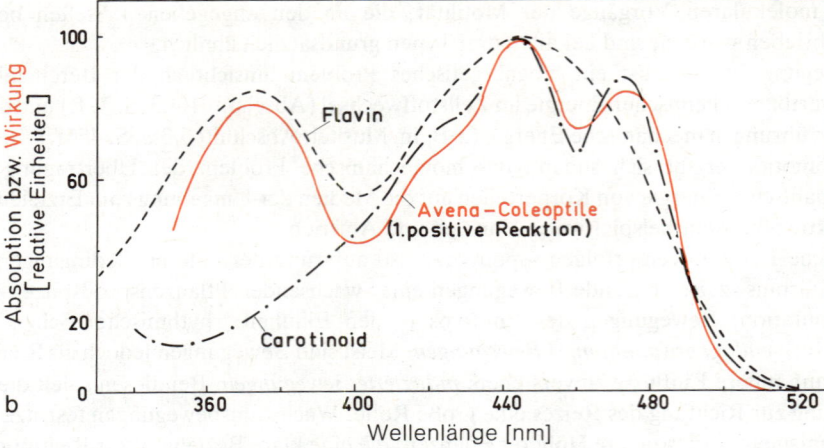

6.8.1.1 Phototropismus

Die Grundphänomene des Phototropismus, eines orientierten Bewegungsvorganges, an dem häufig nicht nur ein Organ, sondern der ganze pflanzliche Organismus teilnimmt, sind in Abbildung 6.140 dargestellt. Die *positive* phototropische Krümmung der Sproßachse kommt dadurch zustande, daß sich die Zellen der Wachstumszone auf der Schattenflanke (niedrigere Beleuchtungsstärke) schneller strecken als auf der Lichtflanke (höhere Beleuchtungsstärke). Bei der *negativen* phototropischen Krümmung mancher Wurzeln ist es gerade umgekehrt. Es handelt sich also um einen reinen, *irreversiblen Wachstumsvorgang*, den man als »differentielles Wachstum« (S. 327f.) bezeichnen kann. Die Krümmung erfolgt nicht nur im Dauerlicht, sondern auch im Dunkeln, wenn zuvor ein »induktiver« Lichtstoß verabreicht wird. Die ökologische Bedeutung der positiven phototropischen Reaktionen ist evident.

Die kausalen Vorgänge beim Phototropismus hat man insbesondere am Beispiel der Coleoptile des Haferkeimlings (Abb. 4.6, S. 328) studiert (Abb. 6.141). Das Längenwachstum dieses Blattorgans beruht ausschließlich auf Zellstreckung. Voraussetzung für dieses Streckungswachstum ist die Versorgung der subapikalen Wachstumszone mit Auxin (IES), welches in der selbst nicht wachstumsfähigen Organspitze gebildet und von dort polar in Richtung zur Organbasis transportiert wird (S. 685). Für den Mechanismus der Krümmungsreaktion sind folgende experimentellen Befunde von Bedeutung:

(1) Halbseitenbeleuchtung (Abb. 6.142a) zeigt, daß es bei der phototropischen Krümmung nicht auf die Lichtrichtung als solche ankommt, sondern ausschließlich auf die Verteilung der Lichtabsorption in der einseitig bestrahlten Coleoptile: Die Lichtflanke absorbiert mehr Licht als die Schattenflanke und wächst deshalb langsamer.
(2) Die wirksame Lichtabsorption – zumindest für die Spitzenreaktion (Abb. 6.141c) – erfolgt nicht in der Wachstumszone, sondern fast ausschließlich in der obersten Coleoptilspitze (ca. 250 μm). Bereits 2 mm unterhalb der Spitze ist die Lichtempfindlichkeit für induktive Lichtpulse sehr viel geringer.
(3) Mit Hilfe von ^{14}C-markierter IES (Formel S. 686) konnte man diesen Zusammenhang bestätigen (Abb. 6.143). Durch einseitige Beleuchtung wird in der Coleoptilspitze eine ungleiche Verteilung des markierten Auxins bewirkt, wobei die lichtabgewandte Seite einen höheren Spiegel zeigt.

Diese Befunde werden von der bereits vor 50 Jahren aufgestellten *Cholodny-Went-Theorie* gedeutet, welche postuliert, daß Licht auf noch unbekannte Art und Weise eine laterale Ablenkung (Querverschiebung) des von der Organspitze ausgehenden Auxinstromes bewirkt und daß der so erzeugte Auxingradient (Erhöhung des Auxinspiegels auf

Abb. 6.142. (a) Lichtgradient (»Halbseitenbeleuchtung«) als Ursache der phototropischen Krümmung bei der Coleoptile des Avena-Keimlings. Die Coleoptile wächst in der Zeichenebene und wird senkrecht zur Zeichenebene halbseitig bestrahlt. Die Coleoptile krümmt sich nicht in Lichtrichtung, sondern senkrecht zur Lichtrichtung zur beleuchteten Flanke hin. (b) Wirkungsspektrum des Phototropismus (1. positive phototropische Krümmung der Avena-Coleoptile, rote Kurve). Zum Vergleich sind die in-vitro-Absorptionsspektren von Flavin und einem Carotinoid eingetragen. (a nach Haupt, b nach einer Vorlage von Withrow)

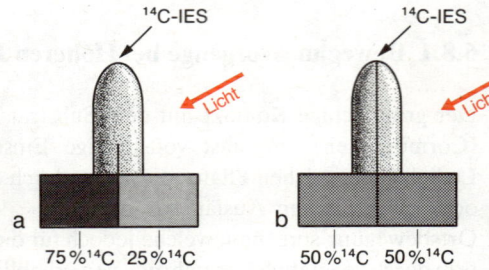

Abb. 6.143a, b. Verteilung von exogen applizierter 1-^{14}C-IES zwischen der Licht- und Schattenflanke von Mais-Coleoptilspitzen. Die radioaktive IES wurde an der äußersten Coleoptilspitze zugeführt, dann wurde einseitig mit 10^3 lx · s belichtet. Die Prozentzahlen geben die relative Radioaktivität an, die auf der Licht- bzw. Schattenflanke in den Empfänger-Agarblock transportiert wurde. Die Coleoptilspitze war entweder nur im unteren Drittel (a) oder ganz (b) gespalten. (Nach Pikkard u. Thimann)

der Schattenflanke, Erniedrigung des Auxinspiegels auf der Lichtflanke) zu differentiellem Wachstum, und damit zur Krümmung führt. Inzwischen sind eine ganze Reihe von experimentellen Befunden bekannt geworden, welche mit der Cholodny-Went-Theorie nicht verträglich erscheinen. So hat man unter bestimmten Bedingungen gefunden, daß die phototropische Krümmung auch ohne Auxinquerverschiebung stattfinden kann. Es ist auch nicht sicher, ob der laterale Auxingradient – wenn er auftritt – vor der Krümmungsreaktion etabliert wird, oder als Folge des differentiellen Wachstums aufgefaßt werden muß. Weiterhin ist es zweifelhaft, ob die beobachteten Unterschiede des Auxinspiegels in den beiden Organflanken ausreichend groß sind, um das differentielle Wachstum quantitativ zu erklären. Schließlich hat man gefunden, daß die Lichtperzeption für die phototropische Reaktion im Dauerlicht – im Gegensatz zur Induktion mit einem Lichtpuls – nicht in der Organspitze, sondern in der Wachstumszone selbst stattfindet. Es gibt derzeit keine Theorie zum Mechanismus des Phototropismus, welche diese Befunde befriedigend erklären kann.

Die Frage nach dem Photorezeptor der phototropischen Krümmung ist noch nicht eindeutig zu beantworten. Das Wirkungsspektrum (Abb. 6.142b) zeigt, daß lediglich kurzwelliges sichtbares Licht (Blaulicht) und UV-Strahlung wirksam sind. Nach diesem Wirkungsspektrum kommt sowohl ein Carotinoid als auch ein Flavoprotein als wirksamer Photorezeptor in Betracht. Die meisten experimentellen Daten sprechen jedoch zugunsten eines Flavoproteins.

Phototropismus findet sich auch bei manchen festsitzenden Tieren. So zeigen die Teile des stockbildenden Hydroidpolypen *Eudendrium* positiv phototrope Wachstumsbewegungen. Bei den marinen Bryozoe *Bugula* wachsen die Zoide positiv, die Rhizoide dagegen negativ phototrop.

6.8.1.2 Gravitropismus (Geotropismus)

Das Grundphänomen des Gravitropismus, die Ausrichtung pflanzlicher Organe durch den Faktor *Schwerkraft*, ist in Abb. 6.144 dargestellt. Umgekehrt wie beim Phototropismus kann man bei der Sproßachse eine *negative*, bei der Wurzel dagegen eine *positive* Krümmungsreaktion beobachten. Auch der Gravitropismus der Höheren Pflanze geht auf ein differentielles Wachstum zurück. Bringt man eine Pflanze, etwa einen rasch wachsenden Keimling, für einige Minuten in eine horizontale und dann wieder in eine vertikale Lage, so kommt es in den nächsten Stunden zu einer gravitropischen Reaktion; der *Gravitropismus* ist also ebenso wie der Phototropismus ein *Induktionsphänomen*. Die Kausalanalyse des Gravitropismus ist deshalb so schwierig, weil die Schwerkraft auf alle Zellen einer Pflanze gleich wirkt. Die Vorstellung liegt nahe, daß unter dem Einfluß der Schwerkraft Massenverschiebungen in den gravitropisch empfindlichen Zellen erfolgen, wodurch die funktionelle Polarität der Zellen nach Maßgabe der Schwerkrafteinwirkung verändert werden könnte. In der Tat gibt es in den Columellazellen der Wurzelhaube (Abb. 6.145) oder in den Cortexzellen der Grascoleoptile Amyloplasten, die wegen ihres Stärkegehaltes eine hohe Dichte besitzen. Sie verlagern sich langsam unter dem Einfluß der Schwerkraft. Entfernt man bei einer Maispflanze die Wurzelhaube, so hat diese Operation auf das allgemeine Längenwachstum keine Wirkung. Die normalerweise stark ausgeprägte gravitropische Reaktionsfähigkeit ist jedoch aufgehoben – so lange, bis vom Vegetationspunkt eine neue Wurzelhaube regeneriert ist.

Nach der *Statolithenhypothese* sind die Amyloplasten (»Statolithenstärke«) kausal an der Auslösung der gravitropischen Reaktion beteiligt. Allerdings ist die im Mikroskop erst nach einigen Minuten beobachtbare Verlagerung der Amyloplasten zur physikalischen Zellunterseite in einer horizontal gestellten Calyptra viel zu langsam, um als als Auslöser der Reaktion in Frage zu kommen. Die Pflanzen können nämlich eine Änderung der Schwerkraftrichtung bereits nach Sekundenbruchteilen registrieren, also lange bevor eine

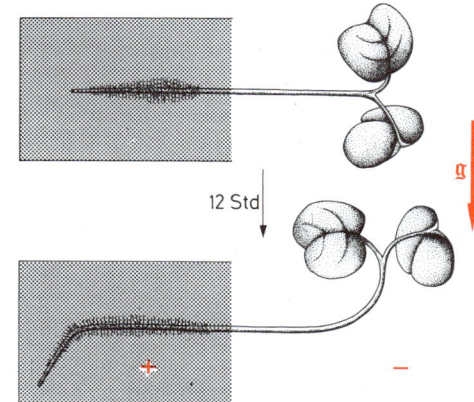

Abb. 6.144. Grundphänomen des Gravitropismus bei einer typischen dicotylen Keimpflanze (von Sinapis alba). Bringt man eine Pflanze in eine Lage senkrecht zur Richtung der Schwerkraft (g), so krümmt sich die Sproßachse »negativ«, die Wurzel »positiv«. (Aus Mohr)

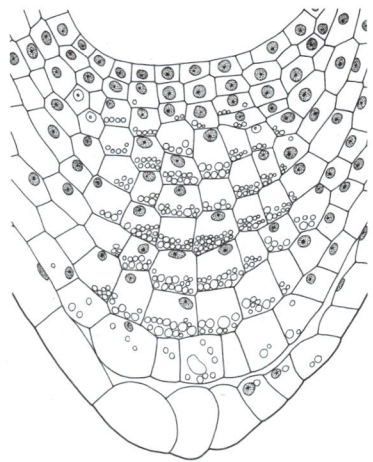

Abb. 6.145. Medianer Längsschnitt durch die Wurzelspitze (Calyptra) von Rorippa amphibia. Man erkennt die zentralen Columellazellen mit sedimentierten Amyloplasten. (Nach Brauner)

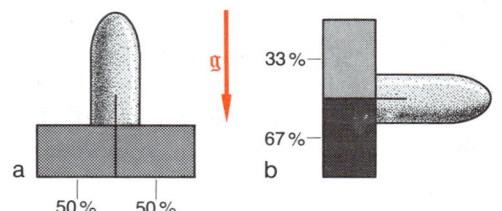

Abb. 6.146a, b. Querverschiebung von endogen produziertem Auxin in der Spitze der Coleoptile unter dem Einfluß der Schwerkraft (g). Die Prozentzahlen geben die Verteilung des in den getrennten Hälften eines Agarblocks auffangbaren (»diffusionsfähigen«) Auxins wieder. (Nach Gordon)

merkliche Ortsveränderung der Amyloplasten eintritt. Daher ist wahrscheinlich nicht erst die Ansammlung von Statolithen an der unteren Zellflanke, sondern bereits die Richtungsänderung des Druckes, den die Statolithen auf ihre Unterlage ausüben, für die Auslösung der gravitropischen Reaktion verantwortlich zu machen. Die Amyloplasten der Columellazellen liegen auf einem auffallenden, schüsselförmigen Polster aus endoplasmatischem Reticulum, welches für die Registrierung der Druckänderung dienen könnte. Die Statolithenhypothese ist durch indirekte Evidenz recht gut untermauert. Zum Beispiel weisen die Coleoptilen von Amylomais, einer Mutante mit sehr kleinen, langsam sedimentierenden Amyloplasten, eine geringere gravitropische Empfindlichkeit auf als die Coleoptilen des Wildtyps mit normal großen Amyloplasten. Das allgemeine Wachstum der Coleoptile ist dagegen nicht beeinträchtigt.

Auch die gravitropische Organkrümmung beruht auf differentiellem Zellstreckungswachstum der beiden gegenüberliegenden Flanken der Wachstumszone. Ähnlich wie beim Phototropismus wird auch hier häufig die *Cholodny-Went-Theorie* zur Beschreibung der Kausalkette zwischen primärer Statolithenwirkung und differentieller Wachstumsreaktion herangezogen. Danach soll es z. B. in der Coleoptile als Folge der Perzeption des Schwerereizes zu einer Querverschiebung des von der Spitze ausgehenden Auxinstroms von der oberen zur unteren Flanke des Organs kommen, gefolgt von einer entsprechenden Verschiebung der Wachstumsintensität. In der Tat konnte eine ungleiche Verteilung von Auxin in horizontal gestellten Coleoptilspitzen experimentell nachgewiesen werden (Abb. 6.146). Die Ablenkung ist bei Coleoptilen von Amylomais wesentlich geringer als beim Wildtyp. Um die positive gravitropische Reaktion der Wurzel mit einer entsprechend gerichteten Auxinverschiebung erklären zu können, muß man die Zusatzannahme machen, daß eine Erhöhung des Auxinspiegels an der unteren (langsamer wachsenden) Organflanke zu einer überoptimalen, und daher hemmenden Konzentration des Hormons führt.

Auch beim Gravitropismus wird die Gültigkeit der Cholodny-Went-Theorie neuerdings aus verschiedenen Gründen angezweifelt. Zum Beispiel kann man leicht zeigen, daß sich die obere und untere Flanke einer gravitropisch gereizten Hafercoleoptile in ihrer Wachstumsintensität zu Beginn der Krümmungsreaktion um den Faktor 12 unterscheidet (Abb. 6.147). Aus anderen Daten kann man berechnen, daß dieser Unterschied nur mit einer mehr als 100fachen Differenz der wirksamen Auxinkonzentration in der oberen und unteren Organflanke quantitativ erklärt werden kann, ein Wert, der in offensichtlichem Widerspruch zu den diesbezüglichen experimentellen Messungen steht (Abb. 6.147). Nach neueren Befunden muß man jedoch davon ausgehen, daß das Längenwachstum von Coleoptilen oder Hypokotylen durch die Streckung der Epidermiszellen alleine bestimmt wird. Die wachstumssteuernde Wirkung von Auxin ist auf die Epidermis beschränkt. Auch das differentielle Wachstum dieser Organe wird durch Unterschiede in der irreversiblen Dehnbarkeit der Epidermis bewirkt. Eine endgültige Klärung der Frage, ob Auxin an der Auslösung des differentiellen Wachstums beim Gravitropismus und Phototropismus kausal beteiligt ist, wird erst nach einer detaillierten Erforschung der Vorgänge in dieser Zellschicht möglich sein.

Ähnlich wie beim Phototropismus (z. B. Sporangiophoren vieler Pilze, Protonemazellen der Moose) kann auch der Gravitropismus nicht nur bei Organen, sondern auch bei einzelligen Gebilden studiert werden. Besonders eingehend untersucht wurde der positive Gravitropismus der Rhizoide der Armleuchteralge *Chara foetida* (S. 558f.). Die Streckung dieser Zelle erfolgt ausschließlich durch Spitzenwachstum. Wand- und Membranbausteine werden – vorwiegend durch Dictyosomen – im subapikalen Zellbereich synthetisiert und in Vesikeln an die Peripherie der apikalen Zellkalotte (20–30 μm) transportiert, wo sie in die Wand und ins Plasmalemma eingebaut werden (Abb. 6.148). Die zwischen der Zone der Dictyosomen und der Wachstumszone liegenden »Glanzkörper« haben die Funktion von Statolithen. In einem orthogravitrop wachsenden Rhizoid

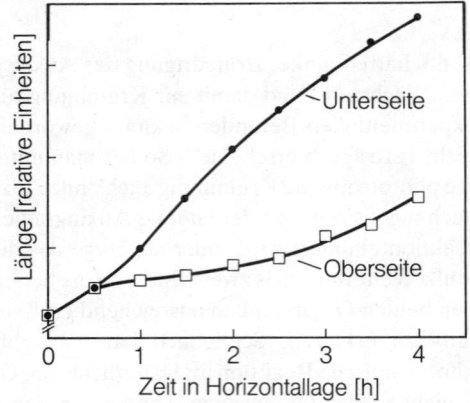

Abb. 6.147. Kinetik des Zellstreckungswachstums auf der Ober- und der Unterseite in der Krümmungszone einer gravitropisch gereizten Hafercoleoptile. Im Zeitraum von 1–2 h nach Beginn der Reizung wächst die Oberseite des Organs 12mal langsamer als die Unterseite. Anschließend wachsen beide Flanken wieder mit nahezu gleicher Intensität. (Nach Daten von Navez und Robinson, aus Digby und Firn)

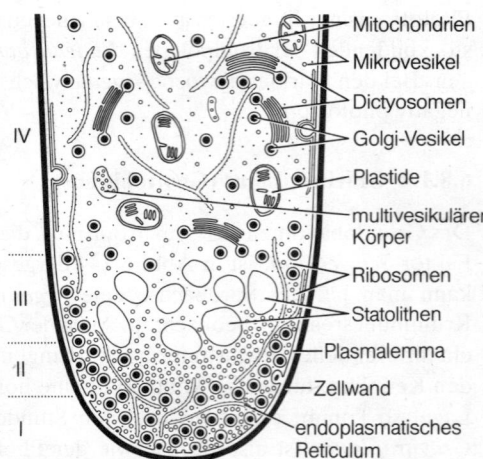

Abb. 6.148. Strukturmodell der plasmaerfüllten Spitzenregion einer orthogravitrop wachsenden Rhizoidzelle von Chara foetida. Nach der streng polaren Schichtung der cytoplasmatischen Strukturelemente kann man vier Zonen unterscheiden: Zone I (0–5 μm) enthält viele Golgi- und Mikrovesikel, welche Wand- bzw. Membransubstanz zur Zellwand und zum Plasmalemma transportieren und dadurch ein Flächenwachstum dieser beiden Strukturen ermöglichen. In Zone II (5–10 μm) sind die Golgi-Vesikel seltener und nur im peripheren Plasmabereich zu finden. Zone III (10–20 μm) enthält nur noch vereinzelte Vesikel, aber etwa 50 zufällig über den Querschnitt verteilte »Glanzkörper« (in einer speziellen Vacuole liegende Einschlußkörper hoher Dichte aus $BaSO_4$). Erst in Zone IV (20–30 μm) finden sich Plastiden, Mitochondrien, Dictyosomen und einige andere Zellpartikel. Der Kern und die Zellvacuole liegen weiter basalwärts in der mehrere Zentimeter langen Zelle. (Nach Sievers)

sind die Glanzkörper gleichmäßig in einer Ebene über den Zellquerschnitt verteilt. Bringt man ein solches Rhizoid in die Horizontallage, so sedimentieren bereits nach wenigen Minuten diese dichten, stark lichtbrechenden Partikel auf die physikalische Unterseite des Rhizoids.

Über die Wirkungskette von der Statolithenverlagerung zur Änderung der Wachstumsrichtung des Rhizoids ist noch nicht viel bekannt. Im horizontal gestellten Rhizoid häufen sich die Golgi-Vesikel an der physikalischen Oberseite der Zellspitze an, wenn die Statolithen auf die Unterseite sedimentieren. Durch den transversalen Vesikelgradienten wird offenbar das Flächenwachstum von Wand und Plasmalemma im oberen Bereich relativ zur gegenüberliegenden Zellflanke gesteigert, und die Rhizoidspitze krümmt sich daher nach unten. Auch für den Rhizoidgravitropismus bei *Chara* gilt das Reizmengengesetz (Reziprozitätsgesetz). Deshalb dürfte die Vorstellung, daß die nach unten rückenden »Glanzkörper« den Vesikelstrom rein mechanisch behindern und es daraufhin zu einer Ablenkung des Vesikelstroms zur Oberseite kommt, nicht angemessen sein.

6.8.1.3 Nastische Bewegungen von Blattorganen

Obwohl bei den Nastien die Bewegungsrichtung durch die Anatomie des reagierenden Organs selbst vorgegeben ist und deshalb keine Beziehung zur Richtung des auslösenden Außenfaktors haben kann, handelt es sich auch bei ihnen um physiologisch sinnvolle Bewegungen, deren Bedeutung für die Pflanze meist unmittelbar augenfällig ist. Die Mechanik dieser Bewegungen beruht entweder auf einem lokalen irreversiblen Dehnungswachstum (*Wachstumsbewegungen*) oder auf osmotischen Vorgängen in speziellen Zellen von kompliziert gebauten Gelenken, welche nach dem Prinzip der Hydraulik bewegt werden (*Turgorbewegungen*). Diese Bewegungen sind meist sehr rasch und voll reversibel. In allen Fällen handelt es sich um energieverbrauchende Prozesse, die eine intakte Zellatmung oder Photosynthese voraussetzen.

Als Beispiele für Turgorbewegungen werden die Seismonastie und die Photonastie von *Mimosa pudica* dargestellt. Die doppelt gefiederten Blätter dieser tropischen Pflanze besitzen Turgorgelenke (Pulvini) an der Basis des Blattstiels und der Fiederblättchen 1. und 2. Ordnung (Abb. 6.149). Der Bau dieser Gelenke läßt nur Bewegungen in einer vorgegebenen Richtung zu.

Seismonastische Reaktion. Bei einer ruhig im Licht gehaltenen Mimose sind die Fiederblättchen 2. Ordnung in einer Ebene ausgebreitet. Diese Blattebene ist diaphototropisch (d. h. senkrecht zur Richtung des einfallenden Lichtes) ausgerichtet. Wenn man die Pflanze (oder ein Blatt) kräftig erschüttert, beobachtet man, daß erstens die Fiederblättchen 2. Ordnung sich schräg nach oben zusammenlegen, zweitens die Fiederblättchen 1. Ordnung sich einander nähern, drittens der Blattstiel sich senkt (Abb. 6.149). Der ganze Vorgang dauert weniger als 1 s. Nach weiteren 15–20 min hat sich das Blatt »erholt« und nimmt wieder seine alte Lage ein.

Die Bewegung der Gelenke des Mimosenblattes kommt dadurch zustande, daß der Turgor in den Motorzellen der sich einkrümmenden Gelenkseite plötzlich zusammenbricht, worauf sich die Motorzellen auf der gegenüberliegenden Gelenkseite ausdehnen. Während der Erholungsphase wird wieder ein Gleichgewicht des Turgordruckes zwischen den beiden antagonistisch angeordneten motorischen Zellkomplexen aufgebaut. Diese hydraulische Bewegung des Scharniergelenks wird durch eine Verlagerung osmotisch aktiver Teilchen (wahrscheinlich vor allem von Kalium- und Calciumionen) bewirkt. Während der seismonastischen Reaktion strömen Ionen aus den Vakuolen der einkrümmenden Motorzellen in den Interzellularraum aus, vermutlich als Folge einer durch das seismische Signal ausgelösten, selektiven Permeabilitätsänderung der zellulären Grenzmembranen. Dies führt zu einer starken Erhöhung des Wasserpotentials (S. 61) in den

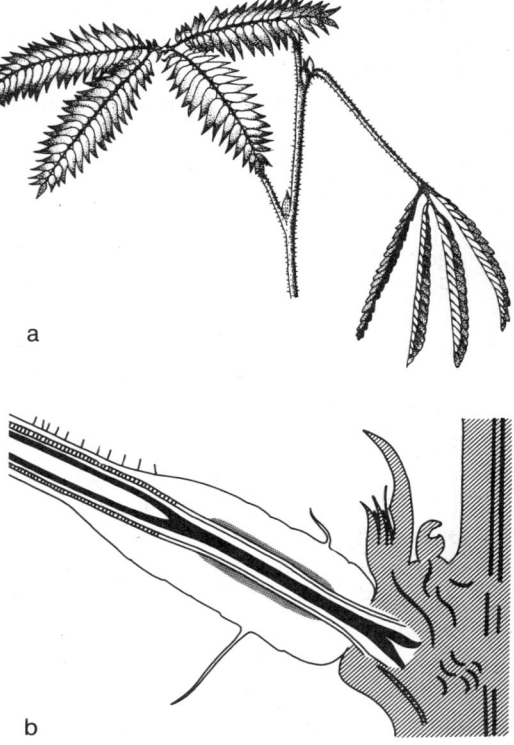

Abb. 6.149a, b. Seismonastische Bewegungen der Blätter von Mimosa pudica. (a) Sproß von Mimosa pudica; ein Blatt in normaler Stellung, ein Blatt nach erfolgter seismonastischer Reaktion. (b) Medianer Längsschnitt durch das Blattstielgelenk von Mimosa pudica. Im Gelenk befindet sich an Stelle des in Blattstielen sonst üblichen Leitbündelrings ein relativ dünner, zentraler Leitbündelstrang (schwarz eingetragen), der von einem Polster aus zartwandigem Parenchymgewebe umgeben ist. (Nach Schumacher)

Vakuolen. Wasser strömt, dem Wasserpotentialgradienten folgend, aus den Zellen; der Turgor bricht zusammen. Der umgekehrte Ablauf dieser Reaktionsfolge während der Erholungsphase beruht auf einem aktiven Rücktransport von Ionen in die Vakuolen (*Ionenpumpe*, S. 134). Die Energie für die Durchführung der Bewegung wird also beim Aufbau des Turgordruckes der motorischen Gelenkzellen investiert; die Auslösung der Bewegung erfordert nur einen minimalen Energieaufwand (Triggermechanismus, S. 463).

Wenn man nur einen Teil eines Mimosenblattes, z. B. die Spitze eines Fiederblattes 1. Ordnung, erschüttert, so erfolgt eine rasche Ausbreitung des ausgelösten Signals über das ganze Blatt. Bei starker Stimulierung greift die seismonastische Reaktion auch auf benachbarte Blätter über. Die Geschwindigkeit dieses Signals kann bis zu $0{,}1\,\mathrm{m\cdot s^{-1}}$ betragen. Der Mechanismus der Signalleitung bei der seismonastischen Reaktion ist noch nicht aufgeklärt; eine der Erregungssubstanzen wurde als Gentisinsäurederivat identifiziert.

Photonastische Reaktion. Die Veränderungen der Gelenke des Mimosenblattes werden auch durch den Umweltfaktor Licht gesteuert. Sie schließen sich am Ende der Photoperiode ganz ähnlich wie nach einer Erschütterung und öffnen sich wieder bei Beginn der Photoperiode. Allerdings sind diese Bewegungen sehr viel langsamer als die Seismonastien (Dauer 10–20 min). Derartige »*Schlafbewegungen*« kann man bei sehr vielen Pflanzen beobachten. An den Fiederblättchen 2. Ordnung von *Mimosa pudica* wurde nachgewiesen, daß die Schließbewegung am Ende der Photoperiode durch das Phytochromsystem gesteuert wird (Abb. 6.150). Die Fähigkeit zur Absorption der wirksamen Strahlung ist auf die Gelenke beschränkt. Zwischen den Gelenken eines Blattes besteht – im Gegensatz zum seismonastischen Steuersystem – keine Kommunikation bezüglich des photonastischen Signals. Bei *Albizzia julibrissin*, einer mit der Mimose nahe verwandten Leguminose, deren Blätter sich photonastisch ganz ähnlich verhalten, ist die lokale Turgoränderung in den sich krümmenden Gelenken die Folge eines selektiven K^+-Exportes aus den Zellen der einkrümmenden Gelenkseite; dieser ist von einem unabhängigen K^+-Import der expandierenden Seite begleitet. Zur Wahrung der elektrischen Neutralität wandern Cl^--Anionen passiv mit. Offenbar kann das aktive Phytochrom (P_{fr}, S. 331) den Transport von K^+ aus den sich kontrahierenden Zellen intensivieren. Das Phytochromsystem steuert also neben den meist irreversiblen Entwicklungsprozessen (Photomorphogenese, S. 330f.) auch rasch reversible Adaptationsprozesse (»Verhalten«) der grünen Pflanze.

Die Blätter der *Albizzia*-Pflanzen, die im Langtag (16 h Licht/8 h Dunkelheit) angezogen wurden, öffnen sich sofort bei Beginn der Photoperiode, schließen sich aber spontan wieder bereits nach etwa 12 h. Dieser *circadiane Rhythmus* (S. 712f.) wird auch im Dauerlicht oder in kontinuierlicher Dunkelheit tagelang beibehalten. Es handelt sich hier um eine der vielen Äußerungen der endogenen Rhythmik (*innere Uhr*) bei Pflanzen. Das Licht-an-Signal wirkt (über einen Blaulichtrezeptor) als Zeitgeber, die innere Uhr legt die Periodenlänge fest und moduliert die Empfindlichkeit des motorischen Systems für das (über das Phytochromsystem vermittelte) Schließsignal. Diese Empfindlichkeit nimmt vom Beginn der Lichtperiode an kontinuierlich ab und erreicht nach etwa 12 h den Wert Null. Ein für die grüne Pflanze sehr bedeutsames photonastisches Bewegungssystem sind die Stoma-Apparate, die sich überwiegend in der Blattepidermis befinden. Die Schließzellen der Stomata werden hydraulisch bewegt; auch hier liegt ein gerichteter Ionentransport (K^+ und Cl^- oder anderes Anion) zugrunde. Wegen des engen Zusammenhangs mit der Regulation des photosynthetischen Gaswechsels wurde diese Photonastie in Kapitel 5 (S. 436f.) behandelt.

Ballistische Turgorbewegungen. Bei manchen Pflanzen treten besondere Vorrichtungen auf, um Sporen, Samen oder Früchte nach ihrer Reife aktiv in die Umgebung zu transportieren. Einige Beispiele: Der Phycomycet *Pilobolus* verschießt seine Sporangien beim Platzen eines elastischen, unter dem Sporangium blasenförmig erweiterten Sporan-

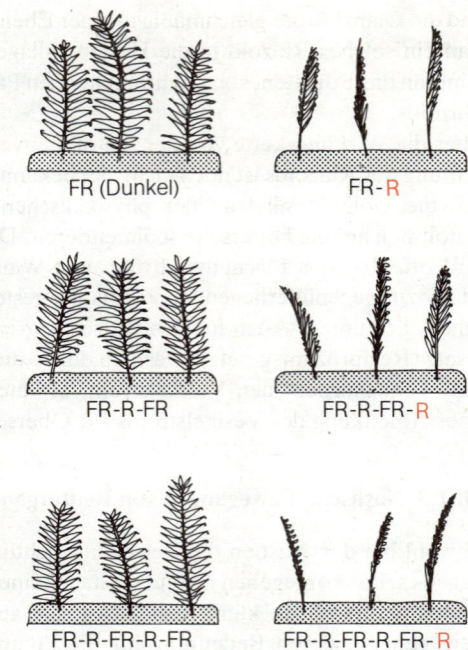

Abb. 6.150. Steuerung der photonastischen Schließbewegung durch Phytochrom bei abgeschnittenen Fiederblättchen von Mimosa pudica. *Bringt man die Blättchen vom Weißlicht ins Dunkle, so schließen sich die Fiederblättchen 2. Ordnung innerhalb von 30 min. Bestrahlt man jedoch die Blättchen zu Beginn der Dunkelphase für 2 min mit dunkelrotem Licht (FR), so bleiben sie für viele Stunden im Dunkeln ausgebreitet. Dieser Dunkelrot-Effekt kann mit Hellrot (R) revertiert werden. Bestrahlung mit einer Serie von R und FR-Stößen zeigt stets folgendes Resultat: Die Blättchen schließen sich, wenn das Phytochromsystem zu Beginn der Dunkelphase vorwiegend in Form von P_{fr} vorliegt (nach R oder Weißlicht). Die Blättchen bleiben geöffnet, wenn das Phytochromsystem zu Beginn der Dunkelphase vorwiegend in Form von P_r (vgl. S. 331) vorliegt (nach FR). Die Öffnungsbewegung zu Beginn der Photoperiode wird nicht durch Phytochrom, sondern durch einen Blaulichtrezeptor reguliert.* (Nach Fondeville, Borthwick u. Hendricks)

giophors (Innendruck bis 5 bar) bis zu 1 m weit. Bei der Spritzgurke (*Ecballium*) werden die kugelförmigen Früchte bei mechanischer Erschütterung durch den in der Frucht herrschenden Turgordruck bis zu 10 m weit ausgeschleudert. Auch das explosionsartige Platzen der reifen *Impatiens*-Frucht bei Erschütterung, wobei sich die Fruchtblätter uhrfederartig einrollen und dadurch die Samen wegschleudern, geht auf eine schlagartige Entlastung von Gewebespannungen zurück.

Kohäsionsbewegungen. Dieser Bewegungstyp ist insbesondere von den Sporangien vieler Farne bekannt (Abb. 6.151). Die zum Aufreißen der bereits abgestorbenen Sporangienwand (an einer präformierten Bruchkante) führende Bewegung beruht auf einer elastischen Deformation des *Anulus*. Dieser ringförmige Zellstrang umfaßt das Sporangium von außen. Seine Zellen sind so gebaut, daß sich bei der Abnahme des intrazellulären Wassergehaltes – wegen der hohen Zerreißfestigkeit des Wassers – zunächst eine Gewebespannung mit Tendenz zur Öffnung des Rings aufbaut. Nach erfolgter Streckung bricht bei weiterer Austrocknung die Kohäsion des Wassers zusammen; der elastisch gestreckte Anulus schnappt ruckartig zurück. Hierbei werden die anhaftenden Sporen weggeschleudert.

Hygroskopische Bewegungen. Auch diese Bewegungsvorgänge spielen sich an bereits abgestorbenen Organen ab und beruhen auf der Veränderung des Wassergehaltes (Quellung, Schrumpfung) speziell gebauter Gewebe. Derartige Mechanismen spielen z. B. beim Öffnen bzw. Schließen von Fruchtkapseln eine Rolle. Auch das Auf- und Zuklappen des reusenartigen Peristomzahnkranzes an der Öffnung der Sporenkapsel vieler Moose in Abhängigkeit von der Luftfeuchtigkeit ist hier einzuordnen.

6.8.2 Lokomotion bei Tieren

Die freie Ortsbewegung, die im allgemeinen gerichtet und stets unter Aufwand von körpereigener Energie erfolgt, kann sowohl *innerhalb* eines Mediums (Wasser, Luft, Boden) als auch *an der Grenzfläche* zwischen zwei dieser Medien (z. B. an der Wasseroberfläche) erfolgen. Sie ist wohl primär von den Ur-Organismen im Wasser zum Auffinden der am besten geeigneten Umweltbedingungen verwendet worden (vgl. positive und negative Phototaxis, S. 146). Die Lokomotion *innerhalb* eines Wasserkörpers wird als *Schwimmen* im engeren Sinne bezeichnet. Der landläufige Begriff Schwimmen ist erheblich weiter: Er umfaßt auch das *Schweben* innerhalb des Wassers ohne eine aktive Bewegung des Tieres. Hierfür ist notwendig, daß die spezifische Masse (kg · l^{-1}) des Organismus genau gleich der des Umgebungsmediums ist; deshalb ist passives Schweben für Organismen nur im Wasser möglich. Durch Wasser*strömungen* können im Wasser schwebende Organismen (in ihrer Gesamtheit *Plankton* genannt, vgl. S. 835) eine Ortsveränderung erfahren. Diese passive Bewegung, die nicht unter den Begriff Lokomotion fällt, wird als Verfrachtung oder *Verdriften* bezeichnet.

Da die Körperbestandteile im allgemeinen eine etwas höhere spezifische Masse als Wasser haben (1,02 bis 1,06 kg · l^{-1}), sind für das Schweben Einrichtungen zum »Austarieren« des Übergewichtes erforderlich. Diese auftriebserzeugenden Schwebeorgane können aus großvolumigen, stark wasserhaltigen Gallertmassen (z. B. bei Quallen) bestehen; wirkungsvoller sind jedoch Reservoire von Fett, das spezifisch leichter als Wasser ist und z. B. bei Kleinkrebsen das Übergewicht nahezu oder völlig kompensieren kann, aber auch bei Walen eine Angleichung der spezifischen Masse des Gesamtkörpers an die des Seewassers erzielt. Besonders effektiv ist das Vorhandensein von *Gasen* zum Ausgleich des Körpergewichtes von Wassertieren, wie dies in den Schwimmblasen von Fischen, aber auch bei manchen Mollusken (unter den Tintenfischen z. B. in der Schale von *Nautilus* und im Schulp von *Sepia,* unter den Schnecken in der Atemhöhle vieler wasserbewohnender

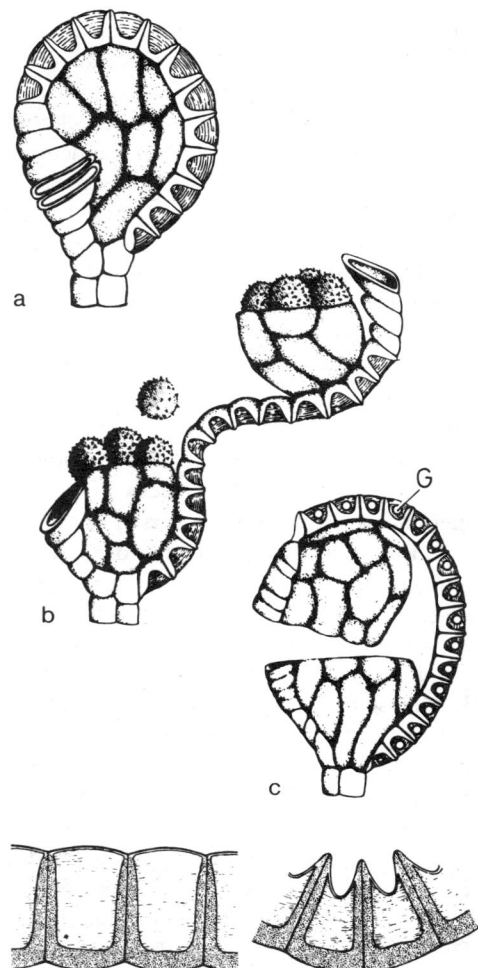

Abb. 6.151 a–e. Kohäsionsschleuderbewegung des Farnsporangiums. (a) Reifes Sporangium. (b) Geöffnetes Sporangium; die Anuluszellen sind durch Wasserverlust elastisch deformiert. (c) Leeres Sporangium nach Zurückschnappen des Anulus durch Ausgleich der elastischen Spannung. Die Anuluszellen enthalten Gasblasen (G). (d, e) Einzelne Anuluszellen im wassergefüllten Zustand (wie bei a) bzw. nach Wasserverlust (wie bei b). (Nach von Guttenberg, Haberland u. Noll, aus Haupt)

Pulmonaten, z. B. *Limnaea*) der Fall ist. Auch manche Wasserinsekten nehmen Luft zum Gewichtsausgleich – und auch als Atemgas (S. 487) – mit (z. B. viele Wasserkäfer unter ihren Flügeldecken, manche Wasserwanzen als anhängende Gasblasen). Bei nur geringem Übergewicht kann das unvermeidliche Absinken durch Erhöhung des Reibungswiderstandes der Körperoberfläche gegenüber dem Wasser verlangsamt werden. Dies ist vor allem dann der Fall, wenn die Lebewesen klein sind, weil dann die (reibungserzeugende) Oberfläche im Verhältnis zum (gewichtsbestimmenden) Volumen besonders groß ist. Die meisten Planktonformen sind winzig, können aber relativ große, stark gegliederte Körperfortsätze ausbilden (Abb. 152).

Mit dem weiteren Begriff Schwimmen wird auch der Zustand bezeichnet, daß ein spezifisch leichterer Körper nur teilweise in das Wasser eindringt (»Schwimmen *auf* dem Wasser«). Zu dem Getragenwerden durch das Wasser kann eine aktive Bewegungskomponente parallel zur Ebene der Wasseroberfläche hinzukommen. Kleinere Tiere können auch die Oberflächenspannung ausnutzen, um auf der Wasseroberfläche wie auf festem Substrat zu *laufen* (z. B. die »Wasserläufer«, Landwanzen der Familie Gerridae).

Wegen des großen Unterschiedes im spezifischen Gewicht ist die Bewegung von Organismen innerhalb des Luftkörpers (*Fliegen*) nur unter erheblichem Energieaufwand möglich. Ein »Schweben« kommt in der Luft nur dann zustande, wenn die Geschwindigkeit aufwärts gerichteter Luftströmungen mindestens gleich der Sinkgeschwindigkeit eines Organismus ist. Sehr kleine Organismen – vor allem wasserarme Dauerstadien, z. B. von Protozoen oder Tardigraden – können auf diese Weise ebenso wie Verbreitungsstadien von Pflanzen (Sporen, Samen) passiv von Luftströmungen verfrachtet werden, ebenso Blattläuse oder Spinnen an ihren Fäden (»Altweibersommer«). Dieser Vorgang wird – analog der passiven Bewegung durch Wasserströmungen – als *Verdriften* bezeichnet.

Besonders vielfältig sind die Bewegungsweisen auf festem Substrat. Sie umfassen als *Kriechen*, *Schreiten*, *Laufen*, *Springen* oder *Klettern* unterschiedliche charakteristische Bewegungsformen, bei denen stets nur ein Teil des Körpers Kontakt mit dem Substrat hat. Zur Verringerung des Reibungswiderstandes wird – insbesondere bei schnell beweglichen Landtieren – der Körper vom Boden abgehoben und die Kontaktfläche reduziert (sehr eindrucksvoll bei den Säugetieren innerhalb der ökologischen Gruppe der Steppenläufer). Die Lokomotion innerhalb des mehr oder weniger festen bzw. körnigen Substrates (Erdreich, Sand) wird als *Graben* bezeichnet. Es hat sich wohl stets von der Bewegung an der Grenzfläche des Substrates ausgehend entwickelt, und zwar sowohl bei Wasser- als auch bei Landtieren. Im typischen Falle ist es ein »Schwimmen« in partikulärem Material, das sich hinter dem Tier sofort wieder schließt.

Im folgenden werden einige Formen der Lokomotion anhand von charakteristischen Beispielen besprochen; anschließend wird eine biomechanische Analyse für eine besonders einfach zu behandelnde Lokomotionsform, den Sprung, gegeben.

6.8.2.1 Schwimmen

Für die geradlinig horizontale Lokomotion durch Schwimmen im Wasser wird eine Kraft benötigt, die in eine senkrecht wirkende Hubkomponente und eine waagrecht wirkende Schubkomponente aufzuteilen ist. Die beiden Komponenten fallen zusammen, wenn die Bewegungsrichtung senkrecht ist, z. B. bei den Vertikalwanderungen der entomostraken Krebse des Planktons (S. 798). Die aktive Hubkraft, die bei horizontaler Fortbewegung meist zum Ausgleich des Absinkens durch die Schwerkraft erforderlich ist, kann entfallen, wenn das spezifische Gewicht des Körpers (z. B. durch das Vorhandensein einer Schwimmblase, S. 473) mit dem des umgebenden Wassers übereinstimmt.

Allgemein wird die Bewegung von Körpern in Fluiden – Wasser, Luft – von Trägheitskräften T (z. B. Beschleunigung von Fluidmassen und Beharrungsvermögen der trägen Körpermasse) und von Zähigkeitskräften Z (Reibung gegeneinander verschobener

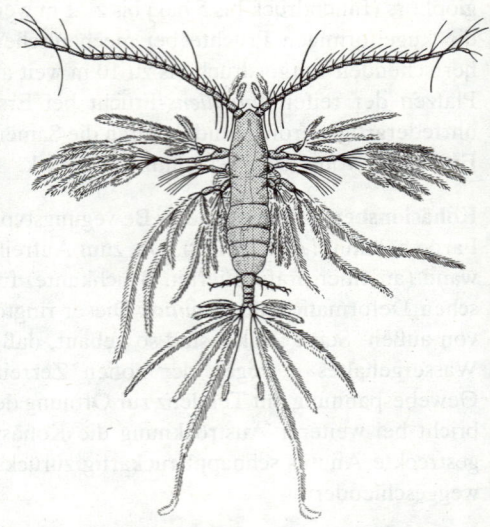

Abb. 6.152. *Vergrößerter Wasserwiderstand durch aufgegliederte Körperform bei dem Copepoden Calocalanus pavo, ♀. Dadurch verringert sich bei diesem planktisch lebenden Kleinkrebs die Sinkgeschwindigkeit. (Nach Hesse u. Doflein)*

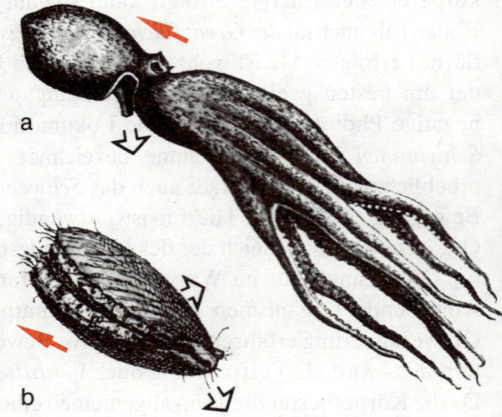

Abb. 6.153a, b. *Rückstoßschwimmen bei Mollusken. (a) Tintenfisch, Octopus vulgaris, stößt das in die Mantelhöhle aufgenommene Wasser durch den Trichter nach vorn-unten aus. (b) Kammuschel, Pecten jacobaeus, nimmt durch langsames Öffnen der Schalenklappen Wasser in den Kiemenraum, das beim schnellen Schließen der Klappen durch zwei Spalten neben dem Schalenschloß ausgetrieben wird. Weiße Pfeile: Richtung der induzierten Wasserströmung; rote Pfeile: Bewegungsrichtung des Tieres aufgrund des Rückstoßes. (Aus Hesse u. Doflein)*

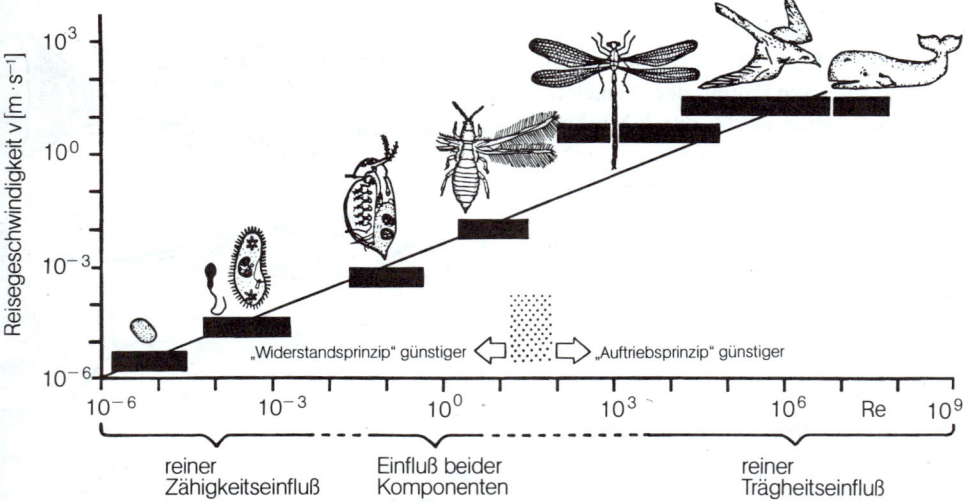

Abb. 6.154. Reynolds-Zahl (Re) und Lokomotionsgeschwindigkeit bei verschiedenen Organismen. Die Reynolds-Zahl überstreicht einen gewissermaßen »astronomischen« Bereich (logarithmische Skala!). Für kleinste und größte Organismen sind die hydrodynamischen Bedingungen extrem unterschiedlich. (Nach Nachtigall)

(6.16) *Reynolds-Zahl:*

$$Re = \frac{v \cdot l}{\nu}$$

v [m · s^{-1}] = Relativgeschwindigkeit zwischen Objekt und Fluid,
l [m] = charakteristische Länge,
ν [m^2 · s^{-1}] = kinematische Zähigkeit

Fluidschichten) bestimmt. Der Quotient T/Z heißt Reynolds-Zahl (*Re;* Definition: Gl. 6.16; Beispiele: Abb. 6.154). Während beim Schwimmen eines größeren Tieres, z. B. dem Schlängeln des Aales, die Zähigkeitskräfte zu vernachlässigen sind und die Trägheitskräfte dominieren (v groß, l groß; $Re > 10^3$), ist es bei sehr kleinen Organismen, z. B. bei einem Flagellaten mit der Schlängelbewegung seiner Geißel (S. 144), genau umgekehrt: Die Trägheitskräfte sind zu vernachlässigen (v klein, l klein; $Re < 10^{-3}$). Schwimmende Mikroorganismen können sich deshalb nur aufgrund von Reibungskräften fortbewegen, die sie unter Ausnützung der Zähigkeit des Mediums erzeugen.

Die Antriebskraft für das Schwimmen kann entweder ständig gleichmäßig (*kontinuierlich*) oder in mehr oder weniger regelmäßiger Aufeinanderfolge mit Unterbrechungen (*diskontinuierlich*) erzeugt werden. Die Diskontinuität des Antriebs ist besonders deutlich beim *Rückstoßschwimmen* (Abb. 6.153) – also dem schnellen Ausstoßen einer Wassermasse durch eine relativ enge Öffnung (»Düse«) –, weil dann das Wasserreservoir immer erst wieder gefüllt werden muß. Beispiele: Bei den Cephalopoden wird Wasser mittels Muskelkontraktion aus der Mantelhöhle durch deren Trichter ausgestoßen. Bei den wasserlebenden Larven mancher Insekten (z. B. mancher Großlibellen) wird Wasser aus dem Enddarm durch den After ausgetrieben. Eine entsprechende Wirkung wird beim Fluchtschwimmen der »langschwänzigen« Höheren Krebse erzielt, die durch das schnelle Einklappen des Abdomens ventral-cranial (»Schwanzschlag«, z. B. des Flußkrebses *Astacus*) schwimmen, wobei der Schwanzfächer gespreizt wird. Durch die dabei erzielte Beschleunigung des erfaßten Wasserkörpers bewegt sich das Tier nach rückwärts.

Viel häufiger sind Beispiele für die *rhythmische Schlagbewegung von Extremitäten.* Hierher gehört der synchrone Schlag der paarigen Antennen von Kleinkrebsen (z. B. *Daphnia*) oder des dritten Beinpaares von Wasserinsekten (S. 652) ebenso wie der der Hinterextremitäten bei Fröschen, Tauchern oder Bibern und der Vorderextremitäten bei Pinguinen. Die meisten Wasservögel schwimmen jedoch durch alternierende Paddelbewegung ihrer meist lappig verbreiterten Schwimmfüße. Viele nur gelegentlich schwimmende Landsäugetiere (z. B. Hund und Katze) führen im Wasser Laufbewegungen aus. Nur bei großen Tieren bewirken die diskontinuierlichen Antriebe – wegen der Trägheitskräfte – eine nahezu konstante Geschwindigkeit der Fortbewegung; bei kleinen wechselt die Geschwindigkeit stark (*Cyclops* = »Hüpferling«, *Daphnia* = »Wasserfloh«!), weil die Trägheitskräfte bei kleinerer Reynolds-Zahl eine immer geringere Rolle spielen.

Ein kontinuierlicher Antrieb wird bei kleinsten Organismen durch schwingende Geißeln (Abb. 6.155), z. B. bei Spermien, Flagellaten (Abb. 1.134, S. 144; Abb. 1.14, S. 23; S.

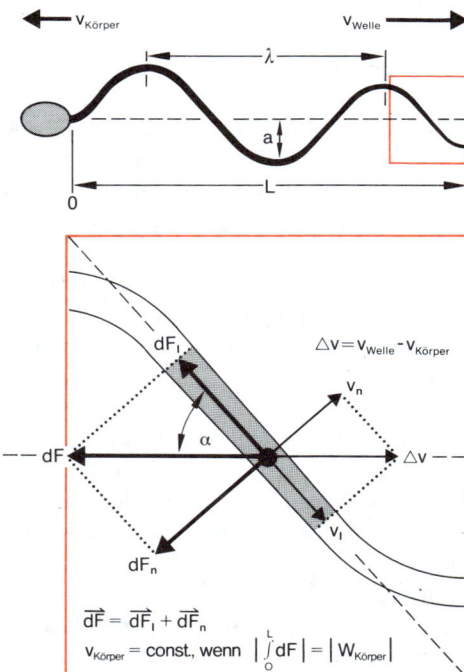

Abb. 6.155. Kinematische Kenngrößen und Arbeitsdiagramm einer Geißel beim Schwimmen von kleinen Organismen. Dargestellt sind die Geschwindigkeiten (v) und die Kräfte (F) in Richtung der Längsachse (l) und senkrecht hierzu (n) für einen herausgegriffenen Teil der Geißel (punktiert). (Nach Holwill)

146), oder durch metachron schlagende Cilien erreicht (neben den Ciliaten, S. 145, auch bei vielen Larvenformen, z. B. der Planula der Coelenteraten, S. 308; dem Miracidium der Trematoden, S. 309; der Trochophora der Anneliden, S. 324; dem Pluteus der Seeigel, S. 370, der Bipinnaria der Seesterne, S. 865). Bei größeren Tieren ist das durch Muskeln bewirkte *Schlängeln* der wichtigste kontinuierliche Antrieb des Schwimmens. Hierbei kann der ganze langgestreckte Körper Schlängelbewegungen ausführen, so bei vielen Anneliden, bei manchen Knochenfischen (z. B. Aal), bei den wasserlebenden Schlangen und auch bei Egeln. Auch Wellenbewegungen von Flossensäumen können sehr effektiv sein, wie sie bei größeren Tieren in verschiedenen Gruppen auftreten, insbesondere bei manchen Tintenfischen (*Sepia*) und bei einigen Teleostiern, z. B. Seepferdchen und Seenadeln.

Schwimmen der Fische und Meeressäugetiere

Die Knochenfische mit Schwimmblasen haben energetisch den Vorteil, daß sie nicht aktiv Auftrieb erzeugen müssen. Beim horizontalen Streckenschwimmen beschleunigen sie mit ihrem jeweiligen Antriebssystem so lange, bis ihre Schub- oder Vortriebskraft V entgegengesetzt gleich ihrem Gesamtwiderstand W ist: $|V| = |-W|$. Dann ergibt sich eine konstante Geschwindigkeit. Einige Teleostier (die Plattfische, Pleuronectidae, manche Makrelen, Scombridae u. a.) sowie alle Haie besitzen keine Schwimmblase; sie sind unterkompensiert, so daß sie zu Boden sinken, wenn sie nicht stetig schwimmen und dabei dynamischen Hub erzeugen. Die Haie benutzen dazu ihre schräg zur Strömung gestellten Brustflossen. Antriebsorgane für die Erzeugung des Vortriebs sind hauptsächlich die hin und her bewegten Schwanzflossen, manchmal auch nur die undulierenden Rücken- und Afterflossen (z. B. bei Kugelfisch, Seepferdchen, Zitteraal) oder die oszillierenden Brustflossen (z. B. beim Stichling). (Im Gegensatz zur seitlichen Bewegung der Schwanzflossen bei den Knochenfischen und Haien schwingen die Schwanzflossen der Wale und Delphine auf und ab.) Je nach den Notwendigkeiten der Lokomotion herrscht eine sehr große Vielfalt von strukturellen Ausbildungen und Bewegungsweisen. Schnelle Hochseeschwimmer besitzen eine langgezogen-senkrechte, halbmondförmige Schwanzflosse an einem langen, relativ dünnen Schwanzstiel, über den die Kontraktionen der Seitrumpfmuskeln auf die Flosse übertragen werden. Langgestreckte Formen bewegen sich durch wellenförmige Undulation des gesamten Körpers vorwärts, wobei bereits geringe Schlängelamplituden effektiv sein können. Der Rumpf von Horizontalschlänglern kann zur Verringerung von Ausweichströmungen um den Körper herum und damit zur Erhöhung des Nutzeffektes durch vertikale Flossensäume hydrodynamisch verbreitert sein, beispielsweise bei Aal, Aalmutter (*Zoarctes*), Schlammpeitzger (*Misgurnus*), Wels. Plattgedrückte Formen können sich durch Wellenbewegung des gesamten Körpers (Plattfische) oder flügelartiger Verbreiterungen (Rochen), schließlich auch durch vertikal undulierende seitliche Flossensäume (Plattfische) vorwärts bewegen.

Die die Schwanzflosse antreibenden Muskeln erstrecken sich als Seitrumpfmuskulatur von der Schädelregion bis zum Schwanzflossenstiel (Abb. 6.156a). Die eigenartige, räumlich zickzackförmig verzahnte Anordnung sich überlappender Myomere verläuft in ihrer Feinausgestaltung bei jeder Art etwas anders. Die funktionelle Bedeutung dieser Lagerung liegt darin, daß sich die Muskelmasse eines jeden Myomers über mehrere Wirbel erstreckt, so daß auf jeden Wirbel gleichzeitig Kraftanteile von mehreren Myomeren wirken. Damit werden die Biegebewegungen verstärkt und verlaufen zugleich ausgeglichener. Aus der myoseptenübergreifenden Anordnung aneinanderstoßender Faserbündel resultiert ein komplizierter, spiraliger Verlauf der somit erhaltenen »Fasertrajektorien« (Abb. 6.156b). Dadurch werden die unterschiedlichen Kontraktionsstärken kompensiert, die bei paralleler Anordnung der mehr oder weniger weit von der Wirbelsäule entfernt verlaufenden Fasern zu fordern sind, so daß sich jede Faser etwa gleich stark kontrahieren kann.

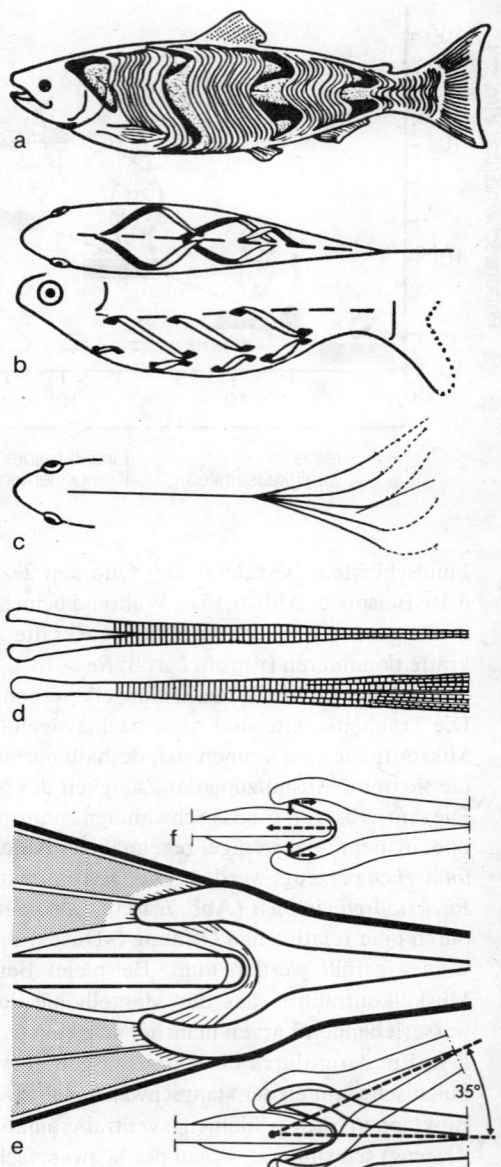

Abb. 6.156a–g. Seitrumpfmuskulatur und Schwanzflossenansatz bei Knochenfischen. Der Schub der durch die Seitrumpfmuskulatur hin und her bewegten Schwanzflosse wird durch ein spezielles Gewebepolster auf die Wirbelsäule übertragen; maximale Auslenkwinkel um ± 35° werden durch Anschläge eingehalten. Die meist dichotom verzweigten Flossenstrahlen geben durch seriale Anordnung ihrer festen Knochenelemente der Flosse Elastizität. (Nach Videler)

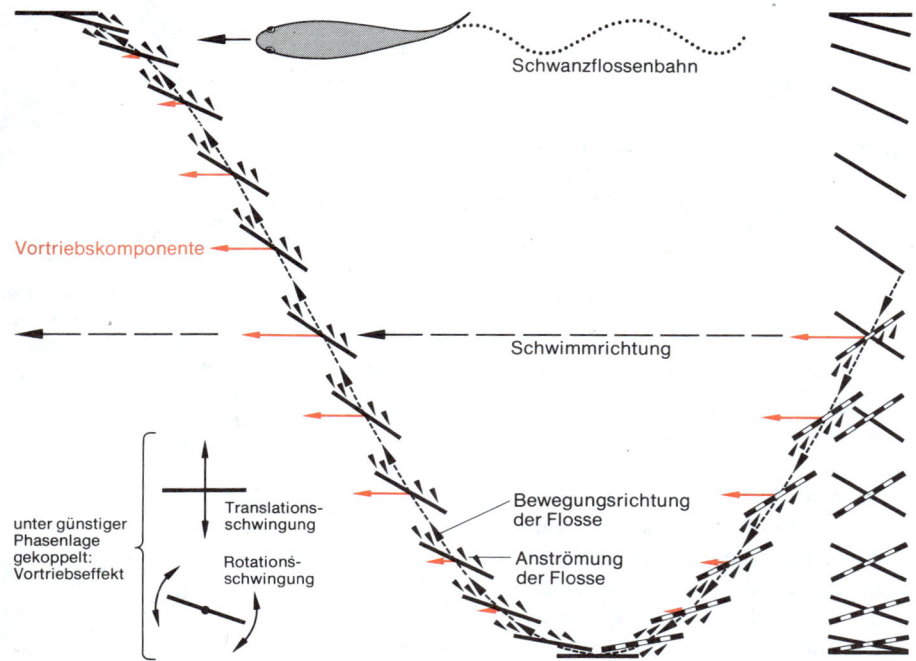

Abb. 6.157. Schwimmdiagramm eines Fisches. Durch Anstellung der Schwanzflosse gegen ihre Bahn und Wechsel der Anströmungsrichtung beim Hin- und Herschlag werden in einem Zusammenspiel von Translations- und Rotationsschwingungen der Schwanzflosse unter geeigneter Phasenlage bei nahezu jeder Schlagstellung Vortriebskomponenten erzeugt. (Nach Hertel)

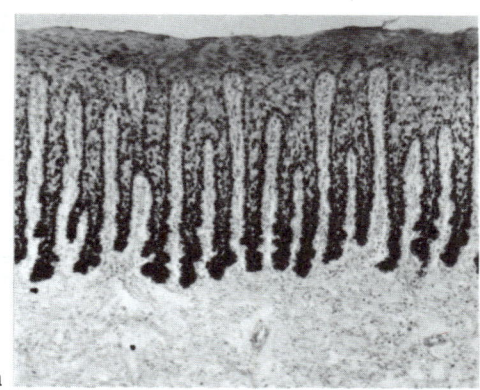

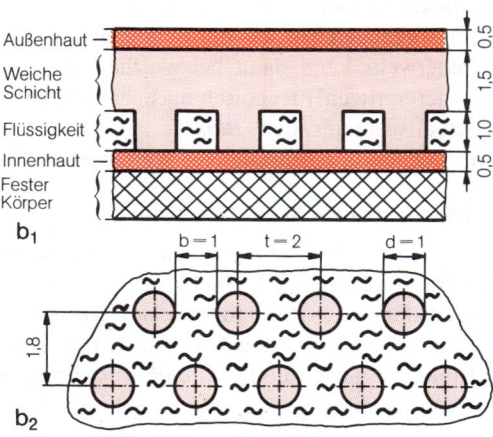

Abb. 6.158a, b. Hautstruktur bei einem Delphin (a) und technisches Analogon (b). Bei der Haut gehen von dem ungewöhnlich lockeren, stark wasserhaltigen Corium zahlreiche Papillen aus, die flüssigkeitsgefüllte Räume zwischen sich einschließen. Das wird technisch imitiert durch einen äußeren Überzug mit Noppen und eine Flüssigkeitsfüllung im Zwischenraum bis zur Innenhaut des festen Körpers (b_1 Quer-, b_2 Flächenschnitt; Maße in mm). Diese Konstruktion ermöglicht Schwingungen der äußeren Schicht und verringert dadurch bei schneller Bewegung im Wasser das »Abreißen« der Strömung und die Ausbildung von Turbulenzen (»Grenzschichtlaminarisierung«), wodurch der Strömungswiderstand von Unterwasserkörpern verringert wird. Die Delphinhaut dürfte ähnlich wirksam sein; bei schnell schwimmenden Delphinen wurden entsprechende Verformungen der Hautoberfläche nachgewiesen. (Nach Kramer)

Die rhythmische Kontraktion der Seitrumpfmuskulatur bewegt zumindest das hintere Drittel des Rumpfes deutlich hin und her und überträgt ihre Kraft über Sehnen im Schwanzstiel auf die knöchernen Flossenstrahlen der elastisch abbiegbaren Schwanzflosse, die dadurch eine kombinierte Translations- und Rotationsschwingung ausführt (Abb. 6.156c). Die Flossenstrahlen bestehen aus zahlreichen, hintereinander liegenden und durch elastische Fasern verbundenen Knochenelementen, die sich in der Flossenebene unregelmäßig-dichotom verzweigen (Abb. 6.156d); sie sind von einer Haut überzogen. Zwei verwachsene, spiegelbildlich gleiche Strahlenenden umgreifen jeweils mit zangenartigen Ausläufern das Hinterende der Wirbelsäule. Deren Endregion ist beiderseits von einem Polster elastischen Bindegewebes eingehüllt. Die feinen Knochenstrahlen der Schwanzflosse sind nicht direkt mit der Wirbelsäule verbunden, sondern umgreifen das Bindegewebspolster und sind über ein zugfestes Ligament kraftschlüssig gegen das Ende der Wirbelsäule gespannt (Abb. 6.156e). Erzeugt die Schwimmflosse Schub, so dehnt sich das Ligament, und die proximalen Enden der Flossenstrahlen drücken zangenartig gegen das Polster. So wird der Schwanzflossenschub elastisch auf die Wirbelsäule übertragen (Abb. 6.156f). Bei zu starken seitlichen Exkursionen wirkt das Bindegewebepolster als elastische Anschlagsbegrenzung (Abb. 6.156g). Der maximal mögliche morphologische Exkursionswinkel beträgt beispielsweise bei dem Cichliden *Tilapia nilotica* 35° und stimmt mit den größten, am frei beweglichen Tier meßbaren Abbiegewinkeln überein. In Abbildung 6.157 ist ein rascher Schlag nach links in einem zum Tier festliegenden Koordinatensystem dargestellt; der Schlag nach rechts verläuft spiegelbildlich. Somit entstehen bei jedem Halbschlag spiegelbildlich wechselnde Flossenanstellungen zur Schwimmbahn. Bei günstigen hydrodynamischen Anstellwinkeln resultieren über fast die gesamte Schwingung Vortriebskomponenten (Abb. 6.157; vgl. Vogelflügel, Abb. 6.163).

Der hydrodynamische Vorteil einer Flosse gegenüber der drehrunden Rumpfgestalt eines Schlängelschwimmers liegt in ihrer flachen, weit ausgreifenden Form, die eine größere Menge ungestörten Wassers erfassen und unter relativ geringen Kantenumströmungen beschleunigen kann. Bei großen, rasch schwimmenden Fischen (und insbesondere bei

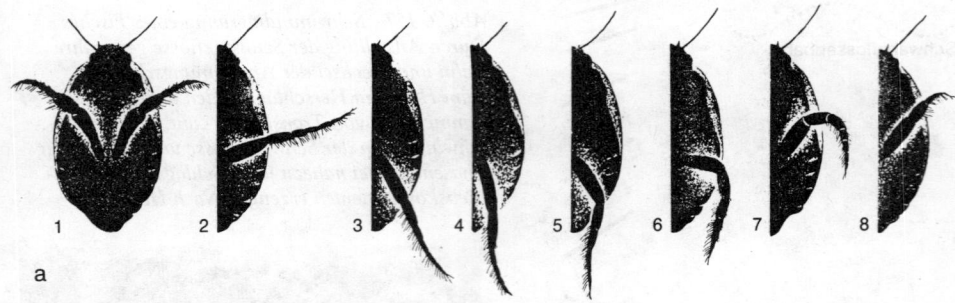

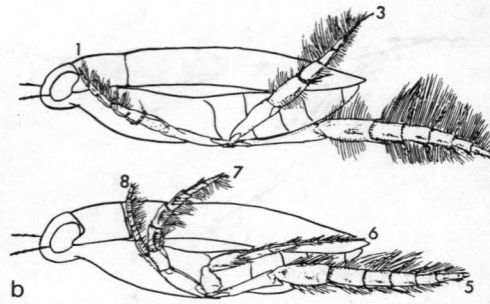

Abb. 6.159 a, b. Rumpfansichten mit Beinbewegungen in (a) Ventral- und (b) Seitenansicht bei einem größeren Wasserkäfer aus der Familie Dytiscidae. Die Hinterbeine werden synchron gestreckt gegeneinandergeschlagen und – unter Erzeugung eines geringeren Widerstandes – angeschmiegt wieder nach vorn gezogen. (Nach Nachtigall)

Meeressäugetieren) ist sie nicht flach, sondern relativ dick und profiliert, somit den Strömungsverhältnissen bei hohen Reynolds-Zahlen (Abb. 6.154) angepaßt. Fischrümpfe sind bei großen Dauerschwimmern (Haien, Thunfischen, Makrelen) ideal strömungsangepaßt; auch die Übergänge von Rumpf zu Flossen sind hydrodynamisch optimiert. Gleiches gilt auch für die auf den ersten Blick unförmig dick erscheinenden Rümpfe von Delphinen, Walen und Pinguinen (Stirnflächen-Widerstandsbeiwert $c_w < 0{,}1$). Diese können auch spezielle Hautstrukturen aufweisen, die die Strömung weitgehend laminar erhalten (Abb. 6.158). Dem gleichen Zweck dient ein spezieller, langkettige Riesenmoleküle enthaltender Schleim, den manche Fische (z. B. rasch beschleunigende Barracudas) abgeben. Beide Effekte wurden bei der Verwendung von hautähnlichen Gummiüberzügen an Unterwasserfahrzeugen bzw. bei der Beimengung künstlicher Schleime zum Feuerlöschwasser (die Feuerwehr kann dann bei gleichem Pumpendruck infolge verringerter Wandreibung höher spritzen!) technisch nachgeahmt. Dies sind Ergebnisse eines fachübergreifenden Arbeitsgebietes, der »Bionik«, die natürliche Konstruktionen studiert, um Anregungen für technisch-eigenständiges Weitergestalten zu erhalten.

Schwimmen der Wasserinsekten

Wasserinsekten besitzen Ruderorgane in Gestalt stark abgeplatteter, randständig mit Schwimmhaaren (Schwimmkäfer und Schwimmwanzen) oder mit Ruderplättchen (Taumelkäfer) besetzter Hinterbeine. Diese werden in Scharniergelenken (die nur einen Freiheitsgrad der Rotation zulassen) von kräftigen Extensoren gestreckt und mit der Breitseite gegen die Strömung in Richtung auf die Medianebene zusammengeschlagen (Abb. 6.159a), wobei sich die Schwimmhaare durch den Strömungsdruck automatisch spreizen und die Ruderfläche drastisch vergrößern. Somit wird ein großer Schub V erzeugt. Beim Vorholen wird die Breitseite gegen die Sternalregion gedreht, die Schwimmhaare legen sich ebenso automatisch zusammen, und das Bein wird abgewinkelt und »angeschmiegt« nach vorne gezogen (Abb. 6.159b, unteres Bild). Durch die günstige Kombination dieser morphologischen und kinematischen Parameter wird nur ein geringer »Gegenschub« V' erzeugt. Eine (Netto-)Vorwärtsbewegung erfolgt, wenn $|V| > |V'|$. Dies ist in ausgeprägter Weise der Fall. Beim Ruderschlag wird stets eine Vortriebskomponente V erzeugt (Abb. 6.160), die bei senkrecht zur Medianebene stehenden Beinen – Schlagwinkel $\beta = 90°$ – maximal ist (V_{max}), bei geringeren und größeren Schlagwinkeln infolge des Auftretens von entgegengesetzt gerichteten Seitentriebkomponenten S verringert wird. Die S-Komponenten der beiden Ruderbeine heben sich gegenseitig auf, kosten also Muskelkraft ohne lokomotorischen Effekt. Die V-Komponenten addieren sich zum vorwärts treibenden Gesamtschub.

Die *Rümpfe* von Wasserinsekten stellen in ihrer hydrodynamischen Ausgestaltung Kompromißkonstruktionen dar. Die lang ausgezogenen Kanten der Flügeldecken von großen Dytisciden (Abb. 6.159) verringern beispielsweise die Strömungsanpassung ein wenig (Stirnflächen-Widerstandsbeiwert $c_w \geq 0{,}3$), stabilisieren dafür aber den Körper gegen Roll- und Kippschwingungen.

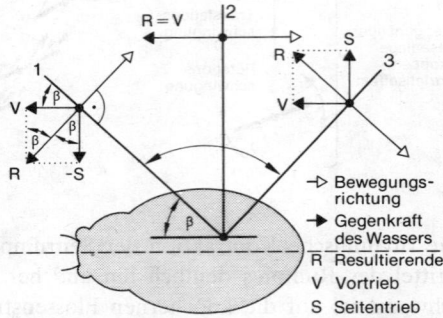

Abb. 6.160. Diagramme der Kräfteverhältnisse beim Ruderschlag eines größeren Wasserkäfers. In der Ansicht von ventral sind für das linke Hinterbein die Kräftediagramme in drei Positionen (1, 2, 3) dargestellt. Es werden Vortrieb- und Seitentriebkomponenten erzeugt. Beim Geradeausschwimmen werden letztere durch die vom rechten Bein kommenden Gegenkräfte kompensiert. (Nach Nachtigall)

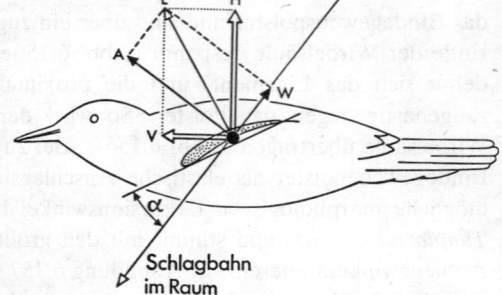

Abb. 6.161. Prinzipielles Kräfteschema am Vogelflügel. Im Moment der Betrachtung durcheilt der Flügel die Frontalebene und erzeugt keine Transversalkomponenten. Aus dem Widerstand W in Bahnrichtung und dem senkrecht dazu verlaufenden Auftrieb A setzt sich eine Luftkraftresultierende L zusammen, die in eine Hubkomponente H und eine Schubkomponente V zu zerlegen ist. (Demonstrationsschema ohne Berücksichtigung der tatsächlichen relativen Größen der Vektoren.) (Nach Nachtigall)

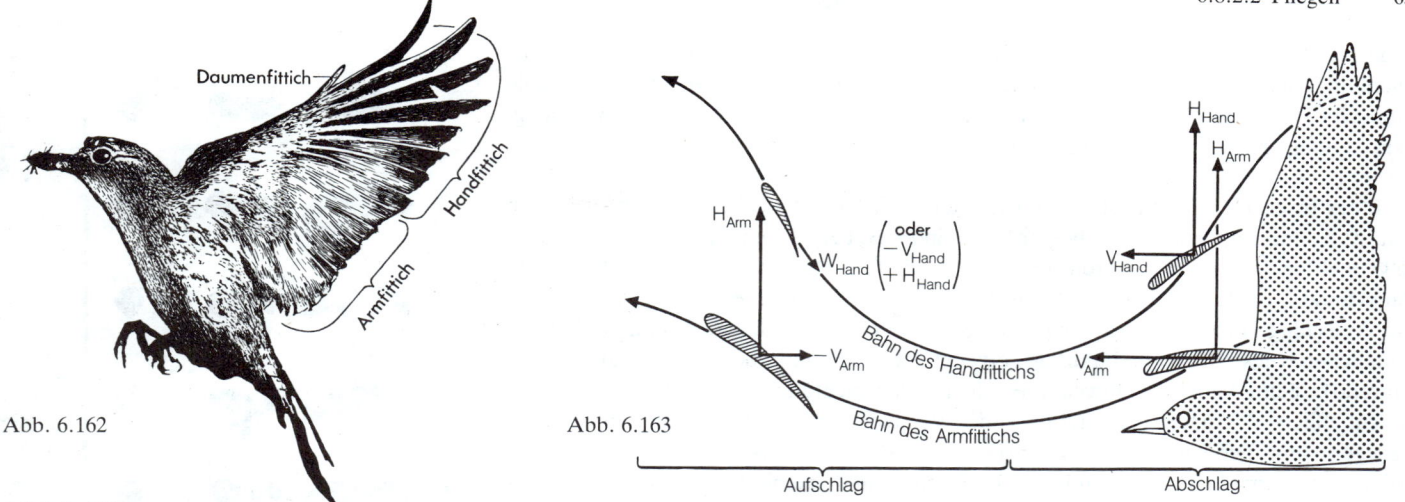

Abb. 6.162

Abb. 6.163

6.8.2.2 Fliegen

Das Fliegen als aktive Ortsbewegung in der Luft ist die energieaufwendigste Fortbewegungsweise, weil neben dem Vortrieb oder Schub ständig eine Hubkomponente erzeugt werden muß, die das gesamte Gewicht des Körpers kompensieren muß. (Wegen der geringen spezifischen Masse der Luft spielt statischer Auftrieb keine Rolle.) Die Fähigkeit, aktiv zu fliegen, ist in der Evolution zumindest viermal voneinander unabhängig entwickelt worden, innerhalb der Wirbeltiere bei den (ausgestorbenen) Flugsauriern, den Vögeln und den Säugetieren (Fledermäuse und Flughunde) sowie innerhalb der Insekten bei den Pterygota. Diese Entwicklung ging wahrscheinlich von der Verlängerung des Sprunges mit Hilfe einer Verbreiterung des Körpers aus, die zum Gleiten durch die Luft befähigte. *Gleiter* finden sich auch in anderen Wirbeltierklassen, z.B. bei den Teleostiern die »fliegenden« Fische (*Exocoetus*). Diese erhalten den Antrieb zur Gleitflugphase durch kräftige Schwimmschläge der Schwanzflosse noch unter Wasser; während der Gleitphase kann die Schwanzflosse zum Teil ins Wasser tauchen und durch schnelles Hin- und Herschlagen einen Zusatzschub entwickeln, der die Gleitstrecke verlängert. Auch viele Insekten sowie manche Reptilien (*Draco volitans*), Beuteltiere (Gleitbeutler) und Nager (Gleithörnchen) können überraschend gut gleitfliegen.

Die beweglichen Flügel haben sich in den drei rezenten Gruppen aktiv fliegender Tiere ganz unterschiedlich entwickelt: 1. bei den Vögeln durch die Befiederung der Vorderextremitäten, 2. bei den Fledermäusen von Hautduplikaturen zwischen Vorder- und Hinterbeinen und Schwanz ausgehend, 3. bei den Insekten aus ursprünglich starren seitlichen Verbreiterungen des äußeren Skeletts der Thoraxsegmente (Paranotallappen) – also unabhängig von Extremitäten –, wobei die Gelenkung gegen den Körper offenbar erst später entstanden ist. In allen Fällen wurde beim Übergang vom Gleiten zum Fliegen eine hinreichend kräftige Muskulatur zur Bewegung der Flugmechanismen entwickelt.

Vogelflug

Für die Kräfteverhältnisse am schwingenden Tierflügel gelten im Prinzip Konstruktionen, wie sie für den einfachsten Fall in Abbildung 6.161 gekennzeichnet sind. Ein Vogelflügel ist – im Gegensatz zum Insektenflügel – profiliert und gewölbt. Die Umströmung eines solchen geometrischen Gebildes führt zu Auftriebskräften, die zu rund drei Vierteln auf einen Sog an der Oberseite, zu rund einem Viertel auf Druck auf die Unterseite zurückzuführen sind. Von der Basis des Flügels zur Spitze hin verändert sich die Geometrie der Profile; in der distalen Region der freien Handschwingen wird der Flügel häufig aus einzelnen, durch Schlitze getrennten, dünnen Blättern zusammengesetzt. Jedes Profil besitzt seine ihm eigentümlichen aerodynamischen Kenngrößen: Auftrieb *A* und

Abb. 6.162. Gartenrotschwanz beim beginnenden Flügelabschlag. (Nach einer Photographie von Rüppell)

Abb. 6.163. Prinzipielles Schema der Kräftevariation beim horizontalen Streckenflug mittelgroßer Vögel. H Hub, V Vortrieb. (Nach E. von Holst)

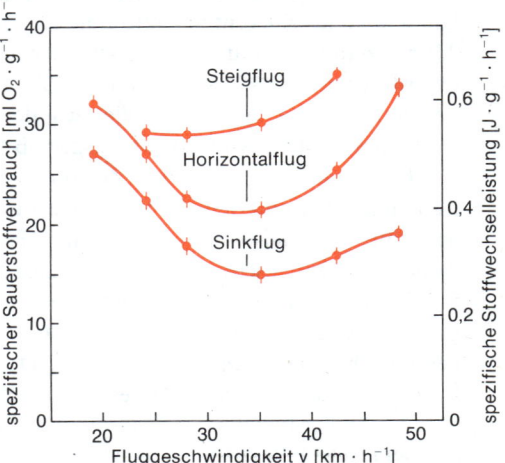

Abb. 6.164. Leistungskurven für den fliegenden Wellensittich (Melopsittacus undulatus). Im Horizontalflug ist die Stoffwechselleistung am geringsten bei einer »optimalen Reisegeschwindigkeit« von 38 km · h⁻¹. (Nach Tucker)

Widerstand W. Die flugbiophysikalischen Eigentümlichkeiten des Flügels sind bereits bei einem in Gleitflug- oder in Segelstellung ausgespannten Flügel von Stelle zu Stelle unterschiedlich. Durch aktive Änderung der Flügelgeometrie – Streckung, Wölbung, Verwindung, Anstellung – können sie zur Flugsteuerung weiter drastisch verändert werden.

Nach der Insertion der Schwungfedern am Arm- bzw. am Handskelett spricht man vom Armfittich und Handfittich. Die beiden Teile sind z. B. beim beginnenden Abschlag eines Singvogelflügels deutlich differenzierbar (Abb. 6.162). Beim Streckenflug scheint ihre Hauptfunktion unterschiedlich zu sein (Abb. 6.163): Der Armflügel erzeugt während Ab- und Aufschlag Hub, beim Abschlag auch Schub, beim Aufschlag allerdings wohl auch schädlichen Rücktrieb. Der Handflügel erzeugt beim Abschlag ebenfalls Hub und Schub, während er beim Aufschlag entweder lediglich in Bahnrichtung nachgezogen wird – wobei ausschließlich Widerstand entsteht – oder vielleicht auch kleine Hubkomponenten erzeugen kann. Die Kinematik muß also so beschaffen sein, daß während eines Gesamtschlages unvermeidbare hemmende Luftkraftkomponenten eines Flügelteils von förderlichen Komponenten des gleichen oder eines anderen Teils während der gleichen oder anschließenden Halbschlagperiode überkompensiert werden (Abb. 6.163). Bisher ist das Zusammenspiel im einzelnen noch nicht zu durchschauen.

Den Hauptantrieb liefert der große Flügelabschlagsmuskel, M. pectoralis major, der einerseits großflächig an einer kräftigen Membran zwischen Clavicula (Schlüsselbein) und Coracoid sowie randständig am Sternum (Brustbein) inseriert und andererseits an der Unterseite des Humerus (Oberarmknochen) angreift. Das Aufschlagsmuskelsystem des M. pectoralis minor ist zarter ausgebildet. Es inseriert proximal zentral am Sternum, zieht aber mit einem kraftumlenkenden Band um das Schultergelenk an der Oberseite des Humerus. Seine geringere Masse weist auf die relativ kleinere Arbeitsleistung beim Flügelaufschlag hin. Zur Ansatzvergrößerung der Flugmuskulatur existiert bei gut fliegenden Arten eine großflächige Carina. Neben den genannten Hauptschlagsmuskeln gibt es zahlreiche Stellmuskeln, die einzelne Flügelteile – insbesondere den »Daumenfittich« (Abb. 6.162) – relativ zur Hauptflügelfläche verstellen. Wie der Vorflügel eines Flugzeugs erzeugt der abgespreizte Daumenfittich im Bereich mittlerer Anstellwinkel einen deutlichen zusätzlichen Auftrieb durch positive Beeinflussung der Flügeloberseitenströmung. Dieser kann in kritischen Flugphasen mit hohen Anstellwinkeln, wie sie bei Landung und Kurvenflug auftreten, wesentlich sein. Links-Rechts-Unterschiede im Abspreizgrad des Daumenfittichs werden auch zur Flugsteuerung ausgenutzt.

Langstreckenfliegende Vögel sind – wie Flugzeuge – so ausgebildet, daß möglichst geringe Leistungsverluste auftreten. Wie aus dem Stoffwechsel-Leistungs-Diagramm (Abb. 6.164) hervorgeht, wird erwartungsgemäß während des Steilfluges mehr, während des Sinkfluges weniger Energie pro Zeiteinheit ausgegeben als beim Horizontalflug. Dessen Kennlinie weist zum Beispiel bei Wellensittich und Haustaube ein ausgeprägtes Minimum der Stoffwechselleistung P_{Stoffw} bei einer Geschwindigkeit v von rund 40 km · h^{-1} auf, die damit als »Reisegeschwindigkeit« bei Langstreckenflügen eingestellt werden dürfte. Der Stoffwechselleistung P_{Stoffw}, die über den Sauerstoffverbrauch des bewegten Organismus gemessen werden kann, proportional ist die Flugleistung P_{Flug}, die für den Flug ausgegebene mechanische Leistung (Gl. 6.17). Der Proportionalitätsfaktor ist der Gesamtwirkungsgrad η des fliegenden Tieres. Die Flugleistung dürfte kaum mehr als ein Fünftel der Stoffwechselleistung ($\eta = 0,2$) ausmachen. Die Haustaube weist nach Windkanalmessungen bei ihrer Optimalgeschwindigkeit eine Stoffwechselleistung von rund 32 W auf, von der sie etwa 8 W als Flugleistung umsetzt und etwa 24 W als Abwärme abgeben muß.

Insektenflug

Die Insekten der Unterklasse Pterygota tragen am zweiten und dritten Brustsegment (Meso- und Metathorax) je ein Paar, in der Regel wohlausgebildeter, häutiger Flügel.

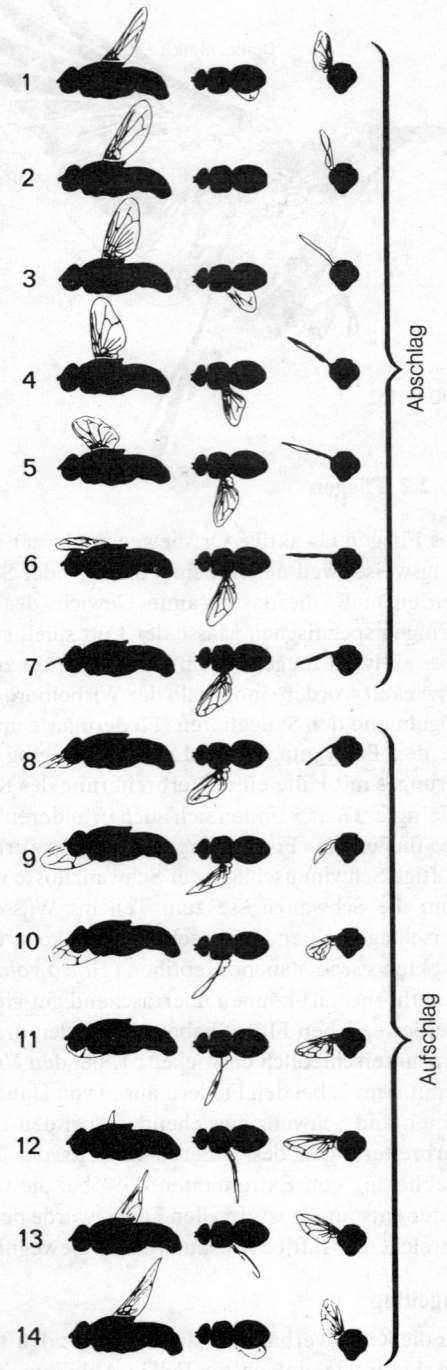

Abb. 6.165. Hochfrequenzaufnahmen der Flügelstellung in Dreitafelprojektion während eines Flügelschlages der Glanzfliege (Phormia regina). Bildabstand 0,62 ms (Flügelschlagfrequenz: ca. 120 s^{-1}). (Nach Nachtigall)

(6.17)

$P_{\text{Flug}} = \eta \cdot P_{\text{Stoffwechsel}}$

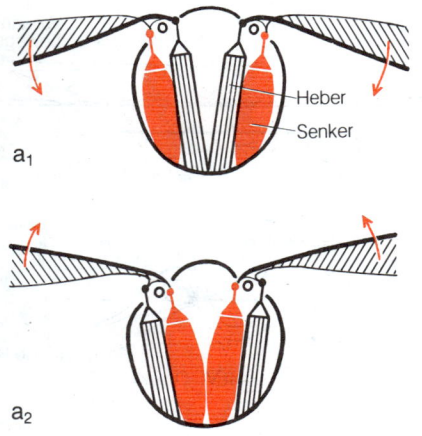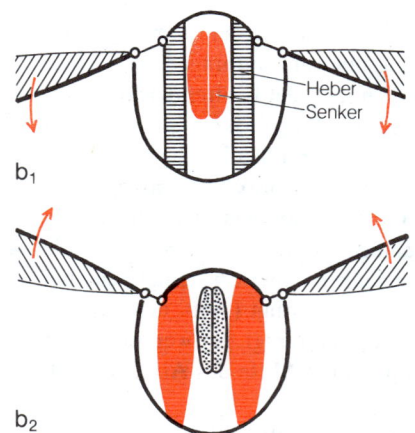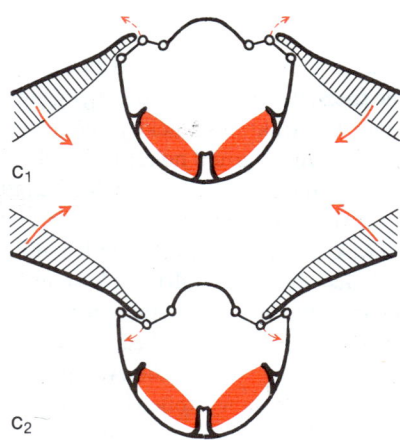

Meist sind beide aerodynamisch wirksame Schlagflügel; bei einigen Ordnungen (vor allem bei Schaben, Blattodea, und Käfern, Coleoptera) sind die Vorderflügel zu Schutzorganen (»Flügeldecken«) für die Hinterflügel umgebildet, erzeugen aber auch einen (kleineren) Teil der aerodynamisch nutzbaren Kräfte. Bei den Fliegen (Diptera) ist nur das vordere Flügelpaar zu typischen Schlagflügeln ausgebildet; das hintere ist zu den kleineren Schwingkölbchen (*Halteren*) umgeformt, die Flugsteuerungsfunktion haben. Bei wenigen großen Gruppen der Pterygota (vor allem bei Federlingen, Mallophaga, und Flöhen, Siphonaptera) sowie bei zahlreichen kleineren (vgl. S. 902; Abb. 10.68) sind die Flügel sekundär reduziert.

Bei den ursprünglichen Insektengruppen stehen die Flügel in Ruhestellung nach der Seite ab (z. B. große Libellen); erst mit der höheren Differenzierung der Gelenke wird das Einschlagen in eine Ruhelage in Längsrichtung des Körpers ermöglicht. Bei einigen Gruppen (z. B. Coleoptera) werden die Hinterflügel zusätzlich quer eingefaltet und zusammengelegt. Die primäre Bewegungsweise war wahrscheinlich der synchrone Schlag beider Flügelpaare. Da aerodynamisch Zweiflügeligkeit vorteilhafter ist als Vierflügeligkeit, wird in höher differenzierten Gruppen gut fliegender Insekten (z. B. Hymenoptera) durch mechanische Verbindungen der Vorder- mit den Hinterflügeln eine *funktionelle Zweiflügeligkeit* erreicht. Eine andere Entwicklungsrichtung führte bei den Libellen (Odonata) zu weitgehender Unabhängigkeit der Bewegung beider Flügelpaare, die meist im Gegentakt schlagen. Das ist die Voraussetzung für die besondere Manövrierfähigkeit dieser Insekten, die in manchen Hinsichten der eines Hubschraubers ähnlich ist.

Große Libellen, Heuschrecken und diejenigen Schmetterlinge, die – wie Tagfalter – keinen Schwirrflug »am Ort« ausführen können, bewegen ihre Flügel relativ langsam (etwa $20 \cdot s^{-1}$). Viel häufiger sind höhere Frequenzen von mehr als $100 \cdot s^{-1}$ bis mehr als $1000 \cdot s^{-1}$, wobei arttypisch nahezu konstante Flügelschlagfrequenzen vorherrschen. Die Flügel können außer der Schlagbewegung noch Rotationsbewegungen und Verwindungsbewegungen ausführen (Abb. 6.165), die für die Erzeugung von Auftriebs- und Vortriebskräften sowie seitlichen Kraftkomponenten für die Flugsteuerung erforderlich sind.

Selten wird die Flügelbewegung ausschließlich (Flügelsenker bei Libellen), häufiger anteilsmäßig (Heuschrecken) von Muskeln erzeugt, die mit ihren Sehnen unmittelbar an den Flügeln ansetzen (*direkte Flugmuskeln*, Abb. 6.166a). Bei fast allen hochdifferenzierten Gruppen gut fliegender Insekten dagegen setzen die Antriebsmuskeln an der Innenseite der Thoraxwand an (*indirekte Flugmuskeln*; zu deren Funktion S. 519). Sie bewegen und verspannen Teile des thorakalen Exoskelettes gegeneinander, und diese Bewegung teilt sich über die intermediären Gelenkregionen beider Seiten mit hoher Hebelübersetzung den Flügeln mit (Prinzipschema: Abb. 6.166b). In allen Gruppen gibt es neben

Abb. 6.166 a–c. Sehr vereinfachte Prinzipschemata der Flügelbewegungen beim Flug der Insekten: durch (a) direkt ansetzende Flugmuskulatur, (b, c) indirekte Flugmuskulatur. Im Falle von (b) schlagen die Flügel synchron mit der Tätigkeit antagonistischer Flugmuskel-Paare; im Falle von (c) bewegen sich die Flügel durch einen »Klick-Mechanismus« mit der Eigenfrequenz des Thorax-Skelett-Systems, das durch Dauerkontraktion der Pleurosternalmuskeln mechanisch versteift und damit schwingungsfähig wird; vgl. Abb. 6.229. Muskeln in Kontraktionsbewegung rot. (1) Abschlag; (2) Aufschlag der Flügel. (Nach Nachtigall)

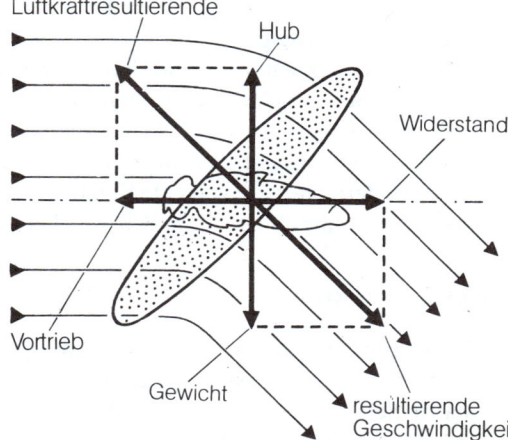

Abb. 6.167. Prinzipielle Verhältnisse der Luftströmung und der auftretenden Kräfte am Flügel eines stationär unbeschleunigt horizontal fliegenden Insekts. (Demonstrationsschema ohne Berücksichtigung der tatsächlichen relativen Größen der Vektoren.) (Nach Nachtigall)

diesen Hauptantriebsmuskeln auch direkt ansetzende Muskeln, die dem schwingenden
Flügel feinere Verstellbewegungen zum Zweck der Flugsteuerung aufprägen.
Durch die spezielle Eigenschaft des myogenen Rhythmus mit großer Kraftentwicklung bei
sehr kleiner Kontraktionsstrecke ermöglichen die indirekten Flugmuskeln große Flügel-
schlagamplituden aufgrund hoher Hebelübersetzung. Die hohen Flügelschlagfrequenzen
werden jedoch durch die Resonanzeigenschaften des gesamten Thorax bestimmt und sind
deshalb für die jeweilige Tierart in etwa konstant. Bei den besonders rasch fliegenden
Dipteren wird der für den myogenen Rhythmus notwendige kontraktionsauslösende Reiz
wahrscheinlich durch das »Klick«-System im Flügelgelenk mit bewerkstelligt, das bei
jedem Halbschlag von einer stabilen Lage in die andere umspringt (Abb. 6.166c) und
dabei den jeweils inaktiven Muskelantagonisten mechanisch anregt. So werden in der
Mitte des Aufschlags bereits die Abschlagsmuskeln und in der Mitte des Abschlags die
Aufschlagsmuskeln »angestoßen«.

Wenn sich eine Fliege mit konstanter Geschwindigkeit geradlinig horizontal durch die Luft
bewegt, so befindet sie sich in einem stationären Flugzustand, bei dem ein Flügelschlag
abläuft wie der andere. Mit den Schlagflügeln, die sich mit einer Frequenz von rund
$200 \cdot s^{-1}$ auf und ab bewegen, erzeugt das Tier die nötigen Luftkräfte. Diese müssen eine
senkrecht nach oben gerichtete Komponente aufweisen (Hub), die dem Tiergewicht entgegengesetzt gleich ist, und eine nach vorne gerichtete Komponente besitzen (Schub oder
Vortrieb), die dem Gesamtwiderstand des Tieres das Gleichgewicht hält. Diese Luftkraftkomponenten entstehen dadurch, daß das rasch schlagende Flügelpaar das umgebende
Medium im Mittel schräg nach hinten unten beschleunigt. Als Reaktionskraft entsteht
eine nach vorne oben gerichtete Luftkraftresultierende, die sich in der in Abbildung 6.167
beschriebenen Weise in Hub und Schub zerlegen läßt. Bei der Luftkrafterzeugung spielen
instationäre Effekte, insbesondere die energetisch optimierte Erzeugung von Ringwirbeln
zu bestimmten Schlagphasen, eine wesentliche Rolle.

Der Flügel führt dazu eine kombinierte Schlag- und Rotationsschwingung aus, wie aus der
Dreitafelprojektion in Abbildung 6.165 zu entnehmen ist (Rotation bei den Bildnummern
1–3 und 9–11). Die Rotationsschwingung des Flügelblattes, die sich der Flügelschlag-
schwingung mit einer bestimmten Phasenverschiebung überlagert, wird durch die Art des
mechanischen Zusammenspiels der Sklerite im Flügelgelenk zwangsgesteuert. Sie kann
zum Zweck der Flugsteuerung durch tonische Stellmuskeln in den beiden Gelenkregionen
verändert werden, die die relative Lage der Sklerite zueinander verstellen.

Diese Verhältnisse gelten für Flügel mittlerer bis größerer Insekten, die zur Erzeugung
möglichst hoher Seitkräfte (das sind Auftriebskräfte, die senkrecht zur Anströmungsrichtung an einer Tragfläche entstehen) bei mittleren bis höheren Reynolds-Zahlen (Abb.
6.154) ausgebildet sind. Bei kleinen sind aber andere Flügelformen nötig, die als »Luft-
paddel« Reibungskräfte erzeugen können. Die kleinsten Insekten haben demnach den
Wasserkäferbeinen konvergente Borstenflügel ausgebildet (Abb. 6.154). Für sie erscheint
die Luft als zähes Medium, in dem sie »herumrudern« wie Wasserflöhe im Wasser.

6.8.2.3 Kriechen

Im Gegensatz zu den beiden vorstehend besprochenen Fortbewegungsarten ist das
Kriechen eine Ortsbewegung, die nur in einer Ebene – der Oberfläche des Substrats –
stattfindet. Dabei hat das Tier mit seiner Unterseite (und gelegentlich auch lateral) an
ständig wechselnden Stellen Kontakt mit dem Untergrund, oder der Kontakt zum
Untergrund ist an verschiedenen Stellen unterschiedlich fest. Diese Lokomotionsform ist
im Tierreich sehr weit verbreitet: Unter den Protozoen kriechen manche Amöben durch
Ausbildung von Pseudopodien; bei den meisten Metazoen jedoch wird die Kriechbewe-
gung durch Muskeln bewerkstelligt. Es können sehr verschiedene Körperbewegungen
schließlich zur Fortbewegungsart des Kriechens führen; häufig tritt bei einer Tierart nur

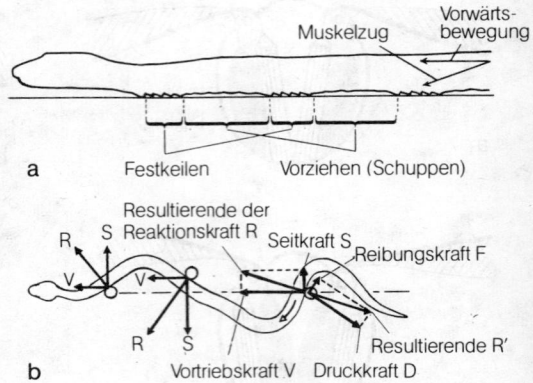

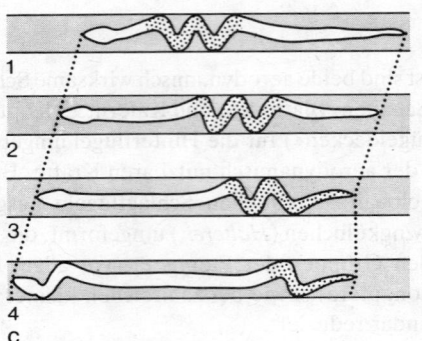

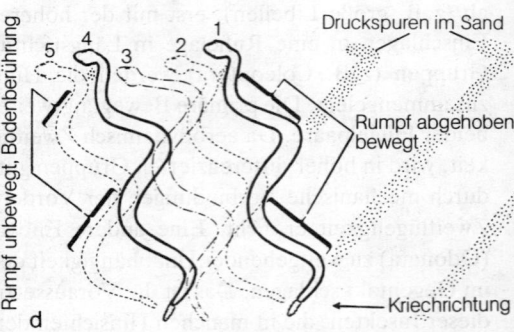

Abb. 6.168 a–d. Bewegungstypen bei Schlangen.
(a) Sohlenkriechen; schematischer senkrechter
Längsschnitt. (b) Schlängelnd kriechende Schlange
von oben gesehen; eingezeichnet sind die Kräfteverhältnisse an den Berührungspunkten, beim
hinteren Punkt mit Konstruktion der Kraftkomponenten. (c) »Ziehharmonika-Kriechen« in einer
engen Röhre in vier aufeinanderfolgenden Phasen.
(d) Seitwinden bei einer Klapperschlange in
fünf aufeinanderfolgenden Phasen; die Druck-
spuren zeigen die Stellen, an denen die Schlange
in den vor (1) erfolgten Bewegungsabläufen den
Boden berührt hat. (Nach Hildebrand)

eine davon auf. Die Schlangen sind eine Tiergruppe, in der ein besonders vielfältiges Repertoire von Kriechbewegungen vorliegt.

Schlangen kriechen auf mechanisch sehr unterschiedliche Weise, in enger Korrelation zu Biotop und bevorzugtem Untergrund. Die hauptsächlichen Vortriebsmethoden sind Sohlenkriechen, Schlängeln und Seitwinden. Beim *Sohlenkriechen*, wie es z. B. Riesenschlangen und Puffottern bei langsamer Vorwärtsbewegung – speziell beim Kriechen durch enge Röhren – ausführen, bleibt der Körper geradegestreckt. Die über die lockere Haut längsverschiebbaren Ventralschuppen werden ein Stück nach vorn gezogen, schräg aufgerichtet und gegen den Boden gestemmt. Durch die Kontraktion ventraler Hautmuskeln und segmentaler Rippenmuskeln wird der Schlangenrumpf »in seiner Haut« gegenüber dem Schuppenanker lokal ein Stück nach vorne gezogen (Abb. 6.168a). Dies geschieht in aufeinanderfolgenden Kontraktionswellen, deren Wellenlänge im Vergleich zur Körperlänge so klein ist, daß eine ausgeglichene, nahezu konstante Vorwärtsbewegung resultiert. Beim Kriechen in weiten Gängen »verkeilen« sich Schlangen entsprechend Abbildung 6.168c, wobei die Berührungsstellen caudad »abrollen«. Man spricht dann auch von einer Ziehharmonikabewegung.

Das eigentliche *Schlängeln* wird insbesondere von langen und dünnen Schlangenformen ausgeführt. Es stellt ein peitschenartiges Hin- und Herschlagen des Rumpfes dar, über den eine metachrone Welle unter Amplitudenvergrößerung nach hinten läuft. Zur Vorwärtsbewegung muß die Schlange stets mehrere Berührungspunkte haben, etwas Geländeunebenheiten oder Steine, an denen Reibungskräfte zwischen Rumpf und Boden übertragen werden können. Das Kräftespiel an einigen Punkten ist in Abbildung 6.168b dargestellt. Das Schlängelprinzip funktioniert auch im Wasser, wie die Schwimmnattern (Gattung *Natrix*), besonders aber auch lateral abgeflachte Schlangen (Caudalregion der Seeschlangen, Hydrophiidae) erkennen lassen. Die Reibungskraft F (Abb. 6.168b) ist dann durch die hydrodynamische Widerstandskraft W zu ersetzen. Auch hierbei ist die energetisch optimierte Erzeugung einer »Wirbelstraße« essentiell.

Für Bewohner von Feinsandböden ist eine andere Methode energiesparender, das *Seitwinden* (Abb. 6.168d). Hierbei bewegt die Schlange ihren Körper über jeweils neue, seitlich zur Kriechbahn ausgebildete Aufnahmepunkte zu einem großen Teil durch die Luft, so daß im wesentlichen nur an den Auflageregionen Druckkräfte auf den Sandboden, aber kaum Seitkräfte auftreten. Die letzteren würden nur unter Energieausgabe und mit geringem Lokomotionseffekt Sandmassen verschieben können. Beim Seitwinden steht die Kriechbahn stets unter einem spitzen Winkel zur mittleren Längsachse der Schlange (Abb. 6.168d). Insbesondere Klapperschlangen kriechen auf diese Weise.

Die meisten Schnecken haben als Lokomotionsbewegung das Sohlenkriechen, bei dem alternierende metachrone Kontraktionswellen der Quer- und der Längsmuskulatur des Fußes über dessen Unterseite hinweg laufen (Abb. 6.170). Obwohl die Sohle, die auf einer von der Schnecke produzierten Schleimschicht liegt, dabei nicht vom Untergrund abgehoben wird, haben die verdickten Teile eine stärkere Bodenhaftung und üben beim Weiterlaufen der Welle gegen den Untergrund eine nach hinten gerichtete Druckkraft aus, durch die der Körper des Tieres nach vorn geschoben wird.

Eine besondere Art des Kriechens ist die durch Peristaltik, wie sie häufig bei Würmern ausgebildet ist (Abb. 6.169a). Hierbei wird der Körper durch rhythmisch abwechselnde Kontraktionen von Längs- und Ringmuskeln abschnittsweise verdünnt und verdickt. Dabei spielen sich charakteristische Änderungen des Druckes im Inneren der Segmente ab (Abb. 6.169b). Diese Formänderung an sich braucht noch keinen lokomotorischen Effekt zu haben und führt erst dann zur Fortbewegung, wenn sich der vorgestreckte Abschnitt verankern und somit bei der folgenden Längsmuskelkontraktion den restlichen Körper nachziehen kann. Die Verankerung kann beispielsweise »stöpselartig« erfolgen, etwa beim Kriechen von *Bonellia* in engen Röhren. Wenn der Regenwurm auf ebener Fläche kriecht, übernehmen neben Adhäsionskräften die abgespreizten Borsten diese Funktion.

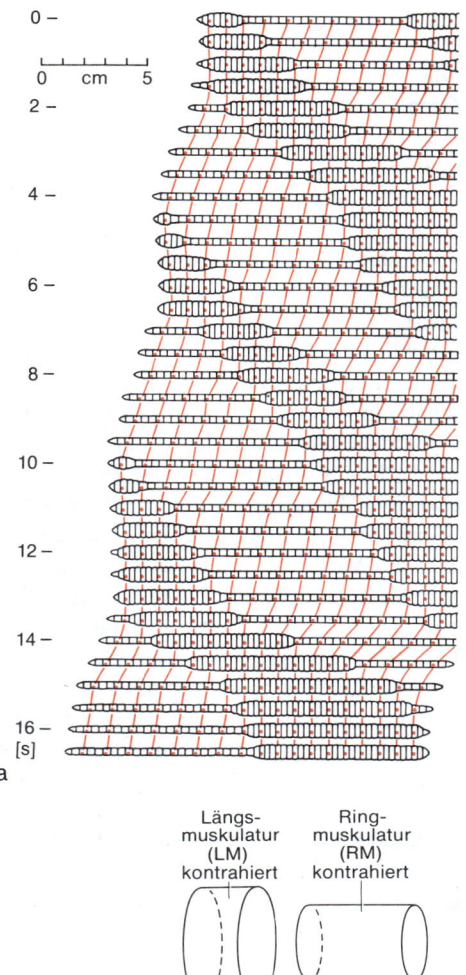

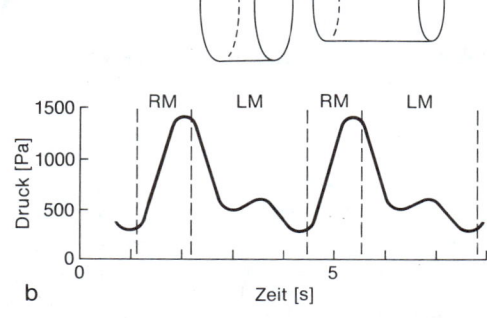

Abb. 6.169a, b. Kriechende Fortbewegung beim Regenwurm, Lumbricus. (a) Peristaltisches Kriechen durch abwechselnde Kontraktion der Längs- und Ringmuskulatur. In den Zeichnungen aufeinander folgender Phasen sind die markierten Segmente durch Striche verbunden, um den unterschiedlichen Abstand voneinander zu zeigen. (b) Druckverlauf im Inneren der Segmente beim peristaltischen Kriechen. (Nach Gray u. Lissmann und nach Seymour)

6.8.2.4 Graben

Das Graben als Fortbewegungsweise im Substrat ist in der Evolution vielleicht bei Organismen entstanden, die sich an der Grenzfläche zwischen Luft und Boden bzw. Wasser und Boden – vor allem kriechend oder laufend – fortbewegt haben. Graben ist u. a. bei Articulaten, Mollusken und Vertebraten verbreitet.

Grabende und wühlende Vertebraten und Arthropoden zeigen sehr deutlich konvergente Körperformen (Abb. 6.59, S. 575) und Umgestaltungen der Vorderbeine zu Schaufelapparaten. Die Rümpfe sind langgestreckt-zylindrisch, mehr oder minder schwanzlos und tragen bei den Säugetieren einen feinen, wasserabweisenden Haarbesatz. Dieser besitzt meist keine Vorzugsrichtung (»Strich«), so daß Vor- und Rückwärtsbewegungen in gleicher Weise möglich sind. Das Vorderende ist spitz, Ohrmuscheln und Hinterbeine sind relativ klein und zum Teil im Fell verborgen. Die muskulösen Vorderbeine sind zu Grabschaufeln verbreitert, beim Maulwurf durch Knochenverbreiterungen und Ausbildung eines Sichelbeins (funktionell ein »sechster Finger«) neben dem Daumen (Abb. 6.171a), bei der Maulwurfsgrille durch Stauchung aller Beinglieder, die in Form eines Femurhakens und vier Tibiadornen fünf »fingerartige« Auswüchse tragen (Abb. 6.171b). Ganz ähnlich gebaut sind die Grabbeine der Zylindergrillen (Cylindrachetidae, Abb. 6.59g).

Manche Muscheln graben sich mit Hilfe des Fußes bisweilen verblüffend rasch tief in Sandböden ein (Abb. 6.172). Der Fuß wird keilförmig vorgestreckt. Sodann kontrahieren sich die Schalenschließmuskeln, wodurch der Fuß an seinem Ende hydraulisch aufquillt und sich verankert, während die Schalen ihre Verbindung zum Sand lösen. Eine darauffolgende Kontraktion des Retraktormuskels zieht die Muschel in Richtung auf das Fußende, und das Spiel beginnt von neuem.

Das Graben der Regenwürmer und anderer Oligochaeten wie auch vieler im Substrat lebender Polychaeten wird in grundsätzlich ähnlicher Weise durchgeführt, indem zunächst der Vorderkörper in dünnem Zustand in das Substrat vorgepreßt wird und dann aufquillt, so daß die Kontraktionswelle des Hautmuskelschlauches (vgl. Abb. 6.169a) den ganzen übrigen Körper nach vorn nachziehen kann. Bei manchen dieser Tiere wird während des Grabens ein erheblicher Teil des Erdreichs nicht verdrängt, sondern durch den Mund aufgenommen und durch den Darmkanal befördert (»Substratfresser«, S. 475). In bereits vorhandenen (auch selbst hergestellten) Hohlräumen des Bodens bewegen sich diese Anneliden kriechend fort, ähnlich wie auf der Substratoberfläche.

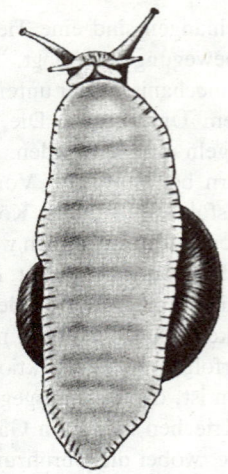

Abb. 6.170. Sohlenkriechen bei der Weinbergschnecke, Helix pomatia. (Nach Hesse u. Doflein)

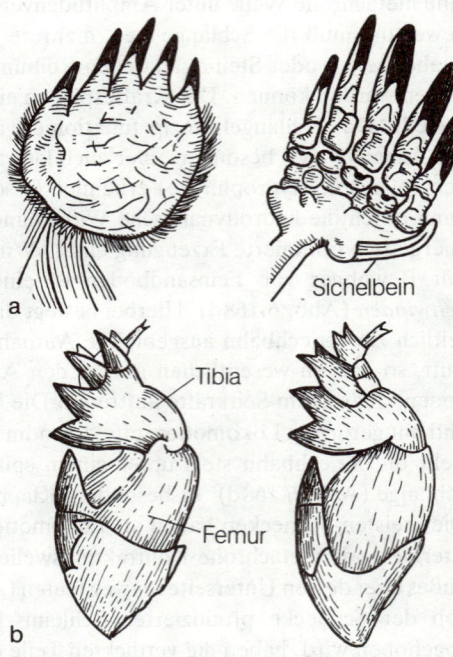

Abb. 6.171a, b. Grabextremitäten. (a) Vorderfuß des Maulwurfs (Talpa) links von unten, rechts von oben gesehen; beim rechten Bild Darstellung des Skeletts. (b) Vorderbein der Maulwurfsgrille (Gryllotalpa), links von der Außenseite, rechts von der Innenseite gesehen.

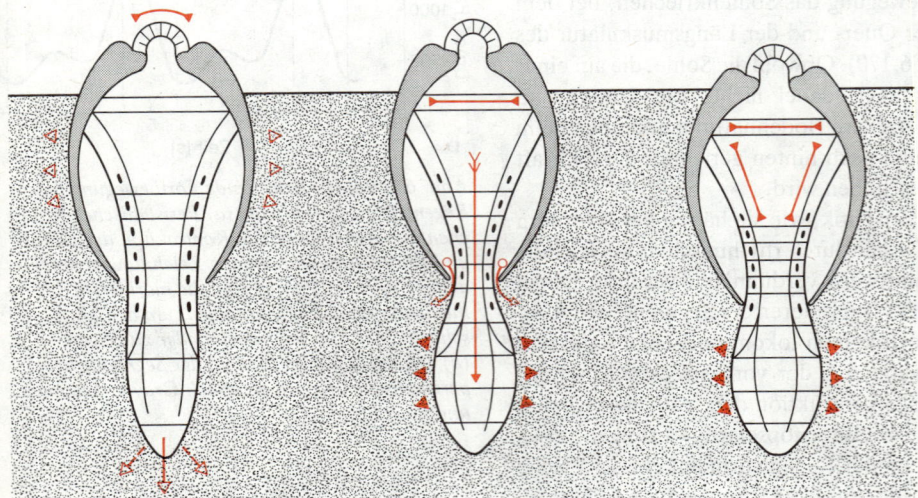

Abb. 6.172. Eingraben einer Muschel. Während sich der Fuß vorstreckt, verankern sich die Schalen durch Seitpressen. Nach Verankern des Fußes werden die durch teilweises Schließen gelockerten Schalen abwärts gezogen. (Nach Trueman u. Ansell)

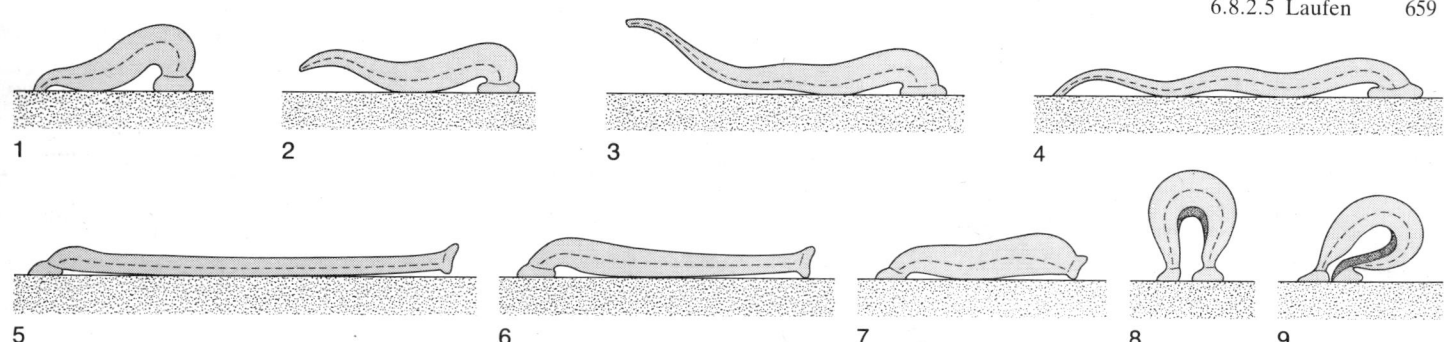

6.8.2.5 Laufen

Laufen ist die schrittweise Fortbewegung auf der Oberfläche eines Substrats mit Hilfe von Extremitäten, die periodisch den Boden berühren. Im weiteren Sinne kann man darunter auch die spannerartige Fortbewegung verstehen, bei der der langgestreckte Körper eines Tieres insgesamt »Schritte« ausführt. Daran sind bei den Insektenlarven – insbesondere den Raupen der Spanner (Geometridae) – auch die Extremitäten beteiligt; bei den Egeln (Hirudinea) erfolgt das periodische Festheften des Körpers auf der Unterlage durch Saugnäpfe (Abb. 6.173).

Beim Laufen bildet das feste Substrat das Widerlager für die bewegten Gliedmaßen, die den Körper durch das über dem Substrat stehende Medium – Wasser, Luft – schieben. In der Phylogenie wurden die Extremitäten wahrscheinlich zunächst für einen verbesserten Kontakt mit dem Substrat verwendet, so daß sich beim Kriechen oder Schlängeln der zum Vortrieb nutzbare Anteil der Lokomotionskraft vergrößern konnte (analog der Funktion der Parapodien bei den bodenlebenden Polychaeten). Da jedoch eine kleine Kontaktfläche mit dem festen Substrat ausreicht, um die Kraft der Bewegungsmuskeln auf das Substrat zu übertragen, kann der Körper vom Boden abgehoben werden, wodurch sich der Reibungswiderstand gegenüber dem eines am Boden nachgeschleppten Rumpfes erheblich verringert. Die Energiebilanz muß dann günstiger ausfallen, wenn die Arbeit für Abheben kleiner ist als für Nachschleppen. Dann sind mit dem gleichen Kraftaufwand höhere Geschwindigkeiten möglich.

Ursprünglich war der Körper – sowohl bei den Insekten als auch bei den Landwirbeltieren – zwischen den seitlich eingelenkten Beinen aufgehängt (Abb. 6.174a, b). Durch die seitwärts liegenden Unterstützungsflächen und den tiefgelegenen Schwerpunkt ist die Körperlage stabil, es wird jedoch Muskelkraft benötigt, um den Körper über dem Boden zu halten; während der Ruhe liegt deshalb das Tier mit dem Körper auf dem Boden. Biomechanisch aufwendiger, energetisch aber günstiger ist eine Anordnung der Extremitäten *unter* dem Körper, da diese dann den Körper wie Säulen mit einem viel geringeren Aufwand an Haltemuskeln tragen können (Abb. 6.174c). Diese Entwicklung ist besonders bei den Säugetieren deutlich. Der Lauf auf vier Beinen wurde dabei aber in dem Maß statisch und steuerungstechnisch schwieriger, in dem der Schwerpunkt angehoben wurde, weil die Beine mit zunehmend geringerer Seitstreckung nahe der Mittellinie unter dem Rumpf ansetzten (z. B. Pferd).

Die Beine eines Vierfüßers können in verschiedenen Rhythmen oder Gangarten bewegt werden. Beim Pferd unterscheidet man z. B. Schritt, Trab und Galopp sowie Paßgang (Abb. 6.176a–e). Während beispielsweise beim normalen Trab das linke Vorderbein und das rechte Hinterbein gleichzeitig aufgesetzt werden, arbeiten beim Paßgang (Abb. 6.176e) die beiden Beine einer Seite in Phase. Dies hat Vorteile bei lockerer Bodenbeschaffenheit, also auf Sand- und Schneegrund. Kamele, Giraffen, aber auch Pferdezuchtrassen der peruanischen Wüsten ebenso wie eine isländische Ponyrasse bewegen sich regulär im Paßgang. Je rascher eine Fortbewegungsweise abläuft, desto kleiner wird der

Abb. 6.173. Spannerartige Lokomotion beim Blutegel, Hirudo, in »Schritten«. Während ein Saugnapf festhaftet, wird der Körper vorgestreckt bzw. nachgezogen. (Nach von Uexküll aus Hesse u. Doflein)

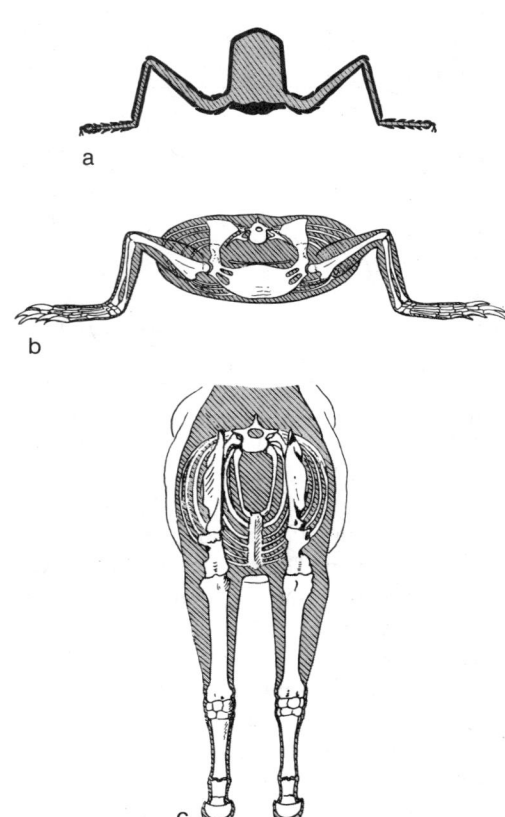

Abb. 6.174a–c. Diagramme der Unterstützung des Körpers bei laufenden Landtieren. (a) Insekt (Schabe). (b) Reptil (Waran). (c) Säugetier (Pferd). (Nach Hesse u. Doflein)

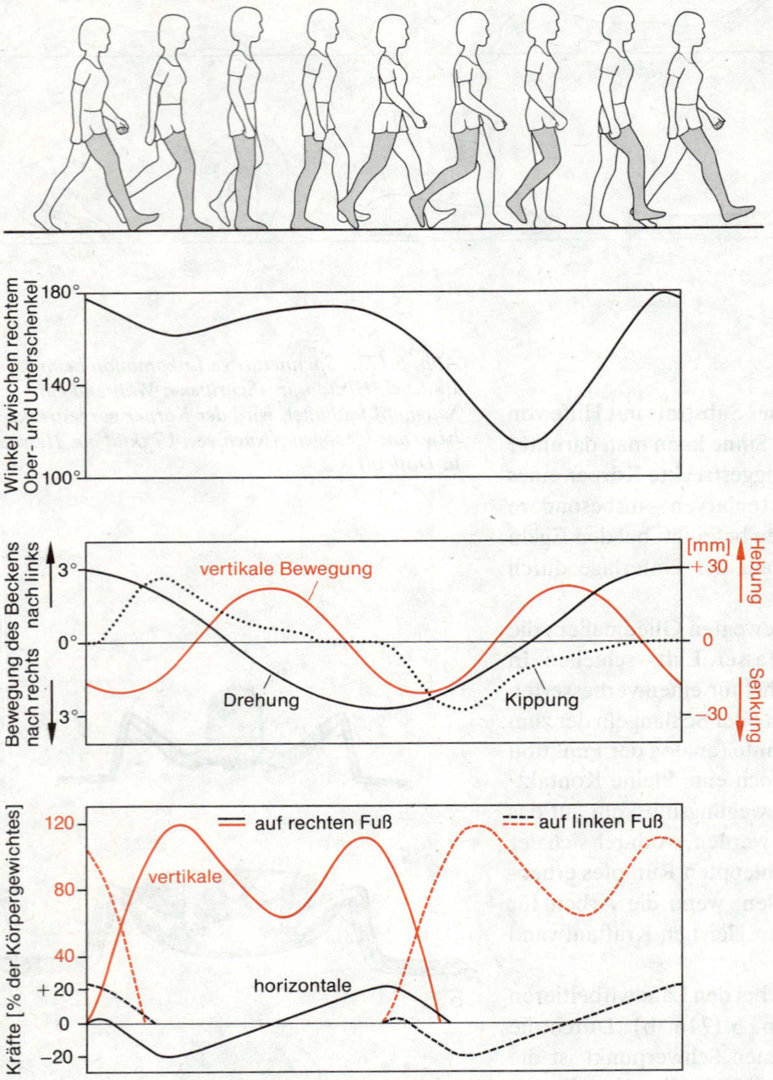

relative Zeitanteil, während dessen ein Bein den Boden berührt (Abb. 6.176 rechts). Beim Trab und beim Galopp des Pferdes treten Momente auf, in denen alle vier Beine abgehoben sind. Insbesondere für den raschen Lauf muß sehr viel Energie aufgewendet werden. Vielfältige Mechanismen zur Energieeinsparung existieren, beispielsweise eine Verringerung des Massenträgheitsmoments der Extremitäten durch proximale Verlagerung der Antriebsmuskulatur, leichte und zarte Ausbildung der distalen Beinregion und Kraftübertragung über lange Sehnen (z. B. bei Gepard, Gazellen). Sehr wesentlich ist auch eine periodische Energiespeicherung in dehnbaren Elastinbändern, die während einer Verzögerungsphase Energie aufnehmen und diese in der darauffolgenden Beschleunigungsphase mit geringen Verlusten wieder abgeben (Abb. 6.177).

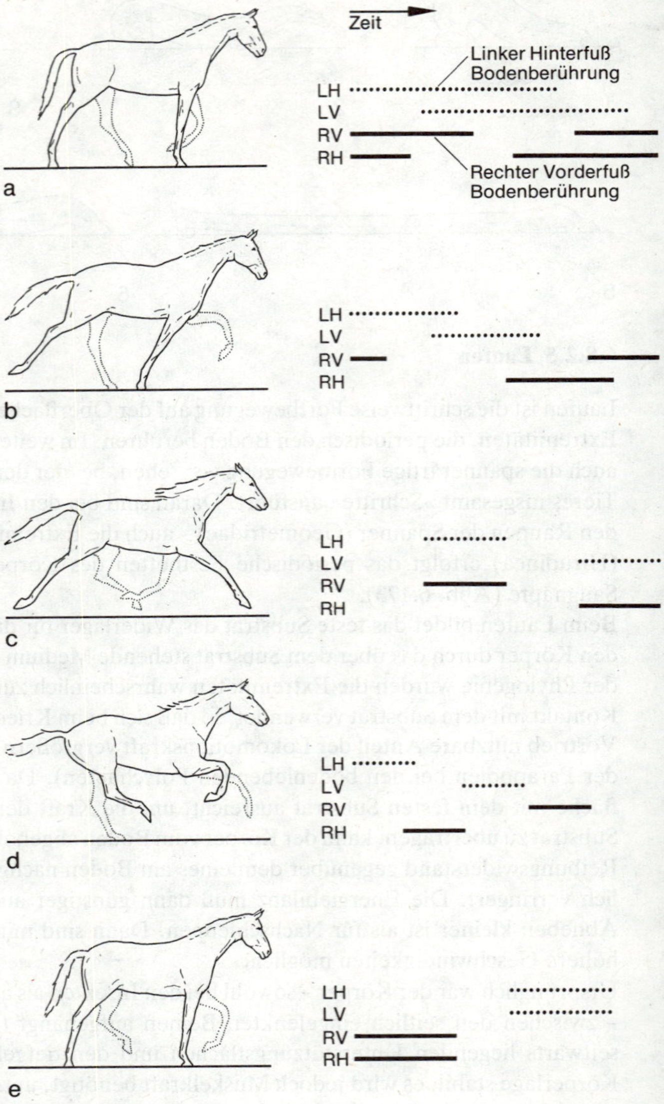

Die Laufgeschwindigkeiten reichen bei vierfüßigen Vertebraten von einigen Metern pro Stunde für Urodelen bei kühlem Wetter bis zu rund 100 km · h^{-1} beim Gepard, der eine Beute verfolgt. Eine solch rasche Fortbewegung ähnelt mehr einer Serie aufeinanderfolgender flacher Sprünge; man spricht deshalb auch vom »Sprunglauf«.

Abb. 6.175. Laufbewegung beim Menschen und Zeitfunktionen wichtiger kinematischer und dynamischer Kenngrößen. (Nach Inman aus Dagg)

Abb. 6.176 a–e. Gangarten des Pferdes. (a) Langsamer Schritt, (b) schneller Schritt, (c) Trab, (d) Galopp, (e) Paßgang. Rechts das »Berührungsdiagramm« für die vier Hufe bei der jeweiligen Gangart; links daneben das Bild der Bewegungsphase am Beginn des Berührungs-Diagramms. (Nach Hildebrand)

Der aufrechte Gang auf zwei Beinen als reguläre Form der Ortsbewegung kommt bei Laufvögeln (Strauß) und im wesentlichen beim Menschen vor. Kurzfristig können sich auch viele Affen zweibeinig fortbewegen, im raschen Lauf sogar bestimmte Reptilien (*Basiliscus*). Das eine Bein berührt den Boden und stößt den Rumpf voran, wobei dieser sich zunächst ein wenig hebt und dann nach vorne-unten zu kippen beginnt. Währenddessen schwingt das andere Bein vor und unterstützt den Rumpf, noch bevor seine Kippung gefährliche Ausmaße annehmen kann. Nur während der Vorholphase wird das Bein im Kniegelenk deutlich abgebogen (Abb. 6.175). Während dieser Bewegung beschreibt der Schwerpunkt eine Art räumlicher Lissajou-Figur in Höhe des Zwerchfells. Wegen des labilen Gleichgewichtes sind insbesondere beim langsamen Lauf und beim Stehen vielfältige Lage- und Stellreflexe essentiell.

Bei den *Arthropoden* hat sich das Laufen – wie sich aus dem Vergleich mit den Onychophoren ergibt – wahrscheinlich von einer großen Zahl segmentaler Extremitätenpaare ausgehend entwickelt; die Reduktion führte bis zu den drei Laufbeinpaaren der Insekten. Bei den Diplopoden bewegen sich die Beine eines Paares gleichsinnig; bei der Lokomotion läuft die Bewegung wellenförmig über die Beine einer Seite (*metachroner Beinschlag*, Abb. 6.178), wobei an mehreren Stellen des Körpers zur gleichen Zeit der gleiche Bewegungszustand vorliegt. Die Gesamtheit der unter dem Körper liegenden Extremitäten stellt eine Art Sohle dar, deren Bewegungswellen funktionell der Kriechsohle des Schneckenfußes ähneln.

Insekten laufen häufig, aber nicht immer im Rhythmus »alternierender Dreibeine« (Abb. 6.179): Vorder- und Hinterbein einer Seite und das Mittelbein der Gegenseite berühren in Form einer lagestabilen Dreieckskonfiguration den Boden und drücken den Körper in Laufrichtung, während die restlichen Beine vorwärts schwingen und einen Moment später durch Bodenberührung eine neue Dreieckskonfiguration bilden; R1, L2, R3 → L1, R2, L3 usw. Es gibt mehrere weitere Konfigurationen, bei denen während einer Phase langsamer Fortbewegung vier oder fünf Beine den Boden berühren und somit den Rumpf abstützen. Beinverlust muß nicht zum Bewegungsverlust führen, da durch funktionelle Änderung der neuralen Koordination eine situationsangepaßte neue Laufrhythmik eingestellt werden kann. Die Geschwindigkeiten beim Lauf schwanken zwischen einigen Millimetern und etwa einem Meter pro Sekunde (letzteres bei der Schabe *Periplaneta americana*).

Bei den dekapoden Krebsen werden meist vier, gelegentlich auch nur drei oder zwei Beinpaare für die Lokomotion verwendet. Die meisten dieser Tiere können ebenso gut rück- wie vorwärts und häufig auch seitwärts laufen. Für die Krabben (Brachyura), bei denen durch das nach vorn eingeschlagene Abdomen der Schwerpunkt für den Lauf besonders günstig liegt, ist die Seitwärtsbewegung bevorzugt. Die tropischen Landkrabben der Familie Ocypodidae sind wohl die am schnellsten laufenden Arthropoden: Mit Beinbewegungsfrequenzen von $20 \cdot s^{-1}$ erreichen sie Geschwindigkeiten von $4 \, m \cdot s^{-1}$ ($\approx 15 \, km \cdot h^{-1}$). Beim normalen Lauf setzen sie alternierend zwei Beine der einen und drei der anderen Seite auf (Abb. 6.180), bei sehr schnellem Lauf wird der Vortrieb hauptsächlich durch das dritte Bein auf der von der Bewegungsrichtung abgewandten Seite bewirkt.

6.8.2.6 Springen

Im Gegensatz zum Laufen ist das Springen dadurch charakterisiert, daß sich der Körper bei der Fortbewegung nach einem kurzzeitig wirksamen Antrieb zeitweilig vom Boden abhebt. Die Fähigkeit zum Springen ist vor allem bei Tieren mit gegliederten Extremitäten verbreitet, da der Antrieb meist durch die Hinterbeine bewerkstelligt wird. Nur in wenigen Fällen erfolgt die Kraftübertragung auf andere Weise: So springen die Schnellkäfer durch Einknicken ihrer Körperabschnitte gegeneinander (s. unten); die Collembolen (Springschwänze; eine der primär flügellosen Insektengruppen; Abb. 3.90, S. 300) haben auf der Ventralseite des vierten Abdominalsegmentes eine gegliederte Sprunggabel

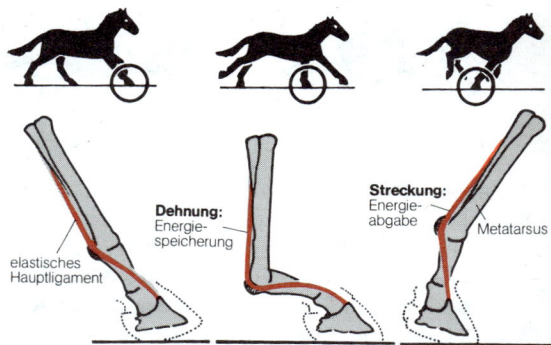

Abb. 6.177. *Bewegung im rechten Vorderfuß des Pferdes beim Galopp. Die beim Abfedern in elastischen Bändern gespeicherte Energie kommt dem System beim erneuten Abstoß wieder zugute. (Nach Hildebrand)*

Abb. 6.178. *Metachrone Beinbewegung beim Lauf eines Riesen-Diplopoden (Familie Spirostreptidae). Länge des Tieres etwa 20 cm. (Original Langer)*

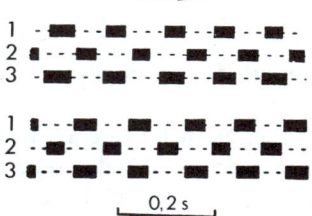

Abb. 6.179. *Laufdiagramm eines Insekts (Schabe Periplaneta americana). Die schwarzen Rechtecke markieren die Zeitdauer des Aufsetzens des Vorder- (1), Mittel- (2) und Hinterbeins (3) der linken (oben) und der rechten (unten) Körperseite. (Nach Delcomyn aus Rockstein)*

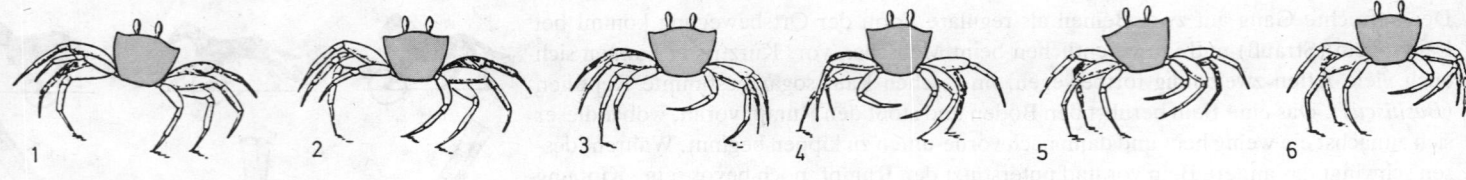

(Furca), die in Ruhe längs nach vorn gestreckt ist und plötzlich nach unten und hinten geklappt werden kann; die springenden Muscheln der Gattung *Cardium* besitzen einen abgeknickten Fuß, der gegen den Boden gestemmt und plötzlich gestreckt wird.

Bei den mit ihren Beinen springenden Tieren – Arthropoden, z. B. Springspinnen, Heuschrecken, Zikaden, Flöhe, und Vertebraten, z. B. Fröschen, Känguruhs, Katzen, Buschbabies (Halbaffen der Gattung *Galago*) – ist zwischen Weit- und Hochsprung zu unterscheiden. Der Weitsprung entwickelt sich meist aus raschem Lauf (Abb. 6.183), der Hochsprung häufig aus dem Stand. Gelegentliche Sprünge können als Fluchtreaktion dienen, zur Überwindung von Hindernissen, zum Beutefang oder – z. B. bei Fliegen und Heuschrecken – zum Starten beim Abflug. Regelmäßiges Springen stellt bisweilen auch eine gattungsspezifisch übliche Lokomotionsform dar, etwa bei den Känguruhratten (Abb. 6.183b) und manchen Singvögeln sowie den Feldheuschrecken. Bei diesen letzteren können funktionelle Ausgestaltung der Fortbewegungsorgane und Ablauf des Sprunges so günstig sein, daß es nicht mehr, unter Umständen sogar weniger Energie kostet, eine gegebene Strecke in Sprüngen zurückzulegen als im Lauf.

Wie die meisten anderen Springer besitzen die Heuschrecken lange, vielfach sehr kräftige Hinterbeine, deren Hauptteile – Femur und Tibia – in der Vorbereitungsstellung zum Sprung einen sehr spitzen Winkel zueinander einnehmen. Während der Kontraktion der Sprungmuskulatur können sie den Körper über eine relativ lange Strecke beschleunigen und damit auf eine hohe Anfangsgeschwindigkeit bringen; die erreichten Beschleunigungen liegen bei 10–30 g (g = Erdbeschleunigung). Dabei vergrößert sich der Winkel zwischen Femur und Tibia bis nahe an den Idealwert von 180° (Abb. 6.182). Ähnliches ist beim Sprung der Springspinnen (Familie Salticidae) zu beobachten (Abb. 6.181). Da die Spinnen zwar Muskeln für die Beugung der Beine (Flexoren), jedoch nicht deren Antagonisten für die Streckung (Extensoren) besitzen, wird das Strecken über einen hydraulischen Mechanismus – durch schlagartige Erhöhung des Drucks auf die Hämolymphe – bewerkstelligt. Das Extrem der Beschleunigungsleistung liefern die Schnellkäfer (Familie Elateridae), die sich aus der Rückenlage hochzuschnellen vermögen. Bei diesem Sprungvorgang wird ein Dorn der Vorderbrust an den Rand einer grubenartigen Vertiefung der Mittelbrust gestellt. Unter kräftiger Muskelspannung rutscht er blitzschnell in die Grube, wodurch der Käferschwerpunkt schlagartig hochgehoben wird und das Tier bis zu 30 cm hochschnellt (Abb. 6.184). Die Beschleunigung beträgt hierbei bis zu 380 g (!).

Abb. 6.180. Seitwärtslaufen bei der Gespensterkrabbe Ocypode; nur fünf der acht Laufbeine berühren den Untergrund (Sand). Scheren – das erste Extremitätenpaar – nicht dargestellt. (Nach Hafemann u. Hubbard aus Dagg)

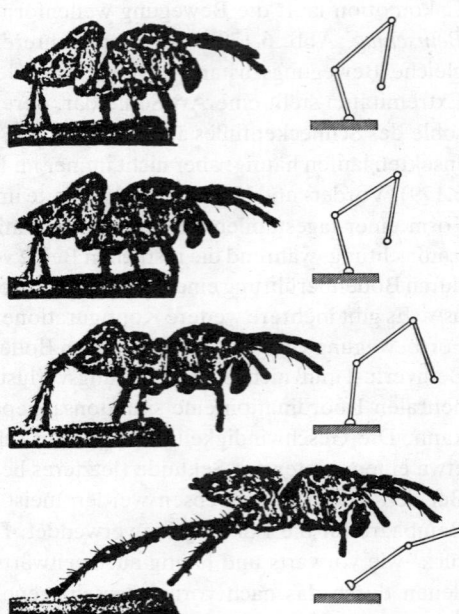

Abb. 6.181. Vier Stadien des Absprunges bei der Springspinne, Sitticus pubescens. Abstand aufeinanderfolgender Bilder 16 ms. Rechts neben den Filmbildern schematische Zeichnungen des rechten Hinterbeins in seinen Streckungsphasen. (Nach Parry u. Brown aus Nachtigall)

6.8.3 Biomechanik des Sprunges

Da die mechanischen Verhältnisse einfach und überschaubar sind, bietet die Bewegungsform des Sprunges eine gute Möglichkeit, die Prinzipien der Biomechanik und Dimensionsanalyse in ihrer Bedeutung für die Biologie einführend darzustellen. Die Biomecha-

Abb. 6.182. Stadien des Sprungs bei einer Heuschrecke. (Nach Brown)

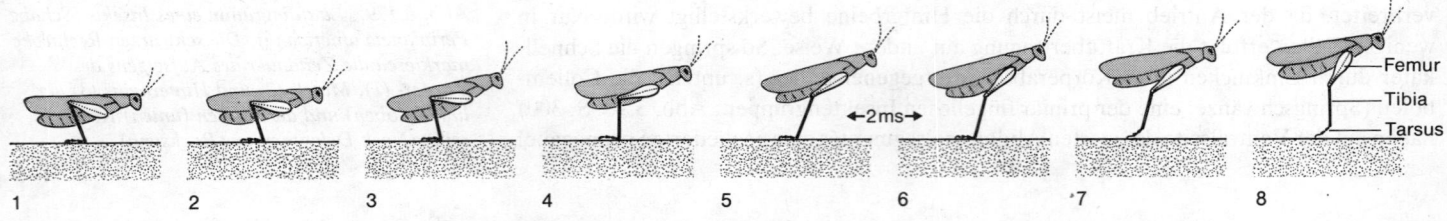

6.8.3 Biomechanik des Sprunges

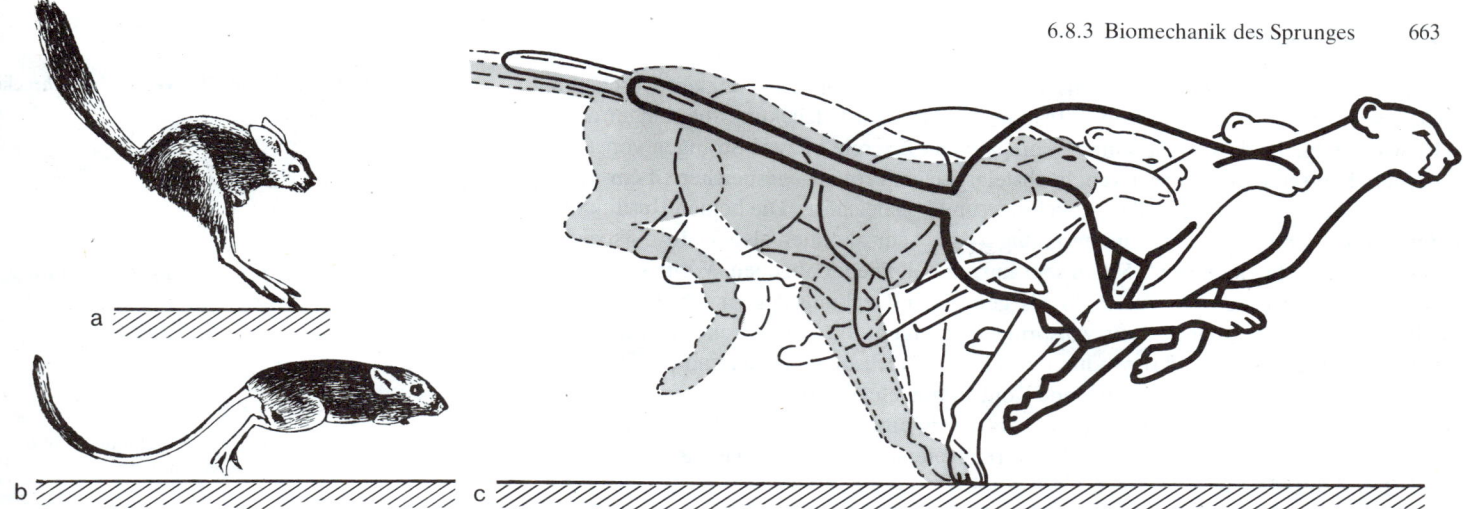

Abb. 6.183 a–c. Lokomotion im Sprunglauf bei Säugetieren. (a) Springhase, (b) Känguruhratte, (c) Gepard (4 Bewegungsphasen). (Nach Alexander)

nik als Teilgebiet der Biophysik befaßt sich mit der Analyse biologischer Systeme nach den Gesichtspunkten der technischen Mechanik. Ihre Betrachtungsweise ist von besonderer Bedeutung unter anderem für die Skelettstatik, die Bewegungsphysiologie und die Kreislaufmechanik.

Die grundsätzlichen mechanischen Verhältnisse des Sprunges sind einfach zu formulieren, wenn man zunächst den Luftwiderstand außer acht läßt. Ein Tier mit der Masse M bewegt sich auf einer Sprungbahn, die man durch die Bahn seines Schwerpunkts wiedergeben kann. Die Bewegungsrichtung beim Absprung ist unter dem Winkel β zur Horizontalen geneigt. Auf dieser Bahn wird zwischen zwei aufeinanderfolgenden Zeitpunkten t_i und t_{i+1} der Weg s_i zurückgelegt, und zwar mit der momentanen Geschwindigkeit $v_i = s_i \cdot \Delta t_i^{-1}$. Die Sprungkraft wird durch Beinmuskeln geliefert und über die Auflagefläche der Beine auf den Untergrund übertragen. Ihr entspricht eine entgegengesetzt gleich große Reaktionskraft F. Deren Größe ergibt sich aus der Beschleunigung b, die sie der Körpermasse M während der Einwirkung verleiht: $F = M \cdot b$. Wie in der Randspalte für einen konkreten Fall gezeigt ist, müssen die beiden Beine einer Wüstenheuschrecke rund 0,3 N aufbringen. Berechnet man weiter P_{rel} – die Sprungleistung pro Einheit der Muskelmasse, also die in der Zeiteinheit ausgegebene relative Sprungenergie –, so ergibt sich ein Wert von mindestens $3\,W \cdot (g\,Muskulatur)^{-1}$, sowohl für die Wüstenheuschrecke als auch für den Kaninchenfloh, dessen Sprungmechanik und Energetik besonders gut untersucht sind. Solche spezifischen Sprungmuskelleistungen sind weitaus höher als Muskelleistungen bei »konventionellen« Tätigkeiten. Fahrradergometermessungen beim Menschen führten zu rund $0{,}04\,W \cdot g^{-1}$. Histologische und histochemische Befunde ergaben keine auffälligen Abweichungen im Feinbau der Sprungmuskeln dieser Insekten vom Bild bei anderen Tieren. Daraus läßt sich folgern, daß beim Sprung eine Art Katapultprinzip vorherrscht. Der Sprungmuskel müßte demnach nicht schlagartig diese hohe Leistung (Leistung ist gleich Energie pro Zeit) aufbringen, sondern würde mit gleicher Energie, aber in längerer Zeit – d. h. mit geringerer Leistung – eine elastische Struktur wie eine Feder spannen, die die gespeicherte Energie in kürzester Zeit – also unter hoher Leistung – wieder abgibt. Katapultartige mechanische Systeme konnten für Heuschrecken wahrscheinlich gemacht, für Flöhe bewiesen werden. Der Kaninchenfloh besitzt eine Masse M von rund 0,5 mg; seine Absprunggeschwindigkeit v beträgt rund $1\,m \cdot s^{-1}$. Damit berechnet sich die kinetische Energie für den Absprung zu $E_{kin} = 0{,}5\,M \cdot v^2 = 2{,}5 \cdot 10^{-7}\,kg \cdot m^2 \cdot s^{-2} = 2{,}5 \cdot 10^{-7}\,J$. Jeder Hauptsprungmuskel der beiden Hinterbeine könnte zwar knapp $2 \cdot 10^{-7}\,J$ leisten, trotzdem kann aber die direkte Kontraktion nicht zum Absprung führen,

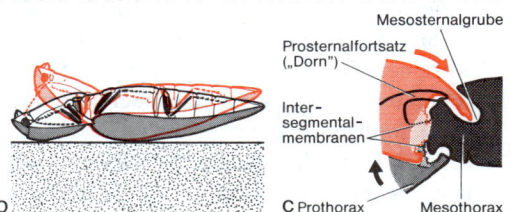

Abb. 6.184 a–c. Sprung eines Schnellkäfers (Stenagostus). (a) Bewegungsphasen, nach einer stroboskopisch belichteten Photographie gezeichnet. Blitzabstand 25 ms. Sprunghöhe ca. 13 cm. Der Körper überschlägt sich (durchgehende Pfeile) und dreht sich dabei um die Längsachse (punktierte Pfeile). (b) Stellung des Körpers vor dem Absprung (schwarz) und 2 ms nach Bewegungsbeginn (rot). (c) Schnellapparatur in gespannter (schwarz) und eingerasteter (rot) Position im schematisierten Längsschnitt. (Originale von N. Kaschek/Münster)

weil der Floh in weniger als 1 ms auf seine Absprunggeschwindigkeit beschleunigt ($b_{min} = 10^3$ m · s^{-2}, entsprechend 100 g), die einzelne Muskelzuckung aber länger dauert. Es wird vielmehr durch langsames »Vorspannen« Energie in zwei Strängen von Resilin – einem kautschukartig vernetzten, höchstelastischen Protein – gespeichert. 1 cm³ Resilin kann bei Maximaldehnung oder -stauchung rund 2 J speichern. Die beiden Resilinpolster des Flohs umfassen größenordnungsmäßig $3 \cdot 10^{-7}$ cm³, können also $6 \cdot 10^{-7}$ J speichern und mit Verlusten kleiner als 5% in sehr kurzer Zeit wieder abgeben. Wenn sie maximal »aufgezogen« werden, ist das mehr als genug zur Deckung des Energiebedarfs beim Absprung. Das Vorspannen und Abspringen geschieht durch Kontraktion eines Hauptsprungmuskels (Abb. 6.186), wodurch das Bein zunächst angezogen und das Resilinpolster gestaucht wird. Durch die folgende Kontraktion eines Sprungauslösemuskels wird die Ansatzstelle der Sprungmuskelsehne ein wenig auf eine andere Seite des Sprunggelenkes verschoben, wodurch das Strecken des Sprunggelenkes und damit das Zurückschnappen des Beins ausgelöst wird.

Flöhe sind in der Lage, rund 30 cm hoch zu springen, also etwa das 300fache der Rumpfhöhe. Der Mensch schafft kaum mehr als seine eigene Körperhöhe. Aus dem Vergleich wird vielfach in irriger Weise eine konstruktive Überlegenheit der kleineren Formen angenommen. In Wirklichkeit sind die kleinsten Springer physikalisch benachteiligt. Sie benötigen eine höhere spezifische Muskelleistung (Leistung pro Masseeinheit Muskulatur) und erreichen diese nur mit Hilfe einer Vorspannungseinrichtung. Ein weiterer Faktor zuungunsten kleiner Tiere ist der Luftwiderstand. Da kleine Lebewesen eine im Verhältnis zur Körpermasse größere Oberfläche haben, steigt der auf die Masseneinheit der Muskulatur bezogene oberflächenabhängige Anteil des Reibungswiderstandes mit sinkender Tierlänge. Andere Effekte kommen dazu. Schlägt bei einem springenden Geparden der Luftwiderstand nur mit knapp 10% zu Buche, so sind es beim Floh bereits weit mehr als 50%. Damit wird verständlich, daß bei einer spezifischen Sprungenergie von beispielsweise rund 20 J · (kg Körpermasse)$^{-1}$ der Floh nur 0,3 m hoch springen kann, der Gepard dagegen 2,5 m (Abb. 6.185).

Rechenbeispiel: Ein Sprung der Wüstenheuschrecke *(Schistocerca gregaria)*

Körpermasse $M = 3 \cdot 10^{-3}$ kg
Sprungbahnwinkel $\beta = 55°$
Sprungweite $l = 0{,}80$ m
Erdbeschleunigung $g = 9{,}81$ m · s^{-2}

Daraus ergibt sich die theoretische Mindeststartgeschwindigkeit v:

$$v = \sqrt{l \cdot g \cdot (\sin 2\beta)^{-1}} = 2{,}89 \text{ m} \cdot \text{s}^{-1}.$$

Beschleunigungsstrecke $s = 4{,}0 \cdot 10^{-2}$ m.

Daraus ergibt sich die mittlere Beschleunigung b (vereinfacht als konstant angenommen):

$$b = \frac{1}{2} \cdot v^2 \cdot s^{-1} = 104{,}4 \text{ m} \cdot \text{s}^{-2}.$$

(Dieser Wert entspricht etwa der zehnfachen Erdbeschleunigung!)

Für die Absprungkraft F ergibt sich:

$$F = M \cdot b = 3 \cdot 10^{-3} \text{ kg} \cdot 104{,}4 \text{ m} \cdot \text{s}^{-2}$$
$$= 3{,}13 \cdot 10^{-1} \text{ N}.$$

Gesamte Sprungmuskelmasse $m = 1{,}5 \cdot 10^{-4}$ kg.

Daraus ergibt sich die spezifische Sprungmuskelleistung P_{rel} (Ansatz nach Alexander):

$$P_{rel} = \frac{1}{4} \cdot v^3 \cdot M \cdot s^{-1} \cdot m^{-1} = 3 \text{ W} \cdot \text{g}^{-1}.$$

6.9 Humorale Integration

Die komplexen Lebensprozesse eines höheren Organismus sind in bestimmte Funktionseinheiten gegliedert, die untereinander in wechselseitigen Beziehungen stehen. Eine solche Integration der Systeme ist nur dann möglich, wenn zwischen diesen bzw. den einzelnen Organen Kommunikationssysteme wirksam sind, die deren Funktionen in Raum und Zeit derart aufeinander abstimmen, daß sich ein biologisch sinnvoller Ablauf der jeweiligen Prozesse ergibt. Dies kann auf zwei verschiedene Weisen geschehen: (1) Bei Tieren können durch Nerven Organe verbunden und so eine Kommunikation hergestellt sein (S. 460f., S. 693f.); (2) können bestimmte Stoffe auf die Organe einwirken und deren Funktionen beeinflussen. Man nennt diese Stoffe *Botenstoffe*. Dieser Terminus impliziert, daß solche Substanzen eine Nachricht überbringen und somit einen Informationsgehalt haben. Dies trifft jedoch im strengen Sinne nicht zu (S. 666). Für die Botenstoffe ist charakteristisch, daß sie nicht nur innerhalb einer Zelle wirken (wie z.B. mRNA; S. 37f.), sondern über Zellverbände bzw. Organe hinaus ihre Zielorgane beeinflussen. Sie gelangen entweder durch Diffusion oder mit dem Blut bei Tieren bzw. über die Leitungsbahnen der Pflanzen zu ihrem Wirkort. Die Botenstoffe sind Komponenten von Regelungs- und Steuerungssystemen komplexer physiologischer Prozesse. Solche integrativen Systeme können nur dann funktionieren, wenn ihre Komponenten selbst einer strengen qualitativen und quantitativen Koordination unterliegen.

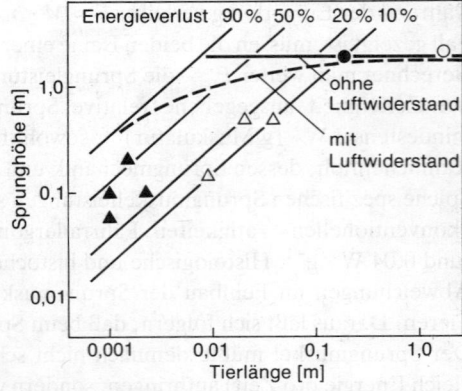

Abb. 6.185. Begrenzung der Sprunghöhe durch den Luftwiderstand. Sprunghöhe als Funktion der Länge verschiedener Tiere bei unterschiedlichen, auf den Luftwiderstand zurückzuführenden Energieverlusten. Die ausgezogene, abszissenparallele Gerade und die gestrichelte Kurve gelten für spezifische Sprungenergien von 20 J · (kg Körpermasse)$^{-1}$. Tiere: ▲ Flöhe, △ Heuschrecken, ● Halbaffe Galago, ○ Gepard. (Nach Bennett-Clark)

6.9.1 Botenstoffe

6.9.1.1 Funktionelle Einteilung

Der Terminus Botenstoffe umfaßt nach der obigen Definition alle Substanzen, die im Rahmen eines eigenständigen Integrationssystems eines Organismus über Zellgrenzen hinweg auf Zielorgane einwirken. Aufgrund der letztgenannten Eigenschaft kann man sie in die Gruppe der *Wirkstoffe* einreihen, zu der auch die Enzyme (S. 70f.) und die Vitamine (S. 610f.) gehören. Diese sind aber nicht Komponenten »überzellulärer« organismuseigener physiologischer Integrationssysteme und daher von den Botenstoffen abzugrenzen. Es existieren jedoch Grenzfälle, die eine strikte Separierung erschweren (S. 610f.). Die Botenstoffe sind *chemisch sehr heterogen* und lassen sich nur recht willkürlich und häufig mit gleitenden Übergängen in fünf funktionelle Gruppen einteilen:

(1) Hormone (Neurohormone, Drüsenhormone, Gewebshormone)
(2) Neurotransmitter
(3) Parahormone
(4) Pheromone
(5) Phytohormone

Die *Hormone* werden von dem tierischen Organismus, in dem sie wirksam werden, selbst synthetisiert. Sie können in verschiedenen Strukturen gebildet werden. So finden sich im Nervensystem wohl aller Metazoen spezialisierte Neuronen, die als »neurosekretorisch« bezeichnet werden. Sie produzieren »*Neurohormone*«, die in die Blutbahn oder direkt an andere Organe abgegeben werden. Man spricht daher besser von »*neurohormonproduzierenden*« Neuronen. Sie können zwar noch die elektrischen Aktivitäten einer »normalen« Nervenzelle entwickeln, innervieren jedoch nur selten Effektororgane. Sie erhalten von afferenten Neuronen Kommandos, die die Produktion oder Ausschüttung von Neurohormonen beeinflussen. Die neurohormonproduzierenden Neuronen haben häufig eine Funktion als »Vermittlerinstanz« zwischen Nerven- und Hormonsystem (S. 677f.). Die Neurohormone können entweder direkt auf periphere Effektororgane einwirken oder andere Hormonsysteme fördernd oder hemmend beeinflussen. Drüsenhormone oder glanduläre Hormone werden in speziellen Drüsen ohne Ausführgang gebildet und direkt ins Blut abgegeben. Diese »endokrinen« Drüsen (S. 667f.) gehören in der Regel nicht zum Nervensystem. Gewebshormone entstehen in Zellen eines Gewebes mit primär andersartiger Funktion.

Neurotransmitter sind sehr kurzlebige Substanzen, die aus den Axonendigungen »normaler« Nervenzellen entlassen werden. Sie diffundieren ohne »Umweg« über das Blut zu ihrem Zielorgan. Auch hier liegt im weitesten Sinne eine Neurosekretion vor; die Neurotransmitter sind jedoch in der Regel andere Stoffe als Neurohormone und besitzen auch andere Wirkcharakteristika. Sie haben eine eng begrenzte lokale Wirkung und sind sog. »Diffusionsaktivatoren«. Sie sind funktioneller Bestandteil des Nervensystems (S. 468).

Der Terminus *Parahormone* umfaßt alle Kommunikationsstoffe, die in irgendeiner Weise nicht alle Kriterien erfüllen, die für die Definition eines Hormones notwendig sind. Ein extremes Beispiel ist das Kohlendioxid, welches im tierischen Organismus als Stoffwechselendprodukt anfällt und im Rahmen der Atmungsregulation als Kommunikationsstoff fungiert, jedoch allgemein nicht zu den Hormonen gerechnet wird. Andererseits gibt es Stoffe, die nach allen funktionellen Kriterien Hormone, aber eigentlich Diffusionsaktivatoren sind oder im Blut durch enzymatischen Abbau von Plasmaproteinen entstehen.

Pheromone sind Stoffe, die ihre Wirkung über das Individuum hinaus entfalten und der chemischen Kommunikation innerhalb der Population einer Species dienen. Sie werden von einem Individuum in das Umgebungsmedium abgeschieden, von einem anderen mit dem chemischen Sinn wahrgenommen und bewirken in diesem eine spezifische Reaktion.

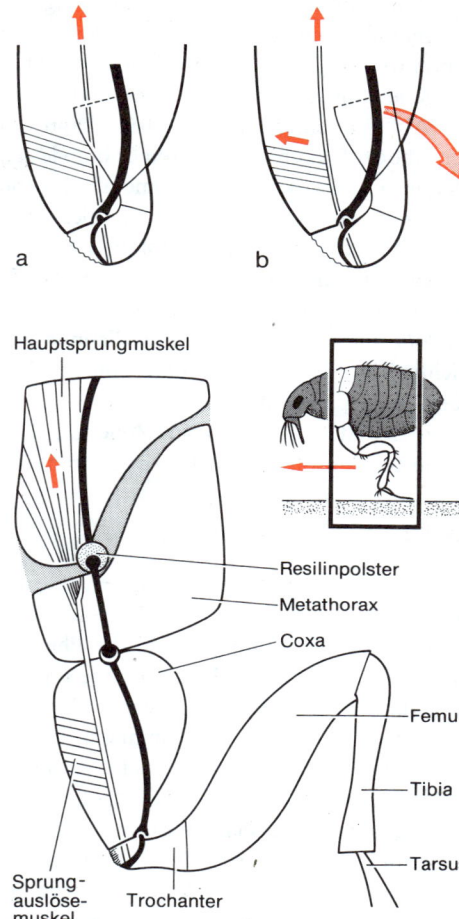

Abb. 6.186a–c. Beinbewegung beim Sprung des Kaninchenflohs (Spilopsyllus cuniculus). Anatomie des Sprungapparates in (c): Im dritten Brustsegment (Metathorax) befindet sich zwischen dem dorsalen (Notum) und dem ventralen (Pleura) Skelettelement ein häutiger Spalt, der verengt werden kann. Das Resilin-Polster liegt zwischen den Skelettverstärkungen (schwarz), die auch das Gelenk zwischen Metathorax und Coxa ausbilden. Die hauptsächliche Bewegung beim Sprung erfolgt im Gelenk zwischen Coxa und Trochanter (vgl. Text). In (a) und (b) Ausschnittzeichnungen für den Bereich des Coxa-Trochanter-Gelenkes. (a) Startstellung; Anspannen durch Kontraktion des Hauptsprungmuskels: Zug an der Sehne in Richtung des roten Pfeils und Stauchung des Resilinpolsters (vgl. c). (b) Auslösen der Sprungbewegung durch Kontraktion des Sprungauslösemuskels (unterer roter Pfeil nach links); der rechte gebogene Pfeil zeigt die eingeleitete Bewegung an. (c) Gesamtes Sprungsystem – Metathorax und Hinterbein – während des Abschnellens. (Nach Bennett-Clark)

Die Pheromone haben also *primär Signalcharakter* (S. 684). Sie sind die einzigen Kommunikationsstoffe, auf die sich der Terminus Botenstoff ohne größere Einschränkungen anwenden läßt. Sie unterscheiden sich von den Hormonen dadurch, daß sie in die Umgebung ausgeschieden werden und daß sie wesentlich strenger artspezifisch wirken. Die Aktivität einer Pheromondrüse kann von Hormonen reguliert werden, und ein und derselbe Stoff kann innerhalb eines Individuums als Hormon und zwischen den Individuen als Pheromon wirken. Hormonmetabolite können auch als Pheromone wirksam sein. Die »*Primerpheromone*« verursachen über das Nervensystem langfristige physiologische Verstellungen des Hormonsystems. Sie unterscheiden sich in ihrer physiologischen Wirkung deutlich von den schneller wirkenden »*Signalpheromonen*«, die meist nur eine Auslöserwirkung haben.

Phytohormone sind Botenstoffe, die im pflanzlichen Organismus wirken. Sie haben dort wichtige integrative Funktionen, indem sie Wachstums- und Differenzierungsprozesse beeinflussen. Sie entstehen in Zellen, die sich nicht von normalen Gewebezellen unterscheiden und werden meist von Zelle zu Zelle weitergegeben. Sie erfüllen die Kriterien für Botenstoffe insofern, als ihr Wirkort meist nicht ihr Entstehungsort ist.

6.9.1.2 Chemische Einteilung

Die beschriebenen Botenstoffe können bezüglich ihrer chemischen Natur in fünf Gruppen eingeteilt werden, wobei jedoch keinerlei Zusammenhang mit funktionellen Aspekten vorliegt. Die Parahormone und die Pheromone lassen sich nur sehr bedingt in dieses System eingliedern. Die Parahormone sind schon in ihrer funktionellen Definition schwer eingrenzbar; als Pheromone wirkt eine Fülle von Stoffen, die aus anderen als den folgenden Substanzgruppen stammen. Diese sind:

1. *Peptide* (Neurohormone; bei Wirbeltieren: Adenohypophysenhormone, Insulin, Glucagon, Parathormon, Calcitonin, Gewebshormone des Gastrointestinaltraktes, Angiotensin, Plasmakinine).
2. *Steroide* (bei Arthropoden: Ecdysone; bei Wirbeltieren: Gonaden- und Interrenalsteroidhormone; einige Metabolite von Gonadensteroiden fungieren als Pheromone).
3. *Aminosäurenderivate* (Neurotransmitter wie Dopamin aus Tyrosin; bei Wirbeltieren: die Hormone des chromaffinen Gewebes der Nebenniere Adrenalin und Noradrenalin aus Tyrosin; bei Pflanzen: Indolylessigsäure aus Tryptophan und Äthylen aus Methionin).
4. *Isoprenderivate* (bei Insekten: Juvenilhormon; bei Pflanzen: Abscisinsäure und Gibberellinsäure).
5. *Purinnucleosidderivate* (bei Pflanzen: Cytokinine aus Adenosin; Formeln S. 689).

6.9.2 Humorale Regulation bei Tieren

Der Terminus »humorale Regulation« umschreibt das Gesamtphänomen stofflicher Kommunikation über das Blut oder die Hämolymphe bei Tieren im Rahmen einer Koordination der Funktionen von Organsystemen innerhalb eines Organismus. Er schließt nur die Stoffgruppen der Hormone und Parahormone ein; allerdings können Pheromone hier modulierende Einflüsse haben (S. 684).

6.9.2.1 Morphologie der Hormonbildungsstätten

Die neurohormonproduzierenden Neuronen, auch »*peptiderge*« *Neuronen* genannt, sind oft in bestimmten Kerngebieten im Nervensystem zusammengelagert. Das Neurohormon wird im Perikaryon gebildet, in Granula entlang des Axons zum Endbläschen transportiert

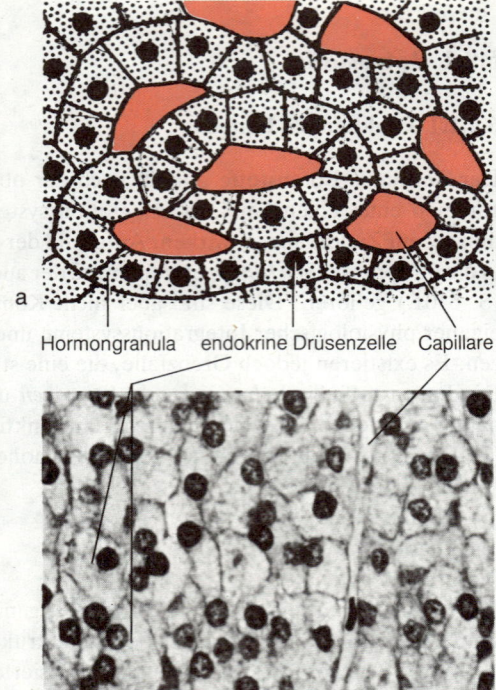

Abb. 6.187. (a) Schematischer Aufbau einer endokrinen Drüse. Um dünnwandige Capillaren legen sich Stränge von hormonbildenden Zellen. Das Hormon wird in Granula in der Zelle gespeichert und direkt ans Blut abgegeben. (b) Schnitt durch die Zona fasciculata der Nebennierenrinde eines Säugetieres (Meerschweinchen). Gefärbtes histologisches Präparat, Vergr. 300:1. (Original Blüm)

Cys—Tyr—Ile—Gln—Asn—Cys—Pro—Leu—Gly—NH$_2$
Ocytocin (Peptidhormon)

Aldosteron (Steroidhormon)

Thyroxin (Aminosäurederivathormon)

Juvenilhormon (Isoprenderivathormon)

und dort gespeichert. Neurohormonproduzierende Zellen nehmen in der Regel Kontakt mit Blutgefäßen auf, in die das Hormon ausgeschüttet wird (manchmal bilden sie auch mit Epithelzellen Synapsen). Die Einheit mehrerer solcher hormonspeichernder Endbläschen in Kontakt mit Blutgefäßen nennt man »Neurohämalorgan« (Abb. 6.189).
Eine *endokrine Drüse* besteht im typischen Falle aus epithelartig angeordneten Zellen, die mit zahlreichen Blutcapillaren in engen Kontakt treten. Deren Wände sind sehr dünn, so daß ein guter Stoffaustausch zwischen Drüsenzellen und Blut gewährleistet ist. In einer endokrinen Drüse wird das Hormon meist intrazellulär gespeichert (Abb. 6.187). Eine Ausnahme hiervon bildet die Schilddrüse der Wirbeltiere. Diese besteht aus blasigen, von Drüsenzellen gebildeten Follikeln, deren Zwischenräume reich mit Blutcapillaren versorgt sind. Die Schilddrüsenhormone werden im Follikellumen gespeichert und bei Bedarf durch die Zellen hindurch ins Blut abgegeben (Abb. 6.188). In der Regel sind bestimmten endokrinen Drüsen bzw. Drüsenzellen bestimmte Hormongruppen oder Einzelhormone zugeordnet.
Neurohämalorgane und endokrine Drüsen können auch in einem Organkomplex zusammengelagert vorkommen. Dies ist z. B. in der Hypophyse der Wirbeltiere der Fall.

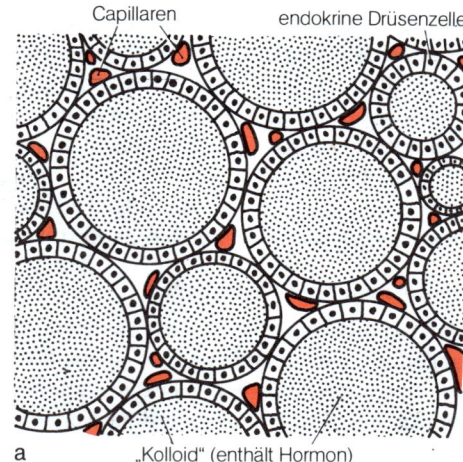

6.9.2.2 Neuroendokrine Integration

Spezifische Eigenschaften von Nerven- und Hormonsystem bei Tieren

Grundsätzlich stehen dem tierischen Organismus zwei integrative Systeme zur vegetativen Regulation zur Verfügung: das Nervensystem und das Hormonsystem. Beide Systeme machen die Kommunikation eines Teils des Organismus mit einem anderen möglich und verursachen am Ende einer Kommunikationskette Reaktionen in Zielorganen.

Im Nervensystem legt eine Kette von Nervenzellen den Kommunikationsweg strikt strukturell fest (Abb. 6.223). Dieser erstreckt sich von einem Reizaufnahmeorgan bis zu einem Zielorgan, wobei verrechnende Instanzen auf mehreren Ebenen zwischengeschaltet sein können. Die Informationsübertragung erfolgt mit Hilfe elektrischer Potentialänderungen innerhalb der Nervenzellen, zwischen diesen und bei der Übertragung auf das Zielorgan wird in der Regel ein Neurotransmitter verwendet (S. 468). Das Nervensystem wird vom Organismus gemäß seiner äußerst schnellen und zielgerichteten Übertragung eingesetzt: es steuert bzw. reguliert schnelle Prozesse in vorgegebenen Bahnen.

Im Hormonsystem produzieren die bereits beschriebenen Strukturen Hormone und geben diese in den Blutkreislauf ab, so daß sie in den gesamten Organismus getragen werden. An bestimmten Zielorganen lösen sie physiologische Reaktionen aus. Dies führte zu der Vorstellung, daß das Hormon dem Zielorgan eine »Nachricht« bzw. Information zur Funktion *via* Blut überbringe, und zu der Formulierung der Begriffe »chemischer Bote« und »Botenstoff«. Diese Vorstellung impliziert einen Informationsgehalt des Hormonmoleküls, den es jedoch in diesem Sinne nicht hat. Es überbringt lediglich ein Kommando für das Ingangsetzen bzw. Aufrechterhalten eines physiologischen Prozesses. Die qualitative Information über die Art dieses Vorganges liegt in den Zellen des Zielorgans vor, die z. B. über eine spezifische Enzymausstattung verfügen. Somit reduziert sich der Informationsgehalt eines Hormons auf ein »Ja-/Nein-Prinzip«. Dieses Funktionsprinzip setzt voraus, daß diese Zellen das Hormon »erkennen« und sein Kommando »verstehen«. Dies geschieht mit Hilfe von »*Hormonrezeptoren*«, spezifischen Bindungsproteinen, die entweder an der Außenseite der Zellmembran oder innerhalb der Zelle liegen. Sie binden jeweils ein bestimmtes Hormon und leiten einen zugeordneten physiologischen Vorgang ein. Um diesen tatsächlich in Gang zu setzen und weiterlaufen zu lassen, muß jeweils eine bestimmte Anzahl von Rezeptoren besetzt sein. Also muß zuerst ein »wirksamer Spiegel« eines Hormons im Blut gegen den biologischen Abbau etabliert und über eine gewisse Zeit gehalten werden. Der Zeitbedarf für diesen Vorgang ist relativ hoch, und die so in Gang gesetzten physiologischen Prozesse laufen in der Regel über längere Zeit. Das Hormon-

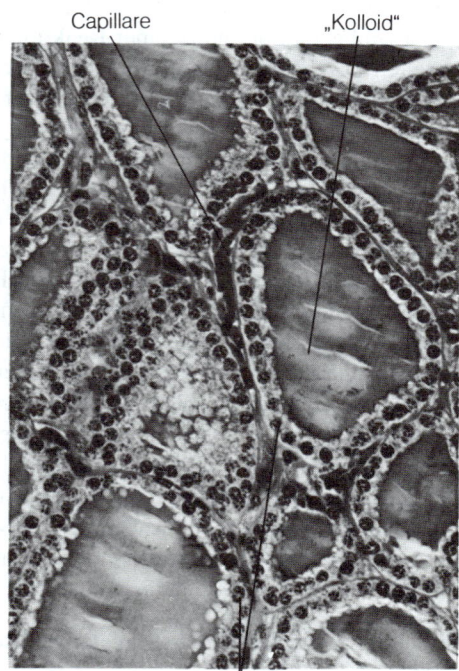

Abb. 6.188a, b. Aufbau der Schilddrüse.
(a) Schema: Zwischen kugeligen, einschichtigen Follikeln liegen dünnwandige Capillaren. Das Hormon wird extrazellulär im Follikel (»Kolloid«) gespeichert und bei Bedarf durch die Follikelzellen ins Blut abgegeben. (b) Schnitt durch Follikel der Schilddrüse einer Taube. Gefärbtes histologisches Präparat, Vergr. 200:1. (Original Blüm)

system ist also wesentlich träger als das Nervensystem, und gemäß dieser Eigenschaft reguliert es längerfristige Verstellungen und Umstellungen im Organismus.

Trotz dieser augenfälligen Differenzen haben die beiden integrativen Systeme ein gemeinsames Prinzip. Sie schütten beide eine biologisch aktive Substanz aus, die auf das Zielorgan einwirkt. Das Hormonsystem nimmt dabei den »Umweg« über das Blut, das Nervensystem »begibt« sich strukturell zum Zielorgan und schüttet den Neurotransmitter direkt auf dessen Zellen aus. Daß es bei der Informationsübertragung intrazellulär elektrische Energie verwendet, berührt das gemeinsame Prinzip nicht.

Neuroendokriner Reflexbogen

Die bisher dargestellten Sachverhalte machen deutlich, daß hormonale Regulationen für längerfristig ablaufende physiologische Vorgänge zweckmäßig sind. Das Hormonsystem erfüllt solche Aufgaben meist nicht autonom; es arbeitet vielmehr in der Regel in spezifischer Kooperation mit dem Nervensystem. Dies dokumentiert sich besonders in dem Phänomen des *»neuroendokrinen Reflexbogens«*. Dabei wird eine Information vom Nervensystem aufgenommen und direkt oder indirekt dem Hormonsystem übermittelt; dieses reagiert mit einer Hormonproduktion oder -ausschüttung, die ein zugeordnetes Zielorgan beeinflußt und zu einer Reaktion bringt.

So reifen z. B. bei Vögeln die Gonaden unter dem Einfluß zunehmender Tageslänge, und auf den Saugreiz des Säugetierjungen erfolgt ein Auspressen von Milch aus den Alveolen in die Gänge der Milchdrüse. Besonders deutlich werden die spezifischen Eigenschaften der beteiligten Systeme bei der Auslösung der Ovulation des Kaninchens (Abb. 6.190). Bei diesem platzen die Follikel im Ovarium nicht aufgrund eines endogen programmierten Mechanismus, sondern in Abhängigkeit von dem bei der Kopulation durch den Penis des Männchens verursachten Reiz, der von Rezeptoren in der Vaginalwand aufgenommen wird. Diese Information wird afferent durch das Rückenmark zum Gehirn geleitet; im Hypothalamus erhalten bestimmte Neuronen ein Kommando, »Releasing Hormon« (RH, S. 677), auszuschütten. Dieses wirkt auf die Adenohypophyse ein und induziert dort spezifisch die Freisetzung des »Luteinisierungshormons« (LH, S. 681f.). Dieses gelangt mit dem Blutstrom zu den Ovarien und bewirkt dort das Platzen der Follikel und damit die Freisetzung der Oocyten. Die neurale Komponente dieses Vorganges nimmt nur Sekundenbruchteile in Anspruch, die hormonale benötigt bis zur Ovulation 9 bis 10 Stunden. Der Gesamtvorgang läßt sich also in zwei verschiedene Komponenten trennen: 1. die schnelle nervöse Informationsübertragung zwischen Vagina und Hypothalamus, die dort »mitteilt«, daß jetzt Sperma vorhanden ist, und 2. die immens träge hormonale Kommunikation, die über zwei Stufen läuft.

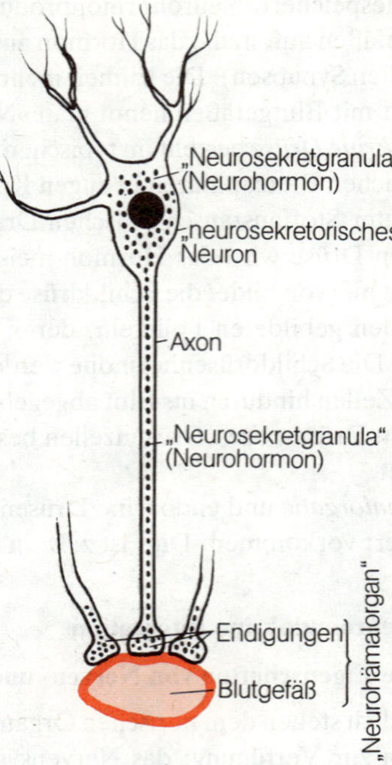

Beziehungen der Systeme bei vegetativen Regulationsvorgängen

In dem vorstehenden Beispiel sind Nervensystem und Hormonsystem jedoch keine gleichberechtigten Partner bei der Regulation eines physiologischen Prozesses, denn das Nervensystem übt – zumindest bei Wirbeltieren – in der Regel eine strikte Kontrolle über das Hormonsystem aus. Besonders sinnfällig ist dies bei der Organisation des Hormonsystems der Wirbeltiere, welches ein hierarchisches Ordnungsprinzip zeigt. Inwieweit der Hierarchiebegriff in diesem Zusammenhang tatsächlich relevant ist, ist strittig, jedoch gibt er eine gute Vorstellungshilfe bei der Betrachtung des Gesamtsystems (Abb. 6.191).

Das Nervensystem nimmt über seine Rezeptoren lang- und kurzfristige Umweltreize auf und verrechnet deren Informationen gegebenenfalls mit vorhandenen endogenen (fixierten) Programmen. Die eigentliche »Kommandozentrale« des Hormonsystems der Vertebraten ist der Hypothalamus des Zwischenhirns. Hier werden nervöse »Befehle« an neurohormonproduzierende Neurone gegeben, die eine Vermittlerstellung zwischen Nerven- und Hormonsystem haben (S. 677). Diese bilden – je nach Typ – *Releasing Hormone* (RH) und *Inhibiting Hormone* (IH), die ins Blut abgegeben werden und die

Abb. 6.189. Schematischer Aufbau eines Neurohämalorgans und eines neurohormonproduzierenden Neurons. Die Neurohormongranula werden im Perikaryon produziert, im Axon abtransportiert und in der aufgetriebenen synaptischen Endigung gespeichert. Eine oder mehrere solcher Endigungen treten mit einem Blutgefäß in Kontakt und geben ihr Neurohormon in dieses ab. (Vgl. Abb. 5.93, S. 463) (Original Blüm)

Hormonausschüttung aus einer Hormondrüse I. Ordnung beeinflussen; bei den Vertebraten ist das die Adenohypophyse. Für jedes dort produzierte Hormon existiert in der Regel ein spezifisches RH und/oder IH. Aus der Hormondrüse I. Ordnung werden *glandotrope (endokrinokinetische) Hormone* ins Blut abgegeben, die die Hormonproduktion einer nachgeordneten Hormondrüse II. Ordnung fördernd beeinflussen. Deren Hormone werden ebenfalls ins Blut abgegeben und wirken auf spezifische Zielorgane. Die Hormondrüse I. Ordnung kann auch Hormone abgeben, die direkt auf ein peripheres Zielorgan einwirken. Außerdem gibt es noch »autonome« Hormondrüsen, die keinem RH, IH oder glandotropen Hormon unterliegen. Wahrscheinlich werden diese direkt nervös, durch das Hormon einer anderen Hormondrüse oder das Endprodukt eines Zielorgans fördernd oder hemmend beeinflußt. Auf alle Ebenen dieses Systems können endogene Reize modulierend einwirken.

Das bis jetzt beschriebene gestaffelte System ist »offen«. Die Homöostase eines oder mehrerer physiologischer Parameter ist jedoch so nicht erreichbar; hierfür müßte ein antagonistisches Prinzip wirksam sein. Dieses kommt nur in wenigen Fällen im Hormonsystem der Wirbeltiere tatsächlich vor (S. 680). Ein selbstregulierendes System ist aber nur verifizierbar, wenn Informationen über Abweichungen – z.B. in der Konzentration des Endproduktes eines Zielorgans von einem »vorgegebenen« Wert – vorliegen, die gegensinnig ausgeglichen werden. Liegt z.B. der Spiegel eines Hormons im Blut zu niedrig, muß eine Ausschüttung erfolgen und umgekehrt. Hierfür muß der aktuelle Hormonspiegel im Blut gemessen und das Ergebnis an das Nervensystem gemeldet werden, welches dann die gegensinnige Reaktion auslöst (negative Rückkoppelung, S. 579). Solche Informationsrückführungen sind auf allen Ebenen des beschriebenen Gesamtsystems möglich; sie sind zwischen dem Hypothalamus und den Hormondrüsen I. Ordnung sowie II. Ordnung nachgewiesen. Im erstgenannten Fall liegt ein »short loop-feedback«, in den beiden anderen Fällen ein »long loop-feedback« vor (S. 673).

6.9.2.3 Ausschüttung und Transport von Hormonen

Um im Blut einen wirksamen Hormonspiegel gegen den biologischen Abbau zu etablieren und über eine gewisse Zeit konstant zu halten, kann kontinuierlich Hormon aus einer produzierenden Struktur abgegeben oder stoßweise ausgeschüttet werden, entweder in einer einzigen Welle oder in mehreren regelmäßigen oder unregelmäßigen Pulsen. Man nennt die letztgenannte Möglichkeit »*pulsatile*« oder »*episodische*« *Hormonausschüttung*. Hierbei können die Intervalle zwischen den Pulsen sehr unterschiedlich lang sein, bei Wirbeltieren zwischen wenigen Minuten und etwa acht Stunden. Auf diese Weise entstehen »sägezahnförmige« Zeitverläufe des Hormonspiegels im Blut, wobei die Spitze jeweils die Konzentration unmittelbar nach der Ausschüttung darstellt. Diese sinkt durch den Verdünnungseffekt im Blut und den biologischen Verbrauch bzw. Abbau immer weiter ab, bis schließlich bei einem Minimalwert ein neuer Puls erfolgt. Dieser führt zu einem steilen Konzentrationsanstieg. Durch die dauernde Wiederholung dieses Phänomens entsteht ein oszillierendes System, das um einen Mittelwert schwankt. Die Lage des Minimalwertes hängt von der Geschwindigkeit der Elimination des Hormons aus dem Blut und von der Menge der jeweiligen Ausschüttung ab. Veränderungen des Mittelwertes können durch eine Neueinstellung der Pulsfrequenz erreicht werden. Die zum Erreichen von 50% des maximalen Hormonspiegels notwendige Zeit ist die »Halbwertszeit« eines Pulses. Wird das Zeitintervall zwischen zwei Pulsen geringer als die Halbwertszeit, erhöht sich die Hormonkonzentration im Blut. In der Regel stellt sich nach einigen Pulsen ein neuer Mittelwert ein. Nach dem umgekehrten Prinzip läßt sich ein niedriger Hormonspiegel erreichen (Sollwertverstellungen bei der biologischen Anpassungsregelung, S. 580). Dadurch können in gewissen Zeiträumen Hormonspiegel wechselnden physiologischen Erfordernissen angepaßt werden.

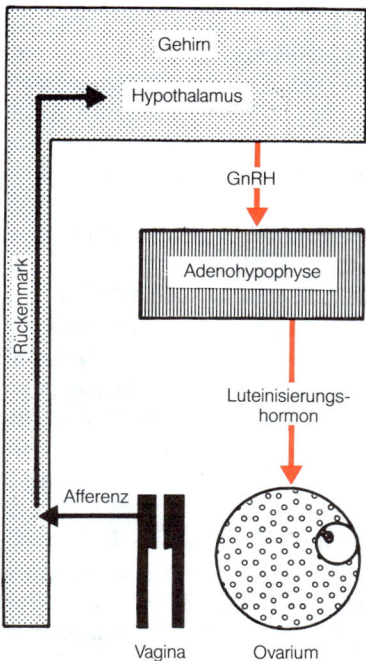

Abb. 6.190. Schematische Darstellung eines neuro-endokrinen Reflexbogens am Beispiel der Kaninchenovulation. Kopulationsreize verursachen in afferenten Neuronen Erregungen, die von der Vagina über das Rückenmark zum Hypothalamus geleitet werden. Dort wird die Ausschüttung eines Releasing-Hormons (GnRH) induziert, das auf dem Blutwege in die Adenohypophyse gelangt und dort die Freisetzung von Luteinisierungshormon (LH) auslöst. Dieses wird mit dem Blut ins Ovarium gebracht und verursacht dort die Ovulation. Schwarze Pfeile: neurale Komponente; rote Pfeile: hormonale Komponente. (Original Blüm)

Die Möglichkeit zur Sollwertverstellung des Hormonspiegels zeigt sich in der »*zyklischen Hormonausschüttung*«. »Biologische Uhren« (S. 711f.) im Zentralnervensystem enthalten Programme, die Hormonfreisetzungen bzw. Sollwertverstellungen veranlassen. Hierbei wirken exogene Einflüsse häufig als Auslöser oder modulierende Faktoren. Zwischen aktiven Phasen können inaktive liegen oder Zyklen folgen lückenlos aufeinander. Ein Beispiel für einen komplexen »permanenten Zyklus« ist der Menstruationszyklus der Frau (S. 681f.).

Auf zellulärer Ebene gibt es zwei verschiedene Formen der Hormonabgabe bzw. -freisetzung: Exocytose und Diakrinie. Im erstgenannten Fall wird das Hormon in der Bildungszelle in Vesikel »verpackt«, d.h. mit einer Membran umgeben. Diese gelangen zur Peripherie der Zelle, wo das Hormon durch Exocytose (S. 135) freigesetzt wird. Viele Peptidhormone verlassen auf diese Weise ihre Bildungszelle. Bei der Diakrinie gelangt das Hormon durch Diffusion direkt aus dem Cytoplasma über die Zellmembran in den extrazellulären Raum. Dieser Modus gilt z.B. für die Steroidhormone. Eine Reihe niedermolekularer Peptidhormone wird zwar zunächst im Cytoplasma von einer Vesikelmembran umgeben, diese wird aber aufgelöst, wenn das Hormon über die Zellmembran austreten soll.

Bei Tieren mit geschlossenem Blutkreislaufsystem befinden sich die ausgeschütteten Hormone in der interzellulären Gewebeflüssigkeit und gelangen von dort über die Wände der Blutcapillaren in den Blutstrom, mit dem sie im gesamten Körper verteilt werden. Bei Tieren mit offenem Kreislaufsystem gelangen die Hormone direkt aus der Bildungszelle in die Hämolymphe. Höchstwahrscheinlich werden alle Hormone nach dem Verlassen der Bildungszelle in eine »Transportform« gebracht, indem sie reversibel (nicht kovalent) an »Trägermoleküle« – vorwiegend bestimmte Plasmaproteine – gebunden werden. In einem solchen Hormon-Bindungsprotein-Komplex ist das Hormon vor dem biologischen Abbau geschützt und kann unverändert zu seinem Wirkort gelangen. Die nicht oder nur begrenzt wasserlöslichen Hormone (z.B. alle Steroidhormone) können so leicht in wäßrigem Medium transportiert werden. Bei den Wirbeltieren gehören diese Bindungsproteine zu den Gruppen der Globuline und Albumine.

6.9.2.4 Molekulare Wirkungsmechanismen der Hormone

Die Hormone beeinflussen die Zellen ihrer Zielorgane über die Bindung an Hormonrezeptoren; dies ist das erste Glied einer Kaskade von Folgereaktionen (S. 672) mit einem »Verstärkereffekt«, weil jede der Einzelreaktionen mehrere Folgereaktionen induzieren kann.

Hormonrezeptoren

Hormonrezeptoren sind entweder membrangebunden, d.h. Bestandteile der Zellmembran, oder sie befinden sich frei oder an intrazelluläre Membranen gebunden innerhalb der Zelle. Sie üben aufgrund ihrer jeweiligen molekularen Struktur eine spezifische haptische Wirkung auf Hormone aus, d.h. sie können ein in unmittelbarer Nähe befindliches Hormonmolekül nach Art eines Schlüssel-Schloß-Prinzips binden und einen Hormon-Rezeptor-Komplex bilden (*Primärreaktion*). Das Vorhandensein der Rezeptoren bestimmt allein die Fähigkeit eines Organs, auf ein Hormon zu reagieren. Hier wird der »Ja-/Nein-Informationsgehalt« eines Hormonmoleküls deutlich: Es kann einen bindungsfähigen Rezeptor vorfinden oder nicht. Die Spezifität der Rezeptoren ist nicht absolut: manche können mehrere Hormone binden.

Bei den *membrangebundenen* Rezeptoren muß man solche für Peptidhormone und solche für die Catecholamine Adrenalin und Noradrenalin unterscheiden. Sie sind Eiweißstoffe und Bestandteile der äußeren Zellmembran; sie können jedoch auch in intrazellulären Membranen vorkommen, wo sie wahrscheinlich als »Reserve« vorliegen. Aufgrund

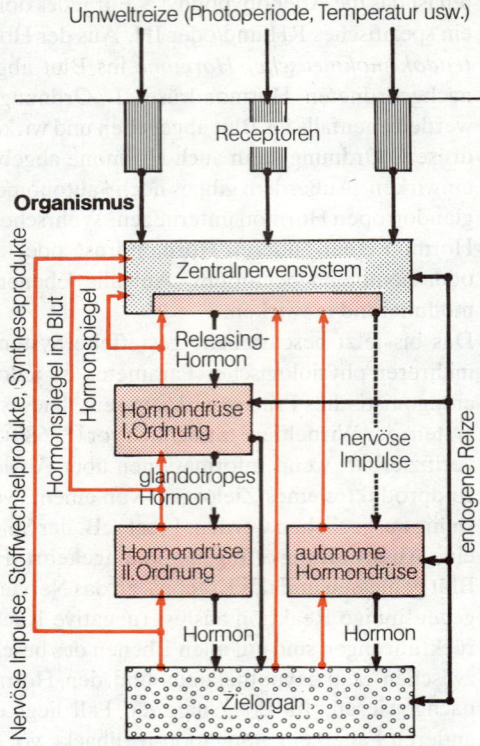

Abb. 6.191. Das Zusammenwirken der Systeme bei der hormonalen Autoregulation. Umwelt- und endogene Reize werden vom Zentralnervensystem verrechnet an Releasing- bzw. Inhibiting-Hormon-Neuronen weitergegeben. Diese regulieren über ihre Produkte die Ausschüttung von glandotropen Hormonen aus Drüsen I. Ordnung, die über Hormondrüsen II. Ordnung Zielorgane beeinflussen. Nervöse Impulse können auch direkt eine autonome Hormondrüse beeinflussen. Rückmeldungen von den einzelnen Komponenten (rote Pfeile) komplettieren die Regelkreise zu einem verschachtelten System. (Original Blüm)

pharmakologischer Experimente lassen sich bei den »Catecholaminrezeptoren« zwei Typen, α und β, unterscheiden. Adrenalinwirkungen werden höchstwahrscheinlich über beide Typen ausgelöst, während Noradrenalin nur über α-Rezeptoren wirkt. Die beiden Rezeptortypen haben antagonistische Wirkungen; an glatten Muskelzellen bewirkt die Hormonbindung an α-Rezeptoren Kontraktion, die an β-Rezeptoren Relaxation. Die einzelnen Typen sind auf Zellen verschiedener Zielorgane in unterschiedlichen zahlenmäßigen Verhältnissen zueinander vorhanden. So können »Mischwirkungen« entstehen bzw. der überwiegende Typ bestimmt die Art der Wirkung. Dieses Verhältnis kann sogar innerhalb einer Art in ein und demselben Zielorgan rassenspezifisch unterschiedlich sein. So induziert Adrenalin bei den nördlichen Rassen des nordamerikanischen Leopardfrosches (Rana pipiens) in den Melanophoren der Haut eine Pigmentaggregation, während es bei den südlichen Rassen genau entgegengesetzte Wirkung hat. Bei letzteren fehlen die α-Rezeptoren und über die β-Rezeptoren wird die Pigmentdispersion induziert. An mehreren Organen konnte gezeigt werden, daß die Hormonbindung an β-Rezeptoren die intrazelluläre Biosynthese des cyclischen Adenosinmonophosphats (S. 379) stimuliert wird, während die Adrenalinkoppelung an α-Rezeptoren den gegenteiligen Effekt hat. Die Rezeptoren für Steroidhormone sind »cytoplasmatische Rezeptoren« (»Cytosolrezeptoren«), d. h. sie befinden sich frei im Cytoplasma. Die Anzahl der in einer Zelle vorhandenen Rezeptormoleküle bestimmt die Quantität der Hormonwirkung. Die von den Bindungsproteinen freigesetzten Steroidhormone gelangen durch »erleichterte Diffusion« (S. 83) über die Zellmembran in das Cytoplasma und binden dann an die Rezeptoren. Der Rezeptor für die weiblichen Sexualsteroide, der »Östradiolrezeptor«, ist der bislang am besten untersuchte Steroidhormonrezeptor. Er ist ein Protein aus zwei identischen Untereinheiten; beide haben je eine Stelle für die nicht-kovalente Bindung eines Hormonmoleküls. Jeder Hormon-Rezeptor-Komplex kann somit zwei Steroidmoleküle enthalten. Das Monomer ist ein komplexes Protein, welches aus der Rezeptorregion mit der Hormonbildungsstelle und »Verbindungsgliedern« für die Dimerisierung sowie aus einem »nucleotropen Schwanzstück« besteht. Die Dimerisierung wird höchstwahrscheinlich durch die Hormonbindung induziert (Abb. 6.192a, b). Der Hormon-Rezeptor-Komplex gelangt auf noch unbekannte Weise aus dem Cytoplasma in den Zellkern, wo er am Chromosom eine lokale Entspiralisierung der DNA induziert, so daß die Bildung von mRNA möglich wird. Der Hormon-Rezeptor-Komplex kann direkt mit der DNA interagieren. Der Mechanismus dieses Vorganges ist noch unklar. Für die Sexualsteroide hat sich herausgestellt, daß sich der überwiegende Anteil der Rezeptoren im Inneren des Zellkerns befindet. Hierfür wäre es korrekter, den Terminus »intrazelluläre Rezeptoren« zu verwenden.

Sekundärreaktionen

Die Sekundärreaktion bei der Steroidhormonwirkung ist die Bildung von mRNA. Diese wandert aus dem Kern zu den Ribosomen, wo dann die Biosynthese des codierten Proteins, z. B. eines Enzyms, stattfindet. Auch andere Hormone, z. B. die Schilddrüsenhormone, wirken auf das Genom ein und induzieren so gleichartige Sekundärreaktionen.
Die Sekundärreaktionen nach der Bindung eines Peptidhormons oder eines Catecholamins an einen membrangebundenen Rezeptor sind grundsätzlich anders. Der entstandene Hormon-Rezeptor-Komplex bildet mit einem anderen Membranprotein, dem »Transducer-Protein« oder »G-Protein«, eine Verbindung. Seine Aktivität wird durch das energiereiche Guanosintriphosphat (GTP) beeinflußt. Das G-Protein vermittelt die Aktivierung eines membrangebundenen Enzyms, der Adenylatcyclase. Damit ist die Primärreaktion abgeschlossen; die Sekundärreaktionen finden im Cytoplasma statt. Aus ATP entsteht in Gegenwart von Magnesiumionen das *cyclische 3',5' Adenosinmonophosphat, cAMP* (Abb. 6.193). Dieses aktiviert seinerseits im Cytoplasma vorhandene inaktive allosterisch beeinflußbare Proteinkinasen, welche dann weitere Prozesse im Zellstoffwechsel initiie-

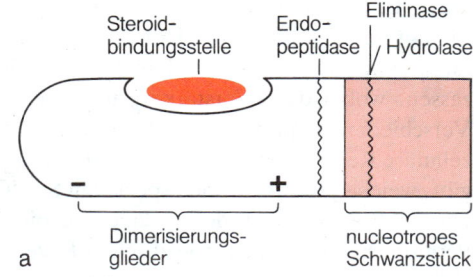

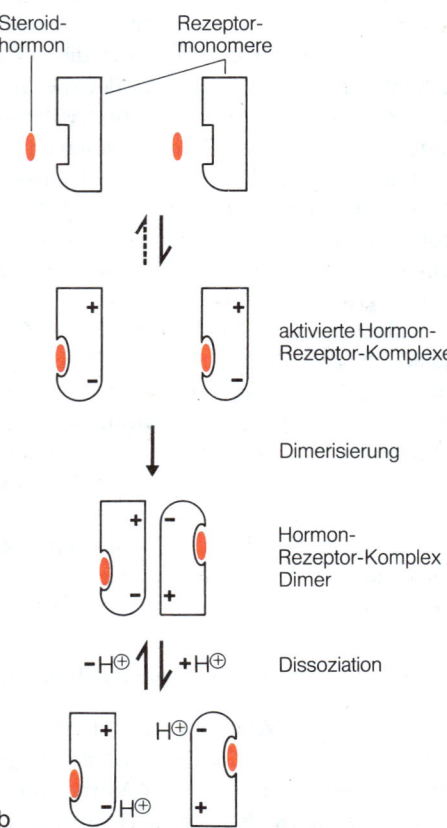

Abb. 6.192. (a) Modell eines »fertigen« Östradiol-Rezeptor-Monomers (nach Jungblut et al.). (b) Modell der Mechanismen von Dimerisierung und Dissoziation des Östradiol-Rezeptor-Komplexes. (Nach Little et al.)

ren, z. B. die Mobilisierung von Glucose aus Glykogen in der Leberzelle nach Besatz des Membranrezeptors mit den Hormonen Glucagon oder Adrenalin. Das cAMP aktiviert als »second messenger« eine Proteinkinase und induziert eine Kaskade von Stoffwechselprozessen, wobei das »Verstärkerprinzip« eindrucksvoll verdeutlicht wird (Abb. 6.194). Verschiedene Peptidhormone können über die cAMP-Bildung verschiedene spezifische, zelluläre Reaktionen induzieren, weil es verschiedene cAMP-aktivierbare Proteinkinasen gibt, welche jeweils in einen speziellen Stoffwechselweg einleiten.

Das cAMP ist nicht der einzige »second messenger«. Wenn z. B. ein bestimmtes Peptidhormon an einen spezifischen Rezeptor bindet, kann als Sekundärreaktion eine Erhöhung der intrazellulären Calciumionenkonzentration erfolgen. Durch Bildung des Hormon-Rezeptor-Komplexes werden vorher geschlossene Calciumkanäle geöffnet, so daß intrazelluläre Calciumreserven mobilisiert werden oder extrazelluläres Calcium in die Zelle gelangt. Die Calciumionen verbinden sich mit dem Protein *Calmodulin,* und der entstandene Komplex beeinflußt die Aktivität bestimmter allosterischer Enzyme. Er erhöht aber auch die Aktivität der spezifischen cAMP-Phosphodiesterase, wodurch die Umwandlungsrate von cAMP zu AMP erhöht wird. Hierdurch werden die durch cAMP aktivierten Prozesse gehemmt. Antagonistische Wirkungen von Peptidhormonen in ein und derselben Zelle werden als ein solches Wechselspiel von cAMP und dem Calcium-Calmodulin-Komplex verständlich (Abb. 6.195).

Ein weiteres »second messenger-System« liegt nach Befunden an Ratten der Wirkung eines hypothalamischen Releasing Hormons für hypophysäre gonadotrope Hormone (S. 678) zugrunde. Bei Bindung dieses Hormons an die membranständigen Rezeptoren einer gonadotropes Hormon produzierenden Zelle in der Hypophyse werden mehrere intrazelluläre Botenstoffe aktiviert. Hierfür entstehen aus Polyphosphoinositiden Phosphatidylinositol (PI) und Inositolphosphate, besonders Inositoltriphosphat (IP3); letzteres induziert die Freisetzung von Calciumionen in der Zelle. Zusammen mit anderen Stoffen aktiviert IP3 zusätzlich das multifunktionale Enzym Proteinkinase C. Aus PI wird Phosphatidylsäure gebildet, die Calciumfluxe aktiviert und an der Bildung von Arachidonsäure beteiligt ist. In Kombination mit den sekundären Botenstoffen dürften aus dem Arachidonsäurestoffwechsel aktive Produkte entstehen, welche die Exocytose des Hormons aus der Zelle ermöglichen.

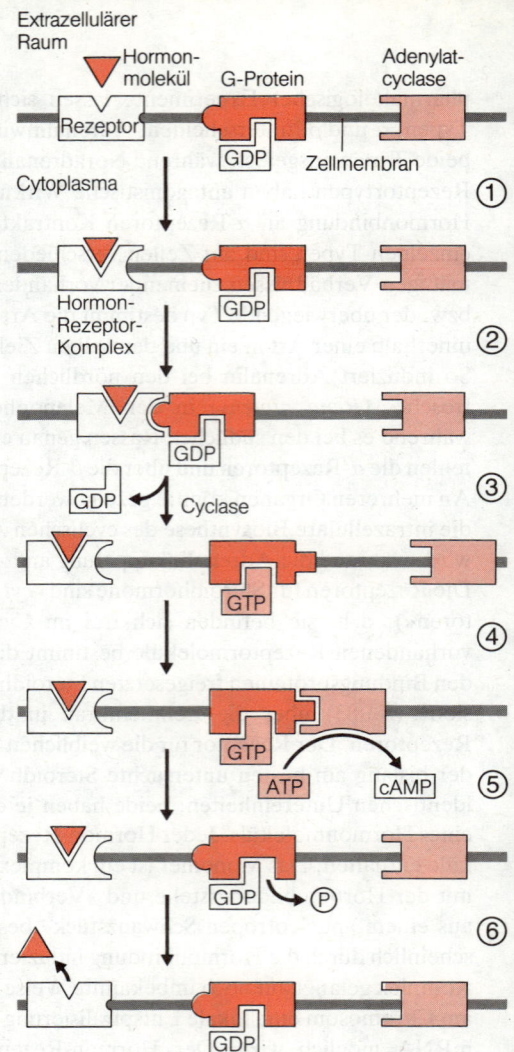

Abb. 6.193. Modell der Aktivierung der Adenylatcyclase nach dem »Kollisions-Koppelungs-Prinzip« (nach Alberts et al.) 1 = Hormonbindung ändert die Konformation des Rezeptors und legt die Bindungsstelle für G-Protein frei; 2 = Diffusion in der Membran führt G-Protein und Hormon-Rezeptor-Komplex zusammen, wobei GTP-Bindungsstelle an ersterem freigelegt wird; 3 = Ersatz von GDP durch GTP ändert die Konformation des G-Proteins, das sich vom Hormon-Rezeptor-Komplex löst und eine Bindungsstelle für Adenylatcyclase freilegt; 4 = Diffusion in der Zellmembran führt zur Assoziation von G-Protein und Adenylatcyclase, die so aktiviert wird: aus ATP entsteht cAMP; 5 = Hydrolyse des GTP durch das G-Protein führt letzteres in seine ursprüngliche Konformation, wodurch die Adenylatcyclase dissoziiert und inaktiv wird; 6 = Die Aktivierung der Adenylatcyclase wird wiederholt, bis die Dissoziation des Hormons den Rezeptor in seine ursprüngliche Konformation zurückführt. Es ist nicht sicher, ob das Adenylatcyclase-Molekül und das G-Protein tatsächlich unabhängig voneinander in der Zellmembran diffundieren. Der mit dem Gesamtvorgang einhergehende Amplifikationsprozeß ist nicht berücksichtigt. (Nach Alberts et al.)

6.9.2.5 Allgemeine Möglichkeiten hormonaler Regelung und Steuerung

Aus den in Abschnitt 6.9.2.2 dargelegten Fakten geht hervor, daß die Vorgänge hormonaler Integration im tierischen Organismus allgemein auf drei »Ebenen« liegen können, die – mit gewissen Vorbehalten – mit den entsprechenden Vorgängen im Nervensystem (S. 493) vergleichbar sind. Die erste Ebene entspricht dem monosynaptischen Reflex (S. 698) und wird analog hierzu »monohormonaler Vorgang« genannt. Eine bestimmte Hormondrüse spricht auf die Veränderung spezifischer Blutparameter an und schüttet ihr Hormon aus, welches seinerseits ein Zielorgan beeinflußt. Ein Beispiel hierfür ist die Freisetzung des »Parathormons« aus den Nebenschilddrüsen bei erniedrigter Blutcalciumkonzentration, welches dann Knochen und Niere gegensteuernd beeinflußt (S. 678).

Die zweite Ebene ist einem disynaptischen Reflex vergleichbar, bei dem ein Interneuron zwischen afferentes und efferentes Neuron eingeschaltet ist. Hierbei entspricht dem Interneuron eine Hormonbildungsstätte, die zwischen der primären Hormondrüse und deren Zielorgan wirksam ist. In einem solchen »dihormonalen Vorgang« stimuliert z. B. Hypoglykämie bei Säugetieren den Hypothalamus derart, daß ein Neurohormon ausgeschüttet wird, welches die Freisetzung von Wachstumshormon aus der Hypophyse induziert. Dieses greift dann regulierend in den Stoffwechsel ein (S. 678, 682).

Die dritte Ebene gleicht einem polysynaptischen Ablauf, bei dem mehrere Interneurone zwischen Afferenz und Efferenz geschaltet sind. Bei einem »polyhormonalen Vorgang« agieren mehrere Hormone zwischen Initialreiz und Zielorgan. Ein Beispiel hierfür ist die »Hypothalamus-Hypophysen-Schilddrüsen-Achse«: Veränderungen bestimmter Blutparameter induzieren die Freisetzung eines Neurohormons im Hypothalamus, welches die Ausschüttung von thyreotropem Hormon aus der Hypophyse veranlaßt. Dieses bewirkt erhöhte Abgabe von Schilddrüsenhormonen ins Blut, die ihrerseits bestimmte Zielorgane beeinflussen (S. 678, Abb. 6.203).

Die Beeinflussung eines Zielorgans – welches selbst eine Hormondrüse sein kann – durch ein Hormon ist in der Regel auf die Homoiostase eines Faktors gerichtet. Ein Hormon »darf« sein Zielorgan nicht beliebig lange beeinflussen, damit nicht durch die Überfunktion des Effektors das physiologische Gleichgewicht gestört wird. Deshalb muß die Quantität der Ausschüttung aus einer Hormonbildungsstätte derart beeinflußt werden, daß ein bestimmter »Hormonspiegel« im Blut gegen den biologischen Abbau, die Ausscheidung und den »Verbrauch« an und in Zielorganen aufrechterhalten wird. Dies geschieht in der bereits beschriebenen Weise (S. 668), wobei allerdings zwei biokybernetische Prinzipien Anwendung finden können.

Das erste ist der *Regelkreis* (S. 579). In den Regler (z. B. Hypothalamus) ist der physiologisch notwendige Hormonspiegel als »Sollwert« einprogrammiert und der Sensor (unbekannte Rezeptoren) mißt den tatsächlichen Hormonspiegel im Blut als »Istwert«. Bei Sollwertabweichungen beeinflußt der Regler über eine negative Rückkoppelung das Stellglied (Hormondrüse), gegenläufig zu reagieren (z. B. Hormon auszuschütten). Die Regelstrecke (das Blut mit dem darin enthaltenen Hormon) wird weiterhin vom Sensor überwacht; gegebenenfalls reagiert das System in umgekehrter Weise. Da dieses »geschlossene System« eine gewisse Trägheit hat, hinkt die Ausführung eines Regelbefehls immer etwas hinter diesem her, woraus ein um den Sollwert schwankender Hormonspiegel resultiert. Die Frequenz dieser Oszillation ist von der Zahl der Regelbefehle pro Zeiteinheit abhängig. Dieses Phänomen wird bei der pulsatilen Hormonausschüttung (S. 669) besonders deutlich. Meist sind mehrere solcher Regelkreise zu einem »intermittierenden System« verschaltet, in welchem der Istwert des letzten Regelkreises auf den ersten rückgekoppelt ist und dort eine Reaktion auslöst, die im letzten gegenläufige Auswirkungen hat (long loop-feedback). Jedoch existieren dort auch *feedback-Mechanismen* innerhalb eines Einzelregelkreises (short loop-feedback). Noch komplizierter wird das Verständnis solcher regulatorischer Systeme, wenn auf verschiedenen Ebenen kurzfristig die Sollwerte z. B. durch endogene Programme oder exogene Reize verstellt werden. Dies ist das Charakteristikum der biologischen Anpassungsregelung, die vielen Hormonsystemen eigen ist. Aus den bisherigen Überlegungen ergibt sich, daß in einem Regelkreis nur eine negative Rückkoppelung von regulatorischer Bedeutung sein kann.

Das zweite Prinzip ist das der »bipolaren Steuerung«: Eine Steuerung ist grundsätzlich ein »offenes System«, in dem von einer Instanz eine Wirkung (Stimulation) auf eine zweite ausgeübt wird, ohne daß von dieser eine Information an die erstgenannte zurückgeführt wird. Daher kann mit einer einzelnen Steuerung autonom die Homoiostase eines Faktors nicht erreicht werden. Dies ist erst beim Einsatz zweier solcher Systeme der Fall, die jeweils eine antagonistische Wirkung haben (bipolare Steuerung). Eine solche liegt z. B. bei der Regulation des Blutglucosespiegels der Säugetiere vor (S. 680).

Die Begriffe »Regelung« und »Steuerung« werden in der biologischen und medizinischen Literatur nicht immer im Sinne der kybernetischen Definitionen gebraucht. Der Terminus »Regulation« umgeht diese Schwierigkeiten, indem er ausdrückt, daß die Homoiostase eines Faktors gewährleistet wird, ohne eine Aussage über die Natur der wirksamen Systeme zu machen.

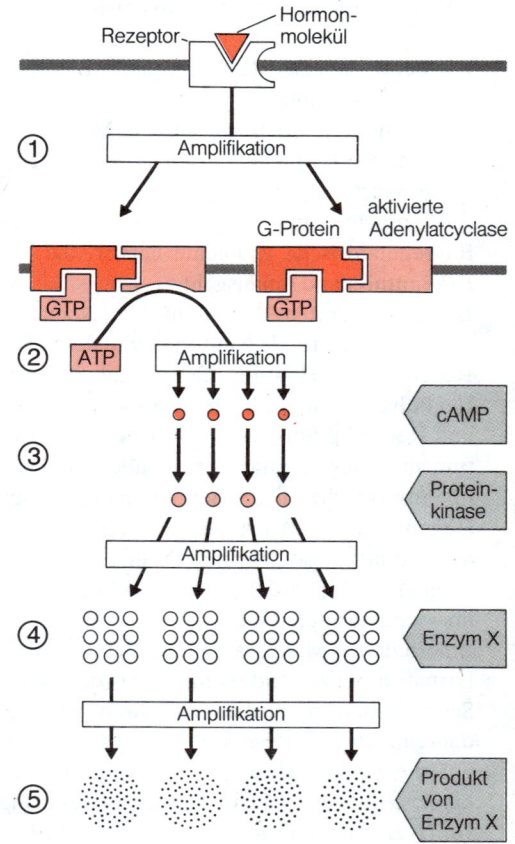

Abb. 6.194. Schematische Darstellung des »Verstärkereffektes« bei dem durch die Rezeptoraktivierung in Gang gesetzten Kaskadenprozeß (nach Alberts et al.). 1 = jedes aktivierte Rezeptorprotein aktiviert viele Moleküle G-Protein, die jeweils eine Adenylatcyclase aktivieren; 2 = jede aktivierte Adenylatcyclase produziert viele cAMP-Moleküle; 3 = jedes cAMP-Molekül aktiviert ein Molekül Proteinkinase; 4 = jedes Proteinkinase-Molekül phosphoryliert und aktiviert viele Moleküle Enzym X; 5 = jedes Enzym X-Molekül produziert viele Moleküle Endprodukt. (Nach Alberts et al.)

6.9.2.6 Beispiele für Hormonsysteme und Regulationsvorgänge bei wirbellosen Tieren

Die bei wirbellosen Tieren regulatorisch wirksamen Hormonsysteme erscheinen auf den ersten Blick »einfacher« als die von Wirbeltieren. Dies liegt vorwiegend daran, daß die phylogenetisch ursprünglicheren Neurohormone hier einen viel breiteren Raum im Rahmen der hormonalen Integration einnehmen und daß die von Epithelien abgeleiteten Hormondrüsen weniger häufig auftreten. Die enorme Formenvielfalt der wirbellosen Tiere brachte offenbar auch eine entsprechend große Variabilität der »Einzellösungen« für regulatorische Probleme hervor, die höchstwahrscheinlich weit über den heutigen Erkenntnisstand hinausgeht.

Bei Coelenteraten, Plathelminthen, Nemathelminthen und Anneliden wurden *Neurohormone* produzierende Neuronen und deren Beteiligung an den Vorgängen von Wachstum, Regeneration, Häutung, Osmoregulation, Farbwechsel und Reproduktion nachgewiesen. Bei Polychaeten üben Neurohormone des Gehirns Einflüsse auf Wachstum, Regeneration und Reproduktion aus. Ein solches Neurohormon ist bei Nereiden essentiell für Wachstum und Regeneration, nicht aber für die Segmentbildung; das gleiche Hormon übt höchstwahrscheinlich einen hemmenden Einfluß auf die Oo- und Spermatogenese aus. Gegen Ende der Wachstumsphase sinkt der Spiegel dieses Hormons im Blut immer weiter ab, und mit dieser Verminderung schreitet die sexuelle Reifung fort. Bei Vertretern aus allen drei Klassen der Annelida gibt es auch die Gonadenentwicklung fördernde Neurohormone aus dem Gehirn.

Innerhalb der Mollusca finden sich bei allen bisher untersuchten Muscheln und Schnecken hormonproduzierende Neuronen in den meisten Ganglien des Nervensystems. Bei einigen Schneckenarten wurden Strukturen gefunden, die sich als einfache Neurohämalorgane deuten lassen. Zudem kommen bei einigen Lungenschnecken sogenannte Dorsalkörper vor, die man als echte Hormondrüsen mit vielleicht steroidogener Aktivität interpretieren kann; sie liegen in enger räumlicher Beziehung zum Cerebralganglion, stammen aber nicht vom Nervensystem ab. Außerdem wurden hormonale Einflüsse auf die Reproduktion und auf den Osmomineralhaushalt nachgewiesen; so fördert z. B. bei *Lymnaea stagnalis* ein Hormon aus den Dorsalkörpern Vitellogenese und Bildung von Eihüllen, und offenbar wird die Ovulation durch ein Neurohormon des Gehirns induziert. Für die zwittrigen Pulmonaten wird allgemein angenommen, daß ein cerebrales Neurohormon als »androgener Faktor« wirkt und die Ausdifferenzierung männlicher Keimzellen fördert, während er die autonome Differenzierung von Oocyten hemmt. Bei der im Süßwasser lebenden Gattung *Lymnaea*, die aufgrund ihres hyperosmotischen inneren Milieus starken osmotischen Belastungen ausgesetzt ist, produzieren die Pleuralganglien offenbar ein diuretisch wirkendes Neurohormon, während die Parietalganglien höchstwahrscheinlich ein solches mit Wirkungen auf Ionentransportmechanismen in Integument und Harnleiter enthalten. An der Meeresmuschel *Mytilus* konnte gezeigt werden, daß die Gonadenreifung mit hoher Wahrscheinlichkeit von einem Neurohormon beeinflußt wird. Bei den Cephalopoden kommt in enger räumlicher Beziehung zu dem hochdifferenzierten Gehirn eine echte Hormondrüse, die paarige optische Drüse, vor. Sie ist wahrscheinlich dem Dorsalkörper der Gastropoden vergleichbar und produziert ein gonadotropes Hormon. Sie steht offensichtlich unter dem hemmenden nervösen Einfluß des Gehirns.

Innerhalb der wirbellosen Tiere ist das Hormonsystem der Arthropoden, insbesondere der Crustaceen und der Insekten, gut untersucht. Es besteht aus neurohormonproduzierenden Zellen, Neurohämalorganen und epithelialen Hormondrüsen. Im Vordergrund steht hier die hormonale Regulation der komplexen Häutungsprozesse bzw. der Metamorphose, doch liegen auch aus den Bereichen der Stoffwechselregulation, der Reproduktion und des Farbwechsels zahlreiche Befunde vor.

Bei den dekapoden Krebsen liegen die neurohormonproduzierenden Zellen meist in Gruppen im gesamten Nervensystem. Neurohämalorgane sind die Postkommissural-

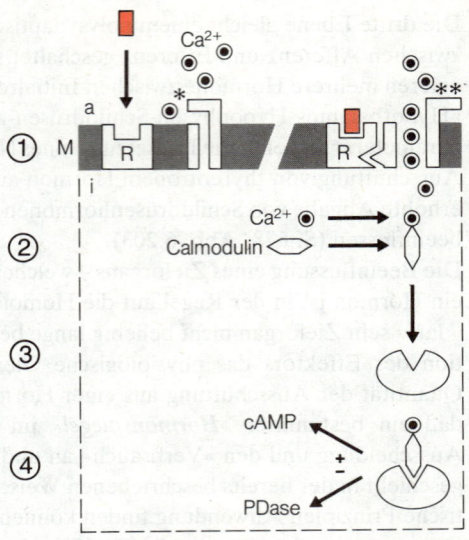

Abb. 6.195. Schema der durch Calcium und Calmodulin induzierten Prozesse. 1 = Ein Catecholamin-Molekül bindet an den Rezeptor R in der Zellmembran M. Vorher geschlossene Calcium-Kanäle werden durch diesen Prozeß geöffnet; 2 = intrazelluläre Calciumionen und Calmodulin bilden einen Ca-Calmodulin-Komplex; 3 = der Ca-Calmodulin-Komplex aktiviert ein Enzym; 4 = der Verband von Enzym und Ca-Calmodulin-Komplex hat fördernde oder hemmende Affinitäten u. a. zu cAMP oder PDase. a = Außenseite der Zellmembran, i = Innenseite der Zellmembran, M = Zellmembran, PDase = Phosphodiesterase. (Nach Kuhlmann und Straub)

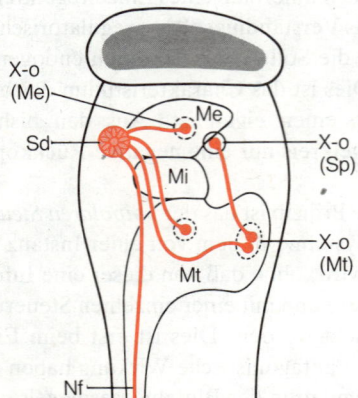

Abb. 6.196. Die neurohormonproduzierenden Zellgruppen im Augenstiel von Palaemon serratus (nach Gorbman u. Bern). Me, Mi, Mt = Medulla externa, interna und terminalis; Nf = Axon; Sd = Sinusdrüse; Xo(Sp) = Sinnesporen-X-Organ Xo(me) = ganglionäres X-Organ. (Nach Gorbman und Bern)

organe, die Pericardialorgane, die Sinusdrüse und das Sinnesporen-X-Organ. Die beiden letztgenannten liegen in einem besonders differenzierten »endokrinen Komplex« in den Augenstielen und werden von ganglionären X-Organen und neurohormonproduzierenden Zellen im Gehirn versorgt (Abb. 6.196). Die echten epithelialen Hormondrüsen dieser Tiere sind die »Y-Organe«, die »androgenen Drüsen« (bei Männchen) und die Ovarien (bei Weibchen, Abb. 6.197).

Die hormonale Regulation der Häutung der dekapoden Krebse stellt sich als ein Antagonismus von X- und Y-Organen dar. Wenn z.B. eine Krabbe in das Vorhäutungsstadium (Proecdysis) eintritt, nimmt sie durch den Darm große Mengen Wasser auf, gleichzeitig steigt die Calciumkonzentration in der Hämolymphe. Nach der Häutung (Ecdysis) wird durch den noch weichen neuen Panzer weiteres Wasser aufgenommen, was zu einer starken Volumenzunahme des Tieres führt. In der Nachhäutungsphase (Metecdysis) wird der Panzer wieder verfestigt, indem vor allem Calciumsalze in das Exoskelett eingelagert werden. Die hormonale Regulation dieser Prozesse läßt sich folgendermaßen zusammenfassen: In der Metecdysis produzieren die Zellen der *X-Organe in den Augenstielen* ein »Moult Inhibiting Hormone« (MIH), wahrscheinlich ein Peptidhormon, welches aus der Sinusdrüse in die Hämolymphe abgegeben wird und die Aktivität der Y-Organe hemmt. Wenn seine Produktion bzw. Sekretion eingestellt wird, geben die Y-Organe Steroidhormone (Ecdysteroide) ab, welche die Proecdysis einleiten. Vermutlich ist von den fünf in Crustaceen gefundenen Ecdysteroiden das *β*-Ecdyson (20-Hydroxyecdyson, *Crustecdyson*) das wichtigste Häutungshormon (Abb. 6.198). Mit dieser einfachen Phänomenologie ist die physiologische Regulation der Häutung nur unvollständig beschrieben; man muß zusätzlich komplexe Prozesse z.B. aus dem Bereich des Osmomineralhaushaltes postulieren.

In der Sinusdrüse kommt neben dem MIH noch ein Peptidhormon mit einem Molekulargewicht von ca. 7000 vor, welches den Zuckergehalt der Hämolymphe positiv beeinflußt (hyperglykämisches Hormon, HGH). Neurohormone aus Cerebral-, Thorakal- und Abdominalganglien sowie aus Postkommissuralorgan und Augenstielkomplex können Pigmentbewegungen in den Chromatophoren des Integuments induzieren (Chromatophorotropine). Die Pigmentwanderungen in den Pigmentzellen der Komplexaugen der Crustaceen bei Hell-Dunkel-Adaptationen werden ebenfalls durch Augenstielneurohormone induziert. Das Pericardialorganhormon (POH) wirkt modulierend auf das meist neurogene Crustaceenherz (S. 629) ein und erhöht dessen Schlagamplitude, manchmal auch die Frequenz. Es handelt sich hierbei um eines oder mehrere Peptide.

Die Fortpflanzung der Crustaceen findet zwischen den Häutungen statt. Höchstwahrscheinlich produziert der Augenstielkomplex ein gonadeninhibierendes Hormon (GIH), welches im weiblichen Geschlecht die Vitellogenese beeinflußt. Die androgene Drüse, eine paarige epitheliale Hormondrüse, die am Endabschnitt der Spermidukte liegt, produziert ein Hormon, welches vermännlichend wirkt: Implantate der androgenen Drüse in Weibchen induzieren eine Umwandlung der Ovarien in Testes; Exstirpation führt bei laufender Spermatogenese zu deren Stillstand und zu Verweiblichung.

Im Hormonsystem der Insekten liegen die neurohormonproduzierenden Neuronen in vier Gruppen (zwei laterale und zwei mediane) im Protocerebrum; ihre Axone ziehen zu den caudal am Tritocerebrum hängenden Neurohämalorganen, den *Corpora cardiaca*, welche zusätzlich noch separate endokrine Zellen enthalten. Weitere kleine Gruppen neurohormonproduzierender Zellen mit zugehörigen Neurohämalorganen befinden sich in ventralen Ganglien. Epitheliale Hormondrüsen sind die *Corpora allata,* die caudal von den Corpora cardiaca liegen und mit diesen und dem Subösophagialganglion nervös verbunden sind, und die *Prothoraxdrüsen* bzw. die diesen homologen Ventraldrüsen (Abb. 6.199). Corpora cardiaca, Corpora allata und Prothorax- bzw. Ventraldrüsen können mehr oder weniger stark assoziieren. Am deutlichsten wird dies bei der »Ringdrüse« (Weismannscher Drüsenring) der Dipterenlarven.

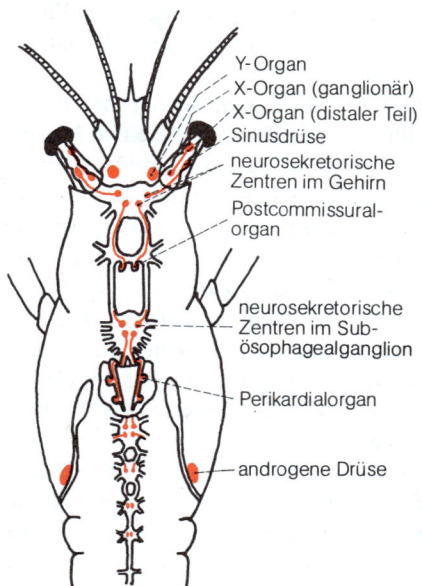

Abb. 6.197. Schematische Darstellung der wichtigsten Hormonbildungsstätten der Crustaceen. (Nach Gorbman u. Bern, verändert)

β-Ecdyson

Die Hormone der Insekten regulieren Prozesse aus den Bereichen des Stoffwechsels, des Wasserhaushaltes, der Häutung, der Diapause, des Farbwechsels sowie der Reproduktion, wobei das Phänomen der Häutung und Metamorphose holometaboler Insekten (S. 324) das am besten untersuchte Beispiel ist. Bei diesen unterliegt die Folge von Larvalhäutungen, Puppenphase und Metamorphose zur Imago einer komplexen hormonalen Regulation, die sich in zwei Mechanismen unterteilen läßt: einmal die Induktion von Häutungen überhaupt und zum anderen eine qualitative Festlegung der Art der Häutung. Häutungsfördernde Hormone sind – wie bei den Crustaceen – Ecdysteroide, die in den Prothoraxdrüsen oder deren homologen Strukturen gebildet werden; die verbreitetsten sind das α- und das β-Ecdyson. In den Prothoraxdrüsen entsteht höchstwahrscheinlich das α-Ecdyson, das dann im Fettkörper zu β-Ecdyson hydroxyliert wird. Dieses hat eine wesentlich höhere biologische Aktivität als das α-Ecdyson und stellt eventuell das eigentliche Häutungshormon dar. Im Gegensatz zu der Regulation des Y-Organs bei den Crustaceen steht die Aktivität der Prothoraxdrüse der Insekten unter dem fördernden Einfluß eines Neurohormons (Aktivierungshormons) aus Neuronen der Pars intercerebralis des Gehirns, welches in den Corpora cardiaca gespeichert wird. Bei dessen Abgabe in die Hämolymphe wird jeweils eine Häutung induziert, deren Qualität durch das aus den Corpora allata stammende *Juvenilhormon* (Neotenin) bestimmt wird. Als »Juvenilhormon« ist eine Gruppe von Isoprenderivaten (Formel S. 666) zusammengefaßt, welche unterschiedlich starke biologische Aktivitäten haben. Da sie stark lipophil sind, müssen sie an ein Trägerprotein gebunden in der Hämolymphe transportiert werden. Der bei frühen Larvalhäutungen hohe Juvenilhormontiter nimmt zunächst kontinuierlich ab; nach drastischem Absinken wird bei einem »kritischen Minimum« bzw. dem völligen Fehlen dieses Hormons das Puparium gebildet. Nach der Puppenruhe degeneriert bei geflügelten Insekten die Prothoraxdrüse (daher häuten sich die Imagines nicht mehr). Das Ecdyson selbst greift in den Sklerotisierungsprozeß der Cuticula der Larven und Imagines bzw. der Puppenhülle ein, indem es den Tyrosinstoffwechsel beeinflußt und die Bildung von N-Acetyl-Dopamin ermöglicht, welches unter Ecdysoneinfluß über eine Phenoloxidase zu o-Chinon oxidiert wird. Bei der Sklerotisierung bildet dieses die phenolischen Brücken zwischen benachbarten Proteinmolekülen in der Cuticula. Hierbei spielt ein weiteres Neurohormon – das Bursicon, ein Polypeptid mit einem Molekulargewicht von ca. 40 000 – in Kooperation mit Ecdyson eine Rolle. In den Gesamtprozeß (Abb. 6.198) sind noch weitere Faktoren involviert. So bestimmen sicherlich genetisch fixierte »Entwicklungsprogramme« die Zahl der Larvalhäutungen weitgehend artspezifisch.

Viele Insekten machen – insbesondere in einer Phase ungünstiger Umweltbedingungen – eine Ruhezeit mit einer drastischen Verminderung der Stoffwechselaktivität durch (»Diapause«, S. 325). Diese kann bei bestimmten Arten fakultativ sein und wird dann durch exogene Faktoren induziert (wie z. B. Überwinterungspuppen). Bei Diapausen von Imagines spielen die Corpora allata offenbar eine essentielle Rolle, denn Allatektomie induziert z. B. beim Kartoffelkäfer eine Diapause, welche durch Implantation aktiver Corpora allata und einen dadurch ansteigenden Spiegel von Juvenilhormon wieder aufgehoben wird. Bei einer beim Seidenspinner vorkommenden fakultativen Eier-Diapause spielt offensichtlich ein im Gehirn produziertes spezielles Neurohormon (Diapausehormon) eine Rolle.

In der Regel bilden Insekten keine gonadalen Hormone. Das Juvenilhormon aus den Corpora allata ist bei den Imagines der meisten untersuchten Insektenarten ein essentieller Faktor für die Vitellogenese. Bei der Wanzengattung *Rhodnius* wirkt das Juvenilhormon hier bimodal: es stimuliert einerseits die Biosynthese von Hämolymph-Proteinen, die z. T. offenbar Vitellogenese-Proteine darstellen, und wirkt andererseits derart auf die Follikelzellen in den Ovariolen (S. 298) ein, daß sich zwischen diesen Interzellularlücken ausbilden, durch welche diese Proteine zu den Oocyten gelangen. Bei Heuschrecken wurde zusätzlich festgestellt, daß mindestens ein cerebrales Neurohormon ebenfalls das Oocyten-

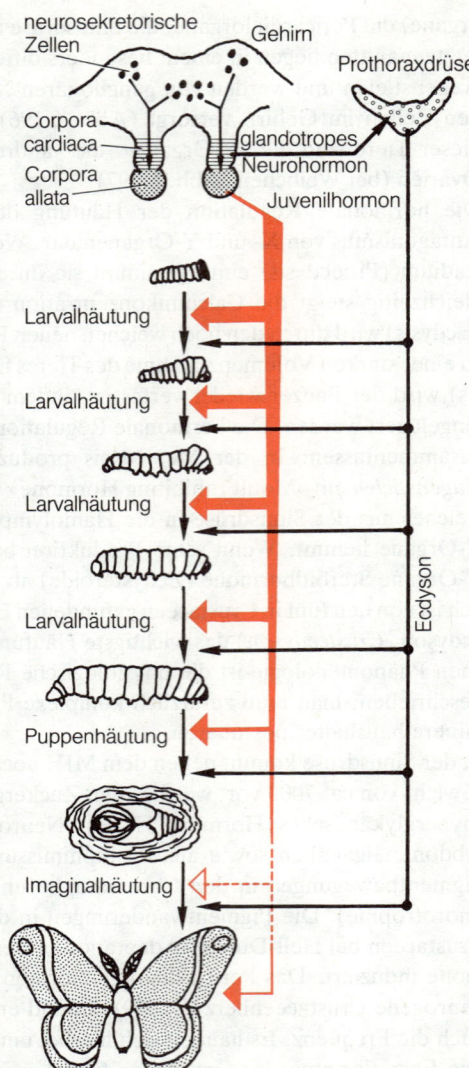

Abb. 6.198. Hormonale Regulation der Metamorphose holometaboler Insekten. Das über ein glandotropes Neurohormon aus den Corpora cardiaca beeinflußbare Ecdyson der Prothoraxdrüse induziert allgemein Häutungen. Die Menge des aus den Corpora allata stammenden Juvenilhormons (rote Pfeile) bestimmt jeweils die Qualität des Entwicklungsschrittes bis zur Imago. (Original Blüm)

wachstum beeinflußt. Vermutlich stimuliert dieses generell die Proteinsynthese, während das Juvenilhormon einen Teil dieser Wirkung »in Richtung Vitellogenese-Proteine« lenkt. Die Spermatogenese scheint meist ohne hormonale Einflüsse abzulaufen.

Der *Farbwechsel* der Insekten ist im Gegensatz zu den bei den Crustaceen beschriebenen Phänomenen nicht an Pigmentwanderungen in Chromatophoren gekoppelt, sondern wird durch eine stabile Einfärbung des Integuments verursacht (morphologischer Farbwechsel, S. 525). In vielen Fällen ist dieser an Entwicklungsstadien gekoppelt, wobei das jeweilige Juvenilhormon-Ecdyson-Verhältnis eine Rolle spielt. Andererseits sind auch exogene Faktoren wirksam, z. B. die Umgebungsfeuchtigkeit oder die Farbe des Untergrundes.

Bei den Insekten ist das Disaccharid Trehalose die bedeutendste Blutzuckerkomponente (S. 479). Bei vielen Insektenarten existiert ein hyperglykämisches Hormon (HGH), welches Trehalose aus Fettkörper-, jedoch nicht aus Muskelglykogen freisetzt; außerdem fördert es die Oxidation von Diglyceriden im Fettkörper. Es stammt aus den Corpora cardiaca und wird eventuell neural reguliert. Die Corpora allata greifen in den Fettstoffwechsel ein: Allatektomie induziert u. a. eine verstärkte Lipidspeicherung im Fettkörper. Bei der Wanderheuschrecke stimuliert ein aus den Corpora cardiaca stammendes »adipokinetisches Hormon« die Abgabe von Diglyceriden aus dem Fettkörper. Bei der Küchenschabe dagegen induziert die Verabreichung von Extrakten aus Corpora cardiaca den umgekehrten Effekt, auch wenn diese von Heuschrecken stammen. Bei vielen Insekten wurde ein diuretisches Prinzip nachgewiesen, das auf die Malpighischen Gefäße wirkt und besonders bei Blutsaugern von Bedeutung ist, welche ja erhebliche Flüssigkeitsmengen aufnehmen. Bei der Wanze *Rhodnius* ist dieses ein Neurohormon aus den Ventralganglien; bei Heuschrecken stammt ein ebenso diuretisch wirksames Hormon aus neurohormonproduzierenden Zellen des Gehirns.

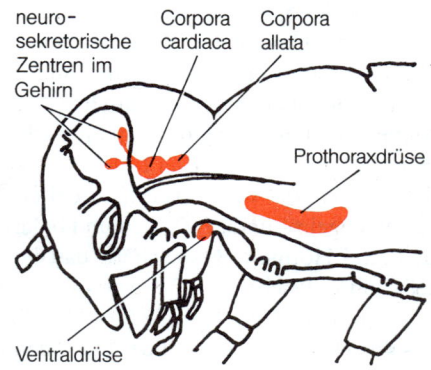

Abb. 6.199. *Schematische Darstellung der wichtigsten Hormonbildungsstätten der Insekten. (Nach Weber, verändert)*

6.9.2.7 Hormonsysteme bei Wirbeltieren

Das Hormonsystem der Wirbeltiere ist nach einem weitgehend einheitlichen Plan aufgebaut; die am höchsten evolvierte Form liegt bei den Säugetieren vor (Abb. 6.191). Insgesamt nehmen hormonale Regulationsvorgänge in der Wirbeltierphysiologie einen breiten Raum ein; es gibt nur wenige vegetative Regulationsvorgänge, bei denen Hormone nicht involviert sind. Abweichungen finden sich besonders bei niederen Vertebraten und sind in den meisten Fällen als »alte Lösungen« deutbar, die sich im Laufe der Entwicklung zu den Säugetieren hin evolutiv »vervollkommnet« haben. Beispiele hierfür sind das Fehlen einer hypothalamischen Kontrolle über das gonadotrope Hormonsystem der Cyclostomata und der Elasmobranchii und die Existenz nur eines hypophysären Glykoproteingonadotropins bei Teleosteern im Gegensatz zu zweien bei den höheren Vertebraten.

Das Organisationsprinzip des Hormonsystems der Wirbeltiere wurde bereits dargestellt (S. 668 f.); darin spielt der *Hypothalamus* eine wichtige Rolle. Dieser enthält zwei verschiedene Systeme neurohormonproduzierender Neuronen: das magnozelluläre System und das parvizelluläre System. Ersteres besteht aus Neuronen mit großen Perikaryen, die in Kerngebieten des Diencephalons liegen: Nucleus supraopticus und N. paraventricularis. Ihre Axone ziehen in den neuralen Anteil der Hypophyse, ein Neurohämalorgan, in dem ihre Neurohormone gespeichert bzw. ins Blut abgegeben werden. Das parvizelluläre System ist weniger deutlich in Kerngebiete gegliedert, und die Neuronen haben kleinere Perikaryen. Sie produzieren die Releasing und Inhibiting Hormone, die die epithelialen Anteile der Hypophyse in ihrer Aktivität beeinflussen. Diese werden im Bereich der Eminentia mediana des Diencephalon in einen Capillarplexus abgegeben und gelangen von dort über ein Portalsystem in die Hypophyse. Das Diencephalon enthält in seiner dorsalen Region, dem *Epithalamus*, eine weitere hormonproduzierende Struktur, das Pinealorgan. Dieses produziert u. a. *Melatonin,* welches mit extrem hoher biologischer

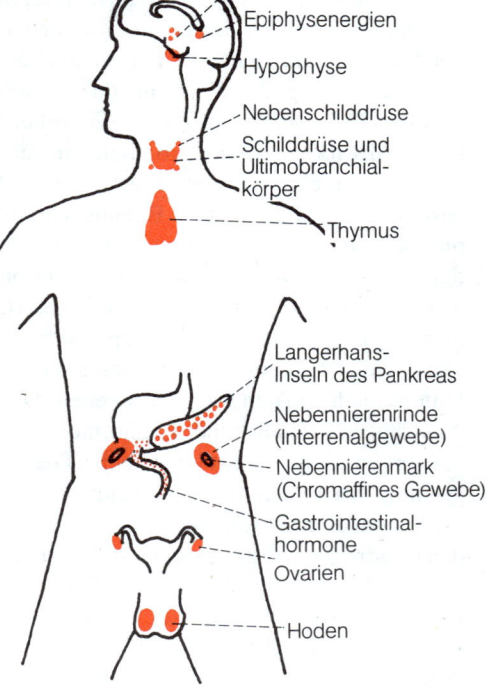

Abb. 6.200. *Schematische Darstellung der wichtigsten Hormonbildungsstätten des Menschen. (Nach Linder, verändert)*

Aktivität Melanophorenpigment aggregiert und höchstwahrscheinlich modulierende Effekte auf die Gonadenreifung hat.

Die an der Ventralseite des Hypothalamus liegende *Hypophyse* ist ein neuroepitheliales Organ, das aus einem hypothalamischen Abschnitt, der *Neurohypophyse,* und einem vom embryonalen Mundhöhlendach stammenden Abschnitt, der *Adenohypophyse,* besteht (Abb. 6.201). Letztere hat drei Teile: (1) Pars distalis (Vorderlappen), (2) Pars intermedia (Zwischenlappen) – dieser Teil fehlt bei einigen wasserlebenden Säugern, z.B. Walen, sowie bei Vögeln – und (3) Pars infundibularis (Trichterlappen). In der Neurohypophyse werden zwei Hormone gespeichert: das Ocytocin (OT), welches bei der Milchejektion (S. 668) und vielleicht beim Geburtsvorgang (S. 683) eine Rolle spielt, und das Antidiuretische Hormon (ADH, Vasopressin), das die Wasserkonservierung in der Niere fördert; beide sind zyklische Nonapeptide. Die Adenohypophyse bildet sieben Hormone, die sich chemisch in zwei Untergruppen einteilen lassen: vier sind reine Peptide und drei Glykoproteine. Zu den erstgenannten gehören das Corticotropin (Adrenocorticotropes Hormon ACTH), das Melanotropin (Melanocyten stimulierendes Hormon MSH), das Somatotropin (Wachstumshormon STH) und das Lactotropin (Prolactin LTH, PRL), zur zweiten das Follitropin (Follikel stimulierendes Hormon FSH), das Lutropin (Luteinisierungshormon, Interstitielle Zellen stimulierendes Hormon FSH, ICSH) und das Thyreotropin (Thyreoidea stimulierendes Hormon TSH). Alle diese Hormone werden von hypothalamisch-parvizellulären Releasing und Inhibiting Hormonen reguliert, die man je nach ihrem fördernden oder hemmenden Einfluß mit der Endung »liberin« oder »statin« versieht; z.B. Luliberin (GnRH) ist das Lutropinausschüttung bewirkende Releasing Hormon. Einige von diesen sind als niedermolekulare Polypeptide in ihrer Struktur aufgeklärt (3 bis 44 Aminosäuren).

Das *Corticotropin* wirkt auf bestimmte Anteile der Nebennierenrinde (steroidogenes Adrenalgewebe) und induziert dort Biosynthese und Freisetzung von Steroidhormonen, den »Glucocorticoiden«. Das *Melanotropin* wird – höchstwahrscheinlich als einziges Hypophysenhormon – in der Pars intermedia gebildet. Es verursacht Pigmentdispersion in den Melanophoren niederer Vertebraten; bei vielen Tieren ist seine Funktion unklar. Das *Somatotropin* regt das Wachstum durch Förderung der Proteinbiosynthese und Mobilisierung der Fettreserven an. Das *Lactotropin/Prolactin* bekam zwar seinen Namen wegen seiner Mitwirkung bei der Produktion in den Milchdrüsen, hat aber bei allen Wirbeltieren wohl primär eine natriumkonservierende Wirkung, weiterhin noch Einflüsse auf das Brutpflegeverhalten und die Bildung der Kropfmilch bei Tauben. Es ist das Adenohypophysenhormon mit dem komplexesten Wirkungsspektrum überhaupt. Bei einigen Säugetierarten ist es offenbar für die Progesteronsekretion aus dem Corpus luteum (S. 682) essentiell (daher auch die Bezeichnung »Luteotropes Hormon«, LTH). Alle Glykoproteinhormone der Adenohypophyse bestehen aus zwei Untereinheiten, α und β, von denen die erstgenannte für alle drei identisch ist; die spezifische Wirkung beruht auf den Unterschieden in den β-Untereinheiten. Das *Thyreotropin* reguliert die Synthese und die Ausschüttung von Schilddrüsenhormonen und induziert Lipolyse. Lutropin und Follitropin wirken auf die Gonaden in beiden Geschlechtern und werden daher »*Gonadotropine*« genannt. Sie regulieren als »gonadotroper Komplex« Spermatogenese, Follikelreifung, Ovulation, Biosynthese und Ausschüttung von männlichen und weiblichen Sexualsteroiden (Androgene, Östrogene, Gestagene) sowie die Bildung des Corpus luteum einschließlich der Progesteronsekretion (S. 682).

Die Thyreoidea (Schilddrüse) liegt in der ventralen Halsregion; ihr follikulärer Aufbau wurde bereits beschrieben (S. 667). Sie akkumuliert aktiv Jodionen und baut Jod in ein tyrosinreiches Protein (Thyreoglobulin) ein, woraus durch enzymatischen Abbau u.a. die Schilddrüsenhormone *Trijodthyronin* (T3) und *Thyroxin* (T4) entstehen. Die Schilddrüsenhormone sind allgemeine Stoffwechselsynergisten, die die Energiefreisetzung im Organismus fördern, aber auch morphogenetische Eigenschaften haben und das Zentral-

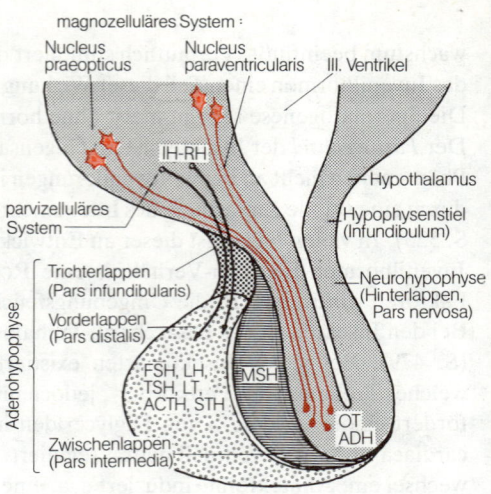

Abb. 6.201. Schematische Darstellung der Hypophyse eines Säugetieres. IH, Inhibiting Hormone; RH, Releasing Hormone; übrige Abkürzungen s. Tabelle 6.16. (Original Blüm)

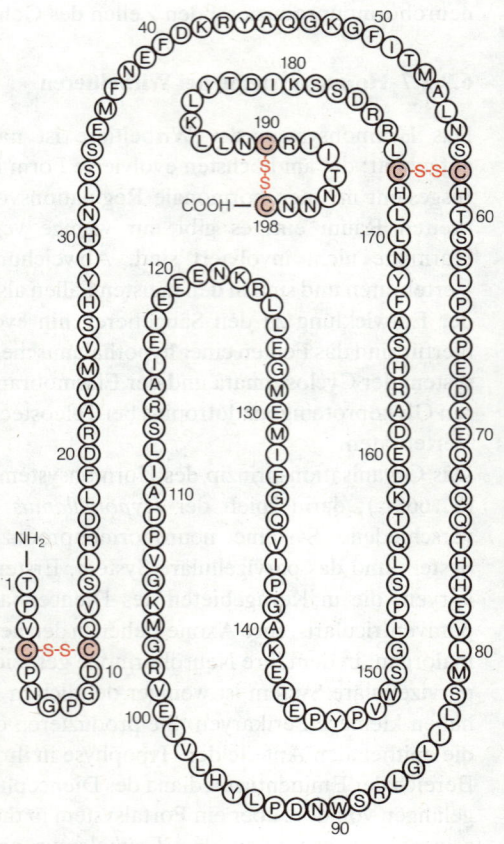

Aminosäuresequenz des Prolactins vom Schaf

nervensystem beeinflussen können, z. B. indem sie Reizschwellen senken. Außerhalb der Säugetiere ist ihre fördernde Rolle bei der Amphibienmetamorphose besonders spektakulär.

Mit der Schilddrüse sind – allerdings ohne funktionellen Bezug – zwei weitere Hormondrüsen räumlich eng assoziiert, nämlich die Parathyroideae (Nebenschilddrüsen, Epithelkörperchen) und die Ultimobranchialkörper, die bei den Säugetieren als nicht Jod akkumulierende C-Zellen mit besonderem embryonalen Ursprung (aus der letzten Kiementasche) innerhalb der Thyreoidea liegen. Beide bewirken durch bipolare Steuerung die Calcium- und Phosphathomoiostase im Körper. Hierbei hat das Peptidhormon der Parathyroideae, das *Parathormon,* hypercalcämische Wirkung, d. h. es erhöht die Spiegel von Calcium und Phosphat im Blut, indem es deren Mobilisierung aus dem Skelett induziert und die Calciumausscheidung in der Niere unterdrückt. Das Hormon der Ultimobranchialkörper, das *Calcitonin* – ebenfalls ein Peptidhormon –, hat genau gegenteilige Effekte.

Die den cranialen Polen der Nieren kappenartig aufsitzenden Nebennieren der Säugetiere bestehen aus einer äußeren, epithelialen »steroidogenen Komponente«, der Nebennierenrinde (Cortex), und der davon umschlossenen inneren »catecholaminergen Komponente«, dem Nebennierenmark (Medulla). Dieses stellt bei allen Wirbeltieren eine Ansammlung modifizierter postganglionärer Neurone des sympatischen Nervensystems dar, die als Hormondrüse fungiert. Die Assoziation der beiden Gewebetypen als ein distinktes Organ liegt nicht bei allen Wirbeltieren vor; bei Teleosteern z. B. sind sie als zahlreiche Inseln im cranialen Teil der Nieren zu finden. Bei den Säugetieren produziert die Nebennierenrinde zwei funktionell verschiedene Typen von Steroidhormonen. Die peripheren Zellschichten, die nicht durch das hypophysäre Corticotropin reguliert werden, produzieren die *Mineralocorticoide*. Deren wichtigster Vertreter ist das Aldosteron; es wird auf einen erhöhten Spiegel des Parahormons Angiotensin (S. 683) hin ausgeschüttet und bewirkt in der Niere die Rückresorption von Natriumionen. Die *Glucocorticoide* als zweiter Steroidtyp beeinflussen den Kohlenhydratstoffwechsel, indem sie die Gluconeogenese fördern, sie haben aber auch regulatorische Wirkungen auf den Protein- und Fettstoffwechsel. Sie haben außerdem entzündungshemmende Eigenschaften und spielen bei dem biologischen Phänomen des Streß (und auch bei dessen pathologischen Endphasen) eine Schlüsselrolle. Ihre Biosynthese und Ausschüttung werden durch das hypophysäre Corticotropin reguliert. Die wichtigsten Glucocorticoide sind das Cortison und das Corticosteron (Abb. 6.202). Die steroidogene Zone der Nebenniere – allgemein auch »Interrenalgewebe« genannt – kann auch männliche Sexualsteroide produzieren. Die Trennung zwischen Mineralo- und Glucocorticoiden gilt explizit nur für die Säugetiere. Bei Vögeln kann z. B. das Corticosteron beide Wirkungscharakteristika besitzen. – Das Nebennierenmark produziert *Noradrenalin* und *Adrenalin,* welche in das Blut abgegeben als Hormone wirken (Neurotransmitterfunktion s. S. 468). Noradrenalin verursacht periphere Vasokonstriktion, während das Adrenalin die Schlagfrequenz des Herzens und den Blutdruck steigert. Außerdem mobilisiert es Glucose aus Leberglykogen und erhöht so den Blutzuckerspiegel. Man schreibt dem Adrenalin die Rolle eines Nothelferhormons in Alarmsituationen zu (»flight and fight-Syndrom«), da die genannten physiologischen Wirkungen den Organismus sehr schnell in einen leistungsfähigen bzw. belastbaren Zustand versetzen.

Die Gonaden sind bifunktionelle Organe, denn sie fungieren außer für die Gametenproduktion auch als wichtige Hormondrüsen. In den Hoden liegen zwischen den Samenkanälchen u. a. steroidogene Zellen (Leydig-Zellen, Abb. 3.75, S. 295); sie produzieren das männliche Sexualhormon Testosteron (Abb. 3.75, S. 295), welches die Ausprägung primärer und sekundärer Geschlechtsmerkmale sowie das Sexualverhalten fördernd beeinflußt. Es spielt außerdem eine Rolle bei der Spermatogenese. Ein weiteres männliches Sexualsteroid ist das Dihydrotestosteron, das in akzessorischen Gonadendrüsen

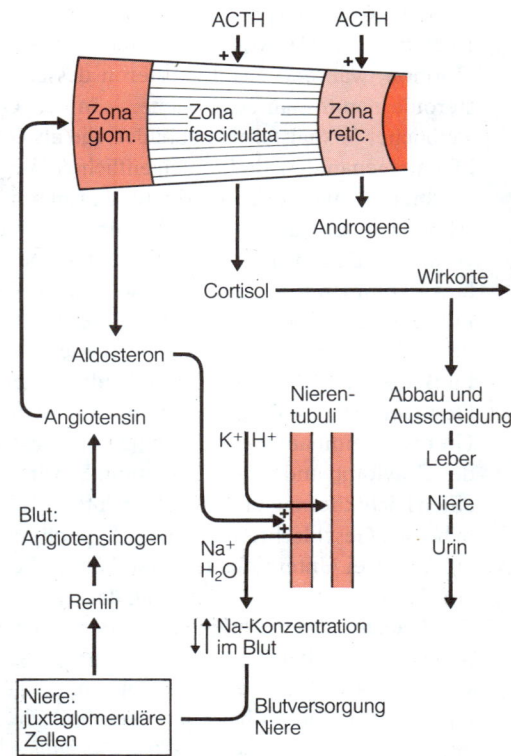

Abb. 6.202. Schematische Darstellung der Funktionen und der Regulation der Nebennierenrinde der Säugetiere. (Nach Kuhlmann u. Straub)

(z.B. der Glandula prostatica), aber auch in anderen Organen unter Vermittlung einer 5α-Reduktase aus Testosteron entsteht. Es ist höchstwahrscheinlich das eigentliche aktive Hormon, während das Testosteron dessen Vorstufe darstellt. Die männlichen Sexualsteroide nennt man Androgene. – In den Ovarien werden zwei funktionelle Gruppen weiblicher Sexualsteroide gebildet, die als *Östrogene* und *Gestagene* bezeichnet werden. Die erstgenannten sind die eigentlichen Weiblichkeitshormone, denn sie regulieren die Ausbildung und Aufrechterhaltung primärer und sekundärer Geschlechtsmerkmale einschließlich der Funktion des Ausführgangsystems der Gonaden und fördern das Sexualverhalten. Das wichtigste Östrogen ist das bei allen Wirbeltieren vorkommende Östradiol; hinzu kommen Östron und Östriol. Sie entstehen alle in den Zellen der Ovarialfollikel. Die Gestagene werden im Corpus luteum (Abb. 3.82, S.297) gebildet: Die Follikelzellen, die nach der Ovulation das Lumen des leeren Follikels ausfüllen (S. 682), werden in einem Funktionswandel zu gestagenbildenden Granulosaluteinzellen. Das biologisch wichtigste Gestagen ist das Progesteron. Es hat wichtige Funktionen bei der Vorbereitung der Uterusschleimhaut zur Aufnahme von Blastocysten (S. 351), bei der Aufrechterhaltung der Gravidität und bei der Lactation. Es wirkt häufig synergistisch mit Östrogenen und hat einen leicht thermogenen Effekt. Synthese und Ausschüttung von Sexualsteroiden werden in beiden Geschlechtern durch das hypophysäre Lutropin reguliert. Im Ovarium wird auch ein aus zwei Untereinheiten bestehendes Peptidhormon, das Relaxin, gebildet, welches vor der Geburt eine Erweiterung der Symphyse des Beckens bewirkt.

Die Placenta der trächtigen Säugetiere fungiert als hormonproduzierendes Organ; beim Menschen synthetisiert sie ein follitropin-/lutropinähnliches Glykoprotein – auch mit vergleichbarer Wirkung –, das Choriongonadotropin (HCG). Es reguliert die Östrogen- und Gestagenbiosynthese und beeinflußt die fetalen Hoden. Ein zweites Peptidhormon der menschlichen Placenta ist das *Placentare Lactogen* (HPL), welches prolactinähnliche Wirkungen auf die sich zur Lactation entwickelnde Milchdrüse hat. Weiterhin produziert die Placenta Progesteron, Östriol und Östradiol, die regulatorische Effekte für die Aufrechterhaltung der Gravidität und bei der Geburt haben.

Der Thymus, der sich morphologisch und funktionell als lymphatisches Organ darstellt, kann als Hormondrüse interpretiert werden. Er produziert mehr als 30 Polypeptide mit teils bekannter Struktur, die die Reifung und Differenzierung von T-Lymphocyten stimulieren: Thymosine (Lymphocytose stimulierende Faktoren, LSF). Sie werden von Zellen gebildet, die nicht zum lymphatischen Thymusgewebe gehören. Ein weiteres Peptid aus dem Thymus, Thymopoietin, hemmt die Erregungsübertragung von der motorischen Endplatte auf den Muskel; seine physiologische Rolle ist noch unklar. In den Phasen der präpubertären, pubertären und postpubertären Entwicklung zeigen sich zahlreiche Wechselwirkungen zwischen der endokrinen Aktivität des Thymus und anderen Hormonsystemen, die auf dessen Rolle beim Übergang vom juvenilen zum adulten Organismus hinweisen.

Die Produkte der endokrinen Anteile des Pankreas (S. 478), der Langerhans'schen Inseln (Inselgewebe, Abb. 6.203), sind die Peptide *Insulin* und *Glucagon*. Ersteres wird bei steigendem Blutglucosespiegel abgegeben und wirkt auf fast alle Zellen des Organismus. Seine wichtigsten Effekte sind die Stimulation der Aufnahme und Verwertung von Glucose in Zellen und die Hemmung des Glykogenabbaues. Außerdem wirkt es der Lipolyse entgegen und fördert den Fettaufbau aus Glucose. Somit hat es insgesamt einen hypoglykämischen Effekt und stellt einen Hauptfaktor bei der Blutzuckerregulation dar. Das Glucagon wirkt vorwiegend auf das Lebergewebe, wo es die Mobilisierung von Glucose aus Glykogen stimuliert; es hat somit einen dem Insulin entgegengesetzten Effekt und bewirkt Hyperglykämie. Durch diese wird neuerliche Ausschüttung von Insulin stimuliert, welches dann antagonistisch eingreift. An der Regulation des Blutglucosespiegels insgesamt sind jedoch auch alle anderen stoffwechselaktiven Hormonsysteme richtunggebend bzw. modulierend involviert (Abb. 6.204). Im Inselgewebe wird noch ein

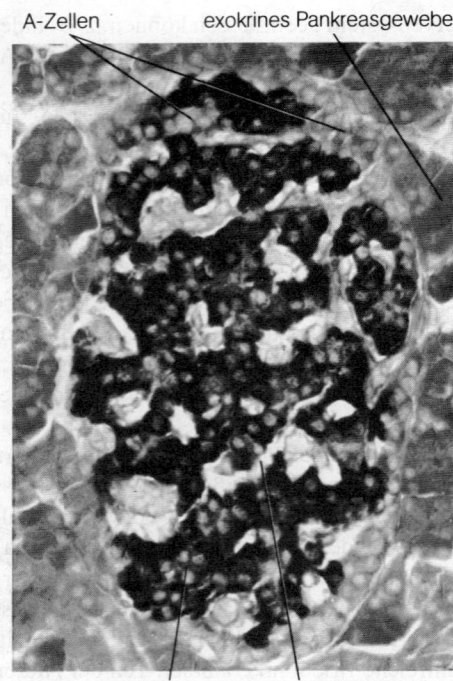

Abb. 6.203. Schnitt durch eine Langerhans-Insel im Pankreas eines Meerschweinchens. Histologisches Präparat mit einer für A- und B-Zellen unterschiedlichen, spezifischen Färbung; Vergr. 200:1. (Original Blüm)

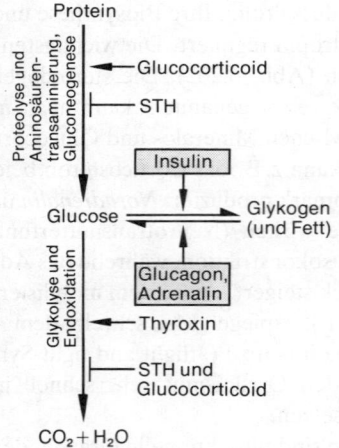

Abb. 6.204. Stark vereinfachtes Schema der Regulation des Blutglucosespiegels. Insulin und Glucagon/Adrenalin sind die direkt glucoseverbrauchenden bzw. mobilisierenden Faktoren. Die anderen Hormone haben in dieser Hinsicht modulierende Einflüsse, indem sie »Stoffwechselrichtungen« einstellen

weiteres Hormon gebildet, das – auch im Hypothalamus vorkommende – *Somatostatin*, welches unter Umständen die Glucagonsekretion hemmt.

Die Gewebshormone des Gastrointestinaltraktes (»*Gastrointestinalhormone*«) sind Peptide und entstehen in Epithelzellen des Magen-Darm-Traktes. Das *Gastrin* wird in der Magenschleimhaut gebildet und ist im Blut in zwei Molekülformen mit 17 bzw. 34 Aminosäuren zu finden, die gleiche physiologische Wirkungen haben. Die Gastrinausschüttung erfolgt durch Dehnung der Magenwand, Vagusreizung und durch das Vorhandensein kleiner Peptide und Aminosäuren im Magen. Es induziert die Salzsäuresekretion; in einem negativen Rückkoppelungsmechanismus hemmt jedoch eine erhöhte Ansäuerung des Mageninhaltes die Gastrinausschüttung. Das *Sekretin* wird in der Mucosa des oberen Dünndarms gebildet und wird beim Eintritt sauren Speisebreies in den Darm (bei *pH* 4) ins Blut abgegeben. Es regt die Sekretion von Hydrogencarbonat und Wasser aus der Bauchspeicheldrüse an und reguliert so den intraduodenalen *pH*-Wert. Das *Cholecystokinin* entsteht ebenfalls im oberen Dünndarmbereich und verursacht die Kontraktion der Gallenblase und die Sekretion des exokrinen Pankreas. Es wird beim Eintritt von Fett und Protein in das Darmlumen ausgeschüttet. Ein weiteres Hormon der Dünndarmschleimhaut ist das *Motilin*, dessen Freisetzung durch Fettzufuhr induziert und durch Glucose gehemmt wird. Es beschleunigt die Magenentleerung und ist eventuell für darmreinigende Kontraktionen der Darmmuskulatur in der Zeit zwischen Verdauungsphasen verantwortlich. Außerdem erhöht es die mechanische Aktivität des Colons. Auch das *Gastrische Inhibitorische Polypeptid* (GIP) entsteht in der Dünndarmschleimhaut. Es wird beim Eintritt von Fett und Glucose in den Darm ausgeschüttet und hemmt die Magenmotilität und eventuell auch die Sekretion von Magensäure. Das *Enteroglucagon* ist im terminalen Ileum und im Colon lokalisiert und wird bei Fett- und Glucosezufuhr freigesetzt. Es verzögert den Nahrungsdurchsatz im Darm. Das *Neurotensin*, das im Ileum entsteht, wird ebenfalls bei Fettzufuhr ins Blut abgegeben. Seine biologischen Wirkungen sind noch nicht ganz aufgeklärt; es hemmt offenbar die Motilität des Gastrointestinaltraktes. Das *Peptid YY* entspricht in seiner Lokalisierung und Sekretionsverhalten dem Enteroglucagon. Es verlangsamt ebenfalls den Durchsatz von Nahrungsstoffen im Darm und hemmt die Salzsäuresekretion im Magen (Abb. 6.205).

In letzter Zeit wurden im Herzen gebildete Gewebshormone, *Atriale Natriuretische Peptide* (ANP) bekannt. Aus Vorhofgewebe von Rattenherzen wurden mehrere ANPs mit Molekulargewichten zwischen 2500 und 13000 isoliert. Das menschliche ANP besteht aus 28 Aminosäuren. ANP hemmt die Ausschüttung von Renin (S. 683) und Aldosteron (S. 666), wirkt natriuretisch, senkt den Blutdruck und bewirkt die Erschlaffung glatter Gefäßmuskulatur. Der physiologische Stellenwert des ANP ist noch umstritten: man vermutet, daß es erst dann in das Regulationsgeschehen eingreift, wenn die anderen für die Natriumhomoiostase verantwortlichen Systeme im Grenzbereich ihrer Leistungsfähigkeit sind.

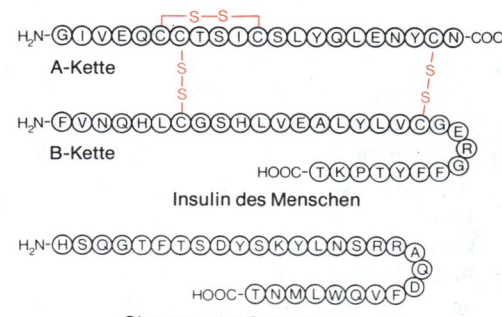

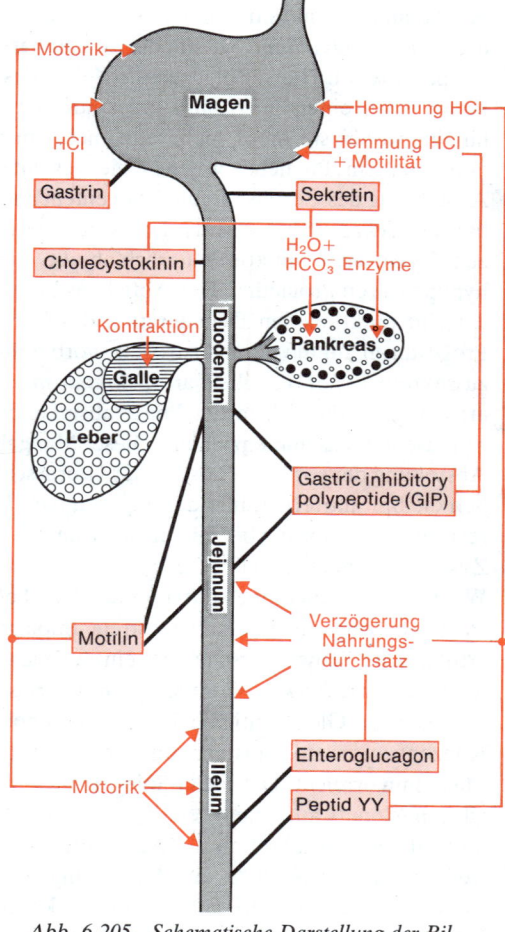

Abb. 6.205. Schematische Darstellung der Bildungsorte und der biologischen Wirkungen der Gastrointestinalhormone. (Original Blüm)

6.9.2.8 Die hormonale Regulation des menschlichen Menstruationszyklus und der Gestation als Beispiel multihormonaler Integration

Der Mensch hat in beiden Geschlechtern einen »permanenten Fortpflanzungszyklus«, d.h. die einzelnen Phasen folgen im Jahresverlauf ohne dazwischenliegende inaktive Perioden lückenlos aufeinander. Während beim Mann keine auffällige Zyklizität bei der Bildung der Spermatozoen vorhanden ist, tritt bei der Frau ein charakteristischer *Menstruationszyklus* auf, der durch eine vier bis fünf Tage andauernde »Regelblutung« charakterisiert ist. Letztere ist eine Spezialität der Primaten und kommt nur bei hochentwickelten Formen innerhalb dieser Ordnung vor. Die theoretische Zyklusdauer beträgt 28 Tage (praktisch 29,5 Tage), und der erste Tag der Regelblutung wurde willkürlich als Zyklusanfang definiert. Das Gesamtphänomen verläuft in zwei zeitlich aufeinander folgenden Phasen: eine follikuläre Phase und eine Lutealphase. Eine *Östrusphase* mit erhöhter Paarungsbereitschaft, wie sie bei vielen anderen Säugetieren vorkommt, fehlt. Im erstgenannten Zeitraum findet die Follikelreifung im Ovarium unter dem Einfluß von FSH, LH und Östrogenen statt (S. 678). In den ersten Tagen steigt die FSH-Konzentration leicht an, bis sie um den 11./12. Tag ein Maximum erreicht. Der LH-Spiegel im Blut bleibt zunächst niedrig und beginnt mit dem FSH-Maximum rapide zu steigen, bis am 14./15. Tag der Gipfel auftritt. Der wachsende Follikel produziert Östrogen, dessen Blutkonzentration dem Verlauf der FSH-Konzentration etwa um einen Tag versetzt folgt. Der Prolactinspiegel im Blut bleibt zunächst niedrig. Mit dem 14. Tag – Zyklusmitte – erfolgt unter dem Einfluß der hohen LH-Konzentrationen die Ovulation. In der ersten Zyklushälfte beeinflußt Östrogen die Uterusschleimhaut und regt diese zum Wachstum an: »*Proliferationsphase*«. Die hohen Östrogenspiegel wirken negativ rückkoppelnd auf den Hypothalamus ein und hemmen so die weitere Freisetzung von Luliberin/Folliberin (S. 678). Mit der *Ovulation* beginnt die Lutealphase: Das LH stimuliert auch die Bildung eines Corpus luteum. Hierfür machen die Zellen des Epithels des bei der Ovulation geplatzten Follikels nun einen Funktionswandel durch und wachsen in die anfangs leere Follikelhöhle hinein, wobei sie diese mehr und mehr ausfüllen. Sie produzieren Progesteron und enthalten ein Pigment, welches die gesamte Struktur gelblich erscheinen läßt. Die Ausbildung des Corpus luteum ist in einem ansteigenden Blutprogesteronspiegel erkennbar, der etwas nach der Mitte der zweiten Zyklusphase sein Maximum erreicht und dann zum Zyklusende hin kontinuierlich abfällt. Etwa parallel hierzu verläuft der Spiegel des hypophysären Prolactins. Der Abfall des Progesteronspiegels ist die Folge der strukturellen und funktionellen Degeneration des Corpus luteum. In der *Lutealphase* wirkt das Progesteron auf die durch Östrogen »vorbereitete« Uterusschleimhaut ein und regt diese zu sekretorischer Tätigkeit an (*Sekretionsphase*). Hierbei bilden sich auch sog. Spiralarterien aus, die sich in der Phase absinkender Progesteronkonzentrationen gegen das Zyklusende zusammenziehen. Diese Mangeldurchblutung führt schließlich zu einer Abstoßung der sog. Functionalis der Uterusschleimhaut (Desquamation). Hierbei zerreißen die Spiralarterien, und das ungerinnbare Menstruationsblut schwemmt die Gewebereste aus. Gleichzeitig beginnt im Ovarium die Entwicklung eines neuen Follikels, und der Zyklus läuft neu an (Abb. 6.206).

Wenn eine Befruchtung stattgefunden hat, beginnt die Gestationsphase. Die wichtigste Voraussetzung für eine störungsfreie Implantation der Blastocyste (S. 351) und eine erfolgreiche Schwangerschaft ist ein ausreichend hoher Progesteronspiegel. Das »normale« *Corpus luteum* bildet sich zum Corpus luteum graviditatis um und liefert weiter Progesteron. Gleichzeitig beginnt der Trophoblast HCG (S. 680) zu produzieren, dessen Konzentration steil ansteigt und am Ende des zweiten Schwangerschaftsmonats sein Maximum erreicht. Der HCG-Spiegel fällt dann kontinuierlich ab und bleibt ab Ende des vierten Monats auf einem relativ konstanten Niveau. Da durch die steigende Östrogen- und Progesteronsekretion die Ausschüttung hypophysärer Gonadotropine blockiert ist, werden durch das HCG die Ausbildung des Corpus luteum graviditatis forciert und wahrscheinlich auch die Bildung und Sekretion von Östrogen und Progesteron in der Placenta stimuliert. Durch die Blockade der Hypophyse reift im Ovarium kein neuer Follikel heran, und der Menstruationszyklus »ruht«. Vom dritten Monat an steigt die Konzentration von HPL (S. 680) kontinuierlich an und erreicht im neunten Monat ihr Maximum. Man vermutet, daß dieses Hormon Funktionen bei der Vorbereitung der Brustdrüse auf die *Lactation* hat. Die Östrogen- und Progesteronkonzentrationen steigen im Verlauf der Schwangerschaft ebenfalls kontinuierlich weiter an. Kurz vor der Geburt wirken Prostaglandine (S. 683) auf die Uterusmuskulatur und aktivieren diese; die Östrogenkonzentration und kurz darauf auch der Progesteronspiegel fallen steil ab. Hierdurch verliert die Placenta ihren »hormonalen Halt« und wird frei für die Einwirkung von Ocytocin (S. 678). Der Fetus übt Druckreize auf die Cervicalregion des Uterus aus, die

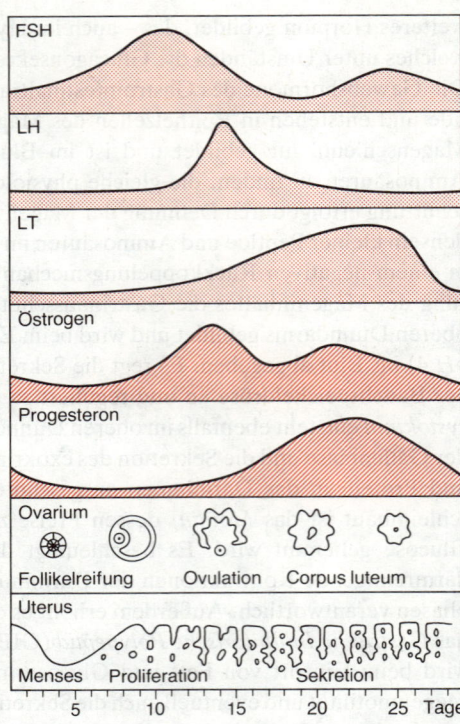

Abb. 6.206. Korrelation zwischen strukturellen Veränderungen im Ovarium bzw. Uterus und den Spiegeln von Follikel-stimulierendem Hormon (FSH), Luteinisierungshormon (LH), Prolactin (LT), Östrogen und Progesteron während des Menstruationszyklus des Menschen. Rote Punktierung: Blutkonzentration hypophysärer Hormone; rote Schraffur: Blutkonzentration der Ovarialsteroide. (Original Blüm)

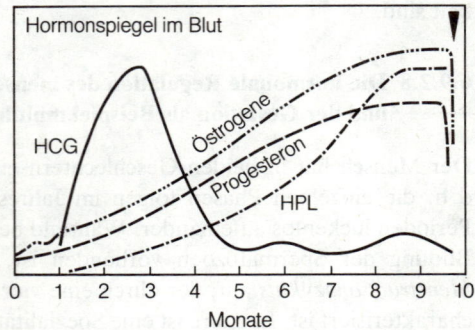

Abb. 6.207. Der Verlauf der Hormonspiegel im Blut während der menschlichen Schwangerschaft. (Original Blüm)

über einen neuroendokrinen Reflexbogen (S. 668) eine Ausschüttung von *Ocytocin* aus der Neurohypophyse stimulieren. Dieses wirkt auf die Uterusmuskulatur ein und löst Kontraktionen aus, die zu den Geburtswehen führen. Mit dem Neugeborenen verläßt auch die Placenta den mütterlichen Körper und daraufhin verschwinden HCG und HPL aus dem Blut (Abb. 6.207).

Prostaglandin $F_{2\alpha}$

6.9.2.9 Wichtige Parahormone der Wirbeltiere

Das System *Renin-Angiotensin* spielt eine wichtige Rolle im Mineralstoffwechsel, beeinflußt aber auch direkt oder indirekt Blutgefäße, die Nieren und das vegetative Nervensystem. Das Renin ist ein Enzym, welches in den juxtaglomerulären Zellen der Niere (S. 491) gebildet wird. Es wird bei sinkendem Druck auf die afferenten Glomerulumgefäße oder bei niedrigem Natriumspiegel in den Tubulusepithelzellen (S. 491) ins Blut abgegeben. Unter seinem Einfluß entsteht aus einem α-Globulin-Plasmaprotein, dem Angiotensinogen, das Dekapeptid Proangiotensin, das von einem »converting enzyme« in Gegenwart von Chloridionen in das biologisch aktive Octopeptid Angiotensin umgewandelt wird. Es handelt sich bei diesem um die wohl am stärksten blutdrucksteigernde körpereigene Substanz. Außerdem bewirkt Angiotensin in der Nebennierenrinde die Freisetzung von Aldosteron, welches seinerseits eine verstärkte Natriumrückresorption in den Nierentubuli induziert und so eine erhöhte Osmolarität der extrazellulären Flüssigkeit verursacht (Abb. 6.202).

Ein weiteres Enzym aus den juxtaglomerulären Zellen ist das *Erythropoietin I*. Es wird bei Hypoxie im Gewebe bzw. bei erniedrigtem Sauerstoffpartialdruck der Atemluft ins Blut freigesetzt und bewirkt hier – ebenfalls aus einem α-Globulin-Plasmaprotein – die Bildung des Erythropoietins II. Dieses wirkt auf das rote Knochenmark ein, wo es die Bildung von Erythrocyten aus ihren Stammzellen beschleunigt.

Die *Plasmakinine* sind Nona- und Octopeptide, die ebenfalls aus der α-Globulinfraktion stammen und unter dem Einfluß des Enzyms Kallikrein gebildet werden. Bradykinin ist das bekannteste Plasmakinin. Diese Stoffe wirken auf die arteriellen Widerstandsgefäße dilatierend ein und senken so den Blutdruck. Außerdem verursachen sie eine erhöhte Capillarpermeabilität und wirken kontrahierend auf die Uterus- und Darmmuskulatur. Ihre Wirkung ist meist eng lokal begrenzt.

Die *Prostaglandine* sind mehrfach ungesättigte, langkettige Fettsäuren mit 20 C-Atomen. Sie kommen in fast allen Geweben vor und haben eine Fülle von Effekten auf verschiedene Zielorgane. Man teilt sie in mehrere Gruppen ein. Die Prostaglandine der Gruppe A wirken dilatierend auf Arterien und hemmen die Sekretion der Magenmucosa, während diejenigen der Gruppe E bei Entzündungsvorgängen beteiligt sind und die Erregungsübertragung im Nervensystem hemmen können. Vertreter der Gruppe F wirken luteolytisch (d.h. sie fördern die Auflösung bzw. Inaktivierung von Corpora lutea) und induzieren Kontraktionen von Gefäß- und Bronchialmuskulatur. Bestimmte Prostaglandine spielen auch bei der Ausprägung von Hormonwirkungen eine offenbar wichtige Rolle.

Zu den Parahormonen kann man auch die sog. Neurohumoralen Substanzen rechnen, die – mit einigen Ausnahmen – nicht ins Blut abgegeben werden und daher vorwiegend Diffusionsaktivatoren sind. Hierzu gehören auch die Neurotransmitter (S. 468). Eine zweite Gruppe dieser Stoffe, zu der auch die Neurohormone zählen, sind Peptide. In diese Gruppe sind die *Endorphine* (Enkephaline) einzuordnen. Sie entstehen aus einem lipotrop wirksamen hypophysären Peptid, dem β-Lipotropin. Dieses kann enzymatisch gespalten werden, wobei Bruchstücke des Corticotropins (S. 678) und das β-MSH (S. 678) entstehen können (Abb. 6.208). Der Name »Endorphine« ist eine Abkürzung für »endogene Morphine«; er beschreibt die Wirkung dieser Substanzen, die an Opiatrezeptoren in der Membran von Neuronen binden und modulierend die Erregungsübertragung

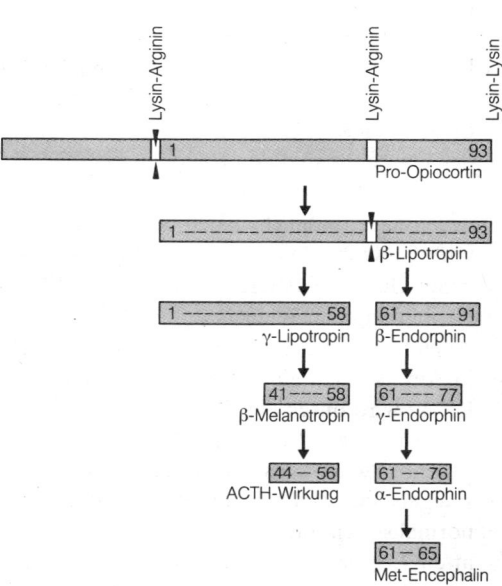

Abb. 6.208. Die Bildung verschiedener effektorischer Peptide aus einer gemeinsamen Vorstufe. (Nach Gersch u. Richter)

bei starken Schmerzreizen in Extremsituationen hemmen. Unter diesen Substanzen hat das β-Endorphin die stärkste schmerzstillende Wirkung.

Neuerdings schreibt man auch dem Vitamin D3 (*Cholecalciferol;* vgl. S. 613) Hormoncharakter zu. Es ist, wie alle Vitamine des D-Komplexes, ein Steroidderivat und entsteht aus 7-Dehydrocholesterin durch UV-Bestrahlung in der Haut. In der Leber wird es zu 25-Hydroxycholecalciferol und danach in Nierentubuli in die hochaktiven Derivate 1,25-Hydroxycholecalciferol und 24,25-Hydroxycholecalciferol umgewandelt. Die Hydroxylierungen an den C-Atomen 1, 24 und 25 führen das Vitamin D3 in die physiologisch aktiven Formen über. Diese wirken auf den Darm ein und fördern dort die Resorption von Calciumionen, indem sie höchstwahrscheinlich die Bildung eines spezifischen Transportproteins stimulieren.

6.9.2.10 Pheromone und ihre Korrelationen mit hormonalen Regulationsvorgängen

Im Zusammenhang mit hormonalen Regulationsprozessen sind die *Primerpheromone* von besonderem Interesse, da sie langfristige physiologische Verstellungen innerhalb eines Organismus bewirken. Sie sind nicht klar gegen die Signalpheromone abzugrenzen, da man in den meisten Fällen noch nicht weiß, ob als solche klassifizierte Stoffe zusätzlich Primerwirkungen haben.

Signalpheromone sind im Tierreich weit verbreitet und dienen meist zur Revierabgrenzung oder zur Anlockung eines Sexualpartners. Spektakuläre Beispiele hierfür sind die Lockstoffe der weiblichen Seidenspinner – *Bombycol* und Bombycal – und die männlichen Lockstoffe der Monarchfalter (Danaiden) mit der Hauptkomponente *Danaidon* (Formel S. 610). Auch bei Wirbeltieren sind Sexuallockstoffe weit verbreitet. So wurde z. B. beim Eber eine Gruppe von Δ16-Steroiden als Pheromone identifiziert, die in den Leydig-Zellen des Hodens (S. 679) neben Androgenen gebildet werden. Ihre Ausschüttung ist offenbar von Luteinisierungshormon abhängig. Diese Geruchssteroide werden ins Blut abgegeben und im Fettgewebe und in den Speicheldrüsen gespeichert. Sie werden vorwiegend mit dem Speichel, aber auch aus Schweißdrüsen ausgeschieden. Sie verursachen bei der paarungsbereiten Sau den »Duldungsreflex«, ohne den eine Kopulation nicht möglich ist. Eines dieser Steroide, das 5Δ-Androst-16-en-3-on, kommt auch im Serum des Mannes vor und wird mit dem Achselhöhlenschweiß ausgeschieden.

Ein Beispiel eines Primerpheromons bei Wirbeltieren ist die *»Queen's Substance«* (Königinnensubstanz) der Honigbiene (trans-9-oxo-Decensäure), die in den Mandibeldrüsen der Königin gebildet wird. Sie verhindert bei den Arbeiterinnen die Ausbildung des Ovariums und den Bau weiterer Weiselzellen. Die vollständige Unterdrückung der Oogenese ist allerdings nur in Kombination mit einer zweiten Substanz, der 9-Hydroxydecensäure, möglich. Auch bei Termiten kommen ähnlich wirkende Primerpheromone vor, die Kastendeterminatoren. Sie unterdrücken die Entwicklung männlicher oder weiblicher Geschlechtstiere. Beim Fehlen weiblicher Tiere fördern männliche Pheromone die Ausbildung von Weibchen.

Auch bei Wirbeltieren gibt es Primerpheromone. So erreichen juvenile weibliche Mäuse in Anwesenheit eines sexuell aktiven Männchens schneller die Geschlechtsreife. Dieser Effekt wird durch ein Pheromon im Urin des Männchens ausgelöst, das im Experiment eine verstärkte LH-Ausschüttung aus der Hypophyse der weiblichen Mäuse induziert. Offenbar wird diese Akzeleration durch eine »verfrühte« Anhebung des Gonadotropinspiegels im Blut hervorgerufen. Vom männlichen Tier ausgeschiedene Pheromone normalisieren und synchronisieren auch gestörte weibliche Östruszyklen. Bei dem Halbaffen *Lemur catta* wird die *Synchronisierung der jährlichen Paarungszeit* höchstwahrscheinlich durch ein Pheromon sichergestellt. Der Geruch des Männchenpheromons bewirkt beim Weibchen einen Abfall des Progesteronspiegels im Blut, der eine Follikelentwicklung bzw. den Zyklusablauf erlaubt. Bei der Wühlmaus *Microtus agrestris* wird die

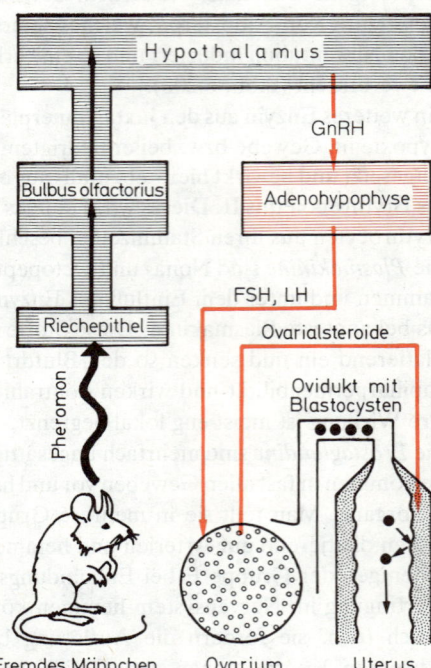

Abb. 6.209. Wirkungsweise eines Primer-Pheromons bei Mäusen. Der von einem fremden Männchen abgeschiedene Duftstoff wird von einem frühschwangeren Weibchen wahrgenommen. Die Information wird zum Hypothalamus weitergeleitet und induziert dort die Ausschüttung von Gonadotropin-Releasing-Hormon, welches die Freisetzung von gonadotropen Hormonen (FSH, LH) aus der Adenohypophyse verursacht. Diese Hormone bewirken die während der Schwangerschaft unphysiologische Bildung gewisser Ovarialsteroide, die eine Implantation der Blastocysten verhindert und so zum Abort führt. (Original Blüm)

Ovulation durch ein auf sehr kurze Distanz wirkendes Pheromon des Männchens ausgelöst, das bei der Paarung vom Weibchen gerochen wird. Der spektakulärste Effekt eines Primerpheromons ist der »Bruce-Effekt«. Wenn ein befruchtetes Mäuseweibchen vor der Implantation der Blastocysten mit einem geschlechtsreifen Männchen eines fremden Stammes zusammengebracht wird, erfolgt häufig Abort. Dieser wird durch ein Pheromon im Urin des Mäusebockes induziert, das von dem Weibchen olfaktorisch wahrgenommen wird. Die Information läuft über den Riechnerv zum Telencephalon und weiter zum Hypothalamus; dort wird GnRH (S. 678) ausgeschüttet, welches die Freisetzung von LH aus der Adenohypophyse induziert. Die darauf folgende Östrogenproduktion im Ovarium stört die Ausbildung des Uterusepithels zu vollständiger Implantationsbereitschaft, was im Abort resultiert (Abb. 6.209).

6.9.3 Humorale Wechselwirkungen im Cormus der Höheren Pflanze

6.9.3.1 Nachweis und Wirkungen von Phytohormonen

Auxine. Das am längsten bekannte Phytohormon ist das Auxin. Einen Nachweis haben wir beim Streckungswachstum der Haferkoleoptile kennengelernt (S. 328, Abb. 4.7). Dieser Nachweis, der auch zu einem klassischen Biotest geworden ist, zeigt, daß Auxin ein *Botenstoff* ist, also der Definition eines Hormons entspricht: Die Substanz wird in einem Gewebe bereitgestellt, das selbst nicht wachstumsfähig ist, nämlich in der Koleoptilspitze, und entfaltet seine Wirkung an einem davon entfernten Ort, in der subapikalen oder tiefer gelegenen Wachstumszone der Koleoptile. Das Auxin muß also zu dem Gewebe transportiert werden, das für die Wirkung des Hormons kompetent ist.
Als »klassisches« Auxin gilt die *Indolyl-3-Essigsäure (IES);* sie stellt in den meisten Spermatophyten das wichtigste Auxin dar. Daneben findet man in manchen Pflanzen noch andere Substanzen mit Auxinwirkung, so z.B. in Leguminosen die hoch wirksame 4-Chlor-Indolyl-3-Essigsäure. Fast alle unsere Kenntnisse und Vorstellungen über Auxinwirkungen beziehen sich jedoch auf die IES. Diese wird hauptsächlich in den Sproßvegetationskegeln und in jungen Blättern gebildet und entsteht aus dem Tryptophanstoffwechsel; sie ist auch im Labor leicht zu synthetisieren.
Voraussetzung für die Isolierung und biochemische Identifizierung eines Hormons ist ein geeigneter *Biotest*. Die Grundlage dafür wurde bereits beschrieben (S. 328, Abb. 4.6, 4.7): Der Koleoptilwachstumstest. Dekapitierte *Avena*-Koleoptilen stellen ihr Wachstum praktisch ein, können aber wieder zum Wachstum veranlaßt werden, wenn ihnen auxinhaltige Agarblöckchen aufgesetzt werden. Dieser Biotest kann zum *Koleoptilkrümmungstest* modifiziert werden, wenn das Agarblöckchen nur einseitig aufgesetzt wird: Durch den streng basipetalen Auxintransport (S. 691, Abb. 6.215) wächst dann nur die eine Flanke, und die resultierende Krümmung kann sehr präzise gemessen werden. Auch Organe anderer Pflanzen, die zu ihrem Wachstum Auxin benötigen, können für einen Biotest verwendet werden, wenn sie durch Isolierung auxinfrei gemacht werden können; ein Beispiel ist der Erbsenepikotyltest. In jedem dieser Testverfahren lassen sich dann Unterschiede in der Reaktion unterschiedlichen Konzentrationen des Auxins zuordnen, und durch Vergleich mit bekannten Konzentrationen von IES lassen sich die Testergebnisse quantifizieren. Es zeigt sich dabei, daß Auxin bereits in sehr geringen Konzentrationen wirksam ist – wie für Hormone typisch – und daß oberhalb eines Optimums die Wirkung je nach Testsystem wieder zurückgehen und sogar in eine Hemmung umschlagen kann (vgl. Abb. 6.210).
Für die Brauchbarkeit eines Biotests ist die quantitative Beziehung zwischen Wirkstoffkonzentration und Reaktion wichtig. Folgt letztere dem Logarithmus der Auxinkonzentration, so arbeitet der Test über einen großen Konzentrationsbereich, ist dafür aber zur

Aufdeckung geringfügiger Differenzen nicht geeignet (vgl. Abb. 6.210). Lineare Abhängigkeit (etwa im *Avena*-Krümmungstest) liefert dagegen sehr genaue Ergebnisse, ist aber jeweils auf einen relativ kleinen Konzentrationsbereich beschränkt.

Inzwischen gibt es auch sehr zuverlässige und empfindliche *chemische Nachweise* für die IES. Sie können aber – auch bei gleich großer Empfindlichkeit – nicht in jedem Fall den meist aufwendigeren Biotest ersetzen. So bleiben chemisch ähnliche Substanzen, die biologisch nicht aktiv sind, im biologischen Test unberücksichtigt, während sie im chemischen Test u. U. miterfaßt werden und damit das Ergebnis verfälschen. Umgekehrt können Substanzen mit Auxinwirkung, die nicht mit IES identisch oder chemisch nahe verwandt sind, nur im biologischen Test entdeckt werden.

Die Bezeichnung »Auxin« oder »Wuchsstoff« wurde gewählt, weil diese Hormone notwendige Faktoren für das Zellstreckungswachstum sind. Es können jedoch auch andere Entwicklungsvorgänge ausgelöst, gesteuert oder gehemmt werden (Abb. 6.211). Genannt seien einerseits Mitoseaktivität und andererseits korrelative Wechselwirkungen. So ist in den üblichen »Gewebekulturen« (S. 688) eine *Mitoseaktivität* nur möglich, wenn Auxin im Kulturmedium enthalten ist, und in Sproßachsen wird die Teilungsaktivität des fasciculären Cambiums oder des Cambiumzylinders der Holzpflanzen durch die IES ausgelöst. In der intakten Pflanze stammt diese IES in erster Linie aus der Endknospe. Eine weitere Folge auxinstimulierter Zellteilungsaktivität ist die Entstehung von Adventivwurzeln in Stecklingen von Pflanzen, die sich ohne Auxinzufuhr nur langsam oder gar nicht bewurzeln. – *Korrelative Wechselwirkungen* wurden bereits besprochen (S. 383f.): Die apikale Dominanz kann mindestens teilweise darauf zurückgeführt werden, daß die Endknospe IES an die Achse abgibt und dadurch das Austreiben der Achselknospen verhindert. Diese Hemmung läßt sich nach Dekapitation dadurch simulieren, daß man einen auxinhaltigen Agarblock auf die Schnittfläche setzt. In ähnlicher Weise wird durch das aus der Blattspreite stammende Auxin die Ausbildung einer Trennschicht im Blattstiel unterdrückt und hierdurch der Blattfall verhindert, so lange die Spreite intakt ist (vgl. dazu Abb. 4.116, S. 394). Schließlich spielt Auxin bei der Regulation des Wachstums und der Reife von Früchten eine komplexe Rolle.

Die IES kann somit für eine Vielzahl von Regulationen verwendet werden, sie ist daher funktionell hochgradig unspezifisch. Die *Spezifität* einer durch IES ausgelösten Reaktion, z. B. die Adventivwurzelbildung an Stecklingen, beruht nicht auf der IES, sondern auf der spezifischen Determination (S. 356f.) der Zellen und Gewebe. Die IES darf also in diesem Fall nicht als »wurzelbildender Stoff« bezeichnet werden, wie dies früher bisweilen geschah. Die IES ist vielmehr ein *Auslöser* (Trigger), der jeweils diejenigen Reaktionen in Gang setzt oder steuert, die in den entsprechenden Zellen programmiert sind. Damit erinnert die IES sehr stark an die aktive Form des Phytochroms (P_{fr}, S. 334). Ein wesentlicher Unterschied besteht allerdings darin, daß P_{fr} nur am Ort seiner Bildung wirkt, also nicht als Botenstoff oder Hormon an andere Zellen weitergegeben wird.

Über die primäre Wirkung des Auxins gibt es noch keine vollständige Kenntnis. Zunehmend gewinnt die Vorstellung an Wahrscheinlichkeit, daß Auxin ein Membraneffektor ist, daß wir also den zu postulierenden Auxinrezeptor an der Zellmembran (Plasmalemma) zu suchen haben. Es ist gesichert, daß die wachstumsauslösende Wirkung des Auxins auf die Erhöhung der plastischen Dehnbarkeit der Zellwände zurückgeht. Da die Wachstumsinduktion durch Auxin in manchen Fällen von einer Sekretion von Protonen aus dem Protoplasten in die Zellwand begleitet ist, hat man lange Zeit der Zellwandansäuerung eine kausale Rolle bei der Extensibilitätserhöhung zugebilligt. Damit würde die Beobachtung übereinstimmen, daß Fusicoccin, ein Toxin des phytopathogenen Pilzes *Fusicoccum amygdali,* das Auxin in seiner Wirkung auf das Wachstum teilweise ersetzen kann. Dieses Toxin aktiviert in pflanzlichen Zellen eine plasmalemmaständige Protonenpumpe (H^+-translozierende ATPase) und führt daher ebenfalls zu einer Ansäuerung der Zellwand. Man ist heute jedoch der Auffassung, daß die Auxin-

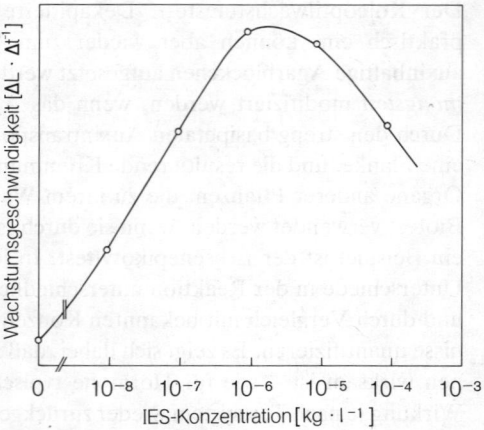

Abb. 6.210. Dosis-Effekt-Kurve von Auxin (IES) für die Wachstumssteigerung im Erbsen-Epikotyl-Test (Segmente aus etiolierten Sprossen). (Nach Galston, aus Mohr)

induzierte Protonensekretion einer von mehreren Sekundäreffekten der Auxinwirkung auf die Zellwand ist.

Parallel zur Protonensekrektion treten auch Änderungen im Membran-Potential auf, durch die weitere Transportprozesse über die Membran verursacht werden. Der funktionale Zusammenhang zwischen diesen Membranphänomenen und der veränderten Zellwanddehnbarkeit ist derzeit noch unklar. Dies gilt auch für die anderen Auxin-abhängigen Reaktionen der Zelle, welche, je nach deren spezifischer Programmierung, die Grundlage der beobachteten multiplen Auxineffekte (s. o.) liefern. Aber selbst das Konzept von Auxin als Membraneffektor mit seinen vielfältigen Folgen ist wahrscheinlich noch zu einfach. Vielmehr deuten zahlreiche Befunde darauf hin, daß es unter dem Einfluß von Auxin – direkt oder indirekt – auch zu einer Veränderung von Genaktivitäten kommt.

Die IES kann in ihren physiologischen Wirkungen auch durch *synthetische Auxine* ersetzt werden, die in lebenden Systemen nicht entstehen. Dabei zeigt sich, daß sowohl bei Ersatz des Indolrings durch eine andere aromatische Gruppierung, als auch bei Änderung der Seitenkette die Auxinwirksamkeit erhalten bleiben kann. Die synthetischen Auxine sind allerdings meist weniger wirksam, d. h. für gleiche Wirkung werden höhere Konzentrationen benötigt. Dem steht der Vorteil der länger anhaltenden Wirksamkeit gegenüber, den diese Substanzen haben. Dies wird durch folgende Überlegungen klar: Wenn ein Hormon regulierend wirken soll, muß es immer einen Minimumfaktor darstellen; die laufende Zufuhr des im Organismus produzierten Hormons darf also nicht zu einer Überschwemmung des Gewebes mit Hormon führen. Daher gehört im Organismus *zu jedem Hormon auch ein System, das dieses Hormon beseitigt.* Im Falle des Auxins hat die Pflanze eine IES-Oxidase, die zusammen mit dem Biosynthesesystem für die geeignete stationäre Konzentration sorgt. Experimentelle Überschwemmung mit IES wird demgemäß schnell wieder auf den Normalpegel herabreguliert. Die synthetischen Auxine können dagegen von der IES-Oxidase nicht angegriffen werden; sie sind zwar der IES ähnlich genug, um am Wirkort mit ihr »verwechselt« zu werden, aber unähnlich genug, um von der Oxidase als Nicht-IES erkannt zu werden. Mit synthetischen Auxinen kann daher über lange Zeit ein hoher Auxinspiegel im Gewebe aufrechterhalten werden.

Aus diesem Grund haben die synthetischen Auxine in der Praxis eine große Bedeutung, zumal sie auch teilweise billiger als IES hergestellt werden können. Zwei Beispiele, in denen die hemmende Wirkung höherer Auxinkonzentrationen ausgenutzt wird, sollen zugleich die Problematik solcher Anwendungen zeigen.

(1) *2,4-Dichlorphenoxyessigsäure (2,4-D)* wird als Unkrautbekämpfungsmittel verwendet. Dikotyle Pflanzen mit ihren gewöhnlich breiteren Blättern nehmen die Substanz in höheren Mengen auf als die Gräser (einschließlich Getreide) mit ihren schmalen Blättern, die überdies wegen ihrer steilen Stellung eine Lösung schnell ablaufen lassen. So wird 2,4-D nur von den dikotylen »Unkräutern« in hemmenden oder toxischen Konzentrationen angesammelt; vor allem die wichtigsten Getreideunkräuter *Sinapis arvensis* und *Raphanus raphanistrum* werden hierdurch stark zurückgedrängt; 2,4-D wirkt als »selektives Herbizid«. Allerdings ist diese Selektivität sehr unvollkommen; die ökologische Nische, die von den dikotylen Unkräutern freigemacht wird, kann nun von anderen Unkräutern (z. B. »Ungräsern«) besetzt werden, die vorher nicht konkurrenzfähig waren und die möglicherweise noch weniger erwünscht sind als die zuvor beseitigten. Viel wesentlicher ist aber ein weiterer Effekt: Da manche dieser Herbizide im Stoffwechsel der Pflanzen (und Mikroorganismen) sehr langsam oder gar nicht abgebaut werden, müssen sie sich im Getreide, im Boden, in der Nahrungskette und schließlich im Menschen anreichern. In manchen Fällen gibt es schon recht genaue Vorstellungen über solche Anreicherungen und ihre gesundheitlichen Folgen, in anderen Fällen sind unsere Kenntnisse noch sehr lückenhaft. Daraus ergibt sich die Notwendigkeit größter Zurückhaltung bei der Verwendung von synthetischen Wirkstoffen, insbesondere von Bioziden. Diese Problematik ist zu höchster Aktualität gekommen, als bei Entblätterungsaktionen im

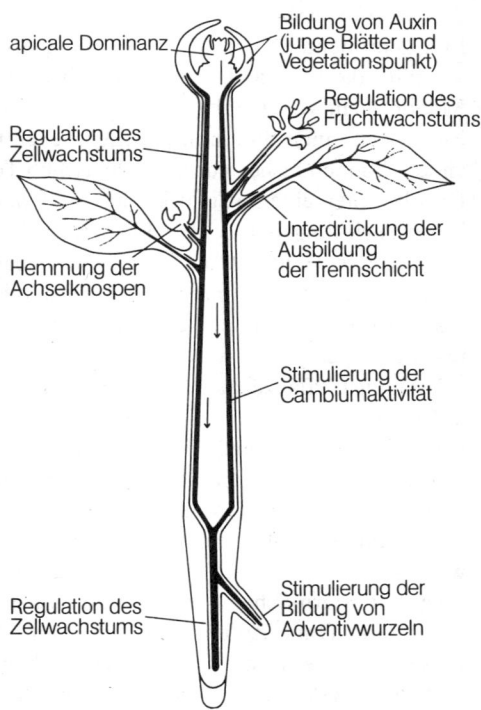

Abb. 6.211. Multiple Wirkung der IES: Beispiele für die Mannigfaltigkeit der Wirkungen des in der Sproßspitze gebildeten Auxins. (Aus Mohr)

Rahmen von Kriegshandlungen durch Verwendung anderer synthetischer Auxine riesige Gebiete auf Jahre hinaus unfruchtbar gemacht wurden.

(2) Die Seitenknospen (»Augen«) der Kartoffelknollen befinden sich nach der Ernte im Ruhezustand (Dormanz, S. 325). Nach einigen Monaten ist die Ruheperiode beendet, und die Augen treiben aus. Für die Lagerhaltung ist das unerwünscht. Bei einer wachsenden Kartoffelpflanze kann das Austreiben der Seitenknospen durch Auxin gehemmt werden (Apikaldominanz, vgl. S. 383f.); entsprechend werden die Augen der Kartoffelknolle (modifizierte Sproßachse, S. 426f.) durch Behandlung mit synthetischem Auxin im Ruhezustand gehalten. Auch bei solchen Manipulationen muß sichergestellt werden, daß die in der Kartoffel bleibenden Rückstände auch auf lange Sicht und nach Anreicherung in der Nahrungskette keine schädlichen Wirkungen auf den Menschen oder die Biosphäre haben.

Cytokinine. Auch eine andere Gruppe von Phytohormonen haben wir bereits kennengelernt: die Cytokinine (S. 381). Diese Regulatoren sind durch ihre Wirkung auf die Zellteilung in pflanzlichen *Calluskulturen* bekannt geworden. Entnimmt man einer Tabakpflanze unter sterilen Bedingungen Gewebe aus dem Mark, so läßt sich dieses auf einem Agarmedium mit Zucker, Nährsalzen und einigen Vitaminen als Callus kultivieren (Abb. 6.212). Die Vergrößerung des Callus erfolgt dabei fast ausschließlich durch Zellteilung und Plasmavermehrung, so daß die Wirkung der stofflichen Faktoren allein auf diese Prozesse studiert werden kann und Komplikationen durch Streckungswachstum der einzelnen Zellen nicht berücksichtigt werden müssen.

Solche Gewebe brauchen außer den genannten Substanzen noch Auxin und ein Cytokinin für ihre Zellteilungen. Dabei kann eines der beiden Hormone das andere nicht ersetzen. Ist Cytokinin zugegen, so ist Auxin der begrenzende Faktor, und es liegt der oben erwähnte Fall der Regulation der Zellteilung durch Auxin vor. Ist jedoch Auxin zugegen, so kann Cytokinin zum begrenzenden Faktor werden, und das System ist ein sehr spezifischer Biotest auf Cytokinin.

In Experimenten wird als Cytokinin meist das *Kinetin* verwendet, ein Derivat des Adenins, das beim hydrolytischen Abbau der DNA gewonnen wird. In der Natur kommt Kinetin nicht vor, wohl aber chemisch ähnliche Substanzen, die entsprechend wirken. Einige von ihnen sind in ihrem chemischen Bau bekannt, wie das *Zeatin* aus *Zea mays*; andere können bisher nur im biologischen Test als Cytokinine identifiziert werden.

Das Beispiel einer »Calluskultur« gibt aber auch wichtige Informationen über die Wechselwirkung der beiden Phytohormone Auxin und Cytokinin (Abb. 6.212): Die ungeordnete Teilungstätigkeit der Zellen zum undifferenzierten Callusgewebe wird nur bei einem mittleren Konzentrationsverhältnis Auxin : Cytokinin beobachtet. Eine Erhöhung dieses Verhältnisses führt zur Wurzelbildung, eine Erniedrigung zur Sproßbildung, und durch geeigneten Wechsel der Hormonkonzentrationen kann auf diese Weise eine vollständige Pflanze aus dem Callus zur Regeneration gebracht werden (Abb. 4.28, S. 341f.).

Ein einfaches System, in dem eine Cytokininwirkung über reine Aktivierung von Zellteilungen hinausgeht, ist das Moosprotonema, in dem die Bildung von Moosknospen durch ein Cytokinin induziert wird (S. 381f.). Cytokinine wirken aber nicht nur auf teilungsfähige Zellen ein, sondern auch auf ältere oder bereits ausdifferenzierte. So werden Wachstum und Alterung von Blättern durch Cytokinin reguliert: Stanzt man aus jungen Blättern Scheibchen aus und läßt sie *in vitro* wachsen, so fördert Kinetin deren Wachstum. Ohne Zufuhr von Cytokinin hört aber nicht nur das Wachstum isolierter Blattstücke oder Blätter auf, sondern sie beginnen schnell zu altern, erkennbar an einem Abfallen des Protein-, RNA- und Chlorophyllgehaltes. Ohne Cytokinin kann die strukturelle und funktionelle Organisation der Chloroplasten nicht aufrechterhalten werden.

In den Blättern sind Cytokinine schließlich für die Verteilung von Assimilaten verantwortlich: Wird ein isoliertes Blatt lokal mit Kinetin behandelt, so sammeln sich an anderer

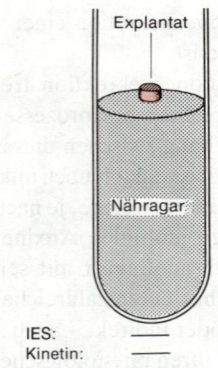

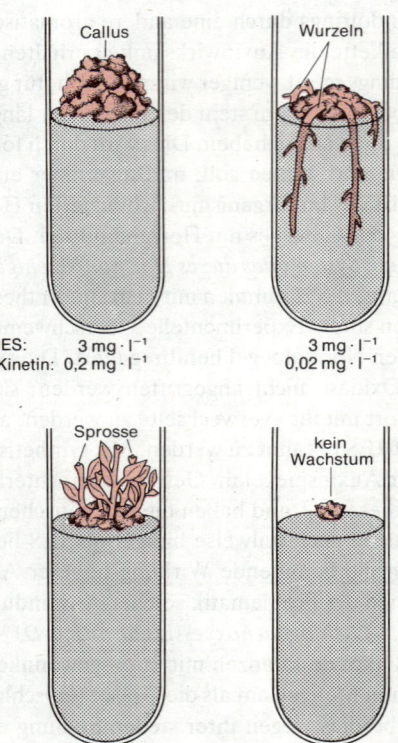

Abb. 6.212. Calluskulturen von einer Tabakpflanze unter verschiedenen Bedingungen. Oben Nähragar (enthält Zucker, Salze, einige Wirkstoffe) ohne weitere Zusätze: Das Gewebe wächst nach der Überimpfung nicht weiter. Die übrigen Kulturen mit Zusätzen von Kinetin und Auxin in den angegebenen Konzentrationen; Wachstum und Differenzierung werden durch die Kombination der Phytohormone bestimmt. (Nach Ray aus Mohr)

Stelle des Blattes gebotene Aminosäuren bevorzugt an der mit Kinetin behandelten Stelle an, wie sich mit der Verwendung radioaktiv markierter Aminosäuren leicht demonstrieren läßt (Abb. 6.213). Dies könnte Ursache für die zuvor besprochenen Wirkungen auf Wachstum und Alterung sein.

Bei Cormophyten wird Cytokinin vorzugsweise in der Wurzel synthetisiert, während es seine wichtigsten Wirkungen im Bereich des Sprosses entfaltet. Es erfüllt damit also auch die Kriterien eines Hormons. Der Versuch mit der lokalen Ansammlung von Aminosäuren unter dem Einfluß von Cytokinin zeigt allerdings, daß der Cytokinintransport nicht immer sehr ausgeprägt und daß Cytokinin nicht in jedem Fall ein Hormon im strengen Sinne ist.

Die vielfältigen Wirkungen von Cytokinin auf Wachstum und Entwicklung zeigen, daß auch Cytokinin – wie Auxin – ein sehr *unspezifisches Hormon* ist. Dies muß bei der Frage nach dem primären Wirkungsmechanismus berücksichtigt werden, über den bei Cytokininen noch weniger bekannt ist als bei Auxinen. Da Cytokinine als Bausteine von tRNA vorkommen können, hat man versucht, die Wirkung dieser Hormone über die Regulierung der Proteinsynthese zu verstehen; wahrscheinlich ist diese Erklärung jedoch zu einfach. Man denkt auch daran, daß Cytokinine durch Abbau von tRNA freigesetzt werden könnten.

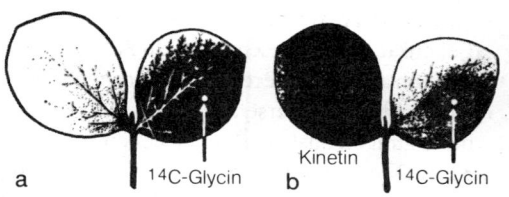

Abb. 6.213a, b. Kinetin als Attraktionszentrum bei isolierten Blättern von Vicia faba. Das rechte Fiederblättchen erhielt lokal radioaktives Glycin appliziert, das linke blieb unbehandelt (a) oder wurde mit Kinetin behandelt (b). Einige Zeit später zeigt die Schwärzung aufgelegter Röntgenfilme (Autoradiographie) die Verteilung des Glycins. (Nach Mothes aus Libbert)

Kinetin (6-(2-Furfuryl)-aminopurin): synthetisches Cytokinin

Zeatin (6-(4-Hydroxy-3-methylbut-2-enyl)-aminopurin): natürliches Cytokinin

Gibberelline. Wichtige Wachstumsregulatoren sind auch die Gibberelline. Ihre Wirkung läßt sich eindrucksvoll bei Kulturpflanzen demonstrieren, die in hochwüchsigen (Normalform) und niedrigwüchsigen (Zwergform) Sorten oder Rassen vorkommen, wie z.B. Erbsen oder Mais. Ein Zwergmais kann weder durch Auxin noch durch Cytokinin zu stärkerem Wachstum veranlaßt werden. Wohl aber steigert ein Extrakt aus der Normalform des Mais das Wachstum der Zwergform. Das stoffliche Prinzip dieser Wirkung wurde als Gibberellin erkannt, und das Wachstum einer Zwergform spricht quantitativ auf Gibberellinzugabe an, bis bei geeigneten Konzentrationen die Zwergform sich äußerlich nicht mehr von der Normalform unterscheidet (Abb. 6.214). Da Gibberelline ebenso wie die anderen Phytohormone in der Regel nur in sehr geringen Konzentrationen vorliegen, kann das Wachstum des Zwergmais oder einer Zwergerbse als empfindlicher Biotest verwendet werden (neben dem α-Amylase-Test, S. 380, Abb. 4.94).

Gibberelline sind chemisch Diterpene mit einem Grundgerüst von 19 oder 20 C-Atomen. Diese Substanzgruppe liegt in einer großen chemischen Mannigfaltigkeit mit unterschiedlicher biologischer Aktivität vor: Die Struktur von über 70 verschiedenen Gibberellinen ist bekannt; sie unterscheiden sich hauptsächlich durch Oxidation an verschiedenen Stellen oder durch Ausbildung von Sauerstoffbrücken. Alle physiologisch aktiven Gibberelline besitzen 19 C-Atome und ähneln strukturell den beiden hochwirksamen Verbindungen Gibberellin A_1 und Gibberellin A_3. Gibberellin A_1 wurde als erstes Gibberellin aus einer Höheren Pflanze (Mais) isoliert. Gibberelline werden in der Regel bevorzugt in embryonalen Geweben produziert.

Neben der physiologischen Bedeutung der Gibberelline für den Normalwuchs der genannten Pflanzen gibt es auch eine wichtige pathologische Wirkung; diese gab sogar den Anlaß zur Entdeckung der Gibberelline. Der phytopathogene Pilz *Gibberella fujikuroi* produziert Gibberelline als Stoffwechselprodukte in solchen Mengen, daß die von ihm befallenen Reiskeimlinge ein abnorm starkes Wachstum zeigen; das vegetative Längenwachstum geht ganz auf Kosten des Ertrages. Diese wirtschaftlich wichtige Krankheit war in Ostasien als *Bakanaë-Krankheit* (»verrückte Keimlinge«) schon lange bekannt, bevor Gibberelline als Ursache entdeckt wurden. Gibberellin A_3 wird als Hauptkomponente der Gibberellinfraktion von *Gibberella fujikuroi* synthetisiert und reichert sich in großen Mengen im Kulturmedium an. Es ist also biotechnisch leicht zugänglich und wird daher häufig für physiologische Experimente verwendet. Ob GA_3 von Höheren Pflanzen selbst synthetisiert wird, ist strittig.

Gibberellin A_3 (Gibberellinsäure)

Gibberellin A_{24}

Wie beim Auxin und Cytokinin ist auch die Gibberellinwirkung nicht auf eine einzige Lebensäußerung beschränkt. So kann die Keimung ruhender Samen bisweilen durch Gibberellin ausgelöst werden; bei manchen Lichtkeimern (S. 340) kann Gibberellin dann sogar die Lichtwirkung ersetzen. Weiterhin kann Gibberellin die Blütenbildung unter Außenbedingungen auslösen, unter denen sonst die Pflanze vegetativ weiterwachsen würde (S. 339). Damit sind noch lange nicht alle bekannten Gibberellinwirkungen genannt. Gibberelline können auch die Synthese oder Aktivität von Enzymen regulieren (S. 380); doch ist damit noch nicht sicher, daß die physiologische Regulation durch Gibberellin immer diesen Weg geht, der primäre Wirkungsmechanismus ist also auch hier noch weitgehend unbekannt.

Abscisinsäure. Den drei wichtigen Gruppen der Phytohormone, die überwiegend fördernd auf Wachstumsprozesse und andere Lebensaktivitäten wirken, steht die Abscisinsäure gegenüber, die als Phytohormon mit überwiegender Hemmwirkung bezeichnet worden ist. Hier sind insbesondere drei Wirkungsbereiche zu erkennen.
Knospen, die sich in Winterruhe befinden (Dormanz, S. 337), enthalten einen Hemmstoff, dessen Konzentration bei Beendigung der Ruheperiode stark abnimmt. Auch bei ruhenden Samen, z. B. von *Fraxinus americana*, kann Entsprechendes beobachtet werden, während die ohne Dormanz sofort keimenden Samen von *F. ornus* diesen Hemmstoff nicht enthalten. Man hat den Hemmstoff daher zunächst als »Dormin« bezeichnet. Die gleiche Substanz wird aber auch in alternden Blättern und reifenden Früchten gebildet und ist mitverantwortlich für den *Blatt- und Fruchtfall (Abscission)*. Davon leitet sich der Name Abscisinsäure ab, der sich inzwischen allgemein durchgesetzt hat. Die dritte wichtige Wirkung entfaltet die Abscisinsäure bei der *Regulierung des Wasserhaushaltes* der Pflanzen. Hier handelt es sich um einen echten Hormontransfer vom Mesophyll bzw. anderen Geweben, welche unter Wassermangel leiden (z. B. Wurzeln), zu den Schließzellen der Stomata; diese Wirkung der Abscisinsäure wird daher beim Transport der Phytohormone behandelt (S. 692).
Die Abscisinsäure gehört chemisch zu den Terpenoiden und wirkt streng stereospezifisch. Sie kann in Pflanzen vermutlich über zwei Biosynthesewege gebildet werden: Zum einen aus Mevalonsäure über Farnesylpyrophosphat (direkte Biosynthese als Sesquiterpen), zum anderen aus Mevalonsäure über den oxidativen Abbau aus Carotinoiden (indirekte Biosynthese als Apo-Carotinoid). Die bei Wassermangel im Blatt neu gebildete Abscisinsäure entsteht vermutlich aus dem Carotinoidabbau.

Ethylen. Zu den Hemmstoffen des Wachstums gehört auch das Ethylen. Es entsteht aus Methionin über 1-Aminocyclopropan-1-carbonsäure (ACC). Ethylen hemmt das Zellwachstum, beschleunigt die Bildung von Trenngewebe bei Blättern, Früchten und Blüten und hemmt die Reaktion auf Licht und Schwerkraft. Auch Ethylen kann man als Phytohormon bezeichnen: Es wirkt in geringen Quantitäten auf Gewebe, die es nicht selbst produzieren. An die Stelle des biologischen Abbaues tritt bei diesem gasförmigen Phytohormon eine schnelle Diffusion aus dem Gewebe heraus.
Eine wichtige und in der Praxis schon lange genutzte Ethylenwirkung ist die Beschleunigung der Fruchtreife. Unreif geerntete Früchte können kurzfristig durch Ethylenbegasung nachgereift werden. Begasung mit Kohlendioxid hemmt den Ethyleneffekt. Die zur Gewebeaufweichung und Zuckerbildung führenden hydrolytischen Prozesse sind bei Früchten von einem starken Anstieg der Atmung begleitet *(klimakterische Atmung)*. Obwohl das durch Ethylen induzierte Respirationsklimakterium noch nicht unmittelbar zum Zelltod führt, steht es doch in enger Beziehung zur Seneszenz.
Der Mechanismus der Ethylenwirkung ist noch unbekannt. Man vermutet Rezeptoren an der Plasmamembran (Plasmalemma). Da die Ethylensynthese durch Auxin stimuliert wird (insbesondere durch Auxin in überoptimaler Konzentration), andererseits Ethylen

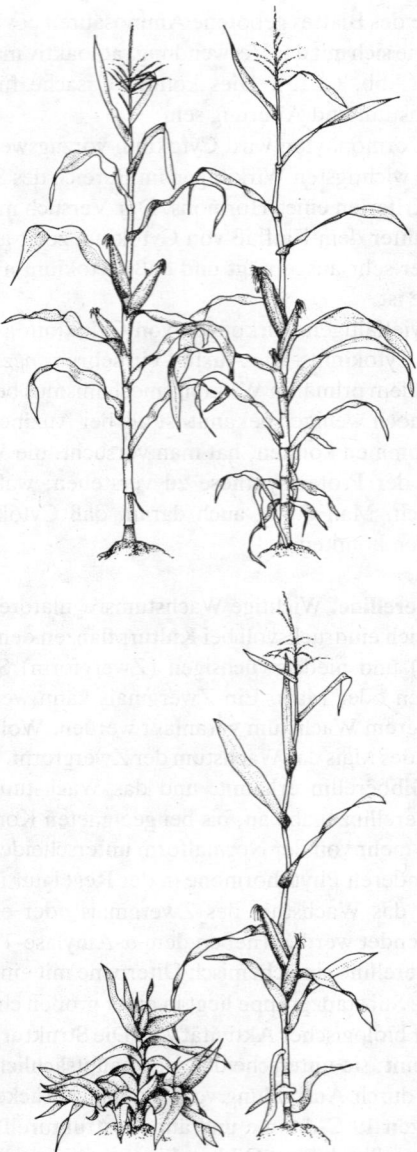

Abb. 6.214. Wirkung von Gibberellin auf das Wachstum von Mais. Wildtyp (oben) und Zwergmutante (unten), jeweils links die unbehandelte Kontrolle, rechts die während längerer Zeit mit Gibberellin behandelte Versuchspflanze. (Nach Phinney u. West, aus Mohr)

Abscisinsäure (= Dormin)

den Auxintransport hemmen kann, ergeben sich komplizierte Wechselwirkungen, die die Kausalerklärung sowohl der Ethylen- als auch der Auxinwirkungen erschweren.

6.9.3.2 Phytohormontransport und Integration im Cormus

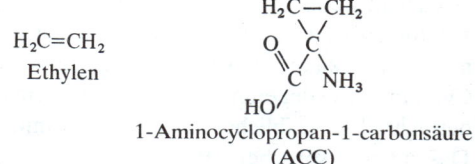

Wurzel und Sproß einer Höheren Pflanze beeinflussen sich gegenseitig durch Hormone (S. 384). Auxin gelangt vom Sproß in die Wurzeln, während man z. B. bei Cytokininen in erster Linie einen Transport von der Wurzel in das Sproßsystem gefunden hat.

Auxin wird im Sproßvegetationskegel und in den jungen Blättern (bzw. Blattanlagen) produziert und *polar* durch die Sproßachse in Richtung Wurzelsystem transportiert. Dies läßt sich in einer Variante des Koleoptil-Wachstumstests nachweisen (Abb. 6.215). Wieder wird auf die eine Schnittfläche ein Agarblöckchen mit Auxin gesetzt (Donor), zusätzlich aber auf die andere Schnittfläche ein auxinfreies Blöckchen (Rezeptor). Jetzt wird nicht das Wachstum gemessen, sondern nach einigen Stunden im biologischen oder chemischen Test geprüft, ob der Rezeptor Auxin enthält. Dabei zeigt sich, daß Auxin fast nur basipetal – also in Richtung zur Wurzel – transportiert worden ist, unabhängig davon, welche Orientierung im Raum das Koleoptilsegment hatte. Der Koleoptilkrümmungstest beweist darüber hinaus, daß der polare Transport streng longitudinal erfolgt; andernfalls könnte die Wachstumsförderung nicht auf die eine Flanke lokalisiert bleiben. Ein transversaler Transport spielt nur eine Rolle, wenn die Koleoptile einer einseitigen Licht- oder Schwerkraftwirkung ausgesetzt wird; hierdurch kann es zu unsymmetrischer Auxinverteilung und damit zu Wachstumskrümmungen kommen (S. 642). Die Polarität des Auxintransportes beruht auf der polaren Organisation jeder einzelnen Zelle, welche das Auxin basalwärts sezerniert und so an die nächste Zelle weitergibt.

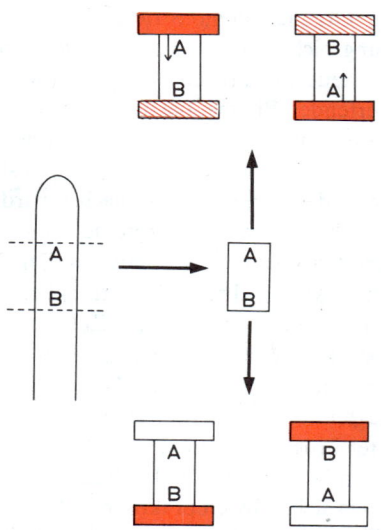

Abb. 6.215. Nachweis des polaren Auxintransports durch ein Koleoptilsegment, dessen apikale und basale Schnittflächen durch A und B gekennzeichnet sind. Ein auxinhaltiges Agarblöckchen (rot) wird als Donor auf eine Schnittfläche gesetzt, ein auxinfreies als Rezeptor auf die gegenüberliegende. Nach einigen Stunden enthält der Rezeptor Auxin (rot schraffiert) oder ist auxinfrei geblieben (weiß). Beachte die Transportpolarität unabhängig von der Orientierung im Schwerefeld. (Nach Galston aus Mohr)

Da Auxin (und auxinähnliche synthetische Verbindungen, S. 687) die Bildung von Adventivwurzeln an Stecklingen stimuliert (S. 686), liegt die Hypothese nahe, daß der polare Auxintransport vom Sproß in das Wurzelsystem u. a. eine Regulation der Seitenwurzelentwicklung ermöglicht. Diese Auffassung gilt heutzutage (z. B. für Erbsenpflanzen) als gut begründet, obgleich die Transportbahn für das Auxin noch nicht generell identifiziert ist – sie ist in vielen Fällen in den parenchymatischen Geweben der Leitbündel lokalisiert. Die Transportgeschwindigkeit für Auxin in der isolierten Wurzel liegt in der Größenordnung von $10~mm \cdot h^{-1}$. Dies entspricht den Werten, die man beim Auxintransport in isolierten Sproßachsen, Blattstielen und Koleoptilen gefunden hat. Offenbar wird in allen Organen die gleiche parenchymatische Transportbahn für Auxin benutzt. In der intakten Pflanze spielt neben dem polaren Auxintransport im Parenchym auch die nichtpolare, nur durch die – veränderliche – Richtung des Assimilattransportes bestimmte Wanderung in den Siebröhren eine wichtige Rolle.

Der von der Wurzel in den Sproß aufsteigende Saftstrom (Transpirationsstrom) enthält nicht nur Ionen, sondern auch organische Moleküle, u. a. organische Säuren, Aminosäuren und Amide sowie Cytokinine, Gibberelline und Abscisinsäure. Durch den Export dieser Hormone im Xylemsaft kann die Wurzel einen regulierenden Einfluß auf Wachstum und Entwicklung des Sprosses ausüben. Entsprechende Effekte sind wohlbekannt; z. B. beginnen wurzellose, mit Nährsalzen und Wasser optimal versorgte Sprosse meist erst dann zu wachsen, wenn sie Wurzeln regeneriert haben. Die Blätter benötigen einen aus dem Wurzelsystem stammenden Faktor, damit der Abfall des Proteingehaltes und das Vergilben verhindert werden: ein *Cytokinin*. Diese degradativen Prozesse werden demzufolge verhindert, wenn dem wurzellosen Sproß ein Cytokinin von außen zugeführt wird (vgl. S. 688f.). In ähnlicher Weise kann Cytokinin die Fernwirkung der Wurzel auf die Geschlechtsausprägung bei Hanf, einer zweihäusigen Pflanze, ersetzen. Werden junge Pflanzen entwurzelt und dann laufend die Adventivwurzeln entfernt, so bilden 80 bis 90% (statt 50%) der Pflanzen männliche Blüten aus. Läßt man dagegen die Adventivwurzeln auswachsen, so »verweiblichen« die Pflanzen; dieser Effekt läßt sich in gleicher Weise erreichen, wenn die Stecklinge ohne Adventivwurzeln mit Cytokinin behandelt werden. Allerdings ist Cytokinin nicht das einzige Hormon, das die Geschlechtsausprägung modulieren kann: Auxin wirkt bei Hanf synergistisch, Gibberellin antagonistisch zu Cytokinin. Bei der einhäusigen Gurke macht man sich diese Hormonwirkung zunutze, um den Anteil an weiblichen Blüten (und damit an Früchten) zu erhöhen.

Das zuvor besprochene Beispiel, in dem Cytokinin das Vergilben von Blättern verhindert, hat gezeigt, daß die Seneszenz von Organen ein *hormonal gesteuerter, integrativer Prozeß* ist; das gilt entsprechend für ganze Pflanzen (S. 384), läßt sich aber am besten an einzelnen Organen demonstrieren. So gehen die Petalen einer Blüte nach erfolgter Bestäubung nicht einfach zugrunde, sondern werden in einem hochorganisierten, hormonell gesteuerten Prozeß »demontiert«. Dasselbe gilt z.B. auch für die Blätter der laubabwerfenden Bäume, bei denen Seneszenzvorgänge u.a. zur Synthese von Sekundärcarotinoiden und Anthocyanen führen (Herbstfärbung). Bei der Corolle der Zierwinde (*Ipomoea purpurea*) verläuft der »organisierte Tod« innerhalb weniger Stunden am Nachmittag des Blühtages. Zunächst wird die Synthese einer Reihe hydrolytischer Enzyme induziert, welche Proteine, Nucleinsäuren, Polysaccharide und sogar ganze Zellorganellen in ihre niedermolekularen Bestandteile zerlegen. Diese werden in die Pflanze zurückverfrachtet. Die vertrocknenden Reste der Corolle bestehen lediglich noch aus den unverdaulichen Teilen der Zellwände. Da einerseits diese Vorgänge *in vitro* durch *Ethylen* stark gefördert werden können und andererseits die alternde Blüte Ethylen produziert, nimmt man an, daß das gasförmige Hormon eine beschleunigende Rolle bei der Seneszenz spielt. Eine ähnliche Funktion dürfte dem Ethylen bei der Reifung bestimmter Früchte (s. oben; z.B. Äpfel, Bananen) zukommen.

Für Ethylen ist kein spezifischer Transportmechanismus in der Pflanze erforderlich und möglich. Da sich Ethylen praktisch nicht in Wasser löst, erfolgt sein Transport nur durch freie Diffusion in der Gasphase der Interzellularräume. Ein kontrollierter Transport wird jedoch für die wasserlösliche Vorstufe ACC diskutiert.

Bei der Steuerung der Stomabewegung (S. 422f.) fällt der *Abscisinsäure*, möglicherweise im Wechselspiel mit anderen Phytohormonen, z.B. Auxin oder Cytokinin, eine wichtige Rolle zu. Bei einsetzender Trockenheit (»Wasserstreß«) steigt der Abscisinsäuregehalt in den Blättern stark an. Bringt man im Experiment eine zuvor gut gewässerte Pflanze unter plötzlichen Wasserstreß, so ist der Anstieg der Konzentration an Abscisinsäure in den Blättern bereits nach wenigen Minuten meßbar. Das Hormon wird in die Epidermis transportiert, wo es sich spezifisch in den Schließzellen ansammelt. Dieser Prozeß ist vollständig reversibel, wenn das Blatt wieder ausreichend mit Wasser versorgt wird. Im Experiment reagieren die Stomata auf Applikation geringer Mengen von Abscisinsäure sehr empfindlich mit einer Schließung. Cytokinine fördern dagegen die Öffnung. Die Steuerung der stomatären Transpiration nach Maßgabe des Wasserstatus des Blattes (Wasserpotential der Mesophyllzellen, vgl. S. 614f.) ist in ihren Einzelheiten noch nicht aufgeklärt. Aber jedenfalls dient Abscisinsäure als Botenstoff bei der Signalübertragung zwischen dem Meßsystem für das Wasserpotential im Mesophyll und dem Effektorsystem im Stomaapparat. Die Abscisinsäure hemmt dann die ATPase, die Protonen aus den Schließzellen aus- und Kaliumionen in die Schließzellen einpumpt.

6.9.3.3 Vergleich der Phytohormone mit tierischen Hormonen

Im Unterschied zu tierischen Hormonen, die meist in spezifischen Drüsenzellen produziert werden, kann der *Synthese*ort von Phytohormonen nur sehr allgemein angegeben werden: Auxin in Sproßvegetationskegeln und jungen Blättern, Cytokinin und Abscisinsäure vorwiegend in Wurzeln. Die korrelativen Einflüsse, die zwischen Sproß- und Wurzelsystem existieren (S. 384, 395), können damit auf steuernde Wirkungen der Phytohormone zurückgeführt werden.

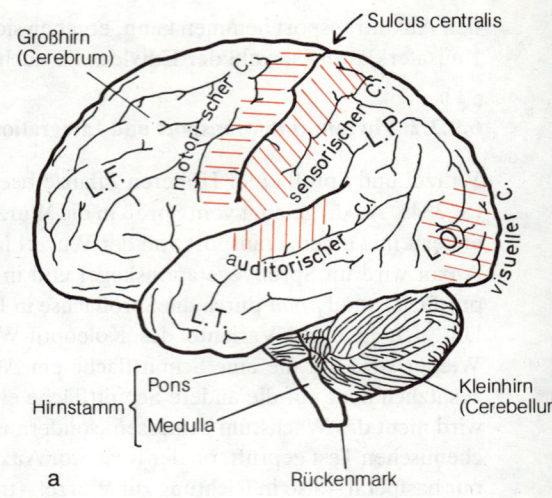

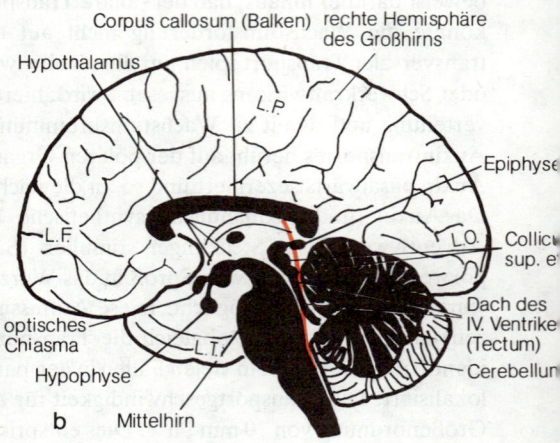

Abb. 6.216a, b. Gehirn des Menschen. (a) Außenansicht von der linken Seite. (b) Sagittal geschnitten in der Symmetrieebene des Kopfes, so daß man auf die nach links gerichtete (innere) Oberfläche der rechten Hemisphäre daraufschaut. Schwarz: Schnittflächen durch solides Gewebe, z.B. durch den Balken (das ist die dicke Faserverbindung zwischen den beiden Hemisphären), durch die Sehnervenkreuzung (Chiasma), der Hypophyse, das Mittelhirn und das Kleinhirn. Unterhalb des Balkens befindet sich die im Leben mit Liquor gefüllte Höhle des III. Ventrikels, so daß man auf dessen rechte innere Wand sieht; diese wird vom rechten Thalamus und Hypothalamus – Teilen des Zwischenhirns – gebildet. Rote Linie in (b): Schnittführung für die in (d) dargestellte Aufsicht auf das Mittelhirn und die Medulla oblongata. C. Cortex, L.F. Lobus frontalis = Stirnlappen, L.T. Lobus temporalis = Schläfenlappen, L.O. Lobus occipitalis = Hinterhauptlappen, L.P. Lobus parietalis = Scheitellappen

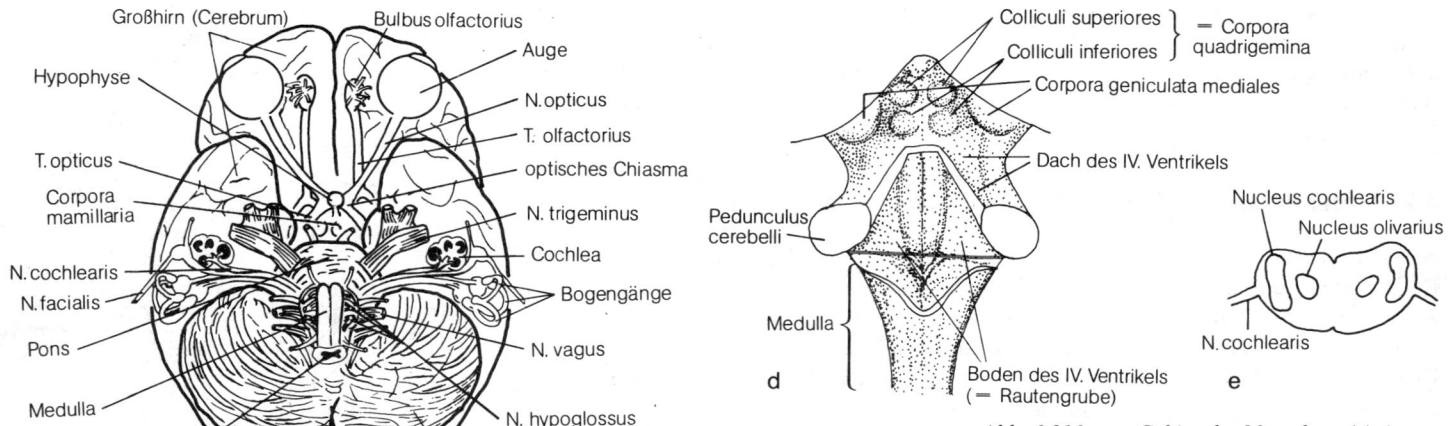

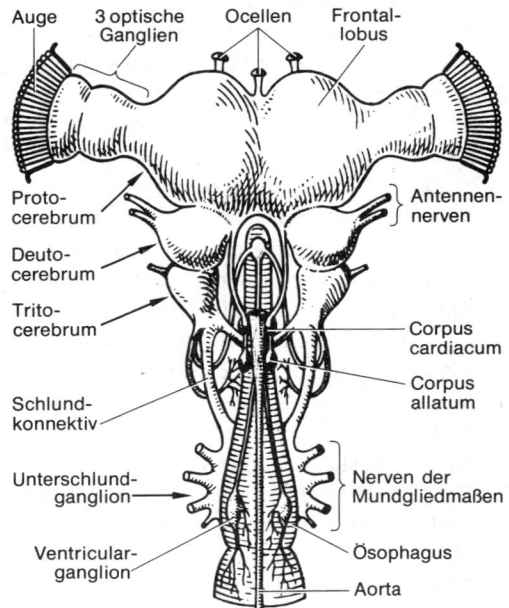

Abb. 6.216 c–e. *Gehirn des Menschen. (c) Ansicht von unten mit den in dieser Blickrichtung vor – in Wirklichkeit unter – dem Gehirn liegenden Labyrinthen. (d) Aufsicht auf das Mittelhirn und die Medulla oblongata nach vorheriger Abtragung des darüber liegenden Kleinhirns und des hinteren Teils des Daches des IV. Ventrikels, so daß man (durch das entstandene künstliche Fenster) auf dessen Boden sieht. Vor der (vorderen) Schnittfläche sieht man auf die »Vierhügelplatte« (Corpora quadrigemina), hinter der (hinteren) Schnittfläche auf die Oberseite der Medulla oblongata. Roter Strich: Lage des Querschnittes (e) durch den Hirnstamm. N. Nervus, T. Tractus (= zum Zentralnervensystem gehörendes Faserbündel)*

Auch in den *Transport*eigenschaften unterscheiden sich die Phytohormone von tierischen Hormonen und teilweise auch untereinander. Neben dem Transport im Transpirations- und Assimilatstrom, der mit dem Transport in der Blutbahn vergleichbar ist, werden Phytohormone überwiegend von Zelle zu Zelle weitergegeben. Für den Auxintransport ist hierbei eine drüsenähnliche Aktivität der Zellen wahrscheinlich gemacht worden. Das Auxin zeichnet sich dabei gegenüber den anderen Phytohormonen durch einen streng polaren Transport basalwärts vom Sproß zur Wurzel aus, der auf der Polarität jeder einzelnen Zelle beruht. Wenn demgegenüber bei Cytokinin und Abscisinsäure im intakten Organismus eine bevorzugte Transportrichtung von der Wurzel zum Sproß beobachtet wird, so beruht dies wahrscheinlich nicht auf einem polaren Transportsystem, sondern lediglich auf dem Konzentrationsgefälle vom Synthese- zum Wirkort.

Schließlich beschränkt sich bei allen Gruppen von Phytohormonen die *Wirkung* nicht auf ein einziges Erfolgsorgan und nicht auf eine einzige physiologische Reaktion. Es liegen also »multiple Hormonwirkungen« vor. Damit stehen die Phytohormone auch auf der Wirkungsseite im Gegensatz zu vielen tierischen Hormonen, deren Wirkung hochspezifisch ist (S. 670f.); sie werden daher oft auch als Phytoeffektoren bezeichnet.

6.10 Ordnungsleistungen des Zentralnervensystems

Zu den Grundeigenschaften der Lebewesen im Unterschied zur unbelebten Materie gehört (neben dem Stoffwechsel und der Fortpflanzung) die »*Reizbarkeit*«; man meint damit die Fähigkeit, auf bestimmte *Umweltbedingungen* oder deren Änderungen mit aktiven *Reaktionen* zu antworten. Damit setzt die Reizbarkeit zumindest *zwei* unterscheidbare Wirkungszusammenhänge voraus: 1. daß relevante Umweltbedingungen durch körpereigene Vorgänge – meist durch die *Erregung von Sinneselementen* – repräsentiert werden und 2. daß hierdurch weitere aktive Lebensvorgänge, die *Reaktionen,* in die Wege geleitet und gegebenenfalls in ihrem weiteren Verlauf gesteuert werden. Diese beiden Funktionen – Rezeption und Reaktion – machen eine ursprünglich neutrale Umweltbedingung für den Organismus zum *Reiz* und den zugehörigen aktiven Vorgang zur *Reaktion*.

Bei allen Tierstämmen mit höchstentwickelten Ordnungsleistungen hat sich in der *Kopfregion* ein morphologisch gesondertes Organ entwickelt, in dem sich die entscheiden-

Abb. 6.217. *Aufsicht auf Gehirn und Unterschlundganglion eines Insekts; dazu, lagegerecht eingezeichnet, Ösophagus und Aorta. Halbschematisch. (Aus Eidmann u. Kühlhorn)*

den Vorgänge der Informationsverarbeitung abspielen, das *Gehirn* (S. 494). Die Abbildungen 6.216 und 6.217 veranschaulichen dieses Endstadium der Entwicklung am Beispiel des Menschen- und, im Vergleich dazu, des Insektengehirns. Die folgenden Abschnitte skizzieren dann einige ausgewählte funktionelle Einzelprinzipien, deren Gesamtheit die Leistung eines höher- bzw. eines höchstentwickelten Zentralnervensystems ausmacht.

6.10.1 Stufenfolge der Reiz-Reaktions-Zusammenhänge

Bei Einzellern befinden sich die Funktionsorte für (1) die Reizaufnahme und (2) die Reizbeantwortung definitionsgemäß in derselben Zelle. Aber auch bei Metazoen kommen »*Sensu-Effektoren*« vor, die sensorische und motorische Fähigkeiten in einer Zelle vereinigen und daher einen rezipierten Außenreiz auch selbst durch Reaktionen beantworten. Auf besondere Weise demonstrieren dies die Nesselzellen (Abb. 6.41c, d) mancher Cnidarier: Sie erfüllen ihre Funktion, auf Berührung den Giftinjektionsmechanismus zu betätigen (S. 568), selbst dann noch, wenn sie sich gar nicht mehr in ihrem primären Träger befinden: Gewisse Meeresschnecken weiden die Polypen ab, und die Nesselkapseln werden durch deren Magenwand und durch das Gewebe an die Körperoberfläche befördert, wo sie ihrer Abwehrfunktion zugunsten des neuen Wirtes als »Kleptocniden« (griech. »gestohlene Nesseln«) in perfekter Weise weiterhin genüen.

Sofern die sensorische und die effektorische Funktion eines Reiz-Reaktions-Zusammenhangs auf *verschiedene* Zellen oder *verschiedene* Organe verteilt sind, erzeugt die Sinneszelle *Signale,* die zum Effektor gelangen und dort dessen Reaktion veranlassen. Sind *Nervenbahnen* an dieser Signalübertragung beteiligt (es gibt auch hormonal vermittelte Reaktionen, S. 666f.), so ist der einfachste denkbare Zusammenhang: Ein *einzelnes Neuron* vermittelt zwischen Sinneszelle und Effektor. Dies ist beispielsweise beim Axonreflex der menschlichen Haut verwirklicht: Mechanische Hautreize, z.B. durch einen Strich mit einem Fingernagel, führen zur Gefäßerweiterung (Vasodilatation) und Rötung auch in der *Nachbarschaft* der gereizten Stelle (Reflexerythem). Diese Reaktion wird vermittelt durch Erregungen, die von der Stelle des Reizes zunächst auf Nervenbahnen in zentripetaler Richtung laufen, dann aber auf Kollateralen *desselben Axons* wieder zur Hautoberfläche zurückkehren und dort die Wandzellen der Blutkapillaren beeinflussen.

Die nächsthöhere Organisationsstufe ist beim *monosynaptischen Reflex* erreicht: Zwischen Reizaufnahme und Reaktion vermitteln *zwei* hintereinandergeschaltete Neuronen, zwischen denen somit *eine* Synapse liegt (oder auch mehrere *parallel* geschaltete). Besonders gut untersucht ist ein monosynaptischer Schutzreflex bei einer großen Meeresschnecke, dem Seehasen (*Aplysia,* Hinterkiemer, Opisthobranchier): Deren Kiemen, die in einer von vorn nach hinten wasserdurchströmten Höhle liegen, ziehen sich durch Muskelkontraktion zusammen, wenn die hintere Ausströmöffnung der Höhle, der *Sipho,* mechanisch gereizt wird. An diesem Reflex sind zwei Neurone beteiligt: 1. Die von Sinneszellen des Sipho ausgehenden *afferenten* Nervenfasern, die ins *Abdominalganglion* führen und dort Synapsen mit den Zellkörpern der motorischen Neurone bilden, und 2. die von diesen Zellkörpern ausgehenden *efferenten* motorischen Fasern, die an den Kiemenmuskeln endigen (Abb. 6.218).

Beispiele für *polysynaptische Reflexe* (mit mehr als einer zwischengeschalteten Synapse) sind die »Fremdreflexe« der Säugetiere und des Menschen: Wenn bei diesen auf einen Hautreiz (z.B. »heiß«) eine Bewegung folgt (schnelles Zurückziehen des bewegten Gliedes), so werden die Sinnesmeldungen über das sensorische Axon bzw. dessen Kollateralen in die dorsale Wurzel des Rückenmarks geleitet und dort zunächst auf *Zwischenneuronen* (Interneuronen) übertragen, die in ihrer ganzen Erstreckung im Rückenmark verlaufen; erst diese sind durch Synapsen mit den Motoneuronen verbunden, deren Axone die motorischen Endplatten in den beteiligten Muskeln bilden.

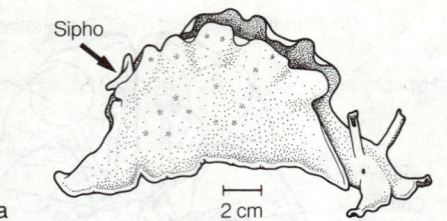

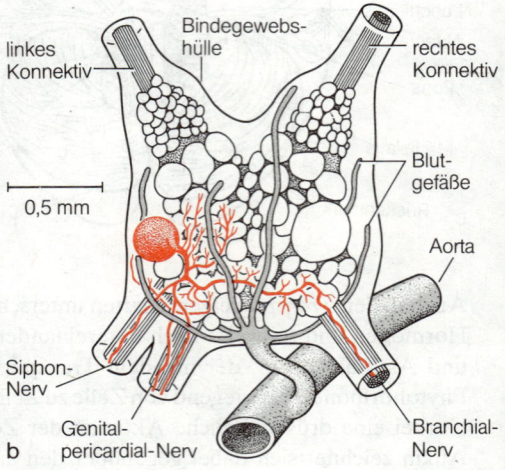

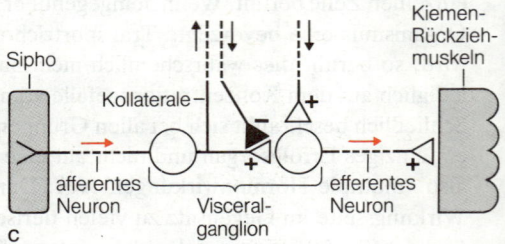

Abb. 6.218. (a) *Habitus der Meeresschnecke Aplysia: Kopf mit zwei Fühlerpaaren; der Fuß besitzt jederseits einen breiten Lappen (Parapodium), der nach oben geschlagen wird; beide können sich über dem Rücken in der Mittellinie berühren. Im Zwischenraum zwischen dem Rücken und dem darüberliegenden rechten Parapodium liegt rechts von der Mittellinie die vom Wasser umströmte Kieme (auf dem Bild nicht sichtbar). (b) Abdominalganglion von Aplysia in Aufsicht (vgl. Abb. 5.149, S. 494) mit zahlreichen, teils elektrophysiologisch gut untersuchten Zellen. Ein Motoneuron mit seinen Ausläufern (nach Farbstoffinjektion) rot eingezeichnet. Der Siphon-Nerv kommt vom Sipho, der Branchialnerv führt zur Kieme. (c) Schema des monosynaptischen Kiemen-Rückzieh-Reflexes. Das efferente Neuron entspricht dem in b rot gezeichneten Motoneuron. Durch die vom afferenten Neuron abzweigende kollaterale Faser und über die im Bereich des Motoneurons ansetzenden erregenden und hemmenden Synapsen ist dieser Schutzreflex in das übrige zentralnervöse Funktionsgefüge eingebunden. (Nach Kandel, verändert)*

Zwischen sensorischen Neuronen und Motoneuronen sind in diesem Fall also *zwei* Synapsen eingeschaltet. Doch können auch zwei oder mehr Zwischenneuronen hintereinander geschaltet sein. Die Bezeichnung »Fremdreflexe« für die polysynaptischen Reflexe der Wirbeltiere soll darauf hindeuten, daß das Ausführungsglied (Muskel oder Drüse) in einem anderen Organ liegt als die (z.B. in der Haut befindlichen) reizaufnehmenden Sinneszellen. – Mit Hilfe von polysynaptischen Reaktionszusammenhängen besteht theoretisch die Möglichkeit, von jeder beliebigen Stelle des Körpers aus an jeder anderen Stelle aktive Vorgänge auszulösen.

Die Einschaltung von einer oder mehreren Synapsen zwischen sensorischer Bahn und Motoneuron dient vielfach auch als funktioneller Ansatzpunkt dafür, die Ausführung einer Reaktion vom Eintreffen *zusätzlicher Informationen* (außer dem auslösenden Reiz) aus anderen Regionen des Zentralnervensystems und des Körpers abhängig sein zu lassen. Hierdurch erreicht der Reiz-Reaktions-Zusammenhang eine höhere Komplikationsstufe. Ein Beispiel: Die Arme von *Tintenfischen* sind zur vollkommenen Ausführung ihrer Tätigkeit beim Umschlingen und Festhalten der Beute mit Hilfe ihrer Saugnäpfe auch dann noch fähig, wenn sie vom Körper abgetrennt wurden. Man kann sie sogar zum selbständigen Verfolgen von Beutestücken veranlassen, die man vor ihnen herbewegt. Die Tintenfischarme führen diese Tätigkeit – solange sie überleben – jederzeit automatisch aus, wenn nur die entsprechenden auslösenden Reize vorhanden sind. Anders ist ihr Verhalten, wenn sie sich unverletzt am Körper des Tieres befinden: Sie reagieren jetzt *nicht*, wenn das Tier *satt* ist, und erfassen nur dann Beute, wenn es *hungrig* ist. Auf der Ebene der zentralnervösen Steuerung heißt dies: Das Signal »satt« wirkt *hemmend* auf die Signalübertragung innerhalb der Reflexbahnen, während die Information »Hunger« durch das *Ausbleiben* des *hemmenden Signals* wirksam wird. Würde das Zentralnervensystem die Arme statt dessen durch *erregende* Kommandos zur Aktion bringen, so müßte ein abgetrennter Arm inaktiv bleiben. Die Kontrolle durch die höhere zentralnervöse Instanz erfolgt hier also durch *Hemmung und deren Aufhebung*. (Doch kommt an anderen Stellen im Tierreich auch Steuerung durch *Erregung und Nichterregung* vor.)

In welcher Richtung sich in der Tierreihe weitere Schritte einer Höherdifferenzierung von Reiz-Reaktions-Beziehungen vollziehen konnten, läßt sich an dem funktionell leicht durchschaubaren Beispiel der Kotabgabe (Defäkation) der Katze aufzeigen: Von der Wand des Rectums verläuft eine direkte Reflexbahn zum Rückenmark und zurück zu den Muskeln, die den Inhalt austreiben. Doch geht der Kotabgabe bei der Katze – wie jeder weiß – voraus, daß das Tier eine kennzeichnende Defäkationsstellung einnimmt (Abb. 6.219); hieran sind viele Muskeln *im ganzen Körper* beteiligt. Das Einnehmen dieser Haltung wird dementsprechend in einem *höheren* Zentrum, dem Zwischenhirn, organisiert. Die primären Signale vom Darm müssen demnach zunächst bis dorthin aufsteigen; der Weg des spinalen (= im Rückenmark lokalisierten) Austreibereflexes wird erst freigegeben (*Aufhebung der Hemmung*), nachdem die Defäkationsstellung eingenommen wurde. – Aber auch die Zwischenhirnfunktion unterliegt wiederum einer noch höheren Kontrolle durch Hemmung und Freigabe, und zwar seitens der Hirnrinde (Cortex): Nachdem die ursprünglich auslösenden Signale vom Darm her auch bis dorthin gelangt sind, sichert das Tier zunächst durch Lauschen und Umherschauen und gibt die Aktion des Zwischenhirns für das Einnehmen der Defäkationsstellung erst dann frei, wenn keine Gefahren wahrgenommen werden. – Diese zweistufige prüfende Informationsaufnahme und das vorbereitende Verhalten schützen den Organismus während des Defäkationsaktes, der seine sonstige Reaktionsfähigkeit verringert, bestmöglich davor, von einer Gefahr überrascht zu werden (Abb. 6.220).

Wenn höher organisierte Tiere und schließlich der Mensch mehr und mehr Kontrollen in ihr Verhalten einzuschalten vermögen und dieses sich dadurch an immer vielfältigere Umweltgegebenheiten anpaßt, so liegt dem vielfach das eben an einfachen Beispielen demonstrierte Prinzip zugrunde: Ein ursprünglicher Reiz-Reaktions-Zusammenhang

Abb. 6.219. *Defäkationsstellung bei einer Katze. Diese Körperhaltung nehmen viele Säugetiere bei der Kotabgabe ein; sie vermeiden dadurch die Verschmutzung der Hinterbeine. Die Katze auf dem Bild ist nicht durch tatsächlichen Stuhldrang, sondern durch Hirnreizung zum Einnehmen der Defäkationsstellung veranlaßt worden. (Nach W. R. Hess)*

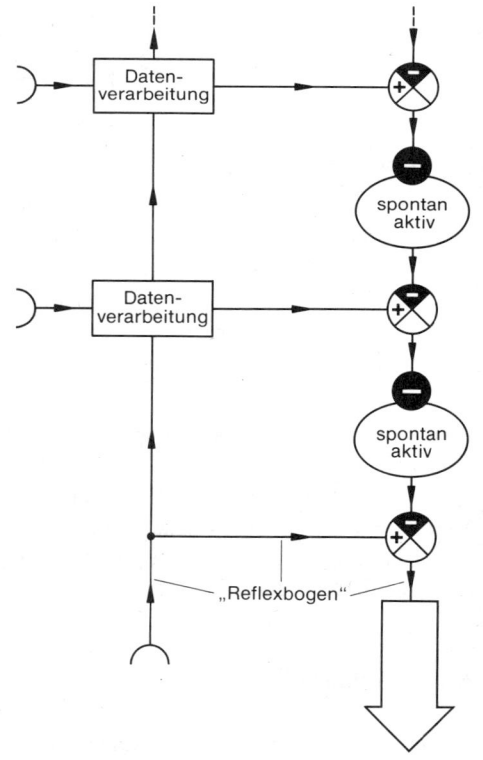

Abb. 6.220. *Funktionsschaltbild zur Darstellung derjenigen funktionellen Elemente und Verknüpfungen, die für eine Steuerung durch Hemmung und Enthemmung erforderlich sind. Die spontan aktiven Elemente sind für die im Regelfall wirkende Hemmung zuständig. Die Datenverarbeitungsinstanzen überprüfen, ob beim Eintreffen des den Reflexbogen aktivierenden Reizes die sonstigen Bedingungen vorliegen, die für das betreffende Verhalten erforderlich sind; sobald dies der Fall ist, geben sie entsprechende Signale nach rechts ab. (Zeichnung nach experimentellen Ergebnissen und theoretischen Aussagen von W. R. Heß)*

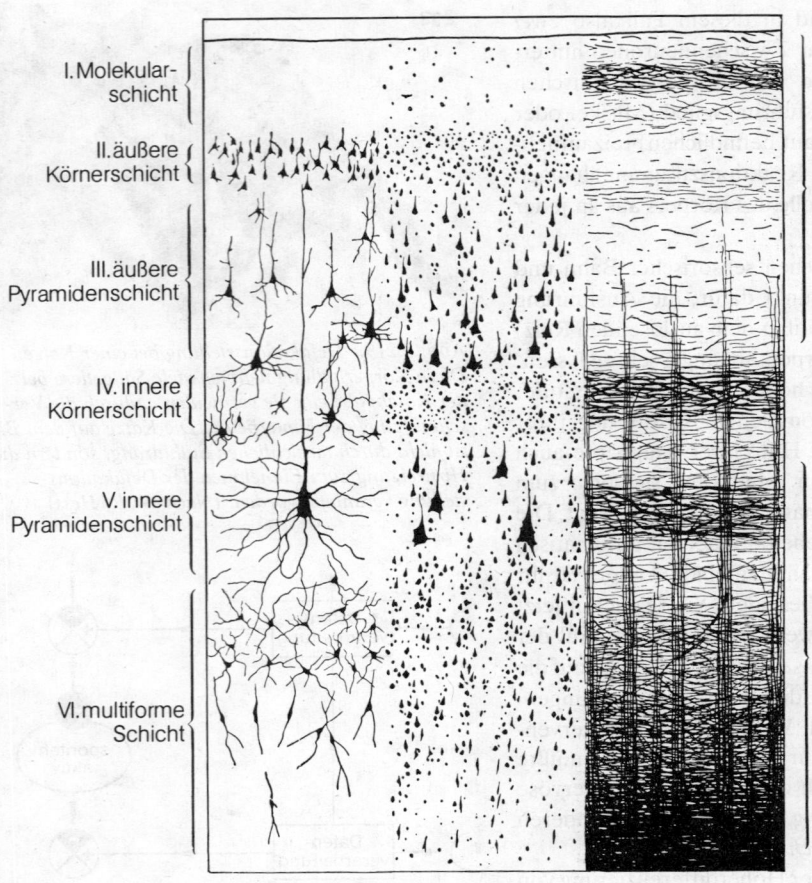

Abb. 6.221. Halbschematische Darstellung eines Ausschnitts aus der höchst entwickelten Zone der Hirnrinde der Säugetiere und des Menschen, so wie sich diese in drei verschiedenen histologischen Techniken darstellt: links nach der Methode von Golgi, durch welche ein (im Einzelfall nicht vorhersehbarer) Prozentsatz der Nervenzellen mit allen ihren Ausläufern (!) als »Schattenbild« erscheint; in der Mitte mit der Methode nach Nissl, wodurch die Zellkörper aller ungeschädigten Neuronen – ohne Dendriten und Neuriten – gefärbt werden; rechts mit der Methode nach Weigert, wobei selektiv das Myelin gefärbt und dadurch alle myelinisierten Neuriten und Kollateralen sichtbar werden. Die Abbildung soll die Form der Pyramidenzellen (links und Mitte) sowie deren nach unten ziehende Neuriten (rechts) demonstrieren. (Nach Brodmann aus Rauber u. Kopsch)

wird von der phylogenetisch später entwickelten, übergeordneten Instanz unter eine *Dauerhemmung* gesetzt. Diese wird aufgehoben, d.h. eine *Bahnung* erfolgt, sobald zusätzliche Information aufgenommen, verarbeitet und gegebenenfalls vorbereitendes Verhalten durchgeführt wurde. – Nach diesem Prinzip kann sich der Organisationsgrad von Reaktionen in einer oder auch in zwei und vielleicht noch mehr aufeinander aufbauenden Stufen weiter und weiter erhöhen und differenzieren (Abb. 6.220).

6.10.2 Schnelleitungssysteme

Wo in die Steuerung von Reaktionen, wie im vorigen Abschnitt beschrieben, vielfältige Informationen eingehen – gegebenenfalls unter Beteiligung stufenweise einander übergeordneter Instanzen –, spielen sich naturgemäß sehr komplizierte Wechselwirkungen zwischen zahlreichen Neuronen an deren Synapsen ab, und dies benötigt verhältnismäßig viel Zeit. Wo es hingegen weniger auf präzise angepaßte Steuerung als auf die *Schnelligkeit* von Reaktionen ankommt – wie z.B. bei plötzlich notwendiger Flucht –, so wird dies bisweilen durch ein eigenes, ganz andersartiges Teilsystem des Zentralnervensystems verwirklicht: Dessen Fasern sind zwecks hoher Geschwindigkeit der Impulsleitung besonders dick (am auffälligsten bei Avertebraten, die ja keine saltatorische Impulsleitung besitzen); sie durchsetzen vielfach die übrigen Teile des Zentralnervensystems, ohne sich an den dortigen synaptischen Umschaltungen zu beteiligen, und sie enthalten in sich nur

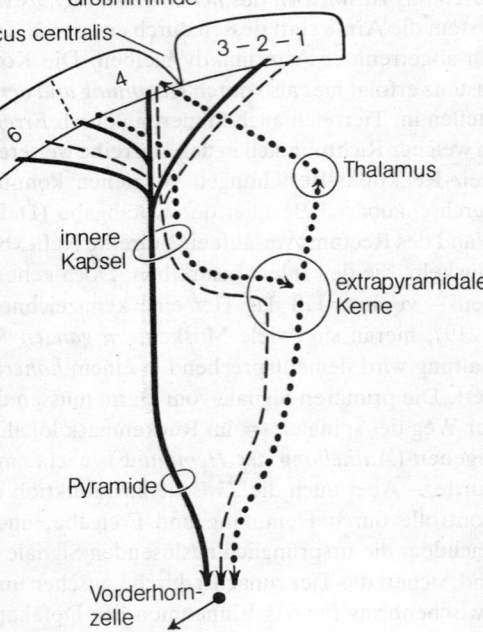

Abb. 6.222. Stark vereinfachtes Schema der Pyramidenbahn beim Säugetier. Die phylogenetisch ursprünglicheren extrapyramidalen Bahnen (punktiert bzw. gestrichelt) werden durch diese Schnelleitungsbahn ohne Synapsen (durchgezogene Linie) ergänzt. (Nach Rein u. Schneider)

eine Mindestzahl chemischer Synapsen (wenig Zeitverlust durch »Synapsenzeiten«!). Mit all dem durchbrechen die Schnelleitungssysteme um ihres besonderen Funktionszieles willen das zuvor beschriebene Prinzip der fortschreitenden Höherdifferenzierung von Reaktionen.

Das Bauchmark des Regenwurms enthält drei – eine mittlere und zwei laterale – *Riesenfasern* (Kolossalfasern, Abb. 5.151, S. 495), deren Leitungsgeschwindigkeit $10\text{–}20\ \mathrm{m \cdot s^{-1}}$ beträgt. Diese Fasern erhalten ihre Erregungen von Rezeptoren für Berührung und Vibration; sie sind für das blitzschnelle Zusammenziehen des ganzen Wurmkörpers zuständig, das man leicht durch Berührung einer beliebigen Körperpartie des Tieres auslösen kann. Die *mittlere* Faser empfängt ihre Signale durch viele zuführende Fasern im *vorderen* Drittel des Tieres und überträgt die Erregungen daher vorwiegend von vorn nach hinten. Durch Signale auf überall abzweigenden Kollateralen werden alle Längsmuskeln des Körpers zur Kontraktion gebracht. Außerdem werden die Verankerungsborsten (Setae) des Hinterendes aufgerichtet, so daß günstigenfalls das Hinterende des Wurmes in seiner Position fixiert und das *Vorderende* automatisch aus der durch die Reizung angezeigten Gefahrenzone *zurückgezogen* wird. Die beiden *seitlichen* Riesenfasern sind mit den Sinneselementen der *hinteren* zwei Drittel des Wurmkörpers verbunden, leiten daher im vorderen Drittel des Wurmes ihre Impulse stets nur nach vorne und lösen *dort* das Aufrichten der Setae aus; jetzt wird, falls sich diese Borsten durch das Aufstellen verankern konnten, durch die Verkürzung des Gesamtkörpers das *Hinterende nach vorn gezogen*. – Morphologisch sind die Riesenfasern aus so vielen zellulär selbständigen Abschnitten zusammengesetzt, wie der Wurmkörper Segmente besitzt – jeder Abschnitt entsteht ontogenetisch in dem zugehörigen Körpersegment. Da die »morphologischen Einzelneurone« aber *zwischen* den Segmenten durch *elektrische* Synapsen (S. 468) verbunden sind (durchgängig in beiden Richtungen; keine Synapsenzeit), bildet jede Riesenfaser *funktionell* das Äquivalent eines einheitlichen Neurons.

Funktionell ähnlich arbeitende, wenn auch zellulär anders strukturierte Schnelleitungssysteme existieren bei vielen Tiergruppen, so auch bei Tintenfischen und dekapoden Krebsen, wo sie schnelle Fluchtreaktionen durch das Rückstoßprinzip ermöglichen: Bei Tintenfischen ziehen sich durch Erregung des Schnelleitungssystems große Partien der Körpermuskulatur fast gleichzeitig zusammen, wodurch mit großer Kraft Wasser aus der Mantelhöhle nach vorn ausgestoßen wird (S. 649).

Die wohl höchste Form eines Schnelleitungssystems – hier aber im Dienste anderer Funktionen als schneller Fluchtreaktionen – findet sich in den *Pyramidenbahnen* der Säugetiere und des Menschen. Die zugehörigen Zellkörper (Abb. 6.221) liegen in der Hirnrinde, und zwar in der vorderen (motorischen!) Zentralwindung (Abb. 6.216a). Von dort aus ziehen deren myelinisierte Axone ohne synaptischen Kontakt durch alle Ebenen von Schaltstellen – Thalamus, Zwischenhirn, Mittelhirn, Brücke, Nachhirn – hindurch und enden mit ihren Endaufzweigungen erst auf der Höhe der Motoneurone (Abb. 6.222). Im Extremfall können daher die Fasern beim Menschen die Länge von 1 m erreichen (Strecke vom Scheitel bis zum Ende des Rückenmarks), bei der Giraffe und bei großen Walen ein Mehrfaches davon. Die Pyramidenbahn hat in der Reihe der Säugetiere mit der Höherentwicklung des Zentralnervensystems bis zum Menschen hin stetig an Mächtigkeit zugenommen. Sie ist verantwortlich dafür, daß sich die Vorgänge in der Großhirnrinde sehr schnell in Körperbewegungen ausdrücken können. – Für Sinnesmeldungen gibt es keine entsprechende Schnelleitungsbahn zum Cortex. Zwischen Sinneszellen und der Hirnrinde vermitteln beim Säugetier niemals weniger als drei hintereinander geschaltete Neuronen; so durchlaufen die Signale von den Lichtsinneszellen beim Menschen vor der Ankunft in der Sehrinde drei Instanzen synaptischer Umschaltung; in der *Retina* zwischen Sehzellen und Bipolaren sowie zwischen diesen und den Ganglienzellen und im *Corpus geniculatum laterale* zwischen den Fasern der Ganglienzellen (die den Sehnerven, Tractus opticus, bilden) und der zur Sehrinde führenden Gratiolet-Sehstrahlung (Abb. 6.243).

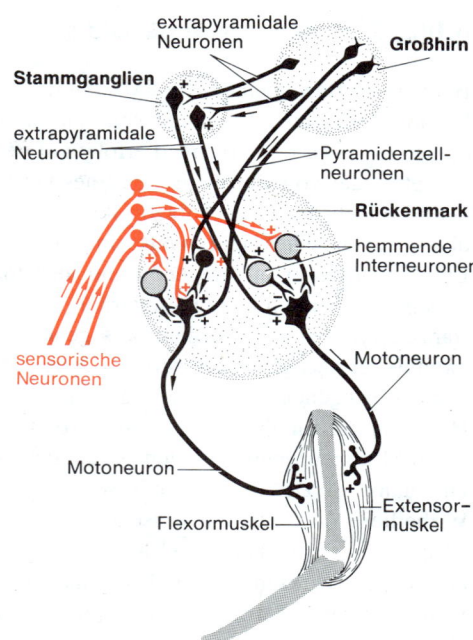

Abb. 6.223 Vereinfachte schematische Darstellung der Verschaltung zweier Motoneuronen des Rückenmarks, die mit ihren Axonen unmittelbar zwei antagonistische Muskeln innervieren. Von den drei rot gezeichneten sensorischen Neuronen könnte das erste (links) Hautreize melden, die den Flexor zur Kontraktion veranlassen (Reflexbahn enthält zwei Synapsen); das zweite (Mitte) kommt von einer Muskelspindel (monosynaptischer Reflex); das dritte (rechts) geht von einer Sehnenspindel aus und führt zur Entspannung des Muskels bei überstarker Anspannung. Beim zweiten der sensorischen Neuronen wurde auch die hemmende Verbindung zum Antagonisten eingezeichnet. Ferner sind je zwei extrapyramidale und pyramidale Verbindungen angedeutet. Das Schema enthält nur eine kleine Auswahl der tatsächlich vorhandenen Verbindungen. Die drei übereinander gezeichneten Zellkörper der sensorischen Neuronen liegen außerhalb des Rückenmarkes im Spinalganglion.

6.10.3 Steuerung von Muskelaktionen in Extremitäten

Bei aktiven Bewegungen von Extremitäten geht die Kontraktion eines Muskels gewöhnlich mit dem gleichzeitigen Erschlaffen und der passiven Dehnung seines Antagonisten einher (S. 514). Entsprechend erfolgt auf der Ebene der zentralnervösen Steuerung das Erregtwerden von Motoneuronen eines Muskels in der Regel parallel mit einer Hemmung der Motoneuronen des Antagonisten. Nach allen bisherigen Erfahrungen scheint allerdings kein einzelnes Neuron mit seinen axonalen Endaufzweigungen zugleich an manchen Empfängerneuronen erregende und an anderen hemmende (chemische) Synapsen zu bilden. (Es müßten hierzu – innerhalb einer Zelle! – zwei verschiedene Überträgersubstanzen synthetisiert werden, was generell unwahrscheinlich erscheint und noch nie zweifelsfrei nachgewiesen wurde.) Daher geht bei einem Neuron, das an einem Motoneuron erregende Synapsen bildet, die *Hemmung* der *antagonistischen* Neuronen mit Hilfe von kurzen *Zwischenneuronen* vor sich, und erst diese bilden auf den antagonistischen Motoneuronen die hemmenden Synapsen (Abb. 6.223).

Die damit skizzierte antagonistische Schaltung wird bei den Extremitäten höherer Wirbeltiere auf vielfältige Weise ergänzt, so insbesondere durch den Servoregelkreis des *Eigenreflexes* (Muskelspindel-Regelkreis, Abb. 6.226) sowie durch den bei Überdehnungsgefahr wirksam werdenden *Entlastungsreflex* (vermittels der Sehnenspindeln):
In die meisten Skelettmuskeln (= Skelett-Teile gegeneinander bewegenden Muskeln) sind Hunderte bis 3 mm lange *Muskelspindeln* (Abb. 6.224a) eingebettet. Sie sind so fest an die benachbarten Muskelfasern angeheftet, daß sie sich passiv mit diesen zusammen verkürzen und verlängern. Sie bestehen aus einer rohrförmigen Hülle, in deren Innerem sich ganz schwache, durch ein eingeschaltetes Spannungssinnesorgan unterbrochene (»intrafusale«) Muskelfasern befinden. Von den Spannungssinnesendstellen verlaufen schnell leitende Nervenfasern zum Rückenmark und übertragen ihre Meldungen dort auf Nervenbahnen, die zurücklaufen und den eigentlichen Muskel innervieren. Die schwachen Spindelmuskeln, deren Beitrag zur Kraft der Muskeln unmeßbar gering ist, werden durch Nervenfasern, die vom Rückenmark herkommen, in ihrem Kontraktionszustand gesteuert. Die Muskelspindeln sind also als ganze Organe weder Effektoren noch Sinnesorgane, sondern Zwitterwesen aus einem muskulären und einem sensiblen Anteil. Ihre Funktion ist zutreffend gekennzeichnet, wenn man sagt: Sie sind die Regler in einem Servoregelkreis (Abb. 6.67). Vermutlich werden die eigentlichen Muskelfasern und die Spindelmuskeln in der Regel parallel miteinander aktiviert. Verkürzt sich aber – wegen äußeren Widerstandes gegen seine Bewegung – der Muskel nicht dem Kraftaufwand entsprechend, dann bleiben auch die Spindeln länger, und deren parallel kontrahierte intrafusale Muskelfasern dehnen den zwischengeschalteten sensiblen Anteil entsprechend mehr; diese stärkere Dehnung bewirkt sofort eine höhere Signalfrequenz im afferenten Muskelspindel-(IA-)Nerv, was auf dem »Reflexbogen« über die Motoneuronen zu verstärkter Muskelkontraktion führt (deren Fasern innervieren die Spindelmuskeln sinngemäß nicht!). Auf diesem Wege führt – ganz im Sinne des Prinzips des Servoregelkreises – *verstärkter Widerstand* automatisch zu *verstärktem Kraftaufwand* der Muskeln.
Am auffälligsten offenbart sich die Funktion der Muskelspindeln und des Servoregelkreises, wenn ein gleichmäßig leicht angespannt gehaltener Muskel plötzlich ein wenig *passiv* gedehnt wird. Dies kann man an dem im Oberschenkel liegenden Streckmuskel des menschlichen Kniegelenks zeigen, wenn man – etwa mit einem Reflexhammer oder mit der Handkante – leicht auf die Sehne dieses Muskels unterhalb des Kniegelenks schlägt (bei rechtwinklig gebeugtem Knie und frei hängendem Unterschenkel, Abb. 6.226, *Pfeil 1*). Die winzige dadurch hervorgerufene Muskeldehnung löst eine sofortige kurze Kontraktion und damit ein leichtes Vorschnellen des Unterschenkels aus (*Pfeil 2* in Abb. 6.226). Isoliert betrachtet handelt es sich dabei um einen *monosynaptischen* Reflex. Er wird – im Unterschied zum Fremdreflex – *Eigenreflex* genannt, weil Reizort und

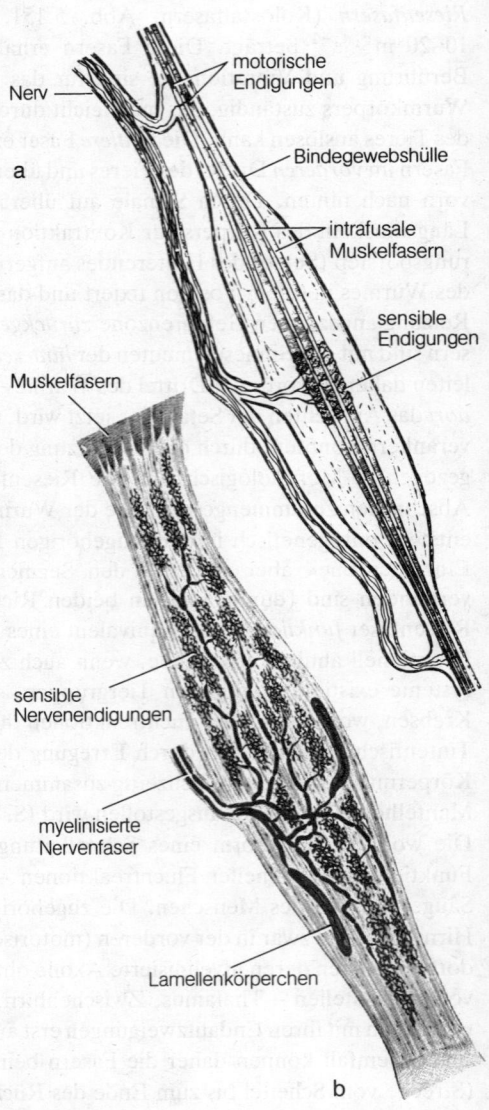

Abb. 6.224a, b. Halbschematische Darstellungen von Spindelorganen der Säugetiere im Längsschnitt. (a) Eine Muskelspindel und ihre motorische (oben u. unten) und sensible (Mitte) Innervierung. Das Gebiet der sensiblen Endigungen ist in die »intrafusalen« Muskelfasern eingeschaltet, hat aber selbst nicht den Charakter kontraktionsfähiger Muskelsubstanz, sondern eines Spannungsrezeptors. (b) Eine ins Sehnengewebe eingebettete Sehnenspindel. Deren Meldungen hemmen die Kontraktion des zugehörigen Muskels und aktivieren dessen Antagonisten. (a nach Bergmann, b nach Clara)

6.10.3 Steuerung von Muskelaktionen in Extremitäten 699

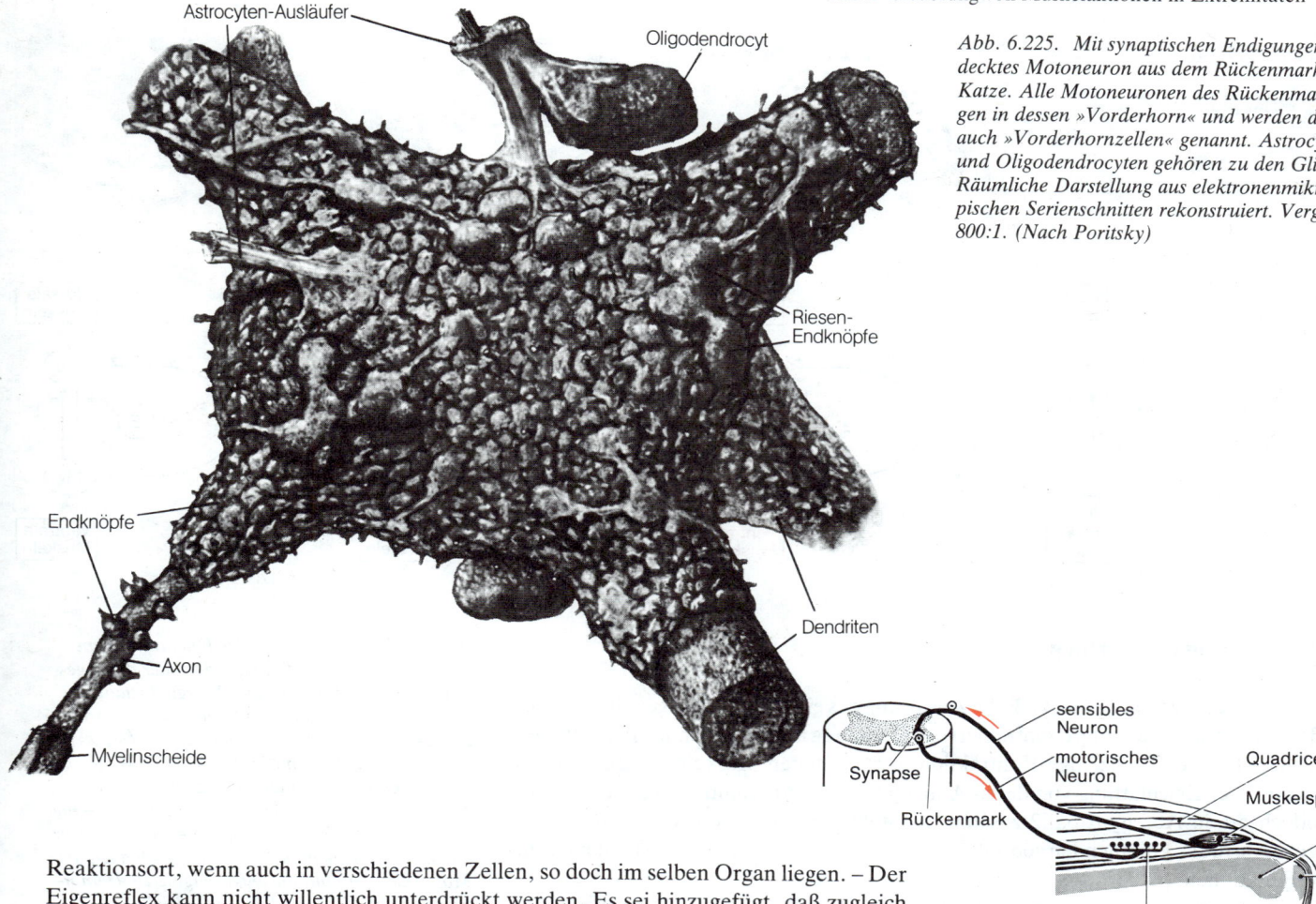

Abb. 6.225. Mit synaptischen Endigungen bedecktes Motoneuron aus dem Rückenmark einer Katze. Alle Motoneuronen des Rückenmarks liegen in dessen »Vorderhorn« und werden daher auch »Vorderhornzellen« genannt. Astrocyten und Oligodendrocyten gehören zu den Gliazellen. Räumliche Darstellung aus elektronenmikroskopischen Serienschnitten rekonstruiert. Vergr. etwa 800:1. (Nach Poritsky)

Abb. 6.226. Schema der Organisation des Kniesehnenreflexes beim Menschen. Die Darstellung ist insofern vereinfacht, als der Oberschenkelstrecker nicht nur eine, sondern in Wirklichkeit 500–1000 Muskelspindeln enthält. Diese sind viel kürzer als gezeichnet, nämlich 1–3 mm lang. Auch die übrigen Proportionen sind nicht wirklichkeitsgerecht dargestellt. Unterhalb der Kniescheibe ist mit dem roten Pfeil 1 diejenige Stelle angedeutet, an der ein leichter Schlag den Reflex auslöst; die Bewegungsrichtung gibt der Pfeil 2 an. (Nach Möricke u. Mergenthaler)

Reaktionsort, wenn auch in verschiedenen Zellen, so doch im selben Organ liegen. – Der Eigenreflex kann nicht willentlich unterdrückt werden. Es sei hinzugefügt, daß zugleich mit dem Eigenreflex des *Streckers* die *Beuger* aufgrund einer Hemmung ihrer Motoneuronen *erschlaffen,* wie dies den Ausführungen über antagonistische Hemmung (S. 698) entspricht.

In den *Sehnen* von Muskeln der Extremitäten können *Sehnenspindeln* (Abb. 6.224b) liegen: Sinneselemente, die ebenfalls auf *Zug* ansprechen, aber eine sehr hohe Schwelle besitzen. Sie signalisieren die akute Gefahr des Muskel- oder Sehnenrisses; ihre Signale veranlassen sofortige Entspannung des Muskels. Entsprechend den vorgenannten Prinzipien bilden die von den Sehnenspindeln kommenden sensiblen Nerven *erregende* Synapsen auf *hemmende* Interneuronen der *Motoneuronen* des Muskels, zu dem die Sehne gehört (Abb. 6.223). – Außerdem erhalten von den Sehnenspindeln zugleich die Motoneuronen der *Extremität der Gegenseite* zusätzliche Erregungen; in dieser Situation wird ja der gegenüberliegenden Extremität mit großer Wahrscheinlichkeit eine größere Stützleistung abgefordert.

Berücksichtigt man, daß alle beschriebenen Einflüsse zwischen Beuger und Strecker wechselseitig erfolgen, so zählt man nach den – unvollständigen – Angaben dieses und des vorigen Abschnitts bereits sechs Arten von Signalen (vier erregend, zwei hemmend), die auf jedes Motoneuron konvergieren; in Wirklichkeit sind es erheblich mehr. Danach ist es nicht überraschend, daß die Oberfläche der Motoneuronen (Zellkörper und Dendriten) mit synaptischen Endigungen übersät ist. Abbildung 6.225 vermittelt einen Eindruck vom möglichen Aussehen von Strukturen, in denen im Zentralnervensystem hochdifferenzierte Integrations-(Verrechnungs-)Vorgänge ablaufen.

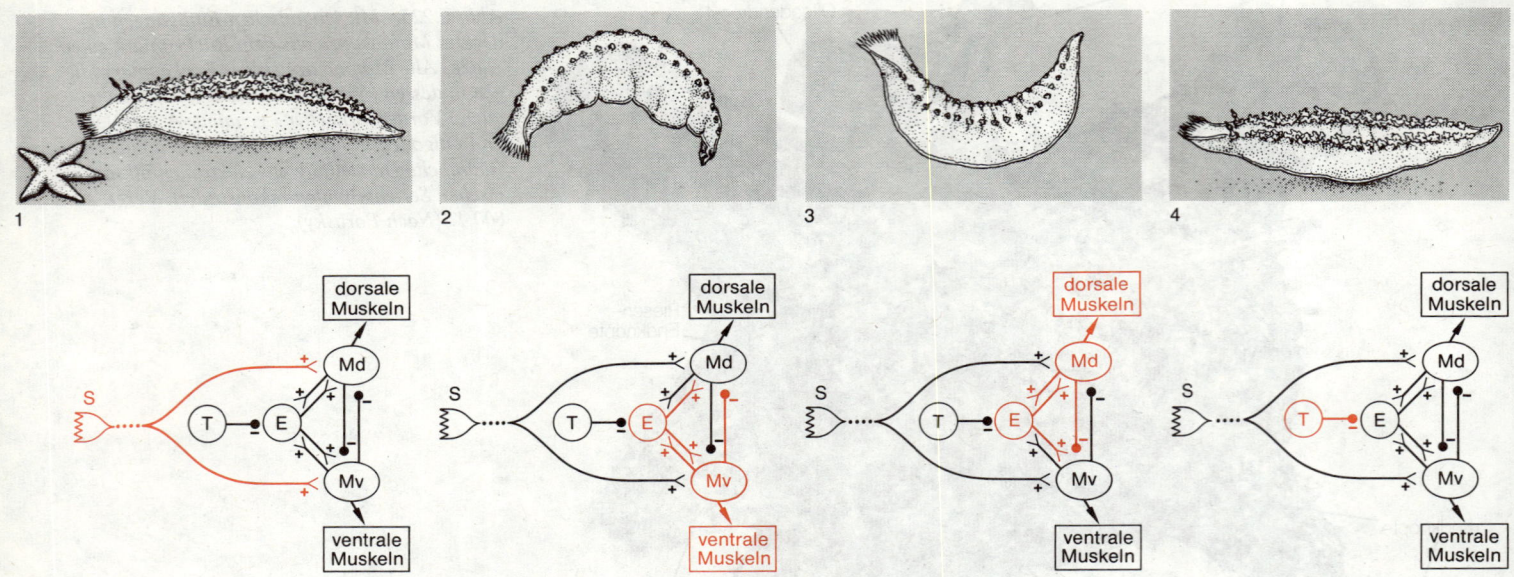

6.10.4 Steuerung der Fortbewegung

Manche Akte der Fortbewegung, z. B. die Auslösung des einzelnen Sprunges eines Flohes (S. 663), erfordern keine weitere zentralnervöse Steuerung als das Absenden der neuralen Kommandos für die gleichzeitige Kontraktion der beteiligten Muskeln, gegebenenfalls begleitet von der Erschlaffung von deren Antagonisten (s. Abschnitt 6.10.3). Überprüft man jedoch die in Abschnitt 6.8.2 zusammengestellten Lokomotionsweisen auf die in ihnen zum Ausdruck kommenden zentralnervösen Steuerungsleistungen, so trifft man auf weitere Funktionen:

das Erzeugen und Aussenden von Kommandos aus dem Bauch- oder Rückenmark in bestimmten Zeit- oder Phasenabständen längs des Körperstammes, so daß Kontraktionswellen (z. B. beim Regenwurm) oder »Bewegungswellen von Beinpaaren« (z. B. bei Anneliden, Tausendfüßlern, Schmetterlingsraupen) entstehen;

periodische Erzeugung von Kommandos, z. B. für den periodischen Beginn von Kontraktions- bzw. Bewegungswellen am Vorder- oder am Hinterende des Tieres;

periodische Erzeugung *alternierender* Kommandos, z. B. für abwechselnde Kontraktionen von Beugern und Streckern oder für die Bewegungen alternierend bewegter (z. B. Schreit-)Extremitäten.

Diesem letzten Prinzip gehorcht beispielsweise das *Fluchtschwimmen* der gehäuselosen Meeresschnecke *Tritonia* (Abb. 6.227). Es wird ausgelöst etwa durch Berühren eines Seesterns (1) und besteht im abwechselnden Verkürzen der Bauch- (2) und der Rückenmuskeln (3), wodurch das Tier seinem Feind entrinnen und wieder zur Ruhe kommen (4) kann. Als Kommandogeber für die Muskelkontraktionen gelten Neuronengruppen im Zentralnervensystem (Abb. 6.228), deren funktionelle Beziehungen in der Abbildung 6.227a, untere Hälfte, nach den heutigen Kenntnissen stark vereinfacht dargestellt sind. Grundbedingungen für das Abwechseln zwischen den ventralen (v) und den dorsalen (d) Kontraktionen sind *hemmende Wechselwirkungen* zwischen den Motoneuronengruppen (M) der antagonistisch tätigen Muskeln sowie das jeweils alsbaldige *eigengesetzliche Abklingen* (»Adaptieren«) der Erregungen, nachdem sie sich in einer Neuronengruppe durchgesetzt haben. Bei welchen Zeitkonstanten und Verzögerungszeiten der zusammen-

Abb. 6.227. Vier Stadien des Fluchtverhaltens der Meeresschnecke Tritonia, darunter die zugehörigen Funktionsschemata. Erregte Instanzen rot, unerregte schwarz. (1) Sinneszellen, repräsentiert durch S, senden erregende Signale (+) an die Neuronengruppen Md und Mv. (2) Wegen der wechselseitigen Hemmung (−) zwischen den Neuronengruppen setzt sich eine von beiden – hier Mv – mit ihrer Erregung gegen die andere durch, indem sie diese hemmt und ihr dadurch auch die Möglichkeit nimmt, die entgegengesetzte Hemmwirkung auf Mv zu entfalten. Zugleich wird auch die Gruppe von Erregungsneuronen (E) erregt, die von nun an sowohl Md wie Mv unter einen dauernden aktivierenden Einfluß setzt. (3) Nachdem die Erregung in Mv eigengesetzlich abgeklungen ist und damit auch die Hemmung auf Md wegfällt, wird Md durch E zur Erregung gebracht. Md hemmt seinerseits Mv. Einen Augenblick später klingt jedoch auch die Erregung in Md eigengesetzlich ab, was dann wieder die inzwischen erholte Neuronengruppe Mv zur Aktion kommen läßt, usw. (4) Das anfangs angestoßene und dann durch die gegenseitigen Wirkungen zwischen Mv, Md und E aufrecht erhaltene Wechselgeschehen hört schließlich auf – ob durch Ermüdung der Neuronengruppe E oder, wie hier dargestellt, durch die Aktivität einer »Terminator-Instanz« T mit Hemmwirkung auf E, ist noch unentschieden. (Nach Vorlagen von Willows und Angaben von Getting)

wirkenden erregungsfähigen Elemente ein derart geschaltetes Gesamtsystem selbsterregte alternierende Schwingungen erzeugt, ist durch die Simulation der funktionellen Verbindungen auf einem Computer ermittelt worden.

Auch die Flugbewegungen von Insekten beruhen darauf, daß sich antagonistisch wirkende Muskelgruppen in ihrer Kontraktion *abwechseln*. Vermutlich entstehen hierfür die zentralnervösen Steuersignale in funktionell ähnlich strukturierten Systemen wie den in Abbildung 6.227a, unten, dargestellten. – Direkt an den Flügeln angreifende Flugmuskeln (S. 519) kontrahieren sich dabei jeweils unmittelbar nach dem Eintreffen einer Salve von Aktionspotentialen, so daß die bioelektrischen Erscheinungen im Muskel mit den Flügelbewegungen synchronisiert sind (Abb. 6.229a). Indirekt wirkende Muskeln dagegen kontrahieren sich in vielen Fällen häufiger, als es dem Eintreffen der aktivierenden Signale entspricht (Abb. 6.229b; vgl. S. 519).

Über das Erzeugen von Kommandos für alternierende Muskelaktionen hinaus besteht eine weitere Leistung des Zentralnervensystems im Hervorbringen *raum-zeitlicher Kommandomuster* für hochdifferenzierte Bewegungsfolgen wie bei den Gangarten der Säugetiere, z. B. des Pferdes (Abb. 6.176): Beim *Schritt* erreichen die vier Beine gleiche Phasenlagen in gleichen Zeitabständen; beim Trab berühren jeweils die »gekreuzten« Beine gleichzeitig den Boden; beim Galopp finden sich längere und ganz kurze Zeitabstände in bestimmter Zeitfolge. Die Gangarten sind im Verhalten der Tiere nicht durch Zwischenstufen fließend verbunden, sondern sie gehen sprunghaft ineinander über.

Die raum-zeitlichen Muster der Beinbewegungen der verschiedenen Gangarten beruhen nach dem heutigen Forschungsstand nicht etwa auf drei detaillierten Programmen, die je nach der erforderlichen Fortbewegungsgeschwindigkeit in Funktion gesetzt werden; vielmehr besitzt vermutlich jede Extremität einen eigenen Periodengeber im Rückenmark. Diese Instanzen stehen aber miteinander in jeweils zweiseitigen Wechselbeziehungen nach dem Prinzip der »relativen Koordination«, woraus sich dann die Gangarten als *Systemerscheinungen* ergeben. Der Hauptfaktor der relativen Koordination ist der »M-Effekt« (hergeleitet von »Magneteffekt«, auch »Phasenkoppelung« genannt): Einfluß eines biologischen Rhythmus auf einen anderen, der sich ausdrückt in einer *Zugwirkung* auf diesen mit der Tendenz, ihn in eine bestimmte definierte Phasenlage relativ zur eigenen (in die »Koaktionslage«) zu ziehen. Der abhängige Rhythmus wird, solange er relativ zur Koaktionslage *voreilt* (bis +180°), verlangsamt und, solange er nachfolgt (bis −180°), beschleunigt. Am deutlichsten offenbart der M-Effekt seinen Charakter in einer künstlichen Experimentalsituation, wenn zwischen zwei biologischen Rhythmen von wenig unterschiedlicher Eigenfrequenz eine *schwache, einseitige* M-Wirkung besteht: Nach jeweils zunehmendem Vorauseilen des schnelleren Rhythmus gegenüber dem führenden erfolgt ein rascher Zwischenschlag, der ihn vorübergehend wieder mit dem langsameren Rhythmus in Phase bringt (Abb. 6.230a). Ist der abhängige Rhythmus langsamer, geschieht das Gegenteil: Die »Zwischenschläge« sind langsamer und *überspringen* eine Schwingung des führenden Rhythmus (Abb. 6.230b).

Ihre eigentliche funktionelle Bedeutung erhält die zentralnervöse Funktionskoppelung nach dem Prinzip des M-Effektes jedoch nicht in den eben beschriebenen zweiseitigen Beziehungen zwischen Rhythmen unterschiedlicher Eigenfrequenz, sondern bei der funktionellen Organisation der *Gangarten* (s. oben). Dort bestehen *wechselseitige* Beziehungen zwischen *mehreren* zusammenwirkenden Rhythmusgebern *gleicher* Frequenz. Das hieraus erwachsende Verhalten des Gesamtsystems ist wegen seiner Kompliziertheit nicht mehr ohne mathematische Analyse zu veranschaulichen. Unter der Voraussetzung geeigneter funktioneller Konstanten ergeben sich in einem solchen überaus flexiblen System *sprunghafte* Übergänge zwischen Koordinationsformen wie Schritt, Trab und Galopp bei *fließender* Beschleunigung bzw. Verlangsamung der Eigenfrequenzen der Rhythmusgeber.

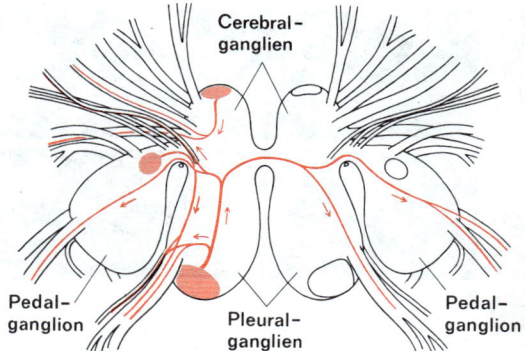

Abb. 6.228. Aufsicht auf das Zentralnervensystem von Tritonia, schematisiert. Für einige identifizierbare Neurone, die mit ihren Axonen rot hervorgehoben sind, ist die Zugehörigkeit zu den an der Steuerung des Fluchtverhaltens beteiligten funktionellen Gruppen nachgewiesen. (Nach Willows)

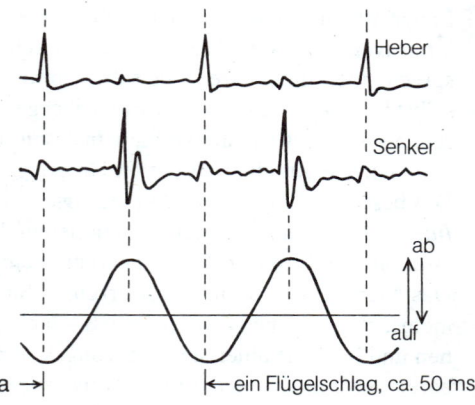

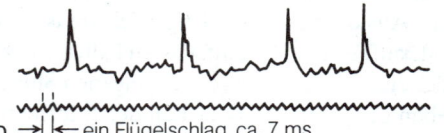

Abb. 6.229a, b. Zeitbeziehungen zwischen den bioelektrischen Erscheinungen an Insekten-Flugmuskeln (Elektromyogramm) und den durch die Kontraktionen hervorgebrachten Flügelbewegungen (vgl. Abb. 6.166). (a) Wanderheuschrecke. Jede einzelne Verkürzungsphase wird durch starke elektrische Potentiale eingeleitet. Elektrische und mechanische Erscheinungen erfolgen also synchron. (b) Schmeißfliege. Zeitabstand zwischen den elektrischen Spitzenpotentialen 9 bis 14mal so lang wie zwischen den einander entsprechenden Phasenlagen aufeinanderfolgender Flügelschläge. Elektrische Erscheinungen also nicht synchron mit den viel höherfrequenten Flügelschlägen. (a nach Waldron, b nach Nachtigall und Wilson)

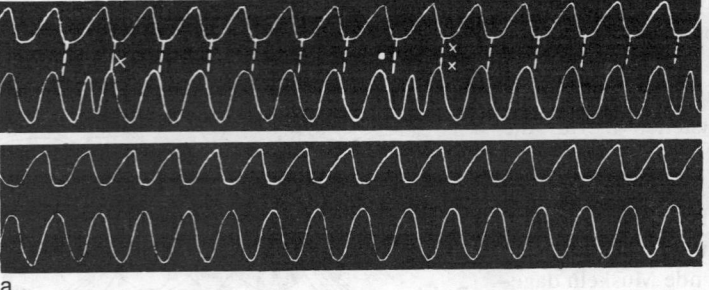
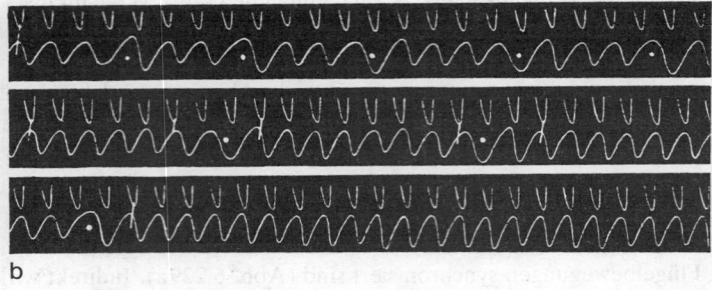

Abb. 6.230 a, b. M-Effekt zwischen Brustflossen-, Rückenflossen- und Schwanzrhythmus im Experiment an einem Fisch. (a) Der abhängige Rückenflossenrhythmus (unten) ist etwas schneller und eilt gegenüber dem unabhängigen Brustflossenrhythmus (oben) von Schwingung zu Schwingung ein wenig vor. Wenn eine Phasenverschiebung von etwa einem Viertel einer Periode erreicht ist, vollführt die Rückenflosse einen viel schnelleren Zwischenschlag, wonach sie für eine Schwingung wieder ziemlich genau in Phase mit der Brustflossenschwingung ist; danach wiederholt sich das Spiel. In der unteren Zeile absolute Koordination. (b) Der abhängige Schwanzrhythmus (unten) ist langsamer als der unabhängige Brustflossenrhythmus (oben). Nach je einigen Perioden, in denen er mehr und mehr gegenüber der Brustflossenbewegung zurückbleibt, vollführt er zu den mit einem Punkt gekennzeichneten Zeitpunkten einen langsameren Zwischenschlag. Vom Koinzidenzstrich in der dritten Zeile an schließt sich der Schwanzrhythmus dem Brustflossenrhythmus in absoluter Koordination an. (Nach E. von Holst)

6.10.5 Reafferenzprinzip

Das Nervensystem bewertet Sinnesreize in der Regel unterschiedlich je nachdem, ob sie durch *eigene aktive Körperbewegungen* oder aber durch *Ereignisse in der Umwelt* hervorgerufen wurden. Legt sich ein Säugetier beispielsweise freiwillig aktiv auf den Boden und dreht sich dann auf die Seite, so entstehen dadurch mannigfache Sinnesreize im Labyrinth, und das Bild der Umwelt bewegt sich im Blickfeld der Augen; diese sehr intensiven Sinnesreize führen aber zu keiner Spur von Gleichgewichtsreaktionen. Entsprechende Sinnesreize, falls sie auftreten, ohne daß das Tier sie durch sein Verhalten selbst hervorgerufen hätte, würden dagegen schon beim ersten Ansatz heftige kompensierende Gleichgewichtsreaktionen auslösen, beispielsweise wenn die Lageänderung durch Ausrutschen auf einer eisglatten Unterlage erfolgte.

Das besondere *Bewerten selbst erzeugter Sinnesreize* erfordert eine spezielle Leistung der *Integration*, nämlich einen funktionellen Kontakt zwischen dem efferenten und dem afferenten Sektor des Zentralnervensystems:

Das Nichtreagieren auf selbst erzeugte Sinnesreize (auf »Reafferenz«) kann – wie sich mehrfach zwingend nachweisen ließ – darauf beruhen, daß die zunächst regulär entstandenen und im Zentralnervensystem angekommenen Sinnesmeldungen dort mit den verfügbaren *Informationsdaten über die vorangegangene eigene Bewegungsaktivität* verglichen werden und daß danach nur diejenigen Meldungen an weitere Instanzen gelangen (z. B. zur Auslösung von Gleichgewichtsreaktionen), die *nicht* aus der Eigenaktivität stammen (»Exafferenz«). Im einfachsten Fall, wenn z. B. eine aktiv durchgeführte *Winkel*bewegung des eigenen Körpers von den eigenen Sinnesorganen wahrgenommen wurde, braucht das eben genannte »Vergleichen der Informationsdaten« nichts anderes zu sein als ein Verrechnen zweier Winkel im Sinne der mathematischen Operation »Sinnesmeldung minus Bewegungskommando«. Hierzu muß nur eine »Kopie« des (Winkelbewegungs-)Kommandos, eine *Efferenzkopie,* in die Auswerteinstanz für die Sinnesmeldungen geleitet werden. – Dieser einfachste Fall ist dem Funktionsschaltbild der Abbildung 6.231 zugrundegelegt.

Die Verrechnung zwischen Sinnesdaten und Bewegungskommandos im Sinne des Reafferenzprinzips läßt sich indirekt, aber zwingend durch einen Selbstversuch anschaulich machen: Man bedecke ein Auge mit der Hand und bewege das andere zunächst mit Hilfe der eigenen Augenmuskeln, danach aber – ohne solche aktiven Blickwendungen – durch Bewegen des Augapfels mit dem Zeigefinger (leichtes Berühren des unteren Augenlids nahe dem äußeren Augenwinkel, um den Augapfel etwas zu bewegen, ohne ihn zu deformieren). Nur im *zweiten* Fall nimmt man eine Bewegung der visuellen Umwelt wahr, obwohl sich auch im *ersten* das Netzhautbild der Umwelt bewegte; doch wird bei der Bewegung mit Hilfe der eigenen Augenmuskeln das Bewegungskommando als Efferenzkopie von den Sinnesmeldungen subtrahiert, bevor diese das Bewußtseinsbild erzeugen,

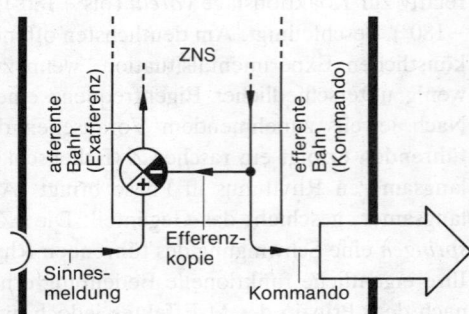

Abb. 6.231. Einfachste Realisationsweise des Reafferenzprinzips: Nachdem ein Signal (die Efferenzkopie), das in seinem Betrag dem Kommando und damit dem ausgelösten Verhalten entspricht) von der Gesamtsinnesmeldung subtrahiert wurde, entspricht die verbleibende afferente Meldung der Gesamtsinnesmeldung minus der Reafferenz: sie repräsentiert daher die »Exafferenz«, also diejenigen Sinnesmeldungen, die keine Folge eigener Aktivität sind, sondern von unabhängigen äußeren Ereignissen herrühren. (Nach E. von Holst, stark vereinfacht)

während die Manipulation des Augapfels mit den Fingern keine solche Efferenzkopie entstehen läßt: Die Sinnesmeldung erreicht dann das Bewußtsein, ohne daß sie zuvor im Sinne des Reafferenzprinzips korrigiert wurde. Das beschriebene Phänomen ist keiner willentlichen Einflußnahme zugänglich, spielt sich also in einer »niederen« (»reflektorischen«) Zone des Zentralnervensystems ab.

6.10.6 Synergie: Sympathicus und Parasympathicus

In vielen Fällen wirken verschiedene Organe, um ein Funktionsziel zu erreichen, im Sinne einer Arbeitsteilung zusammen: *Synergie* (griech. »Zusammenarbeit«). Ein funktionell sinnvolles Zusammenspiel mehrerer Muskeln des Magens, der Darmwand sowie verschiedenartiger Drüsen, die jeweils zur rechten Zeit ihre Sekrete abgeben, führt zur Verdauung der Nahrung; wenn Hohlorgane ihren Inhalt abgeben (Beispiele: Gallenblase, Harnblase), so erschlafft der ringförmige Schließmuskel am Ausgang, während sich gleichzeitig die Wandmuskeln anspannen.

Ein besondes eindrucksvolles Zusammenspiel von Organen, die in fast allen Partien des Körpers ihren Platz haben, vollzieht bei den Säugetieren das zentralnervöse Teilsystem des *Sympathicus*. Seine Aktivierung dient dem Funktionsziel: Umstellung auf höchste Alarmbereitschaft und motorische Leistungsfähigkeit, um einer Gefahr zu begegnen. Bei einer Katze erfolgt diese Umstellung etwa beim Anblick eines ihr feindlichen Hundes. Dabei geschieht im einzelnen folgendes:

(1) Unterbrechen aller zur motorischen Reaktionsbereitschaft nicht nötigen Tätigkeiten: Magen und Darm, sonst dauernd in Bewegung (Peristaltik, Mischbewegungen) zum Durchmischen der Nahrung mit den Verdauungssäften, werden schlagartig stillgelegt. Magensäure- und Darmsaftproduktion aus allen Drüsen hören auf; die Gallenblase vermindert den Tonus ihrer Wandmuskeln und verstärkt den der Schließmuskeln am Ausgang. Die Schleimschicht, die Magen- und Darmwand vor den eigenen Verdauungsenzymen schützt, wird durch Aktivität der Schleimdrüsen verstärkt. Die Blutgefäße im Verdauungssystem werden verengt; die dadurch verdrängte Blutmenge wird für andere Zwecke verfügbar.

(2) Erhöhen der motorischen Leistungsfähigkeit: Erweiterung aller Gefäße in denjenigen Muskeln, die gerade in Tätigkeit sind, d. h. Förderung von deren Durchblutung (bis zum Zehnfachen!) und damit der Nährstoffversorgung. Das hierfür notwendige Blut wird aus Lunge, Leber, Darmsystem, Haut und bei vielen Säugetieren auch aus der Milz durch Verengung von deren Blutgefäßen bereitgestellt. Die *Blutverteilung* im Körper ändert sich damit grundlegend; der *Blutdruck* kann etwas oder auch stärker ansteigen. Die *Atmung* vertieft sich: bessere Sauerstoffversorgung des Blutes. In der *Leber* wird vermehrt Glykogen abgebaut, so daß der Blutzuckerspiegel ansteigt. Das kann soweit gehen, daß Zucker im Harn erscheint. (In der Medizin ergibt sich daraus die Gefahr der Fehldiagnose »Diabetes« bei gesunden, aber aufgeregten Patienten!)

(3) Kreislaufaktivierung: Die autorhythmische Tätigkeit des Schrittmachers des Herzens, welche die Schlagfrequenz bestimmt, beschleunigt sich. Der Zeitabstand zwischen den Kontraktionen von Vor- und Hauptkammer nimmt ab. Das Schlagvolumen (geförderte Blutmenge pro Schlag, S. 628) nimmt zu. Wie die übrigen tätigen Muskeln erhält auch der Herzmuskel stärkere Durchblutung.

(4) Das Nebennierenmark schüttet Adrenalin in die Blutbahn aus.

(5) Nebenerscheinungen: Die Pupillen erweitern sich. Bei vielen Tieren sträuben sich die Haare. Bei manchen wird der Enddarm entleert.

Die unter (1) bis (3) aufgezählten Funktionen sind voneinander äußerst verschieden und dienen doch dem gleichen Funktionsziel: den Organismus für den Fall, daß er eine Gefahr zu bestehen hat, so aktionsfähig wie möglich zu machen. Zur Organisation des Zusam-

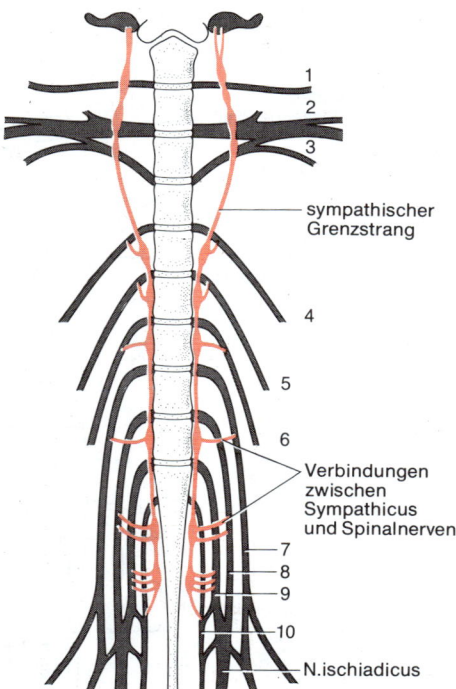

Abb. 6.232. Sympathischer Grenzstrang, Ursprung der beiderseitigen 1. bis 10. Spinalnerven aus dem Rückgrat sowie Verbindungsnerven zwischen Grenzstrang und Spinalnerven beim Grasfrosch, Rana esculenta. (Nach Meißner aus Schimkewitsch, umgezeichnet)

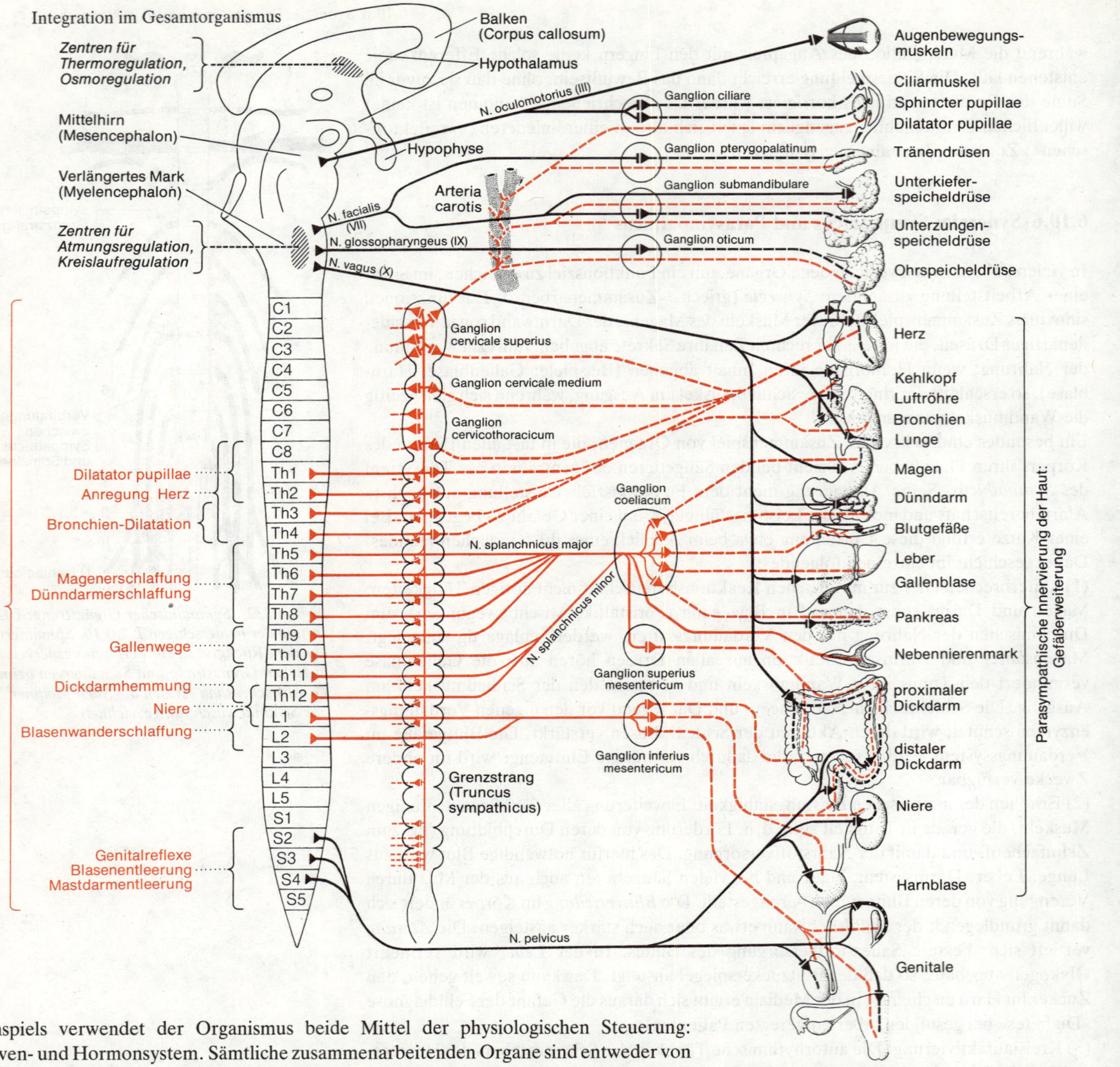

704 Integration im Gesamtorganismus

menspiels verwendet der Organismus beide Mittel der physiologischen Steuerung: Nerven- und Hormonsystem. Sämtliche zusammenarbeitenden Organe sind entweder von Nerven versorgt oder werden vom *Adrenalin* (S. 666) in der beschriebenen Weise beeinflußt, vielfach ist beides der Fall. Die Nervenbahnen sind derart geführt und geschaltet, daß die Wahrnehmung der Gefahr gerade diejenige Kombination von Nervenimpulsen zur Folge hat, welche die beschriebene Kombination von Einzelaktionen auslöst; diese Schaltung ist durch die Entwicklung der Organismen entstanden, also von vornherein festgelegt. Ebenso ist durch die Entwicklung festgelegt, welche Muskeln oder Gefäße auf Adrenalineinwirkung ihre Funktion verringern und welche sie steigern.

Neben dem Sympathicus existieren im Zentralnervensystem der Säugetiere (zum Teil auch andere Organismen) noch andere, wenn auch nicht so umfassende, steuernde Teilsysteme, die dem Prinzip der Synergie entsprechen: Eines von ihnen stimmt den

Abb. 6.233. Schema der Innervierung verschiedener Organe durch das vegetative Nervensystem des Menschen. Rot: Sympathicus, schwarz: Parasympathicus. Nervenbahnen durchgezogen »präganglionär«: vom Gehirn oder Rückenmark zum Ganglion, gestrichelt »postganglionär«: vom Ganglion zum Zielorgan. Die aus dem Grenzstrang nach links abzweigenden sympathischen Fasern innervieren die Haut des ganzen Körpers; die entsprechenden parasympathischen Fasern sind nicht eingezeichnet. C, cervical; Th, thoracal; L, lumbal; S, sacral. (Nach Youmans aus Schiebler, verändert)

Organismus auf die Funktionsbereiche Ruhe, Erholung und Verdauung (*parasympathische trophotrope Funktion*) ein, ein anderes auf die Entfernung von Schadstoffen aus dem Verdauungstrakt (*parasympathische endophylaktische Funktion*). In weiten Funktionsbereichen sind die sympathische und die parasympathische Funktionsrichtung einander entgegengesetzt. Die betroffenen Organe, z. B. Verdauungstrakt und Herz, sind dementsprechend vielfach *doppelt – sympathisch und parasympathisch – innerviert*. So wird der Herzschlag durch »Sympathicotonus« beschleunigt, durch »Vagotonus« (s. nächsten Absatz) verlangsamt.

Der sympathische und der parasympathische Anteil des zentralen und peripheren Nervensystems bilden den überwiegenden Teil des *vegetativen Nervensystems*, das die vegetativen, dem Stoff- und Energiestoffwechsel dienenden Organe wie Verdauungstrakt und Kreislauforgane versorgt. – Die *sympathisch* wirksamen Nerven verlassen das Zentralnervensystem vorwiegend durch die ventralen Wurzeln des Thorakal- und des Lumbalmarks, die *parasympathisch* wirksamen dagegen vorwiegend innerhalb des 10. Hirnnerven (daher die Gleichsetzung von Parasympathicotonus mit Vagotonus) und in den ventralen Wurzeln des Sacralmarks (Abb. 6.233). Alle Fasern werden vor Erreichen ihres Zielorgans noch einmal in Ganglien, die außerhalb des Zentralnervensystems im Körper liegen, synaptisch umgeschaltet. Die meisten sympathischen Ganglien sind beiderseits nahe der Wirbelsäule zu einer Kette verbunden, dem *sympathischen Grenzstrang* (Abb. 6.232), der den Anatomen früherer Zeiten den Eindruck eines eigenständigen, vom Zentralnervensystem unabhängigen Nervensystems machte; daher rührt der auch heute noch bisweilen gebrauchte irreführende Ausdruck »autonomes Nervensystem«: Das vegetative Nervensystem ist jedoch keineswegs autonom, sondern wird vom Zentralnervensystem gesteuert.

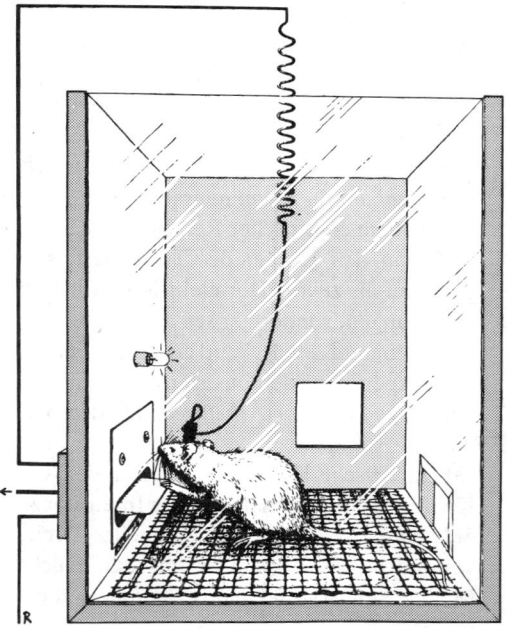

Abb. 6.234. Ratte in einer Skinner-Box (vgl. Abb. 7.30, S. 736), mit Reizelektroden im Gehirn. Durch Bedienen des Hebels (links im Bild) kann sich das Tier selbst elektrische Reize verabfolgen. (Nach Olds)

6.10.7 Elektrische Gehirnreizung

Von den in den Abschnitten 6.10.1 bis 6.10.6 dargelegten Kenntnissen über Vorgänge im Inneren des Zentralnervensystems waren die meisten durch *registrierende Beobachtungen* elektrischer Erscheinungen (z. B. Aktionspotentiale) mit Hilfe von *ableitenden* Elektroden gewonnen worden. Weitere Einsichten brachte die *elektrische Reizung* eng umschriebener Stellen im Gehirn. Die wichtigsten Untersuchungen dieser Art erfolgten an der Katze, am Haushuhn und – trotz der Kleinheit von deren Gehirn – an der Feldgrille. Dem narkotisierten Versuchstier (Katze, Huhn) wird ein Elektrodenhalter am Schädelknochen befestigt; von dort werden unter Röntgenkontrolle feine, außer der Spitze mit isolierender Schicht überzogene Drähte ins Gehirn eingeführt (ähnlich ist das Verfahren bei der Feldgrille). Während die damit verbundene mechanische Beeinflussung des Gehirngewebes kaum jemals irgendwelche Reaktionen beim Versuchstier auslöst, folgen auf Gleich- oder Wechselstromdurchfluß durch die Elektrodenspitze sofort oder nach kurzer Latenzzeit (bis zu einigen Sekunden) je nach Reizort unterschiedliche Verhaltensweisen: *motorische Einzelhandlungen* wie Laufen, Wendungen, Heben einer Pfote, Schließen eines Augenlids; oder *instinktives Verhalten* wie Nahrungsaufnahme, Angreifen, Flüchten, Balzhandlungen (z. B. Singen der Grille), Jungenbetreuung (Huhn); oder *vegetative Reaktionen* wie Herzschlagbeschleunigung, Blutdruckveränderung, Hecheln und Speichelfluß, Kotentleerung in typischer Haltung, Erbrechen, Unruhe, Erregung.

Es folgen nun zehn Beobachtungsergebnisse von Hirnreizversuchen, von denen jede einzelne besondere funktionelle Eigenschaften des Zentralnervensystems beleuchtet:

(1) Von einer Stelle im Zwischenhirn der Katze werden durch elektrische Reizung gemeinsam ausgelöst: Niesen, Nasenreiben mit der Pfote und Belecken der Nase mit der Zunge. Isoliert betrachtet, handelt es sich um Aktionen völlig unterschiedlicher Organe (Atemmuskulatur, Pfote, Zunge); was sie verbindet, ist ein gemeinsames *Funktionsziel*:

Abb. 6.235. Kückenverteidigungsverhalten einer Henne, nach einer von Charles Darwin veröffentlichten, von Wood nach der Natur gezeichneten Abbildung. Dieses Verhalten wird in gleicher Form durch elektrische Hirnreizung ausgelöst, wenn zur selben Zeit zwei Instanzen stimuliert werden, eine Flucht- und eine Aggressionsinstanz.

einen Fremdkörper aus der Nase zu entfernen. Der elektrische Reiz imitiert gleichsam die Meldungen, die ein solcher Reiz auslösen würde. Zugleich wird deutlich: Es gibt einen Ort im Zentralnervensystem, von dem aus die Kommandos für die drei funktionell zusammengehörigen Organfunktionen ausgehen. Unter dem Gesichtspunkt der *Synergie* und der *Repräsentation* (S. 710) kann man den Sachverhalt auch so ausdrücken: Für *synerge Funktionen* gibt es mindestens einen Ort im Zentralnervensystem, an dem sie als *Gesamtaktion* in *einem* neuralen Funktionsort repräsentiert sind.

(2) Löst ein elektrischer Reiz bei der Katze das Laufen in einer engen Linkskurve aus und hält man den Körper des Tieres fest, so wird daraufhin der Kopf *stärker* nach links gerichtet als zuvor. Der elektrische Reiz erzwingt also nicht eine Mehrzahl von Körperbewegungen, sondern er *setzt ein Funktionsziel*. Die Gesamtleistung wird in bestimmtem Verhältnis aufgeteilt. Wird ein Organ behindert, übernehmen die anderen seine Rolle mit. Das Experiment demonstriert die Fähigkeit des Zentralnervensystems zur Organisation einer *dynamischen Arbeitsteilung,* deren Zustandekommen im einzelnen jedoch noch nicht verstanden ist.

(3) Elektrische Hirnreizung, die an der Katze bei schwacher Intensität ein Anheben des Kopfes auslöst, kann bei starker Intensität zum Aufrichten auf die Hinterbeine führen. Als *Sekundärreaktion* tritt blitzschnelles Drehen des Körpers um 180° auf. Dadurch wird verhindert, daß das Tier auf den Rücken fällt. Dies demonstriert die allgemeine Möglichkeit von *Sekundärreaktionen,* die man nicht als *Primärfolgen* der Hirnreizung mißverstehen darf.

(4) Wenn durch elektrische Hirnreizung *periodische* Vorgänge ausgelöst werden wie Schnuppern, Hecheln (= schnelle Atembewegungen zur Wärmeregulation, S. 595) oder Belecken eines Gegenstandes, so erfolgen sie in einer Periodik, die von der Frequenz der elektrischen Reizung unabhängig ist. Bei Verstärkung der Reizspannung (bei gleichbleibender Frequenz) kann sich die Frequenz der ausgelösten Aktion vergrößern. Dies demonstriert die Fähigkeit des Zentralnervensystems, selbständig periodische Signale zu erzeugen, ohne dabei von periodischen Zeitgebern in der Umwelt abhängig zu sein (Autorhythmie).

(5) Elektrische Hirnreizung, die wie in den anderen Fällen nur einen eng begrenzten Reizort trifft, kann gegebenenfalls auffällige *umfassende Blockierungen* hervorrufen: (a) *Katze:* Auf die Reizung hin sinkt das Tier auf der Stelle in sich zusammen; die Beine liegen quer übereinander, der Schwanz wird nicht um den Körper gerollt. Die Reizung erzeugt das Bild einer allgemeinen, jeweils auch die Antagonisten gleichermaßen betreffenden *Atonie* (Erschlaffung). (b) *Huhn:* Auf Reizung »friert« das Tier in der Stellung ein, die es gerade einnimmt; doch sind Körper und Gliedmaßen biegsam wie Wachs (plastisch, nicht elastisch), d.h. sie behalten die Stellung bei, in die man sie in den Gelenken umbiegt. Diese Reizung erzeugt das Bild der *Flexibilitas cerea* (»wächserne Biegsamkeit«). (c) *Huhn:* Während der Reizung torkelt das Huhn, versucht mit den Flügeln Gleichgewicht zu halten, doch immer wieder stehen die Beine in falscher Richtung. Dies ist das Bild einer *Ataxie;* denkbare Ursache ist eine allgemeine Blockierung afferenter Meldungen. – Die Hirnreizung hat mit diesen drei Experimenten Orte der zentralnervösen Repräsentation für Funktionen aufgefunden, die für die Gesamttätigkeit des Zentralnervensystems von fundamentaler Bedeutung sein dürften, deren Natur aber noch unbekannt ist.

(6) Auf die Reizung wieder einer anderen Instanz des Zentralnervensystems reagiert die Katze damit, die nächste geschützte Stelle aufzusuchen, sich dort in der bekannten *Schlafhaltung* niederzulassen und *einzuschlafen*. Daß Schlaf in diesem Fall durch nervöse *Aktivierung,* nicht durch *Hemmung* hervorgerufen wird, beweist, daß der zentralnervöse Zustand des Schlafes als aktive Leistung zu verstehen ist (verhaltensbiologisch als antriebsbedingter Ruhezustand, S. 727). Derselbe Stimulus, der letztlich den Schlaf hervorruft, aktiviert *zuvor* das Appetenzverhalten: die Suche nach einem Schlafplatz, das Sichhinlegen und das Schließen der Augen.

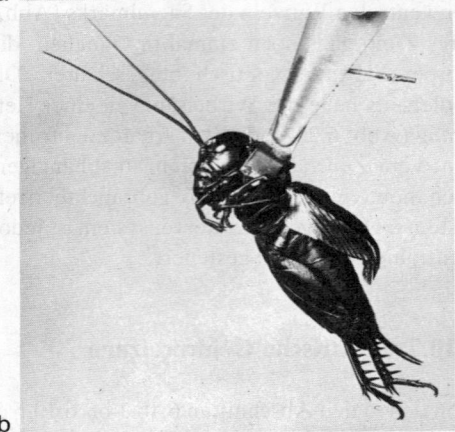

Abb. 6.236 a–c. Hirnreizungsversuch an einem Insekt. (a) Feldgrille, am Thorax befestigt, einen Korkball mit den Füßen festhaltend (nur bei schräger Aufhängung optimal möglich). Noch keine Reizung über die ins Gehirn eingeführten Elektroden. (b) Während elektrischer Reizung eines bestimmten Ortes im Gehirn läßt die Grille den Ball fallen und nimmt mit dem ganzen Körper und den Extremitäten Flugstellung ein. (c) Bei Anblasen von vorn (Antennenhaltung!) während der Hirnreizung werden Flügelbewegungen ausgeführt. (Nach Huber)

(7) Elektrische Reizung kann das Tier veranlassen, auf etwas vorher Wahrgenommenes auf andere Weise als zuvor zu reagieren. So weicht das Huhn der genäherten menschlichen Hand gewöhnlich aus, bei bestimmter Reizung hackt es auf sie; Kücken, die zuvor weggetrieben wurden, werden bei Reizung gelockt. Katzen können auf bestimmte lokalisierte Hirnreizung Gegenstände zu verschlingen suchen, die sonst für sie niemals den Charakter des Eßbaren besitzen. In diesen Fällen wird eine Instanz erregt, die für den Organismus die sonstige *Auslösequalität von Sinnesreizen* abändert. In verhaltensbiologischer Sicht handelt es sich um die Aktivierung instinktiver *Bereitschaften* bzw. *Antriebe* (S. 725).

(8) In Hirnreizungsversuchen an Ratten gab man den Versuchstieren die Möglichkeit, sich mit Hilfe von Bedienungstasten selbst elektrische Reize in ihrem eigenen Gehirn zu verabfolgen (Abb. 6.234). Bei bestimmten Positionen der Elektroden wiederholten die Tiere die Reize, so oft sie konnten; sie vernachlässigten ihre tatsächlichen Lebensnotwendigkeiten und wären verloren gewesen, hätte man sie nicht durch künstliche Hilfen am Leben erhalten. Die betreffenden elektrischen Reize entkoppelten lebensnotwendige Verhaltensweisen wie Nahrungsaufnahme von dem ihnen innewohnenden Belohnungscharakter, indem sie diesen allein repräsentierten. Damit wurde der Ratte die Triebfeder für das betreffende Verhalten genommen. – Man hat dieses Geschehen mit dem Phänomen der Sucht in Parallele gesetzt.

(9) Beim Huhn wurden zwei Elektroden an Positionen gebracht, an denen die Reizung der einen von ihnen Flucht vor einem aus der Luft angreifenden Raubvogel und die der anderen Hacken nach einer in der Rangordnung unterlegenen Henne bedingt. Die *gleichzeitige* Reizung beider Stellen ergab etwas Drittes: *Nestverteidigung* mit Sichducken, Spreizen der Halsfedern, Ausbreiten der Flügel, Laufen in engen Kurven bei lautem Schreien (Abb. 6.235). Diese »Synthese einer neuen Verhaltensweise« dokumentiert die Fähigkeit des Zentralnervensystems, gleichzeitig eintreffende Informationen nicht nur parallel bzw. sich überlagernd zur Wirkung kommen zu lassen, sondern deren zeitliche Koinzidenz auf qualitativ eigene Weise zu beantworten.

(10) Bei der Feldgrille ließen sich durch elektrische Hirnreizung Flughaltung der Beine und – durch zusätzlichen Luftstrom von vorn – auch Flugbewegungen der Flügel auslösen (Abb. 6.236). Aus der Morphologie der Feldgrille ist zwar zu schließen, daß ihre stammesgeschichtlichen Vorfahren flugfähig waren; doch besitzt die heutige Art verkürzte Flügel, die zwar zum Zirpen tauglich, zum Fliegen aber nicht verwendbar sind. Das Experiment offenbarte somit: Das Zentralnervensystem kann funktionsfähige Anteile enthalten, die im normalen Leben niemals zur Aktion kommen und – wie in diesem Fall – schon seit riesigen Zeiträumen funktionslos sind. Der Selektionsdruck, solche Strukturen zu eliminieren, scheint demnach verhältnismäßig gering zu sein.

Wie ein Rückblick auf die zehn beschriebenen Reaktionen zeigt, vermittelt die Methode der Hirnreizung Einblicke in die Funktion des Zentralnervensystems von einer besonderen Warte aus; zum Teil bestätigt sie die auf anderem Wege gewonnenen Konzepte, zum Teil macht sie auf noch unverstandene Probleme aufmerksam.

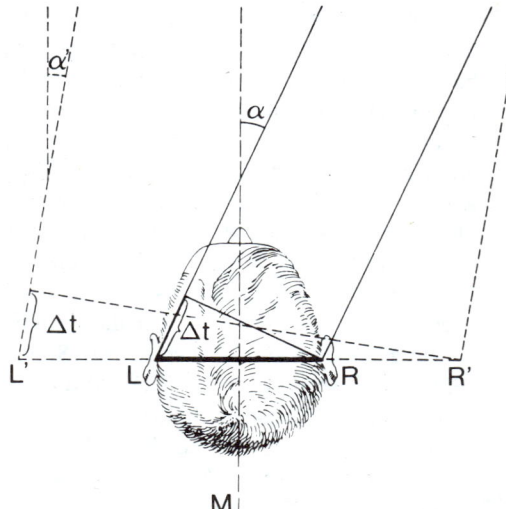

Abb. 6.237. *Kopf eines Menschen, von oben gesehen. Eine von schräg vorn eintreffende Schallwellenfront erreicht die beiden Ohren in einem Zeitabstand, der vom Winkel zur Sagittalebene abhängt. Die zusätzliche Linienkonstruktion soll verdeutlichen, daß ein Winkel bei breiterer Basisstrecke einer größeren Zeitdifferenz entspräche. (Nach Rein u. Schneider)*

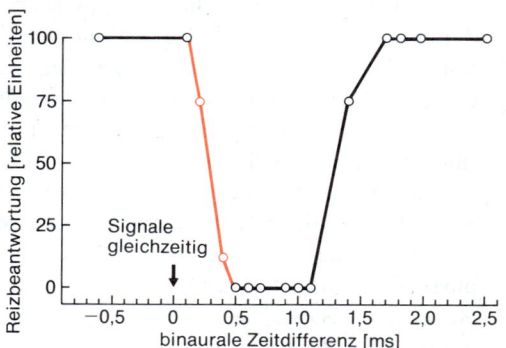

Abb. 6.238. *Elektrophysiologisch meßbare Antworten des Hörsystems der Katze auf akustische Doppelreize. Abszisse: Zeitintervall zwischen zwei ganz kurzen akustischen Reizen, die nacheinander dem rechten und dem linken Ohr geboten wurden. Beispielsweise 1,0 bedeutet: Der Reiz auf das rechte Ohr wurde 1 ms später gegeben als der auf das linke. Ordinate: Prozent der Fälle, in denen eine Schaltzelle im Nucleus accessorius auf die akustischen Doppelreize antwortete. 100% bedeutet: Jeder Doppelreiz führte zur Entstehung eines Aktionspotentials; 0% bedeutet: keine Erregung. (Nach Schwartzkopff)*

6.10.8 Bewertung und Verrechnung von Sinnesdaten

Im Fall von Schmerz-, Wärme-, Berührungs-, Druckreizen usw. (z. B. der Haut) offenbart sich deren *zentralnervöse Bewertung* darin, daß die Reize Aktionen auslösen, die sich sinnvoll auf die Art des Reizes und auf seine räumliche Position beziehen: Eine Schnecke zieht den Fühler ein, der berührt wurde, und nicht etwa den anderen. Bei dieser *Auswertung der Reize nach Art und Ort* braucht es sich im Zentralnervensystem nicht um Vorgänge zu handeln, die bei jeder Reaktion wiederholt werden, sondern die Bewertungsweise kann für jede Nervenbahn während der Entwicklung des Organismus ein für allemal dadurch vorweggenommen sein, daß sich die nervösen Verbindungen zwischen Sinnesorganen, Zentralnervensystem und Ausführungsorganen in bestimmter Weise geknüpft haben. Das Ergebnis der Bewertung besteht dann aus zwei Anteilen: 1. der von vornherein festliegenden »a priori«-Information darüber, von was für einem Sinnesorgan die Bahn, auf der die Impulse eintreffen, herkommt, wo im Körper dieses Sinnesorgan liegt und wie seine Übersetzungsfunktion ist; 2. der Meldung über die Reiz*intensität* – sie geht aus der Ankunft von Impulsen im Zentralnervensystem und aus deren Frequenz hervor. Das Ergebnis aus den beiden Anteilen steuert dann die Reaktion, wobei die *festliegende Systeminformation* die Art der Reaktion und ihre räumliche Ausrichtung bestimmt, die *Impulsfrequenz* die Reaktionsstärke.

Nicht immer beziehen sich aber die Reaktionen von Tieren auf Qualität und Ort der Reizung an den *Sinneszellen* selbst: Stößt z.B. das Tasthaar einer Katze an einen Widerstand, so reagiert das Tier auf die Anwesenheit eines Gegenstandes am *Ort der Berührung* (Borstenspitze) und nicht am Ort der Reizwirkung (Borstenbasis), obwohl am Ort der Berührung gar keine Sinneselemente sitzen. Die festliegende Systeminformation für die Nervenbahnen, die von den Rezeptoren (an der Basis der Sinneshaare) zum Zentralnervensystem führen, berücksichtigt also, daß der auslösende Umstand der Reizung normalerweise eine Berührung des *nichtsensiblen* Teils des Organs, des Haares, ist und daß hierin die wesentliche Information für den Organismus besteht.

Höhere Leistungen der Bewertung von Sinnesdaten beruhen jedoch nicht nur auf der durch die Entwicklung entstandenen Systeminformation, sondern zusätzlich auf einer zentralnervösen *Datenverarbeitung*: So beziehen sich die Reaktionen von Tieren auf *Gehörreize* nicht nur – anstatt auf die gereizten Gehörzellen – auf eine außerhalb des Körpers befindliche Schallquelle (auf die sie dann hinstreben oder die sie fliehen), sondern vielfach auch auf deren *Richtung* relativ zum eigenen Körper. Bei Säugetieren wird vielfach der *Zeitunterschied* in der Ankunft des Schalles *an beiden Ohren* als Kriterium dafür ausgewertet, aus welcher Richtung der Schall kommt; dies gilt auch für den Menschen (Abb. 6.237). Hieraus ergibt sich die Frage: Wie arbeitet die zentralnervöse Instanz, deren Eingang zwei Erregungsmeldungen (von den beiden Ohren), deren Ausgang aber eine Winkelmeldung (Schallrichtung) darstellt, die von Reihenfolge und Zeitintervall der beiden Reize bestimmt wird?

Mit Hilfe von registrierenden Ableitelektroden fanden sich im Stammhirn der Katze Ganglienzellen, deren Funktion tatsächlich von den Meldungen beider Ohren abhing, und zwar gerade in derjenigen Weise, die man für Zeitintervalldetektoren erwarten mußte: In Abbildung 6.238 gibt die Abszisse das Zeitintervall zwischen den beiden ganz kurzen Geräuschreizen an, die gleichzeitig oder kurz nacheinander in die beiden Ohren des Versuchstieres fielen; 1,0 bedeutet beispielsweise, daß der Reiz im linken Ohr 1 ms früher gegeben wurde als im rechten. In der Ordinate ist aufgetragen, wie häufig die elektrophysiologisch registrierte Zelle auf das Reizpaar mit einer Alles-oder-Nichts-Erregung antwortete. Es ergab sich eine starke Veränderung der Reaktion mit variierendem Zeitintervall: Im Bereich zwischen den Intervallen 0,1 und 0,5 ms springt die Reaktion von 100% zu 0% der Reizantworten. Die untersuchte Zelle vermochte also das Zeitintervall zwischen einander entsprechenden Reizen beider Ohren »auszuwerten«. Vermutlich sind im Gehirn viele solcher Ganglienzellen mit verschiedener Zeitintervallabhängigkeit gleichzeitig in Funktion; aus dem Zueinander von erregten und unerregten Zellen würde dann das genaue Zeitintervall ermittelt. Wie letztlich aus dem Zeitdifferenzwert der Winkel gewonnen wird, wissen wir jedoch noch nicht.

Ein zweiter zentralnervöser Auswertungsvorgang wurde mit elektrophysiologischer Methode am Auge des Frosches ermittelt: Er vollzieht sich in der Netzhaut, die ja entwicklungsgeschichtlich ein Teil des Zentralnervensystems ist (S. 386, 511). Die Fasern der Sehnerven des Frosches melden mit abgestufter Impulsfrequenz nicht einfach die unterschiedlich starke Belichtung der Sehzellen; sie sprechen vielmehr auf bestimmte

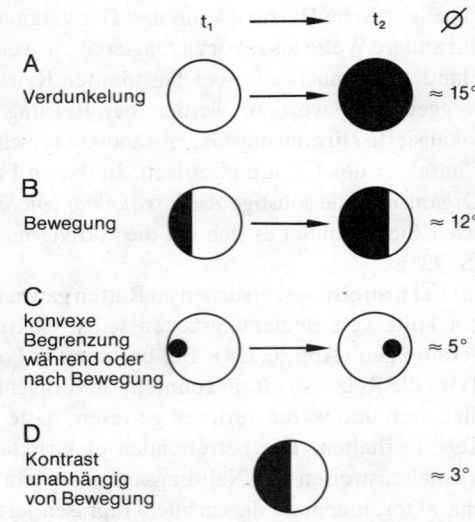

Abb. 6.239. Schematische Darstellung der adäquaten Reizkonfigurationen für die vier bekannten Perzeptionsinstanzen der Froschnetzhaut nach Lettvin. A. »In einem bestimmten Areal des Gesichtsfeldes von rund 15° Durchmesser erfolgt eine Verdunkelung.« (Reaktion auf den Eintritt eines dunklen Objektes in das Gesichtsfeld. Auf Beleuchtungsanstiege keine Reaktion.) »Net Dimming Detector«. B. »In einem bestimmten Areal von rund 12° Durchmesser bewegt sich ein Gradient bzw. eine Grenze zwischen Hell und Dunkel.« (Impulsaussendung um so stärker, je schneller die Bewegung. Schwache Impulsaussendung auch auf Erhellen oder Verdunkeln des ganzen Gesichtsfeldes.) »Moving Edge Detector«. C. »In einem bestimmten Areal des Gesichtsfeldes von durchschnittlich 5° Durchmesser bewegt oder bewegte sich eine gekrümmte scharfe Grenze zwischen Hell und Dunkel mit einer konvexen Begrenzung des dunklen Bereichs voran und befindet sich noch dort.« (Reaktion nur auf diese komplexe Situation, nicht auf Verdunkelung oder Erhellung und nicht auf die Bewegung einer geraden Kontur zwischen Hell und Dunkel.) »Net Convexity Detector«. D. »In einem bestimmten Areal des Gesichtsfeldes von rund 3° Durchmesser befindet sich eine scharfe Grenze zwischen Hell und Dunkel.« (Reaktion im Unterschied zu B sowohl auf bewegte wie auf unbewegte Kontraste.) »Sustained Contrast Detector«. (Zeichnung entworfen nach den experimentellen Ergebnissen von Lettvin und Mitarbeitern)

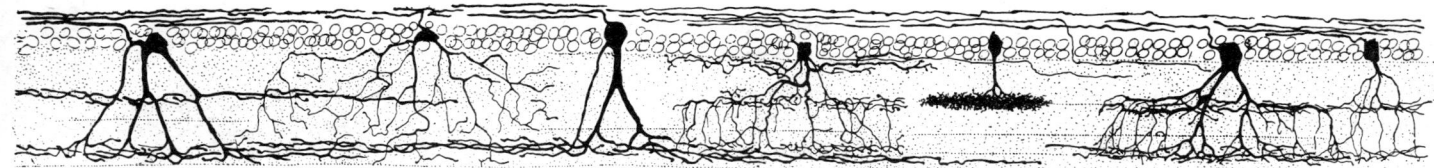

räumliche oder *raumzeitliche Reizmuster* an. Unter den Fasern der Sehnerven (und deren Projektionen in einem zentralwärts gelegenen Ganglion) fanden sich vier funktionelle Typen, die auf je eine der optischen Situationen A bis D, die in Abbildung 6.239 *schematisch* dargestellt und in der zugehörigen Legende beschrieben werden, mit Aktionspotentialen antworten. (In Anführungsstrichen steht das, was die Meldungen auf der betreffenden Nervenfaser repräsentieren bzw. »bedeuten«, sowie der englische Name des jeweiligen Reaktionstyps.)

In der Froschretina hatte der Histologe Ramon y Cajal schon 60 Jahre zuvor vier Typen von Ganglienzellen beschrieben, deren »Dendritenfelder« in ihrer Größe ähnlich abgestuft sind wie die empfindlichen Gesichtsfeldareale für die vier funktionellen Typen von Nervenfasern. Die Zuordnung der Reaktionstypen A, B, C und D zu den vier morphologisch verschiedenen Nervenzelltypen in Abbildung 6.240 erscheint demnach denkbar.

Die mathematischen Einzelvorgänge, die die unter A bis D beschriebenen Leistungen der Informationsverarbeitung vollbringen, sind noch nicht ermittelt worden. Doch wird zur Zeit in mehreren Arbeitsgruppen intensiv an diesem Problem gearbeitet, so daß sich das hier skizzierte Bild bald erweitern und eventuell in Einzelheiten verändern dürfte.

Möglicherweise hat der Mechanismus C für den Frosch die Bedeutung, seine Schnappreaktion auf Fliegen auszulösen und dieser die Richtung zu geben. Ob dem Frosch dabei ein ähnliches Bild seiner Umwelt bewußt ist wie dem Menschen, wissen wir nicht.

Als Auswirkungen von Sinneswahrnehmungen kennt man 1. *Verhaltensweisen*, die man sowohl bei Tieren wie beim Menschen beobachten kann, und 2. *Bewußtseinsinhalte* (bewußte Wahrnehmungen), deren Vorhandensein man bei Tieren um so eher annimmt, je höher diese organisiert sind, bei allen Menschen meist mit Sicherheit voraussetzt, die man aber – genau genommen – nur bei sich selbst kennt.

Vom erkenntnistheoretischen Standpunkt aus sind Verhaltensweisen und Bewußtseinsinhalte etwas unvergleichbar Verschiedenes. Doch hält man bewußte Empfindungen – wie Reaktionen – für Hinweise auf unterliegende physiologische Vorgänge und vermutet bei Unterschieden und Gleichheiten in bewußten Empfindungen entsprechende Unterschiede und Gleichheiten in den zugehörigen physiologischen Vorgängen. Im *psychophysischen Experiment* am Menschen benutzt man dessen bewußte Empfindungen bei wechselnden Sinnesreizen als Maß für diejenigen *physiologischen* Vorgänge, deren Ablauf unter verschiedenen Reizbedingungen man kennenlernen will.

Die Parallelität zwischen Reaktionen auf Sinnesreize und bewußten Empfindungen prägt sich u. a. darin aus, daß beide oft die gleichen festliegenden Systeminformationen oder

Abb. 6.240. Verschiedene Typen von Ganglienzellen der Netzhaut des Froschauges, in einer Zeichnung nebeneinandergestellt. Die nach oben von den Zellkörpern ausgehenden und dann nach links abbiegenden Fasern bilden den Sehnerven. An den stark verzweigten Dendriten enden die Fasern, die von den anderen Nervenzellschichten der Retina (vgl. Abb. 5.176, S. 509) ausgehen; diese sind hier nicht eingezeichnet. Zellen der abgebildeten Art könnten möglicherweise diejenigen Leistungen der Informationsverarbeitung vollbringen, die von Lettvin und Mitarbeitern nachgewiesen wurden. (Nach Ramon y Cajal)

Abb. 6.241 a, b. Zwei Registrierbeispiele für Elektroencephalogramme. Bei (a) wurde von der rechten (R) und der linken (L) Gehirnseite gleichzeitig abgeleitet. Bei geschlossenen Augen Alpha-, bei geöffneten Beta-Wellen. (b) Änderung eines Alpha-Wellen-Zuges durch Nachdenken über ein Problem und durch eine Berührungswahrnehmung. (Aus Eccles)

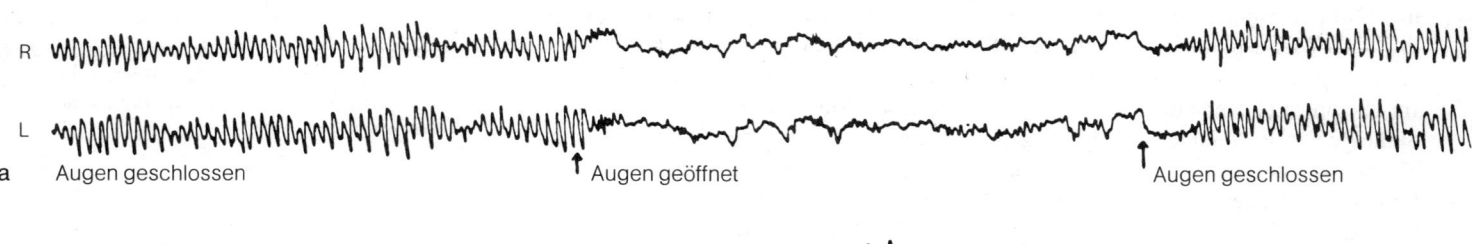

veränderlichen Auswertungsergebnisse der Perzeption widerspiegeln. Dies ist seit langem bekannt als Johannes Müllers Lehre von den »spezifischen Sinnesenergien«: So verursachen *Druckreize* auf das Auge *Licht*empfindungen. Eine solche inadäquate Reizung von Sinneszellen wie auch die künstliche, z. B. elektrische Reizung von afferenten Nerven lösen Empfindungen von derjenigen Modalität und Qualität aus, die der adäquaten Reizung des zum betreffenden Nerven gehörigen Sinnesorgans entsprechen. Leitet man durch den Kopf eines Menschen einen konstanten elektrischen Strom, so empfindet er unter verschiedenen Bedingungen Licht, sauren Geschmack, Schwindel, selten Geräusch oder Geruch. Sind die Nerven eines Amputationsstumpfes gereizt, so können Empfindungen von Schmerz, Kälte, Nässe, Spannung usw. entstehen; sie werden am *Ort des nicht mehr vorhandenen Gliedes* empfunden, häufig ohne daß diese auf festliegender Systeminformation beruhenden Empfindungen durch den Willen beeinflußbar wären (Projektionsnebenempfindungen).

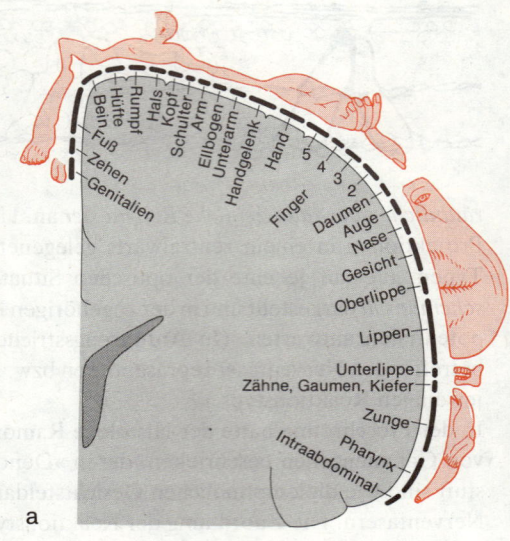

6.10.9 Repräsentation, Verrechnung

Im Zentralnervensystem vollzieht sich eine unübersehbare Fülle von Vorgängen, unter denen der Großteil noch gänzlich unverstanden ist. Beispielsweise durchschauen wir zur Zeit weder die funktionelle Bedeutung noch das Zustandekommen der auffälligsten *elektrischen* Erscheinung des Zentralnervensystems, des Elektroencephalogramms (EEG). Dieses schwingt regelmäßig und zeigt hohe Amplituden im Schlaf bzw. bei geschlossenen Augen (»Alpha-Wellen«), unregelmäßige bei offenen Augen (»Beta-Wellen«, Abb. 6.241).

Eine weitere, noch undeutbare Eigenschaft besteht darin, daß große Gehirngebiete Körperstrukturen in sich »repräsentieren«. Dabei bleiben die Nachbarschaftsverhältnisse der Peripherie erhalten, jedoch sind die benötigten Flächen der Hirnrinde den Körperstrukturen nicht proportional. So entsteht eine *geometrisch verzerrte Abbildung* (»Somatotopie«). Auf dem Wulst (Gyrus) *hinter* der Zentralfurche (Sulcus centralis) des Großhirns ist in merkwürdiger Reihenfolge die Oberflächenempfindlichkeit der verschiedenen Körperpartien repräsentiert (sensorischer Cortex, Abb. 6.216a), das heißt, es werden bei elektrischer Reizung dieser Hirngebiete – während Hirnoperationen – die Sinnesmeldungen als von dort kommend empfunden (Abb. 6.242a). Beginnend von der Mitte oben und dann in Richtung zur Seite und abwärts führend, sind es: äußere Genitalien – Fuß – Bein – Körper – Hals – Kopf – Schulter – Arm – Hand – Finger (vom kleinen Finger zum Daumen) – Auge – Nase – Lippen – Zunge – Pharynx. Die rechte Seite der im Hinterkopf liegenden »Sehrinde« (visueller Cortex, Abb. 6.216a) bildet die einander überlagerten rechten Hälften der Retinae beider Augen ab und *vice versa* (Abb. 6.243). Auf der Hirnrinde *vor* der Zentralfurche (motorischer Cortex, Abb. 6.216a, 6.242b) sind in ähnlicher Reihenfolge die Muskeln verschiedener Körperpartien repräsentiert, d. h. sie werden durch Reizung von dorther erregt (Abb. 6.242b). – Das Sprechen und Sprachverständnis ist aus bisher unbekannten Gründen an bestimmte Gehirnbezirke *nur einer* Hemisphäre gebunden, bei 98% der Menschen der *linken*. Entgegen einer landläufigen Meinung hat das nichts mit Rechts- oder Linkshändigkeit zu tun.

Im Kleinhirn (Cerebellum) der Wirbeltiere (Abb. 6.216a–c) werden aus verschiedenen Sinnesgebieten stammende Meldungen verrechnet, die mit der Wahrnehmung der eigenen Körperposition und der Steuerung aktiver Körperbewegungen, u. a. zur Erhaltung des Gleichgewichtes, zu tun haben. Wie das im einzelnen vor sich geht, ist erst zum kleinsten Teil erforscht. Doch kennt man seit langem die charakteristische Architektur der Leitungsbahnen und synaptischen Verbindungen, in denen die *Auswertung* und *Verrechnung* der Sinnesdaten vor sich geht und zu *Steuersignalen* an die Motorik führt. Einen Eindruck von diesen Strukturen gibt Abbildung 6.244.

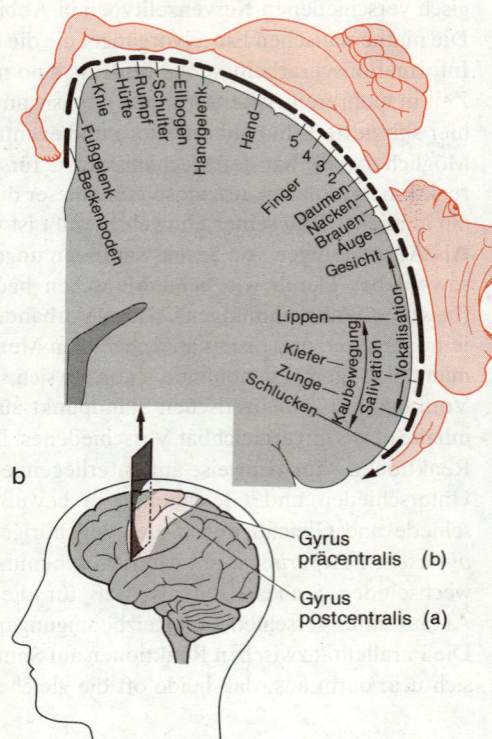

Abb. 6.242 a, b. Sensorische (a) und motorische (b) Repräsentation des Körpers des Menschen im Gyrus postcentralis bzw. Gyrus praecentralis. (Aus Schmidt u. Thews)

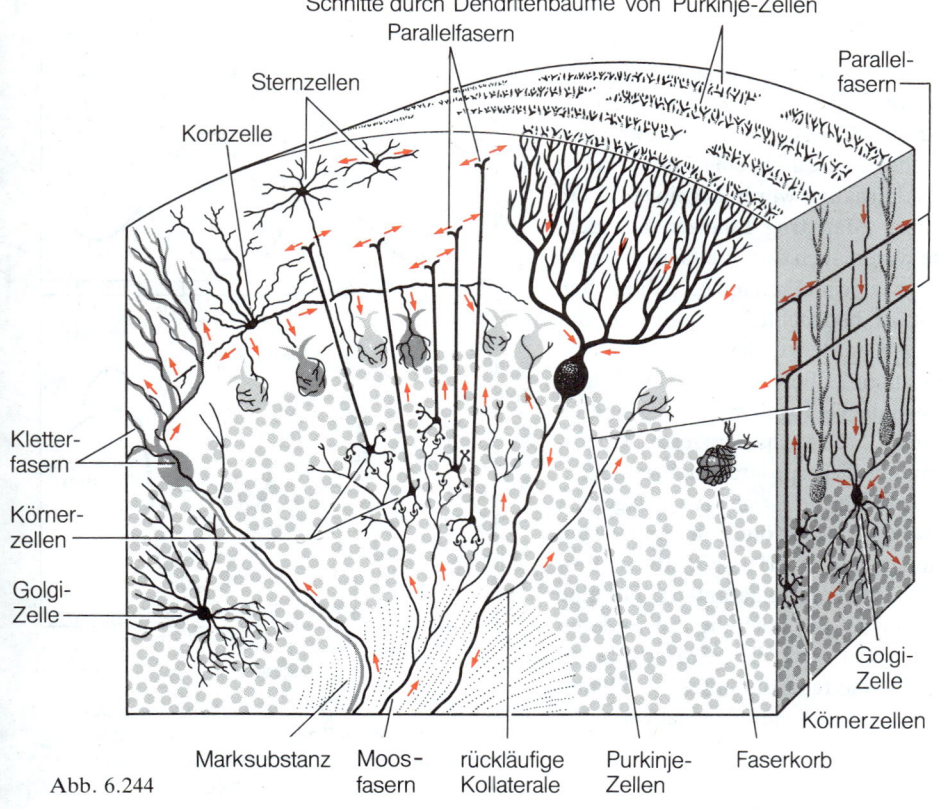

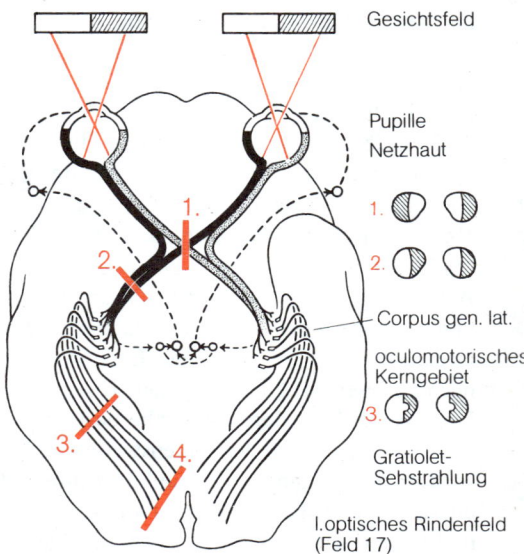

Abb. 6.243. Schema der Sehbahn der Säugetiere am Beispiel des Menschen. Die Überkreuzung der Sehnerven (Chiasma opticum) erfolgt nur für einen Teil der Fasern, während ein anderer zum Großhirn der gleichen Seite zieht. Damit kommen die Informationen über eine Sehfeldhälfte aus beiden Augen zur gleichen Hemisphäre, was u. a. für das stereoskopische Sehen wichtig ist. Die numerierten Unterbrechungsstellen (rot) ergeben die in den Figuren rechts dargestellten Ausfälle in den Gesichtsfeldern. (Aus Rein u. Schneider)

Abb. 6.244. Schematische Darstellung der datenverarbeitenden Neuro-Architektur im Kleinhirn des Menschen. Das Kleinhirn empfängt afferente Meldungen über zwei Neuronenarten, Moosfasern und Kletterfasern; efferente Meldungen verlassen es nur über die Axone der Purkinje-Zellen. Vermittelnde Zellen zwischen afferenten und efferenten Kleinhirn-Neuronen sind (1) Körnerzellen, (2) Golgi-Zellen, (3) Sternzellen und (4) Korbzellen. Alle sieben Neuronenarten sind auf charakteristische Weise verzweigt und durchdringen und verflechten sich gegenseitig mit ihren Ausläufern fast lückenlos. Um der Übersichtlichkeit willen sind jeweils nur einzelne Zellen gezeichnet. Um charakteristische Beziehungen zu verdeutlichen, wurde teils schwarze Färbung, teils Grautöne gewählt. Der Vergleich zwischen den senkrecht aufeinanderstehenden Schnittebenen läßt erkennen, daß 1. die Dendriten der Purkinjezellen flach (spalierbaumförmig!) gestaltet sind und 2. jede Körnerzelle eine einzelne Faser in Richtung auf die Kleinhirn-Oberfläche schickt, die sich dann T-förmig in zwei sehr lange »Parallelfasern« gabelt; diese durchqueren die »Spalierbäume« der Purkinjezellen. Die Kletterfasern winden sich wie Schlingpflanzen um die Dendritenstämme und -äste der Purkinjezellen. Die roten Pfeile geben die Fortpflanzungsrichtung der Aktionspotentiale an. (Nach Clara, verändert aufgrund von Aussagen von Eccles u. a.)

6.11 Biologische Rhythmen und biologische Zeitmessung

Wenn man die Leistungen eines Organismus in ihrem Zeitverlauf verfolgt, so beobachtet man in vielen Fällen rhythmische Änderungen. Wie in einzelnen Beispielen bereits beschrieben wurde (S. 145, 335 f., 628), ist die Periodendauer dieser Rhythmen je nach Leistung und Organismenart ganz verschieden. Eine sehr kurze Periodendauer im Millisekundenbereich besitzen die Entladungen einzelner Neuronen, die im Zentralnervensystem zahlreicher Tiere gefunden wurden. Die elektrischen Potentialschwankungen über unserem Gehirn (registrierbar im Elektroencephalogramm, EEG, Abb. 6.241) liegen vornehmlich bei 90–120 ms. Der Herzschlag, die Atembewegungen, das Zirpen einer Grille, die Blinksignale eines Leuchtkäfers sind Beispiele aus der Vielzahl von Kurzzeitrhythmen aus dem Sekundenbereich. Erheblich länger sind alle die biologischen Rhythmen, die synchron mit periodischen Schwankungen der Umweltbedingungen verlaufen. Es sind dies die *Tagesrhythmik* (synchron mit der 24stündigen Erddrehung), die *Gezeitenrhythmik* von Meeresorganismen (synchron mit dem 12,4stündigen Zyklus von Ebbe und Flut), die *Lunarrhythmik* (synchron mit dem 29,5tägigen Mondphasenwechsel bzw. dem halb so langen Zyklus von Spring- und Nipptiden an Meeresküsten) und die *Jahresrhythmik* (synchron mit dem Wechsel der Jahreszeiten). Für diese vier umweltsynchronen Rhythmen läßt sich eine Fülle von Beispielen aus dem gesamten Pflanzen- und Tierreich zusammentragen. Der tägliche Wechsel von Wachen und Schlafen ist wohl der bekannteste Tagesrhythmus. Die Blühperioden der Pflanzen, der Blattfall, das Dickenwachstum verholzter Pflanzen (S. 416f.), die Brutzeiten der Vögel, der Vogelzug (S. 798f.), der Winterschlaf von Nagetieren (S. 596), die Diapause von Insekten (S. 325) sind bekannte jahresrhythmische Erscheinungen.

Die Kurzzeitrhythmen werden von endogenen, zyklischen Prozessen bestimmt, da in der Umwelt keine Auslöser gleicher Frequenz existieren. Bei den umweltsynchronen Rhythmen läßt sich ohne Experiment keine sichere Antwort geben, ob beispielsweise eine tagesrhythmische Funktion entweder direkt durch einen von Tag zu Tag wiederkehrenden Außenreiz oder aber – analog zu den Kurzzeitrhythmen – durch einen endogenen, zyklischen Prozeß gesteuert sein könnte. Zu dieser Alternative wurde bereits 1729 ein einfaches und folgerichtiges Experiment durchgeführt: Man trug Pflanzen aus dem Naturtag in eine Dunkelkammer. Erstaunlicherweise waren auch dort die tagesrhythmischen Hebungs- und Senkungsbewegungen der Blätter, wie sie im Freiland bei zahlreichen Arten, z.B. bei der Bohne (*Phaseolus*), auftreten, zu beobachten. Damit war das faszinierende Phänomen der *endogenen Tagesrhythmen* entdeckt, das heute für viele Organismen durch sorgfältige Experimente in konstanten Laboratoriumsbedingungen nachgewiesen ist. Die endogenen Tagesrhythmen haben die Biologen mit einer »inneren Uhr« verglichen, deren Aufgabe darin besteht, einzelne Stoffwechselprozesse, Wachstumsleistungen oder Verhaltensweisen auf ein bestimmtes Tagesprogramm festzulegen, so daß im Freiland jede Funktion ihre optimale Leistung zur »richtigen« Tageszeit entfalten kann. Hier liegt die Fähigkeit zur *Zeitmessung* vor, über die wohl die meisten im Freiland lebenden Organismen verfügen und die ihnen eine zuverlässige zeitliche Einordnung in die tagesperiodisch schwankenden Umweltbedingungen garantiert. Für eine biologische Zeitmessung mit Hilfe endogener Rhythmen zeugen auch die drei anderen umweltsynchronen Rhythmen. Nur diese Rhythmen – und nicht die oben erwähnten Kurzzeitrhythmen – werden im folgenden behandelt. Da die tagesrhythmischen Phänomene am gründlichsten untersucht wurden, wird auf sie ausführlicher eingegangen.

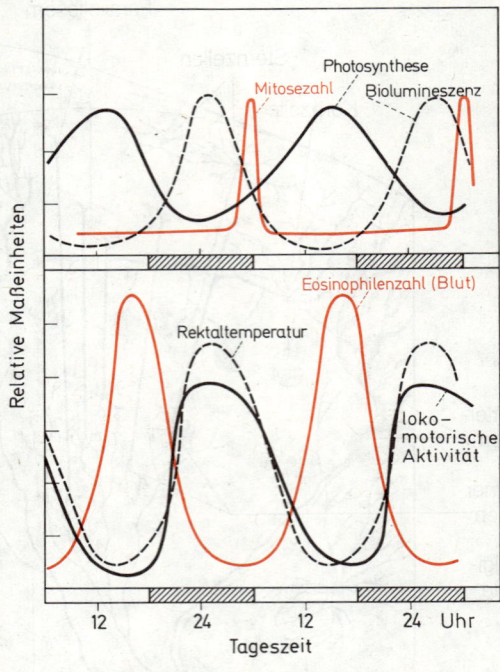

Abb. 6.245. Tagesperiodische Funktionen des marinen Dinoflagellaten Gonyaulax polyedra (oben) und der Maus (unten). (Nach Hastings und Sweeney und nach Halberg)

6.11.1 Tagesrhythmik

Tagesrhythmische Vorgänge sind in großer Zahl bei Protozoen, Algen, Pilzen, Niederen und Höheren Pflanzen, bei Avertebraten und bei Vertebraten, also sowohl bei Einzellern als auch bei Vielzellern gefunden und beschrieben worden. Die tagesperiodischen Blattbewegungen, die Laufaktivitäten von Eidechse oder Maus lassen sich in einem Versuchsraum relativ leicht verfolgen, ungleich mühsamer sind die tagesrhythmischen Funktionen in Zellen, Geweben und Organen zu erfassen. Abbildung 6.245 zeigt Beispiele von zwei Organismen, bei denen mehrere tagesrhythmische Funktionen gemessen wurden. Hierbei fällt auf, daß die Maxima der einzelnen Funktionen auf ganz verschiedene Tageszeiten fallen können.

6.11.1.1 Nachweis einer »circadianen Uhr«

Um die Eigenschaften eines endogenen Zeitmeßvorganges und seine Abhängigkeit von äußeren Umweltbedingungen experimentell eingehender zu erfassen, wählt man eine tagesrhythmische Funktion, die sich über lange Zeit in einem vom Naturtag abgeschirmten Versuchsraum automatisch messen läßt, bei Tieren in der Regel die lokomotorische Aktivität. Abbildung 6.246 zeigt Registrierstreifen, auf denen die tägliche Aktivität eines Flughörnchens verzeichnet ist. Die Streifen aufeinanderfolgender Tage sind wie Zeilen auf einer Buchseite untereinander angeordnet und ergeben so ein genaues Tagebuch über das Bewegungsverhalten des Tieres. Bei gelegentlichen Bewegungen notiert die Registrierung nur einzelne Zacken, bei anhaltender Aktivität jedoch einen breiten, schwarzen Streifen. Flughörnchen sind nachtaktiv. Das dargestellte Tier beginnt daher auch am ersten Dauerdunkeltag so wie im Freiland gegen 18 Uhr wach zu werden und über einige

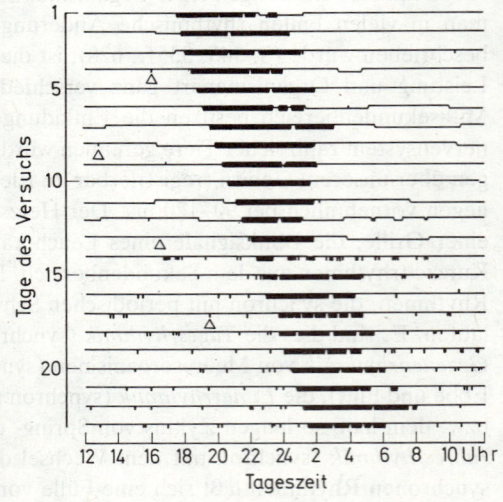

Abb. 6.246. Tageszeiten der lokomotorischen Aktivität eines Flughörnchens (Glaucomys volans) an 23 aufeinanderfolgenden Tagen in einer Dunkelkammer. Die Dreiecke markieren die gelegentlichen Futterkontrollen mit schwacher Lichtstörung. (Nach de Coursey)

Stunden viel zu laufen. Der Zyklus von Aktivität und Ruhe wird auch im Dauerdunkel mit einer erstaunlichen Präzision eingehalten, bei dem Versuchstier mit einer Periodendauer von 24 h und 21 min (± 6 min). Der Rhythmus des Tieres ist im Dauerdunkel also deutlich länger als 24 h und verschiebt sich damit täglich mehr und mehr gegenüber dem ursprünglichen Naturtag. Die Periodendauer des damit gegenüber dem 24-h-Tag »frei laufenden« Rhythmus ist von Individuum zu Individuum verschieden. Sie kann auch kürzer als 24 h sein und eine allmähliche Vorverschiebung des Rhythmus gegenüber dem 24-h-Tag bedingen; sie kann zufällig einmal auch genau 24 h betragen. Diese Eigenschaft des »Frei-Laufens« ist für die Rhythmen von *Gonyaulax* ebenso wie für die Funktionen der Maus (Abb. 6.245) und für sehr viele Tagesrhythmen anderer Organismen, Pflanzen und Tiere, nachgewiesen worden.

Die Deutung des Experiments: Die in konstanter Umwelt frei laufende tagesrhythmische Funktion wird erzeugt durch einen autonomen physiologischen Mechanismus, der rhythmisch arbeitet und in Analogie zu unseren mechanischen Uhren als »physiologische Uhr« bezeichnet wird (S. 715). Andere gebräuchliche Termini sind »endogene Tagesrhythmik«, »biologische« oder »circadiane Uhr«, »circadianer Oszillator« oder »circadianer Schrittmacher«. Der aus dem englischsprachigen Schrifttum übernommene Ausdruck »circadian« (lat.: circa diem = ungefähr einen Tag) hat sich durchgesetzt, da er die Periodendauer des frei laufenden Systems am besten beschreibt. Im folgenden wird meist die Bezeichnung »circadiane Uhr« gewählt. Drei wichtige Eigenschaften der »Uhr« sind:

(1) Die circadiane *Periodendauer ist angeboren*. Alle Versuche, einem Organismus eine völlig andere Periodendauer aufzuprägen oder durch Aufzucht in Dauerlicht seine Befähigung zu circadianen Rhythmen auszulöschen, sind fehlgeschlagen.

Bei *Drosophila melanogaster* konnten mit Hilfe des Mutagens Äthylmethansulfonat zwei verschiedene Uhrenmutanten mit unterschiedlicher Periodendauer (19 und 28 h gegenüber dem Wildtyp mit 24 h) erzeugt werden. Die Allele dieses *period*-Gen (abgekürzt: *per*) konnten auf dem X-Chromosom im Bereich einer Querbande lokalisiert werden. Auf dem Weg über Genklonierung und DNA-Sequenzierung, dann weiter über die Analyse von Transkripten und der Transduktion der entsprechenden DNA-Sequenzen in das Genom arrhythmischer per°-Fliegen – sie zeigen im Verhaltenstest wieder eine Lokomotionsperiodik – ergibt sich ein Ansatzpunkt, den *molekularen Mechanismus* einer circadianen Uhr aufzudecken.

(2) Die »Uhr« ist *temperaturkompensiert*, d.h. die Temperatur übt auch bei ektothermen Organismen einen auffallend geringen Einfluß auf die Periodendauer des frei laufenden Tagesrhythmus aus (Temperaturkoeffizient Q_{10} zwischen 1,0 und 1,1).

(3) In Dauerlichtversuchen kann die Periodendauer vieler Tagesrhythmen durch die Beleuchtungsstärke geringfügig modifiziert werden. Hierbei reagieren einige Arten mit einer Verkürzung, andere mit einer Verlängerung der Periodendauer, wenn die Beleuchtungsstärke des Lichtes heraufgesetzt wird.

6.11.1.2 Zeitgeber

Eine Uhr, deren Periodendauer von 24 h abweicht, taugt nicht für eine zuverlässige Zeitmessung, es sei denn, die Uhr wird von Tag zu Tag korrigiert. Das müßte auch für die biologische Zeitmessung mit Hilfe einer circadianen Uhr gelten. Tatsächlich zeigen die tagesrhythmischen Funktionen im 24-h-Tag (sowohl im Naturtag als auch im künstlichen Tag des Laboratoriums) eine Periodendauer von genau 24 h. Es ist daher zu prüfen, ob es sich hier um eine echte Korrektur der circadianen Uhr durch die tagesperiodischen Umweltbedingungen handelt oder ob die circadiane Uhr im Naturtag derart überspielt wird, daß dort die tagesrhythmische Funktion allein exogen durch die Außenfaktoren geführt wird. Diese Alternative läßt sich gut in Experimenten mit Lichtzyklen von verschiedener Periodendauer (abgekürzt T) prüfen (Abb. 6.247). Bei T-Werten zwischen

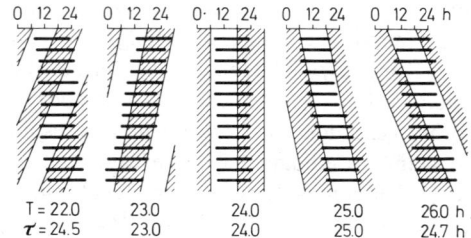

Abb. 6.247. *Hüpfaktivität eines Grünfinken in Lichtzyklen verschiedener Periodendauer. Die schwarzen Balken markieren die Aktivitätszeit während eines Lichtzyklus, die aufeinanderfolgenden Zyklen sind untereinander aufgetragen. Die schraffierten Felder symbolisieren die niedrige Beleuchtungsstärke (1 lx), die hellen Felder die hohe (5 lx). T Periode des Lichtzyklus; τ Periode des Aktivitätszyklus. (Nach Wever)*

23 und 25 h verläuft der Aktivitätszyklus des Grünfinken synchron mit dem Außenzyklus. Wenn die T-Werte jedoch stärker von 24 h abweichen, geht die Synchronie verloren, und der Vogel zeigt unabhängig von dem äußeren Lichtzyklus eine frei laufende circadiane Rhythmik von 24,5 bzw. 24,7 h.

Die Versuche zeigen zweierlei. 1. Es gibt einen Mitnahmebereich, in dem die biologische Rhythmik stets synchron mit dem Außenzyklus verläuft ($T = 23 \ldots 25$ h). 2. Innerhalb des Mitnahmebereiches ändert sich die Phasenbeziehung zwischen biologischer Rhythmik und Außenzyklus (bei $T = 23$ h wacht der Grünfink erst gegen Mittag auf, also später als bei $T = 24$ h; bei $T = 25$ h ist er dagegen Frühaufsteher und schon vor Tagesanfang aktiv). Mitnahmebereich und veränderte Phasenlagen zwischen zwei rhythmischen Systemen kann man leicht durch ein technisches Modell simulieren, in dem eine selbsterregte Schwingung (sie besitzt eine bestimmte Eigenfrequenz) mit einer erregenden Schwingung (ihre Frequenz ist vorgegeben) gekoppelt ist. Die circadiane Uhr kann mit einer selbsterregten Schwingung, der synchronisierende Außenzyklus mit einer erregenden Schwingung verglichen werden. Aufgrund der Phänomene »Mitnahmebereich« und »verschiedene Phasenbeziehung«, die nur zwischen einem selbsterregten und einem synchronisierenden System auftreten, läßt sich schließen: Die »circadiane Uhr« steuert die tagesrhythmischen Funktionen nicht nur in konstanter Umwelt, sondern auch innerhalb des Mitnahmebereichs eines Außenzyklus. Die oben aufgestellte Alternative einer allein exogenen Steuerung der biologischen Rhythmik im 24-h-Tag ist also klar zu verneinen. Die »circadiane Uhr« und damit die von ihr abhängigen tagesrhythmischen Funktionen werden also durch tagesperiodische Außenfaktoren, die »Zeitgeber«, mit dem 24-h-Tag synchronisiert. Der wichtigste Zeitgeber für die weitaus meisten Organismen ist der tägliche Lichtzyklus. Einer plötzlichen Verschiebung dieses Zeitgebers im Versuchsraum folgt die Tagesrhythmik innerhalb weniger Tage (Abb. 6.248). Neben dem Licht ist bei vielen poikilothermen Organismen zusätzlich der 24stündige Temperaturzyklus als Zeitgeber wirksam. Sperlingsvögel können sich auch nach einem tagesperiodischen Muster von akustischen Signalen richten.

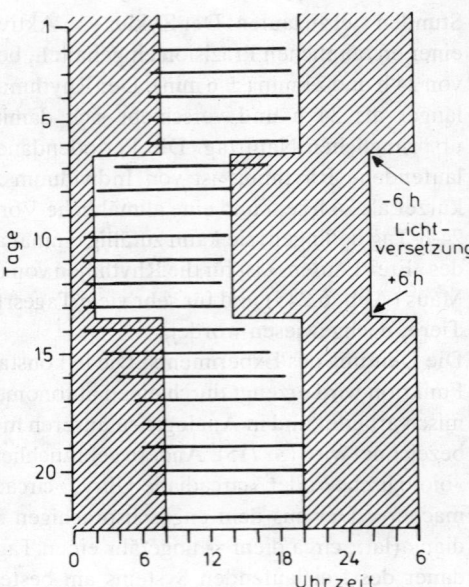

Abb. 6.248. Einfluß von sprunghaften Verschiebungen des Lichtzyklus auf die lokomotorische Aktivität eines Vogels (Gimpel). Die horizontalen Balken markieren die tägliche Aktivitätszeit, die aufeinanderfolgenden Tage sind untereinander aufgetragen. (Nach Aschoff)

6.11.1.3 Tagesrhythmen beim Menschen

Wachen und Schlafen haben einen uns allen bekannten Tagesrhythmus. Die Körpertemperatur und die Harnzusammensetzung (Konzentration an abgeschiedenen Mengen von Corticoiden, Melatonin, Calcium, Kalium u. a.) zeigen gleichfalls einen Tagesgang und deuten darauf hin, daß auch beim Menschen eine Vielzahl von Stoffwechselvorgängen und Hormonfunktionen tagesrhythmisch verläuft. Versuchspersonen haben sich freiwillig über Wochen in schalldichten, ständig beleuchteten Räumen aufgehalten und damit ein Experiment, wie das in Abbildung 6.246 gezeigte, an sich selbst erprobt. Jeder unmittelbare Kontakt zur Außenwelt war ausgeschlossen; die Personen hatten weder Uhr noch Radio, so daß jegliche Informationen über die wahre Tageszeit genommen war. Nach den vorher geschilderten Experimenten ist es nicht erstaunlich, daß auch der Mensch unter konstanten Bedingungen einen Tagesrhythmus beibehält. Die Periodendauer des Wach-Schlaf-Rhythmus liegt in der Regel zwischen 24,5 und 26 h; die durchschnittliche Schlafdauer beträgt dabei 8,4 h. Die Tagesrhythmik des Menschen wird also gleichfalls von einer circadianen Uhr gesteuert. Für die Medizin ist dieser Nachweis von außerordentlicher Wichtigkeit. In Abbildung 6.249 ist ein Umstimmungsversuch wiedergegeben, eine Situation, der auch ein Reisender beim Flug in östlicher und in westlicher Richtung ausgesetzt ist. Auch bei einem Schichtwechsel zwischen Tag- und Nachtarbeit ergeben sich Umstimmungen in den tagesrhythmischen Funktionen. Wie der Verlauf der Körpertemperatur in Abbildung 6.249 zeigt, wird eine volle Synchronisierung mit dem neuen Außenzyklus oft erst nach Tagen erreicht. Während dieser Zeit ist die Leistungsfähigkeit erheblich gedämpft, die Anfälligkeit gegenüber Krankheiten vielleicht erhöht. Der

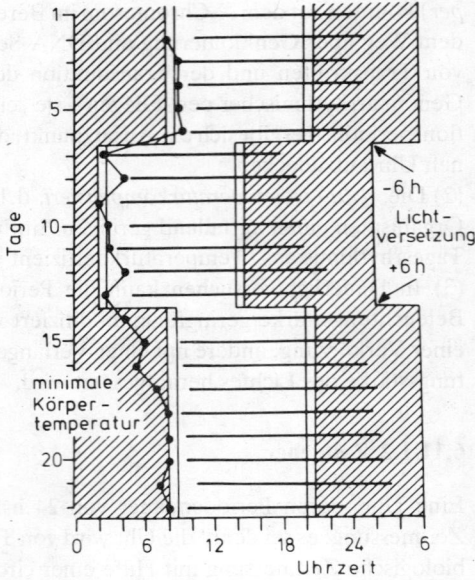

Abb. 6.249. Aktivität einer Versuchsperson bei sprunghafter Verschiebung des Lichtzyklus (vgl. Abb. 6.248). Zu dem Ergebnis dieses Versuches ist anzumerken, daß beim Menschen außerhalb eines solchen Experimentes in einem Bunker vor allem soziale Zeitgeber für die Synchronisierung der circadianen Uhr mit dem 24-h-Tag wichtig sind. (Nach Aschoff)

Raumfahrtmediziner muß wissen, daß sich der Mensch an eine von 24 h stark abweichende Periodik nicht anpassen kann. Wie Versuche an Mäusen eindringlich vorführen, kann auch die Empfindlichkeit gegenüber Medikamenten und Giften tagesperiodisch stark schwanken (Abb. 6.250). Chronotoxikologie und Chronotherapie finden daher in der Medizin zunehmend Beachtung.

6.11.1.4 Lokalisation der circadianen Uhr

Circadiane Rhythmen sind bei Einzellern (Abb. 6.245), aber auch in isolierten Geweben und Organen gefunden worden. Deshalb ist der Mechanismus der circadianen Uhr wohl auch bei höheren Organismen nicht an ein Zusammenwirken von Geweben und Organen gebunden. Aufgrund der verblüffenden Ähnlichkeit der tagesrhythmischen Reaktionen gegenüber Zeitgebern und Temperatur wird allgemein angenommen, daß die circadiane Uhr bei allen Organismen ein zellulärer Mechanismus ist. Gleichzeitig ergibt sich damit bei Vielzellern das zusätzliche Problem, wie die interne Synchronisation zwischen den vielen circadianen Oszillatoren in Geweben und Organen erfüllt wird. Bei Tieren könnte man an eine übergeordnete Zentraluhr, z. B. im Zentralnervensystem oder in inkretorischen Organen, denken.

Für die experimentelle Beantwortung dieser Frage haben sich zuerst *Insekten* als besonders geeignete Versuchstiere erwiesen. Zwei tagesrhythmische Funktionen (lokomotorische Aktivität, tägliche Schlüpfzeit) sind bei ihnen hinsichtlich der Lokalisation der Uhr eingehend untersucht worden.

Die *Laufaktivität* von Küchenschaben läßt sich mit einer kleinen Lauftrommel und einem Zeitmarkenschreiber zuverlässig registrieren. In einer Vielzahl von Experimenten sind gleichzeitig Teile des Zentralnervensystems ausgeschaltet worden (Abb. 6.251). Wenn man in A durchschneidet, zeigt die Schabe trotz eines 24stündigen Lichtzyklus eine frei laufende circadiane Rhythmik, als ob sie sich im Dauerdunkel aufhalten würde (ähnlich Abb. 6.246): Folglich ist das Auge die Eingangspforte für den Zeitgeber der Lokomotionsrhythmik. Wenn man nur in D oder C durchschneidet oder wenn man die neurosekretorischen Zellgebiete in Gehirn oder Subösophagealganglion herausschneidet oder wenn man die Corpora cardiaca und Corpora allata entfernt, so bleibt die Tagesrhythmik bei vielen Versuchstieren erhalten. Erst wenn man in B oder in E durchschneidet, werden die Tiere arrhythmisch. Der circadiane Schrittmacher hat daher vermutlich in den optischen Loben seinen Sitz. Die Übermittlung der Uhrensignale auf die Motoneuronen des Thorax – sie sind für die lokomotorische Aktivität unmittelbar verantwortlich – muß über Nervenbahnen laufen. Eine hormonale Übermittlung über das Blut oder eine Übermittlung über neurosekretorische Bahnen des Zentralnervensystems ist aufgrund dieser Experimente auszuschließen.

In einem anderen Fall, bei *Drosophila,* ist jedoch auch eine humorale Übertragung von einem circadianen Schrittmacher im Gehirn auf das Lokomotionssystem im Thorax nachgewiesen worden. Hierbei transplantierte man das Gehirn einer 19-Stunden-Mutante (S. 713) in das Abdomen eines genetisch arrhythmischen Tiers und löste damit eine entsprechende Lokomotionsperiodik beim Empfänger aus.

Ein drittes Insektenbeispiel: Das *Ausschlüpfen aus der Puppenhaut* erfolgt bei vielen Insekten nur zu einer eng begrenzten Tageszeit, beispielsweise bei dem Schmetterling *Hyalophora cecropia* in den Vormittags- und bei *Antheraea pernyi* in den Nachmittagsstunden (Abb. 6.252a). Hieraus resultiert in einer über viele Tage hin schlüpfenden Population eine typische Tagesrhythmik. Die tägliche Schlüpfzeit eines jeden Individuums wird durch eine circadiane Uhr gesteuert. Bei den Großschmetterlingen hat sich diese für das Schlüpfen verantwortliche Uhr lokalisieren lassen. Exstirpiert man bei den beiden Schmetterlingsarten nur das Gehirn (ohne optische Loben und Corpora allata), so ist das

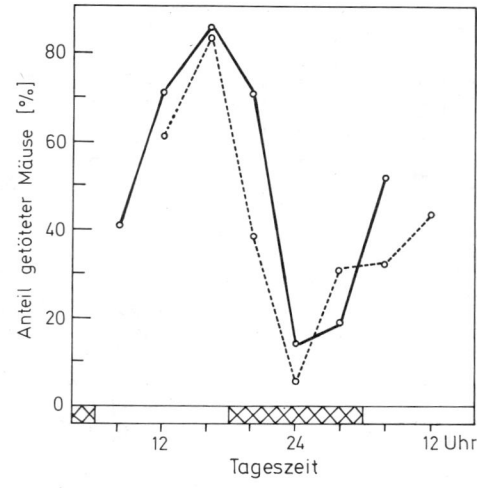

Abb. 6.250. Die abtötende Wirkung eines Giftstoffes (Lipopolysaccharid) aus Escherichia coli ändert sich bei der Maus im Tagesverlauf. Die beiden Kurven stellen die Ergebnisse für zwei Versuchsgruppen dar. (Nach Halberg)

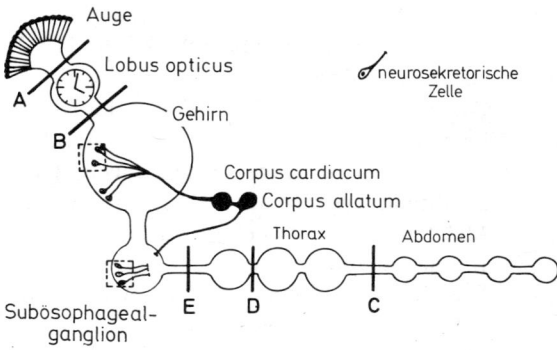

Abb. 6.251. Schema des Zentralnervensystems einer Schabe. Erläuterung von Versuchen zur Lokalisation der »circadianen Uhr« für die lokomotorische Aktivität im Text. (Nach Brady)

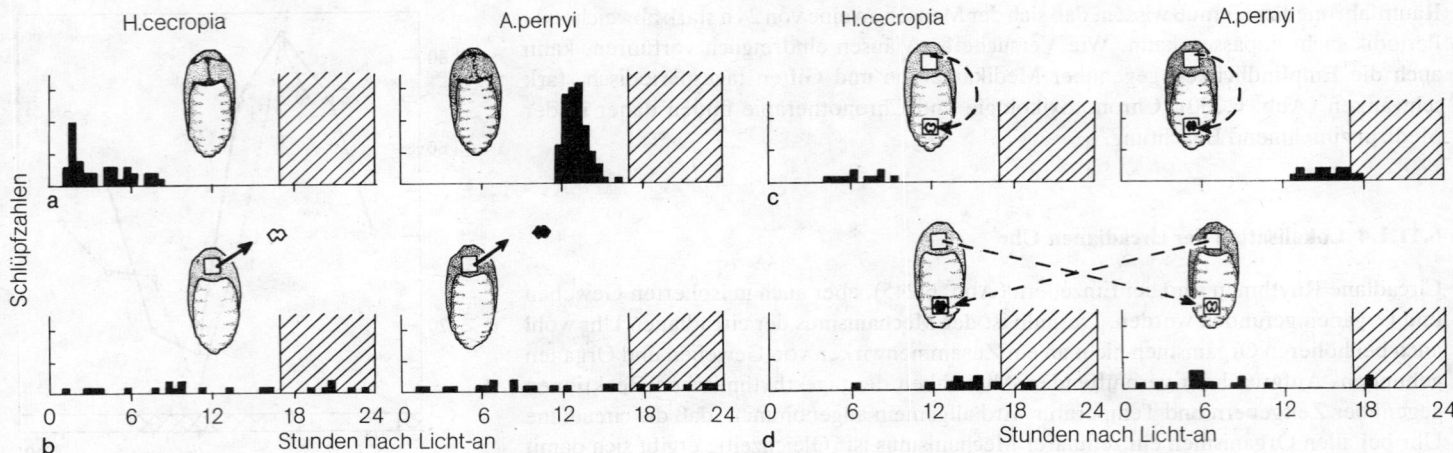

Abb. 6.252 a–d. Versuche zur Lokalisation der »circadianen Uhr« für die täglichen Schlüpfzeiten der Schmetterlinge Hyalophora cecropia (jeweils links) und Antheraea pernyi (jeweils rechts). (Nach Truman u. Riddiford)

Schlüpfen arrhythmisch (Abb. 6.252b). Bei Reimplantation ins Abdomen (Abb. 6.252c) bleibt dagegen die artspezifische Schlüpfzeit voll erhalten. Aus diesen Experimenten ergeben sich mehrere Folgerungen: (1) Die circadiane Uhr für das Schlüpfen liegt im Gehirn, nicht in den optischen Loben. (2) Die Eingangspforten für den Zeitgeber sind nicht die Augen, da die Synchronie mit dem Außenzyklus auch nach Abtrennung der Augen erhalten bleibt; das Gehirn selbst enthält den erforderlichen Photorezeptor. (3) Die Übermittlung des Schlüpfkommandos auf die Motoneuronen in Thorax und Abdomen erfolgt auf hormonalem Wege über das Blut. – Eine volle Bestätigung ergibt sich bei einer wechselseitigen Transplantation der Gehirne zwischen beiden Arten (Abb. 6.252d): Das Neurohormon (das Eclosion-Hormon EH, ein Peptid) ist nicht artspezifisch, seine tageszeitlich gesteuerte Ausschüttung ist eine artspezifische Leistung einer im Gehirn gelegenen circadianen Uhr.

Wie die Versuche an Küchenschaben, *Drosophila* und den beiden Schmetterlingsarten zeigen, läßt sich eine einheitliche Zentraluhr für alle tagesrhythmischen Funktionen sowie ein einheitlicher Übertragungsmodus innerhalb einer Verwandtschaftsgruppe wie den Insekten nicht nachweisen, aber es gibt übergeordnete Zentren. Vermutlich besitzen alle hochdifferenzierten Tiere ein System aus mehreren circadianen Uhren.

Lokalisationsexperimente im Bereich des Zentralnervensystems waren auch bei *Wirbeltieren* erfolgreich. Wenn man beim Haussperling die Epiphyse (= Pinealorgan oder Zirbeldrüse) (S. 495) exstirpiert, so verschwindet der circadiane Rhythmus der lokomotorischen Aktivität, und die Vögel werden daueraktiv. Nach Implantation einer Spenderepiphyse von einem rhythmisch-aktiven Tier läßt sich der circadiane Rhythmus wieder auslösen, und zwar erstaunlicherweise ohne jegliche Phasenverschiebung (Abb. 6.253). Die Implantate wurden bei diesem Experiment in die vordere Augenkammer als immunologisch neutralem Bereich gesteckt, damit keine Abstoßung des Spendergewebes erfolgte. Das Ergebnis belegt: Die Epiphyse des Sperlings ist Sitz eines circadianen Schrittmachers, der auf humoralen Bahnen wirksam wird. Hierbei wird dem Hormon Melatonin eine entscheidende Rolle zugeschrieben, dessen Biosynthese und Abgabe ins Blut tagesperiodisch schwankt.

Die circadiane Organisation des Gehirns ist bei den verschiedenen Wirbeltierklassen jedoch nicht einheitlich. Eine Exstirpation des Parietalorgans bei Eidechsen war ohne Einfluß auf das tagesperiodische Verhalten. Störungen ließen sich jedoch durch Defekte im Bereich des suprachiasmatischen Nucleus auslösen. Vielleicht ist daher diese wichtige Schaltstelle im Gehirn bei dieser Art zugleich auch der Sitz eines circadianen Schrittmachers. Das gleiche zeigte sich bei Säugetieren (z.B. bei Hamsterarten und Ratte) nach

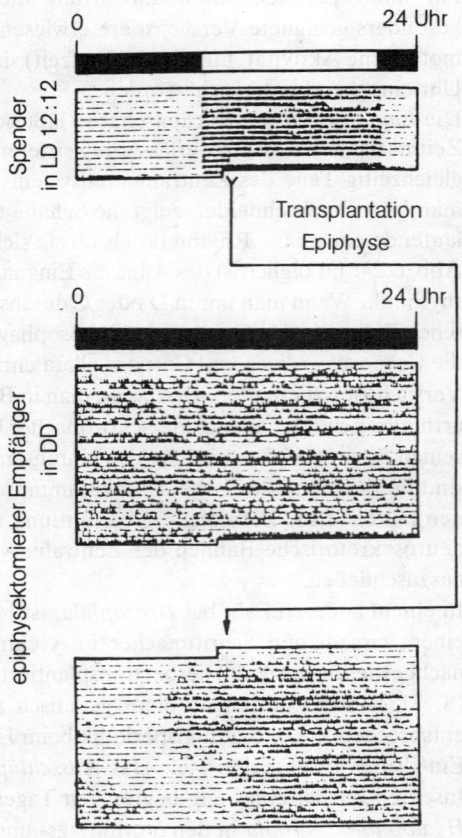

Abb. 6.253. Versuche zur Lokalisation der »circadianen Uhr« beim Haussperling mit Aktogrammen des Spender- und des Empfänger-Vogels. Transplantation der Spenderepiphyse in die vordere Augenkammer eines epiphysektomierten Empfängers. (Nach Zimmermann)

Exstirpation der Epiphyse, obwohl dieses Organ auch bei Säugern eine ausgeprägte tagesperiodische Melatoninbildung aufweist, mit einem Maximum in der Dunkelzeit. Die Menge und das tageszeitliche Muster des Melatonins sind bei den photoperiodisch empfindlichen Hamsterarten in Kurztag- und Langtagbedingungen verschieden – ein wichtiger Befund, der mit der Jahresperiodik von Reproduktionsaktivitäten, Körpergewicht und Fellfärbung korreliert werden kann und auf die Art der Übertragung von tagesperiodischen Umweltsignalen (Kurztag – Langtag) auf jahresperiodische Anpassungen hinweist (vgl. S. 335f.).

Auch hinsichtlich der Eingangspforten für den Zeitgeber, den Licht-Dunkel-Zyklus, zeigen sich bei verschiedenen Wirbeltieren Unterschiede. Nach den bisherigen Experimenten wird nur bei Säugetieren der Lichtzeitgeber über das Auge wahrgenommen, denn die Versuchstiere verhalten sich nach beidseitiger Augenentfernung wie im Dauerdunkel: sie zeigen eine frei laufende Rhythmik wie in Abbildung 6.246, und zwar auch dann, wenn gleichzeitig ein 24stündiger Licht-Dunkel-Zyklus gegeben wird. Geblendete Eidechsen und Sperlinge haben dagegen unter diesen Lichtbedingungen einen genauen 24-h-Rhythmus, da sie im Gehirn über extraretinale Lichtrezeptoren verfügen. In der circadianen Organisation der verschiedenen Verwandtschaftsgruppen hat sich daher im Verlauf der Evolution eine Vielfalt der Anpassungen ergeben. Dies ist bei der Verallgemeinerung experimenteller Ergebnisse zu berücksichtigen.

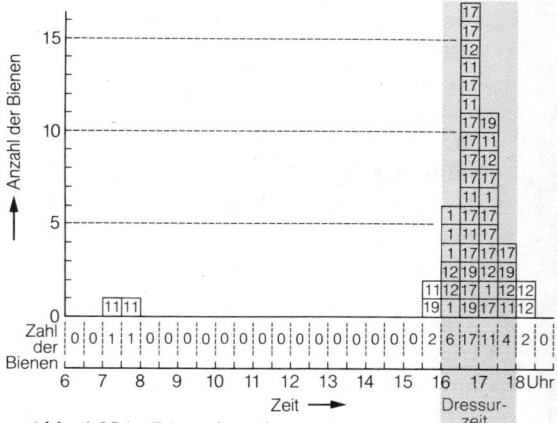

Abb. 6.254. Die während eines Tages registrierten Anflugzeiten von fünf individuell markierten Bienen (Ziffern) an einem Platz, an dem an den Vortagen zu einer willkürlich gewählten Tageszeit (hier zwischen 16 und 18 Uhr) ein Schälchen mit Zuckerwasser aufgestellt war. Obwohl während des Test-Tages kein Futter angeboten wurde, kamen die Tiere mehrmals hintereinander vorwiegend zu der vorangegangenen Dressurzeit. (Nach Beling)

6.11.1.5 Nutzung der circadianen Uhr

Die bisher geschilderten Ergebnisse haben einen Überblick über die circadiane Organisation von Organismen gegeben. Abgesehen vom Problem des Zeitmeßmechanismus muß man, wenn man den ganzen Organismus verstehen lernen will, auch nach dem Anpassungswert der tageszeitlichen Einordnung in die Umwelt fragen. Aufgrund vieler Beispiele läßt sich allgemein feststellen: Mit Hilfe einer circadianen Uhr können Organismen ihre mannigfaltigen Leistungen zeitlich ordnen und programmieren, und zwar so, daß insgesamt eine tageszeitliche Spezialisierung mit günstigeren Überlebenschancen möglich wird. Die bei den vorangegangenen Beispielen beschriebenen jeweiligen Phasenbeziehungen der einzelnen Leistungen zum 24-h-Tag sind dabei letzten Endes – wie in einzelnen Fällen durch Kreuzungsversuche mit Zeitrassen belegt wurde – genkontrolliert. Unabhängig von diesen Anpassungen an den normalen Tagesgang der Umweltbedingungen haben einige Organismen im Verlauf der Evolution darüber hinaus die Fähigkeit erworben, die circadiane Uhr für drei noch kompliziertere Leistungen zu nutzen, für das sogenannte »Zeitgedächtnis«, für die Kompaßorientierung und die Tageslängenmessung (S. 719).

Zeitgedächtnis. Die Sammlerinnen eines Bienenstocks kann man darauf dressieren, ihr Futter an einem bestimmten Platz in der weiteren Umgebung ihres Stocks nur zu einer begrenzten Tageszeit zu suchen (Abb. 6.254). Dabei gelingt es, die Sammelschar in der Folge auf ganz verschiedene Zeiten zwischen Sonnenauf- und -untergang zu dressieren, oder sogar simultan auf mehrere willkürlich festgelegte Tageszeiten. Es handelt sich also hierbei um eine flexible tageszeitliche Programmierung des Verhaltens durch vorangegangene Erfahrungen. Diese besondere tageszeitliche Dressurfähigkeit der Honigbiene ist gleichfalls mit einem circadianen Zeitmeßmechanismus verknüpft. Das belegen die folgenden Versuche. Man kann Bienen nur auf Fütterungszeiten dressieren, die im 24-h-Rhythmus wiederkehren; Dressurversuche auf Zeiten, beispielsweise im 19-h-Rhythmus, mißlingen. Wenn man eine zeitdressierte Sammelschar mit dem Flugzeug zu einem anderen Längengrad transportiert, so richten sie sich an den ersten beiden Tagen nicht nach den dortigen Zeitgeberbedingungen (den lokalen Hell-Dunkel-Zeiten), sondern sie folgen den Weisungen ihrer weitergelaufenen circadianen Uhr und erscheinen am neuen Registrierplatz jeweils 24 h nach den Dressurzeiten des Herkunftsortes.

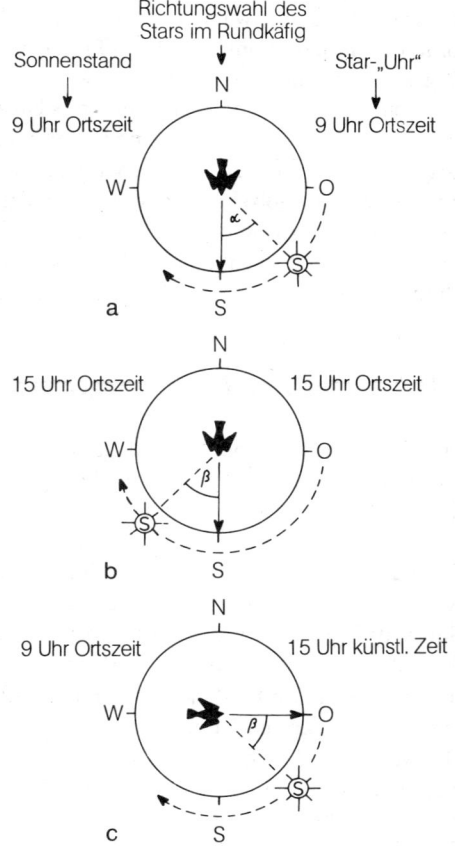

Abb. 6.255 a–c. Versuche zum Nachweis der »circadianen Uhr« bei der tageszeitlich kompensierten Sonnenkompaßorientierung von Staren. (Nach Hoffmann)

Dieses Zeitgedächtnis ist für die Honigbienen unter energetischen Gesichtspunkten eine recht effiziente Verhaltensstrategie in ihrer natürlichen Umwelt, nämlich eine günstige Trachtquelle in der Regel nur zu derjenigen Tageszeit anzufliegen, wenn dort tatsächlich reichlich Nektar fließt. Auch im tageszeitlichen Verhalten von Vögeln und Säugetieren findet man neuerdings das gleiche Prinzip, indem komplexere tageszeitliche Verhaltensmuster von lokaler Nahrungssuche, von Umherstreifen und Warten mit dem Zeitmuster der Vortage hinsichtlich erfolgreich gewesener Nahrungsplätze oft auffällig übereinstimmen. Das Zeitgedächtnis ist daher als eine wichtige Anpassungsmodalität circadianer Uhren bei Tieren mit hochentwickeltem Verhalten zu bewerten.

Sonnenkompaß. Zahlreiche Tiere können mit Hilfe des Sonnenazimuts eine bestimmte Himmelsrichtung finden: Dieser Orientierungsmechanismus weist einer Biene die Richtung zur Futterquelle (S. 725, Abb. 7.7), einer an Ufern von Flüssen und Seen lebenden Wolfsspinne den Weg zum rettenden Ufer, dem Star den Weg zu Sommer- oder Winterquartier. Ein Star läßt sich in einem Rundkäfig mit Hilfe von Futterbelohnungen innerhalb weniger Tage sicher auf eine bestimmte Himmelsrichtung dressieren. Abbildung 6.255 macht anschaulich, daß die Wanderung der Sonne tageszeitlich kompensiert werden muß, wenn ein Tier zu jeder Tageszeit die andressierte Himmelsrichtung mit Hilfe des Sonnenazimuts findet. Wenn ein Star beispielsweise nach Süden dressiert ist, so wird er vormittags einen von Stunde zu Stunde zunehmend kleiner werdenden Winkel α rechts von der Sonne einschlagen (Abb. 6.255a), mittags muß er auf die Sonne zufliegen, nachmittags wird er von Stunde zu Stunde einen zunehmend größer werdenden Winkel β links von der Sonne wählen (Abb. 6.255b). Bei anderen Dressurrichtungen ergeben sich andere Kompensationswinkel, das Prinzip ist jedoch das gleiche. Die Information über die Tageszeit, die notwendig ist, um den tageszeitlich richtigen Kompensationswinkel zu »berechnen«, wird von einer »inneren Uhr« geliefert (Abb. 6.255c): Der nach Süden dressierte Star war einige Tage im Labor bei einem Kunsttag gehalten worden, der um 6 h gegenüber der Ortszeit verschoben war. Die Tagesrhythmik des Stars und damit seine innere Uhr verschob sich dementsprechend um 6 h. Als er am Versuchstag gegen 9 Uhr ins Freie getragen wurde, stand seine Uhr bereits bei 15 Uhr Kunstzeit: Er wählte den nach seiner »Tageszeit« richtigen Winkel β links von der Sonne und damit erwartungsgemäß im Naturtag eine völlig falsche Himmelsrichtung.

6.11.2 Biologische Zeitmessungen in der Gezeitenzone

Die Gezeiten Ebbe und Flut bedingen an den Meeresküsten einen tiefgreifenden Wechsel der Lebensbedingungen, da sie den Lebensraum der hier verbreiteten Organismen zweimal täglich trockenlegen und überfluten. Strandkrabben (*Carcinus*), Miesmuscheln (*Mytilus*) und viele andere Meerestiere haben dementsprechend einen gezeitenrhythmischen Aktivitätszyklus. Die Kieselalge *Hantzschia* und der grüne Strudelwurm *Convoluta* wandern bei Niedrigwasser an die Wattoberfläche, bei zurückkehrender Flut wieder ins Substrat. Viele Meeresorganismen führen diese Rhythmen in einem Aquarium auch ohne Einfluß der Gezeiten weiter. Sie verfügen also über eine »innere Gezeiten-Uhr«, mit deren Hilfe sie im Freiland ihr Verhalten und vermutlich auch bestimmte Stoffwechselleistungen programmieren können.

Bei Meeresorganismen mit lunarperiodischen Fortpflanzungszeiten gibt es noch einen weiteren Typus »biologischer Uhren«, der die Entwicklung so steuert, daß entweder alle 30 Tage (an bestimmten Tagen des Mondphasenzyklus) oder alle 15 Tage (zu bestimmten Situationen des mit der Mondphase korrelierten Spring-Nipptiden-Zyklus; vgl. Abb. 6.256) fortpflanzungsreife Stadien auftreten. Wenn man die Organismen aus dem Freiland ins Labor überführt, so kann man für eine gewisse Zeit frei laufende lunare Rhythmen von

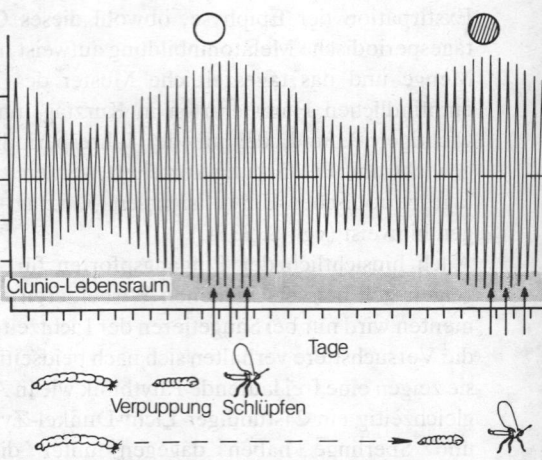

Abb. 6.256. Zeitliche Abstimmung der semilunarperiodischen Schlüpf- und Fortpflanzungszeiten der Mücke Clunio marinus auf die Gezeitenbedingungen. Ordinate: Wasserstände in der Gezeitenzone und Niveau des Clunio-Lebensraumes. Abszisse: aufeinanderfolgende Tage von zwei Spring-Nipptidenzyklen und Schlüpfzeiten (Pfeile). (Nach Neumann)

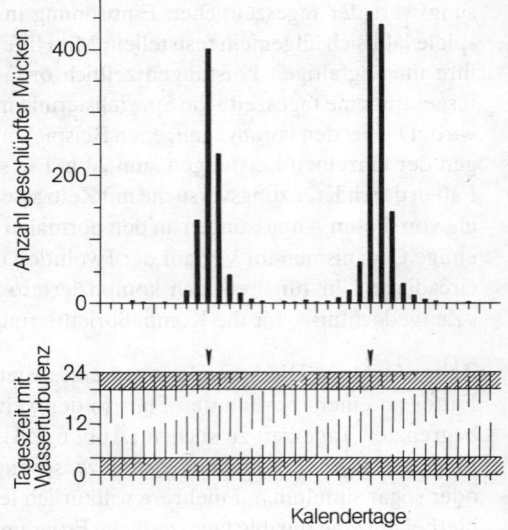

Abb. 6.257. Semilunarer Fortpflanzungsrhythmus bei dem Helgoland-Stamm der Mücke Clunio marinus. Der Rhythmus wurde durch einen künstlichen, 12,4stündigen Gezeitenzyklus synchronisiert, bei dem alle 12,4 h jeweils für 8 h erhöhte Wasserturbulenz herrschte. Der Gezeitenzyklus kam alle 15 Tage mit dem 24stündigen Licht-Dunkel-Zyklus in die gleiche Phasenbeziehung (zur Veranschaulichung markieren die Pfeile eine willkürlich herausgegriffene Phasenbeziehung). (Nach Neumann)

ungefähr 30 bzw. 15 Tagen beobachten. Eine 30tägige Rhythmik hat beispielsweise der Polychaet *Platynereis,* eine 15tägige Rhythmik haben die Braunalge *Dictyota* und die Mücke *Clunio.* Der Zeitgeber für diese »endogenen lunaren Rhythmen« ist in den mittleren geographischen Breiten der 30tägige Mondlichtwechsel. In nördlicheren Breiten wäre das Mondlicht allerdings im Sommerhalbjahr wegen der kurzen Nächte und wegen der geringen Vollmondhöhe ein untauglicher Zeitgeber. In offensichtlicher Anpassung an diese geographisch unterschiedlichen Umweltbedingungen können die nördlicheren Populationen eine alle 15 Tage wiederkehrende Zeitgeberinformation aus Gezeiten und Tag-Nacht-Zyklus nutzen (Abb. 6.257).

Das Problem der Zeitmessung bei lunarperiodischer Fortpflanzung ist jedoch um einen Schritt komplizierter, da nicht nur ein bestimmter Kalendertag, sondern zusätzlich eine bestimmte Gezeitensituation gewählt wird, beispielsweise die Hochwasserzeit von dem Fisch *Grunion* und die Niedrigwasserzeit von der Mücke *Clunio* (Abb. 6.256). Die lunarperiodische Fortpflanzung ist daher ein Beispiel für biologische Rhythmen, bei denen es auf die Kombination von zwei Zeitmeßsystemen ankommt. Bei dem *Palolo-*Wurm (Abb. 3.86, S. 299) in der Südsee sind es sogar drei, da bei diesem Polychaeten die lunarperiodische Fortpflanzung außerdem noch jahreszeitlich auf die Monate Oktober/November begrenzt ist.

Bei der Rhythmik von *Clunio* sind die Schlüpf- und Fortpflanzungszeiten der Mücken mit einem Springniedrigwasser synchronisiert, welches nur alle 15 Tage in den Nachmittagsstunden auftritt (Abb. 6.256). Diese genaue Abstimmung sichert den Fortbestand der *Clunio*-Population, da deren Lebensraum in der Regel nur bei Springniedrigwasser trockenfällt und die Mücken sich nur während der Trockenzeit erfolgreich fortpflanzen. Um diesen Zeitpunkt in seiner Entwicklung so genau zu programmieren, verfügt *Clunio* über zwei Zeitmeßsysteme. Die eine Uhr geht mit einer Periodendauer von 15 Tagen gleichsam »nach dem Mond« und bestimmt den Verpuppungsbeginn in jeder Larve. In einer *Clunio*-Population verpuppt man sich daher nur vor Voll- und Neumond. Da die Puppendauer rund 5 Tage währt, bestimmt dieses Zeitmeßsystem damit automatisch die lunaren Schlüpftage. Das zweite Meßsystem ist eine circadiane Uhr: Sie steuert – so wie bei den Schmetterlingen (Abb. 6.252) – das Ausschlüpfen der Imago aus der Puppe. Die zunächst so kompliziert anmutende Zeitmessung hat *Clunio* einfach gelöst: Zwei verschiedene, für den Schlüpfzeitpunkt der Imago entscheidende Vorgänge, der Verpuppungsbeginn und der Schlüpfvorgang, werden von zwei verschiedenen biologischen Uhren gesteuert.

6.11.3 Zeitmessung im Wechsel der Jahreszeiten

Jahresrhythmische Anpassungen (S. 720) sind in Vielzahl bei Pflanzen und Tieren beschrieben und experimentell untersucht worden. Die jahreszeitlich optimale Einordnung von Fortpflanzungs- und von Entwicklungszeiten hat wegen der Überlebenschance der Nachkommen eine hohe selektive Bedeutung. In subtropischen und tropischen Gebieten mit saisonalen Klimaschwankungen steuern in vielen Fällen die Temperatur- und/oder Feuchtebedingungen das Geschehen. In gemäßigten und arktischen Breiten ist dagegen die Dauer der täglichen Lichtzeit (üblicherweise *Tageslänge* oder *Photoperiode* genannt) und ihre jahreszeitliche Änderung ein wichtiger jahreszeitlicher Umweltfaktor, da mit ihrer Hilfe unabhängig von Witterungsschwankungen besonders zuverlässig die jeweiligen Entwicklungsprozesse im Jahresablauf ausgelöst oder gestoppt werden können. Zwei jahreszeitliche Anpassungen der physiologischen Zeitmessung sind im folgenden eingehender geschildert, die Tageslängenmessung und die circannualen Rhythmen.

Tageslängenmessung. Ein Organismus, der in den gemäßigten Breiten des Erdballs die langen Sommertage von den kürzeren Tagen in Frühjahr und Herbst unterscheiden kann,

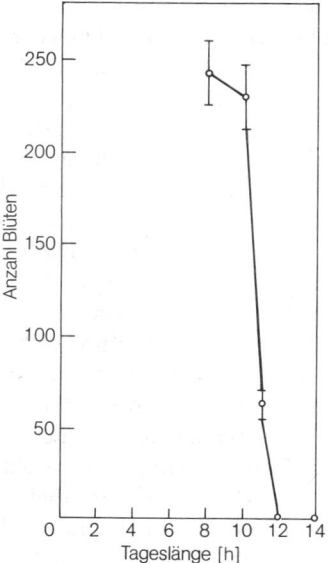

Abb. 6.258. Wirkung der Tageslänge auf die Blütenbildung von Kalanchoe blossfeldiana (vgl. Abb. 4.20, S. 336, u. 4.100, S. 384). Die Wirkung der Tageslänge in der Jahresrhythmik eines Vogels wird in Abbildung 8.55 (S. 799) gezeigt. (Nach Bünning)

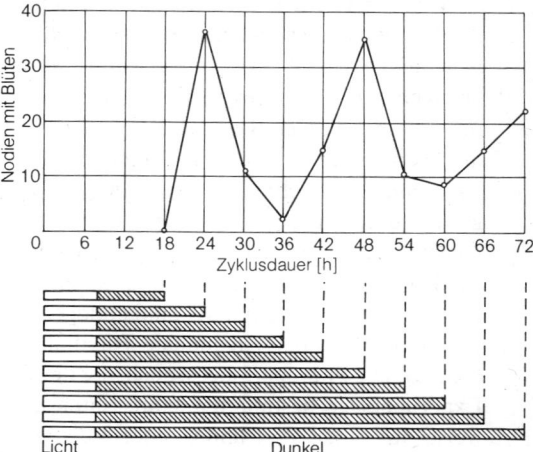

Abb. 6.259. Blütenbildung bei der Sojabohne (Kultursorte Biloxi) im Kurztag (zweiter Kurvenpunkt von links) und in abnormen Licht-Dunkel-Zyklen, in denen die Lichtdauer stets 8 h betrug, die Dunkeldauer aber zwischen 10 h (erster Kurvenpunkt links) und 64 h (letzter Kurvenpunkt rechts) währte. (Nach Hamner)

wird sich in seinen jahreszeitlichen Anpassungen an Regenzeiten, Kälteperioden oder Futterangebot zuverlässiger orientieren können, als wenn er sich nach Witterungsfaktoren richten würde. Tatsächlich nutzen viele Blütenpflanzen, Insekten und Wirbeltiere die Tageslänge zur Orientierung über den Wechsel der Jahreszeiten. Die rotblütige *Kalanchoe* ist eine der vielen experimentell geprüften Arten (Abb. 6.258). Sie wird als Kurztagpflanze bezeichnet, da sie Blüten nur unterhalb einer kritischen Tageslänge von 11 bis 12 h bildet; bei längeren Photoperioden bleibt sie rein vegetativ (S. 335f.). Umgekehrt gibt es Langtagpflanzen, die nur oberhalb einer kritischen Photoperiode Blüten ansetzen (z.B. das Bilsenkraut *Hyoscyamus niger*). Die kritische Tageslänge wird durch die Temperatur nur geringfügig oder überhaupt nicht verschoben. Dieser Zeitmeßvorgang ist also wie eine circadiane Uhr temperaturkompensiert.

Wie kann ein Organismus eine kritische Photoperiode messen? Ist die Dauer der Lichtzeit wirksam oder die der Nacht? Oder startet zu einer bestimmten Tageszeit ein Zeitmeßvorgang (z.B. bei Beginn der Lichtzeit), der den Organismus nach einer bestimmten Dauer in ein lichtempfindliches Stadium führt, in dem dann Licht oder Dunkel über Blütenbildung entscheidet? In Versuchen mit der Sojabohne (Abb. 6.259) währte die Lichtzeit stets 8 h, nur die Dauer der Dunkelzeit war erheblich verschieden. Auch die Sojabohne ist eine Kurztagpflanze: In einem 24-h-Tag mit 8 h Licht erhält man einen optimalen Blüherfolg. Das gleiche geschieht in dem 48-h-Zyklus und, wenn auch etwas gedämpft, in dem 72-h-Zyklus, also dann, wenn die Periodendauer des abnormen Lichtzyklus ein Vielfaches des 24-h-Tages ist. In den übrigen Zyklen ist die Blühinduktion sehr viel geringer, so daß weder die absolute Dauer der Lichtzeit noch die der Dunkelheit über die Blütenbildung entscheiden kann. Die Zyklen von 24, 48 und 72 h bezeugen, daß die für die Blühinduktion entscheidende lichtempfindliche Phase tagesrhythmisch schwankt. Mit Hilfe der endogenen Tagesrhythmik kann also die Tageslänge zuverlässig gemessen werden.

Circannuale Rhythmen. Ein Zugvogel, der zwischen seinem europäischen Brutgebiet und seinem südafrikanischen Überwinterungsgebiet hin und her wechselt, unterliegt erheblich komplizierteren Änderungen der Photoperioden während eines Jahres als ein europäischer Standvogel (Abb. 6.260). Auch bei weniger weit ziehenden Vogelarten ist die Photoperiodenkurve nicht wesentlich einfacher. Es ist daher nur schwer vorstellbar, daß die termingerechte Folge der einzelnen Jahresleistungen hinsichtlich ihres Zeitpunkts und ihrer Dauer allein von den photoperiodischen Bedingungen gesteuert werden könnte. Wie man heute von langjährigen Aufzuchtexperimenten weiß, verfügen viele Vogelarten über einen endogenen Jahresrhythmus, der die Jahresleistungen auch unter konstanter Photoperiode in richtiger Reihenfolge programmiert (Abb. 6.261b). Da die Periodendauer hierbei meist etwas kürzer als 1 Jahr ist, wird diese endogene Jahresuhr als »circannualer Rhythmus« bezeichnet. Dieser kann beispielsweise beim Fitislaubsänger (Abb. 6.260) gewährleisten, daß der Vogel in dem photoperiodisch ausgeglichenen Überwinterungsgebiet zur rechten Zeit den Rückzug beginnt. Auch die anderen Jahresleistungen bis hin zur Dauer der Zugunruhe, die ja mit der Entfernung zwischen Winter- und Sommerquartier korreliert sein muß, sind endogen programmiert.

Im Freiland ist der circannuale Rhythmus mit dem Jahresgang synchronisiert (Abb. 6.261a). Die Photoperiode ist auch hier der wichtigste Zeitgeber, denn Vögel reagieren im Experiment zu bestimmten Jahreszeiten auf Änderungen der Photoperiode, beispielsweise mit einer Verfrühung oder Verzögerung des Gonadenwachstums. Circannuale Rhythmen sind auch von Säugetieren bekannt geworden. Bei mehrjährigen Höheren Pflanzen werden sie vermutet.

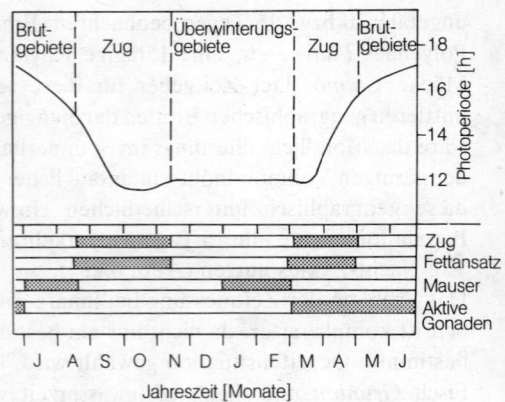

Abb. 6.260. Die Folge der verschiedenen jahreszeitlichen Leistungen des Fitislaubsängers (Weitstreckenzieher, Brut in Mitteleuropa, Überwinterung in Mittel- und Südafrika) in Beziehung zu den jeweiligen Photoperiodebedingungen. (Nach Gwinner)

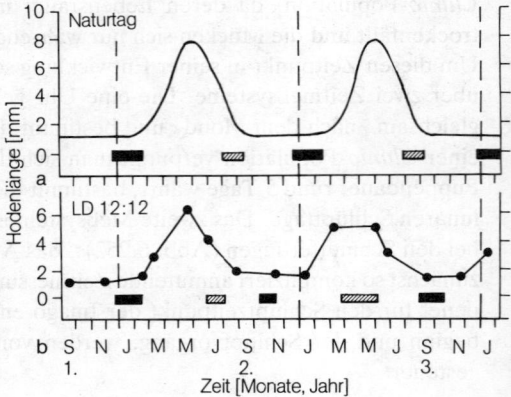

Abb. 6.261a, b. Nachweis eines circannualen Rhythmus der Gonadengröße (Kurve), Wintermauser (schwarze Balken) und Sommermauser (schraffierte Balken) bei der Gartengrasmücke. (a) Kontrolle im Naturtag mit den üblichen Zeiten von Gonadenwachstum und Mauser. (b) Ein ♂ Tier, das 32 Monate lang bei konstanter Photoperiode gehalten wurde. (Nach Gwinner)

7 Verhalten

Die Ethologie erforscht das Verhalten der Tiere und sucht seine Bedingungen und Ursachen zu erfassen. Ihr Begriffssystem beruht auf beobachteten Verhaltensweisen. Es ist unabhängig davon, wie weit die zugrundeliegenden physiologischen Mechanismen bereits bekannt sind und wie man die Frage nach etwaigen begleitenden Bewußtseinsvorgängen beantwortet. Das Thema »Verhalten« umfaßt dasjenige, was Tonband und Filmkamera vom Leben der Tiere festhalten können.

Viele Fachausdrücke der Verhaltensforschung sind nicht für wissenschaftliche Zwecke neu geschaffen, sondern aus der Sprache des täglichen Lebens übernommen worden, z. B. Neugierde, Lernen, Spiel. Auf den Menschen angewandt, bezeichnen sie zugleich Verhaltensweisen und die damit verknüpften Bewußtseinsinhalte; als Fachworte der Ethologie sollen sie sich jedoch ausdrücklich nur auf die Verhaltensweisen beziehen und nichts darüber aussagen, ob mit ihnen Bewußtseinsinhalte verknüpft sind und ob diese, falls vorhanden, denjenigen des Menschen gleichen oder nicht.

Ordnet man die Verhaltensweisen der Tiere nach Ähnlichkeiten ihres Ablaufs und ihrer Auslösung, so ergeben sich manchmal klar abgegrenzte Kategorien; oft aber gibt es Verhaltenszwischenstufen und fließende Übergänge. In solchen Fällen bezeichnet man die extrem unterschiedlichen Phänomene mit ungleichen, genau festgelegten Begriffen; die zwischen den Extremen vermittelnden Erscheinungen verteilt man nicht durch künstliche Trennstriche auf die gegensätzlichen Kategorien, sondern beschreibt und bezeichnet sie als *echte Zwischenstufen*. In solchen Fällen sind die Fachausdrücke der Ethologie keine abgegrenzten Definitionen, sondern Begriffe mit definiertem Begriffsschwerpunkt und fließenden Grenzen (Injunktionen).

Zunächst soll für einige Grundbegriffe ausdrücklich festgelegt werden, welche Bedeutung sie in der kommenden Darstellung haben sollen.

Eine Verhaltensweise kann die *Reaktion* auf *äußere* Einflüsse sein, z. B. Säugetiere streifen ein Insekt ab, das sich auf die Haut gesetzt und gestochen hat.

Eine Verhaltensweise kann aber auch ohne äußeren Anlaß beginnen, also allein von *inneren* Bedingungen (Erregungen, Reizen) in Gang gesetzt werden. Ein Beispiel ist das Erwachen aus dem Schlaf: Ein Lebewesen, auch wenn es in völlig reizloser Umgebung, z. B. in einer schalldichten Kammer ohne Licht und bei gleichbleibender Temperatur schläft, erwacht schließlich von selbst und wird aktiv, *ohne* daß ein *äußerer* Weckreiz nötig wäre. Ein solches Erwachen ist keine *R*eaktion, sondern eine *A*ktion (»spontanes« Verhalten).

Beim Unterschied zwischen Aktionen und Reaktionen geht es allein um die *auslösenden* Ursachen des Verhaltens, also um diejenigen, die den *Zeitpunkt* des Auftretens bestimmen. Jedes Verhalten hat natürlich noch andere Ursachen, die sogar viel wichtiger sein können als die *auslösende* Ursache. Die Unterscheidung Aktion/Reaktion nimmt darauf jedoch keinen Bezug.

Angeborene oder *genetisch bedingte* Verhaltensweisen nennt man solche, für die sich alle Funktionsglieder, z. B. auch die notwendigen Schaltungen im Zentralnervensystem, durch die von den Genen gesteuerte Entwicklung ausbilden. Ein Beispiel sind die Atembewegungen: Sofort nach der Geburt beginnt der Säugling ein- und auszuatmen, ohne dazu

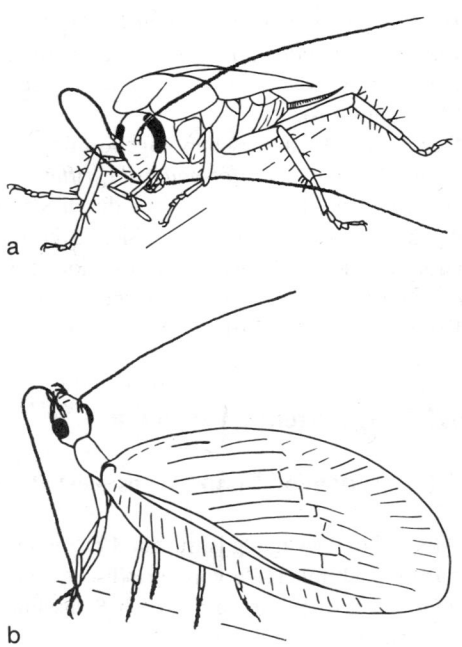

Abb. 7.1. Erbkoordinationen als unterscheidende Artmerkmale: Unterschiedliches angeborenes Putzverhalten der Fühler bei zwei Insektenarten (stellvertretend für unterschiedliche Ordnungen). (a) Die Küchenschabe Periplaneta führt den Fühler durch die sich bewegenden Mundwerkzeuge nach vorne. (b) Hemerobius micans (nahe verwandt mit dem Goldauge Chrysopa perla) zieht den Fühler (ebenfalls nach vorne) zwischen den gekreuzten Tarsen hindurch. (Nach Jander)

angeleitet worden zu sein. Bereits während der Entwicklung im Mutterleib haben sich alle zur Atmung notwendigen Organe gebildet: Lungen, Atemmuskeln, Zwerchfell, aber auch – zur Steuerung der Atmung – die Sinnesorgane und Nervenbahnen des Regelkreises, der die jeweils notwendige Atemfrequenz und Atemtiefe zur hinreichenden O_2-Versorgung und CO_2-Abfuhr gewährleistet. Wird das Kind geboren, so erhält es mit dem Abbinden der Nabelschnur plötzlich keinen Sauerstoff mehr; das CO_2 wird nicht mehr abgeführt, sondern reichert sich im Blut an. Der fertig vorgebildete Mechanismus reagiert auf diese »Atemnot«, und der Säugling beginnt mit den Atembewegungen. Die Aussage: Die Atemreaktion »*ist angeboren*«, ist eine verkürzte Form der Feststellung, daß alle anatomischen Funktionsglieder für die Atemreaktion durch die körperliche Entwicklung ausgebildet wurden und betriebsfertig zur Verfügung stehen, wenn die Reaktionen ausgelöst werden. Daß sich der Organismus so und nicht anders entwickelt, ist in seinen Erbanlagen festgelegt. Insoweit ist jedes angeborene Verhalten *genetisch bedingt*.

Angeborene Verhaltensanteile, zum Beispiel Erbkoordinationen (S. 728), können bei unterschiedlichen Tierarten gleich oder verschieden sein. Sind sie verschieden, so lassen sie sich wie genetisch festliegende morphologische Merkmale auch als unterscheidende Kennzeichen für Arten oder höhere systematische Einheiten verwenden. Ein Beispiel dafür zeigt Abbildung 7.1.

Eine angeborene Verhaltensweise braucht nicht wie das Atmen schon sogleich nach der Geburt vor sich zu gehen. Beispielsweise beginnt die Seidenraupe mit dem Spinnen ihres Kokons erst als erwachsene Raupe. Trotzdem ist das ganze verwickelte Verhaltensmuster nicht erlernt, sondern genetisch programmiert, d. h. angeboren (Abschnitt 7.1).

Erfahrungsbedingtes Verhalten ist dagegen von dem abhängig, was das einzelne Lebewesen zuvor *individuell erlebt* hat (Abschnitt 7.2). Durch zusätzliche *Verarbeitung* des Erfahrenen können darüber hinaus *neue* Verhaltensweisen hervorgebracht werden (Abschnitt 7.4).

Der Unterschied zwischen angeborenem und erfahrungsbedingtem Verhalten läßt sich auch mit Hilfe des *Informationsbegriffes* formulieren: Jede Verhaltensweise eines Lebewesens wird – formal gesehen – durch Signale hervorgerufen, die auf Nervenbahnen zu den Muskeln gelangen. Drückt sich in diesen Signalen – außer den empfangenen Reizen – ausschließlich genetische Information des Organismus aus, so handelt es sich um *angeborenes* Verhalten. Soweit jedoch auch Engramme, also Gedächtnisspuren früherer Erfahrungen, eine Rolle spielen, ist das Verhalten *erfahrungsbedingt*.

7.1 Angeborenes Verhalten

7.1.1 Endogene Periodik des Verhaltens

Aktive Fortbewegung ist für die Lebewesen – mit verschwindend wenigen Ausnahmen – nur möglich mit Hilfe von periodischen Körperbewegungen: im Wasser durch Bewegen von Cilien oder Geißeln, durch Sichschlängeln oder Flossenschlagen; an Land durch Sichschlängeln oder Laufen; in der Luft durch Flügelbewegungen. Der Periodengeber (Schrittmacher) all dieser und anderer periodischer (z. B. Atem-)Bewegungen muß im Innern der Tiere liegen; denn die Umwelt liefert in der Regel keine periodischen Reize, die sich zur Steuerung eignen. Der Generator für die Periodik von Körperbewegungen kann verschiedener Natur sein: Bei Cilien und Geißeln befindet er sich im *Basalkorn*; dieses kann auch dann noch periodische Bewegungen veranlassen, wenn es von der Zelle abgetrennt ist und ATP von außen zugeführt wird. Bei den Quallen senden die *Randkörper* periodische Erregungen in das Nervennetz des Schirmes hinein, wodurch die periodischen Kontraktionen der Muskeln des Schirmes zustandekommen. Bei Anneliden, Arthropoden und Vertebraten liegt der Rhythmusgeber im Zentralnervensystem; dabei

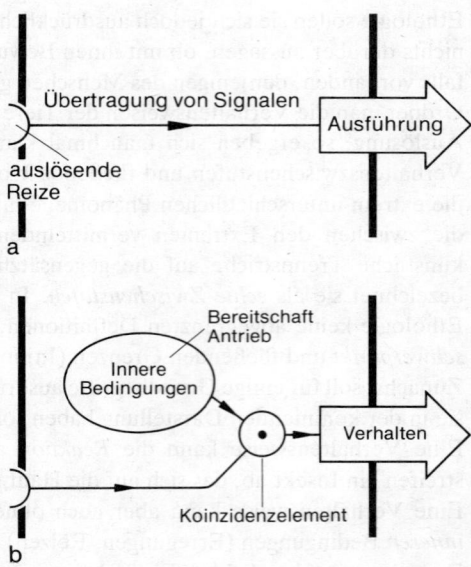

Abb. 7.2a, b. Stark vereinfachte idealisierte Funktionsschaltbilder von Reaktionen, die (a) nur von auslösenden Reizen, (b) sowohl von auslösenden Reizen als auch von einer veränderlichen Bereitschaft (Antrieb, „innere Bedingungen") abhängig sind. Die Übertragungskanäle in diesen und allen folgenden Funktionsschaltbildern übertragen – in Anlehnung an das Prinzip der Nervenleitung – nur positive Signale. „Koinzidenzelement" bedeutet: in der Regel sind gleichzeitig aus beiden Übertragungskanälen eintreffende Signale notwendig, um ein Kommando entstehen zu lassen, das die Verhaltensweise auslöst; Ausnahme: Leerlaufaktionen (S. 731). Die senkrechten Striche deuten die Grenze zwischen Organismus und Außenwelt an. (Nach Hassenstein)

können auch Rückmeldungen aus den bewegten Körperteilen verarbeitet werden. Eine Ausnahme bilden die Flugbewegungen mancher Insekten, deren Periodik durch das Zusammenspiel der Flugmuskeln mit besonderen Elastizitätseigenschaften des Außenskeletts zustandekommt (S. 654, Abb. 6.165).

Die Aktivität vieler Lebewesen ist im Zusammenhang mit dem Tageslauf gegliedert (*Circadiane Periodik*). Dabei richten sich die Organismen z.T. nach äußeren Zeitgebern wie Sonnenauf- und -untergang, haben aber zusätzlich einen Zeitmaßstab *in sich* (»physiologische Uhr«, S. 712f.).

7.1.2 Reflexe

Der einfachste denkbare *Reiz-Reaktions-Zusammenhang* ist gegeben, wenn ein bestimmter Reiz gesetzmäßig eine bestimmte Reaktion hervorruft, ohne daß irgendwelche sonstige Bedingungen dafür gegeben sein müßten (außer natürlich, daß die beteiligten Organe unbeschädigt sind). Ein solcher stets funktionsbereiter *Reflex* ist der Lidschlagreflex des Auges der Säugetiere. Er ist sowohl visuell (z.B. durch schnelle Annäherung eines Gegenstandes), als auch durch einen Luftstrahl auf die Hornhaut auszulösen. Für einen Menschen ist es unmöglich, diesen Reflex willentlich zu unterdrücken. Ein solcher Reflex bedarf zu seiner Durchführung eines Sinnesorgans, einer Übertragungsstrecke für Signale (Nervenbahn) und eines Ausführungsorgans (Schema Abb. 7.2a).

Je nachdem, ob die Reflexbahn (»Reflexbogen«) eine (Abb. 6.223, S. 697) oder mehr als eine Synapse enthält, unterscheidet man *mono*synaptische und *poly*synaptische Reflexe. Der Übergang von Reflexen zu demjenigen, was man angeborene oder instinktive *Reaktionen* nennt, ist fließend. Als Reflexe bezeichnet man vor allem einfache, schnell ablaufende Reaktionen. Reflexe können auch Anteile von instinktivem Verhalten sein; der Schluckreflex beispielsweise ist Teil der Endhandlung (S. 729) des angeborenen Ernährungsverhaltens.

7.1.3 Gleichgewichtshaltung und Raumorientierung

Sich orientieren oder »Orientierung« heißt in der Zoologie: die Körperhaltung, Körperlage oder Fortbewegung *nach Gegebenheiten der Umwelt* wie der Schwerkraft, dem Sonnenstand, einer Schallquelle oder einem gesehenen Beutetier oder Geschlechtspartner *auszurichten*.

Wenn Tiere in der Ruhe oder in der Bewegung eine bestimmte *Raumlage* einhalten, so liegt dem gewöhnlich ein *Regelmechanismus* zugrunde: Sinnesorgane melden dem Zentralnervensystem die Position des eigenen Körpers relativ zur *Richtung der Schwerkraft* (S. 498) oder zum *Lichtvektor;* das ZNS veranlaßt daraufhin gegebenenfalls Körperbewegungen, die die wahrgenommene Abweichung vom Sollzustand korrigieren. Faßt man beispielsweise eine Taube mit einer Hand von unten so um den Körper, daß sie ihre Flügel, aber nicht ihre Füße bewegen kann, und kippt man sie dann um etwa einen halben rechten Winkel nach rechts oder nach links, so streckt das Tier reflektorisch den jeweils nach unten gerichteten Flügel aus und schlägt heftig mit ihm, um die Normallage wieder zu erreichen. Die Taube versucht dabei auch, durch entsprechende Halsbiegung ihren Kopf senkrecht zu halten. Eine ähnliche Reaktion beim Flußkrebs zeigt Abbildung 7.3.

Viele Tierarten verwenden den *Lichtvektor,* d.h. die Richtung des Gefälles zwischen hell und dunkel, zur Bezugsrichtung ihrer Raumlagereaktionen. Fliegt ein Insekt, z.B. eine Biene, in einem abgedunkelten Versuchsraum über eine von unten hell beleuchtete große Mattscheibe, so dreht sie sich im Fluge auf den Rücken; sie stürzt daraufhin natürlich ab. Fällt sie dabei auf die Scheibe, so setzt sie in Rückenlage ihre Flugbewegungen fort und ist unfähig, sich umzudrehen und fortzufliegen. Viele Fische richten sich *sowohl* nach dem

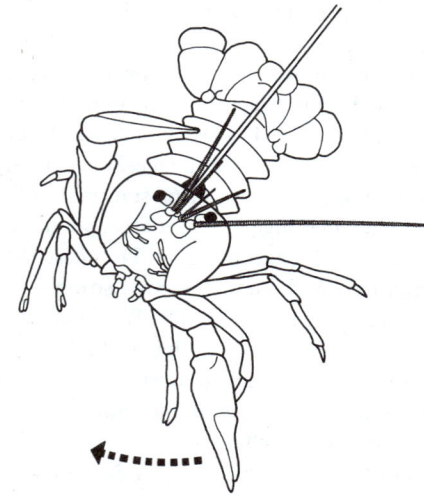

Abb. 7.3. Ein Flußkrebs (*Astacus*) ist am Cephalothorax mit einem Stab befestigt und wird – im freien Wasser – schräg gehalten. Die Meldungen seiner Statolithenorgane lösen daraufhin eine asymmetrische Körperhaltung aus, die darauf hinzielt, die Lageabweichung zu korrigieren. (Aus Kühn)

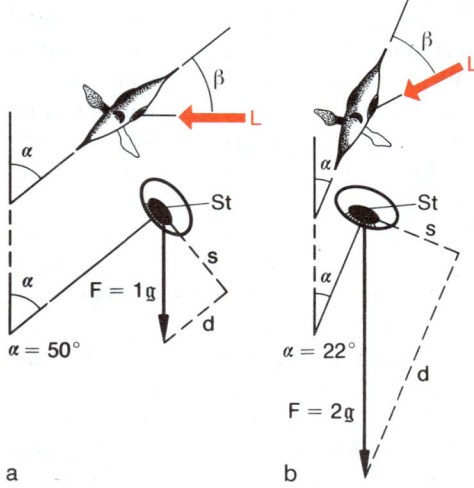

Abb. 7.4a, b. Gleichgewichtshaltung eines Fisches (Segelflosser Pterophyllum, von vorn gesehen) sowie Schema der Kräfte, die auf die Statolithen (St) des Utriculus wirken. (a) Waagerechter Lichteinfall (L), Schräglage α bei normaler Schwerkraftwirkung F = 1 g ; resultierende Scherungskomponente s. (b) Auf 2 g verstärkte mechanische Feldstärke mit Hilfe einer Zentrifuge. Der Fisch nimmt (bei experimentell festgehaltenem Lichtwinkel β) denjenigen geringeren Neigungswinkel α an, bei dem s denselben Wert hat wie zuvor. (Nach E. v. Holst)

Schwerelot *als auch* nach dem »Lichtlot«; bietet man ihnen im Experiment ein starkes Licht von der Seite, so nehmen sie eine Zwischenlage ein (Abb. 7.4a), deren Winkelwert die relative Intensität der jeweiligen Schwere- und Lichtlotreaktionen widerspiegelt: Der Lagewinkel ändert sich bei der Veränderung sowohl des Schwerereizes (z.B. in einer Zentrifuge, Abb. 7.4b) als auch des Lichtreizes (veränderte Beleuchtungsstärke).

In die Steuerung der Raumlage-Korrektur-Reaktionen gehen außer den z.B. von den Statolithenorganen gelieferten stationären *Positions*meldungen vielfach auch Meldungen über Lage*änderungen* gesondert ein: über *Drehungen* im Raum (rezipiert von den Haltern der Dipteren), über Dreh*beschleunigungen* (rezipiert von den Bogengangsorganen der Wirbeltiere, S. 458) sowie – auf dem visuellen Sektor – über Drehungen relativ zur gesehenen Umwelt (Bewegungssehen, S. 652f.).

Die Normallage (das »Gleichgewicht«) der meisten Tiere besteht bei der Vorwärtsbewegung darin, den Rücken nach oben zu kehren; doch gibt es Ausnahmen, so den Rückenschwimmer (*Notonecta*) und manche Fische: Bei ihnen haben die Lagereflexe das umgekehrte Vorzeichen.

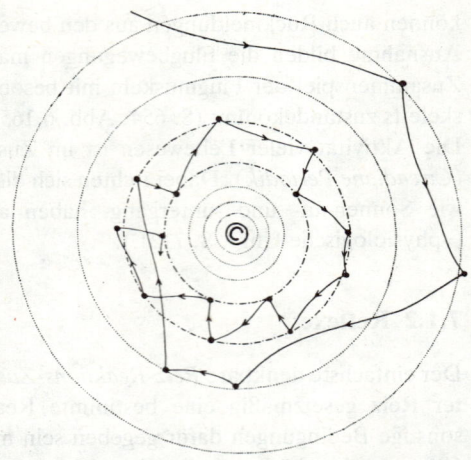

Abb. 7.5. Phobotaxis: Schwimmbahn eines Pantoffeltierchens (Paramecium) in einem Diffusionsgefälle; die Linien gleicher Konzentration sind konzentrische Kreise um einen im Wassertropfen liegenden, sich auflösenden Salzkristall. Das Tier macht, nachdem es die ihm zusagende Zone erreicht hat, immer dann eine Wendung, wenn es eine zu stark nach oben oder nach unten abweichende Konzentration wahrnimmt. (Aus Kühn)

Nach einseitiger experimenteller Zerstörung oder Exstirpation von Raumlagesinnesorganen treten vielfach starke *Drehtendenzen* auf, die sich, wenn überhaupt, nur langsam abschwächen und erst nach Tagen oder Wochen verschwinden. Diese Drehtendenzen beruhen vermutlich darauf, daß mit dem Verlust des Sinnesorgans nicht nur alle reizbedingten Nervenimpulse, sondern auch etwaige »Ruhefrequenzen« (vgl. S. 456) ausfallen; das resultierende Erregungsungleichgewicht führt dann zu den pathologischen Drehtendenzen.

Unbeschadet ihrer Lagereflexe können die Tiere von sich aus aktiv ihre Raumlage ändern; beispielsweise dreht sich ein Hai auf den Rücken, um ein auf der Wasseroberfläche schwimmendes Beutestück mit seinem Maul zu ergreifen. Hierbei werden die Lagereflexe, die sonst die Normallage stabilisieren, nicht etwa außer Kraft gesetzt, sondern es ändert sich der *Sollwert* des Raumlageregelsystems; an welcher Stelle im ZNS die dazu erforderliche Führungsgröße (S. 525) einwirkt, ist allerdings noch unbekannt.

Wenn ein Lebewesen durch Ortsbewegungen ein Ziel anstrebt oder einer Gefahr ausweicht, so können dem sehr unterschiedliche Funktionen zugrunde liegen. Einige davon haben eigene Bezeichnungen erhalten (vgl. auch S. 586):

- *Kinesis:* Fortbewegung, deren Geschwindigkeit von der Stärke eines Reizes abhängt.
- *Phobotaxis:* ungezielte Wendereaktionen nach der Rezeption eines Reizes (Abb. 7.5).
- *Positive* Photo-, Chemo-, Geo*taxis* usw.: Hinwendung zu einem visuell, olfaktorisch oder durch die Raumlagesinnesorgane wahrgenommenen Ziel.
- *Negative* Photo-, Chemo-, Geo*taxis* usw.: *Ab*wendung von wahrgenommenen Gegebenheiten.
- *Menotaxis:* vorübergehendes Festhalten eines von 0° und 180° verschiedenen Winkels zu einer wahrgenommenen Reizrichtung (Abb. 7.6).
- *Sonnenkompaßorientierung:* Festhalten einer bestimmten Fortbewegungsrichtung auf der Erdoberfläche durch die Orientierung an der Sonne und durch gesetzmäßiges Kompensieren von deren Winkelbewegung unter Einbeziehung der »inneren Uhr« (S. 661).

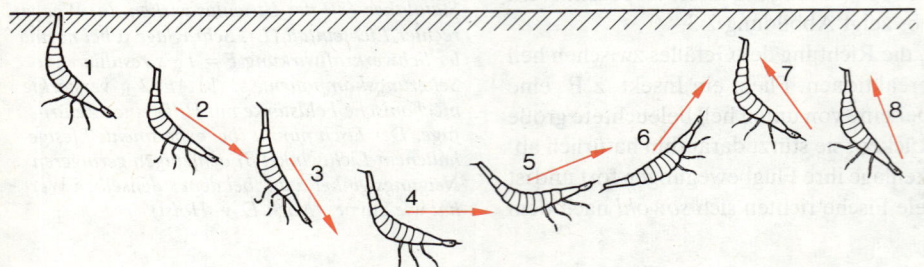

Abb. 7.6. Menotaxis: Die Larve des Schwimmkäfers Acilius nimmt in verschiedenen biologischen Situationen verschiedene Lagen ein und richtet sich dabei stets nach dem Lichteinfall, indem sie sich jeweils in einem anderen Winkel zum Lichtvektor einstellt. (Nach Schöne)

1. Atemstellung
2. Abwärtsschwimmen
3. Flucht
4. Horizontalschwimmen
5. Aufwärtsschwimmen
6. dgl. bei Atemnot
7. Rückwärts-Aufwärts-Schwimmen
8. dgl. bei Atemnot

Außer den *angeborenen* Verhaltensweisen der Raumorientierung gibt es auch *erlernte;* diese sollen der Einfachheit halber nicht gesondert im Abschnitt »Lernen«, sondern bereits an dieser Stelle besprochen werden:

Ameisen lernen die Richtung von Hin- und Rückweg zu einer Futterstelle oder – im Experiment – zu einem Ort, an den man Puppenkokons zu legen pflegt (diese Kokons tragen sie dann auf geradem Weg ins Nest zurück). Die Ameisen lernen dabei die Winkel zu entfernten optischen Marken und finden dadurch ihren Weg, daß sie diese erlernten Winkel während des Laufens festhalten. Dabei ist den Ameisen jedoch folgendes angeboren: die Information darüber, daß Orientierungsmarken beim Hin- und Rückweg relativ zur eigenen Körperachse in zwei um 180° verschiedenen Richtungen erscheinen. Bietet man einer Ameise ein Licht als Orientierungszeichen im Winkel β zunächst jeweils nur bei ihrem Hinweg, zeigt es ihr aber bei einem Rückweg erstmalig in einer beliebig veränderten Richtung, so nimmt sie zu ihm sofort den Laufwinkel $\beta+180°$ ein, auch wenn sie dazu ihre Richtung ändern muß.

Auch solche Fortbewegungsrichtungen, die mit Hilfe des »Sonnenkompasses« aufrechterhalten werden, können erlernt sein. Das gilt u. a. für den Sammelflug der Honigbienen: Ein erlernter Winkel zur Sonne wird beim Tanz (Abb. 7.7a) auf der senkrechten Wabe in den Winkel zur Schwerkraftrichtung übersetzt (Abb. 7.7b). Daher ändert eine Biene, die fortgesetzt eine und dieselbe Futterquelle besucht, ihren Tanzwinkel im Laufe von jeder Stunde um 15° entgegen dem Uhrzeigersinn.

Von Brieftauben, Hunden, Katzen und anderen Tieren ist zweifelsfrei erwiesen, daß sie unter Umständen ihre Wohnstätte wiederfinden, auch wenn sie weit davon entfernt in unbekannter Umgebung ausgesetzt werden. Hierzu müssen sie mit ihren Sinnen zwei unabhängige Ortskoordinaten erfassen können; sonst wäre diese Leistung unmöglich. Es ist noch nicht vollständig bekannt, wonach sich die Tiere dabei orientieren.

7.1.4 Reaktionsbereitschaft

Für viele Reaktionen gilt es *nicht,* daß sie von bestimmten Sinnesreizen *unter allen Umständen* ausgelöst werden: Die *Bereitschaft* dazu kann sich ändern.

Kaum ist der junge *Kuckuck* im Nest seiner Pflegeeltern aus dem Ei geschlüpft, so beginnt er, die übrigen Eier oder sogar schon geschlüpfte Junge der Pflegeeltern über den Nestrand zu werfen (Abb. 7.8). Das ist eine angeborene Reaktion. Legt man künstliche Eier ins Nest, so werden auch diese hinausbefördert. Doch geschieht dies nur in den ersten Tagen nach dem Schlüpfen. Später reagiert der junge Kuckuck nicht mehr auf die ins Nest gelegten Eier, er läßt sie im Nest liegen. Die Reize sind dann nach wie vor die gleichen, aber die Reaktion bleibt aus. Es muß sich also eine weitere Bedingung gewandelt haben, die für die Reaktion nötig war, und diese muß – weil die *äußere* Situation gleich blieb – *im* Tier liegen. Dafür, daß der junge Kuckuck an den ersten Tagen die Eier aus dem Nest wirft, sind also nicht nur die Sinneswahrnehmungen als auslösende Reize notwendig, sondern auch von außen nicht erkennbare *innere Bedingungen;* nach den ersten Tagen fehlen diese im Inneren des Tieres liegenden Voraussetzungen. Dieser Schluß lautet in allgemeiner Formulierung: Wenn ein Lebewesen nacheinander auf äußerlich gleiche Bedingungen verschieden reagiert, so muß sich inzwischen an den *verhaltensbestimmenden Elementen in seinem Inneren* etwas geändert haben (Abb. 7.2b und 7.9).

Arbeitsbienen können sich hinsichtlich ihrer *Stechreaktion* in ganz verschiedenen Zuständen der *Bereitschaft* befinden: Nähert man sich einem Bienenstock, so wird man bald von angriffslustigen Bienen attackiert, die zu stechen versuchen. Die meisten dieser »Wächter« gehen nach ein paar Tagen zum Blumenbesuch über. Dann greifen sie einen Menschen nicht mehr an, sondern stechen höchstens, wenn man sie anfaßt. In einer Schwarmtraube kann man mit bloßen Händen nach der Königin suchen, ohne gestochen zu werden.

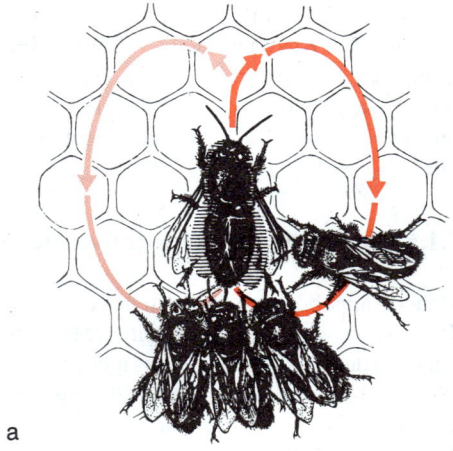

a

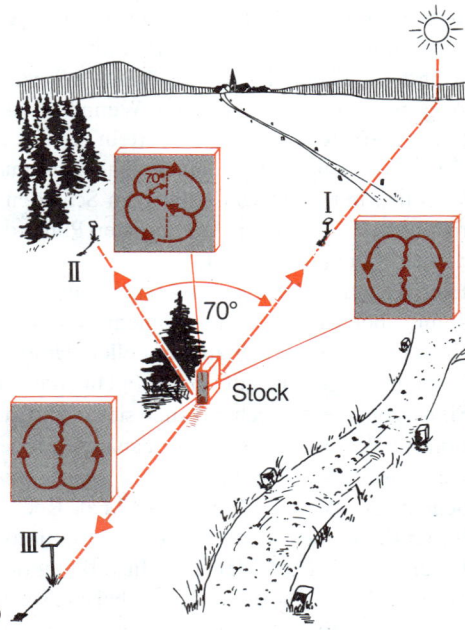

b

Abb. 7.7. (a) *Schwänzeltanz einer Arbeitbiene auf senkrechter Wabe, nachdem sie eine Futterquelle entdeckt hat: Auf der Schwänzelstrecke bewegt die Tänzerin den Hinterleib seitlich hin und her. Die nachfolgenden Arbeiterinnen entnehmen diesem Verhalten die Information über Entfernung und Richtung der Futterquelle. (b) Richtungsweisung durch den Schwänzeltanz auf einer vertikalen Wabenfläche. I: Der Schwänzellauf der Tanzfigur nach Besuch des Futterplatzes (rechts vergrößert dargestellt) zeigt nach oben; das Ziel (Futterplatz) liegt in der Richtung zur Sonne. II: Das Ziel liegt bei 70° links von der Richtung zur Sonne; der Schwänzellauf zeigt entsprechend 70° links, gerechnet von der Richtung nach oben. III: Das Ziel liegt entgegen der Richtung zur Sonne; der Schwänzellauf (III') zeigt nach unten. (Aus v. Frisch, leicht verändert)*

Die Bereitschaft der *Glucke,* Junge zu führen, besteht nur nach dem Brüten auf Eiern. Sonst werden Küken weggejagt. Für die Reaktionsbereitschaft auf Küken ist ein *Hormon* (Prolactin, S. 678) verantwortlich, das zu der entsprechenden Zeit im Blut erscheint. Nach der Injektion von Prolactin beginnt sogar der Haushahn, Junge zu führen, sie zu verteidigen und Alarmlaute für sie zu geben, was er sonst sein Leben lang niemals tun würde.

7.1.5 Auslösende Reize, angeborener auslösender Mechanismus

Manche angeborenen Verhaltensweisen werden durch sehr einfache Reize ausgelöst, so der Anflug von paarungsbereiten Mücken-Männchen auf ihre Weibchen durch deren Flugton, dessen Frequenz etwas niedriger liegt als die des eigenen Flügelschlags. – Andere »Schlüsselreize« sind die Signal-Pheromone (S. 666), so die Sexuallockstoffe der Schmetterlinge: Sie unterscheiden sich von Art zu Art durch ihre chemische Struktur sowie durch das Mischungsverhältnis verschiedener Stoffe. Ein Beispiel: Die Auslösewirkung der Lockstoffe des Seidenspinners *Bombyx mori* ist am besten bei einer Mischung zwischen dem zweifach ungesättigten einwertigen Alkohol *Bombycol* und dem chemisch nahe verwandten *Bombycal* im Verhältnis von etwa 10:1.

In anderen Fällen sind die auslösenden Reize weniger einfach, besonders wenn sie mit dem Auge wahrgenommen werden: Wenn Singvögel-Nestlinge merken, daß ein Elterntier mit Futter geflogen kommt, so betteln sie mit aufgesperrtem Rachen. Sie erkennen seine Gestalt aber nur schemenhaft: Das kann man feststellen, wenn man die Bettelreaktion künstlich mit Hilfe von schwarzen Scheiben auslöst (Abb. 7.10). Der Kopf des Jungen richtet sich dann gegen den höchsten Punkt der Scheibe oder gegen eine kleine Scheibe in dessen Nähe (Abb. 7.11).

Hier reagieren die Tiere zwar nicht auf diejenigen Merkmale, die der Mensch erkennen kann; aber es sind keine elementaren Reize, sondern bestimmte *Konstellationen* von Einzelreizen: dunkle Figur vor hellem Hintergrund. Wenn Tiere auf manche Reizkonstellationen reagieren, auf andere nicht, dann muß ihr Nervensystem die Meldungen der Sinneszellen entsprechend analysieren und ausschließlich eine bestimmte Signalkombination zur Wirkung zulassen. Ein analysierendes Teilsystem des Zentralnervensystems, das dies leistet, bezeichnet man als *angeborenen auslösenden Mechanismus* (AAM). Im Schema der Abb. 7.13 ist der AAM als Rechteck eingetragen; von fast keinem kennt man bisher die innere Struktur und die Funktionsweise.

Einen Gegenstand, der eine Instinkthandlung auslöst, ohne der biologisch adäquate auslösende Reiz zu sein – also beispielsweise die schwarze Scheibe, mit der man das Sperren nestjunger Vögel auslöst –, nennt man eine *Attrappe.* Mitunter kann man Attrappen herstellen, die ein Tier sogar der natürlichen auslösenden Situation vorzieht (»überoptimale« oder »übernormale« Attrappen; Beispiel: Abb. 7.12).

Manche Reize besitzen eine angeborene *Valenz,* d. h. das Tier *sucht* sie (*positive* Valenz) oder *vermeidet* sie (*negative* Valenz). Für starke Schmerzreize liegt es erbmäßig fest, daß ihre Valenz negativ ist. Die angeborene Valenz von Reizen entscheidet darüber, ob bestimmte Erfahrungen im Rahmen des Lernens zur Verstärkung oder zur Hemmung von Verhaltensweisen führen (S. 735, 736).

7.1.6 Appetenzverhalten, instinktive Endhandlung

Instinktive Verhaltensabläufe, als Ganzes betrachtet, bestehen vielfach aus drei aufeinanderfolgenden Abschnitten. Der erste, oft »ungerichtetes Suchen« oder »*ungerichtetes Appetenzverhalten*« genannt, geht vor sich, solange noch kein Antriebs*ziel*, z. B. Beute oder Geschlechtspartner, wahrnehmbar ist. Die Bedeutung dieses Verhaltensabschnitts

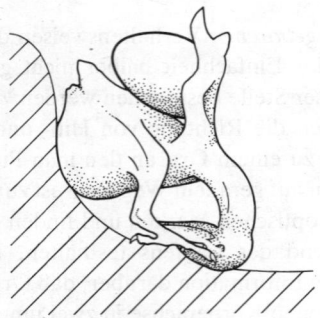

Abb. 7.8. Junger Kuckuck am ersten Tag nach dem Schlüpfen, ein Ei des Wirtsvogels rückwärts zum Nestrand hinauf tragend. (Nach Heinroth)

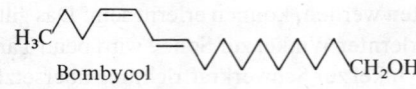

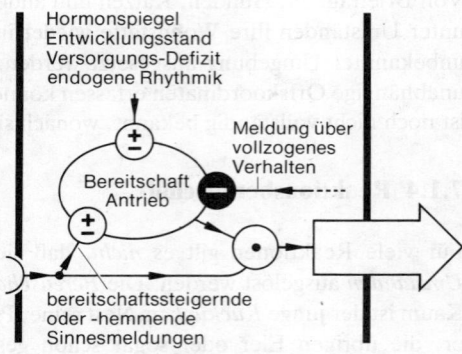

Abb. 7.9. Zusammenfassende Darstellung von sechs Einflüssen, die den Aktivierungsgrad einer Bereitschaft bzw. eines Antriebs – vgl. Abb. 7.2b – verändern können. (Nach Hassenstein)

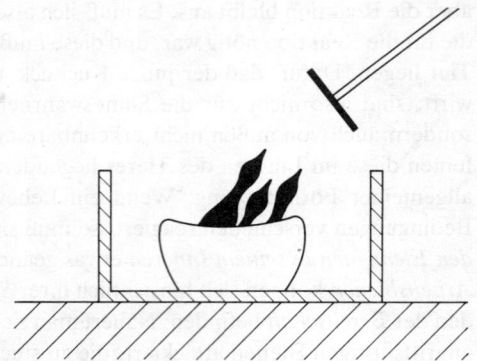

Abb. 7.10. Schema des „gezielten Bettelns" von jungen Singvögeln gegen eine Attrappe, die die auslösende Reizsituation imitiert. (Nach Tinbergen u. Kuenen)

liegt darin, die Begegnung mit einem Antriebsobjekt oder -partner herbeizuführen. Sobald ein Antriebsziel ausgemacht ist, beginnt der zweite Abschnitt, die *gezielte Annäherung* (gerichtetes Appetenzverhalten). Falls das Tier sein Ziel erreicht, folgt der dritte Abschnitt, zumeist eine *instinktive Endhaltung* (z.B. Verzehren der gewonnenen Nahrung, Begattung). – Alle drei Verhaltensabschnitte sind in der Regel von denselben inneren Bedingungen, aber von unterschiedlichen auslösenden Reizen abhängig (Abb. 7.13).

Dieses Grundschema kann auf vielerlei Weise verwirklicht sein. Der *erste Abschnitt des Appetenzverhaltens* kann darin bestehen, daß das Tier unruhig wird und auf die Suche geht (Abb. 7.14). So durchstreift ein Raubtier bei beginnendem Hunger sein Jagdrevier; beim Kaisermantel (*Argynnis paphia,* einem Tagfalter) fliegt das Männchen während der Balzzeit ziellos weite Strecken, ohne sich an ein bestimmtes Revier zu halten. Lauernde Räuber, wie z.B. der Hecht, beziehen eine Warteposition. Andere Tiere treffen besondere Vorbereitungen: Die Kreuzspinne baut ihr Fangnetz und wartet dann in dessen Zentrum. Die Verhaltensweisen der ersten Phase des Appetenzverhaltens beginnen vielfach spontan, d.h. ohne spezifischen *äußeren* auslösenden Reiz. Die *inneren Bedingungen* des instinktiven Verhaltens offenbaren sich dabei als *Antrieb zu spontan beginnendem Verhalten.* (In der 2. und 3. Phase des Instinktverhaltens drücken sie sich dann als *Bereitschaft* aus, auf die zugehörigen auslösenden Reize *zu reagieren.*)

Die *zweite Phase des Appetenzverhaltens* beginnt, sobald das Antriebsziel wahrgenommen ist: Der Raubvogel stößt auf seine Beute; der Kaisermantel fliegt den zunächst an seiner Färbung und Flügelschlagfrequenz erkannten Artgenossen an; er beginnt mit der Balz, falls er zusätzlich Weibchen-Duft wahrnimmt. Die Kreuzspinne eilt auf die im Netz gefangene Beute zu und wählt dabei die Richtung, aus der die Erschütterungswellen eintreffen. In diesen Beispielen sind die auslösenden Reize für die zweite Phase des Appetenzverhaltens zugleich die *richtenden Reize* für die gezielte Annäherung (Abb. 7.15).

Ist das Ziel erreicht, so folgt – je nach Art des Antriebs – eine *instinktive Endhandlung* oder ein antriebsbedingter Ruhezustand. Beim Beutefang kann die Endhandlung im Ergreifen (Abb. 7.15c), Zerkleinern und Schlucken bestehen, beim Sexualverhalten in der Paarung. Triebbedingte *Ruhezustände* sind Schlaf und Winterschlaf; viele Tiere haben ein ausgeprägtes Appetenzverhalten, das sie nach einem ihrer Art gemäßen Schlafplatz oder Winterschlafversteck suchen läßt (s. auch S. 706). Manche instinktive Verhaltensweisen bestehen *nur* aus Appetenzverhalten: Der *Vogelzug* (S. 798) ist ein gerichtetes Appetenzverhalten zu einer bestimmten geographischen Region; sein Ziel ist mit der Anwesenheit in der Region erreicht. *Flucht vor einer Gefahr* ist ein Appetenzverhalten, entweder »fort von der Gefahrenquelle« oder »hin zu einer schutzbringenden Zuflucht«. Angestrebt ist

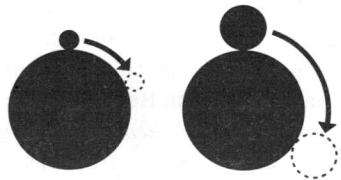

Abb. 7.11. *Beispiel für die Wirkungsweise eines angeborenen auslösenden Mechanismus (AAM). Das gezielte Betteln richtet sich auf die kleinere Scheibe, wenn diese sich auf dem Rand der großen Scheibe innerhalb des durch den Pfeil markierten Bereiches befindet; anderenfalls zielen die bettelnden Jungvögel den oberen Rand der großen Scheibe an. Darin deutet sich eine Auswertung von Beziehungen zwischen den elementaren visuellen Reizen an. (Nach Tinbergen u. Kuenen)*

Abb. 7.12. *Beispiel für die Wirkung einer überoptimalen Attrappe: Ein Austernfischer (Haematopus ostralegus) versucht, ein künstliches Riesenei anstelle seines eigenen Eies (vorn rechts) in sein Nest einzurollen. Die Tendenz vieler bodenbrütender Vögel, außerhalb ihres Nestes liegende Eier einzurollen, ist angeboren. (Nach Tinbergen)*

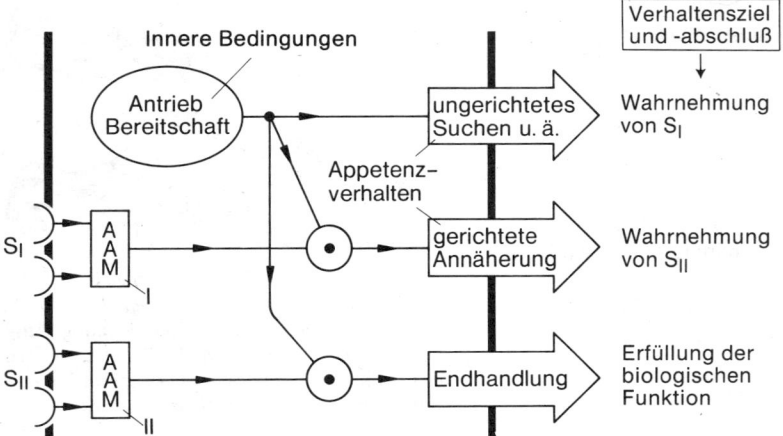

Abb. 7.13. *Idealisiertes, stark vereinfachtes Funktionsschaltbild für die drei Anteile des Instinktverhaltens: Ungerichtetes Suchen, gerichtete Annäherung und instinktive Endhandlung. Im typischen Fall folgen sie zeitlich aufeinander. Alle drei sind von denselben „inneren Bedingungen" abhängig. Für die erste, vielfach spontan beginnende Phase des Appetenzverhaltens wirken sich die inneren Bedingungen als „Antrieb" aus, für die zweite Phase des Appetenzverhaltens und für die Endhandlung als „Reaktionsbereitschaft". Die mit AAM bezeichneten Instanzen haben die Aufgabe, die von vielen Sinneselementen (hier sind stellvertretend nur zwei davon gezeichnet) eintreffenden Signale daraufhin zu analysieren, ob die reaktionsauslösende Reizkombination vorliegt. Nur in diesem Fall werden Signale an das Koinzidenzelement weitergegeben. AAM I verarbeitet die auslösenden (und richtenden!) Reize für die gezielte Annäherung, AAM II diejenigen für die Endhandlung. – Der Kontakt zwischen Leitungen mit Markierung durch einen Knotenpunkt (rechts vom Oval) bedeutet: leitende Verbindung; ohne Knotenpunkt (rechts vom AAM I): keine leitende Verbindung. (Nach Hassenstein)*

beide Male ein *Zustand,* im ersten Fall das Abgeschüttelt-Haben des Feindes, im zweiten das Geschütztsein, z. B. beim Muttertier.

Sowohl Teile des Appetenzverhaltens, als auch besonders die Endhandlung bestehen oft nicht nur aus einer einzelnen Bewegung, sondern aus komplizierten Folgen verschiedenartiger Bewegungen (*angeborene Verhaltensabläufe, Erbkoordinationen*). Ein Beispiel aus dem Bereich des Appetenzverhaltens ist der Netzbau der Kreuzspinne; das fertige Netz ist gleichsam ein Dokument einer großen Zahl von Einzelbewegungen, die die Spinne dabei durchführt. Instinktive Endhandlungen wie Kauen, Schlucken, Sich-Putzen (Abb. 7.1), Begattung sind komplizierte, größtenteils angeborene Folgen aus den Aktionen vieler einzelner Muskeln.

Wie kompliziert ein instinktiver Verhaltensablauf sein kann, demonstriert der Kokonbau der Seidenraupe (= Larve des Seidenspinners *Bombyx mori*). Die Elterntiere sind längst nicht mehr am Leben, wenn die Raupe aus dem Ei schlüpft. Wochenlang frißt sie dann Maulbeerblätter, häutet sich währenddessen mehrmals und vervielfacht ihr Körpergewicht. Eines Tages hört sie auf zu fressen, sucht einen geeigneten Platz zwischen Zweigen und Blättern und bleibt dort sitzen. Jetzt beginnen ihre Spinndrüsen, einen Seidenfaden zu produzieren. Die Raupe heftet den im Augenblick des Entstehens klebrigen Faden um sich herum an den Zweigen fest, wodurch allmählich ein Gewebe entsteht, dem sie innen immer weitere Lagen hinzufügt; sie verlegt so im Laufe von 3–5 Tagen bis zu 3 km Seidenfaden, wodurch der Puppenkokon um ihren Leib herum entsteht. An einem Ende des Kokons läßt sie eine Öffnung, die wie eine Reuse nur von innen nach außen, nicht aber von außen nach innen zu durchbrechen ist, die also den später schlüpfenden Schmetterling hinaus-, nicht aber einen etwaigen Eindringling hereinläßt. Diese Öffnung ist immer nach oben gerichtet, und die Raupe verpuppt sich innerhalb des Kokons auch stets mit dem Kopf nach oben, so daß sie als schlüpfender Schmetterling nicht in ihrem eigenen Gehäuse gefangen bleibt. Die Raupe handelt in all diesen vielfältigen Einzelheiten biologisch sinnvoll, ohne doch jemals die Gelegenheit gehabt zu haben, es zu lernen. Das Programm aller Einzelbewegungen ist in ihrem Zentralnervensystem von vornherein festgelegt. Wollte man den Entwurf des Bewegungsprogramms der Intelligenz der Raupe zuschreiben, so würde das einen Grad von Kenntnissen und Einsicht voraussetzen, den man ihr nie zutrauen könnte.

Es ist für instinktive Handlungsweisen kennzeichnend, daß die Tiere, die sie ausführen, keine Einsicht in den Sinn dieses Verhaltens zeigen. Beim Kokonbau der Seidenraupe erkennt man dies u. a. daran, daß die Raupe unfähig dazu ist, auf veränderte Bedingungen sinnvoll zu reagieren. Sofern das Tier nicht mechanisch daran gehindert wird, rollt die Handlung wie von einem Uhrwerk getrieben ab. Sind beispielsweise die Spinndrüsen außer Funktion, so werden alle Bewegungen, die zum Verlegen der Seide notwendig wären, in freier Luft im Leerlauf ausgeführt. Versetzt man eine spinnreife Raupe in einen halbfertigen Kokon, der von einer anderen Raupe angefertigt wurde, so ist sie nicht in der Lage, die bereits getane Arbeit aus ihrer eigenen Handlungsfolge auszulassen. Sie baut vielmehr in den ihr überlassenen Kokon noch, soweit möglich, ihre eigene Puppenhülle hinein.

Abb. 7.14. *Beispiel für unregelmäßiges Suchen, in diesem Fall durch einen Außenreiz ausgelöst: Ein Schwimmkäfer (Gelbrand, Dytiscus marginalis) schwimmt im Zickzack innerhalb einer künstlich erzeugten Wolke von Fleischsaft. Im Regelfall würde er dadurch die Wahrscheinlichkeit erhöhen, auf das gesuchte Beutetier zu stoßen. (Nach Tinbergen)*

7.1.7 Bereitschaft (Antrieb) und Versorgungszustand

Essen, Trinken, Atmen dienen der Versorgung des Körpers mit Nahrung, Wasser, Sauerstoff. Die Bereitschaft zu den drei Verhaltensweisen ist abhängig vom jeweiligen *Versorgungszustand.*

Räuberisch lebende Tierarten greifen im Normalfall Beutetiere einer bestimmten Größe und Stärke an; größere lassen sie unbehelligt oder fliehen vor ihnen. Je hungriger die Räuber aber werden, desto mehr verschiebt sich die Grenze, und desto größere Beutetiere werden angegriffen, Zeichen eines *gesteigerten Antriebs*.

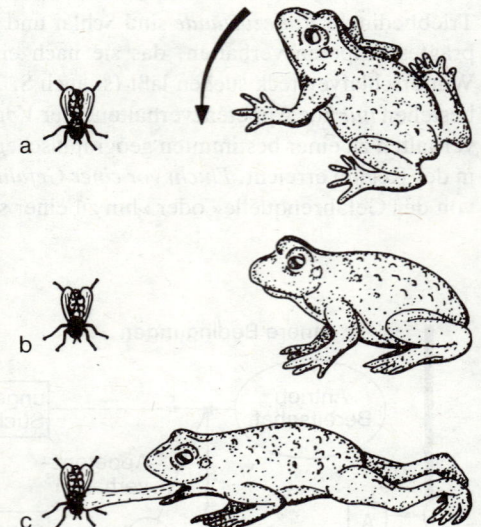

Abb. 7.15 a–c. *Zweite Phase des Appetenzverhaltens: Sich-Ausrichten auf die gesehene Beute (a, b) und erster Teil der instinktiven Endhandlung: Ausschleudern der Zunge (c). Die Endhandlung setzt sich fort im Wiedereinziehen der Zunge und Herunterschlucken der Beute. (Nach Tinbergen)*

Können die drei Verhaltensweisen – Essen, Trinken, Atmen – regelrecht vor sich gehen, so hat das zur Folge, daß die zugehörigen Mangelzustände aufgehoben werden: Nach einem reichlichen Mahl geht manch ein Raubtier (z. B. Löwe) stunden- bis tagelang nicht mehr auf die Jagd: Der Versorgungszustand ist oberhalb des Solls, folglich ist der Antrieb zur Nahrungsaufnahme gleich Null. Somit besteht ein Regelkreis (Abb. 7.16): Hoher Versorgungszustand verringert die Reaktionsbereitschaft; schlechter werdender Versorgungszustand bedingt größere Antriebsstärke, und diese fördert den Ablauf des Verhaltens; dieses seinerseits verbessert dann wieder den Versorgungszustand.

7.1.8 Bereitschaft (Antrieb) und instinktive Endhandlung

Ist eine instinktive Endhandlung vor sich gegangen, so ist danach in der Regel die Bereitschaft (= der Antrieb), dieses Instinktverhalten erneut auszuführen, geringer. Die Ursache dafür braucht nicht in der Verbesserung des zugehörigen Versorgungszustands zu liegen: Der Akt der Durchführung des Verhaltens selbst übt einen abschwächenden Einfluß auf die Bereitschaft bzw. den Antrieb aus. Man hat bildlich von der »antriebsverzehrenden Endhandlung« gesprochen und sich vorgestellt, der Antrieb stelle ein Reservoir dar, das mit seinem Inhalt die Endhandlung speist und seinerseits durch die Endhandlung entleert wird. Auf Abbildung 7.16 ist – zusätzlich zu der in Abschnitt 7.1.7 beschriebenen Rückwirkung – eine andere Denkmöglichkeit wiedergegeben: Abschwächung durch eine *Vollzugsmeldung*. Diese Rückmeldung *vermindert* die Antriebsstärke; der Betrag der Rückmeldung wird vom Betrag der Antriebsstärke subtrahiert. Springspinnen-Männchen führen bei der Balz einen sog. »Liebestanz« vor den Weibchen aus. Dieser Tanz läßt sich auch durch Attrappen auslösen. Nach einer Weile bricht das Männchen aber die Balz vor solch einer Attrappe, die ja nicht auf seine Balz reagiert, wieder ab. Hat sich ein Männchen lange Zeit mit keinem Weibchen paaren können, so balzt es vor einer guten Attrappe bis zu 3 min lang. War es aber zuvor zu einer Paarung gekommen, so balzt es zunächst vor der Attrappe überhaupt nicht. Im Lauf von mehreren Tagen nimmt die Balzdauer allmählich wieder zu (Abb. 7.17). Falls man die Balzdauer als Maß für die Antriebsstärke auffassen darf – daran ist kaum zu zweifeln –, heißt das: Die *Bereitschaft zur Balz* sinkt nach einer *Paarung* (instinktive Endhandlung) auf den Wert Null.

Bei der Nahrungsaufnahme und beim Trinken wird durch die instinktiven (End-)Handlungen der Versorgungszustand auf den Sollwert gebracht. *Zusätzlich* wird die Antriebsstärke aber auch hier durch *den Ablauf der Endhandlung* reduziert: Bei Versuchstieren (Hunden) wurde die Speiseröhre am Hals chirurgisch mit einer Öffnung nach außen versehen, so daß alles, was der Hund aufnahm, dort wieder heraustrat und nicht in den Magen gelangte (Abb. 7.18). Durch die Öffnung konnten aber auch Nahrung und Wasser künstlich unmittelbar in den Magen gebracht werden. Wenn der Hund fraß oder trank, so hatte dies somit keinerlei Einfluß auf den Versorgungszustand seines Körpers mit Nährstoffen und Wasser. Trotzdem fraßen und tranken die so operierten Hunde nicht unaufhörlich, sondern sie hörten jeweils zu dem Zeitpunkt mit der Mahlzeit auf, zu welchem das jeweilige Defizit an Nährstoffen und Wasser ausgeglichen gewesen wäre, falls das Aufgenommene den Magen hätte erreichen können. Daraus folgt, daß auch das Fressen und das Trinken selbst als instinktive Endhandlungen eine unmittelbare Wirkung auf den Antrieb haben und diesen *vermindern*. Diese schnelle Abnahme des Bedürfnisses aufgrund des *Vorganges* der Nahrungsaufnahme verhindert im Normalfall die Überfüllung des Magens. Die Rückmeldung über den Stoffwechsel kann erst später eintreffen. Sie ersetzt bzw. »bestätigt« dann die zuvor eingetroffene »Vorwegmeldung«. Die Zusammenhänge sind im Funktionsschaltbild, Abbildung 7.16, angedeutet.

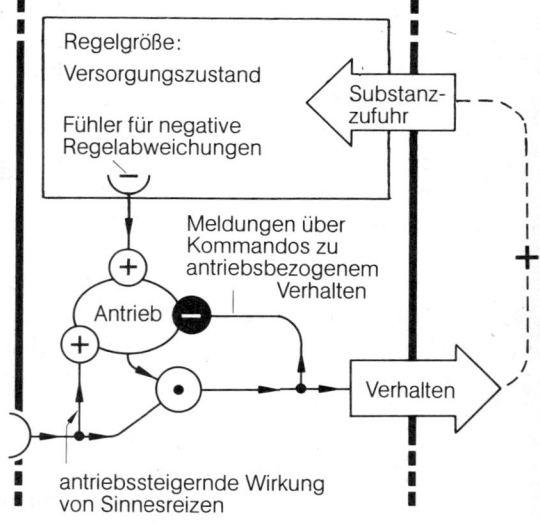

Abb. 7.16. Idealisiertes Funktionsschaltbild für drei Arten von Einflüssen auf den Aktivierungsgrad der inneren Bedingungen des Ernährungsverhaltens. Die Meldung eines Fehlbetrags im Stoffwechsel verursacht eine Steigerung des Antriebs (negative Rückwirkung); das Zeichen für einen Fühler innerhalb des Rechtecks symbolisiert diejenige Instanz im Organismus, die für den jeweiligen Versorgungszustand empfindlich ist und einen etwaigen Mangelzustand ans Zentralnervensystem meldet. – Die Meldungen über erfolgtes antriebsbezogenes Verhalten, die den Antrieb erniedrigen, könnten theoretisch entweder – wie in diesem Funktionsschaltbild vorausgesetzt – von der efferenten Nervenbahn abzweigen; oder propriozeptive Sinnesorgane könnten den Ablauf des Verhaltens registrieren und dies ans Zentralnervensystem zurückmelden. (Nach Hassenstein)

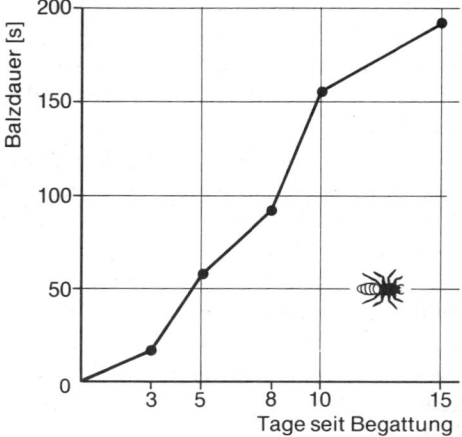

Abb. 7.17. Dauer der Balz eines Springspinnenmännchens (Familie Salticidae) vor einer dem artgleichen Weibchen ähnlichen Attrappe als Maß für seine im Laufe der Zeit ansteigende sexuelle Bereitschaft. (Nach Drees)

7.1.9 Antriebssenkende und antriebssteigernde Außenreize

Die Reaktionsbereitschaft bzw. der Antrieb kann – außer vom Versorgungszustand oder vom Ablauf von Endhandlungen – auch von *Sinnesreizen* abhängig sein. In einigen Fällen senken, in den meisten steigern diese Sinnesreize die zugehörige Bereitschaft.
Antriebs*senkende* Reize: Viele Jungtiere, besonders deutlich Wildgansküken, lassen Kontaktrufe ertönen, wenn sie keine Anwesenheitszeichen des Muttertieres empfangen. Der Anblick des Muttertieres läßt sinnvollerweise diese Reaktion verstummen (Abb. 7.19).
Antriebs*steigernde* Reize: Bei Vogelweibchen (untersucht an der Lachtaube) veranlaßt mitunter allein die visuelle und akustische Wahrnehmung der Balz eines Männchens – auch wenn sich dieses im Nachbarkäfig befindet – den Eintritt in den Fortpflanzungszyklus mit allen hormonellen Grundvorgängen und allen Änderungen der Reaktionsbereitschaften.
Außenreizabhängige Reaktionsbereitschaften sind auch beim *Feindverhalten* zu beobachten: Sind Tiere in einen Kampf verwickelt, so werden nicht nur durch Sinnesreize Reflexe ausgelöst; auch die »Bereitschaft zum Feindverhalten« erhöht sich. Das läßt sich erkennen, falls die Kämpfenden durch irgendein Ereignis plötzlich voneinander getrennt werden, z. B. wenn einer von ihnen flieht: In diesem Fall greifen die früheren Kämpfer häufig irgendein anderes Lebewesen an, das einen Angriff keineswegs provoziert hatte – Zeichen einer vom vorangegangenen Kampf noch vorhandenen *Kampfbereitschaft*.
In Abbildung 7.16 ist eine funktionelle Verbindung eingezeichnet, die die Verstärkung einer Bereitschaft durch Sinnesreize versinnbildlicht.

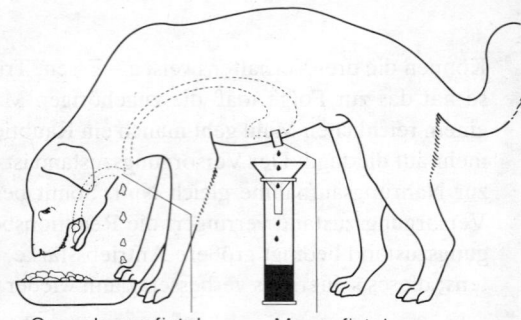

Abb. 7.18. Pawlows Experiment: Ösophagus- und Magenfistel bei einem Hund. (Die Magenfistel ist für den hier beschriebenen Versuch nicht nötig. Sie erlaubt es, die Bildung von Magensaft zu beobachten. Dies geschieht nicht nur beim Wahrnehmen von Nahrung, sondern auch bei Signalen, von denen der Hund gelernt hat, daß sie eine Mahlzeit ankündigen. An diesem Beispiel wurde der Begriff des bedingten Reflexes entwickelt; vgl. Abschnitt 7.2.1.) (Aus Rein)

7.1.10 Gegenseitige Hemmung zwischen Verhaltenstendenzen

Lebewesen tun nur selten zweierlei zugleich. Das ist nicht selbstverständlich; denn die Umwelt bietet vielfach gleichzeitig die auslösenden Reize für mehrere Verhaltensweisen, und auch im Bereich der Antriebe dürfte es eher die Ausnahme als die Regel sein, daß nur einer von ihnen aktiviert ist. Trotzdem erfolgt meist jeweils nur eine Art des Verhaltens: Nahrungsaufnahme, Balz, Flucht, Körperpflege, Spielen, Schlafen etc. überlagern sich kaum jemals, sondern laufen meist säuberlich voneinander getrennt *nach*einander ab. Diese Erscheinung beruht darauf, daß so gut wie alle Verhaltens*tendenzen* zueinander im Verhältnis der *gegenseitigen Hemmung* stehen: Die jeweils am stärksten aktivierte Verhaltenstendenz unterdrückt alle schwächeren, und zwar völlig.
Für die Männchen der Springspinnen sind bestimmte Beutetiere, z. B. Fliegen, an Größe und Form nicht allzu verschieden von ihren Weibchen. Daher kann man Attrappen herstellen, die gleichsam in der Mitte zwischen dem Beute- und dem Weibchen-Schema stehen. Diese Attrappen lösen entweder Beutefangverhalten oder Balz aus (Abb. 7.20): Je länger ein Männchen vor dem Experiment gehungert hat, desto häufiger erfolgt – im Vergleich zur Balz – das Beutefangverhalten; je länger es nicht zur Paarung mit einem Weibchen zugelassen worden war, desto häufiger erfolgt die Balz. Folglich kann man bei diesen Spinnen die Antriebsstärken nach Belieben vergrößern und verkleinern: Dabei kann man die Tiere mit Sicherheit in einen Zustand bringen, in dem *beide* Bereitschaften *zugleich* aktiviert sind. Trotzdem erfolgt niemals ein aus Beutefang- und Balzelementen *gemischtes* Verhalten. Das Tier ist stets für eines von beiden entschieden. Das andere Verhalten ist dann unterdrückt.
Ein datenverarbeitendes Teilsystem der Verhaltenssteuerung, das von allen einkommenden Signalströmen nur den stärksten – und zwar ungeschwächt – hindurchläßt, alle anderen aber völlig unterdrückt, bezeichnet man sinngemäß als *Höchstwertdurchlaß* (Abb. 7.21).

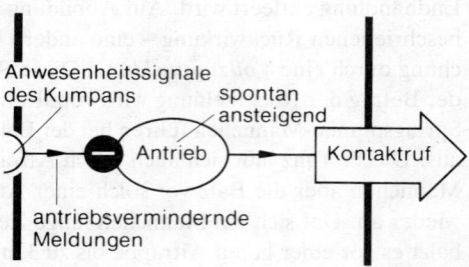

Abb. 7.19. Idealisiertes Funktionsschaltbild für die Verminderung eines Antriebs durch die dem Antrieb zugehörigen Reize am Beispiel des Kontaktverhaltens. (Nach Hassenstein)

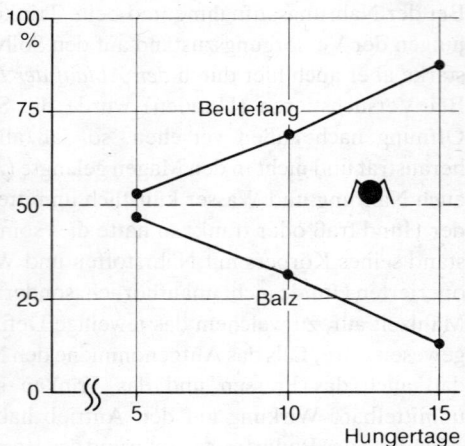

Abb. 7.20. Springspinnen-Männchen reagiert auf die dargestellte Attrappe bei wachsendem Hunger zunehmend häufiger mit Beutefang anstelle von Balz, niemals aber mit gemischtem Verhalten. (Nach Drees)

7.1.11 Doppelte Quantifizierung, Leerlaufaktionen

Viele Verhaltensweisen sind von auslösenden Reizen und von inneren Bedingungen (Bereitschaft, Antrieb) abhängig (Abb. 7.2b). Daraus folgt für die Stärke (Intensität) einer Verhaltensweise, daß sie von *zwei* Faktoren abhängt: von der Stärke der auslösenden Reize *und* dem Aktivierungsgrad der Bereitschaft. Diesen Sachverhalt bezeichnet man als »doppelte Quantifizerung der Instinkthandlungen durch innere Bedingungen und äußere Reize«.

Aus dem Prinzip der »doppelten Quantifizierung« folgt:
1. Je geringer ein Antrieb, desto stärkere Reize sind notwendig, um das zugehörige Verhalten auszulösen. Beispielsweise frißt ein Hund, der satt ist (geringer Antrieb), wohl noch die Wurst (starker Reiz) von dem Brot, das man ihm anbietet, läßt aber das Brot (schwächerer Reiz) liegen.
2. Je stärker dagegen ein Antrieb, desto schwächere Reize sind schon geeignet, das zugehörige Verhalten auszulösen. Sind z. B. Mensch oder Tier sehr durstig (starker Antrieb), so trinken sie auch verschmutztes Wasser, das sie sonst nicht anrühren würden (schwacher Reiz). In diesem Zusammenhang (bei starkem Antrieb genügen schwache Reize) liegt die Wurzel dafür, daß Tiere dann auch mit *Ersatzobjekten* vorlieb nehmen; z. B. saugen Kälber, deren Trinkbedürfnis nicht abgesättigt ist, an allen möglichen Holz- und Eisenteilen ihres Stalles.

Ein Grenzwert ist erreicht, wenn entweder die Bereitschaft oder die auslösenden Reize die Stärke Null annehmen. Das Ergebnis ist in beiden Fällen verschieden. Bei *völlig fehlender Bereitschaft* erfolgt auch auf die stärksten Reize keine Reaktion: So ist ein Säugetier, nachdem es gerade seinen Durst gelöscht hat, auf keine Weise zum weiteren Trinken zu bewegen. Bei *sehr stark aktiviertem Antrieb* kann aber eine instinktive Verhaltensweise trotz völliger Abwesenheit der zugehörigen Reize unter Umständen *doch stattfinden;* sie hat dann den Charakter einer *spontanen Aktion im Leerlauf.*

Wenn sich Wanderratten an einem Kadaver im Freien beschäftigen, graben sie in der Nähe kleine Deckungslöcher. In diese schlüpfen sie hinein, wenn Gefahr droht. Sie tun das aber zwischendurch immer wieder auch *ohne jeden äußeren Anlaß:* Im »Leerlauf« springen sie in Deckung, sichern und kehren dann zum Ort ihrer Tätigkeit zurück (Abb. 7.22). Zur Balz des Graugans-Männchens gehört es, vor den Augen seines Weibchens Angriffe auf irgendwelche andere Wasservögel zu führen, diese zu verjagen und dann mit »Triumphgeschrei« zum Weibchen zurückzukehren (Abb. 7.54). Ist aber absolut kein Angriffsobjekt in der Nähe, so vollführt der Ganter bisweilen alle Angriffshandlungen im Leerlauf: Er greift einen nicht vorhandenen Gegner an, dreht sich um, kehrt zum Weibchen zurück und vollführt sein Triumphgeschrei.

Im Fall von Leerlaufhandlungen muß es grundsätzlich offenbleiben, ob nicht ein vom Beobachter unbemerkter, vielleicht unspezifischer Reiz das betreffende Verhalten ausgelöst hat. Es hätte aber prinzipiell keinen Sinn, den Leerlaufbegriff auf den nur theoretisch vorstellbaren, niemals experimentell nachweisbaren Tatbestand des *sicheren* Fehlens *jeden* Reizes zu beschränken. Als deskriptiver Begriff ist der Ausdruck Leerlaufhandlung nur verwendbar, wenn man ihm die Definition gibt: Instinktives Verhalten, das trotz Fehlens von *bemerkbaren* auslösenden Reizen stattfindet.

7.1.12 Umorientiertes Verhalten, Intentionsbewegungen

Hat eine Verhaltensweise begonnen, wird aber dann durch äußere oder innere Umstände am Fortgang gehindert, so kann verschiedenes geschehen:

Umorientiertes Verhalten. Das Verhalten setzt sich fort, richtet sich dabei aber auf ein anderes Ziel. Läuft beispielsweise ein Nashorn auf einen Gegner zu, der sich beim

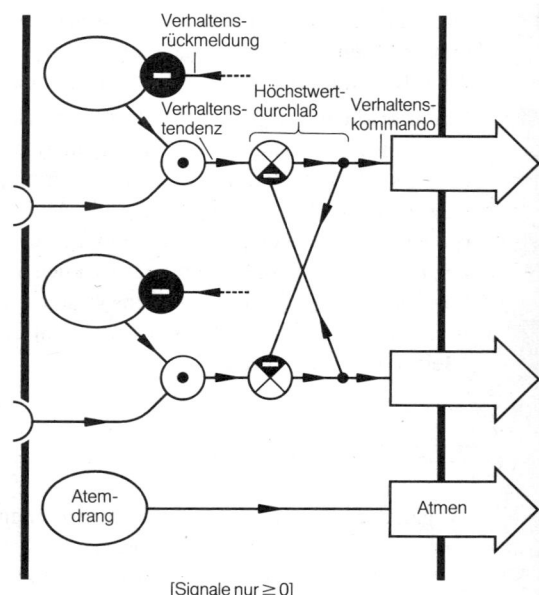

Abb. 7.21. Idealisiertes Funktionsschaltbild für das Zusammenwirken der drei Teilprinzipien der Verhaltenssteuerung: (1) Doppelte Quantifizierung durch Reizintensität und Bereitschaftsstärke (Abb. 7.2b); (2) Verringerung der Bereitschaft durch Ablauf der Instinkthandlung (Abb. 7.9); (3) Höchstwertdurchlaß. Das Gesamtsystem verwandelt ein Nebeneinander zugleich aktivierter Verhaltenstendenzen in ein Nacheinander der zugehörigen Verhaltensweisen und verhindert dadurch Mischverhalten. – Der Atemdrang ist in der Regel in dieses System nicht eingeschlossen: Das Atmen geht unbeeinflußt vom sonstigen Verhalten vor sich. – Zur Datenverarbeitung, die die biologische Funktion eines Höchstwertdurchlasses durch wechselseitige Hemm-Möglichkeit zu verwirklichen vermag, s. Abb. 7.24. (Nach Hassenstein)

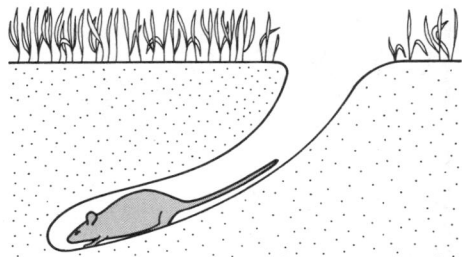

Abb. 7.22. Schemazeichnung einer Ratte, die gerade in ein Deckungsloch hineinläuft. Sie dreht sich dann um, sichert und kommt gegebenenfalls sogleich wieder heraus. (Nach Steiniger)

Näherkommen als zu gefährlich erweist, so kann es im Angriff innehalten; es bearbeitet dann mit seinem Horn anstelle des Gegners einen Termitenbau oder einen Strauch: Der Angriff ist auf ein Ersatzobjekt »umorientiert«.

Intentionsbewegungen. Das Verhalten bricht, kurz nachdem es begonnen hat, wieder ab, bleibt also unvollständig. Nähert man sich vorsichtig einem Singvogel, der auf einem Zweig sitzt, und versetzt ihn dabei in Furcht, ohne ihn doch so stark zu bedrohen, daß er wegfliegt, so kann man manchmal die Andeutung von Abfliegebewegungen beobachten, ohne daß der Vogel dann wirklich wegfliegt. Der Vogel zeigt gleichsam seine *Intention*, abzufliegen, ohne dies dann aber wirklich auszuführen (Abb. 7.23).

Sowohl umorientierte Verhaltensweisen als auch Intentionsbewegungen sind vielfach *ritualisiert* worden und haben dadurch den Charakter von *sozialen Signalen* angenommen (Beispiele auf S. 748f.).

Abb. 7.23. Ein Singvogel (Steinschmätzer Oenanthe) ist verängstigt, nimmt die Abflughaltung ein, verharrt aber in dieser, da die Reizstärke noch nicht hinreichte, das Abfliegen auszulösen. (Nach Tinbergen)

7.1.13 Übersprungverhalten

Wegen der gegenseitigen Hemmung zwischen Verhaltenstendenzen kann ein Tier bisweilen vorübergehend in einen inneren Konflikt zwischen zwei etwa gleichstarken Tendenzen geraten; hierdurch können *beide* in Konflikt stehenden Verhaltensweisen sich gegenseitig hemmen, und es kann eine *dritte* Verhaltensweise auftreten, die einem ganz anderen Verhaltensbereich zugehört, eine *Übersprunghandlung* (Beispiel: Abb. 7.25).

Bei manchen Vögeln lösen sich die Eltern gegenseitig beim Brüten ab; es geschieht meist zu bestimmten Tageszeiten. Der Antrieb zum Brüten ist hormonell bedingt; er geht mit körperlichen Erscheinungen einher, z.B. dem Federverlust bestimmter Stellen an der Bauchhaut, den »Brutflecken«. Nun kann es vorkommen, daß eine Möwe anfliegt, um den Gemahl beim Brüten abzulösen, daß dieser aber nicht fortgeht. In diesem Fall drängt die anfliegende Möwe den Ehepartner manchmal mit Gewalt vom Gelege. Es kann aber auch ein Übersprungverhalten auftreten: Das eben angeflogene, aber noch nicht zum Brüten zugelassene Tier vollführt *Nestbau*handlungen, obwohl das zur Zeit der Brut längst nicht mehr notwendig ist; es fliegt beispielsweise fort und holt Nistmaterial. Aus allen Umständen – Tageszeit der Brutablösung, gleich danach erfolgendes und dann eventuell »mit Gewalt« durchgesetztes eigenes Brüten – ist zu entnehmen, daß bei dem anfliegenden Tier der Antrieb *zum Brüten* aktiviert ist, nicht etwa der zum Nestbau. Das Tier würde sich sofort auf die Eier setzen, wenn diese frei wären. Es ist in einem Konflikt zwischen dem

Abb. 7.24. Hypothesen zum Übersprungverhalten. (a) Enthemmungshypothese. Voraussetzung: Drei hintereinandergeschaltete Höchstwertdurchlässe nach dem Prinzip der lateralen Rückwärts-Inhibition. Rechenbeispiel: Die Verhaltenstendenzen A; B; C seien 1; 0,5; 0,8. Das ergibt die Verhaltenskommandos 1; 0. Aber: 1; 1; 0,8 ergibt 0; 0; 0,8. (b) Schematische Darstellung der „Übersprung"-Hypothese des Übersprungverhaltens. Die Erregung der Antriebsinstanz B springt auf die dem Antrieb C zugeordnete Bahn über und löst das zu C gehörige Verhalten aus. (a nach van Iersel u. Bol, verändert; b nach Tinbergen u. Kortlandt; Zeichnungen Hassenstein)

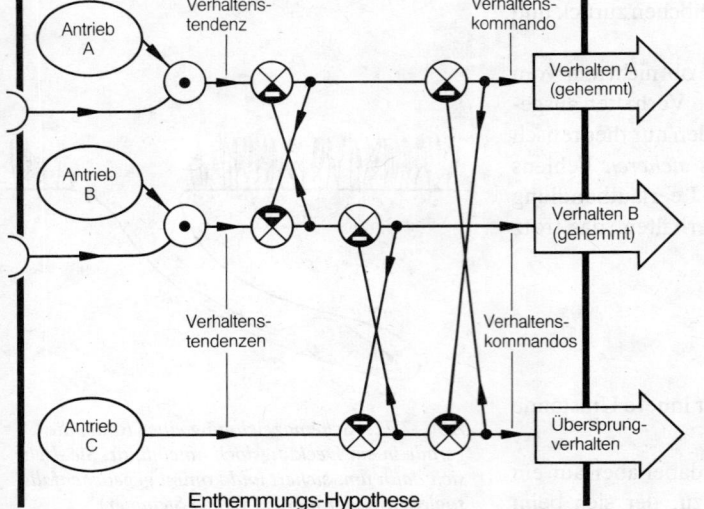

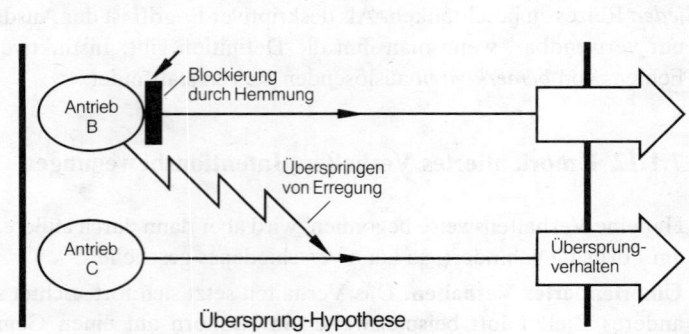

Drang zum Brüten und einer Hemmung, dem noch brütenden Ehepartner zu nahen; daraufhin führt es eine Handlung *aus einem ganz anderen Verhaltensbereich* aus: weder Brüten noch Sozialkontakt zum Partner, sondern Nestbau.

Wenn Bienen an einer künstlichen Futterquelle Zuckerwasser trinken, so sind sie zunächst allein von der Saugtendenz bestimmt. Mit fortschreitender Füllung des Honigmagens kommt aber die Abflugtendenz hinzu, kenntlich beispielsweise am Anheben der Fühler. Zu einem bestimmten Zeitpunkt müssen beide Tendenzen etwa gleichstark sein. In diesem »Konflikt« führt die Biene eine Verhaltensweise aus, die auch sonst vielfach im Übersprung vorkommt: Sie putzt sich. Daß es sich dabei nicht etwa um ein »echtes« Putzen handelt, läßt sich daran erkennen, daß sie die Putzbewegung auch dann ausführt, wenn sie nachweislich ganz sauber ist; und sie putzt sich auch nicht gründlicher, wenn man sie mit Mehl oder mit Pollen bestäubt hat.

Die Erscheinung des Übersprungverhaltens läßt sich nach der *Enthemmungs*hypothese aus der Funktion des *Höchstwertdurchlasses* ableiten. Abbildung 7.24 zeigt laterale Hemmungsbahnen zwischen *drei* Verhaltenstendenzen. Wären bei dieser Schaltung die Verhaltenstendenzen A und B am stärksten aktiviert, aber genau gleichstark, und wäre C nur wenig schwächer aktiviert, so würde sich C gegen die miteinander im Konflikt stehenden Verhaltenstendenzen A und B durchsetzen und daraufhin als Übersprungverhalten in Erscheinung treten.

Die in den Anfängen der Verhaltensforschung entwickelte *Übersprung*hypothese, der das Übersprungverhalten seinen Namen verdankt, lautet anders: Nach ihr stellt der Antrieb ein Reservoir von Erregungspotential dar, das die Endhandlung speist. Wird die Handlung verhindert, so ist der Ausstrom blockiert. Die Erregung springt auf eine andere Bahn über und äußert sich in dem zu dieser Bahn gehörigen Verhalten (Abb. 7.24b).

Im Sinne der Enthemmungshypothese ist eine Übersprunghandlung autochthon, d.h. von der *ihr zugeordneten* Erregung gespeist; nach der Übersprunghypothese dagegen wäre das Übersprungverhalten allochthon, d.h. von einer *fremden* Erregung abhängig. Daß der Enthemmungsmechanismus des Übersprungverhaltens in manchen Fällen verwirklicht ist, kann als sicher gelten; ob auch der Übersprungmechanismus vorkommt, ist zur Zeit noch nicht entschieden.

Abb. 7.25. *Einem Austernfischer (Haematopus) wurde in seinem Revier ein Spiegel aufgestellt, in dem er sein Spiegelbild als vermeintlichen Rivalen heftig angriff. In Zwischenpausen nimmt er – vermutlich als Ausdruck eines inneren Konflikts zwischen den Verhaltenstendenzen, weiterzukämpfen oder dem (nicht flüchtenden!) Rivalen auszuweichen – im Übersprung die Schlafstellung ein. (Nach Franck)*

7.2 Lernen (erfahrungsbedingte Programmierung des Verhaltens)

Kommt ein lernfähiger Organismus mehrmals in gleichartige Lebenssituationen, so kann er sich in den Wiederholungsfällen entweder so wie beim erstenmal oder aber anders verhalten. Treten Verhaltensänderungen auf, so können sie unbeständig sein, etwa wenn sie auf Ermüdung, vorübergehende Erregung oder Sensibilisierung zurückgehen. Sind Verhaltensänderungen dagegen für längere Zeit beständig, beruhen sie also auf *Engrammen*, d.h. Schaltungsänderungen im Zentralnervensystem, so betrachtet man sie als bedingt durch Erfahrung, als Ergebnis von *Lernen*.

Die Sprache des täglichen Lebens bezeichnet bisweilen auch die *Reifung* von Verhaltensweisen als »Lernen« und spricht z.B. vom »Fliegenlernen« junger Vögel. Hierbei ist es jedoch nicht die frühere Erfahrung, welche die Verhaltensänderung nach sich zieht, sondern die organische Entwicklung; das Flugvermögen junger Vögel reift auch, wenn ihnen die Gelegenheit zum »Üben«, d.h. zum Gewinnen von Erfahrung, bis zum ersten Flugversuch versagt bleibt.

Jedes Lernen beruht auf Strukturen des Nervensystems bzw. Gehirns, die *angeborenermaßen* dazu disponiert sind, ihre funktionelle Struktur aufgrund von Erfahrungen, z.B.

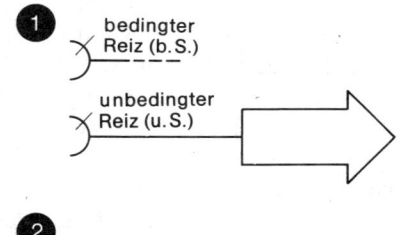

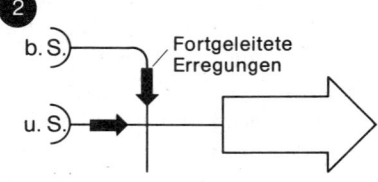

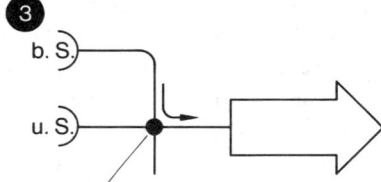

Abb. 7.26. *Idealisiertes, stark vereinfachtes Schema der Entstehung eines bedingten Reflexes. u.S. = unbedingter, d.h. angeborenermaßen auslösender Reiz, b.S. = bedingter, d.h. neutraler Reiz, der durch die Dressursituation zum auslösenden Reiz wird. (Nach Hassenstein)*

Sinnesmeldungen besonderer Art, zu verändern und Engramme zu bilden. Erlernte Verhaltensweisen entstehen z.T. durch die erfahrungsbedingte Abwandlung von angeborenem Verhalten; doch können auch, z.B. aus nachahmendem Lernen, völlig neue Verhaltensweisen hervorgehen. Sekundär kann sich Erlerntes erneut durch Lernen verändern (»Umlernen«; Ausnahme: Prägung, S. 737).

Als *Gedächtnis* (Abschnitt 7.2.8) versteht man den psychischen und physischen Träger der Fähigkeit, etwas Gelerntes zu behalten, also nicht zu vergessen, und bei entsprechenden Anlässen wieder im Verhalten oder im Bewußtsein zu reproduzieren. Unter Umständen ist ein Gedächtnisinhalt vorübergehend, ohne verloren zu sein, unaufrufbar – beispielsweise aufgrund von Angst – und tritt erst unter veränderten Umständen wieder in Erscheinung.

Mehrere Begriffe der Lerntheorie enthalten das Wort »bedingt« (»bedingter Reflex«). Es ist zu verstehen als »erfahrungsbedingt«. Im Unterschied hierzu bezeichnet man Reflexe oder andere Reaktionen, die *ohne* vorangehendes Lernen auslösbar, also *angeboren* sind, auch als *unbedingte* Reflexe bzw. Reaktionen.

7.2.1 Bedingte Reflexe

Ein plötzlicher Luftstrom, auf die Hornhaut des geöffneten Auges eines Menschen oder eines Säugetieres gerichtet, löst einen angeborenen oder (in der Sprache der Lerntheorie) »unbedingten« Reflex aus: 0,25–0,4 s später schließen sich die Augenlider. Ein schwacher Lichtblitz oder ein Summton haben diesen Effekt nicht. Trifft aber solch ein zunächst neutraler Reiz die Cornea wiederholt *kurz vor* dem Luftstrom, so löst er nach einer genügenden Anzahl solcher Dressurakte auch allein den Lidschlag aus. Der neue Reflex wird als *bedingter Reflex* bezeichnet, der neue auslösende Reiz als bedingter Reiz, die für die Bildung des bedingten Reflexes notwendige zeitliche (und räumliche) Beziehung zwischen unbedingtem und zuvor neutralem Reiz als *Kontiguität*. Die Kontiguität ist im vorangegangenen Beispiel optimal, wenn der neutrale Reiz etwa 0,5 s vor dem angeborenen auslösenden Reiz erfolgt.

Nicht alle angeborenen Reflexe eignen sich als Grundlage für die Bildung bedingter Reflexe. So ist es beispielsweise noch nicht gelungen, den Kniesehnenreflex (S. 698) nach entsprechender Dressur durch bedingte Reize auszulösen.

Berührt man den Fuß eines Frosches, so zieht er die berührte Extremität zurück; dies ist ein Schutzreflex vom Typ der polysynaptischen Reflexe (Fremdreflexe). Berührt man dabei jedesmal gleichzeitig auch irgendeine andere Hautpartie, etwa des Rumpfes, so bildet sich im Laufe der Wiederholungen ein bedingter Reflex aus, der darin besteht, daß schließlich allein die Berührung der Rumpfhaut das Zurückziehen des Beines auslöst. Dieser bedingte Reflex entsteht im Experiment auch bei Fröschen mit chirurgisch durchtrennter Verbindung zwischen Gehirn und Rückenmark. Dies beweist die Fähigkeit auch des Rückenmarks, bedingte Reflexe zu bilden.

Das Bildungsprinzip bedingter Reflexe besagt zweierlei: *Zeit*beziehungen zwischen physiologischen Signalen bewirken neue bleibende funktionelle Verknüpfungen; und: es muß Stellen im Zentralnervensystem geben, die speziell für das *Zusammentreffen* von Signalen verschiedener Herkunft empfindlich sind und darauf mit der Bildung neuer, beständiger signalleitender Verbindungen reagieren. Aus dieser Überlegung ergibt sich die in Abbildung 7.26 wiedergegebene Funktionsskizze zur Entstehung eines bedingten Reflexes.

Der bedingte Reflex ist das einfachste Beispiel für eine durch Lernen entstandene neue Verknüpfung – hier zwischen einem Reiz und einer zuvor mit ihm nicht verbundenen Reaktion. Den Vorgang solcher Verknüpfungen, aber auch ihr Ergebnis, die eingespeicherte Verknüpfung, bezeichnet man als *Assoziation*.

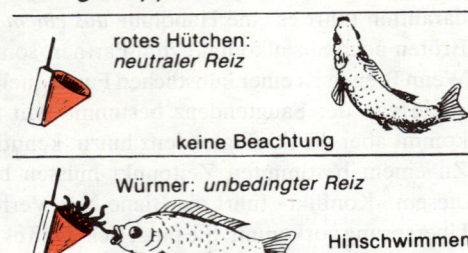

Abb. 7.27. Schemazeichnung zur Erklärung des Begriffs der bedingten Appetenz. Das „rote Hütchen" wird durch einen Lernprozeß zum „bedingten Reiz", der – natürlich nur bei aktiviertem Antrieb (also bei Hunger) – das Appetenzverhalten und sogar einen Teil der Endhandlung („Schnappen") auslöst. (Nach Daumer u. Hainz)

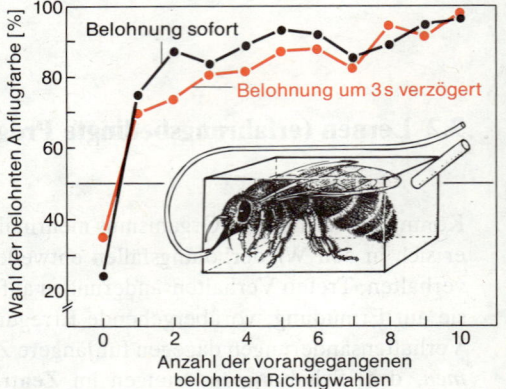

Abb. 7.28. Typische „Lernkurve" für eine einfache Lernaufgabe. Die Biene erhielt Zuckerwasser, wenn sie sich bei der Wahl zwischen den Farben orange und blau auf blau gesetzt hatte, und zwar entweder sofort (●) oder 3 s nach dem Hinsetzen mit gleichzeitigem Ausschalten der Anflugfarbe (○). Während des Saugens wurde der eingezeichnete durchsichtige kleine Kasten mit der Zuckerwasserquelle über die Biene gestülpt. (Nach Grossmann)

7.2.2 Lernen aufgrund von guten Erfahrungen (Belohnungen)

Als »Lernen aus Erfahrung« faßt man solche Lernvorgänge zusammen, die nicht oder nicht nur von der Kontiguität von Reizen, sondern zusätzlich von guten oder schlechten Erfahrungen (im Experiment: von Belohnungen oder Strafen) abhängig sind. »Gute Erfahrungen« sind dabei meist Gelegenheiten zur Ausführung instinktiver Endhandlungen, z. B. zur Nahrungsaufnahme. »Schlechte Erfahrungen« sind Schmerz oder Schreck, allgemein der Empfang von Reizen mit negativer Valenz.

Bedingte Appetenz. Geht ein ursprünglich neutraler Reiz ein- oder mehrmals einer Belohnung (Antriebsbefriedigung) voraus, so kann er dadurch zum erfahrungsbedingten, auslösenden und richtenden Reiz des Appetenzverhaltens für den durch die Belohnung befriedigten Antrieb werden (Abb. 7.27 und 7.29b).
Wenn z. B. eine nektarsammelnde Biene eine Blüte oder eine künstliche Futterquelle anfliegt und dort bessere Tracht findet als anderswo, dann besucht sie daraufhin die ergiebigere Futterquelle bevorzugt oder ausschließlich; ihr Appetenzverhalten ist jetzt auf den durch positive Erfahrung gekennzeichneten Reiz gerichtet. Dabei verwertet die Biene hauptsächlich die Merkmale, die sie beim *Anflug,* also zeitlich *vor* der Belohnung, wahrgenommen hat. Zwischen dem Anflug und dem Beginn des Saugens können mehrere Sekunden verstreichen; trotzdem assoziiert die Biene die vorausgegangenen Wahrnehmungen mit der Belohnung und richtet dementsprechend ihr Appetenzverhalten aus (Abb. 7.28). Die Information über empfangene Sinneseindrücke kann also im Organismus eine Zeitlang gespeichert werden, bis sie im Zusammenwirken mit einer später eintreffenden Belohnung zur Mit-Ursache für die Bildung einer neuen »bedingten Verknüpfung« wird.

Bedingte Aktion. Wenn ein Tier ein- oder mehrmals irgendein motorisches Verhalten ausführt und unmittelbar danach eine gute Erfahrung macht, also z. B. belohnt wird, so kann dadurch eine funktionelle Koppelung zwischen diesem motorischen Verhalten und demjenigen Antrieb entstehen, der durch die Belohnung befriedigt wurde. Das Lernergebnis besteht dann darin, daß das Tier das »lohnende« Verhalten bevorzugt ausführt, wenn der betreffende Antrieb erwacht ist. Eine bedingte Aktion ist also aufzufassen als *Appetenzverhalten,* das aufgrund von Erfahrungen eine *neue motorische Ausführungsweise* dazugewonnen hat (Abb. 7.29c).
In einer Affenkolonie im Zoo bekam ein schwächeres Tier häufig nichts von den Besuchern, weil es sich nicht wie die anderen vordrängte. In seiner Erregung sprang es manchmal mehrere Male auf der Stelle. Dadurch gewann es die Aufmerksamkeit mancher Besucher, und diese warfen ihm Futter zu. Dies führte bei dem Tier zu einer Verknüpfung zwischen dem Antrieb zum Nahrungserwerb und dem Verhalten: Je größer der Hunger, desto häufiger zeigte nun das Tier sein Springen auf der Stelle.
Wie man in Experimenten festgestellt hat, können sich fast beliebige Körperbewegungen mit bestimmten Antrieben verknüpfen: Wurde ein Hund mit Nahrung belohnt, immer wenn er – aufgrund eines schwachen elektrischen Reizes – kurz zuvor eines seiner Beine angehoben hatte, so bildete sich eine bedingte Aktion heraus: Der Hund hob das betreffende Bein, sobald er Hunger bekam.

Kombination von bedingter Appetenz und bedingter Aktion. Durch die beiden Lernformen können beim Appetenzverhalten die angeborenen auslösenden Reize durch erlernte auslösende Reize und die primären Ausführungsweisen durch erlernte Ausführungsweisen ersetzt werden. Geschieht beides zugleich, so ist, äußerlich betrachtet, das gesamte Appetenzverhalten erlernt – sowohl in seiner Auslösung wie in seiner Durchführung. Eine Katze hatte in einer sogenannten »Skinner box« (Abb. 7.30) mit der Pfote zufällig den darin angebrachten Hebel gedrückt; die Konsequenz war: Futter erschien. Die Katze

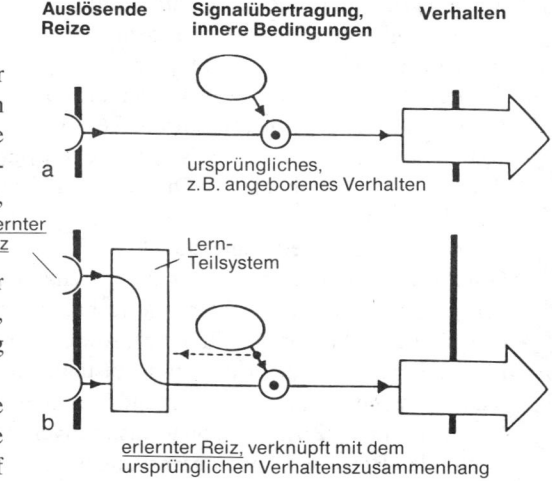

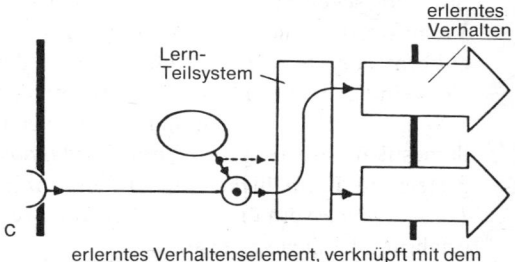

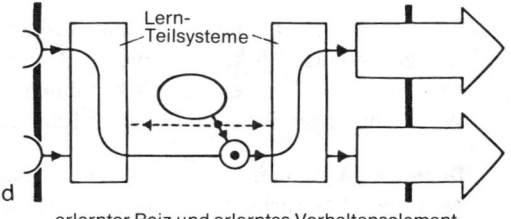

Abb. 7.29 a–d. Stark vereinfachte, idealisierte Funktionsschaltbilder für den Tatbestand, daß ein ursprünglicher, z. B. angeborener Reiz-Reaktions-Zusammenhang (a) durch zwei Arten von Lernvorgängen veränderbar sein kann: Ersatz des ursprünglichen Reizes durch einen erlernten (b, bedingte Appetenz) oder Ersatz des ursprünglichen Verhaltens durch erlerntes (c, bedingte Aktion). Beide Lernformen können auch kombiniert auftreten (d). (Nach Hassenstein)

war hungrig und wiederholte daraufhin die Bewegung (bedingte Aktion), zunächst stets mit dem gleichen Erfolg. Nachdem die Handlung erlernt war, blockierte man den Apparat, so daß jetzt die Belohnung ausfiel. Daraufhin ging die Katze umher und drückte mit der Pfote auf alle möglichen anderen Dinge wie Futterschalen, Kästchen, andere Katzen. Die Katze hatte also sowohl die auslösende und richtende Wahrnehmung: »etwas von oben zu Berührendes«, als auch die Ausführung: »mit der Vorderpfote nach unten drücken«, erlernt – beides im Dienste des Ernährungsverhaltens.

Angeboren waren in diesem Verhaltenskomplex dann nur noch der Antrieb und die Endhandlung. Dabei zeigte der Antrieb seine Wirkung sowohl darin, daß die Katze aufgrund des Lernens ihr Verhalten *wiederholte* und nicht etwa seine Wiederholung vermied (dies wäre die Folge gewesen, wenn die Taste bei der Berührung einen elektrischen Schlag ausgeteilt hätte), sowie darin, daß das Tier all das Beschriebene wohl im hungrigen, nicht aber im satten Zustand hat. Die angeborene Endhandlung bestand dann nach wie vor im Verzehren und Herunterschlucken der gefundenen Nahrung.

Wenn in einem Zusammenhang instinktiven Verhaltens sowohl die auslösenden und richtenden Reize des Appetenzverhaltens als auch dessen Ausführungsweise erlernt sind, so sind als angeborene Bestandteile nur noch der Antrieb in seiner Abhängigkeit vom physiologischen Zustand des Organismus sowie die instinktive Endhandlung gegenwärtig. Verantwortlich hierfür sind Lernvorgänge; keine angeborenen Strukturen brauchen entfernt oder zerstört zu werden. Diese Aussage ist anthropologisch bedeutsam: Die Vorstellung, es müsse Instinktives verlorengehen, um Erlerntem Platz zu machen, und die Evolution des Menschen müsse deswegen notwendigerweise mit einer – eventuell domestikationsbedingten – *Instinktreduktion* einhergegangen sein, ist allein durch die gesteigerte Lernfähigkeit und Intelligenz des Menschen nicht zu begründen. Schon *Lernvorgänge* vermögen instinktiv vorgegebene Determinanten des Verhaltens durch erfahrungsbedingte zu ersetzen.

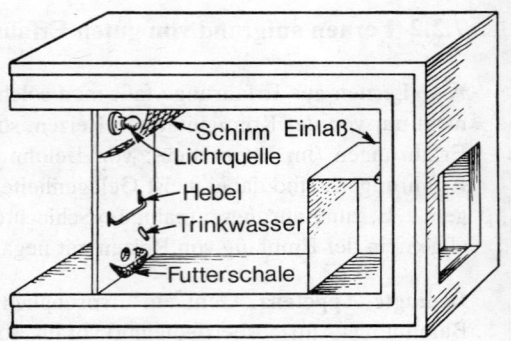

Abb. 7.30. Skinner-Box, von dem amerikanischen Psychologen B. F. Skinner entworfene Versuchsanordnung zum Studium des Lernens aufgrund von Belohnungen. Durch eine Steuervorrichtung (hier nicht abgebildet) erhält das Tier einen Futterbrocken als Belohnung entweder unmittelbar nach jedem Hebeldrücken oder nach anderen Regeln. Skinner-Boxen wurden für verschiedene Tierarten und unterschiedliche Lernaufgaben in verschiedensten Ausführungen entwickelt. Beispiel: Abb. 6.234, S. 705. (Nach Skinner)

7.2.3 Lernen aufgrund von schlechten Erfahrungen (Strafen)

Bestimmte Wahrnehmungen, vor allem Schreck und Schmerz, haben angeborenermaßen eine gegenteilige Wirkung zu solchen Reizen, die mit einer Antriebsbefriedigung verbunden sind: Das Tier wendet sich von ihnen ab und flieht sie. Die negative Valenz dieser Wahrnehmungen wirkt sich auch im Rahmen des Lernens aus.

Bedingte Aversion. Wenn auf die Wahrnehmung einer Reizsituation, z. B. eines bestimmten Geruchs, Geschmacks, Geräusches oder Anblicks ein- oder mehrmals eine unangenehme Erfahrung folgt, so kann daraufhin ein Lernprozeß stattfinden (eine Assoziation entstehen) mit dem Ergebnis, daß diese Wahrnehmung von nun an eine negative Valenz hat und gemieden wird.

In einem Beobachtungskäfig erhielten acht Goldammern Pfauenaugen als Beute-Insekten. Diese Falter haben gegenüber Feinden eine besondere Abschreckreaktion: Sie öffnen schnell, begleitet von einem zischenden Laut, ihre Flügel und demonstrieren so ihre großen bunten Augenflecke – ein Anblick, der Singvögel erschreckt und in die Flucht zu schlagen vermag. Sämtliche Goldammern machten im Verlauf des Versuches Erfahrungen mit den Pfauenaugen. Das Ergebnis war bei zweien von ihnen, daß sich bereits der Anblick der ruhig dasitzenden Falter mit der negativen Valenz des Schrecks verknüpfte. Die Folge war, daß diese beiden Vögel die Schmetterlinge künftighin mieden. (Die anderen sechs Tiere reagierten nicht im Sinne der Aversion, sondern im Sinne der bedingten Appetenz: Sie ließen sich durch die Falter bald nicht mehr abschrecken und fingen und verzehrten sie, sobald sie ihrer ansichtig wurden. Der Belohnungscharakter der Nahrungsaufnahme hatte bei ihnen die Oberhand über die negative Valenz des Schrecks gewonnen.)

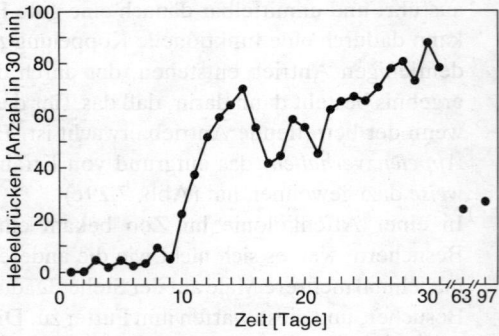

Abb. 7.31. Typische dreiphasige „Lernkurve" für eine schwierige Lernaufgabe: Die Versuchstiere (Mäuse) erhielten jeweils erst dann ihre Futterbelohnung, wenn sie in der Skinner-Box nacheinander zunächst einen rechts und dann einen links angebrachten Hebel bedient hatten (einzige Hilfe: nach dem Drücken des rechten Hebels leuchtete eine Lampe auf). Tägliche Versuchszeitdauer 30 min. Neun Tage lang nur einzelne Zufallserfolge; dann in sechs Tagen entscheidende Fortschritte durch die Bildung erfahrungsbedingter Assoziationen; schließlich langsame Vervollkommnung, bis sich das Tier fast 90 Belohnungen pro Tag „erarbeitete". Nach 63 bzw. 97 Tagen ohne weitere Erfahrungen war die Leistung abgefallen, aber nicht auf null gesunken. (Nach Buchholtz)

Bedingte Hemmung. Wenn ein *Verhaltenselement* ein- oder mehrmals eine für den Organismus negative Konsequenz hat, so kann sich aufgrund eines Lernprozesses eine *Hemmung* des betreffenden Verhaltens ausbilden.

Will man einem Hund das Wildern abgewöhnen, so führt es nicht zum Erfolg, wenn man ihn nach der Rückkehr bestraft; denn dann verknüpft sich für ihn die *Rückkehr* mit der Strafe, und er wird künftig nur noch später heimkehren. Erfolg verspricht es jedoch, den Augenblick abzupassen, zu dem der Hund etwa beim Spaziergang zum Wildern fortzulaufen pflegt, und ihn zu diesem Zeitpunkt durch sofortige Bestrafung daran zu hindern. Auf die zugleich mit der Verfehlung verabfolgte Strafe hin verknüpft sich die Verhaltenstendenz mit der unangenehmen Erfahrung und wird unter Hemmung gesetzt.

7.2.4 Prägung

Für manche angeborenen Verhaltensweisen können die auslösenden Reizsituationen nur in einem bestimmten Lebensabschnitt (*sensible Phase*) erlernt werden und sind später kaum oder gar nicht mehr durch Umlernen abzuwandeln. Diese Form des Lernens – mit der bedingten Appetenz nahe verwandt – nennt man *Prägung*.

Nachlaufprägung, Kind-Eltern-Bindung. Nestflüchtende Vögel besitzen schon unmittelbar nach dem Schlüpfen die Verhaltensweisen des »Zulaufens« und »Nachfolgens«. Welche Merkmale das Zulaufen auslösen, liegt entweder angeborenermaßen fest, es sind dann Merkmale der Elterntiere; anderenfalls werden die Merkmale des ersten Lebewesens, das durch seine Bewegungsweise oder seinen Lockruf das Zulaufen auslöst, durch Prägung zum bleibenden Auslöser für die Nachfolgereaktion. Im biologischen Regelfall ist es ein Elterntier, das das erste Zulaufen auslöst. Im Experiment jedoch kann man die Jungen prägungsbedürftiger Arten auf andere als die eigenen Eltern, ja sogar auf den Menschen prägen und durch Prägung zusammenhaltende »Familien« aus Eltern und Jungen verschiedener Vogelarten gründen.

Eine Verhaltensweise des Elternvogels, durch die er die Prägung auf sich lenkt, ist sein Antworten auf den Stimmfühlungslaut des Jungvogels (beim Gänseküken: »Weinen des Verlassenseins«). Der Jungvogel seinerseits ist jeweils unmittelbar nach seinem Kontaktruf besonders prägungsbereit und orientiert sich dabei auf dasjenige Wesen, das ihm Antwort gibt.

Die *sensible Phase* für die Prägung der Nachfolgereaktion ist für Gänsevögel bereits 12–24 h nach dem Schlüpfen beendet (Abb. 7.32). Ist diese verstrichen, ohne daß eine Prägung stattfand, so löst ein Wesen oder Gegenstand, auf den das Küken hätte geprägt werden können, keine oder eine andere Reaktion, meist Flucht, aus. Künstlich elternlos

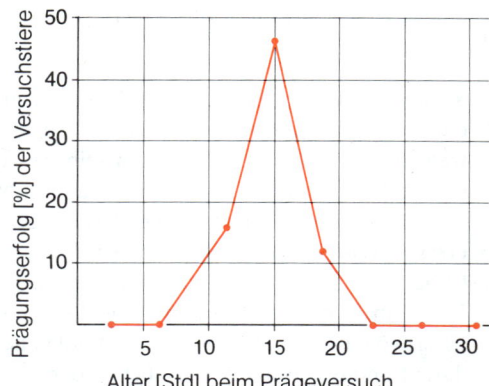

Abb. 7.32. Dauer und Verlauf der Prägungsphase bei Entenküken. Jedes Küken wurde eine Stunde lang bei einer künstlichen Attrappe gelassen. Nachträglich wurde in einem Wahlversuch festgestellt, ob eine Prägung auf die Attrappe erfolgt war. Die in diesem Versuch zutagetretende Prägbarkeit begann etwa 10 h nach dem Schlüpfen, hatte 5 h später ihren Höhepunkt erreicht und war nach weiteren 5 h erloschen. (Nach Hess aus Eibl-Eibesfeldt)

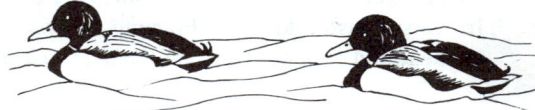

Abb. 7.33. Sexuelle Prägung bei der Stockente (*Anas platyrhynchos*). Zwei ohne weibliches Muttertier, dafür aber mit erwachsenen Erpeln aufgewachsene männliche Gössel bilden später aufgrund sexueller Prägung fest zusammenhaltende Paare aus zwei Erpeln. (Nach Schutz)

Abb. 7.34a, b. Sexuelle Prägung bei Zebrafinken. (a) Ein australischer Zebrafink (rechts), der im Experiment von Pflegeeltern einer anderen Art („Japanisches Möwchen") aufgezogen wurde, balzt als erwachsenes Tier ein Möwchen-♀ an. (b) Ein von Menschenhand aufgezogener Zebrafink balzt, geschlechtsreif geworden, die Hand seines Pflegers an. (Nach Immelmann)

a

b

aufgezogene (»Kaspar Hauser«-)Tiere zeigen meist ein übermäßig gesteigertes Fluchtverhalten.

Sexuelle Prägung. Bei manchen Vögeln und Säugetieren wird innerhalb einer längeren, einige Wochen oder Monate dauernden sensiblen Phase durch Prägung festgelegt, auf welche Lebewesen das Tier später seine sexuelle Aktivität richten wird. Ein nicht auf die eigene Art geprägtes Tier reagiert dann bisweilen überhaupt nicht auf eigene Artgenossen, sondern balzt ausschließlich Lebewesen oder gar Gegenstände an, auf die es in den ersten Lebensmonaten geprägt wurde, seien es Artgenossen des eigenen Geschlechts (Abb. 7.33), andere Vogelarten (Abb. 7.34), Menschen (Abb. 7.34b) oder Attrappen.
In einem Experiment ließ man die Jungen einer Prachtfinkenart (A) vom Ei an durch Elternvögel einer anderen Art (B) aufziehen. Die Männchen der Art A erwiesen sich daraufhin als geprägt auf Weibchen der Art B; denn wenn man ihnen Weibchen beider Arten – selbst im Zahlenverhältnis von 10:1 – anbot, so balzten sie doch nur vor dem B-Weibchen. Hielt man ein auf B-Weibchen geprägtes A-Männchen jedoch in einem Käfig allein mit einem A-Weibchen, so balzte es auch vor diesem, paarte sich mit ihm und zog erfolgreich mit ihm Junge auf. Danach erneut vor die Wahl gestellt, entschied es sich aber doch stets wieder eindeutig für das B-Weibchen. Selbst sechs erfolgreiche Bruten mit artgleichen Weibchen konnten daran nichts ändern: Der durch die Prägung erworbene Auslösemechanismus war dadurch nicht umgestimmt oder überlagert worden. Man muß also zwischen *Prägungsengramm* und *Prägungshandlung* unterscheiden. Die Prägungshandlung – hier Balz, Paarung und Jungenaufzucht – kann, falls die durch die Prägung festgelegten Reize ausbleiben, durchaus auch von anderen Reizen ausgelöst werden. Irreversibel ist jedoch das Prägungs*engramm*: Es kann durch Erfahrung nicht gelöscht werden, und es erweist sich im *Wahlversuch* stets als wirkungsvollster Auslöser.

7.2.5 Motorisches Lernen

Wird ein Tier mehrmals durch wiederkehrende Folgen auslösender Reize oder durch äußeren Zwang zur Ausführung der gleichen Handlungsfolge veranlaßt, so verkoppeln sich die Einzelhandlungen; sie laufen hinfort auch dann in gleicher Weise nacheinander ab, wenn die ursprünglich steuernden Einflüsse ausbleiben.
In ihrem Revier bewegen sich Tiere oft weit schneller und geschickter, als wenn sie sich bei jeder Wendung neu orientieren müßten. Eine beunruhigte Maus im Freien, die in großer Geschwindigkeit zielsicher ihr Nest erreicht, tut dies »blind« und folgt einer »eingeschliffenen« Bewegungsfolge. In unbekanntem Gelände bewegt sie sich nur langsam und vorsichtig. Durch Hin- und Herlaufen zwischen Nesteingang und Reviergrenzen lernt sie dann aber die Folge der Bewegungen auswendig (s. auch Abb. 7.35).
Motorisches Lernen liegt auch manchen Zirkusdressuren zugrunde: Durch unmittelbares Handanlegen (Abb. 7.36), durch Locken oder durch abwechselndes Auslösen von Flucht und Angriff (abwechselndes Unter- und Überschreiten der hierfür »kritischen Distanz«) wird das Tier so oft zu bestimmten Bewegungsfolgen veranlaßt, bis es sie auswendig gelernt hat. Danach werden die sogenannten »Hilfen« abgebaut bis zu geringfügigen Intentionsbewegungen des Dompteurs, auf welche die Tiere dann jedoch weiterhin im gelernten Sinne antworten.

7.2.6 Soziale Anregung, Nachahmung

Innerhalb einer Schar von Tieren kann ein Einzeltier durch sein Verhalten die Gruppengenossen dazu anregen, in dieses Verhalten mit einzustimmen. So führt oft das Auffliegen

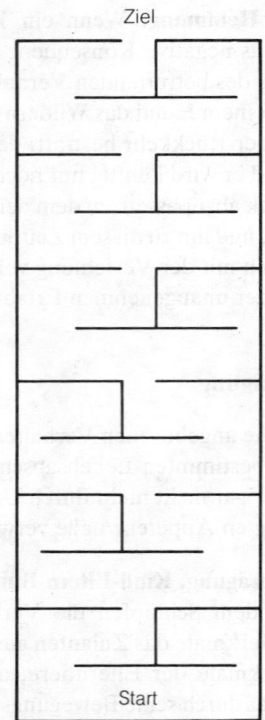

Abb. 7.35. Aufsicht auf ein „Labyrinth", ein verzweigtes Laufbahnsystem zum Studium des kinästhetischen Lernens. Am „Ziel" wartet eine Belohnung auf das Versuchstier, das am „Start" eingesetzt wird. Im abgebildeten „Fünffach-T-Labyrinth" wird das Ziel durch zwei Rechts- und darauffolgende drei Linkswahlen erreicht. (Nach Scott u. Ful)

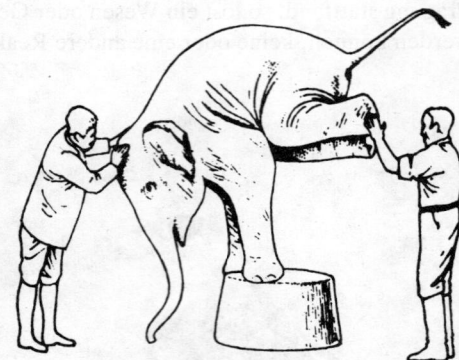

Abb. 7.36. Zwei Wärter erzwingen bei einem jungen Elefanten diejenige Körperhaltung, die er motorisch erlernen und daraufhin dann aktiv einnehmen soll. Das Postament hindert das Tier an der Ortsveränderung. (Aus Immelmann)

eines einzelnen Vogels dazu, daß ein ganzer Schwarm mitfliegt. Hat ein Tier eine reiche Nahrungsquelle entdeckt, so lockt sein Verhalten vielfach die Gruppengenossen an dieselbe Stelle. Dort angekommen, lernen auch diese die neue Gelegenheit kennen. Auf solche Weise breitet sich die Kenntnis neuartiger Nahrungsquellen bisweilen von Tier zu Tier weiter aus. Ein Beispiel: Von etwa 1940 an beobachtete man in England eine bisher unbekannte Verhaltensweise von Meisen: Sie pickten eine Öffnung in den Verschluß von Milchflaschen, die morgens vor den Türen von Häusern standen, und verzehrten die Sahne. Dieses Verhalten breitete sich, von einzelnen Orten ausgehend, durch fortgesetzte *soziale Anregung* in wenigen Jahren über weite Teile des Landes aus. Die neue »Tradition« brach erst ab, als man festere Verschlüsse für Milchflaschen einführte.

Von eigentlicher *Nachahmung* spricht man, wenn ein Tier eine nicht angeborene Handlung allein daraufhin ausführt, daß es sie bei einem Artgenossen oder auch bei irgendeinem anderen Lebewesen oder einem Gegenstand *wahrgenommen* hat (Abb. 7.37).

Viele Vogelarten sind »Spötter«: Sie ahmen Laute nach, die sie von anderen Arten, von Menschen (Abb. 7.38) oder von Maschinen gehört haben. Manche erwerben sogar Teile ihres eigenen Artgesanges durch Nachahmung ihrer erwachsenen Artgenossen. Bei solchen Vögeln (z. B. Buchfink) kann der Gesang von Landstrich zu Landstrich etwas verschieden sein (»Dialekte«). Besonders begabte Spötter sind Raben und Papageien.

Höhere Säugetiere, vor allem Affen und Menschenaffen, sind auch zur Nachahmung von *Gesehenem* fähig. Auf diese Weise lernen Jungtiere manches aus dem Verhalten der Erwachsenen. Kein Tier kann jedoch etwas Gesehenes *manuell nachbilden,* obwohl Affen und Menschenaffen die Technik des Malens und Zeichnens durchaus erlernen können; Kinder beginnen mit dem »abbildenden Gestalten« im dritten Lebensjahr.

Graupapageien können es erlernen, von einer weißen Scheibe mit einer bis mehreren Markierungen abzulesen, wie viele Körner sie in der jeweiligen Versuchssituation aufnehmen dürfen; sie können also eine visuell wahrgenommene Anzahl in der Anzahl von zeitlich aufeinanderfolgenden Handlungen reproduzieren.

Abb. 7.37. In einer am Meer lebenden Kolonie von japanischen Makaken bildete sich die Tradition aus, Süßkartoffeln vor dem Verzehren in Salzwasser zu waschen. Dies erhielt sich jeweils dadurch, daß jüngere Tiere nachahmten, was sie bei älteren Gruppengenossen beobachtet hatten. (Nach Itani, Kawamura u. Kawai)

7.2.7 Lernerfolg, Lernbereitschaft

Mit der Höhe von Belohnungen oder Strafen steigen Lernbereitschaft und Lernerfolg im allgemeinen an, bei Strafen jedoch nur so lange, bis die Angst vor der möglichen Strafe die Lernsituation als Ganzes furchterregend werden läßt. Mit einer solchen übertönenden Spannung nehmen dann die Lernergebnisse wieder rapide ab.

Wenn sich einem Tier Ereignisse und Reize bieten, aufgrund derer es Erfahrungen machen und lernen könnte, so ist damit noch keineswegs gesichert, daß dies wirklich geschieht; denn hierfür ist eine bestimmte innere Disposition, eine *hinreichende Lernbereitschaft,* notwendig. Die Lernbereitschaft bei den Vertretern einer Tierart soweit wie möglich zu aktivieren, ist bei sinnesphysiologischen Untersuchungen nach der Dressurmethode wichtig, weil davon die Feinheit der Unterschiede abhängt, auf welche die Tiere im Dressurversuch reagieren. Bei vielen Vögeln und Säugetieren erweckt man die Lernbereitschaft am besten durch *Belohnen* der hungrigen Tiere mit Futter. Beim Goldham-

Abb. 7.38 a–c. Lautnachahmung durch einen Vogel. Frequenz/Zeit-Diagramm (Sonagramm) des Pfiffes eines Schäfers (a), der von einer frei lebenden Haubenlerche (Galerida cristata) nachgeahmt wurde (b, 10 Nachahmungen übereinander projiziert). Zum Vergleich (c) ein zusammenhängender imitationsfreier Ausschnitt aus einem Haubenlerchengesang. (Nach Tretzel)

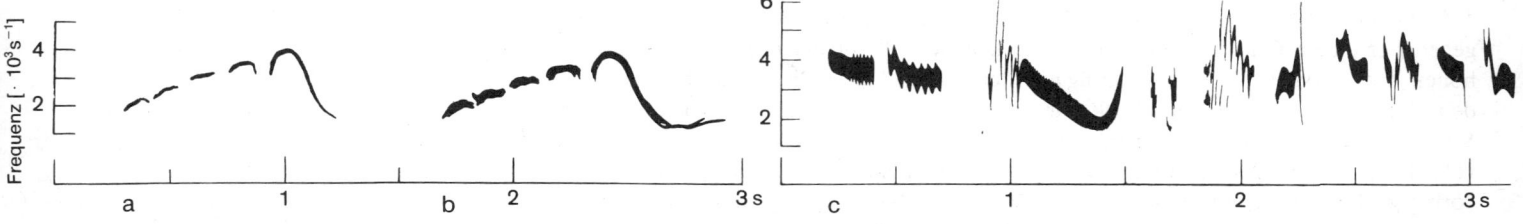

ster dagegen erreicht man am meisten, wenn man ihn jeweils zur Belohnung eine Weile zwischen Holzklötzchen verschiedener Größe herumklettern, ihn also seinem Erkundungs- oder Spieltrieb folgen läßt. Ameisen lernen am besten im Zusammenhang mit dem Eintragen von Puppen ins Nest, also bei sozialem Verhalten.

Andererseits ist es entscheidend für die Lernleistungen, daß der *Valenzunterschied* zwischen den zu unterscheidenden Merkmalen groß genug ist. So dressierte man Hunde auf die Unterscheidung von Formen zunächst mit Hilfe von Mustern, die auf die Deckel von Futterschüsseln gemalt waren; bestimmte Muster zeigten Futter an und sollten von den anderen – auf leeren Schüsseln – unterschieden werden. Die Ergebnisse waren schlecht. Wie man später bemerkte, lag dies jedoch nicht an einer mangelhaften Fähigkeit der Hunde zum Formensehen, sondern daran, daß die Hunde einfach alle Schüsseln abdeckten, weil sie dabei ohnehin alles Futter fanden. Die Unterscheidungsfähigkeit erwies sich als weit besser, als man die Hunde über eine grabenartige Vertiefung hinüber an senkrecht hängende Türen springen ließ, welche die Muster trugen; bei den »richtigen« Mustern öffneten sich die Türen, bei den »falschen« nicht, so daß der Hund dann in den flachen Graben zurückfiel. Jetzt waren die Valenzunterschiede zwischen den verschieden bewerteten Merkmalen größer, und die Hunde wurden zur maximalen Lernleistung und damit zur feinsten Unterscheidung zwischen verschiedenen Mustern veranlaßt (Abb. 7.39).

Eigenartigerweise scheint es für höhere Tiere leichter zu sein, *viele* Merkmale einer Situation miteinander zu verknüpfen und im Gedächtnis zu behalten, als eine einzelne, isolierte Assoziation zu bilden. Jedenfalls geht bei der Dressur von Hunden etwa auf das Wort »Platz« zunächst die gesamte Situation mit all ihren Einzelheiten – Ort, Tageszeit, Person, Tonfall usw. – in die Dressur ein, und es ist notwendig, alle unwesentlichen Züge der Situation nachträglich wieder abzudressieren.

Vergleicht man niedere und höhere Tiere auf die *Aktivierbarkeit der Lernbereitschaft*, so gilt im großen und ganzen folgende Regel: Je höher eine Tierart organisiert ist, desto stärker wirken Belohnungen, desto schwächer im Vergleich dazu Strafen als Lernanreize. Die am höchsten organisierten Lebewesen besitzen aber darüber hinaus besondere Verhaltensweisen, deren biologische Bedeutung allein im Gewinnen von Erfahrungen und erlernbaren Fähigkeiten besteht: Erkundungsverhalten, Neugierde und Spielen. Hier sind keine weiteren Anreize für das Lernen in Form von Belohnungen oder Strafen notwendig, sondern die Belohnung liegt im Ausüben dieser Tätigkeiten und im Gewinnen der Erfahrung selbst (siehe Abschnitt 7.3, S. 742).

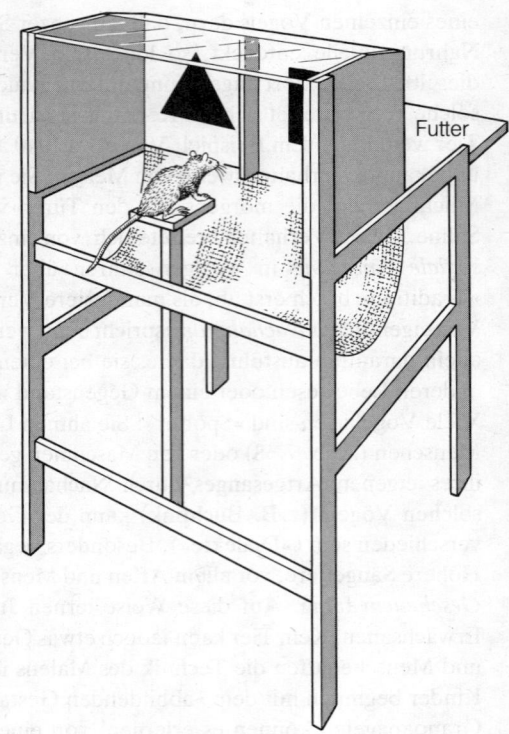

Abb. 7.39. Lashleys Sprung-Apparatur für Differenzdressuren: Auch Ratten erbringen höhere Lernleistungen in der Unterscheidung von Figuren, wenn Belohnungen und Strafen einen größeren Valenzunterschied für sie aufweisen. Beim Sprung an eine der Musterkarten gibt diese nach, und die Ratte landet auf dem Futterbrettchen; die andere Musterkarte ist rundum befestigt, und die Ratte fällt nach dem Ansprung in das darunter aufgespannte Netz. (Nach Lashley)

7.2.8 Kurz- und Langzeitgedächtnis und deren physiologische Basis

Manche Gedächtnisinhalte (Engramme) können, auch wenn sie in einem einzigen kurzen Lernvorgang entstanden sind, lebenslang erhalten bleiben, bei langlebigen Organismen wie dem Menschen also viele Jahrzehnte überdauern. Beim Lernen gehen die aufgenommenen Informationen jedoch nicht augenblicklich in ein solches »Langzeitgedächtnis« ein; sie werden zunächst in einer vorläufigen Form gespeichert. Besonders klare Beweise hierfür haben Untersuchungen an Honigbienen der Rasse *Apis mellifica carnica* geliefert: Wird eine Biene dieser Rasse nur ein einziges Mal bei einer bestimmten Farbe (*Blau* von 444 nm) mit 30%igem Zuckerwasser belohnt, so bevorzugt sie daraufhin diese Farbe gegenüber einem *Grün* von 532 nm in anschließenden Wahlversuchen bereits mit dem hohen Anteil von etwa 80% der Anflüge. Unterwirft man diese Biene jedoch sofort nach dem Lernakt einem Elektroschock (der während seiner Dauer die bioelektrischen Vorgänge im Gehirn tiefgehend verändert), so wird dadurch das Gedächtnis für die Farbe vollständig gelöscht: Die Biene entscheidet sich danach im Wahlversuch genau wie ohne vorherige Dressur, nämlich für beide Farben gleich häufig. Abkühlung auf 1°C und vorübergehende CO_2-Narkose haben – abgesehen vom langsameren Einsetzen dieser Einflüsse – die gleiche, das Engramm auslöschende Wirkung. Erfolgen alle diese Maßnahmen aber erst kurze Zeit *später*, z. B. 1–3 min nach dem Lernakt, so geht nur ein Teil des Dressurerfolgs verloren; je länger der Zeitabstand, desto mehr bleibt erhalten. Etwa 7 min nach dem Lernakt ist das Gedächtnis der Biene für die erlernte Farbe durch die angewandten Störeinflüsse schon nicht mehr zu beeinträchtigen. (Die genannten Störeinflüsse haben sonst keine nachweisbaren Wirkungen – auch keine Spätwirkungen – auf das Lernvermögen und auf das sonstige Verhalten der Bienen.)

Die anfängliche Löschbarkeit und die spätere Resistenz des Lerneffekts gegen die beschriebenen Störeinflüsse lassen darauf schließen, daß sich das Engramm gleich nach seiner Entstehung in einem anderen physiologischen Zustand befindet als nach 7 min, und daß es fließend vom löschbaren in den löschfesten Zustand übergeht. – Auch dieser zweite Zustand des Engramms ist jedoch noch nicht der endgültige: In einem längerdauernden Vorgang von etwa 15 min Dauer verbessert sich das Wahlergebnis von einem Tiefpunkt, der rund 2–3 min nach dem Lernakt erreicht ist (s. Abb. 7.40), allmählich zum Endwert von etwa 80%, ohne daß das Tier dabei irgendwelche neuen Erfahrungen mit der Lernsituation machen müßte; auch bei dieser zweiten Phase der »Konsolidierung« des neu erworbenen Engramms handelt es sich also um einen internen autonomen physiologischen Vorgang. Erst jetzt ist das Erlernte endgültig in den Langzeitspeicher aufgenommen.

Auch bei den Wirbeltieren gehen frische Gedächtnisspuren durch Elektroschocks und andere Störungen vielfach wieder verloren, während sie sich später hierdurch nicht mehr beeinflussen lassen. Die Löschbarkeitszeitspannen erwiesen sich jedoch von Tierart zu Tierart als sehr unterschiedlich. Unter dem hier oft verwendeten Begriff »*Kurzzeitgedächtnis*« für die Vorstufe zum Langzeitgedächtnis verbirgt sich daher sicherlich – wie schon bei der Biene angedeutet – eine Mehrzahl unterschiedlicher physiologischer Vorgänge. Man hat zwar bereits vor Jahrzehnten eine hierher gehörige Vorstellung entwickelt: Die erlernten Informationen würden im Gehirn zunächst in Form von bioelektrischen Signalen gespeichert werden, die in kreisförmig geschlossenen Nervenbahnen umlaufen. Die Löschbarkeit frischer Engramme durch Elektroschocks stände damit im Einklang. Doch bestehen für die Richtigkeit dieser speziellen Vorstellung auch heute noch keine konkreten Nachweise.

Für das *Langzeitgedächtnis* hat man vorübergehend »informationstragende Moleküle« als Träger der Engramme vermutet; Befunde, die dementsprechend eine Übertragung von Engrammen durch die Injektion von Peptid-, Protein- oder RNA-Fraktionen aus dressierten in erfahrungslose Tiere anzudeuten schienen, haben jedoch der experimentellen Überprüfung bisher nicht standgehalten. – Viel eher dürften *Synapsen* als elementare physiologische Informationsspeicher in Frage kommen; denn deren Durchgängigkeit für Signale hat sich in manchen Experimenten als veränderlich durch vorangehende Erregungsvorgänge erwiesen. Bei Küken von Hühnervögeln ließen sich histologische Veränderungen an synapsentragenden Dendriten von Gehirnzellen nachweisen, nachdem man sie im Prägungs-Experiment (siehe S. 717) künstlich erzeugte Locktöne hatte lernen lassen, und zwar je nach der Frequenz der Locktöne an unterschiedlichen Zellen.

Hat ein Tier im Dressurexperiment etwas gelernt, unterliegt dann aber keiner auffrischenden Dressur mehr, so wird das Erlernte in vielen Fällen allmählich wieder *vergessen*. Wird die Dressursituation wiederholt, ohne daß dabei die ursprüngliche Belohnung oder Bestrafung erfolgt – man nennt dies dann *Extinktion* (Abb. 7.41) –, so geht das Vergessen meist schneller. – Für das selbsttätige Vergessen und für die Extinktion sind mehrere physiologische Mechanismen denkbar, zwischen denen man aber empirisch noch nicht unterscheiden kann: passive physikochemische Vorgänge, die den materiellen Träger der Engramme im Laufe der Zeit seine spezifische Struktur verlieren lassen; aktive (d. h. Stoffwechselenergie verbrauchende) physiologische Prozesse, vergleichbar dem Löschen der Aufzeichnungen auf einem Tonband; oder schließlich das Unerreichbarwerden der

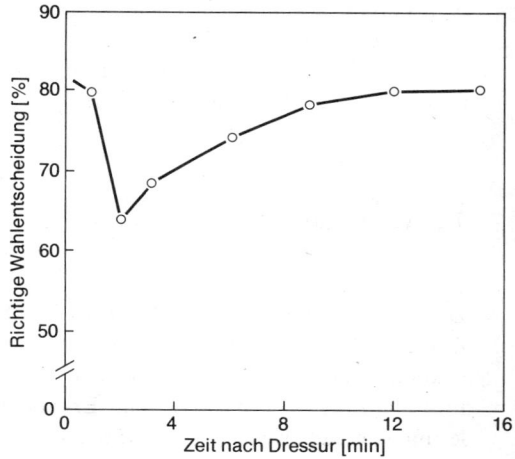

Abb. 7.40. Richtigwahlen von Bienen in Prozent aller Wahlen, nachdem die Tiere ein einziges Mal auf einer bestimmten Farbe belohnt worden waren und dann nach unterschiedlichen Pausen (Abszisse!) erstmalig vor die Wahl zwischen dieser belohnten und einer anderen Farbe gestellt wurden. Pausen (zwischen Belohnung und Wahl) von 2 oder 3 min ergaben die schlechtesten, kürzere oder längere Pausen bessere bis optimale Ergebnisse. (Nach Menzel u. Erber)

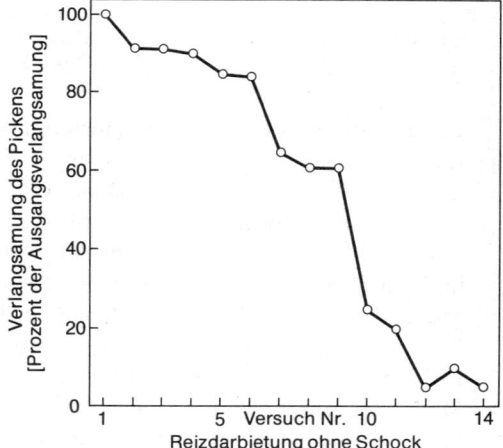

Abb. 7.41. Typische Extinktionskurve. Eine Taube hatte gelernt, daß auf den ursprünglich neutralen Reiz „Ton von 1000 Hz" stets ein schmerzhafter elektrischer Reiz folgte, und reagierte aufgrund dieser Erfahrung auf den ankündigenden Ton mit der Verlangsamung der ihr zuvor andressierten Pick-Reaktion. Von „Versuch Nr. 1" an wurde jedoch der Ton ohne nachfolgenden elektrischen Reiz gegeben. Die akustisch ausgelöste Verlangsamung des Pickens verlor sich daraufhin im Laufe der Zeit fast völlig. (Nach Hoffmann aus Gilbert u. Sutherland)

dem Vergessen anheimfallenden Engramme, die in diesem Fall nicht gelöscht, sondern in einem nicht mehr zugänglichen Bereich des Gesamtspeichers »abgelegt« werden würden. Auch was beim *Umlernen* mit den früheren, durch den neuen Lernakt aber inaktivierten und durch neue ersetzten Engrammen geschieht, ist noch nicht bekannt.

7.3 Erkunden, Neugierde, Spielen

Die drei Verhaltensweisen *Erkunden, Neugierverhalten* und *Spielen* bilden eine natürliche Einheit. Durch sie ist das Lebewesen aktiv, ohne von einer der bisher zur Sprache gekommenen Bereitschaften aus den Bereichen der Ernährung, Selbsterhaltung und Fortpflanzung beherrscht zu sein. Erkunden, Neugierde und Spielen kommen nur bei lernfähigen Lebewesen vor; sie wären sonst sinnlos, denn sie verschaffen dem Organismus etwas, was er nur bei Lernfähigkeit aufnehmen und verwerten kann: Erfahrungen. Bei vielen höher organisierten Säugetieren und auch beim Menschen ist sogar von Natur aus ein ganzer Lebensabschnitt vorwiegend dem Erkunden, der Neugierde und dem Spielen gewidmet: die letzte Entwicklungsphase vor dem Erreichen des Erwachsenseins.

Erkunden, Neugierde und Spielen stehen zueinander in einem ähnlichen Verhältnis wie unregelmäßiges Suchen, gerichtete Annäherung und Endhandlung: *Erkunden* ist Ortsbewegung und Prüfen alles dessen, dem das Lebewesen begegnet; *Neugierde* heißt gerichtetes Aufsuchen dessen, was sich als unbekannt erweist; beim *Spielen* entwickelt das Lebewesen sein eigenes Verhalten im Wechselspiel mit der Umwelt.

7.3.1 Erkunden

Erkunden kommt als erster Teil des Appetenzverhaltens bei der Nahrungsaufnahme, der sexuellen Partnersuche usw. vor (S. 726). Es gibt jedoch auch ein Erkunden aus *eigenem Antrieb*.

Löwenmütter werfen ihre Jungen fern vom Rudel an einem versteckten Ort. Solange die Löwin jeweils auf Jagd ist, verhalten sich die Jungen völlig ruhig. Kommt die Löwin zurück, so säugt sie die Jungen. Danach ist mit Sicherheit weder deren Nahrungsantrieb noch irgendein anderer Antrieb, etwa aus dem Bereich der Selbsterhaltung oder der Fortpflanzung, aktiviert. Trotzdem bleiben die Jungen nicht inaktiv liegen, sondern laufen in der näheren Umgebung herum und erkunden alles, was ihnen begegnet. Sobald die Mutter fortgeht, wird das Erkundungsverhalten wieder eingestellt.

Erkunden geht vielfach auf besondere, artgemäße Weise vor sich: Hunde beschnuppern, Eichhörnchen benagen die Gegenstände ihrer Umgebung, um die für sie wichtigen Merkmale kennenzulernen; junge Schimpansen berühren neue Gegenstände bevorzugt mit den Händen und führen sie an die Lippen.

7.3.2 Neugierde

Neues in bekannter Umgebung löst, sofern es nicht abschreckend wirkt, bei den Vertretern mancher Tierarten gezieltes Erkundungsverhalten aus, das man in Parallele zu dem entsprechenden menschlichen Antrieb *Neugierverhalten* nennt (Abb. 7.42). Interessiert sich ein Tier für einen Gegenstand, so ist der Neugiercharakter des Verhaltens unter zwei Umständen besonders deutlich: Wenn der betreffende Gegenstand keinerlei Rolle in irgendeinem Lebens-»Ernstfall« spielen könnte und wenn ein Lebewesen die auf einen

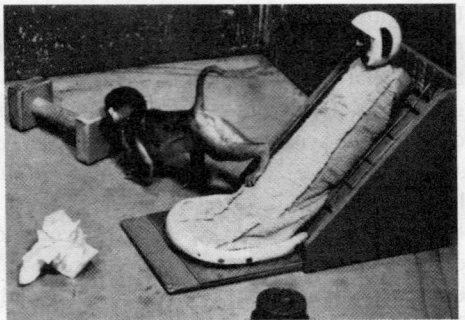

Abb. 7.42. Junger Rhesusaffe, der mit einer „Mutterattrappe" aufgewachsen ist, nähert sich einem neu in seinem Gesichtskreis aufgetauchten Gegenstand; er hält dabei sorgfältig Kontakt mit der Mutterattrappe, deren Nähe ihm die für das Neugierverhalten notwendige Sicherheit verleiht. (Nach Harlow)

Gegenstand gemünzte instinktive Endhandlung nicht ausführt, sondern ihn lediglich untersucht und dann liegen läßt.

Beispiele: Ein junger Wolf trat zufällig auf einen stäubenden Bovist, sprang zunächst erschreckt zurück, ging dann aber wieder heran und patschte mit der Pfote noch einmal darauf. Eine nicht hungrige Maus fand einen Nahrungsbrocken, untersuchte ihn, prüfte seinen Geschmack, ließ ihn dann aber liegen, um ihn vielleicht später wieder aufzusuchen und zu verzehren.

Die Neugierreaktion tritt bei Schimpansen so zuverlässig ein, daß man darauf eine Methode gründen konnte, das visuelle Unterscheidungsvermögen zu untersuchen: Erkennen Schimpansen an einem ihnen vorgelegten Gegenstand, der von einem schon bekannten nur wenig unterschieden ist, einen Unterschied, so untersuchen sie ihn neugierig; erkennen sie den Unterschied nicht, so bleiben sie gleichgültig (»oddity method«).

Das Neugierverhalten ist nicht von der Bereitschaft zum Nahrungserwerb oder vom Sexualtrieb abhängig. Seine *eigene Bereitschaft* offenbart sich z. B. darin, daß Zootiere speziell darum betteln können, durch ein Fenster ihrem Wärter zuschauen zu dürfen. Daß die im Rahmen des Neugierverhaltens gemachten Erfahrungen später einen Nutzen für den Daseinskampf haben können, ist nicht ausgeschlossen; die Entwicklung des Neugierverhaltens in der Evolution war sicherlich durch die mit dem Neugierlernen verbundenen Überlebensvorteile mitbedingt. Diese Wirkung ist aber indirekt; sie spielt in der Steuerung des Neugierverhaltens und in seinem Ablauf keine funktionelle Rolle: Sie ist *als Funktionsziel im Individuum nicht repräsentiert*. Insofern führt das Neugierverhalten, vom Individuum aus gesehen, zum Lernen um seiner selbst willen: es ist »*autotelisch*«.

7.3.3 Spielen

Erkunden und Neugierverhalten gehen fließend ins *Spielen* über, vor allem, wenn der neugiererregende Gegenstand oder Partner auf die Kontaktnahme in irgendeiner Form Reaktionen zeigt. Das Spielen umfaßt so viele Handlungsvariationen wie sonst keine Verhaltensweise; ja, es kann Elemente beinahe sämtlicher Verhaltensweisen enthalten, über die der Organismus überhaupt verfügt (Abb. 7.43).

Das Spielverhalten enthält viele Anteile des *Instinktverhaltens*. So spielen ältere Löwenjunge mit ihren Gefährten alle Phasen der Jagd durch: Anschleichen; Angriff und Ansprung; Jagen des Partners, falls dieser flieht; oder Kampf mit ihm, wenn er nicht flieht. Die Bisse richten sich dabei eindeutig auf die Kehle oder den Nacken des Partners, der dabei die Rolle des Beutetiers spielt.

Vielfach unterscheidet sich Spielverhalten vom entsprechenden »Ernstverhalten« in seiner Dynamik, so z. B. beim Verfolgungsspiel: Im Ernstfall flüchtet ein Tier vor einem überlegenen Gegner, bis es ihm entkommen ist. Im Spiel aber läuft der verfolgte Partner zwar mit aller Kraft, als wäre der Antrieb dazu sehr groß; aber dann werden oft plötzlich die Rollen getauscht, und der Fliehende wird zum Verfolger. Dabei versucht das Tier auch nicht, wie im Ernstfall, die Anlässe zur Flucht zu meiden oder den Verfolger abzuschütteln, sondern es fordert den Spielpartner immer wieder zur Verfolgung auf. Im Vergleich zum sonstigen Fluchtverhalten hat bei spielerischem Fluchtverhalten also die Valenz der auslösenden Wahrnehmung das umgekehrte Vorzeichen: Im Spiel wird der Fluchtanlaß nicht gemieden, sondern gesucht. Daraus folgt: Die spielerische Flucht ist zwar in ihrem *äußeren Ablauf* der »Flucht im Ernstfall« gleich oder ähnlich; sie hängt aber von einer *anderen Bereitschaft* mit *anderen funktionellen Eigenschaften* ab (Abb. 7.44).

Manche instinktive Verhaltensanteile sind, wenn sie im Spiel vorkommen, auch in ihrem *motorischen Ablauf* abgewandelt: Beim spielerischen Beutefang, wenn die Mutter oder ein Spielgefährte die »Beute« darstellt, sind *körperlich verletzende* Bewegungen gerade so weit abgeschwächt, daß sie keinen Schaden tun können: Die Prankenschläge sind weich,

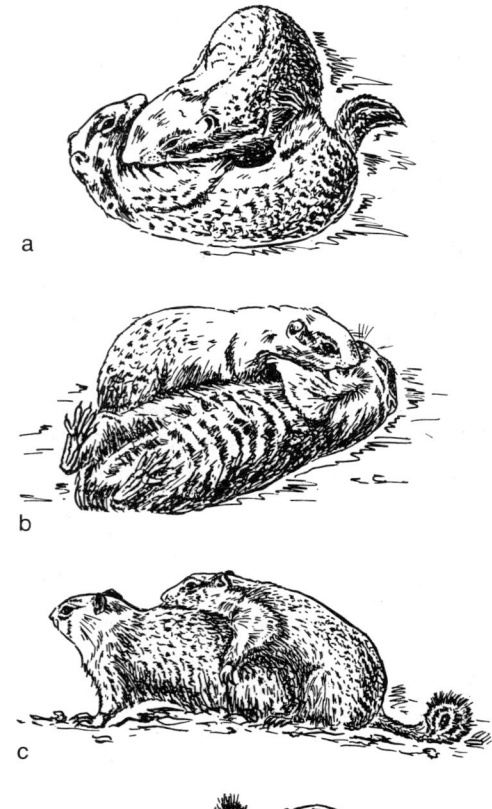

Abb. 7.43 a–d. Kampf und sexuelle Anteile im Spiel von kolumbianischen Erdhörnchen (*Spermophilus columbianus*): (a) Biß in die Kehle, (b) Unterlegenheitsgeste, (c) Aufreiten. Bild (d) zeigt eine Szene, unmittelbar nachdem ein Tier den aufreitenden Spielgefährten abgeschüttelt hat. (Nach Steiner)

die Krallen eingezogen, und, so gern die Tiere im Spiel beißen, beißen sie nicht fest zu. Auf diese *Beißhemmung* kann sich auch ein als Spielpartner anerkannter Mensch verlassen; er muß allerdings in Betracht ziehen, daß die spielerische Beißkraft auf die eventuell dickere Haut des Spielpartners der eigenen Art und nicht auf die menschliche Haut zugeschnitten ist. Die Beißhemmung macht es möglich, daß das spielerische Jagen und Töten in fast allen Einzelheiten an den Spielgefährten ausgeführt werden kann, ohne diese zu gefährden. Durch die spielerische Ausübung werden die instinktiven Verhaltensanteile geübt und vervollkommnet, bevor das Tier erwachsen und für das Überleben auf sie angewiesen ist. Dementsprechend sind die Fähigkeit und die Motivation zum *Lernen* im Rahmen des Spielens besonders groß. Das Erwerben von Erfahrung wird durch folgenden funktionellen Zusammenhang noch besonders begünstigt: Das Spielen wird angeregt und in seiner Intensität gesteigert, sobald die Spielobjekte oder Spielpartner auf eine Spielhandlung in irgendeiner Form *reagieren,* wenn also z. B. ein besonderer Laut entsteht, das Spielobjekt einen besonderen Anblick bietet oder der Spielpartner etwas Auffälliges tut. Jede solche »Antwort« wirkt als Anregung zur Wiederholung der betreffenden Handlung oder auch zu neuem Spielverhalten: *Reaktionen der Umwelt wirken also gleichsam als Belohnung;* sie verstärken das Spielverhalten.

Dabei besteht wie beim Neugierverhalten keine Beschränkung auf bestimmte Antwortreize, sondern alle Wahrnehmungen, die überhaupt von Sinnesorganen gemacht werden, kommen als Spielanreize in Frage, sogar Rückmeldungen aus dem eigenen Körper bei besonderen Haltungen und Bewegungen, z. B. bei Bewegungsspielen.

Kennzeichnend für das Spielen der *Schimpansen* ist es z. B., daß sie mit einem neu in ihren Bereich gelangten Gegenstand alles tun, was ihnen motorisch möglich ist, vom Prüfen mit den Zähnen bis zum Reiben an der eigenen Haut oder am Untergrund. Ein Schimpanse, der einen Bleistift erhielt, entdeckte dabei, daß dieser beim Reiben Farbe abgab. Dieser unerwartete Effekt führte ihn sogleich zu einer neuen Richtung seines Spiels: Er bemalte die ganze Umgebung und versuchte, auch sich selbst schwarz zu färben.

Auf solche Weise können Tiere auch neue Spiele *erfinden:* Diese werden dann manchmal für einige Zeit geradezu zu einer Mode. Marder, Fischottern, Seelöwen »schlitterten« auf glatten Flächen; Seelöwen warfen – auch in freier Natur – Steinchen in die Luft und fingen sie wieder auf. Von zwei jungen Wölfen begann oft der eine zu graben, blickte zum Spielgefährten hin, ob er zusähe, wühlte dann heftig weiter, hielt inne und schnüffelte, so als ob er einer Maus auf der Spur wäre; er tat dies jeweils so lange, bis der andere herbeikam, um zu sehen, was er habe (Neugierde des einen, »belohnende Reaktion des Partners« für den anderen Spielgefährten). Auf entsprechende Weise wirkt Spielen auch innerhalb einer Geschwistergruppe »ansteckend«: Wenn eines beginnt, machen die anderen mit.

Es gibt spezielle Haltungen und Verhaltensweisen der *Spielaufforderung* (Beispiel: Abb. 7.45). Ebenso wie Jungtiere ihre Elterntiere oder ihren vertrauten Pfleger um Futter anbetteln, so können sie sie auf andere Weise, zum Beispiel durch spielerische Flucht, unmißverständlich zum Spielen auffordern: Es gibt also eine spezielle »*Spielappetenz*«.

Spielverhalten wird von allen anderen aktivierten Verhaltenstendenzen – d. h. also vom »Ernstverhalten« – fast stets unterdrückt; seine eigenen Hemmwirkungen gegenüber

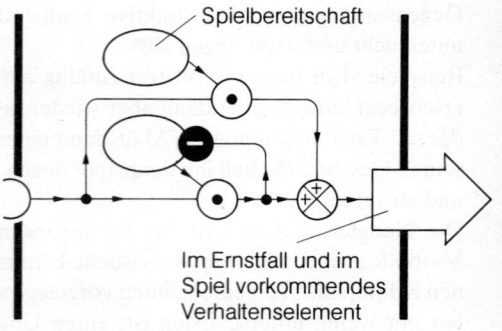

Abb. 7.44. Stark vereinfachtes idealisiertes Funktionsschaltbild für die funktionelle Einbindung eines sowohl im Ernstfall als auch im Spiel vorkommenden Verhaltenselements. Im Rahmen des Spielens „umgeht" der Funktionsweg gleichsam die primäre Bereitschaftsinstanz des Verhaltenselements. Eine Vielzahl von Argumenten spricht für die Existenz einer gesonderten Spielbereitschaft. (Nach Meyer-Holzapfel; Zeichnung Hassenstein)

Abb. 7.45 a, b. Spielaufforderung eines Mähnenlöwen an ein in der Nähe befindliches jüngeres Tier (a); Szene aus dem darauffolgenden gemeinsamen Spiel (b). (Nach Schaller)

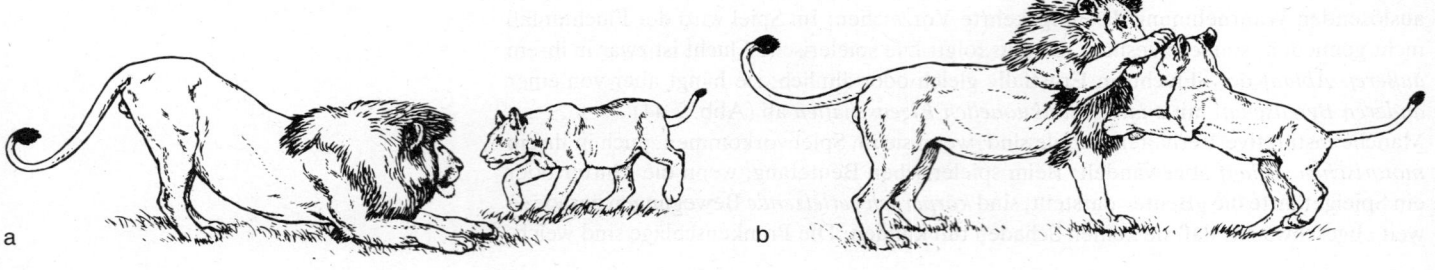

anderen Verhaltenstendenzen sind – falls überhaupt vorhanden – gering. Darum füllt das Spielverhalten im wesentlichen solche Zeiträume aus, die nicht der Befriedigung unmittelbarer Lebensbedürfnisse dienen. In diesem Sinne ist die Aussage zu verstehen, das Spielen erfolge *im entspannten Feld,* d.h. es wird nur ausgeführt, wenn keine akuten Bedürfnisse sonstiger Art vorliegen.

Das Spielen wird wie das Neugierverhalten »um seiner selbst willen« durchgeführt, nicht um der Ziele willen, die die im Spiel vorkommenden Instinkthandlungen im Ernstfall besitzen. Es folgt keinem im Individuum – etwa in Form eines Sollwerts – vorgegebenen Funktionsziel. So spielen denn auch in freier Natur die Tiere nicht nur Beutefang, Angriff und Flucht, wobei sie sich für den späteren Ernstfall vervollkommen; sie beschäftigen sich auch mit Dingen, die mit Sicherheit keine Beziehung zum Daseinskampf haben: Löwenjungen spielten in freier Wildbahn stundenlang mit einem verlassenen Straußenei; sie patschten mit ihren Pfoten ins Wasser eines Baches und versuchten, am Ufer mit dem strömenden Wasser mitzulaufen.

7.4 Engrammwirkungen im nicht gelernten Zusammenhang

In den meisten bisher beschriebenen Beispielen war das erfahrungsbedingte Verhalten eine Kopie des in der Lernsituation durchgeführten oder (beim Nachahmen) des wahrgenommenen Verhaltens. Bei einigen hochorganisierten Lebewesen ist jedoch ein weiterer Schritt vollzogen: Engramme, d.h. Gedächtnisspuren früherer Erfahrungen, können sich in *anderen* Verhaltenszusammenhängen auswirken als denen, in denen sie erworben wurden.

7.4.1 Anwendung von Orts- und Geländekenntnis

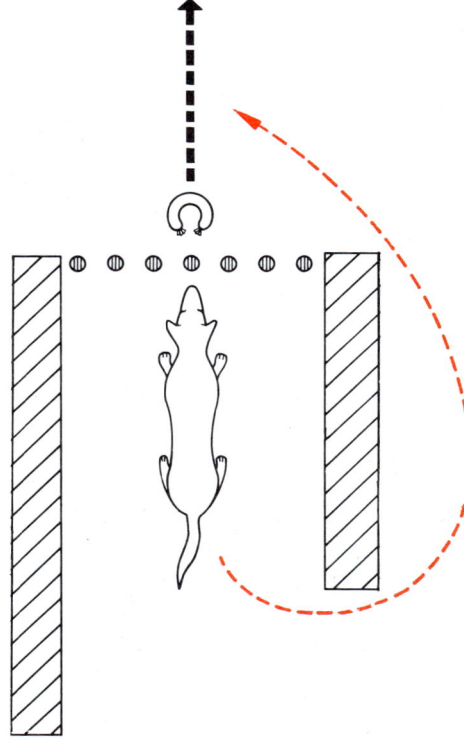

Abb. 7.46. Schema des Umwegversuchs, von oben gesehen: Wird die Wurst in Pfeilrichtung vom Gitter entfernt, so kehrt sich der Hund um und erreicht sie auf dem durch den roten Pfeil gekennzeichneten Umweg. (Nach Köhler)

Manche Tiere können Ortskenntnisse, die sie in einem bestimmten Verhaltenszusammenhang gewonnen haben, in einem anderen Zusammenhang wieder anwenden, d.h. transferieren.

Im Herbst verstecken Tannenhäher Hunderte von Nüssen an verschiedenen Plätzen. Im nächsten Frühjahr ziehen sie fast allein mit diesem Vorrat ihre Jungen auf. Dabei finden sie die Verstecke auch dann wieder, wenn sie sich, um zu den Nüssen zu gelangen, durch mehrere Dezimeter Schnee hindurcharbeiten müssen. Hier werden also Ortserfahrungen, die im Rahmen des Versteckens gemacht wurden, in einem anderen instinktiven Zusammenhang, dem des Suchens und Junge-Fütterns, wieder angewandt. Dieser Transfer ist sicherlich genetisch vorprogrammiert (angeboren).

Anzeichen dafür, ob ein Tier über Gelände- oder (bei Fischen, Vögeln u.a.) Raumkenntnis gleichsam »frei verfügt«, liefert der *Umwegversuch*: Befindet sich ein Vogel oder Säugetier in bekannter Umgebung vor einem Zaun oder einer Käfigwand, die es auf einem Umweg umgehen kann, und sieht es jenseits des Hindernisses Futter liegen, so versucht das Tier zunächst oft unentwegt, durch das Gitter hindurch an das Lockmittel zu gelangen, so als ob es von dem Umweg keine Ahnung hätte. Entfernt man das Lockmittel jedoch weiter vom Gitter, so schlägt das Verhalten um (Abb. 7.46): Das Tier entfernt sich von seinem Platz und erreicht sein Ziel zügig auf dem Umweg, ohne noch suchen zu müssen, also unter Einsatz seiner zuvor erworbenen Ortskenntnis. Daß eine bestimmte Entfernung vom Lockmittel dazu notwendig ist, damit sich das Tier von ihm löst und seine Ortskenntnis einsetzt, zeigt, daß die beiden Handlungstendenzen, direkt zum Futter zu gelangen oder den Umweg zu benutzen, einander hemmen, obwohl beide dasselbe Ziel haben.

7.4.2 Vergleich von Engramm und Wahrnehmung

Bisweilen kann man aus dem Verhalten eines Tieres schließen, daß es eine *Wahrnehmung* mit einem *Gedächtnisbild* verglichen hat.

Vor den Augen eines Rhesusaffen wurde unter einem umgekehrten Becher eine Banane versteckt, dann aber unbemerkt gegen ein Salatblatt ausgetauscht. Nun wurde der Affe an den Becher gelassen, den er aufhob. Er nahm das Salatblatt nicht, sondern gebärdete sich zuerst erstaunt und dann ärgerlich und ließ es schließlich liegen (Abb. 7.47). Der Grund für das außergewöhnliche Verhalten – sonst wurde Salat gern genommen – muß in der Nicht-Übereinstimmung zwischen der Wahrnehmung (Salatblatt) und dem Engramm (Banane) gelegen haben.

Abb. 7.47. *Rhesusaffe hat statt des erwarteten Bananenstückchens ein Salatblatt gefunden. Sein Gesichtsausdruck zeigt Enttäuschung an. (Nach einer Filmaufnahme von Tinklepaugh aus Fischel)*

7.4.3 Zielbedingte Neukombination von Engrammen

Manche Tiere können, zumindest in Ansätzen, angeborene oder erlernte Handlungsbruchstücke (bzw. deren zentralnervöse Repräsentanten) zur Erreichung eines Zieles *neu kombinieren,* ohne dies (d.h. die betreffende Kombination) vorher gelernt zu haben. Beim Menschen führt man dieses »Neukombinieren« auf Denken oder – falls das Denken die Zusammenhänge zwischen Ursachen und Folgen zutreffend wiedergibt – auf Einsicht zurück. Bei Tieren sollte man diese Ausdrücke eher vermeiden, da sie sich vorwiegend auf Bewußtseinsvorgänge beziehen, von denen wir bei Tieren nichts Sicheres wissen.

Als eines der wenigen einigermaßen sicheren Kennzeichen für die *Interaktion von Engrammen* betrachtet man es, wenn ein Tier vor Beginn einer Handlung zögert oder ungerichtete Unruhe zeigt, dann aber die Handlung wie nach einem Entwurf zügig und ohne Unterbrechung ausführt; dabei darf dieses Verhalten aber nicht zufällig, nicht angeboren und nicht als solches zuvor erlernt worden sein.

In einem Käfig, in dem sich sechs Schimpansen befanden, wurde in 2 m Höhe eine Banane befestigt und nahe dabei eine 50 cm hohe Kiste auf den Boden gestellt. Die Tiere versuchten, das Lockmittel durch Springen zu erreichen, was ihnen jedoch nicht glückte. Ein bestimmter Schimpanse aber hörte früher als seine Genossen damit auf und ging unruhig hin und her. Er blieb dann – etwa 5 min nach Beginn des Versuchs – plötzlich vor der Kiste stehen. Hastig schob er sie unter die Frucht, stieg darauf, sprang hoch und erreichte die Banane. Wahrscheinlich hatten sich die *Engramme* der Kiste, der Banane und der räumlichen Verhältnisse so *kombiniert,* daß sie die Handlung zunächst »theoretisch« vorwegnahmen und dann ihre Ausführung steuerten.

Ein anderer Hinweis auf zielbedingte Neukombination von Engrammen kann darin liegen, daß sich ein Tier von einem Vorhaben, das ihm nicht gelingt, abwendet, neue Hilfsmittel heranholt und mit deren Hilfe einen neuen Versuch macht. Dies sei an einer Verhaltensweise veranschaulicht, zu deren Steuerung sich Neuassoziationen aus handlungsbeeinflussenden Elementen gebildet hatten, aber nicht die sachgerechten (man nennt so etwas bisweilen einen »*guten Fehler*«): Ein Schimpansenkind hatte es gelernt, eine Tür zu öffnen, indem es sich einen Stuhl zum Draufsteigen heranholte. Einmal gelang ihm das Öffnen nicht, weil die Tür verschlossen war. Nach einigen erfolglosen Versuchen wandte es sich von der Tür ab und holte *andere Stühle,* um es mit diesen zu versuchen (Abb. 7.48).

7.5 Verhaltensbeziehungen zwischen Artgenossen (Tiersoziologie)

Im *Sozialverhalten* erscheinen die zuvor behandelten Verhaltenselemente vielfach in neuen Funktionen und in besonderen Formen.

Abb. 7.48. *„Guter Fehler": Ein junger Schimpanse holt mehrere Stühle an die Tür, nachdem er bemerkt hat, daß diese verschlossen ist. (Nach Grzimek)*

7.5.1 Ursprung und Selektionswert sozialen Verhaltens

Kooperation durch angeborene Verhaltensweisen zwischen Angehörigen *unterschiedlicher Arten* kommt in verschiedenen Formen vor, beispielsweise in den »Putzer-Symbiosen«: Bestimmte Fischarten sind darauf spezialisiert, Hautparasiten von größeren Fischen abzusuchen und diesen sogar ins offen gehaltene Maul zu schwimmen, um dort nach Speiseresten zu suchen (Abb. 7.49); die großen Fische schonen dafür die Putzer, auch wenn sie ebenso kleine Tiere sonst als Beute behandeln. Hier wie auch in anderen Verhaltens-Symbiosen ziehen *beide* Partner aus ihrem Zusammenwirken Vorteile, d. h. bei beiden haben die ausführenden Verhaltensweisen und deren genetische Grundlagen einen positiven Selektionswert, aufgrund dessen sie sich einst in den Populationen durchgesetzt haben und sich seitdem weiter erhalten.

Auch zwischen Angehörigen *derselben* Art kommen angeborene kooperative Verhaltensweisen vor. So bilden nahrungssuchende, auf dem Wasser schwimmende Pelikane der Art *Pelicanus onocrotalus* einen Kreis (die Köpfe nach innen gerichtet) und treiben die eingekreisten Beutefische durch gleichzeitige Fangbewegungen aufeinander zu. Indem so jedes Tier im Kreis die anderen unterstützt, ziehen alle Beteiligten aus diesem jeweils nur kurzlebigen Zweckverband auch selbst Nutzen; dies führt zu einem positiven Selektionswert für die Gene des zugrundeliegenden angeborenen Verhaltens der Einzeltiere. In dieser Art der sozialen Kooperation liegt auch ein denkbarer Evolutions-Ansatzpunkt für die Entstehung *beständiger* Sozialverbände; doch scheint dieser Weg der »Gruppenselektion«, falls überhaupt, in der Evolution nur eine geringe Nebenrolle gespielt zu haben.

Die populationsgenetische Fitness (Selektionswert, »Gesamteignung«, S. 891) von verhaltensbeeinflussenden *Genen* kann *drei* voneinander unabhängige Lebenserscheinungen ihrer Träger betreffen: deren Fähigkeit zum Überleben bis zum fortpflanzungsfähigen Alter; deren zahlenmäßigen Fortpflanzungserfolg (auch durch das Fernhalten von Rivalen); und ihr unterstützendes Verhalten gegenüber eigenen Nachkommen (Brutpflege) und Verwandten zugunsten von *deren* Überleben und Fortpflanzungserfolg (z. B. als »Helfer« bei der Aufzucht von Geschwistern, Abb. 7.50).

Die Wirksamkeit der Brutpflege und Verwandtenunterstützung ist ein Beitrag zum Selektionswert auch *eigener* Gene, weil ja Nachkommen und Verwandte ebenfalls Träger dieser Gene sind. Da es nun für die *Gesamt*eignung eines Gens (= seine Durchsetzungsfähigkeit) auf das Resultat aus den *drei* genannten Einzelwirkungen ankommt, kann einer der drei Beiträge auch klein sein oder ganz fehlen, wenn nur die beiden anderen hinreichen. Dies erklärt, (1) warum sich *Brutpflege mit höchstem Aufwand* (»hoher Investition«) seitens der Elterntiere entwickeln konnte (dritter Beitrag), obwohl dies in der Regel mit viel geringerer Nachkommenzahl pro Elterntier (zweiter Beitrag) einhergeht; und (2) warum sich bei im Familienverband lebenden Tierarten sogar die genetische Grundlage für *gar nicht fortpflanzungsfähige* Individuen, wie Arbeiterinnen im Bienen- und Ameisenstaat (Abschnitt 7.5.9), ausbilden und durchsetzen konnte: Die Hilfeleistung für die eigenen Jungen (Brutpflege) bzw. für die Königin und für deren Fortpflanzung wiegt hier als *Verwandtenunterstützung* (dritter Beitrag) im Gesamteffekt der »Eignung« der zugrundeliegenden Gene schwerer als die Verminderung der eigenen Nachkommenzahl oder deren völliger Ausfall (zweiter Beitrag).

So wurde der *Familienverband,* beruhend auf unterstützendem und begünstigendem Verhalten von Einzeltieren gegenüber ihren Nachkommen oder sonstigen Verwandten, zum entscheidenden, vielleicht sogar einzigen Evolutions-Ansatz für soziales, also – im Sinne des Individuums – uneigennütziges Verhalten. Sofern sich ein solches Sozialverhalten, nachdem es entstanden war, in seiner *Gesamteignung* gegenüber Artgenossen *ohne* dieses Sozialverhalten als überlegen erwies, konnten sich die ihm zugrundeliegenden Gene innerhalb der Art ausbreiten und durchsetzen.

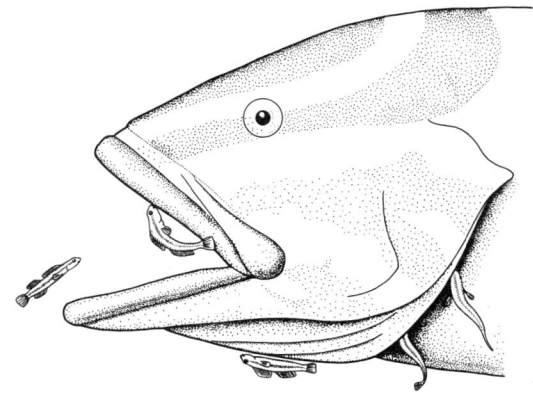

Abb. 7.49. *Fünf kleine Putzerfische (Elacatinus oceanops) aus der Verwandtschaft der Grundeln suchen an verschiedenen Stellen des Kopfabschnitts eines Zackenbarsches (Epinephelus spec.) nach Eßbarem, z. B. Parasiten und Nahrungsresten. (Nach Eibl-Eibesfeldt)*

Abb. 7.50. *Graubrusthäher (Aphelocoma ultramarina) aus Mittelamerika. Die beiden Elterntiere und zwei halberwachsene „Helfer" füttern gemeinsam die Nestjungen. Die „Helfer" stammen aus einer der vorausgegangenen Bruten. Sie helfen bei der Aufzucht ihrer eigenen jüngeren Geschwister. (Nach J. L. Brown, verändert)*

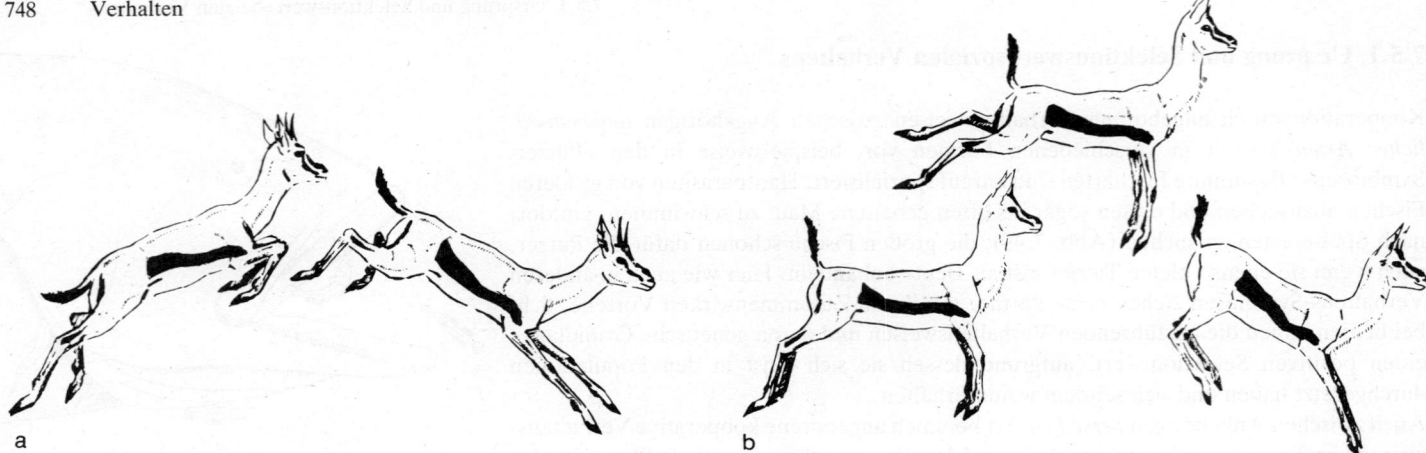

7.5.2 Soziale Auslöser, Ritualisierung

Als *soziale Auslöser* bezeichnet man Signale, die ein Artgenosse einem anderen übermittelt. Die stammesgeschichtliche Umwandlung bestimmter Verhaltenselemente zu Signalen für Artgenossen bezeichnet man als *Ritualisierung*.

Im einfachsten Fall können soziale Auslösewirkungen von solchen Merkmalen oder Handlungen eines Tieres ausgehen, welche primär gar keine soziale Bedeutung haben. So ist der Flugton von Stechmücken-Weibchen auslösender und richtender Reiz für den Anflug des begattungslustigen Männchens. (Mücken-Männchen haben eine höhere Flügelschlagfrequenz als die Weibchen, weswegen sie ihresgleichen nicht anfliegen.) Meist aber ist ein soziales Signal nicht, wie ein Fluggeräusch, ohnehin vorhanden, sondern es wird als Signal speziell erzeugt und ausgesandt. Ein Beispiel ist der »Raubvogel-Warnlaut« des Hahnes, auf dessen einmaliges Ertönen sofort sämtliche Hühner regungslos wie erstarrt stehen bleiben.

Viele Verhaltensweisen, die soziale Signale darstellen, ähneln anderen Verhaltensweisen, denen eine solche Bedeutung fehlt. Die Fülle derartiger Ähnlichkeiten läßt vermuten, daß dies nicht auf Zufall, sondern darauf beruht, daß die sozial bedeutungsvollen Handlungen von den ihnen ähnlichen *phylogenetisch abstammen*. Die sozial bedeutungsvollen unterscheiden sich von den ihnen ähnlichen Handlungen oft darin, daß ihre vom anderen Tier wahrnehmbaren Züge stärker betont sind; die hypothetischen stammesgeschichtlichen Veränderungen bestanden dann in einer »mimischen Übertreibung« der Ausgangshandlungen (Abb. 7.51).

Ritualisierte Anteile des *Balzverhaltens* sind in manchen Fällen vom Verhalten der *Jungenfürsorge* hergeleitet. So bietet das Männchen der Seeschwalbe dem Weibchen einen gefangenen Fisch an (Abb. 7.52). Das Weibchen der Silbermöwe – sie ist der aktive Teil bei der Paarbildung – bettelt das Männchen um Futter an, welches dieses dann auch bereitwillig hergibt. Andere Balzhandlungen entstammen dem Nestbauverhalten, wieder andere dem Angriff: Bei der Graugans gehört es zur Balz des Ganters, in der Nähe befindliche Wasservögel anzugreifen und dann »triumphierend« zum Weibchen zurückzukehren (Abb. 7.54).

Ritualisierte Anteile des *Drohens* (Abb. 7.53) können Intentionsbewegungen des tätlichen *Angriffs* sein: Vögel nehmen beim Drohen den Flügelbug, mit dem sie Schläge austeilen können, aus dem Brustgefieder; Raubtiere und andere Säuger ziehen beim Drohen die Mundwinkel zurück und entblößen die Zähne.

Ritualisierte Anteile des *Grüßens*, d.h. der Gebärden beim Begegnen von Artgenossen, stammen eigentümlicherweise häufig von umorientierten *Angriffs- oder Drohgebärden* ab. Das Klappern des *Storches* beispielsweise ist an sich eine Drohgebärde; mit über den

Abb. 7.51a, b. Springbock Antidorcas. (a) Normaler Sprung. (b) „Imponier-Springen", bei dem die Beine eigentümlich starr gehalten werden; bei sehr hohen Sprüngen schlagen die Hinterbeine manchmal auf dem Höhepunkt des Sprunges alternierend nach hinten aus. (Nach Walther)

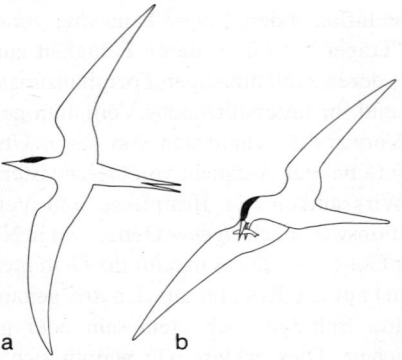

Abb. 7.52. „Fischflug" der Flußseeschwalbe (Sterna hirundo). (Nach Tinbergen)

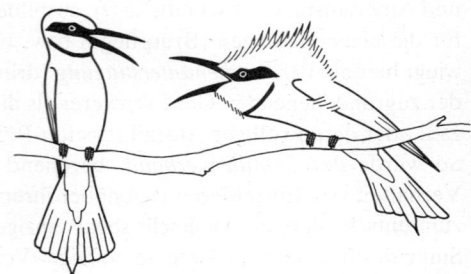

Abb. 7.53. Bienenfresser (Merops apiaster) Drohhaltung: Intentionsgebärde des Angriffs, Aufstellen von Federn. Das linke Tier ist eingeschüchtert und fluchtbereit. (Nach Koenig)

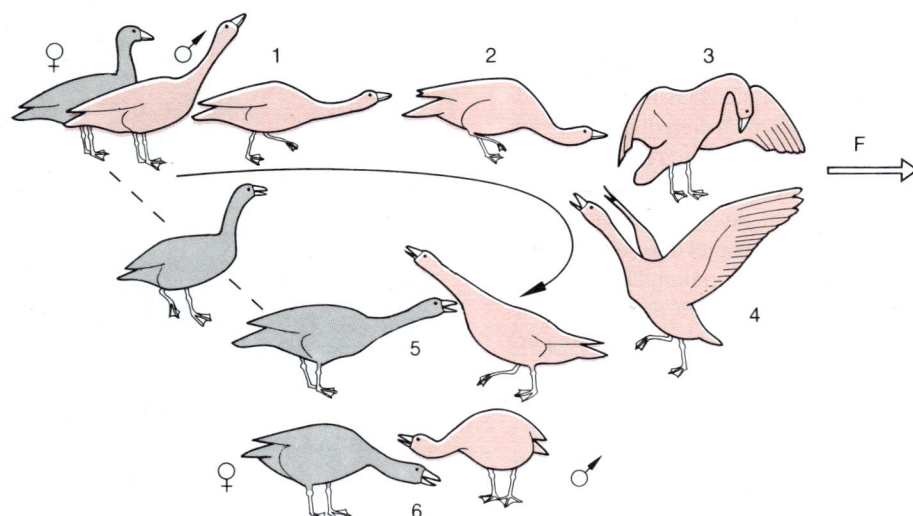

Abb. 7.54. Schema des Ablaufs eines ritualisierten Angriffs im Rahmen des Balzverhaltens der Graugans. (1, 2) ♂ stößt gegen Feind (F) zum Angriff vor und vertreibt ihn, (3) ♂ wendet sich um und kehrt (4) in Imponierhaltung und „rollend" zum ♀ zurück, das ihm mit erhobenem Hals entgegenkommt. Wenn sie zusammen sind (5), „rollen" beide (Begrüßung!), dann (6) „schnattern" sie. (Nach Fischer)

Rücken zurückgelegtem Kopf, also »umorientiert« (Abb. 7.55), spielt es die Rolle der Begrüßung. Bei den *Gänsen* ist die Umorientierung für den menschlichen Beobachter nur undeutlich zu erkennen: Das *Halsvorstrecken* kann *sowohl* Angriffsbewegung (Abb. 7.54, 1; bei starker Intensität mit Zischen verbunden) *als auch* Begrüßung sein (Abb. 7.54, 5); im letzteren Fall sind Kopf und Hals nicht genau auf den Partner gerichtet, sondern zeigen knapp an ihm vorbei.

Auch von den Gebärden und Verhaltensweisen, die *soziale Überlegenheit oder Unterlegenheit* ausdrücken, stammen viele aus anderen Verhaltensbereichen. Beim *Wolf* leiten sich die *Unter*legenheitsgebärden vom Verhalten des Jungtieres gegenüber den Eltern ab. Wölfe, Paviane, Rhesusaffen u. a. verwenden als Manifestation der *Über*legenheit das Aufreiten, also einen ritualisierten Bestandteil des männlichen Sexualverhaltens (Abb. 7.56); die soziale *Unter*legenheitsgebärde ist bei manchen Affenarten das *Präsentieren*, d.h. ein ritualisierter Bestandteil des weiblichen Sexualverhaltens (Abb. 7.70). Beide Arten von sozialen Gebärden werden je nach Situation von Männchen *und* Weibchen ausgeübt, sind also nicht mehr geschlechtsspezifisch gebunden. Sie sind nur selten mit sexueller Erregung verknüpft und münden meist nicht in Sexualverhalten ein. Durch all das wird deutlich, daß sie in ihrer Rolle als soziale Signalgeber vielfach ihren früheren Verhaltensbereich verlassen und ihre Bindung an die Sexualbereitschaft verloren haben.

Abb. 7.55 a, b. Drohen (a) und Grüßen (b) (= ritualisiertes umorientiertes Drohen) beim Weißstorch. In beiden Fällen wird durch Zusammenschlagen der Schnabelhälften laut geklappert. (Nach Schüz)

7.5.3 Kampf, Drohung, Tötungshemmung

Die Bereitschaft, auf äußere Anlässe durch Drohen oder mit einem Angriff zu reagieren, bezeichnet man als *Aggressivität*. Als gemeinsame Bezeichnung für die Bereitschaft zum feindlichen Verhalten und für dieses Verhalten selbst hat sich der Ausdruck *Aggression* eingebürgert. Aggressives Verhalten tritt in ganz unterschiedlichen Zusammenhängen auf:

Der Angriff auf ein Tier oder ein von ihm geführtes Junges kann Gegenangriffe auslösen (Selbst- und Jungenverteidigung). Der Angriff auf Beutetiere wird durch Hunger (*Ernährungsbereitschaft*), der Angriff auf Rivalen beim Kampf um ein Weibchen oder ein Revier von der *sexuellen Bereitschaft* verursacht. Auch die Angst (*Fluchtbereitschaft*) kann die Grundlage für Angriffsverhalten darstellen: Wenn der Fluchtweg verstellt oder der Verfolger zu nahe herangekommen ist, gehen fliehende Tiere vielfach zum verzweifelten Gegenangriff über (»kritische Reaktion«). Im *Sozialverhalten* kommt das kämpferische

Abb. 7.56. Ritualisiertes Sexualverhalten. Aufreiten beim Wolf als Ausdruck höheren Ranges. (Nach Schenkel)

Angreifen in der Auseinandersetzung um die Stellung in der *Rangordnung* vor. Eine weitere, von den vorigen unabhängige Form der Aggression ist schließlich der *kollektive Angriff auf den Gruppenfeind*. Er kann durch den Angstschrei eines Gruppenmitglieds ausgelöst werden. Diese Reaktion ist *ansteckend*, d. h. es greifen auch diejenigen Tiere an, die den auslösenden Angstschrei nicht gehört haben, aber die anderen angreifenden Tiere bemerken. Ferner kann Aggressivität auftreten, wenn sich dem Erreichen eines Triebziels ein Hindernis entgegenstellt (*»Frustration«*); z. B. bekämpfen Singvögel einander am Futterplatz im Winter. Schließlich kommen Angriff und Kampf im Spiel der Tiere vor und werden dann von der *Spielbereitschaft* getragen. Das Angreifen ist somit im Dienste einer ganzen Reihe verschiedener Verhaltensbereitschaften anzutreffen. Ob darüber hinaus eine *selbständige* Kampfappetenz vorkommt, die von sich aus – ohne Zusammenhang mit einer der eben genannten Bereitschaften – zum Kämpfen um seiner selbst willen drängt (»Aggressionstrieb«) und womöglich periodisch befriedigt werden muß, hat zur Zeit noch als unentschieden zu gelten.

Einem körperlichen Kampf geht häufig gegenseitiges Drohen (»Imponieren«) voraus. Die Tiere setzen ihre Angriffswaffen in Bereitschaft und vergrößern ihren Umriß durch Aufrichten von Federn (Abb. 7.53) oder von Haaren, Abspreizen von Körperanhängen (Abb. 7.57) oder Extremitäten (Abb. 7.58), Sich-Aufrichten (Abb. 7.59) oder ähnliches. Zu dem optischen kann akustisches Drohen dazutreten, wie gegenseitiges Sich-Ansingen bei Singvögeln, Knurren und Fauchen bei Raubtieren. Häufig wird eine Auseinandersetzung schon auf dieser Stufe entschieden, indem einer der Partner das Feld räumt, eingeschüchtert durch das wirkungsvollere Imponieren des Gegners.

Beim Drohen sind vielfach (oder stets?) zwei Verhaltenstendenzen zugleich aktiviert, Angriff und Flucht. Gebärden des Drohens – z. B. der Buckel der Katzen und die Drohhaltung des Stichling-Männchens (Abb. 7.60) – zeigen das Tier vielfach in einer Position quer zur Angriffsrichtung und damit in Bereitschaft sowohl zur Flucht als auch zum Angriff.

Kommt es zum körperlichen Kampf, so wird dieser manchmal mit denselben Waffen geführt, mit denen sich das Tier auch gegen artfremde Feinde verteidigt; so besteht der Kampf zwischen Wölfen in einer regelrechten Beißerei (*Beschädigungskampf*). In anderen Fällen wird der Kampf gegen Artgenossen auf besondere, ungefährlichere Art als *Turnierkampf* ausgefochten. So bekämpfen männliche Galapagos-Meerechsen artfremde Feinde durch Beißen; Rivalen aber bekämpfen einander dadurch, daß sie den Gegner mit der Stirn aus dem Revier hinaus oder in Steinspalten zu drängen versuchen. Giraffen kämpfen gegen artfremde Feinde mit den Hufen, gegen Rivalen mit den Hörnern.

Den Abschluß eines Kampfes zwischen Rivalen bildet manchmal eine *Demutshaltung* des unterlegenen Tieres, auf welche der Sieger mit sofortigem Einstellen des Kampfes reagiert. Die Unterlegenheitsgebärde ist häufig das gestaltliche Gegenteil der Drohgeste: Während sich männliche Galapagos-Meerechsen beim Drohen und beim Kampf groß machen, ihren Leib vom Boden abheben und den Rückenkamm abspreizen, legen sie sich zur Demonstration der Unterlegenheit mit abgespreizten Beinen platt auf den Boden. Demutshaltungen fehlen im Verhalten von Tieren mit gutem Fluchtvermögen oder geringer Bewaffnung (z. B. Tauben). Ist diesen Tieren durch einen engen Käfig die Fluchtmöglichkeit genommen, so kommt es bei ihnen eher zum Verletzen und Töten von Artgenossen als bei wehrhaften Tieren, deren instinktgegebene Tötungshemmung auch in solchen Ausnahmefällen wirksam bleibt.

Beim Löwen, also einem in Rudeln lebenden, sehr wehrhaften Raubtier, aber auch bei der Wanderratte, gibt es beim Kampf zwischen Angehörigen *verschiedener Rudel keine Tötungshemmung*. Daß wehrhafte Tiere sich gegenseitig nicht töten, weil sie daran durch die Demutshaltung des Unterlegenen gehindert werden, ist somit *keine allgemein gültige Gesetzmäßigkeit*. Dies ist anthropologisch von Bedeutung, weil diesbezügliche Folgerungen somit für den Menschen nicht mit Sicherheit gezogen werden können.

Abb. 7.57. Drohende Barteidechse (Amphibolurus barbatus). Das Maul ist geöffnet (Intentionsbewegung des Zubeißens), die Bartanhänge aufgerichtet. (Nach Mertens)

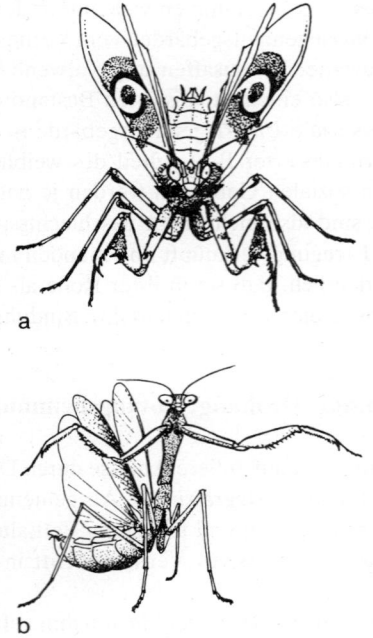

Abb. 7.58a, b. Drohstellungen zweier Arten von Gottesanbeterinnen (Familie Mantidae); (a) vorwiegend mit den Flügeln, die Augenflecke besitzen, (b) mit einer asymmetrischen Stellung; aufgerichteter Vorderkörper mit seitlich gespreizten Vorderbeinen, breitseits zur Schau gestellte Flügel und Hinterleib. (Nach MacKinnon)

7.5.4 Revierverhalten

Viele Tiere behandeln und verteidigen einen gewissen Raum um sich herum (»Revier«) wie ihr individuelles Eigentum. Ein solches *territoriales Verhalten* ist oft an besondere Situationen gebunden: Hummer vertreiben alle Artgenossen aus ihrer Nähe, wenn sie sich zur Häutung vorbereiten. Weibchen der Gottesanbeterin tun das gleiche (sie »werden territorial«), während sie einen Eiballen ablegen. Das Revier mancher Fische, Reptilien, Vögel und Säuger wird nicht nur gegen Artgenossen, sondern auch gegen artfremde Tiere verteidigt, die als Raum- oder Nahrungskonkurrenten in Erscheinung treten. Säugetierreviere können außer dem Schlafplatz bestimmte Eß-, Trink-, Vorrats-, Kotstellen, Bade-, Suhlplätze, Scheuerstellen (zur Fellpflege) und noch andere bevorzugte Plätze enthalten, die meist auch durch feste Wechsel miteinander verbunden sind.

Einmal besetzte Reviere können fast immer gegen störende Eindringlinge gehalten werden. Ein Tier kämpft um so intensiver, je näher es dem Zentrum seines Reviers ist; seine Kampfbereitschaft nimmt ab, je weiter es sich vom Mittelpunkt des eigenen Reviers entfernt. Der Grad der Kampfbereitschaft ist abhängig von der Wahrnehmung der bekannten Umgebung, in der sich das Lebewesen befindet. Eindringlinge in fremde Reviere können daher kaum jemals den Revierinhaber vertreiben, so kräftig sie auch sein mögen. Die Verknüpfung zwischen Kampfbereitschaft und Eigenrevier bewahrt Elterntiere während der Brutpflege vor der Störung durch Artgenossen, die noch kein Revier gewinnen konnten.

Singvögel, Löwen und Seelöwen markieren ihr Revier *akustisch:* Das eigene Revier reicht so weit, wie die eigene Stimme andere Artgenossen zur Flucht oder zum Kampf reizt. Die »kritische Lautstärke« liegt dabei wahrscheinlich angeborenermaßen fest. Versuchen zwei Tiere – oder beim Löwen: zwei Rudel – die Mittelpunkte ihrer Reviere näher aneinander festzulegen, als der kritischen Lautstärke des gegenseitigen Hörens entspricht, so löst dies so lange Kämpfe zwischen ihnen aus, bis eines das Feld räumt. Viele Säugetiere markieren – zur Kennzeichnung ihres Reviers oder aus anderen Gründen – Stellen, an denen sie sich aufhalten, mit Harn oder Drüsensekreten (Abb. 7.61), also *olfaktorisch.*

Für diejenigen Tiere, die in der *Fortpflanzungszeit* ein Revier behaupten, gilt: Ein Individuum, das kein Revier zu erobern vermochte, kommt auch nicht zur Fortpflanzung. Eindrucksvoll zeigt sich das beim *Stichling:* Bringt man in ein Aquarium, das der Minimalgröße eines Stichling-Reviers entspricht, mehrere Männchen, die sich alle durch den rot gefärbten Bauch, das Signal für den Rivalenkampf, auszeichnen, so behauptet nach schweren Kämpfen schließlich doch nur eines dieses Revier. Die anderen Männchen halten sich danach stets nur am Rande und in den Ecken des Aquariums auf; sie verlieren binnen Tagen ihren roten Bauch – Zeichen einer hormonellen Umstellung.

Beim *Löwen* müssen Einzelgänger, die keinem Rudel angehören und somit keine Mitbesitzer eines Reviers sind, damit rechnen, von Artgenossen getötet zu werden, in deren Revier sie eindringen. Dadurch, daß jedes Rudel ein bestimmtes Areal gegen jeden fremden Löwen verteidigt, wird eine obere Grenze der Bevölkerungsdichte festgelegt. Solange Beute in Hülle und Fülle vorhanden ist, scheint wegen dieses Revierverhaltens das vorhandene Lebenspotential nicht ausgenutzt zu werden. Hemmungslose Vermehrung der Löwen könnte aber Abnehmen des Jagdwildes und daraufhin Hungerkatastrophen und Absterben vieler Löwen zur Folge haben. Das Revierverhalten wirkt somit durch Opfer an Individualzahl bzw. an Fortpflanzungspotential der Überbevölkerung entgegen und verhindert ungedämpfte Schwankungen der Bevölkerungsdichte.

Wie ungedämpfte Schwankungen der Bevölkerungsdichte vor sich gehen können, veranschaulicht die *Feldmaus*, die zu den »soziologisch instabilen« Arten gehört. Während sie in nahrungsarmen Gebieten eine etwa gleich bleibende Bevölkerungsdichte einhält, reagiert sie in Getreidefeldern auf das überreichliche Nahrungsangebot mit unbeschränkter Vermehrung. Jedes Weibchen kann alle 20 Tage Junge werfen, und die Wurfgröße steigt

Abb. 7.59. *Kröte Bufo in Drohstellung (Aufrichten, Sichaufblasen) gegen eine Schlange. (Nach Eibl-Eibesfeldt)*

Abb. 7.60. *Stichlingsmännchen (Gasterosteus aculeatus) bedrohen einander an der gemeinsamen Grenze ihrer Reviere. Die Körperlängsachse liegt quer zur Angriffsrichtung, die Rückenstacheln sind aufgerichtet. Es handelt sich vermutlich um ritualisiertes Sandgraben. (Nach Tinbergen)*

Abb. 7.61. *Viele Säugetiere markieren Stellen, an denen sie sich aufhalten, mit Harn oder Drüsensekreten – sei es zur Kennzeichnung ihres Reviers oder aus anderen Gründen. Dieser Muntjak (Muntiacus muntjak), eine tropische Hirschart, benutzt dazu das Sekret einer vorn am Kopf befindlichen Präorbitaldrüse. (Nach Dubost)*

an. Wenn sich die Anzahl der Tiere vermehrt, verlassen die Weibchen das Prinzip der Eigenreviere: Bis zu vier von ihnen ziehen ihre Jungen in gemeinsamen Nestern auf (Beispiel: ein 10er-, ein 9er-, ein 8er- und ein 6er-Wurf zusammen in einem Nest!). Eigentümlicherweise behalten die Männchen ihr territoriales Verhalten bei, und da ihre Rivalenkämpfe durch Bisse in den Rücken tödlich ausgehen können, bleibt ihre Dichte geringer und beträgt im Extrem nur ein Drittel derjenigen der Weibchen. Wenn durch die Massenvermehrung die Bevölkerungsdichte zu groß wird und Nahrungsmangel eintritt, beginnt zwar eine Verlangsamung der Fortpflanzung (beispielsweise gehen einzelne Embryonen in der Gebärmutter zugrunde und werden resorbiert), doch ist diese Wirkung zu schwach, um die weitere Zunahme der Bevölkerung aufzuhalten. Als Folge davon entsteht schließlich eine solche Individuendichte, daß die Tiere einander nicht mehr aus dem Wege gehen können: Sie beunruhigen und reizen sich gegenseitig, laufen am hellichten Tage einzeln und in Scharen aus den Bauen hinaus und hinein, und sie lassen sich gegenseitig keine Möglichkeit zur Ruhe und Nahrungsaufnahme. Aus der Übererregung fällt dann in den nächsten Tagen ein Tier nach dem anderen in einen Zustand pathologischer Erschöpfung. Zunächst tritt an die Stelle zügigen Laufens eine Art Trippeln mit verkürzter Schrittlänge. Gleichzeitig neigen die Tiere zum Buckelmachen, zum Haaresträuben und Augenschließen. Viele kriechen zu großen Klumpen zusammen. Danach folgen Gleichgewichtsstörungen, Lähmungen des Hinterkörpers, Wegstrecken der Hintergliedmaßen beim sitzenden Tier, Zittern, Krämpfe und Abnahme der Körpertemperatur – dies wieder ist Bestandteil des allgemeinen Streßsyndroms. Auf diese Erscheinungen am Einzeltier folgt als soziales Phänomen ein massiver Kannibalismus: Die aktiveren Tiere fressen die erschöpften bereits an, während diese noch leben, und sie verzehren sehr schnell alle Kadaver so vollständig, daß davon nur Fellreste übrigbleiben. Das Ergebnis all dieser Vorgänge ist eine fast völlige Vernichtung der gesamten Bevölkerung, so daß die Feldmäuse des betreffenden Landstrichs im darauffolgenden Jahr extrem selten sind und erst innerhalb des übernächsten Jahres wieder eine mittlere Bestandsdichte erreichen. Oft folgt innerhalb von zwei weiteren Jahren wiederum eine Massenvermehrung, die dann auf die gleiche Weise zusammenbricht. – Parasiten und Seuchen spielen beim Zusammenbruch von Feldmaus-Bevölkerungen erwiesenermaßen keine ursächliche Rolle.

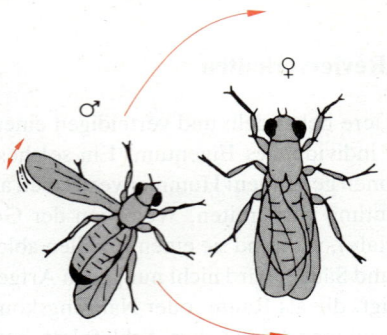

Abb. 7.62. *Das Männchen einer Drosophila-Art balzt vor dem Weibchen, indem es einen seiner Flügel seitlich aufklappt, mit diesem vibriert und dabei – mit dem Kopf stets zum Weibchen gerichtet – um dieses herumtanzt. (Nach Bastock)*

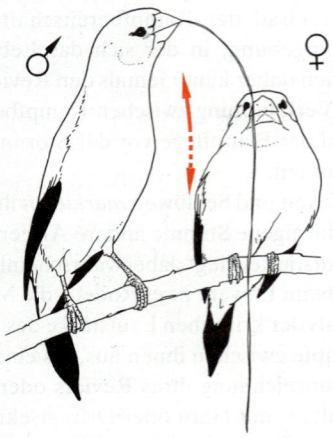

Abb. 7.63. *Balz bei Prachtfinken. Das Männchen trägt einen Halm im Schnabel und bewegt ihn vor dem Weibchen auf und ab. (Nach Grüninger)*

7.5.5 Paarbildung

Finden des Partners und Geschlechtserkennung. Bei vielen Tieren sind Lockmittel (z. B. ein Lockduft) der Weibchen für die brünstigen Männchen ein Erkennungszeichen dafür, daß sie Weibchen und nicht Männchen der eigenen Art vor sich haben. Wo jedoch beide Geschlechter für das Männchen zunächst nicht zu unterscheiden sind, muß auf die »Erkennung des Artgenossen« eine »Erkennung des Geschlechts« folgen. Dies geschieht meist durch Reaktionen des Partners: Brünstige Frosch- und Kröten-Männchen verfolgen zunächst *jeden* Artgenossen und versuchen, die Paarungsstellung auf seinem Rücken einzunehmen; so angesprungene *Männchen* lassen jedoch einen besonderen Ruf hören, woraufhin das andere Männchen sofort von ihnen abläßt.
Vielfach ist die erste Kontaktnahme anderen Artgenossen gegenüber aggressiv: *Männchen* reagieren dann mit Drohung und Kampf, paarungswillige *Weibchen* mit der Einleitung von Balzverhalten. Beim Tintenfisch *Sepia* antworten paarungsbereite Männchen auf den Anblick eines Artgenossen mit einer *Imponierstellung:* Der Körper bekommt ein scharf gezeichnetes Schwarz-Weiß-Muster, einige Kopfstellen werden weinrot; der vierte Mundarm wird seitwärts gestreckt; das Tier stellt sich mit seiner Breitseite zum Partner, wobei auf der zugewendeten »Schauseite« die Pupille halbkreisförmig geöffnet wird. Ist der herausgeforderte Artgenosse ein Weibchen, so zeigt auch dieses die

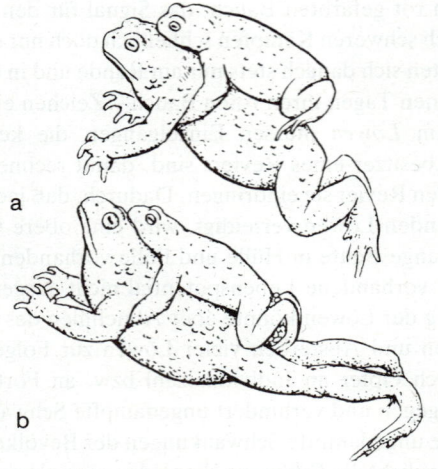

Abb. 7.64. *(a) Erdkrötenpärchen kurz vor dem Ablaichen. (b) „Signalstellung" des Weibchens, wonach das Männchen seinen Samen abgibt. (Nach Eibl-Eibesfeldt)*

Imponierfärbung des Körpers, streckt aber den Mundarm nicht aus; daraufhin schwimmt das Männchen über das Weibchen, und es erfolgt eine Begattung. Ist der begegnende Artgenosse ein Männchen, so reagiert es mit der männlichen Imponierstellung, und es kommt zum Kampf mit Bissen und gegenseitigem Anblasen mit Atemwasser.

Als *Balz* bezeichnet man die der Paarung vorangehenden Verhaltensweisen des Männchens und Weibchens, vor allem, soweit sie den Charakter der »Werbung« tragen. Die Vielfalt der Balzhandlungen ist im Tierreich fast unerschöpflich. Signale des Männchens können in einfachen Sinnesreizen oder in hoch ritualisiertem Verhalten (Abb. 7.62, 7.63 und Abb. 10.9) bestehen.

Bei vielen Spinnenarten fallen die Geschlechtspartner ihrer Größe nach in den Bereich der Beutetiere: Die Balz mancher Spinnen-Männchen, die mit Hilfe von Fäden, Netzen und Signalbewegungen durchgeführt wird, hat demgemäß die Funktion, die Weibchen an ihren Beutefanghandlungen zu hindern. Eine ähnliche Bedeutung mag das Verhalten der Männchen mancher (ebenfalls räuberischer) Tanzfliegen haben, die dem Weibchen bei der Balz ein Beutetier übergeben, das dieses während der Begattung aussaugt. Bei nicht sozial lebenden Nagetieren, wie Hamstern und Eichhörnchen, hat die männliche Balz die Aufgabe, die Kampfbereitschaft des Weibchens gegen Eindringlinge ins eigene Revier sowie die körperliche Kontaktscheu des Weibchens zu überwinden, die es sonst von jedem Artgenossen fernhält. Ein Mittel dazu besteht darin, daß das Männchen Jungenlaute ausstößt. Beim brutpflegenden Stichling-Männchen dient die Balz dazu, das laichwillige Weibchen zum Nest zu locken, das zur Aufnahme der Eier vorbereitet ist (Abb. 7.65).

Gesellschaftsbalz. Bei einigen Vögeln ist das *Rivalenverhalten* zwischen den Männchen in einer ritualisierten Form zum Bestandteil der Balz geworden. So sammeln sich Männchen und Weibchen des Kampfläufers zur Gesellschaftsbalz auf Wiesenflächen, wo die Männchen turnierartige Kämpfe ausführen und dabei je ein nur quadratmetergroßes Kampfrevier verteidigen (Abb. 10.70b). Nach der Balz spielt dieses Revier keine Rolle mehr. Bei der Gesellschaftsbalz der Stockenten schwimmen die Erpel in kleiner Schar kreuz und quer durcheinander und führen in unregelmäßigen Abständen, dann aber genau synchronisiert, sekundenschnelle Körperbewegungen aus; dabei lassen sie schrille Pfiffe und andere Laute hören und schleudern Fontänen von Wassertropfen in die Luft. Im Verlauf dieser Gesellschaftsbalz kann dann ein Männchen mit einem der Weibchen den Platz verlassen; dann folgen individuelle Balz, Paarung und ein Paarungsnachspiel.

Paarung und Ehe. Die Weibchen vieler Frosch- und Krötenarten sind nur dann zur Eiablage fähig, wenn sie von einem Männchen der eigenen Art umklammert sind. Sobald das Ablaichen beginnt, wirft das Weibchen den Kopf in den Nacken. Diese »Signalstellung« veranlaßt das Männchen, seine Samenflüssigkeit ins Wasser abzugeben (Abb. 7.64). *Danach* ruft das Weibchen in der gleichen Weise wie die Männchen, wenn diese von anderen Männchen umklammert werden; dies hat zur Folge, daß das Männchen die Umklammerung löst und sich entfernt. Das Paarungsverhalten besteht also aus einem Verhaltenswechselspiel (instinktive Reaktionskette), bei dem jeder Partner dem anderen die Auslöser zu den passenden Instinkthandlungen liefert. Bei den meisten Tieren ist das Männchen nur dann zur Begattung fähig, wenn ihm das Weibchen durch besondere Aufforderungsgesten seine Bereitschaft anzeigt.

Bei Vögeln und wahrscheinlich auch bei Säugetieren bestimmt das Balzverhalten auch die hormonellen Vorgänge im Organismus des Partners (S. 730), und diese sind wiederum für die jeweils nächste Phase des partnerschaftlichen Verhaltens verantwortlich. Bei der Lachtaube z.B. löst die Wahrnehmung des balzenden Partners die Ausschüttung von *Östrogenen* bzw. *Testosteron* in die Blutbahn aus, und diese rufen die Bereitschaft zum Nestbau und zur Paarung sowie – beim Weibchen – die Ovulation hervor. Wenn das Nestbauverhalten erfolgreich vonstatten geht, so ist dies die Bedingung dafür, daß beim Weibchen, vermutlich auch beim Männchen, *Progesteron* ins Blut ausgeschüttet wird.

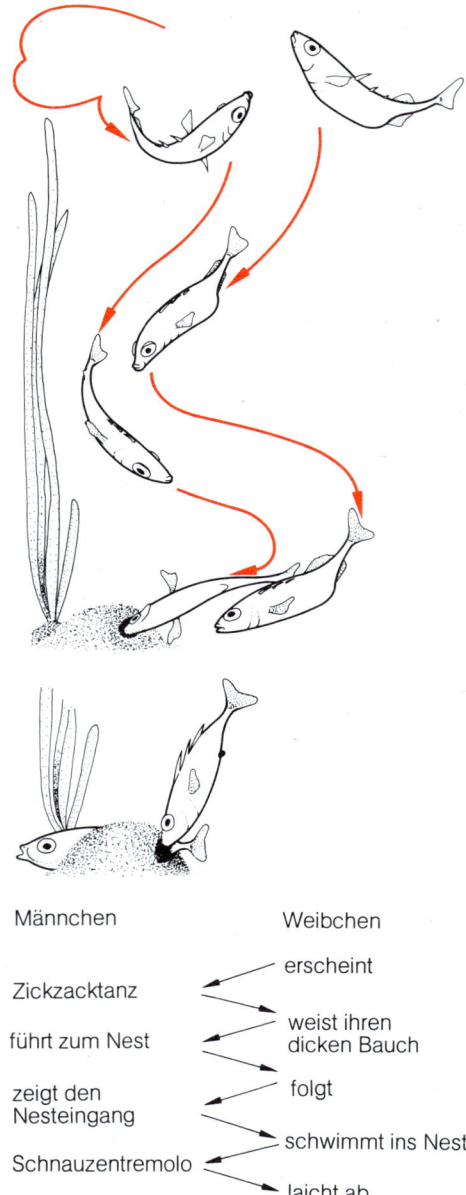

Abb. 7.65. Schema des Paarungsverhaltens des dreistacheligen Stichlings (Gasterosteus aculeatus); links Männchen, rechts Weibchen. Unten: Ablaichen des Weibchens, nachdem das Männchen den Nesteingang gezeigt hatte und das Weibchen in das vom Männchen vorbereitete Nest hineingeschwommen ist. Anschließend schwimmt das Männchen in das Nest und besamt die Eier. (Nach Tinbergen)

Dies bewirkt seinerseits die Bereitschaft, auf den Eiern (eigenen oder fremden) zu brüten. Das Brüten wieder ist notwendig zur Ausschüttung von *Prolactin*; dieses läßt die Bereitschaft zum Junge-Füttern entstehen.

Bei Gänsen geht der ersten Begattung eine »Verlobungszeit« voraus, in der die Partner stets beisammen bleiben. Bei Gänsen sowie bei einigen anderen Vogelgruppen bleibt eine Ehe normalerweise lebenslang bestehen. Frühzeitig verwitwete Graugänse bleiben oft mehrere Brutperioden hindurch unverpaart, bis eine neue Bindung entsteht. In der Ehe von Tieren können auf ein Männchen mehrere Weibchen (»Harem«; viele Affen, Robben, Hirsche, einige Borkenkäfer) oder ein Weibchen (viele Vögel, Gibbon) kommen. Bei den Termiten gehören zu einem Weibchen, der Königin, ein oder mehrere Männchen.

Ambivalenz der geschlechtlichen Anlagen. Bei vielen Wirbeltieren liegen sowohl im Männchen wie im Weibchen die zentralnervösen und motorischen Fähigkeiten und die Auslösbarkeit für die sexuellen Verhaltensweisen beider Geschlechter, soweit die körperlichen Eigenschaften dies zulassen. Bei Vögeln (Tauben) können schwächere Männchen einem stärkeren mit der vollständigen Verhaltensabfolge des weiblichen Tieres antworten. Hierin zeigt sich eine verhältnismäßig große Unabhängigkeit des Paarungsverhaltens höherer Wirbeltiere vom Funktionszustand der Gonaden. Das Paarungsverhalten von erwachsenen kastrierten Schimpansen-Männchen kann auch auf die Dauer wenig oder gar nicht beeinträchtigt erhalten bleiben. Bei manchen Säugetieren vermutet man, daß die zur Begattung führenden Handlungen, vor allem der Männchen, nur zum Teil angeboren sind und zum anderen Teil durch Erfahrung erlernt werden.

Abb. 7.66. Waschbär (Procyon lotor). Das Muttertier hat eines ihrer Jungen im Nacken gefaßt und trägt es an einen sicheren Ort. (Nach Kampmann)

7.5.6 Eltern und Junge

Die Brutpflegehandlungen vieler Insekten finden statt, ohne daß die Eltern die Jungen je zu Gesicht bekommen, z.B. die Eiablage an der Nahrungsquelle der Larve. Bei einigen aber, z.B. dem Totengräber-Käfer (*Necrophorus*) und den staatenbildenden Insekten, füttern Eltern oder andere Erwachsene die Jungen. Innerhalb der Wirbeltiere können bei der Pflege und Führung der Jungen die Weibchen allein (z.B. Enten), die Männchen allein (Stichlinge, Seenadel, Strauß und andere Vögel) oder beide Eltern beteiligt sein (viele Singvögel).

Raubtier- und Nagetier-Mütter tragen außerhalb des Nestes gefundene Jungen wieder ins Nest zurück. Erweist sich ein Nest als gefährdet, so trägt das Weibchen die Jungen einzeln an einen anderen Ort. Die Jungen verfallen dabei oft in eine »Tragstarre« (Abb. 7.66), die sich auch künstlich durch Anheben an der Rückenhaut auslösen läßt. Spitzmaus-Junge beißen sich an der Mutter fest und werden von ihr – manchmal zu mehreren, die sich aneinander hängen – zum neuen Nest hingezogen. Männliche Seelöwen schneiden Jungtieren, die sich zu weit vom Ufer fortwagen, den Weg ab und drängen sie ins eigene Revier zurück.

Das Verhalten der Jungen besteht oft darin, die Nahrung von den Eltern zu erbetteln und anzunehmen. Säugetier-Junge müssen die mütterliche Zitze meist selbständig finden. Sie beginnen oft schon Minuten nach der Geburt, danach zu suchen. Bisweilen tun sie das zunächst an der falschen Stelle, etwa an der Unterseite des Halses oder am Winkel zwischen Vorderbein und Leib; den richtigen Ort scheinen sie durch Erfahrung zu lernen (Abb. 7.67). Affenmütter legen ihr Junges selbst an die Brust. Das Junge trinkt dann, soviel es braucht und hört selbständig wieder auf. Die Milchproduktion des mütterlichen Körpers paßt sich automatisch dem Milchbedarf der Jungen an. Die Aktivität der Jungen ist die unentbehrliche Voraussetzung dafür, daß die Bereitschaft der Elterntiere zur Ernährung und Pflege erhalten bleibt.

Abb. 7.67a, b. Nilgau-Antilope (Boselaphus tragocamelus) mit Jungen: (a) 31 Minuten nach der Geburt sucht es noch an der falschen Stelle, (b) 62 Minuten nach der Geburt hat es das Gesäuge gefunden. (Nach Hediger)

Viele Vögel (z. B. die Silbermöwe) und Säugetiere kennen ihre Jungen individuell. Seelöwen-Mütter finden ihre Jungen auch aus weiter Entfernung nach der Stimme. Andere Säuger erkennen ihre Jungen am Geruch. Die Jungen ihrerseits sind vielfach durch *Prägung* individuell an ihr Muttertier gebunden; dabei ist es besonders der Kopf bzw. das Gesicht, das sie erkennen. Das Muttertier besitzt oft bestimmte Laute oder Gebärden, um die Jungen zum Sich-Sammeln oder zum Sich-Verstecken bei Gefahr zu veranlassen. Bei höheren Säugetieren *spielen* die Elterntiere mit den Jungen. Sie bilden zugleich das Vorbild für deren Drang zur Nachahmung und tragen dadurch zur Entfaltung ihrer Verhaltensmöglichkeiten bei. Menschenaffen-Mütter leiten ihre Jungen zum Klettern an, fördern sie also aktiv im Sinne einer »Erziehung«.

7.5.7 Rangordnung

Wenn lernfähige Wirbeltiere auf engem Raum zusammenleben, so bildet sich zwischen je zweien von ihnen ein Verhältnis der Über- und Unterordnung aus: Sie geraten – etwa um Nahrung oder um einen Platz – in Streit. Das Ergebnis des Kampfes wirkt als Dressursituation und wird erlernt. Dies hat zur Folge, daß der Unterlegene den Sieger nun für längere Zeit nicht mehr bekämpft und ihn als Überlegenen anerkennt. Durch solche *Rangstufenkämpfe* lernen in einer zusammenlebenden Gruppe allmählich alle Tiere einander individuell kennen, und es bildet sich eine Rangordnung (Abb. 7.68) aus. Bestimmte Körperhaltungen (Abb. 7.69) oder soziale Signale (Abb. 7.70), die vielfach durch Ritualisierung (S. 748) entstanden sind, geben dem sozialen Status der Einzeltiere Ausdruck.

Bei Tieren, die in freier Natur in Gruppen zusammenleben, ist das Leittier (Alpha-Tier) das stärkste Männchen (Wildpferde, Löwen, Paviane) oder ein Weibchen (Zwergmungo, Rothirsch außerhalb der Brunftzeit, Wildesel). Beim Wolf in Gefangenschaft bildet sich je eine Rangordnung innerhalb der Weibchen und der Männchen aus, und Alpha-Weibchen und Alpha-Männchen bilden ein Paar.

Die *Schärfe* der Dominanzverhältnisse zwischen verschiedenrangigen Tieren drückt sich darin aus, wie viele Handlungsmöglichkeiten die unterlegenen Tiere den überlegenen gegenüber behaupten. Der soziale Gradient ist einerseits von Art zu Art verschieden (z. B. beim Rhesus steiler als bei Brüllaffen), andererseits aber hängt er von der Möglichkeit zur Befriedigung der Lebensnotwendigkeiten ab. So verschärfen Nahrungsmangel und Raumnot die Dominanzverhältnisse und bringen auch dort Rangstufenkämpfe und soziale Rangordnungen mit der Unterdrückung schwächerer Tiere hervor, wo sie sonst weniger ausgeprägt sind.

Rangordnungen sind *nicht starr* (Abb. 7.68); sie werden in immer neuen Kämpfen neu festgelegt. Ein heranwachsender Wolf z. B. entwickelt ohne äußeres Zutun die Tendenz, sich gegen seine Kumpane durchzusetzen. Die Stellung des einzelnen Tieres in der Rangordnung ist abhängig von seiner Größe, seiner Körperkraft, aber auch seiner Geschicklichkeit und seiner Kampfbereitschaft. Beispielsweise erkämpften Tauben innerhalb einer Kolonie einen höheren Rang und ein größeres Revier, nachdem man sie mit Testosteron behandelt hatte. Das gleiche gelang niederrangigen Tieren, die eine Zeitlang aus dem Käfig herausgenommen und während dieser Zeit daran gewöhnt worden waren, über eine ausgestopfte Taube, also über eine »Rivalenattrappe« zu »siegen«.

Bei Hirschen und bei Menschenaffen haben mitunter besonders alte Tiere die Alpha-Stellung in der Gruppe inne, auch wenn sie sich an Körperkraft mit den jüngeren nicht mehr messen können. Möglicherweise kommt so der Gruppe die größere Erfahrung der älteren Gruppenmitglieder besser zugute, als wenn die alten Tiere eine untergeordnete Stellung einnähmen. Alte hochrangige Affenmännchen besitzen im Zusammenhang damit bei manchen Arten ein »Alterspachtkleid«, z. B. silbergraues, langes Haar.

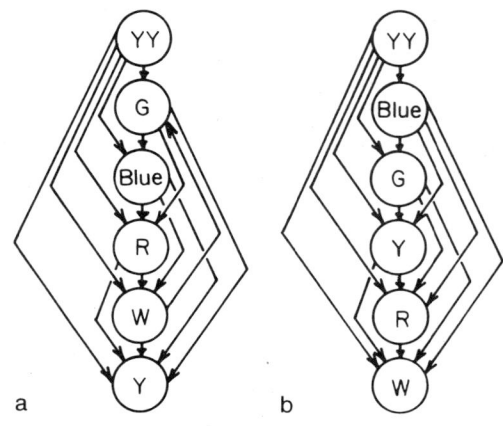

Abb. 7.68a, b. In einer Hühnerschar hatte sich nach 16 Wochen eine Rangordnung (a) eingestellt, die eine „Nichtlinearität" enthält: G → Blue, Blue → W, W → G (der Pfeil bedeutet „überlegen"). Die Rangordnung (b) entstand 20 Wochen später und blieb dann endgültig erhalten. (Nach Murchison aus Wilson, verändert)

Abb. 7.69. Aufrechte Haltung eines hochrangigen und geduckte Haltung eines vorbeigehenden niederrangigen Gamsbockes (Rupicapra rupicapra), wodurch beide Tiere ihr gegenseitiges Rangverhältnis zum Ausdruck bringen. (Nach Walther)

Abb. 7.70. Präsentieren (= Demonstration der Paarungsbereitschaft des Weibchens) beim Mantelpavian als Ausdruck niederen Ranges. (Nach Wickler)

Außer den im Kampf erworbenen gibt es *abgeleitete* soziale Stellungen: Bei Dohlen und bei Affen rücken Weibchen in die Stellung desjenigen Männchens auf, mit dem sie eine Verbindung eingehen. Junge können den Stand ihrer Mutter (bei Huftieren und Affen) oder ihres Vaters (Graugans) innehaben.

Sozial tiefstehende Wölfe – ihre Körperhaltung ist geduckt, der Blick unsicher, die Mundwinkel nach hinten gezogen – sind trotz ihrer Unterlegenheit aggressiver als die überlegenen, aber im Sinne der kritischen Reaktion (S. 750; »Angstbeißen«). Durch ihre »Verteidigungsangriffe« richten sie selten etwas aus und verbessern ihre Rangstufe nicht.

7.5.8 Sozialverbände aus einander individuell bekannten Mitgliedern

Gruppenbildung unter Artgenossen, die einander zumindest teilweise individuell kennen, gibt es bei Vögeln in Form von Brutgemeinschaften, bei Säugetieren als »Großfamilien«, d.h. Gruppen, die durch das Zusammenbleiben von Elterntieren und erwachsenen Jungen entstehen. Hierzu muß eine angeborene Bereitschaft vorliegen; denn versucht man, Junge von einzeln lebenden, *nicht* sozialen Säugetieren (z.B. Hamster) länger zusammenzuhalten, als es den natürlichen Verhältnissen entspricht, so werden sie unverträglich und können im Extremfall einander töten. Eine Grundlage für die Gruppenbildung und -erhaltung unter Vögeln und Säugetieren ist somit einfach die Tendenz jedes Einzeltieres zum Zusammensein mit Artgenossen.

Dabei besteht bei vielen Arten ein scharfer Unterschied zwischen dem Verhalten gegenüber individuell bekannten und unbekannten Artgenossen: Die ersteren werden gut behandelt; nach einer Trennung erfolgt intensive Begrüßung etc. Die letzteren aber sind grundsätzlich Feinde. Sie werden bei vielen Tierarten sofort angegriffen und vertrieben oder – bei Löwen – auch getötet. Doch gibt es Ausnahmen: Beim Löwen werden fremde Männchen von Weibchen sowie fremde Weibchen von Männchen bisweilen toleriert, und es kommt zur Werbung und Paarung zwischen Angehörigen verschiedener Rudel.

Abb. 7.71. Delphine heben einen verwundeten, hilflosen Artgenossen (rot hervorgehoben) an die Wasseroberfläche. (Nach Pilleri u. Knuckey)

Mannigfache angeborene Verhaltensweisen der Einzeltiere tragen – außer der gegenseitigen Anziehung – zum Zusammenhalt des Sozialverbandes bei und veranlassen gemeinsames Handeln: Das Leittier – in Zwergmungo-Familiengruppen das Alpha-Weibchen – bestimmt nach der Ruhezeit den gemeinsamen Aufbruch der Gruppe und die Richtung und Schnelligkeit ihrer Fortbewegung; dabei übernimmt jeweils ein Gruppenmitglied für einige Zeit, bis es von einem anderen abgelöst wird, die »soziale Rolle« des *Wächters:* Von einer erhöhten Warte aus beobachtet es die Umgebung und warnt die Gruppe beim Sich-Nähern eines Feindes. Bei Pavianen hindern ältere Gruppenmitglieder die jüngeren daran, sich zu weit von der Gruppe zu entfernen. Streit zwischen Gruppenmitgliedern veranlaßt andere, dazwischenzufahren, so daß Frieden gestiftet wird; bei den Dohlen ist dies mit einem bestimmten Laut (»jüp«) verbunden. In einigen Fällen ist *individuelle Hilfeleistung* gegenüber kranken oder verletzten Artgenossen beobachtet worden: Delphine heben geschwächte Artgenossen zum Atemholen an die Oberfläche (Abb. 7.71). Bei Dohlen sowie bei Affen wird durch das Signal »Artgenosse in Gefahr« ein sofortiger gemeinsamer Angriff gegen den Feind ausgelöst. Hierbei spielt der soziale Rang des gefährdeten Artgenossen keine Rolle (*Angriff auf den Gruppenfeind*, S. 750).

Aus den individuellen Reaktionsweisen der Einzeltiere ergibt sich der Zusammenhalt der Gruppe. Die durchschnittliche Zusammensetzung aus erwachsenen Männchen (M), erwachsenen Weibchen (W), Heranwachsenden (A) und Jungen (J) ist z.B. beim Spinnenaffen 2 M / 4 W / 2 A / 2 J und beim Gibbon 1 M / 1 W / 3 A / 1 J. Beim Spinnenaffen und anderen Affenarten kommen daneben reine Männchengruppen, beim Gibbon männliche und weibliche Einzelgänger vor; beim Rhesusaffen gibt es neben den regulären Gruppen Sondergruppen aus Heranwachsenden beider Geschlechter.

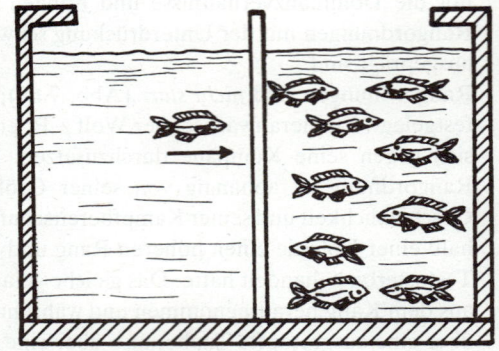

Abb. 7.72. Experiment, um die Verhaltenstendenz zum Zusammenhalt eines Schwarms (= einer anonymen Gruppe) zu demonstrieren: Ein einzeln gehaltener Schwarmfisch strebt fortdauernd in die Richtung, in der er hinter einer Glasscheibe einen Schwarm von Artgenossen wahrnimmt. (Nach Franck)

Die Struktur der Gruppen entspricht bei kaum einer Affenart der natürlichen Geschlechterverteilung und Altersschichtung. Bei jeder von ihnen gibt es Tiere, die nicht im normalen sozialen Verband, sondern entweder als Einzelgänger oder in anders zusammengesetzten Verbänden leben; sie sind vermutlich größtenteils aus den normalen Gruppen durch Kämpfe ausgestoßen worden. Bei Überlegungen über die biologischen Grundlagen der menschlichen Soziologie kann man deshalb nicht von der Vorstellung ausgehen, die naturgegebenen Gruppierungstendenzen müßten mit der naturgegebenen Geschlechterverteilung und Altersschichtung im Einklang stehen.

Bei manchen Affenarten bilden sich *Gruppentraditionen.* Verschiedene Gruppen haben z.B. unterschiedliche Gewohnheiten der Ernährung.

7.5.9 Anonyme Gruppen und Staaten

Tiergruppen *ohne gegenseitiges individuelles Kennen* werden vielfach dadurch zusammengehalten, daß sie *akustischen* oder *visuellen* Kontakt miteinander zu halten suchen, z.B. Heuschrecken-, Fisch- (Abb. 7.72) und Vogelschwärme. Bei den Staaten der Insekten und den Rudeln der Ratten sind es *chemische Kennzeichen,* an denen die Individuen gegenseitig ihre Staatszugehörigkeit erkennen: Individuen mit fremdem *Nestgeruch* werden feindlich behandelt, oft auch getötet, so als wären sie Feinde der Art.

Insektenstaaten. Die Staaten der Termiten, Ameisen und Bienen haben eine *Arbeitsteilung* zwischen unterschiedlich entwickelten Individuen herausgebildet: *Königinnen* sorgen für die Staatengründung und die Eiproduktion, *Arbeiter* für Nahrungserwerb, Brutpflege und Verteidigung sowie *Soldaten* allein für die Verteidigung. Bei den Termiten sind Arbeiter und Soldaten *Larven beiderlei Geschlechts,* bei den Hymenopteren *allein Weibchen* mit unterentwickelten Geschlechtsorganen.

Jedes Individuum eines Insektenstaates verhält sich *angeborenermaßen* so, daß es zur Erhaltung des Staates beiträgt. Der einzelne Arbeiter richtet sich in seiner Nahrungssuche nicht nach seinem eigenen Bedürfnis; er sammelt weit mehr Nahrung, als er braucht, und verteilt sie an diejenigen Angehörigen des Staates, die keine Nahrung sammeln. Diese lösen die Nahrungsübergabe durch *soziale Signale* aus, oft ein »Betrillern« mit den Fühlern.

Bei vielen Ameisenarten haben *verschieden große Arbeiter unterschiedliche Funktionen* im Staat: Bei den Blattschneiderameisen (Abb. 7.73) tragen große Arbeiter Blätter in den Bau ein; kleine, blinde Arbeiter zerbeißen und verarbeiten sie im Inneren des Nestes. Bei den Bienen sind es Individuen *verschiedenen Alters,* die als Brutpflegerin, Bauarbeiterin, Verteidigerin des Stockes und als Sammlerin (Abb. 7.74) tätig sind. Diese Altersstadien befinden sich in verschiedenen physiologischen Zuständen: Bei den Brutpflegerinnen sind die Futterdrüsen, bei den Bauarbeiterinnen die Wachsdrüsen am Abdomen aktiv.

Bei der Honigbiene ist der *Informationsaustausch* zwischen den Individuen besonders hoch entwickelt (siehe Abb. 7.7, S. 725): Die Entscheidung für einen *Bienenschwarm,* welche Baum- oder Erdhöhle er beziehen soll, gründet sich auf die von einzelnen Individuen (Spurbienen) gewonnenen Informationen über die Eignung verschiedener Möglichkeiten; dabei berücksichtigt die Einzelbiene nachweislich die Größe, die Geschütztheit und die Entfernung der von ihr geprüften Höhle für den Schwarm. Die Gesamteignung bringt sie in einem Tanz auf der Schwarmtraube zum Ausdruck, der zugleich – für die anderen Bienen verständlich – die *Position* der Höhle (Richtung, Entfernung) angibt. Die Einzelbienen vertreten ihren Vorschlag, solange keine wertvollere Möglichkeit als die ihre gemeldet wird. Anderenfalls lassen sie sich umstimmen, jedoch nicht, um ohne eigene Erfahrung für die als besser gemeldete Wohnstätte zu werben, sondern dazu, diese selbst zu besuchen. Danach zeigen sie durch ihren eigenen

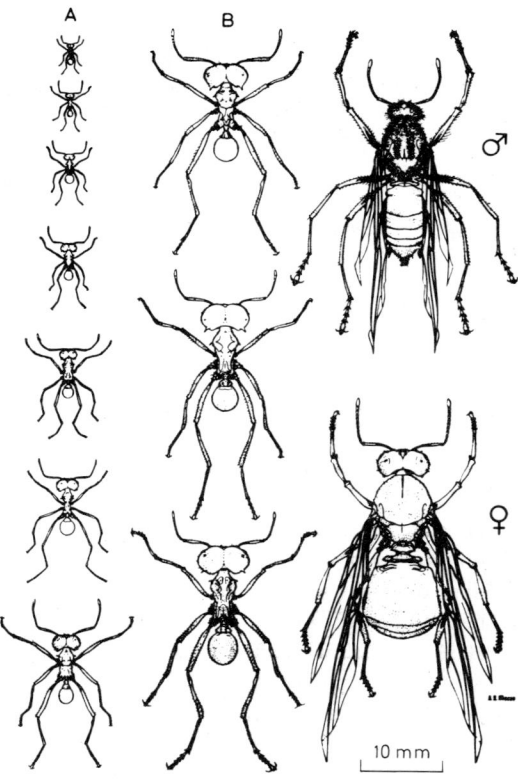

Abb. 7.73. Blattschneiderameise Atta sexdens aus Südamerika, Arbeiter (A), Soldaten (B) und geflügelte Geschlechtstiere (♂, ♀). (Nach Autuori)

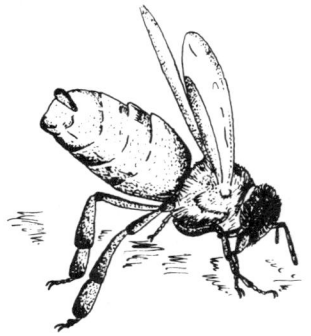

Abb. 7.74. Als Sammlerin tätige Arbeitsbiene, die nach reichem Nahrungsfund „sterzelt" und dabei aus einer am Hinterleibsende nach außen vortretenden Drüse einen Duft abgibt; dieser lockt andere Sammlerinnen an. (Nach Hölldobler)

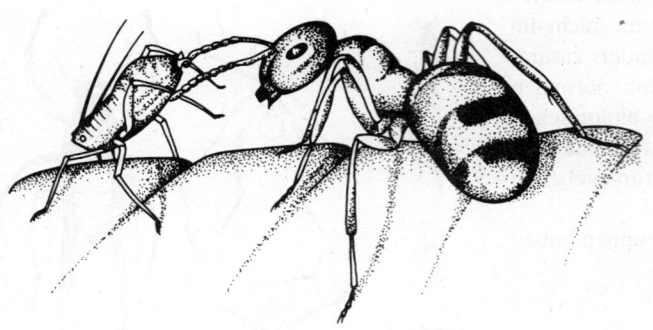

Abb. 7.75

Abb. 7.76

Abb. 7.75. *Rote Waldameise (Formica rufa) beim „Melken" einer Blattlaus. (Nach Wickler)*

Abb. 7.76. *Der sozialparasitisch lebende Käfer Amorphocephalus coronatus läßt sich von einer Arbeiterin seiner Wirtsart Camponotus silvaticus füttern. (Aus Le Masne u. Torosiau)*

Tanz ihre Einschätzung an. Gute Gelegenheiten werden daher jeweils durch mehrere Bienen geprüft; etwaige Fehleinschätzungen durch einzelne Tiere gewinnen kein Gewicht. Die 30–60 Spurbienen alarmieren den ganzen Schwarm erst dann zum Aufbruch und zum gemeinsamen Flug, wenn sie unter sich Einstimmigkeit erreicht haben. Sie führen dann den Schwarm, der 10000–20000 Individuen umfassen kann, an den ihnen individuell bekannten Ort, manchmal über eine Flugstrecke von mehreren Kilometern.

Bestimmte Ameisen halten andere Insekten, z. B. Blattläuse, als *Haustiere,* geben ihnen Schutz und verwenden ihre süßen Ausscheidungen zur Nahrung (Abb. 7.75). Blattschneiderameisen kultivieren eine Pilzart, die ihr Hauptnahrungsmittel bildet. Die Königinnen nehmen auf ihrem Hochzeitsflug für ihre neu zu gründende Kolonie Zuchtansätze mit – eine weibliche Blattlaus bzw. Hyphen des Nahrungspilzes. – Amazonenameisen rauben die Puppen bestimmter fremder Ameisenarten; die ausschlüpfenden Arbeiter dienen ihnen gleichsam als Sklaven, ernähren sie und ziehen ihre Brut auf. Infolge des starren Versorgungssystems sind alle Insektenstaaten anfällig gegen *Sozialparasiten.* Diese kommen aus verschiedenen Insektengruppen (Käfer, Abb. 7.76; Fliegen), aber auch aus der eigenen nächsten Verwandtschaft (parasitische Ameisen).

Rudel der Wanderratte. Die Rudel der Wanderratte, die mehrere hundert Tiere umfassen können, sind in ihrer Struktur den Insektenstaaten ähnlicher als den übrigen Säugetiergruppen. In ihnen herrscht keine Rangordnung. Wanderratten erkennen einander am *Geruch* als zum selben Rudel gehörig. Es bildet sich keine Ehe aus, und die einzelnen Weibchen verteidigen kein eigenes Revier für sich und die Jungen. Die Jungen von mehreren Weibchen werden zusammen in ein und derselben Wohnkammer des Baues versorgt. Ein brünstiges Weibchen wird von vielen Männchen des Rudels gedeckt, die unter sich keine Rivalenkämpfe ausfechten. Die Individuen eines Rudels können einander darüber informieren, von welchen Nahrungsmitteln Gefahr droht. Verschiedene Rattenrudel können daraufhin unterschiedliche Nahrung bevorzugen oder ablehnen. So hatten die Ratten, die im Jahre 1946 plötzlich eine Hallig der Nordseeküste besiedelten, die Eigenheit, keinen Räucherfisch zu verzehren, während dies sonst eine Lieblingsspeise für Ratten ist. Andererseits hatten sie eine ausgefeilte Taktik entwickelt, sich unauffällig Strandvögeln anzunähern und diese dann in blitzschnellem Angriff zu überwältigen.

Organismen in ihrer Umwelt und in Populationen

8 Ökologie

In den vorhergehenden Kapiteln standen die Organisationsstufen des Lebendigen von der Molekularstruktur der Organelle bis zum komplexen System des Organismus im Mittelpunkt der Erörterungen. Ähnlich wie die Organellen innerhalb der Zelle und wie Zellen in Geweben organisiert sind, so existieren auch die Individuen einer Art in der Form höherer Struktur- und Funktionseinheiten, der *Populationen*. Die Populationen verschiedener Arten, die in einem Gebiet existieren, lassen sich wieder in die übergeordneten Einheiten der *Lebensgemeinschaften* oder *Biozönosen* zusammenfassen.

Die Eigenschaften und das Verhalten jeder dieser Organisationsstufen werden einerseits von *endogenen* Faktoren bestimmt, also von den Eigenschaften der niedrigeren Organisationsstufen, aus denen sie zusammengesetzt sind, andererseits von *exogenen* Faktoren, also von den *Umwelt*bedingungen im weitesten Sinn. So ist z. B. der Hormonspiegel in der Hämolymphe für die tierischen Körperzellen ein Umweltfaktor in diesem weit gefaßten Sinn, während Lufttemperatur, Windbewegungen oder konkurrierende Individuen Umwelt für die Organismen sind. Ökologen verstehen unter Umwelt in der Regel die außerhalb des betroffenen Organismus liegenden Faktoren. Die Organismen einer Lebensgemeinschaft bilden zusammen mit den unbelebten Umweltfaktoren eine umfassende Struktur- und Funktionseinheit, das *Ökosystem*.

Viele Ökosysteme lassen sich aufgrund ähnlicher klimatischer und landschaftlich-historischer Gegebenheiten noch einmal zu größeren Einheiten zusammenschließen, die einander im äußeren Erscheinungsbild ähneln und auch durch ähnliche Funktionszusammenhänge charakterisiert sind. Solche Einheiten, die man *Biome* (S. 850) nennt, sind z. B. die tropischen Regenwälder, Tundren, Ozeane und Wüsten. Alle Ökosysteme der Erde faßt man im Begriff der *Biosphäre* zusammen.

Ökologie im weitesten Sinne befaßt sich mit Kausal- und Funktionszusammenhängen auf den verschiedenen Organisationsstufen vom Organismus bis zur Biosphäre. Sie behandelt vor allem die Wechselbeziehungen der Lebewesen untereinander und mit ihrer Umwelt.

Eine scharfe Abgrenzung der Ökologie von anderen Bereichen der Biologie ist vielfach weder möglich noch sinnvoll: *Physiologische* und *ethologische* Studien sind beispielsweise erforderlich, um Wanderungen und Territorienverteilung in Tierpopulationen zu verstehen. *Biochemische* Untersuchungen liefern die Grundlagen für das Verständnis der funktionellen Anpassungen des Photosynthesemechanismus der Pflanzen an Wassermangel. *Genetik* und *Evolution* sind durch die *Populationsgenetik* (S. 883f.) eng mit der Ökologie verbunden. Anpassung und Einnischung (S. 779, 801f., 912) sind Phänomene, die den Ökologen und Evolutionsbiologen in gleicher Weise beschäftigen. Letztlich sind es immer Veränderungen im Genbestand einzelner Populationen, die für langfristige Prozesse wie Artveränderung und -aufspaltung verantwortlich sind. Die Berücksichtigung der genetischen Konstitution und Strukturierung der Populationen ist deshalb auch für ökologische Fragestellungen notwendig. Der Bereich der *Biogeographie* (Kapitel 9) schließlich basiert auf ökologischen Gesetzmäßigkeiten, wie Populationsausbreitung und Kolonisation (S. 796f.), auf den Umweltbedingungen der verschiedenen Besiedlungsbereiche sowie auf unterschiedlichen Evolutionsprozessen in unterschiedlichen Regionen. Entsprechend den Organisationsstufen der Individuen, Populationen und Lebensgemeinschaften ist es oft üblich, drei aufeinander aufbauende Bereiche der Ökologie zu

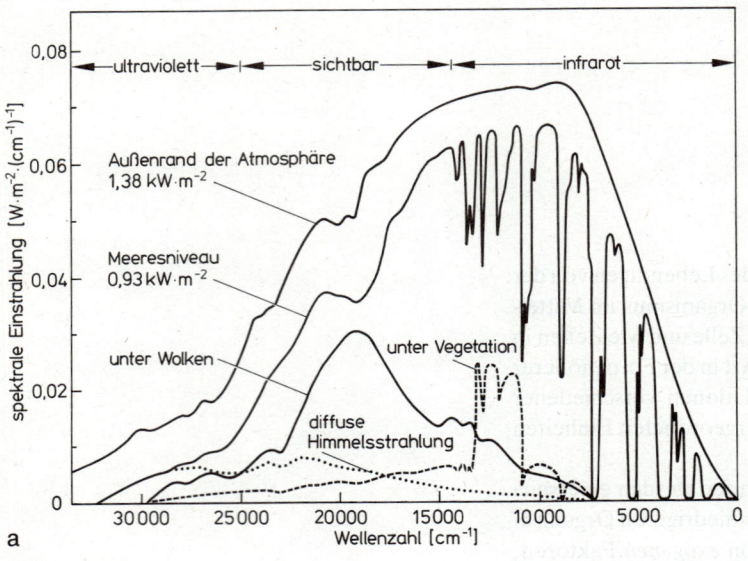
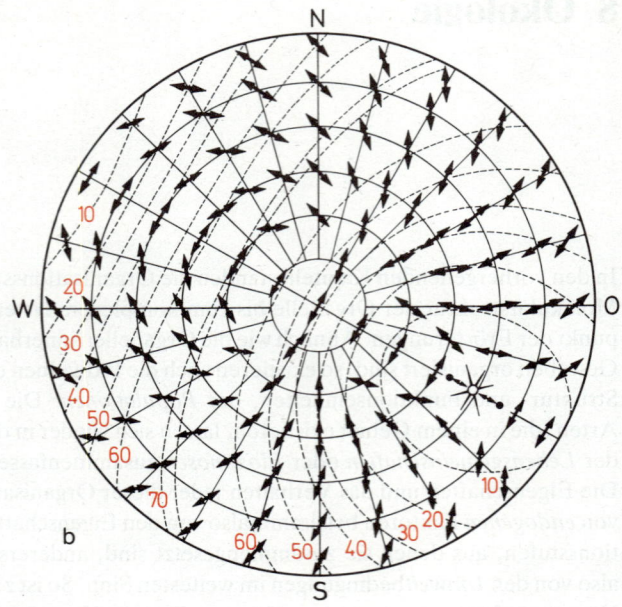

unterscheiden: *Autökologie* (Beziehungen zwischen Individuum und Umwelt – hier spielt oft die *physiologische Ökologie* bzw. Ökophysiologie eine besondere Rolle); *Populationsökologie* (bisweilen auch *Demökologie* genannt); *Synökologie* (Ökosystemforschung: Ökologie der Lebensgemeinschaften und Ökosysteme).

8.1 Umweltfaktoren und ihre Wirkungen auf Organismen, Autökologie

8.1.1 Die Umwelt

Organismen sind nicht zufallsmäßig verteilt, vielmehr beobachtet man räumliche und zeitliche Muster des Vorkommens, die in der Regel durch räumliche und zeitliche Strukturen der Umgebung bedingt sind und unterschiedliche Anpassungen an die Umweltverhältnisse widerspiegeln. Gemäß dieser umweltbedingten Verteilung der Organismen spricht man vom *Lebensraum, Biotop, Habitat* oder *Standort* (bei Pflanzen) eines Organismus, einer Population oder einer Lebensgemeinschaft. Die Ausdrücke werden teilweise synonym verwendet, in der Regel liegt jedoch die Betonung auf den physikalisch-chemischen bzw. meteorologischen Faktoren eines Gebietes, wenn man vom Standort oder Habitat einer Pflanzen- oder Tierart spricht, während der Ausdruck Biotop meist ein bestimmtes topographisches Gebiet mit mehr oder weniger einheitlichen Umweltbedingungen umreißt.

Das Spektrum wirksamer Umweltfaktoren ist überaus weit gespannt. Alle Parameter der Umgebung, die direkt oder indirekt perzipiert werden, können prinzipiell die Aktivität, das Wachstum und die Verteilung der Organismen beeinflussen. Man unterscheidet einerseits *abiotische,* »unbelebte« Faktoren, wie Temperatur, Licht, Feuchtigkeit, Nährstoff- und Gaskonzentration, mechanische Parameter, wie Wasserbewegungen, akustische Phänomene, Substratstruktur u. a., andererseits *biotische* Faktoren: Artgenossen, Beute (Nahrung), Feinde, Parasiten, Konkurrenten, Symbionten.

Entsprechend ihren strukturellen Unterschieden nutzen Pflanzen, Tiere und Mikroorganismen die von ihnen besiedelten Biotope in unterschiedlicher Art und Weise. So sind z. B.

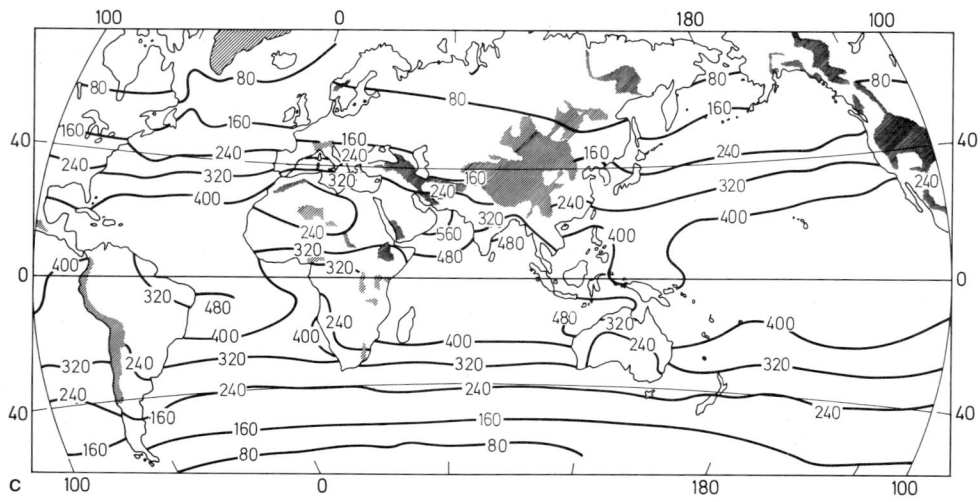

Abb. 8.1a–c. Verteilungsmuster verschiedener Qualitäten der Sonnenstrahlung bzw. des Lichtes. (a) Spektrale Energieverteilung der Sonnenstrahlung. Direkte Einstrahlung am Außenrand der Atmosphäre und auf Meeresniveau (die Zahlenangaben bedeuten Energiegewinn der horizontalen Fläche an gesamter Sonnenstrahlung), unter Wolken und unter einer Vegetationsdecke; diffuse Himmelsstrahlung. (b) Polarisation des blauen Himmelslichtes bei 30° Sonnenhöhe (Azimut 120°). Der Umkreis stellt den Horizont, der Mittelpunkt den Zenit dar. Die Doppelpfeile zeigen die Schwingungsrichtung, die Zahlen (rot) den Prozentsatz der Polarisation. (c) Relative geographische Verteilung der durchschnittlichen jährlichen Nettostrahlung (Sonneneinstrahlung minus Strahlungsverlust durch Wärmestrahlung von Boden und Atmosphäre), in kJ pro cm² und Jahr. (a nach Gates, b nach von Frisch, c nach Budyko aus Gates)

die Cormophyten und viele Thallophyten wie Flechten und Moose, aber auch Korallen, Manteltiere oder Seepocken für den größten Teil ihres Lebenszyklus an jeweils einen Standort gebunden. Ihre Stoffwechselfunktionen müssen an die dort herrschenden Bedingungen und deren Änderungen angepaßt sein, um ausreichende Produktivität und Vermehrungsfähigkeit zu ermöglichen. Räumliche und zeitliche Populationsverschiebungen sind für solche langlebigen Organismen entsprechend langfristig. Zu Ortsveränderungen befähigte Tiere oder auch begeißelte Bakterien und Algen haben hingegen im Prinzip die Möglichkeit, jeweils günstige Bedingungen aktiv aufzusuchen (Vogelzug; Vertikalwanderung von Phyto- und Zooplankton). Da die meisten Höheren Pflanzen im Gegensatz zu den meisten Tieren standortgebunden sind, ergeben sich oft unterschiedliche Aspekte für die Behandlung pflanzen- und tierökologischer Probleme; die unterschiedlichen Baupläne der Tiere und Pflanzen akzentuieren diesen Gegensatz. Andererseits ermöglicht gerade etwa der Vergleich von Pflanzen und festsitzenden Tieren generalisierende Aussagen über die Bedeutung der Ortsgebundenheit für Konstruktion und Funktion der Organismen (vgl. Kapitel 6).

8.1.1.1 Allgemeine Eigenschaften der Umweltfaktoren

Einige Eigenschaften, die für alle Umweltfaktoren in mehr oder minder ausgeprägtem Maße gelten und für die Organismen von Bedeutung sind, seien anhand eines ausgewählten Faktors, der Sonnenstrahlung, aufgezeigt:
1. *Ein und derselbe Faktor kann mehrere Qualitäten besitzen,* die oft unabhängig voneinander variieren: Das sichtbare Licht stellt z.B. einen Ausschnitt bestimmter *Wellenlängen* (beim Menschen zwischen ca. 400 und 800 nm) aus dem elektromagnetischen Strahlenspektrum dar (Abb. 8.1a; vgl. Abb. 1.94, S. 111). Neben der Wellenlänge unterscheidet man aber auch die *Richtung, Intensität* und *Schwingungsebene* der Strahlung. Die Bedeutung einzelner Qualitäten für die Organismen ist unterschiedlich. Die farbliche Zusammensetzung des Lichtes kann z.B. für die Verwertbarkeit durch selektiv absorbierende Pigmentsysteme (Photosynthese) oder auch für das Erkennen bestimmter Gegenstände wichtig sein, während Richtung und Schwingungsebene vor allem zur Orientierung nutzbar gemacht werden.
2. *Meist folgt die Verteilung eines Faktors mehr oder weniger überschau- und formulierbaren Regeln.* Dies gilt z.B. für die exponentielle Abnahme der Lichtintensität mit der Wassertiefe in Ozeanen und Seen (Abb. 8.2), für den Zusammenhang zwischen Sonnen-

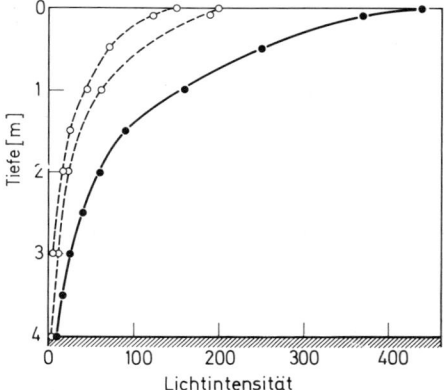

Abb. 8.2. Vertikale mittägliche Lichtverteilung (relative Werte) im Wasser des Bantam Lake, Connecticut/USA, bei ca. 40% Bewölkung. Punkte: Sonne frei. Offene Kreise: Sonne hinter Wolken (zwei Kurven für unterschiedliche Bewölkungsverteilung). (Original Jacobs)

stand und Polarisation des blauen Himmelslichtes (Abb. 8.1b), für den regelmäßigen Tagesgang der Lichtintensität in einer Wüste oder auch für das regelmäßige, oft wiederholte räumliche Muster der Blüten innerhalb einer Pflanzenpopulation (Abb. 8.5a). Die Evolution von Anpassungen an einen Umweltfaktor ist in der Tat nur dann möglich, wenn der Umweltfaktor erkennbaren und vorhersagbaren Gesetzmäßigkeiten unterliegt. Selbst unregelmäßige oder weitgehend zufällig gestreute Umweltvariablen – wie Waldbrände, Sturmfluten oder die Begegnung mit Feinden – unterliegen statistischen Verteilungsgesetzen; dementsprechend können sich auch hier Überlebensmechanismen durch natürliche Selektion entwickeln.

3. *Die Umweltfaktoren weisen markante räumliche und zeitliche Unterschiede hinsichtlich ihrer Qualität und Quantität auf.* Die Abbildungen 8.1 bis 8.5 zeigen einige räumliche und zeitliche Verteilungsmuster. Auffallend ist die außerordentliche Mannigfaltigkeit in der »Rastergröße« der Verteilungsmuster. Großdimensionierte Muster, wie die Lichtverteilung in Abhängigkeit von der geographischen Breite und von den Jahreszeiten (Abb. 8.1c, 8.4b), sind in sich selbst wieder strukturiert bis ins kleinste räumliche und zeitliche Detail (Abb. 8.1, 8.3, 8.4a, c). Die Bedeutung solch unterschiedlicher Dimensionen des Umweltmosaiks für die Organismen hängt mit von deren Größe und Generationslänge ab.

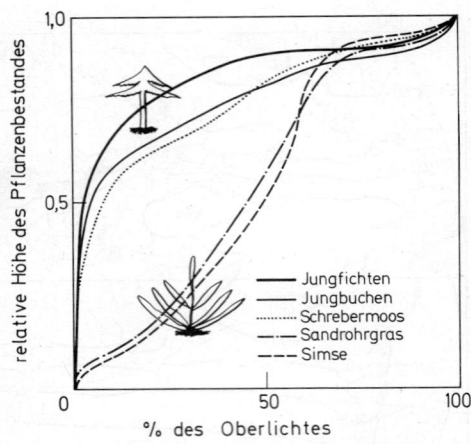

Abb. 8.3. Relative vertikale Lichtverteilung in verschiedenen Pflanzenbeständen. Die oberen Kurvenzüge kennzeichnen Vegetationsdecken mit mehr horizontaler Schichtung der Assimilationsorgane, während die unteren Kurvenzüge Bestände mit vornehmlich vertikal stehenden Blättern und Stengeln charakterisieren. (Nach Baumgärtner)

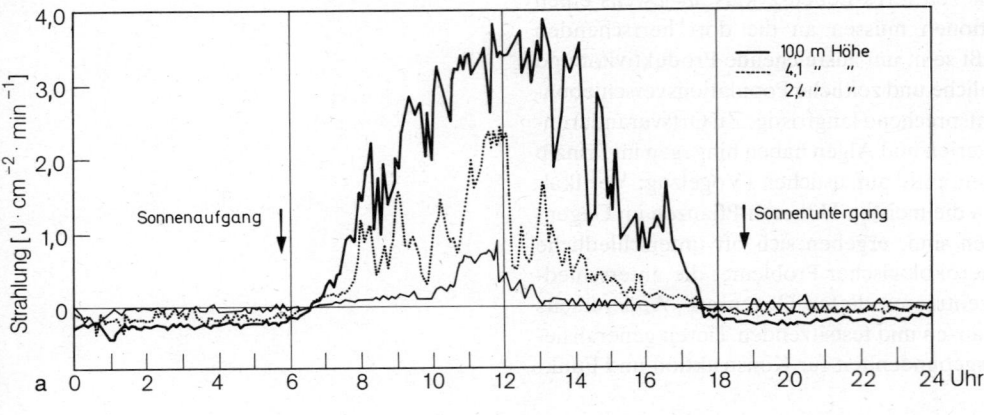

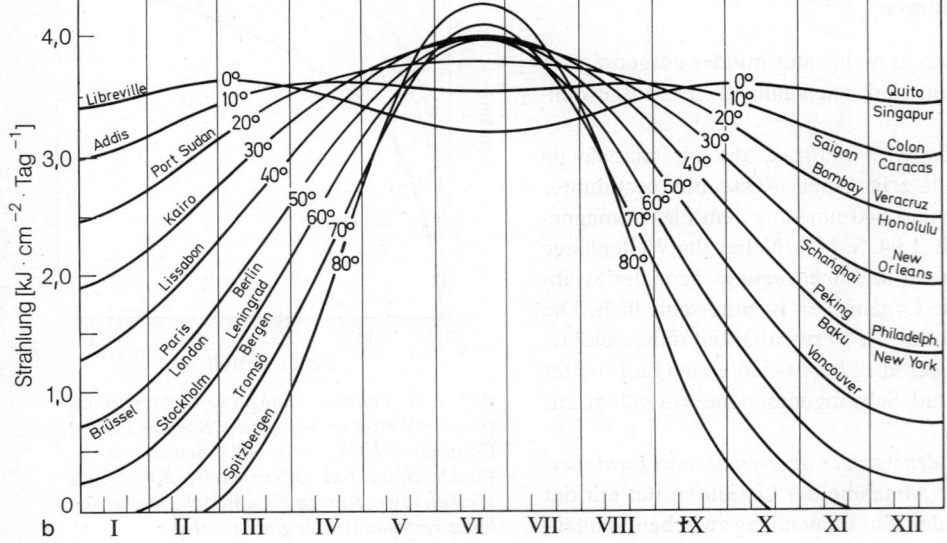

Abb. 8.4a–c. Zeitliche Verteilungsmuster der Strahlungsintensität des Sonnenlichtes. (a) Tagesgang der Strahlungsbilanz (Einstrahlung minus Ausstrahlung) in einer Fichtenverjüngung an einem Spätsommertag. (b) Jahresgang der Sonnenstrahlung über der Atmosphäre in Abhängigkeit von der geographischen Breite. (c) Jahresgang der Einstrahlung auf fünf verschieden geneigten Bergoberflächen. (a nach Geiger, b u. c nach Gates)

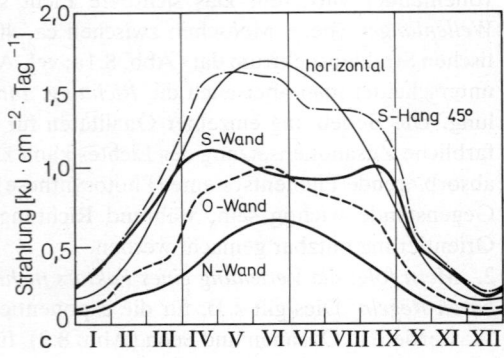

So hat die Lichtabnahme im Wald in Richtung Boden (Abb. 8.4a) eine größere Bedeutung für die kleinen Schattenpflanzen als für die großen Bäume. Im gleichen Sinn sind Anpassungen des Individuums an den Jahresrhythmus von vornherein ausgeschlossen bei solchen kleineren Organismen, deren Generationslänge überhaupt nur den Bruchteil eines Jahres beträgt. Andererseits können sich Organismen mit ihrem Wachstumsrhythmus in die jahreszeitlichen Veränderungen einpassen wie etwa die Frühjahrsgeophyten (S. 426) in unseren einheimischen Laubmischwäldern.

Verschiedene Lebensbereiche weisen oft starke Unterschiede im Ausmaß der Mannigfaltigkeit der Umweltstrukturen auf. So sind die Tiefsee und Polarregionen, was die Lichtbedingungen betrifft, sehr homogen strukturiert, während Korallenriffe und tropische Regenwälder von hoher räumlicher Komplexität geprägt sind. Ursachen und Konsequenzen solcher Unterschiede werden in späteren Abschnitten behandelt (S. 813f.).

8.1.1.2 Einige wichtige abiotische Umweltfaktoren und ihre Bedeutung für die Organismen

Makroklima und Mikroklima

Zur Analyse der Wechselbeziehungen zwischen Organismus und Umwelt ist es als erstes erforderlich, die klimatischen Verhältnisse in ihrem räumlichen und zeitlichen Verlauf quantitativ zu erfassen. Dazu bedient sich die Ökologie zum Teil der Ergebnisse von Meteorologie, Hydrologie und Bodenkunde. Die großräumige Gliederung der Vegetation und der Tierverbreitung läßt sich mit den allgemeinen Klimazonen der Erde relativ gut parallelisieren (S. 850f.), die Angaben dieses *Makroklimas* sind jedoch allein nicht ausreichend, um die Lebensbedingungen der einzelnen Organismen zu erfassen. Als Beispiel zeigt Abbildung 8.6 tägliche Temperaturverläufe in Moos- und Flechtenlagern, die in verschiedenen Stockwerken einer Basaltblockhalde wachsen. In nur wenigen Metern Entfernung existieren hier drastische Temperaturunterschiede. Offenbar können diese Verhältnisse des *Mikroklimas* für die Existenz der einzelnen Organismen von entscheidender Bedeutung sein. Ähnliches gilt für andere mikroklimatische Parameter wie Luftfeuchte und Lichtintensität.

Strahlungshaushalt der Biosphäre

Abgesehen von einzelnen Fällen der Chemosynthese wird alles Leben auf der Erde aus der Strahlungsenergie der Sonne gespeist, die mit einer Intensität in Höhe der sogenannten »Solarkonstanten« von $1{,}38 \text{ kJ} \cdot \text{m}^{-2} \cdot \text{s}^{-1}$ ($= \text{kW} \cdot \text{m}^{-2}$) senkrecht zur Strahlungsrichtung auf die Atmosphäre auftrifft. Während ihres Weges bis zur Erdoberfläche wird die Sonnenstrahlung durch Absorption und Reflexion geschwächt und in ihrer spektralen Energieverteilung verändert (Abb. 8.1a). Von ökologischer Bedeutung sind vor allem die Zufuhr von Wärmeenergie, die ultraviolette Strahlung, die Quantität und Qualität des sichtbaren Anteils des Spektrums und der Rhythmus des Licht-Dunkel-Wechsels (Photoperiodismus, S. 335f., 719). Von der in die Atmosphäre eintretenden Energie erreicht im globalen Durchschnitt weniger als die Hälfte (etwa 47%) die Erdoberfläche und wird hier zum großen Teil absorbiert. Unter Einstrahlungsbedingungen ist deshalb z. B. auf vegetationslosem Boden die oberste Bodenschicht der heißeste Ort, von wo aus sich darüberliegende Luft- und darunterliegende Bodenschichten erwärmen (*Einstrahlungstyp*, Abb. 8.7). Da jeder Körper ständig Wärmeenergie durch langwellige Ausstrahlung verliert, kehren sich nachts die Temperaturverhältnisse um: Die Bodenoberfläche, die jetzt zur kältesten Stelle wird, kühlt Boden- und Luftraum ab (*Ausstrahlungstyp*, Abb. 8.7). Die Strahlungsbilanz und natürlich auch der Lichtgenuß für die Organismen und das geschilderte Grundprinzip der vertikalen Temperaturverteilung erfährt in den verschiedenen Biotopen vielfache zeitliche und räumliche Veränderungen, z. B. in Abhängigkeit von

a

b

Abb. 8.5a, b. Räumliche Strahlungsmuster mit hohem Informationsgehalt durch komplexe Struktur. (a) Fingerkrautblüte durch Gelb- bzw. UV-Filter photographiert. Das Zentrum reflektiert kein UV und erscheint deshalb den Bienen, die UV-Licht als eigene Farbqualität sehen, anders gefärbt als der äußere Rand. (b) Schwarz-Weiß-Muster mit starkem Informationswert für den Menschen. (a nach Daumer, b Karikatur von Saul Steinberg)

der geographischen Breite (vgl. Abb. 8.1c), dem Strahlungsumsatz der Vegetation (Abb. 8.4a) oder der Exposition (Abb. 8.4c).

Pflanzen und Tiere sind Glieder im Strahlungsfeld der Biosphäre: Abbildung 8.8 zeigt die Energieströme, denen z. B. die Blätter einer Pflanze ausgesetzt sind und die ihre Temperatur bestimmen. Im Gleichgewichtszustand (Gl. 8.1) halten die von einem Blatt absorbierte Strahlung (G), sein Strahlungsverlust (V), Energieverlust durch Wasserabgabe (Transpiration Tr, Verdampfungswärme des Wassers L) und der konvektive Wärmeaustausch, der von der Differenz zwischen Blatt- (T_{Bl}) und Lufttemperatur (T_{Lu}) und einer Maßzahl für den Wärmeübergang (k) abhängt, einander die Waage. Ob die Blattemperatur dabei ober- oder unterhalb der Temperatur der umgebenden Luft liegt, entscheidet die Höhe der Transpiration im Verhältnis zur Bilanz des Strahlungsgewinns (Gl. 8.2). Schwach transpirierende Blätter können sich unter Umständen weit über die Lufttemperatur erwärmen (Abb. 8.9a), während starke Wasserabgabe die Gewebetemperatur selbst bei Besonnung bis 10 °C unter die der Luft senken kann. Die Temperaturdifferenz zwischen Blättern mit und ohne Transpiration kann bis 25 °C betragen (Abb. 8.9b). Vor allem für die Photosynthese der grünen Pflanzen ist der Lichtgenuß, d. h. die photosynthetisch aktive Strahlung, von ausschlaggebender Bedeutung (S. 433 f.; Abb. 5.48, 5.51b). Im Konkurrenzkampf der Pflanzen spielt gegenseitiger Lichtentzug eine große Rolle, und Schattenpflanzen haben ihren photosynthetischen Stoffwechsel an niedrige Lichtintensitäten angepaßt (S. 433 f.). Die Bodenschicht in einem Wald erhält z. B. im Extrem nur noch weniger als 1 % der Außenhelligkeit (Abb. 8.4a), und es sind diese Lichtverhältnisse, die hier wesentlich die Verteilung der Unterwuchspflanzen bestimmen.

$$G - V - Tr \cdot L - (T_{Bl} - T_{Lu}) \cdot k = 0 \quad (8.1)$$

$$T_{Bl} - T_{Lu} = \frac{G - V - Tr \cdot L}{k} \quad (8.2)$$

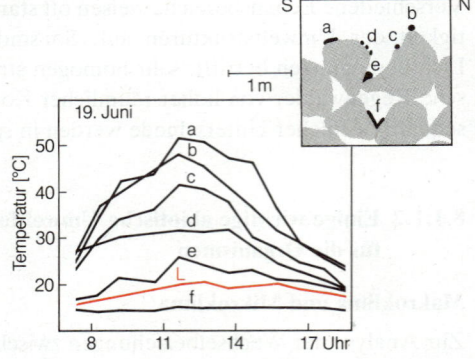

Abb. 8.6. Temperaturverlauf an einem Sommertag für verschiedene Flechten und Moose, die eine Basaltblockhalde besiedeln, und Lufttemperatur 1 m über dem Niveau der Halde (L). Oben: schematischer Querschnitt durch die Halde mit den Standorten a–f der Pflanzen. (Nach Lange)

Der Boden

Unter Boden versteht man die oberste Schicht der Erdkruste, die durch physikalische und chemische Gesteinsverwitterung, durch biologische Umsetzungen und Umbildungen unter vielfältigen Verlagerungsprozessen entstanden ist. Der Boden ist Lebensraum vieler Pflanzen und Tiere (Tab. 8.1), vor allem von Mikroorganismen, die vom Abbau abgestorbener organischer Substanz leben und als *Destruenten* für den Stoffkreislauf in terrestrischen Ökosystemen sorgen (Abschnitt 8.3.3). Für die Cormophyten ist der Boden als Wurzelraum wichtig, er dient der Verankerung, und er versorgt die Pflanze mit Mineralstoffen und mit Wasser. Kolloidale Tonpartikel und Huminstoffe gehen mit Ionen und Dipolmolekülen reversible Bindungen an ihren Oberflächen ein. Als Ionenaustauscher schützen sie so die bei Verwitterung und Zersetzung frei werdenden Nährstoffe vor der Auswaschung und puffern die Salzkonzentrationen der Bodenlösung. Neben Mineralangebot und Wasserführung (Abb. 8.11) sind *pH*-Wert, Durchlüftung und Struktur weitere Eigenschaften, die die einzelnen Bodentypen kennzeichnen.

Die Organismen des Bodens und insbesondere die Wurzelsysteme der Pflanzen zeigen die mannigfaltigsten morphologischen und funktionellen Anpassungen an die Umweltverhältnisse. In Trockengebieten investieren z. B. manche Pflanzen bis zu 90 % der gesamten Biomasse in ihre unterirdischen Organe; Wurzeln können tiefer als 20 m, im Extrem sogar tiefer als 50 m, in den Boden dringen.

Das Wasser im terrestrischen Biotop

Aktives Leben ist nur bei ausreichender Hydratation der plasmatischen Verbindungen der Organismen möglich. Das Wasser ist deshalb einer der wichtigsten Faktoren, von dem die aktive Existenz der Lebewesen im terrestrischen Bereich abhängt. Die jährliche Wasserzufuhr für die Bodenoberfläche schwankt von null oder wenigen Millimetern Niederschlag in extremen Wüstengebieten bis zu vielen Metern in den tropischen Gebirgen. Über weite Strecken hin ist daher eine optimale Entwicklung der Vegetation (und damit auch des Kulturpflanzenanbaues) und der Fauna wegen Wassermangels eingeschränkt. Die Was-

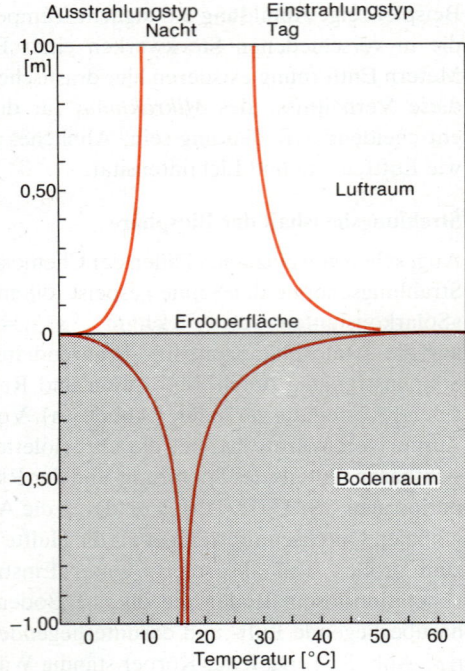

Abb. 8.7. Schematischer Verlauf von Luft- und Bodentemperaturen auf vegetationsfreier Fläche zur Zeit des Einstrahlungsmaximums (Einstrahlungstyp) und des Vorherrschens der langwelligen Ausstrahlung (Ausstrahlungstyp im Sommer unter ariden Klimabedingungen). (Original Lange)

serversorgung erfolgt aus mehreren Quellen (Abb. 8.10): direkter Niederschlag in Form von Regen, Schnee oder Nebel; Kondensation bei Übersättigung der Atmosphäre durch Abkühlung (Tau); oberirdischer Zufluß; Grundwasser. Ein Teil des Niederschlages wird von den oberirdischen Organen der Vegetation abgefangen (Interzeption), verdunstet von dort wieder und kommt dem Boden nicht zugute. Über oberirdische Wasserläufe und Grundwasser wird dem Ökosystem wiederum Wasser entzogen, außerdem durch Verdunstung von feuchten Oberflächen auch des Bodens *(Evaporation)* oder durch die *Transpiration* der Organismen. Die gesamte Wasserdampfabgabe eines Ökosystems faßt man als *Evapotranspiration* zusammen. Über den Stoffwechsel der Organismen entstehendes oder verbrauchtes Wasser spielt in der Dimension des Ökosystems eine vernachlässigbar geringe Rolle (vgl. aber S. 605).

Ob vorhandenes Wasser durch Organismen auch genutzt werden kann, hängt u. a. von den osmotischen Verhältnissen ab und davon, wie stark es z. B. durch Capillarkräfte gebunden ist – d.h. von seinem Potential (vgl. S. 61). So ist ein Teil des im Boden gespeicherten Haftwassers für Pflanzen nicht verfügbar, weil die osmotischen Potentiale der Wurzeln, ihre Saugspannung, nicht ausreichen, um die Kräfte zu überwinden, mit denen es an die Bodenteilchen gebunden ist. Ähnliches gilt für Bodentiere und Bakterien.

Das Wasser als eigener Lebensraum

Etwas mehr als 70% der Erdoberfläche sind vom Meerwasser bedeckt. 1,8% der Gesamtfläche des Festlandes werden von Süßwasserseen eingenommen. Mit der Ökologie dieser Gebiete beschäftigen sich die *Ozeanographie* und die *Limnologie*. Man kann mehrere Lebensräume unterscheiden (Abb. 8.11): Das *Litoral* der Seen umfaßt die Region des Ufers, in der in der Regel das Licht in einer zur Photosynthese ausreichenden Intensität noch den Untergrund erreicht und wo dementsprechend meist gute Sauerstoffbedingungen herrschen. Der tiefer liegende Teil des Seebodens, der von wurzelnden Pflanzen frei ist, wird oft als *Profundal* bezeichnet. Der Zone in Nähe von Ufer und Seeboden steht das *Pelagial* gegenüber, der Bereich des freien Wassers. Als *euphotische Zone* bezeichnet man diejenige Region, in der aufgrund der Lichteinstrahlung durch Photosynthese eine Nettoproduktion (S. 821f.) pflanzlicher Substanz möglich ist. In den Meeren liegen ähnliche Verhältnisse vor, allerdings meist in viel größerem Maßstab. Die litorale *Gezeitenzone* kann – in der Umgebung des Einströmens von Süßwasser – als *Brackwasserzone* durch niedrigeren und/oder stark wechselnden Salzgehalt gekennzeichnet sein. Ihr folgt die über dem *Kontinentalschelf* liegende *neritische Zone* des Flachwassers. Von dort senkt sich der Boden als Kontinentalböschung zum Tiefsee- oder *Bathyal*bereich, der durch Gräben, Cañons und Erhebungen differenziert sein kann. Die Ebene des Ozeanbodens nennt man die *Abyssalzone*. Wegen der meist größeren Klarheit des Meerwassers ist die euphotische Zone hier oft tiefer als in Seen. Von besonderer Bedeutung für die Verteilung der Organismen und die Produktivität sind die *Meeresströmungen* in Verbindung mit nährstoffreichen, aus der Tiefe aufsteigenden Wassermassen in Küstenregionen.

Faktoren, die die Existenzmöglichkeit der Organismen im aquatischen Lebensraum bestimmen, sind vor allem die Konzentration der im Wasser gelösten Substanzen (Salze, organische Moleküle, Schwermetalle, O_2, CO_2, H_2S usw., Tab. 8.2), Temperatur, Wasserbewegung, Bodensubstrat und Lichtverteilung. Sogenannte *eutrophe* Gewässer zeichnen sich oft durch hohen Gehalt an Nährsalzen (vor allem Phosphat und Nitrat) und/oder energiereichen organischen Molekülen aus. Starke Produktion in den oberen Wasserschichten kann durch bakteriellen Abbau des abgesunkenen organischen Materials zu Sauerstoffarmut in den Tiefenzonen des Gewässers führen. Zufuhr von phosphat- und nitratreichen Abwässern und Abspülung des Kunstdüngers von landwirtschaftlichen Kulturflächen führt häufig zu immer stärkerer Eutrophierung. *Oligotrophe* Gewässer weisen dagegen geringe Nährstoffkonzentrationen auf.

Tabelle 8.1. Ungefähre Menge und Gewicht der Kleinlebewesen in der obersten, 15 cm mächtigen Bodenschicht eines landwirtschaftlich genutzten Bodens mittlerer Qualität. (Nach Scheffer u. Schachtschabel)

Mikroflora	Anzahl je g Boden	Lebendgewicht [kg · ha^{-1}]
Bakterien	600 000 000	10 000
Pilze	400 000	10 000
Algen	100 000	140
Mikrofauna	je 1000 cm^3	
Protozoen	1 500 000 000	370
Metazoenfauna	je 1000 cm^3	
Nematoden	50 000	50
Springschwänze	200	6
Milben	150	4
Enchytraeen	20	15
Tausendfüßler	14	50
Insekten, Spinnen	6	17
Mollusken	5	40
Regenwürmer	2	4000

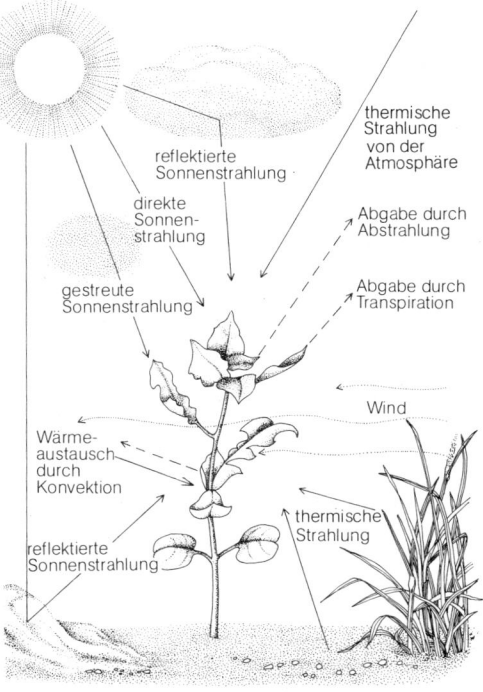

Abb. 8.8. *Schema für den Energieaustausch einer Blütenpflanze unter Einstrahlungsbedingungen. (Nach Gates aus Mohr u. Schopfer)*

Tabelle 8.2. Charakteristische Ionenkonzentrationen [mg · l⁻¹] für verschiedene Gewässertypen. Es handelt sich um Mittelwerte: im einzelnen unterliegen die Konzentrationen erheblichen zeitlichen und räumlichen Schwankungen. (Nach Schwoerbel, Dykyjová u. Květ bzw. Nygaard)

	HCO_3^-	SO_4^{2-}	Cl^-	PO_4^{3-}	NO_3^-	NH_4^+	Ca^{2+}	Mg^{2+}	Na^+	K^+
Meerwasser (Mittelwerte)	144	2688	19 264	S	p u r	e n	403	1291	10 717	385
Eutropher Fischteich (Nesyt, Tschechoslowakei)	417	202	55,6	2,66	1,85	0,69	81,37	49,23	66,7	30,33
Oligotropher See (Grane Langsø, Dänemark)	0,4	6,95	11,3	0,005	0,0	0,05	2,72	0,89	6,15	0,61

Vielfältig sind die Anpassungen der Organismen an die unterschiedlichen Parameter der Lebensbedingungen im Wasser. Manche Organismen können z. B. ihre *Schwebefähigkeit* im Wasser erhöhen mit Hilfe von Fortsätzen, die die Absinkreibung vergrößern (Abb. 6.152, S. 648). Auch Gasvakuolen (hierher gehört auch die Schwimmblase vieler Fische), Öltropfen oder Gallertmassen mit niederem spezifischen Gewicht können diese Funktion erfüllen. Durch *Osmo-* und *Ionenregulation* (S. 601 f.) können sich im Meer- oder Brackwasser lebende Organismen von dem schwankenden Salzgehalt ihrer Umgebung unabhängig machen. Spezialisten unter den Bakterien (*Halobacterium, Halococcus*), Algen (*Dunaliella salina*) und Krebse (*Artemia salina*) sind unter Umständen so salzresistent, daß sie in konzentrierter Meersalzlösung leben können. – Die *Halophyten* (Salzpflanzen) unter den Blütenpflanzen, die die Meeresküste im Bereich der Gezeiten und salzreiche Binnenstandorte besiedeln, nehmen so viel Salz durch ihre Wurzeln auf, daß ihr Wasserpotential das der Bodenlösung unterschreitet. Sie regulieren den Ionengehalt in ihren Geweben durch Salzausscheidung aus ihren Blättern oder durch Verdünnung bei zunehmender Sukkulenz. – Ähnlich vielfältig sind auch Anpassungen an die *Lichtbedingungen*. So sind z. B. Rotalgen, die bis zu einer Meerestiefe von 200 m wachsen, nicht nur physiologisch auf die dort herrschende niedrige Lichtintensität eingestellt; ihre roten Farbstoffe in den Chromatophoren ermöglichen es ihnen auch, das vorherrschend kurzwellige Licht an ihrem Standort effektiv zur Photosynthese zu nutzen.

8.1.1.3 Korrelationen zwischen Umweltfaktoren

Oft werden mehrere Eigenschaften der Umwelt von der gleichen übergeordneten Ursache bedingt (z. B. der jahreszeitliche Temperaturverlauf und die relative Tageslänge von der Sonneneinstrahlung) oder die Variation eines Faktors beeinflußt die Variation eines anderen (z. B. Lufttemperatur → relative Luftfeuchte). Hierdurch ergeben sich *Koppelungen und Korrelationen zwischen Umweltfaktoren,* oft verbunden mit *zeitlichen Phasenverschiebungen.* Solche Zusammenhänge ermöglichen es, daß die zweckmäßige Reaktion hinsichtlich eines Umweltfaktors – d. h. die modifikatorische Anpassung eines Organismus an die Umwelt – nicht notwendigerweise von dem Faktor ausgelöst werden muß, auf den die Anpassung gemünzt ist. Vielmehr können unmittelbare *Ursache* und *Funktion* einer Reaktion unterschiedlichen, miteinander korrelierten Umweltfaktoren zugeordnet sein: Bei einigen Zugvögeln wird der Rückzug aus dem Winterquartier ins Brutgebiet und die Reifung der Gonaden durch die zunehmende relative Tageslänge am Überwinterungsplatz im Spätwinter ausgelöst. Die Anpassungsfunktion des Vogelzuges hat jedoch nicht direkt etwas mit der winterlichen Tageslänge zu tun, sie ist vielmehr in der Ausnützung der nahrungsreichen Gebiete des Nordens während der warmen Sommermonate zu suchen (S. 798 f.). Ähnliches gilt für die photoperiodisch oder thermoperiodisch ausgelöste Blütenbildung (S. 335 f., 719) oder etwa für die Erscheinung, daß die herbstliche Frosthärtung immergrüner Pflanzen des gemäßigten Klimas und die Enthärtung im Frühjahr durch die Länge der täglichen Lichtperiode gesteuert werden.

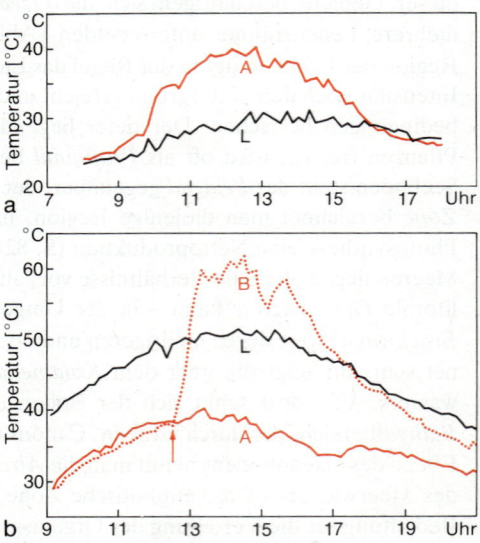

Abb. 8.9. (a) Tagesverlauf der Gewebetemperatur eines wenig transpirierenden fleischigen Blattes von Zygophyllum fontanesii (A), das sich stark über die Lufttemperatur (L) erhitzt. (b) Tagesverlauf der Gewebetemperatur zweier Blätter der Koloquinte (Citrullus colocynthis). Das stark transpirierende Blatt A ist trotz intensiver Sonneneinstrahlung ständig kälter als die Lufttemperatur (L). Ein zweites Blatt B wird um 12.30 Uhr (Pfeil) abgeschnitten; mit nachlassender Transpiration erhitzt es sich erheblich über die Lufttemperatur. Der Vergleich beider Blätter macht deutlich, wie eng Wärme- und Wasserhaushalt einer Pflanze miteinander gekoppelt sein können. Messungen in der Mauretanischen Sahara. (Nach Lange)

Eine solche *Trennung von Auslösungs- und Anpassungsfaktoren* kann biologisch überaus sinnvoll sein: 1. Der auslösende Faktor kann unter Umständen mit größerer Genauigkeit registriert werden als der Anpassungsfaktor. 2. Die Anpassungsreaktion muß wegen ihrer langsamen ontogenetischen Ausbildung oft bereits zu einem früheren Zeitpunkt einsetzen, als der Anpassungsfaktor in der Umwelt selbst auftritt. Beides spielt bei der Vogelwanderung wie bei der Frosthärtung sicher eine Rolle: Wanderung und Gonadenreifung der adulten Tiere müssen früh einsetzen, damit die Jungvögel im Brutgebiet zum Zeitpunkt des optimalen Futterangebotes geboren werden; die immergrünen Blätter müssen im Herbst rechtzeitig durch metabolische Vorgänge ihre Kälteresistenz erhöhen, ehe die ersten Fröste zu Schäden führen können und ihre Existenz bedrohen. Die Tageslänge ist ein ungemein genauer Zeitgeber für die rechtzeitige Auslösung der entsprechenden physiologischen Prozesse (S. 719).

8.1.1.4 Die Sonderstellung der biotischen Umweltfaktoren

Biotische Faktoren sind für den Ökologen von besonderem Interesse, weil wechselseitige Beeinflussungen der Organismen die Kausalabläufe im Ökosystem in hohem Maße bestimmen. Man unterscheidet *intra-* und *interspezifische Faktoren,* je nachdem, ob der Einfluß von Individuen der eigenen oder einer fremden Art ausgeht. Vier Gesichtspunkte, die den besonderen Charakter biotischer Faktoren und zugleich ihre Abgrenzung zu abiotischen Faktoren aufzeigen, seien angeführt.

Nahrung. Neben der Strahlungsenergie der Sonne und dem CO_2-Gehalt der Luft sowie den Mineralstoffen und dem Wasser des Bodens – Faktoren, die für die Produktion pflanzlicher Substanz und damit für die primäre Produktion im Ökosystem verantwortlich sind – stellen Organismen selbst die wichtigsten Energie- und Nahrungslieferanten für andere Organismen dar. Die gesamten Energiebeziehungen im Ökosystem, ihrerseits von größter Bedeutung für Artenreichtum und -mannigfaltigkeit, werden von dieser Grundtatsache bestimmt. Nahrung ist somit vielleicht der fundamentalste und quantitativ wichtigste biotische Faktor überhaupt. Eine ausführliche Behandlung dieses Themas erfolgt im Abschnitt 8.3 (S. 799 f.).

Spezifität der Wirkung. Es gibt keine anderen Struktureinheiten auf der Erde, die auf engem Raum ein solches Maß an Komplexität aufweisen wie die Organismen. Deshalb

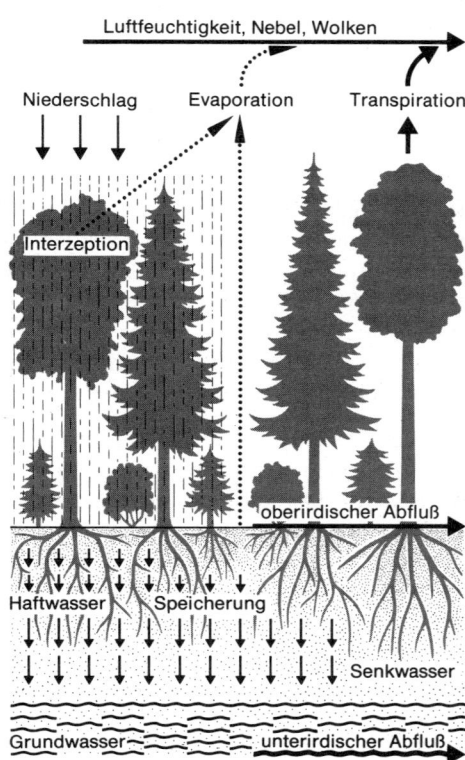

Abb. 8.10. Wasserhaushalt im Wald. (Nach Sigmond aus Walter)

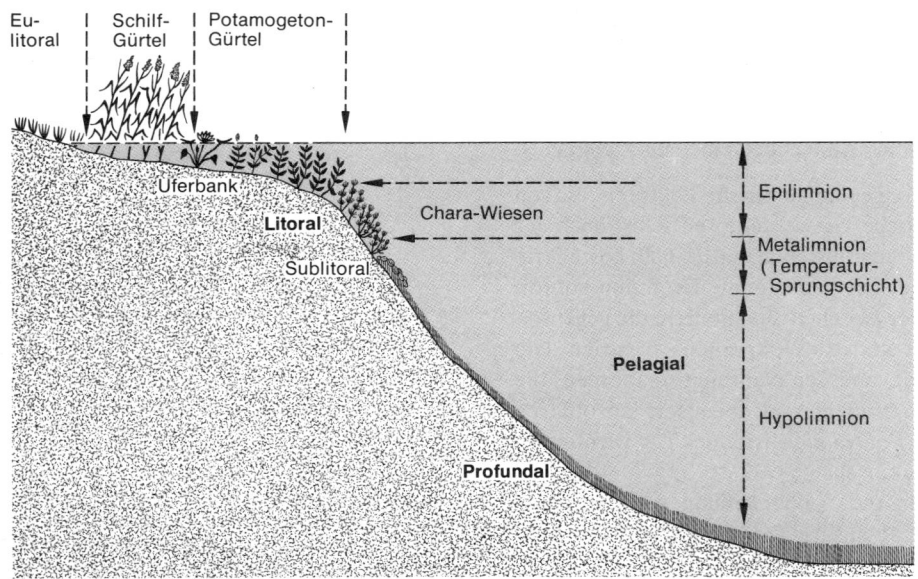

Abb. 8.11. Lebensbereiche eines Binnensees. (Nach Tischler)

sind die Wirkungen, die sie gegenseitig aufeinander ausüben, ebenfalls oft wesentlich komplizierterer Natur als abiotische Wirkungen. Eine wichtige Folge ist die mehr oder weniger stark ausgeprägte Spezifität dieser Wirkungen. Zwei Beispiele: Viele aquatische Bakterien und Algen sondern bestimmte Substanzen in das umgebende Wasser ab, die für andere Organismen Vitamine (S. 610f.) darstellen. Man hat z. B. in Seewasser bis zu 150 µg · m^{-3} Vitamin B$_{12}$ gemessen. Diese Moleküle können von vielen Organismen, die sie benötigen – darunter auch von einigen Algenarten (z. B. dem Flagellaten *Euglena gracilis*) –, nicht selbst aufgebaut werden. Solche Arten sind also in ihrer Existenz auf die Vitaminproduktion anderer Arten angewiesen. – Bei vielen schwarmbildenden Fischarten wird bei Verletzung der Haut, etwa durch einen Feind, aus Hautdrüsen ein spezifischer organischer »Schreckstoff« in das Wasser abgegeben, der bei den Fischen des Schwarmes als Schlüsselreiz (S. 726) eine charakteristische Fluchtreaktion auslöst. Die Wirkung kann sich sowohl intra- als auch interspezifisch manifestieren.

Taxonomische Spezifität. In den eben angeführten Beispielen wirken die biotischen Faktoren in einem breiten Artenspektrum. Dies betrifft sowohl die Produktion als auch die Reaktion bzw. die Nutzung. Eine solche »Breitbandwirkung« könnte darauf beruhen, daß die Mechanismen phylogenetisch alt und deshalb weit verbreitet sind. Andere biotische Faktoren weisen eine mehr oder weniger starke taxonomische Spezifität auf. Beispiele: Keimlinge des weißen Steinklees *(Melilotus albus)* und des Wermuts *(Artemisia absynthium)* sondern Hemmsubstanzen ab, die nur auf bestimmte wenige Arten, inklusive der eigenen, hemmend wirken, auf andere hingegen wenig oder nicht. – Nachtfalterweibchen geben Sexuallockstoffe (S. 726) in die umgebende Luft ab, die jeweils nur auf die Männchen der eigenen Art und allenfalls sehr nahe verwandter Formen wirken. – Die artspezifische Kombination von Farbe, Form und Geruch der Blüten (Abb. 8.5a) gestattet den Insekten, sich bei der Nektar- oder Pollensuche zeitweilig auf eine einzige Art zu beschränken und so die korrekte Bestäubung zu garantieren (vgl. Blütenökologie, S. 287f.). Die Bedeutung genetisch weitgehend festgelegter Schlüsselreizkombinationen für die innerartliche Verständigung der Tiere ist auf S. 726f., 601 und 685 diskutiert.

Den höchsten Grad der Spezifität haben Signale, die das Erkennen von Sozialgruppen oder sogar Individuen innerhalb der gleichen Art gestatten. Abbildung 8.5b stellt z. B. ein komplexes Schwarz-Weiß-Muster mit spezifischem Informationsgehalt für den Menschen dar. Bienen erkennen ihre Stockgenossen am anhaftenden »Stockgeruch«, Mutterschafe ihre Jungen in der Herde am Individualgeruch, viele Vögel (z. B. Schwäne, Gänse, Möwen) und auch die Menschen ihre Bekannten an der individuellen Physiognomie des Gesichtes, der Charakteristik anderer Körperteile, an Bewegungen usw. Während der Stockgeruch der Bienen vor allem von Umweltkomponenten, z. B. dem Baumaterial des Bienenstockes, bestimmt wird, beruhen die phänotypischen Individualsignale der Menschen sicher weitgehend auf genetischer Individualität (Ähnlichkeit eineiiger Zwillinge!).

Koevolution. Während die Evolution von Anpassungen an abiotische Faktoren nur von der betroffenen Art her erfolgen kann, sind biotische Umweltfaktoren selbst auch der Evolution unterworfen, so daß wechselseitige, sich beeinflussende und deshalb korrelierte Evolutionstendenzen und Anpassungen resultieren. Die gemeinsame Evolution koordinierter Anpassungen zwischen Parasit und Wirt oder zwischen Symbionten, die gegenseitige Einnischung von Konkurrenten sowie das evolutive »Wettrennen« zwischen dem Fresser, der Jagd- oder Erntemethoden entwickelt, und den Nahrungsorganismen, die Entkomm- oder Schutzmechanismen »erfinden«, sind hier als Beispiele anzuführen (Abschnitt 8.3.1, S. 801f.). Diese Fähigkeit zur *Koevolution* ist eines der wichtigsten Kennzeichen interspezifischer biotischer Umweltfaktoren.

Die angeführten Gesichtspunkte charakterisieren die Sonderstellung der biotischen Faktoren. Es muß jedoch betont werden, daß eine strikte Trennung abiotischer und biotischer Faktoren oft nicht sinnvoll oder auch nicht durchführbar ist. Insbesondere

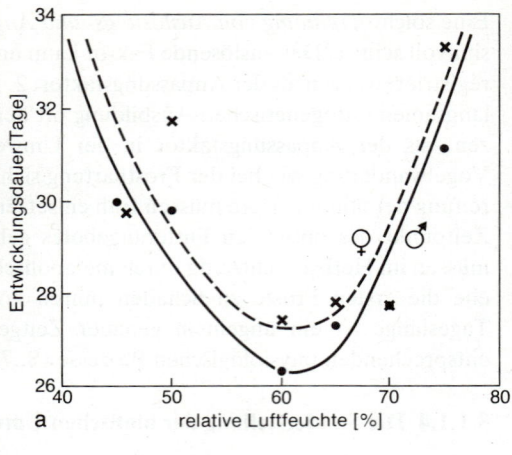

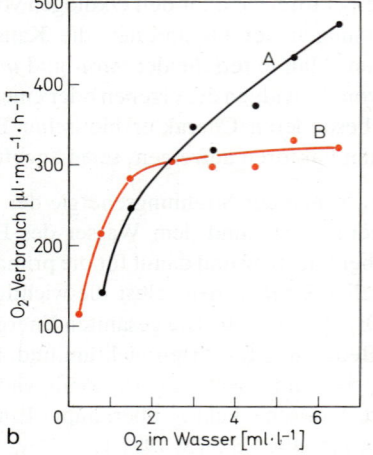

Abb. 8.12

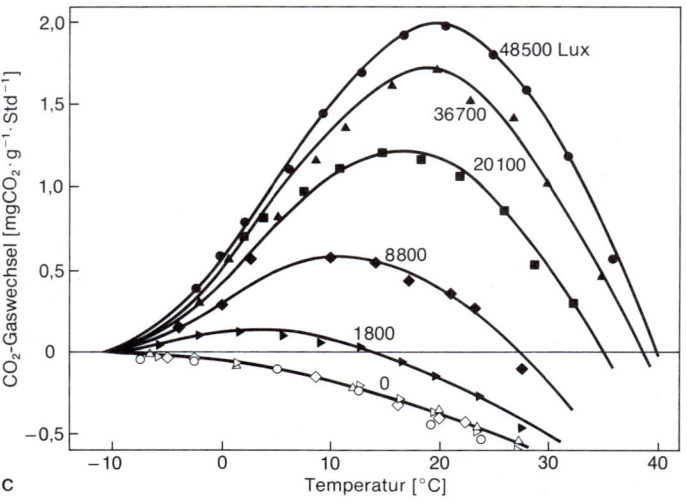
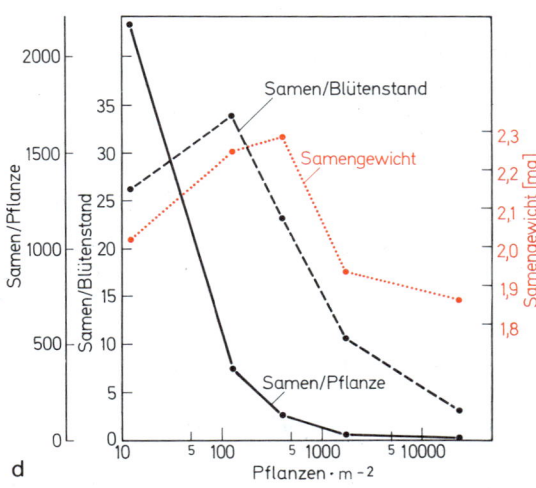
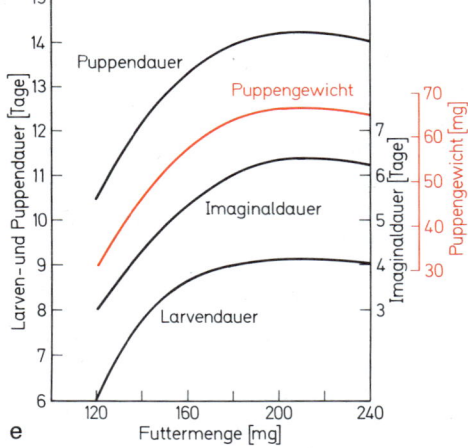

machen Kausalsequenzen, -kreisläufe und -vernetzungen von der Sache her eine strenge Unterscheidung unmöglich: Viele terrestrische Arthropoden zeigen eine Präferenz für hohe Luftfeuchtigkeit, also einen primär abiotischen Faktor. Sammeln sich jedoch mehrere Tiere unter einem Stein, so können sie die Feuchtigkeit durch die Verdunstung an ihrer Körperoberfläche erhöhen und durch diese sekundäre biotische Veränderung des Mikroklimas die Attraktivität des Ortes für weitere Artgenossen vergrößern. – Die Konkurrenz zwischen verschiedenen Organismen beruht oft (bei Pflanzen sogar vorwiegend) darauf, daß ein Organismus die abiotische, chemisch-physikalische Umwelt für den anderen – z. B. durch Licht- oder Wasserentzug – so verändert, daß dessen Existenzmöglichkeiten verschlechtert werden.

8.1.2 Die Wirkungen der Umwelt auf die Organismen

Die Reaktionen der Organismen auf die verschiedenen Umweltbedingungen sind so mannigfaltig, daß bei ihrer Darstellung eine Beschränkung unumgänglich ist. Die Auswahl erfolgt unter dem Gesichtspunkt der Anpassung des Individuums an seine Biotop- bzw. Standortverhältnisse, letztlich also an seine Existenzmöglichkeit in der Population bzw. im Ökosystem. An die Darstellung einiger fundamentaler Reaktionsweisen schließt sich die Behandlung von Prinzipien an, die für viele Reaktionsweisen gültig sind; abschließend werden komplexe Organismus-Umwelt-Beziehungen besprochen.

8.1.2.1 Fundamentale Reaktionsweisen der Individuen

Stoffwechsel, Wachstum, Vermehrung. Der Aufbau eigener organischer Substanz, der durch Stoffaufnahme und Stoffwechsel bewerkstelligt wird, ist von ausschlaggebender Bedeutung für die Existenz des Individuums und den Fortbestand der Population. Es ist deshalb für den Ökologen wichtig zu wissen, in welcher Weise Umweltfaktoren modifizierend auf die hier wirksamen Prozesse Einfluß nehmen. Zwei antagonistische Komponenten sind zu unterscheiden:

1. *Wachstum und Vermehrung.* Die Basis aller Produktion im Ökosystem ist die Gewinnung energiereicher Substanzen durch die Photosynthese der grünen Pflanzen (S. 113ff.). Ihr fällt deshalb eine primäre Rolle nicht nur für das Wachstum der pflanzlichen

Abb. 8.12 a–e. Umwelteinflüsse auf Stoffwechsel, Entwicklung und Vermehrung. (a) Feuchtigkeit: Entwicklungsdauer der Larven der Wanderheuschrecke Schistocerca gregaria in Abhängigkeit von der relativen Luftfeuchte. (b) Sauerstoff: Abhängigkeit des O_2-Verbrauchs zweier Zuckmückenlarven vom O_2-Angebot im Wasser. Tanytarsus brunnipes (A) lebt in strömendem Wasser (»Konformer«), Chironomus longistylus (B) in stehendem Gewässer mit oft geringem O_2-Gehalt (»Regulierer«); vgl. S. 591; Abb. 6.74, 6.75. (c) Temperatur: Nettophotosynthese bei verschiedener Beleuchtungsstärke (ausgefüllte Symbole) und Dunkelatmung (offene Symbole) der Wüstenflechte Ramalina maciformis in Abhängigkeit von der Temperatur. (d) Bestandsdichte: Abhängigkeit der Samenzahl und des Samengewichtes von der Bestandsdichte bei dem Gras Lolium rigidum. (e) Nahrung: Entwicklungsdauer der Larven und Puppen sowie Puppengewicht und Lebensdauer ungefütterter Imagines der Schmeißfliege Calliphora erythrocephala in Abhängigkeit von der Futtermenge, die den Larven zur Verfügung stand. (a nach Hamilton, b nach Wälsch, c nach Lange, d nach Knapp, e nach Pedersky-Pastuchova)

Populationen, sondern für das ganze Stoffwechselgeschehen im Ökosystem zu. Der Substanzgewinn der nichtgrünen Pflanzen und der Tiere beruht auf der direkten Verarbeitung photosynthetischer Produkte oder bereits umgewandelter Sekundärprodukte, die als Nahrung aufgenommen und über Verdauung und Stoffwechsel in körpereigene Substanz bzw. Vermehrungsprodukte wie Sporen, Eier oder vegetativ erzeugte Nachkommen übergeführt werden (Abschnitt 5.2).

2. *Substanzverlust durch Arbeit.* Der Energieaufwand für die Produktion körpereigener Substanz, für Stofftransport, Fortbewegung, Exkretion, Temperaturregulation usw. muß letztlich aus energiereichen organischen Substanzen gedeckt werden, die über Oxidationsprozesse abgebaut werden (S. 87f.). Ein guter Meßwert für die Summe aller energieverbrauchenden Prozesse ist die Atmungsgröße (S. 587f.).

Die angesprochenen Prozesse werden auf die vielfältigste Weise durch Umweltfaktoren gesteuert. Abbildung 8.12 zeigt Beispiele für Reaktionsweisen dieser Stoffwechselgrößen auf unterschiedliche Umweltfaktoren. Praktisch alle denkbaren Beziehungen sind verwirklicht; häufig treten Reaktionsmaxima in bestimmten Größenbereichen der Umweltfaktoren auf.

Sterblichkeit. Erst das Zusammenwirken von Wachstum bzw. Vermehrung und Sterblichkeit entscheidet über Zu- oder Abnahme einer Population. Die physiologisch maximal mögliche Lebenslänge wird unter natürlichen Bedingungen selten erreicht, nachteilige Umweltbedingungen reduzieren in unterschiedlichem Maße die Überlebenschance (Abschnitte 8.2.4.1 und 8.2.4.2). Es bedarf keiner Erläuterung, daß die Gegenwart widriger biotischer Faktoren (Konkurrenten, Feinde, Parasiten, Krankheiten) die Überlebensaussichten eines Individuums vermindert. Aber auch abiotische Faktoren, insbesondere klimatischer Natur, erlangen zumindest zeitweise starke Bedeutung: Extrem kalte Winter sind für die oft hohe Sterblichkeit bei Insektenlarven, Vögeln und Säugetieren verantwortlich. Waldbrände verändern – je nach der Häufigkeit ihres Auftretens – drastisch die Zusammensetzung der Vegetation, wobei das Massensterben indirekt das Wachstum der darauffolgenden neuen Vegetation beeinflußt (Abb. 8.87). Ähnlich wie für die Stoffwechselreaktionen lassen sich auch zwischen Sterblichkeit und Umweltfaktoren quantitative Beziehungen aufzeigen (Abb. 8.13).

Die Sterblichkeit braucht nicht immer das ganze Individuum zu betreffen. Vor allem die ausdauernden Höheren Pflanzen werfen in regelmäßigem jahreszeitlichem Wechsel oder kontinuierlich Teile ihres Vegetationskörpers ab (Blätter, Äste, ganze Sproßsysteme, Wurzeln) und reduzieren so die Substanz des Individuums. Grasende Huftiere dezimieren zwar die Phytomasse insgesamt, die einzelnen Pflanzen bleiben jedoch am Leben. Analog »weiden« Papageien- und Korallenfische auf Korallen, Meeresschnecken auf Hydrozoenkolonien, ohne unbedingt die Tierstöcke zu vernichten. Auch Parasiten (S. 807f.) fressen oder schädigen oft nur Teile ihres Wirtes.

Formbildung und Entwicklung. Aus der Konstruktion eines Organismus kann man oft Rückschlüsse auf die adaptiven Funktionen seiner Teile ziehen. Da die Erfordernisse der

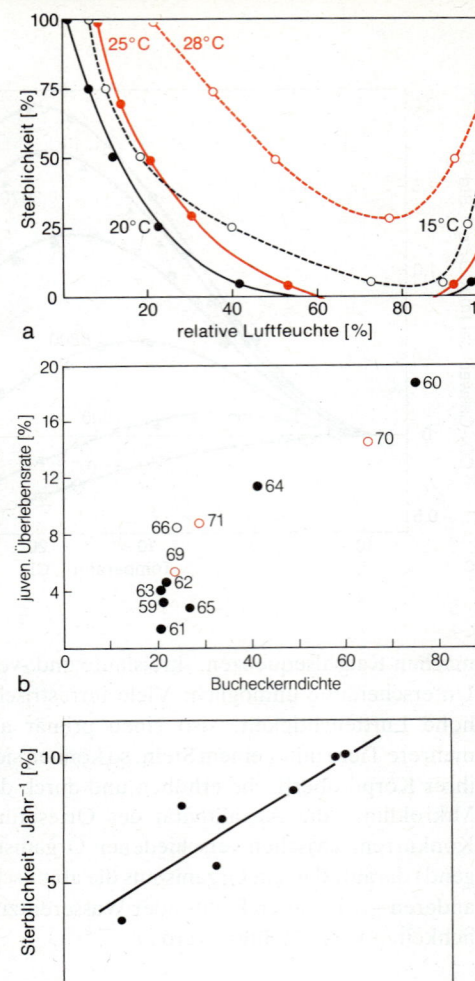

Abb. 8.13 a–c. Sterblichkeit in Abhängigkeit von Umweltfaktoren. (a) Sterblichkeit der Eier von Dendrolimus pini (Kiefernspanner) in Abhängigkeit von der relativen Luftfeuchte bei verschiedenen Temperaturen. (b) Überlebensrate juveniler Kohlmeisen (Parus major) in Holland 1959–1971, vom Verlassen des Nestes bis zur ersten Brutzeit, in Abhängigkeit vom herbstlichen Angebot an Bucheckern (relativer Maßstab). Rote Kreise: Jahre mit zusätzlicher Samenfütterung. (c) Sterblichkeit adulter Kaffernbüffel (Syncerus caffer) in der Serengeti, Tansania, in Abhängigkeit von der Populationsgröße. (a aus Schwerdtfeger, b nach Balen aus Krebs, c nach Sinclair aus Hutchinson)

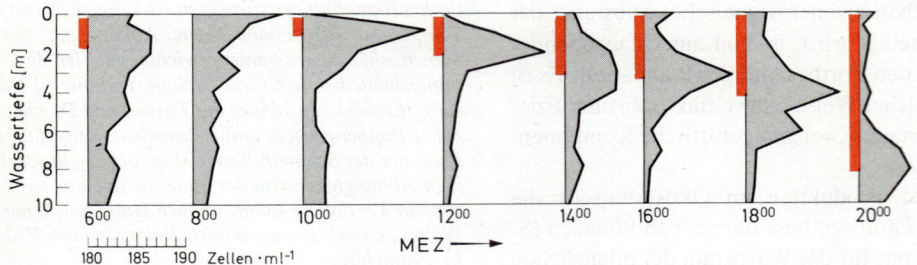

Abb. 8.14. Tiefenprofile der Populationsdichten von Cryptomonas marssonii (Flagellata) in den obersten 10 m des Wasserkörpers in der Mitte des Titisees (Schwarzwald) am 21.9.1965. Rote Vertikalbalken: Tiefenlage der maximalen Zellzahl · ml^{-1}. Bei niedrigen Lichtintensitäten am Morgen wandert Cryptomonas phototaktisch nach oben, bei höheren schlägt die positive Reaktion in eine negative um, die Algen wandern abwärts. (Nach Soeder)

Organismen unter verschiedenen Umweltbedingungen verschieden sind und ein und dasselbe Organ unter verschiedenen Umweltbedingungen verschieden gut funktioniert – einer der interessantesten Aspekte der funktionellen Morphologie –, ist es verständlich, daß die ontogenetische Entwicklung der Pflanzen und Tiere selbst stark durch Umweltfaktoren gesteuert werden kann. Ein besonders eindrucksvolles Beispiel ist das *Etiolement* der Pflanzen (S. 332). Bei dieser Photomorphose werden bei Lichtmangel auf Kosten der Blattspreitenentwicklung alle verfügbaren Stoffreserven in das Längenwachstum investiert, um die potentiell grünen, zur Photosynthese befähigten Teile aus dem Dunkeln in das Licht zu bringen (Abb. 4.15, S. 333).

Orientierung und Verhalten. Die vielseitigen und komplizierten Orientierungsreaktionen der Organismen beruhen auf der Leistungsfähigkeit der reizaufnehmenden, -verarbeitenden und -beantwortenden Strukturen: Sinnesorgane, Nervensystem und Bewegungsapparat bei Tieren, meist weniger stark spezialisierte Strukturen bei Pflanzen. Orientierung und Verhalten sind zwar weitgehend auf das Tierreich beschränkt, doch zeigen eigenbewegliche Pflanzen, insbesondere einzellige Algen und Gameten, vergleichbare Orientierungsreaktionen. Als ein Beispiel sei die lichtorientierte Wanderung von Algen im See genannt, die es den autotrophen Pflanzen gestattet, optimale Lichtbedingungen für die Photosynthese aufzusuchen (Abb. 8.14). Aber auch festgewachsene Pflanzen und Tiere sind zu reizgesteuerten Bewegungen imstande (z. B. Geotropismus, Phototropismus, S. 641 f.), die ihnen eine optimale Exposition gegenüber den wichtigen Umweltfaktoren ermöglichen.

Diese Thematik wird den Gebieten der Verhaltensphysiologie der Tiere und der Bewegungsphysiologie der Pflanzen zugeordnet (S. 723 f., 641 f.), wenngleich die Fragestellungen oft ökologischer Natur sind. Themen wie die Sozialstruktur der Populationen, Tierwanderungen oder Paarungs-, Verfolgungs- und Fluchtverhalten demonstrieren die Verquickung sinnesphysiologischer, ethologischer und ökologischer Probleme.

8.1.2.2 Prinzipien von übergeordneter Bedeutung

Toleranz. Eine grundlegende Frage in der Ökologie lautet: Warum kommen bestimmte Populationen nur in bestimmten Gebieten vor, warum breiten sie sich nicht oder nur kaum merklich weiter aus; welche Faktoren sind also für das Artenverteilungsmuster auf der Erde verantwortlich? Bei der experimentellen Analyse dieser Fragen mißt man vorzugsweise solche Reaktionen der Organismen, die etwas über ihre Existenzmöglichkeit aussagen, wie z. B. Photosyntheserate, Wachstum, Reproduktion, Stoffwechselgeschwindigkeit, Lokomotion oder Überlebenschance.

Die Beziehungen zwischen Umweltfaktor und Reaktion des Organismus sind selten über weite Strecken linear (Abb. 8.12, 8.13, 8.15). Vielmehr gibt es meist *minimale* und *maximale* Werte der Umweltfaktoren, unter- bzw. oberhalb derer sich die Reaktionen der Individuen dem Wert Null nähern bzw. schädigende Wirkungen auftreten. Im Extremfall ist die Existenz des Individuums nicht mehr möglich. Der Wertebereich eines Umweltfaktors, innerhalb dessen die Individuen einer Population oder Art existieren können, wird als der *Toleranzbereich* dieses Faktors bezeichnet (Abb. 8.15). Seine genaue Kennzeichnung bereitet im Einzelfall oft Schwierigkeiten. Im Experiment kann man Toleranzgrenzen bestimmen, z. B. die Temperaturen, bis zu denen bei einer bestimmten Einwirkungszeit nur noch 5% der getesteten Organismen überleben oder bei denen die Blätter von Pflanzen beginnen, Schädigungen aufzuweisen. Große Unterschiede in der Widerstandsfähigkeit bei verschiedenen Arten treten dabei in Erscheinung (Tab. 8.3, 8.4). Oft läßt sich ein mehr oder weniger enger Bereich des Umweltfaktors kennzeichnen, in dem die betrachtete Lebensäußerung des Organismus maximal ist. Dieser Bereich wird üblicherweise das »*Optimum*« des Faktors genannt.

Tabelle 8.3. Widerstandsfähigkeit voll hydratisierter Assimilationsorgane gegen Kälte (mindestens 2 h Einwirkungsdauer) und Hitze (30 min Einwirkungsdauer). Angegeben sind die Temperaturen, bei denen 50%ige Schädigung eintritt. (Nach mehreren Autoren zusammengestellt)

	Kälte [°C]	Hitze [°C]
Flechten aus Kältegebieten	bis −196	35 bis 45
Alpine Zwergsträucher	−20 bis −70	48 bis 54
Krautige Blütenpflanzen Mitteleuropas	−10 bis −20	40 bis 52
Mediterrane Hartlaubpflanzen	−6 bis −13	50 bis 55
Krautige Blütenpflanzen der Tropen	+5 bis −2	45 bis 48
Tropische Meeresalgen	+16 bis +5	32 bis 40

Tabelle 8.4. Optimum- und Maximumtemperaturen für das Wachstum einiger Prokaryoten, die besonders hitzeresistent sind (Bewohner heißer Quellen). Die methan-bildenden Bakterien, zu denen *Methanobacterium* zählt, der Schwefeloxidierende *Sulfolobus* (beide Gruppen chemoautotroph) und das zu den Mycoplasmen (zellwandfreie Bakterien) gehörende *Thermoplasma* werden der Gruppe der Archaebacteria zugeordnet (vgl. S. 938, Abb. 11.6), die oft durch extreme Standorte ausgezeichnet sind. Die Thermoacidophilen wie *Sulfolobus* und *Thermoplasma* gedeihen in sehr heißen, sehr sauren Medien, die Methanbakterien unter extremen Redoxverhältnissen (molekularer Wasserstoff!). (Nach Brock)

Organismus	Optimum [°C]	Maximum [°C]
Blaualge (Cyanophyt) *Synechococcus lividus*	63–67	74
Photosynthetisierendes Bacterium *Chloroflexus aurantiacus*	55	70–73
Nicht-photosynthetisierende Bakterien in neutralem Medium:		
Thermomicrobium roseum	75	85
Bacillus stearothermophilus	50–65	70–75
Methanobacterium thermoautotrophicum	65–70	75
Thermoactinomyces vulgaris	60	70
in saurem Medium:		
Sulfolobus acidocaldarius	70–75	80–90
Thermoplasma acidophilum	59	65

Präferenz. Setzt man bewegliche Organismen einem Gradienten eines Umweltfaktors aus, in dem sie den Platz ihres Aufenthaltes selbst wählen können, so bevorzugen sie meist bestimmte Umweltbedingungen. In Analogie zum Toleranzbereich spricht man von einem *Präferenzbereich* oder Umweltpräferendum. Auch hier läßt sich meist ein Optimum erkennen. Der Präferenzbereich eines Umweltfaktors liegt innerhalb des Toleranzbereiches, die Optima müssen aber nicht zusammenfallen.

Eury- und Stenökie. Bioindikatoren. Vergleicht man mehrere Arten, so zeigen sich oft markante Unterschiede bezüglich der Toleranz- oder Präferenzbereiche gegenüber gleichen Umweltbedingungen. So können Bachforellen nur in einem engen Bereich niedriger Temperaturen bis ca. 15°C leben, während Karpfen sehr unterschiedliche Temperaturen tolerieren. Organismen mit generell weiten Toleranz- bzw. Präferenzbereichen nennt man *euryök*, solche mit engen Bereichen *stenök*. Für Einzelfaktoren gebraucht man zusammengesetzte Begriffe, wie z. B. stenotherm und eurytherm für die Temperatur. Organismen, deren Toleranzbereich bei niedrigen (hohen) Temperaturwerten liegt, werden als oligotherm (polytherm) bezeichnet (Abb. 8.15a). Für andere Umweltfaktoren gilt Entsprechendes. Selbstverständlich sind diese Begriffe immer relativ zu verstehen, also eigentlich nur beim Vergleich verschiedener Gruppen von Organismen sinnvoll. Stenöke Organismen spielen oft als *Indikatororganismen* (*Bioindikatoren* oder *Zeigerarten* genannt) eine wichtige Rolle, nicht zuletzt in der angewandten Ökologie. Wegen ihres engen Toleranz- oder Präferenzbereiches kann ihr Vorkommen ganz bestimmte, mehr oder weniger eng umschriebene Umweltbedingungen bzw. Standortverhältnisse anzeigen, z. B. Bodenacidität (Sauerampfer, *Rumex acetosella*), Stickstoffreichtum (Brennessel, *Urtica dioica*) oder zinkhaltigen Untergrund (Galmeiveilchen, *Viola calaminaria*). Viele Flechten eignen sich als Bioindikatoren der Luftqualität, sie sind vor allem gegen SO_2-Verunreinigungen empfindlich. Die Larven der Steinfliegen (Plecoptera) oder das Laichkraut *Potamogeton coloratus* sind gute Indikatoren für oligotrophe bzw. oligosaprobe Flüsse, die Bakterienart *Sphaerotilus natans* hingegen für organisch, der Wasserhahnenfuß *Ranunculus fluitans* für anorganisch stark verschmutzte Fließgewässer. Das kombinierte Auftreten mehrerer stenöker Arten vermag einen Biotop selbst ohne genauere Umweltmessungen oft treffend zu kennzeichnen. In Land- und Forstwirtschaft wird davon vielfach Gebrauch gemacht.

Toleranz- und Präferenzbereiche gegenüber einem Umweltfaktor sind für eine Art oder Population nicht konstant. Nicht nur hängen die Toleranzbereiche von den jeweils untersuchten Reaktionen der Organismen ab, sie können z. B. für die Reproduktion anders liegen als für die Überlebensrate. Auch Alter, Geschlecht, Fortpflanzungszustand, Akklimatisation (S. 775) und natürlich die genetische Konstitution spielen eine Rolle. Zusätzlich greifen auch noch die gleichzeitig vorliegenden Werte anderer Umweltfaktoren modifizierend ein (S. 777). Deshalb ist bei der Bewertung eines Biotops aufgrund von Bioindikatoren immer eine gewisse Vorsicht geboten.

Regulierung des inneren Milieus. Eine oft zu beobachtende Tendenz in der Evolution ist die Entwicklung einer gewissen Unabhängigkeit der physiologischen Bedingungen im Organismus von der Variabilität solcher Außenfaktoren, die in ständigem Austausch mit dem Organismus stehen und tiefgreifende Wirkungen auf den Stoffwechsel ausüben können, wie Temperatur, Ionenkonzentration und Feuchtigkeit. Beispielsweise schwankt bei den ursprünglich gebauten Thallophyten (S. 558) das Wasserpotential (S. 61) ihres Plasmas mit dem ihrer Umgebung. Sie trocknen in nicht voll wassergesättigter Luft aus. Man spricht bei solchen nicht der Regulation fähigen Organismen (vgl. S. 591) wie Flechten und Moosen von *poikilohydren* Pflanzen, um die Variabilität des Wasserzustandes ihrer Zellen zu kennzeichnen. Die Eroberung des terrestrischen Lebensraumes durch die Pflanzen wurde erst durch die Entwicklung der Cormophyten (S. 562f.) möglich, die weitgehend unabhängig von der Feuchtigkeit der sie umgebenden Luft durch Regulations-

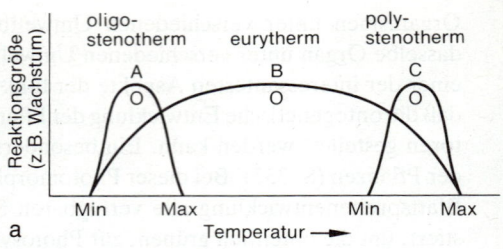

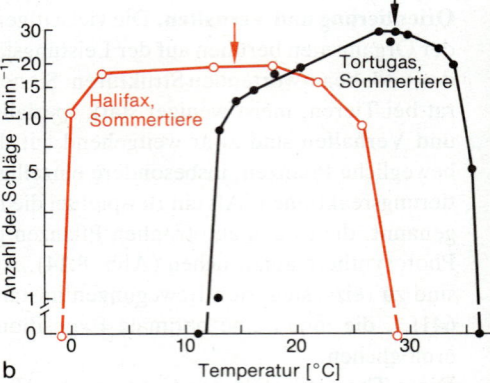

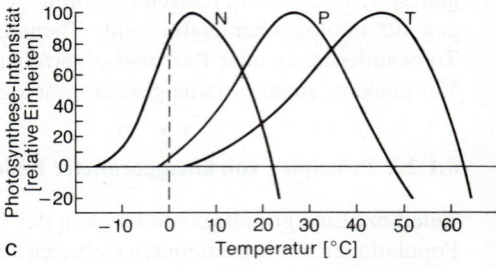

Abb. 8.15 a–c. Abhängigkeit der Reaktion eines Organismus von der umgebenden Temperatur. (a) Schematische Übersicht über verschiedene Temperaturtoleranzbereiche: oligostenotherme (A, z. B. Forelle), eurytherme (B, z. B. Karpfen) und polystenotherme (C, z. B. Guppy) Organismen. Min Minimum, Max Maximum des tolerierten Temperaturbereiches; O optimaler Temperaturbereich (maximale Reaktion). (b) Unterschiedliche Temperaturtoleranz in zwei Populationen der Ohrenqualle Aurelia aurita, gemessen an der Schlagfrequenz der Schwimmbewegungen. Die Pfeile geben die Temperaturen im natürlichen Biotop an. (c) Nettophotosynthese-Intensität in Abhängigkeit von der Temperatur bei Lichtsättigung für verschiedene Pflanzentypen. N Neuropogon acromelanus, Kälteflechte, Antarktis; P Aprikose (Prunus armeniaca), mesophytische Kulturpflanze der gemäßigten Breiten; T Tidestromia oblongifolia, Wüstenpflanze, Death Valley, Kalifornien/USA. Die Temperaturbereiche optimaler CO_2-Aufnahme unterscheiden sich um etwa 40 K. (a Original Jacobs, b nach Mayer, c nach Mooney et al. u. Lange et al.)

mechanismen ein ziemlich konstantes, hohes Wasserpotential aufrecht zu erhalten vermögen (*Regulierer, homoiohydre* Organismen). Die relative Unabhängigkeit von den Wasserbedingungen der Umwelt setzt eine Reihe von strukturellen Merkmalen voraus, z. B. hochentwickelte Wasseraufnahmeorgane (Wurzeln), leistungsfähige Wasserleitungselemente (tote Zellen mit druckfesten, verholzten Wänden), große und auch regulierbare Übergangswiderstände für den Wasserdampf (Cuticula, verkorktes Gewebe, Spaltöffnungen) und innere Wasserspeicher (Vakuolen). Meist sind solche Baueigentümlichkeiten mit einem Verlust der Fähigkeit des Protoplasmas verbunden, Austrocknung zu überleben; Ausnahmen bilden einige Farne (z. B. der Milzfarn *Ceterach*) und Blütenpflanzen (z. B. *Myrothamnus*) sowie viele Verbreitungsorgane der Cormophyten (z. B. Sporen und Samen).

In analoger Weise unterscheidet man poikilosmotische und homoiosmotische (S. 602) Organismen sowie poikilotherme und homoiotherme Tiere (S. 592).

Der hauptsächliche Vorteil einer inneren Unabhängigkeit von äußeren Umweltveränderungen scheint darin zu liegen, daß einerseits das Funktionieren der temperatur- und wasserabhängigen Stoffwechselmaschinerie im Organismus auf einen spezifischen, engen Bereich dieser Faktoren optimal abgestimmt werden kann, andererseits aber diese eng begrenzten, optimalen inneren Bedingungen über weite Schwankungsbereiche der äußeren Gegebenheiten beibehalten werden können. Den nicht regulierenden Organismen sind relativ enge Grenzen der Aktivität gesetzt, sie können oft nur aktiv sein, wenn die Umweltbedingungen sich im optimalen Bereich befinden. Suboptimale Bedingungen werden im inaktiven Zustand, oft in Form besonderer morphologischer und physiologischer Ruhestadien, überbrückt. Regulierer erweisen sich hier als überlegen, weil Platz und Nahrung während längerer Zeiträume genutzt werden können. So sind z. B. während der Wintermonate in den gemäßigten Zonen fast ausschließlich die homoiothermen Vögel und Säugetiere aktiv.

Der inneren Regulation fähige Organismen sind also in der Regel stärker euryök als vergleichbare Organismen, die einer inneren Regulation nicht fähig sind. Diese können oft nur solche Lebensräume besiedeln, die geringe Schwankungen der betreffenden Umweltfaktoren aufweisen, in denen also eine Regulationsfähigkeit kaum einen Vorteil brächte. So sind viele poikilosmotische Meerestiere auf das freie Meer und den Meeresboden beschränkt, wo der Salzgehalt konstant ist. Ebenso sind die niederen Pflanzen vor allem im Wasser oder in Gebieten mit hoher Luftfeuchtigkeit anzutreffen. Ausnahmen hiervon bilden speziell angepaßte Organismen, wie z. B. poikilohydre Flechten in Wüsten, die ihre Stoffwechselaktivität auf die kurzen Perioden der Durchfeuchtung durch Tau oder nächtlich hohe Luftfeuchtigkeit beschränken.

Akklimatisation und andere phänotypische Anpassungen. Wie für alle phänotypischen Erscheinungen, so gilt auch für die Reaktionen des Individuums auf Umweltfaktoren, daß sie zu einem gegebenen Zeitpunkt von allen früheren, bis zu diesem Zeitpunkt bereits aufgetretenen Einwirkungen auf das Individuum mitbestimmt werden. Ein ökologisch wichtiger Teil dieses allgemeinen Zusammenhanges ist das Phänomen der *Akklimatisation*. Darunter versteht man die Veränderung der Reaktionen eines Organismus auf klimatische Bedingungen, insbesondere Temperatur, *in Abhängigkeit von der Dauer des davorliegenden Aufenthaltes in bestimmten Bedingungen*. Je länger ein Organismus z. B. einer gegebenen Temperatur ausgesetzt ist, desto größer ist der dadurch bewirkte Akklimatisationseffekt. Allerdings nähert sich dieser asymptotisch einem jeweils typischen Maximalwert an. Die Zeitdauer bis zum Erreichen maximaler Akklimatisation kann sehr unterschiedlich sein, sie kann wenige Stunden, mehrere Tage oder sogar einige Wochen betragen. Offensichtlich wird das Stoffwechselgefüge während der Akklimatisationsperiode verändert. Einiges spricht dafür, daß Verschiebungen in der Aktivität und Häufigkeit der Enzyme stattfinden. In der Regel verschiebt sich die

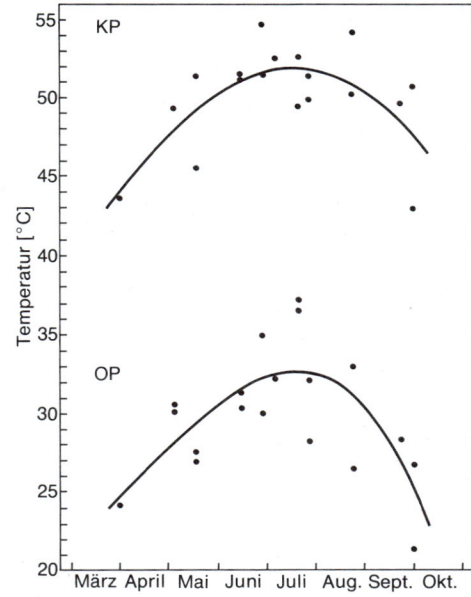

Abb. 8.16. Jahreszeitliche Verschiebung des oberen Temperaturkompensationspunktes (KP, S. 436) und des Temperaturoptimums (OP) der Nettophotosynthese bei Lichtsättigung für die Aprikose unter Freilandbedingungen. Während der wärmsten Sommermonate liegen die Werte um etwa 10 K höher als im Frühjahr und im Herbst. Die Verschiebung ist das Ergebnis kombinierter Akklimatisationseinflüsse von Temperatur und Photoperiode. Die starke Streuung der Meßdaten beruht auf kurzfristigen Schwankungen des Photosynthesevermögens durch Änderung des augenblicklichen Wasserzustandes der Pflanzen. (Nach Lange et al.)

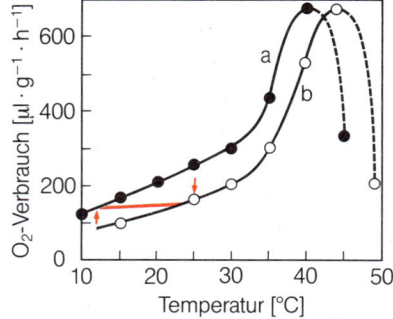

Abb. 8.17. Temperaturabhängigkeit des Sauerstoffverbrauchs des Pappelblattkäfers (Melasoma populi) unter verschiedenen Akklimationsbedingungen. Akklimatisation a bei 12°C, b bei 25°C. Die rote Gerade verbindet die Punkte des Sauerstoffverbrauchs von akklimatisierten Tieren bei den Temperaturen, an die sie akklimatisiert wurden: Es besteht fast kein Unterschied zwischen 12°- und 25°-Tieren. Die senkrechten roten Pfeile zeigen den Verlauf der Akklimatisation, wenn man die 12°-Tiere bei 25°C (↓) bzw. die 25°-Tiere bei 12°C (↑) belassen würde. (Nach Marzuch)

Temperatur-Reaktion-Beziehung mit zunehmender Höhe der Akklimatisationstemperatur in höhere Temperaturbereiche. Hierdurch wird bewirkt, daß – *nach* jeweils erfolgter Akklimatisation – die Reaktionen bei verschiedenen Temperaturen einander ähnlicher sind als sie es ohne Akklimatisation wären (Abb. 8.16, 8.17). Die Temperaturakklimatisation bewirkt somit eine stabilisierende Anpassung des Organismus an die jeweils herrschenden Temperaturbedingungen.

Akklimatisation kennt man auch für andere Umweltfaktoren. Zwei Beispiele: In fast allen Tieren, die Hämoglobin als Sauerstoffträger oder -speicher (S. 633) benützen, wird die Produktion von Hämoglobin bzw. roten Blutkörperchen verstärkt, wenn die Sauerstoffkonzentration im umgebenden Medium abnimmt (Abb. 8.18). Hierdurch wird das tatsächlich zur Verfügung stehende Sauerstoffangebot im Körper gleichmäßiger gehalten als es ohne diese Regulation der Fall wäre. – Pflanzen, die längere Zeit Trockenheit ausgesetzt sind, können xeromorphe Strukturen entwickeln, die die Transpiration bzw. den Wasserverlust bei gleichzeitiger CO_2-Aufnahme reduzieren. Vergleicht man etwa Sonnen- und Schattenblätter einer Baumkrone (Abb. 5.49, S. 434), so findet man, daß die Sonnenblätter dicker sind (weniger Oberfläche pro Volumen), stärkere Aderung, oft eine stärkere Behaarung sowie eine dickere Außenwand der Epidermis haben als Schattenblätter. Demgegenüber vermögen Schattenblätter niedrigere Lichtintensitäten zu photosynthetischer Stoffproduktion besser zu nutzen als Sonnenblätter.

Das ökologisch wichtigste Resultat solcher akklimatisationsbedingter Anpassungen ist eine *Verbreiterung des Toleranz- bzw. Präferenzbereiches* und des Optimalbereiches (Abb. 8.19). Akklimatisationen haben somit letzten Endes eine homoiostatische Funktion, die in ihrer ökologischen Auswirkung homoiohydren, -osmotischen und -thermischen Regulationen ähnlich ist. Will man aufgrund von Toleranzversuchen die natürliche Verbreitung einer Art verstehen, ist es deshalb unbedingt erforderlich, den komplizierenden Einfluß der Akklimatisation und ähnlicher Anpassungserscheinungen zu berücksichtigen.

Anpassungen an Klimarhythmen. Die meisten Biotope der Erde weisen rhythmische Änderungen der Umweltbedingungen auf, die durch jahreszeitliche Schwankungen der klimatischen Verhältnisse bedingt sind. Oft wechseln »günstige« und »ungünstige«

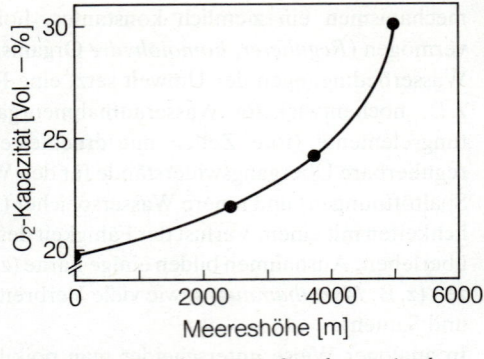

Abb. 8.18. Beziehung zwischen der maximalen Sauerstoffkapazität des menschlichen Blutes und der Höhenlage des Aufenthaltsortes nach langdauernder Akklimatisation der Versuchspersonen. Die höhere Sauerstoffkapazität des Blutes bei geringerem Sauerstoffpartialdruck beruht hauptsächlich auf einer Erhöhung der Zahl der Erythrocyten pro Volumeneinheit. (Nach Daten aus Prosser)

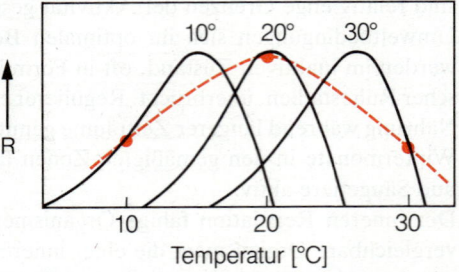

Abb. 8.19. Schematische Darstellung der Erweiterung des Toleranzbereiches durch Temperaturakklimatisation. Die 3 einzelnen Toleranzkurven zeigen die Temperaturabhängigkeit der Reaktion R (z. B. O_2-Verbrauch) nach Akklimatisation an 3 Temperaturen (Ziffern über den Maxima; vgl. Abb. 8.17). Die Punkte zeigen die jeweilige Reaktionshöhe bei der Akklimatisationstemperatur. Die gestrichelte rote Kurve verbindet die Punkte und gibt somit den Toleranzbereich an, der resultiert, wenn Akklimatisation ermöglicht wird. (Original Jacobs)

Abb. 8.20. Lebensformen Höherer Pflanzen. Phanerophyten: Pappel, Mistel; Chamaephyten: Heidelbeere; Hemikryptophyten: Hahnenfuß, Löwenzahn, Schafschwingel; Kryptophyten: Anemone, Tulpe; Therophyten: Samen. Die Knospen sind vergrößert rot hervorgehoben. (Nach Stocker)

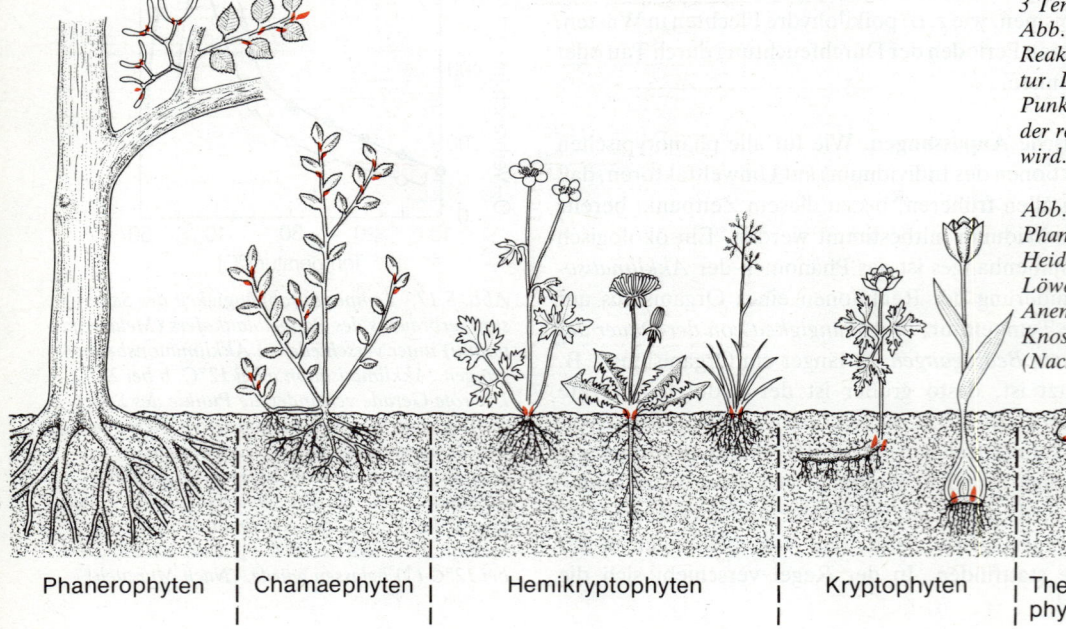

Tabelle 8.5. Biospektren (% der Arten von Höheren Pflanzen, die die Vegetation bilden) in verschiedenen Zonen; Abkürzungen der Lebensformen vgl. Abb. 8.20. Fettgedruckte Zahlen: Dominierende Lebensformen. (Nach Walter)

	P	CH	H	K	TH
Tropische Zone: Seychellen	**61**	6	12	5	16
Wüstenzone: Totes-Meer-Gebiet	4	7,5	1,5	5	**82**
Mediterrane Zone: Italien	12	6	29	11	**42**
Gemäßigte Zone: Schweizer Mittelland	10	5	**50**	15	20
Arktische Zone: Spitzbergen	1	22	**60**	15	2
Nivale Stufe: Alpen	—	24,5	**68**	4	3,5

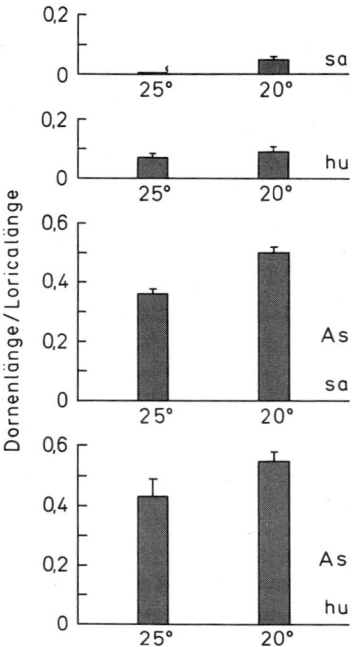

Abb. 8.21. Kombinierte Wirkung dreier Umweltfaktoren (Nahrung, Temperatur, Asplanchna-Substanz) auf die Dornenlänge des Rädertieres *Brachionus calyciflorus.* sa, gut genährte Tiere (optimale Futterdosis); hu, ein Fünftel der optimalen Futterdosis; As, Asplanchna-Substanz im Überfluß vorhanden. Die Ordinate gibt die Dornenlänge relativ zur Panzer(Lorica-)länge an. (Nach Halbach)

Zeitperioden regelmäßig miteinander ab, so z. B. Sommer und Winter im Bereich des gemäßigten Klimas oder Regen- und Trockenzeit in ariden Gebieten. Ein solcher dominierender Rhythmus prägt den jahreszeitlichen Aktivitätswechsel von Flora und Fauna und führt zu vielfältigen Anpassungserscheinungen, wie überwinternde Samen oder Dauereier, sommer- oder regengrüne Gehölze (S. 853), Vogelzug, Winterschlaf und Pelzwechsel. Bei den Cormophyten sind unterschiedliche *Lebensformen* als Wege zur Überbrückung der ungünstigen klimatischen Perioden zu deuten. Nach RAUNKIAER kann als eine von verschiedenen Möglichkeiten die Lage der ausdauernden Organe oder Erneuerungsknospen als Einteilungsprinzip gewählt werden (Abb. 8.20). Die *Phanerophyten*, zu denen die Bäume und Sträucher gehören, erheben ihre ausdauernden Triebe mit den Erneuerungsknospen oder den immergrünen Blättern weit über die Bodenoberfläche hinaus. Diese sind damit den Unbilden der kalten Jahreszeit unmittelbar ausgesetzt. Besseren Schutz genießen die *Chamaephyten*, z. B. Zwergsträucher und Polsterpflanzen, die im Winter von Schnee bedeckt werden. Die *Hemikryptophyten*, wie Rosetten- und Horstpflanzen, besitzen oberirdische Sproßsysteme, die im Winter ganz absterben. Ihre Erneuerungsknospen werden unmittelbar an der Bodenoberfläche bereits durch die geringste Schneedecke und zusätzlich durch Streu geschützt. *Kryptophyten (Geophyten)* überdauern die ungünstige Jahreszeit mit ihren Zwiebeln und Rhizomen weit im Inneren des Bodens. Besonders gut an das Überstehen lebenswidriger Bedingungen sind die kurzlebigen *Therophyten (Annuellen)* angepaßt, deren Samen weder durch Trockenheit noch durch Kälte geschädigt werden können. Nur die Periode günstiger Standortverhältnisse im Sommer oder während der Regenzeit wird hier als aktive Vegetationszeit genutzt. Die Bedeutung dieser Lebensformen als Anpassung an die verschiedenen Klimaverhältnisse spiegelt sich in *Biospektren* wider, in denen der Prozentsatz an Arten der einzelnen Lebensformen in der Vegetation verschiedener Gebiete oder Pflanzengemeinschaften angegeben wird (Tab. 8.5).

8.1.2.3 Komplexe Organismus-Umwelt-Beziehungen

Im Freiland wirkt immer eine ganze Reihe variierender Umweltfaktoren gleichzeitig auf den Organismus ein. Ein und dieselbe Reaktion, z. B. Wachstum oder Sauerstoffverbrauch, kann somit durch mehrere Außenfaktoren beeinflußt werden. Die einfachste Denkmöglichkeit für die Reaktion eines Organismus auf solche multiplen Einwirkungen wäre eine additive Wirkung der Einzelfaktoren. Ein Beispiel: Die Ausbildung von Dornen am Panzer des Rädertierchens *Brachionus calyciflorus* wird während der Eireifung durch mindestens drei Umweltfaktoren bestimmt, die auf die Mutter wirken: Nahrung, Temperatur und eine Substanz, die vom räuberischen Rädertierchen *Asplanchna* in das Wasser

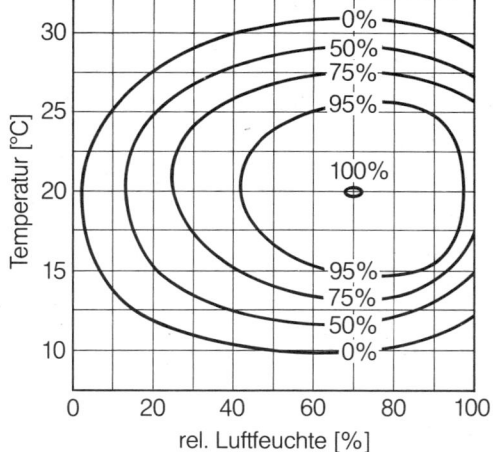

Abb. 8.22. Anteil überlebender Eier des Kiefernspinners Dendrolimus pini, die in verschiedenen Kombinationen von Temperatur und relativer Feuchte aufgezogen wurden. Die Kurven sprechen für eine voneinander unabhängige Wirkung der beiden Umweltfaktoren auf die Überlebenschance. (Nach Schwerdtfeger)

abgegeben wird. Bedornte Tiere sind weitgehend vor dem Räuber geschützt (S. 810). Die Wirkungen der drei Faktoren sind innerhalb bestimmter Bereiche in einer Weise überlagert, wie es bei einfacher Summierung in etwa zu erwarten wäre (Abb. 8.21), wobei allerdings die vom Räuber ausgehende Wirkung stark dominiert. Auch die Kurven in Abbildung 8.22 ergeben sich aus einer additiven Wirksamkeit der in den beiden Koordinaten angegebenen Umweltfaktoren. Eine solche einfache Situation ist wahrscheinlich nur selten oder nur in engen Wirkungsbereichen verwirklicht. Faktoren, die die Überlebenschance beeinflussen, wirken meist nicht in additiver, sondern multiplikativer Weise zusammen.

In vielen Fällen wird eine gegebene Beziehung zwischen der Reaktion eines Organismus und einem Umweltfaktor durch weitere Faktoren verschoben. Zwei experimentelle Befunde hierzu: 1. Die Konzentrationen von Phosphor- und Stickstoffsalzen in den Seen der gemäßigten Zonen sind markanten jahreszeitlichen Schwankungen unterworfen. Algen haben bestimmte Toleranzbereiche und Optima des Wachstums für diese Nährsalze. Der Toleranzbereich für ein Nährsalz kann aber von der Quantität und Qualität anderer abhängen. An einer Reihe von Arten wurde die maximale Phosphatmenge festgestellt, bei der noch optimale Wachstumsbedingungen herrschten. Hierbei zeigte sich, daß die chemische Form der Stickstoffquelle von Bedeutung sein kann: Die maximale Phosphatkonzentration, bei der noch optimales Wachstum erfolgt, lag für die Grünalge *Pediastrum boryanum* und die Jochalge *Staurastrum paradoxum* bei ca. 18 mg Phosphat/l Medium, wenn Nitrat als Stickstoffquelle angeboten wurde. Bei Ammoniumsalzen als Stickstoffquelle sank die obere Toleranzgrenze für Phosphat auf ca. 1,8 mg/l. In diesem Fall reicht also eine einfache Beziehung nicht aus, um die Wachstumsreaktion der Algen bzw. die Existenz der Algenpopulationen zu erklären. – 2. Laufkäfer unserer Wälder zeigen – im Gegensatz zu Feldbewohnern – in Wahlversuchen generell eine Präferenz für Dunkelheit und nicht zu hohe Temperaturen (Abb. 8.23a, b). Bietet man Gradienten beider Parameter gleichzeitig und in natürlicher, »gleichsinniger« Kombination an (dunkel/kalt – hell/heiß, Abb. 8.23c, d), so obsiegt bei den Käfern die Tendenz zum Dunklen über die Temperaturpräferenz: sie gehen ins Dunkle und tolerieren die daran gebundene Kälte. Bei »widersinniger« Koppelung hingegen (dunkel/heiß – hell/kalt, Abb. 8.23e, f) ist die Temperatur von größerer Bedeutung als die Lichtbedingungen: die Tiere begeben sich in hellere Abschnitte der Versuchsanordnung, die ans Dunkle gekoppelte Hitze wird nicht akzeptiert.

Als ein wesentlich komplexeres Beispiel sei die Regulierung der Transpiration bei Pflanzen (S. 614f.) durch die Aktivität der Spaltöffnungen (Stomata) betrachtet. Die Transpiration ist in weitem Maße eine Funktion des Wassersättigungsdefizits der Luft, der Blattemperatur, der Einstrahlung und der Luftturbulenz um das transpirierende Blatt herum. Wegen der Verdunstungskälte hat die Transpiration ihrerseits Rückwirkungen auf die Blattemperatur und ist somit auch ein wichtiges Glied für den Wärmehaushalt. Abbildung 8.24 erläutert die Zusammenhänge, wobei zunächst Spaltöffnungszustand, Lufttemperatur und -feuchte als konstant betrachtet werden, Einstrahlung und Windgeschwindigkeit jedoch variieren. Bei geringem Energiegewinn durch Einstrahlung erhöht zunehmende Windgeschwindigkeit die Transpiration, weil die geringer werdende Wirkung des aerodynamischen Grenzschichtwiderstandes um das Blatt herum überwiegt. Wenn das Blatt jedoch stärker bestrahlt wird, kann zunehmende Windgeschwindigkeit den umgekehrten Effekt haben, da die Senkung der Blattemperatur durch die konvektive Kühlung zu einer starken Verminderung der Dampfdruckdifferenz zwischen Blatt und Umgebungstemperatur führt. Die jeweilige Wasserbilanz einer Pflanze, die sich in Wassergehalt, Turgeszenz, potentiellem osmotischen Druck des Zellsaftes und – am empfindlichsten – in ihrem Gesamtwasserpotential bemerkbar macht, wird letztlich durch die Differenz zwischen den tatsächlichen Werten von Wasseraufnahme und -abgabe bestimmt (vgl. S. 60f.).

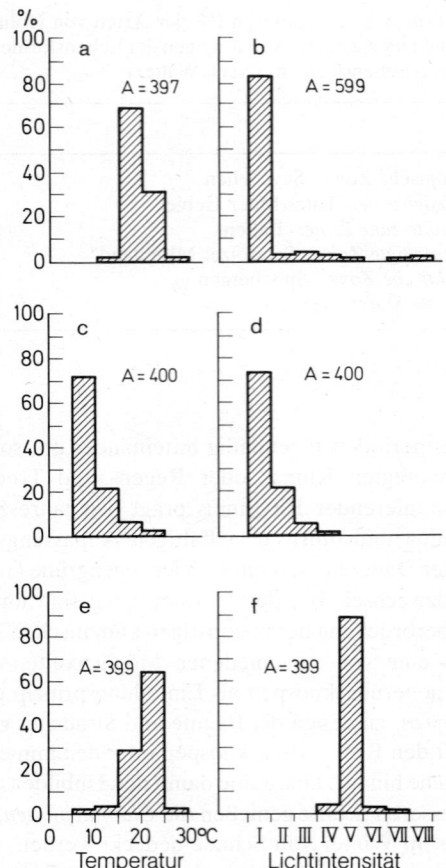

Abb. 8.23 a–f. Präferenz eines waldbewohnenden Laufkäfers, Nebria brevicollis, gegenüber zwei gleichzeitig variierenden Umweltfaktoren (s. Text). Ordinaten: Aufenthaltswahl in % aller Versuchsdaten. A, Anzahl der getesteten Käfer. (a) Verteilung im Temperaturgefälle bei Abwesenheit eines Lichtgefälles. (b) Verteilung im Lichtgefälle bei Abwesenheit eines Temperaturgefälles. Die Helligkeitsstufen I–VIII reichen von 0 bis etwa 2500 lx. (c) Verteilung im Temperatur- und Lichtgefälle, wobei kalt-dunkel und warm-hell kombiniert sind. Aufschlüsselung der Präferenzen nach Temperatur. (d) Gleicher Versuch wie (c), aufgeschlüsselt nach Licht. (e) wie (c), aber Gradienten umgekehrt gekoppelt: kalt-hell und warmdunkel. Aufschlüsselung nach Temperatur. (f) Gleicher Versuch wie (e), aufgeschlüsselt nach Licht. (Nach Thiele)

8.1.2.4 Die ökologische Nische

Verschiedene Kombinationen von Umweltfaktoren beeinflussen den Öffnungsgrad der Stomata, und durch die Änderung der diffusiven Leitfähigkeit der Spalten kann die Wasserabgabe reguliert werden (Abb. 8.25). Da die Stomata aber auch für die Aufnahme von CO_2 sorgen, sind *Transpiration und Photosyntheseleistung eng miteinander verbunden*. Um die CO_2-Versorgung über die Stomata zu garantieren, muß ein gewisser Wasserverlust in Kauf genommen werden, der über die Verdunstungskälte wiederum Temperaturverschiebungen mit sich bringt. Die Gefahren des »Verhungerns« (CO_2-Mangel bei zu stark geschlossenen Stomata) und des »Verdurstens« (Wasserverlust bei zu stark geöffneten Stomata) machen von seiten der Pflanze einen Kompromiß erforderlich, der insgesamt zu einer unter den gegebenen Umweltbedingungen optimalen Kombination von Photosynthese und Wasserbilanz im Tageszyklus führen kann (Modell hierzu in Abb. 8.27). Fähigkeit zu empfindlicher Regelung des stomatären Diffusionswiderstandes und Ausbildung der verschiedenen Wege der primären CO_2-Fixierung im Zuge der Photosynthese (C_4-, CAM-Pflanzen, S. 440f.) sind als funktionelle Anpassungen der Pflanzen an die effektive Nutzung ihrer Wasservorräte aufzufassen. Abbildung 8.26 bringt Beispiele des Tagesganges der Nettophotosynthese einiger Reaktionstypen.

Um derartige polyfaktorielle Beziehungen zu beschreiben, bei denen die Einflüsse der einzelnen Faktoren additiv oder multiplikativ sein, aber auch komplizierte Interferenzen auftreten können, bedient man sich häufig mathematischer Modelle, die man mit Hilfe von Computern hochkomplex gestalten kann. Diese helfen nicht nur bei der ökologischen Analyse des Verhaltens eines Organismus unter Freilandbedingungen, sie lassen auch die Bedeutung der einzelnen Außeneinflüsse erkennen und geben in begrenztem Rahmen die Möglichkeit, Reaktionen durch Simulation vorherzusagen, was z. B. für den Anbau von Kulturpflanzen oder bei der Schädlingsbekämpfung von Bedeutung ist.

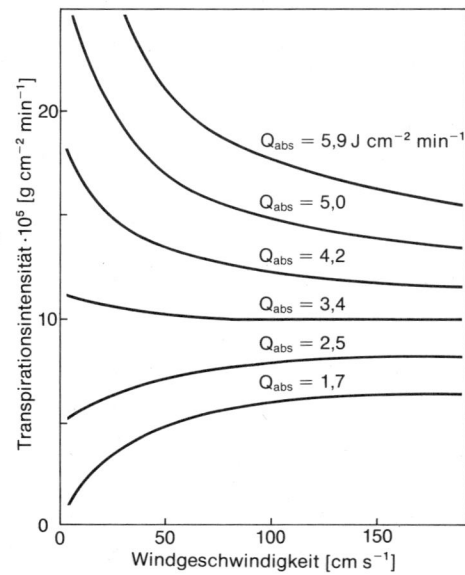

Abb. 8.24. Berechnete Transpirationsintensitäten eines Modellblattes (Fläche 5×5 cm^2) mit konstantem Wasserdampfdiffusionswiderstand von 10 s $\cdot$ cm^{-1} als Funktion der Windgeschwindigkeit bei unterschiedlichen Beträgen von absorbierter Strahlung Q_{abs} (Lufttemperatur 30°C, relative Luftfeuchte 50%). (Nach Gates aus Lange et al.)

8.1.2.4 Die ökologische Nische

Im Freiland reagiert der Organismus in vielfacher Weise auf den ganzen Komplex der abiotischen und biotischen Umwelteinflüsse. Aufgrund aller dieser Beziehungen hat jeder Organismus eine spezifische Stellung im Gesamtgefüge eines Ökosystems, die seine Existenz (oder die einer Population oder einer Art) ermöglicht und bedingt, die *ökologische Nische*. Dieser Begriff wurde ursprünglich mehr in dem Sinne eines Areals oder Platzes verstanden, dessen Eigenschaften die Existenz einer Art dort ermöglichen (»Habitat-Nische« wird in diesem Sinn heute gelegentlich benützt). Gegenwärtig versteht man als zentrales Kriterium für die Definition des Begriffes Nische den Beziehungszusammenhang zwischen Organismus und Umwelt, sozusagen die »Planstelle« oder den »Beruf« einer Art in der Artengesellschaft, wenngleich eine ganz einheitliche Bedeutung des Wortes derzeit in der Literatur nicht zu ersehen ist.

Modellhaft sehr stark vereinfacht läßt sich die ökologische Nische folgendermaßen darstellen (Abb. 8.28): Als ein einfacher Meßwert für die Beziehung zwischen Organismus und einem Umweltfaktor sei der Toleranzbereich im Sinne potentieller Existenzmöglichkeit verstanden. Es sollen sich die einzelnen Umweltwirkungen nicht gegenseitig beeinflussen. Sind in einem Gebiet n Umweltfaktoren vorhanden, und nehmen wir diese als die Parameter eines Koordinatensystems an, auf dem jeweils der Toleranz- bzw. Existenzbereich für eine Art abgesteckt wird, so bekommen wir bei Berücksichtigung aller Faktoren einen n-dimensionalen Existenz-»Überraum« in einem n-dimensionalen Koordinatensystem. Zu diesen Umweltfaktoren gehören natürlich nicht nur die abiotischen Parameter wie Temperatur oder Bodenbeschaffenheit, sondern insbesondere auch Ernährungsfaktoren, rein räumliche Dimensionen (wie die Wassertiefe im See) und nicht zuletzt die Zeit (z. B. Tages- und Jahresrhythmen). Diesen »n-dimensionalen Überraum« der Beziehungen können wir als einen Ausdruck der ökologischen Nische eines Organismus oder einer Population bezeichnen. Oft kann es sinnvoll sein, die Nische einer be-

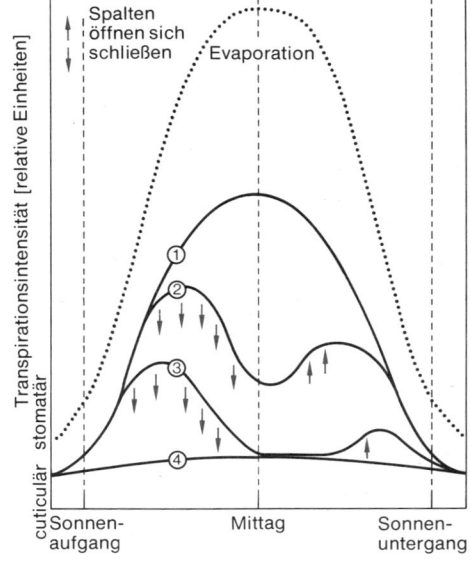

Abb. 8.25. Schematische Darstellung des Tagesverlaufs der Transpiration einer Pflanze (z. B. eines Aprikosenbaumes) bei zunehmender Bodentrockenheit sowie der potentiellen Evaporation (d. h. der Verdunstung eines Blattmodells aus feuchtem Fließpapier). (1) Stomata dauernd geöffnet, Transpiration etwa proportional Evaporation; (2) teilweiser Stomataschluß führt zu einer Mittagsdepression; (3) Stomata zur Mittagszeit völlig geschlossen; (4) Stomata ständig geschlossen, es findet nur cuticuläre Transpiration statt. (Nach Stocker aus Larcher)

stimmten Gruppe innerhalb der Population – etwa Larvenstadien oder Männchen – separat zu betrachten.

Vergleicht man experimentell festgestellte Toleranzbereiche mit Freilandkorrelationen zwischen Umweltfaktor und Populationsexistenz, so erweist sich die reale Ausbreitung einer Population oder Art als enger begrenzt als potentiell möglich erscheint. Ähnlich wie der konkrete Phänotyp eines Individuums nur einen begrenzten Ausschnitt der vom Genotyp her möglichen Reaktionsnorm darstellt, sind auch die realen Nischen meist »kleiner« als die potentiellen Nischen, sei es wegen der Begrenzung der natürlichen Umwelt oder weil eine Beziehung durch die Wirkung eines anderen Faktors, z. B. eines Konkurrenten, eingeengt wird. Man muß also »fundamentale« (maximal denkbare) und »reale« Nischen unterscheiden (vgl. auch S. 801f.).

Das Konzept der ökologischen Nische spielt in mehreren Bereichen der Ökologie eine entscheidende Rolle, so beim Vergleich der Struktur verschiedener Ökosysteme oder der Funktion verschiedener Organismengruppen im gleichen System. Beide Gesichtspunkte seien im folgenden etwas näher erläutert.

Vergleich verschiedener Ökosysteme

Beim Vergleich verschiedener Ökosysteme fallen oft Ähnlichkeiten der Beziehungen der Organismen zur Umwelt auf, selbst wenn es sich um ganz unähnliche geographische oder klimatische Gebiete und um taxonomisch verschiedene Organismen handelt. Man spricht dann von ähnlichen Nischen, die verschiedene Arten in verschiedenen Ökosystemen »besetzen« oder »bilden«, offensichtlich aufgrund *konvergenter Evolution* (S. 866f.). Beziehungen, die Wachstum und Ernährung betreffen, stehen bei solchen Betrachtungen oft im Vordergrund. In den Halbwüsten Afrikas stellen die kaktusartigen Wolfsmilchgewächse (Euphorbiaceae) eine ähnliche Anpassungsform in bezug auf den Wasserhaushalt dar wie die Cactaceen in den Wüsten Amerikas, was sich sowohl in ihrer morphologischen Struktur (Stammsukkulenz, S. 563) als auch in ihrem Stoffwechsel (CAM, S. 441) widerspiegelt. Die Kolibris der Neuen Welt und die Nektarvögel Afrikas »besetzen« die gleiche Nische als Nektarsauger und Blütenbestäuber (ähnliche Körpergröße, Schnabelform, Flugtechnik). – Der arktische Polarfuchs lebt im Sommer vor allem von Eiern brütender Meeresvögel, im Winter weitgehend von Aas und Überresten der Beute der Eisbären. Er besetzt in seinem Ökosystem eine ähnliche Nische wie der Schakal in der afrikanischen Steppe, welcher ebenfalls vor allem von Aas lebt. Selbst ganze Artengruppen fügen sich in dieses Schema der »funktionellen Verwandtschaften«. So spricht man von den »Gilden« samensammelnder Ameisen und Nager in den verschiedenen trockenheißen Wüsten der Kontinente oder laubfressender Insekten in den Wäldern. Ganze Ökosysteme können konvergente Strukturen erkennen lassen, wenn unter ähnlichen Klimabedingungen in ganz verschiedenen Florenreichen der Erde ähnliche Anpassungstypen in der Vegetation dominieren. Hartlaubgehölze finden sich beispielsweise unter sommertrockenen mediterranen Klimabedingungen im Mittelmeerraum, in Kalifornien, Mittel-Chile, im Kapland und in Süd-Australien. Letzten Endes reflektiert auch die Einteilung der Organismen eines Ökosystems in Trophieebenen (S. 812) das universelle Auftreten von Organismengruppen mit vergleichbarer Funktion: Die Algen in einem See nehmen eine ähnliche Stelle ein wie die Gräser und Kräuter einer Wiese. Beide Pflanzengruppen sind die Primärproduzenten ihres Ökosystems, beide liefern die Nahrung für die Pflanzenfresser, von beiden hängt der gesamte Energie- und Stoffhaushalt des Ökosystems ab (S. 820f.).

Nischentrennung ähnlicher Arten

Im Gegensatz zum vergleichenden Studium der Nischen in verschiedenen Ökosystemen steht die Untersuchung der Nischentrennung im gleichen Ökosystem. Zwar weisen die in

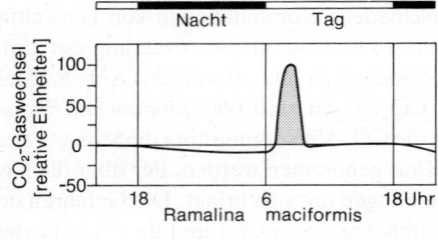
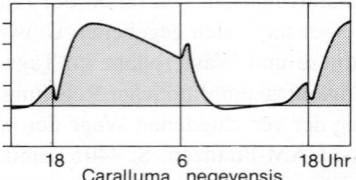
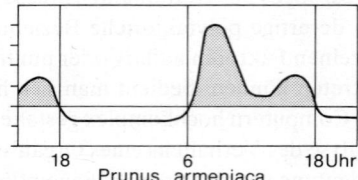
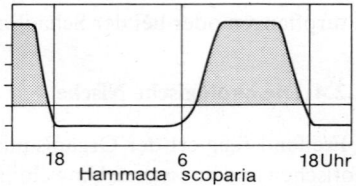

Abb. 8.26. Tagesverläufe des CO_2-Gaswechsels (schematisch) verschiedener Pflanzentypen von benachbarten Standorten in einem Wüstenbereich (Negev). Die poikilohydre Flechte Ramalina maciformis wird in der Nacht von Tau befeuchtet, was für einen kurzen morgendlichen Gipfel der Nettophotosynthese ausreicht, bevor ihr Lager wieder ausgetrocknet ist. Die stammsukkulente CAM-Pflanze Caralluma negevensis nutzt die Nachtzeit zur CO_2-Aufnahme, wenn die gleichzeitige Wasserabgabe nur gering ist; tagsüber sind ihre Stomata meist geschlossen. Bei der mesophytischen, bei künstlicher Bewässerung kultivierten Aprikose (Prunus armeniaca) führt Spaltenschluß während der trockensten und heißesten Mittagszeit zu einer Depression der CO_2-Aufnahme (vgl. Abb. 8.27), während die C_4-Pflanze Hammada scoparia den ganzen Tag über eine hohe Photosynthese-Intensität aufrechterhalten kann. – Positive Ordinatenwerte bedeuten CO_2-Aufnahme, negative CO_2-Abgabe. (Nach Lange et al.)

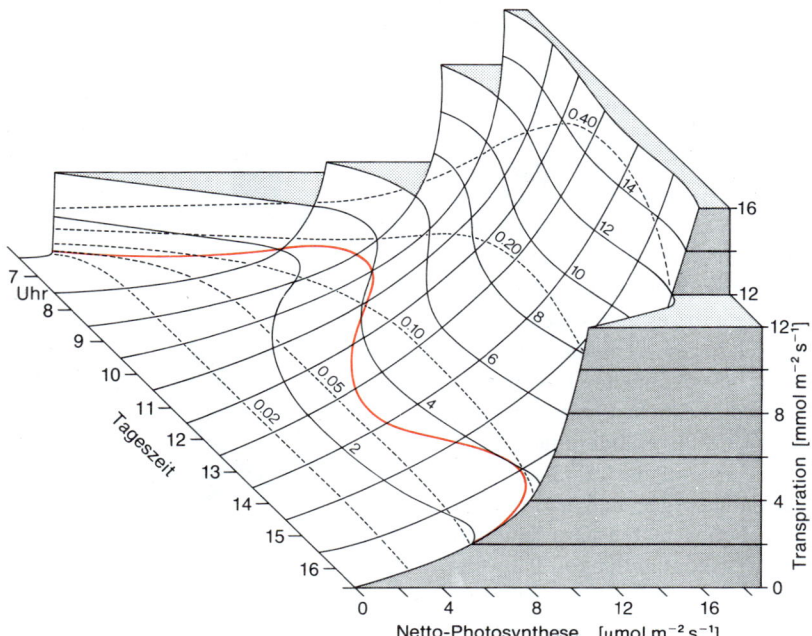

Abb. 8.27. *Nettophotosynthese- und Transpirationsintensität einer Modellpflanze (C_3-Typ) während eines Tagesablaufes unter trocken-heißen Klimabedingungen. Die Fläche der dreidimensionalen Darstellung umfaßt alle bei unterschiedlichen Öffnungszuständen der Stomata möglichen Kombinationen von CO_2-Aufnahme und H_2O-Abgabe. Dünn ausgezogene Linien verbinden Zustände gleicher Transpirationsintensität, die gestrichelten Linien geben den Verlauf bei konstanter stomatärer Leitfähigkeit wieder. Die rot ausgezogene Linie ist das Ergebnis einer Optimierungsberechnung für den Fall, daß bei einer bestimmten Tagessumme an Transpiration ein Maximum an täglicher Photosynthese erreicht wird. Tatsächlich unter ariden Freilandbedingungen auftretende Tagesverläufe des stomatären Widerstandes – und damit von Transpiration und Nettophotosynthese – entsprechen diesem für möglichst effektive Nutzung des Wassers theoretisch zu fordernden Verhalten (vgl. Abb. 8.25, 8.26). Die Stomata sind vor allem in den Morgenstunden und am Nachmittag weit geöffnet, wenn während der kühleren Tageszeit die CO_2-Aufnahme mit geringem gleichzeitigem Wasserverlust verbunden ist. (Nach Cowan u. Farquhar)*

einem Ökosystem gemeinsam vorkommenden, nahe verwandten Arten in vielen Bereichen überlappende Beziehungen zur Umwelt auf; oft gibt es jedoch mehrere Faktoren, die für die Existenz der Population ausschlaggebend, »wesentlich« sind, in denen sie sich nicht oder nur wenig überlappen. Selbst wenn man nur die wichtigsten Umweltfaktoren heranzieht, ergibt sich hierdurch meist eine *gegenseitige Abgrenzung der Nischen;* ein Beispiel für den Nahrungsfaktor zeigt Abbildung 8.29. *Konkurrenzbeziehungen* sind für die Evolution getrennter Nischen vermutlich sehr bedeutsam. Der moderne Nischenbegriff hat sich vor allem in der Auseinandersetzung mit dieser Thematik entwickelt. Der Zusammenhang zwischen Nischenspezifität bzw. -überlappung, Konkurrenz und Koexistenz wird auf S. 801f. ausführlicher behandelt.

8.1.2.5 Schlüsselfaktoren, limitierende Faktoren

Natürlich stellt sich die Frage, was als »wesentlicher« Umweltfaktor zu deklarieren sei. Eine befriedigende Antwort darauf ist bis jetzt noch nicht gefunden worden; die folgenden Ausführungen sollen andeuten, wie man das Problem angehen kann. Man könnte z. B. diejenigen Faktoren als wesentlich bezeichnen, die die Zu- oder Abnahme und damit die Existenz einer Population in dominierender Weise beeinflussen. Erstaunlicherweise kann man selbst in komplexen Ökosystemen, in denen jede einzelne Population einer Vielzahl von Einflüssen ausgesetzt ist, meist einen hohen Prozentsatz der Populationsschwankungen auf das Zusammenwirken weniger »*Schlüsselfaktoren*« zurückführen, während eine große Zahl anderer Faktoren – obwohl vorhanden – von untergeordneter Bedeutung ist. Faktoren, die eine dominierende Rolle für die räumliche oder zeitliche Begrenzung der Populationsgröße oder -dichte spielen, werden auch *limitierende Faktoren* genannt. Sie wurden ursprünglich in dem Sinne definiert, daß eine Verbesserung eines solchen Faktors zu einer Vergrößerung der Population führt, wodurch seine vorherige limitierende Wirkung bewiesen wäre (Abb. 8.30; s. a. Abschnitt 8.2.4.4).

Warum sind es meist nur wenige Faktoren, die im angedeuteten Sinne »wesentlich« sind? Einer der hauptsächlichen Gründe dürfte in einer generellen Eigenart der Organismus-

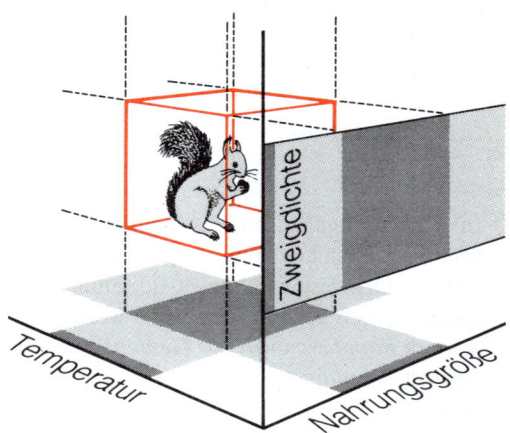

Abb. 8.28. *Nischenmodell. Schema für drei Umweltfaktoren, die den Lebensbereich von Eichhörnchen begrenzen. Dicke Striche: Existenzbereiche für die drei Faktoren. (Nach Hutchinson)*

Umwelt-Beziehungen zu suchen sein: Sehr häufig weisen diese eine glocken- oder kuppelähnliche Form auf (Abb. 8.12, 8.15). In der Nähe des flacheren optimalen Bereiches üben Umweltveränderungen somit relativ geringe Wirkungen auf das Populationswachstum aus. In den Zonen nahe der Toleranzgrenzen, wo die Beziehungen steiler verlaufen, haben hingegen schon geringe Umweltveränderungen große Wirkungen. Wahrscheinlich geht deshalb eine dominierende Wirksamkeit oft von Faktoren aus, bezüglich derer sich der Organismus am Rande des Erträglichen befindet. Im Zentrum des natürlichen Verbreitungsgebietes einer Art werden im Durchschnitt die verschiedenen Umweltfaktoren dem Optimum näher liegen als in den Randgebieten. Im Zentrum wird es also schon deshalb nur relativ wenige Faktoren mit großer Wirksamkeit im oben angesprochenen Sinne geben. Aber selbst am Populationsrand ist es unwahrscheinlich, daß zufällig viele Faktoren zugleich im Toleranzgrenzbereich liegen, denn die Mehrzahl der Faktoren variiert relativ unabhängig voneinander. Selbst bei gekoppelten Faktoren ist eine Kongruenz der Toleranzbereiche nicht zu erwarten. Für die zeitliche Limitierung von Populationen gilt Analoges. Natürlich können abrupte Umweltveränderungen auch innerhalb des flachen Optimalbereiches eine starke Wirkung auf die räumliche und zeitliche Verteilung der Organismen ausüben und zugleich dafür sorgen, daß der kritische Toleranzgrenzbereich erreicht wird. Dies führt zu den oft beobachteten Korrelationen zwischen der Diskontinuität der Populationsdichte und der Diskontinuität von Umweltfaktoren (Abb. 8.57). Aber die Chancen gleichzeitiger abrupter Veränderungen mehrerer Umweltfaktoren sind gering, so daß auch hier die dominierende Wirkung eines oder weniger Faktoren weit eher zu erwarten ist als die gleich starke Wirkung vieler Faktoren. Ein zweiter Grund für die Beschränkung auf wenige wesentliche Faktoren mag darin liegen, daß viele Organismen spezifische Anpassungen an ganz bestimmte, markant variable Umweltbedingungen evolviert haben und auf diese besonders empfindlich ansprechen. Hier wäre z.B. die Schlüsselrolle der relativen Tageslänge für die Induktion der Blütenbildung (S. 335f., 719) zu nennen. Auch das Beispiel des dornenbildenden Rädertierchens *Brachionus calyciflorus* (Abb. 8.21) unterstreicht diese dominante adaptive Empfindlichkeit gegenüber einem Faktor, hier der *Asplanchna*-Substanz. Eine dritte Erklärungsmöglichkeit ergibt sich daraus, daß selbst bei zwei (oder mehreren) potentiell gleich wirksamen Umweltfaktoren im Organismus eine gegenseitige Beeinflussung eintritt, als deren Folge nur die Wirkung eines Faktors zum Tragen kommt. Der Organismus »vernachlässigt« seine Beziehung zu bestimmten Faktoren, er schafft selbst eine Hierarchie der Bedeutsamkeit. Das Laufkäferbeispiel (Abb. 8.23) demonstriert diese Möglichkeit.

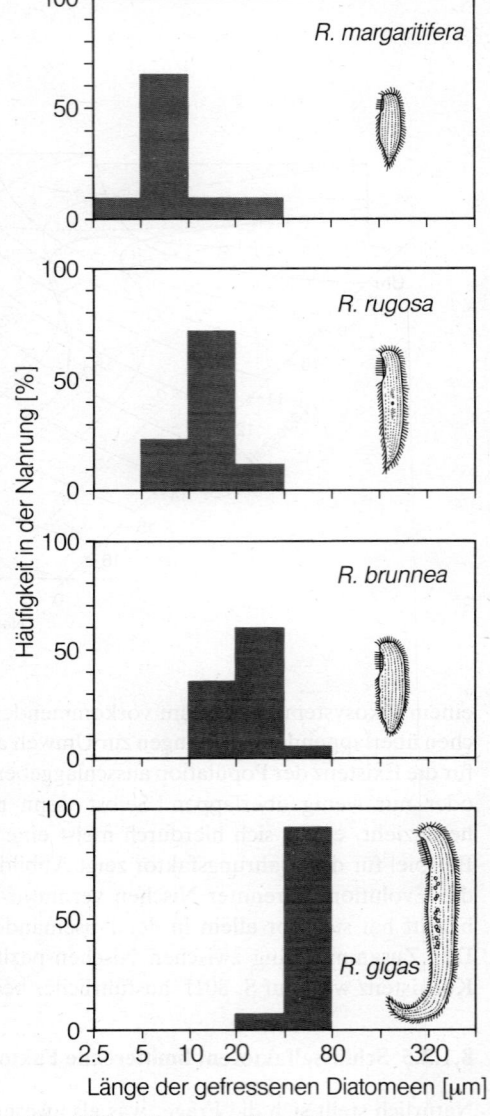

Abb. 8.29a. *Unterschiedliche Nahrungsnischen. Unterschiedliche Größe der Diatomeen, die von vier gemeinsam im sandigen Meeresboden lebenden Ciliaten der Gattung Remanella gefressen werden. Logarithmischer Maßstab der Abszisse. (a nach Fenchel)*

8.2 Populationen

In den vorangegangenen Abschnitten hatte der Begriff der Population bereits einen wichtigen Platz eingenommen, wenn es darum ging, biologisch bedeutsame Konsequenzen der Organismus-Umwelt-Beziehung zu besprechen. Im folgenden soll diese biologische Einheit genauer betrachtet werden.

Als eine Population wird die Gesamtheit der Individuen einer Art in einem in sich mehr oder weniger kontinuierlichen Areal bezeichnet. In dieser Definition sind meist folgende Annahmen enthalten:
1. *Die Organismen eines Ökosystems lassen sich nach Arten klassifizieren und jede Population stellt einen eigenen Genpool* (S. 883) *dar.* Der Populationsökologe ist oft mit dem Problem der Artenabgrenzung konfrontiert. Wo letztere nicht möglich, nicht sinnvoll oder schwierig ist (besonders bei Bakterien, Protozoen und vielen Pflanzen), ist die

Anwendung des Begriffes der Population entsprechend vage. Eine allzu strenge Handhabung wird nicht immer eingehalten.

2. *Populationen bestehen aus einer mehr oder weniger großen Anzahl von Individuen.* Gerade bei der Gründung neuer Populationen – einem für Ausbreitung und Evolution der Arten wesentlichen Vorgang (S. 796 f., 888) – kann jedoch die Ausgangsgröße ein einziges Individuum sein, so ein Same bei selbstbefruchtenden Pflanzen, ein begattetes Weibchen bei bisexuellen Arten, ein beliebiges Individuum bei sich vegetativ vermehrenden Arten.

3. *Populationen besitzen eine räumliche und zeitliche Kontinuität und sind von anderen Populationen der gleichen Art getrennt.* Im Freiland findet man jedoch alle Übergangssituationen von scharf getrennten »idealen« Populationen (z. B. auf Inseln) zu kontinuierlichen Populationsgürteln (z. B. Mangroven entlang Meeresküsten und Flußufern, deren Endstücke als praktisch getrennte Populationen miteinander verglichen werden können). Bei fast allen Arten gibt es zudem Mechanismen, die einen Austausch der Individuen (bei Pflanzen etwa in Form von Sporen oder Samen) zwischen Populationen garantieren. Bei Zugvögeln, die sich – aus verschiedenen Gegenden stammend – im gemeinsamen Winterquartier treffen, um im Frühjahr wieder die alten, getrennten Sommerareale zu besiedeln, ist die zeitliche Kontinuität nur kurzfristig, man kann – im übertragenen Sinne – von einem »Generationswechsel« der Populationen sprechen.

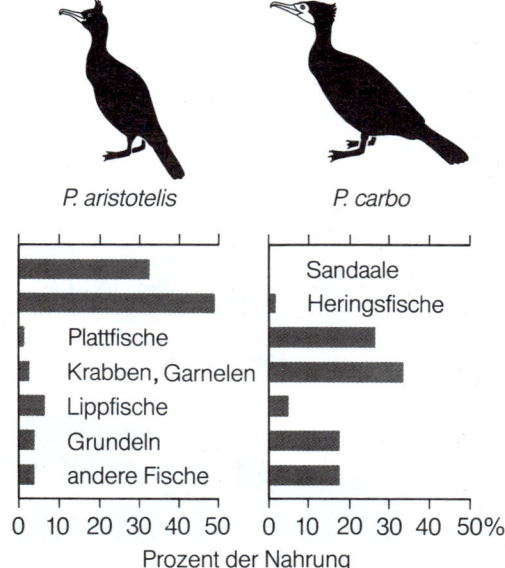

Abb. 8.29b. *Unterschiedliche Nahrungsnischen. Zusammensetzung der Nahrung von Krähenscharben (Phalacrocorax aristotelis) und Kormoranen (P. carbo), die in unmittelbarer Nachbarschaft leben. (b nach Lack)*

8.2.1 Populationsgröße, Anzahl und Biomasse. Populationsdichte

Viele populationsökologische Untersuchungen basieren auf Kenntnis oder Schätzung der *Populationsgröße*. Der übliche Meßwert hierfür ist die *Anzahl N* der Individuen in der Population. Die meisten Eigenschaften einer Population stehen mit der Anzahl der Organismen im unmittelbaren oder mittelbaren Zusammenhang, Populationen sind deshalb prädestiniert zur mathematischen Behandlung: Mathematische Formulierungen in der Populationsökologie stellen nicht nur methodische Hilfsmittel dar, sondern sind oft die adäquate Ausdrucksweise eines ökologischen Sachverhaltes.

Ein der Individuenzahl vergleichbarer Ausdruck für die Populationsgröße ist die *Biomasse* der Population, die Menge an vorhandener organischer Substanz. Sie spielt besonders bei Fragen des Stoff- und Energieumsatzes im Ökosystem eine wichtige Rolle (S. 820 f.). Bei Arten mit starken Schwankungen der Individuengröße, etwa einem heranwachsenden Baumbestand, ist die Biomasse oft ein besserer Meßwert der Populationsgröße als die Individuenzahl. Das gilt auch für Pflanzenbestände aus Arten mit vegetativer Vermehrung, bei denen Einzelindividuen schwer voneinander abgrenzbar sind. Die Biomasse kann z. B. als Volumen oder als Feucht- und Trockengewicht, aber auch in Energieeinheiten angegeben werden. Bisweilen werden auch abgeleitete Größen benützt, die leichter meßbar sind und in einer mehr oder weniger festen Beziehung zur Gesamtbiomasse stehen, wie z. B. die Stickstoff- oder Kohlenstoffmenge.

Die Messung der *Populationsdichte* oder *Abundanz* (*N*/Areal oder *N*/Volumen) umgeht die Schwierigkeit der Populationsabgrenzung, sie kann prinzipiell auf einen beliebigen Ausschnitt eines Populationskontinuums angewandt werden. In der Praxis steht deshalb am Ausgangspunkt vieler populationsökologischer Untersuchungen die Messung der Populationsdichte, aus der dann sekundär nach entsprechend sorgfältiger Bestimmung des Populationsareals die Populationsgröße abgeleitet werden kann. Allerdings bereitet auch die Bestimmung der Populationsdichte oft große Schwierigkeiten.

8.2.2 Variabilität in der Population

Analysiert man eine Population, so fällt die Unterschiedlichkeit der Individuen sofort ins Auge. Sie beruht auf den genetischen Unterschieden, der ontogenetischen Entwicklung

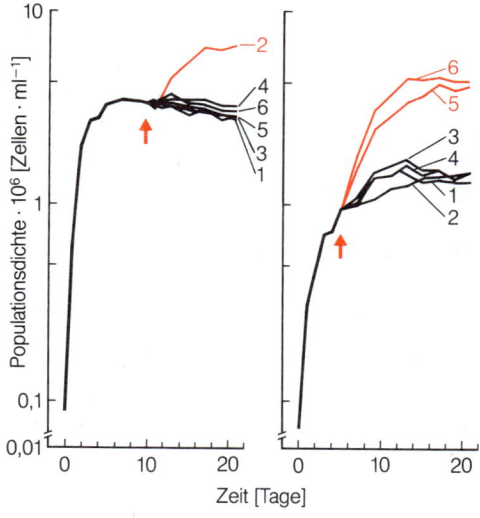

Abb. 8.30. *Die Rolle limitierender Faktoren für das Populationswachstum der Grünalge Monoraphidium lunaris. Zwei Versuche mit verschiedenen Nährlösungen. Bis zum Pfeil kein Austausch oder Zusatz von Medium. Beim Pfeil Unterteilung der Kulturen in sechs Subkulturen: (1) unveränderte Kontrolle; (2) Nitratzugabe; (3) Phosphatzugabe; (4) Zugabe von Spurenelementen; (5) Zugabe von Eisen; (6) Zugabe von Spurenelementen und Eisen. Links limitierte Nitrat, rechts Eisen das Wachstum. (Original Jacobs nach Daten aus einem Ökologie-Praktikum)*

784 Ökologie

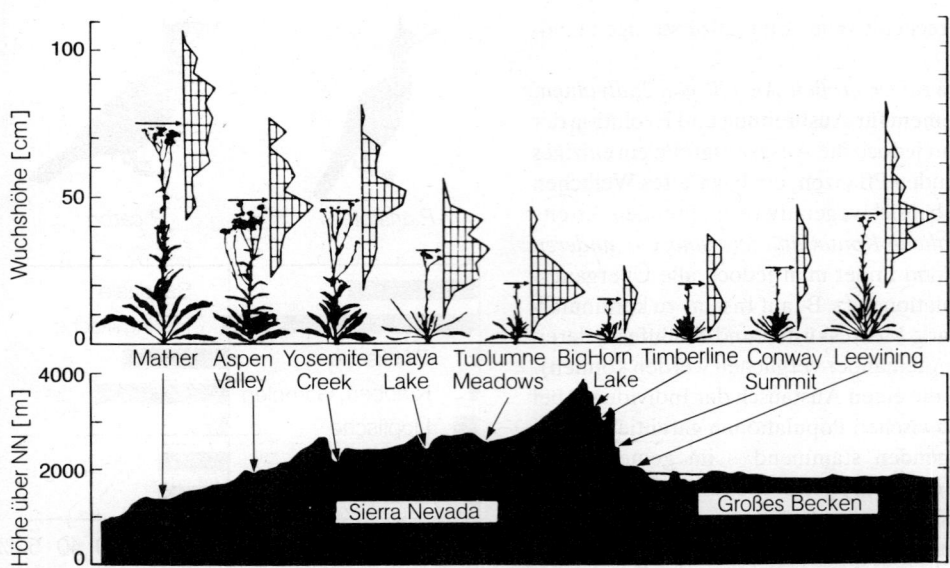

Abb. 8.31. *Variabilität der Pflanzengröße in Populationen der Garbe Achillea lanulosa in Kalifornien/USA. Alle Populationen wuchsen unter gleichen Bedingungen in Feldern an der pazifischen Küste, die Samen entstammten jedoch verschiedenen Gegenden der Sierra Nevada. Die Variabilität innerhalb der Populationen beruht auf Umweltbedingungen und genetischen Unterschieden; die Unterschiede zwischen den Populationen sind genetischer Natur. Die abgebildeten Exemplare stellen Individuen mittlerer Größe dar, die Pfeile zeigen die Durchschnittsgröße an. (Nach MacArthur)*

Abb. 8.32. *(a) Homogene Verteilung in einer Brutkolonie des Baßtölpels (Sula bassana). Die etwa gleichgroßen Nest-»Territorien« sind das Resultat eines Gleichgewichtes aus positiven und negativen sozialen Tendenzen. (b) Homogene Verteilung des Creosotstrauchs (Larrea divaricata) in der Halbwüste von Arizona/USA. Vermutlich besteht Wurzelkonkurrenz um Wasser. Die Pflanzen eines Standortes sind zudem zumeist eines Alters. Dies wird darauf zurückgeführt, daß eine erfolgreiche Keimung nur selten möglich ist. (a aus Portmann, b aus MacArthur u. Connell)*

und den Effekten variabler Umweltbedingungen (Abb. 8.31). Oft lassen sich mehr oder weniger scharf trennbare Untereinheiten innerhalb einer Population unterscheiden, wie die Geschlechter, spezifische Entwicklungsstadien (Samen; Gametophyten – Sporophyten; Medusen – Polypen; Larven – Puppen – Imagines) oder Kasten (Termiten).

Einige Stichworte sollen auf die *biologische Bedeutung* der räumlichen und zeitlichen Variabilität in der Population hinweisen: 1. Genetisch bedingte Variabilität ist die Basis für jegliche Evolution durch Selektion (Abschnitt 10.4, S. 881f.). 2. Modifikatorische Veränderungen des Individuums ermöglichen kurzfristige individuelle Anpassungen an besondere räumlich oder zeitlich gebundene Umweltsituationen. 3. Je größer die Variabilität in der Population ist, desto breiter ist die Gesamtnische der Population im Vergleich zur Individualnische (S. 779f.) und somit der räumliche und zeitliche Existenzbereich der Population. In diesem Zusammenhang ist z.B. die häufig zu beobachtende *Funktionsteilung* im Bereich des Nahrungserwerbs, der Brutfürsorge und der Verteidigung zu erwähnen. Die Evolution distinkter Larvalstadien (z.B. bei Insekten, Crustaceen, Mollusken) und zeitlich sich abwechselnder Lebensformen (Metagenese, S. 308f., z.B. bei Coelenteraten und Plathelminthen) hat die Nutzung ganz unterschiedlicher Lebensräume durch die gleiche Art zur Folge und ist oft gekoppelt mit spezifischen Lebensfunktionen (Ernährung, Reproduktion, Kolonisation). Andererseits macht diese ontogenetische Vielfalt der Lebensformen einer Art die sinnvolle Anwendung des Populationsbegriffes oft schwierig.

8.2.3 Populationsstrukturen

In jeder Population gibt es Wechselbeziehungen zwischen den einzelnen Mitgliedern. Fast immer wirken sich solche Beziehungen auf die *Struktur und Organisation der Population* aus. Andererseits ist die Struktur einer Population selbst wiederum nicht ohne Bedeutung für Beziehungen zwischen den Mitgliedern. Das Studium des Aufbaues einer Population kann deshalb wichtige Einblicke in deren Funktionsgefüge vermitteln. Mehrere Strukturprinzipien sind zu unterscheiden.

Altersstruktur: Hierunter versteht man das zahlenmäßige Verhältnis der Altersklassen in einer Population. Es ist besonders gut erfaßbar, wenn deutlich verschiedene ontogene-

Abb. 8.32a

tische Stadien vorliegen (wie etwa bei den holometabolen Insekten) oder wenn das Alter eines Individuums unmittelbar feststellbar ist (Jahresringe bei Bäumen). Bei rhythmischem (z.B. jahreszeitlichem) Reproduktionsgeschehen ergeben sich *Alterskohorten*, deren Schicksal gut verfolgt werden kann. Altersstrukturen erlauben vor allem Rückschlüsse auf das Zusammenwirken von Reproduktion und Sterblichkeit und damit auf das Populationswachstum; sie sollen deshalb im Abschnitt über die zeitlichen Populationsveränderungen ausführlicher besprochen werden (S. 786f.).

Sozialstruktur: Die sozialen Untereinheiten der Tierpopulationen (Paare, Familien, Nestgemeinschaften, Rudel, Schwärme, Kasten) beeinflussen das Populationsgeschehen auf allen Ebenen. Partnerfindung und -bindung, Territorialismus, Aufzucht der Jungen, Nahrungserwerb und Schutz gegen Feinde seien als Stichworte genannt. Da die Sozialstrukturen ganz vom *Verhalten* geprägt werden, sind sie im Kapitel 7 (S. 721f.) ausführlicher behandelt.

Dichtestruktur: Die räumliche Dichteverteilung steht mit der Alters- und Sozialstruktur meist in engem Funktionszusammenhang. Obwohl es sich um einen rein beschreibenden Parameter handelt, kann seine Erfassung doch wichtige Ansätze für das Verständnis von Kausalzusammenhängen innerhalb der Population bieten. Sind die Individuen einer Population zufallsgemäß verteilt, so kann man die Population als strukturlos bezüglich ihrer Dichte bezeichnen. Signifikante Abweichungen hiervon können in zwei entgegengesetzten Richtungen auftreten: es kann zu *lokaler Aggregation* oder zur *Einhaltung gleichmäßiger Abstände* kommen. Alle Abstufungen und Kombinationen sind möglich. Eine Verteilung mit Anhäufungen wird durch – wie auch immer geartete – *positive* Beziehungen der Organismen hervorgerufen, eine gleichmäßige, »plantagenähnliche« Verteilung hingegen durch *negative Beziehungen*. Bei positiven Beziehungen kann es sich um gleichartige Abhängigkeit vom gleichen Umweltfaktor handeln, wie die Ansammlung windgetragener Samen an windgeschützten Wegrändern, die »kontrahierte« Vegetation an Stellen bevorzugter Bodenwasserbedingungen in der Wüste oder das orientierte Aufsuchen gemeinsamer Umweltpräferenda (Asseln in feucht-dunklen Winkeln), aber auch um echtes Sozialverhalten (Rudelbildung beim Rotwild) oder um Reproduktionsgeschehen (Vegetationszentren, Brutkolonien). Negative Wechselbeziehungen beruhen meist auf Konkurrenz um Umweltfaktoren, mit dem Ergebnis, daß ein Individuum die unmittelbare Nachbarschaft eines weiteren Individuums verhindert. So ist z.B. die außerordentlich ebenmäßige Verteilung des Creosotstrauches *Larrea* (Abb. 8.32b) in der Wüste von Arizona vermutlich auf Konkurrenz der Wurzelsysteme um den limitierenden

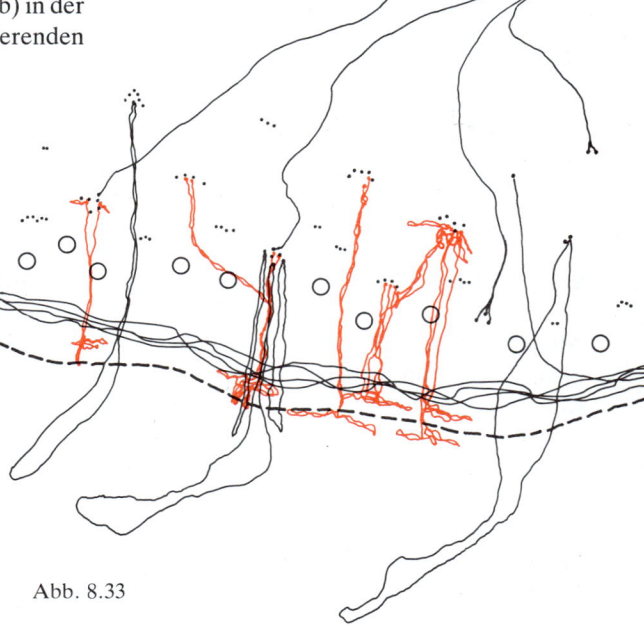

Abb. 8.33. Individual- und Gruppendistanz von Menschen an einer mediterranen Sandküste. ○ Gruppen, die den Strand bis 10 Uhr morgens besiedelt haben. Wegen der Bodenfeuchtigkeit wird ein nahezu gleichförmiger Abstand zur Wasserlinie (– – –) eingehalten. ∴ Gruppen, die nach 10 Uhr eintrafen. Es stellt sich eine Gruppendistanz von 3–4 m ein, die im Hochsommer niedriger ist. Innerhalb der Gruppe (Familienverband, Freundeskreis) kann der Abstand bis Null reduziert sein. Die ausgezogenen schwarzen Striche geben die zurückgelegten Wege und Schwimmstrecken von Erwachsenen der später angekommenen Gruppen, die roten Striche die von Kindern dieser Gruppen in der Zeit von 10.30 Uhr bis 11 Uhr an. Die Kinder nehmen keine Rücksicht auf die angestrebte Gruppendistanz. Eine der Wasserlinie nahe Zone wird wegen der Festigkeit des nassen Sandes zum Promenierweg. (Original Czihak)

Abb. 8.32b

786 Ökologie

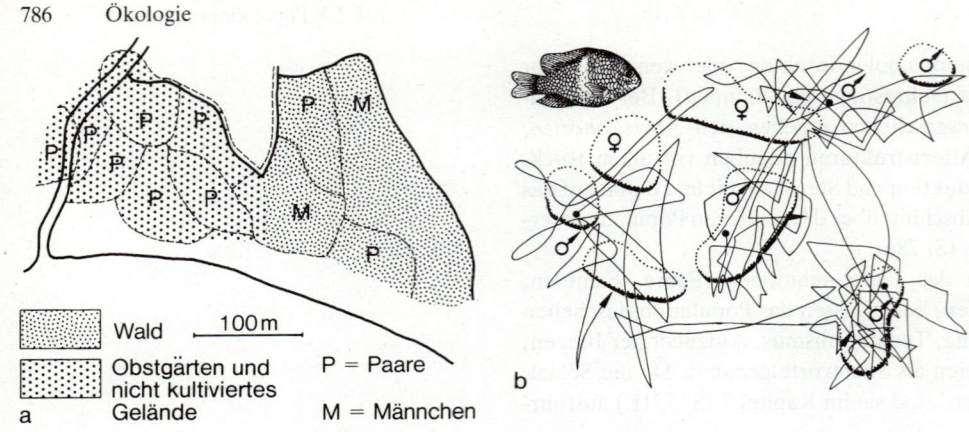

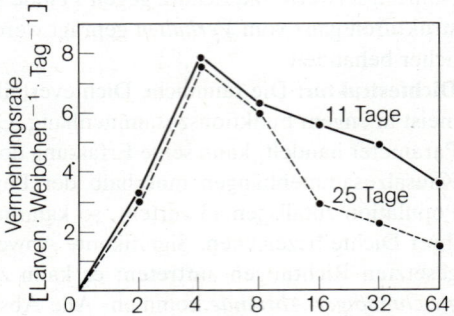

Abb. 8.34a, b. Reviere von Tieren. (a) Brutterritorien des Rotkehlchens in einem Gebiet in Südengland. Man beachte die unterschiedliche Territoriengröße im Wald und offenen Gelände. (b) Schwimmbewegungen von vier Männchen des Riffbarsches Abudefduf leucozona innerhalb 5 min. Jedes Männchen bleibt in einem eng begrenzten Bereich, abgesehen von einigen Verfolgungsjagden auf ins eigene Revier eindringende Nachbarn. Arealgröße ca. 5 m × 6 m; Fischgröße ca. 10 cm. (a nach Lack, b nach Eibl-Eibesfeldt)

Faktor Wasser zurückzuführen, während die Individualdistanz von Baßtölpeln (Abb. 8.32a) ebenso wie die des Menschen (Abb. 8.33) auf einem speziellen Territorialverhalten, also auf Platzkonkurrenz, beruht.

Die unterschiedlichen Tendenzen zu gegenseitiger Distanzierung oder Aggregation haben zu dem Konzept der »optimalen« Dichte geführt, welches davon ausgeht, daß sowohl zu große als auch zu geringe Distanz zum nächsten Artgenossen Nachteile bringt. Nachteile zu hoher Organismenkonzentration sind z. B. Nahrungs-, Licht- und Platzmangel, Akkumulation schädlicher Exkretionen inklusive Exkremente, erhöhte Ansteckungs- bzw. Parasitengefahr, psychisch ausgelöste Streßerscheinungen. Andererseits ist eine gewisse Dichte erforderlich, um das Auffinden eines Geschlechtspartners bzw. das Zusammenbringen der Geschlechtsprodukte zu ermöglichen oder zu erleichtern (z. B. bei selbststerilen Pflanzen), um Sozialjagd (Wölfe, Löwen) und Sozialverteidigung und -fürsorge (Möwenbrutkolonien) effektiv zu machen oder aber günstige mikroklimatische Bedingungen zu schaffen. Sowohl an Pflanzen als auch an Tieren konnte gezeigt werden, daß viele Parameter, die die Populationsgröße positiv beeinflussen – besonders Wachstum und Fertilität –, bei ganz bestimmten Dichteverhältnissen maximale Werte erreichen (Abb. 8.12d, e, 8.35).

Der *Territorialismus* der Tiere ist wohl die genaueste »Methode« geregelter Dichte. Meist findet man hier eine Kombination von ebenmäßiger Verteilung und Gruppenbildung. Spezifische Verhaltensweisen bewirken eine mehr oder weniger überlappungsfreie Aufteilung des gesamten Populationsareals auf Sozialgruppen (z. B. Weibchen mit Gelegen, Abb. 8.34, Insektenstaaten). Natürlich ist Territorialismus stark funktionsgebunden, und für verschiedene Funktionskreise (z. B. Nahrungserwerb, Schlaf, Balz) können deshalb örtlich oder zeitlich verschiedene Territorien bzw. Reviere in derselben Population bestehen.

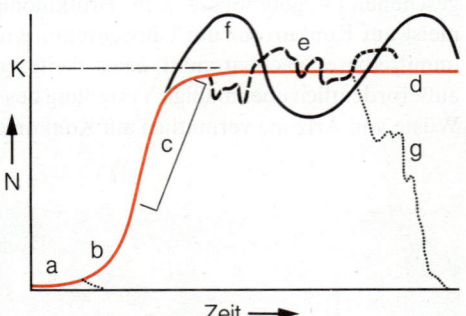

Abb. 8.35. Abhängigkeit der durchschnittlichen täglichen Reproduktionsrate (gemessen 11 bzw. 25 Tage nach Versuchsbeginn) von der anfänglichen Populationsdichte von Mehlkäferpopulationen (Tribolium confusum). Die Angaben der Abszisse beziehen sich auf jeweils 32 g Mehl. Ausgezogene Linie: Versuche von Chapman 1928. Gestrichelte Linie: Versuche von Park 1932. (Aus Allee et al.)

Abb. 8.36. Schematischer Überblick über mögliche Wachstumsformen von Populationen. (a) Verzögerungsphase (mögliche Extinktion durch punktierte Linie angedeutet). (b) Phase mit ungefähr exponentiellem Wachstum. (c) Dichteabhängige Wachstumsabnahme. (d) Konstantes Populationsniveau. (e) Unregelmäßige Schwankungen um ein Durchschnittsniveau. (f) Regelmäßige Dichtezyklen. (g) Extinktion. N Populationsgröße. K Kapazitätsgrenze. Die Phasen a–d reflektieren nicht unterschiedliche Wachstumsmechanismen, sondern Abschnitte eines Kontinuums, in denen unterschiedliche Aspekte dominieren. (Original Jacobs)

8.2.4 Zeitliche Veränderungen der Populationen. Populationsdynamik

Ähnlich wie die Moleküle in einer Zelle und die Zellen in einem Organismus nach einer gewissen Zeit durch neue ersetzt werden, ohne daß die prinzipielle Organisation des Körpers gestört wird, so werden innerhalb einer Population, die über lange Zeiträume als Ganzes existiert, ihre Elemente – die Individuen – fortwährend durch neue ersetzt. Im Rahmen dieses Individuenersatzes können Populationen zeitliche Veränderungen ihrer Struktur und Größe aufweisen. Vorgänge solcher Art faßt man unter dem Begriff *Populationsdynamik* zusammen.

Im folgenden seien die Veränderungen der *Populationsgröße* bzw. *-dichte* genauer betrachtet. Abbildung 8.36 gibt einen diagrammatischen Überblick über mögliche Formen der Populationsveränderungen, deren Einzelkomponenten kausal zu erklären wären. Folgende Phasen lassen sich unterscheiden: Nach der erfolgten Neugründung einer Population tritt häufig eine *Verzögerungsphase* des Wachstums auf, innerhalb derer das Wachstum mehr oder weniger stagniert oder nur geringfügig variiert. In dieser Phase der geringen Populationsdichte kommt es oft zum Aussterben der Population, bevor eine eigentliche Entwicklung eingesetzt hat. Das kann, neben der Generationslänge bei langsam wachsenden Organismen, z. B. Bäumen, einfach das Resultat zufälliger Dichteschwankungen sein, eventuell unterstützt durch suboptimale Dichteverhältnisse (s. o.) mit den bereits besprochenen negativen Auswirkungen. Auch unvollständige Akklimatisation, Konkurrenz durch bereits etablierte Populationen anderer Arten und nicht zuletzt die Beschränktheit des Genpools weniger Kolonisten (S. 797) können eine Rolle spielen. Setzt erst einmal deutliches Wachstum ein, so erfolgt es typischerweise mit *zunehmend steigender Tendenz*, nicht selten mehr oder weniger *exponentiell* (S. 168, 790). Nach einer gewissen Zeit macht sich ein Trend zur *Verlangsamung des Wachstums* bemerkbar, und die Population nähert sich einem Niveau an, das die *Kapazität* (K) des Ökosystems für die Populationsdichte der betrachteten Art darstellt. Nur selten wird eine solche maximale Populationsdichte konstant beibehalten, vielmehr beobachtet man meist *Fluktuationen* unterschiedlichen Ausmaßes um ein längerzeitliches Durchschnittsniveau. Sie können unregelmäßig und scheinbar dem Zufall unterworfen schwanken. Mehrfach treten jedoch auch *regelmäßige Zyklen* der Populationsdichte auf. Das Durchschnittsniveau kann allmählich oder abrupt verändert werden. Sinkt es auf sehr niedrige Werte ab oder nehmen die Fluktuationen stark zu, kann es zur *Extinktion* der Population kommen.

8.2.4.1 Grundkomponenten der Populationsveränderungen: Natalität und Mortalität

Geburten (bzw. die erfolgreiche Keimung bei Pflanzen) und Todesfälle sind – von Migrationen abgesehen – die eigentlichen Determinanten der Populationsgröße. Bezeichnet man den momentanen Zuwachs pro Individuum und pro Zeiteinheit in einer Population aufgrund von Geburten als die *Geburts*- oder *Natalitätsrate b* der Population, die momentane Abnahme aufgrund von Sterbefällen als die *Sterbe*- oder *Mortalitätsrate m*, so erhält man die Gleichungen (8.3) und (8.4).
Die resultierende *Wachstumsrate* der Population, wiederum pro Individuum und pro Zeit ausgedrückt, ist die Differenz zwischen b und m und wird mit r bezeichnet (Gl. 8.5). Solange r konstant ist, bedeutet dies, daß die tatsächliche numerische Veränderung der Population pro Zeiteinheit proportional der Individuenzahl erfolgt (Gl. 8.6).

8.2.4.2 Altersabhängigkeit von Reproduktion und Sterblichkeit

Reproduktions- und Überlebenskurven. Untersucht man Geburten und Sterbefälle in Abhängigkeit vom Lebensalter, so findet man – je nach Art und Umweltsituation – ganz unterschiedliche Verläufe, besonders, was die Reproduktion betrifft (Abb. 8.37a). Bei manchen Arten erfolgt die Reproduktion, nach Erreichen der Geschlechtsreife, nur ein einziges Mal (viele einjährige Pflanzen und Insekten), bei anderen mehrfach und über lange Zeiträume hinweg, oft in rhythmischer Abfolge mit gleichbleibender (Vögel, Säuger) oder auch zunächst zunehmender (viele Baumarten, Muscheln, Fische) Nachkommenzahl. Wenige Arten besitzen, wie z. B. der Mensch, eine spezielle *postreproduktive Phase*. – Die Überlebenskurven (Abb. 8.37b) sind einander meist ähnlicher, fast allen ist eine relativ hohe Sterblichkeit im frühen Lebensalter gemeinsam.

Altersstruktur und Wachstum. Wenn Reproduktions- und Überlebenskurven konstant bleiben, stellt sich letztlich ein bestimmter Altersaufbau der Population ein. Nach Erreichen dieser Gleichgewichtssituation ist auch r konstant. Altersstruktur und r lassen

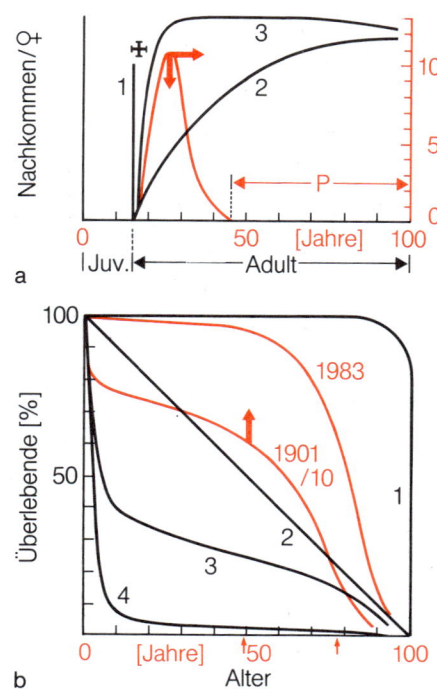

Abb. 8.37. Altersabhängigkeit von Reproduktion und Überlebenschance. (a) Nachkommenzahl. Abszisse: Alter der Mutter. Juv. Juvenilphase. Ordinate: Anzahl der Nachkommen pro Altersklasse. (1) Insekten, die nach einmaliger Eiablage sterben. (2) Muscheln, Fische, viele Bäume mit langdauerndem Größenwachstum. (3) Vögel, Säugetiere. Rot: Mensch, Bundesrepublik Deutschland 1983. Die rechte Ordinate gibt die pro Jahr und pro 100 Müttern geborenen Kinder an, die Abszisse das Alter der Mutter in Jahren. P Postreproduktive Phase. Die Pfeile zeigen die beiden Möglichkeiten, die Geburtenrate b einer Population zu reduzieren (S. 791f.). (b) Überlebenschance. Abszisse wie (a). Ordinate: Wahrscheinlichkeit, in einer bestimmten Altersklasse noch am Leben zu sein. (1) »Ideale« Laborpopulation. (2) Hydra. (3) Viele Vögel, Säugetiere und Pflanzen. (4) Pflanzen und Tiere mit großer Samen- bzw. Eierproduktion. Rot: Mensch (♀♀), Bundesrepublik Deutschland 1983 und Deutsches Reich 1901/10. Der sigmoide Kurvenverlauf ist auch für viele andere Säugetiere typisch. Der senkrechte Pfeil zeigt den Trend in den letzten 80 Jahren aufgrund von Fortschritten in Hygiene und Medizin. Kleine Pfeile an der Abszisse: durchschnittliche Lebensdauer 1901/10 und 1983. (Original Jacobs)

$$(8.3) \quad b = \frac{\mathrm{d}N_b}{\mathrm{d}t \cdot N} \qquad (8.4) \quad m = \frac{\mathrm{d}N_m}{\mathrm{d}t \cdot N}$$

$$(8.5) \quad r = b - m = \frac{\mathrm{d}N_b - \mathrm{d}N_m}{\mathrm{d}t \cdot N} = \frac{\mathrm{d}N}{\mathrm{d}t \cdot N} \qquad (8.6) \quad \frac{\mathrm{d}N}{\mathrm{d}t} = r \cdot N$$

788 Ökologie

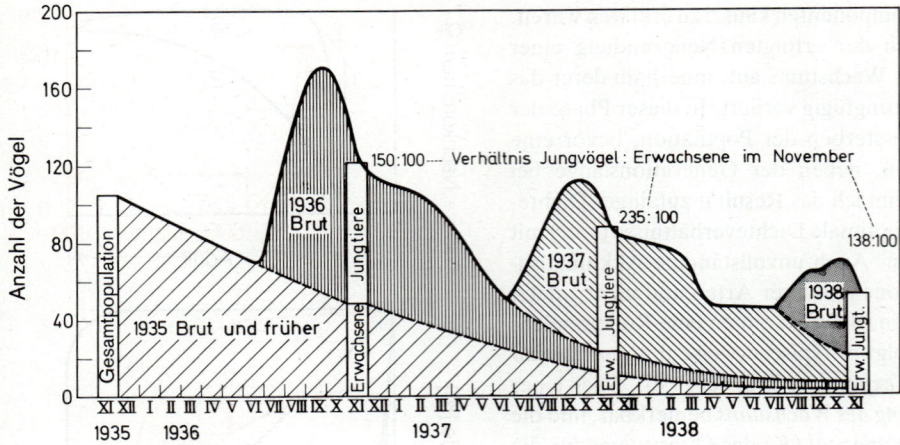

Abb. 8.38. Jahreszeitlicher Rhythmus der Populationsgröße und Altersstruktur in einer Wachtelpopulation (Lophortyx californicus) in Kalifornien/USA. (Nach Allee)

Abb. 8.39. Altersstrukturen der Bevölkerung zweier Länder mit sehr unterschiedlicher Vermehrungsrate r. Daten von 1959/60. Das schnellwachsende Mauritius entsprach etwa der damaligen globalen Wachstumsrate ($r \approx 0,02$); es überwiegen die jungen Menschen. Im sehr langsam wachsenden Vereinigten Königreich (Großbritannien und Nordirland; $r \approx 0,006$) ist die Altersverteilung gleichmäßiger. Man beachte, daß der prozentuale Anteil der erwerbsfähigen Menschen (15–64 Jahre) im Vereinigten Königreich mit 65% nur mäßig höher liegt als in Mauritius (53%). Die Verteilung der wirtschaftlich abhängigen Personen ist jedoch außerordentlich unterschiedlich: Im Vereinigten Königreich gibt es, prozentual gesehen, viermal so viele ältere Abhängige (über 65 Jahre), aber nur halb so viele junge Abhängige (bis 15 Jahre) wie in Mauritius. (Nach Ehrlich und Ehrlich)

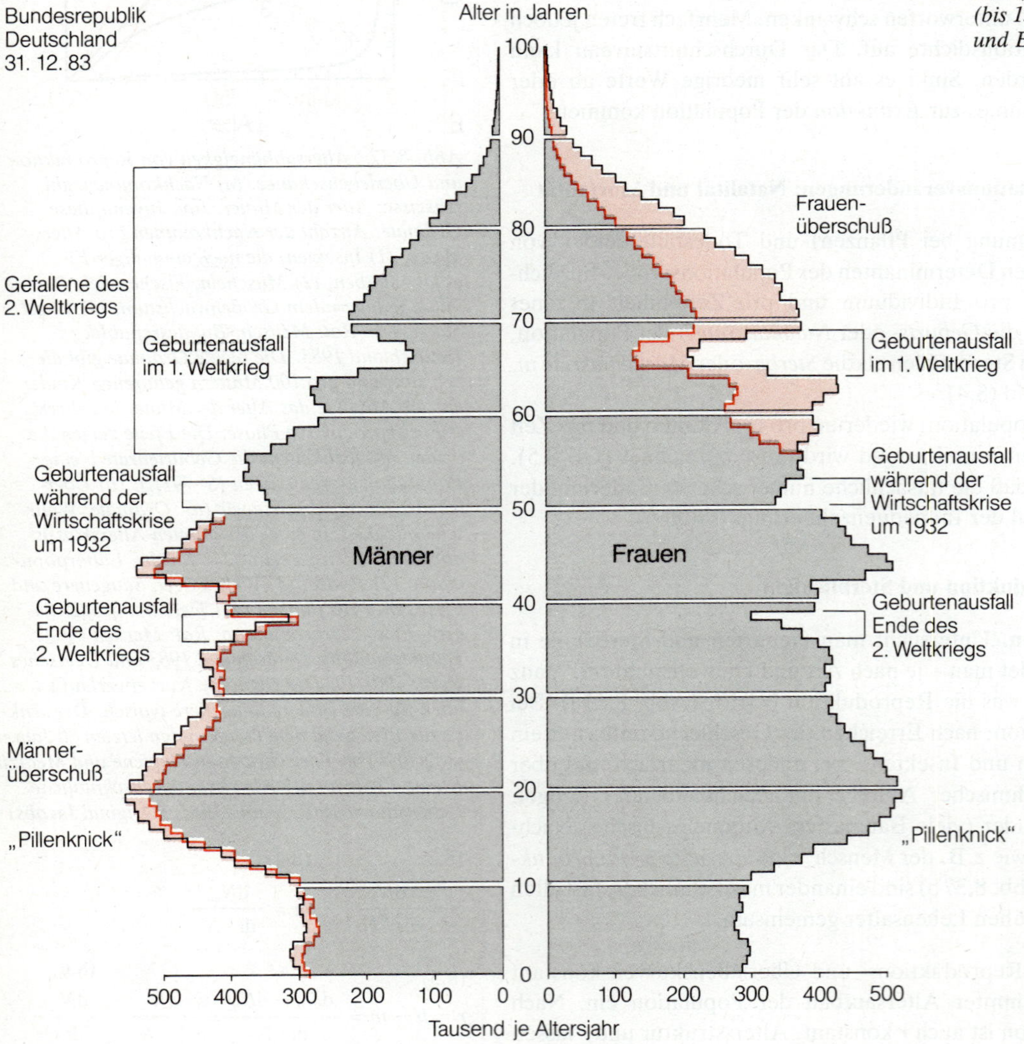

Abb. 8.40. Altersstruktur der Bevölkerung der Bundesrepublik Deutschland 1983. Die als Geburtenausfall angegebenen Einschnitte (Weltkriege, Wirtschaftskrise 1932) basieren möglicherweise auch auf erhöhter Säuglingssterblichkeit. Um Frauen- bzw. Männerüberschuß anzuzeigen, ist die Altersverteilung des jeweils anderen Geschlechts auf beiden Seiten zusätzlich angegeben (rot). (Nach Angaben des Statistischen Bundesamtes der Bundesrepublik Deutschland 1985)

8.2.4.2 Altersabhängigkeit von Reproduktion und Sterblichkeit

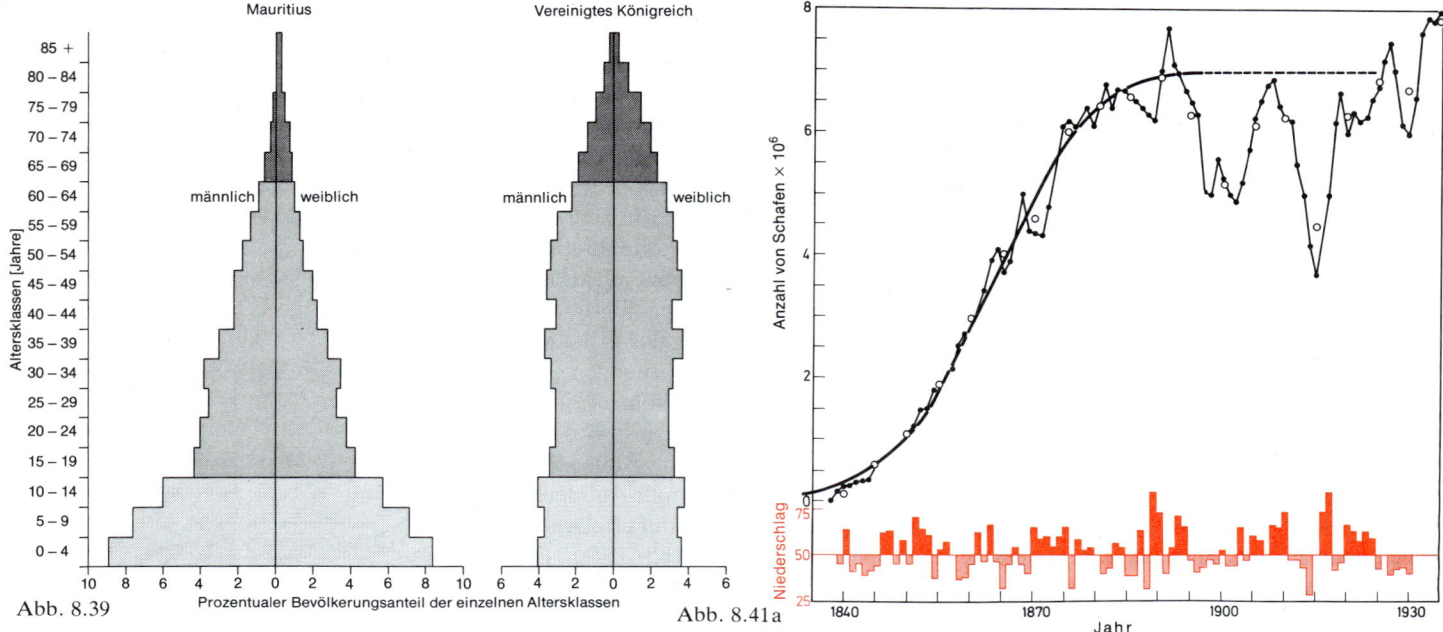

sich dann aus den altersbezogenen Kurven errechnen. Bei (z. B. jahreszeitlich bedingten) synchronisierten Generationsfolgen ergeben sich natürlich entsprechende Rhythmen (Abb. 8.38). Veränderungen der Altersstruktur reflektieren somit auch Veränderungen im Reproduktionsgeschehen bzw. in der Sterblichkeit. Oft kann man aus der »Momentaufnahme« einer Altersverteilung nicht nur recht zuverlässige Aussagen über das derzeitige Populationswachstum machen (Abb. 8.39), sondern auch – besonders bei langlebigen Organismen mit genauen Altersangaben – interessante und detaillierte Schlüsse über frühere Populationsgeschehnisse (Phasen hoher Sterblichkeit oder Reproduktion) ziehen, etwa bei Wäldern oder beim Menschen (Abb. 8.40).

Lebenszyklen. Der Verlauf der altersabhängigen Kurven des Überlebens bzw. der Reproduktion kennzeichnet, gemeinsam mit der häufigen Synchronisation der Generationen, den jeweils charakteristischen *Lebenszyklus* einer Art bzw. einer Population. In der evolutionsorientierten Ökologie wird oft die Frage diskutiert, welche »Strategien« unter welchen Umweltbedingungen als optimale Anpassungen zu werten sind: Einmalige hohe oder mehrfache niedrige Reproduktion? Wenige Nachkommen mit gutem Schutz durch die Eltern oder viele, aber dafür weniger geschützte Nachkommen? Produktion vieler reservestoffarmer Samen (Orchideen) oder weniger Früchte mit guter Nährstoffversorgung des Keimlings (Kokosnuß)? Was ist der Vorteil einer postreproduktiven Phase? Wann ist die vegetative Fortpflanzung der sexuellen überlegen? Welches Geschlechterverhältnis ist unter welchen Umständen am günstigsten? Ist phänotypische oder genotypische Geschlechtsbestimmung vorzuziehen? Eine einmalige Ablage von Eiern sofort nach der Paarung bedingt z. B. eine relativ kurze Generationslänge bei gleichzeitig hoher Überlebenswahrscheinlichkeit der Adulten zur Zeit der Reproduktion. Andererseits wird »alles auf eine Karte gesetzt«, die Chance des Totalverlustes der Nachkommenschaft ist größer als bei einer »Risikostreuung« auf längere Zeiträume und mehrere Ablageplätze. Apomiktische Parthenogenese hat bei Tieren den Vorteil der schnellen und starken Vermehrung genetisch identischer Reproduzenten (keine männlichen Nachkommen), aber den Nachteil mangelnder genetischer Diversität. Sie ist vorteilhaft unter invariablen Umweltbedingungen, nachteilhaft beim Auftreten erratischer Umweltveränderungen.

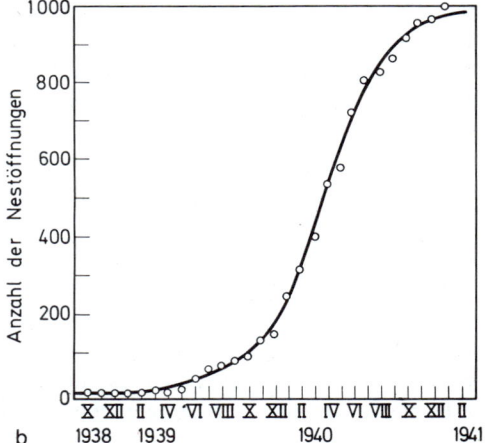

Abb. 8.41a, b. Zwei Beispiele für Populationswachstum. (a) Schafpopulation in Südaustralien. Die Kreise stellen fünfjährige Mittelwerte dar. Unten ist die jährliche Niederschlagsmenge in Zentimeter angegeben, mit der die Populationsfluktuationen der Schafe korreliert sind. Der langjährige Durchschnitt des Niederschlags liegt bei 50 cm. Höhere Werte sind voll rot, niedrigere schraffiert angegeben. Die durchgezogene Kurve ist nach der logistischen Gleichung berechnet. (b) Ameisenpopulation. Als Meßwert für die Anzahl der Individuen im Nest wurde die Anzahl der Nestöffnungen gezählt, die der Arbeiterzahl ungefähr proportional ist. (a nach Davidson aus Allee, b nach Bitancourt)

8.2.4.3 Exponentielles Wachstum der Population

Solange in einem günstigen Biotop keinerlei Faktoren limitierend auf die Vermehrung wirken, d. h. reichlich Nahrung und Platz vorhanden sind, hat prinzipiell jedes Individuum die Möglichkeit, sich optimal fortzupflanzen. Von schon erwähnten Reproduktionsrhythmen abgesehen hat dies einen konstanten und hohen b-Wert zur Folge. Was die Sterblichkeit betrifft, kann man davon ausgehen, daß die Altersabhängigkeit für alle Individuen gleich und somit auch m für die Population als ganzes konstant ist. Dementsprechend ist ein hoher und konstanter r-Wert zu erwarten. Zur Charakterisierung dieses Sonderfalls des *unlimitierten Wachstums* sei die konstante Wachstumsrate mit r_o bezeichnet (analog b_o und m_o). Unter diesen Bedingungen wird das Populationswachstum durch die Gleichungen (8.7a) und (8.7b) beschrieben. Gleichung (8.7b) ist der Differentialquotient (erste Ableitung) von Gleichung (8.7a). Aus den Gleichungen geht hervor, daß – solange r konstant ist – N exponentiell zunimmt. Die Situation ist einem Sparguthaben vergleichbar, das mit einem konstanten Prozentsatz (»r«) verzinst wird und dessen Zinsertrag dem Guthaben immer wieder zugeschlagen wird. Bei logarithmischer Auftragung von N stellt das Populationswachstum in dieser Phase eine Gerade dar, deren Neigung durch r gegeben ist (Gl. 8.7a). Diese Wachstumsform ist typisch für erfolgreich beginnende Populationen ohne Limitierung durch Umweltfaktoren (Abb. 8.41). Da schnelleres Wachstum unter den gegebenen Bedingungen zu keiner Zeit erreicht wird, also die maximal mögliche Rate vorliegt, wird r_o auch als *potentielle Zuwachsrate* (»intrinsic rate of natural increase«) bezeichnet.

Ein konstante Wachstumsrate r_o hat auch eine konstante Verdoppelungszeit (bzw. Halbwertszeit bei negativem Wachstum oder Populationsverfall) zur Folge. Wenn $N_t = 2N_o$, dann gilt Gleichung (8.8); das Produkt aus Verdoppelungszeit und r_o ist immer $ln2 \approx 0{,}7$. Eine mit jährlich 2% zunehmende Bevölkerung ($r_o = 0{,}02$) würde sich also in ≈ 35 Jahren verdoppeln.

Aus der Wachstumsformel (Gl. 8.7) ergibt sich auch, daß die durchschnittliche *Generationslänge* bei sonst gleicher Nachkommenzahl von eminenter Bedeutung für das Populationswachstum ist. Vergleicht man z. B. zwei fiktive Populationen mit Generationslängen von 30 bzw. 20 Jahren, innerhalb derer sie sich verdoppeln mögen, dann hat die erste Population nach 120 Jahren einen 16fachen Anstieg, die zweite hingegen einen 64fachen, also viermal so starken Anstieg zu verzeichnen. In Populationen, deren Mitglieder sich während eines längeren Lebensabschnittes fortpflanzen können, tragen also die Erstgeburten wesentlich mehr zum Populationsanstieg bei als »Nachzügler« – ein Faktum, das z. B. bei der Regulierung der menschlichen Bevölkerung mitberücksichtigt werden kann (S. 792).

8.2.4.4 Dichteabhängige Regulation der Populationsgröße. Logistisches Wachstum

Die oft zu beobachtende allmähliche Abnahme des Populationswachstums bei zunehmender Populationsgröße läßt vermuten, daß die Populationsgröße selbst auf die Geburtsrate hemmend und/oder auf die Sterblichkeit fördernd wirkt. Die Einhaltung eines konstanten Dichteniveaus oder Schwankungen um einen mehr oder weniger konstanten Mittelwert legen die Gegenwart eines *Regelprozesses* nahe, bei dem eine Abweichung von einer bestimmten Populationsdichte mit einer Zu- bzw. Abnahme von r beantwortet wird. Eine einfache modellhafte Formulierung, die dieser Hypothese Ausdruck gibt, ist die *logistische Formel* des Populationswachstums (Gl. 8.9–8.11). Um die Wachstumsrate während des logistischen Wachstums von der potentiellen Wachstumsrate r_o zu unterscheiden, wird hier und im folgenden die erstere mit r_1 bezeichnet. Die logistische Gleichung stellt nichts anderes dar als eine Erweiterung des exponentiellen Wachstums

Exponentielle Wachstumsgleichung:

(8.7a)
$$N_t = N_0 e^{r_0 t}$$
$$\ln N_t = r_0 \cdot t + \ln N_0$$

(8.7b)
$$\frac{dN}{dt} = r_0 \cdot N$$

(8.8) *Verdoppelungszeit:*
$$2N_0 = N_0 e^{r_0 t}$$
$$2 = e^{r_0 t}$$
$$\ln 2 = r_0 t$$
$$r_0 t \approx 0{,}7$$

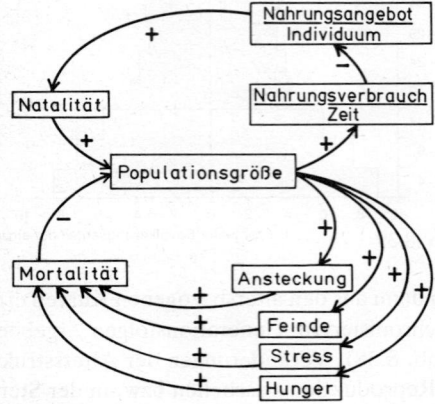

Abb. 8.42. Vereinfachte Darstellung einiger möglicher Wirkungskreisläufe, die über Natalität bzw. Mortalität die Populationsgröße regeln. Ein + (bzw. −) zeigt positive (bzw. negative) Korrelation der Kausalbeziehungen an. In allen Fällen liegt negative Rückkoppelung vor. (Original Jacobs)

(8.9) *Logistische Wachstumsgleichung*
$$\frac{dN}{dt \cdot N} = r_1 = r_0 - c \cdot N$$

$$\frac{dN}{dt} = r_0 N - cN^2$$

(8.10) Für $r_1 = 0$ gilt $N = K$:
$$0 = r_0 - c \cdot K$$
$$c = \frac{r_0}{K}$$

(8.11a)
$$\frac{dN}{dt \cdot N} = r_1 = r_0 - \frac{r_0}{K} \cdot N = r_0 \left(1 - \frac{N}{K}\right)$$

(8.11b)
$$\frac{dN}{dt} = r_0 N - \frac{r_0}{K} \cdot N^2$$

8.2.4.4 Dichteabhängige Regulation der Populationsgröße, Logistisches Wachstum

um den Diminuenden $c \cdot N$ (Gl. 8.9), der somit eine negativ-lineare Abhängigkeit der Wachstumsrate von N kennzeichnet (rote Linie in Abb. 8.43A): je größer bzw. dichter die Population, desto geringer ihr Wachstum. Trägt man N gegen t auf, ergibt sich eine sigmoide Kurve, die recht gut im Freiland oder im Labor gefundene Populationswachstumskurven widerspiegelt (Abb. 8.41). Der Hemmkoeffizient c gibt an, wie stark bzw. schnell N das Wachstum einschränkt. Bei einer bestimmten kritischen Populationsdichte, die definitionsgemäß mit K bezeichnet wird (S. 787), ergibt sich Null-Wachstum $(r_l = 0)$. Drückt man den c-Wert gemäß Gleichung (8.10) durch r_o und K aus, so erhält man die Gleichungen (8.11a, b). Aus ihnen wird deutlich, daß K eine *stabile Gleichgewichtsdichte* bzw. *-größe* der Population darstellt. Solange K noch nicht erreicht ist $(N < K)$, ist r_l positiv, N nimmt zu. Wird K aus irgendwelchen Gründen überschritten $(N > K)$, so wird r_l negativ, N nimmt ab. Bei sehr niedrigen N-Werten nähert sich r_l dem exponentiellen Wachstum r_o an (vgl. Abb. 8.43A).

Wenn die logistische Gleichung nicht nur deskriptiv, sondern biologisch sinnvoll sein soll, muß sich diese negative Abhängigkeit von der Populationsgröße auch in den beiden Komponenten des Wachstums – Geburts- und Sterberate – widerspiegeln. Eine Aufzählung von Faktoren, die b und m beeinflussen, ergibt folgende (unvollständige) Liste:

- Licht (bei Autotrophen) und sonstige klimatische Faktoren
- Nährstoffangebot
- Areal (z. B. Territorien)
- Erreichbarkeit des Geschlechtspartners
- Feinde, Parasiten, Infektionen
- Konkurrenten, Symbionten
- Streß
- Abfallstoffe, Hemmsubstanzen

Das Interessante an der Liste ist, daß – mit Ausnahme weniger Sonderfälle – *diese Faktoren von der Populationsdichte oder -größe selbst abhängen.* Meist wird die Geburtsrate negativ, die Sterberate positiv beeinflußt. Die Populationsgröße ist somit in ein Gefüge von Wirkungskreisläufen eingebaut, durch die sie auf sich selbst negativ einwirkt (Abb. 8.42): *Selbstregelung durch negative Rückkoppelung.*

Man kann die in der logistischen Gleichung ausgedrückte lineare Abhängigkeit der Wachstumsrate r_l von N als das Resultat entsprechender linearer Beziehungen von Geburts- und Sterberate verstehen (Abb. 8.43A). Die Population stagniert bei der Populationsgröße K, weil dort Geburts- und Sterberaten gleich groß sind.

Bei der logistischen Formel handelt es sich fraglos um ein *extrem vereinfachtes Modell.* In Wirklichkeit sind Geburts- und Sterberate nicht oder nur selten linear von N abhängig. In natürlicher Situation kommt es z.B. oft vor, daß eine dichteabhängige Regulierung erst von einer gewissen Dichte *(Dichteschwelle)* an einsetzt. Weiterhin haben verschiedene Faktoren unterschiedliche Schwellenwerte und unterschiedliche Wirksamkeit. Das Prinzip der optimalen Dichte (S. 786) macht zudem klar, daß es niedrige N-Werte gibt, unterhalb derer Geburts- und Sterberate in umgekehrter Richtung beeinflußt werden. Abbildung 8.43B zeigt eine realistischere Version der dichteabhängigen Regulation des Populationswachstums. Der logistischen Gleichung (8.9) kann also nur die Funktion einer sehr elementaren Formulierung des Prinzips der Selbstregelung zukommen. Die Abbildungen 8.44 und 8.13c zeigen zwei Beispiele, die die Wirksamkeit dieses Prinzips in natürlichen Populationen demonstrieren.

Die menschliche Bevölkerung

Der Mensch ist heute die terrestrische Art im Tierreich mit der höchsten Biomasse. Er besiedelt oder beeinflußt alle Teile der Biosphäre. Aufgrund der immensen Entwicklung von Technologie und Kultur, aber auch wegen der geringen Fähigkeit zur Selbstregulie-

Symbole:

N = Populationsgröße (Individuenzahl)
dN_b = Veränderung von N durch Geburten
dN_m = Veränderung von N durch Todesfälle
N_0 = Individuenzahl zum Zeitpunkt 0
N_t = Individuenzahl zum Zeitpunkt t
r_0 = Rate des exponentiellen Wachstums

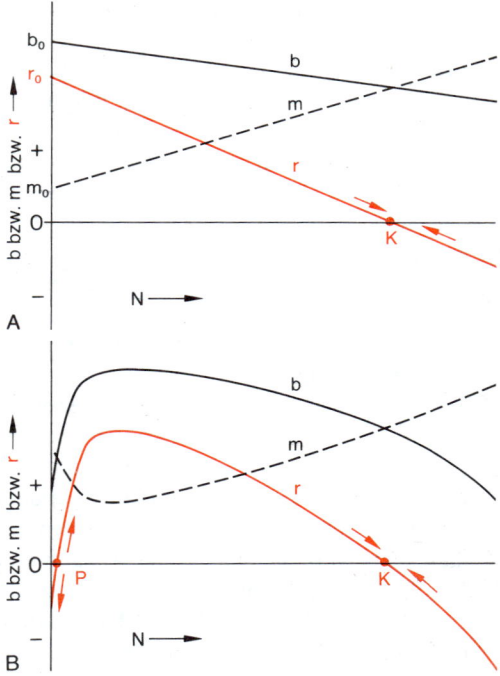

Abb. 8.43 A, B. Modellbeziehung zwischen Populationsgröße N, Geburtenrate b, Sterberate m und Populationswachstumsrate $r = b - m$ (rot). (A) Beziehung nach der logistischen Gl. (8.9). Es wurde angenommen, daß der in der Gleichung ausgedrückte lineare Zusammenhang zwischen N und r auf linearen Beziehungen zwischen N und b bzw. m beruht. Die roten Pfeile deuten die Richtung der Populationsveränderungen an. Es stellt sich ein stabiler Endzustand bei $N = K$ ein; in diesem Punkt ist $b = m$, folglich $r = 0$. (B) Ein realistischeres, nicht-lineares Modell. Die Abnahme von b und die Zunahme von m bei sehr niedrigen Populationsgrößen sowie das Maximum von b und das Minimum von m reflektieren das Prinzip der »optimalen« Dichte (S. 786). Bei P herrscht ein labiles Gleichgewicht: Bei Populationsgrößen < P ist eine Existenz der Population nicht möglich. Wird P überschritten, bewegt sich die Population in Richtung K. (Original Jacobs)

rung der Geburtsrate, stellt der Mensch einen *populationsökologischen Sonderfall* dar. Während sich in frühen Zeiten geringer Populationsdichte Geburts- und Sterberaten nur wenig unterschieden und insgesamt nur eine langsame Bevölkerungszunahme stattfand, setzte mit zunehmenden Kenntnissen der Medizin und Hygiene, vor allem seit dem Beginn des letzten Jahrhunderts, eine zwar regional stark unterschiedliche, doch global wirksame *Erniedrigung der Sterblichkeit* ein. Dies führte bei nahezu *gleichbleibenden Geburtenziffern* zu einem »*superexponentiellen*« Wachstum: r nahm stetig zu (Abb. 8.45a). In den 60er Jahren wurde ein Maximalwert von 2% pro Jahr ($b \approx 0,033; m \approx 0,013; r = b - m \approx 0,02$) erreicht, was einer Verdoppelungszeit von etwa 35 Jahren entsprach.

Seit etwa 20 Jahren ist das superexponentielle Wachstum in ein »*subexponentielles*« übergegangen (abnehmendes r, Abb. 8.45b), mit einer zur Zeit (1985) geschätzten Verdoppelungszeit von reichlich 40 Jahren. Der Grund liegt in einer allmählichen Zunahme bewußter Familienplanung (mit geringerer Kinderzahl), auch in den Entwicklungsländern. Die effektivsten Mittel sind derzeit die künstliche Verhinderung der Befruchtung und der Abbruch der Entwicklung der befruchteten Zygote. Auch eine Erhöhung der Generationslänge, etwa durch ein Heraufsetzen des Heiratsalters (in China), kann die Geburtsrate pro Jahr und damit r effektiv vermindern (S. 787f.).

Die aufeinanderfolgenden Perioden des super- und subexponentiellen Wachstums beruhen also auf einer *zeitlichen Phasenverschiebung* der Abnahme von b und m, wobei der Rückgang der Geburten hinter dem der Sterblichkeit nachhinkte. Wenn der jetzige Trend des Geburtenrückganges weiter anhält, werden sich b und m auf beiderseits niedrigem Niveau wieder einander annähern. Die weiterhin rapid zunehmende Bevölkerung läuft jedoch wegen der globalen Begrenztheit der Biosphäre Gefahr, die selbstinduzierten Probleme nicht mehr rechtzeitig lösen zu können.

Da auch die menschliche Bevölkerung ein – wenngleich derzeit nicht festlegbares – K-Niveau erreichen muß, wird r, trotz starker regionaler Unterschiede, letzten Endes global den Wert 0 erreichen, sei es über eine Erniedrigung von b oder eine Erhöhung von m oder eine Kombination aus beiden. Im Gegensatz zur Situation im Tierreich hat sich die Geburtsrate des Menschen als erstaunlich unempfindlich gegenüber sonst wirksamen Faktoren wie Nahrungs- und Platzangebot erwiesen. Nur unter extremen Bedingungen kommt es zum längerfristigen Aussetzen der Menstruation bzw. zur Impotenz. Wegen dieses Sachverhaltes kann eine Abnahme der Wachstumsrate, soll sie nicht über eine Erhöhung der Sterblichkeit laufen, nur durch *effektive künstliche Geburtenregelung* erfolgen. Die Wahl zwischen Geburtenkontrolle oder Sterben ist in letzter Konsequenz unausweichlich, selbst wenn es regional oder kurzfristig gesehen nicht offensichtlich wird. Dies gilt auch dann, wenn durch vielfältige Maßnahmen zur Erhöhung der Nahrungsressourcen und des Lebensstandards regionale Kalamitäten gemildert oder abgewendet werden. Wer z.B. aus ethischen oder religiösen Gründen eine Beschränkung auf Methoden der Geburtenregelung fordert, die nicht ausreichend effektiv sind, ist, global betrachtet, zwangsläufig mitverantwortlich für eine entsprechend erhöhte Sterblichkeit nach der Geburt, sei es bereits jetzt oder in nachfolgenden Generationen. Es wäre wichtig, daß die an Entscheidungen beteiligten Stellen sich über die zugrundeliegenden ökologischen Zusammenhänge im klaren wären. Die Verantwortung gegenüber künftigen Generationen erfordert jede wirksame und sorgfältig differenzierende Unterstützung des Trends zur weiteren Abnahme der Geburtsrate.

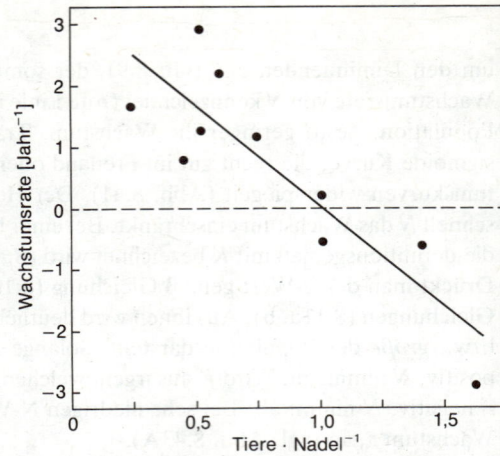

Abb. 8.44. Beziehung zwischen der Populationsdichte und dem Populationswachstum im darauffolgenden Jahr bei der Schildlaus Fiorinia externa auf den Nadeln der Hemlocktanne Tsuga canadensis. Die ausgezogene Linie stellt die Regressionsgerade dar. (Nach McClure)

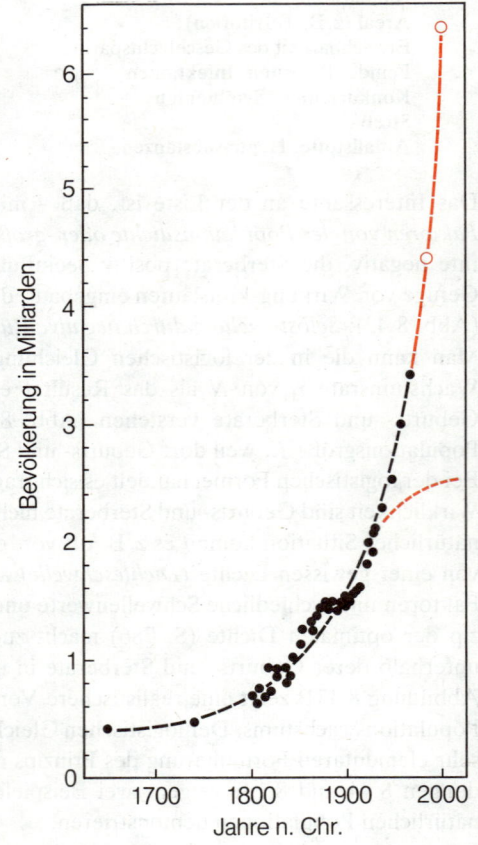

Abb. 8.45a. Wachstum der menschlichen Weltbevölkerung seit 1650. Die Punkte sind Werte aus Schätzungen und Zählungen verschiedener Quellen. Die beiden offenen Punkte sind extrapolierte Vorhersagen. Gestrichelte Kurve: 1936 geschätzte Populationsentwicklung. (Original Jacobs)

8.2.4.5 Schwankungen der Populationsdichte. Zyklen

Die meisten Populationen weisen, wenn sie einmal etabliert sind, *irreguläre Schwankungen* oder *reguläre Zyklen* auf, oft um einen langzeitig gleichbleibenden Mittelwert (Abb. 8.46, 8.47). Drei prinzipielle Erklärungsmöglichkeiten bieten sich für Zyklen an:

1. Dichteunabhängige Steuerung. Neben den Umweltfaktoren, die selbst von der Populationsgröße bzw. -dichte beeinflußt werden, spielen dichteunabhängige Faktoren, insbesondere die klimatischen Bedingungen, eine modifizierende, oft ausschlaggebende Rolle, *wodurch der K-Wert direkt oder indirekt verändert wird*. Im Gegensatz zur dichteabhängigen *Regelung* spricht man in diesem Fall von einer *dichteunabhängigen Steuerung* der Population. Die vielleicht einleuchtendsten Beispiele einer solchen Wirkung sind die jahreszeitlichen Populationszyklen der ein- bzw. zweijährigen Pflanzen und Tiere in den gemäßigten Zonen. Sie basieren auf jahreszeitlich bedingten Schwankungen von Umweltparametern (z.B. Temperatur, Licht, Nahrungsangebot), die Wachstum, Geburt und Mortalität beeinflussen (Abb. 8.46), wobei spezifische jahreszeitliche Anpassungen (wie z.B. die photoperiodische Steuerung des Blühens bei Pflanzen oder temperaturausgelöste Dauereierbildung bei Tieren) zu arttypischen Jahreszyklen der Altersstruktur führen. Irreguläre äußere Ereignisse bewirken entsprechende irreguläre Populationsschwankungen (Abb. 8.41b).

2. Reproduktionszyklen. Haben Pflanzen oder Tiere eine mehrjährige definierte Generationslänge oder mehrjährige Reproduktionszyklen, so können entsprechende Populationsschwankungen auftreten, wenn zuvor eine Synchronisation der Generationen erfolgt ist, z.B. durch besondere klimatische Konstellationen. Die drei- oder vierjährigen Zyklen des Maikäfers sind so zu verstehen, ebenso mehrjährige Periodizitäten bei Pflanzen, z.B. bei der Rotbuche, bei der es in »Mastjahren« zu starker Fruchtbildung und damit zu ausgiebiger Waldverjüngung kommt.

3. Dichteregulation. Die Analyse regelmäßiger Populationszyklen, die mit keinem bekannten Umweltzyklus gleicher Frequenz übereinstimmen und auch nicht auf artspezifischen Reproduktionsrhythmen basieren, wie z.B. die neun- bis elfjährigen Zyklen von Schneehase und Luchs oder der drei- bis vierjährige Zyklus der Lemminge (Abb. 8.47), hat bis jetzt in keinem Einzelfall eine befriedigende Klärung ergeben. Die Prinzipien, die wirksam sein müssen, sind jedoch bekannt:
Wirkungskreisläufe mit negativer Rückkoppelung haben die Tendenz zu oszillieren, wenn eine längere Zeit verstreicht, bis eine Abweichung vom stabilen Zustand zu einer Gegenreaktion führt (»Totzeit«) und wenn das Ausmaß der Gegenreaktion größer ist als zur Korrektur der ursprünglichen Abweichung nötig wäre (»Übersteuerung«). Auftreten und Ausmaß solcher regelungsbedingter Schwingungen hängt vom Produkt aus Totzeit und Korrekturgröße ab. In allen ökologischen Wirkungskreisläufen treten grundsätzlich Totzeiten auf: Bis ein Mangel an Nährstoffen sich auf die Reproduktionsrate und damit die Individuenzahl der nächsten Generation auswirkt, vergeht immer eine gewisse Zeit. Selbst wenn die maximale Kapazität der Umwelt für eine Population bereits erreicht ist, kann also das Populationswachstum noch weitergehen, da es von der Situation eines früheren Zeitpunktes her bestimmt ist, zu dem der *K*-Wert noch nicht erreicht war. Ebenso können Feinde oder Parasiten, die sich aufgrund eines guten Beute- bzw. Wirtsangebotes

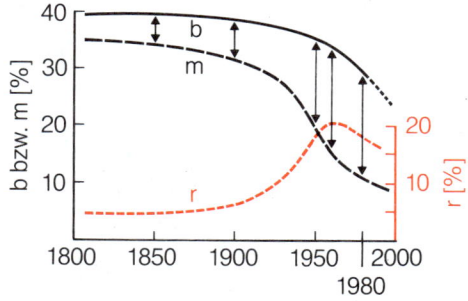

Abb. 8.45b. Geburts- (b), Sterbe- (m) und Wachstumsrate ($r = b - m$) der Weltbevölkerung seit 1800. Senkrechte Pfeile: r als Diskrepanz zwischen b und m. Maximaler r-Wert ($\approx 20\%$) um 1960; davor super-, danach subexponentielles Wachstum (vgl. Text). Die Kurven nach 1980 sind extrapolierte Schätzungen. (Original Jacobs)

Abb. 8.46. Jahreszyklen der Populationsgröße adulter Blasenfüßler (Thrips imaginis) auf Rosen in Südaustralien. Man beachte die Unterschiede der Maxima in verschiedenen Jahren. (Nach Odum)

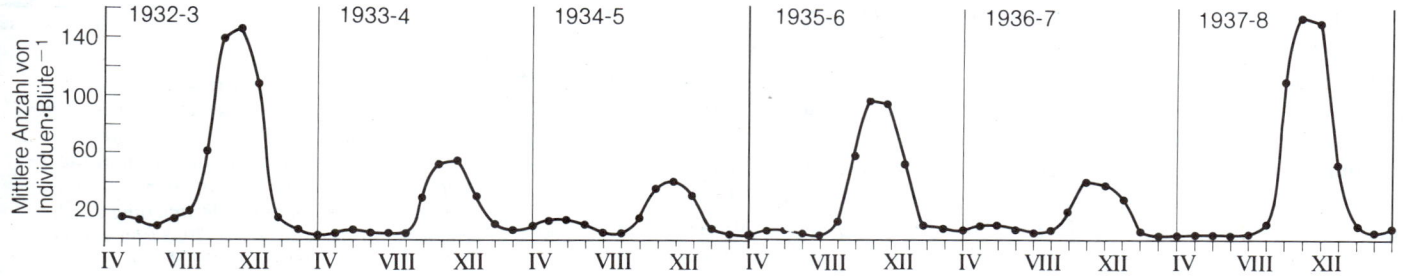

794 Ökologie

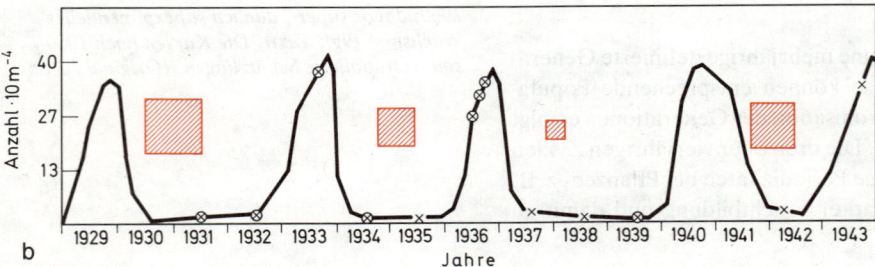

Abb. 8.47a, b. Regelmäßige mehrjährige Populationszyklen, die auf dichteabhängiger Regelung beruhen. (a) Schneeschuhhase (Lepus americanus, schwarze Linie) und Kanadischer Luchs (Lynx canadensis, rote Linie) in Nordkanada. Die Ordinate gibt die Anzahl der von der Hudson Bay Company gehandelten Pelze an. (b) Bestandsschwankungen des Halsbandlemmings (Dicrostonyx torquatus) im arktischen Kanada. (Die ausgezogene Linie stellt Bestands-Schätzungen anhand von Beobachtungen dar; die Kreuze markieren Zahlenwerte, die aufgrund von Fängen in Fallen extrapoliert wurden.) Die Flächen der roten Quadrate entsprechen Schätzungen über die relative Häufigkeit der jeweils im Winter aus Kanada in die östlichen USA eingefallenen Schnee-Eulen (Nyctea scandiaca), die in Kanada vorzugsweise von Lemmingen leben. Die Invasionen erfolgen jeweils bei starkem Rückgang der Lemming-Population. Die Schneeschuhhasen- und Lemmingzyklen werden wahrscheinlich vor allem von der langen »Totzeit« für die Erneuerung der von den Tieren dezimierten Vegetation (inklusive Recycling der Nährstoffe des Bodens) in der Tundra bewirkt. Die Räuberzyklen sind an die Beutezyklen »angehängt«. (a nach Odum, b nach Salomonsen)

vermehrt haben, auch dann noch ihre dezimierende Wirkung ausüben, wenn die betroffene Population längst wieder unter das K-Niveau gesunken ist. Auch Übersteuerungen treten häufig auf. So kann die Reproduktion ganz gestoppt werden, wenn der Nahrungsmangel zu groß wird, da alle zur Verfügung stehende Energie zur Erhaltung des Individuums verbraucht wird. Im gleichen Sinne kann sich eine Infektion bei hoher Wirtsdichte zu einer Epidemie ausweiten (in Kulturlandschaften ein wichtiges Problem der Schädlingsbekämpfung), so daß die resultierende, oft katastrophale Mortalität wesentlich höher liegt, als es zum Erreichen des K-Niveaus notwendig wäre.

Trotz der Allgegenwart von Totzeiten sind deutliche dichteabhängige Zyklen selten. Meist treten sie in Gebieten auf, in denen aufgrund extremer Umweltbedingungen einfach strukturierte Ökosysteme vorliegen, besonders in subpolaren und hochalpinen Zonen. Auch hier fehlen erschöpfende konkrete Analysen; aber theoretische Erwägungen und Simulierversuche mit Computern haben gezeigt, daß durch eine zunehmende Komplexität des Systems die Möglichkeit für Schwingungen einzelner Populationen abnimmt. Vier Gesichtspunkte seien angeführt: 1. Je größer die Anzahl unabhängig voneinander variierender *dichteunabhängiger* Faktoren ist, die einen Einfluß auf das Populationswachstum haben, desto größer ist die Chance irregulärer, teilweise gegeneinander wirkender Einflüsse, deren Wirksamkeiten auf r in ihrer Gesamtheit sich kompensieren und so die Tendenzen zu etwaigen Schwingungen verringern. 2. Je komplexer ein Ökosystem ist, desto häufiger können in der gleichen Population sich gegenseitig dämpfende Zyklen der Selbstregelung mit unterschiedlicher »Eigenfrequenz« auftreten. Die Totzeiten sind ja keineswegs für alle Wirkungskreisläufe gleich groß, insbesondere bestehen Unterschiede zwischen b- und m-regelnden Kräften. 3. Je vielfältiger die Aufteilung einer Großpopulation in unterschiedlich beeinflußte Untereinheiten mit ortsspezifischen Wachstumsbedingungen und je größer der Individuenaustausch zwischen solchen Unterpopulationen ist, desto stärker richten sich in der Großpopulation die Wachstumseigenschaften der Untereinheiten auf ein *Durchschnittsniveau* aus. 4. Wenn in einem Ökosystem der gleiche Nahrungsfaktor von mehreren Arten genutzt wird und wenn anderer-

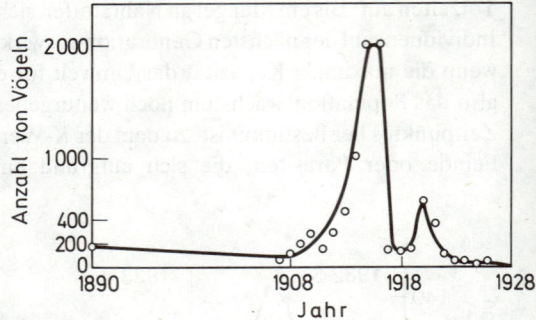

Abb. 8.48. Extinktion der letzten Population einer Präriehuhnart (Gattung Tympanuchus) in Massachusetts/USA. 1907 führten Schutzmaßnahmen zum Populationsanstieg. 1916 wurde die Population durch eine Kombination von Feuer, Sturm, kaltem Winter und Dezimierung durch Habichte drastisch reduziert. 1928 lebte noch ein Männchen, das 1932 starb. (Nach Allee)

seits jede Art auf mehrere Nahrungsquellen zurückgreift, dann treten *Vernetzungen von Wirkungskreisläufen* mit verschiedenen Eigenschwingungen auf. Diese Einwirkungen verschleiern die Eigenschwingungen und führen zu wechselseitigen Dämpfungen.

Zusammenfassend läßt sich sagen: Für den zeitlichen Verlauf der Populationsgröße sind mindestens vier prinzipiell unterschiedliche Mechanismen verantwortlich: 1. *Positive Rückkoppelung* entsprechend der exponentiellen Wachstumsgleichung (Gl. 8.7), also Aufschaukelungsprozesse. 2. *Negative Rückkoppelung* analog zur logistischen Gleichung (Gl. 8.9), also dichteabhängige Regelmechanismen, bisweilen mit Schwingungscharakter. 3. *Dichteunabhängige Faktoren*, vor allem klimatischer Natur, also Steuermechanismen. 4. *Endogene Rhythmen* oder *Zyklen*, die in der Biologie der Organismen begründet sind (Dauer von Entwicklungsphasen, Generationslänge). – In natürlichen Populationen können diese Mechanismen zu verschiedenen Zeiten ganz unterschiedlich stark wirksam sein. Zudem sind dichteabhängige und -unabhängige Wirkungen nicht strikt voneinander zu trennen: Der gleiche Faktor, der in einen dichteregulierenden Wirkungskreis einbezogen ist und so den *K*-Wert mitbestimmt, kann auch unter dem Einfluß dichteunabhängiger, etwa klimatischer Faktoren stehen, z. B. das reproduktionsregelnde Nährstoffangebot. Die dichteabhängige Wachstumsreaktion wird somit von dichteunabhängigen Faktoren mitbestimmt.

8.2.4.6 Extinktion

Verändern sich im Ökosystem die Umweltbedingungen für eine Population so, daß die Anzahl der produzierten Individuen geringer als die Anzahl der absterbenden ist, so wird die Populationsdichte abnehmen. Halten solche Bedingungen über längere Zeiträume an und fehlt ein Ausgleich durch Einwanderungen, so wird die Population aussterben. Die hierfür verantwortlichen biotischen oder abiotischen Ursachen und ihre Wirkungen sind prinzipiell die gleichen, die auch die schon besprochenen Steuerungs- und Regelungsprozesse bestimmen. Feinde, Parasiten, Konkurrenten und klimatische Faktoren sind von besonderer Bedeutung. Je niedriger das *K*-Niveau gedrückt wird und je stärkere Fluktuationen auftreten, desto größer ist naturgemäß die Chance, daß die Null-Linie der Populationsgröße erreicht wird. Unter sonst gleichen Bedingungen sind Populationsstabilität und Extinktion also kausal gekoppelt. Eine besondere Bedeutung könnte dem Prinzip der *optimalen Dichte* und den hier wirksamen Kräften zukommen (S. 786): Während eine negative Reaktion auf überhöhte Dichtebedingungen die Population wieder dem *K*-Niveau annähert, können negative Reaktionen auf *sub*optimale Dichten zur weiteren Populationsabnahme führen (Abb. 8.43B). Unter solchen Gegebenheiten wird die Chance der Extinktion fortwährend verstärkt, sobald ein gewisses minimales Dichteniveau unterschritten wird. Der Eindruck der Unabänderlichkeit der Extinktion selten geworderner Arten mag hierauf beruhen (Abb. 8.48).

8.2.5 Räumliche Veränderungen der Populationen

Neu entstandene Biotope werden in erstaunlich kurzer Zeit von Pflanzen und Tieren besiedelt, selbst wenn sie weitab von bewohnten ähnlichen Biotopen liegen. Anscheinend ortsfeste Populationen verändern allmählich ihr Ausbreitungsareal, neue Gebiete werden erobert, alte aufgegeben. Manche Tierpopulationen oder deren Untereinheiten haben keinen permanent fixierten Standort, sondern führen – zumindest zeitweise – ein nomadisches Dasein wie die Zugvögel. Andere Populationen führen in regelmäßigen oder unregelmäßigen Abständen Massenwanderungen durch wie die Wanderheuschrecken und Lemminge. All diesen Erscheinungen liegt das Vermögen der Arten zugrunde, sich

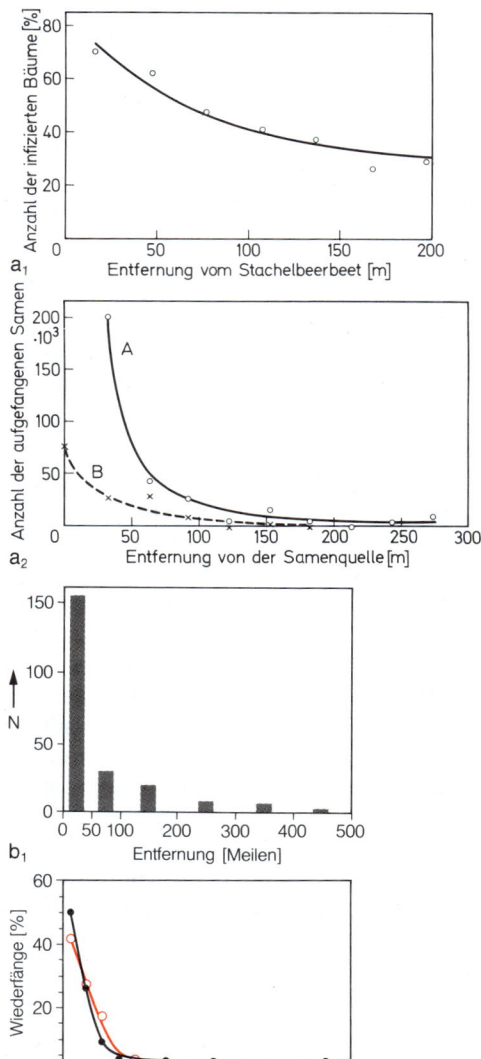

Abb. 8.49. (a) Ausbreitung der Verbreitungsstadien von Pflanzen. (a_1) Ausbreitung der Sporen eines Blasen-Rostpilzes in Abhängigkeit von der Entfernung vom Ursprung. Die Sporen werden von Pilzen auf Stachelbeeren produziert und infizieren Kiefernbäume der Umgebung. (a_2) Samenausbreitung der Douglastanne. Kurve A, reicher Samenansatz; Kurve B, geringer Samenansatz. (b) Ausbreitung bei Tieren. (b_1) Anzahl wiedergefundener beringter Schleiereulen in Abhängigkeit von der Entfernung vom Nestplatz, an dem sie als Nestlinge beringt worden waren. 1 Meile = 1,6 km. (b_2) Ausbreitung juveniler Seehunde, gemessen als Wiederfunde markierter Tiere in Abhängigkeit von der Entfernung vom Ort der Markierung; schwarz: im Freiland markierte Tiere, rot: in einer holländischen Station geborene, als Jungtiere in die Nordsee entlassene Tiere. (a nach Odum, b_1 Original Jacobs nach Daten von Steward aus Odum, b_2 nach Reijnders)

auszubreiten (Abb. 8.49a, b). Einige ausgewählte Gesichtspunkte und populationsökologisch wichtige Folgerungen dieser Fähigkeit seien im folgenden näher behandelt.

8.2.5.1 Ausbreitungsmechanismen

Die meisten Tiere verfügen über die Fähigkeit der *Eigenbewegung*. Sie besitzen innerhalb der Population einen Aktionsbereich, dessen Größe und Form im Laufe des Individuallebens und in Abhängigkeit von Umweltbedingungen variiert. Diese Eigenbeweglichkeit ermöglicht es den Individuen, das normale Besiedlungsareal der Population zu verlassen, zu emigrieren, und somit zur Ausbreitung der Art beizutragen.

Aber auch Individuen, die während der größten Zeit ihres Lebens an einen festen Standort gebunden sind, wie die meisten Pflanzenarten, besitzen fast immer während eines bestimmten Entwicklungsabschnittes besondere Einrichtungen, die der Ausbreitung innerhalb und außerhalb des Populationsareals dienen. Besonders häufig sind es *Kleinstadien*, die entweder eigenbeweglich sind (z.B. Zoosporen oder Gameten festsitzender Algen, Wimperlarven bei Plathelminthen, Anneliden, Echinodermen und Mollusken) oder die die Bewegung der Luft, des Wassers oder anderer Organismen zur eigenen *Verfrachtung* nützen (z.B. dehydratisierte, widerstandsfähige Samen und Sporen), wobei oft spezielle morphologische Bildungen die Schwebefähigkeit oder die Verankerung an lebenden Trägern vergrößern (Abb. 8.50a). Auch die Ausbildung freßbarer Früchte und Samen dient dem Zweck der Ausbreitung: Die Samen werden im Darmkanal der Tiere verfrachtet und häufig durch Verdauungsprozesse von keimungshemmenden Schutzschichten befreit. Nach der Abgabe mit dem Kot kommen sie zur Entwicklung (Abb. 8.50b). Arten, die in isolierten und oft nur temporären Biotopen – wie Pfützen und Tümpeln – leben, besitzen Verbreitungsstadien, die geeignet sind, ungünstige Aufenthaltsorte in resistenten Stadien zu überdauern. So haben viele, normalerweise aquatische einzellige Algen, Protozoen, Rotatorien und Kleinkrebse leicht transportable Ruhestadien, die eine längere Zeit der Austrocknung nicht nur überstehen, sondern oft zur Auslösung der Weiterentwicklung benötigen.

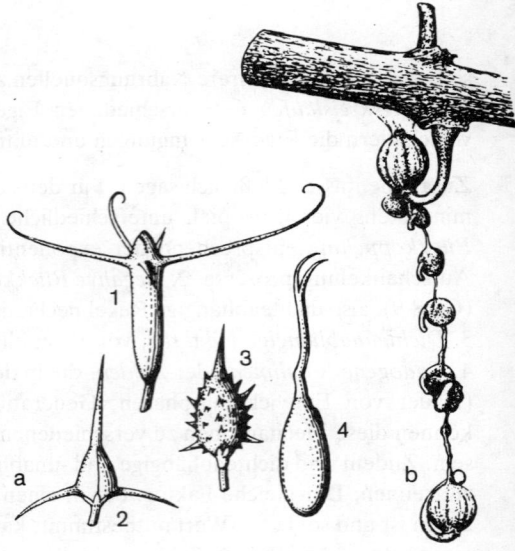

Abb. 8.50. (a) *Hafteinrichtungen bei Früchten von Wasserpflanzen. (1) Trapella sinensis; (2) Ceratophyllum demersum; (3) Ceratophyllum submersum; (4) Zostera marina. Die Häkchen können zur Verankerung an einem Trägerorganismus oder am Boden des Gewässers dienen. (b) Keimende Samen einer tropischen Mistelart (Viscum articulatum), die mit dem Kot eines Vogels ausgeschieden wurden und mittels des Klebstoffes der Früchte zusammenhängen. Schwebeeinrichtungen s. Abbildung 5.43 (S. 429) unten. (a nach Ulbrich, b nach van Leeuwen aus van der Pijl)*

8.2.5.2 Populationsgrenze und Expansion

Durch Emigranten bzw. Ausbreitungsstadien einer Population wird immer ein weit größeres Areal als das tatsächliche Siedlungsgebiet berührt. Daraus folgt, daß viele, wenn nicht die meisten Besiedlungs»versuche« erfolglos verlaufen müssen, da sonst das normale Besiedlungsareal dauernd zunähme. In der Tat sind die *Populationsgrenzen* als dynamische Gleichgewichtssituationen zu verstehen, wo sich Mortalität bzw. Reproduktionsmißerfolg und Besiedlungserfolg die Waage halten, d.h. die negative Komponente mangelnder Produktion in Randgebieten ($r < 0$) wird durch die positive Komponente dauernder Individuenzufuhr von günstigeren Populationsarealen her kompensiert.

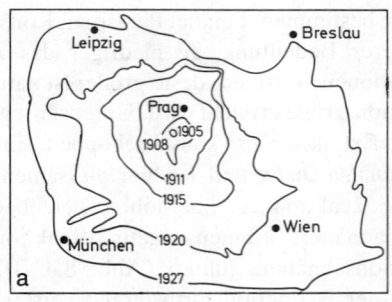

Andererseits wird die *Möglichkeit der Expansion*, d.h. der Vergrößerung des Populationsareals bei sich ändernden Bedingungen, durch die fortwährende Produktion von Ausbreitungsstadien dauernd aufrechterhalten. Die Ausbreitung der verschiedenen Baumarten nach der letzten Eiszeit (S. 826, 840) ist ein Beispiel für großräumige Expansionen und Arealverschiebungen von Pflanzenpopulationen. In einer Reihe von Fällen begannen Populationen, die lange Zeit relativ stabile Grenzen hatten, sich mehr oder weniger plötzlich in bestimmten Richtungen auszudehnen, wie z.B. die Wacholderdrossel (*Turdus pilaris*), die seit etwa 150 Jahren ihr Besiedlungsgebiet in Europa nach Westen ausdehnt. Die Ursachen erfolgreicher Expansion wie auch entsprechender Regressionserscheinungen sind weitgehend unerforscht. Meist werden dafür Umweltveränderungen oder auch genetische Veränderungen verantwortlich gemacht. Durch Schaffung neuer Standortsver-

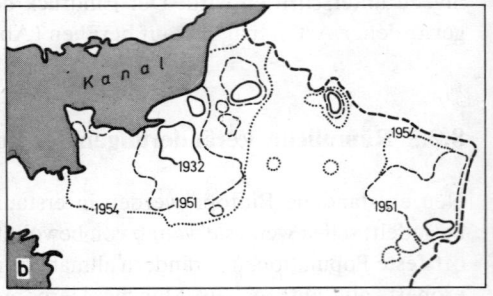

Abb. 8.51a, b. Ausbreitung der Bisamratte (Ondatra zibethica). (a) Allseitige Ausbreitung um Prag nach der Einbürgerung weniger Tiere im Jahr 1905. (b) Kolonisierung und Ausdehnung der Kolonien in Nordfrankreich. (Nach Schwerdtfeger)

hältnisse trägt auch der Mensch zur Ausbreitung von Tier- und Pflanzenpopulationen bei (Unkraut-, Ruderalfloren); er schleppt fremdländische *Adventivpflanzen* ein, die sich als *Neophytenpopulationen* in der heimischen Vegetation einbürgern.

8.2.5.3 Kolonisierung und ihre Beziehung zur Extinktion

Der Erfolg der *Kolonisierung* hängt einerseits von der Anzahl der Kolonisten, andererseits von der Qualität der Umwelt im Kolonialareal ab. Erstere nimmt in der Regel mit zunehmender Entfernung von der Mutterpopulation ab. Die Qualität der Umwelt verschlechtert sich im Regelfall ebenfalls, da ja gerade hiervon die Begrenzung der stabilen Mutterpopulation bestimmt ist. In weiterer Entfernung können sich jedoch neue Umweltkonstellationen ergeben, die günstiger sind als an der Grenze der Ausgangspopulation, so daß die Kolonisierung Erfolg hat. Typischerweise entstehen deshalb *erfolgreiche Kolonien in einer mehr oder weniger großen Entfernung von der Ursprungspopulation.* Da dort die Kolonisierungsdichte gering ist, werden neugegründete Kolonien meist nur von wenigen Individuen gebildet. Im weiteren Verlauf kann dann bei günstigen Umweltbedingungen eine Expansion der Kolonie erfolgen (Abb. 8.51).

Da jede Population prinzipiell der Gefahr ausgesetzt ist auszusterben, wenn sich die Umweltbedingungen ändern, hängt die Existenz einer Art von ihrer Fähigkeit ab, neue Kolonien zu gründen (vgl. Abschnitt 10.7.2, S. 927f.). Hierin dürfte – vom Standpunkt der natürlichen Auslese betrachtet – die »Rechtfertigung« für den an sich nachteilhaften Verschleiß erfolgloser Ausbreitungsstadien liegen. Dieser *Antagonismus von Extinktion und Kolonisierung,* der dem Gleichgewicht zwischen Mortalität und Natalität innerhalb der Population analog ist, wird besonders deutlich bei Arten, die temporäre Habitate bewohnen, wie Algen und Protozoen in Pfützen, Überschwemmungs- und Spritzwassertümpeln. Hier ist die Bildung von Cysten oder anderen trockenresistenten Stadien, die luftverfrachtet werden können, die Regel. Auch die Pionierarten früher Sukzessionsstadien (S. 825) sind hier zu nennen, sie werden in nachfolgenden Entwicklungsstufen der Biozönose meist schnell verdrängt. Manche Arten sind durch spezifische Feinde oder Konkurrenten so gefährdet, daß ihre Populationen in der Regel wieder zugrundegehen, bevor sie eine stabile Position im Ökosystem einnehmen können. Diese Arten haben somit kein festes Siedlungsgebiet, dauernde Kolonisierung ist obligat. Man hat solche Arten mit labilen Populationen treffend *Flüchterarten* genannt. Ein extremes Beispiel stellen die Opuntienpopulationen in Australien dar, die durch die Raupen des Nachtschmetterlings *Cactoblastis opuntiae* zerstört werden. Beide Arten stammen aus Südamerika. Neu gegründete Opuntienpopulationen wachsen heran, bis sie von *Cactoblastis* aufgefunden und bevölkert werden, woraufhin sie zugrunde gehen. Durch Verbreitung ihrer Samen werden jedoch zuvor neue, noch nicht infizierte Opuntienkolonien gegründet, so daß zwar jede Einzelpopulation nicht lange überlebt, ihre Gesamtheit im Großareal jedoch in der Existenz stabil ist: Kolonienbildung und Extinktion halten sich jetzt die Waage, nachdem vor Einführung des Parasiten Massenausbreitung der Opuntien eine wirtschaftliche Gefahr bedeutet hatte.

8.2.5.4 Wanderungen

Wanderungen (Migrationen) lassen sich als eine Sonderform der Ausbreitung von Tieren und manchen Algen verstehen. Es sind *zeitlich koordinierte und gerichtete Massenbewegungen,* die häufig periodisch auftreten. Typischerweise erfolgen Wanderungen durch aktive Eigenbewegungen, jedoch kann passiver Transport durch Luft- und Wasserbewegung oft eine wichtige Rolle spielen. Alle denkbaren Übergänge von aktiver, gerichteter und synchronisierter Wanderung bis hin zum individuellen, passiven, ungerichteten Transport kommen vor. Wanderungen sind in den verschiedensten Tierstämmen bekannt;

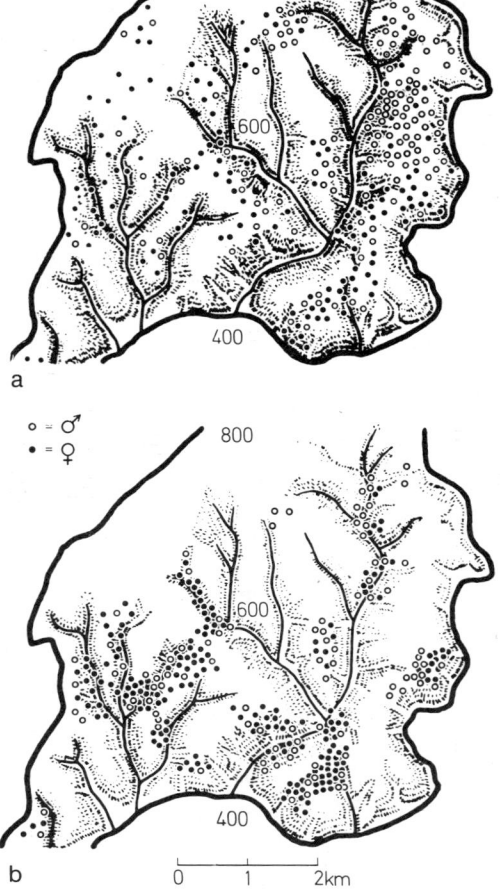

Abb. 8.52a, b. Verteilung des Rotwildes (Cervus elaphus) in einem Gebiet im Harz 1952/53; (a) im Sommer, (b) im Winter. (Nach Schwerdtfeger)

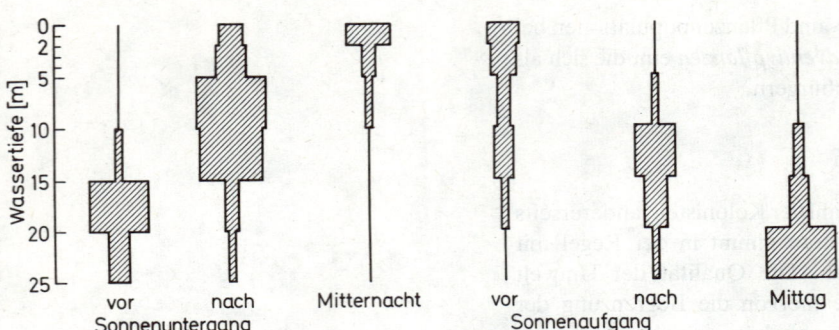

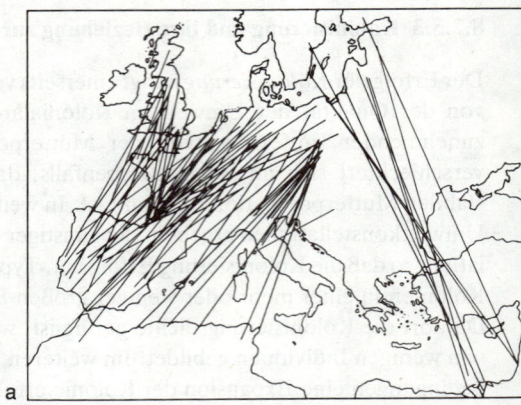

Abb. 8.53. Vertikalwanderung juveniler Tiere des Wasserflohs Daphnia longispina in einem irischen See. Die Breite der Flächen spiegelt die Individuendichte wider. Vgl. Abb. 8.14. (Nach Hutchinson)

das Spektrum der Erscheinungen ist sehr weit: Viele planktische Kleinkrebsarten des Meeres und des Süßwassers vollführen tagesperiodische Vertikalwanderungen (Abb. 8.53), die sie nachts in die nahrungsreichen Oberflächenschichten, tagsüber in feindarme Tiefen bringen. Auf der Insel Rhodos sammeln sich im Juni und Juli die meisten Individuen des Schmetterlings *Panaxia quadripunctaria* in einem kleinen Abschnitt eines bestimmten Tales zur Begattung. Alle Tiere wandern unabhängig voneinander und verteilen sich zur Eiablage wieder über die Insel. Viele Huftiere – das europäische Rotwild, manche Antilopen der afrikanischen Steppe, die Karibus Nordamerikas, die Rentiere Skandinaviens – führen jahreszeitliche Wanderungen in Abhängigkeit von den Nahrungsverhältnissen aus (Abb. 8.52). Fernwanderungen zum Aufsuchen bestimmter Brut- und Nahrungsgebiete sind von manchen Fischen (Aalen, Lachsen) und vielen Vögeln (Abb. 8.54) bekannt. Bei den Lemmingen (Nagetiere der Gattungen *Lemmus* und *Dicrostonyx*) Nordamerikas und Skandinaviens kommt es in Jahren besonders hoher Populationsdichte zu Massenwanderungen, die aus dem normalen Besiedlungsgebiet herausführen. Oft geht dabei die Mehrzahl der Emigranten zugrunde. Im Gegensatz dazu beruhen die Schwärme der Wanderheuschrecken *(Schistocerca)* vor allem auf passiven Verfrachtungen auffliegender Imagines, die aus Gebieten mit Massenvermehrung stammen.

Während die *Phänomenologie* der Wanderungen teilweise bis ins Detail dokumentiert ist, sind die *Auslöse- und Orientierungsmechanismen* nur bei wenigen Arten und meist nur teilweise analysiert. Als eines der bestuntersuchten Beispiele sei die Rolle der relativen Tageslänge für den Jahreszyklus der nordamerikanischen Ammer *Zonotrichia leucophrys* angeführt (Abb. 8.55). Die Art überwintert in Kalifornien und brütet vom Staat Washington bis nördlich des Polarkreises. Mauser, Fettanlagerung und Zug im Frühjahr, ebenso die Entwicklung der Gonaden werden durch die zunehmenden Langtagbedingungen im Frühjahr ausgelöst. Eben diese Umweltbedingungen induzieren aber auch eine darauf folgende Unempfindlichkeit (Refraktärstadium) gegenüber Langtagbedingungen, so daß das Reproduktionsgeschehen im Spätsommer unterbunden wird und sich die Gonaden rückentwickeln. Die Herbstwanderung ist möglicherweise mit Hilfe der inneren Uhr ebenfalls indirekt von den Langtagbedingungen im Frühjahr abhängig. Die Kurztagbedingungen im Winterquartier beenden die Refraktärphase, so daß sich der Zyklus im nächsten Frühjahr wiederholen kann.

Die Klärung der *biologischen Funktionen* der Wanderungen ist über Hypothesen und plausible Erklärungen in offenkundigen Fällen nicht weit fortgeschritten, exakte Analysen sind selten. Es lassen sich vier Funktionskreise anführen: 1. *Reproduktion:* Hierzu zählen z.B. die Fischwanderungen zum Laichgebiet. 2. *Nahrungserwerb:* Das Aufsuchen nahrungsgünstiger Biotope, über die Jungenaufzucht mit dem Reproduktionsgeschehen oft eng gekoppelt, dürfte insbesondere bei Zugvögeln die treibende Kraft in der Evolution gewesen sein. 3. *Flucht vor widrigen Umweltbedingungen:* Die jahreszeitliche Ungunst des

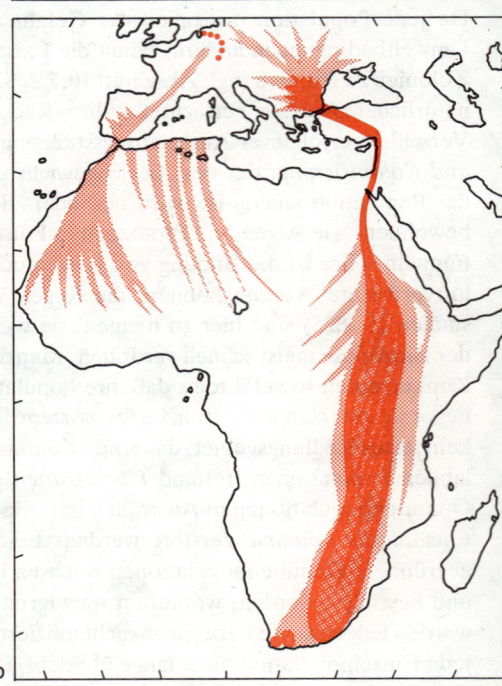

Abb. 8.54a, b. Beispiele für Fernwanderungen (Vogelzug): (a) Kürzeste Herbstzuglinien beringter weißer Bachstelzen (Motacilla alba). Das nördliche Ende jeder Geraden entspricht dem Beringungsort im Sommer, das südliche dem Fundort der beringten Vögel im Herbst bzw. Winter. Die meisten in Zentraleuropa brütenden Bachstelzen ziehen in südwestlicher Richtung, die aus dem Ostseeraum hingegen nach Südosten. (b) Zugrichtungen des Weißstorches nach Ringfunden. Die mitteleuropäische Zugscheide ist durch eine Punktreihe angedeutet: Die westlich von ihr brütenden Störche ziehen nach Westafrika, die östlich brütenden über Kleinasien und Ägypten nach Ost- und Südafrika. (a nach Salomonsen, b nach Schüz)

Klimas, verbunden mit hierdurch bedingtem Nahrungsmangel, ist sicher eine wirksame Komponente für Evolution und Steuerung jahreszeitlicher Wanderbewegungen. Der Schutz vor Feinden wird teilweise für die tägliche Vertikalwanderung des Zooplanktons in lichtschwache, tiefere Wasserschichten verantwortlich gemacht, da sich planktonfressende Fische vor allem optisch nach der Beute orientieren. 4. *Expansion und Kolonisierung:* Das Auffinden neuer, günstiger Biotope ist bei vielen Wanderungen, wie etwa bei den Zügen der Heuschrecken, den Wanderungen der Lemminge und den Schwärmen der Honigbiene ein wesentlicher Faktor.

Bei Tierwanderungen tritt die häufige Diskrepanz zwischen auslösenden und funktionswirksamen Umweltfaktoren (S. 768) besonders deutlich zutage. Ein wesentlicher Grund hierfür ist sicher darin zu suchen, daß die Auslösung des Wandertriebes früher und oft am anderen Ort einsetzt als das Eintreten des Anpassungsfaktors.

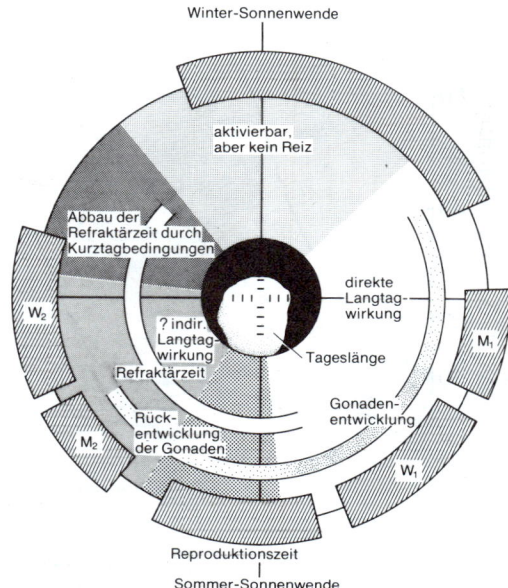

Abb. 8.55. Schematische Darstellung der wichtigsten Geschehnisse des durch die relative Tageslänge gesteuerten Jahreszyklus der amerikanischen Ammer *Zonotrichia leucophrys gambelii.* M_1, Frühjahrsmauser; M_2, Herbstmauser; W_1, Fettansatz und Wanderung im Frühjahr; W_2, im Herbst. Erklärung im Text. (Nach Farner)

8.3 Die Biozönose und das Ökosystem

Bei der Behandlung der dichteabhängigen Regulation der Populationen (S. 790f.) wurde deutlich, daß Populationen verschiedener Arten in einem Abhängigkeitsverhältnis zueinander stehen, das seinerseits unter dem Einfluß klimatischer und anderer abiotischer Bedingungen steht. Die Begriffe der *Biozönose* oder *Lebensgemeinschaft* und des *Ökosystems* (S. 761) sind unter der Annahme geprägt worden, daß Umwelt und Organismen in einem bestimmten Biotop ein *kompliziertes System von Wechselbeziehungen* bilden und somit auch eine in sich mehr oder weniger *überschaubare Funktionseinheit* darstellen.

Eng verbunden mit der Idee der Biozönose ist weiterhin die Annahme, daß Lebensgemeinschaften *geographisch abgrenzbare Einheiten* darstellen, die sich durch bestimmte, wiederkehrende Artenkombinationen charakterisieren lassen. Insbesondere dort, wo abrupte Umweltveränderungen auftreten, sind oft scharfe Grenzen zu beobachten. Auch die Wechselbeziehungen zwischen den verschiedenen Arten können dazu beitragen, die Grenzen zwischen Lebensgemeinschaften zu verdeutlichen: Wirkt sich die Gegenwart einer Art auf die Existenz einer anderen Art positiv aus (z. B. die Anwesenheit von schattenspendenden Bäumen auf Schattenpflanzen), dann ist das vorwiegend gemeinsame Auftreten bestimmter Arten zu erwarten. Sind solche Beeinflussungen negativer Natur, etwa durch wechselseitige Konkurrenz, so werden bestimmte Konstellationen verhindert und Verbreitungsgrenzen verschärft. In Abbildung 8.56 sind halbschematisch die extremen Denkmöglichkeiten der wechselseitigen Abhängigkeiten dargestellt.

Eine Standorttreue und damit verbunden eine Vergesellschaftung bestimmter Arten ist bei den ortsgebundenen Pflanzen meist stärker ausgeprägt als bei den Tieren, die aktiv günstige Biotope aufsuchen oder ungünstig gewordene verlassen können. In Pflanzenbeständen gibt es deshalb zwischen den Individuen oft mehr oder weniger starke und örtlich festgelegte Wechselbeziehungen, besonders bei dicht geschlossener Vegetation (Wälder, Moore). Bei offener Vegetation, wie in Felsspalten oder auf Schutt der Gebirge, sind sie schwächer, aber auch hier ist z. B. Wurzelkonkurrenz unverkennbar. Die Summe der pflanzlichen Individuen und Arten, die einen bestimmten einheitlichen Standort besiedeln, bezeichnet man als *Pflanzengesellschaft (Phytozönose).* Die Forschungsrichtung, die sich mit den Pflanzengesellschaften – ihren Eigenschaften, ihrer Struktur, ihrer Verbreitung, ihrer Dynamik, ihren Beziehungen zur Umwelt usw. – befaßt, bezeichnet man als *Pflanzensoziologie,* die dem Gebiet der Geobotanik zuzurechnen ist.

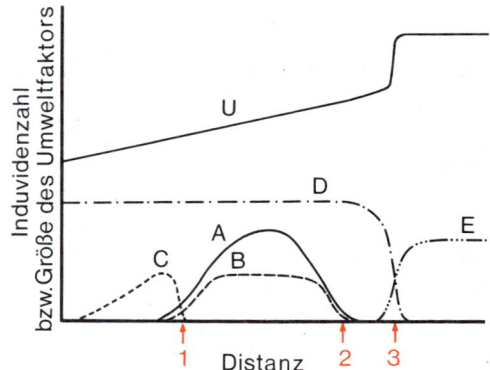

Abb. 8.56. Schematischer Überblick über Wechselwirkungen zwischen Populationen (A–E) und Umwelt (U), die die gegenseitige Abgrenzung von Ökosystemen beeinflussen. U, abiotischer Umweltfaktor (z. B. Wassergehalt); links allmählicher Gradient (Land), rechts abrupte Zunahme (Ufer), dann Konstanz (See). A, nur von U abhängig (Toleranzbereich mit Optimum). B, positiv von A abhängig (kommensal). C, abhängig von U (links) und negativ abhängig von A (amensal). D (Landbewohner) und E (Wasserbewohner): nur von U abhängig; scharfe gegenseitige Abgrenzung wegen abrupter Veränderung von U. Bei den roten Pfeilen treten deutliche Ökosystemabgrenzungen auf. (Original Jacobs)

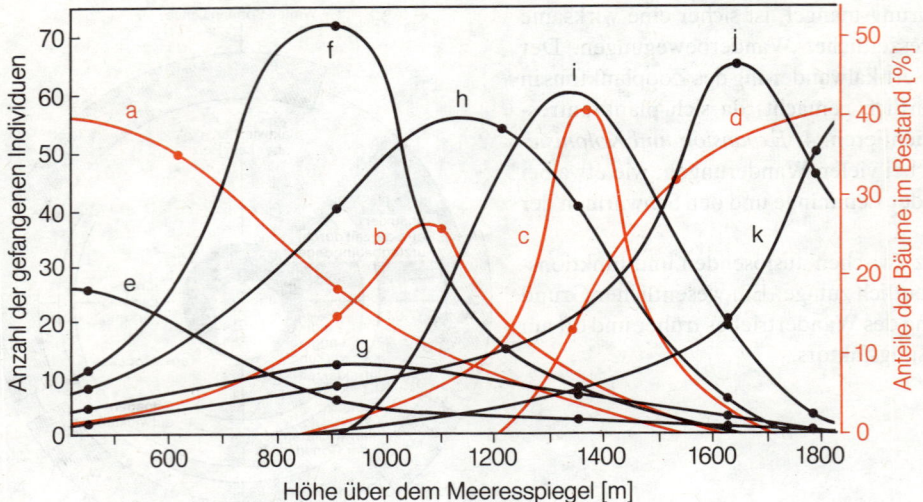

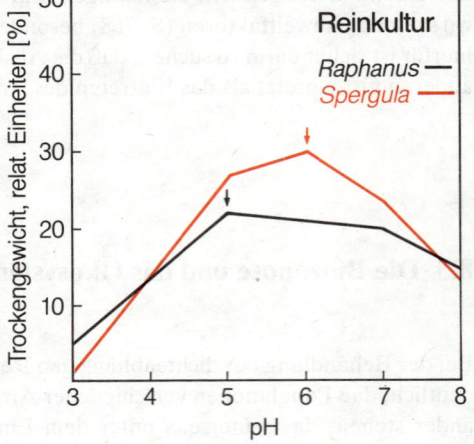

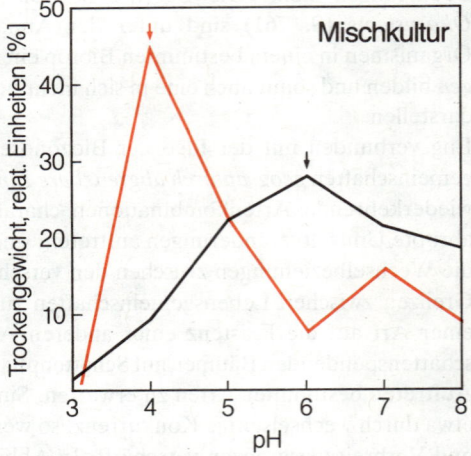

Abb. 8.57. Verteilungsmodus von Baumbeständen (a–d, rot) und Blattinsekten-Populationen (e–k, schwarz) in den Smoky Mountains, Tennessee/USA. (a) Tsuga canadensis; (b) Halesia carolina; (c) Acer spicatum; (d) Fagus grandifolia; (e) Graphocephala coccinea; (f) Caecilius spec.; (g) Agalliopsis novella; (h) Polypsocus corruptus; (i) Anaspis rufa; (j) Cicadella flavoscuta; (k) Oncopsis spec. (Nach Kendeigh)

Abb. 8.58 Einfluß gegenseitiger Konkurrenz auf die Existenzbereiche zweier Ackerkräuter, Feldspark Spergula arvensis und Hederich Raphanus raphanistrum. Die Pflanzen wurden in Rein- bzw. Mischkultur auf Böden mit unterschiedlichem Säuregrad (pH) kultiviert. In Reinkultur haben beide Arten einen relativ breiten Existenzbereich mit einem »physiologischen Optimum« bei pH 6 (Spergula) bzw. pH 5 (Raphanus). Die Gegenwart des konkurrenzstarken Hederichs in Mischkultur engt den Existenzbereich des Feldsparks ein und verschiebt sein Optimum in Richtung höherer Acidität (pH 4, »ökologisches Optimum«), während Raphanus seine größte Produktion jetzt bei pH 6 entwickelt. Die Pfeile kennzeichnen die Optima. (Nach Ellenberg)

Neben dem mehr beschreibenden Studium der Pflanzendecke, der *Vegetationskunde*, gewinnt in letzter Zeit die *experimentelle Soziologie* der Pflanzen zunehmend an Bedeutung; sie versucht, die gegenseitige Beeinflussung der Pflanzen kausal zu ergründen. Die angewandte Pflanzensoziologie hat große praktische Bedeutung, z. B. in der Land- und Forstwirtschaft, der Wasserwirtschaft, im Gartenbau und in der Landespflege und Landesplanung.

Voraussetzung pflanzensoziologischer Forschung ist die Analyse der Artengarnitur und der Standortbedingungen in einem begrenzten Teil des Geländes. Die dazu notwendige listenmäßige Erfassung sämtlicher Pflanzenarten und ihrer Häufigkeit wird als *Vegetationsaufnahme* bezeichnet (S. 814f.; Tab. 8.8).

In manchen Fällen ist die Annahme gegenseitig abgrenzbarer Biozönosen offenbar nicht gerechtfertigt. Quantitative Untersuchungen zeigen, daß Populationsareale einzelner Arten oft weitgehend unabhängig voneinander verlaufen können, so daß Ausmaß und Bedeutung von Wechselwirkungen zweifelhaft sind. Gleichzeitig treten Dichtegradienten auf, die scharfe Populations-, geschweige denn Biozönosegrenzen weder möglich noch sinnvoll erscheinen lassen (Abb. 8.57). Um alle natürlichen Sitiutionen mit ihren vielseitigen Abstufungen in gleicher Weise zu erfassen, sei im folgenden unter einer *Biozönose* die *Gemeinschaft der Individuen aller Arten* verstanden, *die in einem gegebenen Areal gemeinsam existieren*. Zusammen mit den abiotischen Umweltgegebenheiten stellen sie das *Ökosystem* dieses Areals dar.

Ökosysteme unterscheiden sich in mehrfacher Hinsicht von niedrigeren Organisationsstufen wie Organismen oder Zellen. Zwei Punkte seien hervorgehoben: (1) Die Umweltfaktoren in Ökosystemen sind meist variabler und stärkeren Zufallsschwankungen ausgesetzt als das Milieu in der Zelle oder im Körper. Ökosysteme haben keine steuernden Zentren wie das Genom der Zelle oder das Zentralnervensystem der Tiere. Sie weisen deshalb nie ein auch nur annähernd vergleichbares Maß an organisierter Integration auf. Statt dessen findet man zwar hochkomplexe, aber *diffuse, dezentralisierte Wirkungsgefüge*, in die viele, voneinander weitgehend unabhängige Faktoren von außen eingreifen. Ein wichtige Ausnahme, die wegen der zunehmenden Weltbevölkerung und ihrer Technologie mehr und mehr die Tendenz hat, zur Regel zu werden, sind die vom Menschen unter hohem Energieaufwand gezielt gesteuerten Systeme, wie Agrar- und Wohngebiete, Verkehrsnetze inklusive Flußregulierungen usw. (2) Ökosysteme replizieren sich nicht. Es gibt – von wenigen Ausnahmen der Aufspaltung bzw. Aufsplitterung abgesehen – *keine verwandten Ökosysteme* im Sinn gemeinsamer Abstammung. Jedes Ökosystem ist ein Unikat. Es ist deshalb nicht möglich, Gesetzmäßigkeiten zu formulieren, die auf phylogenetischen Zusammenhängen beruhen, wie dem genetischen Code, dem Ablauf des Citratzyklus, dem Aufbau der Zellmembran oder der Entstehung und Fortleitung des Nervenimpulses. Was man anhand von Einzelanalysen vieler Ökosysteme herausfinden kann, sind *Funktionsprinzipien,* auf *Analogien* beruhende Regeln über das Zusammenwirken mehrerer Komponenten oder Mechanismen, und davon ableitbare Auswirkungen auf die Evolution einzelner Arten oder Artengefüge. Die wichtigsten Prinzipien dieser Art werden im folgenden behandelt.

Tabelle 8.6. Definition und Charakterisierung möglicher Beziehungen zwischen zwei Arten (A und B). + bedeutet einen positiven, − einen negativen Einfluß auf die andere Art, 0: kein Einfluß. (Original Jacobs)

Wirkung von Art A auf B	B auf A	Bezeichnung
−	−	Konkurrenz
+	+	Symbiose
+	−	Feind-Beute, Parasitismus
+	0	Kommensalismus
−	0	Amensalismus
0	0	Neutralismus

8.3.1 Einfache Wechselbeziehungen

Je mehr Arten in einem Ökosystem koexistieren, desto vielfältiger sind die Möglichkeiten kausaler Vernetzung. Zunächst seien einige der wichtigsten Beziehungsmöglichkeiten zwischen einzelnen Populationen besprochen. Dabei sollen Beziehungen im Vordergrund stehen, die wesentlichen Einfluß auf die Existenz der Populationen haben, also Faktoren, die Vermehrung, Wachstum und Sterblichkeit beeinflussen. Die überaus vielseitigen Möglichkeiten lassen sich unter dem verallgemeinernden Gesichtspunkt gruppieren, ob die Beeinflussung negativ oder positiv ist. Im einfachsten Fall zweier Arten ergeben sich die in Tabelle 8.6 angegebenen Möglichkeiten.

8.3.1.1 Konkurrenz

Unter Konkurrenz versteht man eine Situation, in der zwei oder mehr Arten einen Wachstum und Vermehrung *limitierenden* Umweltfaktor bzw. eine Ressource (z. B. Licht, Wasser, Nährstoffe, Sauerstoff, Platz) *gemeinsam benötigen und sich im Wettbewerb darum gegenseitig in ihrer Existenz beeinträchtigen* (Abb. 8.58).
Die *wirksamen Mechanismen* der Konkurrenz können vielfältiger Natur sein. *Direkter Entzug des Konkurrenzfaktors* (durch Nahrungsaufnahme, Lichtentzug aufgrund von Wachstum oder Platzverdrängung) ist vielleicht am weitesten verbreitet (Abb. 8.58, 8.59, 8.60). Wechselseitige Hemmung durch *abgesonderte chemische Substanzen* (allelopathische Beziehungen: Wurzel- und Blattausscheidungen, Auswaschung von Stoffen aus abgefallenem Laub, Bildung antibiotisch wirksamer Substanzen) hat sich bei vielen Pflanzen und Mikroorganismen als wirksam erwiesen. Bei Tieren können *spezifische Verhaltensweisen* eine Rolle spielen (zwischenartliches Territorialverhalten, Drohgebärden, Aggression, S. 749 f.). Zwischen den Kolonien verschiedener Ameisenarten können z.B. regelrechte Gruppenkämpfe stattfinden, die anschließend zu einer teilweisen Gebietsaufteilung führen.

Exklusion und Koexistenz

Zwei einander sehr ähnliche Arten, die in einem homogenen Areal um den gleichen Umweltfaktor in starkem Maße konkurrieren, können auf die Dauer nicht koexistieren, *sofern der Faktor begrenzt verfügbar ist*. Die Begründung für dieses *Exklusionsprinzip* lautet: Es ist unwahrscheinlich, daß sich beide Arten exakt gleich verhalten. Zumindest nach einer gewissen Zeit werden sich gewisse Unterschiede einstellen, die es einem der Konkurrenten erlauben, den Faktor etwas besser zu nutzen. Seine Population wird sich dementsprechend stärker vermehren, das Biomasseverhältnis verschiebt sich zu seinen Gunsten. Da kein Anlaß besteht, daß sich dieser Trend verändert, und da jedes Areal nur eine begrenzte Biomasse trägt, muß der schlechtere Konkurrent letztlich verschwinden. Selbst bei absoluter Identität zweier Konkurrenten muß man erwarten, daß irgendwann

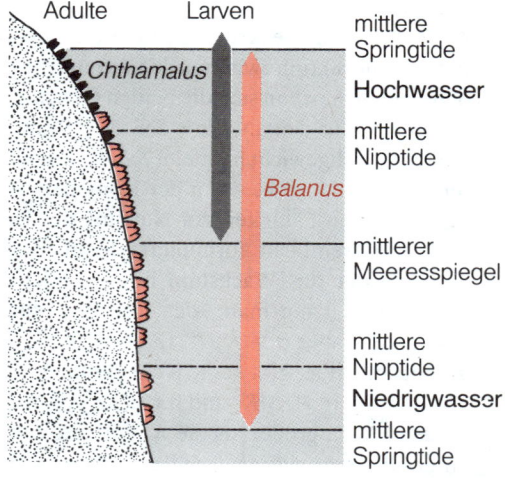

Abb. 8.59. Verteilung der festsitzenden adulten Tiere und Besiedlungszonen (durch die pelagischen Larven) zweier Seepockenarten (Chthamalus stellatus und Balanus balanoides) an einer Felsküste von Schottland. Während Balanus im obersten Gezeitenbereich wegen zu großer Trockenheit nicht überlebt, wird Chthamalus in den unteren Bereichen während des Heranwachsens der Tiere allmählich von Balanus durch unmittelbare Platzkonkurrenz verdrängt, so daß die ursprünglich starke Überlappung der Jungtiere schwindet. Die Ergebnisse beruhen auf direkter Beobachtung einzelner Individuen und experimenteller Entfernung von Konkurrenten. Beide Arten wurden auch von der räuberischen Schnecke Thais lapillus dezimiert, wodurch die Konkurrenz vermindert wurde. (Nach Connell aus Odum)

einer von ihnen per Zufall ausstirbt, in Analogie zur Zufallseliminierung selektiv identischer Allele durch genetische Drift (S. 883, Abb. 8.61e).

Andererseits findet man in fast jedem Ökosystem ähnliche Arten, die offensichtlich koexistieren. Es müssen also Möglichkeiten bestehen, das Exklusionsprinzip zu umgehen. Die entscheidende Frage ist: Wie ähnlich können die Kontrahenten bezüglich der Ressourcennutzung sein, um noch gemeinsam auf Dauer existieren zu können? Eine Erweiterung der logistischen Formel (Gl. 8.11b, S. 790) erleichtert das Verständnis hierfür: Jedes Individuum in einer Mischpopulation erfährt Konkurrenz durch Individuen der eigenen wie der fremden Art. In Gleichung (8.11b) spiegelt der Subtrahend $(r_o/K) \cdot N^2$ das Ausmaß an *innerartlicher Konkurrenz* wider. Das ungehinderte exponentielle Wachstum $r_o \cdot N$ wird hier um einen Faktor vermindert, der der durchschnittlichen Kontakthäufigkeit der Individuen – also N^2 – proportional ist (S. 790f.). Analog läßt sich die Formel um einen zweiten Subtrahenden erweitern, der der Kontakthäufigkeit zwischen Individuen *verschiedener Arten* proportional ist. Für beide konkurrierenden Arten 1 und 2 formuliert ergeben sich die Gleichungen (8.12a, b), wobei α als *Konkurrenzkoeffizient* ein Ausdruck für den zwischenartlichen Konkurrenzdruck von Population 2 auf 1 ist, β entsprechend von 1 auf 2.

Ob Koexistenz möglich ist oder nicht, hängt einerseits von der Höhe dieser Koeffizienten der Fremdkonkurrenz ab, andererseits aber auch von den Gleichgewichtsdichten K_1 und K_2, bei denen sich die beiden Arten *ohne* Konkurrenten einpendeln würden. Die Gleichgewichtsdichte einer Art ($dN/dt = 0$), allgemein mit $\hat{N}$ gekennzeichnet, nimmt mit einer Zunahme der Konkurrentendichte und des Konkurrenzkoeffizienten ab, liegt aber natürlich um so höher, je größer K ist. Dieser Zusammenhang ist in den Gleichungen (8.13a, b) für beide Arten formuliert. Abbildung 8.61 stellt die verschiedenen Möglichkeiten der Interaktion zwischen den Arten graphisch dar. Gemeinsame Existenz ist prinzipiell dann möglich, wenn sich die beiden Gleichgewichtsgeraden schneiden, wenn es also einen Punkt gibt, für den $dN_1/dt = dN_2/dt = 0$ gilt. Hierbei kann es sich um ein stabiles oder ein labiles Gleichgewicht handeln. *Stabile Koexistenz ist immer dann möglich, wenn* $\alpha < K_1/K_2$ und $\beta < K_2/K_1$, d.h. wenn der Konkurrenzdruck des »Gegners« (α bzw. β) geringer ist als die eigene Fähigkeit zur Nutzung der Umwelt (K) relativ zum Konkurrenten (Abb. 8.61a). Vereinfacht formuliert: Je überlegener (unterlegener) man selbst ist in der Nutzung der das Wachstum limitierenden Umweltressourcen, um so mehr (weniger) Konkurrenz kann man »sich leisten«, ohne aus dem Feld geschlagen zu werden. Ist $\alpha < K_1/K_2$, aber $\beta > K_2/K_1$ (Abb. 8.61b), dann überschneiden sich die Gleichgewichtsgeraden nicht, es gibt keine Koexistenz, Art 2 wird durch Art 1 verdrängt. Analog gewinnt Art 2, wenn $\alpha > K_1/K_2$ und $\beta < K_2/K_1$ (Abb. 8.61c). Sind die Konkurrenzkoeffizienten in beiden Fällen größer als die K-Verhältnisse (Abb. 8.61d), dann kommt es zwar auch zu einer Überschneidung der Gleichgewichtsgeraden, aber es herrscht eine *labile* Situation: eine der beiden Arten wird letztlich verdrängt; welche das ist, hängt vom Zahlenverhältnis beider Arten in der Ausgangssituation ab. Für den Fall, daß $\alpha = K_1/K_2$ und $\beta = K_2/K_1$, d.h. bei Überlappung der Geraden (Abb. 8.61e), besteht ein indifferentes Gleichgewicht. Im Prinzip könnten beide Arten auf Dauer koexistieren, aber mangels Stabilisierung kann jeder der Konkurrenten irgendwann per Zufall aussterben.

Die Konkurrenzfähigkeit einer Art hängt natürlich immer von den *Umweltbedingungen* ab. In einem Biotop bzw. an einem Standort mag Koexistenz möglich sein, in einem anderen nicht. Besteht ein Umweltgradient, dann gewinnt u. U. jede Art in einem anderen Bereich. Im allgemeinen wird das Standortspektrum, das eine Art infolge ihrer physiologischen und genetischen Konstitution potentiell zu besiedeln vermag (s. Toleranzbereich, S. 773f.) durch den Wettbewerb mit anderen Arten eingeschränkt. Dabei kann sich auch der Bereich maximalen Wachstums ohne Konkurrenz (bei Pflanzen oft auch als physiologisches Optimum bezeichnet) stark von dem Standortbereich unterscheiden, in dem die Art im Konkurrenzkampf mit anderen die stärkste Entwicklung aufweist (»ökologisches

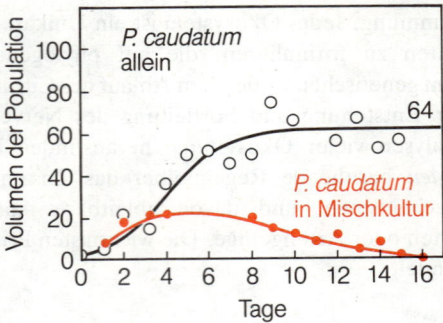

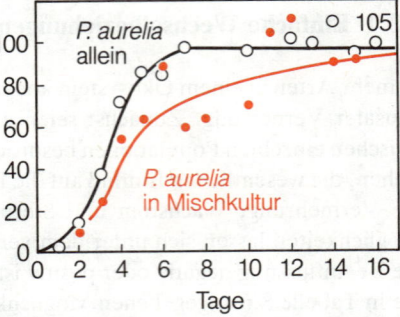

Abb. 8.60. Konkurrenz zwischen zwei Pantoffeltierchen-Arten, Paramecium caudatum und P. aurelia. Während jede Art für sich allein nach etwa 8 Tagen das unter den Kulturbedingungen für sie typische K-Niveau erreicht, hemmen sich beide Arten, wenn sie gemeinsam gehalten werden. Nach 16 Tagen hat P. aurelia jedoch den Konkurrenten verdrängt und erreicht wieder sein K-Niveau. P. aurelia hat einen höheren K-Wert als P. caudatum. Die rechts oben angegebenen Volumenwerte (64 bzw. 105) entsprechen etwa 130 P. caudatum- und 480 P. aurelia-Individuen, da erstere Art ca. 2,6mal so groß (Volumen) ist wie letztere. (Nach Gause aus Odum)

(8.12a)
$$\frac{dN_1}{dt} = r_{01} N_1 - \frac{r_{01}}{K_1} N_1^2 - \frac{r_{01}}{K_1} N_1 \cdot \alpha N_2$$

$$= \frac{r_{01} \cdot N_1}{K_1} (K_1 - N_1 - \alpha N_2)$$

(8.12b)
$$\frac{dN_2}{dt} = r_{02} N_2 - \frac{r_{02}}{K_2} N_2^2 - \frac{r_{02}}{K_2} N_2 \cdot \beta N_1$$

$$= \frac{r_{02} \cdot N_2}{K_2} (K_2 - N_2 - \beta N_1)$$

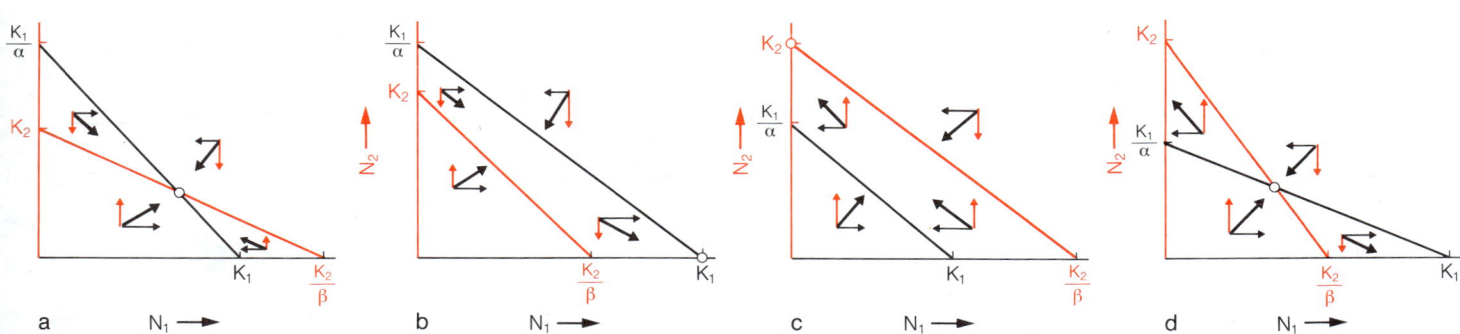

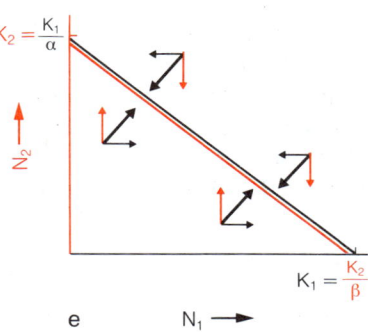

Abb. 8.61 a–e. Schema für das Prinzip der Konkurrenz zwischen zwei Arten. Die Geraden sind »Gleichgewichtsgeraden«, sie entsprechen den Beziehungen der Gleichungen (8.13a, b). Sie zeigen diejenigen Kombinationen von N_1 und N_2 an, bei denen keine Populationsveränderungen der Art 1 (schwarz) bzw. Art 2 (rot) stattfinden. Je nach Lage der beiden Geraden kommt es zur Koexistenz beider Arten oder zur Eliminierung einer der beiden Arten. Dort, wo sich beide Geraden schneiden, ist für beide Arten gleichzeitig $dN/dt = 0$, d. h. es besteht (stabile oder labile) Koexistenz. Bei Überlappung (e) besteht ein indifferentes Gleichgewicht, eine Art kann nur durch Zufall eliminiert werden. Die kleinen schwarzen (Art 1) und roten (Art 2) Pfeile geben an, in welche Richtungen sich die Populationsgrößen verändern, solange der jeweilige Gleichgewichtszustand nicht erreicht ist. Der dicke Pfeil zeigt als Resultante die kombinierten Veränderungen beider Arten an. (Original Jacobs)

Optimum«). Konkurrenz kann also zur »*Kontrastverschärfung*« der Artenaufteilung – im Vergleich zu einer konkurrenzfreien Situation – führen (Abb. 8.58, 8.59).

Bei den bisherigen Betrachtungen wurde vorausgesetzt, daß beide Populationen – sofern Koexistenz überhaupt möglich ist – jeweils die Populationsdichten erreichen, die unter den herrschenden limitierenden Bedingungen von Umwelt und Konkurrenz letztlich möglich sind. Deshalb tauchen in den Gleichgewichtsgleichungen (Gl. 8.13 a, b) nur mehr die *K*-Werte und die Konkurrenzkoeffizienten auf, nicht aber die Wachstumsraten, die für das Erreichen der endgültigen Populationsdichten verantwortlich waren. In vielen Fällen können jedoch auch die Wachstumsraten von ausschlaggebender Bedeutung für die Dominanzverhältnisse zwischen den Arten sein, besonders in sich erst entwickelnden Ökosystemen (s. Abschnitt 8.3.4), in denen ein stabiler Endzustand noch nicht vorliegt. Arten, die nur in frühen Sukzessionsstadien auftreten, weil sie in späteren Gleichgewichtssituationen ohne Chance sind, verdanken ihr Vorhandensein neben der Fähigkeit zur schnellen Kolonisierung vor allem ihrer rapiden Wachstums- oder Vermehrungsrate unter den weniger limitierenden Bedingungen früher Sukzessionsstadien. Um die extremen Denkmöglichkeiten zu charakterisieren, spricht man bisweilen von zwei »Strategien« der Existenz, der »*r*-Strategie« und der »*K*-Strategie«. Im ersteren Fall sind die Arten durch hohe Wachstumsraten gekennzeichnet, sie sind in frühen Phasen der Ökosystementwicklung bevorteilt. Im anderen sind sie hingegen in Richtung hoher Konkurrenzfähigkeit spezialisiert, was ihnen Vorteile in balancierten Klimaxsituationen verschafft. Selbstverständlich schließen sich beide Möglichkeiten nicht gegenseitig aus, alle Zwischenstufen und Kombinationen sind denkbar und treten auf.

Konkurrenz und ökologische Nische

Die bisherigen, teilweise stark vereinfachenden Betrachtungen machen klar: *Koexistenz zwischen zwei Konkurrenten wird um so eher möglich sein, je unähnlicher ihre ökologischen Nischen in bezug auf die Konkurrenzfaktoren sind* (S. 779f.). Denn je unterschiedlicher die Nischen sind, desto geringer ist die Konkurrenz gegenüber Individuen der anderen Art im Vergleich zur Konkurrenz gegenüber Individuen der eigenen Art. Dieser Zusammenhang zwischen ökologischer Nische und Konkurrenz wird oft epigrammatisch formuliert: *Arten mit gleicher ökologischer Nische können nicht auf Dauer koexistieren.* Ein gutes Beispiel ist die sukzessive Verdrängung dreier parasitischer Wespenarten der Gattung *Aphytis,* deren gemeinsamer Wirt eine Schildlausart *(Aonidiella aurantii)* ist, die die Orangenplantagen Kaliforniens schädigt. Die Art *A. chrysomphali,* um 1900 aus dem Mittelmeergebiet eingeschleppt, breitete sich schnell in Kalifornien aus. Eine zweite Art, *A. lingnaensis,* 1949 aus China eingeführt, verdrängte den ersten Parasiten innerhalb weniger Jahre fast völlig. 1957–1959 wurde eine dritte Art, *A. melinus,* aus Indien importiert, die im trockenen und heißen Innengebiet Kaliforniens die zweite Art fast ganz

(8.13a)
$$\frac{dN_1}{dt} = 0 = \frac{r_{01} \cdot N_1}{K_1}(K_1 - N_1 - \alpha N_2)$$
$$0 = K_1 - N_1 - \alpha N_2$$
$$\hat{N}_1 = K_1 - \alpha N_2$$
(Das Zeichen ˆ kennzeichnet Gleichgewichtswerte)

(8.13b) analog zu (8.13a):
$$\hat{N}_2 = K_2 - \beta N_1$$

verdrängte, nicht jedoch in der Küstenregion, so daß nun zwei Parasitenarten geographisch getrennt vorkommen.

Findet man andererseits, daß taxonomisch ähnliche Arten sympatrisch auftreten, also offensichtlich koexistieren, so zeigt sich bei genauerer Untersuchung oft, daß sie sich bezüglich wesentlicher Konkurrenzfaktoren »aus dem Weg gehen«. Abbildung 8.29 (S. 782/783) zeigt zwei Beispiele solcher »Einnischung« bezüglich der Nahrung.

Miteinander in Konkurrenz stehende Arten werden sich, sofern genügend Zeit zur Verfügung steht, durch natürliche Selektion in Richtung auf Nischentrennung entwickeln, da Genotypen, die Konkurrenz vermeiden, bevorteilt sind. Dieser Selektionsdruck durch Konkurrenz kann zur *ökologischen Merkmalsverschiebung* führen: Vergleicht man ähnliche Arten, die in gewissen Arealen gemeinsamen vorkommen, in anderen hingegen nicht, so findet man in den Überlappungsgebieten des öfteren Veränderungen in der Ausbildung von Merkmalen, die zu einer *Vergrößerung des Artunterschiedes* in diesen Gebieten führen. Dies kann auf entsprechend größere Unterschiede der ökologischen Nischen und damit verminderte Konkurrenz deuten (Abb. 8.62). Allerdings muß bei der Untersuchung ökologischer Merkmalsverschiebung berücksichtigt werden, daß sie auch durch andere zwischenartliche Beziehungen, insbesondere Selektionsdruck gegen Bastardierung (S. 914f.) und selektives Freßverhalten von Feinden hervorgerufen werden kann.

8.3.1.2 Symbiose

Während Konkurrenzvorgänge verschiedenster Prägung und Stärke eine universelle Verbreitung haben und als ein Mangel gegenseitiger Anpassung bzw. Einnischung aufgefaßt werden können, sind wechselseitige *positive* Beeinflussungen meist recht spezieller Natur. Denn hierbei handelt es sich um *wechselseitige Anpassungen,* die nur durch langanhaltende, spezifisch ausgerichtete und koordinierte *Selektionsprozesse* (*Koevolution,* S. 770) entstehen, vergleichbar vielleicht mit dem *Abbau von Konkurrenz* durch Nischentrennung. Die wohl am weitesten verbreitete und bedeutsamste symbiotische Beziehung stellt die *Bestäubung der Pflanzen durch Tiere* dar, die den Pflanzen die Reproduktion, den Tieren die Ernährung garantiert (S. 288f.). Die Anpassungen sind dabei oft erstaunlich weitgehend und spezifisch, sowohl bei Pflanzen (anlockende Duftstoffe, Nektarien, Fallenmechanismen zum vorübergehenden Einfangen der Insek-

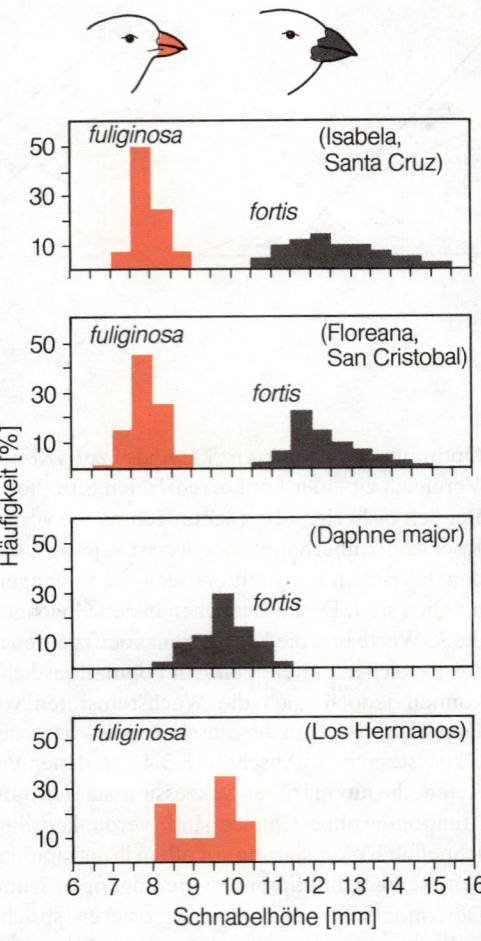

Abb. 8.62. Ökologische Merkmalsverschiebung bei zwei Arten von Galapagos-Finken (*Geospiza fuliginosa* und *G. fortis*). Die weitgehend genetisch bestimmte Schnabelhöhe reflektiert die Größe der aufgenommenen Nahrungspartikel (Samen). Auf Inseln mit jeweils nur einer Art haben beide Arten etwa gleich hohe Schnäbel. Auf Inseln, die von beiden Arten besiedelt sind, zeigen die Schnabelhöhen deutliche Unterschiede. Es wird vermutet, daß dort Konkurrenz zur Nischentrennung bezüglich der Größe der Nahrungspartikel führte. Inselnamen in Klammern. (Nach Lack)

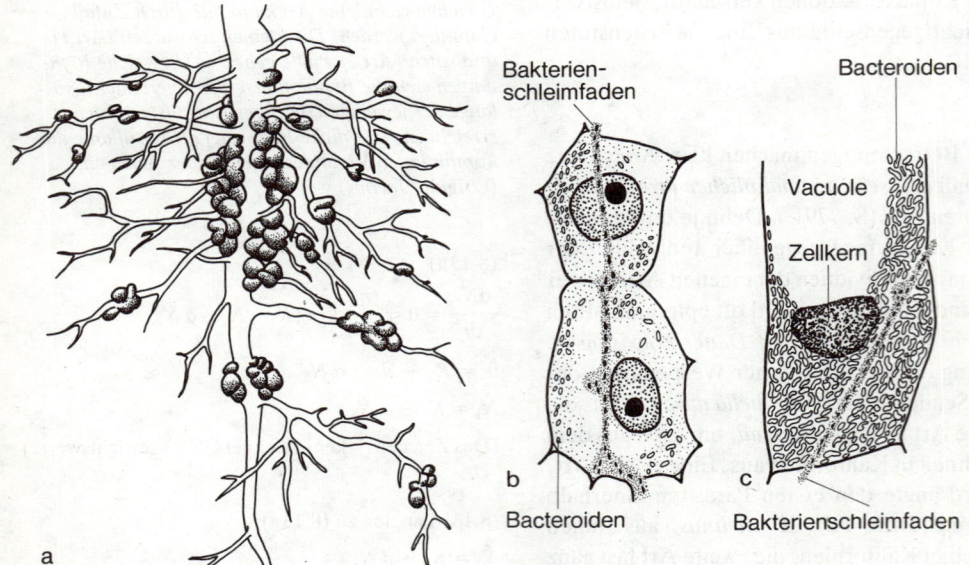

Abb. 8.63 a–c. Symbiose zwischen Leguminosen und Rhizobien. (a) Wurzelsystem der Lupine mit Wurzelknöllchen. (b, c) Ablauf der Infektion: (b) sich streckende Knöllchenzellen, von Bakterienschleimfaden durchzogen, aus dem einzelne Bakterien in das Cytoplasma übergetreten sind. Sie befinden sich in Umwandlung zu Bacteroiden. (c) Entwickelte Knöllchenzelle. Plasma ganz von Bacteroiden angefüllt, Zellkern und Bakterienschleimfaden in Degeneration. (Nach Stocker)

ten, artspezifische insektenimitierende Blüten, die als Paarungsattrappen dienen) als auch bei Bestäubern (Pollensammelapparate, spezielle saugende Mundwerkzeuge).

Ein extremes Beispiel der Symbiose stellen die Flechten (Lichenes, S. 560) dar, in denen die beiden Partner (Pilz und Alge bzw. Cyanophyt) hochspezifische Formen und Stoffwechselleistungen hervorzubringen vermögen, die zur Abgliederung der Flechten als eigene taxonomische Einheit geführt haben (S. 938). Die Algen, die in der Flechte die Fähigkeit zur geschlechtlichen Fortpflanzung verloren haben, liefern dem Pilz Photosyntheseprodukte und luftstickstoffbindende Cyanophyten versorgen ihren Partner mit Stickstoffverbindungen, während der Pilz Wasser und Salze beisteuert und meist auch die Form des Thallus bestimmt. Flechten bilden sogar vegetative Verbreitungseinheiten (Soredien), die aus beiden Symbiosepartnern bestehen.

Eine Reihe von Pflanzen zieht erheblichen Nutzen aus dem Umstand, daß in speziellen Wurzelbildungen (Wurzelknöllchen bzw. Rhizothamnien) Bakterien (vor allem bei den Leguminosen) oder Actinomyceten (z. B. bei der Erle und dem Sanddorn) den atmosphärischen Stickstoff zu binden vermögen (S. 98, 818). Die freilebenden (saprophytischen) Vertreter dieser symbiotischen Mikroorganismen sind dazu ebensowenig in der Lage wie die bakterienfreien Höheren Pflanzen. Die Bakterien und Actinomyceten erhalten von dem Symbiosepartner die benötigten sonstigen Stoffe und versorgen ihn mit Stickstoffverbindungen, manchmal erst (aber nicht nur) nach ihrer Verdauung durch die Höhere Pflanze. Da die Mikroorganismen, zumeist nach dem Zerfall der Knöllchen, in einer größeren Zahl in vermehrungsfähiger Form freigesetzt werden als vorher eingedrungen waren, haben auch sie offensichtlich einen Vorteil von dieser Wechselbeziehung (Abb. 8.63).

Als ein Beispiel für die Symbiose von Niederen Pflanzen in Tieren seien die Steinkorallen (Ordnung Madreporaria) genannt, von denen viele Arten einzellige Algen (Dinoflagellaten der Gattung *Gymnodinium*) in ihren Körperzellen beherbergen (bis zu 10^6 cm^{-3}), die sogenannten *Zooxanthellen* (Abb. 8.64). Diese wurden bis jetzt nicht freilebend gefunden, sie werden über die Eier bzw. Larven von Generation zu Generation weitergegeben. Einerseits übernehmen die Polypen von den Algen Assimilationsprodukte (Zucker, Glycerin, Aminosäuren) und Sauerstoff, andererseits spielen die Algen eine wichtige Rolle für den Kalkskelettaufbau der Korallen. Durch den CO_2-Verbrauch während der Photosynthese wird die Gleichgewichtsreaktion vom löslichen Calciumhydrogencarbonat $Ca(HCO_3)_2$ zum schwerlöslichen $CaCO_3$ verschoben, dem Hauptbestandteil des Koral-

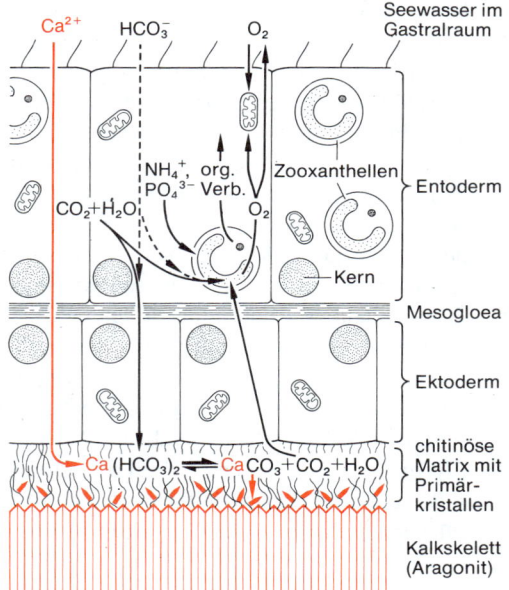

Abb. 8.64. Vereinfachtes Schema des Calcifikations- und Atmungsstoffwechsels von Steinkorallen bei Licht unter Berücksichtigung der Rolle der symbiotischen Algen (Zooxanthellen). Org. Verb.: organische Verbindungen, hauptsächlich Glucose, Glycerin, Alanin, außerdem auch Succinat. (Nach Schuhmacher, verändert)

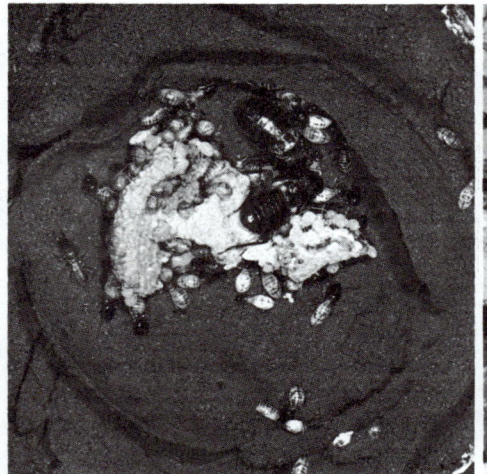 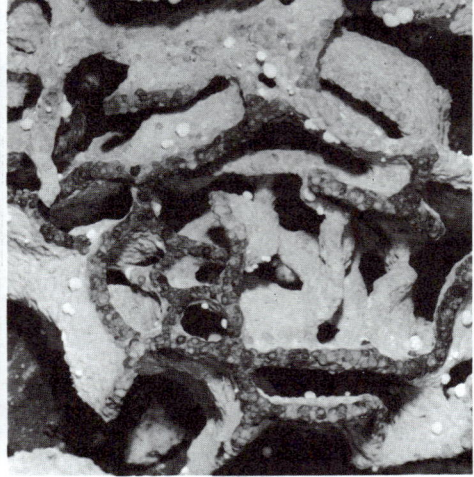

a b

Abb. 8.65 a, b. Symbiose zwischen der Termite Macrotermes michaelseni und dem Pilz Termitomyces. (a) Junge Kolonie in ihrer unterirdischen Brutkammer, die von oben her aufgebrochen ist. Sie umfaßt die beiden großen Geschlechtstiere (das ♀ noch etwa so groß wie das ♂), Vertreter der sterilen Kasten (Soldaten, kleine und große Arbeiter, alle mit pigmentierter Kopfkapsel), Larvenstadien (unpigmentiert) sowie den Pilzgarten (helles Material). Die ersten Larven werden ausschließlich von den Eltern aufgezogen, die jungen Arbeiter kultivieren Termitomyces. (b) Ausschnitt aus dem Pilzgarten einer mehrere Jahre alten Kolonie. An den oberen Kanten des kartonartigen Materials ist frisches chlorophyllhaltiges Substrat (Pflanzenmaterial nach erster Darmpassage; dunkel) deponiert; dieses wird vom Mycel durchwachsen. Weiße Knoten: Conidiosporen des Pilzes. Sowohl diese als auch vom Pilzmycel durchwachsenes älteres Substrat werden von den Termiten gefressen. (Originale von Bühlmann)

lenskeletts. Tagsüber wird bis zu zehnmal so viel Skelett aufgebaut wie nachts; die Skelettproduktion künstlich symbiontenfrei gemachter Korallen beträgt u. U. nur ein Zwanzigstel der Produktion normaler Korallen. – Die Zooxanthellen genießen den Vorteil des Schutzes (intrazelluläre Lebensweise, Freßschutz der Korallen durch Nesselkapseln), erhalten CO_2 vom atmenden Korallengewebe sowie Phosphat und stickstoffhaltige Substanzen, die von den Beutetieren der Korallen stammen. Indirekt bewirkt der von den Algen geförderte schnelle Skelettbau der Korallen eine günstige Exposition der Algen zum Tageslicht. Durch die unmittelbare räumliche Verbindung von Pflanze und Tier ist der Stoffaustausch kurzgeschlossen und somit der Verlust wichtiger Substanzen reduziert. Korallenriffe gehören zu den produktivsten Ökosystemen der Erde.

Eine eindeutige Zuordnung zu den in Tabelle 8.6 angegebenen Beziehungstypen ist oft schwierig: Als klassisches Beispiel von Symbiose gilt die *Mycorrhiza* (S. 564). Pilzmycelien umspinnen oder durchdringen die Wurzelenden vieler Strauch- und Baumarten, aber auch Kräuter oft in artspezifischer Kombination und bilden mit ihnen eine morphologische und funktionelle Einheit. Sie bleiben entweder auf den Apoplasten beschränkt (*ektotrophe Mycorrhiza*, z.B. bei der Fichte) oder dringen in die Zellen ein (*endotrophe Mycorrhiza*, z.B. bei Orchideen). Die Pilze erleichtern die Wasser- und Salzversorgung der Höheren Pflanzen, indem die Mycelien wie ein weitverzweigtes Wurzelhaarsystem wirken. Sie werden ihrerseits von den Wurzeln mit organischen Nährstoffen versorgt. Bezüglich der Umweltfaktoren Wasser und Nährsalze sind die Pilze jedoch *zugleich Symbionten und Konkurrenten,* wenngleich unter normalen Verhältnissen der positive Effekt überwiegt.

Weitere Beispiele für die ökologisch besonders wichtigen *obligaten Symbiosen* – mit absoluter gegenseitiger Abhängigkeit der Partner voneinander – sind für Metazoen bereits dargestellt worden, und zwar für die wiederkäuenden Säugetiere mit Bakterien im Pansen und für die Niederen Termiten mit Flagellaten im Darm (S. 484). Die Höheren Termiten sind besonders interessant durch ihre Symbiose mit Pilzen (Basidiomyceten der Gattung *Termitomyces*), die sie in ihren Bauten kultivieren und die frei lebend nicht gefunden werden (Abb. 8.65). Sie legen die Pilzgärten in besonderen Kammern ihres Baues auf Pflanzenmaterial an, das bereits eine Darmpassage durchgemacht hat. Durch die Enzyme des Pilzes wird die Cellulose gespalten und den Termiten als Nahrung zugänglich gemacht. Bestimmte Cellulasen des Pilzes entfalten ihre Aktivität im Darm der Termiten. Daneben dienen diesen auch Teile des Pilzes selbst als Nahrung. Weiterhin sind die Pilzgärten von Bedeutung für die Regulierung von Temperatur und Feuchtigkeit in der Kolonie. Ein Seitenaspekt solcher obligaten Wechselbeziehungen ist die dadurch bedingte *Parallelevolution der Partner,* durch die es möglich wird, z.B. von der Systematik der Darmflagellaten auf die Evolution der Niederen Termiten zu schließen und umgekehrt.

In der Umgebung sulfidreicher und anoxischer heißer Quellen in vulkanischen Gebieten des Meeresbodens (bis 3000 m Tiefe) wurden in jüngster Zeit Biozönosen entdeckt, die vollständig unabhängig von photosynthetischer Kohlenstoffixierung und Energiegewinnung existieren. Primärproduzenten sind Bakterien, die Schwefelwasserstoff oxidieren und auch zur CO_2-Fixierung fähig sind (S. 129). In der sauerstoffarmen Mischzone zum normalen Meerwasser wurden bis zu 2 m lange Pogonophoren (Gattung *Riftia*) gefunden (Abb. 8.66). Sie besitzen – ebenso wie alle anderen bislang bekannten Arten dieses Stammes – keinen Verdauungstrakt und leben in Symbiose mit den Schwefelbakterien, die sich in einem speziellen, ausgedehnten Organ, dem Trophosom, in hoher Dichte befinden (mehr als $3 \cdot 10^9$ Zellen pro g Gewebefrischgewicht!). Die Bakterien liefern ihren Wirten offenbar – aufgrund ihrer Fähigkeit zur CO_2-Fixierung – energiereiche organische Kohlenstoffverbindungen: Das Trophosomgewebe hat etwa dieselbe Kapazität des Calvin-Zyklus wie die Blätter von Blütenpflanzen. Möglicherweise versorgen die Pogonophoren ihre symbiotischen Bakterien über das in der Hämolymphe gelöste Hämoglobin mit Sauerstoff. In einer ähnlichen Symbiose leben derartige Bakterien auch mit an dieses Biotop speziell angepaßten Muscheln (Gattung *Calyptogena*).

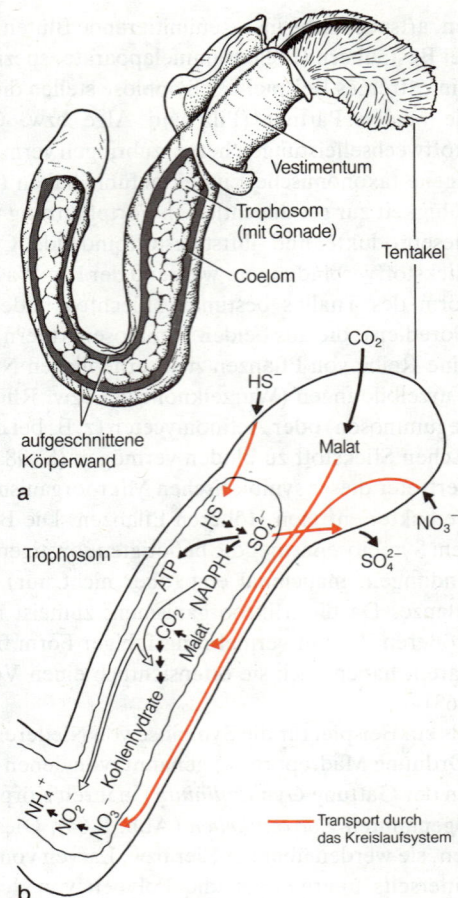

Abb. 8.66. *Riftia pachyptila* (Pogonophora). (a) Vorderer Körperabschnitt mit Tentakeln, die als einziger Teil des Körpers aus der festen Röhre, in der das Tier ständig am Meeresboden lebt, ins freie Wasser hinausragen. Hinter dem Vestimentum ist der Hautmuskelschlauch aufgeschnitten dargestellt, so daß das Trophosom sichtbar ist. Dieses enthält die symbiotischen Bakterien und daneben viel elementaren Schwefel, der aus Schwefelwasserstoff freigesetzt wurde und als Vorrat für die weitere Energiegewinnung durch Oxidation zu Sulfat angesehen wird. (b) Übersicht über einige der Stoffwechselvorgänge im Trophosom: Die Oxidation von H_2S dient der Bereitstellung von ATP und NADPH. CO_2 wird durch Anlagerung an Phosphoenolpyruvat als Malat fixiert (wie in den C_4-Pflanzen) und für die Synthese von Kohlenhydraten im Calvin-Zyklus verwendet. Die Reduktion von aufgenommenem Nitrat erbringt Ammonium-Ionen, die u.a. für die Synthese von Aminosäuren gebraucht werden. Die Stoffverteilung im langgestreckten Körper erfolgt durch das geschlossene Blutgefäßsystem. (Nach Felbeck u. Somero)

8.3.1.3 Feind-Beute-Beziehungen. Parasitismus

Mit Ausnahme der autotrophen Pflanzen und der Autotrophen unter den Bakterien sowie der Saprophyten und -phagen, die totes Material verwerten, müssen alle Organismen ihre Nährstoffe direkt von anderen Organismen beziehen. Das Wachstum der eigenen Population erfolgt also zwangsläufig immer auf Kosten und meist zum Nachteil anderer Populationen. Es handelt sich hier um eine der fundamentalsten zwischenartlichen Beziehungen im Ökosystem. Um die vielfachen Beziehungen zwischen Schädiger und Geschädigtem zu kennzeichnen, werden Begriffe wie Feind, Räuber, Schmarotzer (= Parasit), Beute, Wirt verwendet. Scharfe Definitionen werden jedoch der Vielfalt der natürlichen Situationen nicht gerecht. Während für typische *Feind-Beute-Beziehungen* der Tod der Beute die unabwendbare Konsequenz ist, geht man davon aus, daß *Parasiten* ihre Wirte nur schwächen oder schädigen. Meist impliziert Parasitismus eine *geringe Körpergröße* relativ zum Opfer (mikrobielle Krankheitserreger, Rostpilze, Spulwürmer usw.). Grasende Huftiere oder phytophage Insekten werden nicht als Parasiten bezeichnet, obwohl sie die von ihnen beweideten bzw. befallenen Pflanzen meist nicht töten, oft sogar zu neuem Wachstum anregen. Andererseits bezeichnet man den Kuckuck als Brutparasiten, obwohl er größer als die von ihm parasitierten Wirtsvögel ist und deren Eier und Junge zu Tode bringt. Ein oft angeführtes und auch für den Kuckuck zutreffendes Charakteristikum des Parasiten ist die *Spezialisierung* auf einen oder wenige, meist taxonomisch genau definierte Wirtstypen und damit eine *enge Bindung zwischen Parasit und Wirt*. Kuckuckseier zeigen z. B. eine genetisch weitgehend festgelegte Färbung, die sehr genau den Eiern der Singvögel entspricht, in deren Nester die Kuckucksweibchen ihre Eier legen. Bestimmte Rassen der Mistel (ein Halbschmarotzer, S. 564f.) leben nur auf ganz bestimmten Bäumen (Tannenmistel, Kiefernmistel). Australische Misteln ähneln in Blattform und -farbe täuschend ihrem spezifischen Wirt; sie »tarnen« sich dadurch vor Herbivoren (Mimikry, S. 577). Spulwürmer *(Ascaris)* kommen vorzugsweise in bestimmten Wirten vor (z. B. Pferde-, Schweinespulwurm). In sehr vielen Fällen dient nur jeweils eine einzige Art als Wirt. Die Bindung zwischen Parasit und Wirt ist oft so eng, daß die Evolution (einschließlich der Artaufspaltung) beider Partner engste Parallelitäten aufweist. Das trifft bereits bei vielen *Ektoparasiten* (das heißt außen am Wirt schmarotzenden Arten) zu, z. B. bei Federlingen (Mallophaga) auf Regenpfeifern (Charadriiformes) und Sturmvögeln (Procellaridae) oder bei Milben der Familie Polapolipidae auf Laufkäfern (Carabidae) (Abb. 8.67). Diese Milben stechen den Wirt mit ihren Mundteilen (Stechborsten) an und saugen seine Hämolymphe. Bei verschiedenen Arten der Milbenfamilie, die auf jeweils ganz bestimmten Arten einer Laufkäfergattung an entsprechenden Körperstellen leben, sind um so längere Stechborsten ausgebildet, je größer ihre spezifische Wirtsart ist. Zwischen der Stechborstenlänge und der Körpergröße der Milben selbst besteht dagegen keine Korrelation. Da die größeren Laufkäfer allgemein eine dickere Cuticula haben als kleinere Arten aus derselben Gattung, ist für die Länge der Stechborsten offenbar die Dicke der Cuticula maßgebend, die sie durchstechen müssen. Anhand derartiger Merkmalskombinationen läßt sich zeigen, daß die Verwandtschaftsbeziehungen von manchen Parasiten und ihren Wirten weitgehend übereinstimmen. Parasit-Wirt-Systeme sind somit ähnlich wie Symbiosen (S. 804f.) hervorragende Beispiele von *Koevolution* (vgl. S. 770f.).

Die vielleicht engste Bindung an bestimmte Wirtsarten ist bei vielen sogenannten *Endoparasiten* verwirklicht, die im Wirt leben und oft durch spezielle Übertragungsmechanismen von Generation zu Generation weitergegeben werden (vgl. Endosymbiose, S. 804f.). Die Evolution zum Endoparasitismus ist häufig (und in viel auffälligerem Maße als beim Ektoparasitismus) mit starken Veränderungen der Körpergestalt verbunden. Dabei werden manche Organe reduziert (z. B. der Verdauungstrakt), manche umgestaltet (z. B. Lokomotionsextremitäten zu Greif- und Haftorganen), einzelne auch besonders

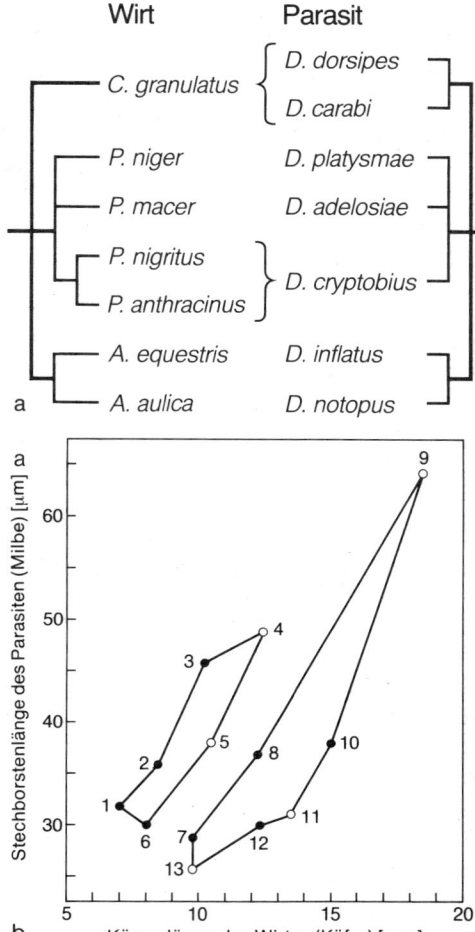

Abb. 8.67. (a) Vergleich der Verwandtschaftsbeziehungen von Milbenarten der Gattung Dorsipes mit dem System der von ihnen parasitierten Laufkäfer aus drei Gattungen der Familie Carabidae: C Carabus, P Pterostichus, A Amara. (b) Beziehungen zwischen der Stechborstenlänge der Weibchen zweier Milbengattungen (Eutarsopolipus und Dorsipes) und der Größe des spezifischen Wirtes (Laufkäfer der Gattungen Amara [Punkte 1–6] und Pterostichus [Punkte 7–13]). Die Punkte gelten für folgende Paare Parasit/Wirt: (1) E. elongatus/A. aenea; (2) E. assimilis/A. similata; (3) E. crassisetus/A. eurynota; (4) D. notopus/A. aulica; (5) D. inflatus/A. equestris; (6) E. alarum/A. consularis; (7) E. vernalis/P. nigritus; (8) E. myzus/P. lepidus; (9) D. platysmae/P. niger; (10) E. pterostichi/P. vulgaris; (11) D. adelosiae/P. macer; (12) E. poecili/P. lepidus; (13) D. cryptobius/P. nigritus. Vgl. Text. (Nach Regenfuß)

stark entwickelt. Letzteres trifft vor allem für die Geschlechtsorgane zu; die besonders große Zahl von Nachkommen ist eine wesentliche Eigenschaft fast aller parasitisch lebenden Arten. Gute Beispiele für Gestaltveränderungen bieten die Copepoden, die freilebende, zeitweilig oder ständig ektoparasitische und auch (als Erwachsene) endoparasitische Arten umfassen (Abb. 8.68). Noch extremere Reduktionen finden sich bei den endoparasitischen erwachsenen Rhizocephalen (Wurzelkrebse, *Sacculina*, Abb. 10.19, S. 865). Weist der Endoparasit einen Generationswechsel auf, so sind die Phasenwechsel oft mit einem Wirtswechsel gekoppelt (z. B. Leberegel, Abb. 3.112, Hundebandwurm, Abb. 3.113, S. 110). Entsprechend den Nahrungsketten von Feind-Beute-Sequenzen (S. 812, 816) gibt es *Parasitenketten* (z. B. Obstbaum-Schildlaus-Schlupfwespe); man spricht dann von Sekundär-, Tertiär- oder allgemein *Hyperparasitismus*. Die Spezialisation auf bestimmte Nahrungs- bzw. Wirtsarten ist allerdings keineswegs auf typische Parasiten beschränkt, wie die Trivialnamen vieler Nichtparasiten (Lärchenwickler *Zeiraphera diniana;* Birkenspanner *Biston betularia;* Ameisenbären) andeuten. Umgekehrt gibt es auch viele relativ unspezifische Parasiten (z. B. Tollwutvirus; Stechmücken *Culex, Anopheles* u. a.; Teufelszwirn *Cuscuta*).

Diejenigen Pflanzen, die andere Pflanzen parasitieren, aber auch selbst zur Photosynthese fähig sind, nennt man *Halbschmarotzer* (S. 564 f.). Die Rachenblütler (Scrophulariaceae) zeigen z. B. alle Übergänge von typischen Halbschmarotzern (Augentrost *Euphrasia*, Läusekraut *Pedicularis*) bis zu chlorophyllosen Vollschmarotzern (Schuppenwurz *Lathraea*).

Auch die endoparasitischen Teile Höherer Pflanzen zeigen oft starke morphologische Reduktionen: So sind die vegetativen Teile der malayischen *Rafflesia*-Arten im Gewebe ihrer Wirte (Vitaceae) hyphenartig entwickelt; nur die Blüten werden außerhalb des Wirtes gebildet. Bei *Rafflesia arnoldi* erreicht die Blüte 45 cm Durchmesser und 7 kg Gewicht.

Arten, die von ihrer geringen Größe her als Parasiten einzustufen wären, ihre Opfer jedoch töten, werden oft als *Parasitoide* bezeichnet. Hierher gehören viele Schlupfwespen und Dipteren, die ihre Wirte (meist größere Insektenlarven) zunächst lähmen und dann mit Eiern belegen; die ausschlüpfenden Larven verzehren dann die Wirtslarve.

Die mannigfaltigen wechselseitigen Anpassungen zwischen Feind und Beute bzw. Parasit und Wirt beziehen sich auf sämtliche denkbaren Eigenschaften der Organismen, von hochspezifischen Wachstumsreaktionen – wie Dornenbildung bei Rädertieren (Abb. 8.21, 8.73); Gallenbildungen von Pflanzen (S. 397), ausgelöst vor allem durch Gallwespen (Cynipidae) und Gallmücken (Cecidomyiidae); Haustorien (S. 564) – bis zu komplizierten Verhaltensweisen, wie das Jagdverhalten des Chamäleons oder die Bewegungskoordinationen des jungen Kuckucks, die zur Entfernung der Eier und Jungen des Wirtsvogels aus dem Nest führen (S. 725, Abb. 7.8).

Die Ausführungen sollen verdeutlichen, daß die Einteilung in Parasiten, Räuber und sonstige Feinde in vieler Hinsicht plausibel, andererseits oft recht willkürlich ist, da die zur Kennzeichnung herangezogenen Eigenschaften (Ausmaß der Schädigung; relative Größe; taxonomische Spezialisierung; Koevolution wechselseitiger Anpassungen) in verschiedensten Kombinationen auftreten können. »Eindeutige« Parasiten oder Räuber sind am besten als extreme Beispiele bestimmter Kombinationen zu betrachten. Die folgenden Erörterungen gelten prinzipiell für alle Beziehungen, bei denen eine Art die andere als Nahrung nutzt. So sind hier auch die Beziehungen zwischen Pflanzenfressern und deren Futterpflanzen oder zwischen carnivoren Pflanzen und deren Beutetieren einzuordnen, da es für das Prinzip der Wechselwirkungen gleichgültig ist, ob die Komponenten des Systems pflanzlicher oder tierischer Natur sind und wer als Feind, Räuber oder Schmarotzer bzw. Beute oder Wirt fungiert. Im folgenden sind deshalb unter Feinden auch Parasiten zu verstehen, und »Beutepopulationen« sind auch die dem Fraß unterworfenen Pflanzenpopulationen und geschädigte Wirtspopulationen.

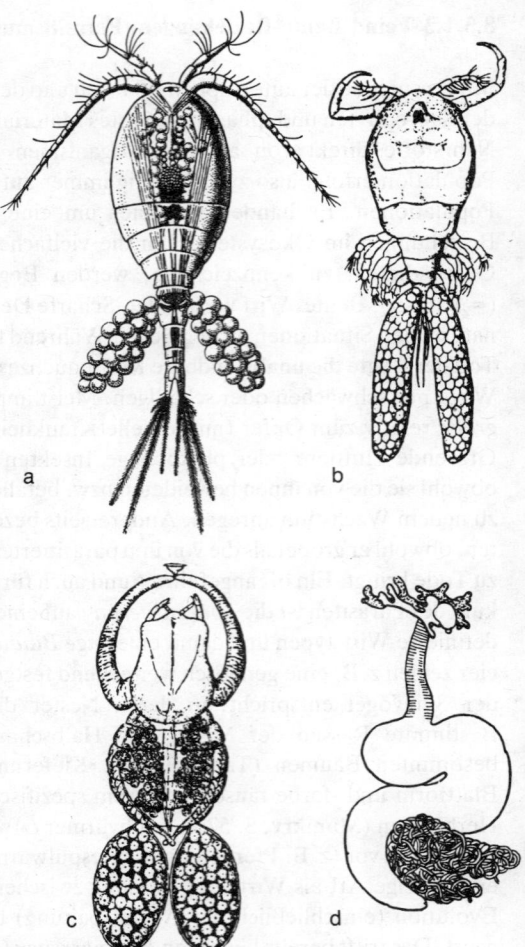

Abb. 8.68a–d. Habitusbilder von ♀ Tieren verschiedener Copepodenarten. (a) *Macrocyclops albidus* (»Hüpferling«), freilebend. Körperlänge ca. 2,5 mm. (b) *Ergasilus sieboldi*. Ektoparasit an Süßwasserfischen, besonders Cypriniden, meist an Kiemen. Körper wenig verändert; die zweiten Antennen zu Greiforganen umgebildet. Körperlänge 1,6 mm. (c) *Achtheres percarum*. Dauerparasit im Mund- und Kiemenraum von Süßwasserfischen, besonders Perciden. Festgewachsen mittels der stark vergrößerten zweiten Maxillen, die mit ihrer Spitze an eine unpaarige Haftscheibe angewachsen sind. Körperlänge 4 mm. (d) *Lernaeocera branchialis*. Dauerparasit in Meeresfischen, besonders Gadiden; mit stark abgewandeltem und vergrößertem Körper. Von den Kiemenbögen aus mit dem Kopf und seinen Fortsätzen tief ins Wirtsgewebe eingewachsen. Länge 40 mm. – Während bei (a), (b) und (c) die Larvenstadien frei lebend sind, leben die Copepodit-Larven von (d) ektoparasitisch an Plattfischen; bis zum jungen Adultstadium ist der Körper noch wenig abgewandelt. (a nach Matthes, b nach Schaeperclaus, c nach Scott, d nach Claus, sämtlich aus Kaestner)

Koexistenz zwischen Feinden und ihrer Beute

Feind- und Beutepopulationen bilden miteinander einen Wirkungskreislauf mit negativer Rückkoppelung, der sich folgendermaßen beschreiben läßt: Der Feind profitiert zunächst von der Beute und nimmt zu. Seine größere Dichte und die Abnahme der von ihm dezimierten Beute verringert nun jedoch das Beuteangebot pro Individuum. Dies bewirkt eine Abnahme des Feindes, so daß die Beutepopulation wieder stärker zunehmen kann usw. Dieser prinzipielle Zusammenhang ist in einfachster Form in Abbildung 8.69 dargestellt und läßt sich in zwei Gleichungen modellhaft darstellen (Gl. 8.14a, b): Die Beutepopulation möge logistisch wachsen und zusätzlich proportional zur Feinddichte durch Beutefang vermindert werden. Der Koeffizient a drückt die Effektivität des Feindes bei der Dezimierung aus. Die Geburtsrate des Feindes sei proportional zur gefangenen Beute, die Sterberate eine davon unabhängige Konstante.

Wie bei den Konkurrenzgleichungen (Gl. 8.13a, b) kann man auch hier nach den Gleichgewichtsbedingungen fragen (Gl. 8.15a, b, Abb. 8.70). Während die Gleichgewichtsdichte der Beute ($dN_B/dt = 0$) um so niedriger ist, je mehr Feinde vorhanden sind, besteht ein Gleichgewicht des Feindes ($dN_F/dt = 0$) nur bei einer ganz bestimmten Beutedichte ($\hat{N}_B = m_F/(f \cdot a)$): mehr Beute führt zur Zunahme ($b_F > m_F$), weniger Beute zur Abnahme ($b_F < m_F$) des Feindes. Letztlich kommt es immer zur Einstellung eines Gleichgewichtes zwischen beiden Partnerarten, bisweilen erst nach mehrfachen gedämpften Dichteschwingungen (Abb. 8.71), wobei die Feinddichte immer hinter der Beutedichte herhinkt.

Realistischere Modelle, etwa mit einem zusätzlichen Sättigungseffekt des Feindes bei zunehmender Beutedichte oder mit einer zeitlichen Verzögerung (»Totzeit«) zwischen dem Beutefang und dessen Effekt auf die Geburtsrate des Feindes, ergeben grundsätzlich das gleiche Bild, wobei es allerdings auch zu regelmäßigen und stabilen Dauerschwingungen oder sogar zu Aufschaukelungsprozessen mit resultierender Extinktion der Partner kommen kann.

Verallgemeinernd läßt sich feststellen: Die Chance und die Geschwindigkeit der Stabilisierung des Feind-Beute-Systems ist um so größer, je geringer die Effektivität a des Feindes und je stärker die Selbstlimitierung der Beutepopulation (höheres c bzw. niedrigeres K) ist. In Abbildung 8.70 entspricht dies einer möglichst steilen Lage der Gleichgewichtskurve der Beute. Totzeiten haben die generelle Tendenz, Schwingungen hervorzurufen oder zu verstärken.

Eine Reihe von Experimenten haben die Aussagen der Modelle bezüglich der Bedeutung von a und K für die Stabilisierung bestätigt: Dauerkoexistenz gelingt erst, wenn die dezimierende Wirkung des Feindes und/oder der K-Wert der Beutepopulation niedrig gehalten wird (Abb. 8.72).

In natürlichen Ökosystemen ist Koexistenz ohne Schwingungen nicht nur möglich, sondern sogar die Regel. Schwingungen sind selten und auf einfache Ökosysteme beschränkt (S. 794). Da die immer vorhandenen Totzeiten weitgehend von den vergleichsweise starren Lebenszyklen der Kontrahenten determiniert werden, ist offensichtlich im Freiland die Effektivität der Nutzung der Beutepopulationen durch den Feind abgeschwächt und/oder der K-Wert der Beute eingeschränkt. Hierfür gibt es mehrere Möglichkeiten: (1) Das K-Niveau der Beute liegt niedrig, etwa aufgrund klimatischer Bedingungen oder anderer Feinde, z.B. Parasiten. (2) Der Feind nutzt mehrere Beutearten, so daß auf jede Beuteart ein geringerer Anteil fällt. Abgesehen von Nahrungsspezialisten ist dies die Regel (Tab. 8.7, Abb. 8.29b). Wird eine Nahrungssorte selten, so kann der Fresser auch in selektiver Weise auf häufigere, sogenannte »Pufferarten« überwechseln und somit die selten gewordene Art schonen. Diese abundanzabhängige »apostatische« Selektion ist ein zusätzlicher und hochwirksamer Mechanismus stabilisierender »Ineffektivität« bezüglich einer Beuteart. (3) Die Beuteart ist in sich heterogen, so daß bestimmte Teile räumlich, zeitlich oder aufgrund spezifischer Eigenschaften den Feinden

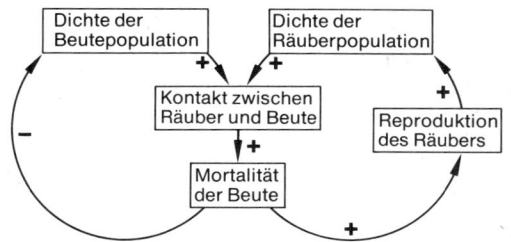

Abb. 8.69. *Stark vereinfachtes Schema der Kausalbeziehungen zwischen Räuber- und Beutepopulation. Ein Pfeil mit positivem (negativem) Zeichen besagt, daß eine Veränderung des Ausgangsfaktors zu einer gleichsinnigen (gegensinnigen) Veränderung des Folgefaktors führt. Die Beutepopulation wird durch den Feind reguliert, die Feindpopulation reguliert sich über die Beute (8-förmiger Wirkungskreislauf mit positiver und negativer Rückkoppelung). Selbstregelungen der Populationen wurden vernachlässigt. (Original Jacobs)*

(8.14a)
$$\frac{dN_B}{dt} = r_{0B} \cdot N_B - c \cdot N_B^2 - (a \cdot N_B) \cdot N_F$$
$$(K_B = \frac{r_{0B}}{c}, \text{ s. Gl. 8.10})$$

(8.14b)
$$\frac{dN_F}{dt} = b_F \cdot N_F - m_F \cdot N_F$$
$$b_F = f \cdot (a \cdot N_B)$$
$$\frac{dN_F}{dt} = f \cdot (a \cdot N_B) \cdot N_F - m_F \cdot N_F$$

N_B = Anzahl der Beuteorganismen
r_{0B} = exponentielle Wachstumsrate der Beutepopulation
c = Koeffizient für die Eigenkonkurrenz der Beutepopulation (s. Gl. 8.9)
a = Koeffizient für die Dezimierung der Beutepopulation durch den Feind
N_F = Anzahl der Feindorganismen
b_F = Geburtenrate des Feindes
m_F = Sterberate des Feindes
f = Umsatzkoeffizient, Nahrung → Nachkommen

(8.15a)
$$\frac{dN_B}{dt} = 0$$
$$r_{0B} \cdot N_B - c \cdot N_B^2 - (a \cdot N_B) \cdot N_F = 0$$
$$(a \cdot N_B) \cdot N_F = r_{0B} \cdot N_B - c \cdot N_B^2$$
$$\hat{N}_F = \frac{r_{0B}}{a} - \frac{c}{a} \cdot N_B$$

(8.15b)
$$\frac{dN_F}{dt} = 0; \quad f \cdot (a \cdot N_B) \cdot N_F - m_F \cdot N_F = 0$$
$$\hat{N}_B = \frac{m_F}{f \cdot a}$$

nicht zur Verfügung stehen. So werden von weidenden Tieren nur die oberen Teile der Pflanzen verzehrt, während die bodenständigen Meristeme und Wurzeln eine geschützte ständige Regenerationsquelle darstellen. Analog fallen den Carnivoren vorzugsweise kränkliche und alternde Tiere zum Opfer, die nicht oder nur geringfügig zur Reproduktion der Beutepopulation beitragen. Viele Populationen bilden zu bestimmten Zeiten Entwicklungsstadien aus (Dauereier, Sporen), die als Nahrung ungeeignet sind. Manche Beutepopulationen bilden spezielle Schutzanpassungen aus, wenn die dezimierende Feindpopulation stark ansteigt. Beim aquatischen Rädertierchen *Brachionus calyciflorus* wird die Bildung von Dornen durch eine in das Wasser abgegebene Substanz des räuberischen Rädertierchens *Asplanchna* ausgelöst. Diese machen den Träger für den Räuber unverzehrbar (Abb. 8.21, 8.73). Ein Beispiel kombinierter zeitlicher und räumlicher Heterogenität der Beutepopulation ist das Opuntien-*Cactoblastis*-System (S. 797). Hier stellt die dauernde Bildung neuer, noch feindfreier Opuntienkolonien die zeitweilig unverwundbare Komponente dar. Ähnlich ist die Situation, wenn eine Population ständig *Einwanderung von anderen Populationen* erfährt: Der Populationszuwachs aus einer anderen Umwelt ist dem Wirkungskreislauf nicht unterworfen, also »geschützt«. Populationsaustausch kann also ebenfalls stabilisierend wirken.

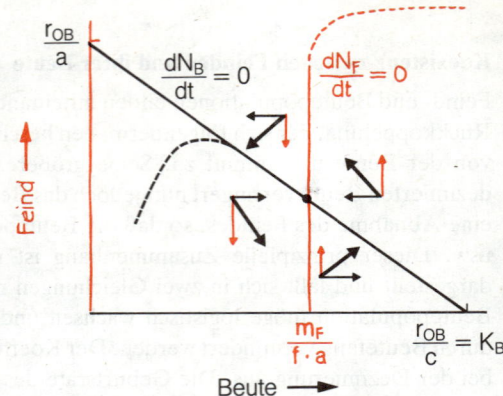

Abb. 8.70. Beziehung zwischen Beutedichte (schwarz) und Feinddichte (rot) samt Gleichgewichtskurven ($dN_B/dt = 0$ bzw. $dN_F/dt = 0$), die sich aus den Gleichungen (8.15a, b) berechnen lassen. Die gepunkteten Abschnitte sind Kurven, die bei komplizierteren und realistischeren Gleichungen erhalten werden könnten. Die dünnen Pfeile zeigen die Veränderungstendenzen von Beute (schwarz) und Feind (rot) bei vier Dichtekombinationen in der Nähe des letztlich angesteuerten Gleichgewichtpunktes (schwarz). Die dicken Pfeile entsprechen den Resultanten aus Beute- und Feindkomponenten. (Original Jacobs)

8.3.1.4 Kommensalismus, Amensalismus, Neutralismus

Diese drei Kategorien betreffen Typen der Artenkoexistenz, bei denen mindestens ein Partner nicht oder wenigstens nicht wesentlich beeinflußt wird (Tab. 8.6, S. 801). Die Begriffe Kommensalismus und Amensalismus umfassen prinzipiell alle Sorten zwischenartlicher Beziehungen (Nahrung, Schutz, Abwehr usw.). Ursprünglich nur bei Tieren benützt, gelten die Begriffe grundsätzlich auch für Pflanzen und Mikroorganismen sowie für Beziehungen zwischen diesen verschiedenen Organismengruppen.
Kommensalismus: Manche Seepocken sind spezialisiert für das Leben auf Walen (Gattung *Coronula*) oder Seeschildkröten (Gattung *Chelonobia*). Die Trägertiere werden anscheinend nicht von den meerwasserfiltrierenden Pocken beeinträchtigt, sorgen jedoch dafür, daß diese dauernd mit frischem, nahrungsreichem Medium in Berührung kommen.
Kleine Lotsenfische begleiten oft Haie und Rochen und profitieren von Beuteresten, deren Entfernung ohne Bedeutung für die größere Partnerart ist.
Die Kleinpflanzen eines Waldes sind so gut wie irrelevant für die größeren Bäume, durch die das Waldbodenklima (Schatten, hohe Feuchtigkeit, ausgeglichene Temperatur) geschaffen wird, das den Unterwuchspflanzen günstige Existenzmöglichkeiten bietet.
Bei den Epiphyten ist die Beeinträchtigung des Trägerbaumes meist minimal, während sie selbst günstige Lichtverhältnisse genießen.
Amensalismus: Die Wirkung des vom Pilz *Penicillium* abgegebenen Antibioticums Penicillin ist für die meisten Bakterien in der unmittelbaren Umgebung nachteilhaft, während die Gegenwart oder Abwesenheit vieler dieser Mikroorganismen von keiner oder nur von geringer nachweisbarer Bedeutung für *Penicillium* zu sein scheint.
Eine Hauptschwierigkeit der Anwendung der Begriffe Kommensalismus und Amensalismus liegt darin nachzuweisen, daß einer der Partner für den anderen tatsächlich irrelevant – »neutral« – ist. Bei zu starker Pockenbesiedelung könnte z. B. die Schwimmfähigkeit der Träger beeinträchtigt sein. Lotsenfische können am Partnerfisch Putzfunktionen mitübernehmen und somit selbst einen Vorteil vermitteln. Die Übergänge von Kommensalismus und Amensalismus zu Symbiose, Feind-Beute-Beziehung, Parasitismus und Konkurrenz sind durchaus fließend.
Echten *Neutralismus* zwischen zwei Arten nachzuweisen, dürfte aus den eben genannten Gründen schwierig, wenn nicht unmöglich sein. Gerade das Wissen über das Ausmaß an neutralem oder fast neutralem Nebeneinander gäbe aber einen Einblick, wie »systemhaft« eine natürliche Lebensgemeinschaft wirklich strukturiert ist. Die früher erwähnten

Tabelle 8.7. Zusammensetzung der Nahrung der Bachforelle (F) in einem Fischteich in England, verglichen mit dem Nahrungsangebot im Teich (T). Viele Beutetiere werden etwa proportional zum Angebot gefressen, einige Arten jedoch selektiv bevorzugt (z. B. *Leptocerus* im Frühjahr und Sommer, *Caenis* im Sommer), andere gemieden (z. B. Kugelmuscheln im Sommer). + bedeutet Bruchteile eines Prozent. (Nach Kendeigh)

	Frühjahr		Sommer	
	F %	T %	F %	T %
Im Schlamm:				
Zuckmücken	36	66	36	48
Schlammfliegen	10	1	4	1
Eintagsfliegen[1]	+	6	20	+
Kugelmuscheln	17	16	5	27
Ringelwürmer	0	1	0	2
An Pflanzen:				
Köcherfliege[2]	21	+	21	1
Köcherfliegen[3]	3	+	1	1
Köcherfliegen[4]	1	1	2	1
Eintagsfliege[5]	7	4	0	+
Libellen	3	1	2	5
Käfer	+	+	+	+
Wasserwanzen	1	3	2	9
Schlammschnecken	1	+	5	+
Wassermilben	+	1	+	3

1 *Caenis*   4 *Polycentropidae*
2 *Leptocerus*   5 *Leptophlebia*
3 *Limnophilidae*

Befunde über die gegenseitige Unabhängigkeit der Artenverteilung (Abb. 8.57) sprechen dafür, daß in vielen Ökosystemen wechselseitige Abhängigkeiten vielleicht geringer sind als im »systemhaften« Begriff der Biozönose zum Ausdruck kommt.

8.3.2 Komplexe Wechselbeziehungen

8.3.2.1 Konkurrenz und Feind-Beute-Beziehung

Bisher wurden die hauptsächlichen Beziehungstypen isoliert besprochen, um die prinzipiellen Wirkungsweisen zu charakterisieren. Im Ökosystem sind jedoch alle Beziehungstypen miteinander verzahnt. Ein und dieselbe Art kann für verschiedene andere Arten gleichzeitig als Konkurrent, Symbiont, Feind und Beute fungieren.

Ein erstes Beispiel soll zeigen, welche Bedeutung die Gegenwart der Fresser für zwei konkurrierende Beutepopulationen haben kann (Abb. 8.73). Läßt man die beiden nahe verwandten Rädertierchen *Brachionus calyciflorus* und *Brachionus rubens* im Versuch um Nahrung konkurrieren, so gewinnt *B. rubens* immer (Abb. 8.73c). Letztere Art erreicht auch allein höhere Vermehrungsraten und Populationsdichten als *B. calyciflorus* unter gleichen Bedingungen. Wird als *Räuber* das Rädertierchen *Asplanchna* hinzugefügt, dann *kehrt sich das Verhältnis der beiden konkurrierenden Arten um* (Abb. 8.73d). Der Grund dieser Veränderung beruht auf der Fähigkeit von *Brachionus calyciflorus* – im Gegensatz zu *B. rubens* – sich durch Bildung von Dornen gegen den Räuber zu schützen. Die Dornenbildung wird durch den Räuber selbst induziert (S. 777, Abb. 8.21).

Von allgemeinerer Bedeutung ist ein Zusammenhang, den bereits Ch. Darwin erwähnt. Er schreibt: »Wenn man einen Rasen, der lange gemäht wurde – er könnte ebensogut auch durch Vierfüßler kurzgehalten worden sein –, wachsen ließe, so würden die stärker wüchsigen Pflanzenarten die zwar ebenfalls ausgewachsenen, aber schwächeren langsam zum Aussterben bringen. So gingen z.B. von 20 Arten, die auf einem Stück gemähten Rasen (90 cm × 120 cm) standen, 9 Arten ein, als man die Pflanzen frei wachsen ließ.« Die Fresser haben hier die eminent wichtige Funktion, *die Konkurrenz zwischen den Beutearten zu vermindern und damit deren Chance zur Koexistenz zu vermehren.* Mit abnehmender Populationsdichte der Konkurrenten nimmt nämlich das Angebot des Faktors, um den konkurriert wird, pro Individuum zu, seine limitierende Wirkung also ab.

Etwas anders liegt der Fall, wenn *ein übergeordneter Faktor sowohl den Feind als auch seine Beute dezimiert.* Hier kann – wider unsere Intuition – die Population der Beute zunehmen, während der Fresser abnimmt, sofern die Dezimierung nicht zu stark ist. Der Grund liegt darin, daß die Beute – im Gegensatz zum Feind – ein Plus bekommt, weil der

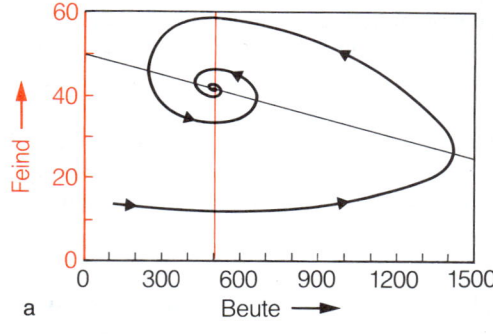

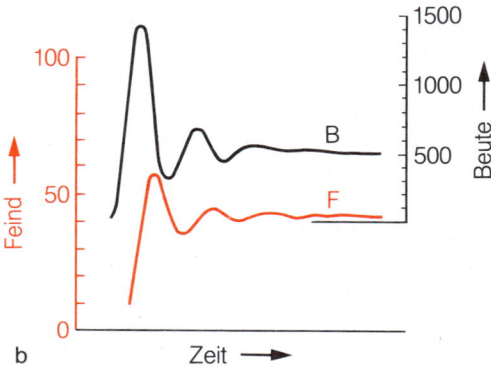

Abb. 8.71. Verlauf der gemeinsamen Dichten von Feind- und Beutepopulationen entsprechend den Gleichungen (8.14a, b). (a) Plot von Feind- gegen Beutedichte samt Gleichgewichtsgeraden (s. vorige Abbildung). (b) Plot von Feind- und Beutedichte gegen Zeit. Die den Kurven zugrundeliegenden Parameterwerte sind: $r_{0B} = 0{,}5$; $a = 0{,}01$; $b_F = 0{,}02$; $m_F = 0{,}01$; $K_B = 3000$. (Nach Daten von Roughgarden)

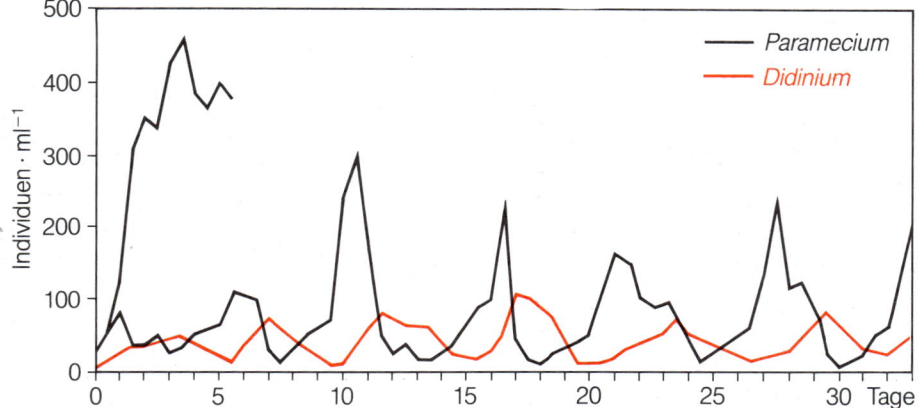

Abb. 8.72. Laborexperiment mit zwei Ciliatenpopulationen. Schwarz: Paramecium aurelia (Beute). Rot: Didinium nasutum (Räuber). Der Versuch wurde nach 33 Tagen abgebrochen. Die offensichtliche Dauerkoexistenz der beiden Partner wurde erst erreicht, als der K-Wert der Beute durch geringes Nahrungsangebot (Bakterien) erniedrigt und die Effektivität des Beutefangs durch Erhöhung der Viskosität des Mediums (dadurch geringere Kontakthäufigkeit zwischen Feind und Beute) reduziert wurde. Die Kurve links oben zeigt das Wachstum einer Paramecium-Kontrollpopulation ohne Räuber. (Nach Luckinbill)

übergeordnete Faktor auch die Feindwirkung verringert. Dieses Prinzip hat eine wichtige Bedeutung für die Schädlingsbekämpfung mit chemischen Mitteln, die sowohl Schadtiere als auch deren Feinde vernichten. Als man z.B. in den USA die schädliche Schildlaus *Icerya purchasi,* die von Citrusfrüchten lebt, im Unverständnis der ökologischen Sachlage durch hochdosierte DDT-Behandlungen ausrotten wollte, nahmen die Populationen zu statt ab! DDT reduzierte nämlich auch die Populationen des Marienkäfers *Novius cardinalis,* der vor der DDT-Behandlung die Schildlauspopulation auf einem niedrigen Niveau gehalten hatte.

8.3.2.2 Die Trophiestruktur des Ökosystems

Ordnet man die einzelnen Arten eines Ökosystems aufgrund der Nahrungsbeziehungen zueinander, so erhält man ein qualitatives Bild der *Trophiestruktur,* in der man mehrere *Trophiestufen* oder *-ebenen* unterscheidet (Abb. 8.81): Die grünen Pflanzen (und autotrophen Bakterien), die aus energiearmen Molekülen (H_2O, CO_2, Nährsalze wie Nitrate und Phosphate) mittels Photo- und Chemosynthese die energiereiche Nahrung für alle anderen Organismen aufbauen, werden als (*Primär-*)*Produzenten* (P) bezeichnet. Ihnen stehen die *Konsumenten* (K) gegenüber. Bei diesen unterscheidet man Primärkonsumenten K_1 (Pflanzenfresser = *Herbivoren*), Sekundärkonsumenten K_2 (Fleischfresser = *Carnivoren* 1. Ordnung), Tertiärkonsumenten K_3 (Carnivoren 2. Ordnung) usw. Die heterotrophen Bakterien und Pilze werden als *Destruenten* oder *Abbauorganismen* in einer eigenen Kategorie zusammengefaßt, weil sie sich in mehrfacher Hinsicht von anderen Arten unterscheiden (Stoffwechsel, Größe), ihre Nahrung aus allen Trophiestufen beziehen und maßgeblich für die Rückführung organischer und energiereicher Moleküle in CO_2 und energiearme Nährsalze (Mineralisierung) verantwortlich sind (S. 817f., 819f.).

Abbildung 8.74 zeigt als sehr vereinfachtes Beispiel die Ernährungszusammenhänge im Erie-See in den USA. Feind- und Beutepopulationen gehören jeweils übereinanderliegenden Stufen an. Da Feinde ihrerseits als Beute fungieren können, lassen sich mehrgliedrige »vertikale« *Nahrungsketten* von der untersten Ebene der Primärproduzenten bis zu den am höchsten stehenden feindlosen Räubern nachweisen. Aus energetischen Gründen (S. 820f.) sind mehr als vier bis fünf Glieder in der Nahrungskette selten. Im Gegensatz hierzu stellen Nahrungskonkurrenz und -symbiose »horizontale« Beziehungen dar, da die betroffenen Arten der gleichen Stufe angehören.

Die Verbindung einzelner Nahrungsketten zu einem komplexen *Nahrungsgefüge* beruht darauf, daß einzelne Arten mehrere andere Arten als Nahrung benützen (z.B. *Leptodora* in Abb. 8.74), andererseits von mehreren Arten gefressen werden (z.B. *Diaptomus*). Neben den in einer Richtung verlaufenden Nahrungsketten treten *Nahrungs-* bzw. *Stoffkreisläufe* auf. Von größter Bedeutung sind Kreisläufe, die Destruenten als eine Komponente enthalten, da sich in diesen – über die Prozesse der Mineralisierung – letzten Endes die gesamte Zirkulation der Substanzen im Ökosystem schließt (S. 817f.). Aber auch zwischen den Angehörigen höherer Trophieebenen können Nahrungskreisläufe auftreten, etwa wenn Planarien von toten Fischen leben, ihrerseits aber von Fischen der gleichen Arten gefressen werden, oder wenn sich die Larvenpopulationen von Mücken und Köcherfliegen gegenseitig dezimieren (Abb. 8.74).

Die Anwendung der plausiblen Modellvorstellung der Trophieebenen auf konkrete Situationen bereitet Schwierigkeiten, besonders wenn man versucht, quantitative Angaben zu machen. *Omnivoren* wie Schaben oder Bären wären proportional ihrer Nahrungszusammensetzung einzugliedern, also z.B. 40% Herbivoren, 50% Carnivoren 1. Ordnung, 10% Carnivoren 2. Ordnung. Eine vielleicht ideale, aber realistisch kaum durchführbare Lösung könnte darin bestehen, alle Organismen danach einzustufen, wie viele Organismen die von ihnen verzehrten Nahrungselemente vorher bereits durchlaufen

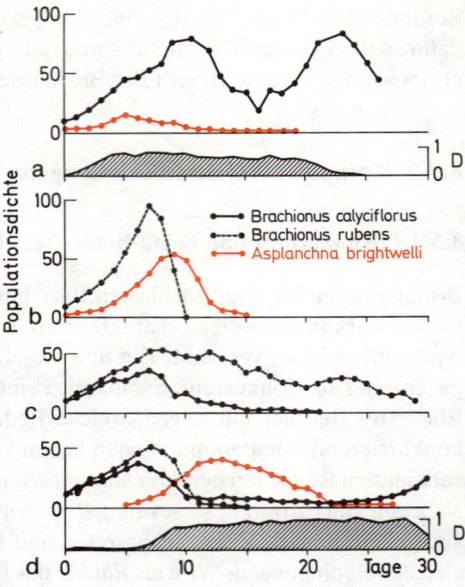

Abb. 8.73 a–d. Experimentelles Konkurrenz-Räuber-Beute-System bei Rädertieren. (a) Beute Brachionus calyciflorus und Räuber Asplanchna brightwelli (rot): B. calyciflorus bildet vom Räuber induzierte Dornen und überlebt, Asplanchna verhungert. D: Index für Dornenlänge (vgl. Abb. 8.21, S. 777). (b) Brachionus rubens und Asplanchna brightwelli: B. rubens kann keine Dornen bilden, wird gefressen und stirbt aus, anschließend verhungert Asplanchna. (c) Konkurrenz zwischen B. calyciflorus und B. rubens (in nicht erneuertem Medium, daher allgemeine Populationsabnahme): B. rubens gewinnt. (d) B. calyciflorus, B. rubens und Asplanchna: Beide Brachionus-Arten werden dezimiert, B. rubens stirbt aus, B. calyciflorus bildet Dornen und überlebt. Asplanchna verhungert nach dem Aussterben von B. rubens. (Nach Halbach)

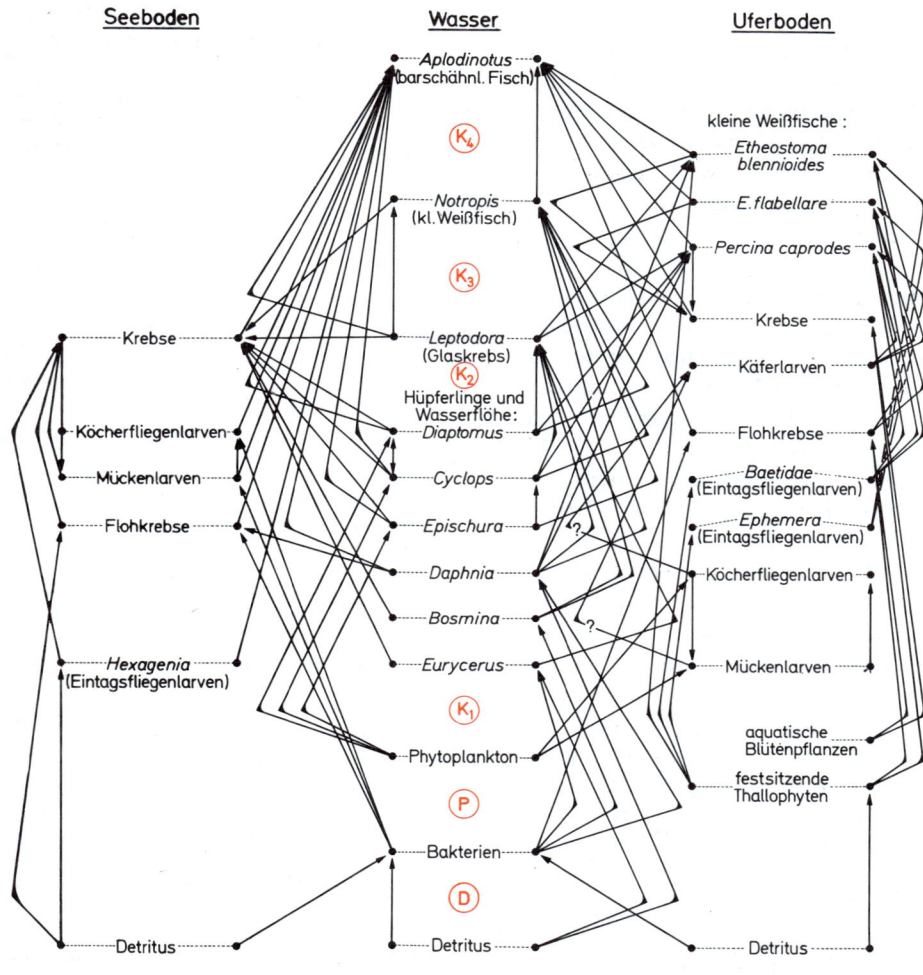

Abb. 8.74. *Nahrungsgefüge im Erie-See, USA (stark vereinfacht). Die verschiedenen Trophieebenen sind übereinander angeordnet (rote Buchstaben in den Kreisen, vgl. Text und Abb. 8.81, S. 820). Destruenten (Bakterien) und Abfall (Detritus) sind unten eingefügt. Eine Art kann von mehreren anderen Arten leben (z. B. der räuberische Kleinkrebs Leptodora), aber auch von mehreren Arten gefressen werden (z. B. der Wasserfloh Daphnia). Hieraus resultiert die Vernetzung einzelner Nahrungsketten. Aus Gründen der Übersichtlichkeit ist nur eine Fischart als Konsument 4. Ordnung angegeben. (Nach Kendeigh)*

haben. Das System der Trophieebenen ist also nur als ein vereinfachendes Denkmodell zu verstehen und seine Anwendung auf natürliche Ökosysteme mit größter Vorsicht zu handhaben.

8.3.2.3 Artenzahl und Diversität

Die Organisation bzw. Komplexität einer Lebensgemeinschaft oder auch nur eines Ausschnittes, etwa einer Trophieebene oder einer »Gilde« (S. 780) ist einer direkten Quantifizierung schwer zugänglich. Will man Beziehungen zu anderen Eigenschaften des Systems untersuchen (z. B. seiner Abhängigkeit von Standort- und Klimabedingungen, seiner Stabilität und seiner Evolution) oder Vergleiche mit anderen Systemen anstellen, dann benötigt man gut erfaßbare und quantifizierbare Größen. Die *Anzahl (und der Typ) der Wechselbeziehungen* ist solch ein Meßwert der Komplexität, der aber nur unter großem Zeitaufwand festzustellen ist. Wesentlich leichter meßbar und deswegen oft benutzt sind die *Anzahl und die Zusammensetzung der Arten* sowie deren *relative Häufigkeiten (Abundanzen),* Parameter, die zwar die Komplexität nicht direkt wiedergeben, aber doch in gewissem Maße widerspiegeln.

Die vergleichsweise »statischen« Pflanzengemeinschaften (S. 799f.) können solchen Messungen wegen ihrer Standortspezifität und vielseitiger Bindungen der Arten untereinander besonders zugänglich sein. Bei der quantitativen Bearbeitung von Vegetationsaufnahmen (Tab. 8.8) fallen in der Regel Arten auf, die sich durch eine starke Bindung an jeweils einen bestimmten Typ einer Pflanzengesellschaft (Phytozönose) auszeichnen, die *Charakterarten*. Daneben unterscheidet man noch *vorherrschende Arten* (= *Dominante*), *Differentialarten* (d.h. Pflanzen, die innerhalb einer bestimmten Pflanzengesellschaft nur in bestimmten, standortmäßig differenzierten Untereinheiten, sonst aber auch in anderen Gesellschaften vorkommen) und *Begleitarten*.

Um Pflanzengesellschaften miteinander vergleichen zu können, gliedert man, als eine der Möglichkeiten zur Charakterisierung von Vegetationseinheiten, *Assoziationen* aus. Darunter versteht man den Typus einer Pflanzengesellschaft mit einheitlichen Standortbedingungen, einheitlicher Physiognomie und bestimmter floristischer Zusammensetzung, d. h. mit charakteristischer Artenkombination und/oder charakteristischer Artengruppenkombination. Bei der Benennung der Assoziation wird im einfachsten Fall an den Stamm des Gattungsnamens eines für die betreffende Assoziation charakteristischen Vertreters die Endung »-etum« angehängt und der Artname im Genitiv dazugesetzt, z.B. *Alnetum incanae* (Grauerlenwald). Kombination zweier Gattungsnamen ist möglich, z.B. *Melico-Fagetum* (Perlgras-Buchenwald). Einander ähnliche Assoziationen werden zu Verbänden, diese zu Ordnungen und zu Klassen zusammengefaßt. Auch diese höheren pflanzensoziologischen (sogenannten synsystematischen) Einheiten werden durch das Anhängen von Endungen bezeichnet, z.B. *Alno-Padion, Fagetalia sylvaticae, Querco-Fagetea*. Alle diese Bezeichnungen stellen abstrakte Einheiten dar. In der Natur liegen hingegen nicht nur statische Gesellschaften, sondern vielfach Entwicklungsstadien (Sukzessionen, S. 825), Gesellschaftskomplexe und Ersatzgesellschaften (vor allem in der Kulturlandschaft) vor. In klimatisch und edaphisch wenig differenzierten Gebieten sind die Gesellschaften über weite Strecken nur sehr schwer zu gliedern (z. B. im tropischen Regenwald).

Um Vergleiche zu erleichtern, hat man Indices entwickelt, die Artenreichtum und -mannigfaltigkeit in Ökosystemen quantitativ ausdrücken. Ein oft benutzter Wert ist die *Diversität D* gemäß Gleichung (8.16), wobei p_i die Häufigkeit der i-ten Art ist ($\Sigma p_i = 1$). *D* ist dem in der Kybernetik gebräuchlichen Begriff des Informationsgehaltes proportional. Eine Biozönose oder Trophieebene, die nur aus einer Art besteht, hat demnach die Diversität $D = 0$. Für ein Zwei-Arten-System mit einem Häufigkeitsverhältnis 99:1 ist $D = 0,056$, bei einem Verhältnis 50:50 hingegen 0,69. In den Diversitätsindex *D* gehen sowohl die *Anzahl der Species S* als auch deren *Häufigkeitsverteilung H* ein. Letztere läßt sich quantifizieren, indem man *D* durch ln *S* teilt (Gl. 8.17). *H* variiert von ≈ 0 (bei extremer Dominanz einer Art) bis 1 (bei genau gleicher Häufigkeit aller Arten). Die beiden Komponenten *S* und *H* sind prinzipiell unabhängig voneinander, verlaufen jedoch häufig parallel (Abb. 8.76, 8.88, 8.89).

Abbildung 8.75 zeigt ein Beispiel für die Anwendung von *D*-Werten. In einem Versuch, die unterschiedliche Mannigfaltigkeit der Vogelarten in verschiedenen Vegetationstypen zu erklären, verglich man in unterschiedlichen Regionen Amerikas den *D*-Wert der Vogelarten mit einem *D*-Wert der von ihnen besiedelten Vegetation. Letzterer wurde dadurch erhalten, daß man den Waldbestand in übereinanderliegende Horizontalschichten unterteilte und für die Unterschiede der relativen Blattdichte zwischen diesen Schichten einen entsprechenden *D*-Wert berechnete. Dabei ergab sich eine hochsignifikante positive Korrelation zwischen den *D*-Werten von Vogelfauna und Vegetation. Der Befund wurde dahingehend interpretiert, daß die Anzahl möglicher Nischen für die Vögel um so höher liegt, je vielfältiger die besiedelten Biotope sind. – Weitere Anwendungsgebiete sind die Bewertung von *Störungen* in Ökosystemen (Verschmutzung, Vergiftung, Feuer). Hier registriert man zunächst meist einen Rückgang der Artenzahl, oft, aber nicht immer, gekoppelt mit starker Dominanz weniger euryöker Arten (Abb. 8.76). Das hier

Tabelle 8.8. Beispiel einer Vegetationsaufnahme. Mehrstufiger Buchenwald im Schweizer Mittelland. (Original Hartl)

Höhe über N. N.	620 m
Exposition	Südwest
Inklination	40°
Fläche	150 m²

Baumschicht	
Fagus sylvatica	4
Quercus petraea	1
Strauchschicht	
Fagus sylvatica	3
Picea abies	+
Abies alba	+
Krautschicht	
Vaccinium myrtillus	4
Luzula luzuloides	2
Hieracium sylvaticum	+
Solidago virgaurea	+
Prenanthes purpurea	+
Molinia coerulea	+
Moosschicht	
Polytrichum formosum	2
Pleurozium schreberi	2
Hylocomium splendens	1
Dicranum scoparium	1
Hypnum cupressiforme	1

Erklärung der Symbole:

Die Zahl bzw. das Zeichen im Anschluß an den Artnamen gibt den Deckungsgrad wieder, d. h. die senkrechte Projektion des Artenbestandes auf die Aufnahmefläche, ausgedrückt in Bruchteilen der letzteren, wobei auch die Individuenzahl berücksichtigt wird. Der Deckungsgrad wird nach folgender Skala durch Schätzung im Gelände festgestellt.

5: mehr als ¾ der Fläche deckend
4: ½ bis ¾ der Fläche deckend
3: ¼ bis ½ der Fläche deckend, Individuenzahl beliebig
2: bei beliebiger Individuenzahl ¹⁄₂₀ bis ¼ der Fläche deckend oder sehr zahlreiche Individuen, aber weniger als ¹⁄₂₀ deckend
1: zahlreich, aber weniger als ¹⁄₂₀ der Fläche deckend, oder ziemlich spärlich, aber mit größerem Deckungswert
+: spärlich mit geringem Deckungswert

(8.16)
$$D = - \Sigma (p_i \cdot \ln p_i)$$

(8.17)
$$H = \frac{D}{\ln S}$$

angesprochene Thema der *Stabilität* wird im nächsten Abschnitt aufgegriffen. Der wichtige Zusammenhang zwischen Diversität und *Sukzession* wird im Abschnitt 8.3.4 (S. 825) behandelt.

8.3.2.4 Komplexität und Stabilität

In der Ökologie ist die Vorstellung geläufig, daß die Vernetzung zwischen den Trophieebenen, und damit verbunden eine vielfache Verzahnung von Wirkungskreisläufen, die Anfälligkeit eines Systems gegenüber Störungen erniedrigt und somit seine Stabilität erhöht. Die mangelhafte Stabilität einfacher Laborsysteme und anthropogener Monokulturen, die relative Konstanz komplex gebauter Klimaxgesellschaften (S. 825) sowie einige Computersimulationen unterstützen diese These. Theoretische Untersuchungen haben jedoch gezeigt, daß eine hohe Anzahl von Arten und Interaktionen *als solche* keinerlei Garantie für hohe Stabilität bieten, vielmehr sogar eher die Anfälligkeit gegenüber Störungen erhöhen. Gerade einfache Modelle erwiesen sich oft als hochstabil.

Hierbei muß man sich vergegenwärtigen, daß der von Ökologen gebrauchte Begriff der Stabilität mehrere zwar oft gekoppelte, aber prinzipiell unabhängige Komponenten umfaßt: Die *Auslenkbarkeit* eines Systems durch Störungen (gleichgültig, ob sich das System in einem geregelten Gleichgewicht befindet oder nicht); Ausmaß und Geschwindigkeit der *Rückkehr in Richtung Ausgangszustand;* die *Amplitude dichteabhängiger Zyklen.* Die rein deskriptive *Konstanz* eines Systems bzw. seiner Artenzusammensetzung sagt zunächst nichts über seine Stabilität aus, sie kann einfach auf einem Mangel an Umweltvariabilität bzw. Störungen beruhen. Auf eine Störung können die verschiedenen Aspekte der Stabilität zudem ganz unterschiedlich reagieren, und auch einzelne Trophieebenen können sich in ihrer Reaktion unterscheiden.

Wichtiger als die Zahl der Arten und Interaktionen sind offensichtlich *der Typ und die Spezifität der Wechselbeziehungen.* Der *Koevolution der Arten im gleichen Ökosystem* kommt hierbei eine besondere Bedeutung zu. In Ökosystemen, die immer schon Störungen ausgesetzt waren, herrschten Selektionsbedingungen für entsprechende Anpassungen vor, während sie in ungestörten Systemen fehlten. Auch klimatische Gegebenheiten, Bodenbeschaffenheit usw. sind von Bedeutung. So können hochkomplexe tropische Regenwälder mit mangelnder Bodenentwicklung (S. 819), die bislang weitgehend ungestört waren, durch eine einmalige Rodung auf lange Zeit oder unwiederbringlich zerstört werden. Das relativ einfache System der kanadischen Fichtenwälder mit seinen schon immer aufgetretenen Störungen (Feuer, Schadinsekten) und seinen stabileren Bodenverhältnissen findet hingegen relativ schnell nach einer selbst drastischen Störung zum alten Zustand zurück, ist also gut stabilisiert. Auch im angewandten Bereich der biologischen Bekämpfung von Insektenschädlingen hat sich gezeigt, daß die stabilisierende Kontrolle einer eingeschleppten Schädlingsart durch wenige, aber gezielt nachimportierte, koevolvierte Parasiten oft besser zu bewerkstelligen ist als durch eine große Anzahl für den Wirt neue und an ihn noch nicht adaptierte Parasiten im Invasionsgebiet. Ein gutes Beispiel stellt die Schmetterlingsart *Operophthera brumata* (Kleiner Frostspanner) dar, die zufällig nach Kanada eingeschleppt wurde und sich dort schnell zu einem ernsthaften Schädling entwickelte. 19 kanadische Parasiten, die auf ihre Wirksamkeit zur Eindämmung des Schädlings überprüft wurden, erwiesen sich als praktisch wirkungslos, während zwei europäische Parasiten, die Raubfliege *Cyzenis albicans* und die Schlupfwespe *Agrypon flaveolatum*, die in sie gesetzten Erwartungen voll erfüllten. Die Wespe ist bei niedrigen Schädlingsdichten effektiv, sie parasitiert auch eine Reihe anderer Insekten. Die Fliege hingegen ist hochspezialisiert, sie parasitiert nur den eingeschleppten Schmetterling und ist besonders bei hohen Wirtsdichten wirksam.

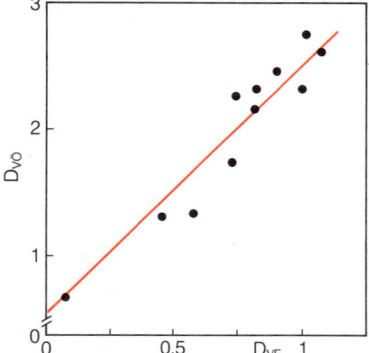

Abb. 8.75. *Positive Beziehung zwischen der Diversität der Vogelarten (Ordinate) und der Diversität der Vegetation (Abszisse) in Wäldern Nord- und Mittelamerikas (vgl. Text). Regressionsgerade zu den Meßwerten rot. (Nach MacArthur u. MacArthur)*

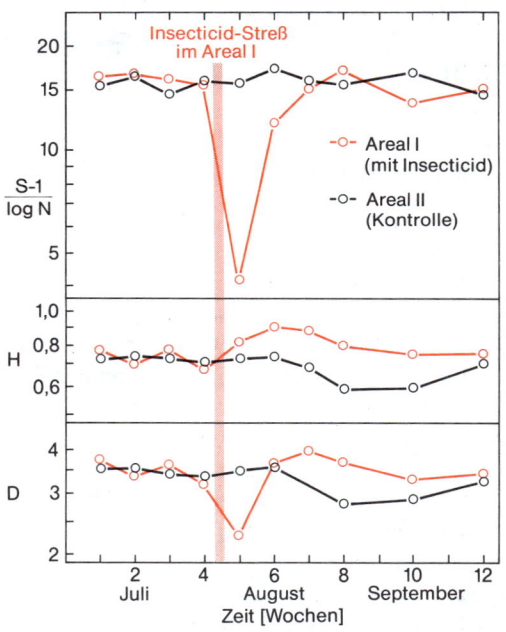

Abb. 8.76. *Einfluß einer einmaligen Insektizidanwendung auf die Arthropodenfauna eines Hirsefeldes (Areal I, rote Kurven). Ein zweites, unbehandeltes Gebiet (Areal II, schwarze Kurven) diente als Kontrolle. Artenreichtum (hier gemessen als $(S-1)/\log N$; Artenzahl S; Individuenzahl N) und Häufigkeitsverteilung H zeigen unterschiedliche Verläufe: Der Artenreichtum nimmt nach der Insektizideinwirkung sofort ab und erreicht nach etwa 3 Wochen wieder das Kontrollniveau. Die Häufigkeitsverteilung H wird zunächst langsam ebenmäßiger und nähert sich erst allmählich (nach 6–8 Wochen) wieder dem Kontrollwert an. Die Diversität D zeigt dementsprechend einen Zickzackverlauf: Der momentane Abstieg spiegelt die Reduktion des Artenreichtums, der sich daran anschließende Aufstieg die Erhöhung von H wider (vgl. Gl. 8.16, 8.17). (Nach Daten von Barrett aus Odum)*

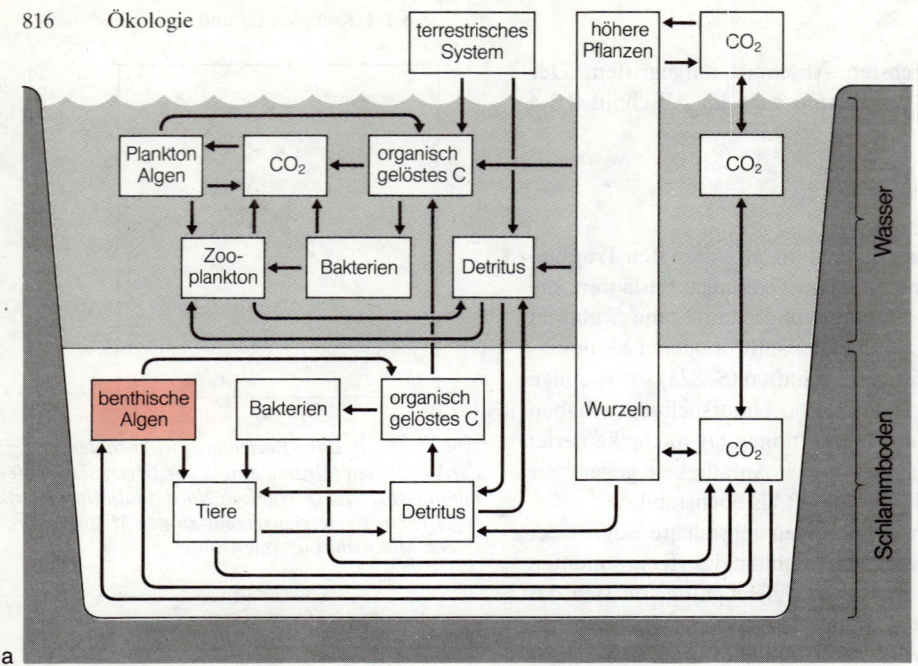
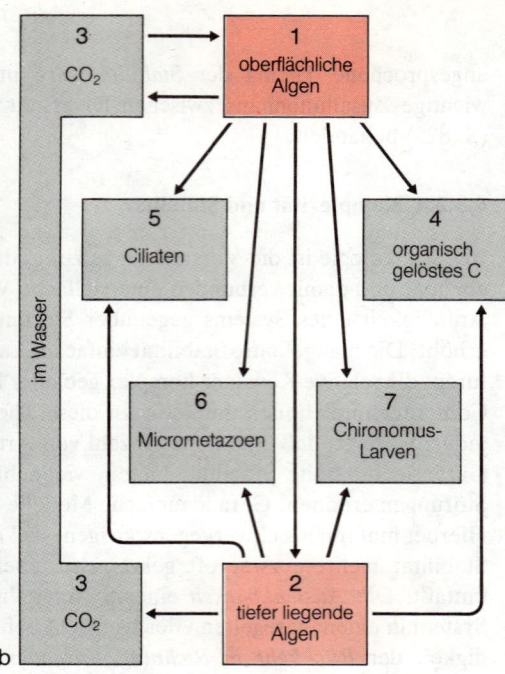

Abb. 8.77. (a) Die wesentlichen Komponenten und Richtungen des Kohlenstofftransports im Ökosystem eines Tundra-Sees in Alaska. (b) Genauere Darstellung der Untereinheit der benthischen Algen aus (a) und der sie betreffenden Transportwege des Kohlenstoffs. (Nach Stanley aus Krebs)

8.3.2.5 Systemanalyse

Ein erklärtes Ziel der Synökologie ist es, das Wirkungsgefüge konkreter Ökosysteme als ganzes quantitativ zu erfassen. Solche Untersuchungen werden unter dem Begriff der *Systemanalyse* zusammengefaßt.

Der erste Schritt einer solchen Analyse ist der Versuch, in einem qualitativen Modellansatz das Ökosystem in wesentliche Komponenten zu unterteilen und die in einem gegebenen Zusammenhang interessierenden Funktionsbeziehungen zwischen diesen Komponenten durch Pfeile darzustellen. Abbildung 8.77a zeigt als Beispiel ein Modell des Kohlenstofftransportes in Tundra-Seen Alaskas. Größere Komponenten lassen sich wieder in kleinere Untereinheiten mit einem eigenen Set von Beziehungen aufgliedern. In Abbildung 8.77b sind Details eines solchen Untersystems (roter Teil in Abb. 8.77a) dargestellt.

Der nächste Schritt der Analyse besteht darin, die durch die Pfeile gekennzeichneten Zusammenhänge zu quantifizieren. Im Beispiel der Tundra-Seen läßt sich für jeden Pfeil zwischen zwei Komponenten die Funktion für die Rate des CO_2-Transfers angeben. Gleichung 8.18 zeigt als ein Beispiel den Zusammenhang zwischen CO_2 im Wasser und in den auf der Schlammoberfläche wachsenden benthischen Algen (oberster Pfeil in Abb. 8.77b).

Sind alle Zusammenhänge erfaßt, ergibt sich die zeitliche Dynamik einer Komponente des Systems aus der Summe bzw. Differenz der zu- und abführenden Pfeile (Gl. 8.19). Durch vielfache Interaktionen und Rückkoppelungen zwischen den Komponenten eines Ökosystems können sich hochkomplizierte und vernetzte Funktionsmodelle ergeben, die an der Realität gemessen und modifiziert werden können. Im Idealfall repräsentiert ein Modell das konkrete System in allen wesentlichen Funktionen. Es lassen sich Vorhersagen machen (Abb. 8.78) und potentiell denkbare Situationen simulieren.

Systemanalysen werden nicht selten von angewandten Gesichtspunkten mitbestimmt: Schädlingsbekämpfung; optimale Produktion wichtiger Pflanzen für Ernährung und Wirtschaft; Seenbewirtschaftung; anthropogene Belastung gefährdeter Ökosysteme (z. B. die Nordsee und ihre Wattgebiete). Sie sind zeit- und kostenintensiv und nur von einem Team von Forschern mit Hilfe leistungsfähiger Computer durchführbar.

(8.18)
Rate R_{31} der CO_2-Aufnahme der oberflächlichen Algen (Komponente 1, Abb. 8.77b), durch Photosynthese, aus dem Wasser (Komponente 3) als Funktion von Algenbiomasse B_1, Temperatur T und Sonneneinstrahlung S:

$$R_{31}\,[\text{mg C}\cdot\text{h}^{-1}] = 0{,}05 \cdot B_1\,[\text{mg C}\cdot\text{m}^{-2}] \cdot 2{,}2^{\frac{T\,[°C]}{10}} \cdot \frac{S}{S + S_{50}}$$

S_{50} = Strahlungsmenge, bei der die Photosyntheserate der Algen 50% ihres Maximums erreicht

(8.19)
$$\frac{dB_1}{dt} = R_{31} - R_{13} - R_{12} - R_{14} - R_{15} - R_{16} - R_{17}$$

Die Ziffern der Suffixe beziehen sich auf die Komponentennummern in Abb. 8.77b.

8.3.3 Stoff- und Energiehaushalt

8.3.3.1 Stoffkreisläufe

In den Beziehungen zwischen den Gliedern der Nahrungskette (S. 812) kommt dem Kreislauf der Elemente eine grundlegende Bedeutung zu. Während das einzelne Individuum ein Durchflußsystem mit den Eigenschaften eines Fließgleichgewichtes (S. 8) darstellt, ist das Ökosystem als Ganzes dadurch ausgezeichnet, daß die verschiedenen Substanzen ständig zirkulieren. Die drei wichtigsten Kreisläufe sollen im folgenden besprochen werden.

Kreisläufe von Kohlenstoff und Sauerstoff. Die Summenformeln von Photosynthese und Zellatmung (S. 88f., 113f.) bringen bereits zum Ausdruck, wie sich in der Natur Auf- und Abbau organischer Moleküle einerseits und Bildung und Verbrauch von O_2 andererseits zu einem mehr oder minder stationären System zusammenfügen. Bei Betrachtung geologisch kurzer Zeiträume kann man das Gegeneinander von Photosynthese und Dissimilation als ein stationäres System ansehen und demgemäß in Form von Kreisläufen beschreiben (Abb. 8.79). Auf natürliche Ökosysteme bezogen, welche keine langfristigen Reservoire organischer Substanzen anlegen, bedeutet dies nach dem Heranwachsen ein Gleichgewicht von O_2-Produktion und -Verbrauch. Wälder oder Parkanlagen können also nur dann einen Nettogewinn von O_2 produzieren, wenn dem Kreislauf organische Substanz entzogen wird, sei es durch Ablagerung (Rohhumus, Torf), sei es durch anthropogene Einflüsse (Holz- oder Streuentnahme).

Der endgültige »Abbau« der in den lebenden Systemen festgelegten organischen Materie erfolgt in erster Linie durch Bakterien und Pilze (Destruenten, S. 812), wobei häufig Gärungen (S. 91) eingeschaltet sind. Als Endprodukte von Gärungen entstehen organische Verbindungen, die noch weiter verarbeitet werden können. Da der Gewinn an freier Energie bei den Gärungen meist bescheiden ist, pflegt der Stoffumsatz entsprechend groß zu sein.

Ein Beispiel für eine Gärungskette: Hefen produzieren aus Glucose anaerob Äthanol. Dieser Stoff kann durch Bakterien der Gattung *Acetobacter* aerob zu Essigsäure weiterverarbeitet werden, wobei O_2 wie üblich im Rahmen der Atmungskette als H-Akzeptor fungiert (Gl. 8.20). Essigsäure kann von anderen Organismen (z. B. *Euglena*) aus dem Medium aufgenommen und endgültig zu CO_2 und H_2O zerlegt werden. Letztlich werden alle C-Gerüste organischer Moleküle wieder zu CO_2 abgebaut, wobei die im Boden lebenden Mikroorganismen eine besondere Bedeutung haben.

Der fossil deponierte Kohlenstoff – entstanden aus lebenden Systemen früherer Erdepochen – kehrt seit der Entwicklung moderner Technik über Heizung und Verbrennungsmaschinen ebenfalls wieder in den CO_2-Vorrat der Atmosphäre zurück. Es mehren sich die Anzeichen dafür, daß die ungeheure CO_2-Produktion der Technik den CO_2-Vorrat merklich vergrößert (S. 823): Wenn die gesteigerte CO_2-Produktion auf der Erdoberfläche im Durchschnitt nicht mehr durch eine Steigerung der photosynthetischen CO_2-Fixierung kompensiert werden kann, steigt die Größe des atmosphärischen CO_2-Vorrats an. In gleicher Richtung wirkt sich die Zerstörung der Waldgebiete der Erde aus, wodurch der in Biomasse gebundene Kohlenstoff ebenfalls als CO_2 freigesetzt wird. Allerdings ist auch das Carbonatpuffersystem $CaCO_3 \rightleftharpoons Ca(HCO_3)_2$ der Weltmeere an der Einstellung des CO_2-Partialdruckes in der Atmosphäre beteiligt.

Da auch während der Evolution der lebenden Systeme die photosynthetisch aktive Pflanze die einzige O_2-Quelle von Belang gewesen ist, muß – wenn die Summengleichungen von Photosynthese und Atmung gültig sind – die Verbrennung aller organischen Moleküle (einschließlich des fossil gebundenen Kohlenstoffs) den O_2-Vorrat der Atmosphäre aufbrauchen. In der Tat ist der Vorrat an freiem O_2 keineswegs unerschöpflich. Bei der

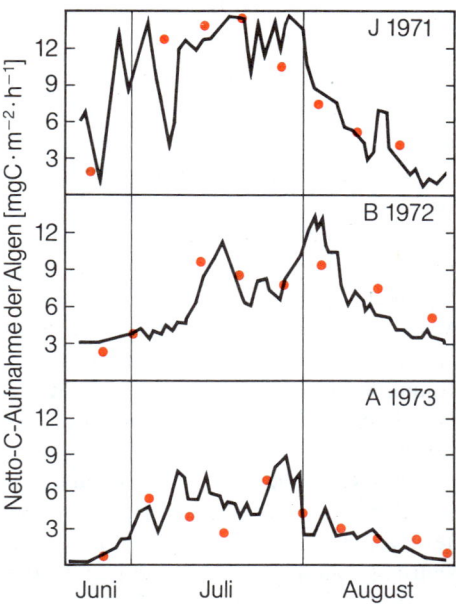

Abb. 8.78. Modellsimulation (Kurven) und reale Meßwerte (Punkte) der Netto-Photosyntheserate der benthischen Algen in drei Tundra-Seen bei Barrow, Alaska. Das Modell basiert auf Funktionsgleichungen für die Pfeile in Abb. 8.77b entsprechend den Beispielen der Gleichungen 8.18 und 8.19. Man beachte die gute Übereinstimmung zwischen Modell- und Freilandwerten. (Nach Stanley aus Krebs)

(8.20)
$$CH_3CH_2OH + O_2 + H_2O$$
$$\xrightarrow{Acetobacter} CH_3COOH + 2\,H_2O;$$
$$\Delta G'_0 = -458\ \text{kJ (mol Äthanol)}^{-1}$$

gegenwärtigen Umsatzgeschwindigkeit der Kreisläufe soll die Halbwertzeit etwa 5000 Jahre betragen. Auch der meist für »riesig« gehaltene O_2-Vorrat der Luft ist also auf die ständige Nachlieferung durch Photosynthese angewiesen.

Der Mensch ist im Zusammenhang dieser Betrachtungen ein heterotrophes Tier und damit vollständig abhängig von der Photosynthese, sowohl hinsichtlich der organischen Moleküle (als Nahrungsmittel) als auch hinsichtlich des Sauerstoffs. Dieser steht in so großen Mengen zur Verfügung, daß er bei der Ernährung nicht als begrenzender Faktor wirksam wird. Wenn man von der Nahrung spricht, meint man also in erster Linie die als Nahrungsmittel brauchbaren organischen Verbindungen, deren Quantität auf der Erde eng begrenzt ist. Da es größere Reserven nicht gibt, muß die Produktion jederzeit den Bedarf decken. Beim Ausfall von nur zwei Jahresernten auf der ganzen Erde würde die Menschheit großenteils zugrundegehen. Es erscheint fraglich, ob die Deckung des Bedarfs schon für die absehbare Zukunft weltweit gewährleistet ist, da die Produktivität der Erde grundsätzlich begrenzt ist. Zwar konnte neuerdings die Produktion an Nahrung durch die Züchtung neuer Getreiderassen (S. 608, 917) und durch Verbesserung der Agrikulturverfahren gesteigert werden (»grüne Revolution«); jedoch könnten diese Fortschritte angesichts der derzeitigen Bevölkerungsexplosion (S. 791f., Abb. 8.44) nicht ausreichen. Wenn es nicht gelingt, die Bevölkerungsvermehrung schnell zu drosseln, wird die Versorgung der Menschheit mit Nahrung sicherlich noch schwieriger werden als sie derzeit schon ist.

Kreislauf des Stickstoffs. Auch der Umsatz des Stickstoffs läßt sich in Form eines Kreislaufs beschreiben (Abb. 8.80). Stickstoff wird von der Höheren Pflanze gewöhnlich als NO_3^--Ion aufgenommen. Der große Vorrat an molekularem Stickstoff in der Atmosphäre steht der Pflanze nicht unmittelbar zur Verfügung. Die endergone Reduktion vom Nitrat- zum Ammonium-Ion kann die Pflanze leicht durchführen (S. 127f.). Ein Großteil des Stickstoffs liegt in der Pflanze in den Polypeptiden vor (gewichtsmäßig machen z.B. die Nucleinsäuren in der Regel nur etwa 10% des Proteins aus). Die heterotrophen Tiere beziehen den Stickstoff im Verband organischer Moleküle von der autotrophen Pflanze. Sie verwenden die »Bausteine«, z.B. die Aminosäuren, zum Aufbau ihrer spezifischen N-haltigen Makromoleküle, in erster Linie also für die Proteinsynthese. Im Gegensatz zur Pflanze scheiden die Tiere N-haltige organische Moleküle, z.B. Harnstoff oder Harnsäure, in beträchtlichen Mengen aus. Diese Moleküle werden durch Bakterien abgebaut, der Stickstoff wird als NH_3 freigesetzt. Die Fäulnis und Verwesung bewerkstelligenden Mikroorganismen benötigen häufig in erster Linie die C-Ketten der Aminosäuren (für ihren Energiebedarf); sie spalten demgemäß NH_3 ab.

Im Boden liegt der Ammoniak in Form des NH_4^+-Ions vor. NH_3 bzw. NH_4^+ kann von Bakterien der Gattungen *Nitrosomonas* und *Nitrobacter* mit Hilfe von O_2 über Nitrit zu Nitrat oxidiert werden. Sie können die freie Energie dieser Nitrifikation für die Durchführung der Chemosynthese verwenden und bilden organische Moleküle aus CO_2 auch ohne Mitwirkung von Lichtenergie (S. 130). Der Kreislauf des Stickstoffs enthält gravierende Defekte: Bei der Denitrifikation wird gebundener Stickstoff aus dem Kreislauf entnommen und als N_2 in die Atmosphäre abgegeben. Dieser von heterotrophen aeroben Bakterien bewerkstelligte Vorgang spielt in den Böden unter folgenden Bedingungen eine oft wesentliche Rolle: Anaerobe Situation, z.B. überschwemmte Böden; Vorhandensein zugänglicher organischer Moleküle; Anwesenheit von Nitrat. Die Bakterien entnehmen den Sauerstoff aus dem Nitrat (Gl. 8.21) und bauen die organischen Moleküle auf dem Weg der aeroben Dissimilation ab. Dabei wird mehr freie Energie gewonnen als die Bakterien in die Reduktion von NO_3^- hineinstecken müssen. So wird beständig N_2 an die Atmosphäre zurückgegeben.

Wegen dieser Verluste muß N_2 in den Kreislauf eingeschleust werden. Anderenfalls wäre der Vorrat an Stickstoff im Kreislauf rasch erschöpft. Der Nachschub an Stickstoff erfolgt vor allem auf drei Wegen:

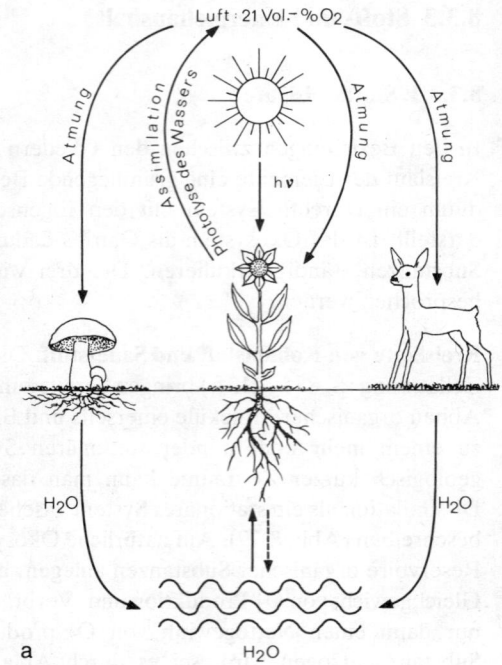

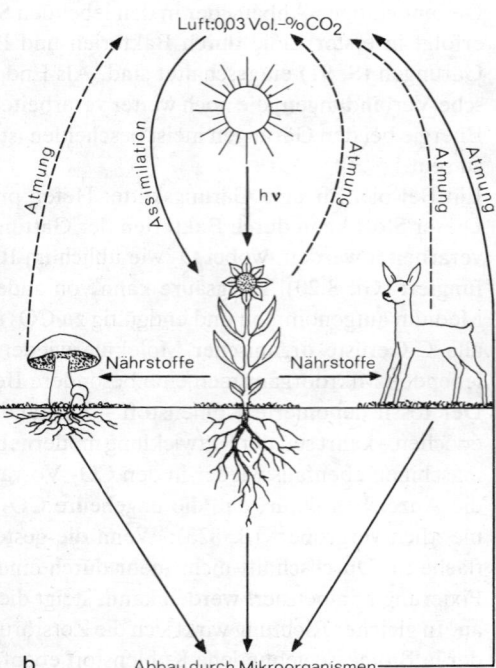

Abb. 8.79. (a) Kreislauf des Sauerstoffs, als ein Beispiel für ein quasistationäres System, in dem die Lebewesen eine entscheidende Rolle spielen. (b) Kreislauf des Kohlenstoffs als ein weiteres Beispiel für ein biologisch bedeutsames quasistationäres System. Mitte: die photoautotrophe Pflanze; rechts: das heterotrophe Tier; links: die heterotrophe Pflanze. (Aus Mohr)

(1) Es gibt im Boden Bakterien, Actinomyceten und Cyanophyten, die molekularen Luftstickstoff binden, zu NH_4^+ reduzieren und für die Proteinsynthese verwenden können (S. 97f.). In Reisfeldern binden letztere etwa 30–50 kg $N_2 \cdot ha^{-1} \cdot Jahr^{-1}$. Für Blaualgenflechten werden in gequollenem Zustand Werte von 30 ng $N_2 \cdot$ (mg Trockengewicht)$^{-1} \cdot h^{-1}$ (bei 2700 Lux) angegeben. Schätzungen über die durchschnittliche N_2-Fixierung der Erde liegen bei 1,4–7 kg $\cdot ha^{-1} \cdot Jahr^{-1}$, wovon ein kleiner Teil auf abiotische Vorgänge (photochemische Fixierung durch Licht und elektrochemische durch Gewitter) fällt. Der fixierte Stickstoff liegt zunächst im Protein der Mikroorganismen fest. Bei der Zersetzung der Zellen durch Saprophyten oder durch Autolyse wird der Stickstoff dann als NH_3 frei und kann in den Kreislauf eintreten.

(2) Knöllchenbakterien (S. 98, 805) können N_2 fixieren und in organischen Stickstoff überführen. Da die Pflanze im symbiotischen Gleichgewicht von den Bakterienzellen stickstoffhaltige Moleküle bezieht, führt sie den von den Bakterien ursprünglich fixierten molekularen Stickstoff schließlich in ihren eigenen Stoffwechsel über. Beim Zerfall des Cormus gelangt der Stickstoff dann als NH_3 in den allgemeinen Kreislauf.

(3) Der Mensch führt den Böden bei der Düngung relativ große Mengen an Nitrat zu. Dieses Nitrat verdankt seine Bildung nicht einem natürlichen Vorgang, sondern der technischen NH_3-Synthese aus Luftstickstoff. Die Ausnützung des fossilen Nitrats (Salpeterlagerstätten) für die Düngung spielt heutzutage praktisch keine Rolle mehr.

8.3.3.2 Bodenbildung

Wie erwähnt, durchlaufen die für das Leben wichtigen Elemente meist eine anorganische Phase. Der Aufbau der zunächst strukturierten organischen Teile erfolgt hierbei über mehrere Stufen: Über das Stadium des *Mulls* kommt es zur *Humus*bildung und letztlich zur *Mineralisierung*. Während im Mull noch die Strukturen des toten Materials erkennbar sind – zum weitaus überwiegenden Teil Pflanzenreste, besonders Blattstreu, aber auch Tierleichen und Exkremente –, bezeichnet man mit Humus strukturlose, dunkelbraun gefärbte, organische Substanzen, wobei Säuren (Humussäuren) mit Kolloidcharakter eine Hauptkomponente darstellen. Zusammen mit mineralischen Bestandteilen bildet der Humus den *Boden* (S. 766), das eigentliche Substrat für die mineralische Ernährung und die Befestigung der Cormophyten. Mit mineralischen Kalken und Tonen gehen die Humusstoffe oft schwerlösliche Verbindungen ein (z. B. schwarzbraune Calciumhumate), die die Krumenstruktur des Bodens und damit auch dessen Luft- und Wassergehalt weitgehend beeinflussen. Zudem sind kolloide Humusstoffe in der Lage, in Lösung gehende Mineralsalze zu binden und somit ihre Auswaschung durch Regen zu mindern. Güte und Tiefe des Bodens hängen von vielen Faktoren ab. Eine besondere Rolle kommt der *Temperatur* zu: Bei niedrigen Temperaturen verlaufen Produktion und Abbauprozesse langsam, so daß es zu einer Humusakkumulation kommen kann, wie sie vor allem in der Tundra und in Hochgebirgsgegenden auftritt. Dem steht der »unfruchtbare«, d. h. humusarme oder -freie Boden der warmen tropischen Wälder gegenüber, in denen der Abbau bis zur Mineralisierung so schnell erfolgt, daß keine Humusanreicherung stattfinden kann. Die Beschaffenheit des Untergrundes und das Wasserangebot können diesen allgemeinen Trend der Temperaturabhängigkeit allerdings in vielfältiger Weise modifizieren. Der Abbau im Boden ist vor allem ein oxidativer Prozeß, für den die Mikroorganismen Luftsauerstoff benötigen (S. 584). Durchlüftung der Böden (*»Bodenatmung«*) und Abbau stehen deshalb in engem Zusammenhang. Fehlt der zur Mineralisierung nötige Sauerstoff, wie etwa in Mooren oder in der nassen Uferzone verlandender Seen, so wird der Abbau in einem frühen Stadium gestoppt, es kommt zur *Torfbildung*. Langjährige Akkumulation führt zu Lagern von mehreren Metern Tiefe. Die fossilen Kohleflöze sind durch Druck und Temperatur umgewandelte Schichten unvollkommenen Abbaues.

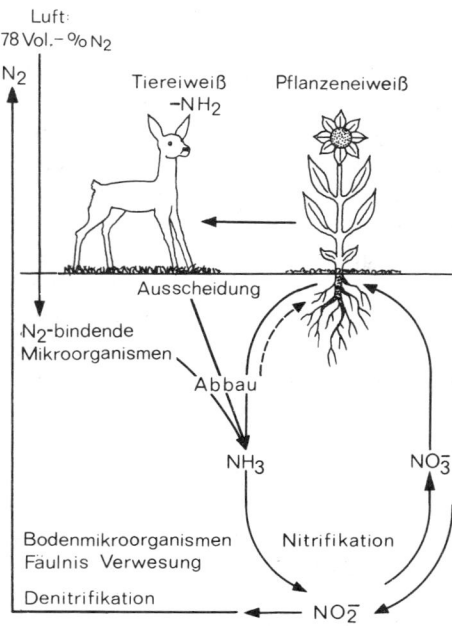

Abb. 8.80. Kreislauf des Stickstoffs. Zufuhr von Stickstoff in den Kreislauf (N_2-Bindung) und der Abfluß von Stickstoff aus dem Kreislauf (Denitrifikation) sind angedeutet. Auf die Zufuhr von Stickstoff im Rahmen der »künstlichen Düngung« wird im Text hingewiesen. (Aus Mohr)

(8.21)

$$2\,NO_3^- + 2\,H^+ \rightarrow N_2 + 2\tfrac{1}{2}\,O_2 + H_2O.$$

8.3.3.3 Energiehaushalt

Die Trophieebenen sind dadurch definiert, daß zwischen ihnen die Übertragung energiereicher Nahrung stattfindet (S. 812f.). Während die stofflichen Komponenten der Nahrung im Ökosystem ständig zirkulieren, folgt die Energiekomponente einem *Durchflußsystem:* Die von der Sonne kontinuierlich gelieferte und durch die Photosynthese fixierte Energie – der Energieumsatz durch Chemosynthese ist hier zu vernachlässigen – wird schrittweise auf den verschiedenen Trophiestufen und von den Abbauorganismen wieder nach außen abgegeben, vor allem – wenn auch nicht ausschließlich – in Form von Wärme. Abbildung 8.81 gibt einen schematischen Überblick, Abbildung 8.82 ein konkretes Beispiel dieses Energieflußsystems.

Der Unterschied zwischen Stoffzirkulation und Energiefluß ist allerdings nicht absolut: Mit Ausnahme der Ozeane und abflußloser Seen gibt es kaum ein Ökosystem, das keine ständige Zu- und Ausfuhr von Nährstoffen durch Grundwasser, Niederschlag, Lufttransport usw. erfährt. Die allmähliche und kontinuierliche Stoffakkumulation an den tiefen Stellen der Erde wird langzeitlich durch orogene Phasen in der Erdgeschichte teilweise wieder rückgängig gemacht. Umgekehrt zirkuliert in jedem Ökosystem auch die Energie in Form organischer Substanzen (s. Trophiestruktur, S. 812, Abb. 8.74, 8.81), besonders über die Abbauorganismen.

Nutzung der Sonnenenergie

Wie auf S. 765 ausgeführt, erreicht – global betrachtet – nur etwa die Hälfte der über der Atmosphäre eintreffenden Strahlung die Erdoberfläche. Hiervon wird wiederum nur ein außerordentlich geringer Bruchteil zur Photosynthese verwertet: < 0,1–4%. Allerdings ist die Variationsbreite außerordentlich hoch. Einige Durchschnittswerte für verschiedene Vegetationstypen sind in Abbildung 8.83 und Tabellen 8.9, 8.10 angegeben. Die Ursachen für die insgesamt geringe Ausnützung der Sonnenstrahlung sind unterschiedlicher Natur:

(1) Das Ausmaß der Photosynthese in einem Ökosystem hängt grundsätzlich von der *Menge der photosynthetisierenden Elemente* ab. Ein guter Meßwert bei terrestrischen Ökosystemen ist hierfür der *Blattflächenindex*, d.i. das Verhältnis der gesamten Blattfläche (einseitig gemessen) der Vegetation in einem Areal zu der Bodenfläche, die von ihr bedeckt wird. Die maximale Ausnutzung der Energie in der gemäßigten Zone wird bei Indexwerten ab 5–6 erreicht. Bei niedrigeren Werten ist die einfallende Strahlung nicht voll ausgenutzt, zu viel Energie erreicht ungenutzt die Bodenoberfläche. Andererseits ist bei höheren Werten wegen gegenseitiger Beschattung keine weitere Erhöhung der Photosynthese mehr möglich. In aquatischen Systemen geht ein hoher Prozentsatz des Lichtes durch die Absorption – und damit Erwärmung – des Wassers für die Photosynthese verloren, Selbstbeschattung spielt seltener eine Rolle. Global gesehen ist die Pflanzendichte außerordentlich gering. Die Hauptursachen sind *geringes Nährstoffangebot* (vor allem in den Ozeanen, die den größten Teil der Erdoberfläche einnehmen) und *Wassermangel* (Wüsten, Steppen). Gezielte Bewässerungsmaßnahmen können die Nutzung der Sonnenstrahlung und damit die Nahrungsproduktion für die menschliche Bevölkerung wesentlich erhöhen. Neben diesen wichtigsten limitierenden Faktoren (S. 434f.) der Primärproduktion schränken auch *niedrige Temperaturen* die Photosyntheserate und die Dauer der aktiven Vegetationsperiode ein und verhindern so die volle Nutzung des Photonenangebotes.

(2) Ein großer Teil der potentiell nutzbaren Strahlen wird von den Pflanzen reflektiert (R in Abb. 8.81) oder transmittiert (T), ist also energetisch ohne weiteren unmittelbaren Belang.

(3) Nur etwa 25% der eintreffenden Strahlungsenergie entstammen Wellenbereichen, die potentiell von den photosynthetisch wirksamen Pigmenten ausgenützt werden können.

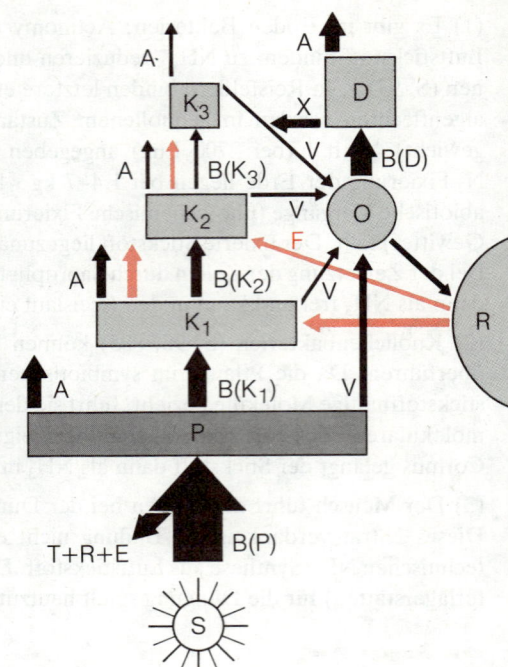

Abb. 8.81. Schematischer Überblick über den Energiefluß im Ökosystem der Biosphäre. P Primärproduzenten (grüne Pflanzen). K1 Konsumenten 1. Ordnung (Herbivoren). K2 Konsumenten 2. Ordnung (Carnivoren 1. Ordnung) usw. S Sonneneinstrahlung. T Transmission. R Reflexion. E Emission. A Atmung. V Verlust an organischer Substanz O (Exkremente, tote Individuen usw.), die von den Destruenten D weiterverwertet wird. R, Aus dem Verkehr gezogene Energie (Reservoir, z. B. Torf). B, Bruttoproduktion. Aus Gründen der Übersichtlichkeit wurden T, R und E für höhere Trophieebenen nicht berücksichtigt. Ein Teil der Destruentenproduktion geht wieder in die Trophieebenen ein (z. B. Knöllchenbakterien), schräger Pfeil X. Rot: Vom Menschen angezapfte fossile Energie F inklusive deren Verbrennung (A-Pfeile). – Die Möglichkeit von Chemosynthese sowie der Austausch zwischen Ökosystemen ist nicht berücksichtigt. (Original Jacobs)

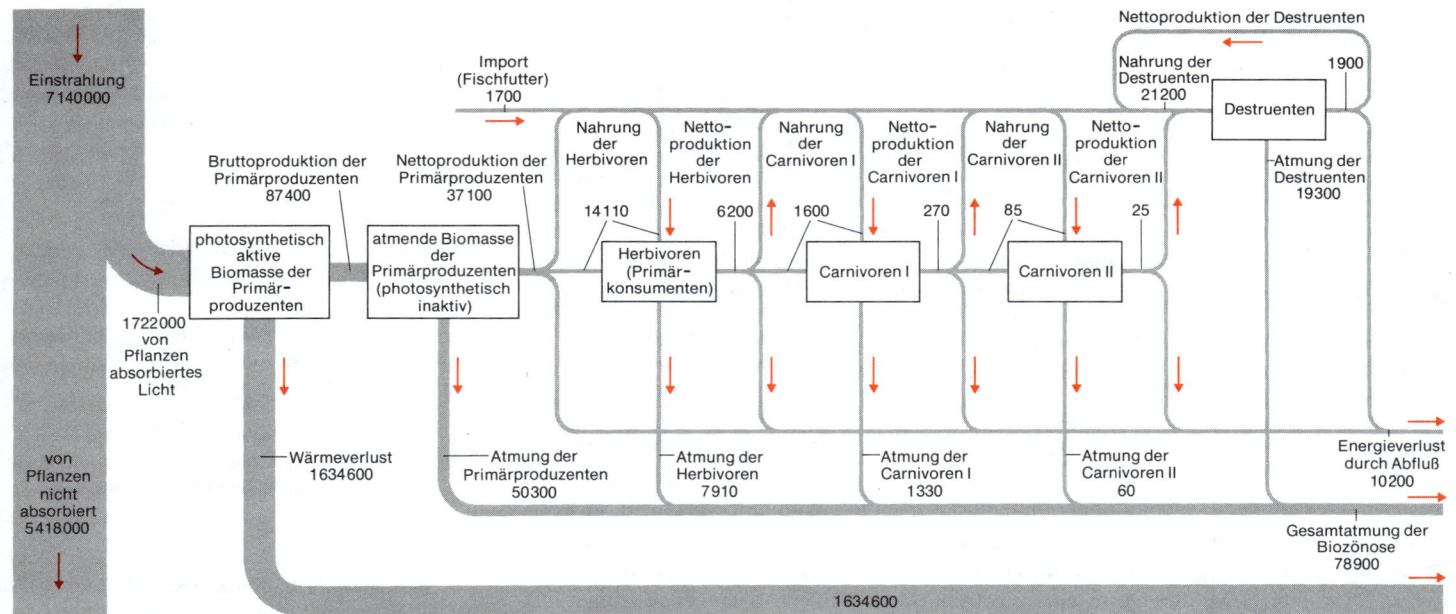

Die photosynthetisch inaktiven infraroten Strahlen, die ca. 50% der gesamten Sonnenenergie bestreiten, werden größtenteils von der Vegetationsdecke und dem Boden absorbiert. Sie erwärmen die Pflanzen und beeinflussen somit die Photosynthese nur in indirekter Weise. Ihre Energie wird teilweise in Form längerwelliger Wärmestrahlen wieder abgegeben (*Emission E* in Abb. 8.81).

(4) Während der starken mittäglichen Einstrahlung ist die Photosynthese oft gehemmt: Aus Transpirationsgründen sind die Stomata oft partiell geschlossen, so daß die CO_2-Versorgung des Mesophylls stark zurückgeht (S. 779, Abb. 8.25–8.27). Bei sehr hohen Photosynthesewerten kann es zu einem Stau der Assimilate kommen, weil diese nicht schnell genug verwertet werden, so daß die Photosynthese behindert ist. Bei sehr starker Einstrahlung kann auch eine direkte Lichthemmung der Photosynthese, eine *Photoinhibierung*, erfolgen (z. B. beim Phytoplankton in den oberen Wasserschichten der Meere und Seen).

Brutto- und Nettoproduktion, Atmung

Die bei der Photosynthese unter Energieaufnahme pro Zeiteinheit synthetisierte Stoffmenge bezeichnet man als *Bruttoproduktion* der Pflanzen oder Bruttoprimärproduktion. Da ein Teil der so gewonnenen Stoff- und Energiemenge durch die gleichzeitig und während der Dunkelphasen ablaufende mitochondriale *Atmung* innerhalb der Pflanzenkörper wieder umgesetzt wird, wird häufig nicht die Bruttoproduktion, sondern die Differenz aus Bruttoproduktion und Atmung bestimmt (z.B. als Trockengewichtszunahme oder als CO_2-Bilanz), die *Nettoproduktion* (Tab. 8.10). Nur die Nettoproduktion steht der nächsthöheren Trophieebene als Stoff- und Energiequelle zur Verfügung. Bei den Tieren stellt die Bruttoproduktion die nach der Nahrungsaufnahme als körpereigene Substanz assimilierte Stoffmenge dar. Die Nettoproduktion entspricht dem Anteil, der sich – nach Abzug des Substanzverlustes durch die Atmung – in Körperwachstum und Nachkommenschaft manifestiert (S. 587f.).

Der Anteil der Atmung an dem Gesamtenergieumsatz eines Organismus ist außerordentlich variabel und u.a. von Umweltbedingungen (insbesondere von der Temperatur und bei

Abb. 8.82. Energiefluß im Ökosystem Silver Springs, Florida/USA. Es handelt sich um einen Quellbach mit vegetationsbedecktem Boden und großem Artenreichtum von Tieren. Die Zahlen geben $kJ \cdot m^{-2} \cdot Jahr^{-1}$ an. Die Rubrik der Destruenten umfaßt auch Protozoen, Aasfresser (z. B. Krebse) usw. und schließt Energiekreisläufe zwischen solchen Unterkomponenten mit ein. Die Breiten der verbindenden Flächen spiegeln die Größe des Energieflusses wider. (Nach Odum aus Gates)

Tieren auch von der Art der Nahrung, S. 584f.), Alter, Wachstum und Aktivität abhängig. Homoiotherme Tiere veratmen ca. 90–99% der assimilierten Nahrung, Insekten 10–50%. Für Cormophyten liegen die Werte zwischen etwa 30 und 60%, ähnlich für Bakterien. Für die Bilanz des Ökosystems ist immer die durchschnittliche Produktion einer *Population* relevant, die stark von der Altersstruktur (S. 788) bestimmt ist. Bei Pflanzen spielt auch hier der Blattflächenindex eine Rolle: Erreicht er hohe Werte, dann erhöht sich die Photosynthese der Gesamtpopulation nicht mehr (S. 820), die Atmung steigt jedoch mit zunehmender Blattfläche weiterhin an, so daß sich der Anteil der Nettoproduktion entsprechend verringert. Vom Gesichtspunkt des letzteren gibt es also optimale Indexwerte, deren Über- oder Unterschreitung eine Abnahme der Nettoproduktion zur Folge hat.

Abbau

In jeder Population entsteht energiereiche tote organische Substanz. Hierzu gehören abgeworfene Pflanzenteile (z. B. Blätter, Feinwurzeln, die ständig erneuert werden), tote Organismen, Exkrete sowie Teile von Organismen, die zwar beim Nahrungserwerb getötet, aber entweder nicht aufgenommen oder nach der Aufnahme als nicht verwertbar wieder abgegeben werden. Alle diese organischen Substanzen werden von den Aasfressern und Abbauorganismen (*Destruenten*, S. 812), vor allem Bakterien und Pilzen, weiterverarbeitet. Da die Destruenten getrennt von den Trophieebenen aufgeführt werden, wird die in sie eingeschleuste Energie als »Verlust« (V in Abb. 8.81) verbucht. Es muß aber beachtet werden, daß die separate Behandlung vom Prinzip des Energieflusses her inkonsequent ist und nur aus pragmatischen Gründen und wegen der Bedeutung der Bakterien im *Stoff*kreislauf (S. 817f.) erfolgt. Soweit die Biomasse der Destruenten nicht wieder anderen Organismen zufließt (z. B. bei symbiotischen Bakterien des Darmkanals oder in Wurzelknöllchen), wird die von ihnen aufgenommene Energie als Wärme (u. U. auch Licht) an die Umwelt abgegeben.

Ökologische Effizienz

Der Anteil der Energiemenge, die in die eigene Trophieebene in Form assimilierter Nahrung eingeht, im Vergleich zur Energiemenge, die in die vorhergehende Ebene aufgenommen wurde, also das Verhältnis zwischen den Bruttoproduktionen zweier aufeinanderfolgender Trophieebenen (Abb. 8.81), wird als der *ökologische Wirkungsgrad* oder die *ökologische Effizienz* bezeichnet. Aus ihr ergibt sich, gemeinsamen mit der Effizienz der Primärproduzenten (S. 820f.), welcher Anteil des ursprünglichen Energieangebotes der Sonnenstrahlung einer Trophieebene noch zur Verfügung steht. Tabelle 8.11 gibt eine Auswahl aus Effizienzwerten, die in aquatischen Ökosystemen gewonnen

Tabelle 8.9. Stoffbilanz von Rotbuchen in einem etwa 100jährigen Bestand im Solling (Norddeutschland). (Nach Schulze)

Nettoassimilation tagsüber im Sommerhalbjahr

Sonnenblatt:
$8{,}30 \text{ g } CO_2 \cdot dm^{-2} \triangleq 2{,}26 \text{ g C} \cdot dm^{-2}$
$\triangleq 5{,}66 \text{ g Glucose} \cdot dm^{-2}$
(1 Sonnenblatt entspricht 0,056 dm²
$\triangleq 0{,}317$ g Glucose · Blatt^{-1})

Schattenblatt:
$3{,}46 \text{ g } CO_2 \cdot dm^{-2} \triangleq 0{,}94 \text{ g C} \cdot dm^{-2}$
$\triangleq 2{,}36 \text{ g Glucose} \cdot dm^{-2}$
(1 Schattenblatt entspricht 0,150 dm²
$\triangleq 0{,}354$ g Glucose · Blatt^{-1})

1 Baum hat 260000 Blätter
mit einer durchschnittlichen Produktion von
0,34 g Glucose · Blatt^{-1}
$\triangleq 88$ kg Glucose · Baum^{-1}

1 ha Buchenwald (Blattflächenindex 5,7)
hat 245 Bäume mit 63700000 Blättern
und produziert
21500 kg Glucose
$\triangleq 8{,}6$ t C

Bilanz für ein ganzes Jahr

Nettoassimilation: 8,6 t C · ha^{-1}	100%
Nachtatmung der Blätter	– 15%
Atmung der Knospen	– 5%
Atmung in Stamm und Wurzeln	– 30%
Blatt- und Zweigverlust	– 25%
Summe der Verluste	– 75%
Verbleibt Gewinn (Zuwachs)	25%
	$\triangleq 2{,}15$ t C · ha^{-1}

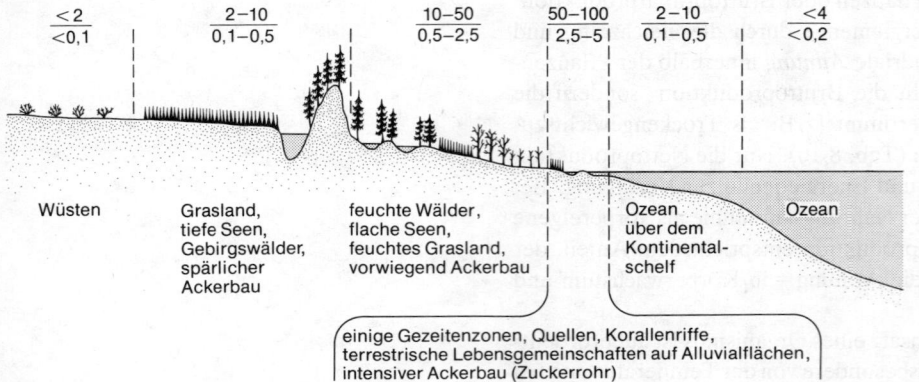

Abb. 8.83. Grober Überblick über die jahresdurchschnittliche Bruttoprimärproduktion in verschiedenen Vegetationsgebieten der Erde. Die Zahlen der oberen Reihe geben den ungefähren Energiewert [MJ · m^{-2} · Jahr^{-1}], die der unteren Reihe das Trockengewicht [kg · m^{-2} · Jahr^{-1}] an. Globaler Mittelwert ≈ 8 MJ · m^{-2} · Jahr^{-1} (vgl. Tabelle 8.10). (Nach Odum)

wurden. Die Werte schwanken zwischen etwa 0,05 und 0,25; eine signifikante Abhängigkeit des Wirkungsgrades von der Höhe der Trophieebene ist nicht nachweisbar. Als sehr grobe durchschnittliche Regel kann man einen etwa 10%igen Wirkungsgrad annehmen. Dies bedeutet, daß z. B. die Sekundärkonsumenten (S. 812f.), also die Carnivoren 1. Ordnung, etwa nur 1% der in der Primärproduktion inkorporierten Energie und nur 10^{-2}–10^{-3}% oder noch weniger der eingestrahlten Sonnenenergie für sich nutzen können (vgl. Abb. 8.81, 8.82).

Energiebilanz und Energiereservoire

In einem Ökosystem, das sich im Energiefließgleichgewicht befindet, in dem also die Biomasse pro Trophieebene konstant ist und die eingeschleuste Energie auch wieder abgegeben wird, gilt für jede Trophieebene, daß die als Bruttoproduktion inkorporierte Energie gleich der Bruttoproduktion minus Atmung minus »Verlust« der davorliegenden Ebene ist. Für das Gesamtsystem gilt, daß die letztlich als Wärme abgegebene Gesamtenergie der Ökosystematmung (O_2-Verbrauch, CO_2-Produktion) gleich der Bruttoprimärproduktion (O_2-Produktion, CO_2-Aufnahme) ist. Ein derartig ausbalanciertes System – etwa ein tropischer Regenwald – stellt deshalb auch keine Sauerstoffquelle dar.

Bei einer solchen Bilanzierung bleibt unberücksichtigt, daß in vielen Ökosystemen energiereiche organische Substanz »aus dem Verkehr gezogen« und unterschiedlich lang in nicht zur Verfügung stehenden *Energiereservoiren* deponiert wird. Dies gilt zunächst für den Aufbau der Biomasse des Ökosystems, bis es seinen Gleichgewichtszustand erreicht hat, und dann z.B. für die Torfbildung in Mooren (S. 819) und für langzeitliche Ablagerungen in See- und Meeressedimenten, Reservoiren, die heute – nach tiefgreifenden Umwandlungen in der Erdkruste – als »*fossile Energie*« (Kohle, Erdgas, Erdöl) vom Menschen angezapft werden. Der O_2-Gehalt der Erdatmosphäre beruht auf dieser Ungleichheit von O_2-produzierender Primärproduktion und O_2-verbrauchenden Atmungsprozessen in früheren Ökosystemen, also auf nicht ausgeglichenen Bilanzen von Stoffkreislauf und Energiefluß (vgl. S. 817f.).

Energieumsatz des Menschen

Der Mensch spielt derzeit eine herausragende Rolle in der Energiebilanz der Erde. Er ist die ökologisch gesehen erfolgreichste terrestrische Tierart (Biomasse ca. 2×10^8 t, entsprechend einem Energiegehalt von ca. $1,4 \times 10^{12}$ MJ). Während ein Tier vergleichbarer Größe etwa 8 MJ · Tag^{-1} umsetzt, liegt die entsprechende Zahl für den Menschen global und unter Einbeziehung aller menschlichen Bedürfnisse bei etwa 160 MJ pro Person und Tag (das entspräche dem Energieumsatz eines 5 t schweren »normalen« Säugetieres, vgl. S. 588), in Europa bei 400–600 MJ, in den USA bei 800 MJ. Der Gesamtenergieumsatz liegt jährlich bei $2,5 \times 10^{14}$ MJ. Etwa 95% dieser Energie stammt aus der Verbrennung fossiler Energie (die Kernenergie kann derzeit – prozentual gesehen – noch vernachlässigt werden). Ein Vergleich mit der heutigen Primärproduktion ist angebracht: Von den Pflanzen (einschließlich der Algen der Ozeane) werden pro Jahr etwa $4 \cdot 10^{15}$ MJ durch die Photosynthese in neuen energiereichen Verbindungen festgelegt. Geht man davon aus, daß grob gesehen ca. 10% davon, also $4 \cdot 10^{14}$ MJ, an die Trophieebene der Herbivoren weitergegeben werden, dann entspricht das etwa dem 1,6fachen des globalen Energieumsatzes des Menschen. Wenn man bedenkt, daß der Mensch in den Trophieebenen der Herbivoren und Carnivoren 1. Ordnung anzusiedeln ist (die Nahrung des Menschen ist global gesehen zu etwa 80% pflanzlicher Natur, und auch die fossile Energie entstammt den Ebenen der Primärproduzenten und Primärkonsumenten früherer Epochen), so bedeutet dies, daß in grober Annäherung etwa die Hälfte oder sogar ein wesentlich größerer Anteil des Energieumsatzes auf diesen Trophieebenen durch eine

Tabelle 8.10. Jährliche Nettoprimärproduktion für wichtige Kulturpflanzen und einige natürliche Ökosysteme der Erde. 15–25 MJ entsprechen etwa 1 kg Trockengewicht (TG). Vgl. Abb. 8.83. (Nach Odum aus verschiedenen Quellen)

	Nettoprimärproduktion	
	[kg TG · m^{-2}]	[MJ · m^{-2}]
Kulturpflanzen: (Höchste Erträge)		
Weizen	1	18
Reis	1,2	22
Kartoffeln	0,9	17
Zuckerrohr	6,7	95
Natürliche Ökosysteme:		
Marschgebiet (*Spartina*-Gras) (Georgia/USA)	3,3	60
Laubwald (England)	1,6	28
Hohes Präriegras (Oklahoma, Nebraska/USA)	0,45	8*
Kurzes Grasland ca. 320 mm Regen (Wyoming/USA)	0,07	1,2
Wüste ca. 120 mm Regen (Nevada/USA)	0,04	0,7

* entspricht etwa dem globalen Durchschnitt

Tabelle 8.11. Übersicht über die ökologische Effizienz [%] in einigen aquatischen Ökosystemen. Der Wirkungsgrad der Primärproduzenten ist als Bruttoproduktion in % der einfallenden Strahlungsenergie angegeben. (Nach mehreren Autoren kombiniert)

	P	K_1	K_2	K_3
Cedar Bog Lake (Minnesota/USA)	0,1	13,3	22,3	—
Lake Mendota (Wisconsin/USA)	0,4	8,7	5,5	13,0
Ein kleiner See in Minnesota/USA	0,04	18,4	36,9	—
Silver Springs (Florida/USA)	1,2	16	11	5,5

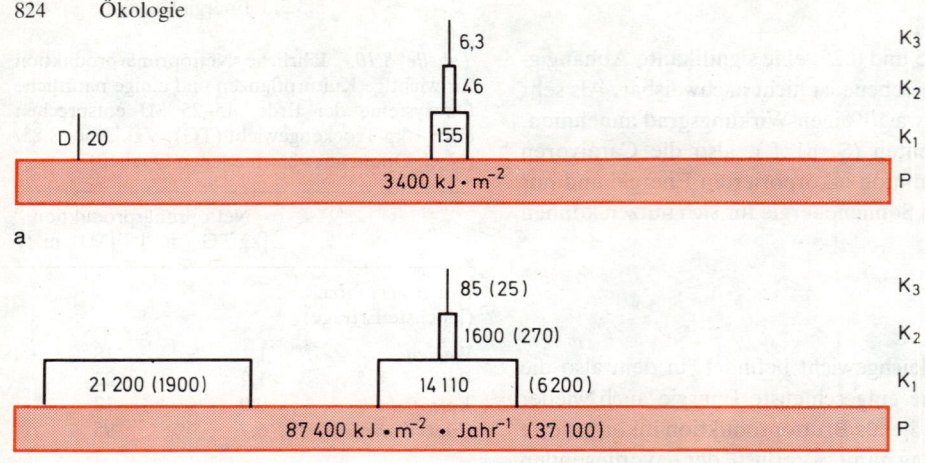

Abb. 8.84. (a) Pyramide der Biomasse. Quellbach, Silver Springs, Florida/USA (vgl. Abb. 8.82). Die Biomasse ist hier als Energiemenge in kJ angegeben. 20 kJ entsprechen etwa 1 g Trockengewicht. Buchstabenerklärung s. Abb. 8.81. (b) Pyramide der Produktivität im gleichen Ökosystem. Die Zahlen ohne Klammern geben die Bruttoproduktion und damit das Ausmaß des Energieflusses zwischen den Trophieebenen an. Die Zahlen in Klammern bedeuten Nettoproduktion. Man beachte den starken Unterschied zwischen Brutto- und Nettoproduktion bei den Destruenten, der vor allem auf Energie- bzw. Stoffkreisläufen zwischen Organismen innerhalb dieser Gruppe beruht. Die Längen der Rechtecke entsprechen den darin oder daneben angegebenen Zahlen der Bruttoproduktion. (Nach Odum)

einzige Art, *Homo sapiens,* bestritten wird. Allerdings wird nur ein kleiner Teil ($\approx 5\%$) dieser Energie an die nächsten Trophieebenen weitergegeben, fast alles wird also in Wärmeenergie umgewandelt (mit entsprechender CO_2-Produktion, S. 817). Die Weltbevölkerung nimmt jährlich um etwa 1,7% zu, ihr Energieverbrauch *pro Person* steigt weiterhin leicht an oder stagniert, so daß der gesamte Energieumsatz der Menschheit jährlich um ca. 1,7–2% erhöht wird. Bei gleichbleibendem Trend würde dies in etwa 35–40 Jahren eine Verdoppelung des anthropogen bedingten Energieumsatzes bedeuten. Die hierdurch und durch die großräumige Abholzung und Verbrennung der Wälder bewirkte CO_2-Produktion – im Verein mit dem Glashauseffekt der Infrarot absorbierenden CO_2-Moleküle in der Atmosphäre – könnte weitreichende Folgen für den Wärmehaushalt der Erde haben. Die CO_2-Konzentration der Luft ist seit 1850 von ca. 0,28 auf 0,335 Promille gestiegen, also um etwa 20%. Im nächsten Jahrhundert ist eine Erhöhung auf 0,5 Promille zu erwarten (vgl. S. 817).

Ökologische Pyramiden

Da zur Aufrechterhaltung der Lebensfunktionen eines Individuums ein bestimmter Energiekonsum pro Zeiteinheit nötig ist und die Existenz einer Population eine bestimmte minimale Populationsgröße erfordert, ist aufgrund des vorher Gesagten zu erwarten, daß Individuenzahl, Gesamtbiomasse und Produktion mit zunehmender Trophieebene abnehmen und daß die Anzahl der Trophieebenen begrenzt ist. Abbildung 8.84 und Tabelle 8.12 zeigen diese stufenweise, einer Pyramide ähnelnde Abnahme der Biomasse bzw. Produktion. Typischerweise ist der Anteil der tierischen Biomasse an der Gesamtbiomasse eines Ökosystems sehr gering. Nur selten sind mehr als vier bis fünf Trophieebenen nachzuwei-

Tabelle 8.12. Biomasse (Trockengewicht) in einem 120jährigen westeuropäischen Laubmischwald. (Nach Duvigneaud)

Oberirdische Biomasse				*Unterirdische Biomasse*	
Produzenten:		Konsumenten:		Wurzelmasse	viele Tonnen pro Hektar (nicht genau bestimmbar)
Blätter	4 t · ha^{-1}	Vögel	1,3 kg · ha^{-1}		
Zweige	30 t · ha^{-1}	Große Säugetiere	2,2 kg · ha^{-1}	Bodenfauna	1 t · ha^{-1}
Stammholz	240 t · ha^{-1}	Kleine Säugetiere	5,0 kg · ha^{-1}	davon 0,2 t · ha^{-1} Regenwürmer	
Unterwuchs	1 t · ha^{-1}			Bodenflora	0,3 t · ha^{-1}
zusammen	275 t · ha^{-1}	zusammen	8,5 kg · ha^{-1}	bestehend aus (Anzahl pro g Boden):	Bakterien ($95 \cdot 10^6$),
		dazu Wirbellose	Menge unbekannt		Actinomyceten ($36 \cdot 10^6$), Pilzen ($1 \cdot 10^6$)

sen. Mit abnehmender Arealgröße des Ökosystems und entsprechender Abnahme des Gesamtangebotes an Strahlungsenergie nimmt erwartungsgemäß in der Regel auch die Zahl der Trophieebenen ab. Dies erklärt z. B., warum im kleinen, verlandenden Cedar Bog Lake (Tab. 8.11) keine Carnivoren 2. Ordnung anzutreffen sind. Kleine Inseln haben ebenfalls oft nur zwei bis drei Trophieebenen.

8.3.4 Sukzession

Ökosysteme, die längere Zeit hindurch ungestört bleiben, befinden sich augenscheinlich in einem mehr oder weniger stabilen Gleichgewichtszustand, denn ihre Zusammensetzung ändert sich nicht oder nur wenig. Im Gegensatz hierzu stehen Ökosysteme, die sich neu zu etablieren beginnen, sei es in bislang unberührten oder neu entstandenen Biotopen (z. B. neuen Vulkaninseln, Verlandungsgebieten, Pfützen, Aaskörpern, Tanganwürfen am Strand), sei es in Gebieten, in denen durch drastische Ereignisse das bestehende Ökosystem stark gestört oder zerstört wurde (z. B. Überschwemmungsgebiete, Kahlschläge, abgeerntete Felder, durch Feuer zerstörte Biotope). Hier beobachtet man eine scheinbar zielstrebige *Aufeinanderfolge von Zuständen unterschiedlicher Artenzusammensetzung und Struktur,* in deren Verlauf zunächst kleine Populationen stark zunehmen, ein Maximum der Größe und Dichte erreichen und nach einer gewissen Zeit wieder verschwinden (Tab. 8.13). Dieses Kontinuum der Ökosystementwicklung bezeichnet man als *Sukzession.* Im Laufe der Zeit erfolgt zunächst eine *Zunahme des Artenreichtums*. Nach unterschiedlich verlaufenden Zwischenphasen beobachtet man eine *Abnahme der Veränderungsgeschwindigkeit.* Allmählich nähert sich das Ökosystem dem eingangs erwähnten, relativ unveränderlichen endgültigen Stadium an, welches als *Klimax* oder *Klimaxgesellschaft* bezeichnet wird. Bezeichnenderweise entstehen in der gleichen Region, bei gleichem Klima und ähnlicher Bodenbeschaffenheit, meist auch gleiche Klimaxgesellschaften, selbst wenn sich die Ausgangssituationen unterscheiden und folglich die Sukzessionsstadien (auch *Serien* genannt) verschieden verlaufen (Abb. 8.85). Hier scheint sich der Gleichgewichtscharakter der Klimax besonders deutlich zu offenbaren. Zugleich ist diese Erscheinung ein Hinweis darauf, daß die Arten eines Sukzessionsstadiums nicht als spezifische Wegbereiter für bestimmte Folgearten anzusehen sind.

Der Sukzessionsvorgang zieht sich oft über so lange Zeiträume hinweg, daß er aus Zeitgründen nicht direkt verfolgt werden kann. Man findet jedoch oft *räumliche Kontinua* der Ökosystemveränderung (S. 800f.), von denen sich – etwa aufgrund historischer Zeugnisse (Aufzeichnungen früherer Generationen, Sedimente) – nachweisen läßt, daß sie *zeitliche* Verschiebungen widerspiegeln. Dies gilt z. B. für die Zonierung der Vegetation an verlandenden Seen. Hier ist es möglich, verschiedene Sukzessionsstufen *gleichzeitig* zu studieren.

Der reguläre Ablauf der Sukzession wird durch viele Faktoren überlagert und modifiziert: Irreguläre klimatische oder andere Einwirkungen (z. B. Waldbrände) können die Stabilität einer Klimax unterbrechen, langzeitliche Sukzessionen können durch kurzzeitige Veränderungen modifiziert werden, die ihrerseits Sukzessionscharakter haben können (z. B. Jahresrhythmen der Vegetation). Die Ausbildung einer Klimax kann verhindert werden, wenn drastische Umweltveränderungen vorzeitig zur Störung des Ökosystems führen (austrocknende Pfützen) oder wenn keine kontinuierliche Energiezufuhr besteht (Tier-, Pilz- und Bakteriensukzessionen in Kotansammlungen oder in Aaskörpern). In den heutigen Kulturlandschaften verhindern menschliche Eingriffe großflächig die Aufrechterhaltung oder die Entwicklung von Klimaxgesellschaften. An ihre Stelle treten *anthropogene Ersatzgesellschaften* (z. B. Agroökosysteme, Wirtschaftsforste), die teilweise unter permanentem menschlichem Einfluß zu *Dauergesellschaften* (wie Wiesen und Weiden) werden.

Tabelle 8.13. Sukzession von Vogelarten nach Kahlschlag von Erlenbruchwäldern in Niedersachsen. Man beachte die Zunahme des Artenreichtums in aufeinanderfolgenden Sukzessionsstadien. (Nach Tischler, vereinfacht)

Zeichenerklärung:
● = optimale Entfaltung
o = reichliches Auftreten
× = spärliches Auftreten

	Kahlschlag mit 1–6jährigen Stockausschlägen	7–15jähriges Buschwerk, Stammhöhe 6–10 m	Angehendes Stangenholz, 10–20jährig, 8–15 m Höhe	20–40jähriges Stangenholz, 15–20 m Höhe	60–70jähriges Baumholz
Bekassine	o				
Feldschwirl	●				
Sumpfrohrsänger	o				
Rohrammer	●	×			
Schilfrohrsänger	●	o	×		
Wasserralle	o	o		o	
Neuntöter	●		×	×	
Goldammer		×	o	×	
Baumpieper	o	o		o	×
Dorngrasmücke	o	●	o	×	
Gelbspötter		●	o	×	
Fitislaubsänger	●	●	o	o	
Gartengrasmücke	o	●	o	o	
Eichelhäher				o	
Rotkehlchen		×		●	
Zilpzalp		o	o	●	
Amsel		o	●	o	o
Mönchsgrasmücke		×	×	●	
Heckenbraunelle		×	×	o	
Buchfink		o	o	●	o
Ringeltaube		×	●	o	
Singdrossel			o	o	
Zaunkönig			●	●	o
Rabenkrähe		o	●	×	
Pirol			o	o	×
Kohlmeise		×	o	o	
Blaumeise		o	×	o	
Sumpfmeise			o	o	
Tannenmeise				o	×
Waldlaubsänger				o	
Mäusebussard				o	
Grauschnäpper				o	o
Buntspecht				o	o
Star				×	●
Gartenbaumläufer				×	o
Kernbeißer					o
Trauerfliegenschnäpper				×	o
Zwergspecht				o	×
Waldbaumläufer					o
Kleiber					o
Hohltaube					o
Roter Milan					o

Anteil der Brutgruppen (%):

Bodenbrüter	64	51	44	36	18
Buschbrüter	36	42	32	29	22
Baumbrüter (insgesamt)	0	7	24	35	60
davon: Höhlenbrüter		0	4	17	42

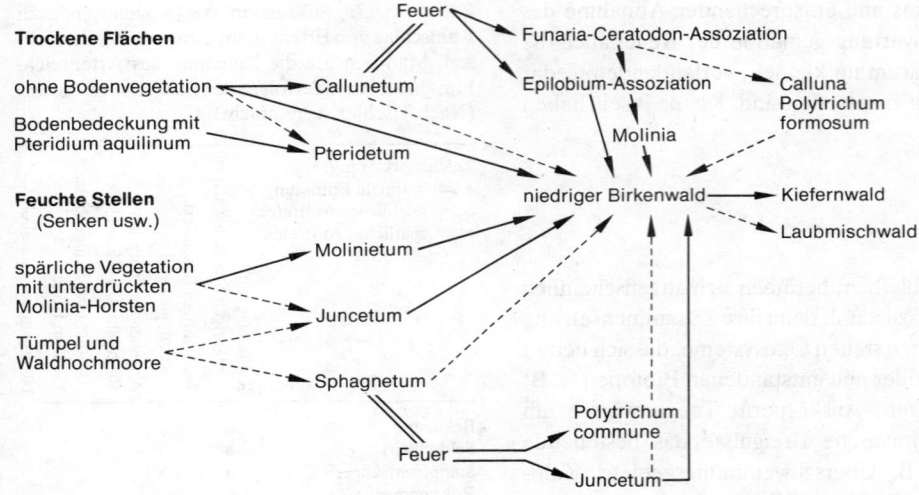

Abb. 8.85. Sukzessionskonvergenz bei der Wiederbesiedlung eines 60–90jährigen Kiefernwaldes nach dessen Kahlschlag und teilweiser späterer Feuereinwirkung. Zur Benennung der Vegetationseinheiten s. S. 814. Calluna (Heidekraut), Pteridium aquilinum (Adlerfarn), Molinia (Pfeifengras), Juncus (Binse), Sphagnum (Torfmoos), Funaria (Drehmoos), Ceratodon (Hornzahnmoos), Epilobium (Weidenröschen), Polytrichum (Frauenhaar-Moos). (Nach Summerhayes u. Williams aus Tischler)

Abb. 8.86. Zeitliche Aufeinanderfolge verschiedener Waldgesellschaften im Verlauf von Spät- und Nacheiszeit, dargestellt anhand der Pollenzusammensetzung in den Gyttja- und Torfschichten des Horbacher Moors (Schwarzwald, Tiefe des Profils 6 m). In den Spalten links sind die Klimaperioden angegeben. Die arabischen Ziffern bedeuten Jahreszahlen vor (nach unten) und nach (nach oben) unserer Zeitrechnung und zeigen das Alter der Ablagerungshorizonte. Die Silhouetten geben den relativen Anteil der Baum- bzw. Nichtbaumpollen in den einzelnen Schichten des Profils wieder (bezogen auf die Summe aller im jeweiligen Horizont identifizierter Pollenkörner als 100%). Innerhalb der Silhouetten für Eichenmischwald (EMW) und Nichtbaumpollen ist der Anteil von Eichen bzw. Beifuß gesondert markiert; einige weniger häufige Pollentypen sind nicht mit dargestellt. Der relative Gehalt an verschiedenen Baumpollen in den einzelnen Horizonten läßt Schlüsse auf die Waldzusammensetzung in der Umgebung während der Zeit zu, als die betreffende Schicht die Oberfläche des wachsenden Moores bildete. Das Verhältnis von Baumpollen zu Nichtbaumpollen kennzeichnet die Bewaldungsdichte. (Nach Lang)

Die Permanenz einer Klimax ist ebenfalls nur relativ zu verstehen, da großklimatische Veränderungen (z.B. Eiszeiten) und Evolutionsprozesse eine entsprechende Veränderung des Klimaxgleichgewichtes zur Folge haben können. Abbildung 8.86 zeigt anhand eines *Pollendiagrammes*, wie sich in Mitteleuropa in den 15000 Jahren der Spät- und Nacheiszeit bis zur Jetztzeit die Waldzusammensetzung sukzessive verschoben hat. Die Veränderungen des Klimas führten zunächst zur Besiedlung der späteiszeitlichen Tundrenlandschaft mit Birke und Kiefer, die dann von anderen Baumarten abgelöst wurden. Für die Sukzession und das Einspielen auf eine Klimax sind die folgenden Faktoren von besonderer Bedeutung:

1. Die *Kolonisation* (S. 797f.) ist die notwendige Basis für jeden Beginn eines Ökosystems. Sie erfolgt kontinuierlich von den umliegenden Ökosystemen her, wobei in der Regel die Ausbreitungsstadien um so häufiger und dichter auftreten, je näher deren Ursprungspopulationen liegen. Eine anfängliche Aufeinanderfolge der Populationen kann einfach eine Aufeinanderfolge der Besiedlung ohne irgendwelche Interaktionen widerspiegeln. Auch für die Zunahme des Artenreichtums zu Beginn der Sukzession ist die Besiedlung weitgehend verantwortlich zu machen. Mit Zunahme der Besiedlungsdauer steigt ja die Zahl neuer Siedlerarten kontinuierlich, und zwar zunächst steil, dann mit zunehmend geringerer Geschwindigkeit. Die Artenzunahme wirkt aber auch selbstfördernd, weil mit zunehmender Komplexität eines Ökosystems die Möglichkeiten der Einnischung zunehmen (S. 779f., 803f.).

2. Die *Schnellwüchsigkeit* kann besonders in den Anfangsstadien von Pflanzensukzessionen eine Rolle spielen: Die Aufeinanderfolge der Populationsmaxima zweier verschiedener Arten kann einfach auf Unterschieden der Wachstumsgeschwindigkeiten beruhen, einem Vorgang, der nicht mit unterschiedlicher Konkurrenzfähigkeit zu verwechseln ist. Schneller wachsende Arten können sogar anderweitig unterlegen sein und so nach einem frühen Populationsmaximum von langsamer wachsenden Arten verdrängt werden.

3. Allmähliche *Veränderungen mikroklimatischer oder anderer abiotischer Faktoren* wie beispielsweise die Bodenentwicklung können eine Aufeinanderfolge von Arten mit unterschiedlichen Toleranz- bzw. Präferenzbereichen bewirken. So zeigte z.B. eine Studie der Insektensukzession in Tanganwürfen am Strand der Nordsee, daß zumindest für das Auftreten einiger Arten der allmählich abnehmende Salzgehalt maßgeblich war, der seinerseits unabhängig von den Organismen erfolgte.

Abb. 8.87a, b. Einfluß von Waldbränden auf die Vegetationszusammensetzung. (a) Profil durch einen gemischten temperierten Regenwald (Tasmanien), der keinen Waldbränden unterlag. (b) Profil durch einen entsprechenden Regenwald, der mindestens alle 2–3 Jahrhunderte abbrennt. Hier tritt der schnellwüchsige und helligkeitsliebende Baum Eucalyptus obliqua als zusätzliche Art auf, weil er sich nach einem Waldbrand erfolgreich ansiedeln kann (vgl. S. 772 u. 828). (Nach Gilbert aus Walter)

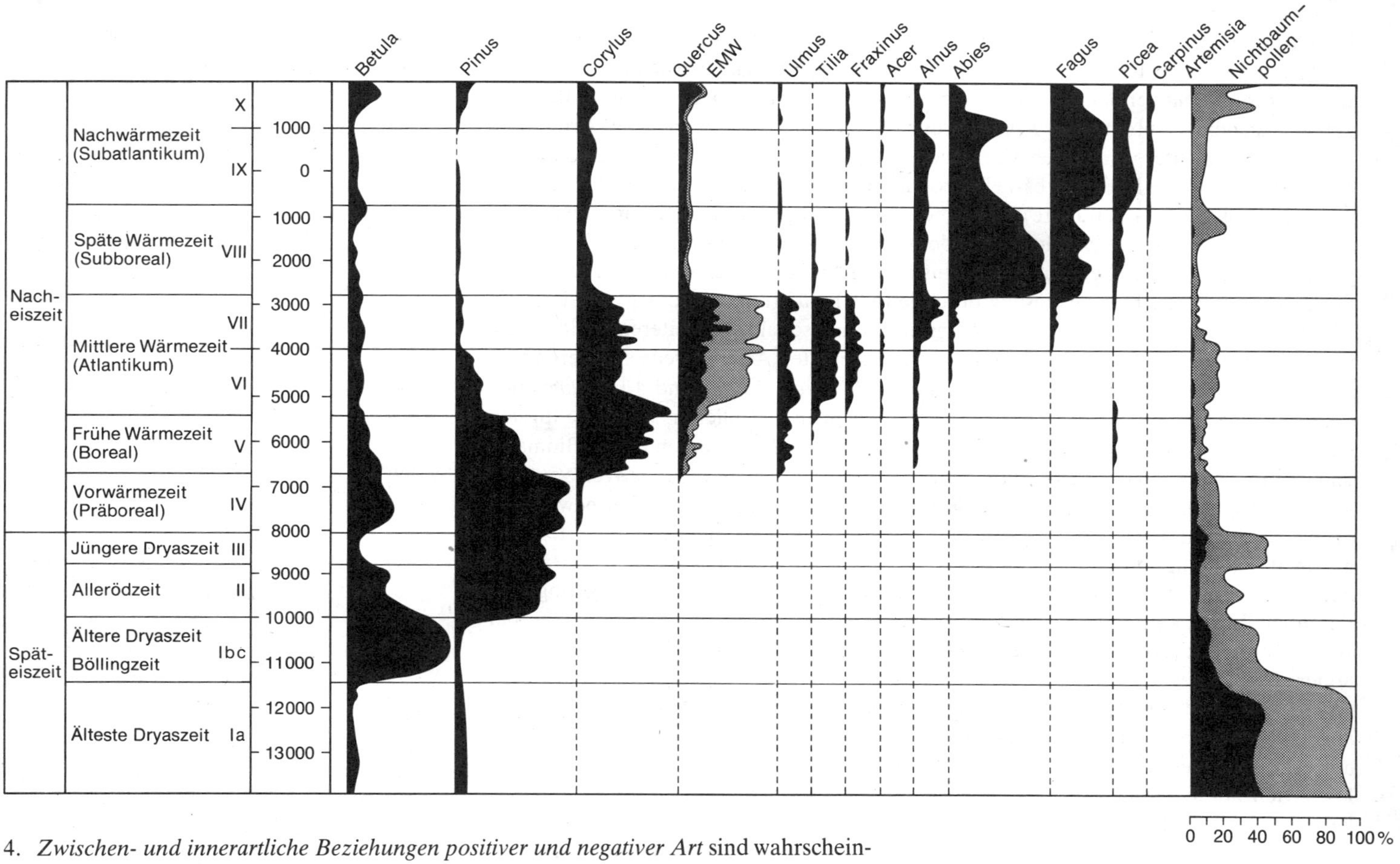

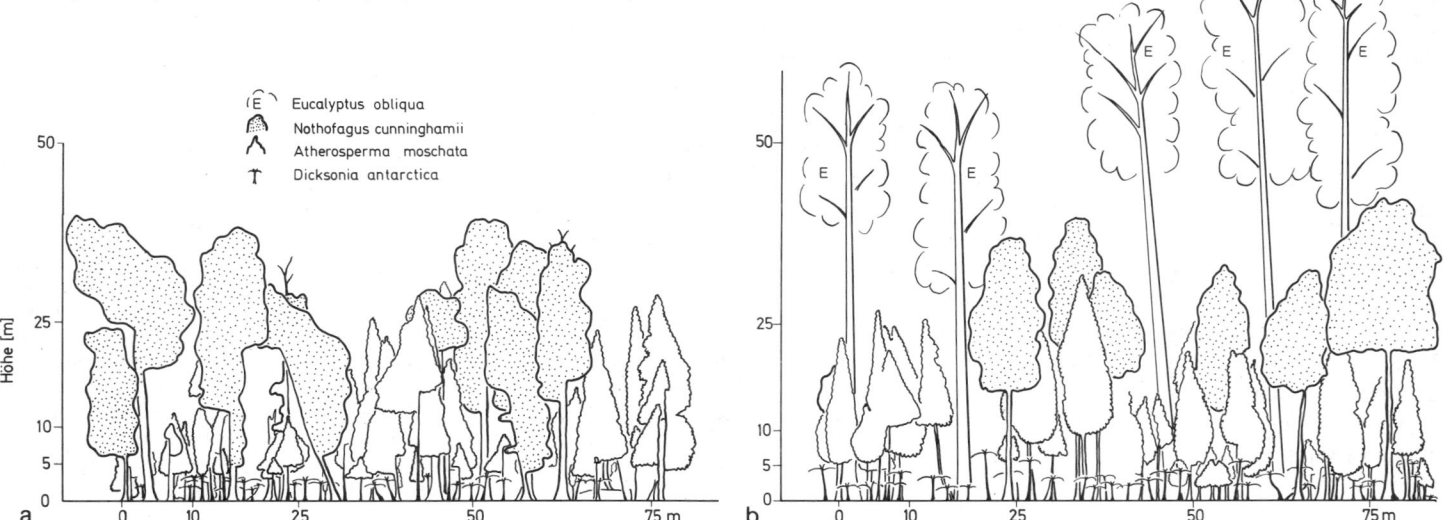

4. **Zwischen- und innerartliche Beziehungen positiver und negativer Art** sind wahrscheinlich die wichtigsten Determinanten der Sukzession. Anhand des Konkurrenzfaktors Licht sei dies näher erläutert. Jede Pflanzenart zeigt in einem bestimmten Helligkeitsbereich optimales Wachstum. Mit zunehmender Populationsdichte nimmt wegen gegenseitiger Beschattung die Lichtmenge pro Pflanze ab. Jede Art baut folglich mit ihrer Vermehrung die eigenen optimalen Lichtbedingungen ab und verbessert statt dessen die Konkurrenz-

bedingungen für andere Arten, die mehr schattenliebend sind. Diese Selbsthemmung und Fremdförderung muß automatisch zu einer Sukzession in Richtung auf immer schattenverträglichere Pflanzen führen. Eine schnellwüchsige und helligkeitsliebende Pflanze wie *Eucalyptus obliqua* vermag sich z. B. in den Tropen Australiens nach einem Waldbrand gut anzusiedeln (Abb. 8.87). Anschließend können schattenverträgliche Arten Fuß fassen. In der dichter werdenden Vegetation hat *Eukalyptus* selbst jedoch keine Chance einer erfolgreichen Besiedlung bzw. Reproduktion mehr und stirbt deshalb nach Ablauf seiner Lebensdauer (~ 350 Jahre) aus. In bestimmten Gegenden ist das Vorkommen von *Eukalyptus* in tropischen Mischwäldern deshalb an periodisch auftretende Waldbrände gebunden, die das Erreichen der (eukalyptuslosen) Klimaxgesellschaft verhindern. Da die Sukzession eine gerichtete Ablösung durch jeweils konkurrenzfähigere Arten darstellt, wird verständlich, daß sich eine Klimax einstellen muß, sobald alle weiteren Besiedlungsversuche erfolglos verlaufen, weil die konkurrenzstärksten Arten bereits etabliert sind. Eng mit der Sukzession korreliert sind *Produktivität, Artenreichtum* und *Abundanzverteilung;* einfache Gesetzmäßigkeiten lassen sich jedoch nicht formulieren. Am eindeutigsten ist der Zusammenhang zwischen der Sukzessionsstufe und dem Quotienten aus Biomasse und Bruttoproduktion *(B/P-Quotient)*. Junge Stadien weisen meist niedrige Werte auf. Da zunächst wegen der geringen Besiedlungsdichte kein oder nur geringer Wettbewerb um die zur Verfügung stehenden Ressourcen besteht, ist den frisch angesiedelten Arten eine maximale Nutzung ihres Wachstums- und Vermehrungspotentials möglich. Arten mit hoher Vermehrungsrate (»r-Strategen«, S. 803) dominieren über Arten mit geringerem Potential. Eine unmittelbare Folge der hohen Produktivität ist die Nettozunahme der Biomasse im Ökosystem. In späten, wettbewerbsintensiven Sukzessionsstufen ist trotz hoher Biomassewerte die Produktion reduziert. Es überwiegen konkurrenzstarke »K-Strategen«, die in der Lage sind, bei dem nunmehr begrenzten Nährstoff- und Platzangebot und den dadurch reduzierten Produktionsraten eine hohe Populationsdichte aufrechtzuerhalten. Die Folge ist ein insgesamt hoher B/P-Quotient.

Die Artenzahl nimmt natürlich in den ersten Sukzessionsstadien zu, für die Ebenmäßigkeit der Häufigkeitsverteilung (*H*-Wert, Gl. (8.17), S. 814) läßt sich meist das gleiche feststellen. Für spätere Entwicklungsstufen ist jedoch keine generelle Aussage mehr möglich. In einigen Fällen hat man eine mehr oder weniger kontinuierliche Zunahme dieser Parameter bis zu maximalen Werten im komplexen Klimaxstadium gefunden. Häufig beobachtet man jedoch nach einem primären Anstieg zunächst wieder einen Rückgang der Artenzahl und der Ebenmäßigkeit der Häufigkeitsverteilung und ein Einspielen auf intermediärem Niveau. Man macht hierfür die zunehmend härteren Wettbewerbsbedingungen verantwortlich, die es einigen wenigen konkurrenzstarken Arten ermöglichen, die Vielfalt der konkurrenzärmeren früheren Arten zu vermindern und somit zu dominieren. Im weiteren Verlauf der Sukzession kann es durch zusätzliche Besiedlungen und Einnischungsprozesse, die auch genetische Veränderungen einschließen können, wieder zu einem allmählichen Anstieg der Artenzahl und auch der Abundanzverteilung *H* kommen. Die Abbildungen 8.88 und 8.89 zeigen einige Beispiele, die die Unterschiedlichkeit der verschiedenen Abläufe demonstrieren sollen.

Noch nicht befriedigend geklärt ist die Frage der *Konvergenz*, der Hinführung verschiedener Sukzessionen in derselben Region zum gleichen Ziel (Abb. 8.85). Eine wesentliche Komponente scheint hier das *kontinuierliche und gleiche Siedlerangebot* zu sein. Wenn es »beste« Arten in einer Region gibt, die unter gegebenen klimatischen und geologischen Bedingungen nicht mehr verdrängt werden können, sobald ihnen eine Besiedlung gelungen ist, dann müssen diese Arten letztlich in der ganzen Region die Klimax ausmachen, gleichgültig, wie die einzelnen Sukzessionsserien in verschiedenen Teilen der Region verliefen.

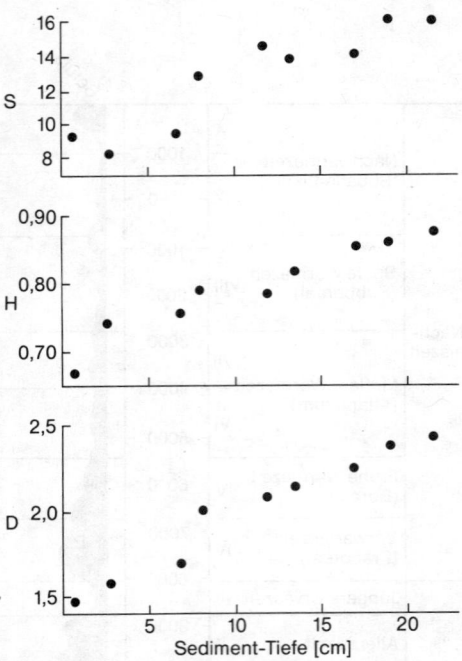

Abb. 8.88. *Verlauf von Artenzahl S, Häufigkeitsverteilung H und Diversität D (vgl. Gl. 8.16, 8.17) während der Sukzession der Blattfußkrebse der Familie Chydoridae in einem guatemaltekischen See. Die Meßwerte beruhen auf Sedimentanalysen; die Gesamtdauer der Sedimentation betrug 200–250 Jahre. S, H und D zeigen einen etwa parallelen, allmählichen Anstieg von den ältesten bis zu den heutigen maximalen Werten. (Nach Daten von Goulden)*

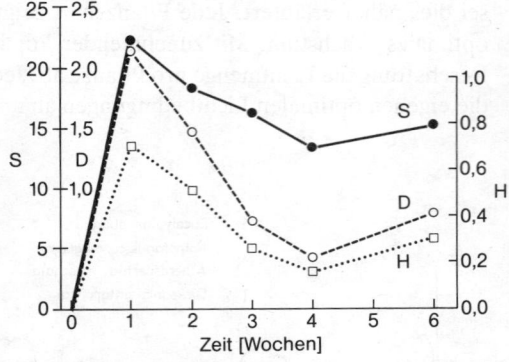

Abb. 8.89. *Sukzession von Artenzahl S, Häufigkeitsverteilung H und Diversität D bei Aufwuchsalgen im oberitalienischen Fluß Ticino. Die Daten sind Durchschnittswerte aufgrund von Messungen an mehreren Glasflächen, die zu verschiedenen Zeiten exponiert wurden, so daß geringfügige saisonbedingte Veränderungen minimalisiert sind. Die markante Abnahme der Werte nach der ersten Woche wird auf Platz-Konkurrenz zurückgeführt, die spätere leichte Zunahme auf zusätzliche Besiedlung. (Nach Cattaneo u. Ghittori)*

9 Biogeographie

Mit ihren verschiedenen Teildisziplinen untersucht und deutet die *Biogeographie* die Verbreitung der Lebewesen. Die *Chorologie* oder Arealkunde versucht für ein bestimmtes Taxon das zugehörige Areal möglichst genau zu erfassen. Gegensätzlich dazu ist die Aufgabenstellung der *Floristik* und *Faunistik;* diese versuchen, die in einem bestimmten Gebiet vorkommenden Lebewesen zu registrieren.

Die *biozönotische Biogeographie* befaßt sich mit den Arealen ganzer Lebensgemeinschaften. Auf ihr baut die *ökologische Biogeographie* auf, die Areale und Arealverschiebungen von Pflanzen und Tieren in Abhängigkeit von den biotischen und abiotischen Lebensbedingungen zu erklären versucht.

Die *historisch-phylogenetische* Biogeographie schließlich versucht aus den Fakten der Geologie, Paläontologie, Paläoklimatologie und Evolutionsforschung die Verbreitungsgeschichte der Lebewesen zu rekonstruieren und kausal zu deuten. Wissenschaftshistorisch gesehen entwickelten sich *Pflanzengeographie* (Phytogeographie) und *Tiergeographie* (Zoogeographie) unabhängig voneinander, beide Gebiete arbeiten jedoch mit ähnlichen Methoden und sind zu vergleichbaren Resultaten gekommen, so daß sich der Versuch einer integralen Biogeographie rechtfertigt.

Bereits die Umschreibung der verschiedenen Teilgebiete macht klar, daß die Biogeographie in mannigfacher Wechselbeziehung zu anderen naturwissenschaftlichen Disziplinen, vorab den Erdwissenschaften, der Paläontologie, Systematik und Ökologie, steht.

9.1 Beschreibende Biogeographie

9.1.1 Arealbegriff

Für die ortsgebundenen Pflanzenarten stößt die Feststellung ihres Wohnbezirks oder Areals auf keine Schwierigkeiten. Dagegen ist der Arealbegriff für die vagileren Tiere nicht leicht zu fassen; so können z. B. gelegentliche *Irrgäste* falsche Arealgrenzen vortäuschen. Areale sind selten homogen besiedelt, häufig gibt es innerhalb von Arealen sogar Zonen – wie z. B. Gebirge –, die von einer Art ausgespart werden. Extremfälle inhomogener Arealbesiedlung zeigen »zigeunernde« Tierformen, die invasionsartig in einem bestimmten Gebiet auftreten können und dann wiederum für Jahre nicht mehr gesehen werden, z. B. unter den Vögeln Seidenschwanz *(Bombycilla garrulus)* und Bergfink *(Fringilla montifringilla).* Bei Pflanzen kommt das selten vor, z. B. bei den Annuellen in Wüsten.

Bei vielen Tieren ist eine Unterteilung des Areals in ein Fortpflanzungs- und ein Wandergebiet zweckmäßig, wie etwa bei den Lachsen und Aalen. Oft unterscheiden sich Fortpflanzungs- und übriges Wohngebiet eklatant in ihrer Größe, etwa bei den Albatrossen (Gattung *Diomedea),* von welchen die einzelnen Arten auf kleinen pazifischen Inseln brüten, während der übrigen Jahreszeit jedoch fast in allen Weltmeeren anzutreffen sind. Bei Zugvögeln ist eine Dreigliederung des Areals in *Brutgebiet, Zuggebiet* und *Überwinte-*

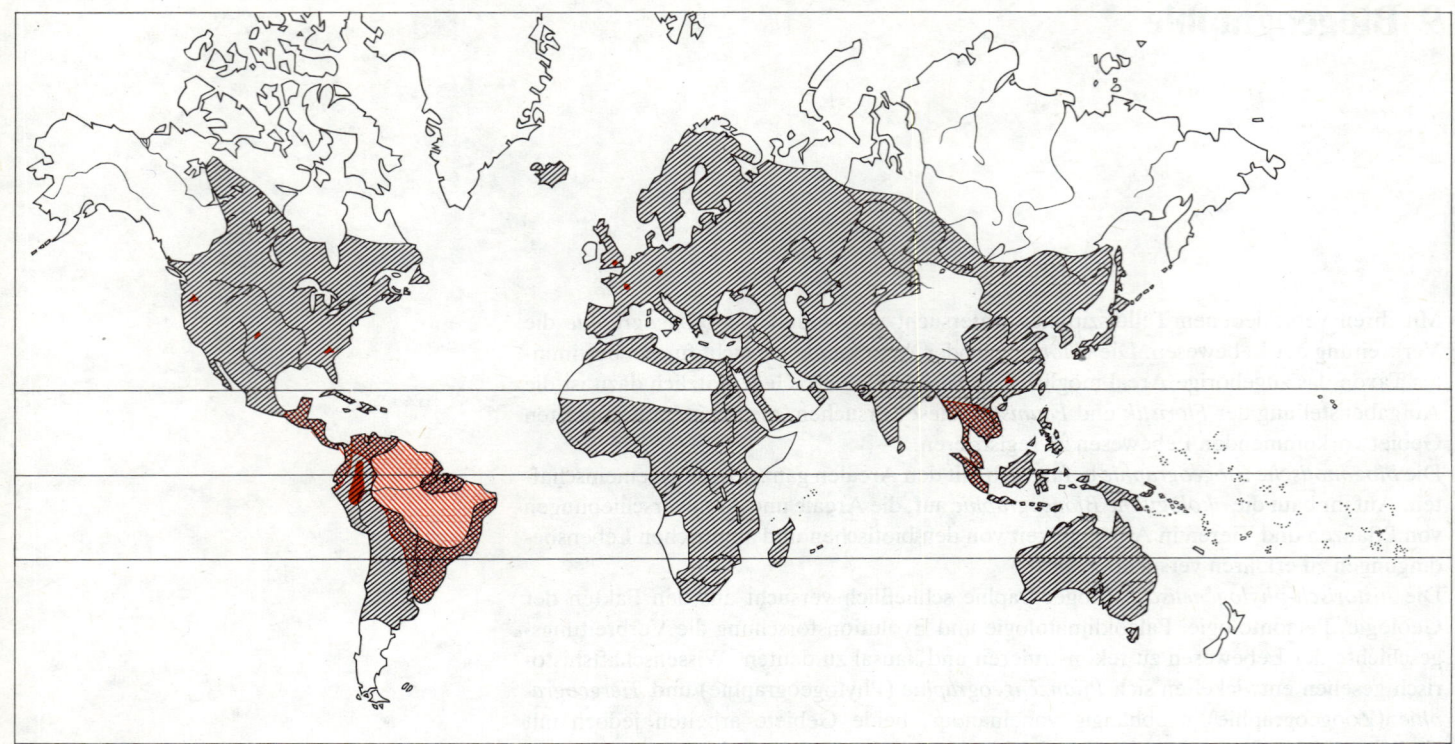

Abb. 9.1. Verbreitungsmuster. Kosmopolitische Verbreitung des Kleinschmetterlings Plutella maculipennis (schwarz) und disjunktes Verbreitungsmuster der Tapire (rot). Punkte: Fundorte pliozäner Tapire; Dreiecke: Fundorte pleistozäner Tapire; rotes Feld: Bergtapir (Tapirus pinchaque); roter Raster: Indischer Tapir (T. indicus), Flachlandtapir (T. terrestris) und Baird's Tapir (T. bairdi). (Nach de Lattin u. Ziswiler)

rungsgebiet sinnvoll (Abb. 8.55, S. 798). Die *Arealgröße* kann sehr verschieden sein. Das eine Extrem sind die *Kosmopoliten,* Sippen, deren Areal sich über die meisten Kontinente erstreckt (z. B. die Mehlprimel, *Primula farinosa);* das andere sind Arten mit sehr begrenztem Areal in einem bestimmten Gebiet, in dem sie *endemisch* sind. Die Arealgröße schwankt selbst bei nahe verwandten Formen. Als zoologisches Beispiel kann die Mohrenfalter-Gattung *Erebia* dienen. Die Art *Erebia aethiops* bewohnt große Teile Europas und Westasiens, während die Art *Erebia christi* ausschließlich das Laquintal im Schweizer Kanton Graubünden besiedelt. Kleinstareale finden sich nicht nur auf kleinen Inseln, sondern auch in isolierten Lebensräumen auf Kontinenten, etwa Gebirgsmassiven, Seen oder Höhlen. So ist der Zitronenzeisig *(Serinus citrinella)* nur im Alpengebiet anzutreffen, die Baikal-Ringelrobbe *(Pusa sibirica)* im Baikalsee und der Grottenolm *(Proteus anguineus)* in einigen Karsthöhlen der Dinarischen Alpen. Andere Tiere haben eine beinahe weltweite Verbreitung, z. B. der Fischadler *(Pandion haliaetus),* die Schleiereule *(Tyto alba)* und der Kleinschmetterling *Plutella maculipennis* (Abb. 9.1).

Zusammenhängende Areale bezeichnet man als *kontinuierlich,* solche, die in nicht zusammenhängende Teile zerfallen, als *disjunkt* (Abb. 9.1). Wenn zwei nahe miteinander verwandte Formen verschiedene Gebiete bewohnen und sich die Areale nirgends überschneiden, spricht man von *allopatrischer Verbreitung,* überdecken sich hingegen ihre Areale zu einem größeren Teil, so bezeichnet man diese Verbreitung als *sympatrisch.*

9.1.2 Gliederung des Festlandes

Bei einer globalen Betrachtung der Floren und Faunen der terrestrischen Erdoberfläche fällt auf, daß bestimmte Großräume sich durch eine charakteristische Zusammensetzung

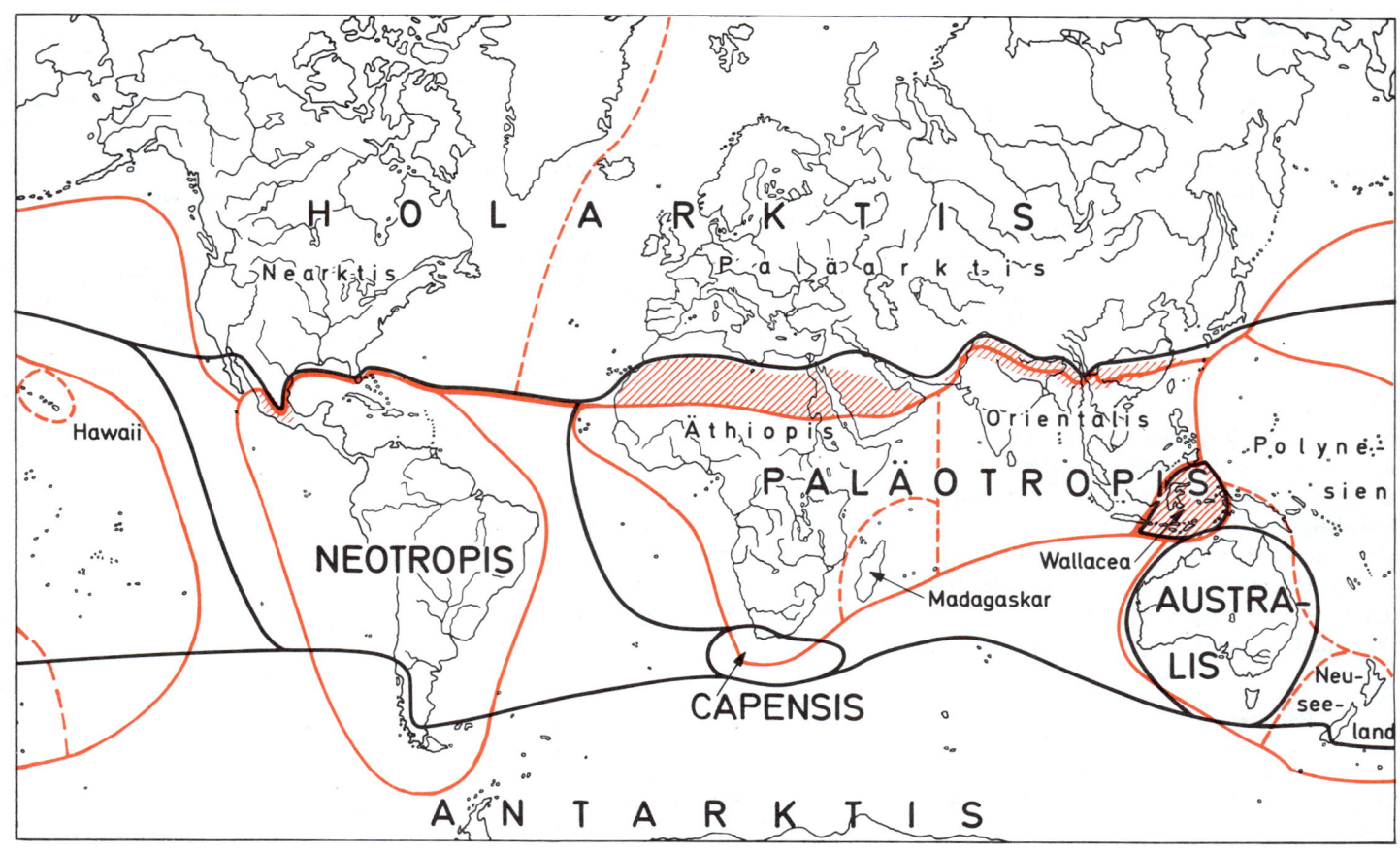

ihrer Pflanzen- bzw. Tierwelt von anderen solchen Großräumen unterscheiden. Solche Zonen werden *Florenreiche* bzw. *zoogeographische Regionen* genannt. Ihr Zustandekommen versucht die historische Biogeographie zu deuten. Da die heutige Verteilung der Kontinente in groben Zügen seit Beginn des Tertiärs (ca. 70 Millionen Jahre) besteht, sind es vor allem Pflanzen- und Tiergruppen, die sich im Tertiär entfalteten, die diesen Reichen und Regionen ihr Gepräge verleihen, also z. B. die Blütenpflanzen (Angiospermae) bzw. die placentalen und marsupialen Säugetiere, Vögel, Schlangen und Echsen, Teleostier und Insekten. Für die Definition einer zoogeographischen Region gilt, daß mindestens 50 % der in einer Region vorkommenden Tierarten *endemisch* (d. h. nur in der Region vorkommend) sein müssen.

Es lassen sich sechs Florenreiche und fünf (oder auch sechs) tiergeographische Regionen unterscheiden (Abb. 9.2). Diese Reiche und Regionen decken sich im großen und ganzen, doch bestehen auch einige wesentliche Unterschiede. So hebt sich das artenreiche Florenreich Capensis schroff von der Paläotropis ab, während sich dieser Südwestzipfel Afrikas faunistisch nicht von der übrigen äthiopischen Region unterscheidet. Auch können aus der Sicht des Botanikers weit auseinanderliegende Gebiete, wie Afrika, Indien, Hinterindien und das indonesische Gebiet sowie die südwestpazifischen Inseln, zu einem Reich, der Paläotropis mit mehreren Unterreichen, zusammengefaßt werden, während dieses Gebiet für den Zoologen aus drei selbständigen Regionen – Äthiopis, Orientalis und Teilen der Australis – besteht.

Abb. 9.2. Florenreiche (Grenzen schwarz) und tiergeographische Regionen (Grenzen rot). Die mit Kleinbuchstaben geschriebenen Namen bezeichnen Untergliederungen der Zonen. In den tiergeographischen Regionen sind Unterteile mit unterbrochenen Linien gekennzeichnet; die rot schraffierten Flächen zeigen Übergänge zwischen benachbarten Regionen (z. B. in der Sahara) an

9.1.2.1 Holarktis

Die *Holarktis* umfaßt die außertropischen Landmassen der nördlichen Hemisphäre, einschließlich Nordafrika nördlich der Sahara. Zum Verständnis der Region muß hervorgehoben werden, daß es einerseits zumindest während des ganzen Tertiärs keine Landverbindung zwischen Nord- und Südamerika gegeben hat und daß andererseits zwischen Nordamerika und Eurasien länger dauernde Landverbindungen im Bereich der Beringsee bestanden. Charakteristische Pflanzen sind die Weiden und Pappeln *(Salicaceae)*, unsere wichtigsten Laubbäume *(Betulaceae, Fagaceae)* sowie die *Ranunculaceae, Brassicaceae, Saxifragaceae, Apiaceae, Primulaceae, Campanulaceae* und die Gattung *Carex*. Charaktertiere der Region sind in Tabelle 9.1 angeführt.

Für den Phytogeographen hebt sich besonders Ostasien mit seinem Artenreichtum vom Gesamtreich ab, und für den Zoogeographen sind trotz der erwähnten Gemeinsamkeiten Unterschiede zwischen der nordamerikanischen, *nearktischen* und der eurasiatischen, *paläarktischen* Fauna nicht zu übersehen. Diese Unterschiede manifestieren sich einerseits in Tiergruppen, die für die eine oder die andere Unterregion endemisch sind, wie die Gabelböcke (Antilocaprinae) und Taschenratten (Geomyidae) für die Nearktis und die Scheibenzüngler (Discoglossidae), Moschustiere (Moschinae) und Saiga-Antilopen (Saiginae) für die Paläarktis. In der Paläarktis macht sich zudem der Einfluß der angrenzenden Orientalis bemerkbar, z. B. mit den Pirolen (Oriolidae) und dem Tiger *(Panthera tigris)*, in der Nearktis hingegen der Einfluß der neotropischen Region, etwa mit den Kolibris (Trochilidae), den Beutelratten (Didelphidae) und den Gürteltieren (Dasypodidae).

Tabelle 9.1. Tiere der Holarktis

Hechte	*(Esocidae)*
Riesensalamander	*(Cryptobranchidae)*
Olme	*(Proteidae)*
Salamander	*(Salamandridae)*
Seetaucher	*(Gaviformes)*
Alken	*(Alcidae)*
Rauhfußhühner	*(Tetraoninae)*
Maulwürfe	*(Talpidae)*
Pfeifhasen	*(Ochotonidae)*
Biber	*(Castoridae)*
Wühlmäuse	*(Microtinae)*
Murmeltiere	*(Marmota)*
Rentier	*(Rangifer tarandus)*
Vielfraß	*(Gulo gulo)*
Eisfuchs	*(Alopex lagopus)*
Eisbär	*(Thalarctos maritimus)*

9.1.2.2 Paläotropis

Als Florenreich umfaßt die *Paläotropis* mit dem afrikanischen und indomalayischen Unterreich nicht nur die Tropen der Alten Welt, sondern erstreckt sich mit dem polynesischen Unterreich auch noch über die pazifischen Inselgebiete. Charakteristische Pflanzenfamilien sind – neben anderen – die Cycadaceae, Pandanaceae, Zingiberaceae, Musaceae, Moraceae *(Ficus* mit über 1000 Arten), Dipterocarpaceae, Euphorbiaceae mit Stammsucculenten sowie spezielle Palmengattungen, auch die Gattungen *Aloë, Sansevieria, Dracaena* und andere. Aus zoologischer Sicht enthält die Paläotropis (von der polynesischen Unterregion abgesehen) die orientalische und die äthiopische Region – Regionen mit besonders intensiven faunistischen Kontakten, repräsentiert durch zahlreiche gemeinsame Tiergruppen (Tabelle 9.2).

Äthiopis

Die *Äthiopis* als zoogeographische Region und als phytogeographisches Unterreich umfaßt Afrika südlich der Sahara und das südliche Arabien. Einige charakteristische Tiere dieser Region zeigt Tabelle 9.3. Die südwestliche Ecke des südlichen Afrikas wird in bezug auf seine Flora als eigenes Florenreich *Capensis* betrachtet. Bei seiner Kleinheit ist es das relativ artenreichste Florenreich mit fünf endemischen Familien, vielen endemischen Proteaceae und Restionaceae, 600 *Erica*-Arten, 230 *Pelargonium*-Arten u. a.

Oft als Subregion zur Äthiopis gerechnet wird *Madagaskar* mit den Seychellen, Komoren und Maskarenen, dessen Flora und Fauna einerseits durch zahlreiche Endemiten und andererseits durch das Fehlen vieler für Afrika typischer Formen gekennzeichnet sind (S. 837).

Orientalis

Sie umfaßt Vorderindien, Hinterindien, Südchina, die Großen Sunda-Inseln und die Philippinen. Charakteristische Wirbeltierformen sind die Großkopfschildkröten (Platysternidae), Pfauen *(Pavo)*, Pfaufasanen *(Argusianus)*, Blauvögel (Irenidae), Spitzhörn-

Tabelle 9.2. Gemeinsame Tiergruppen der Äthiopis und Orientalis

Messerfische	*(Notopteridae)*
Chamäleons	*(Chamaeleontidae)*
Eierschlangen	*(Dasypeltinae)*
Nashornvögel	*(Bucerotidae)*
Honiganzeiger	*(Indicatoridae)*
Pittas	*(Pittidae)*
Bülbüls	*(Pycnonotidae)*
Nektarvögel	*(Nectariniidae)*
Loris	*(Lorisidae)*
Meerkatzen	*(Ceropithecidae)*
Schuppentiere	*(Pholidota)*
Stachelschweine	*(Hystricidae)*
Hyänen	*(Hyaenidae)*
Elefanten	*(Proboscidea)*
Nashörner	*(Rhinocerotidae)*

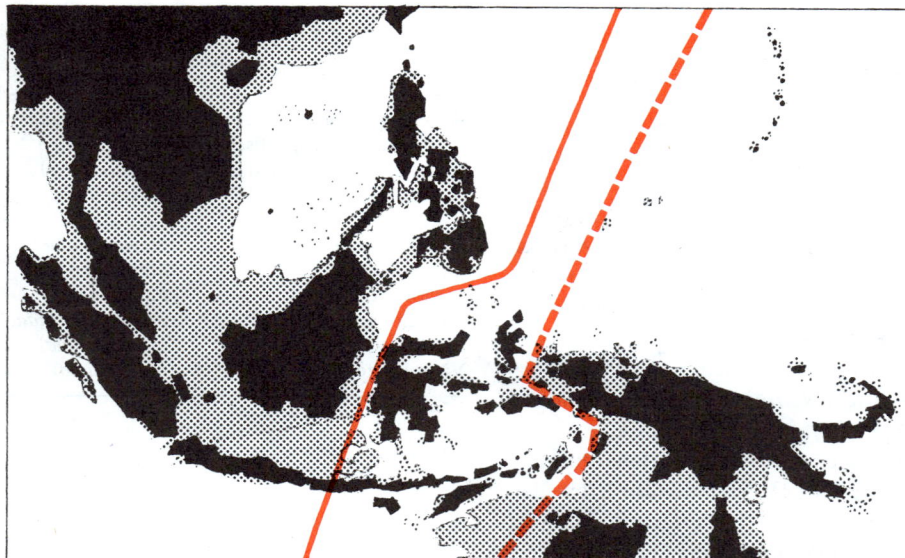

Abb. 9.3. *Indoaustralische Inselwelt (schwarz) mit umliegenden Flachmeeren (schwarzer Raster) und dem durch die Wallace-Linie (rote, ausgezogene Linie) und die Lydekker-Linie (rote, unterbrochene Linie) begrenzten zoogeographischen Übergangsgebiet »Wallacea«*

chen (Tupaiidae), Pelzflatterer (Dermoptera), Koboldmakis (Tarsiidae) und Gibbons (Hylobatidae). Im Osten der Orientalis liegt ein für den Zoogeographen interessantes Übergangsgebiet zur Australis mit Celebes und den Molukken im Zentrum, dessen Fauna von Westen nach Osten abnehmend orientalische und von Osten nach Westen zunehmend australisch-papuanische Tierformen enthält (Tabelle 9.4). Dieses Gebiet, das im Westen durch die *Wallace-Linie* als äußerster Verbreitungsgrenze australischer Elemente und im Osten durch die *Lyddekker-Linie*, die äußerste Verbreitungsgrenze orientalischer Elemente, begrenzt wird, bezeichnet man als *Wallacea* (Abb. 9.3).

9.1.2.3 Neotropis (Neogäa)

Die *Neotropis* der Phytogeographen umfaßt Südamerika ohne die Südspitze, Zentralamerika und Mexiko. Charakteristische Familien dieses Florenreiches sind: Cactaceae, Bromeliaceae, Melastomaceae, Theophrastaceae, Cannaceae, Marantaceae, die Gattung *Agave* u. a. Die *Neotropische Region* der Zoogeographen umfaßt ganz Süd- und Zentralamerika. Gegen die Nearktis hin liegt ein breites Übergangsgebiet, die *Sonorea*. Infolge der sich über das ganze Tertiär erstreckenden Isolation der Region evoluierten hier mehrere Großgruppen, die der Region ihr heutiges Gepräge geben, wie die Beuteltiere (Marsupialia), Zahnarmen (Edentata), Greifschwanzaffen (Cebidae), Krallenäffchen (Callithricidae) und Meerschweinchenartige (Caviomorpha), sowie einige spezielle huftierähnliche Gruppen (u. a. Notungulata und Litopterna). Erst in erdgeschichtlich jüngster Zeit – vor rund 2–3 Millionen Jahren – wanderten über die neu entstandene Landverbindung zur Nearktis Vertreter der erfolgreichen Raubtiere (Carnivora) und Paarhufer (Artiodactyla) ein, die durch Konkurrenz oder Prädation der autochthonen Fauna dermaßen zusetzten, daß die Notungulata und Litopterna ganz, die Beuteltiere und Zahnarmen zu einem großen Teil ausstarben. Mit nahezu der Hälfte aller bekannten Arten weist Südamerika den größten Reichtum an Vogelformen mit zahlreichen endemischen Gruppen auf, z. B. die Nandus (Rheiformes), Steißhühner (Tinamiformes), Wehrvögel (Anhimidae), Schopfhühner (Cracidae), Zigeunerhühner (Opisthocomidae), Seriemas (Cariamidae), Trompetervögel (Psophiidae), Rallenkraniche (Aramidae), Tukane (Rhamphastidae), Faulvögel (Bucconidae), Schmuckvögel (Cotingidae), Tyrannen (Tyrannidae), Töpfervögel (Furnariidae). Andere charakteristische Tiergruppen sind die Zitteraale (Gymnotoidei), der Lungenfisch *Lepidosiren*, viele Schienenechsen (Tejidae), Leguane (Iguanidae) und Riesenschlangen (Boinae).

Tabelle 9.3. Tiere der Äthiopis

Flösselhechte	(Polypteri)
Elektrische Welse	(Malapteruridae)
Afrikanische Lungenfische	(Protopterus)
Schlangenechsen	(Feyliniidae)
Afrikanische Strauße	(Struthionidae)
Hammerköpfe	(Scopidae)
Sekretäre	(Sagittariidae)
Perlhühner	(Numidinae)
Mausvögel	(Colii)
Turakos	(Musophagidae)
Brillenwürger	(Prionopidae)
Goldmulle	(Chrysochloridae)
Elefantenspitzmäuse	(Macroscelididae)
Erdferkel	(Tubulidentata)
Nilpferde	(Hippopotamidae)
Giraffen	(Giraffidae)
Ducker	(Cephalophinae)
Zebra	(Equus quagga)
Schimpanse	(Pan)
Gorilla	(Gorilla)

Tabelle 9.4. Faunenelemente der Wallacea

Orientalisch:

Webervögel	(Ploceidae)
Schuppentiere	(Pholidota)
Stachelschweine	(Hystricidae)
Binturong	(Paradoxurus)
Koboldmakis	(Tarsiidae)
Gemsbüffel	(Anoa)
Hirscheber	(Babirousa)
Schopfmakak	(Macaca nigra)

Australisch-papuanisch:

Großfußhühner	(Megapodiidae)
Kakadus	(Cacatuinae)
Kletterbeutler	(Phalangeridae)

9.1.2.4 Australis (Notogäa)

Die Australis umfaßt für den Botaniker Australien, Tasmanien und Teile Neuguineas, für den Zoologen Australien, Tasmanien, ganz Neuguinea, Neuseeland, Melanesien und Polynesien. Weil dieses Gebiet seit der Kreidezeit von den übrigen Festlandmassen isoliert ist, entwickelte sich hier eine stark abweichende Fauna und Flora. Von den über 10000 Pflanzenarten sind 86% endemisch. Typisch sind vor allem die Gattung *Eucalyptus* (über 500 Arten), die *Acacia*-Arten mit Phyllodien (etwa 400 Arten), eine besondere Unterfamilie der Proteaceae, die meisten *Casuarina*-Arten, sowie die Grasbäume *(Xanthorrhoea, Kingia)*. Einige typische Tiergruppen sind in Tabelle 9.5 aufgeführt.

Zum Teil sehr eigenständig ist die Fauna der pazifischen Inseln mit dem Kagu *(Rhinochetus jubatus)* von Neukaledonien, der Zahntaube *(Didunculus strigirostris)* von Samoa und vor allem den zahlreichen Endemiten Neuseelands (S. 837).

Bezeichnend für die Faunen der pazifischen Inseln ist die zunehmende Artenarmut mit fortschreitender Distanz von den Kontinenten, d. h. in direkter Korrelation zur Breite der Meeresbarriere, die solche Inseln von den Kontinenten trennt. Die isolierteste Stellung im Pazifik haben die Hawaii-Inseln, die sowohl aus dem Westen wie aus dem Osten besiedelt wurden (vgl. S. 923). Diese rein vulkanische Inselgruppe konnte nur durch Fernausbreitung besiedelt werden. Die Stammformen der Pflanzen stammen aus vier Florenreichen, wobei die paläotropische Herkunft dominiert, doch haben sich viele Endemiten gebildet (unter den Angiospermen 94,5% aller Arten, unter den Farngewächsen 64,9%). Typische Faunenelemente sind die formenreiche Familie der Kleidervögel (Drepanididae, Abb. 10.82, S. 923), die sich von amerikanischen Ahnen ableitet, und die Schneckenfamilien Achatinellidae und Anastridae.

Tabelle 9.5. Tiere der Australis

Regenbogenfische	*(Melanotaeniidae)*
Australischer Lungenfisch	*(Neoceratodus)*
Neuguinea-Weichschildkröten	*(Carettochelys)*
Flossenfüße	*(Pygopodidae)*
Kasuare und Emus	*(Casuarii)*
Großfußhühner	*(Megapodiidae)*
Leierschwänze	*(Menuridae)*
Paradiesvögel	*(Paradisaeidae)*
Laubenvögel	*(Ptilinorhynchidae)*
Kloakentiere	*(Monotremata)*
Viele Beuteltiere	*(Marsupialia)*

9.1.2.5 Antarktis

Das Florenreich der Antarktis umfaßt die Südspitze von Südamerika und zum Teil Neuseeland, die früher über die heute vereiste Antarktis verbunden waren, sowie die vielen subantarktischen Inseln. Bezeichnend sind unter anderem die Gattungen *Nothofagus, Fuchsia, Gunnera* und viele Hartpolsterpflanzen *(Azorella, Donatia, Raoulia, Hasta)*. Von der Zoologie her wird dieser Polkontinent nicht als eigene Region betrachtet, weil er keine exklusive Wirbeltierfauna besitzt. Die in diesem Gebiet vorkommenden Tiergruppen kommen mindestens in je einem der übrigen Südkontinente oder auf bestimmten Inseln der Südhalbkugel vor, z. B. in Südamerika, Australien oder Neuseeland. Charakteristisch sind die Pinguine (Sphenisciformes), Scheidenschnäbel (Chionididae) und Tauchsturmvögel (Pelecanoididae). Von den Säugetieren seien einige Formen der Seehunde (Phocidae) erwähnt, so Seeleopard *(Hydrurga)*, Weddell-Robbe *(Leptonychotes)* und Ross-Seehund *(Ommatophoca)*.

9.1.3 Gliederung des Meeres

Biogeographische Betrachtungen über marine Organismen betreffen hauptsächlich Tiere, da Pflanzen auf die durchlichtete Meeresstufe (kaum bis unter 200 m) beschränkt sind, die nur einen kleinen Prozentsatz des gesamten, auf 1370 Milliarden km^3 geschätzten Meeresraumes ausmacht. Von den drei Großlebensräumen des Meeres – Litoral, Pelagial, Abyssal (S. 835) – zeigt das *Litoral* (= Schelf oder Flachseebereich der Küsten), dessen Tiere und Pflanzen eng an den Küstenbereich gebunden sind, eine dem Festland vergleichbare, biogeographische Gliederung. Dagegen ist eine solche im Pelagial und

Abyssal infolge des Fehlens langdauernder Schranken kaum ausgebildet. Wirksame Barrieren für die Litoralfauna und -flora bedeuten die freien Ozeane zwischen den Kontinenten und die Temperaturänderungen längs der Küsten in Richtung auf die Pole. Alle Pflanzen des Litorals gehören dem *Benthos* an, d. h. sie sind an den felsigen Untergrund angeheftet. Es sind ganz überwiegend Grün-, Braun- und Rotalgen. Nur 47 Arten von Blütenpflanzen sind echte marine Arten, wie *Zostera marina,* das Seegras. Im Bereich der Gezeiten sind in den Tropen die Mangroven besonders bezeichnend. Es sind Baumarten *(Sonneratia, Rhizophora, Avicennia* u. a.) mit Atem- oder Stelzwurzeln, die bei Flut nur mit ihren Kronen aus dem Meerwasser herausragen. Ihnen entsprechen in der gemäßigten Zone die Außenmarschen mit dem Queller *(Salicornia)* und anderen krautigen Arten. Die Zahl der Braun- und Rotalgenarten ist hier annähernd gleich; in den tropischen Breiten sind die Arten von Rotalgen drei- bis fünfmal zahlreicher. Ein besonderes Phänomen bildet die Sargassosee des Westatlantiks, in der die tropische Braunalge *Sargassum* treibt. Diese stammt von Pflanzen, die im Küstenbereich Mittelamerikas in der Litoralzone an Felsen wachsen, losgerissen wurden und sich jetzt vegetativ vermehren.

Die Zoogeographen gelangen zu einer Gliederung von 17 Hauptregionen der Litoralfauna, die zu einer *tropischen,* einer *borealen* und einer *antiborealen* Gruppe vereinigt werden können. Die Regionen im antiborealen Bereich sind infolge der alten und weiten Trennung der Kontinente wie bei der Landfauna deutlicher ausgeprägt als die im borealen Bereich. Für die Differenzierung der tropischen Litoralfauna sind Landhebungen von besonderer Bedeutung gewesen, die langdauernde Verbindungen im alten Tethysmeer während des Tertiärs unterbrachen: Im Bereich Vorderasiens zwischen den Litoralfaunen Europas und Indiens und in Mittelamerika zwischen ost- und westamerikanischen Litoralfaunen. Das Ergebnis der Trennung war eine fortschreitende Differenzierung der voneinander isolierten Litoralfaunen, die durch allmähliches Absinken der Temperaturen zusätzlich eine Verarmung erfuhren.

Im *Pelagial* (= Bereich des freien Wassers in der durchlichteten Meeresstufe) ist die Verbreitung der Organismen viel mehr von ökologischen als von historischen Faktoren abhängig, so daß sich in der Zusammensetzung vor allem ein circumterrestrisches Warmwasserpelagial von einem nördlichen und südlichen Kaltwasserpelagial unterscheiden läßt. Diese Gliederung ist aber nicht so deutlich, wie es scheint, wenn man nur das obere Pelagial untersucht: Viele Arten der Kaltwasserpelagiale »durchtauchen« nämlich in kühleren Tiefen das tropische, obere Pelagial und täuschen dann eine bipolare Verbreitung vor. Im Pelagial haben die frei schwebenden oder schwimmenden Organismen jede Beziehung zum Untergrund verloren. Sie haben oft besondere Anpassungen entwickelt, um frei zu schweben, und werden, wenn sie über keine bedeutende aktive Fortbewegung verfügen, als *Plankton* (S. 647), wenn sie aktive Schwimmer (z. B. Fische) sind, als *Nekton* zusammengefaßt. An Pflanzen sind im Pelagial hauptsächlich Plankton-Algen, besonders Diatomeae, Peridinales und Coccolithophorales verbreitet. Nur sie nützen die Sonnenenergie zur Bildung organischer Verbindungen aus. Die jährliche Gesamtproduktion der Ozeane beträgt etwa $3{,}75 \cdot 10^{10}$ t gebundenen Kohlenstoff. Von dieser Menge wird nur 1/10 000 in Fischfleisch umgesetzt und der menschlichen Ernährung zugänglich.

Das *Abyssal* (= Tiefsee unterhalb der durchlichteten Stufe bis zum Meeresgrund) ist der bei weitem größte und bisher am wenigsten erforschte Lebensbereich auf der Erde. Er läßt sich durch den völligen Lichtmangel, der das Fehlen photoautotropher Pflanzen zur Folge hat, und niedrige, relativ gleichbleibende Temperaturen, schließlich durch Nahrungsarmut, tiefenwärts zunehmenden Wasserdruck gut charakterisieren. Zahlreiche Anpassungen (z. B. Leuchtorgane in verschiedenen Tierklassen, besondere Tastorgane) gehen auf diese Faktoren zurück. Wie bei der Gleichförmigkeit der Tiefsee und ihrem Mangel an Barrieren zu erwarten, haben die Arten eine weite Verbreitung, meist über zwei bis drei

Ozeane, wenn auch nur wenige Arten kosmopolitisch sind. Von den Copepoden des Indischen Ozeans wurden beispielsweise 74–91 % der Arten auch im Atlantischen Ozean gefunden. Als wirksame Unterwasserschranken wurden bisher die untermeerischen Schwellen festgestellt, die Tiefseebecken – wie das Mittelmeer und das Rote Meer – von den freien Ozeanen trennen. Diese Becken haben eine stark reduzierte Tiefseefauna und zugleich – infolge der Isolation – viele endemische Arten.

Die Tiefseeforschung ist erst 100 Jahre alt und hat trotz vieler überraschender Entdeckungen (neuer Arten, Familien und Klassen von Tieren) noch keine sicheren Grundlagen für weiterreichende tiergeographische Schlußfolgerungen liefern können.

9.2 Historische Biogeographie

Die heutigen Verbreitungsmuster der Pflanzen und Tiere sind das Ergebnis einer mehr als 2 Milliarden Jahre dauernden Evolution des Lebens in der Erdgeschichte mit wechselndem Klima, der Hebung und Abtragung von Gebirgen, Überflutung und Trockenlegung von Land. Die rezenten Klassen von Pflanzen und Tieren (Falttafeln) haben verschiedenes Alter und auch verschiedene Ausbreitungsmittel, so daß sich ihre Verbreitungsmuster kaum je decken.

9.2.1 Einfluß der Kontinentalverschiebung

Viele dieser Verbreitungsmuster, aber auch die biogeographische Aufgliederung des Festlandes in Reiche und Regionen können nur im Lichte der Erkenntnisse über die *Kontinentalverschiebung* gedeutet werden, an der aufgrund der paläomagnetischen Messungen und der Ergebnisse der Tiefseebohrungen die Geologen und Geophysiker nicht mehr zweifeln (Abb. 9.4): Zu Ende des Perms, vor 225 Millionen Jahren, hingen alle Festlandmassen der Erde in einem *Pangäa* genannten Komplex zusammen. Gegen die Trias zu zeichnete sich ein Auseinanderbrechen in einen südlichen *(Gondwana)* und nördlichen *(Laurasia)* Großkontinent ab. Zwischen diesen beiden Landmassen breitete sich das *Tethysmeer* aus.

Während des Mesozoikums verselbständigten sich einzelne Teile des Südkontinents und wurden auseinandergeschoben. Südamerika wurde nordwestwärts, Afrika nordwärts, Indien und Australien nordostwärts verschoben. Auf der Nordhalbkugel trennten sich Nordamerika und Eurasien. Während des Tertiärs schließlich verband sich Indien mit Eurasien, Afrika berührte ebenfalls Eurasien, und zu Ende des Tertiärs erhielt Südamerika seine Landverbindung mit Nordamerika. Die Kenntnisse über die Kontinentalverschiebung ermöglichen uns die Deutung zahlreicher Großdisjunktionen, eine Beurteilung bestimmter endemischer Floren und Faunen in Abhängigkeit von der Isolationsdauer und andererseits eine Deutung der relativen Uniformität großer biogeographischer Regionen in Zusammenhang mit vergangenen oder erst kürzlich entstandenen Landverbindungen.

9.2.2 Großdisjunktionen

Viele sonst kaum erklärbare Großdisjunktionen lassen sich darauf zurückführen, daß heute getrennte Landmassen zu Beginn der Kontinentalverschiebung und Polwanderung

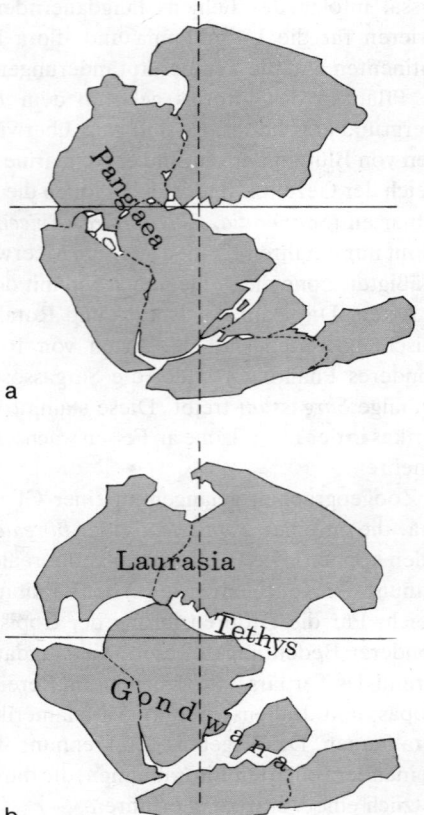

Abb. 9.4a, b. Einzelne Phasen der Kontinentalverschiebung; Aitoff-Projektion mit 20° E als Mittelmeridian. (a) Ende Perm (vor 225 Millionen Jahren), (b) Ende Trias (vor 180 Millionen Jahren).

nahe beieinander lagen, z. B. das Vorkommen der Südbuche (*Nothofagus*) in Südamerika und auf Neuseeland, der Familien der Proteaceae und Restionaceae auf Australien einerseits und Südafrika andererseits, oder der Laufkäferfamilie Migadopidae im südlichen Südamerika und Australien, in Tasmanien, Neuseeland und auf den Auckland-Inseln sowie vieler Regenwurmgattungen im Süden der Südkontinente.

Auch eigenartiges, scheinbar sinnwidriges Wanderverhalten kann oft als Folge des fortschreitenden Auseinanderdriftens von Kontinenten gedeutet werden. So schwimmt eine Population der Seeschildkröte *Chelonia mydas* zur Eiablage von der Nordküste Brasiliens an näher liegenden Inseln vorbei zur etwa 2000 km weit im Atlantik liegenden Insel Ascension. Dieses aufwendige Wanderverhalten kann damit gedeutet werden, daß eben früher Afrika und Südamerika noch viel näher beieinander lagen, und daß die Schildkröten mit dem Auseinanderrücken der beiden Kontinente immer weiter und weiter schwimmen mußten.

Andere Disjunktionen auf den Südkontinenten lassen sich weniger als Folge der Kontinentalverschiebung, sondern eher als Reste einer ehemals kontinuierlichen Verbreitung über die Nordkontinente deuten *(Reliktdisjunktionen),* so jene der Lungenfische, die heute nur noch in den drei Südkontinenten vertreten, fossil jedoch auch für Eurasien und Nordamerika nachgewiesen sind. Ähnliches gilt für die Tapire (Abb. 9.1), die heute in der Orientalis und in Südamerika vorkommen und in ihrem fossil belegten ehemaligen Verbreitungsgebiet, das sich über die ganze Holarktis erstreckte, ausgestorben sind.

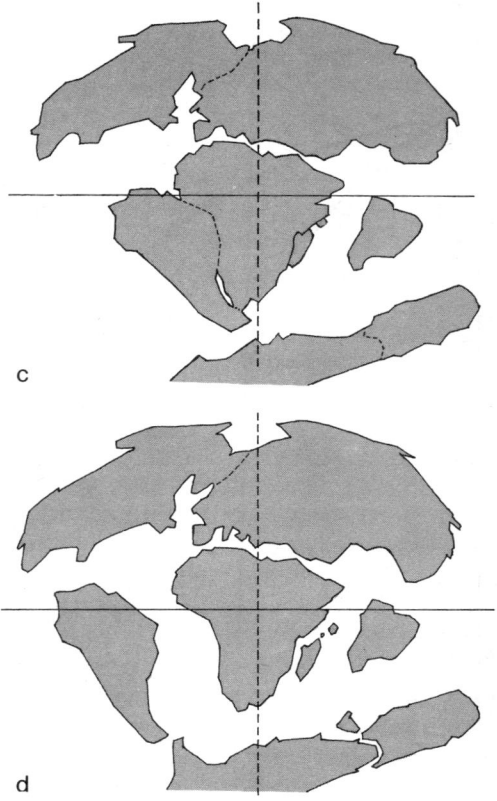

Abb. 9.4c, d. *Einzelne Phasen der Kontinentalverschiebung. (c) Ende Jura (vor 135 Millionen Jahren), (d) Ende Kreide (vor 65 Millionen Jahren).*

9.2.3 Isolationsphänomene

Isolierte Floren und Faunen haben die Tendenz, sich in spezifischer Weise zu differenzieren. Dabei wird ihre Besonderheit desto ausgeprägter, je länger die Isolation dauerte, d. h. je länger der Einfluß benachbarter Faunen und Floren unterbunden ist, und je wirksamer die Barrieren sind, die die Isolate trennen.

Unter diesen Gesichtspunkten lassen sich die sehr abweichenden Floren und Faunen großer Inseln, wie von Madagaskar oder Neuseeland, aber auch von großen Kontinenten, wie Südamerika und Australien, verstehen.

Madagaskar, das seit dem Erdmittelalter von Afrika getrennt ist, verfügt über eine stark abweichende Flora sowie eine eigenständige Tierwelt, die mit jener Afrikas nur wenig gemeinsam hat. 85% der Pflanzenarten sind auf Madagaskar endemisch, d. h. sie finden sich sonst nirgends; darunter die kakteenähnlichen Didieraceae. An Säugetieren gibt es dort ebenfalls fünf endemische Familien, die Borstenigel (Tenrecidae), drei Familien von Halbaffen (Lemuridae, Indridae und Daubentoniidae), die Haftscheibenfledermäuse (Myzopodidae) sowie die Unterfamilie der Frettkatzen (Cryptoproctinae). Während sich die Borstenigel und Halbaffen zu großer Formenvielfalt differenzierten, fehlen auf Madagaskar Tiergruppen, die für die afrikanische Tierwelt so typisch sind, wie die Katzen (Felidae), Paarhufer (Artiodactyla), Unpaarhufer (Perissodactyla) und Elefanten (Proboscidea). Endemische Vogelgruppen Madagaskars sind die in historischer Zeit ausgerotteten Madagaskarstraße (Aepyornithes), die Stelzenrallen (Mesoenatidae), Lappenpittas (Philepittidae) und Blauwürger (Vangidae).

Neuseeland ist sehr lange und über eine große Entfernung von Australien getrennt. Floristisch bestehen bis auf Farne und Orchideen, die durch staubförmige Sporen bzw. Samen verbreitet werden, kaum Beziehungen. Die australischen Eukalypten und Akazien fehlen ganz; 80% der Arten sind Endemiten. Bezeichnend ist einerseits das Fehlen vieler in Australien vorkommender Tiergruppen, wie der Schildkröten und Schlangen, der Kloaken- und Beuteltiere, und andererseits das Vorkommen zahlreicher eigentümlicher

838 Biogeographie

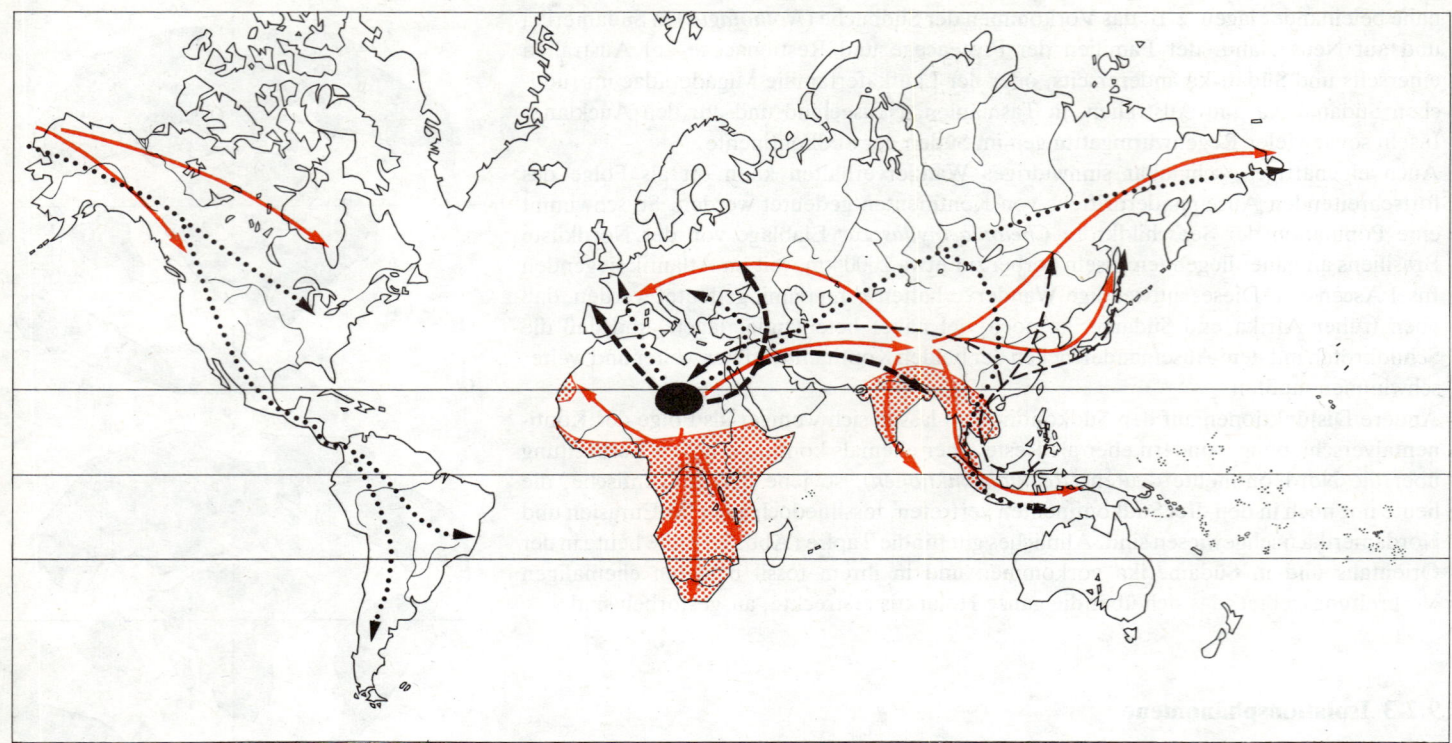

Endemiten, wie des Urfrosches *(Leiopelma)*, der Brückenechse *(Sphenodon*, S. 926, Abb. 10.89), der Kiwis *(Apterygiformes)*, der in historischer Zeit ausgestorbenen Neuseelandstrauße (Dinornithiformes), des Eulenpapageien *(Stringops habroptilus)* und der Lappenhopfe *(Callaeidae)*. An Säugetieren gab es ursprünglich nur zwei Fledermausarten, von welchen die eine eine eigene Familie, Mystacinidae, repräsentiert. Zahlreiche Pflanzen und Säugetiere wurden später durch den Menschen eingeschleppt.

Ebenso eklatant zeigen sich die Folgen langdauernder Isolation auf Kontinenten, wie Südamerika und Australien (S. 833f.).

Abb. 9.5. *Ausbreitungswege und heutige Verbreitung der Elefantenverwandtschaft. Schwarzes Feld: Verbreitung der ursprünglichsten Rüsseltiere (Moeritherien); breite unterbrochene Pfeile: Ausbreitungswege der Dinotherien; punktierte Pfeile: Ausbreitungswege der Mastodonten; schmale, unterbrochene Pfeile: Ausbreitungswege der Stegodonten; rote Pfeile: Ausbreitungswege der eigentlichen Elefanten und Mammuts; roter Raster: Verbreitungsgebiet der heutigen Elefanten (Elephas und Loxodonta). (Nach de Beer)*

9.2.4 Bedeutung der Landverbindungen

Für das Zustandekommen der heutigen Verbreitungsmuster von Pflanzen und Tieren spielen Landverbindungen eine ebenso wichtige Rolle wie isolierende Barrieren. So können etwa disjunkte Verbreitungsmuster der Krokodile (Crocodylia), die in Amerika, Afrika, Indien und Ostasien beheimatet sind, nur damit gedeutet werden, daß ihre Verbreitungsgebiete während der ersten Hälfte des Erdmittelalters noch direkt oder über die Antarktis miteinander verbunden waren.

Südamerika/Nordamerika. Welch drastischen Einfluß neu entstandene Landverbindungen für autochthone Faunen und Floren haben können, zeigt uns die *Panamabrücke*, die seit 2 Millionen Jahren die Isolation Südamerikas aufhob. Über diese zentralamerikanische Brücke entstand ein reger Floren- und Faunenaustausch. Die Verbreitung der neotropischen südamerikanischen Florenelemente reicht nach Norden bis über Mexiko hinaus, während wenige holarktische Elemente aus Nordamerika knapp Südamerika erreichten. Am besten bekannt ist dieser Austausch in bezug auf die Säugetiere. Moderne placentale Säugetiere wanderten in Südamerika (Abb. 9.5) ein und vernichteten große Teile der autochthonen Fauna (S. 833). Einigen wenigen neotropischen Formen gelang aber auch eine Gegeninvasion nach Norden, so dem Opossum *(Didelphis marsupialis)*, dem Neunbindengürteltier *(Dasypus novemcinctus)* und dem Baumstachler *(Erethizon dorsatum)*. Nicht für alle Tiere erwies sich jedoch diese Landbrücke als gangbarer Weg; man nennt sie deshalb auch »Filterbrücke«.

Die Panamabrücke wirkt für marine Lebewesen als Barriere. So sind heute die Mangroven der Küstenzone der Atlantik- und der Pazifikseite zwar vollständig voneinander getrennt, jedoch (noch) identisch. Die Litoralfaunen hingegen sind zwar nahe miteinander verwandt; durch die mindestens 2 Millionen Jahre lange Trennung konnten sich aber immerhin vikariierende Zwillingsarten und teilweise sogar verschiedene Gattungen (z. B. bei Fischen) entwickeln.

Nordamerika/Ostasien. Die Beringbrücke als Verbindung zwischen Nordamerika und Eurasien spielte für die Pflanzen eine untergeordnete Rolle; sie war höchstens für den Austausch arktischer Elemente von Belang. Wenn heute die Floren von Nordamerika und von Ostasien mehr miteinander gemeinsam haben als mit Europa, so ist dies auf die große Verarmung der europäischen Flora als Folge der Eiszeiten zurückzuführen (S. 843). Hingegen hat die Beringbrücke eine eminente Bedeutung für den Faunenaustausch. Fossilfunde von beiden Seiten der Brücke lassen in den letzten 60 Millionen Jahren deutlich vier Zeiträume erkennen, in welchen die Säugetierfaunen beider Kontinente stark übereinstimmten, was wiederum auf die jeweilige Existenz einer Landverbindung schließen läßt.

Afrika/Indien. Als dritte wichtige Landbrücke ist noch die breite, seit dem mittleren Miozän über Vorderasien hinwegführende Landverbindung zwischen Indien und Afrika zu nennen. Hier ergoß sich nach Afrika ein Strom orientalischer Tiergruppen, aus denen sich die heutige reiche Savannenfauna mit Giraffen, Büffeln, verschiedenen Antilopen-Gattungen, Zebras, Großkatzen und dem Strauß entwickelte, während – wie die pliozäne Siwalik-Fauna Nordindiens lehrt – diese Gruppen in Indien ursprünglich vorhanden waren, inzwischen aber ausgestorben sind. Floristisch läßt sich eine solche breite Verbindung nicht erkennen.

Eindrucksvolle Beispiele für die Benützung dieser Landbrücken gibt die mit Fossilfunden ausgezeichnet belegte Ausbreitungs- und Evolutionsgeschichte der Pferdeartigen (Abb. 10.29a, S. 871), der Tapire (Abb. 9.1) und der Elefantenverwandtschaft während des Tertiärs (Abb. 9.5).

Ohne die Existenz zeitweiliger Landverbindungen in jüngerer Zeit ließen sich auch die Flora und Fauna mehrerer großer Inseln in Kontinentnähe nicht erklären, so etwa die große Übereinstimmung der auf den Britischen Inseln mit derjenigen Kontinentaleuropas, das Vorkommen von Elefanten auf Ceylon oder von Großsäugetieren, wie Orang-Utan, Tiger, Leopard, Elefant und Nashorn, auf einzelnen der Großen Sunda-Inseln. Solche Inseln, die nur durch wenig tiefe Schelfmeere vom Festland oder voneinander getrennt sind, besaßen zu Zeiten der eustatischen Meeresspiegelabsenkungen (Abb. 9.3) in der Folge der Eiszeiten tatsächlich Landverbindungen.

9.2.5 Biogeographie des Pleistozäns

Der Wechsel von *Eiszeiten* (Glaziale) und *Warmzeiten* (Interglaziale) während des ganzen Pleistozäns und die damit verbundenen Klimaschwankungen hatten umfangreiche Arealverschiebungen zur Folge. Diese erdgeschichtlich wenig zurückliegenden Ereignisse lassen sich gut dokumentieren und genau verfolgen.

9.2.5.1 Eiszeiten

Während des Pliozäns, zu dessen Beginn in Europa noch ein tropisches Klima herrschte, kam es zu einer allmählichen Klimaverschlechterung, die zu einem gemäßigten Klima führte. Während der ersten 400 000 Jahre des folgenden Pleistozäns verschlechterte sich das Klima weiter bis zur ersten Eiszeit, die vor 600 000 Jahren begann und vor 540 000 Jahren durch die erste Warmzeit abgelöst wurde. Die letzte, vierte Eiszeit ging 8000 v. Chr. zu Ende und wird von der *Nacheiszeit* (Postglazial) gefolgt (Tab. 9.6).

Während dieser Eiszeiten vergrößerten sich die Vereisungszonen, von den Polen und den großen Gebirgsmassiven ausgehend. Die allgemeinen Folgen waren eine Verschiebung der Klimagürtel, der Anstieg der Luftfeuchtigkeit in gemäßigten und tropischen Klimazonen (Pluvialzeit) sowie eine Verkleinerung und Aufsplitterung der Trockengebiete (Eremial). Gleichzeitig bildeten sich ausgedehnte arktische Steppen (Tundren) entlang den Vereisungszonen. Für die Lebewesen hatten diese Veränderungen tiefgreifende Konsequenzen: Wärmeliebende Formen wurden in *Refugialzonen* abgedrängt, ihre Areale wurden eingeengt und in disjunkte Verbreitungsgebiete aufgelöst, was eine generelle Reduktion des Individuen-, aber auch des Artenbestandes zur Folge hatte. Die *Refugien* waldbewohnender Tierformen lagen in den südlichen Randzonen der Holarktis, oft im Schutz von Gebirgsmassiven wie der Pyrenäen, der Alpen und der Balkangebirge. Die *Refugien* der Bewohner mediterraner Trockengebiete lagen noch südlicher (in Nordafrika).

Die Ausdehnung der kalten Zone hatte ein Zusammengehen der Areale arktischer Formen zur Folge, z. B. für Schneehühner, Schneegans, Eisbär, Eisfuchs, Rentier und Moschusochse. Tiefgreifende Veränderungen spielten sich im Bereich der Gewässer ab. Während die Spiegel der Süßwasserseen anstiegen, was die Kommunikation großer Seensysteme und den Austausch ihrer Faunen zur Folge hatte, senkte sich der Meeresspiegel bis zu 200 m, da durch die enormen Eismassen entsprechende Mengen Wasser gebunden wurden. Infolge dieser *eustatischen Meeresspiegelsenkungen* kam es zur Trockenlegung ausgedehnter Schelfgebiete und damit zur Landverbindung küstennaher Inseln unter sich oder mit den Kontinenten, was wiederum einen regen Formenaustausch zur Folge hatte. So waren einerseits die Britischen Inseln mit Europa, andererseits Ceylon, Taiwan, die Großen Sundainseln und ein Teil der Japanischen Inseln mit Asien verbunden (Abb. 9.3). Zwischen Asien und Nordamerika tauchte die Beringbrücke erneut auf und ermöglichte die Einwanderung des Bisons und des Menschen nach Nordamerika. Auch die wechselvolle Geschichte der Ostsee und der Baltischen Seen mit ihren faunistischen Besonderheiten wird erst im Licht der glazialen Wasserspiegeländerungen verständlich. Nur so kann z. B. das Vorkommen der Ringelrobbe *(Pusa hispida)* im Ladogasee bei St. Petersburg erklärt werden.

Tabelle 9.6. Eiszeiten

Gliederung	Jahre in 1000 vor Christus
1. Eiszeit (Günz)	600–540
1. Warmzeit	540–480
2. Eiszeit (Mindel)	480–430
2. Warmzeit	430–240
3. Eiszeit (Riss)	240–180
3. Warmzeit	180–120
5. Eiszeit (Würm)	120– 8
Nacheiszeit	seit 8

9.2.5.2 Warmzeiten und Nacheiszeit

Während der Warmzeiten (Zwischeneiszeiten, Interglaziale) entwickelten sich die aufgezeigten klimatischen und zoogeographischen Verhältnisse gegenläufig, sie führten zu Zuständen, wie sie auch für das bis heute andauernde *Postglazial* typisch sind. Mit dem Abklingen der letzten Eiszeit wurde die heutige biogeographische Szene eingeleitet. Die bereits in der Späteiszeit einsetzende Klimaverbesserung war allerdings keine kontinuierliche (vgl. Abb. 8.87, S. 827), sondern sie wurde durch Klimaverschlechterungen unterbrochen. Die späteiszeitliche Klimaverbesserung, die bis 9000 v. Chr. dauerte, war – wie die Pollenanalyse (S. 826) beweist – charakterisiert durch ein rasches Vordringen der Baumarten, der Kiefernwälder im Süden und der Birkenwälder im Norden. Während der folgenden Klimaverschlechterung wurden diese Wälder wieder großenteils durch Tundren verdrängt. Zwischen 6000 und 3000 v. Chr. trat eine wesentliche Klimaverbesserung ein, in Europa lagen die Durchschnittstemperaturen um 2–5°C höher als heute. Haselstrauch und Eichenmischwälder dominierten in Mitteleuropa. Von 3000 v. Chr. bis zur Gegenwart ist wiederum eine leichte Abkühlung festzustellen, anstelle der Eichenmischwälder treten in Mitteleuropa vermehrt Tannen-/Buchenwälder auf.

9.2.6 Gegenwart

Die biogeographische Situation der Gegenwart ist geprägt durch das vorangegangene Auf und Ab der pleistozänen Vereisungen und charakterisiert durch einen rasanten Szenenwechsel unter dem Einfluß des dominierenden zivilisierten Menschen. Dieser Einfluß äußert sich in tiefgreifenden qualitativen und quantitativen Veränderungen der Areale. Durch Übernutzung oder Bekämpfung befinden sich zahlreiche Tierarten in *Regression,* ihre Areale schrumpfen zusammen und werden in Disjunktionen aufgelöst; die Zahl der in den letzten beiden Jahrhunderten ausgerotteten Tierformen geht bereits in die Hunderte. Rodungen und Edelholzgewinnung führten zu einer Waldvernichtung von gigantischem Ausmaß mit Folgeerscheinungen wie Erosion, Versteppung, Vergrößerung des CO_2-Gehaltes in der Atmosphäre und Vernichtung reichster Lebensgemeinschaften.
Durch Verschmutzung, Vergiftung oder sonstige Zweckentfremdung sind heute sämtliche Bereiche der Biosphäre gefährdet oder zumindest gestört, mit unabsehbaren Konsequenzen für alle Lebewesen. Durch Einbürgerung und Verschleppung erlangten wiederum manche Tier- und Pflanzenformen eine Dominanz über ganze Floren und Faunen. Ihre Areale dehnen sich aus, während jene der autochthonen Bewohner eines Gebietes immer mehr abnehmen oder ganz verschwinden.
Die – verglichen mit allen anderen Abläufen der mehr als 2 Milliarden Jahre dauernden Geschichte des Lebens auf dieser Erde – ungeheuer schnell ablaufenden und kaum mehr übersehbaren Arealveränderungen entziehen der Biogeographie ihre Grundlage, denn in naher Zukunft wird es nicht mehr möglich sein, die angestammten Areale vieler Pflanzen- und Tierarten noch einwandfrei festzulegen.

9.2.6.1 Gegenwärtige Disjunktionen

Ebenso wie während der Eiszeiten wärmeliebende Lebewesen in disjunkten Refugialzonen überdauerten, bestehen heute Disjunktionen und Refugien für Formen, die während der Eis- bzw. Pluvialzeiten weit größere Areale besiedelten. So gibt es einen arkto-alpinen Verbreitungstyp, bei welchem identische oder nah verwandte Formen Kälteinseln in der europäischen Arktis und in den Alpen bewohnen, wie Silberwurz *(Dryas octopetala)* und Zwergbirke *(Betula nana),* das Alpenschneehuhn *(Lagopus mutus),* die Ringdrossel *(Turdus torquatus)* und der Schneehase *(Lepus timidus)* (Abb. 9.6). Man darf annehmen, daß diese Formen während der Eiszeiten ein zusammenhängendes Areal besiedelten, später der sich nach Norden und nach Süden zurückziehenden Eisgrenze folgten und im klimatisch sich verbessernden mitteleuropäischen Zwischengebiet ausstarben. Ähnlich läßt sich etwa die derzeitige Hochgebirgsverbreitung verschiedener alpiner Pflanzenarten, aber auch der Gemsen in den Alpen, den Pyrenäen und im Kaukasus deuten, oder das Verbreitungsmuster der Schneemaus *(Microtus arvalis),* die in 15 scharf voneinander getrennten Arealen die Firngebiete der Alpen bewohnt.
In den Tropen und Subtropen haben sich die Eiszeiten vor allem in einem Feuchtigkeitswechsel geäußert. Namentlich in Südamerika unterscheidet man eine Serie von Pluvial- und Trockenzeiten, auf die man eine ganze Anzahl heute disjunkter Areale, die sich mit Feuchtinseln decken, zurückführen kann. Auf den Gebirgen in der Sahara findet man

842 Biogeographie

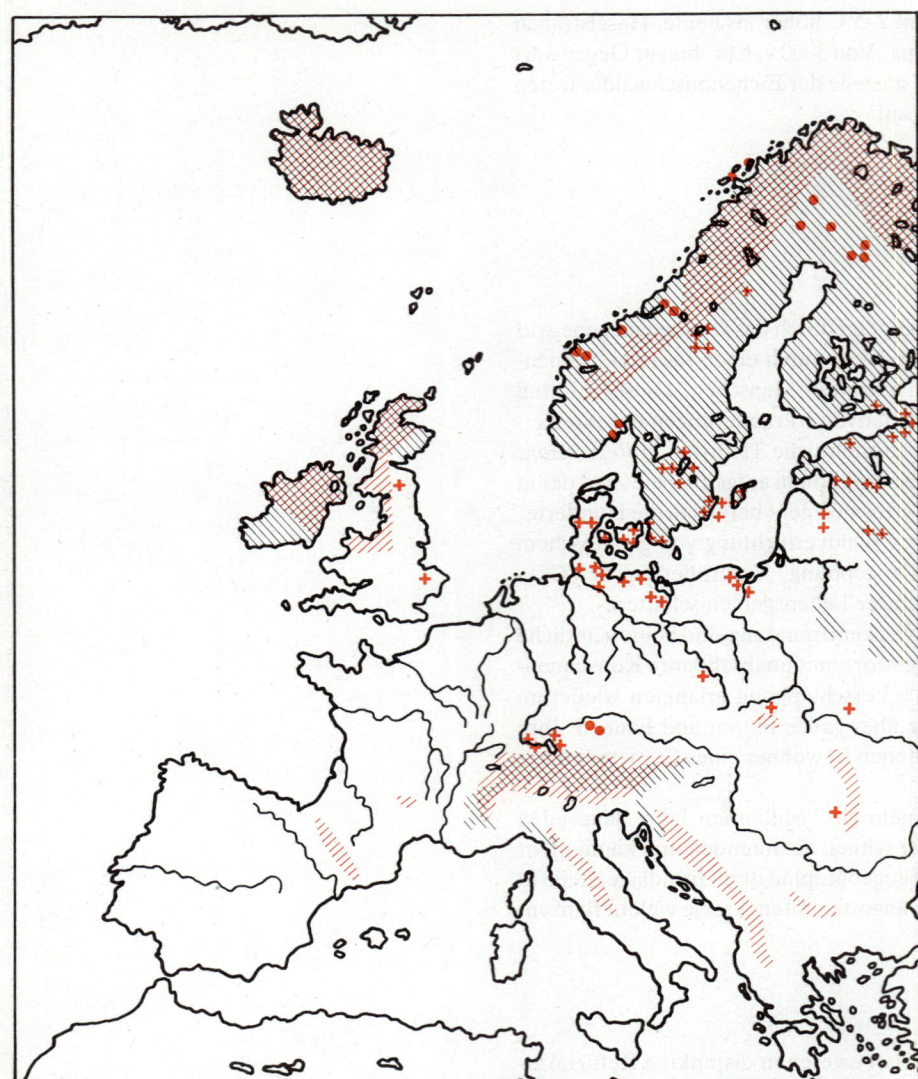

Abb. 9.6 Beispiele für arkto-alpine Verbreitung: Areal des Schneehasen *(Lepus timidus)* (schwarze Schraffur) und rezentes Vorkommen der Silberwurz *(Dryas octopetala)* (rote Schraffur und rote Punkte), sowie deren Vorkommen in der Glazialzeit (rote Kreuze)

Reliktpflanzen aus den Pluvialzeiten. Die Atlasländer und einzelne saharische Oasen bilden Orte, an denen sonst nur südlich der Sahara lebende Tierformen überdauert haben. So gibt es in Nordwestafrika Streifenmäuse *(Rhabdomys)*, Elefantenspitzmäuse *(Elephantulus)*, und bis in die jüngste Vergangenheit gab es dort auch Elefanten, Löwen und Strauße, die sich erst viel weiter südlich wieder finden. Das heutige Krokodilvorkommen im Ennedi geht auf ein ehemals die ganze Sahara durchziehendes Flußsystem zurück. Ebenso sind die afrikanischen Gebirge, wie Mount Kilimandscharo, Mount Kenya und Kamerunberg, heute für viele Arten weit voneinander getrennte Disjunktareale, z. B. für die Baumheide *Erica arborea*, für die Maus *Otomys irroratus* und viele Vogelarten. Wärmeinseln sind in Mitteleuropa während der postglazialen Wärmezeit von 6000–2500 v.Chr. besiedelt worden. Da sich aber die Wärmeoptima von den heutigen Bedingungen längst nicht in dem Maße unterscheiden wie die Kälteminima, sind solche xerothermen Relikte weit weniger auffällig als die Glazialrelikte. Beispiele sind die trockenwarm adaptierten, pontischen Florenelemente, die an sonnigen Kalk- und Lößhängen bei uns überdauert haben, wie das Adonisröschen *(Adonis vernalis)*, die Kalk-Aster *(Aster amellus)*; reine Wärmeformen sind z. B. der Diptam *(Dictamnus albus)* und die Wassernuß *(Trapa natans)*, an Tieren die Smaragdeidechse *(Lacerta viridis)* und die Europäische Sumpfschildkröte *(Emys orbicularis)*, die im Oderbruch eine Wärmeinsel besetzt hält.

9.2.6.2 Arealbeschränkungen

Vielen Arten, die wenig wanderfähig sind, ist es nacheiszeitlich nicht gelungen, ihnen an sich zusagende Räume erneut zu besiedeln. Die während der Eiszeit von Mitteleuropa nach Griechenland abgedrängte Roßkastanie *(Aesculus hippocastanum)* hat den Weg zurück nicht gefunden und wurde erst vom Menschen als Zierbaum in ihrer ursprünglichen Heimat angepflanzt. Die fast stets blinden und flügellosen Höhlenkäfer der Gattung *Anophthalmus* haben die Südgrenze der maximalen pleistozänen Vereisung bis heute in nördlicher Richtung kaum überschritten. Obwohl die Abtrennung der Britischen Inseln vom Kontinent durch einen Meeresarm erst etwa 10 000 Jahre alt ist, sind Fauna und Flora dort wesentlich artenärmer. Diese Artenarmut kann man zwanglos damit erklären, daß dort in der letzten Kaltzeit zahlreiche Arten ausstarben, denen es später infolge der Ausbildung einer Wasserschranke nicht mehr möglich war, die Inseln erneut zu besiedeln, wie etwa der Siebenschläfer, der nach Einbürgerungsversuchen sehr wohl in England zu existieren vermag.

Die Artenarmut in Mittel- und Südeuropa wird ebenfalls durch den Klimawechsel im Glazial gut verständlich: Während einer Eiszeit starben die warmadaptierten Arten zu einem großen Teil aus, und kälter adaptierte wanderten von Norden her ein. Mit der nächsten Wärmeperiode zogen die kaltadaptierten Formen wieder fort, ohne durch warmadaptierte ersetzt werden zu können, da das Mittelmeer deren Zuzug verhinderte. So leben Stachelschweine, Geparden, Leoparden und Gazellen zwar in den Atlasländern, nicht aber in Südspanien, dessen Säugetierfauna sehr artenarm ist und zahlreiche »Leerstellen« aufweist. Durch den Verlust von wärmeadaptierten Formen im Pleistozän ist Europa gegenüber Nordamerika an Arten verarmt; dort konnten sie überleben, da ihnen kein von West nach Ost verlaufendes Gebirge wie die Alpen und kein Wasser wie das Mittelmeer den Rückzug nach Süden versperrten. In Ostasien gab es keine Vergletscherung und die spättertiäre Flora blieb erhalten. Etwa 100 Gattungen von Blütenpflanzen starben in Europa aus, die in Ostasien und Nordamerika überdauerten, darunter die Lebensbäume *(Thuja)*, Magnolien *(Magnolia)*, Tulpenbäume *(Liriodendron)*, Platanen *(Platanus)*, Pfeifenstrauch *(Philadelphus)*, Wilder Wein *(Ampelopsis)*, Phlox, Trompetenbaum *(Catalpa)*, die heute ohne Schwierigkeiten in unseren Gärten wachsen.

9.2.6.3 Evolutive Aufsplitterung

Die turbulente Zeit der pleistozänen Vereisungen mit ihrem Klimawechsel und dem anhaltenden Wechsel von Arealkommunikation und -disjunktion war zugleich eine Epoche höchster Brisanz für die Evolution der Lebewesen. Während auf der einen Seite die massiven Klimaverschlechterungen zum Aussterben von zahlreichen Arten führte, förderten der verschärfte Selektionsdruck, die Isolierung von Populationen und die in kleineren Isolaten wirksame Gendrift (S. 888) die Entstehung von neuen Formen, die in zahlreichen Fällen sogar genetische Isolation, d.h. Artstatus, erreichten.

Für Europa typische Fälle von Artaufsplitterung spielten sich so ab, daß während einer Eiszeit Populationsteile einer Art auf den Mittelmeerhalbinseln (der Pyrenäenhalbinsel, Italien oder dem Balkan) überdauerten und sich während dieser Isolation genetisch und phänotypisch veränderten. In den Warmzeiten kam es wieder zu einer Ausdehnung der Areale nach Norden und oft zu einer Berührung oder Überlappung mit den Arealen der ehemaligen Schwesterpopulation. Beispiele: Rabenkrähe *(Corvus c. corone)* und Nebelkrähe *(Corvus corone cornix),* zwei morphologisch gut unterscheidbare Subspecies, die im Elbegebiet aufeinanderstoßen (Abb. 10.76, S. 912). Die Elbe bildet auch die Grenzzone zwischen der östlichen und der westlichen Subspecies des Igels *(Erinaceus europaeus)* sowie für Nachtigall *(Luscinia megarhynchos)* und Sprosser *(Luscinia luscinia),* bereits zwei »gute« Arten, die sich nicht mehr kreuzen. Eine ähnliche Entstehungsgeschichte haben die westliche Gelbbauchunke *(Bombina variegata)* und die östliche Rotbauchunke *(Bombina bombina).* Der Wechsel von Feucht- und Trockenzeiten hat im Amazonasgebiet Südamerikas zu Arealspaltungen als Voraussetzung zur Formenbildung geführt, deren Folge die heutige Vielfalt der Arten und die reiche Rassengliederung der amazonischen Vogelwelt ist.

Die wenigen Beispiele aus einer großen Zahl von Fällen zeigen, daß die rezenten Areale eine Folge von Klimaänderungen in der Vergangenheit sind. Selbstverständlich weichen Formen und Areale umso stärker von den jetzigen Mustern ab, je weiter diese in der Vergangenheit stattfanden.

9.3 Ökologische Biogeographie

Die Verbreitung der Pflanzen und Tiere ist – erdgeschichtlich gesehen – einem ständigen Wechsel unterworfen. Er wird verursacht durch Änderungen der Umweltbedingungen und Anpassungen der Organismen. Umweltbedingungen oder *Existenzfaktoren* (z.B. Klima, S. 847) begrenzen die Ausbreitungsmöglichkeit. Die Pflanzen und Tiere können in sehr verschiedener Weise vom Angebot des besiedelbaren Raumes Gebrauch machen, je nach den Ausbreitungsmitteln, die ihnen zur Verfügung stehen, und den Schranken, die es zu überwinden gilt. Zu den Existenzfaktoren kommen also *dynamische Faktoren,* und beide gemeinsam bestimmen die Arealgrenzen einer Species.

9.3.1 Dynamische Faktoren

Dynamische Faktoren können die Ausbreitung fördern bzw. überhaupt erst ermöglichen (Abschnitte 9.3.1.1–9.3.1.3) oder auch behindern (Abschnitt 9.3.1.4).
Um ihre Areale zu erweitern, sind die Pflanzen auf eine passive Ausbreitung angewiesen; ihre Verbreitungseinheiten, wie Sporen, Samen, Früchte oder vegetative Teile, werden als *Choren* bezeichnet. Die Tiere dagegen haben zwei Möglichkeiten: Sie werden (passiv) bewegt, oder sie bewegen sich selbst.

9.3.1.1 Passive (allochore) Ausbreitung

Die Faktoren, die eine passive Ausbreitung bewirken, sind das Wasser, der Wind, die Tiere und der Mensch. Dementsprechend spricht man von hydrochoren, anemochoren, zoochoren und anthropochoren Arten der Ausbreitung.

Hydrochore Ausbreitung. Große Ströme, z.B. der Nil, tragen bei Hochwasser ganze Inseln mit Pflanzen und Tieren flußabwärts, Gebirgsflüsse führen Samen alpiner Pflanzen ins Tiefland. Meeresströmungen können schwimmfähige Früchte (Kokosnuß u.a.) sowie an driftenden Stämmen haftende Pflanzenchoren oder Tiere von einem Kontinent zum anderen verbreiten. Dadurch erklärt sich die oft große Ähnlichkeit der Strandfloren. Auch pelagische Organismen, und zwar im Wasser schwebend lebende ohne starke Eigenbewegung (z.B. die Quallen) oder seßhafte Bodentiere mit lange frei lebendem

Larvenstadium (wie die Korallen), werden von Meeresströmungen weit verfrachtet. Selbst eine große Landkrabbe, der Palmendieb *(Birgus latro),* der wasserbewohnende *Zoea*-Larven hat, besitzt eine Verbreitung von den Südseeinseln bis zu den Riu-Kiu-Inseln, die mit den vorherrschenden Meeresströmungen übereinstimmt.

Anemochore Ausbreitung. Staubförmige Choren der Pflanzen (Farne, Orchideen), aber auch größere flugfähige Samen und Früchte sowie Insekten können durch starke Winde in große Höhen (über 4000 m) mitgerissen und auf weite Entfernung transportiert werden. Nachdem durch den Vulkanausbruch auf der Insel Krakatau im Jahre 1883 alles Leben vernichtet worden war, erfolgte die Wiederbesiedlung von den benachbarten, 19–40 km entfernten Inseln aus: 1886 wurden 26 Pflanzenarten auf der Insel gefunden, davon waren 62% durch Wind und 38% durch Seedrift angekommen, 1934 waren es bereits 271 Pflanzenarten (41% anemochore, 28% hydrochore, 25% zoochore und 6% anthropochore) und 1156 Tierarten, von denen nur 7% auf dem Luftweg, die anderen durch Meeresströmungen hingelangten.

Zoochore Ausbreitung. Samen oder Früchte können außen an Tieren haften bleiben (z. B. Kletten, epizoochore Verbreitung, S. 796, Abb. 8.51) oder werden gefressen und oft noch keimfähig nach einiger Zeit aus dem Darm entleert (z. B. Erdbeeren, endozoochore Verbreitung). In beiden Fällen kann namentlich durch Zugvögel eine Verfrachtung über große Entfernungen erfolgen. Auf diese Weise ist wahrscheinlich die einzige afrikanische Kakteengattung *Rhipsalis,* die Beerenfrüchte hat, von Südamerika nach Afrika gelangt. Auch die Choren der Wasserpflanzen werden, am Gefieder der Vögel haftend, weltweit verbreitet. Dasselbe gilt auch für Wassertiere, z. B. für die Dauereier des Wasserflohs *Daphnia.*
Die Ausbreitung durch Tiere erfolgt zum Teil infolge der Anlage von Vorratslagern (synzoochore Verbreitung); so ist z. B. die Ausbreitung der Eiche vom Eichelhäher *(Garrulus)* abhängig, die der Zirbe in der sibirischen Taiga und in den Alpen vom Tannenhäher *(Nucifraga).* Parasiten werden durch ihre Wirte verbreitet. Zu den Ektoparasiten leiten jene nichtparasitären Arten über, die andere Tiere nur als »Fahrzeuge« benutzen, z. B. die Schiffshalter *(Echeneidae),* die selbst keine ausdauernden Schwimmer sind, sich aber an Haien und Thunfischen festhalten und über weite Strecken transportieren lassen; unter den Arthropoden sind es die Pseudoskorpione, die sich an Dipteren festklammern (Phoresie).

Anthropochore Ausbreitung. Die Verbreitung von Pflanzen und Tieren durch den Menschen ist von wachsender Bedeutung. Abgesehen von der bewußten Ausbreitung von Kulturpflanzen und Nutztieren spielt dabei unbeabsichtigtes Verschleppen eine sehr bedeutende Rolle. Viele Unkräuter sind heute *Kosmopoliten,* d. h. weltweit verbreitet. Auf den Weiden in der Pampa in Chile und auf Neuseeland findet man ausschließlich europäische Arten. In der Fauna sind solche Änderungen weniger auffällig. Das Aussetzen von Ziegen oder Kaninchen hat die ursprüngliche Flora vieler Inseln (z. B. von St. Helena) völlig zerstört. Von den 36 Säugetierarten Neuseelands wurden 34 vom Menschen ausgesetzt. Die Hirsche verhindern die Verjüngung der Südbuchenwälder und leiten damit Bodenerosion und Hochwasserkatastrophen ein. Ihre Bekämpfung in den undurchdringlichen Gebirgswäldern ist noch nicht gelungen. Auf Hawaii wurden mit menschlicher Hilfe 53 fremde Vogelarten seßhaft, was das teilweise Aussterben der ursprünglichen 68 endemischen Landvogelarten nach sich zog.

9.3.1.2 Aktive (autochore) Ausbreitung

Diese kommt bei Pflanzen nur auf wenige Meter Entfernung in Frage, z. B. beim Springkraut *(Impatiens),* und spielt für eine weite Ausbreitung keine Rolle. Die aktive

Bewältigung größerer Entfernungen betrifft unter den Tieren besonders die flugfähigen. 93 % der Fauna eines Wasserbeckens in Holstein waren durch aktiven Flug eingewandert. Bei Insekten und Säugetieren sind die geflügelten Arten meist viel weiter verbreitet als die ungeflügelten. Der Laufkäfer *Calanthus mollis* hat flugfähige und flügelreduzierte Varianten. In Norddeutschland finden sich überwiegend kurzflügelige, im südlichen Schweden dagegen größtenteils langflügelige und am Nordrand des Areales ausschließlich großflügelige Käfer. Dies zeigt deutlich, wie die nacheiszeitliche Ausbreitung auf *geflügelte* Tiere zurückgeht. Die einzigen endemischen Säugetiere Neuseelands sind zwei Fledermausarten. Andere Fledermausarten haben weitere, ganz entlegene Inseln besiedelt, so Arten der Gattung *Lasiurus* die Galapagos, die Bermudas usw.; die Mausohren (*Myotis*) sind weltweit verbreitet.

In Europa hat sich die Türkentaube *(Streptopelia decaocto)* innerhalb der letzten vier Jahrzehnte von der Balkanhalbinsel aus über ganz Mitteleuropa bis nach Skandinavien, England und Frankreich ausgebreitet und vielerorts eine bemerkenswerte Siedlungsdichte erreicht. Der afrikanische Kuhreiher *(Ardeola ibis)* hat in jüngster Zeit den Atlantik überquert und sich in diesem Jahrhundert über ganz Mittelamerika und große Teile Süd- und Nordamerikas ausgebreitet.

9.3.1.3 Kombinierte Ausbreitung

Viele flugfähige Insekten besitzen nur beschränkte Eigenbewegung, können aber vom Wind weit verdriftet werden. Wenn sie vorzeitig aufs Meer niedergehen müssen, werden sie oft von der Strömung an die Küste getragen, wo am Spülsaum die Wahrscheinlichkeit, einen Geschlechtspartner zu finden, größer ist als auf dem freien Land. Auf solch kombinierte Reiseart sind viele Insektenarten über die Ostsee hinweg nach Finnland eingewandert. Andere Tiere sind zuerst über eine Schranke hinweg transportiert worden und haben sich dann rasch aktiv ausgebreitet, wie z. B. die chinesische Wollhandkrabbe *(Eriocheir sinensis)* und die ursprünglich nordchinesische San-José-Schildlaus *(Quadraspidiotus perniciosus)*, die nordamerikanische Bisamratte *(Ondathra zibethica,* Abb. 8.52, S. 796) und der aus Colorado stammende Kartoffelkäfer *(Leptinotarsa decemlineata)* in Europa oder das europäische Kaninchen *(Oryctolagus cuniculus)* in Australien.

Im allgemeinen gilt die Korrelation: Je größer die Beweglichkeit (passiv oder aktiv), desto größer die Verbreitungsgebiete der Arten.

9.3.1.4 Schranken der Ausbreitung

Einer ungehemmten Ausbreitung von Pflanzen und Tieren stehen mancherlei Hindernisse im Wege, die im Extrem eine Arealerweiterung unmöglich machen. Solche Hemmnisse liefert die Umwelt, sie liegen aber auch beim Lebewesen selbst, in den Grenzen seiner physiologischen Kompetenz.

Geographische Schranken. Von großer Wirksamkeit sind die Weltmeere für die Pflanzen und Landtiere und die Kontinente für die Wassertiere. Die aus Amerika stammende Elodea *(Anacharis canadensis)* wurde im Jahre 1859 bei Berlin ausgesetzt und breitete sich in Europa so rasch aus, daß sie den Namen »Wasserpest« bekam. Entsprechendes gilt von vielen europäischen Arten in anderen Kontinenten: Das Johanniskraut *(Hypericum perforatum)* wurde in Nordamerika zur »Teufelswurz«. Haussperling und Star, vom Menschen über den Atlantik befördert, wurden zu den häufigsten Vögeln Nordamerikas. Weite topographische Schranken können hohe Gebirge, Wasserscheiden, Wasserfälle u. a. sein. So finden wir westlich und östlich der Anden eine sehr unterschiedliche Flora und Fauna. Die Wasserscheide zwischen Rhein und Donau scheidet Lachs und Stör (im Rhein) von Huchen und Sterlet (in der Donau). Ein Wasserfall im Gudbrandstal in

Norwegen ist zugleich die obere Grenze für sieben Fischarten. Fallen solche Schranken, so folgt eine Ausbreitung von Wassertieren: Seit Eröffnung des Suezkanals sind mindestens 15 Fischarten des Roten Meeres ins Mittelmeer eingewandert. Durch den Bau von Kanälen haben sich manche in ihrem Vorkommen einst begrenzte Süßwassertiere über die meisten Flußsysteme Europas verbreiten können, z.B. die Wandermuschel (*Dreissena polymorpha*). Besonders folgenschwer war die Einwanderung des Meerneunauges (*Lampreta*) in die Großen Seen Nordamerikas, als der Welland-Schiffskanal (gebaut 1829) die Schranke der Niagarafälle zunichte machte. Die Ausbreitung der Lamprete führte zur fast völligen Vernichtung des Forellenbestandes in den Großen Seen.

Ökologische Schranken. Geographische Schranken sind oft eng mit Existenzfaktoren gekoppelt. Eine Wüste hindert Pflanzen und Tiere an der Ausbreitung, weil es an Wasser und Nahrung fehlt oder weil Temperatur und Deckungslosigkeit nicht zusagen.

Konkurrenz. Für Pflanzen ist der Ferntransport deshalb häufig ohne große Bedeutung, weil sich die Choren am neuen Ort nicht ansiedeln können. Zwar können sie auf neu entstandenen vulkanischen Inseln durchaus Fuß fassen, wie die Hawaii-Inseln mit heute 1700 Arten Höherer Pflanzen beweisen. In einer natürlichen geschlossenen Pflanzendecke, wo der einzelne neue Sämling sich gegen den Wettbewerb aller anderen Arten durchsetzen muß, ist eine Ansiedlung schwierig. Verbreitungsgrenzen von Florenelementen werden oft nicht direkt durch die klimatisch-edaphischen Faktoren bestimmt, sondern nur indirekt, indem diese die Wettbewerbsfähigkeit der einzelnen Arten verändern (vgl. S. 801f.). Denn die Pflanzensippen wachsen unter natürlichen Bedingungen nicht für sich allein, sondern mit vielen anderen zusammen in bestimmten, historisch entstandenen und relativ stabilen Pflanzengemeinschaften.

Für Tiere gilt prinzipiell dasselbe: In einer natürlichen Biozönose finden sie meist keinen Platz (keine ökologischen Nischen; S. 779f.), den sie gegenüber etablierten Arten behaupten könnten. Wenn allerdings Neuankömmlinge den Einheimischen gegenüber im Vorteil sind, führt dies zum Verschwinden der Konkurrenten (S. 801f.).

9.3.2 Existenzfaktoren

Die Faktoren, die auf die Verbreitung der Organismen einwirken, lassen sich in abiotische und biotische gliedern. Zu ersteren gehören Klima und Substrat (Boden oder Wasser), zu letzteren z.B. die Konkurrenz. Die für Tiere so wichtige Nahrung hat man auch als trophischen Faktor abgetrennt. Die Arealgrenzen werden aber meist von einer Vielfalt von Einzelfaktoren bestimmt, die sich auf komplizierte Art kombinieren.

9.3.3 Floren- und Faunenelemente, am Beispiel Mitteleuropas erläutert

Europa gehört zur Holarktis, zeichnet sich jedoch gegenüber Nordamerika und Ostasien durch eine große Artenarmut aus, die eine Folge der Eiszeiten ist (S. 840f.). Während diese Verarmung der Flora historisch bedingt ist, müssen floristische, zum geringeren Teil auch faunistische Unterschiede zwischen Westen und Osten sowie Norden und Süden hauptsächlich auf Klimaunterschiede zurückgeführt werden, nämlich auf abnehmende Ozeanität und zunehmende Kontinentalität nach Osten hin und zunehmende Kälte in nördlicher Richtung. Die Pflanzen- und Tierarten mit ähnlicher Verbreitung (gleichem

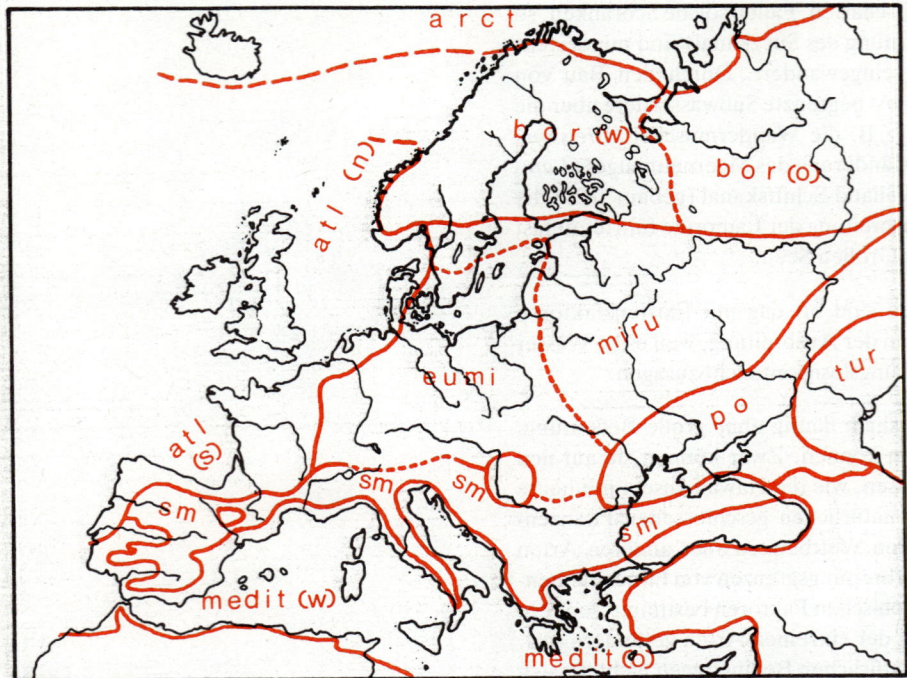

Abb. 9.7. Hauptverbreitungsgebiete der Geoelemente in Europa. arct arktisches; bor boreales (w westl., o östl.); atl atlantisches (n nördl., s südl.); eumi mitteleuropäisches; miru mittelrussisches; medit mediterranes (w westl., o östl.); sm submediterranes; po pontisches; tur turanisches Geoelement. Die Gebirge sind bei der floristischen Gliederung nicht berücksichtigt worden. Ohne Bezeichnung: Trockengebiete in Ungarn mit pontisch-pannonischen Elementen sowie in Nordost-Spanien mit Halbwüstencharakter und z. T. nordafrikanischen Elementen

Tabelle 9.7. Mitteleuropäische Höhere Pflanzen

Eibe	(Taxus baccata)
Aronstab	(Arum maculatum)
Bärenlauch	(Allium ursinum)
Rotbuche	(Fagus sylvatica)
Steineiche	(Quercus petraea)
Süßkirche	(Prunus avium)
Bergplatterbse	(Lathyrus montanus)
Bergahorn	(Acer pseudoplatanus)
Efeu	(Hedera helix)
Tollkirsche	(Atropa belladonna)
Waldlabkraut	(Galium sylvaticum)
Eberwurz	(Carlina vulgaris)

Im weiteren Sinne (submi = eumi + miru, Abb. 9.7) sind mitteleuropäisch:

Zittergras	(Briza media)
Knabenkraut	(Orchis mascula)
Vogelnestorchidee	(Neottia nidus-avis)
Schwarzerle	(Alnus glutinosa)
Haselnuß	(Corylus avellana)
Stieleiche	(Quercus robur)
Gelbes Windröschen	(Anemone ranunculoides)
Scharbockskraut	(Ranunculus ficaria)
Berberitze	(Berberis vulgaris)
Birnbaum	(Pyrus communis)
Hundsrose	(Rosa canina)
Frühlings-Platterbse	(Lathyrus vernus)
Bingelkraut	(Mercurialis perennis)
Hartriegel	(Cornus sanguinea)
Esche	(Fraxinus excelsior)
Günsel	(Ajuga reptans)
Schuppenwurz	(Lathraea squamaria)
Gemeines Labkraut	(Galium mollugo)
Holunder	(Sambucus nigra)
Kohlkratzdistel	(Cirsium oleraceum) u. a.

Tabelle 9.8 Mitteleuropäische Wirbeltiere

Mittelspecht	(Dendrocopos medius)
Grünspecht	(Picus viridis)
Sumpfmeise	(Parus communis)
Gartenbaumläufer	(Certhia brachydactyla)
Waldlaubsänger	(Phylloscopus sibilatrix)
Kammolch	(Triturus cristatus)
Teichmolch	(Triturus vulgaris)
Erdkröte	(Bufo bufo)
Wasserfrosch	(Rana esculenta)

Hauptareal) faßt man zu geographischen Floren- oder Faunenelementen (Geoelementen) zusammen. Die wichtigsten Typen entsprechen den in Abbildung 9.7 dargestellten Regionen:

Mitteleuropäische Elemente

Mitteleuropäische Pflanzenarten im engeren Sinne sind in Tabelle 9.7 zusammengefaßt. Die mitteleuropäischen Tierarten sind nicht in demselben Maße vom Klima abhängig wie die Pflanzen; die Zoogeographen verstehen deshalb unter Faunenelementen in erster Linie Tiere gleicher Herkunft. Für Mitteleuropa typische Faunenelemente sind in Tabelle 9.8 angeführt.

Mediterrane Elemente

Die eigentlichen mediterranen Florenelemente, wie *Olea europaea, Nerium oleander, Quercus ilex*, die *Cistus*-Arten u. a., sind nicht frostresistent und halten den Winter in Mitteleuropa nicht aus. Nur die submediterranen findet man in den wärmsten Teilen Mitteleuropas: *Iris germanica, Ophrys*-Arten, *Quercus pubescens, Castanea sativa, Coronilla emerus, Buxus sempervirens, Teucrium chamaedrys* u. a.
Mediterrane Faunenelemente finden sich ebenfalls nur in den wärmsten Teilen Mitteleuropas, wie am Kaiserstuhl, im Mainzer Becken und an der Mosel. Unter den Vögeln sind es Zaun- und Zippammer (*Emberiza cirlus* und *E. cia*), Berglaubsänger (*Phylloscopus bonelli*) und Rotkopfwürger (*Lanius senator*), unter den Reptilien Mauereidechse (*Lacerta muralis*), Äskulapnatter (*Elaphe longissima*) und Würfelnatter (*Natrix tessellata*), ferner zahlreiche Schmetterlinge und Käfer.

Atlantische Elemente

Auch für die typisch atlantischen Elemente sind die Winter in Mitteleuropa zu kalt (z. B. für die Pflanzen *Daboecia cantabrica, Erica vagans),* doch kommen einige derartige Pflanzenarten im westlichen Teil Mitteleuropas vor, wie *Myrica gale, Genista anglica, Erica tetralix, Lobelia dortmanna* u. a., und als einziges atlantisches Wirbeltier der Fadenmolch (*Triturus helveticus*). Aber erst die gemäßigten atlantischen Elemente (subatlantisch) sind häufiger: die Pflanzen *Rosa arvensis, Genista pilosa, Sarothamnus scoparius, Digitalis purpurea, Pedicularis sylvatica, Galium saxatile, Centaurea nigra;* unter den Tieren z. B. die Kreuzkröte (*Bufo calamita*) und die Geburtshelferkröte *(Alytes obstetricans)* sowie zahlreiche, an hohe Luftfeuchtigkeit gebundene Insekten.

Boreale Elemente

Sehr viel stärker sind die Einstrahlungen der borealen Elemente (Tab. 9.9). Insbesondere auf Mooren und in den Gebirgen sind boreale Elemente häufig. Die gemäßigten borealen (subborealen) Elemente sind dagegen überall verbreitet (Tab. 9.10).

Arktische Elemente

Selten sind dagegen die arktischen Elemente; man findet sie nur in den Hochgebirgen als arktisch-alpine Elemente, wie *Phleum alpinum, Saxifraga oppositifolia* u. a., *Gentiana nivalis.* Die engen floristischen Beziehungen zwischen der Arktis und den Alpen sind die Folge des Florenaustausches während der Höhe der Glazialzeiten, als in Mitteleuropa während der Dryas-Zeit eine Tundra herrschte. Gewisse Arten sind jedoch auf die Alpen oder die europäischen Hochgebirge beschränkt: *Carex firma, Rumex alpinus, Ranunculus alpestris, Biscutella laevigata, Sempervivum montanum, Geum reptans, Viola calcarata, Rhododendron hirsutum, R. ferrugineum, Primula auricula, Soldanella*-Arten, *Gentiana clusii* u. a., unter den Tieren viele Schmetterlinge (Bläulinge, Lycaenidae; Mohrenfalter, Erebiinae), einige Krebstiere, der Alpenstrudelwurm (*Planaria alpina*) und der Alpensalamander *(Salamandra atra).*

Pontische Elemente

Von Osten drangen während einer trockeneren, postglazialen Periode gewisse pontische Steppenelemente bis nach Mitteleuropa vor, wo sie an sonnigen Kalk- oder Lößhängen auch heute noch zusagende Bedingungen finden, z. B. die Pflanzen *Adonis vernalis, Linum-*Arten*, Prunus fruticosa, Aster amellus;* dann Hamster (*Cricetus cricetus*), Ziesel (*Citellus citellus*), Großtrappe (*Otis tarda*), Steppenweihe (*Circus macrourus*), mindestens 50 Arten von Schmetterlingen, viele Käfer und etliche Schnecken, wie z. B. die Heideschnecke *(Helicella candicans).* Zum Teil sind es solche Pflanzen, die auch im Mittelmeergebiet verbreitet sind, wie *Stipa*-Arten, *Muscari*-Arten, *Dictamnus albus, Malva alcea, Eryngium campestre, Stachys germanica, Aster linosyris;* entsprechend unter den Wirbeltieren Schwarzstirnwürger (*Lanius minor*), Kurzzehenlerche (*Calandrella brachydactyla*), Bartmeise (*Panurus biarmicus*), Knoblauchkröte (*Pelobates fuscus*), Zauneidechse (*Lacerta agilis*); weiterhin Segelfalter (*Papilio podalirius*), Widderchen (*Zygaena achilleae*) und andere Schmetterlinge sowie viele Käfer.

Nicht alle unsere Arten lassen sich einem dieser Elemente zuteilen, viele nehmen Zwischenstellungen ein oder sind weiter in fast ganz Europa verbreitet. Es gibt auch Kosmopoliten, die in mehreren oder allen Florenreichen und Faunenregionen vorkommen, wie z. B. der Adlerfarn *Pteridium aquilinum,* viele Wasser- und Sumpfpflanzen (*Ceratophyllum demersum, Phragmites communis*) oder Unkräuter (*Poa annua, Stellaria media, Plantago major*); unter den Tieren vor allem flugfähige, wie Schleiereule (*Tyto alba*) und Distelfalter *(Pyrameis cardui).*

Tabelle 9.9 Boreale Pflanzen und Tiere

Pflanzen:

Frauenfarn	*(Athyrium filix-femina)*
Wald-Schachtelhalm	*(Equisetum sylvaticum)*
Bärlapp	*(Lycopodium annotinum)*
Wollgras-Arten	*(Eriophorum)*
Borstengras	*(Nardus stricta)*
Zweiblatt	*(Listera cordata)*
Grauerle	*(Alnus incana)*
Moorbirke	*(Betula pubescens)*
Sonnentau	*(Drosera rotundifolia)*
Schwarze Johannisbeere	*(Ribes nigrum)*
Heidelbeere	*(Vaccinium myrtillus)*
Preiselbeere	*(Vaccinium vitis-idaea)*
Bitterklee	*(Menyanthes trifoliata)*
Sumpflabkraut	*(Galium palustre)*
Bergwohlverleih	*(Arnica montana)* u. a.

Tiere:

Waldbirkenmaus	*(Sicista betulina)*
Nordfledermaus	*(Eptesicus nilssoni)*
Dreizehenspecht	*(Picoides tridactylus)*
Tannenhäher	*(Nucifraga caryocatactes)*

Tabelle 9.10. Subboreale Pflanzen und Tiere

Pflanzen:

Ackerschachtelhalm	*(Equisetum arvense)*
Sandkiefer	*(Pinus sylvestris)*
Heidewacholder	*(Juniperus communis)*
Schattenblume	*(Maianthemum bifolium)*
Einbeere	*(Paris quadrifolia)*
Zitterpappel	*(Populus tremula)*
Sumpfdotterblume	*(Caltha palustris)*
Mädesüß	*(Filipendula ulmaria)*
Himbeere	*(Rubus idaeus)*
Eberesche	*(Sorbus aucuparia)*
Wiesenklee	*(Trifolium pratense)*
Hain-Sauerklee	*(Oxalis acetosella)*
Braunelle	*(Prunella vulgaris)*
Nordisches Labkraut	*(Galium boreale)*
Schneeball	*(Viburnum opulus)*
Rundblättrige Glockenblume	*(Campanula rotundifolia)*
Goldrute	*(Solidago virgaurea)*

Tiere:

Elch	*(Alces alces)*
Birkhuhn	*(Lyrurus tetrix)*
Haselhuhn	*(Tetrastes bonasia)*
Wacholderdrossel	*(Turdus pilaris)*
Moorfrosch	*(Rana arvalis)*

9.3.4 Ökologische Gliederung der Geobiosphäre

Die *Biosphäre* umfaßt die Schicht an der Erdoberfläche, in der sich die Lebenserscheinungen abspielen. Man unterscheidet dabei:
(1) die *Geobiosphäre* der Landmassen, d. h. die unterste Schicht der Atmosphäre, soweit die Pflanzen in sie hineinragen, mit der obersten durchwurzelten Bodenschicht, die auch als *Pedosphäre* bezeichnet wird;
(2) die *Hydrobiosphäre,* d. h. alle Gewässer, auf die zwei Drittel der Erdoberfläche entfallen, bis in die Tiefsee hinab (S. 834f.).
Das bewegliche Medium der Hydrobiosphäre, in dem sich die Organismen befinden, hat keine festen Grenzen. Im Gegensatz dazu erlauben uns die ortsgebundenen Pflanzen, aus denen die Pflanzendecke der Geobiosphäre besteht, eine sehr viel schärfere Gliederung. Die Pflanzenarten kommen auf der Erde in bestimmten Kombinationen – den Pflanzengemeinschaften – vor, aus denen die Wälder, die Wiesen, die Moore usw. bestehen, die man als *Phytozönosen* bezeichnet und die in ihrer Gesamtheit die Vegetation bilden. Zusammen mit den für sie charakteristischen Tieren bildet die Phytozönose eine *Biozönose* und diese mit den Umweltfaktoren (Klima, Boden) eine ökologische Einheit – das *Ökosystem* (S. 799f.).
Eine ökologische Gliederung der Geobiosphäre hat somit das Klima, die Böden, die Vegetation und die Tierwelt zu berücksichtigen.
Für die erste Gliederung der Geobiosphäre in sehr große Einheiten bietet sich als primärer, durch die planetarische Luftzirkulation bedingter Faktor das *Großklima* an. Dieses läßt sich durch das dichte Netz der meteorologischen Stationen einwandfrei erfassen und durch das ökologische Klimadiagramm in den Hauptzügen anschaulich graphisch darstellen. Es lassen sich dabei neun Grundtypen der Klimadiagramme unterscheiden, die den großen Klimazonen, zugleich aber auch den Boden- und den Vegetationszonen entsprechen.

Zonobiome

Große ökologische Landschaftseinheiten oder Lebensräume werden ganz allgemein als *Biome* bezeichnet. Deshalb nennt man die größten ökologischen, durch das zonale Großklima bestimmten Einheiten Zonobiome. Man unterscheidet die Zonobiome I–IX und die ihnen entsprechenden Boden- und Vegetationszonen (Tab. 9.11, S. 853; Abb. 9.8, 9.9).
Soweit sich innerhalb eines Zonobioms größere klimatische Unterschiede bemerkbar machen, werden Subzonobiome unterschieden. Zu dem Zonobiom III gehören z.B. Wüsten mit spärlichen Winterregen oder solche mit Sommerregen bzw. andere mit zwei Regenzeiten oder nur mit episodischen Regenfällen. Bei anderen Zonobiomen wird man zur Unterteilung historisch bedingte floristische Unterschiede heranziehen, z.B. beim Zonobiom IV, zu dem das Mittelmeergebiet und das kalifornische Gebiet mit einer holarktischen Flora gehören, aber auch das chilenische mit neotropischer Flora bzw. andere mit australischer oder mit capensischer Flora.

Zono-Ökotone

Ökotone ($\tau \acute{o} \nu o \varsigma$, griech. Spannung) sind ökologische Spannungsräume, in denen ein Vegetationstypus durch einen anderen ersetzt wird, z.B. der Wald durch die Steppe.
In solchen Zono-Ökotonen kommen beide Typen unter gleichen großklimatischen Bedingungen nebeneinander im scharfen Wettbewerb vor. Den Ausschlag für das Auftreten des einen oder anderen Typus gibt in diesen Fällen das Kleinklima oder die Bodenart. Dabei findet entweder eine diffuse Durchdringung beider Typen statt, z.B. bei Mischwäldern aus Laub- und Nadelhölzern, oder es bildet sich ein Makromosaik, z.B. erst Steppeninseln im Waldgebiet, dann Waldinseln im Steppengebiet.

9.3.4 Ökologische Gliederung der Geobiosphäre   851

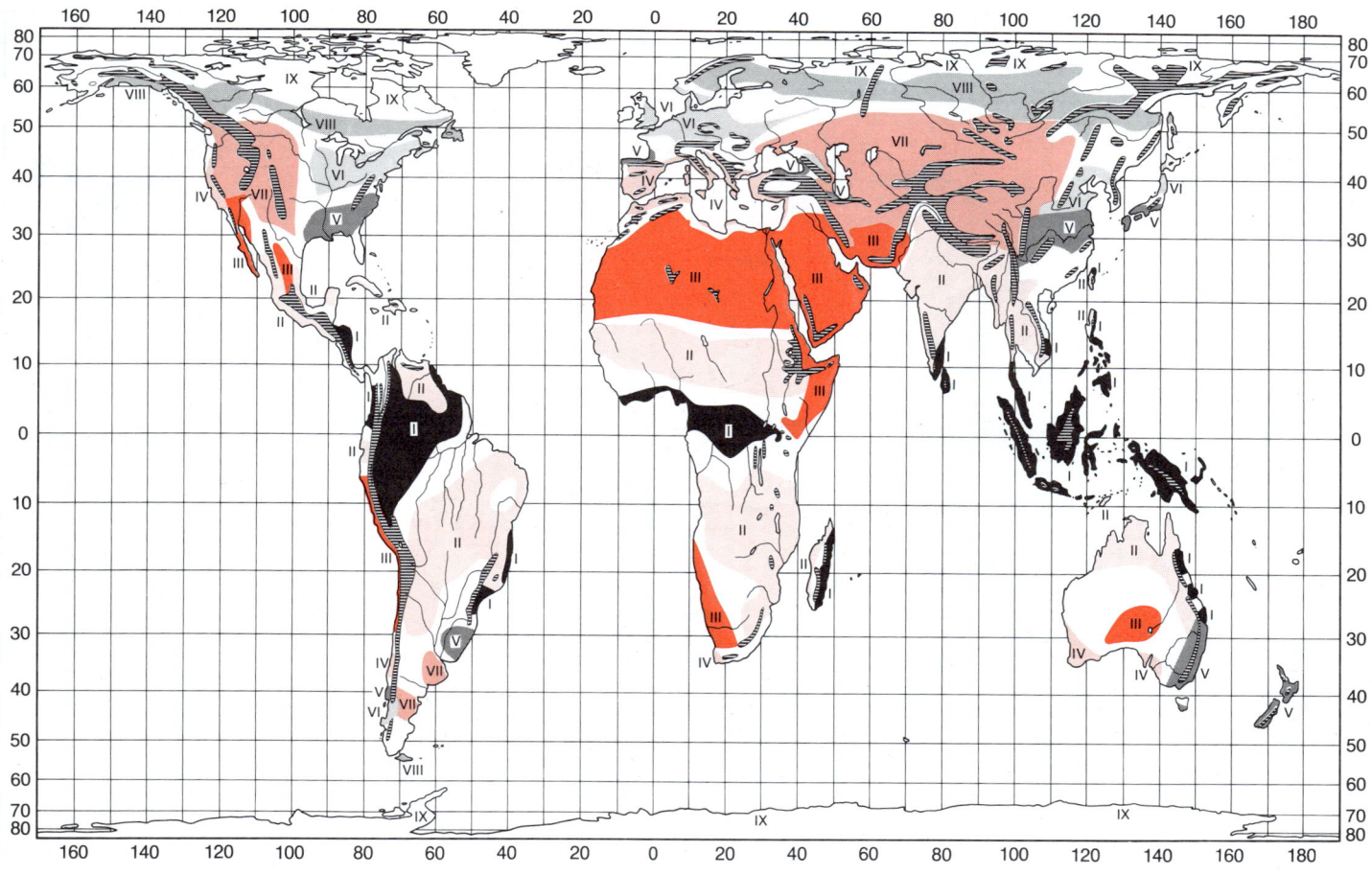

Abb. 9.8. Gliederung der Geobiosphäre in die Zonobiome I–IX und die dazwischenliegenden Zono-Ökotone. Die Zonobiome sind umso kräftiger rot dargestellt, je arider das Klima ist, und um so stärker grau, je feuchter das Klima ist. Die Zono-Ökotone wurden nicht bezeichnet; die wichtigsten Orobiome sind schraffiert. (Nach Walter; Kartenzeichnung in flächentreuer Zylinderprojektion von A. Benzing)

Alle Zonobiome sind durch breite Zono-Ökotone voneinander getrennt. Scharfe klimatische Grenzen, wie sie auf Klimakarten zu finden sind, gibt es in der Natur im Flachlande nicht. Für die Abgrenzung der Zono-Ökotone sind wiederum die Klimadiagramme maßgebend, die in diesem Falle Übergänge zwischen zwei Typen darstellen.
Die Bezeichnung der verschiedenen Zono-Ökotone erfolgt nach den Zonobiomen, zwischen denen sie liegen, z. B. Zono-Ökoton I/II. Zum Beispiel ist Zono-Ökoton VI/VII die Waldsteppe, Zono-Ökoton VIII/IX die Waldtundra. Die geographische Verbreitung der Zonobiome und Zono-Ökotone der Biogeosphäre ist aus Abbildung 9.8 zu ersehen.

Orobiome

Innerhalb der Zonobiome bilden die Gebirge besondere klimatische Inseln, bei denen sich das Klima in vertikaler Richtung sehr rasch ändert; z. B. nehmen die Mitteltemperaturen in europäischen Gebirgen in vertikaler Richtung etwa 1000 mal rascher ab als im Flachland vom Alpenrand bis zum Nordkap. Die Gebirge sind deshalb eigene ökologische Einheiten – Orobiome (ὄρος, griech. Anhöhe), die innerhalb der Zonobiome gesondert zu behandeln sind.
Die Klimaänderung in vertikaler Richtung bedingt im Gebirge eine Höhenstufenfolge der Böden und der Vegetation, die zuweilen bei oberflächlicher Betrachtung der Zonenfolge von Süd nach Nord ähnelt, meist jedoch sich von letzterer grundlegend unterscheidet. Allerdings hängt die Höhenstufenfolge sehr stark davon ab, in welcher Zone sich das

852 Biogeographie

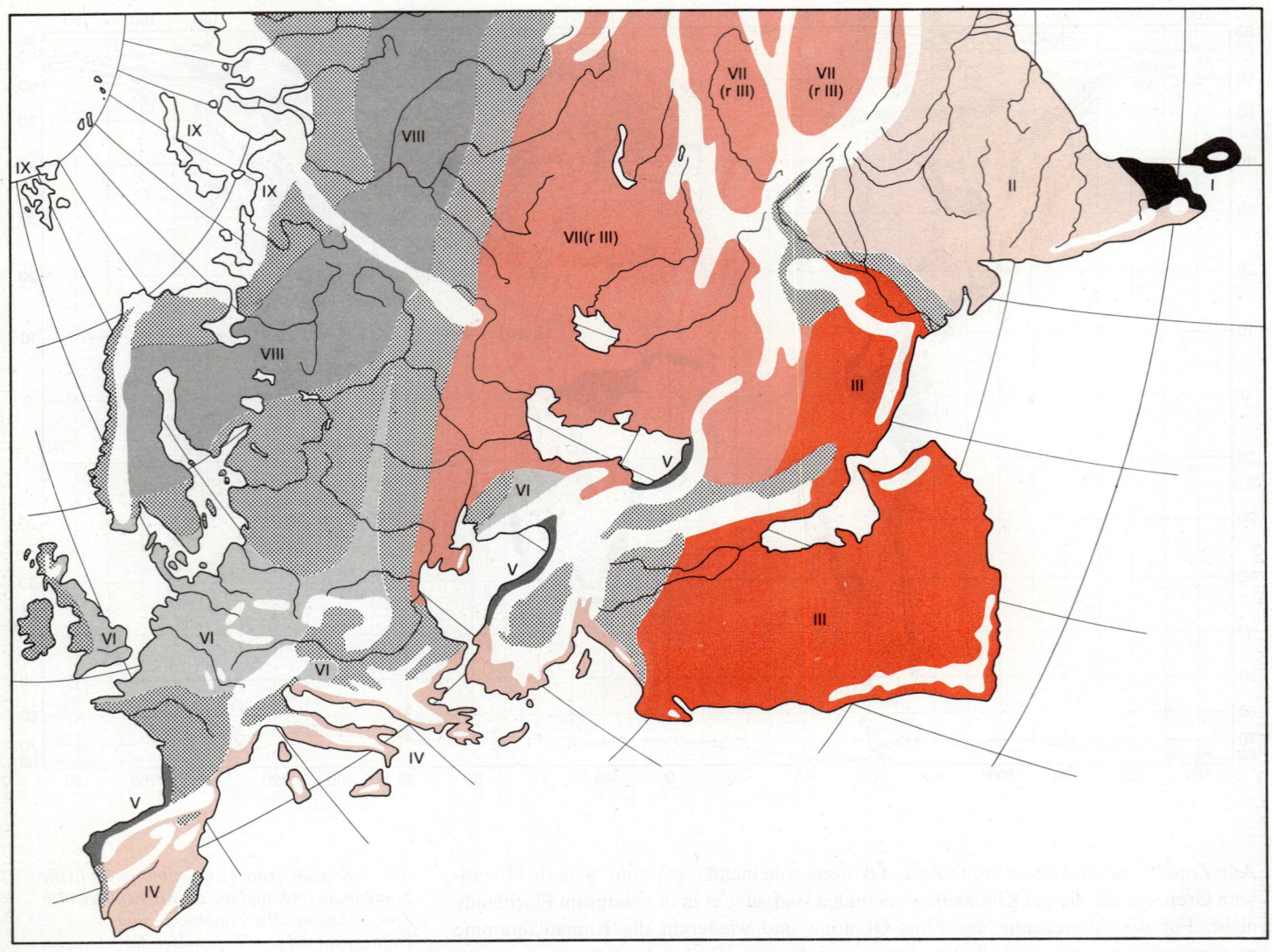

Abb. 9.9 Ökologische Gliederung von Europa und dem westlichen Asien. Darstellung der Zonobiome wie in Abb. 9.8; Zono-Ökotone gerastert: Gebirgszüge (Orobiome) weiß, ohne Bezeichnung. Das Zonobiom VII wird unterteilt in ZB VII der Steppen nördlich vom Schwarzen Meer, ZB VIIa der Halbwüsten in der Kaspischen Niederung und VII (rIII) der Wüsten Zentralasiens. (Nach Walter; Kartenzeichnung von A. Benzing)

Gebirge befindet. Deshalb werden die Orobiome nach dem Zonobiom bezeichnet, aus dem sie sich erheben, also als Orobiom I, Orobiom II usw. In einem solchen Falle handelt es sich um *unizonale* Orobiome. Ein Gebirge kann aber auch zwischen zwei Zonobiomen liegen und eine scharfe Klimascheide bilden, z.B. sind die Alpen ein solches *interzonales* Orobiom VI/IV. Viele Gebirge erstrecken sich über mehrere Zonen. Es sind dann *multizonale* Orobiome, wie z.B. der Ural, der als Orobiom IX–VII zu bezeichnen ist. In solchen Fällen wird man verschiedene Höhenstufenfolgen bei einem Gebirge unterscheiden. Es gibt auch in den Innentälern der Gebirge Intragebirgs-Höhenstufenfolgen, die meist einem sehr kontinentalen Klima entsprechen.

Pedobiome

Innerhalb der Zonobiome können ausgedehnte Flächen mit extremen Bodenverhältnissen vorkommen, die ebenso wie die Orobiome besondere ökologische Einheiten darstellen. Es sind die *Pedobiome* (πέδον, griech. Boden), die man nach der Beschaffenheit des den Boden bildenden Gesteins in eine Reihe von Untertypen einteilen kann: Lithobiome

Tabelle 9.11 Die den Zonobiomen I–IX entsprechenden Boden- und Vegetationszonen

Typus Zonobiom	Klima	Bodenzone	Vegetationszone
I	Äquatoriales; mit Tageszeitenklima, meist immerfeucht	Äquatoriale Braunlehme, ferralitische Böden-Latosole	Immergrüner tropischer Regenwald, jahreszeitliche Aspekte fast fehlend
II	Tropisches; mit Sommerregenzeit und kühler Dürrezeit	Rotlehme oder Roterden, fersialitische Savannenböden	Tropischer laubabwerfender Wald oder Savannen
III	Subtropisches; arides Wüstenklima, spärliche Regenfälle	Sieroseme oder Syroseme (rohe Wüstenböden), auch Salzböden	Subtropische Wüstenvegetation, Gesteine bestimmen das Landschaftsbild
IV	Mediterranes; mit Winterregen und Sommerdürre	Mediterrane Braunerde, oft fossile Terra rossa	Hartlaubgehölze (Sklerophylle), gegen längeren Frost empfindlich
V	Warmtemperiertes; mit Sommerregenmaximum oder maritimes	Rote oder gelbe Waldböden, leicht podsolig	Temperierter immergrüner Wald, etwas frostempfindlich
VI	Typisch gemäßigtes; mit kurzer Winterkälte (nemorales)	Wald-Braunerde oder graue Waldböden (oft lessiviert)	Nemoraler, im Winter kahler Laubwald, frostresistent
VII	Arid-gemäßigtes; mit kalten Wintern (kontinentales)	Tschernoseme, Kastanoseme, Buroseme bis Sjeroseme	Steppen bis Wüsten, nur Sommerzeit ist heiß
VIII	Kalt-gemäßigtes; mit kühlen Sommern (lange Winter)	Podsole oder Rohhumus-Bleicherden	Boreale Nadelwälder (Taiga), sehr frostresistent
IX	Arktisches und antarktisches; mit sehr kurzen Sommern	Humusreiche Tundraböden mit starken Solifluktionserscheinungen	Baumfreie Tundravegetation, meist über Permafrostboden

(Felsböden), Psammobiome (Sandböden), Halobiome (Salzböden), Helobiome (Moorböden), Hydrobiome (mit von Wasser bedeckten Sumpfböden), Amphibiome (wechselfeuchte Böden), Peinobiome (nährstoffarme Böden). Ausgedehnte Lithobiome sind die Lava- oder Basaltdecken im Nordwesten der USA, riesige Halobiome bilden die Salzwüsten im zentralen Iran, das größte Peino-Helobiom ist Westsibirien mit nährstoffarmen Moorböden vom Ural bis zum Jenissej (über 1000 km Entfernung).

Die Vegetation der Pedobiome unterscheidet sich stark von der zonalen Vegetation des Zonobioms. Es handelt sich stets um eine *azonale* Vegetation, die durch den Boden stärker bestimmt wird als durch das Großklima.

Biome oder Eubiome

Einfach als Biom oder genauer als Eubiom bezeichnet man die Grundeinheit der großen ökologischen Einheiten. Es ist ein einheitlicher konkreter Lebensraum, der einer bestimmten größeren geografischen Landschaft entspricht und der entweder zu einem Zonobiom oder Orobiom oder Pedobiom gehört. Zum Beispiel ist das mitteleuropäische Laubwaldgebiet ein Eubiom des Zonobioms VI, der Nordhang der Alpen ein Eubiom des Orobioms VI, die Karakum-Sandwüste in Turkmenien ein Eubiom des Psammobioms unter den Pedobiomen.
Die Eubiome sind also bereits leichter ökologisch zu erforschende Einheiten, aber doch noch sehr komplexe Gebilde, die weiter in viele kleine ökologische Einheiten unterteilt werden müssen.

Das Biogeozön als kleinste ökologische Grundeinheit

Als Grundlage für die feinere Untergliederung der Eubiome kann man die Pflanzendecke – also die Vegetation – heranziehen, weil diese unter natürlichen Bedingungen die jeweiligen ökologischen Verhältnisse der einzelnen Standorte widerspiegelt. Denn die grünen Pflanzen spielen als Produzenten (S. 812) im Ökosystem die Hauptrolle; sie leiten den Stoffkreislauf (S. 817f.) ebenso wie den Energiefluß (S. 820f.) ein.

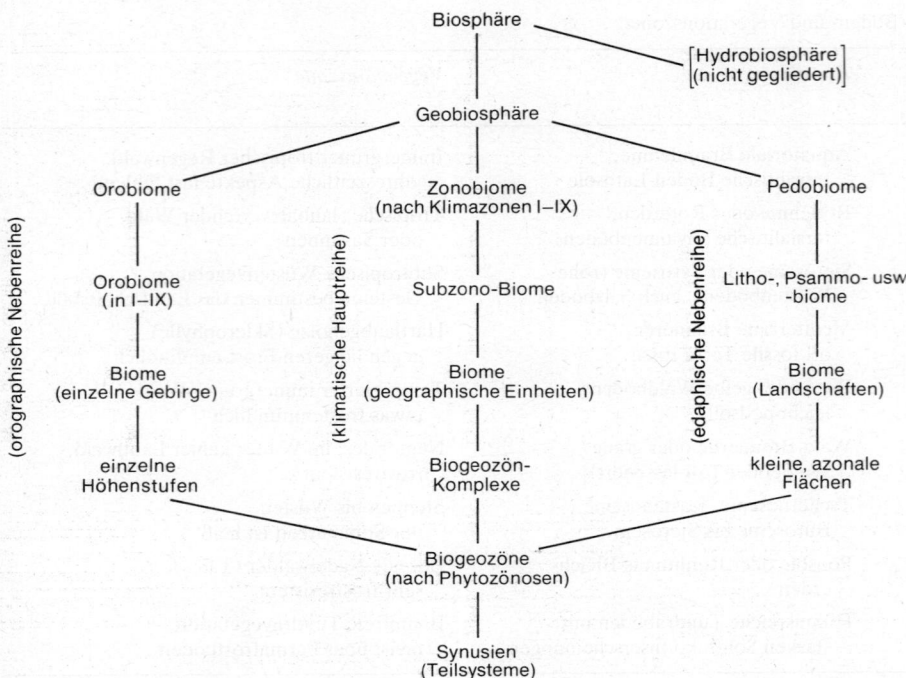

Abb. 9.10. *Rangstufen des ökologischen Systems. (Nach Walter)*

Die Grundeinheit der Vegetation ist die Assoziation. Ihr entspricht räumlich unter Einbeziehung der tierischen Organismen und der Umweltfaktoren die ökologische Grundeinheit, die Biogeozönose oder kürzer das *Biogeozön*.

Das Biogeozön ist zwar die kleinste Grundeinheit der Ökosysteme, weist aber noch kleinere Teileinheiten – die *Synusien* – auf. Zu Synusien faßt man die Pflanzenarten zusammen, die sich ökologisch sehr ähnlich verhalten. Bei einem Laubwald-Biogeozön kann man folgende Synusien unterscheiden: die Baumschicht, die Strauchschicht und eine Reihe von Synusien der Krautschicht. Auch die Flechten an den Baumstämmen oder die Moose auf der Stammbasis bilden Synusien. Sie alle haben jedoch keinen eigenen Stoffkreislauf, und ihre Produktion bildet einen Teil der Produktion des gesamten Biogeozöns. Es sind somit nur ökologische Teileinheiten.

Schema der ökologischen Gliederung der Geobiosphäre

Zwischen der Grundeinheit der großen ökologischen Systeme – dem Eubiom – und derjenigen der kleinen ökologischen Systeme – dem Biogeozön – klafft eine große Lücke, die durch Einheiten mittlerer Größe ausgefüllt werden muß. Solche Einheiten sind die Biogeozönkomplexe, zu denen man Biogeozöne zusammenfaßt, die durch dynamische Vorgänge miteinander in Verbindung stehen, z. B. bei Biogeozönreihen an einem Hang mit lateralem Stofftransport (Catena der Bodenkundler), oder solche, die miteinander an gewisse Landschaftsformen gebunden sind, z. B. in einem Flußtal oder um ein Becken herum. Die Flächenausdehnung dieser Biogeozönkomplexe kann sehr verschieden sein. Bestimmte Bezeichnungen für die einzelnen Typen fehlen noch. Unter Einbeziehung dieser Biogeozönkomplexe ergibt sich die schematische Übersicht der Rangstufen des ökologischen Systems in Abbildung 9.10. Es wird die Aufgabe der ökologisch-biogeographischen Forschung sein, die Aufgliederung der Geobiosphäre bis zu den einzelnen Eubiomen durchzuführen.

10 Evolution

Leben tritt uns auf unserer Erde in einer sehr großen Mannigfaltigkeit gegenüber. Während es im Bereich des Anorganischen z. B. nur 2000 verschiedene Minerale gibt, von denen gar nur 10 häufiger vorkommen, sind bisher etwa 1,5 Millionen Tier- und über 400 000 Pflanzenarten beschrieben, und jährlich werden noch neue dazu entdeckt. Bis ins 19. Jahrhundert hinein war man davon überzeugt, daß alle Arten von »Anbeginn der Schöpfung« an existierten und unwandelbar sind (Linnés Satz von der *»Konstanz der Arten«*). Wenngleich schon vorher Gedanken über einen stammesgeschichtlichen Wandel der Arten aufgetaucht waren, brachte doch erst das 19. Jahrhundert – vor allem durch die Arbeiten Lamarcks (1809) und besonders Darwins (1859) – den Durchbruch der *Evolutionstheorie* (Deszendenztheorie, Abstammungslehre). Diese besagt, daß die Artenmannigfaltigkeit der Organismen das Produkt eines historischen Entwicklungsprozesses ist, der sich in den Hunderten von Jahrmillionen der Erdgeschichte vollzogen hat. Alle heute lebenden (rezenten) Arten stehen demnach in einem mehr oder weniger engen Verwandtschaftsverhältnis zueinander, haben einen realhistorischen Zusammenhang. Sie lassen sich letztlich auf gemeinsame, ursprüngliche Ahnenformen zurückführen. Im Laufe der stammesgeschichtlichen Entwicklung der Organismen muß es demnach zu einer Umwandlung *(Transformation)* in Gestalt, Funktion und Lebensweise und dementsprechend zu einer Differenzierung *(Divergenz)* gekommen sein. Diesen Prozeß, der zum Artenwandel und zur Bildung neuer Arten und Organisationstypen geführt hat, nennt man Evolution. Da die biologische Evolution in der Generationenfolge abläuft, können nur erbliche Eigenschaften davon betroffen sein. Sie ist daher mit einer Änderung der genetischen Information verbunden.
Aufgabe der Evolutionsforschung (Evolutionsbiologie) ist es, den phylogenetischen Wandel von Eigenschaften zu erfassen (Homologienforschung), die Stammesgeschichte bestimmter Gruppen zu rekonstruieren (Phylogenetik) und die in der Evolution wirksamen Kausalfaktoren zu ermitteln. Ziel der Evolutionsforschung ist es, die Entstehung der Mannigfaltigkeit der Organismen, deren Verwandtschaftsbeziehungen und die Anpassungen der Arten an ihre Umwelt und Lebensweise zu erklären.
Da *alle* Eigenschaften der rezenten Organismen in einer langen Phylogenese entwickelt wurden, spielt der *historische Aspekt* in allen Disziplinen der Biologie eine entscheidende Rolle. Sie alle liefern daher auch Fragestellungen und Beiträge, die es in einer *synthetischen Evolutionstheorie* zu verarbeiten gilt. Diese stellt demgemäß eine zentrale Theorie der Biologie dar.

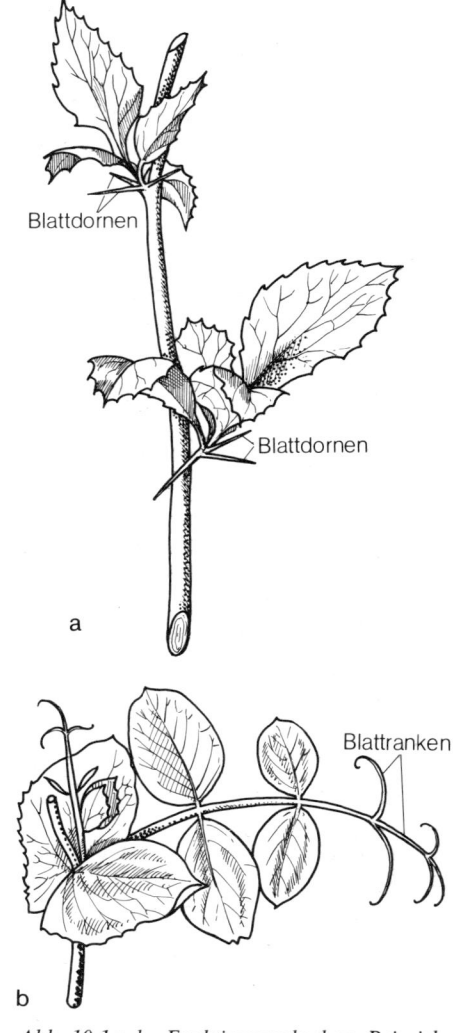

Abb. 10.1a, b. Funktionswechsel am Beispiel von Blättern. (a) Als Blattdornen entwickelte Nebenblätter der Berberitze (Berberis). (b) Zu Blattranken entwickelte Spitzenteile des gefiederten Laubblattes der Erbse (Pisum). Vgl. Sproßdorn und Sproßranke in Abb. 10.24 (S. 868). (Nach Troll aus Nultsch)

10.1 Nachweis von Verwandtschaftsbeziehungen

10.1.1 Homologie

Die Begründung für eine Verwandtschaft zwischen verschiedenartigen Organismen liegt in dem Nachweis von Übereinstimmungen in ihren Eigenschaften. Diese werden in der Ontogenese eines Organismus nach dem Plan ihrer Erbinformationen entwickelt. Eigenschaften, deren Übereinstimmungen auf einer gemeinsamen erblichen Information beruhen, bezeichnet man als (erb-)homolog (es liegt *Homologie* vor). Da genetische Information im Vorgang der Vererbung nur von den Eltern auf deren Kinder in der Generationenfolge weitergegeben werden kann (von Ausnahmen wie der Bakterientransduktion abgesehen, S. 255f.), ist der Nachweis von Homologien bei zwei verschiedenen Arten (zwischen denen kein genetischer »Informationsfluß« besteht, S. 912) gleichzeitig der Nachweis ihrer phylogenetischen Verwandtschaft. Ihre gemeinsame Information muß auf die eines gemeinsamen Ahnen zurückgeführt werden.

Alle Eigenschaften von Organismen, denen eine erbliche Information zugrunde liegt, lassen sich demnach auf das Vorhandensein von Homologien prüfen, seien es Makromoleküle, Organe, physiologische Prozesse oder Verhaltensweisen. Wir wollen solche, nach einer Information erstellte Eigenschaften allgemein als »Strukturen« bezeichnen. *Biologische Strukturen* sind der Gegenstand der *Homologienforschung*, die ein wesentliches Aufgabenfeld der *vergleichenden (komparativen) Biologie* darstellt.

Das bei weitem umfänglichste Material liegt bisher aus dem Bereich der Morphologie vor. Sie ist eine der ältesten Disziplinen der Biologie und kann auch fossiles Material einbeziehen, an dem chemische oder physiologische Eigenschaften und Verhaltensmerkmale nur in seltenen Ausnahmefällen (z. B. Chlorophyll, Spuren von Bewegungsverhalten) erhalten sind.

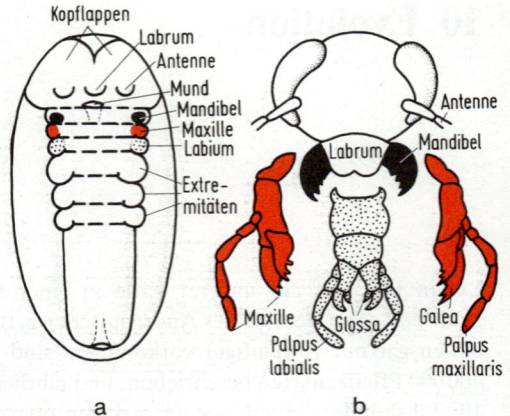

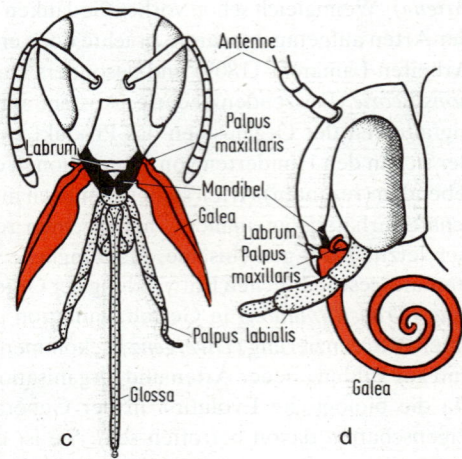

Abb. 10.2 a–d. Homologie der Mundwerkzeuge bei verschiedenen Ordnungen der Insekten. Schwarz: Mandibel, rot: Maxille, punktiert: Unterlippe. (a) Ventrale Keimanlage eines Insekts. Sie zeigt die segmentale Anlage der Extremitätenknospen, die sich im Kopfbereich zu den Mundwerkzeugen, im Thoraxbereich zu den Beinen entwickeln. (b) Schabe (Blatta). Die einzelnen Mundgliedmaßen auseinandergenommen. Mundwerkzeuge vom ursprünglich kauenden Typ. (c) Honigbiene (Apis). Zum Saugapparat umgestaltete Maxillen und Labiumteile. Mandibeln wohl entwickelt. (d) Schmetterling (Lepidoptera): Die Galea-Abschnitte der Maxillen zum Saugrüssel ausgezogen. Mandibeln reduziert. (Nach Moody, ergänzt u. verändert)

10.1.1.1 Abwandlung homologer Strukturen durch Funktionswechsel

Homologe Strukturen verschiedener Arten sind in der Regel nicht identisch; sie weisen Unterschiede auf. Diese sind im Verlauf der Evolution der verglichenen Arten nach ihrer Trennung (Aufspaltung) von dem gemeinsamen Ahnen entstanden (Divergenzen). Da bestimmte Strukturen von Organismen bestimmte Funktionen erfüllen und diesen angepaßt sind, deuten Unterschiede bei homologen Strukturen vielfach auf unterschiedliche Funktionen hin. Die Evolution der Organismen ist in vielen Fällen mit einem (wiederholten) *Funktionswechsel* ihrer Strukturen verbunden. Homologe Strukturen können daher bei naiver Betrachtung sehr unähnlich sein. Betrachten wir z. B. bei den Blütenpflanzen die Grundstruktur Blatt, so kann diese in Anpassung an verschiedene Funktionen – also durch Funktionswechsel – stark differieren, je nachdem, ob z. B. ein Laubblatt (für die Photosynthese und Transpiration), ein Blütenblatt (Schauapparat zur Anlockung von Bestäubern), ein Staubblatt (Produktion von Pollen), ein Blattdorn (Abwehrfunktion) oder eine Blattranke (Klammerorgan) vorliegt (Abb. 10. 1). Es bedarf daher gründlicher Untersuchungen nach bestimmten Kriterien, um Homologien zu erkennen.

10.1.1.2 Homologiekriterien mit Beispielen aus der Morphologie

Zum Nachweis von Homologien und damit von Verwandtschaft bedient sich die vergleichende Biologie bestimmter Homologiekriterien. Als solche gelten:

(1) *Das Kriterium der Lage:* Strukturen sind homolog, wenn sie die gleiche Lage in einem vergleichbaren Gefügesystem einnehmen, *homotop* sind. Mit diesem Kriterium lassen sich z. B. die sehr unterschiedlich gestalteten Mundwerkzeuge verschiedener Insektenordnungen homologisieren (Abb. 10.2), da sie stets den gleichen Lagebezug im Kopf haben und in spezifischer Weise von den drei Ganglien des Unterschlundganglions innerviert werden. Nach dem gleichen Kriterium lassen sich z. B. die bei manchen Samenpflanzen auftretenden blattähnlichen (weil der Photosynthese dienenden) Phyllocladien als abgewandelte Seitensprosse erkennen, da sie wie diese in den Achseln eines Deckblattes entspringen. Sie können daher auch (im Gegensatz zu Blättern) auf ihrer Fläche Blüten tragen (Blüten sind ihrerseits Sprossen mit Blättern homolog), wie z. B. beim Mäusedorn *Ruscus* (Abb. 10.3).

(2) *Das Kriterium der speziellen Qualität:* Aus mehreren Einzelstrukturen zusammengesetzte Komplexstrukturen können auch dann homologisiert werden, wenn sich ihre Lage im Gefügesystem im Laufe der Phylogenese verändert hat (sie *heterotop* sind), falls sie in vielen Einzelmerkmalen übereinstimmen, also *homomorph* sind. So kann man z. B. Ovarien oder Hoden bei Plattwürmern (Turbellarien) ihres spezifischen Baues wegen homologisieren, obwohl sie bei verschiedenen Arten unterschiedlich angeordnet sind. Dank dieses Kriteriums können auch isolierte Einzelteile von Organismen homologisiert werden (z. B. einzelne Zähne eines Säugers als Eckzahn oder Backenzahn; einzelne Wirbel als Hals- oder Lendenwirbel; Sporen oder Sporangien bei Pflanzen). Da häufig isolierte Strukturen fossil erhalten sind, spielt dieses Kriterium vor allem für die Paläontologie eine entscheidende Rolle.

(3) *Das Kriterium der Verknüpfung durch Zwischenformen (Stetigkeits-Kriterium):* Selbst heteromorphe und heterotope Strukturen können noch homologisiert werden, wenn sie sich durch eine Reihe von Zwischenformen miteinander verbinden lassen. Solche Zwischenformen können aus der stammesgeschichtlichen Entwicklung fossil erhalten sein, bei verwandten rezenten Arten auftreten, in der Keimesentwicklung »rekapituliert« werden (S. 863) oder am selben Organismus an einer anderen Körperstelle (seriale Homologie) in Erscheinung treten.

10.1.1.3 Seriale Homologie (Homonomie)

Mehrfach am selben Individuum auftretende Strukturen können homologisierbare Gemeinsamkeiten aufweisen und damit als Differenzierungen einer »Grundstruktur« erkannt werden, so z. B. bei den verschiedenen Federn (Deck-, Schwung-, Dunenfeder) eines Vogels, differenten Wirbeln (Hals-, Lenden-, Schwanzwirbel) einer Wirbelsäule, bei den verschiedenen Extremitäten (zu denen auch die Mundwerkzeuge gehören, Abb. 10.2) eines Arthropoden und den verschiedenen Blattmetamorphosen (Laub-, Blüten-, Staub-, Fruchtblatt und Blattdorn, Abb. 10.1a) eines Pflanzenindividuums. Bei segmentaler Anordnung solcher Strukturen (z. B. Extremitäten) läßt sich das Lagekriterium innerhalb des Segments anwenden, bei nicht segmentaler (z. B. Haare und Stacheln des Igels, Schwung- und Deckfedern eines Vogels) das Kriterium der speziellen Qualität. Häufig finden sich bei serialer Homologie auch vermittelnde Zwischenformen, z. B. in der Blattfolge von Pflanzen Übergänge von Laubblättern zu Hochblättern (Abb. 5.25, S. 419) oder von Blütenblättern zu Staubblättern (bei der Seerose *Nymphaea*, Abb. 10.4). Oft weisen serial-homologe Strukturen auch große Übereinstimmungen in ihren embryonalen Anlagen auf (Abb. 10.2a).

10.1.1.4 Homologie und Korrelationsgesetz

Das Korrelationsgesetz besagt: Ist eine Homologie (bezüglich einer Struktur) für zwei Arten nachgewiesen, so lassen sich in der Regel noch weitere Homologien finden (z. B. sieben Halswirbel, Haare, kernlose Erythrocyten u. a. bei Säugetieren). Dabei gibt es Homologien mit weiter Verbreitung, die viele verschiedene Arten umfassen, und solche mit engerer. Weitere *Homologiekreise* umschließen dabei häufig mehrere engere, woraus sich der *hierarchische Aufbau des natürlichen Systems* der Organismen mit den verschiedenen systematischen Kategorien ergibt (S. 936f.). Letztlich lassen sich sehr weite Homologiekreise nachweisen, z. B. der, der alle Eukaryoten umfaßt (und damit diese Gruppe begründet) mit einer Fülle von Homologien im Bau der Zelle (Zellkern mit Chromosomen, Mitochondrien, Flagellen), in deren gleichartig ablaufenden Vorgängen (Mitose, Meiose, Befruchtung) und in deren Physiologie (Atmung). Noch basalere – also phylogenetisch ältere – Eigenschaften finden sich in homologer Ausbildung schließlich bei *allen* Lebewesen, so z. B. der genetische Code mit Tripletts von Nucleotiden als Codons,

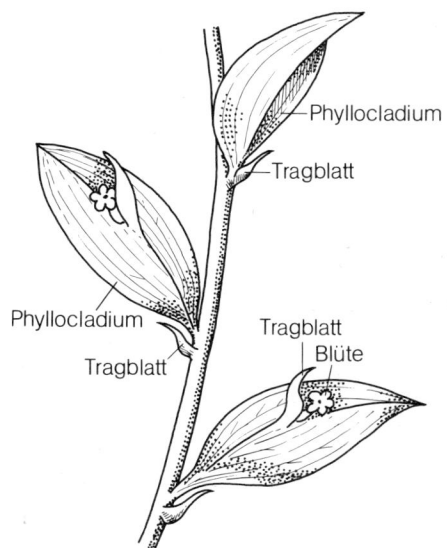

Abb. 10.3. Die Phyllocladien des Mäusedorns (Ruscus) sind modifizierte Kurztriebe. Sie entspringen in den Achseln von Tragblättern und tragen Blüten. (Nach Troll aus Nultsch)

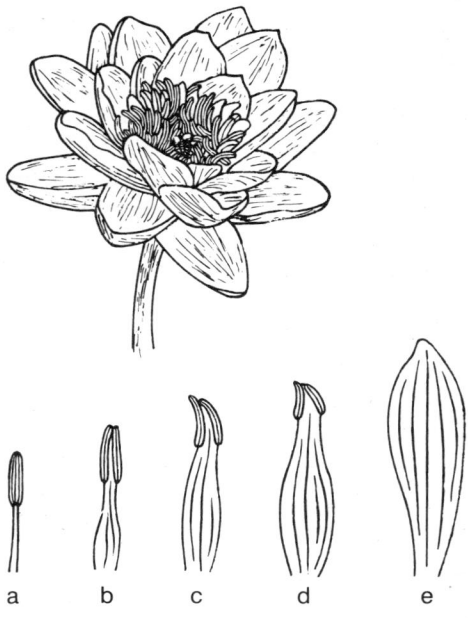

Abb. 10.4 a–e. Bei den Seerosen (Nymphaea) läßt sich die Umwandlung von Staubblättern (a) zu Kronblättern (e) über vermittelnde Stadien (b–d) in den einzelnen Blattkreisen verfolgen. (Nach Troll aus Osche)

L-Aminosäuren als Proteinbausteine oder die Verwendung von ATP als Energiespeicher. Diese allgemeinen Homologien liefern den Beweis für die Wurzel aller Lebewesen in gemeinsamen Ahnenformen, für die *Monophylie* aller Organismenarten.

10.1.1.5 Homologie von Makromolekülen

Die spezifische Struktur der Makromoleküle der Organismen beruht auf erblicher Information. Makromoleküle sind daher der Homologieforschung zugänglich. Die Primärstruktur der Proteine ergibt sich aus der spezifischen Sequenz der sie aufbauenden Aminosäuren (S. 31 f.; Abb. 1.21, 1.22; Abb. 10.5). Bei den Molekülen der *DNA* ergibt die Sequenz der Nucleotide mit ihren aperiodischen Basen den spezifischen Bau (S. 37 f.). Wenn die Zahl der Übereinstimmungen (Koinzidenzen) in der Anordnung gleicher Bausteine eines Makromoleküls (z. B. gleiche Aminosäuren mit gleicher Position in einem Protein) deutlich über der Zufallsrate liegt, dann liegt Homologie vor. Derart homologe Moleküle sind auf ein gemeinsames »Urmolekül« (z. B. Urprotein) einer gemeinsamen Ahnenform zurückzuführen.

Zum Vergleich der spezifischen Struktur von *Proteinen* werden folgende Methoden angewandt: Die *serologischen Methoden* (immunologische Technik, S. 526 f.) zeigen durch die Antigen-Antikörper-Reaktion Übereinstimmungen in Proteinmolekülen auf, deren chemischer Aufbau noch nicht näher bekannt sein muß. *Stofftrennungsmethoden,* vor allem die Elektrophorese, erlauben, Proteinmoleküle nach Ladung und Größe zu fraktionieren. In den erhaltenen Elektropherogrammen (S. 359, Abb. 4.59) lassen sich einzelne Banden nach dem Kriterium der Lage homologisieren. Die zeitaufwendige *Aminosäuresequenzierung* liefert die Information über die Primärstruktur der Proteine und erlaubt die Feststellung von Homologien aufgrund der Position einzelner Aminosäuren im Molekül (Beispiele S. 876).

Der Vergleich der DNA verschiedener Arten ist durch die Technik der *DNA-Hybridisierung* möglich geworden. Dabei wird die DNA durch Erhitzen auf 100 °C denaturiert (»geschmolzen«), wobei die komplementären Doppelstränge durch Brechen der H-Brücken in Einzelstränge zerlegt werden. Bringt man isolierte Einzelstränge einer Art A mit entsprechend isolierten einer Art B bei 60 °C zusammen, so kommt es in mehr oder minder großem Umfang zur Renaturierung, wobei sich »hybride« Doppelstränge – aus Einzelsträngen der Arten A und B – bilden (vgl. die Hybridisierung von DNA und RNA, S. 202 f., Abb. 2.44). Je höher die Anzahl identischer Nucleotidsequenzen in den DNA von A und B, desto rascher werden Hybridstränge gebildet und desto hitzebeständiger sind diese (vgl. S. 22).

Hinsichtlich homologer Übereinstimmungen haben Vergleiche von Arten der Fliegengattung *Drosophila* z. B. ergeben, daß die DNA der beiden nahe verwandten Arten

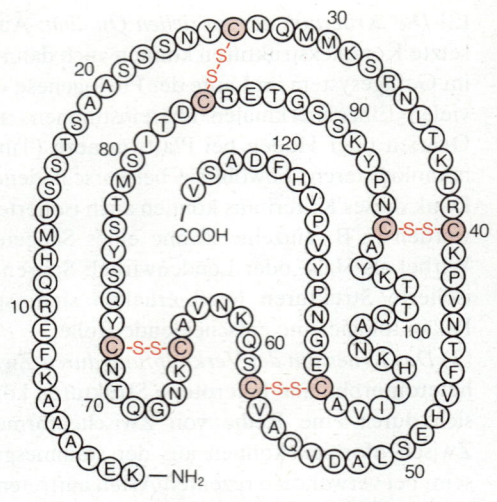

Abb. 10.5. Die Ribonuclease aus dem Pankreas von Säugetieren gehört zu den Proteinen, deren Aminosäuresequenz und Quartärstruktur genau bekannt sind. Abkürzungen für die Aminosäuren in Tabelle 1.5, S. 32. Man beachte die vier Disulfidbrücken. (Nach Smyth et al.)

Abb. 10.6. Karyogramme der Primaten zeigen die diesbezüglich weitgehende Übereinstimmung von Mensch und Menschenaffen. (Nach Klinger aus Autrum u. Wolf)

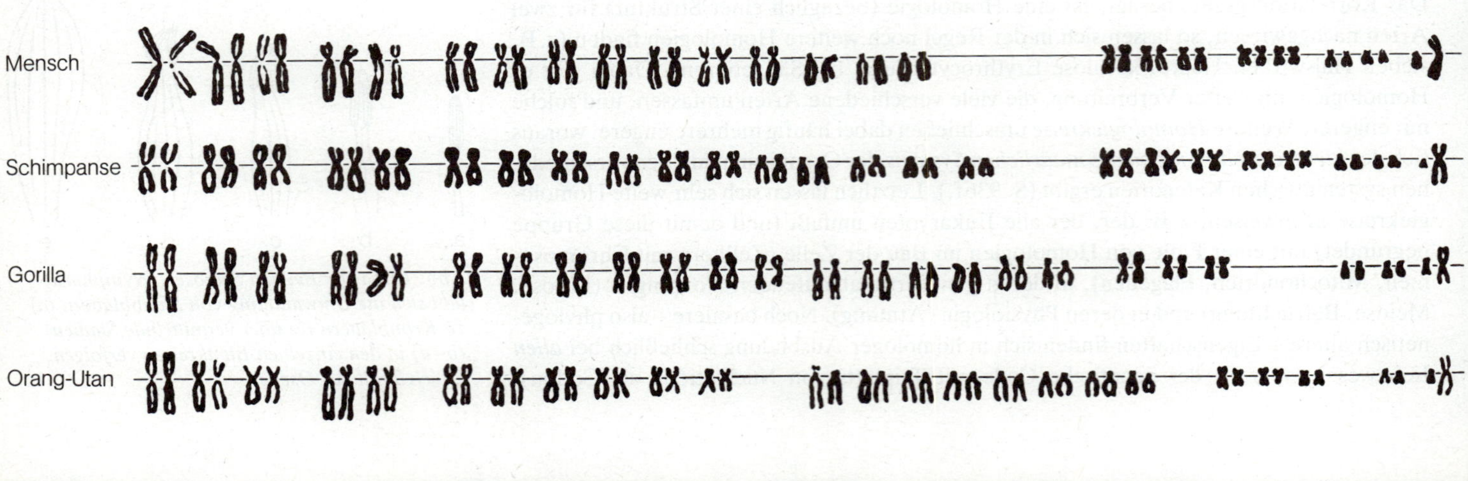

Mensch

Schimpanse

Gorilla

Orang-Utan

D. melanogaster und *D. simulans* zu 80% Hybridstränge bilden, während die zu einer entfernteren Artengruppe gehörende *D. funebris* mit *D. melanogaster* oder *D. simulans* nur 25% Hybridisierung der DNA erreicht. Ein Vergleich der DNA des Rhesusaffen und des Halbaffen *Galago* ergab 50% Hybridisierung, ein solcher des Rhesusaffen mit Schimpanse oder Mensch dagegen 70%. Die DNA von Schimpanse und Mensch verhalten sich der des Rhesusaffen gegenüber also gleich. Ein Vergleich von Schimpansen- und Menschen-DNA zeigte 95% Hybridisierung. Demnach weisen die beiden nahe verwandten *Drosophila*-Arten weit größere Unterschiede in den Nucleotidsequenzen ihrer DNA auf als Mensch und Schimpanse. Selbst der Unterschied zwischen Mensch und *Galago* (58% Hybridisierung) ist noch geringer als der zwischen *D. melanogaster* und *D. funebris*. Solche Ergebnisse mahnen zur Vorsicht, wenn man Übereinstimmungen auf dem Niveau der DNA-Molekülstruktur mit solchen der Phäne (morphologischer, physiologischer oder ethologischer Art) in Beziehung setzen will.

10.1.1.6 Homologie im Karyotyp

Anzahl, Größe und Form der Chromosomen einer Art (ihr Karyotyp, S. 156f., 233) sind in der Regel konstant. Zwischen verwandten Arten bestehen in dieser Beziehung mehr oder weniger große Übereinstimmungen, die homologisierbar sind. Die *Form* der einzelnen Chromosomen ist jeweils typisch (Individualität der Chromosomen), der Chromosomensatz einer Art läßt sich daher in einem arttypischen *Karyogramm (Idiogramm)* darstellen (Abb. 1.152c, S. 157; Abb. 2.90, S. 233; Abb. 10.6). Neben der »groben« Gestalt der Chromosomen (Lage des Centromers, Länge der Arme u. a.) läßt sich auch eine Feinstruktur sichtbar machen (Bändertechnik, S. 157), wodurch eine Kennzeichnung einzelner Chromosomenabschnitte möglich wird. Bei den polytänen Riesenchromosomen mancher Dipteren (z. B. *Drosophila, Chironomus*) ist ein (in Grenzen den Genen entsprechendes) »Querscheibenmuster« schon lange bekannt (Abb. 1.155, S. 159; Abb. 4.33–4.34, S. 344). Die Feinstruktur erlaubt eine Homologisierung von Chromosomenabschnitten auch dann, wenn sie durch Fusion (Verschmelzung), Fission (Spaltung) oder Translokation zu neuen, anders gebauten Chromosomen kombiniert worden sind (S. 880).

10.1.1.7 Homologie physiologischer Prozesse

Mehrgliedrige Reaktionsketten von Stoffwechselprozessen können bei verschiedenen Arten im Hinblick auf die beteiligten Enzyme und die auftretenden Zwischenprodukte verglichen und auf Homologien untersucht werden. Dabei zeigen sich z. B. beim Atmungsstoffwechsel, bei der Synthese sekundärer Pflanzenstoffe (S. 445f.), aber auch im Bereich der Sinnesphysiologie (z. B. Primärprozeß des Sehens, S. 510) vielfach weitgehende Übereinstimmungen, die für die Verwandtschaftsforschung ausgewertet werden können. In der Botanik hat sich eine *Chemotaxonomie* entwickelt, die Übereinstimmungen im Stoffbestand zur Kennzeichnung von Verwandtschaftsgruppen verwendet. *Hormone* stimmen oft innerhalb eines weiten Verwandtschaftskreises überein und sind in ihrer Wirkung nicht art-, sondern gruppenspezifisch. Dies gilt für die Phytohormone (z. B. Auxine, S. 686) wie für die Sexualhormone der Vertebraten oder das Häutungshormon Ecdyson bei den Arthropoden. Häufig werden (chemisch) homologe Hormone auch in (morphologisch) homologen Hormondrüsen gebildet. In manchen Fällen läßt sich sogar der Weg der Evolution beider verfolgen. Zum Beispiel ist die Schilddrüse (Thyreoidea) der Vertebraten (Abb. 6.188, S. 667) homolog einer schleimproduzierenden Flimmerrinne im Kiemendarm der Tunicaten und Acranier, dem Endostyl (Abb. 10.7, 5.114, S. 475). Das Hormon der Schilddrüse, Thyroxin (Formel S. 678), besteht aus zwei jodierten Tyrosinresten. Schon im Endostyl der Ascidien läßt sich jodiertes Eiweiß (Thyreoglobulin) nachweisen. Bei den primitivsten kieferlosen Wirbeltieren, den Cyclostomata (mit

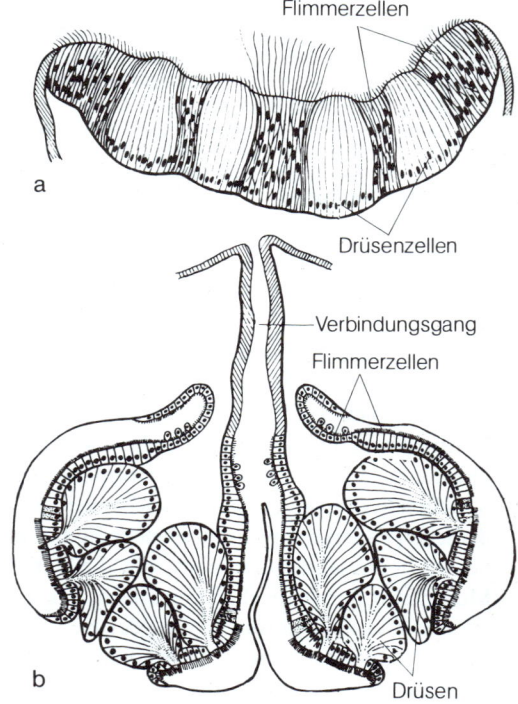

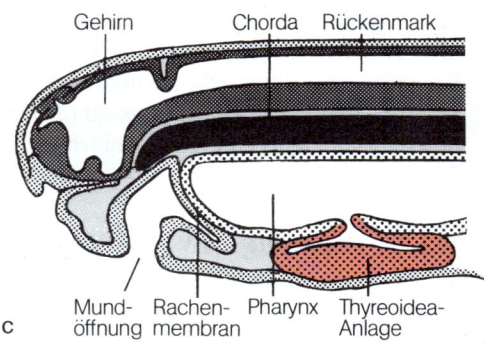

Abb. 10.7 a–c. Homologie von Schilddrüse (Thyreoidea) und Endostyl. (a) Endostyl auf der Ventralseite des Kiemendarmes von Branchiostoma im Querschnitt (vgl. Abb. 5.115 a, b, S. 476). (b) Querschnitt durch das Endostyl einer Rundmäuler-(Cyclostomata-)Larve. Der Verbindungsgang führt von der Schilddrüsenanlage zum Kiemendarmlumen. (c) Medianschnitt (Sagittalschnitt) durch die Kopfregion einer Cyclostomen-Larve, die Abschnürung der Schilddrüsenanlage (rot) zeigend. (Die Rachenmembran wird später aufgelöst.) (a, b nach Giersberg u. Rietschel; c nach Dohrn u. Scott aus Schwartz)

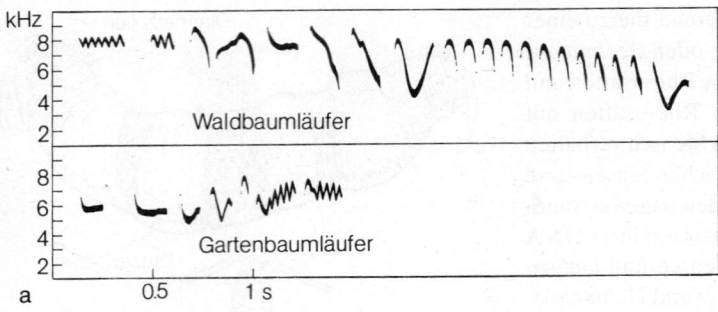
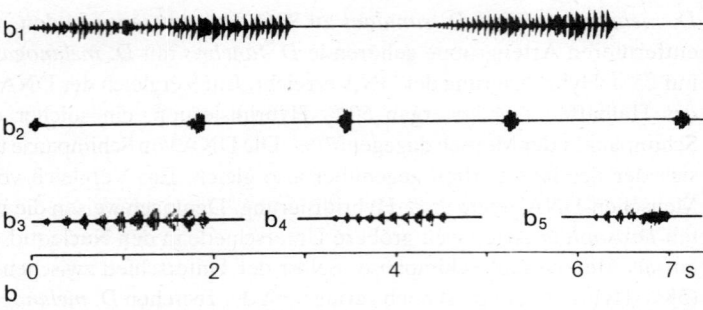

den Neunaugen), haben die Larven noch einen Kiemendarm mit offener Endostylrinne. In der Metamorphose zum Adultstadium trennen sich Teile dieses Endostyls ab und schließen sich zur Thyreoidea, so daß deren Homologie durch das Kriterium der Verknüpfung durch ontogenetische Zwischenformen erwiesen ist.

Die Funktion weitverbreiteter Hormone kann z.B. bei den Wirbeltieren über weite Strecken der Phylogenese die gleiche bleiben; aber auch ein Funktionswechsel läßt sich in manchen Fällen nachweisen. Gleiche Funktion bei allen Vertebraten haben die Hormone des Hypophysenhinterlappens, die die Tätigkeit der Nieren regulieren und die glatte Muskulatur der weiblichen Geschlechtsorgane erregen (S. 678), und die Corticosteroide (Formel des Aldosterons S. 666) der Nebenniere (Abb. 6.187, S. 666), die den Kohlenhydratstoffwechsel und den Osmomineralhaushalt regulieren. Das Hypophysenvorderlappenhormon Prolactin (S. 678) dagegen steuert u.a. bei Säugern die Milchproduktion (Abb. 6.203, S. 679), bei Tauben stimuliert es die Bildung von »Kropfmilch« (zum Füttern der Jungen), Molche veranlaßt es, zur Fortpflanzung ihre Laichgewässer aufzusuchen, und bei Diskusfischen induziert es die Schleimproduktion von Hautzellen, die der Ernährung der Jungfische dienen. Auch die Bereitschaft der Glucke, ihre Kücken zu führen, wird durch Prolactin erzeugt (S. 726). Das sind sehr verschiedene Wirkungen des Prolactins der Wirbeltiere, die jedoch alle mit der Fortpflanzung und Jungenfürsorge im Zusammenhang stehen.

Abb. 10.8a, b. Lautäußerungen von Tieren lassen sich als Sonagramme sichtbar machen und vergleichen. Da sie häufig als Artkennzeichen fungieren, können sie bei nahe verwandten Arten – wenn diese nebeneinander vorkommen – sehr verschieden sein und so als Isolationsmechanismen (vgl. S. 912) wirken. (a) So ist es bei den zusammen vorkommenden Zwillingsarten (vgl. S. 907) von Garten- und Waldbaumläufern (Certhia), deren Strophen sich deutlich unterscheiden. (b) Bei den Feldheuschrecken der Gattung Chorthippus haben Arten, die in verschiedenen Lebensräumen vorkommen, sehr ähnliche, homologisierbare Gesänge, so Ch. montanus (b_3), Ch. longicornis (b_4) und Ch. dorsatus (b_5), während die zusammen vorkommenden Arten Ch. biguttulus (b_1) und Ch. brunneus (b_2) sich deutlich unterscheiden (a nach Thielcke, b nach Jacobs aus Immelmann)

10.1.1.8 Homologie von Verhaltensweisen

Angeborene Verhaltensweisen von Tieren (S. 726f.) – z.B. typische Fortbewegungsweisen, Balzhandlungen, Nestbau – laufen bei Angehörigen einer Art in wesentlich gleicher Weise nach bestimmten *Erbkoordinationen* ab (Abb. 7.51, S. 748; Abb. 7.55, S. 749; Abb. 7.45, S. 753). Derartige Bewegungsabläufe sind »Zeitstrukturen« und als solche der Homologienforschung zugänglich. In bestimmten Fällen führt der Ablauf solcher Erbkoordinationen auch zur Erzeugung von »Gebilden« (z.B. Vogelnester, Spinnennetze, Gehäuse von Köcherfliegenlarven), die »Abbilder« des Bauverhaltens – also »Form gewordene Verhaltensweisen« – darstellen und wie Organe homologisierbar sind. Auch Lautäußerungen von Tieren (z.B. Gesänge von Vögeln, Grillen und Fröschen) stellen komplexe Strukturen (mit den Parametern Zeitdauer, Frequenz und Amplitude) dar, die

Abb. 10.9a–d. Homologe Verhaltensweise in der Balz verschiedener Entenarten. Zur Einleitung führen die Erpel ein ritualisiertes »Scheinputzen« am Flügel aus, der an dieser Stelle besondere Farbabzeichen aufweist. (a) Branderpel (Tadorna tadorna). (b) Knäckerpel (Anas querquedula). (c) Mandarinerpel (Aix galericulata). (d) Stockerpel (Anas platyrhynchos). (a nach Kakking, b–d nach Lorenz aus Tinbergen)

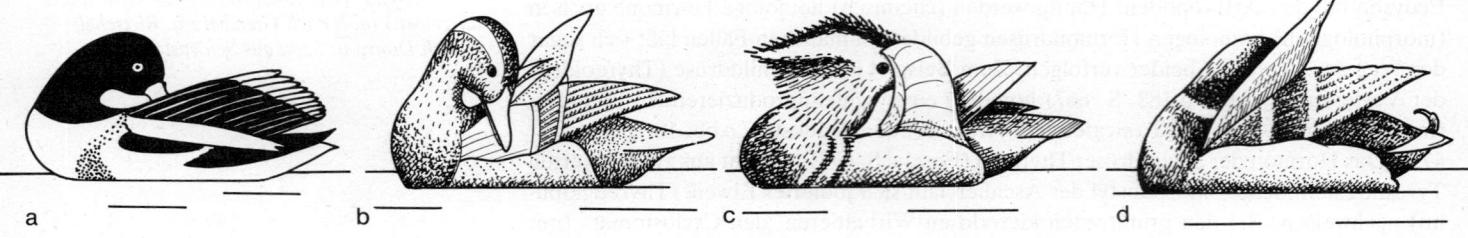

in Klangspektrogrammen (Sonagrammen) sichtbar (Abb. 10.8) gemacht werden und dann in Teilen homologisierbar sein können.
Bei komplexen Verhaltensweisen kann das Kriterium der speziellen Qualität angewendet werden. Die spezifische zeitliche Einfügung einer Verhaltensweise in eine Handlungskette (z. B. im Balzverhalten; Abb. 7.65, S. 753) erlaubt die Anwendung des Lagekriteriums. Auch für homologe Verhaltensweisen läßt sich vielfach ein *Funktionswechsel* aufzeigen. So können Verhaltenselemente aus dem Bereich der Jungenaufzucht (Futterbetteln, Futterlocken, Füttern) oder des Nestbaues zu Bestandteilen des Balzverhaltens werden (S. 752, Abb. 7.63). Verhaltensweisen mit Signalfunktion sind vielfach durch Ritualisierung aus Teilen anderer Verhaltensabläufe (z. B. Putzverhalten) entstanden (Abb. 10.9). Beim Vergleich von Verhaltensweisen muß man berücksichtigen, daß solche nicht unbedingt ererbt sein müssen, sondern auch durch Lernen selbst von anderen Arten übernommen werden können. Zum Beispiel übernehmen viele Vogelarten Gesangselemente oder auch ganze Strophen anderer Arten in ihre Gesänge (Spotten). Solche auf der Informationsübermittlung durch Lernen von Artgenossen beruhende Übereinstimmungen von Verhaltensweisen muß man als *Traditionshomologien* von den (eigentlichen) *Erbhomologien* (gemeinsame Erbinformation) klar trennen. Nur letztere können uneingeschränkt für die Verwandtschaftsforschung verwendet werden.
Verwandtschaft verschiedener Arten kann durch Homologienforschung an einer Fülle von Strukturen ermittelt werden, wenn diese auf Erbinformation beruhen. Morphologie, Physiologie, Ethologie und Biochemie können Beiträge liefern. Von je mehr Seiten hierzu Material vorliegt, umso aussagekräftiger sind die gezogenen Schlüsse, wenn die Ergebnisse übereinstimmen. Zeigen sich Widersprüche, so müssen mögliche »Fehlerquellen« (Konvergenz, S. 866) eruiert werden. Eine Priorität der Aussagen einer Merkmalsgruppe (etwa der ethologischen) gegenüber einer anderen (etwa der physiologischen oder morphologischen) gibt es nicht.

10.1.2 Historische Reste als Dokumente der Stammesgeschichte

Evolution läuft als ein historischer Prozeß in den Jahrmillionen der Erdgeschichte ab. Weite Teile davon sind der direkten Beobachtung und dem Experiment nicht zugänglich. Evolutionsforschung ist daher – wie jede historische Wissenschaft – zur Rekonstruktion der Phylogenese auf Dokumente angewiesen. Solche liegen als Fossilien oder als bestimmte Merkmale rezenter Organismen vor.
Fossilien (»Versteinerungen«) sind direkte Dokumente von Organismen früherer Erdperioden, die bestimmte Strukturen (meist nur morphologische) oft erstaunlich gut erhalten haben. Sie gestatten es u. a., bestimmte Ahnenformen zu rekonstruieren, und erlauben wegen der Möglichkeit ihrer zeitlichen Einordnung u. U. eine Entscheidung der Frage, welche Ausbildungsform einer Abwandlungsreihe homologer Organe (homologe Reihe) ursprünglich *(plesiomorph)* und welche abgeleitet *(apomorph)* und damit phylogenetisch jünger ist. Darin liegt die große Bedeutung der Paläontologie für die Evolutionsforschung.
Auch rezente Organismen haben in einem Teil ihrer Eigenschaften »historische Reste« aus ihrer phylogenetischen Entwicklung bis heute erhalten, weil während der Phylogenese jedes Glied in einer Evolutionsreihe durch voll lebenstüchtige und fortpflanzungsfähige Individuen vertreten gewesen sein muß. Transformation von Strukturen erfolgt daher in der Evolution meist durch schrittweisen »Umbau«, »Anbau« oder Substitution alter Strukturen durch neue. Daher bleiben manchmal Strukturen erhalten, die nur als Anpassungen an heute nicht mehr gegebene Situationen verstanden werden können. Typische Beispiele sind die *Rudimente,* Reste früherer Strukturen, die heute funktionslos sind oder nur noch Teile ihrer ehemaligen Funktion erfüllen. Sie sind Zeugen eines

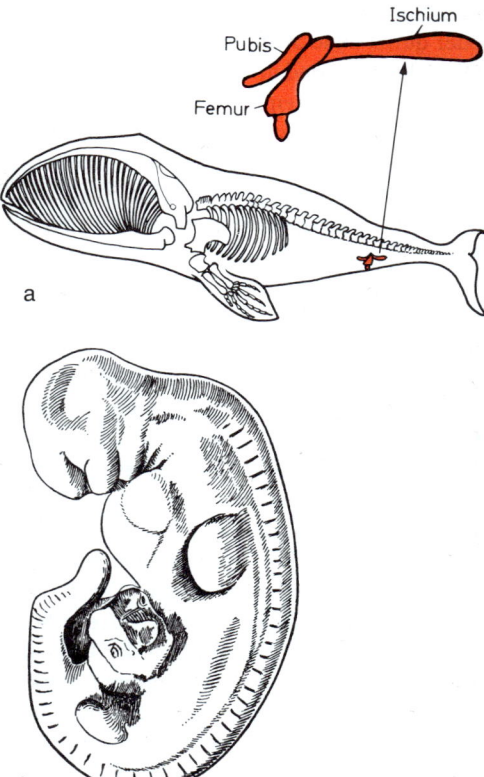

Abb. 10.10. (a) Bei den Walen fehlen äußere Teile von Hinterextremitäten völlig. Im Körper sind jedoch Rudimente des Oberschenkelknochens (Femur) und des Beckens (Ischium und Pubis) erhalten. Letztere haben auch noch eine Restfunktion. An ihnen setzen Muskeln zum Verschluß des Anus und zum Aufrichten des Penis an. (b) Bei den Embryonen mancher Wale (hier von Phocaena) werden auch vordere u. hintere Extremitätenknospen angelegt, jedoch hinten wieder zurückgebildet. (a nach Romanes aus Moody, b nach Müller aus Slijper)

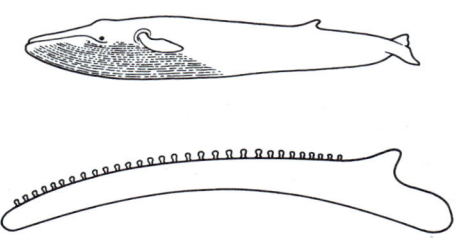

Abb. 10.11. Rechter Unterkiefer eines Fetus des Finnwals (Skizze darüber) mit zahlreichen Zahnkeimen, die bei der Entwicklung der Barten auf einem späteren Entwicklungsstadium völlig resorbiert werden. Barten vgl. Abb. 10.10. (Aus Slijper)

Funktionswechsels, wobei eine alte Funktion u. U. völlig verloren gegangen sein kann oder durch neue Strukturen wahrgenommen wird (Substitution):
Die Schlangen sind im Laufe ihrer Phylogenese zur kriechenden Lebensweise übergegangen, was ihre Extremitäten der Funktion enthob. Diese sind daher einer fortschreitenden Reduktion anheimgefallen und bei der Mehrzahl der heutigen Arten restlos verschwunden. In einigen Schlangengruppen, so bei den Riesenschlangen (Boidae), sind jedoch Reste des Beckens und der Hinterextremitäten als Rudimente im Körper verborgen erhalten geblieben. Ebenso finden sich bei den Walen, bei denen das Hinterende zu einer Flosse umgestaltet ist und die Hinterextremitäten reduziert sind, noch Rudimente von Becken und Hinterextremitäten (Abb. 10.10a, b). Viele flugunfähige Laufkäferarten (Carabidae), die ihre verwachsenen Deckflügel gar nicht mehr öffnen können, haben darunter Reste von häutigen Flügeln. Auch der Mensch weist zahlreiche Rudimente auf, z.B. seine Körperbehaarung (rudimentäres Fell), den Blinddarmfortsatz (Abb. 10.12), die Reste einer Schwanzwirbelsäule, die zum Steißbein verschmelzen, und die Reste einer Ohrmuskulatur (viele Säuger können die Ohrmuschel bewegen).
Bei Blütenpflanzen ist in zahlreichen Gruppen (z.B. Scrophulariaceae) ein Teil der Staubblätter reduziert worden, doch sind vielfach (keinen Pollen liefernde) Rudimente in Form von Staminodien erhalten, die gelegentlich auch neue Funktionen übernehmen, z.B. als Nektarblätter die Nektarbildung. Bei parasitischen Cormophyten, die Assimilate aus ihren Wirtspflanzen beziehen, sind die Laubblätter oft völlig reduziert, manchmal jedoch in Form kleiner chlorophyllfreier Schuppen erhalten (z.B. bei der Schuppenwurz *Lathraea* und den Würgerarten der Gattung *Orobanche;* Abb. 6.296, S. 564). Bei den Samenpflanzen ist der Gametophyt stark reduziert: Bei den Angiospermen ist das Mikroprothallium in den Pollen auf eine einzige »Antheridiumzelle« reduziert, aber auch das Makroprothallium in der Samenanlage nur rudimentär in Form weniger Zellen erhalten (S. 284f., Abb. 3.54, 3.56).

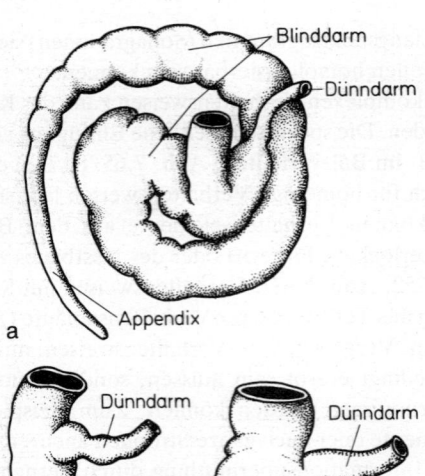

Abb. 10.12 a–c. Beim Kaninchen (a) trägt der Blinddarm einen wohlentwickelten Fortsatz (Appendix). Beim Menschen (c) ist die Appendix rudimentär, jedoch embryonal (b) noch relativ stärker entwickelt. (Nach Bensley u. Walter aus Moody)

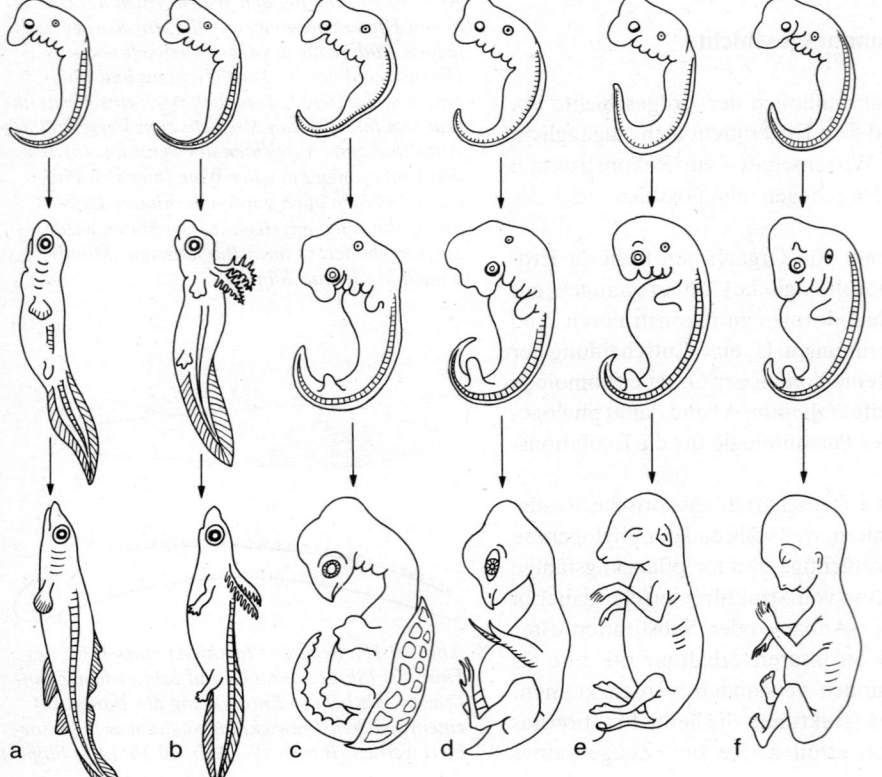

Abb. 10.13 a–f. Jeweils drei Stadien aus der Embryonalentwicklung von Knochenfisch (a), Molch (b), Schildkröte (c), Vogel (d), Schwein (e) und Mensch (f). Man beachte die weitgehende Übereinstimmung in der frühen Körpergrundgestalt (obere Reihe) und die Anlage der Kiemenbögen. (Nach Haeckel aus Osche)

Es erhebt sich die Frage, warum beim Abbau von Strukturen Rudimente erhalten bleiben können. Wenn Organe im Laufe der Evolution funktionslos werden, entfällt die stabilisierende Selektion. Die Mutabilität führt dann zu einer *degenerativen Entwicklung* und oft zu großer Variabilität in der Ausbildung des Rudiments. Freilich erfordert auch der Aufbau von Rudimenten in der Ontogenese Energie und ist daher unökonomisch, sofern diese völlig funktionslos sind. Man muß daher einen Selektionsdruck fordern, der zum völligen Verschwinden auch des Rudimentes führt. In der Tat sind viele Strukturen in der Phylogenese einer Gruppe völlig abgebaut worden. So finden sich bei den heutigen Vögeln und Schildkröten keinerlei Rudimente von Zähnen mehr (der Urvogel *Archaeopteryx* hatte noch ein Gebiß), viele Schlangen zeigen keine Extremitätenreste und viele im Wasser driftende Cormophyten (z. B. der Wasserschlauch *Utricularia*) haben keine Reste einer (ehemals vorhandenen) Wurzel. Wo Rudimente erhalten sind, ist daher entweder der Rückbildungsprozeß noch nicht abgeschlossen oder die Rudimente erfüllen wenigstens noch Teile ihrer ursprünglich vielfältigeren Funktionen. Das Beckenrudiment der Wale dient noch als Ansatzstelle für einen Muskel zur Erektion des Penis und für Muskeln zum Verschluß des Anus und ist daher in den Teilen, die diesen Teilfunktionen genügen, erhalten geblieben. Auch der rudimentäre Blinddarmfortsatz des Menschen ist durch Umbildung seiner Wand zu einem lymphatischen Organ durchaus noch funktionstüchtig, spielt jedoch keine Rolle für die Verdauung mehr (Funktionswechsel). Bei zahlreichen Laubheuschrecken dienen die Deckflügel (außer dem Flug) bei den Männchen als Träger der Stridulationsorgane auch zur Lauterzeugung. Bei sekundär flugunfähigen Arten wurden die Flügel zwar im weiblichen Geschlecht häufig völlig reduziert, bei den Männchen aber blieben die basalen Abschnitte, die den Stridulationsapparat tragen, als rudimentäre Flügelstummel erhalten und erfüllen die Teilfunktion der Lauterzeugung (vgl. auch Abb. 10.68, S. 902).

Auch *Verhaltensrudimente* sind bekannt: Bei Säugetierarten mit Stummelschwänzen (manche Affen, Luchs) sind an diesen in bestimmten Situationen noch Lagekorrekturreflexe nachweisbar, wie sie als Balancierbewegungen bei langschwänzigen Verwandten (Katze) vorkommen. Der Strauß als flugunfähiger Vogel zeigt, in einem Karussell bewegt, noch Rudimente koordinierter Flügelbewegungen, ebenso die flugunfähige Feldgrille. Selbst der Mensch, bei dem sich bei Kälte oder in »haarsträubenden« Situationen durch Kontraktion der Haaraufrichtemuskeln eine »Gänsehaut« einstellt, zeigt damit Rudimente eines Haarsträubverhaltens, wie es viele Säugetiere mit wohlentwickeltem Fell unter entsprechenden Bedingungen zeigen.

10.1.3 Embryologie und Verwandtschaftsforschung – Rekapitulationsentwicklung

Da es in der Evolution zur Transformation von Eigenschaften kommt, müssen in der Generationenfolge während der Individualentwicklung *(Ontogenie)* der Organismen entsprechende Abänderungen auftreten. Die Embryonalentwicklung stellt ein komplexes Geschehen dar, in dessen Verlauf z. B. Gradienten und Induktionswirkungen (S. 369 f., 387 f.) eine entscheidende Rolle spielen. Abänderungen der Morphogenese werden daher wohl am ehesten toleriert, wenn sie an die bestehende Entwicklung »angehängt« werden, d. h. möglichst spät eingreifen. Einen derartigen Abwandlungsmodus der Ontogenese nennt man *Prolongation* (oder *Addition von Endstadien*). Hierbei durchläuft der Deszendent zunächst weite Teile seiner Ontogenese in gleicher Weise wie die Ahnenform. Offenbar deshalb lassen sich in der Embryonalentwicklung vieler Arten »historische Reste« in Form von *Rekapitulationen* (Wiederholungen von Entwicklungsstadien der Ahnenformen) nachweisen, die als Dokumente von der Phylogenetik ausgewertet werden können. Häufig gleichen sich die Embryonen verschiedener Arten einer Verwandtschafts-

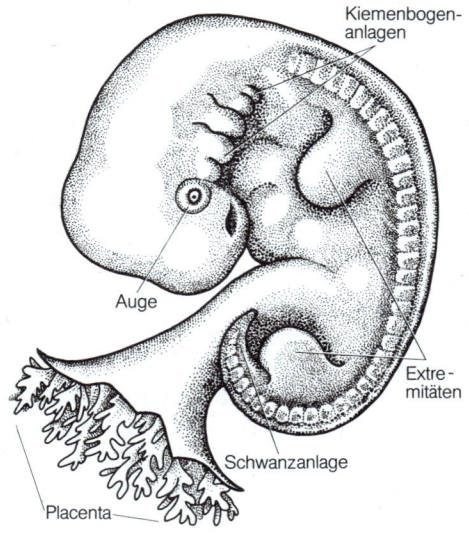

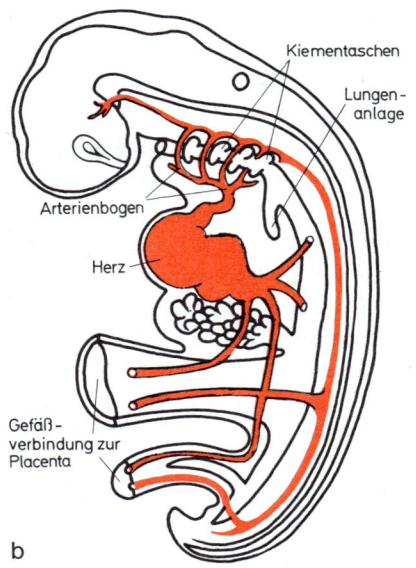

Abb. 10.14. (a) Menschlicher Embryo (Ende des 1. Monats, 7 mm lang). Man beachte die Anlage der Kiemenbögen, die flossenartigen Extremitätenknospen und die Anlage eines Schwanzes. (b) Innere Organisation eines menschlichen Embryos. Man sieht die Kiementaschen als Ausstülpungen des Vorderdarms und dazwischen die Anlage der vier Arterienbögen (Blutgefäße rot). *(a nach Gilbert, b nach Arey aus Moody)*

gruppe (z. B. der Wirbeltiere) auf frühen Embryonalstadien auch dann, wenn ihre Adultformen stark differieren (Abb. 10.13). Dies ist schon früh erkannt und von K. E. von Baer (1828) als »Gesetz der Embryonenähnlichkeit« bezeichnet worden. Später hat E. Haeckel (1866) die »biogenetische Grundregel« formuliert, wonach die Ontogenese eines Organismus die kurze und schnelle Rekapitulation seiner Phylogenese darstellen soll. In dieser allgemeinen Form, bezogen auf den gesamten Ontogeneseverlauf, läßt sich diese Aussage heute nicht mehr halten. Viele in der Embryonalentwicklung auftretende Bildungen stellen »Eigenanpassungen« des Keims dar (z. B. die Keimhüllen bei Amnioten, der Verschluß der Augenlider vor der Geburt bei blindgeborenen Nesthockern unter den Vögeln und Säugetieren), die schon Haeckel als *Caenogenesen* den echten Rekapitulationen (*Palingenesen*) gegenübergestellt hat. Auch bei Palingenesen werden jedoch in der Regel nicht voll ausgebildete und funktionstüchtige Strukturen von Ahnenformen rekapituliert, wohl aber deren ontogenetische Anlagen. Bezieht man nicht den gesamten Organismus in eine solche Betrachtung ein, sondern beschränkt sie auf den Verlauf der Morphogenese einzelner Organe, so ergibt sich, daß häufig »konservative Vorstadien« durchlaufen werden. In diesem Tatbestand liegt die Bedeutung der Embryologie für die Evolutionsforschung.

Besonders eindrucksvoll sind Rekapitulationen, wenn in der Ontogenese eines Organs »Umwege« durchlaufen werden oder wenn sich embryonale Anlagen von Organen nachweisen lassen, die beim fertig entwickelten Stadium fehlen, also in der Ontogenese die phylogenetische Reduktion rekapituliert wird:

Alle Wirbeltiere durchlaufen Embryonalstadien, in denen Anlagen eines Kiemendarms mit Kiemenbögen und diese versorgenden Arterien auftreten (Abb. 10.14). Bei den Fischen entwickelt sich daraus ein funktionstüchtiger Kiemenapparat. Die landlebenden Vertebraten (Tetrapoden) mit Lungenatmung bauen aus diesen Kiemenskelettanlagen Teile ihres Zungenbeins, des Kehlkopfes und der Trachea auf und entwickeln aus den serialen Blutgefäßschlingen (Abb. 10.14b) die in den Tieren der verschiedenen Klassen unterschiedlich verlaufenden Aortenbögen und Arterien. Aus dieser »Umwegentwicklung« ergibt sich zwingend der Schluß, daß die Evolution der Tetrapoden von Fischen mit Kiemenatmung ausging (S. 923). Bartenwale, bei denen Zähne völlig fehlen und durch Hornplatten des Gaumens in Form eines Reusenapparats ersetzt sind, bilden während der Embryonalentwicklung Zahnanlagen aus, die nie durchbrechen und später resorbiert werden (Abb. 10.11). Dies ist nur verständlich, wenn sie von Ahnen abstammen, die ein Gebiß besessen haben, wie es die verwandten Zahnwale (z. B. Delphine) heute noch aufweisen. In der Embryonalentwicklung des Menschen (Abb. 10.14) wird vorübergehend ein äußerer Schwanzanhang mit der Anlage von Wirbeln ausgebildet, die später zum Steißbein verschmelzen. Die Anlagen der Augen liegen zunächst weit seitlich am Kopf und werden erst später nach vorne verlagert. Der vom Greiffuß der Affen sich ableitende Standfuß des Menschen zeigt auf früher Embryonalstufe noch eine abgespreizte Großzehe (wie der Affenfetus); sie wird erst später den übrigen Zehen angeschlossen (Abb. 10.15). Auch postembryonale Entwicklungsstadien, z. B. *Larvenformen*, können noch ursprüngliche Organisationszüge (und häufig auch ursprüngliche Lebensweisen) beibehalten:

So entwickeln sich die Plattfische (z. B. *Pleuronectes*, die Scholle) über ein bilateralsymmetrisches Larvenstadium zu der asymmetrischen, auf einer Körperseite liegenden Form, bei der sich u. a. beide Augen auf der physiologischen Dorsalseite befinden (Abb.

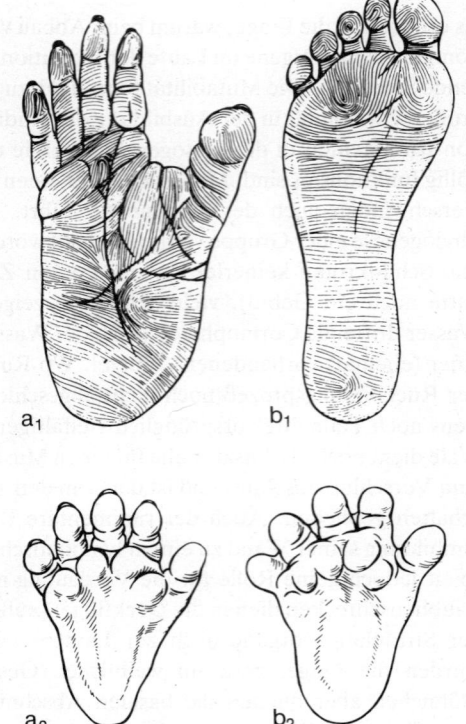

Abb. 10.15. Vergleich der Fußformen von adulten und fetalen Affen und Menschen. Obere Reihe: Adulte Fußform: (a_1) Schimpanse, (b_1) Mensch. Man beachte die abgespreizte Großzehe (Halluxdivergenz) beim Greiffuß des Schimpansen und im Vergleich dazu die »angelegte« Großzehe und die Verkürzung der übrigen Zehen beim »Standfuß« des Menschen. Untere Reihe: Fuß eines Makakenfetus (a_2) und eines Menschenfetus (b_2). Beide Feten etwa 24 mm lang. In diesem Stadium zeigt auch der Menschenfuß eine abgespreizte Großzehe und stark entwickelte Tastpolster. (a_1, b_1 nach Biegert, a_2, b_2 nach Schultz, beide aus Osche in Hassenstein et al.)

Abb. 10.16a–d. Vier Stadien aus der Larvalentwicklung der Scholle (Plattfisch) zeigen die Verlagerung von Auge und Mundöffnung aus der ursprünglich bilateralsymmetrischen Anordnung (a) auf eine Körperseite. (Nach Boas aus Osche)

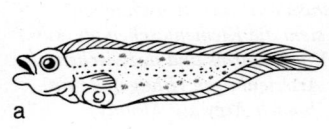
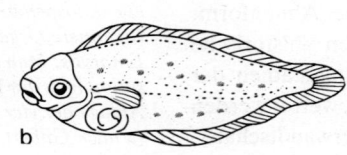
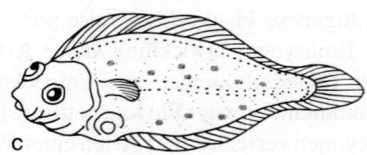
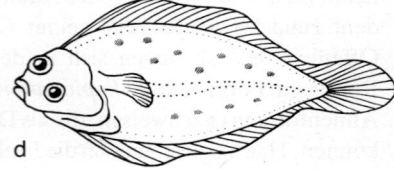

10.1.3 Embryologie und Verwandtschaftsforschung – Rekapitulationsentwicklung

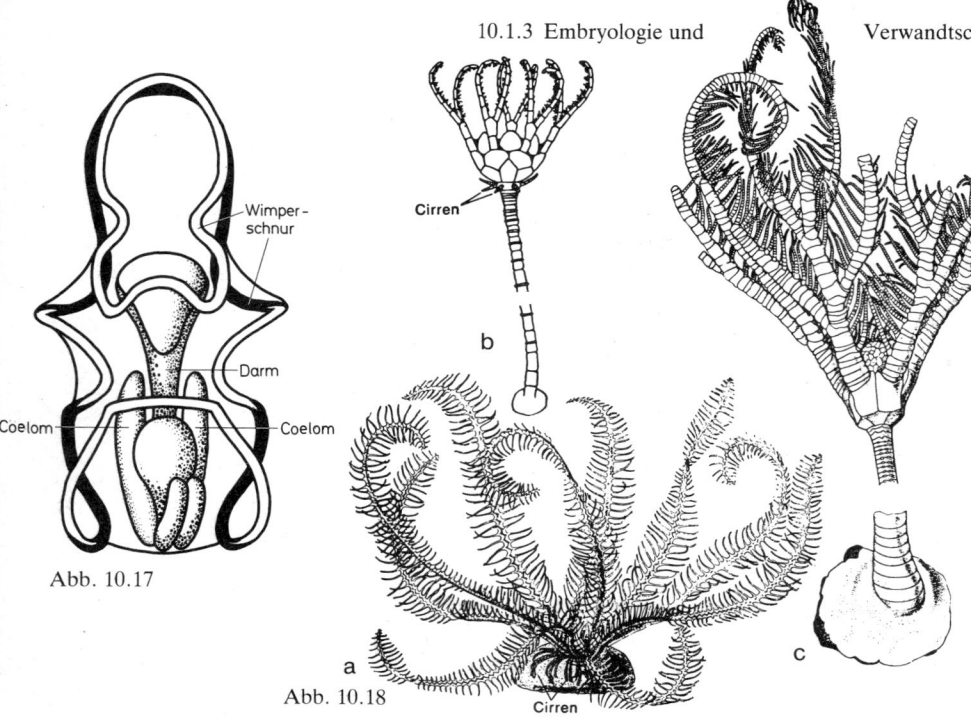

Abb. 10.17

Abb. 10.18

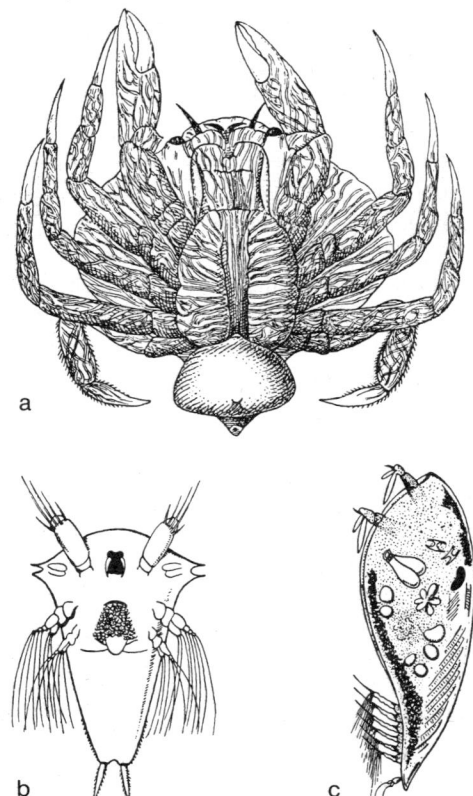

Abb. 10.17. Die Larve (Bipinnaria) der Seesterne (hier Astropecten) zeigt in der Anordnung der Wimpernschnüre, des Darmes und der Coelome typische Bilateralsymmetrie. Erst nach der Metamorphose tritt die Radiärsymmetrie der Seesterne in Erscheinung. (Nach Hörstadius aus Siewing)

Abb. 10.18 a–c. Haarstern Antedon (Stachelhäuter, Echinodermata) ist als Adultform frei beweglich, klammert sich mit Haftzirren jedoch gern an Steinen fest (a). Unmittelbar nach der frei schwimmenden Larvenphase ist er jedoch als winziges »Pentacrinoid-Stadium« mehrere Monate mit einem Stiel angewachsen (b). Er erinnert in diesem Stadium an die verwandten Seelilien (Pentacrinida), von denen Fossilformen bereits aus dem Erdaltertum bekannt sind (z. B. Platycrinus aus dem Karbon, c). (Nach Leuckart et al. aus Diehl)

Abb. 10.19 a–c. Der Sackkrebs (Sacculina) durchsetzt als Parasit mit zahlreichen Ausläufern seinen Wirt, eine Krabbe (a). (b) Die planktonische Nauplius-Larve. (c) Die daraus hervorgehende Cypris-Larve. (Aus Goldschmidt)

10.16). Die Echinodermen zeigen nach Abschluß der Larvenentwicklung deutlich radiärsymmetrische Züge (z. B. Seeigel, Seestern, S. 555, Abb. 6.3c) und Asymmetrien in der Ausbildung des Coeloms, während ihre Larvenstadien vielfach eine deutliche Bilateralsymmetrie aufweisen (Abb. 10.17). In der Klasse der Crinoidea (Abb. 10.18) finden sich neben sessilen Formen, die mit einem Stiel auf einer Unterlage aufsitzen (z. B. Seelilien: *Pentacrinus*), auch frei bewegliche (z. B. Haarsterne: *Antedon*). Diese rekapitulieren in ihrer Entwicklung ein gestieltes sessiles »Pentacrinus-Stadium«, das sich später unter Verlust des Stiels ablöst, und zeigen damit ihre Abstammung von sessilen Formen. Bei manchen Arten, die durch Anpassung an den Parasitismus in extremer Weise umgestaltet (vielfach reduziert) sind, liefern die typisch differenzierten Larvenstadien wichtige Hinweise auf die Verwandtschaftsbeziehungen. So sind die Rhizocephalen (Wurzelkrebse, z. B. *Sacculina*; Abb. 10.19) durch ihre endoparasitische Lebensweise (z. B. in Krabben) als geschlechtsreife Formen stark abgewandelt. Ihr Körper besteht aus einem wenig strukturierten Sack mit wurzelartigen Ausläufern, die die Organe des Wirtes umspinnen und ihm Nahrung entziehen. Ihre frei schwimmenden Larvenstadien weisen jedoch die Organisationsmerkmale bestimmter Krebslarven (z. B. *Nauplius*- und *Cypris*-Larve, Abb. 10.19b, c) auf und ermöglichen dadurch eine Zuordnung der Parasiten zu den entomostraken Krebsen (mit *Nauplius*-Larve) und darüber hinaus das Erkennen ihrer näheren Verwandtschaft mit den Cirripediern (Rankenfußkrebse, z. B. *Balanus*, Seepocken), bei denen ebenfalls eine *Cypris*-Larve auftritt.
Bei vielen sukkulenten Pflanzen (z. B. den Kakteen) gleichen die Keimblätter durchaus denen anderer Dikotylen, erst die Folgeblätter erfahren die typische Reduktion, z. B. zu Blattdornen (Abb. 6.28, S. 563). Die Akazie *Acacia pycnantha* entwickelt nach den Keimblättern zunächst einfach gefiederte Jugendblätter mit dünnen Blattstielen, dann doppeltgefiederte mit verbreiterten Blattstielen, bis schließlich als Folgeblätter nur noch die für diese Art typischen Phyllodien (spreitenartig verbreiterte Blattstiele, im Dienste der Photosynthese) gebildet werden (Abb. 10.20).
Zunächst erscheint die Rekapitulation von Anlagen inzwischen völlig reduzierter Organe höchst unökonomisch. Ebenso wie bei den Rudimenten muß auch hier daran gedacht werden, daß manchen von ihnen noch eine Funktion zukommt. Organanlagen können

während der Ontogenese Induktionswirkungen aufeinander ausüben (S. 387f.) und somit unabhängig von ihrem späteren Schicksal funktionell von Bedeutung sein. In der Larvalentwicklung ist die ursprüngliche Funktion von rekapitulierten Organen oft noch erhalten (z. B. beim Stiel der Pentacrinus-Larve von *Antedon*, Abb. 10.18b).

Auch im Bereich von physiologischen Vorgängen und von Verhaltensweisen treten, wenn auch seltener, ontogenetische Rekapitulationen auf. Die Exkretion des Stickstoffs erfolgt bei vielen Wassertieren in Form des primären Endproduktes Ammoniak (ammoniotelische Tiere, S. 606); die meisten Landtiere bauen den auszuscheidenden Stickstoff in die weniger giftigen Verbindungen Harnstoff oder Harnsäure ein (ureotelische bzw. uricotelische Tiere, S. 606). In der Embryonalentwicklung der Vögel erfolgt ein zweimaliger Wechsel in der Form der Stickstoffabscheidung (Abb. 10.21): Zunächst wird Ammoniak, dann Harnstoff (wie bei Amphibien und vielen Fischen) und erst während der zweiten Hälfte der Eientwicklung Harnsäure als das weitaus überwiegende Ausscheidungsprodukt der Vögel gebildet.

Auch bei heranreifenden Verhaltensweisen lassen sich Rekapitulationen feststellen: Auf Bäumen lebende Vögel bewegen sich in der Regel hüpfend, bodenbewohnende Arten dagegen laufend fort. Bei den bodenlebenden Lerchen hüpfen die das Nest verlassenden Jungen zunächst; erst nach einiger Zeit reifen die Bewegungskoordinationen für das Laufen als die bleibende Fortbewegungsweise der Lerchen. Daraus läßt sich – gestützt durch weitere Fakten (z. B. den Nestbau) – schließen, daß die Lerchen von Baumbewohnern abstammen.

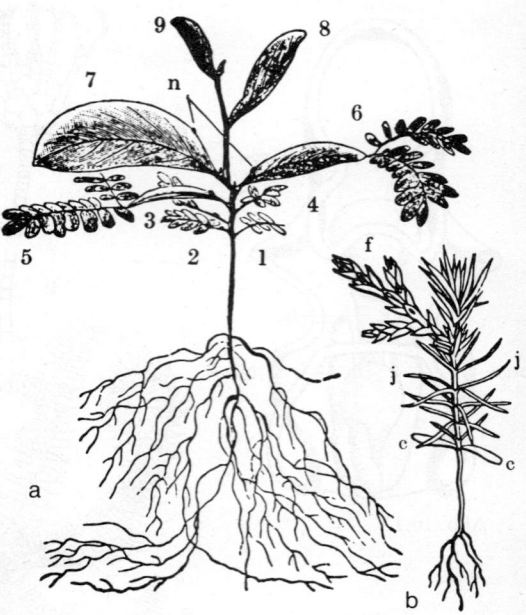

Abb. 10.20a, b. Rekapitulation in der Blattfolge von Pflanzen. (a) Keimpflanze von Acacia pycnantha; Keimblätter schon abgefallen. Jugendblätter sind zunächst einfach gefiedert (1–4), später (5, 6) doppelt gefiedert. Bei (5) und (6) ist der Blattstiel bereits verbreitert. Bei den Folgeblättern (Altersblättern, hier 7–9) ist nur noch der zum Phyllodium verbreiterte Blattstiel erhalten.
(b) Keimpflanze des Lebensbaumes (Thuja) mit zwei Keimblättern (c); für Coniferen typische, nadelförmige Jugendblätter (j) und für Thuja typische, abgewandelte schuppenförmige Altersblätter (f), (a nach Schwenk aus Strasburger, b nach Warming aus Strasburger)

10.2 Anpassungsähnlichkeit – Analogie und Konvergenz

Die Organe der Lebewesen üben bestimmte Funktionen aus. Bei verschiedenen Arten von Lebewesen kann die weitgehend gleiche Funktion von unterschiedlichen (nicht homologen) Organen ausgeführt werden. Nicht homologe Strukturen (oder Organe), die die gleiche Funktion ausüben, werden als *analog* bezeichnet *(Analogie)*. So sind die Lungen der Wirbeltiere und die Tracheen der Insekten im Dienste des Gasaustausches stehende analoge Organe. Im allgemeinen zeigen die einer bestimmten Funktion zugeordneten Organe Anpassungen *(Adaptationen)* an ihre Funktion. Daher können homologe Organe aufgrund von Funktionswechsel durchaus unähnlich sein (z. B. Blatt und Blattdorn oder Reptilienextremität und Vogelflügel). Umgekehrt können nicht homologe Organe in Anpassung an die gleiche Funktion (Analogie) von verschiedener Grundlage ausgehend eine Anpassungsähnlichkeit *(Konvergenz)* entwickeln (vgl. S. 929f.).

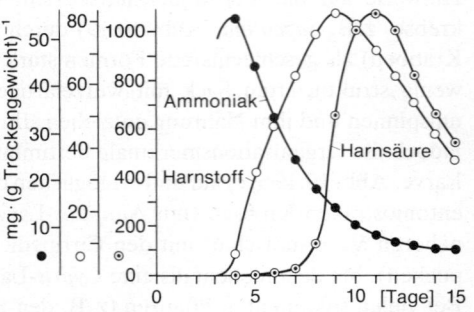

Abb. 10.21. Entwicklung der Stickstoffexkretion während der Embryonalzeit des Huhnes. Zunächst wird ausschließlich Ammoniak ausgeschieden, es folgt vorwiegend Bildung von Harnstoff, dann wird Harnsäure als hauptsächlicher Exkretstoff produziert. (Die Werte der Kurven sind relative Mengen, bezogen auf das Trockengewicht des Embryos. Da dieses mit der Entwicklungszeit zunimmt, steigt die vom Embryo insgesamt gebildete Harnsäuremenge auch nach dem 11. Entwicklungstag noch an.) (Aus Needham)

Konvergenzen erreichen unter Umständen einen solchen Grad von Übereinstimmung, daß man die beteiligten Organe fälschlich für homolog halten kann. Für die Verwandtschaftsforschung ist es von großer Bedeutung, die Analogien und Konvergenzen von den Homologien (die allein eine Verwandtschaft bezeugen) zu unterscheiden. So haben Cephalopoden und Vertebraten völlig unabhängig voneinander Linsenaugen entwickelt, die bis in viele Einzelheiten hinein große Ähnlichkeiten (Retina, Iris, Linse, Lider usw.) aufweisen, ontogenetisch jedoch völlig verschieden gebildet werden (Abb. 10.22). Bei den Blütenpflanzen können weitgehend ähnlich gestaltete Dornen oder Ranken einmal modifizierte Sprosse (Sproßdornen, Sproßranken), zum anderen modifizierte Blätter (Blattdornen, Blattranken) sein (Abb. 10.1, 10.24).

Eine phylogenetisch unabhängig erworbene Anpassungsähnlichkeit kann sich jedoch auch an homologen Organen innerhalb eines Verwandtschaftskreises einstellen *(Homoiologie)*. So haben einzelne Arten verschiedener Säugetierordnungen unabhängig voneinander ihre (homologen) Haare zu Stacheln vergrößert und verfestigt (z. B. die Igel unter den Insektenfressern, die Stachelschweine unter den Nagern, die Ameisenigel unter den

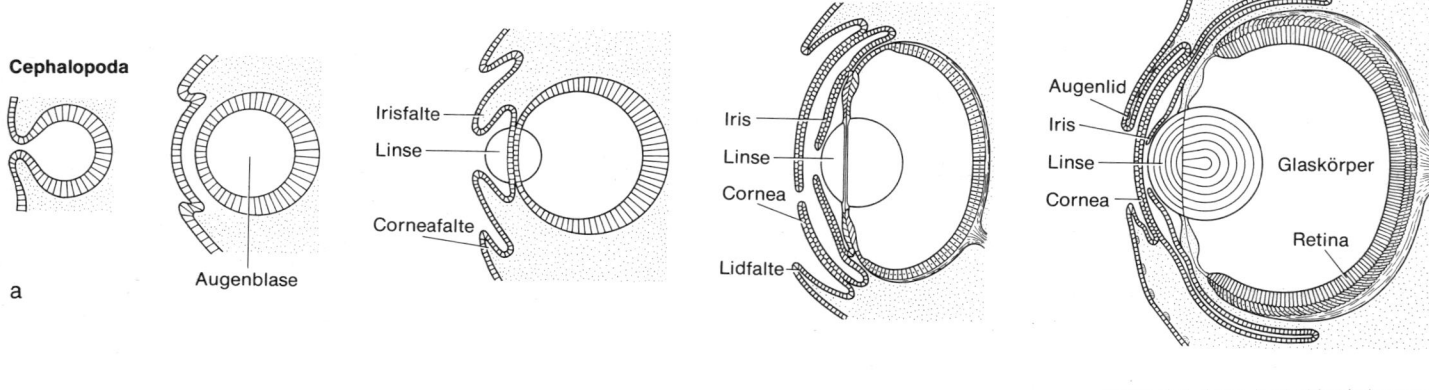

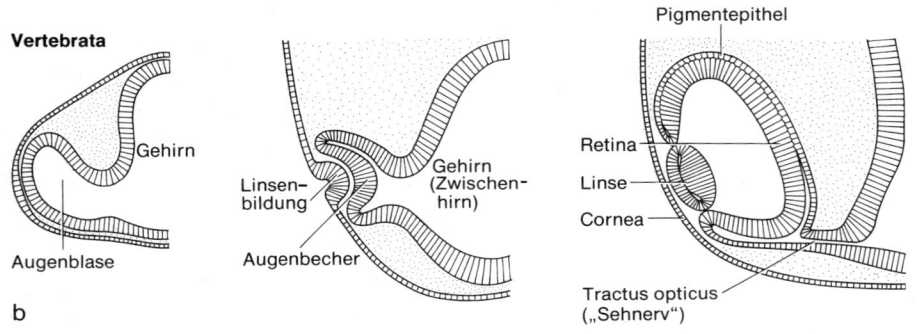

Kloakentieren) oder Vertreter verschiedener Insektenordnungen die Vorderbeine zu einem Paar erstaunlich ähnlich (konvergent) entwickelter Raubbeine (zum Fang von Beuteinsekten) umgestaltet (z. B. *Mantis* – Gottesanbeterin – unter den Blattopteren und *Mantispa* unter den Neuropteren, Abb. 10.23; vgl. auch Abb. 10.92–10.95).

In besonders auffälliger Weise äußert sich Konvergenz, wenn mehrere Organe der betroffenen Organismen einbezogen sind und dadurch der Habitus eine Fülle von Anpassungsähnlichkeiten an eine bestimmte Umwelt und Lebensweise erkennen läßt (»Lebensformtypen«). Innerhalb der Wirbeltiere z. B. ist der Typ des aktiven Dauerschwimmers mit Laminarspindelform und Umgestaltung der Extremitäten zu »Flossen« unabhängig voneinander bei den Fischen, Reptilien (den ausgestorbenen Ichthyosauriern), Vögeln (Pinguinen) und Säugetieren (Walen) ausgebildet (Abb. 10.25). Bei der an trockenen Standorten verbreiteten Sukkulenz Höherer Pflanzen kann die Funktion der Wasserspeicherung von der Sproßachse (Stammsukkulenten) – meist unter Umbildung der Blätter zu Blattdornen – oder den Blättern (Blattsukkulenten) übernommen werden (S. 563, Abb. 6.28). Auf diese Weise sind unabhängig voneinander stammsukkulente »Kakteentypen« von Cactaceen in Amerika und Euphorbiaceen und Asclepiadaceen in Afrika, ferner auch von Asteraceen und Vitaceen entwickelt worden. Entsprechendes gilt auch für manche Blattsukkulenten mit sehr ähnlichem Habitus, wie er sich bei bestimmten Liliaceen (*Aloe*) in Afrika und Amaryllidaceen (Agaven) in Amerika findet.

Aus dem Bereich der *Physiologie* ist die mehrfache Entwicklung von Hämoglobin unter Verwendung der Hämgruppe, die in den Cytochromen und Peroxidasen (z. B. Katalase) allgemein verbreitet auftritt, ein gutes Beispiel für Konvergenz (Abb. 6.128, S. 632). Im Tierreich findet sich Hämoglobin homolog bei allen Vertebraten, für die es ein biochemisches Charakteristikum darstellt, und jeweils unabhängig davon bei manchen Avertebraten aus verschiedenen Gruppen, z. B. bei manchen Polychaeten (Wattwurm *Arenicola*), manchen Krebsen (Wasserfloh *Daphnia*; andere Krebse haben Hämocyanin, S. 634),

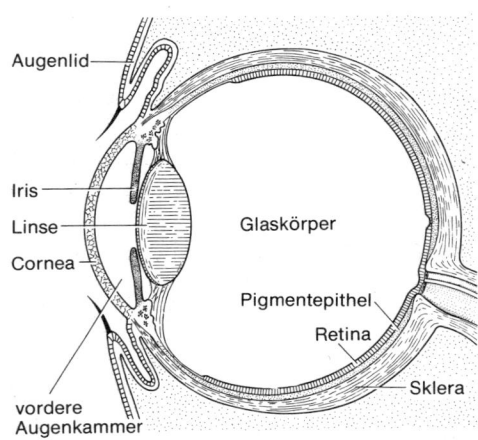

Abb. 10.22a, b. Vergleich der Ontogenesestadien des Cephalopodenauges (a) und des Wirbeltierauges (b). Während die Augenblase des Cephalopoden durch Einstülpung des Hautektoderms entsteht, bildet sich der Augenbecher beim Wirbeltier als Ausstülpung des Gehirns (Diencephalon) (vgl. Abb. 4.102, S. 386). Die Linse ist bei den Cephalopoden ein Sekretionsprodukt, je zur Hälfte vom Ektoderm der Augenblase und dem der Haut sezerniert. Beim Wirbeltier entsteht die Linse durch Abfaltung aus dem Hautektoderm und hat daher zelligen Bau. Auch die Cornea und die Iris entstehen in den beiden Gruppen auf unterschiedliche Weise. (Nach Siewing)

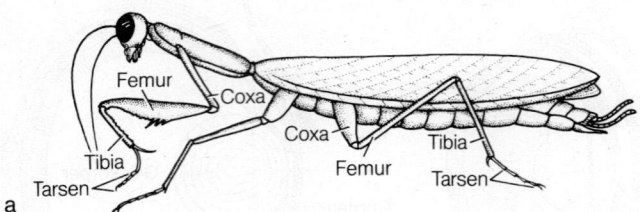
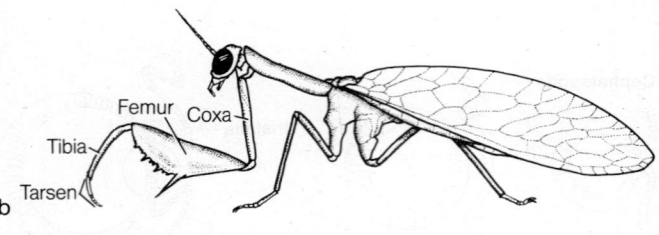

einigen Mollusken (Posthornschnecke *Planorbis;* die meisten haben Hämocyanin) und wenigen Insekten (Larve der Zuckmücke *Chironomus*). Unter den Pflanzen wird in den Wurzelknöllchen der Leguminosen Leghämoglobin (S. 98) gebildet, wobei die Synthese vorwiegend in den symbiotischen Bakterien erfolgt, aber durch die Knöllchenzelle gefördert wird (Abb. 8.64, S. 805). In allen Hämoglobinen ist die prosthetische Hämgruppe identisch, der Globinanteil dagegen weist in den verschiedenen Gruppen größere Unterschiede auf (vgl. S. 876).

Der morphologischen Konvergenz der sukkulenten Pflanzen (S. 563) entspricht bei manchen auch eine physiologische. So können sowohl Crassulaceen als auch Cactaceen in der Nacht (ohne Licht) CO_2 in C_4-Dicarbonsäuren (z. B. Apfelsäure) einbauen (S. 440f.) und so speichern, um es bei Tag abzuspalten und für die Photosynthese zur Verfügung zu stellen. Das ermöglicht diesen Pflanzen trockener Standorte, am Tage (bei starker Sonneneinstrahlung) die Spaltöffnungen weitgehend geschlossen zu halten und damit die Transpiration stark einzuschränken. Auch bei xeromorphen (an Trockenheit angepaßten) Bromelien und Orchideen sowie bei einigen anderen Familien ist dieser Typ der CO_2-Fixierung unabhängig (konvergent) entwickelt.

Ein Beispiel für Konvergenz von *Verhaltensweisen* liefert das Trinkverhalten mancher Vogelgruppen. Die meisten Vögel schöpfen das Wasser und müssen daher bei jedem Schluck den Kopf heben. Einige nicht näher verwandte Vogelgruppen haben dagegen in konvergenter Weise ein *Saugtrinken* entwickelt, so die Mausvögel, Tauben und Flughühner sowie einige Prachtfinken (Abb. 10.26a). – Die *Warnrufe* nicht näher verwandter Vogelarten (z. B. von Rohrammer, Kohlmeise, Buchfink und Amsel) stimmen in zahlreichen Parametern überein (Abb. 10.26b). Es sind zeitlich gedehnte, ununterbrochene Laute mit hoher Frequenz und schmalem Frequenzband, sie sind daher weit zu hören, aber schwer zu orten. Auf diese Eigenschaften hin sind sie durch gleichgerichtete Selektion konvergent entwickelt worden. – Bei Pflanzenfressern unter den Säugetieren ist das *Wiederkäuen* wahrscheinlich mehrfach unabhängig entstanden, so bei den Ruminantiern, den Kamelartigen (Tylopoda), den Klippschliefern und Känguruhs.

Allgemein sind die Konvergenzen für die Phylogenetik von Bedeutung, weil sie durch das Erreichen von oft erstaunlichen Übereinstimmungen zeigen, wie streng die Evolution bestimmter Strukturen durch gleichsinnig wirkende Selektion in Anpassung an gleichartige Bedingungen oder Funktionen kanalisiert wird, wie gering also die »Freiheitsgrade« der Entwicklung sind (vgl. Abb. 10.92 u. 10.93, S. 928).

Abb. 10.23a, b. Konvergente Entwicklung des Vorderbeins zu einem Fangbein bei Vertretern zweier getrennter Insektengruppen. (a) Gottesanbeterin (Mantis) aus der Überordnung Blattoidea. (b) Fanghaft (Mantispa) aus der Überordnung Neuropteroidea. Zum Beutefang wird die Tibia taschenmesserartig gegen das Femur eingeklappt. Die stark verlängerte Coxa verleiht dem Fangbein eine große Beweglichkeit

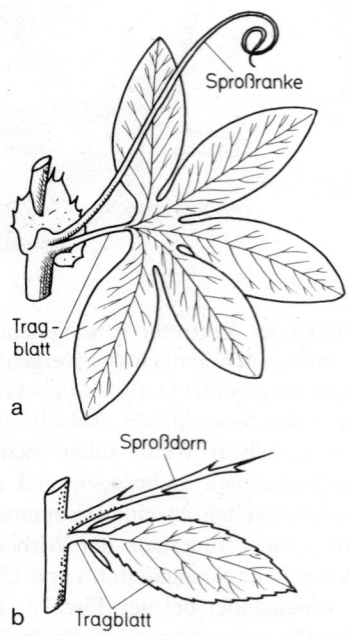

Abb. 10.24a, b. In unterschiedlicher Weise differenzierte Seitensprosse (in der Achsel eines Tragblattes). (a) Sproßranke der Passionsblume (Passiflora). (b) Sproßdorn des Weißdorns (Crataegus) (vgl. Blattranke und Blattdorn in Abb. 10.1). (Aus Nultsch)

Abb. 10.25a–e. Konvergente Entwicklung der Laminarspindelform (»Torpedoform«) bei schnellen Schwimmern. (a) Haifisch (Elasmobranchier), (b) Schwertfisch (Teleostier), (c) Ichthyosaurier (fossiles Reptil), (d) Pinguin (Vogel), (e) Delphin (Säugetier). (Aus Portmann, ergänzt)

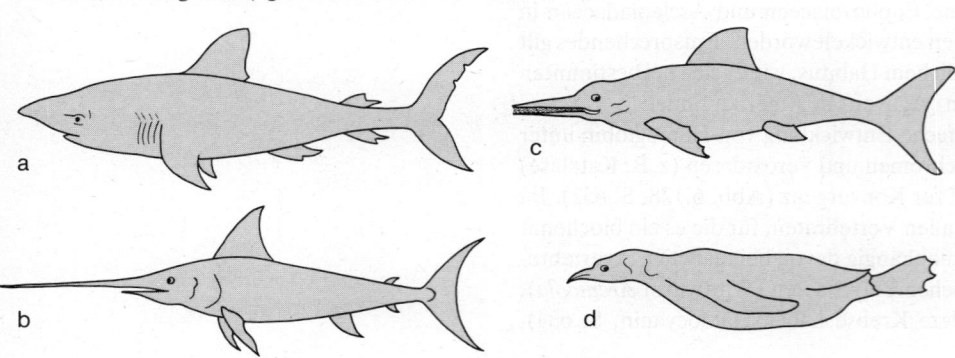

10.3 Transformation von Strukturen in der Phylogenese

10.3.1 Transformation morphologischer Strukturen – das fossile Belegmaterial

Sowohl die Homologienforschung als auch das Auftreten »historischer Reste« (z. B. als Rudimente oder in der Ontogenie) bei lebenden Organismen erlauben eine Verwandtschaftsforschung auch ohne die Heranziehung fossilen Materials. Solches ist für viele Organismengruppen, die wegen fehlender Hartteile (z. B. Skelette oder Schalen) fossil nur in Ausnahmefällen erhalten sind, auch gar nicht in ausreichendem Maße vorhanden oder fehlt sogar völlig. Dennoch hat die Paläontologie reiches Material vorzuweisen, das wirkliche Dokumente aus der Evolution der Organismen zugänglich macht und Aussagen über Zeiträume zuläßt, in denen sich bestimmte Evolutionsprozesse vollzogen haben. Älteste Überreste von Organismen sind Prokaryoten aus Hornsteinen und Tonschiefern Südafrikas, die über 3 Milliarden Jahre alt sind. Es handelt sich dabei um Bakterien (*Eobacterium isolatum*) und Cyanophyceen. Fossilien, die offensichtlich kernhaltige Eukaryoten darstellen und zum Teil chloroplastenartige Strukturen erkennen lassen, sind im Kingston Gebirge (Kalifornien) gefunden worden und etwa 1,2–1,4 Milliarden Jahre alt. Diese Formen dürften den Chlorophyceen nahestehen. Im späten Präkambrium Nord-Australiens, also vor etwa 900 Millionen Jahren, ist schon eine 30 Arten umfassende Mikroflora mit Grünalgen und vielleicht auch Rotalgen nachgewiesen, worunter sich bereits Vielzeller befanden. Während Fossilfunde aus dem Präkambrium nur spärlich und auf wenige Fundstellen beschränkt vorliegen, setzt mit dem Kambrium (vor etwa 540 Millionen Jahren) eine reichere und kontinuierliche Dokumentation fossilen Pflanzen- und Tiermaterials ein. Diese widerlegt LINNÉS Satz von der »Konstanz der Arten« und beweist, daß in früheren Epochen der Erdgeschichte Arten und ganze Gruppen gelebt haben, die inzwischen ausgestorben sind. Rezent ist nur ein Bruchteil der Lebewesen erhalten, die im Laufe der letzten 500 Millionen Jahre gelebt haben (vgl. S. 926).

Zum anderen beweist das fossile Material in seinem zeitlichen Auftreten, daß nicht alle Organismengruppen »von Anbeginn an« existiert haben. So sind aus dem Kambrium zwar zahlreiche marine Pflanzen und wirbellose Tiere, aber noch keine Landpflanzen und keine Wirbeltiere bekannt. Diese erscheinen mit den aquatilen *Ostracodermi* (Kieferlose) erst im Ordovicium (vor etwa 400 Millionen Jahren), die ersten Landpflanzen mit den *Psilophyten* erst im späten Silur (vor etwa 350 Millionen Jahren). Im Devon »eroberten« auch die Wirbeltiere, ausgehend von Crossopterygiern (Quastenflosserfischen) das Land und leiteten die Evolution zu den Amphibien ein (S. 923). Die ersten Säugetiere finden sich in der oberen Trias (vor etwa 180 Millionen Jahren), die ersten Vögel (mit *Archaeopteryx*, Abb. 10.30) im Jura (vor etwa 150 Millionen Jahren).

10.3.1.1 Fossile Abwandlungsreihen

In günstig gelagerten Fällen hat die Paläontologie die sukzessive Umwandlung in bestimmten Stammesreihen über lange Perioden der Erdgeschichte verfolgen können und Einblicke in die dabei ablaufenden Transformationen ermöglicht. So zeigt die Ammoniten-Gattung *Cosmoceras* (Abb. 10.27) im mittleren Jura (Dogger) in aufeinanderfolgenden Schichten eine schrittweise Differenzierung des Schalenornaments und eine Zunahme der »Ohren« (Fortsatz der Schale) in ihren beiden Untergattungen *Gulielmiceras* und *Spinicosmoceras*.

Die Evolution der *pferdeartigen Säugetiere* im Verlauf des Tertiärs, die sich im wesentlichen in Nordamerika abgespielt hat, beginnt im Eozän (vor etwa 50 Millionen Jahren) mit nur fuchsgroßen Formen (*Hyracotherium = Eohippus*), die noch vierzehige Vorder- und dreizehige Hinterfüße (Abb. 10.28) hatten (wie heute noch die mit ihnen verwandten

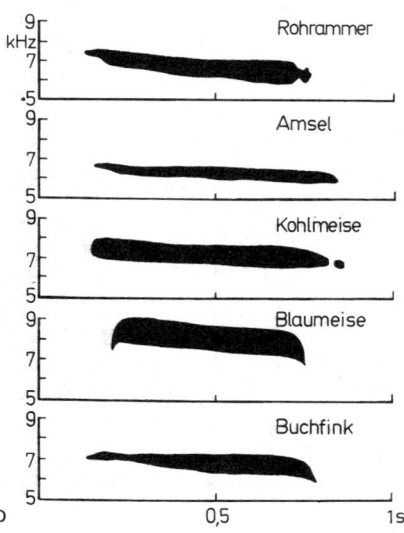

Abb. 10.26. (a) Konvergente Entwicklung des Saugtrinkens bei Vögeln aus Trockengebieten. (a_1) Saugtrinkender Zebrafink, (a_2) Spitzschwanzamadine, (a_3) Taube, (a_4) Steppenflughuhn. (b) Konvergente Entwicklung von Warnrufen bei verschiedenen Singvogelarten (Sonagramme). (a_1 aus Immelmann, a_2–a_4 aus Wickler in Heberer, b nach Marler aus Thielcke)

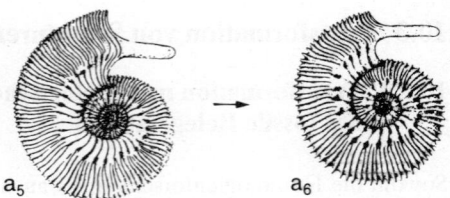
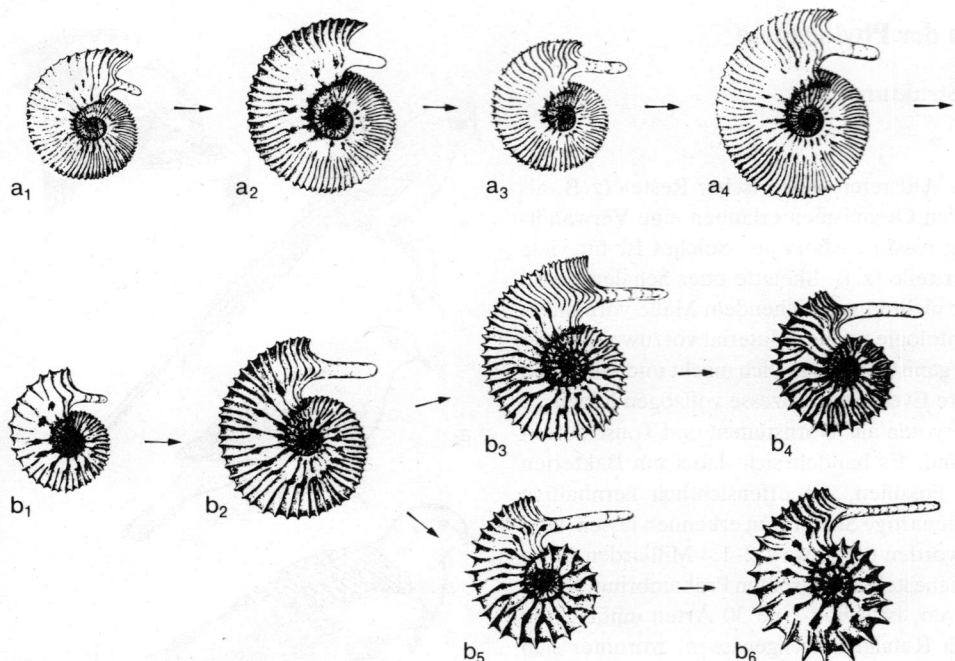

Abb. 10.27a, b. Schalendifferenzierung bei der Ammonitengattung Cosmoceras in aufeinanderfolgenden Schichten des mittleren Jura. a_{1-6}: Sukzessive Entwicklung der Schalenrippung und »Ohren« in der Untergattung Gulielmiceras; b_{1-4} bzw. b_{1-6}: eine ähnliche Entwicklung in der Untergattung Spinicosmoceras. (Nach Moore aus Thenius)

Tapire). Aus ihnen entwickelten sich im Oligozän größere Formen mit drei Zehen an allen Extremitäten (Mesohippus, Miohippus), wobei der mittlere Strahl (III) bereits am stärksten entwickelt war. Im Miozän kam es zu einer weiteren Körpergrößensteigerung (auf Ponygröße) und zu weiterer Reduktion der Seitenzehen (II und IV) bei immer noch dreizehigem Fuß (Merychippus). Im Pliozän entstand der einzehige Typ (Pliohippus), aus dem im Pleistozän die heutigen Pferde (Equus) hervorgegangen sind. Verbunden mit dieser Umwandlung im Bau des Fußes waren u. a. Steigerung der Körpergröße, Verlängerung des Gesichtsschädels, Größenzunahme der Kronenhöhe der Backenzähne (Abb. 10.29b), Umgestaltung des Kronenmusters der Backenzähne. Auch das Gehirn (durch Ausgüsse der Schädelhöhlen der Fossilien rekonstruierbar), das bei Hyracotherium noch dem heutiger Insektivoren glich (gering entwickeltes Großhirn), hat eine starke Vergrößerung erfahren, bei der vor allem das Großhirn stark differenziert wurde.
Die Evolution der Pferdeartigen (Abb. 10.29a) ist jedoch keineswegs so geradlinig verlaufen, wie es die »Entwicklungsstufen« einzelner Organe vermuten lassen; vielmehr ist es mehrfach zur Aufspaltung in verschiedene, inzwischen erloschene Entwicklungslinien gekommen (vor allem im Miozän und Pliozän).
Dazu sind in der Phylogenese der Equiden großräumige Wanderungen (Ausbreitungen) vorgekommen. Die wesentlichsten Aufspaltungen und Differenzierungen haben sich in Nordamerika abgespielt. Eurasien ist – wohl über die mehrfach landfest gewordene Beringbrücke (S. 839) – in großen Zeitabständen wiederholt von Formen unterschiedlichen Evolutionsniveaus besiedelt worden. Das dort gefundene Fossilmaterial täuscht daher eine »stufenweise« Entwicklung vor. Auch in Südamerika gab es im Pliozän und Pleistozän Equiden. Rezent kommen sie (als Pferde, Esel und Zebras) nur noch in der alten Welt vor. Wesentlich für die Evolution der Equiden war ein Wechsel in der Lebensweise. Bis in die Mitte des Miozäns waren sie Waldbewohner und Laubfresser: Bei dem Urpferdchen Propalaeotherium aus dem Mitteleozän ist sogar bei einem Exemplar der Mageninhalt fossil erhalten und besteht aus einer dicken Packung von Laubblättern. Im Miozän ist die zu den heutigen Pferden führende Stammgruppe zum Steppenleben und zur Grasnahrung übergegangen. Die Reduktion der Zehenzahl bis zur Einhufigkeit stellt

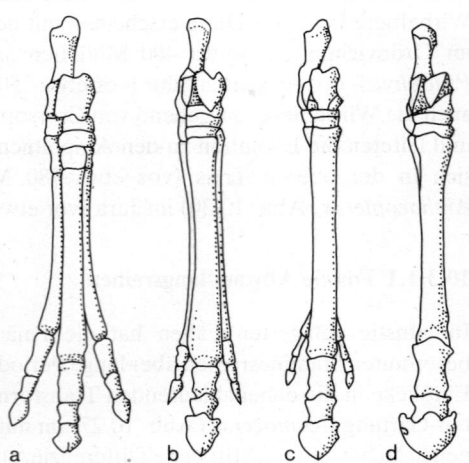

Abb. 10.28a–d. Ausbildung der Hinterextremität in der Evolution der Pferde am Beispiel von vier Vertretern. (a) Hyracotherium, (b) Miohippus, (c) Merychippus, (d) Equus. Man beachte die Reduktion der seitlichen Mittelfuß- und Zehenknochen (vgl. Abb. 10.29). (Nach Osborn aus Heberer)

10.3.1.2 Fossile Übergangsformen (»connecting links«)

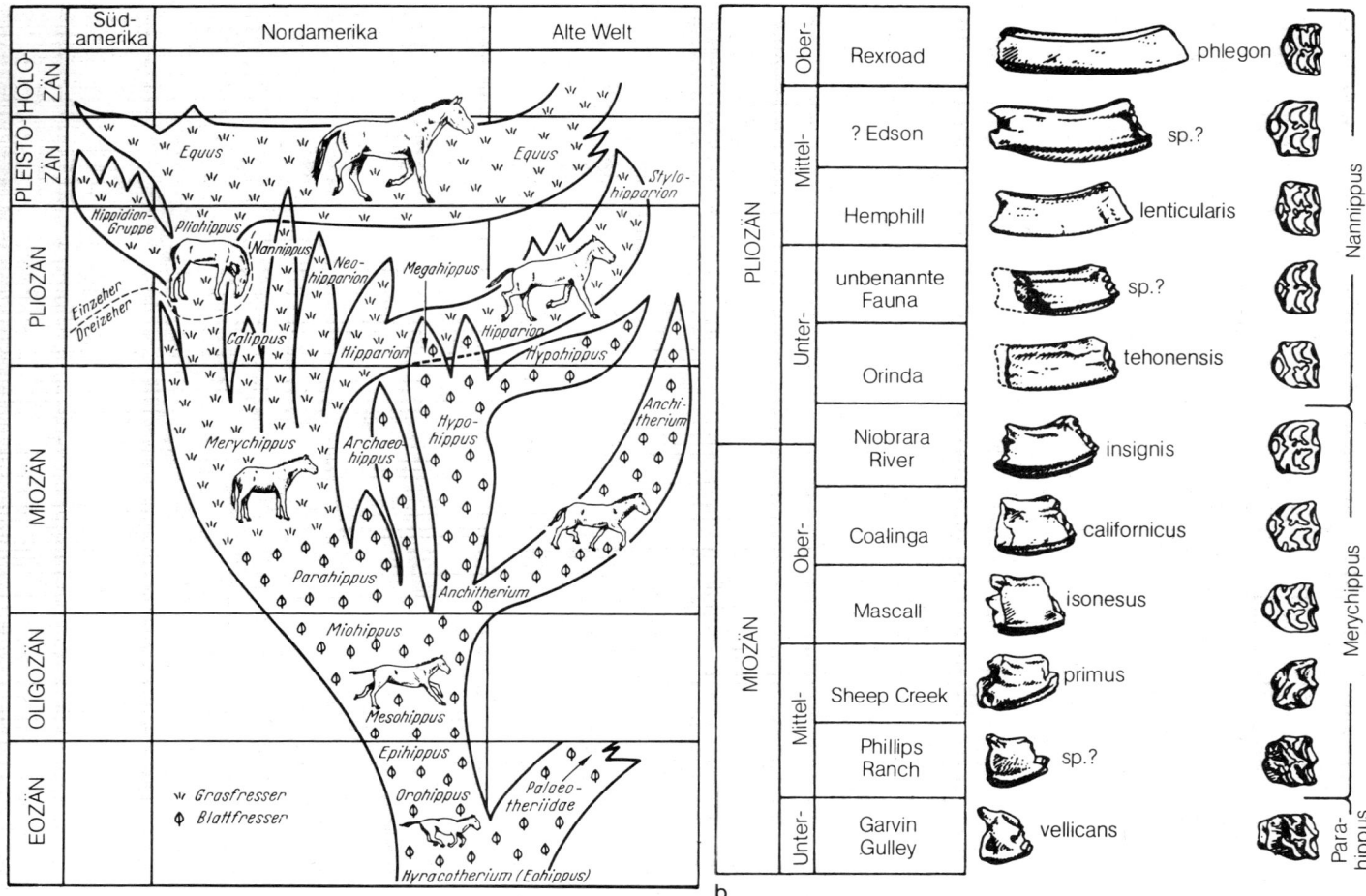

eine Anpassung an das Rennen auf weiten, freien Flächen, die Entwicklung hochkroniger Mahlzähne (Abb 10.29b) eine solche an die durch Silikateinlagerungen hartblättrigen Steppengräser dar.

Die Kenntnis solcher Evolutionslinien erlaubt Schlüsse auf die *Evolutionsgeschwindigkeit* in einer bestimmten Gruppe: Die Evolution von *Hyracotherium* zu *Equus* hat 50–60 Millionen Jahre gedauert. Solche Werte dürfen jedoch nicht verallgemeinert werden, da die Evolution verschiedener Gruppen mit unterschiedlichem Tempo verlaufen ist. Selbst in der Phylogenese ein und derselben Gruppe wechseln Phasen mit rascher Evolutionsgeschwindigkeit (tachytelische Evolution) mit solchen geringer Evolutionsgeschwindigkeit (bradytelische Evolution). Eine extrem langsame Entwicklung zeigen die »lebenden Fossilien« (S. 924).

10.3.1.2 Fossile Übergangsformen (»connecting links«)

Die rezenten Organismen der systematischen Großgruppen (z. B. Klassen) sind oft sehr verschieden gebaut. Vögel und Reptilien, Farne und Samenpflanzen weisen zwar zahlreiche Homologien auf, die ihre Verwandtschaft belegen, stehen heute aber dennoch »unvermittelt« nebeneinander. Da – gemäß der Evolutionstheorie – ein realhistorischer Zusammenhang zwischen solchen Gruppen besteht, muß es in ihrer Phylogenese vermittelnde »Übergangsformen« oder »Bindeglieder« (»connecting links«) gegeben haben.

Abb. 10.29. (a) Stammbaum der Pferde unter Berücksichtigung der wichtigsten Gattungen. Man beachte den Übergang von Blattfressern zu Grasfressern, der u. a. von großem Einfluß auf die Ausbildung der Zähne war (vgl. b). Die Körpergröße nahm in der Evolution der Equiden im allgemeinen zu. Die Evolution vollzog sich im wesentlichen in Nordamerika (wo heute wilde Equiden fehlen!). Die Alte Welt und Südamerika sind im Verlauf der Erdgeschichte mehrfach unabhängig besiedelt worden. (b) Im Miozän erfolgte in der Equidenevolution der Übergang von Blattfressern zu Grasfressern, was sich in einem Wandel des Gebisses (sowohl in der zunehmenden Kronenhöhe [linke Reihe] als auch in der Abwandlung des Faltenmusters der Krone [rechte Reihe] der Backenzähne) ausdrückte. Die Abbildung zeigt die absolute Zunahme der Kronenhöhe im Verlauf des Miozäns und Pliozäns am Beispiel mehrerer Arten der Gattungen Parahippus, Merychippus und Nannippus (vgl. a). (Nach Simpson aus Thenius)

Solche sind in einigen Fällen auch fossil erhalten geblieben. Sie sind durch ein *Mosaik von Eigenschaften* ausgezeichnet, die zum Teil ursprünglich *(plesiomorph)*, zum Teil »in Richtung« auf den neuen Organisationstyp *(apomorph)* entwickelt sind. Solche Übergangsformen demonstrieren, wie neue Typen in der Evolution schrittweise entstehen und ihre typischen Merkmale zeitlich nacheinander auftreten *(Mosaikentwicklung, additive Typogenese,* S. 919).

Ein berühmtes Beispiel dafür ist der »Urvogel« *Archaeopteryx,* der zum Teil »noch« Reptilienmerkmale, zum Teil »schon« typische Vogelmerkmale zeigt (Abb. 10.30). Er beweist damit, daß sich die Klasse der Vögel aus der Reptiliengruppe der Archosaurier (zu denen auch die Dinosaurier, die Pterosaurier und die rezenten Krokodile gehören) entwickelt hat. An typischen *Vogelmerkmalen* sind bei Archaeopteryx u. a. bereits ausgebildet: ein Federkleid, zu einem Gabelbein verschmolzene Schlüsselbeine, eine opponierte Großzehe, nach hinten gedrehte Schambeine, zum Lauf verschmolzene Fußwurzel- und Mittelfußknochen. An *Reptilmerkmalen,* die den heutigen Vögeln fehlen, sind u. a. erhalten: in Alveolen sitzende (thecodonte) Zähne (wie bei den Krokodilen), eine lange Schwanzwirbelsäule aus unverschmolzenen Wirbeln, Rippen ohne Rippenfortsatz, drei mit Krallen versehene freie Finger an der (ansonsten zum Flügel umgestalteten) Vorderextremität. *Archaeopteryx* nimmt – wie andere Übergangsformen – auch zeitlich eine vermittelnde Stellung ein. Während die Reptilien seit dem Karbon bekannt sind und bereits im Jura in reicher Blüte standen, ist bislang kein älterer Vogel als *Archaeopteryx* bekannt geworden. Ihm schließen sich in der Kreidezeit jedoch weitere fossile Vogelformen an, zum Teil ebenfalls noch mit bezahnten Kiefern, wie *Ichthyornis* und *Hesperornis.* Ähnliche durch »Mosaikcharaktere« und ihre zeitliche Zwischenstellung ausgezeichnete Übergangsformen sind auch zwischen anderen Klassen der Wirbeltiere bekannt, so z. B. die *Ichthyostegalia* des Devons (Abb. 10.31a), die zwischen Fischen (Crossopterygiern) und Amphibien vermitteln, oder die Therapsiden der Triaszeit (Abb. 10.31b), eine Reptiliengruppe, die bereits mehrere Merkmale der Säugetiere entwickelt hatte (so den Aufbau eines sekundären Kiefergelenkes, ein differenziertes, heterodontes Gebiß, das nur einmal gewechselt wurde, u. a.).

Übergangsformen aus dem Pflanzenreich sind die hauptsächlich im Karbon und Perm verbreiteten *Samenfarne (Pteridospermae),* die zwischen den Pteridophyten und den Gymnospermen vermitteln. Der Bau ihrer Blätter glich weitgehend den gefiederten Farnwedeln; die Sporophylle unterschieden sich wenig von den Laubblättern und waren noch nicht zu Blüten zusammengefaßt. Dagegen wies der Stamm schon ein sekundäres Dickenwachstum auf, und es wurden bereits Samen gebildet – Eigenschaften, die für die Spermatophyten charakteristisch sind (Abb. 10.32).

Trotz des reichen paläontologischen Materials zur Erforschung der Stammesgeschichte lassen sich nicht alle Stammesreihen durch Fossilmaterial belegen, und vielfach fehlen Bindeglieder (»missing links«). Dies kann nicht überraschen, denn es muß eine Reihe von günstigen Umständen zusammentreffen, damit Formen fossil erhalten bleiben und gefunden werden.

a

b

Abb. 10.30. (a) Skelett des Urvogels Archaeopteryx lithographica aus dem oberen Jura von Solnhofen. Man beachte die Ausbildung der Federn an den Vorderextremitäten (Flügel), den langen, zweizeilig befiederten Schwanz, die Krallen an den Fingern. (b) Rekonstruktion des Skeletts von Archaeopteryx mit einem Teil der Befiederung. (a nach Thenius, b aus Linder)

10.3.2 Transformation von Makromolekülen

10.3.2.1 Zunahme der DNA-Menge in der Evolution

Da im Laufe der Evolution im allgemeinen eine Zunahme an Komplexität und Differenziertheit festzustellen ist, muß auch eine Zunahme an DNA, als Träger einer umfänglicher werdenden genetischen Information, erwartet werden (Tab. 1.3, S. 25). Dementsprechend ist die DNA-Menge von Eucyten etwa 1000mal so groß wie die von Bakterien. Ein direkter Zusammenhang zwischen DNA-Menge und Organisationshöhe besteht jedoch

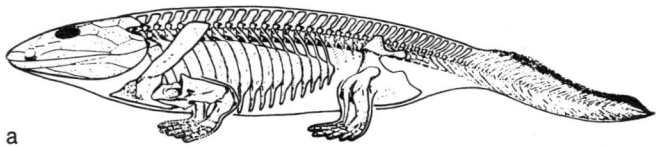
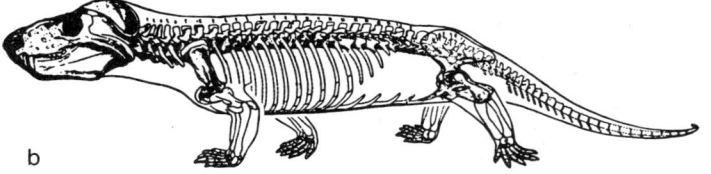

nicht. Reptilien haben mehr DNA als Vögel und manche Liliengewächse 80mal so viel wie der Mensch. Das liegt u. a. daran, daß die Anzahl repetitiver Sequenzen und »ruhender DNA« bei verschiedenen Gruppen sehr unterschiedlich ist.

Die DNA-Menge ist im Verlauf der Evolution vor allem auf zwei Wegen vermehrt worden, durch Polyploidie, also die Vermehrung ganzer Genome (S. 234), und durch Duplikation (S. 231). Bei der *Genduplikation* kommt es (meist bedingt durch ungleiches Crossingover) zu einer Verdopplung eines DNA-Abschnittes, wobei zu einem Gen zunächst ein identischer, redundanter Genlocus (ein »Tandem-Gen«) entsteht. Dieser kann im Verlauf der weiteren Evolution Mutationen (S. 224f.) erfahren und damit die Funktion eines neuen Gens übernehmen. Wiederholte Genduplikationen und anschließende Mutationen führen daher neben der Vermehrung der DNA-Menge zu unterschiedlichen Genen, die unterschiedliche Proteine codieren.

10.3.2.2 Transformation von Proteinen

Da die durch Mutationen different gewordenen Gene im größten Teil ihrer Nucleotidsequenz zunächst noch übereinstimmen, weisen die von ihnen codierten Proteine auch bezüglich ihrer Aminosäuresequenzen Übereinstimmungen auf, die über denen des Zufalls liegen, und sind daher homologisierbar. Nach Genduplikationen im *selben* Organismus vorliegende homologe Proteine nennt man auch *paralog*. Die Paralogie ist daher der serialen Homologie vergleichbar (Beispiele für paraloge Moleküle S. 875). Änderungen der Primärstruktur von Proteinen können durch Substitution einzelner Aminosäurereste, aber auch durch Ausfall (Deletion) oder Addition von Aminosäuregliedern hervorgerufen sein (Abb. 10.35; Abb. 1.22, S. 33). Für die Funktion der Proteine ist ihre dreidimensionale (Tertiär-)Struktur von entscheidender Bedeutung (S. 33f., 73), die wesentlich von der Primärstruktur abhängt. Änderungen der Primärstruktur können die Funktion von Proteinen mehr oder weniger stark beeinflussen und werden daher von der Selektion unterschiedlich »beurteilt« und toleriert. Besonders anfällig gegen den Austausch von Aminosäuren ist das aktive Zentrum von Enzymen. Veränderungen in diesem Bereich können die Aktivität eines Enzyms u. U. völlig aufheben (solche Mutationen fallen der Selektion zum Opfer) oder – in selteneren Fällen – die Enzymspezifität verändern. Häufiger wird die Aktivität, die Temperaturempfindlichkeit oder die pH-Abhängigkeit von Enzymen durch Änderungen der Primärstruktur betroffen. Am leichtesten wird ein Austausch von Aminosäuren toleriert, die bezüglich ihrer Seitengruppen übereinstimmen. Aminosäuren mit hydrophoben Gruppen (Leucin, Isoleucin, Valin) oder solche mit sauren (Asparaginsäure, Glutaminsäure) bzw. basischen (Histidin, Arginin, Lysin) können daher untereinander ohne (oder mit nur geringen) Folgen für die Tertiärstruktur ausgetauscht werden *(konservativer Austausch)*. Folgenschwerer ist dagegen ein Austausch z. B. einer sauren gegen eine basische oder hydrophobe Aminosäure. Bestimmte Aminosäuren sind durch spezielle Gruppen ausgezeichnet, so Cystein durch seine SH-Gruppe (wichtig zur Bildung von Disulfidbrücken, S. 31) oder Serin durch seine OH-Gruppe (das einen aktiven Teil bestimmter Enzyme, z. B. von Chymotrypsin, Abb. 1.22, S. 33, darstellt). Da ein Austausch solcher oder anderer Aminosäuren, der zum Wirkungsverlust eines Enzyms führt, von der Selektion nicht toleriert wird, tritt im Bereich des aktiven Zentrums eines Enzyms im Laufe der Evolution keine bleibende

Abb. 10.31 a, b. Übergangsformen zwischen Wirbeltiergruppen. (a) Ichthyostega aus dem Devon Grönlands vermittelt einen Eindruck von den primitivsten Tetrapoden (Landwirbeltieren). Schädelbau und Wirbelsäule ähneln noch sehr den Crossopterygiern; der Schwanz hat noch Fischmerkmale. Jedoch ist bereits eine fünf-fingrige (pentadactyle) Extremität entwickelt, der Beckengürtel hat Anschluß an die Wirbelsäule, die Rippen inserieren zweiköpfig an der Wirbelsäule – alles typische Tetrapodenmerkmale (wie bei Amphibien, vgl. Abb. 10.83, S. 923). (b) Cynognathus aus der Trias Südafrikas, ein Vertreter der Theriodontia, die den Übergang von Reptilien zu Säugetieren vermitteln. Säugetierartig sind u. a. die Ausbildung des Gaumendaches und des sekundären Kiefergelenkes sowie die Differenzierung der Zähne (Heterodontie), die im Gegensatz zu den Reptilien nur einmal gewechselt wurden (Diphyodontie). (a nach Jarvik, b nach von Koenigswald, beide aus Thenius)

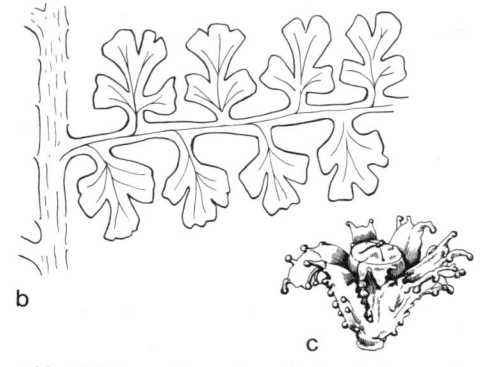

Abb. 10.32 a–c. Samenfarn Lyginopteris moeninghausi aus dem Karbon. (a) Übersicht. (b) Teil eines Blattes (neunfach vergrößert). (c) Samenfarn Lyginopteris oldhamia: Samen in einer offenen, mit gestielten Drüsen besetzten Cupula (etwa zweifach vergrößert). (a, b aus Remy, c nach Scott aus Strasburger)

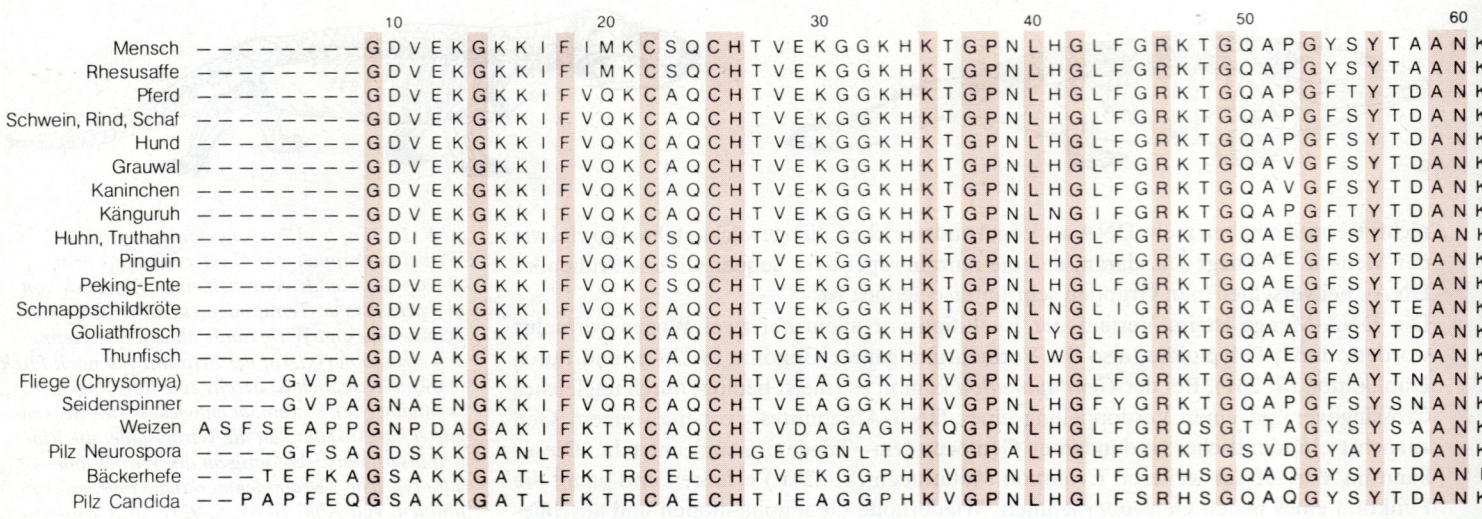

Veränderung auf. Auch von der Spezifität ihrer Funktion hängt es ab, wie empfindlich Proteine nach einer Substitution gegenüber der Selektion sind. Histone, in ihrer engen Kooperation mit der DNA (S. 154f., 203), können in der Evolution wenig abgewandelt werden, und auch manche Strukturproteine, wie Keratin und Kollagen, verhalten sich sehr konservativ. Die bei der Blutgerinnung recht »grob« einwirkenden Fibrine erfahren dagegen in der Evolution der Säugetiere viele Transformationen.

Beim Rückschluß von der Aminosäuresubstitution am Protein auf die ihr zugrunde liegende *Basensubstitution* in den Nucleotiden des codierenden DNA-Abschnittes ist zu bedenken, daß wegen der Degeneration des genetischen Codes (S. 190) nicht jede Basensubstitution zu einem Aminosäureaustausch führt (es gibt »gleichsinnige« Mutationen) und daß zum Austausch mancher Aminosäuren (z.B. Glutamin gegen Asparagin) *zwei* Mutationsschritte nötig sind. Dadurch können auch gleichsinnige Mutationen, die sich nicht sofort auswirken, für die Proteinevolution als Zwischenschritte von Bedeutung sein. Ein Beispiel (wobei wir die Codons für die mRNA betrachten; Abb. 2.22, S. 190) soll das klar machen: Aus dem Codon AUA für Isoleucin kann nur durch zwei Mutationsschritte das Codon UUU für Phenylalanin werden. Ein möglicher Zwischenschritt ist die Mutation von AUA zu AUU (ebenfalls Isoleucin, also eine »gleichsinnige« = stille Mutation); vgl. Abb. 2.22, S. 190.

Beispiele für evolutive Transformation von Proteinen

Proteine bestehen aus ein oder mehreren Polypeptiden; jedes wird durch ein Gen codiert. Proteine aus mehreren Polypeptiden entstehen daher durch das Zusammenwirken mehrerer Gene. Diese können nebeneinander auf demselben Chromosom, aber auch auf verschiedenen Chromosomen lokalisiert sein.

Cytochrom c. Cytochrom c ist ein Hämoprotein vom Molekulargewicht 12000, das als Enzym der Atmungskette in den Mitochondrien aller aeroben Eukaryoten vorkommt, also von zentraler Funktion im Stoffwechsel und phylogenetisch uralt ist. Bestimmte, funktionell entscheidende Abschnitte des Moleküls sind über die gesamte Evolution des Organismenreiches unverändert geblieben. Die Kettenlänge des Proteinanteils beträgt bei allen Vertebraten 104 Aminosäuren. Bei manchen Avertebraten und Pilzen ist die Kette an einem Ende um 4–8 Positionen verlängert, am anderen um eine verkürzt. 19 Positionen

Tabelle 10.1. Anzahl der durch differente Aminosäuren besetzten Positionen im Cytochrom-c-Molekül verschiedener Arten im Vergleich zu den 104 Positionen des Menschen

Vergleichsart zum Menschen	Anzahl der Positionen
Schimpanse	0
Gorilla	0
Rhesusaffe	1
Kaninchen	9
Grauwal	10
Pferd	12
Pinguin und Huhn	13
Klapperschlange	14
Frosch	18
Thunfisch	21
Neunauge (*Cyclostoma*)	20
Drosophila	29
Seidenspinner	31
Weizen	43
Hefe (*Candida krusei*)	51

Abb. 10.33. *Aminosäuresequenz des Proteins Cytochrom c von 20 verschiedenen Arten im Vergleich. Dazu sind die Sequenzen jeweils so untereinander geschrieben, daß sich ein Maximum an Übereinstimmung (Homologie) ergibt. Daher bedingen Unterschiede in der Länge der Proteine Unterschiede an den Anfangs- oder Endstellen. Der Thunfisch hat die kürzeste (103 Aminosäuren), der Weizen die längste Kette (112 Aminosäuren). 37 Positionen (rot unterlegt) sind bei allen hier aufgeführten Arten von den gleichen Aminosäuren besetzt, nahe verwandte Arten haben weit größere Übereinstimmungen (Mensch und Rhesusaffe 103 von 104 Positionen). (Aus Dobzhansky et al.).*

Symbole der Aminosäuren (vgl. Tabelle 1.5, S. 32):

A Alanin	M Methionin
C Cystein	N Asparagin
D Asparaginsäure	P Prolin
E Glutaminsäure	Q Glutamin
F Phenylalanin	R Arginin
G Glycin	S Serin
H Histidin	T Threonin
I Isoleucin	V Valin
K Lysin	W Tryptophan
L Leucin	Y Tyrosin

des Proteinanteils sind bei allen bislang untersuchten Organismen (Pilze, Pflanzen, Tiere) von der gleichen Aminosäure besetzt. Innerhalb der Wirbeltiere gibt es sogar 75 identisch besetzte Positionen, darunter große zusammenhängende Abschnitte, so die 26 Aminosäuren der Positionen 63–88 (Abb. 10.33).

Das die prosthetische Gruppe bildende Hämmolekül ist wiederum bei *allen* untersuchten Organismen durch S-Brücken über die SH-Gruppen zweier Cysteine mit dem Protein verbunden (S. 71), und die beteiligten Cysteine stehen bei allen Organismen an Positionen, die denen der Nr. 22 und 25 der Vertebraten entsprechen. In diesem Bereich verhält sich das Molekül also hochkonservativ. An zahlreichen anderen Stellen ist es jedoch zum Austausch von Aminosäuren gekommen – meist allerdings zu einem konservativen –, so daß die funktionell wichtige Tertiärstruktur davon weitgehend unbetroffen blieb. Obwohl sich z. B. das Cytochrom c des Menschen von dem des Schimmelpilzes *Neurospora* in 44 der 104 Positionen unterscheidet, hat es eine nahezu identische Tertiärstruktur.

Im allgemeinen nimmt die Anzahl der Substitutionen mit steigendem Verwandtschaftsgrad ab, ohne daß dadurch engere Verwandtschaftsbeziehungen detaillierter festgelegt werden können (Tab. 10.1). Erstaunlicherweise haben selbst phylogenetisch weit voneinander getrennte Organismen, wie ein Schimmelpilz und der Mensch, immer noch etwas mehr als die Hälfte der 104 Positionen mit gleichen Aminosäuren besetzt. Bemerkenswert ist die völlige Übereinstimmung des Menschen mit den Menschenaffen.

Das Cytochrom c-Molekül hat sich also in der Evolution der Organismen nach der (verschieden lange zurückliegenden) Trennung der verschiedenen Entwicklungslinien in verschiedenem Ausmaß (und weitgehend abhängig von der Zeit seit der Trennung) verändert. Dabei sind sich die Cytochrome verschiedener Organismengruppen so ähnlich geblieben, daß ihre Homologie klar aufgezeigt werden kann. Solche homologen Moleküle bei *verschiedenen Arten* werden auch als *ortholog* bezeichnet (zum Unterschied von den paralogen im selben Individuum, S. 873).

Myoglobin und Hämoglobin. Das Myoglobin der Vertebraten (S. 636) – wie auch das Hämoglobin bei Insekten, Anneliden und Mollusken, wo solches vorkommt (S. 633) – ist ein *monomeres* Protein, besteht also aus nur *einer* Globinkette und *einem* Häm als prosthetischer Gruppe. Das Hämoglobin der Gnathostomen (kiefertragende Wirbeltiere, also alle mit Ausnahme der Cyclostomen) dagegen ist ein *tetrameres* Protein, zusammengesetzt aus vier Proteinmolekülen (Untereinheiten), von denen jedes eine Hämgruppe

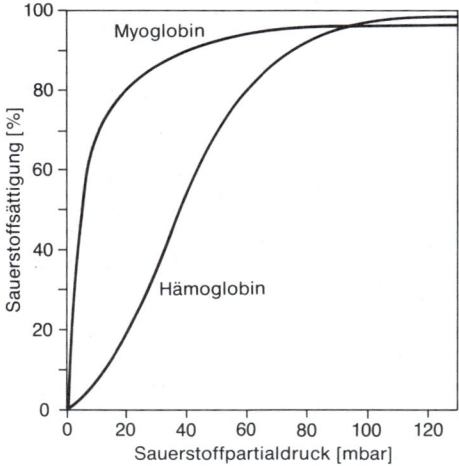

Abb. 10.34. *Die Sauerstoffbindungskurve des Myoglobins (monomeres Protein) hat erwartungsgemäß eine hyperbolische Form. Die Kurve des Hämoglobins dagegen ist S-förmig (vgl. Abb. 6.134, S. 636), was auf Kooperativität zwischen den vier Ketten dieses tetrameren Proteins beruht. Die Bindung eines O$_2$-Moleküls an eine der vier Ketten bewirkt durch einen allosterischen Effekt (Konformationsänderung der Gesamtstruktur) eine festere Bindung der folgenden drei O$_2$-Moleküle. Die Affinität des teilweise mit O$_2$ beladenen Hämoglobins zum O$_2$ ist also größer als die des sauerstofffreien. (Aus Karlson)*

trägt. Jede der vier Globinketten ist in ähnlicher Weise um das Häm gefaltet, wie die eine des monomeren Myoglobins (wobei das Häm – anders als beim Cytochrom c – über das Fe^{++}-Zentralatom an einen Histidinrest gebunden ist; Abb. 6.128, S. 632). Auch das Molekulargewicht des Hämoglobins von 67000 entspricht ungefähr dem Vierfachen des Molekulargewichtes des Myoglobins (17000). Der Vergleich der Aminosäuresequenzen zeigt, daß die Einzelketten des tetrameren Hämoglobins der Gnathostomen und das monomere Myoglobin homolog und aus einem monomeren »Urhämoprotein« (einer Ahnenform) durch Differenzierung entstanden sind. Durch Genduplikation des Strukturgens für das Urglobin und anschließende Differenzierung konnten die unterschiedlichen Globinketten von Myoglobin und Hämoglobin jeweils in denselben Individuen, also als paraloge Proteine, entstehen. Die Cyclostomen, als die primitivsten heute lebenden Vertebraten, haben nur monomeres Hämoglobin, dessen Globinanteil aus 156 Aminosäuren besteht und in der Sequenz noch dem Myoglobin der Gnathostomen (beim Menschen 153 Aminosäuren) ähnlich ist. Interessanterweise ist das Hämoglobin der Cylostomen jedoch nur im oxygenierten Zustand monomer, im desoxygenierten bilden sich Homodimere und teilweise sogar Homotetramere; es lagern sich also gleichartige Monomere zu zweien oder gar vieren zusammen. Dadurch wird hier jeweils vorübergehend ein Zustand erreicht, wie er für das Hämoglobin aller Gnathostomen (von den Fischen an) typisch ist. Deren stets tetrameres Hämoglobin ist allerdings heteromer, indem hier zwei *verschiedene* Globinketten sich jeweils paarweise (zwei α-Ketten und zwei andere Ketten) zur Quartärstruktur des Hämoglobins verbinden (Abb. 6.128, S. 632). Durch diesen Aufbau aus vier Untereinheiten zeigt Hämoglobin (im Gegensatz zum monomeren Myoglobin) *Kooperativität* (S. 74), was in einem bestimmten Partialdruckbereich zu einer starken Änderung der Affinität zum Sauerstoff (hoch in der Lunge, niedrig im Gewebe) führt (Abb. 10.34). Darin liegt offenbar der selektive Vorteil der Quartärstruktur des Hämoglobins.

Die zahlreichen Übereinstimmungen in der Aminosäuresequenz der Globine von Myoglobin und Hämoglobin (Abb. 10.35) belegen deren Homologie (Paralogie).

Eine weitere Differenzierung der Globinketten erfolgte in der Evolution der Gnathostomen. Neben der schon genannten α-Kette findet sich eine weitere (β-Kette) bei allen Gnathostomen. Bei den Säugetieren tauchen zusätzlich ein γ-Globin und ein ε-Globin auf (die sich nur in den Feten und Embryonen finden). Als phylogenetisch jüngstes entstand ein δ-Globin, das nur bei Menschenaffen und beim Menschen vorkommt und den übrigen Primaten noch fehlt. Auch diese Globine treten immer nur paarweise mit den zwei α-Ketten zur Quartärstruktur des Hämoglobins zusammen. Beim Menschen kann man also vier verschiedene *Hämoglobine (Hb)* unterscheiden.

Die in der Ontogenese des Menschen nacheinander auftretenden Hämoglobine sind den jeweilig unterschiedlichen Bedingungen der Sauerstoffversorgung durch unterschiedliche Sauerstoffaffinität angepaßt. Die beteiligten fünf Globinketten (α bis ε) weisen große Übereinstimmung in ihren Aminosäuresequenzen auf. Sie zeigen jedoch Abstufungen nach dem stammesgeschichtlichen Alter; am größten sind die Differenzen zwischen der α- und der β-Kette. Die α-Kette besteht aus 141 Resten, die β-Kette (und alle drei übrigen) aus 146 (Myoglobin hat 153). Man kann die α- und β-Kette so »aneinanderlegen«, daß 61 Positionen von der gleichen Aminosäure besetzt, also koinzident sind. Berücksichtigt man die unterschiedliche Kettenlänge, so sind beim Menschen α- und β-Kette in 85 Positionen verschieden. Ebenso verhält es sich beim Pferd. Beim Schaf dagegen differieren α- und β-Kette nur in 48 Positionen. Weit geringer sind die Differenzen bei den stammesgeschichtlich erst später different gewordenen Globinen. Die β- und δ-Kette des Menschen unterscheiden sich nur in 8 von insgesamt 148 Positionen (S. 196). Der hohe Grad an Übereinstimmungen weist darauf hin, daß es sich hier um paraloge Proteine handelt, daß also die sie codierenden Gene durch Genduplikation aus einem »Urlocus« (der dem für β-Globin ähnlich gewesen sein dürfte) entstanden sind.

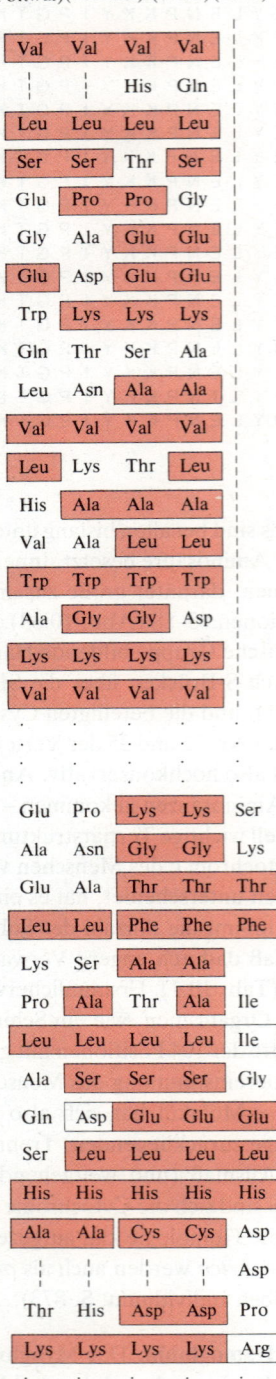

Abb. 10.35. Vergleich zweier homologer Kettenabschnitte von einem Myoglobin (Mb), drei Adult-Hämoglobinen (Hb) und einem Cytochrom b_5 (Cyt).

Die erst spät (bei den Hominoidea) duplizierten Genloci für die β- und δ-Kette liegen beim Menschen noch eng gekoppelt auf dem gleichen Chromosom nebeneinander (S. 203f.; Abb. 2.45). Die Gene für die α-, β- und γ-Kette liegen dagegen auf verschiedenen Chromosomen; hier hat also nach der jeweiligen Duplikation des Genlocus noch eine Translokation stattgefunden (S. 231).

Daß die Gene für die verschiedenen Globine noch weiter mutieren, zeigt sich daran, daß für jedes Gen multiple Allele nachgewiesen sind. Am bekanntesten ist das Sichelzellen-Allel; es codiert eine β-Kette, bei der in Position 6 die (saure, hydrophile) Glutaminsäure gegen das (hydrophobe) Valin (nicht konservativ) ausgetauscht ist. Über den unterschiedlichen Anpassungswert dieses Hämoglobins siehe S. 229f.

Bislang haben wir die verschiedenen Globinketten in ihrer Differenzierung innerhalb einer Art (ihre paraloge Ausbildung) untersucht. Nach der Aufspaltung der Arten (und der weiteren Differenzierung in den verschiedenen Gruppen) haben sich im Laufe der Evolution natürlich auch die jeweils »gleichen« Globine differenziert. Man kann daher auch die α- bzw. die β-Ketten jeweils untereinander bei verschiedenen Arten vergleichen. Ein solcher Vergleich homologer (ortholger) Globine sagt dann etwas über die Verwandtschaft der Arten aus. Tabelle 10.2 zeigt die Anzahl der Aminosäuresubstitutionen beim Vergleich der α-Ketten bzw. der β-Ketten verschiedener Arten mit den entsprechenden Ketten des Menschen.

Wie beim Cytochrom c (S. 874) zeigt sich auch hier die enge Verwandtschaft des Menschen mit den Menschenaffen. Während die α-Ketten von Mensch und Schimpanse völlig übereinstimmen, gibt es gegenüber dem Gorilla einen konservativen Austausch (in Position 23 steht Asparaginsäure statt Glutaminsäure beim Menschen). Das Myoglobin und das δ-Globin unterscheiden sich bei Mensch und Schimpanse in jeweils nur einer Position. Gegenüber den Halbaffen bestehen dagegen schon beträchtliche Unterschiede.

Isoenzyme und Genduplikation

Auch für eine Reihe von Enzymen läßt sich die Entstehung aus einem »Urenzym« durch Genduplikation und anschließende Differenzierung wahrscheinlich machen. Von solchen Enzymen sind daher (paraloge) Isoenzyme elektrophoretisch nachweisbar, also Varianten eines Enzyms, bei denen einzelne Aminosäuren ausgetauscht sind (vgl. S. 70). Isoenzyme können sich durch die Abhängigkeit ihrer Aktivität von »Umweltbedingungen« (Temperatur, pH) unterscheiden und daher durch ihr Nebeneinandervorkommen im selben Individuum dieses anpassungsfähiger machen. Ein Beispiel dafür liefert das Enzym *Lactatdehydrogenase (LDH)*, das im anaeroben Stoffwechsel Pyruvat in Lactat überführt (S. 91f.). Es ist ein tetrameres Protein und besteht – ähnlich wie Hämoglobin – aus vier Polypeptidketten. Es gibt zwei verschiedene davon, die Untereinheiten A und B. Diese werden durch Gene codiert, die durch *Genduplikation* auseinander hervorgegangen sind und nach ihrer Trennung unterschiedliche Mutationen erfahren haben: A und B sind also paraloge Proteine. Anders als beim Hämoglobin können sie sich nicht nur im Verhältnis 2:2, sondern beliebig kombinieren. Daher können in einem Individuum bis zu fünf verschiedene Isoenzyme von LDH vorliegen: LDH-A_4, LDH-A_3B_1, LDH-A_2B_2, LDH-A_1B_3 und LDH-B_4 (Abb. 10.36). Wegen ihrer unterschiedlichen Ladung lassen sie sich elektrophoretisch trennen. Sie unterscheiden sich auch in ihrer Kinetik: LDH-A_4 hat die niedrigste Affinität zu Pyruvat, LDH-B_4 die höchste. Die verschiedenen Isoenzyme der LDH haben demnach ihre halbmaximale Reaktionsgeschwindigkeit bei unterschiedlichen Konzentrationen des Substrats (S. 74f.). Sie sind dementsprechend in den Organen unterschiedlich verteilt, z.B. kommen LDH-B_4 und LDH-A_1B_3 besonders im Herzmuskel, LDH-A_3B_1 und LDH-A_4 vor allem in der Skelettmuskulatur der Wirbeltiere vor.

Tabelle 10.2. Zahl der Aminosäuredifferenzen von α und β-Hämoglobinkette verschiedener Arten im Vergleich zum Menschen

Vergleichsart zum Menschen	Substitution in: α-Kette	β-Kette
Schimpanse	0	0
Gorilla	1	1
Rhesusaffe	4	8
Lemur (Halbaffe)	6	23
Schwein	18	24
Schaf	21	26–32
Kaninchen	25	14
Karpfen	68–71	–

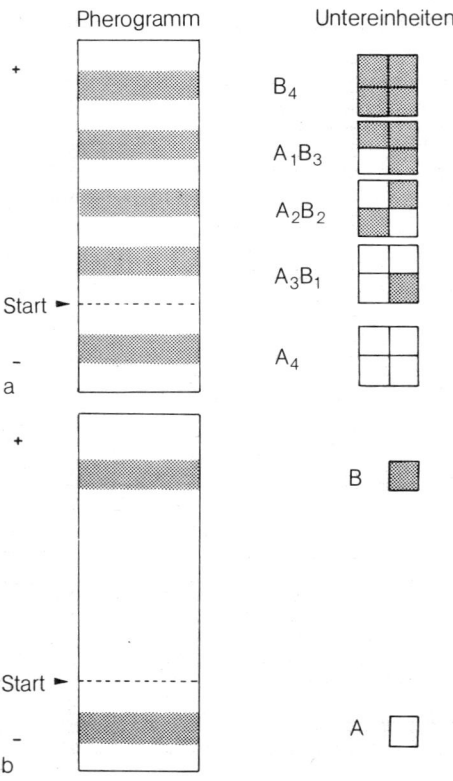

Abb. 10.36a, b. Gelelektrophoretische Auftrennung der Isoenzyme der Lactatdehydrogenase (LDH). (a) Das tetramere Protein ist aus vier Polypeptidketten aufgebaut, worunter zwei verschieden sein können (A oder B). Je nachdem, ob die LDH aus nur einer Sorte von Polypeptidketten besteht oder unterschiedlich zusammengesetzt ist, ergeben sich fünf verschiedene Isoenzyme (rechts); bei der Gelelektrophorese erhält man fünf Banden (links). (b) Zerlegt man das tetramere LDH-Molekül durch Behandlung mit Harnstoff in die freien Polypeptidketten, so erbringt die Gelelektrophorese nur zwei Banden (links), die den obersten und untersten Banden in (a) entsprechen. (Nach von Sengbusch)

Enzymdifferenzierung: Trypsin und Chymotrypsin

Abwandlungen der Aminosäuresequenz paraloger Enzyme können auch zu einer Änderung der Substratspezifität führen. Auf diese Weise können »Familien« verwandter Enzyme entstehen, die auf ein »Urenzym« zurückführbar sind. Ein Beispiel dafür liefern die beiden proteolytischen Pankreasenzyme Trypsin und Chymotrypsin. Sie trennen die Peptidbindung von Proteinen an verschiedenen Stellen: Trypsin spaltet am Carboxylende hauptsächlich der basischen Aminosäuren Lysin und Arginin, Chymotrypsin dagegen vorzugsweise an demjenigen der aromatischen Aminosäuren Phenylalanin, Tyrosin und Tryptophan. Trypsin (223 Aminosäuren) und Chymotrypsin (246 Aminosäuren) stimmen in weiten Teilen ihrer Sequenz überein. In den beiden an ihrem aktiven Zentrum beteiligten Ketten (Abb. 1.22, S. 33; Abb. 1.58, S. 73) haben sie 14 von 17 bzw. 8 von 10 Positionen mit der gleichen Aminosäure besetzt.

10.3.2.3 Allozyme und der genetische Polymorphismus in Populationen

Durch Mutationen eines Genlocus für ein Enzym können multiple Allele entstehen, die zu Enzymvarianten mit unterschiedlichen Aminosäuresequenzen – also auch zu Isoenzymen – führen. Solche, auf verschiedenen Allelen (desselben Genortes, also ohne Genduplikation) basierenden Enzymvarianten nennt man *Allozyme*. Ein diploides, heterozygotes Individuum kann nur zwei verschiedene Allele eines Gens tragen. Im Genpool einer Population oder bei polyploiden Arten und Rassen können jedoch Allele für mehrere Allozyme vorhanden sein. Eine Population kann diesbezüglich einen genetischen »Polymorphismus« aufweisen (Abb. 10.37). Durch Elektrophorese läßt sich ein solcher Allozympolymorphismus in einer Population nachweisen; dabei wurde bei mehreren Arten ein unerwartet hoher Grad an Polymorphismus aufgedeckt (Tab. 10.3).

Es wird angenommen, daß der bei den untersuchten Enzymen festgestellte Prozentsatz an genetischer Variabilität repräsentativ für das gesamte Genom ist. Wenngleich die Werte bei verschiedenen Arten unterschiedlich sind, ist doch grob verallgemeinernd damit zu rechnen, daß ein Viertel bis die Hälfte der Genloci einer Art in zwei oder mehr Allelen vorliegen. Das bedingt einen entsprechend hohen Grad an Heterozygotie.

In der Beurteilung der evolutiven Bedeutung dieser unerwartet hohen genetischen Variabilität gehen die Meinungen auseinander: Die Vertreter der *Neutralitätshypothese* gehen davon aus, daß ein Großteil der nur geringfügig (konservativer Austausch) verschiedenen Allozyme sich in ihrer Wirkung nicht oder nur ganz minimal unterscheiden; diese sollten daher »selektionsneutral« sein. Die Frequenz der sie codierenden Gene in der Population wäre dann vom Zufall der genetischen Drift (S. 888) abhängig. Anhänger der *Selektionshypothese* der Enzymevolution sind dagegen davon überzeugt, daß auch dieser Enzympolymorphismus ein Produkt der Selektion ist. Individuen mit unterschiedlichen Allozymen könnten unter den jeweils verschiedenen Umweltbedingungen eines ökologisch differenten Biotops unterschiedlichen Selektionsdrucken ausgesetzt sein; daraus müßte sich die unterschiedliche Häufigkeit der einzelnen Allele ergeben. Heterozygote Individuen mit zwei verschiedenen Allozymen könnten eine größere ökologische Potenz besitzen als homozygote. Durch Selektion würde sich dann ein balancierter Polymorphismus einstellen (S. 896f.).

Die große Bedeutung der Entdeckung des Allozympolymorphismus in Populationen für die Evolutionsbiologie liegt in der Erkenntnis, daß die genetische Variabilität (und der Grad der Heterozygotie von Individuen) innerhalb einer Art weit größer ist als bislang angenommen. Der Selektion steht daher ständig ein reiches Ausgangsmaterial zur Verfügung.

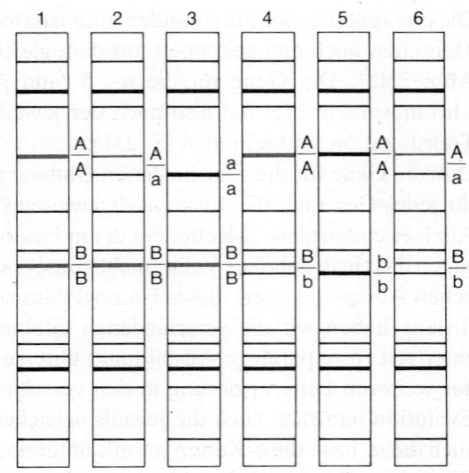

Abb. 10.37. Genetischer Proteinpolymorphismus in einer Population einer Taufliegenart (Drosophila). Proteinextrakte von sechs Individuen einer Population sind gleichzeitig der Elektrophorese unterworfen worden. Dabei haben sich bei dem ersten Individuum 13 verschiedene Proteine in Form von Banden nachweisen lassen, denen jeweils ein bestimmtes Gen entspricht. Zwei dieser 13 Gene sind polymorph, d.h. sie liegen in jeweils zwei Allelen vor (A, a bzw. B, b). Je nach der homozygoten (AA oder aa bzw. BB oder bb) oder heterozygoten Natur der verschiedenen Individuen ergeben sich daher unterschiedliche Bandenmuster und eine verschiedene Anzahl von Banden. Individuum 1 (in A und B homozygot) hat 13 Banden. Individuum 6 (in beiden Genen heterozygot) 15 Banden. Bei dem Protein B bzw. b handelt es sich um ein Enzym (Allozyme). Vgl. Abb. 10.43. (Aus Bachmann)

Tabelle 10.3. Prozentsatz polymorpher Enzyme

Art	Anzahl der untersuchten Enzyme	Prozentsatz der polymorphen Enzyme
Mensch	71	28
Drosophila melanogaster	19	42
Drosophila willistoni	28	81–86
Limulus polyphemus	25	25

10.3.3 Transformationen im Karyotyp

Beim Vergleich verschiedener Arten einer Verwandtschaftsgruppe läßt sich in vielen Fällen auch die Transformation des Karyotyps rekonstruieren. Von einer solchen Transformation kann die Anzahl und/oder der Bau (die Form) der Chromosomen betroffen sein.

Die *Anzahl* der Chromosomen im haploiden Satz (n) ist bei verschiedenen Arten höchst unterschiedlich. Im Tierreich hat eine Rasse des Pferdespulwurms *(Parascaris equorum)* mit n = 1 (hier liegt ein aus einzelnen Chromosomen »verklebtes« sogenanntes »Sammelchromosom« vor) die niedrigste Zahl; sehr hohe Zahlen kommen dagegen bei Schmetterlingen (z. B. *Lysandra atlantica* mit n = 220) und Protozoen *(Amoeba proteus* mit n > 250 Chromosomen) vor. Unter den Angiospermen hat der südamerikanische Korbblütler *Haplopappus gracilis* mit n = 2 die niedrigste Zahl, die Crassulacee *Kalanchoe* mit n = 500 die höchste. Das Maximum an Chromosomen im Pflanzenreich weist der Natterfarn *Ophioglossum reticulatum* mit n = 630 Chromosomen auf. Solch hohe Zahlen beruhen in der Regel auf Polyploidie (S. 915f.).

Bezüglich der *Abänderung der Chromosomenzahl* im Laufe der Evolution verhalten sich die systematischen Gruppen verschieden. So ist z. B. bei allen Stachelhäutern (Echinodermata) die Anzahl der Chromosomen bei den Vertretern der verschiedenen Klassen (Seeigel, Seesterne, Seewalzen) mit n = 21 bis n = 22 Chromosomen sehr konstant. Unter den Säugetieren haben viele Arten n = 23 oder n = 24 Chromosomen (wie z. B. die Primaten, einschließlich Mensch), doch schwankt hier die Zahl zwischen n = 3 (beim primitiven Muntjakhirsch) und n = 46 (bei der peruanischen Ratte *Anotomys leander*). Eine Veränderung der Chromosomenzahl kann in der Evolution auf verschiedene Weise zustande kommen, nämlich durch:
(1) *Polyploidie* (S. 157f.). Sie spielt in der Evolution der Pflanzen (S. 916f.) eine große Rolle.
(2) *Aneuploidie.* Hierbei sind einzelne Chromosomen vermehrt oder vermindert (S. 232).
(3) *Zentrische Fusion* (Robertson-Translokation) (Abb. 10.39).
(4) *Zentrische Fission.* Hierbei wird ein metazentrisches Chromosom durch Aufspaltung seines Centromers in zwei kürzere akrozentrische Chromosomen gespalten. Durch Fission wird die Zahl der Chromosomen vermehrt.

Die *Form* einzelner Chromosomen wird durch Fusion und Fission natürlich auch verändert. Aber auch Chromosomenmutationen (Deletion, Translokation und Inversion, S. 231f.) führen zu Änderungen der Chromosomenform.

10.3.3.1 Folgen von Transformationen des Karyotyps

Umbauten von Chromosomen durch Fission und Fusion sind sicherlich nicht selektionsneutral, denn dadurch verändert sich die Zahl der Chromosomen und damit der Koppelungsgruppen (S. 216) mit den entsprechenden Folgen für die Kombinierbarkeit der Gene. Hohe Chromosomenzahl begünstigt Rekombination, niedrige Chromosomenzahl ist von Vorteil, wenn »erfolgreiche« Koppelungen erhalten werden. Sehr zahlreiche und kleine Chromosomen erschweren deren Verteilung in der Mitose und Meiose und führen daher häufiger zu (meist schädlicher) Aneuploidie. Inversionen stellen neue Nachbarschaftsbeziehungen von Genen her (Positionseffekt, S. 899), was die Genregulation und das Crossing-over beeinflussen kann.

Da Nachkommen von Individuen mit unterschiedlichem Karyotyp häufig Schwierigkeiten bei der Meiose haben, können Änderungen in der Form und Anzahl der Chromosomen auch zum Aufbau von Isolationsmechanismen führen (S. 913f.).

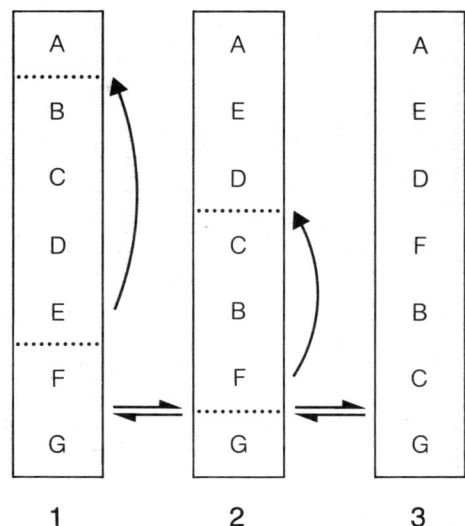

Abb. 10.38. Schema zur Darstellung von Chromosomenumbauten durch Inversion. 1 bis 3 stellt jeweils ein homologes Riesenchromosom aus dem Chromosomensatz dreier verwandter (z. B. Drosophila-)Arten dar. Das mit A bis G bezeichnete Querscheibenmuster ist jeweils durch Inversion verändert. Dabei kann Chromosom 1 in 2 (oder umgekehrt) und 2 in 3 (oder umgekehrt) durch jeweils eine einzige Inversion überführt werden, nicht jedoch 1 in 3. Dafür sind 2 Inversionsschritte nötig. Sind nur Arten mit dem Chromosomenmuster 1 und 3 bekannt, läßt sich das fehlende (weil noch nicht aufgefunden oder ausgestorben) Bindeglied (»missing link«) rekonstruieren. Wie aus den Pfeilen in der Abbildung hervorgeht, kann jedes der drei Chromosomen (1 bis 3) das ursprüngliche sein, auch Chromosom 2, aus dem durch jeweils nur eine Inversion sowohl Chromosom 1 als auch Chromosom 3 entstehen kann. Zur Aufstellung von Verwandtschaftsdiagrammen anhand der Chromosomenmuster, wie sie für manche Dipterengruppen (Drosophila-Arten, Chironomiden) vorliegen, ist daher der Vergleich mehrerer Chromosomen eines Satzes nötig.

10.3.3.2 Beispiele für Transformationen des Karyotyp durch Fusion und Inversion

(1) Bei manchen *Insekten* sind (dank der Riesenchromosomen mit ihren Querscheibenmustern, S. 158f., Abb. 1.154, 1.155; S. 344, Abb. 4.33, 4.34) Chromosomenumbauten leicht nachweisbar und daher – besonders bei *Drosophila* – gut untersucht. Besonders häufig scheinen hier parazentrische (den Bereich des Centromers nicht betreffende) *Inversionen* (S. 232) zu sein. Sie sind manchmal im Laufe der Evolution am selben Chromosom mehrmals aufgetreten und haben dann zu Umgruppierungen geführt, aus denen sich Rückschlüsse auf die Reihenfolge der daran beteiligten Inversionen ziehen lassen (Abb. 10.38).

Auch bezüglich des Karyotyp können Populationen *polymorph* sein. Da bei *Drosophila pseudobscura* die Häufigkeit einzelner Chromosomentypen (mit bestimmten Inversionen) in manchen Populationen zyklisch in den zu verschiedenen Jahreszeiten lebenden Generationen schwankt, ist anzunehmen, daß diese Inversionen bei unterschiedlichen klimatischen Bedingungen einen unterschiedlichen Selektionswert haben.

Innerhalb der Gattung *Drosophila* können selbst nahe verwandte Zwillingsarten (S. 906) bis zu vier verschiedene Inversionen (an verschiedenen Chromosomen) aufweisen. Weniger ähnliche Arten (so *D. flayomontana* und *D. virilis*) können sich durch bis zu 25 Inversionen unterscheiden. Umgekehrt sind Fälle bekannt, wo sich morphologisch sehr differente Arten im Bau ihrer Chromosomen nicht unterscheiden, also die gleiche (homosequentielle) Bänderung aufweisen. Das gilt z.B. für viele *Drosophila*-Arten auf Hawaii (S. 922).

Chromosomenfusionen haben eine große Rolle in der Evolution von *Drosophila* gespielt. Bestimmte Arten haben Sätze mit 5, 4 oder 3 Chromosomen (Abb. 10.39). Diese Reduktionen der Chromosomenzahl sind durch zentrische Fusionen stabförmiger akrozentrischer Chromosomen zu metazentrischen zweiarmigen Chromosomen zustande gekommen, wovon auch das X-Heterosom betroffen wird.

Auch für *Feldheuschrecken (Acrididae)* ist eine Reduktion der Chromosomenzahl im Karyotyp durch zentrische Fusion nachgewiesen: n = 12 stabförmige Chromosomen finden sich häufig (bei über 40 Arten); viele Arten haben reduzierte Zahlen, und bei *Philocleon anomalus* sind schließlich nur noch sechs doppelarmige Chromosomen vorhanden (Abb. 10.40).

(2) Bei den *Säugetieren* sind in der Evolution Änderungen im Karyotyp vor allem durch Inversion und Translokation erfolgt. Aber auch *zentrische Fusion* läßt sich nachweisen und kann sogar in geographisch getrennten Populationen einer Art zu Unterschieden führen. In der Schweiz sind alpine Populationen der Hausmaus *(Mus musculus)* nachgewiesen, die unterschiedliche Chromosomenzahlen aufweisen, wobei mit sinkender Zahl im Chromosomensatz die Anzahl der zweiarmigen Chromosomen zunimmt, was auf Fusionen hinweist. Deutlich ist Fusion auch in der Evolution der Rinder aufzuzeigen. Bison und Hausrind haben 2n = 60 Chromosomen, wobei die 58 Autosomen alle akrozentrisch sind. Der arktische Moschusochse dagegen hat 2n = 48 Chromosomen, wobei von den 46 Autosomen 12 metazentrisch sind. Diese 12 dürften durch Fusion von 24 akrozentrischen entstanden sein. (Es muß dabei daran erinnert werden, daß der Moschusochse *(Ovibos)* den Schafen näher zu stehen scheint als den Rindern, Abb. 10.71).

In der *Chromosomenevolution der Primaten* läßt sich die für den Menschen typische Zahl von 2n = 46 Chromosomen gegenüber den 2n = 48 bei den Menschenaffen dadurch erklären, daß das große metazentrische Chromosom Nr. 2 des Menschen durch *zentrische Fusion* zweier akrozentrischer Chromosomen (wie sie z.B. beim Schimpansen vorliegen) entstanden ist. Die häufigsten Unterschiede im Bau der Chromosomen verschiedener Primatenarten beruhen jedoch auf perizentrischer Inversion. Von den durch die Bändertechnik (Abb. 1.152b, c, S. 156) nachweisbaren ca. 500 Bändern im Genom von Orang-Utan, Gorilla, Schimpanse und Mensch sollen sich etwa 98% homologisieren lassen.

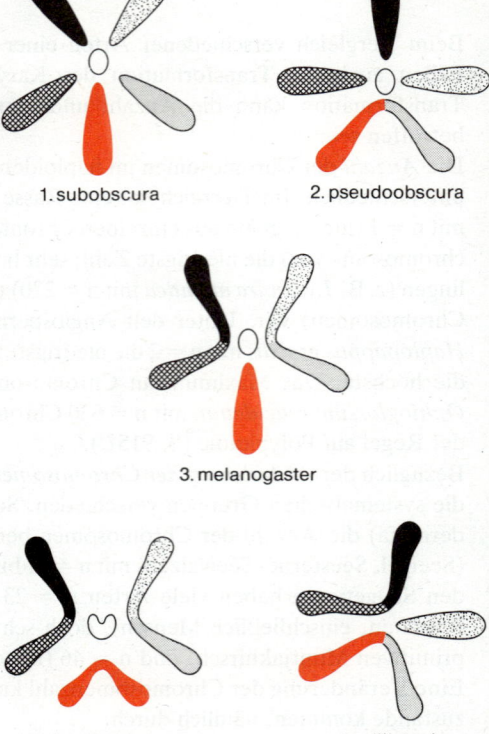

Abb. 10.39. Haploide Chromosomensätze von fünf Drosophila-Arten. Homologe Chromosomenarme sind gleich markiert. Schwarz (bzw. schwarzer Anteil) ist das X-Chromosom. Die ursprüngliche Situation ist durch 5 stabförmige Chromosomen mit jeweils endständigen Centromeren (akrozentrische Chromosomen) und ein punktförmiges Chromosom gegeben (1). Wenn zwei akrozentrische Chromosomen mit ihren Centromeren verschmelzen, entsteht ein zweischenkeliges Chromosom mit mittelständigem Centromer (metazentrisches Chromosom). Diesen Verschmelzungsvorgang nennt man zentrische Fusion oder Robertson-Translokation. Bei den hier abgebildeten fünf Drosophila-Arten kommt es durch mehrere solcher Fusionen zu einer Reduktion der Chromosomenzahl von ursprünglich sechs (1) bis auf drei Chromosomen (5). (Aus Dobzhansky et al.)

Dabei sind auch Translokationen erkennbar. Der lange Arm von Chromosom Nr. 9 des Schimpansen ist dem langen Arm des Chromosoms Nr. 5 des Menschen homolog. Eine bestimmte Besonderheit – sehr stark fluoreszierendes Chromatin in einem Bereich des Y-Chromosoms – findet sich innerhalb der Primaten nur bei Gorilla, Schimpanse und Mensch, ist also erst in der Evolution der Hominiden entstanden (das Fehlen dieses Merkmals beim Orang-Utan kann auf sekundärer Rückbildung beruhen).

Trotz der Möglichkeit der Verlagerung von Genen auf andere Chromosomen durch Translokation sind bestimmte Chromosomen diesbezüglich in der Evolution sehr stabil geblieben. So findet sich z. B. der Genlocus für Glucose-6-phosphat-Dehydrogenase bei Säugetieren aus völlig verschiedenen Ordnungen (Mensch, Pferd, Hase und Hausmaus) im X-Chromosom (X-gebundene Vererbung).

(3) Bei den *Höheren Pflanzen* sind in der Evolution der Spermatophyten *Translokationen* und Inversionen in zahlreichen Fällen nachgewiesen. Aus dem Studium der Chromosomenpaarung in der Meiose bei experimentell erzeugten Bastarden läßt sich die Homologie der verlagerten Chromosomenabschnitte erschließen. Besonders eingehend untersucht sind in dieser Beziehung Nachtkerzen *(Oenothera)*, Tabak *(Nicotiana)*- und Stechapfel-*(Datura)*-Arten, die sich jeweils durch zahlreiche Translokationen in ihren Karyotypen unterscheiden. Bei den beiden Arten von Türkenbundlilien *Lilium martagon* und *L. hansonii* hat sich zeigen lassen, daß die Unterschiede im Karyotypus auf parazentrische Inversionen an 6 ihrer n = 12 Chromosomen zurückgeführt werden können.

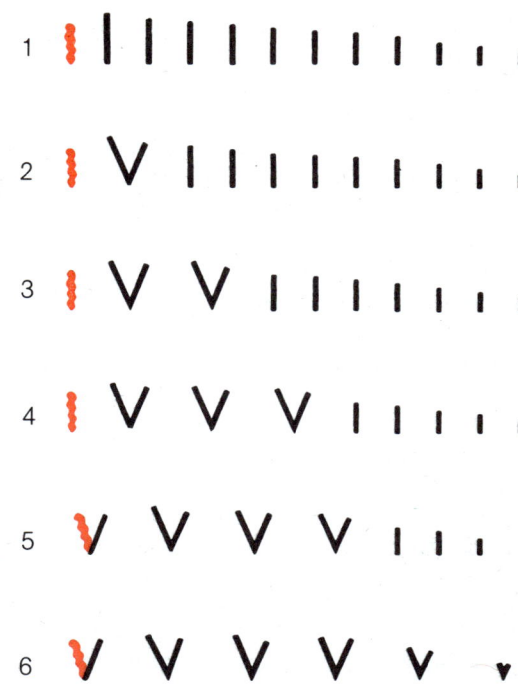

Abb. 10.40. *Haploide Chromosomensätze bei Feldheuschrecken (Acrididae) der sogenannten »12-Chromosomengruppe«. Ausgehend von haploid 12 akrozentrischen Chromosomen (1) bei mehr als 40 Gattungen zeigt sich eine zunehmende Anzahl zentrischer Fusionen und damit Reduktion der Anzahl der Chromosomen (nicht der homologen Chromosomenarme). (2) Aidemona azteca, (3) Aleuas vitticollis, (4) Stenobothrus-Gruppe (mehrere Arten), (5) Machaerocera mexicana, (6) Philocleon anomalus mit nur noch sechs metazentrischen Chromosomen. Rot = X-Chromosom bzw. -Arm. (Nach White aus Chai)*

10.4 Selektion als wesentlicher Evolutionsfaktor

Eine wesentliche Aufgabe der Evolutionsbiologie besteht darin, die Ursachen zu ermitteln, die den Phänomenen der Evolution zugrunde liegen, also die *Evolutionsfaktoren* im weitesten Sinne zu erfassen. Bei der Erforschung der Kausalfaktoren, die nur an lebendem (rezentem) Material möglich ist, hält sich die Evolutionsforschung an das »*Aktualitätsprinzip*«, wonach die heute wirksamen und analysierbaren Faktoren auch in der Vergangenheit prinzipiell gleichartig gewirkt haben. Ein wesentliches Grundphänomen der Evolution ist die Entstehung von Anpassungen (Adaptationen) an Funktion und Lebensweise.

10.4.1 Die Theorien von Lamarck und Darwin

Auffallendste Eigenschaft der Lebewesen ist, daß sie »zweckmäßig« gebaut sind, daß also ihre Eigenschaften Anpassungen an ihre Funktion und damit auch an die jeweils spezifische Lebensweise der betreffenden Art aufweisen. Die Frage, wie diese Anpassungen in der Evolution entstanden sind, ist von den beiden Pionieren der Deszendenztheorie, Lamarck und Darwin, verschieden beantwortet worden. *Lamarcks Theorie* ist in ihrer ursprünglichen Form heute nur noch von historischem Interesse. Er nahm als Ursache der Adaptatiogenese u.a. einen »Vervollkommnungstrieb« der Organismen an, der gerichtet zu immer vollkommeneren Adaptationen und daher zu einer Höherentwicklung geführt haben sollte (Psycholamarckismus). Außerdem sollte ein *direkter* Einfluß der Umwelt bei dem betroffenen Individuum Anpassungen hervorrufen, die auf die Nachkommen vererbt werden. Lamarck ging also von einer *Vererbung erworbener Eigenschaften* (einer »somatischen Induktion«) aus. Wir wissen heute, daß es eine solche Form der Vererbung nicht gibt: Der Weg von der DNA über die RNA zum Phän ist eine Einbahnstraße (S. 37f., 181f.). Individuell erworbene Modifikationen von Eigenschaften (Bräunen bei Sonneneinstrahlung, Muskelwachstum bei Training, Vermehrung der roten Blutkörperchen und deren Hämoglobingehalt bei Aufenthalt im Hochgebirge) bleiben ohne Einfluß auf die Erbsubstanz.

Fünfzig Jahre nach Lamarck haben Charles Darwin (1859) und unabhängig von ihm A. R. Wallace zur Erklärung der Adaptatiogenese die *Selektionstheorie* aufgestellt. Sie hat sich als richtig erwiesen; Selektion stellt einen entscheidenden Evolutionsfaktor dar. Obgleich zu Darwins Zeiten noch kaum genetische Erkenntnisse vorlagen (Darwin kannte Mendels Arbeiten nicht), hat er die Zusammenhänge richtig erkannt. In heutiger Sicht läßt sich sein Prinzip allgemein so darstellen:

Die Individuen einer Tier- oder Pflanzenart gleichen einander nicht vollkommen; sie weisen in ihren verschiedenen Eigenschaften eine *genetische Variabilität* auf. Diese kommt durch *Mutationen* und durch Kombination der Erbanlagen bei der sexuellen Fortpflanzung (*Rekombination,* S. 169f.) zustande. Mutation und Rekombination sind zufällige Prozesse, die ungerichtet – ohne Bezug zu dem Wert oder Unwert, den sie für die Individuen einer Art haben – ablaufen. Es ist zufällig und nicht voraussagbar, welches Gen als nächstes und zu welchem Allel mutiert. Mutation und Rekombination können daher mit der genetischen Variabilität in einer Population nur das *Rohmaterial* für die Evolution liefern. Der Faktor, der dieses richtungslos auftretende Material ausrichtet und damit Evolution zu einem (auf zunehmende Adaptation und Ökonomisierung) gerichteten Vorgang macht, ist die *Selektion.* Selektion (natürliche Auslese) ist demnach ein dem Zufall entgegen gerichteter Faktor. Verändert sich die Allelenzusammensetzung in einer Population ohne das Einwirken von Selektion allein durch das Wirken des Zufalls, dann kommt es zur genetischen Drift (S. 188).

Darwin hat als wichtigste Voraussetzung für das Eingreifen der Selektion die Tatsache erkannt, daß Lebewesen sich nicht nur fortpflanzen, sondern daß damit auch eine Vermehrung der Zahl der Individuen verbunden ist. Zweigeschlechtliche Organismen produzieren pro Elternpaar nicht nur die zwei Nachkommen, die die Eltern nach deren Tod ersetzen können, sondern – oft sehr – viel mehr (*»Überproduktion an Nachkommen«*). Da die Individuenzahl von Populationen jedoch nicht exponentiell anwächst, sondern sich in einem gewissen Bereich stabilisiert, muß eine relativ große Mortalität herrschen (S. 787). Nach Darwin kommt es im *»Kampf ums Dasein«* zum Überleben nur jeweils der »Tauglichsten« unter den Varianten und damit zu einer natürlichen Auslese (Selektion). In der Generationenfolge werden jeweils jene Erbanlagen bevorzugt weitergegeben, die Merkmale mit Anpassungswert bedingen, d.h. dem Individuum einen Vorteil bringen. Ein solcher Prozeß muß im Laufe der Generationenfolge zu einer gerichteten Veränderung der Eigenschaften und damit zur Herausbildung von Anpassungscharakteren führen.

Als Modelle für das Wirken der Selektion dienten Darwin die Haustiere und Nutzpflanzen des Menschen. Sie weichen in zahlreichen, dem Menschen dienlichen Eigenschaften von ihren wilden Stammformen ab, aus denen sie vom Menschen durch »künstliche Zuchtwahl« – also durch Selektion der für den Menschen vorteilhaften Varianten – herausgezüchtet worden sind. Die Fülle der verschiedenen Hunde- und Taubenrassen, die alle auf den Wolf bzw. die Felsentaube als Stammform zurückgehen, demonstriert, welch unterschiedliche Merkmalsausbildung auf diese Weise erzielt werden kann. Als botanisches Beispiel können die verschiedenen Kohlsorten angeführt werden (z.B. Weiß- und Rotkohl, Wirsing, Kohlrabi, Rosenkohl), die alle auf den Wildkohl *Brassica maritima,* eine formenreiche mediterrane Art, zurückgehen. Der Rosenkohl z.B. entstand erst Ende des 18. Jahrhunderts in Belgien (Abb. 10.41).

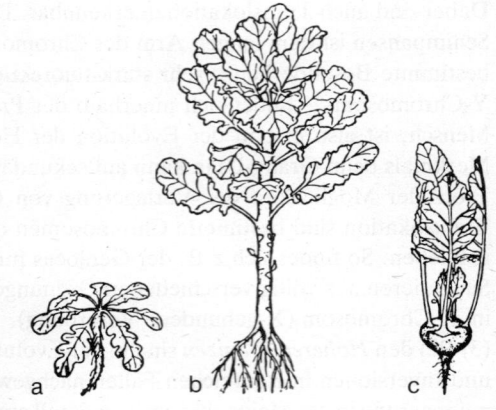

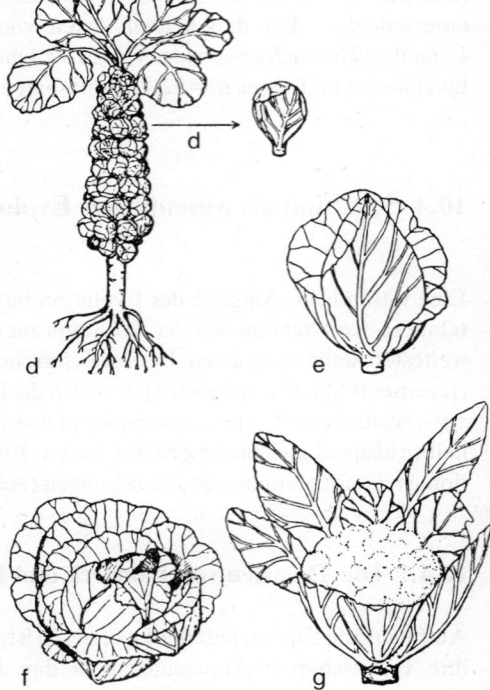

*Abb. 10.41 a–g. Vom Menschen selektierte Kohlformen. (a) Ausgangssippe Wildkohl (*Brassica oleracea *var.* oleracea *und verwandte Sippen); (b) Blattkohl (var.* viridis*); (c) Kohlrabi (var.* gongylodes*); (d) Rosenkohl (var.* gemmifera*); (e) Weiß- bzw. Rotkohl (var.* capitata*); (f) Wirsing (var.* sabauda*); (g) Blumenkohl (var.* botrytis*). (Nach Transeau et al. aus Strasburger)*

Zum Begriff »Kampf ums Dasein«. Im Unterschied zu Lamarck hat Darwin für die Adaptatiogenese *zwei* Faktoren als Ursache erkannt: 1. die ungerichtete genetische Variabilität und 2. die natürliche Auslese, die im »Kampf ums Dasein« zum Überleben der Geeignetsten führt. Der Begriff »Kampf ums Dasein« ist – wie kaum ein anderer – vielfach in unheilvoller Weise mißverstanden und als Glorifizierung des »Rechts des Stärkeren« aufgefaßt worden. Das hat als »Sozial-Darwinismus« bis in die Soziologie hinein verhängnisvolle Auswirkungen gehabt. Jedoch hat schon Darwin darauf hingewiesen, daß dieser Begriff als Metapher zu verstehen ist. In der Tat spielt bei der Selektion weniger die kämpferische Auseinandersetzung von Artgenossen, als vielmehr die »indirekte« Konkurrenz zwischen genetisch verschiedenen Individuen einer Art die entscheidende Rolle. Dabei geht es keineswegs nur um Leben oder Tod (also unterschiedliche Mortalität verschiedener Genotypen), vielmehr ist das Wichtigste, welchen Beitrag ein bestimmtes Individuum (mit bestimmten Allelen) zum Genbestand der nächsten Generation beisteuert. Selektion besteht also in unterschiedlichem Fortpflanzungserfolg; sie ist ein *statistischer Prozeß:* Individuen mit günstigen Eigenschaften werden im Durchschnitt mehr Nachkommen hervorbringen als solche mit weniger günstigen Eigenschaften. Was günstig und was ungünstig ist, hängt dabei von den jeweiligen Bedingungen (z.B. Umweltbedingungen) ab, unter denen Selektion abläuft *(Selektionsbedingungen).* Im »Kampf ums Dasein« haben daher in einer Population keineswegs nur diejenigen Individuen einen Selektionsvorteil, die in einer kämpferischen Auseinandersetzung mit Artgenossen die stärkeren sind, sondern ebenso (und viel häufiger) solche, die die vorhandene Nahrung besser nutzen, sich neue Nahrungsquellen erschließen und damit der Konkurrenz entgehen, Hitze, Kälte, Trockenheit oder Lichtmangel besser überstehen, eine bessere Brutpflege treiben, durch Flucht, Tarnung oder Abwehrstoffe dem Gefressenwerden besser entgehen, widerstandsfähig gegenüber Krankheiten sind und dergleichen mehr – wenn sie dadurch nur einen größeren Fortpflanzungserfolg als Individuen mit anderen Genotypen haben. Damit nimmt in einer Population – durch Selektion gesteuert – die Häufigkeit günstiger Allele von Generation zu Generation zu, die ungünstiger Allele ab. Den genetischen Aspekt des Wandels von *Populationen* untersucht die Populationsgenetik.

10.4.2 Populationsgenetik

Evolution bedeutet Änderung der genetischen Konstitution (und damit im allgemeinen auch der phänotypischen Eigenschaften) der Arten in aufeinanderfolgenden Zeitabschnitten (S. 855). Da alle Arten in der Form mehr oder weniger abgrenzbarer Populationen (Fortpflanzungsgemeinschaften mit ständigem Genaustausch) existieren, ist es von grundlegender Bedeutung, nach dem Evolutionsgeschehen in Populationen zu fragen. Das Arbeitsgebiet, das sich mit den genetischen Veränderungen auf der Ebene der Populationen und mit den hierfür verantwortlichen Mechanismen befaßt, nennt man *Populationsgenetik*.

Die Gesamtheit der in einer Population vorhandenen Gene wird als ihr *Genpool* bezeichnet. In diesem Begriff kommt die genetische Zusammengehörigkeit der Populationsmitglieder durch die geschlechtliche Vermehrung zum Ausdruck. Ohne Sexualität, etwa bei rein klonaler Vermehrung, ist die Anwendung des Begriffs des Genpools ebenso wie der der Art fragwürdig.

Primäre *Evolutionsfaktoren,* also Mechanismen, die Veränderungen in der genotypischen Zusammensetzung der Population unmittelbar bewirken, sind:
– *Mutationen* vom einfachen Nukleotidaustausch bis zur Polyploidisierung ganzer Genome
– *Genetische Drift,* das sind zufällige, in der Richtung nicht vorhersagbare Veränderungen des Genpools
– *Selektion* im weitesten Sinne, auf allen Ebenen des Lebenszyklus einer Art
– *Genaustausch* mit anderen Populationen, nicht selten im Zusammenhang mit Migrationen

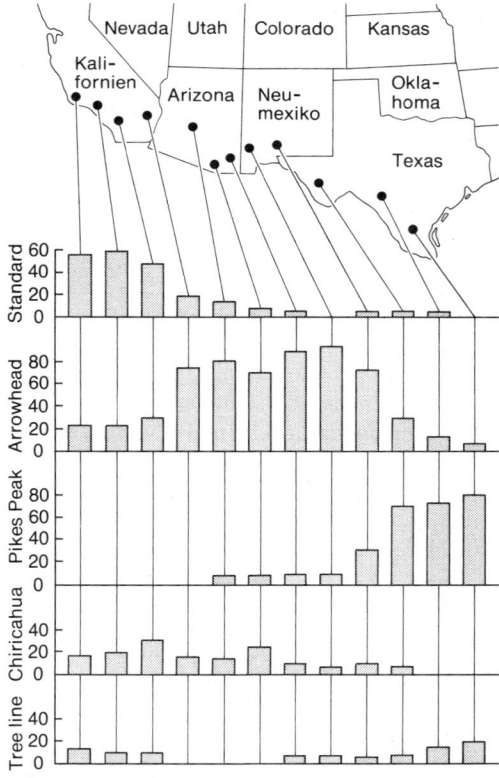

Abb. 10.42. Geographische Häufigkeitsverteilung [%] von fünf Chromosomenmutanten des dritten Chromosoms der Taufliege Drosophila pseudoobscura in den südwestlichen USA. Die Namen (Ordinaten) sind Bezeichnungen für die Mutanten. (Nach Dobzhansky u. Epling)

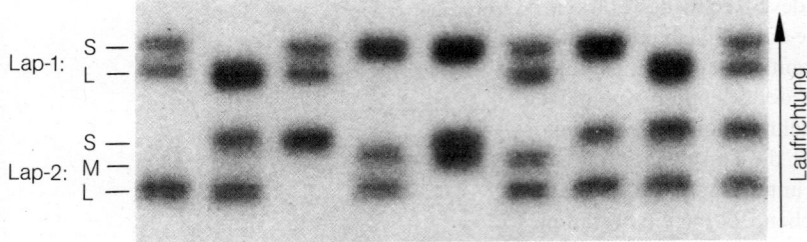

Abb. 10.43. Beispiel für den Nachweis verschiedener Genotypen aufgrund von Enzymmustern. Elektrophoresebanden der Leucinaminopeptidase (Lap) in der Schnecke Helix aspersa. Lap ist ein monomeres Enzym, homozygote Phänotypen zeigen eine starke Bande, heterozygote zwei schwächere, aber gleichstarke Banden. Es handelt sich um zwei Loci. Das obere System (Lap-1) hat zwei Allele (S für schnell und L für langsam), das untere (Lap-2) drei (S, L und M für mittel). Die ersten fünf Individuen lassen sich folgendermaßen charakterisieren: Lap-1: SL, LL, SL, SS, SS; Lap-2: LL, SL, SS, ML, SM. (Nach Selander aus Ayala)

Neben diesen primären sind eine Reihe weiterer wichtiger Mechanismen zu nennen, deren Einfluß auf Art und Geschwindigkeit der Evolution von großer Bedeutung ist:
- *Erblichkeit* der phänotypischen Merkmale, an denen die Selektion angreift
- *Reproduktionscharakteristika* der Populationen (z. B. bisexuelle Fortpflanzung, Parthenogenese, vegetative Vermehrung, Generationszyklen, Ein- oder Zweigeschlechtlichkeit, Geschlechterverhältnis, Panmixie, Inzucht)
- *Aufteilung des Genpools* in Untereinheiten, meist bewirkt durch die Heterogenität der Umwelt, oft verbunden mit unterschiedlichen Selektionsbedingungen und Drift
- *geographische Isolation* als extremer Fall der Genpoolaufspaltung; oft eine der wichtigsten Voraussetzungen für die Entstehung neuer Arten

In den folgenden Abschnitten werden Bedeutung und Wirkung dieser Faktoren sowie einige ihrer vielfältigen Interaktionen besprochen. Einige Fragen, die sich mit der Aufspaltung und mit Beziehungen zwischen mehreren Genpools befassen, werden auf S. 900f. und 914f. behandelt.

10.4.2.1 Phänotypische Variabilität und Erblichkeit

Die Individuen natürlicher Populationen weisen immer eine mehr oder minder große Verschiedenheit in der Ausprägung einzelner Merkmale auf. Diese Unterschiede beruhen (1) auf *modifikatorischen,* also *umweltbedingten* Veränderungen des Phänotyps (Abb. 3.130, S. 319; Abb. 4.18, S. 335; Abb. 8.21, S. 777), (2) auf *genetischen* Unterschieden zwischen den Individuen (Abb. 10.42) und (3) auf dem unterschiedlichen Alter der Individuen. Die Erforschung genetischer Unterschiedlichkeit in natürlichen Populationen hat einen starken Aufschwung erfahren, seit man mit elektrophoretischen Methoden die Isoenzymmannigfaltigkeit erfassen kann. Die Isoenzymmuster spiegeln die Allelmannigfaltigkeit auf den verschiedenen Genloci gut wieder (Abb. 10.43). Allerdings hat sich gezeigt, daß mit dieser Methode manche Allele nicht erfaßt werden, deren Proteinprodukte identische Wandergeschwindigkeiten im Gel aufweisen.

An den phänotypisch unterschiedlich ausgeprägten Individuen greift der Prozeß der Selektion an. Das Ergebnis ist zunächst eine Verschiebung der relativen Häufigkeiten der *Phänotypen.* Für die Evolution sind diese Häufigkeitsveränderungen der Phänotypen jedoch nur dann von Belang, wenn sie gleichzeitig zu *Veränderungen des Genpools* führen. Es ist also nach der Beziehung zwischen der Variabilität der Phänotypen und der Genotypen zu fragen, d.h. nach dem Ausmaß der *Erblichkeit* der phänotypischen Merkmale. Abbildung 10.44 gibt die extremen Denkmöglichkeiten und eine häufig realisierte intermediäre Situation wieder.

Die Erblichkeit E eines Merkmals in einer Population ist hier definiert als der Anteil an der Gesamtvariabilität (V_{tot}) dieses Merkmals in der Population, der auf genetischer Variabilität (V_g) beruht. (Die Variabilität wird üblicherweise als die statistische Größe der Varianz V gemessen.) Dabei wird von Individuen der gleichen Altersklasse ausgegangen. Es gilt somit im einfachsten Fall Gleichung (10.1a). Die Gesamtvariabilität (V_{tot}) ihrerseits setzt sich aus der genetischen (V_g) und der *modifikatorischen,* also umweltbedingten Variabili-

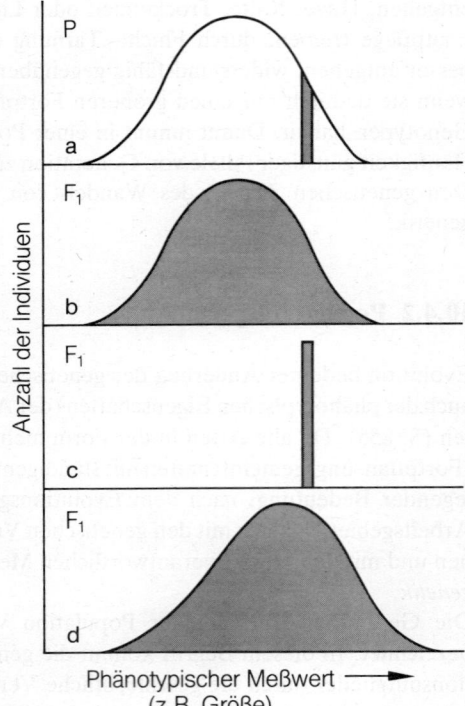

Abb. 10.44. a–d. Schematischer Überblick über mögliche Formen der Erblichkeit. (a) Häufigkeitsverteilung der Individuen einer Population bezüglich eines Merkmals (z. B. Körpergröße). Schattiert: Populationsausschnitt, der zur Reproduktion zugelassen wird. (b) Häufigkeitsverteilung in der Folgegeneration, wenn das Merkmal nicht erblich ist. (c) Folgegeneration, wenn das Merkmal 100%ig vererbt wird (etwa bei klonaler Vermehrung). (d) Folgegeneration mit einer häufig zu beobachtenden intermediären Erblichkeit. (Original Jacobs)

tät (V_m) zusammen (Gl. 10.1b), daraus folgt Gleichung (10.1c). Aus Gründen der Einfachheit wird hier eine additive Wirkung der Allele auf die Merkmalsbildung angenommen, Probleme der Dominanz oder der Überlagerung der Genwirkungen sowie Interaktionen zwischen genetisch und modifikatorisch bedingter Varianz werden vernachlässigt. V_m wird von der Variabilität der wirksamen Umweltfaktoren und von der Reaktionsempfindlichkeit (R) der Individuen für diese bestimmt (Gl. 10.1c). »Empfindliche« Merkmale (z. B. die Bräunung unserer Haut oder erlernte Verhaltensweisen) haben potentiell hohe V_m-Werte, »angeborene« Merkmale (z. B. die Blutgruppen oder der Schluckreflex) hingegen niedrige. Dementsprechend können sich, bei *gleicher genetisch bedingter Varianz*, ganz unterschiedliche Erblichkeitswerte ergeben.

Außer in Versuchen mit genau bekannten Genotypen läßt sich die Erblichkeit meist nur indirekt bestimmen. Häufig benützt man Merkmalskorrelationen zwischen Individuen bekannten Verwandtschaftsgrades. Beim Menschen kommt hier der Zwillingsforschung eine besondere Rolle zu. Dabei hat man festgestellt, daß selbst stark umweltbestimmte Merkmale, wie z. B. Krankheiten, eine deutliche, genetisch bedingte Varianz aufweisen (Tab. 10.4). Abbildung 10.45 gibt die Häufigkeitsverteilung der Erblichkeiten zahlreicher Merkmale wieder: Sehr hohe und sehr niedrige Erblichkeiten sind selten, intermediäre Werte überwiegen.

Aus der Definition der Erblichkeit und den Beispielen wird deutlich:

(1) Ohne Erblichkeit gibt es keine Evolution durch Selektion. Je höher die Erblichkeit, desto schneller die Selektion (unter sonst vergleichbaren Bedingungen).

(2) Die Erblichkeit ist eine *Populationseigenschaft*. Sie sagt grundsätzlich nichts darüber aus, in welchem Ausmaß die Eigenschaften eines Individuums genetisch determiniert sind.

(3) Die Erblichkeit eines Merkmals ist keine festgelegte Eigenschaft einer Population mit gegebenem Genpool, sondern von Umwelt zu Umwelt verschieden, da V_m von letzterer bestimmt wird (Gl. 10.1c). Allgemein gilt: Je stärker modifizierend die Umwelt einwirkt, desto geringer ist die Erblichkeit eines Merkmals bei gleichen genetischen Bedingungen, d. h. um so geringer ist die potentielle Wirkung der Selektion.

(4) Wird ein Genpool verändert, dann kann sich auch E verändern. Führt z. B. gerichtete Selektion (S. 890) zu einer Verminderung der Allelvielfalt und damit von V_g, dann nimmt auch E entsprechend ab.

(5) Angeboren (im Sinne von genetisch bedingt) und erworben sind keine Alternativen bei der Charakterisierung von Merkmalen. *Jedes Merkmal ist grundsätzlich von beiden Komponenten, Genetik und Umwelt, co-determiniert.* Es ist allerdings üblich, Merkmale, deren Variabilität nur geringfügig durch Umweltveränderungen beeinflußbar ist, als angeboren zu bezeichnen.

(10.1a)
$$E = \frac{V_g}{V_{tot}}$$

(10.1b)
$$V_{tot} = V_g + V_m$$

(10.1c)
$$E = \frac{V_g}{V_g + V_m} \quad \begin{matrix} R \\ \downarrow + \\ + \end{matrix} \quad \text{Variabilität der Umwelt}$$

Tabelle 10.4. Konkordanz des Auftretens von Krankheiten (%) bei eineiigen und zweieiigen Zwillingen. Die Werte demonstrieren, daß auch stark umweltbestimmte Eigenschaften eine deutliche Erblichkeitskomponente besitzen

	eineiige Zwillinge	zweieiige Zwillinge
Kinderlähmung	36	6
Scharlach	64	47
Tuberkulose	74	28
Diabetes mellitus	84	37
Rachitis	88	22
Masern	95	87

Abb. 10.45. Häufigkeitsverteilung von Erblichkeitswerten. (a) Morphologische, physiologische und biochemische Eigenschaften des Menschen. (b) Werte von Haustieren. Vor allem wurden Zuchtmerkmale gemessen wie Körpergewicht, Reproduktion, Anfälligkeit gegenüber Krankheiten, Güte des Felles usw. (c) Verhaltensweisen (Paarung, Aggressivität, Nahrungserwerb usw.), vor allem bei Labor- und Haustieren. Die relativ hohen Werte beim Menschen beruhen wahrscheinlich auf einer Auswahl der Merkmale in Richtung hoher genetischer Determination. Die niedrigeren Werte in (b) und (c) deuten vielleicht auf geringe genetische Variabilität der domestizierten Tiere hin. (Original Jacobs, Daten vieler Autoren)

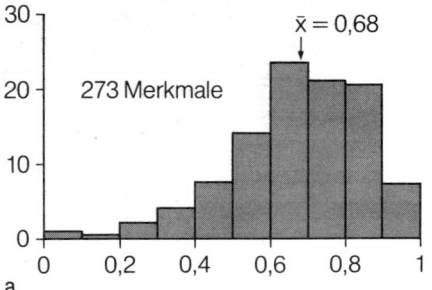
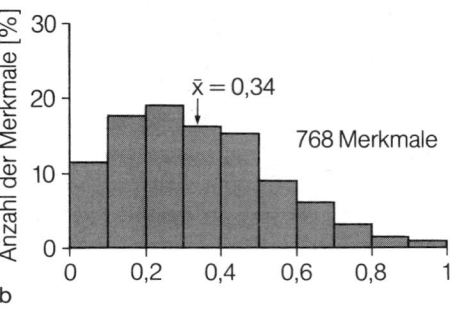
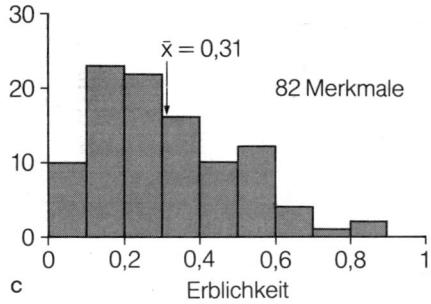

Tabelle 10.5. Ableitung des Hardy-Weinberg-Gesetzes

a Mögliche Paarungen der Eltern	b Häufigkeit der Paarungen der Eltern	c Anteil der aus den Paarungen resultierenden Genotypen der Filialgeneration F_1			d Genotyphäufigkeiten in der Filialgeneration F_1					
		A_1A_1	A_1A_2	A_2A_2	X_{F1}	(A_1A_1)	Y_{F1}	(A_1A_2)	Z_{F1}	(A_2A_2)
$A_1A_1 \times A_1A_1$	$X \times X$	1	—	—	X^2		—		—	
$A_1A_1 \times A_1A_2$	$X \times Y$	½	½	—	$\frac{XY}{2}$		$\frac{XY}{2}$		—	
$A_1A_1 \times A_2A_2$	$X \times Z$	—	1	—	—		XZ		—	
$A_1A_2 \times A_1A_1$	$Y \times X$	½	½	—	$\frac{XY}{2}$		$\frac{XY}{2}$		—	
$A_1A_2 \times A_1A_2$	$Y \times Y$	¼	½	¼	$\frac{Y^2}{4}$		$\frac{Y^2}{2}$		$\frac{Y^2}{4}$	
$A_1A_2 \times A_2A_2$	$Y \times Z$	—	½	½	—		$\frac{YZ}{2}$		$\frac{YZ}{2}$	
$A_2A_2 \times A_1A_1$	$Z \times X$	—	1	—	—		XZ		—	
$A_2A_2 \times A_1A_2$	$Z \times Y$	—	½	½	—		$\frac{YZ}{2}$		$\frac{YZ}{2}$	
$A_2A_2 \times A_2A_2$	$Z \times Z$	—	—	1	—		—		Z^2	
Σ:					$X^2 + XY + \frac{Y^2}{4}$ $= (X + \frac{Y}{2})^2$ $= p^2$		$XY + YZ + 2XZ + \frac{Y^2}{2}$ $= 2(X + \frac{Y}{2})(\frac{Y}{2} + Z)$ $= 2pq$		$Z^2 + YZ + \frac{Y^2}{4}$ $= (Z + \frac{Y}{2})^2$ $= q^2$	

10.4.2.2 Genotyp- und Genfrequenz. Das Hardy-Weinberg-Gesetz

Genotypen sind – phylogenetisch gesehen – ephemer, wesentlich ist die *Veränderung der Genhäufigkeiten* (oft auch als *Gen-* oder *Allelfrequenzen* bezeichnet) in der Zeit. Um die Beziehungen zwischen Genotyp- und Genhäufigkeit zu veranschaulichen, seien zunächst einige vereinfachende Annahmen gemacht: Eine *bisexuell sich fortpflanzende* Population sei so *groß,* daß Zufallsschwankungen vernachlässigt werden können. Es herrsche *Panmixie,* d. h. jedes Individuum habe die gleiche Chance, sich mit jedem Individuum des anderen Geschlechts mit gleicher Fruchtbarkeit zu paaren. Die Wahrscheinlichkeit der erfolgreichen Fusion der Gameten ist also rein vom Zufall bestimmt. Es sollen *keine Mutationen, keine Selektion, kein Genimport oder -export* stattfinden. Es sei nur ein autosomaler Locus mit zwei Allelen A_1 und A_2 betrachtet. Die Geschlechter sollen sich bezüglich der Allelhäufigkeiten nicht unterscheiden.

Die Genotyphäufigkeiten seien mit X für A_1A_1, Y für A_1A_2 und Z für A_2A_2 bezeichnet. Sie sind als Bruchteile der Gesamtheit der Genotypen definiert, ihre Summe ergibt also 1 (Gl. 10.2a). Die Genhäufigkeit von A_1 sei mit p, die von A_2 mit q bezeichnet. Auch sie sind als Bruchteile von 1 definiert (Gl. 10.2b). Da die Genotypen von X nur A_1, von Z nur A_2 und Y je zur Hälfte A_1 und A_2 besitzen, gilt Gleichung (10.2c, d).

Wenn man von *beliebigen* Genotyphäufigkeiten X, Y und Z und entsprechenden Genhäufigkeiten p und q ausgeht, dann ergeben sich unter den gemachten Annahmen nach einer Generation ganz bestimmte Werte für die Genotyphäufigkeiten, die durch die Genhäufigkeiten gegeben sind und aus ihnen leicht berechnet werden können (Gl. 10.3). Die Genhäufigkeiten selbst bleiben unverändert (Gl. 10.4).

Tabelle 10.6. Ableitung des Hardy-Weinberg-Gesetzes für den einfachen Fall, daß die Gameten in die Umwelt (z. B. Wasser) entlassen werden und entsprechend ihren Häufigkeiten zu Zygoten verschmelzen. Die sich ergebenden Genotypfrequenzen (Zygoten) sind im doppelt umrahmten Quadrat angegeben

Gameten- häufigkeiten	♂♂	
	p (A_1)	q (A_2)
♀♀ p (A_1)	p^2 (A_1A_1)	pq (A_1A_2)
q (A_2)	qp (A_1A_2)	q^2 (A_2A_2)

10.4.2.2 Genotyp- und Genfrequenz. Das Hardy-Weinberg-Gesetz

Tabelle 10.7. Hardy-Weinberg-Häufigkeiten der Genotypen im Falle mehrerer Allele an einem Locus

Genotypen:	A_1A_1,	A_1A_2,	$\ldots A_1A_n$;	A_2A_2,	A_2A_3,	$\ldots A_2A_n$;	$\ldots A_nA_n$.
Häufigkeiten:	p_1^2,	$2p_1p_2$,	$\ldots 2p_1p_n$;	p_2^2,	$2p_2p_3$,	$\ldots 2p_2p_n$;	$\ldots p_n^2$.

Diese Beziehung zwischen Genotyp- und Genhäufigkeit bleibt, solange die oben gemachten Annahmen gelten, über alle weiteren Generationen erhalten; sie kann deshalb als eine Gleichgewichtsverteilung der Genotypen betrachtet werden. Sie wurde 1908 von HARDY und WEINBERG unabhängig voneinander nachgewiesen *(Hardy-Weinberg-Gesetz).* Die Ableitung ist in Tabelle 10.5 dargestellt: Da jeder Genotyp die gleiche Chance haben soll, sich mit einem beliebigen anderen Genotyp zu paaren, gibt es bei drei Genotypen A_1A_1, A_1A_2 und A_2A_2 insgesamt neun Möglichkeiten der Paarung (Spalte a). Die Häufigkeit, mit der diese Genotyppaarungen stattfinden, ist gegeben durch das Produkt aus den Häufigkeiten, mit der die jeweiligen Partnergenotypen in der Population vorkommen (Spalte b). Je nach Paarungstyp ist der Anteil der einzelnen Genotypen in der Filialgeneration F_1 verschieden (Spalte c). Wie groß die Genotyphäufigkeiten der F_1 für die einzelnen Paarungstypen sind, ergibt sich als Produkt aus der Paarungshäufigkeit und dem Anteil des jeweiligen Genotyps in der Filialgeneration (Spalte d). Die Genotyphäufigkeiten in der gesamten Filialgeneration errechnen sich als die Summen (Σ) der Genotyphäufigkeiten in den ursprünglichen neun Paarungsmöglichkeiten.

Für Organismen, die ihre Gameten in die Umwelt entlassen (z. B. Seeigel) ist die Ableitung entsprechend einfacher (Tab. 10.6).

In der allgemeinen Form für mehrere Allele $A_1 A_2 A_3 \ldots A_n$ mit den Frequenzen $p_1 p_2 p_3 \ldots p_n$ lautet das Hardy-Weinberg-Gesetz, wie in Tabelle 10.7 angegeben. Generell gilt, daß der Anteil heterozygoter Individuen mit der Anzahl der Allele pro Locus zunimmt.

Aus dem Hardy-Weinberg-Gesetz ergeben sich einige wichtige Konsequenzen:

1. Die Anzahl der Heterozygoten kann bei gegebener Allelzahl einen bestimmten Wert nicht überschreiten. Bei zwei Allelen können Heterozygote z.B. nie mehr als die Hälfte der Population ausmachen (vgl. Abb. 10.46).
2. Die Verteilung eines Allels auf homo- und heterozygote Genotypen hängt von der Häufigkeit des Allels ab: Je seltener (häufiger) ein Allel ist, desto größer (kleiner) ist der Anteil, der im heterozygoten Genotyp A_1A_2 vorliegt. Dieser einfache negativ-lineare Zusammenhang (Gl. 10.5) ist in mehrfacher Hinsicht interessant. Er erklärt z. B., warum die Gene für seltene Erbkrankheiten, die meist auf rezessiven Allelen beruhen und somit nur in homozygoten Trägern zum Ausdruck kommen, zum weitaus größten Teil in gesunden heterozygoten Genotypen von Generation zu Generation weitergegeben werden: Von der Stoffwechselkrankheit Phenylketonurie (S. 221f), die auf einem einzigen rezessiven Allel beruht und ohne frühe Behandlung oft zur Idiotie führt, ist in der Bundesrepublik Deutschland etwa jeder 15 000. Bürger betroffen, was einer Genotypfrequenz von $1/15000 = 0{,}000067$ entspricht. Die Allelfrequenz ist also (unter der Annahme annähernder Hardy-Weinberg-Bedingungen) $\sqrt{0{,}000067} = 0{,}0082$, die des »gesunden« Allels $1 - 0{,}0082 = 0{,}992$ entsprechend 99,2 %. Dieser Prozentsatz ist gemäß Gleichung (10.5) auch der Anteil, mit dem das Allel in »getarnter« heterozygoter Kombination in der Population vorliegt. Die Häufigkeit der heterozygoten Träger in der Population ist $2 \times 0{,}0082 \times 0{,}992 = 0{,}0162$ oder rund 1,6 % der Bevölkerung: etwa jeder 60. Einwohner ist Träger des nachteilhaften Allels!

Auch für die Aufrechterhaltung genetischer Vielfalt durch balancierten Polymorphismus (S. 896f.) ist die Gesetzmäßigkeit der Allelverteilung auf Homo- und Heterozygote von ausschlaggebender Bedeutung.

Natürliche Populationen zeigen in vielen Fällen eine gute Übereinstimmung mit dem Hardy-Weinberg-Gesetz. Wenn keine Übereinstimmung besteht, dann können eine oder

(10.2a) $X + Y + Z = 1$

(10.2b) $p + q = 1$

(10.2c) $p = X + \dfrac{Y}{2}$

(10.2d) $q = \dfrac{Y}{2} + Z$

(10.3)
$X(A_1A_1) = p^2$
$Y(A_1A_2) = 2pq$
$Z(A_2A_2) = q^2$

(10.4)
$$p = X + \frac{Y}{2}$$
$$= p^2 + \frac{2pq}{2}$$
$$= p^2 + p(1-p)$$
$$= p^2 + p - p^2$$
$$= p$$

(10.5)
Anteil von A_1 in Heterozygoten:
$$\frac{\dfrac{Y}{2}}{X + \dfrac{Y}{2}} = \frac{\dfrac{2pq}{2}}{p^2 + \dfrac{2pq}{2}} \quad \text{(vgl. Gl. 10.2c)}$$
$$= \frac{q}{p+q}$$
$$= q$$
$$= 1-p$$

mehrere der zu Anfang genannten Voraussetzungen nicht erfüllt sein; z. B. können Drift, Selektion, Genaustausch mit anderen Populationen oder Inzucht vorliegen. Allerdings kann man nicht umgekehrt aufgrund vorliegender Hardy-Weinberg-Häufigkeiten auf die Abwesenheit der genannten Mechanismen schließen.

10.4.2.3 Genetische Drift: Die Rolle der Populationsgröße

Viele Individuen sterben vor Erreichen der Geschlechtsreife. In unendlich großen Populationen ohne Selektion werden die Genotypen proportional zu ihrer Häufigkeit hiervon betroffen, so daß sich die Allelhäufigkeiten nicht ändern. Natürliche Populationen bestehen jedoch oft nur aus wenigen Individuen. Besonders deutlich ist dies in eng umschriebenen Kleinbiotopen (Tümpel, Bergtäler, Inseln). Selbst große Populationen durchlaufen bisweilen oder regelmäßig Engpässe der Populationsgröße (z. B. überwinternde Insekten). In solchen Fällen können rein zufällig einmal mehr Genotypen der einen oder der anderen Sorte eliminiert werden. Analog können sich auch Fertilität und Paarungschance verschieben. Entsprechend werden die Allelhäufigkeiten schwanken. Hierbei ist zu bedenken, daß nicht die Gesamtpopulationsgröße N, sondern die immer wesentlich geringere *effektive Populationsgröße* N_E den Ausschlag gibt. Sie ist hier definiert als die Anzahl der Eltern in einer Population, die am Reproduktionsgeschehen teilnehmen. Man nennt dieses Phänomen der von der Populationsgröße abhängigen zufallsbedingten Schwankungen der Allelfrequenzen *genetische Drift* oder einfach *Drift*.

Erlangt ein Allel zufällig die Häufigkeit 1, dann ist die Population bezüglich dieses Locus unwiderruflich (von Mutationen und Genimport abgesehen) *fixiert*: im Beispiel der Abbildung 10.47 wird der Locus für das Allel A_1 nach 13 Generationen homozygot. Anhand eines Simulationsexperiments läßt sich zeigen, wie in einer Population mit der gleichen Ausgangshäufigkeit zweier Allele die Wahrscheinlichkeitsverteilung eines Allels nach einer Generation in Abhängigkeit von der Populationsgröße aussieht (Abb. 10.48). Je kleiner die Populationsgröße ist, desto breiter ist das Spektrum der durch Zufall verschobenen Genhäufigkeiten. Da die Sackgasse der Fixierung (bzw. Eliminierung) irgendwann einmal betreten werden kann, hat die genetische Drift die generelle Tendenz zur *Akkumulation homozygoter Loci* (Abb. 10.49). Besonders bei vom Aussterben bedrohten Arten (kleine Populationen!) kann diese *genetische Verarmung* die Extinktion beschleunigen.

Auch bei der Besiedlung neuer Gebiete spielt die genetische Drift eine wichtige Rolle. Kolonisten repräsentieren immer nur einen kleinen Ausschnitt ihres ursprünglichen Genpools. In einer Kolonie können somit von vornherein andere Genfrequenzen vorliegen als in der Ausgangspopulation (Gründerprinzip, S. 908). Ein Beispiel: Untersuchungen in über 80 isolierten und in sich geschlossenen, äußerst kleinen Populationen von Angehörigen der religiösen Sekte der Hutterer in den USA, die nur ihresgleichen heiraten, zeigen starke Schwankungen der Häufigkeiten der Gene für die Blutgruppe A (32–52%) und für den Rhesusfaktor (R_1 27–68%; R_2 4–32%; r 27–64%). Diese Variationsbreite geht weit über die sonst für Nordamerika und Europa geltenden Werte hinaus und läßt sich am leichtesten durch unterschiedliche genetische Drift in den einzelnen Kleinpopulationen erklären.

Da die Veränderung des Genbestandes die Grundlage der Evolution ist, kommt zu Zeiten geringer Populationsdichte dem Zufallselement eine erhebliche Rolle in der Evolution zu. Das Zusammenwirken mit Mutation und Selektion wird auf S. 896f. besprochen.

10.4.2.4 Inzucht

Eine Reihe von Pflanzen sind fakultative oder obligate Selbstbestäuber; auch bei sessilen oder wenig beweglichen Tieren und bei Populationen, die durch irgendwelche Barrieren in

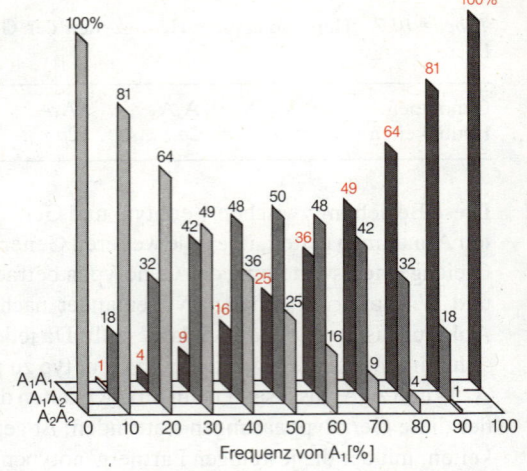

Abb. 10.46. Genotypfrequenzen [%] nach dem Hardy-Weinberg-Gesetz, für 1 Locus mit 2 Allelen, in Abhängigkeit von der Allelfrequenz. (Nach Wallace)

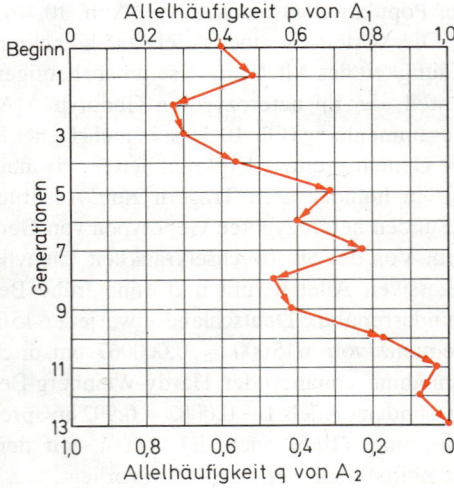

Abb. 10.47. Variation der Allelhäufigkeit (1 Locus, 2 Allele A_1 und A_2) in einer kleinen Population aufgrund zufälliger Ursachen bei der Übertragung des Allels von Generation zu Generation. Solche zufälligen Schwankungen führen letztlich zum Verlust (oder zur »Fixierung«) des Allels, sofern keine anderen Faktoren wie Mutationen entgegenwirken.

kleine Fortpflanzungseinheiten aufgeteilt sind, besteht eine nicht geringe Wahrscheinlichkeit der *Verwandtenkreuzung*, d. h. der *Inzucht*. Zur Quantifizierung dient der Inzuchtkoeffizient F. Er gibt die Wahrscheinlichkeit bzw. Häufigkeit an, mit der Zygoten aus Gameten entstehen die *identisch aufgrund gemeinsamen Ursprungs* sind. Allgemein gilt, daß das Ausmaß der Inzucht *und damit der Homozygotie* umso größer wird, je geringer die Populationsgröße ist (Tab. 10.8). Dazu kommt möglicherweise, daß direkte Paarungspräferenzen zwischen genetisch ähnlichen Individuen bestehen.

Die Auswirkung dieser Abweichung von der Panmixie auf die Genotyphäufigkeit soll an einer extremen Situation gezeigt werden: Liegt in einer großen Population *obligate Selbstbefruchtung* vor, so ergibt sich nach wenigen Generationen *völlige Homozygotie unter Beibehaltung der bestehenden Allelhäufigkeiten* (Abb. 10.50a). Der Grund liegt darin, daß homozygote Individuen mangels Rückkreuzung selbst immer nur Homozygote hervorbringen. Es besteht sozusagen eine Homozygoten-»Falle« mit Akkumulationseffekt. In der 1. Generation ist der Inzuchtkoeffizient F = 0,5, weil die in diesem Fall von nur einem Elter stammenden Allele je zur Hälfte auf die zwei Gametentypen aufgeteilt werden und eine 50%ige Chance besteht, daß sich zwei bezüglich des Allels identische Gameten treffen. Mit steigender Generationenzahl nähert sich F schnell dem Wert 1. Bei niedrigerem Verwandtschaftsgrad erfolgt der Prozeß der Homozygotisierung entsprechend langsamer (Abb. 10.50b). Bei nur teilweiser Inzucht in einer Population wird keine komplette Homozygotie erreicht, vielmehr spielt sich – je nach Ausmaß – ein Gleichgewicht ein, das zwischen den Hardy-Weinberg-Proportionen und völliger Homozygotie liegt.

Finden sich in natürlichen Populationen weniger heterozygote Formen als nach dem Hardy-Weinberg-Gesetz zu erwarten sind, so ist dies also ein gutes Indiz für Inzucht. Aus der Diskrepanz zwischen der Hardy-Weinberg-Erwartung für die Heterozygotenfrequenz und den tatsächlich beobachteten Werten läßt sich das Ausmaß der Inzucht berechnen (vorausgesetzt, daß keine anderen Faktoren – wie Selektion – von Bedeutung sind).

Da in jeder Population schädliche rezessive Allele vorhanden sind, die sich im Fall der Homozygotie manifestieren, wird durch Inzucht die Gefahr der Entstehung benachteiligter homozygoter Individuen erhöht (»Inzucht-Depression«). Gesetze, die Verwandtenheirat einschränken, beziehen sich auf diesen Effekt (vgl. Phenylketonurie, S. 221f.).

Inzucht und genetische Drift haben Homozygotisierung und deren Abhängigkeit von der Größe der Fortpflanzungseinheit gemeinsam. Man stelle sich eine große Population vor, die in kleine Unterpopulationen aufgeteilt ist. Wären in jeder dieser Unterpopulationen die Bedingungen der Panmixie erfüllt – wären alle Allele vertreten und entsprächen die Paarungshäufigkeiten immer genau den Genotyphäufigkeiten (Tab. 10.7) –, dann wäre nach dem Hardy-Weinberg-Gesetz die Häufigkeit der Heterozygoten in jeder Unterpopulation Y = 2pq. Aus den bei der genetischen Drift besprochenen Gründen besteht jedoch in jeder Unterpopulation die Tendenz zur Allelverarmung bzw. -fixierung mit entsprechenden Homozygotie-Werten. Da die Wahrscheinlichkeit der Fixierung eines Allels proportional zu seiner Häufigkeit ist, bleiben die Genhäufigkeiten in der großen *Gesamt-*

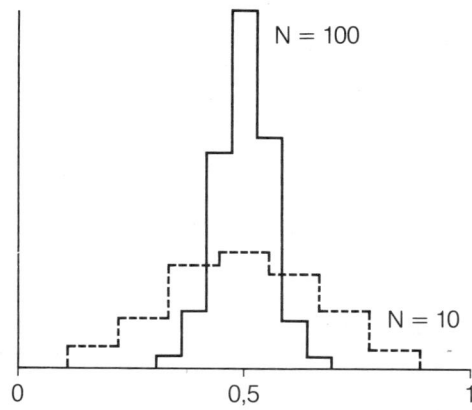

Abb. 10.48. *Zufallsversuch (Münzwurf), der die Rolle der Populationsgröße für die Abweichungen der Allelfrequenzen (1 Locus, 2 Allele) vom Ausgangswert p = q = 0,5 nach einer Generation simuliert. Die Abszisse zeigt die Häufigkeitsverteilung des Auftretens des »Allels« Wappen in je 1000 Versuchsserien von 10 bzw. 100 Würfen (»Populationsgröße«). Bei 10 Würfen ist die Streuung wesentlich breiter als bei 100. Bei unendlich vielen Würfen ergäbe sich der Idealwert 0,5. (Nach Ayala)*

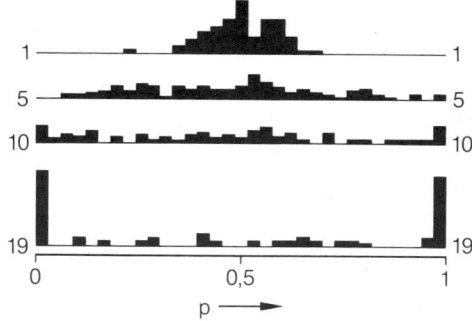

Abb. 10.49. *Häufigkeitsverteilung eines Allels in 107 Parallelzuchten der Taufliege Drosophila melanogaster nach 1, 5, 10 und 19 Generationen. Ausgangsfrequenz p = 0,5. Effektive Populationsgröße N_E = 16 (8 ♀♀, 8 ♂♂). Man beachte die zunehmende Fixierung des Locus (p = 0 oder 1) sowie die zufällige Verteilung der p-Werte der nicht fixierten Populationen ab der 10. Generation. (Nach Buri)*

Tabelle 10.8. Häufigkeit von Vetter-Base-Heiraten als Schätzwert für Inzucht in verschiedenen Populationen des Menschen. Die Anzahl der Ehen pro Population ist ein Indikator für die Populationsgröße. (Daten von Stern)

Populationen	Jahr	Ehen pro Population	Vetter-Base-Ehen (%)
40 bayerische Landpfarrgemeinden	1925	404	0,6
1 Schweizer Landgemeinde	1931	270	1,9
1 ländliche Gruppe in Nordschweden	1948	191	6,8
2 Städte in Deutschland (jüdische Bevölkerung)	1922	63	16,2
1 Schweizer Gemeinde	1934	52	11,5

population konstant, obwohl die Werte in den einzelnen Unterpopulationen unterschiedlich sind. Der Drifteffekt der Veränderung der Allelhäufigkeit bis zur Fixierung bezieht sich also auf jede einzelne Unterpopulation; der Inzuchteffekt der Homozygotisierung bei gleichbleibenden Allelhäufigkeiten hingegen gilt für die aus den Unterpopulationen zusammengesetzte Gesamtpopulation.

10.4.2.5 Selektion

Die Selektion greift immer an *phänotypischen* Eigenschaften an; je nach deren Erblichkeit und dem Reproduktionsmodus ergeben sich jedoch immer auch Konsequenzen für die Häufigkeit der *Genotypen*. Durch die Wirkung der Selektion wird, im Gegensatz zur Drift, der Beitrag eines Genotyps zum Genpool der nächsten Generation (oder eines beliebigen späteren Zeitabschnitts) nicht dem Zufall überlassen; den verschiedenen Genotypen kommt vielmehr eine *unterschiedliche Chance* zu. Selektion ist also ein die Drift *überlagerndes, modifizierendes Element*, das je nach Genotyp ein verschiedenes Gewicht hat. Man unterscheidet mehrere Typen von Selektion (Abb. 10.51):

(1) *Gerichtete* oder *transformierende Selektion* beinhaltet, daß fortwährend zugunsten einer bestimmten (Extrem-)Eigenschaft selektioniert wird, z.B. zugunsten der größten Körpermasse, der höchsten Fluggeschwindigkeit oder dem kleinsten Pollengewicht. Das Resultat ist eine stetige Verschiebung des Genpools in eine bestimmte Richtung.

(2) *Stabilisierende Selektion* bedeutet die Begünstigung intermediärer Phänotypen auf Kosten von Extremtypen. So haben z. B. neugeborene Kinder mittleren Geburtsgewichtes eine höhere Überlebenschance als extrem große und kleine.

(3) *Disruptive Selektion* kennzeichnet – im Gegensatz zur stabilisierenden Selektion – die gleichzeitige Begünstigung mehrerer entgegengesetzter oder qualitativ unterschiedlicher Phänotypen auf Kosten intermediär gestalteter Individuen. So haben z.B. Kuckuckseier, die Rohrsängereiern (stark gefleckt) *oder* Rotschwänzcheneiern (völlig ungefleckt) ähneln, eine größere Chance, von den entsprechenden Wirtsvögeln akzeptiert und aufgezogen zu werden, als intermediär gefärbte Eier. Disruptive Selektion ist meist gekoppelt an eine entsprechende Vielfalt der selektionswirksamen Umwelt, im angeführten Beispiel die Vielfalt der Wirtsvogelarten. Sie führt generell zu einer Verbreiterung des Spektrums von Phänotypen in der Population; sie kann insbesondere die Ausbildung von Polymorphismen begünstigen und bei der Artaufspaltung eine wesentliche Rolle spielen (S. 907).

(4) *Frequenzabhängige Selektion*. Bei den bis jetzt behandelten Selektionstypen wird davon ausgegangen, daß das Ausmaß der Selektion von der Häufigkeit der betroffenen Phänotypen unabhängig ist. Nicht selten kann aber die Häufigkeit von beträchtlicher Bedeutung sein: Wenn ähnlich aussehende Geschlechtspartner einander bevorzugen, können seltene Außenseiter bei der Partnerwahl benachteiligt sein. In anderen Fällen können gerade rare Varianten besonders attraktiv sein. Bei obligater Fremdbestäubung ist die Chance der Zygotenbildung umso größer, je seltener identische Bestäuber vorhanden sind (S. 898). Phänotypen, die bei der Nahrungsnutzung aus dem Rahmen fallen, erfahren u.U. weniger Konkurrenz durch Artgenossen als die Majorität. Seltene Phänotypen können auch einen Vorteil gegenüber häufigen haben, wenn selektiv fressende Feinde »Suchbilder« für häufige Beutetypen entwickeln und dadurch seltene schonen (»apostatische Selektion«) (Bedeutung frequenzabhängiger Selektion zur Aufrechterhaltung genetischer Vielfalt s. S. 898).

In natürlichen Situationen können Kombinationen zwischen diesen Selektionstypen auftreten, insbesondere zwischen transformierender und stabilisierender Selektion.

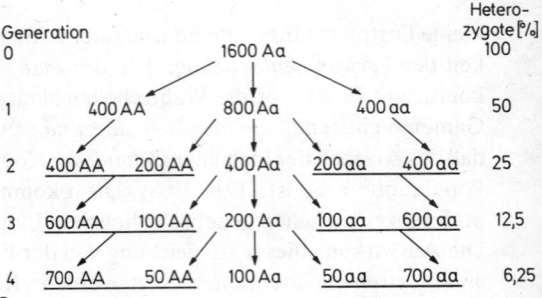

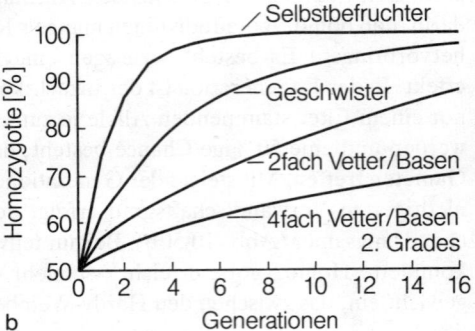

Abb. 10.50. (a) *Abnahme des Anteils heterozygoter Individuen bei maximaler Inzucht, d.i. obligater Selbstbefruchtung während vier Generationen, ausgehend von einer rein heterozygoten Population. (b) Zeitlicher Verlauf der Homozygotisierung bei verschiedenen Graden der Inzucht, ausgehend von 50% Homozygotie. (a nach Srb u. Owen, b nach Wright und Ayala)*

Selektion kann auf mehreren Ebenen wirken:
- *Überlebenschance* (sowohl in der diploiden als auch der haploiden Phase, insbesondere der Gameten)
- *Chance der Zygotenbildung* (z. B. Chance, einen Geschlechtspartner zu finden). Man spricht hier auch von *sexueller Selektion*
- *Zahl der Nachkommen, Fertilität* (inklusive der Anzahl der eigenen Gameten, des Zeitpunktes der Geschlechtsreife sowie Anzahl, Qualität und Kompatibilität der Partnergameten bei der Zygotenbildung)
- *Ausbreitung* (Chance, der Population durch Emigration oder Verfrachtung verlorenzugehen)

Selektion auf einer Ebene kann die Selektionsbedingungen auf anderen Ebenen beeinflussen. So kann eine geringe oder späte Chance der Zygotenbildung die Fertilität vermindern. Auch kann Selektion in einem Bereich (z. B. Fertilität) durch Selektion in einem anderen Bereich (z. B. Überlebenschance) kompensiert oder verstärkt werden. Ausschlaggebend für die Evolution ist immer die *Resultante aus allen Selektionskomponenten*.

Fitness und Selektionskoeffizient. Die Wirkung gerichteter Selektion auf Genotyp- und Genhäufigkeit

Jedem Genotyp wird entsprechend seiner Chance, Nachkommen in die nächste Generation (oder in einen bestimmten zukünftigen Zeitabschnitt in der Geschichte der Population) einzubringen, eine *Fitness W* (auch *Eignung* oder *Adaptivwert* genannt) zuerkannt. Im einfachsten Fall wird die Fitness eines Genotyps definiert als seine *durchschnittliche Nachkommenschaft in der nächsten Generation*. Da die Nachkommenschaft normalerweise auf Zygotenbildung durch männliche und weibliche Gameten beruht, müssen die Nachkommen natürlich anteilmäßig auf die beteiligten parentalen Genotypen angerechnet werden. Ist nach einer Generation ein Nachkomme pro Elter vorhanden (bei Monogamie also zwei Nachkommen pro Paar), dann ist die Fitness jedes Elters $W = 1$, d. h. die Gene jedes Elters sind im Durchschnitt wieder in der gleichen Anzahl in der nächsten Generation vorhanden. Abweichungen von dieser Situation werden mit dem *Selektionskoeffizienten s gekennzeichnet: $W = 1 \pm s$.* Der Selektionskoeffizient ist somit dem Zins- oder Steuersatz eines Guthabens vergleichbar: Ein negativer Selektionskoeffizient bedeutet, daß weniger Gene in die nächste Generation eingebracht werden als in der eigenen Generation vorhanden waren. In der Theorie ist es üblich, die Fitnesswerte verschiedener Genotypen relativ zu einer bestimmten Fitness zu standardisieren, oft zu der des *besten Genotypen* in der Population. In diesem Fall gilt

$$\text{Fitness } W = \frac{\text{Nachkommenschaft des Genotyps}}{\text{Nachkommenschaft des besten Genotyps}}.$$

In diesem Falle ist die Fitness des besten Genotyps = 1, alle anderen Werte sind < 1, s ist immer negativ.

Der Zusammenhang zwischen Fitness, Selektionskoeffizient, Gen- und Genotyphäufigkeit sei an einem einfachen Beispiel aufgezeigt:

Selektion gegen Rezessive. Die Diskussion sei auf einen autosomalen Locus mit zwei Allelen A_1 und A_2 beschränkt. Da in dieser modellhaften Darstellung nicht Phäno-, sondern Genotypen betrachtet werden, wird das Problem der Erblichkeit umgangen. Es soll Panmixie in großen Populationen sowie eine synchronisierte Generationsfolge gegeben sein. Alle Selektionswirkungen sollen lediglich über die Sterblichkeit zwischen der Entstehung der Zygote und der Reproduktion des erwachsenen Individuums stattfinden und direkt am Genotyp angreifen. A_1 sei dominant, A_2 rezessiv, die Allelhäufigkeiten seien p für A_1 und q für A_2. Die negative Selektion soll nur am homozygoten rezessiven

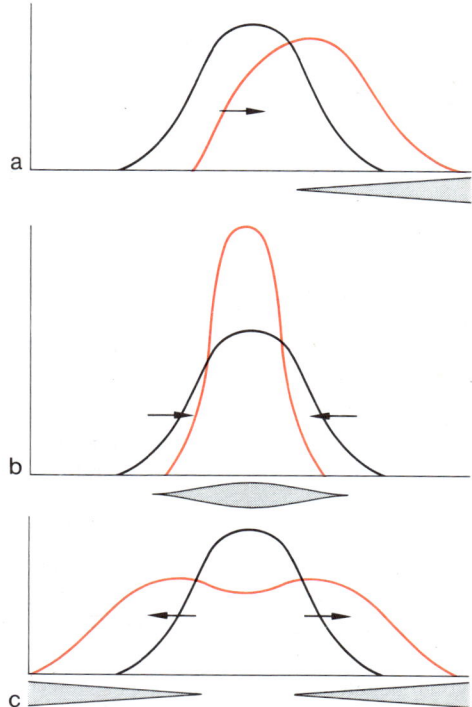

Abb. 10.51 a–c. Schematische Darstellung der wichtigsten Selektionstypen. Häufigkeitsverteilung eines unter Selektion stehenden Merkmals (der Einfachheit halber als Kontinuum dargestellt) vor der Selektion (schwarz) und nach der Selektion (rot). (a) Gerichtete (transformierende) Selektion. (b) Stabilisierende Selektion. (c) Disruptive Selektion. Abszisse: Merkmalsgröße (z. B. Körperlänge); Ordinate: Häufigkeit des Auftretens der verschiedenen Merkmalsgrößen in der Population. Graue Markierung unter der Abszisse: selektiv begünstigte Merkmalsbereiche, Horizontale Pfeile: Richtung der Verschiebung der Häufigkeitsverteilung aufgrund der Selektion.

A_2A_2-Genotypen angreifen. Dieser Fall entspricht z.B. der Selektion gegen die hellen Formen beim Industriemelanismus des Birkenspanners in England (S. 903f.). Die standardisierte Fitness W ist also für den homozygoten dominanten A_1A_1-Genotyp ebenso wie für den heterozygoten A_1A_2-Genotyp = 1, für den benachteiligten homozygoten rezessiven Genotyp A_2A_2 hingegen $1 - s$ (vgl. Abb. 10.60). Dann ergibt sich diese Abfolge: Unmittelbar nach der Entstehung einer neuen Generation, *bevor Selektion eingesetzt hat*, herrschen Hardy-Weinberg-Bedingungen: Die Genotyphäufigkeiten von A_1A_1, A_1A_2 und A_2A_2 sind p^2 bzw. $2pq$ bzw. q^2, die Summe der Häufigkeiten beträgt 1. Im Laufe der Ontogenie der Individuen dieser Generation findet Selektion gegen die A_2A_2-Genotypen entsprechend der Fitness $1 - s$ statt. Für jedes überlebende und fortpflanzungsfähige A_1A_1- oder A_1A_2-Individuum werden im Durchschnitt nur $1 - s$ fortpflanzungsfähige A_2A_2-Individuen überleben. Es ergeben sich somit neue Verhältnisse der Genotyphäufigkeiten, Gl. (10.6). Die Werte p^2, $2pq$ und $q^2(1-s)$ stellen jedoch nicht die neuen Genotyphäufigkeiten selbst dar, da ihre Summe nicht 1, sondern $1 - sq^2$ ist (Gl. 10.7). Um die neuen Genotyphäufigkeiten zu errechnen, müssen die Werte p^2, $2pq$ und $q^2(1-s)$ jeweils durch ihre Summe $1 - sq^2$ geteilt werden. Die neuen Genotyphäufigkeiten nach Selektion sind unter Gleichung (10.8) angegeben, ihre Summe ist 1. Die durch die Selektion veränderte, neue Genhäufigkeit des Allels A_2 sei q_{F1} genannt, denn es handelt sich um die Häufigkeit, die zu Beginn der nächsten Generation vorliegt. Da ganz generell $q = Y/2 + Z$ (Gl.10.2d), ergibt sich Gleichung (10.9).
Als *Evolutionsschritt durch Selektion* zwischen zwei Generationen läßt sich die Veränderung Δq_{sel} zwischen dem ursprünglichen q und q_{F1} bezeichnen. Δq_{sel} ist bei einer Abnahme von q negativ, q wird von q_{F1} abgezogen (Gl. 10.10). Für kleine s-Werte wird der Nenner ≈ 1 und damit vernachlässigbar, somit folgt Gleichung (10.11). Wie daraus abgeleitet werden kann, hängt die Größe des Evolutionsschrittes davon ab, wie häufig das nachteilige Allel ist. Stellt man diese Abhängigkeit zwischen Δq und q graphisch dar, dann ergibt sich Kurve A in Abbildung 10.52. Solange das Allel sehr häufig ist (in der Abbildung links), also gemäß Gleichung (10.5) vor allem im benachteiligten Genotyp A_2A_2 vorliegt, ist Δq zunächst klein, weil die Eliminierung relativ zum Gesamtbestand wenig zu Buche schlägt. Δq nimmt dann aber rapide zu, die maximale Veränderung findet bei $q = \frac{2}{3}$ statt. Danach nimmt Δq wieder schnell ab. Der endgültige Ausschluß des Allels verläuft langsam, da es nun zunehmend in selektionsneutralen A_1A_2-Genotypen vertreten ist. Kurve A in Abbildung 10.53 zeigt den zeitlichen Verlauf für diesen Selektionstyp. Da die Selektion hier die Genotyphäufigkeit in eine ganz bestimmte Richtung treibt, ist dies ein typischer Fall *gerichteter Selektion*. Beim zitierten Birkenspanner entspräche dies der Eliminierung des rezessiven Allels für helle Flügelfarbe in Industriegebieten.

Selektion und Dominanz

Wenn bei der Selektion außer den homozygot Rezessiven A_2A_2 auch die Heterozygoten A_1A_2 in gleicher Höhe benachteiligt werden, wenn also bezüglich der Benachteiligung Dominanz und somit Selektion gegen ein dominantes Merkmal vorliegt, d.h. $W_{A_1A_1} : W_{A_1A_2} : W_{A_2A_2} = 1 : (1-s) : (1-s)$ (s. Abb. 10.60), dann ergeben sich die Kurven B in den Abbildungen 10.52 und 10.53. Hier liegt die maximale Eliminierungsrate bei $q = \frac{1}{3}$. Bei intermediärem Erbgang [$W_{A_1A_1} : W_{A_1A_2} : W_{A_2A_2} = 1 : (1-ds) : (1-s)$] läge die Kurve zwischen A und B (d ist der Dominanzkoeffizient, er kann zwischen 0 und 1 variieren). Für $d = 0{,}5$ liegt maximales Δq bei $q = \frac{1}{2}$.
Ein zunächst seltenes, aber für das Individuum vorteilhaftes Allel A_1 wird somit am schnellsten einen hohen Anteil im Allelbestand seines Locus und damit im Genbestand der Population erreichen, wenn es dominant ist, wenn also nur gegen rezessive Genotypen selektioniert wird (Kurven A in Abb. 10.52 u. 10.53), am langsamsten hingegen, wenn es rezessiv ist (Kurven B).

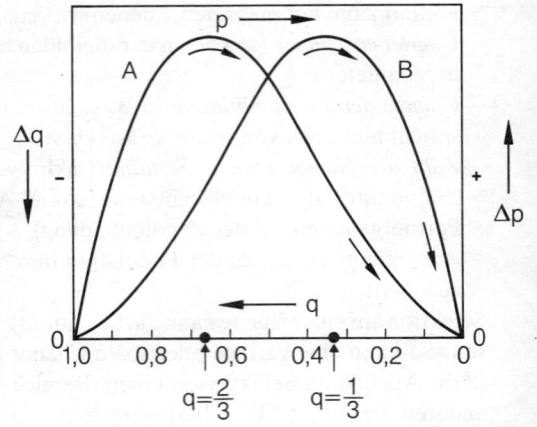

Abb. 10.52. Abhängigkeit der Genhäufigkeitsverschiebung des Allels A_2 pro Generation (Δq) von der Genhäufigkeit q bei Selektion gegen Homozygote A_2A_2 (Kurve A = Selektion gegen rezessives Allel A_2) bzw. bei gleicher Selektion gegen Homozygote A_2A_2 und Heterozygote A_1A_2 (Kurve B = Selektion gegen dominantes Allel A_2). Die Pfeile entlang den Kurven geben die Richtung des Selektionsverlaufs an. Maximale Selektionswirkung bei $q = \frac{2}{3}$ bzw. $\frac{1}{3}$ (vgl. Text). (Original Jacobs)

(10.6)
$$A_1A_1 : A_1A_2 : A_2A_2 = p^2 : 2pq : q^2(1-s)$$

(10.7)
$$p^2 + 2pq + q^2(1-s)$$
$$= p^2 + 2pq + q^2 - sq^2$$
$$= 1 - sq^2$$

(10.8)
$$\frac{p^2}{1-sq^2} + \frac{2pq}{1-sq^2} + \frac{q^2(1-s)}{1-sq^2} = 1$$

(10.9)
$$q_{F1} = \frac{pq + q^2(1-s)}{1-sq^2}$$
$$= \frac{q(1-q) + q^2(1-s)}{1-sq^2}$$
$$= \frac{q(1-sq)}{1-sq^2}$$

(10.10)
$$\Delta q_{sel} = q_{F1} - q = \frac{q(1-sq)}{1-sq^2} - q = -\frac{sq^2(1-q)}{1-sq^2}$$

(10.11)
$$\Delta q_{sel} \approx -sq^2(1-q)$$

Weitaus die meisten neu auftretenden Mutationen sind *rezessiv* (S. 205) und wegen ihrer Seltenheit weitgehend wirkungslos, da sie fast nur in Heterozygoten auftreten (Gl. 10.5). Dies gilt für die seltenen vorteilhaften Mutationen ebenso wie für die nachteilhaften. *Etablierte »Wildtyp«-Mutanten* sind im Gegensatz hierzu häufig *dominant*. Eine Erklärung für diese Diskrepanz liegt sicher darin, daß sich seltene dominante Mutationen, wenn sie zufällig auftreten und vorteilhaft sind, schneller durchsetzen als rezessive. Hierdurch wird ihr durchschnittlicher Anteil in der Population höher liegen, als es ihrem Anteil bei der Entstehung entspricht. Jedoch ist auch bekannt, daß die Dominanz eines Allels durch Gene anderer gekoppelter Loci modifiziert werden kann. Diese Sachlage muß automatisch zur *Evolution von Dominanz* in ursprünglich rezessiven vorteilhaften Genen führen, denn dominanzvermittelnde Modifikatorgene genießen durch ihre Wirkung selbst einen Vorteil, ihre Häufigkeit wird durch Selektion erhöht.

»Inklusive Fitness« und die Evolution altruistischer Merkmale

Normalerweise geht man davon aus, daß der Selektionskoeffizient s eines Genotyps nur die Individuen dieses Genotyps selbst betrifft. Bei vielen Populationen bestimmt das Genom eines Individuums jedoch nicht nur die eigene Fitness, sondern wirkt sich über soziale Interaktionen auch auf benachbarte Individuen aus, so daß deren Überlebenschancen vergrößert oder verringert werden. Wenn diese Nachbarn miteinander verwandt sind, also teilweise die gleichen Gene tragen, dann wird der Gesamtbeitrag der Gene eines Individuums zu späteren Generationen nicht nur durch die individuelle Fitness bestimmt, sondern zusätzlich noch durch die Wirkung auf die Verwandten. So kann z.B. durch effektiven Schutz von Verwandten ein größerer Anteil eigener Gene in die nächsten Generationen eingebracht werden als es nur aufgrund einer hohen individuellen Fitness möglich wäre. Mutanten, die zusätzlich einen Schutz der Verwandten bewirken, können sich also schneller durchsetzen als Mutanten, die sonst gleich gut sind, aber keinen solchen Schutz vermitteln. Es ist sogar denkbar, daß ein »Altruist«, der sich für Verwandte »opfert«, dessen individuelle Fitness also sehr gering oder sogar Null ist, über die von ihm geschützten Verwandten insgesamt mehr von seinen Genen in zukünftige Generationen einbringt als ein »Egoist«, der eine hohe individuelle Fitness hat, aber seine Verwandten nicht schützt, sie vielleicht sogar schädigt.

Wegen dieses Sachverhaltes ist es oft sinnvoll, für einen Genotyp anstelle der üblichen individuellen Fitness eine *»inklusive Fitness«* anzugeben. In diesem Fall ist der »inklusive« Selektionskoeffizient s^* eine zusammengesetzte Größe: Er besteht neben dem herkömmlichen individuellen Anteil noch aus mehreren Komponenten, die die Wirkung auf die verschiedenen Verwandten widerspiegeln. Diese sekundären Komponenten von s^* können unterschiedlich groß und positiv oder negativ sein, und sie müssen je nach dem Verwandtschaftsgrad der betroffenen Individuen gewichtet werden. Bei einem geschützten Geschwister, mit dem durchschnittlich 50% aller Gene gemeinsam sind, wäre der auf der Schutzwirkung beruhende Beitrag zu s^* also zu halbieren, bei Vettern zu achteln, usw. Außerdem müssen in der Gesamtbilanz der »inklusiven Fitness« auch die Einflüsse auf Nichtverwandte berücksichtigt werden. Die Berechnung in konkreten Fällen ist dementsprechend schwierig. Das Prinzip ist jedoch von weittragender Bedeutung, weil es eine Möglichkeit bietet, die Evolution altruistischer Merkmale durch natürliche Selektion zu erklären, z.B. Brutfürsorge oder Warnrufe, die Artgenossen helfen, aber den Feind auf den Rufer lenken.

10.4.2.6 Die Erhaltung genetischer Vielfalt

Die bisher modellhaft dargestellten Selektionsprozesse und die genetische Drift würden auf mehr oder weniger schnellem Wege zur Homozygotisierung der Population führen – wodurch jede Möglichkeit weiterführender Selektion fehlen würde – wenn es nicht

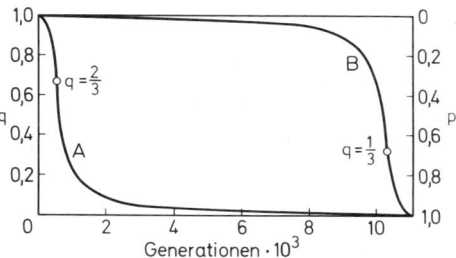

Abb. 10.53. Verlauf der Genhäufigkeitsverschiebung in einer Population unter dem Einfluß von Selektion. Kurve A: Das zunächst häufige benachteiligte Allel A_2 (Häufigkeit q; $s = 0,001$) ist rezessiv, das zunächst seltene bevorteilte Allel A_1 (Häufigkeit p) dominant. Letzteres kann sich schnell durchsetzen. Kurve B: Das benachteiligte Allel A_2 ist dominant, das bevorteilte A_1 rezessiv. A_2 bleibt lange häufig. (vgl. Text). (Nach Grant)

Rechenbeispiel zur Selektion:

Die Allelhäufigkeiten seien $p = 0,6$ und $q = 0,4$, die Genotyphäufigkeiten betragen
$X (A_1A_1) = p^2 = 0,36$;
$Y (A_1A_2) = 2pq = 0,48$;
$Z (A_2A_2) = q^2 = 0,16$.

Der Selektionskoeffizient von A_2A_2 sei $0,2$, so daß
$W_{A_2A_2} = 1 - s = 0,8$.

Die Nachkommenschaft von A_2A_2 beträgt also nur 80% der Nachkommenschaft von A_1A_1 oder A_1A_2. Nach der Selektion liegen die folgenden neuen Genotyphäufigkeiten vor:

$$X = \frac{p^2}{1 - sq^2} = \frac{0,6^2}{1 - 0,2 \cdot 0,4^2} = 0,372;$$

$$Y = \frac{2pq}{1 - sq^2} = \frac{2 \cdot 0,6 \cdot 0,4}{1 - 0,2 \cdot 0,4^2} = 0,496;$$

$$Z = \frac{q^2(1-s)}{1 - sq^2} = \frac{0,4^2 \cdot (1 - 0,2)}{1 - 0,2 \cdot 0,4^2} = 0,132.$$

Die neue Häufigkeit q_{F1} des Allels A_2 ist
$$q_{F1} = \frac{q(1 - sq)}{1 - sq^2} = 0,38,$$
die von p_{F1} ist $p_{F1} = 1 - q_{F1} = 0,62$.

Die Veränderung Δ_q ist
$\Delta_q = q_{F1} - q = 0,38 - 0,40 = -0,02$.

Die Häufigkeit der Genotypen zu Beginn der nächsten Generation ist
$X_{F1} = p^2_{F1} = 0,62^2 = 0,3844$;
$Y_{F1} = 2p_{F1}q_{F1} = 2 \cdot 0,62 \cdot 0,38 = 0,4712$;
$Z_{F1} = q^2_{F1} = 0,38^2 = 0,1444$.

Es hat also eine Genotypverschiebung zugunsten von A_1A_1 stattgefunden auf Kosten von A_1A_2 und A_2A_2.

Mechanismen gäbe, die für die Produktion bzw. Erhaltung von Allelen sorgen. Im folgenden werden einige Mechanismen betrachtet, die für die *Aufrechterhaltung und Stabilisierung genetischer Vielfalt* von Bedeutung sind.

Mutationen

Durch Genmutationen (S. 226f.) werden jedem Locus dauernd neue Allele zugeführt. Selbst wenn sie nur selten auftreten, sind Mutationen doch *die primäre und permanente Quelle genetischer Vielfalt*. Wegen der Stetigkeit, mit der Mutationen auftreten, spricht man auch vom *Mutationsdruck*. Um die Wirkung der Mutationen auf die Genhäufigkeit zu erkennen, seien wiederum sehr vereinfachte Bedingungen angenommen: Ein Locus habe zwei Allele A_1 und A_2 (mit den Häufigkeiten p bzw. q, vgl. Abschnitt 10.4.2.2), die mit bestimmten und konstanten Mutationsraten μ von A_1 nach A_2 bzw. ν von A_2 nach A_1 mutieren. μ und ν sind also Werte für die «Mutationsdrucke» $A_1 \to A_2$ bzw. $A_2 \to A_1$. Für unsere Zwecke definieren wir die Rate als die in *einer Generation* auftretende mutationsbedingte Veränderung in der Anzahl der betroffenen Allele, gemessen als Anteil der vorhandenen Allele. In Allelhäufigkeiten ausgedrückt gelten also Gleichungen (10.12) und (10.13). Die Abnahme der Häufigkeit p von A_1 durch Mutation von A_1 nach A_2 ist also proportional zur Häufigkeit p (Gl. 10.12b). Analoges gilt für die Mutationen von A_2 nach A_1 (Gl. 10.13b). Eine Veränderung von p entspricht unter den von uns gemachten Annahmen immer einer gleichgroßen Veränderung von q mit umgekehrtem Vorzeichen: q nimmt durch die Mutationsrate ν ab, durch μ zu. Da $p = 1 - q$ und $\Delta p = -\Delta q$, kann man statt Gleichung (10.12b) auch Gleichung (10.14) schreiben, was besagt, daß q aufgrund der Mutationen von A_1 nach A_2 gemäß μ zunimmt.

Die Raten von Genmutationen liegen generell sehr niedrig (S. 228), dementsprechend sind auch die mutationsbedingten Genfrequenzveränderungen pro Generation außerordentlich gering.

Die *Gesamt*veränderung von q aufgrund beider Mutationsraten μ und ν ergibt sich aus den Gleichungen (10.13b) und (10.14) und ist in Gleichung (10.15) angegeben. Aus dieser Beziehung ergibt sich ein negativ-linearer Zusammenhang zwischen der Häufigkeit q und seiner Veränderung Δq (Abb. 10.54): Ist $q = 0$, dann ist die Veränderung von q positiv und gleich der Mutationsrate μ von A_1 nach A_2. Ist $q = 1$, dann ist die Veränderung negativ mit der Rate ν. Es muß demnach einen Gleichgewichtswert – genannt $\hat{q}$ – geben, bei dem sich die beiden entgegengesetzten Mutationsdrucke gerade die Waage halten, also keine Veränderung von q stattfindet. Lösen der Gleichung (10.15) nach $\Delta q = 0$ ergibt Gleichung (10.16). Lösen nach $\Delta p = 0$ ergibt Gleichung (10.17). Daraus ergibt sich im Gleichgewicht das Verhältnis $p : q = \nu : \mu$. Da ν und μ die Raten sind, mit denen A_1 bzw. A_2 aufgrund der Mutationsraten $A_2 \to A_1$ bzw. $A_1 \to A_2$ produziert werden, gilt für den hier behandelten Fall zweier Allele: *Die Häufigkeiten der Allele stellen sich proportional zu den sie produzierenden Mutationsdrucken stabil ein.*

Mutationen wirken also als Gegenspieler aller Tendenzen, Allele in einer Population zu fixieren oder zu eliminieren. Meist gibt es mehr als zwei Allele, wodurch die Verhältnisse komplizierter werden. Das Prinzip der durch die Mutationsraten gegebenen Gleichgewichtssituationen der Allelhäufigkeiten gilt jedoch in jedem Fall.

Das hier über Mutationen Gesagte ist grundsätzlich auch für Allele gültig, die von Nachbarpopulationen importiert werden. »Migrationsdruck« und »Mutationsdruck« haben im wesentlichen die gleichen Konsequenzen, sofern die Immigration nicht selbst selektiv erfolgt.

Mutationsdruck und Drift. Das Problem »neutraler« Gene

Erhöhung der Allelvielfalt durch Mutationen und ihre Verarmung durch Drift stehen in dauerndem Widerstreit. Das Ergebnis dieses Antagonismus hängt von der Populationsgröße und vom Mutationsdruck ab. Die resultierende Beziehung zwischen Allelvielfalt

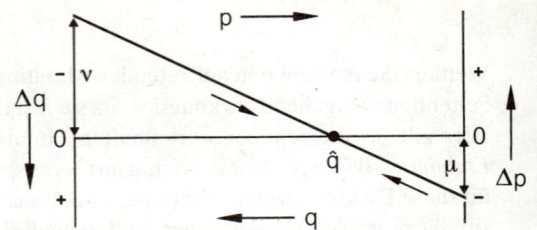

Abb. 10.54. Häufigkeit q des Allels A_2 unter dem Einfluß von Mutation und Rückmutation. Mutationsrate μ, Anzahl der Mutationen $A_1 \to A_2$ pro Generation und pro Allel A_1. ν, entsprechende Mutationsrate für $A_2 \to A_1$. Δq, Veränderung der Allelhäufigkeit q pro Generation $\hat{q}$, Gleichgewichtshäufigkeit (vgl. Text). Die Pfeile entlang der Geraden geben die Richtung der Allelhäufigkeitsveränderung an. (Nach Li)

(10.12a) (10.12b)

$$\mu = -\frac{\Delta p_\mu}{p} \qquad \Delta p_\mu = -\mu \cdot p$$

(10.13a) (10.13b)

$$\nu = -\frac{\Delta q_\nu}{q} \qquad \Delta q_\nu = -\nu \cdot q$$

(10.14) (10.15)

$$\Delta q_\mu = +\mu \cdot (1-q) \qquad \begin{aligned}\Delta q &= \Delta q_\nu + \Delta q_\mu \\ &= -\nu \cdot q + \mu \cdot (1-q) \\ &= \mu - q(\mu + \nu)\end{aligned}$$

(10.16) (10.17)

$$\hat{q} = \frac{\mu}{\mu + \nu} \qquad \hat{p} = \frac{\nu}{\mu + \nu}$$

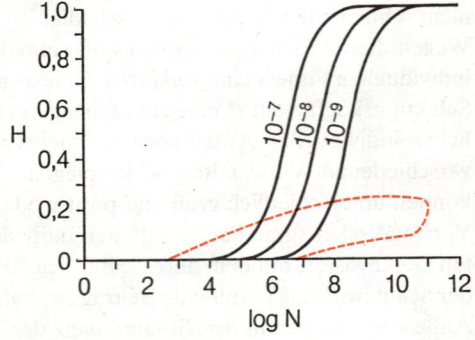

Abb. 10.55. Theoretische Abhängigkeit des Anteils heterozygoter Individuen (als Ausdruck der Allelvielfalt) von der Populationsgröße (Drifteffekt) und der Mutationsrate. Abszisse: Populationsgröße in logarithmischer Darstellung; N, Exponent von 10. Ordinate: Anteil heterozygoter Loci pro Individuum (H) in der Population. Die Zahlen an den Kurven stellen Mutationsraten dar (Definition s. Gl. 10.12, 10.13). In kleinen Populationen dominiert der Drifteffekt (Allelfixierung), in großen der Mutationseffekt (maximale Heterozygotie). Rot gestrichelt: Wertebereich natürlicher Populationen. (Nach Soulé)

und Populationsgröße bei Panmixie (Abb. 10.55) zeigt, daß ohne Selektion in kleinen Populationen der Drifteffekt (Fixierung), in großen der Mutationseffekt (maximale Heterozygotie) dominiert.

Es ist heute eine der interessantesten Fragen in der Populationsgenetik, inwieweit die in natürlichen Populationen beobachtete Allelvielfalt allein aufgrund von Mutationsdruck und Drift, also *ohne Selektionsprozesse*, erklärbar ist. In den letzten Jahren mehren sich Hinweise, die auf eine Selektionsneutralität vieler Gene schließen lassen. Manche »schlafende« Gene scheinen über längere Zeiträume hinweg inaktiv zu sein, so daß an ihnen keine Selektion ansetzen kann. Bei anderen Genen wird die an sich vorhandene Aktivität von Genen, die auf chromosomal gekoppelten Loci sitzt, überdeckt, so daß sie ebenfalls wenigstens zeitweise der Selektion entzogen sind. Wiederum andere Allele, obschon von unterschiedlicher Aktivität, gleichen sich dennoch in ihrer *effektiven Wirksamkeit* (etwa bei niedrigen Sättigungskonzentrationen für Enzyme), so daß sie keine verschiedene Fitness vermitteln. Es ist auch möglich, daß das gleiche Allel sowohl Vor- als auch Nachteile vermittelt, die sich in ihrer Wirksamkeit kompensieren, so daß insgesamt Selektionsneutralität resultiert.

Aufgrund solcher Befunde ist es eine legitime Frage, ob nicht vielleicht dem Mutationsdruck, im Vergleich zu balancierter und frequenzabhängiger Selektion (S. 896f.) sowie fluktuierenden Umweltbedingungen, eine bisher unterschätzte Rolle für die Aufrechterhaltung genetischer Vielfalt zukommt. In Abbildung 10.55 ist das Spektrum der Heterozygotie (als Ausdruck für die Allelvielfalt) in natürlichen Populationen unterschiedlicher Größe eingetragen. In vielen Fällen besteht gute Übereinstimmung mit der »Neutralitätshypothese«. In großen Populationen allerdings ist die Allelvielfalt eindeutig geringer als erwartet. Das könnte z.B. auf gerichteter Selektion oder Inzucht beruhen. Es könnte aber auch sein, daß die effektiven Populationsgrößen (S. 888) kleiner waren als angenommen, etwa aufgrund von nicht berücksichtigten Habitatunterteilungen oder winterlichen Engpässen.

»Molekulare Uhren«

Bei der Evolution von DNA- und Polypeptidketten findet man oft eine erstaunliche Linearität der Austausche von Nucleotiden bzw. Aminosäuren über lange Zeiträume hinweg (Abb. 10.56, 10.57). Wegen der Geradlinigkeit des Verlaufs spricht man von »molekularen Uhren«. Ein Nucleotidaustausch an einem bestimmten Locus in einer Population bedeutet nichts anderes als den Ersatz eines Allels durch ein neues, also die Fixierung des Locus für eine neue Mutante. Die Austausch- oder Substitutionsrate pro Zeiteinheit entspricht somit der Fixierungsrate für neue Mutanten. Für zufällig neu auftretende Mutanten besteht immer eine Chance, letztlich *durch Drift fixiert zu werden*. Die Häufigkeit, mit der solche Fixierungen bei der Annahme von Neutralität zu erwarten sind, entspricht genau der Häufigkeit, mit der die neuen Mutanten entstehen, also ihrer Mutationsrate. Die Argumentation ist einfach: Die Substitutionsrate k sei definiert als die Häufigkeit pro Zeiteinheit, mit der eine neue Mutante fixiert wird. Bei einer Populationsgröße von N diploiden Individuen, also insgesamt 2N Genen pro Locus, und einer Mutationsrate μ ergibt sich eine Entstehungshäufigkeit von $2N \cdot \mu$ neuer Mutanten pro Zeiteinheit. Wenn die Wahrscheinlichkeit der Fixierung eines Gens mit $\varkappa$ angegeben wird, dann gilt für die Häufigkeit bzw. Wahrscheinlichkeit der Fixierung einer Mutante pro Zeiteinheit $k = 2N \cdot \mu \cdot \varkappa$. Es wird davon ausgegangen, daß jeder Locus, wenn er nur lange genug sich selbst überlassen bleibt, letztlich durch Drift fixiert wird. Dabei ist die Wahrscheinlichkeit $\varkappa$ der Fixierung für jedes Gen eines Locus prinzipiell gleich groß. Bei insgesamt 2N Genen ist also $\varkappa = 1/(2N)$. Setzen wir diesen Wert in die obige Gleichung für k ein, dann ergibt sich $k = 2N \cdot \mu \cdot 1/(2N) = \mu$. Solange die Mutationsrate μ konstant ist, bleibt folglich auch die Substitutionsrate k unverändert. Die molekularen Uhren finden somit eine einleuchtende Erklärung durch die Wirkung selektionsneutraler Mechanismen.

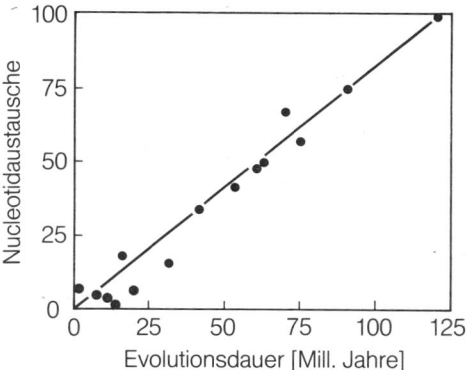

Abb. 10.56. »*Molekulare Uhr*«: *Anzahl von Nucleotidaustauschen (Mindestzahl), errechnet aufgrund von Aminosäureunterschieden in sieben Proteinen (Cytochrom c, Fibrinopeptide A und B, Hämoglobin α und β, Myoglobin und Insulin C) zwischen 15 Paaren rezenter Säugetierarten, dargestellt in Abhängigkeit vom Zeitpunkt des letzten gemeinsamen Vorfahrens (Abszisse). Im Durchschnitt ergeben sich für die sieben Proteine zusammen in 100 Millionen Jahren Evolutionsdauer etwas über 80 Nucleotidaustausche, d.h. für jede der jeweils zwei Evolutionslinien etwa $\frac{1}{2} \cdot 0{,}8 = 0{,}4$ Substitutionen pro 1 Million Jahre. (Nach Fitch)*

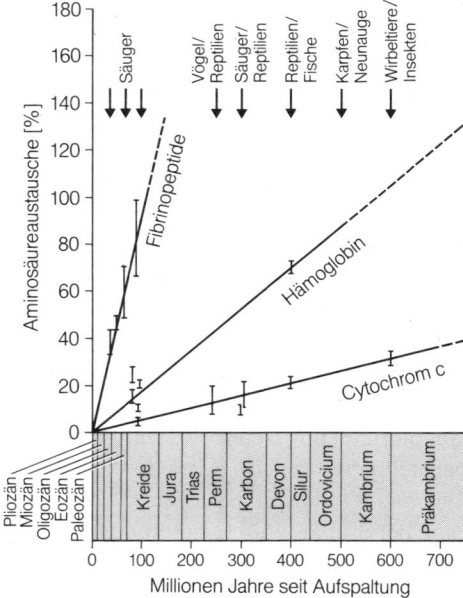

Abb. 10.57. Evolutionsraten verschiedener Eiweiße, gemessen aufgrund heutiger Aminosäureunterschiede in Abhängigkeit vom phylogenetischen Alter seit der Aufspaltung. Die Unterschiede wurden für mehrfache Wechsel innerhalb der gleichen Position korrigiert, entsprechen also Substitutionen. Um die Zahl der durchschnittlichen Austausche pro Evolutionslinie zu bekommen, müssen die Werte der Ordinate halbiert werden. (Nach Dickerson)

Abbildung 10.57 zeigt für verschiedene Proteine ganz unterschiedlich schnelle Uhren. Die Unterschiede sind zu groß, um auf unterschiedliche Mutationsraten zurückgeführt zu werden. Eine gängige Erklärung beruht darauf, daß verschiedene Abschnitte einer Peptidkette verschiedene Funktionen zu erfüllen haben. Bestimmte »essentielle« Abschnitte stehen unter starkem *stabilisierenden* Selektionsdruck, so daß keine oder fast keine Veränderungen ohne lethale Folgen möglich sind. Bei anderen Abschnitten sind hingegen zufällige Substitutionen möglich, ohne die Funktionen wesentlich zu beeinträchtigen. Für diese Abschnitte gelten die Regeln neutraler Substitution durch Mutation und Drift. Je größer der Anteil solcher Abschnitte am Gesamtmolekül ist, desto schneller geht die Uhr.

Molekulare Uhren könnten allerdings auch durch über lange Zeiträume *konstante Selektionsdrucke* (»Orthoselektion«) erklärt werden, unterschiedliche Geschwindigkeiten durch verschieden starke Selektion.

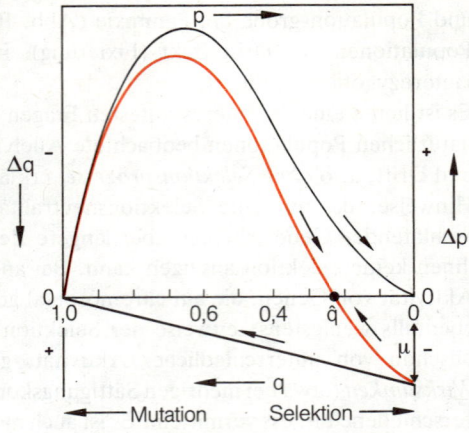

Abb. 10.58. Abhängigkeit der Genhäufigkeitsverschiebung des Allels A_2 pro Generation (Δq) von der Genhäufigkeit q, wenn Selektion gegen rezessive Allele A_2 und Mutation $A_1 \rightarrow A_2$ mit der Rate μ gegeneinanderwirken. Die schwarze Kurve gilt für Selektion allein, die schwarze Gerade für Mutationsdruck allein. Die rote Kurve ist die Resultante, bei $\hat{q}$ entsteht ein stabiles Gleichgewicht: $\Delta q = 0$. Die Pfeile entlang den Kurven zeigen die Richtung der Allelhäufigkeitsänderung an. (Original Jacobs)

Mutationsdruck und Selektionsdruck

Ähnlich wie zwei gegensätzliche Mutationsdrucke (Abb. 10.54) können sich auch Mutationsdruck und Selektionsdruck gegenüberstehen. Abbildung 10.58 zeigt zunächst den einfachen Fall, daß der Mutationsdruck in nur einer Richtung wirkt. Die Selektion sei gegen homozygot-rezessive A_2A_2-Genotypen gerichtet, die Mutation als Gegenspieler wirke mit der Rate μ von A_1 nach A_2, Rückmutationen von A_2 nach A_1 seien zu vernachlässigen.

Die Verminderung Δq_{Sel} von A_2 durch Selektion ist in Gleichung (10.11) angegeben. Die Erhöhung Δq_μ von A_2 durch Mutation ergibt sich aus Gleichung (10.14). Ein stabiles Gleichgewicht $\hat{q}$ muß sich einstellen, wenn die Änderung von q pro Generation durch Selektion in der einen Richtung und die Änderung von q pro Generation durch Mutation in der anderen Richtung sich gerade die Waage halten (Gl. 10.18).

Wirken Selektionsdruck, Mutationsdruck und Drift gemeinsam, dann wird die Situation komplexer. Abbildung 10.59 zeigt die möglichen Schicksale eines Gens, das unter dem Einfluß unterschiedlicher Größen von Drift, Mutation und Selektion steht. Die Berücksichtigung von Rückmutationen würde das Bild zusätzlich komplizieren.

Heterosis und balancierter Polymorphismus

Kreuzt man Individuen zweier unterschiedlicher Linien miteinander, deren Mitglieder durch frühere Inzucht einen starken Anteil homozygoter Loci besitzen, dann besitzen die weitgehend heterozygoten Hybriden meist eine erheblich höhere Fitness als ihre Eltern. Das Phänomen wird *Heterosis* genannt und in der Pflanzen- und Tierzucht zur Produktion besonders großer, ertragreicher und widerstandsfähiger Individuen ausgenützt. Ein Hauptgrund für Heterosis liegt sicher darin, daß bei dominant-rezessivem Erbgang nachteilhafte rezessive Allele in den Hybriden nicht zur Geltung kommen (*»Dominanzhypothese«*); dies ist die Kehrseite der Inzucht-Depression (S. 889). Eine andere Erklärung beruht darauf, daß heterozygote Loci *als solche* eine höhere Fitness vermitteln als homozygote (*»Überdominanzhypothese«*, Abb. 10.60). Da es in diesem Fall letztlich zur *permanenten Erhaltung der betroffenen Allele* in der Population kommen kann, sei hier genauer darauf eingegangen. Auch hier sei die einfache Situation eines Locus mit zwei Allelen, A_1 und A_2, in großen Populationen (keine Drift) angenommen.

Vor der Selektion herrschen zunächst Hardy-Weinberg-Bedingungen, die Genotyphäufigkeiten von A_1A_1, A_1A_2 und A_2A_2 sind p^2 bzw. $2pq$ bzw. q^2. Der Selektionskoeffizient von A_1A_1 sei mit s_1, der von A_2A_2 mit s_2 bezeichnet. Die Fitnesswerte seien standardisiert; für den besten Genotyp A_1A_2 ist dann definitionsgemäß $s = 0$. Die Fitnesswerte für A_1A_1, A_1A_2 und A_2A_2 sind also $1 - s_1$ bzw. 1 bzw. $1 - s_2$. Nach der Selektion ergeben sich die in Gleichung (10.19) gezeigten Verhältnisse der Genotyphäufigkeiten. Analog zu

(10.18)
$$\Delta q_{Sel} + \Delta q_\mu = 0;$$
$$- sq^2(1-q) + \mu(1-q) = 0;$$
$$\mu = sq^2; \quad \hat{q} = \sqrt{\frac{\mu}{s}}$$

(10.19)
$$A_1A_1 : A_1A_2 : A_2A_2 = p^2(1-s_1) : 2pq : q^2(1-s_2)$$

(10.20)
$$\frac{p^2(1-s_1)}{1-s_1p^2-s_2q^2}, \frac{2pq}{1-s_1p^2-s_2q^2}, \frac{q^2(1-s_2)}{1-s_1p^2-s_2q^2}$$

(10.21)
$$q_{F1} = \frac{Y}{2} + Z \quad [\text{s. Gl. (10.2d)}]$$
$$= \frac{pq + q^2(1-s_2)}{1-s_1p^2-s_2q^2} = \frac{q(1-q)+q^2-q^2s_2}{1-s_1p^2-s_2q^2}$$
$$= \frac{q(1-s_2q)}{1-s_1p^2-s_2q^2}$$

(10.22)
$$\Delta q_{Sel} = q_{F1} - q = \frac{q(1-s_2q)}{1-s_1p^2-s_2q^2} - q$$
$$= \frac{pq(s_1p-s_2q)}{1-s_1p^2-s_2q^2}$$

Gleichung (10.17) beträgt die Summe dieser Werte $1 - s_1p^2 - s_2q^2$. Um die Werte für die neuen Genotyphäufigkeiten zu bekommen, müssen die Werte $p^2(1-s_1)$, $2pq$ und $q^2(1-s_2)$ wie in Gleichung (10.8) normiert, d. h. jeweils durch die Summe $1 - s_1p^2 - s_2q^2$ geteilt werden. Die neuen Genotyphäufigkeiten nach Selektion sind unter Gleichung (10.20) angegeben. Für die Genhäufigkeit q_{F1} gilt Gleichung (10.21), für den Evolutionsschritt Δq_{Sel} Gleichung (10.22). Daraus ist ersichtlich, daß es zu einem Stillstand der Genhäufigkeitsverschiebung kommt – also $\Delta q = 0$ –, wenn entweder $p = 0$ *oder* $q = 0$ oder $s_1p - s_2q = 0$, (Gl. 10.23). Im letzteren Fall gilt Gleichung (10.24): Es gibt eine ganz bestimmte Gleichgewichtshäufigkeit $\hat{q}$ des Allels A_2, die durch die Größe der beiden Selektionskoeffizienten eindeutig bestimmt ist. Analog ergibt sich Gleichung (10.25) für die Gleichgewichtshäufigkeit $\hat{p}$ des Allels A_1.

Abbildung 10.61 zeigt die Abhängigkeit der Veränderung Δq von q, wie sie sich aus Gleichung (10.22) ergibt. Bei Heterosis durch Heterozygotenvorteil muß es zu einem stabilen Allelgleichgewicht kommen, denn jedes Allel ist selektionsbegünstigt, wenn es in heterozygoter, aber benachteiligt, wenn es in homozygoter Form vorliegt. Der *durchschnittliche* Wert des Allels in der Population hängt davon ab, zu welchen Anteilen es in hetero- bzw. homozygoter Kombination vorliegt. Nach dem Hardy-Weinberg-Gesetz (S. 885f.) nimmt das Verhältnis von Hetero- zu Homozygoten mit steigender Genhäufigkeit ab. Ist ein Allel sehr selten, so kommt es vor allem in selektionsbegünstigten heterozygoten und nur selten in benachteiligten homozygoten Individuen vor (Gl. 10.5), so daß es im Durchschnitt im Vorteil ist. Dementsprechend nimmt seine Häufigkeit zu. Ist das Allel hingegen sehr häufig, so liegt es vor allem in benachteiligten homozygoten Individuen vor, so daß es auch im Durchschnitt benachteiligt ist. Dementsprechend nimmt seine Häufigkeit ab. Bei einer bestimmten Häufigkeit müssen sich die Vorteile des Allels in den Heterozygoten und die Nachteile in den Homozygoten gerade die Waage halten. Dies ist die stabile Gleichgewichtssituation gemäß Gleichung (10.24) und (10.25). Da nach Einstellung des Gleichgewichtes alle betroffenen Genotypen mit konstanter Häufigkeit produziert werden, wird die Situation als *balancierter Polymorphismus* bezeichnet.

Ein Beispiel für den balancierten Polymorphismus ist die Sichelzellanämie des Menschen (S. 229f.). Sie beruht auf einem Allel, welches ein abnormes β-Polypeptid des Hämoglobins produziert, das sich durch nur eine Aminosäure vom normalen unterscheidet. Homozygote Träger dieser Mutation zeigen unter bestimmten Bedingungen deformierte, sichelförmige rote Blutkörperchen (Abb. 2.84, S. 229). Diese können Sauerstoff nicht so gut aufnehmen wie normale Erythrocyten, zudem werden sie von weißen Blutkörperchen angegriffen, es kommt zur Hämolyse und damit zur Anämie. Weitere Merkmale sind Blutgerinnsel in Capillaren, Milzvergrößerung und Herzschwäche. Heterozygote Träger zeigen die Erscheinungen in abgeschwächter Form.

An sich müßte das Allel also der kontinuierlichen Selektion nach einem intermediären Erbgang unterliegen, es müßte fortwährend eliminiert werden (S. 892). Die Mutation vermittelt jedoch auch den Vorteil der Resistenz gegen Malaria. Während bei den homozygoten Trägern der Nachteil der Anämie immer überwiegt, ist in malariaverseuchten Gebieten der Vorteil der Resistenz bei heterozygoten Trägern so groß, daß diese trotz teilweiser Anämie bessere Überlebenschancen haben als die malariaanfälligen homozygoten Träger des normalen Allels. In Malariagebieten liegt also Heterosis nach dem Überdominanzprinzip (Abb. 10.60) vor. Die geographische Verteilung des Allels stimmt in der Tat recht genau mit der Verbreitung der Malaria überein (Abb. 10.62). Selbst dort, wo heute die Malaria ausgerottet ist – z. B. in Teilen Italiens –, ist das abnorme Allel noch vorhanden. Auch bei den Negern Nordamerikas, deren Vorfahren in malariaverseuchten Gebieten Afrikas lebten, ist das Allel noch verbreitet. Die Sichelzellanämie ist auch ein gutes Beispiel dafür, daß ein und dieselbe Mutation sowohl Vor- als auch Nachteile vermittelt, daß also die Selektionskoeffizienten s_1 und s_2 in Wirklichkeit aus mehreren Komponenten zusammengesetzt sind.

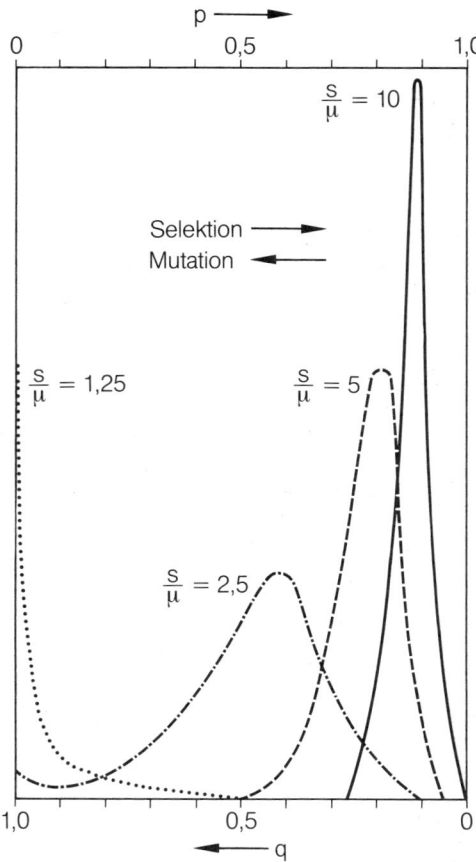

Abb. 10.59. Gleichgewichtseinstellung der Allelhäufigkeiten p bzw. q eines Locus mit zwei Allelen bei kombinierter Einwirkung von genetischer Drift, Mutation und Selektion. Abszisse: Allelhäufigkeiten p bzw. q. Ordinate: Größe der Wahrscheinlichkeit, daß ein Allel in einer Population eine bestimmte Häufigkeit (relativer Maßstab) erreicht. Die Kurven zeigen die Wirkung unterschiedlich starker Selektion (ausgedrückt durch den Selektionskoeffizienten s) gegen q bei konstanter Populationsgröße (N = 1000) und konstanter Mutationsrate ($\mu = 10^{-3}$) zugunsten von q. Bei sehr schwacher Selektion (s : μ = 1,25, gepunktete Kurve) ist die Wahrscheinlichkeit der Allelfixierung (q = 1) durch Drift und Mutationsdruck sehr groß. Bei starker Selektion (s : μ = 10, ausgezogene Kurve) wird die Allelhäufigkeit weitgehend durch Selektion bestimmt. (Nach Wright)

(10.23)
$$\frac{pq(s_1p - s_2q)}{1 - s_1p^2 - s_2q^2} = 0$$

(10.24)
$$s_1p = s_2q;$$
$$s_1(1-q) = s_2q;$$
$$\hat{q} = \frac{s_1}{s_1 + s_2}$$

(10.25)
$$\hat{p} = \frac{s_2}{s_1 + s_2}$$

Frequenzabhängige Selektion: Negative Beziehungen zwischen Genotyphäufigkeit und Fitness

Jede negative Beziehung zwischen der Häufigkeit eines Genotyps und seiner Fitness, die zu einem Umschlag von Nachteil zu Vorteil führt, verhindert Homozygotierung nach dem Prinzip der negativen Rückkoppelung (S. 579f.). Abbildung 10.63 zeigt ein experimentelles Beispiel: Die Überlebenschance der homozygoten Mehlkäfer ist umso größer, je seltener sie in der Mischpopulation vertreten sind. Zugleich demonstriert dieser Versuch den Heterosiseffekt: Die heterozygoten Tiere überleben in allen Fällen am besten.

Ein extremer Fall frequenzabhängiger Selektion ist die *obligate Fremdbestäubung* vieler Pflanzen. Beim Tabak beruht sie auf einem Locus mit drei Allelen A_1, A_2 und A_3. Die diploiden Zellen der Narbe verhindern das Eindringen des haploiden Pollenschlauches (S. 293f.), wenn er eines der Narbenallele besitzt. Die Zygoten – und damit alle erwachsenen Pflanzen – sind also immer heterozygot; es gibt nur die drei Genotypen A_1A_2, A_1A_3 und A_2A_3. Ein Pollenkorn kann immer nur auf einem der drei Genotypen erfolgreich sein. Je häufiger ein Genotyp in der Population ist, desto geringer ist seine Chance, mit seinem Pollen auf eine fremde Narbe zu treffen und selbst fremden Pollen zu empfangen. Sein Fortpflanzungserfolg ist dementsprechend reduziert. Für einen seltenen Genotyp gilt das Umgekehrte. Da die Situation der Inkompatibilität für alle drei Allele genau gleich ist, führt diese frequenzabhängige Selektion schnell zum stabilen Gleichgewicht: gleiche Häufigkeit der drei Allele und damit auch der drei Genotypen.

Generell gilt: In allen Fällen frequenzabhängiger Selektion, in denen der Vorteil eines Genotyps mit seiner Seltenheit zunimmt, kommt es – ähnlich wie bei disruptiver Selektion – zu einer permanenten Aufrechterhaltung eines breiten Spektrums von Phäno- bzw. Genotypen.

10.4.2.7 Fitness der Population und genetische Bürde. Die Harmonie des Genpools

Ähnlich wie für den einzelnen Genotyp kann man auch für die *Population als Ganzes* eine Fitness angeben, deren Wert den Durchschnitt der einzelnen Fitnesswerte der in der Population vorhandenen Genotypen darstellt. Man bezeichnet die Fitness der Population dementsprechend mit $\overline{W}$. Wenn in einer Population n unterschiedliche Genotypen mit den unterschiedlichen Fitnesswerten $W_1, W_2, \ldots, W_n$ und mit den entsprechenden Häufigkeiten $f_1, f_2, \ldots, f_n$ vorkommen, dann gilt Gleichung (10.26). Da definitionsgemäß die Summe aller Genotyphäufigkeiten 1 ist, ergibt sich Gleichung (10.27).

Durch die Gegenwart nachteilhafter, also unter Selektion stehender Genotypen erleidet die Population als Ganze einen Nachteil im Vergleich zur selektionslosen Situation. Besteht keine Selektion und rechnet man mit standardisierten Fitnesswerten (S. 891), dann haben alle Genotypen die gleiche Fitness $W = 1$, also ist auch $\overline{W} = W = 1$. Im Falle der Selektion gegen Rezessive hingegen wäre $\overline{W} = p^2 \cdot 1 + 2pq \cdot 1 + q^2 \cdot (1-s) = 1 - sq^2$ (Gl. 10.7).

Allgemein gilt: Die optimal denkbare standardisierte Fitness $\overline{W} = 1$ einer Population wird durch Selektion um das Produkt aus der Hardy-Weinberg-Häufigkeit des benachteiligten Genotyps und dessen Selektionskoeffizienten vermindert. Diesen Nachteil, den die Gesamtpopulation wegen der nachteilhaften Gene zu tragen hat, nennt man ihre *genetische Last L* oder *Bürde*. Sie ist allgemein definiert als die relative Abweichung von der Situation $\overline{W}_{max}$, die herrschen würde, wenn die belastenden Gene nicht vorhanden wären (Gl. 10.28). Im zitierten Fall der Selektion gegen Rezessive gilt demnach Gleichung (10.29).

Viele Faktoren tragen zur genetischen Bürde einer Population bei, besonders: nachteilhafte *Mutationen*; *Einwanderung* nachteilhafter Genotypen; *zufallsbedingte Erhaltung* nachteilhafter Gene (genetische Drift); *Rekombination*, weil ein nachteilhaftes Gen durch

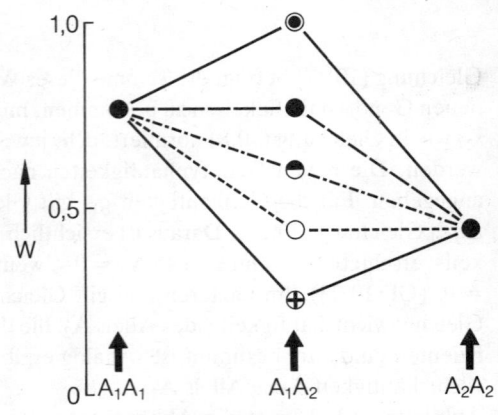

Abb. 10.60. Fünf wichtige Selektionsarten, dargestellt am Beispiel eines Locus mit 2 Allelen A_1 und A_2. Ordinate: Fitness W der verschiedenen Genotypen; willkürliche Skala. Die Linien verbinden die jeweils zusammengehörigen Fitness-Werte der Erbgänge. ●– – –●– – –●: *Dominant-rezessiver Erbgang, Selektion für dominantes Allel A_1* ($W_{A_1A_1} = W_{A_1A_2} > W_{A_2A_2}$). ●- - -○- - -●: *Dominant-rezessiver Erbgang, Selektion für rezessives Allel A_1* ($W_{A_1A_1} > W_{A_1A_2} = W_{A_2A_2}$). ●–·–◐–·–●: *linear-intermediärer Erbgang.* ●——⊙——●: *»Überdominanz«: Selektion für Heterozygote.* ●——⊕——●: *»Unterdominanz«: Selektion gegen Heterozygote. (Original Jacobs)*

(10.26)
$$\overline{W} = \frac{f_1 \cdot W_1 + f_2 \cdot W_2 + \ldots + f_n \cdot W_n}{f_1 + f_2 + \ldots + f_n}$$

(10.27)
$$\overline{W} = \Sigma(T)f \cdot W$$

(10.28)
$$L = \frac{\overline{W}_{max} - \overline{W}}{\overline{W}_{max}}$$

(10.29)
$$L = \frac{1 - (1 - sq^2)}{1} = sq^2$$

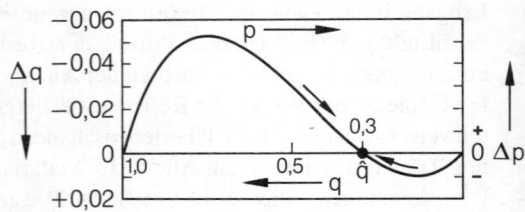

Abb. 10.61. Heterozygotenvorteil: Balancierter Polymorphismus durch Selektion gegen Homozygote A_1A_1 ($s_{A_1A_1} = 0{,}15$) und A_2A_2 ($s_{A_2A_2} = 0{,}35$). Gleichgewicht $\hat{q}$ von A_2 ist gemäß Gleichung (10.24): $\hat{q} = 0{,}15/(0{,}35 + 0{,}15) = 0{,}3$ (vgl. Text). Die Pfeile entlang der Kurve geben die Richtung der Häufigkeitsveränderung des Allels q durch Selektion an. (Nach Li)

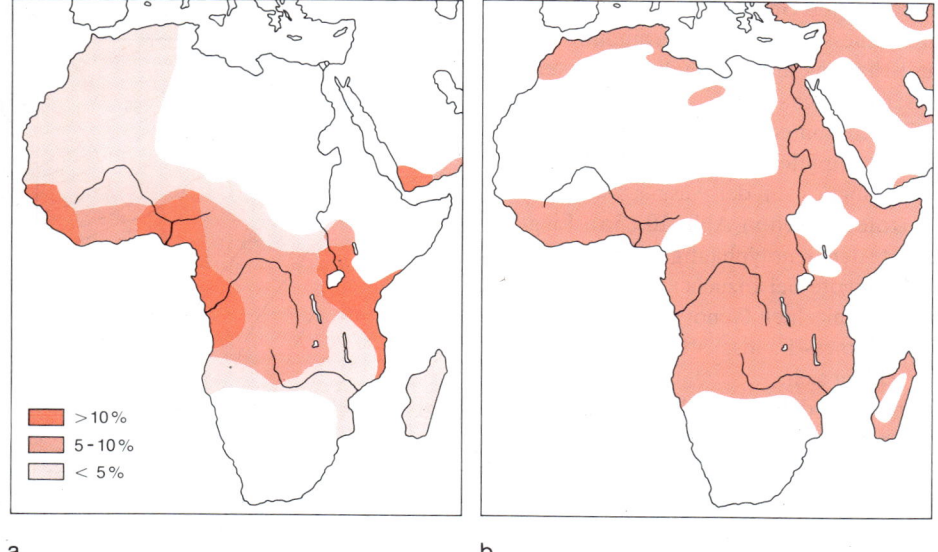

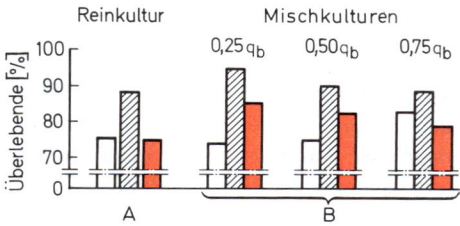

Abb. 10.62a, b. Sichelzellanämie. (a) Die geographische Verteilung des Gens für das abnormale Hämoglobin-S in Vorderasien und Afrika. Prozentangaben für den Anteil des S-Allels in den verschiedenen Gebieten. Das Vorkommen dieses Gens ist korreliert mit dem Auftreten der Malaria (b). (Nach de Beer)

Abb. 10.63. Abhängigkeit des Überlebens unterschiedlicher Genotypen des Kornkäfers Tribolium castaneum von ihrer Häufigkeit in der Versuchspopulation. Die Tiere wurden als Eier in bestimmte Mengen Mehl eingesetzt und als adulte Tiere ausgezählt. Rot: homozygot »black« b/b. Schraffiert: heterozygot +/b. Weiß: homozygot +/+. (A) Ergebnisse in Reinkulturen (nur ein Genotyp). (B) Ergebnisse in Mischkulturen. q_b gibt die Allelhäufigkeit von b in der Ausgangspopulation an, die anfänglichen Genotyphäufigkeiten entsprachen dem Hardy-Weinberg-Gesetz. Die homozygoten Tiere überlebten um so besser, je seltener sie waren. Die heterozygoten Tiere waren immer am besten (Heterosis) (vgl. Text). (Nach Sokal u. Karten)

chromosomale Koppelung an ein vorteilhaftes Gen gebunden werden kann oder weil ein vorteilhaftes Gen durch veränderte Koppelung Nachteile bringen kann (Positionseffekt); *balancierter Polymorphismus*. Letzterer charakterisiert eine scheinbar paradoxe Situation: Um optimale (heterozygote) Genotypen zu haben, muß die Population die fortwährende Produktion nachteilhafter (homozygoter) Genotypen in Kauf nehmen. In der Gegenwart von Heterozygotenvorteil kann deshalb eine Population nie den idealen $\overline{W} = 1$ erreichen (Abb. 10.64).

Selektion erhöht die Fitness $\overline{W}$ der Population durch fortwährende Eliminierung der Genotypen, deren Nachteil $\overline{W}$ vermindert. Evolution geht deshalb meist in Richtung höherer $\overline{W}$-Werte. Hat eine Population die maximale standardisierte Fitness $\overline{W} = 1$ erreicht und tritt dann eine vorteilhafte Mutante auf, erniedrigt sich $\overline{W}$, weil nun definitionsgemäß die neue Mutante als neuer bester Genotyp $W = 1$ behandelt wird und folglich alle übrigen Genotypen <1 werden. Das scheinbare Paradox einer Erniedrigung von $\overline{W}$ durch eine vorteilhafte Mutation beruht also lediglich auf der Standardisierungsmethode, es tritt nicht auf, wenn unstandardisierte Fitnesswerte (s. S. 891) verwendet werden. In diesem Falle würde $\overline{W}$ – wie zu erwarten – durch eine vorteilhafte Mutation erhöht. Abbildung 10.64 zeigt den Evolutionstrend für einen Locus bei gerichteter Selektion gegen A_2A_2 und bei Überdominanz (s. Text S. 896, Abb. 10.60). Die Population bewegt sich immer in Richtung des höchsten $\overline{W}$-Wertes. Bei Überdominanz liegt er unter dem maximalen Wert 1. Zudem sind mehrere Allelkombinationen möglich, die der Population die gleiche Gesamt-Fitness $\overline{W}$ vermitteln. In Abbildung 10.64 ist z.B. $\overline{W} = 0,92$ sowohl bei $q = 0,54$ als auch bei $q = 0,12$. Sind mehrere Loci beteiligt, so erhöhen sich diese Kombinationsmöglichkeiten, es kann eine ganze Reihe von Populationszusammensetzungen geben, die jeweils die gleiche Gesamt-Fitness haben. Untersuchungen an einer australischen Heuschreckenart liefern hierfür ein gutes Beispiel (Abb. 10.65). Zwar handelt es sich hier um Selektion an zwei Chromosomen mit je zwei Chromosomentypen, die Situation ist jedoch vergleichbar mit der Selektion an zwei Loci mit je zwei Allelen. Die Fitness-Werte der neun möglichen Genotypen (dihybrider Erbgang, S. 205f.) errechneten sich – unter der Annahme von Panmixie (Abb. 10.65a) – aus den Abweichungen der tatsächlich gefundenen von den nach dem Hardy-Weinberg-Gesetz zu erwartenden Häufigkeiten. Jeder Punkt in der Abbildung stellt eine potentielle Häufigkeitskombination der Chromosomentypen dar. Für jede dieser Kombinationen

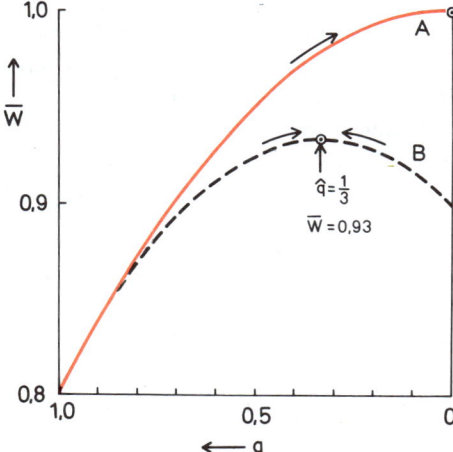

Abb. 10.64. Beziehung zwischen der Fitness $\overline{W}$ einer Population und der Allelhäufigkeit q des Allels A_2. Kurve A: Selektion gegen A_2A_2, $s_{A_2A_2} = 0,2$; Kurve B: Balancierter Polymorphismus, $s_{A_1A_1} = 0,1$, $s_{A_2A_2} = 0,2$. Optimale Fitness $\overline{W} = 0,93$ bei $q = s_{A_1A_1}/(s_{A_1A_1} + s_{A_2A_2}) = 1/3$. Die Pfeile entlang den Kurven geben die Richtung der Allelhäufigkeitsverschiebung durch Selektion an (vgl. Text). (Original Jacobs)

gibt es eine nach dem Hardy-Weinberg-Gesetz zu erwartende Genotypzusammensetzung und gemäß Gleichung (10.27) eine Durchschnitts-Fitness $\overline{W}$. Durch Verbindung der Punkte gleicher Fitness ergeben sich »Fitness-Landschaften« mit »Höhenlinien« jeweils gleicher Fitness. Populationen bewegen sich in dieser Landschaft, indem sie – durch den Prozeß der Selektion – ihre Gen- (bzw. hier die Chromosomentyp-)Frequenzen verändern. Populationen haben immer die Tendenz, Fitness-»Gipfel« zu erklimmen (vgl. Abb. 10.64). Besitzt die Landschaft mehrere Gipfel, dann hängt es von der Ausgangssituation ab, welcher von der Population angesteuert wird (rote Kurven in Abb. 10.65a). Liegt keine Panmixie vor, dann weichen die Erwartungswerte der Genotyphäufigkeiten von den Hardy-Weinberg-Proportionen ab (z.B. mehr Homozygote bei Inzucht). Dementsprechend errechnen sich veränderte Fitness-Werte für die einzelnen Genotypen und damit auch andere $\overline{W}$-Werte (Abb. 10.65b). Eine neue Fitness-Landschaft resultiert, die erwartete Evolutionsrichtung der Populationen verschiebt sich.

Verallgemeinernd läßt sich feststellen, daß Selektion immer dahingehend wirkt, eine den gegebenen Umständen und Voraussetzungen entsprechende *Harmonie aller Genhäufigkeiten* herzustellen und beizubehalten. Wird diese Harmonie gestört, z.B. weil in einer kleinen Populationskolonie aufgrund genetischer Drift bestimmte Allele nicht oder in stark abgewandelter Häufigkeit vertreten sind, dann wird u.U. selbst bei konstanten Umweltbedingungen eine rapide Selektion in Richtung auf eine womöglich neue optimale Kombination von Genhäufigkeiten einsetzen. Diese kann weit von der ursprünglichen abweichen. Deshalb wird der Kolonisierung im Zusammenhang mit genetischer Drift oft eine wesentliche Rolle im Evolutionsgeschehen zugesprochen (Gründerprinzip, S. 797, 908).

10.4.2.8 Artaufspaltung und genetische Divergenz

Die genetische Ähnlichkeit bzw. der genetische Abstand zwischen verschiedenen systematischen Einheiten ist offenbar unterschiedlich. Um dies zu quantifizieren und festzustellen, wie schnell sich Genpoole nach erfolgter geographischer Aufspaltung genetisch voneinander entfernen und wie groß die Unterschiede zwischen Rassen, Halbarten, Arten, Gattungen und Familien sind, benützt man einen Index, der die genetische Ähnlichkeit bzw. den Abstand ausdrückt. Für den Vergleich zweier Populationen A und B bezüglich eines multiallelen Locus wird oft der »Identitäts-Index« I (Gl. 10.30) verwendet, wobei a_i die Frequenz des i-ten Allels in der Population A, b_i in der Population B ist. I kann von 0 (jedes Allel nur in jeweils einer der beiden Populationen vorhanden) bis 1 (gleiche Häufigkeiten in beiden Populationen) schwanken. Will man mehrere Loci berücksichtigen, bildet man die arithmetischen Mittelwerte $(\overline{\Sigma})$ aus den Σ-Werten der einzelnen Loci und erhält I_{tot} gemäß Gleichung (10.31). Für den entsprechenden genetischen Abstand (Distanz D) gilt Gleichung (10.32), D variiert von 0 bis ∞.

Die Basis für solche Untersuchungen sind meist elektrophoretische Analysen an Enzymen, die für grundlegende Stoffwechselaktivitäten (z.B. bei der Glykolyse oder der Atmungskette) verantwortlich sind, also Produkte phylogenetisch alter Strukturgene. Für den Vergleich auf niedriger systematischer Ebene eignen sich besonders Taufliegen der Gattung *Drosophila*, weil sie zu den sowohl taxonomisch als auch populationsgenetisch am besten untersuchten Organismen gehören. Abbildung 10.66 zeigt verschiedene Stadien genetischer Divergenz bei einer besonders gut untersuchten Gruppe. Der hauptsächliche »Sprung« in der Divergenz erfolgt offensichtlich zwischen den reproduktiv noch nicht voll isolierten Unterarten und den voll isolierten Zwillingsarten. Aber selbst bei den am weitesten voneinander entfernten »normalen« Arten sind immer noch etwa ein Viertel der Loci identisch.

Geht man zu höheren taxonomischen Ebenen über und vergleicht viele Organismengruppen miteinander, so zeigt sich zweierlei (Abb. 10.67): 1. Wie erwartet, nimmt mit der

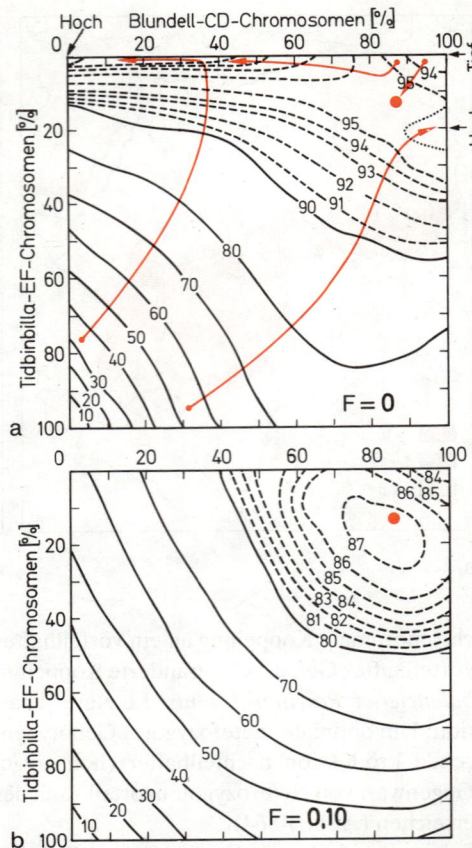

Abb. 10.65. (a) Mögliche Beziehungen zwischen der Typenkombination zweier Chromosomen EF und CD und der durchschnittlichen Fitness $\overline{W}$ einer Population der Feldheuschrecke Moraba scurra in Australien. Für EF ist der %-Satz des Chromosomentyps »Bundell« angegeben, für CD der von »Tidbinbilla«. Die Linien verbinden jeweils Kombinationen mit gleichen $\overline{W}$-Werten (relative Zahlen). Für die Konstruktion der Landkarte wurde panmiktische Vermehrung angenommen (»Inzuchtkoeffizient« $F = 0$). Die reale Population, aufgrund derer die Fitnesswerte berechnet wurden, ist durch einen dicken roten Punkt (rechts oben) gekennzeichnet; sie befindet sich unerwartet auf einem Fitness-»Sattel«. Die vier roten Pfeile kennzeichnen die selektionsbedingten Evolutionsrichtungen von vier hypothetischen Populationen mit unterschiedlicher ursprünglicher Genotypzusammensetzung. (b) Bei Annahme einer 10%igen Inzucht ($F = 0,10$) ergibt sich eine andere Fitness-»Landschaft«. Unter diesen Voraussetzungen befindet sich die reale Population (roter Punkt) erwartungsgemäß auf dem einzigen Fitness-»Gipfel«, also im Adaptationsmaximum. Dies spricht dafür, daß in der natürlichen Population ein gewisses Ausmaß an Inzucht herrscht (Einzelheiten im Text). (Nach Allard u. Wehrhahn aus Wallace)

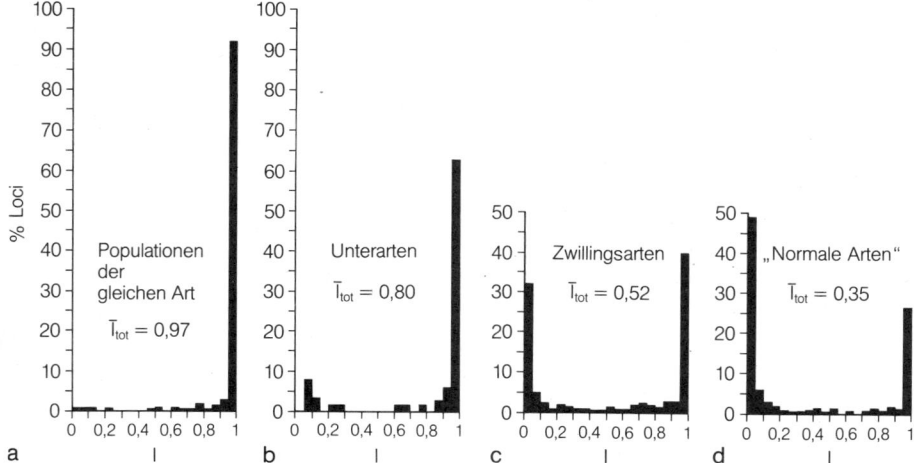

Abb. 10.66 a–d. *Häufigkeitsverteilung diverser Genorte bezüglich ihrer genetischen Identität I, in vier verschiedenen Stadien der evolutiven Divergenz bei dem Taufliegen-Artenkomplex Drosophila willistoni. In jeder Abbildung ist auch die durchschnittliche Identität I_{tot} aller Loci angegeben. Es wurden immer zwei Populationen verglichen. Bei (a) handelte es sich um geographisch getrennte Populationen jeweils der gleichen Unterart. (Nach Ayala)*

$$I = \frac{\Sigma(a_i \cdot b_i)}{\sqrt{\Sigma a_i^2 \cdot \Sigma b_i^2}} \quad (10.30)$$

$$I_{tot} = \frac{\overline{\Sigma(a_i \cdot b_i)}}{\sqrt{\overline{\Sigma a_i^2} \cdot \overline{\Sigma b_i^2}}} \quad (10.31)$$

$$D = -\ln I \quad (10.32)$$

Höhe der betrachteten systematischen Einheit die genetische Verwandtschaft ab. 2. Das Spektrum der für eine taxonomische Einheit gefundenen genetischen Verwandtschaften ist generell sehr breit, Vorhersagen über die taxonomische Zugehörigkeit aufgrund genetischer Identitätswerte sind nur mit großen Vorbehalten möglich. Diese Unsicherheit könnte darauf hinweisen, daß viele Taxa revisionsbedürftig sind, weil sie die phylogenetischen Zusammenhänge nicht korrekt wiedergeben. Dies scheint insbesondere für den Gattungsbegriff zu gelten. Es könnte aber auch sein, daß die vor allem auf morphologischen Kriterien basierende taxonomische Zuordnung auf anderen Evolutionsraten beruht als biochemische Veränderungen bei Stoffwechselenzymen.

Gänzlich aus dem Rahmen fallen die *Primaten:* Die genetischen Unterschiede zwischen den *Familien* der Hominiden (Mensch), Pongiden (Schimpanse, Gorilla, Orang-Utan) und Hylobatiden (Gibbon, Siamang) sind nicht größer als die zwischen Unterarten oder Arten anderer Säuger. Für den Vergleich Mensch – Pongiden ist $I = 0,7$ und $D = 0,35$! Wenn man davon ausgeht, daß die taxonomischen Kriterien bei der Einteilung der Primaten nicht wesentlich anders sind als bei anderen Säugetiergruppen, ist der Schluß naheliegend, daß bei den Primaten und speziell beim Menschen (der aufgrund von Proteinuntersuchungen nicht weiter vom Schimpansen entfernt ist als der Schimpanse vom Gorilla) die Evolution der äußeren Morphologie und des Gehirns wesentlich schneller verlief als bei anderen Säugern, zumindest relativ zur Evolution der Strukturgene. Es wird spekuliert, daß Regulatorgene bei der Evolution äußerer Anpassungen an die Umwelt (Morphologie, Verhalten) eine wichtigere Rolle spielen als Strukturgene.

10.4.3 Beispiele für das Wirken der Selektion

10.4.3.1 Ökologische Vorbemerkung

Selektion greift u. a. bei der Auseinandersetzung der Organismen mit ihrer Umwelt an. Diese wirkt in Form von abiotischen (physikalischen, chemischen, klimatischen) und biotischen (andere Organismen, intraspezifische und interspezifische Konkurrenz) Faktoren auf die Lebewesen ein. Ökologische Erkenntnisse sind daher für die Evolutionsforschung von großer Bedeutung. Die ökologische Sonderung sympatrisch (im gleichen geographischen Areal) lebender Arten und der damit verbundene Konkurrenzausschluß haben zur Ausbildung jeweils artspezifischer ökologischer Nischen geführt (S. 779 f.). Die sich daraus ergebende unterschiedliche Nutzung der Umweltgegebenheiten durch die verschiedenen Arten macht deren Koexistenz möglich und liefert somit einen wesentlichen Faktor für die Entstehung der Mannigfaltigkeit der Organismen. Anpassungscharak-

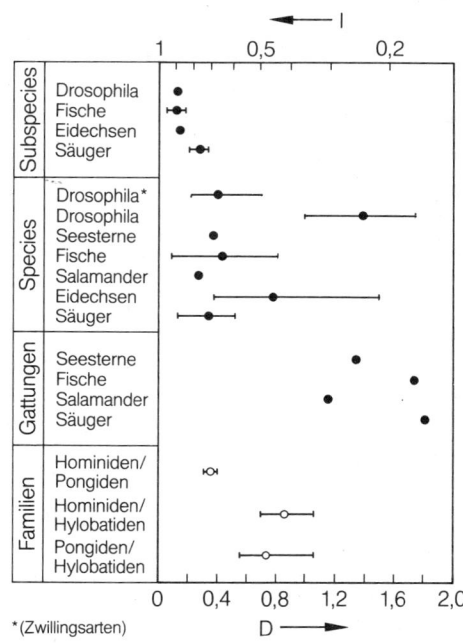

*(Zwillingsarten)

Abb. 10.67. *Durchschnittliche Werte und Wertbereiche (———) genetischer Identität I bzw. Distanz D für Organismen auf verschiedenen Stufen evolutiver Divergenz. Verglichen wurden immer Populationen im gleichen nächsthöheren Taxon (Arten innerhalb der gleichen Gattung usw.). Die Daten beruhen auf phylogenetisch alten Strukturgenen für Stoffwechselenzyme. Man beachte die Sonderstellung der Primaten inklusive Homo sapiens. (Nach Bruce und Ayala)*

tere, die nach der Selektionstheorie durch das Wirken der natürlichen Auslese zustande gekommen sind, finden sich bei jeder Tier- und Pflanzenart. Sie sind ein Charakteristikum der Lebewesen. Daß durch Anpassung an ähnliche Umweltgegebenheiten oder ähnliche Funktionen auch von verschiedenem Material ausgehend außerordentlich ähnliche Eigenschaften entstehen können, demonstrieren die Phänomene der Konvergenz (S. 866). Besonders überzeugende Beispiele für das Wirken der Selektion liefern Fälle, in denen die selektive Wirkung eines einzelnen Faktors direkt nachweisbar ist oder in denen sich selektionsbedingte Abänderungen von Eigenschaften in relativ wenigen Generationen rasch abgespielt haben und dadurch der Beobachtung durch den Menschen unmittelbar zugänglich waren.

10.4.3.2 Anpassung an den abiotischen Faktor Wind auf Inseln

Flugfähige Organismen, deren physische Kraft nicht ausreicht, stärkeren Winden zu widerstehen, oder passiv fliegende Samen von Pflanzen geraten auf sturmumtosten und kleinen Meeresinseln weitab vom Kontinent in die Gefahr, auf das Meer getrieben zu werden und umzukommen. Unter solchen Umweltgegebenheiten kann Flugfähigkeit für kleinere Insekten oder für Flugsamen ein großer Selektionsnachteil sein. Mutationen, die zu einer mehr oder weniger weitgehenden Reduktion der Flügel (Stummelflügeligkeit) führen, sind für *Drosophila* nachgewiesen und kommen auch bei anderen Insekten vor. Unter den üblichen Selektionsbedingungen bringen sie ihrem Träger Nachteile und werden von der Selektion ausgeschieden; so bleiben funktionstüchtige Flügel erhalten (stabilisierende Selektion, S. 890). Auf diesen kleinen Inseln dagegen sind stummelflügelige Mutanten im Vorteil, was zu einem entsprechenden evolutiven Wandel der Population führt. In der Tat kennt man von Inseln, wie z.B. von den Kerguelen, einen hohen Prozentsatz flugunfähiger Insekten verschiedener systematischer Gruppen (z. B. Fliegen und Schmetterlinge), die konvergent ihre Flügel rückgebildet haben; z.T. sind noch Rudimente erhalten (Abb. 10.68). Viele Korbblütler (Asteraceen) haben in entsprechenden Situationen die Flughaare an ihren Früchten reduziert.

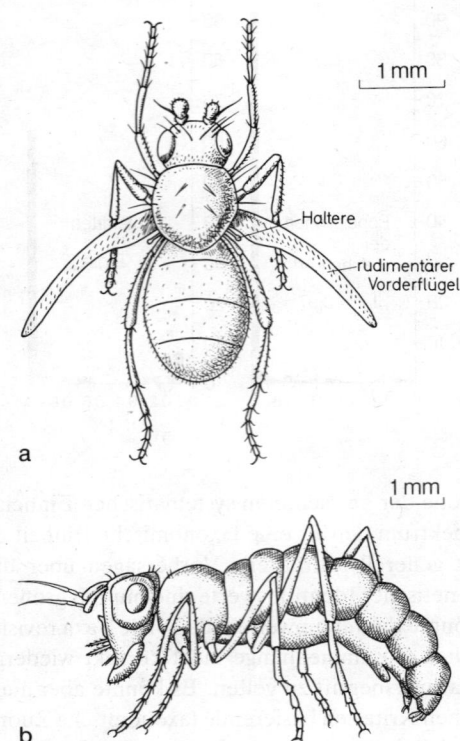

Abb. 10.68a, b. Zwei kleine flugunfähige Fliegen (Diptera) der Kerguelen. (a) Amalopteryx maritima mit noch bandförmig erhaltenen Vorderflügeln und wohlentwickelten Schwingkölbchen (Halteren). (b) Calycopteryx moseleyi mit völlig reduzierten Flügeln. (Nach Chun aus Heberer)

10.4.3.3 Resistenzphänomene bei Insekten und Bakterien

Eine durch den Menschen gesetzte Umweltveränderung für die betroffenen Organismen ist der Einsatz von Antibiotica gegen Bakterien und von Insektiziden gegen Insekten. Diese Stoffe wirken in den gegebenen Konzentrationen tödlich, stellen also einen außerordentlich drastisch wirkenden Selektionsfaktor dar. Dennoch befinden sich unter Millionen von Individuen einige wenige, die zufällig über Mutationen verfügen, die ihnen eine (u.U. unterschiedlich bedingte) Resistenz gegenüber diesen Giften verleihen. Bei dem Bacterium *E. coli* tritt eine bestimmte Mutation, die zu Streptomycin-Resistenz führt, in 1 Billion Bakterienzellen durchschnittlich einmal auf, und zwar auch dann, wenn kein Streptomycin auf die Bakterien einwirkt (ein Beispiel für die Ungerichtetheit und Zufälligkeit der Mutationen, S. 882). Unter »normalen« Bedingungen ist sie bedeutungslos und ohne Selektionswert, doch bleibt die Mutante bei Einwirkung von Streptomycin allein am Leben und führt bei der raschen Vermehrungsrate der Bakterien und dem Fehlen der Konkurrenz (alle nicht resistenten Zellen haben keine Lebensmöglichkeit) in kurzer Zeit zur Entstehung eines Streptomycin-resistenten Stammes. Einige Stämme von *E. coli* haben sich so weitgehend an Streptomycin angepaßt, daß sie ohne diese Substanz nicht wachsen, das »Antibioticum« für sie also zu einem lebenswichtigen Faktor wurde. Inzwischen sind zahlreiche Fälle von Resistenz bei Bakterien gegen Antibiotica (z.B. Streptomycin und Penicillin) und bei bestimmten Populationen von Insekten (z.B. Stubenfliegen, Stechmücken, Läusen, Wanzen) gegen bestimmte Kontaktgifte (z.B. DDT) bekannt.

10.4.3.4 Industriemelanismus bei Schmetterlingen

Abb. 10.69 a, b. *Industriemelanismus beim Birkenspanner (Biston betularia).* (a) Drei verschieden gezeichnete Varianten des Birkenspanners, oben forma typica, unten forma carbonaria. (b) Helle (forma typica) und melanistische (forma carbonaria) Form auf natürlich flechtenbewachsenen (b_1) und auf »nacktem«, verrußtem Stamm (b_2). (a aus Sammlung Bläsius, Aufnahme von Hermes/Heidelberg, aus Bachmann, b nach Kettlewell aus von Sengbusch)

Einige Pflanzen- und zahlreiche Tierarten weisen in Form und Farbe Eigenschaften auf, die sie vor Freßfeinden, die sich optisch orientieren, tarnen (Verbergetracht oder kryptische Tracht, S. 578). Die in den Boden eingesenkten, wie Steine aussehenden Blätter verschiedener Aizoaceen (z. B. »lebende Steine«, *Lithops*), der grüne Laubfrosch auf dem Blatt, die braune Sandschrecke auf dem Boden oder die weißen Winterkleider von Schneehuhn und Hermelin sind bekannte Beispiele dafür. Viele Arten von Nachtschmetterlingen, die tagsüber an Baumstämmen ruhen, sind in ihrer Flügelfarbe und -zeichnung diesem Untergrund angepaßt. Der Birkenspanner (*Biston betularia* Abb. 10.69) z. B. hat weiße Flügel mit dunklen Flecken und ist daher auf Birken- oder flechtenbewachsenen Stämmen gegenüber seinen tagaktiven Freßfeinden (Vögel) sehr gut getarnt. Wenn jedoch in Industriegebieten mit hoher Luftverunreinigung (vor allem Schwefeldioxid) der Flechtenbewuchs abstirbt und die Stämme durch Verrußung dunkel werden, bietet diese Flügelfärbung keinen Schutz mehr: Die Selektionsbedingungen haben sich geändert. Allgemein kennt man bei Tieren, die schwarze Pigmente (Melanine) bilden können, Mutanten mit gesteigerter Melaninproduktion (»Schwärzlinge«). Dieser Melanismus ist meist monogen bedingt, kann also durch *eine* Mutation zustande kommen. Unter den natürlichen Umweltbedingungen sind solche Schwärzlinge bei *Biston* weniger getarnt. Das ursprüngliche Farbmuster wird daher durch Selektion erhalten. In Industriegebieten dagegen sind die dunklen Formen besser getarnt als die hellen. Beim Birkenspanner hat daher in den Industriegebieten Englands (Birmingham, Manchester), Deutschlands (Ruhrgebiet) und Amerikas die melanistische Form *(forma carbonaria)* die helle Ausgangsform *(forma typica)* nahezu völlig verdrängt. In Manchester wurden 1848 die ersten melanistischen Tiere entdeckt, 1900 stellten sie bereits 83 % der Population und 1960 waren sie in manchen Populationen mit 98 % vertreten. Umgekehrt kommt in industriefernen ländlichen Biotopen auch heute fast ausschließlich die helle Form *(forma typica)* vor. Hier ist eine relativ rasche evolutive Veränderung abgelaufen, deren Tempo u. a. dadurch bedingt ist, daß das den Melanismus bedingende Gen dominant ist und damit bereits Heterozygote den Vorteil besserer Tarnung genießen (S. 892). Der bessere Sichtschutz der melanistischen Formen ist durch Experimente mit Vögeln als Freßfeinden erwiesen. Auch aus der Wiederfangrate freigelassener, vorher markierter Individuen der beiden Formen ergab sich, daß abseits der Industriegebiete die helle Form eine etwa doppelt so hohe Überlebenschance hat wie die dunkle; im Industriegebiet um Birmingham ist es genau umgekehrt.

Melanistische Populationen in Industriegebieten kennt man inzwischen von annähernd 100 Schmetterlingsarten aus verschiedenen Familien. Man nennt dieses Phänomen daher allgemein *Industriemelanismus*.

10.4.4 Sexualdimorphismus und sexuelle Selektion

Natürliche Selektion kann auf verschiedene Weise wirken, wonach sich verschiedene Formen von Selektion unterscheiden lassen (S. 890). Einen »Spezialfall« stellt die *sexuelle Selektion* dar:

Bei zahlreichen Tierarten läßt sich ein Sexualdimorphismus beobachten (S. 266, 319f.). Er kann sich in stark unterschiedlicher Größe und Gestalt der Geschlechter und/oder in Verhaltensunterschieden ausdrücken. Häufig zeigen die Männchen ein besonders entwickeltes »Prachtkleid«, das durch typische angeborene Balzhandlungen zur Schau gestellt wird (S. 753). Die Weibchen sind dagegen oft schlichtfarben und dadurch besser getarnt. Da Prachtkleider manchmal wegen ihrer Auffälligkeit (auch für Feinde) unter den üblichen Selektionsbedingungen Nachteile bringen können, müssen diese durch entsprechende Selektionsvorteile »überspielt« worden sein. Dies geschieht durch *sexuelle Selektion*. Eine solche liegt vor, wenn Individuen einer Art aufgrund ihrer Eigenschaften einem gleichgeschlechtlichen Artgenossen gegenüber größere Chancen haben, einen Geschlechtspartner zu gewinnen. Solche Vorteile können sich auf zweierlei Weise ergeben:

1. *Intersexuelle Selektion* liegt vor, wenn das Männchen durch bestimmte Reize (Prachtkleid, Balztänze, Gesänge u. a.) das Weibchen stimuliert und das Weibchen je nach der Stärke dieser Reize eine Auswahl zwischen den Männchen trifft. Das kommt vor allem bei solchen Tierarten vor, die eine »Arenabalz« haben, bei der sich mehrere Männchen nebeneinander auf einem Balzplatz (Arena) zur Schau stellen und die Weibchen dorthin kommen, um sich von einem ausgewählten Partner begatten zu lassen. Da es bei solchen Arten nicht zur Paarbindung kommt, können am Balzplatz nacheinander mehrere Weibchen ihre Wahl treffen, so daß bestimmte Männchen einen weit größeren Fortpflanzungserfolg haben als andere (das macht die Selektion aus!). So können exzessive Bildungen, die den Begattungserfolg erhöhen, herausgezüchtet werden. Beispiele dafür sind Vögel, wie Kampfläufer, Paradiesvögel oder Birkhähne (Abb. 10.70).

2. *Intrasexuelle Selektion* ist wirksam, wenn Männchen einer Art untereinander um die Weibchen kämpfen oder um Reviere, in denen die Paarung stattfindet. In diesem Fall wird durch die Selektion die »Kampfkraft« der Männchen für den innerartlichen Rivalenkampf erhöht oder die Ausbildung von Strukturen gefördert, die dem Rivalen »imponieren« und so schon ein »Drohduell« entscheiden können (S. 748). Intrasexuelle Selektion kann dazu führen, daß die (kampfstarken) Männchen erheblich größer als die Weibchen sind (z. B. beim Seebären unter den Robben bis zu sechsmal so schwer) und besondere Waffen und Imponierstrukturen aufweisen (Gehörne von Ungulaten, Abb. 10.71; Mähne des Löwen-♂; Zangen des Hirschkäfer-♂). Die Grenzen zwischen der sexuellen und der »normalen« Selektion sind nicht immer scharf. So kann die Kampfkraft der größeren Männchen bei soziallebenden Tieren z. B. auch zur Verteidigung der Jungen oder des Nahrungsreviers eingesetzt werden und so zusätzlich Vorteile bringen.

Während also bei der »normalen« Selektion der höhere Fortpflanzungserfolg des bevorzugten Genotyps meist *indirekt* (über höhere Tauglichkeit in anderen Lebensbereichen) zustande kommt, setzt sexuelle Selektion *direkt* am Begattungserfolg (und damit am Fortpflanzungserfolg) an.

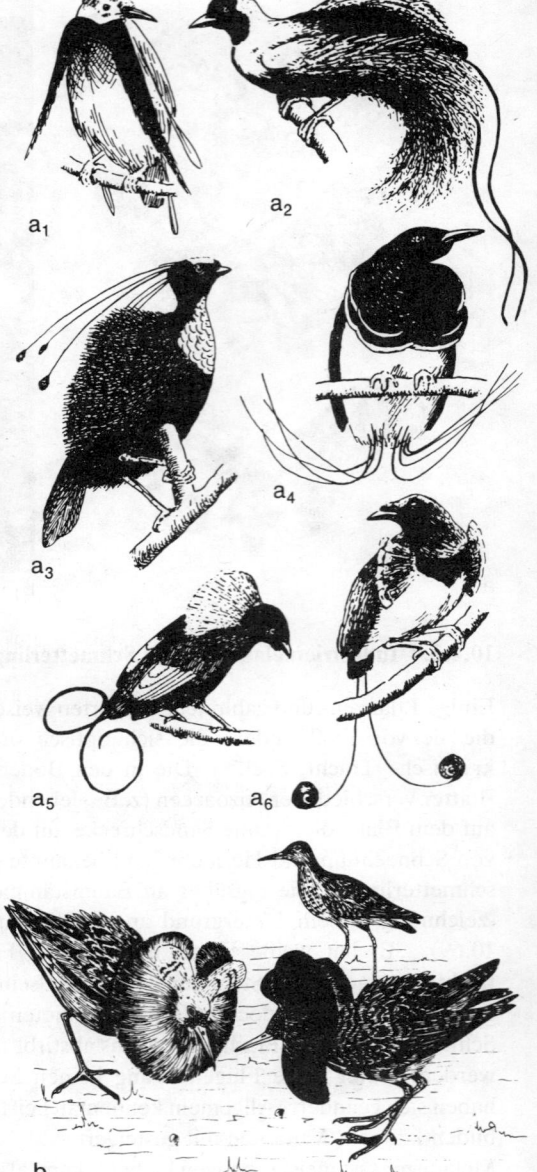

Abb. 10.70 a, b. Prachtkleider bei Vögeln. (a) Bei verschiedenen Paradiesvogelgattungen sind die Prachtkleider der Männchen von unterschiedlichen Gefiederpartien (konvergent) entwickelt worden: (a_1) Semioptera, (a_2) Paradisaea, (a_3) Parotia, (a_4) Seleucides, (a_5) Diphyllodes, (a_6) Cicinnurus. (b) Beim Kampfläufer (Philomachus) zeigen die Männchen auffallende und unterschiedlich gefärbte Halskrausen bei der Arenabalz. Die schlichtfarbenen Weibchen (im Hintergrund) »wählen« ein Männchen aus. Erfolgreiche Männchen können mit vielen Weibchen kopulieren. (a nach Rensch aus Osche, b nach Binder aus Franck)

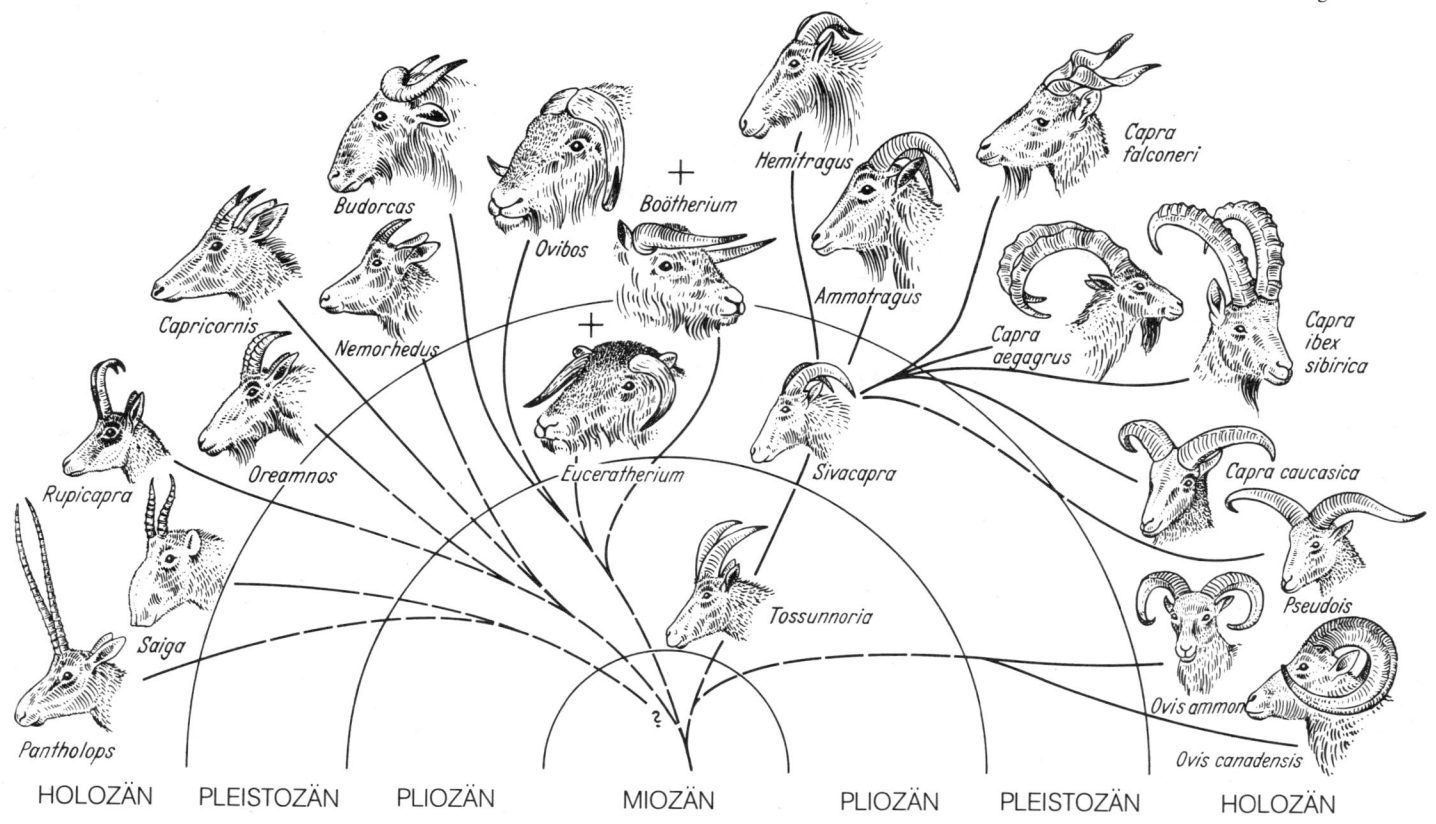

Abb. 10.71. Die Evolution der Ziegen- und Schafartigen (Caprini) hat zu einer starken Differenzierung der Gehörne geführt, die im innerartlichen Rivalenkampf in spezifischer Weise eingesetzt werden. (Aus Thenius u. Hofer)

10.5 Artbildung (Speziation)

10.5.1 Artbegriff

Die Mannigfaltigkeit der Organismen tritt uns nicht als ein Chaos unterschiedlicher Individuen gegenüber, sondern ist in natürliche »Einheiten«, in *Arten* (Spezies), gegliedert. Die Populationen der Arten sind es, an denen sich Evolution abspielt, die Arten sind daher die *Einheiten der Evolution*.

Der Begriff Art läßt sich auf unterschiedliche Weise definieren: In der Evolutionsbiologie hat sich der »biologische Artbegriff«, die *Biospezies,* besonders bewährt.

Eine *Biospezies* ist eine Gruppe sich tatsächlich oder potentiell kreuzender natürlicher Populationen, die von anderen reproduktiv isoliert sind.

Nach dieser Definition ist die Art also eine *Fortpflanzungsgemeinschaft,* deren Glieder (Individuen) in der sexuellen Fortpflanzung ihre Gene kombinieren können. Zwischen den Populationen einer Art besteht demnach *Genfluß,* die Individuen einer Art haben einen gemeinsamen Genpool. Angehörige verschiedener Arten bastardieren dagegen unter natürlichen Bedingungen in der Regel nicht, sind also reproduktiv voneinander isoliert. Arten sind also jeweils in sich »geschlossene genetische Systeme«.

Der Biospeziesbegriff ist leider nicht in allen Fällen anwendbar. Es gibt zahlreiche Tier- und Pflanzengruppen, die sich ausschließlich parthenogenetisch (z.B. die bdelloiden Rotatorien) oder ungeschlechtlich (asexuell) fortpflanzen (z.B. Cyanophyceen, viele Flagellaten, auch manche Höheren Pflanzen, wie *Hieracium*- und *Rubus*-Arten, S. 269f.). Bei manchen Pflanzengruppen ergeben sich große Schwierigkeiten, weil Artbastardierungen bei der Artbildung eine Rolle spielen und Hybridschwärme auftreten können

(S. 915f.). Auch auf fossile Arten ist der Biospeziesbegriff nicht anwendbar, da deren Populationen natürlich nicht auf Kreuzbarkeit getestet werden können.

Allgemein wird daher auch der *Morphospeziesbegriff* verwendet. Als *Morphospezies* faßt man die Gesamtheit aller Individuen zusammen, die in ihren wesentlichen Merkmalen – auch nicht morphologischen – untereinander (und mit ihren Nachkommen) übereinstimmen. Variationen von Merkmalen sind innerhalb einer Morphospezies in der Regel kontinuierlich (nicht bei Dimorphismus); gegenüber einer anderen Morphospezies besteht dagegen Merkmalsdiskontinuität. Diese Übereinstimmung in den Merkmalen einer Morphospezies resultiert
– bei Arten mit zweigeschlechtlicher Fortpflanzung aus dem Genfluß (dem gemeinsamen Genpool),
– allgemein aus der Tatsache, daß Angehörige einer Art die gleiche artspezifische ökologische Nische besetzen (S. 779) und daher unter gleichartigen (stabilisierenden) Selektionsbedingungen stehen.

Bei den sich ausschließlich parthenogenetisch oder ungeschlechtlich fortpflanzenden Arten wird das gemeinsame Merkmalsgefüge allein durch die stabilisierende Selektion »zusammengehalten«. Somit stellt die Art auch eine ökologisch definierte Einheit dar. Schwierigkeiten für den Morphospeziesbegriff ergeben sich daraus, daß sich manche nahe verwandten Arten morphologisch kaum unterscheiden, wohl aber reproduktiv isoliert sind. Man spricht in solchen Fällen von *Zwillingsarten (sibling-species)*.

10.5.2 Artbildungsmodi

Man kann prinzipiell zwei Modi der Artbildung unterscheiden:
1. *Artumwandlung (phyletische Evolution, Anagenese)*. Diese allgemeine Form der Evolution vollzieht sich, wenn im Laufe der Generationenfolge durch das Wirken der Selektion über längere Zeiträume das Merkmalsgefüge so verändert wird, daß wir die Anfangs- und Endglieder einer solchen Umwandlungsreihe zu zwei verschiedenen Arten stellen. Dies ergibt sich nur bei fossil erhaltenen Reihen, wo Anfangs- und Endglieder (unter Umständen auch Zwischenglieder) als »Morphospezies« betrachtet werden können. Wenn alle Zwischenglieder erhalten sind, wäre es reine Willkür, in einem solchen Kontinuum eine »Artgrenze« zu ziehen. Artumwandlung führt also zu keiner Vermehrung der gleichzeitig lebenden Artenzahl.
2. *Artaufspaltung (Divergenz, splitting)*. Dabei spaltet sich eine *Stammart* in zwei gleichzeitig lebende *Schwesterarten* auf. Diese Speziation im eigentlichen Sinne ergibt eine Vermehrung der Artenzahl. Mehrere in der Phylogenese aufeinanderfolgende Speziationsschritte und die damit verbundene Differentiation *(Merkmalsdivergenz)* führen zu der fortlaufenden Verzweigung stammesgeschichtlicher Linien, also zur Entwicklung verschiedener Gruppen mit unterschiedlichen Arten (Stammesverzweigung = *Cladogenese*).

10.5.3 Artbildungsfaktoren

Das den Mitgliedern einer Art gemeinsame und sie kennzeichnende Merkmalsgefüge ist bedingt durch den gemeinsamen Genpool und die gleichartigen Selektionsbedingungen (Abschn. 10.5.1). Voraussetzung für die Einleitung eines Differenzierungsprozesses, der letztlich zur Speziation führen kann, ist daher die Trennung der im genetischen Austausch stehenden Populationen in solche, bei denen der Genfluß stark eingeschränkt oder ganz unterbunden ist. Dieser initiale Prozeß der Trennung von Populationen ist die *Separation*. Sie kommt in der Mehrzahl der Fälle dadurch zustande, daß Populationen räumlich

Abb. 10.72. Maximale Ausdehnung der Eisschilde (rot) während des Pleistozäns (Jungeiszeiten) und die Veränderung der Küstenlinie durch die Absenkung des Meeresspiegels (ausgezogen) gegenüber dem heutigen Zustand (punktiert). (Nach Termier aus Thenius u. Hofer)

getrennt werden. Wenn so Teile einer Population auf verschiedene Areale verteilt werden (disjunkte Verbreitung, S. 841), spricht man von *geographischer Separation*.
Diese kann auf verschiedene Weise zustande kommen; Beispiele dafür sind die folgenden:
– Relativ wenige Individuen können »zufällig« bestimmte Ausbreitungsschranken (S. 846) überwinden und so zu Gründern neuer Populationen in einem bislang unbesiedelten Gebiet – z. B. auf Inseln – werden *(Gründerprinzip)*,
– Klimatische Veränderungen (z. B. Eiszeiten) können Teilpopulationen in räumlich getrennte Rückzugsgebiete (Refugien) abdrängen oder dort zurücklassen (Glazialrelikte, S. 841; Abb. 10.72).
– Bedingt durch Senkung der Küste (z. B. in Dalamatien) oder Ansteigen des Meeresspiegels (z. B. durch Abschmelzen von Gletschern nach der Eiszeit um mehr als 100 m; Abb. 10.72), können Inselpopulationen von denen des Festlandes separiert werden.
– Limnische Arten können durch Veränderungen eines Flußsystems, marine durch Heraushebung von Festlandsbrücken (z. B. mittelamerikanischer Landrücken im Tertiär, S. 838) getrennt werden.
Die für die Artbildung entscheidende Folge der Separation ist die divergente Entwicklung der getrennten Populationen. Die Ursachen für eine solche *Merkmalsdivergenz* sind:
(1) Jede Teilpopulation bekommt nur einen Teil der Allele des Genpools der Ausgangspopulation mit. Daher sind bestimmte Allele in den Teilpopulationen in unterschiedlicher Häufigkeit vertreten. Seltene Allele können einer der Teilpopulationen u. U. völlig fehlen (die »Gründer«individuen besaßen sie nicht) oder dort zufällig häufiger sein (wenn einer oder mehrere der wenigen Gründer gerade ein seltenes Allel mitbrachten).
(2) Die in getrennten Populationen neu auftretenden Mutationen werden zumindest zum Teil nicht zu identischen (Parallelmutationen), sondern zu unterschiedlichen Allelen führen und dadurch das genetische Angebot für die Selektion verändern.
(3) Geographisch getrennt lebende (= allopatrische) Populationen sind nicht den gleichen Umweltbedingungen ausgesetzt (z. B. anderes Klima, anderes Nahrungsangebot, andere Feinde und Konkurrenten, S. 811, 847). Daher sind auch die Selektionsbedingungen verschieden.
Diese zu Merkmalsdivergenzen führenden Faktoren zeigen ihre Wirkung deutlich bereits in der Ausbildung geographischer Rassen einer Art.

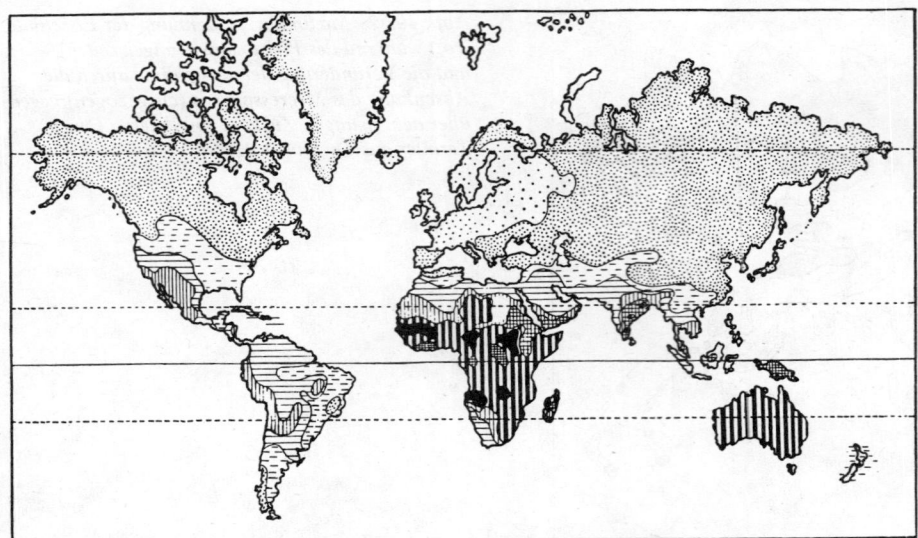
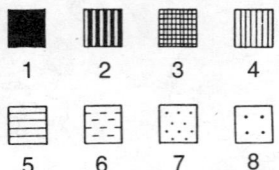

Abb. 10.73. Geographische Unterschiede in der Hautpigmentierung des Menschen, von sehr dunkelhäutigen (1) bis zu sehr hellhäutigen (8) Populationen. (Nach Biasutti aus Schwidetzky)

10.5.4 Geographische Rassen (Subspezies)

Da Arten an bestimmte Biotope gebunden sind, die nicht gleichmäßig über das Gesamtareal verteilt sind, sind ihre Populationen nahezu immer in zahlreiche kleine Lokalpopulationen *(Deme)* getrennt. Zwischen solchen Demen besteht jedoch im allgemeinen ein intensiver Austausch von Individuen und damit Genfluß. Größere Merkmalsdivergenzen werden sich zwischen benachbarten Demen daher in der Regel nicht ausbilden. In einem großräumigen Gesamtareal einer Art können jedoch bestimmte geographische Populationen so weit voneinander getrennt sein, daß der Genfluß stark eingeschränkt ist und dadurch auch größere Unterschiede in den Eigenschaften auftreten. Wenn die Merkmalsdivergenz ein gewisses Ausmaß erreicht, wird solchen Populationen ein eigener systematischer Rang zuerkannt. Man bezeichnet sie als *geographische Rassen (= Unterarten, Subspezies)*. Diese sind also Populationen einer Art, die verschiedene, voneinander getrennte Areale besiedeln und sich in der Häufigkeit von Allelen oder anderen genetischen Variationen (z. B. Grad der Polyploidie) unterscheiden. Nach Übereinkunft werden sie in der Zoologie nur dann mit einem eigenen Subspeziesnamen (zusätzlich zum Artnamen) belegt, wenn mindestens 75 % der Individuen einer Population sich von denen der anderen Populationen derselben Art unterscheiden lassen. Im Gegensatz zu den Arten kreuzen Mitglieder verschiedener Rassen einer Art miteinander, wenn sie in einem Kontaktbereich ihrer Verbreitungsgebiete zusammentreffen. Auf diese Weise kommt es zur Ausbildung von *Bastardierungszonen*. Rassen sind daher – im Gegensatz zu Arten – »offene genetische Systeme«. Der Differenzierungsprozeß zwischen Rassen einer Art kann also wieder rückgängig gemacht werden; Rassen können wieder »verschmelzen«.
Viele Arten mit weiter geographischer Verbreitung bestehen aus mehreren geographischen Rassen. Man spricht dann von *polytypischen Arten* (im Gegensatz zu *monotypischen*, die nicht in Rassen gegliedert sind) oder von einem *Rassenkreis*.
Da geographische Rassen einer Art oft unterschiedlichen Selektionsbedingungen unterworfen sind (Abb. 8.32, S. 784), ist ein Teil der Rassenmerkmale direkt als Anpassung an die lokale Situation zu verstehen: Säugetierrassen in kälteren Gebieten haben häufig ein längeres und dichteres Haarkleid als solche in wärmeren. Von der Auskühlung stärker betroffene, exponierte Körperteile (Ohren bei Hasen, Schwänze bei Mäusen) sind bei Rassen der kühleren Gebiete oft kürzer als bei denen der wärmeren Areale. Auch die

unterschiedliche Pigmentierung der *Großrassen des Menschen* kann als Anpassung an die jeweils verschiedenen Strahlungsbedingungen in ihren (ursprünglichen) Verbreitungsgebieten aufgefaßt werden (Abb. 10.73). Die helle Haut eines Europiden läßt etwa 3,5mal so viel ultraviolette Strahlung durchdringen wie die eines Negers. Weiße erkranken daher bei ungeschützter Haut in Gebieten mit starker Sonneneinstrahlung häufiger an Hautkrebs. Umgekehrt steht die Depigmentierung der Europiden mit der geringen Einstrahlung in ihren nördlicheren Verbreitungsgebieten in Zusammenhang. Die helle Haut erlaubt eine gewisse Ultravioletteinstrahlung, die zur Bildung des Vitamins D aus seinen Vorstufen (Ergosterin als Provitamin, S. 613) nötig ist.

Viele Subspezies von Pflanzen und Tieren zeigen jedoch Färbungs- und Formunterschiede, die (zumindest bislang) keinen Anpassungswert an die jeweilige Umwelt erkennen lassen (z.B. die Rassen der Kohlmeise, Abb. 10.74). Man muß hier jedoch berücksichtigen, daß es sich dabei um nur *eine* Auswirkung pleiotrop wirkender Gene handeln kann, deren übrige Effekte (z.B. physiologische) durchaus adaptiv sein können.

Abb. 10.74a–c. *Farbunterschiede bei verschiedenen Rassen (Subspezies) der Kohlmeise (Parus major), über deren Anpassungscharakter nichts bekannt ist.* (a) *Europäische Rasse (Major-Gruppe): Oberseite grün, Bauch gelb;* (b) *südasiatische Rassengruppe (Cinereus-Gruppe): Oberseite grau, Bauch weiß;* (c) *ostasiatische Rassengruppe (Minor-Gruppe): Oberseite grün, Bauch weiß, kleiner als (a) und (b). (Aus Kühn)*

10.5.5 Ökologische Rassen (Ökotypen)

Neben geographischen Rassen gibt es auch *ökologische Subspezies,* vor allem bei Pflanzen, wo sie vielfach als *Ökotypen* bezeichnet werden. Hierbei handelt es sich um lokale Populationen mit besonderen Anpassungen an bestimmte Standortbedingungen. Bei mosaikartiger Verteilung gleichartiger Standortbedingungen können auch die entsprechenden Ökotypen Mosaikverbreitung aufweisen. Dabei ist noch offen, ob sie in solchen Fällen an jedem Standort unabhängig (konvergent) entstanden sind (polyphyletische Entstehung des Ökotyps) oder ob ein einmal entstandener Ökotyp die verschiedenen ihm zusagenden Standorte besiedelt hat (monophyletische Entstehung). Die Grenzen zwischen ökologischen Rassen und geographischen Rassen sind nicht scharf, da viele ökologische Rassen naturgemäß wenigstens »mikrogeographisch« voneinander getrennt sind.

10.5.6 Von der Rasse zur Art – allopatrische Artbildung

Die Divergenz geographischer Rassen kann einen Grad erreichen, der bei sekundärem Kontakt der Populationen keine Bastardierung mehr zuläßt. Es existieren dann Mechanismen, die einen Genfluß zwischen den Populationen verhindern, diese also genetisch isolieren (Isolationsmechanismus, S. 911): Der *geographischen Separation* ist die *genetische Isolation* gefolgt und damit der Prozeß der Artbildung abgeschlossen. Eine Artbildung, die über geographisch getrennte Populationen (geographische Rassen) führt, nennt man *allopatrische Artbildung.* Sie stellt – zumindest im Tierreich – die häufigste Form der Artbildung dar. Rezent ist eine Reihe von Fällen bekannt, in denen differente Populationen gewissermaßen »auf dem Weg« von der Rasse zur Art sind. Solche »Grenzfälle«, die sich u.U. in bestimmten Teilen ihrer Arealgrenzen wie Rassen (mit Bastardierung), in anderen wie Arten (keine Bastardierung) verhalten, heißen *Semispezies.*

Ein Beispiel dafür liefern die großen Möwen der Heringsmöwen-Gruppe. In Nordwesteuropa, in Skandinavien und auf den Britischen Inseln leben zwei Arten unvermischt nebeneinander, die Silbermöwe *(Larus argentatus)* und die Heringsmöwe *(L. fuscus).* Circumpolar sind diese beiden Arten jedoch durch eine Kette von Rassen (einen Rassenkreis) miteinander verbunden, die in Labrador, Kanada, Nordsibirien und Nordrußland leben. Zwischen ihnen ist noch Genaustausch möglich, so daß es in Überlappungsbereichen zu Bastardbildungen kommt. Eine Ausnahme machen die beiden Endglieder der Rassenkette, von denen eingangs die Rede war – *L. argentatus* und *L. fuscus* –, die

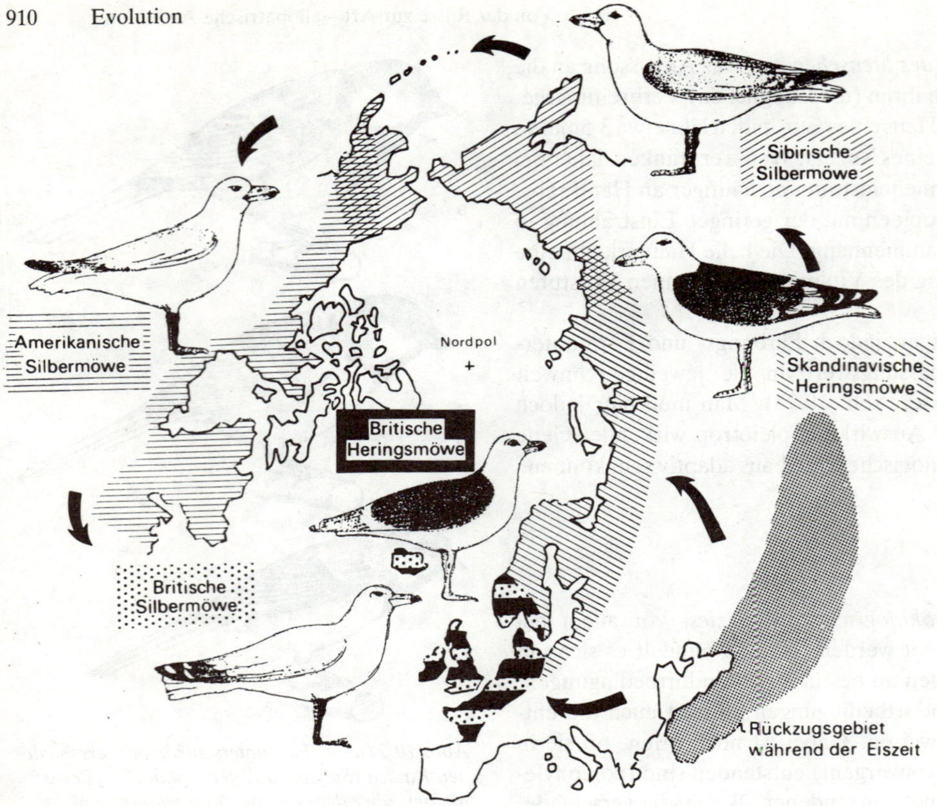

Abb. 10.75. Circumpolar verbreitete Rassen der Silbermöwen/Heringsmöwen-Gruppe (*Larus argentatus*/*L. fuscus*). In Nordwesteuropa, auf den britischen Inseln und in Skandinavien kommen beide Arten unvermischt nebeneinander vor. (Nach Vogel u. Angermann aus Kattmann et al.)

unvermischt sympatrisch (im selben Verbreitungsgebiet) leben, sich also wie »gute« Arten verhalten (Abb. 10.75).

Zu einer räumlichen Sonderung mit nachfolgender Differenzierung in Rassen oder Arten ist es in Mitteleuropa in mehreren Fällen im Gefolge der Eiszeiten gekommen (S. 841). Eine Reihe hier lebender Arten wurde daher der Lage ihrer ehemaligen Glazialrefugien entsprechend in hauptsächlich östlich und westlich verbreitete Subspecies gegliedert.

Als das Eis sich wieder zurückzog, haben derart getrennte Populationen ihre Areale wieder ausgedehnt und so zum Teil sekundär Kontakt miteinander bekommen. In Abhängigkeit davon, wie weit die Divergenz in der Zeit der Separation fortgeschritten war, ergaben sich folgende Möglichkeiten:

(1) Die Divergenz war bereits so weit fortgeschritten, daß volle reproduktive Isolation herrschte, dann bestehen seitdem zwei »gute« Arten.

(2) Zwischen den beiden Populationen hatten sich keine Reproduktionsbarrieren entwickelt, dann konnte es über eine Bastardierungszone schließlich zu einer völligen Fusion kommen. Das Schicksal der verschiedenen Allele hängt dabei von den Selektionsbedingungen im Kontaktgebiet ab.

In manchen Fällen existieren jedoch nur in einer relativ schmalen Überlappungszone Bastarde, eine weitere Fusion unterbleibt. Dies kann eintreten, wenn die Populationen in den getrennten Teilen ihrer Areale unter sehr unterschiedlichen Selektionsbedingungen stehen, so daß Bastarde entweder selten entstehen oder benachteiligt sind. So können auch durch Selektion Isolationsmechanismen im Kontaktbereich entstehen (S. 914).

Vielfach ist noch nicht befriedigend zu erklären, warum in manchen Fällen schmale Bastardierungszonen (Hybridgürtel) lange Zeit in ihrer Ausdehnung »konstant« bleiben. Ein Beispiel dafür liefern die beiden Semispecies der Krähen (Abb. 10.76). Ihr Bastardgürtel (in Deutschland im Bereich der Elbe) ist bei einer Gesamtlänge von annähernd 5500 km seit Jahrzehnten vielfach nur zwischen 70 und 100 km breit.

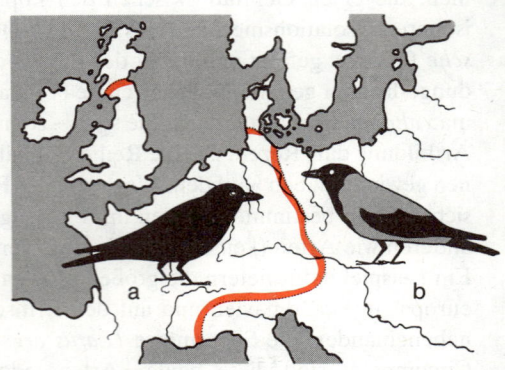

Abb. 10.76. Geographische Verbreitung der beiden Krähenrassen in Europa: (a) Rabenkrähe (*Corvus corone corone*), (b) Nebelkrähe (*Corvus corone cornix*). Rot die schmale Bastardierungszone. (Nach Frieling)

10.5.6.1 Sympatrie und ökologische Sonderung

Ist zwischen zwei »neu entstandenen« Arten ein funktionstüchtiger Isolationsmechanismus vorhanden, dann hängt es wesentlich von der ökologischen Divergenz zwischen ihnen ab, ob sie *sympatrisch* (d.h. im gleichen Areal nebeneinander) koexistieren können. Gleichen sie sich in ihren ökologischen Ansprüchen noch weitgehend und bilden sie dieselbe ökologische Nische, dann können sie aus Konkurrenzgründen nicht sympatrisch leben (S. 801). Sind ihre ökologischen Nischen bezüglich der Konkurrenzfaktoren jedoch hinreichend verschieden, dann ist Koexistenz in Sympatrie möglich. Selektion begünstigt daher die Entwicklung von Nischenunterschieden (ökologische Sonderung, Konkurrenzausschluß; S. 801f.). Genetische und ökologische Sonderung erlauben es zahlreichen in Allopatrie entstandenen Arten, nebeneinander zu leben. Europäische Beispiele nächstverwandter Artenpaare, die (wohl während der Eiszeit) durch allopatrische Artbildung entstanden sind und heute in weiten Teilen ihrer Verbreitungsgebiete sympatrisch leben, gibt Tabelle 10.9.

10.5.6.2 Artbildung auf Inseln

Besonders günstige Separationsbedingungen bieten Inseln und Inselgruppen (Archipele), die deshalb oft endemische (nur dort vorkommende) Inselrassen und -arten aufweisen. So leben z. B. auf den Inseln vor der dalmatinischen Küste jeweils spezifische Inselrassen der in den Mittelmeerländern verbreiteten Eidechsenarten *Lacerta sicula* und *L. mellisinensis*. Beispiele für die Artbildung auf Inseln werden anhand von *Inselendemismen* (S. 837) der Galapagos- und der Hawaii-Inseln auf S. 922f. gebracht.

Tabelle 10.9. Nächstverwandte Artenpaare mit überlappenden Arealen in Mitteleuropa. Die Art mit weiter westlich ausladendem Verbreitungsgebiete ist jeweils zuerst, die mit mehr östlicher Verbreitung als zweite genannt. Die Verbreitungsgebiete der vier erstgenannten Artenpaare überlappen sehr weit, die des letzten Paares nur gering.

»Westverbreitung«	— »Ostverbreitung«
Bergunke (*Bombina pachypus*)	— Tieflandunke (*B. bombina*)
Grünspecht (*Picus viridis*)	— Grauspecht (*B. canus*)
Sommergoldhähnchen (*Regulus ignicapillus*)	— Wintergoldhähnchen (*R. regulus*)
Gartenbaumläufer (*Certhia brachydactyla*)	— Waldbaumläufer (*C. familiaris*)
Nachtigall (*Luscinia megarhynchos*)	— Sprosser (*L. luscinia*)

10.5.6.3 Isolationsmechanismen

Die verschiedenen Biospezies sind reproduktiv voneinander isoliert; sie sind jeweils »geschlossene genetische Systeme« mit eigenem Genpool. Man kann bei ihnen verschiedene Mechanismen der Isolation unterscheiden.

1. Metagame oder postzygotische Isolationsmechanismen

Sie werden erst nach der Zygotenbildung wirksam. Das kann geschehen durch:
– *Bastardsterblichkeit:* Wegen der Unverträglichkeit der (verschiedenartigen) Elterngenome kommt es zum Absterben der Bastarde, u.U. schon während der Embryonalentwicklung, auf jeden Fall vor dem Erreichen der Geschlechtsreife.
– *Bastardsterilität:* Die Bastarde sind lebensfähig, jedoch steril. Ursache dafür sind häufig Schwierigkeiten bei der Chromosomenpaarung in der Meiose, wenn die »homologen« Chromosomen zu different sind oder die Zahl der Chromosomen in den Chromosomensätzen verschieden ist.
– *Bastardzusammenbruch:* Die F_1-Bastardgeneration ist zwar noch fruchtbar, die Unverträglichkeit der Genome zeigt sich jedoch bei weiteren Rekombinationen in den folgenden Generationen, was zu Vitalitätsminderung oder Sterilität führt.
Bei metagamer (postzygotischer) Isolation kommt es zu einer »Gametenverschwendung«, da die erzeugten Zygoten nicht zum Erhalt der Population beitragen. Eine solche »Verschwendung« wird verhindert durch:

2. Progame oder präzygotische Isolationsmechanismen

Sie verhindern bereits die Befruchtung, meist sogar schon eine Bestäubung bzw. Begattung. Das kann auf verschiedenen Wegen erreicht werden:
– *Ökologische Isolation* liegt vor, wenn die betreffenden Arten zwar sympatrisch, aber nicht im selben Biotop (oder Standort) vorkommen, also nicht *syntop* sind. So können

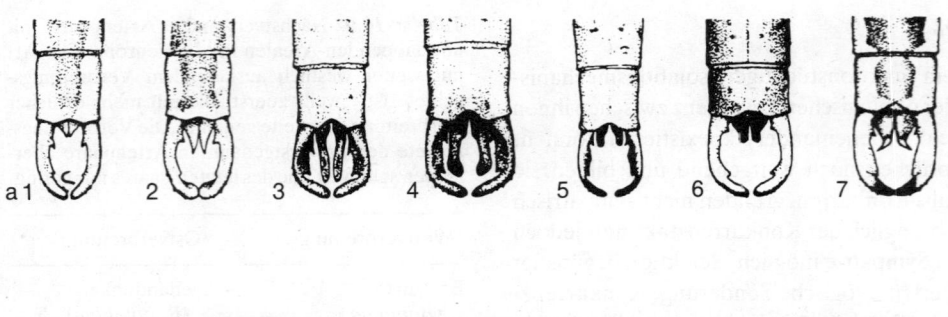

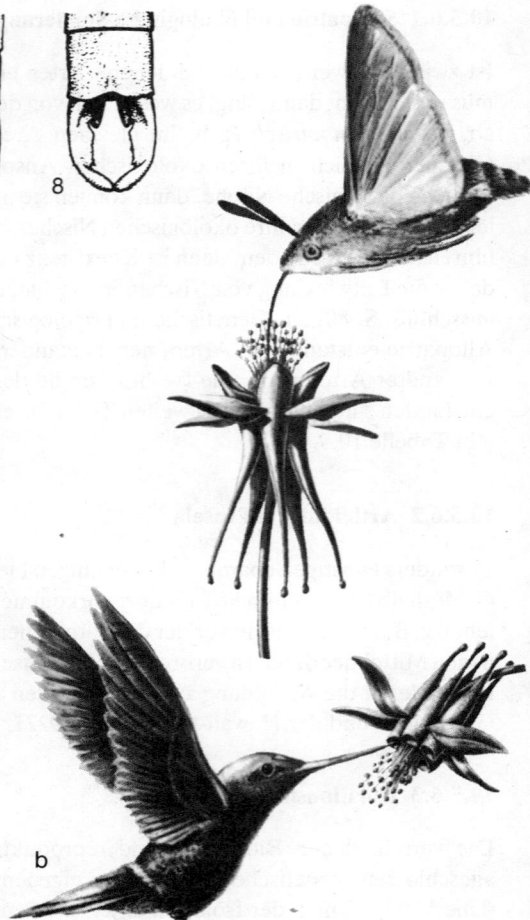

nächstverwandte Zwillingsarten (S. 907) der Mückengattung *Anopheles* dadurch isoliert sein, daß die einen für die Entwicklung ihren Larven Brackwasser, andere Süßwasser benötigen und daher zur Paarung entsprechende Biotope aufsuchen. Manche nahe verwandten Pflanzenarten stellen verschiedene *Ansprüche an ihre Standorte* und sind dadurch auch reproduktiv isoliert. Von den Alpenrosen *(Rhododendron)* und den Enzianen *(Gentiana)* bevorzugen z. B. *R. ferrugineum* und *G. acaulis s. str.* kalkarmen, ihre Zwillingsarten *R. hirsutum* bzw. *G. clusii* dagegen kalkreichen Boden.

– *Saisonale oder zyklische Isolation* liegt vor, wenn die Arten zu unterschiedlichen Jahreszeiten oder Tageszeiten sexuell aktiv sind. Unterschiedliche Paarungszeiten haben z. B. viele Frosch- und Krötenarten in Abhängigkeit von der Temperatur ihrer Laichgewässer. Benachbarte Termitenarten können zu verschiedenen *Jahreszeiten* schwärmen, verwandte Pflanzenarten zu unterschiedlichen Zeiten blühen. So ist der frühblühende rote Holunder *(Sambucus racemosa)* vom spätblühenden schwarzen *(S. nigra)* isoliert. Bringt man durch experimentellen Eingriff beide gleichzeitig zur Blüte, lassen sie sich kreuzen. Bei manchen windblütigen Grasarten kann sogar ein Stäuben zu unterschiedlichen *Tageszeiten* für die Isolation ausreichen.

– *Mechanische Isolation* ergibt sich, wenn sich bei *Tieren* die Kopulationsorgane so unterscheiden, daß eine Begattung unmöglich wird (Abb. 3.87, S. 299; Abb. 10.77a). Vor allem bei manchen Arthropoden sind diese kompliziert geformt und passen bei Männchen und Weibchen einer Art wie »Schlüssel und Schloß« zusammen. Bei *Blütenpflanzen* mit Tierbestäubung kann durch den besonderen Bau der Blüte (z. B. mit engem oder weitem Eingang der Blütenröhre, bei Nektarproduktion in einem mehr oder weniger langen Sporn) nur eine bestimmte Spezies zur Bestäubung zugelassen werden, die auf diesen Blütentyp spezialisiert ist (z. B. mit entsprechend gebautem Rüssel oder Schnabel; Abb. 10.77b, vgl. 3.64, S. 289).

– *Gametenisolation* kommt vor allem bei Pflanzen und bei Tieren mit äußerer Besamung vor, die (ohne Kopulation) die Spermien ins Wasser abgeben (z. B. Algen, viele marine Wirbellose). Artspezifische *Gamone* können dann für die Attraktion nur artgleicher Gameten sorgen (S. 275f.; Abb. 3.36). Seeigelspermien enthalten in ihrem Akrosom ein Protein (Bindin), das sich nur mit dem spezifischen Rezeptormolekül (einem Glykoprotein) in der Vitellinschicht der Eier bindet, wenn beide von der gleichen Art stammen. Bei Blütenpflanzen kann das Pollenschlauchwachstum des artfremden Pollens gehemmt werden, ein der *Inkompatibilität* zur Verhinderung der Selbstbefruchtung vergleichbarer Vorgang (S. 293; Abb. 3.72).

– *Ethologische Isolation* ist im Tierreich weit verbreitet. Dabei sorgen bestimmte artspezifische Verhaltensauslöser *(Schlüsselreize,* S. 726) dafür, daß nur artgleiche Partner sich paaren. Die zur Erkennung des artgleichen Partners eingesetzten »Signale« werden entweder angeborenermaßen erkannt oder in einem speziellen Vorgang (oft lange) vor dem Erreichen der Geschlechtsreife gelernt *(Prägung,* S. 737). Die artspezifischen Signale können sich an verschiedene Sinnesorgane wenden. An den Geruchssinn gerichtet sind z. B. artspezifische *Sexuallockstoffe* bei Insekten (Schmetterlinge, S. 504, 726); auch bei Säugetieren spielen Düfte bei der Arterkennung eine Rolle. Artspezifische *Laute und*

Abb. 10.77. (a) Unterschiede an den »Zangen« am Hinterende männlicher Kleinlibellen, mit denen sie ihre Weibchen am »Hals« greifen, ehe sie mit ihnen zum Paarungsflug starten. Weibchen lassen nur den Griff artgleicher Männchen zu. (1) Lestes macrostigma, (2) L. barbarus, (3) L. viridis, (4) L. virens, (5) L. dryas, (6) L. sponsa, (7) Sympecma fusca, (8) S. paedisca; (b) Zwei Akelei-Arten des westlichen Nordamerikas, von denen die weißblühende Aquilegia pubescens (oben) nur von Nachtfaltern (Sphingidae), die rotblühende Aquilegia formosa (unten) nur von Kolibris bestäubt wird. Man beachte die unterschiedliche Orientierung der Blüten und die unterschiedliche Spornlänge. (a nach Roberts aus Dzwillo, b nach Grant, ergänzt, aus Osche)

Gesänge sind z. B. bei Insekten (Heuschrecken, Zikaden), Fröschen und Vögeln für die Zusammenführung artgleicher Partner von Bedeutung (Abb. 10.8, S. 860). Auch spezifische *Farb- und Formmerkmale*, typische ritualisierte Verhaltensweisen (*Balztänze* u. dergl.) erfüllen diesen Zweck. Die oft nur im männlichen Geschlecht auftretenden und zum Teil nur in der Fortpflanzungsperiode (wenn es auf Isolation ankommt) angelegten *Prachtkleider* vieler Fische und Vögel (Abb. 10.70) gehören ebenso hierher wie die von Art zu Art verschiedenen Lichtmuster von Leuchtkäfer-Weibchen (Lampyriden) und die komplizierten Balztänze von Skorpionen (Abb. 3.89, S. 300), Springspinnen und manchen Vögeln (S. 753; Abb. 10.78). Vieles aus der »bunten« Mannigfaltigkeit der Tiere dient als *Isolationsmechanismus* und hat so im wahrsten Sinne des Wortes »arterhaltenden« Selektionswert.

Blütenpflanzen mit Tierbestäubung richten ihre artspezifischen Signale als Duft, Form und Farbe der Blüten an die Sinnesorgane ihrer Bestäuber (Insekten, Vögel, Fledermäuse), die sie durch Nahrungsangebot (Pollen, Nektar) zu einer gewissen »Blütenstetigkeit« dressieren und so die Chance erhöhen, mit artgleichem Pollen bestäubt zu werden.

Sowohl bei Pflanzen als auch bei Tieren treten häufig mehrere der genannten Isolationsmechanismen bei einer Art auf und erhöhen so die Sicherheit der reproduktiven Isolation.

10.5.6.4 Phylogenetische Entstehung von Isolationsmechanismen

Für die Entstehung von Isolationsmechanismen gibt es im Prinzip zwei Wege:
(1) Sie entstehen schon zur Zeit der geographischen Trennung der Populationen, also in Allopatrie, als »Nebenprodukte« der divergierenden Merkmalsentwicklung. Sie liegen dann bereits fertig vor, wenn es zu einem sekundären Kontakt kommt und verhindern eine Vermischung der Genpools.

Diese Vorstellung vertrat bereits Darwin, und sie trifft für zahlreiche Fälle sicher zu. Sie ist erwiesen, wenn im Experiment bei einer Kreuzung von Individuen aus getrennten Populationen Isolationsmechanismen nachweisbar sind. Es spricht manches dafür, daß vor allem metagame (postzygotische) Isolationsmechanismen auf diese Weise als Nebenprodukte einer auf ganz andere Phäne gerichteten Selektion entstanden sind.

(2) Ein effektiver Isolationsmechanismus kann jedoch auch erst in der Kontaktzone *als Produkt einer eigenen* (auf Isolation gerichteten) *Selektion* entwickelt (bzw. vervollkommnet) werden, wenn dort eine Benachteiligung von Bastarden gegeben ist. Diese Vorstellung geht schon auf Wallace zurück. Die Benachteiligung kann darauf beruhen, daß die Bastarde geringere Vitalität besitzen oder ökologisch weniger gut angepaßt sind und deshalb weniger Nachkommen hervorbringen. Unter diesen Bedingungen werden diejenigen Individuen von der Selektion bevorzugt, die sich mit populationsgleichen Partnern paaren, da ihre Gene mit höherer Wahrscheinlichkeit vermehrt werden. Wenn eine solche *Paarungspräferenz* eine erbliche Komponente aufweist und eine gegen »falsche« Paarung gerichtete Selektion wirksam ist, werden sich allmählich die Gene durchsetzen, die eine »richtige« Partnerwahl garantieren. Wahrscheinlich hat ein solcher »Ausbau« von Isolationsmechanismen im Kontaktbereich (mit einer eigenen Selektion) vor allem bei progamen (präzygotischen) Isolationsmechanismen eine Rolle gespielt.

Freilanduntersuchungen und Experimente an der süd- und mittelamerikanischen Taufliege *Drosophila paulistorum* deuten in diese Richtung. Diese »Superart« demonstriert Artaufspaltung »in statu nascendi«. Sie besteht aus mehreren Subspecies, die sich zum Teil überlappen (sympatrisch leben), zum Teil allopatrisch verbreitet sind. Wenn die Paarungsbereitschaft experimentell getestet wurde, erwiesen sich Individuen zweier Subspecies aus dem Überlappungsbereich als viel stärker (durch ethologische Isolationsmechanismen) gegeneinander reproduktiv isoliert als allopatrisch lebende Individuen derselben zwei Subspecies.

Abb. 10.78. Der Haubentaucher (Podiceps) setzt bei der Balz eine Fülle verschiedener optischer Signale ein. (Nach Huxley aus Osche)

Selbst »gute« Arten können dort, wo sie sympatrisch leben, stärkere Unterschiede in Merkmalen zeigen, die der Arterkennung dienen, als in Arealen, wo jeweils nur eine der Arten allein vorkommt und daher eine Verwechslung nicht möglich ist, wo also ein Selektionsdruck auf Betonung unterschiedlicher Artkennzeichen fehlt.

So sind der Arterkennung dienende Lautäußerungen bei zwei amerikanischen Grillenarten der Gattung *Nemobius* und bei Froscharten der Gattung *Microhyla* im Überlappungsbereich der jeweiligen Arten deutlich stärker verschieden als außerhalb desselben (vgl. Abb. 10.8b, S. 860). Zwei mexikanische Fuchsienarten *(Fuchsia encliandra* und *F. parviflora)* haben außerhalb des Überlappungsbereiches ihrer Areale gleichgestaltete Blüten, die bei beiden Arten sowohl von Hummeln als auch von Kolibris bestäubt werden können. Im Überlappungsbereich dagegen sind die Blüten der beiden Arten sehr verschieden gebaut (bezüglich Länge und Breite der Blütenröhre); hier wird *F. parviflora* nur von Hummeln, *F. encliandra* nur von Kolibris bestäubt.

In all diesen Fällen zeigt sich bei Eigenschaften, die der reproduktiven Isolation dienen, demnach die gleiche *Merkmalsverschiebung* (oder *Kontrastbetonung),* wie sie bei Konkurrenzphänomenen und Nischenbildungen im ökologischen Bereich (Abb. 8.62, S. 804) bei Sympatrie auftreten.

10.5.6.5 »Zusammenbruch« von Isolationsmechanismen

In einer Reihe von Fällen sind – vor allem bei Pflanzen – Isolationsmechanismen nicht voll wirksam, wodurch es im Kontaktbereich von Populationen, denen man Artstatus zuerkennt, zu Bastardierungen kommt. Wenn die beteiligten Arten »nur« durch ökologische Isolation (S. 912) getrennt sind, kann durch Änderung der Umweltbedingungen (auch durch solche, die durch den Eingriff des Menschen zustande kommen) ein Habitat (S. 762) entstehen, das nicht mehr isolierend wirkt. So haben zwei Schaufelfrosch-Arten *(Scaphiopus)* Nordamerikas, die durch ihre Bindung an Lehm- bzw. Sandboden in weiten Teilen ihres gemeinsamen Areals ökologisch isoliert sind, auf einem Exerzierplatz mit »Mischboden« Bastarde gebildet. Auch die beiden europäischen, ökologisch isolierten Alpenrosen-Arten (S. 912) bastardieren (zu *Rhododendron intermedium),* wenn die Standortbedingungen ein gemeinsames Vorkommen gestatten.

Introgression

Funktionieren die Isolationsmechanismen noch weitgehend und hält sich die *Diffusion* oder *Infiltration* von Genen einer Art in den Genpool einer anderen in Grenzen, dann spricht man von *Introgression.* Der eigene Artcharakter bleibt dabei im wesentlichen erhalten; es treten jedoch Merkmale oder Merkmalskombinationen auf, die aus den Genpools von Nachbarpopulationen (einer anderen Art) stammen. Dabei treten die »Fremdmerkmale« oft gekoppelt im gleichen Individuum auf, was dessen Bastardnatur erkennbar macht. Durch Infiltration fremden Genmaterials kann der Genpool einer Art angereichert werden. Dadurch entstandene »fremdgefärbte« Lokalrassen können einen breiteren ökologischen Toleranzbereich haben als die beiden Ursprungspopulationen und so neue Gebiete erobern. Das führt zu einer gewissen Separation und ökologischen Isolation und kann eine Artbildung einleiten. Bei Blütenpflanzen sind Beispiele dafür – z. B. in der Gattung *Achillea,* Schafgarbe – bekannt. Im Tierreich scheint Introgression ohne Bedeutung für die Artbildung zu sein.

Bastardschwärme

Bei Pflanzen sind in zahlreichen Fällen Isolationsmechanismen weitgehend »zusammengebrochen« und daher im Kontaktbereich von »Arten« *fertile Bastardschärme (Hybridschwärme)* entstanden. Beispiele dafür liefern in Europa Nelkenwurz-Arten *(Geum rivale* und *G. urbanum*), Eichen *(Quercus robur, Q. petraea, Q. pubescens)*, Weiden *(Salix alba × S. fragilis = S. rubens)* und Birken *(Betula)*. Solche Hybridschwärme sind aufgrund des unterschiedlichen Grades der Mischung in ihren Individuen sehr variabel. Auch hier können bestimmte (Misch-)Genotypen bestimmten Umweltbedingungen besonders gut angepaßt sein und so eigene Standorte besiedeln.

Im Tierreich kommen solche Bastardierungen weit seltener vor, wohl weil die Isolationsmechanismen bei Tieren in der Regel effektiver sind (ethologische Isolation fehlt im Pflanzenreich völlig). Bastardierung und anschließende Polyploidisierung des Bastards spielt dagegen im Pflanzenreich eine große Rolle (S. 917). Die Verwandtschaftsverhältnisse vieler Pflanzengruppen stellen daher mehr eine »Netzverwandtschaft« dar, im Gegensatz zur überwiegenden Aufspaltung (Cladogenese, S. 907) von Arten im Tierreich. *Artbildung durch Bastardierung* kann sich natürlich nur im Überlappungsbereich von Populationen abspielen; sie kann daher im Gegensatz zur allopatrischen Artbildung (S. 910) als eine sympatrische Artbildung bezeichnet werden.

10.5.7 Sympatrische Artbildung

Initialvorgang dieser Artbildung ist die sympatrische Entstehung von Isolationsmechanismen, durch die getrennte Genpools geschaffen werden. Während bei allopatrischer Artbildung der Genaustausch durch geographische Separation unterbunden wird, muß bei sympatrischer Artbildung genetische Sonderung ohne vorherige räumliche Trennung erfolgen. Demnach kann bei sympatrischer Artbildung zwischen Separation und Isolation nicht unterschieden werden. Es gibt theoretisch verschiedene Möglichkeiten für sympatrische Artspaltung; sicher erwiesen ist nur die durch Polyploidie.

10.5.7.1 Sympatrische Artbildung durch Polyploidie

Bei der Evolution der Pflanzen spielt die Vermehrung ganzer Genome (Polyplodie, S. 157) eine große Rolle. Sie kommt dadurch zustande, daß es bei der Mitose oder Meiose zwar zu einer Teilung der Chromosomen, nicht aber zu einer Aufteilung der Chromatiden auf die Tochterkerne kommt (somatische oder generative Polyploidie). Bei Pflanzen, die zur Selbstbefruchtung fähig sind, kann auf diese Weise leicht *Autopolyploidie* entstehen. Nach einer solchen Vermehrung des eigenen Chromosomensatzes ergibt eine Kreuzung mit den diploid gebliebenen Artgenossen Bastarde mit ungerader Chromosomenzahl (z. B. triploide). Da diese Individuen wegen der Schwierigkeiten bei der Meiose in der Regel steril sind, entsteht durch Polyploidie u. U. »schlagartig« ein Isolationsmechanismus, der *sympatrische Artbildung* möglich macht. Bei Artbildung durch Polyploidie können mehrere Polyploidisierungsschritte im Laufe der Entwicklung aufeinanderfolgen; in manchen Pflanzengattungen ergeben sich daher Serien von Arten verschiedener *Polyploidiestufen*. Die niedrigste gametische Chromosomenzahl einer solchen Serie wird als *Basiszahl* (Grundzahl) x bezeichnet. Die Chromosomensätze der so entstandenen Artgruppen sind dann jeweils Vielfache einer Basiszahl. Zum Beispiel kennt man von der Gattung *Chrysanthemum* (x = 9) Arten mit 2n = 18, 36, 54, 72 und 90 Chromosomen, von der Gattung *Potentilla* (x = 7) Arten mit 2n = 14 bis zu 2n = 112 (letztere bei *P. haematochroa*).

Durch *Polyploidisierung von Bastarden* wird die Artbildung durch Bastardierung sehr erleichtert. Während diploide Bastarde wegen der Unterschiede in ihren Chromosomensätzen in der Regel steril sind (vor allem, weil die Chromosomen in der Meiose keine homologen Partner finden), kann durch Vermehrung des Chromosomensatzes des Bastards (*Allopolyploidie*) diese Störung beseitigt und Fruchtbarkeit erreicht werden. Zugleich ist ein solcher alloploider Bastard gegenüber beiden Elternarten reproduktiv

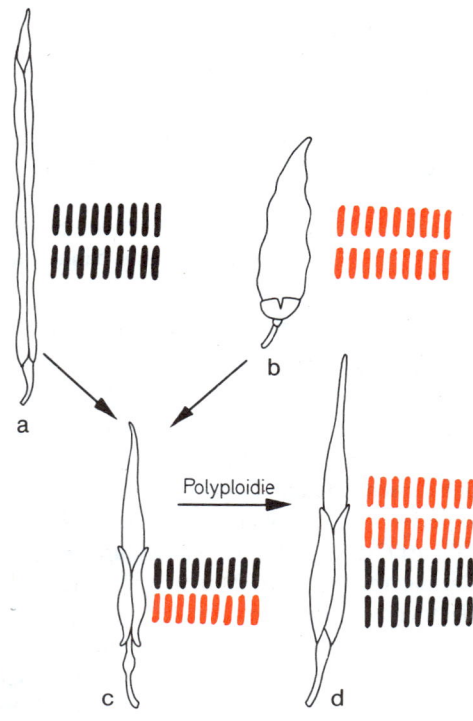

Abb. 10.79a–d. Der durch Allopolyploidie erzeugte Gattungsbastard Raphanobrassica (d) ist tetraploid und besitzt je einen doppelten Chromosomensatz (18 Chromosomen) vom Kohl (schwarz) und vom Rettich (rot). (a) Schote des Kohls (Brassica) und seine diploid 18 Chromosomen (schwarz). (b) Schote des Rettichs (Raphanus) und seine diploid 18 Chromosomen (rot). (c) Diploider Bastard mit je einem haploiden (9 Chromosomen) Chromosomensatz von Rettich und Kohl. (Nach Karjsechenko aus Moody, verändert)

916   Evolution

Tabelle 10.10. Übersicht über die Verwandtschaftsverhältnisse der Weizenarten. (Nach Schiemann aus Schwanitz)

	Einkornreihe 14 Chromosomen Chromosomensatz (Genom) AA	*Emmerreihe* 28 Chromosomen Chromosomensatz (Genom) AABB	*Dinkelreihe* 42 Chromosomen Chromosomensatz (Genom) AABBDD
Wildform	Wildeinkorn *Triticum boeoticum*	Wildemmer *T. dicoccoides* *T. timopheevi* AAGG	
Spelzweizen	Kultureinkorn *T. monococcum*	Emmerweizen *T. dicoccum*	Dinkel oder Spelz *T. spelta* *T. macha*
Nacktweizen		Hartweizen *T. durum* Rauhweizen *T. turgidum* *T. orientale* *T. polonicum* *T. carthlicum*	Gewöhnlicher Weichweizen *T. aestivum* Indischer Zwergweizen *T. sphaerococcum*

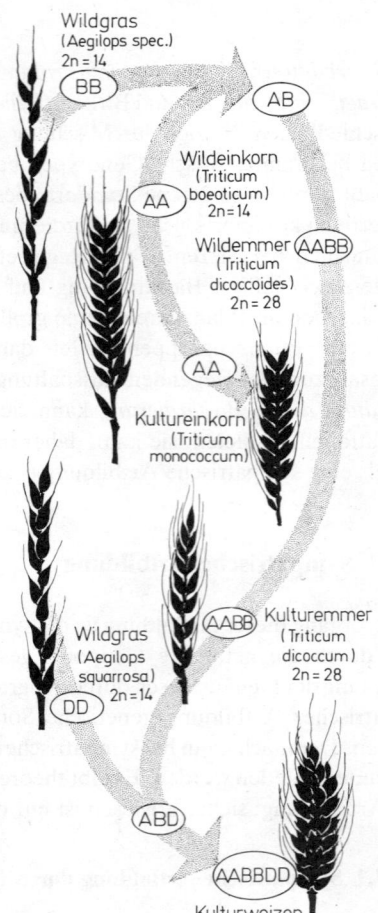

isoliert und kann so Ausgangspunkt für eine neue Art werden. Die Verhältnisse in der weiteren Evolution werden noch dadurch kompliziert, daß weitere Bastardierungen mit Autopolyploiden auftreten können und daraus ganze *Polyploidkomplexe* mehrerer Arten entstehen. Die Entscheidung darüber, ob in einem bestimmten Fall Autopolyploidie oder/und Allopolyploidie vorliegt, kann dann unmöglich sein.

Beispiele für Artbildung durch Allopolyploidie

Beispiele für solche durch Allopolyploidie entstandene Arten finden sich u. a. bei vielen Farnen und unter unseren Kulturpflanzen. So ist die amerikanische Kulturbaumwolle ein allopolyploider Bastard zwischen der amerikanischen und asiatischen Wildform. Auch unsere Weizenarten und der Kulturtabak sind durch Bastardierung verschiedener Arten und anschließende Polyploidisierung entstanden. Solche Artbildung hat sich sogar experimentell nachvollziehen lassen. Die natürlich vorkommende, allopolyploide Hohlzahnart *Galeopsis tetrahit* wurde durch Kreuzung zweier *Galeopsis*-Arten und Polyploidisierung reproduziert. Durch Kreuzungen von Angehörigen verschiedener Gattungen (Rettich *Raphanus* und Kohl *Brassica*) und Polyploidisierung des Bastards hat sich sogar eine neue allopolyploide Gattung *Raphanobrassica* »synthetisieren« lassen, die sich mit keiner ihrer beiden Elternarten mehr kreuzen läßt (Abb. 10.79). Ein wichtiges Beispiel für die Bedeutung der Allopolyploidie bei der Entstehung von Arten und Kulturformen ist die Züchtung des Weizens: In der Gattung *Triticum* gibt es drei Gruppen von Arten, die sich in der Zahl der Chromosomen und in der Art der Chromosomensätze unterscheiden (Tab. 10.10; Abb. 10.80): die Einkorn-, die Emmer- und die Dinkel-Reihe. Die Entwicklung vollzog sich innerhalb der einzelnen Reihen durch Mutation und durch Vereinigung der verschiedenen Chromosomensätze (A, B und D). Durch Kreuzung des Wild-Einkorns (*T. boeoticum*) (Chromosomensatz AA) mit einem Wildgras der Gattung *Aegilops* (*Ae. searsii* oder *Ae. longissima*) (Chromosomensatz BB) und Verdopplung der Chromosomenzahl im Bastard entstand die Stammform der Emmer-Reihe, der Wild-Emmer (*T. dicoccoides*) (Chromosomensatz AABB). Die Kreuzung von Wild-Emmer oder Kultur-Emmer mit einer anderen *Aegilops*-Art (*Ae. squarrosa*; Chromosomensatz DD)

Abb. 10.80. (a) Der Kulturweizen ist durch mehrfache Kreuzung und Polyploidisierung entstanden. Die Buchstaben geben jeweils die Chromosomensätze der beteiligten Arten an. (b) Ähren von charakteristischen Vertretern der drei Weizenreihen. Von links nach rechts: Einkorn, Emmer, Saatweizen. (a nach Schwanitz aus Heberer, b nach Günther)

und anschließende Verdoppelung der Chromosomenzahl ergab den hexaploiden Dinkel oder Spelz, der die Ausgangsform der letzten Reihe darstellt, und führte zum Kulturweizen, *(T. aestivum)* (Chromosomensatz AABBDD). Diese Annahme ist durch eine Kreuzung von Wild-Emmer mit *Ae. squarrosa* und Polyploidisierung des Bastards mit Colchicin experimentell bestätigt worden: Es entstand ein Weizen, der dem Dinkel weitgehend glich und mit diesem eine fruchtbare Nachkommenschaft ergab.

Verbreitung von Polyploidie und ihr Selektionswert

Polyploidie (Auto- und Allo-) ist bei bestimmten Pflanzengruppen weit verbreitet. Nach den vorliegenden zahlreichen Erhebungen schätzt man den *Prozentsatz polyploider Arten* bei den Pteridophyten (Farnen) auf 95%, bei den Monokotylen auf 58% und bei den Dikotylen auf 43%; auch bei Moosen und Algen kommen polyploide Arten vor. Bei den Nadelhölzern (Coniferen, Piniden) dagegen sind nur 1,5% der Arten polyploid, darunter der Mammutbaum *(Sequoia sempervirens)*, der mit 2n = 66 bei einer Basiszahl x = 11 hexaploid ist. Unter den Cycadeen sind bislang keine polyploiden Arten nachgewiesen. Bei Pilzen scheint Polyploidie nur äußerst selten vorzukommen.

Bei dem hohen Prozentsatz (47%) polyploider Arten bei den Angiospermen stellt sich die Frage, worin der *Selektionsvorteil der Polyploiden* begründet sein könnte. Wahrscheinlich ist ihre reichere Enzymausstattung dabei von Bedeutung. Da Polyploide (im Gegensatz zu Diploiden) von jedem Gen – entsprechend ihrem Polyploidiegrad – mehr als zwei Allele besitzen können, können sie eine höhere Anzahl von Isoenzymen (vor allem auch Allozymen, S. 878) und daher einen weiteren ökologischen Toleranzbereich (ein breiteres Reaktionsspektrum) aufweisen. Allopolyploide können die verschiedenen Allozyme beider Elternarten vereinigen (was sich elektrophoretisch nachweisen läßt), und ihre multimeren (aus mehreren Untereinheiten zusammengesetzten, S. 875) Enzyme können aus Untereinheiten der Elternarten kombiniert, also »Hybridenzyme« (S. 877) mit neuen Eigenschaften, sein. Das hat sich für die allotetraploide Bocksbart-Art *Tragopogon miscellus* (2n = 24) in Nordamerika zeigen lassen, die durch Allopolyploidie aus den aus Europa eingeschlepppten Arten *T. pratensis* (2n = 12) und *T. dubius* (2n = 12) entstanden ist. Das Enzym Alkoholdehydrogenase besteht bei beiden Elternarten aus jeweils zwei gleichen Untereinheiten (ist also homodimer), während es bei *T. miscellus* in Form verschiedener Isoenzyme vorliegt, die teils homodimer, teils aber auch heterodimer sind, also Hybridenzyme darstellen.

Ebenfalls für die unterschiedliche Eignung von Diploiden und Polyploiden spricht ihr jeweils unterschiedlicher Prozentsatz in ökologisch verschiedenen Arealen. Für Angiospermen gilt, daß mit zunehmender geographischer Breite auf der Erde der Anteil der polyploiden Arten ansteigt (Faustregel: Der Prozentsatz entspricht in etwa der Zahl des Breitengrades) (Tab. 10.11).

Auch in Hochgebirgen ist der Prozentsatz polyploider Arten gegenüber dem im benachbarten Flachland erhöht. Offenbar sind also polyploide Arten extremen Witterungsbedingungen besser angepaßt und waren als Kolonisatoren sich frisch anbietender Standorte (z. B. nach der Eiszeit) erfolgreicher.

Tabelle 10.11. Verbreitung der Polyploidie in Europa

Areal	Breitengrad	Polyploide Arten in Prozent aller Arten
Rumänien	44–47	46,8
England	50–61	52,8
Schleswig-Holstein	54–55	54,5
Schweden	55–69	56,9
Norwegen	58–71	57,6
Spitzbergen	77–81	74,0

Polyploidie im Tierreich

Im Tierreich tritt Polyploidie selten auf und hat für die Artbildung nur eine untergeordnete Rolle gespielt. Während neu entstandene polyploide Pflanzen sich zunächst auch durch vegetative Fortpflanzung vermehren können und dadurch eine womöglich vorhandene Selbstinkompatibilität (S. 292f.) überwinden, ist vegetative Fortpflanzung und Selbstbefruchtung im Tierreich selbst bei Zwittern (z. B. Lungenschnecken oder Regenwurm) relativ selten. Da die Möglichkeiten für eine Bastardierung bei Tieren geringer sind (S. 915), kann auch Allopolyploidie kaum wirksam werden.

Aus der im Tierreich weit verbreiteten (aber auch bei Pflanzen vorkommenden) genetischen Geschlechtsbestimmung ergibt sich eine weitere Schwierigkeit für Polyploidisierung. Bei Vorliegen eines XY-Mechanismus der Geschlechtsbestimmung (S. 314f.) würde Polyploidisierung bei Weibchen zu XX-Eiern, bei Männchen zu XY-Spermien führen. Das ergäbe für die Zygote eine XXXY-Kombination, also ein unbalanciertes Genom, das die Eignung herabsetzen und auch die Realisierung eines bestimmten Geschlechts erschweren würde (vgl. Klinefelter-Syndrom des Menschen, S. 232). Wahrscheinlich liegen darin die Gründe für das seltene Auftreten von Polyploidie im Tierreich; dies zeigen die Arten mit rein parthenogenetischer oder hermaphroditischer Fortpflanzung (ohne Differenzierung in geschlechtlich verschiedene Individuen), bei denen Polyploidie nachgewiesen ist. In manchen Fällen läßt sich das sogar bei diesbezüglich verschiedenen Populationen derselben Art zeigen: Vom Salinenkrebschen *(Artemia salina)* gibt es bisexuelle Populationen, die stets nur diploide Individuen aufweisen, während in rein parthenogenetischen Populationen Tiere mit verschiedenen Polyploidiegraden auftreten. In Tiergruppen mit hermaphroditischen Arten hat Polyploidie offensichtlich auch für die Artbildung eine Rolle gespielt. So kennt man bei Planarien (Strudelwürmern) Arten, die dies nahelegen: *Dendrocoelum lacteum* hat 2n = 16 Chromosomen, *D. infernale* 2n = 32. Bei Oligochaeten (Borstenwürmern) gibt es *polyploide Serien* hermaphroditischer Arten, so in der Gattung *Diplocardia* solche mit 2n = 22, 44, 66, 88, 198 Chromosomen (also x = 11). Auch bei den hermaphroditischen Pulmonaten (Lungenschnecken) kommt dergleichen vor. In Arizona kennt man parthenogenetische (!) Eidechsen (Teiidae) der Gattung *Cnemidophorus*, die triploid und tetraploid sind.

Das häufige Vorkommen von Polyploidie bei Blütenpflanzen mit »Zwitterblüten« (also mit modifikatorischer Geschlechtsbestimmung, S. 313, 319) fügt sich gut in dieses Bild ein. Allerdings sind auch einige getrenntgeschlechtliche Pflanzen- und Tierarten mit genotypischer Geschlechtsbestimmung bekannt, die polyploid sind, so z.B. der Sauerampfer *(Rumex acetosella)*, Forellenfische *(Coregonus*-Arten mit 2n = 36 und 2n = 72) und Frösche (die südamerikanischen Laubfrösche *Hyla andersoni* mit 2n = 24 und *H. versicolor* mit 2n = 48). Auch unter den Bienen (Apoidea) dürfte ein hoher Anteil der Arten (65%) polyploid sein.

10.5.7.2 Sympatrische Artbildung durch disruptive Selektion

Sympatrische Artbildung könnte theoretisch auch allein aufgrund antagonistisch wirkender Selektionsbedingungen – also ohne Polyploidie – in einer Population auftreten. Überlegungen hierzu gehen von einer Population aus, die ökologisch sehr variabel ist und deren verschiedene Genotypen in einem – bezüglich der ökologischen Bedingungen – sehr heterogenen Biotop jeweils unterschiedliche Umweltbedingungen bevorzugen. In einer solchen Situation könnten die Extremtypen bevorzugt, die Intermediärtypen benachteiligt sein *(disruptive Selektion,* S. 890). Da im Durchschnitt die Intermediärtypen ein höheres Ausmaß an Heterozygotie aufweisen als die mehr oder weniger reinen Extremtypen (S. 889), bedeutet disruptive Selektion vielfach Selektion gegen Heterozygote. Dies könnte zur (sympatrischen) Ausbildung eines Isolationsmechanismus führen, indem sich bevorzugt Individuen des gleichen (Extrem-)Typs paaren *(Homogamie)*. Dadurch würde der Isolationsmechanismus in ähnlicher Weise entstehen, wie dies auf S. 913 (allerdings unter der Bedingung vorheriger räumlicher Trennung) für den weiteren Ausbau eines solchen besprochen wurde.

Ob sympatrische Artbildung durch disruptive Selektion und ohne jede (auch nur kleinräumige) geographische Separation in der Natur vorkommt, ist nicht sicher erwiesen. Gegebenenfalls dürfte sie neben der durch Polyploidie bedingten und der allopatrischen Artaufspaltung nur eine untergeordnete Rolle spielen.

10.6 Transspezifische Evolution und Typogenese

Die zwischen den Subspezies einer Art und zwischen nahe verwandten Arten (einer Gattung) bestehenden Unterschiede sind relativ gering. Subspezies und Spezies stellen daher systematische Kategorien von niedrigem Rang dar (S. 936). Die rezenten Arten sind die stammesgeschichtlich jüngsten »Zweige« am Stammbaum; Artbildungsfaktoren sind daher manchmal noch direkter Beobachtung und dem Experiment zugänglich. Dieser im Artbereich ablaufende Prozeß heißt *infraspezifische Evolution (Mikroevolution)*. Im Verlauf der Phylogenese haben sich jedoch auch größere Transformationen abgespielt, die zum Teil zu weitreichenden Organisationsunterschieden geführt haben, wie sie heute durch Vertreter verschiedener Ordnungen, Klassen oder gar Stämme repräsentiert werden. Diese über den Artbereich hinausführende Phylogenese wird als *transspezifische Evolution (Makroevolution)* bezeichnet; sie führt zur Entwicklung neuer Organisationstypen, zur *Typogenese*. Früher glaubte man dafür eigene Evolutionsfaktoren annehmen zu müssen. Man rechnete mit »Großmutationen« (Systemmutationen), die »schlagartig« neue Typen hervorbringen sollten. Solche sind jedoch von Biologen während Jahrhunderten nie beobachtet und von Genetikern auch experimentell nie erzielt worden. Sie würden bei der geforderten tiefgreifenden Veränderung die Harmonie der Gene (in einem co-adaptierten Genpool) wohl auch so stark stören, daß ein so belasteter Organismus wenig Chancen hätte. Bei zweigeschlechtlichen Organismen müßte eine »Systemmutation« gleichzeitig und am gleichen Ort mehrfach entstehen, wenn sie sich vermehren sollte. Mit einer solchen plötzlichen Entstehung neuer Typen, wie sie die »Typensprung-« oder »Saltationshypothese« fordert, kann daher nicht gerechnet werden. Auch die Makroevolution muß sich an Populationen und nicht an einzelnen (Systemmutationen aufweisenden) Individuen vollzogen haben. Nach heutiger Kenntnis haben bei der Typogenese »Kleinmutationen« und Rekombination der Allele das genetische Rohmaterial geliefert, wie bei der infraspezifischen Evolution auch, und die Selektion wirkte als richtende Kraft. Typogenese hat sich demnach durch Summation kleiner Evolutionsschritte vollzogen: *additive Typogenese*. Von den Kausalfaktoren (Evolutionsfaktoren) her gesehen ist es daher nicht sinnvoll, von Mikro- und Makroevolution zu sprechen; es gibt wohl nur *einen* Evolutionsvorgang. Auch das paläontologische Material zeigt in den Fällen, in denen Entwicklungsreihen über längere Zeiträume hinweg verfolgt werden können (wie bei der Evolution der Equiden, S. 869 f.), daß sich die Umwandlung in kleinen Schritten vollzog. Fossile Übergangsformen (connecting links, S. 871 f.) zwischen verschiedenen Klassen lassen einen *Mosaikcharakter* ihrer Merkmalskombinationen erkennen; die einzelnen Typusmerkmale sind also nicht schlagartig, sondern in einem breiten (zeitlich umfänglichen) »*Übergangsfeld*« nacheinander entwickelt (aufsummiert) worden. Wir müssen daher keinen eigenen Evolutionsmechanismus für die transspezifische Evolution annehmen.

Wenn bei der Typogenese die gleichen Evolutionsfaktoren am Werk sind wie bei der infraspezifischen Evolution (Aktualitätsprinzip, S. 881), dann stellt sich die Frage, warum bestimmten Evolutionslinien der »Durchbruch« zu einem neuen Organisationstyp »gelang« und warum bestimmte Entwicklungsabläufe zur Typogenese führen und sich nicht im »Artbereich« erschöpfen. Dieser Frage wollen wir im nächsten Abschnitt nachgehen.

10.6.1 Bildung neuer »ökologischer Zonen« (Adaptationszonen) und adaptive Radiation

Die transspezifische Evolution ist dadurch ausgezeichnet, daß das Ausmaß des evolutiven Wandels weit größer ist, als bei der infraspezifischen. Die besondere Situation, die eine transspezifische Evolution auslöst, ist offensichtlich in der Auseinandersetzung der Organismen mit ihrer Umwelt gegeben. Arten sind nicht nur systematische, sondern auch ökologische Einheiten. Sie bilden jeweils spezifische ökologische Nischen, wodurch interspezifische Konkurrenz vermindert und Koexistenz verwandter Arten ermöglicht wird (S. 801f.). Durch eine Änderung der Wechselbeziehungen von Organismen und Umwelt kann eine neue ökologische Nische »erschlossen« werden, die »nur *einer* neuen Art die Existenzgrundlage liefert – so bei der infraspezifischen Evolution. Änderungen im Umweltbezug können jedoch auch neue Lebensräume oder Lebensweisen erschließen, die für *viele* Arten des entsprechenden Organisationstyps Lebensmöglichkeiten bieten. Es hängt u. a. von den ökischen (biotischen und abiotischen) Faktoren ab, ob und welche *»ökologischen Lizenzen«* der neu erschlossene Lebensraum erteilt. Die »Eroberung« des Landes durch Cormophyten, Tracheaten oder Wirbeltiere war ein solch einschneidender Wechsel im Umweltbezug, ebenso die Erschließung des Luftraums durch Insekten, Vögel und Fledermäuse oder der Übergang zur parasitischen Lebensweise (Erschließung eines Wirtes als Lebensraum), z.B. bei bestimmten Pilzen, Nematoden oder Arthropoden.

Mit dem Schritt zu einem solch neuen Umweltbezug wird eine *ökologische Zone* gebildet, die neue Anpassungen erforderlich macht und neue Selektionsbedingungen ins Spiel bringt und daher *Adaptationszone* genannt wird. Im Tierreich kann eine solche Zonenerschließung auf einer Änderung des Verhaltens (gegenüber der Umwelt) beruhen, so daß neue Verhaltensweisen Schrittmacher der Evolution sein können. Ein Beispiel ist der Übergang vom Wald- zum Steppenleben und von der Laub- zur Grasnahrung mit ihrer »kanalisierenden« Bedeutung für die Evolution der Equiden (S. 870).

Unter den Selektionsbedingungen der Adaptationszone werden die dafür entscheidenden neuen Anpassungen schrittweise entwickelt. Mit Abschluß dieses Prozesses ist ein neuer Organisationstyp entstanden. Sein weiteres Schicksal hängt davon ab, welche ökologischen Lizenzen die neue ökologische Zone erteilt. Sind es viele, so kann durch fortgesetzte Artaufspaltung eine Fülle neuer ökologischer Nischen gebildet werden: *adaptive Radiation*. Jeder der so entstandenen Arten entwickelt dabei spezielle Anpassungen an ihre artspezifische ökologische Nische. Die Typusmerkmale als Anpassungen an die gesamte ökologische Zone bleiben dabei für alle durch Radiation entstandenen Arten von Wert und werden beibehalten. Diese Stabilisierung macht sie ja gerade – im Gegensatz zu den von Art zu Art wechselnden Artmerkmalen – zu Merkmalen des gesamten Typus. Die Hufe kommen daher allen Equiden-Arten, die Haare als Wärmeschutz allen Säugetieren, die Lunge als Anpassung an das Landleben allen Tetrapoden zu.

Ob der in einer Adaptationszone entwickelte neue Typus in seiner weiteren Evolution den Rang einer Familie, Ordnung oder Klasse erreicht (diese Kategorien im System der Organismen entsprechen in etwa dem evolutiven Erfolg eines Typus) – also das Ausmaß seiner weiteren adaptiven Radiation – hängt im wesentlichen von zwei Gegebenheiten ab:

(1) Welche ökologischen Lizenzen erteilt die neue Zone, wie stark läßt sie sich in »Unterzonen« bis zu den ökologischen Nischen der Arten aufgliedern? Entscheidend dafür ist u.a., welche Arten anderer Gruppen entsprechende Lizenzen schon nutzen und eventuell (wegen ihrer schon vollzogenen Adaptationen) konkurrenzüberlegen sind. Sie können eine entsprechende adaptive Radiation des neuen Typs vereiteln.

(2) Welche Evolutionsmöglichkeiten bietet eine bestimmte Organisation (»Lizenz des Bauplans«)? Die Vorgeschichte einer Evolutionslinie kanalisiert also in gewissem Umfang ihre weitere Entwicklung und kann einschneidende Limitierungen ergeben. Hierzu zwei Beispiele: Die Echinodermen konnten wegen ihres Wassergefäßsystems, das in offener Verbindung mit dem Meerwasser steht (Abb. 6.51, S. 572), weder das Süßwasser noch das Land erobern und sind – bei vielseitiger Entwicklung – auf das Meer beschränkt geblieben. Die Arthropoden sind als Landbewohner wegen ihres Außenskeletts mit seiner ungünstigen Gewichtsrelation und der weitgehend von der Diffusion abhängigen Tracheenatmung

auf eine bestimmte Körpergröße limitiert, so daß sie sich z. B. nicht zu Großraubtieren entwickeln konnten.

Die Mannigfaltigkeit der Organismen beruht in dieser Sicht auf der wiederholten Bildung neuer ökologischer Zonen, Typogenese und anschließender adaptiver Radiation. Dabei hat die Evolution selbst neue »Umweltbedingungen« und ökologische Lizenzen für weitere Evolutionsmöglichkeiten geschaffen: Erst die Entwicklung einer terrestrischen Pflanzenwelt hat eine Besiedlung des Landes durch Tiere ermöglicht. Die Evolution der geflügelten Insekten lizenzierte die von Schwalben und Seglern, die den Luftraum als Jagdgebiet nutzen.

Besonders auffällig ist die gegenseitige Beeinflussung der Evolution verschiedener Organismengruppen bei der Koevolution von Blüten der Pflanzen und ihren tierischen Bestäubern (S. 287f.) oder der Ausbildung von Fraßschutz bei Pflanzen (sekundäre Pflanzenstoffe, S. 444f.) und den Ernährungseigenschaften ihrer tierischen Freßfeinde, die wechselseitig die Selektionsbedingungen für ihre Evolution lieferten.

10.6.2 Beispiele für transspezifische Evolution

10.6.2.1 Adaptive Radiation auf Inselgruppen

Weit vom Festland getrennte, ozeanische Inseln und Archipele vulkanischen Ursprungs, die nie Kontakt zum Festland hatten und ein relativ (!) geringes geologisches Alter (einige Millionen Jahre oder weniger) aufweisen, liefern »Naturexperimente« zum Studium der adaptiven Radiation. Zunächst »wüst und leer«, mußten solche Inseln von den Kontinenten her besiedelt werden, was der großen Entfernung wegen nur wenigen Landpflanzen und Tieren gelang, die entweder durch Stürme verweht wurden oder mit driftendem Pflanzenmaterial anlandeten. Nur unter besonders günstigen Umständen konnten sich solche Neuankömmlinge auch vermehren und so zu Gründern einer Population werden. Die Fauna und Flora landferner Inseln ist daher im Vergleich zu den Kontinenten »lückenhaft«. Viele Pflanzen- und Tiergruppen fehlen völlig, andere sind nur mit wenigen Arten vertreten. Diejenigen Arten jedoch, denen eine Kolonisation gelang, fanden eine besondere Situation vor: Da mögliche Konkurrenten (durch die sie auf dem Festland auf ihre spezielle ökologische Nische beschränkt waren) in Form anderer Arten hier fehlten, waren viele ökologische Lizenzen nicht genutzt. Wenn dazu noch günstige Separationsbedingungen für eine allopatrische Artaufspaltung vorlagen (wie bei Inselgruppen), dann konnte eine adaptive Radiation einsetzen und zur Evolution einer Gruppe mit vielen Arten führen, die Unterfamilien- oder Familienrang haben kann (Typogenese). Zwei Beispiele:

1. Die *Galapagos-Inseln* sind rund 1000 km vor der Westküste Ecuadors am Äquator gelegen und bestehen aus mehreren größeren und kleineren Inseln. Sie beherbergen eine typisch lückenhafte Inselfauna. Landvögel sind nur in 28 Arten vertreten; unter diesen nehmen die *Darwinfinken (Geospizinae)*, eine endemische Unterfamilie der Familie der Finkenvögel (Fringillidae) mit allein 14 Arten, eine Sonderstellung ein. Sie waren schon Darwin aufgefallen, als er 1835 Galapagos besuchte, und lieferten ihm wichtiges Material für seine Evolutionstheorie. Die Darwinfinken sind aufgrund anatomischer Merkmale und auch nach ihren Blutproteinen offensichtlich nahe verwandt, differieren aber in vielen Eigenschaften so stark, daß mehrere verschiedene Gattungen unterschieden werden können. Alle gehen wahrscheinlich auf eine Stammart zurück, von der ein kleiner Trupp (vermutlich im späten Tertiär) vom amerikanischen Festland auf die Galapagos verschlagen wurde und dort eine Gründerpopulation aufbauen konnte. Da sie die ersten Vögel gewesen sein dürften, die die Insel besiedelt haben, standen ihnen viele ökologische

Abb. 10.81 a–e. Fünf Arten von Darwinfinken (Geospizinae) mit starker Differenzierung in Körperbau und vor allem Schnabelform. *(a, b)* Gemischtköstler mit bevorzugter Insektennahrung: Baumfinken der Gattung Camarhynchus. *(c) Insektenfresser der Gattung Certhidea. (d) Samenfresser: Grundfink der Gattung Geospiza. (e) Spechtfink Cactospiza pallida, mit Ästchen in einem Insektenbohrgang sondierend. (Nach Lack aus Stebbins, verändert)*

Lizenzen offen, die sie mit den Möglichkeiten ihrer (Finken-)Organisation zu einer adaptiven Radiation nutzten. Die günstigen Separationsbedingungen und unterschiedliche Nahrungsbedingungen auf den ökologisch verschiedenen Inseln haben allopatrische Artbildung ermöglicht und Anpassungen an unterschiedliche Nahrung hervorgebracht. Nach sekundärer Sympatrie auf einigen Inseln konnten die eingeleiteten Divergenzen zwischen den Arten bezüglich des Nahrungserwerbs durch Konkurrenz noch verstärkt werden (Merkmalsverschiebung, S. 803f.). Auch die Besiedlung unterschiedlicher Biotope ermöglichte ökologische Sonderung und bedingte divergierende Entwicklung; Körpergröße und Verhalten waren davon betroffen. So gibt es unter den Geospizinae heute »Grundfinken«, die im wesentlichen auf dem Boden, und »Baumfinken«, die auf Bäumen und Sträuchern auf Nahrungssuche gehen. Bestimmte Arten bevorzugen die Mangroven der Küsten, andere leben im Kakteengestrüpp. Besonders auffallend sind die Anpassungen in der Schnabelform (Abb. 10.81) an unterschiedliche Nahrung (Insekten, Samen, Körner u. a.). Selbst die im Holz bohrenden Larven mancher Insektenarten (die ansonsten vor allem den Spechten als Nahrung dienen, die auf den Galapagos jedoch fehlen) wurden als Nahrung erschlossen. Zwei Arten, die Spechtfinken *Cactospiza pallida* und *C. heliobates*, erbeuten diese Larven, indem sie kleine Ästchen oder Kaktusdornen abbrechen und benutzen, um die Larven aus ihren Bohrlöchern herauszustochern. Hier wird also durch einen der seltenen Fälle von *Werkzeuggebrauch* eine Finkenvögeln sonst unzugängliche Nahrungsquelle erschlossen. Außer den Darwinfinken haben auch andere Tier- und Pflanzengruppen auf den Galapagos eine adaptive Radiation erfahren: Unter den Korbblütlern (Asteraceen) ist es die Sonnenblume *Scalesia*, die mit 20 endemischen Arten auf den verschiedenen Inseln des Archipels vorkommt, darunter – ungewöhnlich für diese Familie – auch baumförmige Arten mit verholzender Achse.

2. Die *Hawaii-Inseln*, ebenfalls ein Archipel, 3500 km vom nächsten Festland entfernt, bieten eine ähnliche Situation. Unter den Vögeln sind es die Kleidervögel, die mit 22 Arten ausschließlich auf den Hawaii-Inseln vorkommen. Auch sie haben unterschiedliche Nahrungsquellen erschlossen (darunter auch Nektar von Blüten) und entsprechend differente Formen (vor allem der Schnäbel) entwickelt (Abb. 10.82). Das Ausmaß ihrer adaptiven Radiation ist noch größer als das der Darwinfinken. Sie stellen eine eigene Familie *(Drepanididae)* mit zwei Unterfamilien und 11 Gattungen dar.

Auch die *Fruchtfliegen (Drosophilidae)* zeigen auf Hawaii starke adaptive Radiation. Etwa ein Viertel der annähernd 2000 bekannten Arten dieser Familie – also rund 500 – kommen ausschließlich auf den Hawaii-Inseln vor. Nächstverwandte Artenpaare finden sich dabei oft auf benachbarten Inseln, was auf allopatrische Artbildung hinweist. Fehlende Konkurrenz durch manche anderen Dipteren-Gruppen hat die Entwicklung von Sondertypen ermöglicht, die man sonst bei den Fruchtfliegen nicht kennt. Während diese üblicherweise ihre Larvalentwicklung in faulenden Früchten durchlaufen, kennt man von Hawaii Arten, deren Larven in Pilzen, in moderndem Laub, in Harzflüssen von Bäumen, ja selbst als Parasiten in Spinnenkokons (10 Arten der Gattung *Titanochaeta*) und an Krabben leben. Auch morphologisch fallen manche Arten durch besondere Körpergröße (manche sind so groß wie Stubenfliegen), auffällige Musterung der Flügel (wohl ein optisches Signal bei der Balz) oder besonders starke Beborstung aus dem Rahmen. *Drosophila heteroneura* hat als einzige Drosophiliden-Art der Welt sogar Stielaugen entwickelt. Wohl im Zusammenhang mit der reproduktiven Isolation (bei der Artenfülle unter besonders starkem Selektionsdruck, S. 914) haben auf Hawaii viele Arten einen starken Sexualdimorphismus entwickelt, wobei nur die Männchen der verschiedenen Arten sehr unterschiedlich gestaltet sind. Sie zeigen höchst differentes, artspezifisches Balzverhalten und besetzen dabei Paarungsterritorien, die sie gegenüber anderen Männchen verteidigen.

Die hier für einige Beispiele von den Galapagos- und Hawaii-Inseln geschilderten Fälle von transspezifischer Evolution sind in ihrem Ausmaß noch relativ bescheiden (bis zu

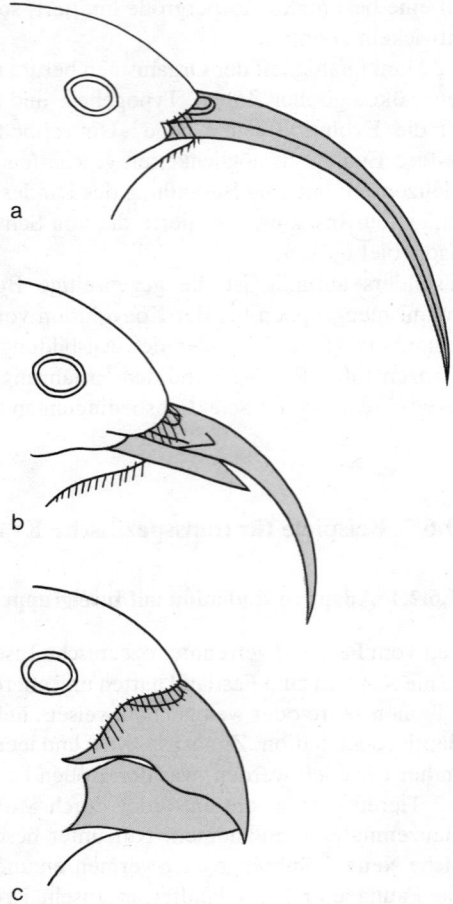

Abb. 10.82 a–c. Schnabelform von drei Vertretern der Kleidervögel (Drepanididae): *(a) Hemignathus obscurus.* Der lange, gebogene Schnabel dient zum Hervorholen von Insekten aus den Spalten von Baumrinden, zeitweilig jedoch auch zum Nektarsaugen aus Lobelienblüten. *(b) Hemignathus wilsoni.* Diese Art lebt wie bei uns die Spechte an Baumstämmen und öffnet bei abgespreiztem Oberschnabel mit dem spatelförmigen Unterschnabel die Bohrgänge holzbewohnender Insekten. Mit dem dünnen Oberschnabel wird die Beute hervorgeholt, wobei die lange Zunge mithilft. *(c) Psittirostra kona.* Diese Art vermag mit ihrem klobigen Schnabel hartschalige Samen und Nüsse zu knacken. (Nach Rothschild aus Moody)

Abb. 10.83. Eusthenopteron, ein Vertreter der Crossopterygier aus dem oberen Devon, gehört zu der Fischgruppe, die die Eroberung des Landes durch die Wirbeltiere einleitete (vgl. Abb. 10.31a, S. 873). (Nach Romer aus Hölder)

eigenen Familien). Sie können jedoch als Modelle für Typogenesen größeren Ausmaßes dienen. Ein Beispiel dafür liefert:

10.6.2.2 Die »Eroberung« des Landes durch die Wirbeltiere

Wie aus Fossilfunden bekannt ist, lebten Wirbeltiere ursprünglich als Fische ausschließlich im Wasser. Diesem Lebensraum waren sie u. a. durch paarige Flossen zur Fortbewegung und durch Kiemen als Atmungsorgane angepaßt. Damit war eine Besiedlung des Landes nicht möglich. Wie bei jedem einschneidenden Wechsel des Lebensraums mußten auch für diesen Schritt bestimmte Voraussetzungen – allgemein: *Präadaptationen* (Prädispositionen) – gegeben sein; sie bestehen aus einem Komplex von *Schlüsselmerkmalen*, die eine Erschließung der neuen Zone ermöglichen. Da additive Typogenese in kleinen Schritten erfolgt, müssen solche »Vorausanpassungen« bereits im alten Lebensraum selektionsgesteuert erworben worden sein. Sie stellen dort normale (Post-)Adaptationen dar, die zufällig gleichzeitig günstige Voraussetzungen (Präadaptationen) für den neuen Lebensraum sind.

Die für die Erschließung des Landlebens durch die Wirbeltiere entscheidende Fischgruppe waren die *Quastenflosser (Crossopterygii),* von denen im Devon (vor ca. 350 Millionen Jahren) die Evolution zu den Tetrapoden ausging (Abb. 10.83). Von Crossopterygiern liegt reiches Fossilmaterial vor. Sie lebten in relativ kleinen und flachen Süßwassertümpeln unter tropischen Klimabedingungen; ihre stark erwärmten Wohngewässer waren arm an gelöstem Sauerstoff und trockneten auch gelegentlich aus. Unter diesen Umweltbedingungen war ein Organ, das die Aufnahme atmosphärischen Sauerstoffs nach Luftschnappen (zusätzlich zur Kiemenatmung) ermöglichte, selektionsbegünstigt. Die Crossopterygier hatten ein solches in Form der Fischlunge entwickelt, aus dem die (homologe) Lunge der Tetrapoden entstehen konnte. Sie besaßen auch innere Nasenöffnungen (Choanen), so daß ihnen ein Atmen durch die Nase möglich war. In den flachen Wohngewässern spielte Kriechen auf dem Grund eine größere Rolle als Schwimmen im freien Wasser. Als Anpassung an diese Fortbewegungsweise waren ihre Flossen mit einer muskulösen Basis versehen und ihr Skelett stark verknöchert. Fischlunge und Muskelextremität haben es ihnen wohl auch erlaubt, ihre Wohngewässer zu verlassen, wenn sie auszutrocknen drohten, um durch Fortbewegung über Land neue aufzusuchen. All diese Anpassungen an ihre (alte) besondere Umwelt waren Präadaptationen und Schlüsselmerkmale für den »Schritt an's Land«, der nachweislich von den Crossopterygiern vollzogen wurde. Die ursprünglichsten und ältesten fossil nachgewiesenen Wirbeltiere mit typischen Laufextremitäten sind die Ichthyostegalia aus dem Devon Ostgrönlands. Sie stellten typische Übergangsformen (S. 871) zwischen den Crossopterygiern und den Amphibien dar (Abb. 10.31a).

Mit der Evolution des Tetrapodentypus war eine ökologische Zone erschlossen, die – bislang von Vertebraten ungenutzt – die Möglichkeit für wiederholte und umfängliche adaptive Radiationen bot. Deren Ergebnis war die Aufspaltung in mehrere Klassen und deren weitere Untergruppen – eine transspezifische Evolution großen Ausmaßes, die in reichlich 300 Millionen Jahren bis zum Menschen geführt hat.

10.7 Lebende Fossilien und das Aussterben

Umwandlung von Arten (phyletische Evolution), Artaufspaltung und Typogenese, oft verbunden mit adaptiver Radiation, sind die wichtigsten Prozesse der Transformation der Lebewesen, die ihre Evolution ausmacht. Wesentlicher Motor des Wandels ist dabei die Selektion: Sie führt zur Ökonomisierung der Lebensprozesse und damit zu steigender Anpassung an die jeweiligen Umweltverhältnisse und die in einer gegebenen Umwelt realisierten ökologischen Nischen. Dieser Prozeß kommt im Laufe der Jahrmillionen der Erdgeschichte in der Regel deshalb zu keinem Ende, weil die Umweltverhältnisse über derartig lange Zeiträume nicht stabil bleiben. Erdgeschichtliche Ereignisse (Kontinentalverschiebungen, Gebirgsbildungen, Meeresspiegelschwankungen) und Klimaänderungen (z.B. Eiszeiten) führen zu Änderungen der abiotischen Faktoren; die Evolution der Organismen selbst (durch Entstehung neuer Arten) sowie Arealveränderungen von Pflanzen und Tieren (S. 929) wandeln die biotischen Umweltfaktoren und schaffen neue ökologische Lizenzen (Nutzungsmöglichkeiten) oder Konkurrenzverhältnisse. Schließlich stellen die Organismen selbst durch Erschließung neuer (oft präexistenter) Lebensräume (z.B. Wechsel von Wasser an Land und umgekehrt) neue Umweltbezüge her und setzen sich damit neuen Selektionsbedingungen aus.

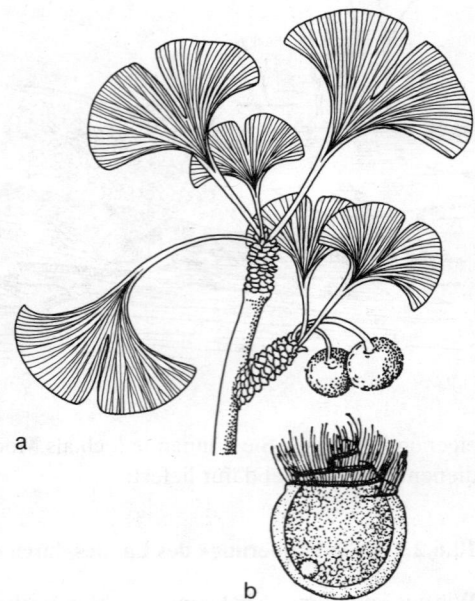

Abb. 10.84a, b. Ginkgo biloba: (a) Zweig mit Samen und (b) Spermatozoid mit Cilienband. (Nach Richard und Eichler sowie nach Shimamura aus Strasburger)

Dennoch gibt es zwei Phänomene, bei denen die Evolution gewissermaßen zu einem Ende gekommen ist. Zum ersten ist das der Fall, wenn es Arten nicht gelingt, sich den veränderten Umweltbedingungen anzupassen, was zum Aussterben (zur *Extinktion*) führt. Zum zweiten existieren Lebensformen, die sich seit riesigen Zeiträumen der Erdgeschichte nicht mehr oder nur geringfügig verändert haben. Man bezeichnet sie als »lebende Fossilien«.

10.7.1 Lebende Fossilien

Lebende Fossilien sind sowohl aus dem Pflanzen- als auch aus dem Tierreich bekannt. Sie sind im allgemeinen durch folgende Eigenschaften charakterisiert:
(1) Sie gleichen in zahlreichen Eigenschaften weitestgehend fossil bekannten Ahnenformen, die vor vielen Jahrmillionen lebten, haben also seither *keine Transformationen* mehr erfahren.
(2) Sie nehmen im natürlichen System der Organismen eine *isolierte Stellung* ein. Häufig sind sie die einzigen Arten einer eigenen Klasse oder Ordnung, weil ihre näheren Verwandten längst ausgestorben sind bzw. sich durch weitere Evolution so weit »entfernt« haben, daß sie in eine andere Gruppe gestellt werden müssen.
(3) Sie haben häufig ein relativ *eingeschränktes Verbreitungsgebiet* (Areal) und stellen daher gelegentlich Reliktendemiten (S. 837) dar.
Die Ursachen für das Erlahmen der evolutiven Transformation dürften darin liegen, daß es sich um Bewohner von Biotopen handelt, die über Jahrmillionen der Erdgeschichte relativ stabil geblieben sind, so daß die einmal gebildete ökologische Nische beibehalten werden konnte. Solche stabilen Biotope stellen z.B. die Tiefsee, manche tropischen Urwaldregionen und manche Inseln dar. Bei einer »stabilisierten Umweltbeziehung« geht die transformierende Selektion nach Erreichung eines Adaptations»optimums« in die stabilisierende Selektion (S. 890) über, die weiteren evolutiven Wandel unterbindet.

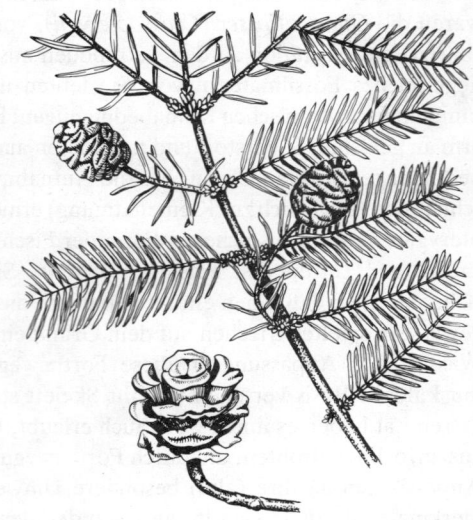

Abb. 10.85. Zweig und Zapfen von Metasequoia glyptostroboides, dem Urwelt-Mammutbaum. Die Kurztriebe des sommergrünen Baumes mit den gegenständigen Nadeln werden im Herbst abgeworfen. (Aus Schultze-Motel)

Die Mutationsraten und die Rekombination (und damit die genetische Variabilität) sind bei den lebenden Fossilien offensichtlich nicht vermindert. So weisen z.B. *Limulus* (Abb. 10.88) oder das Opossum (ein lebendes Fossil unter den Beuteltieren) etwa den gleichen Enzympolymorphismus (S. 878) auf wie rasch sich entwickelnde Arten. Einige Beispiele von lebenden Fossilien aus dem Pflanzen- und Tierreich werden nachstehend aufgeführt, wobei die jeweils besondere Situation kurz angegeben ist.

Pflanzen

– *Ginkgo biloba* (Ginkgobaum, Abb. 10.84)
Rezent: Wild wachsend nur in einigen Provinzen Chinas (reliktäre Verbreitung!). Kultiviert in China als »heiliger Baum« in der Nähe von Tempeln. In Europa vor über 200 Jahren eingeführt und in Parks verbreitet. Einzige lebende Art einer eigenen Klasse (Ginkgoinae) der Gymnospermen (isolierte Stellung!). Die männlichen Geschlechtszellen sind durch zwei Geißelbänder bewegliche Spermatozoide; dadurch erinnern sie an die ebenfalls urtümlichen Cycadina (Palmfarne).
Fossil: Sehr ähnliche Gattung *(Ginkgoites)* bereits an der Grenze Trias-Jura (vor etwa 175 Millionen Jahren). Im Erdmittelalter waren Ginkgoinae noch weltweit verbreitet.
– *Sequoia* und *Metasequoia* (Mammutbäume, Abb. 10.85)
Rezent: *Sequoia sempervirens* in Kalifornien und Oregon (USA), *Metasequoia glyptostroboides* (erst 1941 entdeckt) auf einige Provinzen Chinas beschränkt.
Fossil: Seit der Grenze Jura-Kreide (vor 150–130 Millionen Jahren). Im Tertiär weit verbreitet; Reste von ihnen auch in der europäischen Braunkohle.

Tiere

– *Neopilina* (»Urschnecke«, Abb. 10.86)
Rezent: Vorkommen im Pazifik unterhalb 3000 m. Erst 1952 entdeckt; seither sechs nächstverwandte Arten beschrieben. Zahlreiche Primitivmerkmale, z.B. Anzeichen einer Segmentierung und umfänglichere Reste von Coelomen. Primitivste Vertreter der Conchifera; einige rezente Vertreter einer eigenen Klasse *(Monoplacophora)* der Mollusken.
Fossil: Ähnliche Formen (Gattung *Pilina*) bereits im Silur (vor etwa 450 Millionen Jahren).
– *Nautilus* (Perlboot, Abb. 10.87)
Rezent: Nur sechs Arten dieser Gattung. Nur im Indopazifik in Tiefen bis 600 m. Einige Vertreter einer eigenen Unterklasse (Tetrabranchiata) der Cephalopoda. Besitzen noch umfängliche äußere Schale (wie auch die ausgestorbenen Ammoniten), vier Kiemen und andere Primitivmerkmale.
Fossil: Nächst verwandte Gattungen im Jura, mit etwas primitiveren Formen bis ins Perm (etwa 200 Millionen Jahre) zurückreichend.
– *Limulus* (Schwertschwanz, Abb. 10.88)
Rezent: Einige, jeweils auf bestimmte Meeresgebiete beschränkte, verwandte Arten. Einzige Vertreter einer eigenen Klasse (Merostomata, Xiphosura) der sonst im Meere fehlenden Chelicerata. Primitivmerkmale: Einzige Chelicerata, bei denen Beine in ursprünglicher Weise noch als Kiemen entwickelt sind; äußere Besamung der Eier.
Fossil: Den rezenten weitgehend entsprechende Formen *(Mesolimulus)* seit Jura (vor etwa 175 Millionen Jahren); Xiphosuren bereits im Kambrium (vor etwa 500 Millionen Jahren). Sie waren im Erdaltertum artenreich und marin weit verbreitet.
– *Sphenodon punctatus* (Brückenechse Abb. 10.89)
Rezent: Nur diese eine Art auf einigen kleinen Inseln vor Neuseeland vorkommend. Einzige Art einer eigenen Ordnung (Rhynchocephala) der Reptilien.
Fossil: Sehr ähnliche Formen *(Homoeosaurus)* bereits im Jura (vor etwa 150 Millionen Jahren). Im Erdmittelalter waren Rhynchocephalen artenreich und weit verbreitet.

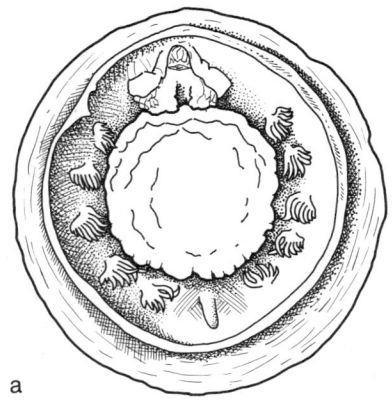
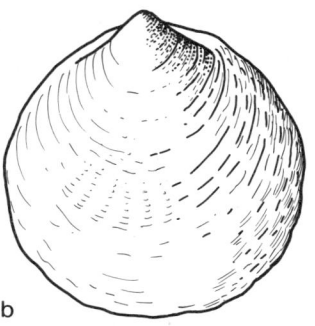

Abb. 10.86a, b. Neopilina. (a) Ventralseite mit Fuß und Mantelfalte. In der Mantelfalte lateral die fünf Paare serial angeordneter Kiemen. (b) Dorsalansicht der Schale. (Nach Lemche aus Kaestner, vereinfacht)

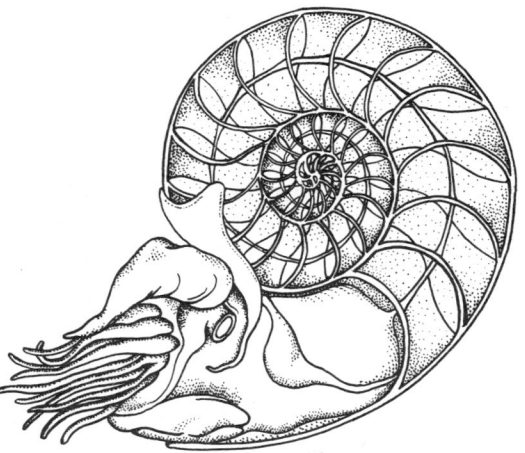

Abb. 10.87. Nautilus. Schale aufgeschnitten, um die Kammerung zu zeigen. (Nach Hancock aus Moody)

Die »Stabilität« dieser und anderer lebender Fossilien wird besonders deutlich, wenn man folgende Vergleiche anstellt: Im Jura (vor etwa 170 Millionen Jahren), als viele der genannten Arten bereits existierten, lebte *Archaeopteryx* (S. 872), und in der Zwischenzeit hat sich die gesamte Evolution und riesige adaptive Radiation der Vögel abgespielt. Die heute bei weitem artenreichste Pflanzengruppe, die Angiospermen, waren im Jura noch nicht entwickelt. Die wesentliche adaptive Radiation der Säugetiere (in die heutigen Ordnungen) hat sich erst am Ende der Kreidezeit und im frühen Tertiär in der relativ kurzen Zeitspanne von 20–30 Millionen Jahren vollzogen. All diese Zeiträume haben die »lebenden Fossilien« nahezu unverändert überdauert.

10.7.2 Aussterben

Im Laufe der Evolution der Organismen sind immer wieder in großem Umfang Arten und ganze Gruppen erloschen. Das Aussterben von Arten ist also ein häufiger Vorgang. Man schätzt, daß von allen im Laufe der Erdgeschichte jemals existenten Arten nur etwa 1 % heute lebt.

Wenn man unter Aussterben das Erlöschen einer fossil nachweisbaren Art oder Evolutionslinie versteht, gilt es zwei Formen des Aussterbens zu unterscheiden:

(1) Der *Artenschwund*. Wenn im Laufe der Generationenfolge durch *Artumwandlung* (phyletische Evolution, S. 906) aus einer Stammart eine Folgeart hervorgeht, so ist definitionsgemäß die Stammart »verschwunden«. Sie ist im eigentlichen Sinne jedoch nicht ausgestorben, sondern lebt mit ihrem (veränderten) genetischen Material in der Folgeart weiter (kein Erlöschen der Kontinuität in der Generationenfolge). Dasselbe gilt für den Fall der *Artaufspaltung* (Divergenz, S. 906). Auch hier geht die Stammart (bei kontinuierlicher Generationenfolge) in ihren beiden Tochterarten auf, »verschwindet« jedoch als Stammart, so wie die sich teilende »Mutteramöbe« bei der Zellteilung in den beiden Tochterzellen aufgeht.

(2) Der *Artentod* (Extinktion). Ein Aussterben im eigentlichen Sinne liegt vor, wenn Arten keine weiteren Nachkommen mehr produzieren und damit ihre Generationenfolge schließlich erlischt. Damit ist auch das spezifisch zusammengesetzte Genmaterial ihres Genpools unwiederbringlich verloren (S. 795).

Es kommt zur Extinktion von Arten, wenn unter den jeweils herrschenden Selektionsbedingungen die Mortalität in den Populationen größer als die Natalität (S. 787) wird und die sich daraus ergebende Abnahme der Individuenzahl schließlich zum Erlöschen der Populationen führt. Man kann auch sagen, der Selektionsdruck ist unter den herrschenden Bedingungen zu stark, die »Kosten der Selektion« sind zu hoch geworden, so daß eine Population ausstirbt. Bei den ausgestorbenen Arten haben also die selektionsgesteuerten Abänderungen ihrer genetischen Information nicht die für das Überleben notwendigen Adaptationen hervorgebracht.

In der Endphase eines Aussterbeprozesses können genetische Ursachen wirksam werden. Wenn eine Population bereits sehr individuenarm geworden ist, können durch Inzucht und

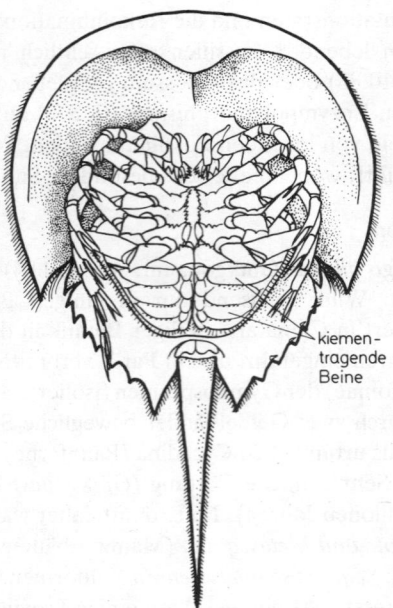

Abb. 10.88. *Limulus*. Ventralansicht. (Nach Bruuns)

Abb. 10.89. *Sphenodon punctatus*, Brückenechse. (Nach Gadow aus Claus, Grobben u. Kühn)

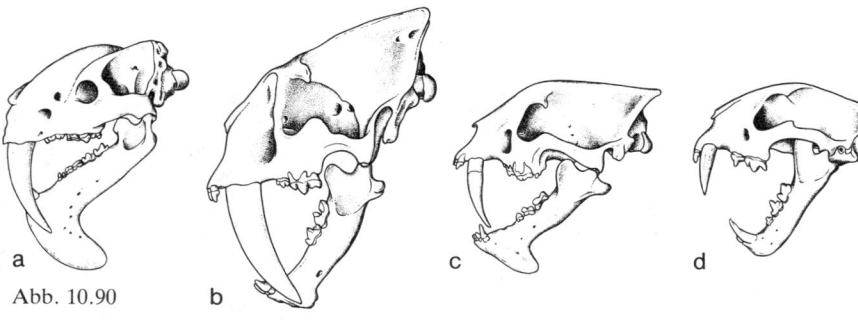

genetische Drift (S. 888) Situationen eintreten, die den Untergang noch beschleunigen. Auch kann in sehr kleinen Populationen das Zusammenfinden potentieller Geschlechtspartner schwierig werden (heute z. B. bei manchen Walarten).

Ursachen des Aussterbens

Frühere Vorstellungen gingen davon aus, daß »Eigengesetzlichkeiten« des Organismus *(Orthogenesen)* unabhängig vom Wirken selektiver Kräfte zur Ausbildung »zweckwidriger« (atelischer) Eigenschaften geführt hatten, die – oft exzessiv gestaltet – das Aussterben bedingten. Als Beispiele für solche Exzessivbildungen wurden unter den Säugetieren die Säbelzahnkatzen (z.B. *Dinictis, Smilodon*) und die Riesenhirsche *(Megaloceros)* angeführt. Diese Auffassung hat sich jedoch als nicht haltbar erwiesen. Säbelzahnkatzen mit ihren »exzessiven« Eckzähnen lebten in mehreren Gattungen und Arten in manchen Gebieten Nordamerikas und Eurasiens zahlreich vom Oligozän bis zum Ende des Pleistozäns (rund 40 Millionen Jahre). Sie nutzten offensichtlich eine Nahrung, für die ihre stark verlängerten Eckzähne Anpassungswert hatten. Konvergent dazu hat im frühen Tertiär in Südamerika ein Raubbeuteltier *(Thylacosmilus)* entsprechende Eckzähne entwickelt und – wie *Dinictis* – zu deren Schutz einen Unterkieferfortsatz (wie eine »Schwertscheide«) ausgebildet (Abb. 10.90). Diese Konvergenz zeigt, daß es sich um eine adaptive Bildung gehandelt haben dürfte. Bei *Megaloceros* dürfte das »exzessive« Geweih mit einer Spannweite von über 3,5 m im Bereich der Fortpflanzung (Imponieren, S. 752) von Bedeutung gewesen sein (Abb. 10.91). Als Auslöser wirkende Imponierstrukturen sind auch bei heutigen Tierarten häufig exzessiv gestaltet (»Rad« der Pfauen-♂, Gefieder der Paradiesvögel-♂; S. 905, Abb. 10.70a) Den Riesenhirschen, die während der Eiszeit in tundrenartigen Gebieten Europas lebten, dürfte ihr riesiges Geweih nicht hinderlich gewesen sein.

Wesentliche Ursachen für das Aussterben dürften hier wie in den meisten (allen?) Fällen Änderungen der Umweltbedingungen gewesen sein, die neue (veränderte) abiotische und/oder biotische Umweltfaktoren ins Spiel gebracht haben.

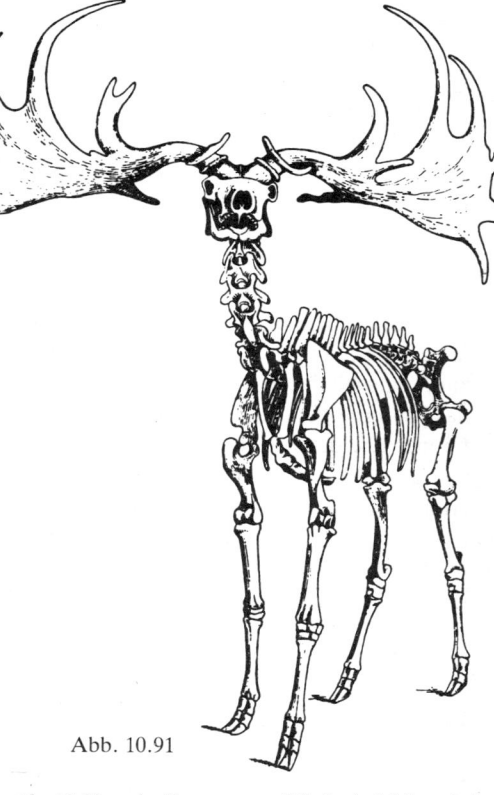

Ab. 10.90 a–d. Konvergente Säbelzahnbildung bei ausgestorbenem Raubbeutler (Marsupialia) und in drei Unterfamilien katzenartiger Raubtiere (Felidae). (a) Thylacosmilus (Marsupialia); (b–d) Raubkatzen (Felidae, Placentalia): (b) Smilodon (Marcherodontinae, lebte im Pleistozän), (c) Hoplophoneus (Hoplophoneinae, lebte im Oligozän). (d) Neofelis (Nebelparder, Felinae, rezent). (Nach Thenius aus Starck)

Abb. 10.91. Der »Riesenhirsch« (Megaloceros giganteus) starb aus, als sein Lebensraum, die Tundra, postglazial vom Wald verdrängt wurde. (Nach Gould)

Abiotische Umweltfaktoren. Als abiotische Faktoren dürften vor allem klimatische Änderungen, wie sie sich im Laufe der Erdgeschichte mehrfach vollzogen haben, mit all ihren Folgen (Arealverschiebungen von Pflanzen und Tieren) eine besondere Rolle gespielt haben. So haben wiederholt auftretende Eiszeiten (im Quartär auf der Nordhalbkugel, im Karbon auf den Südkontinenten) zum Teil einschneidende Folgen sowohl auf terrestrische als auch auf marine Arten gehabt. Die terrestrische Flora und Fauna Nordamerikas war dabei von den quartären Eiszeiten weniger betroffen als die eurasiatische, da die im wesentlichen von Nord nach Süd verlaufenden Gebirge ein Ausweichen der Formen in südliche Refugien erlaubten, wo sie überdauern und postglazial die nördlichen Gebiete wieder besiedeln konnten. In Eurasien dagegen stellten die von Ost nach West verlaufenden Gebirge eine Barriere dar. Entsprechend finden sich heute in den nordamerikanischen Wäldern noch etwa 250 verschiedene Baumarten, während in Mitteleuropa von der voreiszeitlich ungefähr gleich großen Zahl nur rund 45 Baumarten postglazial erhalten blieben. Auch das Ende der quartären Eiszeiten hat viele, speziell an diese Klimabedingungen und die großflächigen Tundrengebiete angepaßten Formen zum Aussterben gebracht – z.B. Mammut, Wollhaarnashorn und den oben erwähnten Riesenhirsch –, als die Wiederbewaldung erfolgte.

Auch die marine Fauna und Flora ist von den Eiszeiten betroffen worden. Da in den mächtigen Inlandeismassen sehr viel Wasser gebunden war, ist der Meeresspiegel zeitweise um bis zu 200 m abgesunken (eustatische Meeresspiegelschwankungen), was Auswirkungen auf die Schelfbewohner gehabt haben muß. Bindung von Süßwasser während der Eiszeiten und vermehrte Zufuhr beim Abschmelzen dürften neben Temperatur- auch zu Salinitätsänderungen des Seewassers geführt haben, die für das Aussterben bestimmter Gruppen verantwortlich sein konnten. Auch andere erdgeschichtliche Ereignisse haben Transgressionen und Regressionen der Meere und klimatische Schwankungen zur Folge gehabt, und vor allem solche globalen Ereignisse sind offenbar die Ursachen für das häufig zeitlich korrelierte Aussterben ganzer Verwandtschaftsgruppen. So sind an der Grenze Kreide–Tertiär (also am Ende des Mesozoikums) viele Tiergruppen ausgestorben, die dem Mesozoikum das Gepräge gegeben haben: Unter den Cephalopoden die Ammoniten und fast alle Belemniten, unter den – damals die Erde beherrschenden – Reptilien die terrestrischen Dinosaurier, die flugfähigen Pterosaurier und die marinen Ichthyosaurier und Plesiosaurier. Von den 115 Gattungen von Dinosauriern, die noch am Ende der Kreidezeit nachgewiesen sind, hat nicht eine Art ins Tertiär überlebt. Klimaänderungen mit einsetzenden Temperaturschwankungen werden als Ursachen dafür angesehen.

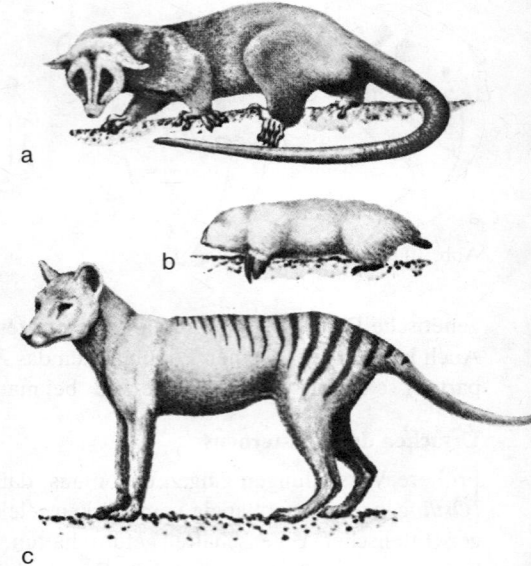

Abb. 10.92a–c. Konvergenz einiger Marsupialia zu Placentalia: (a) Beutel»ratte«, Opossum (Philander), (b) Beutel»maulwurf« (Notoryctes), (c) Beutel»wolf« (Thylacinus). (Aus Starck)

Biotische Umweltfaktoren. Eine große Bedeutung für die Evolution, aber auch das Aussterben von Gruppen haben biotische Umweltfaktoren gehabt. Die Entwicklung neuer Formen hat neue potentielle Nahrungsobjekte, aber auch neue potentielle Räuber und vor allem Konkurrenten für die übrigen Mitglieder der Biozönosen gebracht. Arealausdehnungen bestimmter Arten und Gruppen haben, zum Teil erst durch erdgeschichtliche Ereignisse ermöglicht (z.B. Auftauchen der mittelamerikanischen Landbrücke oder der Beringbrücke, S. 838f.), die Konkurrenzverhältnisse relativ rasch verändert und zum Teil neue Krankheiten eingeschleppt, was beides dramatische Folgen für bestimmte Arten haben konnte.

Eingeschleppte Krankheitserreger können bei neuen Wirtsarten, die an diese Parasiten nicht adaptiert sind, verheerende Seuchen auslösen. Dafür gibt es zahlreiche rezente Modellfälle bei Einbürgerungen oder Verschleppung von Organismen aus anderen Kontinenten: So hat der aus Amerika eingeschleppte Algenpilz *Aphanomyces astaci* in weiten Teilen Mitteleuropas die gefürchtete Krebspest hervorgerufen, die viele Bestände des Edelkrebses *(Astacus)* ausrottete, während die amerikanischen Süßwasserkrebse der Gattungen *Cambarus* und *Pacifastacus* unter dem Befall nicht leiden. Der starke Rückgang und das Aussterben vieler Arten der für Hawaii endemischen Kleidervögel (Drepanididen, S. 922) beruhen auf durch Zugvögel oder Hausgeflügel eingeschleppten Krankheiten, die sich jedoch erst durch die zusätzliche Einschleppung eines geeigneten Überträgers auf die heimischen Vögel ausbreiten konnten. In diesem Falle handelt es sich um die Stechmücke *Culex pipiens,* die die Erreger der Vogelmalaria *(Plasmodium)* von den Zugvögeln und die Vogelpocken erregenden Viren vom Hausgeflügel auf die dafür höchst anfälligen (weil nicht adaptierten) Kleidervögel überträgt. Nur in Höhen über 900 m, wo die Stechmücke nicht vorkommt, sind diese nicht bedroht. Der Pilz *Endothia parasitica* wurde um die Jahrhundertwende von Ostasien nach dem östlichen Nordamerika eingeschleppt und hat große Bestände der heimischen Kastanien-Art *Castanea dentata* abgetötet. Später wurden auch die *Castanea sativa*-(Edelkastanien-) Bestände in Südeuropa befallen, bei denen die Epidemie aber milder verlief. Die ostasiatischen Kastanien-Arten (z.B. *Castanea crenata*) sind gegen den Pilz resistent.

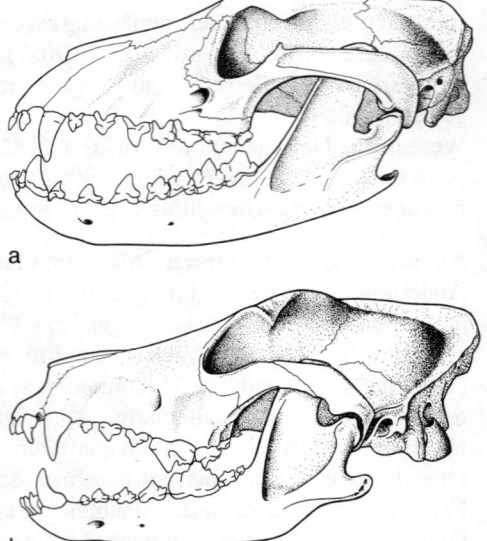

Abb. 10.93a, b. Vergleich der Schädel (Gebisse) von Beutelwolf (a) und Schäferhund (b). (Aus Starck)

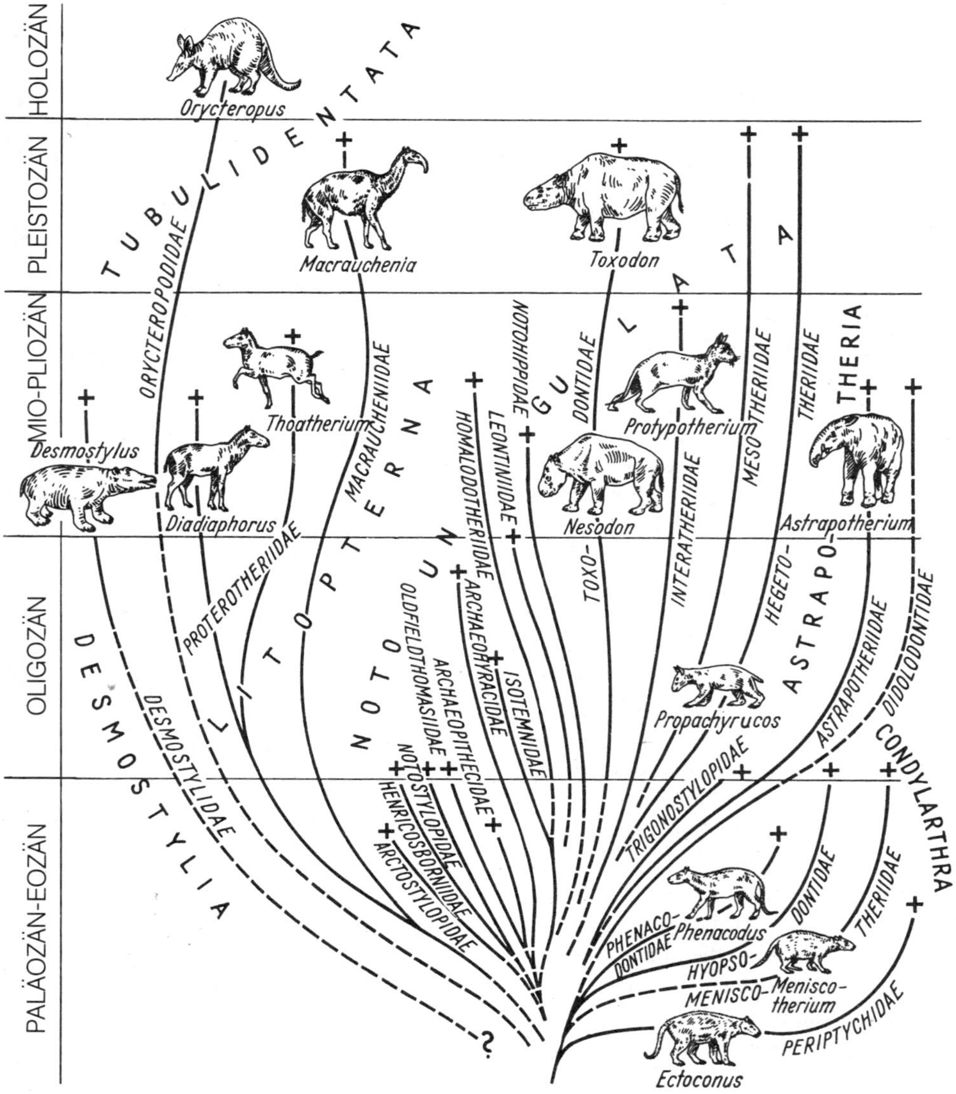

10.7.2 Aussterben 929

Abb. 10.94. Die Urhuftiere (Protungulata) haben sich im frühen Tertiär vor allem in Südamerika reich entwickelt. Dabei entstanden in Konvergenz zu Säugetiergruppen anderer Kontinente pferdeähnliche (Thoatherium, Diadiaphorus), nashornähnliche (Toxodontidae), kamelähnliche (Macrauchenia) und tapirähnliche (Astrapotherium) Lebensformtypen. (Aus Thenius)

Das *Auftreten neuer, überlegener Konkurrenten* hat beim Aussterben mancher Arten und Gruppen eine entscheidende Rolle gespielt. Zunächst wurden in getrennten geographischen Gebieten von verschiedenen Entwicklungslinien unabhängig voneinander ähnliche Umweltressourcen auf ähnliche Weise genutzt; dies führte vielfach zu konvergenten Anpassungen an ähnliche ökologische Nischen: »Stellenäquivalenz« (verschiedene – oft nicht näher verwandte – Arten nehmen eine ähnliche ökologische »Planstelle« in einer Biozönose ein). Die australische Fauna (S. 834) mit ihren zahlreichen, den Placentaliern der übrigen Kontinente stellenäquivalenten Beuteltieren (Beutelwolf, Beutelmaulwurf, Abb. 10.92, 10.93, Beuteldachs u. a.) ist ein Beispiel dafür. Ein anderes ist der in verschiedenen Gebieten konvergent entwickelte Termitenfresser-Typ: Ameisenbär (Südamerika), Erdferkel (Afrika), Gürteltier (Afrika und Asien), Ameisenigel (Australien); die Konkurrenzvermeidung (S. 801 f.) beruht in diesem Fall auf der Allopatrie. Wenn durch erdgeschichtliche Ereignisse (Landbrücken, Kontinentalverschiebung) oder/und Aufhebung ökologischer Schranken bislang allopatrische Arten oder ganze Faunen einander überlappen, geraten vor allem die Stellenäquivalenten in Konkurrenz, wobei eine Art »auskonkurriert« werden und aussterben kann. Wahrscheinlich ist das Austerben der spezifischen Urhuftierfauna (Protungulata) Südamerikas auf solche Vorgänge zurückzuführen. Südamerika war – wie heute noch Australien – über den größten Teil der Tertiärzeit völlig isoliert, da der mittelamerikanische Landrücken nicht existierte. Auf diesem Inselkontinent Südamerika haben im Tertiär die Urhuftiere in einer adaptiven Radiation großen Ausmaßes viele Formen konvergent (und wohl stellenäquivalent) zu den Paarhufern und Unpaarhufern Nordamerikas und Eurasiens entwickelt. So gab es den Pferden ähnliche, dreihufige *(Diadiaphorus)* und einhufige *(Thoatherium)* Protungulaten, solche, die Nashörnern, andere, die Kamelen oder Tapiren entsprachen (Abb. 10.94, 10.95). Die »Raubtierzone« war durch Raubbeuteltiere (Abb. 10.90) vertreten. Die Edentaten (Zahnarme), die heute noch 31 Arten (Faultiere, Ameisenbären, Gürteltiere) aufweisen, kamen im Tertiär in Südamerika mit 120 Arten vor, darunter fast Elefantengroßen Riesenfaultieren. Das Aussterben der alten südamerikanischen Fauna begann im Übergang vom Tertiär zum Quartär, als durch die Panamabrücke das Einwandern nordamerikanischer Formen möglich wurde. Nur wenigen südamerikanischen Säugetiergruppen ist es dabei gelungen, nach Nordamerika vorzudringen, so z. B. den Beutelratten *(Opossum)*. Nach diesem Fauna»austausch« hatten die Säugetiere in beiden Subkontinenten wieder dieselben ökologischen Nischen gebildet wie vorher, allerdings im wesentlichen durch die nordamerikanischen Vertreter. Eine solche Verdrängung stellenäquivalenter Arten durch interspezifische Konkurrenz wird als »Eco-replacement« bezeichnet.

Die Evolution besser adaptierter oder ökonomischer organisierter Gruppen hat sicherlich auch ohne das Wirken besonderer erdgeschichtlicher Ereignisse zum Auskonkurrieren geführt und damit eine *zeitliche »Ablösung« ursprünglicherer Gruppen* bedingt. Innerhalb der Primaten sind die primitiveren Halbaffen der Gruppe Lemuroidea (Lemuren) zahlreich aus dem Eozän Eurasiens und Nordamerikas bekannt, während sie heute auf Madagaskar (S. 837) beschränkt sind. Offenbar wurden sie durch die höher entwickelten Affen (Simiae) auskonkurriert und konnten sich nur in Madagaskar halten, das von Affen nie erreicht wurde. Dort haben die Lemuren im Miozän eine starke adaptive Radiation erfahren und viele, auch tagaktive Formen (rezent etwa 20 Arten) entwickelt. Die übrigen Halbaffen (Lorisoidea) sind – mit *Loris, Pottos* und *Galagos* – auf die afrikanische und orientalische Region beschränkt; sie alle sind nachtaktive Formen, die in der »Nachtnische« die Konkurrenz der rein tagaktiven Simiae in diesen Regionen überstanden haben. In ähnlicher Weise hat wohl auch die Konkurrenz der aufblühenden Crustacea und Xiphosura (mit *Limulus,* Abb. 10.88) die im Paläozoikum reich entwickelten marinen Trilobiten (ca. 4000 Arten fossil bekannt) und limnischen Eurypterida (Gigantostraca) im Perm zum Aussterben gebracht. Im Pflanzenreich wurde die Pteridophytenflora des Karbons (mit Lepidodendren, Sigillarien, Calamiten und Pteridospermen) im Mesozoikum – vor allem in Trias und Jura – von den Gymnospermen (mit Cycadeen, Ginkgophyten und Coniferen) abgelöst. Diese wiederum mußten in der Kreide großenteils den Angiospermen weichen, die heute mit rund 250000 Arten, gegenüber nur 600 rezenten Gymnospermen, die dominierende Rolle spielen.

In unserer heutigen Welt hat sich der *Mensch* zum entscheidenden Konkurrenten entwickelt, der im großen Stil zum Aussterben zahlreicher Pflanzen- und Tierarten beiträgt, sei es durch direkte Nutzung (z. B. Wale), sei es durch einschneidende Veränderung ihrer Lebensräume. Er muß sich daher seiner Verantwortung gegenüber seinen Mitgeschöpfen und seiner eigenen Umwelt voll bewußt werden, will er nicht zu einer Spezies werden, die ihr eigenes Aussterben selbst herbeiführt.

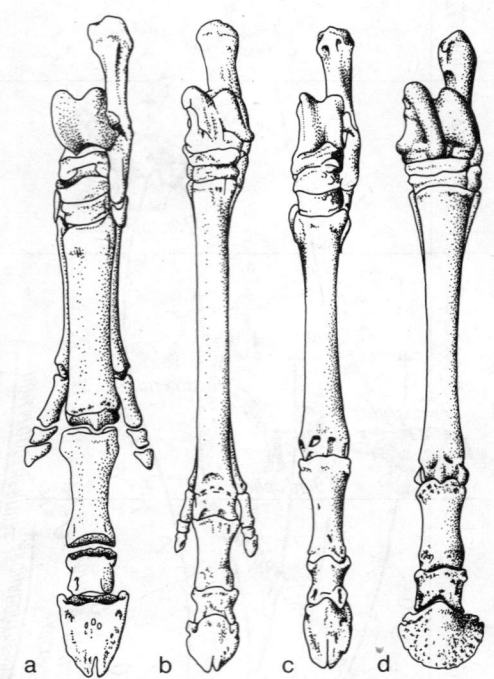

Abb. 10.95 a–d. Konvergente Reduktion der Zehenzahl im Fußskelett in der Evolution von Urhuftieren (Protungulaten) und Pferden (Equidae). (a) Diadiaphorus, ein Urhuftier des Miozäns (vgl. Abb. 10.94), (b) Merychippus, ein »Urpferd« aus dem Miozän (vgl. Abb. 10.28, S. 871), (c) Thoatherium, ein Urhuftier des Miozäns mit fortgeschrittener Zehenreduktion, (d) Equus, ein Pferd aus dem Quartär. (Aus Thenius)

11 Grundlagen, Ziele und Methoden der biologischen Systematik

Ein befriedigendes Bild von der Mannigfaltigkeit der Mikroorganismen, Pilze, Pflanzen und Tiere ist nur zu gewinnen, wenn man Daten über möglichst viele Eigenschaften der Organismen zur Verfügung hat, z. B. über Strukturen, Funktionen, Lebensweise, Verbreitung und Veränderlichkeit. Dazu ist (1) eine *eindeutige Kennzeichnung* und *Abgrenzung* der als »gleichartig« oder »ungleichartig« angesehenen Lebewesen und (2) die *Gliederung* der Formenfülle in einem übersichtlichen *System* notwendig. Zwar tragen alle biologischen Disziplinen mit ihren Befunden zur genaueren Kenntnis der Organismen und damit ihrer systematischen Einordnung bei, doch ist es die biologische Systematik, welche die Grenzen zwischen den zu einem bestimmten Zeitpunkt unterscheidbaren Organismen, aber auch die zwischen ihnen bestehenden strukturellen und funktionellen und die vermutlichen stammesgeschichtlichen Zusammenhänge gestuft angibt. Das von der Systematik erstellte System vermag daher weitaus mehr zu leisten als ein bloßes Ordnungssystem.

Allzu oft wird übersehen, daß erst die Systematik die verläßliche Grundlage dafür schafft, daß man sich über Beobachtungen an Lebewesen verständigen und sie für eine Gruppe von Organismen verallgemeinern kann. Biologische Untersuchungen, gleich welcher Art, werden ja stets nur an einer beschränkten Anzahl von Individuen vorgenommen, die der Systematiker zu einer bestimmten – etwa als *Vicia faba* L. bezeichneten – Art stellt. Streng genommen gelten die Resultate solcher Untersuchungen nur für die wenigen untersuchten Individuen. In Wirklichkeit verallgemeinert man sie jedoch mit der Nennung des Artnamens für eine vielfache Zahl von Individuen und für viele Generationen, die vom Systematiker sämtlich dieser einen Art zugerechnet werden. Man wertet also die von der Systematik ermittelten, natürlichen Gruppen als Verallgemeinerungseinheiten, d. h. man betrachtet alle Individuen einer solchen Art nicht nur als mehr oder minder isomorph (gleichgestaltet), sondern auch als isoreagent (gleich reagierend). Die Unterscheidung solcher natürlicher Gruppen von Organismen, die der Systematiker allgemein als »Sippen« – *Taxa,* Einzahl: *Taxon* – bezeichnet, wird ermöglicht durch die *»diskontinuierliche Variabilität«,* d. h. die Tatsache, daß wir einerseits bei einer Gruppe von Individuen Gleichförmigkeit beobachten, andererseits eine Ungleichförmigkeit zwischen Angehörigen verschiedener Gruppen feststellen. Die Übereinstimmungen und Verschiedenheiten sind dabei so abgestuft, daß sich Gruppen unterscheidbarer Sippen auf Grund übergreifender Ähnlichkeiten zu größeren Sippen höheren Ranges zusammenfassen lassen. Die Erfahrung hat gezeigt, daß man auch bei den größeren Gruppen höheren systematischen Ranges bis zu einem gewissen Grade verallgemeinern darf, sofern man sich auf Kategorien des Natürlichen Systems (s. unten) bezieht, z. B.: Alle Säugetiere besitzen ein sekundäres Kiefergelenk. Das natürliche System erlaubt auch eine Vielzahl von Voraussagen, z. B.: Tiere mit sekundärem Kiefergelenk haben kernlose Erythrocyten, Haare usw.; Pflanzen mit Fruchtknoten besitzen im allgemeinen Tracheen als Wasserleitungsbahnen etc.

Jedem Taxon wird in der Hierarchie des Systems der Organismen ein bestimmter Rang, eine Kategorie, zugewiesen (Tab. 11.1, 11.2). Dabei wird dem Taxon *Art* oft, aber nicht unumstritten, ein Basisrang zuerkannt.

Man kann die Grenzen und die mehr oder minder tiefen Lücken zwischen den Organismengruppen als Ergebnis der Evolution auffassen. Auf alle Fälle sind sie oft schon dadurch gegeben, daß die Gruppen von Organismen nach sehr verschiedenen Bauplänen konstruiert sind, deren Eigenschaften und Proportionen nur in begrenztem Maße abgewandelt werden können, wenn der betreffende Organismus funktionsfähig bleiben soll. So ist z. B. die Maximalgröße der Insekten u. a. begrenzt durch die Leistungsfähigkeit ihres Tracheensystems: Baupläne sind auch Funktionspläne! Lücken zwischen den Gruppierungen können aber auch durch Elimination von Zwischengliedern infolge der Einwirkung selektiver Außenfaktoren bedingt sein.

Das Bestreben der Systematik ist heute selbstverständlich darauf gerichtet, in der Ordnung des Systems die *phylogenetische Verwandtschaft* der Organismen widerzuspiegeln. Dies setzt voraus, daß man sich bei der Feststellung von Übereinstimmungen und Unterschieden nicht von äußerlichen Ähnlichkeiten oder sog. Konvergenzen ablenken läßt, sondern daß es sich bei den als identisch bewerteten und zum Vergleich herangezogenen Strukturen um *homologe* Elemente (S. 855f.) handelt.

Zur Abgrenzung gegenüber Konvergenzen dienen die Homologiekriterien (S. 856–857). So wie bei den einzelnen Großgruppen des Systems der Organismen verschiedene Merkmale als wegweisend für die systematische Gliederung im Vordergrund stehen (z. B. die Nucleotidsequenzen von Nucleinsäuren bei Prokaryoten; zumindest derzeit: morphologisch-anatomische Charakteristika bei Pflanzen und Tieren), so hat sich auch die Terminologie und selbst die Theorie der Systematik bei den einzelnen biologischen Disziplinen recht unabhängig entwickelt. Wenn im folgenden z. T. fachspezifische Gedankengänge geschildert werden, darf dies doch nicht den Eindruck erwecken, die Evolution vollzöge sich bei den einzelnen Großgruppen der Organismen grundsätzlich verschieden.

Man kann versuchen, bei den homologen Merkmalen zwischen *apomorphen* (abgeleiteten) und *plesiomorphen* (ursprünglichen) Merkmalen zu unterscheiden. Die Nächstverwandtschaft oder das Schwestergruppenverhältnis kann nur durch Übereinstimmungen in apomorphen Merkmalen *(Synapomorphien)* belegt werden. Der gemeinsame Besitz von plesiomorphen Merkmalen *(Symplesiomorphien)* kann dagegen nicht als Beleg für eine Nächstverwandtschaft herangezogen werden.

Das Merkmal »Flügel vorhanden« (= Pterygotie) ist eine Synapomorphie aller pterygoten Insektenarten (Abb. 11.1). Dagegen ist das Merkmal »primäres Fehlen von Flügeln« bei den sog. Apterygoten (Protura, Collembola, Diplura, Archaeognatha, Zygentoma) plesiomorph und belegt keine Nächstverwandtschaft dieser Gruppen.

Innerhalb der Pterygota ist der Besitz von Flügeln aber ein plesiomorphes Merkmal, die mehrfach unabhängig entstandene sekundäre Flügellosigkeit bei verschiedenen Pterygotengruppen (z. B. bei Flöhen) demgegenüber wieder ein apomorphes Merkmal.

Das bedeutet, daß die Begriffe plesiomorph/apomorph relativ zu verstehen sind. Auf einem tieferen Niveau des Stammbaums stellen die Plesiomorphien Apomorphien dar. Die Forderung, nach *der* und damit nach nur *einer* Schwestergruppe zu suchen, gründet auf der Annahme, daß in der Evolution jeweils *zwei Tochterarten durch Aufspaltung einer Mutterart entstehen*. Dasselbe wird dann für die höheren Kategorien gelten; auch hier kann man jeweils Verwandtschaftspaare ermitteln. Das Verzweigungssystem des Stammbaums ist nach dieser Auffassung grundsätzlich dichotom. Da es jedoch sehr verschiedene Wege der Artbildung gibt – so z. B. auch durch Bastardierung (z. B. allotetraploide Bastarde als Ausgangspunkt neuer Entwicklungsreihen) – kann diese Auffassung keine Allgemeingültigkeit beanspruchen; ebensowenig kann es einen allgemein zutreffenden Artbegriff geben.

Aus der Verteilung der plesiomorphen und apomorphen Merkmalsausprägungen bei den einzelnen Taxa – die Verteilung ist, wie die Abbildung 11.1 erkennen läßt, mosaikartig = *Heterobathmie* der Merkmale – ergibt sich ein Kladogramm, das oft als Stammbaumschema interpretiert wird, welches die (Tier-)Arten nach ihrer phylogenetischen Ver-

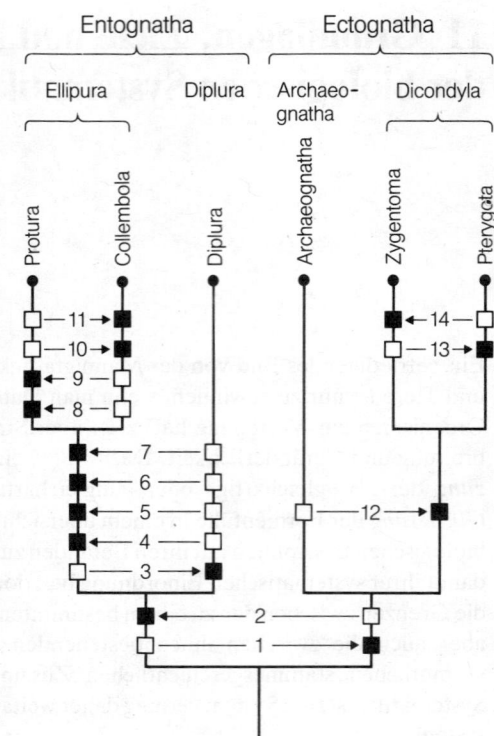

Abb. 11.1. Kladogramm der Insekten. Die jeweiligen Apomorphien sind schwarz markiert. (1) Geißelantenne; (2) Entognathie; (3) völliges Fehlen von Komplexaugen und Ocellen; (4) Reduktion der Zahl der Antennenglieder; (5) Reduktion des Labium; (6) Verlust der Abdominalstigmen; (7) Reduktion der Cerci; (8) Reduktion der Antennen; (9) Verlust der Komplexaugen und Ocellen; (10) Reduktion der Zahl der Abdominalsegmente; (11) Konzentration des Nervensystems im Thorax; (12) Dicondylie; (13) Pterygotie; (14) Reduktion der Komplexaugen. Danach besitzen z. B. Zygentoma und Pterygota das apomorphe Merkmal »Dicondylie« (Mandibel mit zusätzlichem sekundären Gelenkhöcker), die Pterygota das apomorphe Merkmal »Pterygotie« (Vorhandensein von 2 Flügelpaaren) gemeinsam. Diese Synapomorphien begründen die Gruppen Dicondylia bzw. Pterygota. (Nach Kraus)

wandtschaft ordnet. Der *Grad der Verwandtschaft* zwischen zwei Arten oder zwei Taxa wird aus dem Verzweigungsmuster des Kladogramms abgeleitet. Er wird gemessen durch die Anzahl der Verzweigungsschritte, die sie von dem gemeinsamen Ahn trennen. Nach Abbildung 11.1 sind z. B. die Protura und Collembola näher miteinander verwandt (nur durch einen Verzweigungsschritt vom gemeinsamen Ahn getrennt) als jeweils mit den Diplura (durch zwei Verzweigungsschritte vom gemeinsamen Ahn getrennt). Verwandtschaft wird also hier streng genealogisch als »Bluts«verwandtschaft verstanden. Viele Autoren halten diesen Verwandtschaftsbegriff für zu einseitig, da er andere evolutionäre Prozesse ignoriert (s. u.).

Unter Zoologen ist der hier vorgetragene Ansatz zur Ermittlung eines Kladogramms, der auf W. Hennig zurückgeht, heute kaum mehr umstritten. Mit der Aufstellung eines Kladogramms ist aber nur der erste Schritt getan, der zu einem System führt. Es muß der zweite Schritt folgen, die eigentliche Klassifikation, d. h. die Umsetzung des Kladogramms in das hierarchische Ordnungsgefüge des Systems. Über die Art und Weise der Umsetzung gibt es nun unter den Zoologen insbesondere zwei unterschiedliche Auffassungen, die man als kladistisch-phylogenetische Klassifikation bzw. evolutionäre Klassifikation bezeichnet, mit den beiden herausragenden Protagonisten und Kontrahenten W. Hennig und E. Mayr.

Die Vertreter der *kladistisch-phylogenetischen Klassifikation* fordern, daß das Kladogramm direkt in ein System umgesetzt werden muß (Abb. 11.2a, b). Die zeitliche Aufeinanderfolge der Aufspaltungsschritte ist das Unterteilungsfundament bei der Aufstellung eines hierarchisch-enkaptischen Systems. *Alle Spaltungsschritte haben gleiches Gewicht.* In dieser Klassifikation wird als einziger Prozeß der Evolution das zeitliche Nacheinander der Aufspaltung berücksichtigt. Andere Aspekte des evolutiven Wandels (s. u.) werden bei den Gruppenbildungen dagegen ignoriert. Jede Gruppe bekommt im System den gleichen kategorialen Rang in der Hierarchie wie die Schwestergruppe, ungeachtet, wie weit oder wie wenig weit die beiden Schwestergruppen sich von der gemeinsamen Ahnenform entfernt haben (einander sehr nahestehende Sippen, die sich etwa nur in ihren ökologischen Ansprüchen unterscheiden, werden oft als *Subspecies* oder *Rassen* derselben Art klassifiziert).

Das so errichtete, streng phylogenetische System ist logisch konsequent aufgebaut und erfüllt auch das *Postulat der Einheitlichkeit* des bei der Aufstellung des Systems maßgeblichen Prinzips. Außerdem gewährleistet allein dieses System die Bildung von ausschließlich streng monophyletischen Gruppen. Eine *monophyletische Gruppe* liegt nur dann vor, wenn sie *alle* von einer gemeinsamen Ahnenform abstammenden Arten umfaßt (Abb. 11.3). Die auch in einem nicht streng phylogenetischen System meist geforderte Monophylie der Gruppen faßt den Monophylie-Begriff nicht so scharf und betrachtet auch paraphyletische Gruppen (s. u.) als monophyletisch.

Die Vertreter der *evolutionären Klassifikation* unter den Zoologen meinen, daß eine schematische Umsetzung des Kladogramms in ein hierarchisch-enkaptisches System zu einseitig ist. Sie erkennen zwar an, daß die Stammesgeschichte die leitenden Gesichtspunkte für ein biologisches System liefern muß. Die zeitlich aufeinanderfolgenden Aufzweigungen der Stammeslinien sind aber sicherlich nicht der einzige historische Prozeß der Evolution. Hinzu kommen so augenfällige und wesentliche Aspekte wie die Geschwindigkeit des evolutiven Wandels, die Eroberung neuer Adaptionszonen, die adaptive Radiation, u. v. a. m. (s. Kap. 10). Derartige Aspekte müssen nach dieser Auffassung ebenfalls bei der Klassifikation Berücksichtigung finden (Abb. 11.2a, c). Ein solches System wird also nach zwei verschiedenen Gesichtspunkten errichtet (erfüllt demnach nicht das genannte Postulat der Einheitlichkeit): (1) nach dem *Verzweigungsmuster* und (2) nach *Art und Ausmaß des evolutiven Wandels* zwischen den Verzweigungsschritten. Ein Vertreter der evolutionären Klassifikation wird die apomorphen Merkmale verschieden bewerten, je nach ihrer adaptiven Bedeutung für das Taxon. So wird er den

a

I. Testudines
II. (etwa: Sauropsida s. str.)
  A. Lepidosauria
    1. Rhynchocephalia
    2. Squamata
  B. Archosauromorpha
    1. Crocodylia
    2. Aves

b

Klasse Reptilia
1. Ordnung Chelonia (Testudines)
2. Ordnung Rhynchocephalia
3. Ordnung Squamata
4. Ordnung Crocodylia

Klasse Aves

c

Abb. 11.2. (a) *Kladogramm der Sauropsida nach übereinstimmender Ansicht neuerer Autoren. Ungeklärt sind die phylogenetischen Verwandtschaftsbeziehungen der Testudines. (b) Kladogramm (a) umgesetzt in ein hierarchisches System nach dem kladistisch-phylogenetischen Ansatz. Die Testudines sind als phylogenetische Schwestergruppe der übrigen Sauropsiden aufgefaßt. I und II; A und B; 1 und 2 bedeuten jeweils Kategorien gleicher Rangstufe. Die Gruppe Reptilia ist aufgelöst. (c) Kladogramm (a) umgesetzt in ein hierarchisches System nach dem evolutionären Ansatz. Die Klassen Reptilien und Vögel sind erhalten geblieben, die Krokodile eine Ordnung der Reptilien. Dieser Anordnung liegt die Auffassung zugrunde, daß den Vögeln ein höherer kategorialer Rang zukommt als ihrer Schwestergruppe – den Krokodilen –, weil sie einen größeren evolutiven Wandel erfahren haben. (Nach Hennig)*

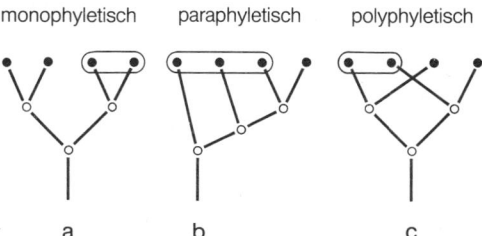

Abb. 11.3. (a–c) *Schema zur Erläuterung der Begriffe Mono-, Para- und Polyphylie. Die Gruppenbildung ist jeweils durch die in ein Oval eingeschlossenen Taxa markiert. (Nach Hennig)*

Tabelle 11.1. Die systematischen Kategorien und ihre Kennzeichnung im Pflanzenreich

Abteilung *(phylum, divisio)*: *-phyta*, bei den Pilzen *-mycota*	*Spermatophyta*
Unterabteilung *(subphylum, subdivisio)*: *-phytina* bzw. *-mycotina*	
Klasse *(classis)*: bei den Algen *-phyceae*	
bei den Pilzen *-mycetes*	
bei den Flechten *-lichenes*	
bei den Gefäßpflanzen *-opsida* oder *-atae*	*Dicotyledoneae* (= *Magnoliatae*)
Unterklasse *(subclassis)* *-idae*	
bei den Algen *-phycidae*	
bei den Pilzen *-mycetidae*	
Überordnung *(superordo)*: *-anae*	
Reihe, Ordnung *(ordo)*: *-ales*	*Primulales*
Unterreihe *(subordo)*: *-inales*	
(Familiengruppe: *-ineales*)	
Familie *(familia)*: *-aceae*	*Primulaceae*
Unterfamilie *(subfamilia)*: *-oideae*	
Tribus *(tribus)*: *-eae*	
Subtribus *(subtribus)*: *-inae*	
Gattung *(genus)*	*Primula*
Untergattung *(subgenus)*	
Sektion *(sectio)*	
Untersektion *(subsectio)*	
Serie *(series)*	
Art *(species)*	*Primula veris*
Unterart *(subspecies)*	*P. v. subsp. caulescens*
Varietät *(varietas)*	
Untervarietät *(subvarietas)*	
Form *(forma)*	

Pterygota (Abb. 11.1) eine Eigenstellung gegenüber der Schwestergruppe, den Zygentoma, zuerkennen, weil der evolutive Erfolg der Pterygota (Artenreichtum, Organisationshöhe usw.) ungleich höher war. Die Folge dieses anderen Vorgehens ist eine weitere Fassung des Begriffs Monophylie.

Als monophyletische Gruppen werden alle zugelassen, deren Vertreter von einer gemeinsamen Stammform abstammen; also auch solche, die nicht alle Nachfahren dieser Stammform umfassen. Um derartige Gruppenbildungen von streng monophyletischen abzuheben, werden sie paraphyletische Gruppen genannt. *Paraphyletische* Gruppen sind auf dem gemeinsamen Besitz ursprünglicher Merkmale, auf Symplesiomorphien, begründet (Abb. 11.3). Gruppen wie die »Apterygota« (s. o.) oder die »Reptilia« (Abb. 11.2) wären typische Beispiele für paraphyletische Gruppen. Davon unterscheiden muß man noch *polyphyletische* Gruppen. Sie umfassen ebenfalls nicht alle bekannten Nachkommen einer Stammform; und sie enthalten Nachfahren verschiedener Stammformen (Abb. 11.3). Polyphyletische Gruppen sind demnach auf *Konvergenzen* (S. 866f.) begründet. Es besteht unter Systematikern allgemeiner Konsens, daß Gruppen, die als polyphyletisch erkannt worden sind, aufgelöst gehören.

Neben den beiden bisher geschilderten, vor allem von Zoologen diskutierten Theorien oder Methoden einer Klassifikation gibt es noch einen dritten methodischen Ansatz, wie man zu einem System gelangen kann, den der sog. *numerischen Taxonomie,* die vor allem in der sogenannten Cluster-Analyse angewendet wird. Diese geht von einem Vergleich möglichst vieler Einzelmerkmale aus, die alle gleich bewertet werden. Durch eine im einzelnen unterschiedliche quantitierende Behandlung bekommt man für die einzelnen Merkmale bestimmte mathematische Werte für Differenzen oder Ähnlichkeiten zwischen den verschiedenen Organismen. Aus diesen Werten werden dann Gesamtähnlichkeiten oder Gesamtdifferenzen errechnet und die so festgestellte engere oder fernere »Ver-

Tabelle 11.2. Die gebräuchlichen zoosystematischen Kategorien am Beispiel von *Culex pipiens*. Sind Endungen von Kategorien vorgeschrieben, sind sie jeweils hinter den Kategorien angeführt. Nicht in jedem Fall kommen alle Kategorien zur Anwendung, wobei die Untergliederung im Einzelfall unterschiedlich vorgenommen werden kann. Manchmal werden zusätzliche Zwischenkategorien benutzt

Reich	Tiere	
Unterreich	Vielzeller	*Metazoa*
Abteilung		*Eumetazoa*
Unterabteilung		*Bilateria*
Stamm	Gliederfüßler	*Arthropoda*
Unterstamm	Tracheentiere	*Tracheata (= Antennata)*
Überklasse	—	—
Klasse	Insekten	*Insecta*
Unterklasse	geflügelte Insekten	*Ptergyota*
Infraklasse	—	—
Kohorte	—	—
Überordnung	—	*Mecopteroidea*
Ordnung	Zweiflügler	*Diptera*
Unterordnung	Mücken	*Nematocera*
Infraordnung	—	—
Überfamilie *(-oidea)*	—	—
Familie *(-idae)*	Stechmücken	*Culicidae*
Unterfamilie *(-inae)*	-	*Culicinae*
Tribus *(-ini)*		
Gattung	—	*Culex*
Untergattung	—	—
Art *(species)*	Gemeine Stechmücke	*Culex pipiens*
Unterart *(subspecies)*		

wandtschaft« als alleinige Klassifikationsbasis bei der Aufstellung des Systems benutzt. Die praktischen Methoden der numerischen Taxonomie, die – ebenso wie die Kladistik – Computertechniken einschließen, können als Hilfsmittel für den Taxonomen durchaus nützlich sein, etwa bei der Aufgabe, Organismen zu determinieren. Man muß aber bezweifeln, daß mit diesem Vorgehen eine eindeutige Darstellung der verwandtschaftlichen Beziehungen zwischen den Taxa erreicht werden kann. Diese hängen in erster Linie von der richtigen Analyse und Bewertung der Merkmalsbestände ab.
Die Benennungsweise der Organismen mit lateinischen Namen ist durch *internationale Nomenklaturregeln* festgelegt. Dabei ist vereinbarungsgemäß die botanische Nomenklatur unabhängig von der zoologischen. Die wichtigsten Grundsätze der hier als Beispiel aufgeführten botanischen Nomenklaturregeln sind dabei, daß
(1) der Name einer Art an ein *Typusexemplar* (Holotypus, z. B. eine herbarisierte Pflanze) gebunden ist, das der Beschreibung zugrundegelegen hat und entsprechend bezeichnet wurde; die gleiche Koppelung gilt für alle höheren Taxa bis hin zur Ordnung, für welche diese Art als Typus gewählt wurde;
(2) der jeweils *älteste*, den Nomenklaturregeln entsprechende Name der korrekte ist, sofern er nicht mit dem Namen einer anderen, früher beschriebenen Art gleichlautet (älteres Homonym); das gilt auch bei der Vereinigung von Taxa;
(3) jeder Name eine *binäre Kombination* eines Gattungsnamens (z. B. *Bellis*) mit einem die betreffende Art kennzeichnenden Epitheton (z. B. *perennis*) darstellt; dazu wird gewöhnlich in Abkürzung noch der Autor zitiert, der die betreffende Art zuerst unter dem genannten Namen beschrieben hat, also *Bellis perennis* L. (für Linné). Bei späteren

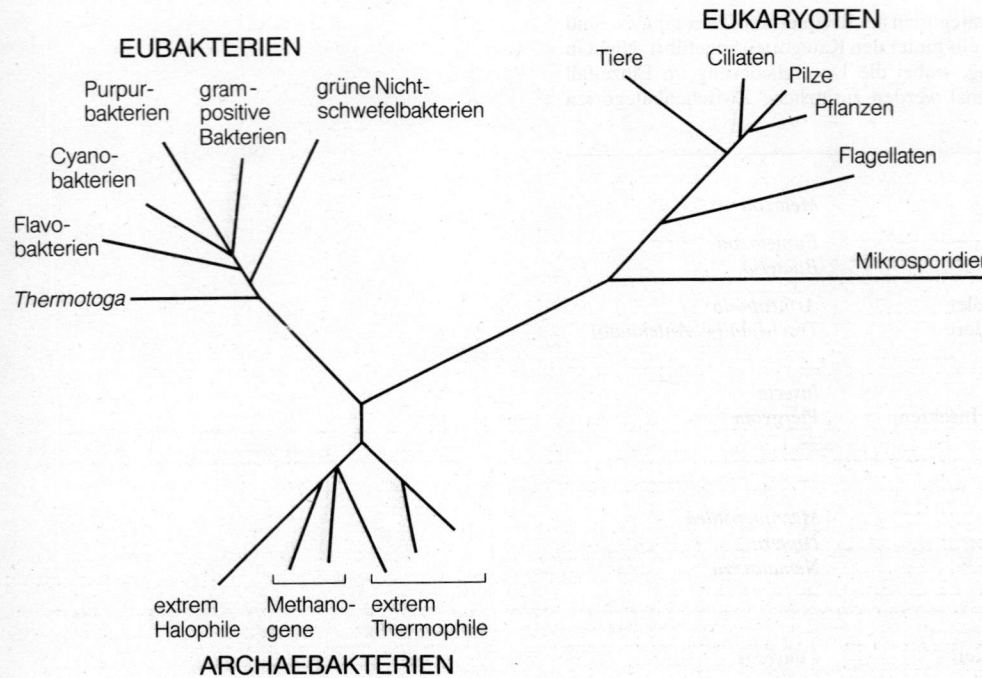

Abb. 11.4. Universeller Stammbaum, abgeleitet aus vergleichender Bestimmung von rRNA-Sequenzen. Eine Matrix der evolutionären Abstände wurde berechnet aus der Anordnung von repräsentativen 16S-RNA-Sequenzen der drei Ur-Reiche. Die Längen der Abstandsstriche sind proportional den berechneten Abständen. Es ergibt sich eine klare Gliederung in drei Reiche, von denen eines alle Eukaryoten umfaßt. (Nach Woese 1987)

Überführungen einer Art in eine andere Gattung wird zweckmäßigerweise (in der Botanik) neben dem Namen des Autors, der die Umstellung vorgenommen hat, auch (in Klammern) der erste Autor genannt, z.B. *Valerianella locusta* (L.) Laterr. Die Benennung der Unterarten oder Varietäten erfolgt durch weitere lateinische Bezeichnungen, z.B. *Valeriana celtica* L. subsp. *norica* Vierh. – Die Handhabung dieser binären Nomenklatur wurde 1753 von C. von Linné bei der Abfassung seiner »Species Plantarum« konsequent durchgeführt, bei der Nomenklatur vieler Gruppen gilt dieses Jahr als Ausgangspunkt für die gültige Veröffentlichung von Namen. Es wird empfohlen, die Namen der verschiedenen Pflanzengruppen mit jeweils bestimmten Endungen zu versehen, um die jeweilige Rangstufe zu kennzeichnen (Tab. 11.1).

Die Stufenfolge der systematischen Kategorien der Tiere unterscheidet sich nur wenig von der in der Botanik gebräuchlichen. Die wichtigsten Kategorien sind in Tabelle 11.2 aufgeführt, dazu am Beispiel einer Mücke die in der zoologischen Systematik üblichen Endungen.

Die »Bestandsaufnahme« der Prokaryoten, Pilze, Pflanzen und Tiere ist auch heute noch weit von einem Abschluß entfernt. Bei den Prokaryoten weicht die Zahl der beschriebenen Arten sicher besonders stark von derjenigen der existierenden ab; das gilt besonders für die Eubakterien. Überlegt man, daß die meisten Tierarten spezifische endobiotische Bakterien aufweisen (auch die artenreichen Arthropoden, Tab. 11.5), so dürfte die Zahl der Eubakterien-Arten eher bei einigen Hunderttausenden oder bei Millionen liegen. Nach Schätzungen, die sich allein auf Gefäßpflanzen beziehen, ist nicht damit zu rechnen, daß wir vor Ablauf von 30 Jahren die bereits besser durchforschten Floren gemäßigter Zonen auch nur einigermaßen kennen, für die Tropen wird man mehr als das Doppelte dieser Zeit ansetzen müssen. Allein aus dem schon relativ gut erforschten Afrika südlich der Sahara werden nach Leonard jedes Jahr 500–600 neue Arten beschrieben. Insgesamt schätzt man die Anzahl der Blütenpflanzen auf 250000–300000 Arten, wobei schon einkalkuliert ist, daß immer wieder ein gewisser Prozentsatz der beschriebenen Arten sich

Tabelle 11.3. Artenzahlen der bisher beschriebenen Prokaryoten

Archaebakterien	100–200
Eubakterien	4000
(darunter etwa die Hälfte Cyanobakterien)	

Tabelle 11.4. Artenzahl des Pflanzenreichs. (Nach Wagenitz und anderen Autoren)

Prokaryota	
I. Schizobionta, Spaltpflanzen	3600
Eukaryota	
II. Phycobionta, Algen	
3. Abt. Chlorophyta, grüne Algen	11000
4. Abt. Euglenophyta	800
5. Abt. Dinophyta	1000
6. Abt. Chromophyta	13000
7. Abt. Rhodophyta, Rotalgen	4000
III. Mycobionta, Pilze	
8. Abt. Myxomycota, Schleimpilze	600
9. Abt. Eumycota, echte Pilze (incl. Deuteromycetes)	60000
Lichenes, Flechten	20000
IV. Bryobionta, Moose	
10. Abt. Bryophyta, Moose	26000
V. Cormobionta, Gefäßpflanzen	
11. Abt. Pteridophyta, Farngewächse	12000
12. Abt. Spermatophyta, Samenpflanzen	
1. U.Abt. Coniferophytina (Gymnospermae), Nacktsamer	800
2. U.Abt. Angiospermophytina (Angiospermae), Decksamer	250000
Summe etwa	400000

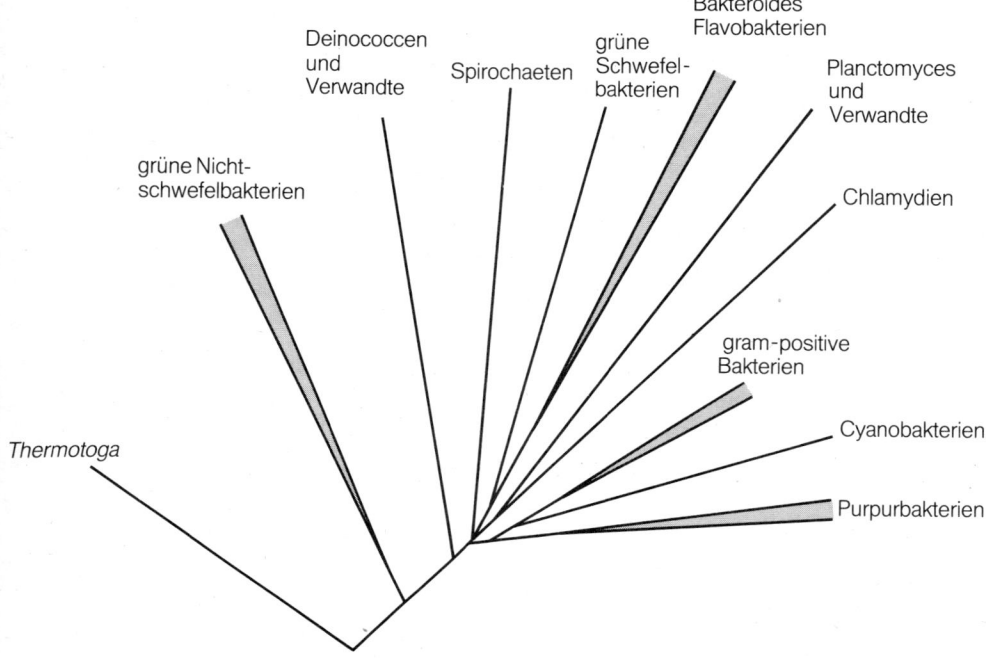

Abb. 11.5. Stammbaum der Eubakterien, abgeleitet aus dem Vergleich der 16S rRNA-Sequenz. Die »Astlängen« des Stammbaums sind proportional zu den berechneten Verwandtschaftsentfernungen. Zumeist wurde nur eine repräsentative Sequenz jeder Abteilung zugrunde gelegt. Bei denjenigen Abteilungen, bei denen zusätzliche 16S-rRNA-Sequenzen verfügbar waren, wurden die Abweichungen innerhalb der Gruppe berechnet und durch die schattierten Keile dargestellt. (Nach Woese 1987)

Tabelle 11.5. Artenzahlen des Tierreichs. Die Angaben beruhen zumeist auf Näherungswerten bzw. Schätzungen. Bei einigen Gruppen gehen die Angaben auch sehr weit auseinander. (Nach verschiedenen Autoren)

Protozoa	27 100
Placozoa	2
Porifera	5 000
Mesozoa	50
Cnidaria	10 000
Ctenophora	80
Gnathostomulida	100
Plathelminthes	15 600
Nemertini	850
Entoprocta	300
Nemathelminthes	23 000
Priapulida	9
Mollusca	130 000
Sipunculida	320
Echiurida	140
Annelida	17 000
Onychophora	80
Tardigrada	600
Pentastomida	70
Arthropoda	1 000 000
Tentaculata	4 300
Chaetognatha	80
Pogonophora	115
Echinodermata	6 000
Hemichordata	80
Chordata	49 000
Summe etwa	1 300 000

bei näherer Überprüfung der betreffenden Verwandtschaftskreise als identisch mit anderen bekannten Arten erweist oder nur Unterarten anderer Arten darstellt.

Der Wegbereiter der biologischen Systematik, C. v. Linné, konnte in der 10. Auflage seines Buches »Systema naturae« Mitte des 18. Jahrhunderts nur knapp 4400 Tierarten benennen und beschreiben. In den mehr als 200 Jahren seitdem hat sich die Zahl der bekannten Tierarten auf fast 1,3 Millionen erhöht, und es werden auch heute noch fortwährend neue Tierarten beschrieben. Die Schätzungen über die Zahl der gegenwärtig lebenden Tierarten liegen zwischen 2 und 10 Millionen. Hinzu kommt eine Fülle an fossilen Tierformen. Der bisher bekannte Artenbestand der einzelnen Tier- und Pflanzengruppen beläuft sich etwa auf die in den Tabellen 11.3 bis 11.5 angeführten Zahlen.

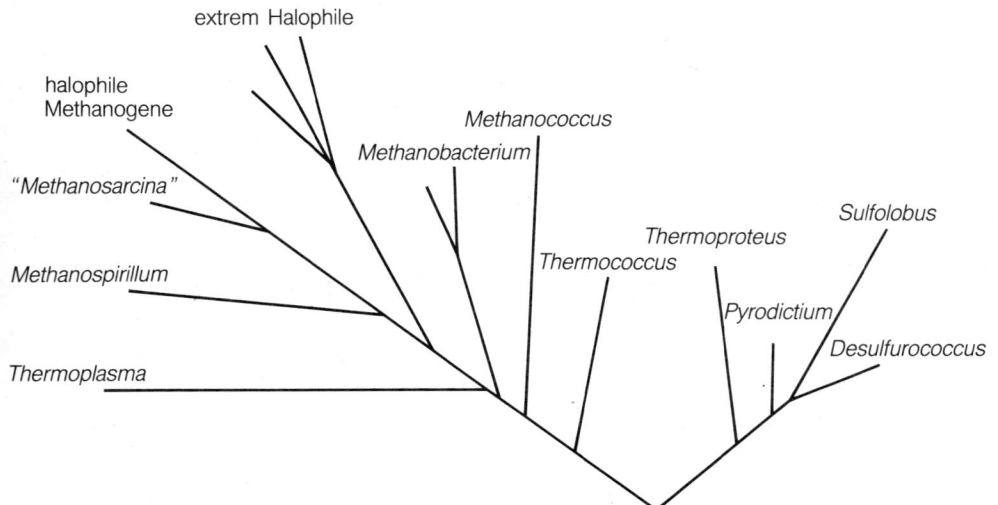

Abb. 11.6. Stammbaum der Archaebakterien, abgeleitet aus dem Vergleich der 16S rRNA-Sequenz. Die »Astlängen« entsprechen wieder den berechneten Verwandtschaftsabständen. Die »Wurzel« des Baumes wurde durch Sequenzvergleich mit Arten der Eubakterien und der Eukaryoten festgelegt; sie liegt zwischen Thermococcus und den anderen extrem thermophilen Arten. (Nach Woese 1987)

Tabelle 11.6. Unterabteilungen und einige repräsentative Gattungen der Archaebakterien, gegliedert hauptsächlich nach der rRNA-Struktur. (Nach C. R. Woese 1987)

1. *Methanococcus*-Gruppe
2. *Methanobacter*-Gruppe
3. *Methanomicrobium*-Gruppe
4. Halobakterien
5. *Thermoplasma*
6. *Thermococcus*-Gruppe
7. Extreme Thermophile
   Sulfolobus, Thermoproteus, Desulfurococcus, Pyrodictium

Tabelle 11.7. Abteilungen (Phyla) und Unterabteilungen (Subdivisiones) bei den Eubakterien, gegliedert nach der Ähnlichkeit von Nucleinsäurestrukturen. (Nach C. R. Woese 1987)

1. Purpurbakterien

   α-Unterabteilung
   Schwefelfreie Purpurbakterien (Athiorhodaceae), Rhizobakterien, Agrobakterien, Rickettsien, *Nitrobacter*

   β-Unterabteilung
   Rhodocyclus, Thiobacillus (einige Arten), *Alcaligenes, Spirillum, Nitrosovibrio*

   γ-Unterabteilung
   Enterobakterien, fluoreszierende Pseudomonaden, Schwefelpurpurbakterien (Thiorhodaceae),
   Legionella, Beggiatoa (einige Arten)

   δ-Unterabteilung
   Schwefelbakterien und Sulfatreduzierer (*Desulfovibrio*), Myxobakterien, *Bdellovibrio*

2. Grampositive Eubakterien

   A. Arten mit hohem Guanin (G)- und Cytosin (C)-Gehalt
      Actinomyceten, *Streptomyces, Athrobacter, Micrococcus, Bifidobacterium*
   B. Arten mit niederem G- und C-Gehalt
      Clostridium, Peptococcus, Bacillus, Mycoplasmen
   C. Photosynthetisierende Arten
      Heliobacterium
   D. Arten mit gramnegativen Zellwänden
      Megasphaera, Sporomusa

3. Cyanobakterien und Chloroplasten
   Cyanobakterien, *Prochloron*

4. Spirochaeten und Verwandte
   A. Spirochaeten
   B. Leptospiren

5. Grüne Schwefelbakterien (Chlorobacteriaceae)

6. Bacteroiden, Flavobakterien und Verwandte
   A. Bacteroiden
   B. Flavobakterien

7. *Planctomyces* und Verwandte
   A. *Planctomyces*-Gruppe
   B. Thermophile (*Isocystis*)

8. Scheidenbakterien (Chlamydobakterien)

9. Strahlenresistente Micrococcen und Verwandte
   A. *Deinococcus*-Gruppe
   B. Thermophile (*Thermus*)

10. Grüne Nichtschwefelbakterien und Verwandte
    A. *Chloroflexus*-Gruppe
    B. *Thermomicrobium*-Gruppe

Bei den sogenannten *künstlichen Systemen,* unter denen das von Linné geschaffene Sexualsystem der Pflanzen wohl das bekannteste ist, werden nur einzelne Eigenschaften herausgegriffen, die zwar nicht selten bei nur weitläufig verwandten Sippen auftreten (bestimmte Staubblattzahlen!), in Kombination mit einigen anderen Kennzeichen jedoch gut zur Identifikation geeignet sind. Sie ermöglichen eine Einordnung in künstliche Gruppen und somit einen raschen Überblick über die Formenvielfalt.

Bis vor kurzem erfolgte die systematische Gliederung im wesentlichen bei Eukaryoten (Pilzen, Pflanzen, Tieren), nur wenig überzeugend war sie bei Mikroorganismen. Der Grund lag im Mangel an strukturellen Feinunterschieden. Die physiologische Differenzierung führte zwar weiter, sie ist aber schwierig zu prüfen und auch nicht voll befriedigend. Zum Beispiel besteht die intensiv untersuchte Gattung *Pseudomonas* nach neuen molekularbiologischen Erkenntnissen aus mindestens fünf unterschiedlichen Gruppen. Die Konsequenz dieser Schwierigkeiten war, daß lange Zeit nur geringes Interesse an phylogenetischen Zusammenhängen bei Bakterien bestand. Bis vor kurzem war eine Ermittlung phylogenetischer Zusammenhänge bei Bakterien kaum möglich. Erst die Ermittlung der Nucleotidsequenzen in Nucleinsäuren, also der Struktur von merkmalsbestimmenden Informationsmolekülen, hat hier zu fundamentalen neuen Erkenntnissen geführt. Als besonders aufschlußreich für die Aufklärung der phylogenetischen Verwandtschaft – vor allem, aber nicht nur, bei Prokaryoten – hat sich die Analyse der Ribosomen, insbesondere der rRNA-Moleküle (16 S und 23 S, vgl. S. 43) erwiesen.

Daß man bei Bakterien ähnlich wie bei Pilzen, Pflanzen und Tieren Arten unterscheiden und in ein phylogenetisch aussagekräftiges hierarchisches System bringen kann, ist nicht so selbstverständlich, wie es klingt: der »laterale« interspezifische Gentransfer durch Plasmidübertragung könnte sich so auswirken, daß nicht das ganze Bakteriengenom, sondern einzelne Gene eine charakteristische Genealogie aufweisen. Gegen diese Annahme spricht aber u. a. der Befund, daß für diejenigen Bakterienarten, bei denen so verschiedene Moleküle wie rRNA und Cytochrom c sequenziert wurden, die beiden aufgrund der Ergebnisse konstruierten Stammbäume ein weitgehend identisches Aussehen haben.

Die bisher für die systematische Gliederung herangezogenen strukturellen und funktionellen (phänotypischen) Kriterien stimmen nicht immer mit den durch RNA-Sequenzierung erhaltenen Daten überein. So gehören zwar die Gram-positiven Bakterien aufgrund ihrer die spezifische Färbbarkeit bedingenden Zellwandstruktur ein- und derselben Gruppe des Stammbaums an, diese umschließt jedoch nach der Sequenzanalyse auch nicht Gram-positive Bakterien (vgl. Tab. 11.7). Die Gruppe der photosynthetisierenden Bakterien z. B. erwies sich als genealogisch nicht getrennt von den nicht-photosynthetisierenden Bakterien.

Die überraschendste Erkenntnis bei der Neukonstruktion des Stammbaums der Organismen mit Hilfe der Sequenzierung von Nucleinsäuren war der überzeugend belegte Schluß, daß die Prokaryoten in zwei Gruppen zu gliedern sind, die Archaebakterien (vgl. Tab. 11.6; Abb. 11.6) und die Eubakterien (vgl. Tab. 11.7; Abb. 11.5). Diese stehen einander nach der »evolutionären Distanz« nicht näher als die Prokaryoten und die Eukaryoten (Abb. 11.4).

Es ist anzunehmen, daß auch bei der phylogenetischen Gliederung innerhalb der Eukaryoten die Sequenzanalyse von Nucleinsäuren eine zunehmend bedeutsamere Rolle spielen wird (s. Kap. 2).

Prokaryota

SCHIZOBIONTA
- I. Abteilung *Archaebacteriophyta*, Archaebakterien
- II. Abteilung *Eubacteriophyta*, Bakterien
  1. Klasse gram-negative *Schizomycetes*
  2. Klasse gram-positive *Schizomycetes*
- III. Abteilung *Cyanophyta*, Blaualgen
  1. Klasse *Cyanophyceae*, Blaualgen, Cyanobakterien
     1. Ordnung *Chlorococcales*
     2. Ordnung *Chamaesiphonales*
     3. Ordnung *Hormogonales*

Anhang: Prochlorophyta

Eukaryota

PHYCOBIONTA, Algen

IV. Abteilung Chlorophyta
1. Klasse *Chlorophyceae*, Grünalgen
   1. Unterklasse *Chlamydophycidae*
      1. Ordnung *Volvocales*
      2. Ordnung *Tetrasporales*
      3. Ordnung *Chlorococcales*
   2. Unterklasse *Ulvophycidae*
      1. Ordnung *Codiolales*
      2. Ordnung *Ulvales*
      3. Ordnung *Cladophorales*
      4. Ordnung *Siphonales*
   3. Unterklasse *Chlorophycidae*
      1. Ordnung *Chaetophorales*
      2. Ordnung *Oedogoniales*
2. Klasse *Conjugatophyceae*, Jochalgen
   1. Ordnung *Desmidiales*
   2. Ordnung *Zygnemales*
3. Klasse *Charophyceae*, Armleuchteralgen
   1. Ordnung *Coleochaetales*
   2. Ordnung *Charales*

V. Abteilung Euglenophyta
Klasse *Euglenophyceae*
    Ordnung *Euglenales*

VI. Abteilung Dinophyta
Klasse *Dinophyceae*
1. Ordnung *Desmocontales*
2. Ordnung *Peridiniales*
3. Ordnung *Dinococcales*
4. Ordnung *Dinotrichales*

VII. Abteilung Chromophyta
1. Klasse *Chrysophyceae*
   1. Unterklasse *Haptophycidae*
      1. Ordnung *Prymnesiales*
      2. Ordnung *Coccolithophorales*
   2. Unterklasse *Chrysophycidae*
      1. Ordnung *Chrysomonadales*
      2. Ordnung *Rhizochrysidales*
      3. Ordnung *Chrysocapsales*
      4. Ordnung *Chrysosphaerales*
      5. Ordnung *Chrysotrichales*
2. Klasse *Xanthophyceae (Heterocontae)*
   1. Ordnung *Heterochloridales*
   2. Ordnung *Rhizochloridales*
   3. Ordnung *Heterogloeales*
   4. Ordnung *Heterococcales*
   5. Ordnung *Heterotrichales*
   6. Ordnung *Heterosiphonales*
3. Klasse *Bacillariophyceae*, Diatomeen
   1. Ordnung *Centrales*
   2. Ordnung *Pennales*
4. Klasse *Phaeophyceae*, Braunalgen
   1. Ordnung *Ectocarpales*
   2. Ordnung *Sphacelariales*
   3. Ordnung *Cutleriales*
   4. Ordnung *Tilopteridales*
   5. Ordnung *Dictyotales*
   6. Ordnung *Chordariales*
   7. Ordnung *Sporochnales*
   8. Ordnung *Desmarestiales*
   9. Ordnung *Dictyosiphonales*
   10. Ordnung *Laminariales*
   11. Ordnung *Fucales*

VIII. Abteilung Rhodophyta
Klasse *Florideophyceae*, Rotalgen
1. Unterklasse *Bangiophycidae*
     Ordnung *Bangiales*
2. Unterklasse *Florideophycidae*
   1. Ordnung *Nemalionales*
   2. Ordnung *Gelidiales*
   3. Ordnung *Cryptonemiales*
   4. Ordnung *Gigartinales*
   5. Ordnung *Rhodymeniales*
   6. Ordnung *Ceramiales*

MYCOBIONTA, Pilze

IX. Abteilung Myxomycophyta, Schleimpilze
1. Klasse *Myxomycetes*, Echte Schleimpilze
   1. Ordnung *Protosteliales*
   2. Ordnung *Ceratiomyxales*
   3. Ordnung *Liceales*
   4. Ordnung *Trichiales*
   5. Ordnung *Echinosteliales*
   6. Ordnung *Stemonitales*
   7. Ordnung *Physarales*
2. Klasse *Labyrinthulomycetes*, Netzschleimpilze
   1. Ordnung *Labyrinthulomycetales*
   2. Ordnung *Hydromyxales*
3. Klasse *Acrasiomycetes*, Zellige Schleimpilze
     Ordnung *Acrasiales*
4. Klasse *Plasmodiophoromycetes*, Parasitische Schleimpilze
     Ordnung *Plasmodiophorales*

X. Abteilung Oomycota, Algenpilze
1. Klasse *Oomycetes*
   1. Ordnung *Saprolegniales*
   2. Ordnung *Peronosporales*
   3. Ordnung *Leptomitales*
   4. Ordnung *Lagenidiales*

XI. Abteilung Eumycota, Echte Pilze
1. Klasse *Trichomycetes*
     Ordnung *Trichomycetales*
2. Klasse *Hyphochytriomycetes*
     Ordnung *Hyphochytriales*
3. Klasse *Chytridiomycetes*
   1. Ordnung *Chytridiales*
   2. Ordnung *Blastocladiales*
   3. Ordnung *Monoblepharidales*
4. Klasse *Zygomycetes*
   1. Ordnung *Mucorales*
   2. Ordnung *Entomophthorales*
5. Klasse *Ascomycetes*, Schlauchpilze
   1. Unterklasse *Protascomycetidae*, Hefeartige Ascomyceten
      1. Ordnung *Endomycetales*
   2. Unterklasse *Euascomycetidae*, Echte Schlauchpilze
      1. Ordnung *Eurotiales*
      2. Ordnung *Erysiphales*
      3. Ordnung *Pezizales*
      4. Ordnung *Tuberales*
      5. Ordnung *Helotiales*
      6. Ordnung *Phacidiales*
      7. Ordnung *Sphaeriales*
      8. Ordnung *Clavicipitales*
      9. Ordnung *Pseudosphaeriales*
      10. Ordnung *Taphrinales*
6. Klasse *Basidiomycetes*
   1. Unterklasse *Heterobasidiomycetidae*
      1. Ordnung *Uredinales*
      2. Ordnung *Ustilaginales*
      3. Ordnung *Tilletiales*
      4. Ordnung *Tremellales*
      5. Ordnung *Auriculariales*
      6. Ordnung *Exobasidiales*
      7. Ordnung *Dacrymycetales*
   2. Unterklasse *Homobasidiomycetidae*
      Überordnung *Porianae*
      1. Ordnung *Aphyllophorales*
      2. Ordnung *Schizophyllales*
      3. Ordnung *Hymenochaetales*
      4. Ordnung *Telephorales*
      5. Ordnung *Cantharellales*
      6. Ordnung *Polyporales*
      Überordnung *Agaricanae*
      1. Ordnung *Agaricales*
      2. Ordnung *Russulales*
      3. Ordnung *Boletales*
      Überordnung *Lycoperdanae*
      1. Ordnung *Lycoperdales*
      2. Ordnung *Geastrales*

Tafel I A. Pflanzenreich

Diese Tafel soll einen Überblick über die verschiedenen Gruppen des Pflanzenreiches vermitteln. Die Anordnung und Gliederung dieser Gruppen ist keineswegs unumstritten, da die Verwandtschaftsverhältnisse vielfach noch nicht ausreichend geklärt sind. Die systematische Einteilung einiger Verwandtschaftskreise wurde aus der jeweiligen Spezialliteratur übernommen. Die neu entdeckten Prokaryoten-Gruppen der Archaebacteria und der Prochlorophyta sind noch nicht eingehend genug untersucht, um eine Kategorisierung zu rechtfertigen. Die Pilze (Mycobionta) werden heute vor allem auf Grund biochemischer Befunde verschiedentlich als eigenes drittes „Naturreich" innerhalb der Organismen betrachtet und als Gruppe neben die Pflanzen und Tiere gestellt. Bei den Pteridophyta und den Gymnospermae wurden die ausgestorbenen, nur fossil bekannten Gruppen mit aufgenommen, sie wurden besonders gekennzeichnet (†); die Gymnospermae werden heute oft nicht mehr als einheitliche Gruppe angesehen.

Zusammengestellt von F. Weberling

3. Ordnung *Nidulariales*
4. Ordnung *Phallales*

Anhang: *Deuteromycetes, Fungi imperfecti*
1. Ordnung *Moniliales*
2. Ordnung *Melanconiales*
3. Ordnung *Sphaeropsidales*

XII. Abteilung Lichenes, Flechten
1. Klasse *Ascolichenes*
   1. Ordnung *Arthoniales*
   2. Ordnung *Verrucariales*
   3. Ordnung *Pyrenulales*
   4. Ordnung *Caliciales*
   5. Ordnung *Graphidales*
   6. Ordnung *Lecanorales*

2. Klasse *Basidiolichenes*
   Ordnung *Corales*

BRYOBIONTA, Moose
XIII. Abteilung Bryophyta, Moose
1. Klasse *Anthocerotae*, Hornmoose
   Ordnung *Anthocerotales*

2. Klasse *Hepaticae*, Lebermoose
   1. Unterklasse *Marchantiidae*
      1. Ordnung *Sphaerocarpales*
      2. Ordnung *Monocleales*
      3. Ordnung *Marchantiales*

   2. Unterklasse *Jungermaniidae*
      1. Ordnung *Metzgeriales*
      2. Ordnung *Jungermaniales*
      3. Ordnung *Calobryales*
      4. Ordnung *Takakiales*

3. Klasse *Musci*, Laubmoose
   1. Unterklasse *Sphagnidae*, Torfmoose
      Ordnung *Sphagnales*

   2. Unterklasse *Andreaeidae*, Klaffmoose
      Ordnung *Andreaeales*

   3. Unterklasse *Bryidae*
      Überordnung *Dicrananae*
      1. Ordnung *Dicranales* (incl. Archidiales)
      2. Ordnung *Fissidentales*
      3. Ordnung *Pottiales*
      4. Ordnung *Grimmiales*

      Überordnung *Bartramianae*
      Ordnung *Bartramiales*
      Überordnung *Funarianae*
      Ordnung *Funariales*
      Überordnung *Schistosteganae*
      Ordnung *Schistostegales*
      Überordnung *Bryanae*
      Ordnung *Bryales*
      Überordnung *Hypnobryanae*
      1. Ordnung *Isobryales*
      2. Ordnung *Hookeriales*
      3. Ordnung *Hypnobryales*
      Überordnung *Buxbaumianae*
      Ordnung *Buxbaumiales*
      Überordnung *Polytrichanae*
      1. Ordnung *Tetraphidales*
      2. Ordnung *Dawsoniales*
      3. Ordnung *Polytrichales*

CORMOBIONTA, Cormophyten
XIV. Abteilung, Pteridophyta, Farngewächse
1. Klasse *Psilophytatae*, Nacktfarne †
   Ordnung *Psilophytales*

2. Klasse *Lycopodiatae*, Bärlappgewächse
   1. Ordnung *Protolepidodendrales* †
   2. Ordnung *Lycopodiales*
   3. Ordnung *Selaginellales*
   4. Ordnung *Lepidodendrales* †
   5. Ordnung *Isoetales*
   6. Ordnung *Psilotales*

3. Klasse *Articulatae* (Equisetatae), Schachtelhalmgewächse
   1. Ordnung *Pseudoborniales* †
   2. Ordnung *Sphenophyllales* †
   3. Ordnung *Calamitales* †
   4. Ordnung *Equisetales*

4. Klasse *Filicatae*, Farne
   1. Unterklasse *Primofilicidae* †
      1. Ordnung *Protopteridales*
      2. Ordnung *Coenopteridales*
      3. Ordnung *Cladoxylales*

   2. Unterklasse *Eusporangiidae*
      1. Ordnung *Ophioglossales*
      2. Ordnung *Marattiales*

   3. Unterklasse *Leptosporangiidae (Filicidae)*
      1. Ordnung *Osmundales*
      2. Ordnung *Filicales*
      3. Ordnung *Salviniales*
      4. Ordnung *Marsileales*

XV. Abteilung Spermatophyta, Samenpflanzen
1. Unterabteilung *Gymnospermae*, Nacktsamer
1. Klasse *Pteridospermae (Lyginopteridatae)*, Samenfarne †
   1. Ordnung *Lyginoperidales*
   2. Ordnung *Caytoniales*

2. Klasse *Cycadatae*, Palmfarne
   1. Ordnung *Cycadales*
   2. Ordnung *Nilssoniales* †

3. Klasse *Bennettitatae* †
   1. Ordnung *Bennettitales*
   2. Ordnung *Pentoxylales*

4. Klasse *Ginkgoatae*
   Ordnung *Ginkgoales*

5. Klasse *Cordaitatae* †
   Ordnung *Cordaitales*

6. Klasse *Coniferae (Pinatae)*
   1. Unterklasse *Pinidae*
      1. Ordnung *Voltziales* †
      2. Ordnung *Pinales*

   2. Unterklasse *Taxidae*
      Ordnung *Taxales*

7. Klasse *Gnetatae*
   1. Ordnung *Welwitschiales*
   2. Ordnung *Ephedrales*
   3. Ordnung *Gnetales*

2. Unterabteilung *Angiospermae*, Decksamer
1. Klasse *Dicotyledoneae*, Zweikeimblättrige
   1. Unterklasse *Magnoliidae*
      1. Ordnung *Magnoliales*
      2. Ordnung *Laurales*
      3. Ordnung *Aristolochiales*
      4. Ordnung *Paeoniales*
      5. Ordnung *Piperales*
      6. Ordnung *Nymphaeales*

   2. Unterklasse *Ranunculidae*
      1. Ordnung *Ranunculales*
      2. Ordnung *Nelumbonales*
      3. Ordnung *Papaverales*

   3. Unterklasse *Hamamelididae*
      1. Ordnung *Hamamelidales*
      2. Ordnung *Illiciales*
      3. Ordnung *Trochodendrales*
      4. Ordnung *Fagales*
      5. Ordnung *Juglandales*
      6. Ordnung *Eucommiales*
      7. Ordnung *Urticales*
      8. Ordnung *Daphniphyllales*
      9. Ordnung *Leitneriales*
      10. Ordnung *Didymelales*
      11. Ordnung *Myricales*
      12. Ordnung *Casuarinales*

   4. Unterklasse *Caryophyllidae*
      1. Ordnung *Caryophyllales*

   5. Unterklasse *Polygonidae*
      1. Ordnung *Polygonales*

   6. Unterklasse *Plumbaginidae*
      1. Ordnung *Plumbaginales*

   7. Unterklasse *Rosidae*
      1. Ordnung *Rosales*
      2. Ordnung *Haloragales*
      3. Ordnung *Podostemonales*
      4. Ordnung *Myrtales*
      5. Ordnung *Proteales*
      6. Ordnung *Rhamnales*
      7. Ordnung *Celastrales*
      8. Ordnung *Euphorbiales*
      9. Ordnung *Santalales*
      10. Ordnung *Rafflesiales*
      11. Ordnung *Rutales*
      12. Ordnung *Fabales*
      13. Ordnung *Sapindales*
      14. Ordnung *Polygalales*
      15. Ordnung *Geraniales*
      16. Ordnung *Cornales*
      17. Ordnung *Apiales*

   8. Unterklasse *Dilleniidae*
      1. Ordnung *Dilleniales*
      2. Ordnung *Theales*
      3. Ordnung *Nepenthales*
      4. Ordnung *Malvales*
      5. Ordnung *Capparales*
      6. Ordnung *Violales*
      7. Ordnung *Salicales*
      8. Ordnung *Batales*
      9. Ordnung *Ebenales*
      10. Ordnung *Ericales*
      11. Ordnung *Primulales*

   9. Unterklasse *Lamiidae*
      1. Ordnung *Gentianales*
      2. Ordnung *Rubiales*
      3. Ordnung *Dipsacales*
      4. Ordnung *Lamiales*
      5. Ordnung *Scrophulariales*
      6. Ordnung *Solanales*

   10. Unterklasse *Asteridae*
       1. Ordnung *Calycerales*
       2. Ordnung *Campanulales*
       3. Ordnung *Asterales*

2. Klasse *Monocotyledoneae*, Einkeimblättrige
   1. Unterklasse *Helobiae*
      1. Ordnung *Alismatales*
      2. Ordnung *Najadales*
      3. Ordnung *Triuridales*

   2. Unterklasse *Liliidae*
      1. Ordnung *Dioscoreales*
      2. Ordnung *Asparagales*
      3. Ordnung *Liliales*

   3. Unterklasse *Orchididae*
      1. Ordnung *Orchidales*

   4. Unterklasse *Zingiberidae*
      1. Ordnung *Zingiberales*

   5. Unterklasse *Commelinidae*
      1. Ordnung *Commelinales*
      2. Ordnung *Bromeliales*
      3. Ordnung *Typhales*
      4. Ordnung *Hydatellales*
      5. Ordnung *Restionales*
      6. Ordnung *Cyperales*

   6. Unterklasse *Spadiciflorae*
      1. Ordnung *Arecales*
      2. Ordnung *Cyclanthales*
      3. Ordnung *Pandanales*

   7. Unterklasse *Aridae*
      1. Ordnung *Arales*
      2. Ordnung *Lemnales*

† nur fossil bekannt

Tafel I B. Angiospermae

Vermutliche Verwandtschaftsbeziehungen zwischen den Ordnungen der Blütenpflanzen (Angiospermae). Nach Pulle (1952) und Eckardt (1964), verändert.

I. Dicotyledoneae
▨ monochlamydeisch (apetal bzw. apopetal)
■ choripetal
▩ sympetal

II. Monocotyledoneae
▦

Die einem Querschnitt durch eine Baumkrone oder das Astsystem eines Strauches mit Aufsicht auf die Aststümpfe gleichende Darstellung soll einen der heutigen Phase in der Entfaltung des Stammbaumes der Blütenpflanzen entsprechenden Querschnitt wiedergeben. Durch die Größe der Kreisscheiben ist dabei die unterschiedliche Größe der einzelnen Ordnungen, durch die verschiedene Schraffur die Übereinstimmung in diesem oder jenem Organisationsmerkmal angedeutet. Die gegenseitige Zuordnung der Kreisscheiben und die Verbindungslinien zwischen ihnen sollen die vermuteten stammesgeschichtlichen Beziehungen zwischen den „Ästen des Stammbaumes" anzeigen, wobei unterbrochene Linien sowie Fragezeichen den mancherlei Zweifeln und Unsicherheiten Ausdruck geben. So ist z.B. die Zuordnung der sogenannten „echten Sympetalen" (rot schraffiert) zu den übrigen Ordnungen der Dikotylen noch immer unklar, während die Abstammung der monokotylen Verwandtschaftskreise von Vorfahren der heutigen „Polycarpicae" (genauer etwa im Bereich der Pro-Nymphaeaceae) einigermaßen deutlich erscheint. In den Verwandtschaftskreis der Rosales sind hier auch die Hamamelidales einbezogen. Die angegebenen Artenzahlen wurden von den oben angegebenen Autoren übernommen und sind durch Addition der für die einzelnen Gattungen in einschlägigen Werken genannten Artenzahlen zustandegekommen.

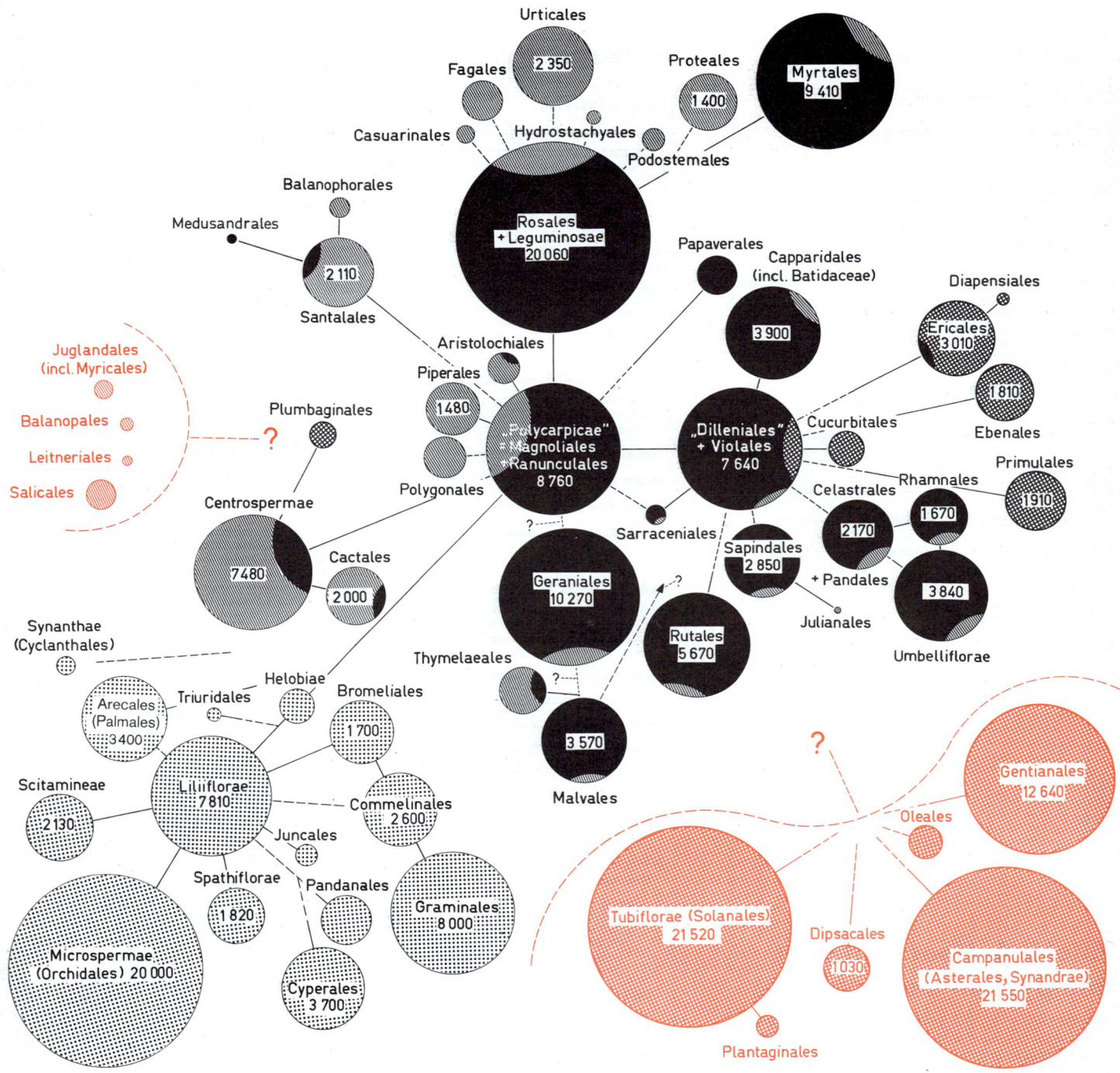

PROTOZOA, Einzeller

Abteilung Cytomorpha

Stamm *Flagellata*, Geißeltierchen

Klasse *Mastigophora*
  Ordnung *Chrysomonadina*
  Ordnung *Dinoflagellata*
  Ordnung *Euglenoidea*
  Ordnung *Phytomonadina*
  Ordnung *Protomonadina*
  Ordnung *Polymastigina*

Stamm *Rhizopoda*, Wurzelfüßer

Klasse *Amoebina*, Wechseltierchen
Klasse *Testacea*, Schalenamöben
Klasse *Foraminifera*, Kammerlinge
Klasse *Heliozoa*, Sonnentierchen
Klasse *Radiolaria*, Strahlentierchen

Stamm *Sporozoa*, Sporentierchen

Ordnung *Gregarinida*
Ordnung *Coccidia*
Cnidosporidia

Stamm *Ciliatoidea* = Protociliata

Abteilung Cytoidea

Stamm *Ciliata*, Wimpertierchen

Klasse *Euciliata*
  Ordnung *Holotricha*
  Ordnung *Spirotricha*
  Ordnung *Peritricha*
Klasse *Suctoria*, Sauginfusorien

Tafel II A. Übersicht über das System der Tiere

In diese Übersicht über das System der Tiere ist die große Mehrzahl aller Stämme und Klassen des Tierreiches aufgenommen, außerdem von manchen Klassen eine Reihe von Unterklassen, Überordnungen und Ordnungen. Einige Großgruppierungen sind durch verschiedenartige Umrahmungen, ihre Aufgliederung durch Verbindungslinien sichtbar gemacht. Die Übersicht ist insbesondere als Orientierungshilfe gedacht, um sich im System der Tiere zurecht zu finden. Sie stellt eine Möglichkeit der Großgliederung des Tierreichs dar. Andere, kontroverse Auffassungen, aber auch manche Details, konnten in dieser Übersicht keine Berücksichtigung finden.

METAZOA, Vielzeller

Abteilung Parazoa

Stamm *Porifera*, Schwämme

Klasse *Calcarea*, Kalkschwämme
Klasse *Silicea*, Kieselschwämme

(Abteilung Mesozoa)

Stamm *Mesozoa*

PROTOSTOMIA

Spiralia

Stamm *Plathelminthes*, Plattwürmer

Klasse *Turbellaria*, Strudelwürmer
Klasse *Trematodes*, Saugwürmer
Klasse *Cestodes*, Bandwürmer

Stamm *Nemertini*, Schnurwürmer

Stamm *Kamptozoa*

Stamm *Sipunculida*, Spritzwürmer

Stamm *Echiurida*, Igelwürmer

Stamm *Mollusca*, Weichtiere

Unterstamm *Amphineura*
  Klasse *Polyplacophora*, Käferschnecken
  Klasse *Solenogastres*, Wurmschnecken

Unterstamm *Conchifera*
  Klasse *Monoplacophora*
  Klasse *Gastropoda*, Schnecken
  Klasse *Scaphopoda*, Kahnfüßer
  Klasse *Bivalvia*, Muscheln
  Klasse *Cephalopoda*, Kopffüßer

Articulata

Stamm *Annelida*, Ringelwürmer

Klasse *Polychaeta*, Vielborster
Klasse *Clitellata*, Gürtelwürmer
  Ordnung *Oligochaeta*, Wenigborster
  Ordnung *Hirudinea*, Egel

Stamm *Onychophora*, Stummelfüßer

Stamm *Linguatulida*, Zungenwürmer

Stamm *Tardigrada*, Bärtierchen

Stamm *Arthropoda*, Gliederfüßer

1. Gruppe *Amandibulata*

Unterstamm *Chelicerata*
  Klasse *Merostomata*
  Klasse *Arachnida*, Spinnentiere
  Klasse *Pantopoda*, Asselspinnen

2. Gruppe *Mandibulata*

Unterstamm *Diantennata*
  Klasse *Crustacea*, Krebse
    Unterklasse *Phyllopoda*, Blattfußkrebse
    Unterklasse *Ostracoda*, Muschelkrebse
    Unterklasse *Copepoda*, Ruderfußkrebse
    Unterklasse *Cirripedia*, Rankenfüßer
    Unterklasse *Malacostraca*

Unterstamm *Antennata* = *Tracheata*
  Klasse *Progoneata*
    Unterklasse *Symphyla*
    Unterklasse *Diplopoda*
    Unterklasse *Pauropoda*
  Klasse *Chilopoda*, Hundertfüßer
  Klasse *Insecta*
    Unterklasse *Diplura*
    Unterklasse *Protura*
    Unterklasse *Collembola*
    Unterklasse *Archaeognatha*
    Unterklasse *Zygentoma*
    Unterklasse *Pterygota*, Geflügelte Insekten

Ordnung *Ephemeroptera*, Eintagsfliegen
Ordnung *Odonata*, Libellen
Ordnung *Plecoptera*, Steinfliegen
Ordnung *Dermaptera*, Ohrwürmer
Ordnung *Mantodea*, Fangschrecken
Ordnung *Blattaria*, Schaben
Ordnung *Isoptera*, Termiten
Ordnung *Phasmida*, Gespenst-Stabheuschrecken
Ordnung *Ensifera*, Laubheuschrecken, Grillen
Ordnung *Caelifera*, Feldheuschrecken
Ordnung *Psocoptera*, Staub- und Bücherläuse
Ordnung *Mallophaga*, Feder- und Haarlinge
Ordnung *Anoplura*, Läuse
Ordnung *Thysanoptera*, Fransenflügler
Ordnung *Auchenorrhyncha*, Zikaden
Ordnung *Sternorrhyncha*, Pflanzenläuse
Ordnung *Heteroptera*, Wanzen
Ordnung *Planipennia*, Hafte, Netzflügler
Ordnung *Coleoptera*, Käfer
Ordnung *Hymenoptera*, Hautflügler
Ordnung *Trichoptera*, Köcherfliegen
Ordnung *Lepidoptera*, Schmetterlinge
Ordnung *Diptera*, Zweiflügler
Ordnung *Siphonaptera*, Flöhe

Abteilung Eumetazoa

Unterabteilung *Bilateria*

Unterabteilung *Radiata* = *Coelenterata*, Hohltiere

Stamm *Cnidaria*, Nesseltiere
- Klasse *Anthozoa*
- Klasse *Scyphozoa*
- Klasse *Hydrozoa*

Stamm *Ctenophora*, Rippenquallen

DEUTEROSTOMIA

Stamm *Nemathelminthes*, Hohlwürmer
- Klasse *Rotatoria*, Rädertierchen
- Klasse *Gastrotricha*, Bauchhaarlinge
- Klasse *Nematodes*, Fadenwürmer
- Klasse *Nematomorpha*, Saitenwürmer
- Klasse *Kinorhyncha*, Hakenrüßler
- Klasse *Acanthocephala*, Kratzer

Stamm *Priapulida*

Stamm *Chordata*, Chordatiere

Unterstamm *Tunicata*, Manteltiere
- Klasse *Appendicularia*
- Klasse *Thaliaceae*, Salpen
- Klasse *Ascidiaceae*, Seescheiden

Unterstamm *Acrania*, Lanzettfischchen

Unterstamm *Vertebrata*, Wirbeltiere
- Klasse *Cyclostomata*, Rundmäuler
- Klasse *Chondrichthyes*, Knorpelfische
- Klasse *Osteichthyes*, Knochenfische
    - Unterklasse *Actinopterygii*
        - Überordnung *Polypteri*
        - Überordnung *Chondrostei*
        - Überordnung *Holostei*
        - Überordnung *Teleostei*
    - Unterklasse *Sarcopterygii*
        - Überordnung *Dipnoi*
        - Überordnung *Crossopterygii*
- Klasse *Amphibia*, Lurche
    - Unterklasse *Urodela*, Schwanzlurche
    - Unterklasse *Anura*, Frösche
    - Unterklasse *Gymnophiona*, Blindwühlen
- Klasse *Reptilia*, Kriechtiere
    - Ordnung *Rhynchocephalia*, Brückenechsen
    - Ordnung *Chelonia*, Schildkröten
    - Ordnung *Squamata*, Eidechsen, Schlangen
    - Ordnung *Crocodilia*, Krokodile
- Klasse *Aves*, Vögel
- Klasse *Mammalia*, Säugetiere
    - Unterklasse *Prototheria*
        - Ordnung *Monotremata*, Kloakentiere
    - Unterklasse *Metatheria*
        - Ordnung *Marsupialia*, Beuteltiere
    - Unterklasse *Eutheria*, Plazentatiere
        - Ordnung *Insectivora*, Insektenfresser
        - Ordnung *Chiroptera*, Fledermäuse
        - Ordnung *Primates*, Herrentiere
        - Ordnung *Lagomorpha*, Hasentiere
        - Ordnung *Rodentia*, Nagetiere
        - Ordnung *Carnivora*, Raubtiere
        - Ordnung *Proboscidea*, Elefanten
        - Ordnung *Perissodactyla*, Unpaarhufer
        - Ordnung *Artiodactyla*, Paarhufer
        - Ordnung *Cetacea*, Wale

Archicoelomata

Stamm *Tentaculata*
- Klasse *Phoronida*, Hufeisenwürmer
- Klasse *Bryozoa*, Moostierchen
- Klasse *Brachiopoda*, Armfüßer

(Stamm *Chaetognatha*, Pfeilwürmer)

Stamm *Echinodermata*, Stachelhäuter
- Klasse *Crinoidea*, Haarsterne
- Klasse *Holothuroidea*, Seewalzen
- Klasse *Echinoidea*, Seeigel
- Klasse *Asteroidea*, Seesterne
- Klasse *Ophiuroidea*, Schlangensterne

Stamm *Branchiotremata*, Kragentiere

(Stamm *Pogonophora*, Bartwürmer)

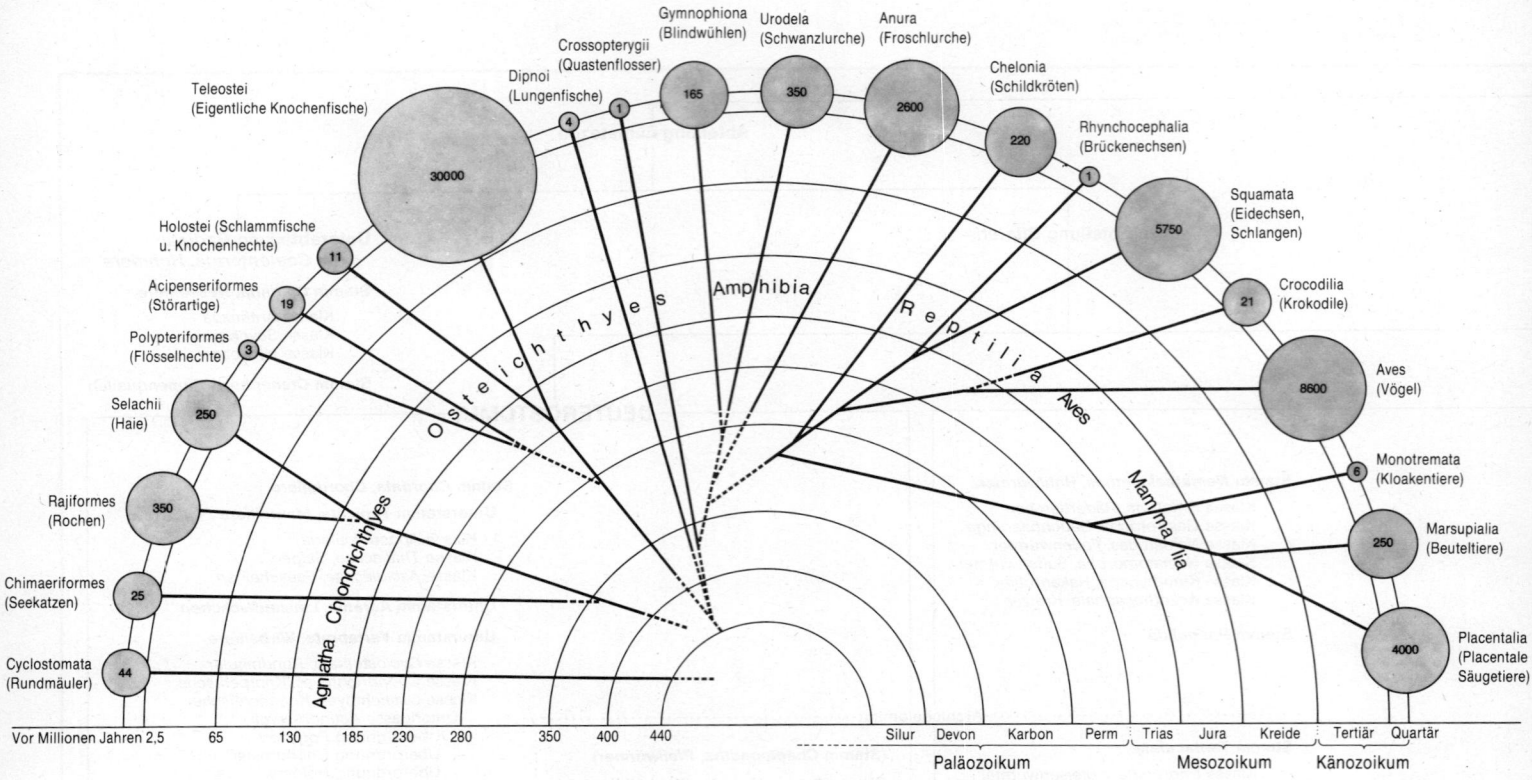

Tafel II B. Vereinfachter Stammbaum der Vertebraten

Die Entwicklungslinien sind vielfach ungesichert oder umstritten, manche auch weitgehend unbekannt. Nur die Linien, die zu rezenten Gruppen führen, sind in die Darstellung aufgenommen. Die Zahl der rezenten Arten einer Gruppe ist in die entsprechenden Kreise eingetragen; die höheren Zahlen sind abgerundet. Am Unterrand sind die Erdzeitalter und deren Dauer aufgeführt.
(Nach verschiedenen Autoren, kombiniert)

Weiterführende Literatur

Allgemeines

ADAM, G., LÄUGER, P., STARK, G.: Physikalische Chemie und Biophysik. 2. Aufl. Berlin, Heidelberg, New York, 1988
BATSCHELET, E.: Einführung in die Mathematik für Biologen. Berlin, Heidelberg, New York: Springer, 1980
CLAUSS, C., GROBBEN, K., KÜHN, A.: Lehrbuch der Zoologie. *Reprint.* Berlin, Heidelberg, New York: Springer 1971
DIEHL, H., IHLEFELDT, H., SCHWEGLER, H.: Physik für Biologen. Berlin, Heidelberg, New York: Springer, 1981
HADELER, K. P.: Mathematik für Biologen. Berlin, Heidelberg, New York: Springer, 1974
HARTEN, H.-U.: Physik für Mediziner. 5. Aufl. Berlin, Heidelberg, New York: Springer, 1987
HESSE, R., DOFLEIN, F.: Tierbau und Tierleben. 2 Bde. 2. Aufl. Jena: Fischer, 1936, 1943
HOPPE, W., LOHMANN, W., MARKL, H., ZIEGLER, H.: Biophysik. 2. Aufl. Berlin, Heidelberg, New York: Springer, 1982
JUNGERMANN, K., MÖHLER, H.: Biochemie. 2. Aufl. Berlin, Heidelberg, New York: Springer, 1984
KARLSON, P.: Kurzes Lehrbuch der Biochemie für Mediziner und Naturwissenschaftler. 13. Aufl. Stuttgart: Thieme, 1988
KEETON, W. T.: Biological Science. 3rd ed. New York: Norton, 1980
KINDL, H.: Biochemie der Pflanzen. 3. Aufl. Berlin, Heidelberg, New York: Springer, 1991
Lexikon der Biologie, 9 Bände. Freiburg: Herder, 1983–1987
LÜTTGE, U., KLUGE, M., BAUER, G.: Botanik. Weinheim: VCH 1988
MEHLHORN, H. (Hrsg.): Grundriß der Zoologie. Stuttgart, New York: Fischer, 1989
NULTSCH, W.: Allgemeine Botanik. 9. Aufl. Stuttgart: Thieme, 1991
RAVEN, P. H., EVERT, R. F., CURTIS, H.: Biologie der Pflanzen. 2. Aufl. Berlin, New York: De Gruyter, 1987
REMANE, A., STORCH, V., WELSCH, U.: Kurzes Lehrbuch der Zoologie. 6. Aufl. Stuttgart: Fischer, 1989
RICHTER, G.: Stoffwechselphysiologie der Pflanzen. 5. Aufl. Stuttgart: Thieme, 1988
SENGBUSCH, P. VON: Einführung in die Allgemeine Biologie. 3. Aufl. Berlin, Heidelberg, New York: Springer, 1985
STRASBURGER, E.: Lehrbuch der Botanik für Hochschulen. 33. Aufl. Stuttgart: Fischer, 1991
STRYER, L.: Biochemistry. 3rd. ed. San Francisco: Freeman, 1988 (deutsche Ausgabe: Biochemie. Heidelberg: Spektrum, 1990)
TEVINI, M., HÄDER, D.-P.: Allgemeine Photobiologie. Stuttgart: Thieme, 1985
VILLEE, C., DETHIER, V. G.: Biological Principles and Processes. 2nd ed. Philadelphia, London, Toronto: Saunders, 1976
WEHNER, R., GEHRING, W.: Zoologie. 22. Aufl. Stuttgart: Thieme, 1990
WILSON, E. O., EISNER, TH., et al.: Life on Earth. 2nd ed. Sunderland/Mass.: Sinauer, 1978
WURMBACH, H., SIEWING, R. (Hrsg.): Lehrbuch der Zoologie. Band I. Allgemeine Zoologie. 3. Aufl. Stuttgart: Fischer, 1980

Kapitel 1: Cytologie

ALBERTS, B., BRAY, D., LEWIS, J., RAFF, M., ROBERTS, K., WATSON, J. D.: Molecular Biology of the Cell. 2nd ed. New York, London: Garland Publ. 1989 (deutsche Ausgabe: Molekularbiologie der Zelle. Weinheim: VCH, 1987)
DOUCE, R.: Mitochondria in Higher Plants. New York: Academic Press, 1985
FAWCETT, D. W.: The Cell. 2nd ed. Philadelphia: Saunders, 1981
GOTTSCHALK, G.: Bacterial Metabolism, 2. Aufl. New York, Berlin, Heidelberg, Tokyo: Springer, 1986
GUNNING, E. S., STEER, M. W.: Biologie der Pflanzenzelle – Ein Bildatlas. 3. Aufl. Stuttgart, New York: Fischer, 1986
KLEINIG, H., SITTE, P.: Zellbiologie. 3. Aufl. Stuttgart, New York: Fischer, 1992
KRSTIĆ, R. V.: Ultrastruktur der Säugetierzelle. Ein Atlas. Berlin, Heidelberg, New York: Springer, 1976
LEDBETTER, M. C., PORTER, K. R.: Introduction to the Fine Structure of Plant Cells. Berlin, Heidelberg, New York: Springer, 1970
NICHOLLS, D.: Bioenergetics. An introduction to Chemiosmotic Theory. London, New York: Academic Press, 1982
ROBERTIIS, E. D. P DE, ROBERTIIS, E. M. F. DE: Essentials of Cell and Molecular Biology. 7th ed. Philadelphia: Saunders-College, 1981
SCHLEGEL, H. G.: Allgemeine Mikrobiologie. 7. Aufl. Stuttgart: Thieme, 1992
SCHULZ-SCHAEFFER, J.: Cytogenetics, plants, animals. humans. New York: Springer, 1980
SENGBUSCH, P. VON: Molekular- und Zellbiologie. Berlin, Heidelberg, New York: Springer, 1979
STUMPF, P. K., CONN, E. E. (eds.): The Biochemistry of Plants. Vol. 1 (TOLBERT, N. E., Ed.): The Plant Cell. New York: Academic Press, 1980

Kapitel 2: Genetik

BIRGE, E. A.: Bakterien- und Phagengenetik. Eine Einführung. Berlin, Heidelberg, New York, Tokyo: Springer, 1984
BROWN, T. A.: Gene Cloning. An introduction. Thetford: The Thetford Press Ltd., 1986
FINCHAM, J. R. S.: Genetics. Bristol: John Wright & Sons Limited, 1983
GANSSEN, H. G., MARTIN, A., BERTRAM, S.: Gentechnik. 2. Aufl. Stuttgart: Fischer, 1987
GOTTSCHALK, W.: Allgemeine Genetik. 3. Aufl. Stuttgart: Thieme, 1989
GÜNTHER, E.: Grundriß der Genetik. 3. Aufl. Stuttgart: Fischer, 1978
GÜNTHER, E.: Lehrbuch der Genetik. 6. Aufl. Stuttgart: Fischer, 1991
HAGEMANN, R., et al.: Allgemeine Genetik. 2. Aufl. Jena: VEB Fischer, 1986
HERSKOWITZ, I. H.: Principles of Genetics. 2nd ed. New York: Macmillan, 1977

Hess, O.: Grundriß der Vererbungslehre. 9. Aufl. Heidelberg, Wiesbaden: Quelle und Meyer, 1986
Klingmüller, W.: Genmanipulation und Gentherapie. Berlin, Heidelberg, New York: Springer, 1976
Knippers, R., Philippsen, P., Schäfer, K. P., Fanning, E.: Molekulare Genetik. 5. Aufl. Stuttgart: Thieme, 1990
Knodel, H., Kull, U.: Genetik and Molekularbiologie. 2. Aufl. Stuttgart: Metzler, 1980
Lewin, B. M.: Genes. 3rd ed. New York: Wiley, 1987 (deutsche Ausgabe: Gene–Lehrbuch der molekularen Genetik. Weinheim: VCH, 1988)
Stent, G., Calendar, H.: Molecular Genetics. 2nd ed. San Francisco: Freeman, 1978
Stern, C.: Principles of Human Genetics. 3rd ed. San Francisco: Freeman, 1973
Strickberger, M. W.: Genetics. 3rd ed. New York: MacMillan, 1985 (deutsche Ausgabe: Genetik. 3. Aufl. München, Wien: Hanser, 1988)
Suzuki, D. T., et al.: An Introduction to Genetic Analysis. 3rd ed. New York: W. H. Freeman and Company, 1986
Vogel, F., Motulsky, A. G.: Human Genetics. 2nd ed. Berlin, Heidelberg, New York: Springer, 1986
Watson, J. D.: Molecular Biology of the Gene. 4th ed. 2 vols. New York: Benjamin/Cummings, 1987
Watson, J. D., Tooze, J., Kurtz, D. T.: Rekombinierte DNA. Eine Einführung. Heidelberg: Spektrum der Wissenschaft, 1985
Winnacker, E.-L.: Gene und Klone. Eine Einführung in die Gentechnologie. 2., durchgesehener Nachdruck der 1. Aufl. Weinheim: VCH, 1985

Kapitel 3: Fortpflanzung und Sexualität

Avers, C.: Einführung in die Sexualbiologie. Stuttgart: Fischer, 1976
Blüm, V.: Vertebrate Reproduction. Berlin, Heidelberg, New York, Tokyo: Springer, 1986
Cresti, M., Gori, P., Pacini, E. (eds.): Sexual reproduction in higher plants. Berlin, Heidelberg, New York, London, Paris, Tokyo: Springer, 1988
Duckett, J. G., Racey, P. A. (eds.): The Biology of Male Gamete. Suppl. 1, Biol. J. Linnean Soc. 7, 1975
Ende, H. van den: Sexual Interactions in Plants. New York: Academic Press, 1976
Giles, K. L., Prakash, J. (eds.): Pollen, Cytology and Development Intern. Review Cytol., Vol. 107. New York: Academic Press, 1987
Grell, K. G.: Protozoologie. 2. Aufl. Berlin, Heidelberg, New York: Springer, 1968
Hartmann, M.: Geschlecht und Geschlechtsbestimmung im Tier- und Pflanzenreich. Sammlung Göschen 1127. Berlin: de Gruyter, 1951
Hartmann, M.: Allgemeine Biologie. 4. Aufl. Stuttgart: Fischer, 1953
Hartmann, M.: Die Sexualität. 2. Aufl. Stuttgart: Fischer, 1956
Houillon, C.: Sexualität. Braunschweig: Vieweg, 1969
Johnson, M., Everitt, B.: Essential Reproduction. 2nd ed. Oxford, London, Edinburgh, Boston, Melbourne: Blackwell Scientific Publications, 1984
Johri, B. M. (ed.): Embryology of Angiosperms. Berlin, Heidelberg, New York, Tokyo: Springer, 1984
Linskens, H. F. (Hrsg.): Sexualität, Fortpflanzung, Generationswechsel. Hb. Pflanzenphysiol. Bd. 18. Berlin, Heidelberg, New York: Springer, 1967
Linskens, H. F., Heslop-Harrison (eds.): Cellular Interactions. Encyclopedia Plant Physiology – New Series, Volume 17. Berlin, Heidelberg, New York: Springer, 1985
Meisenheimer, J.: Geschlecht und Geschlechter im Tierreich. 2. Bde. Jena: Fischer, 1921, 1930
Metz, C., Monroy, A.: Biology of Fertilization. 3 vols. New York: Academic Press, 1967–1985
Stanley, R.-G., Linskens, H. F.: Pollen – Biologie, Biochemie, Gewinnung und Verwendung. Greifenberg/Ammersee: Ursa Freund, 1985

Kapitel 4: Entwicklung

Balinsky, B. I.: An Introduction to Embryology. 5th ed. Philadelphia, London, Toronto: Saunders, 1981
Ede, D.: Einführung in die Entwicklungsbiologie. Stuttgart: Thieme, 1981
Gilbert, S. F.: Developmental Biology. 2nd ed. Sunderland/Mass.: Sinauer, 1988
Hadorn, E.: Experimentelle Entwicklungsforschung, im besonderen an Amphibien. 2., erw. Aufl. Berlin, Heidelberg, New York: Springer, 1970
Ham, R. G., Veomett, M. J.: Mechanisms of Development. St. Louis, Toronto, London: Mosby, 1980
Kendrick, E. G., Kronenberg, G. H. M.: Photomorphogenesis in Plants. Dordrecht, Boston, Lancester: M. Nijhoff, 1986
Kühn, A.: Vorlesungen über Entwicklungsphysiologie. 2. Aufl. Berlin, Heidelberg, New York: Springer, 1965
Pflugfelder, G.: Lehrbuch der Entwicklungsgeschichte und Entwicklungsphysiologie der Tiere. Jena: Fischer, 1970
Schwartz, V.: Entwicklungsgeschichte der Tiere. Stuttgart: Thieme, 1973
Siewing, R.: Lehrbuch der vergleichenden Entwicklungsgeschichte der Tiere. Hamburg, Berlin: Parey, 1969
Smith, H.: Phytochrome and Photomorphogenesis. London: McGraw-Hill, 1975
Tevini, M., Häder, D.-P.: Allgemeine Photobiologie. Stuttgart, New York: Thieme, 1985
Vince-Prue, D.: Photoperiodism in Plants. London: McGraw-Hill, 1975
Wilkens, M. B. (ed.): Advanced Plant Physiology. London: Pitman, 1984

Kapitel 5 und 6: Struktur und Funktion der Organe; Integration im Gesamtorganismus

Andrew, W.: Textbook of Comparative Histology. New York: Oxford University Press, 1959
Aschoff, J. (ed.): Handbook of Behavioral Neurobiology. Vol. 4: Biological Rhythms. New York, London: Plenum Press, 1981
Austin, C. R., Short, R. V. (eds.): Reproduction in Mammals: 3. Hormonal Control of Reproduction. Cambridge, London, New York, New Rochelle, Melbourne, Sidney: Cambridge University Press, 1984
Bässler, K.-H., Fekl, W., Lang, K.: Grundbegriffe der Ernährungslehre. 3. Aufl. Berlin, Heidelberg, New York: Springer, 1979
Baker, N. R., Long, S. P. (eds.): Photosynthesis in Contrasting Environments. Amsterdam, New York, Oxford: Elsevier, 1986
Barber, J., Baker, N. R. (eds.): Photosynthetic Mechanisms and the Environment. Amsterdam, New York, Oxford: Elsevier, 1985
Baron, D., Hartlaub, U.: Humane monoklonale Antikörper. Stuttgart, New York: Fischer, 1987
Bentley, P. J.: Comparative Vertebrate Endocrinology. 2nd ed. Cambridge, London, New York, New Rochelle, Melbourne, Sidney: Cambridge University Press, 1982
Bucher, O.: Cytologie, Histologie und mikroskopische Anatomie des Menschen. 10. Aufl. Bern, Stuttgart, Wien: Verlag Hans Huber, 1980
Bünning, E.: Die physiologische Uhr (Circadiane Rhythmik und Biochronometrie). 3. Aufl. Berlin, Heidelberg, New York: Springer, 1977
Bullock, T. H., Horridge, G. A.: Structure and Function in the Nervous Systems of Invertebrates. San Francisco, London: Freeman, 1965
Clayton, R. K.: Photobiologie. Taschentext 33. Weinheim: Verlag Chemie, 1975
Clayton, R. K.: Photosynthesis. Physical mechanisms and chemical pattern. Cambridge: Cambridge Univ. Press, 1986
Cleffmann, G.: Stoffwechselphysiologie der Tiere. UTB 791. 2. Aufl. Stuttgart: Ulmer, 1987
Cooke, I., Lipkin, M. (eds.): Cellular Neurophysiology. A Source Book. New York: Holt, Rinhart and Winston, 1972

DAGG, A. I.: Running, Walking and Jumping. London, Basingstoke: Wykeham, 1977
DEJOURS, P.: Principles of Respiratory Physiology. 2nd ed. Elsevier/North Holland, 1981
DÖRFFLING, K.: Das Hormonsystem der Pflanzen. Stuttgart, New York: Thieme, 1982
DRÖSSLER, K.: Immunologie. Stuttgart: Enke, 1982
ECKERT, R., RANDALL, D.: Animal Physiology. 2nd ed. San Francisco: Freeman 1983 (deutsche Ausgabe: Tierphysiologie. Stuttgart: Thieme, 1986)
EDWARDS, G., WALKER, D.: C_3, C_4: mechanisms, and cellular and environmental regulation of photosynthesis. Oxford, London, Edinburgh, Boston, Melbourne: Blackwell, 1983
EIDMANN, H., KÜHLHORN, F.: Lehrbuch der Entomologie. 2. Aufl. Hamburg, Berlin: Parey, 1970
ESAU, K.: Pflanzenanatomie. 2. Aufl. Stuttgart: Fischer, 1969
FAHN, A.: Plant Anatomy. 3. Aufl. Oxford, New York, Toronto, Sydney, Paris, Frankfurt: Pergamon Press, 1985
FLOREY, E.: Lehrbuch der Tierphysiologie. 2. Aufl. Stuttgart: Thieme, 1975
GERSCH, M.: Vergleichende Endokrinologie der wirbellosen Tiere. Leipzig: Akademische Verlagsgesellschaft Geest u. Portig, 1964
GOEBEL, K.: Organographie der Pflanzen. 3. Aufl. Jena: Fischer, 1928–1933
GORBMAN, A., DICKHOFF, W. W., VIGNA, S. R., CLARK, N. B., RALPH, C. L.: Comparative Endocrinology. New York, Chichester, Brisbane, Toronto, Singapore: Wiley, 1982
GRAY, J.: Animal Locomotion. London: Weidenfeld and Nicolson, 1968
GWINNER, E.: Circannual Rhythms. Zoophysiology. Vol. 18. Berlin, Heidelberg, New York: Springer, 1986
HARBOE, M., NATVIG, J. B.: Medisinsk Immunologi. 2. Aufl. Oslo: Stiftelsen Medisinsk Immunologi, 1982. Deutsche Übersetzung der 1. Aufl.: Medizinische Immunologie. Stuttgart: Enke, 1981
HASSENSTEIN, B.: Biologische Kybernetik. 5. Aufl. Heidelberg: Quelle und Meyer, 1977
HAUPT, W.: Bewegungsphysiologie der Pflanzen. Stuttgart: Thieme, 1977
HERBERT, W. J., WILKINSON, P. C.: A Dictionary of Immunology. Oxford, London, Edinburgh, Melbourne: Blackwell, 1977. (Deutsche Ausgabe: Wörterbuch der Immunologie. Stuttgart, New York: Fischer, 1980)
HESS, D.: Pflanzenphysiologie. 8. Aufl. Stuttgart: Ulmer, 1988
HILL, R. W., WISE, G. A.: Animal Physiology. 2nd ed. New York: Harper and Row, 1989
HILLE, B.: Ionic Channels of Excitable Membranes. Sunderland/Mass.: Sinauer, 1984
JURZITZA, G.: Anatomie der Samenpflanzen. Stuttgart: Thieme 1987
KAESTNER, A.: Lehrbuch der Speziellen Zoologie. 3. Aufl. Stuttgart: Fischer, seit 1968, 4. Aufl. (... GRUNER, Hrsg.) ab 1980
KATZ, B.: Nerv, Muskel und Synapse. Einführung in die Elektrophysiologie. 3. Aufl. Stuttgart: Thieme, 1979
KÄMPFE, L., KITTEL, R., KLAPPERSTÜCK, J.: Leitfaden der Anatomie der Wirbeltiere. 5. Aufl. Jena: VEB Fischer, 1987
KAUSSMANN, B.: Pflanzenanatomie. Jena: VEB Fischer, 1963
KEIDEL, W. D. (Hrsg.): Kurzgefaßtes Lehrbuch der Physiologie. 6. Aufl. Stuttgart: Thieme, 1985
KINDL, H.: Biochemie der Pflanzen. 3. Aufl. Berlin, Heidelberg, New York: Springer, 1991
KINZEL, H.: Pflanzenökologie und Mineralstoffwechsel. Stuttgart: Ulmer 1982
KLEIBER, M.: Der Energiehaushalt von Mensch und Haustier. Hamburg, Berlin: Parey, 1967
KRSTIČ, R. V.: Die Gewebe des Menschen und der Säugetiere. Ein Atlas zum Studium für Mediziner und Biologen. 2. Aufl. Berlin, Heidelberg, New York: Springer, 1988
KUFFLER, S. W., NICHOLLS, J. G.: From Neuron to Brain. A Cellular Approach to the Function of the Nervous System. Sunderland/Mass.: Sinauer, 1976

KUHLMANN, D., STRAUB, H.: Einführung in die Endokrinologie. Die chemische Signalsprache des Körpers. Darmstadt: Wissenschaftliche Buchgesellschaft, 1986
LAWLER, D. W.: Photosynthesis: Metabolism, Control, and Physiology. Burnt Hill: Longman, 1987
LEONHARDT, H.: Histologie, Zytologie und Mikroanatomie des Menschen. 8. Aufl. Stuttgart, New York: Thieme, 1990
LIBBERT, E.: Lehrbuch der Pflanzenphysiologie. 4. Aufl. Stuttgart, New York: Fischer, 1987
LOEWENSTEIN, W. R. (ed.): Principles of Receptor Physiology. In: Handbook of Sensory Physiology. Vol. I. Berlin, Heidelberg, New York: Springer, 1971
MALE, D., CHAMPION, B., COOKE, A.: Advanced Immunology. New York: Harper & Row, 1987
MARSCHNER, H.: The Mineral Nutrition of Higher Plants. London: Academic Press, 1986
MENGEL, K.: Ernährung und Stoffwechsel der Pflanze. 7. Aufl. Stuttgart: Fischer, 1991
MOHR, H., SCHOPFER, P.: Pflanzenphysiologie. 4. Aufl. Berlin, Heidelberg, New York: Springer, 1992
NACHTIGALL, W.: Bewegungsphysiologie. Laufen, Schwimmen, Fliegen. Handbuch der Zoologie, Bd. IV, Arthropoda, Insecta (M. Fischer, Hrsg.). Berlin, New York: deGruyter, 1986
NACHTIGALL, W. (ed.): Bird flight. Vogelflug. BIONA-Report 3. Akad. Wiss. Lit. Mainz. Stuttgart, New York: Fischer, 1985
NULTSCH, W.: Allgemeine Botanik. 9. Aufl. Stuttgart: Thieme, 1991
PENZLIN, H.: Lehrbuch der Tierphysiologie. 4. Aufl. Stuttgart, New York: Fischer, 1989
PETERS, J. H., BAUMGARTEN, H., SCHULZE, M.: Monoklonale Antikörper. 2. Aufl. Berlin, Heidelberg, New York, Tokyo: Springer, 1990
PORTMANN, A.: Einführung in die vergleichende Morphologie der Wirbeltiere. 5. Aufl. Basel, Stuttgart: Schwabe, 1977
PROSSER, C. L. (ed.): Comparative Animal Physiology. 3rd ed. Philadelphia, London, Toronto: Saunders, 1973
RAHMANN, H., RAHMANN, M.: Das Gedächtnis. Neurobiologische Grundlagen. München: J. F. Bergmann. New York, Berlin, Heidelberg: Springer, 1988
REINBOTH, R.: Vergleichende Endokrinologie. Stuttgart: Thieme, 1980
RENNER, M.: Kükenthals Leitfaden für das Zoologische Praktikum. 20. Aufl. Stuttgart: Fischer, 1991
ROITT, J. M.: Essential Immunology. 6th ed. Oxford: Blackwell, 1988. (Deutsche Ausgabe: Leitfaden der Immunologie. Darmstadt: Steinkopff, 1977)
ROITT, J. M., BROSTOFF, J., MALE, D. K.: Immunology. London: Grower, 1985. (Deutsche Ausgabe: Kurzes Lehrbuch der Immunologie. 2. Aufl. Stuttgart, New York: Thieme, 1991)
ROMER, A. S., PARSON, T. S.: Vergleichende Anatomie der Wirbeltiere. 5. Aufl. Hamburg, Berlin: Parey, 1983
SCHEUNERT, A., TRAUTMANN, A.: Lehrbuch der Veterinär-Physiologie. 7. Aufl. Berlin, Hamburg: Parey, 1987
SCHIEBLER, T. H., PEIPER, U., SCHNEIDER, F.: Histologie. 2. Aufl. Berlin, Heidelberg, New York, Tokyo: Springer, 1987
SCHMIDT, R. F. (Hrsg.): Grundriß der Sinnesphysiologie. 5. Aufl. Berlin, Heidelberg, New York: Springer, 1985
SCHMIDT, R. F. (Hrsg.): Grundriß der Neurophysiologie. 6. Aufl. Berlin, Heidelberg, New York: Springer, 1987
SCHMIDT, R. F., THEWS, G. (Hrsg.): Physiologie des Menschen. 24. Aufl. Berlin, Heidelberg, New York: Springer, 1990
SCHMIDT-NIELSEN, K.: Animal Physiology. Adaptation and Environment. Cambridge: Cambridge University Press, 1975
SHEPHERD, G. M.: Neurobiology. 2nd ed. Oxford: Oxford University Press, 1988
STAEHELIN, L. A., ARNTZEN, C. J. (eds.): Photosynthesis III. Photosynthetic

Membranes and Light Harvesting Systems. Berlin, Heidelberg, New York: Springer, 1986
STAINES, N., BROSTOFF, J., JAMES, K.: Introducing Immunology. London, New York: Grower, 1985. (Deutsche Ausgabe: Immunologisches Grundwissen. Stuttgart: Fischer, 1987)
STARCK, D.: Vergleichende Anatomie der Wirbeltiere. 3. Bde. Berlin, Heidelberg, New York: Springer, 1978–1982
TROLL, W.: Vergleichende Morphologie der höheren Pflanzen. Berlin: Gebr. Bornträger, 1937–1943
TROLL, W.: Praktische Einführung in die Pflanzenmorphologie. 2 Bde. Jena: VEB Fischer, 1954, 1957
TROLL, W.: Die Infloreszenzen. Typologie und Stellung im Aufbau des Vegetationskörpers. Bde. I und II/1. Stuttgart: Fischer, 1964, 1969
TURNER, C. D., BAGNARA, J. T.: General Endocrinology. New York: Harper and Row, 1976
URICH, K.: Vergleichende Biochemie der Tiere. Stuttgart, New York: Fischer, 1990
WEBER, H., WEIDNER, H.: Grundriß der Insektenkunde. 5. Aufl. Stuttgart: Fischer, 1974
WEBERLING, F.: Morphologie der Blüten und der Blütenstände. Stuttgart: Ulmer, 1981
WELSCH, U., STORCH, V.: Einführung in die Zytologie und Histologie der Tiere. Stuttgart: Fischer, 1973
WERNER, D.: Pflanzliche und mikrobielle Symbiosen. Stuttgart: Thieme, 1987
WIESER, W.: Bioenergetik. Stuttgart: Thieme, 1986
WIGGLESWORTH, V. B.: The Principles of Insect Physiology. 7th ed. London: Chapman and Hall, 1972

Kapitel 7: Verhalten

EIBL-EIBESFELDT, I.: Die Biologie des menschlichen Verhaltens. München: Piper, 1984
EIBL-EIBESFELDT, I.: Grundriß der vergleichenden Verhaltensforschung. 7. Aufl. München: Piper, 1987
FRISCH, K. VON: Tanzsprache und Orientierung der Bienen. Berlin, Heidelberg, New York: Springer, 1965
HASSENSTEIN, B.: Verhaltensbiologie des Kindes. 4. Aufl. München: Piper, 1987
HASSENSTEIN, B.: Instinkt Lernen Spielen Einsicht. Einführung in die Verhaltensbiologie. München: Piper, 1980
IMMELMANN, K. (Hrsg.): Verhaltensforschung. Sonderband zu Grzimek's Tierleben. Zürich: Kindler, 1974
KREBS, R. J., DAVIES, N. B.: Einführung in die Verhaltensökologie. Stuttgart: Thieme, 1984
LORENZ, K.: Über tierisches und menschliches Verhalten. München: Piper, 1965
LORENZ, K.: Vergleichende Verhaltensforschung. Taschenbuchausgabe. München: dtv. Wien, New York: Springer, 1978
STAMM, R. A., ZEIER, H. (Hrsg.): Lorenz und die Folgen. In: Psychologie des 20. Jahrhunderts, Bd. VI. Zürich: Kindler, 1978
TEMBROCK, G.: Spezielle Verhaltensbiologie der Tiere. Band I und II. Jena: VEB Fischer, 1982, 1983
TINBERGEN, N.: Instinktlehre. 6. Aufl. Hamburg, Berlin: Parey, 1979
WICKLER, W., SEIBT, U. (Hrsg.): Vergleichende Verhaltensforschung (Textsammlung). Hamburg: Hoffmann u. Campe, 1973

Kapitel 8 und 9: Ökologie und Biogeographie

ANDREWARTHA, H. G., BIRCH, L. C.: The Distribution of Abundance of Animals. Chicago: University of Chicago Press, 1954
ANDREWARTHA, H. G., BIRCH, L. C.: The Zoological Web. Chicago: University of Chicago Press, 1984
BEGON, M., HARPER, J. L., TOWNSEND, C. R.: Ecology. Individuals, Populations and Communities. Oxford: Blackwell Scientific Publications, 1986
CHEN, T. C.: General Parasitology. 2nd ed. London: Academic Press, 1986
DARLINGTON, P. J.: Zoogeography. The Geographical Distribution of Animals. New York: Wiley and Sons, 1957
DIAMOND, J., CASE, T. J. (eds.): Community Ecology. New York: Harper & Row, 1986
ELLENBERG, H.: Vegetation Mitteleuropas mit den Alpen. In ökologischer Sicht. 4. Aufl. Stuttgart: Ulmer, 1986
ELLENBERG, H., MYER, R., SCHAUERMANN, J.: Ökosystemforschung. Stuttgart: Ulmer, 1986
GATES, D. M.: Biophysical Ecology. Berlin, Heidelberg, New York: Springer, 1980
GRIME, J. P.: Plans, Strategies and Vegetation Processes. Chichester, NY: Wiley & Sons, 1979
KREBS, CH. J.: Ecology. The Experimental Analysis of Distribution and Abundance. 3rd ed. New York: Harper and Row, 1985
LANGE, O. L., NOBEL, P. S., OSMOND, C. B., ZIEGLER, H.: Physiological Plant Ecology I–IV. Encyclopedia of Plant Physiology, New Series, Vol. 12A–12D. Berlin, Heidelberg, New York: Springer, 1981–1983
LARCHER, W.: Ökologie der Pflanzen. 4. Aufl. Stuttgart: Ulmer, 1984
LATTIN, G. DE: Grundriß der Zoogeographie. Stuttgart: Fischer, 1967
MAY, R. M. (Hrsg.): Theoretische Ökologie. Weinheim/Bergstraße: Verlag Chemie, 1980
MEHLHORN, H., PIEKARSKI, G.: Grundriß der Parasitenkunde. 3. Aufl. Stuttgart, New York: Fischer, 1989
NOBEL, P. S.: Biophysical Plant Physiology and Ecology. 3rd ed. San Francisco: Freeman, 1983
ODUM, E. P.: Grundlagen der Ökologie. 2. Aufl. 2 Bde. Stuttgart: Thieme, 1983
ODUM, E. P., REICHHOLF, J.: Ökologie. Grundbegriffe, Verknüpfungen, Perspektiven. München: Bayerischer Landwirtschaftsverlag, 1980
REMMERT, H.: Ökologie, 5. Aufl. Berlin, Heidelberg, New York: Springer, 1992
SCHUBERT, R.: Lehrbuch der Ökologie. Jena: VEB Fischer, 1984
SCHWERTFEGER, F.: Ökologie der Tiere. 3 Teile: 1. Autökologie; 2. Demökologie; 3. Synökologie. Hamburg, Berlin: Parey, 1963, 1968, 1975
WALTER, H.: Grundlagen der Pflanzenverbreitung. 1. Band: Standortslehre. 2. Aufl.; 2. Band: Arealkunde. Stuttgart: Ulmer, 1960, 1954
WALTER, H.: Die Vegetation der Erde. 1. Band: Die tropischen und subtropischen Zonen. 3. Aufl.; 2. Band: Die gemäßigten und arktischen Zonen. Stuttgart: Fischer, 1974, 1968
WALTER, H.: Allgemeine Geobotanik. 3. Aufl. Stuttgart: Ulmer, 1986
WALTER, H.: Die ökologischen Systeme der Kontinente (Biogeosphäre). Stuttgart, New York: Fischer, 1976
WALTER, H.: Vegetation und Klimazonen. 6. Aufl. Stuttgart: Ulmer, 1990
WALTER, H., BRECKLE, S. W.: Ökologie der Erde. 4 Bde. Stuttgart: Fischer, Bde. 1 u. 2 1991 (2. Aufl.), Bd. 3 1986 (1. Aufl.), Bd. 4 1991 (1. Aufl.)
WHITTAKER, R. H.: Communities and Ecosystems. 2nd ed. New York: MacMillan, 1975
WILSON, E., BOSSERT, W. H.: Einführung in die Populationsbiologie. Berlin, Heidelberg, New York: Springer, 1973
WISSEL, C.: Theoretische Ökologie. Eine Einführung. Berlin, Heidelberg, New York: Springer, 1989

Kapitel 10: Evolution

AYALA, F. (ed.): Molecular Evolution. Sunderland/Mass.: Sinauer, 1978
BEIGES, D., WALTERS, S. M.: Plant Variation and Evolution. 2nd ed. Cambridge: Cambridge University Press, 1986
CHAI, C. K.: Genetic Evolution. Chicago: University of Chicago Press, 1976
CRONQUIST, A.: The Evolution and Classification of Flowering Plants. Boston/Mass.: Houghton Mifflin, 1968
CROW, J. F., KIMURA, M.: An Introduction to Population Genetics' Theory. New York: Harper and Row, 1970

Fischer, R. A.: The Genetical Theory of Natural Selection. 2nd ed. New York: Dover, 1958
Futuyama, D. J.: Evolutionary Biology. 2nd ed. Sunderland/Mass.: Sinauer, 1987
Futuyama, D. J., Slatkin, M. (eds.): Coevolution. Sunderland/Mass.: Sinauer, 1983
Grant, V.: The Origin of Adaptations. New York: Columbia University Press, 1963
Grant, V.: Artbildung bei Pflanzen. Hamburg, Berlin: Parey, 1976
Grant, V.: Organismic Evolution. San Francisco: Freeman, 1977
Hartl, D. L.: A Primer of Population Genetics. Sunderland/Mass.: Sinauer, 1981
Hartl, D. L.: Principles of Population Genetics. Oxford: Blackwell Sci. Publ., 1980
Hassenstein, B., Mohr, H., Osche, G., Sander, K., Wülker, W.: Freiburger Vorlesungen zur Biologie des Menschen. Heidelberg: Quelle u. Meyer, 1979
Hennig, W.: Phylogenetische Systematik. Berlin, Hamburg: Parey, 1982
Heberer, G. (Hrsg.): Die Evolution der Organismen. Ergebnisse und Probleme der Abstammungslehre. 3 Bde. 3. Aufl. Stuttgart: Fischer, 1967–1974
Jacquard, A.: The Genetic Structure of Populations. Berlin, Heidelberg, New York: Springer, 1974
Kämpfe, L.: Evolution und Stammesgeschichte der Organismen. 2. Aufl. Jena/Stuttgart: VEB Fischer, 1985
Mayr, E.: Artbegriff und Evolution. Hamburg, Berlin: Parey, 1967
Mayr, E.: Evolution und die Vielfalt des Lebens. Berlin, Heidelberg, New York: Springer, 1979
Ninio, J.: Molecular Approaches to Evolution. Princeton: University Press, 1983
Osche, G.: Grundzüge der allgemeinen Phylogenetik. In: Handbuch der Biologie. Bd. III/2. Frankfurt: Akademische Verlagsgesellschaft, 1966
Osche, G.: Evolution. 10. Aufl. Freiburg: Herder, 1979
Remane, A.: Die Grundlagen des natürlichen Systems, der vergleichenden Anatomie und der Phylogenetik. Leipzig: Akademische Verlagsgesellschaft Geest und Portig, 1952
Roughgarden, J.: Theory of Population Genetics and Evolutionary Ecology. 2nd ed. New York: McMillan, 1987
Sperlich, D.: Populationsgenetik. 2. Aufl. Stuttgart: Fischer, 1987
Spiess, E. B.: Genes in Populations. New York: Wiley & Sons, 1977
Stebbins, G. L.: Process of Organic Evolution. 3rd. ed. New York: Prentice Hall, 1977. (Deutsche Ausgabe: Evolutionsprozesse. 2. Aufl. Stuttgart: Fischer, 1980)
Thenius, E.: Versteinerte Urkunden. Die Paläontologie als Wissenschaft vom Leben der Vorzeit. 2. Aufl. Berlin, Heidelberg, New York: Springer, 1972

Kapitel 11: Systematik

Ax, P.: Das Phylogenetische System. Stuttgart, New York: Fischer, 1984
Ax, P.: Systematik in der Biologie. UTB. Stuttgart: Fischer, 1988
Claus, C., Grobben, K., Kühn, A.: Lehrbuch der Zoologie. *Reprint.* Berlin, Heidelberg, New York: Springer, 1971
Dahlgren, R. M. T., Clifford, H. T., Yeo, R. F.: The families of Monocotyledons. Berlin, Heidelberg, New York: Springer, 1985
Doyle, W. T.: The Biology of Higher Cryptogams. London: Macmillan, 1970
Engler, A.: Syllabus der Pflanzenfamilien. Melchior, H., Werdermann, E. (Hrsg.). Bde. I und II. Berlin: Gebr. Borntrâger, 1954, 1964
Engler, A. (Hrsg.): Das Pflanzenreich. 108 Hefte erschienen. Leipzig, Berlin 1900–1968. (Nachdrucke, Weinheim: Cramer ab 1956)
Engler, A,. Prantl, K. (Hrsg.): Die natürlichen Pflanzenfamilien. 23 Bde. 1. Aufl. Leipzig 1887–1915. 2. Aufl. Leipzig, Berlin: Duncker und Humblot, ab 1924
Esser, K.: Kryptogamen. 2. Aufl. Berlin, Heidelberg, New York: Springer, 1985
Ettl, H.: Grundriß der allgemeinen Algologie. Stuttgart, New York: Fischer, 1980
Fott, B.: Algenkunde. Stuttgart: Fischer, 1971
Franke, W.: Nutzpflanzenkunde. 4. Aufl. Stuttgart: Thieme, 1989
Gams, H. (Hrsg.): Kleine Kryptogamenflora von Mitteleuropa. 4 Bde. 5. Aufl. Stuttgart: Fischer, 1963–1974
Grell, K. G.: Protozoologie. 2. Aufl. Berlin, Heidelberg, New York: Springer, 1968
Hegi, G.: Illustrierte Flora von Mitteleuropa. 13 Bde. 1. Aufl. 1906–1931, 2. Aufl. seit 1936 und teilw. 3. Aufl. seit 1966 im Erscheinen. München: C. Hanser, seit 1906
Hennig, W.: Phylogenetische Systematik. Pareys Studientexte 34. Berlin, Hamburg: P. Parey, 1982.
Hennig, W., Dathe, H.: Taschenbuch der Speziellen Zoologie. 4 Teile. Frankfurt, Thun: Deutsch, 1972–1986
Kaestner, A.: Lehrbuch der Speziellen Zoologie. 3. Aufl. Stuttgart: Fischer, seit 1968, 4. Aufl. ab 1980
Mayr, E.: Grundlagen der zoologischen Systematik. Hamburg, Berlin: P. Parey, 1975
Müller, E., Loeffler, W.: Mykologie. 4. Aufl. Stuttgart: Thieme, 1982
Oltmanns, F.: Morphologie und Biologie der Algen. 3. Bde. 2. Aufl. Jena: Fischer, 1922–1923
Remane, A., Storch, V., Welsch, U.: Systematische Zoologie. Stämme des Tierreichs. 4. Aufl. Stuttgart: Fischer, 1991
Schlegel, H. G.: Allgemeine Mikrobiologie. 6. Aufl. Stuttgart: Thieme, 1985
Siewing, R. (Hrsg.): Lehrbuch der Zoologie. Bd. 2. Spezielle Zoologie. 3. Aufl. Stuttgart: Fischer, 1985
Strasburger, E.: Lehrbuch der Botanik für Hochschulen. 33. Aufl. Stuttgart: Fischer, 1991
Wartenberg, A.: Systematik der niederen Pflanzen. Stuttgart: Thieme, 1971
Weberling, F., Schwantes, H. O.: Pflanzensystematik. 5. Aufl. UTB 62. Stuttgart: Ulmer, 1987

Abkürzungsverzeichnis

A (Aminosäure)	Alanin	DCMU	Dichlorphenyl-dimethyl-harnstoff
A (Purinnucleosid)	Adenosin	DDT	Dichlordiphenyltrichlormethylmethan
Å	Ångström-Einheit ($= 10^{-10}$m)	DFP	Diisopropylfluorphosphat
AAM	angeborener auslösender Mechanismus	DNA = DNS	Desoxyribonucleinsäure
ABA	Abscisinsäure	mtDNA	– der Mitochondrien
A-Band	anisotroper Teil der quergestreiften Muskelfaser	ncDNA	– des Kerns
		ptDNA = ctDNA	– der Plastiden
ACC	1-Aminocyclopropan-1-carbonsäure	rDNA	– des Nucleolus-Organisators
AcCh	Acetylcholin	DNase	Desoxyribonuclease
ACTH	adrenocorticotropes Hormon	DNP	Dinitrophenol
Ade	Adenin	DOC	Desoxycorticosteron
ADH	antidiuretisches Hormon = Vasopressin	Dopa	Dihydroxyphenylalanin
ADP	Adenosindiphosphat	DPG	Bisphosphoglycerat (früher: Di-)
Ala = A	Alanin	D-Regelung	Differentialregelung
ALA	δ-Aminolaevulinsäure		
AMP	Adenosinmonophosphat	E	Glutaminsäure
AP	Aktionspotential	EAM	erworbener auslösender Mechanismus
Arg = R	Arginin	*E. coli*	*Escherichia coli* (Bacterium)
AS	Aminosäuren	ECoG	Elektrocorticogramm
Asn = N	Asparagin	EDTA	Äthylendiamin-tetraacetat
Asp = D	Asparaginsäure	EEG	Elektroencephalogramm
ATP	Adenosintriphosphat	EGTA	Äthylenglykol-bis(aminoäthyläther)-tetraacetat
AV	arteriovenöse Druckdifferenz im Kreislauf	EKG	Elektrocardiogramm
		EOG	Elektrooculogramm
C (Aminosäure)	Cystein	EPSP	excitatorisches postsynaptisches Potential
C (Pyrimidin-nucleosid)	Cytidin	ER	endoplasmatisches Reticulum
		ERG	Elektroretinogramm
C_3-Pflanzen	Pflanzen mit 3C-Verbindungen als erstem faßbaren Produkt der Photosynthese	ES	Enzym-Substrat-Komplex
		EZ	eineiige Zwillinge
C_4-Pflanzen	Pflanzen mit 4C-Verbindungen als erstem faßbaren Produkt der Photosynthese	F	Phenylalanin
		$F_1, F_2 \ldots$	erste, zweite usw. Filial-(Nachkommen-)generation
cAMP	cyclisches Adenosinmonophosphat		
CAM-Pflanzen	»Crassulacean Acid Metabolism«-Pflanzen	FAD	Flavinadenindinucleotid
CCK-PKZ	Cholecystokinin-Pankreozymin	Fd	Ferredoxin
Chl a_I	Chlorophyll-Protein-Komplex (Antennenpigment der Photosynthese)	F-Faktoren	Fertilitätsfaktoren von Bakterien
		FMN	Flavinmononucleotid
CoA	Coenzym A	FP	Flavoprotein
CRF	Corticotropin Releasing Faktor	Frc	Fructose
CTP	Cytidintriphosphat	FS	Fettsäuren
Cys = C	Cystein	FSH	Follikel-stimulierendes Hormon
Cyt	Cytosin		
Cyt c	Cytochrom c	G (Aminosäure)	Glycin (= Glykokoll)
		G (Purinnucleosid)	Guanosin
D	Asparaginsäure	GABA	γ-Amino-Buttersäure
2,4-D	2,4-Dichlorphenoxyessigsäure	GA_3	Gibberellinsäure
		Gal	Galaktose
		GDP	Guanosindiphosphat
		GFR	glomeruläre Filtrationsrate (der Niere)
		GIP	„Gastric inhibitory polypeptide" (Gastrointestinalhormon)

Dieses Verzeichnis enthält einige in der biologischen Literatur häufig benutzte Abkürzungen, auch wenn sie teilweise in diesem Lehrbuch nicht verwendet werden. Abkürzungen für Metabolite und Enzyme des Intermediärstoffwechsels sind hier nicht aufgenommen worden (vgl. dazu Lehrbücher der Biochemie).

Glc	Glucose
Gln = Q	Glutamin
Glu = E	Glutaminsäure
Gly = G	Glycin (= Glykokoll)
GMP	Guanosinmonophosphat
GTP	Guanosintriphosphat
Gua	Guanin
H (Aminosäure)	Histidin
H (Protein)	Histon
Hb	Hämoglobin
Hb-A	– Adult-
Hb-F	– Foetal-
Hb-P	– Embryonal-(Prä-)
Hc	Hämocyanin
HCG	„human chorionic gonadotrophin" (placentares gonadotropes Hormon des Menschen)
Hfr	„high frequency of recombination" (bei Bakterien)
HHL	Hypophysenhinterlappen
His = H	Histidin
HT	5-Hydroxy-Tryptamin (= Serotonin)
HVL	Hypophysenvorderlappen
Hyp	Hypoxanthin
I (Aminosäure)	Isoleucin
I (Purinnucleosid)	Inosin
IAA = IES	Indolyl-2-Essigsäure
I-Band	isotroper Teil der quergestreiften Muskelfaser
IBS	Indolylbuttersäure
ICSH = LH	„interstitial cell stimulating hormone"
IDP	Inosindiphosphat
Ig	Immunglobulin
IEP = I.P.	Isoelektrischer Punkt
IES = IAA	Indolyl-2-Essigsäure
IH	Inhibiting Hormon
Ile = I	Isoleucin
IMP	Inosinmonophosphat
IPA	Isopentenyladenin
IPSP	inhibitorisches postsynaptisches Potential
IR	infrarotes Licht
I-Regelung	Integral-Regelung
IRM = AAM	„innative releasing mechanism"
ITP	Inosintriphosphat
K	Lysin
KH	Kohlenhydrate
K_m-Wert	Michaelis-Konstante (Substratkonzentration, bei der halbmaximale Geschwindigkeit einer Enzymreaktion erreicht wird)
KTP	Kurztagpflanze
L	Leucin
LD 50	„Lethaldosis 50%" (Menge eines Stoffes, nach deren Verabreichung die Hälfte der Versuchstiere sterben)
L-Formen	nackte Bakterienprotoplasten
Leu = L	Leucin
LH	luteinisierendes Hormon
LSD	Lysergsäurediäthylamid
LSF	„lymphocytosis stimulating factor" (Produkt des Thymus)
LT	luteotropes Hormon (= Prolactin)
LTP	Langtagpflanze
Lys = K	Lysin
M	Molmasse („Molekulargewicht")
M (Aminosäure)	Methionin
Man	Mannose
Mb	Myoglobin
Met = M	Methionin
MSH	Melanocyten-stimulierendes Hormon (= Melanotropin)
N	Asparagin
NAD	Nicotinamidadenindinucleotid, oxidierte Form
NADH	dto., reduzierte Form
NADP	Nicotinamidadenindinucleotidphosphat, oxidierte Form
NADPH	dto., reduzierte Form
NANA	N-Acetylneuraminsäure
NDP	Nucleosiddiphosphate (insgesamt)
NES	Naphthylessigsäure
NMN	Nicotinamidmononucleotid
NMP	Nucleosidmonophosphate (insgesamt)
NNM	Nebennierenmark
NNR	Nebennierenrinde
NTP	Nucleosidtriphosphate (insgesamt)
NPC-System	System zur Klassifizierung von Pollentypen
O.D.	„Optical density" = Extinktion
OT	Ocytocin
P (Aminosäure)	Prolin
P	Parental-(Eltern-)generation
Ⓟ	Phosphat in energiereicher Bindung
P_{700}	Chlorophyll-Protein-Komplex (Antennenpigment der Photosynthese)
$P_{fr} = P_{dr} = P_{730}$	Phytochrom in der bei 730 nm maximal absorbierenden, physiologisch aktiven Form
P_i	anorganisches Phosphat
$P_r = P_{hr} = P_{660}$	Phytochrom in der bei 660 nm maximal absorbierenden, physiologisch inaktiven Form
PAH	p-Aminohippursäure
PBI	Protein-gebundenes Iod (im Blut)
Phe = F	Phenylalanin
pH-Wert	negativer dekadischer Logarithmus der Wasserstoffionen-Konzentration
pK-Wert	negativer dekadischer Logarithmus der apparenten Dissoziationskonstante
PMS	Phenazinmethosulfat
PP	Diphosphat (früher: Pyrophosphat)
PPLO	„pleuropneumonia like organisms" (Mykoplasmen)
P-Protein	spezielle Ausbildung des Cytoplasmas in den Siebröhren der Höheren Pflanzen
PQ	Plastochinon
P-Regelung	Proportional-Regelung
PRL = LT	Prolactin (= luteotropes Hormon)
Pro = P	Prolin
PS I, PS II	Photosystem I, II
Q	Glutamin
Q_{10}	Temperaturkoeffizient der Geschwindigkeit einer Reaktion bei 10 K Temperaturänderung
Q_β	Phage
R (Aminosäure)	Arginin
R	Rückkreuzungsgeneration

REM-Schlaf	„rapid eye movement"-Schlafform	Thy	Thymin
RES	reticulo-endotheliales System	TIBA	2, 3, 5-Trijodbenzoesäure
RCI	„respiratory control index" (Mitochondrien)	TIP	tumorinduzierendes Prinzip bei *Agrobacterium tumefaciens*
RGT-Regel	Reaktionsgeschwindigkeit-Temperatur-Beziehung	TMP	Thymidinmonophosphat
Rib	Ribose	TMV	Tabakmosaikvirus
dRib	Desoxyribose	TPP	Thiaminpyrophosphat
RNA = RNS	Ribonucleinsäure	Trp = W	Tryptophan
hnRNA	– heterogene, nucleäre	TSH	thyreotropes Hormon (= Thyreotropin)
mRNA	– Messenger- (Boten-)	T-System	Transversalsystem in der Muskelfaser
ncRNA	– Kern-	TTC	Triphenyltetrazoliumchlorid
rRNA	– ribosomale	TTP	Thymidintriphosphat
tRNA	– Transfer-	TTX	Tetrodotoxin
RNase	Ribonuclease	Tyr = Y	Tyrosin
RNP	Ribonucleoprotein		
RP	Receptorpotential	U (Pyrimidin-nucleosid)	Uridin
RQ	Respiratorischer Quotient	UDP	Uridindiphosphat
RSA	Rinderserumalbumin	UE	umsetzbare Energie (einer Nahrung)
RZ	Reaktionszentrum	UMP	Uridinmonophosphat
S	Serin	Ura	Uracil
Ser = S	Serin	UTP	Uridintriphosphat
STH	somatotropes Hormon (= Wachstumshormon)	UV	ultraviolettes Licht
S-Zahl	Svedberg-Einheit für Sedimentation von Zellorganellen in der Ultrazentrifuge	V	Valin
		Val = V	Valin
T (Aminosäure)	Threonin	VIP	vasoaktives intestinales Polypeptid (Gastrointestinalhormon)
T (Pyrimidin-nucleosid)	Thymidin		
T2, T4	Phagen	W	Tryptophan
T$_3$	Trijodthyronin (Schilddrüsenhormon)		
T$_4$	Tetrajodthyronin = Thyroxin (Schilddrüsenhormon)	Xyl	Xylose
TCA	Trichloressigsäure	Y	Tyrosin
TDP	Thymidindiphosphat		
TEA	Tetraäthylammonium	ZNS	Zentralnervensystem
THF	Tetrahydrofolsäure	ZZ	zweieiige Zwillinge
Thr = T	Threonin		
Thx	Thyroxin		

Internationales System der Einheiten (SI)

Für das Internationale System der Einheiten (Système International d'Unités = SI) wurden sieben Basiseinheiten definiert, aus denen weitere systemkohärente Einheiten abgeleitet werden können. Einige nicht zum SI gehörende eingeführte Einheiten dürfen daneben weiterhin benutzt werden. (Tabellen aus Schmidt u. Thews, z. T. verändert.)

Namen und Symbole der SI-Basiseinheiten

Größe	Name der Einheit	Symbol
Länge	Meter	m
Masse	Kilogramm	kg
Zeit	Sekunde	s
Elektrische Stromstärke	Ampere	A
Thermodynamische Temperatur	Kelvin	K
Lichtstärke	Candela	cd
Substanzmenge	Mol	mol

Namen und Symbole einiger abgeleiteter SI-Einheiten

Größe	Name der Einheit	Symbol	Definition
Frequenz	Hertz	Hz	s^{-1}
Kraft	Newton	N	$m \cdot kg \cdot s^{-2}$
Druck	Pascal	Pa	$m^{-1} \cdot kg \cdot s^{-2}$ ($N \cdot m^{-2}$)
Energie	Joule	J	$m^2 \cdot kg \cdot s^{-2}$ ($N \cdot m$)
Leistung	Watt	W	$m^2 \cdot kg \cdot s^{-3}$ ($J \cdot s^{-1}$)
elektrische Ladung	Coulomb	C	$s \cdot A$
elektrische Spannung	Volt	V	$m^2 \cdot kg \cdot s^{-3} \cdot A^{-1}$ ($W \cdot A^{-1}$)
elektrischer Widerstand	Ohm	Ω	$m^2 \cdot kg \cdot s^{-3} \cdot A^{-2}$ ($V \cdot A^{-1}$)
elektrischer Leitwert	Siemens	S	$m^{-2} \cdot kg^{-1} \cdot s^3 \cdot A^2$ (Ω^{-1})
elektrische Kapazität	Farad	F	$m^{-2} \cdot kg^{-1} \cdot s^4 \cdot A^2$ ($C \cdot V^{-1}$)
magnetischer Fluß	Weber	Wb	$m^2 \cdot kg \cdot s^{-2} \cdot A^{-1}$ ($V \cdot s$)
magnetische Flußdichte	Tesla	T	$kg \cdot s^{-2} \cdot A^{-1}$ ($Wb \cdot m^{-2}$)
Induktivität	Henry	H	$m^2 \cdot kg \cdot s^{-2} \cdot A^{-2}$ ($V \cdot s \cdot A^{-1}$)
Lichtstrom	Lumen	lm	$cd \cdot sr$ (sr = Steradiant)
Beleuchtungsstärke	Lux	lx	$cd \cdot sr \cdot m^{-2}$ ($lm \cdot m^{-2}$)
Aktivität einer radioaktiven Substanz	Becquerel	Bq	s^{-1}
Katalytische Aktivität	Katal	kat	$mol \cdot s^{-1}$

Im SI nicht enthaltene Einheiten für Stoffe in Lösungen

Größe	Definition
Molalität	$mol \cdot (kg \text{ Lösungsmittel})^{-1}$
Molarität = Stoffmengenkonzentration	$mol \cdot (l \text{ Lösung})^{-1}$
Massenkonzentration	$kg \cdot (l \text{ Lösung})^{-1}$ ($= kg \cdot 10^3 \cdot m^{-3}$)

Nicht zum SI gehörende Einheiten, die weiterhin benutzt werden dürfen

Name der Einheit	Symbol	Wert in SI-Einheiten
Gramm	g	$1\,g = 10^{-3}\,kg$
Liter	l	$1\,l = 1\,dm^3$
Minute	min	$1\,min = 60\,s$
Stunde	h	$1\,h = 3{,}6\,ks$
Tag	d	$1\,d = 86{,}4\,ks$
Grad Celsius	°C	$t\,°C = T - 273{,}15\,K$

Umrechnungsbeziehungen zwischen SI-Einheiten und konventionellen Einheiten, die nicht mehr benutzt werden sollten

Größe	Umrechnungsbeziehungen			
Kraft	1 dyn	= 10^{-5} N	1 N	= 10^5 dyn
	1 kp	= 9,81 N	1 N	= 0,102 kp
Druck	1 cm H$_2$O	= 98,1 Pa	1 Pa	= 0,0102 cm H$_2$O
	1 mm Hg	= 133 Pa	1 Pa	= 0,0075 mm Hg
	1 atm	= 101 kPa	1 kPa	= 0,0099 atm
	1 bar	= 100 kPa	1 kPa	= 0,01 bar
Energie	1 erg	= 10^{-7} J	1 J	= 10^7 erg
	1 mkp	= 9,81 J	1 J	= 0,102 mkp
	1 cal	= 4,19 J	1 J	= 0,239 cal
Leistung	1 mkp/s	= 9,81 W	1 W	= 0,102 mkp/s
	1 PS	= 736 W	1 W	= 0,00136 PS
	1 kcal/h	= 1,16 W	1 W	= 0,860 kcal/h
Strahlung	1 R	= $2{,}58 \cdot 10^{-4}$ C·kg^{-1}	1 C·kg^{-1}	= 3876 R
	1 rd	= 0,01 J·kg^{-1}	1 J·kg^{-1}	= 100 rd
	1 Ci	= $3{,}77 \cdot 10^{10}$ Bq	1 Bq	= $2{,}65 \cdot 10^{-11}$ Ci

Präfixe und Symbole häufig gebrauchter Zehnerpotenz-Faktoren

Faktor	Präfix	Symbol	Faktor	Präfix	Symbol
10^{-1}	Dezi	d	10	Deka	da
10^{-2}	Centi	c	10^2	Hekto	h
10^{-3}	Milli	m	10^3	Kilo	k
10^{-6}	Mikro	μ	10^6	Mega	M
10^{-9}	Nano	n	10^9	Giga	G
10^{-12}	Pico	p	10^{12}	Tera	T
10^{-15}	Femto	f	10^{15}	Peta	P

Sachverzeichnis

AAM = angeborener auslösender Mechanismus 726
A-Bande 456, 458
Abbauorganismen 812, 822
Abbaustoffwechsel = Katabolismus 87f., 470
Abbauvorgänge 822
Abdomen = Hinterleib 570
Abdominalganglion 694
Abfallprodukte, Theorie des Alterns 396
abiotische Umweltfaktoren 762, 765, 827
Abnützungstheorie 396
Abomasus = Labmagen 484
Abschlag, Flügel 654
Abschlußgewebe, primäres = Epidermis 410, 421f.
–, sekundäres = Periderm 418
–, tertiäres = Borke 418
Abscisinsäure 384, 394, *394*, 439, 666, *689*, 690, 692
Abscission 690
Absorptionsspektren 110
Absorptionsspektrum, Blatt *430*
–, Phytochrom 331, 333
–, Sehfarbstoffe *511*
Abstammung 207
Abstammungslehre 855
Abteilung = Phylum *934*f.
Abundanz 783, 813, 828
Abwandlungsreihen, fossile 870
Abwehrsekret 477
Abwehrstoffe, Pflanzen 447
Abwehrsystem = Immunsystem 526ff.
Abyssal 767, 835
acephale Made *372*
Acetabularia 346
Acetylcholin 422, 458, 469, 517, 521
Acetylcholin-Esterase 459
Acetylcholinrezeptor 469

Acetyl-CoA 71, *72*, 88, 89, 99, 105
Acetyl-CoA-Carboxylase 96
Achäne *429*, 430
Achselknospe 409
Achsenskelett 573
Acidose 639
Acrania = Schädellose 367, *506*, 572
Acrasiales, s.a. *Dictyostelium* 339, *378*, 379, *558*, 560
Acridin 235
ACTH = adrenocorticotropes Hormon 678
Actinomorphie 555
Actinomycin D *347*, 354
Adaptation, s.a. Anpassung
–, Evolution 266, 881
–, Funktionsanpassung Organe 866
–, Rezeptorzelle 464
Adaption, Umwelt 771
Adaptionszone 919, 920
adaptive Radiation 919, 933
Adenin 38
Adenohypophysenhormone 666
Adenohypophyse *496*, 678
Adenosindiphosphat = ADP 67
Adenosinmonophosphat = AMP 67
Adenosintriphosphat = ATP 67, 71, 85, 88f., 104, 460, 519
Adenylatcyclase 279, 379
Adenylierung, Proteinmodifikation 108
Adenylsäuresystem 107
Aderhaut 508
Adermin = Pyridoxin 612
ADH = antidiuretisches Hormon 678
Adhäsion *616*
adossiertes Vorblatt 409
ADP 67

Adrenalin 224, 517, 640, *666*, 671, 672, 679, 703f.
adrenerge Nerven 640
adrenocorticotropes Hormon 678
Adultus 263
Adventivembryonie 303
Adventivpflanze 797
Adventivsproß *271*, 390
Adventivwurzel 390, 395
Aerenchym = Durchlüftungsgewebe 414, 562
Ähre *410*
äquale Furchung 367
Äquationsteilung 167
Äquidistanz, Regel der *408*
äquifazialer Blattbau 420, 562
Äquivalenzregel *38*, 182
Äthanolgärung 91, 817
ätherische Öle 445
Äthiopis 831, 832
Äthylen 690
Äthylenimin 235
Äthylierung 235
Äthylmethansulfonat 235
Äthylenbegasung 690
äußere Faktoren, Entwicklung 324, 329, 339f.
afferenter Nerv 494, 694
Affinität 64
–, Antikörper 543
–, Elektronen 56
–, Sauerstoff 635
–, Substrat 85, 106
Affinitätschromatographie 184
Affinitätskonstante, Antikörper 536
After 478
Agamet 265, 267, *269*
Agamogonie 267, 268, 275, 305, 308
Agamont 263, 265, 307
Agamospermie 302, 303
Agar 47
Agarkultur 196
Agarose-Gel 180
Agglutination 275, 277, 279, *280*, 531, 536, 544
Agglutinationsreaktion 274, 280
Aggregation 377, 785
Aggregationsphase 378
Aggregationsverband 557

Aggregationszentrum *379*
Aggression 749
Aggressionstrieb 750
Agrobacterium 259, 399
Ahnentafel 206
AIDS-Virus 45, 248
Akanthosomen = Coated Vesicles 139
Akklimatisation 434, 594, 775, 776
Akkommodation 508
Akkrustation 172
Akrodynie 612
akropetal 419
Akrosom 296
Akrosombläschen 300
Akrosomreaktion 300
akrotone Förderung 409
akrozentrische Chromosomen 155
Aktin 14, 33, 140, *455*, 456
Aktionspotential, Herzmuskelfaser 626
–, Muskel 458f., *459*, 516f.
–, Nerv 460ff.
–, Ohr 500
Aktivatoren 76
aktiver Zustand, Muskulatur 516
aktives Zentrum 34, 70
aktivierte Essigsäure = Acetyl-CoA 71, *72*, 88, 89, 99, 105
aktiviertes Kohlendioxid 71
Aktivierungsenergie 68
Aktivierungsenzym 108
Aktivierungsgrad *729*
Aktivierungsprotein 532
Aktivität 53
Aktivitätskoeffizient 53
Aktivitätsstoffwechsel 589
Aktomyosinfibrillen 152
Aktualitätsprinzip 881, 919
Alarmlaut 726
Alarmuskel 514, *570*, *629*
Albinismus 224
Aldosteron *666*, 679, 681
Aleuron 380
Aleuronschicht *406*
Alkaloide 444
Alkaptonurie 223, 224
Alkoholdehydrogenase 34, *72*, 75, *443*, 917

Alkoholgärung 91, 817
Alkoholsyndrom, fetales 399
Alkylierung, Nucleotid 235
Allantoin *101*
Allel 205
Allelerhaltung 896
Allel-Exklusion 544
Allelfixierung *894*
Allelfrequenz 885, 887
Allelhäufigkeit *888*
Allelie, multiple 547
Allergen 535
Allergie 535
Alleröd 827
Allesfresser 606
Alles-oder-Nichts-Gesetz 463, 465
Alloantigen 526
Allometrie 329
allometrisches Wachstum 329
Allomyces 274
allopatrische Verbreitung 830
– Population 907, 909
Allopolyploidie *915*, 916
allosterische Wechselwirkungen 106
– Zwischenstufe 74
allosterischer Effekt *107*, 875
allosterisches Zentrum 70, 76
Allotypen 534
Allozyme 878
Alpha-Tier 755
Alter 395f., 417
–, Energieumsatz 589
–, maximales 396
–, Theorien 396
Alternanz, Regel der 408
Altersabhängigkeit 788
Alterssprachkleid 755
Altersstadium 324
Altersstruktur, Bevölkerung 785, 787, 788
Altersverteilung 788
Alterung = Seneszenz 324, 395, 396
Altruismus 893
Alveolen 487, 489
Alzheimer-Krankheit 46
Amakrinzellen 509, 510
Amazonasgebiet 844
Amboß, Mittelohr 499, 574
Ambulakralfüßchen 515
Ambulakralgefäßsystem *515*, 572
Ameisen 725, *757*
Ameisensäuregärung 91
Amensalismus *801*, 810
AMES-Test 243
Amethopterin 611
Amidphosphat 519
Amine 99, *100*
Aminoacylstelle 187
Aminoacyl-tRNA 186

γ-Aminobuttersäure = GABA 518, *518*
Aminohippursäure *493*
Aminolaevulinsäure 335
Aminopeptidase 479
Aminopterin 259, 611
Aminopurin 235
Aminosäureaustausch 873
Aminosäuren *32*, 98, 100, 607
–, essentielle 100
–, Hormone 666
–, Resorption 481
–, Stoffwechsel 98f.
Aminosäureoxidase 99, *140*
Aminosäuresequenz 31, 182
Aminosäuresequenzanalyse 230
Aminosäuresequenzierung 858
Aminosomen *140*
Aminotransferase 128
Ammoniak 490, 587, *606*
Ammoniak, Exkretion 102, 605
ammoniotelische Tiere 606
Ammoniten 870
Ammoniumion 818
amöboide Bewegung 142, *527*, 640
Amöbozygote 558
Amoebina, Amöben *268*, 566
s.a. *Dictyostelium*
Amoebocyten 362
AMP 67
Amphiastraltyp 166
Amphibien, s.a. Molch, *Xenopus*
–, Aktionspotential *459*
–, Extremitätenregeneration 391
–, Genamplifikation 157, 298, 355
–, Gonadenanlage *322*
–, Lampenbürstenchromosom 157, 298
–, Neurulation 376
–, progressive Zelldetermination 357
Amphibiom 853
Amphimixis = Fremdbefruchtung 265, 303, 309
amphistomatische Blätter 422
Amplifikation, Gen 161, 203, 401
Amplitudenmodulation 463
Ampulle, Bogengangsystem 498, 572
–, Stachelhäuter 515
Ampullenorgan, Gymnotide 503
Amylase *34*, 380, 451, 479, 482, 483
Amyloneogenese 94
Amylopectin 29, 47
Amyloplasten 150, 380, 643
Amylose *29*, 47

Anabolismus 87, 589
anaerober Stoffwechsel 88f.
Anaerobiose, biotopbedingte 591
–, fakultative 443
–, Organe 443, 520
Anagenese 906
Analogie 866
Analpapillen 604
Anämie, hypochrome 612
–, makrocytäre 611
–, perniziöse 612
Anaphase 167
Anaphylatoxine *540*, 541
anaplerotische Reaktion 90
Anastraltyp 166
Androeceum 427
Androgamet 274
Androgamone 276
Androgene 678
androgene Drüse *320*, 675
androgener Faktor 674
Anemophilie = Windbestäubung 288
Aneuploidie 232, 879
Aneurin = Thiamin 610
angeborener auslösender Mechanismus = AAM 726
angeborene Verhaltensweisen 721f., 728
Angiogenesefaktoren 401
Angiospermen, Definition 283, *936*
Angiospermenblüte, s. Blüte
Angiotensin 666, 679, 683
Angiotensinogen 683
Angriff 749, 750, 756
Angriffsgebärde 748
Angstbeißen 756
Angulare 574
animaler Pol 364
animal-vegetale Achse 370
Anisogametie 266, 273, *274*
Anisotomie 409
Annäherung 727
Annealing *248*
Annelida = Ringelwürmer 569
s.a. Regenwurm, Polychaet
Annuelle 395, 777
Annuli 135
Annulus *163*
ANP = Atriale Diuretische Peptide 681
Anpassung, s.a. Adaptation 266, 464, 866, 881
–, Symbiose 804
–, Umwelt 771
Anpassungsfähigkeit 866
Anpassungsfaktor 769
Anregung, soziale 738
Anregungszustand 115, *117*
Antagonist, Muskeln 514
Antarktis 831, 834
Antennapedia-Komplex 349

Antennata, Tracheata 570
s.a. Arthropoden, Insekten
Antennendrüse 471, *490*, 570
Antennengeißel *502*
Antennenpigmente 27, 116, 117, 129, 435
antheridiale Zelle *282*, 284
Antheridiogen 275, *282*
Antheridiol 275, 280
Antheridium 280, *282*, *559*, 862
Anthocyan 421, 446, 692
Anthozoa, Korallen *515*, 568, 805
Anthophyta, Blütenpflanzen 282, 283
anthropogene Ersatzgesellschaft 825
Antibiotika, Wirkung 27
Antibiotikaresistenz 199, 258, 902
Anticodon 186, 187
antidiuretisches Hormon 678
Antifolsäureverbindungen 611
Antigen 210, 526, *532*
Antigen-Antikörper-Reaktion 536
Antigenbindungsstelle 535
Antigenerkennung 550
Antigenpräsentation 529, 532, 549
Antigenprozessierung 549
Antigenrezeptor 528, *532*, 549
Antigenverdauung 549
Antiidiotyp 552
Antiidiotyp-Vakzine 552
Antikörper 211, 454, 526, 533f., *537*, 542
–, monoklonale 544
Antikörpertiter 538
Antimycin 81
Antiparallelität, DNA 39
Antipode 283, 286, 303
Antiport 84, 86, 449, 472
Antivitamine 612
Antrieb 722, 726, 707, 727, 728f.
Antriebsminderung 730
Anulus 647
Aortenklappe *514*
APC = Antigenpräsentierende Zelle 529, 532, 549
Apikaldominanz 383, 390, 686, 688
Aplanospore 267
Aplysia 694
Apocarpie 284, 428, *429*
Apoenzym 70
Apoferritin *34*
apokrine Sekretion 451
Apomeiose 302
Apomixis 302, 303
apomorphe Merkmale 861, 872
Apomorphie 932
Apoplast 448, 614, 620

Apoptose 548, 549
Aposporie 302
apparente Photosynthese *433*, 436
Appendix, Darm 530
Appetenz *734*, 735
Appetenzverhalten 706, 726, *728*
Appositionswachstum 171
Arachidonsäure 609, *610*
Arachnida, Chelicerata, Spinnentiere 511, 570, 925
Aragonit 805
Arbeit 63f.
Arbeiter, Kaste 757
Arbeitsbiene 725, 757
Arbeitsenergie 585
Arbeitskern 154
Arbeitsteilung 263, 403, 557, 757
Archaebakterien 28, 123, *936*f.
Archaeognatha *932*
Archaeopteryx 872, 926, 970
Archegoniaten, Gametogamie 280
Archegonium 280, *282*, *285*, 286, *562*
Archenteron 357, 369, *376*
Archespor 284
Area centralis, Auge 508
Areal 829
Arealausdehnung 843
Arealbeschränkung 843
Arealgrenze 844, 847
Arealgröße 830
Arealkunde = Chorologie 829
Arealspaltung 844
Arealverschiebung 796, 839
Arenabalz 904
Areolen 563
Arginase *102*
Argininphosphat 519
arktische Geoelemente 849
Arrhenius-Gleichung *69*
Art = Spezies 905, 931, 932, 934
Art, Unterschiede 804
Artaufspaltung 843, 856, 900, 906, 926
Artbildung 905f., 932
–, allopatrische 909
–, sympatrische 915
Artchimäre 389
Artenarmut 843, 847
Artenaufteilung 803
Artenbeziehungen *801*
Artenkombination 814
Artenkonstanz 855, 870
Artenreichtum *815*, 825, 828
Artenschwund 926
Artenspaltung 932
Artenzahl 813, *828*, 936
Artenzusammensetzung 825
Arterhaltung 267
Arteria branchialis 489
Arteriae pulmocutaneae 631
Arterie 624, *625*
Arterienbögen 631, *863*
Arteriola afferens *491*
– efferens *491*
Artgenossen, Verhaltensbeziehungen 746
Arthropoden, Gliederfüßler 569f.
s. a. Insekten, Krebse
–, Bewegung 652, 655, 666
–, Herz 629
–, Integument 524f.
–, Skelett 515f.
–, Skelettmuskeln 518f.
Arthrose 453
Articulare *574*
Articulata = Gliedertiere 569
s. a. Anneliden, Arthropoden, Insekten
Arum 287
Aschenzusammensetzung, Pflanze 449
ascidiates Blatt 428
Ascidie 365, 368, *475*
Ascogon 278, 279
Ascomyceten = Schlauchpilze 293, *278*, 279
Ascorbinsäure, s. Vitamin C
Ascospore 220, 279, *280*
Ascus 220, 279, *280*
Aspartat 440
Aspartat-Familie 100
Aspergillus = Gießkannenschimmel *267*, 268, 273
Assimilationsgewebe 414, 420, 561
Assimilationsstärke 432
assimilatorischer Quotient 113
Assimilatstrom 614
assortative mating = Zuchtwahl 213
Assoziation 734, *736*, 814, 854
Aster = Polstrahlung 166
Asteroidea = Seesterne 572
Astrocyt *462*, 699
asymmetrische Blüte 428
Atembewegung 488, 621, 721
Atemfrequenz 488
Atemgase, Austausch 473, 688
Atemöffnung = Stigma 621
Atemtasche 487
Atemwasserstrom 488
Atemzugvolumen 488
atlantische Geoelemente 849
Atlantikum 827
Atmung 88ff., 433f., 488f., 821
s. a. Dissimilation
–, klimakterische 690
Atmungsgröße 772
Atmungskurve, Keimpflanzen 444
Atmungsorgane 486f., *574*
Atmungsregulation 591, 703

Atmungssteuerung 91
Atombombe, Schädigungen 240
Atomradius 55
Atonie 706
ATP *67*, 71, 85, 104, 460, 519
ATPase 67, 80f.
ATP-Synthase 124, 148, 150, 245
ATP-Synthese 88f.
ATP-Synthetase = ATPase 67, 80f.
Atriale Diuretische Peptide *681*
Atrium *621*, 631
Attrappe 726f., *727*
Aufbaustoffwechsel = Anabolismus 87, 589
Auflösungsvermögen, Sehen 508, 512
Aufreiten *743*, 749
Aufschlag, Fliegen 654
Auftrieb 647, 648, 654
Auge, Cephalope 386, *867*
–, schlafendes 427
–, Sinnesorgan 386, 506f.
–, Wirbeltiere 386, *509*, *867*
–, Transplantation *358*, 386
Augenbecher 386
Augenblase 386
Augenfleck *Euglena* 146, 577
Augenlid 509
Augenlinse, s. Linse, Auge
Augenstiele, Hormondrüsen 675
Aurikel 629
Ausbreitung 796, 844, 845, 891
–, Pferdeartige 870
–, Pflanzen 795
–, Tiere 795
Ausbreitungsmechanismen 796
Ausbreitungsschranken 846
Ausdehnungsarbeit 65
Ausläufer 270, *271*, 408
Auslenkbarkeit, System 815
Auslese, natürliche = Selektion 882
Auslösemechanismus, Wanderung 798
auslösender Reiz 721, *722*, 726, *735*, 736
Auslösungsfaktor 769
Aussalzung 55
Ausscheidung, s. Exkretion
Ausschlüpfen, Insekt 715, 719
Außenepithel, s. Epidermis
Außenreiz *728*, 730
Außenskelett 515, 570
Außenxylem 411
Aussterben 924, 926f.
Ausstrahlungstyp 765
Austausch, Gene 197, 883
–, konservativer 873
Austauschadsorption 449
Austauschfläche, respiratorische 589, 594
Austauschrate 895

Austauschvektor 258
Australis 831, 834, 929
Austreibereflex 695
Autogamie 287, *303*, 304
Autoimmunkrankheiten 396, 530
autokatalytische Funktion 37
Autökologie 762f.
Autolyse = Selbstverdauung 16
Automixis = Selbstbefruchtung 265, 303
Autophagosomen 16, 138
Autopolyploidie 915
Autoradiographie *182*, 202
Autoregulation, Schlagvolumen 628, 640
Autorhythmie 706
Autorhythmus 582, 626
Autosom 209, 315
autosomale Vererbung 207
autosomal-rezessiver Erbgang 207
Autosomen *315*
autotelisches Lernen 743
Autotomie 389
Autotrophie 87, 98, 403, 583
Auxin *328*, 384, 394, 642, 685f., *686*
–, multiple Wirkungen 687
Auxine, synthetische 687
Auxingradient 642
Auxinstrom 644
Auxintransport 691
Auxotrophie 197, 382, 607
Aversion, bedingte 736
Avidin 612
Avidität 536
Axerophthol *613*, 613
Axocoel *324*
Axon = Neurit 460, *461*, 495, 518
Axonem *144*
Axonema = Geißelkörper 14
Axonreflex 694
Axonursprung = Axonhügel 460, 463
Axopodien 141, 143
Azacytidin 231
azonale Vegetation 853
Azotobacter 98
azyklische = schraubige Blüte 428

Bacillus 27
Bacteriochlorophyll 114, 129
Bacteriophage 44, 192f., *194*
Bacteriophyten 556
Bacteriorhodopsin 123
Bacteroide 98, 804
BAER, K.E. VON 864
Bahnung 696
Baillarger-Streifen *696*
Bakanae-Krankheit 689
Bakterien 24f., 556, *773*

s.a. Archaebakterien, Blaualgen, *Escherichia*
–, Antibiotikaresistenz 199, 258, 902
–, Bewegung 145f.
–, Celluloseverdauung 484
–, Geißel *26*, 27
–, Gramfärbung 26
–, Halo- 82, 84, 123, 124
–, Knallgas- 130
–, Methan- 130
–, Milchsäure- 66, 91
–, Photosynthese 114, 129
–, Schwefel 130, 806
–, Sporen 26
–, Stickstoffixierung, s. dort
–, Systematik 936f.
–, Vermehrung 27, 190f., 556
Bakterienchromosom 25, *191*, 196
Bakterienklon 254
Bakterienmutante *196*
Bakterizid 528
balancierter Polymorphismus 896
Balgfrucht *284*, 429
Balz 729, 738, 748, 752, 753, 861
Balzhandlung, Selektion 904
Balztänze 729, *752*, 913
Banddesmosom = Zonula adhaerens 22
Bänderung, Chromosomen *156*, *233*, 859
Bandwürmer, Cestoda 271, *313*, 571
Barriere, kinetische 77
Barrsches Körperchen 209
Basalkorn 722
Basalkörper 13, 143
Basallamina 22, *450*, 451, 471
Basalmembran = Basallamina 22, *450*, 451, 471
Basenanaloga 235
Basenaustausch 227, 230, 243
Basenpaar 39, 40, 178
–, Insertion 543
Basensequenz 180
Basensubstitution, Evolution 874
Basenverhältnis 38, *39*
Basidie 280
Basidiomyceten 280
Basidiospore 280
Basilarmembran 499
Basisgene 358
Basitonie 410
Bast 416, 417
Bastardierungszone 908, 910
Bastardschwärme 914
Bastardsterblichkeit 911
Bastardsterilität 911
Bastardzusammenbruch 911
Bastparenchym 362
Bathyalbereich = Tiefsee 767

Bauchganglienkette = Bauchmark 494, *495*, 693, 697
Bauchkanalzelle 285
Bauchmark 494, *495*, 693, 697
Bauchspeicheldrüse = Pankreas 135, 478, 482, 680
Baupläne 556f, 565f., 932
Becherzellen 482
Beckengürtel 574, 863
Becquerel, Definition 237
bedingte Aktion 735
bedingter Reflex 730, *733*, 734f.
– Reiz *733*
Beere 428, *429*
Befruchtung 169, 264, 275, 278, 282, *292*, 300f.
–, doppelte 291
–, einseitige 277
–, selektive 293
Befruchtungsbarriere 292f.
Befruchtungsinkompatibilität 293f.
Befruchtungsmembran 301, 369
Befruchtungsprozeß 286
Befruchtungstypen *274*
Begattung 299
Begleitart 814
Behaarung 862
Beißhemmung 744
Beiknospe 409
Beingelenk *517*
Beinschlag, metachroner 661
Belastungstest 222
Belegzellen 413, 451, 482
Beleuchtungsstärke *435*, *438*
Belohnung 735, 739
benigne Geschwulst 247
Benthos 835
Benzpyren 235, *243*
Bereitschaft 707, *722*, 725, 726, 728, 731, 743
Beri-Beri-Krankheit 611
Beringbrücke 832, 839
Bernsteinsäuregärung 91
Berührungsreiz = Thigmotaxis 497, 641
Besamung 299f.
Besamungssignal 340
Beschädigungskampf 750
Beschleunigung, Sprung 663
Besiedlungszonen 801
Bestandsdichte *771*
Bestäubung 286f., 804
Bestäubungstropfen *286*, 287, 289
Betriebstemperatur 594
Bettelverhalten 726, 727
Beuger 699
Beute 808
Beutefang 728, 730, *730*
Beutezyklus *794*
Bevölkerung 791
Bewegung 142f., 514f., 640f.

s.a. Muskulatur
–, amöboide 142
–, Zelle 141
–, hygroskopische 647
Bewegungsrezeptoren 497
Bewegungssehen 512
Bewegungssysteme 514f.
Bewußtseinsinhalt, Wahrnehmung 709
bicoid-Gen 371
Biene 316, *317*, 717, *734*, 735, 740, *741*, 757,
Bienenkönigin 317
bienne Pflanze 395
Bilanzminimum, Proteine 608
bilateraler Körper 555
Bilateralfurchung 368
Bilateralsymmetrie 428, 572
Bilateria 566
Bildsehen 507
Bildungsmeristem 405
Bildungsseite, Golgi-Apparat 138
Biliproteine 114
Bindegewebe 450, 452f., 493, 522
Bindin, Seeigel 912
Bindungsspezifität, Rezeptor 550
Binnensee 769
Bioelektrizität 131f.
biogenetische Grundregel 864
Biogeographie 829ff.
–, beschreibende 829
–, historische 836
–, ökologische 844
Biogeozön 853, 854
Biogeozönose 854
Bioindikator 774
Biologie, vergleichende 856
biologische Wertigkeit 607
– Uhren 670
Biom 761, 850, 853
Biomasse 783, *824*
Biomechanik 514f.
biomechanische Einheiten 514f.
Biomembranen, s. Membranen
Biontenwechsel 306
Biospektren *777*
Biospezies 905
Biosphäre 761, *820*
–, Energiefluß *820*
–, Strahlungshaushalt 765
Biosynthese, Makromoleküle 103f.
Biosyntheseleistung pflanzlicher Gewebe 444
Biotest 380, 685
Biotin 71, *612*
biotische Faktoren 762
Biotop 762, 796
Biozönose 799, 800, 847, 850
Bipinnaria-Larve *865*
Bipolarzelle, Auge *509*, 510

Birkenspanner, Industriemelanismus 903
bisexuelle Potenz 312
Bisphosphoglycerat *637*
Bithorax-Komplex 349, *350*
Bivalente 169, *219*
Bivalvia = Muscheln 523f., 571f., 658
s.a. Mollusken
Blättermagen = Psalter = Omasus 484
Blasenauge 507
Blastem 324, *360*
Blastocoel *326*, 356, 369
Blastocyste 389
Blastoderm 372
Blastomere 264, 327, *341*, 342, 369
Blastopathie 398
Blastoporus 369, 376
Blastula *326*, 369, 386
Blatt 404, 407f., 418, 420, 431, 433, *434*, 440
Blattanlage 271, *411*, 418, *419*
Blattatmung 433
Blattdorn 563, *855*
Blattfall 394, 563, 690
Blattflächenindex 820, 822
Blattfolge 407
Blattformen 419
Blattgestalt 385
Blattgrund 419
Blattlaus 316, 316
–, Generationswechsel 309
–, Parthenogense 305
Blattlaushaltung 758
Blattnervatur 422
Blattpapille 505
Blattranke 855
Blattreduktion 563
Blattrosette 338, 408
Blattscheide 419
Blattspindel 419
Blattspreite 407, *418*, 420
Blattstellung *382*, 383, 407, *407*
Blattstiel 407, 419, *421*
Blattsukkulenz 563
Blatt-Trichter 563
Blaualgen 24, 27, 556
Blaulicht, s. Phytochrom
Blaulicht-abhängiges Regelsystem 438
Blaulichtrezeptor 646
Bleichung, Sehfarbstoff 510
Blinddarm 478, 483, 530
Blinddarmfortsatz 862
Blinder Fleck 509
Blindsack = Caecum 477
Blühhormon = Florigen 337, 384
Blühinduktion *336*
Blüte *282*, 283f., 427
Blütenbildung *336*, 339
–, Cytokinin 690

–, Zeitmessung 719
Blütendiagramm 428
Blütenfarbstoffe, Genexpression 352
Blütenökologie 289
Blütenpflanzen, Anthophyten 282, 283
–, Isolationsmechanismen 913
Blütenstand 410
Blütenstaub, s. Pollen
Blütenstetigkeit 913
Blut 452f., 623
Blutcalciumkonzentration 672
Blutcapillare, s. Capillaren
Blutdruck 629, 632, 703
Blutdruckregelung 581
Bluterkrankheit 210, 212
Blutgefäße, s. Capillaren, Arterien
Blutgefäßsystem 623f.
–, geschlossenes 489, 569, 573, 574, 623
–, offenes 570, 623
Blutgerinnung 108, 454, 454, 526
Blutglucosespiegel, s. Blutzuckerspiegel
Blutgruppen 210f., 226
–, genetische Drift 888
Blutgruppenantigen 210
Blutgruppensystem 210
Blutkörperchen 454
Blutkreislauf 621, 624, 630
Blutkreislaufdynamik 626
Blutlakune 624
Blutplasma 454, 491, 601, 637
Blutplättchen = Thrombocyt 454, 454
Blutsauger 597
Blutsinus 624
Blutungssaft 618
Blutverteilung 703
Blutvolumen 623, 632
Blutzellen, Herleitung 529
Blutzucker, Insekten 479
Blutzuckerspiegel, Säugetiere 492, 581, 680, 703
B-Lymphocyt 531
Boden 766
–, Kleinlebewesen 767
Bodenatmung 819
Bodenbildung 819
Bodenlösung 598
Bodentemperatur 766
Bodenzonen 853
Bogengangsystem 498, 500, 693
Bohr-Effekt 635, 637
Bojanusorgan 604
Bombycal 726
Bombycol 684, 684, 726
Bombyx, Seidenspinner 159, 504, 684, 726, 728
Boreal 827
boreale Geoelemente 849
Borke 418, 418

Borsten, Annelide 514, 697
Borstenflügel 656
Borstenhaar 423
Borstenkamm 474
Botenstoffe, s. Hormone 665ff.
Bowman-Kapsel 471, 491, 491
B/P-Quotient 828
Brachionus 777
Brackwasser 601, 767
bradytelische Evolution 871
Branchiata, Diantennata 570
Branchiostegalmembran 488
Branchiostoma, Lanzettfischchen 367, 506, 572
Braunalgen 274, 375
Brennhaar 422, 423
Bromdesoxyuridin 235
Bromelien 563
Bronchus 487
BROWN, R. 7
Bruce-Effekt 685
Bruchfrucht 429
Brückenechse 925
Brunst 752
Brustbein 654
Brustflossen 650
Brüten 732
Brutgebiet 830
Brutkörper 269, 270, 272, 273
Brutpflege 747, 754
Bruttemperatur 594
Bruttophotosynthese 433
Bruttoprimärproduktion 822, 823
Bruttoproduktion 821
Brutzwiebel 270
Bryobionta, Moose 280f., 342, 362, 366, 561, 936
Bryophyllum 270
Bryophyten, Moose 280f., 342, 362, 366, 561, 936
Budding 192
Bulbille 269, 270, 427
Bulbus olfactorius 693
Bündelcambium = Fascicularcambium 415
Bündelscheide 440
Bursa Fabricii 528, 529
Bursicon 676
Burst 605, 622
Bürstensaum 20
Buttersäure 485
Buttersäuregärung 91
Bypass, Enzym 221
B-Zell-Differenzierung 532
B-Zelle, s. a. Lymphocyten 532

C_3-Pflanzen 440
C_4-Dicarbonsäureweg 440
C_4-Pflanzen 434, 440, 868
Cactoblastis (Nachtschmetterling) 797, 810
Cadang-Cadang-Seuche 46

Caecum = Blindsack, Blinddarm, s. dort
Caenogenesen 864
CAJAL, RAMON Y 709
Calciferol 613, 613
Calcifikation 805
Calcitonin 666, 679
Calcium 55, 600
–, Muskelkontraktion 518
–, Nervenerregung 458, 466
–, Sehapparat 510
–, Stützapparat 174
Calciumcarbonate 174, 805
Calciumphosphat 174
Calcium-Regulatorprotein 460
Calciumsalze 452
Calciumsilikate 174
Callose 284, 291, 413
Callus 361, 384, 391, 399
Callusgewebe 688
Calluskultur 341, 342
Calmodulin 460, 672
Calvin-Zyklus 125f.
Calyptra = Wurzelhaube 424, 643
Calyptrogen 425
Calyx = Kelch 427
Cambium 361, 390, 412, 427
cAMP 279, 378, 379, 671
CAM-Pflanzen 438, 440, 441f.
Canini = Eckzähne 475
Capensis 831, 832
Capillare 470, 471, 474, 489, 491, 624, 625
Capillareffekte 61
Capillareigenschaften 616
Capillarendothel, Atmung 489
Capillarkraft 767
Capillitium 558
Capping 182, 184, 185
Capsid 44, 192, 193
Caput = Kopf, Arthropoden 570
Carapax = Kopfduplikatur 570
Carapaxfalte 486
Carbamylphosphat 101, 102
Carbhämoglobin 638
Carboanhydrase 637
Carbohydrase 479
Carbonatpuffersystem 817
Carboxypeptidase 479, 483
Cardiolipin 50, 148
Carnitin 609, 610
Carnivoren 564, 606
Carotine 114, 151, 445, 525
Carotinoide 114, 117, 280, 431, 444, 445, 446, 522, 642
–, Sehpigment 509
–, Stigma 146
Carotinoidabbau 690
Carotissinus 639
Carpell = Fruchtblatt 284, 285, 421, 427, 428

Carrier = Träger, Transportmolekül 105, 449, 472
s. a. Transportmechanismen
Carrier, Resorption 481, 481
Caruncula 405
Carzinogen 235, 248
Carzinogenitätsprüfung 235
Carzinom 389
Carzinomzellen 550
Casein 607
Caspary-Streifen 376, 425, 448, 614
Catecholaminrezeptoren 671
Catena 854
Cauloide 558
Caulonema 381
CD-Antigene 545
cDNA = komplementäre DNA 190, 201, 203
Cell lineage 368, 394
Cell-lineage-Studie 365
Cellobiose 46
Cellulase 479, 484
Cellulose 29, 46, 47, 47
–, Verdauung 484
–, Zellwand 18, 172
Cellulosehülle 566
Cellulosewand 556, 559
Centriolen = Zentralkörperchen 13, 14, 143f.
Centroblast 532
Centrocyt 532
centrolecithales Ei 326, 367
Centromer 155, 156, 163
Centroplasma 27
Cephalopoda, Tintenfische 299, 571, 695
s. a. Mollusken
Cephalopode, Axon 134
–, Chromatophor 521
–, Linsenauge 507
Cercarie 309, 310
Cerebellum = Kleinhirn 692, 710, 711
Cerebralganglien 494
Cerebrum = Großhirn 495, 692
Cerumen 528
Cestoda, Bandwürmer 271, 313, 571
cGMP-Phosphodiesterase 510
Chaetognath 263, 314
Chalazogamie 291
Chalkon 447
Chamaephyten 777
CHAMISSO, A. v. 308
Charakterart 814
Chara-Wiese 769
CHARGAFF, E. 38
Chelicerata, Spinnentiere 511, 570, 925
Chelicere 570
chemiosmotische Theorie 80f., 122, 123, 148

– Koppelung 82
chemische Sinnesorgane 503
chemisches Potential 63, 65, 77
Chemoautotrophie = Chemolithotrophie 77, 130, 584
Chemolithotrophie 77, 130, 584
Chemophobotaxis 145
Chemorezeptoren 639
Chemosynthese 584
Chemotaxin *540*
Chemotaxis 274, *282*, 379, 724
Chemotaxonomie 859
Chemotherapeutica 400
Chemotropismus 280, 291, 293
Chiasma opticum *692, 711*
Chiasma 169
Chimäre 250, 270, 385, 388, *389, 390*
Chinon 79
Chitin 29, *46*, 47, 174, 279
Chitinase 484
Chitin-Cuticula 476
Chitinwand 559
Chlamydomonas 275, 276
Chloragog 470, 477
Chloramphenicol 43, 152
Chlorella 267
Chlorenchym 414
Chloridzelle 603
Chlorocruorin *633*
Chloronema 381
Chlorophyceen, Grünalgen *558*, 559
Chlorophyll 27, 114, 116, 150, 431, 564
Chlorophyllid 335
Chlorophyllzelle 366
Chloroplasten 12, *17*, 114, 150, 152, 334, 423
–, Elektronentransportkette 78
–, Orientierung 152
Chloroplastendimorphismus 440
Chloroplasten-DNA 18, 252
Choane 503, 923
Cholecalciferol 684
Cholecystokinin 681
Cholesterin 48, 50, 148, 481, 609
Cholesterol = Cholesterin *48, 50, 148, 481, 609*
Cholesteroltransport 139
Cholin 97, 609, *610*
cholinerge Nerven 640
Cholodny-Went-Hypothese 642
chondrale Knochenbildung 453
Chondroitinsulfat 452
Chorda 376, 573
– dorsalis *572*
Chorda-Anlage *357*
Chordagewebe 455
Chordata = Chordatiere *572*
Chore 844
choricarp 428, *429*
Chorion 299, 321

–, Insektenei *298*
Chorologie = Arealkunde 829
Chromatiden 155, 164, 216
Chromatin 12, 154, 191, 362
Chromatindiminution 264, 348
Chromatinelimination *349*
Chromatinfibrille 155
Chromatophoren 151, 514, *521, 522, 523*
Chromatophorotropine 675
Chromatoplasma 27
Chromomeren 159
Chromonema 159
Chromophor, Bacteriorhodopsin 123
–, Phytochrom *333*
Chromoplasten 11, 13, 151
Chromoprotein, Phytochrom 333
Chromosome walk 221
Chromosomen 155f., *156*, 177, 191, 205, 859
–, homologe 169
Chromosomenbruch 246
Chromosomenelimination 348
Chromosomenevolution, Primaten 880
Chromosomenfasern 166
Chromosomenmutation 227, 231f., 879
Chromosomenzahl 879
Chromosomogamie *274, 307*
Chronotherapie 715
Chronotoxikologie 715
chymotrope Exkretion 444
Chymotrypsin 33, 73, 479, *480*
–, Enzymdifferenzierung 878
Chymotrypsinogen 108, 483
Chymus = Darminhalt 483
Ciliarmuskel, Auge 508
Ciliata = Wimpertierchen 277, 567, *811*
Ciliaten, Pansen 485
Ciliatoidea 567
Cilien 14, 451, 488, 566
Cilienschlag *144*, 145
circadiane Uhr 712, 715
– Rhythmik 336, 646, 723
circannuale Rhythmen 720
Cirren 145, *569*
Citratzyklus 89f., *89*
Citrullin *102*
Cladogenese = Stammesverzweigung 906
Clathrin 139
Clathrinhülle *135*
Clearance, Niere 492
Cl-Ionen 465
Clostridium 27, 92
Clunio 718
Cnidaria = Nesseltiere 565, 568
Cnide 568
Cnidoblast *568*
Cnidocil *568*

CO_2, siehe Kohlendioxid
Coat *135*
Coated Vesicles 139
– Pit 139
Cobalamine 610, 612, *612*
coccale Organisationsstufe 556
Coccidien 269, 567
Cochlea = Schnecke des Innenohres 499, *500*, 693
Code, genetischer 30, 188
codierender Strang 184
Coelenterata, Hohltiere 272, 308, *476*, *493*, 565, 568 s.a. Korallen
Coelom 490, 492, 569, 572, *601*
Coelomanlage 369
Coelomauskleidung 450
Coelomflüssigkeit 453, 623, 625
Coelomocyten 634
Coelomsack *314*, 569
Coelomzellen 454
Coeloptile *380*
Coelorrhiza *406*
Coenobien 27, 557
Coenoblast 11
coenocarpes (= syncarpes) Gynoeceum 284, 428, *429*
Coenzym A 71, *72*
Coenzyme 70, 71, 610
Cofaktor 70
Coffein 236
Colcemid 166
Colchicin 135, 141
Coleoptile 328, *328*, 406, *406*
Coleoptilkrümmungstest 685, 691
Coleoptilwachstumstest 691
Coleorrhiza 406
Coli-Phage 193, 195
Collembola, Springschwänze *300*
Colostrum 535
Columella *574*
Commissuren 495
Conalbumin 380
Concanavalin 50, 551
Concatemer 258
Conidie 267, 268, *268*
Conidienträger 267, *268*
Conidiophoren *805*
Connecting link 871
Connektive 495
Connexon 22, 52
Contergan 398
Conus 379
Converter-Enzym 108
Corium = Cutis = Lederhaut 522, 574
Cormobionta, Gefäßpflanzen 936
Cormophyten 404, 556, 562f.
Cormus 404, 562
Cornea, Hornhaut des Auges 508

–, Linse im Komplexauge 512
Corpora allata 675, *693*
– cardiaca 675, *693*
– quadrigemina = Vierhügelplatte *693*
Corpus geniculatum *693*, 697, *711*
– luteum = Gelbkörper *297*, 678, 680, 682
Corrinringsystem 612
Cortex, Gonadenanlage 321
–, Hirnrinde 692, *693*, 696, *710*
–, Wurzelrinde 425, 448
Corticalgranula = Rindenvakuole 301
Corticosteron 679
Corticotropin 678, 679, 683
Corti-Organ, Innenohr 499
Cortison 679
Cosmid 258
Cosubstrat 70
Coulomb-Kräfte 57
Coxaldrüsen 570
Crassulacean Acid Metabolism = diurnaler Säurerhythmus 441
Creutzfeldt-Jacob-Syndrom 46
Cri-du-Chat-Syndrom 232
Cristae mitochondriales 18, 147
Crossing over 169, 216, 219, *217*, 273
Crossopterygier = Quastenflosser 870, 872, 923
Crossover, s. Crossing over
– Plots 77
Crustacea, Diantennata, Krebstiere *486*, 570
–, Blutfarbstoff *634*
–, Blutkreislauf *628*, 630
–, Exkretion 471, 490, *490*, 570
–, Extremitäten 475
–, Gleichgewicht *723*
–, Hormone 320, 675
–, Kiemen *486*
–, Muskel *519*
–, Nervensystem *495*
–, Osmoregulation 603
–, Parasiten 808
–, Streckrezeptor 503
Crustecdyson 675
Cryptochrom 334
ctDNA = Chloroplasten-DNA 18
Ctenophora, Rippenquallen 556, 565
CTP-Cholin 97
Culminationsstadium *378*
Cumöstrol 447
Cupula = Gallertkegel 497, *500*
Curie, Definition 237
Cuticula, Pflanzen *11*, 172, 290, 421, 437
–, Tiere 174, 359, *450*, 451, 476, 477, 497, 512, 523, 524, 570
Cuticulinlage 524, 525

Cutin 172, 295, 421
Cutis = Corium = Lederhaut 522, 572, 574
Cutis, Derivate 523
Cutispapille *522*, 522
C-Wert-Paradoxon 161
Cyanidin 352, 446, *447*
Cyanobakterien, Blaualgen 24, 27, 556, *938*
Cyanophyceen 556
Cycloheximid 43
Cyanophagen 44
Cynognathus 873
Cypris-Larve 865
Cyrtocyt = Reusengeißelzelle 472, 490
Cysten 269, 277, 597
Cysteamin 612
Cystophoren 274, *275*
Cytochalasin B 135
Cytochrom a 79
– b 79, *876*
– c *71*, 79, *874*, *895*
– f *121*
Cytochrome 70, *150*, 251
Cytochromoxidase 79, 149, 443
Cytogamie 276, 301
Cytokeratine *22*, *142*
Cytokinese = Zellteilung 167
Cytokinin 381, 384, 395, 666, 688f., 691
Cytologie, Definition 9
Cytolysosomen 16
Cytomembranen 14, 48, 51, 135f.
Cytopempsis = Transcytose *136*, 481
Cytopharynx = Zellschlund 23
Cytoplasma = Zellplasma 12, 345
Cytoplasmafaktoren, lokalisierte 348
Cytosin 38
Cytoskelett 141
Cytosol 13
Cytosolrezeptoren 671
Cytosomen 16, 135, 138f., *140*
Cytostom = Zellmund 567
Cytosymbiose = Endocytobiose 153
cytotoxische T-Zellen 526, 545, 548f., *551*
Cytotoxizität 540

Dämmerungssehsystem 509
Danaidon *610*, 684, *684*
Danielli-Modell 50
Darm 476f.
–, Anhangsdrüsen 476
–, Regenwurm 477
–, Resorption 481
–, Schabe 477
–, Wirbeltiere 478

Darmepithel *479*
Darminhalt = Chymus 483
Darmpassage, Dauer 483
Darmsymbionten 196, 483f., 612
Darmzotten 482
DARWIN, CH. 855, 882
–, Theorie 881
Darwinfinken 921
Dauerblastula *370*, 370
Dauerei 309, 316
Dauergesellschaft 826
Dauerhemmung 696
Dauerkoexistenz 809
Dauerlichtversuche 713
Dauerparasit 808
Dauersporangium *274*
Dauerstadium *272*, 339, 340, 597
Daumenfittich 654
DDT 812
de Graaf-Follikel 297
Decapitation 328
Decarboxylierung 99
Deckblatt = Tragblatt 409, *409*, *428*
Deckelkapsel *429*
Deckepithel 450
Deckknochen 453, 573
Deckmembran, Innenohr 499
Deckoperation 554
Dedifferenzierung 356, 390
Defäkation 695, 703
Degeneration, genetischer Code 190
Degranulation, Mastzellen 541
Dehnung, Muskel 698
Dehnungsaktivierung 519
Dehnungsrezeptoren *463*, 639
Dehnungszustand, Perzeption 501
Dekussation *407*, 408
Deletion *180*, 188, 227, 229, 231, 543
Delphin, Haut *651*
Demaskierung 289
Deme 908
Demökologie 762
Demutshaltung 750
Denaturierung 33
Dendrit 460, 464, *496*
Dendrochronologie 396, *417*
Dendrometer 615
Denitrifikation 97, 818
Dentale 574
Dentin, Fischschuppe 522
Depigmentierung *361*
Deplasmolyse 61
Depolarisation 134, 458, 465, 467, *467*, 510, 517
Depurinierung 235
Derepression 313
Dermatogen *271*, 385, *385*, 411, *411*
Dermocalyptrogen 425

Desaminierung 98
–, Aminosäuren 607
–, Nucleotid 235
–, oxidative 99
desmale Knochenbildung 453
Desmin *142*
Desmosom *20*, 22
Desoxyribonuclease 480, 483
Desoxyribonucleinsäure = DNA, s. dort
Desquamation, Uterusschleimhaut 682
Destruenten 812, 822
Deszendenz 207
Deszendenztheorie 565, 855
Detektor-Typen *708*
Determinante 348
Determination 334
Determinationszustand 360
Detritus *813*
Deuterostomier 369
Deutocerebrum *693*
Dextran 541
diagravitropes Wachstum 383
Diakinese 171
Diakrinie 670
Dialekte 739
Diantennata, Branchiata 570
Diapause 325, 337, 676
Diapausehormon 676
diaphototropische Reaktion 645
Diaphragma 471
Diaster 301
Diastole, Herz 628
–, kontraktile Vakuole 23, *141*
Dichasium *410*
2,4-Dichlorphenoxyessigäure = 2,4-D 686
Dichogamie 311
Dichotomie *409*, 559, *560*
Dichroismus 513
Dichte 795, 786
Dichtegradient 800
Dichteregulation 793
Dichteschwelle 791
Dichtestruktur 785
Dickdarm *478*, 483
Dickenkurve *408*
Dickenperiode 406
Dickenwachstum, Sproß 407, *417*
–, Blatt *420*
–, Wurzel 426, *427*
Dicondyla *932*
Dictyopteren *275*, 274
Dictyosom *12*, *17*, *135*, 137
Dictyostelium 339, 377, *378*, 379, 558, 566
Dictyotän *170*
Diektochimäre *385*
Dielektrizitätskonstante 53
Diencephalon = Zwischenhirn 495, 508

Differentialart 814
differentielle Zellteilung *363*
– Enzymregulation 333, 334
– Zellteilungen 366, 375
– Genexpression 343
differentielles Processing 353
Differenzdressur *740*
Differenzierung 9, 325, 327, 334, 356, 559
Differenzierungszustand 360
Differsifizierung 325
Diffusion 59, 60, 131, 471, 480, 483, 486
–, Atmung 473
–, Genpool 914
–, Sauerstoff 443
–, transcapillare 625
Diffusionsaktivatoren 665
Diffusionsgesetz 59, 618
Diffusionsgradient, Kohlendioxid *434*, 440
Diffusionskoeffizient 59
Diffusionslunge 488
Diffusionspotential *132*
Diffusionsraum, freier 448, *449*, 620
Diffusionswiderstand 440, 448, 617
digitates Blatt 419
Dikaryophase 280
dikaryotisches Mycel 280
dikline (eingeschlechtige) Blüte 311
Dikotyledoneae, Zweikeimblättrige Pflanzen *404*, *934*
Dilatation, Pflanzen 415, 418
–, Gefäße 639
Dimensionen, Zellstrukturen *10*
dimorphe Struktur *310*
Dimorphismus 906
Dinkel 916
Dinosaurier 928
dioptrischer Apparat 506, 508 s.a. Auge
Diözie 310, 311, 312, *313*, 317
Diözist 294
Dipeptidase 479
Diphyodontie 873
diplogenotypische Geschlechtsbestimmung 313, 314
Diplohaplont 265
diplohomophasischer Generationswechsel *306*
diploides Genom 264, 265
Diploidie 265
Diplont 265, 296
Diplophase 265
Diplotän 169
Diplura 932
Dipolnatur 53
Dipol-Dipol-Wechselwirkung *56*, 57

Dipol-induzierte-Dipol-Wechselwirkung 57
direkte Entwicklung 324
Disaccharidase 479
Disc, Sehzellen 506, *509*
discoidale Furchung *326*, 367
disjunktes Areal 830
Disjunktion *830*, 836, 837, 841
dispergiert = zerstreut 407
Disposition 733, 739
Dissepiment 569
Dissimilation, Pflanzen 432, 442, 443
–, Tiere, s. Atmung
Dissipationsfunktion 63
Dissoziationskonstante 58
distal 555
distaler Tubulus 491
distiche = zweizeilige Blattstellung 407
Disulfidbrücken 534
disymmetrischer Körper 555
Diterpen 689
diurnaler Säurerhythmus 439, 441
Divergenz 855, 856, 906, 910, 926
Divergenzwinkel *407*
Diversifikation 327
Diversität 813, 814, *828*
Diversitätsindex 814
Divertikel, Darm 477
–, Insekten *483*
DNA = Desoxyribonucleinsäure 29, 30, 37, 177, 179, 190, 191
–, Klonierung 254
–, mitochondriale 18
–, Organellen 153
–, Plastiden 18
–, vagabundierende 247
– -Analytik 180
– -Container 250
– -Doppelstrang 191
– -Gehalt *177*
– -Helix *155*
– -Hybridisierung 858
– -Menge *25*, 872
– -Polymerase 41, 181, 187, 241
– -Polymerase, Mitochondrien 148
– -Ring 252
– -Synthese *181*
– -Synthese, Antikörper 538
– -Virus 192
DNase *101*, 143, 362
Dolde *410*
Domäne 33, 350, 550
Dominanz 205, 814, 841
–, apikale 383
–, Selektion 892
–, Verhalten 755

Dominanzhypothese 896
DONNAN, F.G. 131
Donnan-Gleichgewicht 131
Donnan-Potential 131
DOPA = Dihydroxyphenylalanin 224
Dopamin 666
Doppelbindungen, konjugierte 111
Doppelcodierung, Sehen 511
Doppelcrossover 218
Doppelhelix 38, *155*
Doppelmutante 197
Doppelreize, akustische *707*
Doppelstrangbruch 238
Dormanz 325, 330, 337, 690
Dormin = Abscisinsäure 394, *689*, 690
Dorn 422, 563
Dorsaldrüse 674
Dorsalisierung 365
dorsicide Frucht 430
dorsiventraler Körper 555
Dosisäquivalent 237
Dosisleistung 237
Dotter 295, 366, 380
Dotterbildung 298
Dotterproteine 298
Dotterverteilung *326*
Down-Syndrom 234, *234*
Drainagesystem 625
Drehbeschleunigung 498, 724
Drehsymmetrie 554
Drehtendenz 724
Dreibeine 661
Dreikomponententheorie des Farbensehens 510
Dressur 733, 738, 739, *741*
Drift 882, 888f.
Drifteffekt *894*
Drohduell 904
Drohen 748, *749*, 749, 750
Drohhaltung 748, *750*, 751
Drosophila 177, 206, *217*, *219*, *232*, *239*, *315*, *318*, 345, *360*, *372*, 752, 858, 880, 900, 902, 913
Drosophilidae 922
Druckpotential 60f.
Druckrezeptor 497
Druckstromtheorie 619
Drüse, androgene *320*
–, endokrine 462, 665
–, exokrine 535
–, Mollusken 523
–, Verdauung 451, 477f.
Drüsengewebe 450f.
Drüsenhaar 422, *423*
Drüsenhormone 665
Dryaszeit 827
Dublett-Zustand 115
Ductus thoracicus *528*
Duftmarkierung 757
Duldungsreflex 684

Dunenfeder *522*
Düngung 599, 819
Dunkelkeimer 340
Dunkelreaktion, Photosynthese 113, 121, 125, 127
Dunkelrot, s. Phytochrom
Dünndarm 478, *478*, *479*
Dünndarm-Epithelzelle 472
Dünndarmsaft *483*
Duodenum = Zwölffingerdarm 478
Duplikation 190, 231
Durchblutungsrate, Niere 493
Durchflußsystem 820
Durchlaßzelle 426
Durchlüftungsparenchym = Aerenchym 414, 562
Durchwachsung 397
Durodentin *522*, 523
Dyade 284
dynamischer Zustand 63
Dynein 144

Ecdysis = Häutung 675
Ecdyson 275, *524*, 666, 675, 676
Echinococcus 308
Echinodermata = Stachelhäuter 515, 555, 572, 865
Echinoidea = Seeigel 572
Echo-Orientierung 501
Eckzähne = Canini 475
Eclosion-Hormon 716
Eco-Replacement 930
Ectocarpen 274, *275*
Ectognatha *932*
Edelkastanien, Pilzbefall 928
Edelreis 270
EEG = Electroenecephalogramm 711
Effektoren 74, 82, 106, *244*, 334, 580, 694
effektorischer Nerv 494
Effektororgan 465
Effektorzelle 550
efferente motorische Faser 694
efferenter Nerv 494
Efferenzkopie *702*, 729
Effizienz, katalytische 73
–, Muskelarbeit 590
–, ökologische 822
Egel = Hirudineen 570
Ehe 753
Ei, s. Eizelle
Eiaktivierung, künstliche 340
Eiapparat *285*, 292
Eibildung 298, 352
Eierstock = Ovarium 296
Eigelb *298*
Eigenfrequenz 582, 626
Eigenreflex 698
Eigenschwingung 795
Eihülle 299
Eikern *285*

Eiklar 380
Eimeria 269
Einblattfrucht 428
Einbürgerung 841
Eingeweidesack 571
Einkorn 916
Einnischung 804
Einsicht, Verhalten 728
Einstrahlung *764*, 765
Einstrang-Modell, Doppelhelix 156
Einwanderungen 898
Einwärtsstrom 467
Einzelfrucht 428, *429*
Einzeller, Protozoa 565f.
–, Bewegung 145f.
Einzelstrangbruch 238
Eiröhre 298
Eischale 298
Eiszeit = Glazial 827, 839f., 907, 910, 928
Eiter 529
Eiweiß *298*, 380
s.a. Proteine
–, Speicherung 455
Eiweiße, spezifisch-dynamische Wirkung 585, 607
Eiweißmangelerkrankung 608
Eiweißminimum 607, 609
Eizelle 266, *282*, *290*
Eizellgröße 296
Eizellpolarität 364
Ejakulation 296
ekkrine = merokrine Sekretion 451
Ektoderm, Darm 476
–, Epidermis *522*
–, Keimblatt 357, 369, 450, 568
Ektodesmen 421
Ektoparasit 807
Ektoplasma = Hyaloplasma 143
ektotrophe Mycorrhiza 564
Elefantenartige 838
elektrische Fische *520*
– Ladung 48
– Organe 520
– Sinnesorgane 502
– Synapsen 697
elektrochemisches Potential 123, 471
elektrochemischer Gradient 83
Elektroencephalogramm 709, 710
elektrogene Pumpe 134
Elektrokardiogramm *631*
Elektrolyt 54
elektromagnetisches Spektrum *111*, 236
elektromagnetische Schwingungen 506
elektromechanische Koppelung 459, 518
elektromotorische Kraft 134, 465

Elektromyogramm *701*
Elektronenakzeptor, terminaler 79
Elektronenmikroskopie 8, 13
Elektronenstrahlung 237
Elektronentransportkette 78f., 89
Elektronentransport, Photosynthese 118, *122*, 128
Elektronenübertragungspotentiale 78f.
Elektroneutralität 131, 133
Elektropherogramm 185
elektrophile Katalyse 69
Elektrophorese *180*, 858, *877*
Elektroplatten 520
Elektrorezeptoren 496, 502, 503
elektrostatische Wechselwirkungen 57
elektrotonische Fortleitung 467
Elementarmembran, s.a. Membranen 14, *51*
Elementarpartikel 148
Elicitor 447
ELISA 544
Ellenbogengelenk *517*
Elongation 187
Elter 263, 754
Elterngeneration 886
Embryo, Pflanze 283, *404*
Embryo, Mensch *863*
Embryoid 342
Embryologie, Rekapitulation 863
Entwicklung 323ff.
Embryonalentwicklung, *Drosophila* 372
–, Wirbeltiere *862*
embryonales Gewebe 444, 452
embryonal-totipotente Zelle 264
Embryonenähnlichkeit, Gesetz der *864*
Embryopathie *398*
Embryosack *282*, 283, *283, 291, 293*, 366
Embryosackentwicklung 285
Embryosackkern *283*
Embryosackmutterzelle *282*, 285
Embryosackzelle 283
Emdoparasit 807
Emergenz 422
Emerson-Effekt *116, 119*, 120
Eminentia mediana 677
Emission 821
Emmer 916
Empfängnishügel 301
Enddarm = Proctodaeum 476
Endemit 830, 831, 834, 837
endergone Reaktion 63
Endhandlung, instinktive 727, 727, 729
Endhirn = Vorderhirn = Telencephalon 495

Endknospe 383
Endocuticula 525
Endocytobiose 153
Endocytose *16, 136*, 139
–, Eibildung 298
–, Rezeptor-vermittelte *135*
Endodermis *376*, 425, 448, *614*
Endodermisbarriere 449
endogene Reaktion 66
– Rhythmen 712, 713
– Faktoren 761
– Periodik 722
endokrine Drüsen 451, 462, 665, 667
endokriner Komplex 675
endokrinokinetische Hormone 669
Endolymphe 498
Endomitose 304, *304*, 305, *305*
Endonuclease 185, 480
Endopeptidase 479, *480*
endophylaktische Funktion 705
Endoplasma = Granuloplasma 136, 143
endoplasmatisches Reticulum 16, 135, 136f., 460, 531
– –, glattes 137
– –, Muskel 458
– –, rauhes 136
Endopolyploidie 157
Endorphine 683
Endoskelett, s. Innenskelett
Endosom *135*, 139
Endosperm 283, 291, 292, *328*, 380, 406, 442
Endospermkern, Bildung 292
Endospor 172
Endosporium 278
Endostyl 474, *573*, 859, *859*
Endosymbiontenhypothese 149, 152f.
Endothecium 284
Endothel 450, 471, 623
–, gefenstertes *470*
endotrophe Mycorrhiza 564
Endplatte, motorische *457*
Endplattenpotential 459, *459*
Endprodukthemmung 107
Endproduktrepression 245
Endstrecke, gemeinsame 87f.
Endstreckentransport 472
Energetik 62f.
Energie 65, 586
Energieänderung 65
Energieäquivalente, Transport 85f.
Energieaufwand 772
Energieaustausch 767
Energiebedarf 590
Energiebilanz 67, *585*, 823
Energiedifferenz (Reiz) 463
Energiefalle 118
Energiefließgleichgewicht 823

Energiefluß 87, 583, 820, 821
Energiefreisetzung, Muskulatur 520
Energiegehalt 63
Energiegewinnung 583, 584
Energiehaushalt 817, 820
Energieladung 107
Energieprofil *63*
Energiereservoir 823
Energiestoffwechsel 62ff.
Energieübertragung, Zellen 77f.
Energieumsatz 585, 821, 823
Energiewandlung, Photosynthese 123
Energiezustand, Zelle 107
Energy Charge = Energieladung 107
Engramm 733, 740, 746
Engrammwirkung 745
Enkephaline 683
Enlastungsreflex 698
Enterocyt 478
Enteroglucagon 681
enterohepatischer Kreislauf 482
Enteropeptidase 479
Enterorezeptoren, s. Interorezeptoren
Entgiftung, endoplasmatisches Reticulum 137
Enthalpie 62, 65, 583
Enthalpiedifferenz 65
Enthalpiemenge 587
Enthemmungs-Hypothese *732*, 733
Entkoppler 82
Entoderm 357, *376*, 450, 476, 568
Entognatha 932
Entomophilie = Insektenbestäubung 289
Entropie 62, 65, 67, *583*
Entwicklung, direkte 324
–, Energieumsatz 589
–, indirekte 324
–, pränatale 343
–, regressive 393, 394
Entwicklungsanomalie 343, 397, 398
Entwicklungsauslösung, Signale 339f.
Entwicklungsautonomie 327
Entwicklungsbiologie 323ff.
Entwicklungsfaktor 319
Entwicklungsfunktionen, zelluläre 380
Entwicklungshomöostase 327
Entwicklungspotenz 397
Entwicklungsprogramm 360
Entwicklungsruhe 340
Entwicklungssteuerung 326, 329
Entwicklungszyklus 323
Entzündungsreaktion 541
Enzymaktivitäten 106f.

Enzymdifferenzierung 878
Enzyme, Allgemeines 70ff., 478
–, Dissimilation 88f., *105*
–, Gluconeogenese 89
–, Halbwertszeiten *109*
–, Lipidstoffwechsel 96f.
–, Polysaccharide 94
–, Verdauung 478f.
Enzymkatalyse 69
Enzymmenge 106f., 109
Enzymregulation 333, 334
Enzym-Substrat-Komplex 73, 74
Ephebogenese 304
Ephelota 269
Ephyra-Larve 309
Epiblem = Dermatogen 425
Epicuticula 524
Epidemien 539
Epidermis = primäres Abschlußgewebe, Pflanzen 411, 421
Epidermis = primäres Abschlußgewebe, Tiere 450, 522, 524, 574
Epidermis, Linsenbildung 508
epigäische Keimung 406
epigenetische Musterbildung 363, 369f.
– Entwicklung 324
epigyne Blüte 428
Epihtelmuskelzelle 455
Epikotyl, Hakenbildung 332
Epilimnion 769
Epimerase 126
Epimerit 576
Epimorphose 391
Epinephrin = Adrenalin 224
Epiphyse = Pinealorgan = Zirbeldrüse 337, 495, *496*, 677, *692*, 716
Epiphyten 563
Episphäre *324*
epistomatisches Blatt 422
Epithalamus 677
Epithelgewebe 450f., 472
Epithelkörperchen 679
Epithelmuskelzelle 515, 568
Epithelzelle *20, 21*, 22, *22*, 462
Epitonie 555
Epitop 526, 531, *532*, 544
EPSP = erregendes postsynaptisches Potential *468*, 469, 518, *519*
ER = endoplasmatisches Reticulum, s. dort
Erbgang, dominant-rezessiver 205
–, intermediärer 207, 230
Erbhomologie 861
Erbinformation, Träger 179
Erbkoordination *721*, 728, 860
Erbkrankheiten 215ff., 229
Erblichkeit, Populationsgenetik 884

Erblichkeitswerte, Häufigkeit 887
Erbsubstanz, Veränderungen 400
Erdsproß = Rhizom 427
Eremial 840
Erfahrungen 733, 742
erfahrungsbedingte Verhaltensweise 722
Ergastoplasma 16, 22, 135
Ergotamin *445*
Erkennungsregion 183
Erkennungssequenzen 40
Erkunden 742f.
erlernte Verhaltensweise 725
erlernter Reiz, s. bedingter Reiz
Ermüdung, Muskel 520
Ernährung 606f.
–, Organe 474
Ernährungsbereitschaft 729f., 749
Erneuerungsknospe 777
erregbare Zelle 133
Erregbarkeit 463
erregende Innervation, Muskelfasern 518
erregendes postsynaptisches Potential = EPSP 468, 469, 518, *519*
Erregung 463
Erregungsleitung, saltatorische 468
Erregungsübertragung, chemische 468, 517
–, elektrische 468
Ersatzgesellschaft, anthropogene 825
Ersatzknochen 453, 573
Ersatzobjekt 731
Erstarkungswachstum 406
Erythroblast 354, 362
Erythrocyt = rotes Blutkörperchen 210, 354, 454, *526*
Erythrocyten, Anzahl 11, 776
–, Mutation 229
Erythrophoren 522
Erythropoese 354, *355*
Erythropoietin 683
Erziehung 755
Escherichia coli 24, 26, 103, 177, 196
essentielle Elemente, Pflanzen 598
– Nährstoffe 444, 597, 607f.
Essigsäure *485*
–, aktivierte, s. aktivierte Essigsäure
Essigsäuregärung, 817
Esterase 480, 483, 541
Ethologie 721ff.
Etiolement 330, 332, 773
Etioplasten 150
Eubakterien 24, *25*, 27, *936*f.
Eubiom 853, 854
Euchromatin 156, *164*

Euciliata 567
Eucyt 11f., *24*
Eudorina 263, *264*, 269
Eugenol 289
Euglena, Feinbau 23, *23*
–, Phototaxis 146
Eukaryoten, Artenzahlen *936*
–, Genetik 191, 200
Eumyceten, Höhere Pilze 280
Eunice 299
euphotische Zone 767
euryhaline Tiere 602
Euryökie 774
euryosmotische Tiere 602
Eurythermie 774
eustatische Meeresspiegelschwankung 840
Eutrophie 767
Evaporation 767, *779*
Evapotranspiration 767
everses Auge 506
Evolution 267, 780, 855ff.
–, transspezifische 919
–, infraspezifische 920
Evolutionsbiologie 855
Evolutionsfaktoren 881, 883f., 919
Evolutionsforschung 855
Evolutionsprozeß 932, 933
Evolutionsrate 871, *895*, 933
Evolutionsschritt 892
Evolutionstheorie, synthetische 855
evolutiver Wandel 933
Exafferenz 702
exzitatorisches postsynaptisches Potential, s. EPSP
exergone Reaktion 63, 64
Exine 172, 284
Existenzfaktor 844, 847
Exklusion 801
Exkonjugant 277
Exkretbehälter 416
Exkretion 382, 489, 490f., 605f., 866
–, Energieinhalt *585*
–, Pflanzen 102, 410, 444
Exkretstickstoff, Wiederkäuermagen 485
Exocuticula 525
Exocytose 17, *192*, 298, 483
Exodermis 425
exogene Reaktion 66
– Faktoren 761
exokrine Drüse 451
Exon 191, 194, 201, *542*
Exonuclease 480
Exopeptidase 479
Exoskelett, s. Außenskelett
Exospor 172
exotherme Reaktion 66
Expansion 796, 799
exponentielle Phase 168

exponentielles Wachstum 787, 790
Exportproteine 135
Exposition 766
Expressionsvektor 255
Exspiration, Säugetier 488
extensive Größe *61*
Exterorezeptoren 496, 505
Extinktion, Absorptionsmaß 115, 332
– = Artentod 786, 787, *794*, 795f., 870, 924, 926
–, Gedächtnis 741
Extinktionskurve, Verhalten *741*
extrachromosomale Vererbung 250
extraintestinale Verdauung 479
Extraktionswert 489
Extranucleole 298
extrapyramidale Bahn 696
Extrazellularsubstanz 452
extrazelluläre Verdauung 479
Extremitäten 475, 570, *861*, 862
Extremitätenskelett 573
Exuvialraum = Häutungsspalt 525
Exuvie 525
exzentrische Zelle 511
Exzision 195, 198

Fab-Fragment 534
Facettenauge = Komplexauge 506, 508, 511, 512f., *513*
Fächeln 594
Fächerlunge 487, 497, 570
FAD *70*
Fadenapparat 290, 291
Fadenthalli 559
Fadenwürmer, Nematoda 569
Fallgrube 565
Fällung, Proteine 55
Faltblattstruktur 33, *35*
Familie, Taxonomie 934f.
Familienbildung 737, 747
Fangbein, Konvergenz *868*
Faraday-Konstante 79
Farbanpassung 578
Farbaufhellung 524
Farbensehen 509f.
–, Insekten 513
Farbmerkmale, Isolationsmechanismen 913
Farbmuster 289
Farbtrachten *524*
Farbvertiefung 524
Farbwechsel 524, 578, 677
–, morphologischer 522
–, physiologischer 522
Farbzeichnungen 577
Farbzellen, s. Chromatophoren 522
Farne 281, *282*, 561
Fasciation 397

Fascicularcambium = Bündelcambium 415
Fasciola hepatica, Großer Leberegel 309, *310*
Faserschicht 284
Faserzelle *417*
Fäulnis, Proteinabbau 486
Faunenaustausch 930
Faunenelemente, Mitteleuropa 847
Faunistik 829
F-Bacterium 198
Fc-Fragment 534
Federn 522
Federpapille *522*
Federscheide *522*
Federseele *522*
Feedback 579, 581, 673
Feed-Forward 94, 581
Fehlbildungen 398
Fehlbildungskalender 398
Fehler, guter 746
Fehlpaarung 227
Feigen *288*, 289
Feind, Verhalten 730
Feind-Beute-Beziehung 807, 811
Feldmaus 751
Feldstärke, Perzeption 502
fermentative Dissimilation, s. Gärung
Fermenter 168
Fernsinn 503
Ferntastsinnesorgane 497
Ferntransport, Gase 620
–, Ionen 620
–, organische Moleküle 618
–, Tiere 621
–, Wasser 614
Ferredoxin 119, 128
Ferricyanid 120
Ferritin *35*
Fertilität, Selektion 891
Festigungsgewebe 410, 413, *415*, 561
Festland, Gliederung 830
Fett, braunes 455
–, Nährstoff 607
Fette, Speicherung 455
Fettgewebe 455, 470
Fettkörper 298, *455*, 470, 477, 481, 493, 677
–, Exkretspeicher 493
Fettreserven 586
Fettsäure, aktivierte 95, 97
Fettsäuren, ß-Oxidation 95
–, Resorption 481
–, Synthese 96
–, ungesättigte 609
Fettsäuresynthetase 96, 104
Fettschicht, subcutane 596
F-Faktor 198
Fibrillen 13
Fibrillentypen 452

Fibrin 31, 108, *454*
Fibrinogen 31, 454, *454*
Fibrinolyse 540
Fibrocyt 452, *489*
Ficksches Diffusionsgesetz 59
Fieber 580
Fiederblatt 407, *418*, 419
Fiedernervatur 421
Filamente 142
Filamin 142
Filialgeneration *208*, 886
Filter, Selektivität 83
Filterapparat, Ascidie *475*
Filterbrücke 839
Filterkammer, Wasserfloh 474, *474*
Filterwirkung 471
Filtration *492*
Filtrationsbarriere 472
Filtrationsrate, glomeruläre *492*
Filtrierer 474
Filzlaus *576*
Fingerprint, Peptidtrennung 230
Finne 271, 308, *310*
Fische 603
 s. a. Crossopterygier, Ichthyostegalia
–, Atmung *488*
–, elektrische 520
–, Geruch 503, *504*
–, Gestalt 575
–, Gleichgewicht *723*
–, Ionen- und Osmoregulation 602f.
–, Kieme *489*
–, Kreislauf 630
–, Schuppen 522
–, Schwimmen 473, 650, 647, *702*
–, Seitenlinienorgan *499*
Fischegel *576*
Fischschuppen 523
Fision, zentrische 879
Fitness 747, 891, 893, 898
–, Genotyphäufigkeit 898
Fitness-Landschaften 900
Flachblatt *422*
Flagellata 23, *268*, 566, *712*
Flagellum = Geißel, s. dort
Flankenmeristem *411*, 411
Flavin 334, *642*
Flavinadenindinucleotid = FAD 70, 611
Flavon *447*
Flavonoidbiosynthese 446
Flavonoide 446
Flavoprotein 79, 99, 611, 643
Flechten 560, 805
Flemming-Körper 164, 167
Flexibilita cerea 706
Flexoren 515
Fließgleichgewicht 8, 62, 87
Fließgleichgewichtszustand 63, 87
Fliegen 648, 653f.

Fliegenblume 289
Flimmerbewegung 640
Flimmerepithel 528
Floh, Sprung 664
Florenelemente, Mitteleuropa 847
Florenreiche 831f.
Florigen 337
Floristik 829
Flossen *573*, 650, 867
Flossenstrahlen 651
Flucht 697, 727, 750
Fluchtbereitschaft 749
Fluchtschwimmen 700
Flüchterarten 797
Flügel, Adaptationen 866
Flügeldecken 655
Flügelschlag *653*, 655
Flugbewegung 514, *653*, *654*, *655*, 701, 707
Flugmuskeln 591, *593*, *622*, *701*
–, indirekte 519, *654*, 655
–, direkte 655
Flugmuskulatur, Wärmeerzeugung 594
fluider Charakter, Membran 135
Fluktuationen 787
Fluktuationstest 225
Fluoreszenz 111, *117*
Fluorid 599
Flüssig-Mosaik-Modell 51
Folgeblatt *405*, 407
Folgemeristem 411
Folliberin 682
Follikel 297
Follikelsprung *297*
Follikelzelle 298
Follitropin 678
Folsäure 611, *612*
Foraminiferen 277, *308*, 566
Förderungstendenz 409
Formalgenetik 205
Formbildung 772
Formensehen 507
Fortbewegung, s. a. Bewegung 700f., 722
Fortpflanzung 263ff., 751
–, asexuelle 323
–, geschlechtliche 272f.
–, sexuelle 323f.
–, ungeschlechtliche 267, 268f.
–, vegetative 267, 269f.
Fortpflanzungserfolg 883
Fortpflanzungsgemeinschaft 905
Fortpflanzungskontrolle 752
Fortpflanzungsprodukt 263
Fortpflanzungsrhythmus 299, *718*
Fortpflanzungswechsel 305f.
Fortpflanzungszelle 324
fossile Energie 823
Fossilien 861, 870, 936
–, lebende 871, 924

Fovea centralis 508, *509*
Fragmin 142
freie Zelle 272, 453
– Nervenendigungen 497
– Enthalpie 62
– Energie 62
Fremdbefruchtung = Amphimixis 265
Fremdbestäubung 287f., 898
Fremd-DNA 258
Fremderkennung 526, *539*
Fremdförderung 828
Fremdgen 255
Fremdreflex 694, 734
Frequenz, Strahlung 110
Frequenzanalyse, Ohr 499
Frequenzumfang, Hören 500
Freßzelle, s. a. Phagocytose 526, 528, 539
Frontalebene 555
Frosch, s. Amphibien
Froschretina 709
Frosthärtung 768
Froststreß 600
Frucht 292, 428
–, Ausschleudern 647
Fruchtblatt = Carpell 282, *282*, 421, 428
Fruchtfall *288*, 690
Fruchtfliegen = Drosophilidae, s. a. *Drosophila* 922
Fruchtknoten *429*
Fruchtknoten = Pistill 280, 283, 284, 291, 428
–, oberständiger, mittelständiger, unterständiger, 280
Fruchtkörper 280, 558
Fruchtreife 690, 692
Fruchtstand 430
Fructose *46*, 288
Fructosebisphosphat 77
Fructosidase 479
Frühholz 417
Frustration 750
FSH, s. Lutropin 678, *682*
Fucoserraten 274, *275*
Fucus 363, 364
Fühler 501, 579
Führungsgröße 580, 724
Fütterungszeiten 717
Fundatrix *311*
Fundusdrüsen 451, 479
Fungizid 528
Funktionsteilung 784
Funktionswechsel 856, 861, 863
Furca = Sprunggabel 661
Furchung 327, *356*, 366
Furchungshöhle *357*, 369
Furchungsteilung *263*, 324
Furchungstypen *326*, 368
Furchungszelle 264, 369
Fusicoccin 686, *687*
Fusion, Transformation 880

–, zentrische 232, 879, 880
Fusionsbarriere 274
Fusionsgen 229
Fusionskern *291*
Fusionsplasmodium 558
Fusionsprozeß 291
Fusionszelle *278*
Fuß, Muscheln 658
Füßchenzelle = Podocyt 471
Fußformen, Primaten *864*
Futtermittel, Aminosäuregehalt *609*
Futtersaft, Speicheldrüsen 477

GABA 518, *518*
gabelige = dichotome Verzweigung 409
Galactolipidsynthese 335
Galactosidase 34, 244, 479
Galactosyllipid 48
Galactosyltransferase 107
Galapagosfinken 804
Galapagos-Inseln 921
Galea 856
Galle *288*, 483
Gallen 397
Gallenblase 478
Gallenblasen, Wandung 450
Gallenblüte 288
Gallenfarbstoffe 525
Gallenlaus *311*, 309
Gallensäuren 481
Gallerthülle 301
gallertiges Bindegewebe 452
Gallertkegel = Cupula 497
Gallertscheide 557
Gallwespe 289
Galopp 660
GALT = gut-associated lymphoid tissue 530
Galvanotropismus 291
Gamet 178, 264, 272
Gametangienständer *274*
Gametangiogamie 275f., 278f., *278*
Gametangium *278*
Gametenisolation 912
Gametenzellkern 272
Gametogamie 273, 275f., 280f.
Gametogenese 295f.
Gametopathie *398*
Gametophyt 265, 274, 280, 282, *282*, 286
–, Reduktion 282
Gametophytenbefruchtung 282
Gametophytenreduktion *282*
Gamogonie 267, 272, 275, 295f., 305, 307, *308*, *309*
–, rudimentäre Formen 302f.
Gamone 273, 280, *280*, 294, 912
Gamont 265, 266, 277, *277*
Gamontogamie 276
Gang, aufrechter 660

Gangarten 659, 701
Ganglien 494, *704*, 705
Ganglienzelle, rezeptives Feld 512, *708*, *709*
Ganglienzellen 509
–, Netzhaut 510, *709*
Ganglionspirale 499
Gangliosid *49*
Gänsehaut 863
Ganzkörperbestrahlung 239, 242
Ganzrosettenpflanze 408
gap-Gene 373
Gap Junction 22, *51*, 52, *458*, 461
Gärkammer 485
–, Wiederkäuer 484
Gärung 91, 443
–, alkoholische 432
Gärungen, bakterielle 91
Gärungskette 817
Gärungsvorgänge, Darm 483
Gasaustausch 489
–, Körperoberfläche *472*
–, Organe 486
Gasdrüse 473, *473*
Gasfilm = Plastron 623
Gaskonzentration, Wasser *488*
Gastralraum 568
Gastransport, Pflanzen 436
–, Tiere 488, 632f.
Gastrin 482, 681
Gastrisches Inhibitorisches Polypeptid 681
Gastrointestinalhormone 681
Gastropoda, Schnecken 252, *313*, *486*, 571
–, Atmung *486*, 635
–, Augen 507, *507*
–, Bewegung 558, 694
–, Geschlechtsorgane 313
–, Haut 523
–, Herz 629, *629*, 630
–, Nervensystem 494, *694*, 701
–, Radula *476*
–, Verdauung 484
Gastrovascularsystem 476, *476*
Gastrula 369
Gastrulation 353, *357*, *358*, 369, *387*, 388
Gaswechsel 431, 432
Gattung *934*, 935
Geburtenregelung, künstliche 792
Gebiß, heterodont 475
–, homodont 475
Gebirgsbarriere 927
Geburtenausfall *788*
Geburtenkontrolle 792
Geburtenziffer 792
Geburtsrate 787, *792*
Gedächtnis 495, *734*, *740*
Gedächtnisbild *746*
Gedächtnis-B-Zelle 532
Gedächtnis-T-Zellen 545

Gedächtniszelle 531, *532*, 538
genetisch bedingte Verhaltensweise 721
Gefäße 616
Gefäßerweiterung 595, *704*
Gefäßpol *491*
Gefäßverengung 595, *704*
Gefäßwandmuskeln 624
Gefrierpunkterniedrigung 54, *602*
Gefrierschutzmittel 55
Gegenfarbentheorie 511
Gegenschub 652
Gegenstromdiffusion 473
Gegenstrommultiplikation 473
Gegenstromprinzip 473, 474, 489, 492, 595, *603*
Gehirn 494, 573, 574, 693f.
–, Insekt *693*
–, Mensch *692*, 693
–, Säugetier *496*
Gehirnanlage *388*
Gehirnbildung 494, 571
Gehirnreizung, elektrische 705f.
Gehör 499, 500, 708
Gehörgang *500*
Gehörknöchelchen 499, *500*
Geißel = Flagellum 14, 23, 143f., *566*, *649*
–, Bewegung 144
–, Bakterien *26*, 27
Geißelapparat 23
Geißelkörper *14*
Geitonogamie 287
Geländekenntnis *745*
Gelbkörper = Corpus luteum 297, 678, 680, 682
Geleitzelle 412, *412*, 618
Gelenke, Tiere 516, *517*
–, Pflanze *645*
Gel-Zustand 56, 142
Gemmula 272, *273*
Gen 177, 190, 203
–, Gesamteignung *747*
–, neutrales *894*
Genaktivierung 261
Genaktivität 244, 352
Genamplifikation 157, 203, 298, 351, 355, *356*
Genaustausch 197, 883
Genbank 201, 202, 254
Genbibliothek 202, 254
Genduplikation 204, 873, 877
Genealogie *938*
Generalist, Riechen 504
Generallamelle *453*
Generation 263
Generationsdauer 168, 178, 196
–, Bakterien 28, 225
Generationslänge 790
Generationswechsel 282, 305ff., 323
–, fakultativer 273

–, heterophasischer 265, 281, 306, 307, *308*
–, homophasischer 306
–, primärer 275
generative Zelle 284
generativer Kern 263
Genetic engineering 193, 247, 253f., 260, 400, 545
Genetik, molekulare 177ff.
genetisch reine Linie 214
genetische Bürde 214, 898
– Divergenz 900
– Drift 802, 883, 888f., 898, 927
– Identität *901*
– Individualität 770
– Konstitution 293, 400
– Last 898
– Manipulation 193, 247, 253f., 260, 400, 545
– Spirale *407*, 408
– Tumoren 400
– Variabilität 266, 319
– Vielfalt 887, 893
genetischer Code 38, 188, *188*, *189*, 190
– –, Degeneration 190
– –, zweiter 261
Genexport 885
Genexpression, differentielle 343, 352
–, Regulation 351
Genfluß 905
Genfrequenz 885, 900
Gengruppe 205
Genhäufigkeit 885, 891, 900
Genimport 885
Genisolierung 200, 202
Genkarte 217
–, Bacterium 199
– *Drosophila* 220
– *Escherichia coli* 200
Genkartierung 156, 216
Genmanipulation 193, 247, 253f., 260, 400, 545
Genom 177, 178, 190
Genommutation 227, 232f.
Genomsequenzierung 180
Genomumfang *178*
Genophor = Nucleoid 25, 159, 191, 196
Genotypen 890
Genotypfrequenz, s. Genotyphäufigkeit
Genotyphäufigkeit 885, 886, 898, 891
genotypische Geschlechtsbestimmung 313
Genotypverschiebung *893*
Genpool 783, 883, 884, 898
Genprodukt 190, 211, 239, 255
Gen-Rearrangement 538
Genregulation 243f.
Gensonde 202

Gentechnologie 193, 247, 253f., 260, 400, 545
Gentransfer *197*, 199, 259, 260, 938
Genübertragung, s. Gentransfer
Genvermehrung, Vektoren 253
Genwirkkette 221
Genwirkung, Ontogenese 341
Geobiosphäre 850, *851*, 854
Geoelement 848
Geoelemente, Mitteleuropa *848*
geographische Schranke 846
– Breite 917
Geophyten 426, 765, 777
Geosphäre 850
Geotaxis 724
Geotropismus = Gravitropismus 425, 643
Geotyp 177
Gerbung, Arthropodenintegument 525
Gerontoplasten 13, 151
Geruchserkennung 758
Geruchsorgan 503, *504*
Gesamteignung *747*
Gesamtenergiehaushalt 583f.
Gesamtnische 784
Gesamtspannung 616
Gesamtstoffhaushalt, Organismen 596f.
Gesang *739*, 861, 913
Geschlecht 265
geschlechtliche Fortpflanzung 267, 272ff.
Geschlechtsambivalenz 754
Geschlechtsausprägung 389
Geschlechtsbestimmung 312f.
–, Metazoen 316
Geschlechtschromosom 209, 314, 315, *315*
geschlechtschromosomale Vererbung 209, 315
Geschlechtsdifferenzierung 312, 320
Geschlechtsdimorphismus 266
Geschlechtserkennung 752
Geschlechtsfaktoren 314
Geschlechtshormone, Pflanzen 275
–, Tiere 666f.
Geschlechtskerne 292
Geschlechtsmerkmal, primäres 266, 321
–, sekundäres 266, 321
Geschlechtsprodukt 296
Geschlechtsrealisator 313f.
Geschlechtsumwandlung 322
Geschlechtsvererbung 314
Geschlechtsverhältnis 310, 319
Geschlechtszelle, Bildung 284
geschlossenes Leitbündel 412
– System 62
Geschmack 503f.

Geschmacksempfindung 503
Geschmacksknospe 505, *505*
Geschmacksorgan 503, 504
Geschmacksqualität 503, 505
Geschwister, Schutz 893
Geschwisteraufzucht *747*
Geschwisterpaarung 214
Gesellschaftsbalz 753
Gesetz des Minimums 608
Gestagene 678, 680
Gestalt 565f.
–, geschlossene 565
–, optische 577
Gestaltbildung 374
Gestaltungsbewegung 324, *357*, 387
Gestation 681
gesteigerter Antrieb 728
Getreiderassen 818
Getrenntgeschlechtigkeit 277, 310
Gewässertyp 768
Gewebe, Pflanzen 404f., 430
–, Tiere 450f., 470
Gewebeantigene 532, 547
Gewebedifferenzierung, Zone 411
Gewebeflüssigkeit 453, 623
Gewebekultur 346, 686, 688
Gewebetemperatur 766, *768*
Gewebethalli 560
Gewebeverträglichkeitsantigene 532, 547
Gewebshormone 665, 666
Geweihformen 927
Gezeitenrhythmik 711
Gezeitenzone 767, *801*
–, Zeitmessung 718
GFAP 142
Gibberellin 275, 338, 339, 380, *380*, 384, 689f., *689*
Gibberellinsäure 666
Gibbssche Energie 62f., 84
Gießkannenschimmel, *Aspergillus* 267
Gifte, Speicheldrüsen 477
Gingko 925
GIP = Gastrisches Inhibitorisches Polypetid 681
glandotrope Hormone 669
Glandula prostatica 680
glanduläre Hormone 665
Glanzkörper 644
Glanzstreifen 458
Glaskörper 508
glatte Muskulatur 456
Glazial = Eiszeit, s. dort
Glazialrefugien 910
Glazialrelikte 907
Gleichgewichtsdichte 791
Gleichgewichtsenzyme 77
Gleichgewichtsgröße 791
Gleichgewichtshaltung 723

Gleichgewichtskonstante 65, 78
Gleichgewichtslage 724
Gleichgewichtspotential 131, 132
Gleichgewichtsreaktionen 76, 106, 702, *723*, 724
Gleichgewichtszustand 825
Gleichtakt 582
Gleiter 653
Gleitfasermodell 144
Gleitspiegelung 555
Gleittheorie 144, 459
Gliazelle 459, 461, *462*, 493, 699
Gliedertiere, Arthropoda 569f.
 s. a. Insekten, Krebse
–, Bewegung 652, 655, 666
–, Herz 629
–, Integument 524f.
–, Skelett 515f.
–, Skelettmuskeln 518f.
Globine 203, 204, 876
Globingen *180*, *203*, *204*, *205*
Globingenfamilie 203f.
Globinmutante 228, 231
Glomera aortica 639
– carotica 639
glomeruläre Filtrationsrate (GFR) 492
Glomerulum 471, 491
Glomerulumcapillare 471
Glossa 856
Glucagon 581, 666, 672, 680, *680*
Glucan 279
Glucanase 279
Glucanphosphorylase 94, 380
Glucke 726
Glucocorticoide 678, 679
Gluconeogenese 76, 93f.
Glucose 46, 288
–, Niere 492
Glucose-6-phosphat 105
Glucose-Transport *471*
Glucosidasen 94, 479
Glutamat 90, 518
Glutamat-Familie 100
Glutaminsäure 99, *518*
Glutaminsynthetase 34
Glyceollin 447
Glycerin 55, 481
Glycerinaldehyd 88
Glycerinaldehydphosphat 127
Glycerinphosphat 97
Glykocalyx 13, *22*, 173, 191, 266, 275
Glykogen 25, 29, *29*, 46, 47, 94, 455, 481
Glykogenphosphorylase 108
Glykolat, Peroxisomen 128
Glykolatstoffwechsel 432
Glykolipid 50, 210, 451
Glykolyse 88f., *88*
–, Schlüsselenzyme 93
Glykolyseenzyme, Konzentrationen 105

Glykoneogenese 94
Glykoproteid 274, 279
Glykoproteine 17, 135, 451, 531f., 549
Glykosidase 479, 483
glykosidische Bindung 47
Glykosomen 105
Glykosylasen 138
Glykosyltransferasen = Glykosylasen 138
Glyoxylatzyklus 95f.
Glyoxysomen 16, 95, *140*
Gnathostomata 573
Goldberg-Hogness-Box 205
Goldener Schnitt 408
GOLDMAN, D. E. 134
Goldman-Gleichung *134*
Golgi-Apparat 16, 17, 135, 137f.
Golgi-Zellen *711*
Gon 265, 295
Gonade = Keimdrüse 266, 296
Gonadenanlage 321
Gonadengröße, circannualer Rhythmus 720
gonadotropes Hormon 674
Gonadotropine 678
Gondwana 836
Gonen 169
Gonenkern 277
Gonenkonkurrenz 292
Gonodukt 266, *313*
Gonotokont 284, 285
G-Phase, Zellzyklus 167
G-Protein = Transducin 510, 671
Graben 648, 658
Grabextremitäten *658*
Gradientenhypothese *371*
Gradientensystem 370
graduiertes Aktionspotential 518
Gram-Färbung 26
Gramineen-Typ, Schließzelle 423
Grana, Plastiden 20
Granula 16
Granulocyt 454, 526, 528
Granuloplasma 143
Granum 17
Granzyme 526, 540
Gratiolet-Sehstrahlung 697, *711*
graue Substanz 495
grauer Halbmond *357*, 365, 387
gravitropes Wachstum 383
Gravitropismus 643
Gray, Definition 237
Gregarinen 266, 277, 567
Grenzplasmolyse 61
Grenzschicht 593
Grenzschichtlaminarisierung *651*
Grenzstrang *703*, 705
Griffel 284, 287, 428
Griffellänge 290
Große Periode der Atmung 443
Großer Leberegel, *Fasciola hepatica* 309, *310*

Großhirn 495, *692*
Großmutation 919
Grüßen 748, *749*
Grubenauge 507
Grünalgen, Chlorophyceen *558*, 559
Grundblatt 408
Grundcytoplasma = Grundplasma 13
Gründerprinzip 808, 907
Grundgewebe = Parenchym 410, 414
Grundplasma 13
Grundumsatz 588
Gründung, Population 783
Grundwasser 448
Grundzustand 111
Grunion 719
Grünschatten 333
Gruppe, anonyme *756*, 757f.
Gruppenbildung 756, 933
Gruppendistanz 786
Gruppeneffekt, Pollen 289
Gruppenfeind 750, 756
Gruppenselektion 747
Gruppentradition 757
Gruppenzusammenhalt 756
GTP 671
Guanin 38
–, Exkretstoff 606
–, Haut 522
Guanophoren 522
Guttapercha *446*
Guttation 562
Gymnospermen 283, 286, 925, *936*
Gynandromorphismus 317, 318
Gynoeceum 428
Gynogamet 274
Gynogamone 276
Gyrodactylus 576
Gyrus postcentralis *710*
– praecentralis *710*
Gyttja 827

H-2-Antigene 547
Haare der Pflanzen = Trichome 422, *423*
Haare, Säugetiere 522
Haarbalgdrüse *521*
Haarfollikelrezeptoren 497
Haarnadelabschnitt, tRNA 205
Haarnadelschleife 185
Haarpapille 522
Haarrezeptoren 497
Haarsinneszelle *499*
Haarzellen, Ohr 499
Habitat 762
Habitat-Nische 779
Habitus 407
HAECKEL, E. 864
Hafercoleoptile 685
Hafteinrichtung, Früchte 796

Haftmolekül 377
Haftwasser 448, 767, 769
Hagen-Poiseuille-Gesetz 628
Halbmond, gelber 365
–, grauer 357, 365, 387
Halbparasiten 564
Halbrosettenpflanze 408
Halbseitenbeleuchtung 642
Halbseitengynander 318
Halbwertszeit 68, 237, 818
–, Anregungszustand 117
–, biologische 237
Halbwertszeiten, Enzyme 109
Haldane-Effekt 638
Halluxdivergenz 864
Halobacterium 82, 84, 123, 124
Halobiom 853
Halophyt 768
Halskanal 282
Halskanalzelle 281, 285
Halswandzelle 286
Halteeinrichtungen, Parasiten 576
Halteren 655
Häm 71, 632
hämatopoetische Stammzelle 530, 532
hämatopoetisches Organ 527
Hämerythrin 633
Hämgruppe, Konvergenz 867
Hammer, Mittelohr 499, 574
Hämocyanin 34, 633, 634, 868
Hämoglobin 34, 354, 633, 876, 895
–, Evolution 875
–, fetales 204, 636
–, Mutation 229, 231
Hämoglobinproduktion 776
Hämolymphe 454, 623
–, Bewegung 515
–, Ionen 601
Hämorrhagien 613
hapaxanthe Pflanze 395
haplogenotypische Geschlechtsbestimmung 313, 314
haploides Genom 264, 265
Haploidisierung 273
Haplont 265
Haplophase 264, 265
Hapten 526
Hardy-Weinberg-Formel 213, 222, 885ff.
Harembildung 754
Harn, Bildung 471, 492
Harnblase 490, 491
Harnleiter 387, 491, 491
Harnpol 491
Harnsäure 101, 587, 606
–, Synthese 102
Harnstoff 490, 587, 606
–, Wiederkäuermagen 485
Harnstoffkonzentration, Änderung 603

Harnstoffzyklus 102
Hartbast 418
Hartig-Netz 564
Hartlaubgewächse 562
Hartsubstanz 174
Härtung = Sklerotisierung 525
Harz 445
Harzkanal 416, 416, 445
HAT-Selektion 219
Häufigkeitsverteilung 814, 828, 884
Hauptareal 848
Haupthistokompatibilitätskomplex 546
Haushaltungsgene 358
Haustiere, Erblichkeitswerte 887
–, Evolutionsmodell 882
–, Insekten 758
Haustorien 564
Haut = Integument 521
–, Arthropoden 524
–, Durchblutung 596
–, Exkretion 493
–, Mollusken 523
–, Sinnesorgane 497
–, Wirbeltiere 522, 574
Hautatmung 486
Hautlichtsinn 506
Hautmuskelschlauch 477
Hautsinneszelle 463
Häutung 525, 675
Häutungsnaht 525
Häutungsspalt = Exuvialraum 525
Havers-System 453
Hawaii 834, 845, 922
HCG 682
Hecheln 595
Hefe, *Saccharomyces* 91, 267, 279, 280, 817
HeLa-Zellen 345
Helfer-T-Lymphocyt 531
Helfer-T-Zellen 45, 526, 538, 545f.
Helicotrema 499
Heliozoa 266, 567
Helix, DNA-Struktur 33
Helix pomatia 313, 486, 507
– –, Hämocyanin 635
– –, Herz 629
Helleborus-Typ, Schließzelle 423
Helligkeitssehen 507
Hellrot-Dunkelrot-Antagonismus, s.a. Phytochrom 153
Helmholtz, H. v. 499, 510
–, Dreikomponententheorie des Farbensehens 510
–, Ortsprinzip des Hörens 499
Helobiom 853
Hemeralopie 613
Hemicellulosen 47, 172
Hemikryptophyten 777,
hemimetaboles Insekt 324

Hemisphären 692
Hemizygotie 205, 318
hemmende Axone, Muskulatur 518
Hemmstoffe 76, 770
Hemmung, bedingte 737
–, Enzyme 77
–, laterale 511
–, Verhalten 730
Hemmungsfeld 408
Hemmwirkung 384
Henderson-Hasselbalch-Gleichung 58
Henle-Schleife 474, 491
Hennig, W. 933
Hepaticae, Lebermoose 561
Hepatocyt 15
Herbivoren 812
Herbizid 687
Herbstfärbung 692
Hering, E. 511
–, Gegenfarbentheorie 511
herkunftsgemäße Entwicklung 358
Hermann-Gitter 512
Hermaphrodit 293, 310
Herz 624, 626
–, Insekten 514
–, Wirbeltiere 514, 515, 591, 628
Herzganglion 627
Herzklappen 628
Herzmuskel 456, 458
Herzschlag 626f.
Herzschlagvolumen 628
Heterobathmie 932
Heterochromatin 156, 161, 163, 362
heterochromatisches Chromosom 209
Heterochromatisierung 156, 362
Heterochromosom 315, 316
Heterocysten 27
Heterodontie 475, 873
Heterogametie 314, 315, 315, 316, 316
heterogametisches Geschlecht 209
Heterogonie 305, 308, 311, 316
Heterogoniezyklus 316
Heterokaryon 273, 279
heterokatalytische Funktion 37
Heterolysosomen 16
heteromorpher Generationswechsel 281
Heteromorphose 392, 393
heteronome Segmentierung 555, 570
heterophasischer Generationswechsel 265, 281
Heterophyllie 562
Heteropolymer 29
Heterosis 208f., 896
Heterosiseffekt 231, 327

heterospore Farne 282
Heterostylie 295
heterothallisch 310
heterotope Strukturen 857
heterotrophes Wachstum 382
Heterotrophie 77, 87, 98, 403, 583
Heterözie 311
Heterozygoten, Anteil 887
Heterozygotenvorteil 897
Heterozygotie 206, 213, 894, 895
Hexokinase 74
Hexosemonophosphat-Shunt 92
Hfr-Bacterium 198
Hierarchie, natürliches System 857
hierarchisch-enkaptisches System 931
Hill-Reaktion 120, 124
Hinterhauptslappen 692
Hinterhirn = Metencephalon 495, 496
Hirnstamm 692, 693
His-Bündel 627
Histamin 422, 535, 541
Histogenese, Zone 411
Histokompatibilitätskomplex 546
Histologie 8
Histone 40, 155, 874
Histongen 202, 203
Hitzeschockprotein 246
HIV = Human Immunodeficiency Virus 45, 546
HLA-Antigene 547
hnRNA = heterogene nucleäre RNA 162
Hochblatt 407, 419
Hochsprung 662
Höchstwertdurchlaß 730, 731, 733
Hochzeitsflug (Biene) 300
Hoden = Testes 295, 296, 321, 321
Hoftüpfel 412, 414
Höhenstufe 852
Hohlmuskeln 515, 624, 626
Holarktis 831, 832
Holoenzym 70
Hologamie 275
holokrine Sekretion 451
holometaboles Insekt 324
Holothuroidea = Seewalzen 572
Holz 415
–, Verdauung 484
Holzparenchym 417
Holzstrahl 415
Holzteil = Xylem 411
homaxoner Körper 554
homodontes Gebiß 475
Homogametie 314, 315
Homogamie 918
Homogentisinsäure 224
homoiohydre Organismen 775
homoiosmotische Tiere 602

Homoiostase 553, 578f., 669
Homoiothermie 588, 592f.
homologe Reihe 861
Homologenpaarung = Synapsis 169
Homologie 575, 855f., 932
–, Karyotyp 859
–, Makromoleküle 858
–, physiologische Prozesse 859
–, seriale 857
–, Verhaltensweisen 860
Homologiekreis 857
Homologiekriterien 856f.
Homologienforschung 855
Homologisierung, Generationswechsel 282
homomorphe Struktur 857
homonome Segmentierung 555
– Gliederung 569
Homonomie 857
Homöobox 183, 205, 345, 350
homöogenetische Induktion 384, 388, 391
homöopolare Bindung 57
Homöostase, s. Homoiostase
homöotische Mutante 372
Homopolymer 29
Homorrhizie 406
homothallische Pflanze 310
homotope Strukturen 856
Homozygotie 205, 206, 213, 889
Honigbiene, s.a. Bienen 684, 725, 757
–, Mundwerkzeug 856
Honigvogel 289
Hörbläschen 388
Hören 500f.
Horizontalzelle 509, 510, 511
Hormon, Ausschüttung 669
Hormonbildungsstätten 666ff.
Hormondrüsen 669ff.
Hormone 462, 553, 665ff., 685
–, glandotrope 669
–, Homologie 859
hormonelle Steuerung, Entwicklungsfunktionen 380
Hormoninduktion 245
Hormonrezeptoren 667, 670
Hormonspiegel 667, 669, 673
Hormonsystem, Eigenschaften 667
–, Wirbellose 674
–, Wirbeltiere 677ff.
Hormonwirkungen, multiple 693
Hormosiren 274, 275
Hörnerv = Nervus cochlearis 500
Hornhaut = Cornea 508
Hornschicht = Stratum corneum 522
Hornschuppen 522
Hornsubstanz 522

Hörschwellenkurve 501
Hörzelle 463
Hox-Komplex 351
HPLP 682
HSTF-Faktor 246
Hub 656
Hufbildung, Pferdeevolution 870
Huftiere, Evolution 929
Hüllzellen, Nervensystem 605
Hülse 429
Humangenetik 178
Humerus 514, 573
Hummer 627
humorale Immunantwort 531f.
– Integration 553, 664f.
– Wechselwirkung, Pflanzen 685
– Regulation, Tiere 666f.
Humus 819
Humussäure 819
Hundebandwurm, *Echinococcus granulosus* 271, 310
Hyalinzelle 366
Hyaloplasma 11, 13, 143
Hyaluronidase 341
Hyaluronsäure 29, 46, 174
Hybridgürtel 910
Hybridisierung 182, 202, 221
Hybridisierungstechnik 183
Hybridom 544
Hybridschwärme 914
Hybridzelle 219, 346
Hydathoden 562
Hydratation 55, 61
–, Ionen 54
Hydratationshülle 67
Hydratisierungszustand 617
hydraulischer Koeffizient 60
Hydrobiom 853
Hydrobiosphäre 850
Hydrocoel 324
Hydroidenstock 272
Hydrolasen 16, 72, 478, 483
Hydrolyse, Fette 95
–, ATP 67
hydrolytische Spaltung, Nährstoffe 478
Hydrophilie = Wasserbestäubung 287
–, Moleküle 48
hydrophobe Wechselwirkung 57
Hydrophyten = Wasserpflanzen 562
Hydroporus 324
Hydroskelett 514
hydrostatischer Druck 60, 471
Hydroxylapatit 452
hygrotropische Orientierung 290
hyperglykämisches Hormon 675
Hyperimmunisierung 544
Hypermutation 543
hyperosmotische Regulation 602
Hyperparasitismus 808

Hyperpolarisation 463, 465, 466, 467, 510, 511, 627
hypertonisches Medium 61
hypervariable Region 535
Hyphen 267, 278, 281, 560, 564
Hyphenkopulation 273
hypogäische Keimung 406
Hypoglykämie 672
hypogyne Blüte 428
Hypokotyl = Keimachse 405
Hypokotylhaken 332
Hypolimnion 769
hypoosmotische Regulation 602
hypoosmotischer Harn 604
Hypophyse 667, 678f., 692, 704
Hypophysenhormone 860
Hypophysenstiel = Infundibulum 678
Hyposphäre 324
hypostomatisches Blatt 422
Hypothalamus 668, 673, 677f.
Hypotonie 555
hypotonisches Medium 61
Hysteresis 617
H-Zelle (Nematoden) 569

I-Bande 456
Ichthyostegalia 872, 923
Icosaeder 193
ICSH, s. Lutropin 678
ideale Population 783
Identitäts-Index 900
Idioblast 410
Idiogramm = Karyotyp 156, 859
Idiotop 552
idiotypisches Netzwerk 551
IES = Indolyl-3-Essigsäure 394, 685
IgA 535
IgD 535
IgE 535
Igelwurm, *Bonellia* 319
IgG 533
Ig-Klassen, Funktionen 536f.
Ig-Klassen-Switch 543
IgM 535
Ileocoecalklappe 483
Ileum 478
Imaginalorgane 324
Imaginalscheiben 325, 357, 359, 360, 382
Imago 324
Imitation 734
Immortalisierung 400
Immunabwehr, unspezifische 528, 529
Immunantwort, humorale 526, 531f.
–, Induktion 549f.
–, primäre 538f.
–, sekundäre 531, 538f.
–, zelluläre 454, 526, 545f., 548
Immunfluoreszenz 142

Immunglobuline 528, 533f.
Immunglobulinklasse 533, 534
Immunisierung 538f., 552
Immunkompetenz 530
Immunoblast 532
Immunogen 526
Immunologie 8, 526ff.
Immunregulation 551f.
Immunschwäche 551
Immunsuppression 545
Immunsystem 526ff.
–, Neugeborenes 537
–, Organe 529
–, Phylogenie 527
–, Vorkommen 527
–, Zellen 529
Impedanz 617
Impfungen 539
Imponieren 748, 749, 750
Imponierstellung 752, 753
Imponierstrukturen 927
Impulsfrequenz 708
–, Tetanus 517
inäquale Zellteilung 363, 366
– Furchung 367
Inbreeding = Inzucht 214
Incisivi = Schneidezähne 475
Incus = Amboß 574
Indikatororganismus 774
indirekte Entwicklung 324
Individualdistanz 786
Individualnische 784
Individualreaktion 771
Individuum 263
Indol 289
Indolylbuttersäure 686
Indolylessigsäure = IES 394, 666, 685, 686
Inducer-Zelle 532, 547
Induktion 194, 245, 333, 378, 387, 388
–, embryonale 386
–, Genaktivität 244
–, homöogenetische 384
–, neurale 388, 389
Induktionskaskade 388
Induktionsphänomen 643
Induktor 386
Industriemelanismus 903
Infiltration 914
Infloreszenz 410
Information 469, 722, 757
Informationskonvergenz 512
Informosomen 162
Infrarot-Rezeptoren 503
Infrarotstrahlung 593
Infundibulum 678
Inhibiting Hormone 668, 677
Inhibitoren, s. Hemmstoffe
inhibitorisches postsynaptisches Potential = IPSP 468, 469, 519

Initialschicht 415
Initialzelle *419*, 561
Initialzone 411
Initiation, Krebs 400
Initiator-tRNA 187
Initiierung, Immunreaktion 531
inklusive Fitness 893
Inkompatibilität 293
Inkompatibilitätsbarriere 295
Inkompatibilitätsgene 294
Inkongruenz 295
Inkongruenzbarriere 295
Inkretion 478
Inkrustation 172, 174
Innenskelett 515, *572*
Innenxylem 411
innerartliche Beziehungen 827
innere Uhr 724
innere Faktoren 341, 725
inneres Milieu 52ff., 774
Innervation, Krebsmuskel *519*
–, Skelettmuskel 518
Inosinsäure 101
Inositolphosphate 672
Inositoltriphosphat 510
Insekten 570
  s.a. Bienen
–, Anatomie 570
–, Auge 512, *513*, 693
–, Darm 477
–, Diapause 324, 337
–, Endosymbiose 483f.
–, Entwicklung 324, *326*, 348, 367, *390*
–, Flug 300, 590, 655
–, Fortpflanzung 298, 299, 307f.
–, Gehirn *693*
–, Gehör 502
–, Herz 514, 629, *629*
–, Hormone 382, 666, *667*, 676
–, Imaginalscheiben *325*, 357, 359, *360*, 382
–, Industriemelanismus 903
–, innere Uhr *718*
–, Komplexaugen 512f.
–, Larven 324, 676
–, mechanische Sinnesorgane 497
–, Metamorphose 324, 359, 676
–, Mimese 578
–, Mimikry 577, 807
–, Orientierung 723f.
–, Pheromone, s. dort
–, photoperiodische Reaktion 337
–, Riechen 505
–, Riesenchromosomen, s. dort
–, Saisondimorphismus 337
–, Schwimmen 652
–, Sprung 662
–, Symbiose *805*
–, Verhalten 721f.
–, Transformationen 880
Insektenbestäubung = Entomophilie 289

Insektenstaaten 757
Insektivoren 564
Insektizidanwendung, Population 815
Inselendemismen 911
Inseln, adaptive Radiation 911, 921
Insertion *180*, 188, 227, 231
Insertionselement 246
Insertionsvektor 258
Inspiration, Säugetier *488*
Instinkthandlungen 705, *721*, 723, 726, 727, 736, 743, 753
instinktive Endhandlung 727, 729f.
Instinktreduktion 736
Insulin 31, 259, 581, 666, 680, *680*, 895
Integralregelung *580*
Integration, DNA 195, 199
–, humorale 664f.
–, Nervensystem 495
–, Synapsen 553, 579, 702
Integument = Haut 406, 521
Intensität, Verhaltensweise 731
intensive Größe *61*
Intentionsbewegung 731f.
Intentionsgebärde *748*
Interaktion, System 816
–, Engramme 746
Interfascicularcambium = Zwischenbündelcambium 390, 415
Interferenzfarben 525
Interferon 532
Interglazial = Zwischeneiszeit 839, 840
Interkalation 393
interkalierendes Mutagen 235
Interleukin 532
Intermaxillare 574
intermediärer Erbgang 207, 222, *884*
Intermediärfilamente 142
Intermediärorgan *502*
Intermediärstoffwechsel 87
Intermediärtypen 918
Intermitose 167
Internal image 552
Internalisierung *534*
Interneuron = Zwischenneuron 694
Internodien 407
–, Länge *408*
–, Wachstum 332
Interorezeptoren 496, 505
Interphase 154, 167
Interplexiformzelle *509*, 510
Interrenalgewebe 679
Intersegmentalhaut 525
Intersex 315, 317, *318*, *319*, 322
interspezifische Faktoren 769
interstitielle Flüssigkeit 623
Interstitium, Niere 474

Interzellularraum *11*, 20
Interzellularsubstanz 13, 173, 452, *452*, 454
Interzeption 767, *769*
Intine 172, 284, 290
intrafusale Muskelfaser 698
intraspezifische Faktoren 769
intrazelluläre Verdauung 479
Introgression 914
Intron 162, 184, 191, 201, *542*
Inulin 46, 47
–, Exkretion 493
Invagination 369
Invasion 794, 815, 829
Invasivität 400
inverses Auge 506
Inversion 190, 232, *234*, 879
–, Transformation 880
Inverted repeats 205, 246
Inzucht = Inbreeding 213f., 295, 888f., 926
Inzucht-Depression 889
Inzuchtkoeffizient *900*
Ion-Dipol-Wechselwirkung 57
Ionenantagonismus 56
Ionenaufnahme, Pflanze 448, 599
–, Tiere 620
Ionenaustauscher 766
Ionenbindung 57
Ionenhaushalt, Steuerung 490
Ionenkanal 458, 469, *469*, 510
Ionenkonzentration *133*, 452, 489, 768
Ionenmilieu, Enzymaktivitäten 106
ionenmotorische Kräfte 80f.
Ionenpumpe 131f., 646
Ionenradius *55*
Ionenregulation 597, 600f., 768
Ionenspezifität 56
Ionenstärke 55
Ionenströme 466, *468*
Ionentransport 83, 604
–, Stomata 437
Ionenzusammensetzung 55
ionisierende Strahlung 238
IPSP = inhibitorisches postsynaptisches Potential 468, 469, *519*
Iris = Regenbogenhaut 508
Irisepithel *362*
Irismuskelzelle 582
irreversible Reaktion 66
Irrgast 829
Isoagglutination 274
Isochromosom 232
Isodynamie 585
isoelektrischer Punkt 58
Isoenzyme 70, 109, 226, 334, 877f.
Isoenzymmuster 347, 884
Isoflavon *447*
Isogametie 266, 273, *274*, 275
Isolation, Blastomeren 369

–, ethologische 912
–, geographische 884
–, mechanische 912
–, saisonale 912
–, zyklische 912
Isolationsexperiment 369, *370*, *371*
Isolationsmechanismen 911, 913
–, postzygotische 911
–, präzygotische 911
–, progame 911
–, Zusammenbruch 914
Isolationsphänomene 837
isolecithales Ei *326*, 366
Isomerasen 72, 126
Isomerisierung, Sehen 510
isometrische Kontraktion 517
Isopentenylpyrophosphat *446*
Isoprenderivate, Hormone 666
Isoprenoide = Terpenoide 445
Isoprenoidlipid 280
isoosmotische Flüssigkeit 54
isoosmotische Tiere 602
isospore Farne 282
Isotonie *602*
isotonische Kontraktion 516
isotonischer Harn 491
Isotopenmethode 8
Isozyme = Isoenzyme, s. dort
Istwert 439, 580

Jacob-Monod-Modell 109, 244
Jacobsonsches Organ 504
Jahresbilanz *822*
Jahresgang 720, *764*
Jahresrhythmen 711, 787
Jahresring 416, *417*
Jahreszeiten, Bestimmung 336
–, Zeitmessung 719
Jahreszyklus 793, 799
Jejunum = Leerdarm 478
J-Kette 535
Jod 237, 600
Jodperoxidase 224
Johnston-Organ 501, *502*
Jungenfürsorge 748
Jungenverhalten 754
Juvenilhormon 382, 666, *667*, 676
Juvenilstadium 324
juxtaglomeruläre Zellen *679*, 683

Käferblume 289
Kakteen 563
Kakteentypen 867
Kalium 133, 438, 601
–, Konzentrationsgradient 133
Kaliumleitfähigkeit 627
Kalkdrüsen 477
Kalkeinlagerung, Haut 525
Kalkschale, Mollusken 523
Kalkstachel, Mollusken 523
Kalorisches Äquivalent 585

Kälteperiode 340
Kältewirkung 338
Kältezittern *594*, 595
Kameraauge 508
Kampf *743*, 749f., *755*
"Kampf ums Dasein" 882f.
Kampfbereitschaft 730
Kanäle, Membran 83
Kanalproteine 83
Kannibalismus 752
Kantenkollenchym 413, *415*
Kapazität, Populationen 787
–, Photosynthese 431
Kapazitätsgrenze *786*
Kapazitierung 300
Kappe 184
Kapsel *429*
Karpfenlaus *576*
Kartierung, Restriktionsfragmente 180
Karyogamie 273, *274*, 276f., *280*, 292, 301, *307*
–, Störung 295
Karyokinese 163, 167
Karyon = Zellkern 12
Karyoplasma 12
Karyopse *328, 380, 429*, 430
Karyotyp 156, 232
–, Homologie 859
–, Mensch *233*
–, Transformation 879
Karyotypisierung 156
Kaskadenprozeß 109
Kaspar-Hauser-Tier 738
Kasten, Termiten *805*
Kastration 321
Katabolismus 87f., 470
Katalase 16, *29*, 128, *140*
Katalyse 69, 72
katalytische Effizienz 73
Katapultprinzip, Sprung 663
kategorialer Rang *933*
Kategorie, systematische 931, *934*f.
Kationenaustauscher 449
Katzenschrei-Syndrom 232
Kauapparat 475
Kauen 475, 482
Kaumagen = Proventiculus 475, 477
Kautschuk 446
Keimachse = Hypokotyl 405
Keimbahn 263, *265*, 348
Keimbahnchromatin 349
Keimbahnkörper 264
Keimbahnzelle *314*
Keimbläschen 364, 365
Keimblatt = Kotyledo *283*, 357, 405
Keimdrüse = Gonade 296
Keimpflanze 405, 424, 443
Keimphasenwechsel 265
Keimschicht = Stratum germinativum 522

Keimstreif 372
Keimung 332, *405*, 406
Keimungsprozeß, Pollen 289
Keimwurzel = Radicula 405
Keimzelle 264
Kelch = Calyx 427
Kennlinie, Rezeptorzelle *464*
Keratine 33, *522*
Kerckring-Falte *479*
Kern = Nucleus 12, 154ff., 263
Kernaktivität 348
Kernäquivalent = Nucleoid 25
Kerndualismus 277, 567
Kerngerüst 162
Kernhülle 16, 162
Kernkörperchen 12
Kernphasenwechsel 265
Kern-Plasma-Relation 157
Kernporen 16
Kernporenkomplex *163*
Kernskelett 162
Kernteilung 167f., 269
Kernteilungsspindel 13
Kerntransplantation 343f.
Kernverschmelzung = Karyogamie 273, *278*, *291*
Kesselfallenblume 287, 289
Ketoglutarat 89, 90, 99
Ketoglutarataminotransferase 223
Ketoglutarat-Familie 100
Kettenabbruch 181, 188, 228
Kettenkonformation 31
Kettenverlängerung 181
KG-Zelle 540
Kieferbildung 573
Kieferbogen *574*
Kieferfüße 475
Kiefergelenk, primäres 574
–, sekundäres 574
Kieferlose, Agnatha 870
Kieme 486, 570, 574
–, Fisch 473, *489*
–, physikalische 623
Kiemen, Exkretion 493
–, Krebs *486*
Kiemenapparat 864
Kiemenblatt *489*
Kiemenbogen *489*, *574*, *863*
Kiemenbogengefäß 631
Kiemendarm 474, 475, 478, 573, 859
Kiemenhöhle 488
Kiemenlamelle *489*
Kiemen-Rückzieh-Reflex *694*
Kiemenspalte 474, 486, 572, 574
Kiementaschen *863*
Kieselalgen 567, *782*
Killerzellen 536, 539f.
–, natürliche 550f.
Kinase 460
Kind-Eltern-Bindung 737

Kinderlähmung = Poliomyelitis 45
Kinesis 724
Kinetik 62, 68ff.
Kinetin 688, *689*
Kinetochor 155
Kinetosom = Basalkörper 13, 143, *144*
Kinocilie 14, 498, *499*
Kittschicht, Zellwand 171
K-Kette = Schwerkette 533
Kladogramm 932, *932*
–, Insekten *932*
–, Sauropsida *933*
Klangspektrogramm = Sonagramm *739*, 861
Klappfalle 565
Klasse, Systematik *934*f.
Klassifikation, evolutionäre 933
–, hierarchisch-enkaptische 933
–, kladistisch-phylogenetische 933
Klebfalle 565
Kleidervögel 922, 928
Kleinhirn 495, *692*, *693*, 710
–, Aufbau *711*
Kleinstadium 796
Kleptocniden 694
Kletterfaser *711*
Klettern 648
Klick-Mechanismus *654*, 656
Klimagürtel, Verschiebung 840
klimakterische Atmung 690
Klimarhythmen, Anpassung 776
Klimaverbesserung 840
Klimaxgesellschaft 825
Klimazonen 765, 850
Klimmhaar 422
Klinefelter-Syndrom 232
Kloake 478, 572, 606
Klon 196, 270, 272, 277, 303
Klonierung 254, 260
–, Pflanzen 342
Klonierungsvektor 254, 255
Klonselektion *541*, 542
KM-Zelle 540
Knallgasreaktion 130
Kniegelenk 516
Kniesehnenreflex 734, *699*
Knochen 174, 515, 573
Knochengewebe 452
–, Schuppen 523
Knochenhaut = Periost 453
Knochenmark 454, 527f., *528*, 538
Knochenmarkstransplantation 242
Knochenzelle 452
Knolle 426
Knöllchenbakterien 819
Knorpel 452, 573
Knorpelgewebe 452
Knorpelhof 452

Knospe *267*, 270, 405
Knospenruhe 336
Knospung *269*, 271, *272*
Knoten = Nodus 405, 559
Kobalt 600
Kochsalz 599
Kodominanz 210, 547
Koevolution 770, 807, 921
Koexistenz 801f., 809, 811, 901
Königin, Biene 757
Königinnensubstanz 684
Köpfchen, Blütenstand *410*
Körnerschicht, Hirnrinde *696*
Körperdecke 521
Körpergewicht, metabolisches 587
Körpergröße, Stoffwechselumsatz 587
Körpergrundgestalt 324
Körperhaltung *723*, 755
Körperoberfläche 588
–, Wasserdurchlässigkeit 604
Körpertemperatur, Verlauf 714
Körpervolumen 588, 601
Kohäsion *616*
Kohäsionsbewegungen 647
Kohäsionsmechanismus 284
kohäsives Ende 195, 258
Kohlendioxid, Düngung 435
–, Fixierung 113f., 125ff., 151, 440, *441*, 779
–, Kompensationspunkt 434, 436
–, Magen 485
–, Regelkreis 439
–, Transport 637
Kohlendioxidaufnahme 816
Kohlendioxidbindungsfähigkeit, Hämoglobin 638
Kohlendioxidgehalt, Photosynthese 435, *435*
Kohlendioxid-Partialdruck, Interorezeptor 505
Kohlenflöz 819
Kohlenhydrate, Photosynthese 113
–, Resorption 479, 481
–, Transport *481*
Kohlensäureanhydratase = Carboanhydrase 638
Kohlenstoff, Fixierung, s. Kohlendioxid
Kohlenstofftransport *816*
Kohlenstoffkreislauf 817
Kohlformen 882
Kohorte *935*
Koinzidenzelement 722
Kokonbau 728
Kollagen 33, 35, *37*, 173
Kollagenanhäufung 396
Kollagenfasern 452
Kollagengen 204f., *205*
Kollaterale 460, *461*, 495
–, Auge 511

kollaterale Beiknospenbildung 409
kollaterales Leitbündel 411
Kollenchym 413
kolligative Eigenschaften 53
Kolloid *667*
kolloidale Eigenschaften 56
Kolonie 196, 269
Kolonienbildung = Kolonisierung *796*, 797f., 826
Kolonisation 826
Kolonisierung, s. Koloniebildung
Kolossalfaser *495*, 697
Kombinationsexperiment 369f., *371*
Kommandomuster 701
Kommensale 485, 567
Kommensalismus *801*, 810f.
Kommissur 494
Kompaßorientierung 717
Kompartimentierung 13, 14, 48, 136f.
–, Zellstoffwechsel 104
Kompensationspunkt 433, *775*
Kompensationsreaktion 579
Kompensationswärme 66
Kompetenz 325, 380, 381, 386
kompetitive Hemmung 76
Komplementaktivierung *531*, 536
Komplementsystem 531, 539f.
–, alternativer Weg 541
–, klassischer Weg 540
Komplexauge = Facettenauge 506, 508, 511, 512f., *513*
Komplexität, Ökosystem 815
Komplexloci, entwicklungsspezifische 349
Kondensation, Chromatin 163
Kondensationen, Nucleosidphosphate 103
Kondensator 132
Konduktion 592, 593
Konduktorin = Überträgerin 209
Konfliktverhalten 732
Konformationsänderung 107
–, Enzyme 74
–, Opsin 510
Konformer 591, 601, *771*, 774
Konjugation 28, 198, 216, 267, *277*, 277
Konkordanz, Zwillinge 885
Konkurrenz 766, 771, *800*, 801f., 847, 929, 930
–, innerartliche 802
–, Umweltfaktoren 785
Konkurrenzabbau 804
Konkurrenzbeziehungen 781
Konkurrenzfaktor 801
Konkurrenzgleichungen 809
Konkurrenzkoeffizient 802
Konnectiv 494
Konsensusregion 183
Konstanz, System 815

konstitutives Heterochromatin 156, 362
Konstriction, Gefäße 639
Konsument 812
Kontaktruf *730*
Kontaktzone 471
Kontiguität 734
Kontinentalschelf 767
Kontinentalverschiebung 836, *837*
Kontinuität, Populationen 783
Kontinuitätsprinzip 392
kontraktile Vakuole = pulsierende Vakuole 23, 140, *141*, 604
kontraktile Elemente 68, 455f., 514
kontraktiler Apparat 455, 458f., 698
Kontraktilität, Zelle 140
Kontraktion, isometrisch isotonisch 517
–, Herz 626
Kontrastbetonung 914
Kontrasuppressor-T-Zelle 551
Konvektion 592, 593
Konvertase 541
Konvergenz, Evolution 497, 563, 575, 780, 866f., 828, 909, 934
–, Auge 508
–, Nervenzellen 511
Konversion, Krebs 400
Konzentrationsgradient 59
konzentrisches Leitbündel 411
kooperative Wechselwirkungen 106
kooperatives Verhalten 74
Kooperativität 74, 76, 876
Kooperativitätsindex 106
Koordinatenmutante 372
Koordination 578f., 582, 700f.
Koppelung, Reaktionen 84
Koppelungsgruppe 177, 216
Kopulation 275, 299f.
Korallen 515, 568, 805
Korbzellen *711*
Korkcambium = Phellogen 362, 418
Korkgewebe = Phellem 418
Korkpore = Lenticelle 418
Korpuskularstrahlung 236
Korrelation, embryonale 389
–, Umweltfaktoren 768
Korrelationserscheinung 395
Korrelationssignal 390
korrelative Wechselwirkungen 378f.
– Förderungen 383f.
– Hemmungen 383f.
Kosmopolit *830*, 845
Kosten, Selektion 926
Kotyledo = Keimblatt 283, 357, 405
kovalente Zwischenstufe 73

Kovalenzbindung 56
Krallenfrosch, *Xenopus*, s. dort
Krankheitsabwehr 454f.
Kranztyp, Blatt *440*
Kreatinphosphat 519
Krebs 389, *389*, 399f.
–, Auslösung *401*
–, Entstehung 400
–, Formen 400
KREBS, H. 89
Krebse *486*, 570
–, Blutfarbstoff *634*
–, Blutkreislauf *628*, *630*
–, Exkretion 471, 490, *490*, 570
–, Extremitäten 475
–, Gleichgewicht *723*
–, Herz *628*
–, Hormone 320, 675
–, Kiemen *486*
–, Laufen 662
–, Muskel *519*
–, Nervensystem *495*
–, Parasiten 808
–, Streckrezeptor 503
Krebspest 928
Krebstiere, Crustacea, s. Krebse
Krebszelle 544, 552
Krebs-Zyklus 89
Kreislauf, enteroheptischer 482
–, Herz 631
Kreislaufregulation 638f.
Kreislaufsystem, geschlossen 489
–, offen 489
Kretinismus 224
Kreuzbestäubung 287
Kreuzung 179, 295
Kreuzungsinkompatibilität 294
Kreuzungsquadrant 206, *213*
Kriechen 648, 656f.
Krill 599
Kristallkegel 512
Kristallzelle *420*
Kriterium, phänotypisches 938
–, spezielle Qualität 857
kritische Phase 343, 344
– Reaktion 749
Krankheitserreger, eingeschleppte 928
Krone = Corolle 427
Kropf 477
Kropfbildung 224
Kropfmilch 860
Krümmungsreaktion 642
Kryptophyten 777
K-Stratege *803*, 828
Kuckuck 725, 807
Kugelgelenk 516, *517*
Kultur, statische 168
Kumpan *730*
Kurzschlußeffekt 468
Kurzstreckentransport 620
Kurztagpflanze 335, 720
Kurztrieb *409*, 410

Kurzzeitgedächtnis 740
Kwashiorkor-Krankheit 608
k-Wert 793
Kybernetik 581
K-Zellen 531

Labium 856
Labmagen = Abomasus 484
Labrum 856
Labyrinth, Bogengangsystem 388, 498
–, Antennendrüse *490*
–, basales *20*, 451
Labyrinthversuch *738*
lac-Operon 244
Lactalbumin 607
Lactase 479
Lactat 520, 590, 591
Lactatdehydrogenase 877
Lactation 682
Lactoflavin = Riboflavin 611
Lactose 46, 244
Lactosebildung 107
Lactotropin 678
Ladungsdichte 67
Ladungsgleichgewicht 56
Ladungstransport *133*
Ladungstrennung *133*
Längenkurve *408*
Längenperiode der Internodien 408
Längen-Spannungs-Beziehungen, Muskulatur 517
Längsmuskelzellen 569
Längsteilung 272
Lageabweichung, Perzeption *723*
Lageänderung 724
Lagekriterium, Homologie 856
Lagena 499
Lagereflex 724
Lagerpflanzen 559
Lagewinkel 724
Lag-Phase 168, 538
Laichakt 299
LAMARCK, J.B. 855
Lamarck, Theorie 881
Lamarckismus 225
Lamina 284
Laminarspindelform *868*
Lampenbürstenchromosom 157, 298
Landeroberung, Wirbeltiere 923
Landleben 592
Landpflanzen 562, 870
Landtiere 604
Landverbindung 838
Langerhans-Inseln *677*, 680
Langstreckentransport, Pflanzen 614
Langtag 798
Langtagpflanze 335, 720
Langtrieb *409*, 410
Langzeitgedächtnis 740

Lanzettfischchen, *Branchiostoma* 367, *506, 572*
Larvalorgan 324
Larvenformen, Phylogenie 864
Larvenstadium 324
Lashleys Sprungapparatur *740*
Latenzphase 538
Latenzzeit *459*
laterale Hemmung 511, *512*
– Symmetrie 554
Laterne des Aristoteles 475
Laubblatt, s. a. Blatt 407, 418, 419
–, Reduktion 862
Laubmoose 561, *561*
Laufaktivität, Rhythmik 715
Laufen 648, 659f.
–, Energiebedarf 590
Laufgeschwindigkeiten 660
Laufwinkel 725
Laurasia 836
Laute 912
Lautstärke 500
LDL 139
Leadersequenz 182
Leben, Merkmale 8
lebende Fossilien 871, 924
Lebensalter, durchschnittliches 395
–, maximales 396, *396*
Lebensdauer 395, 772
Lebenserwartung, durchschnittliche 396
Lebensformen 777, 784
Lebensformtypen 867
Lebensgemeinschaft 761, 799
Lebensrate 396
Lebensraum 762, 784, 853
–, Anpassungen 575f.
Lebensweise 575
Lebenszyklus 789
Leber 470, 478, 486, 520, 703
Lebermoose 561
Leberpfortader *630*
Lecithin 48, 50, 97
Lederhaut = Cutis = Corium 508, 522
Leerlaufaktion 722, 728, 731
Leghämoglobin 98, 868
Leguminosen, Wurzelknöllchen 804
Leibeshöhle, primäre, s.a. Coelom 569
Leiche 264, 557
Leichtkette 533, 542
Leitbündel 411f.
Leitelemente 561
Leitenzyme 72
Leitfähigkeit, stomatäre *781*
Leitgewebe 384, 411
Leitstrang *562*
Leittier 755, 756
Leitungsgewebe, Pflanzen 410

Lektine 50, 532
Lemming 793, 798
Lenticelle = Korkpore 418
Lentiviren 46
Lepra-Erreger 529
Leptotän 169
Lernbereitschaft 739f.
Lernen 733f.
–, Belohnung 735
–, Gehirnfunktion 495
–, motorisches 738
–, Strafen 736
Lernerfolg 739f.
Lernkurve *734, 736*
Lernmotivation 744
Lernvermögen 741
Lernvorgang 736
Lesch-Nyhan-Syndrom 210
Leserahmenverschiebung 188, 228
Leserastermutation 235
Leserasterverschiebung 188, 228
LET = linearer Energie-Transfer 237
Letalfaktor 344
Leuchtorgane 835
Leukämie 242, 247, 248
Leukocyten = weiße Blutkörperchen 11, 454
Leukoplasten 12, 149, 421
Leukotaxin 540
Leydig-Zellen 679
Leydig-Zwischenzelle *295, 321*
LH = luteinisierendes Hormon 682
LHCP = Light harvesting chlorophyll protein 334
Lianen 563
Lichenes = Flechten 560, 805
Licht, Energieträger 110f.
Lichtatmung = Photorespiration 127, 432
Lichtbedingung 768
Lichtbeurteilung *763*
lichtbrechende Strukturen 507
Lichteinfall, Richtung 112, 506
Lichteinwirkung, Dauer 112
Lichtempfindlichkeit 506
Lichtenergiewandlung 124
Lichtexposition 563
Lichtgefälle 778
Lichtintensität 763, 764, *772*
Lichtkeimer 340, 690
Lichtkompensationspunkt 433
Lichtkurve 435
Lichtlotreaktion *723* f.
Lichtmangel 835
Lichtperzeption, Zellpolarität 364
s. a. Lichtsinnesorgane
Lichtquanten, Absorption 114, 510
Lichtreaktion 113, 119f., 125

Lichtreiz 724
Lichtsammelfunktion 435
Lichtsammelkollektiv 118, *150*
Lichtsensor 124
Lichtsinnesorgane 496, 506f.
Lichtsinnesorganellen 506
Lichtspektrum *112*
Lichtvektor 723, *724*
Lichtverteilung 764
Lieberkühn-Krypte *479*
LIEBIG, J. v. 599, 608
–, Gesetz des Minimums 608
–, Mineraldüngung 599
Liebigsches Prinzip 435
Ligand 377
Ligasen 72, 186, 254, *256*
Ligasierung, DNA-Fragmente *201*
Ligation *258*
Light Harvesting Chlorphyll Protein = LHCP 118
Lignin 172
Limitdivergenzwinkel 408
limitierende Faktoren 435, 599, 781, *783*, 801
Limnologie 767
Limulus, Pfeilschwanzkrebs 511, 925
Lincomycin 43, 152
Linker 256
LINNÉ, C. v. 855, 935
Linolensäure 609, *610*
Linolsäure 609, *610*
Linse, Auge 360, 507, 508
–, Konvergenz 867
Linsenanlage 386
Linsenauge 508
Linsenbildung 386
Linsenbläschen *361*
Linsenregeneration, Wolff'sche 360, *362*
Lipase 480
Lipide 48f., 95ff.
–, Synthese 97
–, Abbau 95
–, Resorption 480, 481
Lipidfiltertheorie 48, 50
Lipidsynthese, Organellen 137
Lipofuscingranula 138
Lipoide, Nährstoffe 609f.
Lipophilie 48
Liposomen 51
Lipotropin 683
lipotrope Wirkung, Cholin 609
Lipoxygenase 334
Lithobiom 852
Litoral 767, 834
Lizenz, Bauplan 920
–, ökologische 920
L-Kette = Leichtkette 533
Lobopodien 143
Lobus parietalis = Scheitellappen 692

– occipitalis = Hinterhauptslappen 692
– frontalis = Stirnlappen *692*
– temporalis = Schläfenlappen 692
– opticus 715
Lochkameraauge 507
Lockruf 737
loculicide Kapselöffnung 430
Lodiculae = Schwellkörper 600
logistisches Wachstum 790
Lokalpopulation 908
Lokalrassen 914
Lokomotion 514f., 640f., 647f.
London-Wechselwirkung 57
Long Loop-Feedback 673
longitudinale Symmetrie 554
Loop-Feedback 669, 673
Lorenzinische Ampullen 502
Loschmidt-Zahl 54, 110
Löslichkeit 55
–, Gase *637*
Lösungsmittel, Dynamik 59
Lösungstransport 619
Low Density Lipoprotein = LDL 139
Löwe 742, 750, 751
LTH = luteotropes Hormon 678
Luchs *794*
Luciferasegen 261
Luftatmer 622
Luftkraftresultierende 656
Luftsack 288, 497
Luftstickstoff, Fixierung, s. Stickstoff
Luftströmung *654*
–, Perzeption 497
Lufttemperatur 766
Luftwiderstand, Sprung 664
Luftwurzeln 563
Luliberin 678, 682
Lumbalmark 705
Lunarrhythmik 711, 719
Lunge 486, *489*, 574
–, Vögel 473
Lungenkreislauf 631
Lungenpfeifen 497
Lungenschnecken, Pulmonata, s.a. *Helix* 486
Lutealphase 682
Luteinisierungshormon 668, 678
luteotropes Hormon 678
Lutropin 678
Luxusgen 359
Lyasen 72
Lycopsamin 609
Lyddekker-Linie 833
lymphatische Organe, s. Lymphorgane
Lymphe 453, 454, 623
Lymphgefäße 482, *528*
Lymphherz 626

Lymphknoten *528*, 530, 626
Lymphocyten 454, 526, *529*, 626
–, Herkunft 530
–, Population *530*
–, Reifung 530
Lymphorgane 528, 529f.
Lymphotoxin 548
Lymphsystem *528*, 529f., 625
Lyon-Hypothese 156, 209
Lyse *194*, 548
lysogener Zyklus 195
Lysosomen 16, *21*, 138f., *526*
–, Enzyme *138*
Lysozym 33, *35*, 45, *190*, 528, 529
lytischer Vermehrungszyklus 194

Macula adhaerens = Desmosom 22, *458*
Madagaskar 832, 837, 930
Made, Insekt *325*
Madreporenplatte 572
Magen 478, 482
–, Muskulatur *514*
Magendrüsen 482
Magensaft *483*
Magnetsinn 496
magnozelluläres System 677
Mais *380*, *406*
–, Aminosäuregehalt *609*
–, Transposon 246
MAK = monoklonaler Antikörper 544
Makake *739*
Makroelemente 598
Makroevolution 919
Makrogamet 266, 274, 275
Makrogamont 277
Makroklima 765
Makrokonjugant *277*
Makromere 369
Makromoleküle 28, *29*, 56
–, Dimensionen *10*
–, Homologie *858*
–, Transformation 872
Makronucleus 269, 277, 567
Makrophage 454, 526f., 531, 534, 536
Makrophagen, Aktivierung 539
Makrosporophyll 427
Malaria 230, 307, *309*, 567
Malaria-Resistenz 877, 897
Malat 90, 440, *442*
Malatdehydrogenase 348, *441*
malic enzyme *90*
maligner Tumor 247, 400
Malleus = Hammer *574*
Malonyl-CoA 96
Malpighi-Gefäß 477, 490, 570
Malpighi-Körperchen 491
Maltase 479
Mammut 838
Mammutbaum 925

Mandeln = Tonsillen 529
Mandibel = Oberkiefer 475, 856
Mangelmutante 198
Mangelzustände 729
Mannopeptid-Rezeptor 279
Mantel, Mollusken 486, 523
Mantelfalte 571
Mantelhöhle 486
Mantelrinne 571
MAP = Mikrotubuli-assoziierte Proteine 141
marginale Placentation *284*
Mark, Gonade *321*
–, Niere 491
–, Pflanze 411
markhaltige Nervenfaser *462*
marklose Nervenfaser *462*, 468
Markmeristem 411
Markscheide = Myelinscheide *457*, 461, *462*, 468, *498*
Markstrang 494, 568
Massenbewegung 798
Massenvermehrung 752
Massenwirkungsverhältnis 106
Mastzelle 528, 541
maternale Vererbung 251
maternaler Effekt 341, 372
Matrix, Mitochondrien 147
Matrixpotential 62
Matrize = template 37, 181, 183
Maulwurfsgestalt 575
Maus, Entwicklungsstadien 343
Mauserung *321*
Maxiallardrüsen 570
Maxillare *574*
Maxillen 475, 856
Maximalgeschwindigkeit, Enzymreaktion 106
Maximaltemperatur *773*
MAYR, E. *933*
Meßglied *579*
Meßorgan *579*
Mechanorezeptoren 464, 496f.
Mediatoren 534, 535, 546
mediterrane Geoelemente 848
Medulla oblongata = Myelencephalon = Nachhirn 495, *692*, *693*
Medullarplatte 357
Meduse 308, *309*, 476, *493*, 568
Meer, Gliederung 834
Meeresströmung 767
Meerestiere, Ionenkonzentration *601*
M-Effekt = Magneteffekt 701, *702*
Megaprothallium *282*, 286, 311
Megasporangium 281, *282*, 285
Megaspore 281, 282, 283, 385
Megasporenmutterzelle *282*, *283*, 285
Megasporophyll 282, 427
Mehrfaktorensystem 435

mehrjährige Arten 426
Meio-Agamet 268
Meiose 169ff., 263f., 273, 278
–, Oogenese 297
–, Störungen 234, 303
Meiospore *281*, *282*
Meissner-Körper 497
Melanin 111, *140*, 224, 522, 525
Melanismus 903
Melanocyten 522
Melanombildung 249
Melanophoren 671
Melanosomen *140*
Melanotropin 678, *683*
Melatonin 677, 716
Membranangriffskomplex 541
Membranantwort, elektrische 465
Membran, peritrophische 476
Membranen 13, 14, 18, 48f., *51*, 135f.
  s.a. Photosynthese, Zellstoffwechsel
–, Bakterien 26, 123
–, Organellen 17, 147
–, Transportmechanismen 59, 83f.
–, fluider Charakter 135
Membranfluß *16*, 17, 48
Membranfusion 135
Membrankörper = Mesosomen 25
Membranlipide 50f.
membranotrope Exkretion 444
Membranpotential *81*, 84, 133f., 458f., *511*, 517
  s.a. Aktionspotential 13, 51
Membranproteine 51, 138
Membran-Recycling 139
Membransäckchen = Discs 506
Membrantransport 48, 59
Menachinon 613
Mendel-Rückkreuzung 314
Mendelsche Genetik 177, 205f., 314
Mendelscher Erbgang 251
Menotaxis 724
Mensch, Aneuploidie 232, 879
–, Auge 386, *509*, 867
–, Bluterkrankheit 210, *212*
–, Chromosomen *233*
–, Cytochrom c 874, *895*
–, Darm 478, *483*
–, Eiweißnahrung *298*, 380
–, Elektroencephalogramm *709*, 710
–, Elektrokardiogramm *631*
–, Embryonalentwicklung *863*
–, Energieumsatz 585, 821, 823
–, Erythropoese 354, *355*
–, Gang, aufrechter 660
–, Gehirn *692*, *693*

–, Großrassen 909
–, Grundumsatz 588
–, Hämoglobin 204, 229, 231, 636
–, Herz 515, 591, 624f.
–, Hormondrüsen 669ff.
–, Immunsystem 526ff.
–, Klinefelter-Syndrom 232
–, Kniesehnenreflex 734, *699*
–, Malaria 230, 307, *309*, 567, 877, 897
–, Menstruation 681
–, Nieren 491
–, Ohr 499
–, Phenylketonurie 216, 222, 229
–, Sichelzellanämie 208, 222, 229, 897, *899*
–, Tagesrhythmen *714*
–, Tumorzellen 219, 398f.
–, Vitaminbedarf *611*
–, Vitaminmangelkrankheiten 608f.
–, Wachstum *330*, 788, 792
menschliche Population 785f., 791f.
Menstruationszyklus 681
Meristem 269, 327, 405, 410
Meristemmantel 415
Meristemoid 423
Meristemzelle 264, 362
Merkel-Zelle 497
Merkmalsbestand 934
Merkmalsdivergenz 906, 907
Merkmalskombination 206, 740
Merkmalsverschiebung 804, 914, 922
Merogamie 275
meroistische Ovariole *298*
merokrine = ekkrine Sekretion 451
Merospermie 305
Merozoit *269*, 307
Merozygote 216
Mesaxon *462*
Mesencephalon = Mittelhirn 495
Mesenchym 369, 452
–, nephrogenes 387
Mesenterium 479
Mesocuticula 524
Mesokotyl *406*
Mesoderm 357, 522, 568, 573
Mesodermanlage = gelber Halbmond 365
Mesodermsegment 357
Mesogamie 291
Mesogloea 515, 568
Mesomere 369
Mesomerie 111
Mesophyll 420
Mesophyllzelle, C_4-Pflanzen 440
Mesophyten 562
Mesosomen 25
Mesothel 450

Messenger-RNA = mRNA 37, 182
Metabolismus 28, 87
Metaboliten 54, 87
metagame Geschlechtsbestimmung 320
Metagenese 305, 308, *309*, *310*, 568
Metakinese = Prometaphase 166
Metalimnion *769*
Metallothionin 260
Metamere 554
Metamerie 494, 569
Metamorphose, Pflanzen 427
–, Tiere 324, 359, 676
–, hormonelle Steuerung 382
Metamorphoselehre 397
Metanephridien *477*, 490, 492, 569
Metanephros 387
Metaphase 165, 167
Metaphyta 566
Metaplasie 360f.
Metarhodopsin 510
Metasequoia 925
Metastase 247, *401*
metazentrische Chromosomen 155
Metazoa 566f.
Metecdysis 675
Metencephalon = Hinterhirn 495
Methanbildung, Bakterien 130
Methangärung 92
Methylierung, Nucleotid 184
Methylnitrosoharnstoff 235, 236
Metridium-Formen 515
Metula 267, *268*
Mevalonsäure 445, 690
MHC = Haupthistokompatibilitätskomplex 546f.
MHC-Antigen 528, 532, 546f.
MHC-Klassen 547
MHC-Restriktion 548
Mißbildungen 398
Mißregulation 400
Micelle 481
Michaelis-Menten-Kinetik 75
Microbodies 16, *140*
Microstomum 272
Migration = Wanderung 798
Migrationsdruck 894
Mikroelemente 598
Mikroevolution 919
Mikrofibrillen 476
Mikrofilamente 140
Mikrogamet 266, 274, 275
Mikrogamont 277
Mikroklima 765
mikroklimatische Faktoren 827
Mikrokonjugant *277*
Mikromere 369
Mikromilieu 77

–, Enzyme 73
Mikronucleus *269*, 277, 567
Mikroorganismen, Symbionten 483f., 566, 804f.
Mikroprothallium *282*, 311
Mikropyle 285f.
Mikrosomen 136
Mikrosporangium 281
Mikrospore 281f., 385
Mikrosporenmutterzelle *282*, *283*
Mikrosporophyll *282*, 427
Mikrotubuli 13, 35, *36*, 141f.
Mikrovilli 22, 451
–, Darmepithel 479
–, Geschmacksknospe 505
–, Rhabdomer 512
Mikrovillisaum 472
Milchproduktion 754
Milchsäure 528, 637
–, Gasdrüse 473
Milchsäuregärung 66, 91
Milz 527, *528*, 544
Mimese 578
Mimikry 577, 807
Mimose 645
Mineralbedarf, Pflanzen 598
–, Tiere 599
Mineralcorticoide 679
Mineraldüngung 599
Mineralhaushalt 597, 598
Mineralisierung 819
Mineralstoffe, s. Mineralbedarf
–, Resorption 480, 483
Minimalagar 197
Minimalmedium 197
Minutenvolumen 628
Miracidium *310*
Missing link 872
Mitchell, P. 81
Mitchell-Hypothese *122*
Mitnahmebereich 714
Mito-Agamet 267
Mitochondrien 12, 147f., 519
–, Elektronentransportkette 78
–, Energieflußsteuerung 87
–, Enzyme 105, *147*
–, Genese 148
–, Genom 251, 252
–, Membranen 17, 147
Mitochondriom 149
Mitogene 532, 533
–, T-Zell-Aktivierung 551
Mitoplasma 18
Mitoribosomen 149
Mitose 163ff.
Mitosespindel 269
Mitospore 268
Mitteldarm 476, *483*
Mitteldarmdrüse 476, 477, 570, 571
Mitteleuropa, Geoelemente 848
Mittelhirn = Mesencephalon 495, *496*, *693*

Mittellamelle 171
Mittelohr 499
Mixocoel 570
M-Linie = M-Scheibe 456
Modell, Photosyntheserate *817*
–, Populationsgröße *791*
Modellansatz, Ökosystem 816
Modifikation 277, 317, 784, 884
Modifikationen, Proteine 108
modifikatorische Geschlechtsbestimmung 319
Modulatoren 82, 106
molale Konzentration 53
Molaren 475
Molch, Augenlinse, Transdifferenzierung 360f.
Molchei, Befruchtung *302*
–, Furchung 356
–, Totipotenzprüfung *343*
Molchembryo, Gastrulation 357, *358*, *387*
–, Schnürungsversuch *387*
–, Neurula 357
Molekularbiologie, Definition 8
–, 1. Hauptsatz 38
molekulare Uhren 895
Molekulargenetik, 1. Hauptsatz 181
Molekularschicht, Hirnrinde *696*
Molfraktion 64
Mollusca, Weichtiere 570f., *570* s. a. Bivalvia, Gastropoda, Cephalopoda
Mollusca, Atmungsorgane 486
–, Augen 507
–, Bewegung 647f.
–, Herz 630
–, Schale 571
monadale Organisationsstufe 556
Monarchfalter 609
Monaster 301
Mondphasenzyklus 718
Monektochimäre *385*
Mongoloidie 234
Monoacylglycerine, Resorption 481
Monocyt = Blutmakrophage 454, *526*, 528
monocytogene Fortpflanzung 267, 268, 302
monofaktorielle Geschlechtsbestimmung 319
monogenes Cambium 418
monokline (zwittrige) Blüte 311
monoklonale Antikörper 544f.
Monokotyle 366, *404*
Monophylie 858, 909, 933
monopodiale Verzweigung 560
monopodiales Sproßsystem 383
Monosaccharide *46*
–, Carrier-Mechanismus im Dünndarm 472
Monosomie 227, 232

monosynaptischer Reflex 694, 723
monotypische Arten 908
Monözie 293, 311, 312, 317
Monözist 293
Moor 819
Moose, Bryobionta 280f., 342, 362, 366, 561, *936*
Moosfaser *711*
Mooskonspen, Bildung 688
Morgan-Einheit 217
Morphallaxis 391
Morphin 444
Morphine, endogene 683
Morphogenese 280, 323f., 374f., 377f., 398
–, hormonelle Steuerung 380
–, molekulare 375
morphogenetische Bewegung 387
morphogenetischer Gradient 373
morphogenetische Substanz 347
Morphologie, Homologienforschung 856
Morphospezies 906
Mortalität 772, 787f.
Mosaik, Art 919
Mosaikentwicklung 872
Mosaiktyp 368
Motilin 681
Motilität, s. a. Bewegung 640
Motivation 744
Motoneurone 517, *697*, 699
motorische Einheit 517
– Endplatte *457*, 458, *699*
motorisches Lernen 738
Moult Inhibiting Hormone = MIH 675
mRNA = Messenger RNA 37, 182
mRNA, Isolierung 201
M-Scheibe = M-Linie 456
MSH = Melanocyten stimulierendes Hormon 678, 683
mtDNA = mitochondriale DNA 18, 148
MTOC = Mikrotubuli-organisierte Zentren 141
Mucine 477
Mucopolysaccharid 47, *46*, 452, 482
Mucoproteine 482
Mucor 280
Mucosa *479*, 535
Mull 819
MÜLLER, J. 710
Müller-Gang 321
Multienzymkomplexe 34, 104
Multifiden 274
multiple Allele 316
– Allelie 547
– Teilung 269
Multiple Sklerose 46

multiterminale Innervation 518
Mundhöhle 478, 482
–, Geschmacksknospen 505
Mundkauen 475
Mundwerkzeuge 475, 856
Mureinsacculus 25, *26*, 29
Muscheln 523f., 571f., 658
  s.a. Mollusken
Musci, Laubmoose 561
Muscularis mucosae *479*
Musculus triceps brachii *514*
– biceps brachii *514*
– pectoralis 654
Muskel, Aufbau 456
Muskelaktionen, Extremitäten 698f.
Muskelantagonisten *514*
Muskelarbeit 590
Muskelbewegung 458f., 640
  s.a. Bewegung
Muskelbündel 456
Muskeldehnung 698
Muskelermüdung 520
Muskelfasern 456, 698
–, Streckrezeptor 501
–, Elektroplatten 520
Muskelfibrille 456
Muskelgewebe 450, 455f.
Muskelkontraktion 458f., 698
Muskelleistung, Sprung 664
Muskelmagen 477
Muskelparenchym 515
Muskelspindel 698
Muskeltypen, glatt, quergestreift, schräggestreift 456
–, langsame, schnelle 517
Muskelzelle 456
Muskelzittern *593*
Muskelzuckung *459*
Muskulatur, Bewegung 514f.
–, glatte 458
–, quergestreifte *457*
–, schräggestreifte 458
–, Stoffwechsel 519f.
–, synchrone, asynchrone 519
Musterbildung 325, 356, 363ff., 379, 387, 388
–, Computersimulation *373*
–, genetische Komponente *372*
–, regenerative 390f.
–, Wurzelentwicklung 425
Mutagene 234, 235
Mutagenese, Strahlung 111
Mutagenitätsprüfung 235, 242
Mutation 38, 177, 214, 224f.
–, Chromosomen 231
–, Genom 232f.
–, Kleinbereichs- 227
–, Punkt- 227
–, somatische 240, 543
–, stille 190, 214, 227, 874
–, Ungerichtetheit 902

Mutationen, Evolutionsfaktor 882, 883
–, genetische Vielfalt 894
–, gleichsinnige 874
Mutationsdruck 894, 896
Mutationseffekt *894*
Mutationsforschung 207
Mutationsrate 229, 242, 543, 894
–, Erhöhung 239
Mutationstheorie des Alterns 396
Mutterattrappe *742*
Mutterkorn *445*
Muttermilch 535, 537
Mycel 279, 280, 294, 311
Mycelium 268, 560
Myceltyp *278*
Mycetocyten 484
Mycetom 484
Mycobionta = Pilze *936*
Mycoplasmen 27
Mycorrhiza 806
Mycorrhizapflanzen 564
Myelencephalon = Medulla oblongata = Nachhirn 495, *692*, *693*
myelinisierte Nervenfaser 468
Myelinscheide 457, 461, 468, *498*
–, Entwicklung *462*
Myelomzelle 544
Myoblast *9*
Myocard 515
Myofibrille 13, *457*
myogene Rhythmik 517, 519
myogenes Herz 626
Myoglobin 520, *895*
–, Evolution 875
Myoinosit 609
Myosin 34, 140, *455*, *456*
Myosin-ATP/ADP-Zyklus, Energieprofil 68
Myosinköpfchen *459*
Myotom *386*
Myxomycetes = Schleimpilze 558

N-Acetylglucosamin *46*
Nachahmung 734, 738f
Nachatmung, Muskel 520
Nacheiszeit = Postglazial 840
Nachhirn = Myelencephalon = Medulla oblongata 495
Nachkommen, Überproduktion 882
–, Zahl 891
Nachläuferstrang *41*
Nachniere 492
Nachpotential *466*
Nachtblindheit *207*
NAD 66, 71, 85, 103, 611
NADP 66, 71, 85, 103, 122, 611
Nachlaufprägung 737
Nährgewebe 286
Nährstoffangebot 820
Nährstoffe 479, 584

Nährstoffumsatz 586
Nahrung 585, 769
Nahrungsaufnahme 474
Nahrungsbedarf 589
Nahrungsbilanz *585*
Nahrungserwerb 798
Nahrungsfaktoren 444
Nahrungskette 812
Nahrungskreislauf 812
Nahrungsnische *783*
Nahrungsspezialisten 607
Nahrungszusammensetzung *810*
Nährwert 585
Nährzelle 298, 364
Nahsinn 503
Nahtransport 615
Napfauge 507
Naphthylessigsäure *686*
Narbe 287, *290*, 428
Narbenoberfläche 289
Nase 503
Nasendrüsen 603
Nasenhöhle *504*
Nastie 437, 641, 645
Natalität 787, *790*
Natrium 463, 599, 605
Natrium-Aktionspotential 466
Natriumhydrogencarbonat, Blutplasma 638
–, Pankreas 483
Natriumionen, Dünndarm-Epithelzellen 472
Natrium-Kalium-Austauschepithelien, Durchlässigkeit 472
Natriumkanal 466
Natriumpumpe 134
Nauplius-Larve 865
Nautilus 925
Nearktis 831, 832
Nebenblatt 419
Nebennieren 666, 677, 679
Nebenschilddrüsen 672, 679
Nebenzelle 423
Nekrose 192, 548
Nektar 288
Nektardrüse = Nektarien 288
Nekton 835
Nemathelminthes, Rundwürmer 569, *937*
Nematoden, Fadenwürmer *301*, 305, 310, *313*, 569, 577, *937*
Neoblast 390
Neogäa 833
Neophyten 797
Neopilina 571, 925
Neotenin = Juvenilhormon 676
Neotropis 831, 833
Nephridialkanal, kontraktile Vakuole *141*, *490*
Nephridien = Nieren 387, 490f., 571, 574, 603f., 605f.
  s.a. Meta-, Protonephridien
Nephron 491f.

neritische Zone 767
Nernst, W. 132
Nernst-Gleichung *132*, 133
Nerv 461, 494
Nervatur, Blattspreite 421
Nervenendigungen, freie 497
Nervenfaser 461, 494
–, markhaltige 461
–, marklose 461
Nervengewebe 450, 460
Nervenhülle 461
Nervennetz 493, 568
Nervenring 494
Nervenrohr 495
Nervenstrang 494, 568
Nervensystem 460, 493f., 667f.
–, peripheres 494
–, vegetatives 494, 705
Nervenzelle = Neuron 11, 460, 493, 694
Nervenzellen, Herz 627
Nervus opticus *509*, *693*, *711*
– cochlearis = Hörnerv 500, *693*
Nesselkapsel 568, 694
Nesseltiere 272, 308, *476*, *493*, 565, 568
  s.a. Korallen
Nestbau 732, 748
Nestgeruch 757
Nestverteidigung 707
Nettofluß 132
Nettoflux 59
Nettophotosynthese 433, 778, 779
Nettoprimärproduktion *823*
Nettoproduktion 821
Nettostrahlung 763
Nettotransport 471
Netzhaut = Retina 507f.
Netzmagen = Reticulum 484
Netzverwandtschaft 915
Netzwerk, idiotypisches 551
Netzwerkregulation 552
Neuassoziation 746
Neudifferenzierung 361, 390
Neugierde 742
Neugierverhalten 742
Neuralfalte *376*
Neuralisation *388*
Neuralleiste 377, 522
Neuralplatte 357, 377, 387
Neuralrohr 358, *376*, 377, 572, 573
Neuraminidase 528
Neurit = Axon 460, *461*, 495, 518
Neurocranium = Hirnschädel 573
neuroendokrine Integration 667
neuroendokriner Reflexbogen 668
Neurofilamentproteine *142*
neurogene Rhythmik 519

neurogenes Herz 626
Neurohämalorgane 462, 667, 668, 674, 677
Neurohormone 462, 665, 674
Neurohypophyse 495, 678
neuromuskuläre Synapse *459*, *519*, 520
– Übertragung 458
Neuron = Nervenzelle 11, 460, 493, 627, 694
s.a. Nervenzelle
neuronale Integration 553
Neuronenschichten, Retina 510, 511
Neurosekretion 462, 665
neurosekretorische Zelle 461, *463*
Neurospora 177, *219*
Neurotensin 681
Neurotransmitter 665
Neurula 357
Neurulation 377
Neuseeland 837
Neutralismus *801*, 810f.
Neutralitätshypothese 878
Nexin-Arm *144*
Nexus = Gap Junction *20*, 22
Niacin 611
Niacinamid 611
nichtcodierende Sequenzen 161
Nichtelektrolyt 54
Nichthiston-Proteine 362
Nichtverwandtenehe = Outbreeding 215
Nick = Einzelstrangbruch 183, 202, 238
Nicotiana, Entwicklung *341*
Nicotin 447
Nicotinamidadenindinuclotid = NAD *66*, 71, 85, 103, 611
Nicotinamidadenindinucleotidphosphat = NADP *66*, 71, 85, 103, 122, 611
Niederblatt *405*, *407*, *409*, *420*
Niere 387, 490f., 571, 574, 603f., 605f.
–, Filtration 471
–, Gegenstromprinzip 474
–, Mensch *491*
Nierenbecken 491
Nierenkelch 491
Nierenpfortadern 631
Nierensack, Exkretspeicher 493
Nierentubuli 387
Nische, ökologische 779, 781, 803, 901, 920
Nischen, Abgrenzung 781
Nischenmodell *781*
Nischentrennung 780
Nitratatmung 97
Nitration 818
Nitratreduktasekomplex 127
Nitratreduktion 127, 128

Nitrifikation 818
Nitritreduktase 128
Nitrobacter 130, 818
Nitrocellulosefilter 183
Nitrogenase 98
Nitrosomonas 130, 818
NK-Zelle = natürliche Killerzelle 550
Nodus = Knoten 405, 559
Nomenklaturregeln, internationale 934
Nopalin 399
Noradreanlin 640, 666, 679
Norepinephrin 224
Normallage 724
Normalwert 579
Notogäa 834
Noxen 398
Nuß *429*
Nucellarembryonie 303
Nucellus 283, 285
Nucellusscheitel 287
Nuclear-Lamina 162
Nucleasen 101, 480
Nucleinsäure 30f., 37f., 179
Nucleinsäurehybridisierung 355
Nucleinsäuren, plasmatische Kompartimente 136
–, Stoffwechsel 101f.
–, Verdauung 480
Nucleocapside 44
Nucleofilamente 155
Nucleohistone 40, 43
Nucleoid 25
Nucleolen 12, 161f.
–, Genamplifikation 355
Nucleolusorganisator 156
nucleophile Katalyse 69
Nucleoplasma 12
Nucleoproteine 43, 162
Nucleosid *101*
Nucleosiddiphosphokinase 104
Nucleosidphosphate, Kondensationen 104
Nucleosom 191
Nucleosomenstruktur 154
Nucleotidasen *101*
Nucleotidaustausch, molekulare Uhren 895
Nucleotide 30
–, Stoffwechsel 101f.
Nucleotidsequenzanalyse 181
Nucleotidsequenzen, Stammbaum 937f.
Nucleotidtriplett 182, 188
Nucleus = Zellkern, s.a. Kern 12, 154ff., 263
– paraventricularis 677
– supraopticus 677
Nuclide, Zerfall 236
Null-Wachstum 791
Nullwert 579

Nutzpflanzen, Evolutionsmodell 882
Nutzungswert 489
Nutzwert 585, 586, 590

Oberblatt 419
Oberfläche, Resorption 482
Oberflächenimmunglobulin 532
Oberflächenspannung 53
Oberschlundganglion 494
Ocellus 506
Octopin 399, 520
Ocytocin 666, 678, 682
oddity method 743
Öffnungsbewegung, Schließzellen 437
Ökologie 761 ff.
–, Definiton 761
–, physiologische 762
ökologische Effizienz 822
– Gliederung, Europa 852
– Grundeinheit 853
– Isolation 911
– Lizenz 920
– Nische 779, 781, 803, 901, 920
– Planstelle 929
– Pyramide 824
– Rassen 909
– Schranke 847
– Sonderung 911
– Zonen 919
ökologisches Optimum *800*
– System, Rangstufen *854*
Ökophysiologie 762
Ökosystem 761, 799, 850
–, Störungen 814, 825
Ökosystemforschung 762
Ökosystemvergleich 780
Ökoton 850
Ökotypen = ökologische Rassen 909
Ösophagus 477, 478, 484
Östradiol *297*, 321, *321*, 322, 680
Östradiolrezeptoren 671
Östriol 680
Östrogene 380, *381*, 678, 680, 753
Östron 680
Östrus 682, 684
offenes Leitbündel 412
– System 62, 470
Off-Zentrum-Neurone 512
Ohmsches Gesetz 465
Ohr 498f., 500, 708
Okazaki-Fragmente 42
Oleosomen 96
olfaktorischer Saum 504
Oligochaeta, s. Regenwurm
Oligodendrocyt *699*
Oligonucleotide 202
oligothermie 774
oligotrophes Gewässer 767

Omasus = Psalter = Blättermagen 484
Ommatidium 511, 512, *513*
Ommochrome *524*, 525
Omnivoren 812
Oncorna-Viren = Tumorviren 45
Onkogen 247, 400
Ontogenese 323 ff.
Ontogenie, Evolution 863
On-Zentrum-Neurone 512
Oocyt 297, 364
Oogametie 266, 273
Oogamie 295
Oogenese 296, 297, *300*, *352*
Oogonanlage *281*
Oogonie 297
Oogonium *281*, 559
Oolemma 300
ooplasmatische Segregation 365
– Determinante 373
Oosom 348
Oosphäre 281
Oospore 281
Operatorgen 244
Operon *244*
Ophrys-Blüten 578
Opiatrezeptoren 683
Opine 520, 592
Opisthosoma 570
Opsin 509
Opsonisierung 529, *531*, 539, 540
Opsontin 539
Optimalbereich 776
optimale Dichte 786, *791*, 795
Optimaltemperatur *773*
Optimum, ökologisches 773, *800*, 802
–, physiologisches *800*, 802
Optimumkurve 436
optische Drüse 674
optisches Fenster 431
Opuntien 797, 810
Orbitaldrüsen 603
Ordnung, Taxonomie 934f.
Ordnungsgefüge, hierarchisches 933
Ordnungsgrad 66
Ordnungskriterium, Systematik 932
Organe, Pflanzen 404ff., 430f.
–, Tiere 470ff.
–, elektrische 520
Organabstoßung 394
Organbildungszone 411
Organellen 9ff., 135ff., 566
–, Dimensionen *10*
Organisationsstufen, Pflanzen 556ff.
Organisatoreffekt 387f.
Organismus-Umwelt-Beziehungen 777
Organkultur 389
organogene Zone *411*

Organogenese 399
Organreduktion 576
Orientalis 831, 832
Orientierung 290, 493f., 501, 513, 717, 763, 773
–, Bewegungen 640f., 723f.
–, Moleküle 69, 73
Orientierungsmechanismen 718, 798
Oritentierung, Moleküle 69
Orobiom 851, 852
Orotsäure 101
Orthogenesen 927
orthologe Moleküle 875, 877
Orthoselektion 896
Orthostiche 408
Ortkoordinate 725
Ortsbewegung 640, 724
Ortserfahrung 745
Ortsgebundenheit 763
ortsgemäße Entwicklung 358
Ortskenntnis 745
Ortsprinzip, Frequenzanalyse 499
Ortsveränderung 763
Ortung, Elektrorezeptoren 502
Oryzias, Zahnkarpfen 322
Osmokonformer 601
Osmometer 53
Osmoregulation 328, 489, 597, 600f., 768
Osmoregulationsfähigkeit 601
Osmoregulierer 602
Osmorezeptor 505
Osmose 60, 328, 471, 767
–, Exkretion 492
osmotischer Druck 60
– –, Zellen 57
osmotischer Koeffizient 60
– Transport, Darm 481
– Wert 437, 600
Ostien 629
Ostracodermi, Kieferlose 870
Oszillator, circadianer 713
Ouabain 84
Ovalbumin 380
ovales Fenster, Ohr 499
Ovar = Eierstock 296, 321, 428, 680f.
–, Huhn 298
–, Meiose 170
–, Säugetier 297
Ovarialfollikel 372
Ovarialzyklus 298, 681
Ovariole 298
Ovidukt 296
Ovoviviparie 300
Ovulation 668, 682
Oxalacetat 89, 90, 99, 440
Oxalsäure 56
Oxidation, vollständige 585
ß-Oxidation 95
Oxidationswasser 605

oxidative Phosphorylierung 80
Oxidoreduktasen 72, 119
Oxygenierung 633
Ozeanographie 767
Ozon, Strahlungsabsorption 593

Paarbildung 752
Paarkernbildung 278
Paarkernmycel 279, 280
Paarregel-Mutante 345, 372
Paarung 753
–, Bereitschaft 729
–, Synchronisierung 684
Paarungspräferenz 913
Paarungsspiel 300
Paarungstyp 277
Pachytän 169
Pädogamie 303
Paeonidin 352
Paläarktis 831, 832
Paläotropis 831, 832
Palingenesen 864
Palisadenparenchym 420, 440
Palolo-Wurm 299, 719
Panamabrücke 838
Pangäa 836
Pankreas = Bauchspeicheldrüse 135, 478, 482, 680
–, Enzyme 878
Pankreassaft, Menge 483
Panmixie 885
panoistische Ovariole 298
Pansen = Rumen 484
Pantethein 72, 611
Pantothensäure 611
Papain 534
Papille, Pflanze 423
–, Zunge 505
Paraglossa 856
Parahormone 665, 683
Parallelevolution 806
Parallelmutation 907
Parallelnervatur 421
paraloge Moleküle 873
Paramecium 141, 567, 724
Parameren 555
Paramylon 23
Paranotallappen 653
paraphyletische Gruppe 933
Paraphylie 933
Parapodium 486, 569, 694
Parascaris, Befruchtung 301
Parasegment 350, 372
Parasexualität 267, 273f.
Parasiten 564, 576, 758
Parasitenketten 808
Parasitismus 801, 807
–, Pflanzen 564
Parasitoide 808
Parasympathicus 494, 703f.
Parathormon 666, 672, 679
Parathyroidea = Nebenschilddrüsen 679

Parenchym = Grundgewebe, Pflanzen 414, 568
–, Plattwürmer 455
Parenchymtransport (= Kurzstreckentransport), 615, 618, 620
Parenchymzelle 412
Parentalgeneration 208
parenteral 474
Parietalorgan 495, 716
Parkinsonismus 46
Pars granulosa 161
– fibrosa 161
– infundibularis 678
– intermedia 678
Parthenogamie 304
Parthenogenese 271, 302f., 311
–, amiktische 789
–, fakultative 316
Partnerfindung 752
parvizelluläres System 677
Paßgang 659
PASTEUR, L. 93
Pasteur-Effekt 91, 93, 443
Patch-Clamp-Methode 466
Patellarsehne 699
Patellarsehnenreflex 501
Paukenhöhle 499
Pawlow-Versuch 730
Payersche Plaques 529
Pectin 47
pedate Blattspreite 419
Pedicellus 502
Pedipalpus 570
Pedobiom 852
Pedosphäre 850
Peinobiom 853
Pelagial 767, 835
Pellagra 611
Pellicula 23
peltate Blattspreite 421
Penicillium 268, 273
Penis 299, 313
Pentacrinus-Stadium 865
Pentamerie 572
Pentose-Familie 100
Pentosephosphatzyklus, oxidativer 92, 432
–, reduktiver 125
Pepsin 451, 479, 480, 534
Pepsinogen 479, 482
Peptidase 479
Peptidbindung 31, 56, 187
Peptidhormone 666
Peptidoglykan 25, 47
Peptidylstelle 187
Peptidyltransferase 43
perennierende = mehrjährige Art 426, 427
Perforine 526, 539f., 548
Perianth 427
Periblem 425
Peribranchialraum 474, 572
Pericambium 426, 427

Pericard 571, 629
Pericardialorgane 675
Periderm 418, 427
Perigon 427
perigyne Blüte 428
Perikaryon = Nervenzellkörper 460
Periklinalchimäre 271
Periodendauer 713
Periodengeber 701
Periost 453
Periostracum 523
Perisperm 406
Peristaltik, Kriechen 657
peristaltische Bewegung 514
Peristomzähne 647
peritrophische Membran 476
Perizykel 376, 425, 426, 427
Perlmutterschicht 523
Permeabilität, Membran 465
–, Zellen 57
Permeabilitätskoeffizient 59, 60, 83, 133
Permeation 48, 60, 83
Peroxidradikal 526
Peroxisomen 16, 127, 140
Peroxylradikal 238
Petale 427
Pfeffersche Zelle 53
Pferd, Gangarten 659
Pferde, Entwicklung 870
Pflanzenfresser 812
Pflanzengemeinschaft = Phytozönose 850
Pflanzengeographie = Phytogeographie 829
Pflanzengesellschaft 799, 814
Pflanzenreich, Artenzahl 936
Pflanzensoziologie 799
Pflanzenstoffe, sekundäre 445
Pflanzentumoren 399
Pflanzenzelle, Aufbau 12, 18f.
Pflanzenzellen, Membranpotential 134
pflanzliche Gewebe 404ff., 444f.
Pflasterepithel 450
Pfropfbastard 270
Pfropfchimäre 385
Pfropfreis 384
Pfropfung 270, 347, 384
Pfropfversuch 392
Phage 44f., 192f., 254, 374
Phagocyten 489, 529
Phagocytose 16, 135, 139f., 527, 529, 539
Phagolysosom 135, 526, 529
Phagosom 16, 526
Phanerogame, Inkompatibilitätsreaktion 294
Phanerophyten 777
Phänokopie 224
Phänotyp 177, 317, 884

phänotypische Geschlechtsbestimmung 313, 319
- Adaption 434
- Anpassung 775
- Variabilität 884
Pharynx = Schlund 478
Phasenkoppelung 701
Phasenverschiebung 768, 792
Phaseollin *447*
phasische Rezeptorantwort *464*
phasischer Rezeptor 464
phasisch-tonische Rezeptorantwort *464*
phasisch-tonischer Rezeptor 464
Phellem = Korkgewebe 418
Phelloderm 418
Phellogen = Korkcambium 418
Phenylalaninammoniumlyase 334, 446
Phenylalaninhydroxylase 221
Phenylalanin-Stoffwechsel 221, 223
Phenylbrenztraubensäure 221
Phenylketonurie 216, 222, 229
Pheromone 274, 279, 299, 504, 609, 665, 684f., 726, 770, 912
Phialide *267, 268*
Phloem = Siebteil 411, 618
Phloembeladung 619
Phloementladung 619
phobische Reaktion 641
Phobotaxis 145, 724,
Phoresie 845
Phosphagen 519, 520
Phosphatasen 101, 126, 460, 480
Phosphatase, saure 138
Phosphatidylinositol 672
Phosphat-Translokator 126
Phosphodiesterase 379, 480, 510
Phosphoenolpyruvat 93
Phosphofructokinase 107
Phosphoglucomutase 94
Phosphoglycerat 126
Phosphoglycerat-Kinase 78
Phospholipase 480, *540*
Phospholipid 50
Phosphomonoesterase 480
Phosphorolyse 101
Phosphorylasen 94
Phosphorylasekinase 108
Phosphorylierungspotential 124
Phosphorylierung, oxidative 80
-, Proteinmodifikation 108
Photoautotrophie 77, 111
Photobleichung 118
Photochemie 110ff.
photochemische Reaktion, Sehen 510
Photodynamik, Strahlung 111
Photoinhibierung 821
Photokinese 147, 724
Photolyse, Wasser 113, 120f.
Photomorphogenese 330f.

Photomorphose *331*, 773
Photonastie 438, 645, 646
Photonen 112
Photonenabsorption 110
Photonen-Energie 78
Photoperiode 719
Photoperiodik 112
photoperiodische Kompetenz 338
Photoperiodismus 335f.
photophile Phase 336
Photophosphorylierung 122f., 442
-, nichtzyklische 122
-, zyklische 122
Photoreisomerisierung 510
Photorespiration = Lichtatmung 127, 432, *434*, 436, 440, *441*, 443
-, Effekt durch Sauerstoff 436
Photorezeptor 463, 464, 496, 506
-, Krümmung 643
Photosensor 146
photostationärer Zustand 333
Photosynthese 11, 113ff., 431, 435, 763, 768, *780*
-, bakterielle 129
-, Brutto- 433
-, Gleichung 130
-, Kompensationspunkt 433, 775
-, Modell *817*
-, Netto- 433, *778, 779*
-, Sauerstoff 436
-, Tagesgang 779
-, Temperatur 436, 820
-, Wirkungsspektrum 114, 120, 431
Photosyntheseapparat *434*
Photosyntheseintensität 432, 433
Photosyntheseleistung 779
Photosynthesepigmente *115*
Photosysteme 120, 124
Phototaxis 23, 146, 592, 641, 724
Phototropismus 112, 640, 642f.
Phragmoplast 167
pH-Wert, Beeinflussung 601
pH-Wert, Darm 482
pH-Wert-Regelung, Blut 581
Phycobiline 114, 117
Phycobiliproteine 27
Phycobilisomen 27
Phycocyan 114
Phycocyanin 431
Phycocyanobilin 114
Phycoerythrin 114, 431
Phycoerythrobilin 114
Phycomyces 278
phyletische Evolution 906, 924
Phyllochinon 613
Phyllocladien 856
Phyllodien 865
Phylloide 558
Phyllotaxis 383
Phylogenese 323, 861
-, Transformation 870

Phylogenetik 855
physikalische Mutagene 236
- Kieme 623
physiologische Uhr 336, 713, 723
physiologisches Optimum 802
Physoklisten 473
Phytin 609
Phytoalexine 447
Phytochrom 112, 331, 686
-, Chromophor *333*
-, Sauerstoffaufnahme *444*
-, Wirkungsspektrum *332*
Phytochromgradient 152
Phytochromsystem *153*, 443, 446, 646
Phytochromwirkung *336*
Phytoferritin 151
Phytogeographie = Pflanzengeographie 829
Phytohämagglutinine 50, 551
Phytohormone 328, 342, 382, 384, 394, 665, 666, 685f., 691
Phytohormontransport 691
Phytozönose = Pflanzengemeinschaft 799, 814, 850
Pigmente 283, 507
Pigmentbecherocelle 506
Pigmentbildung 111
Pigmente, respiratorische 622, *633*
Pigmentkollektive 115, 117, *119*
Pigmentsack, Tiere *521*
Pigmentsystem, Photosynthese 763
Pigmentverlagerung, Haut 522
Pigmentzelle 377
Pilidium 324
pilomotorische Reaktion 595
Pilus 198
Pilze 267f., 273, 278f., 294, 560, 647, *937*
Pilzgarten, Termiten 805
Pinealorgan = Epiphyse 337, 495, *496*, 677, 692, 716
Ping-Pong-Mechanismus 75
pinnates Blatt 419
Pinocytose 16
-, Resorption 481
Pionierarten 797
Pisatin 447
Pistill 428
pistillate Blüte 311
Placenta 285, 291, 300, 537, 680
-, Pflanze 427
Placentares Lactogen 680
Placentation 285
Placentationstypen *284*
Placoidschuppen 523
plagiotroper Wuchs 383, 555
Planarie = Strudelwurm *494, 506*
Plankton 647, 835
Planula-Larve 308

Plasmakinine 666, 683
Plasmalemma 13, *17*
Plasmamembran, s. Membran
Plasmaströmung, Amöben *143*
plasmatische Vererbung 250
Plasmazelle 16, 454, 526f., 526, 529, 530, 531, *532*
Plasmid 191, 196, 199f., *254*, 255f.
Plasmodesmen *12*, 18, 448
Plasmodien 11
Plasmodium 307, *309*, 567
Plasmogamie *274*, 278, *278*, 307
Plasmolyse 61
Plastiden, Plasten 12, 20, 147f.
-, Entwicklung 149
-, Membranen 17
-, Semiautonomie 151
-, Strukturtypen 149
Plastiden-Genom 253
Plastochinone *150*, 446
Plastocyanin 121, *150*
Plastoglobuli *17*, 20, 23, 151
Plastom 152
Plastoplasma 18
Plastron 623
Plathelminthes, Plattwürmer 568
Plattenepithel *450*
Plattenkollenchym 413
Plattfische 864
Plattwürmer, Plathelminthes 568
Plectenchyme = Flechtgewebe 560
pleiotrope Genwirkung 210, 230, 399
Pleiotropiestammbaum *399*
Pleistozän 839
Pleodorina 263, 365
pleomorphe Wirkung 399
Plerom 425
plesiomorphe Merkmale 861, 872
Plesiomorphie 932
Pleuralganglien *494*
Pleuroviszeralkonnektive *494*
plicat 428
Ploidiegrad 265
Ploidiestufen 915
Plumula *328*, 405
Pluripotenz 343
Pluteus *324*, 368, 370, *370*
Pluvialzeit 840
Pneumonie 179
Poa 270
Pocken 45
Podocyt 471, 490
Pogonophoren 806
poikilohydre Pflanze 774
poikilosmotische Tiere 601
Poikilothermie 588, 592f.
polarer Transport 691
Polarisation 764
-, Sonnenlicht *763*

Polarisationsanalyse 513
Polarisationsmuster 513
Polarisationszustand, Licht 112
polarisiertes Licht 513
Polarisierung, Molekül 56
Polarität, Epithelien 451
–, Zellen 362
Polaritätsachse 364
Polfasern 166
Polgrana 348
Poliomyelitis 45
Polkern 283, 286, 292
Polkörper 298
pollakanthe Pflanze 395
Pollen, s. Pollenkorn
Pollenanalyse 172, 284, 840
Pollenbildung 284f.
Pollendiagramm 826, 827
Pollenentwicklung 283
Pollenkeimung, Hemmung 295
Pollenkitt 284
Pollenkorn 282, 283, 284f.
–, Keimung 289
–, Reifung 284
Pollenmutterzelle 282, 284
Pollensack 282, 284
Pollenschlauch 283, 290
–, Ernährung 291
–, Wachstum 290, 293, 295
Pollinium 285, 289
Polstrahlung 166
Poly-A-Schwanz 182, 184
Polychaet 320, 486
–, Geschlechtsbestimmung 312
–, Nervensystem 495
polycistronisches Transkript 184
polycistronische mRNA 190, 244
polycytogene Fortpflanzung 267, 269, 271
Polyembryonie 272, 310
Polyene 280
polyenergide Zelle 11
– Organisation 560
polyfaktorielle Geschlechtsbestimmung 319
polygam 311
polygenes Cambium 418
polygenische mRNA 190, 244
Polyhydroxybuttersäure 25
Polylinker 257
Polymastiginen 566
Polymerisierungsprozeß 104
Polymorphismus 181, 272, 547
–, balancierter 887, 896
–, genetischer 878
polyneurale Innervation 518
Polyneuritis 611
Polynucleotidsynthese, künstliche 189
Polynuclotide = Nucleinsäuren 30
Polyp, s. Coelenterata
Polyperforin 548

Polypeptidsynthese 186
Polypeptidsynthesetest 189
Polyphosphat 25
Polyphylie 909, 933
Polyploidie 232, 292, 879
–, Artbildung 915
–, Selektionswert 917
–, Pflanzen 234
–, Verbreitung 917
Polyploidisierung 166, 286
Polyribosomen 13, 43, 136, 187
Polysaccharide 29, 47f.
–, Abbau 94
–, Aufbau 94
–, Verdauung 479
Polysomen, s. Polyribosomen
Polyspermie, physiologische 301
Polystomum 576
polysynaptischer Reflex 694, 723, 734
Polytänchromosom 159
Polyterpen 284
Polythermie 774
polytypische Arten 908
Polzellen 348
Pons = Brücke 692
pontische Geoelemente 849
pontisches Florenelement 842
Population 761, 782f.
–, Fitness 898
–, ideale 783
–, räumliche Veränderung 795
–, Variabilität 784
Populationen, Verteilung 800
Populationsdichte 751f., 772, 783, 786, 791, 793, 828
–, Schwankungen 751f., 792
–, Wanderung 798
Populationsdynamik 786
Populationseigenschaft 885
Populationsfluktuation 789
Populationsgenetik 761, 883f.
Populationsgrenze 796
Populationsgröße 783, 786, 790f.
–, effektive 888
Populationsökologie 762
Populationswachstum 789, 790, 791, 793
Populationszyklus 793, 794
Pore 267
Poren, hydrophile 625
Porenkapsel 429
Porenkomplex, Kern 16, 163
Porifera = Schwämme 565
Porine 147
Porogamie 291
Porometer-Messung 438
Portalsystem, Hypophyse 677
Porus 412
Positionsabweichung 581
Positionsangaben 757
Positionseffekt 879, 899
Positionsmeldung 724

Positionswert 392
postganglionäre Nervenbahnen 704
Postglazial = Nacheiszeit 840
Postkommisuralorgane 674
postreproduktive Phase 788
postsynaptische = subsynaptische Membran 461, 468
Postulat der Einheitlichkeit 933
Potential, kritisches 465
–, lokales 463
Potentialänderung 467
Potentialdifferenz 60, 84
–, elektrochemische 124
–, Zellmembran 131
Prachtkleid 755, 913
Prachtkleider, Selektion 904
Präadaptionen 923
Prädetermination 313, 341
Prädisposition 923
Präferenz 774, 778
Präferenzbereich 776, 827
präganglionäre Nervenbahnen 704
Prägung 737f., 755, 912
–, sexuelle 738
Prägungsbereitschaft 737
Prägungsengramm 738
Prägungshandlung 738
Prägungsphase 737
Prämolaren = Backenzähne 475
Prä-mRNA-Partikel 161
Pränatale Diagnostik 181
Präribosomen 161
Präsentieren, Verhaltensweise 755
präsumptives Urdarmdach 387
präsynaptische Membran 461, 468
Präzipitation 544
Prenyllipide = Terpenoide 445
Pressorezeptoren 639
Pribnow-Box 205
Primärblatt 406
primäre Pflanzenstoffe 444
primäres Abschlußgewebe = Epidermis 421
Primärfollikel 528
Primärharn 490f.
Primärkern 347
Primärprozeß, Lichtreaktion 110f., 116
–, Sehen 510
Primärreaktion, Hormone 670
Primärstrahl 426, 427
Primärstruktur, Proteine 31, 873
Primärwand 171
Primärweibchen 312
Primärwurzel 406
Primaten, Taxonomie 901
Primer 41, 181
Primerpheromone 666, 684
Prionen 46

Prismenschicht 523
Procambium 411
Processing 161, 182
–, differentielles 353
Prochlorophyta 27
Proctodaeum = Enddarm 476
Procuticula 524
Produktaktivierung 107
Produkthemmung 107
Produktion 835
Produktivität 824, 828
Produzent 812
Proenzyme 31
Profilin 142
Profilstellung, Blatt 420
Profundal 767, 769
progame Phase 286, 289f., 291
– Geschlechtsbestimmung 320
Progametangium 280
Progamon 280
Progerie 396
Progesteron 297, 678, 680, 753
Progesteronspiegel 682, 684
programmierter Zelltod 393
Progression, Krebs 401
progressive Musterbildung 363
Prohormone 31
Proinsulin 259
Prokaryot, Genom 191
Prokaryota, Merkmale 11f.
Prokaryoten, Artenzahlen 936
Prolactin 382, 678, 678, 682, 726, 754, 860
Prolamellarkörper 150
Proliferationsphase 682
Prolifikation 427
Prolin 33, 600
Prolongation 863
Prometaphase 166
Promitochondrien 148, 443
Promotion, Krebs 400
Promotor 203, 244
Promotorregion 188, 205
Promutagen 243
Pronephros 386
Properdin 542
Prophage 194
Prophase 164, 167
Propionsäure 485
Propionsäuregärung 92
Proplastiden 11, 12, 18, 149
Proportionalregelung 580
Propriorezeptor 497, 498
Prosoma 570
prospektive Potenz 387
Prostaglandine 682, 683
Prostomium 319, 477
Proteasen 98, 109, 479, 528, 541
Proteinbestand, Zelltypen 358
Proteinbiosynthese 186
Proteine 30f.
–, biologische Wertigkeit 606
–, Nährstoffe 607

–, Stoffwechsel 98f., 354
–, Transformation 873
–, Verdauung 479
Proteinepicuticula 524
Proteinhülle, Virus 191
Proteinkinase 108, 247, 672
Proteinmangelsymptom 608
proteinogene Aminosäure 188
Protein-Protein-Wechselwirkung 107
Proteinproduzenten, Bakterien 259
Proteinstruktur, Homologie 858
Proteoglykan 173
Proteolyse, Proteinmodifikation 108
Proterandrie = Erstmännlichkeit 311
Proterogynie = Vorweiblichkeit 311
Prothallium = Vorkeim 280, 281, 330
Prothoraxdrüsen 675, 676
Prothrombin 31, 454
Protocerebrum *693*
Protochlorophyllid 335
Protocyten 11f., 24, *24*
Protomeren 34, 35
Protonema 330, 381
Protonengradient 82, *90*, 123
protonenmotorische Kraft 81, 82, 123
Protonenpumpe 123, 364, 619
Protonephridialsystem 568
Protonephridien *470*, 472, 490
–, Osmoregulation 604
Protoonkogen 247, *248*, 400
Protophyten 556
Protoplast 25, 444
Protostomia 566
prototropher Stamm 197
Protozoa = Einzeller 565f.
–, Bewegung 145f.
–, Entwicklungszyklen 309, 339
–, Fortpflanzung 265ff., 275f.
–, Osmoregulation 23, 140, *141*, 604
Proventiculus = Kaumagen 477
Provirus 192
Provitamine 613
proximaler Tubulus 491
Proximität 73
Psalter = Omasus = Blättermagen 484
Psammobiom 853
Pseudogamie 302
Pseudogen 190, *203*, 204
Pseudoparenchym 560
Pseudoplasmodium 558
Pseudopodien 143, 145, 566
Psilophyten 870

psychophysisches Experiment 709f.
ptDNA = Plastiden-DNA 18, 151
Pteridine 522
Pteridingranula *524*
Pteridophyten = Farngewächse 282, 561
Pteridospermae = Samenfarne 872
Pteroylglutaminsäure = Folsäure 612
Pterygotie 932
Puff 159
Pufferart 809
Puffersysteme, Ionen 56
Pufferung 57
–, Blut 581
Pufferungsfähigkeit 601
Pufferwirkung, Blut 638
Puffing 159
Puffmuster *344*
Pulmonata, Lungenschnecken *313*, *486*, *507*, *629*, *635*
Puls 632
pulsierende Vakuole = kontraktile Vakuole *141*, 566, 604
Puls-Relais-System 379
Pulvini = Turgorgelenke 645
Punktmutation 190, 227, 230, 235, 248
Pupille 508
Pupillenerweiterung 703
Pupillenreaktion 580, 582
Puppe, Insekt 325
Puppenruhe 676
Purin, Haut 522
Purinnucleosidderivate, Hormone 666
Purinnucleotidsynthese 101
Purinspeicherung 455, 493
PURKINJE, J.E. 7
Purkinje-Fasern, Herz 627
Purkinjezellen, Kleinhirn *711*
Puromycin 346, 347
Purpurmembran 123
Putzerfisch 577
Putzer-Symbiose 747
Putzverhalten *721*, 733, 860
Pylorus 482
Pyramide, ökologische 824
Pyramidenbahn *696*, 697
Pyramidenzellen *696*
Pyrenoid 23
Pyridoxalphosphat 71
Pyridoxin 612
Pyrimidinnucleotidsynthese 101
Pyrophosphat 104
Pyrophosphatase 104
Pyrophosphohydrolase 379
Pyruvat 105, *441*
–, Bildung 88
Pyruvatcarboxylase 34, *90*, 94
Pyruvatdecarboxylase 35

Pyruvat-Familie 100
Pyruvatkinase 107

Quadratum *574*
Qualität, Umweltfaktor 763, 764
Qualitätsfaktor 237
Qualle = Meduse 308, *309*, *476*, *493*, 568, 582f.
Quanten, Licht 115
Quantenausbeute, Photosynthese *119*, 121
Quantenbedarf 116
Quantifizierung, doppelte 731
Quantität, Umweltfaktor 764
Quartärstruktur 34
Quastenflosser 870, 923
Queen's Substance = Königinnensubstanz 684
Quellung 61, 289, 340
Quencher 121
Querbrückenbildung, Muskelfibrille 459
Quercetin 447
Querscheibenmuster, Riesenchromosom 344
Querteilung 269, 272
Quertracheiden 416
Quieszenz 325

Rachitis 613
Rädertierchen, Rotatoria 567, 777, 782, 810, 811, *812*
Radialspeichen, Mikrotubuli 144
Radiärfurchung 368
Radiärkanal 572
Radiärsymmetrie *428*, 555, 568, 572, 865
Radiation, adaptive 919
Radicula = Keimwurzel 405
Radikalbildung 238
Radiolaria, s. Rädertierchen
Radiolyse 238
radiomicellat 423
Radius, Speiche *514*, *573*
Radula = Reibplatte, Mollusken 475, 571
Rafflesia 564, 808
Randkörper 722
Randlappen, Meduse *493*
random coil 33
Randwachstum 420
Randzelle, subepidermale 420
Rangordnung 750, 755
Rangstufe 936
Rangstufenkampf 755
Ranvier-Schnürring 461
Rasse 933
Rassen, geographische 908
–, Kulturpflanzen 234
Rassenkreis 908
Räuber-Beute-Beziehungen 809, *812*
Räuberzyklus *794*

Raubtierzone 930
Raumlage 723
Raumlagesinnesorgan 724
Raumorientierung 723
Raunkiaer, Lebensformen 777
Raupe, Insekt 325
Reafferenzprinzip *702*f.
Reaggregation 377
Reaktionsbereitschaft 725f., 729
Reaktionsempfindlichkeit 885
Reaktionsenergie 64
Reaktionsfortschritt 64
Reaktionsgeschwindigkeit 69, 75, 587
Reaktionskette 753
Reaktionskinetik 74
Reaktionslaufzahl 64
Reaktionsnorm 317, 325, 327
Reaktionspotential 64
Reaktionsraum 135
Reaktionszentren 116, 118
Realisator 334
Realisatorgen 313, 317, 318
Rearrangement = Gen-Rearrangement 542, 551
Reblaus, *Viteus vitifolii* 311
Receptaculum seminis = Spermatasche 300, *313*, 317, *317*, 568
Rectaldrüsen 603, 606
Rectalpapille 477, 491
Rectum 477
Redie 309, *310*
Re-Differenzierung 361
Redoxgleichgewicht 90
Redoxpotential 79, *80*, 118
Redoxpotentiale *80*
Redoxpotentialdifferenz 79
Reduktionsäquivalente 85f.
Reduktionsteilung 280, *283*
reduktive Synthesen 103
Re-Embryonalisierung 356, 361, 384, 390
Reflex 694f., 723f.
–, bedingter *730*, 734
Reflexbahn 723
Reflexbogen *695*, 698, 723
–, neuroendokriner 668
Reflexerythem 694
Reflexion, Strahlung 820
Refraktärperiode 583
Refraktärstadium, Wanderung 798
Refraktärzeit 379, 583, 627
Refraktärzelle 466
Refugialzone 840
Refugium 841
Regelabweichung 580, *729*
Regelbereich 603
Regelgröße 439, 579, *729*
Regelkatastrophe 581
Regelkreis 439, 579, *580*, 582, 670, 673, 729
–, Wasser 439

–, Kreislauf 639
Regelmechanismus 723
Regelprinzip 581
Regelprozeß 579, 790
Regelschwingung 581, 751f.
Regelstrecke *580*, 673
Regelung 673
Regelvorgang 325
Regenbogenhaut = Iris 508
Regenerat, überzähliges 392
Regeneration 269, 325, *340*, 347, 360, 382, 389f.
–, Augenlinse 362
–, Extremitäten *391*
–, paradoxe 392
–, Pflanze 342, 390
Regenerationsblastem 391
Regenerationsvermögen 271
regenerative Musterbildung 391
Regenwald, Profil *826*
Regenwurm 477, 569, *569*, 697
–, Bauchmark *495*
–, Darm *477*
–, Kriechen 657
–, Querschnitt *514*
Regression, Meer 325, 841
Regulation, embryonale *341*
–, Genexpression 351
Regulationsfähigkeit, Enzyme 74
Regulationsleistung 325
Regulationstyp 368
Regulatorenzyme 76
Regulatorgen 244, 901
Regulatorsequenz 245
Regulierer 591, 602, *771*, 775
Reibplatte, Schnecken 475
Reich, Taxonomie *935*
Reichweite, Strahlung 237
Reifung, Verhalten 733
Reifungsstadium 300, 324
Reihe, Taxonomie *934*
Reinerbigkeit 206
Reiz 463, 495, 693, 707
–, adäquater 463, 496
–, auslösender *722*, 726, 727
–, bedingter 733
–, inadäquater 496
–, neutraler 734
–, richtender 727
–, unbedingter *733*
Reizbarkeit 693
Reizbefruchtung 302
Reizempfänger 496
Reizmodalität 463
Reizmuster 709
Reizperzeption 463
Reizschwelle 503
Reizstärke 731
Reizsteuerung 773
Reiztransformation 462, 464
Reizverarbeitung 496
Rekapitulation, Entwicklungsabläufe 857, 863

rekombinante DNA 201, 254
Rekombination 169f., 216f., 264, 266, 267, 273, 278
–, Evolutionsfaktor 882
–, genetische Bürde 898
–, somatische 550
Rekombinationshäufigkeit 218
relative Koordination *701*, *702*
Relaxin 680
Releasing Hormone 668, 677
Releasingfaktor 187
Reliktdisjunktion 837
Relikte 842
Reliktendemiten 924
Renin 681, 683
Reparaturenzym 241
Reparatursynthese 239
Repetitionsgrad, DNA 160
repetitive Sequenzen 159, 219
Replicon 42, 159
Replikation 37, 38, 41, *191*
Replikationsgabel *356*
Replikationsphase 154
Replisom 41
Repolarisation 466
Repräsentation 710
Repression 313
Repressorbindungsstelle 255
Repressorprotein 244
Reproduktion, 263ff., 788
s.a. Fortpflanzung
Reproduktionsbarriere 910
Reproduktionscharakteristika, Evolutionsfaktor 884
Reproduktionskurve 788
Reproduktionszyklus 793
reproduktives Gewebe, Pflanzen 410
Reptilien 862, 872
–, Drohverhalten *748*
–, Kriechen 656
–, Merkmale 872
–, Schuppe *521*, 522
–, *Sphenodon* 925
Residualkörper *135*, 138
Resilin 664
Resistenz, Bakterien 902
–, Chemotherapeutica 401
–, Insekten 902
Resistenzgen 246, 255, 256
Resistenzerhöhung 242
Resolvase 246
Resorption 476, 480, 490, *492*
–, Ionen 599
–, Darm 474
–, Niere 491
Resorptionsepithel 472
Resorptionsrate, Hexosen *480*
–, Pentosen *480*
respiratorische Oberfläche 473, 592
respiratorischer Quotient *584*, *586*

respiratory control index = RCI 87
Restgamet 312
Restitutionskern 166
Restriktionsabbau 180
Restriktionsendonuclease 40, 253
Restriktionsenzym 180, 201, 256
Restriktionsenzyme, Schnittstellen *221*
Restriktionsfragment 180, 202, 254
Restriktionskartierung 180
Restriktionspolymorphismus 181
Restriktionsschnittstelle 181, 257
Rete mirabile 473
reticuläres Bindegewebe 452
Reticulocyt *354*
Reticulopodien 143
Reticulum = Netzmagen 484
Retina = Netzhaut 507f.
Retinal 123, 509, *510*
Retinol = Axerophthol 613
Retinulazelle 506, 512
Retroviren 45, 248
Reuse, Tracheen *621*
Reusenfalle 565
Reusengeißelzelle = Cyrtocyt 472
Reusenregion, Protonephridium *470*
reverse Transkription 187f.
– Transkriptase 38, 187, 192
reversible Reaktion 66
Reviermarkierung 751
Revierverhalten *751*, *786*
Revolution, grüne 818
Reynolds-Zahl 649
rezeptives Feld 512
Rezeptor 462, 496
Rezeptoren, Zielzelle 541
Rezeptorpigment, Auge 509
Rezeptorpotential 463, 467
Rezeptorprotein 245
Rezeptortypen, Reizantwort 464
Rezeptorvariabilität 550
rezessives Allel 205
reziproke Kreuzung 206
Reziprozitätsgesetz 645
Rhabdom *508*, 512, *513*
Rhabdomer 506, 512, *513*
Rhachis 419
Rhesusfaktor, genetische Drift 888
Rhesusunverträglichkeit 537
Rhizodermis 425
Rhizoid 363, 558, 559, 561
Rhizom = Erdsproß 427
Rhizobien 98, *804*
Rhizothamnien 805
Rhodopsin = Sehpurpur 506, 509, *510*
Rhythmus, biologischer 711f.

–, endogener 795
Ribitol 225
Riboflavin 70, 611, *612*
Ribonuclease 36, 480, 483, *858*
–, Inaktivierung 238
Ribonucleinsäure = RNA 29
Ribonucleoproteine 43, 162
Ribophorine 137
Ribose-5-phosphat 92, 101
Ribosom *186*
ribosomale RNA = rRNA 43, 352, 355
Ribosomen 13, 43f.
Ribosomen, Mitochondrien 149
Ribosomen, Phylogenetik *936*f.
Ribosomen, Plastiden 149
Ribosomenzyklus 44
Ribulosebisphosphat 126
Ribulosebisphosphatcarboxylase 126, 151, 152, 433, 435
Richtcharakteristik, Sinnesorgane 496
richtender Reiz 736
Richtungshören 500, *707*, 708
Richtungskörper 298, *316*
Richtungssehen 507
Riechepithel 504
Riechhaar 505
Riechkolben 504
Riechrezeptor *505*
Riechsinneszellen 504
Riechzelle *463*
Riesenchromosom 157, 159, *220*, *221*, 344
Riesenfaser 468, 697
Riesenkern 347
Riesenmitochondrium 147
Riftia 806
Rinde = Cortex, Pflanze 411, 416, 425, *562*
Rinde, Niere 491
Rinde = Cortex, Gehirn *692*
Rindenmeristem 411
Rindenparenchym 362
Rindenstrahl 415
Ringchromosom 232, 239
Ringdrüse 675
Ringelborke 418
Ringelwürmer, Annelida 569
s.a. Regenwurm, Polychaet
Ringkanal 572
ringporiges Holz *412*, 417
Rippen *573*
Risikostreuung 789
Rispe *410*
Ritualisierung 732, 748, *755*
Rivale *733*, 747
Rivalenattrappe 755
Rivalenkampf 751, *905*
Rivalenverhalten 753
RNA 29, 37, 43
RNA-Polymerase 41, 43, 183, 257

RNA-Polymerase, Mitochondrien 148
RNase = Ribonuclease 36, *101*
RNA-Sequenzierung, Systematik 938
RNA-Synthese *184*
RNA-Virus 191, 192
RNP = Ribonucleoprotein 43
Robertson-Translokation 879
Röhrenknochen *453*
Rollblatt 562
Röntgen 237
Root-Effekt 637
Rosetten 135
Rotalgen 560
Rotationsschwingung 656
Rotationssymmetrie 245
rote Faser 520
Rötelvirus 398
Rotenon 81
Rotlicht, s. Phytochrom
Rous-Sarkom-Virus = RSV 46, 192, 247
rRNA 160, 182
rRNA-Struktur, Systematik *936f.*
r-Stratege 803, 828
RSV, s. Rous-Sarkom-Virus
Rübe 427
RUBISCO = Ribulosebisphosphatcarboxylase/-oxygenase, s. dort
Rückengefäß, Annelida 477
Rückenmark 495, *496*, 573, 574, *697*, *704*
Rückfiltration 624
Rückkopplung 579, 816
–, negative 669, 673, 791f., 898
–, positive 382, 465, 795
Rückkreuzung 206
Rückmutation 197, 243
Rückresorption, Niere 492
Rückstellkraft 581
Rückstoßschwimmen 649
Rückwärts-Inhibition, laterale 732
Rudel 758
Ruderschlag 144
Rudimente 861, 863
Ruhedehnungskurve 517
Ruhefrequenz 724
Ruhephase 596
Ruhepotential 134, 465
Ruhestadium 339
Ruhestoffwechsel 592
Ruhezustand 580
–, antriebsbedingter 727
Rumen = Pansen 484
Ruminantia = Wiederkäuer, Magen 484
Rundblatt 420, *422*
rundes Fenster, Ohr 499
Rundwürmer, Nemathelminthes 569, *937*

Rutensträucher 563

Säbelzahnbildung *927*
Saccharomyces, Hefe 91, 177, 267
Saccharose 46, 288, 619
–, Bildung 95
Saccoderm 20, 171
Sacculina 808
Sacculus, Ohr *490*, 498, *500*
–, Antennendrüse 490
Saccus vasculosus *496*
Säftesauger 475, 484
Säugetiere, Mammalia
 s.a. Mensch, Wirbeltiere
–, Atmung 488
–, Aussterben 926f.
–, Bestäubungsfunktion 289
–, Blutkreislauf
–, Blutzuckerspiegel *492*, 581, 680, 703
–, Brutpflege 754
–, Darmtrakt 478, 482
–, Evolution 870, *905*
–, Gangart 670
–, Gehirn *496*
–, Gonaden 296, *297*
–, Haar 522
–, Haut 521f.
–, Homoiothermie 588, 592f.
–, Hormone 677f.
–, Lactation 682
–, Schädel 573, 574
–, Skelett *516*
–, Transformationen 880
–, Verbreitung 832f.
–, Verhalten 731ff.
–, Winterschlaf 455, 587, 596
Säuglingssterblichkeit *788*
Säuren-Basen-Katalyse 69
Saftmal 289
Saftstrom 615
Saftstromgeschwindigkeit *615*
Sagitta 263, 264
Sagittalebene 555
saisonale Einpassung 335f.
Saisondimorphismus *337*
Salmonella 26
Salmonella-Kultur 243
Salpe 308, *573*
Saltationshypothese 919
saltatorische Erregungsleitung 468
Salzatmung 449
Salzdrüse 472, 603, 605
Salzsäure, Magensekretion 482
Samen 292, 428
–, Ausbreitung 795
Samenanlage 282, 283
Samenbau 405, 406
Samenbildung *283*
Samenepithel 297
Samenfarne *872*

Samenkanälchen 297
Samenkeimung 332, 340, 380
Samenpflanzen = Spermatophyten 282
Samenschale = Testa 406
Samenübertragung, Mechanismen 299
Samenzelle 296
Sammelchromosom 348, 879
Sammelflug 725
Sammelfrucht 428, *429*
Sammelrohr 474, *492*
Sammelsteinfrucht *429*
Sandlückensystem 576
Sarcina-Form *556*
Sargassum 835
Sarkomer 456, *457*
sarkoplasmatisches Reticulum 137, *457*, 458
Sarkosom 148
Satellit, Chromosom 156
Saturierbarkeit 85
Sauerstoff, Bildung 113
–, Elektronentransportkette 79
–, Photosynthese 436
–, Sättigung 635
Sauerstoffaffinität 636, *875*
Sauerstoffangebot 591
Sauerstoffanteil, Luft 489
–, Wasser 489
Sauerstoffaufnahme 586
Sauerstoffbindungsfähigkeit 473, 635
Sauerstoffbindungskurve, Myoglobin *875*
Sauerstoffdissoziationskurve *634*
Sauerstoffkapazität 635, *776*
Sauerstoffkonzentration, Dissimilation *443*
Sauerstoffkreislauf 817
Sauerstoffpartialdruck 473, *591*
–, Interorezeptor 505
Sauerstoffschuld 520, 590
Sauerstofftransportkapazität 622
Sauerstoffverbrauch *587*, 590
–, Fliegen 655
–, Temperaturabhängigkeit 775
Sauerstoffversorgung, Wurzel 599
Saug-Druck-Mechanismus 485
Saugfalle 565
Saugmechanismus, Atmung Wirbeltiere 488
Saugpumpenwirkung 629
Saugspannung 437, 448, 767
Saugtrinken 868
Saugwirkung 624
Scala tympani = unterer Kanal, Ohr 499
Scala vestibuli = oberer Kanal, Ohr 499
Scapus *502*
Schabe *570*

–, Darmkanal *477*
Schädel 573, 574
Schädellose, Acrania 367, *506*, 572
Schaft 408
Schale, Mollusken 523, 571
Schalendifferenzierung, Ammoniten *870*
Schalldruckempfänger 501
Schalleitung, Mittelohr 499
Schallempfänger 499
Schallfrequenz *501*
Schallintensität *501*
Schallrichtung 708
Schallschnelleempfänger 501
Scharniergelenk 516
Schattenblatt *822*
Schattenpflanze 433, *437*, 766
Scheidenzelle, C_4-Pflanzen 440
–, Nervenfaser *457*
Scheitellappen 692
Scheitelmeristem 411
Scheitelzelle *367*, *375*, *559f.*
Schelf 834
Schere, Krebse 475
Scherungskraft, Mechanorezeptor 498
Schildblatt *418*
Schilddrüse *667*, *667*, 859, *859*
Schilddrüsenhormone 666
Schildlaus 271
Schillerfarbe *525*
Schimmelpilze 268
Schimper-Braun-Hauptreihe 408
Schirmalge, *Acetabularia*, s. dort
Schizogonie 307
Schizont 269, 307
Schlängeln 650
Schlafbewegung 646
Schlafen 706, 714, 721, 727
schlafende Augen 383
Schläfenlappen 692
Schlagfrequenz 489, 638, 640
Schlagrhythmus 649
Schlagvolumen 489, 628, 638
Schlagwinkel 652
Schlangen, Extremitäten 862
–, Kriechen 656
Schlauchbefruchtung = Siphonogamie 282
Schlauchblatt 421
Schlauchhaar *423*
SCHLEIDEN, M.J. 7
Schleifenbildung 232
Schleim, Magenepithel 482
Schleimfilm 474
Schleimfisch 527
Schleimhaut, Darm *479*
Schleimkapsel, Bakterien 25
Schleimpilze, Myxomycetes 558
Schleudermechanismus 647
Schließfrucht 428
Schließhaut, Tüpfel 412

Schließmuskel, Kammuschel 456
Schließzellen = Stomata, s. dort
Schlinger 475
Schlußleiste 20, 22, 471, 472
Schlund = Pharynx 478
Schlundrinne 485
Schlupfwespe 272
Schlüsselfaktor 781
Schlüsselmerkmale 923
Schlüsselreiz 726, 912
Schlüsselreizkombination 770
Schlüssel-Schloß-Mechanismus 73, 670
Schmetterling 269, 337, 525, 577f., 609, 715f., 856, 903f. s.a. Seidenspinner
Schnallenbildung, Pilze 280
Schnecke = Cochlea, Ohr 499
Schnecken, Gastropoda 252, 313, 486, 571
–, Atmung 486, 635
–, Augen 507, 507
–, Bestäubungsfunktion 289
–, Bewegung 558, 694
–, Geschlechtsorgane 313
–, Haut 523
–, Herz 629, 629, 630
–, Mantelhöhle 487
–, Nervensystem 494, 694, 701
–, Radula 476
–, Verdauung 484
Schneidezähne = Incisivi 475
Schnellbewegung 662
Schnelleitungssysteme 696
Schnellwüchsigkeit 827
Schnittstelle, Restriktionsenzym 221, 258
Schnürungsversuch 387
Schote 429
Schrägfaser, Herz 514
Schraubel 410
Schreckstoff 770
Schreiten 648
Schritt 660, 701
Schrittmacher, Herz 627
–, circadianer 713
–, Verhalten 722
Schrittmacherpotential 517
Schub 656
Schultergürtel 574
SCHULTZE, M. 11
Schultzescher Umkehrversuch 365
Schuppen, Fische 522
–, Schmetterlinge 525
Schuppenblatt 383, 564
Schuppenborke 418
Schutzreflex 734
Schwalbenschwanzführung 517
Schwämme 272, 565
Schwammparenchym 420, 440
Schwammsubstanz = Spongiosa 516

Schwangerschaft 682
SCHWANN, T. 7
Schwann-Zelle 457, 461, 462
Schwänzellauf 725
Schwänzeltanz 725
Schwanzflossen 650
Schwarmbildung 756, 758
Schwarzharnen = Alkaptonurie 224
Schwebeeinrichtung 796
Schwebefähigkeit 768, 796
Schweben 647, 648
Schwefelbakterien 130, 806
Schwefelbrücke 56
Schweiß 528
Schweißdrüse 521
Schwellendepolarisation 465
Schwellenenergie 463
Schwellenmechanismus 581
Schwellenpotential 466
Schwellenwert 466
Schwellkörper, Gräser 600
Schwerelot 724
Schwerkette 533, 542
Schwerkraft 723, 725
Schwesterarten 906
Schwimmblase 473, 647
Schwimmblatt 563
Schwimmen 582, 647, 648, 652, 724
–, Bakterienzelle 146
Schwimmer, Formen 868
Schwingungsamplitude 581
Schwingungsebene, Strahlung 763
Schwingungsrichtung polarisiertes Licht, Wahrnehmung 513
Schwingungsebene, Licht 112
Schwirrflug 655
Schwungfeder 654
SC-Kette 535
Scrapie 46
Scutellum 328, 380, 406, 406
Scyphopolyp 308
Second Messenger 279, 345, 672
Seeigel 202, 341, 370, 572
–, Befruchtungsmembran 301
–, Eiaktivierung 340
–, Entwicklung 370
Seesterne 572
Seewalzen 572
Segelklappen 631
Segmentierung 555, 569, 570
Segmentierungsgen 345
Segmentierungsmutante 372
Segmentkerne 162
Segmentzelle 375
Segregation 369, 377
–, cytoplasmatische 250
–, ooplasmatische 365
Sehbahn 711
Sehen, s. Augen
Sehfarbstoffe 506, 509, 511
Sehfeld 708, 711

Sehne 452, 698
Sehnenspindel 699
Sehpurpur = Rhodopsin 506, 509, 510
Sehrinde 710
Sehschärfe 508, 512
Sehschärfenwinkel 509
Sehzellen 112
Seidenfaden, Bildung 477
Seidenspinner, Bombyx 159, 504, 684, 726, 728
Seismonastie 645
Selbstinkompatibilität 295
Seitenherzen 477
Seitenlinienorgan, Fische 497, 499
Seitensproß 409
Seitenwurzel, Bildung 376
Seitwärtsbewegung 661
Seitwinden 657
Sekretin 681
Sekretion, Drüsen 451
–, Niere 490, 491. 493
Sekretionsphase, Uterusschleimhaut 682
Sekretionsseite, Golgi-Apparat 138
Sekretionstyp 451
Sekretproteine 16, 138
Sektorialchimäre 271
Sekundärembryo 387
sekundärer Messenger 279, 345, 672
Sekundärkern 347
Sekundärmännchen 312
Sekundärreaktionen, Hormone 671
Sekundärstoffwechsel, Pflanzen 444
Sekundärstruktur, Proteine 33
Sekundärwand 172
Sekundärzuwachs, Holz 416
Selachier 603
Selbstbefruchtung = Automixis 265, 304, 889
Selbstbestäubung 287, 294
Selbstdifferenzierung 357
Selbstelektrophorese 364
Selbsterkennung 526
Selbsthemmung 828
Selbstinkompatibilität 294
Selbstordnung = Self assembly 35, 374, 375
Selbstregelung 791, 794
Selbststerilität 311
Selbstverdauung 16
Selektion 260, 266, 784, 881f., 890f.
– gegen Rezessive 891
–, Antikörper 542
–, apostatische 809, 890
–, Beispiele 901
–, disruptive 890, 918

–, Dominanz 892
–, frequenzabhängige 890, 898
–, gerichtete 885, 890, 891
–, intersexuelle 904
–, intrasexuelle 904
–, Isolationsmechanismen 913
–, sexuelle 904
–, stabilisierende 890
–, transformierende 890
–, transformierte Bakterien 256
Selektionsbedingungen 883
Selektionsdrucke 896
Selektionskoeffizient 891f.
Selektionsprozesse 895
Selektionstheorie 882
Selektionstypen 890
Selektionsverfahren 389
Selektionshypothese 878
Selektionswert 747
Self assembly = Selbstordnung 35, 141, 374
Semipermeabilität 59
Semispezies 909
Seneszenz 692
Seneszenz = Alterung 324, 395
–, programmierte 393
Senfgas 235
sensible Phase 398, 737
sensorischer Nerv 494
– Cortex 710
Sensu-Effektor 694
Sepale 427
Separation 906,
–, geographische 907
septifrag 430
Septum, Herz 631
sequentieller Mechanismus 75
Sequenzanalyse, Gesamtgenom 200
–, RNA 185
Sequenzhomologie 550
Sequoia 925
Serialknospe 409
Serie, Sukzessionsstadien 825
Serinprotease 526
serologische Methoden 858
Serosa 479
Sertoli-Zelle 295
Serum 211
Servoregelung 580, 698, 699
Sesquiterpen 274, 690
sessile Tire 575
Setae, s. Borsten
Sexchromatin 156
Sexpilus 198
Sexualchimäre 318
Sexualdimorphismus 266, 904
Sexualhormon 296, 317, 320, 321
Sexualisierung 275, 280
Sexualität 264, 272
–, Bakterien 198
–, relative 276
Sexuallockstoff, s. Pheromone

Sexualprozeß 264, 278
Sexualreaktion 280
Sexualsystem der Pflanzen 936
Sexualvorgänge, Bakterien 28
sexuelle Bereitschaft 729
– Prägung 737
– Selektion 904
– Unverträglichkeit 293
Sexupara 309, *311*, *316*
Short Loop-Feedback 673
Shuttle 86
siamesische Zwillinge 398
Sibling-species = Zwillingsarten 906
Sichelzellanämie 208, 222, 229, 897, *899*
Sichelzellen-Allel 877
Siebfeld *413*
Siebelemente = Siebröhrenglieder 618
Siebplatte *413*
Siebpore 618
Siebröhre 412, 618
Siebteil = Phloem 411
Siebzelle 412
Siedlerangebot 828
Sievert, Definition 237
sigmoidale Kinetik 76
Signalcharakter, Pheromone 666
–, Strukturen *577*
Signale, soziale 732, 755, 757
Signalhypothese 137
Signalpeptid 137
Signalpheromone 666
Signalrekognitionspartikel 137
Signalstellung 753
Signalstoff 726
simultane Teilung 268, 269
Simultankontrast, Sehen 512
Simultan-Weibchen 311
Singulett-Zustand 115
Sink 618
Sinner-Box *705*, 735
Sinnesdaten 707
Sinneselemente, Erregung 693
Sinnesenergien, spezifische 710
Sinnesepithelien 451
Sinneshaar *496*
Sinnesnervenzelle 462, 503
Sinnesorgane 493f., *574*
–, chemische 496, 503
–, elektrische 496, 502
–, Hilfsstrukturen 496
–, mechanische 497f.
Sinnesporen-X-Organ 675
Sinnesreize 730
Sinneszelle 462, 496f.
–, primäre 462, 498
–, sekundäre 462, 498
Sinneszellen, Typen *463*
Sinusdrüse 675
Sipho 694

Siphonogamie = Schlauchbefruchtung 282
Sirenin 274, *275*
Sitosterol 609
Skalar, Reizperzeption 496
Skatol 289
Skelett 452, 514, *516*
Skelettmuskel 456, 516, 518
Skinner-Box *705*, *736*
Sklerenchym 413
Sklerenchymfaser 414, *415*
Sklerenchymscheide *420*
Sklerotisierung = Härtung 525
Skorbut 610
Skorpion *300*, *570*
skotophile Phase 336
Smegma 528
Sohlenkriechen 657, 658
Sojaschrot, Aminosäuregehalt 609
Solarkonstante 765
Soldaten 757
Sollwert 439, 579, 673, 724, 729
Sollwertgeber 580
Sollwertverstellung 669
Solvent Drag 83
Sol-Zustand 56, 141
Soma 263
Soma-Keimbahn-Differenzierung *264*
somatische Hybridisierung 345
somatischer Kern 263
Somatocoel *324*
Somatogamie 278f.
Somatostatin 681
Somatotopie 710
Somatotropin 678
Somazelle 348
Somiten 357
Sommerform 317
Sonagramm *739*, 861
Sonderbildungen, Organe 576
Sonnenblatt *822*
Sonnenbrand 111, 241
Sonnenenergie 820
Sonnenkompaß 513, 717, 725
Sonnenkompaßorientierung 724
Sonnenpflanze 433, *437*
Sonnenstand 513, 763
Sonnenstrahlung 763 *763*
Sonorea 833
Source 618
Sozial-Darwinismus 883
soziale Anregung 738
– Signale 732, 755
– Stellung 756, 757
– Überlegenheit 749
sozialer Auslöser 748
Sozialparasit 758
Sozialstruktur 785
Sozialverband 756
Sozialverhalten 747

Soziologie, experimentelle 800
Spacer 160, *182*, 203
Spaltfrucht *429*
Spaltkapsel 428, *429*
Spaltöffnung *382*, 383, 420, 422, 562
Spaltöffnungsmutterzelle 423
Spaltungsregel 206
spannerartige Lokomotion 659
Spannungsdifferenz 132
Spannungsklemme 466
Spannungsniveau, Tetanus 517
Spannungssinnesorgan 698
Spannungstrajektorien *516*
Spätholz 417
Speichel 528
Speicheldrüsen 451, 476, 478, 482
Speichelproduktion *483*
Speicherexkretion 455
Speichergewebe 455
Speichergranula *140*
Speicherkotyledonen *283*, 442
Speicherlipide 50
Speicherniere 493
Speicherorgane *426*
Speicherparenchym 414
Speicherpolysaccharide 47
Speicherstoffe, Keimpflanze 442
Speichersysteme 455
Speicherzellen 561
Speiseröhre 478
spektrale Empfindlichkeitskurve, Sehen 509
Spemann-Versuche *386*
Spenderbacterium 199
Sperma 296
Spermatasche = Receptaculum seminis, s. dort
Spermatide 282, 296
Spermatocyt *295*, 296
spermatogene Welle 297
Spermatogenese 296
Spermatogonium 296
Spermatophore 297, *299*, 300, *313*
Spermatophyten = Samenpflanzen 282
–, Seitenwurzelbildung 376
Spermatozoid 266, *282*, 283
Spermatozoon = Spermium 266, *295*, 296, *297*
Spermazelle, Pollen *282*, 291
Spermiocytogenese 296
Spermiozeugmen 297
Spermium = Spermatozoon 266, *295*, 296, *297*
–, als Entwicklungsauslöser 340
–, atypisches *297*
–, Bau 296
–, Entwicklung *296*
–, Feinstruktur *296*
Sperreffektmuster 376, 383

Spezialist, Riechen 504
Speziation = Artbildung 905
Spezies 905
Spezieszahl 814
Spezifität, Enzyme 73
–, taxonomische 770
Sphaeroblast *190*
Sphagnum, Torfmoos 342, 362, 366
Sphäritenkreuz 47, *453*
Sphäroblasten 25
S-Phase, Zellzyklus 167
Sphenodon, Brückenechse 925
Sphingolipide 50
Sphingomyelin *48*
Spiegelsymmetrie 554
Spiel 742f., 755
Spielappetenz 744
Spielaufforderung 744
Spielbereitschaft 744, 750
Spina bifida 399
Spinalganglien 377, 495
Spinalnerven 495, 573, 574, *703*
Spindelansatzstelle 155, 166
Spindelapparat 164
–, monozentrischer 301
Spindelorgan 698
Spindelpole 165
Spiraculum 574
Spiralarterien 682
Spiralfurchung 368, 571
Spirodistichie *407*
Spleißen 162, *185*, 543
Spleißenzyme 184
Spleißkomplex 162
Splicing, s. Spleißen
Splitting, Arten 906
Sponginfasern 452
Spongiosa *453*, 516
Spontanaktion, Verhalten 731
Spontanerregung 582
Spontankontraktion 626
Spontanmutation 225f.
Sporangium 268, 280, 281, 558, *647*
Spore, Polarität *362*
Sporenbildung, Eubakterien 27
Sporenkapsel *562*
Sporenträger *378*
Sporocyste 309
Sporogon 306, *562*
Sporogonie 269, 307
Sporophyll 281, *283*
Sporophyt 265, 273, 281, 282
Sporopollenin 172, 284
Sporozoa 230, *308*, 567
Sporozoit 307
Spötter 739
Springbrunnentypus 560
Springen 648, 661f.
springendes Gen 246
Springfrucht 428
Spring-Nipptiden-Zyklus 718

Sproß 427
Sproßachse 404, 410
—, sekundärer Bau 414
—, Verzweigung 409f.
sproßbürtige Wurzel 406
Sproßdiagramm 408
Sproßdorn 868
Sproßknolle 427
Sproßmycel 268
Sproßparasiten 564
Sproßquerschnitt 410, 416
Sproßranke 868
Sproßscheitel, Zonierung 409, 411
Sprossung 267
Sprossungszone 313
Sprung, Biomechanik 662
Sprungbahn 663
Sprunggabel 661
Sprunglauf 660, 663
Sprungleistung 663
Sprungmuskel 662, 663
Sprungschicht 769
Spurbiene 757
Spurenelemente 56, 599
Squalen 446
Squamosum 574
Staatenbildung 757
Stabilität, Ökosystem 815
Stachel, Pflanze 422
Stachel, Tier 572, 866
Stachelhäuter, Echinodermen 515, 555, 572, 865
Stäbchen, Sehzelle 506, 508, 509
Stärke 47, 94
Stärkekörner 20
Stärkeverdauung 482
staminate Blüte 311
Stamm 935
—, Bakterien 197
Stammart 906
Stammbaum, Pferde 871
—, rRNA-Sequenzen 936
Stammbaumschema 932
Stammesgeschichte, Dokumente 861
Stammesverzweigung 906
Stammsukkulenz 563
Stammzelle, Erythrocyten 354
—, hämatopoetische 530
Standardbedingungen, physiologische 65
Standort 762
Standorttreue 799
Standortverhältnis 774
Stapes = Steigbügel 499, 574
Starrezustand 596
Startcodon 189, 203
Startermuskel 519
Stationärkern 277
statische Sinnesorgane 497, 498
statischer Apparat, Ohr 498
Statocysten 498, 501

Statolith 498, 644, 723
Statolithenfunktion, Wurzel 425
Statolithenhypothese 643
Statolithenorgan 723
Staubblatt 282, 283
—, Rudimente 862
Staubkorn = Pollen, s. dort
Steady State 63
Stearinsäure 96
Stechborsten 517
Stechreaktion 725
Steckling 270
Steigbügel = Stapes, Mittelohr 499, 574
Steinfrucht 429
Steingewebe 414
Steinkanal 572
Steinkern 429
Steinkorallen 568, 805
Steinzelle 414, 416
Steinzellnest 415
Stellenäquivalenz 929
Stellglied 579, 673
Stellgröße 439
Stellmuskel 654
Stellungsrezeptoren 497
Stempeltechnik 196
Stengel 408
Stengelblatt 408
stenohaline Tiere 602
Stenökie 774
stenoosmotische Tiere 602
Stenothermie 774
Sterberate = Mortalität 772, 787f.
—, Mensch 792
Stereocilie 14, 498
Sternum = Brustbein 654
Sternzelle 711
Steroide 445
—, Synthese bei Pflanzen 446
Steroidhormone 666, 679
Stetigkeits-Kriterium, Homologie 857
Steuerung 673, 710
—, dichteunabhängige 793
STH, s. Somatotropin 678
Stichling 751, 753
Stickstoff, Fixierung 27, 97, 98, 127, 128, 806, 819
—, Wiederkäuermagen 485
Stickstoffassimilation 28
Stickstoffendprodukte 102
Stickstoffexkretion 605
Stickstoffgewinnung 564
Stickstoffkreislauf 817, 818
Stickstoffoxidation, Bakterien 130
Stickstoff-Stoffwechsel, Hautablagerung 525
sticky end 195
Stigma 23, 146, 570, 621
Stimmfühlungslaut 737

Stipel 419
Stirnflächen-Widerstandsbeiwert 652
Stirnlappen 692
Stoßzahl 69
stochastischer Effekt, Strahlung 239
stöchiometrischer Koeffizient 63
Stockgeruch 770
Stockpolymorphismus 271
Stoffakkumulation 820
Stoffaustausch, Organe 470f.
—, Haut 521
Stoffbilanz 822
Stoffhaushalt 817
Stoffkreislauf 812
Stofftransport, intrazellulärer 135
Stofftrennungsmethoden 858
Stoffwechsel 8, 62ff.
—, anaerober 88f.
—, Definition 470
—, Knotenpunkte 105
—, Muskulatur 519
—, Organe 470f.
Stoffwechselenergie 471
Stoffwechselrate 587, 590
Stoffwechselratentheorie des Alterns 396
Stoffwechselumsatz 587f.
—, Messung 586
Stoffwechselwege 471, 587
Stolo 270, 383
— prolifer 573
Stomata 422, 437, 437, 646, 778
Stomatabewegung 600
Stomatawiderstand 617
Stomaweite 438, 617
Stomodaeum = Vorderdarm 476
Stoppcodon 187, 188, 190, 203
Storch, Klappern 748, 749
Störeinflüsse 741
Störgröße 439, 580
Störlicht 335, 336
Strafen, Lernen 736f.
Strahlen, primäre 411
Strahlenempfindlichkeit 242
Strahlenresistenz 238, 239
Strahlenschäden 240
Strahlenwirkung 236f.
Strahlinitiale 416
Strahlung 237, 592
—, absorbierte 766
—, elektromagnetische 236
—, Intensität 763
—, ionisierende 238
—, Reichweite 237
—, Richtung 763
Strahlungmuster, räumliches 765
Strahlungsbilanz 765
Strahlungsenergie 110
Strahlungshaushalt 765
Strahlungsintensität 764
Strahlungsumsatz 766

Strahlungsverlust 763, 766
Strangbruch 239
Strategien 803
Stratum corneum = Hornschicht 522
Stratum germinativum = Keimschicht 522
Streckenschwimmen 650
Strecker 699
Streckrezeptor 501
—, Krebs 503
Streckungswachstum 328f.
—, Auxin 685
Streptococcus-Form 556
Streptolysine 529
Streufrucht 428
Strickleiternervensystem 494, 569
Strobilation 308
Stroma 20
Strombin 520
Stromschleife, myelinisierte Nervenfaser 468
Strömungsgeschwindigkeit 632
Strömungsperzeption 498
Strömungssinnesorgane 497
Strömungswiderstand 629
Strontiumsulfat 567
Strudelfilterapparat 572
Strudelwurm 506
Strudler 474, 576
Strukturfarbe 525
Strukturgene 178, 244
Strukturlipide 50
Strukturmoleküle 28
Strukturpolysaccharide 47
Strukturproteine 38
Strychnin 445
Stückaustausch 216
Stückverlust 239
Stummelflügeligkeit, Windanpassung 902
Stützgewebe 450, 452
Stützzellen, Ohr 499
Süßwassertiere 603
—, Ionenkonzentration 601
Sauerstofftransportpigmente 633
Subcutis 522
Subdiözie 317
Suberin 172
subexponentielles Wachstum 792
Subgenualorgan 502
Subitanei 309
Sublitoral 769
submetazentrische Chromosomen 155
Submuscosa 479
suboptimale Dichte 795
Subserosa 479
Subspecies 908, 933
Substanzverlust 772
Substitution, Funktion 862
Substitutionsrate 895
Substrataktivierung 107

Substratfresser 475, 658
Substratkettenphosphorylierung 91
Substratkonzentration, Enzyme 75
Substratphosphorylierung 78
Substratspezifität 70
subsynaptische Muskelmembran 458
subsynaptische = postsynaptische Membran 461
Subtilisin 29
Succinatdehydrogenase 443
Succinatoxidase 443
Succinyl-CoA 90, 99
Suchverhalten 726, 728
Suctor 269
Suctoria 568
Sukkulenten 441, 563, 575
–, Konvergenz 867
Sukkulenz, ontogenetische Rekapitulationen 865
Sukzedanteilung 268, 269
Sukzession 814, 815, 825
Sukzessionskonvergenz 826
Sukzessionsstadium 825
Sulcus centralis = Zentralfurche 692, 710
Sulfatreduktion 128
Summation, Spannung 517
–, synaptische Potentiale 518
superexponentielles Wachstum 792
superficielle Furchung 326, 367
Supergen 528, 550
Superhelix 155
Supplementierung, Medium 197
Suppressor-T-Lymphocyt 531
Suppressor-T-Zelle 526, 545, 547
Suspensionskultur 196
Suspensor 278, 367
Svedberg-Einheit 43
Symbionten 566
–, Nahrungsverwertung 483
Symbiose 560, 564, 747, 801, 804
–, obligate 806
–, Stickstoff-Fixierung, s. dort
Symmetrieebene 554
Symmetrielehre 554
Sympathicotonus 705
Sympathicus 494, 638, 703f.
Sympatrie 911
sympatrische Verbreitung 830
Sympetalie 427
Symplast 18, 448, 614, 620
symplastischer Transport 448, 449
Symport 84, 86, 472
Synapomorphie 932
Synapse 461, 468, 694, 741
–, chemische 468
–, elektrische 468, 697
–, neuromuskuläre 458

Synapsis 169, 284
synaptische Hemmung, Muskelzellen 518
– Vesikel 457, 461
synaptischer Komplex 170
– Spalt 457, 458, 461, 468
synaptisches Potential 518
– –, Amplitudenveränderung 469
– –, graduiertes 469
Synaptomeren 171
syncarpe = coenocarpe Blüte 428
Syncarpie 284
Synchronisation, Fortpflanzungsrhythmus 299
Synchronisierung, Jahreszeiten 339
Syncytium 11, 456, 569, 627
–, elektrisches 517
–, Ovariole 298
Syndese 169
Synergetik 373f.
Synergide 283, 286, 290
Synergie 703, 706
Syngamie 169, 286, 291
Synkaryon 273, 277
Synökologie 762
Synplesiomorphie 932
syntope Art 911
Synusium 854
System 815
–, hierarchisch-enkaptisches 931
–, künstliches 936
–, natürliches 931
–, offenes 8
Systemanalyse 374, 816
Systematik 931
Systemmutationen 919
Systole, Herz 628
–, kontraktile Vakuole 23, 141

T4-Phage 194
Tabak 341, 688, 916
Tabakmosaikvirus 29, 34, 44, 191f., 374
tachytelische Evolution 871
Tagesgang, Körpertemperatur 596
–, Lichtintensität 764
–, Photosynthese 779
Tageslänge 769, 717
–, Entwicklungssteuerung 337
–, induktive 336
Tageslängenmessung 717, 720
Tagesrhythmik 711f.
Tagessehsystem 509
Talassämie 231
Talgdrüsen, Fettsäuren 528
Tandemanordnung 203, 221, 231
Tandem-Gen 873
Tänidien 621
Tanz, Honigbiene 725, 757
Tapetum 284

Tarnfarbe 578
Taschenklappen 631
Tasthaare 497, 708
Tastrezeptoren 497
Tastsinnesorgane 497f.
Taumeln, Bakterienzelle 146
Taxis 640, 641
Taxon 931
Taxonomie 900, 931f.
–, numerische 934
taxonomische Spezifität 770
Tectum 692
Tegmentum 495
Teichonsäure 27
Teilung 163ff., 271
–, inäquale 269
Teilungsrate 168
Teilungsverzögerung 239
Telencephalon = Endhirn = Vorderhirn 495
Teleostier 603
telolecithales Ei 326, 367
Telomeren 163, 169
Telophase 167
Temperatur, Bodenbildung 819
–, permissive 344
–, Photosynthese 436, 820
–, Reaktionsgeschwindigkeit 69
–, restriktive 344
Temperaturabhängigkeit, Photosynthese 436
Temperaturakklimatisation 776
Temperaturbereich, Akklimatisation 776
Temperaturerhöhung 593
Temperaturgefälle 778
Temperaturkompensationspunkt 436
Temperatursinnesorgane 496, 502
Temperaturtoleranz 774
Temperaturverlauf 766
temperenter Phage 192, 194
template = Matrize 183
temporäres Biotop 795
Tentakeln 568
Tepale 427
Teratogenese 397, 398
Terminalgeflecht 20
Terminalzelle = Cyrtocyte, Protonephridium 470, 472, 490
Terminationsprotein 184
Terminator 255
Termiten 575, 805
Termitenbau 595
Termone 319
Terpenoide 289, 445, 690
–, Biosynthese 445
Territorialismus 786
Territorialverhalten 751
Territorium 785
Tertiärschicht 33, 172
Tertiärstruktur, Proteine 873
Testa = Samenschale 406

Testacea 566
Testes = Hoden, Säugetiere 296
Testosteron 295, 321, 321, 679, 753, 755
Testudines 933
Tetraäthylammonium (TEA) 466
Tetrade, Meiose 169, 284
Tetraeder-Furchung 368
Tetraploidie 265
Tetrapoden, primitive 873
Tetrapodentypus 924
Tetraster 349
Tetraterpene 446
Tetrodotoxin (TTX) 466
Thalamus 696
Thalidomid 398
Thallophyten 556, 558f.
Thallus 558
Theca 283
Therapsiden 872
Thermodynamik 62
thermodynamisches Gleichgewicht 63, 76
thermoneutrale Zone 595
Thermoregulation 592f.
Thermorezeption 463, 496, 502, 595
Thermotaxie 502
Therophyten 777,
Thiamin 610, 612
Thigmotaxis 497, 641
Thioesterbindung, Acetyl-CoA 89
Thorax = Brust 570
Thrombin 31, 454, 454
Thrombocyt = Blutplättchen 454, 526
Thrombokinase 454
Thylakoide 18, 20, 25, 150
Thyllen 617
Thymidinkinase 219, 259
Thymin 38
Thymin-Dimer 241
Thymocyt, s. T-Zelle
Thymopoietin 680
Thymosine 680
Thymus 527f., 677, 680
Thymusaplasie 546
Thymuslymphocyt, s. T-Zelle
Thyreoglobulin 224
Thyreoidea = Schilddrüse 678, 859
Thyreotropin 678
Thyroxin 224, 678, 678
Thyrsus 410
Tiefschlaf 596
Tiefsee 835, 836
Tierbestäubung = Zoophilie 288
Tiergeographie = Zoogeographie 829

Tierreich, Artenzahl 937
Tiersoziologie 746
Tierstämme, Baupläne 565f.
Tierstock 271
Tintenfisch 299, 571, 695, 697
 s. a. Mollusken
–, Chromatophor 521
–, Linsenauge 507
Tintenfischaxon 134
TI-Plasmid = tumorinduzierendes Prinzip 259, 399
TMV = Tabakmosaikvirus 34, 44f., 191
Tochterindividuum 263
Tocopherole 613
Tod 264, 395
Toleranz 773
Toleranzbereich 602, 773, 776, 827
Tolerogen 526
Tonhöhe 500
tonischer Rezeptor 464
Tonofibrillen 13
Tonoplast 13, 17, 136, 448
Tonsille 528
Topoisomerase 42
Torfbildung 819, 823
Torfmoos, Sphagnum 342, 362, 366
Torpedoform 868
Torsion, Eingeweidesack 494
Torus 412
Totalfurchung 367, 368
Totenstarre 460
totipotente Zelle 272
Totipotenz 263, 341
Totipotenzprüfung 342
Tötungshemmung 749, 750
Totzeit 581, 793, 794, 809
Toxinneutralisierung 531
Trab 660
Tracheata, Antennata, s. a. Insekten 570
Tracheen = Gefäße, Pflanze 394, 412, 616
–, Tiere 497, 570, 621
Tracheenatmung 589
Tracheenendzelle 621
Tracheenkiemen 623
Tracheenlunge 487, 497, 570
Tracheensystem 621f.
Tracheiden 412, 616
Tracheolen 622
Tracht 578
–, kryptische 903
Tractus 693
Traditionshomologie 861
Tragblatt = Deckblatt 409
Trägerproteine 83
Traghyphe 267, 268
Tragstarre 754
Trajektorienzüge 516
Tränenflüssigkeit 528

Transaminierung 99
transcapillare Diffusion 625
Transcytose = Cytopempsis 136, 481
Transdetermination 359f. 360, 361
Transdifferenzierung 343, 356, 360f.
Transducer-Protein 671
Transducer-Zelle 547
Transducin = G-Protein 510
Transfektionsverfahren 389
Transferasen 72, 94
Transfer-RNA = tRNA 42, 43, 182, 186
Transferzelle 413
Transformation, Bakterien 178, 179, 256, 388, 399
–, morphologische Strukturen, 869f.
–, Fossilien 924
–, Karyotyp 879
–, Makromoleküle 872
–, Organismen 855
Transhydrogenasen 103
Transition 227
Transitionsvesikel 135
Transkription 37, 38, 181f., 186, 188
–, differentielle 351
–, reverse 187
–, stadienspezifische 352
Translation 37, 38, 186f., 188, 245
–, differentielle 354
Translationseffizienz 245
Translationsschwingung, Flosse 651
Translationssymmetrie 554
Translator 289
Translokation 227, 231, 248, 879, 881
–, balancierte 234
–, Protonen 81
Translokatoren 51
Transmission, Strahlung 820
Transmitter 461
Transmitterfreisetzung 464
–, Sehen 510
Transmittersubstanz 465, 468, 469
Transphosphorylierungsreaktionen 105
Transpiration 437, 592f., 614, 766, 767, 778f.
Transpirationsrate 595
Transpirationssog 615, 616
Transpirationsstrom 614, 618, 691
Transplantationsantigene 532, 547
Transplantationsexperiment 358, 386

Transport, aktiver 84, 449, 471
–, Darm 481
–, Hormone 669
–, Ionen 449
–, Membranen 83f.
–, passiver 83, 471
–, vesikulärer 471
–, Wasser 449
Transportkatalysator 449
Transportmechanismen, Membranen 83ff.
Transportmolekül 472
Transportproteine 51
Transportraum 135
Transportvorgänge 614f.
Transposase 246
Transposon 246, 259, 261
transspezifische Evolution 919f.
Transversalebene 555
Transversalsystem 458
Transversion 227
Traube 410
Trehalase 46, 479, 677
Trematode 272, 309, 310, 569, 577
Tremor 581
Trennschicht 394
Triacylglycerine 481
Tribus, Systematik 934f.
Trichogyne 278, 279
Trichom = Haar 422
Trichomrhizoide 561
Trichophora 324
Trichterlappen 678
Triebkraft 63, 64
Trigger 646, 686
Trijodthyronin 678
Trimethylamin 289, 606
Trinken 603
Triose 88
Triose-Familie 100
Triosephosphat 126
Trioxypurin = Harnsäure 101, 102, 587, 606
Tripelfusion 292
Triplett 182, 187, 188
Triplett-Zustand 115
Trisomie 227, 232, 234
Trisporsäure 275, 280
Tritocerebrum 693
tRNA 42, 43, 182, 186
Trommelfell, Säugetier 499
–, Insekt 502
Trophieebene 812, 824
Trophiestruktur, Ökosytsem 812
Trophiestufe 812
trophischer Faktor 847
Trophoblast 682
Trophophyll 281
trophotrope Funktion 705
Tropismen 641
Tropokollagen 33, 35

Tropomyosin 456
Troponinkomplex 456, 459
Trypanosoma 268, 565, 566
Trypsin 479, 480
–, Enzymdifferenzierung 878
Trypsinieren 179
Trypsinogen 108, 479, 483
Tryptophan 611, 685
TSH, s. Thyreotropin 678
T-Tubuli = Transversalsystem 458, 457
Tubularkörper 497
Tubuli mitochondriales 18, 147
–, endoplasmatisches Reticulum 137
Tubulin 33, 36, 141
Tubulinprotofilamente 144
Tubulus, Niere 491
Tubulusepithelzellen 492
Tumorbildung 239
Tumoren 179, 398f.
–, Entstehung 247
Tumorgenetik 247f.
tumorinduzierendes Prinzip 259, 399
Tumormarker 545
Tumorviren 45
Tundra 840
Tunica 271
Tunicata 365
Tüpfel 412
Tüpfelfelder 12
Tüpfelkanal 414
Tüpfeltrachee 414
Turbellar, s. Trematoda
Turgeszenz 61
–, Schließzellen 438
Turgor 22, 60, 600
–, Schließzellenmechanismus 423
Turgorbewegungen 640, 645
–, ballistische 646
Turgordruck 60, 61
Turgorgelenke 645
Turgorveränderung 437
Turner-Syndrom 232, 234
Turnierkampf 750
Tympanalorgan 501
Typensprung 919
Typhlosolis 478
Typogenese 919f.
–, additive 872, 919
Typusexemplar 935
Tyrosinase 634
Tyrosinose 223
T-Zellen 530, 545
T-Zell-Rezeptor 549

Überdominanz 898
Überdominanzhypothese 896
Übergangsformen, fossile = Connecting link 871
Übergangskomplex 75
Überlappung, Areal 843

–, Population 803
Überlaufmechanismus 581
Überlebenschance 787, 891
Überlebenskurve 788
Überlebensrate 238, 772
Überlegenheit, soziale 749
Überleitungsstück, Niere 492
Übersprung-Hypothese 733
Übersprungverhalten 732
Übersteuerung 793
Überträgerin = Konduktorin 209
Überträgersubstanz = Transmittersubstanz, s. dort
Übertragungseffizienz 82
Überwinterungsgebiet 830
Überwinterungsorgan 426, 427
Ubichinone 71, 446
Uhr, innere 646, 724
Uhren, molekulare 895
Ulna 514, 573
Ultimobranchialkörper 677, 679
Ultrafiltration 83, 471, 491
Ultraschall, Echo-Orientierung 501
ultraviolettes Licht, Sehen 513
Umdifferenzierung 356, 357
Umgebungstemperatur 594
Umkehrversuch, Schultzescher 365
Umlernen 734
umorientiertes Verhalten 731
Umsteuerung, Entwicklung 332
Umwegentwicklung 864
Umwegversuch 745
Umwelt 3, 761 ff.
Umweltbedingungen 761
–, Photosynthese 435
Umwelteinflüsse 771
Umweltfaktoren 762, 765
–, Aussterben 927, 928
–, Eigenschaften 763
–, Koppelung 768
–, Korrelation 768
–, Variabilität 884
Umweltpräferendum 774, 785
Umweltwirkung 771
unbedingter Reiz 733
undifferenzierte Zelle 272
Undulipodien 143
–, Bewegung 144
ungeschlechtliche Fortpflanzung 267, 268 ff., 302
Ungleichgewichtsenzyme 77, 106
Ungleichgewichtsreaktion 76
unifaziales Blatt 420
Uniformitätsregel 206
Unit membrane = Elementarmembran, s.a. Membran 14
Unkraut 845
unlimitiertes Wachstum 790
Unsterblichkeit, potentielle 263
Unterart 900, 908, 935
Unterblatt 419

Unterdominanz 898
Unterlage, Pfropfung 270, 384
Unterlegenheit, soziale 749
Unterlegenheitsgeste 743
Unterschlundganglion 495, 693
Unterwuchs 766
Uratzelle 455
Urdarm = Archenteron 357, 369, 476
Urdarmdach 387, 388
Urease 69
ureotelische Tiere 606
Ureter = Harnleiter 387, 491, 491
Urgeschlechtszelle 296
Uricase 140
uricotelische Tiere 606
Uridylierung, Proteinmodifikation 108
Urin 528
Urkeimzelle 264, 295, 314
Urmeristem 411
Urmesodermzelle 324
Urmolekül 858
Urmund 357, 387
Urmundlippe 388
Urogenitalsystem 574
U-Rohr-Experiment 198
Uronsäuren 47
Urschnecke 925
Urvogel 872
Uterusschleimhaut 682
Utriculus 498, 500, 723
UV-Absorption 241
UV-Licht 236, 240, 765

Vagotonus 705
Vakuole, kontraktile 23, 140, 141
Vakuole, Pflanzenzelle 20, 135, 138 f., 444
Vakuolen, Definition 3, 16
Valenz 726
Valenzunterschied 740
Valvula pylorica 477
– cardiaca 477
van der Waals-Radius 52
van der Waals-Wechselwirkung 57
Vanadium 599
Vanillin 289
Variabilität, diskontinuierliche 931
–, genetische 266, 319, 882
–, Pflanzengröße 784 f.
–, phänotypische 884 f.
Varianz 226, 884
Variegata-Form 250
Varietät, Taxonomie 934
Vas deferens 296, 313
vasomotorische Gefäßnerven 638
– Reaktion 595
Vasopressin 678

Vater-Pacini-Körperchen 464, 497
vegetaler Pol 364
vegetalisierte Gastrula 370
Vegetationsaufnahme 800, 814
Vegetationseinheit 814
Vegetationskegel 404
Vegetationskörper, Verzweigung 409
Vegetationskunde 800
Vegetationspunkt 405
Vegetationsscheitel 406
Vegetationszonen 853
Vegetationszonierung 825
vegetative Fortpflanzung 267, 269 ff.
– Vermehrung, künstliche 270
– –, natürliche 269
vegetatives Nervensystem 705
Vektor = Überträger 200, 202, 253 f., 400
–, Reizperzeption 496
Venen 624
Ventilation 472
Ventilationsarbeit 592
Ventilationsbewegung 589
Ventilationslunge 488
Ventilationsrate 488
Ventraldrüsen 675
Ventralmeristem 420
Ventrikel 629 f.
Verarmung, genetische 888
Verbergetracht 903
Verbreitungseinheit 844
Verbreitungsgebiet, eingeschränktes 924
Verbreitungsmuster 830
Verbreitungsstadium 796
Verbrennung 817
Verbrennungswert 585
Verdampfungswärme 766
Verdauung, chemische 478
–, extraintestinal 479
–, extrazellulär 479
–, intrazellulär 479
Verdauungsdrüsen 451
Verdauungsenzyme 16, 477 f.
–, Verteilung 481
Verdauungsfunktionen, Säugetier 482, 703
Verdauungssekrete, Mensch 483
Verdauungssystem, Funktionen 478
Verdauungstrakt, Säuger 478
Verdoppelungszeit 790, 792
Verdriften 647, 648, 846
Verdunstung, s. Transpiration
Vererbung 8, 177 ff.
–, extrachromosomale 250
–, plasmatische 250
–, x-chromosomale 207
Verfrachtung 796
Vergesellschaftung 799

Vergessen 741
Verhalten 721 ff.
–, gemischtes 730
–, Homologien 861
Verhaltensablauf 728
Verhaltensanpassung, Temperatur 596
Verhaltensbereich, Änderung 733
Verhaltensbeziehungen, Artgenossen 746
Verhaltensrudimente 863
Verhaltenstendenzen 730
Verhaltensweise 721 ff., 821
–, erlernte 725
–, Wahrnehmung 709
Verhaltensweisen, Konvergenzen 868
Verhaltenswiederholung 736
Verholzung 172, 413
Verlobungszeit 754
Vermehrung 8, 263, 771
–, temperente Phagen 194
–, vegetative 385
Vermehrungskörper 269
Vermehrungsrate 828
Vermehrungszyklus 306
Vernalisation 338
Verrechnung 710
Verschiebegelenk 516
Verschleppung 841
Versorgungszustand 728
Verstärker 580
Vertebrata, Wirbeltiere 572 f.
s.a. die einzelnen Gruppen
Verteidigungsverhalten 705, 749, 756
Verteilung, Umweltfaktor 763
Verteilungsmuster 764
Vertikalwanderung 797
Verwandtenehe 213 f.
Verwandtenkreuzung 889
Verwandtschaft, phylogenetische 932
Verwandtschaftsbeziehungen 855
Verwandtschaftsgrad 932
Verzögerungsphase 787
Verzweigung, seitliche 559
–, Sproßachse 409
Verzweigungsmuster 933
Vesikel 13, 16, 135 f.
–, synaptische 458, 461
Vibrationssinnesorgane 497
Vielfachteilung 268
–, äquale 269
–, inäquale 269
Vielfalt, genetische 893
Vielzelligkeit 403
Vierhügelplatte 693
Vierstrangstadium 169
vikariierende Zwillingsarten 839
Villin 142
Viran 284

VIRCHOW, R. 7
Viren 44f., 191
–, Strukturtypen 45
Virion 44, 192, *374*
Viroid 46
Viruscapside *34*
Viruspromotor 248
Visceralganglien *494*
Viscerocranium 573
Vitalfärbung 369
Vitamin, A 613
– B-Gruppe 610
– C 610
– D 112, 613, 684, 909
– E 613
– K 613
Vitamine 444, 609f., 770
–, Bedarf *611*
–, Resorption 480, 483
Vitellinmembran 299
Vitellogenese 298
Vitellogenin 298
Vitrodentin 523
Viviparie 269, *270*, 300
Vogel, *Archaeopteryx* 872, 926, 970
–, Artbildung 804, 909f.
–, Bestäubungsfunktion 289
–, Balz 752, 904, 913, 922, 928
–, Brut 726f., *747*, 830
–, Ei *298*
–, Merkmale 872
–, Prachtkleid 755, 913
–, Rassenkreise 909f.
–, Verhalten 726ff.
Vogelfeder 522
Vogelflug 653f.
Vogelflügel 652
Vogelzug 596, 720, 727, 768
Vollparasit 564
Vollzugsmeldung 729
Voltage-clamp = Spannungsklemme 466
Volumenarbeit 65
Volumenregulation 602
Volumenstromtheorie 619
Volutingranula 25
Volvente 568
Volvox 264, 557
Volvoxkreuz 366
Vorbereitungsphase 88
Vorblatt 409, *428*
Vordehnung, Muskel 517
Vorderdarm = Stomodaeum 476, 573
Vorderhirn = Endhirn = Telencephalon 495
Vorderhorn *699*
Vorhöfe 631
Vorkeim = Prothallium 280
Vorkern 300, 301
Vorläuferstrang 41
Vorspannung 664

Vortrieb 652, 656
Vortriebserzeugung, Einzeller 145
Vorwärtsbewegung 652
Vorwärtskoppelung, positive 93
Vorzugstemperatur 588

Wachen 714
Wachs 172, 421
Wachsschicht, Insektencuticula *524*
Wachstumsrate, potentielle 790
Wachstum 325, 327f., 771
–, Apposition 171
–, Bevölkerung 780, *792*
–, Blatt 419
–, differentielles 642
–, exponentielles 787, 790
–, Mensch *330*
–, Pollenschlauch 290
–, überindividuelles 271
Wachstumsbewegungen 640, 645
Wachstumsfaktor, Tumorwachstum 249
Wachstumsform, Population *786*, 790
Wachstumsgeschwindigkeit 329
Wachstumsgleichung, exponentielle *788*
–, logistische *790*, 791
Wachstumshemmung, Bestrahlung *242*
Wachstumshormon = STH 678
Wachstumskrümmungen 691
Wachstumskurven *607*, *609*
Wachstumsrate, Mensch *788*, 792
Wachstumsregulator 328
Wahrnehmung 746
Wald, Wasserhaushalt 769
Waldbrände *826*
Waldgesellschaften *827*
Wale, Extremitäten *861*
WALLACE, A.R. *882*, 913
Wallacea 833
Wallace-Linie 833
Wallpapille *505*
Wanderkern 277, 278
Wandertrieb 799
Wanderung = Migration 798, 894
Wanderwelle, Ohr 499
Warburg-Effekt 436, 440
Wärme, spezifische 53
Wärmeabgabe *592*
Wärmeaustausch 592, 766
Wärmehaushalt *768*, 824
Wärmehecheln 595
Wärmeisolation 595
Wärmeleitfähigkeit 594
Wärmestrahlung 593
Wärmesummen, Gesetz der 587
Wärmeübergang 766
Wärmeverlust 822

Warmzeit = Interglazial 827, 839f.
Warnrufe 868
Warntrachten 577
Wasser, Bedeutung 52
–, freies 55
–, Gaskonzentration *488*
–, gebundenes 55
– als Lebensraum 767
–, Stoffhaushalt 597
–, terrestrisches Biotop 766
Wasseraufnahme, Haut 605
–, Pflanze 327, 448
Wasserbedarf 597
Wasserbestäubung = Hydrophilie 287
Wasserbilanz *587*, 605
Wasserblatt *563*
Wasserdampfabgabe 615
Wassereinsparung 605
Wasserentzug, Verdauung 483
Wasserflöhe, Phyllopoda, s.a. Krebse 474, 486, 649, 797
Wassergefäßsystem 515
Wasserhaushalt, Tiere 490, 605f.
–, Pflanze 768
–, Wald 769
Wasserkapazität 617
Wasserkonzentration 61
Wasserleitungsbahnen 394
Wasserlunge 497, 572
Wassermangel 766, 820
Wasserpflanzen 562
Wasserpotential 61, 448, 614, 615
Wasserpotentialdifferenz 615
Wasserpotentialgleichung 61
Wassersättigungsdefizit 778
Wasserstoffakzeptoren (=Basen) 58, 71
Wasserstoffbindung 57
Wasserstoffbrücke *56*, 57
Wasserstoffdonatoren (=Säuren) 58, 71
Wasserstoffionenkonzentration 57
Wasserstreß 439, 600, 692
Wasserstrom 616
Wasserströmung, Perzeption 497
Wassertransportsystem 618
Wasserverluste 604
Wasserversorgung 767
Wasserzustand, Pflanzen 775
Watson-Crick-Modell 38
Wechselbeziehungen 811, 815
–, Arten 801, 813
Wechselwirkung 325, 389, 390
Wechselwirkungen, korrelative 378f.
–, Moleküle 57
Weckreaktion *596*
weiße Substanz 495
– Faser 520
Weichbast 418

Weichmacherwirkung des ATP 460
Weichtiere 571
Weinbergschnecke, *Helix*, s. dort
Weismannscher Drüsenring 675
Weitprung 662
Weizen, Artbildung 916
Welken, Pflanze 61
Wellenlänge, s.a. Licht 111, 763
Werkzeuggebrauch 922
Wertigkeit, biologische 607
Wickel *410*
Widerstand, Fliegen 654
Widerstandsbeiwert 652
Widerstandsfähigkeit 773
Wiederkäuen, Konvergenz 868
Wiederkäuer = Ruminantia, Magen 484
Wiener, Kybernetik 581
Wildtyp 197, 205
Wildtyp-Mutanten 893
Wimper, s. Cilien
Wimperepithel 451
Wimpernschopf 369, 370
Wimpertrichter, Metanephridien *492*
Wimperzellen, Mollusken 523
Wind, Anpassung 902
Windbestäubung = Anemophilie 286, 288
Windkesselfunktion 632
Windpollen 288
Winkelmesung 725
Winterform 317
Winterkleid 578
Winterknospe 338
Winterpelz 596
Winterruhe 337
Winterschlaf 455, 587, 596
Wirbelkörper 573
Wirbelsäule 573
Wirbeltiere, Vertebraten, 572f. s.a. die einzelnen Gruppen
Wirkgruppen, Enzyme 70
Wirkstoffe 665
Wirkungsdichroismus 152
Wirkungsgefüge 800
Wirkungsgrad, ökologischer 822
Wirkungsspektrum, Photomorphose 331
–, Photosensor 146
–, Photosynthese 114, 120, 431
–, Sehpigment 509
Wirkungsspezifität 70, 769
Wirt, s. Parasiten
–, Virus 191
Wirtel 407
Wobble-Theorie 187
Wohnröhren 575
Wuchshormon 328
Wuchsstoff 328
Wundcallus 384
Wundernetz = Rete mirabile *473*

Wundstarrkrampf 27
Wundverschluß 454
Wurmgestalt 575
Wurzel, dorsale 495
–, ventrale 495
–, Pflanze 404, 405, 424
––, Funktion 447
––, sekundärer Bau 427
––, sproßbürtige *406*
––, Verzweigung 405
Wurzelhaar 425, *449*
Wurzelhaarzone *425*
Wurzelhalsgallen 259, 399
Wurzelhaube = Calyptra 424
Wurzelknöllchen 805
Wurzelknolle 427
Wurzelknospe *404*
Wurzellaus 309, *311*
Wurzelmeristem *425*
Wurzelparasiten 564
Wurzelperiderm 426, 427
Wurzelquerschnitt *424*
Wurzelrinde 448
Wurzelscheitel 425
Wurzelsproß *404*
Wurzelsukkulenz 563
Wurzelwiderstand 448

Xanthin *102*
Xanthophoren 522
Xanthophylle 151, 445
X-Chromosomale Vererbung 207
Xenoantigen 526
Xenogamie 287
Xenopus, Krallenfrosch 161, 257, 312, 322, *322*, *342*, *353*, 355, s.a. Amphibien
Xeroderma pigmentosum 207, 241
Xeromorphie 776
Xerophthalmie 613
Xerophyten 562
X-Organe 675
Xylem = Holzteil 411
Xylose *46*

Y-Chromosom *315*
Y-Organ 675

Zähne, Aufbau 478
–, Säugetier *478*
–, Vögel 863
–, Wale *861*
Zahnanlagen, Bartenwale 864
Zahnkärpflinge 249, 322, 400
Zapfen 506, 508
Zapfenzelle *509*
Zeatin 688, *689*
Zebrafink *737*
Zeigerart 774
Zeitgeber 713
Zeitgedächtnis 717
Zeitmeßsystem 719
Zeitmessung 718
–, biologische 711f.
–, Jahreszeiten 719
Zelladhäsion, differentielle 378
–, veränderte 400
Zellaffinität *377*
Zellaggregation 377
Zellaktivierung 540
Zellatmung 488
Zellbildung, freie 11
Zellbiologie 9
Zelldetermination 325, 356f., 362
–, embryonale 357
–, progressive 357
Zelldifferenzierung 325, 327, 356f.
Zelle, Definition 11
–, Feinbau 9ff.
–, inneres Milieu 52ff.
–, kleinste Einheit 7f.
Zellen, freie 453
–, Zusammensetzung *52*
Zellentheorie 7
Zellfäden 559
Zellfusion 279, 345, 544
Zellhaufen 272
Zellhybride Maus-Mensch 219
Zellkern, s.a. Kern 12, 154ff., 263
Zellkolonie 557
Zellkonstanz 569
Zellkranz 370
Zellkultur *389*
Zell-Lyse 539
Zellmasse 9, 168
Zellmembranen, s. Membranen
Zellmobilität 140f.
Zellmund 567
Zellorganellen 135ff.
Zellplasma 12
Zellpolarität *363*
Zellschlund 23
Zellstammbaum = cell lineage 368
Zellstoffwechsel 87ff.
–, Kompartimentierung 104
–, Organisation 103
–, Regulation 106f.
Zellteilung 163ff., 325, 363
–, differentielle 375
–, Regulation 247
Zellteilungsfolge *368*
Zellteilungsmuster 365f.
Zelltod 325
–, programmierter 382, 393f.
Zelltoxine 526
Zellverband 269, 450, 556
Zellvergrößerung 327f.
Zellvermehrung 168, 327f.
Zellwachstum, differentielles 325
Zellwand 13, 18, 171f.
–, Protocyten 25
–, Tiere 173
Zellwanderungen 339, 377f., 558, 566
Zellzerstörung 539
Zellzyklus 154, 167f.
Zementschicht, Insektencuticula *524*
Zentralfadentypus 560
Zentralfasern 166
Zentralfurche 710
Zentralisation 494
Zentralkapsel 567
Zentralkörperchen 13
Zentralnervensystem 494, 574, 693f.
zentralnervöse Analyse 500
Zentralscheide, Mikrotubuli 144
Zentralspindel-Typ 166
Zentralvakuole 13, 20
Zentralzelle *282*
Zentralzylinder 425
Zerfall, radioaktiver 236
Zerkleinerer 475
Zerkleinerung, mechanische 478
zerstreute = dispergierte Blattstellung 407
zerstreutporige Hölzer *412*, 417
Z-Helix 39
Ziegenartige, Evolution *905*
Zielzellen, Lyse 548
Zimtsäure *447*
Zirbeldrüse = Epiphyse, s. dort
Zirkulation, Innenmedium *472*
Zitteraal 521
Zittern 594
Zitterrochen 521
ZNS = Zentralnervensystem, s. dort
Zonobiome 850, *853*
Zono-Ökoton 850
Zonula adhaerens 22, *513*
– occludens 22
Zoogeographie = Tiergeographie 829
zoogeographische Region 831
Zooid 271
Zoophilie = Tierbestäubung 288
Zoosporangium 273
Zoospore 267, 268, 273, *558*
Zooxanthellen 805
Zottenbewegung *482*
Z-Scheibe 456
Zuchtwahl 213
Zuckungsmuskel 458, 517, *518*
Züchtung 213
Zugaktivität 337
Zuggebiet 830
Zugunruhe 720
Zugvögel 795
Zugwirkung 701
Zunge 478, 505, *505*, 514
–, Muskulatur *515*
Züngeln, Schlangen 504
Zungenpapillen 505
Zuwachsrate, potentielle 790
Zweiflügeligkeit, funktionelle 655
Zweigeschlechtlichkeit, bipolare 266
Zweiteilung 268, 269
Zweiteilungsversuch 370
zweizeilige = distiche Blattstellung 407
Zwerchfell *488*
Zwergform 689
Zwicke 322
Zwiebel *426*, 427
Zwillinge, Konkordanz 885
Zwillingsarten 900, 906, 912
zwischenartliche Beziehungen 827
Zwischenbündelcambium = Interfascicularcambium 415
Zwischenglied, Evolution 932
Zwischenhirn = Diencephalon 495, *692*, 705
–, Augenbildung 386
Zwischenlappen 678
Zwischenneuron 694, 698
Zwischenwirt 308
Zwitter 277, 304
Zwittergonade *313*
Zwitterionen 54, 58
Zwittrigkeit 310
zygomorphe Blüte *428*, 555
Zygophoren 280, *280*
Zygospore 278
Zygotän 169
Zygote 264, 274, 277
Zygotenbildung 286
–, Selektion 891
zygotropische Reaktion 280
zyklische Blüte 428, *428*
Zyklus, dichteabhängiger 794
Zylinderepithel *450*
Zymogene 108
Zymosan 541
zymöse Verzweigung *410*